7판

HARTWELL

유전학

유전자에서 유전체까지

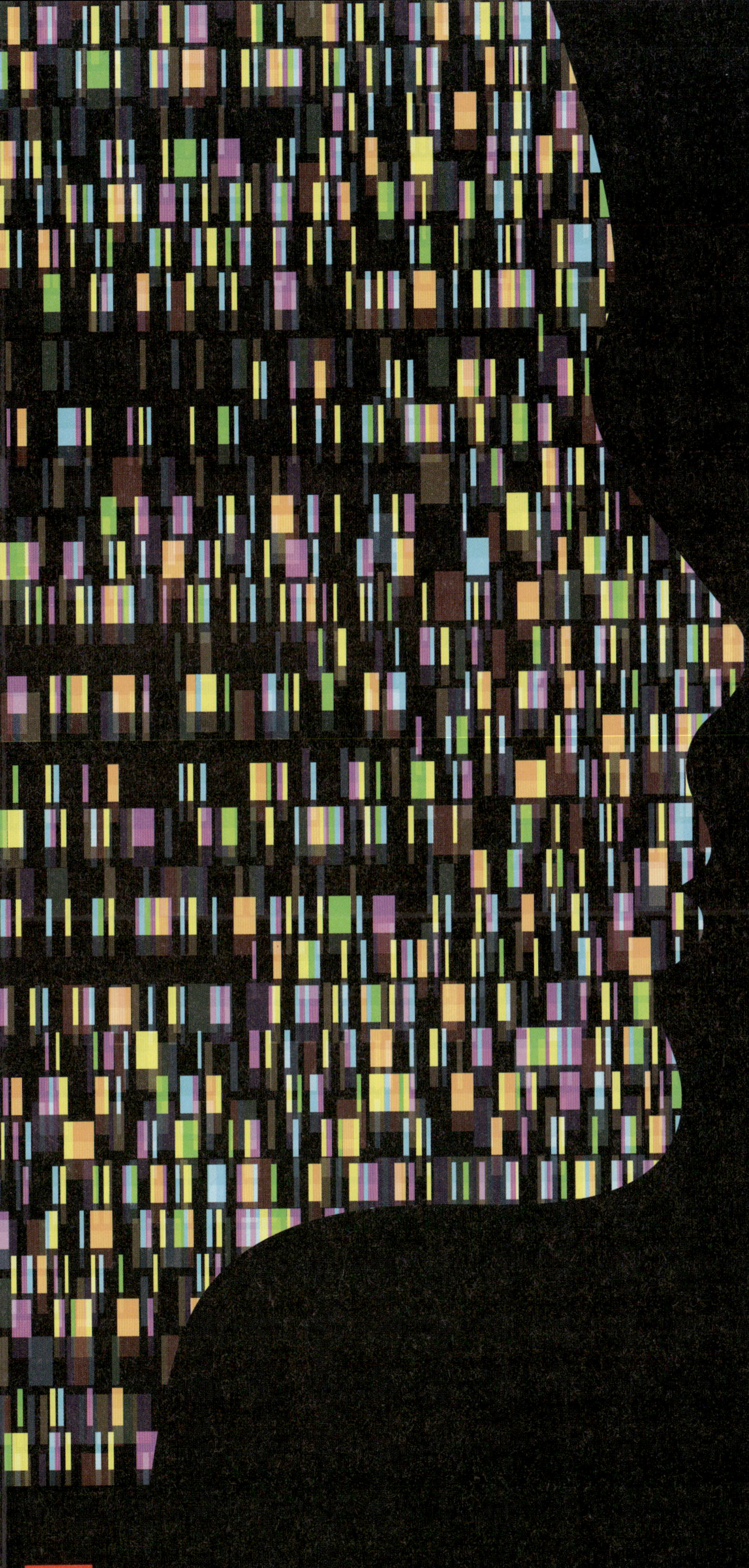

7판

HARTWELL 유전학

유전자에서 유전체까지

Leland H. Hartwell
Michael L. Goldberg
Janice A. Fischer
Leroy Hood
지음

한국유전학회
공역

GENETICS:
FROM GENES TO GENOMES,
SEVENTH EDITION

Mc Graw Hill

교문사

Genetics: From Genes to Genomes, 7th Edition

1 2 3 4 5 6 7 8 9 10 HR 20 22

Original: Genetics: From Genes to Genomes, 7th Edition © 2021
By Leland H. Hartwell, Michael L. Goldberg, Janice A. Fischer, Leroy Hood, Charles F. Aquadro
ISBN 978-12-6024-087-0

This authorized Korean translation edition is jointly published by McGraw-Hill Education Korea, Ltd. and Gyomoon Publishing Co. This edition is authorized for sale in the Republic of Korea.

This book is exclusively distributed by GYOMOON PUBLISHERS.

When ordering this title, please use ISBN 978-89-363-2305-9 (93470)

Printed in Korea

저자에 대하여

©Michael Goldberg

골드버그(Michael Goldberg) 박사는 현재 코넬대학교의 교수로 유전학 입문과 인간 유전학을 가르치고 있다. 그는 예일대학교를 졸업하고, 스탠퍼드대학교에서 생화학 박사 학위를 받았다. 골드버그 박사는 바젤대학교(스위스)의 생명과학센터(biozentrum)와 하버드대학교에서 박사 후 연수를 하였고, 영국 임페리얼대학교에서의 연구에 NIH Forgarty Senior Interanational Fellowship을 받았으며, 이탈리아의 로마대학교에서 연구년 연구에 Fondazione Cenci Bolognetti Fellowship을 지원받았다. 그의 현재 연구는 초파리 유전학과 개구리 난자 세포 추출물의 생화학적 분석을 통하여 유사분열 및 감수분열 동안 적절한 세포 주기 진행과 염색체 분리를 보장하게 하는 메커니즘에 대해 연구하고 있다.

©Janice Fischer

피셔(Janice Fischer) 박사는 텍사스 오스틴 대학교의 교수로서 유전학 강의상을 수상하였고 교육상을 받았으며, 생물학 교육위원회 회장을 맡고 있다. 그녀는 하버드대학교에서 생화학과 분자생물학 전공으로 박사학위를 받았으며, 캘리포니아 버클리대학교, 하버드대학교와 MIT의 Whitehead Institute에서 박사후 연수를 수행하였다. 피셔 박사는 먼저 초파리에서 조직 특이적 전사가 어떻게 작동하는지 연구한 다음, 발생과정 중 세포 신호 전달에서 유비퀴틴과 세포내 섭취작용의 역할에 대해 연구하였다.

©Lee Hood

후드(Lee Hood) 박사는 존스홉킨스 의과대학에서 의학박사 학위를 받고 캘리포니아 공과대학에서 생화학 박사학위를 받았다. 그의 현재 관심 연구 분야는 암 생물학, 생물학적 기기 개발(예: 단백질 시퀀서 및 자동 형광 DNA 시퀀서), 유전체학, 시스템 생물학 및 시스템 의학이다. 초기 연구는 항체의 다양성에 대한 의문을 풀어주는 데 중요한 역할을 했다. 최근에는 생물학 및 의학에 대한 시스템 접근 방식을 개척했으며 과학적(양적) 웰빙과 유전체/페놈의 개인 분석 분야를 개척하였다.

후드 박사는 분자 진화, 면역학, 분자생물학, 유전체학, 생화학, 시스템 생물학을 가르치고, 생화학, 분자생물학, 시스템 생물학, 의학 교과서와 인간 유전체 프로젝트에 관한 단행본인 《The Code of Codes》를 공동 집필했다. 그는 인간 유전체 프로젝트의 최초 지지자 중 한 사람이었고, 인간 유전체의 서열을 분석하는 연방 유전체 센터 중 하나를 이끌었다. 후드 박사는 최근 워싱턴주 시애틀소재 시스템 생물학에 대한 다학제 연구기관의 공동설립자이자 교수로 재직하고 있다.

후드 박사는 또한 Providence St. Joseph Health의 수석 부사장겸 최고 과학 책임자이다. 그는 의학 연구에 대한 Albert Lasker Award(1987), 미국전국교원협회의 공로상(1998), 발명에 대한 Lemelson/MIT Award (2003) 등 많은 상을 받았다. 현대 생물학의 기술적 토대를 제공한 단백질과 DNA 합성기 및 서열분석기를 개발한 그의 선구적인 공로로 2002년 첨단 생명공학 분야의 Kyoto Prize를 수상하였다. 그는 2011년 오바마 대통령으로부터 과학 훈장을 받았고, K-12(초중고교) 과학 교육에 깊이 관여하고 있다. 그의 취미는 달리기, 운동, 독서이다.

저자 서문

저자로부터의 기록

유전학의 역사는 150년 정도 짧지만, 그 기간 동안 놀랄만한 업적을 이루었다. 멘델(Gregor Mendel)은 1865년에 처음으로 유전의 추상적인 단위인 유전자를 설명하였다. 그의 업적은 주목받지 못했으나, 1900년에 비로소 "재발견"되었다. 모건(Thomas Hunt Morgan)과 그의 학생들은 1910년부터 1920년 동안 염색체 안에 유전자가 존재한다는 실험적인 증거를 제공하였다. 1944년, 에이버리(Oswald Avery)와 연구진은 유전자가 DNA로 이루어졌다는 것을 밝혔다. 왓슨(James Watson)과 크릭(Francis Crick)은 1953년 획기적인 DNA의 구조를 발표하였다. 이로부터 50년도 채 되지않아 2001년 국제컨소시엄은 인간 유전체 30억 개의 뉴클레오타이드 서열을 해독하였다. 20세기 유전학은 개별적인 유전자의 식별과 그들의 기능에 대한 많은 이해를 가능하게 했다.

오늘날, 과학자들이 다양한 생명체의 유전체 염기서열 분석으로 생성된 엄청난 양의 유전자 데이터에 접근할 수 있다. 이러한 데이터의 분석은 유기체에 생명을 불어넣는 데 도움을 주는 유전자, 단백질 및 기타 분자의 방대한 네트워크 내에서 그리고 그 사이의 복잡한 분자 상호작용에 대한 더 깊은 이해를 가져올 것이다. 이러한 데이터를 분석하기 위한 새로운 방법이나 도구를 찾는 것은 21세기 유전학의 중요한 과제가 될 것이다.

이번에 7판째인 《유전학: 유전자에서 유전체까지》는 유전학의 핵심 개념과 유전학을 계속 발전시켜 나갈 최첨단의 발견, 현대 실험방법 및 분석법에 대해 집중적으로 다루고자 한다.

7판의 저자들은 최신 정보를 제공하는 것뿐만 아니라 어려운 개념에 대한 가장 명확한 설명과 연속성을 하기 위해 모든 장을 개정하는 데 함께 노력해 왔다.

우리의 초점-통합적 접근

《유전학: 유전자에서 유전체까지》는 학부생 수준에서 유전학으로의 새로운 접근을 시도한다. 저자들은 특히 최근 생명체를 바라보는 분자 수준에서의 관점을 반영한다.

이 책에서는 다음의 내용을 포괄적으로 다룬다.

- **전통 유전학**: 유전자가 전달되는 방식
- **분자 유전학**: DNA의 구조와 DNA로부터 단백질이 생성되는 방식
- **디지털 분석, 유전체학**: 생명체의 전체 유전자 세트와 그 발현을 포괄적으로 분석할 수 있는 최근 기술
- **인간 유전학**: 인간의 건강과 암을 포함한 여러 질병에 대한 유전자의 역할
- **생명체의 통일성**: 다양한 유기체의 정보를 일관된 모델로 통합
- **분자 진화**: 생물학적 시스템, 전체 유기체 및 개체군이 진화하고 분기하는 분자적 기작

이러한 통합된 접근을 통해 이 책을 공부한 학생은 유전학에 대한 확실한 지식을 갖게 될 것이다. 과학자들은 생명체에 대한 현재까지의 이해를 빠른 속도로 변화시키고 있다. 궁극적으로, 유전학 연구를 통해 개로드(Archibald Garrod)가 1923년 명명한 "선천성 대사이상"을 유발하는 유전자나 여러 종류의 암을 유발하는 유전적 변화 등을 교정하고 교체할 수 있게 될 것이다.

유전적 방식의 사고

현대 유전학은 분자수준의 과학이지만, 유전학의 기원과 기본원리를 이해하는 것은 매우 중요하다. 이 책은 유전적 방식의 사고를 권장하기 위해 멘델의 유전법칙과 유전의 염색체설을 살펴보는 것으로 시작한다. 그러나 개체수준의 유전학과 기본적인 분자유전학적 기전을 통합하고자 한다.

1장에서는 완두콩의 형질 유전에 대한 멘델의 연구를 완두콩이 둥글거나 주름진지, 노란색인지 녹색인지 등을 결정하는 효소의 작용과 연결한다. 또한 모든 생물체에서의 유전양상의 연관성에 대해 살펴본다. 2~5장은 멘델 유전법칙의 확장, 유전에 대한 염색체설 그리고 유전자 연관과 유전자 지도 작성에 대해 다룬다. 6장부터 DNA의 물리적 특징, 돌연변이, DNA가 어떻게 암호화되고 복제되며 생명체 정보를 전달시키는지에 초점을 맞춘다.

10장에서는 유전자 클로닝, PCR, 마이크로어레이, 대용량 유전체 시퀀싱을 포함한 현대 유전학 기술을 살펴보고 DNA 분석

의 디지털 혁명으로 넘어 갈 것이다. 또한 새로운 분석 도구인 생물정보학이 게놈 특징을 발견하는 데 어떻게 도움을 줄 수 있는지 탐구한다. 이 단원은 12장에서 인간 질병 유전자의 발견으로 이어지는 사례 연구로 마무리된다.

분자 및 컴퓨터 기반 기술에 대한 이해는 13장부터 17장까지 염색체 특이성에 대한 논의로 이어지며, 18장부터 20장까지 유전자 조절 분석에 대한 정보를 제공한다. 21장은 과학자들이 유전자 치료를 포함한 연구와 실용적인 목적으로 유전체를 조작할 수 있는 가장 최근의 기술을 설명한다. 22장은 진핵생물의 발생과정에서 나타나는 복잡한 유전자 상호작용을 분자수준에서 설명한다. 23장에서는 유전에 대한 이해와 분자 유전 기술의 발전이 어떻게 암을 이해하고 암을 치료할 수 있는지 설명한다.

24장과 25장은 어떻게 분자 도구가 종과 관련된 정보와 시간에 따른 분자 수준의 게놈 변화에 대한 정보를 제공해 왔는지에 대한 관점에서 집단 유전학을 다룬다. 또한, 생물정보학을 집단 유전학과 결합하여 인간의 조상을 추적하고 복잡한 특성을 조절하는 유전자를 동정할 수 있는지 설명한다.

책 전반에 걸쳐, 우리는 멘델, 왓슨, 크릭, 인간 유전체 프로젝트의 공동연구자에 이르기까지 이 분야에서 기발한 연구자들의 과학적 추론을 제시한다. 우리는 독자들이 유전학은 단순한 데이터와 사실의 집합이 아니라, 뛰어난 개인의 기여에 의한 인간의 노력이라는 것을 알게 되기를 바란다.

학생 친화적인 그림

디지털 구성 요소가 점점 더 중요해짐에 따라 저자인 피셔 박사가 디지털 편집자로서 이중 역할을 7판에서 계속 하게 되어 매우 기쁘다. 피셔 박사는 텍스트와 디지털 간의 중요한 일관성을 보장한다.

우리는 학생이 유전학에 대한 더 깊은 이해로 도약할 수 있도록 많은 노력을 기울였다. 이 책의 많은 특성들은 이러한 목표를 염두에 두고 개발되었다.

- **일관성**: 《유전학: 유전자에서 유전체까지》는 학생들이 이 책을 통해 개념을 모두 습득할 수 있도록 친근하면서도 집중할 수 있는 독서 스타일로 되어 있다. 학생들이 집중력 있게 지속적으로 읽을 수 있도록 집필하도록 노력하였다.
- **시각화한 유전학**: 이 책을 위해 개발된 매우 특수화된 미술 프로그램을 통해 유전학의 이해를 최대한 돕는 시각적 표현의 사진과 삽화를 제공한다. 그림의 특징은 복잡한 프로세스를 단계별 그림으로 구분하여 학생의 이해도를 높였다. 그림의 특징은 복잡한 프로세스를 단계별 그림으로 구분하여 학생의 이해도를 높였다. 모든 삽화는 일관된 색상으로 표시되어 예를 들어, 인산염 그룹이나 mRNA의 표시는 모든 그림에서 동일한 색상으로 표현하였다.
- **접근성**: 학생의 수준에서 최첨단 내용을 이해하는 것이 본 책의 목표이다. 복잡한 설명을 체계화하기 위해 몇 차례의 개정을 통해 새롭게 분류하고 세분화하였다. 범례는 가장 중요한 정보에 초점을 맞추기 위해 가장 중요한 아이디어, 주제, 실례만 선택하여 간소화하였다.
- **문제 해결**: 문제를 해결하는 기술의 개발은 학생들에게 매우 중요하다. 저자들은 신중하게 학생들의 문제해결능력을 향상시키도록 각 장의 마지막에 모음 문제를 만들었다.
- **문제 풀이**: 문제 해결의 단계별 과정에 대한 통찰력을 제공하는 완전한 답변으로 주제 자료를 다룬다.
- **연습 문제**: 다양한 수준의 난이도가 포함된 700개 이상의 문항이 탁월한 문제 해결 능력을 길러준다. 문제는 강사와 학생이 쉽게 이용할 수 있도록 단원별, 영역별 난이도가 높아지는 순으로 정리했다. 더 어려운 문제의 대부분은 교실에서 사례 연구로 사용하기 위해 쉽게 적용할 수 있을 것이다.

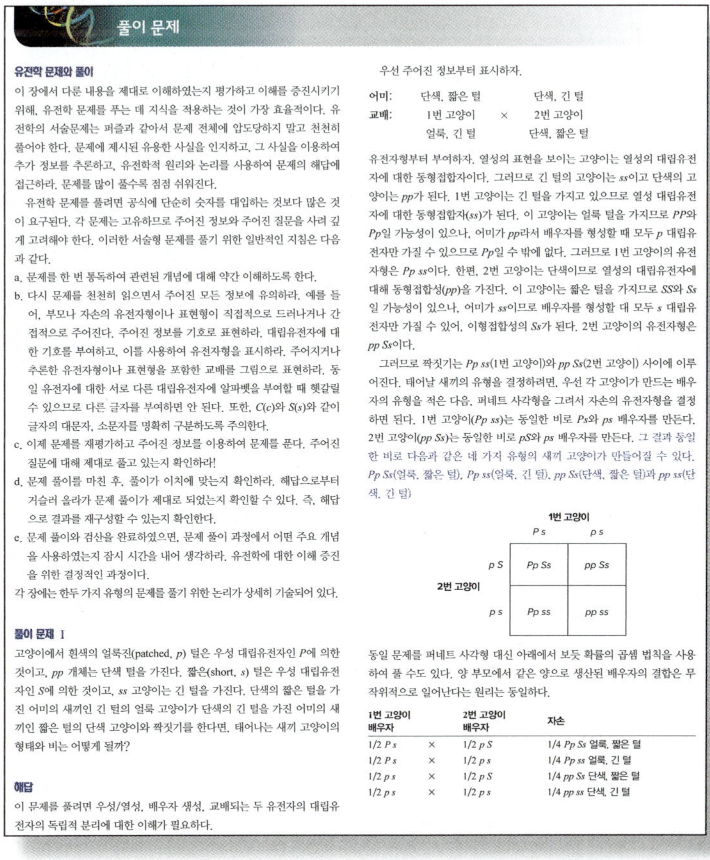

풀이 문제

유전학 문제와 풀이

이 장에서 다룬 내용을 제대로 이해하였는지 평가하고 이해를 증진시키기 위해, 유전학 문제를 푸는 데 지식을 적용하는 것이 가장 효율적이다. 유전학의 서술문제는 퍼즐과 같아서 문제 전체에 압도당하지 말고 천천히 풀어야 한다. 문제에 제시된 유용한 사실을 인지하고, 그 사실을 이용하여 추가 정보를 추론하고, 유전학적 원리와 논리를 사용하여 문제의 해답에 접근하라. 문제를 많이 풀수록 점점 쉬워진다.

유전학 문제를 풀려면 공식에 단순히 숫자를 대입하는 것보다 많은 것이 요구된다. 각 문제는 고유하므로 주어진 정보와 주어진 질문을 사려 깊게 고려해야 한다. 이러한 서술형 문제를 풀기 위한 일반적인 지침은 다음과 같다.

a. 문제를 한 번 통독하여 관련된 개념에 대해 약간 이해하도록 한다.
b. 다시 문제를 천천히 읽으면서 주어진 모든 정보에 유의하라. 예를 들어, 부모나 자손의 유전자형이나 표현형이 직접적으로 드러나거나 간접적으로 주어진다. 주어진 정보를 기호로 표현하라. 대립유전자에 대한 기호를 부여하고, 이를 사용하여 유전자형을 표시하라. 주어지거나 추론한 유전자형이나 표현형을 포함한 교배를 그림으로 표현하라. 동일 유전자에 대한 서로 다른 대립유전자에 알파벳을 부여할 때 헷갈릴 수 있으므로 다른 글자를 부여하면 안 된다. 또한, $C(c)$와 $S(s)$와 같이 글자의 대문자, 소문자를 명확히 구분하도록 주의한다.
c. 이제 문제를 재평가하고 주어진 정보를 이용하여 문제를 푼다. 주어진 질문에 대해 제대로 풀고 있는지 확인하라!
d. 문제 풀이를 마친 후, 풀이가 이치에 맞는지 확인하라. 해답으로부터 거슬러 올라가 문제 풀이가 제대로 되었는지 확인할 수 있다. 즉, 해답으로 결과를 재구성할 수 있는지 확인한다.
e. 문제 풀이와 검산을 완료하였으면, 문제 풀이 과정에서 어떤 주요 개념을 사용하였는지 잠시 시간을 내어 생각하라. 유전학에 대한 이해 증진을 위한 결정적인 과정이다.

각 장에는 한두 가지 유형의 문제를 풀기 위한 논리가 상세히 기술되어 있다.

풀이 문제 1

고양이에서 흰색의 얼룩진(patched, p) 털은 우성 대립유전자인 P에 의한 것이고, pp 개체는 단색 털을 가진다. 짧은(short, s) 털은 우성 대립유전자인 S에 의한 것이고, ss 고양이는 긴 털을 가진다. 단색의 짧은 털을 가진 어미의 새끼인 긴 털의 얼룩 고양이가 단색의 긴 털을 가진 어미의 새끼인 짧은 털의 단색 고양이와 짝짓기를 한다면, 태어나는 새끼 고양이의 형태와 비는 어떻게 될까?

해답

이 문제를 풀려면 우성/열성, 배우자 생성, 교배되는 두 유전자의 대립유전자의 독립적 분리에 대한 이해가 필요하다.

우선 주어진 정보부터 표시하자.

어미:	단색, 짧은 털		단색, 긴 털
교배:	1번 고양이	×	2번 고양이
	얼룩, 긴 털		단색, 짧은 털

유전자형부터 부여하자. 열성의 표현을 보이는 고양이는 열성의 대립유전자에 대한 동형접합자이다. 그러므로 긴 털의 고양이는 ss이고 단색의 고양이는 pp가 된다. 1번 고양이는 긴 털을 가지고 있으므로 열성 대립유전자에 대한 동형접합자(ss)가 된다. 이 고양이는 얼룩 털을 가지므로 PP와 Pp일 가능성이 있으나, 어미가 pp라서 배우자를 형성할 때 모두 p 대립유전자만 가질 수 있으므로 Pp일 수 밖에 없다. 그러므로 1번 고양이의 유전자형은 $Pp\ ss$이다. 한편, 2번 고양이는 단색이므로 열성의 대립유전자에 대해 동형접합성(pp)을 가진다. 이 고양이는 짧은 털을 가지므로 SS와 Ss일 가능성이 있으나, 어미가 ss이므로 배우자를 형성할 대 모두 s 대립유전자만 가질 수 있어, 이형접합성의 Ss가 된다. 2번 고양이의 유전자형은 $pp\ Ss$이다.

그러므로 짝짓기는 $Pp\ ss$(1번 고양이)와 $pp\ Ss$(2번 고양이) 사이에 이루어진다. 태어날 새끼의 유형을 결정하려면, 우선 각 고양이가 만드는 배우자의 유형을 적은 다음, 퍼네트 사각형을 그려서 자손의 유전자형을 결정하면 된다. 1번 고양이($Pp\ ss$)는 동일한 비로 Ps와 ps 배우자를 만든다. 2번 고양이($pp\ Ss$)는 동일한 비로 pS와 ps 배우자를 만든다. 그 결과 동일한 비로 다음과 같은 네 가지 유형의 새끼 고양이가 만들어질 수 있다. $Pp\ Ss$(얼룩, 짧은 털), $Pp\ ss$(얼룩, 긴 털), $pp\ Ss$(단색, 짧은 털)과 $pp\ ss$(단색, 긴 털)

2번 고양이 \ 1번 고양이	Ps	ps
pS	$Pp\ Ss$	$pp\ Ss$
ps	$Pp\ ss$	$pp\ ss$

동일 문제를 퍼네트 사각형 대신 아래에서 보듯 확률의 곱셈 법칙을 사용하여 풀 수도 있다. 양 부모에서 같은 양으로 생산된 배우자의 결합은 무작위적으로 일어난다는 원리는 동일하다.

1번 고양이 배우자		2번 고양이 배우자	자손
1/2 $P\ s$	×	1/2 $p\ S$	1/4 $Pp\ Ss$ 얼룩, 짧은 털
1/2 $P\ s$	×	1/2 $p\ s$	1/4 $Pp\ ss$ 얼룩, 긴 털
1/2 $p\ s$	×	1/2 $p\ S$	1/4 $pp\ Ss$ 단색, 짧은 털
1/2 $p\ s$	×	1/2 $p\ s$	1/4 $pp\ ss$ 단색, 긴 털

역자 서문

2022년도 한국유전학회 유전학 강의용 대학교재 발간 사업의 일환으로 출판위원회에서 Leland H. Hartwell 등이 저술한《Genetics: from Genes to Genomes, 7판》번역서를 출간하게 되어 매우 기쁘게 생각합니다. 본 원서는 전 세계적으로 유수한 대학에서 강의가 진행되고 있으며 내용과 그림의 연계를 비롯한 구성 자료가 풍부하고 기본 개념에서 첨단 유전학 분야까지 폭넓게 다루고 있어 널리 호평을 받고 있습니다. 이에 유전학 연구 분야에서 훌륭한 업적과 풍부한 강의 경험을 가지신 25분의 교수 및 연구책임자급으로 번역진을 구성하여 8개월여 만에 번역서를 출판할 수 있게 되었습니다. 한국유전학회가 출간한 2016년 5판 번역에 이어 근 7년만의 번역서로 학생들의 눈높이에 맞춘 유전학 대학교재로 많은 도움이 되길 역자 모두 마음을 담았습니다.

본 번역서는 전통 유전학과 분자유전학 및 유전체학 뿐만 아니라 나아가 유전체에 대한 최신 디지털 분석, 질병과 암과 관련된 인간유전학, 생명체의 통일성과 분자 진화에 이르기까지 광범위한 내용을 심도 있게 다루어 유전학 기본 개념을 명확히 할 뿐 아니라 주요한 최신 주제에 대한 내용을 다각도로 소개하고 있습니다. 이론적 지식을 좀 더 잘 이해할 수 있도록 실제 사례들을 다양하게 제시하고 있으며 각 장마다 유전학적 내용과 사회적인 이슈를 연계하는 흥미로운 사건들을 소개함으로써 공부하는 재미와 흥미를 더하게 합니다. 각 장의 마지막에는 핵심 개념을 따로 정리하여 이해를 더욱 명확히 하고 다양한 문제풀이를 통해 배우는 학생들이 쉽고 흥미롭게 이해하도록 하였습니다. 본 책의 내용을 모두 공부하고 나면 유전학에 대한 이론적 지식과 함께 유전학적 연구 분야와 산업화 응용분야에 대한 강한 매력을 느낄 수 있으리라 봅니다.

번역에 있어서 용어 선택은 2015년 출판된 생물학용어집(한국생물과학협회편, 바이오사이언스, 서울)과 5판에 있는 용어를 사용하는 것을 원칙으로 하였습니다. 7판에서 나오는 새로운 용어의 해석 및 적용을 위해 정기화 교수님(2021년 한국유전학회 회장)께서 번역과 감수를 맡아 좀 더 적절한 용어 선택과 일관된 용어 사용에 노력했습니다. 또한 김현희 전 출판위원장님과 출판위원회 여러 분들의 노고로 5판 번역서의 완성도가 높아 이번 번역서는 따로 감수위원회를 만들지 않고, 이 책 전체의 초교, 재교, 삼교에 이르는 모든 번역과정들을 각 단원을 맡으신 역자 분들이 책임감을 갖고 전담해 주셨습니다. 여러 번의 번역자 확인과정을 거쳐 출판하게 되었으나, 혹 의도하지 않은 오류나 오탈자가 있을 수도 있을 것입니다. 본 번역서를 사용하시다가 발견되는 모든 오류에 대해 깊이 송구하게 생각하며 추후 출판사나 한국유전학회로 알려 주시면 다음 번역서가 보다 나은 완성으로 이어지는데 도움이 될 것입니다.

바쁘신 가운데 계획된 일정에 맞추어 출판할 수 있도록 헌신적으로 번역 및 감수를 해 주신 모든 번역진 교수님들과 교문사 편집부를 비롯한 많은 관계자 분들께 본 서문을 통해 진심으로 감사를 드립니다. 마지막으로 본 번역서가 출판되기까지 지대한 관심으로 많은 시간을 할애 해주신 번역진과 항상 관심과 격려와 지원을 아끼지 않으신 정기화 교수님을 비롯한 회원님들께 깊은 존경과 감사를 드리며 교문사 대표님과 수고해주신 임직원 여러분들께도 마음을 담아 감사를 드립니다.

2022년 1월

한국유전학회 출판위원장

동아대학교 바이오메디컬학과 임선희

번역진

		한국유전학회 출판위원장	임선희
chapter 1	성균관대학교	융합생명공학과	전영준
chapter 2	서울시립대학교	생명과학과	정연두
chapter 3	제주대학교	생물학과	김세재
chapter 4	목포대학교	생명과학과	서승석
chapter 5	경북대학교	자연과학대학 생물학전공	김언경
chapter 6	건국대학교	생명과학과	이임순
chapter 7	건국대학교	시스템생명공학과	심용희
chapter 8	고신대학교	의과대학 기초의학교실	차희재
chapter 9	동아대학교	바이오메디컬학과	이종호
chapter 10	국민대학교	바이오발효융합학과	이영석
chapter 11	조선대학교	의생명과학과	김정수
chapter 12	서울대학교	의과학과	최무림
chapter 13	서울대학교	제약학과	박성규
chapter 14	강원대학교	분자생명과학과	김남수
chapter 15	삼육대학교	화학생명과학과	김현희
chapter 16	숙명여자대학교	생명시스템학부	김민정
chapter 17	카이스트	의과학대학원	한진주
chapter 18	삼육대학교	화학생명과학과	황윤정
chapter 19	부산대학교	생명과학과	정영미
chapter 20	인제대학교	의과대학 의학과	이주미
chapter 21	부산대학교	생물교육과	김태경
chapter 22	충남대학교	의과대학	차광호
chapter 23	차의과학대학교	의생명과학과	김남근
chapter 24	공주대학교	환경교육과	정민걸
chapter 25	공주대학교	생명과학과	정기화

간략한 차례

PART I

기본 원리: 형질이 어떻게 전달되는가?

1 멘델의 유전법칙 15
2 멘델 법칙의 확장 39
3 염색체와 유전 75
4 성염색체 97
5 연관, 재조합 그리고 염색체상의 유전자지도 작성 120

PART II

유전자란 무엇이며 어떤 일을 하는가?

6 DNA 구조, 복제 그리고 재조합 163
7 돌연변이 199
8 돌연변이를 이용하여 유전자를 살피다 222
9 유전자 발현: DNA로부터 RNA, 단백질로의 정보 전달 247

PART III

유전정보의 분석

10 유전체의 디지털 분석 289
11 유전체 주석 310
12 유전체 변이 분석 332

PART IV

유전자가 염색체에서 여행하는 방법

13 진핵세포 염색체 370
14 염색체 구조적 재배열 396
15 배수성 426
16 세균유전학 441
17 소기관 유전 472

PART V

유전자 발현 조절 방법

18 원핵생물의 유전자 조절 494
19 진핵생물의 유전자 조절 524
20 후성유전학 550

PART VI

유전학 이용하기

21 진핵생물의 유전체 조작 569
22 발생의 유전학적 조절 596
23 암 유전학 629

PART VII

각각의 유전자와 유전체를 넘어서

24 집단 내 변이와 선택 658
25 복합 형질의 유전적 분석 687

연습 문제 해답 712
용어해설 752
찾아보기 771

차례

저자에 대하여 5

저자 서문 6

역자 서문 8

PART I

Lawrence Manning/Corbis

기본 원리: 형질이 어떻게 전달되는가?

chapter 1

멘델의 유전법칙 15

1.1 유전의 수수께끼 16

1.2 멘델에 의한 유전 분석 18

1.3 인간에서의 멘델의 유전법칙 28

chapter 2

멘델 법칙의 확장 39

2.1 단일 유전자 유전에서 멘델 법칙의 확장 40

2.2 두 유전자 유전에서 멘델 법칙의 확장 49

2.3 복합 형질에서 멘델 법칙의 확장 60

2.4 자세한 사례: 강아지 털 색깔 유전자들 64

chapter 3

염색체와 유전 75

3.1 염색체: 유전자 운반체 76

3.2 유사분열: 염색체 수를 보존하는 세포분열 79

3.3 감수분열: 염색체 수를 반으로 줄이는 세포분열 84

■ 유전학과 사회: 태아의 유전적 진단 78

chapter 4

성염색체 97

4.1 성염색체와 성 결정 98

4.2 배우자형성 102

4.3 성 연관 104

4.4 인간의 성 연관과 성적 이형 형질 108

4.5 인간의 간성 112

■ 빠르게 살펴보기: 형질전환 생쥐를 이용하여 SRY 유전자가 남성 성 결정자임을 증명하였다 100

■ 빠르게 살펴보기: 형질전환 생쥐에서 X-염색체 비활성화에 대한 시각화 111

chapter 5

연관, 재조합 그리고 염색체상의 유전자지도 작성 120

5.1 유전자 연관과 재조합 121

5.2 재조합: 감수분열 동안의 교차 결과 125

5.3 지도작성: 염색체상에 유전자 자리 부여 130

5.4 카이 제곱 검정과 연관 분석 140

5.5 균류에서의 사분체 분석 143

5.6 유사분열 재조합과 유전적 모자이크 152

■ 빠르게 살펴보기: 정자의 염색체를 생성하는 교차지도작성 137

■ 빠르게 살펴보기: 유전자지도 작성은 낭 섬유증의 치료를 이끌 수 있다 139

■ 유전학의 기술: 적합도를 알기 위한 카이 제곱 검정 142

■ 유전학과 사회: 유사분열 재조합과 암 형성 154

PART II

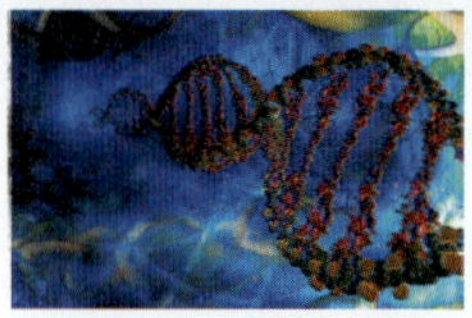

Adrian Neal/Getty Images

유전자란 무엇이며 어떤 일을 하는가?

chapter 6

DNA 구조, 복제 그리고 재조합 163

6.1 DNA가 유전물질임을 증명한 실험적 증거 164
6.2 왓슨과 크릭의 DNA 이중 나선 모델 169
6.3 DNA 염기배열에 담겨있는 유전정보 174
6.4 DNA 복제 176
6.5 DNA 수준에서의 상동 재조합 183
6.6 위치-특이적 재조합 192

chapter 7

돌연변이 199

7.1 돌연변이: 유전적 분석의 주요한 수단 200
7.2 DNA 염기서열 변형의 분자기작 204
7.3 DNA 수선기작 213
■ 빠르게 살펴보기: 세 뉴클레오타이드 반복 질환 212

chapter 8

돌연변이를 이용하여 유전자를 살피다 222

8.1 돌연변이가 말해주는 유전자의 구조 223
8.2 돌연변이가 말해주는 유전자의 기능 231
8.3 종합적 예시: 시력에 영향을 주는 돌연변이 238

chapter 9

유전자 발현: DNA로부터 RNA, 단백질로의 정보 전달 247

9.1 유전암호 248
9.2 전사: DNA에서 RNA 만들기 257
9.3 번역: mRNA에서 단백질 만들기 265
9.4 진핵생물과 원핵생물에서 유전자 발현의 차이 273
9.5 돌연변이로 인한 유전자 발현 및 기능의 변화 275
■ 유전학과 사회: HIV와 역전사 261

PART III

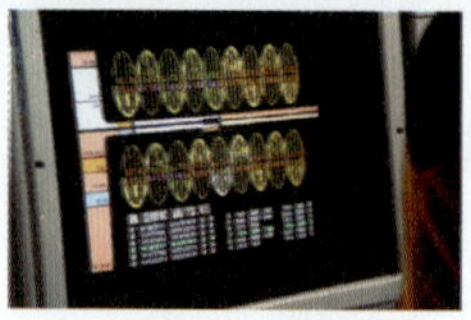

©CBS Photo Archive/Getty Images

유전정보의 분석

chapter 10

유전체의 디지털 분석 289

10.1 DNA의 절단 290
10.2 DNA 조각의 클로닝 295
10.3 DNA의 염기서열화 299
10.4 유전체의 염기서열화 303
■ 유전학의 기술: 과학에서의 뜻밖의 발견: 제한효소의 발견 292

chapter 11

유전체 주석 310

11.1 유전체에서 유전자 찾기 311
11.2 유전체 구조와 진화 316
11.3 생물정보학: 정보기술과 유전체 324
11.4 통합 예제: 헤모글로빈 유전자 325

chapter 12

유전체 변이 분석 332

12.1 유전체 간의 변이 333
12.2 질병 유발 변이의 유전형 검사 337
12.3 유전체 상의 DNA 변이 찾아내기 343
12.4 위치 클로닝 348
12.5 전장유전체 염기분석법의 시대 355
■ 빠르게 살펴보기: 유전 가계도 분석의 법의학적 적용 346
■ 유전학의 기술: 로드 스코어 통계 353

PART IV

유전자가 염색체에서 여행하는 방법

(left): Texas A&M University/FEMA/HandoutGetty Images; (right): ©Alpha/ZUMAPRESS/Newscom

chapter 13

진핵세포 염색체 370

13.1 염색체 DNA와 단백질 371
13.2 염색체 구조와 응축 372
13.3 염색체의 포장과 유전자 발현 377
13.4 진핵세포 염색체의 복제 382
13.5 염색체 분리 386
13.6 인공 염색체 389

chapter 14

염색체 구조적 재배열 396

14.1 염색체 DNA의 재배열 397
14.2 염색체 구조 재배열의 효과 401
14.3 전이인자들 411
14.4 유전체 재구성과 진화 418
■ 빠르게 살펴보기: 예정된 DNA 재배열과 면역계 398

chapter 15

배수성 426

15.1 염색체 수의 변이 : 이수성 427
15.2 염색체 세트 수의 변이 : 정배수성 430
15.3 진화의 원동력으로서의 전장유전체 복제 436

chapter 16

세균 유전학 441

16.1 세균의 다양성 442
16.2 세균 유전체 443
16.3 실험생물로서의 세균 448
16.4 세균에서의 유전자 전달 450
16.5 세균의 유전적 분석 462
16.6 심화학습 : 어떻게 임질균이 페니실린 내성을 가지게 되었을까 464
■ 유전학과 사회: 인간 마이크로바이옴 사업 447

chapter 17

소기관 유전 472

17.1 미토콘드리아와 미토콘드리아의 유전체 473
17.2 엽록체와 엽록체의 유전체 476
17.3 세포 소기관 유전체와 핵 유전체의 관계 479
17.4 미토콘드리아와 엽록체의 비멘델성 유전 480
17.5 돌연변이 미토콘드리아와 사람의 질병 486
■ 빠르게 살펴보기: 미토콘드리아 이브 484

PART V

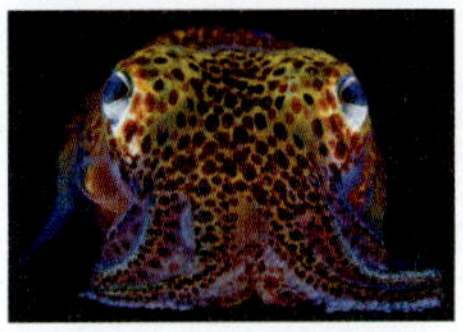

유전자 발현 조절 방법

©Courtesy of Mattias Ormsestad and Eric Roettinger/Kahi Kai

chapter 18

원핵생물의 유전자 조절 494

18.1 원핵생물 유전자 발현의 요소들 495
18.2 DNA-결합 단백질들에 의한 전사 개시의 조절 496
18.3 RNA에 의해 매개되는 유전자 조절 기전 508
18.4 세균 유전자 조절 기작의 발견과 그 이용 512
18.5 포괄적인 예: 정족수 감지에 의한 생체발광의 조절 517

chapter 19

진핵생물의 유전자 조절 524

19.1 진핵생물 유전자 발현 조절 개요 525
19.2 인핸서를 통한 전사 개시의 조절 525
19.3 전사 후 조절 536
19.4 포괄적인 예: 초파리의 성 결정 541
■ 유전학의 기술: Gal4/UAS_G 이진 발현 시스템 532

chapter 20

후성유전학 550

20.1 유전체 각인 551
20.2 세포 분열동안 예정된 유전자 억제의 유전성 555
20.3 세대 간 후성유전학적 유전 558
20.4 포괄적인 예: 생쥐에서의 후성유전학적 유전 561

PART VI

©Michael Goldberg, Cornell University, Ithaca, NY

유전학 이용하기

chapter 21

진핵생물의 유전체 조작 569

21.1 형질전환 생물체 제작 570

21.2 형질전환 생물체 사용 573

21.3 표적 돌연변이화 578

21.4 인간 유전자 치료 586

■ 유전학의 기술: 체세포 핵치환을 이용한 동물복제 576

■ 유전학의 기술: 어떻게 세균이 CRISPR/Cas9를 이용하여 바이러스에 대해 저항할 수 있는가 585

■ 유전학과 사회: 우리가 인간의 생식세포 유전체를 변형해야만 할까? 589

chapter 22

발생의 유전학적 조절 596

22.1 모델 개체(동물 모델): 발생유전학을 위한 프로토 타입 597

22.2 돌연변이 유발 스크린 599

22.3 유전자 작동 시간 및 위치의 확인 605

22.4 발생 과정에서 유전자 발현 순서 결정 608

22.5 포괄적인 예: 노랑초파리에서 body plan의 발달 610

chapter 23

암 유전학 629

23.1 암세포의 특징 630

23.2 암의 유전적 기초 632

23.3 세포분열은 어떻게 정상적으로 조절되는가 635

23.4 돌연변이는 어떻게 암을 발생시키는가 641

23.5 맞춤 암 치료 647

■ 유전학의 기술: 효모의 세포주기 돌연변이 분석법 639

PART VII

©Sue Flood/Oxford Scientific/Getty Images

각각의 유전자와 유전체를 넘어서

chapter 24

집단 내 변이와 선택 658

24.1 하디-바인베르그 법칙: "이상" 집단 내 유전 변이의 예측 659

24.2 실제 집단에서 무엇이 대립유전자 빈도의 변화를 일으키는가? 666

24.3 현대 인류의 진화와 혈통 676

chapter 25

복합 형질의 유전적 분석 687

25.1 유전력: 복합 형질에 대한 유전적 영향과 환경적 영향 688

25.2 양적 형질 좌위(QTL)의 지도작성 697

■ 유전학의 기술: 독립성에 대한 카이제곱 검정 704

연습 문제 해답 712

용어해설 752

찾아보기 771

chapter 1

멘델의 유전법칙

©Lawrence Manning/Corbis

멘델의 법칙은 개체가 특정한 유전적인 구성을 가질 확률을 예측할 수 있지만, 실제의 유전적인 운명은 특정 암수 배우자가 만날 가능성에 의해 결정된다.

개요

- 1.1 **유전의 수수께끼**
- 1.2 **멘델에 의한 유전 분석**
- 1.3 **인간에서의 멘델의 유전법칙**

가족사진을 보면 사진 속의 어린이가 한 쪽 부모를 닮았다거나 두 부모의 조합임을 쉽게 알 수 있다. 하지만 어떤 어린이는 사진 속의 친척들과는 다르나 오히려 고조부모와 닮은 경우도 있다. 이렇게 생김새가 비슷하거나 다르고, 또 세대를 건너뛰게 하는 요인은 무엇일까?

그 답은 바로 생물학적 정보의 기본 단위인 **유전자**(gene)와 유전자가 전달하는 생리적 · 해부적 · 행동적 형질의 **유전**(heredity)에 있다. 사람은 하나의 수정란에서 시작하여 분열과 분화를 통해 몸의 모든 기능을 수행하고 겉모습을 조절할 수 있는 특화된 100조(10^{14}) 개의 세포로 구성된 성체로 발생한다. 한 세대에서 다음 세대로 전달된 유전자는 모든 유전적인 형질 형성의 근간을 이룬다. 당신이 가지고 있는 모든 유전자인 **유전체**(genome)는 턱의 골이 있는지, 나이 들면서 탈모가 진행될지, 머리카락, 눈동자, 피부색뿐만 아니라, 심지어 특정 질병에 대한 감수성도 결정한다. 이러한 형질들은 예측 가능한 형태로 가계로 전달되어 어떤 형질이 나타날지 또는 나타나지 않을지 알 수 있다.

유전의 과학인 **유전학**(genetics)은 유전을 결정하는 생물학적 구조와 기작에 대한 정확한 설명을 추구한다. 유전자와 형질의 관계가 대단히 단순한 경우가 있다. 그 예로 낫형적혈구빈혈증이 있는데, 이는 단 한 개 유전자의 한 가지 변이로 인해 적혈구의 헤모글로빈 분자에 결함이 생긴 것이다. 이와 달리 유전자와 형질의 관계가 매우 복잡한 경우도 있다. 그 일례로 여러 유전자가 상호작용하여 친구의 얼굴을 인식하는 특징을 들 수 있다.

아우구스티누스 수도회 승려이자 식물을 매우 잘 키웠던 그레고르 멘델(Gregor Mendel, 1822~1884; **그림 1.1**)은 19세기 중반에 유전학의 기본 원리를 발견하였다. 그는 자신의 연구결과를 다윈(Darwin)의 〈**종의 기원**(On the Origin of Species)〉이 발표된 지 겨우 7년 후인 1966년에 발표하였다. 멘델은 오스트리아의 수도원에(**그림 1.2**) 살면서 명확하게 구분이 가능한 콩의 형질(예를 들어, 꽃잎이 보라색 또는 흰색인 경우, 완두 색깔이 노란색 또는 초록색인 경우)이 어떻게 유전되는지 연구하였다. 이를 통해 어떤 형질이 나타나고 사라지며, 어떤 세대에서 다시 나타날지 예측하고 증명할 수 있는 유전 법칙을 추론해냈다.

멘델의 법칙은 관찰되는 형질은 현재 우리가 유전자라고 부르는 유전의 독립적인 단위에 의해 결정된다는 가정에 기반을 두고 있다. 오늘날 유전자는 특이 단백질이나 특정한 종류의 RNA를 암호화하는 DNA의 부위로 정의한다. 그러나 멘델에게 유전자는 상상의 입자로서 알 수 없는 기작으로 보이는 추상적인 개념이었다.

멘델이 유전법칙을 상세히 다루면서 네 가지 일반적인 주제를 도출할 수 있다. 첫 번째, 형질이 다르게 나타나는 변이(variation)는 자연계에 흔히 나타난다. 이러한 유전적 다양성은 지속적으로 진화하는 생명의 다양성을 제공한다. 둘째, 한 세대에서 다음 세대로 유전자를 추적하기 위해서는 관찰 가능한 변이가 필수적이다. 셋째, 변이는 멘델의 유전 법칙을 따라 유전되며, 이는 가족 내에서 한 개인이 다른 사람들과 몇몇 특징을 비슷하게 가지고 있는 반면 몇몇 특징이 다른 것을 설명한다. 넷째, 멘델이 유전에 대해 발견한 법칙은 유성생식을 하는 모든 생물(원생동물에서 완도, 인간에 이르기까지)에 동등하게 적용할 수 있다.

그림 1.1 그레고르 멘델. 실험용 식물을 손에 쥐고 있는 사진으로 1862년에 촬영한 것이다. *Source: Science*

그림 1.2 멘델의 정원. *Source: Biophoto Associates/Science*

1.1 유전의 수수께끼

학습 목표

1. 멘델의 실험적 접근법이 현대의 과학탐구와 어떻게 유사한지 비교한다.
2. 멘델의 완두 자가 수정과 타가 수정 방법을 설명한다.
3. 멘델이 완두의 교배 프로그램에 상호교배를 포함시킨 것에 대한 중요성을 설명한다.
4. 멘델의 보라색과 흰색 꽃처럼 대립형질을 갖는 순계의 식물을 교배하였을 때 생산될 후손의 형질을 예측한다.

그레고리 멘델(Gregor Mendel)은 최초로 자료 수집, 분석 및 이론을 통합하여 유전에 대한 진정한 원리를 밝혔다. 그 이전의 수천 년 동안 행해진 유일한 유전적인 실행이라면 원하는 특징을 가진 농작물과 가축을 선택적으로 교배하는 정도였다. **인위 선택**(artificial selection)이라고 불리는 해당 과정은 인간의 역사에 있어서 막대한 중요성을 갖는다. 예를 들어, 사람들은 더 잘 자라거나 혹은 더욱 경작하기 쉬운 식물의 인위선택을 수행하여 잡초 같은 식물들을 쌀, 밀, 옥수수 그리고 토마토로 개량하였다. 비슷한 방법을 이용하여 가치 있는 수백 품종의 개뿐만 아니라 양, 돼지 그리고 소 무리가 발달되었다.

많은 성취에도 불구하고, 인위선택은 '모 아니면 도' 성질을 가지고 있기에 제한적이었다, 바람직한 특징으로 선택이 된 부모는 항상 그들보다 더 좋은, 심지어는 그들과 동등한 특징을 가진 자손을 형성하지 않았다. 이러한 예측 불가능함은 놀라운 것이 아니었다. 왜냐하면 멘델 이전 시대에는 많은 오해들이 유전에 대한 사람들의 인식을 흐릿하게 하였기 때문이다.

멘델은 새로운 실험적인 접근법을 고안하였다

선택적인 번식(selective breeding)의 결과를 해석하는 데에 있어서 두 가지 오류가 사람들을 오해하게 만들었다. 그 하나는 한쪽 부모만이 후손의 유전에 기여한다는 잘못된 인식으로, 초창기 현미경 학자 중 한 사람인 니콜라스 하르트수커(Nicolaas Hartsoeker)는 1694년 정자 속에 있는 완전히 형체를 갖춘 **작은 인간**(homunculus) (**그림 1.3**)에 의해 남성이 생겨난다고 주장하였다. 또 다른 잘못된 생각은 **혼합 유전**(blended inheritance)의 개념인데, 이는 파란색과 노란색 색소가 화가의 팔레트에서 혼합되어 초록색이 되듯 부모의 형질이 혼합되어 자손에서 영원히 바뀐다는 것이다. 이러한 혼합 이론은 자신들의 형질이 자손에서 어떠한 조합으로 나타날 수 있을지를 생각하게 했다. 그러나 부모 형질의 조합으로 보이는 자식들이 혼합에 의한 것으로 설명할 수 있을지라도, 형제자매간의 분명한 차이점이나 가족 내의 변이가 지속적으로 나타나는 현상에 대해서는 설명할 수 없었다.

멘델이 앞선 연구자들과 다르게 한 것은 무엇인가? 첫째로 그는 실험 재료로 **완두**(*Pisum sativum*)를 사용하였다(**그림 1.4a**와 **1.4b**).

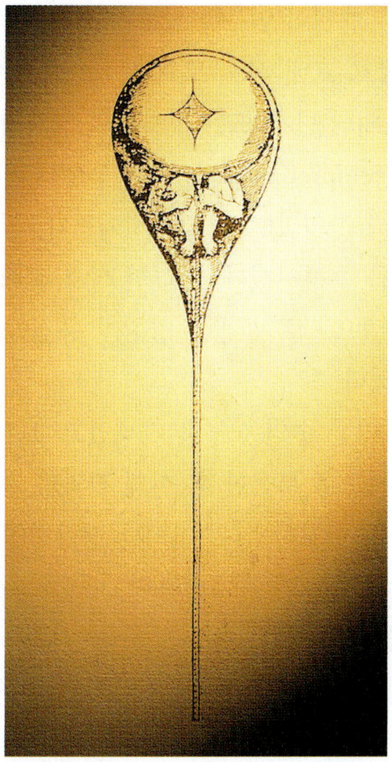

그림 1.3 작은 인간: 잘못된 생각. 19세기까지만 해도 유명한 현미경학자들은 실제로 자신들이 정자의 머리 안에서 완전히 형태를 갖춘 축소된 태아가 쭈그리고 앉아 있는 것을 관찰하였다고 믿었다. *Source: Klaus Guldbrandsen/SPL/Science*

완두는 꽃에 암수 기관이 다 있어 보통 자가 수정 혹은 타가 수정을 하기에 용이하다. **자가 수정**(self-fertilization; selfing)은 동일한 식물 혹은 종종 동일한 꽃으로부터 난자와 꽃가루가 유래하는 것을 일컫는다. 완두는 난자와 꽃가루의 근접성 때문에 자주 자가 수정을 한다. **타가 수정**(cross-fertilize; cross)하기 위해, 멘델은 한 식물의 꽃에서 꽃밥을 제거하고(자가 수정을 막기 위해서), 다른 식물의 꽃가루를 옮겨 첫 번째 식물의 암술머리에 발랐다(**그림 1.4c**). 완두콩의 또 다른 이점으로 각각의 연속적인 세대에서, 멘델은 비교적 짧은 성장 시기 내에 많은 수의 개체를 얻어낼 수 있었다.

둘째, 멘델은 보라색 또는 흰색 꽃, 노란색 또는 초록색 콩과 같이 확실하게 양자택일이 가능한 특정 형질의 유전을 조사하였다. 양자택일이 가능한 형질을 이용하여 둘 중 한 가지 특징, 즉 중간 형태가 없는 **불연속적 형질**(discrete trait)의 유전을 명백하게 추적할 수 있었다. 불연속적 형질의 반대 개념은 **연속적 형질**(continuous trait)로, 사람에서 키나 피부색처럼 다양한 중간 형태를 가진 형질을 일컫는다.

셋째, 멘델은 완두의 순계를 수집하고 유지시켰다. **순계**(pure-breeding line 또는 true breeding line) 내에서 교배를 할 경우, 여러 세대를 거쳐도 부모의 특정 형질을 유지하는 자손을 생산할 수 있다. 이러한 순계는 여러 세대 동안 자체 내에서 교배를 하였기 때문에 **동계교배**(inbred)의 결과라고도 할 수 있다. 흰색 꽃을 가진 식물은 늘 흰색 꽃을 가진 자손을 생산하였고, 보라색 꽃을 가진 식물은 늘 보라색 꽃을 가진 자손을 생산하였다. 보라색 대 흰색 꽃이나 노란색 대 초록색 씨앗과 같이 일정하지만 상호 배타적인 양자택일의 형질을 멘델은 **대립쌍**(antagonistic pairs)이라고 명명하였으며, 총 7쌍을 연구하였다(**그림 1.5**). 멘델은 타가 수정을 하여 **잡종**(hybrid)을 형성하였다. 잡종이란 유전적으로 다른 부모에서 생산된 자손을 일컫

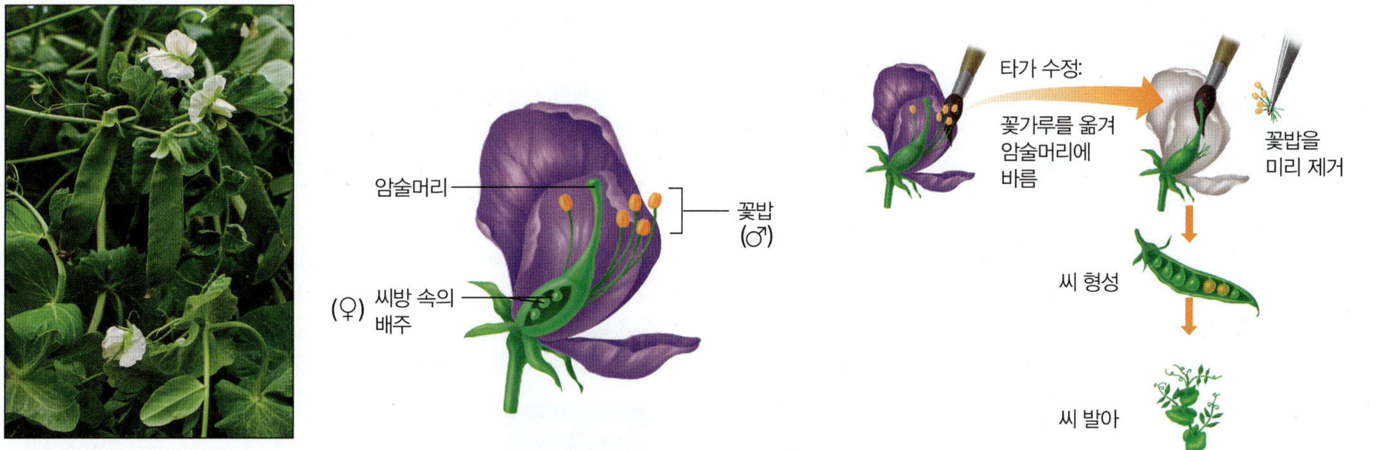

(a) 완두(*Pisum sativum*) **(b) 완두 꽃의 해부학적 구조** **(c) 타가 수분**

그림 1.4 멘델의 실험 재료인 완두. **(a)** 백색 꽃의 완두 식물. **(b)** 꽃가루는 꽃밥(anther)에서 생산된다. 성숙한 꽃가루는 꽃의 씨방(ovary)으로 연결된 암술머리(stigma)에 내려앉는데, 씨방은 나중에 콩깍지가 된다. 꽃가루가 암술머리에 닿은 후 꽃가루에서 관이 자라 나와 씨방을 지나 미성숙한 씨인 배주(ovule)에 도달하여 수정을 완료한다. **(c)** 자가 수정을 방지하기 위해 성숙한 꽃가루를 생산하기 이전에 모계의 꽃밥(그림에서는 흰색 꽃)을 제거한다. 그 후 부계의 꽃밥(그림에서는 보라색 꽃)으로부터 꽃가루를 붓에 묻혀 모계의 암술로 옮겨준다. 각각의 수정된 배주는 개별적으로 완두(성숙한 씨)가 되어 새로운 완두 식물로 자랄 수 있다. 단일 꽃으로부터 생산된 모든 완두는 동일한 콩깍지 안에 위치하지만 각기 다른 꽃가루의 배주로부터 생성된 것이다. *Source: (a): Andrea Jones Images/Alamy*

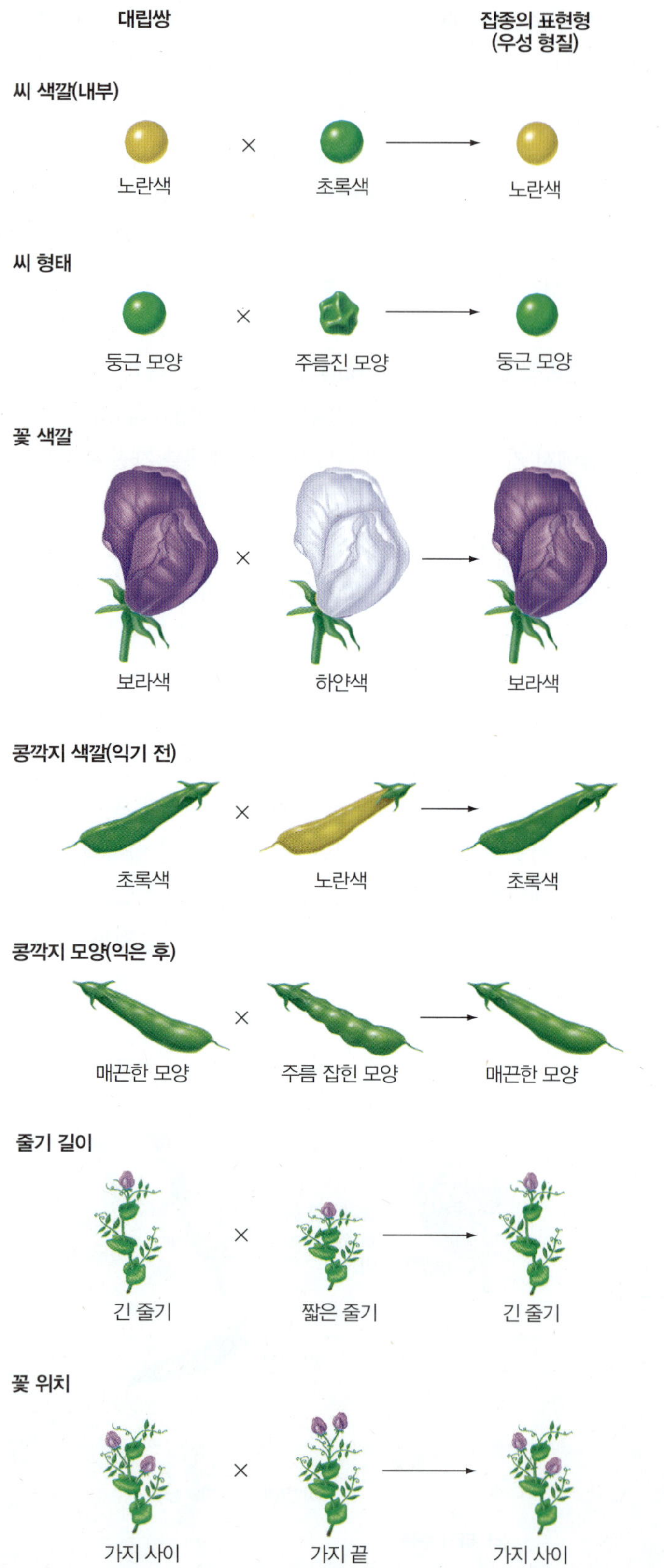

그림 1.5 대립형질을 가진 부모 간의 교배로 잡종을 만든다. 멘델이 연구한 완두콩은 7가지 대립형질을 가지며, 잡종을 나타내는 표현형이 부모 중 한 쪽의 형질만 나타내는 것에 유의하시오. 잡종에서 나타나는 부모의 형질을 우성 형질이라고 한다.

는다. 그림 1.5에는 멘델이 연구한 잡종의 모양을 볼 수 있다.

넷째, 멘델은 상호 교배 시 부모의 형질을 뒤집음으로써 특정 형질이 배주(ovule) 내의 난자 또는 꽃가루의 정자에서 유래하도록 조절하는 **상호 교배**(reciprocal cross)를 만들었다. 예를 들어, 보라색 꽃의 꽃가루로 흰색 꽃의 난자를 수정시키거나, 흰색 꽃의 꽃가루로 보라색 꽃의 난자를 수정시켰다. 이러한 상호 교배의 자손들이 동일한 결과를 보여주었으므로 멘델은 양친이 유전에 있어서 동일하게 기여함을 보여 주었다.

다섯째, 멘델은 많은 수의 식물을 다루었고, 모든 자손을 세고, 자신의 발견을 수리적으로 분석한 후 실제 결과와 자신의 모델에 기반하여 예측된 결과를 비교하였다. 이러한 정량적인 접근법으로 유전학을 연구한 사람은 멘델이 최초였으며, 멘델의 세심한 수리분석으로 유전의 기본 법칙이 반영된 유전 양상을 알아낼 수 있었다.

마지막으로, 멘델은 실제로 뛰어난 실험가였다. 예를 들어 식물의 키를 비교할 때, 키가 작은 식물이 큰 식물의 그늘에 가려져 성장에 방해가 되지 않도록 하였다. 간단히 말해서, 멘델은 단순화한 흑백 실험 체계를 구축하여 작용 양상을 알아냈다. 그는 상호 배타적인 두 가지 형태로 나타나는 별개의 특성을 살펴보고 관찰과 계산을 통해 이에 대한 질문의 답변을 얻어냈다.

핵심 개념 1.1

- 유전이 어떻게 일어나는지 모른 채 사람들은 수천 년 동안 경작식물과 가축을 인위적으로 선택해왔다.
- 멘델은 한 세대에서 다음 세대로 일정하게 유지되는 특이적인 형질을 가진 완두의 순계를 구축하였다.
- 멘델이 다른 형질을 가진 순계끼리 교배하였을 때, 잡종 후손은 언제나 한 부모의 특징을 나타냈다.
- 멘델의 실험에서 상호 교배된 잡종 후손은 양친의 암수에 상관없이 늘 같은 특징을 보였다.

1.2 멘델에 의한 유전 분석

학습 목표

1. 멘델의 분리의 법칙을 설명하고, 단성잡종 교배의 결과 제2자손 세대에서 표현형의 우성 대 열성의 비를 어떻게 3:1로 예측할 수 있는지 설명한다.
2. 단성잡종 교배와 검정교배를 구분한다.
3. 멘델의 독립의 법칙을 설명하고, 양성잡종 교배의 결과로 나타난 제2자손 세대 표현형의 비 9:3:3:1이 어떻게 이 법칙의 증거가 될 수 있는지 설명한다.

4. 후손의 표현형 비를 해석하여 특정 형질이 어떻게 유전되는지 추론한다.
5. 확률의 단순법칙을 사용하여 복잡한 다중잡종 교배의 후손이 갖는 유전자형과 표현형의 비를 예측한다.
6. 우성과 열성 대립유전자에 대한 가장 일반적인 분자수준의 설명을 인용한다.

1866년, 멘델은 "식물 잡종에 관한 실험"이라는 제목의 논문을 잘 알려지지 않은 저널에 게재했다. 멘델의 논문은 완두 식물에서 표현형의 유전을 기술하고, 언제 어떤 빈도로 표현형이 나타날지를 결정하는, 보이지는 않지만 논리적으로 추론한 단위(유전자)를 정의하였으며, 간단한 수학적인 용어로 유전자의 행동을 분석하여 예전에 생각하지 못했던 유전의 원리를 밝혔다. 이 논문은 결국 현대 유전학의 초석이 되었다. 이제 그의 통찰력을 살펴보도록 한다.

단성잡종 교배로 유전의 단위와 분리의 법칙을 알아내다

몇 가지 형질에 대한 순계를 구축한 후, 멘델은 종자의 색이나 줄기의 길이와 같이 한 가지 형질만 다른 개체 사이에서 일련의 교배를 수행하였다. 각 교배에서 한쪽 부모는 형질의 한 가지 형태를 갖고, 다른 쪽 부모는 동일 형질의 다른 형태를 가졌다. **그림 1.6**은 그러한 교배 중의 한 가지 예를 보여준다. 멘델은 순계의 초록색 완두와 순계의 노란색 완두를 심어 **부모**(parental; P) **세대**로 자라도록 하였다. 늦은 봄꽃이 필 때, '노란색 완두' 식물의 꽃가루를 '초록색 완두' 꽃의 암술머리에 발라주었다. 또한 '초록색 완두' 식물의 꽃가루를 '노란색 완두' 꽃의 암술머리에 바른 상호 교배도 수행하였다. 상호 교배에 따른 자손 완두콩을 가을에 수확하여 각각 분석한 결과, 두 가지 경우 모두 자손 완두콩이 노란색임을 발견하였다.

P 세대의 자손인 이 노란색 완두들이 **제1자손**(first filial; F_1) **세대**가 되었다. 초록색 형질이 완전히 사라진 것인지, 남아 있기는 하나 F_1 노란색 완두에 숨어 있는지 알아보기 위해 멘델은 이 완두를 심어 성숙한 F_1 식물을 얻은 후 자가 수정시켰다. 이와 같이 단일 형질에 대한 잡종으로 이루어지는 실험을 **단성잡종 교배**(monohybrid cross)라고 한다. 이후 멘델은 F_1 세대의 후손인 **제2자손**(second filial; F_2) **세대**를 수확하여 계수하였다. 일련의 F_1들을 자가 수정한 결과, F_2 세대에서 6022개의 노란색 완두와 2001개의 초록색 완두를 수확하였으며 노란색 대 초록색이 거의 3:1의 비를 얻었다. 교배를 역으로 수행하여 얻은 F_1 식물에서도 노란색 대 초록색의 비가 유사한 F_2 자손을 얻었다.

열성 형질의 재발견

F_2 세대에 초록색 완두가 나타남으로써 형질의 혼합이 일어나지 않았다는 확실한 증거를 얻었다. 혼합이 일어났다면 F_1 잡종에서 초록색 완두를 만드는 데 필요한 정보가 완전히 소실되었을 것이나, 그 정보는 완전하게 남아 제2세대에서 2001개의 초록색 완두를 형성하도록 지도하였다. 이 초록색 완두들은 P 세대의 초록색 완두와 구별할 수 없을 정도로 같았다.

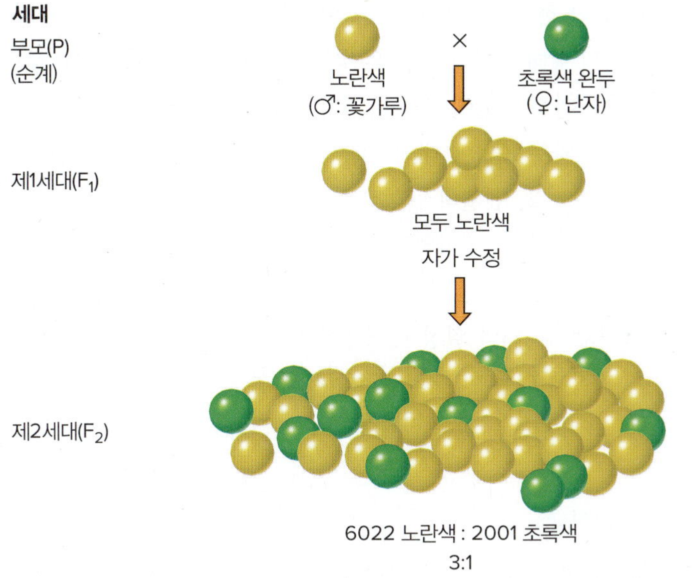

그림 1.6 단성잡종 교배. 순계의 부모 식물을 타가 수분하여 F_1 잡종을 생산하였더니 모두 한쪽 부모의 형질을 나타냈다. F_1 식물을 자가 수분하자 최초의 부모 형질을 3:1의 비로 나타내는 F_2 세대가 나왔다. 단순화시켜 완두콩을 심어 자라난 식물 혹은 완두콩은 그림으로 나타내지 않았다.

멘델은 P 세대의 순계 노란색 완두와 일부 초록색 자손을 만들어 내는 F_1 잡종 세대의 노란색 완두와 같은 두 가지 형태의 노란색 완두가 있다고 결론지었다. 후자의 노란색 완두는 초록색 완두의 잠재적인 정보를 가지고 있으며, 모든 F_1 잡종에 나타난 형질(이 경우 노란색 완두)을 **우성**(dominant, 그림 1.5 참조), F_1 잡종에 숨어 있으나 F_2 세대에 다시 나타난 대립적인 초록색 완두의 형질을 **열성**(recessive)이라 하였다. 그렇다면 멘델은 F_2 세대 완두의 노란색과 초록색의 3:1 비를 어떻게 설명하였을까?

유전자: 유전의 분리 단위

관찰 결과를 설명하기 위해 멘델은 각 형질에 대해 모든 식물은 각각 모친과 부친으로부터 물려받은 두 개의 단위를 가지고 있다고 제안하였다. 오늘날 우리는 이 유전의 단위를 **유전자**(genes)라 부른다. 각 단위는 특정 형질을 결정한다. 멘델의 실험에서 완두 식물은 완두콩 색깔에 대한 두 개의 유전자, 완두콩 모양에 대한 또 다른 두 개의 유전자, 줄기의 길이에 대한 제3의 두 개 유전자 등으로 구성된다.

나아가 멘델은 각 유전자가 양자택일의 양상을 가져 그 조합에 따라 대조적인 형질이 나타난다고 제안하였다. 오늘날 우리는 이러한 양자택일의 형태를 가진 단일 유전자를 **대립유전자**(allele)라고 한다. 예를 들어, 완두 색깔에 대한 유전자는 노란색과 초록색 대립유전자를 가지며, 완두 모양에 대해서는 둥근 것과 주름진 것에 대한 대립유전자를 갖는다. 멘델의 단성잡종 교배에서 각 유전자에 대한 대립유전자 중 하나는 우성이었고, 다른 하나는 열성이었다. P 세대에서 한 부모는 형질에 대한 두 개의 우성 대립유전자를 가지고 있었고, 다른 부모는 두 개의 열성 대립유전자를 가지고 있었다. F_1 세대의 잡종은 형질에 대한 한 개의 우성인자와 한 개의 열성인자를 가지고 있으며, 그 개체는 단일 형질에 대한 **단성잡종**(monohybrid)이 된다.

분리의 법칙

한 식물에 모든 유전자가 두 개(한 쌍)씩 있다면, 자손에게 어떻게 한 개만 물려줄 수 있을까? 그리고 자손은 어떻게 각 부모로부터 같은 유전자 한 쌍을 물려받을까? 부모로부터 각각 하나씩 물려받을까? 멘델은 두 가지 생식의 생물학적 메커니즘, 즉 배우자 형성과 수정 시 배우자 간의 무작위적 결합을 기반으로 질문에 답하였다.

배주 속의 난자와 꽃가루 알갱이 속의 정자를 **배우자**(gamete)라 일컫는데, 이 특화된 세포들은 세대 간에 유전자를 운반한다. 꽃가루와 난자가 생성되는 동안 각 유전자의 두 개의 사본(copy)이 분리되어 각 배우자는 각각의 형질에 대한 한 가지 대립유전자만을 갖게 된다고 추측하였다(**그림 1.7a**). 그 결과 각각의 난자와 꽃가루 알갱이는 완두 색(노란색 또는 초록색)에 대한 한 가지 대립유전자만 갖게 된다.

수정이 될 때 한 가지 대립유전자를 가진 꽃가루와 한 가지 대립유전자를 가진 난자가 무작위로 결합하면, 수정란 또는 **접합자**(zygote, **그림 1.7b**)에서 각 형질에 대한 유전자의 두 사본은 회복된다. 꽃가루가 노란색 대립유전자를 갖고 난자가 초록색 대립유전자를 가진 경우, 반대로 순계 부모를 교배하여 얻은 F_1 단성잡종과 동일한 노란색의 잡종 완두를 얻게 된다. 노란색 대립유전자를 가진 꽃가루와 초록색 대립유전자를 가진 난자가 수정하면 그 후손은 순계의 초록색 완두가 된다.

멘델의 **분리의 법칙**(law of segregation)은 '각 형질에 대한 두 개의 대립유전자는 배우자 형성 과정에서 분리되며, 각 부모로부터 하나씩 받아 무작위로 수정되어 다시 결합한다'로 요약된다. 이 책에서 **분리**(segregation)라는 용어는 각 유전자의 한 개의 대립유전자만이 각 배우자로 대등하게 분리되는 경우를 의미한다. 분리의 법칙은 각 유전자에 대한 두 개의 사본을 갖는 세포로 구성된 개체의 **체세포**(somatic cell)와 각 유전자에 대한 한 개의 사본을 갖는 **배우자**(gamete)를 뚜렷이 구별함에 유의하자.

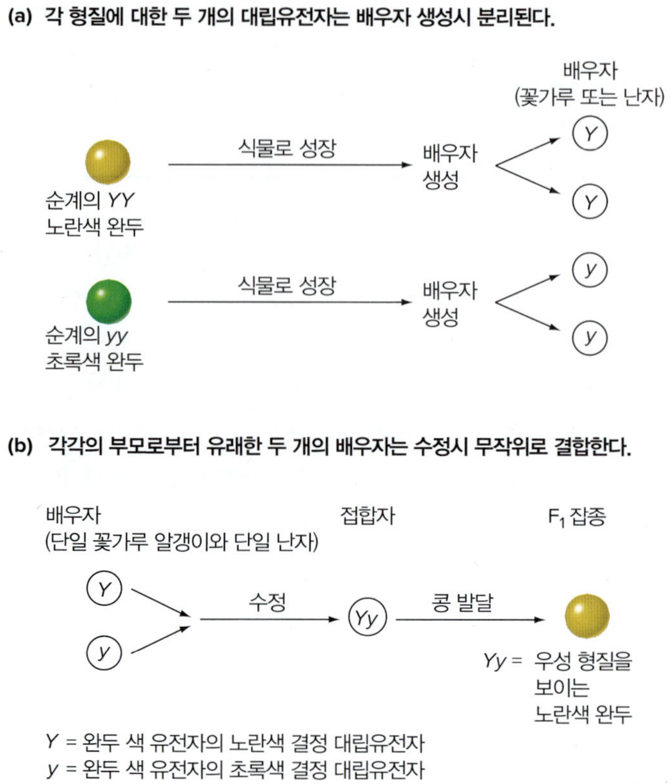

그림 1.7 분리의 법칙. **(a)** 순계 식물의 동일한 대립유전자는 배우자 형성 과정에서 분리된다. 그 결과 개별 꽃가루 알갱이나 난자는 부모의 대립유전자의 각 쌍 중 오직 한 가지 대립유전자를 갖게 된다. **(b)** 대립형질을 가진 순계 부모 사이의 타가 수분과 수정으로 만들어진 F_1 잡종의 접합자는 두 개의 다른 대립유전자를 갖는다. 완두콩 색에 대한 유전자의 경우, *Yy* 이형접합자는 노란색 완두로 발달한다.

페네트 사각형

그림 1.8에서는 배우자 형성과 수정 과정에서 나타나는 대립유전자의 분리와 무작위적 결합에 대해 간단하게 시각화 하였다. 멘델은 동일한 방법으로 자신의 모든 교배를 분석할 수 있는 기호체계를 발명하였다. 그는 우성 대립유전자를 *A*, *B*, *C*와 같은 대문자로, 열성 대립유전자를 *a*, *b*, *c*와 같은 소문자로 표현을 하였다. 현대 유전학자들도 이 기호체계를 인용하여 자신들이 연구하는 완두 등 다양한 생물체들의 유전자를 명명하는데 사용을 하지만, 노란색(yellow)에는 *Y*, 둥근(round) 형태에는 *R*과 같이 해당 형질에 대해 나타내는 기호로 변형하여 사용한다. 이 교재에서 유전자의 표시는 이탤릭체로 표현하였다. 그림 1.8에서는 우성인 노란색 대립유전자는 대문자인 *Y*로, 열성인 초록색 대립유전자는 소문자인 *y*로 표시하였다. 부모 세대의 순계 식물은 *YY*(노란색 완두) 또는 *yy*(초록색 완두)이다. *YY* 부모는 오직 *Y* 배우자만 생산하고 *yy* 부모는 오직 *y* 배우자만 생산한다. 그림 1.8에서 *YY*과 *yy*의 교배가 항상(부모의 성별과 상관없이) *Yy* 잡종을 생산하는 이유를 설명한다.

다음으로, *Yy* 잡종이 자가 수정을 할 때 어떠한 일이 발생하는지

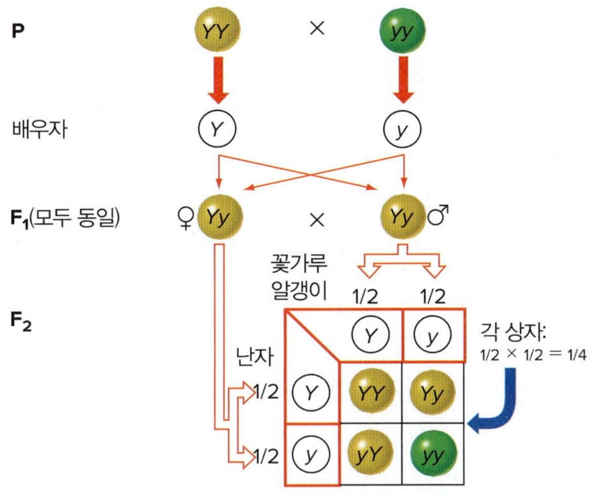

그림 1.8 퍼네트 사각형: 교배의 시각적 요약. 퍼네트 사각형은 F_1 잡종이 배우자 형성 과정을 거쳐 자가 수정될 때의 조합을 보여준다. F_2 세대는 노란색 대 초록색 완두의 비가 3:1이 된다.

시각적으로 표현을 하기 위해 **퍼네트 사각형**[Punnet square; 1906년에 이것을 소개한 영국 수학자인 레지날드 포네트(Reginald Punnett)의 이름에 따라 명명함; 그림 1.8]을 만든다. 이 사각형은 간단하면서도 편리한 방법으로 생산된 배우자의 종류 및 수정 시 발생 가능한 모든 조합들을 추적한다. 퍼네트 사각형의 첫 행과 첫 열에서 보듯이 각 잡종은 *Y*와 *y*의 두 가지 배우자를 1:1 비율로 생산한다. 즉, 생산된 꽃가루의 절반과 난자의 절반은 *Y*를 가지고, 나머지 절반은 *y*를 가진다.

그림 1.8에 나타난 퍼네트 사각형의 각 상자는 각각의 가능한 수정 결과를 나타낸다. 수정이 되면 자손의 1/4은 *YY*, 1/4은 *Yy*, 1/4은 *yY*, 1/4은 *yy*가 된다. 멘델이 연구한 형질의 대립유전자를 가진 배우자로서 난자나 꽃가루를 보유하고 있는 대립유전자에 대한 효과에 차이가 없으므로 *Yy*와 *yY*는 동일하다. 이는 자손의 1/2은 노란색의 *Yy* 잡종이고, 1/4은 노란색의 순계 *YY*이며, 1/4은 초록색 순계 *yy*임을 의미한다. 배우자가 형성될 때 대립유전자가 분리되고 수정 시 난자와 꽃가루의 무작위적 결합을 통해 멘델이 F_2 세대에서 관찰한 3:1 비율로 노란색 대 초록색 완두가 어떻게 생산이 되는지 퍼네트 사각형을 통해 볼 수 있다.

멘델의 결과는 확률의 기본 법칙을 반영한다

여러분이 아직 깨닫지 못했을지라도 퍼네트 사각형은 유전적인 교배의 분석에 핵심적인 확률의 두 가지 단순 법칙, 즉 **곱셈 법칙**(product rule)과 **덧셈 법칙**(sum rule)을 실명해 준다. 이 법칙들은 특정한 조합의 사건이 일어날 가능성을 예측할 수 있게 해준다.

곱셈 법칙

곱셈 법칙(product rule)은 **두 개 이상의 독립적인 사건이 동시에 일어날 확률은 각 사건이 일어날 확률의 곱을 명시한다.** 독립적인 두 개의 사건의 확률은 다음과 같다.

1번 사건 그리고 2번 사건이 일어날 확률 =
1번 사건이 일어날 확률 × 2번 사건이 일어날 확률

연속적인 동전 던지기는 독립적인 사건이다. 왜냐하면 한 번 던졌을 때 앞면이 나왔다고 하더라도 다음번에 던졌을 때 앞면이 나올 확률에는 긍정적인 또는 부정적인 영향을 미치지 않기 때문이다. 두개의 동전을 동시에 던질 때에도 역시 독립적인 결과를 나타낸다. 한 동전의 앞면이 나왔다고 해서 다른 동전의 앞면이 나올 확률에 아무런 영향을 주지 않기 때문이다. 즉, 주어진 조합의 확률은 각각의 독립적인 확률의 곱이 된다. 예를 들면, 두 동전이 모두 앞면이 나올 확률은 다음과 같다.

$$1/2 \times 1/2 = 1/4$$

난자와 꽃가루의 형성 또한 마찬가지로 독립적인 사건이다. 잡종 식물에서 배우자가 *Y* 또는 *y*를 포함할 확률은 각각 1/2이다. 수정은 무작위적으로 일어나기 때문에 부모의 대립유전자의 특정 조합이 동시에 단일 접합자에 나타날 확률은 각각 대립유전자가 난자와 꽃가루에 포함될 독립적인 확률의 곱과 같다. 즉, *Y* 난자가 *Y* 꽃가루와 결합되는 확률을 구하려면 간단하게 1/2×1/2를 계산하여 1/4를 얻으면 된다. 이는 그림 1.8의 퍼네트 사각형에서 볼 수 있는 *YY* 자손의 비율과 일치하므로, 퍼네트 사각형은 곱하기 법칙을 표현하는 간단한 방법으로 사용될 수 있음을 나타낸다. 퍼네트 사각형의 각 상자는 교배로 나타날 수 있는 결과를 나타내는데, 이는 두 가지 형태(*Y*와 *y*의)의 꽃가루와 난자가 같은 빈도로 생산되기 때문이라는 것이 중요하다.

덧셈 법칙

무작위적인 수정을 두 개의 독립적인 사건이 동시에 일어나는 것으로 설명할 수 있으나, 두 개의 서로 다른 수정 사건이 상호 배타적으로 일어난다고도 설명할 수 있다. 예를 들어, *Y*가 *Y*의 조합을 이루면 동일 접합자에서 *y*와의 조합을 이룰 수 없다. 확률의 제2법칙인 **덧셈 법칙**(sum rule)은 **두 개의 상호 배타적인 사건이 발생할 확률은 각각의 개별적인 확률의 합이라고 명시한다.** 상호 배타적인 사건의 확률은 다음과 같다.

1번 또는 2번 사건이 일어날 확률 =
1번 사건의 확률 + 2번 사건의 확률

Yy 잡종의 자가 수정으로 부모와 같은 잡종이 나타날 확률은 1/4(모의 *Y*와 부의 *y*가 결합할 확률)과 1/4(부의 *Y*와 모의 *y*가 결합할 상호 배타적인 확률)의 합인 1/2이다. 이 역시 퍼네트 사각형에서와 동일한 결과다.

덧셈 법칙을 응용하여 F_2 자손에서 노란색 대 초록색의 비율을 예측할 수 있다. F_2 완두가 노란색일 확률은 1/4(*YY*를 생산하는 사건)과 1/4(*Yy*를 생산하는 상호 배타적인 사건)과 1/4(*yY*를 생산하는 상호 배타적인 사건)의 합인 3/4이다. F_2 자손의 나머지는 1/4이 되며 노란색 대 초록색의 비가 3/4 대 1/4, 즉 3:1이 되는 것이다.

계속적인 교배실험은 분리의 법칙을 입증한다

분리의 법칙은 완두를 이용한 멘델의 교배 결과를 설명할 수 있었으나, 가설의 유효성을 입증하려면 추가로 실험을 수행해야만 했다. 그림 1.8에 요약된 멘델의 가설은 F_2의 노란색 완두는 두 가지(*YY*와 *Yy*)가 존재할 수 있으나 초록색 완두는 한 가지(*yy*)만 있다고 예측할 수 있다. 또한, 그의 가설로부터 F_2의 *YY*와 *Yy* 노란색 완두는 1 *YY*: 2*Yy*의 비로 나타날 것이라고 예측할 수 있다.

멘델은 이러한 예측을 입증하기 위해 F_2 세대의 모든 식물을 자가 수정하여 F_3 자손의 유형을 모두 계수하였다(**그림 1.9**). 그는 F_2의 초록색 완두를 자가 수정하면 F_3 세대에서는 모두 초록색 완두만 생산되었으며, F_3 세대를 추가로 자가 수정하면 그다음 세대(F_4)에서도 모두 초록색 완두만 생산되는 것을 발견하였다(그림에는 표시되지 않음). 이는 열성 대립유전자 두 사본을 가진 순계 *yy*에서 예측할 수 있는 결과이다. 그러나 노란색 완두는 다른 결과를 나타냈다. 멘델이 518개의 노란색 완두에서 생산된 F_2 식물을 자가 수정하였더니 전체의 약 1/3에 해당하는 166개는 몇 세대에 걸쳐 노란색 완두만을 생산하는 순계였으나, 나머지 352개(전체 노란색 F_2 식물의 약 2/3)는 노란색 대 초록색의 F_3 세대의 비가 3:1인 잡종이었다. 이로 인하여 멘델의 이론이 예측하였듯이 518개의 F_2 노란색 완두 식물의 *YY* 대 *Yy*의 비율은 1:2인 것을 확인하였다.

멘델은 수년 동안 일곱 가지의 완두 형질에 대해 철저한 실험을 진행하여 배우자 생성 시 우성과 열성 대립유전자는 분리된다는 것과 수정 시 무작위적인 결합으로 잡종을 자가 수정하면 항상 3:1의 비로 나타난다는 결론을 지을 수 있었다. 그러나 그의 결과는 이후 식물과 동물 교배사들에게 매우 중요한 의문점을 제기하였다. 노란색 완두를 생산하는 식물과 같은 우성 형질을 보이는 식물은 순계(*YY*) 또는 잡종(*Yy*)인데, 이 둘을 어떻게 구분할까? 자가 수정이 가능한 식물의 경우, 다음 세대의 형태를 관찰하면 되지만 자가 수정을 하지 않은 종에서 순계와 잡종 개체를 어떻게 구분할까?

검정교배: 유전자형을 확인하는 방법

멘델의 해답을 설명하기 전에 몇 가지 용어를 정의해야 한다. 노란색 또는 초록색 완두와 같이 관찰 가능한 특징을 **표현형**(phenotype)이라고 하고, 개체가 가진 실제 대립유전자 쌍을 **유전자형**(genotype)이라고 한다. *YY* 또는 *yy* 유전자형은 그 형질을 결정하는 유전자의 두 사본이 동일하므로 **동형접합성**(homozygous) 유전자형이라 한다. 반면에, 형질에 대해 서로 다른 대립유전자를 가지면 **이형접합성**(heterozygous) 유전자형 또는 잡종이라고 한다(**그림 1.10**). 동형접합성 유전자형을 가진 개체를 **동형접합자**(homozygote)라고 하고 이형접합성 유전자형을 가진 개체를 **이형접합자**(heterozygote)라고 한다.

이형접합자(즉, 잡종)의 표현형은 어느 대립유전자가 우성인지에 따라 결정되는 것에 유의해야 한다. 왜냐하면 *Yy* 완두는 노란색이므로 노란색 대립유전자인 *Y*는 초록색 대립유전자인 *y*에 대해 우성이기 때문이다. 유전자형과 대립유전자 사이의 우열관계를 알면 표현

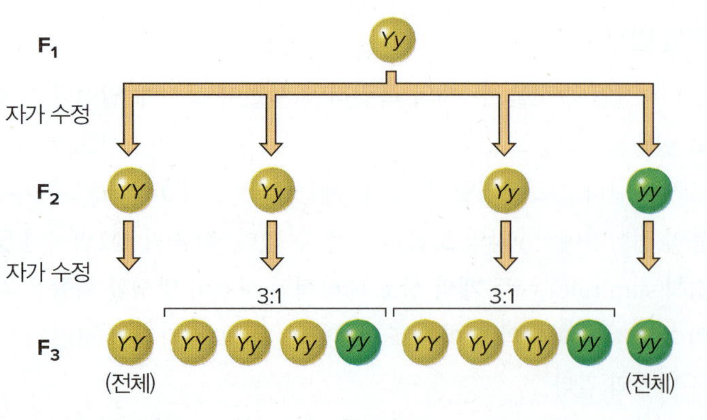

그림 1.9 노란색 완두의 두 가지 유형: 순계와 잡종. 두 세대의 자가 수정 후 대립유전자 *Y*와 *y*의 분포. 동형접합성 개체는 순계를 유지하나, 이형접합성 개체(잡종)는 그러지 않는다.

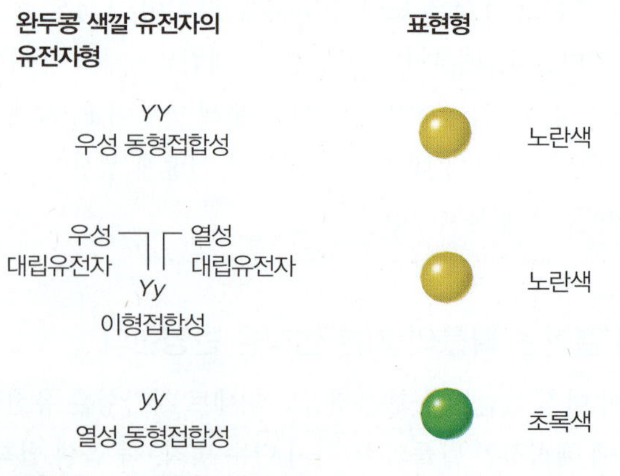

그림 1.10 동형접합자와 이형접합자의 유전자형과 표현형. 한 대립유전자(*Y*)가 다른 대립유전자(*y*)에 대해 완전 우성인 한 쌍의 대비되는 대립유전자에서의 유전자형과 표현형의 관계.

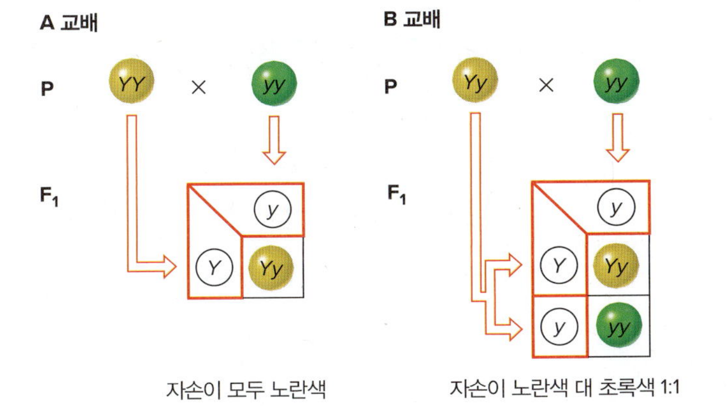

그림 1.11 검정교배로 유전자형을 밝히는 원리. 미지의 유전자형을 가지지만 우성 표현형을 가진 개체와 동형접합성 열성 개체와 교배를 한다. 미지의 유전자형이 동형접합성일 경우, 모든 자손은 우성 표현형을 나타낼 것이다(A 교배). 미지의 유전자형이 이형접합성일 경우, 자손의 절반은 우성 형질을 나타낼 것이고 나머지 절반은 열성 형질을 나타낼 것이다(B 교배).

형을 정확하게 예측할 수 있다. 그러나 어떤 표현형은 하나 이상의 유전자형에서 나올 수 있기 때문에 역으로는 예측이 불가능하다. 예를 들어, 노란색 완두의 표현형은 *YY* 또는 *Yy* 유전자형에서 비롯된다.

이러한 구분 점을 가지고 우성 표현형의 미지의 유전자형을 알아낼 수 있도록 멘델이 생각해 낸 방식을 살펴볼 수 있다. 이 표현형을 *Y*—라고 표시하는데, '—'는 *Y* 또는 *y*가 될 수 있는 나머지 미지의 대립유전자를 뜻한다. 이 방식을 **검정교배**(testcross)라고 하는데, 우성 표현형을 가진 개체와 열성 표현형을 가진 개체를 교배하는 것이다. 예를 들어 노란색 완두에서 자라난 *Y*— 식물을 초록색 완두에서 자라난 *yy* 식물과 교배하는 방식이다. **그림 1.11**의 퍼네트 사각형에서 나타나듯, 우성 표현형이 동형접합성 *YY* 유전자형에서 비롯되었다면, 검정교배를 통해 모든 후손은 우성인 노란색 표현형을 나타낼 것이다. 반면에 우성 표현형을 가진 부모의 미지의 유전자형이 이형접합성의 잡종(*Yy*)이라면 후손의 절반은 노란색 완두를, 나머지 절반은 초록색 완두를 생산할 것이다. 그림에 나타나듯, 검정교배를 통해 우성 표현형이 가지는 유전자형을 확실시할 수 있다.

앞에서도 언급하였듯이, 멘델은 의도적으로 유전의 문제를 두 가지 형태만 갖는 형질에 집중하여 단순화시켰다. 그는 자신의 단성잡종 교배 결과를 옥수수, 콩, 분꽃에도 동일하게 재현하였다. 알고 보니, 멘델의 유전자에 대한 개념과 분리의 법칙은 유성생식을 하는 거의 모든 생물체에 적용이 가능하다.

양성잡종 교배로 독립의 법칙을 밝힌다

단성잡종 교배로 유전자가 분리의 법칙에 따라 유전됨을 밝힌 멘델은 서로 관련이 없어 보이는 두 가지 이상의 완두 형질이 동시에 유전되는 현상에 관심을 갖게 되었다. 그는 동시에 두 개의 유전자에 대해 이형접합성을 띠는 **양성잡종**(dihybrid) 식물에서 어떻게 두 쌍의 대립유전자가 분리되는지 살펴보았다.

멘델은 이러한 양성잡종을 만들기 위해 노란색의 둥근 완두(*YY RR*)를 심어 자란 순계 식물을 초록색의 주름진 완두(*yy rr*)를 심어 자란 순계 식물과 교배하였다. 이 교배로 그는 노란색과 둥근형의 두 가지 우성 표현형만을 갖는 양성잡종 F_1 세대(*Yy Rr*)를 얻었다(**그림 1.12**). 이어 그는 이 양성잡종 F_1을 자가 수정을 하여 F_2 세대를 얻었다. 멘델은 모든 F_2 세대가 노란색 둥근형 또는 초록색 주름진형과 같이 부모와 동일한 **양친형**(parental type)이 될지, 부모에게서 나타

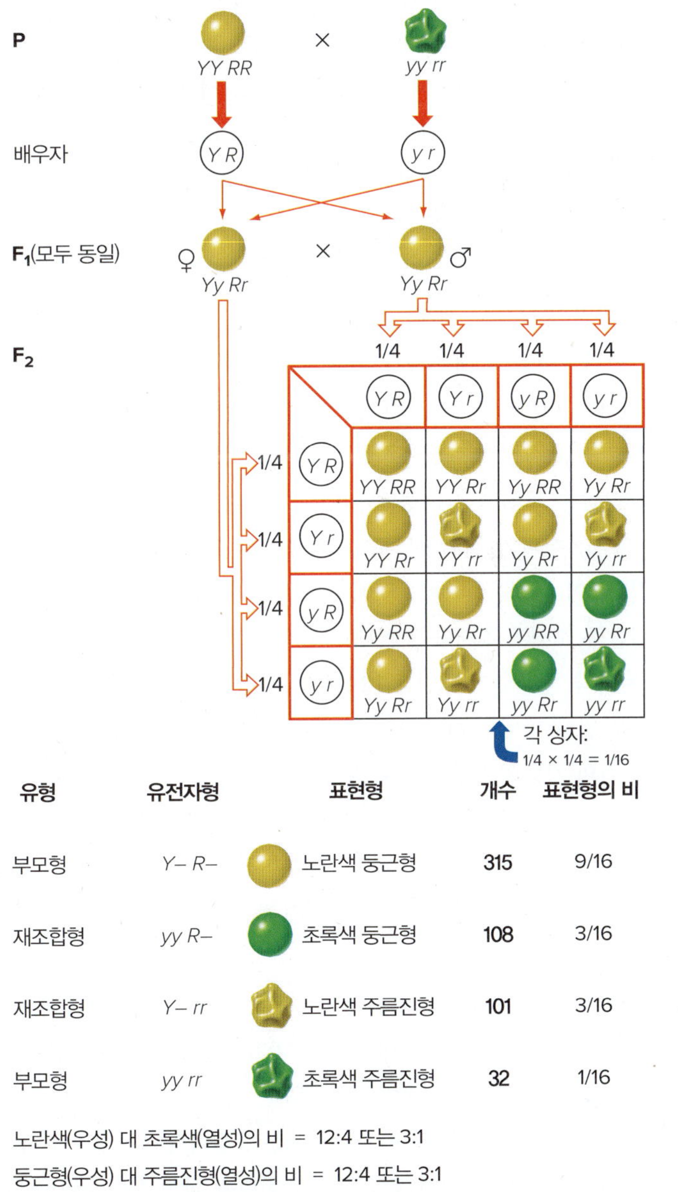

그림 1.12 양성잡종 교배로 양친형과 재조합형을 생산할 수 있다. 이 양성잡종 교배에서 순계의 부모(P)는 유전적으로 동일한 F_1 양성잡종 세대를 생산한다. F_1 식물의 자가 수정 혹은 교차분석으로 F_2의 특이적인 표현형 비인 9 : 3 : 3 : 1이 나타난다.

나지 않은 노란색 주름진형이나 초록색 둥근형과 같이 새로운 유형이 나타날지 예측을 할 수 없었다. 이와 같은 새로운 표현형의 조합을 **재조합형**(recombinant type)이라 일컫는다.

멘델이 실험한 F_2 세대를 계수한 결과, 315개의 노란색 둥근형, 108개의 초록색 둥근형, 101개의 노란색 주름진형과 32개의 초록색 주름진형의 완두를 얻었다. 실제로 노란색 주름진형과 초록색 둥근형의 재조합 표현형이 나타났으므로, 다른 유전자의 대립유전자의 일부가 뒤섞였다는 증거가 제시되었다.

독립의 법칙

멘델은 관찰된 결과로부터 배우자 형성 시 유전자쌍들이 **독립적 분리**(independent assortment)로 뒤섞인다는 생물학적 기작을 추론하였다. 완두 색과 형태에 대한 유전자는 독립적으로 분리되므로, *Y*를 지닌 배우자가 완두 형태에 대한 대립유전자로 *R* 또는 *r*을 가질 확률은 동일하다. 즉, 완두색에 대한 우성 대립유전자인 *Y*를 가진 것처럼, 한 유전자에 대해 특정 대립유전자를 가지고 있어도 제2의 유전자에 대해 어떤 대립유전자를 갖게 될지 전혀 알 수 없다. 그러므로 F_1 세대의 양성잡종 개체는 *Y R*, *Y r*, *y R*, *y r*의 네 가지 배우자를 생산한다. 다수의 배우자가 있을 경우, 각각의 비는 거의 완벽한 1:1:1:1로 나타나며, 난자의 대략 1/4과 꽃가루의 대략 1/4에서 네 가지 가능한 각각의 대립유전자 조합이 나타날 수 있다.

양성잡종 교배에서 수정이 일어날 때, 네 종류의 난자는 네 가지 꽃가루 중 하나와 결합하므로 총 16가지의 가능한 접합자들이 만들어진다. 이 과정은 퍼네트 사각형으로 쉽게 볼 수 있다(그림 1.12). 단성잡종 교배에서 사용한 퍼네트 사각형(그림 1.8 참조)에 적용하였던 논리와 동일하게 그림 1.12에서 양성잡종 교배를 나타낸 색색의 완두를 담은 퍼네트 사각형 16개의 상자 역시 동일하게 일어날 수 있는 수정의 경우의 수를 나타낸다. 앞에서와 마찬가지로 각 상자가 동일한 빈도로 일어날 수 있는 결과의 이유는 오로지 각각의 다른 배우자형이 각 부모에게서 동일한 빈도로 만들어지기 때문이다. 그러므로 곱하기 법칙을 사용하면 각 상자 속 자손형의 빈도는 1/4×1/4=1/16이다.

그림 1.12의 상자를 살펴보면, 16가지 가능한 조합 중 일부는 동일하다는 것을 알 수 있다. 난자 또는 꽃가루는 동일하게 대립유전자를 제공하므로 실제로는 *YY RR*, *YY Rr*, *Yy RR*, *Yy Rr*, *yy RR*, *yy Rr*, *YY rr*, *Yy rr*, *yy rr*의 9가지의 다른 유전자형이 만들어진다. 아홉 가지 유전자형에 의해 결정되는 표현형을 살펴보면 노란색 둥근형, 초록색 둥근형, 노란색 주름진형, 초록색 주름진형만 9:3:3:1 비율로 나타난다는 것을 알 수 있다. 그러나 완두 색이나 완두 형태와 같이 한 가지 형질로만 살펴보면 멘델의 분리의 법칙으로 예상할 수 있는 3:1의 비율로 유전됨을 알 수 있다. 퍼네트 사각형을 보면, F_2 세대에서 12개의 노란색 완두마다 4개의 초록색 완두가 있고, 12개의 둥근형 완두마다 4개의 주름진형 완두가 있다. 즉, 개별의 우성 형질(노란색 또는 둥근형)에 대한 대립적인 열성 형질(초록색 또는 주름진형)의 비는 12:4 또는 3:1이 된다. 이는 완두 색에 대한 유전자의 유전이 완두 형태에 대한 유전자의 유전과 무관함을 의미하며, 그 역도 마찬가지이다.

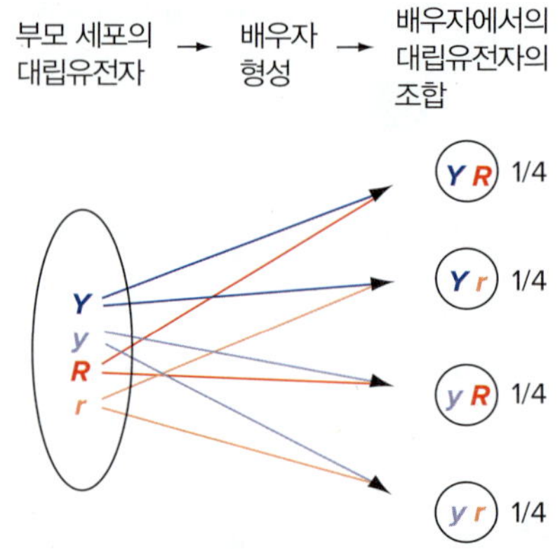

그림 1.13 독립적 분리의 법칙. 양성잡종 교배에서 각 대립유전자 쌍은 배우자 형성이 될 때 독립적으로 분리된다. *Y*에 동일한 비로 *R* 또는 *r*이 나타나며(즉, *Y R*=*Y r*), *y*에서도 마찬가지이다(즉, *y R*=*y r*). 그 결과, 네 가지 종류의 배우자(*Y R*, *Y r*, *y R*, *y r*) 모두 동일한 빈도로 생산된다.

방금 살펴본 내용이 멘델의 두 번째 일반 유전 원리인 **독립의 법칙**(law of independent assortment)에 대한 기초가 된다. **독립의 법칙에 따르면 배우자 형성 시 다른 쌍의 대립유전자는 서로에 대해 독립적으로 분리된다(그림 1.13).** 분리의 독립성과 이어지는 수정 시 무작위적인 배우자의 결합에 의해 관찰된 표현형이 결정된다. 독립적인 사건의 확률을 계산하는 곱셈 법칙을 적용하면, 두 개의 분리된 3:1 표현형으로부터 양성잡종 교배에서 관찰되는 9:3:3:1 표현형의 비를 수학적으로 계산해낼 수 있다. 두 세트의 대립유전자가 독립적으로 분리되면 F_2 세대에서의 노란색 대 초록색의 비는 3/4:1/4가 되며, 같은 원리로 둥근형 대 주름진형의 비도 3/4:1/4가 된다. 노란색과 둥근형과 같이 두 개의 독립적인 사건이 한 식물에서 동시에 일어날 확률을 계산하려면 다음과 같이 곱하면 된다.

노란색 둥근형의 확률 = 3/4×3/4 = 9/16
초록색 둥근형의 확률 = 1/4×3/4 = 3/16
노란색 주름진형의 확률 = 3/4×1/4 = 3/16
초록색 주름진형의 확률 = 1/4×1/4 = 1/16

즉, F_2 식물의 집단에서 노란색 둥근형 대 초록색 둥근형 대 노란색 주름진형 대 초록색 주름진형의 표현형의 비는 9:3:3:1이 된다.

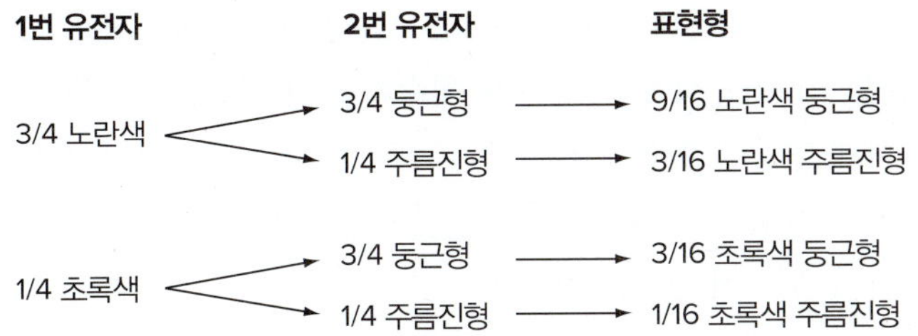

그림 1.14 분기선도로 교배를 추적하는 방법. 교배의 모든 유전자를 일련의 열로 표시한 분기선도를 사용하면 모든 가능한 결과에 대한 개요를 조직적으로 추적할 수 있다. 다음은 양성잡종 교배에 대한 분기선도로 그림 1.12에 있는 퍼네트 사각형과 동일한 표현형의 비를 얻을 수 있으므로 두 방법이 대등함을 알 수 있다.

분기선도

유전적 교배로 가능한 결과가 나타날 확률을 추적하는 편리한 방법으로 각 유전자에 대한 모든 가능성을 하나의 열에 연속적으로 보여주는 **분기선도**(branched-line diagram)(**그림 1.14**)를 만드는 방법이 있다. 그림 1.14에서 첫 열은 완두 색의 두 가지 가능한 표현형을 보여주고, 두 번째 열은 각 완두 색이 두 가지 완두 형태로 나타날 수 있음을 보여준다. 이 방법으로 표현형의 9:3:3:1의 비가 잘 드러난다. 추후에 두 가지 이상의 유전자가 포함이 되는 교배의 결과를 나타낼 때 퍼네트 사각형보다 분기선도가 더욱 편리하다는 것을 확인할 수 있다.

양성잡종의 검정교배

양성잡종 교배를 잘 이해하면 다양하게 응용할 수 있다. 예를 들어 묘목장에서 일하면서 노란색 주름진형, 초록색 둥근형, 초록색 주름진형으로 세 가지 순계 종이 있다고 하자. 노란색 둥근형 완두를 확실하게 생산하는 순계를 유지하는 식물을 키우는 과제가 주어진다면 어떻게 진행을 할 것인가?

해답의 한 가지 방법으로 두 가지의 순계 종($YY\ rr \times yy\ RR$)을 교배하여 양성잡종($Yy\ Rr$) 식물을 얻는 것이다. 그 후, 양성잡종 식물을 자가 수정하여 생산된 노란색 둥근 완두를 심으면 된다. 그러나 그런 표현형을 가진 9가지 자손 중 $YY\ RR$ 유전자형을 가진 완두만 심어야 과제의 목적이 부합된다. **그림 1.15**에 표시된 것과 같이, 모든 노란색 둥근형 완두를 생산하는 후보를 초록색 주름진형($yy\ rr$) 식물과 검정교배를 하면 된다. 검정교배의 결과, 노란색 둥근형 자손만 나오면(A 검정교배) 이 식물은 완두 색과 형태 모두에 대해 동형접합성을 가지므로 판매해도 된다. 검정교배 결과, 1/2이 노란색 둥근형이 나오고 1/2이 노란색 주름진형으로 나오거나(B 검정교배), 1/2이 노란색 둥근형으로 나오고 1/2이 초록색 둥근형으로 나오면(C 검정교배) 후보 식물이 한 가지 형질에 대해서는 유전적으로 동형접합성을 가지나 다른 하나에 대해서는 이형접합성을 가지므로 폐기해야

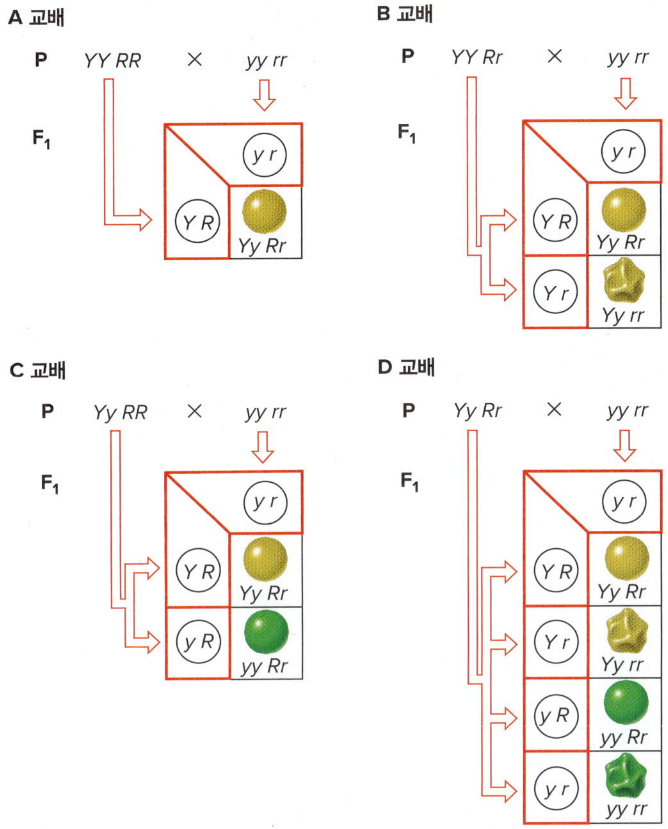

그림 1.15 양성잡종에서의 검정교배. 두 쌍의 독립적으로 분리되는 대립유전자에 대한 검정교배는 검정하려는 개체의 유전자형에 따라 다르고 예측 가능한 결과로 나타난다.

만 한다. 마지막으로, 검정교배 결과, 1/4이 노란색 둥근형, 1/4이 노란색 주름진형, 1/4이 초록색 둥근형, 1/4이 초록색 주름진형으로 나오면(D 검정교배) 이 식물은 완두 색과 형태에 대해 모두 이형접합성을 가진다는 것을 알 수 있다.

멘델의 유전법칙들은 특정한 결과가 아닌 확률을 예측한다

멘델의 분석을 통해 서로 관련이 없는 세 가지 이상의 서로 다른 형질에 대한 순계 부모의 F_1 자손들 간의 **다중잡종 교배**(multihybrid cross)에서도 정확한 예측이 가능하다. 몇 가지 독립적으로 분리되는 유전자의 교배에서 한 가지 특정 유전자형이 나타날 확률을 가정하자. 예를 들어, 네 가지 형질에 대해 이형접합성을 띠는 잡종을 자가 수정($Aa\ Bb\ Cc\ Dd \times Aa\ Bb\ Cc\ Dd$)한다면, $AA\ bb\ Cc\ Dd$ 유전자형을 가진 자손이 나올 확률은 얼마인가? 퍼네트 사각형을 만들어 답을 얻을 수 있다. 각 형질에 대해 두 개의 다른 대립유전자가 있으므로, 서로 다른 난자 또는 정자가 생성될 수 있는 수인 2를 밑으로 하고 형질의 가지 수를 지수로 한 거듭제곱(2^n, n은 형질의 수)으로 나타낼 수 있다. 이 수식을 사용하여 교배에서의 네 가지 형질을 가

진 각 잡종 부모는 $2^4=16$개 종류의 배우자를 생성할 수 있다. 즉 이 교배를 퍼네트 사각형으로 표현을 한다면 256개의 상자(16×16)를 담을 것이다.

이러한 퍼네트 사각형을 시간이 넉넉한 수도원에서 만들 수는 있어도 1시간짜리 시험 중에는 못 만들 것이다. 이러한 경우에는 다중잡종 교배를 네 개의 독립적인 단성잡종 교배로 나누어 분석하면 훨씬 간단해질 것이다. 각 단성잡종 교배에서의 유전자형의 비는 우성 대립유전자의 동형접합자는 1, 이형접합자는 2, 열성 대립유전자의 동형접합자는 1=1/4 : 2/4 : 1/4임을 기억하라. 즉, 각 단성잡종 교배의 결과인 *AA*(*Aa* × *Aa* 교배 결과, 자손의 1/4), *bb*(1/4), *Cc*(2/4), *Dd*(2/4)의 확률을 곱하여 *AA bb Cc Dd*의 전체 확률을 찾을 수 있다.

$$1/4 \times 1/4 \times 2/4 \times 2/4 = 4/256 = 1/64$$

퍼네트 사각형을 만드는 것도 동일한 결과를 나타내겠지만, 훨씬 많은 시간이 소요될 것이다.

특정한 유전자형 대신 어떠한 표현형의 확률을 예측하려면, 각 대립유전자의 쌍에 대해 교배에서 생산되는 표현형의 비만 알면 곱하기 법칙을 적용하여 예측할 수 있다. 예를 들어, *Aa Bb Cc Dd* × *Aa Bb Cc Dd*의 다중잡종 교배에서 우성인 A 표현형(*AA* 또는 *Aa* 유전자형=1/4+2/4=3/4), 열성인 b 표현형(*bb* 유전자형=1/4), 우성인 C 표현형(*CC* 또는 *Cc* 유전자형=3/4), 우성인 *D* 표현형(*DD* 또는 *Dd* 유전자형=3/4)을 가진 자손이 나올 확률은 다음 곱셈식으로 쉽게 구할 수 있다.

$$3/4 \times 1/4 \times 3/4 \times 3/4 = 27/256$$

이러한 방법으로 확률의 법칙을 이용하면 매우 복잡한 교배의 결과도 예측할 수 있다.

이상의 예로부터 유전학의 특정 문제는 특정한 방식의 분석법으로 풀 수 있음을 알 수 있다. 일반적으로 소수의 유전자에 대한 단순한 교배는 퍼네트 사각형을 사용하면 매우 쉽게 시각화 할 수 있으나, 더욱 복잡한 교배에서는 효율적이지 않다. 앞선 두 예제에서와 같이, 복잡한 교배에서 특정 결과에 대한 확률을 구하려면 확률을 직접 계산하는 것이 유용한 방법이다. 그러나 다중잡종 교배에 따른 모든 결과를 알고자 한다면 조직적으로 모든 경우를 추적할 수 있는 분기선도를 사용하는 것이 가장 좋다.

멘델은 우연의 작용 때문에 본인의 유전법칙은 많은 수의 완두 식물을 살펴보아야만 정확한 예측을 할 수 있다는 것을 깨닫게 되었다. 흔한 동전던지기 실험에서 그의 논리가 설명이 된다. 한 번 던질 때마다 동전의 앞면이 나올 확률은 뒷면이 나올 확률과 동일하다. 그러나 10회를 시도할 경우, 앞면이 30% (3), 뒷면이 70% (7) 나올 수 있고, 그 역도 가능하다. 동전을 100회를 던진다면 예측되는 50%에 더욱 접근할 가능성이 높다. 시도 횟수가 클수록 우연에 의해 결과가 심각하게 편중될 확률은 낮아진다. 5장에서는 집단 내의 개체에서 관찰되는 우연한 변이를 평가하는 수학적 방법이 유전학적 가설과 양립할 수 있는지 살펴볼 것이다.

멘델의 천재성은 1900년 이전까지 인정받지 못했다

멘델의 통찰력으로 유전학은 기념비적으로 발전하였다. 멘델은 수백 가지 완두 식물의 교배 결과를 계수하고 분석하여 특정 형질의 유전 양식을 결정하는 독립적인 단위인 유전자의 존재를 추론하였다. 숨겨진 형질의 재등장을 설명하여 혼합 유전의 개념이 잘못되었음을 입증하였고, 다음 세대에서 부모가 동등하게 유전적으로 기여함을 보였다. 멘델이 세운 유전의 모델은 매우 명료하여 그것에 기반한 예측 결과를 관찰과 실험으로 검정할 수 있었다.

멘델은 시대를 너무 앞선 탓에, 동시대 사람들 중 누구도 그의 연구의 중요성을 깨닫지 못하였다. 1860년도에는 그 누구도 세포 내 구조인 유전자를 가진 **염색체**(chromosome)을 관찰한 사례가 없었다는 것이 주된 원인 중 하나다. 이는 20년이 지나고 나서야 실현이 된다. 그 당시 과학자들이 이러한 구조들을 관찰할 수 있었다면, 멘델의 개념들은 더욱 포용되었을 것이다. **감수분열**(meiosis)이라는 한 가지의 세포분열에서 염색체의 성질들이 멘델의 유전법칙을 기반으로 한다는 것이 3장에서 설명될 것이다.

멘델의 업적이 더 널리 인정을 받았더라면 진화에 대한 초창기 논쟁에서 더 중요한 영향을 끼쳤을 것이다. 멘델의 업적에 대해 무지하였던 찰스 다윈(Charles Darwin, 1809~1882)은 개체에서의 변이가 유지된다는 그의 설명이 충분치 못하다고 많은 비판을 들었다. 다윈은 그러한 변이가 자신의 진화이론에서의 시금석으로 여겨, 특정 환경에서의 특정 집단에서 특정 변이가 자연선택이 된다고 주장하였다. 선택된 조합의 변이 형질이 후속세대로 전달되었다면, 변이가 전달되어 진화가 추진될 것이다. 그러나 다윈은 변이가 어떻게 전달되는지 설명을 할 수가 없었다. 다윈이 멘델의 개념에 대해 알고 있었다면, 그런 불편한 구석으로 몰리는 일은 없었을 것이다.

멘델의 법칙은 34년간 시험되지도, 확인되지도, 적용되지도 못한 채 잠들어 있었다. 그러나 멘델의 사후 16년인 1900년에는 카를 코렌스(Carl Correns), 휴고 드 프리스(Hugo de Vries)와 에리히 폰 체르막(Erich von Tschermak)에 의해 독립적으로 그의 업적이 재발견되었다(**그림 1.16**). 과학계가 마침내 멘델을 따라잡은 것이다. 십 년 내에 연구자들은 많은 현대 용어인 **표현형**, **유전자형**, **동형접합자**, **이형접합자**, **유전자** 그리고 20세기 유전에 대한 과학을 칭하는 **유전학**

(a) 그레고르 멘델 (b) 카를 코렌스 (c) 휴고 드프리스 (d) 에리히 폰 체르막

그림 1.16 유전학은 멘델의 재발견으로 시작되었다. 20세기 초의 독립적인 연구로 코렌스, 드프리스, 폰 체르막은 멘델이 그의 법칙에서 요약한 결론에 도달하였다. *Source: (a): NML/Science, (b): INTERFOTO/Alamy, (c): SPL/Science, (d): Ullstein Bild/Getty Images*

을 신조어로 만들어냈다. 멘델의 논문은 새로운 연구의 기초를 제공하였다. 그의 원리와 분석기술들은 오늘날에도 사용되어 유전적 변이를 연구하는 유전학자와 진화 생물학자들을 인도하고 있다.

열성 대립유전자는 대부분 비기능적인 반면, 우성 대립유전자는 주로 기능성을 가진다

오늘날 우리는 대부분의 유전자가 세포의 구조와 기능을 지시하는 단백질을 암호화한다는 것을 안다. 최근 멘델의 유전자인 완두콩 모양과 색을 결정하는 두 개의 유전자가 규명되었다. 완두 형태 유전자는 Sbe1(**S**tarch-**b**ranching **e**nzyme 1)으로 알려진 효소를 만든다. Sbe1은 분지되지 않은 선형의 아밀로오스(amylose)를 다수 분지된 전분 분자인 아밀로펙틴(amylopectin)으로 전환시키는 반응을 촉매한다(**그림 1.17a**). 완두 형태 유전자의 우성 *R* 대립유전자는 정상적으로 기능하는 Sbe1 효소를 암호화한다. 반면 열성인 *r* 대립유전자는 Sbe1 효소를 만들지 못한다. 그 결과, *RR* 동형접합자는 높은 비로 분지된 전분 분자를 생산하여 둥근 형태를 유지하도록 한다. 열성인 *rr* 동형접합자인 완두에는 설탕이 축적되는데, 이는 적은 양의 설탕만이 전분으로 전환되기 때문이다. 과량의 설탕은 삼투압을 변화시켜 어린 씨앗에 물이 차도록 한다. *rr* 씨앗이 성숙함에 따라 물을 잃게 되면서 수축하여 쭈글쭈글해진다. 단일 우성 대립유전자를 가진 *Rr* 이형접합자는 충분한 양의 정상 효소를 생산하여 씨가 쭈글쭈글해지는 것을 방지한다.

완두 색 유전자는 Sgr(**S**tay **green**) 효소를 만든다. Sgr은 초록색 색소인 엽록소가 분해되는 경로의 한 단계를 수행하는데, 이는 완두가 여물 때 자연적으로 일어나는 과정이다(**그림 1.17b**). 우성인 *Y* 대립유전자가 Sgr을 생산하고, 열성인 *y* 대립유전자는 생산하지 못한다. *YY* 동형접합자나 *Yy* 이형접합자 완두는 모든 엽록소를 분해하기 충분한 양의 Sgr을 가지므로 노란색이다. *yy* 동형접합자 완두는 Sgr 효소가 없어 엽록소가 그대로 남아 초록색이 된다.

이와 같은 분자적 발견으로부터 두 가지 일반적인 원리를 도출할 수 있다. 첫째, 특정 유전자가 특정 단백질(이 경우, 효소)을 결정한다. 단백질은 완두 식물의 표현형에 다양한 방법으로 영향을 줄 수 있는데, 이는 그 효소가 기능하는 생화학적 경로에 따라 결정된다. 둘째, 두 예시 모두 우성 대립유전자가 정상적으로 기능하는 단백질을 만드는데 반하여, 열성 대립유전자는 기능적인 단백질을 암호화하지 못한다는 경향성을 보인다. 한 대립유전자가 다른(열성의) 대립

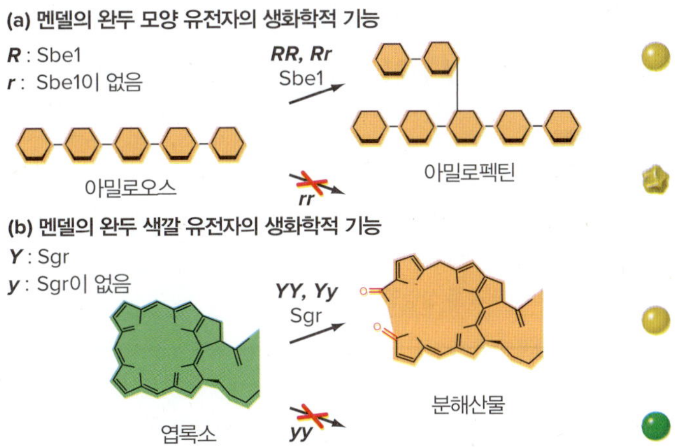

그림 1.17 멘델의 완두 형태와 색깔 유전자에 대한 분자적 설명. **(a)** 완두 형태의 *R* 대립유전자는 분지되지 않은 전분(아밀로오스)을 분지된 전분(아밀로펙틴)으로 전환하는 Sbe1 효소의 생산을 지시한다. *r* 대립유전자는 Sbe1을 암호화하지 않는다. *rr* 완두 씨앗에 분지되지 않은 전분이 축적되어 결국 씨가 쭈글쭈글해진다. **(b)** 완두 색깔을 결정하는 *Y* 대립유전자는 Sgr 효소를 만드는데, 이는 엽록소가 분해되는 경로에서 기능하여 노란색 완두가 만들어진다. *Y* 대립유전자는 Sgr을 생산하지 못한다. *yy* 완두에서는 엽록소가 분해되지 못하고 초록색으로 유지된다.

유전자에 대해 우성인 이유에 대해 방금 기술한 분자 수준에서의 설명은 2장에서도 보겠지만 가장 흔한(물론 항상 그런 것은 아니지만) 예이다.

핵심 개념 1.2

- 유전자라 불리는 개별적인 단위가 유전되는 형질을 결정하며, 유전자는 대립유전자라는 상반되는 형태로 나타난다.
- 유성생식을 하는 개체의 체세포는 모든 유전자에 대해 두 개의 대립유전자를 갖는다. 이 대립유전자들은 같거나(동형접합자에서) 다르다(이형접합자에서).
- 유전자형은 개인이 가진 대립유전자를 일컫는다. 표현형은 개인이 보여주는 형질을 일컫는다.
- 우성 대립유전자는 이형접합자에서 형질의 표현형을 결정하고, 나머지 대립유전자는 열성이다. 이형접합자 사이의 단성잡종 교배 결과 후손의 우성과 열성 표현형의 비는 3:1로 나타난다.
- 배우자를 형성하는 동안 대립유전자는 분리되어 배우자는 각 유전자에 대해 오직 하나의 대립유전자만 갖게 되고, 암수 배우자는 무작위로 수정된다. 멘델은 이러한 과정을 분리의 법칙으로 기술하였다.
- 한 유전자에 대한 대립유전자의 분리는 다른 유전자에 대한 대립유전자의 분리와 독립적으로 일어난다. 멘델은 이러한 원리를 독립의 법칙이라 하였다. 이 법칙에 따라 *Aa Bb* 양성잡종 간의 교배에서는 표현형의 비가 9 (*A*– *B*–) : 3 (*A*– *bb*) : 3 (*aa B*–) : 1 (*aa bb*)인 후손이 나온다.
- 대부분의 경우에 있어서, 우성 대립유전자는 기능적인 생산물(보통 단백질)을 암호화하는데 반하여, 열성 대립유전자는 기능이 없는 단백질 또는 아예 단백질을 암호화하지 못한다.

1.3 인간에서의 멘델의 유전법칙

학습 목표

1. 사람의 가계도를 분석하여 유전 질환이 열성 또는 우성 유전되는지 결정한다.
2. 헌팅턴병은 우성 대립유전자에 기인하는 반면, 낭 섬유증은 열성 대립유전자에 기인하는 이유를 설명한다.

사람에서 다수의 형질은 가족력을 보이나, 대부분의 경우에서는 멘델의 단순한 유전 양상을 보이지는 않는다. 여러분은 눈동자가 갈색인데 부모 모두 청색 눈동자를 가졌다고 가정하자. 보통 청색이 갈색에 대해 열성이므로 여러분은 입양되었거나 부친이 생부가 아니라고 결론지을 수 있는가? 반드시 그런 것은 아니다. 눈동자 색은 하나 이상의 유전자의 영향을 받기 때문이다.

눈동자 색과 같이 대부분의 일반적이고 확실한 사람 표현형은 다수 유전자의 상호작용에 기인한다. 이와 달리 사람에서의 단일 유전자 형질은 비정상적이거나 치명적인 경우가 많다. 그 예로 진행성 신경 손상을 동반하는 헌팅턴병(Huntington disease; HD)이나 폐가 막히고 잠재적인 호흡부전을 보이는 낭 섬유증(cystic fibrosis; CF)을 들 수 있다. 단일 유전자에 대한 대립유전자의 결함으로 헌팅턴병이 생기고, 또 다른 유전자의 대립유전자의 결함으로 낭 섬유증이 발병한다. 사람에서 알려진 단일 유전자 또는 멘델의 형질 약 7,000개 중 가장 흔한 몇 가지를 **표 1.1**에 정리하였다. 뒤에서 보겠지만 헌팅턴병을 일으키는 대립유전자는 우성이고, 이 유전자의 정상 대립유전자(병을 일으키지 않는)는 열성이다. 낭 섬유증에서는 반대로 병을 일으키는 대립유전자는 열성이고, 정상 대립유전자(병을 일으키지 않는)는 우성이다.

가계도는 인간 가계에서의 형질 유전 연구를 도와준다

유전적 결함의 전달 유형을 결정하는 것이 쉽지 않은 이유는 인간을 유전적인 대상으로 다루기 힘들기 때문이다. 인간의 각 세대는 매우 길고 자손의 수는 비교적 적어 통계 분석이 어렵다. 인간은 배우자를 유전적 사항만을 고려하여 선택하지 않으며, 조절된 교배가 불가능하다.

유전학자들은 이런 어려움을 해결하기 위해 다수의 가계를 연구하거나 대가족의 여러 세대를 연구한다. 이 방법으로 과학자들은 특정 형질의 유전 양상을 해석하는 데 필요한 유전적으로 친척 관계에 있는 사람 수를 충분히 확보할 수 있다. **가계도**(pedigree)라 일컫는 가계의 역사는 가족 내에서 관련 있는 유전적 특징들을 조직적으로 도식한 것으로, 최소한 양쪽 조부모까지 확장해야 하고 최대한 많은 세대를 포함할수록 좋다. 멘델의 법칙을 고려하여 유전학자가 가계도를 체계적으로 분석하면 특정 형질이 단일 유전자의 서로 다른 대립유전자에 의해 결정되는지, 또 단일 유전자 형질이 우성인지 열성인지 결정할 수 있다. 멘델의 원리는 매우 단순하고 직관적이기 때문에 약간의 논리로 인간에서 형질이 어떻게 유전되는지 설명할 수 있다.

그림 1.18에서 가계도를 해석하는 방법을 볼 수 있다. 네모(□)는 남성, 원(○)은 여성, 마름모(◊)는 성별을 모를 때를 나타낸다. 문제에서 제시하는 형질의 영향을 받은 경우 흑색(■)으로 표시한다. 남녀를 연결한 단일 가로선(□–○)은 결혼을 의미하고, 이중 가로선(□=○)은 친족 간의 결혼인 **근친혼**(consanguineous mating)을 의미하며, 여러 개의 기호 위에 위치한 가로선(○□○)은 이들이 동일 부모가 낳은 형제자매(동기간 관계, sibship)를 나타내는데, 태어난 순서대로 좌측에서 우측으로 배열한다. 그림의 좌측 또는 우측에 쓰

표 1.1 사람에서 가장 흔한 몇 가지 단일 유전자 형질

질환	효과	질환의 발병률
열성 대립유전자에 기인한 경우		
지중해빈혈증(16번 또는 11번 염색체)	헤모글로빈 양의 감소: 빈혈, 뼈와 이자의 비대	이탈리아 일부에서 1/10
낫형적혈구빈혈증(11번 염색체)	비정상적 헤모글로빈: 낫형 적혈구, 빈혈, 순환계 차단, 말라리아에 대한 저항성 증대	아프리카계 미국인의 1/625
낭 섬유증(7번 염색체)	세포막 단백질의 결함: 과다 점액 생산, 소화 및 호흡 기능 부전	백인의 1/2,000
테이-삭스병(15번 염색체)	효소 결핍: 뇌의 지방 침착(침착에 의한 정신발달 파괴)	동유럽 유태인의 1/3,000
페틸케톤뇨증(PKU) (12번 염색체)	효소 결핍: 정신빈약	백인의 1/10,000
우성 대립유전자에게 기인한 경우		
고콜레스테롤혈증(19번 염색체)	혈액에서 콜레스테롤을 제거하는 단백질의 결핍: 50세 이전의 심장마비	프랑스계 캐나다인의 1/122
헌팅턴병(4번 염색체)	비정상적인 헌팅턴 단백질: 진행형 정신 및 신경 손상, 40∼70세 이전의 신경장애	백인의 1/25,000

인 로마 숫자는 세대를 표시한 것이다.

가계의 형질이 유전되는 양상에 대해 결론을 내리기 위해 인류유전학자는 충분한 정보를 제공하는 가계도를 사용해야만 한다. 예를 들어, 그림 1.18의 하단에 그려진 단순한 가계도만으로는 질환의 원인인 대립형질이 우성인지 열성인지 결정할 수 없다. 가계도를 보면 두 가지 가능성이 모두 대등하기 때문이다. 만약 이 형질이 우성이라면, 부친과 질환을 가진 아들은 이형접합자이고, 모친과 질환이 없는 아들은 열성인 정상 대립유전자에 대해 동형접합자이다. 반면, 형질이 열성이라면, 부친과 질환을 가진 아들은 질환을 일으키는 열성 대립유전자에 대한 동형접합자이나 모친과 질환이 없는 아들은 이형접합자가 된다.

몇 가지 추가 정보가 있다면 이러한 애매함을 해결할 수 있다. 특히 인류유전학자들은 이 가족이 유래한 집단에서 문제의 형질이 나타나는 빈도를 알고 싶어 할 것이다. **집단에서 이 형질이 드물다면, 그 형질을 일으키는 대립유전자 또한 드물고, 유전적으로 친족관계가 없는 사람 중에서 그 대립유전자를 가진 사람은 더욱 드물 것이다.** 질환을 일으키는 대립유전자가 우성이라면 그림 1.18의 부친만이 대립유전자를 가지면 되지만, 열성이라면 부모 모두 이 대립유전자를 가져야만 한다(부친은 두 모체, 모친은 한 모체만 가짐). 그러나 이 형질이 드물다는 정보만으로 우성으로 유전된다고 확실히 판단할 수는 없다. 그림의 가계도가 너무 제한적이어서 부모끼리도 전혀 친족관계가 없다고 판단할 수도 없다. 후반에 더 자세히 설명하겠지만, 친족관계가 있는 부모라면 동일한 열성의 대립유전자를 그들의 공통 조상으로부터 둘 다 물려받았을 가능성이 있다. 이 예시는 왜 인류유전학자들이 몇 대에 걸친 가족력을 취합하려고 하는지 잘 보여준다.

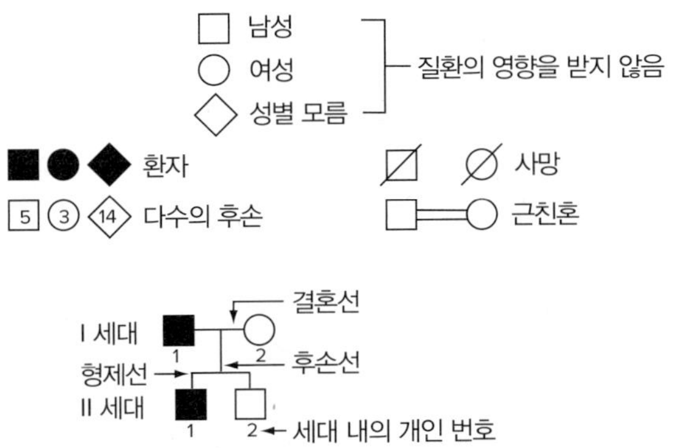

그림 1.18 가계도 분석에 사용하는 기호. 하단의 간단한 가계도를 보면 I-1은 부친, I-2는 모친, II-1과 II-2는 이들 사이의 아들들이다. 부친과 첫 아들 모두 질환 형질의 영향을 받았다.

이제 더 자세한 가계도를 가지고 헌팅턴병의 우성 형질과 낭 섬유증의 열성 형질을 살펴보자. 가계도에서 이 형질이 나타나는 상황으로부터 유전의 양상과 각 가족 구성원의 유전자형을 알아낼 수 있는 실마리를 얻을 수 있다.

수직적 유전 양상은 희귀 우성 형질임을 알려준다

헌팅턴병(Huntington Disease; HD)이란 병명은 이 질환을 처음으로 기술한 뉴욕의 내과의사 조지 헌팅턴(George Huntington)에서 유래한다. 이 질환은 중년에서 처음 나타나며, 환자를 정신적 육체적으로 천천히 파괴한다. 증상으로 지능저하, 극심한 우울증, 경련성 불규칙 운동이 있으며, 이는 모두 신경세포가 서서히 죽기 때문이다. 부모 중 한쪽이 성인이 될 때까지 생존한다면, 그 자손이 같은 질환으로 고통받을 확률이 50%가 된다. 출생 시 증상이 전혀 없고 나이가 들어야만 발현하므로, 헌팅턴병과 같은 질환을 **후기 발현 유전형**

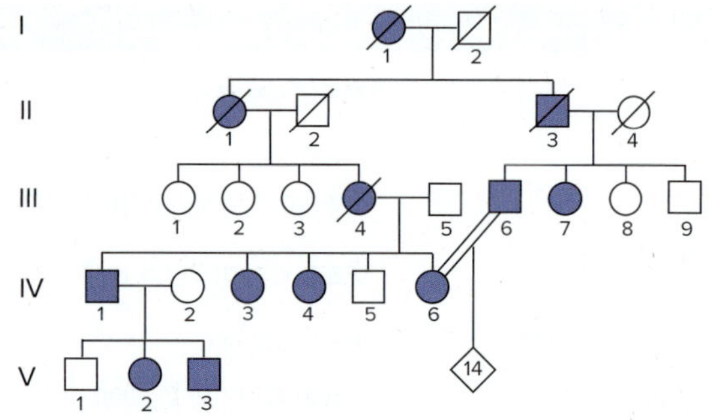

그림 1.19 헌팅턴병: 희귀 우성 형질. 유색 기호로 표시된 모든 개체는 이형접합자이다(우성인 *HD* 질환 대립유전자에 대해 동형접합성을 알 수 있는 I-1은 예외). 흰색 기호로 표시된 모든 개체는 열성인 HD^+ 정상 대립유전자에 대해 동형접합자이다. 근친혼에 따른 14명 자식의 DNA를 검사하니 *HD HD*, $HD\ HD^+$, $HD^+\ HD^+$를 가진 자식들이 몇 명씩 나왔다. 마름모는 비밀보장을 위해 개인사항을 가린 경우이다.

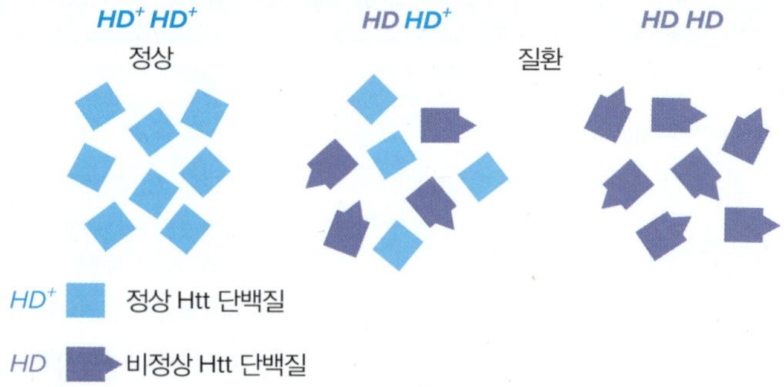

그림 1.20 헌팅턴병의 대립유전자가 우성인 이유. *HD HD* 또는 $HD\ HD^+$는 *HD* 대립유전자가 신경세포를 손상시키는 비정상적인 Htt 단백질을 생산하기 때문에 헌팅턴병이 나타난다. 정상 대립유전자에 대해 동형접합성을 가진 경우($HD^+\ HD^+$) 정상 Htt 단백질만 생산하기 때문에 질환이 나타나지 않는다. 이형접합자인 $HD\ HD^+$의 경우 정상 단백질이 존재하더라도 비정상적인 단백질이 신경세포를 손상시키기 때문에 질환 대립유전자(*HD*)는 우성이다. *HD HD* 동형접합성도 가능한데, 이는 *HD* 질환 대립유전자에 의해 만들어진 비정상적인 Htt 단백질이 정상 단백질의 기능을 약간 지니고 있기 때문이다.

질(late-onset genetic trait)이라고 한다.

그림 1.19의 헌팅턴병 가계도에서 각 개인의 유전자형을 결정하려면 어떻게 해야 할까? 첫째, 질환을 일으키는 대립유전자가 우성인지 열성인지 결정해야 한다. 몇 가지 단서로부터 헌팅턴병이 단일 유전자의 우성 대립유전자에 의해 전달됨을 알 수 있다. 발병자 모두 질환을 앓은 부모가 적어도 한 명 있고, 몇 세대를 합하면 거의 절반의 자손이 이 질환을 앓았다. 그러므로 질환의 유전 양상은 **수직적**(vertical)이다. 아무 환자든 그 조상을 추적하면 각 세대에 한 명 이상의 환자가 있으므로 이 질환을 가진 가족 구성원이 연이어 나타남을 알 수 있다. 전체 집단에서 어떤 질환이 드문 경우, 이러한 수직적 유전 양상은 이 형질이 우성 대립유전자에 의해 생긴다는 강력한 증거가 된다. 이를 다르게 설명하면 친족관계가 없는 많은 사람들이 드문 열성의 대립유전자를 가지고 있는 것으로 볼 수 있는데, 열성 형질이라도 매우 흔하다면 세대마다 발현하기 때문이다.

가계도 내에서 우성 대립유전자를 추적해 보면, 영향을 받은 배우자와 받지 않은 배우자 사이의 모든 결합이 검정교배와 유사함을 알 수 있다. 자손의 일부에서 헌팅턴병이 나타나지 않으면 부모가 보이는 형질은 이형접합자임을 알 수 있다. 연습 삼아 직접 유전자형을 결정하고 그 결과를 그림 1.19의 설명과 비교해 보라.

그림 1.19의 범례에서 유전학자들이 멘델의 대립유전자와 다른 상징을 사용하는 것을 볼 수 있다. 인간의 유전자형에서는 모든 대립유전자가 대문자로 표시한다. 정상적으로 기능하는 유전자산물을 지정하는 대립유전자는 +첨자가 있다. 유전자산물이 없거나 비정상적인 유전자산물을 지정하는 대립유전자는 그림 1.19의 범례처럼 위첨자가 전혀 없지만, 다른 경우에는 + 이외의 위첨자가 있어 비정상 대립유전자의 특정 유형을 나타낸다.

헌팅턴병을 일으키는 (*HD*라 일컫는) 유전자가 규명되어 분자 수준에서 연구되었다. 실제로 1988년 *HD*는 12장에 기술된 방법에 따라 분자적으로 규명된 최초의 인간 질환 유전자이다. *HD* 유전자의 산물인 헌팅턴 또는 Htt는 신경세포의 적절한 생리작용을 위해 필요하지만, 아직 단백질의 정확한 역할을 이해하지 못한다. 우성의 질환 대립유전자(*HD*)는 결함이 있는 Htt 단백질을 암호화하여 시간이 지남에 따라 신경세포를 손상시킨다(**그림 1.20**).

이형접합자의 정상 Htt 단백질은 비정상적인 단백질이 세포를 손상시키는 것을 방지하지 못하기 때문에 이 질환 대립유전자는 정상 대립유전자에 대해 우성이다. 헌팅턴병 대립유전자에 대한 설명은 특정 유전자의 정상 대립유전자에 대해 질환 대립유전자가 우성인 것으로 귀결되는 다양한 다른 분자적 기작 중 하나일 뿐이라는 것에 유의하는 것이 중요하다.

아직까지도 헌팅턴병에 대한 효과적인 치료법은 없으며, 1980년대까지도 부모가 헌팅턴병 환자인 사람들은 늦게 발병하여 이미 자신의 자녀를 가진 중년기가 되어서야 자신이 헌팅턴병 대립유전자(*HD*)를 가지고 있음을 알 수 있었다. 질환 대립유전자를 가진 대부분의 사람들은 $HD\ HD^+$ 이형접합자이므로, 이들의 자녀가 *HD*를 물려받을 확률은 50%이며, 헌팅턴병으로 진단되기 전에 자녀에게 결함을 가진 대립유전자를 물려줄 가능성은 25%이다.

1980년대 중반에 이 유전자에 대한 새로운 지식을 가진 분자유전학자들은 *HD* 대립유전자의 유무를 판별할 수 있는 DNA 검사를 개발하였다(이 검사법에 대한 상세 설명은 12장 참조). 검사 결과 *HD*를 가지고 있다면, 본인과 배우자는 초기 태아의 유전자형을 볼 수 있는 체외수정(*in vitro* fertilization; IVF) 기술을 이용하여 (이 또한 12장에 설명) 자녀를 가질지 선택할 수 있다. IVF를 이용하여 오직 *HD* 질환 대립유전자가 없는 태아만이 산모의 자궁에 체외수정할 수 있다.

수평적 유전 양상은 희귀 열성 형질임을 알려준다

헌팅턴병과 달리 지금까지 확인된 대부분 인간의 단일 유전자 질환은 열성 대립유전자에 기인한다. 늦게 발병하는 경우를 제외하면 해로운 우성 대립유전자는 다음 세대로 전달될 가능성이 매우 낮기 때문이다. 예를 들어, 헌팅턴병 환자가 10세에 사망한다면 이 질환은 집단에서 사라질 것이다. 이와 달리 열성 질환의 한 개 대립유전자만을 가졌더라도 평생 아무 증상이 나타나지 않을 수 있다.

미국의 백인 소아에서 가장 흔한 열성 유전질환인 낭 섬유증(*CF*)에 대한 3개의 가계도를 **그림 1.21**에서 볼 수 있다. 열성 *CF* 대립유전자를 두 배로 가지면 폐, 이자 및 다른 기관이 걸쭉하고 끈끈한 점액으로 막혀 호흡과 소화가 방해되는 치명적인 장애를 일으킨다. 미국의 백인 2,000명에 한 명 꼴로 낭 섬유증을 가지고 태어난다.

CF 가계도에서 두 가지가 두드러진다. 첫째, 형질을 보이는 사람들의 가족 양상은 흔히 **수평적**(horizontal)이다. *CF*를 갖고 태어난 아기의 부모, 조부모, 증조부모 모두 질환이 나타나지 않으나, 단일 세대에서의 형제자매 몇 명이 발병한 경우가 있다. 수평적 가계도 양상은 그 형질이 열성임을 매우 강력하게 시사한다. 영향을 받지 않은 부모는 이형접합성의 **보인자**(carrier)이다. 그들은 열성 비정상적인 것의 효과를 숨기는 우성 정상 대립유전자(CF^{+})를 가지고 있다. 약

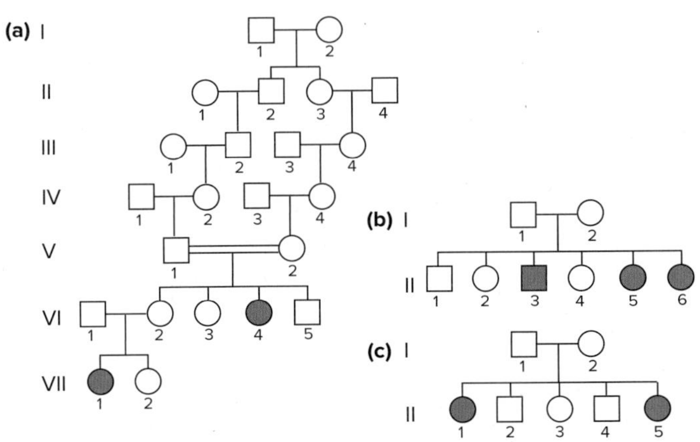

그림 1.21 낭 섬유증: 희귀한 상태. **(a)**에서 영향을 받은 두 사람(VI-4와 VII-1)은 *CF CF*이다. 즉, 열성의 질환 대립유전자에 대한 동형접합자이다. 그들의 영향을 받지 않은 부모들은 보인자이므로 V-1, V-2, VI-1과 VI-2는 모두 $CF\ CF^{+}$이어야 한다. II-2, II-3, III-2, III-4, IV-2와 IV-4도 보인자일 것이다. 이 가계도의 시조(I-1 또는 I-2) 중 누가 보인자인지 알 수 없으므로 이들의 유전자형은 $CF^{+}-$로 표시한다. *CF* 대립유전자는 비교적 희귀적으로 II-1, II-4, III-1, III-3, IV-1와 IV-3은 $CF^{+}CF^{+}$ 동형접합자일 것이다. 나머지 영향을 받지 않은 사람들(VI-3, VI-5와 VII-2)의 유전자형은 결정하기 어렵다(그러므로 $CF^{+}-$). **(b, c)** 이 두 가계는 유전의 수평적 양태를 보여준다. 추가 정보가 없으므로, 각 가계도에서 영향을 받지 않은 자녀는 모두 $CF^{+}-$ 유전자형을 가진 것으로 본다.

표 1.2 가계도에서 형질의 우열을 판별하는 방법

우성 형질
1. 영향을 받은 자녀는 항상 적어도 한 명의 영향을 받은 부모를 가진다.
2. 그 결과, 우성형질은 수직적 유전 양상을 보인다. 형질은 매 세대에서 나타난다.
3. 부모가 모두 이형접합자라면, 둘 다 영향을 받았더라도 영향을 받지 않은 자녀를 낳을 수 있다.
열성 형질
1. 영향을 받은 자녀가 부모가 모두 영향을 받지 않은 보인자로부터 태어날 수 있다. 특히 근친혼인 경우 가능하다.
2. 부모가 모두 영향을 받았다면 둘 사이의 모든 자녀는 영향을 받는다.
3. 희귀한 열성 형질은 수평적 유전양상을 보인다. 동일 세대의 몇 명에서 형질이 처음으로 나타나며, 그 이전 세대에서는 나타나지 않는다.
4. 형질이 집단에서 매우 흔하다면 열성 인자도 수직적 양태의 유전을 보일 수 있다.

1,200만 명의 미국인이 열성인 *CF* 대립유전자를 가진 것으로 추정된다. **표 1.2**에는 가계도에서 발견되는 형질이 우성 또는 열성 대립유전자에 기인하는지 결정하는 데 유용한 몇 가지 단서들이 요약되어 있다.

둘째, 발병한 자녀를 둔 부부의 다수는 혈족 관계를 가진다. 즉, 근친혼이다(가계도에서 두 줄로 표시한다). 그림 1.21a에서 V 세대에서의 근친혼은 8촌간에 이루어졌다. 낭 섬유증을 가진 아이의 보인자 부모가 친족관계를 갖지 않을 가능성도 있으나, 친척들은 유전자를 공유하므로, 그들의 후손들이 희귀 대립유전자의 두 사본을 물려받을 가능성이 훨씬 높아지는 것이다. 친족관계의 유무와 상관없이 보인자 부모는 모두 이형접합자이다. 두 이형접합성 보인자의 네 자녀 중 한 명꼴로 동형접합성 *CF* 환자가 태어난다.

이러한 유전 양상에 대해 이해하고 있는지를 측정하려면 그림 1.21에 표시된 모든 사람들의 유전자형을 적은 후, 그림의 설명과 맞춰 보라. 그림 1.21의 I 세대에 표시된 사람들의 유전자형을 알 수 없듯, 일부 몇 사람의 유전자형을 결정할 수 없음에 유의하라. 반드시 둘 중 한 사람이 보인자라서 *CF* 대립유전자를 제공하였으나, 그 사람이 남성이었는지 여성이었는지 알 수 없다. 완두의 불분명한 우성 표현형에서처럼, 미지의 두 번째 대립유전자는 대시(−)로 표시한다.

그림 1.21a에서는 친족관계가 없는 보인자인 VI-1와 VI-2 사이에서 낭 섬유증을 가진 자녀가 태어났다. 이와 같은 친족관계가 없는 열성의 유전질환에 대한 보인자끼리 결혼할 확률은 얼마나 될까? 그에 대한 대답은 해당 유전자의 종류와 그 사람이 속한 특정 집단에 따라 다르게 나타난다. 표 1.1에서 보듯, 유전질환의 빈도와 그에 따른 보인자의 빈도는 집단에 따라 현격하게 다르다. 이러한 차이는 각 그룹의 유전적 역사가 다르다는 것을 보여준다. 유전학 중에서 개인

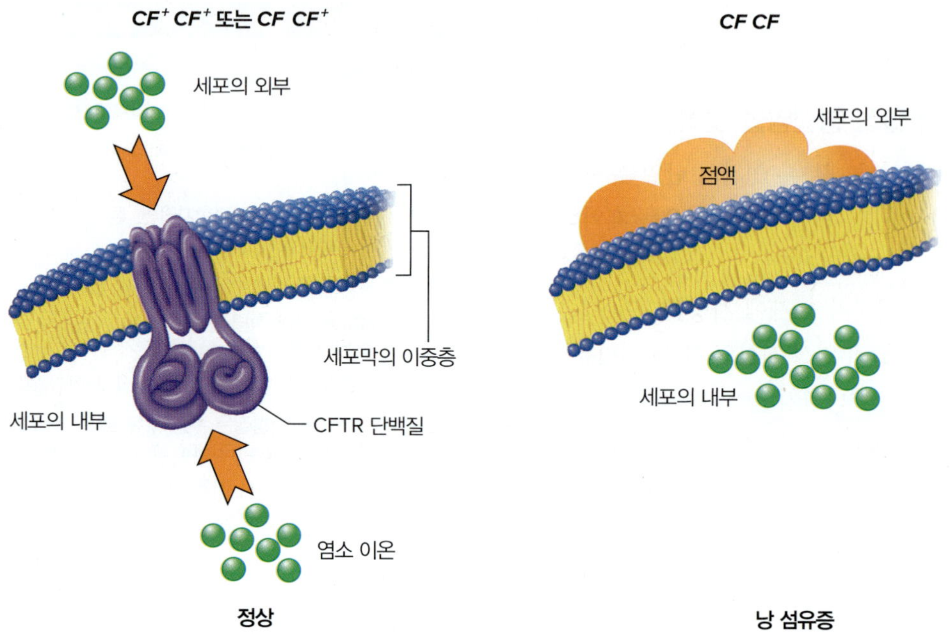

그림 1.22 낭 섬유증의 대립유전자가 열성인 이유. CFTR 단백질은 세포막을 가로질러 염소 이온이 투과하는 것을 조절한다. 낭 섬유증 질환 대립유전자(*CF CF*)에 대해 동형접합성인 사람들은 열성의 질환 대립유전자가 아예 그림과 같이 CFTR 단백질을 만들지 못하거나 전혀 기능하지 못하거나 정상 단백질만큼 제대로 기능하지 못하는 비정상적인 CFTR 단백질(그림에 보이지 않음)을 만들기 때문에 질환이 나타난다. $CF\ CF^+$ 이형접합자는 정상 대립유전자(CF^+)로부터 CFTR을 생산하여 정상적인 폐 기능을 수행하는 데 충분한 양의 CFTR을 생산하기 때문에 질환 대립유전자(*CF*)는 열성이다.

그룹들 간의 차이를 분석하는 분야를 **집단유전학**(population genetics)이라고 하며, 이 주제는 24장에서 자세히 다룰 예정이다. 그림 1.21a의 II-1, II-4와 같이 친족관계가 없으면서 영향을 받지 않은 사람들이 이 가계에 유입되었음에 유의하라. 이 사람들이 정상 대립유전자($CF^+ CF^+$)를 가질 가능성은 매우 높지만, 질환의 보인자일 가능성도 매우 낮지만(그 크기는 집단에 따라 다름) 존재한다.

유전학자들은 헌팅턴병 유전자가 발견된 직후인 1989년에 낭 섬유증 유전자를 규명하였다. 정상적인 우성의 CF^+ 대립유전자는 CFTR(**c**ystic **f**ibrosis **t**ransmembrane conductance **r**egulator) 단백질을 암호화한다. CFTR 단백질은 폐의 세포막에 통로(channel)를 만들어 폐 세포 안팎으로 염소 이온의 흐름과 물의 흐름을 조절한다. 열성의 CF 질환 대립유전자는 CFTR을 전혀 생산하지 못하거나 아예 작동을 못하거나 덜 기능적인 단백질을 생산한다(**그림 1.22**). 삼투압 현상에 의해, CFTR이 없는 폐 세포는 물을 머금어서 세포 밖에 탈수된 걸쭉한 점액이 축적된다. 그러므로 *CF CF* 동형접합자는 기능적인 CFTR를 전혀 가지지 (또는 충분하지) 못하므로 낭 섬유증이 나타난다. 환자를 쇠약하게 만드는 증상을 호전시키고자 정상적인 CF^+ 유전자를 환자의 폐 세포에 주입하는 **유전자 치료**(gene therapy)가 시도되었으나 아직 성공하지 못했다.

그러나 유전자 치료의 실패에도 불구하고, 낭 섬유증을 유발하는 유전자의 규명을 통해 특이하지만 드문 돌연변이 *CF* 대립유전자에 대한 효과적인 치료법이 개발되었다. 이 대립유전자에 의한 결함을 가진 CFTR이 제대로 기능할 수 있도록 도와주는 혼합 약제인 Orkambi®가 2015년 미국 식품 의약국의 허가를 받았다. *CF*뿐만 아니라 다른 유전질환을 치료하기 위한 다양한 접근법에 대해 교재의 후반부에서 논의할 것이다.

핵심 개념 1.3

- 수직적 유전 양상에서는 영향을 받은 개인의 형질이 적어도 부모 중 한 쪽에 나타나고, 영향을 받은 부모의 부모 중 한 쪽에서, 또 그 전 세대에서도 마찬가지로 나타나야 한다. 형질이 드물게 나타나는 경우, 수직적 양상을 보이는 가계도는 질환 유발 대립유전자가 우성임을 의미한다.
- 수평적 유전 양상에서는 영향을 받은 개인의 형질이 조상에서 나타나지는 않지만 동기 간에서 나타날 수 있다. 수평적 양상을 보이는 가계도는 보통 드문 열성의 질환 유발 대립유전자인 경우이며, 영향을 받은 개인은 근친혼의 결과인 경우가 많다.
- 우성 질환 대립유전자는 생화학적으로 다양하게 설명할 수 있다. 헌팅턴 병의 경우, 질환을 유발하는 *HD* 대립유전자는 정상적인 열성의 대립유전자가 생산하는 단백질에 비해 비정상적이고 해로운 단백질을 만든다.
- 낭 섬유증을 일으키는 *CF* 대립유전자와 같은 열성 질환 대립유전자는 단백질을 생산하지 못하거나 정상적인 우성의 대립유전자가 생산하는 단백질에 비해 기능이 떨어지는 단백질을 생산하는 경우가 많다.

풀이 문제

유전학 문제와 풀이

이 장에서 다룬 내용을 제대로 이해하였는지 평가하고 이해를 증진시키기 위해, 유전학 문제를 푸는 데 지식을 적용하는 것이 가장 효율적이다. 유전학의 서술문제는 퍼즐과 같아서 문제 전체에 압도당하지 말고 천천히 풀어야 한다. 문제에 제시된 유용한 사실을 인지하고, 그 사실을 이용하여 추가 정보를 추론하고, 유전학적 원리와 논리를 사용하여 문제의 해답에 접근하라. 문제를 많이 풀수록 점점 쉬워진다.

유전학 문제를 풀려면 공식에 단순히 숫자를 대입하는 것보다 많은 것이 요구된다. 각 문제는 고유하므로 주어진 정보와 주어진 질문을 사려 깊게 고려해야 한다. 이러한 서술형 문제를 풀기 위한 일반적인 지침은 다음과 같다.

a. 문제를 한 번 통독하여 관련된 개념에 대해 약간 이해하도록 한다.
b. 다시 문제를 천천히 읽으면서 주어진 모든 정보에 유의하라. 예를 들어, 부모나 자손의 유전자형이나 표현형이 직접적으로 드러나거나 간접적으로 주어진다. 주어진 정보를 기호로 표현하라. 대립유전자에 대한 기호를 부여하고, 이를 사용하여 유전자형을 표시하라. 주어지거나 추론한 유전자형이나 표현형을 포함한 교배를 그림으로 표현하라. 동일 유전자에 대한 서로 다른 대립유전자에 알파벳을 부여할 때 헷갈릴 수 있으므로 다른 글자를 부여하면 안 된다. 또한, *C*(*c*)와 *S*(*s*)와 같이 글자의 대문자, 소문자를 명확히 구분하도록 주의한다.
c. 이제 문제를 재평가하고 주어진 정보를 이용하여 문제를 푼다. 주어진 질문에 대해 제대로 풀고 있는지 확인하라!
d. 문제 풀이를 마친 후, 풀이가 이치에 맞는지 확인하라. 해답으로부터 거슬러 올라가 문제 풀이가 제대로 되었는지 확인할 수 있다. 즉, 해답으로 결과를 재구성할 수 있는지 확인한다.
e. 문제 풀이와 검산을 완료하였으면, 문제 풀이 과정에서 어떤 주요 개념을 사용하였는지 잠시 시간을 내어 생각하라. 유전학에 대한 이해 증진을 위한 결정적인 과정이다.

각 장에는 한두 가지 유형의 문제를 풀기 위한 논리가 상세히 기술되어 있다.

풀이 문제 I

고양이에서 흰색의 얼룩진(patched, *p*) 털은 우성 대립유전자인 *P*에 의한 것이고, *pp* 개체는 단색 털을 가진다. 짧은(short, *s*) 털은 우성 대립유전자인 *S*에 의한 것이고, *ss* 고양이는 긴 털을 가진다. 단색의 짧은 털을 가진 어미의 새끼인 긴 털의 얼룩 고양이가 단색의 긴 털을 가진 어미의 새끼인 짧은 털의 단색 고양이와 짝짓기를 한다면, 태어나는 새끼 고양이의 형태와 비는 어떻게 될까?

해답

이 문제를 풀려면 우성/열성, 배우자 생성, 교배되는 두 유전자의 대립유전자의 독립적 분리에 대한 이해가 필요하다.

우선 주어진 정보부터 표시하자.

어미:	단색, 짧은 털		단색, 긴 털
교배:	1번 고양이	×	2번 고양이
	얼룩, 긴 털		단색, 짧은 털

유전자형부터 부여하자. 열성의 표현을 보이는 고양이는 열성의 대립유전자에 대한 동형접합자이다. 그러므로 긴 털의 고양이는 *ss*이고 단색의 고양이는 *pp*가 된다. 1번 고양이는 긴 털을 가지고 있으므로 열성 대립유전자에 대한 동형접합자(*ss*)가 된다. 이 고양이는 얼룩 털을 가지므로 *PP*와 *Pp*일 가능성이 있으나, 어미가 *pp*라서 배우자를 형성할 때 모두 *p* 대립유전자만 가질 수 있으므로 *Pp*일 수 밖에 없다. 그러므로 1번 고양이의 유전자형은 *Pp ss*이다. 한편, 2번 고양이는 단색이므로 열성의 대립유전자에 대해 동형접합성(*pp*)을 가진다. 이 고양이는 짧은 털을 가지므로 *SS*와 *Ss*일 가능성이 있으나, 어미가 *ss*이므로 배우자를 형성할 대 모두 *s* 대립유전자만 가질 수 있어, 이형접합성의 *Ss*가 된다. 2번 고양이의 유전자형은 *pp Ss*이다.

그러므로 짝짓기는 *Pp ss*(1번 고양이)와 *pp Ss*(2번 고양이) 사이에 이루어진다. 태어날 새끼의 유형을 결정하려면, 우선 각 고양이가 만드는 배우자의 유형을 적은 다음, 퍼네트 사각형을 그려서 자손의 유전자형을 결정하면 된다. 1번 고양이(*Pp ss*)는 동일한 비로 *Ps*와 *ps* 배우자를 만든다. 2번 고양이(*pp Ss*)는 동일한 비로 *pS*와 *ps* 배우자를 만든다. 그 결과 동일한 비로 다음과 같은 네 가지 유형의 새끼 고양이가 만들어질 수 있다. *Pp Ss*(얼룩, 짧은 털), *Pp ss*(얼룩, 긴 털), *pp Ss*(단색, 짧은 털)과 *pp ss*(단색, 긴 털)

		1번 고양이	
		P s	*p s*
2번 고양이	*p S*	*Pp Ss*	*pp Ss*
	p s	*Pp ss*	*pp ss*

동일 문제를 퍼네트 사각형 대신 아래에서 보듯 확률의 곱셈 법칙을 사용하여 풀 수도 있다. 양 부모에서 같은 양으로 생산된 배우자의 결합은 무작위적으로 일어난다는 원리는 동일하다.

1번 고양이 배우자		2번 고양이 배우자	자손
1/2 *P s*	×	1/2 *p S*	1/4 *Pp Ss* 얼룩, 짧은 털
1/2 *P s*	×	1/2 *p s*	1/4 *Pp ss* 얼룩, 긴 털
1/2 *p s*	×	1/2 *p S*	1/4 *pp Ss* 단색, 짧은 털
1/2 *p s*	×	1/2 *p s*	1/4 *pp ss* 단색, 긴 털

풀이 문제 II

토마토에서 빨간색 열매는 노란색 열매에 대해 우성이고 보라색 줄기는 초록색 줄기에 대해 우성이다. 교배 결과는 빨간색 열매와 보라색 줄기의 식물 305개, 빨간색 열매와 초록색 줄기의 식물 328개, 노란색 열매와 보라색 줄기의 식물 110개, 노란색 열매와 초록색 줄기의 식물 97개와 같다. 부모의 유전자형은 무엇인가?

해답

이 문제는 양성잡종 교배에서의 독립적인 분리와 단성잡종 교배 결과의 예상 비에 대한 이해를 요구한다.

대립유전자를 부여하라.

$$R = \text{빨간색 열매},\ r = \text{노란색 열매}$$
$$P = \text{보라색 줄기},\ p = \text{초록색 줄기}$$

유전학 문제에서 자손의 비는 부모의 유전자형을 알려준다. 보통 자손의 총 수를 합하고 각 항목에 속하는 자손의 대략적인 비를 구한다. 이 문제에서는 두 가지 형질이 주어졌으므로, 각 형질을 독립적으로 다룬다. 총 840개의 열매 중 305+328=633개의 빨간색 열매가 있으며, 이 값(633/840)은 3/4와 비슷하다. 약 1/4의 식물은 노란색 열매를 가졌다(110+97=207/840). 멘델의 연구로부터 한 유전자에 대한 잡종(이형접합자) 사이의 교배로 3:1 표현형 비가 나타남을 이미 알고 있다. 그러므로 열매의 색에 대한 부모의 유전자형은 *Rr*이 되어야만 한다.

줄기의 색을 보면, 305+110 또는 415/840개의 식물이 보라색 줄기를 가졌다. 약 절반이 보라색 줄기를 가졌고, 나머지 절반(328+97)이 초록색 줄기를 가졌다. 이와 같은 1:1 표현형의 비는 이형접합자가(검정교배에서와 같이) 열성의 동형접합자와 교배하였을 때 나온다. 그러므로 줄기의 색에 대한 부모의 유전자형은 *Pp*와 *pp*이어야만 한다.

이 교배에서의 부모의 완전한 유전자형은 *Rr Pp* × *Rr pp*이다.

풀이 문제 III

테이-삭스병(Tay-Sachs disease; T)은 이른 나이에 나타나는 신경쇠약을 동반한 치명적인 열성 유전질환이다. 이 질병은 전체 집단에서는 희귀하나, 중부 유럽의 아시케나지 유태인에서는 비교적 높은 빈도로 나타난다. 외삼촌이 이 질환을 가진 여성이 영향을 받은 자녀를 낳을 확률을 알아보고자 한다. 이 여성의 시누이 역시 이 질환으로 어린 나이에 사망하였다.

a. 서술한 개인들의 가계도를 그려보시오. 가능하다면 유전자형도 표시하시오.

b. 이 부부의 첫아이가 영향을 받을 확률은 얼마인가?

해답

이 문제는 우열과 확률에 대한 이해를 필요로 한다. 우선 계보를 도표로 나타내고 대립유전자를 부여하자.

T = 정상 대립유전자, t = 테이-삭스 대입유전자

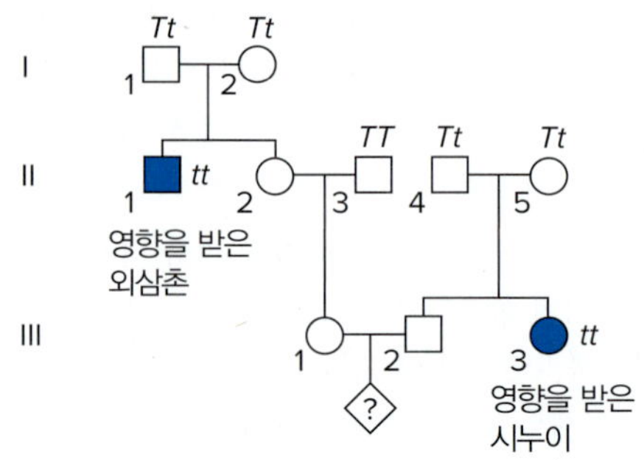

영향을 받은 두 사람의 유전자형은 다음과 같다. 여성의 외삼촌(II-1)과 시누이(III-3)의 유전자형은 *tt*이다. 외삼촌이 영향을 받았으므로, 여성의 외조부모(외삼촌의 부모, I-1과 I-2)는 이형접합자일 것이다. 이와 같이, 시누이가 영향을 받았으므로, 남편의 부모(시누이의 부모, II-4와 II-5)는 이형접합자일 것이다. 결국 II-3는 고위험군에 포함되지 않기 때문에, 그는 *TT*이다.

다음으로 III-1와 III-2의 자녀(IV-1)가 테이-삭스병(*tt*)을 가질 경우를 결정해야 한다. 외삼촌의 영향을 받았으므로, 여성의 외조부모(외삼촌의 부모)는 이형접합자일 것이다. 외조부모의 자녀들은 1/4의 확률로 열성 동형접합자(*tt*), 2/4의 확률로 이형접합자(*Tt*), 1/4의 확률로 우성 동형접합자(*TT*)로 나타난다. 그러나 외조모(II-2)가 영향을 받지 않았다고 했기 때문에 외조모는 이형접합자이거나 우성의 유전자형에 대한 동형접합자가 된다. 따라서 퍼네트 사각형을 본다면, 정상적인 외조모가 나타날 수 있는 대립유전자의 조합은 3개뿐이다. 그중 둘은 이형접합성 조합이고 하나는 동형접합성의 우성이므로 외조모가 보인자일 가능성은 2/3가 된다. 여성의 부친은 고위험 집단 출신이 아니므로 그가 동형접합성의 우성이라 가정하자. 외조모(여성의 모친)가 2/3의 확률로 이형접합성을 가지므로, 이 경우 여성이 모친으로부터 열성의 대립유전자를 물려받을 확률은 1/2이 된다. 이 여성(III-1)이 열성 대립유전자를 물려받으려면 두 조건을 모두 충족해야 하므로, 각각의 확률을 곱하여 (2/3 × 1/2)=1/3이 된다.

남성(III-2)이 *Tt*일 확률은? 그의 부모 모두 이형접합자이고, 남성은 영향을 받지 않았으므로 남성이 보인자일 확률은 II-2에서의 논리와 마찬가지로 2/3가 된다.

이 부부가 동시에 보인자일 확률은 1/3 × 2/3=2/9가 된다. 두 보인자의 자녀가 영향을 받을 확률은 1/4이므로, 이 부부(III-1과 III-2)의 첫 자녀가 영향을 받을 확률은 2/9 × 1/4=1/18이 된다.

연습 문제

어휘

1. 왼쪽 용어를 가장 잘 설명한 문장을 오른쪽에서 찾아 연결하시오.

a. 표현형	1. 주어진 유전자에 대해 동일한 두 개의 대립유전자를 가짐
b. 대립유전자	2. 이형접합자의 표현형으로 발현된 대립유전자
c. 독립적 분리	3. 유전자의 다른 유형
d. 배우자	4. 관찰 가능한 특징
e. 유전자	5. 두 가지 유전자에 대해 모두 이형접합성인 두 개체 사이의 교배
f. 분리	6. 한 유전자의 대립유전자가 다른 유전자의 대립유전자와 독립적으로 배우자에 무작위적으로 분리됨
g. 이형접합자	7. 각 유전자에 대해 한 사본만을 가진 생식세포
h. 우성	8. 이형접합자의 표현형에 기여하지 않는 대립유전자
i. F_1	9. 모호한 유전자형의 개체를 열성 동형접합자와 교배하는 것
j. 검정교배	10. 한 유전자에 대해 두 가지 다른 대립유전자를 가진 개체
k. 유전자형	11. 형질을 결정하는 유전되는 실체
l. 열성	12. 개체가 가진 대립유전자 조합
m. 양성잡종 교배	13. 한 유전자의 두 대립유전자가 서로 다른 배우자로 분리되는 것
n. 동형접합자	14. P 세대의 자손

1.1절

2. 유전의 기본 원리를 밝힌 멘델의 분석에 있어 좋은 재료가 된 완두의 특징을 기술하라. 완두에 대해 기술한 동일한 특징을 인간에서 유전을 연구하는 데 적용한다면 어떤 어려운 점이 있는지 서술하시오.

1.2절

3. 두 마리의 짧은 털 고양이가 번식하여 여섯 마리의 짧은 털 고양이와 두 마리의 긴 털 고양이를 낳았다. 이 정보에서 얻을 수 있는 털 길이의 유전적 특징을 무엇인가?

4. 짧은 날개를 가진 초파리는 열성형의 날개 길이 유전자를 동형접합성으로 갖는다. 당신에게 일반적인 길이의 날개를 가진 초파리(날개 길이 유전자의 우성형)가 있고, 그 초파리가 날개 길이 유전자에 대하여 동형접합자인지 이형접합자인지 알아야 한다. 어떠한 교배를 통해서 유전형을 판단할 수 있는가? 또한 각각의 유전형에 따른 교배 결과는 무엇인가?

5. 생쥐의 특정 집단에서 일부 개체가 우성 형질로 유전되는 '짧은 꼬리'의 표현형을 보이고, 일부는 열성 형질로 유전되는 '연한 털'의 표현형을 보인다면, 이 두 가지 표현형 중 선택적 교배를 통해 더 쉽게 제거할 수 있는 형질은 무엇이며, 그 이유는 무엇인가?

6. 잡초식물인 **애기장대**(*Arabidopsis thaliana*)를 근친교배해 얻은 변종들 중 일부는 생장기 중 일찍 개화하지만, 다른 일부는 늦게 개화한다. 네 개의 다른 애기장대(1~4)를 교배하였을 때 그 결과는 다음과 같다.

교배	자손
1×2	77 늦은 꽃 : 81 이른 꽃
1×3	134 늦은 꽃
1×4	93 늦은 꽃 : 31 이른 꽃
2×3	111 늦은 꽃
2×4	65 늦은 꽃 : 61 이른 꽃
3×4	126 늦은 꽃

a. 개화 시기에 따른 차이를 유전적 토대로 설명하시오. 또한, 어떻게 이 집단을 토대로 개화 시기라는 형질이 하나의 유전자의 변화에 의해 영향을 받는지 알 수 있는가? 어떠한 대립형질이 우성이고 열성인가?

b. 네 개의 애기장대에 대한 유전형을 설명하시오.

c. 네 개의 다른 애기장대(1~4)를 근친교배하였을 때 어떤 종류의 자손이 나올 것인가? 또한 그 비율은 어떻게 되는가?

7. 미지의 유전자형을 가진 검은색 종마를 구입하였다고 가정하자. 그 수컷 종마를 빨간색 암말과 교배하였을 때 한 마리는 빨간색이고, 다른 한 마리는 검은색인 쌍둥이 망아지를 얻었다. 이때 한 가지 형질에 대해 상반되는 대립유전자가 작용하였다면, 어떠한 원리로 망아지들의 색이 유전되었는가? 또한 이를 증명하기 위한 교배법은 무엇인가?

8. 한 벌의 포커카드 속에는 네 가지 종류의 모양(빨간색 모양의 하트와 다이아몬드, 검은색 모양의 스페이드와 클로버)이 있으며, 각 종류마다 열세 장의 카드(에이스[A], 2, 3, 4, 5, 6, 7, 8, 9, 10, 얼굴 그림을 가진 Jack[J], Queen[Q], King[K])가 있다.

a. 한 장의 카드를 뽑을 때, 그 카드가 얼굴 모양을 가질 확률은 얼마인가? 빨간색 카드일 확률은? 빨간색의 얼굴 모양을 가진 카드일 확률은?

b. 네 장의 카드를 한 번에 한 장씩 뽑았다고 가정하자. 뽑은 카드는 다시 카드뭉치로 돌려놓았다. 네 장의 카드가 모두 얼굴 모양을 가진 카드일 확률은?

c. 이번엔 네 장의 카드를 카드뭉치에 돌려놓지 않고 뽑았다고 가정하자. 네 장의 카드가 모두 얼굴 모양을 가진 카드일 확률은?

9. 다음 네 가지 경우의 부모에게서 부모와 같은 표현형의 아이가 태어날 확률은 각각 얼마인가? 또한 각 경우에서 서로 다른 표현형의 종류의 개수는 얼마인가?
a. *Aa Bb Cc Dd*×*aa bb cc dd*
b. *aa bb cc dd*×*AA BB CC DD*
c. *Aa Bb Cc Dd*×*Aa Bb Cc Dd*
d. *aa bb cc dd*×*aa bb cc dd*

10. 당신의 친구가 세쌍둥이를 임신했다. 그녀는 그녀가 세 아들, 두 아들과 한 명의 딸, 한 명의 아들과 두 딸, 세 딸의 부모가 되는 확률이 동일하다고 생각한다. 그녀는 옳았을까? 설명하시오. (아이는 각각 독립적으로 수정되었고, 남아와 여아가 동일한 경향을 보인다고 가정한다.)

11. 백색증(Albinism)은 색소가 결핍된 상태로 인간의 백색증은 흰색 머리카락, 색소 없는 피부색, 분홍색 눈동자로 나타난다. 인간에서의 형질은 열성의 대립유전자에 기인한다. 정상적인 부모에게서 백색증 아이가 태어났다면 부모의 유전자형은 무엇인가? 다음에 태어날 아이도 백색증을 가질 확률은 얼마인가?

12. 초등학교 3학년 여학생이 학교 과학수업 과제로 기니피그를 교배시키기로 하였다. 반려동물 가게에서 부드러운 검은색 털을 가진 수컷과 거친 흰색 털을 가진 암컷을 구입하여 그 형질이 어떻게 유전되는지 살피고자 하였다. 첫 배의 8마리 새끼가 모두 거친 검은색 털을 가지고 태어났고, 동일 부모의 두 번째 배의 7마리 새끼 역시 모두 거친 검은색 털을 가지고 태어났다. 첫 배의 새끼끼리의 교배로 태어난 F_2 자손에서는 다양한 털의 유형이 나타났다. 얼마 지나지 않아 총 125마리의 F_2 세대를 얻었는데, 그중 8마리는 부드러운 흰색 털을, 69마리는 거친 검은색 털을 가졌다.
a. 털 색깔과 촉감이 어떻게 유전되는가? 그 결론을 뒷받침하는 증거를 제시하시오.
b. 부드러운 흰색 털을 가진 F_2 세대의 암컷과 F_1 세대의 수컷을 교배하였다면, 태어날 새끼의 표현형의 유형과 비는 무엇인가?

13. 밝은 빛에 대한 반응으로 재채기를 하는 에취증후군(achoo syndrome)과 불안할 때 나타나는 턱떨림 증후군(chin trembling)은 모두 인간에서 우성형질이다.
a. 에취증후군과 턱떨림에 대해 모두 이형접합성인 부모 사이에서 태어난 첫 아이가 에취증후군을 가지나 턱떨림은 갖지 않을 확률은 얼마인가?
b. 에취증후군과 턱떨림에 대해 모두 이형접합성인 부모 사이에서 태어난 첫 아이가 에취증후군도 갖지 않고 턱떨림도 갖지 않을 확률은 얼마인가?

14. 꽃 색깔이 보라색 또는 흰색이고, 콩깍지에 가시가 있거나 부드러운 흰독말풀(Jimsonweed) 사이의 다양한 교배 결과를 표로 정리하였다. 두 가지 형질에서 우성인 대립유전자와 각 교배에서의 부모 식물의 유전자형을 결정하시오.

부모	자손			
	보라색 가시 돋은	흰색 가시 돋은	보라색 부드러운	흰색 부드러운
a. 보라색 가시 돋은×보라색 가시 돋음	94	32	28	11
b. 보라색 가시 돋은×보라색 부드러운	40	0	38	0
c. 보라색 가시 돋은×흰색 가시 돋음	34	30	0	0
d. 보라색 가시 돋은×흰색 가시 돋음	89	92	31	27
e. 보라색 부드러운×보라색 부드러운	0	0	36	11
f. 흰색 가시 돋은×흰색 가시 돋음	0	45	0	16

15. 노랑초파리에서 다음의 돌연변이에 대한 유전자가 알려져 있다.
날개의 크기: 작은(tiny) 날개에 대한 열성 대립유전자 *t*,
정상 날개에 대한 우성 대립유전자 *T*
눈의 모양: 좁은 눈에 대한 열성 대립유전자 *n*,
정상(normal, 타원형) 눈에 대한 우성 대립유전자 *N*
다음의 교배 실험에서 부모의 유전자형을 밝혀보시오.

	수컷			암컷		
	날개	눈		날개	눈	후손
1	작은	타원	×	작은	타원	78 작은 날개, 타원형 눈 24 작은 날개, 좁은 눈
2	정상	좁은	×	작은	타원	45 정상 날개, 타원형 눈 40 정상 날개, 좁은 눈 38 작은 날개, 타원형 눈 44 작은 날개, 좁은 눈
3	정상	좁은	×	정상	타원	35 정상 날개, 타원형 눈 29 정상 날개, 좁은 눈 10 작은 날개, 타원형 눈 11 작은 날개, 좁은 눈
4	정상	좁은	×	정상	타원	62 정상 날개, 타원형 눈 19 정상 날개, 타원형 눈

16. 멘델이 연구한 완두 색의 노란색과 초록색 표현형에서,
a. 완두 색의 표현형을 결정하는 유전자에 의해 만들어지는 단백질의 생화학적 기능은 무엇인가?
b. 유전자의 영대립유전자(null allele)는 유전자가 정상적으로 제공하는 생화학적 기능을 주지 못한다. 두 대립유전자 *Y*와 *y* 중 어느 것이 영대립유전자일 가능성이 더 높은가?
c. 생화학 원리에 기초하여 *Y* 대립유전자가 *y* 대립유전자에 대해 우성인 이유를 설명하시오.
d. *yy* 동형접합자 완두가 초록색인 이유는 무엇인가?
e. 유전자가 만드는 단백질의 양은 대략 세포나 개체가 보유한 기능적인 유전자의 사본 수에 비례한다. *YY* 동형접합자, *Yy* 이형접합자,

yy 동형접합자의 표현형으로부터 노란색 표현형을 나타내는 데 필요한 (완두 색 유전자의 생산물인) Sgr 효소의 양에 대해 알 수 있는 것은 무엇인가?

f. Sgr 효소는 완두 식물의 생존에 필요한 효소는 아니지만, 생물체의 유전체에는 소위 필수 유전자들을 가지고 있다. 이 유전자의 정상 대립유전자와 영대립유전자를 가진 이형접합자는 생존하지만, 영대립유전자만 가지는 동형접합성 개체는 각자 영대립유전자를 가진 암수 배우자가 수정으로 결합하여 생긴 후 얼마 지나지 않아 죽는다. 문제 (e)에서 제시한 답변에 비추어 생물이 유전자의 두 사본을 가짐으로써 얻는 장점을 설명하시오.

g. 콩깍지 한 개가 다른 표현형을 가진 완두콩을 담을 수 있을까? 설명하시오.

h. 한 가지 색(예를 들어, 초록색)의 콩깍지 안에 다른 색의 완두(예를 들어, 노란색)가 만들어질 수 있을까? 설명하시오.

17. 멘델은 줄기가 길거나 짧은 순계의 식물로부터 줄기가 긴 잡종을 얻었다는 것을 기억하자(그림 1.5 참고). 단성잡종 교배로 얻은 F_2 세대에서 긴 줄기 대 짧은 줄기의 비가 3:1이었다는 결과로부터 줄기 길이의 차이는 단일 유전자에 의해 결정된다는 것을 알았다. 멘델의 식물에서 이 형질을 조절할 가능성이 매우 높은 유전자는 다음 그림의 반응을 촉매하는 효소인 G3βH를 만든다. 반응의 산물인 지베렐린(gibberellin)은 식물의 키를 크게 하는 성장호르몬이다. 우성 대립유전자(*L*)와 열성 대립유전자(*l*)의 차이를 설명할 수 있는 가장 가능성 있는 가설은 무엇인가?

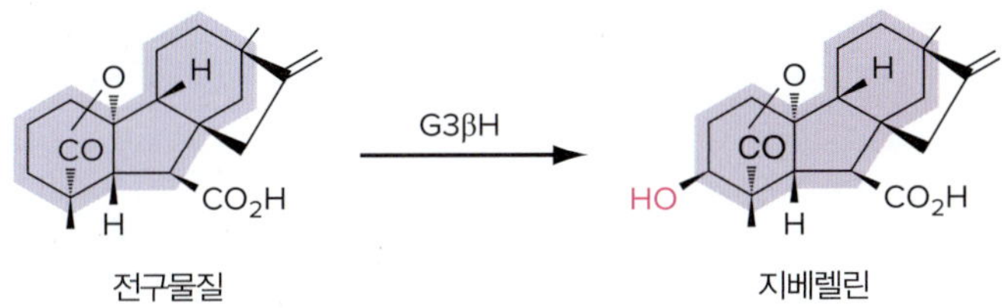

1.3절

18. 다음의 인간 가계도에서 유전의 유형이 우성인지 열성인지 판별하시오. 가계도의 어떤 특징을 사용하여 판단하였는지 설명하시오. 영향을 받은 사람과 질환 대립유전자를 가졌으나 영향을 받지 않은 사람의 유전자형을 부여하라.

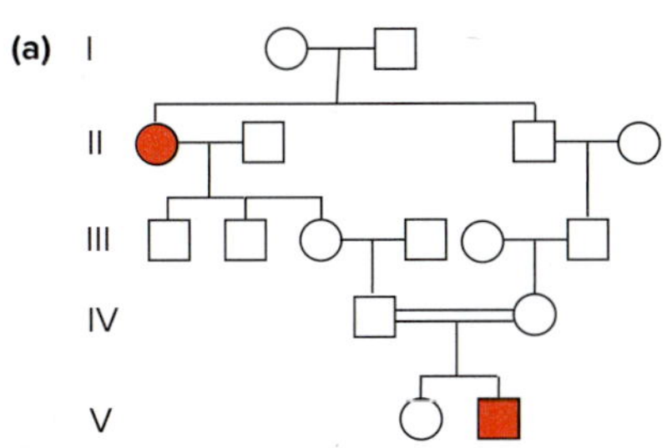

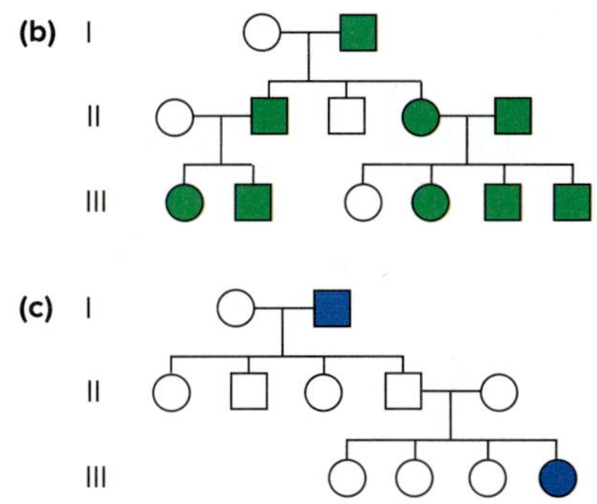

19. 낭 섬유증 남매를 둔 젊은 부부가 유전상담사를 방문하였다. (낭 섬유증은 열성 질환 대립유전자에 의해 발생하며, 부부와 이들의 네 부모 중 누구의 영향도 받지 않았다.)
   a. 부부 중 아내가 보인자일 확률은 얼마인가?
   b. 부부의 아이가 낭 섬유증을 앓을 가능성은 얼마나 되는가?
   c. 부부의 자녀가 낭 섬유증 대립유전자에 보인자일 확률은 얼마인가?

20. 다음 가계도의 질환은 우성 또는 열성 대립유전자에 기인하는가? 그 이유를 설명하시오. 다음의 부분적인 가계도를 보고 이 질병 대립유전자가 집단에서 흔한지 아니면 희귀한지 판단하고 이유를 설명하시오.

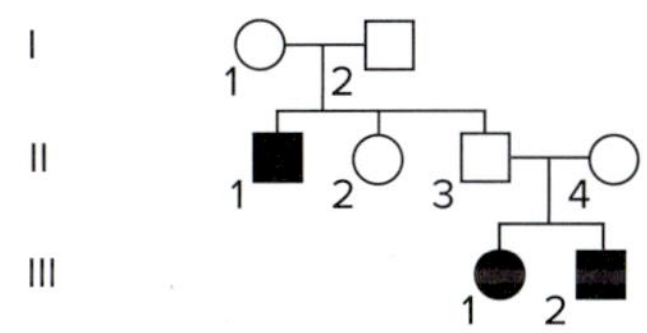

21. 그림 1.21a의 낭 섬유증 가계도를 고려하시오.
   a. I 세대인 사람 중 한 명이 보인자이고, 가족 이외의 누구도 보인자가 아니라고 가정할 때 V 세대 혈족 관계의 부부의 자녀 중 한 명이 낭 섬유증을 가질 확률은 얼마나 되는가? (그들의 자식이 아직 태어나지 않았다고 가정하고, VI-4에게 질병이 있다는 것을 알지 못하는 상황이다.)
   b. I 세대의 사람 중 한 명이 보인자이고 인구의 1/1000명이 보인자라고 가정할 때 VI-4가 질병을 가지고 있다는 것을 알고 있다면 VII-1이 영향을 받을 가능성은 얼마나 됩니까?

22. 두 사촌의 동일한 조부가 유전성 혈색소증(hereditary hemochromatosis)을 가졌다. 이 병은 몸에 철분이 비정상적으로 축적되는 열성 질환이다. 두 사촌 모두 이 질병이 없으며, 그들의 친척 누구도 이 질환을 갖고 있지 않다.
   a. 첫 번째 사촌이 아이를 가졌다면, 아이가 혈색소증에 걸릴 가능성은 얼마나 되는가? (사촌의 부모들은 질환의 영향을 받지 않았으며, 보인자도 아니라고 가정한다.)
   b. 집단에서 영향을 받지 않은 10명의 사람 중 1명(이 사촌의 친척 부모 포함) 꼴로 혈색소증의 보인자라는 것을 안다면 문항의 계산식

이 어떻게 변하는가?

23. 손가락의 가운데 마디에 털이 나는 중간지모(midphalangeal hair)는 우성의 *M* 대립유전자에 의해 나타나는 흔한 표현형이다. 열성 대립유전자에 대한 동형접합자(*mm*)는 손가락의 가운데 마디의 털이 나지 않는다. 부모 둘 다 모두 중간지모를 가진 1,000집단 가족에서 1,853명의 자녀가 같은 형질을 보였으나 209명의 자녀는 보이지 않았다. 이 결과에 대해 설명하시오.

24. 낭 섬유증에 대한 질환 대립유전자(*CF*)는 정상 대립유전자(CF^+)에 대해 열성인 반면, 헌팅턴병에 대한 질환 대립유전자(*HD*)는 정상 대립유전자(HD^+)에 대해 우성인 이유를 설명하시오.

25. 다음 가계도는 스코틀랜드의 한 가정에서 빨간색 머리카락의 유전을 보여준다. 빨간색 머리카락은 *MC1R* 유전자의 열성 대립유전자에 대해 동형접합성에 의해 발생한다. 전 세계적으로 빨간색은 사람 머리카락 색 중 흔하지 않지만, 스코틀랜드에서는 흔하다. 사실 빨간색 머리카락이 아닌 스코틀랜드의 40%는 빨간색 머리카락 대립유전자를 갖는다.

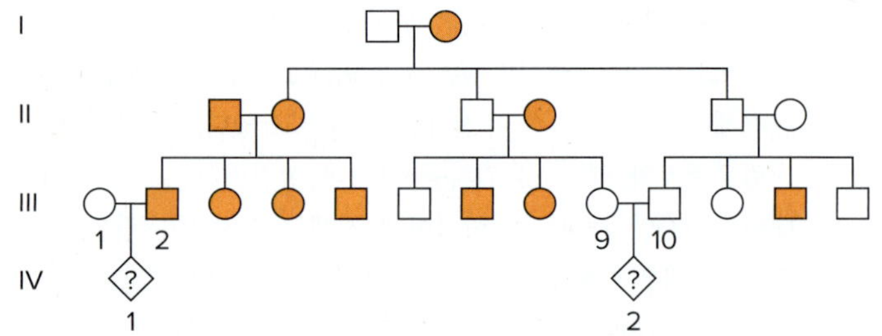

a. 빨간색 머리카락은 열성유전자에 의해 야기되는 특성인데도 이 특정 가계도에서 수직적인 유전 패턴을 보이는가?

b. III-2와 III-1(가까운 친척이 아닌 스코틀랜드 여성)이 아이를 가졌다고 가정했을 때, IV-1(III-2와 III-1의 아이)가 빨간색 머리카락을 가질 확률은 얼마나 되는가?

c. 사촌 관계의 III-9와 III-10의 아이인 IV-2가 빨간색 머리카락을 가진 확률은 얼마나 되는가?

chapter 2

멘델 법칙의 확장

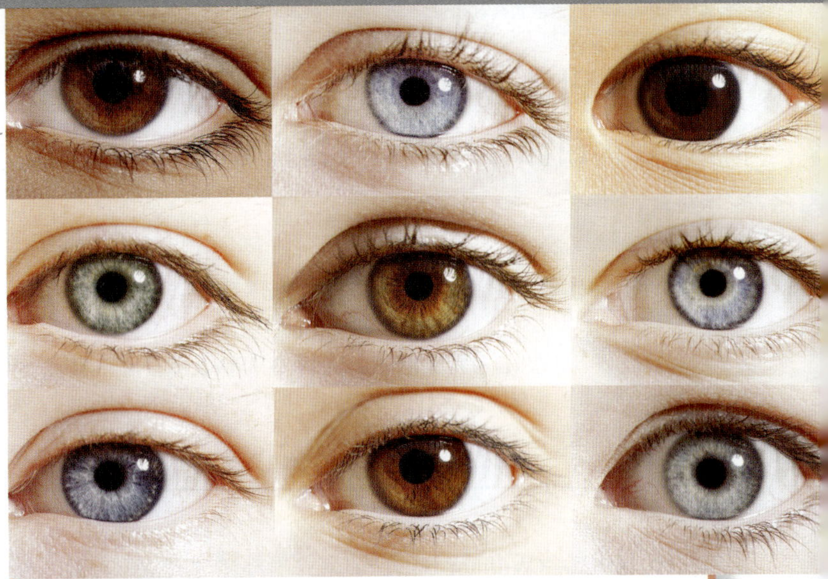

©Anthony Lee/Caiaimage/Getty Images

사람 눈동자 색깔의 몇몇 변이들의 사례

개요

- 2.1 단일 유전자 유전에서 멘델 법칙의 확장
- 2.2 두 유전자 유전에서 멘델 법칙의 확장
- 2.3 복합 형질에서 멘델 법칙의 확장
- 2.4 자세한 사례: 강아지 털 색깔 유전자들

멘델이 관찰했던 완두콩의 형질들과 달리 사람에서는 대부분의 특성들이 대조되는 두 부류로 명확히 구분되지 않는다. 키, 피부색, 머리카락 색, 눈동자 색 등의 **복합 형질**(complex trait)들은 멘델의 법칙을 따르지 않는 것처럼 보인다. 그 이유는 여러 유전자들에 의해 복합 형질이 조절되기 때문이다. 이들 각 유전자에 대해서도 두 개 이상의 대립유전자가 집단 내에 존재할 수도 있으며, 특정 대립유전자 쌍에서 두 대립유전자가 단순한 우열관계보다는 다른 방식으로 상호작용할 수도 있다. 많은 복합형질의 경우 환경 또한 표현형에 영향을 준다.

사람의 눈동자 색은 무수히 많은 변이를 보이는 복합 형질의 일례이다. 눈동자 색은 **동공**(pupil)의 크기를 조절해서 눈에 들어오는 빛의 양을 조절하는 **홍채**(iris)의 구조와 색소에 의해 결정된다. 홍채의 구조와 색소들은 적어도 15개의 서로 다른 유전자들에 의해 지정되는 단백질들에 의해 만들어진다. 사람 눈동자 색 유전자 중의 하나인 *OCA2*는 가장 큰 영향을 끼치는데, 다양한 *OCA2* 대립유전자들이 눈동자 색의 진하기 정도를 결정하기 때문이다. 홍채에서 진한 색소인 멜라닌을 생성하는 세포의 발생을 위해서는 OCA2 단백질이 필요하다. 연한색 *OCA2* 대립유전자는 진한색 대립유전자보다 더 낮은 레벨의 OCA2 난백질을 만들도록 한다.

사람 눈동자 색과 같은 형질들은 복잡한 상호작용의 결과에 의해 나타나기 때문에, 교배결과 항상 멘델의 표현형비처럼 나타나진 않는다. 그렇지만 멘델의 가정에 몇몇 가정들을 추가하는 단순한 확장을 통해 유전자형과 표현형의 상관관계를 명확히 밝힘으로써, 예상에서 벗어난 관찰값의 편차를 멘델의 기본법칙에 위배되지 않게 설명할 수 있다.

이 장에서 기술하고 있는 교배실험을 통해 매우 중요한 점 하나를 알 수 있다. 실제 세계에서 나타나는 무수한 표현형적 다양성을 설명하기 위하여 유전학자들은 각 연구에서 사용하는 표현형의 수를 최소화한다는 점이다. 이를 위해 멘델은 단일 유전자의 서로 다른 두 대립유전자에 의해 조절되는 서로 상반되는 특징을 보이는 각 형질에 대한 순종 완두콩 계통을 사용하였다. 이와 유사하게, 현대 유전학자들은 특정 형질을 연구하기 위해 초파리, 생쥐, 물고기 등에서 동계자손 집단을 사용한다. 물론 사람에 대한 연구를 이런 방식으로 수행할 수는 없다. 가계도분석이 인간의 복잡한 표현형들을 이해하는데 다소 도움이 된다는 사실을 곧 알게 될 것이다. 그러나 복합 형질들을 분석하기 위해 과학자들이 어떤 접근방법을 사용하는지에 대한 총체적인 이해는 이 장의 마지막에 가서야 가능하다.

2.1 단일 유전자 유전에서 멘델 법칙의 확장

학습 목표

1. 완전 우성, 불완전 우성 또는 공우성으로 대립유전자 상호작용을 분류할 수 있다.
2. 자손의 표현형비를 통해 열성치사유전자의 존재여부를 알아 낼 수 있다.
3. 교배결과를 통해 특정 유전자가 그 집단 내에서 다형성인지 단형성인지 예측할 수 있다.

윌리엄 베이트슨(William Bateson)은 초창기 멘델의 옹호자이자 해석자였다. **유전학**(genetics), **대립형태**[allelomorph; 나중에 **대립유전자**(allele)로 축약됨], **동형접합자**(homozygote) 및 **이형접합자**(heterozygote)라는 용어들의 창시자인 베이트슨은 1908년 한 강연에서 청중들에게 다음과 같이 요청했다. "예외들을 귀중히 여겨라!.. 그것들을 항상 발굴하고 드러나게 하라." 단순 멘델 표현형비에서 벗어나는 예외들이 지속적으로 관찰되었는데, 이는 예상과는 다른 단일 유전자 유전양상을 보여주었다. 베이트슨과 초창기 유전학자들은 이런 양상들의 의미를 알아냄으로서 멘델식 분석의 범위를 확장하였고, 또 유전자형과 표현형의 상관관계에 대한 더 깊은 이해를 할 수 있었다. 지금부터 지난 세기에 걸쳐 밝혀진 멘델법칙의 확장에 대한 주요 사례들을 살펴볼 것이다.

우성이 항상 완전한 것은 아니다

우성과 열성의 정의는 두 순종계통 사이에서 태어난 F_1 잡종들이 어떤 양상을 보이느냐에 의해 결정된다. 만약 잡종자손이 관심의 형질에 대해 부모 중 한쪽과 똑같다면, 그 부모가 가지고 있는 대립유전자는 잡종자손에서 나타나지 않는 형질을 가진 부모가 보유한 대립유전자에 대해 완전한 우성이라고 간주된다. 예를 들어, 흰색 순종계통과 파란색 순종계통 사이에서 항상 흰색 F_1 잡종이 태어난다면, 색을 결정하는 유전자의 흰색 대립유전자는 파란색 대립유전자에 대해 완전한 우성이다. 만약 F_1 잡종이 모두 파랑이라면 파란색 대립유전자가 흰색 대립유전자에 대해 완전한 우성이다(**그림 2.1**).

특정 유전자의 두 대립유전자 사이에 있을 수 있는 관계에는 **완전 우성**(complete dominance)만 있는 것은 아니다. 그림 2.1에서는 어떤 대립유전자도 완전 우성이 아닌 두 가지 경우가 도식적으로 나타나 있다. 그림에 나타나 있듯이, 순종계통 간의 교배에서 양쪽 부모와는 다른 표현형을 가진 잡종자손이 태어날 수 있다. 이런 표현형이

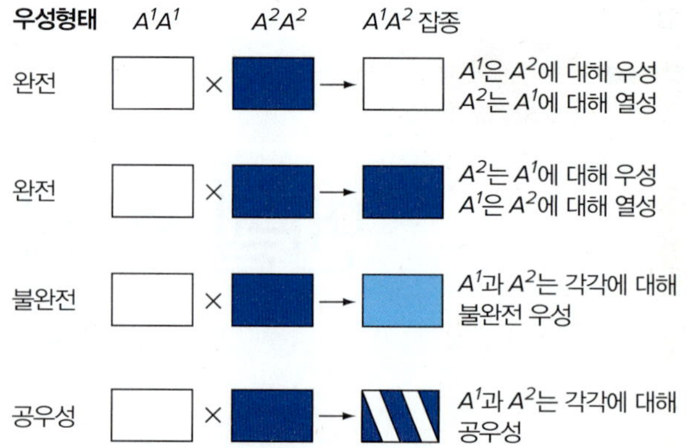

그림 2.1 다양한 우열관계들. 이형접합자의 표현형은 같은 유전자상의 두 대립유전자(여기에서 A^1, A^2) 사이의 우열관계를 결정한다. 잡종이 순종인 부모 중 한쪽과 닮았을 때 우성은 완전한 우성이다. 잡종이 부모 중 어느 쪽과도 표현형이 닮지 않았을 때 우성은 불완전한 우성이다. 이때 새로운 표현형은 대개 부모 형질의 중간 형질이다. 잡종이 양쪽 순종부모의 형질을 모두 보이는 경우는 공우성이다.

왜 생기는지 살펴보자.

불완전 우성: F_1 잡종자손이 순종부모 누구와도 닮지 않는다

많은 식물 종에서 꽃 색깔은 손쉽게 볼 수 있는 **불완전 우성**(incomplete dominance)의 예이다. 이형접합체는 동형접합체인 양쪽 부모 누구와도 닮지 않았고, 순종부모 표현형의 중간 표현형을 보인다. 예를 들어, 금어초(snapdragon)에서 빨간색 순종과 흰색 순종부모 사이의 교배는 중간색인 분홍색 꽃을 피우는 잡종들을 생성한다(**그림 2.2a**). 만약 자가 수분을 하면, 분홍색 F_1 식물은 빨간색, 분홍색 및 흰색 꽃을 피우는 F_2 자손들은 1:2:1의 비율로 생성된다(**그림 2.2b**). 이것은 전형적인 단일유전자 F_1 자가 교배에서 볼 수 있는 익숙한 **유전자형비**(genotypic ratio)이다. 새로운 사실은 이형접합자가 동형접합자 어느 것과도 닮지 않았기 때문에 **표현형비**(phenotypic ratio)는 유전자형비를 그대로 반영하고 있다는 점이다.

위와 같은 불완전 우성의 예에 대해 가장 단순한 생화학적 해석은 *A* 유전자가 빨강 색소를 생성하는 단백질(효소)을 지정한다는 것이다. 흰 대립유전자(A^2)는 정상기능의 효소를 만들지 못하는 반면, 빨강 대립유전자(A^1)는 만든다. 그러므로 금어초에서 세포당 두 배의 빨강 대립유전자(A^1A^1)는 두 배의 빨강 색소 생성 효소를 만들어서 꽃 색깔이 완전히 빨간색으로 보이도록 충분한 색소를 생성한다. 이형접합자(A^1A^2)에서는 세포당 한 개의 빨강 대립유전자가 꽃이 분홍색으로 보일 정도의 색소만 생성하는 결과를 초래한다. 흰 대립유전자에 대한 동형접합자의 경우, 기능이 있는 효소가 없으므로 빨강 색소가 없고, 그 결과 꽃은 흰색을 띈다.

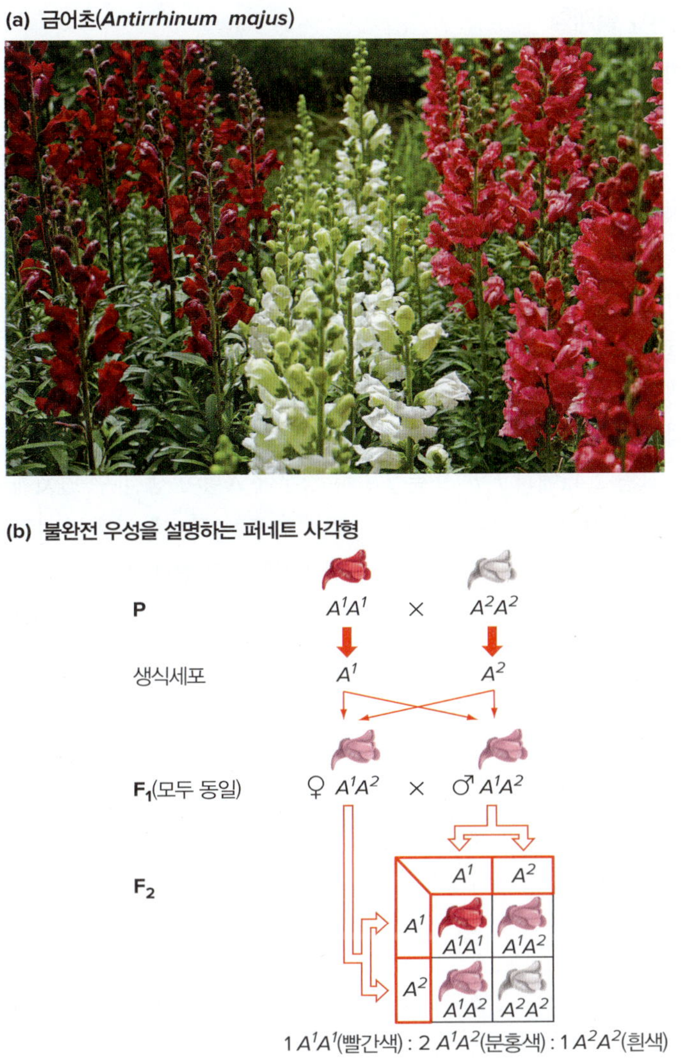

그림 2.2 불완전 우성의 경우 F_1 잡종은 중간형태의 표현형을 보인다. **(a)** 금어초 꽃 색깔의 차이. **(b)** 순종 빨간색 꽃과 흰색 꽃 계통의 교배결과 나온 F_1 잡종 금어초들은 분홍색 꽃을 피운다. F_2에서 꽃 색깔은 1 빨간색 : 2 분홍색 : 1 흰색의 비율을 보인다. 이 비율은 단일 유전자의 대립유전자들이 이런 표현형을 결정한다는 것을 의미한다. *Source: (a): Henry Hemming/Getty Images*

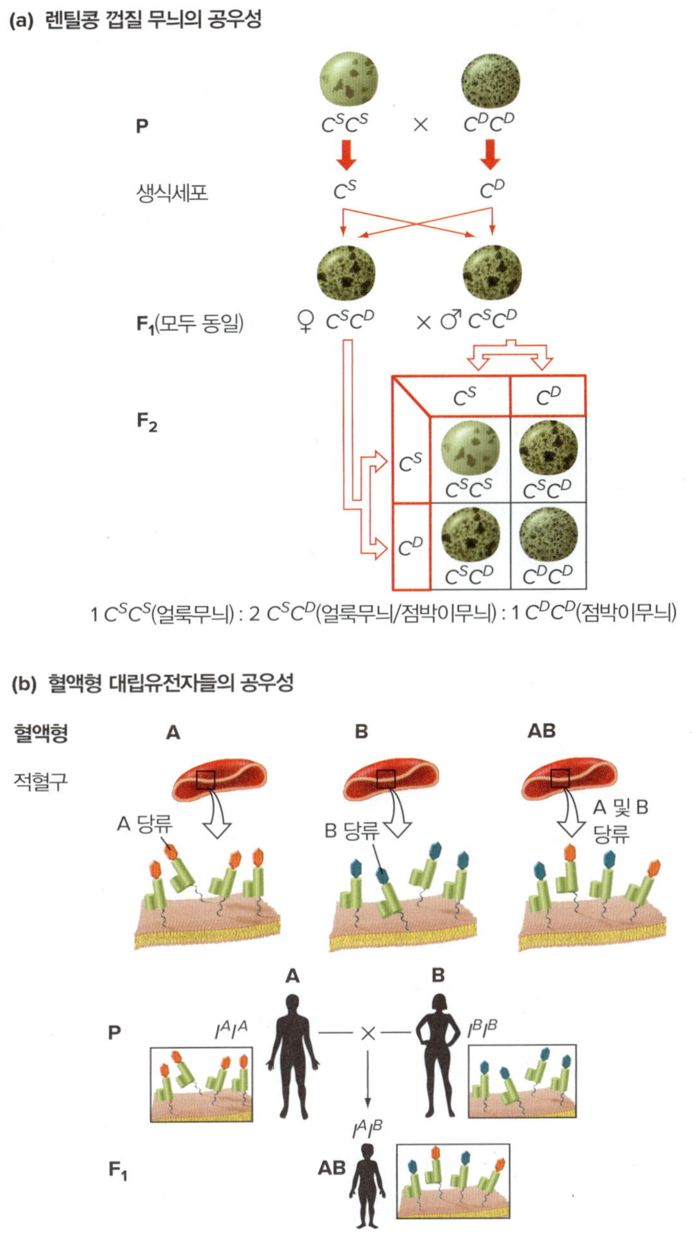

그림 2.3 공우성의 경우 F_1 잡종이 양쪽 부모의 형질을 모두 보인다. **(a)** 순종 얼룩무늬 렌틸콩과 순종 점박이무늬 렌틸콩 사이의 교배결과 얼룩무늬와 점박이무늬를 모두 가진 이형접합자들을 생성된다. 각 유전자형은 각자 고유한 표현형을 보이는데, 그 결과 F_2에서 표현형비가 1:2:1이다. **(b)** 혈액형 대립유전자 I^A와 I^B는 공우성이다. 그 이유는 I^AI^B 이형접합자의 세포 표면에는 두 종류의 당이 모두 존재하기 때문이다.

공우성: F_1 잡종자손이 양쪽 순종부모의 형질을 모두 보인다

얼룩무늬 렌틸콩과 점박이 렌틸콩의 순종계통들 사이의 교배는 얼룩과 점박이 무늬가 함께 있는 이형접합체들을 생성한다(**그림 2.3a**). 이런 F_1 잡종들은 완전 우성에서 벗어나는 두 번째 유형을 보여준다. 자손들은 부분적으로 양쪽 부모를 모두 닮았기 때문에, 얼룩무늬 또는 점박이무늬 대립유전자 어느 것도 서로에 대해 우성이나 열성이 아니다. 두 형질이 이형접합체의 표현형에서 동등하게 나타나므로 이런 대립유전자들을 **공우성**(codominant)이라고 부른다. 얼룩무늬/점박이무늬 F_1 세대의 자가 수분은 1 얼룩무늬:2 얼룩무늬/점박이무늬:1 점박이무늬의 비율로 F_2 자손을 생성한다. 이들 F_2 자손들에서 멘델식 1:2:1 비율은 얼룩무늬와 점박이무늬가 단일유전자의 서로 다른 대립유전자에 의해 결정됨을 확증해 준다. 그리고 이형접합체가 두 동형접합체와 구분되므로 표현형비와 유전자형비가 다시 한번 일치되는 현상을 보여준다.

사람에서 서로 다른 적혈구형을 구분하는데 관여하는 몇몇 대립유전자들이 공우성 양상을 보인다. 예를 들어 어떤 한 유전자(I)와 그 대립유전자들인 I^A 및 I^B는 적혈구 세포막에서 돌출되어 있는 특정 당중합체의 존재여부를 조절한다. 각 대립유전자는 약간 다른 구조의 당 복합체를 생성하는 약간 다른 효소유형에 대한 정보를 각자 담고 있다. 이형접합체 개체에서는, 적혈구들이 그 표면에 I^A에 의해 결정되는 당사슬과 I^B에 의해 결정되는 당사슬을 가지고 있는 반면에 동형접합체 개인들은 I^A 또는 I^B 중 하나만 보인다(**그림 2.3b**). 이 사례가 보여주듯이, 서로 다른 두 대립유전자가 모두 기능이 있는 효소를 지정할 경우, 분자적 수준에서 분석할 수 있는 형질들에 대해 흔히 공우성으로 나타난다.

그림 2.1은 완전 우성, 불완전 우성 및 공우성의 차이에 대해 도식적으로 보여주고 있다. 우열관계에 대한 결정은 F_1 세대에서 나타나는 표현형에 달려 있다. 완전 우성의 경우 F_1 자손들이 순종부모 중 한쪽을 닮는다. 제1장에서 살펴보았듯이 완전 우성은 F_2에서 3:1의 표현형비를 초래한다. 불완전 우성에서는 잡종들이 두 순종부모 표현형의 중간 표현형을 보인다. 공우성의 경우, F_1 잡종에서 양쪽 부모의 표현형이 동시에 나타난다. 불완전 우성과 공우성은 모두 F_2에서 1:2:1의 표현형비를 생성한다.

멘델의 분리의 법칙은 여전히 적용된다

특정 유전자의 대립유전자들 사이의 우열관계는 그 대립유전자들의 세대간 전달에 영향을 끼치지 않는다. 단일유전자에 대한 서로 다른 두 대립유전자가 완전 우성, 불완전 우성 또는 공우성이 되는 여부는 그 대립유전자에 의해 결정되는 단백질의 종류 및 세포 내에서 그 단백질의 기능에 의해 좌우된다. 그러나 이런 표현형적 우열관계는 생식세포 형성과정에서 일어나는 대립유전자들의 분리와 무관하다.

멘델이 제안했듯이, 세포들은 각 유전자 두 짝을 가지고 있으며, 이들은 유사한 대립유전자 쌍이든 유사하지 않은 대립유전자 쌍이든 생식세포 형성과정에서 서로 분리된다. 그런 다음 수정에 의해 세포당 2개의 대립유전자가 복구되는데, 이때 두 대립유전자가 서로 같은 대립유전자인지 아닌지는 상관이 없다. 그러므로 우열관계의 변이는 멘델의 분리의 법칙을 거스르지 않는다. 오히려, 이것들은 유전자 산물이 표현형 생성을 조절하는 방식의 차이를 반영하고 있는데, 그 결과 겉으로 드러난 유전자 전달의 결과를 해석하거나 표현형으로부터 유전자형을 유추하는 것을 한층 더 복잡하게 만든다.

어떤 유전자는 두 개 이상의 대립유전자를 가질 수 있다

멘델은 서로 상반되는 두 대립유전자로 구성된 유전자에 의해 조절되는 명확이 구분 가능한 형질들을 분석했지만, 많은 형질들의 경우 두 개 이상의 서로 다른 대립유전자가 존재한다. 여기에서는 그런 형질들에 대한 세 가지 예(사람 ABO 혈액형, 렌틸콩 무늬, 사람 조직 적합성)에 대해 살펴보기로 한다.

ABO 혈액형

혈액형이 A인 사람이 B형과 아이를 갖는다면, 가끔씩 A, B 또는 AB형도 아닌 네 번째 혈액형인 O형의 아이를 갖는 것이 가능하다. 그 이유는 무엇일까? ABO 혈액형 유전자는 세 대립유전자(I^A, I^B 및 i)를 가지고 있다(**그림 2.4a**). 대립유전자 I^A는 당사슬 A를 추가하는 효소를 지정함으로써 A 혈액형을 생성하며, I^B는 B 당사슬을 추가하는 효소를 지정함으로써 B형을 초래하고, i는 당사슬을 추가하는 기능적인 효소를 지정하지 않는다. 대립유전자 I^A와 I^B는 모두 i 대립유전자에 대해 우성이며, O 혈액형은 대립유전자 i에 대해 동형접합자가 된 결과이다.

그림 2.4a에서 I^AI^A 또는 I^Ai 두 경우에 A형이 생길 수 있음에 주목하라. B형의 경우도 마찬가지로 I^BI^B 또는 I^Bi 에 의해 생성될 수 있다. 그러나 두 대립유전자 조합인 I^AI^B는 AB 혈액형을 생성한다.

이 결과로부터 여러 가지 결론의 도출이 가능하다. 첫째, 특정 한 유전자는 **복대립유전자**(multiple alleles), 즉 다수의 대립유전자를

(a)

유전자형	해당 표현형들: 세포표면 분자 유형
I^AI^A I^Ai	A
I^BI^B I^Bi	B
I^AI^B	AB
ii	O

(b)

혈액형	혈청 속의 항체
A	B에 대한 항체
B	A에 대한 항체
AB	A나 B에 대한 항체 없음
O	A와 B에 대한 항체 모두 있음

(c)

수여자 혈액형	공여자 적혈구 혈액형 A	B	AB	O
A	+	−	−	+
B	−	+	−	+
AB	+	+	+	+
O	−	−	−	+

그림 2.4 ABO 혈액형은 단일유전자의 세 대립유전자들에 의해 결정된다. **(a)** 6종류의 유전자형이 4종류의 혈액형 표현형을 생성한다. **(b)** 혈청은 낯선 적혈구 단백질에 대한 항체를 포함하고 있다. **(c)** 만약 수여자의 혈청이 공여자 적혈구에 있는 당류에 대한 항체를 포함하고 있다면, 공여자의 적혈구가 응집될 것이므로 수혈은 부적합하다. 이 표에서 플러스(+) 기호는 적합성, 마이너스(−) 기호는 부적합성을 의미한다. (공여자 혈액 속의 항체는 그 양이 적기 때문에 일반적으로 문제를 일으키지 않는다.)

갖는 것이 가능하다. 위의 예에서는 일련의 대립유전자들을 I^A, I^B 및 i로 표기하였다.

둘째, ABO 혈액형 유전자가 세 개의 대립유전자를 가지고 있지만, 각 개인은 오직 두 개의 두 대립유전자로 구성된 쌍(I^AI^A, I^BI^B, I^AI^B, I^Ai, I^Bi, ii)을 갖는다. 따라서 6종류의 가능한 ABO 혈액형 유전자형이 존재한다. 각 개체는 특정 한 유전자에 대해 두 개 이상의 대립유전자를 가질 수 없으므로, 아무리 많은 대립유전자들이 있다고 하더라도 "유성생식 생명체에서 특정 유전자의 두 대립유전자는 생식세포 형성과정에 서로 분리된다"는 멘델의 분리의 법칙은 그래도 적용된다.

셋째, 특정 대립유전자는 고유하게 우성이거나 열성인 것은 아니다. 그것의 우열 여부는 항상 다른 대립유전자에 대해 상대적인 것이다. 즉 우열관계는 두 대립유전자 쌍에 대해 특이적인 것이다. 위의 예에서 I^A는 i에 대해 완전 우성이지만, I^B에 대해 공우성이다. 이런 우열관계를 기초로 I^A, I^B 및 i에 의해 생성될 수 있는 6종류의 가능한 유전자형이 4종류의 서로 다른 표현형, 즉 A, B, AB 및 O형을 생성하다. 이런 이론적 기초를 바탕으로 A형과 B형의 부모가 어떻게 O형의 아이를 가질 수 있는지를 이해할 수 있다. 그 부모들은 반드시 I^Ai와 I^Bi여야만 하며, 그 아이는 각 부모로부터 모두 i 대립유전자를 받아야만 한다.

ABO 시스템의 유전 양상에 대한 이해는 의학적 및 법적으로 큰 반향을 일으켰다. 인체는 외부의 혈구세포 분자에 대해 항체를 생성하기 때문에, ABO 혈액형 일치는 성공적인 수혈을 위한 전제조건이다. 예를 들어, 혈구에 A 분자만 있는 사람은 항-B 항체를 생성하며, B형 사람들은 항-A 항체를 생성하고, AB형은 어떤 항체도 생성하지 않으며, O형인 사람은 항-A 및 항-B 항체 둘다 생성한다(**그림 2.4b**). 이런 항체들은 외부분자를 노출하고 있는 세포들을 응집시킬 수 있다(**그림 2.4c**). 그 결과, 혈액형이 O형인 사람들은 그들의 적혈구가 수혈 수여자에서 항체공격을 자극시킬 수 있는 표면분자를 가지고 있지 않기 때문에 **보편적 공여자**(universal donor)이다. 반면, AB형 사람들은 항-A 또는 항-B 항체 어떤 것도 만들지 않기 때문에 **보편적 수여자**(universal recipient)이다.

ABO 혈액형에 대한 정보는 법정에서 친부관계나 범죄의 유죄 가능성을 배제하는 법적증거로 사용될 수도 있다. 예를 들어, 친부관계 소송에서 만약 엄마가 A형이고 자식이 B형이라면, 논리적으로 I^B 대립유전자는 유전자형이 I^AI^B, I^BI^B, I^Bi인 아빠로부터 와야 된다. 1944년 영화배우 존 배리(Joan Barry; A형)는 찰리 채플린(Charlie Chaplin; O형)을 자신의 아이(B형)의 친부라고 주장하며 양육의무에 대한 소송을 제기하였다. 과학적 증거는 채플린이 명백히 ii 유전자형이며 I^B 대립유전자를 보유하고 있지 않기 때문에 아버지가 될 수 없음을 보여주었다. 이 증거는 법정에서 받아들여질 수 있는 것이었지만, 배심원은 확신이 없었고, 결국 채플린은 양육비를 지불해야만 했다. 오늘날 DNA의 분자적 유전자형 분석[**DNA 프로파일링**(DNA profiling), 제12장 참조]은 친부관계, 유죄 또는 무죄를 확증하는 강력한 수단을 제공한다. 그렇지만 가끔씩 배심원들이 아직도 그것의 증거능력을 믿기 어려워하기도 한다.

렌틸콩 껍질 무늬

렌틸콩은 복대립유전자의 또 다른 예를 보여준다. 콩껍질 무늬 유전자는 다섯 개의 대립유전자(얼룩무늬, 점박이무늬, 민무늬, 두 종류의 대리석무늬)를 가진다. 모든 무늬에 대한 순종계통 사이의 상호교배(대리석무늬-1 × 대리석무늬-2, 대리석무늬－1 × 얼룩무늬, 대리석무늬-2 × 얼룩무늬 외)를 통해 가능한 모든 대립유전자 쌍들 사이의 우열관계가 밝혀졌다. 그 결과는 모든 대립유전자들이 가장 우성에서 가장 열성의 순서로 배열되는 **우성 계열**(dominant series)을 보여준다. 예를 들어, 대리석무늬-1과 대리석무늬-2의 교배 또는 대리석무늬-1과 얼룩무늬나 점박이무늬 또는 민무늬와의 교배는 F_1 세대에서 대리석무늬-1 표현형을 보이며, F_2에서 대리석무늬-1대 다른 무늬의 표현형비는 3:1로 나타난다. 이런 결과들은 대리석무늬-1 대립유전자가 다른 네 대립유전자들에 비해 완전 우성임을 보여준다.

나머지 다른 4가지 표현형에 대한 유사한 실험을 통해 **그림 2.5**에 나와 있는 우성 계열이 밝혀졌다. 우열관계는 두 대립유전자를 비교할 때만 유의미하다는 사실을 다시 한 번 되새겨보자. 대리석무늬-2와 같은 어떤 한 대립유전자는 다른 한 대립유전자(대리석무늬-1)에 대해 열성이지만, 또 다른 대립유전자들(점박이무늬 및 민무늬)에 대해서는 우성일 수 있다. 실험한 모든 렌틸콩 껍질 무늬 대립유전자들이 F_2 세대에서 3:1 표현형비를 보였다는 사실(1:2:1의 비율을 보인 얼룩무늬 × 점박이무늬의 경우는 예외)은 이런 렌틸콩 껍질 무늬가 같은 유전자상의 서로 다른 대립유전자들에 의해 결정된다는 사실을 의미한다.

사람의 조직적합성

어떤 대립유전자 세트에서는 각 대립유전자가 다른 모든 대립유전자들에 대해 공우성으로 작용하며, 따라서 각기 다른 유전자형은 서로 다른 표현형을 나타낸다. 이런 현상은 특히 분자적 수준에서 정의되는 형질에서 볼 수 있다. 가장 극명한 예는, 사람이나 다른 포유동물에서 **조직적합성 항원**(histocompatibility antigen)이라고 알려진 서로 관련된 세포표면 분자군을 암호화하고 있는 세 개의 유전자들이

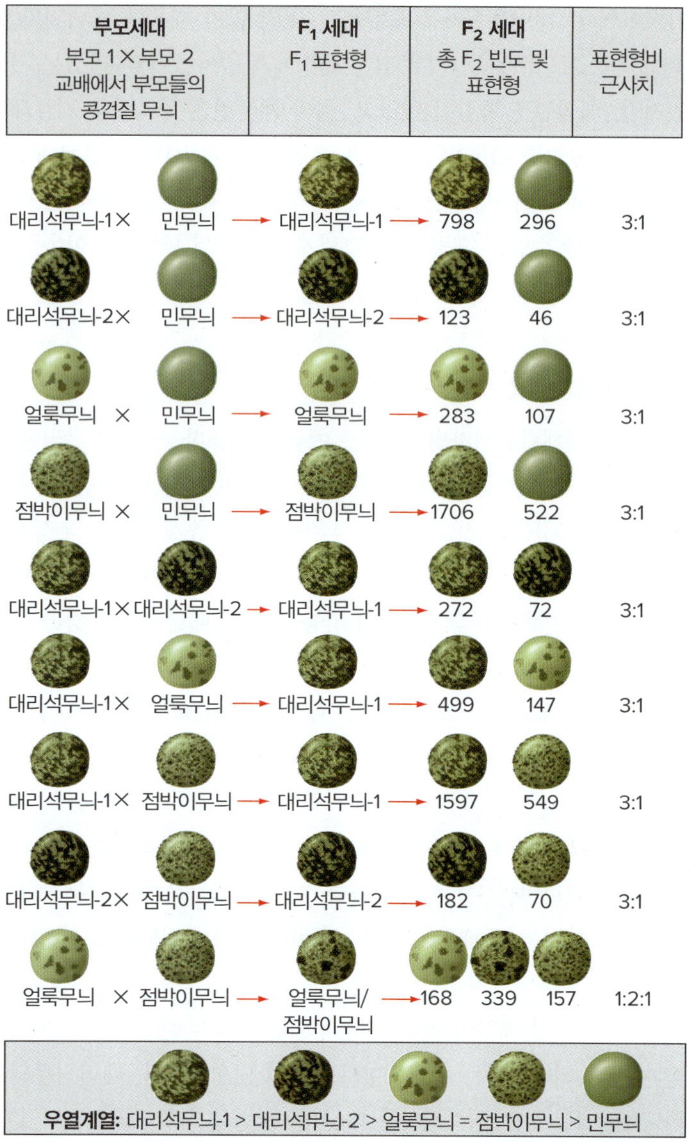

그림 2.5 복대립유전자들 사이의 우열관계 결정. 렌틸콩 순종들을 서로 짝을 지어 교배한 후, F_1 자손들을 자가 수분하여 F_2를 생성한다. 단성잡종비 3 : 1 또는 1 : 2 : 1는 모든 형질들은 단일유전자상의 서로 다른 대립유전자들에 의해 결정되었음을 의미한다. F_1 잡종의 표현형은 우열관계를 결정한다(맨아래 그림). 얼룩무늬 및 점박이무늬 대립유전자들은 서로 공우성이지만, 이들은 모두 대리석무늬 대립유전자들에 대해 열성이며 민무늬 대립유전자에 대해 우성이다.

다. 적혈구와 정자를 제외하고 신체의 모든 세포에서 볼 수 있는 조직적합성 항원은 자신의 조직은 파괴하지 않으면서 바이러스나 세균과 같은 침입자들을 파괴하는 면역반응을 촉진시키는데 핵심적인 역할을 한다. 세 개의 조직적합성 유전자들(사람에서는 *HLA-A*, *HLA-B*, *HLA-C*라고 불림)은 각기 400에서 1200개의 대립유전자들을 가지고 있으므로, 한 개체에서 가능한 대립유전자 조합의 수는 세포 표면분자의 표현형적 다양성을 증가시킬 수 있는 강력한 잠재성을 담고 있다. 일란성 쌍둥이를 제외하면, 어떤 두 사람도 세포표면에 동일한 배열의 조직적합성 항원을 가질 가능성은 거의 없다.

인체는 자신의 것이 아닌 조직적합성 항원에 대해 항체를 만들 수 있기 때문에, 이 단백질들의 극심한 다양성은 중요한 의학적 의미를 지닌다. 이 항원들은 이식된 기관에 대한 거부반응을 유도할 수 있다. 그러므로 의사들은 이식 공여자와 수여자의 조직적합성 항원 유형을 가능한 한 맞추고자 노력한다. 유전적 혈연관계가 가까울수록 같은 *HLA* 대립유전자를 공유할 가능성이 높아지므로, 일반적으로 가족구성원은 가장 적합한 이식 공여자가 된다.

돌연변이에 의해 새로운 대립유전자들이 생겨난다

어떻게 일련의 복대립유전자들이 생길까? 그 정답은 유전물질의 무작위적 변화인 **돌연변이**(mutation)가 자연발생적으로 생기기 때문이다. 생식세포에서 돌연변이가 생기면, 이들은 그대로 유전된다. 연구에 의하면, 돌연변이는 매우 낮은 빈도로 발생한다. 생식세포에서 특정 한 유전자상의 새로운 돌연변이가 일어나는 빈도는 1/10,000에서 1/1,000,000 사이이다. 빈도의 범위가 이렇게 넓은 이유는 서로 다른 유전자들은 돌연변이 발생률이 서로 다르기 때문이다.

돌연변이는 유전자 전달의 추적을 가능하게 해준다. 예를 들어, 어떤 돌연변이가 정상적인 경우 노란색을 생성하는 효소를 초록색을 만들도록 변이를 초래한다면, 이 새로운 표현형(초록색)은 새로운 돌연변이 대립유전자의 존재를 확인하는 것을 가능하게 해준다. 실제 어떤 유전자의 전달을 눈으로 보기 위해서는 적어도 두 개의 서로 다른 대립유전자, 즉 어떤 식으로든 식별 가능한 변이가 있어야만 한다. 그러므로 대립유전자의 분리연구에서 유전학자들은 서로 다른 변이가 있는 단일유전자만 분석가능하다. 왜냐하면 한 형질만 있는 단일유전자를 추적할 수 있는 방법은 없기 때문이다. 만약 모든 완두콩이 노란색이었다면, 멘델은 콩색깔 형질을 결정하는 유전자의 전달양상에 대한 비밀을 풀지는 못했을 것이다. 돌연변이에 대한 좀 더 자세한 내용은 7장과 8장에서 다루기로 하자.

대립유전자 빈도와 단형성 유전자들

각 개체는 모든 유전자를 두 짝씩 가지고 있기 때문에 특정 집단에서 개체수에 2를 곱함으로써 특정 한 유전자가 총 몇 짝이나 있는지 계산할 수 있다. 특정 유전자의 각 대립유전자는 총 유전자짝 수의 특정 비율을 차지하고 있는데, 이 비율을 **대립유전자 빈도**(allele frequency)라고 부른다. 한 집단에서 가장 빈번한 대립유전자를 대개 **야생형 대립유전자**(wild-type allele)라고 부르며, 흔히 위 첨자 플러스($^+$) 기호로 표기된다. 한 집단에서 빈도가 1% 이상으로 존재하면 그 대립유전자는 야생형으로 간주된다. 같은 집단에서 '희귀 대립유전자(rare allele)'는 **돌연변이 대립유전자**(mutant allele)로 간주된다.

(야생형과 돌연변이 대립유전자의 정의는 고정적이지 않다. 새로 생긴 돌연변이는 돌연변이 대립유전자를 생성하는데, 시간이 지남에 따라 그 빈도가 증가하면 그 대립유전자는 야생형이 될 수 있다.)

예를 들어, 생쥐에서 털 색깔을 결정하는 주요 유전자 중의 하나는 *agouti* 유전자이다. 야생형 대립유전자(A)는 노란색과 검은색 띠로 구성된 가죽 털을 가지고 있는데, 색깔이 서로 뒤섞여 멀리서 보면 짙은 회색 또는 아구티(agouti) 색으로 보인다. 과학자들은 실험실에서 *agouti* 유전자에 대한 서로 다른 14종류의 돌연변이 대립유전자를 확인하였다. 그 중 하나(a^t)는 야생형에 대해 열성인데, 등쪽에는 검은색 털, 배쪽에는 노란색 털이 나게 한다. 또 다른 하나(a) 역시 A에 대해 열성인데, 순수한 검은색 털이 나게 한다(**그림 2.6**). 자연 상태에서는 야생형 회색(AA) 개체는 생존하여 자손을 남기지만, 검은색-등(a^ta^t) 또는 순수 검은색(aa) 돌연변이체들의 경우 짙은 털 색깔로 인해 포식자의 눈에 잘 띄기 때문에 극소수만 생존생식이 가능하다. 그 결과 A는 99% 이상의 비율로 존재하며, 따라서 *agouti* 유전자에 대한 유일한 야생형 대립유전자이다. 오직 하나의 흔한 야생형을 가진 유전자는 **단형성**(monomorphic)이다.

(a) 집 생쥐(*Mus musculus*)의 털 색깔들

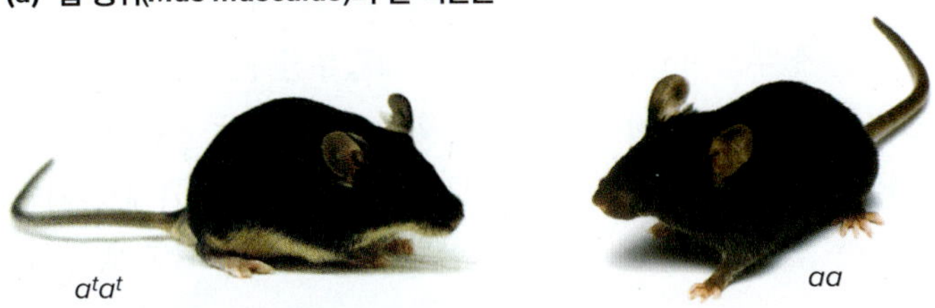

(b) *agouti* 유전자의 대립유전자들

유전자형	표현형
$A-$	짙은 회색
a^ta^t	검은색/노란색
aa	검은색
a^ta	검은색/노란색

(c) 우성계열의 증거

그림 2.6 생쥐의 *agouti* 유전자: 하나의 야생형 대립유전자와 여러 돌연변이 대립유전자. **(a)** 검은색-등/노란색-배 생쥐(위 그림의 왼쪽), 검은색 생쥐(위 그림의 오른쪽), 그리고 회색 생쥐(아래 그림). **(b)** *agouti* 유전자의 대립유전자들에 대한 유전자형과 해당 표현형. **(c)** 순종 계통 사이의 교배를 통해 우열계열을 알 수 있다. F_1 잡종들 사이의 동계자손(그림에는 없음) 결과 3 : 1 표현형비가 나타나는데, 이는 A, a^t, a가 실제로 같은 유전자상의 대립유전자들임을 보여준다.

대립유전자 빈도와 다형성 유전자들

위와는 달리, 어떤 유전자들은 한 개 이상의 흔한 대립유전자들을 가지는데, 이들은 **다형성**(polymorphic)이다. 예를 들어, ABO 혈액형 시스템의 경우 대부분의 인간 집단에서 세 대립유전자(I^A, I^B, i) 모두 상당한 빈도로 존재한다. 이들 세 대립유전자 모두 야생형으로 간주될 수 있지만, 유전학자들은 일반적으로 특정 다형성 유전자에서 높은 빈도의 대립유전자를 **빈번한 변이**(common variants)라고 부른다. 어떤 경우 다형성이 너무 심해서 집단 내에서 수백 개의 대립유전자 변이들이 관찰되는 희귀한 유전자도 있다. 우리는 앞에서 바이러스나 세균과 같은 병원체를 처리하는 면역계에 작용하는 세포 표면 단백질들을 암호화 하고 있는 사람의 *HLA* 조직적합성 유전자들의 경우에 대해 이미 살펴본 적이 있다. 몇몇 과학자들은 어떤 병원체 하나가 인류집단 전체를 파괴하는 일이 없도록 새로운 *HLA* 대립유전자들이 생겨나는 것이 진화적으로 선호된다고 생각한다. 즉, 어떠한 병원체에 대해서도 주어진 병원체에 방어능력이 있는 특정 *HLA* 대립유전자를 가진 소수의 사람들은 있을 것이다.

다면발현: 하나의 유전자가 여러 특성을 결정하는데 관여할 수 있다

멘델은 하나의 유전자가 하나의 형질을 결정하는 연구를 통해 거의 법칙을 이끌어 냈지만, 그는 예외의 가능성을 언급했다. 예를 들어, 특정 껍질 색깔들은 항상 특정 꽃 색깔들과 연계되어 있다는 점을 멘델은 인지했다.

특정 한 유전자가 여러 다른 형질들을 결정하는 현상을 **다면발현**(pleiotropy)이라고 부른다. 각 유전자가 생명체에 여러 효과들을 끼칠 수 있는 특정 단백질(또는 RNA)을 지정한다는 사실을 이제 잘 알기 때문에, 우리는 어떻게 다면발현 현상이 생기는지 이해할 수 있다. 예를 들면, 뉴질랜드의 마오리족(Maori) 사람들 중에 많은 남성들은 호흡에 문제가 있는데 이들은 또한 불임이다. 이런 남성들은

증후군(syndrome)을 보인다고 불리는데, 증후군이란 보통 동시에 나타나는 일련의 건강이상을 말한다. 연구자들은 특정 한 유전자의 열성 대립유전자가 그 증후의 원인임을 발견했다. 그 유전자의 정상적인 우성 대립유전자는 몇몇 세포 표면에서 돌출된 작은 털 모양의 구조물인 섬모나 편모의 작용에 필요한 단백질을 지정한다. 그 열성 대립유전자에 대한 동형접합자 남성들은 기도에서 이물질을 제거하는 역할을 하는 섬모가 효과적으로 역할을 하지 못하고, 또 정자를 움직이게 해주는 편모가 제 역할을 못한다. 그러므로 하나의 유전자가 호흡기능과 생식기능에 모두 관여하는 단백질을 결정한다. 대부분의 단백질들은 다양한 조직에서 작용하고 여러 생화학 경로에 영향을 끼치기 때문에, 거의 대부분 유전자에서 돌연변이는 다채로운 효과를 보일 수 있다.

열성 치사 대립유전자

다면발현은 가끔 멘델비를 불명확하게 만들 수 있다. 멘델의 실험결과는 모든 완두콩 유전자형이 동등한 생존율을 보인다는 사실을 전제로 한다. 그러나 그렇지 않다면, 가령 특정 대립유전자에 대한 동형접합자 대부분이 발생 또는 출생 전에 죽는다면 F_2에서 예상되는 1:2:1의 유전자형비와 3:1의 표현형비가 달라질 것이다.

생쥐에서 털 색깔의 유전을 생각해보자. 앞에서 설명했듯이 야생형 짙은 회색(AA) 동물은 겉보기에 짙은 회색으로 보이는 검은색에 노란색 줄무늬가 섞인 털을 가지고 있다. 알려진 14개의 *agouti* 대립유전자 중의 하나(A^Y)는 훨씬 밝은 거의 노란색에 가까운 생쥐가 되게 한다. 순종 AA를 노란색 생쥐와 교배시키면 항상 1:1의 비율로 각 털 색깔을 가진 자손이 태어난다(**그림 2.7a**). 이 결과로부터 다음의 3가지 결론을 도출할 수 있다. (1) 모든 노랑 생쥐는 야생형 A 대립유전자를 보유하고 있어야 한다. (2) 그러므로 노란색은 A 대립유전자에 대해 우성이다. 그리고 (3) 모든 노란색 생쥐는 A^YA 이형접합자들이다.

우열관계는 특정 대립유전자 쌍의 상호관계에 의해 결정된다는 사실을 다시 한 번 상기하라. 위에서 언급했듯이 짙은 회색(A) 대립유전자는 검은색 털을 나타내는 a^t와 a 돌연변이에 대해서는 우성이지만, 동시에 노란색 털(A^Y) 대립유전자에 대해 열성일 수 있다. 위의 교배에서 노란색 생쥐들은 A^YA 이형접합자들이며 짙은 회색 생쥐들은 AA 동형접합자들이다. 지금까지는 쉽게 이해할 수 있다. 그러나 노란색 생쥐끼리의 교배 결과는 노란색 2 대 짙은 회색 1의 특이한 표현형비를 보인다(**그림 2.7b**). 이 자손들 중에서 짙은 회색끼리 교배를 해보면, 예상대로 짙은 회색 생쥐들은 모두 AA 동형접합자인 순종임을 알 수 있다. 그러나 그 자손들 중에서 노란색 생쥐 순종은 없다. 노란색 생쥐끼리 교배를 하면, 그 결과 항상 2:1 표현형비의 2/3 노란색과 1/3 짙은 회색 자손이 태어난다. 따라서 노란색 생쥐는 이형접합자(A^YA)여야 한다. 즉 순종 노란색 생쥐(A^YA^Y)는 절대 태어나지 않는다.

이 현상은 어떻게 설명할 수 있을까? 그림 2.7b의 퍼네트 사각형은 그 해답을 제시해주고 있다. 두 짝의 A^Y 대립유전자는 그것을 가진 동물에게 치명적이지만, 그 대립유전자 한 짝은 노랑털 색깔을 나타나게 한다. 이는 A^Y 대립유전자가 두 개의 서로 다른 형질에 영향을 끼친다는 것을 의미한다. 즉 그것은 털 색깔 결정에서는 A에 대해 우성이지만, 치사성에서는 A에 대해 열성이다. A^Y와 같이 동형접합자의 생존에 부정적인 영향을 끼치는 대립유전자를 **열성 치사 대립유전자**(recessive lethal allele)라고 한다. 동일한 두 대립유전자(A^Y와 A)를 어떤 표현형의 관점에서 보느냐에 따라 우열관계가 뒤바뀔 수 있다는 점을 주목하자. 이 중요한 점에 대해서는 나중에 다시 다룰 것이다.

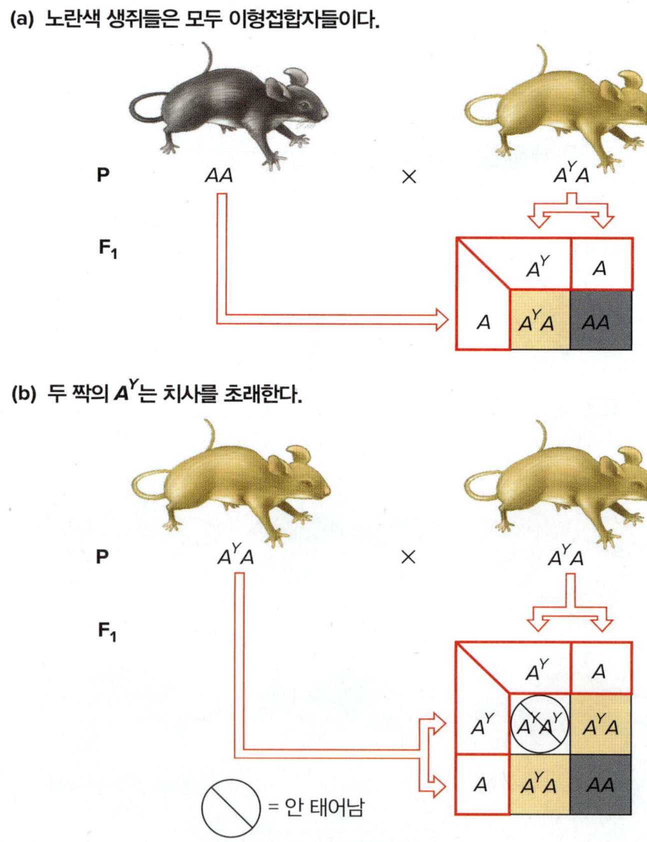

그림 2.7 A^Y는 다면발현성 열성 치사 대립유전자이다. **(a)** 짙은 회색 생쥐와 노란색 생쥐 동종교배 계통 사이의 교배에서는 1:1의 비율로 노란색과 짙은 회색 자손들이 태어난다. 그러므로 노란색 생쥐는 A^YA 이형접합자이며, 털 색깔 형질에 관해서는 A^Y(노란색)가 A(짙은 회색)에 대해 우성이다. (만약 생존가능하다면 A^YA^Y 생쥐는 A^YA 생쥐와 같은 털색깔을 보인다고 가정한다) **(b)** 노란색 생쥐는 순종이 나오지 않는다. 노란색×노란색 교배에서 2:1의 비율로 노란색과 짙은 회색 자손이 태어난다는 사실은 A^Y 대립유전자가 열성 치사 대립유전자임을 말해준다.

A^Y 대립유전자가 노란색 털 색깔을 보이는 우성이기 때문에, 손쉽게 이 열성 치사 대립유전자의 보인자 생쥐를 찾을 수 있다. 그러나 대부분의 열성 치사 대립유전자들은 그렇지 못하다. 왜냐하면 대개 식별 가능한 다른 우성 표현형을 동시에 보이지는 않기 때문이다. 치사 돌연변이는 여러 다양한 유전자에서 생길 수 있으며, 그 결과 사람을 포함한 대부분의 동물들은 어느 정도 열성 치사 돌연변이를 가지고 있다. 그런 돌연변이들은 희귀한 동형접합자 경우(사람의 경우 대개 혈연관계가 가까운 사람들간의 근친결혼에 의해 생김)를 제외하면 대개 숨어 있다. 만약 어떤 돌연변이가 핵심적인 분자의 생성을 억제하는 대립유전자를 만들었다면, 동형접합자 개체들은 그 핵심 분자를 전혀 만들 수 없을 것이고 생존할 수 없을 것이다. 반면, 해로운 돌연변이 한 짝과 야생형 대립유전자 한 짝을 가진 이형접합자들은 정상적인 분자를 50% 생산할 것이고, 이것은 대개 정상적인 세포 활동을 수행하기에 충분해서 생존가능하다.

지연된 치사

위에서 동형접합자가 태아기에 태내에서 죽는 결과를 초래하는 열성 대립유전자에 대해 설명하였다. 그러나 어떤 돌연변이들은 동형접합자가 출산 후까지 생존하다가 유전적 결함의 해로운 영향으로 인해 나중에 죽는 경우도 있다. 테이-삭스병(Tay-Sachs disease)을 가진 사람이 그 예 중의 하나이다. 얼핏 정상적으로 보이는 신생아는 5~6개월동안 건강하지만 그 이후 실명, 졸도, 정신장애 및 다른 신경저하 증후들을 보이는데, 이 병은 대개 6세 이전에 생명을 앗아간다. 테이-삭스병은 활성이 있는 '헥소스아미니데이즈 A(hexosaminidase A)'라는 리소좀 효소가 없어서 독성노폐물이 신경세포 내부에 축적되어 생긴다. 전세계적으로 출생 생존자들 중 테이-삭스병의 대략적 발병률은 1/35,000이지만, 동유럽 출신의 유태인들 사이에서는 1/3,000이다. 보인자를 찾아내는 신뢰성 있는 검사와 유전상담 및 교육프로그램의 병행을 통해 미국에서 이 병은 거의 사라졌다.

태내 또는 어린 유아기의 치사를 초래하는 열성 돌연변이들은 동형접합자들이 생식가능하기 전에 사망하기 때문에 이형접합자 보인자를 통해서만 다음 세대로 전달될 수 있다. 그러나 성인기에 치사를 초래하는 후기발병 질병들은 동형접합자들이 쇠약해지기 전에 치사 대립유전자를 다음 세대로 전달할 수 있다. 퇴행성 질환인 '프레드리히 운동실조증(Friedreich ataxia)'에서 그 한 예를 볼 수 있다. 몇몇 동형접합자들은 운동실조증 증후(조화로운 근육 움직임의 상실)를 30~35세에 처음 보이며 약 5년 후에 심정지로 사망한다.

후기발병 치사를 야기하는 우성 대립유전자들 또한 다음 세대로 전달될 수 있다. 제1장의 그림 1.19는 헌팅턴병의 유전을 통해 이 사실을 보여주었다. 만약 우성 대립유전자에 의해 초래되는 치사가 태아발생 또는 이른 유아기에 일어난다면, 그 대립유전자는 다음 세대로 전달되지 않을 것이며, 따라서 모든 우성의 이른 치사 돌연변이 대립유전자들은 새로 생긴 돌연변이들일 수밖에 없다.

표 2.1에서는 우성, 한 유전자상의 대립유전자들의 개수 및 생존율 그리고 각 유전자의 표현형에 끼치는 영향 등에 대한 멘델의 가정을 보여주고 있으며, 나아가 이 가정들과 그의 20세기 후학들이 기여하여 확장된 점들을 비교하고 있다.

낫형적혈구빈혈증은 단일 유전자 유전에 대한 확장된 멘델 법칙의 여러 예를 잘 보여준다

사람에서 낫형적혈구빈혈증(Sickle-cell disease)은 헤모글로빈 분자의 결함 때문에 생긴다. 헤모글로빈은 두 개의 폴리펩타이드 사슬인 알파(α)-글로빈과 베타(β)-글로빈으로 구성되는데, 각각 서로 다른 유전자에 의해 지정된다(알파-글로빈은 *Hbα*, 베타-글로빈은 *Hbβ*). 정상적인 적혈구는 무수히 많은 헤모글로빈 분자로 가득 차 있는데, 각 헤모글로빈은 허파에서 산소를 담아서 신체 조직으로 이를 운반한다.

다수의 대립유전자

베타-글로빈 유전자는 완벽하게 기능을 하는 정상 야생형 대립유전

표 2.1 단일유전자에 의해 결정되는 형질들의 경우: 단성잡종비 3:1의 변이

멘델의 언급	확장	이형접합자 표현형에 대한 확장의 영향	$F_1 \times F_1$ 교배결과 나온 표현형비에 대한 영향
완전 우성	불완전 우성 공우성	어떤 동형접합자와도 닮지 않음	1:2:1의 비율로 표현형비가 유전자형비와 일치
대립유전자 두 개	대립유전자 여러 개	여러 표현형들	일련의 3:1 또는 1:2:1 비율들
모든 대립유전자의 생존율은 같음	열성 치사 대립유전자들	이형접합자들은 생존하지만 식별가능한 다른 표현형을 보일 수 있음	3:1 대신 2:1
하나의 유전자가 하나의 형질을 결정	다면발현: 하나의 유전자가 여러 형질에 영향을 끼침	우열관계에 따라 다양한 방식으로 영향을 받는 다양한 형질들	영향을 받는 각 형질의 우열관계에 따라 서로 비율이 다름

자($Hb\beta^A$) 뿐만 아니라 지금까지 약 400개의 돌연변이 대립유전자가 알려져 있다. 이들 돌연변이 대립유전자들 중 몇몇은 산소운반 효율이 떨어지는 헤모글로빈을 생성한다. 다른 몇몇 돌연변이 대립유전자는 베타-글로빈을 생성하지 못하고, 그 결과 용혈성(혈구가 파괴되는 현상) 질병인 **베타-지중해성 빈혈**(β-thalassemia)을 초래한다. 여기서는 베타-글로빈 유전자의 가장 흔한 돌연변이 대립유전자인 $Hb\beta^S$에 관해 살펴 보고자 하는데, 이 대립유전자는 적혈구를 낫 모양으로 변형시키는 비정상적 폴리펩타이드를 생성하게 한다(**그림 2.8a**).

다면발현

베타-글로빈 유전자의 $Hb\beta^S$ 대립유전자는 하나 이상의 형질에 영향을 끼친다(**그림 2.8b**). $Hb\beta^S Hb\beta^S$ 동형접합자의 적혈구에서 헤모글로빈 분자들은 산소를 방출한 후 비정상적인 구조변화를 겪는다. 세포질에 녹아 있는 형태로 유지되는 것이 아니라 서로 엉켜서 긴 섬유를 형성해서 적혈구의 모양을 정상적인 오목한 원반 모양에서 낫 모양으로 변형시킨다(그림 2.8a 참조). 변형된 세포들은 좁은 혈관을 막아서 조직으로의 산소공급을 감소시켜 근육 경련, 숨 가쁨, 피로감 등을 초래한다. 낫 모양 세포는 또 쉽게 파괴된다. 식세포성 백혈구에 의해 파괴된 세포가 제거되면 혈중 적혈구 수가 감소하여 **빈혈**(anemia) 증상을 보인다.

긍정적인 측면으로는, $Hb\beta^S Hb\beta^S$ 동형접합자들이 말라리아에 저항성을 보인다는 것이다. 왜냐하면 말라리아를 일으키는 병원충(*Plasmodium falciparum*)이 정상 적혈구에서는 활발히 증식하지만, 낫형 세포에서는 그렇지 못하기 때문이다. 말라리아 병원충의 감염은 그들이 증식하기도 전에 낫형 세포들의 파괴를 초래한다.

열성 치사

열성 대립유전자인 $Hb\beta^S$에 대한 동형접합자들은 순환계의 스트레스로 인해 종종 심장질환을 발병한다. 많은 낫형적혈구 환자들은 아동기, 사춘기 또는 이른 성인기에 사망한다.

다양한 우열관계

낫형적혈구 대립유전자의 이형접합자 보인자들($Hb\beta^A$ 대립유전자 하나와 $Hb\beta^S$ 대립유전자 하나를 가진 사람들)과 $Hb\beta^S Hb\beta^S$ 동형접합자들(환자들)을 서로 비교해보면, 낫형적혈구빈혈증의 서로 다른 측면에서 보이는 다양한 우열관계를 구분하는 것이 가능하다(그림 2.8b).

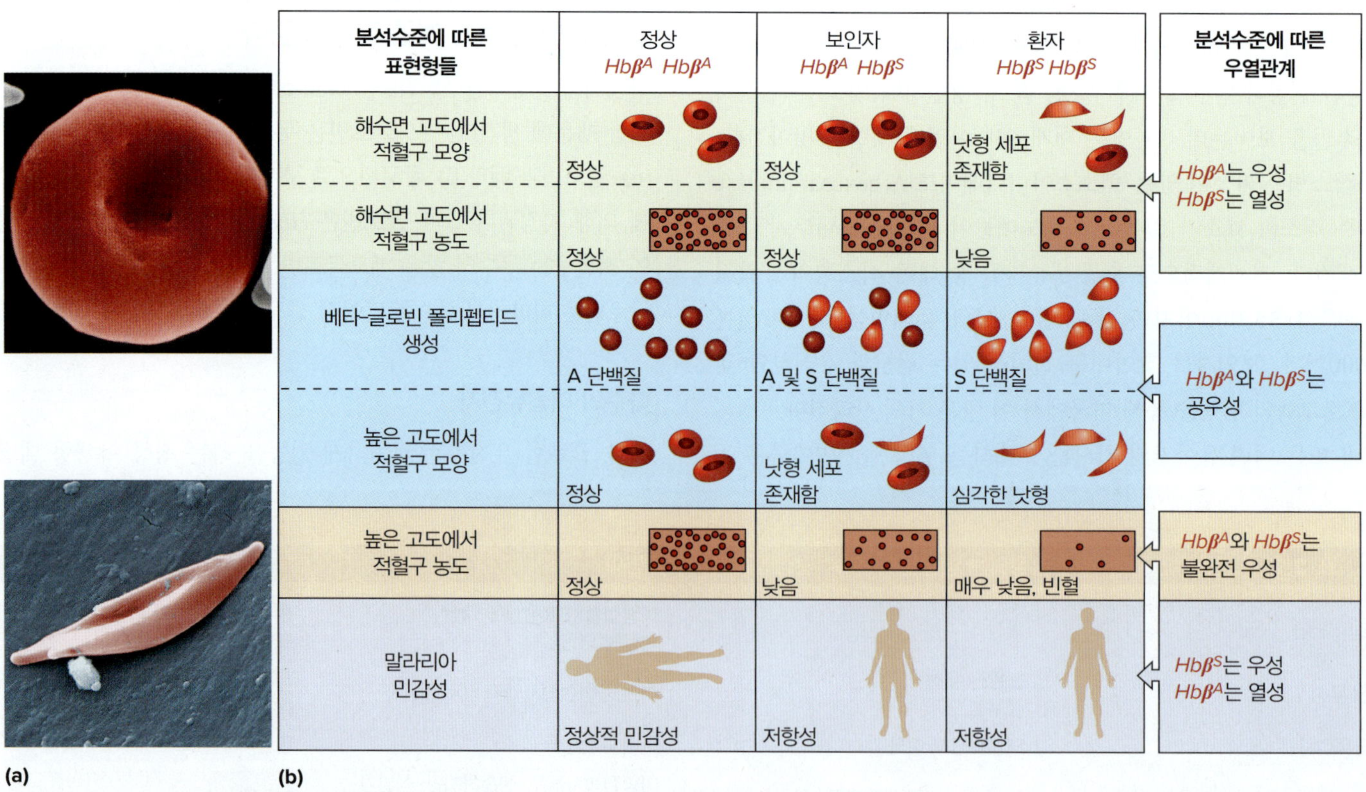

그림 2.8 *Hbβ* 유전자의 다면발현: 형질에 따라 우열관계가 다양함. **(a)** 정상 적혈구(위)는 그 아래에 있는 낫형 세포와 쉽게 구분가능하다. **(b)** *Hbβ* 유전자상의 $Hb\beta^S$와 $Hb\beta^A$ 대립유전자 사이의 우열관계는 분석하고자 하는 형질에 따라 달라지며, 심지어는 환경조건에 의해서도 달라진다.
Source: (a-top): © BSIP/Newscom, (a-bottom): Janice Haney Carr/CDC

'베타-글로빈의 합성'이라는 분자적 수준에서 보면, 이형접합자에서 두 형태의 헤모글로빈이 모두 존재하며, 따라서 $Hb\beta^A$와 $Hb\beta^S$는 서로 공우성이다. '적혈구에 대한 그들의 영향'이라는 세포 수준에서 보면, $Hb\beta^A$와 $Hb\beta^S$는 서식지의 해발고도에 따라 완전 우성 또는 불완전 우성이 될 수 있다. 정상적 산소조건에서는 이형접합자의 적혈구 대부분은 오목한 원반 모양이다($Hb\beta^A$가 $Hb\beta^S$에 대해 우성). 그러나 산소 수준이 떨어지면, 몇몇 $Hb\beta^A Hb\beta^S$ 세포는 낫 모양이 된다($Hb\beta^A$와 $Hb\beta^S$는 공우성). 이런 이유로 제2차 세계대전 중에 수송기를 타고 하늘을 통해 태평양을 건넜던 이형접합자 보인자 병사들이 낫형적혈구증 위험을 경험했던 적이 있다.

말라리아 저항성이라는 형질을 놓고 보면, $Hb\beta^S$는 $Hb\beta^A$에 대해 우성이다. 위에서 설명했던 $Hb\beta^S Hb\beta^S$ 세포와 마찬가지로, 감염된 $Hb\beta^A Hb\beta^S$ 세포는 말라리아 병원충이 생식할 수 있는 조건이 되기 전에 파괴되기 때문에 말라리아에 저항성을 갖는다. 그러나 다행히도 빈혈 또는 치사 표현형의 경우 $Hb\beta^S$는 $Hb\beta^A$에 대해 열성이다. 위와 같은 관찰결과로부터 정상적인 환경조건에서 일반적인 건강에 끼치는 영향 및 적혈구 수에 끼치는 영향이라는 측면에서, $Hb\beta^A$는 $Hb\beta^S$에 대해 우성이라는 것을 알 수 있다.

그러므로 베타-글로빈 유전자의 경우 다른 모든 유전자들과 마찬가지로 우열관계는 독립된 대립유전자들의 고유한 성질이 아니라, 각 대립유전자쌍 그리고 표현형을 관찰하는 생리학적 수준에 특이적인 성질이다. 그러므로 우열관계를 논할 때 관심의 특정 형질을 지정하는 것이 필수적이다.

$Hb\beta^A$와 $Hb\beta^S$ 대립유전자 사이의 복잡한 우열관계는 정상적인 경우 해로운 대립유전자인 $Hb\beta^S$가 특정 집단에서 널리 분포하고 있는 불가사의한 현상을 이해하는데 도움을 준다. 말라리아가 창궐하는 지역에서는 이형접합자가 (어떤 대립유전자에 대한 동형이든 관계없이) 동형접합자보다 생존 및 유전자를 다음 세대로 전달하는 것이 유리하다. 유전자형이 $Hb\beta^S Hb\beta^S$인 사람은 흔히 낫형적혈구빈혈증으로 사망하며, $Hb\beta^A Hb\beta^A$인 사람은 흔히 말라리아로 사망한다. 그러나 이형접합자들은 두 상황에 대해 상대적으로 저항성이 있어서, 말라리아가 나타나는 열대환경에서는 두 대립유전자의 빈도가 높게 유지된다. 24장에서는 이 현상을 더 정량적으로 분석할 것이다.

핵심 개념 2.1

- 한 유전자상의 두 대립유전자에 대해 이형접합자가 동형접합자 우성 부모와 같은 표현형을 가질 경우 완전 우성, 이형접합자가 중간 표현형을 보일 경우 불완전 우성, 이형접합자가 각 동형접합자의 특징을 모두 가지고 있을 경우 공우성이다.
- 어떤 유전자의 새로운 대립유전자는 돌연변이에 의해 생긴다. 특정 집단에서 1%보다 높은 빈도의 대립유전자는 야생형, 그것보다 낮은 빈도의 대립유전자는 돌연변이형이다.
- 특정 한 유전자에 대해, 두 개 또는 그 이상의 야생형 대립유전자(빈번한 변이)가 존재할 때 그 유전자는 다형성이며, 오직 하나의 야생형 대립유전자만을 있을 경우 단형성이다.
- 다면발현에서는 하나의 유전자가 다양한 형질에 관여한다. 형질에 따라 특정 두 대립유전자간의 우열관계가 달라질 수 있다.
- 열성 치사 대립유전자의 동형접합자는 생존에 필수적인 기능을 수행하지 못해 사망한다. 만약 열성 치사 대립유전자가 겉으로 드러나는 어떤 우성 표현형이 있다면, 이형접합자 간의 교배로부터 나온 생존 가능한 자손 중 2/3는 이 표현형을 보일 것이다.

2.2 두 유전자 유전에서 멘델 법칙의 확장

학습 목표

1. 교배결과로부터 특정 형질이 단일 유전자에 의해 결정되는지 두 유전자에 의해 결정되는지 판단할 수 있다.
2. 교배결과로부터 서로 다른 유전자들의 대립유전자들 사이의 상호작용(부가성, 상위성, 과잉성, 보완성 등)의 존재여부를 추론할 수 있다.

두 유전자는 여러 방식으로 상호작용하여 꽃의 색깔, 씨껍질, 병아리 깃털, 강아지 털 또는 식물의 잎 등과 같은 어떤 한 가지 형질을 결정할 수 있다. 멘델 교배와 같은 양성잡종 교배에서, 각 상호작용 유형은 각기 고유한 표현형비의 특징을 보여준다. 아래 예들에서는 두 유전자 각각의 서로 다른 대립유전자들은 완전 우성(A 그리고 B) 그리고 완전 열성(a 그리고 b)이다. 설명을 쉽게 하기 위해, 앞으로 우성 대립유전자의 기호를 유전자이름으로 사용하기도 할 것이다(예를 들어 A 유전자 또는 유전자 A). 또한, A 대립유전자의 단백질 산물을 단백질 A 그리고 a 대립유전자의 산물을 단백질 a라고 부를 것이다.

어떤 한 형질을 조절하는 두 유전자 간의 부가적 상호작용 결과 새로운 표현형이 나타날 수 있다

황갈색 렌틸콩과 회색 렌틸콩을 교배하면 균질한 갈색의 F_1 자손이 나오며, F_2 세대에서는 갈색, 황갈색, 회색 및 초록색 렌틸콩이 다양하게 나온다. 네 종류의 F_2 색깔들의 비율이 9 갈색 : 3 황갈색 : 3

회색 : 1 초록색이라는 사실로부터 이런 현상이 어떻게 일어날 수 있는지 이해할 수 있다(**그림 2.9**). 이것은 1장에서 나왔던 대립유전자들이 서로 독립적으로 배분되는 두 유전자를 분석하는 양성잡종 교배의 F_2 세대에서 멘델이 관찰한 비율과 동일하다는 사실을 상기하라. 멘델의 양성잡종 교배에서는 두 유전자가 서로 다른 형질을 조절하며, 4종류의 F_2 자손들은 각기 고유한 형질 조합의 특성을 가지고 있다. 그러나 렌틸콩의 경우, '열매 색깔'이라는 단일 형질을 관찰하고 있다. 이와 같이 동일한 비율이 나온 것에 대한 가장 간단한 해석은 두 유전자상의 유전자형이 서로 **부가적**(additively)으로 상호작용해서 렌틸콩의 색깔을 결정한다는 것이다.

콩 색깔을 결정하는 두 유전자 모두에 대한 우성 대립유전자가 있어야만 갈색이 되고($A-\ B-$), 한 유전자에 대한 우성 대립유전자는 황갈색을 생성하며($A-\ bb$), 다른 한 유전자에 대한 우성 대립유전자는 회색이 되게 하고($aa\ B-$), 우성 대립유전자가 하나도 없을 경우(즉, 두 유전자 모두에 대해 열성 대립유전자만 있을 경우)에는 초록색이 된다($aa\ bb$). 그러므로 4종류의 **유전자형 유형**(genotypic classes)으로부터 4가지 색깔 표현형이 생겨나는데, 각 유형은 두 유전자에 대한 우성 대립유전자의 존재 여부에 의해 구분된다. (1) 둘 다 있는 유형($A-\ B-$), (2) 어느 하나만 있는 유형($A-\ bb$), (3) 또 다른 하나만 있는 유형($aa\ B-$), (4) 모두 없는 유형($aa\ bb$)이다. 여기서 '$A-$'라는 표기는 이 유전자의 두 번째 대립유전자가 A 또는 a인 것을 의미하고, '$B-$'는 두 번째 대립유전자가 B 또는 b인 것을 의미한다는 것을 알아두자. 또하나 명심할 점은, 우열관계가 완전한 대립유전자들로 이루어진 두 유전자 시스템에서만 F_2 세대에서 9개

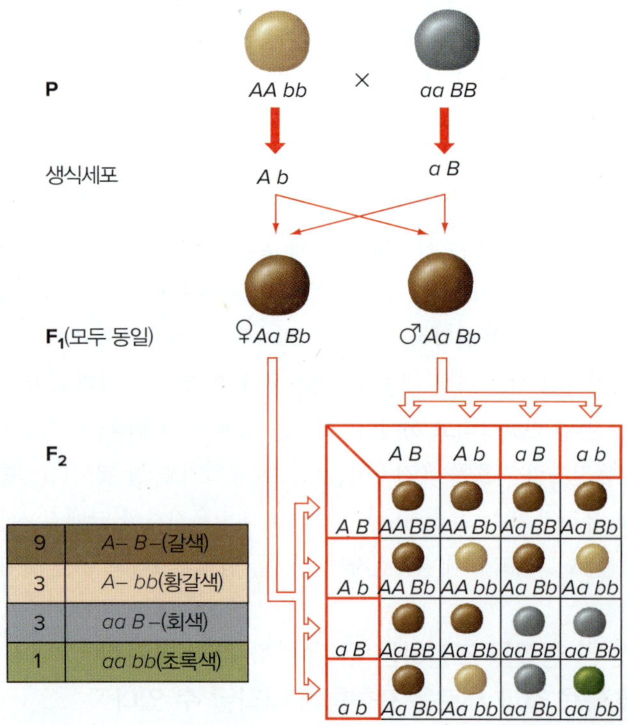

그림 2.9 렌틸콩의 색깔 형성에서 어떻게 두 유전자가 상호작용하는가. 순종 황갈색과 회색 렌틸콩의 교배에서 F_1 잡종은 모두 갈색이지만, F_2 자손들에서는 4종류의 표현형이 나타난다. F_2 표현형비 9:3:3:1은 콩껍질 색깔이 독립적으로 분리되는 두 개의 유전자에 의해 결정됨을 암시한다.

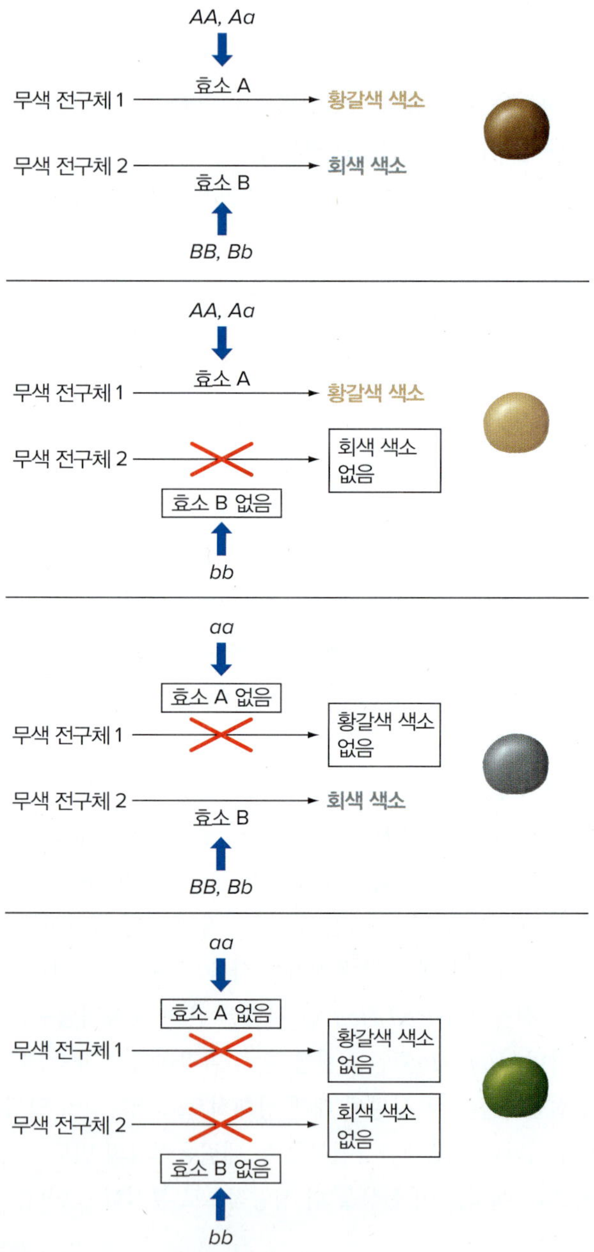

그림 2.10 렌틸콩 색깔에 대한 생화학적 모델. 콩은 보통 내층(떡잎)과 투명한 외층(콩껍질)을 가지고 있다. 콩껍질이 색깔을 띤다면 떡잎의 초록색 엽록소는 보이지 않는다. 대립유전자 A는 효소 A를 지정한다(대립유전자 a는 이 효소를 지정하지 않는다). 다른 유전자의 대립유전자 B는 다른 효소를 지정한다(b는 아무 효소도 지정하지 않는다). 만약 황갈색과 초록색 색소가 모두 존재하면 콩은 갈색으로 보인다. 두 효소가 모두 없으면($aa\ bb$), 콩껍질은 색깔이 없어서 떡잎 속의 초록색 엽록소가 비친다. 9:3:3:1 비율은 A와 B 유전자들이 모두 독립적으로 분리되며 서로 독립적인 생화학 경로에 작용함을 의미한다.

의 서로 다른 유전자형이 서로 다른 4가지 유형의 표현형으로 분류될 수 있다는 사실이다. 불완전 우성 또는 공우성의 경우, F_2 세대에서 4유형 이상의 표현형들이 생기기 때문에 F_2 유전자형들을 이런 단순한 방식으로 분류할 수 없다.

이들 두 유전자의 단백질 산물들의 작용이라는 측면에서 어떻게 9:3:3:1의 표현형비를 설명할 수 있을까? **그림 2.10**은 9:3:3:1 비율이 내포한 중요한 의미를 설명하는 모델을 보여주고 있다. 같은 형질을 조절하는 서로 다른 두 유전자들은 아마 서로 독립적인 생화학 경로에서 부가적으로 작용할 것인데, 이 경우 황갈색(한 경로의 산물)+회색(다른 경로의 산물)=갈색이 될 것이다.

상위성: 어떤 한 유전자의 대립유전자들은 또 다른 유전자의 대립유전자들에 의한 표현형 효과를 차단할 수 있다

두 유전자들이 하나의 표현형을 조절할 때, 가끔 한 유전자가 다른 유전자의 표현형 효과를 차단해서 멘델의 4가지 유전자형 유형들이 4개 이하의 표현형을 생성하는 현상이 관찰된다. 한 유전자의 어떤 대립유전자가 다른 유전자의 대립유전자들의 영향을 차단하는 형태의 유전자 상호작용을 **상위성**(epistasis)이라고 부른다. 차단하는 역할을 하는 대립유전자는 차단되는 유전자[**하위**(hypostatic) 유전자]에 대해 상위성이다.

열성 상위성

한 유전자의 특정 열성대립유전자에 대한 동형접합자가 다른 유전자의 영향을 차단하는 **열성 상위성**(recessive epistasis)의 세 가지 예를 살펴보고자 한다. 즉, 어떤 개체가 한 유전자의 상위성 열성 대립유전자에 대해 동형접합자일 때, 표현형은 하위 유전자상의 대립유전자 종류에 영향을 받지 않는다. 곧 서술할 세 번째 예에서는 열성 상위성이 그 형질을 결정하는 두 유전자 사이에서 서로 호혜적으로 작용하는 특수한 경우를 보여준다.

노란색 래브라도 레트리버 강아지 모든 강아지 품종들처럼 래브라도 레트리버는 동계자손인데, 이것은 모든 개체들이 대부분의 유전자들에서 특정 대립유전자에 대한 동형접합자임을 의미한다. 이런 이유로 특정 강아지 품종은 모두 유사한 모습과 행동을 보인다. 그러나 래브라도 레트리버는 검은색, 초콜릿 갈색 또는 노란색이 될 수 있다(**그림 2.11a**). 독립적으로 분리되는 서로 다른 두 유전자(유전자 *E* 및 유전자 *B*)의 대립유전자들이 털 색깔을 결정한다(**그림 2.11b**). 첫 번째 유전자의 우성 대립유전자 *E*가 존재할 때, 두 번째 유전자의 *B* 대립유전자는 검은색을 결정하며, 열성 *bb* 동형접합자는 초콜릿 갈색이다. 그러나 열성대립유전자 두 개인 *ee*는 검은색과 갈색의 어떠한 조합의 경우라도 나타나지 못하게 차단해서 노란색 털이 되게 한다. 그러므로 열성 동형접합자 *ee* 유전자형은 하위 유전자인 *B*상의 모든 대립유전자 조합에 대해 상위성이다.

위의 표현형들을 좀 더 자세히 살펴보자. 검은색 레트리버 순종(*BB EE*)과 노란색 레트리버 순종 유형 중 하나(*bb ee*) 사이의 교배

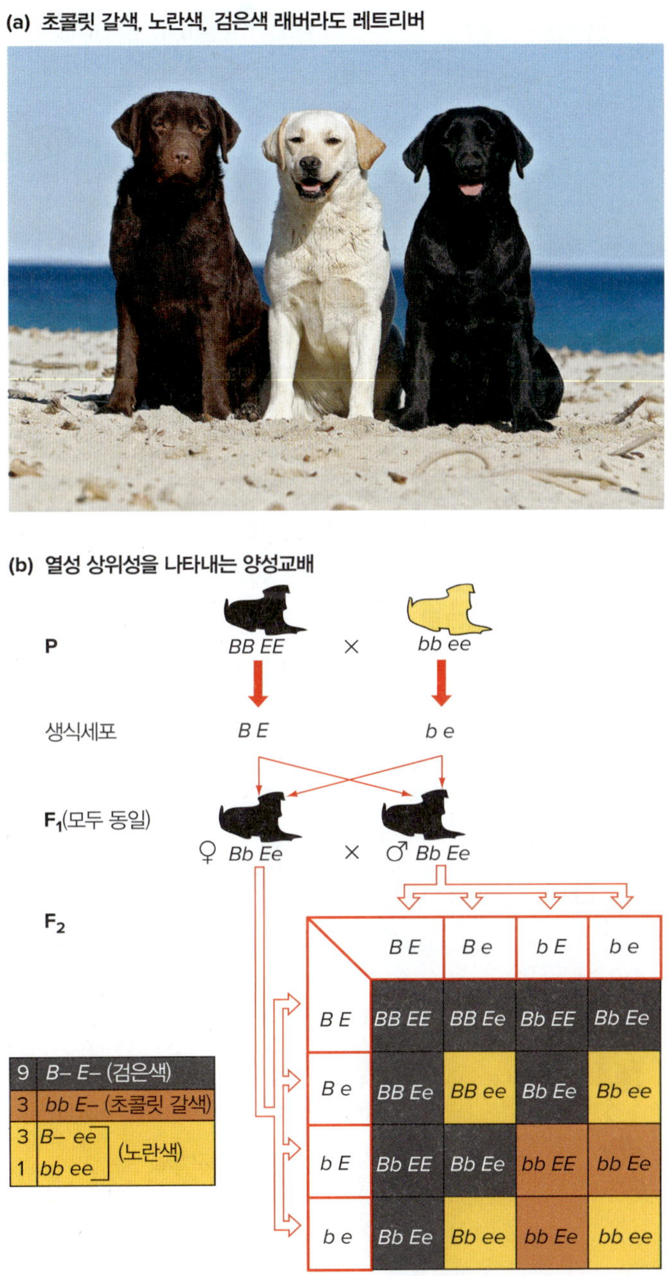

그림 2.11 래버라도 레트리버에서 열성 상위성은 털 색깔을 결정한다. **(a)** 래버라도 레트리버 색깔들. **(b)** 노란색 래버라도 레트리버들은 열성 *e* 대립유전자에 대한 동형접합자인데, 이는 다른 털 색깔 유전자상의 *B* 또는 *b* 대립유전자의 작용을 차단한다. *E*– 강아지들의 경우, *B*– 유전자형은 검은색 그리고 *bb* 유전자형은 갈색을 나타나게 한다. *Source: (a): Vanessa Grossemy/Alamy*

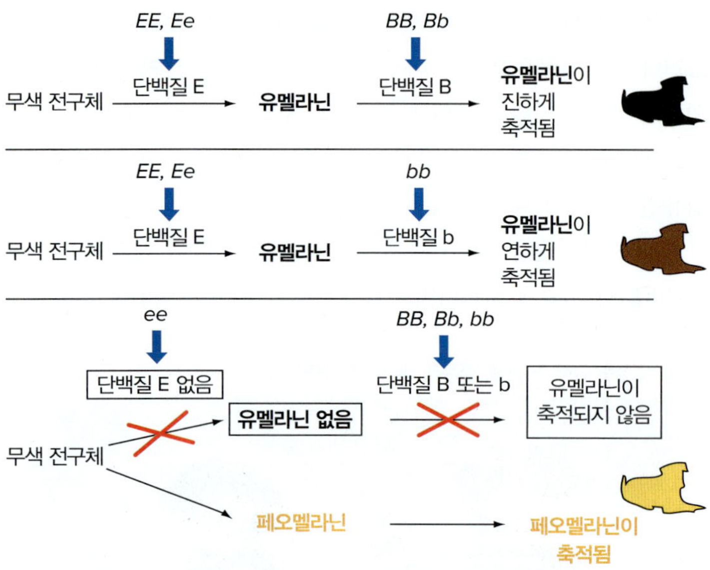

그림 2.12 래버라도 레트리버에서 털 색깔에 대한 생화학적 설명. 단백질 E는 무색 전구체로부터 유멜라닌을 만든다. 단백질 E가 있을 경우 유멜라닌만 만들어진다. 단백질 B는 유멜라닌을 털에 진하게 축적시켜 검은색을 띄게 한다. 단백질 b는 유멜라닌을 연하게 축적시켜 갈색(초콜릿색)을 띄게 한다. 단백질 E가 없을 경우 유멜라닌이 만들어지지 않고 그 대신 노란색의 페오멜라닌이 합성된다. *ee* 동형접합자 강아지들은 유멜라닌이 없기 때문에 *B* 유전자상의 유전자형에 상관없이 항상 노란색이다.

는 F_1 세대에서 양성잡종 검은색 레트리버(*Bb Ee*)를 생성한다. 이들 F_1 자손들끼리 교배하면 F_2 세대에서 갈색 강아지(*bb E*–) 세 마리와 노란색 강아지(– – *ee*) 네 마리당 아홉 마리의 검은색 강아지(*B*– *E*–)가 나온다(그림 2.11b). 유전자형이 *B*– *ee* 또는 *bb ee*일 경우, 모두 노란색 표현형이 되기 때문에 표현형은 세 유형뿐이라는 사실에 주목하자. 세 개의 *B*– *ee*와 한 개의 *bb ee*가 합쳐져서 4가 되는 표현형비 9:3:4는 F_2 세대에서 열성 상위성의 존재를 보여주는 명확한 증거이다. *ee* 유전자형이 털 색깔을 결정하는 다른 유전자의 영향을 차단하기 때문에 노란색 레트리버의 유전자형이 *B*–(검은색)인지 아니면 *bb*(초콜릿 갈색)인지 알 수 없다.

*B*와 *E* 유전자가 관여하는 생화학 경로와 여기에서 각 대립유전자들의 역할은 잘 알려져 있다(**그림 2.12**). 강아지의 모든 털 색깔은 공통의 전구체로부터 만들어지는 색소인 짙은 색깔의 유멜라닌(eumelanin)과 옅은 색깔의 페오멜라닌(pheomelanin)에 의해 나타난다. 만약 레트리버에서 적어도 하나의 *E* 대립유전자가 있다면, 그 산물인 E 단백질은 페오멜라닌은 만들지 않고 오직 유멜라닌만 만들 것이다. 대립유전자 *B*가 지정하는 단백질은 털에서 유멜라닌의 합성과 축적을 위해 필요한데, *b* 대립유전자는 그 효율이 훨씬 낮은 단백질을 생성한다. 그 결과 초콜릿 갈색 *E*– *bb* 강아지는 *B* 대립유전자를 적어도 한 개는 가지고 있는 검은색 강아지(*E*– *B*–)보다 더 적은 유멜라닌을 털에 가지고 있다. 그러나 E 단백질이 없으면(*ee* 강아지의 경우) 페오멜라닌만 합성되고, 그 결과 강아지는 노란색을 띤다. 그림 2.12를 보면, 왜 *ee*가 *B* 유전자의 두 대립유전자 모두에 대해 상위성인지 쉽게 알 수 있다. *ee* 강아지에서는 유멜라닌이 없고, 강아지들은 *B*– 또는 *bb* 여부에 관계없이 모두 노란색이다.

사람의 봄베이 표현형 열성 상위성은 인체유전학의 불가사의한 의문점 중의 하나를 이해하는데 기여했다. 매우 드물게, 혈액형이 O형인

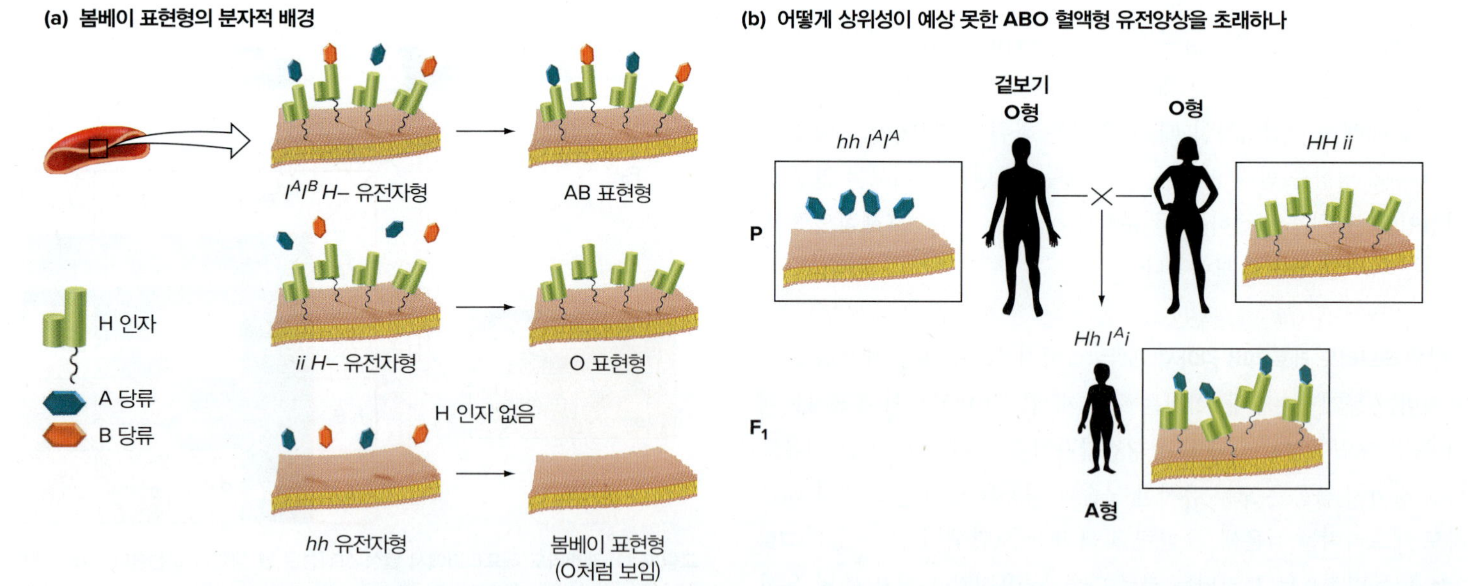

그림 2.13 사람에서 희귀 혈액형을 야기하는 열성 상위성. **(a)** 봄베이 대립유전자 *h*에 대한 동형접합은 ABO 혈액형을 결정하는 *I* 유전자에 대해 상위성이다. *hh*인 사람은 적혈구 표면에 A 또는 B 당류를 부착시키는데 필요한 H 인자를 만들지 못한다. **(b)** *h*가 *I*에 대해 상위성이므로 I^A 또는 I^B 대립유전자를 가지고 있더라도 O형처럼 보이는 희귀한 사람들이 있다. 이들의 *Hh* 자손이 차단된 *I* 대립유전자를 물려주면, 그들 자신의 아이들의 혈액형을 보고 깜짝 놀랄 수도 있다.

것으로 보여서 유전자형이 *ii*일 것으로 예상되는 두 부모로부터 A 혈액형(유전자형 $I^A i$) 또는 B 혈액형(유전자형 $I^B i$)인 자식이 태어나는 경우가 있다. 이런 현상은 봄베이(Bombay) 표현형(처음 발견된 인도의 봄베이 지역 이름을 땀)으로 불리는 매우 드문 형질이 겉보기에 O 혈액형과 닮았기 때문에 생긴다. **그림 2.13a**에서 보여주듯이, 봄베이 표현형은 또 다른 유전자상의 열성 대립유전자에 대한 동형접합자(*hh*)에 의해 생기는데, 이는 존재하는 어떠한 ABO 대립유전자의 영향이라도 차단할 수 있다.

분자적 수준에서 작용기전은 다음과 같다(그림 2.13a). 혈액형을 결정하는 적혈구 표면분자를 생성할 때, A형인 사람은 H 인자라고 불리는 당사슬에 다당류 A를 첨가하는 효소를 생성하며, B형인 사람은 H 인자에 B 다당류를 붙이는 변형된 효소를 만들고, O형인 사람은 어떤 효소도 만들지 못해서 적혈구의 표면에 H 인자가 그대로 노출되어 있다. A, B 또는 O형인 모든 사람들은 적어도 하나의 우성 야생형 대립유전자 *H*를 가지고 있어서 H 인자를 어느 정도 생성한다. 반면, 희귀한 봄베이 표현형의 사람들은 유전자형이 *hh*라서 H 인자를 전혀 만들지 못한다. 그러므로 이런 사람들은 비록 A 또는 B를 첨가할 수 있는 효소를 가지고 있다고 하더라도 그 효소들은 어떤 것도 붙일 수 없고, 그 결과 봄베이 표현형 사람들은 O형인 것처럼 보인다. 이런 이유로, H 인자 유전자상의 열성 대립유전자 *h*에 대한 동형접합은 *ABO* 유전자의 영향을 차단해서, *hh* 유전자형이 I^A, I^B 및 *i* 대립유전자들 사이의 (*ii*를 제외한) 어떠한 조합에 대해서도 상위성이 되게 한다.

I^A, I^B 또는 I^A와 I^B 모두를 가지고 있지만 H 인자 유전자에 대해 *hh* 동형접합자인 사람은 O형처럼 보일 수 있지만, 그는 정자 또는 난자 속의 I^A 또는 I^B 대립유전자를 다음 세대로 전달할 수 있다. 가령 그 자손이 아빠로부터는 ABO 유전자상의 I^A 대립유전자와 H 인자 유전자상의 *h* 대립유전자를 물려받았고, 엄마로부터는 *i* 대립유전자와 *H* 대립유전자를 받았다면, 비록 부모 중 누구도 A 또는 AB형이 아니더라도 A 혈액형(유전자형 $I^A i\ Hh$)이 될 수 있다(**그림 2.13b**).

흰색 완두콩 꽃 20세기의 초기 10년동안, 베이트슨은 흰색 완두콩 꽃 두 순종계통 사이의 교배실험을 하였다(**그림 2.14a**). 예상치 못하게, 모든 F_1 자손들이 보라색이었다(**그림 2.14b**). 새로운 잡종들끼리의 자가 수분 결과, F_2 세대에서 9 보라색 : 7 흰색의 비가 나왔다. 이것에 대한 해석은 다음과 같다. 보라색 완두콩 꽃을 만드는데 두 유전자들이 순차적으로 작용하고, 그 색깔이 나오기 위해서는 각 유전자에 대한 우성 대립유전자가 반듯이 있어야 한다.

그림 2.15는 이 결과를 설명하는 단순한 생화학적 가설을 보여주고 있다. 무색 전구체를 보라색 색소로 바꾸기 위해서는 두 단계의 연속적 생화학 반응을 촉진시키는 두 효소가 필요하다. 따라서 필요한 두 효소를 모두 만들 수 있는 *A*– *B*– 유전자형의 경우에만 색깔이 있

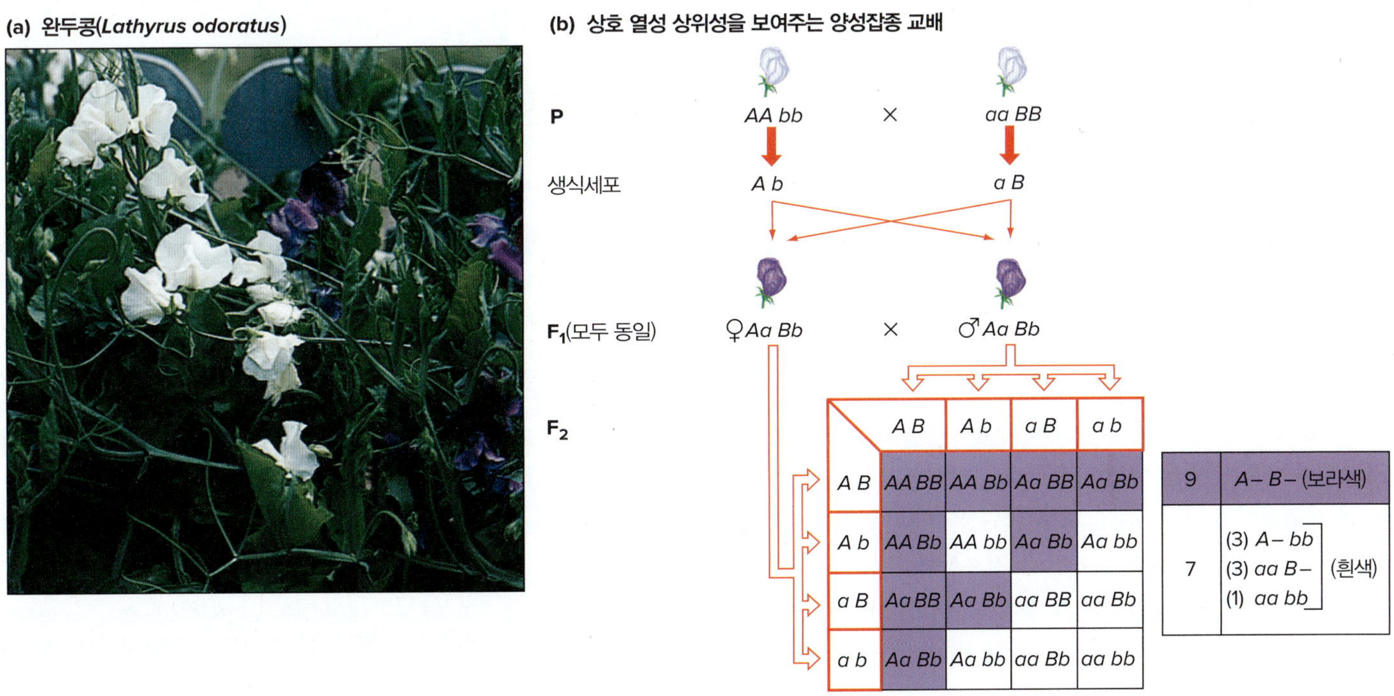

그림 2.14 완두콩에서 보라색 꽃이 피기 위해서는 두 유전자상의 우성 대립유전자들이 필요하다. **(a)** 흰색과 보라색 완두콩 꽃들 **(b)** 보라색 대 흰색의 비율 9:7은 보라색을 띠기 위해서는 각 유전자에 대해 적어도 한 개의 우성 대립유전자가 필요함을 암시한다. *Source: (a): ©William Allen/National Geographic Creative*

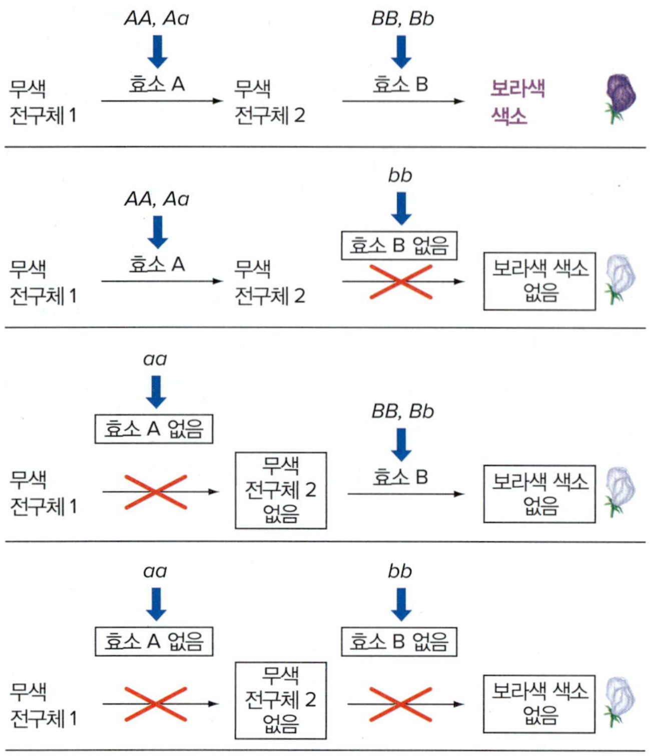

그림 2.15 완두콩 꽃 색깔의 상호 열성 상위성 현상에 대한 생화학적 설명. 보라색을 나타내기 위해서는 두 유전자의 우성 대립유전자들에 의해 지정되는 효소들은 둘 다 필요하다. 두 유전자에 대한 열성 대립유전자들은 모두 다 효소를 만들지 못한다. *aa* 동형접합자에서는 전구체2가 만들어지지 않는다. 그래서 효소 B가 있다고 하더라도 보라색 색소를 만들 수 없다.

는 꽃이 생성된다. 다른 세 종류의 유전자형(*A*− *bb*, *aa B*−, *aa bb*)은 표현형 측면에서 함께 묶일 수 있다. 왜냐하면 이 경우는 두 효소 중 하나 또는 모두가 활성이 없기 때문에 색깔이 나오지 않고, 그 결과 흰색 꽃이 된다. 9:7 비율에서 7이 내포하고 있는 것은 F_2의 표현형비인 9:3:3:1에서 3:3:1 부분이라는 것을 쉽게 알 수 있다.

위와 같이 두 유전자상의 우성 대립유전자들(*A*− *B*−)이 함께 작용해서 색깔 또는 다른 형질을 나타나게 하는 반면, 다른 세 가지 유전자형(*A*− *bb*, *aa B*−, *aa bb*)은 그렇지 않는 경우를 **상호 열성 상위성**(reciprocal recessive epistasis)이라고 하는데, 9:7 비율은 이런 상호 열성 상위성의 전형적인 표현형적 특징이다(그림 2.14b). 대립유전자 *A* 또는 *B*와 연관성 있는 표현형은 보라색이기 때문에, *aa*는 *B*에 대해 상위성이며, *bb*는 *A*에 대해 상위성이라고 말할 수 있다. 만약 완두콩이 *aa* 또는 *bb*라면, 다른 유전자상에 우성 대립유전자 하나를 가지고 있든 없든 상관없이 그 꽃은 흰색일 것이다.

우성 상위성

상위성은 우성 대립유전자에 의해서도 발생할 수 있다. 관련된 생화

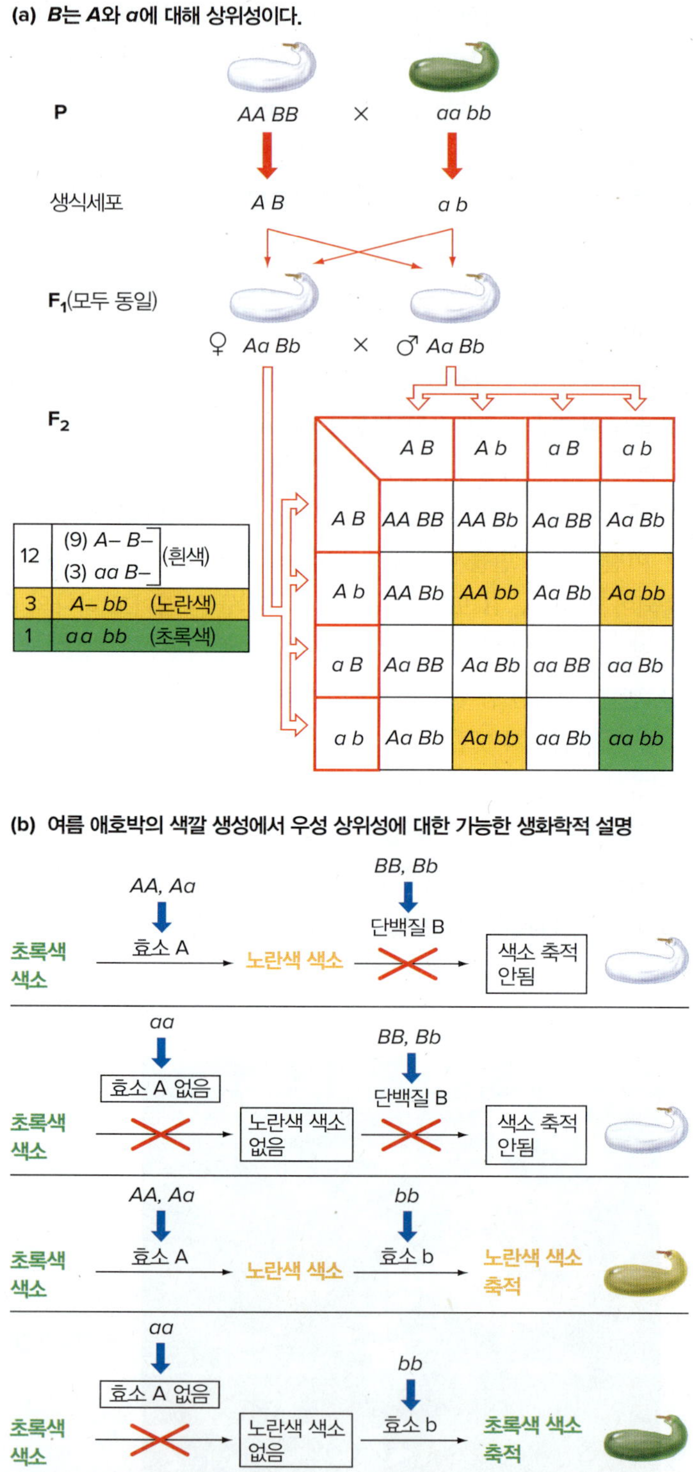

그림 2.16 우성 상위성에 의해 12:3:1의 표현형비가 초래되는 경우가 있다. (a) 여름 애호박에서, 우성 *B* 대립유전자는 흰색을 유도하고 *A*와 *a* 대립유전자의 가능한 모든 조합의 영향을 차단한다. 그 결과 노란색(*A*−) 또는 초록색(*aa*)은 *bb* 개체에서만 볼 수 있다. **(b)** *A* 대립유전자는 효소 A를 암호화하고 있고, *a* 대립유전자는 효소를 지정하지 못한다. 그러므로 *A*− 애호박에는 노란색 색소가 있고, *aa* 애호박에는 초록색 색소가 있다. 어떤 색소가 축적될 것인지는 또 다른 유전자의 야생형 대립유전자인 *b*에 암호화되어 있는 단백질 b에 달려 있다. 그러나 돌연변이 우성 대립유전자 *B*는 이 단백질의 변형된 비정상적인 B 단백질을 암호화하고 있는데, 이것은 정상 단백질인 b가 존재하더라도 색소가 축적되는 것을 막는다. 그러므로 유색 애호박은 반듯이 *bb* 여야만 한다.

학 경로의 세부내용에 따라 다음 두 가지 서로 다른 표현형비가 상위성에 의해 나올 수 있다.

애호박 열매 색깔 여름 애호박에서, 두 개의 유전자가 열매 색깔에 영향을 준다(**그림 2.16a**). 그중 한 유전자는 우성 대립유전자($A-$)가 노란색을 결정하는 반면, 열성 대립유전자에 대한 동형접합자(aa)는 초록색이 된다. 두 번째 유전자의 우성 대립유전자($B-$)는 흰색이 되게 하는 반면, bb 열매는 첫 번째 유전자의 유전자형에 따라 노란색 또는 초록색이 된다. 이들 두 유전자 간의 상호작용에서, B의 존재는 $A-$ 또는 aa의 영향을 차단해서 흰색 열매를 만들기 때문에 $B-$는 A 유전자의 모든 유전자형에 대해 상위성이다. 열성 대립유전자 b는 유전자 A에 의해 결정되는 열매 색깔에 아무 영향도 끼치지 못한다.

어떤 한 유전자의 우성 대립유전자가 다른 유전자의 영향을 차단하는 상위성을 **우성 상위성**(dominant epistasis)이라고 부른다. F_1 흰색 양성잡종($Aa\ Bb$)끼리의 교배에서 F_2 표현형비는 12 흰색 : 3 노랑 : 1 초록색이다(그림 2.16a). 여기서 12는 두 가지 서로 다른 유전자형 종류를 포함하고 있다(9 $A-\ B-$와 3 $aa\ B-$). **그림 2.16b**에는 12:3:1 표현형비의 근간이 되는 생화학 예상 경로가 나와 있다.

병아리 깃털 색깔 또 다른 표현형비가 우성 상위성을 의미하는 경우를 몇몇 닭의 깃털 색깔 형질에서 볼 수 있다(**그림 2.17a**). 흰색 레그혼(leghorn) 닭은 깃털 색깔 형질에 대해 두 유전자 모두 우성인 $AA\ BB$ 유전자형을 가지고 있고, 흰색 와이언도트(wyandotte) 닭은 두 유전자 모두에 대해 열성 동형접합자($aa\ bb$)이다. 이 두 순종 흰닭을 서로 교배하면 F_1 세대에서 모두 흰색 양성잡종($Aa\ Bb$)이 나오지만, F_2에서는 유색 깃털을 가진 병아리가 나오며 흰색 대 유색의 표현형비는 13:3이다(그림 2.17a). 다음과 같은 일종의 우성 상위성을 가정해 보면 이 비율을 설명할 수 있다. B는 A에 대해 상위성이다. B가 없을 때만 A 대립유전자는 색소를 생성한다. a, B 및 b 대립유전자들은 모두 색소를 생성하지 않는다. 이런 유전자 상호작용은 13:3의 표현형비를 보이는 특징을 가진다. 왜냐하면 9 $A-\ B-$, 3 $aa\ B-$ 그리고 1 $aa\ bb$ 유전자형 종류들이 모두 한 가지 특정 표현형, 즉 흰색을 나오게 하기 때문이다. **그림 2.17b**에는 병아리 깃털 색깔에서 13:3 표현형비의 근간이 되는 것으로 알려진 생화학 경로가 나와 있다.

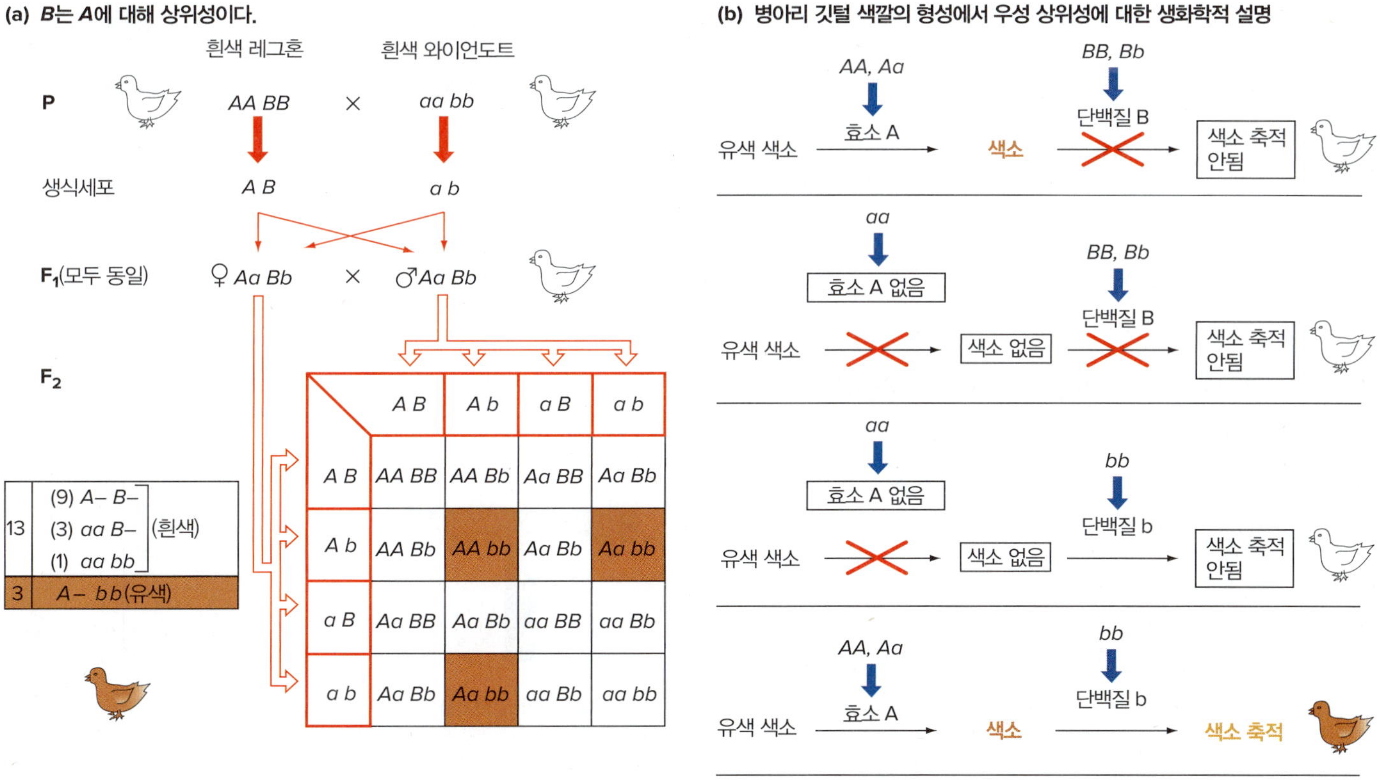

그림 2.17 우성 상위성에 의해 13:3의 표현형비가 초래되는 경우도 있다. **(a)** F_2 자손들 중에서 흰색 병아리에 대한 유색 병아리의 비율은 13:3이다. 왜냐하면, 색깔이 나오기 위해서는 적어도 A가 한 개 필요하고 B는 없어야 되기 때문이다. **(b)** A 대립유전자에 암호화되어 있는 효소 A는 색소를 합성하는 반면, 대립유전자 a는 효소에 대한 정보가 없다. 깃털에서 색소의 축적은 또 다른 유전자의 정상 야생형 대립유전자 b에 암호화되어 있는 단백질 b에 의존적이다. 돌연변이 우성 대립유전자 B는 정상적인 b 단백질이 있더라도 색소 축적을 억제하는 비정상 단백질에 대한 정보를 담고 있다.

상위성과 관련된 중요 사항

앞에서 살펴본 열성 및 우성 상위성의 예를 통해 여러 중요한 점들을 알 수 있다.

- 상위성은 같은 유전자상의 대립유전자들이 아니라 서로 다른 유전자상의 대립유전자들 사이의 상호작용이다.
- 양성잡종 교배에서 상위성에 의해 초래되는 F_2 표현형비는 특정 대립유전자의 기능과 그 유전자가 관여하는 특정 생화학 경로에 따라 달라진다.

  래버라도 레트리버와 완두콩에서 본 열성 상위성 예에서는 두 유전자 모두 완전 우성 대립유전자가 기능이 있는 단백질을 지정하는 반면, 열성 대립유전자들은 기능이 없거나 기능이 약한 단백질을 지정한다. 그럼에도 불구하고 양성잡종 교배의 F_2에서 표현형비는 래버라도와 완두콩에서 다르다. 왜냐하면 근간이 되는 생화학 경로가 서로 다르기 때문이다. 마찬가지로, 우성 상위성의 두 예(애호박 및 병아리 색깔)에서도 서로 다른 생화학 경로가 관여하고 있기 때문에서 F_2에서 서로 다른 표현형비가 나온다.
- 일반적으로 열성 상위성은 두 유전자상의 우성 대립유전자들이 공통의 결과가 나오는 동일한 경로에서 작용함을 암시한다. 래버라도 레트리버의 예에서 *B*와 *E*는 둘 다 검은색 털을 만드는데 작용한다.
- 일반적으로 우성 상위성은 두 유전자의 우성 대립유전자들이 서로 상반되는 기능을 함을 암시한다. 애호박과 병아리 색깔의 경우 둘 다 모두 *A* 유전자의 우성 대립유전자에 의해 그 합성이 결정되는 색소의 축적을 *B* 유전자의 우성 대립유전자들이 막는다.

과잉성: 어떤 경로에서 하나 또는 그 이상의 유전자들이 여분으로 작용한다

옥수수에서 두 유전자 *A*와 *B*는 잎의 발생을 조절한다. 우성 *A* 또는 우성 *B* 대립유전자 중 하나가 있는 한(*A*− *B*−, *A*− *bb* 또는 *aa B*−) 정상적으로 넓은 잎이 발생된다. 그러나 우성 대립유전자가 전혀 없는 경우(*aa bb*), 잎에서 세포 수가 너무 적어서 좁은 잎이 된다(**그림 2.18a**). 이런 현상을 **과잉 유전자 작용**(redundant gene action)이라고 하며, *A*와 *B*가 모두 없을 때만(*aa bb* 식물에서만) 잎 발생에 문제가 생기므로, F_2 표현형비는 15:1이다(**그림 2.18b**).

우성 대립유전자에 암호화되어 있는 단백질들(A 및 B)은 서로 병렬적인 중복된 경로(세포들을 불러들여서 잎의 일부가 되게 만드는 경로)에서 작용한다(**그림 2.19**). 즉, 두 경로 중 하나라도 작동한다면,

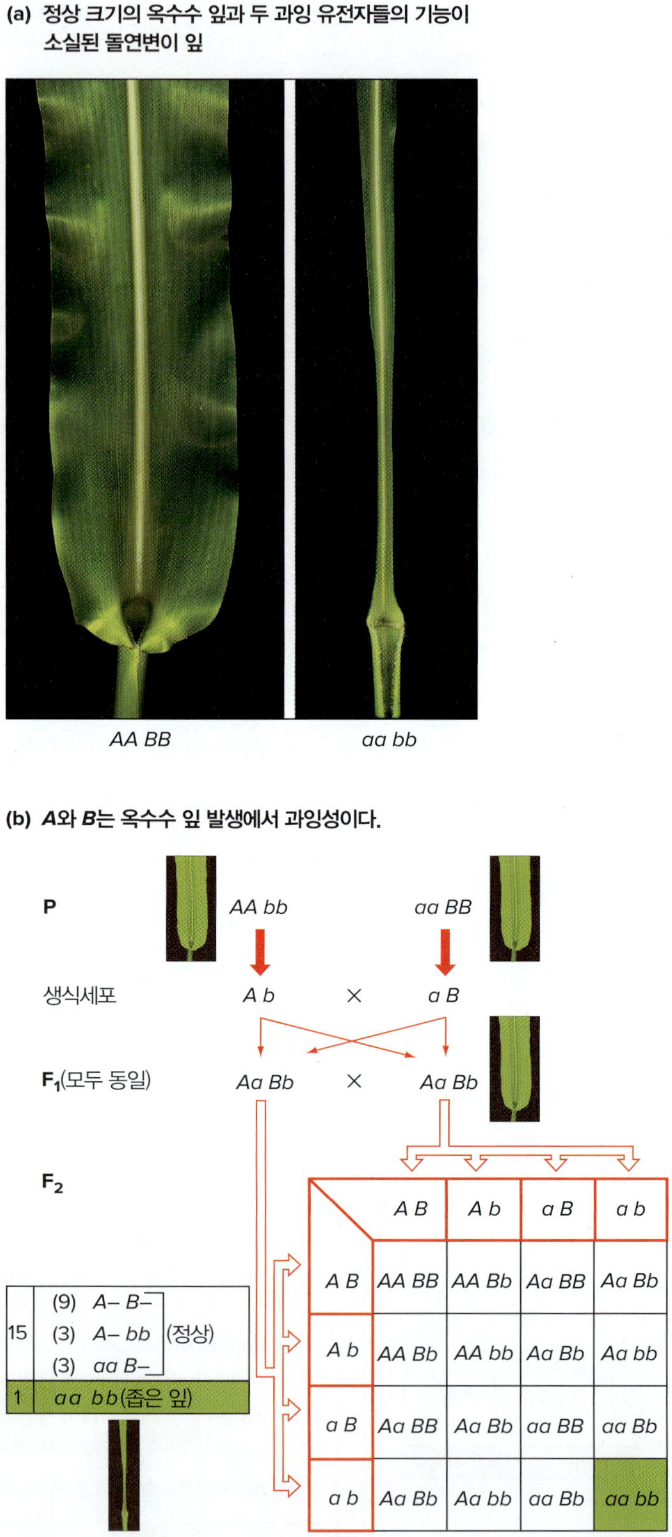

그림 2.18 과잉 유전자들은 15:1 표현형비를 야기시킨다. **(a)** 정상 옥수수 잎(*AA BB*)과 우성 유전자 *A*와 *B*가 모두 없는 잎(*aa bb*). **(b)** 옥수수에서, 우성 대립유전자 *A* 또는 *B*는 어느 하나라도 정상적인 잎 발생에 충분하다. 두 우성 대립유전자가 모두 없을 때만(*aa bb*) 비정상적인 좁은 잎이 형성된다. 그 결과 양성잡종 교배 F_2에서 15 : 1 표현형비가 나온다. *Source: (a): ©Dr. Michael J. Scanlon, Cornell University*

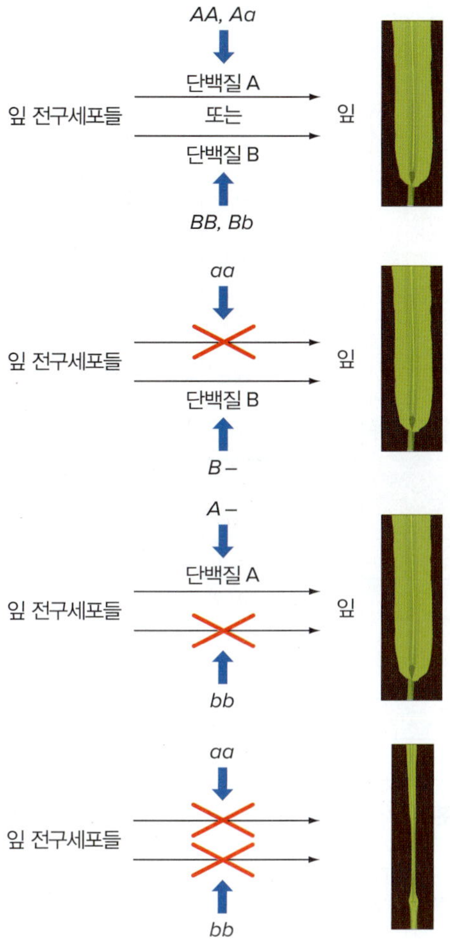

그림 2.19 과잉 유전자에 대한 생화학적 설명. 우성 대립유전자 *A*와 *B*는 서로 독립적인 경로에서 세포들이 잎의 구성성분이 되도록 유도하는 단백질들을 지정한다. 열성 대립유전자 *a*와 *b*는 단백질을 지정하지 못한다. 두 경로 중 어느 하나라도 충분하므로, 두 대립유전자 모두가 없는 경우에만 얇은 잎이 된다.

잎은 정상적인 넓은 모양으로 발생할 것이다. 종종 위의 경우처럼 과잉 유전자들이 같은 기능을 가진 거의 동일한 단백질을 지정한다. 생명체들은 왜 동일한 역할을 하는 유전자를 두 개나 가지고 있을까? 한 가지 답은 진화과정에서 과잉 유전자들이 우연히 생겨나는 것이다. 여기에 대해서는 11장에서 설명할 것이다.

종합: 다양한 생화학 경로들이 어떤 식으로든 멘델 표현형비의 변화를 초래할 수 있다

지금까지 서로 독립적으로 분리되는 두 유전자들이 서로 상호작용해서 특정 형질을 결정할 때, F2 세대에서 보이는 9:3:3:1 비율인 멘델의 4가지 유전자형 유형들이 유전자 상호작용의 특성에 따라 다양한 표현형비로 나타날 수 있다는 사실을 살펴보았다. 그 결과 다양한 4가지 유전자형 유형 조합으로 이루어진 네 가지, 세 가지 또는 두 가지 표현형들이 나올 수 있다. **표 2.2**는 표현형비와 그것이 암시하는 유전학적 현상을 연관시켜서 몇몇 가능한 경우를 요약 정리한 것이다.

여러 생화학 경로에 관여하는 유전자상의 야생형 및 돌연변이 대립유전자들은 9:7 또는 12:3:1과 같이 표 2.2에 나와 있는 어떠한 F_2 표현형비라도 나오게 할 수 있다. 그래서 어떤 한 교배에서 특정 비율이 관찰되면, 그 근간이 되는 경로에 대해 비록 몇몇 가능성은 쉽게 배제할 수 있지만, 정확한 경로를 추론하기는 쉽지 않다. 반면, 이 장의 마지막에 나와 있는 연습 문제에서 볼 수 있듯이, 어떤 경로의 생화학적 특징과 여기에 관련된 대립유전자의 기능에 대해 알고 있다면, 교배결과 나타나는 자손들의 표현형비를 정확하게 예측할 수 있다.

표 2.2 두 유전자 상호작용 요약

유전자 상호작용	F$_1$ 양성잡종 교배에서 나오는 F$_2$ 유전자형비 사례	*A– B–*	*A– bb*	*aa B–*	*aa bb*	F$_2$ 표현형비
부가적 상호작용: 4개의 서로 다른 F_2 표현형	렌틸콩 껍질색 (그림 2.9 참조)	9	3	3	1	9 : 3 : 3 : 1
열성 상위성: 한 유전자의 열성 대립유전자가 동형접합자일 때, 다른 유전자상의 모든 대립유전자를 억제함	래버라도 레트리버 털 색깔 (그림 2.11b 참조)	9	3	3	1	9 : 3 : 4
상호 열성 상위성: 각 유전자상의 열성 대립유전자는 동형접합자가 되면, 다른 유전자상의 우성 대립유전자를 억제함	완두콩 꽃 색깔 (그림 2.14b 참조)	9	3	3	1	9 : 7
우성 상위성 I: 한 유전자상의 우성 대립유전자가 다른 유전자상의 모든 대립유전자의 영향을 차단함	여름 애호박 색깔 (그림 2.16a 참조)	9	3	3	1	12 : 3 : 1
우성 상위성 II: 한 유전자상의 우성 대립유전자가 다른 유전자상의 대립유전자의 영향을 차단함	병아리 깃털 색깔 (그림 2.17a 참조)	9	3	3	1	13 : 3
과잉성: 두 유전자 중 어느 한 유전자에 대한 우성 대립유전자 하나만 있으면 표현형이 나타남	옥수수 잎 발생 (그림 2.18b 참조)	9	3	3	1	15 : 1

불완전 우성 또는 공우성이 표현형의 다형성을 확대시킬 수 있다.

지금까지 우리는 두 유전자의 상호작용에서 여러 다양한 현상들이 존재함을 알아보았다.

- 서로 다른 유전자상의 대립유전자들이 **부가적**으로 상호작용해서 새로운 표현형을 만든다.
- 한 유전자상의 대립유전자는 다른 유전자상의 대립유전자의 효과를 차단할 수 있다(**상위성**).
- 서로 다른 유전자들이 **과잉성** 기능을 가지고 있어서 어느 하나의 우성 대립유전자라도 특정 정상 표현형을 나타내는데 충분하다.

이런 다른 유전자들 사이의 상호작용들은 첫 번째 경우를 제외하고 모두 멘델의 4가지 유전자형 유형들이 두 개 이상씩 묶어서 하나의 표현형 유형을 나타낸다. 예를 들어, 유전자들이 과잉성일 때 *A– B–*, *A– bb* 그리고 *aa B–* 유전자형 유형은 모두 같은 표현형을 보인다. 이들 각 경우들을 분석할 때, 문제를 단순화시키기 위해 각 유전자상의 대립유전자 쌍 중에서 한 대립유전자가 다른 대립유전자에 대해 완전 우성인 예들만을 살펴보았다. 그러나 어떤 유전자 상호작용의 경우 하나 또는 두 대립유전자 모두 불완전 우성 또는 공우성일 가능성이 있는데, 이럴 경우 더욱 더 다양한 표현형이 나올 가능성이 커진다. 예를 들어, **그림 2.20**은 양성잡종 교배에서 두 유전자상의 대립유전자들 모두 불완전 우성일 경우 여러 유전자형 유형들이 하나의 표현형으로 묶이는 것이 아니라 F_2 세대의 9가지 유전자형들이 제각기 다른 다양한 표현형을 나타내는 것이 어떻게 가능한지 보여주고 있다.

그림 2.20에 있는 표현형들에 대한 간단한 생화학적 설명은 그림 2.2b에 소개한 불완전 우성에 대한 설명, 즉 빨간색 색소의 양은 효소의 양에 비례한다는 설명과 유사하다. 여기서 차이점은 보라색 색소가 만들어지기 위해서는 서로 다른 두 효소 A, B의 작용이 필요하며, 이때 둘 중 하나는 다른 하나보다 더 효율적으로 작용해서 결국 어느 한 유전자(그림 2.20의 경우 *A* 유전자)가 다른 유전자보다 보라색 표현형에 더 큰 영향을 끼친다는 것이다.

비록 표현형적 다양성의 가능성은 여러 가지가 있지만, 관찰 결과 중 어느 것도 멘델의 표현형비로부터 벗어나서 멘델 기본 법칙(분리의 법칙과 독립의 법칙)을 위배하지는 않는다. 멘델이 제안한 것과 같이, 각 유전자상의 대립유전자들은 여전이 분리되고, 두 유전자들은 독립적으로 나눠진다. 여러 유전자상의 대립유전자들끼리의 상호작용은 단지 표현형과 유전자형의 복잡한 관계를 명확히 규명하는 것을 어렵게 만들뿐이다.

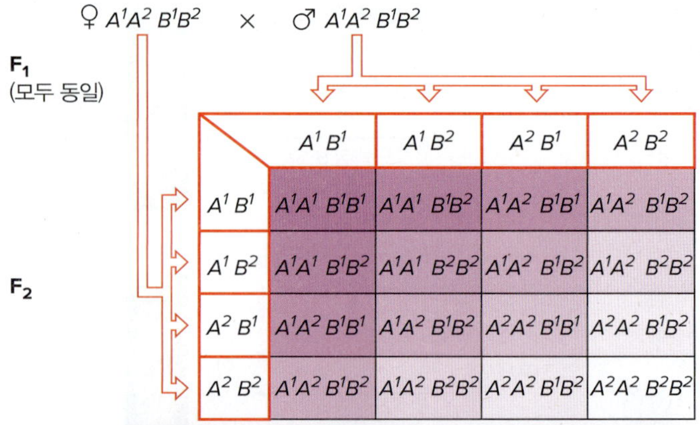

1	$A^1A^1\ B^1B^1$	보라색조 9
2	$A^1A^1\ B^1B^2$	보라색조 8
2	$A^1A^2\ B^1B^1$	보라색조 7
1	$A^1A^1\ B^2B^2$	보라색조 6
4	$A^1A^2\ B^1B^2$	보라색조 5
1	$A^2A^2\ B^1B^1$	보라색조 4
2	$A^1A^2\ B^2B^2$	보라색조 3
2	$A^2A^2\ B^1B^2$	보라색조 2
1	$A^2A^2\ B^2B^2$	보라색조 1 (흰색)

그림 2.20 불완전 우성이 있을 때, 두 개의 유전자가 특정 형질에 대해 9개의 서로 다른 특징이 나오게 할 수도 있다. 이 예에서, 두 유전자는 보라색 색소를 만든다. 한 유전자의 A^1 및 A^2 대립유전자들과 다른 유전자의 B^1 및 B^2 대립유전자들은 모두 서로 불완전 우성이다. 각 유전자상의 두 대립유전자들은 세 가지 다른 표현형을 생성할 수 있고, 따라서 이중 이형접합자들은 1:2:2:1:4:1:2:2:1 비율의 아홉 가지 (3×3) 다른 색깔을 생성할 수 있다.

좌위 이질성: 여러 유전자들 중 어떤 하나의 돌연변이라도 같은 표현형을 유발할 수 있다

사람에서 약 50개의 유전자들이 청각장애를 일으키는 열성 돌연변이 대립유전자를 가지고 있다. 이들 중 많은 유전자들이 청각기관 발생 과정에 관여하며, 이 과정 중 어느 것 하나(예, 중이의 작은 이소골 형성)라도 이상이 생기면 청각장애가 초래된다. 즉, 정상적인 청각을 위해서는 50개 유전자 각각에서 하나의 우성 야생형 대립유전자가 필요하다. 따라서 청각장애는 **이질성 형질**(heterogeneous trait)이다. 이질성 형질이란 여러 유전자들 중 어느 하나의 돌연변이라도 모두 같은 표현형을 보이는 경우를 말한다. 앞에서 완두콩 꽃 색깔 역시 이질성 형질임을 본 적이 있다(그림 2.14b). 이 경우 *AA bb* 및 *aa BB* 꽃들은 각기 서로 다른 유전자상의 열성 기능손상 대립유전자에 대해 동형접합자인데 모두 흰색이다.

사람 가계도에서 좌위 이질성의 증거

여러 가계도를 자세히 분석해보면 **좌위 이질성**(locus heterogeneity)

을 통해 특정 형질의 유전양상을 설명할 수 있는지 알 수 있다. 여기서 좌위 이질성이란, 두 개 이상의 유전자들 중 어떤 하나의 돌연변이가 모두 같은 표현형을 보이는 형질의 특성을 말한다. 예를 들어 청각장애의 경우, 특정 남성환자와 여성환자가 보유하고 있는 열성 돌연변이가 같은 유전자상에 있는지 아니면 서로 다른 유전자상에 있는지 여부는 두 사람이 아이를 가지면 알 수 있다. 모든 자녀가 소리를 듣는데 문제가 없다면 양쪽 부모는 서로 다른 두 유전자상에 돌연변이를 가지고 있을 가능성이 높다. 따라서 아이들은 두 유전자 모두에 대해 적어도 하나의 정상적인 대립유전자를 가지게 된다(**그림 2.21a**). 반면, 그들의 모든 자녀가 청각장애라면 부모 둘 모두 같은 유전자상의 열성 돌연변이에 대해 동형접합자이고, 그들의 자녀들 역시 모두 같은 돌연변이에 대해 동형접합자일 가능성이 높다(**그림 2.21b**).

상보성 및 상보성 검사

특정 표현형이 같은 유전자상의 돌연변이에 의해 유발된 것인지 아닌지를 확인하는 방법을 그림 2.21에서 개략적으로 보여주고 있는데, 이것은 자연상태에서 진행된 일종의 **상보성 검사**(complementation test)라고 불리는 유전학적 분석기법이다. 간단히 말해서, 서로 다른 두 혈연 계통에서 겉보기에 동일해 보이는 열성 돌연변이 표현형이 나타날 때, 두 계통 모두 같은 유전자상의 돌연변이가 그 원인인지 유전학자들은 알아내고자 한다. 이 의문에 대한 해답을 얻기 위해, 유전학자들은 두 계통으로부터 각각 증상이 있는 개체를 골라 서로 교배시킨다. 만약 각 부모로부터 물려받은 각각 하나씩 돌연변이를 물려받은 자손이 야생형 표현형을 보인다면, **상보성**(complementation)이 있는 것이다. 상보성이 관찰된다는 것은 부모세대의 돌연변이가 서로 다른 유전자상에 있음을 의미하며, 또한 한쪽 부모로부터 물려받은 한 유전자상의 정상 대립유전자가 다른 부모로부터 물려받은 같은 유전자상의 돌연변이 대립유전자가 하지 못하는 기능을 제공해줌을 의미한다. 상보성이 관찰된다는 것은 관심의 형질엔 반듯이 이질성이 있어야 한다는 사실을 기억하자. 또한 각 부모가 다른 한쪽 부모에서는 결여된 특정 유전자의 기능적인 대립유전자를 서로 제공해 주는 상보성의 개념은, 분석하고자 하는 돌연변이 대립유전자가 기능이 결여되어 있고 열성일 경우에만 의미가 있다는 사실도 알아두자.

앞의 그림 2.14b에서 우리는 상보성의 일례를 보았다. 그 예에서 흰색 부모 식물들은 보라색 색소 합성에 필요한 서로 다른 유전자상의 열성 기능상실 돌연변이에 대한 동형접합자였다. 각 부모의 생식세포가 다른 한쪽 부모의 생식세포에서는 결여되어 있는 정상 대립유전자를 제공해 주었기 때문에 F_1은 모두 보라색이었다. 그림 2.21a 나온 청각장애 가계도에서는 청각장애 부모로부터 나온 모든 자손들이 정상적인 청각을 가졌는데, 이것은 위와 같은 현상의 또 다른 예를 보여준다. 반면, 만약 청각장애 부모의 자녀들 역시 청각장애를 가지고 있다면 상보성이 없는 것이다. 각 자녀는 양 부모로부터 하나씩 총 두 개의 열성 돌연변이 대립유전자를 물려받았다(그림 2.21b).

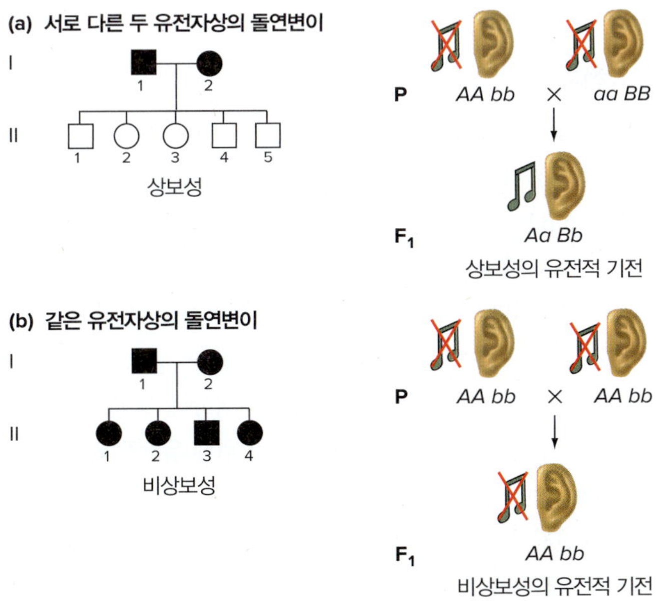

그림 2.21 좌위 이질성: 여러 유전자들 중 어떤 하나의 돌연변이라도 청각장애를 유도할 수 있다. (a) 청각장애 부모는 둘다 서로 다른 유전자상의 열성 돌연변이에 대해 동형접합자라면 건강한 자녀를 낳을 수 있다. **(b)** 같은 유전자상의 돌연변이를 가진 부모는 모두 청각장애인 자녀들을 낳을 수도 있다.

핵심 개념 2.2

- 두 유전자가 상호작용해서 하나의 형질에 영향을 끼칠 수도 있다. 이런 상호작용은 멘델법칙으로부터 예측가능한 표현형비를 통해서 밝혀질 수도 있다.
- 9:3:3:1의 표현형비가 유지되는 것은 일반적으로 두 유전자가 서로 독립적인 경로에서 작용하며, 그 대립유전자들이 부가성 상호작용을 함을 암시한다.
- 상위성 상호작용이 있을 경우, 한 유전자상의 어떤 대립유전자가 다른 유전자상의 대립유전자들에 의해 나타날 수 있는 형질들을 차단할 수 있다.
- 특정 형질에 대해 유전자들이 과잉성 상호작용을 보이는 경우, 정상 표현형을 나타내는 위해서는 어느 한 유전자상의 정상적인 기능이 있는 우성 대립유전자 하나면 충분하다.
- 많은 형질들이 좌위 이질성을 보이는데, 이 경우 여러 유전자들 중 어느 하나상의 돌연변이라도 같은 돌연변이 표현형을 초래할 수 있다.
- 순종계통의 부모가 서로 같은 돌연변이 표현형을 보이지만 서로 다른 유전자상의 열성 기능상실 대립유전자에 대해 동형접합일 경우, 그 자손에서 상보성 상호작용을 볼 수 있다.

2.3 복합 형질에서 멘델 법칙의 확장

학습 목표

1. 같은 유전자형을 갖는 개체들이 표현형적으로 서로 닮지 않게 만드는 요인들에 대해 논의할 수 있다.
2. 사람의 키, 피부색 등과 같은 많은 형질들이 연속적인 변이를 보인다는 사실을 멘델 유전학을 이용해서 설명할 수 있다.

많은 형질들의 유전은 단순히 멘델 법칙에 부합하는 단지 한두 개의 유전자 작용을 이용해 설명할 수 있는 것보다 훨씬 더 복잡하다. 이런 복잡성의 이유 중 하나는 둘 이상의 유전자들이 하나의 형질에 관여할 수 있다는 점이다. 또 다른 이유는 유전자들만이 여기에서 작용하는 것이 아니라는 것이다. 환경적 요인과 우연적 요인들이 유전적으로 결정되어 있는 형질에 심각한 영향을 끼칠 수 있다. 이 절에서는 **복합 형질**(complex trait)에 대해 알아볼 것인데, 여러 다른 유전자들 또는 유전자들과 환경과의 상호작용에 의해 결정되는 형질들을 말한다.

같은 유전자형이 항상 같은 표현형을 생성하는 것은 아니다

지금까지 살펴본 유전자 상호작용은 유전자형이 특정 표현형을 확실히 결정짓는다는 것이다. 그러나 항상 그런 것은 아니다. 종종 어떤 유전자형은 전혀 발현되지 않는다. 즉 그 유전자형이 존재하더라도 예상되는 표현형이 나타나지 않는다. 또 다른 경우, 특정 유전자형에 의해 야기되는 형질이 서로 다른 개체에서 다양한 세기나 다양한 방식으로 발현되기도 한다. 유전자형의 표현형 발현을 변화시키는 요인들에는 **변경 유전자**(modifier gene), 환경 및 우연적 요인이 있다. 이런 요인들은 교배실험 결과의 분석을 복잡하게 만든다.

침투도와 발현도

가장 악성 눈 종양인 망막아종(retinoblastoma)은 단일 유전자의 특정 우성 돌연변이 대립유전자에 의해 생기는데, 그 돌연변이 대립유전자를 가진 사람들 중 약 75%에서만 이 병이 생긴다. 특정 유전자형을 가진 개체 중 예상 표현형을 보이는 개체의 비율을 지칭하기 위해 **침투도**(penetrance)라는 용어를 사용한다. 침투도는 멘델이 연구했던 형질들처럼 완전(100%)할 수 있으며, 망막아종처럼 **불완전**할 수도 있다. 망막아종의 경우 침투도는 약 75%이다.

몇몇 망막아종 환자들은 오직 한쪽 눈에서만 증상이 보이지만, 다른 환자들에서는 두 눈에서 모두 증상을 보인다. **발현도**(expressivity)는 특정 유전자형이 발현시키는 표현형의 정도 또는 세기를 말한다. 망막아종의 경우처럼 발현도는 다양할 수도 있고(한쪽 눈 또는 양쪽 눈 모두에서 증상이 보임), 완두콩 색깔처럼 일정할 수도 있다(모든 *yy* 콩은 초록색). 곧 살펴보겠지만, 망막아종의 불완전 침투도와 다양한 발현도는 주로 우연의 결과이고, 다른 경우는 표현형의 변이를 초래하는 다른 유전자들 또는 환경의 영향이다. **그림 2.22**에서는 완전 침투도, 불완전 침투도, 다양한 발현도 및 일정한 발현도 사이의 차이점을 도식적으로 요약해 주고 있다.

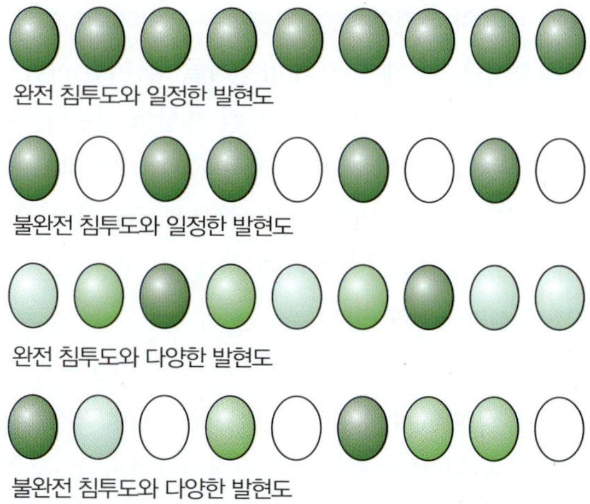

그림 2.22 침투도와 발현도. 특정 유전자형은 그것을 가진 모든 개체들이 예상 표현형을 보일 때 완전 침투한다(초록색). 몇몇 유전자형은 불완전 침투한다. 이때 같은 유전자형을 보유한 개체들 중 몇몇은 예상 표현형을 보이고 다른 개체들은 보이지 않는다. 유전자형은 또한 다양한 발현도를 보일 수 있다. 즉 같은 유전자형을 가진 개체들이 그 표현형을 보이지만 그 정도가 다르다.

변경 유전자

특정 형질의 발현에 영향을 끼치는 모든 유전자들이 표현형에 동등하게 기여하는 것은 아니다. 주요 유전자들은 영향력이 큰 반면, **변경 유전자**(modifier gene)들은 더 미묘한 부차적 영향을 끼친다. 변경 유전자들은 다른 유전자상의 대립유전자에 의해 주로 야기되는 특성을 변형시킨다. 주요 유전자와 변경 유전자를 분별하는 확실한 구분법은 없다. 그것보다는 오히려 둘 사이에 연속성이 존재하는데, 구분 기준은 임의적이다. 알려진 유전자의 작용에 영향을 끼치는 알려지지 않은 변경 유전자 세트를 지칭하기 위해 **유전적 배경**(genetic background)이라는 용어가 사용된다.

변경 유전자들은 생쥐 꼬리의 길이에 영향을 끼친다. 꼬리 길이 유전자의 돌연변이 *T* 대립유전자는 정상의 긴 꼬리를 짧게 만든다. 그러나 같은 *T* 대립유전자를 가진 모든 생쥐들의 꼬리 길이가 같은 것은 아니다. 여러 동종교배 계통들 사이의 비교를 통해 변경 유전자들이 이런 다양한 발현도를 야기한 원인으로 지목됐다. 어떤 동종교배 계통에서는 T 돌연변이를 보유한 생쥐가 정상 꼬리 대비 최대 약 75% 길이의 꼬리를 가지고 있고, 다른 동종교배 계통의 경우 정상 꼬리의 약 50% 길이를 가지며, 또 다른 계통에서는 겨우 정상 꼬리의 10% 밖에 되지 않는다. 각 동종교배 계통의 개체들은 사육 환경(음식, 사육장 온도, 잠자리)에 관계없이 모두 같은 꼬리 길이를 가지므로 과학자들은 환경이 아니라 유전자 또는 우연적 요인이 돌연변이 생쥐의 꼬리 길이를 결정하는 요인이라고 결론을 내렸다. 서로 다른 동종교배 계통들은 T 돌연변이가 존재할 때 꼬리 길이를 결정하는 변경 유전자들의 대립유전자들이 서로 다를 가능성이 높다. 즉 이 계통들은 서로 다른 유전적 배경을 가지고 있다.

표현형에 대한 환경적 영향

온도는 표현형에 현저한 영향을 끼칠 수 있는 환경 요인 중 하나이다. 예를 들어, 샴 고양이의 고유한 털 색깔 패턴에 영향을 끼친다(**그림 2.23**). 이 고양이는 검정 색소인 멜라닌을 만드는데 필요한 효소를 지정하는 유전자의 여러 대립유전자들 중 하나에 대해 동형접합자이다. 샴 대립유전자에 의해 생성되는 효소는 고양이의 정상 내부 체온에서는 기능을 하지 못한다. 이 효소는 고양이 신체 말단에서와 같이 낮은 온도에서 활성화돼서, 멜라닌 합성을 촉진하고 그 결과 귀, 코, 발 및 꼬리에서 검은색이 나타난다. 그러므로 이 대립유전자는 **온도 민감성**(temperature sensitive)이다.

온도는 생존에도 영향을 끼칠 수 있다. 실험적으로 교배된 어떤 한 초파리 계통은 18℃에서 29℃ 사이에서는 정상적으로 발생하고 번식한다. 그러나 온도가 그 범위 밖으로 잠시 올라가면 파리들은 가역적으로 기절하며, 온도가 몇 시간 이상 높은 상태로 유지되면 파리들은 죽는다. 이런 파리들은 신경전달에 필수적인 단백질을 지정하는 *shibire* 유전자에 대한 온도 민감성 대립유전자를 가지고 있다. 이런 종류의 대립유전자는 **조건 치사**(conditional lethal)라고 알려져 있는데, 특정 조건에서만 치사를 초래하기 때문이다. 파리가 살아남아 있는 온도 범위를 **허용 조건**(permissive condition)이라고 하며, 그 이상의 치사 온도를 **제한 조건**(restrictive condition)이라고 한다. 그러므로 이 대립유전자가 어느 특정 온도에서는 야생형과 차이가 없는 표현형을 나타내는 반면, 다른 온도에서는 같은 대립유전자가 돌연변이 표현형(이 경우 치사)을 나타낸다. 야생형 *shibire* 대립유전자를 가진 파리들은 높은 온도에서도 생존한다. 어떤 대립유전자가 특정 조건에서만 치사라는 사실은 특정 표현형의 침투도에 환경이 영향을 끼칠 수 있다는 것을 명확히 보여준다.

심지어는 유전적으로 정상인 개체에서라도, 특정 유전자의 돌연변이 대립유전자에 의해 야기되는 표현형과 유사한 표현형이 화학물질이나 다른 환경 물질들에 의해 초래될 수 있다. 이런 식으로 표현형이 바뀌는 것을 **표현형 모사**(phenocopy)라고 부른다. 정의에 따르면, 표현형 모사는 유전자의 변화에 의해 초래된 것이 아니기 때문에 유전되지 않는다. 사람의 경우, 1960년대 임산부들에 의한 임신중독증 진정제인 탈리도마이드(thalidomide)의 복용은 **해표지증**(phocomelia) 증상의 표현형 모사를 야기했는데, 해표지증의 일반적인 원인은 희귀 우성 대립유전자이다. 나머지 부분은 정상인 태아에서 사지발생을 방해함으로써 이 약물은 해표지증을 유발하는 돌연변이를 모사한다. 이런 문제점이 명백해지자 탈리도마이드는 판매중단 됐다.

어떤 종류의 환경적 변화는 개체의 생존에 긍정적인 영향을 끼칠 수도 있다. 예를 들어, **페닐케톤뇨증**(phenylketonuria; PKU)라고 불리는 열성 형질을 가진 아이는 특별한 식이를 하지 않으면 경련성

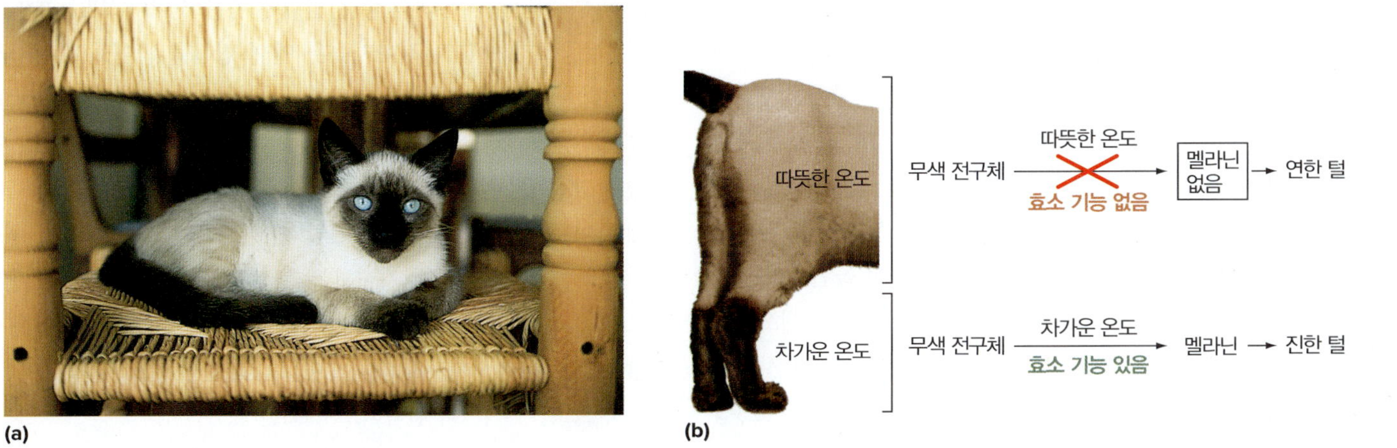

그림 2.23 샴 고양이에서 온도는 털 색깔에 영향을 끼친다. **(a)** 샴 고양이. **(b)** 샴 고양이는 멜라닌 생성 효소를 온도 민감성이 있게 만드는 돌연변이에 대해 동형접합이므로 멜라닌은 온도가 낮은 신체말단에서만 만들어진다. 돌연변이 효소는 낮은 온도에서 활성을 보이지만, 높은 온도에서는 불활성화된다. *Source: (a): ©Renee Lynn/Science*

발작 및 정신 장애를 포함해 다양한 정도의 신경 이상증세가 발병된다. 돌연변이 PKU 대립유전자에 대한 동형접합은 페닐알라닌 수산화효소(phenylalanine hydroxylase)를 지정하는 유전자의 활성을 없앤다. 이 효소는 정상인 경우에 페닐알라닌(phenylalanine)을 티로신(tyrosine)으로 변형시킨다. 이 효소의 결핍은 페닐알라닌을 축적시키고, 그 결과 신경계 이상을 초래한다. 오늘날에는 정확도 높은 혈액검사를 통해 신생아에서 이 질병을 검출할 수 있다. PKU에 걸린 아기가 발견되면, 의사들은 페닐알라닌 배출을 도와주는 증상억제 식단을 처방한다. 이런 식이치료(단순한 환경의 변화)는 오늘날 많은 PKU 애기들이 건강한 성인으로 성장할 수 있게 해준다.

마지막으로, 미국에서 사망률이 가장 높은 두 질병(심혈관계 질환 및 폐암)도 환경이 발현도와 침투도에 모두 영향을 끼쳐 어떻게 표현형을 바꿀 수 있는지를 잘 보여준다. 사람들은 심장질환이 발병할 수 있는 경향성을 유전적으로 물려받을 수 있지만, 식이와 운동 같은 환경적 요인들이 그 증상의 발병(침투도)과 심각성(발현도)에 기여한다. 마찬가지로, 어떤 사람들은 폐암에 쉽게 걸릴 수 있는 유전적 성향을 가지고 태어나지만, 그들이 병이 걸릴지 여부(침투도)는 흡연 여부에 의해 크게 좌우된다.

그러므로 온도, 식이, 운동 등 생명체를 둘러싼 다양한 환경이 그 유전자형과 상호작용해서 표현형, 즉 그 동물 또는 식물의 모습이나 행동을 결정하는 종합적 특성을 나타나게 한다.

침투도 및 발현도에 대한 우연적 사건의 영향

앞서 언급한 망막아종 돌연변이를 가진 사람이 표현형을 나타낼지 여부 그리고 암이 한쪽 눈 또는 양쪽 눈에서 생길지 여부는 무작위적으로 일어나는 또 다른 유전적 사건에 달려 있다. 망막아종이 발병하기 위해서는 우연적 사건에 의해 신체의 특정 세포들에서 그 유전자상의 또 다른 대립유전자가 변형되어야 한다. 이 질병의 발병을 촉발시킬 수 있는 우연적 사건의 예로는 망막세포에서 유전물질을 변형시키는 우주선(cosmic ray; 사람들은 이것에 항상 노출되고 있음), 또는 망막에서 세포분열동안 일어나는 실수 등이 있다. 우연적 사건은 정상 망막세포를 악성종양으로 바꾸는 2차 **적중**(hit), 즉 망막아종 유전자의 나머지 한 대립유전자의 돌연변이를 생성한다. 따라서 망막아종의 표현형은 특정 한 유전자상의 유전가능한 돌연변이의 결과지만, 이 질병의 불완전 침투도와 다양한 발현도는 특정세포에서 나머지 한 대립유전자에 영향을 끼치는 무작위적인 유전적 사건에 의존적이다. 암과 관련해서, 유전자형과 표현형의 상관관계는 23장에서 자세히 다룰 것이다.

변경 유전자, 환경 및 우연적 요인은 불완전 침투도와 다양한 발현도에 기여함으로써 표현형의 다양성을 초래한다. 침투도 확률 및 발현도 정도는 고유한 멘델 법칙(분리의 법칙 및 독립의 법칙)으로 설명할 수 없다. 따라서 멘델 법칙 대신, 관찰과 집계를 통해 경험적으로 확인해야 한다.

멘델 법칙은 연속적인 변이들을 설명할 수 있다

멘델의 실험에서는 완두콩의 키가 단일 유전자상에서 서로 분리되는 두 대립유전자에 의해 결정이 되었다(야생에서는 완두콩의 키가 여러 유전자에 의해 결정되지만, 멘델의 순종 집단에서는 한 유전자를 제외하고 나머지 유전자들은 모두 동일한 대립유전자를 가지고 있었음). 이런 서로 상반된 두 대립유전자로부터 얻은 결과는 큰 키 또는 작은 키로 매우 명확했다. 그래서 완두콩 키는 **불연속 형질**(discontinuous trait 또는 discrete trait)이라고 불린다. 이와는 대조적으로, 사람 집단은 동계자손이 아니므로 사람의 키는 여러 유전자상의 대립유전자들에 의해 결정되는데, 이들 서로간 환경과의 상호작용에 의해 연속적인 변이 양상이 나타난다. 그러므로 사람의 키는 **연속 형질**(continuous trait) 또는 **양적 형질**(quantitative trait)이다. 사람 집단에서 개인의 키는 그래프로 나타낼 때 종모양 곡선을 이루는 범위의 다양한 값으로 나타난다(**그림 2.24a**). 키, 피부색 등 많은 인간 형질들은 사실 멘델이 분석했던 명확히 구분되는 대조적인 것들이라기보다는 연속적인 변이이다.

연속 형질은 종종 서로 혼합되어 보이기도 하고 구분되어 보이기도 한다. 피부색을 생각해보자. 예를 들어, 아프리카 출신과 북유럽 출신이 결혼해서 낳은 아이는 종종 부모 피부색의 혼합된 색을 띠는 듯 하다. 이들 F_1 개인들은 광범위한 피부색을 보이는 자손들을 낳는다. 일부는 북유럽 부모 정도로 흰 피부색을 보일 수도 있고, 다른 일부는 아프리카 부모 정도의 검정 피부색을 나타낼 수 있지만, 대부분의 피부색은 두 피부색의 중간 범위에 속할 것이다(**그림 2.24b**). 이런 이유로, 초기 인간 유전학자들은 멘델 법칙을 받아들이는데 시간이 걸렸다. 그들은 **이계교배 집단**(outbred population; 여기서는 여러 유전자상의 대립유전자가 개인별로 서로 다름)을 대상으로 연구를 했기 때문에, 건강한 일반인들에서 명확히 구분되는 멘델식 형질의 예를 아주 드물게 관찰할 수 있었다.

그러나 특정 형질에 기여하는 유전자의 수를 단순히 증가시킴으로서 연속적 변이를 멘델식으로 설명하는 것이 가능하다. 유전자가 많아질수록 더 많은 표현형 유형들이 만들어지고, 유형들이 많아질수록 그 변이들은 더 연속적으로 보인다.

이론적인 일례로, 완두콩 키에 영향을 주는 일군의 유전자들(*A*, *B*, *C*, ...)을 가정해보자. 각 유전자는 두 개의 대립유전자를 가지는

(a)

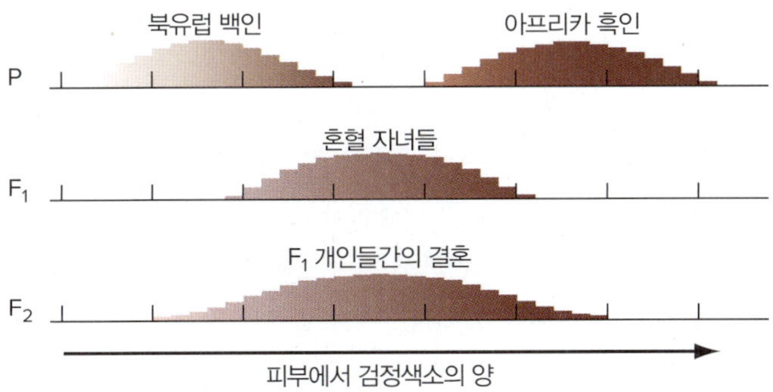

(b)

그림 2.24 사람의 연속 형질들. **(a)** 뉴욕시에서 열린 5번가 1마일 경주의 출발선에 서 있는 여성 참가자들은 키가 연속적 변이를 보이는 형질임을 잘 보여준다. **(b)** F_1 자손들의 피부색은 일반적으로 양쪽 부모의 흑백 피부색 중간 색깔인 반면, F_2 세대의 피부색은 연속적 변이의 광범위한 분포를 보인다. *Source: (a): Rudi Von Briel/PhotoEdit*

데, 대립유전자 *0*은 키에 아무 기여를 못하고, 대립유전자 *1*은 완두콩의 키를 한 단위만큼 증가시킨다. 모든 대립유전자들은 같은 유전자상의 다른 대립유전자에 대해 불완전 우성이다. 모든 키 유전자에 대해 대립유전자 *0*만 가진 순종식물과 대립유전자 *1*만 가진 순종식물간의 두 세대에 걸친 교배는 어떤 결과를 초래할까? 만약 단일 유전자만 키에 관여하고 환경적 요인을 배제하면, F_2 집단은 세 유형으로 분포할 것이다[키가 0인 A^0A^0 동형접합자(땅에 바짝 붙어 있음), 키가 1인 A^0A^1 이형접합자 그리고 키가 2인 A^1A^1 동형접합자(**그림 2.25a**)]. 이런 세 유형의 표현형에 걸친 키의 분포는 연속적인 곡선을 보이지 않는다. 그러나 두 개의 유전자는 F_2 세대에서 5가지 유형의 표현형을 보이며(**그림 2.25b**), 유전자가 세 개일 경우 7가지(**그림 2.25c**), 유전자 네 개일 경우는 9가지 유형을 보인다.

그러므로 세 개 또는 네 개의 유전자에 의해 생성되는 표현형 분포는 연속적인 변이에 가깝고, 여기에 환경의 기여를 약간 더하면 매

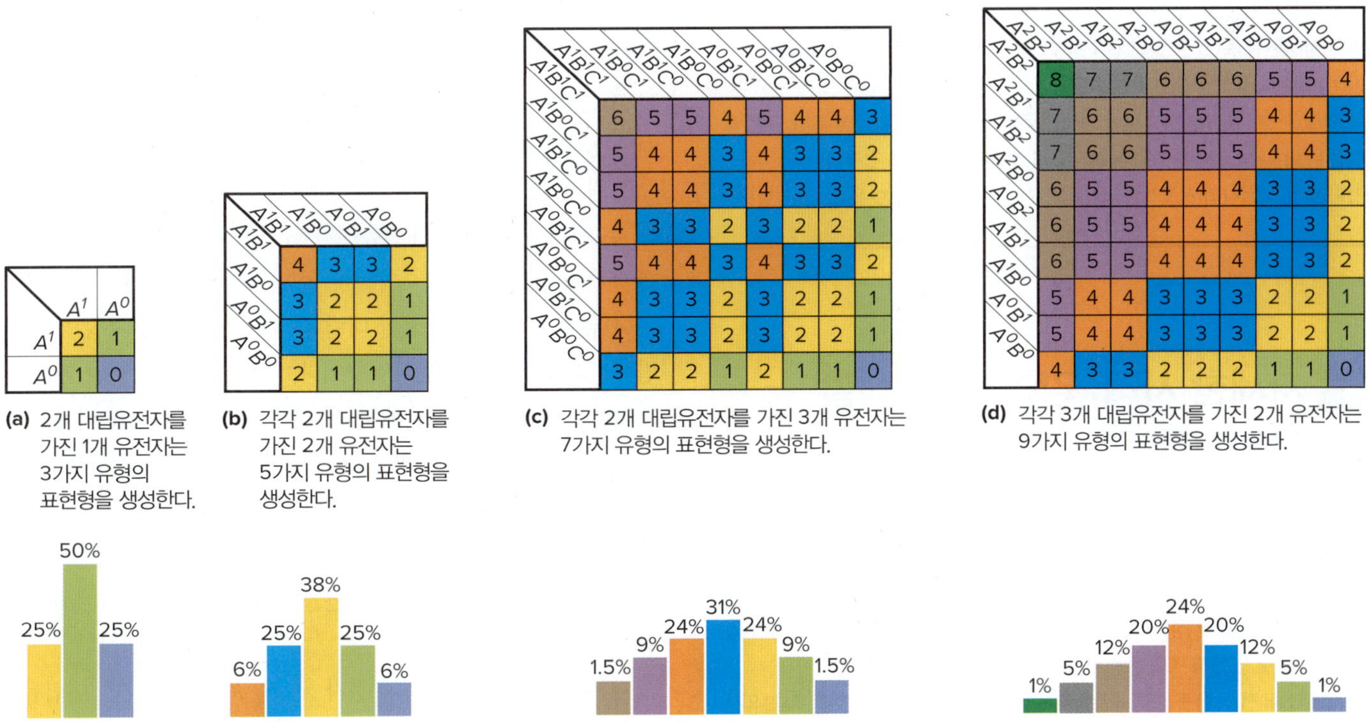

그림 2.25 연속적 변이에 대한 멘델식 설명. 유전자 또는 대립유전자가 많을수록 가능한 표현형 유형이 더 많아지며, 연속 변이에 더 가까워진다. 예에서는, 여러 개의 불완전 우성 대립유전자 쌍들이 부가성 효과를 가지고 있다. 아래에 나타낸 백분율은 각 유전자형의 빈도를 전체 집단에 대한 비율로 나타낸 것이다.

끈한 곡선으로 나타날 것이다. 결국, 풍부한 햇빛 및 수분이 있는 좋은 토양에서 완두콩이 더 잘 자라는 것이 예상된다. 환경적 요인은 각 유전자형 유형에 발현도의 다양성을 어느 정도 부여해서 단계적인 막대그래프를 연속적인 곡선으로 바꾼다. 나아가, 어떤 유전자에서 둘 이상의 대립유전자가 있거나(**그림 2.25d**), 그 형질에 관련된 여러 유전자들의 기여도가 다르거나(그림 2.20 참조), 변경 유전자들과의 상호작용 및 우연적 요인 등이 작용하는 경우 등으로 인해 추가적인 변이가 생길 수도 있다. 그러므로 지금 우리가 알고 있는 유전자형과 표현형 사이의 관계를 통해서, 멘델 법칙을 따르는 단지 몇몇 유전자들만을 가지고 연속적인 변이를 만들어 낼 수 있다.

연속 형질은 일정 범위의 값에 걸쳐 다양하게 나타나며, 일반적으로 측정될 수 있다. 담배 꽃의 길이가 몇 밀리미터인지, 젖소의 우유 생산량이 하루에 몇 리터인지, 사람의 키가 몇 미터인지 측정가능하다. 연속 형질은 일반적으로 여러 유전자들에 의해 조절되는데(**다유전자성**; polygenic), 많은 수의 대립유전자들의 종합적 효과에 영향을 받는다. 연속 형질은 종종 환경에 의해서도 영향을 받는데, 그 결과 훨씬 많은 변이가 유도된다. 여러 유전자와 환경에 의해 조절되는 형질을 **복합 형질**(complex trait)이라고 부르는데, 이것에 관해서는 25장에서 자세히 다룰 것이다.

핵심 개념 2.3

- 불완전 침투도의 경우, 같은 유전자형을 가진 개체의 100% 이하에서 특정 표현형이 발현된다. 다양한 발현도의 경우, 같은 유전자형을 가진 개체들에서 서로 다른 수준의 특정 표현형이 발현된다.
- 연속 형질은 양 극단 값 사이의 어떤 값이라도 가질 수 있다. 대부분의 이런 표현형들은 다유전자성, 즉 여러 유전자들의 상호작용에 의해 결정된다.
- 환경이 여러 유전자와 상호작용해서 다양한 복합 형질에 영향을 줄 수 있다.

2.4 자세한 사례: 강아지 털 색깔 유전자들

학습 목표

1. 알려진 우열관계 그리고 서로 다른 유전자들의 대립유전자들이 어떻게 상호작용하는 지에 대한 정보가 주어지면, 특정 유전자형이 어떻게 표현형에 영향을 끼칠 수 있는지 예측할 수 있다.
2. 특정 대립유전자 산물들의 기능에 대한 분자적 설명이 주어지면, 대립유전자와 유전자 상호작용을 예상할 수 있다.

반려견들은 다양한 털 색깔과 무늬를 가지고 있다. 앞의 래버라도 레트리버 경우에서 설명했던(그림 2.12 참조) *E* 유전자와 *B* 유전자는 강아지 털 색깔과 무늬를 결정하는 12개의 유전자들 중 2개에 불과하다. 이들 중 7개 유전자(*E*, *B*, *A*, *K*, *D*, *S* 그리고 *M*)는 잘 연구되어 있다. **표 2.3**은 이 유전자들이 지정하는 단백질과 반려견들에서 발견되는 다양한 대립유전자들의 성질을 정리한 목록이다.

설명을 단순화하기 위해 대립유전자가 암호화하고 있는 단백질의 이름을 그 대립유전자와 동일하게 부르고자 한다. 다만, 단백질 이름은 정자체로 표기한다. 위첨자 없는 대문자로 표기된 단백질은 야생형 대립유전자에 의해 만들어지는 단백질이다. 따라서 E는 야생형 *E* 대립유전자에 암호화되어 있는 정상적인 야생형 단백질이다. 위첨자 없는 소문자로 표기된 대립유전자들은 모두 기능이 없다.

유전자 *A*, *E*, *K*는 유멜라닌과 페오멜라닌 생성 스위치를 조절한다

멜라닌 세포(melanocyte)라고 불리는 피부세포는 각 강아지 털에 축적되는 색소를 만든다. 멜라닌 세포는 진한 색소(유멜라닌; eumelanin) 또는 옅은 색소(페오멜라닌; pheomelanin)을 만들 수 있다. E 단백질은 세포막을 가로질러 존재하며, 멜라닌 세포가 어떤 종류의 색소를 만들지 결정하는 스위치로 작용한다(**그림 2.26a**). 멜라닌 세포는 E가 있을 때만 유멜라닌을 생성한다. 즉, 이 스위치가 꺼지면 페오멜라닌이 생성된다. 인근의 피부세포에서 생성되는 두 단백질(A와 K)은 세포표면에서 E와 서로 경쟁적으로 결합하여 이 스위치를 조절한다. A가 E에 결합하면 스위치가 꺼지고, K가 A를 능가해서 성공적으로 결합하면 이 스위치는 켜진다.

그림 2.12에서 설명했듯이, 래버라도 레트리버는 *E* 유전자에 대해 두 개의 서로 다른 대립유전자를 가지고 있다. *E* 대립유전자는 E 단백질을 지정하고, *e*는 기능이 없다. 또한 모든 래버라도 레트리버는 *A* 유전자 상의 기능상실 대립유전자 *a*와 *K* 유전자상의 기능성 대립유전자 K^b에 대해 동형접합이다. 유전자형이 *E*−인 래버라도 레트리버는 E 단백질이 존재하고 K^b에 의해 스위치가 켜지기 때문에 유멜라닌을 생성한다(**그림 2.26b**). 이런 *E*− 강아지들은 그들이 가진 *B* 대립유전자의 종류(곧 설명할 예정)에 따라 검은색 또는 초콜릿 갈색이다. 반면, *ee* 강아지의 멜라닌 세포는 E 단백질이 없고, 스위치가 켜질 수 없어서 페오멜라닌을 생성하도록 정해져 있다. 그 결과 강아지는 노란색이다.

다른 강아지 품종들은 유전자 *A*, *E*, *K*상에 다양한 대립유전자들을 가지고 있다. *A* 유전자의 서로 다른 4개 대립유전자들은 일련의 우열 서열을 이룬다(표 2.3). *a* 대립유전자는 기능이 없는 반면, 다른

표 2.3 반려견 털 색깔 및 무늬를 결정하는 몇몇 유전자들

유전자	단백질	대립유전자들의 우열 서열	표현형
색소 유형 결정 스위치 유전자들			
유전자 A *Agouti*	아구티 신호 단백질 (Agouti signaling protein; ASIP)	$A^y > a^w > a^t > a$	A^y 옅은 황갈색(털에 연한 색소가 많음) a^w 아구티(검은색 털에 연한 줄무늬) a^t 황갈색 복부(배쪽의 털에서만 연한 색소가 약간 있음) a 검은색 또는 갈색(털에 연한 줄무늬가 없음)
유전자 E *Extension*	멜라노코틴 수용체 (Melanocortin receptor; MC1R)	$E^m > E > e$	E^m 옅은 황갈색 또는 얼룩빛 위에 검은색 반점 E 유멜라닌(검정)과 페오멜라닌(노랑) 색소 e 페오멜라닌만 있음(크림색, 황갈색, 빨간색)
유전자 K *Kurokami*	베타-디펜신 (Beta-defensin)	$K^b > k^{br} > k^y$	K^b 단색 k^{br} 얼룩빛 k^y 유전자 A 문양이 정상적으로 발현됨
희석 유전자들			
유전자 D *Dilute*	멜라노필린 (Melanophilin; MLPH)	$D > d^l$	D 색깔 희석이 않됨 d^l 색깔 희석됨
유전자 B *Brown*	티로신 관련 단백질 (Tyrosine-related protein; TYRP1)	$B > b$	B 검은색: 유멜라닌이 진하게 축적됨 b 갈색: 유멜라닌의 축적이 덜함
색소 세포 발생 및 생존 유전자들			
유전자 S *Spotting*	마이크로탈미아 연관 전자조절인자 (Microthalia-associated transcription factor; MITF)	$S > s^p$	S 흰색 문양이 없음 s^p 흰색 배경에 유색 패치
유전자 M *Merle*	전멜라노좀 단백질 (Premelanosome protein; PMEL)	$M^l = M^2$	M^l 털 색깔이 희석됨(동형접합자는 다양한 건강이상이 있음) M^2 정상 색깔

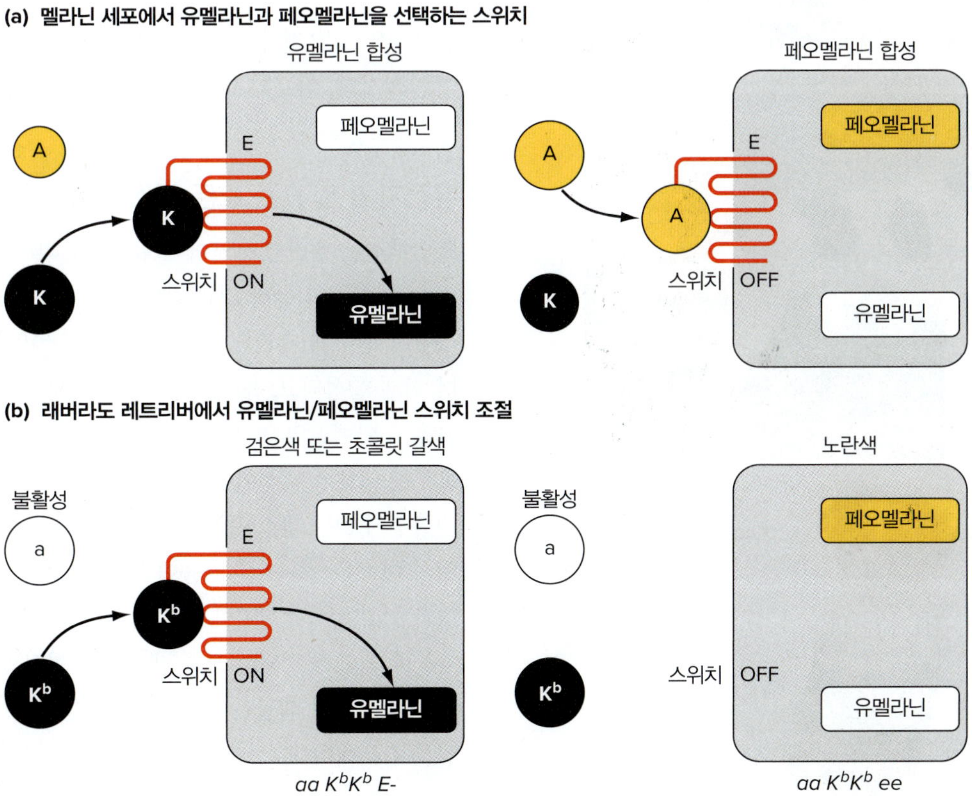

그림 2.26 유전자 E, A, K는 멜라닌 세포에서 옅은 색소 또는 진한 색소의 합성을 선택하는 스위치를 조절한다. **(a)** 왼쪽 그림에서는 K가 E와의 결합 경쟁에서 A를 이겨서 스위치가 켜진다. 멜라닌 세포는 유멜라닌(진한 색소)을 생성한다. 오른쪽 그림에서는 A가 경쟁에서 E를 이겨서 멜라닌 세포가 페오멜라닌(노랑 색소)을 생성한다. **(b)** 왼쪽 그림에서는 래버라도의 K^b 단백질이 항상 E와 결합한다(여기서 a 대립유전자는 기능이 없는 경우를 보여줌). 그 결과 유멜라닌이 합성되고, 강아지는 B 유전자상의 대립유전자의 종류에 따라 검은색 또는 초콜릿 갈색이 된다. 오른쪽 그림에서는, 노란색 강아지의 멜라닌 세포가 E 단백질을 가지고 있지 않다. 그래서 바로 페오멜라닌이 만들어진다.

3개 대립유전자들에 의해 생성되는 단백질들은 신체의 다양한 부위에서 다양한 효율로 색소 스위치를 조절한다. 비록 강아지와 생쥐에서 A 유전자는 동일하지만(그림 2.6 참조), A^Y 대립유전자는 다르게 작용한다. 강아지는 A^YA^Y 동형접합이 될 수도 있으며, 이들의 털은 유멜라닌뿐만 아니라 많은 양의 페오멜리닌을 포함하고 있기 때문에 폰(fawn)이라고 불리는 옅은 황갈색을 띤다. a^w 대립유전자는 (생쥐의 A 대립유전자와 유사하게) 대부분의 검은색 털에 몇몇 노란색 줄무늬가 섞여 있어서 전체적으로 보면 회색(아구티)이 되게 한다. 두 종에서 모두 a^t 대립유전자는 복부에는 옅은 색 털, 등에는 순수 검은색 털이 나게 한다.

그림 2.27 강아지 색깔 패턴은 다유전자 형질이다. 세 종류의 강아지 색깔 패턴을 결정하는 세 가지 주요 유전자들. *Source: (top): Tierfotoagentur/Alamy, (middle): Vanessa Grossemy/Alamy, (bottom): Martin Rogers/Photographer's Choice/Getty Images*

ee 유전자형은 A^Y, a^w, a^t에 대해 상위성이 있다. 왜냐하면 이런 A 대립유전자들이 나타내는 특성은 약간의 검은색을 띠는 털을 필요로 하기 때문이다. 몇몇 강아지 품종들은 유전자 E상에 E^m이라고 불리는 대립유전자를 가지고 있는데, 이것은 E와 e에 대해 모두 우성이며, 검은색 문양을 만들도록 지시한다(**그림 2.27**). E^m 단백질은 정상보다 더 많은 유멜라닌을 합성하게 하며, 주둥이 부위의 멜라닌 세포들이 이런 증가된 유멜라닌에 가장 민감하게 반응하는 것으로 여겨진다.

K 유전자상의 세 개 대립유전자들은 A 유전자의 영향이 나타나게 할지 여부를 결정한다. 그 중 둘을 살펴보자. 래버라도에 있는 K^b 단백질은 모든 멜라닌 세포에서 만들어지며, A 유전자상의 모든 대립유전자들에 의해 만들어지는 단백질들보다 경쟁우위에 있다. 그러므로 K^b- 강아지에서는 A 유전자상에 어떤 대립유전자가 있느냐에 상관없이 유멜라닌이 항상 만들어진다. 만약 $E-$ 강아지가 또한 K^b-(검은색 또는 초콜릿 갈색 래버라도 레트리버처럼)라면, 그 강아지는 어떤 A 대립유전자를 가지고 있는지 상관없이 순수 검은색이 된다. 왜냐하면 K^b는 A 유전자상의 모든 대립유전자에 대해 상위성이기 때문이다. 반면, k^y 단백질은 어떤 경우 A 단백질보다 경쟁에서 뒤져 페어멜라닌의 생성이 허용될 수 있다. 그 결과 k^yk^y 동형접합자들은 A 유전자상의 대립유전자들인 A^Y, a^w 또는 a^t가 관여하는 옅은 황갈색, 아구티 또는 황갈색 형질의 발현을 허용한다.

유전자 *B* 및 *D*는 모든 색소의 축적을 조절한다

B 단백질은 멜라닌 세포에서 유멜라닌의 합성과 색소의 축적에 요구된다. 앞에서 언급한 것과 같이, $E-$ $B-$ 래버라도 레트리버는 유멜라닌이 진하게 축적되기 때문에 검은색이며, $E-$ bb는 유멜라닌이 더 적게 합성되고, 또 덜 축적되기 때문에 갈색이다. B 단백질의 역할은 E 단백질의 존재여부에 의존적이므로, ee는 B와 b 대립유전자 모두에 대해 상위성이다(그림 2.11 및 2.12 참조).

유전자 D는 색소 축적에 관여하는 또 다른 단백질을 지정한다. 그 열성 대립유전자 d^l은 효율이 낮은 변형된 D 단백질을 지정한다. 그 결과 d^ld^l 동형접합자에서는 적은 양의 색소가 축적되고, 다른 유전자들에 의해 결정되는 모든 색깔들이 희석된다. 예를 들어, $E-$ $B-$ $D-$ 강아지의 색깔은 검은색이지만, $E-$ $B-$ dd 강아지의 색깔은 옅은 검은색이다.

유전자 *S* 및 *M*은 얼룩무늬 패턴을 조절한다

유전자 S상의 열성 대립유전자에 대해 동형접합인 강아지(즉, s^ps^p)

는 흰 바탕에 큰 얼룩을 가지고 있는데, 이런 패턴을 파이볼드(piebald)라고 부른다(그림 2.27). 강아지가 적어도 한 개의 *S* 대립유전자를 가지고 있는 한, 파이볼드가 되지 않는다. S 단백질은 색소합성에 필요한 여러 효소들을 지정하는 유전자들의 발현(전사)에 필요한 **전사인자**(transcription factor)이다. s^P 돌연변이 단백질은 정상보다 활성이 낮다. 이 전사인자의 레벨이 낮은 멜라닌 세포 전구세포는 죽는데, 그 결과 멜라닌 세포가 없어지고 색소가 없는 흰색 영역이 피부에 생긴다. 우연히 몇몇 멜라닌 세포 전구세포가 생존가능한 수준의 전자인자를 함유하게 되면, 유색 얼룩을 형성한다. 이때 얼룩의 색깔은 *S* 이외의 유전자들에 의해 결정된다.

*M*이라고 불리는 또 다른 유전자 역시 색소의 분포양상을 조절하는데, 이 유전자는 공유성 대립유전자인 M^1과 M^2를 가지고 있다. M^2 대립유전자는 정상적인 대립유전자인데 유멜라닌 축적에 필요한 단백질을 만든다. 비정상적인 M^1 단백질은 유멜라닌 축적을 방해해서 색깔을 희석시킨다. **멀**(merle) 강아지라고 불리는 M^1M^2 이형접합자는 희석된 색깔(M^1의 특성) 패치와 정상적인 색깔(M^2의 특성) 패치를 가지고 있다(그림 2.27). *M* 유전자는 다면발현성이기 때문에 육종가들은 절대 두 멀 강아지를 교배시키지 않는다. 특히 M^1 대립유전자는 열성 유해효과가 있다. 즉, 이중 멀 강아지(M^1M^1)는 일반적으로 청각과 시각의 장애를 포함해서 심각한 건강이상이 있다.

앞에서 강아지 털 색깔에 영향을 끼친다고 알려진 유전자들 중 절반들만 살펴보았는데, 이것으로도 변이의 가능성에 대한 몇 가지 아이디어를 얻을 수 있다. 놀랍게도 여기서는 단지 빙산의 일부에 대해서만 설명하였다. 강아지와 인간 모두 2만 개 이상의 유전자를 보유하고 있다는 사실을 생각해보면, 표현형의 발현에서 이 유전자들상의 다양한 대립유전자들을 연결하는 상호작용의 수는 수억은 아닐지라도 수백만이다. 개인들 사이의 변이와 다양성의 가능성은 실제로 어마어마하다.

핵심 개념 2.4

- 반려견의 털 색깔 및 무늬와 같은 복합 형질들은 개별 유전자상의 대립유전자들 사이의 우열관계 뿐만 아니라 서로 다른 유전자상의 대립유전자들 사이의 상호작용을 통해 나타난다.

풀이 문제

풀이 문제 I

알비노 생쥐는 멜라닌 세포(모발 색소를 생산하는 세포)가 색소를 만들지 않기 때문에 흰색 외피를 가진다. 애완동물 가게에서 알비노 생쥐(유전자형 *cc*)를 구입했다고 상상해 보자. *c* 대립유전자는 다른 외피 색상 유전자에 대해 상위성이다. *B* 유전자에서 이 마우스의 유전자형을 어떻게 결정할 수 있을까? (색소가 있는 마우스에서 *BB*와 *Bb*는 검은색이고 *bb*는 갈색이다.)

해답

이 문제는 유전자 상호 작용, 특히 상위성에 대한 이해가 필요하다. 실험자의 입장이 되어서 질문에 답할 수 있는 교배를 디자인할 필요가 있다. 보유하고 있는 *B* 유전자의 대립유전자를 알아내려면, 먼저 *cc* 유전자형의 차단 작용을 제거해야 한다. 오직 열성 *c* 대립유전자만이 상위성이므로 *C* 대립유전자가 존재하면 상위성은 일어나지 않는다. 교배를 통해 *C* 대립유전자를 도입하기 위해서는 알비노와 교배하는 테스트 생쥐의 유전자형이 *CC* 또는 *Cc*면 된다(생쥐가 *Cc*라면, 자손의 절반은 알비노가 되어 유용한 정보를 제공하지 않을 것이지만, 이 교배의 알비노가 아닌 것으로부터 충분히 정보를 얻을 수 있다). 테스트 생쥐는 *B* 유전자상에 어떤 대립유전자를 가지고 있을까? 이것을 결정하기 위해서는 가능한 각 유전자형을 사용하여 예상되는 결과를 살펴보아야 한다.

테스트 생쥐 유전자형		알비노 생쥐 유전자형	예상되는 알비노가 아닌 생쥐
BB	×	*BB*	모두 검은색
	×	*Bb*	모두 검은색
	×	*bb*	모두 검은색
Bb	×	*BB*	모두 검은색
	×	*Bb*	3/4 검은색, 1/4 갈색
	×	*bb*	1/2 검은색, 1/2 갈색
bb	×	*BB*	모두 검은색
	×	*Bb*	1/2 검은색, 1/2 갈색
	×	*bb*	모두 갈색

이 이론적 교배로부터, *Bb* 또는 *bb* 유전자형을 가진 테스트 생쥐의 경우 세 가지 가능한 각 알비노 유전자형에 대해 서로 구분 가능한 결과를 나타냄을 알 수 있다. 그러나 *bb* 테스트 생쥐가 더 유용하고 덜 모호한 결과를 보여준다. 첫째, *bb* 유전자형을 가진 생쥐를 식별하는 것이 보다 쉽다. 왜

냐하면 갈색 생쥐는 반드시 이런 동형접합 열성 유전자형을 가지고 있기 때문이다. 둘째, *bb* 테스트 생쥐를 사용하면, 세 가지 가능한 유전자형 각각에 대해 완전히 다른 결과가 나온다. (반면, *Bb* 테스트 생쥐는 알비노 생쥐가 *Bb* 또는 *bb*인지 여부에 관계없이 검은색 및 갈색 자손을 모두 생성함다. 유일한 구별가능한 특징은 자손의 비율이다.) 알비노 생쥐의 가능한 유전자형을 모두 알아내고 싶다면, 그 생쥐를 갈색 생쥐와 교배해야 한다(*CC bb* 또는 *Cc bb*일 수 있음).

풀이 문제 II

특정 종류의 관상용 꽃에서 야생형 꽃의 색은 짙은 자주색이며, 이 식물은 순종이다. 어떤 순종 돌연변이 계통에서 꽃은 착색이 감소되어 옅은 자주색(라벤더) 색상이 나타난다. 다른 순종 돌연변이 계통에서는, 색소 침착이 없으므로 꽃은 흰색이다. 첫 번째 돌연변이 계통의 라벤더 꽃 식물과 두 번째 돌연변이 계통의 흰색 꽃을 교배했을 때 모든 F_1 식물은 보라색 꽃을 피웠다. 그후 F_1 식물을 자가 수정하여 F_2 세대를 생산했다. 277개의 F_2 식물은 157 보라색 : 71 흰색 : 49 라벤더 였다.

a. 꽃 색깔이 어떻게 유전되는지 설명하시오. 이 형질은 단일 유전자의 대립유전자에 의해 조절되는가?

b. 라벤더 F_2 식물을 자가 수정하면 어떤 종류의 자손이 생성되는가?

해답

a. 주어진 데이터에 부합하는 단일유전자 유전 양상이 있는가? F_1 식물이 부모 중 누구와도 닮지 않았고, F_2 세대가 세 가지 다른 표현형을 가진 식물로 구성된다는 관찰은 완전 우성일 가능성을 배제한다. F_2 식물에서 세 가지 표현형의 비율은 공우성 또는 불완전 우성에서 예상되는 1:2:1 비율과 약간 유사해보이는데, 그렇다면 보라색 식물이 이형접합체여야 한다. 그런데 이런 해석은 제시문에서 제시한 보라색 식물이 순종이라는 정보와 상충된다.

이제 두 개의 유전자가 관련되어 있을 가능성을 고려해보자. 두 유전자(*W*와 *P*)에 대해 이형접합성인 식물 사이의 교배에서, F_2 세대는 *W*– *P*–, *W*– *pp*, *ww P*–, *ww pp* 유전자형의 비율이 9:3:3:1이 된다(여기서 대시기호는 대립유전자가 우성 또는 열성 어느 것도 될 수 있음을 나타낸다). 9:3:3:1 비율의 조합 중 어느 것이라도 이 문제의 F_2 세대에서 볼 수 있는 표현형비와 가까운 것이 있을까? 숫자상으로 9:4:3 비율로 가장 잘 맞아 보인다.

어떤 가설이 두 유전자형 유형의 합(3+1)을 가장 잘 설명할 수 있을까? *w*가 *P* 유전자에 대해 상위성이라면, *ww P*–와 *ww pp* 유전자형 유형은 같은 흰색 표현형을 가진다. 이런 해석에 따르면 F_2 라벤더 식물의 1/3은 *WW pp*가 되고 나머지 2/3는 *Ww pp*가 된다.

b. 자가 수정 시 *WW pp* 식물은 라벤더(*WW pp*) 자손만 생산하는 반면, *Ww pp* 식물은 라벤더(*W*–*pp*)와 흰색(*ww pp*) 자손의 3:1 비율을 생산한다.

풀이 문제 III

헌팅턴병은 느리지만 심각한 신경계 손상을 초래하는 인간의 희귀 우성 질병이다. 이 질병은 연령 의존적 침투도를 보이는데, 다시 말하자면 헌팅턴 유전자형을 가진 사람이 표현형을 나타낼 확률은 연령에 따라 다르다. *HD* 대립유전자를 물려받은 사람들의 50%가 40세까지 증상을 보일 것이라고 가정하자. Susan은 아버지가 헌팅턴병을 앓고 있는 35세 여성이다. 그녀는 현재 아무런 증상을 보이지 않는다. Susan이 5년 후에 증상을 보일 확률은 얼마인가?

해답

이 문제는 확률과 침투도 관련이 있다. Susan이 질병의 증상을 나타내려면 두 가지 조건이 필요하다. 그녀가 아버지로부터 돌연변이 대립유전자를 물려받았을 확률은 1/2 (50%)이고, 질병 대립유전자를 물려받는다면 40세까지 표현형을 발현할 확률은 1/2 (50%)이다. 이것들은 독립적인 사건이기 때문에 확률은 개별 확률의 곱, 즉 1/4이다.

연습 문제

어휘

1. 왼쪽의 각 용어에 대해 가장 적절한 설명을 오른쪽에서 고르시오.

a. 상위성	1. 하나의 유전자가 여러 형질에 영향을 끼침
b. 변경 유전자	2. 한 유전자상의 대립유전자가 다른 유전자의 대립유전자들의 영향을 차단함
c. 조건 치사	3. F_1 잡종에서 양쪽 부모의 표현형이 모두 나타남
d. 허용 조건	4. 어떤 유전자상에서 일어나는 유전가능한 변이
e. 저하된 침투도	5. 다른 유전자의 작용에 의해 생긴 표현형을 변형시키는 유전자
f. 복합 형질	6. 특정 유전자형을 가진 개체들의 100% 이하가 그 표현형을 보임
g. 불완전 우성	7. 조건 치사 표현형을 가진 개체들이 생존가능한 환경적 조건
h. 공우성	8. 여러 유전자들의 대립유전자들과 환경과의 상호작용에 의해 나타나는 형질
i. 돌연변이	9. 같은 유전자형을 가진 개체들이 다양한 세기의

	관련된 표현형을 보임
j. 다면발현	10. 특정 조건(예, 높은 온도)에서는 치사를 보이고, 다른 조건에서는 생존하는 유전자형
k. 다양한 발현도	11. 이형접합자가 부모세대 동형접합자 누구와도 닮지 않음

2.1절

2. 그림 2.2의 *Aa* 이형접합 금어초는 분홍색이고 *AA* 동형 접합체는 빨간색이다. 그러나 멘델의 *Pp* 이형접합 완두콩 꽃은 *PP* 동형접합체의 꽃과 똑같은 보라색이었다(그림 1.5). *A* 대립유전자와 *P* 대립유전자가 기능이 있는 효소를 지정하고, *a* 및 *p* 대립유전자는 단백질을 전혀 지정되지 않는다고 가정하면, 유전자 *A*의 대립유전자와 유전자 *P*의 대립유전자가 왜 그렇게 다르게 상호작용하는지 설명하시오.

3. 초파리에서 매우 어두운(ebony) 몸색깔은 *e* 대립유전자에 대한 동형접합에 의해 결정된다. e^+ 대립유전자는 정상적인 야생형의 꿀색 몸색깔을 나타낸다. 두 대립유전자에 대한 이형접합체에서는 삼지창이라고 하는 진한 문양을 흉부에서 볼 수 있지만(e^+e^+ 동형접합체에서는 볼 수 없음), 나머지 몸은 꿀색이다. 따라서 e^+ 및 *e* 대립유전자는 불완전 우성인 것으로 간주된다.
   a. 암컷 e^+e^+ 초파리를 수컷 e^+e 초파리와 교배했을 때, 진한 삼지창 문양이 있는 자손이 나올 확률은 얼마인가?
   b. 삼지창 문양이 있는 동물들을 서로 교배시킨다. 300마리의 자손 중 삼지창을 가질 것으로 예상되는 자손은 몇이고, 어두운 몸과, 꿀색 몸은 각각 몇 마리인가?

4. 무에서 색깔과 모양은 각각 두 개의 불완전 우성 대립유전자를 가진 단일유전자에 의해 조절된다. 색상은 빨간색(*RR*), 보라색(*Rr*) 또는 흰색(*rr*)일 수 있으며 모양은 긴형(*LL*), 타원형(*Ll*) 또는 원형(*ll*)일 수 있다. 두 유전자에서 모두 이형접합인 두 식물 사이의 교배를 통해 나온 자손들에서 기대할 수 있는 표현형 유형들과 비율은?

5. 봄베이 표현형과는 상관없는 것으로 가정한다(2.2절을 이미 읽은 경우).
   a. 만약 어떤 소녀가 O 혈액형이라면, 가능한 부모의 유전자형과 그 해당 표현형은 어떤 것들이 있는가?
   b. 만약 소녀의 혈액형이 B형이고 어머니의 혈액형이 A형이라면, 아버지는 어떤 유전자형과 그 해당 표현형을 가질 수 있는가?
   c. 만약 소녀의 혈액형이 AB이고 어머니도 AB라면, 소녀의 아버지가 될 수 없는 남성의 유전자형과 그 해당 표현형은 무엇인가?

6. 렌틸콩의 열매 외피 패턴을 결정하는 유전자의 대립유전자들은 다음과 같은 일련의 우성 계열로 서열화 할 수 있다: 대리석무늬 > 얼룩무늬 = 점박이무늬(공우성 대립유전자들) > 민무늬. 대리석무늬 대립유전자에 대해 동형접합인 렌틸콩 식물을 점박이무늬 대립유전자에 대해 동형접합자와 교배시켰다. 또 다른 교배에서는 동형접합 점박이무늬 렌틸콩 식물을 민무늬 동형접합자와 교배하였다. 그런 다음 첫 번째 교배의 F_1 식물과 두 번째 교배의 F_1 식물을 교배하였다.
   a. 두 F_1 사이의 이 교배에서 어떤 비율로 어떤 표현형이 예상되는가?
   b. 처음 두 개의 교배에서 예상되는 F_1 식물의 표현형은?

7. 토끼 집단에서 친칠라(C), 히말라야(H), 알비노(A)의 세 가지 외피 색상을 볼 수 있다. 외피 색상의 유전을 이해하기 위해 개별 토끼를 서로 교배하고 아래 표에 그 결과를 기록했다.

교배 번호	부모의 표현형	자손의 표현형
1	H×H	3/4 H : 1/4 A
2	H×A	1/2 H : 1/2 A
3	C×C	3/4 C : 1/4 H
4	C×H	모두 C
5	C×C	3/4 C : 1/4 A
6	H×A	모두 H
7	C×A	1/2 C : 1/2 A
8	A×A	모두 A
9	C×H	1/2 C : 1/2 H
10	C×H	1/2 C : 1/4 H : 1/4 A

   a. 이 토끼 집단에서 털 색깔의 유전에 대해 내릴 수 있는 결론은?
   b. 10개의 교배 각각에서 부모의 유전자형을 추론하시오.
   c. 9번과 10번 교배의 친칠라 부모를 서로 교배한다면 어떤 종류의 자손을 기대할 수 있고 그 비율은?

8. 휜 날개(*Cy*)에 대한 대립유전자 한 개와 정상 날개(Cy^+)에 대한 대립유전자 한 개를 가진 초파리는 휜 날개를 가지고 있다. 휜 날개 초파리 2마리를 교배했을 때, 휜 날개 초파리 203마리, 정상 날개 초파리 98마리를 얻었다. 실제, 휜 날개 초파리들끼리 교배하면 거의 항상 그 자손들의 표현형비는 위와 거의 비슷하다.
   a. 이 자손들의 대략적인 표현형비는?
   b. 어떻게 이런 데이터가 나오는지 설명해 보시오.
   c. 휜 날개 초파리와 정상 날개 초파리를 교배하면, 총 180마리의 자손 중 각 표현형의 초파리는 몇 마리가 될까?

9. 어떤 열대어 종에는 몬테주마(montezuma)라고 부르는 오렌지색과 검은색을 띠는 변종이 나온다. 2개의 몬테주마를 교배했을 때 자손의 2/3는 몬테주마이고 1/3은 야생형 짙은 회녹색을 띤다. 몬테주마는 단일유전자 형질이며 몬테주마 물고기는 순종이 절대로 없다.
   a. 여기에서 볼 수 있는 유전 양상을 설명하고 당신의 설명이 어떻게 주어진 표현형비를 보여 줄 수 있는지 답하시오.
   b. 이 물고기와 같은 종에서 *f*라는 대립유전자의 동형접합이 되면, 등지느러미의 형태가 정상에서 주름진 형태로 변형된다. 정상 지느러미 대립유전자에 대해 동형접합인 몬테주마 물고기를 짙은 회녹색을 띠면서 주름진 지느러미를 갖는 물고기와 교배시키면 어떤 자손이 나올 것으로 예상되는가?

c. 위 (b) 질문의 교배에서 나온 자손들 중에서 몬테주마 물고기끼리 교배하면 그 자손들의 예상 표형형비는?

10. 오래된 가정용 성경책과 켄터키주 페리 카운티의 역사 기록물을 이용하여 1960년대의 혈액학자들은 **'트라블크릭의 청색인들'**[역자주: 켄터키 트라블크릭(Trouble Creek)지역에 살고 있는 마틴 퓨게이트(Martin Fugate)라는 사람의 후손들로 푸른 피부를 가지고 있음]의 가계도를 구성했다(아래 가계도). 퓨게이트 가족의 많은 구성원들은 **메트헤모글로빈혈증**(methemoglobemia)으로 알려진 드물지만 무해한 상태인 푸른 피부를 가지고 있었다(첨부 사진 참조). 가계도에 있는 다른 사람들은 입술과 손가락 끝이 푸른색을 띠었지만 피부는 정상이었다. 파란색이 나오는 이유는 산화에 의해 손상된 헤모글로빈을 복구하는 효소 NADH 디아포라아제(NADH diaphorase)의 기능상실 때문이다. 복구되지 않은 헤모글로빈은 청색 색소로 축적된다.

a. 가계도를 기반으로 NADH 디아포라제 유전자의 야생형 대립유전자와 돌연변이 대립유전자 사이의 우열관계를 설명하시오.

b. 가계도에는 입술과 손가락 끝이 파랗다고 알려진 특정 사람들이 표시되어 있다. 그러나 역사적 기록은 완전하지 않다. 아래 가계도의 어떤 다른 사람들이 이 표현형을 틀림없이 가지고 있었을까? 명확하게 지목하기 힘든 경우는 모든 가능성을 설명하시오(이미 2.3절을 읽었다면, 파란 입술과 손가락 끝 표현형의 침투도가 100%라고 가정).

c. 가계도에서 근친혼일 것으로 예상되는 두 경우는 실선 위의 점선으로 표시하였다. 근친혼인지 불확실한 이유는 가계도의 왼쪽 부분 두 번째 줄에 있는 마틴 퓨게이트의 아내인 메리(Mary(?)로 표기됨)의 성이 Ritchie인지 Smith인지, 아니면 어느 쪽 가족과도 관련이 없는지 여부가 역사적 기록에 나와 있지 않기 때문이다. 유전학자들은 왜 Mary가 Ritchie나 Smith일 가능성이 있다고 생각하는 이유를 설명하시오.

James Devaney/Wire Image/Getty Images

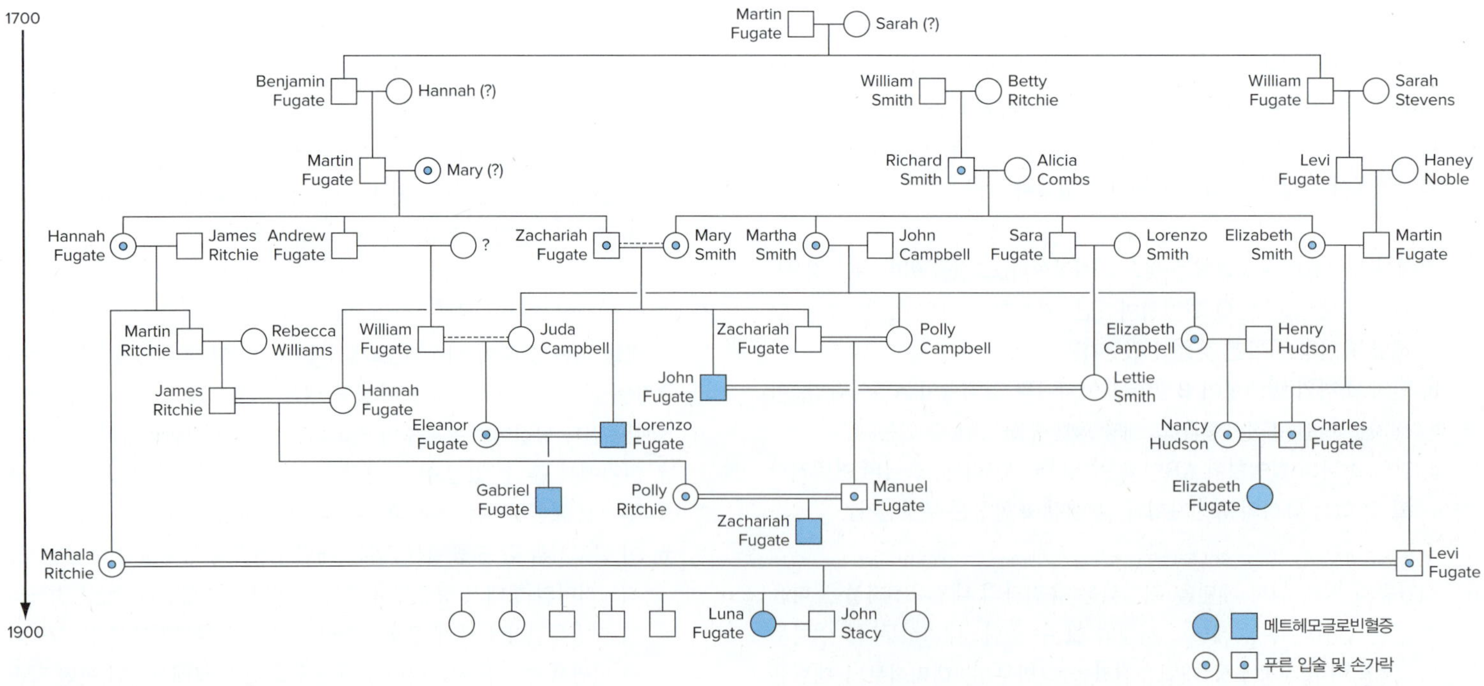

연습 문제 10의 그림

d. 가계도에 있는 모든 청색인(메트헤모글로빈혈증이 있는 사람)들의 성은 Fugate이지만 청색 돌연변이는 Fugate 가족에서 유래하지 않았다. 어떤 사람 또는 사람들이 돌연변이 NADH 디아포라아제 대립유전자(들)를 Fugate 가계로 도입했을까?

2.2절

11. 황갈색, 회색, 갈색 및 초록색 렌틸콩 색상의 유전에 대한 두 유전자 모델(그림 2.9)을 검정하기 위해 추가 교배를 수행하였다.
   a. 각 색상의 F_2 콩에서 자란 식물을 자가교배해서 어떻게 두 유전자 모델을 확인할 수 있을지 설명하시오. F_3 콩에서 예상되는 표현형은? 특정 색상의 모든 F_2가 동일한 종류의 F_3을 생성할 것으로 예상되는가?
   b. 그림 2.9에서 순종 황갈색과 회색 렌틸콩으로 시작하는 일련의 교배는 다음과 같은 우성 관계와 일치한다. A(황갈색)는 a(초록색)에 대해 완전 우성이고 B(회색)는 b(초록색)에 대해 완전 우성이다. 이 아이디어는 각각의 순종 계통 쌍의 다른 가능한 모든 경우를 수행하여 검증되었다(황갈색×초록색, 갈색×회색 등). 우리는 이제 이 모델이 옳다는 것을 안다. 순종 부모 간의 각 교배에 대해 F_1 및 F_2 세대에서 예상되는 유전형 및 표현형 비율을 서술하시오.

12. 검은색 암말과 체스트넛(chestnut, 적갈색) 종마를 교배했더니 베이(bay, 갈색) 숫망아지와 베이 암망아지가 태어났다. 두 자손은 여러 번 서로 짝짓기 해서 검은색, 베이, 체스트넛, 리버(liver, 암갈색) 등 4가지 외피 색상의 자손을 낳았다. 리버 손자를 다시 검은색 암말과 교배하면 검은색 망아지를 낳고, 리버 손녀 말을 다시 체스트넛 종마와 교배하면 체스트넛 새끼를 낳는다. 말의 털 색깔이 유전되는 양식을 설명하시오.

13. 백색증(albinism)과 **백변종**(leucism)은 종종 혼동된다. 백색증 동물은 어두운 색소 멜라닌을 생성할 수 없지만, 아래 그림의 벌새와 같은 백변종 동물은 다른 이유 때문에 흰색으로 보인다.

MarcoDiaz2/iStock/Getty Images

예를 들어, 백변종은 평소 색소를 포함하고 있는 특정 세포의 소실로 인해 발생할 수 있다. 백색증과 마찬가지로 백변종은 일반적으로 열성 대립유전자에 대한 동형접합으로 인해 발생한다. 흰색 벌새 둘을 교배한다고 가정하자. 다음 각 조건에서 자손들은 어떻게 보일 것으로 예상되는가?
   a. 둘 다 백색증 새이다.
   b. 둘 다 백변종 새이다.
   c. 하나는 백색증이고 다른 하나는 백변종 새이다.

14. 그림 2.21은 청각장애인 부모와 관련된 두 가지 가계도를 보여준다. 첫 번째 가계에는 자녀가 모두 정상이다. 두 번째 가계에서는 모든 아이들이 청각장애인이다. 그림에 표시되지 않은 또 다른 가계도 패턴도 가능하다는 것이 알려져 있다. 이 경우 청각장애인 부모의 자녀 중 일부는 청각장애인이고 일부는 그렇지 않다.
   a. 이 세 가지 가계도의 유전 양상을 설명하시오.
   b. 보완성 검증으로서 특정 교배의 결과를 분석할 때, 위의 세 번째 가계도와 같은 결과가 나올 가능성을 고려해야 하는 이유는?

15. 두 흰색 순종 계통 식물(*Illegitimati noncarborundum*)을 교배했을 때 F_1 자손은 모두 흰색이었다. F_1 식물을 자가 수정했을 때, 126개의 흰색 꽃과 33개의 보라색 꽃이 핀 F_2 식물이 나왔다.
   a. 꽃 색깔의 유전 양상을 어떻게 설명할 수 있을까? 특정 대립유전자들이 서로 어떻게 영향을 미치고 따라서 표현형에 영향을 미치는지 설명하시오.
   b. 흰색 F_2 식물을 자가 수정하였다. 자손 중 3/4은 흰색 꽃이고 1/4은 보라색 꽃이다. 흰색 F_2 식물의 유전자형은?
   c. 보라색 F_2 식물을 자가 수정하였다. 자손 중 3/4은 보라색 꽃이고 1/4은 흰색 꽃이다. 보라색 F_2 식물의 유전자형은?

16. 많은 효소는 2개 이상의 단백질 소단위로 구성되며, 각각은 다른 유전자에 의해 지정된다. 단백질 A와 B가 그림 2.15와 같이 순차적 단계에서 보라색 색소생성에 관여하는 두 개의 다른 효소가 아니라, 무색 전구체를 보라색 색소로 직접 전환시키는 어떤 한 효소의 소단위라고 가정한다.

단백질 A와 B의 특성이 이렇게 다른 것은 그림 2.14b의 교배에서 F_1과 F_2 표현형비에 어떤 영향을 끼칠까?

17. 우성 대립유전자 H는 초파리의 털 수를 줄여 무모증(hairless) 표현형을 생성한다. 동형접합이 될 경우 H는 치사를 일으킨다. 우성 대립유전자 S는 H가 있는 경우를 제외하고는 털 수에 영향을 미치지 않으며, H가 있을 경우 단일 대립유전자 S가 무모증 표현형을 억제하여 강모를 복원한다. 그러나 S 역시 동형접합체가 되면 치사를 일으킨다.
   a. 억제된 상태의 대립유전자 H를 가지고 있는 두 정상인 초파리를 교

배했을 때, 살아있는 자손들에서 무모증인 개체에 대한 정상적인 강모를 가진 파리의 비율은?

b. 앞의 교배의 무모증 자손을 (a) 교배의 부모와 같은 파리(억제된 상태의 *H*를 가진 파리)와 교배할 때 살아있는 자손들의 표현형은 어떻게 될 것으로 예상되는가?

18. 일반적으로 야생 제비꽃은 짙은 갈색 무늬가 있는 노란색 꽃잎과 직립 줄기를 가지고 있다. 흰색 꽃잎이 있고 무늬가 없으며 줄기가 땅에 닿아 있는 식물을 발견했다고 상상해 보자. 비야생형 표현형이 여러 다른 돌연변이 유전자 때문인지, 아니면 단일 유전자상의 대립유전자들의 다면발현 효과 때문인지 확인하기 위해 수행할 수 있는 실험은? 그 실험이 어떻게 질문에 대한 답을 줄 수 있을지 설명하시오.

19. 아래 표는 가계도에 있는 사람들의 혈액 샘플에서 항-A와 항-B 혈청에 대한 반응을 보여주고 있다. 항-A 행의 플러스(+) 기호는 해당 개인의 적혈구가 항-A 혈청에 의해 응집되어 A 항원이 생성되었음을 나타내며, 마이너스(−) 기호는 응집이 없음을 나타낸다. 동일한 표기법이 B 항원에 대한 검사를 설명하는 데에도 사용되었다.

	I-1	I-2	I-3	I-4	II-1	II-2	II-3	III-1	III-2
항-A	+	+	−	+	−	−	+	+	−
항-B	+	−	+	+	−	−	+	−	−

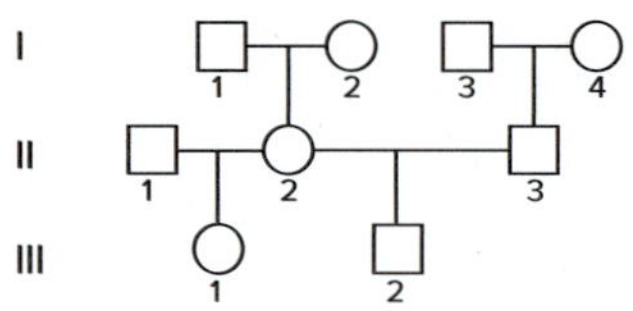

a. 표의 데이터에서 각 개인의 혈액형을 추론하시오.

b. 이 데이터에서 가능한 정확하게 혈액형에 대한 유전자형을 지정하고, 가계도에 표시된 유전 양상을 설명하시오. 모든 유전적 관계가 가계도에 나와 있다고 가정한다(즉, 거짓 친자 관계의 경우가 없음).

20. 흰색 낟알의 옥수수를 만드는 세 가지 다른 순종 옥수수를 서로 교배했다. 각각의 경우, F_1 세대로 모두 빨간색인 반면, F_2 세대에서는 9:7 비율로 빨간색과 흰색 낟알이 관찰되었다. 그 결과는 아래 표에 요약되어 있다.

	F_1	F_2
흰색−1 × 흰색−2	빨간색	9 빨간색 : 7 흰색
흰색−1 × 흰색−3	빨간색	9 빨간색 : 7 흰색
흰색−2 × 흰색−3	빨간색	9 빨간색 : 7 흰색

a. 위의 세 순종계통에서 낟알 색상을 결정하는 데 관여하는 유전자는 몇 개인가?

b. 대립유전자 기호를 임의로 정의한 다음, 순종 계통의 흰색-1, 흰색-2, 흰색-3 유전자형을 표시하시오.

c. F_1과 F_2 자손의 유전자형과 표현형을 보여주는 흰색-1과 흰색-2 사이의 교배 모식도를 그리시오. 그리고 관찰된 9:7 비율을 설명하시오.

21. 생쥐에서 갈색(*agouti*) 유전자의 A^Y 대립유전자는 열성 치사 대립유전자이지만 노란색 외피 색상에 대해 우성이다. 갈색 유전자와 알비노 유전자상에서 모두 이형접합인 생쥐(유전자형 $A^YA\ Cc$)와 갈색 유전자상에서 이형접합인 알비노 생쥐($A^YA\ cc$)의 교배에서 자손의 표현형비는?

22. 어떤 식물 종의 파란색 꽃 색깔이 *A*와 *B*의 두 유전자에 의해 조절된다고 가정하자. 우성 대립유전자 *A*와 *B*는 다음 그림에 표시된 경로에서 기능하는 단백질을 지정한다. 단백질 A와 B은 모두 무색 전구체로부터 파란색 색소를 만드는 데 필요하다. 단백질 A와 B은 또한 독립적으로 다른 무색 전구체로부터 파란색 색소의 생성을 억제한다(그림에서 빨간색 기호로 표시됨). 즉, 단백질 A 또는 단백질 B의 존재는 전구체 2로부터의 파란색 색소 생성을 억제하기에 충분하다. 열성 돌연변이 대립유전자 *a*와 *b*는 단백질을 지정하지 않는다. 흰색 꽃을 가진 두 개의 서로 다른 순종 돌연변이 계통을 교배하여 F_1이 모두 파란색이 되는지 상보성을 조사하였다.

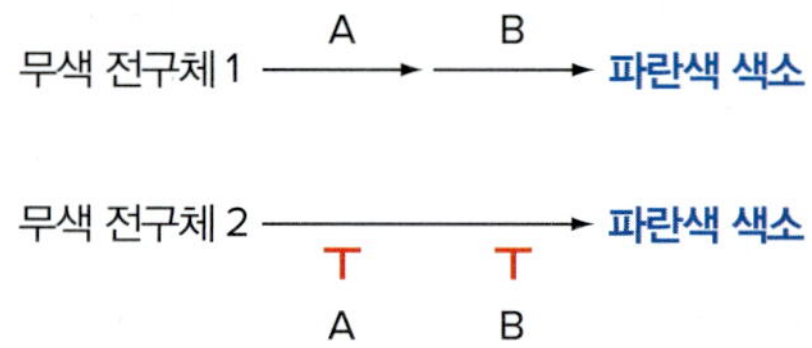

a. 각 흰색 돌연변이 계통과 F_1의 유전자형은 무엇인가?

b. F_1을 자가 수정하면 F_2의 표현형비는?

23. 이 문제는 멘델의 9:3:3:1 비율의 변이에 대한 가능한 생화학적 설명을 알아보는 것이다. 언급된 경우를 제외하고 화합물 1, 2, 3, 4는 색상이 서로 다르고, 그 혼합물도 색상이 다르다. A와 B는 아래에 표시된 생화학 경로의 반응단계를 촉매하는 효소들이다. 대립유전자 *A*와 *B*는 각각 기능성 효소 A와 B를 지정한다. 이들은 효소를 지정하지 않는 대립유전자 *a*와 *b*에 대해 완전 우성이다. 기능적 효소가 존재한다면 화살표 왼쪽에 있는 화합물이 화살표 오른쪽에 있는 화합물로 완전히 전환된다고 가정한다. 아래의 각 경로에 대해, $Aa\ Bb \times Aa\ Bb$와 같은 형식의 양성잡종교배로부터 나온 자손들은 어떤 표현형비를 기대할 수 있을까?

a. 독립적인 경로

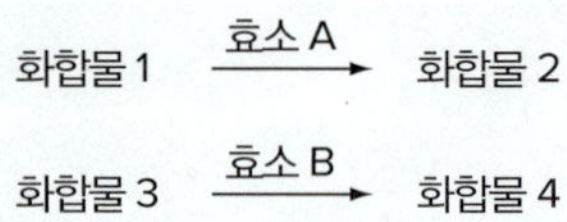

b. 중복된 경로

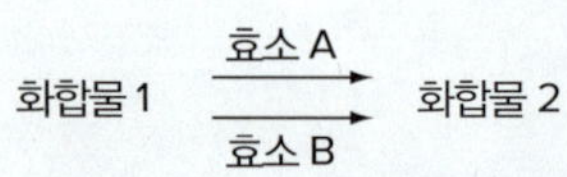

c. 순차적 경로

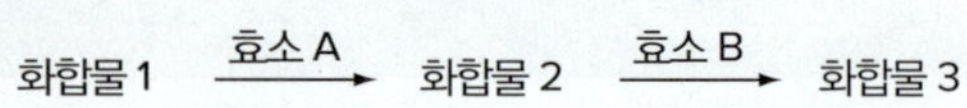

d. 효소 A와 B가 아래 표시된 단계의 반응을 촉진시키기 위해 모두 필요함

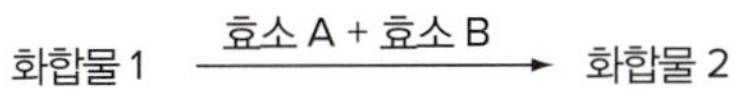

e. 분기된 경로(두 경로에서 모두 충분한 양의 화합물 1이 존재한다고 가정)

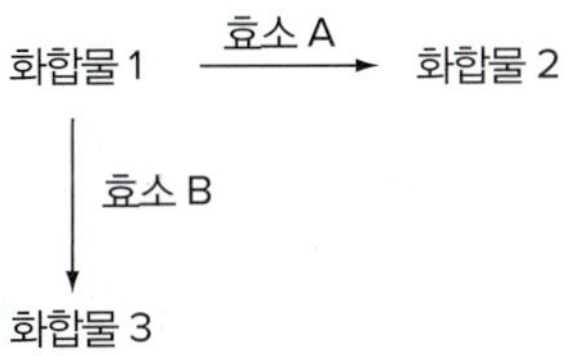

f. (a)와 같은 서로 독립적인 경로이지만, 화합물 2의 존재가 다른 모든 화합물에 의한 색깔을 가린다고 간주해보자.

g. 다음으로 (c)와 같은 순차적 경로지만, 화합물 1과 2가 서로 같은 색깔이라고 간주해 보자.

h. 여기서는 화합물 1과 2가 서로 다른 색상을 가지고 있다. *A* 유전자에 암호화되어 있는 단백질은 화합물 1에서 2로의 전환을 막는다. B 유전자에 암호화되어 있는 단백질은 단백질 A의 기능을 억제한다.

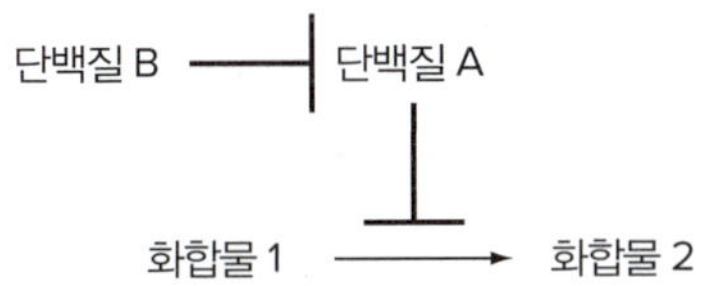

24. 문제 23에 대한 답을 고려했을 때, F_2 자손에서 9:3:3:1 비율과 다른 특정 비율이 나온다는 사실을 통해 이런 표현형들의 원인이 되는 특정 생화학적 메커니즘의 작동을 추론할 수 있을까? 반대로, 유전자 상호작용의 생화학적 메커니즘을 안다면 F_2 자손에서 볼 수 있는 표현형비를 예측할 수 있을까?

2.3절

25. 그림 2.20과 그림 2.25b는 모두 두 유전자에 의해 결정되는 형질을 보여준다. 각각은 두 개의 불완전 우성인 대립유전자를 가지고 있다. 그러나 그림 2.20에서 유전자 상호작용은 9개의 다른 표현형을 생성하는 반면, 그림 2.25b에 기술된 상황은 5개의 가능한 표현형 유형만을 보여준다. 이런 표현형의 수의 차이를 어떻게 설명할 수 있을까?

26. 정원용 꽃 *Salpiglossis sinuata*는 다양한 색상으로 나타난다. F_1 식물을 생산하기 위해 순종 계통들 사이에 여러 교배가 이루어졌으며, 이후 F_2 자손을 생산하기 위해 자가 수정한다.

	F_1 표현형	F_2 표현형
빨간색 × 파란색	모두 빨간색	102 빨간색, 33 파란색
라벤더(옅은 자주색) × 파란색	모두 라벤더	149 라벤더, 51 파란색
라벤더 × 빨간색	모두 청동색	84 청동색, 43 빨간색, 41 라벤더
빨간색 × 노란색	모두 빨간색	133 빨간색, 58 노란색, 43 파란색
노란색 × 파란색	모두 라벤더	183 라벤더, 81 노란색, 59 파란색

a. 이 식물에서 꽃 색깔의 유전을 설명하는 가설을 서술하시오.

b. 5가지의 모든 교배에 대해 부모, F_1 자손, F_2 자손의 유전자형을 지정하시오.

c. 순종 노란색 식물과 순종 라벤더 식물 사이의 교배에서 모든 F_1 자손은 청동색이다. 이 F_1 세대를 사용하여 F_2 세대를 생산한다면, 어떤 표현형을 어떤 비율로 기대할 수 있을까? 이전 실험을 통해서는 예측할 수 없는 표현형을 생성할 수 있는 유전자형이 있나? 그렇다면 F_2 자손 간의 표현형비는 어떻게 달라질 수 있을까?

27. 어떤 초파리 배양에서 털 날개(hairy wing) 표현형을 가진 두 파리(날개 가장자리에 작은 털이 비정상적으로 많이 나 있음) 사이의 교배는 항상 털이 많은 날개와 정상 날개 파리를 2:1 비율로 생성한다. 이제 이 털 날개 파리를 네 가지 유형의 일반 날개 파리와 교배한다. 각 교배에 대한 결과는 다음 표에 나와 있다. 털 날개 유전자는 가능한 대립유전자가 2개만 존재한다고 가정할 때(하나는 털 날개 대립유전자, 다른 하나는 정상 날개 대립유전자), 4가지 유형의 정상 날개를 가진 파리의 유전자형은?

	털 날개 파리와의 교배에서 얻은 자손	
정상 날개 초파리의 유형	정상 날개 비율	털 날개 비율
1	1/2	1/2
2	1	0
3	3/4	1/4
4	2/3	1/3

28. 어떤 한 부부가 앞으로 태어날 자신들의 아이가 갈림손 수지결손증(split-hand deformity)을 앓게 될 확률을 알고 싶어 하는데, 가계도에서 화살표로 표시된 사람이 아이의 아버지이다(화살표는 그가 **발단자**(proband), 즉 가계도에서 이 병에 관해 의료전문가들이 처음으로 주목하도록 만든 사람임을 의미한다). 아래 사진에서 볼 수 있는 이 형질은 희귀질병이며 부모는 서로 혈연관계가 없다.

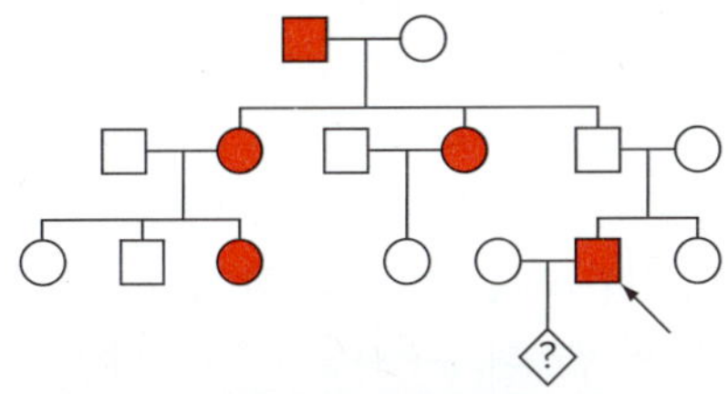

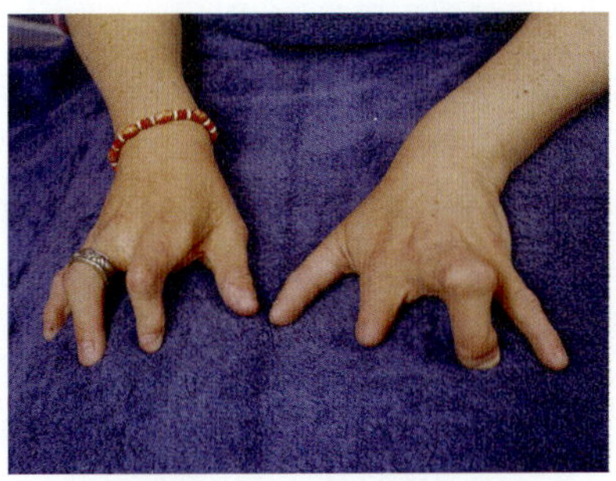

aria Platt-Evans/Science Source

a. 이 형질의 유전 방식은 무엇입니까?

b. 이 형질의 침투도는 얼마인가? [즉, 가계도에서 형질을 나타내는 개체 수(분자)와 그 사람이 형질 유무에 상관없이 이론적으로 형질을 나타낼 수 있는 유전자형을 반드시 가졌다고 판단되는 사람 전체의 수(분모)의 비율]

c. 위의 (b) 부분에 대한 답을 사용하여 예상되는 자녀가 수지결손증을 가질 수 있는 수치적 가능성에 대해 그 부모에게 답을 해줄 수 있나?

d. 아이가 영향을 받을 가능성이 실제로 (c)에서 답한 숫자보다 적은 이유는 무엇인가? 데이터와 상충되지 않는 선에서 가장 낮은 수치적 가능성은 얼마인가?

29. 구상적혈구증(spherocytosis)은 적혈구가 오목하지 않고 구형인 유전성 혈액 질병이다. 이 증상은 우성 양상으로 유전되는데, *ANK1*(비기능성 돌연변이 대립유전자)이 $ANK1^{+}$에 대해 우성이다. 구상적혈구증이 있는 사람에서 비장은 구형의 적혈구를 결함이 있는 것으로 인식하고 혈류에서 제거하여 빈혈을 유발한다. 사람들의 비장은 서로 다른 효율로 구형 적혈구를 제거한다. 구형 적혈구를 가진 일부 사람들은 중증 빈혈과 일부는 경증 빈혈을 겪지만, 몇몇 사람들은 비장의 기능이 너무 약해서 빈혈의 증상이 전혀 나타나지 않는다. *ANK1* $ANK1^{+}$ 유전자형을 가진 2400명을 조사한 결과, 모두 구형 적혈구를 가지고 있었으며, 2250명은 다양한 중증도의 빈혈을 보였고, 150명은 빈혈 증상이 없는 것으로 나타났다(*ANK1 ANK1* 동형접합체가 존재하지 않는다고 가정한다).

a. 구상적혈구증이 있는 사람들에 대한 위의 설명은 불완전한 침투, 다양한 발현도 또는 둘 다를 보여주는 것인지 설명하시오. 침투도나 발현도를 측정하기 위해 수치 데이터 중 어떤 값을 사용해야 할까?

b. 구상적혈구증에 대한 치료법을 제안하고 이 증상의 불완전 침투 또는 다양한 발현도가 이 치료법에 어떻게 영향을 미칠 수 있는지 설명하시오.

30. 당신은 발바닥에 검은 반점이 있는 희귀 증상을 가진 혈연관계가 없는 두 명의 환자와 접촉했다. 의료 소식통에 따르면, 이러한 검은 반점은 인구 10만 명당 1명꼴로 나타난다. 두 환자는 가족력을 당신에게 제공하였고, 당신은 이것을 기초로 가계도를 만들었다.

a. 이 형질이 희귀하다는 점을 감안하면, 이 형질이 우성일까 아니면 열성일까? 이 형질의 유전현상에 적용해야 될 것으로 보이는 특별한 조건이 있을까?

b. 이 가족에서 증상을 보이지 않는 구성원 중 반드시 돌연변이 대립유전자를 가지고 있어야 하는 사람은?

c. 이 형질이 집단에서 상당히 흔한 형질이라면, 그 유전에 대해 어떤 대안적 설명을 제안할 수 있나?

d. (c)의 새로운 설명에 기초하여, 이 가족에서 증상을 보이지 않는 구성원들 중 형질을 유발하는 유전자형을 반드시 가지고 있어야 하는 사람은?

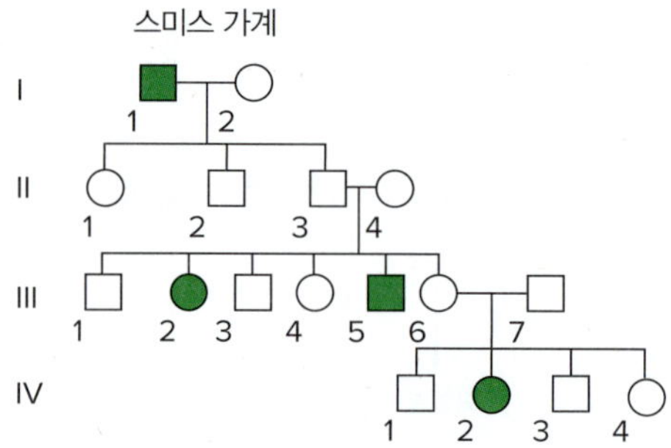

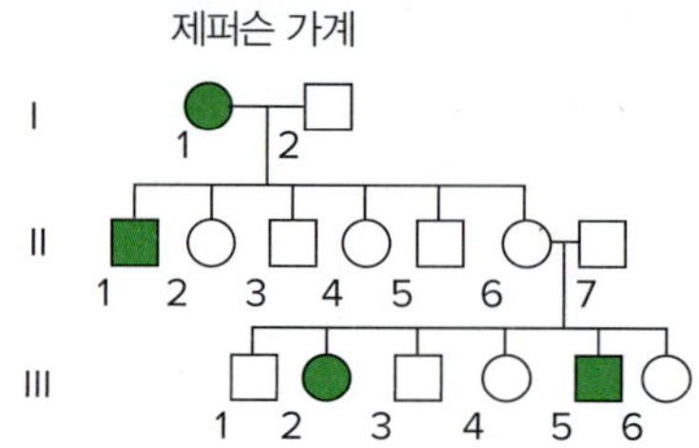

31. 일란성(monozygotic) 쌍둥이는 그림에서 볼 수 있듯이 비슷하지만 동일하지는 않은 지문을 가지고 있다. 일란성 쌍둥이의 모든 유전자의 모든 대립유전자가 동일하다는 점을 감안할 때 어떻게 이러한 결과가 가능한지 설명하시오.

The Print Collector/Hulton Archive/Getty Images

2.4절

32. 본문에서 언급된 7가지 외피 색깔 유전자들(표 2.13에 나열되어 있음)을 이용하여 그림 2.11a에서 3마리의 래브라도 레트리버에 대해 가능한 유전자형을 제안하시오. 래브라도 레트리버는 얼룩이 없는 균일한 색상의 외피에 대해 순종임을 명심하라. 유전자형 지정에서 여러 가능성이 있을 경우 모두 설명하시오.

chapter 3

염색체와 유전

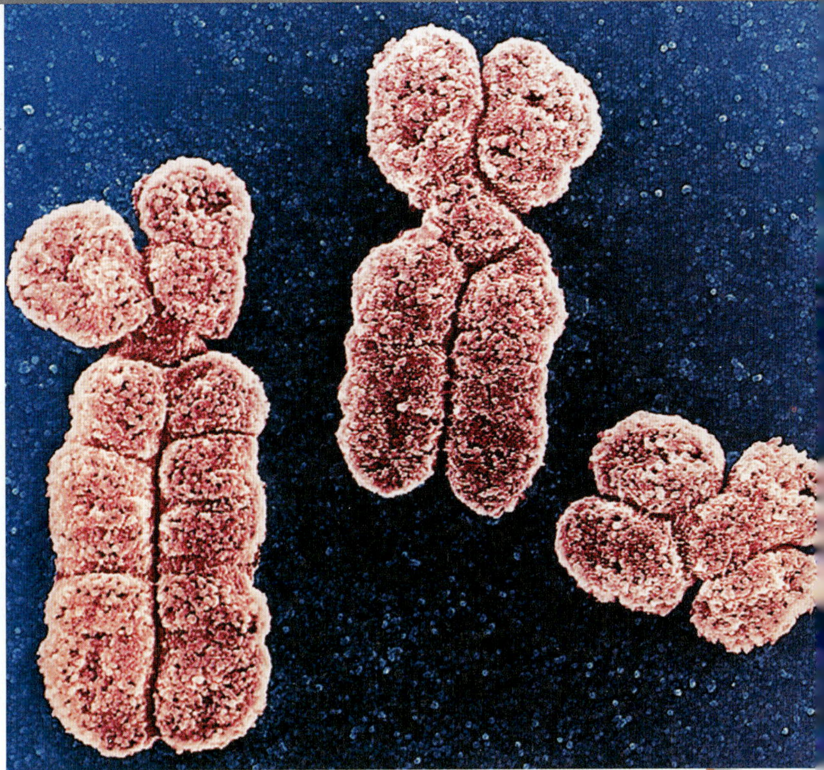

©Adrian T. Sumner/Stone/Getty Images

세 개의 사람 염색체. 각각에는 수백 개의 유전자가 들어 있다.

개요

- 3.1 **염색체: 유전자 운반체**
- 3.2 **유사분열: 염색체 수를 보존하는 세포분열**
- 3.3 **감수분열: 염색체 수를 반으로 줄이는 세포분열**

현미경으로 식물과 동물 세포를 관찰해 보면, 막으로 둘러싸인 둥근 핵이 있고, 그 속에 밝은색의 실선처럼 보이는 소체, 염색체가 들어 있다. 정상적인 사람 세포의 핵은 23개의 염색체 짝, 총 46개의 염색체를 가지고 있다. 23짝의 염색체는 각기 크기와 모양이 다르지만, 각 염색체 짝을 이루는 두 염색체는 정확히 동일하게 보인다(유일한 예외는 남성의 성염색체로 서로 대응되지 않는 X 및 Y로 구성된다).

다운증후군은 유전자 돌연변이가 아닌 염색체의 수적 이상으로 유발된다고 알려진 최초의 유전질환이다. 다운증후군 환자의 세포핵에는 47개의 염색체가 들어 있다. 이것은 매우 작게 보이는 21번 염색체를 2개 한 쌍 대신에 3개를 가지고 있기 때문이다. 21번 삼염색체성이라고 부르는 비정상적 유전자형은 비정상적인 표현형을 발현한다. 다운증후군 환자들은 머리와 혀 모양이 정상인과 다르며 학습 능력 저하 및 질환에 민감하다고 알려져 있다.

정상적인 크기와 모양을 가진 염색체를 여분으로 하나 더 가진 것인데 어떻게 이처럼 광범위한 표현형이 발현되는가? 이 질문에 대한 답은 두 가지로 정리할 수 있다. 첫째는 염색체가 유전정보의 전달을 책임지는 세포구조물이라는 것이다. 둘째는 정상적인 발생을 위해서는 특정 유전물질의 존재 여부뿐만 아니라 그 양 또한 중요하다는 것을 말해준다. 따라서 세포분열 동안 유전자 전달을 조절하는 기작은 각 세포의 염색체 수를 정확히 유지해야 한다.

세포분열은 **유사분열**(mitosis; 체세포 혹은 신체 세포를 생성하는)과 **감수분열**(meiosis; 배우자-난자와 정자를 생성하는)의 정밀한 염색체 포장 기작을 통해 진행된다. 이러한 기작들이 제대로 작동하지 않으면 염색체 분리가 잘못되어 심각한 영향을 미친다. 예를 들면, 다운증후군은 감수분열 동안 염색체 분리가 잘못되기 때문에 유발된다. 감수분열 실수로 여분의 21번 염색체를 지닌 난자 혹은 정자가 생성되고, 이들이 수정 시 접합자로 들어갈 경우, 여분의 염색체는 유사분열을 통해 발생하는 배(embryo)의 모든 세포로 전달된다. 다른 염색체에서도 2개 염색체 대신 삼염색체성이 생성될 수 있지만, 대부분은 태아기에 치사하여 유산된다.

감수분열과 유사분열을 논의할 때 두 가지 주제가 드러난다. 첫째로, 20세기 초 연구자들이 배우자형성 과정을 직접 현미경으로 관찰한 결과, 염색체 이동과 멘델의 유전자 이동이 서로 일치하기 때문에 염색체가 유전물질을 운반할 가능성이 크다고 인식하였다. 둘째로, 이 **유전의 염색체설**(chromosome theory of inheritance)은 추상적인 입자로 인식했던 유전자 개념을 물리적인 실체(관찰 및 조작 가능한 특정 염색체의 부위)로 바꾸어 놓았다.

3.1 염색체: 유전자 운반체

학습 목표

1. 체세포, 배우자, 접합자를 이들의 염색체 수와 기원과 관련하여 구별한다.
2. 상동염색체와 비상동염색체를 구별한다.
3. 자매염색분체와 비자매염색분체를 구별한다.

멘델의 통찰력은 유전자가 세대 간에 전달될 수 있다는 생각에 기본을 두고 있다. 그는 유전자가 **배우자**(gametes; 난자와 정자)에 어떻게든 포장되어 있고, 각 배우자가 새 자손을 형성하는데 필요한 유전물질의 절반을 제공한다고 가정했다. 그렇다면 유전자는 배우자의 어느 부위에 들어 있는가?

유전자는 핵 속에 있다

멘델이 완두실험을 시작했던 때와 거의 같은 시기에 개구리와 성게의 수정을 연구하는 현미경학자들이 암수 배우자의 융합 과정을 관찰하여 그 연속과정을 그림으로 상세하게 기록하였다. 이 그림들은 물론, 이후에 촬영된 현미경 사진들(현미경 관찰을 통해 찍은 사진)에서 난자와 정자의 핵만이 모계와 부계 배우자가 똑같이 기여하는 것임을 명확하게 보여주었다. 이러한 관찰로부터 핵 속에 유전물질 역할을 하는 무언가 존재함을 알게 되었다. 사람에서, 배우자의 핵은 지름이 200만 분의 1 m 정도에 불과하다. 이와 같은 좁은 공간에 세대 간을 유전적으로 연결하는 물질이 포장되어 있다는 것은 놀라운 사실이다.

유전자는 염색체상에 있다

현미경 기술 혁신으로 수행되었던 추가 연구들은 핵 속에 유전정보의 저장소 역할을 하는 더 작은 개별구조가 있음을 제시하였다. 예를 들어, 1880년대에 새로 발견된 염료들을 이용하여 핵 속에 길고 밝게 염색된 실과 같은 소체, 즉 **염색체**(chromosome; 문자 그대로 염색된 소체)가 존재함을 알게 되었다. 지금은 다양한 종류의 세포분열 동안 염색체의 움직임을 정확하게 추적할 수 있다.

배아 세포에서, 염색체의 실은 세포분열 직전에 세로 방향으로 둘로 나누어진 후, 새로 형성되는 두 딸세포로 분리된 실을 전달한다. 세포분열로 이어지는 핵분열에는 두 종류가 있다. 두 딸세포가 원래 부모세포와 똑같은 염색체 수와 모양을 가지는 핵분열을 **유사분열**(mitosis; 그리스어로 mitosis는 '실'을 의미하고, -osis는 '형성' 또는 '증가'를 의미함)이라 한다.

수컷과 암컷 배우자를 생성하는 세포에서, 각 짝을 구성하는 염색체는 서로 분리되고 배우자는 각 염색체 짝 중 하나의 염색체를 물려받는다. 같은 생물체의 체세포에서 발견되는 염색체 수의 절반을 가지는 정자 또는 난자를 생성하는 핵분열을 **감수분열**(meiosis; 그리스어로 '감소'를 뜻함)이라 한다.

수정: 이배체 접합자를 생성하는 반수체 배우자의 융합

20세기 초반 10년 동안, 세포학자(현미경을 사용하여 세포 구조를 연구하는 과학자)들은 수정란의 염색체가 두 개의 일치하는 세트로 구성되어 있음을 보여주었다. 한 세트는 암컷 배우자가 기여하고, 다른 한 세트는 수컷 배우자가 기여한 것이다. 상응하는 모계 및 부계 염색체는 크기 및 모양이 비슷하며 서로 짝을 형성한다(예외적인 성염색체는 4장에서 자세히 설명한다).

두 개의 일치하는 염색체 세트를 가지고 있는 접합자 및 세포를 **이배체**(diploid; 그리스어로 '둘'을 의미함)라고 하고, 이배체의 배우자는 **반수체**(haploid; 그리스어로 '하나'를 의미함)라고 한다. 정상 반수체 세포의 염색체 수는 기호 n으로 표시한다. 정상 이배체 세포의 염색체 수는 $2n$으로 표시한다. **그림 3.1**은 초파리(*Drosophila melanogaster*)의 이배체 세포와 반수체 세포를 보여준다. 초파리에서 $2n = 8$이고 $n = 4$이다. 사람에서 $2n = 48$, $n = 23$이다.

이제부터 감수분열과 배우자형성 동안 염색체 수가 어떻게 반감되는지 그리고 수정에서 두 배우자의 염색체가 합쳐진 후, 종의 모든 개체에서 대대로 $2n$의 염색체 수를 어떻게 일정하게 유지하는지 살펴볼 것이다. 각 짝의 염색체는 감수분열 동안 서로 분리되기 때문에 반수체 배우자는 완전한 한 세트의 염색체들을 가지게 된다. 수정을

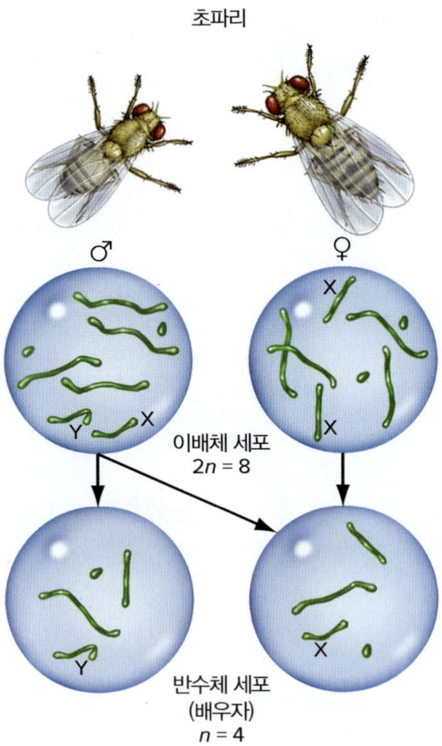

그림 3.1 이배체 대 반수체: $2n$ 대 n. 초파리의 체세포는 이배체이다. 이들은 모계와 부계로부터 각 염색체의 하나의 사본을 물려받았다. 감수분열은 각 염색체에서 한 사본씩 가진 배우자를 생성한다. 초파리에서 이배체 세포는 8개 염색체를 가진다($2n = 8$). 반면에 배우자는 4개 염색체를 가진다($n = 4$). 이 그림에서 염색체는 복제되기 전에 모습이다. X와 Y 염색체는 개체의 성을 결정한다.

통해 접합자가 형성된 이후에는, 발생하는 개체의 모든 체세포는 유사분열 과정을 통해 동일한 이배체 염색체 세트를 갖게 된다.

염색체 수와 모양의 종 변이

과학자들은 염색체가 가장 잘 보이는 시기, 즉 핵분열 바로 직전으로 성장 및 분열하는 독특한 세포주기 단계에서 세포의 염색체 구성을 분석한다. **중기**(metaphase; 나중에 자세히 설명함)라고 하는 이 단계에서 이미 복제된 개별 염색체들은 가는 실 모양에서 촘촘한 막대 모양 구조로 응축된다. 이제 각 염색체는 **자매염색분체**(sister chromatid)라고 하는 동일한 두 쪽으로 구성되어 있다(**그림 3.2**).

자매염색분체가 서로 붙어있는 특정 부위를 **동원체**(centromere)라고 한다. 각 자매염색분체는 자신의 동원체를 가지고 있지만(그림 3.2), 복제된 염색체에서 두 자매 동원체는 단단하게 밀착되어 있어서 주사전자현미경으로 촬영한 사진에서도 두 동원체를 식별할 수 없다(이 장 서론에 제시된 사진을 참조하라).

유전학자들은 동원체의 위치에 따라 염색체를 구분한다(그림 3.2). **중부동원체형**(metacentric) 염색체에서, 동원체는 중앙에 위치한다. **차단부동원체형**(acrocentric) 염색체에서, 동원체는 한쪽 말단 가까

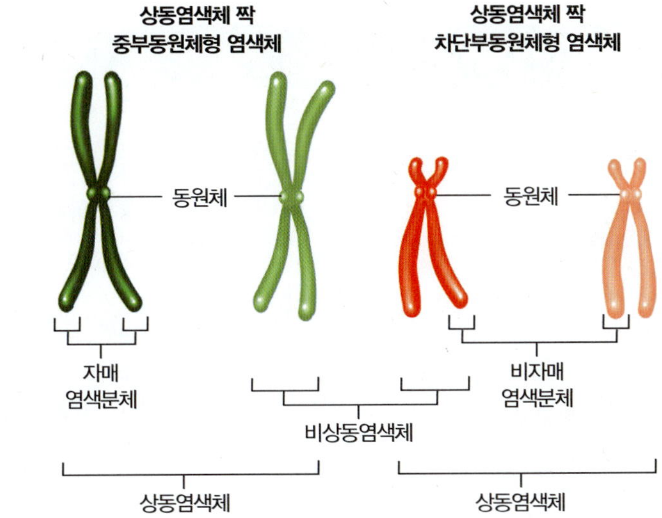

그림 3.2 중기 염색체. 세포분열 전에 각 염색체는 복제되어 동원체로 연결된 두 개의 자매염색분체를 형성한다. 이배체 세포에서, 각 짝의 상동염색체 중 한쪽은 모계로부터, 다른 쪽은 부계로부터 물려받는다.

이 위치한다. 따라서 모든 염색체는 동원체로 분리된 두 개의 팔을 가지고 있다. 그러나 두 팔의 상대적인 크기는 염색체마다 다르다.

중기 세포를 고정하여 염색 시약으로 염색하면 염색체는 밝게, 동원체는 진하게 염색되며, 염색체에 밝고 어두운 부분으로 나타나는 띠를 관찰할 수 있다. 크기, 모양, 띠가 일치하는 염색체를 **상동염색체**(homologous chromosomes 또는 homologs)라고 부른다. 각 짝의 상동염색체는 일부 유전자들에 대해서는 서로 다른 대립유전자를 가질 수도 있지만, 대부분 같은 짝의 유전자들을 가진다. 대립유전자는 분자적 수준에서는 구분되지만, 현미경 상으로는 구분할 수 없다.

그림 3.2은 이 책 전반에 걸쳐 사용된 염색체 표시법 체계를 설명한 것으로, 색체를 사용하여 염색체 간의 관련성 정도를 나타내었다. 따라서 동일한 복제물인 자매염색분체는 동일한 색상의 동일한 음영으로 나타내었다. 같은 유전자를 지니고 있지만, 특정 대립유전자에 차이가 있는 상동염색체는 다른 음영으로 표시한다(밝거나 어두운). 완전히 다른 유전정보 세트를 가지고 있는 **비상동염색체**(nonhomologous chromosomes)는 다른 색상으로 표시한다.

특정 생물의 염색체를 연구하기 위해서 유전학자들은 염색된 염색체의 현미경 사진을 오린 후 크기순으로 상동염색체 짝을 배열하는데, 이를 **핵형**(karyotype)이라 한다. 현재는 컴퓨터 이미지 분석을 통해 핵형 조립이 신속하고 자동화로 수행되고 있다. **그림 3.3**은 사람의 남성 핵형으로, 46개의 염색체를 22개의 일치하는 짝과 하나의 일치하지 않는 짝으로 배열하였다. 일치하는 짝으로 구성된 44개 염색체를 **상염색체**(autosome)라고 한다. 이 남성의 핵형에서 서로 일치하지 않는 두 염색체를 **성염색체**(sex chromosome)라고 한다. 성

유전학과 사회

태아의 유전적 진단

의사들은 새로운 염색체 관찰법과 유전자의 DNA 분석기술을 사용하여 아이가 출생하기 전에 유전적인 결함을 가지고 출생할 지 여부를 진단할 수 있다.

태아진단을 위해 처음 개발된 방법은 유전자형 분석에 필요한 DNA와 염색체를 분리할 수 있는 태아세포를 얻는 것이었다. 태아세포를 얻기 위해 가장 흔히 사용되는 방법은 **양수천자**(amniocentesis)이다(**그림 A**). 이 과정을 수행하기 위해, 의사들은 임산부의 복벽을 통해 16주된 태아가 자라고 있는 양막으로 주사바늘을 삽입하여 주사기 속에 양수를 채취한다. 양수에는 양수세포라고 하는 살아있는 세포가 들어 있고, 이 세포들을 배양액에 넣으면 여러 번의 유사분열을 수행한다. 충분한 양의 세포를 얻게 되면, 임상학자들은 태아가 21번 염색체가 삼염색체성(다운증후군)인지 또는 다른 염색체 이상 여부를 확인하기 위하여 핵형을 분석한다. 특정 질병 유전자의 유무를 확인하기 위해 태아 DNA를 직접 조사하는 방법들은 후반부 장에서 자세히 설명한다.

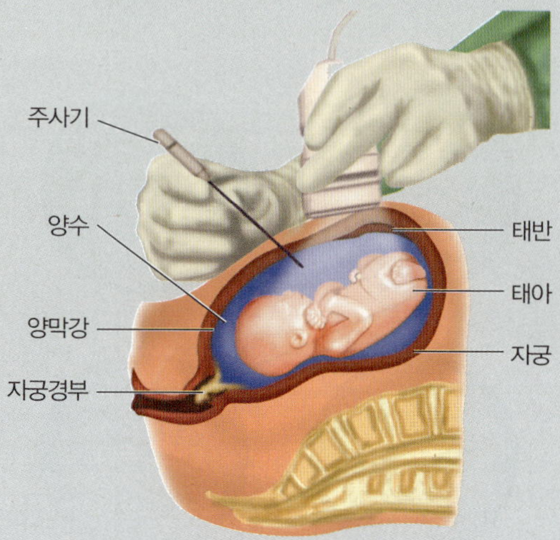

그림 A 양수천자에 의한 태아세포 획득.

최근 들어서는, 과학자들은 태아세포를 얻을 필요가 없게 되었다. 이는 산모의 혈액을 이용하여 태아의 유전자형을 분석할 수 있기 때문이다. 이 과정은 태아세포가 산모의 혈류로 흘러 들어간 후 파괴되어 DNA를 방출하기 때문에 가능하다. 현대 DNA 분석기술 덕택에 유전학자들은 특정 질병-관련 대립유전자의 유전자형뿐만 아니라 태아의 전체 게놈 서열도 결정할 수 있게 되었다. 머지않아 **무세포 태아 DNA 분석**(cell-free fetal DNA analysis)이 양수천자를 대체하게 될 것이다. 왜냐하면 어머니로부터 혈액을 채취하는 것이 훨씬 저렴하고 비감염적이며 태아에게도 해를 끼치지 않기 때문이다.

태아 진단을 위한 양수천자와 무세포 태아 DNA 분석기술의 유용성은 낙태 문제와 밀접하게 관련되어 있다. 대부분의 경우 양수천자는 다운증후군과 같은 유전질환을 앓는 태아는 낙태가 가능하다는 이해를 가지고 시도되고 있다. 물론 낙태에 반대하는 예비 부모들도, 아이를 더 잘 보살피기 위해 양수천자 시술을 받기도 하지만, 이런 경우는 매우 드물다.

현실적으로, 태아 검사는 위험하고 고비용이기 때문에, 양수천자는 35세 이상 여성 또는 태아가 가족력이 있어 유전적 검사가 필요하다고 인정되는 경우에만 시행되고 있다. 그러나 머지않은 장래에 산전 검사의 빈도를 결정짓는 개인적 및 사회적인 방정식을 재검토해야 한다. 이것은 무세포 태아 DNA 분석 등과 같은 기술 발전에 따라 시술 비용과 위험성이 최소화되기 때문이다.

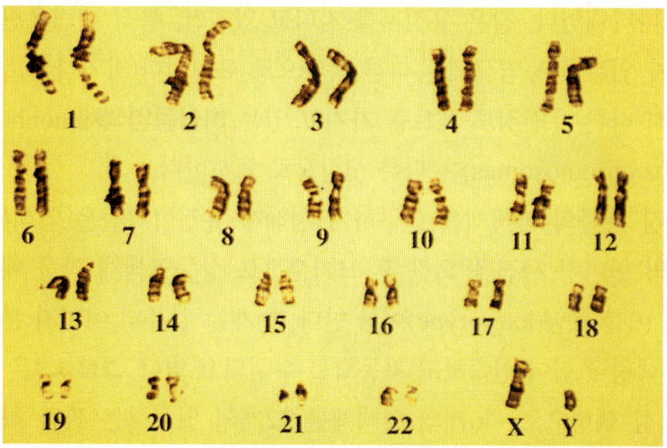

그림 3.3 사람의 남성 핵형. 사람의 중기 염색체를 짝지어 크기순으로 배열하였다. 정상 사람 남성의 핵형에서, 22짝의 상염색체와 X와 Y 염색체가 있다($2n = 46$). 상동염색체끼리는 밝고 어두운 띠 양상이 같다.
Source: ©Scott Camazine and Sue Trainor/Science

염색체는 개체의 성을 결정한다(다음 장에서 자세히 설명한다).

현대 DNA 분석방법을 사용하여 모계와 부계 유래 상동염색체 간의 차이를 밝힐 수 있다. 이를 통해 다운증후군 환자에서 여분의 21번 염색체가 어디에서 유래한 것인지 추적할 수 있다. 다운증후군 환자의 여분 21번 염색체 중 80%는 난자로부터, 20%는 정자로부터 유래된다고 밝혀졌다. 읽을거리 「유전학과 사회」에서는 의사들이 임신 3개월 된 태아의 핵형을 분석하여 산전에 다운증후군을 진단하는 방법을 설명한다.

세포학자들은 정상 개체들을 대상으로 수많은 핵형 분석을 수행한 결과, 각 생물종의 세포들은 고유한 이배체 염색체 수를 가지고 있음을 알게 되었다. 예를 들어, 멘델의 완두콩은 각 이배체 세포에 14개 염색체(7짝)가 들어 있다. 마찬가지로 초파리는 8개 염색체(4

짝), 마카로니 밀은 28개(14짝), 거대 세쿼이아 나무는 22개(11짝), 금붕어는 94개(47짝), 개는 78개(39짝), 사람은 46개(23짝)의 염색체를 가지고 있다. 종에 따른 염색체의 크기, 모양, 수의 차이는 특정 생물 종의 특성과 기능을 결정하는데 필요한 유전물질의 양적 차이를 반영한다. 그렇지만 염색체의 수가 반드시 생물 종의 크기 또는 복잡성과 관련되지는 않는다.

핵심 개념 3.1

- 염색체는 유전물질을 저장하고 전달하기 위해 특수화된 세포 구조물이다.
- 유전자는 염색체상에 위치하며 세포분열과 배우자형성 동안 염색체와 함께 운반된다.
- 체세포들은 종에 특징인 정확한 수의 상동염색체 짝을 가진다.
- 이배체 생물에서 상동염색체 한 짝은 모계 기원이고 다른 짝은 부계 기원이다.

3.2 유사분열: 염색체 수를 보존하는 세포분열

학습 목표

1. 유사분열 동안의 주요 염색체 행동을 설명한다.
2. 유사분열 동안 염색체 이동을 지배하는 힘과 구조를 도표로 나타낸다.

사람의 수정란은 신생아 및 그 이후 성체를 생성하는데 필요한 모든 세포분열을 거치면서도 유전적 정체성을 변경하지 않고 보존하는 단일 이배체 세포이다. 염색체를 두 개의 딸세포로 동등하게 할당하는 핵분열인 유사분열은 이 모든 세대의 세포에서 유전정보를 보존하는 세포기전이다. 이 절에서는 유사분열의 핵분열이 세포성장과 분열의 전체적인 체계에 어떻게 적합한지 설명한다.

현미경으로 관찰하면서 시간이 지남에 따라 세포의 행적을 추적하면, 염색체가 종종 **핵막**(nuclear envelope)으로 둘러싸인 매우 얇고 얽힌 끈[**염색질**(chromatin)이라 함]의 덩어리와 같다는 것을 알 수 있다. 염색질의 각 실은 주로 DNA(유전정보를 간직함)와 단백질(13장에서 논의하는 것처럼 정보를 포장하고 관리하는 골격 역할을 함)로 구성된다. 또한 **인**(nucleoli; singular **nucleolus**, 문자 그대로 '작은 핵')이라 하는 염색질의 어두운 영역 1개 혹은 2개를 구분할 수 있다. 인은 단백질 합성에서 기능하는 소기관인 리보솜의 생성에 중요한 역할을 한다. 세포분열 사이에는 모든 염색체 물질이 정확하게 복제된다.

세포 일대기에서 짧은 기간 동안 핵의 극적인 변화를 관찰할 수 있다. 각 염색체가 개별적인 실로 응축되고, 염색체는 핵형에서 볼 수 있듯이(그림 3.3 참조) 동원체에 고정된 쌍둥이 막대기처럼 더 응축된다. 각 짝의 막대기를 **염색분체**(chromatid)라고 한다. 앞에서 언급한 것처럼, 각 염색분체는 서로 결합된 상대 자매염색분체와 똑같은 복제물이다. 관찰을 계속하면, 쌍둥이 염색체는 세포안쪽으로 이동하여 세포의 중기판에 정렬한다. 이 시점에서, 자매염색체들은 세포의 반대 극으로 분리되어, 그곳에 동일한 염색체 세트를 위치시킨다. 두 염색체 세트 각각이 분리된 세포의 핵으로 포장됨으로써 이 과정은 종결된다. 그러므로 딸세포라고 알려진 두 세포는 유전적으로 동일하다.

세포성장(크기 증가) 후 세포분열(한 세포가 두 세포로 쪼개짐)이 반복되는 패턴을 **세포주기**(cell cycle, **그림 3.4**)라고 한다. 세포주기에서 분열(또는 **M 기**)에 소요되는 기간은 짧다. 분열 사이 기간을 **간기**(interphase)라고 한다.

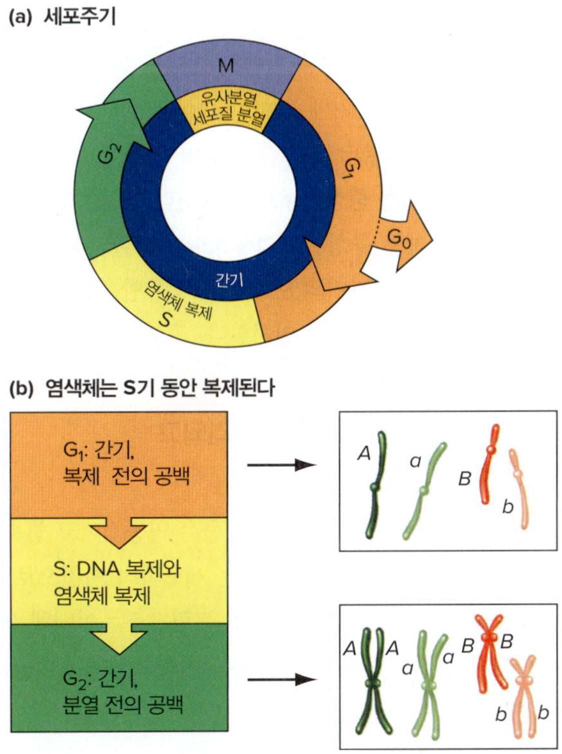

그림 3.4 세포주기: 간기와 유사분열 간의 교번. **(a)** 염색체는 합성기(S기) 동안 복제되어 자매염색분체를 생성한다. 자매염색분체는 유사분열기(M기) 동안 딸세포로 분리된다. S와 M기 사이 공백은 대부분 세포 성장이 일어나는 기간으로 G_1과 G_2기라고 한다. 다세포 생물에서, 분화가 완성된 일부 세포들은 분열을 멈추고 G_0기에 머무른다. **(b)** 간기는 G_1, S, G_2기로 구성된다.

간기 동안, 세포는 성장하고 염색체를 복제한다

간기는 Gap 1(G_1), 합성(S) 그리고 Gap 2(G_2)의 세 부분으로 구성된다(그림 3.4). G_1기는 새로운 세포의 탄생부터 염색체 복제 개시까지 지속된다. 유전물질을 위해, 염색체가 복제도 분열도 되지 않는 기간이다. 이 기간에 세포는 정상적으로 기능하는데, 유전자의 정보를 이용하여 물질을 합성하고 대부분의 세포 성장을 이룬다. G_1기는 세포주기 단계 중에서 그 길이가 매우 다양하다. 예를 들어, 사람의 배아인 경우 빠르게 분열하는 세포의 G_1기는 수 시간 정도에 불과하다. 대조적으로 사람의 성숙한 뇌세포는 G_1기의 휴지상태, 즉 G_0에 정지되어 있어 평생 다시 분열하지 않는다.

합성기(S)는 세포가 DNA를 합성하여 유전물질을 복제하는 기간이다. 복제하는 동안, 각 염색체는 동일한 자매염색분체를 생성할 수 있도록 두 배로 증가하여 동원체로 연결된다(이 연결된 구조는 이들 간의 연결이 끊어질 때까지 단일 염색체로 간주한다). S기 동안 일어나는 염색체의 복제는 중요하다. 두 딸세포로 동일한 염색체 세트를 물려줄 수 있도록 유전물질은 정확히 복제되어야 한다.

G_2 기는 염색체 복제와 유사분열 시작 사이의 간격이다. 이 기간에, 세포는 성장하고(G_1보다는 덜 하지만) 후속되는 유사분열에 필요한 단백질을 합성한다.

부가적으로, 간기 동안 여러 생화학 반응에 필수적인 **미세소관**(microtubules)이 정렬되는 현상을 핵 주변에서 관찰할 수 있다. 미세소관은 일반적으로 핵 근처에 위치한 **중심체**(centrosome)라고 알려진 단일 형성중심에서부터 세포질로 뻗어 나간다. 동물세포에서, 각 중심체의 기저부위는 **중심립**(centrioles)라고 하는 작고 진하게 염색되는 한 짝의 소체로 구성된다(**그림 3.5a**). 식물의 미세소관 형성 중심에는 중심립이 없다. 간기의 S기와 G_2기 동안, 중심체가 복제되므로 두 중심체는 매우 근접하여 위치한다.

유사분열 동안, 자매염색분체는 분리되고 두 딸세포 핵이 형성된다

엄격하게 짜인 핵 및 세포질 분열의 사건들은 역동적이고 연속적이지만, 과학자들은 관례적으로 눈에 보이는 세포학적 사건으로 구분되는 개별적 단계에서 그 과정을 분석한다. 그림 3.5는 이배체 세포에 4개 염색체(2짝의 상동염색체)만 포함하는 선충류인 회충(*Ascaris*)의 각 단계를 보여준다.

전기: 염색체가 응축된다(그림 3.5a)

간기 전에, 세포핵은 그대로 유지되고 염색체는 구별할 수 없는 염색질의 집합체로 존재한다. **전기**(prophase; 그리스어로 pro-는 '전'을 의미함)에서, 염색질 덩어리로부터 개별 염색체로의 점진적인 **응축**(condensation)은 유사분열이 시작되는 신호이다. 각 응축된 염색체는 이미 간기 동안 복제되어 동원체로 연결된 자매염색분체로 구성되어 있다. 이 시기에, 회충 세포에는 총 8개 염색분체로 구성된 4개의 염색체가 존재한다.

개별 염색체 배열의 점진적인 출현은 매우 인상적이다. 길이가 3~4 cm인 간기 DNA 분자가 마이크론(백만분의 1 m)으로 측정되는 별개의 염색체로 응축된다. 이 과정은 200 m 길이의 얇은 끈(축구장 길이의 2배에 해당함)을 길이 8 mm, 직경 1 mm의 원통으로 압축한 것과 같다.

또한 전기에서, 진하게 염색되는 인이 분해되어 사라지기 시작한다. 결과적으로, 세포는 염색체 이동과 세포분열에 모든 에너지를 집중함에 따라 리보솜 합성이 중단된다.

전기를 특징짓는 여러 중요한 과정들이 핵 밖 세포질에서 일어난다. 길고 안정된 미세소관으로 구성된 간기의 뼈대는 중심체 형성 중심에서부터 빠르게 성장하고 축소되는 일련의 동적인 미세소관으로 대체된다. 중심체는 서로 떨어져서 핵 주변을 반대쪽 끝으로 이동하는데, 이러한 이동은 두 중심체에서 뻗어있는 서로 맞물린 미세소관 사이에 가해지는 힘에 의해 추진되는 것 같다.

전중기: 방추사가 형성된다(그림 3.5b)

전중기(prometaphase, 중기 전)는 핵막(핵과 세포질을 분리하는 막)의 붕괴로 시작되며, 이렇게 되면 두 중심체에서 나온 미세소관은 핵으로 진입할 수 있다. 염색체들은 동원체 근처에 위치하여 염색체 이동을 담당하는 **방추사부착점**(kinetochore)을 통해 미세소관에 부착한다. 각 방추사부착점은 분자 모터로 작동하는 단백질들을 가지고 있어서 염색체가 미세소관을 따라 이동할 수 있다. 두 중심체로부터 신장하는 미세소관은 두 자매염색분체 중 어느 하나의 방추사부착점과 결합하는데, 이처럼 미세소관은 무작위로 염색체를 붙잡는다. 결과적으로, 각 중심체 주변에 모여드는 염색체들을 관찰할 수 있다. 전중기 초기에는 각 염색체에서 하나의 염색분체 방추사부착점만이 미세소관에 연결되어 있고, 다른 염색분체의 방추사부착점에는 아직 미세소관과 연결되어 있지 않다.

전중기 동안, 세 종류의 미세소관 섬유들이 합쳐져 **유사분열 방추사**(mitotic spindle)를 형성한다. 이 모든 미세소관들은 방추체의 두 극으로 작용하는 중심체로부터 유래한다. 중심체와 방추사부착점을 연결하는 미세소관을 **방추사부착점 미세소관**(kinetochore microtubule), 혹은 **중심체 섬유**라고 한다. 각 중심체에서 세포 중심으로 뻗어나간 미세소관을 **극성 미세소관**(polar microtubule)이라 한다. 반

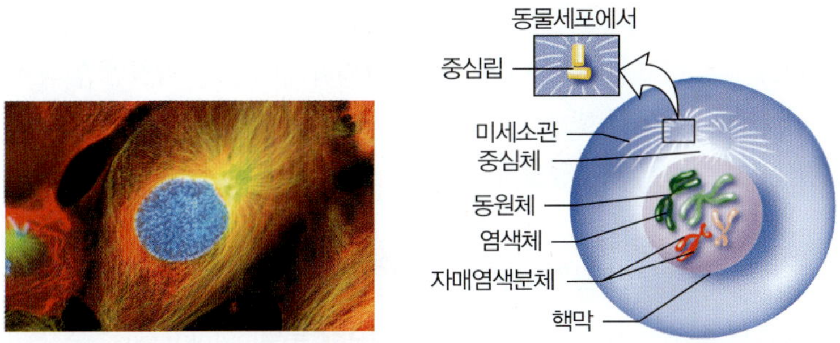

(a) 전기: (1) 염색체가 응축되어 눈으로 볼 수 있다.
(2) 중심체가 서로 떨어져 반대 극쪽으로 이동하고 새로운 미세소관을 생성한다.
(3) 핵막이 사라지기 시작한다.

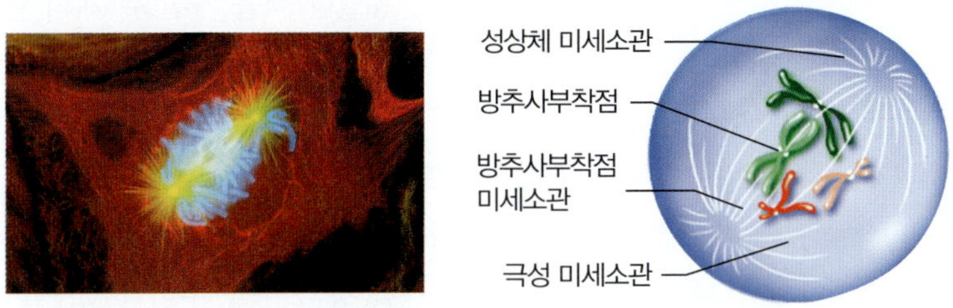

(b) 전중기: (1) 핵막이 붕괴된다.
(2) 중심체에서 생성된 미세소관이 핵쪽으로 침투한다.
(3) 자매염색분체는 반대 극 중심체에서 유래한 미세소관에 부착된다.

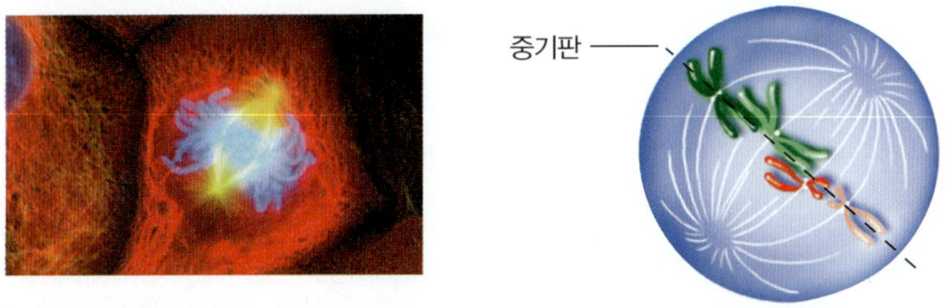

(c) 중기: 염색체는 반대 극을 향한 자매염색분체와 함께 중기판에 정렬된다.

(d) 후기: (1) 자매염색분체의 동원체 사이의 연결이 끊어진다.
(2) 이제 자매염색분체는 반대 극으로 이동한다.

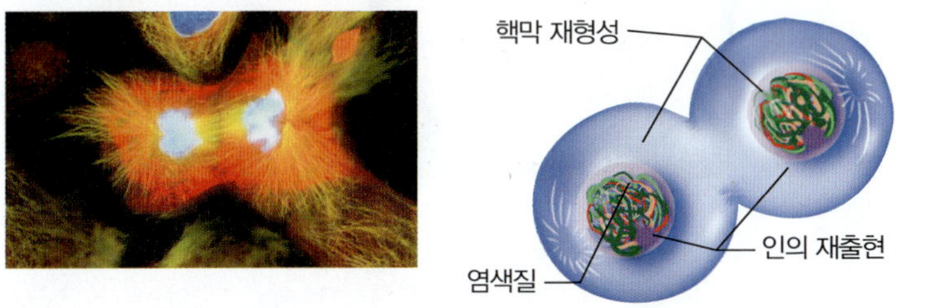

(e) 말기: (1) 핵막과 인이 재생성된다.
(2) 방추사가 사라진다.
(3) 응축된 염색체는 풀려서 엉킨 염색질 상태로 된다.

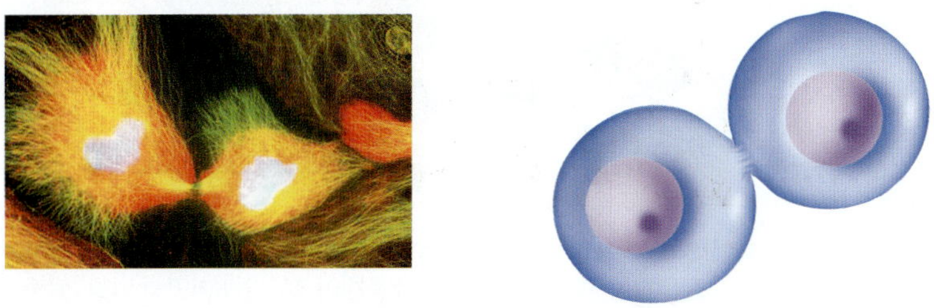

(f) 세포질 분열: 세포질이 분리되며, 길쭉한 모세포는 동일한 핵을 지닌 두 개의 딸세포로 나누어진다.

그림 3.5 유사분열은 두 딸세포에서 모세포의 염색체 수를 유지한다. 왼쪽의 영원(newt) 허파 세포의 사진에서, 염색체는 파란색으로 미세소관은 녹색 또는 황색으로 염색하였다. **(a)**~**(f)**는 회충 세포($2n = 4$)를 대상으로 설명하였다. *Source: (a–f): ©Photomicrographs by Dr. Conly L. Rieder, Wadsworth Center, Albany, New York 12201-0509*

대쪽 중심체로부터 유래된 극성 미세소관들은 세포 중기판 부근에서 서로 엉킨다. 마지막으로, 짧은 **성상체 미세소관**(astral microtubule)은 중심체로부터 세포 주변으로 뻗어나간다.

전중기가 끝나기 직전, 각 염색체에서 이전에 연결되지 않았던 자매염색분체의 방추사부착점이 반대쪽 중심체로부터 신장하는 미세소관과 결합한다. 이 사건은 하나의 자매염색분체는 세포의 한 극을 향하고 다른 하나는 반대 극을 향하도록 각 염색체의 방향을 지정한다. 실험적으로 두 방추사부착점 모두 같은 극의 미세소관과 부착되도록 조작하면, 염색체 정렬이 불안정하였다. 이 중 하나의 방추사부착점이 반대 극의 미세소관에 부착될 때까지 방추사에서 반복적으로 떨어져 나간다. 두 자매염색분체가 공히 반대쪽 방추사 극에 연결되면 염색체 정렬이 안정된다.

중기: 염색체가 중기판에 정렬된다(그림 3.5c)

중기(metaphase; 중간 시기) 동안, 염색체는 **중기판**(metaphase plate)이라고 하는 두 극 사이의 가상적인 적도로 이동한다. 염색체가 중기판에 머무르는 것은 반대 극으로 자매염색분체를 당기는 미세소관-기반 힘이 염색체를 가로지르는 장력으로 균형을 이룬 평형 상태에 있기 때문이다. 장력은 자매염색분체가 반대 방향으로 당겨지는 반면 동원체에 단단히 결합되어 있는 상태이기 때문에 발생한다. 5장에서 중기 전반에 걸쳐 자매염색체를 연결해주는 **코헤신**(cohesin)이란 단백질에 대해 설명한다.

후기: 자매염색분체가 반대 방추사 극으로 이동한다(그림 3.5d)

모든 염색체에서 자매염색분체 사이의 동원체 연결이 거의 동시에 끊어지는 것은 **후기**(anaphase; 그리스어로 ana-는 '극을 향해 위로'를 의미함)가 진행 중임을 나타낸다. 자매염색분체가 분리되면 각 염색분체는 방추사부착점 미세소관이 연결된 방추사 극쪽으로 당겨진다. 염색분체가 극으로 이동함에 따라 방추사부착점 미세소관은 짧아진다. 염색분체의 팔이 방추사부착점보다 뒤처져 이동하기 때문에, 중부동원체형 염색체는 후기 동안 특징적인 V자 모양을 갖는다. 반대쪽 방추사 극으로부터 유래한 미세소관에 자매염색분체들이 연결되어 있다는 것은 한 극으로 이동하는 유전정보가 다른 극으로 이동하는 상대방의 유전정보와 정확히 같다는 것을 의미한다.

말기: 동일한 염색체 세트가 두 개의 핵으로 포장된다(그림 3.5e)

유사분열에서 염색체와 핵의 최종적인 변화는 **말기**(telophase; 그리스어로 telo-는 '끝'을 의미함)에 일어난다. 말기는 역방향 전기와 같다. 방추사는 해리되고 각 극에 모인 염색분체 그룹 주위로 핵막이 형성되고 인이 다시 나타난다. 이전 단계의 염색분체들은 응축이 풀리고 염색질 덩어리로 분산되어 이제는 독립적인 염색체로서 그 기능을 수행한다. 이제 하나의 핵을 두 개의 동일한 핵으로 나누는 유사분열이 끝났다.

세포질 분열: 세포질이 분열된다(그림 3.5f)

세포분열의 최종 단계인 **세포질 분열**(cytokinesis; 문자 그대로 '세포 운동'이라 함)에서 모세포는 동일한 핵을 가진 두 개의 딸세포로 분리된다. 세포질 분열은 보통 후기에 시작되지만, 말기가 끝난 후에도 완성되지 않는다.

동물과 식물세포의 세포질 분열 기전은 서로 다르다. 동물세포에서 세포질 분열은 **수축환**(contractile ring)에 의해 세포가 같은 크기로 나누어진다. 수축환은 끈을 당겨 구슬 주머니 입구를 닫는 것과 유사하다(**그림 3.6a**). 흥미롭게도 수축환을 구성하는 일부 분자는 근육 수축을 담당하는 기전에도 관여한다. 딱딱한 세포벽으로 둘러싸인 식물 세포에서는, 막으로 둘러싸인 원반, 즉 **세포판**(cell plate)이 세포 내부의 적도 근처에서 형성되어 바깥쪽으로 빠르게 성장해 나감으로서 세포를 둘로 분리한다(**그림 3.6b**).

세포질 분열 동안, 리보솜, 미토콘드리아, 골지체와 같은 막성 구조, 엽록체(식물인 경우)를 포함한 여러 소기관 및 세포 구성분이 새로 출현한 딸세포로 분배된다. 이 작업을 수행하는 기전은 어떤 소기

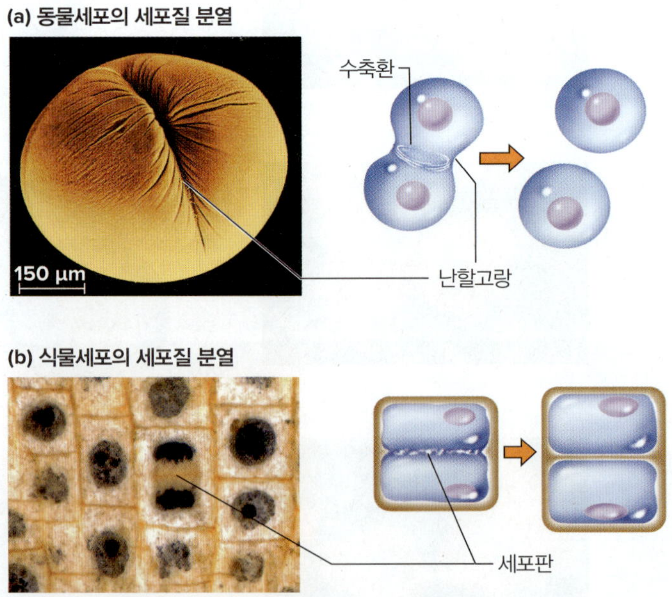

그림 3.6 세포질 분열: 세포질이 분열하여 두 개의 딸세포를 생성한다. **(a)** 이 사진은 분열하는 개구리 접합자로, 수축환이 죄어들어가면서 난할고랑을 만들어 두 개의 세포로 분리한다. **(b)** 이 사진은 분열 중인 양파 뿌리 세포로, 세포 적도 근처에서 형성되는 세포판이 주변으로 확장됨으로써 두 개의 딸세포로 분리한다. *Source: (a): ©Don W. Fawcett/Science; (b): ©Alvin Telser/McGraw-Hill Education*

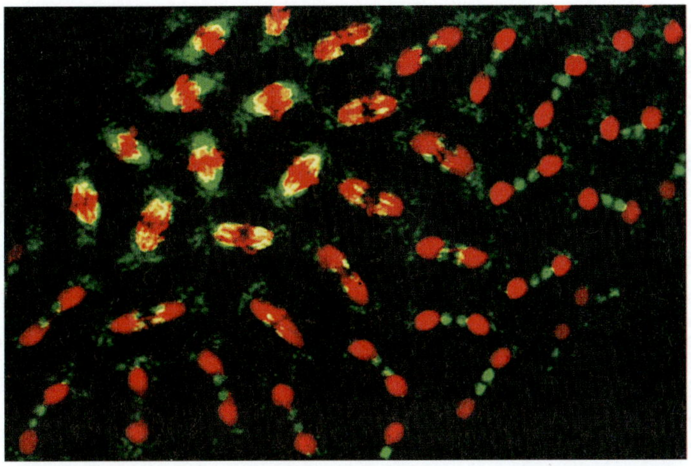

그림 3.7 유사분열에 이어서 세포질이 분열되지 않으면, 한 세포에 많은 핵이 포함된다. 수정된 초파리 난자에서, 세포질 분열 없이 13회에 걸친 유사분열이 진행된다. 그 결과 약 8,000개의 핵을 가진 단일-세포 합포성 배가 생성된다. 이 사진은 분열하는 핵을 가진 배아 일부분이다. 염색체는 붉은 색, 방추사는 녹색이다. 윗부분 왼쪽에 보이는 핵은 중기이다. 반면에 아랫부분 오른쪽의 핵들은 후기 말기에 접어들었다. 결국에는 이 핵들 주변에 막이 형성되어 배아는 세포로 분할된다.
Source: ©Byron Williams/Cornell University

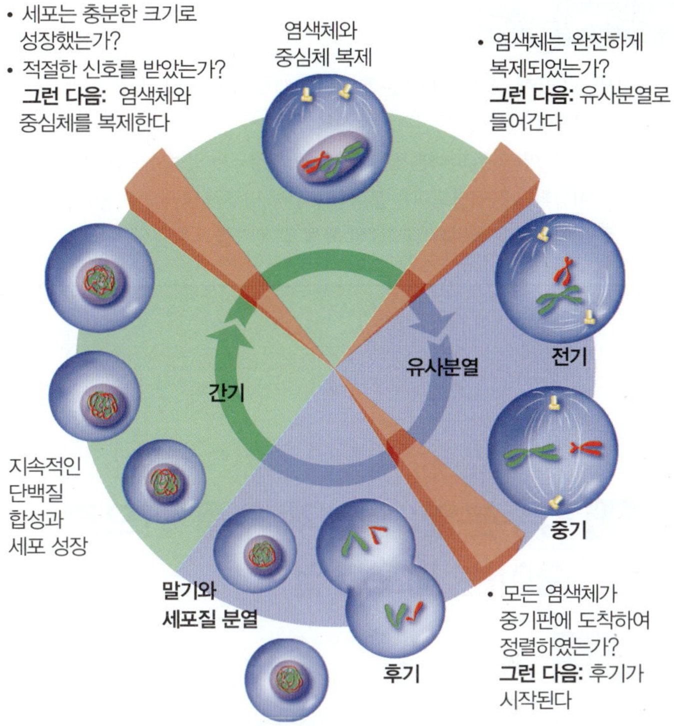

그림 3.8 검문점은 세포주기 조절을 도와준다. 검문점(붉은 쐐기 모양)은 중요한 세포주기 사건이 적절한 순서로 진행되도록 보장한다. 각 검문점에서, 세포는 다음 단계로 진행하기 전에 이전 사건이 완료되었는지 여부를 결정한다.

관이 어떤 딸세포로 향할지 미리 결정되어 있지 않은 것처럼 보인다. 대신에, 대부분 세포는 충분한 양의 세포질 성분들을 함유하고 있기 때문에 새로 생성된 세포는 적어도 모든 세포 성분에 대해 일정 부분씩을 함유한다. 이렇게 분배된 세포질 성분은 스스로 세포질 성분을 합성하여 증식할 때까지 세포를 유지해 주기에 충분하다.

종종 핵분열에 이어 세포질 분열이 곧바로 일어나지 않을 경우, 하나 이상의 핵을 가진 세포가 생성된다. 두 개 또는 그 이상의 핵을 가진 동물세포를 **합포체**(syncytium)라고 한다. 초파리의 초기 배는 다핵성 합포체이다(**그림 3.7**). 마찬가지로 사람과 일부 동물의 정자 전구체 세포도 다핵성 합포체이다. 다핵성 식물조직은 **다핵체**(coenocyte)라고 부른다. 코코넛 밀크는 다핵체로 구성된 영양이 풍부한 식품이다.

조절 검문점은 올바른 염색체 분리를 보장한다

세포주기는 복잡한 순서로 정확하게 조정된 사건들이다. 고등생물에서, 세포가 분열되도록 하는 결정은 세포가 충분한 크기에 이르렀다는 내부적 요인과 호르몬 또는 인접세포와의 접촉과 같은 외부적 신호에 의존한다. 일단 세포가 분열로 이어지는 일을 시작하게 되면, 보통 간기 중 G_1기 동안, 시계장치처럼 모든 사건이 뒤따라 일어난다. 세포가 이전에 이루어진 일들은 평가하는 시점, 즉 여러 **검문점**(checkpoint)이 있다. 검문점들은 세포주기 동안 일어나는 사건이 순차적으로 조화롭게 일어날 수 있도록 해 준다(**그림 3.8**). 예를 들어, 한 유형의 검문점에서 작동하는 효소는 DNA 복제를 감시하여 모든 염색체 복제가 완성될 때까지 유사분열을 시작하지 못하도록 한다. 만일 이 검문점이 없다면, 세포주기마다 적어도 하나의 딸세포는 DNA를 잃게 될 것이다.

검문점의 분자적 기초에 대한 두 번째 설명으로, 단지 하나의 방추사부착점이 방추사에 부착되지 않는 것만으로 세포는 모든 염색체의 자매염색체가 동원체에서 분리되는 것을 막는 분자 신호를 생성한다. 이 신호는 중기판에 모든 염색체가 적절하게 정렬된 후에 비로소 후기가 시작되도록 한다. 세포주기 검문점이 존재하기 때문에 각 딸세포는 올바른 수의 염색체를 안정적으로 물려받는다.

유사분열 기구가 훼손되면 유사분열 실수를 유발하게 되고 세포에 심각한 결과가 초래된다. 예를 들어, 염색체 분리가 적절하게 이루어지지 못하면 딸세포에 심각한 이상을 초래하고 심지어는 죽음을 초래한다. 방추사, 방추사부착점 혹은 유사분열 기구를 훼손하는 유전자 돌연변이는 염색체 분리 실수를 유발한다. 검문점과 마찬가지로, 정상적으로 세포분열을 억제하는 억제자가 훼손된 경우에도 여러 문제가 발생한다. 이러한 세포는 세포분열을 조절할 수 없게 되어 종양세포가 된다. 세포주기 조절과 암의 관련성에 대해서는 23장에서 자세하게 설명한다.

핵심 개념 3.2

- 유사분열을 통해, 이배체 세포는 동일한 이배체 자손세포를 생성한다.
- 중기에 자매염색분체는 자신의 방추사부착점에서 반대 방추체 극으로 당겨진다. 이러한 극방향의 힘은 염색분체가 동원체로 연결되어 있어서 균형을 이룬다.
- 후기가 시작되면 자매염색체는 분리되어 반대 방추사 극으로 이동한다.
- 세포주기 검문점은 올바른 염색체의 복제 및 분리를 도와준다.

3.3 감수분열: 염색체 수를 반으로 줄이는 세포분열

학습 목표

1. 반수체 배우자 생성으로 이어지는 감수분열 동안 주요한 염색체의 행동을 설명한다.
2. 유사분열과 감수분열 동안 염색체의 행동을 비교한다.
3. 제1 감수분열 동안 상동염색체의 독립적인 정렬 및 교차가 어떻게 배우자의 유전적 다양성에 이바지하는지 설명한다.
4. 멘델의 분리 및 독립의 법칙을 설명하는 감수분열의 주요 사건들을 설명한다.

배아 내에서 여러 차례의 세포분열 동안, 대부분 세포는 유사분열 세포주기를 통해 성장 또는 분열하거나, 성장을 멈추고 G_0기에 정지되어 있다. 이들의 후손 세포는 개체의 평생에 걸쳐 각 유기체 조직의 대부분을 구성하는 소위 **체세포**(somatic cells)이다. 그러나 동물의 배아 발생 초기에 생성된 **생식근원 세포**(germ cells)는 배우자 생성에 독특한 역할을 위해 따로 떼어 놓는다. 식물의 생식근원 세포는 배아 발생 시기보다 늦은 꽃 발생 시기에 출현한다. 생식근원 세포는 생식기관(동물이면 난소와 정소, 현화식물이면 씨방과 꽃밥)으로 통합되어 궁극적으로 감수분열을 겪는다. 감수분열은 독특한 2회 분열로 체세포 염색체 수의 절반을 가진 배우자(난자와 정자)를 생성한다.

수정 시 반수체 배우자의 융합은 두 부모로부터 조합된 유전적 상속을 지닌 이배체 자손을 생성한다. 따라서 유성생식은 반수체 및 이배체 세포의 세대교번을 필요로 한다. 배우자가 반수체 아니라 이배체라면, 염색체 수는 각 세대에서 두 배가 될 것이다. 예를 들어, 사람의 경우에 자식은 세포당 92개의 염색체를 갖고, 손자는 184개의 염색체를 갖게 된다. 감수분열은 이러한 기하급수적인 염색체 수의 축적을 방지한다.

감수분열에서, 염색체는 한 번 복제하지만 핵은 두 번 분열한다

유사분열과 달리, 감수분열은 2회 연속적인 핵분열로 구성되는데, 순서대로 **제1 감수분열**(division I of meiosis)과 **제2 감수분열**(division II of meiosis) 또는 간략히 **감수분열 I**(meiosis I)과 **감수분열 II**(meiosis II)라 한다. 각 세포분열에서 세포는 전기, 중기, 후기 그리고 말기를 거친다. 감수분열 I에서, 모핵이 분열하여 두 개의 딸세포 핵을 생성한다. 감수분열 II에서, 두 개의 딸핵이 각각 분열하여 4개 핵을 생성한다(**그림 3.9**). 이 4개의 핵(감수분열의 최종 산물)은 두 핵분열마다 세포질 분열이 뒤따르기 때문에 별개의 4개 딸세포로 구획된다. 염색체는 감수분열 I 시작에서는 복제되지만, 감수분열 II에서는 복제되지 않는다, 따라서 배우자는 체세포에서 발견되는 염색체 수의 절반을 갖는다.

감수분열 I 동안, 상동염색체는 짝을 이루고, 부분 교환한 후 분리된다

감수분열 I에서 일어나는 핵분열은 독특하다(**그림 3.10**, 감수분열 I). 유사분열과 마찬가지로 이 과정은 염색체 복제로 시작되며, 그 후 각 염색체는 두 자매염색분체로 구성된다. 감수분열 I를 이해하는 핵심은 전 과정을 통해 두 자매염색분체를 연결하는 동원체가 유사분열에서처럼 서로 분리되는 것이 아니라 부착된 상태를 유지한다는 사실이다.

또한, 감수분열 I에 독특한 염색체 행동의 두 가지 특징이 있다. 첫째는, 상동염색체가 서로 짝을 이룬다. 둘째는, 상동염색체가 짝을

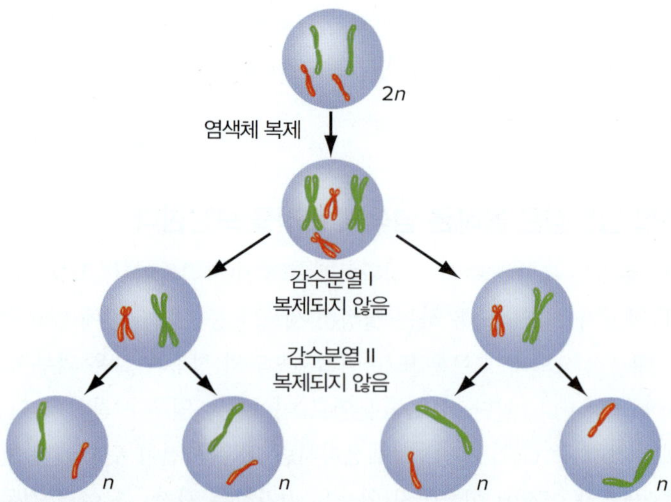

그림 3.9 감수분열의 개관. 염색체는 한 번 복제되지만, 핵은 2번 분열한다. 각 염색체 짝의 4개 염색분체는 같은 색으로 표시하였다. 염색체는 감수분열 I 전에 복제되지만, 감수분열 I과 감수분열 II 사이에서는 복제되지 않음을 명심하라.

이루는 동안 비자매염색분체 간에 부분적인 교환, 즉 **재조합**(recombination)이 일어난다. 이러한 교환은 각 유전자에 대해 새로운 대립유전자의 조합을 생성하기 때문에 이제 두 자매염색분체는 더 이상 동일하지 않다.

감수분열 I이 끝나는 시점에서 동원체로 연결된 두 개의 자매염색분체로 구성된 두 상동염색체는 각각 반대쪽 방추사 극으로 당겨진다. 결과적으로, 다른 딸세포로 분리되는 것은 상동염색체(유사분열에서는 자매염색분체가 분리됨)이다. 이 개요를 염두에 두고 감수분열 I의 독특한 사건들을 자세히 살펴보자.

전기 I: 상동염색체가 응축되고 짝을 이루며, 교차가 일어난다

전기 I(prophase I)의 중요한 사건 중에는 염색질의 응축, 상동염색체의 짝짓기 그리고 짝을 이룬 상동염색체 간의 유전정보 상호교환이 있다. 그림 3.10은 전기 I의 일반화된 모습을 보여준다. 그렇지만 사건의 정확한 순서는 종에 따라 다를 수 있다. 이러한 복잡한 과정들을 완성하는 데 며칠, 몇 달 또는 몇 년이 걸릴 수 있다. 예를 들어, 사람의 여성 배우자 세포에서는 배란이 일어날 때까지 수년 동안 전기 I 상태에서 감수분열이 중지되어 있다(다음 장에서 더 자세하게 논의됨).

세사기(leptotene; 그리스어로 '얇은' 또는 '섬세한' 뜻을 의미함)는 길고 얇은 염색체가 두꺼워지기 시작하는 전기 I을 세분하는 첫 번째 하위단계이다(자세한 설명은 **그림 3.11a**를 참조하라). 염색체는 유사분열에서와 마찬가지로 전기 I 이전에 복제된다. 따라서 각 염색체는 동원체로 연결된 두 자매염색분체로 구성되어 있다.

접합기(zygotene; 그리스어로 '접합'을 의미)가 시작되면 각 염색체는 자기 상동염색체 짝을 찾고 서로 일치하는 염색체가 짝을 짓는 과정, 즉 **시냅시스**(synapsis)를 이룬다. 상동염색체 짝에서 서로 일치하는 유전적 부위를 나란히 배열하는 '지퍼'는 **접합 복합체**(synaptonemal complex)라고 부르는 정교한 단백질 구조물이다(**그림 3.11b**).

태사기(pachytene; 그리스어로 '두꺼운' 또는 '굵은'을 의미함)는 상동염색체가 전 길이에 걸쳐 통합되는 시점, 즉 시냅시스가 완료될 때 시작된다. 시냅시스를 이룬 염색체 짝은 **이가염색체**(bivalent; 2개의 상동염색체를 포함하기 때문에) 또는 **사분체**(tetrad; 4개의 염색분체를 포함하기 때문에)로 알려져 있다. 이가염색체 중 한 쪽은 모계로부터, 다른 쪽은 부계로부터 유래된 염색체이다. X와 Y 염색체는 동일하지 않기 때문에 완전한 시냅시스를 이루지 못한다. 그러나 위상염색체 영역(다음 장에서 설명할 예정임)이 X와 Y 염색체 간에 부분적인 상동성을 제공하기 때문에 남성의 감수분열 I 동안 서로 짝을 이룰 수 있다.

태사기 동안, 접합복합체를 따라 **재조합 결절**(recombination nodule)이라고 부르는 구조가 나타나기 시작하고, 이 결절에서 비자매염색분체 간에 부분적 교환(모계와 부계 염색체 간의 교환)이 일어난다(**그림 3.11c** 참조). 이러한 교환을 **교차**(crossing-ove)라고 한다. 그 결과로 유전물질이 재조합된다. 교차의 결과로서, 염색분체들은 이제 순수한 모계 또는 부계 기원이 아니다. 그러나 유전정보가 획득 또는 결실되지 않기 때문에 모든 염색분체는 원래 크기를 유지한다.

복사기(diplotene; 그리스어로 '두 배'를 의미함)는 접합복합체의 점진적인 분해와 상동염색체의 부분적인 분리로 개시된다(**그림 3.11d** 참조). 그럼에도 불구하고 각 2가의 정렬된 상동염색체는 교차가 일어난 지점을 일컫는 **교차점**(chiasmata; 단수 chiasma)의 길이에 따른 간격을 두고에 단단히 병합된 상태로 남아 있다.

이동기(diakinesis; 그리스어로 '이중 이동'을 의미함)가 되면 염색체는 더욱 응축된다. 염색분체가 굵고 짧아지기 때문에 각 사분체가 4개의 분리된 염색분체로 구성되어 있음을 분명히 볼 수 있다. 이가염색체를 구성하는 두 상동염색체는 동원체로 연결된 두 자매염색분체로 구성되어 있다(**그림 3.11e** 참조). 교차가 일어난 비자매염색분체는 교차점에서 단단하게 연결되어 있다. 이동기의 종결은 전중기와 유사하다. 핵막이 붕괴되고, 방추체의 미세소관들이 생성되기 시작한다.

중기 I: 짝을 지은 상동염색체가 반대 극에서 유래한 방추사에 부착한다

유사분열 동안, 각 자매염색분체는 반대 방추체 극에서 유래되는 미세소관이 결합하는 방추사부착점을 가지고 있다. 그러나 감수분열 I 동안에는 그 상황이 다르다. 두 자매염색분체의 방추사부착점이 하나로 융합되어 있기 때문에 각 염색체는 한 개의 기능적인 방추사부착점만 가진다. **중기 I**(metaphase I) 동안(그림 3.10, 감수분열 I 참조), 반대 방추사 극에서 유래한 미세소관에 결합하는 것은 상동염색체의 방추사부착점이다. 결과적으로, 중기판에 정열된 염색체에서 모계와 부계 유래 염색체의 방추사부착점(동원체의 기원으로 정의됨)은 반대 방추사 극에서 당겨지는 힘을 받게 되는데, 이 힘은 교차점에서 상동염색체 간의 물리적인 결합으로 균형을 이룬다. 각 이가염색체의 정렬과 결합은 다른 이가염색체들과 독립적으로 일어나기 때문에 결과적으로 무작위로 혼합된 모계 및 부계 염색체들이 각 극에 위치한다.

후기 I: 상동염색체가 반대 방추사 극으로 이동한다

후기 I(anaphase I)가 시작되면, 상동염색체를 연결했던 교차점은 분

그림 3.10

감수분열: 하나의 이배체 세포가 4개의 반수체 세포를 생성한다

감수분열 I: 감소분열

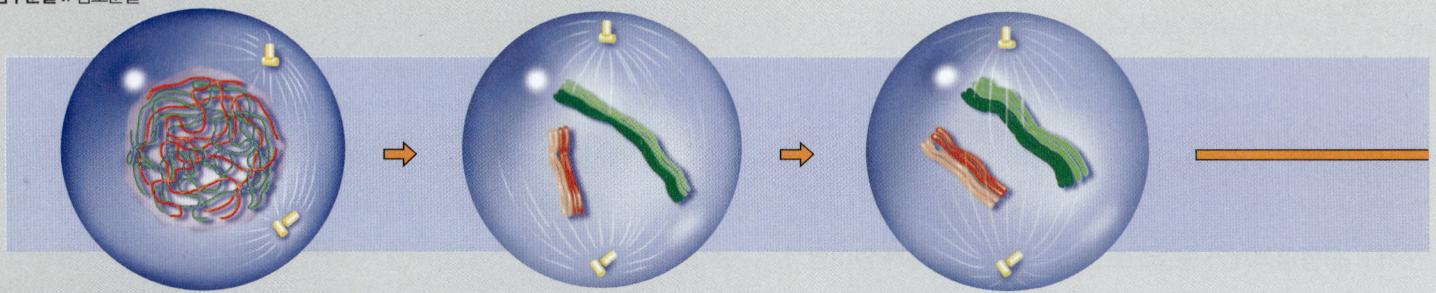

전기 I: 세사기(Leptotene)
1. 염색체가 응축되기 시작한다.
2. 중심체가 반대 극 쪽으로 이동하기 시작한다.

전기 I: 접합기(Zygotene)
1. 상동염색체가 시냅스로 들어간다.
2. 접합복합체가 형성된다.

전기 I: 태사기(Pachytene)
1. 시냅스가 완성된다.
2. 상동염색체 짝의 비자매염색분체 간에 교차와 유전적 교환이 일어난다.

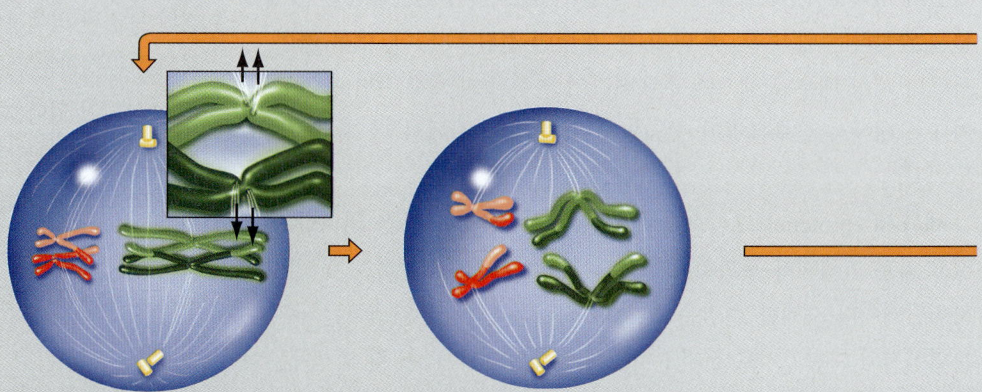

중기 I
1. 사분체가 중기판을 따라 정렬한다.
2. 상동염색체 짝의 각 염색체는 반대 극에서 유래한 미세소관에 부착한다.
3. 자매염색분체들은 같은 극에서 유래한 미세소관에 부착한다.

후기 I
1. 자매 동원체는 서로 분리되지 않고 연결되어 있다.
2. 교차점이 분해된다.
3. 상동염색체는 반대 극으로 이동한다.

감수분열 II: 동등분열

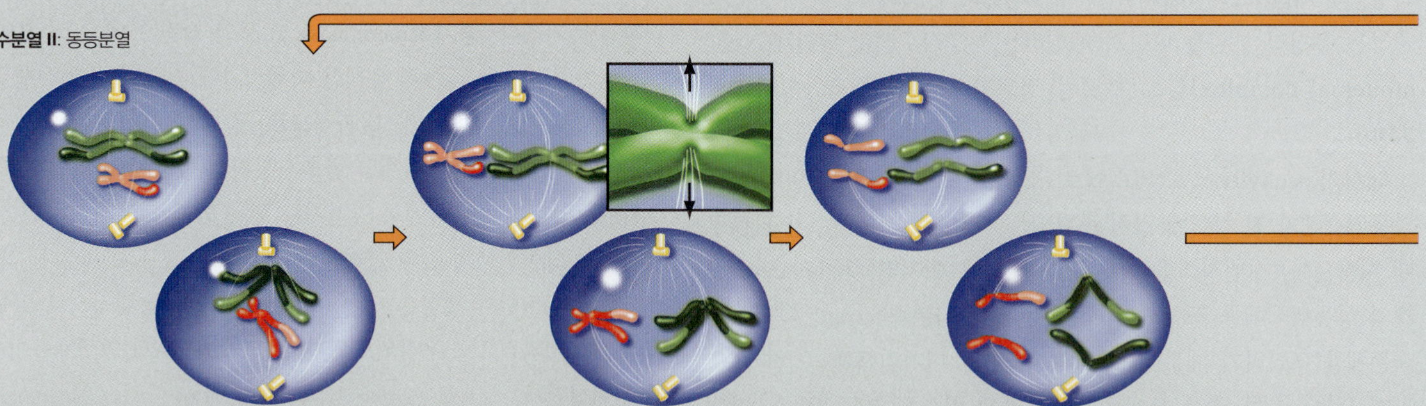

전기 II
1. 염색체가 응축한다.
2. 중심립이 반대 극 쪽으로 이동한다.
3. 전기 II가 끝나는 시점에서 핵막이 붕괴된다(표시하지 않음).

중기 II
1. 염색체가 중기판에 정렬된다.
2. 자매염색분체는 반대 극에서 유래한 방추사에 부착한다.

후기 II
1. 자매동원체가 서로 분리되고, 자매염색분체가 반대 극으로 이동한다.

그림 3.10 염색체를 쉽게 분간할 수 있도록 두 가지 방법으로 그림을 간략화 하였다. (1) 두 감수분열 전기 동안 핵막은 표시하지 않았다. (2) 염색체가 접합기에 완전 응축된 것으로 나타나 있다. 실제적으로 완전 응축은 이동기에서 완성된다.

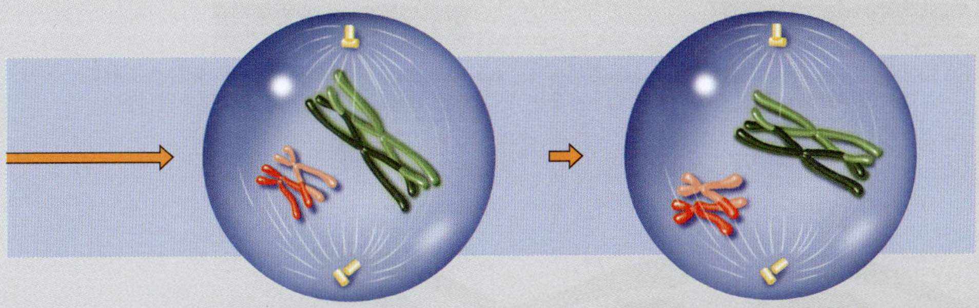

전기 I: 복사기(Diplotene)
1. 접합복합체가 분해된다.
2. 4개 염색분체로 구성된 사분체를 볼 수 있다.
3. 교차부위가 교차점으로 나타나고, 비자매 염색체분체 간의 연결을 유지해 준다.
4. 많은 종에서 이 시기에 감수분열이 정지되어 있다.

전기 I: 이동기(Diakinesis)
1. 염색분체가 굵고 짧아진다.
2. 전기 I 종결 시점에서, 핵막이 붕괴되고 (앞 단계에서는 표시하지 않음), 방추사가 생성되기 시작한다.

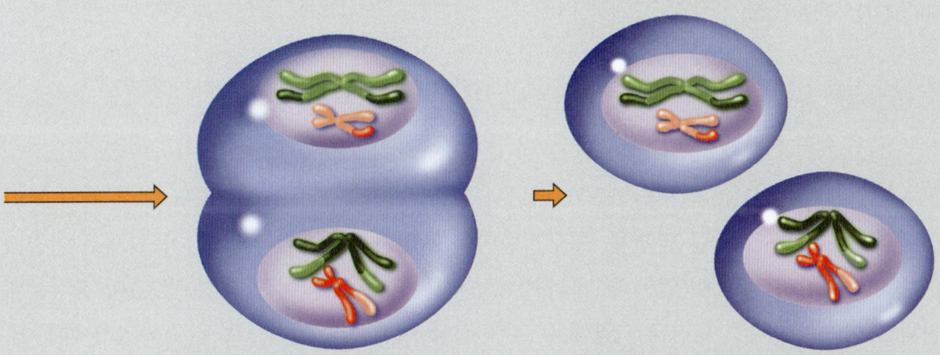

말기 I
1. 핵막이 다시 생성된다.
2. 결과적으로 생성된 세포는 절반의 염색체를 가지며, 각 염색체는 두 개의 자매염색분체로 구성되어 있다.
3. 세포질분열이 딸 세포를 분리한다(보여주지 않음).

분열간기
1. 한 가지 예외를 제외하면 간기와 유사하다. 염색체가 복제되지 않는다.
2. 일부 종에서는 염색체 응축이 풀리지만, 다른 종에서는 그렇지 않다.

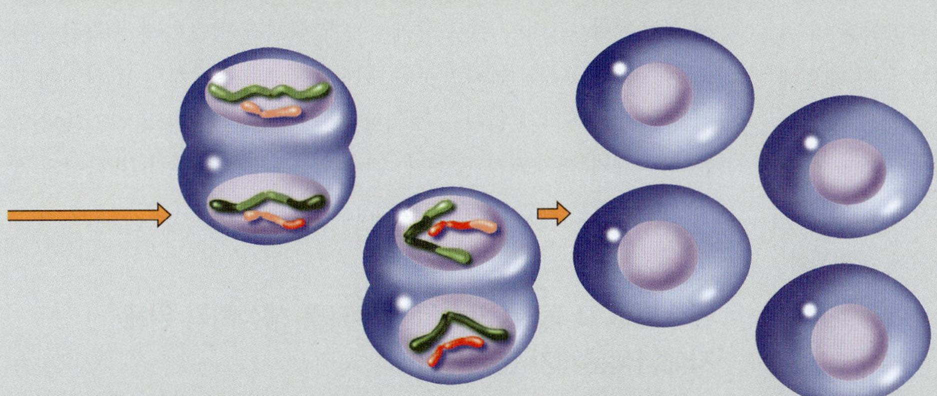

말기 II
1. 염색체가 풀리기 시작한다.
2. 핵막과 인이 다시 형성된다(표시하지 않음).

세포질 분열
1. 세포질이 분리되고, 4개의 반수체 세포를 생성한다.

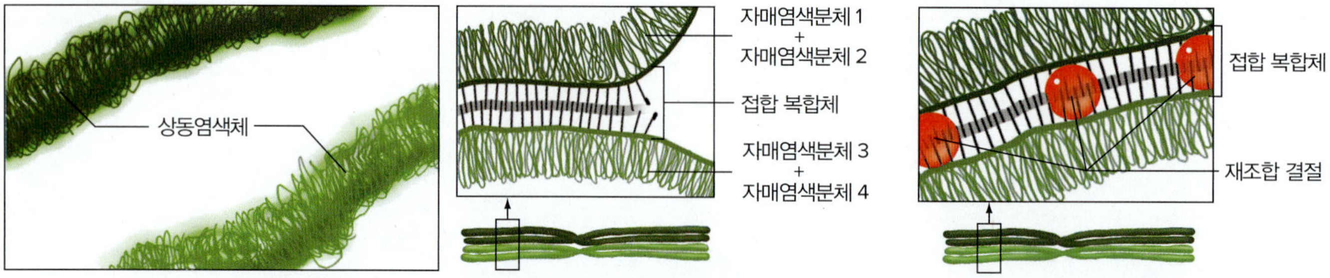

(a) 세사기: 실 모양의 염색체가 응축하기 시작하여 굵고 분명한 구조로 보인다. 아직까지 각 염색체에서 자매염색분체는 분간할 수 없다.

(b) 접합기: 염색체 형태가 분명해지고, 상동염색체가 접합 복합체를 따라 짝을 이루어 이가염색체 또는 사분체를 형성한다.

(c) 태사기: 상동염색체는 완전한 시냅스를 이룬다. 접합 복합체를 따라 재조합 결절이 형성된다.

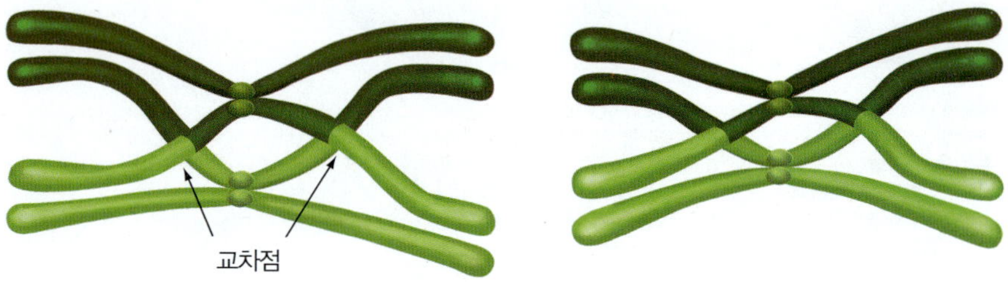

(d) 복사기: 이가염색체는 조금 떨어져 있지만, 교차 부위에서 일어난 교차(교차점) 덕분에 서로 연결되어 있다.

(e) 이동기: 이가염색체가 더욱 응축된다.

그림 3.11 고배율에서 관찰한 감수분열 전기 I.

리되고, 모계 및 부계 유래 상동염색체들은 반대 방추사 극으로 이동하기 시작한다(그림 3.10, 감수분열 I 참조). 유사분열에서 동원체는 분리되지만, 제1감수분열에서는 동원체가 분리되지 않음을 상기하라. 따라서 각 상동염색체 짝에서, 각 염색체는 동원체로 연결되어 있는 두 개의 자매염색분체로 구성되어 있고, 이들이 각각 반대 극으로 이동한다. 감수분열 II에서 염색분체의 분리가 일어난다. 5장에서 감수분열 I 동안 자매염색분체를 함께 유지하는 데 중요한 역할을 하는 코헤신 단백질에 대해 설명한다.

교차는 제1 감수분열 동안 상동염색체가 적절하게 분리되는 데 중요한 역할을 한다. 교차점은 상동염색체를 함께 유지해 주기 때문에 중기 전반에 걸쳐 방추사부착점이 반대 방추사 극에 부착된 상태를 유지해 준다. 이가염색체 내에서 재조합이 일어나지 않을 때, 연결 및 전달의 실수로 상동염색체가 반대 극 대신 같은 극으로 이동될 수 있다. 그러나 일부 생물에서, 비재조합 염색체도 올바르게 분리된다. 과학자들은 그 과정들을 완전히 이해하지 못하지만 다른 짝 형성 기전이 있을 것이라 추측하고 있다.

말기 I: 핵막이 재형성된다

말기 I(telophase I)은 핵막이 극으로 이동한 염색체 주위에 형성되기 시작하면 나타난다. 초기 각각의 딸핵은 원래 모 핵이 가지고 있던 염색체 수의 절반만을 포함하지만, 각 염색체는 동원체로 연결되어 있는 두 개의 자매염색분체로 구성되어 있다(그림 3.10, 감수분열 I 참조). 염색체 수가 정상 이배체의 절반으로 감소되었기 때문에, 감수분열 I를 **감소분열**(reductional division)이라 한다.

대부분의 종에서, 세포질 분열이 말기 I에 이어지고 딸핵은 두 딸세포로 분리된다. 그 이후 짧은 간기가 이어진다. 이 기간 동안, 보통 염색체 응축이 풀리는 경우는 이어지는 제2 감수분열 전기 동안 다시 응축된다. 그러나 일부 종에서는 염색체가 단순하게 응축된 상태로 유지된다. 더욱 중요한 것은, 감수분열 I과 감수분열 II 사이의 간기 동안에는 S기가 없다는 것이다. 말하자면, 감수분열 간기 동안에는 염색체가 복제되지 않는다. 감수분열 I과 감수분열 II 사이의 상대적으로 짧은 기간을 **분열간기**(interkinesis)라고 한다.

감수분열 II 동안, 반수체 배우자를 생성하기 위해 자매염색분체가 분리된다

제2 감수분열(감수분열 II)은 유사분열과 매우 유사한 방식으로 진행된다. 그러나 분열되는 각 핵에 있는 염색체 수가 반으로 줄어들어 있으므로 결과적으로 생성되는 딸세포는 반수체이다. 감수분열 I에서 생성된 각각의 딸세포에서 같은 과정이 일어나고, 제2 감수분열이 끝나면 4개의 반수체 세포가 생성된다(그림 3.10, 감수분열 II 참조).

전기 II: 염색체가 응축한다

앞선 간기에서 염색체 응축이 풀렸다면, **전기 II**(prophase II) 동안 염색체가 응축된다. 전기 II가 끝나는 시점에서 핵막이 붕괴되고 방추체가 다시 생성된다.

중기 II: 염색체가 적도판에 정렬된다

유사분열 중기와 마찬가지로, 자매염색분체의 방추사부착점은 방추체의 반대 극에서 유래한 미세소관에 부착한다. 그럼에도, **중기 II**(metaphase II)는 유사분열과 구별되는 두 가지 중요한 특징이 있다. 첫째, 염색체 수가 같은 종의 유사분열 중기 염색체 수에 비해 절반이다. 둘째, 대부분 염색체에서 감수분열 I 동안 교차로 재조합이 일어났기 때문에 두 자매염색분체는 이제 더 이상 똑같지 않다. 아직도 자매염색분체는 대부분 같은 유전자를 포함하고 있지만 서로 다른 대립유전자 조합을 가진다.

후기 II: 자매염색분체가 반대 방추사 극으로 이동한다

유사분열에서와 마찬가지로 자매동원체 간의 연결이 끊어지면 자매염색분체는 **후기 II**(anaphase II) 동안 반대 방추사 극으로 이동할 수 있다.

말기 II: 핵막이 다시 형성되고, 세포질 분열이 뒤따른다

말기 II(telophase II)에서 4개의 딸세포 핵 주변에서 막이 형성되고, 이어서 세포질 분열이 각 핵을 분리된 세포로 위치시킨다. 따라서 이배체 생식세포의 감수분열은 4개의 반수체 배우자를 생성한다. 감수분열이 끝나면, 각 딸세포(즉, 배우자)는 제2 감수분열이 시작될 때 모세포가 가졌던 염색체 수와 동일한 염색체 수를 가진다. 이러한 이유로 감수분열 II를 **동등분열**(equational division)이라고 한다.

감수분열 실수는 결함 있는 배우자를 생성한다

감수분열 중 어느 한쪽 분열에서의 분리 실수는 다음 세대에서 착오로 이어질 수 있다. 예를 들어, 한 염색체 짝의 상동염색체가 감수분열 I 동안 분리되지 못하면[**비분리**(nondisjunction)라고 함], 같은 극으로 두 상동염색체가 이동하여 동일한 배우자로 포장된다. 수정 시 이런 실수가 생긴다면, 여러 가능한 **이수성**(aneuploidies) 중 한 형태로 나타나게 된다. 사람에서 이수성의 한 예는 21번 염색체 사본이 3개(21번 삼염색체성)인 다운증후군이다. 비분리와 이수성은 4장과 15장에서 더 자세히 논의한다.

감수분열은 유전적 다양성에 기여한다

한 종의 구성원 사이에 유전자 조합이 다양할수록, 적어도 일부 개체는 변화하는 환경 속에서 생존할 수 있는 대립유전자 조합을 보유할 확률이 커진다. 감수분열의 두 가지 특성이 집단의 유전적 다양성 생성에 기여한다. 첫째, 제1 감수분열 동안 어느 부계 또는 모계 상동염색체가 두 극으로 이동할 지는 무작위로 결정되기 때문에 배우자 각각은 독특한 부계 및 모계 유래 염색체 조합을 가진다. **그림 3.12a**는 서로 다른 상동염색체 이동 양식이 배우자에서 어떻게 서로 다른 부모 염색체 조합을 생성하는지 설명한다. 이러한 독립적 분리로 생성되는 잠재적인 변이의 양은 염색체 수에 따라 증가한다. 예를 들어, $n = 2$인 회충(그림 3.12a에 보여준 염색체 구성)은 무작위적 상동염색체 분리로 2^2, 즉 4종류의 배우자를 생성할 수 있다. 그러나 $n = 23$인 사람의 경우, 이 기전만으로도 2^{23} 또는 8백만 개 이상의 유전적으로 다른 배우자를 생성할 수 있다.

감수분열의 둘째 특성, 전기 I에서 교차를 통한 유전정보의 재구성은 배우자의 유전적 다양성을 더 풍부하게 해준다. 교차는 모계와 부계 유래 유전자를 재조합하기 때문에 각 배우자의 염색체는 모계 및 부계 대립유전자의 조합이 서로 다르다(**그림 3.12b**).

물론, 유성생식은 유전적 다양성을 생성하는 또 다른 수단을 제공한다. 수정 시 유전적으로 서로 다른 수많은 정자 중 어느 정자이든 고유한 유전적 구성을 가진 난자와 수정할 수 있다. 따라서 일란성 쌍둥이를 제외한, 세계의 60억 인구 모두 유전적으로 고유하다는 사실은 당연하다.

유사분열과 감수분열: 비교

유사분열은 모든 유형의 진핵세포(막으로 둘러싸인 핵이 있는 세포)에서 일어나며 유전적 현상을 보존하는 보존적 기전이다. 세포질 분열을 수반하는 유사분열은 세포 수를 증가시켜 성장을 일으킨다. 또한 유사분열은 식물에서 뿌리, 줄기, 잎 조직을 지속해서 대체하고, 동물에서 혈액세포, 장 조직 그리고 피부의 재생을 촉진한다.

반면에, 감수분열은 유성생식을 하는 생물에서, 반수체 배우자를 생성하는 생식기관 내의 특정 생식세포에서만 일어난다. 이것은 보존적인 기전이 아니다. 오히려 감수분열에서 생성되는 광범위한 조합적 변화는 진화를 북돋는 유전적 변이의 한 원천이다. **표 3.1**은 두 종류 세포분열의 기전을 비교하였다.

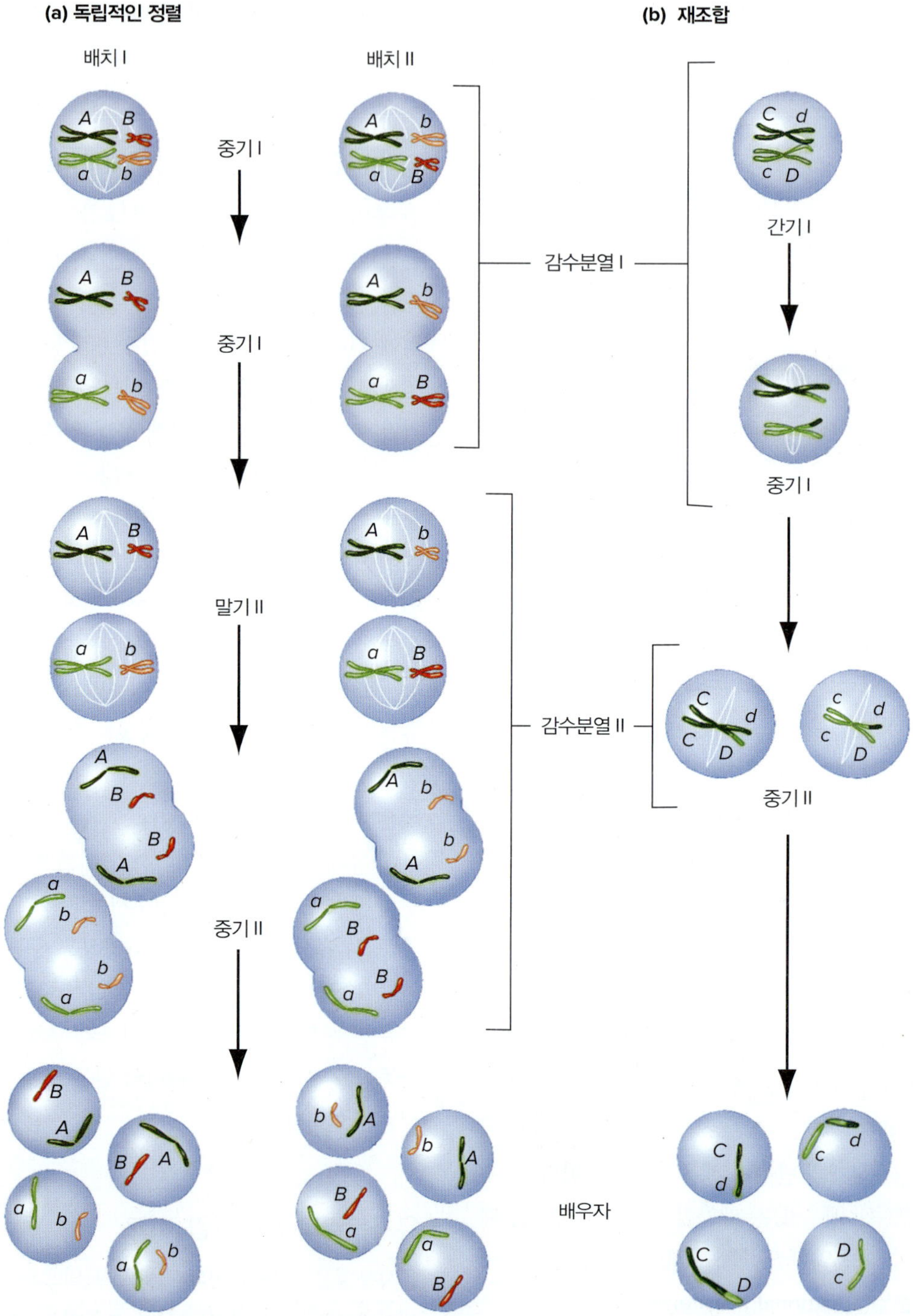

그림 3.12 감수분열이 어떻게 유전적 다양성에 기여하는가. **(a)** 비상동염색체의 독립적인 정렬로 인한 변이는 염색체 수에 따라 증가한다. **(b)** 상동염색체 간의 교차는 각 배우자의 고유성을 보장한다.

멘델의 유전법칙은 감수분열 동안 염색체의 행동과 관련이 있다

월터 서턴(Walter Sutton)이 유전의 염색체설을 처음으로 설명하였다. 1903년에 그는 다음과 같은 논거로 염색체가 멘델 유전 단위를 가지고 있다고 제안하였다.

- 모든 세포에는 각 종류의 염색체에 대해 두 개의 사본 그리고 각 종류의 유전자에 대해 두 개의 사본이 있다.
- 각 유전자의 대체 대립유전자가 다른 배우자로 분리되는 것처럼, 감수분열 동안 상동염색체는 짝을 지은 다음 다른 배우자로 분리된다.

표 3.1 유사분열과 감수분열 비교

유사분열	감수분열
체세포와 생식선 전구체 세포에서 일어난다. 반수체 및 이배체 세포는 유사분열을 할 수 있다. 1회 분열 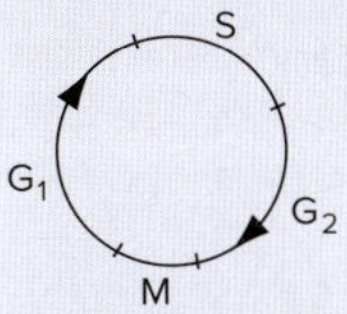 유사분열 전에 S기(염색체 복제)가 선행한다.	생식주기의 일부로서 생식세포에서 일어난다. 2회 분열: 감수분열 I과 감수분열 II 이배체 세포만이 감수분열을 할 수 있다. 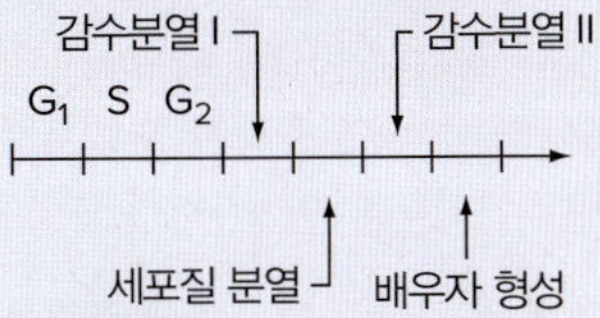 염색체는 감수분열 I 이전에 복제되지만, 감수분열 II 이전에는 복제되지 않는다.
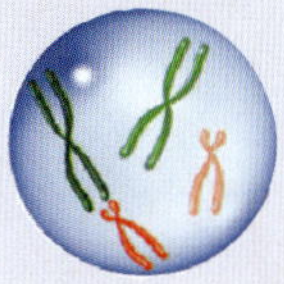 상동염색체가 짝을 짓지 않는다.	 감수분열 I 전기 동안, 상동염색체는 전 길이에 걸쳐 짝을 이룬다(시냅스).
상동염색체 간에 유전적 교환은 드물다.	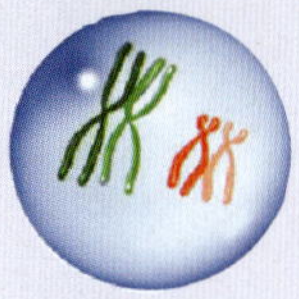 감수분열 I의 전기 동안 상동염색체 간에 교차가 일어난다.
 자매염색분체가 중기 동안 반대 극에서 유래한 방추사에 부착한다.	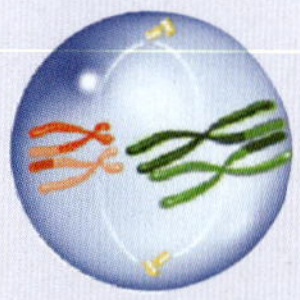 상동염색체(자매염색분체가 아님)가 중기 I 동안 반대 극에서 유래한 방추사에 부착한다.
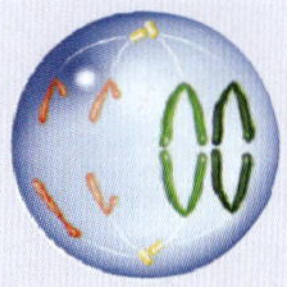 후기가 시작되면 자매염색분체의 동원체가 분리된다.	 감수분열 I 동안 자매염색분체의 동원체는 단단히 결합한 상태를 유지한다.
	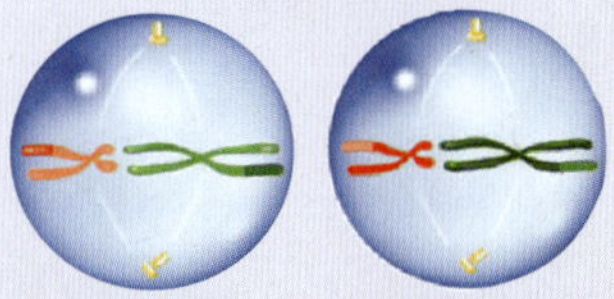 자매염색분체는 중기 II 동안 반대 극에서 유래한 방추사에 부착한다.
	 자매염색분체의 동원체는 후기 II가 시작할 때 분리된다.
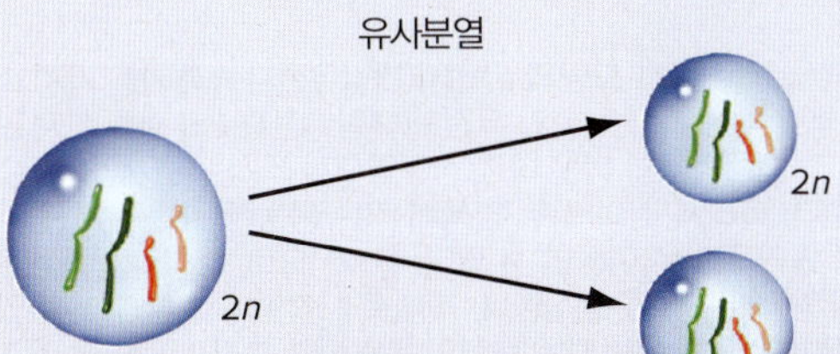 유사분열은 서로 같고, 원래 모세포와도 같은 두 개의 딸세포를 생성한다. 따라서 유사분열은 유전적으로 보존적인 분열이다.	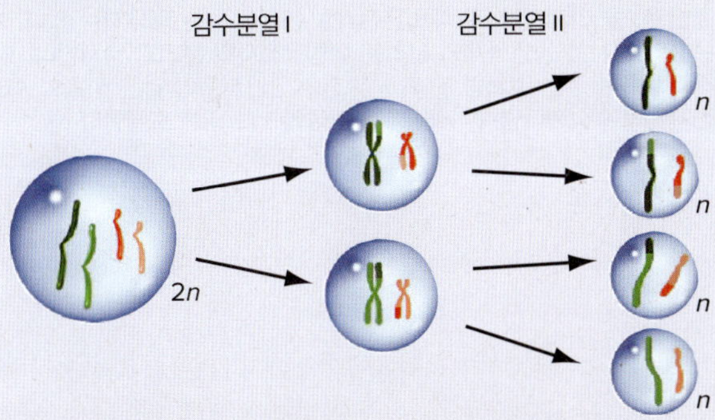 감수분열은 4개의 반수체 세포를 생성한다. 그중 하나(난자) 또는 모두(정자)가 배우자로 된다. 감수분열은 조합적인 변화를 만들기 때문에 이들 중 어느 것도 서로 또는 원래 모세포와 같지 않다.

표 3.2 감수분열 동안에 일어나는 염색체의 행동이 어떻게 멘델의 법칙을 설명하는가

(a) 분리의 법칙

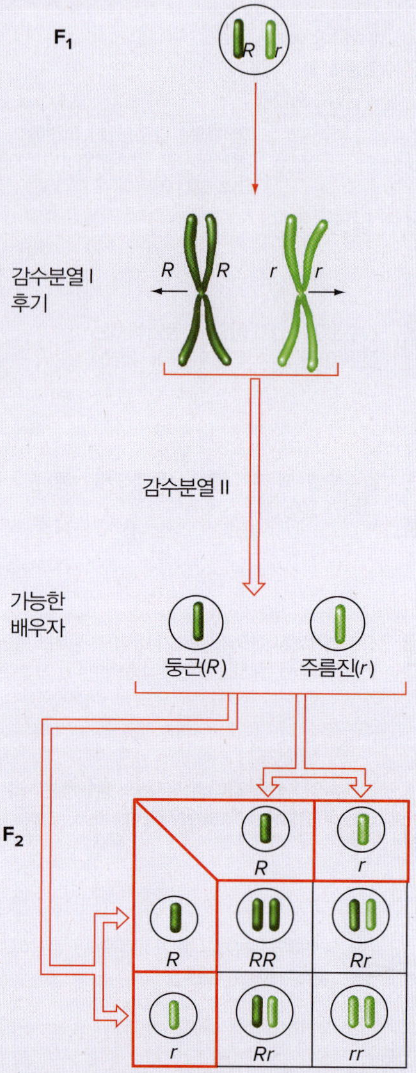

F_1 잡종 식물에서, 둥근 콩의 대립유전자(R)가 특정 염색체에 있고, 주름진 콩의 대립유전자(r)는 그 상동염색체에 있다. 전기 I에서 중기를 거치는 동안 두 상동염색체 간의 짝 형성은 후기 I에서 상동염색체를 반대 방추사 극으로 분리되도록 보장한다. 감수분열 II가 끝나면, 두 종류의 배우자가 생성된다. 절반은 R을 나머지 절반은 r을 가지지만, 두 대립유전자를 동시에 갖는 배우자는 없다. 그러므로 감수분열 I에서 상동염색체의 분리는 대립유전자의 분리와 일치한다. 퍼네트 사각형에서 보여 주는 것처럼, 50% R과 50% r 난자들이 같은 비율의 R과 r을 가진 정자들과 수정된다면, F_2 세대에서 멘델의 3 : 1 비에 도달한다.

(b) 독립의 법칙

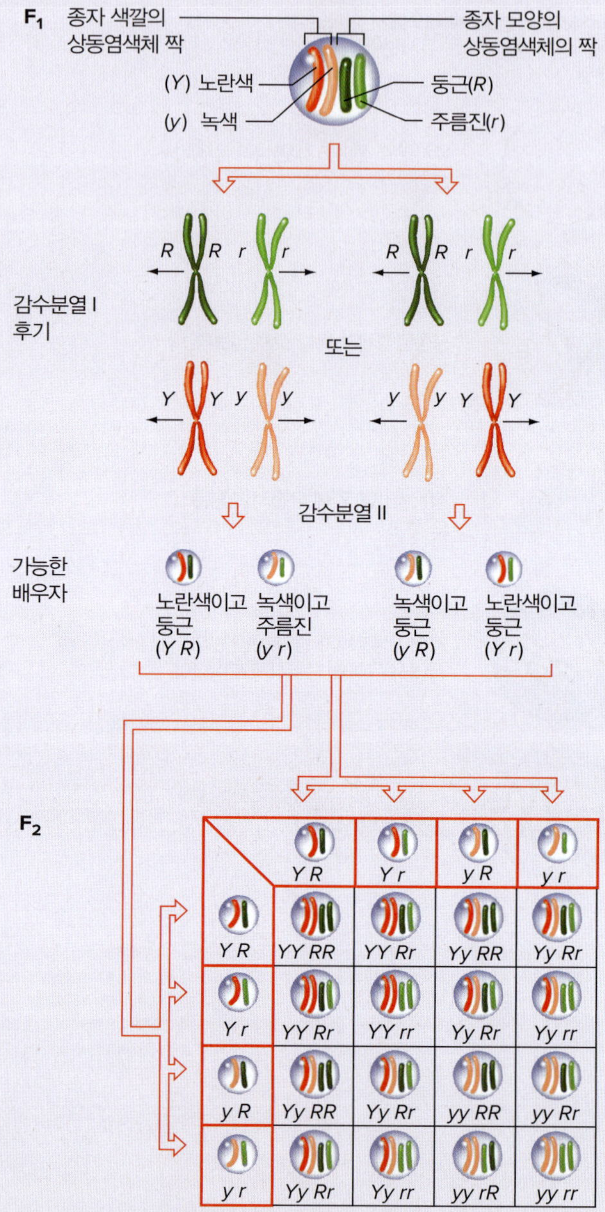

하나의 상동염색체 짝은 종자 모양의 유전자(대립유전자 R과 r)를 가지고 있다. 두 번째 상동염색체 짝은 종자 색깔의 유전자(대립유전자 Y와 y)를 가지고 있다. 감수분열 I에서 각 상동염색체 짝은 다른 상동염색체 짝과는 관계없이 무작위로 중기판에 정렬된다. 따라서 임의의 두 염색체 짝은 동등한 확률을 가진 두 가지 방식으로 후기 I 동안 극으로 이동할 수 있다. 결과적으로, 양성잡종 개체는 동등한 확률로 4종류의 배우자들을 생성한다. 퍼네트 사각형에서 확인할 수 있는 것처럼, 비상동염색체에 의해 운반되는 형질의 독립적인 분리는 멘델의 9 : 3 : 3 : 1 비를 생성한다.

- 각 염색체 짝의 모계와 부계 사본은 모든 유전자의 대립유전자가 독립적으로 분리되는 것처럼, 다른 상동염색체 짝의 분리와 관계없이 반대 방추사 극으로 이동한다.
- 수정 시, 난자의 염색체 세트는 무작위로 만난 정자의 염색체 세트와 융합하는데, 이는 한 부모로부터 받은 대립유전자가 다른 부모로부터 받은 대립유전자와 무작위로 결합하는 것과 같다.
- 수정란에서 유래된 모든 세포에서, 염색체의 절반과 유전자의 절반은 모계 기원이고, 나머지 절반은 부계 기원이다.

표 3.2는 염색체와 멘델의 분리 및 독립의 법칙과의 밀접한 관계를 보여준다. 완두콩 모양과 색깔에 대한 멘델의 유전자를 다른(상동염색체가 아닌) 염색체로 할당하면, 염색체 행동과 유전자 행동이 일치하는 것을 볼 수 있다. 월터 서턴은 이러한 일치성을 발견하여 염색체와 유전자가 물리적으로 연결되어 있다고 제안하였다. 감수분열은 각 배우자가 이가염색체 중 하나만을 받도록 보장한다. 따라서 염색분체는 모든 유전자에 대해 한 가지 대립유전자만을 지닌다(표 3.2a). 감수분열 동안 두 이가염색체의 독립적인 행동은 다른 염색체에 있는 유전자가 독립적으로 배우자로 분리된다는 것을 의미한다(표 3.2b).

교차가 멘델의 법칙과 염색체 이동 사이의 명확한 일치성을 훼손할 수 있다는 의문을 가질 있다. 대답은 "아니오"다. 상동염색체 짝의 각 염색분체는 주어진 유전자에 대해 하나의 복사본만을 포함하고, 각 상동염색체 짝에서 하나의 염색분체가 각 배우자로 포장된다. 대체 대립유전자는 교차가 일어난 후에도 다른 염색분체에 남아 있기 때문에 이들은 멘델의 제1 법칙이 요구하는 것처럼 다른 배우자로 분리된다.

더욱이, 교차는 멘델의 제2 법칙에서 요구하는 것처럼, 모든 염색체에 위치한 유전자의 대립유전자가 독립적으로 분리되는 것을 방해하지 않는다. 그림 3.12a에서 재조합이 없는 두 종류의 비상동염색체의 무작위 정렬은 네 가지 배우자 유형 중 두 가지 유형만 생성한다는 것을 알 수 있다(한 배치에는 *AB*와 *ab*, 다른 배치에서는 *Ab*와 *aB*). 두 배치가 같은 빈도로 일어나기 때문에 재조합이 없는 경우에도 독립적인 분리가 일어난다. 재조합이 일어난다면, 그림 3.12a에 표시된 대립유전자의 각 정렬은 그 자체로 4가지 배우자 유형 모두를 생성할 수 있다. (그림 3.12a의 한 짝의 비자매염색분체에서 *A*와 *a*의 위치를 바꾸는 교차를 상상해 보라. 이 장 끝부분에 제시된 풀이 문제 I는 이러한 상황을 보여준다). 따라서 비상동염색체의 무작위 정렬과 교차 모두 독립적인 분리 현상에 기여한다.

핵심 개념 3.3

- 감수분열에서 염색체는 한번 복제되고(감수분열 I 이전), 핵은 두 번 분열한다(감수분열 I과 감수분열 II).
- 전기 I 동안, 짝을 이룬 상동염색체 사이에 교차가 일어난다.
- 상동염색체는 후기 I 동안 반대 방추체 극으로 이동한다.
- 자매염색분체는 후기 II에서 분리되기 때문에 배우자 세포의 염색체 수는 체세포의 절반이다.
- 수정(정자와 난자의 융합)은 접합자로 정상 체세포의 염색체 수를 복원한다.
- 감수분열 I에서 딸세포로 상동염색체가 분리되는 현상은 멘델의 제1 법칙을 설명한다.
- 감수분열 I에서 일어나는 상동염색체의 독립적인 정렬과 비자매염색분체 간의 교차는 멘델의 제2 법칙을 설명한다.

풀이 문제

풀이 문제 I

감수분열 I 동안, 부계와 모계에서 유래한 상동염색체의 무작위 정렬은 유전적 다양성에 기여하고 멘델의 독립의 법칙을 설명하는 데 도움이 된다. 각기 다른 염색체에 있는 두 유전자에 대해 양성잡종인 세포(*Aa Bb*)는 감수분열로 4종류의 배우자 유형을 생성할 수 있다. 그림 3.12a는 두 가지 가능한 염색체 배치를 보여준다. 배치 I은 두 종류의 배우자 유형을 생성하고, 배치 II는 또 다른 두 유형의 배우자를 생성한다. 그림 3.12의 도해에는 없지만, *Aa Bb* 세포에서 감수분열 I 동안 단일교차가 일어날 경우, 두 배치 모두에서 상동염색체의 분리가 일어나게 되면 2종류가 아닌 4종류의 배우자 유형이 생성된다.

a. 이 교차가 일어나는 부위는 어디인가? 단일 *Aa Bb* 세포(두 유전자가 다른 염색체에 위치함)에서 두 배열 모두에서 4종류 배우자 유형이 생성되는 일련의 과정을 도해하시오.

b. 이러한 교차가 일어나는 것이 어떻게 멘델의 독립의 법칙과 관련되는지 설명하시오.

해답

a. 다음 그림은 유전자 A와 동원체 간에, 또는 유전자 B와 동원체 간에 단일교차가 일어난 경우를 보여준다. 단일 $Aa\ Bb$ 세포의 감수분열은 4종류 배우자 유형을 생성한다. 이 도해에서 염색체는 한 가지 형태로 배열되어 있다. 그러나 다른 형태로 염색체를 배열하더라도 그 결과는 같다.

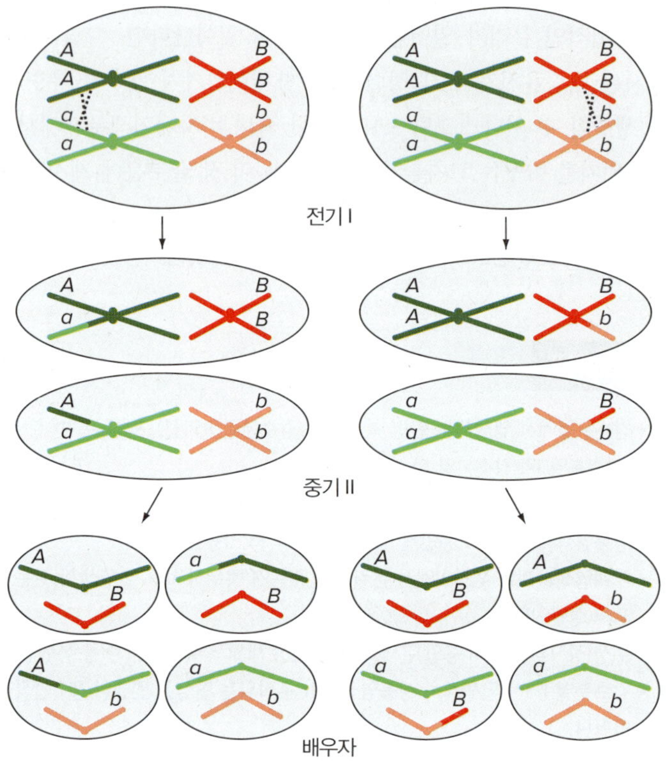

b. 멘델의 독립의 법칙은 가능한 모든 배우자가 동등한 비율로 생성된다는 것에 기초를 두고 있다. 이것은 단일 유전자와 동원체 간의 교차를 포함한 모든 감수분열 사건의 결과와 정확히 일치한다.

풀이 문제 II

일부 생물체, 예를 들어 연어의 일부 종은 자연적인 사배체(tetraploid)이다. 이들의 체세포에는 4개의 염색체 세트가 있으므로 각 상동염색체는 4개 사본이 있다. 생식세포에서 감수분열 I 동안, 4개의 상동염색체가 무작위로 2짝(이가염색체)을 형성하기 때문에 무작위로 2개의 상동염색체가 각각 딸세포로 분리된다. 사배체 연어의 체세포에 100개의 염색체가 있다고 가정하자.

a. 이 종에는 몇 종류의 염색체가 있는가?

b. 감수분열 I이 끝난 배우자 세포에는 몇 개의 염색체가 있는가? 염색분체는 몇 개인가?

c. 이 생물의 배우자 세포에는 몇 개의 염색체가 있는가? (n의 수?)

d. 교차는 일어나지 않는다고 가정한다. 4개 염색체 세트의 각 염색체 구성원이 일부 유전자의 대립유전자가 다르다고 가정할 때, 암컷 연어는 유전적으로 다른 난자를 얼마만큼 생성할 수 있는가?

해답

a. 각 염색체가 4개씩 있으므로 25개 종류의 염색체가 있다(100/4 = 25).

b. 100개 염색체 모두 상동염색체와 짝을 형성할 수 있으므로 전기 I에서 중기 I까지 50개의 상동염색체 짝이 있다. 후기 I 동안, 각 염색체 짝에서 1개씩 딸세포로 분리된다. 그러므로 감수분열 I의 결과 생성된 각 딸세포는 50개 염색체를 가진다. 이 시기에 각 염색체는 동원체로 연결된 2개의 자매염색분체로 구성되어 있으므로, 각 딸세포는 100개 염색분체를 가진다.

c. 각 배우자 세포는 체세포 염색체 수의 절반을 가진다($n = 100/2 = 50$).

d. 사배체 생식세포는 4개 상동염색체로 구성된 25개 염색체 세트를 가진다. 각 세트에서 둘은 부계에서 유래한 것이고(P1과 P2), 나머지 둘은 모계에서 유래한 것이다(M1과 M2). 4개의 상동염색체로 구성된 각 염색체 세트는 감수분열 I에서 분리되어 6종류의 배우자를 생성할 수 있다[(M1, M2); (M1, P1); (M1, P2); (M2, P1); (M2, P2); (P1, P2)]. 25개의 염색체 세트 각각으로부터 6개의 조합이 가능하다. 따라서 배우자의 종류는 $6^{25} \approx 2.8 \times 10^{19}$이다. 이 계산은 재조합이 일어나지 않는다는 가정에서 이루어진 것이므로 낮게 평가된 수치다(지구상에 있는 모래알의 수가 대략 7.5×10^{18} 정도라고 하니, 이 수치가 얼마나 큰지 짐작할 수 있다).

연습 문제

어휘

1. 왼쪽 용어를 가장 잘 설명한 문장을 오른쪽에서 찾아 연결하시오.

a. 감수분열	1. X 그리고 Y
b. 배우자	2. 성 간에 차이가 없는 염색체
c. 핵형	3. 복제된 염색체의 동일한 두 쪽 중 하나
d. 유사분열	4. 방추체 극에 위치한 미세소관 형성 중심
e. 간기	5. 세포질의 분열
f. 합포체	6. 수정 시 융합하는 반수체 생식세포들
g. 접합	7. 하나 이상의 핵을 포함하는 동물 세포
h. 성염색체	8. 상동염색체의 짝 형성
I. 세포질 분열	9. 하나의 이배체 세포가 두 개의 이배체 세포를 생성함

j. 후기 — 10. 특정 세포의 염색체 배열

k. 염색분체 — 11. 염색체를 관찰할 수 없는 세포주기의 기간

l. 상염색체 — 12. 하나의 이배체 세포에서 네 개의 반수체 세포가 됨

m. 동원체 — 13. 유사분열에서 자매염색분체가 분리되는 시기

n. 중심체 — 14. 자매염색분체 간에 가장 밀착하여 연결된 부위

3.1 절

2. 아래 그림은 성염색체가 없는 특정 식물 종의 중기 염색체이다. 이 식물의 핵형을 분석하기 위해 염색체를 준비하였고, 아직 크기순으로 염색체 짝을 배열하지는 않았다.
   a. 몇 개의 염색체가 보이는가?
   b. 몇 개의 염색분체가 보이는가?
   c. 몇 개의 동원체가 보이는가? 각 자매염색분체에 대해 별도로 계산하시오.
   d. 몇 쌍의 상동염색체가 보이는가?
   e. 그림에서 중부동원체형 염색체는 몇 개인가? 차단부동원체형 염색체는 몇 개인가?

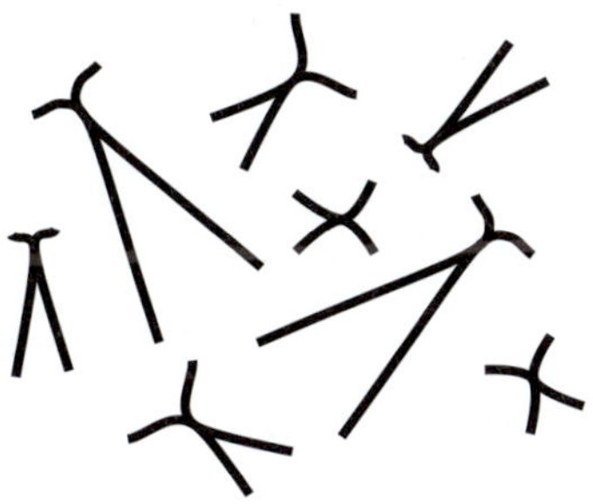

3. 그림 3.3을 보면서 다음 질문에 답하시오.
   a. 전체 염색체 수는 몇 개인가? 이 중 상염색체는 몇 개인가?
   b. 염색체 종류는 몇 개인가?
   c. 이 그림에서 몇 개의 염색분체가 보이는가?
   d. 이 그림에서 10번 염색체의 두 사본은 같은 염색체가 아닌데도 불구하고, 그들의 밴드 형태는 같게 보인다. 그 이유를 설명하라.

4. a. 다운증후군인 남성의 핵형에서 몇 개의 염색체를 관찰할 수 있는가?
   b. 총 상염색체의 수는 몇 개인가?
   c. 성염색체 수는 몇 개인가?
   d. 1번 염색체의 복사본은 몇 개인가?
   e. 21번 염색체의 복사본은 몇 개인가?

3.2절

5. 떡갈나무 세포에는 14개의 염색체가 들어 있고, 그 세포가 유사분열을 하고 있다. 몇 개의 딸세포가 생성되는가? 각 딸세포의 염색체 수는 몇 개인가?

6. a. 세포주기를 나누는 4개의 주요 단계는 무엇인가?
   b. 간기에 포함되는 단계는 무엇인가?
   c. 어떠한 특징들이 G_1, S, G_2기를 구분 짓는가?

7. 한 세트의 염색체를 가진 세포에서 유사분열이 일어나는 것을 방해할 수 있는 것으로 무엇을 제시할 수 있는가?

8. 그림 3.7은 합포체 초파리 배를 보여준다. 합포체는 단일 거대세포 내에 수백 또는 수천 개의 핵을 포함하고 있다. 매회 핵분열은 빠르게 진행되는데, 약 10분 정도 소요된다. 이와 같은 빠른 핵분열에서는 정상적인 세포주기와는 달리 모든 세포주기 단계를 거치지 않는다. 다음 세포주기 단계(G_1, S, G_2, 유사분열, 세포질 분열) 중 생략 가능한 단계 및 필수적인 단계는 무엇인가?

3.3절

9. 세포 5종류의 그림(a~e)은 한 개체로부터 얻은 세포들을 묘사한 것이다. 각 세포는 유사분열, 감수분열 I, 감수분열 II 중에 어느 것에 해당하는지 표시하시오. 그리고 이들은 세포분열의 어느 단계에 해당하는가? 이 생물체에서 n 수는?

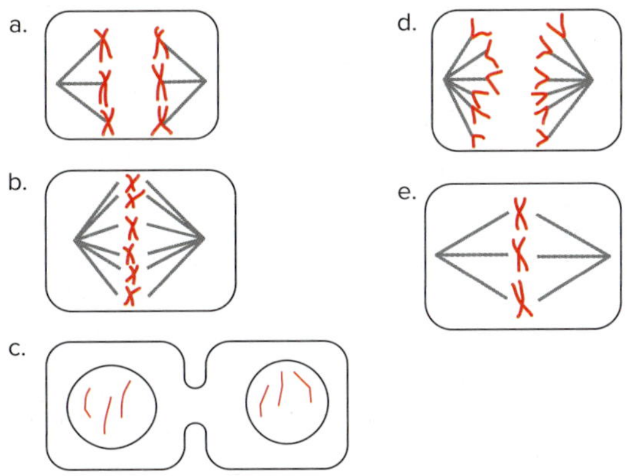

10. 적합한 용어들을 모두 사용하여 다음 문장들을 완성하시오.
   [유사분열, 감수분열 I(제1 감수분열), 감수분열 II(제2 감수분열), 해당 없음(유사분열, 감수분열 I, 감수분열 II에도 해당하지 않음]
   a. 방추체는 (   )을 수행하는 세포에 있다.
   b. 염색체 복제는 (   ) 직전에 일어난다.
   c. 반수체 세포에서 (   )의 결과로 생성된 세포들은 n의 배수성을 가진다.
   d. 이배체 세포에서 (   )의 결과로 생성된 세포들은 n의 배수성을 가진다.
   e. 상동염색체 짝 형성은 (   ) 동안 규칙적으로 일어난다.
   f. 비상동염색체 짝 형성은 (   ) 동안 규칙적으로 일어난다.
   g. 재조합 자손들을 생성하는 물리적 재조합은 (   ) 동안에 일어난다.

h. 동원체의 분리는 (　　　) 동안 일어난다.

i. 비자매염색분체들은 (　　　) 동안에는 같은 세포에 들어 있다.

11. 두 개의 상염색체성 유전형질에 대해 동시에 이형접합자인 사람이 있다. 하나는 백색증(대립유전자 *A*와 *a*)에 대한 열성형질이다. 이 백색증 유전자는 차단부동원체형 상염색체의 긴 팔에 있는 동원체 근처에서 발견된다. 또 다른 형질은 우성인 헌팅턴병(대립유전자 *HD*와 HD^+)이다. 헌팅턴 유전자는 중부동원체형 상염색체 팔 중 한쪽 팔의 말단소립 근처에 위치한다. 이 사람에서 진행되는 (a) 유사분열, (b) 감수분열 I, (c) 감수분열 II의 중기에 나타나는 두 관련 염색체의 사본들을 그리시오. 재조합이 일어나지 않았다고 가정하고, 모든 염색체분체에서 두 유전자에 대한 두 대립유전자의 위치를 표시하시오.

12. 솔이끼(*Polytrichum commune*)의 반수체 염색체 수는 7이다. 반수체 수컷 배우자가 반수체 암컷 배우자와 융합하여 이배체 세포를 형성하고, 이후 세포분열을 통해 다세포 포자체로 발생한다. 이때 포자체의 세포들은 감수분열을 수행하여 포자라고 하는 반수체 세포를 생성한다. 각각의 포자가 수컷 배우자로부터 모든 염색체 세트를 받게 될 확률은 얼마인가? 재조합은 없다고 가정하시오.

13. a. 이배체 생물($n = 2$)에서 유사분열 중기, 중기 I, 중기 II를 도해하시오. 그림 3.2와 유사한 색 구성표를 사용하시오. 방추사부착점을 분명히 나타내고 이것이 어떻게 방추체 기구에 연결되는지 나타내시오.

b. 중기 I의 방추사부착점은 유사분열 중기와 중기 II의 것과 비교할 때 어떻게 다른가?

c. 세 경우 모두에서, 방추사가 방추사부착점(염색체들은 여기에 연결되어 있음)를 방추체 양극으로 당기는데도 불구하고, 염색체들은 왜 중기판에 남아 있는지 설명하시오. 중기 상태에 있는 세포들이 후기 단계로 진입하려면 염색체 또는 염색분체 사이의 어떠한 종류의 연결을 끊어야 하는가?

chapter 4

성염색체

©Hannamariah/Shutterstock

성염색체는 인간의 아기가 남자인지 여자인지 결정한다.

개요

- 4.1 **성염색체와 성 결정**
- 4.2 **배우자형성**
- 4.3 **성 연관**
- 4.4 **인간의 성 연관과 성적 이형 형질**
- 4.5 **인간의 간성**

신생아 출산 시 첫 질문 중 하나는 아들이냐 딸이냐 하는 것이다. 남성 혹은 여성은 멘델의 완두콩 색에서 노란색과 초록색처럼 상호 배타적인 형질이라고 알고 있다. 멘델의 완두콩과 마찬가지로 유성생식을 하는 모든 생물의 수컷과 암컷은 생식세포(정자 또는 난자)를 만들어 다음 세대와 물리적으로 연결된다. 이들 배우자는 각각 염색체의 절반, 즉 유전자의 절반씩 기여함으로써 정상적이고 건강한 아들 혹은 딸이 탄생한다. 배우자의 어떤 부분이 이 물질을 운반하는지에 상관없이, 그 구조와 기능은 일반적으로 관찰되는 1:1의 성비는 물론 성 결정의 양자택일적 양상을 설명해 준다.

여기에서 **성 결정**(sex determination)에 대한 논의에서 접합자가 남성 또는 여성으로 발달할지 여부를 결정하는 데 있어 두 가지 중요한 사실이 존재한다. 첫째, 인간과 많은 생명체(전부는 아님)에서 형태학적 성은 특정 **성염색체**(sex chromosomes)에 의해 결정된다. 이들 생명체에서 수컷과 암컷의 체세포는 같은 유형의 **상염색체**(autosomes)를 갖지만 성염색체 조합은 다르다. 멘델의 완두콩 색깔과 마찬가지로 형태학적 성은 또 하나의 형질이다. 성염색체에 포함된 특정 유전자는 수컷 또는 암컷 기관의 발달로 이어지는 생화학적 과정을 야기한다. 둘째, 성 결정 유전자 외에도 성염색체에는 초파리의 눈 색과 같이 성에 특이적이지 않은 형질에 대한 유전자가 있다. 특정 성염색체와 **성 연관**(sex-linked) 형질유전의 상관관계는 과학자들이 유전자가 염색체 내에 존재해야 한다는 결론을 내릴 수 있게 했다.

4.1 성염색체와 성 결정

학습 목표

1. X 염색체와 Y 염색체의 다른 구성을 지닌 사람의 성별을 예측한다.
2. 인간의 성 전환에 대해서 설명한다.
3. 다른 생명체의 성 결정에 대해 비교한다.

특정 염색체가 성 결정 정보를 가지고 있다는 것을 최초로 발견한 세포학자는 20세기 초반 미국 콜롬비아 대학의 대학원생이던 서턴(Walter S. Sutton)이다. 그는 메뚜기(*Brachystola magna*, **그림 4.1**) 정소의 특정 세포를 이용한 연구에서, 이 세포들이 감수분열을 거쳐 정자를 생성한다는 것을 관찰하였다. 그는 감수분열 전에 메뚜기 정소 내에 있는 시원세포는 총 24개의 염색체를 가진다는 것을 관찰하여, 이 중 22개는 서로 일치되는 11쌍으로 구성된 상염색체들임을 발견하였다. 나머지 2개 염색체는 서로 일치되지 않았다. 그는 두 염색체 중 큰 염색체를 **X 염색체**(X chromosome) 그리고 작은 염색체를 **Y 염색체**(Y chromosome)라고 명명하였다.

정소에서 감수분열 후에 생성된 정자들은 두 종류가 있었다. 정자의 절반은 11개 상염색체와 X 염색체를 가지는 반면에 나머지 절반은 11개 상염색체와 Y 염색체를 가지고 있었다. 대조적으로 이 종의 암컷에서 생성된 모든 난자는, 정자의 절반에서 관찰된 11개 상염색체와 X 염색체만을 가지고 있었다. X 염색체를 가진 정자가 난자와 수정되면 XX 암컷 메뚜기로, Y 염색체를 가진 정자가 난자와 수정되면 XY 수컷 메뚜기로 발생하였다. 따라서 서턴은 X와 Y 염색체가 성을 결정한다고 결론을 내렸다.

서로 다른 생물종을 연구하는 여러 학자들에 의해 유성생식 종들 대부분은 **성염색체**(sex chromosome)라고 하는 두 종류 염색체가 성을 결정하는데 있어 중요한 기능을 한다는 사실이 밝혀졌다. 한 성은 동일한 염색체를 2개 사본으로 가지며(짝이 맞는 쌍), 반면에 다른 성은 서로 다른 성 염색체를 1개씩 가진다(짝이 맞지 않는 쌍). 예를 들어, 사람에서 여성은 23쌍의 염색체를 가지고 있다. 성 결정에 관여하는 X 염색체를 포함하여 각 쌍의 두 염색체는 크기와 모양이 동일하다. 남성에서는 일치되지 않는 한 쌍의 염색체가 존재한다. 이 중 큰 염색체는 X이고, 이보다 작은 염색체는 Y 염색체이다(**그림 4.2a**). 두 성은 성염색체 조성에 차이가 있지만 그 외 염색체 쌍들은 동일하다. 따라서 유전학자들은 XX를 여성, XY를 남성으로 표기하며, 생식을 XX와 XY간의 교배로 단순히 표현한다.

성이 배우자 형성 동안 다른 세포로 분리되는 성염색체 쌍에 의해 결정되는 형질이라고 하자. XX×XY 교배는 성 결정의 두 가지 특징, 즉 성의 상호 배타성과 남성과 여성의 1:1 성비 모두를 설명할

그림 4.1 커다란 러버 메뚜기. 교배 중인 메뚜기 쌍에서 위에 있는 작은 크기가 수컷이다. *Source: ©L. West/Science*

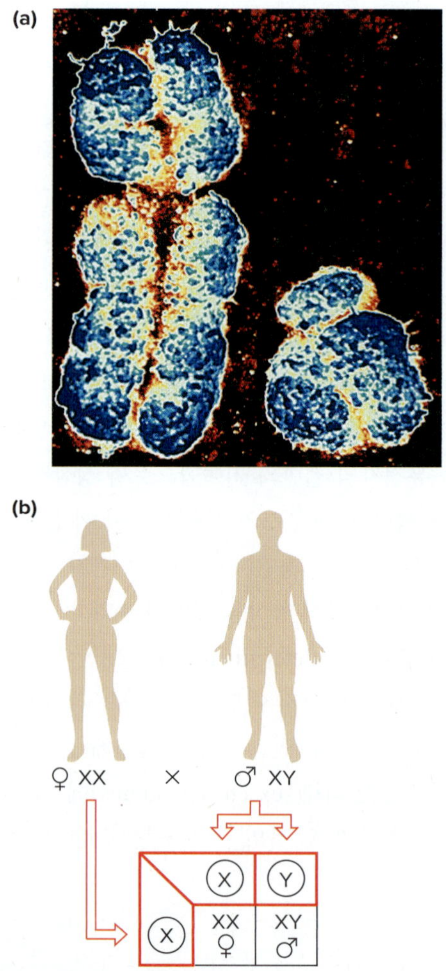

그림 4.2 X와 Y 염색체는 인간의 성을 결정한다. **(a)** 컬러 사진의 왼쪽은 X 염색체이고 오른쪽은 Y 염색체이다. **(b)** 자녀들은 어머니로부터는 X 염색체만을 물려받지만, 아버지로부터는 X 혹은 Y 염색체를 물려받는다.
Source: (a): ©Biophoto Associates/Science

수 있어야 한다(**그림 4.2b**).

인간의 경우, Y 염색체의 *SRY* 유전자가 남성성을 결정한다

인간 접합자의 형태학적 성을 결정하는 것은 X 염색체의 수보다는 Y 염색체의 존재 여부에 있다. 즉, Y 염색체를 가지고 있는 사람은 모두 남성처럼 보일 것이다. 이러한 사실은 세포에 염색체가 없거나 여분의 염색체가 있는 인간 **이수체**(aneuploids)에 대한 연구에서 나온 것이다. 예를 들어, X 염색체 2개와 Y 염색체 1개를 가진 사람(XXY)들이 드물게 발견되는데, 이들은 모두 **클라인펠터증후군**(Klinefelter syndrome)이라는 증상을 가진 남성이다. 클라인펠터 남성들은 보편적으로 큰 키, 여윈 몸과 생식능력은 없으며, 간혹 정신 장애를 나타내기도 한다. 이러한 사람들이 남성이라는 사실은 Y 염색체 존재 하에서는 두 X 염색체가 여성으로 발달하는 데 충분치 못함을 보여준다. 대조적으로, 하나의 X 염색체만을 가진 사람(XO)은 **터너증후군**(Turner syndrome)을 가진 여성이다. 터너증후군 여성들은 보통 불임이고, 음모와 같은 2차 성징은 미발달되어 있고, 키가 작고 어깨와 목 사이에 주름(물갈퀴 목)이 있다. 이 사람들은 X 염색체 1개만을 가지고 있지만 Y 염색체가 없기 때문에 여성으로 발달한다.

1990년에 연구자들은 남성을 결정하는 1차적 결정자는 Y 염색체 전체가 아니라 *SRY*(***s****ex* ***d****etermining* ***r****egion of* ***Y***)라고 하는 단일 Y 염색체 특이적 유전자라는 사실을 발견하였다. *SRY*가 남성을 결정한다는 증거는 **성 전환**(sex reversal) 현상으로부터 도출되었다. XX 남성과 XY 여성이 존재한다(**그림 4.3**). 성 전환된 XX 남성에서, 두 X 염색체 하나의 Y 염색체 일부가 포함되어 있다는 것을 알게 되었다. XX 남성들은 Y 염색체로부터 유래된 다른 부분을 가지고 있었지만, 이들 모두는 공통적으로 한 가지 특별한 유전자인 *SRY*를 가지고 있었다. 그렇지만, 성 전환된 XY 여성들의 Y 염색체는 항상 기능이 훼손된 *SRY* 유전자를 가지고 있었다. *SRY*를 포함한 Y 염색체 일부가 X 염색체로 대치되어 있거나 Y 염색체에 기능 상실된 돌연변이 *SRY* 사본을 가지고 있었다(그림 4.3). 그 이후 생쥐를 이용한 실험을 통해 정말로 *SRY*가 남성을 결정한다는 것을 확인하였다. 이 실험은 읽을거리 「빠르게 살펴보기」에 기술되어 있다.

SRY 유전자가 있으면 남성이 되고 *SRY*가 없으면 여성이 되는 이유는 무엇일까? 수정 후 약 6주 후에 SRY 단백질은 XY 배아에서 정소의 발달을 활성화 시킨다. 배아 정소는 남성 성 기관의 발달을 유발하고 여성 성 기관의 형성을 막는 호르몬을 분비한다. SRY 단백질이 없으면 정소 대신 난소가 발달하고 기본적으로 다른 여성 성 기관이 발달한다.

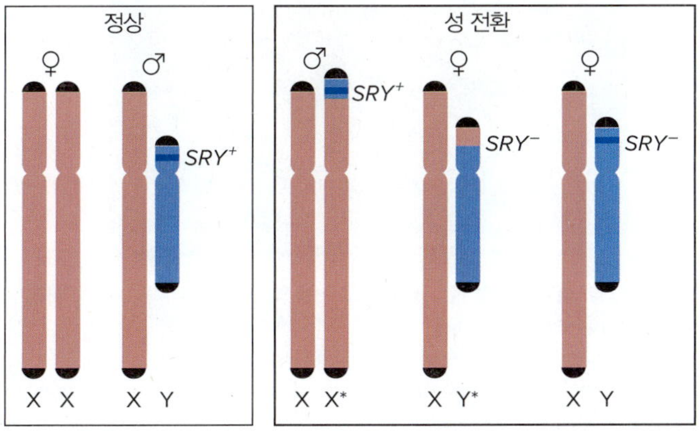

그림 4.3 성 전환. 성 전환된 XX 남성들은 그들의 X 염색체들 중 하나에 *SRY* 유전자를 포함하고 있는 Y 염색체 부분을 가지고 있다. 성 전환된 XY 여성들은 *SRY*가 결핍된 Y 염색체를 가진다. 이것은 *SRY* 부분이 X 염색체 부분으로 대체되어 있거나, *SRY* 유전자가 돌연변이로 불활성화 되어 있기 때문에 Y 염색체에 *SRY*가 없다[별표(*)는 X와 Y 염색체 사이의 비정상적인 전좌를 나타낸다. 14장에서 전위가 어떻게 일어나는지 보게 될 것이다].

인간의 X와 Y 염색체에는 성과 관련 없는 유전자도 존재한다

*SRY*는 인간 Y 염색체에 있는 약 50개의 단백질 암호화 유전자 중 하나이다. *SRY*와 정자 형성에 필요한 3개의 유전자는 **Y의 남성 특이적 부위**(male-specific region of the Y; MSY)에만 위치하고 유전체(genome)의 다른 곳에는 존재하지 않는다. 그러나 X 염색체에도 있는 여러 유전자들이 MSY 부위에 흩어져 존재한다. 이들 유전자는 몸 전체의 세포와 조직의 기능에 영향을 준다. 사실 X와 Y염색체 사이에 공유되는 유전자들 중 8개는 Y-연관 유전자 사본이 없으면 X 염색체의 단일 유전자 사본이 충분한 단백질을 생성시키지 못하기 때문에 남성의 생존에 필수적이다.

그림 4.4 인간의 성염색체는 공유 유전자와 독특한 유전자들을 모두 가지고 있다. PAR1과 PAR2(검은색)는 X와 Y 염색체들 간에 서로 상동인 부위로 약 30개의 유전자들을 포함한다. MSY 영역은 남성성 자체에 필요한 *SRY* 유전자, 남성 생식력에 필요한 유전자, 남성의 생존에 필요하며 X와 공유하는 유전자를 지닌다.

빠르게 살펴보기

형질전환 생쥐를 이용하여 SRY 유전자가 남성 성 결정자임을 증명하였다

거의 모든 포유류의 Y 염색체들에서 사람 *SRY* 유전자와 유사한 유전자들이 동정되었다. 1991년에 연구자들은 생쥐 형질전환 기술을 이용하여 *SRY*유전자가 남성을 결정하는 핵심인자라는 사실을 증명하였다. **형질전환**(transgenic) 생쥐는 자신의 유전체에 다른 개체(혹은 다른 종)에서 유래한 유전자 사본을 가지고 있는 생쥐이다. 이 유전자를 전달유전자라고 한다. *SRY* 유전자가 수컷 결정에 충분하다는 것을 확정하기 위하여, 연구자들은 염색체적으로 암컷 생쥐(XX)의 유전체로 생쥐 *SRY* 유전자 사본을 도입하려고 하였다. *SRY* 유전자가 수컷 결정에 핵심적인 요소라고 한다면, *SRY* 유전자가 도입된 XX 생쥐는 수컷으로 발달할 것이다. 우선, 과학자들은 10장에서 논의할 클로닝 기술을 이용하여 생쥐 *SRY* 유전자의 DNA를 분리하였다. 그런 다음에, **전핵 주입**(pronuclear injection)이라는 기술을 이용하여 상염색체 상에 *SRY* 유전자를 삽입시킨 형질전환 생쥐를 만들었다. 전핵 주입을 수행하기 위해 교미한 암컷 생쥐로부터 수정된 생쥐 난자들을 채취하였다. 그 다음에는 정자 혹은 난자의 핵(접합자에서 전핵이라고 함)으로 수백 개의 SRY 유전자 DNA 사본을 도입하였다(**그림 A**). 핵 내 효소들은 무작위적으로 유전체 부위 DNA를 삽입한다(그림 A).

유전자를 주입받은 접합자가 초기 배아로 성숙한 후에, 초기 배아를 대리모에 착상시킨다. 생쥐들이 태어날 때, 이들의 꼬리에서 세포들을 채취하여 분자생물학적 방법으로 SRY 전달유전자의 존재 여부를 검사한다.

그림 B의 오른쪽 사진은 이 실험에서 얻은 형질전환 생쥐(SRY를 도입한 형질전환 생쥐)를 보여준다. 이 생쥐는 염색체적으로 XX이지만, 표현형적으로 수컷이다. 결론적으로 수컷 결정은 *SRY* 유전자 하나로 충분하다는 것을 보여준다.

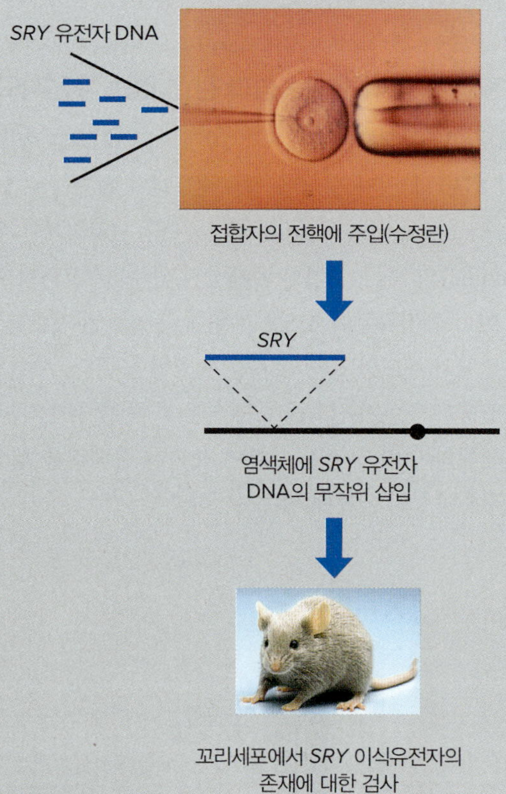

그림 A 전핵주입을 이용한 *SRY* 유전자의 형질전환 생쥐 생성.

Source: (top): ©Brigid Hogan; Howard Hughes Medical Institute; Vanderbilt University, (bottom): ©Charles River Laboratories

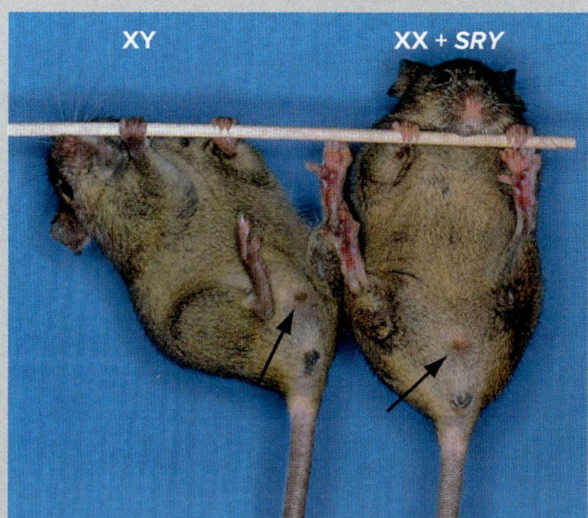

그림 B *SRY*로 형질전환된 XX 생쥐는 표현형적으로 수컷이다. 같은 배에서 함께 태어난 오른쪽의 형질전환된 XX 생쥐와 왼쪽의 정상 XY 생쥐 둘 다 정상 수컷 생식기를 가진다. 화살표는 생식기를 나타낸다.

Source: ©Medical Research Council/Science

Y 염색체의 양 말단은 **위상염색체 부위**(**p**seudo**a**utosomal **r**egion; PAR)이라고 불리는데, 그 이유는 X 염색체 양 말단에 상동 DNA 염기서열이 존재하기 때문이다(**그림 4.4**). 두 PARs (PAR1과 PAR2)에는 약 30개의 유전자가 포함되어 있으며 X와 Y 염색체에서 공통적으로 발견된다. 또한 PAR은 감수분열 I 동안 다른 X와 Y 염색체가 서로 짝을 이루도록 해준다. 일반적으로 X 염색체는 Y 염색체보

표 4.1 초파리와 사람에서 성 결정

	성염색체의 구성						
	XXX	XX	XXY	XO	XY	XYY	OY
초파리	치사	정상 암컷	정상 암컷	불임 수컷	정상 수컷	정상 수컷	치사
사람	거의 정상 여성	정상 여성	클라인펠터증후군 남성(불임, 키가 크고, 여윔)	터너증후군 여성(불임, 물갈퀴 목)	정상 남성	정상 혹은 정상에 가까운 남성	치사

사람은 초파리에 비해 여분의 X 염색체에 대한 내성이 높다(예: XXX). 이것은 다음 장에서 논의하겠지만 사람에서 여분의 X 염색체는 바 소체로 응축되기 때문이다. 초파리와 사람 모두에서 X 염색체가 없으면 치사한다. 여분의 Y 염색체는 두 종 모두에서 큰 영향을 미치지 않는다. 초파리에서 Y 염색체는 수컷을 결정하지는 않지만 생식력에 필요하다. 이로 인해 XO 초파리는 불임 수컷이다.

다 크기가 크며 약 850개의 단백질 암호화 유전자를 포함한다. Y 염색체의 유전자와 달리 대부분의 X 염색체 유전자는 성과 관련이 없다. 그들은 남성과 여성 모두에게 필요한 단백질을 암호화하고 있다. X 염색체와 Y 염색체가 여러 유전자를 공유한다는 사실은 Y 염색체가 고대 포유류의 X 염색체에서 진화했음을 의미한다. Y 염색체가 되는 과정에서 X 염색체는 남성에게 특정 기능을 부여하는 *SRY*와 같은 유전자를 제외하고는 거의 모든 유전자를 점차적으로 잃어버렸다.

성을 결정하는 기작이 매우 다양하다

다른 종들은 XX 대 XY 염색체의 성 결정 전략에 대한 다양한 변이들을 보여준다. 예를 들어, 초파리에서는 정상 암컷은 XX이고, 정상 수컷은 XY이다. 그러나 X 염색체 수(Y 염색체의 존재 여부가 아님)에 의해 최종적인 개체의 성이 결정된다. 똑같은 비정상적인 염색체 조성에 대한 반응이 사람과 초파리에서 다르다는 것(**표 4.1**)은 초파리와 사람의 성 결정 기작이 다르다는 것을 보여준다. XXY 초파리는 X 염색체가 2개이므로 암컷이다. 그러나 XXY 사람은 Y 염색체가 있기 때문에 남성이다. 대조적으로, X 염색체가 하나인 XO 초파리는 수컷이지만, Y 염색체가 없는 XO 사람은 여성이다.

성 결정의 'XX = 여성 / XY = 남성' 전략이 보편적인 것은 아니다. 예를 들어, 나방류 일부 종에서 암컷은 XX이고, 수컷은 XO이다. 예쁜꼬마선충(*C.elegans*; 선충류의 일종)에서 XO는 비슷하게 수컷이지만, XX 개체는 암컷이 아니고, 난자와 정자를 모두 생성할 수 있는 자웅동체이다. 조류와 나비류에서, 수컷은 같은 성염색체 쌍을 가지고 있지만, 암컷은 일치되지 않는 성염색체 쌍을 가진다. 이러한 종들에서 유전학자들은 성염색체를 수컷은 ZZ, 암컷은 ZW로 표시한다. 두 개의 성염색체가 다른 성을 **이형배우자 성**(heterogametic sex)이라고 하며, 이들은 두 종류의 배우자를 생성한다. 반대로, 두 개의 유사한 성염색체를 가진 성을 **동형배우자 성**(homogametic sex)이라 한다. 이형배우자 성의 배우자는 남성 인간의 경우 X 또는 Y를 포함하고 암컷 조류의 경우 Z 또는 W를 포함하는 반면, 동형배우자적 성의 배우자는 오직 하나의 X(인간) 또는 Z(새)를 지닌다. 그러나 어떠한 종들에는 특이한 성염색체가 전혀 없다. 예를 들어, 암컷과 수컷 벌과 말벌은 같은 종류의 염색체를 가지고 있지만 암컷은 이배체이고 수컷은 반수체이다. 대조적으로, 특정 어류의 수컷과 암컷은 동일한 유형뿐만 아니라 동일한 수의 염색체를 가지고 있다. 대신에 성은 온도 변화와 같은 환경에 의해 결정된다. **표 4.2**는 서로 다른 종들이 성을 결정하는 문제를 해결한 방식의 다양성을 보여 준다.

표 4.2 성 결정 기작

	♀	♂
사람과 초파리	XX	XY
나방과 예쁜꼬마선충	XX (예쁜꼬마선충에서는 자웅동체)	XO
조류와 나비류	ZW	ZZ
꿀벌과 장수말벌	이배체	반수체
도마뱀과 악어	차가운 온도	따뜻한 온도
육상거북과 바다거북	따뜻한 온도	차가운 온도
아네모네 물고기	나이가 든 성체	젊은 성체

위의 3개의 행에 표시된 종에서 성 결정은 성염색체에 의해 결정된다. 아래 4개의 행에 표시된 종들에서는 두 성의 염색체들은 서로 동일하며, 성은 환경적 혹은 다른 요인에 의해 결정된다. 아네모네 물고기(가장 아래 줄)는 나이가 듦에 따라 수컷에서 암컷으로 성이 전환된다.

핵심 개념 4.1

- 유성생식을 하는 많은 생물들은 성에 따라 다르고 성을 결정하는 성염색체를 지닌다.
- 인간의 경우 남성의 성 결정은 *SRY*라는 Y-연관 유전자에 의해 이루어진다. 여성의 성 결정은 특정신호가 없는 상태로 XX 배아에서 발생한다.
- 성 결정 기작은 매우 다양하다. 일부 종에서 성은 특정 염색체가 아니라 환경적 요인에 의해서 결정된다.

4.2 배우자형성

학습 목표

1. 인간의 난자형성과 정자형성 과정을 비교한다.
2. 배우자형성의 단계별 과정에서 인간의 여성 및 남성 생식 계통 세포에서 성염색체 조성을 구분한다.

유성생식으로 번식하는 모든 동물에서, 배아 생식세포[전체를 **생식계통**(germ line)이라고 함]들은 유사분열을 통해 특수화된 이배체 세포들의 집단을 생성한다. 다른 생물학적 과정과 마찬가지로, **배우자형성**(gametogenesis) 과정에서도 일반적인 형태에서 벗어난 다양한 변이들이 관찰된다. 일부 종들에서는 감수분열 결과로 생성된 반수체 세포 자체가 배우자로 된다. 반면에 다른 종들에서는 이 세포들이 특정 분화 과정을 거친 후에 비로소 생식세포로서 기능을 얻게 된다. 더욱이 일부 종에서는, 단일 감수분열에서 생성되는 4개의 반수체 모두가 배우자가 되는 것은 아니다. 배우자 형성은 감수분열 자체의 결과는 물론 감수분열 이전 혹은 이후에 일어나는 세포학적 사건들에 의해 특징지어진 반수체 배우자를 형성한다.

여기서는 인간의 난자 및 정자 형성 과정을 중심으로 배우자형성 과정을 살펴본다. 다른 종들의 배우자형성에 대한 내용들은 이 책 전반에 걸쳐 특정 실험적 연구들을 논의하는 과정에서 자세히 살펴본다.

인간의 난자 발생은 한 개의 1차 난모세포에서 하나의 난자를 생성한다

인간의 난자형성의 최종 산물은 초기 배아를 유지할 수 있을 정도로 영양분을 풍부하게 포함하고 있는 커다란 **난자**(ovum)이다. **난자형성**(oogenesis, **그림 4.5**)이라고 하는 과정은 난소에서 **난원세포**(oogonia, 단수 oogonium)가 급속하게 유사분열하여 수많은 **1차 난모세포**(primary oocyte)를 생성하고, 그 후에 이들이 감수분열로 들어간다.

각 1차 난모세포가 감수분열 I을 진행하면 크기가 다른 두 딸세포를 생성하기 때문에 이 분열은 비대칭적이다. 두 딸세포 중 큰 세포, 즉 **2차 난모세포**(secondary oocyte)는 세포질의 95% 이상을 물려받는다. 다른 작은 자매세포는 **제 1극체**(first polar body)라고 한다. 감수분열 II 동안, 2차 난모세포는 다시 비대칭 분열을 수행하여 큰 반수체 **난자**(ovum)와 작은 반수체 **제 2극체**(second polar body)를 생성한다. 그렇지만 제 1극체가 분열하여 두 반수체 극체를 생성하는 경우는 흔하지 않다. 뚜렷한 기능이 없는 2개(혹은 드물게 3개)의 극체들은 붕괴되고, 1개의 큰 반수체 난자만이 기능적인 배우자 역할을 수행한다. 따라서 단일 감수분열에서 생성된 3개(드물게 4개)의 산물들 중 한 개만이 여성 배우자 역할을 한다. 정상적인 사람의 난자는 22개 상염색체와 1개의 X 성염색체를 가진다.

난자형성은 태아기에 시작된다. 임신 후 6개월이 지나면, 완전한 태아 난소가 형성된다. 이 난소에는 전기 I의 복사기에 멈추어진 상태로 있는 50만 개 정도의 1차 난모세포들이 포함되어 있다. 지난 수십 년 동안, 여성들은 상동염색체들이 접합된 상태로 있는 이 세포들로부터 평생 동안 난자를 생성한다고 알려져 왔다. 그렇다면 여성 신생아는 평생 동안 배란할 모든 난자를 가지고 태어날 것이다. 놀랍게도 최근의 연구결과는 오랜 기간 유지된 이 설에 대한 의문을 제기하고 있다. 과학자들은 배양접시에서 성체 난소에서 분리한 생식계통 시원세포들을 이용하여 새로운 난자를 만들었다. 그렇지만 이 난자들이 생존할 수 있는지 혹은 이 생식계통 세포들이 성체에서 난자를 생성하는지에 대해서는 아직까지 알려져 있지 않다.

대부분 여성들은 약 12세가 되는 사춘기부터 약 30~40년 후가 되는 폐경기까지 매달(두 난소가 번갈아 가면서) 1개의 1차 난모세포를 방출한다. 여성들은 생식 가능한 연령까지 약 480개의 난자를 방출하고, 잔여 1차 난모세포들은 폐경기를 거치는 동안 퇴화된다. 배란에서, 방출된 난자는 감수분열 I을 완성한 후 감수분열 II의 중기까지 진행한다. 만약 난자가 정자를 받아들여 수정된다면, 난자는 빠르게 감수분열 II를 완성한다. 정자와 난자의 핵은 융합되어 접합자 핵을 형성한다. 접합자는 유사분열로 분열하여 기능적인 배를 형성한다. 대조적으로, 미수정난은 월경주기의 월경 기간에 체외로 방출된다.

30대, 40대, 50대에 이른 여성들로부터 방출된 난자들은 감수분열이 완성되기 전까지 오랜 시간 간격이 있다. 감수분열을 완성하는 데 걸리는 기간인 산모 나이와 삼염색체성을 포함한 감수분열 실수와 밀접한 상관관계가 있다. 예를 들어, 20대 중반인 산모로부터 21번 삼염색체성 다운증후군을 가진 신생아가 태어날 확률은 0.05% 정도이다. 출산은 연령이 높을수록 그 위험률은 급격히 증가하여, 35세는 0.9%, 45세는 3%로 증가한다. 만일 모친이 태어나기 전에 감수분열이 완성되었다면, 산모 나이와 연관된 위험률 증가는 기대하기 어렵다.

인간의 정자형성은 한 개의 1차 정모세포로부터 4개의 정자를 생성한다

정자의 형성 혹은 **정자형성**(spermatogenesis, **그림 4.6**)은 남성 정소에 있는 **정원세포**(spermatogonia)라고 하는 생식세포로부터 시작된다. 정원세포가 유사분열을 통해 많은 이배체 세포, 즉 **1차 정모세포**(primary spermatocyte)들을 생성한다. 1차 난모세포와는 달리, 1차 정모세포는 대칭적인 감수분열 I을 수행하여 2개의 **2차 정모세포**

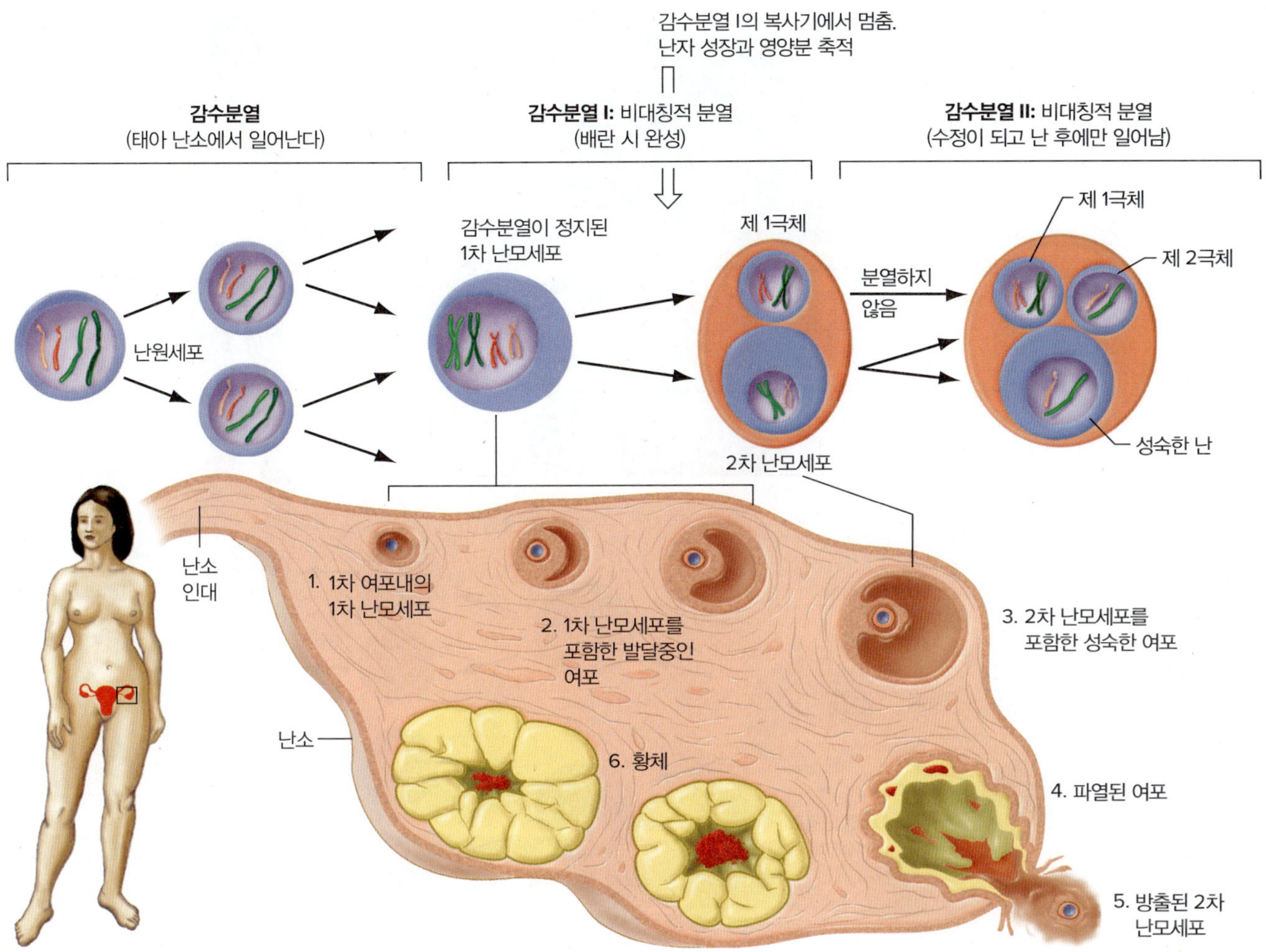

그림 4.5 인간의 경우, 난자형성은 태아 난소에서 시작되어 감수분열 전기 I에 정지되어 있다. 태아 난소에는 감수분열 I의 복사기 단계에 있는 약 500,000개의 1차 난모세포들이 들어 있다. 월경 주기 동안 방출된 난자가 수정되면 감수분열이 완성된다. 감수분열로 생성된 3개(드물게 4개) 중 1개 세포만이 기능적인 배우자, 즉 난자로 기능을 한다.

(secondary spermatocyte)들을 생성한다. 각각의 2차 정모세포들은 다시 대칭적 감수분열 II를 수행한다. 감수분열이 종결되면, 1차 정모세포는 4개의 동등한 반수체의 **정세포**(spermatid)를 생성한다. 이 정세포들은 독특한 채찍 모양의 꼬리를 발달시키고 머리 부분에는 염색체 물질을 응축하는 과정을 통해 성숙된다. 정세포들은 이러한 성숙과정을 거치고 나면 기능적인 **정자**(sperm)로 전환된다. 사람 정자는 수정될 대상인 난자에 비해 크기가 매우 작으며, 22개 상염색체와 X 혹은 Y 성염색체를 가진다.

정자형성 시기는 근본적으로 난자형성 시기와 다르다. 1차 정모세포가 정세포로 변환되는 감수분열은 사춘기에 도달한 후에 시작된다. 그러나 남성에서 감수분열은 평생 동안 지속된다. 정자형성 전 과정은 48~60일 정도 소요된다. 감수분열 I을 완성하는데 16~20일, 감수분열 II를 완성하는 데 16~20일, 정세포에서 기능적인 정자로 성장하는 데 16~20일이 소요된다. 사춘기 후 각 정소는 평균 수백만 개 정자가 생성되고 있는 상태에 있다. 한번 사정 시 3억 개 이상의 정자가 방출된다. 남성은 평생 동안 수백억 개 이상의 정자를 생성하는데, X 염색체와 Y 염색체를 지닌 정자들이 거의 같은 수로 생성된다.

핵심 개념 4.2

- 이배체 생식세포의 전구체는 유사분열에 의해 증식한 다음 감수분열을 거쳐 반수체 배우자를 생성한다.
- 인간 여성은 감수분열 전기 I에서 정지된 난모세포를 가지고 태어난다. 감수분열은 배란 시에 재개되지만 수정될 때까지 완료되지 않는다. 정자형성은 사춘기에 시작되어 남성의 일생 동안 계속 진행된다.
- 난자생성에서 두 번의 감수분열은 비대칭적으로 일어난다. 그 결과 1차 난모세포는 하나의 난자를 생성한다. 정자생성에서 두 번의 감수분열은 대칭적으로 일어나 1차 정모세포로부터 4개의 정자가 생성된다.
- 모든 인간 난모세포에는 하나의 X 염색체가 있다. 인간의 정자에는 X 또는 Y가 포함되어 있다.

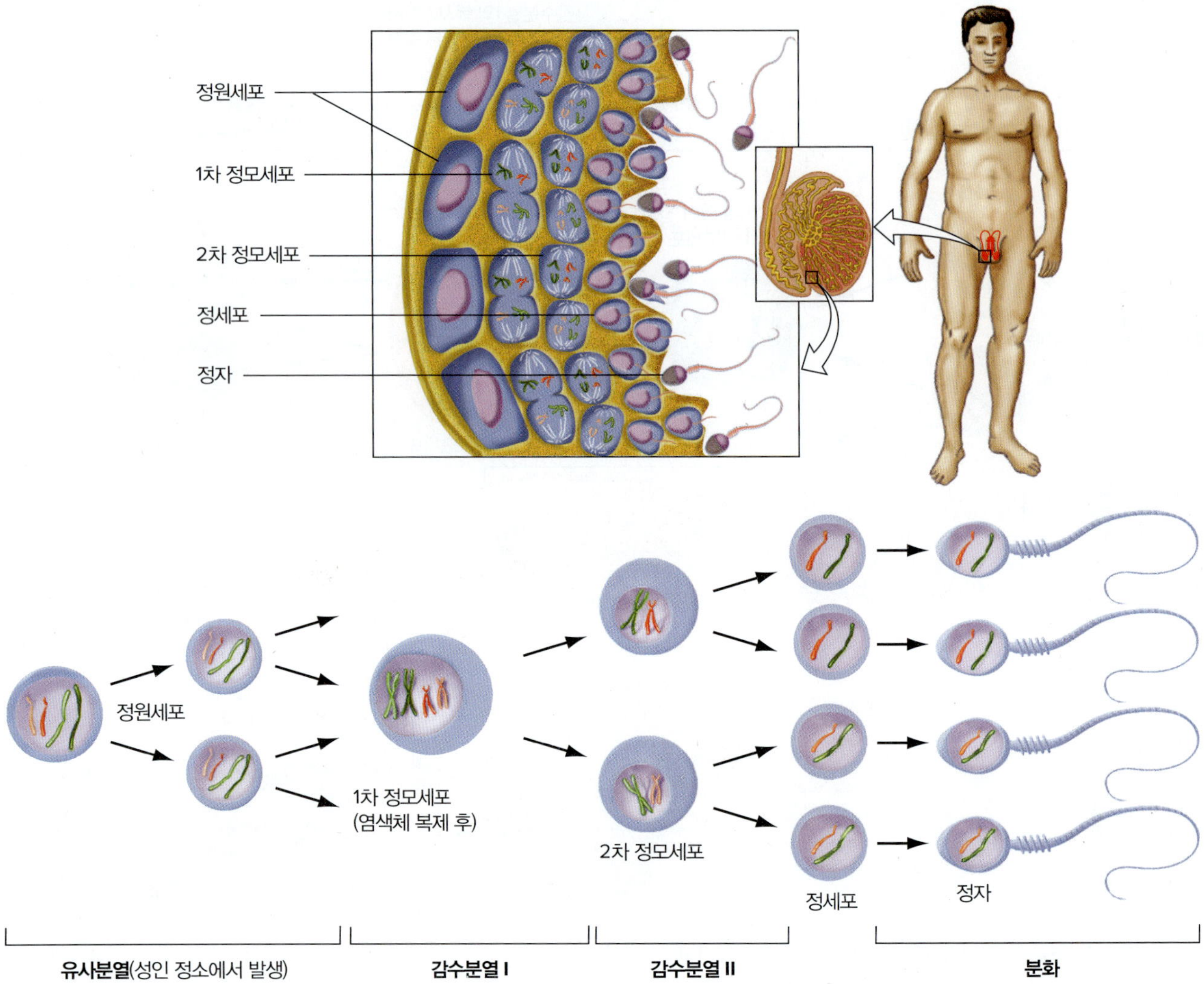

그림 4.6 인간의 정자는 사춘기 이후 정소에서 지속적으로 생성된다. 정원세포는 인간 정소 내 세정관의 바깥쪽에 위치한다. 정원세포가 분열하여 1차 정모세포를 생성하면, 연속되는 정자형성 단계, 즉 정모세포의 감수분열과 정세포에서 정자로 성숙되는 과정들은 세정관의 중앙 부위에서 연속적으로 진행된다. 성숙한 정자는 사정을 위해 세정관의 중심 내강으로 방출된다.

4.3 성 연관

학습 목표

1. 교배 결과로부터 성 연관 형질인지 아닌지를 추론한다.
2. 성염색체의 비분리와 관련된 표현형을 예측한다.

1902년에 월터 서턴(Walter Sutton)은 유전자가 염색체에 포함되어 있다는 생각(염색체 유전 이론)을 제안하였다. 당시 그의 증거는 두 가지 추론으로 구성되었다. 첫째, 3장에서 보았듯이 감수분열 동안 염색체의 행동은 멘델의 유전법칙과 상관관계가 있으며 설명할 수 있다. 유사분열, 감수분열 및 배우자 형성의 사건은 유전물질에 대해 예상하는 바와 같이 시간이 지남에 따라 종의 모든 구성원의 체세포에서 일정한 수의 염색체를 보장한다. 둘째, 이 장의 앞부분에서 언급했듯이 성적 형태는 특정 염색체인 성염색체의 유전과 관련이 있다.

그러나 서턴의 증거는 대부분 정황이었으므로 많은 과학자들은 아직 염색체 이론을 사실로 받아들이지 않았다. 그들은 성은 완두콩 색깔, 완두콩 모양 또는 다른 표현형과 근본적으로 다른 독특한 특성일 수 있다고 주장했다. 따라서 그 당시의 유전학자들은 성이 아닌 다른 특성의 전달이 현미경으로 식별할 수 있는 특정 염색체의 전달과 상관관계가 있는지 여부를 보고자했다.

성 연관 형질에 대한 유전자는 X 염색체에 있다

염색체설의 실험적인 기초를 확고히 하는 연구들을 주도했던 사람은 발생학 전문가인 미국의 실험생물학자 토머스 헌트 모건(Tomas Hunt Morgan)이다. 모건은 과실 초파리인 **노랑초파리**(*Drosophila melanogaster*)를 사용하여 연구를 수행하였다. 그는 노랑초파리를 번식력이 강하고 세대가 짧기 때문에 연구 대상으로 선택하였다. 노랑초파리는 수정란에서 수백 마리의 자손을 생산할 수 있는 성체로 발생하는 데 12일 정도면 충분하다. 모건은 바나나 반죽으로 배지를 만들어 빈 우유병에 초파리들을 넣고 솜으로 막아 사육하였다.

1910년에 붉은 벽돌색 눈을 가진 초파리 집단에서 우연히 수컷 흰색 눈 초파리 한 마리를 발견하였다. 이것은 눈 색깔을 결정하는 유전자가 변화된 돌연변이로서, 붉은색을 암호화하는 정상 야생형 대립유전자가 흰색을 생성하는 새로운 대립유전자로 변화된 것이라 생각하였다. 모건이 흰색 눈 수컷과 붉은색 눈 자매 초파리를 교배하였을 때, F_1 세대에서 생성된 모든 초파리들은 붉은색 눈이었다. 분명히 붉은색 눈 대립유전자는 흰색 눈 대립유전자에 대해 우성이었다(**그림 4.7**, 교배 A).

그는 초파리 유전학자들을 위한 명명법을 확립하였다. 비정상적인 흰색 눈을 가지도록 하는 돌연변이를 *white* 유전자라고 명명하였다. *white* 유전자의 정상 야생형 대립유전자는 약자로 w^+로 표시하며 붉은색 눈의 대립유전자이다. 반면에 대응되는 돌연변이체 w 대립유전자는 흰색 눈의 표현형을 가진다. 위첨자 +는 야생형을 나타낸다. 유전자 이름과 소문자 약어를 사용하여 모건은 돌연변이 w 대립유전자가 야생형 w^+에 열성임을 나타내었다. 만약 돌연변이가 우성 비야생형 표현형을 생성한다면, 유전자 이름 혹은 약자의 첫 문자를 대문자로 표기한다. 막대(*Bar*) 눈으로 알려진 돌연변이는 야생형 Bar^+ 대립유전자에 대해 우성이다.

성 연관의 발견

모건은 계속해서 F_1 세대의 붉은색 눈 수컷과 붉은색 눈 자매초파리를 교배하여(그림 4.7, 교배 B), 예측한대로 F_2 세대에서 3:1의 비로 붉은색 눈과 흰색 눈을 가진 초파리들을 얻을 수 있었다. 그러나 분

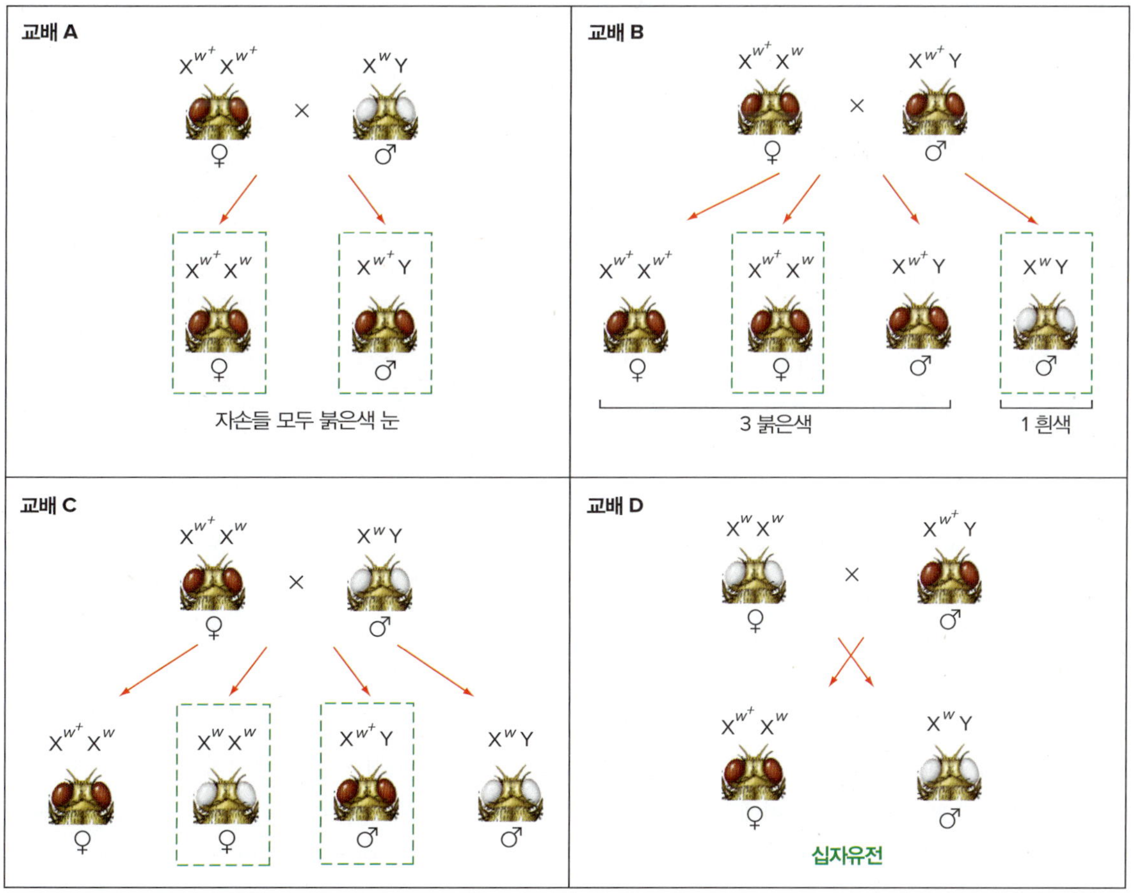

그림 4.7 초파리에서 눈 색깔을 결정하는 유전자는 X 염색체에 위치한다. 이 교배실험들을 통해 모건은 *white* 대립유전자의 유전을 X-연관으로 설명하였다. 녹색 점선 사각형으로 표시한 교배 A, B, C의 자손들은 연속된 다음 교배에서 부모로 사용된 개체들이다.

리 양상이 다소 비틀어져 나타났다. 붉은색 눈 자손들은 수컷 한 마리당 암컷 두 마리 정도였고, 흰색 눈 자손 모두는 수컷이었다. 이 결과는 2장과 3장에서 논의한 멘델 형질들이 두 성에 동등하게 전달되는 양식과는 놀랍게도 달랐다. 이 초파리들에서는 표현형 비가 수컷과 암컷에서 다르게 나타났다.

F_2 세대의 붉은색 눈 암컷과 그들의 흰색 눈 수컷을 교배하여(그림 4.7, 교배 C), 모건은 흰색 눈을 가진 암컷 초파리들을 얻을 수 있었다. 이렇게 얻은 흰색 눈 암컷과 붉은색 눈 야생형 수컷과 교배하였다(그림 4.7, 교배 D). 그 결과로 생성된 자손들 중 암컷은 모두 붉은색 눈이었고, 수컷은 모두 흰색 눈이었다. 교배 D에서 보여준 유전양식을 **십자유전**(crisscross inheritance)이라고 한다. 이는 수컷들은 모친을 통해 눈 색깔을 물려받고, 암컷들은 부친을 통해서 눈 색깔을 물려받기 때문이다. 그림 4.7에서 보는 것처럼 상호교배인 붉은색 눈 암컷 × 흰색 눈 수컷(교배 A), 흰색 눈 암컷 × 붉은색 눈 수컷(교배 D)의 결과들이 동일하지 않다. 이러한 결과 또한 멘델의 발견과는 대조적이다.

이러한 결과로부터, 모건은 눈 색깔을 결정하는 *white* 유전자는 **X-연관**(X-linked), 즉 X 염색체상에 존재한다고 결론을 내렸다(유전자와 대립유전자의 기호는 이탤릭체로 쓰고, 염색체의 기호는 그렇지 않음을 명심해야 한다). Y 염색체상에는 눈 색깔을 결정하는 유전자에 대한 대립유전자가 없다. 따라서 수컷은 유전자의 한 복사본만을 가지며, 이 유전자는 모친의 X 염색체를 통해 물려받는다. 수컷의 Y 염색체는 부친으로부터 물려받는다. 그러므로 수컷은 눈 색깔 유전자에 대해 **반접합성**(hemizygous)이다. 이것은 수컷 이배체 세포들은 모친의 2개의 X 염색체에 의해 운반되는 대립유전자 수의 절반만을 가지기 때문이다.

수컷 X 염색체상에 위치한 단일 *white* 유전자가 야생형 w^+ 대립유전자이면, 이 초파리는 붉은색 눈이고 유전자형은 $X^{w^+}Y$로 표시한다(여기서 특정 유전자가 X 염색체에 연관되었다는 것을 강조하기 위하여, 염색체[X 혹은 Y]가 지니고 있는 대립유전자와 함께 표기한다). $X^{w^+}Y$ 수컷과는 대조적으로 X^wY 수컷은 흰색 눈 표현형을 가진다. 두 X 염색체를 가진 암컷은 세 유전자형 중 하나를 가질 것이다 [X^wX^w(흰색 눈), $X^wX^{w^+}$(w^+가 w에 대해 우성이기 때문에 붉은색 눈), $X^{w^+}X^{w^+}$(붉은색 눈)]. 그림 4.7에서 보는 것처럼, 눈 색깔 유전자가 X 연관이라는 모건의 가정은 그의 교배실험 결과를 잘 설명해 준다. 예를 들어, 십자유전 현상은 흰색 눈 모친(X^wX^w)의 수컷 자손의 X 염색체는 w 대립유전자만을 가지기 때문에 생기며, 이에 따라 수컷 자손은 흰색 눈을 가진다. 반면에, 붉은색 눈 부친($X^{w^+}Y$)의 암컷 자손은 부친으로부터 w^+를 가진 X 염색체를 받기 때문에 붉은색 눈을 가진다.

성염색체의 비분리

모건의 연구는 눈 색깔에 대한 유전자가 X 염색체상에 위치한다는 가설을 강력히 지지하였지만, 그의 유능한 제자 중 한 명인 캘빈 브리지스(Calvin Bridges)가 또 다른 중요한 증거를 발견할 때까지는 그 자신도 이를 확신하지 못했다. 브리지스는 모건이 수행했던 흰색 눈 암컷과 붉은색 눈 수컷 간의 교배를 대규모로 반복 수행하였다. 기대했던 것처럼, 이 교배에서 생성된 자손들은 대부분 붉은색 눈 암컷과 흰색 눈 수컷 자손들이었다. 그렇지만, 평균 2,000마리의 수컷 중 1마리 정도는 붉은색 눈이었다. 마찬가지로 암컷들 중에서도 같은 빈도로 흰색 눈이 관찰되었다.

브리지스는 이러한 예외적인 사건이 암컷에서 감수분열 동안 X 염색체들이 적절하게 분리되지 못하는 희귀한 실수 때문에 생긴다고 가정하였다. 그는 이러한 염색체 분리실수를 비분리(nondisjunction)라고 명명하였다. **그림 4.8a**에 나타낸 것처럼, 비분리가 일어나면 일부 난자들은 2개의 X 염색체를 가지게 되고, 다른 난자들은 X 염색체를 전달받지 못한다. 염색체적으로 비정상적인 난자가 수정되면 4종류의 접합자들을 생성한다[XXY(난자로부터 2X와 정자로부터 1Y), XXX(난자로부터 2X와 정자로부터 1X), XO(정자로부터 1X를 받지만 난자로부터 성염색체를 받지 않음) 그리고 OY(정자로부터로만 성염색체를 받음)].

브리지스는 그가 수행한 대규모 교배실험에서 생성된 희귀한 흰색 눈 암컷의 성염색체를 조사하여, 이들이 실제로 XXY 개체들임을 발견하였다. 이 개체들은 흰색 눈 X^wX^w 모친으로부터 2개의 X 염색체와 함께 2개의 w 대립유전자를 물려받은 것이 틀림없었다. 대규모 교배로부터 생성된 예외적인 붉은색 눈 수컷은 XO였다. 눈 색깔에서부터 이들은 $X^{w^+}Y$ 부친으로부터 그들이 가지고 있는 유일한 성염색체를 물려받았을 것임을 알 수 있었다. 이 연구에서 *white* 유전자의 대립유전자들의 전달은 희귀한 감수분열 실수 동안 일어나는 X 염색체의 행동과 일치하였다. 이는 눈 색깔을 결정하는 유전자는 X 염색체에 위치한다는 것을 말해 준다. 이 결과들은 또한 암컷에서 비분리로 기대되는 2개의 또 다른 비정상적인 성염색체 핵형을 가진 접합자(XXX와 OY)들은 배 발생 동안 치사하기 때문에 자손을 생성하지 못한다는 사실도 제시해 주었다.

XXY 흰색 눈 암컷은 정상적인 2개의 성염색체 대신에 3개의 성염색체를 가지기 때문에 브리지스는 4종류의 난자를 생성할 것이라고 생각하였다. XY와 X 혹은 XX와 Y(**그림 4.8b**). 감수분열 동안 세 염색체가 쌍을 이루고 분리될 때, 두 염색체는 한 쪽 극으로 이동하고 다른 한 염색체는 반대 극으로 이동해야 한다는 것을 상기하면서 이 4종류의 난자형성을 상상할 수 있다. 이러한 분리로 얻을 수 있는

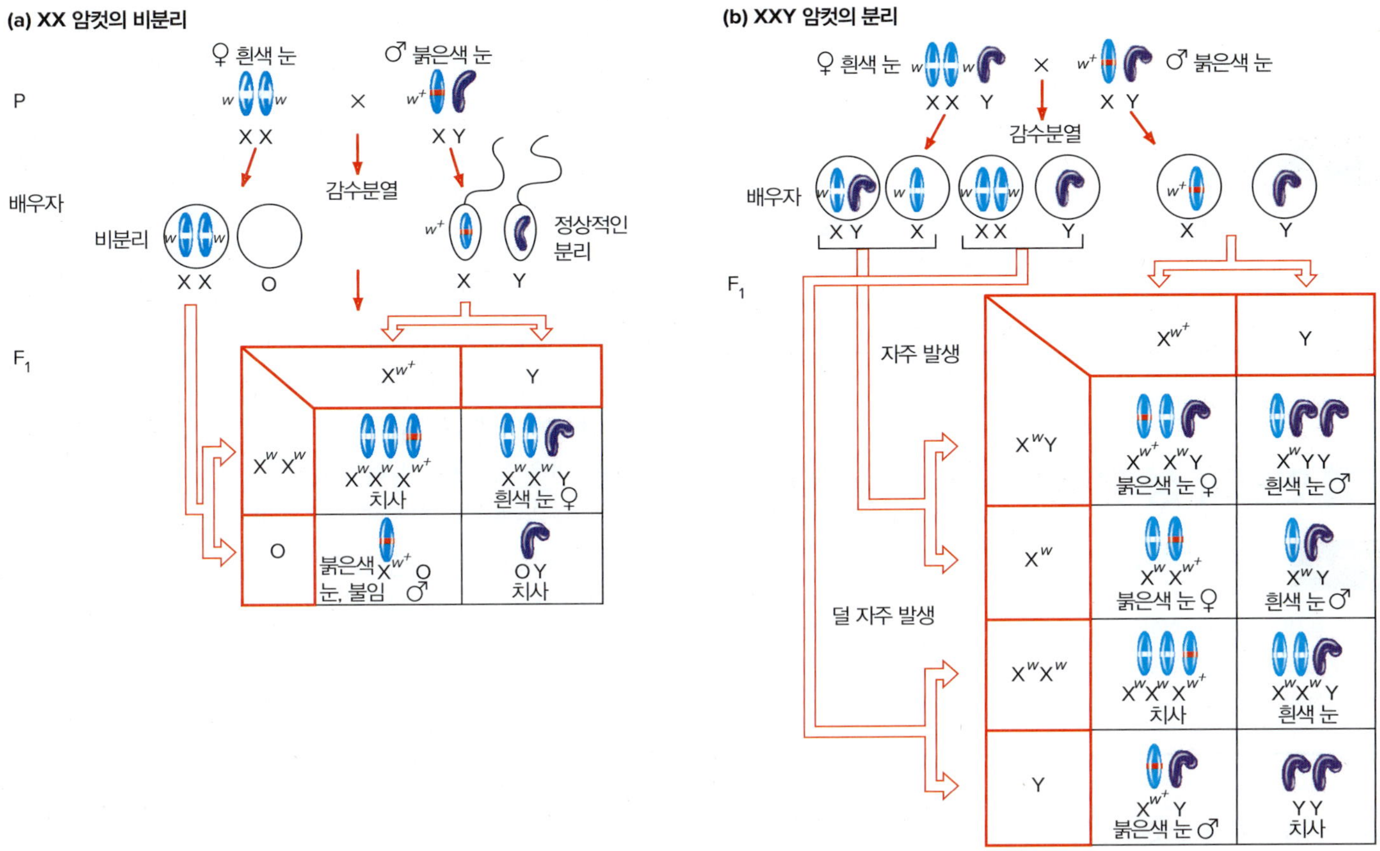

그림 4.8 비분리: 감수분열에서 드문 실수들은 염색체설을 확고히 하는 데 도움을 주었다. (a) XX 암컷에서 드문 비분리 현상으로 XX와 O 난자들이 생성된다. 암컷에서 정상적인 분리 결과는 나타내지 않았다. XO 수컷들은 분실된 Y 염색체가 초파리 수컷의 완전한 생식에 필요하기 때문에 생식력이 없다. (b) XXY 암컷에서 3개의 성염색체는 두 가지 방식으로 쌍을 이루어 분리된다. 그 결과 비정상적인 성염색체 구성을 가진 자손들이 생성된다.

결과는 오직 두 가지다[하나의 X와 Y가 한쪽 극으로 가고 다른 X는 다른 극으로 간다(XY와 X 배우자 형성), 혹은 두 X가 한쪽 극으로 가고 Y가 반대 쪽 극으로 간다(XX와 Y배우자 형성)]. 두 시나리오 중 첫 번째가 더 빈번하게 일어난다. 이는 두 상동 X 염색체들은 쉽게 서로 쌍을 이루어 1차 감수분열 동안 반대 극으로 이동할 확률이 높기 때문이다. 두 번째 시나리오는 두 X 염색체들의 상을 이루지 못한 경우에만 일어나기 때문에 그 가능성은 매우 낮다.

연이어서 브리지스는 XXY 암컷에서 생성된 4종류의 난자들을 정상 정자와 수정시키면 자손에서 특정한 눈 색깔 표현형과 관련된 성염색체 핵형들을 정리할 수 있다고 예견하였다. 브리지스는 수많은 자손들의 눈 색깔과 성염색체를 분석함으로써 그의 예견들이 옳다는 것을 증명하였다. 예를 들어, 그림 4.8b의 교배에서 생성된 흰색 눈 암컷들 모두는 2개의 X 염색체와 1개의 Y 염색체를 가지고 있었다. 반면에, 흰색 눈 수컷들 중 절반은 1개의 X 염색체와 2개의 Y 염색체를 가지고 있었다. 브리지스가 공들여서 이룩한 관찰들은 특정 유전자들이 특정 염색체상에 실제적으로 존재한다는 명백한 증거를 제공하였다.

염색체설은 유전자 행동의 여러 양상들을 수렴해 준다

멘델은 유전자들이 세포에 위치한다고 가정하였다. 염색체설에서 유전자는 세포 내의 특정한 구조로 위치하고, 양자택일적인 대립유전자를 물리적으로 대응되는 상동염색체로 설명하였다. 이런 방법으로 염색체설은 멘델의 법칙을 설명할 수 있었다. 감수분열의 기전은 상동염색체의 쌍이 서로 다른 배우자로 분리되도록 보장해 주며(드물게 비분리 현상도 나타나지만), 멘델의 제1법칙에 의해 예견되는 대립유전자의 분리를 잘 설명해 준다. 각 상동염색체 쌍은 감수분열 I에서 서로 독립적으로 배열하기 때문에 다른 염색체상에 있는 대립유전자들은 멘델의 제2법칙의 예견처럼 독립적으로 분리된다.

염색체설은 돌연변이, 즉 특정 유전자의 자연발생적 변화에 의한 새로운 대립유전자의 생성도 설명해 준다. 생식세포 계통에서 돌연변이가 일어났다면, 돌연변이는 다음 세대로 전달된다.

마지막으로, 다세포 생물의 모든 세포들은 배아와 출생 후에 일어나는 유사분열을 통해 동일한 염색체를 물려받는다. 수정 시 난자와 정자로부터 물려받은 접합자로서 모든 세포들은 각 유전자에 대해 동일한 모계 대립유전자와 부계 대립유전자를 가진다. 이러한 방식으로, 한 개체의 유전체(개체가 가진 염색체들과 유전자)는 평생에 걸쳐 일정하게 유지된다.

핵심 개념 4.3

- 초파리 눈 색깔의 유전 현상은 흰색 유전자가 X 염색체에 있음을 보여준다.
- 감수분열 중 드물게 일어나는 비분리 현상은 염색체가 추가되거나 결실된 배우자를 생성시킨다.

4.4 인간의 성 연관과 성적 이형 형질

학습 목표

1. 가계 분석에서 인간의 형질이 X-연관인지 상염색체인지 결정한다.
2. 인간 세포의 XX 및 XY 핵에서 X-연관 유전자량 차이를 어떻게 보상하는지 설명한다.

녹색과 적색을 구분하지 못하는 사람은 정원의 꽃들 중에서 미세한 변이를 가진 녹색 잎들과 담홍색, 진홍색, 자홍색 꽃들을 구별할 수 없다. 혹은 적색으로 피복된 금속 줄과 녹색으로 피복된 금속 줄을 구분해야 하는 복잡한 전기 회선 작업을 수행할 수 없다. 이런 사람은 적록색맹의 한 형태를 물려받았다. 적록색맹은 가족 내에서 열성 형질로 유전되며 남성에서 더 높게 발현된다. 북미와 유럽의 백인들 중에 남성들의 8%, 여성들의 0.44% 정도가 이 시각장애를 가지고 있다. **그림 4.9**는 적록색맹인 사람과 정상인에게 실제 보이는 현상을 비교하였다.

1911년에 유전의 염색체설을 확립하는 데 공헌한 윌슨(E.B. Wilson)은 색맹 연구와 당시까지 밝혀진 X와 Y 염색체에 의한 성 결정 기전을 조합하여, 최초로 사람의 유전자를 특정 염색체로 할당하였다. 윌슨은 적록색맹이 외할아버지로부터 정상시력인 보인자 어머니를 통해 거의 50% 손자들로 전달되기 때문에 그 형질을 지배하는 유전자는 X 염색체상에 있다고 하였다.

윌슨은 남성이 X-연관(성 연관이라고도 함) 유전자 모두에 대해 단 하나의 사본만 가지고 있다고 추론했다. 따라서 그들은 반접합체이다. 남성이 영향을 받기 위해서는 어머니로부터 단 하나의 열성 대립유전자만을 물려받아야 하기 때문에, 열성 X-연관 대립유전자에 의해 야기되는 현상이 남성에서 더 빈번할 것이다. 색맹과 같은 형질은 일반적으로 한 세대를 건너뛰어 나타나는데, 그 이유는 영향을 받은 남성이 X-연관 색맹 대립유전자를 딸에게만 전달하기 때문에 영향을 받지는 않지만(보인자) 그 색맹 대립유전자는 그녀의 아들에게 전달할 수 있기 때문이다(**그림 4.10**).

윌슨이 적록색맹 유전자를 X 염색체에 할당한 지 수십 년 이후에, 가계도 분석을 통해 여러 형태의 혈우병 혹은 **출혈성 질환**(피가 적절히 응고되지 않음)들 또한 X 염색체 상의 돌연변이에 기인한다고 밝혀졌다. 혈우병은 드물게 관찰되는 열성 형질이다. 여기에서 드물다는 것은 집단에서 흔하지 않음을 의미한다. 영국 빅토리아 여왕의 자손(**그림 4.11a**)들을 포함하여 가족력을 정밀히 분석하면, 상대적으로 드문 X-연관 형질들은 여성보다는 남성에서 더 빈번하게 관찰되고 세대를 건너 관찰되기도 한다. X-연관 열성 유전자임을 제시해 주는 특징들을 **표 4.3**에 요약하였다. 매우 드문 경우지만 X 염색체상에 위치한 돌연변이들이 색맹과 혈우병 형질과는 달리, 야생형 대립유

(a) (b)

그림 4.9 사람에서 적록색맹은 X-연관 열성 형질이다. 정상 시각인 사람(a)과 적록색맹을 가진 사람(b)이 보는 지구의 모습을 제시하였다.
Source: (a-b): Image courtesy of NASA

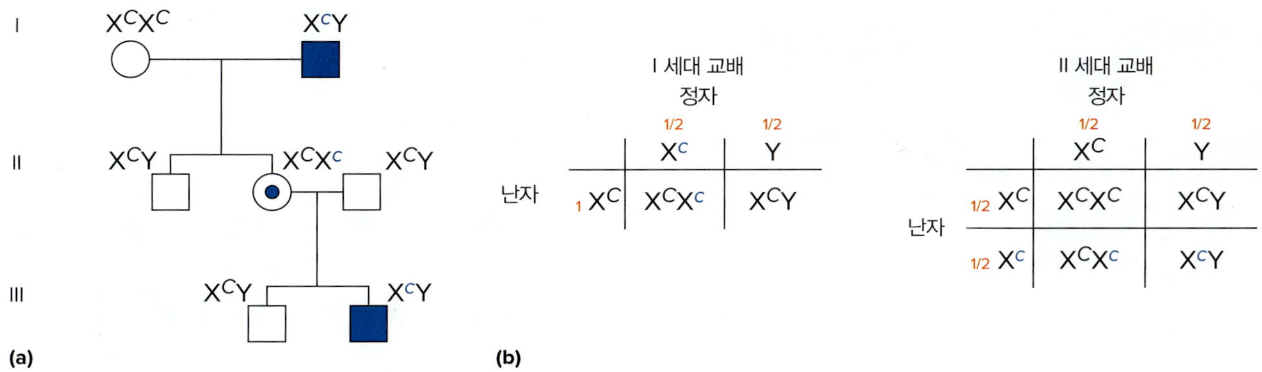

그림 4.10 색맹의 유전. **(a)** 영향을 받는 남성은 색맹에 대한 X-연관 열성 대립유전자를 보인자(*c*)인 딸에게만 전달한다. 각 딸은 그림과 같이 색맹 대립유전자를 아들이나 딸(그림 없음)에게 전달할 확률이 50%이다. **(b)** (a)의 교배에 대한 퍼네트 사각형.

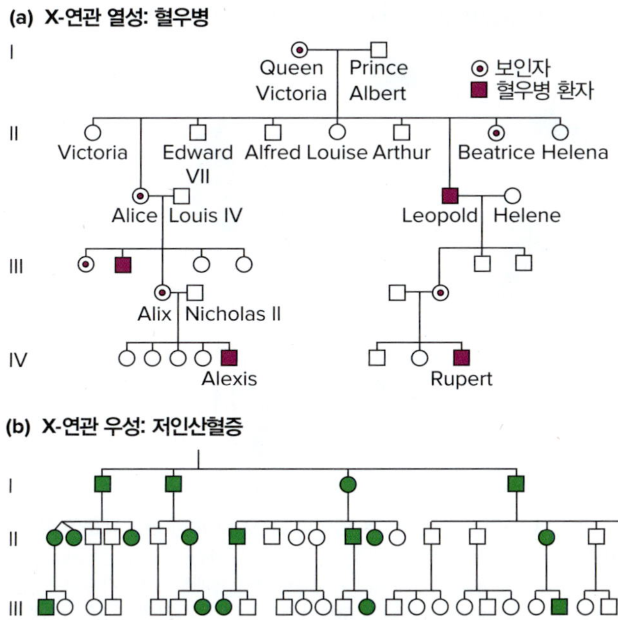

그림 4.11 X-연관 형질들은 열성 혹은 우성이다. **(a)** 빅토리아 여왕 가계에서 X-연관 형질인 혈우병의 유전을 보여주는 가계도. **(b)** 비타민 D-저항성 구루병으로 알려진 X-연관 저인산혈증의 유전양상을 보여주는 가계도.

전자에 대해 우성인 경우도 있다. 우성 X-연관 돌연변이인 경우는 남성에서보다 여성에서 더 많은 비정상적인 표현형을 관찰할 수 있다. 이는 질환자가 아버지인 딸들 모두가 질환자이지만, 아들은 질환을 가지지 않으며 질환자 어머니의 아들들 절반과 딸들 절반이 질환을 가지고 있기 때문이다. 따라서 여성에서 더 많은 표현형이 나타나게 된다(**표 4.3** 참조). 비타민 D-저항성 구루병 혹은 저인산혈증 X-연관 우성 형질의 한 예이다. **그림 4.11b**는 구루병 환자의 가계도이다.

XX 여성에서 한 개의 X 염색체가 불활성화된다

사람에서 XX와 XY 성 결정 체계는 **유전자량 보정**(dosage compensation)으로 해결되는 기묘한 문제를 보여준다. 앞에서 언급한 것처럼, X 염색체는 약 850개의 유전자들을 포함하고 있고, 이들이 암호화하는 단백질들은 남성과 여성 세포에서 동등한 양으로 존재해야 한다. 각 X-연관 유전자에 대해 두 사본을 가진 여성 세포와 하나의

표 4.3 성 연관 유전임을 보여주는 가계도 양상

X-연관 열성 형질	
1.	형질이 여성보다 남성에서 더 빈번하게 나타난다. 여성이 그 표현형을 나타내기 위해서는 2사본의 희귀한 결함 대립유전자를 물려받아야 하지만, 한 사본만을 가진 반접합성 남성은 형질이 그대로 나타나기 때문이다.
2.	돌연변이는 아버지에서 아들로 물려지지 않는다. 이는 아들은 아버지로부터 Y 염색체만을 물려받기 때문이다.
3.	질환자 아버지는 그의 모든 딸에게 X-연관 돌연변이를 물려주고 딸들은 표현형이 정상인 보인자가 된다. 그리고 보인자 어머니인 아들의 절반은 결함 대립유전자를 물려받아 형질을 나타낸다.
4.	형질은 세대를 건너뛸 수 있다. 이는 돌연변이가 할아버지에서 보인자 어머니를 통해 손자로 전달되기 때문이다.
5.	질환자 남성의 누이가 보인자일 때는 그 형질이 다음 세대에서 출현한다. 누이인 경우는 그녀의 아들들 중 절반은 질환자이다.
6.	드물지만 여성이 질환자인 경우, 그녀의 모든 아들은 질환자이고, 모든 딸은 보인자이다.
X-연관 우성 형질	
1.	남성보다 여성에서 더 높은 빈도로 비정상 형질이 출현한다.
2.	형질이 우성이기 때문에 세대마다 출현한다.
3.	질환자 남성의 모든 딸들은 질환자이고, 아들은 질환자가 아니다. 이 특성은 X-연관 우성 형질과 상염색체 우성 형질을 구분하는 데 가장 유용하다.
4.	질환자 여성의 아들들 중 절반, 딸들 중 절반은 질환을 가진다.
5.	불완전 우성 X-연관 형질들의 경우에는 보인자 여성은 결함 대립유전자를 가진 남성보다 다소 경미한 표현형을 나타낸다.
Y-연관 형질	
1.	형질은 남성에서만 출현한다.
2.	질환자 남성의 모든 남성 자손들은 질환을 가진다.
3.	여성은 질환을 가지지 않을 뿐 아니라 질환을 전달하지도 않는다.

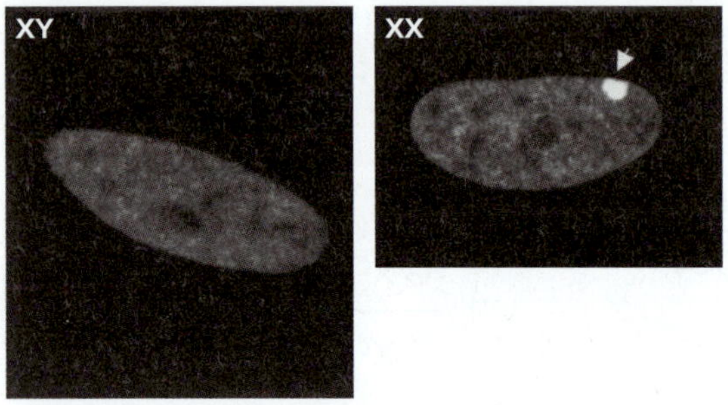

그림 4.12 바 소체는 불활성화된 X 염색체이다. 화살표는 DNA 염색시약으로 처리한 XX 세포 핵의 바 소체를 가리킨다. 이 역전 영상에서 바 소체는 밝은 흰색으로 보인다. 다른 염색체와 마찬가지로, 바 소체는 핵막에 부착되어 있다. XY 세포는 바 소체가 없다. *Source: ©2001 National Academy of Sciences, U.S.A.*

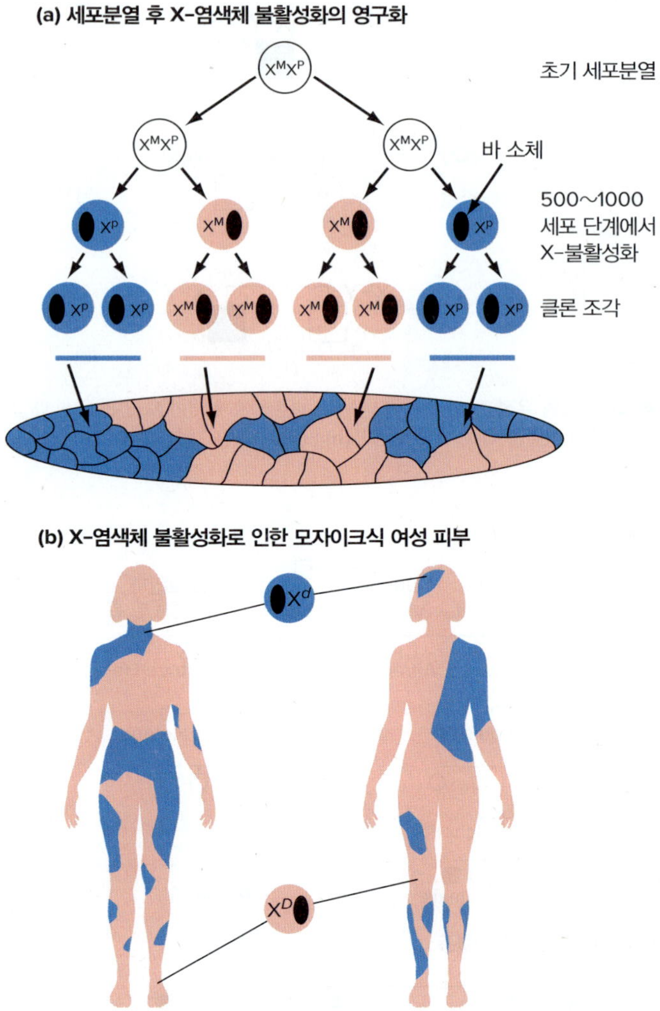

그림 4.13 여성의 X-연관 유전자는 X 염색체 유전자량 보정 현상 때문에 모자이크처럼 발현된다. **(a)** 배발생 초기에 각 XX 세포들은 무작위로 한 X 염색체를 선택하여 바 소체로 응축시킨다(검은색 타원). 각 세포로부터 유래된 모든 자손세포들은 모세포와 똑같은 X 염색체를 바 소체로 유지한다. X^M = 모계 X 염색체, X^P = 부계 X 염색체. **(b)** 여성들은 부계 혹은 모계 X 염색체가 불활성화된 세포들로 구성된 조각을 가진다. 이 그림은 땀샘 발달을 저해하는 건성표피박리증 열성 대립유전자에 대해 이형접합자(*Dd*)인 쌍둥이를 보여준다. 파란색 피부조각에서는 야생형 대립유전자(*D*)가 불활성화되고 열성 *d* 대립유전자가 기능하지 않기 때문에 땀샘이 존재하지 않는다.

X 염색체만을 가진 남성세포를 보정하기 위해, XX 세포들은 두 X 염색체 중 하나를 불활성화시킨다. 불활성화된 X 염색체상의 대부분의 유전자들은 전사되지 않기 때문에 유전자 산물을 생성하지 않는다. XX 사람 배아가 500~1,000세포가 되는 수정 2주 후에 각 세포에서 무작위로 하나의 X 염색체를 선택하여 **바 소체**(Barr body)라고 하는 구조로 응축하여 X 염색체 하나를 불활성화시킨다. 바 소체는 처음 발견한 세포학자 머레이바(Murray Barr)의 이름을 따서 명명되었고, 간기 세포의 DNA를 염색하여 광학현미경으로 관찰하면 작고 어두운 염색체로 보이는 바 소체를 볼 수 있다(**그림 4.12**).

각 배아세포는 독립적으로 한 X 염색체를 불활성화시킨다. 부계 유래 X 염색체 혹은 모계 유래 X 염색체 둘 중에서 일단 결정이 된 후에는 그 불활성화 양상은 집단적으로 영속되기 때문에 특정 배아세포로부터 유사분열한 수백만 개 세포들 모두에서 동일한 X 염색체가 바 소체로 응축된다(**그림 4.13a**). 따라서 여성의 세포들은 모자이크로, 일부 세포들은 모계 유래 활성 X 염색체를 가지고, 다른 세포들은 부계 유래 활성 X 염색체를 가진다(**그림 4.13b**). 「빠르게 살펴보기」에서 최근 과학자들이 형질전환 마우스를 이용하여 마우스 체내 또는 체외에서 X염색체의 유전자 발현을 시각화하는 기술을 개발한 방법을 소개하고 있다.

X-염색체 불활성화(X-chromosome inactivation) 현상은 X-연관 유전자에 의해 조절되는 형질들에 대해 흥미로운 영향을 미친다. X-연관 유전자에 대해 이형접합자인 여성들에서는, 유전자 기능에 대해 그들의 신체 일부는 한 대립유전자에 대해 반접합성 효과를 가지며, 또 다른 부분은 다른 대립유전자에 대해 반접합성이다. 더욱이 어떤 신체부분이 기능적으로 어느 대립유전자에 대해 반접합성인지는 무작위적이다. 심지어는 모든 유전자에서 동일한 대립유전자를 가진 동일한 쌍둥이들도 X-염색체 불활성 양상이 다르게 나타난다. 그림 4.13b에 보여주는 것처럼, X-연관 열성 형질인 건성표피박리증(*anhidrotic epidermal dysplasia*)에 대해 이형접합자인 여성들의 피부는 정상 피부 부분과 땀샘이 결핍된 피부 부분들을 동시에 가진다. 피부 조각의 표현형은 어떤 X 염색체가 불활성화되었는지에 따라 결정된다. 각 피부 조각은 단일 배아세포에서 유래한 하나의 피부세포 클론이기 때문에 이 세포들은 동일한 X 염색체가 불활성화되었다. 두 번째 예로서, X-연관 열성 혈우병 대립유전자에 대해 이형접합자인 여성들을 질환 유전자의 보인자라고 한다. 그러나 보인자들이 혈우병 증상을 나타내기도 한다. 증상의 정도는 질환 대립유전자가 불활성화된 세포와 정상 대립유전자가 불활성화된 세포들이 어떤 양상으로 분포하고 있는지에 따라 좌우된다. 2장에서 기회적인 사건이

빠르게 살펴보기

형질전환 생쥐에서 X-염색체 비활성화에 대한 시각화

과학자들은 최근 유전자 변형 기술(이전의 Fast Forward에서 서술된 것과 유사한 형질전환 생쥐는 SRY가 남성 성 인자임을 증명함)을 사용하여 생쥐에서 X-염색체 비활성화 형태를 시각화했다. 연구원들은 두 개의 서로 다른 유전자(이 경우 다른 종의 유전자)를 전달된 XX 생쥐를 생성했다. 이러한 두 유전자들 중 하나는 녹색 형광 단백질(GFP)을 암호화하는 해파리 유전자이고 다른 하나는 적색 형광 단백질(RFP)을 만드는 붉은 산호의 유전자였다(**그림 A**).

XX 생쥐에서 GFP 유전자는 어머니의 X 염색체에 있고 RFP 유전자는 아버지의 X 염색체에 있다. 모자이크 세포는 원래 세포에서 어떤 X 염색체가 바 소체로 바뀌었는지에 따라 녹색 또는 빨간색으로 나타난다(**그림 B**).

다른 XX 생쥐는 다른 녹색과 빨간색 모자이크 형태를 표시하여 X-염색체 비활성화의 무작위 특성을 명확하게 보여준다. 각 모자이크에 대해 원래 세포에서 X 염색체가 비활성화된 세포의 기억을 반영한다. 최근 이러한 형질전환 생쥐를 사용하여 유전학자들은 세포가 각 세포분열 후에 비활성화될 X를 어떻게 '기억'하는지에 대한 유전적 자세한 기작에 대해 연구 중이다.

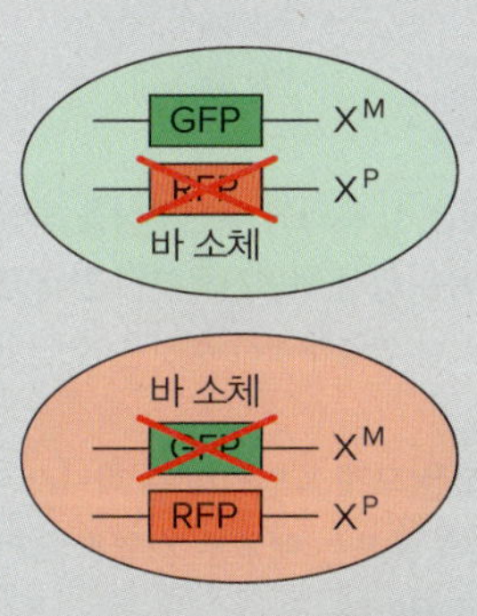

그림 A 유전자 변형 생쥐의 세포는 X 염색체 비활성화의 결과로 녹색 또는 적색을 나타낸다. 생쥐는 모체 X 염색체(X^M)에 삽입된 녹색(GFP) 유전자와 부계 X 염색체(X^P)에 빨간색(RFP) 유전자를 가지고 있다. X^P가 불활성화된 세포(상단)는 녹색으로 빛나는 반면, X^M이 비활성화되면 빨간색을 나타낸다(하단).

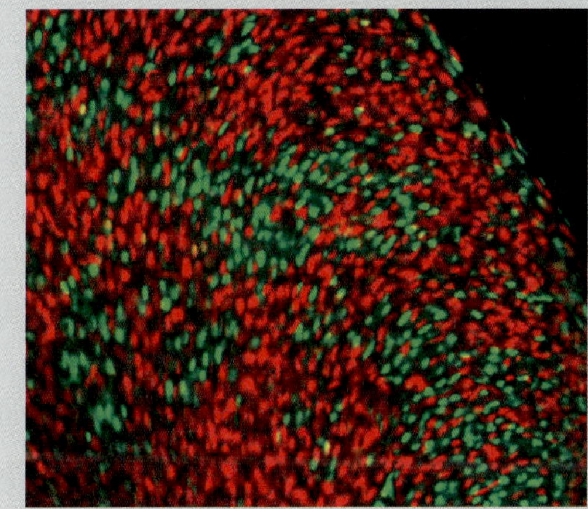

그림 A X 비활성화는 모자이크를 생성한다. 적색 또는 녹색 세포 모자이크는 X 염색체 중 하나를 무작위로 불활성화한 전구 세포의 후손이다.
Source: ©Hao Wu and Jeremy Nathans; Molecular Biology and Genetics; Neuroscience and HHMI; Johns Hopkins Medical School

어떻게 유전자를 통해 표현형에 영향을 주도록 작용하는지에 대해 살펴보았다. X 염색체 불활성화는 그러한 사건의 완벽한 예이다.

X 염색체 양 말단의 위상염색체 부위(PARs)는 Y 염색체 말단에 존재하는 유전자들을 포함하고 있다는 것을 상기하라(그림 4.4 참조). 이 유전자들의 양을 보정하기 위해서 XX와 XY 세포들에서 바 소체 X 염색체상에 있는 PAR 유전자들은 불활성화되지 않는다. 이러한 유전자량 보정의 특성은 적어도 부분적으로 XXY 남성(클라인펠터증후군)과 XO 여성(터너증후군)이 왜 비정상적인 표현형적 특성을 나타내는지를 설명해 준다. XXY 남성에서 두 X 염색체 중 하나는 바 소체로 되지만, 클라인펠터 남성은 PAR 부위의 유전자들에 대해서는 3배(정상은 2배) 양을 가진다. XO 세포에 들어 있는 단일 X 염색체는 바 소체로 되지는 않지만, 이 세포들은 PAR 유전자들에 대해서는 1배 양만(XX 여성은 2배)을 가지게 된다.

X 염색체 불활성화는 포유류에 공통적인 현상으로, 이후 장에서 이 과정의 세부적인 분자적인 기전을 살펴볼 것이다. 그렇지만 다른 생물에서는 성염색체의 차이를 다른 방식으로 보정한다는 사실을 아는 것도 중요하다. 예를 들어, 초파리의 XY 세포(수컷)는 단일 X 염색체를 과활성화 시킴으로써 수컷 X 염색체상의 유전자들은 암컷의 각 X 염색체에서 발현하는 단백질 양의 두 배를 발현한다. 대조적으로 선충류인 예쁜 꼬마선충의 XO 수컷은 단일 X 염색체만을 가지기 때문에 XX 자웅동체는 두 X 염색체상의 유전자 활성을 XO 수컷 수준으로 서서히 낮춘다.

남성형과 남성 생식능력은 유일하게 알려진 Y-연관 형질이다

이론적으로, Y 염색체 MSY영역에서의 돌연변이에 기인하는 형질

(그림 4.4, Y-연관 형질) 또한 가계도 분석으로 동정할 수 있다. Y 염색체 연관 형질들은 질환자 아버지로부터 모든 아들들에게 그리고 이들로부터 모든 남성 자손들에게 전달된다. 여성들은 Y-연관 표현형을 발현하지도 않고, 전달하지도 않는다(표 4.3 참조). 그렇지만, 남성 자체를 결정하는 역할 그리고 정자형성에 필요한 생식력을 부여하는 역할 이외에는 아직까지 분명한 Y-연관 형질은 알려진 바 없다. 사람에서 알려진 Y-연관 형질들은 매우 드물다. 상대적으로 작은 Y 염색체상에는 소수의 유전자들이 존재한다고 알려져 있다. 실제로 정상 XX 여성은 Y 염색체가 없어도 생존하는데 문제가 없다. 따라서 Y 염색체가 표현형에 큰 영향을 미치지 않는다는 것을 알 수 있다.

상염색체 유전자는 성적 이형성에 기여한다

성적 이형(두 성에서의 차이)을 나타내는 모든 유전자들이 X 혹은 Y 염색체상에만 있는 것은 아니다. 일부 상염색체에 위치한 유전자들이 한 성에서는 발현되고 다른 성에서는 발현되지 않도록 하는 형질들, 혹은 두 성에서 차등적으로 발현되는 형질들을 조절한다.

한성 형질(sex-limited traits)은 한쪽 성에는 존재하지만 다른 성에는 없는 구조 혹은 과정에 영향을 미친다. 한성 형질을 지배하는 유전자들의 돌연변이들은 그 구조 혹은 과정이 발현되는 성에 한정하여 그 영향을 미친다. 초파리에서 *stuck*이라 알려진 상염색체 열성 돌연변이에 대해 동형접합자인 수컷에서 흥미로운 한성 형질이 발견되었다. 이 돌연변이 수컷은 교미를 하는 동안 여성 생식기에 성기를 유지토록 하는 데 필요한 과정인, 성기를 끌어 넣어 걸쇠를 방출하는 능력에 결함을 보인다. 돌연변이 수컷은 교미 후에 암컷에서 쉽게 떨어지지 못한다. 심한 경우에 두 개체는 서로 영원히 포옹한 채 죽고 만다. 암컷은 성기와 걸쇠가 없기 때문에 동형접합자 *stuck* 돌연변이 암컷은 정상적으로 교미할 수 있다.

종성 형질(sex-influenced traits)은 두 성 모두에서 발현된다. 그러나 성에 따라 호르몬이 다르기 때문에 그 형질발현은 두 성에서 다르게 나타난다. 사람에서 젊은 나이에 머리중앙(측면 쪽이 아닌)에서부터 탈모가 일어나는 남성형 대머리는 한성 형질이다(**그림 4.14**). 남성형 대머리는 여러 유전자들이 관여하는 복합형질이지만, 일부 가족을 조사하였더니 하나의 상염색체성 유전자가 중요한 역할을 한다는 것을 보여주었다. 대머리 대립유전자에 이형접합자인 가족 내 남성들은 20대에 머리털이 없어졌지만, 이형접합자 여성들은 머리털이 전혀 빠지지 않았다. 대조적으로 두 성에서 동형접합자들은 양쪽 성 모두 대머리로 된다(동형접합자 여성이 동형접합자 남성보다 더 늦게 대머리로 되지만). 따라서 이 종성형질은 남성에서는 우성이고 여성에서는 열성이다.

그림 4.14 성의 영향을 받는 남성형 대머리 형질 **(a)** 미합중국 2대 대통령, 존아담스(John Adams, 1735~1826)의 60세 때의 모습. **(b)** 미합중국 6대 대통령인 존 아담스의 아들, 존 퀸시 아담스(John Quincy Adams, 1767~1848)의 60세 때의 모습. 아버지에서 아들로 전달되는 유전양식은 아담스 가족의 남성형 대머리 형질이 상염색체상에 위치한 대립유전자에 의해 결정된다는 것을 암시한다.
Source: (a): ©Bettmann/Corbis, (b): ©The Corcoran Gallery of Art/Corbis

핵심 개념 4.4

- 성연관(X-연관) 형질은 성 특이적 유전양상을 보인다. 아들은 아버지로부터 Y 염색체를 물려받고 딸은 항상 아버지로부터 한 X 염색체를 물려받기 때문이다.
- XX/XY 성 결정을 지닌 생명체에서 수컷은 X-연관 유전자의 대립유전자에 대해 이형접합이다.
- XX 세포에서 부계 혹은 모계 X 염색체 중 하나가 무작위로 불활성화되기 때문에 웅성과 자성 포유류 세포는 대부분 X-연관 유전자들에 의해 암호화되는 단백질량을 동등하게 유지한다.
- 상염색체성이거나 X-연관에 관계없이 유전자 돌연변이들은 남성과 여성에서 다른 효과를 나타낼 수 있다.

4.5 인간의 간성

학습 목표

1. 인간의 성 기관이 4개의 다른 전구 세포군에서 어떻게 발달하는지 설명한다.
2. XY 개체의 돌연변이 대립유전자가 어떻게 간성을 발생시키는지 설명한다.

4.1절에서 Y 염색체의 *SRY* 유전자가 배 발생 초기에 정소 발달을 시작하기 때문에 형태학적 남성성에 필수적이라는 것을 알았다. 이후 배아 정소는 남성 성 기관의 특정 발달을 촉진하거나 여성 성 기관의 발달을 억제하는 여러 생화학적 경로를 유발하는 호르몬을 분비한다. 이러한 경로는 서로 독립적이며 서로 다른 유전자의 단백질

이 필요하다. 이 사실은 XY 배아가 이러한 경로들 중 하나에서 정상적으로 기능하는 유전자의 희귀 돌연변이 대립유전자를 지니게 되면 배아는 남성과 여성의 성 기관을 모두 갖게 되는 **간성**(intersex)으로 발달할 수 있다.

4개의 구별된 세포군이 인간의 성 기관을 형성한다

XY 배아에서 SRY 단백질은 네 개의 구별된 전구세포군이 남성 성 기관으로 발달하거나 여성 성 기관으로 발달하지 않도록 조절하는 일련의 사건들을 유발한다(**그림 4.15**). 이 세포군들 중에서 2개, **생식선 전구체**와 **외부 성 기관 전구체**는 **양전위성**(bipotential) **세포**로, 다시 말해 남성(SRY가 있는 경우) 또는 여성(SRY가 없는 경우)으로 발달할 수 있다. 대조적으로, 여성 내부 성 기관 전구체와 남성 내부 성 기관 전구체의 세포군은 한 방향으로만 발달할 수 있다. 여성의 내부 성 기관 전구체 세포는 일반적으로 SRY가 존재할 때 퇴화하고 SRY가 없을 경우 여성의 내부 성 기관으로 발달하는 반면, 남성의 내부 성 기관 전구체는 그 반대이다.

생식선 전구체 세포는 XY 배아에서 SRY를 생성하여 생식선(gonad)이 테스토스테론과 AMF (anti-Müllerian factor)라는 두 가지 호르몬을 분비하는 정소로 발달하게 한다. AMF는 여성의 내부 성 기관 발달을 억제하는 반면 테스토스테론은 전구체를 자극하여 남성의 내부 및 외부 성 기관을 형성시킨다(그림 4.15). SRY가 없으면(XX 배아에서) 생식선은 AMF와 테스토스테론을 분비하지 않는 난소(여성)가 된다. AMF가 없으면 여성의 내부 성 기관 전구체 세포가 여성의 성 기관을 발달시킨다. 테스토스테론이 없으면 남성의 내부 성 기관 전구체 세포가 퇴화하고 외부 기관 전구체가 여성의 외부 기관을 형성한다(그림 4.15). 요약하면, 남성의 성 기관 발달에는 SRY와 정소(남성 생식선)의 호르몬 신호가 필요한 반면 여성의 성 기관은 기본적으로 자극이 없는 상태에서 발달한다(그림 4.15).

SRY 이후에 작용하는 유전자의 돌연변이는 간성을 유발한다

XY 배아에서 정상적인 남성화 형태로 발달하기 위해서는 SRY의 하위단계에서 기능하는 특정 유전자들이 필요하며, 이러한 유전자들

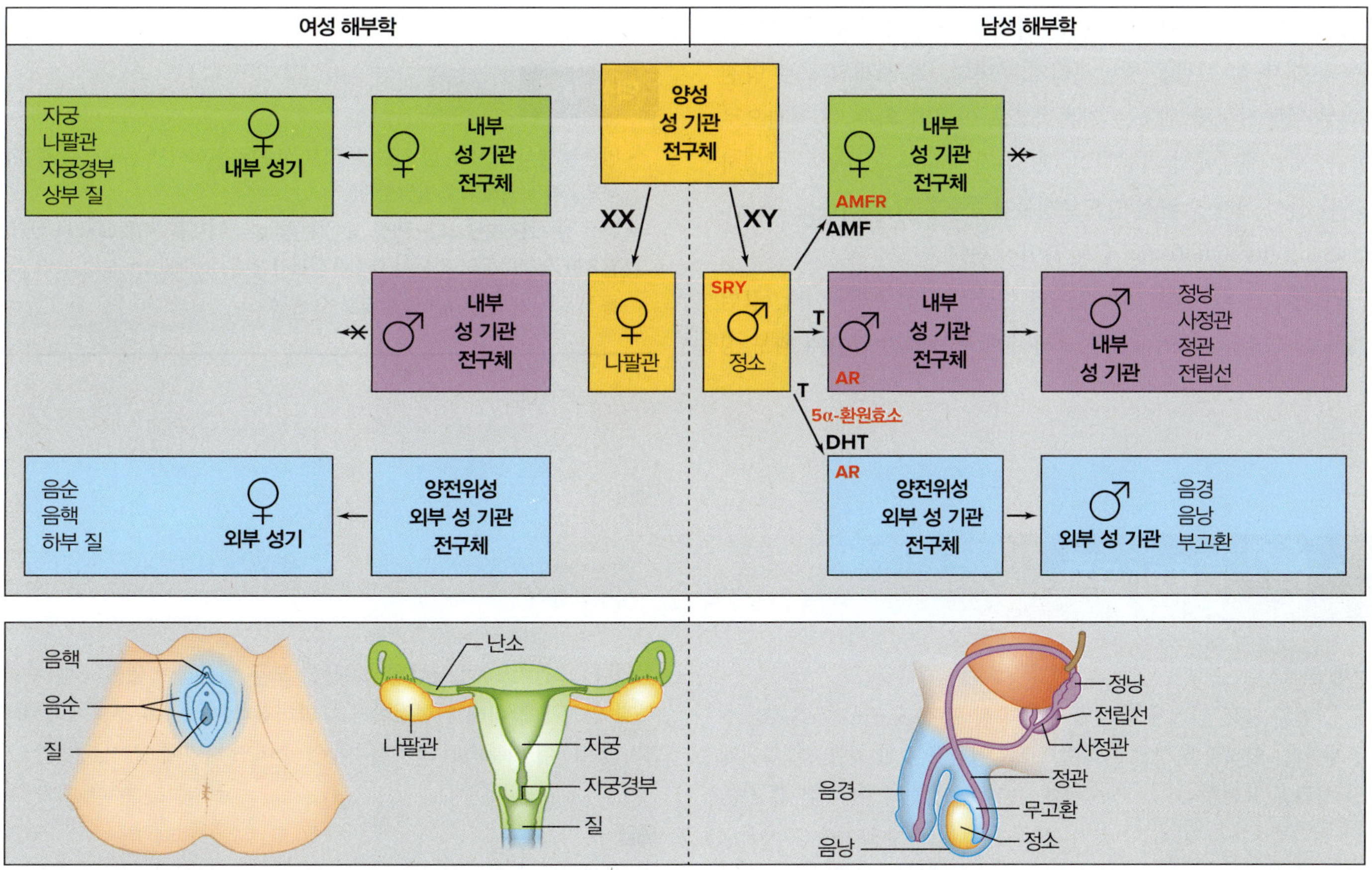

그림 4.15 인간의 성 기관 발달 (위): 4개의 성 기관 전구체 세포군이 노란색, 녹색, 보라색, 파란색으로 표시되었다. SRY가 없을 때의 기본 상태는 여성이다. SRY는 호르몬 테스토스테론(T)과 항뮐러 인자(AMF)를 분비하는 정소의 발달을 야기한다. 이 호르몬들은 각각 안드로겐 수용체(AR) 및 항뮐러 인자 수용체(AMFR)와 상호 작용한다. 5α-환원효소는 테스토스테론(T)을 보다 강력한 디하이드로테스토스테론(DHT)으로 전환시킨다. (아래): 위의 전구체 세포군에서 파생된 여성 및 남성 구조의 형태이다.

의 돌연변이 대립유전자는 배아에서 남성과 여성의 성 기관을 모두 발달시킬 수 있다. 예를 들어, 그림 4.15는 여성의 내부 성 기관 발달을 억제하기 위해 AMF 호르몬이 상염색체 유전자에 의해 암호화된 AMF 수용체(AMFR)단백질에 결합해야 된다는 것을 보여준다. XY 배아가 양쪽 부모로부터 AMFR 유전자의 돌연변이 대립유전자를 상속받는 경우, 정소가 AMF를 형성하고 분비하더라도 배아는 여성의 내부 성 기관 전구체가 발달하는 것을 차단하지 못한다. 또한 정소는 테스토스테론을 분비하기 때문에 남성의 내부 및 외부 성 기관이 형성된다. 따라서 기능소실 AMFR 대립유전자에 대해 동형접합인 XY 개체는 남성 성 기관과 여성 내부 성 기관을 모두 지닐 것이다.

다른 예시는, 호르몬 테스토스테론과 그 유도체인 디하이드로테스토스테론(dihydrotestosterone, 다음 단락에서 설명)은 모두 안드로겐 수용체(androgen receptor; AR)라고 하는 단백질에 결합하여 기능한다(그림 4.15). AR 유전자는 X-연관되어 있고, 따라서 어머니로부터 기능손실 AR 대립유전자를 상속받은 반접합 XY 배아는 (SRY를 통해) 정소를 발달시킬 수 있지만 AMF가 발달을 억제하기 때문에 어떠한 여성의 내부 성 기관은 발달하지 않는다. 그러나 테스토스테론은 안드로겐 수용체 없이는 기능할 수 없기 때문에 이 배아도 남성의 내부 성 기관을 발달시키지 못한다. 이 개체의 경우 양전위성 외부기관 전구체 세포는 기본적으로 여성의 외부 성 기관으로 발달한다. XY 개체에서 기능적인 AR 유전자의 부재로 인해 발생하는 이러한 간성 상태를 **완전 안드로겐불감증증후군**(complete androgen insensitivity syndrome; CAIS)이라 한다.

마지막 예로는 외부 성 기관에 대한 이중전위 전구세포이다. 그림 4.15에서 볼 수 있듯이 이러한 전구체의 배아 내에서 남성의 외부 성 기관으로 발달하기 위해서 안드로겐 수용체와 테스토스테론의 보다 강력한 유도체인 디하이드로테스토스테론(DHT)의 상호작용이 필요하다. 효소 5α-환원효소(5α-reductase, 상염색체 유전자에 의해 암호 됨)는 테스토스테론을 DHT으로 전환시킨다. 양쪽 부모로부터 5α-환원효소 유전자의 기능상실 대립유전자를 물려받은 XY 개체는 정소(SRY를 통해)를 가지고 있으며, 여성 내부 성 기관은 없고 (AMF가 이 경로를 차단하기 때문에) 남성 내부 성 기관은 있다(남성 내부 장기 전구체 세포는 테스토스테론에 결합할 수 있는 안드로겐 수용체 때문에). DHT가 없으면 여성의 외부 성 기관은 기본적으로 발달한다. 따라서 출생 시 5α-환원효소 유전자의 기능상실 대립유전자에 대해 동형접합인 XY 개체는 형태학적으로 내부적으로는 남성이고 외부적으로는 여성이다.

이러한 간성의 예는 형태학적 성은 형질이며 많은 형질과 마찬가지로 성은 이분법이 아님을 보여준다. 그 이유는 이미 언급했듯이 많은 유전자에 대한 많은 대립유전자가 다양한 세포 유형의 발달에 대한 운명을 결정하는 데 관여하기 때문이다. 우리 사회와 제도는 인간에 있어 남성과 여성이 유일한 두 가지 가능성이 아니라는 사실을 아직까지 반영하지 못하고 있다.

핵심 개념 4.5

- 인간의 생식선, 내부 성 기관 및 외부 성 기관은 배아에 존재하는 개별적 전구 세포군과 독립적으로 발달한다.
- 남성 성 기관 발달 또는 여성 성 기관 발달의 억제를 위해 *SRY*의 하위단계에 필요한 유전자들의 기능적 대립유전자가 없는 XY 배아는 남성과 여성의 성기를 모두 지닌 간성 개체로 발달할 수 있다.

풀이 문제

풀이 문제 I

사람에서, 종종 16번 염색체 동원체 근처의 긴 팔 쪽에 진하게 염색된 부위가 존재한다. 이러한 특징은 현미경으로는 관찰할 수 있지만, 이 염색체를 가진 사람은 표현형적으로 정상이다. 16번 염색체 중 어느 한 쪽 사본에 이런 얼룩점을 가지고 있다면, 이 특징은 그 염색체에 계속 유지되고 유전된다. 한 부부가 아기를 임신하였다. 그러나 태아는 염색체상에서 여러 이상이 발견되었고, 결국 유산되었다. 태아 염색체를 자세히 분석한 결과, 16번 염색체가 삼염색체이고 세 염색체 중 2개 염색체에 큰 얼룩점이 있었다. 모친의 16번 상동염색체들은 모두 얼룩점이 없었지만, 부친은 얼룩점 염색체에 대해 이형접합자로 밝혀졌다. 어느 쪽 부모에서 비분리가 일어났고, 이 비분리현상은 감수분열의 어느 시기에 일어났는가?

해답

각 염색체들이 하나의 상동염색체를 다른 상동염색체와 구별할 수 있는 특징을 갖고 있을 경우, 감수분열동안 상동염색체 쌍이 움직이는 경로를 알 수 있다. 태아는 얼룩이 있는 두 개의 16번 염색체를 갖고 있기 때문에 여분의 염색체가 아버지(얼룩이 있는 염색체를 가진 유일한 부모)에게서 전달된 것이라고 결론을 내릴 수 있다.

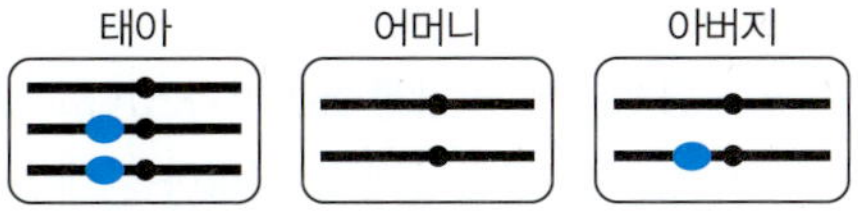

아버지의 정상적인 감수분열은 얼룩이 있는 16번 염색체가 하나만 있는 배우자를 생성하기 때문에 비분리가 관련되어야 한다는 것을 알고 있다. 결과적으로 태아는 얼룩이 있는 16번 염색체 하나만을 가질 수 있다.

아버지의 정상적인 감수분열

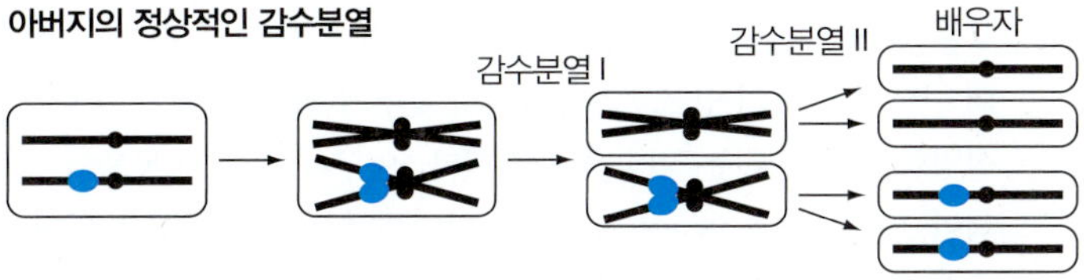

감수분열의 어느 시기에서 비분리(NDJ)가 발생했을까? 감수분열 I 동안 비분리가 발생하면 상동염색체가 반대 극으로 분리되지 않는다. 이러한 현상이 아버지에게서 발생했다면 얼룩이 있는 염색체와 정상염색체 16번이 같은 세포(2차 정모세포)로 분리된다. 감수분열 II 이후에 이 세포에서 생성된 배우자는 두 가지 유형의 염색체를 모두 가지고 있다. 이러한 정자가 정상적인 난자와 수정된다면 그 접합자는 정상적인 16번 염색체 사본 2개와 얼룩이 있는 염색체 사본 1개를 갖게 된다.

감수분열 I의 비분리

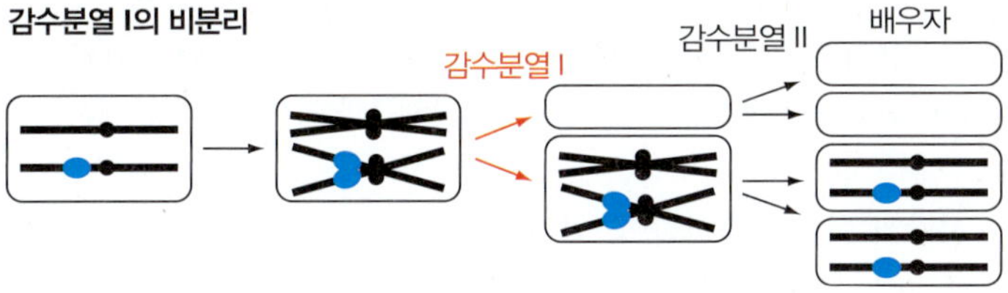

반면에, 얼룩이 있는 16번 염색체를 포함하는 이차 정모세포에서 아버지의 감수분열 II 동안 비분리가 발생하면 얼룩이 표시된 염색체의 2개 사본을 갖는 정자가 생성될 것이다(주황색). 결과적으로 정상적인 난자와 수정한 후 이러한 자연 유산을 보이는 접합자가 생성된다.

감수분열 II의 비분리

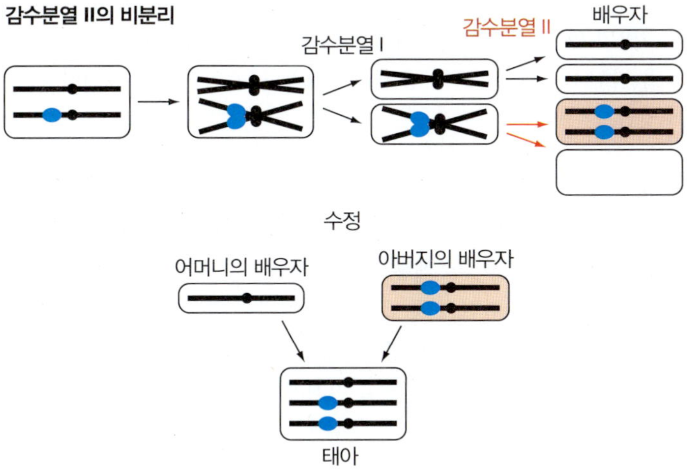

따라서 아버지의 감수분열 II에서 비분리가 발생했다.

풀이 문제 II

a. 정상 생쥐 수컷과 열성 X-연관 치사 유전자에 이형접합자인 암컷 생쥐를 교배하였다. 이 교배에서 생성되는 자손들의 성비는 어떠한가?

b. 정상 암탉과 열성 Z-연관 치사유전자에 이형접합자인 수탉을 교배하였다. 이 교배에서 생성되는 자손들의 성비는 어떠한가?

해답

이것은 성 연관과 성 결정에 관련된 문제이다.

a. 생쥐의 성결정 체계에서 XX = 암컷이고 XY = 수컷이다. 정상 수컷 생쥐(X^RY) × 이형접합자 암컷 생쥐(X^RX^r)의 교배로 X^RX^R, X^RX^r, X^RY, X^rY 생쥐들이 생성된다. X^rY 생쥐는 치사하기 때문에 암컷과 수컷의 비는 2:1이다.

b. 조류의 성 결정 체계는 ZZ = 수탉이고 ZW=암탉이다. 정상 암탉(Z^RW) × 이형접합자 수탉(Z^RZ^r)의 교배는 Z^RZ^R, Z^RZ^r, Z^RW, Z^rW 닭들을 생성한다. Z^rW 자손은 생존하지 못하기 때문에 수탉과 암탉의 비는 1:2이다.

풀이 문제 III

한 여성의 시각은 정상이다. 그녀의 아버지는 색맹이고 그녀는 정상 시각을 가진 남성과 결혼하였다.

a. 이 부부에서 탄생한 자식들에서 기대되는 현상은?

b. 정상인 남편의 아버지가 색맹이라고 가정할 때 기대되는 현상은?

해답

이 문제는 성 연관 유전과 관련된다.

a. 이 여성의 아버지는 유전자형이 X^cY이다. 여성은 아버지로부터 X 염색체를 물려받기 때문에 그녀는 X^c염색체를 하나 가지고 있다. 그렇지만 그녀는 정상 X^{CB}염색체를 가지고 있기 때문에 정상 시각이다. 그녀가 결혼한 남성은 정상 시각으로 유전자형이 $X^{CB}Y$이다. 이들 자녀들에서 $X^{CB}X^{CB}$(정상 여성), $X^{CB}X^{cb}$(보인자 여성), $X^{CB}Y$(정상 남성), $X^{cb}Y$(색맹 남성)가 될 확률은 동등하다.

b. 정상 시각을 가진 남성의 아버지가 색맹인 경우, 아들은 아버지로부터 X 염색체를 물려받지 않기 때문에 X^{CB}염색체는 그에게 물려지지 않는다. 그는 $X^{CB}Y$ 유전자형을 가지며 색맹 대립유전자를 전달하지 않는다.

연습 문제

어휘

1. 왼쪽의 각 용어에 대해 오른쪽에서 가장 일치하는 문구를 선택하시오.

a. *SRY*	1. 남성과 여성의 체세포에서 X-연관 유전자 산물의 양을 동일하게 하는 과정
b. 간성(Intersex)	2. 남성의 X에 있는 것과 같이 하나의 사본에만 존재하는 유전자를 설명한다.
c. 바 소체	3. 여성과 남성의 성기가 모두 있는 경우
d. 유전자량 보상	4. XX 세포에서 임의의 X 염색체에 있는 대부분의 유전자가 불활성화되어 있다.
e. 성 연관	5. 감수분열을 겪는 정소의 세포
f. 반접합	6. XXY 남성
g. 위상염색체부위	7. 감수분열을 겪는 난소의 세포
h. 비분리	8. 감수분열 II 과정 끝부분에 정자가 되는 반수체 세포
i. X-염색체 불활성화	9. 비활성화 감수분열 I에서 상동체염색체 분리의 실패 또는 감수분열 II에서 염색분체 분리의 실패
j. 클라인펠터 증후군	10. 포유류의 수컷 성을 결정하는 Y-연관 유전자
k. 터너증후군	11. 유사분열을 겪는 난소의 세포
l. 난원세포	12. XO 여성
m. 난모세포	13. 포유류의 X 염색체에 있는 유전자의 유전 형태를 설명한다.
n. 정세포	14. 배우자가 되지 않는 감수분열에 의해 생성된 세포
o. 극체	15. X와 Y 염색체의 말단 부분
p. 정모세포	16. XX 체세포에서 응축된 X 염색체

4.1 절

2. 그림 4.3에서 보는 것처럼 돌연변이 X 염색체를 가진 XX 남성들은 종종 자녀를 가지기를 원할 때야 비로소 자신들의 상태를 알게 되고, 자신들이 불임이라는 사실을 알게 된다. 이들이 불임이 되는 이유를 설명하시오.

3. X와 Y 염색체의 위상염색체 부위(PARs)는 남성에서 감수분열 동안 성염색체들이 쌍을 형성하여 접합할 수 있도록 한다. *SRY* 유전자가 PAR1 근처에 존재한다고 할 때, 그림 4.3에서 돌연변이 X와 Y 염색체(X 염색체 일부가 Y 염색체에 있고 Y 염색체 일부가 X 염색체에 있음)들이 감수분열 동안 어떻게 생기는지 그 기작을 제안하시오.

4. 새의 암컷은 이형(ZW)이고 수컷은 동형(ZZ)이다.
   a. Z와 W 중 어느 염색체에 더 많은 유전자가 있다고 생각하는가?
   b. 정자 또는 난자 중 접합자의 성별을 결정하는 배우자 유형은 무엇인가?
   c. (i) W 염색체가 우성으로 작용하는 여성 결정 유전자(SRY와 유사하지만 여성 발달용)를 지니고 있는지, 또는 (ii) 유전자가 Z 염색체에 존재하며 이 유전자의 두 사본이 수컷발생에 필요한지에 대한 여부는 현재 불분명하다. 과학자들은 최근에 Z-연관 유전자 *DMRT1*의 단백질 산물의 양을 ZZ 배아에서 낮추기 위해 *RNA* 간섭(나중에 설명할 것임)이라는 기술을 사용했다. 연구자들은 이 동물의 생식샘이 부분적으로 여성화되었음을 발견했다(정소의 특성을 잃고 난소의 특성을 얻음). 이러한 결과는 새의 성 결정에 있어 모델 (i) 또는 (ii) 중 어떠한 모델을 지지하는가?

4.2절

5. 침팬지의 체세포들에는 48개의 염색체가 존재한다. (a) 유사분열의 후기, (b) 감수분열의 후기 I, (c) 감수분열의 후기 II, (d) 유사분열 전 G_1기, (e) 유사분열 전 G_2기, (f) 감수분열 I 전에 G_1기, 그리고 (g) 감수분열 I의 전기 때에는 얼마만큼의 염색분체와 염색체가 존재하는가? (h) S기 전 난모세포, (i) 정세포, (j) 배란 전에 감수분열이 정지된 제1차 난모세포, (k) 수정 전에 감수분열이 정지된 제2차 난모세포, (l)제2극체, (m) 침팬지의 정자에는 몇 개의 염색분체들과 염색체들이 존재하는가?

6. 사람의 여성을 포함하여, 암컷 포유류들은 가끔씩 난소에 '난소기형종' 또는 '유피낭종'이라고 하는 양성종양이 생긴다. 이러한 종양은 난소 안에서 제1난모세포가 전기 I정지 단계에서 벗어나 1차 감수분열을 마칠 때 생성된다(정상적으로 1차 감수분열은 제1난모세포가 난소에서 배출될 때까지 끝나지 않는다). 그러면 제2난모세포는 마치 배아처럼 발달하고, 착상하여 여포 안에서 발달한다. 발달은 체계적이지는 않지만 다양하게 분화된 조직, 즉 치아, 모발, 뼈, 근육, 신경 그리고 그밖의 많은 조직들을 포함하는 암을 야기한다. 만약 *Aa*의 유전자형을 가진 여성에게 유피낭종이 생긴다면, 낭종의 가능한 유전자형은 무엇인가?

4.3절

7. 노란색 깃털과 갈색 깃털을 가진 두 종류의 카나리아 순계 계통이 있다고 상상해 보자. 이 두 계통 간의 교배에서, 노란색 깃털을 가진 암컷 × 갈색 깃털을 가진 수컷 간의 교배는 갈색 깃털의 수컷과 암컷 자손만을 생성한다. 반면에, 갈색 깃털을 가진 암컷 × 노란색 깃털을 가진 수컷의 교배에서는 갈색 깃털을 가진 수컷과 노란색 깃털을 가진 암컷 자손만이 생성된다. 이와 같은 결과를 설명하는 가설을 제안하시오.

8. 초파리에서 상염색체성 열성인 갈색(brown) 눈 색깔 돌연변이는 X-

연관 열성인 주색(vermilion) 돌연변이와 상염색체성 열성인 다홍색(scarlet) 돌연변이 둘 다 상호작용하는 것으로 보인다. 갈색 눈에 동형접합성이고 동시에 주색 눈에 반접합성 혹은 동형접합성 초파리들은 흰색 눈을 가진다. 갈색과 다홍색 눈 돌연변이 모두를 동형접합성으로 가진 초파리 또한 흰색 눈이다. 다음에 나오는 순계 부모의 교배를 통해 얻은 F_1과 F_2 자손을 예측하시오.

a. 주색(vermilion) 암컷×갈색(brown) 수컷
b. 갈색(brown) 암컷×주색(vermilion) 수컷
c. 다홍색(scarlet) 암컷×갈색(brown) 수컷
d. 갈색(brown) 암컷×다홍색(scarlet) 수컷

9. 초파리를 배양하고 있는 유리병에서, 한 연구생이 보통의 매끈한 날개 대신 크고 액체로 가득 찬 수포로 이루어진 '자루(bag)' 날개 암컷 초파리 몇 마리를 발견하였다(수컷 초파리는 없었다). 자루 날개 암컷 초파리를 야생형 수컷 초파리와 교배하였을 때, 자손들 중 1/3은 자루 날개 암컷, 1/3은 정상 날개 암컷, 나머지 1/3은 정상 날개 수컷 초파리였다. 이 결과를 설명하시오.

10. 초파리에서 흔적이 있는(완전히 발달하지 않은) 날개가 있는 노란색 몸체의 수컷과 야생형 암컷(갈색 몸체) 사이에 교배가 이루어졌다. F_1 세대는 야생형 남성과 야생형 여성으로 나타났다. F_1 수컷과 암컷을 교배시켰고, F_2 자손은 흔적 날개를 가진 노란색 몸체 수컷 16마리, 정상 날개를 가진 노란색 몸체 수컷 48마리, 갈색 몸체와 흔적 날개를 가진 수컷 15마리, 야생형 수컷 49마리, 갈색 몸체 31마리로 구성되었다. 흔적 날개가 있는 암컷과 97마리의 야생형 암컷. 문제의 두 유전자의 유전을 설명하시오.

11. 캘빈 브리지스가 흰색 눈을 가진 암컷 초파리에서 붉은색 눈을 가진(야생형) 수컷에 이르기까지 수많은 자손을 관찰했을 때, 그는 자손 중에서 매우 희귀한 흰색 눈의 암컷과 붉은색 눈의 수컷을 발견했다. 그는 이러한 예외가 비분리에서 기인한다는 것을 보여줄 수 있었다. 예를 들어, 흰색 눈을 가진 암컷은 난자에서 두 개의 X와 정자로부터 Y를 받은 반면, 붉은색 눈을 가진 수컷은 난자에서 성염색체를 받지 않았고 정자로부터 하나의 X를 받는다. 만약 그들이 수컷 부모에게서 발생했다면, 이와 같은 종류의 비분리로부터 어떤 자손이 발생하는가? 그들의 눈 색깔은 어떠한가?

4.4절

12. 다음은 색맹의 희귀한 형태 색깔(채워진 기호)로 발견된 어느 가족의 가계도이다. 가계도에서 모든 개개인들에서 기대되는 유전자형을 기술하시오.

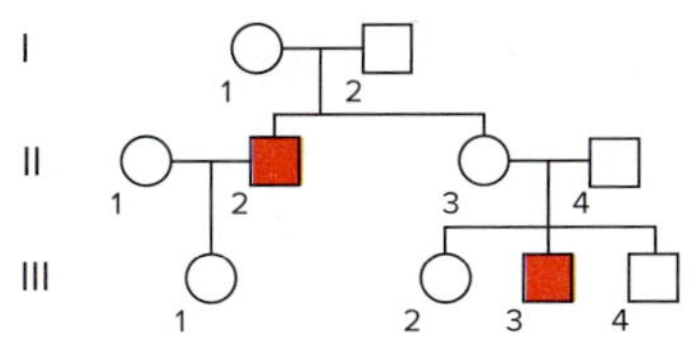

13. 다음의 가계도는 호피 인디언(Hopi Indians) 그룹에서 매우 빈번하게 출현하는 백색증의 유전 양식을 보여준다. 이 형질은 완전 침투된다고 가정하자(백색증을 유발하는 유전자형을 가진 모든 개체는 백색증을 나타냄).

a. 이 집단의 백색증은 열성 대립유전자에 의한 것인가? 아니면 우성 대립유전자에 의한 것인가?
b. 이 유전자는 성 연관인가 상염색체성인가?

가계도에서 다음 사람들의 유전자형은 무엇인가?

c. 개체 I-1
d. 개체 I-8
e. 개체 I-9
f. 개체 II-6
g. 개체 II-8
h. 개체 III-4

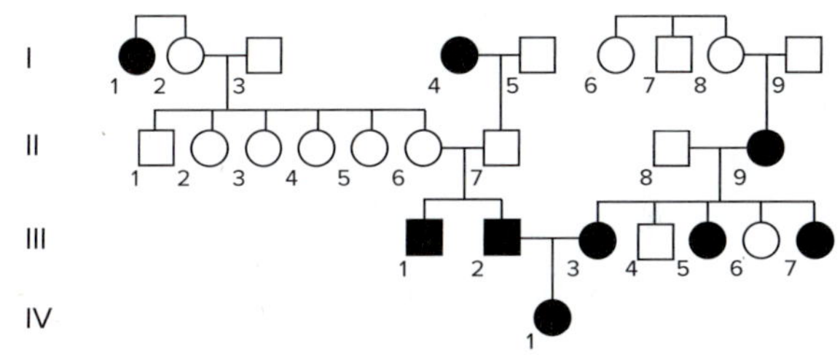

14. 뒤시엔느근위축증(Duchenne muscular dystrophy; DMD)은 상대적으로 드문 X-연관 열성 대립유전자에 의해 유발된다. DMD를 유발하는 X-연관 유전자는 근육 기능에 필수적인 디스트로핀이라는 단백질을 암호화한다. 디스트로핀 단백질은 분비되지 않고 이것을 생산하는 세포 속에 남아 있다.

a. 여러분들이 바 소체 형성에 대한 지식을 가지고 있다고 가정할 때, 열성 DMD 질환 유전자에 대해 이형접합인 여성들은 그들의 신체 일부분은 질환을 가지는 반면 다른 부분은 질환을 가지지 않을 것이라 생각되는가?
b. (a) 부분에 대한 답변을 고려할 때 DMD의 유전을 열성으로 설명하는 것이 지나치게 단순화되었다고 생각하는가? 어떤 다른 설명이 더 정확할 수 있는가?

15. 형질전환 생쥐의 X-염색체 불활성화를 시각화에 대한 「빠르게 살펴보기」에서 연구자들이 배아에 500개 미만의 세포가 있는 초기 생쥐 배아에서 녹색과 적색 형광단백질의 발현을 관찰한다고 가정한다. 그들은 어떤 형태를 관찰했을까? 두 유전자가 이와 같은 발생 초기에 유전자 산물을 만든다고 가정한다.

16. 다음은 클라인펠터증후군(XXY 개체에서 보이는 이상증후군; 검은색 박스로 표시)을 가진 남성이 포함된 가족에서 얻은 가계도이다. 각 가계도에서, *A*와 *B*는 X-연관 *G6PD* 유전자의 공우성 대립유전자를 나타낸다. 각 개체(A, B, AB)의 표현형은 가계도상에 나타나 있다. 세 가지 각 예에서 염색체 비분리현상이 클라인펠터증후군 아들의 모친

또는 부친에서 일어났는지를 나타내라. 염색체 비분리현상이 1차 감수분열 혹은 2차 감수분열에서 일어났는지 설명할 수 있는가?

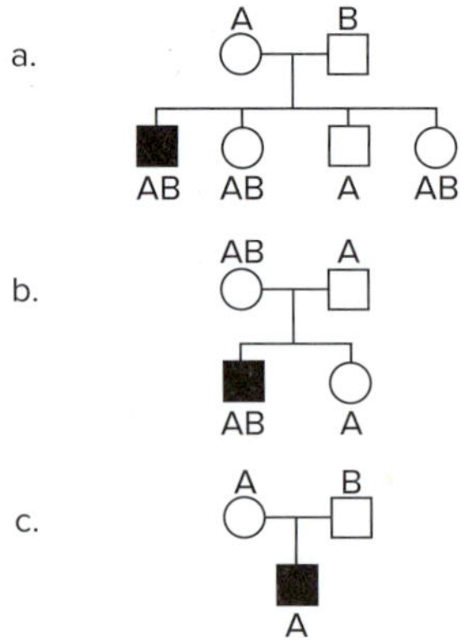

17. 한 도시의 동물원에서 교배된 흰색 암컷 호랑이의 혈통을 다음의 가계도로 제시하였다. 흰색 호랑이는 비어 있는 기호로 나타내었다(그림에서 볼 수 있듯이, 이 혈통에는 근친교배가 많다. 한 예로, 흰색 호랑이 모한(Mohan)은 그의 딸과 교미를 이루었다). 다음 질문의 답변을 위해 '흰색'은 한 유전자의 대립유전자의 차이에 의해 결정되고 그 형질은 완전 침투라고 가정하자. 가계도에서 얻을 수 있는 정보들을 이용하면서 다음 물음에 답하시오.
   a. 흰색 털 색깔은 Y-연관 대립유전자에 의해 생성될 수 있는가?
   b. 흰색 털 색깔은 X-연관 우성 대립유전자에 의해 생성될 수 있는가?
   c. 흰색 털 색깔은 상염색체성 우성 대립유전자에 의해 생성될 수 있는가?
   d. 흰색 털 색깔은 X-연관 열성 대립유전자에 의해 생성될 수 있는가?
   e. 흰색 털 색깔은 상염색체성 열성 대립유전자에 의해 생성될 수 있는가?

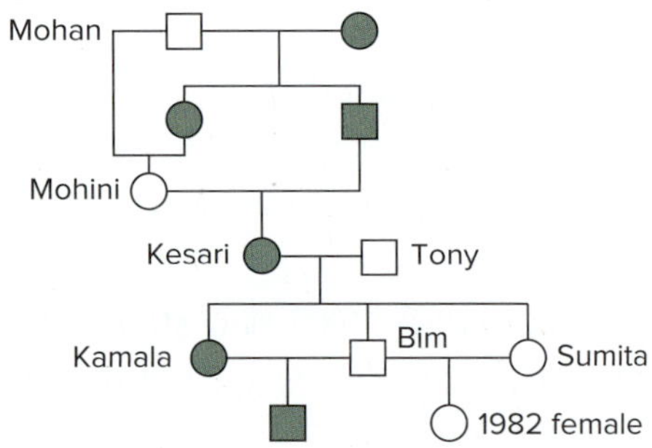

18. 1995년에 의사들은 오직 남성에게만 영향을 주는 색소성 망막염(망막이 점진적으로 악화되어 실명하게 됨)을 가진 중국의 한 가족에 대해 보고하였다. 질환자 남성이 낳은 6명의 아들 모두 질환자였다. 그러나 5명의 딸들(그리고 이 딸들의 아이들 모두)은 정상이었다.
   a. 이런 종류의 색소성 망막염이 완전 우성인 상염색체성 돌연변이로 유발될 가능성은 있는가?
   b. 이 가족에게 색소성 망막염의 유전을 설명할 수 있는 다른 가능성은 무엇인가? 이러한 가능성 중 가장 적합한 것은 어떤 것인가?

19. 주머니쥐나 캥거루와 같은 유대류에서 X 불활성화는 선택적으로 부계 X 염색체에서 일어난다.
   a. X-연관 털색 유전자의 돌연변이 대립유전자에 대해 동형접합인 암컷 유대류가 이 유전자의 야생형 대립유전자에 대해 반접합인 수컷과 짝짓기를 했을 경우 두 성의 자손들에서의 털색에 대한 표현형을 예측하시오.
   b. X-연관 털색 유전자의 대립유전자에 대해 반접합인 수컷 유대류가 이 유전자의 야생형 대립유전자에 대해 동형접합인 암컷과 교배를 했을 경우 두 성의 자손들에서의 가능한 털색의 표현형을 예측하시오.
   c. 왜 열성 및 우성이라는 표현은 유대류의 X-연관 털색 유전자의 대립 유전자를 설명하는 데 유용하지 않는가?
   d. 왜 X-연관 털색 유전자의 두 대립유전자에 대해 이형접합성인 유대류는 이전 문제의 삼색털 고양이처럼 두 종류 색으로 된 피부 조각을 가지지 않는가?

20. 아홉줄무늬 아르마딜로(Dasypus novemcinctus)는 항상 4개의 단일 접합체(monozygotic) 새끼를 낳는 특이한 포유동물이다. 다시 말해 하나의 정자와 난자의 수정에 의해 생성된 유전적으로 동일 네쌍둥이. 그러나 그들의 성 결정에 대한 기작은 특이하지 않다. 수컷은 XY이고 암컷은 XX이다.

Bianca Lavies/National Geographic Stock

   a. 네쌍둥이는 항상 같은 성인가?
   b. 어떤 상황에서 네 형제 모두 표현형이 동일하지 않을 수 있는가?
   c. 아르마딜로의 번식 체계가 진화적으로 불리하다고 생각하는 이유는 무엇인가? 어떻게 유리할 수 있는가?

21. 아노펠레스 모기(*Anopheles gambiae*)는 XX 암컷/XY 수컷의 성 결정 시스템을 가지고 있으며, Y의 *Yob*라는 유전자가 수컷의 성을 결정한다. 모기에서 유전자량 보상은 수컷의 단일 X 염색체의 과다활성화에 의해 이루어진다. 수컷의 X-연관 유전자는 암컷보다 2배 많은 단백질 또는 RNA를 생성한다. 「빠르게 살펴보기」에서 형질전환 생쥐의 *SRY*가 수컷을 결정하는 인자이며 SRY가 포함된 유전자가 XX 생쥐를 수컷으로 발달시키는 현상을 관찰했다. 비슷한 실험이 모기에서 수행되었다고 가정한다. *Yob* 유전자가 XX 모기의 상염색체에 도입되었다. 형질전환 모기의 결과가 생쥐의 결과와 비슷할 것으로 예상되는가?

4.5절

22. 도미니카 공화국의 고립된 지역 사회에서 일부 개인들은 '12세의 음경'을 의미하는 Guevedoces로 알려져 있다. 이들은 5α-환원효소 유전자의 기능상실 대립유전자에 대해 동형접합체이다. 그들은 여성의 외부 생식기를 가지고 태어나 소녀로 성장한다. 그러나 사춘기(평균 12세)에 음경이 자라며 정소가 내려간다.
    a. 남성의 경우 테스토스테론의 생성이 사춘기에 급격히 증가한다. 이 사실이 Guevedoces의 명백한 성 변화를 어떻게 설명할 수 있는가?
    b. Guevedoces가 생물학적 자녀를 가질 수 있다고 생각는가?
    c. Guevedoces는 작은 전립선을 갖는 경향이 있으며 나이가 들어도 남성형 대머리가 발생하지 않는다. 이러한 현상을 통해 양성 전립선 비대(많은 노인에게 영향을 미치는 상태)와 남성형 대머리를 치료하는 데 사용되는 피나스테리드라는 약물이 개발되었다. 이 약의 생물학적 작용은 무엇이라고 생각하는가?

23. 일부 드문 형태의 간성(intersexuality)는 그림 4.15에서 논의된 것과 매우 다른 이유로 발생한다. 일부 드문 형태의 간성에서, 개체는 다른 세포와 다른 성염색체 세트를 갖는 일부 세포를 가지고 있다. 이러한 현상은 초기 배아 분열 중 염색체 행동의 드문 실수, 초기 배아 발달 중에 성 결정 유전자에서 발생하는 돌연변이 또는 매우 드물게 발달 초기 단계에서 독립적으로 수정된 두 배아의 융합으로 인해 발생할 수 있다. 표현형에 미치는 영향은 어떤 종류의 세포가 어떤 종류의 염색체를 가지고 있는지에 따라 크게 다르다. 그러한 실수의 한 가지 가능한 결과는 하나 이상의 난자, 즉 난소와 정소 조직을 모두 포함하는 생식선의 존재이다(한 사람이 정자와 난자를 모두 생산하는 사례는 문서화되지 않았지만). 다음과 같은 개체를 발생시킬 수 있는 조건을 설명하시오.
    a. XY와 XO 세포
    b. XX와 XY 세포
    c. XX와 XXY 세포
    d. XY 세포만 존재하지만 난소는 존재

chapter 5

연관, 재조합 그리고 염색체상의 유전자지도 작성

©Rudy Von Briel/PhotoEdit

지하철노선상의 지하철역 위치와 같은 대상물의 장소 관계를 보여주는 지도. 유전자지도는 염색체상의 유전자의 위치를 묘사한다.

개요

- 5.1 유전자 연관과 재조합
- 5.2 재조합: 감수분열 동안의 교차 결과
- 5.3 지도작성: 염색체상에 유전자 자리 부여
- 5.4 카이 제곱 검정과 연관 분석
- 5.5 균류에서의 사분체 분석
- 5.6 유사분열 재조합과 유전적 모자이크

1928년에 의사들은 두 개의 잘 알려진 X-연관 유전형질인 적록색맹과 혈우병 A(더 심한 '출혈 질환'을 보이는 X-연관형)에 대해 4대에 걸친 가계도를 완성하였다. 이 가계의 어머니쪽 할아버지가 두 형질 모두를 지니고 있었는데, 이는 그가 가진 하나의 X 염색체에 해당하는 두 개의 유전자가 모두 돌연변이 대립유전자라는 것을 의미한다. 예상대로 그의 아들과 딸들에서는 색맹이나 혈우병인 사람이 보이지 않았지만, 2명의 손자와 1명의 증손자가 X-연관 형질 모두를 물려받았다(**그림 5.1a**). 자손들 중에서 어느 누구도 두 가지 형질 중의 어느 하나만 보여주는 자가 없다는 사실은 돌연변이 대립유전자가 감수분열 중에 독립적으로 분리하지 않았다는 것을 암시한다. 대신에 이들은 한 세대를 형성하는 배우자에서 서로 같이 움직이며 다시 다음 세대를 이루는 배우자로 이동하여 색맹과 혈우병 모두를 갖는 X 염색체를 지닌 손자와 증손자가 생긴 것이다. 이처럼 서로 같이 이동하는 유전자들은 종종 **유전적 연관**(genetic linkage)을 나타낸다.

이와 대조적으로, X 염색체상에서 역시 돌연변이에 의해 생긴 색맹과 다소 다른 형태의 혈우병 B를 보여주는 가계도는 다른 유형의 유전 양상을 보여준다. 혈우병 B와 색맹을 지닌 할아버지가 4명의 손자를 두었는데, 이들 중에서 오직 1명만이 양쪽 형질을 나타냈다. 이 가계에서 색맹과 혈우병에 관한 유전자는 남성성 자손에서 두 형질에 대하여 네 가지 가능한 조합 모두, 즉 정상 시각과 정상 혈액응고, 색맹과 혈우병, 색맹과 정상 혈액응고 그리고 정상 시각과 혈우병을 거의 동일 빈도로 만들기 때문에 독립적으로 분리하는 것처럼 보인다(**그림 5.1b**). 그러므로 이 두 유전자의 돌연변이 대립유전자가 할아버지의 동일 X 염색체상에 놓여 있다고 해도, 이들은 분리하여 손주 III-2와 III-3처럼 된다. 동일 염색체상에 있는 유전자들의 분리는 **재조합**(recombination)의 결과로 이전 세대에는 보이지 않던 새로운 유전자 조합의 자손이 나오게 된다.

동일 염색체상에 연관된 유전자들의 전달을 추구하는 데 있어 두 가지 중요한 주제를 명심해야 한다. 그 하나는 두 유전자 사이가 멀리 떨어져 있을수록 재조합을 통한 분리의 확률이 더 높아진다는 것이다. 이와 같은 일반적인 법칙을 확대 해석해 보면, 혈우병 A 유전자는 적록색맹 유전자와 아주 가까이 있는 반면에 혈우병 B 유전자는 색맹 유전자와 멀리 떨어져 있는 것을 볼 수 있다. 또 다른 주제는 유전학자들이 염색체상에 유전자들의 상대적 위치 지도를 만들기 위해 유전자들이 전달되는 동안에 어떻게 자주 분리되는지에 대한 자료를 사용할 수 있다는 것이다. 이와 같은 지도작성은 복잡한 유전적 네트워크의 요소들을 정리하여 찾아내는 단서가 되며, 이는 또한 유전학자들이 분자수준에서 유전자들을 분리하고 특징짓는 데 결정적이다.

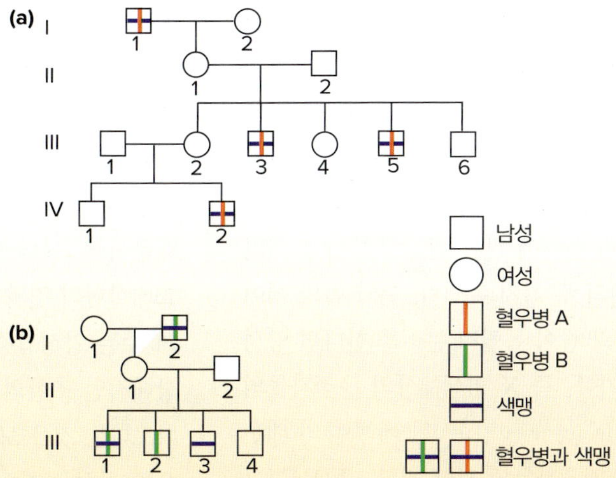

그림 5.1 가계도는 색맹과 두 가지 형태의 혈우병이 반성(X-연관) 유전형질이라는 것을 나타낸다. **(a)** 적록색맹과 혈우병 A의 전달. 가계도에서 이 형질들이 같은 행보를 하는 것으로 보아 유전적으로 연관되어 있다는 것을 나타낸다. **(b)** 적록색맹과 혈우병 B의 전달. 두 개의 유전자가 모두 X-연관이지만 돌연변이 대립유전자가 III대에서 4명의 손자들 중에서 오직 1명에서만 유전된다. 이런 두 가계도에서 보더라도 색맹 유전자는 혈우병 A와는 가까이 있지만 혈우병 B 유전자와는 멀리 떨어져 있다는 것을 나타낸다.

5.1 유전자 연관과 재조합

학습 목표

1. 유전자 부위와 염색체를 관련하여 연관을 정의한다.
2. 양친형 배우자와 재조합형 배우자를 구별한다.
3. 양성잡종 교배에서 두 개 유전자가 연관되어 있는지의 여부를 자손의 비로 판단한다.
4. 검정교배가 연관 여부에 대한 증거를 어떻게 제시할 수 있는지 설명한다.

인간이 오직 23쌍의 염색체에 대략 25,000개의 유전자를 가지고 있다고 하면, 대부분의 염색체들은 수천 개가 아닌 수백 개의 유전자들을 지녀야만 한다. 개개의 염색체상에 많은 유전자가 존재한다는 인식은 중요한 의미를 불러일으킨다. 제1감수분열 동안에 비상동염색체들이 방추체상에 독립적으로 배치되어 있기 때문에 다른 염색체상에 있는 유전자들이 독립적으로 분리를 한다면 동일 염색체상에 있는 유전자들은 어떻게 분리하겠는가?

동일 염색체상에 있는 어떤 유전자들은 독립적으로 분리하지 않는다-대신에 그들은 연관되어 있다

최초로 특정 염색체가 규명된 초파리를 통해 이어지는 X-연관 유전자의 내용을 설명하고자 한다. 여러 교배 실험을 통해 암컷은 2개의 X 염색체를 지니고 있어 X-연관 유전자 각각에 대해 2개의 대립유전자를 갖는다는 것을 알았다. 반면에 수컷은 하나의 X 염색체(어머니 쪽에서 온)만을 지니고 있어 이들 유전자 각각에 대하여 단 하나의 대립유전자만을 지닌다.

우선 X-연관인 초파리의 눈 색깔과 몸 색깔을 결정하는 2개의 유전자를 보기로 하자. 이 두 유전자들은 동일 염색체상에 위치해 있기 때문에 **연관 가능**(신테니; syntenic)이라고 한다. 흰색(white) 유전자는 이미 4장에서 소개하였으므로 우성 야생형 대립유전자인 w^+는 붉은색 눈을, 열성 돌연변이 대립유전자인 w는 흰색 눈을 지닌다는 것을 알고 있을 것이다. 노란색(*yellow*) 몸 유전자의 대립유전자들은 y^+(야생형 갈색 몸이 우성인 대립유전자)이고 y(노란색 몸의 열성 돌연변이 대립유전자)이다. 혼란을 피하기 위하여 소문자 y^+와 y는 노란색 유전자의 대립유전자를 나타내고, 대문자 Y는 (눈 색이나 몸 색의 어떤 유전자도 지니고 있지 않은) Y 염색체를 나타낸다. 사선 부호(/)도 주목할 필요가 있는데, 이는 (이 경우에서처럼 X와 Y 염색체를 지니고 있거나 X 염색체의 쌍이나 상동형 상염색체가 쌍을 이루고 있는) 한 쌍의 염색체상의 유전자를 분리하는 데 사용된다. 그러므로 $w\,y$/Y는 $w\,y$를 지닌 X 염색체와 Y 염색체를 갖고 있는 수컷의 유전자형을 나타낸다. 이 수컷의 표현형은 흰색 눈과 노란색 몸을 보여준다.

양성잡종 교배가 만드는 배우자들의 분석으로 연관 검출

돌연변이 흰색 눈과 야생형 갈색 몸을 지닌 암컷($w\,y^+/w\,y^+$)과 야생형 붉은색 눈과 돌연변이 노란색 몸을 지닌 수컷($w^+\,y$/Y) 간의 교배에서 제1대 잡종(F_1) 자손은 정상 붉은색 눈과 갈색 몸의 암컷($w\,y^+/w^+\,y$)과 돌연변이 흰색 눈과 갈색 몸을 지닌 수컷($w\,y^+$/Y)이 같은 비로 분리되었다(**그림 5.2**). 수컷 자손은 어머니와 닮았는데, 이는 이들의 표현형이 어머니로부터 받은 하나의 X 염색체의 유전자형을 직접 반영하였기 때문이다. F_1 암컷에서는 이러하지 않는데, 이는 어머니로부터 받은 X에는 w와 y^+를 아버지로부터 받은 X에는 $w^+ y$가 있기 때문이다. 그러므로 이런 F_1 암컷은 양성잡종이다. X-연관 유전자로 두 개의 대립유전자를 지녔고, 이들 각각은 양친으로부터 물려받았으며, 대립유전자 각 쌍의 우성 관계가 암컷의 표현형을 결정한다.

이제 동일 염색체상의 유전자의 분리에 관한 질문에 대한 유의한 교배를 보기로 하자. 만약 초파리의 두 가지 유전자, 눈과 몸의 색이 멘델의 제2법칙에서 기대하는 것과 같이 독립적 분리를 한다면 양성잡종 F_1 암컷은 네 종류의 배우자를, 즉 X 염색체상의 유전자들의 네 가지 서로 다른 조합인 $w\,y^+$, $w^+\,y$, $w^+\,y^+$, $w\,y$인 네 종류의 배우자를 만들 것이다. 이 네 종류의 배우자는 동일한 빈도, 즉 1:1:1:1로 나타날 것이다. 만약 이와 같이 일어난다면 배우자의 거의 절반은 두 가지 **양친형**(parental type)인 P 세대의 원래 암컷에서 보이는 $w\,y^+$ 대립유전자 조합이거나 P 세대의 원래 수컷에서 보이는 $w^+\,y$ 대립유전자 조합이 될 것이다. 배우자의 나머지 절반은 F_1 암컷의 P 세대 양친에서 보이지 않는 $w^+\,y^+$ 또는 $w\,y$ 대립유전자 조합처럼 뒤섞이는 두 가지의 **재조합형**(recombinant type)이 될 것이다.

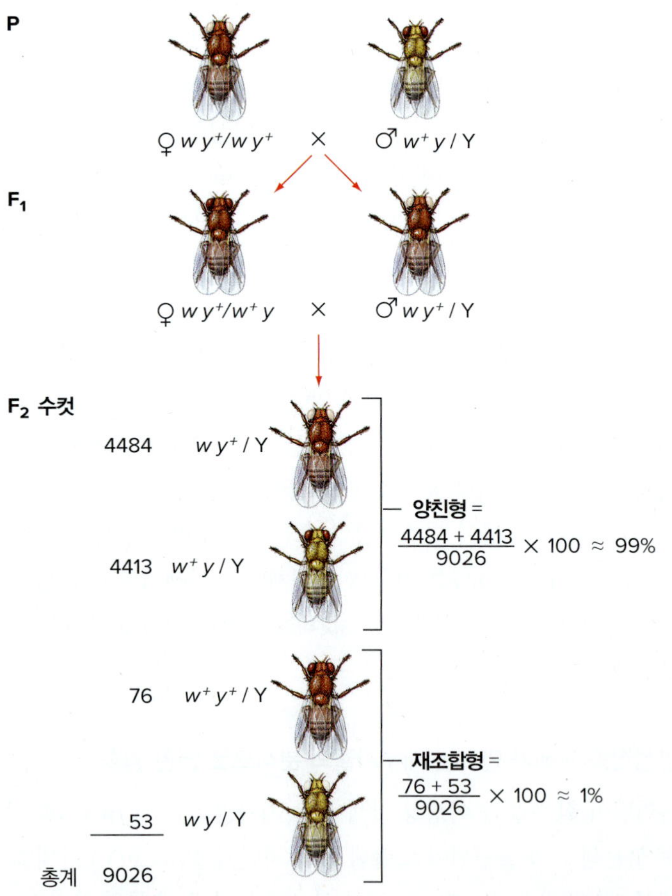

그림 5.2 유전자들이 연관되어 있을 때에는 양친형 자손이 교차형 자손보다 수가 많다. 이중이형접합자 $w\,y^+/w^+\,y$인 F_1 암컷이 네 종류의 수컷 자손을 낳았다. 아버지와 닮은 아들($w^+\,y$/Y) 또는 F_1 암컷인 어머니와 닮은 아들($w\,y^+$/Y)은 양친형이 된다. 그 외의 아들들은($w^+\,y^+$/Y 또는 $w\,y$/Y) 재조합형이 된다. 이러한 가깝게 연관된 유전자들에서는 양친형이 재조합형에 비해 아주 많다.

F_2 세대의 수컷 자손의 서로 다른 형태를 알아봄으로써 실제로 네 종류의 배우자의 비가 1:1:1:1인지의 여부를 산정할 수 있는데, 이는 마치 아들은 어머니 쪽의 배우자로부터만 X-연관 유전자를 받기 때문이다. 그림 5.2의 아래 부분은 F_2 수컷에서 9026마리를 생산한 교배실험의 결과를 나타낸 것이다. X-연관 유전자의 상대적인 조합의 수는 양성잡종 F_1 암컷 배우자에 의해 전달된 X-연관 유전자의 상대적인 조합의 수는 독립적 분리의 기대치인 1:1:1:1과는 상당히 다르다는 것을 보여준다. 배우자에서 특히 가장 많은 수를 보이는 것은 양친형 조합인 $w\,y^+$와 $w^+\,y$를 운반한 것이다. 총 9026마리 수컷 초파리 중에서 거의 99%인 8897마리가 이런 유전자형을 지닌 것이다. 반면에 새로운 조합인 $w^+\,y^+$와 $w\,y$는 전체의 1% 정도였다.

이 두 유전자들이 독립적으로 분리하는 데 왜 실패했는지를 두 가지 방법 중의 하나로 설명할 수 있다. 그 하나는 $w\,y^+$와 $w^+\,y$ 조합이 보다 선호될 수 있었던 이유로 이 특정 대립유전자 사이에 존재한 어떤 내재된 화학적 친화력을 들 수 있다. 다른 하나의 이유는 대립유전자의 이 같은 조합은 흔히 볼 수 있는 양친형이란 것 때문이다. 즉, F_1 암컷은 P 세대 어머니로부터 w와 y^+를 함께 그리고 P 세대 아버지로부터는 w^+와 y를 함께 물려받았다. 그래서 F_1 암컷도 마찬가지로 자기 자손에게 재조합결합보다는 대립유전자의 양친형 결합으로 좀 더 많이 전달한다.

연관: 배우자의 양친형 그룹이 우세함

동일 유전자이지만 대립유전자가 다른 배열을 지닌 두 종류의 교배는 양성잡종 F_1 암컷이 네 가지 가능한 배우자를 1:1:1:1의 비로 만들지 않는 이유를 설명해 준다(**그림 5.3**에서 교배양상 B 참조). 이런 두 번째 형의 교배로 붉은색 눈, 갈색 몸의 암컷($w^+\,y^+/w^+\,y^+$)과 흰색 눈, 노란색 몸의 수컷($w\,y$/Y)으로 되어 있는 원래의 양친형 세대에서 만들어진 F_1 암컷은 모두 $w^+\,y^+/\,w\,y$ 양성잡종이 된다. 이 F_1 암컷이 만드는 배우자의 종류와 비가 무엇인지를 알기 위하여 손쉽게 알 수 있는 F_2 수컷을 살펴볼 필요가 있다.

이번에 그림 5.3에서 교배양상 B가 보여주는 것은 $w^+\,y$/Y와 $w\,y^+$/Y는 재조합형으로 전체의 1%도 되지 않는 반면에, 양친형 조합인 $w\,y$/Y와 $w^+\,y^+$/Y는 거의 99%에 달한다. 이 교배에서 w^+와 y 또는 y^+와 w 보다 더 선호하는 연관은 없다는 것을 알 수 있다. 반면에 X 염색체의 이 특정 유전자들로 수행한 실험 두 가지를 비교하면, F_1 암컷이 만들어진 원래의 대립유전자의 배열이 어떻게 되어 있느냐에 따라 자손의 여러 형태의 관찰 빈도가 다르게 나타난다는 것을 제시

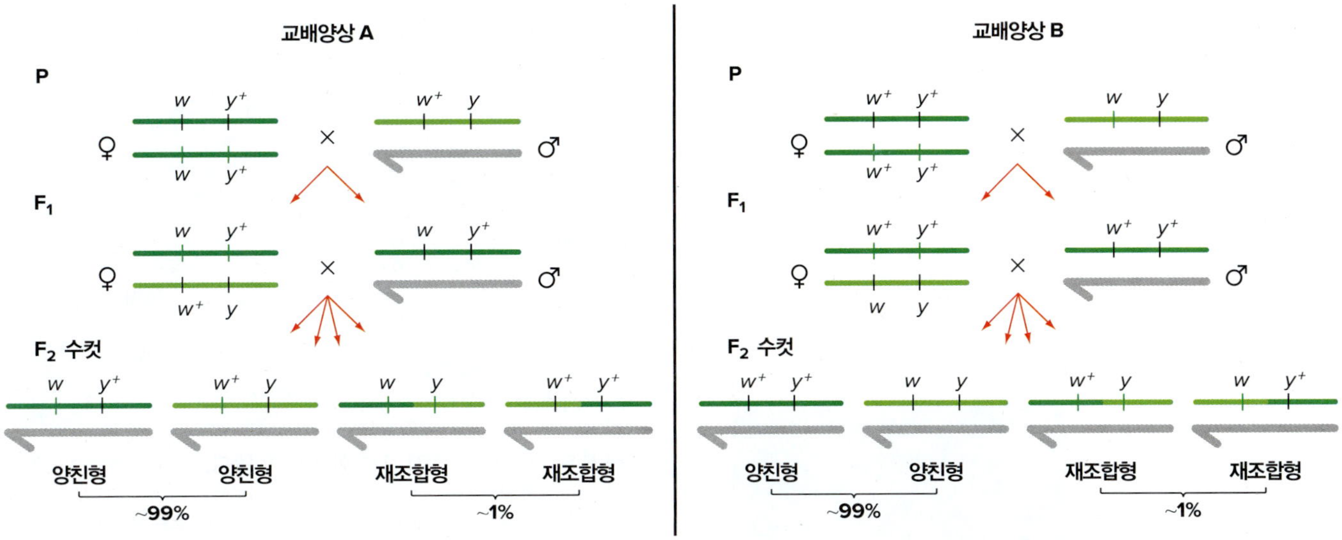

그림 5.3 '양친형'과 '재조합형'이란 명칭은 과거 역사와 관련이 있다. 그림 5.2를 다시 그려 교배양상 A로 나타내어 교배양상 B와 쉽게 비교하고자 하였다. 교배양상 B에서는 양성잡종 F_1 암컷이 흰색(white) 눈과 노란색(yellow) 몸 유전자의 서로 다른 대립유전자 조성으로 되어 있다. 이 두 교배양상에서 양친형과 재조합형이 각기 서로 다름에 주목하라. 그럼에도 불구하고 이 두 실험에서 양친형과 재조합형의 빈도가 비슷한데, 이는 교차빈도가 대립유전자의 배열과 무관하다는 것을 보여주는 것이다.

해준다. 두 실험 모두에서 **양친형 그룹**(P세대에서 보이는 기존의 조합)이 F_2 세대에서 가장 빈번하게 나타나고 뒤섞인 **재조합 그룹**은 이보다 적게 나타난다(그림 5.3). 이중 이형접합성 F_1 암컷의 **양친형**과 **재조합형** 배우자 또는 자손의 표기가 이루어지는데, 이는 암컷의 양친 각각으로부터 받은 대립유전자의 특정 세트에 의해 결정된다는 것을 인식하는 것이 중요하다.

유전자들이 독립적 분리할 때 양친형 및 재조합형 F_2 자손의 수는 동일한데, 왜냐하면 이중 이형접합성 F_1 개체는 모두 동일한 네 종류의 배우자를 같은 수만큼 만들기 때문이다. 이에 비하여 양친형 유전자형을 지닌 F_2 자손이 재조합 유전자형을 지닌 F_2 자손의 수보다 훨씬 많으면 이 두 유전자들은 **연관되어**(linked) 있다고 생각된다. 독립적으로 분리하는 대신에 이 유전자들은 오랫동안 서로 연결되어 있었던 것처럼 행동한다. 눈과 몸 색깔을 나타내는 유전자들은 초파리의 X 염색체상에 놓여 있으므로 연관 개념을 온전히 제시하여 주었다. 이 두 유전자는 대립유전자의 양친형 조합인 $w\,y^+$와 $w^+\,y$처럼 매우 강하게 짝지어져 있거나(그림 5.3의 교배양상 A처럼) 혹은 $w^+\,y^+$와 $w\,y$(그림 5.3 교배양상 B처럼)로 매 100개의 배우자가 만들어질 때 오직 한 개의 비로 뒤섞여진 재조합체가 만들어진다. 다시 말하면 아주 강하게 연관되어 있는 유전자들의 두 양친형 대립유전자 조합은 100번 중에 99번은 서로 같이 유전된다.

연관 정도에 있어 유전자 쌍 특이적 변이

연관은 언제나 이처럼 단단하게 되어 있지 않다. 초파리에서 축소형 날개(m)인 돌연변이도 X 염색체상에 있다. 붉은색 눈과 정상날개의 암컷($w^+\,m^+/w^+\,m^+$)이 흰색 눈과 축소형 날개의 수컷($w\,m$/Y)과 교배를 하면 F_1 세대는 모두 붉은색 눈과 정상날개의 초파리들이 생긴다. 양성잡종 F_1 암컷의 유전자형은 $w^+\,m^+/w\,m$이 된다. F_2 수컷 중에서 67.2%는 양친형($w^+\,m^+$와 $w\,m$)인 반면, 나머지 32.8%는 재조합형($w\,m^+$와 $w^+\,m$)이다.

F_2 유전자형 사이에 이런 양친형 조합의 우월성은 두 개의 유전자가 연관되어 있다는 것을 나타낸다. 그리고 대립유전자의 양친형 조합이 그렇지 않은 것보다 더 많이 같이 움직인다는 것을 나타낸다. 그러나 눈 색과 몸 색의 w와 y 유전자 사이의 99% 연관과 비교해 보면 w와 m 사이의 연관은 강하지 않다. 눈 색과 날개 크기의 양친형 조합은 100개의 배우자당(1개가 아니라) 약 33개가 뒤섞인다.

상염색체 형질의 연관

연관된 상염색체 유전자는 각각 하나의 구분되는 우성 유전자와 하나의 열성 대립유전자를 갖는 독립적이고, 서로 상호 작용하지 않는 유전자에 의해 나타나는 9:3:3:1의 멘델 분리비에 따라 유전되지 않는다. 멘델은 그의 양성잡종 교배에서 F_2 표현형의 분리비가 9:3:3:1로 되는 것을 관찰하였는데, 이는 양친에 의해 네 가지 가능한 배우자형($A\,B$, $A\,b$, $a\,B$, $a\,b$)이 같은 빈도로 만들어졌기 때문이다. 네 가지 배우자형이 각각 동일한 수로 되는 독립적 분리는 F_2의 퍼네트 사각형에 있는 16개의 상자의 각자가 1/16의 빈도로 동일하게 수정된다는 것을 의미한다(그림 1.12 참조).

멘델의 두 유전자들이 연관되어져 있다면 F_2의 표현형적 분리비는 더 이상 9:3:3:1이 아닌데, 이는 부모형 배우자가 재조합형 배우자

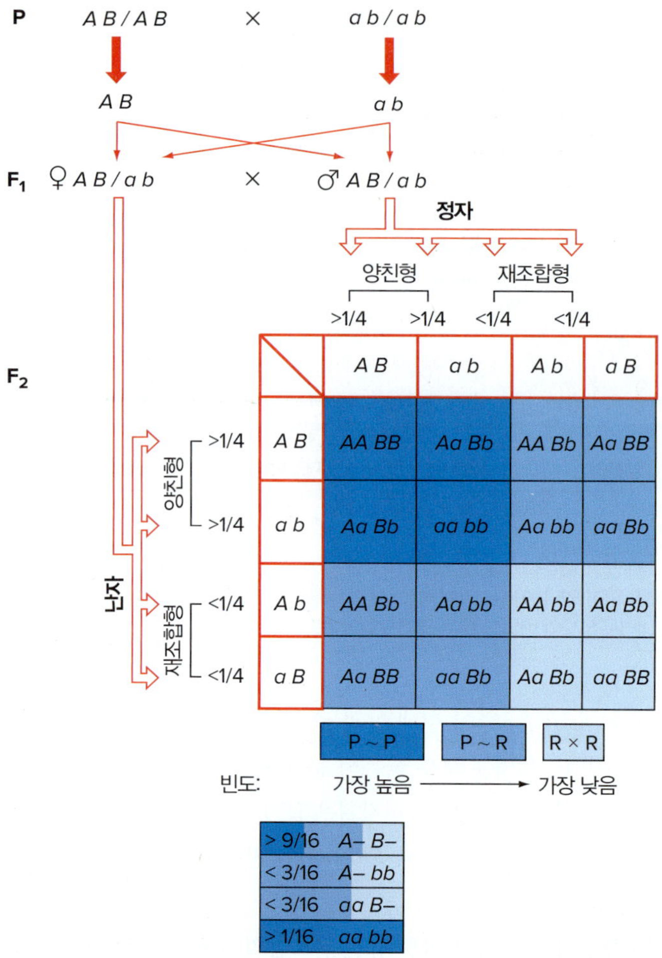

그림 5.4 연관은 9:3:3:1 비율을 변경한다. 연관된 유전자의 경우 연관된 유전자들에서 양친형 배우자에 의해 가장 많이 만들어지는 F_2 유전자형 종류의 빈도는 다른 종류의 빈도의 희생에 의해 증가한다. 퍼네트 사각형에 있는 상자의 파란색과 상대적 크기는 F_2에서 특정 유전자형이 나타나는 빈도를 나타낸다.

보다 아주 높은 빈도로 존재하기 때문이다. **그림 5.4**는 연관의 결과로 만약 F_1 양성잡종의 각자가 유전자형 $A\ B/a\ b$이라 한다면, F_2의 9/16과 1/16 유형들은 두 개의 3/16 유형이 줄어들어서 증가됨을 보여준다. 역으로 만약 양친의 대립유전자가 $(A\ b/A\ b\ \times\ a\ B/a\ B)$로 다르게 되어 있다면 F_1은 $A\ b/a\ B$가 되고, 그러면 두 개의 3/16 유전자형의 유형들은 9/16과 1/16 유형이 줄어들어서 증가될 것이다(그림 생략). 그러므로 연관은 9:3:3:1 비의 기본을 무효화하여 균등하지 않은 수의 네 개의 생식세포를 형성하여 그림 5.4의 각 퍼네트 사각형의 상자는 더 이상 동등한 수정현상을 나타내지 않는다.

검정교배로 연관의 검출을 쉽게 한다

20세기 초반에 유전학자들은 그림 5.4에서 보여주는 것과 같은 교배를 해석하는 데 어려워했다. 어떤 대립유전자가 어떤 양친으로부터

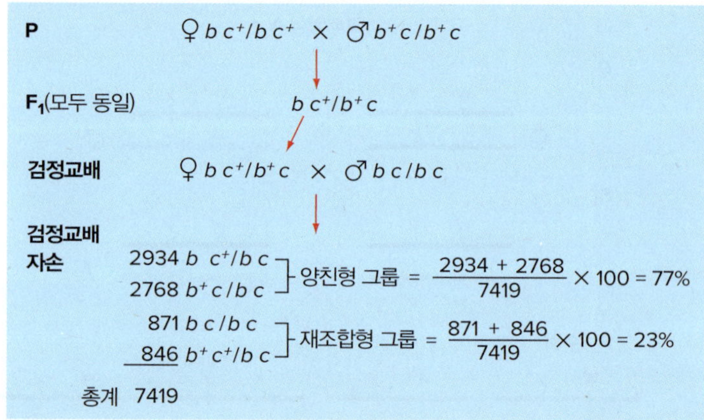

그림 5.5 상염색체 유전자 또한 연관을 보여준다. 검정교배로 초파리의 몸색 유전자(b)와 날개모양 유전자(c)의 재조합 빈도가 23%임을 보여준다. 양친형이 재조합형보다 숫자가 많기 때문에, b와 c 유전자들은 유전적으로 연관되어 있고 동일 상염색체상에 있어야만 한다.

왔는가를 추적하는 데 곤란했기 때문이다. 예를 들면, 그림 5.4에서 배우자형 $A-\ B-$를 지닌 F_2 모두가 동일한 표현형을 가지고 있지만, 이들은 두 개의 양친형 배우자(짙은 파란색 정사각형 모양), 두 개의 재조합형 배우자(밝은 청색 정사각형 모양) 또는 각 종류를 하나(중간 파란색 정사각형 모양)씩 포함한 수정으로부터 나왔다. 그러나 두 개의 유전자들이 열성 대립유전자들인 동형접합성의 한쪽 양친으로 검정교배를 함으로써 다음 절에서 상세하게 설명하는 바와 같이 유전학자들은 이중 이형접합성인 다른 양친의 배우자로부터 받은 유전자 조성을 쉽게 분석할 수 있게 되었다.

예를 들면, 초파리는 몸 색에 대해 X-연관 y 유전자 이외에도 상염색체 유전자를 지니고 있는데, 야생형인 갈색에 대해 검은색(b)을 나타나게 하는 열성 돌연변이가 있다. 동일 상염색체에 초파리의 날개 모양을 결정하는 제2의 열성유전자로 정상인 곧은 날개에 비해 곡선으로 휜 만곡 날개(c)가 있다. **그림 5.5**는 곧은 날개에 검은색 몸인 암컷($b\ c^+/b\ c^+$)과 만곡 날개에 갈색 몸인 수컷($b^+\ c/b^+\ c$) 사이의 교배를 보여준다. 모든 F_1 자손은 이중 이형접합자($b\ c^+/b^+\ c$)로 표현형적으로는 야생형이다.

이 F_1 암컷을 $b\ c/b\ c$인 수컷과 검정교배를 하면 모든 자손은 아버지로부터 b와 c의 열성대립유전자를 받는다. 그러므로 자손의 표현형은 어머니로부터 받은 배우자의 종류를 나타낸다. 예를 들면, 정상 날개에 검은색 초파리의 유전자형은 $b\ c^+/b\ c$인데 $b\ c$ 조성은 아버지로 받았다는 것을 이미 알고 있기 때문에 어머니로부터 $b\ c^+$를 받은 것이 된다. 그림 5.5가 보여 주는 바와 같이 한 실험에서 검정교배로 얻은 자손의 약 77%인 양친형 유전자 조성을 (즉 F_1 암컷의 각 양친으로부터 전달받은 배우자의 대립유전자 조성) 지녔고, 나머지 23%가 재조합형이었다. 양친형 그룹의 수가 재조합형 그룹의 수보다 많

기 때문에 검은색 몸과 만곡 날개에 대한 상염색체상의 유전자는 연관되어 있다고 결론을 내릴 수 있다.

핵심 개념 5.1

- 독립적으로 분리하지 않고 동일 염색체상에 있는 유전자들은 연관되어 있다고 말한다.
- 양친형 배우자는 조부모 중 한 명으로부터 같이 전해진 대립유전자를 지니며, 재조합형 배우자는 조부모 두 명으로부터 전해진 대립유전자도 포함한다.
- 연관의 특징은 양성잡종이 재조합형 배우자보다 양친형 배우자를 더 많이 만들고, 그 결과 양성잡종 교배에서 자손의 비가 9:3:3:1로 나오지 않는다.
- 검정교배는 연관을 명확하게 하는데, 각 자손의 표현형이 양성잡종 부모에 의해 만드는 각각의 배우자형과 일치하기 때문이다.

5.2 재조합: 감수분열 동안의 교차 결과

학습 목표

1. 재조합이 무엇에 의해 일어나는지 물리적 과정을 설명한다.
2. 감수분열 동안에 염색체 분리에 있어서 교차점의 역할을 기술한다.
3. 재조합 빈도와 염색체상의 두 부위를 분리하는 지도 거리 사이의 관계에 대해 논의한다.
4. 두 유전자 사이의 재조합 빈도치가 왜 50%를 넘지 않는지 그 이유를 설명한다.

동일 염색체상에 물리적으로 연관되어 있는 유전자들이 어떻게 서로 같이 전달되며, 그로 인해 유전적 연관을 보여주는가를 이해하는 것은 쉽다. 모든 연관된 유전자들이 항상 적당한 크기의 표본 집단에서 약간의 재조합을 보여주는지에 대한 이유는 분명하지 않다. 재조합이라고 하는 연관된 유전자들의 뒤섞임을 생기게 하는 물리적 과정에 염색체가 참여하는가? 이 질문에 대한 대답은 흥미 이상의 것으로 재조합이 염색체상에 있는 유전자 쌍들 사이의 상대적인 거리를 측정하는 토대를 제공한다.

1909년 벨기에의 세포학자인 프랜스 얀센스(Frans Janssens)가 제1감수분열 전기 과정을 광학현미경으로 관찰한 구조를 기술하였다. 3장에서 설명한 바와 같이 그는 이 구조를 **교차점**(키아스마타; chiasmata)이라고 명명하였는데, 이들은 상동염색체의 비자매염색분체가 서로 교차를 이루고 있는 부위를 나타내는 듯 보였다(그림 3.11 참조). 유전학적 및 세포학적 자료를 결합한 것으로부터 추론하여 토마스 헌트 모건(Thomas Hunt Morgan)은 광학현미경으로 관찰한 교차점이 염색체의 절단과 교환의 장소이고, 그 결과 유전적 재조합이 일어난다고 제안하였다.

상동염색체 사이의 상호교환은 재조합의 물리적 근거이다

감수분열 동안에 염색체의 물리적인 절단과 재결합이 유전적 재조합의 근거라는 모건의 생각은 이치에 맞는 것처럼 보인다. 그러나 얀센스의 교차점은 이 과정의 징후로 해석될 수 있었음에도 불구하고 1930년 이전까지는 아무도 실제로 생성되는 상동염색체 사이의 교차에 대한 눈으로 볼 수 있는 증거를 만들어 내지 못하였다. **물리적 표식자**(physical marker) 또는 특정 염색체의 한 부분이 한 세대에서 다음 세대로 제대로 전해지는 것을 볼 수 있게 한 세포학적인 가시적 기형의 확인은 연구자들로 하여금 재조합에 대해 실험적 증거로부터 논리적인 연역이 이루어질 수 있게 하였다.

1931년에 옥수수를 연구한 해리엣 크레이턴(Harriet Creighton)과 바버라 매클린톡(Barbara McClintock) 그리고 초파리를 연구한 커트 스턴(Curt Stern)이 그와 같은 유전적 재조합이 정말로 모계와 부계 염색체 사이에서 상호 부분 교환에 근거한다는 실험결과를 논문으로 발표하였다. 예를 들면, 스턴은 서로 다른 두 개의 X 염색체를 지닌 암컷 초파리를 사육하였는데, 이들 각각은 염색체의 한쪽 끝 부분 근처에 독특한 물리적 표식자를 지니고 있었다. 이 암컷은 두 개의 X-연관 **유전적 표식자**(genetic marker)인 유전자들을 이중 이형접합성으로 지니고 있었는데, 이들은 특정 자손이 재조합의 결과인지의 여부를 결정하는 기준으로 사용될 수 있었다.

그림 5.6은 이런 이형접합성 암컷의 염색체를 그림으로 표시한 것이다. 하나의 X 염색체는 막대모양(*Bar*)의 눈 돌연변이와 짙은 루비색의 카네이션 눈(*car*) 돌연변이를 지녔고, 게다가 이 염색체는 시각적으로 불연속성을 보여 물질적으로 구별되는데, 이는 X 염색체의 말단이 떨어져 나와 상염색체에 부착되어 이루어진 것이다. 다른 하나의 X 염색체는 *car*와 *Bar* 유전자 모두가 야생형 대립유전자(+)를 지니고 있으나 Y 염색체의 일부로 구성된 물리적 표식자가 X 염색체 동원체에 결합된 것으로 구성되어 있다.

그림 5.6은 *car Bar*/car^{+} Bar^{+} 암컷에서 염색체가 어떻게 수컷 자손에게 전달되는지를 보여준다. 실험 결과에 따르면 양친형의 유전자들의 조합(*car Bar* 또는 car^{+} Bar^{+})에 의해 결정되는 표현형을 지닌 모든 아들은 어머니에게 있던 원래의 X 염색체 중의 하나와 구조적으로 구별되지 않는다. 그러나 카네이션 눈 색과 정상 눈 모양(*car* Bar^{+}/Y)을 보여주는 것과 같은 재조합체 아들에서는 상동 X 염색체 끝 부분에서 보이는 비정상적인 구조를 알 수 있는 교환이 유

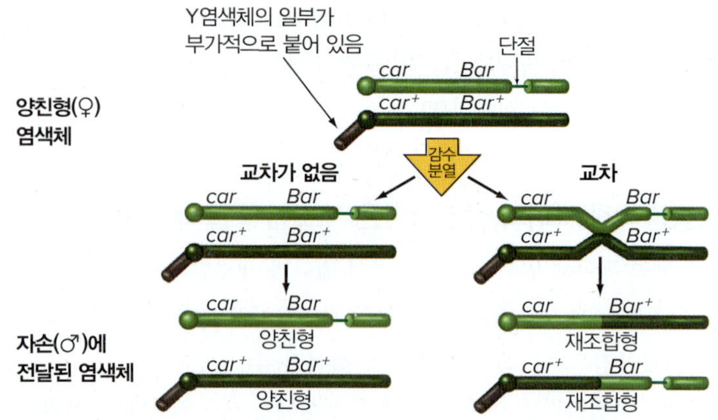

그림 5.6 재조합이 상동염색체 사이의 상호교환의 결과라는 것을 보여주는 증거. 초파리 X 염색체상에 있는 *car* 유전자와 *Bar* 유전자 사이의 유전적 재조합은 현미경하에서 볼 수 있는 물리적 표식자의 교환을 수반한다. 교차에 대한 도식을 간략하게 나타냈지만 실제로 유전적 재조합은 각 염색체가 복제하여 자매염색분체로 되고 난 후에 일어난다는 것에 주목하라.

전자의 재조합과 마찬가지로 이루어졌다. 그러므로 이런 증거는 특정 염색체에 특이하게 표지된 부분에 존재하는 특정 유전자들의 교차와 표현형적인 재조합 사례를 결합시켜준다. 이 실험은 유전적 재조합이 감수분열 동안에 일어나는 상동염색체 절편 사이의 실질 상호교환과 관련되어 있다는 것을 훌륭하게 제시해 준다.

왜 재조합인가?

3장에서 지상의 생명체에 오랜 진화시간에 걸쳐 측정된 재조합이 제공한 하나의 유리한 점에 대해 논의하였다. 즉 재조합이 상동염색체 간에 유전자의 대립유전자를 재편성함으로써 유전적 다양성에 기여하였다(그림 3.12 참조). 그러나 교차는 양친과 그들의 자손 사이에 염색체가 전달될 때 온전히 분리되도록 확인하게 하는 보다 더 심오한 다른 역할을 수행한다. 앞으로 보게 되겠지만 만약 재조합이 일어나지 않는다면 제1감수분열 시기 동안에 비분리가 드물게 일어나는 것이 아니고 일상적인 것이 되어서 종들이 세대에 걸쳐 계속해서 동일한 염색체 수를 보유할 수 없었을지도 모른다.

적절한 염색체 분리는 상동염색체로 하여금 상대편 방추체 극으로 끌려가도록 요구하고, 결국에는 상동염색체가 전기 동안에 서로 쌍으로 있게 할 뿐만 아니라 후기에 가서 분리될 때까지 중기 동안은 물리적으로 서로 연결되게 하는 것이 쟁점이다. 만약 상동염색체가 상대편 방향에서 잡아당겨지고, 이들이 물리적 연결에 의해 연관된 채 남아 있게 된다면 제1감수분열 방추체는 염색체상에 장력을 가할 수 있다. 만약 장력이 존재하지 않는다면 상동염색체는 반대편 방추체 극에 연결되어 있는 것을 '알지' 못했을지도 모른다. 장력이 없으면 두 염색체 모두는 종종 같은 방추체 극에서 나온 방추사에 연결되어져서 비분리가 생길 수도 있을 것이다. 그러면 제1감수분열의 후기까지 상동염색체 사이에 물리적 연관을 제공하는 것은 무엇인가?

그림 3.11으로부터 접합복합체나 재조합 마디가 상동염색체 간에 필요한 연결을 형성한다는 것을 생각했을지도 모른다. **그림 5.7a**는 전기 I의 중반(태사기 하위 단계) 동안의 이들 구조의 실제 형광현미경 사진을 보여준다. 상동염색체가 서로 쌍을 이루게 하는 접합복합체는 붉게 보인다. 염색체의 DNA는 이 사진에 보이지는 않지만 각각의 붉은색 선은 두 개의 상동염색체가 만든 이가염색체(사분체)로, 이것의 각각은 이미 전에 복제되어 자매염색분체로 이루어진 것이다. 접합복합체를 따라 사이사이에 박혀 있는 것이 재조합 마디(nodule)로 실제 교차에 필요로 하는 효소를 갖고 있으며, 이 단백질 중의 하나가 초록색으로 염색되어 있다. 그러나 기대와는 달리 접합복합체나 재조합 마디의 어느 것도 후기 I가 시작될 때까지 상동염색체와 연결될 수 없는데, 이런 구조가 모두 전기 I의 끝에 가서는 사라진다는 것을 간단한 이유로 들 수 있다.

그림 5.7b와 **c**는 심지어 접합복합체나 재조합 마디가 사라지고 난 후에도 상동염색체가 서로 연결되어 있는 것을 보여준다. 3장에서 논의한 바와 같이 교차점은 재조합이 실제로 전기 I의 초반기에 일어나는 장소(즉, 상동염색체로부터 비자매염색분체가 교환이 이루어지는 장소)를 나타낸다. 그러나 교차 자체가 상동염색체로 하여금 서로 같이 있게 유지하는 데에는 충분하지 않다. 그림 5.7c의 모식도에서 보는 바와 같이 상동염색체들 사이의 물리적 연관은 놀랍게도 자매염색분체 사이를 연결하는 **코헤신**(cohesin)이라고 하는 분자적 복합체를 포함하고 있다. 일단 교차가 일어나면 교차점 뒤편에(즉, 교차점보다 동원체로부터 더 멀리 떨어지도록) 코헤신 복합체가 있어 상동염색체가 서로 중기 판에 같이 있게 하여 온전한 염색체 분리가 일어나도록 한다.

코헤신은 염색체 생물학에서 여러 역할을 한다. 예를 들면 코헤신은 염색체 팔을 따라 발견될 뿐만 아니라 동원체 자신의 주요 구성성분이다. 13장에서 유사분열과 감수분열 동안에 자매염색분체를 연결하는 데 코헤신이 어떻게 작용하는지 자세하게 논의할 것이다.

적절한 염색체 분리에 대한 교차의 중요성은 그림 5.7a와 b에 있는 각각의 이가염색체가 한 개의 재조합마디 혹은 교차점을 가지고 있다는 사실에 의해 강조된다. 실제로 거의 모든 적어도 유성생식을 하는 생명체에 생기는 **간섭**(interference)이라고 하는 기작은 각 염색체 쌍이 적어도 하나의 교차를 하도록 하고, 그로 인해 아주 작은 잘못이 생기는 때를 제외하고는 어떤 염색체도 비분리가 되는 것을 반드시 막도록 돕는다. 이 장의 뒷부분에서 간섭에 대해 보다 자세히 논의할 것이다.

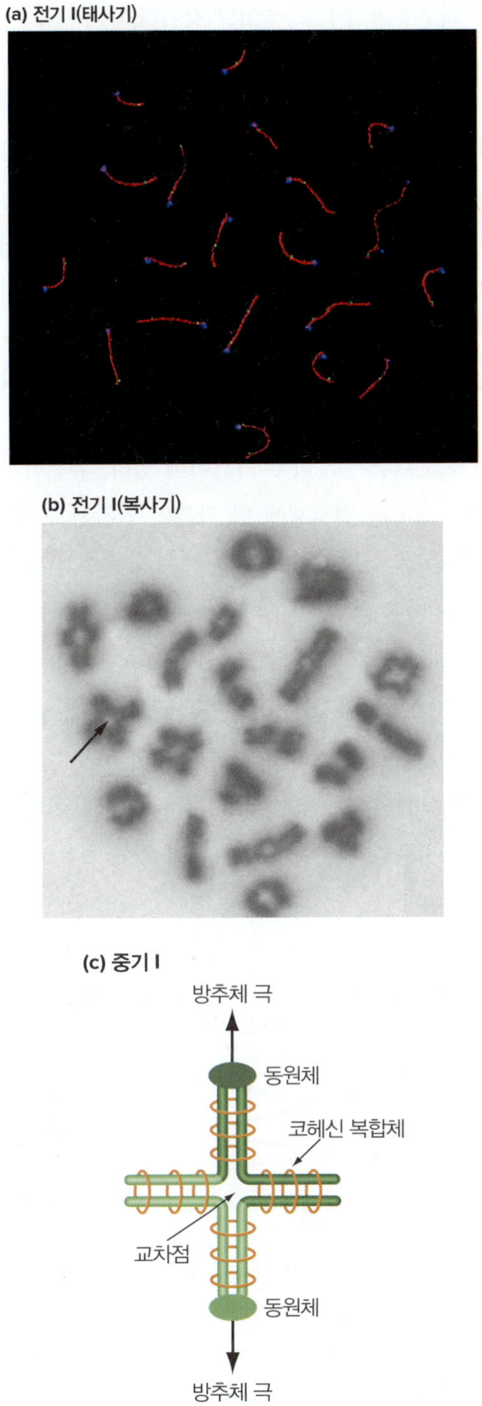

그림 5.7 재조합은 제1감수분열에서 염색체 분리가 정확히 이루어지도록 도와준다. **(a)** 생쥐 제1정모세포에서 제1감수분열의 전기 중간쯤에서의 염색체. 접합복합체의 단백질 성분은 붉은색이고, 재조합 결절은 녹색이며 동원체 성분은 청색이다. 어떤 것에서는 잘 보이지 않지만 각각의 이가염색체는 적어도 하나의 재조합 마디를 지니고 있다. **(b)** 제1감수분열의 늦은 전기(복사기) 때의 생쥐 염색체. 각각의 이가염색체는 초기에 교차가 일어났다는 것을 나타내는 적어도 하나의 교차점(키아스마타, 화살표로 표시)을 지니고 있다는 데 주목하라. **(c)** 감수분열 I의 중기 동안에 이가인 염색체의 팔을 따라 코헤신 복합체(주황색 고리)를 나타내는 모식도로 동원체의 코헤신은 보여주지 않았다. 교차점에서 먼 쪽의 코헤신 복합체는 자매염색분체를 서로 붙어 있게 한다. 극 쪽을 향한 화살표는 상동염색체가 떨어지도록 잡아당기는 힘을 나타낸다.
Source: (a): ©Paula Cohen; (b): ©Paula Cohen and Kim Holloway

재조합 빈도는 두 유전자 사이의 거리를 반영한다

교차점이 염색체 사이의 물리적 교차 지점을 나타내고, 그런 교차가 재조합의 결과를 가져올 것이라는 모건의 믿음은 그로 하여금 다음과 같은 논리적 연역을 유도하였다. 유전자들이 염색체를 따라 일렬로 놓여 있기 때문에 서로 다른 유전자 쌍은 서로 다른 연관 비를 나타낸다. 두 유전자가 염색체상에 보다 가까이에 서로 함께 있다면, 한 줄로 선 유전자들이 잘라지고 재조합되는 사건에 의해 분리될 수 있는 기회는 보다 줄어든다. 이를 다른 방식으로 보기 위하여 우선 교차점이 염색체를 따라 어느 곳에서나 동일한 가능성으로 이루어질 수 있다고 가정한다면, 두 유전자 사이에서 일어날 교차의 확률은 그들을 분리시키는 거리에 따라 증가할 것이다. 만약 이와 같이 이루어진다면 유전적 재조합의 빈도는 또한 유전자 사이의 거리에 따라 증가해야만 한다. 요점을 보여주기 위하여, 한 줄로 늘어선 작은 검은색 점들을 지닌 10인치의 리본을 벽에 고정시킨 후 반복하여 다트(화살)를 던져 리본의 어느 부분이 나누어지는지 생각해 보라. 던져진 거의 모든 다트는 리본의 한 끝에 있는 점을 다른 쪽 끝에 있는 점과 분리시키는데, 한편 아주 흔하지 않지만 어떤 다트는 서로 바로 옆에 있는 두 개의 특정 점을 분리시키는 것을 볼 수 있을 것이다.

모건의 제자 앨프리드 H. 스터티번트(Alfred H. Sturtevant)는 이 아이디어를 한 단계 더 나아가게 하였다. 그는 전체 자손에서 재조합형의 백분율을 **재조합 빈도**(recombination frequency; RF)라 하고 이를 동일 염색체상에 떨어져 있는 어떤 두 개의 유전자의 물리적 거리를 나타내는 척도로 할 것을 제안하였다. 스터티번트는 임의로 1 RF 백분율을 염색체의 측정 단위로 정의하였다. 후에 다른 유전학자들은 모건의 이름을 따서 **센티모건**(centimorgan; cM)을 단위로 삼았다. 지도작성자들은 종종 센티모건을 **지도 단위**(map unit; m.u.)라고도 한다. 이 두 가지 용어는 서로 교환하여 사용하기도 하는데, 연구자들은 그들의 실험 생물에 따라 어느 한편의 사용을 더 좋아한다. 예를 들면, 초파리 유전학자들은 지도 단위를, 인류 유전학자들은 센티모건을 많이 사용한다. 스터티번트 시스템에서 1% RF = 1 cM = 1 m.u.이다.

초파리의 X-연관 유전자 두 쌍에 대한 앞에서의 분석은 그의 제안이 어떻게 작용하는가에 대해 잘 보여준다. 눈 색(w)과 몸 색(y)에 대한 X-연관 유전자가 재조합하여 F_2 자손에서 1.1%를 보여주었기 때문에 이들은 1.1 m.u. 만큼 떨어져 있다(**그림 5.8a**). 역으로 X-연관 유전자 눈 색(w)과 날개 크기(m)는 32.8%의 재조합 빈도를 보여주고 있기 때문에 이들은 32.8 m.u. 만큼 떨어져 있다(**그림 5.8b**).

양성잡종에서 생식계열의 세포에서 생기는 개개의 감수분열을 고려할 때 두 유전자 사이의 거리를 측정하는 것이 왜 재조합형 배우자

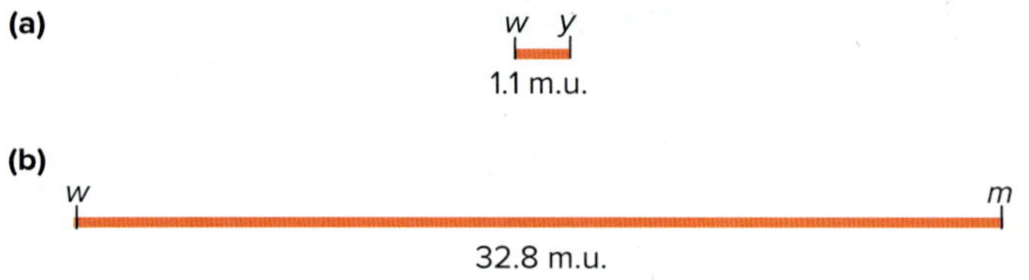

그림 5.8 재조합 빈도가 유전자지도의 근간이다. **(a)** 유전자 *w*와 *y*가 이중 이형접합성인 암컷에 의해 만들어지는 배우자의 1.1%가 재조합체이다. 그러므로 재조합 빈도(RF)는 1.1%이고, 그리고 유전자들은 1.1 지도 단위(m.u.) 혹은 1.1 센티모건(cM)만큼 떨어져 있다. **(b)** *w*와 *m* 유전자 사이의 거리는 32.8 m.u. (혹은 32.8 cM)로 더 길다.

의 몫이라고 보는 것은 당연하다. 만약 유전자 *A*와 *B*가 염색체상에 아주 가깝게 있다면 유전자들 사이에 교차가 없는 **그림 5.9a**에서 보여준 것과 같은 NCO 감수분열이 일어날 것이다. *A B*/*a b*와 같은 양성잡종에서 그와 같은 NCO 감수분열의 결과는 네 개의 양친형 배우자를 만들 것이다(그림 5.9a). 때때로 SCO 감수분열 동안에는 두 유전자 사이에서 교차가 일어나면 그 결과 두 개의 재조합형과 두 개의 양친형 배우자가 생길 것이다(**그림 5.9b**). 이 같은 교차는 아주 드문 경우인데, 염색체의 길이의 대부분이 유전자 *A*와 *B* 부위 바깥쪽에 있기 때문이다. 두 유전자 사이의 거리가 늘어날수록 유전자 사이에 하나의 교차가 일어나는 SCO 감수분열의 빈도가 늘어날 것이고, 또 한 재조합형 배우자의 부분도 늘어날 것이다.

그림 5.9로부터 각 경우에 비추어 왜 양친형 배우자(이 예에서 *A B*와 *a b*)가 거의 같은 빈도로 만들어지고, 또 왜 두 가지 형의 재조합형 배우자(A b와 a B)가 거의 같은 수로 만들어지는가에 대해 이해할 수 있다. 유전자 *A*와 *B* 사이에서 두 개의 비자매염색분체가 교차를 하지 않으면 양친형 염색체 종류의 각각이 만들어진다. 마찬가지로 두 개의 비자매염색분체가 두 개의 유전자 사이에서 교차를 하게 되면 서로 교환된 양쪽 재조합체가 만들어진다.

측정 단위로서의 지도 단위는 단순히 유전자들 사이의 거리를 반영한 재조합 확률의 지표이다. 이 지표에 따르면 *y*와 *w* 유전자들은 *m*과 *w* 유전자들보다 서로 아주 가까이에 있다. 유전학자들은 이 논리를 이용하여 초파리 염색체에 더 가까이 연관된 표식자들로 재조합 지도를 단계적으로 만들면서 수천 개의 유전적 표식자로 된 지도를 작성하였다.

두 유전자 사이의 재조합 빈도는 결코 50%를 넘지 않는다

연관의 정의에 따르면 재조합형 그룹의 비가 양친형 그룹보다 적다는 것으로, 재조합 빈도가 50%보다 적다는 것은 연관을 의미한다. 그러나 만약 양친형과 재조합형의 자손이 거의 같은 수라고 한다면,

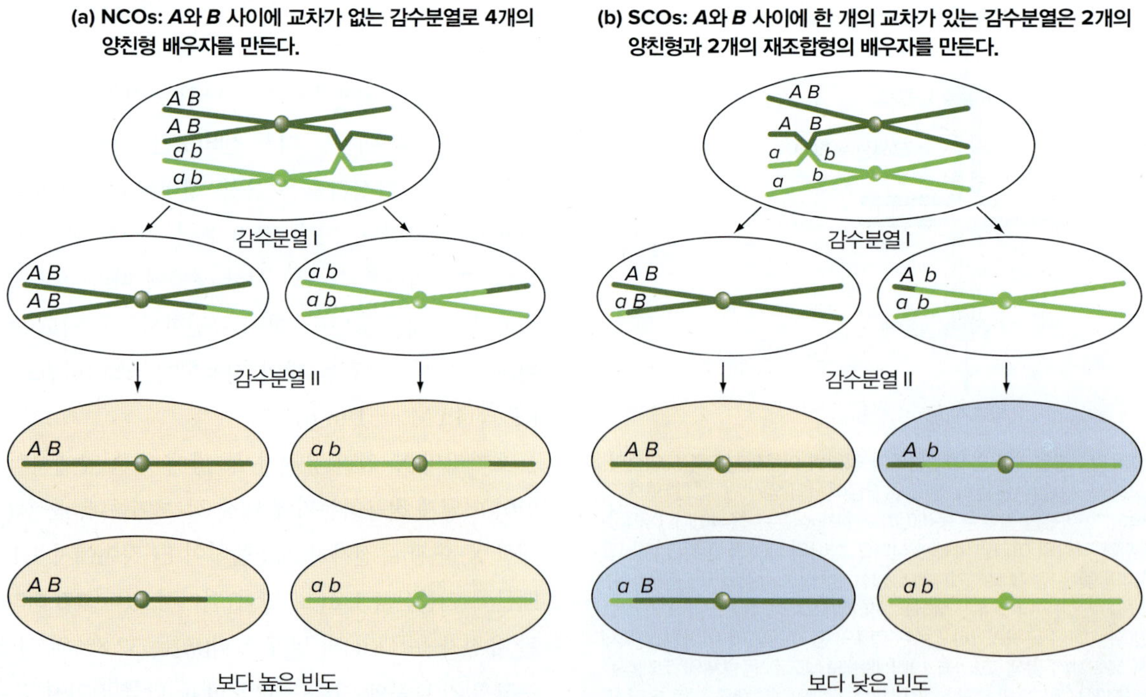

그림 5.9 두 개의 유전자가 연관되어 있을 때 재조합형 배우자는 양친형 배우자보다 낮은 빈도로 만들어진다. **(a)** 대부분의 감수분열은 두 개의 강하게 연관되어 있는 유전자 *A*와 유전자 *B* 사이에는 교차가 일어나지 않는다(노란색 음영). **(b)** 때때로 감수분열 시에 *A*와 *B* 사이에 하나의 교차가 일어나 그 결과 두 개의 재조합형 배우자(녹색 음영)와 두 개의 양친형 배우자(노란색 음영)가 만들어진다.

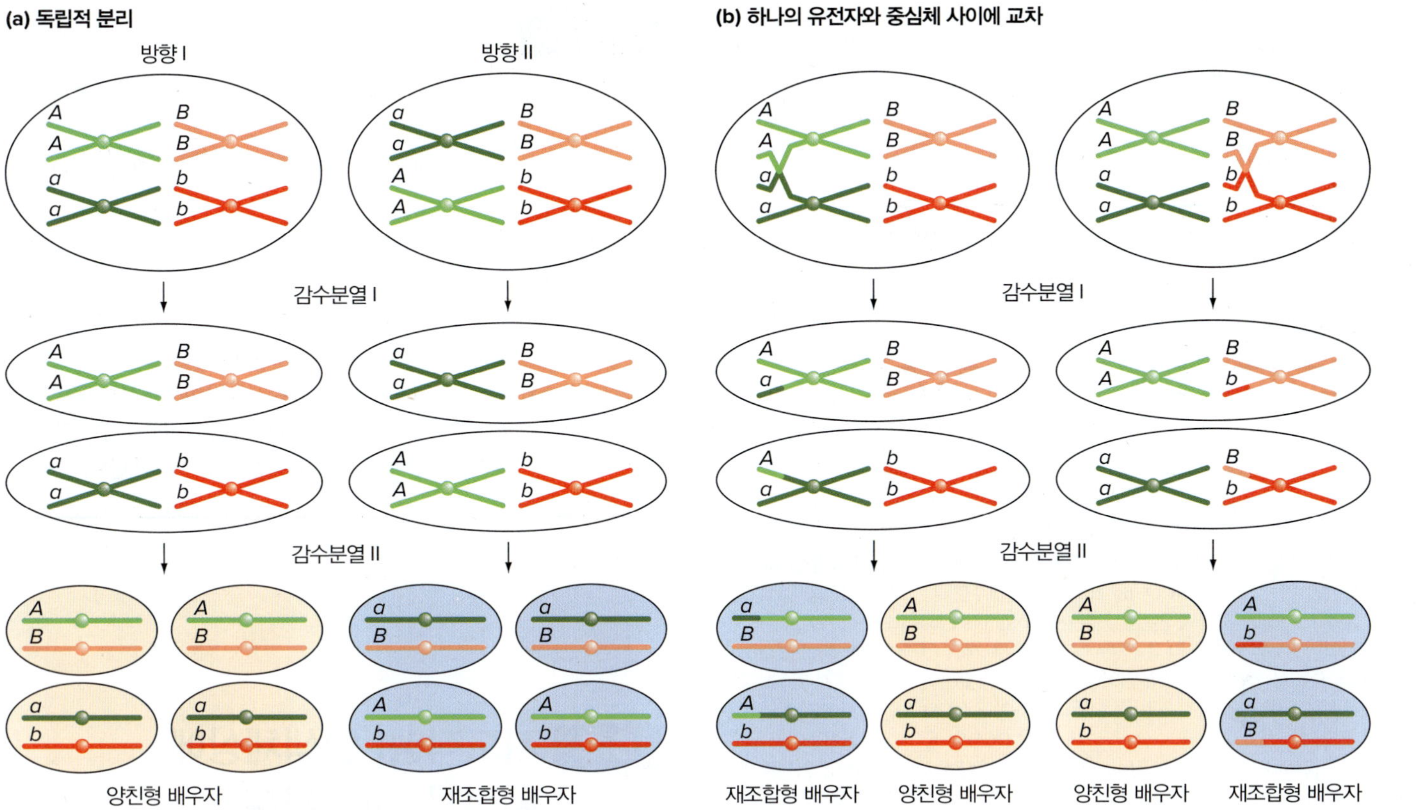

그림 5.10 유전자가 비상동염색체에 있는 경우 RF=50%인 이유. **(a)** 비상동염색체는 무작위로 배열되어 감수분열이 모든 부모형 배우자(방향 I) 또는 모든 재조합 배우자(방향 II)를 동일한 빈도로 생성한다. **(b)** 하나의 유전자와 중심체 사이에 하나의 교차가 있는 감수분열은 동일한 빈도로 4가지 배우자 유형을 모두 생성한다.

유전자의 상대적 위치에 대해 어떤 결론을 내릴 수 있겠는가? 그리고 심지어 재조합형이 대다수를 차지한 경우도 일어날 수 있겠는가?

이미 50%의 재조합 빈도를 생기게 하는 한 가지 경우를 알고 있다. 서로 다른 (즉, 비상동) 염색체에 위치하고 있는 유전자는 두 가지 이유로 멘델의 독립적 분리의 법칙을 따를 것이다. 첫째로, 두 개의 동일하게 보이는 구조를 지닌 염색체가 제1감수분열 시기에 방추체에 나란히 위치하게 되는 것이다. 그 결과로 많은 감수분열의 산물들에서 부모형 배우자와 재조합형 배우자의 수가 같게 된다(**그림 5.10a**). 둘째로, 한 유전자와 중심체 사이에서 교차가 발생하면 해당 감수분열은 2개의 부모형 배우자와 2개의 재조합형 배우자를 생성하게 되는 것이다(**그림 5.10b**). *A*와 *B* 두 유전자들의 양성잡종은 네 개의 가능한 배우자(*A B*, *A b*, *a B*, *a b*)를 거의 같은 비로 만들 것이다.

중요한 것은 유전자들이 동일 염색체상에 아주 멀리 떨어져 있는 경우의 실험에서도 거의 50%의 재조합 빈도를 보여준다. 왜 이것이 옳은지를 이해하기 위하여 검정교배 실험에서 만들어지는 배우자의 집단에 기여하는 서로 다른 감수분열을 생각해 보자. 두 개의 유전자가 동일 염색체상에 아주 가까이 있으면 오직 두 종류의 감수분열, 즉 교차가 없는 감수분열[그림 5.9a와 **그림 5.11**에서 NCO(no crossover) 감수분열]과 단 하나의 교차를 지닌 아주 드문 감수분열(그림 5.9b와 그림 5.11)을 볼 수 있다. NCO 감수분열은 단지 양친형 배우자만을 만들고, 반면에 SCO는 50%의 재조합형 배우자를 만든다. 이와 같이 아주 가까이 밀착되어 있는 유전자는 연관되어 있는데, 이는 어떤 감수분열(NCO)은 어떤 재조합형 배우자도 만들지 않기 때문이다.

두 유전자들이 아주 멀리 떨어져 있을 때 SCO는 더 자주 일어나고 어떤 감수분열의 경우에는 *A*와 *B* 사이에 두 개의 교차[DCO (double crossover)] 또한 생길 수 있다(그림 5.11). DCO 감수분열은 두 개, 세 개 또는 모두 네 개의 비자매염색분체에서 교차가 일어날 수 있는, 네 가지 다른 형태 중의 하나일 수 있다(세 개의 염색분체는 두 가지 방식으로 DCO가 나타날 수 있다). 네 가지 DCO는 같은 빈도로 일어날 수 있기 때문에 DCO에 의해 만들어지는 재조합형 배우자의 평균 빈도는 50%이다(그림 5.11 아래의 등식 참조). 삼중 교차에서도 마찬가지이고, 사중 교차에서도 마찬가지로 옳다(결과는 보여주지 않지만). 그러므로 두 개의 유전자가 동일 염색체상에 충분히 멀리 떨어져 있다면 양성교배에 의해 만들어지는 배우자 집단에서는 50%만이 재조합형이 될 것이다. 만약 동일 염색체상에 있는 두

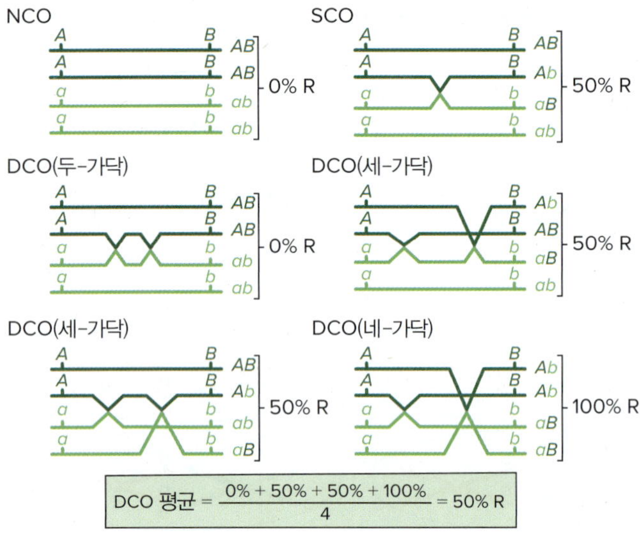

그림 5.11 동일 염색체상에 있는 유전자들의 양성잡종에서 가능한 감수분열 사건. *A*와 *B* 사이에 연관이 없는(NCO; no crossover) 감수분열은 모두 양친형 염색체를 만든다. *A*와 *B* 사이에 하나의 연관이 있는(SCO; single crossover) 감수분열은 양친형과 재조합형(R) 염색체를 각각 절반씩 만든다. 두 개의 연관(DCO; double crossover)은 네 종류로 거의 동등하게 일어나고 이들을 총괄하여 평균하면(맨 아래) 양친형과 재조합형 배우자를 각각 절반씩 만든다. 두-가닥 DCO 사건에서 비자매염색분체의 한 쌍이 두 번의 교차를 수행한다. 세-가닥 DCO의 두 가지 형태의 어떤 것도 하나의 상동염색체에서 하나의 염색분체가 다른 상동염색체의 두 개의 염색분체의 각각과 교차를 한다. 네-가닥 DCO에서는 비자매염색분체의 각 쌍이 재조합한다.

개의 유전자가 멀리 떨어져 있어 감수분열이 마치 NCO처럼 일어나지 않는다면 유전자의 대립유전자들은 마치 다른 염색체에 있는 것처럼 독립적 분리된다는 것을 볼 수 있다.

염색체상에 아주 멀리 떨어져 있는 두 유전자들 사이의 교배를 통해서는 전혀 연관을 보여주지 않을 수도 있지만(재조합형과 양친형의 그룹이 동일하기 때문에), 만약에 멀리 떨어져 있는 유전자를 하나 또는 그 이상의 공통 중간물과 연결시킬 수만 있다면 그들이 동일 염색체상에 놓여 있다고 제시할 수 있다. **표 5.1**은 두 유전자들의 상대적 위치와 재조합 빈도로 측정되는 연관의 유무 관계를 요약한 것이다.

표 5.1 연관된 유전자와 연관되지 않은 유전자의 특성

연관된 유전자
양친형 > 재조합형(재조합 빈도 < 50%)
연관된 유전자들은 동일 염색체상에 놓여 있고 서로 충분히 가까이 있어야만 독립적으로 분리하지 않는다.
연관되지 않은 유전자
양친형 = 재조합형(재조합 빈도 = 50%)
두 개의 유전자가 서로 다른 염색체상에 있거나 동일 염색체상에 있어도 충분히 멀리 떨어져 있어 매번의 감수분열에서 이들 사이에 적어도 한 번의 교차가 이루어질 때 일어난다.

핵심 개념 5.2

- 재조합은 제1감수분열 전기 동안에 상동염색체의 염색분체 간에 부분교환으로 일어난다.
- 교차는 상동염색체의 비분리를 막기 위해 필요한 물리적 연관을 이루는 것을 도와준다.
- 재조합 빈도(RF)는 두 개의 유전자가 얼마나 자주 서로 같이 전달되는가를 나타낸다. 연관된 유전자에서 RF < 50%이다.
- 두 개의 유전자가 연관되어 있지만 물리적으로 아주 가까이 있으면 감수분열 시에 이들 사이에 교차가 일어나지 않기도 한다.
- 최대 재조합 빈도 50%(독립 분리)는 두 개의 유전자가 서로 다른 염색체상에 있거나 동일 염색체에 있는 두 유전자가 아주 멀리 떨어져 있어 감수분열 때마다 이들 사이에 적어도 한 번의 교차가 이루어졌을 때 일어난다.

5.3 지도작성: 염색체상에 유전자 자리 부여

학습 목표

1. 이점 교배의 결과를 사용하여 상대적인 유전자 위치를 설정한다.
2. 삼점 검정교배의 결과에 근거하여 유전지도를 개량한다.
3. 유전지도(지도 단위로 표기)가 실제 물리 거리(DNA의 염기쌍으로 표기)와 어떻게 결부시킬 수 있는지를 설명한다.
4. 연관군과 염색체 사이의 관계를 기술한다.

지도는 공간에서 물체들의 상대적인 위치를 나타내는 이미지이다. 뉴욕 메트로폴리탄 미술관의 평면도, 로마 광장의 배치도를 그린 것이나 유럽 철도가 통과하는 도시들의 위치를 나타낸 것이든 지도는 거리에 대해 지니고 있는 원래의 자료에 새로운 의미를 부여하여 측정한 공간 관계의 형태로 변하게 한다. 특정 염색체에 있는 **좌위**(loci; 단수 locus)라는 위치에 유전자를 배치하는 지도작성도 예외는 아니다. 유전적 자료를 공간적인 배치로 전환시켜 지도는 특정 형질의 유전 양상을 예측할 수 있는 능력을 세련되게 한다.

유전학자들은 유전자의 위치를 아는 것이 과학자들에게 유전자에 해당하는 염색체 DNA의 조각을 식별할 수 있는 능력을 주기 때문에 유전자 지도 작성에 노력해왔다. 이 책의 후반부에서 여러분은 어떻게 유전자의 위치에 대한 지식이 DNA를 분리하는데 사용될 수 있는지, 더 나아가 분자 유전학자들이 유전자의 기능을 이해하기 위해 어떻게 유전자의 DNA를 사용할 수 있는지 보게 될 것이다.

재조합 빈도(RF)는 염색체를 따라 두 유전자를 갈라놓은 거리로 측정한다. 앞으로 동시에 두 개 혹은 세 개의 유전자들로 행한 수많은 교배로부터 얻은 자료들을 어떻게 수집하고 비교하여 보다 정확하고 이해하기 쉬운 유전자/염색체 지도를 만드느냐에 대해 고찰할 것이다.

이점 교배의 비교로 상대적인 유전자 위치를 정한다

모건의 학생인 스터티번트는 학부 졸업논문에서 아주 많은 이점 교배(한 번에 두 개의 유전자를 추적하는 교배)로부터 얻은 자료로 유전자는 확실히 염색체를 따라 일련의 선형을 이룬다는 아이디어를 지지할 수 있는지의 여부를 묻고자 했다. 스터티번트는 초파리의 X-연관 유전자들을 들여다보는 것으로 시작하였다. **그림 5.12a**는 그가 행한 여러 가지 이점 교배에서 얻어진 재조합 자료의 목록이다. 1% 재조합 자손(1% RF)을 갖는 두 유전자 사이의 거리가 1 m.u.라는 것을 상기하라.

스터티번트의 추론의 한 예로 세 개의 유전자 *w*, *y*, *m*을 고찰해 보도록 하자. 만약 이 유전자들이 일렬로 배열되어 있다면(예를 들면, 보다 복잡하게 가지 친 구조 대신에) 이들 중 하나는 중간에 있고, 양쪽 측면에 나머지 둘이 있어야만 한다. 가장 먼 유전적 거리로 떨어져 있는 것은 바깥쪽에 있는 두 개의 유전자이고 그 값은 중간에 있는 유전자와 바깥쪽 각각의 유전자를 가르는 거리의 합과 거의 같다. 스터티번트가 얻은 자료는 *w*가 *y*와 *m* 사이에 있다는 것을 암시하며 이 아이디어와 일치하였다(**그림 5.12b**). 이 지도의 좌우 방향은 무작위로 선택되었다는 사실에 주목하라. 그림 5.12b의 지도에서 오른쪽에 *y* 그리고 왼쪽에 *m*을 그려놓아도 동일하게 옳다는 것이다.

세 개 유전자를 한 벌씩으로 하여 동일한 절차를 정확하게 따라함으로써 스터티번트는 초파리 X 염색체에서 조사한 모든 유전자들에 대해 확신을 갖고 순서를 확립하였다(**그림 5.12c**; 좌우 배치는 임의의 선택이다). 세 개 유전자의 각 조합에서의 자료를 조사해 보면 이 순서가 합리적이라는 것을 확신할 수 있다. 재조합의 자료가 유전자 위치의 간단한 선형지도를 만들 수 있다는 사실은 염색체상에 유전자들이 독특한 선형 순서로 놓여 있다는 아이디어를 지지하는 것이다.

이점 교배의 한계

아주 중요하지만, 유전자들을 쌍으로 하여 지도작성을 하는 것은 그의 유용함을 제한하는 여러 단점을 지니고 있다. 첫째로 한 번에 두 개 유전자만을 포함하는 교배에서 만약 어떤 유전자 쌍이 서로 아주

(a) 유전자 재조합

쌍	빈도
y-w	1.1
y-v	33.0
y-m	34.3
y-r	42.9
w-v	32.1
w-m	33.8
w-r	42.1
v-m	4.0
v-r	24.1
m-r	17.8

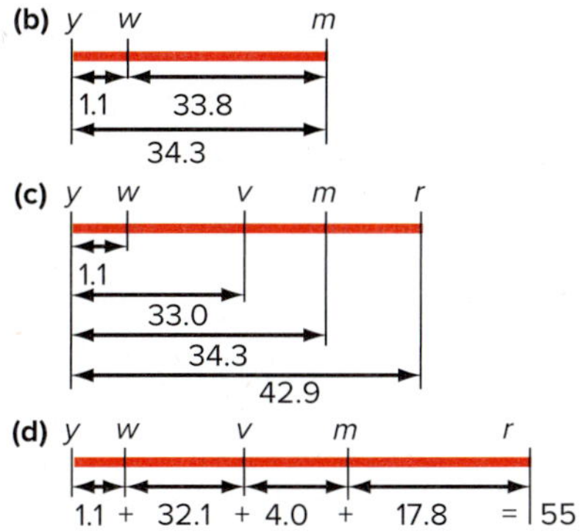

그림 5.12 이점 교배의 비교로 유전자지도 작성. **(a)** 초파리에 있는 X-연관 유전자 쌍 사이의 거리에 대한 스터티번트의 자료. **(b)** *y*와 *m* 사이 거리가 *w*와 *m* 사이의 거리보다 더 크기 때문에, 유전자의 순서는 *y-w-m*이어야만 한다. **(c)**와 **(d)** 초파리 X 염색체에 있는 5개 유전자의 지도작성. 왼쪽에서 오른쪽의 방향은 임의적이다. *r* 유전자의 숫자적 위치는 그것이 어떻게 계산되었는가에 의존한다는 것을 주목하라. 가장 올바른 유전자 지도는 (d)에서처럼 많은 개재된 작은 거리를 더함으로써 얻어진다.

가까이 놓여 있다면 유전자의 순서를 결정하는 것에 어려움이 있다. 예를 들면 *y*, *w*, *m*을 지도작성함에 있어 밖에 있는 유전자 *y*와 *m*이 34.3 m.u. 만큼 떨어져 있고, 반면에 가운데 있는 *w*가 밖에 있는 *m*과 거의 비슷한 거리(33.8 m.u.) 만큼 떨어져 있다(그림 5.12b). 정말로 *y*와 *m*이 더 멀리 떨어져 있다고 확신을 갖고 결론을 내리기 이전에, 즉 34.3과 33.8의 값 사이에 약간의 차이가 표본조사의 잘못에 기인한 결과가 아니라고 하려면, 아주 많은 수의 초파리를 조사하고 자료를 다음 절에서 설명하게 될 카이 제곱 검정과 같은 통계 검정을 하여야만 한다.

스터티번트의 지도작성 과정이 갖는 두 번째 문제는 그의 지도에서 실제 거리가 항상 합산만으로 되지 않고 심지어는 대략적으로라도 되지 않는다는 것이다. 한 예로서, 지도의 왼편 끝에 있는 *y* 유전자의 좌위를 위치 0으로 간주한다고 가정하자(그림 5.12c). 그러면 *w* 유전자는 위치 1 부근에 놓이게 되고, *m*은 34 m.u. 인근에 위치하게 될 것이다. 그러면 *r* 유전자에 대해서는 어떠한가? *r*이란 이름은 흔적(rudiment, 매우 짧은) 날개를 만드는 돌연변이를 말한다. 그림 5.11a의 *y* ↔ *r* 자료로부터 추론하여 *y*로부터의 거리에만 기초한다면 그것을 위치 42.9에 놓아야만 한다(그림 5.12c). 그러나 그림 5.12a에 있는 자료로부터 추론한 이들 사이에 개재된 거리를 모두 합한 결과로부터 그의 위치를 계산할 수 있다면, 즉 *y* ↔ *w*, *w* ↔ *v*, *v* ↔ *m*, *m* ↔ *r*의 값을 모두 합한 것으로 *r*의 좌위는 1.1+32.1+4.0+17.8 =55.0이 된다(**그림 5.12d**). 이 같은 차이를 어떻게 설명할 수 있는가, 그리고 이 둘 중 어떤 것이 사실에 보다 가까운가? 삼점 교배가 이런 것들의 해답 일부를 제공하는 데 도움이 된다.

삼점 교배가 더 빠르고 확실한 지도작성을 하게 한다

세 개의 표식자를 동시에 분석하는 것이 단지 한 번의 교배로부터 세 유전자의 위치에 대한 정보를 얻게 한다. 이 과정을 기술하기 위해 초파리의 한 상염색체에 연관된 세 개의 유전자를 보기로 하자.

퇴화 날개(*vg*), 검은색 몸(*b*), 자주색 눈(*pr*)의 돌연변이를 지닌 동형접합성의 암컷을 야생형 수컷과 교배시켰다(**그림 5.13a**). 이형접합성 F_1 자손은 암수 모두에서 세 개의 형질에 대하여 모두 정상 표현형을 지녔는데, 이는 돌연변이가 상염색체에 있는 열성 형질이라는 것을 암시한다. F_1 암컷을 퇴화 날개, 검은색 몸, 자주색 눈을 가진 수컷과 교배를 하여 여덟 가지 유전자형을 반영하는 서로 다른 여덟 가지 표현형의 자손을 얻었다. 그림 5.13a에 기재된 각 표현형 종류의 유전자 순서는 완전히 임의적이다. 그러므로 같은 유전자형을 나타내기 위하여 *vg b pr* 대신에 *b vg pr* 또는 *vg pr b*로도 쓸 수 있다. 처음에 유전자의 순서를 알지 못하는 상태에서 그것을 추론하는 것이 지도작성 연구의 목표라는 것을 기억하라.

자료를 분석함에 있어 한 번에 두 개의 유전자들을 고찰한다(재조합 빈도는 항상 유전자 쌍의 함수라는 것을 상기하라). *vg*와 *b* 쌍에서 양친형 그룹은 *vg b*와 $vg^+\ b^+$이고 비양친형 재조합형은 $vg\ b^+$와 $vg^+\ b$이다. *vg*와 *b*에 대해 자손이 양친형 혹은 재조합형의 어떤 종류인지를 결정하기 위하여 초파리가 *pr*인지 pr^+인지의 여부는 고려하지 않는다. 그러므로 지도 단위로 대략 10 정도인 $vg \leftrightarrow b$ 거리를 자손의 총수에 대한 재조합체의 백분율로 계산하였다.

$$\frac{252+241+131+118}{4197} \times 100$$
$$= 17.7 \text{ m.u. } (vg \leftrightarrow b \text{ 거리})$$

마찬가지로 *vg-pr* 유전자 쌍의 재조합체는 $vg\ pr^+$와 $vg^+\ pr$이기 때문에, 이 두 유전자 사이의 거리는

$$\frac{252+241+13+9}{4197} \times 100$$
$$= 12.3 \text{ m.u. } (vg \leftrightarrow pr \text{ 거리})$$

반면에 *b-pr* 쌍의 거리는

$$\frac{131+118+13+9}{4197} \times 100$$
$$= 6.4 \text{ m.u. } (b \leftrightarrow pr \text{ 거리})$$

이다. 이 재조합 빈도는 *vg*와 *b*가 가장 멀리 떨어진 거리(12.3과 6.4에 비해 17.7 m.u.)로 양 끝에 놓이는 유전자이고 그러므로 가운데 있는 pr의 좌우 측면이 된다(**그림 5.13b**). 스터티번트가 X-연관 *y*와 *r* 유전자에 대해 분석한 것과 같이 바깥쪽에 있는 *vg*와 *b* 유전자 사이의 거리(17.7)도 가운데 게재된 거리의 합(12.3 + 6.4 = 18.7)과 같지 않다. 다음 절에서 이와 같은 차이가 나는 이유가 드물게 일어나는 이중교차 때문이라는 것을 배울 것이다.

(a) 삼점 교배 결과

P	♀ $vg\ b\ pr\ /\ vg\ b\ pr$ × ♂ $vg^+\ b^+\ pr^+\ /\ vg^+\ b^+\ pr^+$	
F_1(모두 동일)	$vg\ b\ pr\ /\ vg^+\ b^+\ pr^+$	
검정교배	♀ $vg\ b\ pr\ /\ vg^+\ b^+\ pr^+$ × ♂ $vg\ b\ pr\ /\ vg\ b\ pr$	

검정교배 자손	유전자형	
1779	$vg\ b\ pr$	세 개 유전자 모두가 양친형 조합
1654	$vg^+\ b^+\ pr^+$	
252	$vg^+\ b\ pr$	*b*와 *pr*은 양친형 조합이고 *vg*가 재조합체
241	$vg\ b^+\ pr^+$	
131	$vg^+\ b\ pr^+$	*vg*와 *pr*은 양친형 조합이고 *b*가 재조합체
118	$vg\ b^+\ pr$	
13	$vg\ b\ pr^+$	*vg*와 *b*는 양친형 조합이고 *pr*이 재조합체
9	$vg^+\ b^+\ pr$	
4197		

(b) 추론한 유전자지도

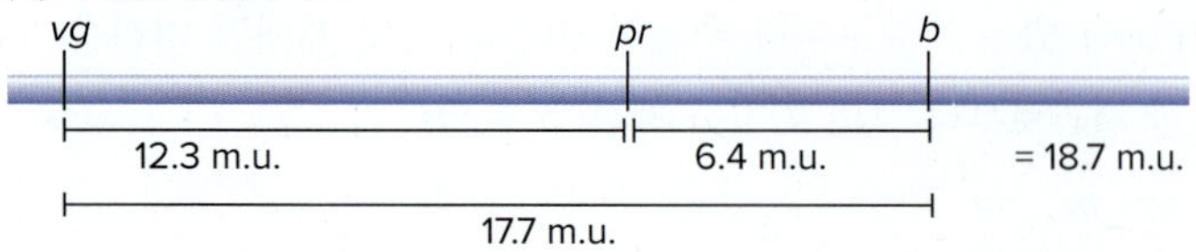

그림 5.13 삼점 교배의 결과 분석하기. **(a)** *vg*, *b*, *pr*가 이형접합성인 F_1 암컷의 삼점 검정교배로 얻은 결과. **(b)** 가운데 있는 유전자는 *pr*이어야만 하는데, 이는 가장 긴 거리가 *vg*와 *b*의 두 유전자 사이이기 때문이다. 보다 정확한 지도 거리는 짧게 끼어 있는 거리들을 합산한 값으로 계산된다. 그러므로 *vg*와 *b* 사이의 유전거리보다 정확한 추정치는 17.7 m.u.라기보다는 18.7 m.u.이다.

이중교차의 수정

그림 5.14는 세 개의 유전자 *vg*, *pr*, *b*를 이형접합성으로 지니고 있는 F_1 암컷의 상동 상염색체를 그린 것이다. 염색체를 보다 자세히 들여다보면 관찰되는 자손의 종류와 수를 형성하게 하는 교차의 종류를 보여주고 있다. 이 그림과 앞으로 보여줄 그림에서 그려진 염색체는 각 상동염색체 쌍의 네 개의 염색분체가 존재하는 제1감수분열의 전기 말/중기 초 때의 것이다. 앞에서 제안하였고, 뒤에서 보다 정밀하게 제시하는 바와 같이 전기 I은 재조합이 일어나는 단계이다. *vg*와 *pr* 사이의 공간을 **부위 1**이라 하고 *pr*과 *b* 사이의 공간을 **부위 2**라 하는 것에 주목하라.

앞에서 수행하였던 검정교배로부터 얻은 자손은 8개의 군으로 이루어진다는 사실에 주목하라(그림 5.13 참조). 두 개의 가장 큰 무리의 초파리는 P 세대의 조부모 때와 같은 유전자 조성, *vg b pr*과 $vg^+\ b^+\ pr^+$을 가졌기 때문에 양친형 종류를 나타낸다(그림 5.14a).

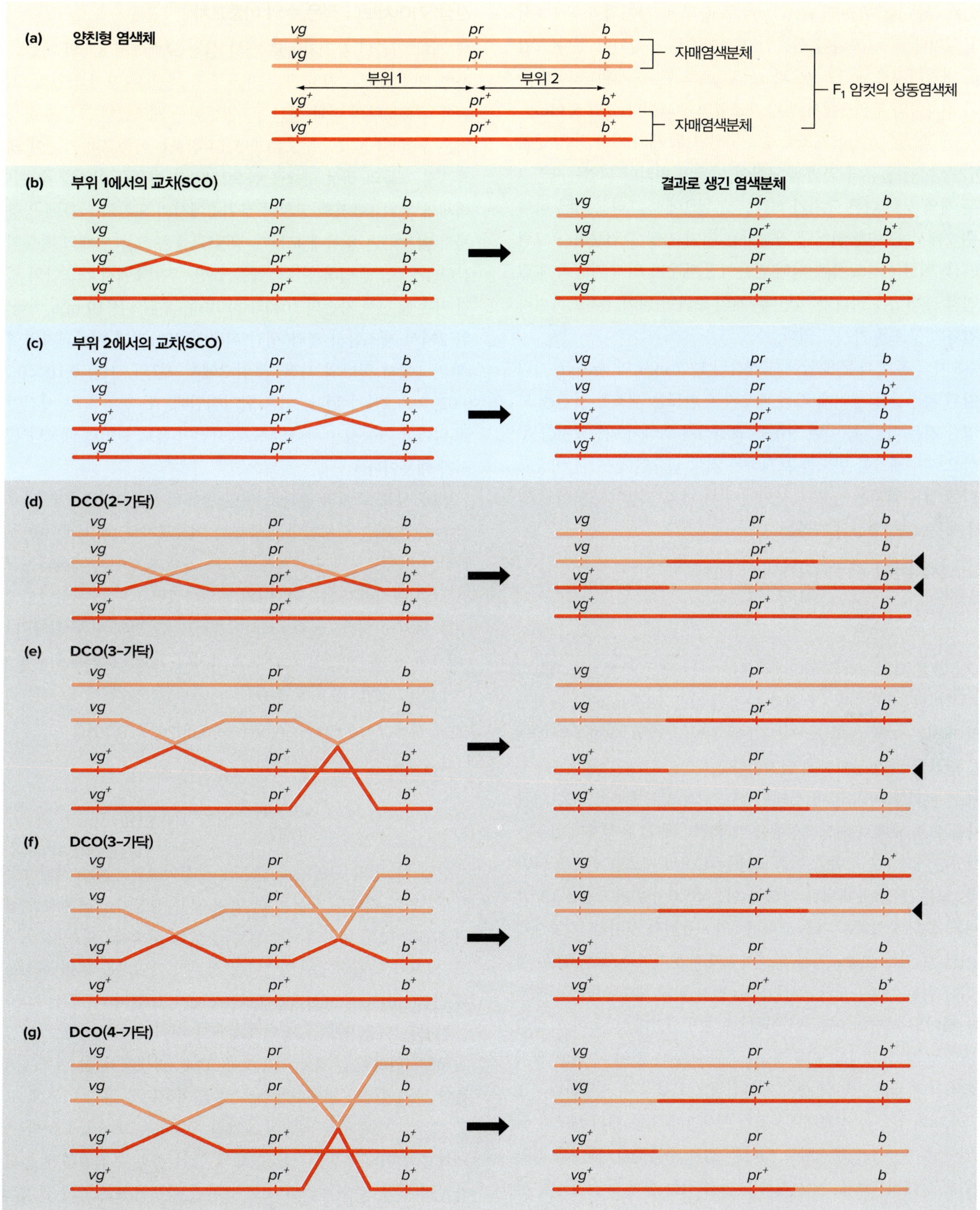

그림 5.14 교차가 일어난 위치 추정하기. 삼점교배에 관여한 유전자의 순서가 일단 정해지면 어떤 교차가 특정 재조합형 배우자를 만들었는지를 결정하는 것은 쉽다. 이중교차는 바깥쪽에 있는 유전자들은 양친형 조합인 반면에, 가운데 있는 유전자가 재조합되어 있는 배우자를 만든다는데 주목하라.

다음의 두 군은 $vg^+\ b\ pr$과 $vg\ b^+\ pr^+$로 vg와 pr 사이의 부위 1에서 교차가 일어나 서로 교환된 산물인 재조합체로 구성되어 있다(그림 5.14b). 마찬가지로 $vg^+\ b\ pr^+$과 $vg\ b^+\ pr$로 된 두 개의 초파리 군은 pr과 b 사이의 부위 2에서 생긴 재조합의 결과이다(그림 5.14c).

$vg\ b\ pr^+$과 $vg^+\ b^+\ pr$ 재조합체로 구성된 두 개의 가장 작은 군은 어떠한가? 어떤 종류의 염색체 교환이 이들의 원인이 되었는가? 그들은 두 개의 서로 다른 교차가 하나는 부위 1에서 그리고 다른 하나는 부위 2에서 동시에 일어난 결과라는 것이 가장 그럴듯하다(그림 5.14d~f). 이런 이중교차에 의해 만들어진 배우자 역시 바깥쪽에 있는 유전자 vg와 b는 하나가 아닌 두 개의 교환이 일어났다고 하더라도 양친형의 구조를 가지고 있다.

이중교차의 존재 때문에 앞에서 계산된 17.7 m.u.의 $vg \leftrightarrow b$ 거리는 관찰된 자손들을 생기게 하는 배우자를 만드는 재조합 사건을 모두 반영한 것은 아니다. 이런 잘못을 교정하기 위하여 이중교차를 두 번 더함으로써 재조합 빈도를 보정하는 것이 필요한데, 이는 이중교차 집단에 있는 각자는 vg와 b 사이에서 두 번의 교환이 이루어진 결과이기 때문이다. 수정된 거리는

$$\frac{252+241+131+118+13+13+9+9}{4197} \times 100$$
$$= 18.7 \text{ m.u.}$$

이다. 이 값은 부위 1과 부위 2에서 일어나는 모든 교차들을 계산하였기 때문에 합리적이다. 그 결과 수정된 값은 18.7 m.u.로 vg와 b 사이의 거리는 이제 vg와 pr 사이(부위 1)나 pr과 b 사이(부위 2)의 거리를 합산한 값과 정확하게 일치한다.

앞에서 논의한 바와 같이 스터티번트가 최초로 초파리의 X-연관 유전자를 이점 교배로 지도작성했을 때 흔적날개(r) 유전자의 좌위는 모호했었다. y와 r을 포함한 이점 교배는 42.9의 재조합 빈도로 나타났는데, 모든 중간에 개재된 거리의 합은 55.0이었다(그림 5.12 참조). 이와 같은 불일치는 이점 교배가 y와 r 유전자 사이의 큰 공간에서 일어날 수 있는 이중교차를 무시하였기 때문이었다. 보다 짧은 개재 거리를 합한 자료는 y와 r 사이의 유전자 쌍의 재조합들을 이해함으로써 적어도 약간의 이들 이중교차로 설명하였다. 더욱이 각각의 짧은 거리는 긴 거리에서 보다 이중교차를 이루는 것이 더 적고 결과적으로 각각의 짧은 거리의 숫자가 본질적으로 보다 더 정확하다.

vg, pr, b와 같은 삼점교배에서조차 부위 1에서 두 개의 재조합 사건이 일어날 가능성을 무시하고 있다는 점을 주목하라. 최대의 정확도를 위해 상대적으로 짧은 거리로 떨어져 있는 많은 유전자들을 사용하여 지도작성을 하는 것이 최선이다.

간섭: 기대치보다 적은 수의 이중교차

세 개의 연관된 유전자들로 행한 삼점 교배에서 8개의 가능한 유전자형 그룹 중에는 가장 많은 자손 수를 지닌 두 가지 양친형 그룹, 반면에 이중교차의 결과 생긴 두 개의 이중 재조합형 그룹은 항상 가장 적은 수를 지닌다(그림 5.13과 5.14 참조). 이중교차 자손이 왜 가장 작은지 그들의 생성 확률을 봄으로써 그 이유를 이해할 수 있다. 염색체의 부위 1에서의 교환이 부위 2에서의 교환의 확률에 영향을 미치지 않는다면 동시에 모두가 생길 확률은 그들 별개의 확률의 곱과 같다(1장, 곱셈 법칙 참조). 예를 들면, 부위 1에서 재조합의 결과 생긴 자손이 전체 자손의 10%라 하고(즉, 부위 1은 10 m.u.이라면) 부위 2에서 재조합의 결과 생긴 자손이 20%라면 이중교차의 확률은 (부위 1에서 하나의 사건, 부위 2에서 제2의 사건) $0.10 \times 0.20 = 0.02$ 혹은 2%가 된다. 이는 합리적인데, 두 개의 드문 사건이 동시에 일어날 가능성은 하나의 드문 사건이 홀로 일어날 때보다 훨씬 더 적기 때문이다.

만약 삼점 교배의 결과로 여덟 종류의 자손이 있다면, 이때 가장 적은 수의 자손을 포함하는 종류는 이중교차로 생긴 것이다. 그러나 관찰된 이중교차의 숫자적인 빈도는 곱셈 법칙에서 계산되는 기대치와 결코 일치하지 않는다. 이미 논의하였던 교배로부터 얻은 실제의 수를 보기로 하자. vg와 pr 사이에서의 한 번의 교차 확률이 0.123 (12.3 m.u.에 해당)이고 pr과 b 사이의 한 번의 교차 확률이 0.064 (6.4 m.u.)이다. 이 확률의 곱은

$$0.123 \times 0.064 = 0.0079 = 0.79\%$$

그러나 이중교차의 관찰 비는(그림 5.13 참조)

$$\frac{13+9}{4197} \times 100 = 0.52\%$$

만약 두 번의 교환이 독립적인 사건이라면 이중교차의 관찰치가 기대치보다 적다는 사실은 한 번의 교차 생성이 염색체의 인접된 부위에서의 다른 교차가 일어날 가능성을 감소시킨다는 것을 제시한다. 교차가 독립적으로 일어나는 사건이 아니라는 이런 현상을 **염색체 간섭**(chromosomal interference)이라고 한다.

간섭은 모든 쌍의 상동염색체에서 적어도 하나의 교차가 일어나게 하기 위하여 존재할 가능성이 있다. 염색체가 첫 번째 감수분열 동안 중기판에서 적절하게 방향에 위치하도록 돕기 때문에 모든 상동 염색체 쌍이 하나 이상의 교차를 유지하는 것이 중요하다. 실제로 교차가 일어나지 않는 상동염색체 쌍이 종종 부적절하게 분리된다. 각 감수분열 동안 제한된 수의 교차만 발생하고 크기가 큰 염색체에서의 교차 수가 낮다면 나머지 가능한 교차는 작은 염색체에서 발생할 가능성이 더 높다.

앞서 보여준 그림 5.7a에서처럼 간섭은 각 상동염색체 쌍이 적어도 한 번의 교차 사건을 일으킨다는 것을 확인하기 위해 존재할지도 모른다. 상동염색체의 각 쌍은 하나 또는 그 이상의 교차 사건을 유지한다는 것은 중요한데, 이는 이런 사건이 제1감수분열 동안에 중기판에서 염색체의 방향을 정확히 맞추는 것을 도와주기 때문이다. 교차가 없는 상동염색체 쌍은 종종 잘못 분리된다. 만약 오직 제한된 수의 교차만이 각각의 감수분열 동안에 일어날 수 있고 또한 간섭이 커다란 염색체에서의 교차의 수를 낮춘다면 응당 남아 있는 가능한 교차가 작은 염색체에서 일어나는 것이 보다 그럴 듯 할 것이다. 이는 적어도 하나의 교차가 각 상동염색체 쌍에서 일어날 수 있다는 가능성을 높게 한다. 간섭의 분자적 기작에 대해서는 아직 확실하게 밝혀져 있지 않지만 최근의 실험에서 간섭은 접합복합체(synaptonemal complex)에 의해 매개된다고 제안되었다.

간섭은 획일적이지 않고 동일 염색체 내의 다른 부위에서조차 다를 수 있다. 연구자들은 우선 **병발 계수**(coefficient of coincidence)를 상정함으로써 다른 염색체 사이에서의 간섭의 정도를 양적으로 측정할 수 있게 되었다. 병발 계수는 한 실험에서 관찰되는 이중교차의 실제 빈도와 독립적일 때의 확률에 근거한 기대되는 이중교차의 수의 빈도 사이의 비로 정의된다.

$$\text{병발 계수} = \frac{\text{관찰치 빈도}}{\text{기대치 빈도}}$$

vg, *pr*, *b*를 포함한 삼점 교배에서 병발 계수는

$$\frac{0.52}{0.79} = 0.66$$

간섭 자체의 정의는

$$\text{간섭} = 1 - \text{병발 계수}$$

이 경우에서 간섭은

$$1 - 0.66 = 0.34$$

이다.

간섭의 의미를 이해하기 위하여 간섭이 없을 경우 어떤 일이 일어났느냐와 간섭이 완전할 때 어떤 일이 일어났는지를 비교하는 것이 도움이 된다. 만약 간섭이 0이라면 관찰되는 이중교차의 빈도는 기대치와 같고, 염색체 인근 지역에서 교차는 서로 독립적으로 이루어진다. 만약에 간섭이 완전하다면(즉, 간섭 = 1), 실험에서 하나의 교차가 다른 것의 교차를 효과적으로 막기 때문에 이중교차의 자손은 없을 것이다. 한 예로서, 생쥐의 어떤 특정 삼점 교배에서 왼쪽(부위 1)에 있는 유전자 쌍에서는 재조합 빈도가 20이고 오른쪽(부위 2)에 있는 유전자 쌍에서도 재조합 빈도가 역시 20이라 하자. 간섭이 없다면 이 염색체 간격에서의 이중교차의 기대치 비는

$$0.20 \times 0.20 = 0.04 \text{ 혹은 } 4\%$$

이다. 그러나 연구자가 이 교배에서 자손 1000마리를 관찰하였을 때 이들은 기대되는 40마리 대신에 이중 재조합 생쥐를 1마리도 볼 수 없었다.

가운데 있는 유전자를 결정하는 방법

삼점 교배에서 여덟 가지 가능한 자손 종류 중에서 가장 작은 종류는 이중교차에 의해 만들어지는 두 가지 이중 재조합형이다. 이중교차로 만들어진 자손 종류에서 심지어 어떤 재조합 빈도도 계산 없이 대립유전자의 조성만으로, 세 개의 유전자 중에서 어떤 것이 가운데 놓여 있느냐를 결정하는 것이 가능하다.

또다시 *vg*, *pr*, *b* 유전자의 삼점 교배에 의한 자손들을 고려해 보자. F_1 암컷은 $vg\ pr\ b/vg^+\ pr^+\ b^+$이다. 그림 5.14가 보여주는 바와 같이 F_1 세대의 삼중잡종(trihybrid)에서 이중교차의 결과로 생긴 검정교배 자손은 어머니로부터 $vg\ pr^+ b$과 $vg^+\ pr\ b^+$의 대립유전자 조성을 지닌 배우자를 받았다. 이런 개체에서 vg와 b 유전자의 대립유전자를 양친형과 관련된 ($vg\ b$와 $vg^+\ b^+$)를 보유하고 있는 반면에 *pr* 유전자는 다른 유전자 양쪽에 대하여 재조합을 하였다($pr\ b^+$와 $pr^+ b$, $vg\ pr^+$와 $vg^+\ pr$). 모든 삼점 교배에서 이와 같은 것은 옳다. 이중교차에 의해 만들어진 이들 배우자에서 대립유전자가 재조합된 유전자가 양친형 배열을 한 다른 두 개의 유전자와 관련해 볼 때 중간에 있어야 한다.

유전지도는 물리적 실상과 어떤 관련이 있는가?

책 전반에 걸쳐 제공되는 많은 종류의 실험에서 재조합 지도작성으로 들어난 유전자들의 순서는 염색체의 DNA 분자를 따라 배열된 동일 유전자들의 순서와 일치한다는 것을 확실히 보여준다. 그에 반해서 실제 유전자들 사이의 물리 거리, 즉 그들을 분리하는 DNA의 분량은 유전적 지도거리와 항상 직선적으로 일치하는 것은 아니다.

재조합 빈도에 의한 유전자들 사이의 물리적 거리는 과소평가됨

두 유전자 사이의 DCO는 검정교배에서 검출되지 않은 채 지나쳐 버릴 수 있음을 이미 보았다. 그 결과 두 유전자 사이의 교차의 수가 낮게 계수되고, 그로 인해 그들 사이의 거리가 과소 추정되고 있다. 두 유전자가 DCO가 드물게 일어날 만큼 서로 가까이 있으면 큰 문제가 되지 않는다. 그러나 두 유전자 사이의 거리가 멀어지게 되면서 이중

교차나 다수의 교차가 일어나 재조합 빈도와 지도 거리 사이의 관계에 충분히 영향을 끼치는 경우가 생긴다. 이런 관계는 직선적이지 않는데, 이미 보아왔듯이 이점 교배에서 두 유전자가 동일 염색체상에 있을 때 이들이 얼마나 멀리 떨어져 있느냐에 상관없이 RF가 50%를 넘을 수 없기 때문이다.

그림 5.11을 다시 보면 DCO가 어떻게 RF에 의한 유전자 거리의 과소 추정을 가져오는지 쉽게 볼 수 있다. 유전자 *A*와 *B*가 매우 가까이 있으면 대부분의 감수분열은 NCO이지만 간혹 SCO이기도 하다. 개개의 SCO는 정확히 두 개의 재조합형 배우자를 만들고 그로 인해 교차 수와 재조합형 배우자 간에 정확한 직선적 관계를 보인다(1교차 : 2 재조합체). 그러나 유전자 *A*와 *B*가 보다 멀어지게 되면 DCO가 생긴다. 동일하게 생기는 네 가지 DCO들 중에서 오직 한 가지 DCO (4-가닥)만이 교차와 재조합형 배우자 간에 직선적 관계가 지켜진다: (4-가닥 DCO에서는 두 개의 교차와 네 개의 재조합형 배우자(2교차 : 4 재조합체)가 있다. 반면에 다른 세 가지 형의 DCO에서는 재조합형 배우자가 네 개보다 적게 생긴다.

그림 5.15는 두 유전자를 분리하는데, DNA 양의 함수를 사용하여 실제 교차의 수(**녹색 선**)와 관찰된 RF(**자주색 선**) 사이의 불일치를 보여준다. 두 도표는 5 m.u. 또는 그보다 짧은 거리에서는 거의 동일하다는 것을 보여준다. 이 같은 짧은 유전거리에서는 이점 교배에서 보이는 RF는 물리적 거리의 정확한 측정이 된다. 그런 다음 두 도표는 서로 빠르게 갈라져 5 m.u.보다 긴 유전거리에서는 RF는 정확한 추정치가 되지 못한다.

유전학자들은 **지도화 함수**(mapping function)라고 하는 수학 방정식을 고안하여 관련된 재조합 빈도와 물리적 거리간에 내재된 부정확함을 보정하고자 했다. 그러나 먼 거리를 위한 보정이 아주 정확한 것은 아닌데, 이는 지도화 함수가 완전한 사실이 아닌 단순화된 가정에 근거를 두었기 때문이다. 그러므로 멀리 분리되어 있는 유전자들을 공통의 중개자들과의 연관을 통해 많은 짧은 거리로 만들어 이를 합하여 얻는 것이 정확한 지도를 얻는 최선의 방법이다. 지도는 더욱더 새로 발견되는 유전자들이 포함됨으로써 계속 개선되고 있다.

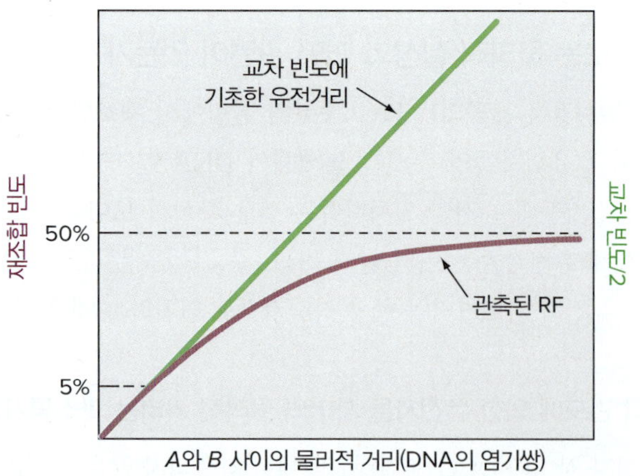

그림 5.15 재조합 빈도는 교차 빈도를 낮게 추정한다. 검정교배에서 관찰되는 RF를 나타내는 선(자주색)과 교차빈도를 나타내는 선(녹색)은 *A*와 *B* 두 유전자가 서로 가까이 있으면 거의 일치한다. 두 유전자 사이가 멀어질수록 RF 값은 실제 재조합 빈도보다 점점 더 낮게 나타나서 결국에는, NCO가 일어나지 않게 되고 최대치 RF가 50%로 관찰된다. 녹색 선은 교차빈도/2를 나타내는데, 이는 SCO가 매번 1/2 양친형 염색체와 1/2 재조합 염색체를 만들기 때문이다.

교차빈도의 불균등 분포

지금까지 염색체를 따라 두 개의 염기쌍 사이에서 교차가 일어나는 것으로 추정해 왔지만 재조합은 실상 무작위적으로 일어나는 것은 아니다. 예를 들면 인간 DNA에서 대부분의 교차는 소위 **재조합 다발점**(**재조합 빈발지점**, recombination hotspot)이라고 하는 재조합 빈도가 평균보다 매우 높은 DNA의 작은 영역에서 일어난다. **그림 5.16**에서 보는 바와 같이 이들 사이에 다발점을 지닌 유전자들(*A*와 *B*)은 다발점을 지니지 않은 유전자들(*B*와 *C*)보다 유전지도(m.u.로 측정)에서는 서로 보다 멀리 떨어져 있는 것처럼 보인다. 그러나 각 유전자 쌍을 갈라놓는 물리적 거리(DNA의 염기쌍으로 측정)는 동일하다. 다발점이 비교적 많이 있지만(인간 염색체에 약 50,000 염기쌍마다 다발점이 보인다) 그럼에도 불구하고 재조합 빈도는 대부분의 유전자 사이의 물리 거리를 추정하는 데 타당하게 받아들인다.

재조합 빈도는 생물 종에 따라 다르다. 최근에 여러 생명체들의 유전체에서 완전한 DNA 서열이 밝혀졌기 때문에 연구자들은 유전자들 사이의 물리 거리와 유전지도 거리를 비교하게 되어 이를 알게 되었다. 이들은 인간에서 지도 단위에 해당하는 평균 길이를 약 1백만 염기쌍으로 밝혔다. 그러나 효모에서는 DNA 길이당 재조합율이 인간보다 매우 높아서 지도 단위당 약 2,500염기쌍이다. 그러므로 지도 단위가 생물체의 유전자들 사이의 상대적인 거리를 측정하는 데 유용하지만, 1% RF는 서로 다른 생물체에서는 DNA의 매우 다른 공간을 반영할 수 있다.

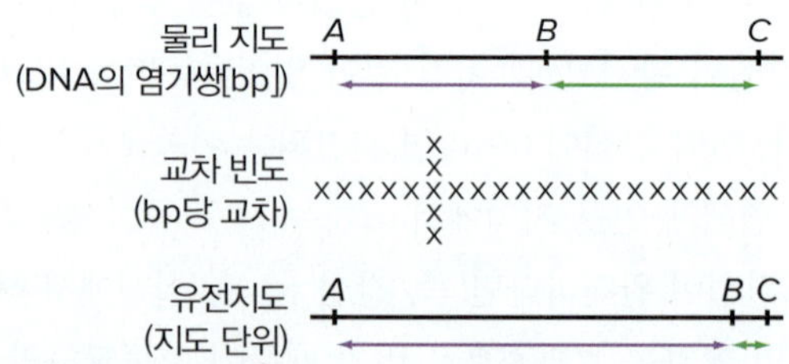

그림 5.16 재조합 다발점. 유전자 *A*와 *B*는 유전자 *B*와 *C*에서처럼 동일한 수의 염기만큼 떨어져 있다. *A*와 *B*는 재조합 다발점의 측면에 있기 때문에 유전지도에서 유전자 *B*와 *C*보다 서로 간에 더 멀리 떨어져 있는 것처럼 보인다.

빠르게 살펴보기

정자의 염색체를 생성하는 교차지도작성

이후 장에서 설명할 DNA 분석 기술을 사용하여 과학자들은 이제 단일 정자의 게놈(모든 염색체)을 구성하는 4개의 염기쌍 구성 요소의 순서를 조사할 수 있다. 이러한 연구에서 한 남성의 체세포에 있는 상동염색체 쌍을 같은 남성이 생산하는 개별 정자의 DNA 서열과 비교함으로써 연구자들은 남성의 1차 정모세포에서 발생하는 특정 재조합 사건을 찾을 수 있다.

모든 사람이 부모로부터 물려받은 상동염색체는 1,000개의 염기서열 당 1개 꼴로 다르다. 서로 다른 게놈의 염기쌍 차이를 단일 염기 다형성(SNP)이라고 한다. 많은 개인의 게놈 서열을 비교한 결과, SNP가 일반적으로 발생할 수 있는 게놈의 위치는 약 50,000,000개다. SNP의 서로 다른 염기쌍 서열은 SNP 유전자위치의 서로 다른 대립유전자로 간주된다(**그림 A**). 과학자들은 SNP 유전자위치와 수백만개의 SNP가 어떤 게놈에 존재하는지에 대해 초점을 맞추었다.

재조합 위치를 매핑하기 위해 과학자들은 먼저 이배체 체세포에서 개별 염색체를 분리하는 새로운 기술을 개발했다. 일단 분리되면 개별 상동체의 SNP 대립유전자를 결정할 수 있다(그림 A).

다음으로 과학자들은 개별 정자 게놈에 어떤 SNP 대립유전자가 존재하는지 확인했다. 그런 다음 개별 정자의 각 염색체에 존재하는 SNP 대립유전자와 남성 체세포의 각 상동체에 있는 해당 SNP 대립유전자를 비교함으로써(감수분열 중 교차 이전) 교차 위치가 밝혀졌다(**그림 B**). 91개의 서로 다른 정자의 교차를 분석하여 과학자들은 염색체당 약 1개의 교차가 각 배우자에서 발생하고 교차 핫스팟이 감지되었음을 발견했다.

이 연구와 이와 유사한 다른 연구에서 얻은 결과는 재조합의 생화학을 연구하는 과학자에게 유용하다. 또한 이 책의 뒷장에서 개별 염색체와 개별 배우자 게놈의 염기쌍 서열을 밝히는 능력이 질병을 유발하는 돌연변이와 인간 진화 연구에 광범위하게 적용된다는 것을 알게 될 것이다.

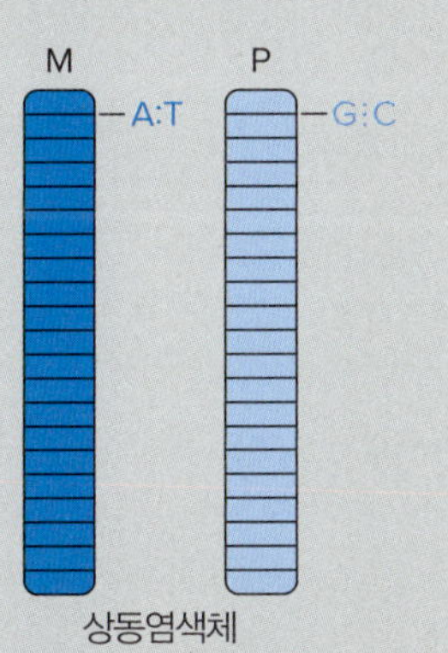

그림 A 상동체의 DNA 서열은 SNP 유전자위치를 나타낸다. 특정 SNP 유전자위치에서 모계(*M*) 및 부계(*P*) 상동체는 서로 다른 대립유전자(예: A:T 염기쌍 또는 G : C 염기쌍)를 가질 수 있다.

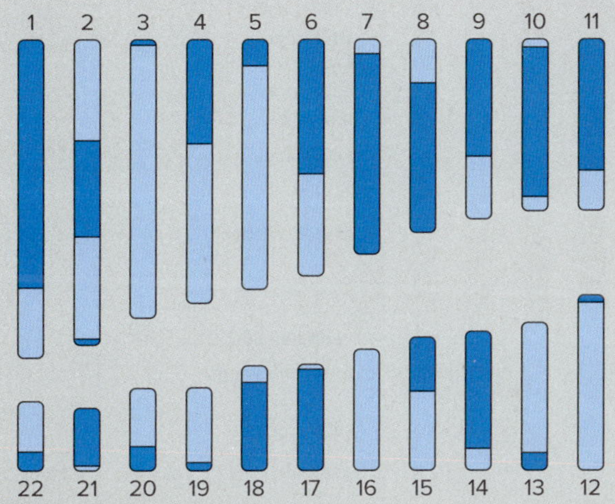

그림 B 단일 정자의 상염색체의 교차 지도. 정자의 상염색체(염색체 *1-22*)가 묘사되어 있으며, 진한 파란색과 연한 파란색 영역은 남성의 체세포에서 서로 다른 상동체에 해당한다(그림 A 참조). 대부분의 염색체는 단일 교차의 산물이지만 이 예에서 염색체 2와 10은 예외다.

때때로 재조합 빈도는 심지어 한 종의 성별 간에도 차이가 있다. 사람의 경우 남성보다 여성의 생식세포계열에서 교차 빈도가 약 두 배 정도 높다. 이는 두 개의 동일 유전자가 남성의 감수분열 동안에 교차를 측정하였을 때보다 여성의 감수분열에서 측정한 RF로 만들어진 유전자지도상에 두 배나 멀리 떨어져 있는 것처럼 보인다는 것을 의미한다. 「빠르게 살펴보기」 **정자의 염색체를 생성하는 교차지도작성**을 통해 새로운 기술이 어떻게 개개인의 정자 DNA 서열을 분석하는지 설명하고 있다. 이를 통해 연구자들은 이제 단일 정자의 각 염색체의 교차를 직접적으로 확인할 수 있다. 이러한 분석의 결과는 사람의 정자에 있는 대부분의 염색체가 단 한 번의 교차만 일어남을 보여준다. 초파리가 단적인 예를 제공해 주는데, 수컷에서는 감수분열 동안에 재조합이 일어나지 않는다. 이 장에서 이미 논의한 예를 참고하면, 재조합을 모두 이중이형접합성 초파리 암컷의 자손 중에서 측정한 것을 기억할 것이다. 이 장의 연습문제 10번은 유전학자들이 초파리 수컷의 재조합의 부재를 동일 염색체상에 아주 멀리 떨어져 있는 유전자들이 정말로 연관 가능하다는 것이 성립하도록 하는 데 어떻게 활용할 수 있었는가를 보여준다.

다(多)인자 교배가 연관군을 결정하는 데 도움을 준다

연관 관계에 의해 유전자들이 서로 사슬로 매어져 있어 보이는 것을 한데 모아 **연관군**(linkage group)이라고 한다. 많은 수의 유전자들이 어떤 특정 염색체에 배당되어 있을 때 염색체와 연관군은 동의어가 된다. 만약 유전자 *A*가 유전자 *B*와 연관되어 있고, *B*는 *C*와, *C*는 *D*와, *D*는 *E*와 연관되어 있는 것을 제시할 수 있다면 이 모든 유전자들은 연관 가능하다고 결론을 내릴 수 있다. 유전체의 유전자지도는 너무 조밀해져서 하나의 염색체 위에 있는 어느 유전자가 동일염색체의 다른 유전자와 연관되어 있는 것과 연관군의 수가 종의 상동염색체 쌍의 수와 같음을 보여주는 것이 가능해졌다. 인간은 23개, 생쥐는 20개, 초파리는 4개의 연관군을 가지고 있다(**그림 5.17**).

하나의 염색체에서 총 유전거리는 유전자 사이의 수많은 짧은 거리를 합한 것으로 얻어지는데 50 m.u.보다 훨씬 많아질 수 있다. 예를 들면, 초파리의 두 개의 긴 상염색체는 길이가 각각 100 m.u. 보다 약간 더 길고(그림 5.17), 인간의 가장 긴 염색체는 약 270 m.u. 정도이다. 그러나 아무리 긴 염색체일지라도 두 끝에 놓여 있는 유전자를 쌍으로 이루어진 교배도 50% 재조합 자손보다 많은 것을 만들지 못한다.

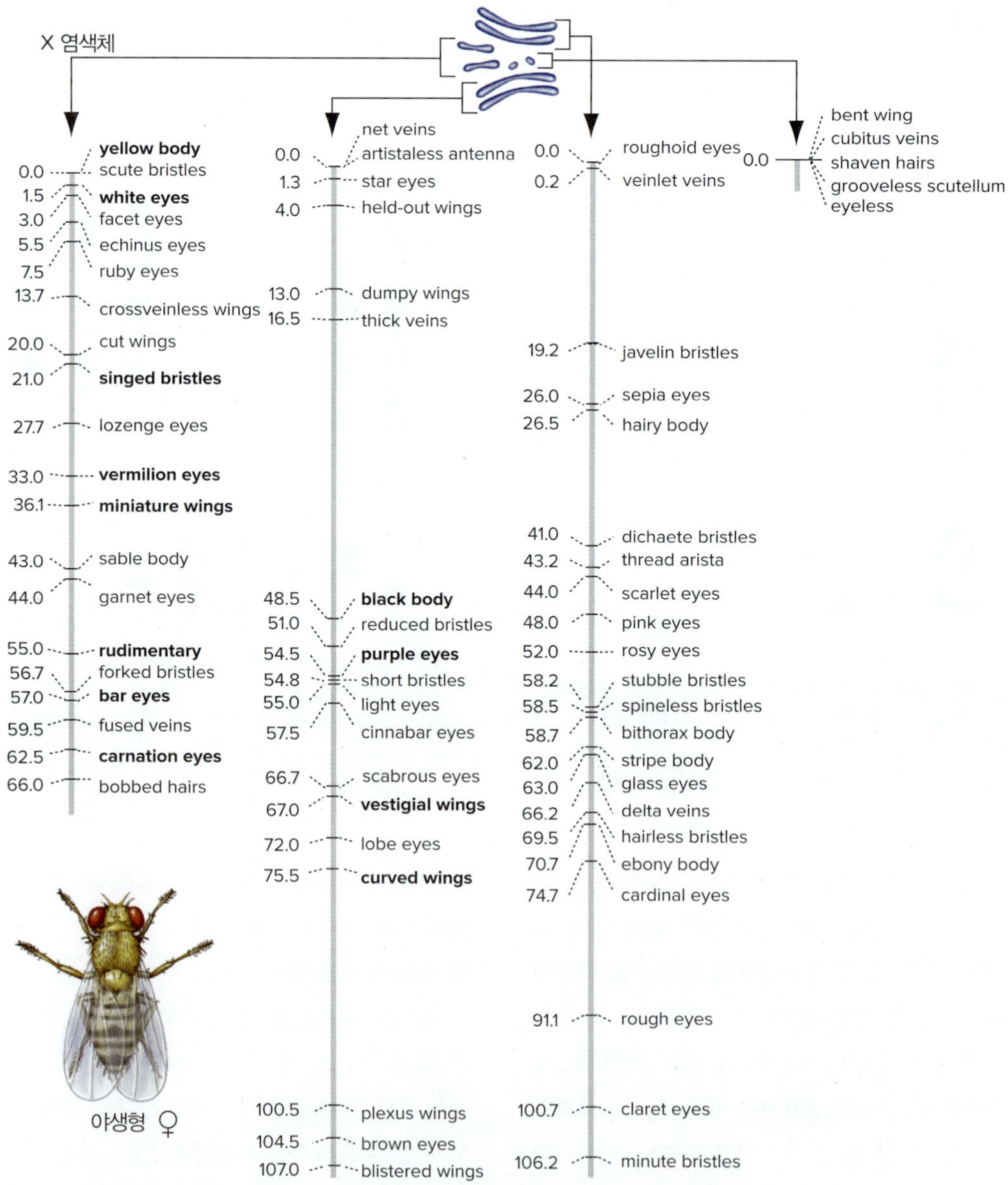

그림 5.17 초파리는 네 개의 연관군을 갖는다. 초파리의 유전자지도는 몸의 형태에 영향을 주는 많은 유전자들의 위치를 보여주고 있고, 이 장의 많은 예에서 사용되고 있는 것을 포함하고 있다(굵은 글씨로 표시). 수많은 초파리 유전자들이 지도작성되었기 때문에 네 개의 염색체 각각을 하나의 연관군으로 나타낼 수 있다.

빠르게 살펴보기

유전자지도 작성은 낭 섬유증의 치료를 이끌 수 있다

낭 섬유증(cystic fibrosis)의 증세가 처음으로 기술된 1938년 이후 40년 동안 이 질병에 대한 분자적 단서도 없이, 즉 이 질병과 같이 비정상적으로 전달되는 가시적인 염색체이상도 없고, 환자에 전달되는 식별할 수 있는 단백질이상도 없이, 이 증세에 대해 유전적 원인을 암시할 뿐이었다. 그 결과 백색인종인 미국인에서 2,000명 중에 1명꼴로 태어나며 30세가 되기 전에 대부분이 죽는 이 병에 대한 효과적인 치료가 없었다. 그러나 1980년대에 유전학자들은 연관 분석으로 작성하는 지도에 최근에 개발된 DNA를 직접 볼 수 있는 기술을 접목하여 낭 섬유증 유전자를 염색체 부위(좌위)에 정확하게 나타낼 수 있게 되었다.

낭 섬유증 유전자의 지도를 작성하는 연구자들에게 당황하게 하는 일이 생겼다. 그들은 알지 못하는 단백질을 암호화하는 유전자, 그것도 이제까지 어떤 염색체에 해당되는지도 몰랐던 것을 찾는 것이었다. 그것은 인간 세포의 23쌍의 염색체 중의 어떤 것에 놓여 있을 것이다.

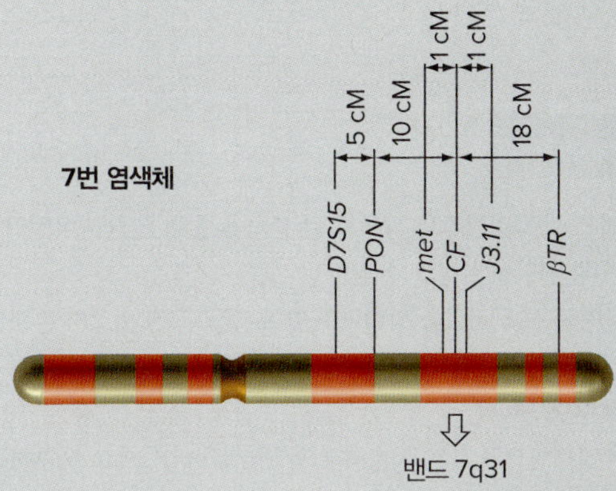

그림 A 분자 표식자가 낭 섬유증(*CF*) 유전자의 위치를 찾는 데 어떻게 도움을 주었는가?

- 많은 가계도를 검토하여 낭 섬유증이 아마 하나의 유전자(*CF*)에 의해 결정된다는 사실을 확인하였다. 연구자들은 2명 또는 그 이상의 환자인 아이를 지닌 47가계로부터 백혈구를 얻고, 106명의 환자, 94명의 양친, 44명의 환자가 아닌 형제자매의 유전적 자료를 수집하였다.
- 다음으로 이들은 낭 섬유증과 확실하게 같이 전달되는 다른 형질이 있는지를 찾으려 했다. 쉽게 얻을 수 있는 혈장 효소인 파록소네이즈(paroxonase)의 분석으로 그 유전자(*PON*)가 *CF*와 사실상 연관되어 있다는 것을 알았다. 처음에는 이 지식이 별반 큰 도움을 주지 못했는데, *PON* 역시 당시에는 어떤 염색체에도 배당되어 있지 않았기 때문이다.
- 그런 연후에 1980년대 초반에 유전학자들은 유전물질에 있는 변이를 인식할 수 있는 새로운 기술에 근거한 일련의 많은 DNA 표식자들을 개발하였다. **DNA 표식자**(DNA marker)는 특정 좌위를 나타내는 DNA 조각으로 변이를 식별할 수 있게 한다. 이런 대립유전자 변이는 멘델의 법칙에 따라 분리되는데, 이는 어떤 유전자의 변이를 알고자 할 때 그들의 전달을 알아내는 것이 가능하다는 것을 의미한다. 10장에서는 DNA 표식자의 발견과 사용에 대해 보다 상세히 설명할 것이다. 여기서는 그것이 존재하고 식별될 수 있다는 것을 아는 것이 중요하다.
- 1986년까지 수백 가지의 DNA 표식자들의 연관 분석으로 하나의 표식자 *D7S15*가 *PON*과 *CF* 모두와 연관되어 있다는 것을 보여주었다. 연구자들은 재조합 빈도를 계산하였고, DNA 표식자로부터 *CF*까지의 거리가 15 cM이고, *PON* 표식자로부터 *PON*까지의 거리가 5 cM이며, *PON*으로부터 *CF*까지의 거리가 10 cM이라는 것을 알았다. 이들은 세 유전자 좌위의 순서가 *D7S15-PON-CF*(**그림 A**)라고 결론을 내렸다. *CF*는 *PON* 표식자로부터 두 방향에서 각각 10 cM 거리에 놓여 있고, 인간 유전체는 대략 3000 cM으로 되어 있기 때문에 이 연관 분석의 단계에서 인간 유전체의 0.3%로 분석의 범위를 좁혔다.
- 마지막으로 연구자들은 7번 염색체의 긴팔 위에 다른 여러 개의 표식자들인 *J3.11*, *βTR*, *met*와 연관되어 있다는 것을 밝혔다. 두 개의 표식자들이 *CF*와 오직 1 cM 거리만큼 떨어져 있다는 것도 밝혀졌다. 이제 *CF*를 7번 염색체의 긴팔의 밴드 31에 놓는 것이 가능해졌다(밴드 7q31, 그림 A). 1989년경에 연구자들은 이와 같은 지도작성 정보를 위치에 근거하여 *CF* 유전자를 클론하고 식별하는 데 사용하였다.
- 1992년경에 그들은 이것이 세포 내외로 염소이온을 이동하게 조절하는 세포막 단백질을 암호화한다는 것을 보여주었다(그림 1.22 참조). 이온 이동에 대한 이 같은 지식은 새로운 치료법을 열게 한 근간이 되었고 더 나아가 *CF* 환자의 세포에 *CF* 유전자의 정상 복사본을 넣어주는 유전자 치료법도 나오게 되었다. 아직 발전의 초기 단계이긴 하지만 이런 유전자 치료는 낭 섬유증을 완치할 희망으로 비춰진다.

연관지도작성은 실용적인 적용에 있어 매우 중요하다. 예를 들면, 읽을거리 「빠르게 살펴보기」의 **유전자지도 작성은 낭 섬유증의 치료를 이끌 수 있다**는 연구자들이 중요한 인간의 유전질병에 대한 유전자의 위치 매김에 연관에 관한 정보를 어떻게 사용하는가를 기술하고 있다.

핵심 개념 5.3

- 이점 교배에서 재조합 빈도의 쌍으로 된 분석을 통해 연관된 유전자들의 순서와 이들 사이의 거리를 설정할 수 있다.
- 삼점 검정교배로 지도 거리를 정확하게 할 수 있고 교차 간섭의 존재를 밝힐 수 있다. 교차 간섭은 모든 염색체에서 각 감수분열 시에 생기는 교차의 수가 제한적이도록 하는 현상이다.
- 유전지도는 염색체상의 유전자 순서를 정확하게 나타냄에도 불구하고, 유전자들 사이의 거리 측정은 정확하지 않을 수 있다.
- 연관군 내의 유전자들은 동일 염색체상에 연관 가능으로 놓여 있다고 정의된다. 충분히 많은 유전자들이 자리매김한 염색체 전체가 하나의 단일연관군이 된다.

5.4 카이 제곱 검정과 연관 분석

학습 목표

1. 카이 제곱 검정의 용도를 설명한다.
2. 영가설의 개념과 자료 분석에서의 사용에 대해 논의한다.
3. 실험 자료의 유의성을 카이 제곱 검정에 근거하여 평가한다.

어떤 특정 실험으로부터 두 개의 유전자가 독립적 분리될 것인지, 아니면 유전적으로 연관이 되어 있는지에 대해 어떻게 알 수 있는가? 언뜻 이 질문은 문제가 되지 않아 보인다. 두 가지 가능성 가운데에서 하나를 식별해내는 데에는 관찰을 제대로 지지하는 가정에 근거하여 간단히 계산하는 것이 포함된다. 독립적으로 분배되는 유전자들에 대해서는 양성잡종 F_1 암컷이 4종류의 배우자를 같은 수만큼 만들기에 F_2 자손의 절반은 양친형이고, 나머지 절반은 재조합형이다. 반면에 연관된 유전자들에 대해서는 정의에 따르면 F_2 세대에서 보이는 양친형의 두 가지 형태는 재조합형의 두 가지 형태보다 항상 많은 수를 가진다.

문제는 현실에서의 유전적 전달은 우연에 근거하기 때문에 어떤 특정 연구에서 심지어 연관되지 않고 독립적 분리되는 유전자들이 1:1:1:1의 비에서 벗어나게 만들어질 수도 있는데, 이는 마치 동전을 10번 던졌을 때 앞뒷면이 각각 5번씩 나올 것으로 예측은 하지만 앞면이 6번 그리고 뒷면이 4번 나오는 경우와 같다. 그러므로 만약에 두 유전자들의 전달을 분석하고자 하는 교배실험에서 양친형과 재조합형이 독립적 분리에 따라 예측되는 동일한 비로부터 편차를 보였을 때 이들 두 유전자가 연관되어 있다고 결론을 내릴 수 있겠는가? 대신에 이 결과가 독립적 분리되는 연관되지 않는 유전자들의 기대되는 평균값에서 통계적으로 허용할 수 있는 우연한 변동에 의해 가능한 것이라고 할 수 있겠는가? 이와 같은 질문은 연관이 느슨한 경우에 특히 유전자들이 연관되어 있더라도 재조합체의 백분율이 50%에 근접할 경우에는 보다 더 강하게 다가올 것이다.

카이 제곱 검정은 기대치와 관찰치 사이의 차이에 대한 의의를 평가한다

이런 종류의 질문에 대답하기 위하여 통계학자들은 단순히 우연으로 생길 수 있는 특정 가설의 예측으로부터 실험에 의해 관찰된 것과의 개연성을 정량화하는 다수의 여러 방법을 고안하였다. 이 방법 중의 하나가 **적합도**(goodness of fit)를 위한 **카이 제곱 검정**(chi-square test)이라 알려진 확률 검정이다. 이 검정은 관찰된 결과가 예측한 것을 어떻게 잘 확증하는가를 측정하고 실험집단의 크기(**표본 크기**)가 통계적 의의의 중요한 구성요소라는 사실을 설명하기 위하여 고안되었다. 표본 크기의 중요성을 알아보기 위하여 카이 제곱 검정에 대해 상세히 조사하기 전에 잘 알려진 동전 던지기로 돌아가 보자.

동전을 열 번 던졌을 때 여섯 번의 앞면(60%)과 네 번의 뒷면(40%)이 나온 결과는 기회의 효과이기에 예상치 못한 것은 아니다. 그러나 1000번의 동전 던지기에서 600번의 앞면(60%)과 400번의 뒷면인 결과(40%)는 직관적으로 볼 때 매우 있음직하지 않은 것이다. 첫 번째 경우에서 기대치인 5:5 비에서 한 번의 동전 던지기가 바뀌어 6:4의 비로 관찰되었다. 두 번째 경우에서 100번이 뒷면에서 앞면으로 변하여 예상치 500:500 비로부터 언급된 편차를 초래하였다. 이치에 맞고, 있음직한 기회에 의한 사건은 기대치로부터 1의 편차는 일어날 수 있지만 100은 아니다.

이 간단한 예시로부터 두 가지 중요한 개념이 나온다. 첫째는 백분율이나 비 그 자체의 비교는 **관찰**(observed)한 자료가 **기대**(predicted)되는 값과 유의한 차이가 있는지의 여부를 결정할 수 없다. 둘째는 얻어진 절대적인 숫자가 중요한데, 이는 그들이 실험의 크기를 반영하기 때문이다. 표본크기가 크면 클수록 '만약 가설이 옳다면'이란 실험 가설에 의해 예견되는 값과 관찰된 백분율이 더욱 더 근접할 수 있도록 기대될 수 있다. 그러므로 카이 제곱 검정은 항상 실제 자료인 숫자로 계산하여야만 하고 백분율이나 비는 아니다.

카이 제곱 검정은 가설을 증명하는 것이 아니라 연구자로 하여금 가설의 기각을 허용하게 하는 것이다. 이런 이유로 카이 제곱 검정의 결정적인 선결 조건은 **영가설**(null hypothesis)의 구성이다. 아마도 이 모델은 검정에 의해 반박되기도 하고 또한 명쾌한 숫자적 예측에 이르게도 한다. 오늘날 유전학자들은 카이 제곱 검정을 여러 종류의 유전실험의 해석에 사용한다. 그들은 교배실험에서 얻은 자료가 두 개의 유전자가 연관되어 있다는 가설에 옳거나 틀린 증거를 제공하는지의 여부를 발견하는 데 주로 사용한다. 그러나 '유전자 *A*와 *B*는 연관되어 있다'와 같은 일반적인 가설과 관련된 문제가 있다. 이는 교배 결과의 자료만으로는 기대되는 것을 정확히 예측할 수 없다는 것이다. 그 이유는 재조합 빈도는 이미 보아왔듯이 각 연관된 유전자 쌍에 따라 다르기 때문이다.

한편 '유전자 *A*와 *B*는 연관되어 있지 않다'와 같은 대안적인 가설은 서로 다른 유전자에서 대립유전자는 독립적 분리하여 검정교배에서 자손형의 비가 1:1:1:1로 만들어진다고 하는 정확한 예측을 하게 한다. 그럼으로써 유전학자들은 두 개의 유전자들이 연관되어 있는지의 여부를 결정하고자 할 때마다 관찰한 자료가 연관이 없다는 영가설로 검정하여 일치되었는지를 본다. 만약 카이 제곱 검정에서 관찰치가 독립적 분리로 기대되는 값과 비교하여 유의하게 차이가 난다면, 다시 말해 그들이 단지 우연에 의해 이루어진 것이 아닐 만큼 충분히 다를 것이므로 연구자는 연관되어 있지 않다는 영가설을 기각할 것이고, 그래서 두 유전자 사이에 연관이 되어 있다고 받아들인다.

읽을거리 「유전학의 기술」은 **적합도를 위한 카이 제곱 검정**의 일반적 규약(프로토콜)을 보여준다. 계산의 최종 결과는 숫자인 확률(***p* 값**)의 결정인데, 이는 관찰된 실험 결과의 특정 세트가 특정 가설에 의해 예견되는 값과의 기회 편차를 나타낸다. 만약 확률이 높으면, 자료를 설명하기 위하여 검정한 가설이 그럴 듯하다는 것으로 기대한 결과와 관찰된 결과 사이의 편차는 **유의하지 않다**(insignificant)라고 한다. 만약 확률이 매우 낮다면, 기대되는 결과로부터 관찰된 편차는 **유의하다**(significant)가 된다. 이런 경우가 생기면 자료를 설명하려고 고려 중인 가설은 그럴듯하지 않은 것으로 가설은 기각된다.

카이 제곱 검정을 연관 분석에 적용: 한 가지 예

그림 5.18은 유전자 *A*와 *B*의 연관 여부를 물어보는 검정교배 실험으로부터 얻은 두 종류의 실험 자료를 어떻게 카이 제곱 검정에 적용하는지를 묘사한 것이다. *O*로 표기된 칼럼은 개별 실험으로부터 얻어진 실제 자료를 포함한 관찰치로 네 종류의 자손형 각각의 숫자이다. 첫 번째 실험에서 자손의 총 수는 48이므로 연관이 없다는 영가설로 주어진 각각의 **자손형의 기대치**(*E*)는 48/4 = 12이다. 이제 각각의 자손형에 대해 기대치와 관찰치 간의 편차를 제곱하고 이를 기대치로 나눈다. 이 계산은 $(O\text{-}E)^2/E$ 열에 제시한다. 카이 제곱(χ^2) 값을 얻기 위하여 얻어진 네 개의 값을 모두 더한다. 실험 1에서 $\chi^2 = 6.17$이다.

다음으로 이 실험을 위한 **자유도**(degree of freedom; df)를 결정해야 한다. 자유도는 수학적 개념으로 독립적으로 변하는 매개변수의 수를 고려해야 한다. 이 예에서, 자손은 네 종류이다. 세 종류에 해당하는 자손의 수는 그들의 합이 48을 넘을 수는 없는 하나의 어떤 값을 가질 수 있다. 그러나 세 종류의 값이 고정되면 모든 네 종류의 전체 값이 48이기 때문에 네 번째 값 역시 고정된다. 그러므로 네 종류의 df는 전체 종류 수보다 하나가 적은 3이 된다. 다음으로 카이 제곱표(**표 5.2** 참조)에서 $\chi^2 = 6.17$, df = 3인 값을 찾아볼 수 있다. 해당되는 p 값이 0.10보다는 크다는 것을 알 수 있다. 어떤 p 값이 0.05보다는 크다는 것으로부터 이 실험에 근거하여 영가설을 기각할 가능성이 없다는 결론을 내릴 수 있고, 이는 이 자료 세트로는 *A*와 *B*가 연관되어 있지 않다는 것을 제시하기에는 충분하지 않다는 것을 의미한다.

자손의 전체 수가 96인 두 번째 실험에서 얻어진 자료를 동일한 전략을 사용하여 p 값을 산출하였더니 p 값이 0.01보다 작았다(그림 5.18). 이 경우 관찰치와 기대치 사이의 차이는 유의함이라고 생각할 수 있다. 그 결과 독립적 분리라는 영가설은 기각할 수 있고, 유전자 *A*와 *B*는 연관된 것 같다는 결론을 내릴 수 있다.

통계학자들은 유의함과 유의하지 않음 사이의 경계로 0.05라는 p 값을 임의적으로 선택하였다. 이보다 낮은 p 값은 만약 영가설이 옳

자손 그룹		실험 1			실험 2		
		O	E	$(O\text{-}E)^2/E$	O	E	$(O\text{-}E)^2/E$
양친형	*A B*	**18**	12	36/12	**36**	24	144/24
	a b	**14**	12	4/12	**28**	24	16/24
재조합형	*A b*	**7**	12	25/12	**14**	24	100/24
	a B	**9**	12	9/12	**18**	24	36/24
총계		**48**	48	74/12	**96**	96	269/24
				$\chi^2 = 6.17$			$\chi^2 = 12.3$
df = 3				$p > 0.10$			$p < 0.01$

그림 5.18 두 유전자의 연관 여부를 알아보기 위한 카이 제곱 검정법의 적용. 영가설은 두 유전자들이 연관되어 있지 않다는 것이다. 실험 1에서 $p > 0.05$이므로 영가설을 기각할 가능성이 없다. 샘플 크기를 2배로 하여 얻은 자료를 지닌 실험 2에서는 $p < 0.05$이다. 그래서 대부분의 유전학자들은 영가설을 기각하고 95% 이상의 신뢰도에서 이 유전자들은 연관되어 있다고 결론을 내릴 것이다.

유전학의 기술

적합도를 알기 위한 카이 제곱 검정

적합도를 알기 위해 카이 제곱 검정을 사용하고, 그 결과를 평가하기 위한 일반적인 규약을 일련의 단계로 서술할 수 있다. 두 개의 예비적인 단계가 실제적인 카이 제곱 계산에 앞서 이루어진다.

1. 다음 질문에 대답하기 위한 교배 실험에서 얻어진 자료를 사용한다.
   a. 분석하여야 할 자손(사건)의 총 수는 얼마인가?
   b. 얼마나 많은 서로 다른 자손(사건)의 종류가 있는가?
   c. 각 종류에서 관찰되는 자손(사건)의 수는 얼마인가?
2. 영가설이 (여기서는 연관되어 있지 않다는) 옳은지의 여부를 알기 위하여 각 종류에 기대되는 자손(사건)이 얼마나 될 것인지를 산출한다. 그렇게 하려면 영가설(여기에서는 가능한 자손이 각각 1/4씩임)에 의해 예견되는 백분율을 자손의 총수에 곱하라. 이제 카이 제곱 계산을 할 준비가 갖춰졌다.
3. 카이 제곱을 산출하기 위해서는 한 종류의 자손으로 시작한다. 이 종류의 예견된 값으로부터의 편차를 얻기 위해 관찰치에서 기대치를 빼라. 이 결과를 제곱하고, 이 값을 기대치로 나누어라.
   모든 종류에 대하여 이 규약을 거치고 난 후에 각각의 결과를 모두 합하라. 마지막 결과가 카이 제곱(χ^2) 값이다. 이 단계는 다음의 공식으로 요약된다.

$$\chi^2 = \Sigma \frac{(\text{관찰치} - \text{기대치})^2}{\text{기대치}}$$

   여기에서 Σ은 '모든 종류의 합'을 의미한다.
4. 다음으로 자유도(degrees of freedom; df)를 고려한다. df는 실험에서 독립적으로 변하는 매개변수의 수로 측정된다(본문 참조). 자유도의 값은 종류의 수보다 하나가 적다. 따라서 만약 N이 종류의 수라고 할 때 자유도(df) $= N - 1$이다. 만약 네 종류일 경우에 자유도는 3이다.
5. df와 함께 카이 제곱 값을 이용하여 p 값(p value)을 결정한다. p는 많은 수를 관찰한 실험에서 예견된 값으로부터 적어도 우연에 의해 생길 수 있는 값과의 편차에 대한 확률이다. p 값이 수치 분석으로 얻어졌음에도 불구하고 유전학자들은 표 5.2에서와 같이 서로 다른 자유도를 위한 결정적인 χ^2 값을 나타내는 표를 통해 빠른 조사로 손쉽게 값을 결정한다.
6. p 값의 의미를 평가한다. 영가설이 옳다고 하는 확률로서 p 값을 생각할 수 있다. 비록 영가설이 실제로 옳다고 하더라도 0.05보다 큰 값은 동일한 크기의 실험을 20번 반복할 때에 한 번 (또는 5% 이상) 이상 많이 일어난다는 것과, 예견된 수치로부터 관찰된 편차가 우연히 얻어질 수 있다는 것을 의미하므로, 결과적으로 이 자료는 영가설을 기각하는 것이 **유의하지 않다**(not significant)는 것을 의미한다. 통계학자들은 영가설을 받아들이거나 기각하는 경계로 삼는 것을 임의적으로 p 값을 0.05로 정했다. p 값이 0.05보다 작다는 것은 생각하기에 편차가 **유의하다**(significant)는 것이므로 영가설을 기각할 수 있다.

표 5.2 몇몇 중요한 카이 제곱 값

	p 값						
	귀무가설을 기각할 수 없음				귀무가설을 기각함		
	0.99	0.90	0.50	0.10	0.05	0.01	0.001
자유도	χ^2 값						
1	—	0.02	0.45	2.71	3.84	6.64	10.83
2	0.02	0.21	1.39	4.61	5.99	9.21	13.82
3	0.11	0.58	2.37	6.25	7.81	11.35	16.27
4	0.30	1.06	3.36	7.78	9.49	13.28	18.47
5	0.55	1.61	4.35	9.24	11.07	15.09	20.52

주의: 이 표의 노란색 지역에 있는 카이 제곱(χ^2) 값은 > 95% 신뢰도로 귀무가설을 기각하도록 한다. 그러므로 재조합 실험의 경우, 연관을 가정하도록 한다.

다면 무작위 표본추출에 의해 동일한 결과를 얻는 데 있어 100번 시도에 5번이 이루어질 기회보다 낮다는 것을 의미한다. 그러므로 0.05보다 낮은 p 값은 이 자료가 예측된 값과의 주된 편차가 95% 신뢰도보다 높아 영가설을 기각할 만큼 충분히 유의하다는 것을 암시한다. 보다 보수적인 과학자들은 종종 유의성의 경계를 $p = 0.01$로 놓기 때문에 그러므로 신뢰도가 99%보다 클 경우에만 영가설을 기각한다.

대조적으로 p 값이 0.01이나 0.05보다 크다는 것이 두 유전자가 반드시 연관되어 있지 않다는 것을 의미하는 것은 아니고, 이에 대한 답을 제공하기에는 표본 크기가 충분히 크지 않다는 것을 의미할 수도 있다. 더 많은 자료로 p 값이 정상적으로 오르게 되면 연관이 없다는 영가설이 옳은 것이 되고, 낮아지면 실제로 연관이 있다는 것이 된다.

그림 5.18의 두 번째 실험의 자료는 단순히 첫 번째 실험의 숫자를 배로 한 것으로 백분율은 동일한 것에 주목하라. 그러므로 단순히 표본의 크기를 48에서 96개체로 배가시킴으로써 관찰치와 기대치 간의 차이가 유의하지 않음에서 유의함이 되는 것이 가능하다. 다시 말해 표본의 크기가 커지면 커질수록 기대 결과로부터의 어떤 백분율 편차가 단지 우연에 의해 일어난다는 가능성은 더욱 더 작아진다.

카이 제곱 검정은 연관이나 연관의 부재를 증명하지는 않는다. 그것이 하고자 하는 것은 실험에서 얻은 자료가 어떤 특정 가설에 의해 설명될 수 있다는 가능성의 양적인 척도를 제공하는 것이다. 그러므로 카이 제곱 분석은 유의성에 대한 일반적인 통계 검정이므로 많은 서로 다른 실험의 설계나 연관의 부재 이외의 가설에도 사용될 수 있다. 한정된 자료의 종류를 예측된 값으로 인도하는 영가설을 제안하는 것이 가능하다면 관찰한 자료가 가설과 일치하는지의 여부를 쉽게 결정할 수 있다.

실험이 영가설에 의해 기각하게 될 때의 대안을 확인할 필요가 있다. 예를 들면, 만약 두 개의 상반된 형질이 한 유전자의 두 개의 대립유전자의 분리에 의해 이루어졌는지를 조사하고자 한다면, F_1 이형접합자와 열성 동형접합자를 검정교배하여 자손에서 두 형질이 1:1 비로 만들어질 것을 기대한다. 만약 그 대신에 6:4의 비로 관찰되었고, 카이 제곱 검정의 p 값이 0.009이라고 한다면 영가설(1:1 비)을 기각할 수 있다. 그러나 1:1 비의 부재가 의미하는 것이 무엇인지에 대한 질문은 아직 남아 있다. 두 가지 대안이 있는데, (1) 두 가지 가능한 유전자형을 지닌 개체들이 동일하게 생존하는 것이 아니거나 (2) 그 형질에 영향을 주는 유전자가 하나 이상이다. 카이 제곱 검정은 어떤 가능성이 옳은지에 대해 말해 주지는 않기에 그 문제에 대해 더 많은 연구를 해야만 한다. 이 장의 연습문제에서 유전학에 관한 카이 제곱 검정의 몇 가지 응용 사례를 보여준다.

핵심 개념 5.4

- 영가설은 별개의 수치 예측에 이르게 하는 하나의 모델이다.
- 카이 제곱 검정은 한 실험에서 관찰된 서로 다른 유형의 자손의 수와 유전자들이 연관되어 있지 않고 서로 독립적 분리된다는 영가설에서 기대되는 이들 유형의 자손 수 사이의 차이를 비교함으로써 두 유전자가 연관되어 있는지의 여부를 결정하는 데 도움을 준다.
- 확률 값 p는 예측 값에서의 편차가 오직 우연에 의해서 생길 수 있는 가능성으로 측정한다. 영가설은 $p < 0.05$일 때 기각한다.

5.5 균류에서의 사분체 분석

학습 목표

1. 어떤 종류의 균류가 만드는 자낭에 적용되는 "사분체"의 의미를 설명한다.
2. 양친형 이분자형(PD), 비양친형 이분자형(NPD), 사분자형(T) 사이를 구별한다.
3. PD들과 NPD들의 상대적인 숫자가 어떻게 연관을 수립하는 데 사용될 수 있는지를 서술한다.
4. 정렬된 사분자와 정렬되지 않은 사분자의 분석으로 어떻게 유전자와 동원체(정렬된 사분자에서)의 위치를 지도작성할 수 있는지 설명한다.

초파리, 생쥐, 완두콩, 인간 그리고 다른 이배체 생물체들 각각은 단 한 번의 감수분열에서 각각의 양친에 의해 만들어지는 네 개의 가능한 배우자 중의 단 하나만으로 대변된다. 그러므로 지금까지 제시된 연관, 교차, 지도작성은 감수분열의 무작위 산물의 무작위 결합의 결과로 생긴 이배체 자손의 표현형을 조사하는 것에 의한 추론에 의존하였다. 이런 이배체 생물체에서 서로 다른 자손이 양친에서 동일 감수분열에 의해 만들어진 어떤 배우자에 의해 생긴 것인지의 여부를 알지 못한다. 이런 제한으로 인해 이배체 생물체에서 감수분열의 무작위 산물의 분석은 대집단의 통계적 표본에 근거를 두어야만 했다.

이와는 대조적으로 균류의 다양한 종들은 각 감수분열의 반수체 산물 모두를 **자낭**(ascus; 복수 asci)이라고 하는 주머니 안에 모아두기 때문에 유전분석을 위한 독특한 기회를 제공한다. 이런 반수체 세포인 **자낭포자**[ascospore 또는 단상포자(haplospore) 또는 포자(spore)]는 발아하여 유사분열에 의해 영구화하는 살아 있는 반수체 개체로 생존할 수 있다. 이러한 반수체 균류를 이용하였을 때의 한 가지 이점은 우열에 관계없이 유전형이 표현형으로 나타난다는 것이다. 두 번째 장점은 모든 감수분열 산물을 하나의 자낭에 가지고 있어 과학자들이 새로운 방식으로 재조합 메커니즘을 밝히는 유전자 지도 작성이 가능하다는 것이다.

그림 5.19는 주머니 안에 그들의 감수분열 산물을 보전하는 균류의 두 가지 종의 생활주기를 보여준다. 하나는 정상 단세포로 슈퍼마켓에서 파는 빵의 감촉, 모양과 풍미에 기여하는 제빵용 효모(*Saccha-*

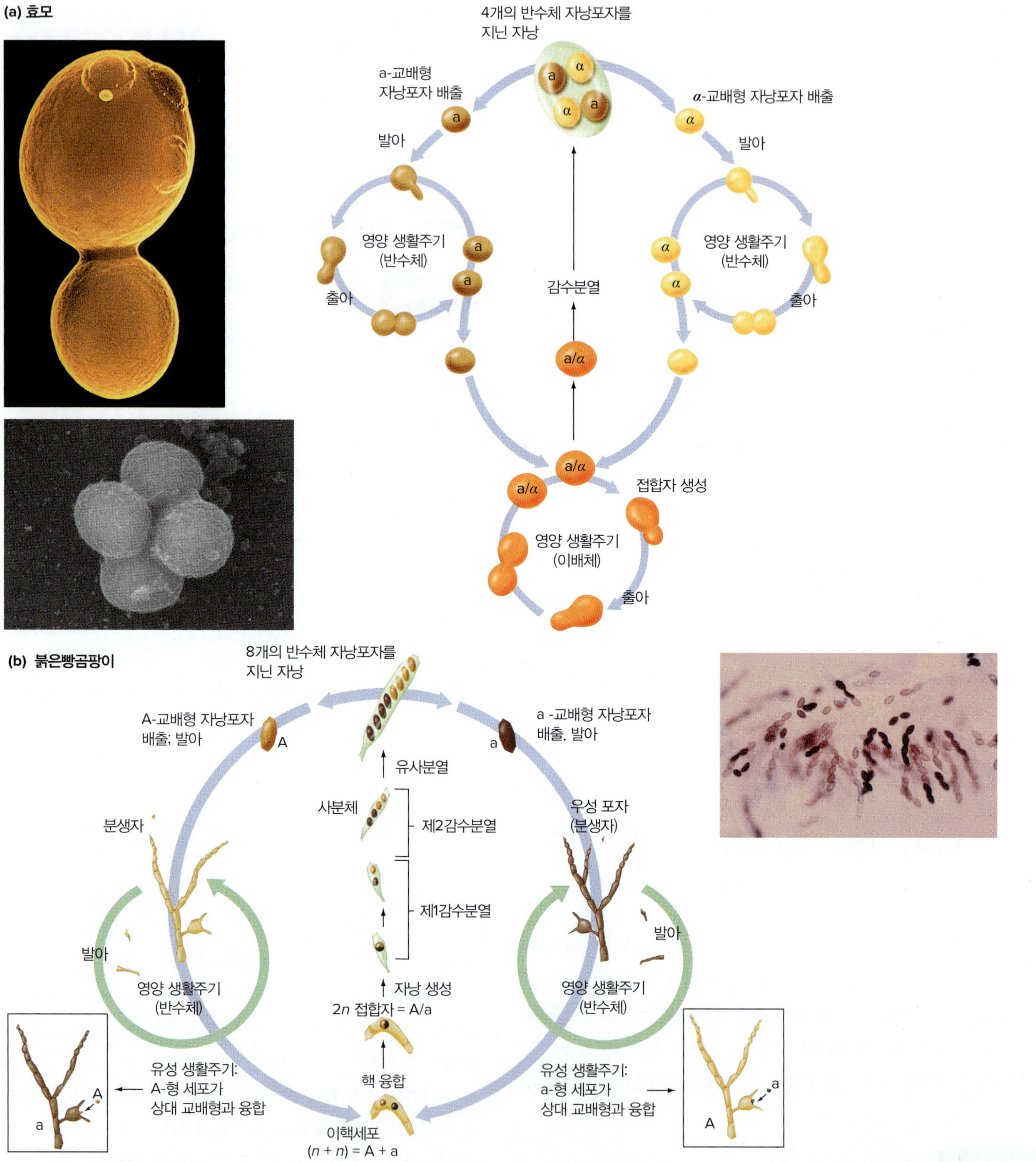

그림 5.19 효모와 붉은빵곰팡이의 생활주기. 효모나 붉은빵곰팡이는 모두 두 가지 교배형을 갖고 있고 서로 융합하여 이배체 세포를 형성하는데, 이들이 감수분열을 하게 된다. **(a)** 효모는 반수체나 이배체 어떤 것이라도 영양 성장을 할 수 있다. 이배체 세포에서 감수분열의 산물은 네 개의 반수체 자낭포자인데 이들은 정렬되지 않은 효모 자낭 내에 무작위적으로 배열된다. **(b)** 붉은빵곰팡이는 짧은 기간 동안만 이배체 상태를 유지한다. 붉은빵곰팡이에서는 감수분열 뒤에 유사분열이 뒤따르는데, 이로써 자낭 내에 8개의 반수체 자낭포자가 주어진다. 붉은빵곰팡이의 자낭 내의 포자는 정렬된 배열을 하는데, 이는 감수분열과 유사분열 방추체의 기하도형적 배열을 반영한다. 사진은 출아(유사분열로 분리)하는 효모세포(위)와 하나의 효모 사분체(아래)를 보여주고 있다. (a)의 효모 사분체는 붉은빵곰팡이의 자낭을 보여주는 사진(b)보다 훨씬 높은 배율이다.

Source: (a-top): ©J. Forsdyke/Gene Cox/SPL/Science; (a-bottom): ©Courtesy of Dr. Aaron Neiman, Stony Brook University; (b): (photo): ©Robert Knauft/Biology Pics/Science

romyces cerevisiae)인데, 각각의 감수분열로 네 개의 자낭포자를 만든다. 다른 하나는 붉은빵곰팡이(*Neurospora crassa*)인데, 이 곰팡이가 핀 빵은 먹을 수 없다. 역시 각각의 감수분열로 네 개의 자낭포자를 만드는데, 감수분열의 끝머리에 네 개의 반수체 자낭포자의 각각이 곧바로 한번의 유사분열을 하여 네 쌍인 모두 8개의 반수체 세포가 된다. 붉은빵곰팡이 자낭포자 각 쌍의 두 개 세포는 유사분열에 의해 생겼기 때문에 같은 유전자형을 지니고 있다.

효모와 붉은빵곰팡이의 반수체 세포는 모두 정상에서는 유사분열에 의한 영양생식(무성생식)을 한다. 그러나 반수체 세포들은 두 가지 교배형으로 되어 있기에 유성생식도 가능하며 상대 교배형끼리 접합하여 이배체 접합체가 형성되기도 한다(그림 5.19). 제빵용 효모에서 이들 이배체 세포들은 안정적이고 계속적인 유사분열 주기를 통해 번식할 수 있다. 필수영양소가 부족하거나 없어서 생기는 스트레스는 효모의 이배체 세포들로 하여금 감수분열을 하도록 유도한다. 이에 반하여 붉은빵곰팡이는 이배체 접합체가 곧바로 감수분열을 하여 이배체 시기는 단순히 일시적이다.

반수체인 효모나 곰팡이에서 돌연변이는 세포의 모양, 어떤 특정 조건에서 성장할 수 있는 능력 같은 것을 포함한 여러 가지 다른 형질에 영향을 끼친다. 예를 들면 *his4* 돌연변이 효모세포는 아미노산 히스티딘(his)이 없는 곳에서는 자랄 수 없는 반면에, *trp1* 돌연변이인 효모는 아미노산 트립토판(trp)이 외부에서 주어지지 않으면 자랄 수 없다. 효모의 연구를 주도한 유전학자들은 유전자를 표기하는 방식을 초파리나 생쥐에서 표기하는 방식과 약간 다르게 고안하였다. 그들은 대문자 *HIS4*를 우성 대립유전자로, 소문자 *his4*는 열성을 나타내는 데 사용하였다. 앞으로 논의할 대부분의 효모 유전자들에서 야생형 대립유전자는 우성으로 다른 표기약자인 '+'로 나타내기도 할 것이며, 열성 대립유전자의 기호는 소문자 약자 *his4*를 그대로 사용한다(이 책의 끝부분의 유전자 명명법을 위한 가이드라인 참조). 그러나 우성이나 열성은 이배체 효모세포에서만 사용되고 반수체 세포에서는 오직 하나의 대립유전자만 지니고 있다는 사실을 기억하라.

자낭은 한 번의 감수분열로 모두 네 개의 산물을 갖는다

하나의 자낭 내에 네 개의 자낭포자(또는 네 쌍의 자낭포자)들이 모여 있는 집단을 **사분체**(tetrad)라고 한다. 이것은 사분체란 술어의 두 번째 의미라는 것에 주목하라. 3장에서 나온 사분체는 2가염색체가 두 개로 된 네 개의 상동염색분체로 제1감수분열 전기와 중기 동안에 접합이 이루어지는 것이다. 여기서 사분체는 한 번의 감수분열로 만들어진 네 개의 산물이 자낭 내에 함께 같이 들어 있는 것을 말한다. 네 개의 염색분체도 이가염색체가 감수분열로 네 개의 산물이 된 것이기 때문에 사분체의 이 두 가지 의미는 거의 같다고 할 수 있다. 효모에서 각각의 사분체는 **정렬되지 않은**(unordered) 것으로, 다시 말하면 네 개의 감수분열 산물(포자)이 자낭 내에 무작위로 배치되어 있다. 붉은빵곰팡이에서 사분체 각각은 **정렬되어 있는**(ordered) 것으로 네 쌍인 8개의 단상포자가 일렬로 배열되어 있다.

지금까지 과학자들이 어떻게 단일 감수분열의 생성물에서의 유전자지도를 분석하는지 논의해보았다. 정렬되지 않은 사분체와 정렬된 사분체 모두를 분석하기 위하여 연구자들은 자낭에서 포자들을 꺼내 반수체 세포들을 적당한 조건에서 발아하도록 하고 그 결과 생긴 반수체 배양균들의 유전적 조성을 분석한다. 일례로 처음에는 효모 사분체에서 무작위로 배열된 포자를 분석해 보자. 그런 다음에 모델 생물체로 붉은빵곰팡이를 사용하여 정렬된 사분체의 미세분석으로부터 얻을 수 있는 부가적인 정보를 기술하도록 한다.

사분체는 양친형 이분자형(PD), 비양친형 이분자형(NPD), 사분자형(T)으로 특징지을 수 있다

두 개의 유전자 각각이 이형접합성인 이배체 효모세포가 감수분열을 하도록 유도되었을 때 이 유전자들이 같은 염색체 또는 다른 염색체에 있는지에 따라 세 종류의 사분체가 생길 수 있다. **그림 5.20**에 있는 상반되는 교배형과 교대되는 두 유전자의 대립유전자를 지닌 반수체 세포가 교배하여 *Aa Bb* 이배체를 만든 것을 생각하라. 한 가지 가능성은 만들어진 사분체 내에 있는 네 개의 포자가 모두 양친과 같은 모양의 대립유전자를 갖게 되는데, 이러한 사분체를 **양친형 이분자형**(parental ditype; PD)이라고 한다. 두 번째 종류의 사분체는 **비양친형 이분자형**(nonparental ditype; NPD)으로 각 형태가 두 개씩

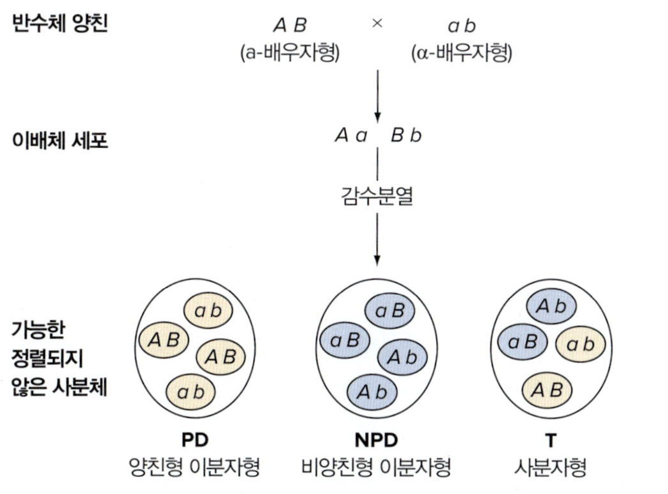

그림 5.20 양성잡종 효모의 감수분열로 생긴 세 가지 사분체형. 유전자 *A*와 *B*가 동일 염색체에 있든 없든 또는 연관 여부에 상관없이 세 가지 형태 모두가 만들어질 수 있다. 양친형 포자는 주황색이고 재조합형 포자는 파란색이다.

인 모두 네 개의 재조합형 포자를 지닌 것이다. 마지막으로 **사분자형**(tetratype; T) 사분체로 두 개의 재조합형(각 형태가 하나씩)과 두 개의 양친형(각 형태가 하나씩)인 네 가지 서로 다른 종류의 포자를 지니고 있다. 각 효모 자낭 내의 포자들은 어떤 특정 순서로 정렬되어 있지 않다(그림 5.20). PD, NPD, T와 같은 사분체의 분류는 단지 자낭 내에 있는 양친형 및 재조합형 포자의 수에 근거한 것이다.

재조합 빈도는 각 사분체의 수를 측정하여 결정될 수 있다

그림 5.20에 있는 두 개의 유전자 사이의 재조합 빈도(RF)를 결정하기 위하여 모든 포자 껍질이 열리도록 깨뜨려 포자들을 모으고, 이들 중에 어떤 것이 양친형이고 어떤 것이 재조합형인가를 결정하기 위하여 분석한다. 이 경우에 RF는 재조합 포자의 수를 포자의 총수(양친형 + 재조합형)로 나눈 것과 같다.

그 대신에 각 포자의 유전자형을 결정하고자 한다면 동일 자낭에서 나오는 포자가 어떤 것인지를 추적하고 사분체의 각 형태 PD, NPD, T로 계수하여야만 한다. 후자의 방법을 사용하면 재조합빈도는 단순히 NPD-형의 사분체(이 안의 모든 포자는 재조합체이다. 그림 5.20)의 수와 T-형 사분체 수의 절반(이 안의 포자의 절반이 재조합체이다. 그림 5.20)을 합한 수를 사분체 총수로 나눈 것이 된다.

$$RF = [NPD + 1/2(T)] / \text{사분체 총수}$$

어떤 방법을 사용하든지 동일한 RF 값을 계산해 낼 것이다. 그러나 사분체로 곰팡이 교배의 산물을 분석하는 것이 여러 가지 면에서 장점이 있다. 이들 중의 어떤 것은 기술적인데, 예를 들어 어떤 곰팡이의 사분체 분석에서 유전자와 동원체 사이의 거리를 결정할 수 있다. 그러나 더 중요한 것은 사분체 분석으로 감수분열 과정에 대해 보다 더 깊은 이해를 할 수 있게 된 것이다. 사분체 분석을 이해하는 최상의 방법은 양성교배에서 두 개의 유전자가 서로 다른 염색체상에 있거나 동일 염색체상에 있을 때 어떻게 서로 다른 사분체형이 만들어지는지 조사하는 것이다.

다른 염색체에 있어 연관되지 않은 유전자: PDs = NPDs

이배체 효모세포에서 서로 다른 염색체에 놓여 있는 두 개의 유전자가 이형접합성일 때 감수분열의 결과 어떤 종류의 사분체가 생기겠는가? 교배형이 a이고 *his4* 돌연변이와 *TRP1* 유전자의 야생형 대립유전자를 지닌 효모의 반수체 균주와 반대되는 교배형인 α이고 유전자형이 *HIS4 trp1*인 균주 사이에서 교배가 이루어졌다고 가정하자. 그 결과 생긴 a/α 이배체 세포는 **그림 5.21a**에서 보이는 바와 같이 *his4/HIS4*; *trp1/TRP1*이다(세미콜론은 비상동염색체의 유전자를 구분하는 것이다).

세 가지 서로 다른 형태의 감수분열이 생길 수 있고, 그들 각각은 서로 다른 사분체를 만든다. PD 사분체는 제1감수분열 동안에 상동염색체의 두 가지 무작위적 배치 중의 하나로부터 기인할 것이다(**그림 5.21b**). 동등하게 유사하며 대체 가능한 염색체 배열이 NPD 사분체를 만든다(**그림 5.21c**). T-형 사분체는 유전자들 중의 하나와 그들이 있는 염색체의 동원체 사이에서 이루어진 교차로부터 만들어진다(**그림 5.21d**).

이런 결과는 사분체에 대한 두 가지 중요한 사실을 나타낸다. 첫째는 감수분열의 (b)와 (c) 사건은 동등하게 유사하기 때문에 두 개의 유전자가 다른 염색체에 놓여 있을 때, PD의 수는 NPD의 수와 같을 것이다. T의 생산은 PD와 NPD의 균등에 영향을 끼치지 않는데, T가 종종 PD와 NPD 두 가지의 감소된 생산과 같은 정도로 만들어지기 때문이다.

둘째는 다른 염색체에 있는 유전자들의 대립유전자들에서도 기대되듯이 RF = 50%이다. 모든 포자가 양친형인 PD의 수는 모든 포자가 재조합형인 NPD의 수와 같다. 단지 다른 사분체인 T는 절반이 재조합형이고 절반이 양친형으로 되어 있다.

그림 5.21e는 *his4/HIS4*; *trp1/TRP1* 이배체로 행한 실험에서 얻은 자료를 나타낸 것이다(PD, NPD, T로 표지된 세로 열은 사분체를 나타내는 것이지 개개의 반수체 세포를 나타낸 것은 아니라는 것을 유념하라.) 이 결과로부터 PD와 NPD의 수가 거의 같다는 것을 알 수 있다. 카이 제곱 분석은 이 실험에서 PD = NPD라는 가설로부터 이 결과가 유의성 있게 다르지 않다는 것을 보여준다.

연관된 유전자: PDs ≫ NPDs

이중 이형접합성 이배체 효모세포에서 만약 두 개의 유전자가 서로 다른 염색체에 놓여 있다면(연관되지 않고) PD 사분체의 수가 NPD 사분체의 수와 거의 비슷하다는 것을 앞에서 방금 보았다. 이는 연관된 유전자의 경우에서는 결과가 그렇지 않을 것이다. 연관된 유전자의 양성잡종을 하는 효모가 발아(감수분열을 시작)하면 PD의 수가 NPD의 수를 훨씬 초과하여 만들어진다. 연관된 유전자들을 포함한 실제 교배를 분석함으로써 감수분열 동안에 일어나는 사건을 어떻게 설명해야 하는지를 알 수 있다.

*arg3*와 *ura2* 돌연변이를 지닌 반수체 효모 균주를 야생형 *ARG3 URA2* 반수체 균주와 교배하였다. 그 결과로 생긴 이배체를 발아시켰을 때 **그림 5.22**에서 보는 바와 같은 분포를 지닌 200개의 사분체가 만들어졌다. 보는 바와 같이 127개의 PD 사분체가 3개의 NPD 사분체보다 훨씬 수가 많았는데, 이는 두 개의 유전자가 연관되어 있

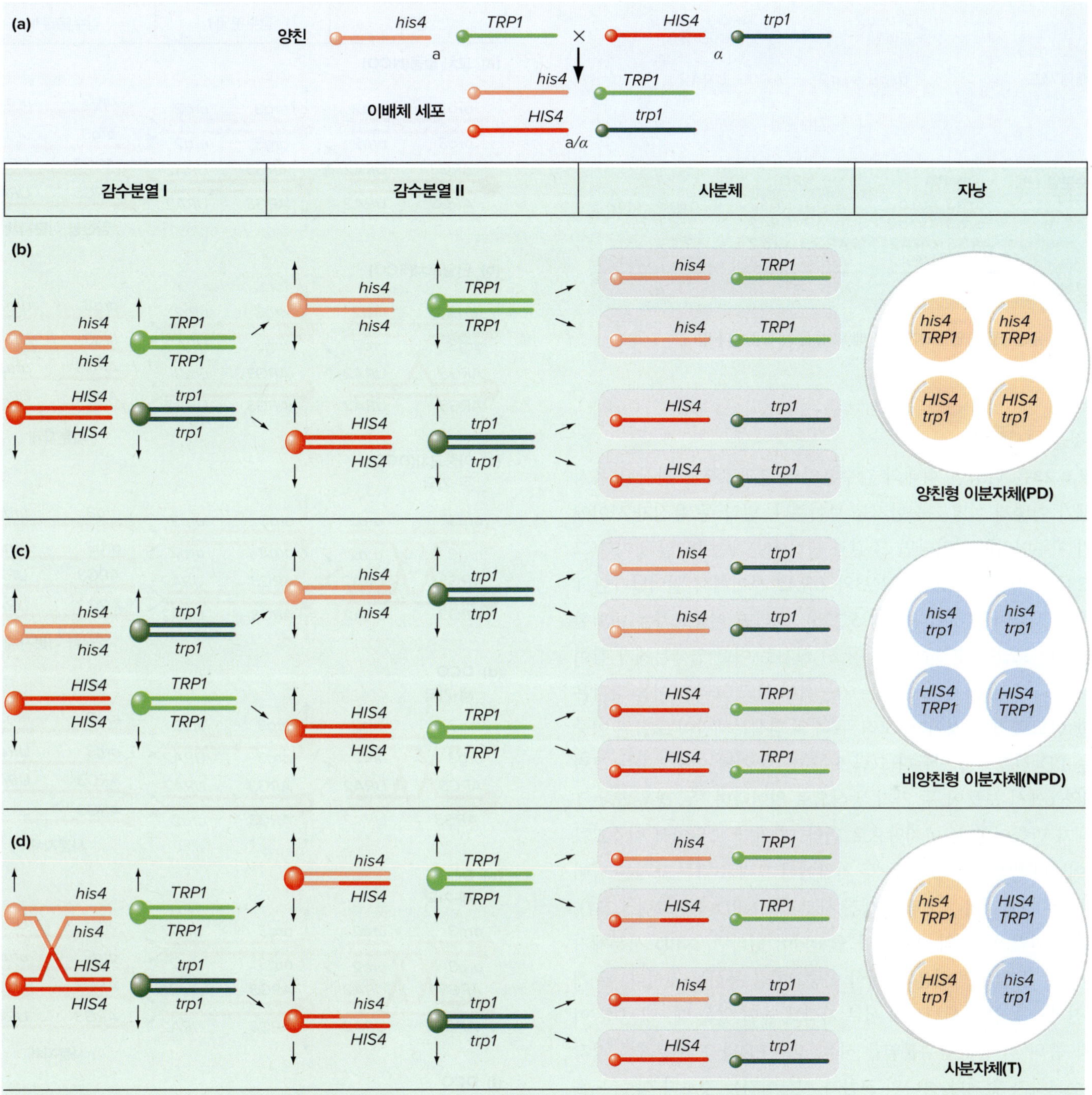

	PD		NPD		T	
	HIS4	*trp1*	*his4*	*trp1*	*his4*	*trp1*
	HIS4	*trp1*	*his4*	*trp1*	*his4*	*TRP1*
	his4	*TRP1*	*HIS4*	*TRP1*	*HIS4*	*trp1*
	his4	*TRP1*	*HIS4*	*TRP1*	*HIS4*	*TRP1*
사분체의 수	31		28		41	

그림 5.21 두 개의 유전자가 서로 다른 염색체에 놓여 있을 때 감수분열이 어떻게 세 종류의 사분체를 만들 수 있는가. **(a)** 양친형 교배. **(b)**와 **(c)** 재조합이 없는 경우, 두 쌍의 염색체의 두 개의 동일하게 양자택일된 배열은 PD나 NPD 사분체를 만든다. **(d)**에서처럼 T 사분체는 어떤 유전자라도 동원체에 대응하여 재조합을 할 때에만 만들어진다. **(e)**는 숫자적 자료를 보여주는데, 두 개의 유전자가 연관되어 있지 않으면 PD 사분체 수가 NPD 사분체의 수와 거의 비슷하다(≈)는 것을 보여준다.

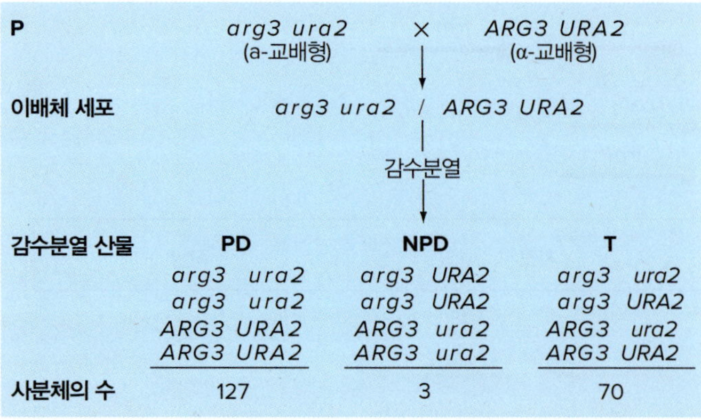

그림 5.22 유전자들이 연관되어 있을 때 PD들은 NPD들보다 많다.

다는 것을 제시한다.

그림 5.23은 다양한 형태의 감수분열의 결과로부터 관찰된 특정 사분체가 어떻게 설명 가능한지를 보여준다. 만약 두 유전자 사이에 교차가 이루어지지 않았다면 그 결과 생긴 사분체는 PD일 것이다(그림 5.23a). 하나의 교차가 *ARG3*와 *URA2* 사이에서 일어났다면 T 사분체가 만들어질 것이다(그림 5.23b). 그러면 이중교차는 어떠한가? 앞에서 보았듯이(그림 5.10 참조) 실제로 어떤 염색분체가 참여하는가에 따라 네 가지 서로 다른 가능성이 있고 그리고 이들 각각은 동일한 빈도로 생길 것이다. 오직 두 개의 염색분체만이 포함된 이중교차는 PD 사분체를 만든다(그림 5.23c). 세 가닥 이중교차는 그림 5.23d와 e에서 보듯이 두 가지 방식으로 일어나며, 두 경우 모두 T 사분체가 만들어진다. 마지막으로 만약 네 가닥 모두에서 이중교차가 일어난다면(한 번의 교차는 두 가닥에서 그리고 다른 교차는 나머지 다른 두 가닥에서), 그 결과 생긴 사분체는 NPD이다(그림 5.23f). 그러므로 만약 두 개의 유전자가 연관되어 있다면, NPD 사분체가 만들어지는 유일한 방식은 네 가닥 이중교차를 통하는 것이다. 두 개의 유전자가 동일 염색체상에 서로 가깝게 놓여 있을 때, 네 종류 이중교차 중의 하나로 감수분열을 하는 것은 PD나 T 사분체를 각각 만드는 교차가 없거나 하나의 교차가 이루어지는 것보다 아주 드물게 일어난다. 이것이 두 개의 유전자가 연관되어 있다면 왜 PD가 NPD보다 엄청나게 많이 만들어지는가에 대한 설명이 된다.

RF = [NPD + (1/2)T] / 사분체 총수란 방정식을 사용하여 그림 5.22에 있는 자료로부터 RF를 계산하면

$$RF = [3 + (1/2)70] / 200 \times 100 = 19 \text{ m.u.}$$

을 얻게 된다.

그러나 그림 5.23의 관찰은 RF에 대한 이 방정식이 두 유전자가 충분히 떨어져 있어 DCO가 일어날 때(NPD가 생김), 실제 교차가

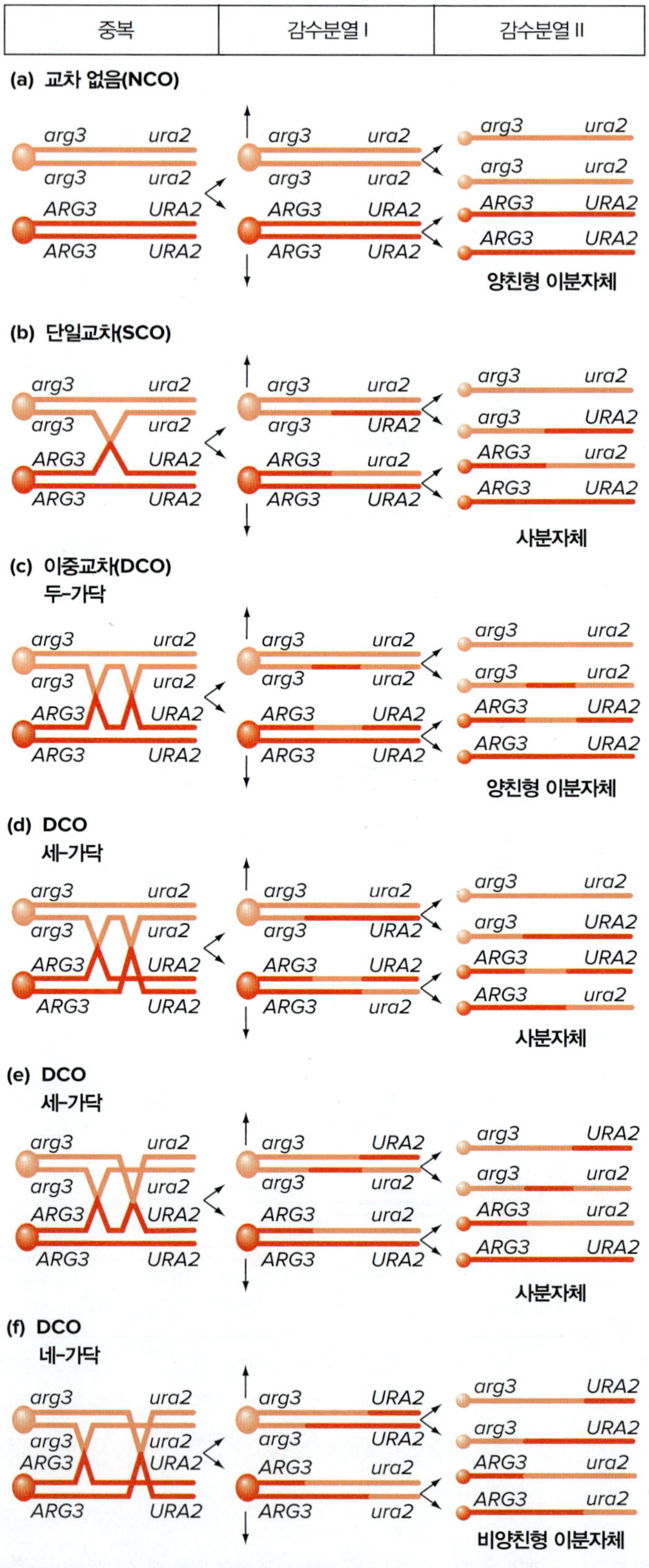

그림 5.23 연관된 유전자 사이의 교차가 어떻게 서로 다른 사분체를 생기게 하는가. **(a)** PD들은 교차가 없을 때 생긴다. **(b)** 두 유전자 사이의 하나의 교차는 사분자형을 만든다. **(c)~(f)** 연관된 유전자들 사이에서의 이중교차는 PD, T 혹은 NPD 사분체를 만드는 데 어떤 염색분체가 교차에 참여하는가에 따른다.

일어나는 수를 정확하게 반영하지 않았다는 것을 보여준다. 예를 들면, 이 방정식은 PD를 계산하지 않았고 이들 중 약간은 DCO 감수분열로부터 만들어지는 것이다. 이 장의 연습문제 23번은 RF에 대한 수정된 방정식을 이끌어내는 데 도움을 준다. 수정된 RF 방정식은 PD ≫ NPD이고, 그러나 NPD가 0보다 아주 클 경우 교배에서 생기는 사분체에 기여하는 모든 DCO 감수분열을 고려한 것이다.

한 염색체에 멀리 떨어져 있는 두 개의 유전자: PDs = NPDs

총괄적으로 본 연관 분석에서처럼 사분체 분석에서도 두 개의 유전자가 동일 염색체상에 있지만 아주 멀리 떨어져 있어 마치 이들이 서로 다른 염색체상에 있는 두 개의 유전자처럼 서로 구분할 수 없다. 두 경우에 모두 PD = NPD이다. 만약 두 개의 유전자가 염색체상에 아주 멀리 떨어져 있다면, 매번 감수분열마다 이들 사이에 적어도 한 번의 교차가 생긴다. 이런 상황에서 감수분열이 없는 것이 NCO이고, 모든 NPD 사분체들과 마찬가지로 모든 PD 사분체들은 동일하게 자주 일어나는 종류인 DCO로부터 나온다(그림 5.23의 c와 f 경우). 그러므로 두 개의 유전자들이 독립적 분리되는지의 여부에 대해, 이들이 서로 다른 염색체상에 놓여 있거나 이들이 동일 염색체상에 아주 멀리 떨어져 있기 때문이므로 최종 결과는 같다(PD = NPD, RF = 50%).

정렬된 사분체는 동원체와 관계하여 유전자의 자리매김을 돕는다

붉은빵곰팡이가 만드는 정렬된 사분체의 분석은 염색체의 동원체와 관련된 다른 유전적 표식자를 지도작성하게 한다. 그러나 이런 정보는 정렬되지 않은 효모 사분체에서는 정상적으로 이용할 수 없다. 앞에서 언급한 바와 같이 서로 다른 교배형의 특화된 반수체 붉은빵곰팡이 세포들은 수정 시에 융합하고 곧바로 이배체 배우자는 좁은 자낭의 제한된 구역 안에서 감수분열을 수행한다(그림 5.19b 참조). 감수분열이 끝날 때에 네 개의 반수체 감수분열 산물의 각각은 다시 한 번 더 유사분열을 하여 8개의 반수체 자낭포자인 **팔분체**(octad)가 만들어진다. 이 시점에서 자낭을 해부하면 8개의 반수체 세포 각각의 표현형을 알아볼 수 있다.

자낭의 절단면 직경이 아주 작아 세포들이 서로를 넘어 지나갈 수 없다. 더욱이 수정 후 각 분열 동안에 방추사인 미세소관 섬유가 자낭의 기다란 축에 나란한 중심체로부터 바깥쪽으로 뻗어나간다(**그림 5.24**). 이런 사실은 두 가지 중요한 파급효과를 가져온다. 하나는 감수분열의 네 개 산물이 각각 유사분열로 한 번 더 분열을 하여 유전적으로 동일한 두 개의 세포가 서로 인접하여 놓여 있는 결과를 가져온다. 이런 특색 때문에 자낭 끝의 어느 한 쪽에서 시작해도 팔분체의 자낭포자를 네 개의 세포 쌍으로 생각하여 결국은 사분체로 분석할 수 있다. 다른 하나는 자낭 내의 네 쌍의 자낭포자의 정확한 위치 결정으로부터 두 번의 감수분열 동안에 각 상동염색체 쌍의 네 개의 염색분체의 배열을 추측할 수 있다.

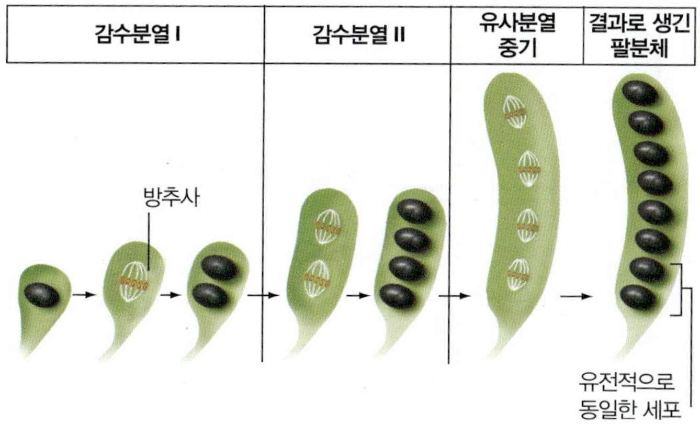

그림 5.24 정렬된 사분체는 어떻게 형성되는가. 자라고 있는 붉은빵곰팡이 자낭의 기다란 축에 평행으로 방추체가 형성되고 세포는 서로 주위로 미끄러져 들어갈 수 없다. 그러므로 자낭포자의 순서는 감수분열 방추체의 기하도형적 배열을 반영한다. 감수분열 후에 각 반수체 세포는 한 번의 유사분열을 하여 8-세포 자낭(팔분체)을 만든다. 팔분체는 네 쌍의 세포로 구성되어 있는데, 각 쌍의 두 개의 세포는 유전적으로 동일하다.

자낭포자의 기하도형 배열이 유전에 미치는 결과를 이해하기 위하여, 한 유전자의 두 개의 대립유전자의 분리로부터 어떤 종류의 사분체를 기대할 수 있는지 고려하는 것이 도움이 된다(뒤따를 논의에서 붉은빵곰팡이 유전학자들이 초파리 연구자들과 마찬가지의 기호로 대립유전자를 표기하고 있음을 보게 될 것이다. 보다 상세한 명명에 관련된 안내는 유전자 명명법 가이드라인 참조). 돌연변이체인 흰-포자(*white-spore*) 대립유전자(*ws*)는 야생형인 검은색의 자낭포자의 색깔이 흰색으로 바뀐 것이다. 재조합이 없을 때에는 두 개의 대립유전자(ws^+와 *ws*)가 첫 번째 감수분열 시에 서로 분리되는데, 이는 그들을 붙잡고 있던 동원체가 이 시기에 분리되기 때문이다. 두 번째 감수분열과 계속된 유사분열이 위로부터 네 개의 자낭포자는 한 유전자형(예를 들면 ws^+)을 그리고 밑의 네 개는 다른 유전자형(*ws*)을 지닌 자낭을 만든다. 위의 네 개가 ws^+이고 아래가 *ws*인지 혹은 그 반대인지의 여부는 발달하는 자낭의 기다란 축에 상대적인 그 유전자를 지닌 상동체의 중기 I 때의 무작위적인 방향에 따른다.

그러므로 제1감수분열에서 한 유전자의 두 개 대립유전자의 분리는 자낭에 의해 나타내지는데, 이는 두 개의 대립유전자를 지닌 반수체 산물인 팔분체의 네 번째와 다섯 번째 자낭포자 사이에 그려진 가상의 선에 의해 깔끔하게 분리된다. 이처럼 보이는 자낭을 **1분열 분리형**[first-division(MI) segregation pattern]이라고 한다(**그림 5.25a**).

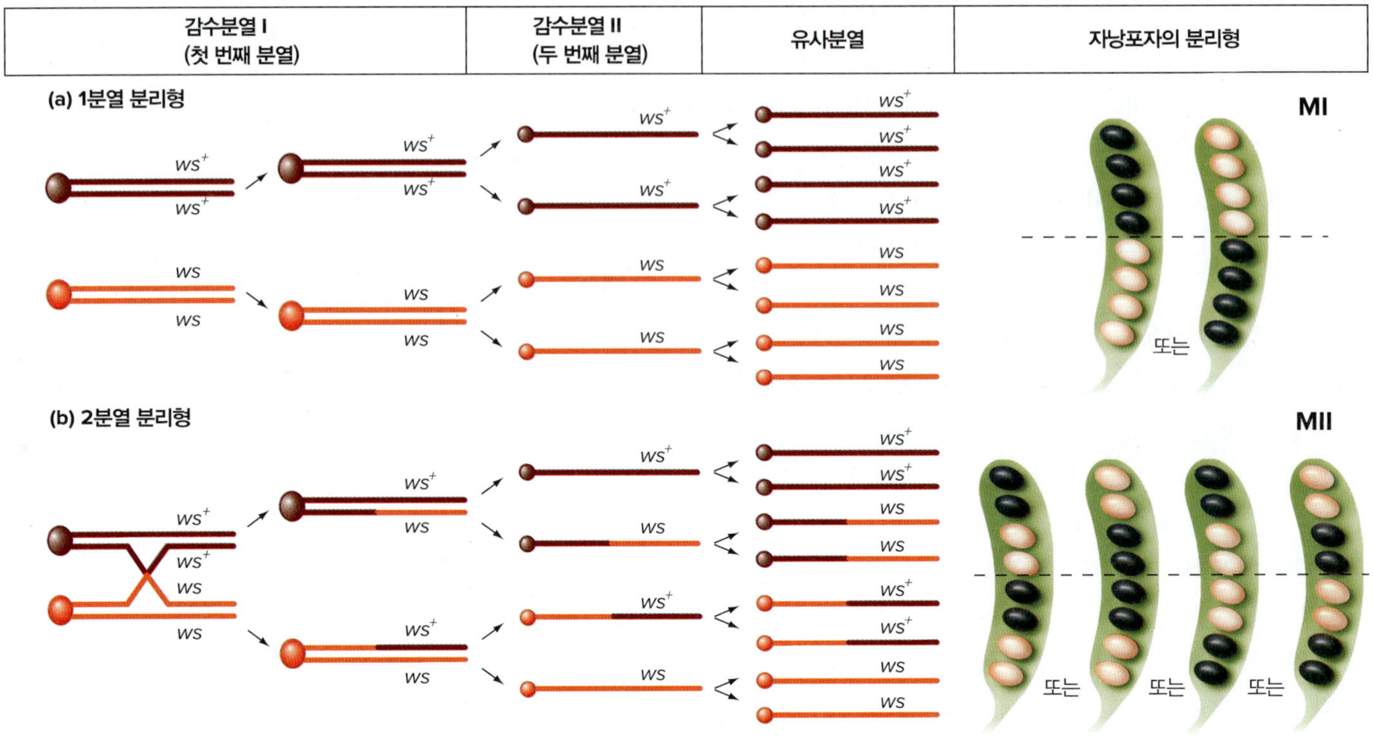

그림 5.25 정렬된 사분체는 어떻게 형성되는가. (a) 한 유전자와 그것의 동원체 사이에서 교차가 없을 경우에 유전자의 두 개의 대립유전자는 제1감수분열에서 분리될 것이다. 그 결과는 1분열 분리형으로 각각의 대립유전자는 자낭의 중앙에 가상의 선을 그었을 때 오직 한쪽에만 놓여 있는 포자들로 보여준다. **(b)** 유전자와 동원체 사이에서의 교차는 중앙선의 같은 쪽에 두 개의 대립유전자가 모두 보이는 2분열 분리형을 만든다.

제1감수분열 시기에 흰색-포자 유전자와 그것이 놓여 있는 염색체의 동원체 사이에서 교차가 일어나는 이형접합자를 가정하자. **그림 5.25b**에서 보여주는 바와 같이 이것은 동일한 네 가지 가능한 자낭포자의 배열을 이루게 하는데, 그 각각은 두 번의 감수분열 동안에 네 개의 염색분체의 특정 방향에 의존한다. 이 네 가지 모든 경우에 ws^+와 *ws* 포자들은 네 번째와 다섯 번째 자낭포자 사이에 그려진 가상의 선 양쪽에서 보이는데, 이는 오직 한 종류의 대립유전자를 지닌 세포들이 제2감수분열의 끝까지 생기지 않기 때문이다. 포자의 이런 배치를 지닌 팔분체를 나타내는 것을 **2분열 분리형**[second-division (MII) segregation pattern]이라고 한다.

MII 분리형은 유전자와 동원체 사이의 교차가 일어나게 하는 감수분열의 결과이기 때문에 이런 형을 지닌 자낭의 상대적인 수는 유전자 ↔ 동원체 사이의 거리를 결정하는 데 사용될 수 있다. MII 분리를 보이는 자낭에서 자낭포자의 절반은 교환된 부분을 갖는 염색분체로부터 왔고, 나머지 절반은 재조합을 하게 하는 교차가 이루어지지 않은 염색분체로부터 왔다(그림 5.25b). 그러므로 유전자와 동원체 사이의 거리를 측정하기 위해서는 단순히 MII 팔분체의 백분율을 2로 나누면 된다.

$$\text{유전자} \leftrightarrow \text{동원체 사이 거리} = \frac{(1/2)\ \text{MII}}{\text{사분체 총 수}} \times 100$$

사분체 분석: 숫자적 예

어떤 실험에서 붉은빵곰팡이 야생형 균주 $thr^+\ arg^+$를 이중돌연변이체 *thr arg*와 교배하였다. *thr* 돌연변이체는 아미노산 트레오닌이 없는 배지에서는 자랄 수 없고, *arg* 돌연변이체는 아미노산 아르기닌이 없으면 자랄 수 없는데, 이 두 유전자의 야생형 대립유전자를 지닌 세포는 이 두 가지 아미노산을 지니고 있지 않은 배지에서도 자랄 수 있다. 이 교배에서 105개의 팔분체(여기에서는 사분체로 간주)를 얻었다. 이들 사분체는 **그림 5.26a**에서 보여주는 바와 같이 일곱 가지 서로 다른 그룹(A, B, C, D, E, F, G)으로 분류하였다. 이제 두 유전자들의 각각으로부터 그 유전자와 그 유전자가 놓여 있는 염색체의 동원체 사이의 거리를 알아낼 수 있다.

thr 유전자부터 이 작업을 위해 우선 이 유전자의 MII 분리형을 지닌 사분체의 수를 계산해 보자. 사분체의 가운데에 가상의 선을 긋고 조사해 보면 B, D, E와 G 그룹들이 *thr*의 MII 분리형이고 나머지들은 MI 분리형임을 보여준다. 그러므로 동원체 ↔ *thr* 사이의 거리는

(a) 붉은빵곰팡이의 교배

사분체 그룹	A	B	C	D	E	F	G
분리형	$thr\ arg$ $thr\ arg$ • • • • thr^+arg^+ thr^+arg^+	$thr\ arg$ thr^+arg • • • • thr^+arg^+ $thr\ arg^+$	$thr\ arg$ $thr\ arg^+$ • • • • thr^+arg thr^+arg^+	$thr\ arg^+$ thr^+arg • • • • thr^+arg^+ $thr\ arg$	$thr\ arg^+$ thr^+arg • • • • thr^+arg $thr\ arg^+$	$thr\ arg^+$ $thr\ arg^+$ • • • • thr^+arg thr^+arg	$thr\ arg$ thr^+arg^+ • • • • thr^+arg^+ $thr\ arg$
그룹의 총계	72	16	11	2	2	1	1

(b) 상응하는 유전자지도

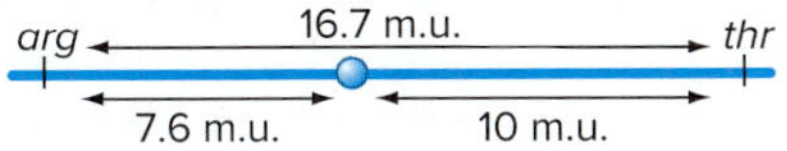

그림 5.26 정렬된 사분체 분석에 의한 유전자지도 작성의 예. (a) 정렬된 사분체 분석에서 PD, NPD 혹은 T로서뿐 아니라 그들이 첫 번째 분열 혹은 두 번째 분열 분리 패턴을 보여주느냐의 여부에 따라서 사분체의 종류가 정의된다. 이 표에서 각각의 기재 사항은 붉은빵곰팡이의 팔분체에서의 인접된 동일 포자의 쌍을 나타낸다. 붉은색 점 표시는 자낭의 중앙을 나타낸다. **(b)** (a)의 자료로부터 얻어진 유전자지도. 정렬된 사분체 분석은 유전자들 사이의 거리뿐 아니라 동원체의 위치도 결정해 준다.

$$\text{MII 분리형의 백분율의 절반} = \frac{(1/2)(16 + 2 + 2 + 1)}{105} \times 100 = 10\ \text{m.u.}$$

마찬가지로 MII 분리의 *arg* 유전자의 사분체는 C, D, E, G그룹으로, *arg*와 동원체 사이의 거리는

$$\frac{(1/2)(11 + 2 + 2 + 1)}{105} \times 100 = 7.6\ \text{m.u.}$$

*thr*과 *arg* 유전자들이 연관되어 있는지의 여부를 확인하기 위하여, 이 일곱 가지의 사분체 그룹을 다른 방식으로 평가할 필요가 있다. 만약 그 그룹 내의 사분체가 PD, NPD 혹은 T인지를 알기 위하여 두 유전자들의 대립유전자의 조합을 살펴보아야 한다. 그런 후에 PD ≫ NPD 인지를 물어볼 수 있다. 다시 한 번 그림 5.26a를 참조하면 그룹 A와 G는 모든 자낭포자가 양친형 조합을 보여주고 있기 때문에 PD이고, 반면에 그룹 E와 F는 네 개의 재조합 포자를 지니고 있기에 NPD이다. 그러므로 PD는 72 + 1 = 73이고, NPD는 1 + 2 = 3이다. 이 자료로부터 두 유전자는 연관되어 있다고 결론을 내릴 수 있다.

*thr*과 *arg* 사이의 지도 거리는 얼마인가? 이 계산을 위해 T와 NPD 사분체의 숫자를 알아야만 한다. 사분자체(T)는 그룹 B, C, D에서 볼 수 있고, 이미 알고 있는 바와 같이 그룹 E와 F는 NPD이다. 앞의 효모에서 이미 사용했던 바와 같이 지도 거리를 위한 방정식을 그대로 사용하면,

$$\text{RF} = \frac{\text{NPD} + (1/2)\text{T}}{\text{사분체 총 수}} \times 100$$

$$\text{RF} = \frac{3 + (1/2)(16 + 11 + 2)}{105} \times 100 = 16.7\ \text{m.u.}$$

*thr*과 *arg* 사이의 거리는 동원체로부터 각 유전자가 떨어져 있는 거리보다 훨씬 크므로 동원체는 *thr*과 *arg* 사이에 **그림 5.26b**의 지도와 같이 놓여 있어야만 한다. 위 방정식에 의해 산출된 두 유전자 사이의 거리 16.7 m.u.는 두 유전자 ↔ 동원체 사이의 거리의 합 (10.0 + 7.6 = 17.6 m.u.)보다 작은데, 이는 이 방정식에 모든 이중교차를 산정하지 않았기 때문이다. 항상 그렇지만 보다 짧은 간격들을 더하면서 지도 위치를 산정하는 것이 가장 정확한 유전지도를 만든다. 이 예에서 유전자 ↔ 동원체 사이의 거리가 보다 짧다. 그러므로 *thr*/*arg* 사이 거리 산출보다 더 정확하다.

표 5.3은 정렬되어 있는 사분체와 정렬되지 않은 사분체를 만드는 균류에서 유전자지도 작성 과정을 요약해 놓은 것이다.

표 5.3 사분체 분석의 규칙

정렬된 사분체와 정렬되지 않은 사분체에 대해서

한 번에 유전자 두 개를 생각하고, 사분체를 PD, NPD, T라고 하면

만약 PD ≫ NPD이면, 두 유전자는 연관되어 있다.

만약 PD ≈ NPD이면, 두 유전자는 독립적 분리한다(이들은 비연관이다).

만약 두 유전자가 연관되어 있을 때 이들 사이의 지도 거리

$$= \frac{\text{NPD} + (1/2)\text{T}}{\text{사분체의 총 수}} \times 100$$

오직 정렬된 사분체에 대해서

유전자와 동원체 사이의 지도 거리

$$= \frac{(1/2)\ \text{MII}}{\text{사분체의 총 수}} \times 100$$

핵심 개념 5.5

- 사분체는 균류에서 단 한 번의 감수분열에 의해 생기는 자낭 내에 있는 네 개의 반수체 포자의 그룹이다.
- 양친형 이분자형(PD)에는 사분체가 네 개의 양친형 포자를 지니고 있고, 비양친형 이분자형(NPD)에는 사분체가 네 개의 재조합형 포자를 포함하고 있으며, 사분자형(T)에는 자낭에 두 개의 다른 양친형 포자와 두 개의 재조합형 포자를 포함한다.
- 양성잡종에서 포자를 형성할 때, 만약 PD 사분체가 NPD 사분체와 같다면 이 유전자들은 연관되어 있지 않다. PD가 NPD보다 월등히 많을 경우에는 유전자들이 연관되어 있다.
- 정렬되지 않은 사분체의 분석은 연관된 유전자와 그들 사이의 지도 거리를 나타낸다. 정렬된 사분체의 분석은 더 나아가 유전자와 그 유전자를 지닌 염색체의 동원체 간의 거리를 결정하게 한다.

5.6 유사분열 재조합과 유전적 모자이크

학습 목표

1. 유사분열 재조합이 어떻게 쌍점이라 하는 모자이크 상태로 이어지게 하는지를 설명한다.
2. 효모에서 섹터 군락과 이들이 유사분열 재조합을 평가하는 데 중요함을 기술한다.

유전물질의 재조합은 감수분열의 결정적인 특색이다. 그러므로 진핵생물이 감수분열 재조합을 시도하도록 특화된(6장 참조) 다양한 효소를 발현하는 것은 놀랄만한 일이 아니다. 재조합은 또한 유사분열 동안에도 일어난다. 그러나 감수분열 시에 일어나는 일과는 달리 유사분열 교차는 잘 정의된 세포 내의 프로그램에 의해 이루어진다고 보기보다는 염색체 복제 시의 잘못이나 DNA 분자를 깨져버리게 하는 방사선에 노출되는 것과 같은 우연한 일에 의해 시작된다.

이렇기 때문에 유사분열 재조합은 1백만 체세포 분열에서 하나 정도 일어나는 아주 드문 일이다. 그럼에도 불구하고 효모세포의 콜로니 성장이나 더 복잡한 다세포 생물체의 발달은 아주 많은 세포분열을 포함하기 때문에 유전학자들은 이런 드문 유사분열의 사건을 일상적으로 검출할 수 있다.

'쌍점'은 유사분열 재조합에 의한 모자이크를 나타낸다

1936년 초파리 유전학자인 스턴은 초파리에서 **쌍점**을 관찰하고 유사분열 재조합의 존재를 추론하였다. **쌍점**(twin spots)이란 조직 중에 인접해 있는 섬처럼 이들은 서로가 다르고 그를 둘러 싼 조직과도 다르다. 이렇게 구별이 분명한 작은 조각은 일반적으로 우성 표현형으로 나타나는 이형접합성의 세포 집단 가운데에서 열성 표현형을 지닌 동형접합성의 세포가 자람으로써 나타난 것이다. 초파리에서 노란색(*yellow*, *y*) 돌연변이는 몸 색을 정상 갈색에서 노란색으로 변하게 한 것이고, 반면에 그을음 강모(*singed bristles*, *sn*) 돌연변이는 길고 곧바른 강모에서 짧고 구부러진 강모로 변하게 한 것이다. 이들 유전자는 모두 X-연관이다.

스턴은 실험에서 $y\ sn^+/y^+\ sn$ 유전자형의 초파리 암컷을 조사하였다. 일반적으로 이런 이중 이형접합자의 외형은 야생형이다. 그렇지만 스턴은 약간의 초파리들에서 노란색 몸 색깔의 작은 구획을 보았고, 어떤 것들은 작은 구역에 그을음 강모를 가졌으며, 간혹 쌍점이라고 하는 노란색 몸 색깔 구역 인근에 그을음 강모가 같이 있는

그림 5.27 쌍점: 일종의 유전적 모자이크 형태. $y\ sn^+/y^+\ sn$ 초파리 암컷에서 몸의 대부분은 야생형인데 노란색이나 그을음(singed) 형태의 강모를 보여주는 잘못된 작은 구역이 때때로 나타난다. 어떤 경우에는 노란색과 그을음 작은 구역이 서로 인접해 있어 이런 구조를 쌍점(twin spots)이라 한다.

것들을 보고하였다(**그림 5.27**). 그는 초파리가 발달하면서 유사분열에서 잘못이 생겨 이런 서로 다른 유전자형을 지닌 조직을 포함한 **모자이크**(mosaic) 동물이 되었다고 가정했다. 각각의 노란 혹은 그을음 구역은 염색체 손상 또는 유사분열 시에 생긴 비분리현상에 의해서도 생길 수 있다. 유사분열에서의 이런 잘못은 오직 *y*(y^+가 아닌) 또는 *sn*(sn^+가 아닌) 대립유전자만을 지닌 XO 세포를 만들 수 있게 되며, 이런 세포는 열성표현형의 하나를 보일 수 있다.

쌍점은 서로 다른 기원을 가져야만 한다. 스턴은 이들은 *sn* 유전자와 동원체 사이에서 유사분열 교차의 상반되는 산물을 나타낸다고 생각했다. 그 메커니즘은 다음과 같다. 이 배체 세포에서 유사분열을 하는 동안에 염색체 복제가 이루어지고 난 후에 상동염색체가 아주 드물지만 서로 간에 접합이 이루어진다. 염색체가 짝을 이루는 동안 비자매염색분체는 교차에 의해 일부분을 교환할 수 있다. 이와 같은 접합은 일시적인 것으로 상동염색체는 곧바로 유사분열의 중기판 위의 독자적인 위치로 되돌아간다. 거기에서 두 개의 염색체는 서로가 반대되게 두 가지 방식으로 늘어설 수 있다(**그림 5.28a**). 이런 방향 중의 하나는 두 개의 유전자 모두가 이형접합성으로 남아 있어 그 결과 주위의 야생형 세포와 서로 식별할 수 없는 두 개의 딸세포를 만든다. 그러나 이와 다른 한 방향은 하나는 $y\ sn^+/y\ sn^+$이고, 다른 하나는 $y^+sn/y^+\ sn$인 두 개의 동형접합성 딸세포를 만든다. 두 개의 딸세포는 서로 인접해 놓여 있기 때문에 계속된 유사분열은 인접한 구역에 *y*와 *sn* 조직(쌍점)을 만든다. 만약 교차가 *sn*과 *y* 사이에서 일어나면 노란색 조직을 하나의 반점만 생기고 상대적인 그을음 반점은 이 방식에서 생기지 않는다(**그림 5.28b**).

효모 콜로니의 섹터는 유사분열 재조합에 의해 생길 수 있다

하나 또는 그 이상의 유전자에 대해 이형접합성인 이배체 효모세포는 성장하여 콜로니를 만드는데, 콜로니의 한 부분이 나머지 다른 부

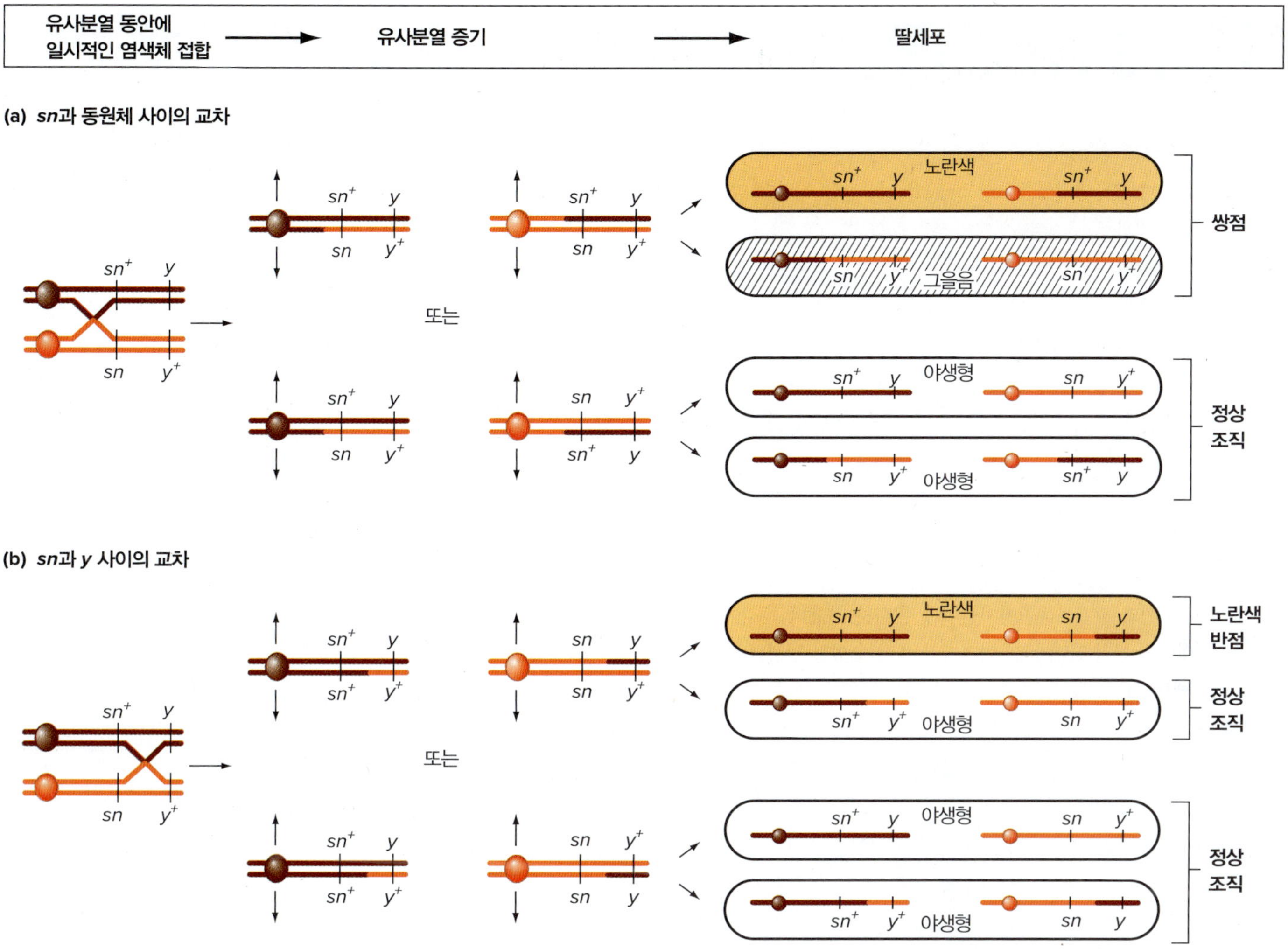

그림 5.28 유사분열 교차. **(a)** *y sn*$^+$/*y*$^+$ *sn* 초파리 암컷에서 동원체와 *sn* 사이에서 유사분열 교차가 일어나 두 개의 딸세포가 만들어진다. 이중 하나는 *y* 동형접합성이고 다른 하나는 *sn* 동형접합성으로 이들이 인접하여 잘못된 작은 구역(쌍점)으로 발생될 수 있다. 이 결과는 유사분열 후기에 염색분체들의 특정 배치에 의존한다(위쪽). 만약 염색분체의 배치가 역방향으로 동일하게 이루어졌다면 표현형적으로 정상세포들만 나온다(아래쪽). **(b)** *sn*과 *y* 사이의 교차는 하나의 노란색의 작은 구획을 만들 수 있다. 그러나 만약 *sn* 유전자가 *y* 유전자보다 동원체에 보다 가까이에 있으면, 이 암컷들에서 단 하나의 유사분열 교차는 하나의 그을음을 만들 수 없다.

분과는 다른 유전자형을 가진 **섹터**(sector)라고 하는 형태의 유사분열 재조합을 보여준다. 만약 유전자형이 *ADE2*/*ade2*인 이배체 효모 세포를 배지 위에서 배양하면 유사분열 자손들이 자라 콜로니를 만든다. 보통 그와 같은 콜로니들은 흰색으로 보이는데, 이는 우성인 야생형 *ADE2* 대립유전자가 흰색을 띠기 때문이다. 그러나 많은 콜로니들은 이배체 *ade2*/*ade2* 세포의 붉은색 섹터를 포함할 것이다(**그림 5.29**). 이들 세포는 아데닌 생합성과정이 차단되어 붉은색 색소가 축적하게 되어 붉게 된다. 붉은색 섹터는 *ADE2* 유전자와 그것이 있는 염색체의 동원체 사이에서 유사분열 재조합의 결과로 생긴다(동형접합성 *ADE2*/*ADE2* 세포도 동일한 방식으로 만들어질 것이지만 이들은 이형접합성과 구별될 수 없는데, 이는 이 두 가지 형태의 세포들이 흰색이기 때문이다).

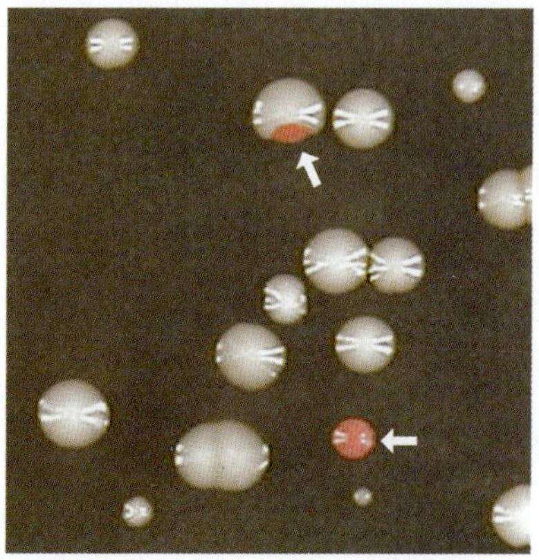

그림 5.29 이배체 효모 콜로니의 성장 동안에 유사분열 재조합이 섹터를 만들 수 있다. 화살표는 *ADE2*/*ade2* 이형접합자로부터 생긴 크고 붉은색으로 보여주는 *ade2*/*ade2* 섹터를 가리킨다. *Source: ©Image courtesy of B.A. Montelone, Ph.D. and T.R. Manney, Ph.D.*

유전학과 사회

유사분열 재조합과 암 형성

인간에서 예를 살펴보면 망막아종(retinoblastoma) 같은 어떤 종양은 유사분열 재조합의 결과로 생긴다. 망막아종은 눈에 생기는 암의 하나로 2장의 침투도와 발현도의 항목에서 이미 살펴보았다. 망막아종 유전자(RB^+)는 12번 염색체에 있는데, 야생형인 정상 대립유전자(RB_1)는 망막의 성장과 분화를 조절하는 단백질을 암호화한다. 눈에 있는 세포는 세포분열의 조절을 유지하기 위해서 적어도 한 개의 정상 야생형 대립유전자를 필요로 한다. 그러므로 정상인 야생형 RB^+ 대립유전자는 종양 -억제 유전자라고 알려져 있다.

망막아종에 유전적 소인이 있는 인간은 기능을 지닌 정상 RB^+ 대립유전자를 오직 하나만 갖고 태어나 자신의 13번 염색체의 다른 한 쪽에는 기능이 없는 RB^- 대립유전자를 갖거나 *RB* 유전자 자체가 전혀 없기도 하다. 만약 (방사선과 같은) 돌연변이원이나 유전자 복제나 분리에서의 잘못으로 어느 쪽 눈이던 간에 눈의 망막세포에 남아 있던 정상 유전자가 파괴되거나 제거되면 그 자리에 망막아종이 생기게 될 것이다. 망막아종에 유전적 소인이 있는 사람에 대한 어떤 한 연구를 보면, 눈에 있는 종양에서 떼어낸 세포는 RB^- 동형접합자인 반면에, 동일인의 백혈구 세포는 RB^+/RB^-로 이형접합자였다. 그림 A가 보여주는 바와 같이 RB 유전자와 이 유전자가 있는 염색체의 동원체 사이에서 일어난 유사분열 재조합이 RB^+/RB^-인 개인의 세포가 어떻게 RB^-/RB^-로 될 수 있는지에 대한 하나의 기작을 제공한다. 일단 동형접합성 RB^- 세포로 되면 세포는 분열을 조절할 수 없게 되어 종양 형성이 일어난다.

망막아종인 경우에 약 40% 정도만이 앞의 시나리오를 따른다. 나머지 60%의 경우는 *RB* 유전자 2개를 모두 정상으로 갖고 태어난 사람에게서 생긴다. 그런 사람들에서는 두 번의 돌연변이가 일어나야만 암에 이르게 된다. 이 중 첫 번째는 RB^+ 대립유전자가 RB^-로 반드시 바뀌지게 되는 것이지만 두 번째는 딸세포들이 새로 생긴 돌연변이나 비기능성 대립유전자에 대해 동형접합성이 되어야만 암으로 되기 때문에 딸세포를 만드는 유사분열 시의 재조합이 있어야만 한다.

망막아종의 형성에서 이 질병의 불완전한 침투도와 가변적인 발현도가 유사분열 재조합의 역할을 설명하는 데 도움이 된다. 이형접합성 RB^+/RB^-로 태어난 사람은 종양이 생기거나 그렇지 않다(불완전 침투도). 일상적으로 일어나는 것과 같이 만약 그들도 그렇다면 그들은 한쪽 눈 또는 양쪽 눈에 종양이 생길 수도 있다(가변성의 발현도). 이 모든 것이 몸안의 어떤 세포에서 유사분열의 재조합(혹은 다른 무엇이 13번 염색체에 영향을 주어 동형접합성이 되게 하는 것)이 일어나는지의 여부에 따른다.

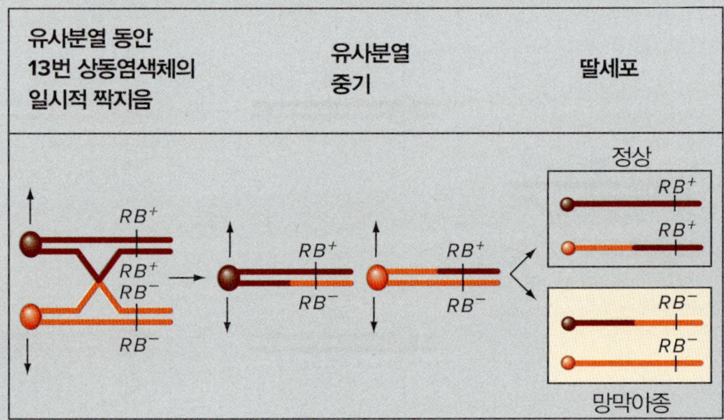

그림 A 어떻게 유사분열 교차가 암에 기여할 수 있는가. RB^-/RB^+인 이형접합자에서 망막의 성장 동안에 유사분열 재조합은 망막아세포종 유전자의 기능을 잃어버리고 그로 인해 분열을 제어하는 능력을 잃어버린 RB^-/RB^- 딸세포를 만들 수 있다. 교차는 *RB* 유전자와 동원체 사이에서 일어나야만 한다. 이런 결과를 보여주는 염색분체의 배열만을 보여준다.

붉은색 섹터의 크기는 유사분열 재조합이 언제 일어났는지를 나타내 준다. 만약 이들의 크기가 크다면 콜로니의 성장 초기에 일어난 것으로 그 결과 딸세포들이 오랫동안 증식한 결과이다. 만약 그들이 작다면 재조합은 후에 일어난 것이 된다.

유사분열 재조합은 중요한 결과를 지닌다

이 장의 연습문제 27번은 유전학자들이 유사분열 재조합을 사용하여 유전자들 상호 간 그리고 동원체 간의 위치에 관한 정보를 어떻게 얻는가를 보여준다. 유사분열 교차는 발생에 관한 연구에서도 중요한 가치를 지니는데, 이는 서로 다른 세포들이 서로 다른 유전자형 동물을 만들 수 있기 때문이다(연습문제 28번과 22장 참조). 마지막으로 읽을거리 「유전학과 사회」의 **유사분열 재조합과 암 형성**에서 설명한 것처럼 유사분열 재조합은 인간 건강에 주된 영향을 끼친다.

핵심 개념 5.6

- 쌍점은 유전적 모자이크의 한 형태이다. 이들 반점은 유사분열 재조합에 의해 상반되는 돌연변이 유전자형과 표현형을 지닌 세포들의 두 가지 클론이 주어질 때 생긴다.
- 유사분열 재조합은 효모에서 섹터 콜로니를 만들 수 있는데, 콜로니의 한 부분에 식별할 수 있는 돌연변이 표현형을 지니고 있다.

풀이 문제

풀이 문제 I

인간 X 염색체상의 *XG* 좌위는 2개의 대립유전자 XG^+와 *XG*를 가지고 있다. XG^+ 대립유전자는 적혈구상에 Xg 표면항원을 발현하게 하는 반면에, 열성 *XG* 대립유전자는 항원이 발현되지 않는다. *XG* 좌위는 *STS* 좌위로부터 10 m.u.떨어져 있다. STS^+ 대립유전자는 스테로이드 파타아제(steroid sulfatase) 효소의 정상 활성을 나타나게 하는 반면에, 열성 *STS* 대립유전자는 스테로이드 술파타아제 활성을 없게 하여 피부병의 일종인 비늘선(ichthyosis, 비늘 피부)을 일으킨다. 비늘선이며 XG 항원이 없는 남성의 딸은 XG 항원을 지닌 정상인이다. 이 딸이 결혼하여 아이를 낳으려고 한다.

a. 만약 아이가 아들일 때, Xg 항원이 없고 비늘선일 확률은 얼마인가?
b. 그 아들이 항원을 갖고 비늘선일 확률은 얼마인가?
c. 만약 그 아이가 비늘선인 아들이라면 그가 Xg 항원을 가질 확률은 얼마인가?

해답

a. 이 문제는 연관이 어떻게 배우자의 비에 영향을 미치는가에 대한 이해가 필요하다. 첫째는 감수분열 동안에 교차가 대립유전자의 전달에 영향을 끼치기 때문에 개인(이 문제에서는 딸)의 유전자형을 정해야 한다. 그녀가 비늘선이고 Xg 항원이 없는 아버지로부터 받은 X 염색체는 *STS XG*이어야만 한다. (그녀의 아버지는 하나의 X 염색체만을 가지고 있기 때문에 감수분열 시 재조합이 없어 유전자가 분리되지 않는다.) 딸은 정상이고 Xg 항원을 갖고 있기 때문에 그녀의 다른 하나의 X 염색체(어머니로부터 유래된)는 STS^+와 XG^+ 대립유전자를 갖고 있어야만 한다. 그녀의 X 염색체는 다음과 같이 그릴 수 있다.

*STS*와 *XG* 좌위는 염색체상에서 10 m.u. 만큼 떨어져 있기 때문에 재조합 빈도는 10%이다. 이 여성이 만드는 배우자의 90%는 양친형일 것이고, *STS XG* 또는 STS^+ XG^+(각각 45%씩)이고 10%는 재조합형으로 *STS* XG^+ 또는 STS^+ *XG*(각각 5%씩)가 된다. 아들의 표현형은 어머니로부터 받은 X 염색체의 유전자형에 의해 직접적으로 영향을 받는다. 그러므로 아들이 Xg 항원 결핍과 비늘선(유전자형: *STS XG*/Y)을 가질 확률은 45/100이다.

b. 아들이 항원과 비늘선(유전자 형: *STS* XG^+/Y)을 가질 확률은 5/100이다.

c. 비늘선 대립유전자를 가지는 배우자 종류는 두 가지로 *STS XG* (45%)와 *STS* XG^+ (5%)이다. 만약 배우자의 총수가 100이라면 50은 *STS* 대립유전자를 가질 것이다. 이들 배우자 중에 XG^+ 대립유전자는 5(혹은 10%)이다. 그러므로 *STS* 대립유전자를 지닌 아들이 Xg 항원을 지닐 확률은 1/10이다.

풀이 문제 II

야생형 모습을 지녔지만 상염색체에 있는 세 개의 유전자가 이형접합성인 초파리 암컷을 상응하는 세 개의 상염색체의 열성 형질인 유리 모양의 눈, 석탄색의 몸, 줄무늬의 흉부를 지닌 수컷과 교배하였다. 교배 결과 얻은 자손 1000마리를 표현형에 따라 분류하였더니 다음과 같았다.

야생형	27
줄무늬의 흉부	11
석탄색의 몸	484
유리 모양의 눈, 석탄색의 몸	8
유리 모양의 눈, 줄무늬의 흉부	441
유리 모양의 눈, 석탄색의 몸, 줄무늬의 흉부	29

a. 이 자료에 근거한 유전자지도를 작성하시오.
b. 양친 암컷의 두 개의 상동염색체상에 대립유전자의 배치를 그려보시오.
c. 이전 교배에서 양친 암컷과 같은 염색체를 갖는 정상으로 보이는 수컷을 유리모양의 눈, 석탄색의 몸, 줄무늬의 흉부를 지닌 암컷과 교배하였다. 얻어진 1000마리의 자손들에서 기대되는 표현형의 종류와 그 수를 나타내시오.

해답

삼점 교배에 접근하는 논리적이고 방법론적인 방식을 다음에 서술한다.

a. 대립유전자들을 명시한다.

t^+ =야생형 흉부	t=줄무늬 흉부
g^+ =야생형 눈	g=유리 모양의 눈
c^+ =야생형 몸	c=석탄색의 몸

삼점 교배를 푸는 데 있어서 어머니로부터 얻어지는 배우자 유전자형과 각 개체군을 주는 사건의 유형을 명시한다. (양친형 배우자들은 이들 유전자의 열성 대립유전자들만을 지니고 있다[*t g c*]. 그들은 표현형을 변하지 않기에 무시할 수 있다.)

자손 수	사건	사건	유전자형
1. 야생형	27	단일교차	$t^+\ g^+\ c^+$
2. 줄무늬의 흉부	11	단일교차	$t\ g^+\ c^+$
3. 석탄색의 몸	484	양친형	$t^+\ g^+\ c$
4. 유리 모양의 눈, 석탄색의 몸	8	단일교차	$t^+\ g\ c$
5. 유리 모양의 눈, 줄무늬의 흉부	441	양친형	$t\ g\ c^+$
6. 유리 모양의 눈, 석탄색의 몸, 줄무늬의 흉부	29	단일교차	$t\ g\ c$

양친형 종류를 찾기는 쉽다. 다른 모든 종류들은 드물고 두 개가 가장 많다면 이들 유전자 조성이 재조합을 하지 않은 것이 된다. 그런 연후에 첫 번째와 두 번째 유전자 사이나 두 번째와 세 번째 유전자들 사이에 단일교차 사건과 관련된 두 가지 표현형이 두 세트로 있게 된다. 마지막으로 이중교차로 생기는 아주 적은 수를 갖는 한 쌍이 있게 될 것이다. 이 예에서는 이중교차의 초파리가 없었지만, 만약 있다면 그 두

개는 보이지 않는 표현형의 조합으로 하나는 유리 모양의 눈을 가진 것이고 다른 하나는 석탄색의 몸과 줄무늬의 흉부인 것이 된다.

이형접합 양친인 암컷의 염색체에 있는 대립유전자를 결정하기 위하여 가장 많은 수를 가진 종류를 주목한다. 하나의 양친형은 석탄색 몸(484마리 초파리)이고, 암컷에서 하나의 염색체는 t^+, g^+, c 대립유전자로 되어야만 한다. (우리는 아직 염색체상에 놓여 있는 이들 대립유전자의 순서를 말할 수 없다는 것에 주목하라.) 다른 하나의 양친형은 유리모양의 눈과 줄무늬의 흉부로 해당되는 염색체에는 t, g, c^+ 대립유전자가 있다.

유전자의 순서를 결정하기 위하여 $t^+\ g\ c^+$ 이중교차(자료에는 보이지 않은) 종류를 가장 유사한 양친형 종류($t\ g\ c^+$)와 비교한다. g와 c 대립유전자는 양친형 관련성($g\ c^+$)을 보유하고 있지만, t 유전자는 이중교차형에서 다른 양쪽 유전자에 관하여 재조합한다. 그러므로 t 유전자가 g와 c 사이에 있다.

지도를 완성하기 위하여 가운데 있는 유전자와 양 끝에 있는 각각의 유전자 사이의 재조합 빈도를 계산한다. g와 t 사이는 2번과 4번에 있는 비양친형 조합의 합이므로 $RF = (11 + 8)/1000 = 19/1000$ 또는 1.9%가 된다. t와 c 사이는 1번과 6번의 비양친성이므로 $RF = (27 + 29)/1000 = 56/1000$ 혹은 5.6%가 된다.

유전자지도는

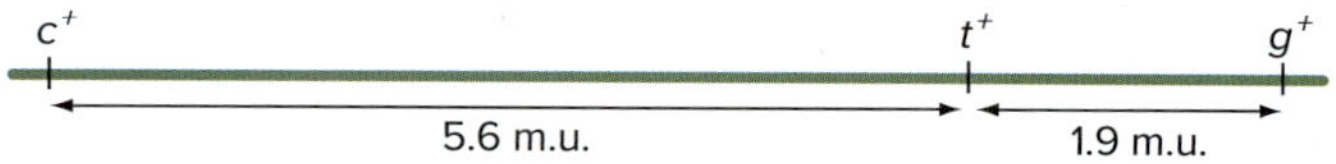

b. 각 염색체상의 대립유전자는 이미 결정되어 있다(c, g^+, t^+와 c^+, g, t). 이제 좌위의 순서도도 결정되었기 때문에 대립유전자의 배치는 다음과 같다.

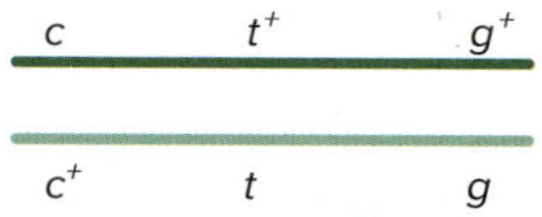

c. 앞선 교배의 암컷($c\ t^+\ g^+/c^+\ t\ g$)과 같은 유전자형의 수컷은 오직 두 종류의 배우자만 만들 수 있다. 초파리의 수컷에서는 재조합이 일어나지 않기 때문에 양친형 $c\ t^+\ g^+$와 $c^+\ t\ g$ 만이 있다. 그러므로 동형접합성 열성 암컷과 교배에 의해 기대될 수 있는 자손은 500마리의 석탄색 몸과 500마리의 유리모양의 눈이면서 줄무늬의 흉부를 가진 초파리이다.

풀이 문제 III

다음의 자낭은 붉은빵곰팡이의 야생형 균주($ad^+\ leu^+$)와 아데닌이나 류신이 없는 배지에서는 자랄 수 없는 이중돌연변이체 균주($ad^-\ leu^-$)를 교배하여 얻은 것이다. 최종 유사분열에 의해 만들어진 각 포자 쌍 중에서 한 개씩만을 나타냈는데, 이는 쌍을 이룬 두 개의 세포는 동일 유전자형을 지니고 있기 때문이다(총 자낭 수 = 120).

포자쌍	자낭 유형				
1–2	$ad^+\ leu^+$	$ad^+\ leu^-$	$ad^+\ leu^+$	$ad^+\ leu^-$	$ad^-\ leu^+$
3–4	$ad^+\ leu^+$	$ad^+\ leu^-$	$ad^+\ leu^-$	$ad^-\ leu^+$	$ad^+\ leu^+$
5–6	$ad^-\ leu^-$	$ad^-\ leu^+$	$ad^-\ leu^+$	$ad^-\ leu^-$	$ad^-\ leu^-$
7–8	$ad^-\ leu^-$	$ad^-\ leu^+$	$ad^-\ leu^-$	$ad^+\ leu^+$	$ad^+\ leu^-$
# 자낭 유형	30	30	40	2	8

a. 어떤 유전적 사건이 두 유전자의 대립유전자들을 분리시켜 제2감수분열 시에 서로 다른 세포로 분리되도록 하는가? 그리고 이 사건은 언제 일어났는가?

b. 두 유전자와 그들의 동원체를 보여주는 가장 가능성 있는 지도를 작성하라.

해답

이 문제는 사분체 분석과 정렬된 자낭에서 보이는 패턴을 만드는 과정(감수분열)에 대한 이해를 필요로 한다.

a. 하나의 유전자와 그것의 동원체 사이의 교차는 제2감수분열 시에 대립유전자의 분리를 가져온다. 교차는 제1감수분열 전기 동안에 일어나는 사건이다.

b. 정렬된 사분체를 이용하여 두 개의 유전자가 연관되어 있는지, 두 개의 유전자 사이의 거리, 그리고 각 유전자와 동원체 사이의 거리가 얼마인지의 여부를 결정할 수 있다. 첫째로 보여준 다섯 종류의 자낭을 명시하라. 첫 번째 종류는 PD이고, 두 번째는 NPD이고, 세 번째 종류는 T이다. 다음으로 이들 유전자들이 연관되어 있는지의 여부를 결정한다. 'PD의 수 = NPD의 수'이면 유전자들이 연관되어 있지 않다. 유전자들이 연관되어 있지 않을 때, T 자낭은 유전자와 동원체 사이의 교차 사건에 의해 만들어진다. leu 유전자를 보면, 세 번째와 네 번째의 자낭 유형에 있는 유전자의 MII 패턴이다. 그러므로 MII 자낭의 비는

$$\frac{40 + 2}{120} \times 100 = 35\%$$

이런 T 자낭을 만드는 감수분열에서 염색분체의 절반만이 교차에 참여하기 때문에 leu와 동원체 사이의 지도 거리는 35/2 또는 17.5 m.u.가 된다. 네 번째와 다섯 번째 자낭 유형은 ad 유전자에 대한 MII 패턴을 보여준다.

$$\frac{2 + 18}{120} \times 100 = 16.6\%$$

16.6%를 2로 나누면 재조합 빈도를 나타내므로 지도거리는 8.3 m.u.가 된다. 이 두 유전자들의 지도는 다음과 같다.

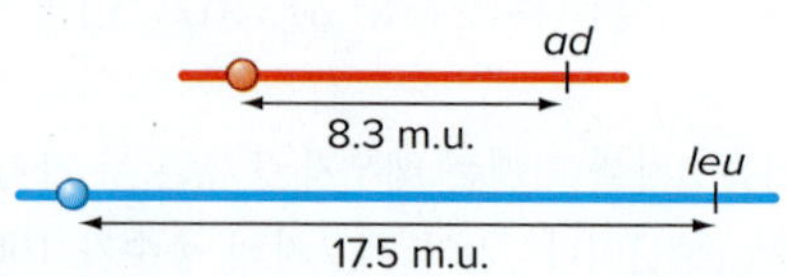

연습 문제

어휘

1. 왼쪽 용어를 가장 잘 설명한 문장을 오른쪽에서 찾아 연결하시오.

a. 재조합	1. 관찰치와 기대치 결과 간의 적합도 검정을 위한 통계적 방법
b. 연관	2. 네 가지 서로 다른 유전자형의 포자를 가진 자낭
c. 카이 제곱 검정	3. 염색체의 한 곳에서의 교차가 인근에서의 두 번째 교차보다 적게 일어난다.
d. 교차점	4. 배우자의 50% 이내에서 두 좌위에서 재조합이 일어난다.
e. 사분체형	5. 유전자의 상대적인 염색체상의 위치
f. 좌위	6. 이중교차에서 기대치에 대한 관찰치의 비
g. 병발계수	7. 서로 다른 유전자형을 지닌 세포들로 구성된 개체
h. 간섭	8. 상동체 간의 부위를 교환함으로써 새로운 유전적 조성을 만듦
i. 양친성 이분자형	9. 한 유전자의 두 개의 대립유전자가 제1감수분열에서 서로 다른 세포로 분리되는 시기
j. 자낭포자	10. 오직 두 종류의 비재조합형 포자만을 지닌 자낭
k. 1분열 분리형	11. 상동체 사이에서 교차가 일어나는 장소에 만들어지는 구조
l. 모자이크	12. 자낭에 들어 있는 곰팡이 포자

5.1절

2. a. 우둘투둘한 눈을 가진 순계 초파리 수컷과 투창 강모를 가진 순계 초파리 암컷을 교배시켰다. 우둘투둘한 눈과 투창 강모는 모두 상염색체의 형질이다. F_1 자손은 모두 정상인 눈과 강모를 가졌다. F_1 세대의 암컷을 우둘투둘한 눈과 투창 강모를 지닌 수컷과 교배하였을 때 나올 수 있는 가능한 표현형들을 적어보고, 어떤 것이 재조합형이고 어떤 것이 양친형인가를 구별하시오.

   b. (a)의 교배에서 다음과 같은 자손이 나왔다. 우둘투둘한 눈과 정상 강모를 가진 자손이 77마리 야생형(정상 눈과 강모)이 76마리 정상 눈과 투창 강모인 것이 74마리 우둘투둘한 눈과 투창 강모인 것이 73마리였다. 이런 형질을 지배하는 유전자들이 연관되어 있겠는가? 아니면 독립적인가? 그 이유는 무엇인가?

   c. (a)에서 나온 F_1 세대의 암컷을 야생형 수컷과 교배시켰다고 가정해 보자. 왜 이 교배가 두 유전자들이 연관되어 있는지의 여부를 말해 줄 수 없는지를 설명하시오.

   d. 투창 강모를 지닌 순계 암컷 초파리를 우둘투둘한 눈과 투창 강모를 지닌 수컷과 교배시켰다고 가정해 보자. 왜 이 교배가 두 유전자들이 연관되어 있는지의 여부를 말해 줄 수 없는지를 설명하시오.

5.2절

3. 생쥐에서 X-연관 유전자 *Greasy*의 우성 대립유전자 *Gs*는 번들거리는 털을 지닌 반면에, 열성인 야생형 Gs^{+} 대립유전자는 정상 털을 지닌다. X-연관 *Broadhead* 유전자의 우성 대립유전자인 *Bhd*는 넓은 머리와 삐죽한 코를 포함한 골격이상을 일으키는 반면에, 열성 야생형 Bhd^{+} 대립유전자는 정상 골격을 갖는다. 이 두 유전자의 두 개의 대립유전자를 이형접합성으로 갖고 있는 암컷 생쥐를 정상 수컷과 교배하였다 이 교배로 얻은 100마리의 수컷 자손들 중에서 49마리는 번들거리는 털을 지녔고, 48마리는 골격이상이고, 2마리는 번들거리는 털에 골격이상이고, 나머지 1마리가 정상이었다.

   a. 앞에서 설명한 교배를 도식화하고 두 유전자들 사이의 거리를 계산하시오.

   b. 이 교배에서 100마리의 암컷 자손을 세었다고 하였을 때 어떤 결과를 예상하는가?

4. 인간에서 *A*와 *B* 좌위는 20 m.u. 만큼 떨어져 있고 *A B/a b*인 여성이 *a b/a b*인 남성과 결혼하였을 때 첫 번째 아이가 *A b/a b*일 확률은 얼마인가?

5. 생쥐의 경우 헤모글로빈의 β-글로빈 사슬을 암호화하는 상염색체상의 좌위는 알비노 좌위로부터 1 m.u. 떨어져 있다. 이것이 인간에게도 같게 적용된다고 가정해 보자. 낫형적혈구빈혈증은 β-글로빈 유전자 내 특정부위의 돌연변이 동형접합성의 결과이다.

   a. 알비노 남성과 낫형적혈구빈혈증 여성 사이에서 태어난 아들이 있다. 이 아들은 어떤 종류의 배우자를 만들며, 그 비는 얼마인가?

   b. 정상 남성과 알비노와 낫형적혈구빈혈증을 둘 다 가진 여성 사이에서 태어난 딸이 있다. 이 딸이 어떤 종류의 배우자를 만들며, 그 비는 얼마인가?

   c. (a)에서의 아들이 자라서 (b)의 딸과 결혼을 했을 때 그들의 아이가 알비노와 낫형적혈구빈혈증을 동시에 지닐 확률은 얼마인가?

6. 알비노 토끼(색소 부족)는 열성 *c* 대립유전자에 동형접합성이다(*C*는 색소를 만든다). *b* 열성 대립유전자에 대해 동형접합성인 토끼는 갈색 색소를 만들고, 반면에 적어도 한 벌의 *B*를 갖고 있다면 검은색 색소를 만든다. 순계 갈색 토끼를 또한 *BB*인 알비노와 교배하였다. F_1 토끼는 모두 검은색이었고, 이를 이중 열성인(*bb cc*)와 교배하였다. 얻은 자손은 34마리의 검은색 토끼, 66마리의 갈색 토끼, 100마리의 알비노 토끼였다.

   a. 만약 *b*와 *c* 좌위가 연관되어 있지 않다면 표현형의 비가 어떠할 것으로 기대하는가?

b. 두 좌위가 얼마나 떨어져 있는가?

7. 만약 *A*와 *B* 좌위가 40 cM 떨어져 있고 *AA BB* 개체와 *aa bb* 개체를 교배하였을 경우를 생각해보자.
   a. F_1 개체는 어떤 배우자를 어떤 비로 만들겠는가? F_2 세대에 어떤 표현형이 어떤 비로 나올 것으로 기대되는가? (두 유전자는 완전 우성이라고 가정한다.)
   b. 만약 원래 교배가 *AA bb* × *aa BB*이었다면, F_1의 배우자는 어떤 비로 만들겠는가? F_2 세대의 결과는 어떻게 되겠는가?

8. 현대 분자적 연구 방법으로 DNA의 염기쌍 서열을 조사할 수 있다. 염색체의 한 위치에서 변이 DNA 서열을 발견하면 각 변이는 해당 염색체 부위의 대립유전자이다. 어떤 DNA 변이는 인간의 희귀한 상염색체 우성질병과 연관이 있다고 알려져 있다. 그렇기 때문에 질병 대립유전자의 유전을 추적하기 위한 지표로 사용될 수 있다. 정보를 주는 가족은 (부모 중 한 쪽이 질병의 대립유전자와 그것의 알려진 염색체 배치에서 DNA 표식자의 둘다에서 이형접합성이고, 대상자의 상대 배우자는 DNA 변이의 동일한 대립유전자를 갖고 있지 않는 경우이고) 여기에서 태아의 질병을 예측하는 표식자로서의 확실성은 DNA 표식자와 질병을 일으키는 유전자 사이의 지도 거리와 관련이 있다. 질병에 걸린 남성(유전자형 *Dd*)이 DNA 변이의 형태는 V^1과 V^2로 이형접합성이고, V_1의 형태는 *D* 대립유전자와 같은 염색체상에 있고, V_2는 *d*와 같은 염색체상에 있다. 그의 아내는 V^3V^3 *dd*로 V^3는 DNA 표식자의 또 다른 대립유전자이다. 양수천자에 의한 태아의 DNA 표식자 검사를 하였더니 V^2와 V^3 변이를 갖고 있는 것으로 밝혀졌다. 만약 *D* 좌위와 표식자 좌위 사이의 거리가 (a) 0 m.u., (b) 1 m.u., (c) 5 m.u., (d) 10 m.u., (e) 50 m.u. 일 때 태아에 질병 대립유전자 *D*가 유전되는 것이 어떻게 되겠는가?

9. 그림 5.7b는 생쥐 제1정모세포의 이가염색체를 보여주는데, 이는 이미 전에 이루어진 재조합 사건인 하나의 교차점(키아즈마타)의 존재를 나타낸 것이다. 그림 5.7c의 모식도는 코헤신 복합체가 이가염색체 내에서 어떻게 상동염색체를 서로 붙잡아 주는 데 관여하는지를 묘사해 준다. 왜 상동염색체를 연결하는 주요 코헤신 복합체가 교차점 쪽으로 가까이(즉, 동원체와 교차점 사이) 있기보다는 교차점 쪽에서 멀리(즉 동원체로부터 멀리 떨어진) 위치하는지를 도해를 사용하여 설명하시오.

5.3절

10. 초파리에서 상염색체에 있는 땅딸이(dumpy) 유전자의 열성 대립유전자 *dp*는 짧고 흰 날개를 만들고, 반면에 상염색체에 있는 갈색(brown) 유전자의 열성 대립유전자 *bw*는 갈색 눈을 형성한다. 이 두 유전자 모두가 이형접합성인 암컷을 검정교배하였더니 다음의 결과를 얻었다.

야생형 날개, 야생형 눈	178
야생형 날개, 갈색 눈	185
땅딸이 날개, 야생형 눈	172
땅딸이 날개, 갈색 눈	181

이 두 유전자 모두가 이형접합성인 수컷을 검정교배를 하였더니 다른 결과가 나왔다.

야생형 날개, 야생형 눈	247
땅딸이 날개, 갈색 눈	242

   a. 첫 번째 검정교배를 통해 어떤 결론을 내릴 수 있는가?
   b. 두 번째 검정교배를 통해 어떤 결론을 내릴 수 있는가?
   c. (a)와 (b)에서 보이는 자료를 어떻게 조화시킬 수 있는가? 이 두 가지 세트의 자료 사이의 차이를 초파리의 연관 가능(synteny)을 위한 일반적인 검사를 고안하기 위해 활용할 수 있는가?
   d. 땅딸이와 갈색 좌위 간의 유전적 거리는 91.5 m.u.이다. 이 값은 어떻게 측정되는가?

11. 출아효모(*Saccharomyces cerevisiae*)의 3번 염색체상에 있는 네 개의 서로 다른 유전자(*MAT*, *HIS4*, *THR4*, *LEU2*)의 지도 거리를 결정하시오.

HIS4 ↔ *MAT*	37 cM
THR4 ↔ *LEU2*	35 cM
LEU2 ↔ *HIS4*	23 cM
MAT ↔ *LEU2*	16 cM
MAT ↔ *THR4*	20 cM

염색체상에서의 이들 유전자들의 순서는 어떠한가?

12. 디기탈리스의 관 모양 꽃에서 야생형은 붉은색이지만 흰색(*white*) 돌연변이체는 흰색 꽃을 피운다. 펠로리아(*peloria*)라고 하는 또 다른 돌연변이는 줄기의 끝부분에 커다란 꽃을 피운다. 난쟁이(*dwarf*)라고 하는 돌연변이는 줄기 길이에 영향을 준다. 흰색 꽃(그렇지 않은 표현형은 야생형) 식물과 난쟁이이며 펠로리아인 야생형의 붉은색 꽃을 피우는 식물과 교배하였다고 하자. 그 결과 F_1 식물 모두는 크고 희며 정상 크기의 꽃을 피웠다. F_1 식물을 난쟁이이며 펠로리아인 양친과 역교배를 시켰고 다음 표에 보여주는 바와 같은 543개체의 자손을 얻었다. (돌연변이 형질만 기재하였다.)

난쟁이, 펠로리아	172
흰색	162
난쟁이, 펠로리아, 흰색	56
야생형	48
난쟁이, 흰색	51
펠로리아	43
난쟁이	6
펠로리아, 흰색	5

   a. 어떤 대립유전자가 우성인가?
   b. 처음 교배에서 양친의 유전자형은 무엇이었는가?
   c. 이 세 좌위의 연관 관계를 보여주는 지도를 그려보시오.
   d. 간섭이 있는가? 만약 그렇다면 병발 계수를 계산하고 간섭 값을 구하시오.

13. 분홍색 꽃잎, 검은색 꽃밥, 긴 줄기를 가진 금어초를 자가수분하였다. 얻어진 씨앗으로부터 650개체의 식물을 얻었다. 이 자손들의 표현형은 다음과 같다.

78	붉은색	긴	황갈색
26	붉은색	짧은	황갈색
44	붉은색	긴	검은색
15	붉은색	짧은	검은색
39	분홍색	긴	황갈색
13	분홍색	짧은	황갈색
204	분홍색	긴	검은색
68	분홍색	짧은	검은색
5	흰색	긴	황갈색
2	흰색	짧은	황갈색
117	흰색	긴	검은색
39	흰색	짧은	검은색

a. 꽃의 색이 어떻게 유전되는지 한 대립유전자를 P^1, 다른 것을 P^2로 사용하여 나타내시오.
b. 650개체에서 붉은색 : 분홍색 : 흰색의 비가 얼마나 될 것으로 기대하는가?
c. 꽃밥 색깔과 줄기의 길이는 어떻게 유전되는가?
d. 원래 식물의 유전자형은 무엇인가?
e. 세 가지 유전자들 중 어떤 것이 독립적 분리가 될 것인가?
f. 어떤 유전자가 연관되어 있으며, 원래 금어초의 상동염색체상에 대립유전자의 배치를 나타내고 그들 사이의 거리를 예측하시오.

14. 세 개의 독립적인 표현형을 나타내는 열성 상염색체상의 돌연변이(나사형 촉각[*th*], 털보[*h*], 진홍색 눈[*st*])를 이형접합성으로 지닌 초파리 암컷을 세 개 모두 돌연변이 표현형을 지닌 수컷과 검정교배하였다. 이 검정교배로 얻은 1000마리 자손은 다음과 같다.

나사형 촉각, 털보, 진홍색 눈	432
야생형	429
나사형 촉각, 털보	37
나사형 촉각, 진홍색 눈	35
털보	34
진홍색 눈	33

a. 세 개의 이형접합성 암컷의 해당되는 염색체상의 대립유전자의 배열을 나타내시오.
b. 이 자료를 가장 잘 설명하는 유전자지도를 그려보시오.
c. 적절한 간섭 값을 구하시오.

15. a. 초파리에서 *A b*/*a B* 형태의 F_1 이형접합자들 사이의 교배는 두 유전자 사이의 거리에도 불구하고 항상 같은 비의 F_2 자손 표현형을 생산한다(각 상염색체 유전자 모두가 완전 우성이라 가정할 때). 이 비는 어떻게 나오는가? F_1 이형접합자가 *A B*/*a b*일 경우에도 마찬가지인가? (힌트: 초파리의 정자형성과정에서는 재조합이 일어나지 않는다는 것을 상기하시오.)
b. 만약 생쥐에서 *A b*/*a B* 형태의 F_1 이형접합자들 사이의 잡종교배하였을 때 F_2 자손들에서의 표현형의 비는 두 유전자 사이의 지도 거리에 따라 변할 것이다. 재조합의 정도가 암수에서 동일하다고 할 때 F_2 표현형의 빈도를 기본으로 하는 지도 거리를 측정하는 간단한 방법이 있는가? 만약 생쥐 F_1 이형접합자가 *A B*/*a b*이었을 경우에도 같은 방식으로 지도 거리를 측정할 수 있는가?

16. 인간에서 재조합 빈도와 DNA 염기서열의 길이 사이의 관계는 보통 평균하여 1% RF(재조합 빈도)당 100만 bp(염기쌍)이다. 헌팅턴병 유전자(*HD*)를 지도작성하는 과정 동안에 *HD*는 *G8*이라고 하는 DNA 표식자와 5% RF로 연관되어 있다는 것이 밝혀졌다. 놀랍게도 *HD* 유전자가 최종적으로 확인되었을 때에는 *G8*과의 물리적 거리가 기대하던 500만 bp 대신에 약 50만 bp로 밝혀졌다. 이러한 관찰을 어떻게 설명할 수 있겠는가?

17. a. 그림 5.7a가 어떻게 생쥐 염색체를 따라 간섭의 존재를 제시하는지에 대해 정성적인 논리로 설명하시오.
b. 만약 그림 5.7a와 유사한 사진을 많이 조사할 수 있다면, 생쥐에서 감수분열 동안에 간섭의 존재에 대한 증거를 제공하기 위하여 통계를 어떻게 적용할 수 있겠는가? (방정식은 필요하지 않고 단지 논리의 요약만 포함되면 된다.)

5.4절

18. 붉은 점박이 뱀에서 두 개의 유전자가 다음과 같이 색깔을 조절한다. *O*− *B*−는 갈색, *O*− *bb*는 주황색, *oo B*−는 검은색, *oo bb*는 알비노 뱀이다. 주황색 뱀과 검정색 뱀이 교배하여 많은 수의 F_1 자손을 얻었는데, 이들 모두는 갈색이었다. 이 F_1 뱀들이 서로 교배를 하였을 때 100마리는 갈색, 25마리는 주황색, 22마리는 검은색, 13마리는 알비노인 자손을 얻었다.
a. F_1 뱀의 유전자형은 무엇인가?
b. 만약에 두 유전자 좌위가 독립적 분리를 한다면 F_2 뱀들에서 기대되는 서로 다른 색깔의 비는 어떠하겠는가?
c. 독립적 분리가 일어났다고 가정하였을 때 관찰치가 기대치에 비해 유의하게 차이가 나겠는가?
d. 기대치와 관찰치 사이의 이러한 큰 차이가 우연하게 일어날 확률은 얼마인가?

19. 정상 걸음걸이를 보여주는 순계 집단의 생쥐를 '춤추기'라 하는 이상한 걸음걸이의 생쥐와 교배하였다. F_1 생쥐는 모두 정상 걸음걸이를 보여 주었다.
a. 만약 춤추기가 단일 유전자의 동형접합성 열성 대립유전자에 기인한 것이라고 한다면, F_2에서 춤추기 생쥐가 생길 비는 얼마겠는가?
b. 만약 춤추기가 서로 다른 2개 유전자 모두의 동형접합성 열성 대립유전자에 기인한 것이고, 이 두 유전자가 연관되어 있지 않다면 F_2

에서 춤추기 생쥐가 생길 비는 얼마겠는가?

c. F_2 생쥐에서 42마리는 정상이고, 8마리가 춤추기였다. 이런 결과가 (a)의 단일 유전자 혹은 (b)의 두 개의 유전자 모델 중에서 어느 것이 보다 적합한지에 대한 것을 카이 제곱 검정을 사용하여 결정하시오.

5.5절

20. 성장을 하는 데 메싸이오닌(methionine)과 리신(lysine)을 요구하는 효모주(met^- lys^-)와 그렇지 않은 효모주(met^+ lys^+) 사이를 교배하였다. 자낭 100개를 분석하였고, 각각의 자낭에 있는 4개의 포자로부터 콜로니를 얻었다. 이 콜로니들로부터 얻은 세포들이 기초 배지(min), min+lys, min+met 또는 min+lys+met 배지의 페트리 접시에서 자랄 수 있는지의 여부를 검사하였다. 이 분석에 기초하여 자낭을 두 그룹으로 나눌 수 있었다.

그룹 1: 89개의 자낭에서, 네 개의 포자 콜로니 중의 두 개에서 얻은 세포는 네 종류 배지 모두에서 자랄 수 있는 반면에, 나머지 두 개 포자 콜로니는 min + lys + met 배지에서만 자랄 수 있었다.

그룹 2: 11개의 자낭에서, 네 개의 포자 콜로니 중의 한 개에서 얻은 세포는 네 종류 배지 모두에서 자랄 수 있었다. 두 번째 한 개의 세포는 min+lys 그리고 min+lys+met 배지에서만 자랄 수 있었다. 세 번째 한 개의 세포는 min+met 그리고 min+lys+met 배지에서만 자랄 수 있었다. 남아 있는 콜로니의 세포는 min+lys+met 배지에서만 자랄 수 있었다.

a. 두 그룹의 자낭 내의 각각의 포자의 유전자형은 무엇인가?

b. *lys* 유전자와 *met* 유전자는 연관되어 있는가? 만약 그렇다면 이들 사이의 지도 거리는 얼마인가?

c. 이런 분석을 더 많은 자낭에 적용한다면 결국에는 다른 패턴을 나타내는 어떤 자낭을 찾을 수 있게 될 것이다. 이런 자낭에서 네 개의 포자들의 표현형을 기재하라. 네 종류의 페트리 접시에서 콜로니를 형성하는 포자를 절개 분석하는 기량으로 이들 표현형을 기재하시오.

21. 출아효모에서 다음과 같은 유전자형을 지닌 *a/a* 이배체가 포자형성을 하고 난 후에 살아 있는 포자가 0, 1, 2, 3 혹은 4개가 되는 사분체의 백분율을 나타내시오.

a. 순계 야생형 효모주(생존에 필요한 어떤 유전자에서도 돌연변이가 없음)

b. 하나의 필수 유전자에서 영(null) 돌연변이(완전 불활성화)인 것을 이형접합성으로 가진 효모주

이 문제의 나머지 부분을 위해서 서로 다른 필수 유전자 $a \times b$는 온도-민감성 돌연변이로 *a 3 b*의 형태로 효모주 사이의 교배를 고려할 수 있다. 교배는 허용 상태(낮은 온도)에서 수행하였다. 제한 상태(높은 온도)에서 계속 측정하면서 살아 있는 포자가 0, 1, 2, 3 혹은 4개가 되는 사분체의 백분율을 나타내시오.

c. *a*와 *b*가 연관되어 있지 않고 둘 다 해당되는 동원체로부터 0 m.u.이다.

d. *a*와 *b*가 연관되어 있지 않고 *a*는 동원체로부터 0 m.u.이고 *b*는 동원체로부터 10 m.u. 떨어져 있다.

e. *a*와 *b*는 0 m.u. 떨어져 있다.

f. *a*와 *b*는 10 m.u. 떨어져 있다. *a*와 *b* 사이의 모든 교차는 단일교차(SCO)라고 가정한다.

g. (f)에서 만약 *a* 와 *b* 사이에 네 가닥 이중교차(DCO)가 일어났다면 그 결과 생긴 사분체에서 높은 온도에 살아 있을 포자는 얼마나 되겠는가?

22. 효모에서 *a*, *b*, *c* 좌위는 모두 서로 다른 염색체상에 있다. $a\ b^+$ 효모를 $a^+\ b$ 효모와 교배하고 그 결과로 사분체 분석을 하였을 때, 비양친성 이분자형 사분체의 수는 양친성 이분자형과 같았지만 사분자형 자낭은 전혀 보이지 않았다. 반면에 $a\ c^+$와 $a^+\ c$의 교배나 $b\ c^+$와 $b^+\ c$를 교배하고 난 다음에 생긴 사분체에서 사분자형 자낭이 많이 보였다. 이 결과를 설명하시오.

23. 이 문제는 이중 교차(DCO) 감수분열을 고려하는 효모 테트라드 분석에서 RF에 대한 방정식을 유도한다.

히스티딘 아미노산이 없으면 자라지 못하는 효모주 (his^-)를 리신 아미노산이 없으면 자라지 못하는 효모주 (lys^-)와 교배하였다. 이 교배로부터 400개의 정렬되지 않은 사분체를 얻었고, 그 중에서 233개는 PD, 11개는 NPD, 156개는 T였다.

a. PD, NPD, T 사분체에서 포자는 어떤 유전자형인가?

b. *his*와 *lys* 유전자는 연관되어 있는가? 어떻게 알 수 있는가?

c. 방정식 RF = 100 × [NPD + (1/2)T]/총 사분체 수를 이용하여 *his*와 *lys* 유전자 사이의 지도 거리를 계산하시오.

d. 발생할 수 있는 모든 종류의 감수 분열에 대해 생각하면(그림 5.24 참조), (c)에서 수행한 계산이 RF를 상당히 작게 나타내고 있음을 알 수 있다. 어떤 종류의 감수분열(NCO, SCO 또는 DCO)이 교차에서 각각의 사분체를 형성하였는가?

e. (c) 부분에서 사용한 간단한 RF 방정식은 각 유형의 사분체를 생성하는 감수분열에서 어떠한 잘못된 가정을 나타내는가? 그럼에도 불구하고 이러한 가정이 어떠한 경우에 정확할 수 있는가?

f. (d)에 대한 답변을 이용하여 400개의 사분체를 생성한 NCO, SCO 및 DCO 감수분열의 수를 확인하시오.

g. (f)에 대한 답을 이용하여 DCO 감수분열의 수와 다양한 사분체형의 수와 관련된 일반 방정식을 작성하시오. 그런 다음 SCO 감수분열의 수를 다양한 사분체형 수의 함수로 계산하는 또 다른 일반 방정식을 작성하시오.

h. (f)에 대한 답을 바탕으로 *his*와 *lys* 사이의 감수분열당 평균 교차 수(*m*)를 계산하시오.

i. (h)에 대한 답을 이용하여 NCO, SCO 및 DCO 감수분열의 관점에서 *m*에 대한 방정식을 작성하시오.

j. RF와 *m*은 어떠한 연관성을 가지는가?

k. (j) 부분에 대한 답을 사용하여 SCO, DCO 및 NCO 감수분열의 관

점에서 RF에 대한 수정된 방정식을 작성하시오.

l. (g)에 대한 답을 사용하여 (k)의 수정된 RF 방정식을 다양한 사분체형의 수로 다시 작성하시오.

m. (l)에서 작성한 방정식은 놓칠 수 있는 이중 교차를 고려한 수정된 RF 방정식이다. 이 개선된 공식을 사용하여 (c)에서 계산한 것보다 더 정확한 *his* 유전자와 *lys* 유전자 사이의 거리를 계산하시오.

24. 한 연구진이 붉은빵곰팡이의 trp^- 반수체의 독자적인 균주 세 가지를 선택하였는데, 이들 각각은 아미노산인 트립토판이 없으면 자라지 못한다. 그들은 처음에 이 세 가지를 반대 교배형의 야생형과 교배하였고, 이때 생긴 팔분체를 분석하였다. 세 가지 교배 모두 각 팔분체에서, 즉 네 쌍의 포자들 중에서 두 쌍이 최소배지(트립토판이 없는)에서 자랄 수 있었고, 반면에 나머지 두 쌍의 포자는 이 최소배지에서 자랄 수 없었다.

a. 이 결과로부터 어떤 결론을 내릴 수 있는가?

돌연변이 균주 1과 2를 야생형과 교배한 것으로부터 팔분체의 어떤 것은 가장 앞의 두 쌍 중 한 쌍은 최소배지에서 자랄 수 있었지만 나머지 한 쌍은 최소배지에서 자랄 수 없는 포자를 지녔다. 돌연변이 균주 3을 야생형과 교배하였더니 가장 앞 끝의 두 쌍에 있는 모든 포자들이 최소배지에서 자랄 수 있거나 혹은 모두 최소배지에서 자라지 못하였다.

b. 이 결과로부터 어떤 결론을 내릴 수 있는가?

다음으로 연구진들은 각각의 돌연변이 균주를 두 개의 별도의 배양을 하도록 준비하였다. 이 배양 중의 하나는 배양형 A이고 다른 하나는 배양형 a이다. 그들을 쌍의 양식으로 이들 균주와 교배를 하고, 그 결과 생긴 팔분체를 조사하고 최소배지에서 자랄 수 있는 개개의 포자들이 얼마나 많은지를 결정하였다. 그 결과를 여기에 보여준다.

교배	최소배지에서 생존한 포자수(x)를 지닌 팔분체의 %				
	$x=0$	2	4	6	8
1×2	78	22	0	0	0
1×3	46	6	48	0	0
2×3	42	16	42	0	0

c. 표에서 세 번의 교배의 각각에 대해 100개의 팔분체에서 PD, NPD, T는 각각 얼마나 되겠는가?

d. 앞의 자료 모두를 설명하는 유전자지도를 작성하시오. 표본의 크기가 팔분체의 어느 것도 이중교차의 결과로 보기에는 충분히 크지 않다는 것을 가정하시오.

e. 이 문제는 붉은빵곰팡이의 교배를 기술한 것이라고 하더라도, 정렬된 팔분체로서 표에서 교배를 제시하는 것이 이런 특별한 경우에는 도움이 되지 않는다. 이유는 무엇인가?

f. 자료가 정렬된 팔분체로 나타나지는 않았지만 이런 특정 문제에 있어서 표의 교배로부터 유전자 ↔ 동원체 간의 거리를 얻을 수 있는 이유는 무엇인가?

5.6절

25. 그림 5.28에서는 세포 주기의 G_2 단계(염색체가 복제된 후)에서 발생하는 단일 점 또는 쌍점으로 이어지는 분열 재조합을 보여주었다. 그러나 이것은 보통 드물고 무작위적인 염색체 파괴에 의해 시작되기 때문에, 유사분열 재조합은 S 단계 이전인 G_1에서 일어날 수도 있다. G_2가 아닌 G_1에서 일어나는 유사분열 재조합으로 그림 5.28을 다시 그리고 왜 그러한 사건이 단일점 또는 쌍점을 생성할 수 없는지 설명하시오.

26. 이배체 효모 주는 다음 유전자형을 제외하고는 야생형 표현형을 지니고 있다.

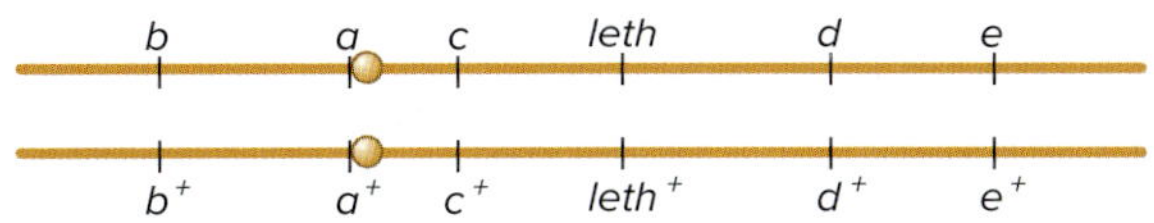

a, *b*, *c*, *d*, *e* 모두는 식별할 수 있는 표현형을 나타내는 열성 대립유전자를 나타내고 있으며, *leth*는 열성 치사돌연변이를 나타낸다. 모든 유전자들은 동일 염색체에 있으며, *a*는 동원체(작은 원으로 표시)와 아주 가까이에 연관되어 있다. 다음 중 어떤 표현형들이 이 세포에서 유사분열 재조합의 결과로 구역 내에서 발견될 수 있겠는가? (1) *a*; (2) *b*; (3) *c*; (4) *d*; (5) *e*; (6) *b e*; (7) *c d*; (8) *c d e*; (9) *d e*; (10) *a b*. 이중유사분열 교차는 매우 드물어 관찰되지 않는다고 가정한다.

27. 신경섬유종은 피부 종양으로 원래 $NF1^+/NF1^-$이던 피부세포에서 $NF1^+$ 대립유전자를 잃어버릴 때 생긴다. 이 야생형 대립유전자는 기능을 지닌 단백질("종양 억제"라고 함)을 암호화하는 반면에, $NF1^-$ 대립유전자는 기능을 갖지 못하는 단백질을 암호화한다.

여러 다른 부위의 피부에 20개의 독자적인 종양을 지니고 있는 $NF1^+/NF1^-$ 유전자형을 지닌 환자가 있다. 이 환자에서 종양이 아닌 정상인 세포와 동시에 20개의 종양으로부터 각각의 세포를 떼어내 샘플로 하였다. 이들 샘플의 추출물을 겔 전기영동 방법으로 분석하였더니 4개의 서로 다른 단백질(A, B, C, D) 형태의 변이형을 볼 수 있었고, 이들 모두는 상염색체상에 있는 유전자들인 *NF1*에 의해 암호화된다. 각각의 단백질은 서로 다른 대립유전자(예를 들면 A^S와 A^F)에 의해 암호화되는 느린(S) 형과 빠른(F) 형을 지닌다. 정상조직으로부터의 추출물에서는 네 가지 단백질의 느린 형과 빠른 형의 모든 변이체를 보여준다. 종양의 추출물에서는 12개의 종양은 A와 D 단백질은 빠른 변이체, 그리고 B와 C 단백질은 느린 변이체만을 갖고 있는 반면에, 6개 종양에서는 A 단백질은 빠른 변이체만을, 그리고 나머지 B, C, D 단백질은 모두 빠른 것과 느린 변이체를 모두 지니고 있다. 그리고 나머지 2개의 종양 추출물에서는 A 단백질은 빠른 변이체만을, B 단백질은 느린 변이체만을, C 단백질은 빠른 것과 느린 변이체를 그리고 D 단백질은 빠른 변이체만을 지니고 있다.

a. 이 장에서 설명한 어떤 유전적 결과가 모든 20개의 종양을 일으킬 수 있겠는가? 모든 종양이 동일한 기작에 의해 생겼다고 가정하자.

b. 이 적은 샘플이 환자에서 동일한 기작에 의해 만들어질 수 있는 모든 종류의 종양 형태를 나타낸다는 가정하에 이 자료들을 설명하는

유전자지도를 작성하시오. 어떤 유전자의 어떤 대립유전자가 두 개의 상동염색체상에 놓여 있는지 보이시오. 계산할 수 있는 모든 상대적인 거리를 표시하시오.

c. 이 환자에서 신경섬유종이 되게 하는 또 다른 기작으로 정상적인 46개가 아닌 45개의 염색체를 지닌 세포를 만드는 유사분열의 잘못이 있다. 이런 기작에 의해 어떻게 종양이 생길 수 있는가? 기술된 결과만으로는 이 같은 유사분열의 잘못에 의해 이들 20개의 종양이 생길 수 없다는 것을 알 수 있는가?

d. 기술된 결과를 만들 수 있는 어떤 다른 형태의 오류를 생각할 수 있는가?

28. 발생의 유전적 근간을 이해하기 위한 두 가지 중요한 방법으로 유사분열 교차와 동물을 어두운 곳에서 빛을 내게 하는 녹색형광 단백질을 만드는 *GFP*라고 하는 해파리 유전자를 사용하는 것이 있다. 이 교재의 후반부에서 기술할 재조합 DNA 기술을 사용하여 해파리의 *GFP* 유전자를 초파리나 생쥐와 같은 생물체의 유전체 내의 어떤 위치로든 삽입할 수 있다. *GFP* 유전자를 발현하는 세포들은 현미경하에서 녹색형광을 내게 될 것이고, 반면에 *GFP* 유전자가 없는 세포들은 녹색형광을 내지 않을 것이다.

열성 돌연변이인 작은 세포(*smc*)를 동형접합형으로 지니고 있는 생쥐는 초기 배아시기에 죽는데, 이는 이들이 정상 크기에 도달하기 전에 세포들이 미성숙하게 분열하기 때문이다.

만약 *GFP* 유전자 한 사본과 *smc*의 이형접합형을 지니고 있는 생쥐를 설계하기 원한다면 성체 생쥐에서 유사분열 재조합으로 클론을 만들 수 있다. 이렇게 설계된 생쥐에서 녹색형광이 아닌 클론 내의 모든 세포들은 *smc* 돌연변이에 동형접합형일 것이다. 다음 그림은 설계한 생쥐의 상피세포에서 볼 수 있는 현미경 영상이다. 어떤 세포는 정상 크기이고, 다른 어떤 세포는 작은 것을 볼 수 있을 것이다. 세 가지 서로 다른 색깔의 세포를, 비어 있는 흰색, 약한 빛을 보이는 세포(밝은 녹색) 그리고 강한 빛을 보이는 세포(짙은 녹색)를 볼 수 있을 것이다. 상피조직은 또한 세 가지 세포들의 클론(1, 2, 3)을 지니고 있는데, 이는 유사분열 재조합의 결과 생긴 비정상적인 표현형이다.

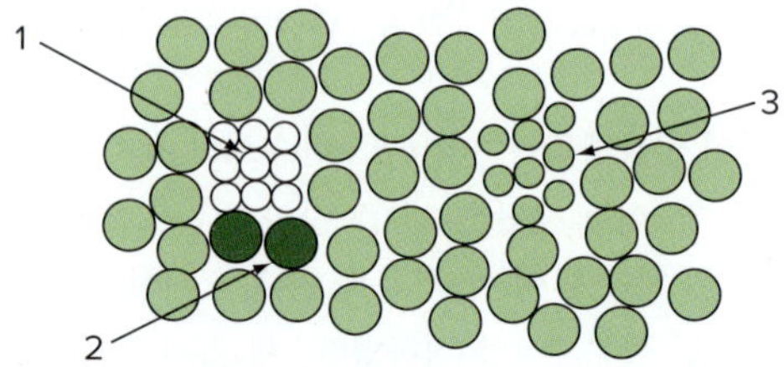

a. 설계된 생쥐에서 염색체와 동원체 그리고 대립유전자 smc^+와 *smc* 그리고 GFP^+ (*GFP* 유전자가 있음)와 GFP^-(*GFP* 유전자가 없음)를 보여라. (상기하건데 이 생쥐는 한 사본의 *GFP* 유전자를 지녔고, *smc* 유전자에 대해서는 이형접합형일 것이다. 녹색이 아닌 모든 클론 내에 있는 개별 세포들은 유사분열 재조합에 의해 만들어졌고 *smc* 돌연변이에 동형접합형일 것이다.)

b. 성체 생쥐에서 smc^+의 기능을 연구하기 위하여 유사분열 재조합을 사용해야만 하는 이유는 무엇인가?

c. 세 가지 서로 다른 색깔을 보이는 세포를 볼 수 있는 이유는 무엇인가?

d. 클론 1과 클론 2가 서로 가까이에 있는 이유는 무엇인가?

e. (a)의 지도에서 클론 1과 2가 생길 수 있도록 유사분열 재조합이 일어나는 위치를 화살표로 나타내시오.

f. 클론 1의 세포들이 클론 2의 세포들보다 많이 있는 이유는 무엇인가?

g. (a)의 지도에서 클론 3이 생길 수 있도록 유사분열 재조합이 일어나는 위치를 화살표로 나타내시오.

chapter 6

DNA 구조, 복제 그리고 재조합

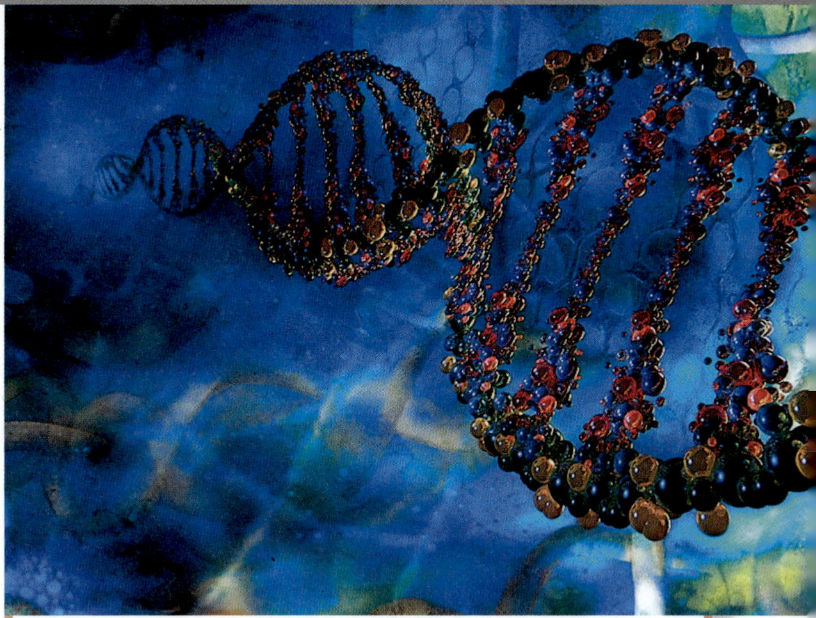

©Adrian Neal/Getty Images

DNA 이중 나선 구조를 살펴보면 어떻게 유전정보가 수십억 년 동안 세대를 거쳐 정확하게 전달되어 왔는지 알 수 있다.

개요

- 6.1 DNA가 유전물질임을 증명한 실험적 증거
- 6.2 왓슨과 크릭의 DNA 이중 나선 모델
- 6.3 DNA 염기배열에 담겨 있는 유전정보
- 6.4 DNA 복제
- 6.5 DNA 수준에서의 상동 재조합
- 6.6 위치-특이적 재조합

거의 40억 년 동안 이중 나선의 DNA 분자는 유전정보 운반자 역할을 담당해 왔다. DNA는 가장 초창기의 단세포 생명체부터 이후에 존재하는 생물까지 긴 시간이 지나는 동안 분자 구조적인 측면에서 보면 변함없이 유지되었다. 하지만 유전정보의 저장, 발현, 전달 등 내용적으로는 진화를 거치는 동안 놀라울 정도로 그 의미가 확장되었다.

적절한 조건에서 DNA는 수만 년까지도 원래의 분자 구조를 유지할 수 있다. 38,000년 된 네안데르탈인의 유골로부터 채취한 DNA가 바로 이를 증명해 주었다(**그림 6.1**). 이러한 DNA들은 아직도 해독이 가능한 서열을 유지하고 있어서 현존하는 인간들과 유사한 DNA 조각들을 비교함으로써 진화를 촉진시킨 돌연변이들을 정확하게 알아낼 수 있다.

예를 들어, 네안데르탈인과 인간의 DNA의 비교는 두 종족 사이의 이종 교배에 대한 인류학자들 사이의 오랜 논쟁을 해결하는 데 도움을 주었다. 네안데르탈인과 인간은 오랜 기간 동안 서로 교류는 없었으나, 4만 년 전에 이르러 호모 사피엔스(Homo sapiens)들 중 소수가 네안데르탈인들과 유럽 지역에서 조우하게 되고 그 후 수천 년 내에 네안데르탈인은 멸종되었다. 최근 발견된 이들의 DNA를 분석한 결과에 따르면, 1만 년 동안 두 종족은 유럽에 함께 존재하였으며, 현재 비아프리카인들의 유전체 1~4% 정도가 네안데르탈인으로부터 유래된 것으로 미루어 볼 때 이들 사이에 교배도 이루어졌음을 추측할 수 있다.

DNA의 이중 나선 구조를 함께 발견한 프란시스 크릭(Francis Crick)은 "거의 모든 생명의 부분들은 분자 수준에서 설계되어 있기

그림 6.1 오래된 DNA에서도 여전히 정보를 얻을 수 있다. 분자 생물학자들은 38,000년 전 네안데르탈인 두개골 시료에서 성공적으로 DNA를 추출하여 염기서열을 알아냈다. 이러한 연구 결과는 유전물질로서 DNA의 화학적 안정성을 증명한다. *Source: ©DEA Picture Library/De Agostini/Getty Images*

때문에 분자들에 대한 이해가 없이는 생명 자체를 단지 겉에서 관찰하는 것에 지나지 않을 것이다"라고 하였다. 그러므로 이 장에서는 우리의 관점을 바꾸어 유전자를 암호화하고 있는 분자, 즉 DNA에 대하여 알아볼 것이다.

따라서 이 장에서는 다음 두 가지를 꼭 기억하자. 첫째, DNA의 유전자로서의 기능들은 그 구조로부터 시작된다. 둘째, DNA 자체는 화학적으로 불활성이기 때문에 DNA의 유전자로서의 모든 기능은 DNA가 가지고 있는 정보를 해독할 수 있는 특별한 단백질들에 의해 결정된다. 실제로 DNA가 화학적으로 반응성이 없다는 점은 죽은 생명체뿐만 아니라 살아 있는 생명체의 정보를 유지하기 위한 이상적인 물리적 저장고의 역할도 할 수 있게 한다.

6.1 DNA가 유전물질임을 증명한 실험적 증거

학습 목표

1. DNA의 화학성분에 대하여 설명한다.
2. DNA가 염색체의 구성성분임을 알아내는 방법들을 요약한다.
3. 에이버리가 수행하였던 세균의 형질전환 실험 방법과 그 결과에 대하여 설명한다.
4. 허시와 체이스의 '분쇄 실험'을 설명하고, 이 실험으로 알아낸 DNA의 특성을 요약한다.

20세기 초 유전학자들은 DNA가 유전물질임을 알지 못하였다. 50년 이상 동안 수행된 수많은 실험의 결과들이 모여 결국 DNA가 유전을 관장하는 분자라는 것이 과학자들 사이에 받아들여지게 되었다. 이에 대한 증거의 핵심 부분은 다음과 같다.

DNA가 염색체에 위치한다는 것을 화학적인 연구 방법을 이용해서 밝히다

1869년, 프리드리히 미셔(Friedrich Miescher)는 인간 백혈구의 핵에서 약산성이며 인이 풍부한 물질을 추출하고 이 물질을 뉴클레인(nuclein)이라고 명명하였다. 이 물질은 이전에 보고된 화합물과는 달랐으며, 일부 다른 물질이 섞여 있었으나 주요 구성 요소는 DNA로 밝혀졌다. DNA의 화학명은 **디옥시리보핵산**(**d**eoxyribo**n**ucleic **a**cid)이며, 이 이름에는 세 가지 특징이 나타나 있다. **디옥시리보오스**(deoxyribose)라는 당을 가지고 있으며, 세포의 핵에서 발견되고, 산성이다.

과학자들은 뉴클레인으로부터 DNA를 순수 분리하여 화학적으로 분석한 결과, DNA는 긴 사슬로 연결된 독특한 네 가지 조각들을 포함하고 있음을 밝혔다(**그림 6.2**). 이 네 가지 조각들은 **뉴클레오타이드**(nucleotide)로 알려진 화합물 종류에 속하는 화학물질로서, **인산디에스테르 결합**(phosphodiester bond)을 통한 공유결합으로 서로 연결되어 소단위들의 **중합체**(polymer) 형태를 가진다.

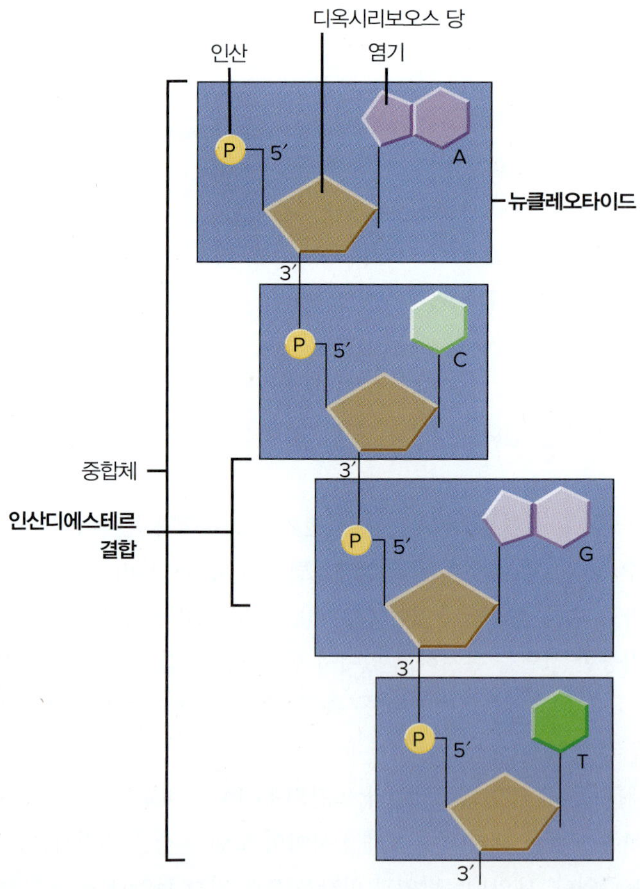

그림 6.2 DNA의 화학 성분. DNA 분자의 단일가닥은 뉴클레오타이드 단위체(파란색 네모 모양)의 사슬로 구성되어 있다. 각 뉴클레오타이드는 오탄당인 디옥시리보오스(황갈색 오각형)가 무기 인산기(노란색 원형)와 결합하고, 네 개의 질소 염기들(자주색 또는 초록색 다각형) 중 하나에 연결되어 만들어진 것이다. 뉴클레오타이드 단위체를 서로 연결하는 인산디에스테르 결합은 이전 뉴클레오타이드의 디옥시리보오스 당에 다른 뉴클레오타이드의 인산기가 연결되어 생성된다.

1923년에 최초로 보고된 실험으로 세포 내 DNA가 어디에 위치하는지 알게 되었다. 발견자의 이름을 딴 **포일겐(Feulgen) 반응**은 DNA를 붉게 염색시키는 쉬프 시약이라고 하는 화학물질에 의해 일어난다. 세포를 이 염색시약으로 염색시키면 세포의 다른 부분은 상대적으로 무색을 유지하는 반면, 염색체는 붉게 변한다. 이 반응으로 DNA가 거의 염색체 내에만 위치하여 있음을 알게 되었다.

DNA가 염색체의 구성 요소라는 것만으로는 유전자와 이 분자가 연관이 있다는 것을 증명하지 못한다. 전형적인 진핵세포 염색체는 무게로 보면 단백질이 더 많이 차지하고 있다. DNA가 단 네 조각의 소단위체로 이루어진 반면, 단백질은 20개의 기본 아미노산 소단위체를 가지기 때문에 많은 연구자들은 단백질이 다양성에 대한 더 큰 잠재력을 가지고 있어 유전물질로 역할하기에 더욱 적합할 것으로 예상하였다. 초기 과학자들은 DNA가 염색체 구조를 형성하는 중요한 물질임에도 불구하고, 유전자의 복잡성을 모두 설명하기에는 너무 간단한 구조라고 생각했다.

세균의 형질전환으로 DNA가 유전물질임을 밝히다

이후 DNA가 유전정보를 운반하는 화학물질일 것이라는 생각을 뒷받침하는 연구들이 발표되었다. 가장 중요한 실험 중의 하나는 단세포 세균을 이용한 실험이다. 세균은 핵막이 없으며 핵양체 부위에 하나의 원형으로 이루어진 염색체를 유전물질로 가진다. 한 개의 염색체를 가진 세균은 배아세포를 만드는 감수분열 과정 없이 **이분법**(binary fission)에 의해 분열한다. 이러한 차이에도 불구하고, 20세기 초반의 과학자들은 세균의 유전물질이 진핵생물에서 발견되는 것과 같은 종류일 것이라고 생각하고 있었다.

세균에 대한 유전자 연구를 할 때 전제 조건 중 하나는 집단의 개체들에서 나타나는 특정 형질에 대한 대체형질이 있어야 한다는 것이다. 1923년 **폐렴연쇄상구균**(*S. pneumoniae*) 연구에서 프레드릭 그리피스(Frederick Griffith)는 세균의 군락에서 매끈한(S; smooth) 형과 거친(R; rough) 형의 두 가지 형질을 발견하였다. S형은 야생형이며, R형은 이에 대한 돌연변이형이다. 그리피스는 관찰과 생화학적 분석을 통해 S형은 세포의 막 주변 다당류 캡슐을 합성하기 때문에 매끈한 형태가 나타남을 밝혔다. S형의 돌연변이로, 자연적으로 발생한 R형의 경우 다당류 캡슐을 합성할 수 없고 그 결과 군락은 거친 표면을 나타내게 된다(**그림 6.3**). R형의 경우 다당류 캡슐의 합성에 필요한 특정 효소가 결핍되어 있기 때문이다. 이러한 다당류 캡슐은 동물의 면역반응으로부터 세균을 보호하는 데 도움을 주기 때문에 S형의 세균은 병원성을 가지며 실험동물에 감염하여 치사에 이르게 하는 반면(**그림 6.4a**), R형은 동물에 감염하지 못한다(**그림 6.4b**). 이러한 병원성을 가진 폐렴구균의 S형은 사람에게도 폐렴을 일으킨다.

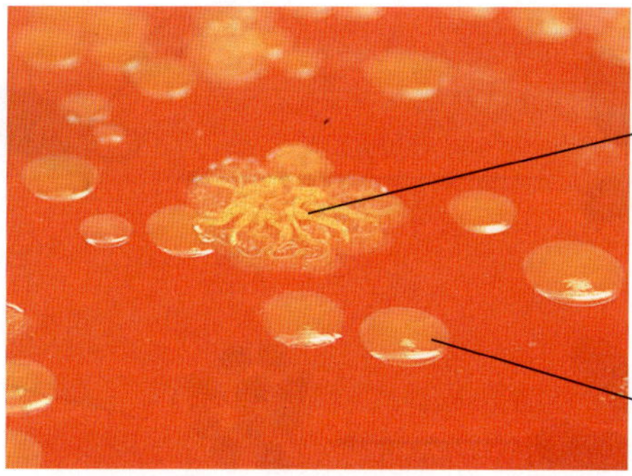

그림 6.3 그리피스의 세균 형질전환 실험. 폐렴균의 매끈한(S) 형과 거친(R) 형의 군락. *Source: ©Courtesy of Dr. Forest Arnold, University of Louisville. Used with permission*

형질전환 현상

1928년 그리피스는 죽은 세균 세포의 유전정보가 살아 있는 세포로 이동할 수 있다는 놀라운 발견을 발표하였다. 그는 살아 있는 R형과 열처리로 죽은 S형의 두 가지 종류의 세포로 실험하였다. 실험용 쥐에 두 가지를 따로 주입하였을 경우에는 어느 형도 감염이 발생하지 않았으나(그림 6.4b와 **그림 6.4c**) 두 형의 혼합물은 실험용 쥐를 감염시켜 죽였다(**그림 6.4d**). 또한 죽은 쥐의 혈액에서 살아있는 S형의 세균이 검출되었다(그림 6.4d).

형질전환(transformation)이란 어떤 물질이 한 생명체의 유전적 특성을 변화시킬 수 있는 능력이다. 그리피스의 실험에서는 열처리로 죽은 S균으로부터 나온 물질이 R균을 S균으로 형질전환시킨 것이라고 할 수 있다. 그리피스는 그로부터 대대로 분열되어 나온 세균들이 모두 S형을 나타냈기 때문에 이 형질전환은 영구적이며 유전과 관련이 있다고 설명하였다.

형질전환 원인물질로서의 DNA

1931년에 오스왈드 T. 에이버리(Oswald T. Avery)의 실험실에서 연구자들은 동물 모델을 전혀 사용하지 않고 단순히 죽은 S형의 내용물을 첨가하는 것만으로 R형 세균을 S형으로 형질전환시킬 수 있음을 발견하였다(**그림 6.5a**). 에이버리는 이후 거의 15년 동안 그 복잡한 혼합물에서 유전 활성을 보이는 본질을 찾기 위해 노력하였다. 즉, 무해한 R형 세균에서 병원성 S형으로 형질전환을 유도할 수 있는 유전물질을 세포 추출물에서 확인하는 실험을 수행하였다. 에이버리는 '형질전환을 시키는 본질'에 대한 해답을 얻기 위하여 관련 물질을 실제로 확인할 수 있도록 그 물질을 순수 분리하여 정제하였고,

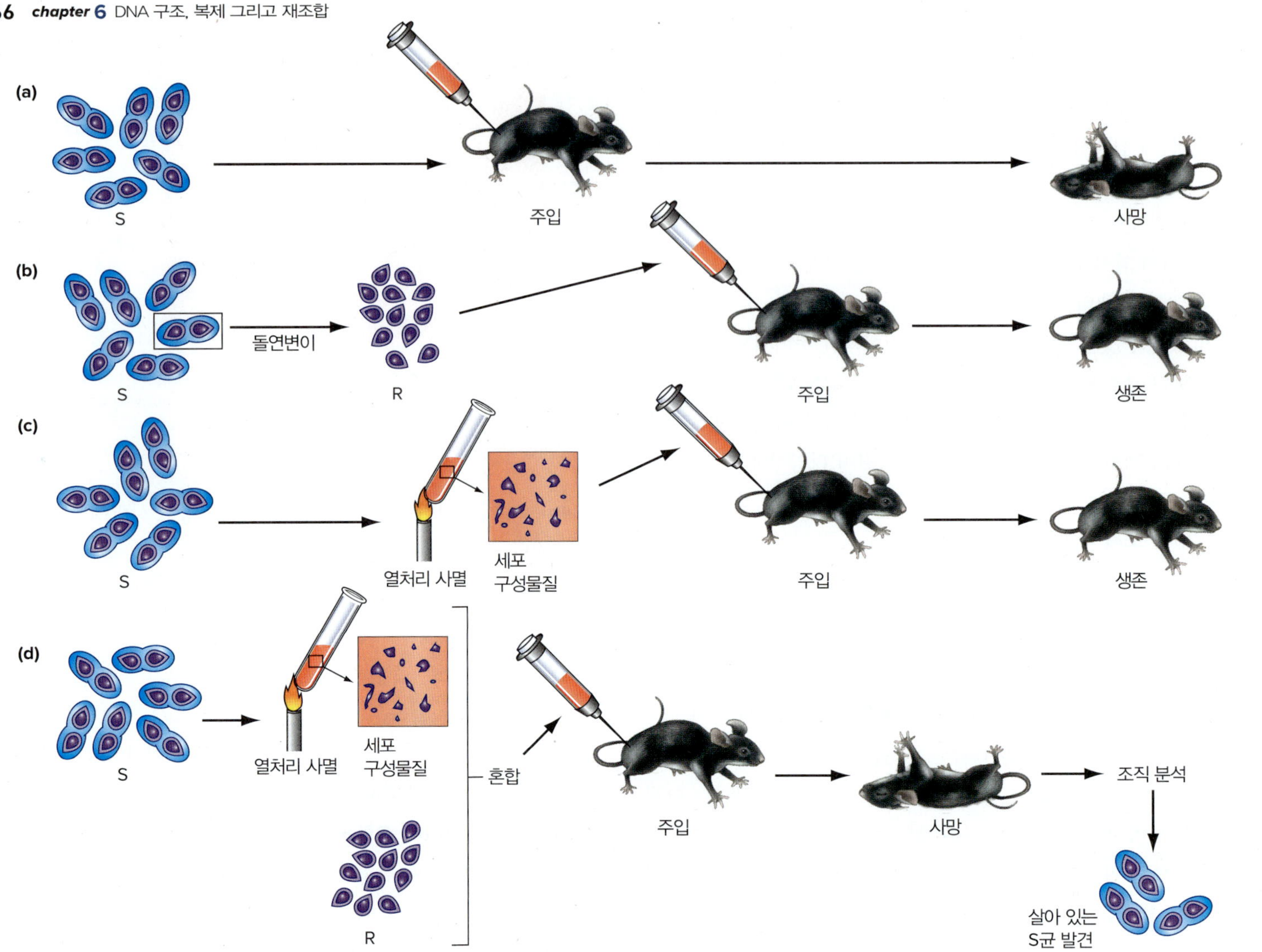

그림 6.4 그리피스의 실험. **(a)** S형 균은 병원성이 강하며 생쥐에 주입했을 때 치명적인 감염을 일으킬 수 있다. **(b)** R형 균을 주사로 감염시키면 스스로 쥐를 죽이지 못한다. **(c)** 열을 처리하여 죽인 S형 균을 주사하면 치명적인 감염을 일으키지 않는다. **(d)** 그러나 살아 있는 R형 균을 열을 가해 죽인 S형 균과 혼합하여 주사하면 쥐는 치명적인 감염을 일으켜 치사한다. 죽은 숙주인 쥐의 혈액에서는 살아 있는 S형 균이 발견된다.

결국 그와 연구진은 실험할 수 있는 정도의 양을 확보하는 데 성공하였다. 이 절차의 마지막 단계에서 얼음처럼 차가운 알코올 용액에서 유리막대로 저으면 거의 순수한 '본질'(**그림 6.5b**)을 길고 약간 흰 작은 다발 형태의 섬유뭉치로 얻어낼 수 있다.

순수 분리 후 이 물질의 특성 분석이 시작되었다. 에이버리와 두 동료, 콜린 매클라우드(Colin MacLeod)와 맥클린 맥카티(Maclyn McCarty)는 형질전환 실체의 화학 성분(**그림 6.5c**)을 결정하기 위해 여러 실험을 하였고, 1944년에 누적된 연구 결과를 발표하였다. 이들의 실험에서 분리된 물질은 6억 분의 1의 비로 매우 높게 희석하여도 활성이 있음을 보였다. 분리된 물질의 대부분이 DNA이었지만 혹시 DNA 이외의 다른 분자들이 형질전환을 유도하는지 알아보기 위해 분리된 물질에 여러 가지 분해효소들을 처리하여 형질전환 기능에 변화가 생기는지 관찰하였다. 각각 RNA, 단백질 또는 다당류를 분해하는 효소를 처리한 경우 어떤 영향도 미치지 못한 반면, DNA 분해효소를 처리한 경우 완전히 그 활동이 파괴되었고, 임시로 발표한 논문에서 그는 형질전환물질의 실체는 DNA이라는 결론을 내렸다.

구체적인 증거가 되는 논문이 이렇게 발표되어 있었지만 과학자 사회 내의 많은 사람들이 DNA가 유전물질이라는 개념을 받아들이는 데는 시간이 걸렸다. 당시 이 개념을 믿지 않는 과학자들은 여전히 단백질이 유전물질에 대한 주요 후보 분자라는 생각에 사로잡혀 있었다.

바이러스 복제에는 단백질이 아닌 DNA가 필요하다

그러나 모든 사람이 에이버리의 의견에 회의적인 것은 아니었다. 알

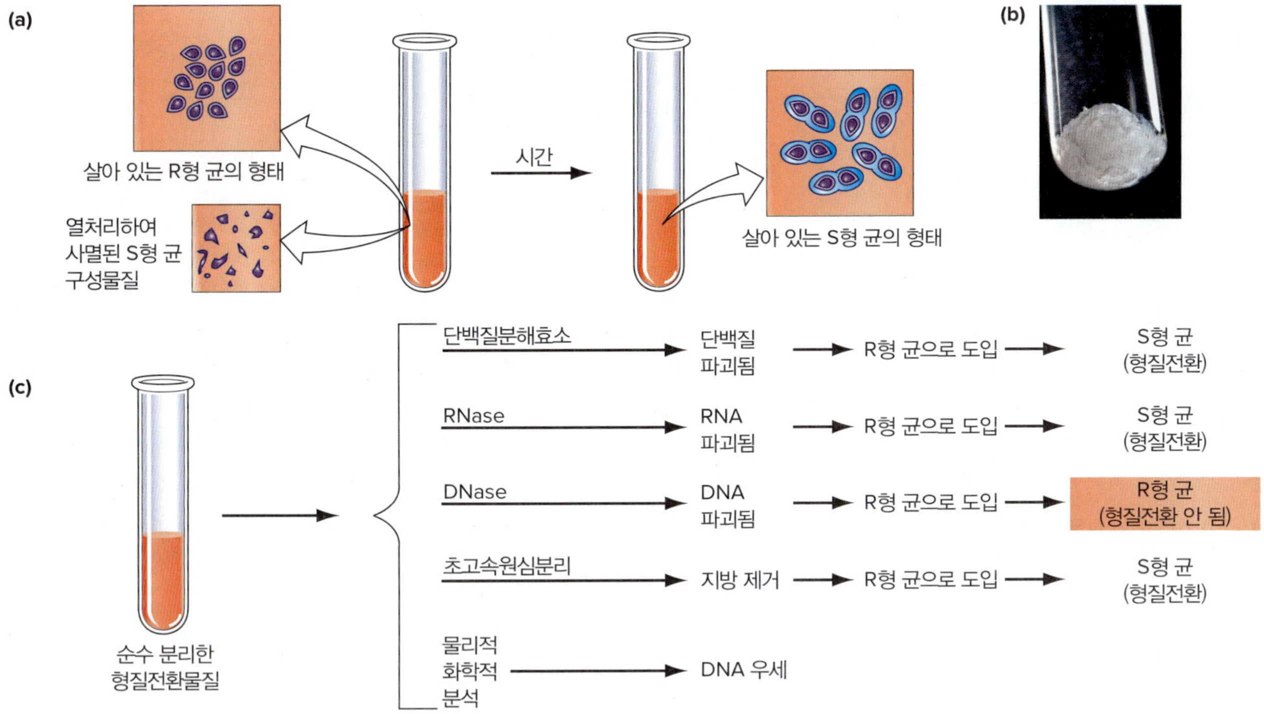

그림 6.5 형질전환의 근원물질이 DNA임을 보여주는 실험적 근거. **(a)** 세균의 형질전환이 죽은 S형 균의 잔해를 포함하는 배지에서 발생한다. 살아 있는 R형 균이 가열에 의해 죽은 S형 균에서 '형질전환물질'을 일부 받아들여 병원성이 강한 S형 균으로 형질전환된 것이다. **(b)** 백혈구에서 추출한 순수한 DNA 용액. **(c)** 형질전환물질의 화학적 분리. 순수 분리한 DNA를 DNA 분해 효소로 처리하면 형질전환물질의 기능이 완전히 없어지는 반면, 다른 거대분자를 파괴하는 효소의 처리는 그 기능에 아무런 영향을 미치지 않는다.
Source: (b): ©Phanie/Science

프레드 허시(Alfred Hershey)와 마샤 체이스(Martha Chase)는 **박테리오파아지**(bacteriophage; 글자 그대로 '세균 포식자') 혹은 **파아지**(phage)라고 하는 바이러스를 세균에 감염시켜 보면 DNA와 단백질의 유전자 복제에 대한 상대적 중요성을 평가할 수 있을 것이라고 생각하였다.

바이러스는 생물의 가장 간단한 형태이다. 구조와 기능적인 면에서 보면 그들은 단백질 같은데, 스스로 거대분자를 재생할 수 있는 살아 있는 세포 사이의 어딘가에 존재한다. 바이러스는 자신의 성장과 복제를 위해 숙주세포의 기구를 사용하기 때문에 매우 적은 수의 유전자만 가지고 있어도 생존할 수 있다. 많은 종류의 파아지의 경우, 각 입자는 대략 동량의 단백질과 DNA로 구성되어 있다(**그림 6.6a**). 이 파아지 입자는 세균세포에 감염하여야만 자손을 만들 수

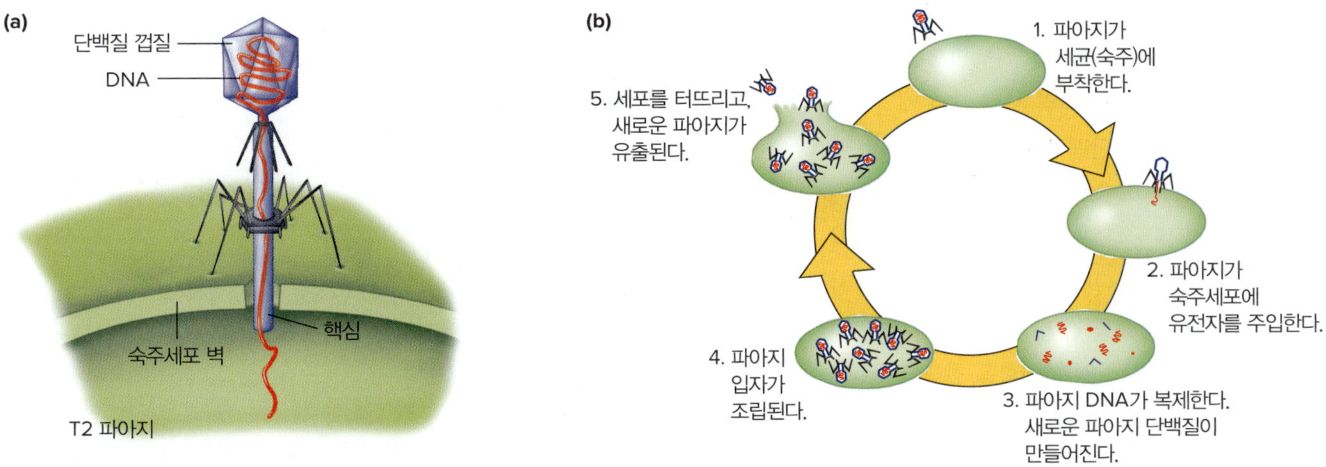

그림 6.6 박테리오파아지 T2 구조와 생활주기. **(a)** 파아지 입자는 단백질 껍질에 DNA가 둘러싸인 형태로 이루어져 있다. **(b)** 파아지는 숙주세포인 세균에 부착하여 숙주세포의 세포벽을 통해 세포질로 자신의 유전자들(DNA)을 넣는다. 숙주세포 내부에서 이 유전자들은 새로운 파아지의 DNA와 단백질을 만들어내고 자손 파아지를 조립한 후 직접 세포를 터뜨리고 외부로 나온다.

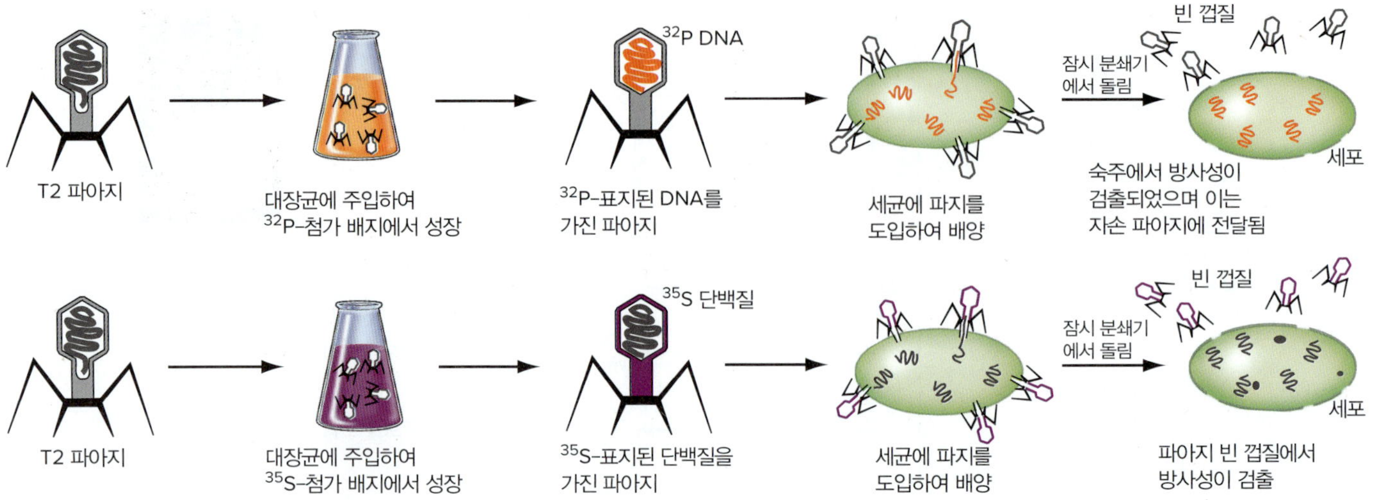

그림 6.7 허시-체이스의 분쇄 실험. 이 실험에서는 ^{32}P-표지 DNA 혹은 ^{35}S-표지 단백질을 포함한 T2 박테리오파아지 입자들이 세포를 감염하는데 사용되었다. 짧은 감염시간이 지난 후, 허시와 체이스는 분쇄기에 배양액을 넣고 돌린 후 원심분리기를 이용하여 감염된 세포에서 바이러스의 빈 껍질(단백질)을 분리해냈다. ^{32}P-표지 DNA의 대부분은 세포침전물에서 발견된 반면 ^{35}S-표지 단백질의 대부분은 파아지 껍질과 함께 상층액에 남아 있었다.

있다. 감염 후 30분이 지나면 세포가 파열되면서 새로 만들어진 수백 개의 파아지가 분출된다(**그림 6.6b**). 그러면 새로운 파아지 입자를 생산하는 데 사용된 정보를 포함하는 물질은 DNA와 단백질 중 어느 것일까?

1939년 전자현미경의 발명으로 파아지 입자를 관찰할 수 있게 되었다. 놀랍게도 세균 감염 시 파아지 전체가 세포 내로 도입된 것은 아니었으며, 바이러스 껍질이 세균 세포벽의 바깥 표면에 부착되어 남아 있는 것이 관찰되었다. 빈 파아지의 껍질이 세포 밖에 남아 있기 때문에, 이때 연구자들은 파아지 입자를 세포 표면에 부착하여 복제에 필요한 정보가 포함된 자료를 주입하는 작은 주사기에 비유하였다.

1952년 허시와 체이스는 분쇄 실험에서 T2로 알려진 파아지를 사용하여 세포 외부에 남겨진 껍질은 단백질인 반면, 주입되는 물질은 DNA임을 검증하였다(**그림 6.7**). 그들은 방사선 동위원소로 표지된 인(^{32}P)과 황(^{35}S)을 이용한 두 개의 서로 다른 배양액에서 키운 세균에 각각 T2를 감염시켰다. 단백질은 황을 포함하지만 DNA는 황을 포함하지 않고 인을 포함하기 때문에 ^{32}P가 있는 배지에서 성장한 파아지는 DNA가 방사성을 나타내는 반면, ^{35}S 배지에서 성장한 파아지는 단백질에서 방사성을 나타내게 된다. 이렇게 방사성 물질로 표지된 파아지는 새로운 세균을 감염시킬 경우 각 물질이 어디에 위치하는지를 보여주는 좋은 표식자의 역할을 한다.

허시와 체이스는 새로운 배양액에서 자란 세균을 ^{35}S나 ^{32}P로 표지된 파아지에 각각 노출시켜 파아지 유전자가 세균으로 주입되게 한 후 분쇄기를 이용하여 세균과 파아지 껍질을 서로 떨어뜨렸다. 이를 원심분리하여 가벼운 파아지 껍질은 상층에 남기고 무거운 세포층은 시험관 하단에 침전시킨 후 이 두 층의 방사성 양을 분석한 결과, 방사성 ^{35}S(단백질)의 대부분은 상층액에 존재하는 반면, 방사성 ^{32}P(DNA)의 대부분은 침전물에 있는 것이 확인되었다. 이것은 세포벽에 붙은 파아지 껍질은 단백질로 이루어져 있는 반면, 세포 내로 주입되는 물질은 DNA임을 의미한다. 방사성 동위원소로 표지된 DNA가 주입된 세균은 일반적인 파아지 감염에서와 같이 수백 개의 파아지 자손입자를 생산하였다. 이러한 관찰로 허시와 체이스는 파아지의 유전자는 DNA라는 결론을 내렸다.

허시와 체이스의 실험은 에이버리의 연구 결과와 함께 엄청난 영향을 끼쳤다. 많은 연구자들은, 이 실험이 에이버리의 결과를 바이러스 입자로 확장하여 증명한 것이며, 드디어 DNA를 유전물질로 인정해야 하는 때가 온 것이라고 생각하게 되었다.

핵심 개념 6.1

- DNA는 인산디에스테르 결합으로 이루어진 뉴클레오타이드들의 중합체이다. 뉴클레오타이드는 디옥시리보오스, 인산 그리고 네 개의 질소 염기들 중 하나와 연결되어 만들어진다.
- DNA는 세포의 핵에서 관찰되는 염색체에만 존재한다.
- 에이버리와 연구진은 병원성인 S형 세균의 DNA를 처리하면 비병원성인 R형이 S형으로 형질전환 될 수 있음을 보였다. 이 결과는 DNA가 유전물질임을 보여주는 강력한 증거이다.
- 허시-체이스는 실험에서 ^{32}P 혹은 ^{35}S가 포함된 배지에서 T2 박테리오파아지를 배양하여 파아지의 DNA와 단백질을 각각 표지시켰다. 이 실험에서 이들은 ^{32}P로 표지된 바이러스 DNA가 바이러스 입자를 생성하는 유전정보를 가지고 있다는 것을 밝혔다.

6.2 왓슨과 크릭의 DNA 이중 나선 모델

학습 목표

1. 왓슨과 크릭이 제안한 DNA 구조의 주요 특징을 설명한다.
2. 이중 나선 구조에서 DNA 두 가닥이 역평행의 극성을 가진다는 것의 의미를 설명한다.
3. 다양한 DNA 구조들의 차이점을 구별한다.

적절한 실험 조건에서 순수 분리된 DNA 분자들은 섬유 형태로 길게 늘어선 정렬된 구조를 만든다. 그리고 크리스탈 샹들리에가 빛을 분산시켜 독특한 패턴을 벽에 그려내듯이, DNA 섬유는 X-선을 분산시켜 특유의 회절 패턴을 보인다(**그림 6.8**). X-선 결정분석학자들은 DNA의 회절 패턴을 분석하여 분자의 입체 구조를 유추할 수 있다. 1951년 봄, 23세의 제임스 왓슨(James Watson)은 DNA가 특정 회절 패턴을 투영한다는 것을 알고 DNA는 '일정한 구조를 가지고 있으며 쉽게 구조를 풀 수 있을 것'이라고 예상하였다.

이번 절에서는 DNA의 3차원 구조를 알기 위하여, 뉴클레오타이드를 이루고 있는 단위체들에 대해 자세히 살펴보고, 폴리뉴클레오타이드에서 이들이 어떻게 서로 연결되어 있으며 두 개의 사슬은 어떻게 이중 나선을 이루는지 분석하였다.

뉴클레오타이드는 DNA를 이루는 기본 단위체이다

DNA는 **뉴클레오타이드**라고 하는 단위체로 구성된 긴 합성체이다. 각 뉴클레오타이드는 세 가지 요소, 즉 디옥시리보오스 당, 인산, 질소로 이루어진 염기 네 가지 중의 하나로 구성되어 있다. 이러한 화학 성분에 대한 상세한 지식과 그들의 결합 방법은 왓슨과 크릭의 모델을 구축하는 데 중요한 역할을 하였다.

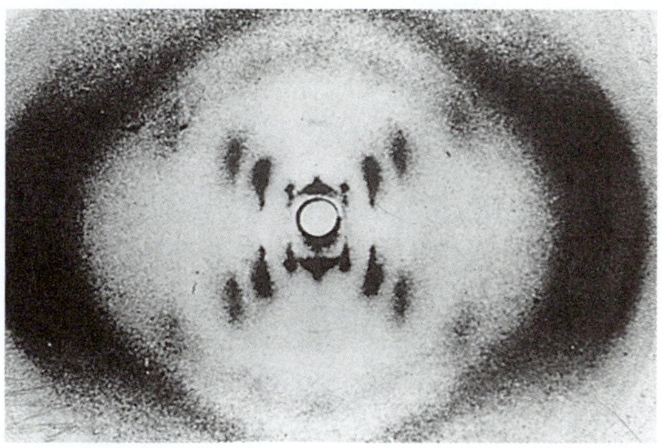

그림 6.8 X-선 회절 패턴은 DNA의 나선형 구조를 반영한다. X-선 회절 패턴 사진은 1952년 로잘린드 프랭클린과 모리스 윌킨스가 섬유형태의 DNA를 촬영한 것이다. X-선에 의해 나타난 십자형 패턴은 DNA가 나선형임을 나타낸다.
Source: ©Science

뉴클레오타이드의 구성 요소

그림 6.9는 디옥시리보오스, 인산, 네 개의 염기 등, 뉴클레오타이드를 이루는 세 가지 구성 요소의 화학 조성과 구조를 보여준다. 이 그림에서는 구성 요소들이 어떻게 연결되어 한 개의 뉴클레오타이드를 이루는지, 두 뉴클레오타이드 사이 **인산디에스테르**(phosphodiester) **결합**이 어떻게 연결되어 있는지를 보여준다. 질소가 포함된 염기의 중심고리 구조의 탄소 또는 질소 원자에는 **퓨린**(purine)의 경우 1에서 9까지, 그리고 **피리미딘**(pyrimidine)의 경우 1에서 6까지 번호가 할당되어 있다. 디옥시리보오스 당의 탄소 원자는 1′에서 5′의 번호를 사용하여 염기 내의 원자들과 구분한다. 디옥시리보오스 1′ 위치의 탄소와 염기가 공유결합을 한 경우 **뉴클레오시드**(nucleoside)를 형성한다. 여기에 5′ 위치의 탄소에 인산기가 추가되면 **뉴클레오타이드**(nucleotide)가 된다.

뉴클레오타이드들을 연결하여 DNA 사슬을 형성

그림 6.9에서 보는 바와 같이 뉴클레오타이드들로 구성된 DNA 사슬은 **극성**(polarity)을 가진다. 인산디에스테르 결합은 항상 뉴클레오시드의 3′ 위치 탄소와 다음 뉴클레오타이드의 5′ 위치 탄소 사이 공유결합으로 형성된다. 뉴클레오타이드 단위체들의 일관된 연결로 사슬의 전반적인 방향성이 나타나서, 결국 화학적으로 단일사슬의 두 끝은 명확한 차이를 가지게 된다.

5′ 말단 끝에 위치한 뉴클레오타이드의 당에는 아무 결합도 하지 않은 5′ 탄소 원자가 있다. DNA를 합성 또는 분리하는 방법에 따라 5′ 말단에 있는 뉴클레오타이드의 5′ 탄소에는 수산기 혹은 인산기가 나타난다. 사슬의 다른 한 쪽인 **3′ 말단**에는 마지막 뉴클레오타이드의 3′ 탄소가 있다. 이러한 5′에서 3′으로의 극성은 두 끝 사이의 사슬을 따라, 뉴클레오타이드에서 뉴클레오타이드로 보존된다. 관례상 DNA 사슬은 (별도로 명시하지 않는 한) 염기들로 표현될 때 왼쪽에서 오른쪽 방향으로 5′에서 3′(5′ → 3′)을 나타낸다. 예를 들어, 그림 6.9c에 묘사된 사슬은 5′ TACG 3′이다.

염기배열(DNA)에 포함된 정보

정보는 기호들의 배열로 해석할 수 있으며 전달되는 메시지에 따라 기호들의 순서가 달라진다. 이 배열이 변화 없이 모두 동일하다면 정보를 내포할 가능성이 없다. DNA의 당-인산기 **뼈대**는 DNA 사슬의 모든 뉴클레오타이드에 대하여 화학적으로 동일하기 때문에 뉴클레오타이드 사이의 유일한 차이는 염기이다. 따라서 DNA가 유전정보를 전달하는 경우 그 정보는 A, G, T, C 염기의 순서의 변화로 구성될 것이다. DNA 염기의 네 글자로 만들어진 정보는 26개 영어 알

그림 6.9

자세히 들여다본 DNA의 화학구성성분

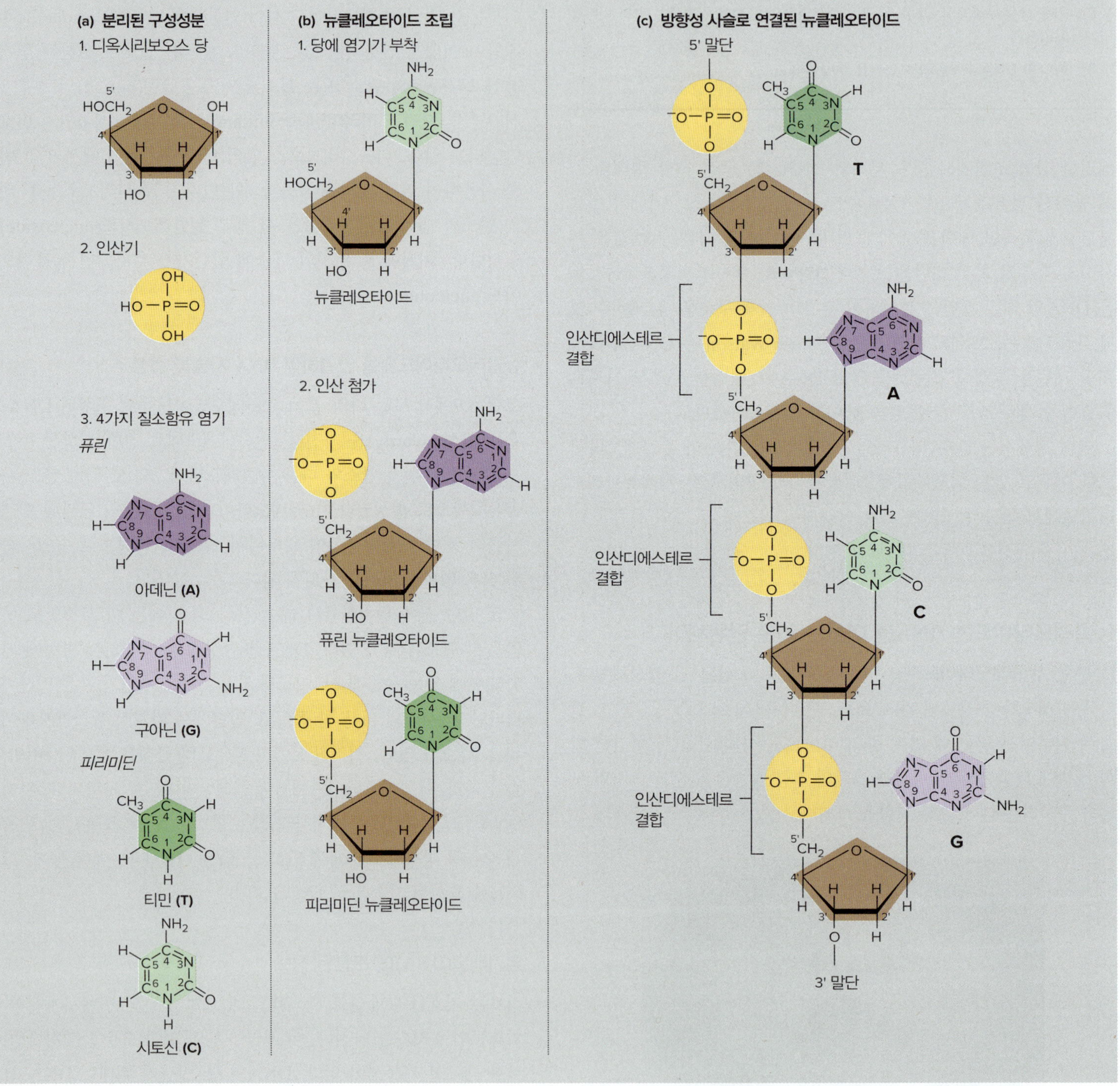

파벳의 기본 정보와 유사하다. 책 안에 있는 다양한 단어들을 만들기 위한 방법으로 알파벳의 26개를 조합하여 사용하듯이, 생명체를 구성하기 위해 필요한 정보는 네 가지 염기들의 다양한 조합으로 이루어진 뉴클레오타이드의 긴 배열에 들어 있다.

표 6.1 다양한 생명체들의 DNA에서 나타난 뉴클레오타이드 염기구성에 대한 샤가프의 자료

	DNA 분자 내 염기 백분율				비율	
생명체	A	T	G	C	A/T	G/C
대장균	24.7	23.6	26.0	25.7	1.05	1.01
효모	31.3	32.9	18.7	17.1	0.95	1.09
예쁜꼬마선충	31.2	29.1	19.3	20.5	1.07	0.96
초파리	27.3	27.6	22.5	22.5	0.99	1.00
쥐	29.2	29.4	21.7	19.7	0.99	1.10
사람	29.3	30.0	20.7	20.0	0.98	1.04

염기 하나하나의 백분율은 생명체마다 다르지만 대략 A는 항상 T의 양과 동일하고, G의 양은 항상 C와 비슷하다. 퓨린의 총량(A + G)은 거의 항상 피리미딘(C + T)의 총량과 같다.

DNA의 나선은 두 개의 역평행 사슬로 구성되어 있다

왓슨과 크릭의 DNA 분자 구조의 발견은 생물학적 현상을 이해하기 위한 공헌도로 볼 때, 자연선택에 의한 진화론을 펼친 다윈의 이론과 유전에 대한 멘델의 법칙 등과 함께 중요한 위치를 차지한다. 왓슨-크릭 구조는 당시 사용할 수 있는 모든 화학물질 및 물리적 데이터의 해석을 기반으로 했으며, 그들은 자신들이 발견한 결과를 1953년 4월 과학잡지 〈네이처(*Nature*)〉에 발표하였다.

X-선 회절의 증거

방향성이 있는 DNA 섬유의 회절 패턴만으로는 충분한 정보를 얻을 수 없어 완벽한 구조를 알 수 없다. 예를 들어, X-선 자료에서 볼 수 있는 회절선의 세기와 위치 수는 DNA 분자에 있는 모든 원자의 미지의 좌표의 개수에 비해 훨씬 적다(그림 6.8 참조). 그럼에도 불구하고 DNA의 X-선 회절 사진이 풍부한 구조적 정보를 알려주는 데 기여하기도 한다. 로잘린드 프랭클린(Rosalind Franklin)과 모리스 윌킨스(Maurice Wilkins)에 의해 만들어진 뛰어난 X-선 영상은 DNA 분자가 나선 모양임을 밝혔다. 이 DNA 나선은 축을 따라 반복되는 단위체 사이의 간격이 3.4 Å (3.4×10^{-10})이고, 한 회전당 길이가 34 Å이며, 나선의 직경은 20 Å이다. 직경은 그림 6.9에 묘사된 것과 같이 대략 뉴클레오타이드 한 개의 두 배에 해당하는 길이로, DNA 분자 두 개가 나란히 쌍을 이루어 DNA 나선을 구성하는 것을 추측하게 한다.

상보적인 염기쌍들의 정렬

DNA 분자가 나란히 정렬된 두 개의 뉴클레오타이드의 사슬로 이루어져 있다면, 어떤 힘이 두 사슬을 이러한 형태로 유지하게 하는가? 어윈 샤가프(Erwin Chargaff)는 다양한 종에서 DNA의 염기 조성을 비교하는 자료에서 이에 대한 중요한 단서를 제공하였다. 염기의 상대적인 양의 큰 변화에도 불구하고, A:T의 비는 1:1로 크게 다르지 않았고 또한 G:C의 비도 여러 종에서 동일한 결과를 나타냈다(**표 6.1**). 이 결과를 보고 왓슨은 A:T와 G:C에서 나타난 1:1 비가 DNA 구조상 유전과 관련하여 중요한 측면을 반영함을 바로 파악하였다.

A와 T 및 G와 C 사이의 화학적 친화력 관점에서 샤가프의 비를 설명하기 위해 왓슨은 화학구조에 근거하여 염기들을 종이로 잘라 만들고 이들을 퍼즐의 조각처럼 다양한 조합으로 맞춰 보았다. 그는 퓨린과 피리미딘의 원자들이 **수소 결합**(hydrogen bond)이나 약한 정전기적 결합으로 반응 그룹 간의 수소 원자를 일부 공유함으로써 분자 상호작용에 중요한 역할을 할 것이라고 제안하였다(**그림 6.10**). 왓슨은 A와 T 사이에 두 개의 수소 결합을 형성하고 있다고 생각하였다. G와 C 또한 비슷하게 서로의 염기가 연결되어 있다면 이들은 세 개의 수소 결합으로 연결되어 있을 것이다. 놀랍게도 기본적으로 A:T 및 G:C의 두 쌍은 그 형태가 같다. 따라서 수소 결합으로 연결

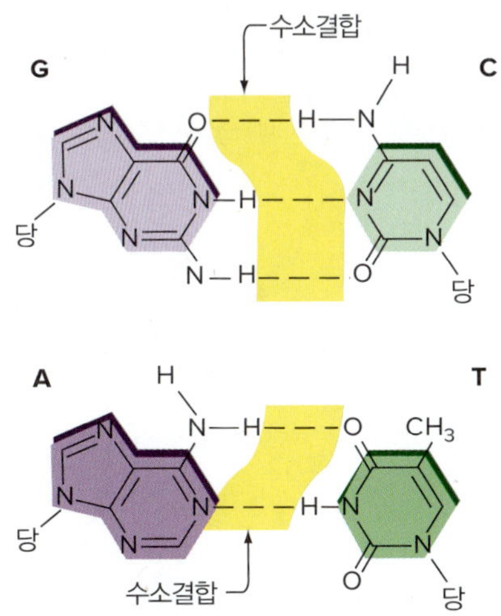

그림 6.10 상보적인 염기쌍. 한 쪽 가닥의 A는 상대 가닥의 T와 두 개의 수소 결합을 형성할 수 있다. 또한 G는 다른 가닥의 C와 세 개의 수소 결합을 형성할 수 있다. A:T 및 G:C 염기쌍의 크기와 모양은 비슷하며 이 두 염기쌍들은 모두 이중 나선의 두 뼈대 사이에 비슷한 크기의 공간을 차지한다.

그림 6.11

DNA의 이중 나선 구조

(a) 왓슨과 크릭은 DNA의 화학 성분 및 물리적 공간배치 등 알려진 사실을 바탕으로 철사를 이용한 모델을 만들고 증거들을 하나로 모았을 뿐만 아니라 DNA의 기능을 설명하기 위한 기초를 마련하였다.

(b) DNA 모델에서 두 DNA 가닥은 나선형을 이루는데, 축 내부에는 각 가닥의 염기 부분이 쌍을 이루고 있고, 당-인산으로 이루어진 뼈대는 외곽에 위치한다. 모든 가닥들은 오른손 방향 쪽으로 회전하는 나선을 형성하는데, 이때 한 가닥은 5′ → 3′ 방향이 위쪽으로 향하는 반면, 다른 가닥은 그 방향이 아래쪽으로 향한다. 즉, 두 가닥은 역평행을 이룬다. 염기쌍은 기본적으로 평면이며 나선형 축에 직각이고, 당의 경우에는 그 면이 대략 염기에 수직을 이룬다. 나선형 축을 중심으로 두 가닥이 꼬여 나선을 이루므로, 매 10염기쌍당 또는 34 Å당 한 번 회전을 하게 된다. 그 결과 이중 나선은 당-인산 뼈대와 다각형의 염기쌍들로 구성된 두 개의 나선이 서로 꼬여서 만들어진 사다리 형태처럼 보인다.

(a) *Source: ©A. Barrington Brown/Science*

(c) 분자의 공간을 채워 표현한 공간-채움 모델에서, 이중 나선의 전체 모양은 20 Å의 직경의 홈이 파인 원통 형태와 유사하다. DNA의 뼈대는 마치 나사의 날이 축을 중심으로 회전하며 굽어 있는 것처럼 보이지만, DNA의 뼈대는 두 개이므로 양 날이 있는 형태로서 이들은 서로 수직으로 배치되어 축 주위로 좁은 홈과 넓은 홈, 두 개의 홈을 만든다. 좁은 홈을 **부홈**(minor groove) 그리고 넓은 홈을 **주홈**(major groove)으로 부른다.

이중 나선의 두 사슬은 상보적인 염기쌍들인 A:T 및 G:C 사이의 수소 결합에 의해 함께 붙어 있다. 이중 나선 구조 내에서, 염기쌍을 이루는 공간에 필요한 요구 사항은 각 쌍이 작은 피리미딘 분자 한 개와 큰 퓨린 분자 한 개로 구성되어 있어야 한다는 것으로서 A:T 및 G:C의 특정 쌍만이 짝을 이루어 구조를 유지할 수 있다. 따라서 DNA 사슬에서 관찰되는 상보적인 염기쌍은 공간적으로 필수적이며 논리적인 결과물이다. 한 개의 뉴클레오타이드는 두 개 또는 세 개의 수소 결합만을 이루지만, 뉴클레오타이드 수천 또는 수백만 개로 구성된 긴 DNA 분자의 연속적인 염기쌍 사이에 있는 수소 결합의 총합은 DNA 분자의 화학적 안정성에 큰 기여를 하게 된다.

(b)

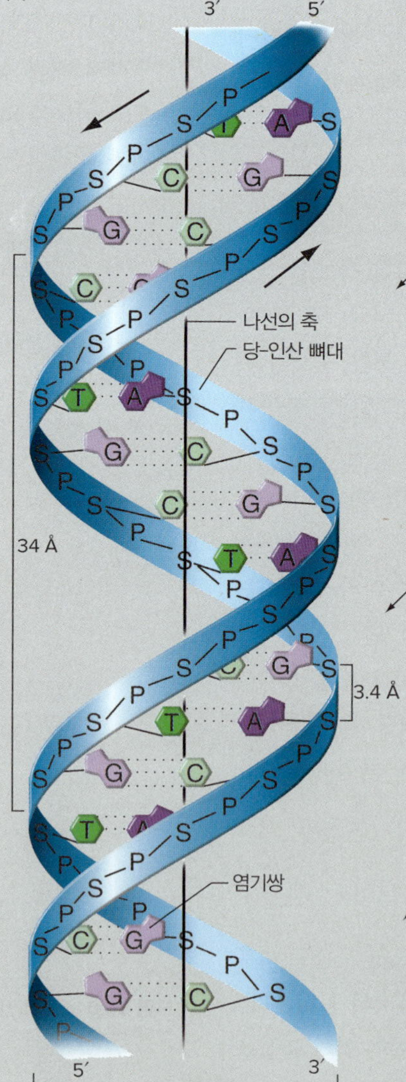

(c)

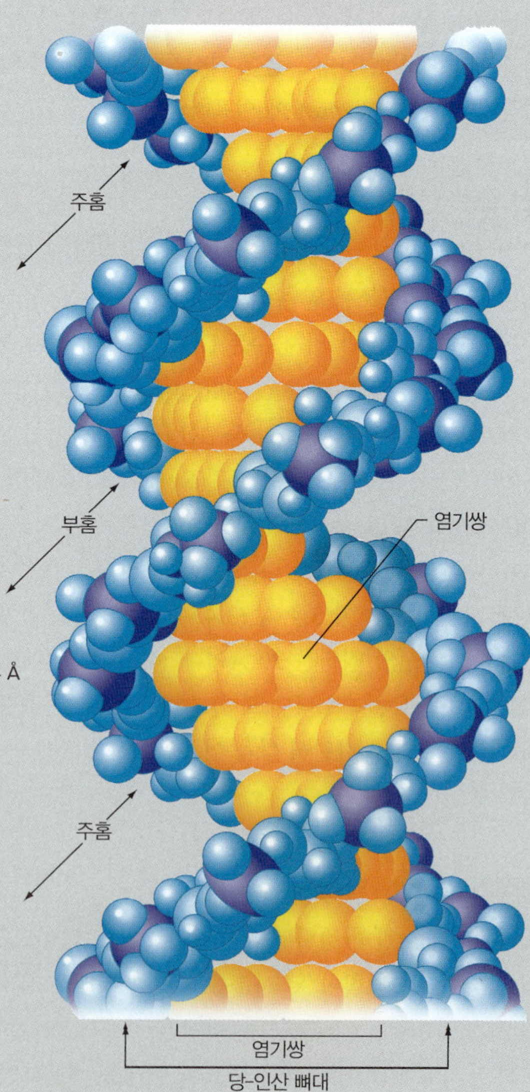

된 두 개의 쌍은 당-인산기 뼈대 사이에 임의의 순서로 들어가더라도 구조상 왜곡되지 않고 반듯한 이중 나선 사슬을 이룰 수 있게 된다. 또한 이러한 예측은 항상 A와 T 그리고 G와 C가 같은 비로 존재한다는 샤가프 실험 결과를 만족시킨다. 따라서 염기쌍은 모두 퓨린과 피리미딘 각각 한 개씩이 쌍으로 이루어져 있다.

크릭은 X-선 자료와 화학적 사실을 연결시켜 뉴클레오타이드의 구조를 볼 때 왓슨의 염기쌍들의 정렬은 두 개의 사슬이 역평행으로 존재해야만 가능하다는 것을 알게 되었다. **그림 6.11**은 왓슨과 크릭이 1953년 4월 제안한 DNA 이중 나선 구조에 대한 모델을 설명하고 있다.

다른 형태의 이중 나선 구조도 존재한다

왓슨과 크릭은 자료만 가지고 DNA 구조를 결정한 것이 아니라 모델을 만들어서 이중 나선 구조 모델을 도출해냈다. 그러나 왓슨과 크릭이 제안한 DNA 이중 나선 구조의 백미는 이 모델의 정확성에 대한 증거 실험이 더 이상 필요없다는 것이었다. 이전에 발표된 모든 화학 및 공간 자료들 그리고 많은 생물학적 현상들이 이 모델과 일관된 합치를 보임으로써 정확성에 대한 증거들은 이미 제시된 것이나 다름없었다.

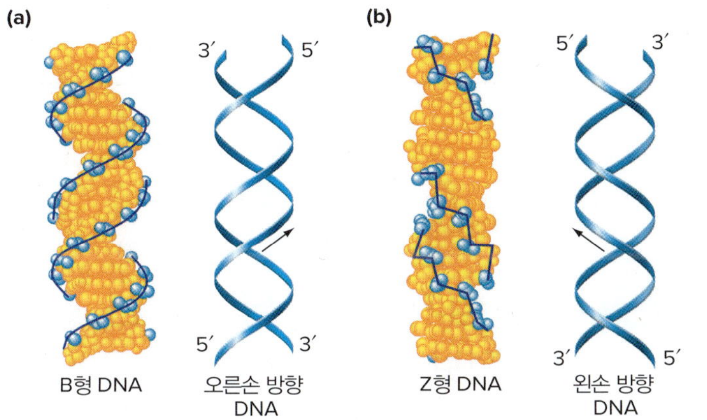

그림 6.12 Z형 DNA는 또 다른 형태의 이중 나선이다. **(a)** 대표적인 왓슨-크릭의 B형 DNA는 부드러운 뼈대와 오른손 방향 나선을 형성한다. **(b)** Z형 DNA는 왼손 방향 나선이고 불규칙한 뼈대를 갖는다.

B형 DNA와 Z형 DNA

대부분 자연 상태의 DNA 분자는 왓슨과 크릭이 제안한 구조로 되어 있다. 이러한 분자는 **B형 DNA**(B-form DNA)로 알려져 있는데, 오른쪽으로 휘는 나선형을 하고 있다(**그림 6.12a**). 그러나 DNA 구조는 원래 생각보다 다양한 형태를 하고 있다. 예를 들어, **Z형**(Z form)으로 알려진 DNA는 특이한 뉴클레오타이드 배열을 가지며 왼쪽으로 휘는 나선의 뼈대가 지그재그 모양을 나타낸다(**그림 6.12b**). 연구팀들은 시험관 내에서 B형 구조와 다른 비정상적인 구조를 가지는 DNA를 다량 관찰하였고, 이 형태들 중 일부는 살아 있는 세포에서도 일시적으로 존재할 수 있을 것이라 추측하였다. 예를 들어, Z형의 DNA는 실제 생체 내 특정 염색체 지역에 존재한다는 증거가 있다. Z형 및 기타 비정상적인 형태의 생물학적 역할에 대한 조사는 앞으로 더욱 진행되어야 할 것으로 예상된다.

선형 및 원형 DNA

모든 진핵세포 생물의 염색체들은 긴 선형의 이중 나선 형태이지만, 몇 가지 작은 염색체들은 원형인 것도 있다(**그림 6.13a, b**). 동물이나 인간에서 암을 일으킬 수 있는 일부 바이러스(papovaviruses)의 염색체, 원핵세균의 염색체 그리고 세포소기관의 염색체(미토콘드리아와 엽록체) 등이 여기에 포함된다. 진핵세포 안에서 발견되는 이러한 원형의 염색체들은 공유결합에 의해 양끝이 연결된 원형의 DNA 분

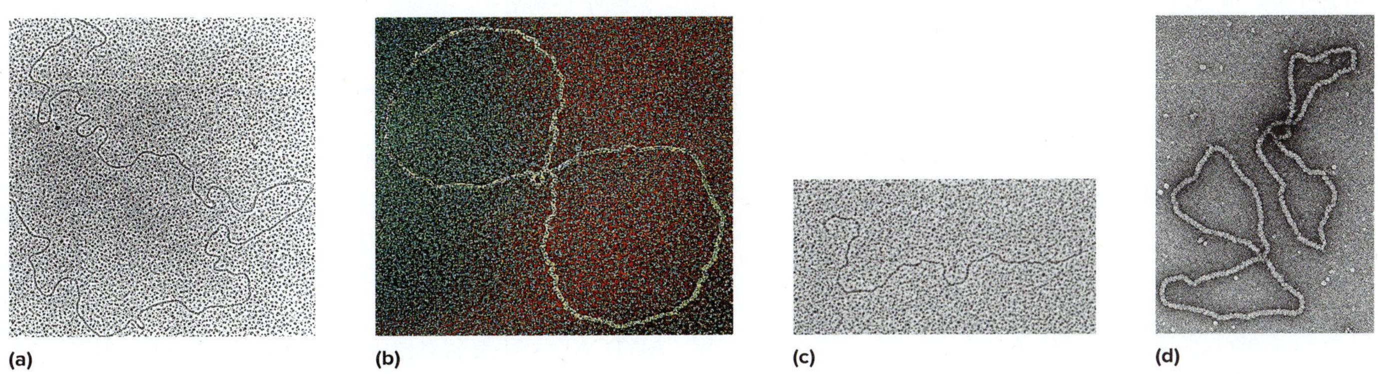

그림 6.13 DNA 분자는 직선 또는 원형, 이중 또는 단일 가닥일 수 있다. 자연적으로 만들어진 DNA 분자를 전자현미경으로 관찰하면 다음과 같은 형태를 하고 있다. **(a)** 긴 선형 이중 가닥 인간 염색체의 조각, **(b)** 원형 이중 가닥 파포바바이러스(papovavirus)의 염색체, **(c)** 선형 단일가닥 파보바이러스(parvovirus)의 염색체, **(d)** 원형 단일가닥 박테리오파이지 M13 염색체. *Source: (a): ©Biophoto Associates/Science, (b): ©Yoav Levy/Phototake, (c): ©Ross Inman*와 *Maria Schnos, University of Wisconsin, Madison, WI, (d): ©Jack D. Griffith/ University of North Carolina Lineberger Comprehensive Cancer Center.*

자로 구성되어 있다. 이러한 원형 이중 나선의 각 가닥을 살펴보면 말단은 없지만, 여전히 두 가닥은 서로 역평행의 극성을 가진다.

단일 가닥과 이중 가닥 DNA

일부 바이러스들은 비교적 작은 단일 가닥 DNA 분자를 유전물질로 가진다. 일단 세포 내부로 감염하면 단일 가닥 분자가 두 번째 가닥을 만들기 위한 주형의 역할을 하고, 그 결과 이중 가닥 DNA가 만들어져 더 많은 자손 바이러스 입자의 생산을 시작하게 된다. 단일 가닥 DNA를 유전체로 가지는 바이러스의 예로는 박테리오파아지 ϕX174와 M13 그리고 인간에서 태아치사와 자연유산을 유발하는 포유류 파보바이러스 등이 있다. ϕX174와 M13의 유전물질은 DNA 단일가닥이 공유결합으로 닫힌 원형의 형태이며, 파보바이러스의 경우는 선형이다(**그림 6.13c, d**).

B형에서 Z형으로 변화하고, 복제와 발현을 위해 DNA가 단일가닥에서 이중 가닥으로 혹은 선형에서 원형으로 바뀌는 형태 변화 등은 왓슨과 크릭 모델의 이중 나선에서 약간의 변형된 모습들이다. 이렇게 실험적으로 이미 다른 형태들에 대한 발견들이 알려져 있음에도 불구하고, 왓슨-크릭의 이중 나선은 DNA 구조에 대한 기본적인 모델로 남아 있고 또한 수십억 년의 진화과정 동안 보존되어 내려 온 DNA 분자의 특징을 잘 보여준다.

유전의 기초: DNA 구조

염기서열을 분석하지 않고는 인간의 DNA와 세균의 DNA를 구별하기 힘들다. 모든 DNA 분자가 동일한 일반적인 화학적 특성과 물리적 구조를 가지고 있기 때문이다. 반면, 단백질 분자의 경우, 그 구조와 기능이 훨씬 더 복잡하고 더 다양하다. 크릭은 이중 나선 구조 발견 당시, "DNA는 고도로 진화된 단백질보다 훨씬 덜 정교한 분자이며, 이러한 이유로 보다 쉽게 그 비밀을 밝힐 수 있을 것이다"라고 말하였다.

DNA의 기본적인 비밀은 다음의 네 가지 질문에 대한 해답으로 알 수 있다.

1. 어떻게 정보를 담고 있는가?
2. 어떻게 다음 세대에게 복사된 정보가 전달되는가?
3. 어떤 메커니즘에 의해 정보가 수정되는가?
4. 어떻게 DNA에 암호화된 정보가 표현형의 발현을 조절하는가?

DNA의 이중 나선 구조는 유전물질로서 필요한 모든 중요한 기능을 수행하는 능력을 가지게 하기 때문에 각 질문에 대한 통합적인 해답을 제공한다.

이 장의 나머지 부분에서는 DNA의 구조가 어떻게 유전 정보를 높은 충실도로 복제되고, 전달되며, 재조합을 통해 정보를 재구성하는 역할을 하는지 다루게 된다. 돌연변이를 통해 어떻게 정보가 수정되고, 이를 통해 표현형이 결정되는지에 대한 내용은 7장과 8장에서 설명한다.

핵심 개념 6.2

- DNA 분자는 인산디에스테르 결합으로 이루어진 뉴클레오타이드들의 중합체이며, 역평행의 두 가닥으로 구성된 이중 나선 형태를 갖는다.
- 역평행이란 5′에서 3′ 방향으로 극성을 가진 사슬과 3′에서 5′ 방향으로 극성을 가진 사슬이 서로 상보적인 염기쌍 사이의 수소 결합을 통하여 결합한 상태를 말한다.
- 이중 나선 구조는 상보적인 염기들, 즉 A와 T, G와 C 사이의 수소 결합에 의하여 유지된다.
- 대부분 진핵세포의 유전체들은 이중 나선의 선형 DNA이지만 원핵세포, 엽록체, 미토콘드리아와 몇몇 바이러스의 유전체는 이중 나선의 원형 DNA이다. 바이러스 중에는 단일가닥의 선형 혹은 원형의 DNA를 유전체로 가지는 것들도 존재한다.

6.3 DNA 염기배열에 담겨 있는 유전정보

학습 목표

1. DNA가 복잡한 유전정보를 어떻게 저장하고 있는지 설명한다.
2. DNA가 저장하고 있는 정보가 단백질들의 도움으로 읽혀지는 두 과정에 대하여 비교한다.
3. DNA와 RNA 구조의 차이점에 대해 설명한다.

DNA의 정보 내용은 염기 순서에 있다. 각 사슬에 있는 네 가지 염기는 알파벳 문자처럼 임의의 순서로 존재하며, 어떻게 배열되는지에 따라 다른 의미의 '단어'들을 만든다. 각 단어들은 자체 의미를 가지고 있어 표현형에 영향을 미치게 된다. 예를 들어, CTAGGT와 AGTCAT는 같은 염기들로 구성되어 있지만 다른 의미를 가진다. DNA는 네 가지 뉴클레오타이드만을 가지지만 긴 사슬을 이루면서 다양한 조합을 가질 수 있고, 그에 따른 정보저장의 잠재력은 엄청나다. 예를 들어, 인간의 어떤 염색체가 2억 5천만 개의 뉴클레오타이드로 이루어진 사슬로 구성되어 있다면, 다양한 염기는 어떤 순서로도 배열이 가능하기 때문에 이러한 사슬은 잠재적으로 뉴클레오타이드 배열 $4^{250,000,000}$(계산하면 숫자 1 뒤에 숫자 0이 150,515,000개 존재)개 중 하나가 될 것이다.

대부분의 유전정보는 꼬인 DNA 사슬이 풀린 후 읽혀진다

DNA 분자의 풀면 두 가닥 각각으로부터 염기들이 노출된다(**그림 6.14**). 단백질들은 단일가닥 DNA의 정보를 읽어 내려가며 특정 염기서열에 상보적인 RNA 분자를 합성하거나(**전사** 과정) DNA 분자를 합성한다(**복제** 과정).

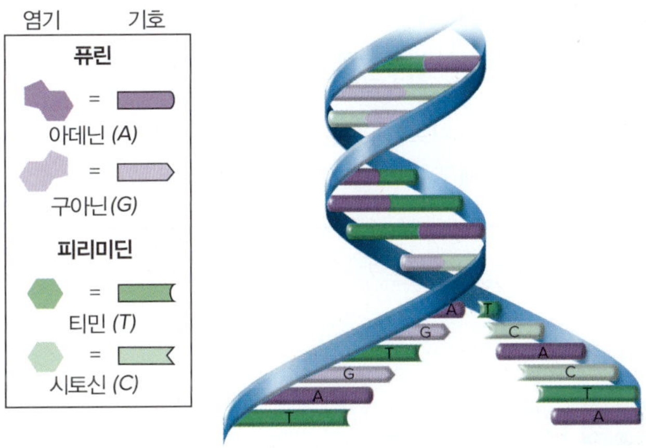

그림 6.14 DNA 염기의 순서에 정보를 저장한다. 부분적으로 풀린 DNA 이중 나선이다. 이중 나선 부위와 풀린 부위는 서로 다른 구조적 정보를 가지기 때문에 서로 다르게 반응할 수 있다.

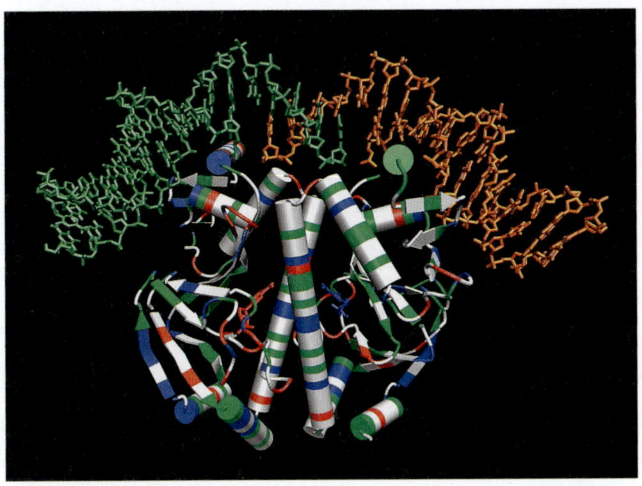

그림 6.15 단백질들은 DNA의 특정 염기서열에 결합한다. DNA(초록색과 주황색)에 결합한 대장균의 이화대사 유전자 활성 단백질(CAP) 분자. CAP의 구조가 α-나선구조(원통)와 β-병풍구조(리본)가 표시되어 있다. CAP는 이중 나선 DNA의 주홈에 위치한 특정 염기서열을 인식할 수 있다. *Source: ©Tim Evans/Science*

일부 DNA 유전정보는 DNA 사슬이 풀리지 않아도 접근이 가능하다

어떤 단백질은 이중 가닥 DNA의 특정 염기쌍 배열을 인식한다(**그림 6.15**). 이 정보는 주홈 및 부홈에 있는 네 개의 염기들이 다르거나 당-인산 뼈대의 일부가 형태적으로 차이를 보이기 때문에 인식이 되는 것이다. 홈 안쪽에 특히 주 홈에 존재하는 염기 주변에 특정 원자가 노출되면 이 원자는 화학적 정보를 제공할 수 있다. 이런 특성 때문에 단백질들은 이중 나선 구조를 풀지 않고 늘어선 DNA 사슬의 염기배열 정보를 감지할 수 있다. 특정 DNA 서열과 결합하는 단백질들의 예로, 특정한 DNA 서열을 자르는 데 사용되는 세균 제한효소(10장)와 유전자 활성을 조절하는 전사인자(18장과 19장)을 들 수 있다.

일부 바이러스는 RNA에 유전정보를 저장하고 있다

모든 세포 형태의 생명체들과 대부분의 바이러스들은 DNA를 유전정보로 가진다. 대장균과 같은 원핵세포 생명체는 공유결합으로 끝이 이어진 원형의 이중 나선 DNA를 유전 물질로 가진다. 진핵세포 생명체의 경우 자신의 이중 나선 DNA를 둘 이상의 선형 염색체에

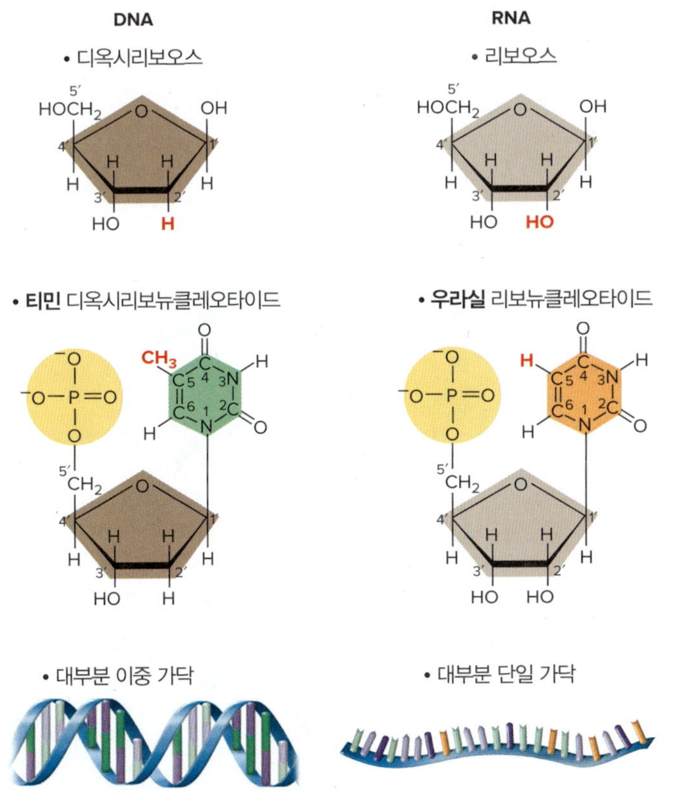

그림 6.16 DNA와 RNA의 화학적 구조의 차이. DNA와 RNA는 세 가지 차이를 보인다(각 항의 글머리 참고).

담고 있다. DNA 바이러스는 종류에 따라 단일 또는 이중 가닥, 원형 또는 선형의 형태의 DNA를 유전체로 가진다.

이와 대조적으로, 소아마비 혹은 에이즈의 원인이 되는 일부 바이러스들은 **RNA**(ribonucleic acid)를 유전물질로 사용하기도 한다.

RNA와 DNA의 차이

RNA와 DNA 사이에는 세 가지 중요한 화학적 차이가 있다(**그림 6.16**). 첫째, RNA는 DNA에서 발견된 디옥시리보오스 대신 **리보오스**(ribose)를 당으로 가진다. 둘째, RNA는 티민(T) 염기 대신 우라실(U) 염기를 포함한다. 이런 이유로 RNA에서는 T 대신 U가 A와 쌍을 이루게 된다. 마지막으로, 대부분의 RNA 분자는 단일가닥으로 존재하며 핵 내 염색체에서 발견되는 매우 긴 DNA 분자들에 비해 훨씬 작은 크기를 가진다.

단일 가닥 RNA 대부분은 서로 상보적인 염기 순서를 가지는 특정 부위에서만 두 가닥이 서로의 염기가 짝을 지어 분자 내에 짧은 이중 가닥 형태를 형성할 수 있다. 이것은 상대적으로 단순한 이중 나선 모양의 DNA 분자에 비해, 많은 RNA들은 단일 가닥 루프와 흩어져서 존재하는 짧은 이중 가닥 조각들이 존재하는 복잡한 구조를 가진다는 것을 의미한다(**그림 6.17**).

RNA는 염기의 순서에 정보를 운반하는 DNA와 같은 능력을 갖고 있지만, DNA보다 훨씬 덜 안정적인 물질이다. RNA는 바이러스의 유전물질로 사용될 뿐만 아니라 모든 세포에서 여러 가지 중요한 기능을 담당한다. 예를 들어, 9장에 자세히 설명된 바와 같이 유전자 발현 및 단백질 합성에 참여한다. 또한 앞으로 설명하게 될 DNA 복제에도 중요한 역할을 담당하고 있다.

핵심 개념 6.3

- DNA는 네 개의 염기들의 서열에 유전정보를 저장하고 있다.
- 복제나 전사과정 중에 DNA의 염기 서열은 풀어진 한쪽 사슬로부터 읽혀진다. 어떤 단백질은 이중 나선의 홈들에 접근하여 특정 염기서열을 인지하고 결합한다.
- RNA는 당으로 디옥시리보오스 대신 리보오스를, 염기로 티민(T) 대신 우라실(U)을 가진다. 또한 대체로 이중 가닥보다는 단일 가닥으로 존재한다.

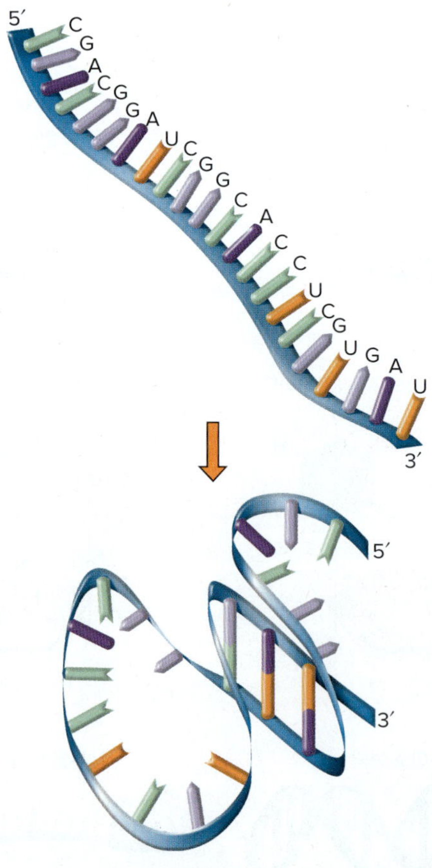

그림 6.17 RNA 분자들의 복잡한 접힘 패턴. 대부분의 RNA 분자가 단일 가닥이지만 상당히 유연하여 일부 지역은 다시 접혀서 같은 분자 내 다른 부분과 염기쌍을 형성할 수 있다.

6.4 DNA 복제

학습 목표

1. 반보존적인 DNA 복제 방법에서 중요한 과정들을 설명한다.
2. 무거운 질소를 이용한 메셀슨-스탈 실험에서 DNA 복제 방법이 반보존적인지를 어떻게 증명하였는지 설명한다.
3. DNA를 복제하기 위하여 DNA 중합효소가 필요로 하는 주요 인자들을 나열한다.
4. DNA 복제 과정을 요약하고 DNA 중합효소의 역할과 어떤 관련이 있는지 설명한다.
5. 세포가 DNA에 있는 유전정보를 정확하고 충실하게 보존하는 세 가지 방법에 대하여 설명한다.

과학 논문의 글 중에서 가장 유명한 절제된 말 중 하나는 1953년 왓슨과 크릭이 이중 나선 모델을 제안한 논문의 끝 부분에 쓴 내용이다("특정한 염기 짝짓기를 생각해 내면서, 이 현상에 바로 유전물질에 대한 복제 메커니즘이 존재한다는 것을 알 수 있었다."). 이전 3장에서 살펴본 바와 같이 이러한 복사 과정은 한 세대에서 감수분열을 통해 다음 세대로 염색체가 대물림을 받기 위해 선행해야 하는 과정이며, 또한 유사분열로 전구세포에 있는 전체 유전정보의 복사본을 두 자손세포가 받기 위한 염색체 복제 과정의 기초 작업이다.

개요: 상보적인 염기 짝짓기로 반보존적 복제를 유지한다

왓슨과 크릭에 의해 추론된 복제 과정에서 이중 나선 구조는 서로 분리가 되면서 각 가닥의 DNA에 있는 염기가 노출된다. 각각 분리된 두 가닥은 이후 새롭게 만들어지는 가닥의 합성을 위해 **주형**(template)의 역할을 하게 된다(**그림 6.18**). 원래 부모가닥의 노출된 염기의 반대편으로 상보적인 염기가 첨가되면서 새로운 가닥이 만들어진다. 원본에 있는 T와 짝을 맞추기 위해 새롭게 합성되는 가닥에는 A가 추가되며, 반대로 A에는 그에 상보적인 T가 새로운 가닥에 삽입된다. 비슷하게 G는 C와 C는 G와 짝짓기를 하게 되는데, 이를 상보적인 염기 짝짓기(complementary base pairing)라고 한다.

해당 염기가 수소 결합을 형성하면서 반대편에 정렬되면 효소들이 인산디에스테르 결합을 통해 뉴클레오타이드를 연속된 사슬로 연결시킨다. DNA 가닥이 분리된 후, 상보적인 염기끼리의 짝짓기로 인해 새로운 사슬이 만들어지는데 이러한 메커니즘을 통해 두 개의 새로운 자손 이중 나선이 생성되며, 이때 생성되는 자손 이중 나선들은 각각 원래의 DNA 가닥 중 하나(보존된 사슬)와 완전히 새로 생성된 사슬 하나로 이루어지게 된다(**그림 6.19a**). 즉 새로 만들어진 이중 나선에서, 한 가닥은 부모 분자로부터 보존되고 나머지는 새로 합성되어 형성되기 때문에, 이러한 복제 방법을 **반보존적 복제**(semiconservative replication)라고 한다.

왓슨과 크릭이 제안한 이 복제 방법은 과학자들이 생각할 수 있는 유일한 방법은 아니며 **그림 6.19b**와 **c**에서는 두 가지 다른 대안을 보여준다. **보존적** 복제 방법에서 두 개의 자손 이중 나선 중 하나는 원래의 DNA 두 가닥이 보존되어 유지되고 새로 합성된 이중 나선은 두 가닥 모두 새로 합성된 가닥들로 이루어진다. 반면 **산발적** 복제에서는 두 개의 자손 이중 나선 모두에서 원래의 이중 나선 사이사이에 새로 합성된 나선이 섞여서 나타난다. 그러나 이러한 대안들은 염기서열 정보를 바로 복제해야 하는 메커니즘을 설명할 수 없는 문제가 있다.

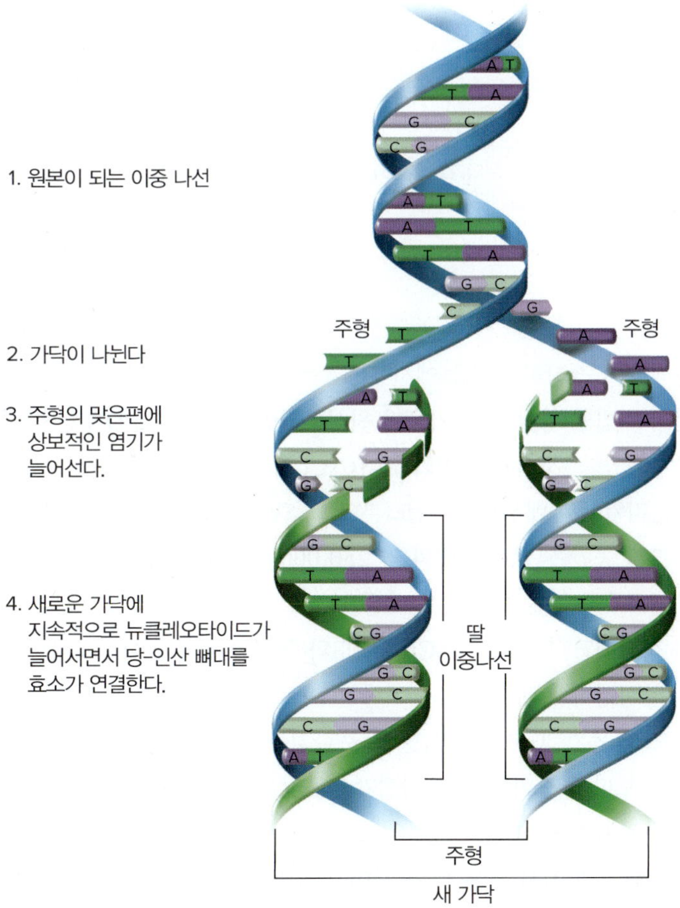

그림 6.18 왓슨과 크릭에 의해 제안된 DNA 복제의 모델. 이중 나선 구조의 꼬임이 풀어지면 두 가닥은 각각 새 가닥 합성을 위한 주형으로 작용하여 상보적인 염기들이 쌍을 이루어 줄을 이루고, 그 결과 한 개의 이중 나선은 동일한 두 개의 자손 이중 나선으로 재탄생한다.

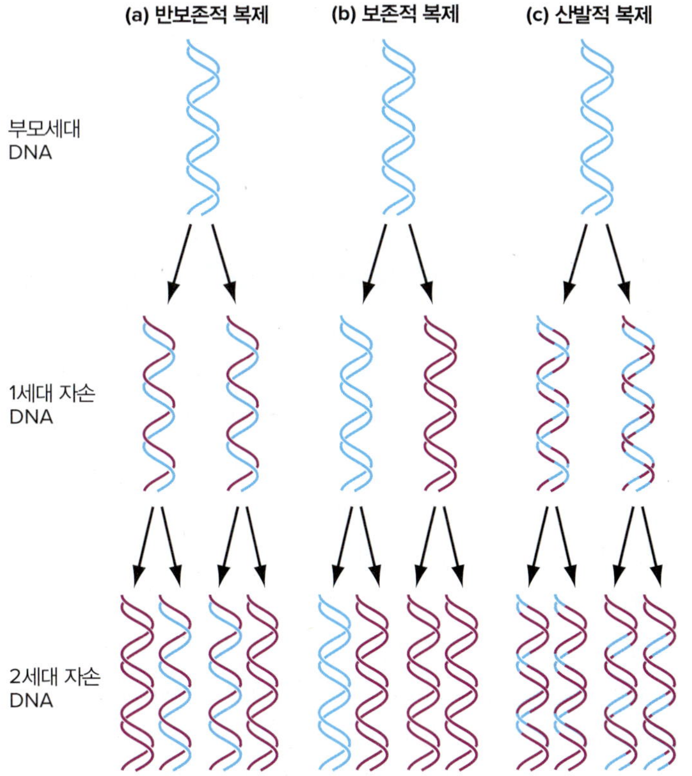

그림 6.19 DNA 복제의 세 가지 모델. 그림에서 원래 이중 나선 구조의 DNA는 파란색, 새로 만들어진 DNA는 빨간색으로 표시되었다. **(a)** 반보존적 복제(왓슨-크릭 모델). **(b)** 보존적 복제: 부모의 이중 나선 구조가 그대로 남아 있다. 새로 생성된 복제물 이중 나선의 두 가닥은 모두 새로 합성된 것이다. **(c)** 산발적 복제: 복제 완료 시, 원본과 새로 합성된 가닥은 모든 이중 나선에 산발적으로 나타난다.

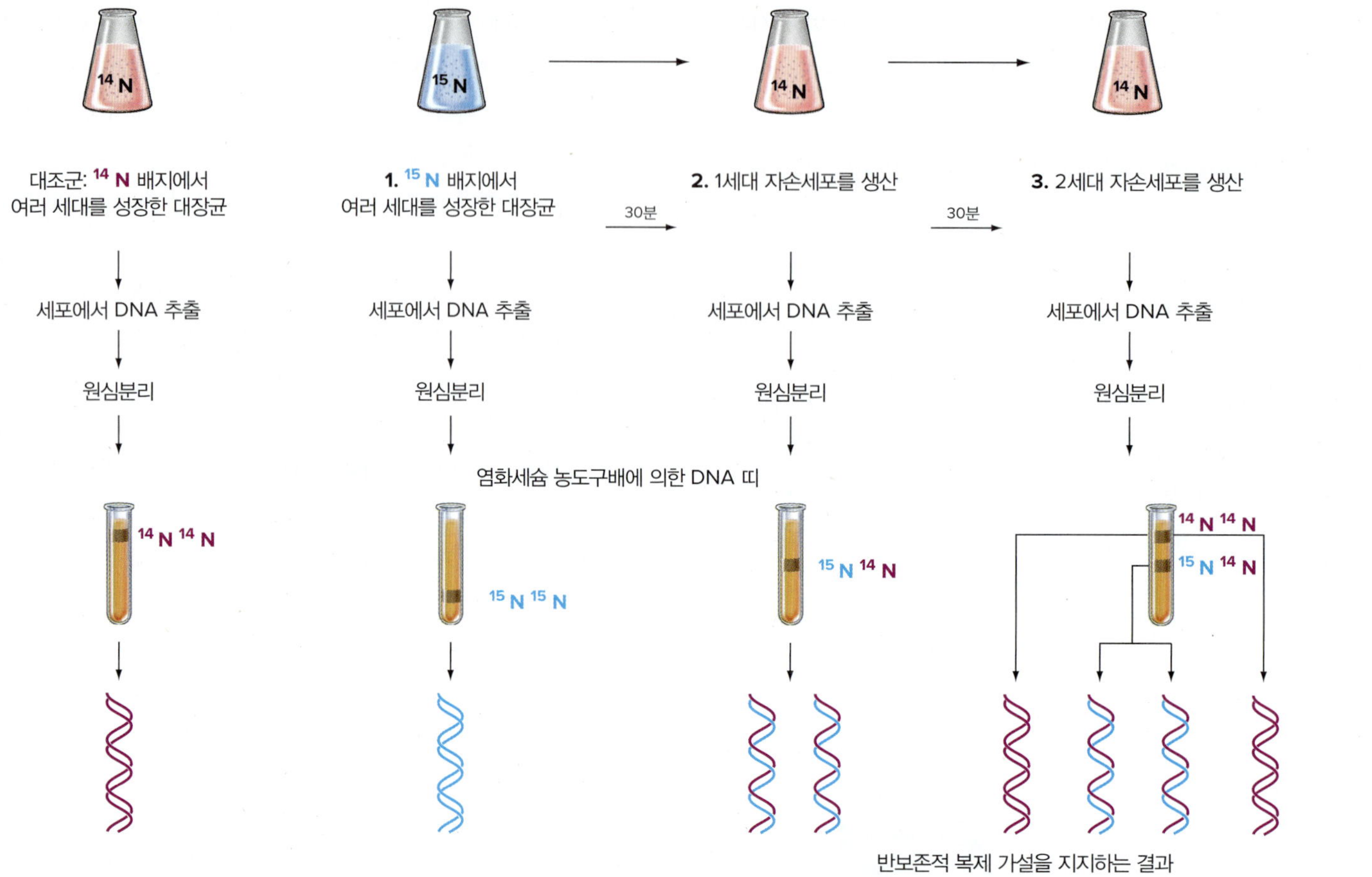

그림 6.20 반보존적 복제를 증명한 메셀슨-스탈의 실험. **(1)** 대장균 세포를 무거운 ^{15}N이 포함된 배양액에서 키운다. **(2)** 및 **(3)** 이러한 세포의 일부를 ^{14}N이 포함된 배양액으로 옮기고, 한 번 혹은 두 번 분열시킨다. 이렇게 준비한 세포의 DNA 밀도를 각각 염화세슘 농도구배를 이용한 원심분리 방법으로 관찰한 결과 그림의 하단에 표시된 것과 같이 반보존적 복제에서 예측한 패턴과 일치하였다. 그림에서 파란색은 기존의 무거운 DNA를, 빨간색은 새로 만들어진 가벼운 DNA를 나타낸다. 이 결과는 DNA 복제가 보존적 및 산발적 모델(그림 6.19와 비교)과는 맞지 않음을 보여준다.

무거운 질소 동위원소로 실험하여 반보존적 복제를 확인하다

1958년, 매튜 메셀슨(Matthew Meselson)과 프랭클린 스탈(Franklin Stahl)은 반보존적 DNA 복제 방법을 확인하는 실험을 수행하였다(**그림 6.20**). 실험에서는 “새로 합성되는” DNA와 “부모”의 DNA를 구별할 수 있는 방법을 고안하였다. 두 연구자는 동위원소로 표지된 뉴클레오타이드가 새롭게 형성되는 자손 가닥에 삽입되는 비를 조절하며 다음과 같이 실험하였다. 먼저 모든 질소가 정상적인 질소 동위원소 ^{14}N 배양액에서 대장균을 여러 세대에 걸쳐 키우고 이를 대조군으로 사용하였다. 한편 다른 대장균들은 무거운 동위원소 ^{15}N가 유일한 질소 공급원으로 제공된 배양액에서 여러 세대를 키우고 세균의 DNA에 있는 질소 원자는 모두 ^{15}N으로 표지시켰다. 이렇게 표지된 세균 일부를 모든 질소 공급원이 ^{14}N로 채워져 있는 새로운 배양액에 옮겨서 성장시키면, 이후 합성되는 DNA는 가벼운 동위원소로 표지가 된다.

메셀슨과 스탈은 서로 다른 질소 동위원소 공급원이 들어 있는 배양액에서 성장한 세포들에서 DNA를 분리한 후, 자신들이 개발한 분석 기법인 **평형 밀도 기울기 원심분리법**을 이용하여 DNA 시료를 분석하였다. 시험관에 염화세슘(CsCl) 용액에 DNA를 녹이고 초원심분리기에서 매우 높은 속도(분당 약 5만 번 회전)에서 분리시킨다. 2~3일 동안 원심력(중력의 약 250,000배)을 적용하면 튜브의 아래쪽에서부터 높은 밀도에서 낮은 밀도로 안정적인 CsCl의 농도구배가 형성되고, DNA는 CsCl의 밀도와 동일한 위치에 한 층의 깨끗한 띠를 형성하게 된다. ^{15}N가 포함된 DNA는 ^{14}N가 포함된 DNA보다 밀도가 높기 때문에, ^{15}N만을 포함하는 DNA는 ^{14}N만을 포함한 DNA보다 튜브의 바닥에 가깝게, 즉 낮은 위치에 띠를 형성하게 된다(그림 6.20).

그림 6.20에서 보는 바와 같이, ^{15}N만 포함한 DNA를 가진 세포를 ^{14}N 배양액에 옮기고 한 번만 분열하게 하면 첫 세대 세포의 DNA는 ^{15}N로만 이루어진 DNA와 ^{14}N로만 이루어진 DNA 사이의 중간 밀도에서 띠를 형성하게 된다. 이 결과로 이 세포의 DNA는 두

동위원소를 동량 포함하고 있을 것이라고 추론해낼 수 있으며, 중간 띠 없이 순수하게 각각 ^{14}N와 ^{15}N만으로 이루어진 두 개의 띠를 나타낼 것으로 예상한 보존적 모델은 실제 복제 방법이 아니라는 것을 알 수 있다. 또한, ^{14}N 배양액에서 두 차례 분열을 시킨 두 번째 세대의 세포에서 추출한 DNA를 동일한 원심분리법으로 분석한 결과, ^{15}N 및 ^{14}N 동등한 양을 가지는 한 개의 띠와 더불어 순수 ^{14}N의 밀도에 해당하는 띠 하나가 형성됨으로써 원본 세대의 두 그룹 사이에 하나의 띠가 예측되는 산발적 모델도 실제 복제 방법을 설명하지 못하는 것으로 나타났다.

메셀슨과 스탈의 관찰은 모든 면에서 반보존적 복제방법과 일치한다. ^{15}N에서 ^{14}N가 포함된 배양액으로 바꾼 후 합성된 첫 번째 세대의 모든 자손 DNA 분자를 분석해 보면, 두 가닥 중 하나는 무거운 동위원소로 표지가 되어 있지만 새로 합성된 다른 가닥은 가벼운 ^{14}N 동위원소로 표지가 되기 때문에 잡종의 동위원소 이중 나선을 형성하고, 이에 따라 ^{15}N DNA와 ^{14}N DNA의 사이에 중간 밀도의 띠가 나타난다. 배양액 교환 후 두 세대를 거친 자손 세포의 경우 DNA 분자의 절반은 ^{15}N 가닥과 ^{14}N 가닥으로 이루어진 잡종 나선인 반면, 나머지 절반은 두 가닥 모두 ^{14}N로 이루어진 이중 나선이었다. 실험에서 관찰된 두 개의 띠는 이러한 결과를 반영한다. 메셀슨-스탈 실험으로 보존적 방법과 산발적 방법의 복제의 대안들은 맞지 않음이 증명되었고, 현재는 반보존적인 복제 방법이 가장 보편적으로 사용되는 DNA 복제 방법으로 알려져 있다.

유사분열 세포주기 동안 일어나는 진핵세포 염색체의 구조 변화와 반보존적 복제 방법이 어떤 관계가 있는지 생각해 보자(그림 3.4 참조). 진핵세포의 경우 핵분열이 시작되는 시점의 염색체는 선형 이중 나선 구조의 DNA로 구성되어 있다. 이후 분열기의 S기 동안, 세포는 이중 나선을 반보존적인 방법으로 복제한다. 반보존적 복제 후, 각 염색체는 동원체에서 자매염색분체가 맞붙은 형태로 되어 있다. 이때 각 자매염색분체는 부모의 DNA 한 가닥과 새로 합성된 DNA 한 가닥으로 이루어진 이중 나선이다. 유사분열이 끝나면 두 자손세포의 각 세포는 모든 염색체의 염색분체 한 개 씩을 받게 된다. 이 과정을 통하여 두 자매염색분체는 서로 동일한 염기서열을 가질 뿐 아니라 새로 만들어진 자손세포들은 원래 부모의 염색체와 동일한 염색체 수와 서열을 유지하게 된다.

DNA 중합효소가 정확하게 작용하기 위해 필요한 요소들이 있다

반보존적 복제방식은 왓슨-크릭의 모델로 파악할 수 있는 간단한 개념이지만, 실제 이 과정은 생화학적으로 매우 복잡하게 이루어진다. DNA와 뉴클레오타이드 화합물이 존재한다고 해서 저절로 복제가 일어나는 것은 아니다. 이 과정은 조절인자들의 상호작용 네트워크에 따라 세포주기 중 특정 순간에 일어나며, 에너지가 있어야 하고, 다양한 효소를 포함한 세포 내 소기구들이 형성되어야 한다. 이에 대한 자세한 내용은 주로 대장균에서 복제 기구의 개별 구성 요소를 순수 분리한 노벨 수상자 아서 콘버그(Arthur Kornberg)와 연구진에 의해 추론되었다. 연구자들은 세균을 이용하여 DNA 주형, 프라이머(primer) 및 뉴클레오타이드 기질과 함께 순수 분리된 효소가 들어 있는 시험관에서 세포 외부에서 최초로 특정 유전정보를 복제하는데 성공하였다.

DNA 복제의 생화학적 현상은 대장균에서 밝혀졌지만 DNA 구조가 그렇듯이 모든 생명체에서 복제의 기본 특징은 동일하다. 모든 DNA 분자를 합성하는데 필요한 에너지는 DNA 가닥을 증가시킬 때 네 개의 디옥시뉴클레오시드 삼인산(일반 용어로 dNTP; dATP, dCTP, dGTP, dTTP)에 있는 고에너지 인산결합이 분해되면서 생성되는 에너지를 사용한다. **그림 6.21**에서 보듯이, DNA 합성은 기존의 폴리뉴클레오타이드의 3′ 말단에 존재하는 수산기에서만 시작된

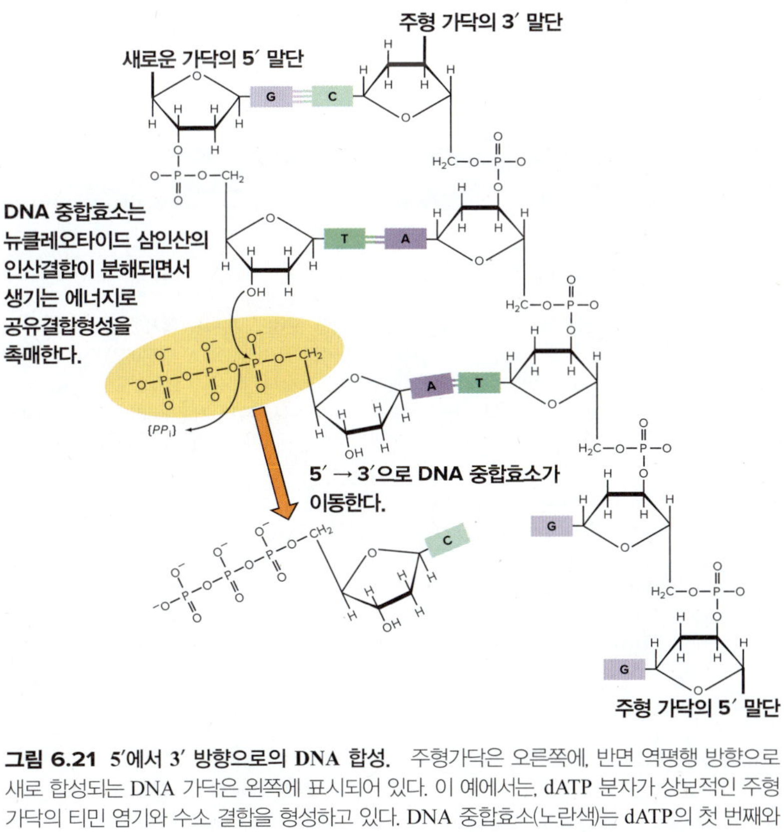

그림 6.21 5′에서 3′ 방향으로의 DNA 합성. 주형가닥은 오른쪽에, 반면 역평행 방향으로 새로 합성되는 DNA 가닥은 왼쪽에 표시되어 있다. 이 예에서는, dATP 분자가 상보적인 주형가닥의 티민 염기와 수소 결합을 형성하고 있다. DNA 중합효소(노란색)는 dATP의 첫 번째와 두 번째 인산기 사이를 분해하여 나오는 에너지를 사용하여 이전 뉴클레오타이드에 있는 3′-수산기와 dATP 기질의 첫 인산기 사이에 인산디에스테르 공유결합을 형성한다. 이때 파이로인산염(pyrophosphate) (PP_i)이 부산물로 생성된다.

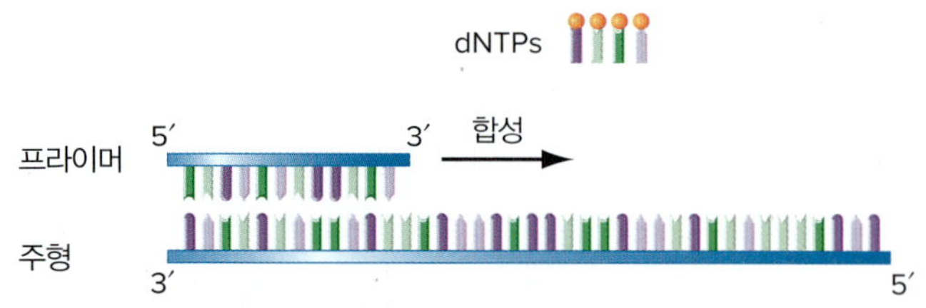

그림 6.22 DNA 중합효소의 작용에 필요한 요소들. DNA를 합성하기 위하여 DNA 중합효소는 단일 가닥의 DNA 주형, DNA 또는 RNA 프라이머 그리고 단량체 디옥시리보뉴클레오타이드들(dNTPs)이 필요하다. DNA 중합효소는 주형의 서열을 읽어서 프라이머의 3′ 말단에 상응하는 뉴클레오타이드를 붙여준다.

다. dNTP 기질 분자의 삼인산을 분해하면서 발생되는 에너지를 사용하여, DNA 합성효소는 새로운 인산디에스테르 결합의 형성을 촉진시킨다. 일단 이 결합이 형성되면 효소는 상보적 염기 짝짓기에 의해 다음 뉴클레오타이드와의 결합을 또다시 진행한다.

DNA 복제는 DNA 중합효소와 함께 여러 단백질들의 조화로운 작용에 의하여 일어난다. 그러나 이들 이외에 또한 DNA 복제를 완성하기 위해서는 DNA 중합효소의 작용에 필수적인 세 가지 요소들이 필요하다(**그림 6.22**).

- 네 가지 종류의 dNTP
- 단일 가닥 형태의 주형 서열. 이중 가닥 DNA가 풀어지면 주형 서열을 따라 DNA 중합효소가 3′ 쪽에서 5′ 쪽으로 염기서열을 인지하며 이동한다.
- 3′ 말단 수산기를 가진 **프라이머**(primer). DNA 중합효소는 중합 반응으로 길어지고 있는 DNA의 3′ 말단에 뉴클레오타이드를 계속 어어서 붙인다(이러한 이유로 DNA 중합효소는 항상 5′에서 3′ 방향으로 DNA를 합성한다). 그러나 DNA 중합효소는 최초의 중합 반응을 스스로 시작할 수 없는 특징이 있다. 따라서 DNA 중합효소는 DNA 합성을 위해 주형 가닥의 일부와 염기쌍을 이루는 짧은 길이의 단일 가닥 DNA 또는 RNA 분자인 프라이머가 필요하다.

DNA 복제는 엄격하게 조절되는 복잡한 과정이다

DNA 중합효소에 의한 인산디에스테르 결합 반응은 살아 있는 세포 내부에서 일어나는 DNA 복제 중 가장 긴밀하게 조절되는 과정 중의 하나이다. **그림 6.23**에서 보는 바와 같이, 전체 분자적 기전은 두 개의 단계로 나뉜다. **개시**(initiation; 이 시기에 단백질들은 이중 나선을 풀고 상보적인 염기쌍 형성을 위한 준비를 한다)와 **신장**(elongation; 이 시기에 단백질들은 새로 합성되는 DNA 사슬에 적절한 염기 서열을 연결시킨다)이 있다.

DNA의 복제는 DNA 중합효소 기능의 엄격한 생화학적 메커니즘에 의해 수행된다. 그림 6.21과 그림 6.22에서 보는 바와 같이, DNA

그림 6.23

DNA 복제 메커니즘

(a) 개시: 이중 나선을 풀어서 복제에 필요한 주형을 준비. 개시는 **복제원점**(origin of replication)으로 알려진 특정한 염기서열의 짧은 이중 나선 구조의 꼬임이 풀리면서 시작된다. 몇몇 단백질들이 복제원점에 붙어 풀어진 DNA 부분에 안정한 복합체를 형성한다. 복제원점을 인식하고 결합하는 첫 번째 단백질을 **개시자 단백질**(initiator protein)이라고 한다. DNA에 결합한 개시자는 이중 나선의 풀림을 촉진하는 **DNA 헬리케이즈**(helicase)라는 효소를 끌어들인다. 두 가닥의 DNA가 풀어지면 양쪽 끝에 두 개의 Y자 모양 부위에 나타나면서 **복제 거품**(replication bubble)을 만든다. 각 Y는 **복제 분기**(replication fork)라는 두 개의 풀어진 단일 가닥 DNA로 구성되어 있다. 이러한 단일 가닥 DNA는 새로운 주형(templates) 분자 역할을 한다. (아래 그림은 복제 분기 중 한 쪽만을 나타냈다.)

효소 복합체인 **DNA 중합효소** III(DNA Pol III)는 기존 DNA 가닥의 3′ 말단에 뉴클레오타이드 하나씩을 추가한다. 합성을 위해 이미 기존에 있는 가닥이 존재해야 한다는 사항은 앞으로 가닥을 합성할 때는 시작하는 무언가가 있어야 한다는 것을 의미한다. 그 "무언가"로 짧은 서열로 이루어진 RNA를 사용하며 이를 **RNA 프라이머**(RNA primer)라고 한다. RNA 프라이머는 **프리마아제**(primase)라는 효소에 의하여 만들어진다.

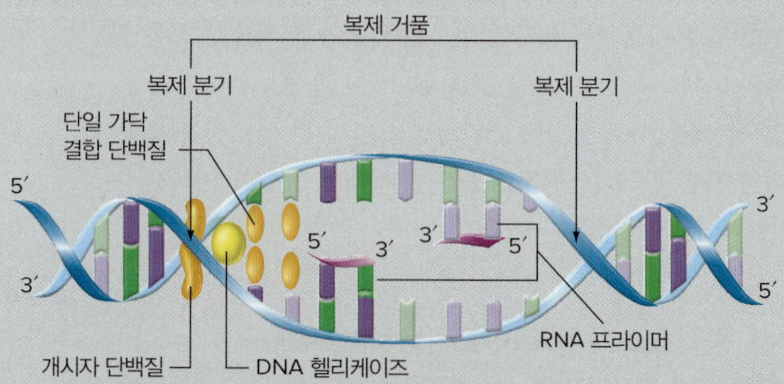

(계속)

그림 6.23 (계속)

(b) 신장: DNA의 새로운 가닥에 뉴클레오타이드를 연속으로 연결. 염기 단위체들을 연속적으로 연결하고 정렬시켜 새로운 가닥이 합성되며 길어지는 것은 복제의 핵심 과정이다. 주형가닥과 짝을 이루는 상보적 염기에 의해 염기들의 서열이 결정된다. 따라서 주형가닥의 염기 순서는 새로 형성되는 가닥에 있는 염기 순서를 결정한다. 일단 주형가닥의 염기에 짝을 이룬 다음 뉴클레오타이드가 결정되면, DNA 중합효소 III는 앞쪽에 위치한 뉴클레오타이드와의 결합을 촉진한다. 이러한 인산디에스테르의 형성을 통한 단위체들의 결합을 **중합**(polymerization)이라고 한다. DNA 중합효소 III는 먼저 RNA 프라이머의 3′ 말단의 수산기에 결합하여 염기쌍을 이루는 뉴클레오타이드를 결합시키고, 그 가닥의 3′ 말단에 적절한 뉴클레오타이드를 계속적으로 추가한다. 따라서 합성 중인 DNA 가닥은 5′에서 3′ 방향으로 자라게 된다. 합성되는 새로운 가닥은 주형 가닥에 대해 역평행 방향이며, 주형 가닥 입장에서 보면 DNA 중합효소가 3′에서 5′ 방향으로 이동하는 것이 된다. (아래 그림은 복제 분기 중 한 쪽만을 나타냈다.)

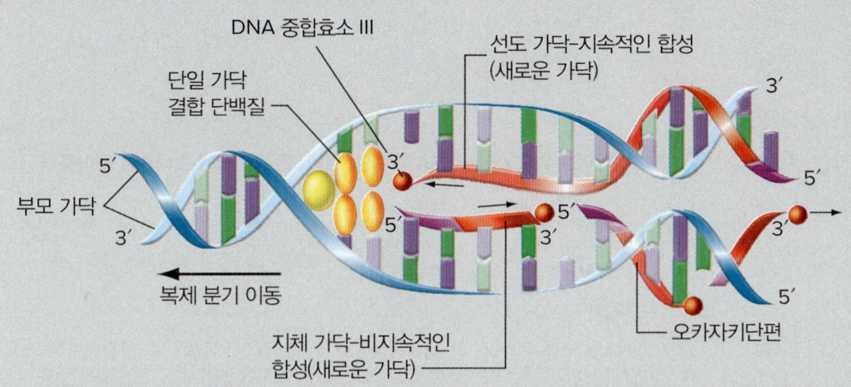

DNA 복제가 진행되는 동안, 헬리케이즈는 점차적으로 이중 나선을 풀어서 완화시킨다. 이에 따라 DNA 중합효소 III는 합성 중인 새로운 가닥을 계속 합성하기 위해 복제 분기와 같은 방향으로 이동할 수 있다. 복제 분기가 진행함에 따라 계속 3′ 말단이 생성되므로, 중합효소가 **선도 가닥**(leading strand)이라고 하는 가닥에 지속적으로 뉴클레오타이드를 추가하는 데는 아무런 문제가 발생하지 않는다. 그러나 복제 분기의 이동을 볼 때 또 다른 합성가닥인 **지체 가닥**(lagging strand)의 경우 문제가 발생함을 알 수 있다. 앞서 살펴본 선도 가닥의 방향과 반대로 지체 가닥의 방향은 3′에서 5′으로 향한다. 그러면 지체 가닥을 합성하기 위해 효소는 복제 분기가 움직이는 맞은편 방향으로 합성을 해야 한다. 과연 이 문제는 어떻게 해결될까?

이 문제는 지체가닥이 **오카자키단편**(Okazaki fragment; 발견자들인 레이지와 투네코 오카자키의 이름에서 유래)이라고 하는 1,000개 정도의 염기로 이루어진 작은 절편이 3′에서 5′으로 불연속적으로 합성되기 때문에 해결된다.

DNA 중합효소 III는 여전히 5′에서 3′ 방향으로 진행하면서 이러한 작은 조각들을 합성하지만, 이 효소는 기존 가닥의 3′ 말단에만 뉴클레오타이드를 추가할 수 있기 때문에, 각 오카자키단편은 짧은 RNA 프라이머에 의해 매번 새로 합성된다. 복제 분기가 DNA를 따라 충분한 거리만큼 진행되면 즉시 프리마아제 효소는 앞으로 만들어질 오카자키단편에 대한 RNA 프라이머 형성을 촉진하게 된다. 이 새로운 프라이머에 중합효소는 뉴클레오타이드를 추가하게 되고 그 이전에 합성된 오카자키단편의 프라이머의 5′까지 합성을 진행하여 오카자키단편을 만든다.

마지막으로, **DNA 중합효소 I** 및 다른 효소가 이전에 만들어진 오카자키단편의 RNA 프라이머 부위를 DNA로 갈아 끼운 후, **DNA 연결효소**로 알려진 효소가 뒤쪽에 위치한 DNA 서열을 공유결합으로 이어서 오카자키단편들을 연속적인 형태의 DNA로 만들면 선도 가닥과 지체 가닥의 복제가 완성된다.

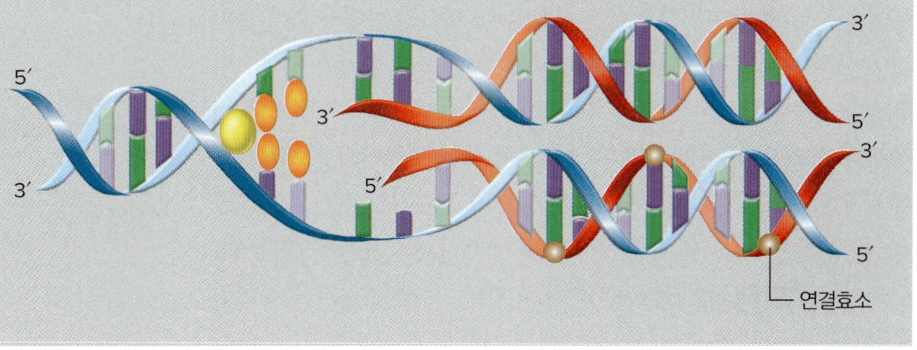

중합효소는 DNA 가닥의 3′ 수산기에 뉴클레오타이드를 첨가하여 기존의 DNA 사슬을 길게 늘인다. 이때 서로 역평행의 두 DNA 사슬들은 풀어지면서 **복제 분기**(replication fork)라고 하는 Y자 모양을 만들게 된다. 그 결과로 Y자 모양의 벌어진 안쪽으로 새로 합성되는 한 가닥(**선도 가닥**, leading strand)은 연속적으로 성장을 한다. 그러나 반대쪽의 새로운 가닥(**지체 가닥**, lagging strand)은 작은 크기의 **오카자키단편**(Okazaki fragment)들을 만들면서 성장을 하는데 이러한 조각들은 나중에 성장과정의 두 번째 단계에서 모두 이어진다.

그림 6.23에서 보는 바와 같이, DNA 복제는 Pol I 및 Pol III [Pol은 중합효소(polymerase)에 대한 약어]라는 두 가지의 DNA 중합효소들을 포함한 다양한 단백질의 조화로운 반응들에 의해 이루어진다. Pol III는 상보적인 DNA의 새로운 긴 사슬을 생산하는 데 주요 역할을 하고, Pol I은 새로 합성된 오카자키단편들 사이에 생성되는 틈의 간격을 채우는 역할을 한다. 그 밖의 개시 과정에는 여러 가지 다른 효소들도 기여를 한다. **DNA 헬리케이즈**(helicase)는 이중 나선을 풀어주는 역할을 하고, 단일 가닥 결합 단백질들은 풀어진

DNA가 다시 이중 나선을 형성하지 않도록 막아주며, **프리마아제**(primase; 시발효소)라는 효소는 DNA 합성을 시작하기 위해 RNA로 이루어진 프라이머를 만든다. **연결효소**(ligase)는 오카자키단편들을 함께 연결시키는 역할을 한다.

DNA 복제 과정에 얼마나 많은 단백질들이 서로 긴밀하게 협동하는지는 이후 생화학자들과 유전학자들의 수년간의 노력에 의하여 밝혀졌다. 오늘날 이런 종류의 이미 계획된 분자 상호작용이 세포에서 발생하는 대부분의 생화학적 과정의 기초가 된다. 이러한 과정에서 각각 특수한 기능을 가진 단백질들은 그룹을 이루어 협력하며 복잡한 거대 분자를 만들어낸다.

복제원점에서 DNA 이중 가닥이 풀어지기 시작하면서 두 개의 복제 분기가 나타난다(그림 6.23a). 그 결과, 복제는 일반적인 **양방향**(bidirectional)으로 일어나는데, 사슬이 풀릴수록 복제 분기는 서로 반대 방향으로 이동한다. 각 분기에서, 합성효소는 양쪽 주형 가닥 모두를 복사하는데, 이때 한 쪽은 연속적인 방식으로, 다른 한 쪽은 오카자키단편들을 만들며 불연속적으로 복사한다(그림 6.23b).

원형의 대장균 염색체에는 단 한 개의 복제원점이 있다(**그림 6.24a**). 반대 방향으로 이동하는 두 개의 복제 분기가 복제원점에서 원을 돌아 중간 정도에 위치하는 지정된 **종료 지역**(termination region)에서 만나면 복제가 종료된다(**그림 6.24d~f**).

복제 분기에서 풀리는 이중 나선 구조는 전체 염색체 구조에 영향을 미친다. 대장균에서 공유결합에 의해 닫힌 원형 염색체의 어떤 부분에서 꼬임이 풀리면 결국 다른 부분은 더 꼬이는 형태가 되어 나머지 부분의 형태가 왜곡된다(**그림 6.24b**). 과한 꼬임 현상에 의해 B형 DNA는 전형적인 회전 숫자 '1 회전/10.5 뉴클레오타이드'보다 더 작게 감소하게 되는데, 이때 염색체는 전체를 뒤틀어서 자체적으로 왜곡에 의한 긴장을 풀게 된다. 사용할수록 꼬여지는 전화선의 코일을 생각해 본다면 그 효과를 상상할 수 있다. DNA 분자의 추가되는 뒤틀림을 **초나선**(supercoiling)이라고 한다. 복제 분기가 움직이면 움직일수록 더 많은 초나선이 발생하게 된다.

이렇게 누적되는 초나선이 그대로 방치된다면 염색체는 너무 단단하게 꼬인 형태가 되어 복제 분기의 진행이 방해되고 더 이상 이동하지 못하게 된다. **DNA 입체이성질화 효소**(DNA topoisomerase)로 알려진 그룹의 효소들은 뉴클레오타이드들 사이의 당-인산 결합을 잘라서 DNA에 틈을 만들거나 두 가닥 모두를 절단하여 초나선 형성을 완화시킨다(**그림 6.24c**). 전화수신기 끝에서 전화 코드를 뽑으면 말린 코드가 풀어지듯이, 공유결합의 절단으로 DNA 가닥은 회전이 가능해져서 10.5개의 뉴클레오타이드 쌍당 하나의 나선형 정상 회전 밀도를 복원하여 유지하게 된다. 입체이성질화효소의 활동

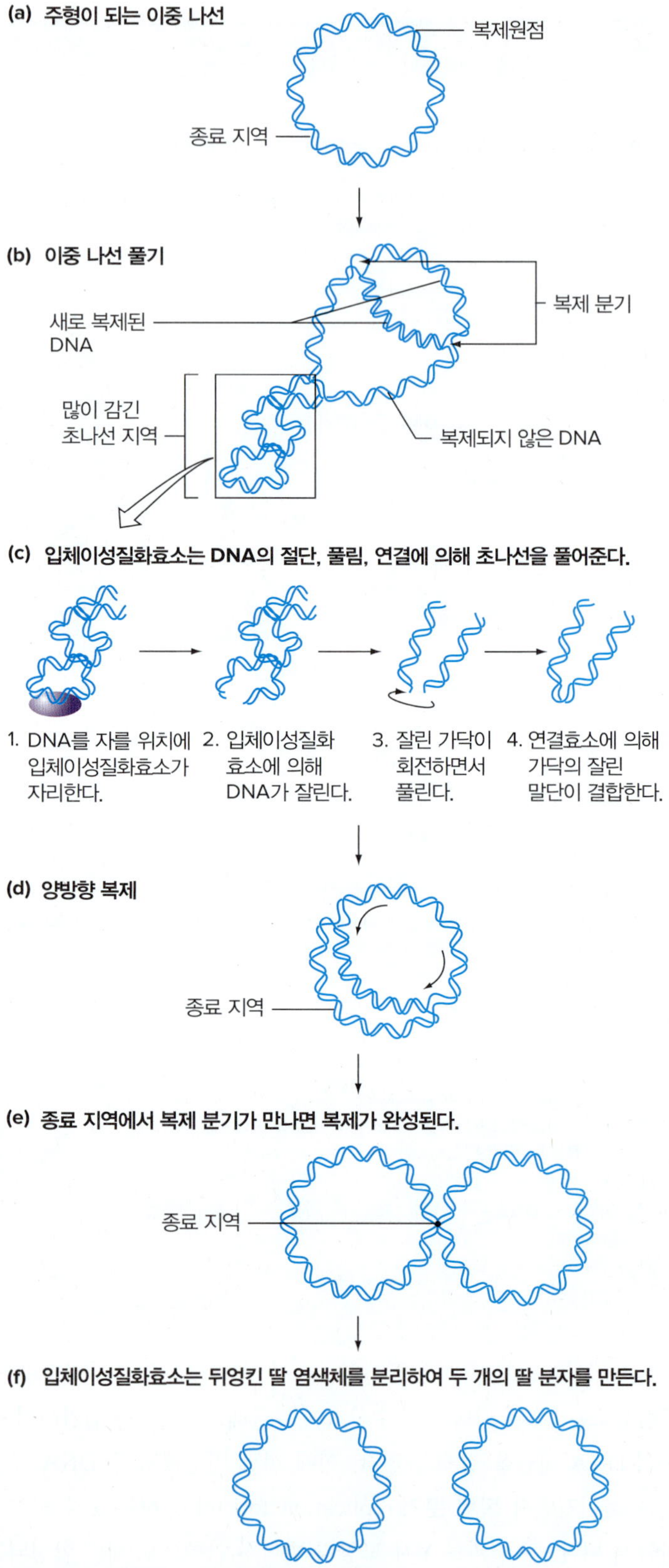

그림 6.24 원형 세균 염색체의 양방향 복제: 개요. **(a)**와 **(b)** 단일 복제원점에서 시작된 복제가 양방향으로 진행되면서, 반대 방향에 두 개의 복제 분기가 만들어진다. 복제 분기에서의 소규모 DNA 풀림은 복제 분기점 앞쪽에 DNA의 초나선 뒤틀림을 초래한다. **(c)** 입체이성질화효소의 작용으로 초나선을 줄일 수 있다. **(d)**와 **(e)** 두 개의 복제 분기가 종료 지역에서 만남으로서 전체 염색체 복사는 끝난다. **(f)** 입체이성질화효소는 두 개의 딸 염색체를 분리시킨다.

은 복제 분기 앞에서 만들어지는 초나선을 방지하여 복제가 전체 염색체에서 진행되도록 한다. 원형 이중 나선 구조의 복제는 입체이성질화효소의 도움 없이는 깨끗하게 분리되지 않아 고리처럼 연결된 자손 분자들을 생성하기도 한다(그림 6.24e와 f).

진핵세포의 경우, 훨씬 큰 선형 형태의 염색체를 가지며 대략 방금 설명한 바와 같은 양방향 복제가 일어나지만 여러 개의 복제원점을 가진다. 이러한 다복제원점은 할당된 시간(세포주기의 S기 이내) 내에 복제를 완료하는 데 큰 도움을 준다. 지체 가닥은 오카자키단편들로 합성되기 때문에 선형 염색체의 끝 부분을 복제하는 데는 문제가 생긴다. 이 문제를 해결하기 위해 진핵세포 염색체는 **말단소체**(telomere)로 알려진 특수한 말단 구조를 가지도록 진화하여, 각 선형 염색체의 두 끝을 유지하면서 정확한 복제를 수행할 수 있다(13장 진핵세포 염색체 복제의 세부 정보 참조).

유전정보는 변함없이 정확하게 보존되어야 한다

DNA는 대부분의 생명체의 구조와 기능을 지정하는데 필요한 방대한 양의 정보를 담은 단 하나의 저장소이다. 가장 사소한 변화도 심각한 유전질환 혹은 심지어 죽음과 같은 치명적인 결과를 가져올 수 있기 때문에, 생명체는 유전정보를 완벽하게 보호해야 한다. 기본적으로 각 생명체들은 세 가지 방법으로 자신의 DNA의 정보 충실도를 유지하게 된다.

- **중복성.** 정보의 이러한 중복성은 저장기간 동안 혹은 복제 기구의 고장으로 발생하는 오류를 점검하고 수선하기 위한 토대가 된다.
- **복제기구의 뛰어난 정밀도.** 진화를 거치는 동안, 복사하는 동안 생기는 오류가 매우 적도록 DNA 복제에 대한 세포 기구들이 만들어졌다. 예를 들어, DNA 중합 효소는 DNA의 새로운 가닥을 합성할 때 정확하게 원래 가닥들과 쌍을 이룰 경우에만 뉴클레오타이드가 새 가닥에 첨가되는 편집기능을 가지고 있다. DNA 편집 기능은 7장에 소개하였다.
- **화학적으로 손상된 DNA를 수선하는 효소들.** 세포는 화학적 손상에 대하여 거의 모든 상상할 수 있는 유형의 복구가 가능한 효소들을 가지고 있다. 이 효소들이 어떻게 역할을 수행하는지는 7장에 소개하였다.

이러한 보호 작용들은 모든 DNA의 정보 내용이 자손 대대로 완벽한 상태로 대물림되는데 큰 역할을 한다. 그러나 다음에서 살펴보게 될 것과 같이, 기존 정보의 새로운 조합들이 유전자들의 재조합의 결과로 자연적으로 발생하기도 한다.

핵심 개념 6.4

- DNA 분자는 반보존적 복제 방식으로 합성된다. 이러한 유형의 복제에서는 DNA 두 가닥이 분리되고 각각의 사슬이 주형으로 작용하여 상보적인 가닥들이 합성된다.
- DNA 중합효소는 5′에서 3′ 방향으로 신장하는 DNA 사슬의 3′ 말단에 뉴클레오타이드를 연속적으로 첨가하여 DNA를 합성한다.
- DNA 중합효소의 작용에는 (i) 네 가지 뉴클레오타이드, (ii) 단일가닥의 DNA 주형 그리고 (iii) 말단에 3′ 수산기를 가진 DNA 혹은 RNA 프라이머가 필요하다.
- DNA 복제 분기에서 DNA 중합효소에 의해 한쪽(선도 가닥)은 연속적인 방식으로 복사되지만, 다른 한쪽(지체 가닥)은 오카자키단편들을 만들며 불연속적으로 복사된 후 연결효소의 작용으로 연결된다.
- DNA 정보의 충실도와 정확도는 두 가닥이기 때문에 생기는 중복성, DNA 합성과 관련된 효소들의 정밀함, DNA 손상을 수선하는 효소들의 작용으로 유지된다.

6.5 DNA 수준에서의 상동 재조합

학습 목표

1. 재조합은 네 가닥 시기에 DNA의 상호교환에 의해 일어난다는 사실을 밝힌 사분체 분석이 무엇인지 요약한다.
2. 재조합 시 DNA가 잘라지고 다시 이어지는 것을 알아낸 과정을 설명한다.
3. 재조합 시 분자 수준에서 일어나는 필수 과정들을 기술한다.
4. 재조합의 결과로 교차가 생기지 않을 수 있는 이유가 무엇인지 설명한다.
5. 이형이중 가닥 부위의 불일치 수선으로 어떻게 유전자 전환이 일어나는지 설명한다.

모든 새로운 대립유전자의 궁극적인 원인인 돌연변이는 염색체의 특정 염기쌍에서 비교적 드물게 일어난다. 유성생식으로 자손을 생산하는 종들에서 유전체(genome) 다양성을 만드는 가장 중요한 메커니즘은 이미 존재하는 대립 유전자들 간의 새로운 조합이다. 이러한 유형의 다양성으로 최소한 짝짓는 쌍의 일부 자손은 변화하는 환경에서 생존과 번식에 가장 적합한 대립유전자의 조합을 상속받게 될 가능성을 가진다.

이미 존재하는 대립유전자의 새로운 조합은 감수분열 과정 시 거치는 두 가지 유형으로부터 생긴다. 첫째는 임의로 방추사가 부착되어 다른 염색체 쌍의 영향 없이 각각의 상동염색체가 분리되는 독립적 분리 시기이고, 둘째는 두 상동염색체들 사이에 유전자 부위를 교환하는 교차 시기이다. 독립적 분리는 다른 염색체에 있는 유전자의 새로운 대립유전자 조합을 가지는 배우체를 생산할 수 있지만 동일한 염색체에 존재하는 대립유전자들의 기존 조합은 그대로 유지하는 것이 특징이다. 그러나 교차의 경우는 연결된 유전자들 사이에서도 새로운 대립유전자 조합을 생성할 수 있어서 진화적인 관점에서 볼 때 교차 현상은 염색체 내에 유전자들이 연관되어 있음으로 발생하는 염색체 재조합 상의 중요한 단점을 보완하게 된다.

역사적으로, 유전학자들은 독립적 분리를 포함하여 대립 유전자의 모든 새로운 조합의 생산을 나타내는 용어로 **재조합**(recombination)을 사용하였다. 하지만 이 장의 나머지 부분에서는 좁은 의미로 이 용어를 사용하여 상동염색체 사이의 유전자 교차의 조합을 통한 새로운 대립유전자 조합의 생산에만 국한하여 사용할 것이다. 따라서 교차로 인해 생산되는 생산물은 다른 상동염색체에서 파생된 대립 유전자의 조합으로 만들어진 염색체이기 때문에 **재조합체**(recombinant)라고 할 수 있다.

진핵생물에서 재조합은 대립유전자들의 새로운 조합을 생성하는 것을 넘어서 추가적으로 필수적인 기능을 가지고 있어서 감수분열 동안 적절하게 염색체가 분리되는 것을 돕는다. 3장에서 이미 분열전기 I기와 중기 I기 사이의 기간 동안 자매염색분체가 응집되면서 어떻게 교차점을 만들어 상동염색체들이 2가 염색체로 함께 유지되는지 설명하였다. 만일 재조합이 완성되지 못하면 상동염색체들은 종종 제1감수분열 중에 반대쪽 방추사가 있는 극 방향으로 이동할 수 없어 비분리 현상을 보인다.

다음 내용에서는 분자 수준에서 재조합을 이해하기 위해 우선 교차에 필요한 요소들을 알아낸 실험들을 알아보고, 또한 교차의 과정을 분자 수준에서 자세히 살펴보자.

사분체 분석은 재조합의 주요 측면들을 설명해준다

효모나 붉은빵곰팡이 같은 균류들은 한 번의 감수분열에 의해 생긴 네 개의 산물인 사분체를 주머니 형태의 자낭에 지니고 있다는 것을 5장에서 보았다. 사분체를 분석한 결과로부터 재조합에 대한 기본 정보를 추론할 수 있었다.

재조합이 네 가닥 시기에 일어난다는 증거

사분체 분석에서 NPD(non-parental ditype)들이 매우 적은 수로 생성되는 것은 두 유전자들이 서로 연관되어 있음을 의미한다는 것을 기억하자. PD(parental ditype)들과 T(tetratype)들의 수는 항상 NPD들의 수보다 많다. 이는 합리적인데, 왜냐하면 모든 단 한 번의 교차나 몇몇 이중교차들이 T들을 만드는 반면에 드문 이중교차들의 오직 1/4만이 NPD들을 만들기 때문이다(그림 5.22, 5.23 참조).

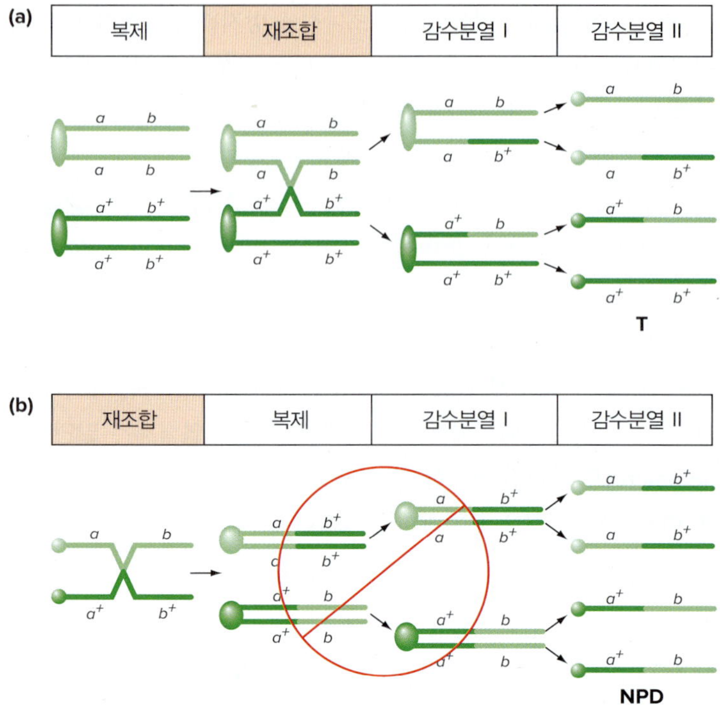

그림 6.25 염색체 복제 후 재조합. **(a)** 재조합이 염색체들이 복제된 후에 일어나기 때문에 재조합 포자들이 들어있는 대부분의 사분체들은 T형이다. **(b)** 오류가 있는 모델이다. 만일 염색체가 복제되기 전에 연관된 두 유전자 사이에 재조합이 일어난다면 재조합 포자들을 지닌 대부분의 사분체들은 T 대신 NPD이어야 할 것이다.

아주 적은 수의 NPD들이 생성되는 사실은 염색체가 복제된 후에 상동염색체가 쌍으로 네 개의 염색분체가 만들어졌을 때 재조합이 일어난다는 것을 입증해 준다(**그림 6.25a**). 재조합이 만약 염색체 복제 전에 일어났다면 각각 단 하나의 교차 사건은 네 개의 재조합 염색분체가 될 것이고, 그로써 NPD 사분체가 될 것이다. 이 모델로는 T 사분체가 만들어지는 것을 설명할 수 없다(**그림 6.25b**).

재조합은 대부분 상호적이라는 증거

5장에서는 상동염색체들의 비자매염색분체들과의 사이에서 일어나는 재조합은 서로 동등하게 일부분을 교환하는 상호적 반응임을 가정하여 설명하였다. 이는 한쪽 염색분체에서 잃은 것은 다른 쪽에서 얻으며 역으로도 동일하게 성립한다는 것을 의미한다. 이러한 가정은 사분체 분석의 결과들로 유추할 때 타당하다고 보인다.

효모에서 유전자 *A*와 *B*는 연관되어 있고 *A B*와 *a b* 균주 사이에 교배가 이루어졌다고 가정하자. 만약 감수분열 동안에 일어난 재조합이 상호교환적이라면 재조합 자손의 모든 사분체는 두 종류의 재조합체를 같은 수만큼 갖게 될 것이다. 일반적으로 관찰은 이런 예측을 확인시켜준다. 모든 T 사분체는 하나의 *A b*와 하나의 *a B* 포자를 지닌 반면에 모든 NPD 사분체는 각 종류의 재조합체 중에서 두 가지만을 지닌다(그림 5.23 참조). 그러므로 감수분열의 재조합은 거의 항상 상호교환적이어서 두 개의 상동염색체가 서로 반대되는 상을 만든다는 결론을 내릴 수 있다. 그러나 예외도 존재한다. 이 장의 뒷부분에서는 드물지만 특정 교배가 동일하지 않게 상호교환이 이루어져 사분체가 만들어지는 경우가 논의될 것이다. 이런 사분체들은 PD, NPD 또는 T로 분류할 수 없다. 이러한 예외적인 사분체들의 형성은 재조합 메커니즘의 주요 특징들을 이해하는 데 도움을 주었다.

재조합이 일어나는 동안 DNA 분자는 잘라지고 다시 이어지는 과정을 거친다

물리적 표식자들을 가진 염색체를 광학현미경을 통해 관찰해 보면, 재조합염색체들은 상동염색체들이 잘라지고 서로의 부분을 교환한 후 다시 이어지는 과정에 의한 결과로 나타난 것이다(그림 5.7 참조). 재조합된 염색체들은 다른 모든 염색체 같이, 하나의 긴 DNA 분자로 구성되어 있기 때문에 분자 수준에서 절단되고 결합된 물리적 증거를 볼 수 있는 것은 당연한 것일 것이다. 이 가설을 증명하기 위해 연구자들은 모델 생물로서 세균 바이러스, 람다(lambda) 파아지를 사용하였다. 람다의 경우 파아지 구조물의 절반을 DNA가 차지하고 있어 전체 바이러스의 밀도가 DNA의 밀도를 나타내므로 이 연구를 수행하는 데 뚜렷한 장점이 있어 사용되었다.

실험 방법은 기본적으로 DNA 복제 방법을 연구하기 위해 DNA의 밀도 변화를 조사한 메셀슨과 스탈의 실험방법과 유사하지만, 이 경우에 연구자들(이때는 스탈 대신 잔 웨이글이 참여)은 DNA 밀도의 변화를 DNA 재조합 연구를 위해 관찰하였다. 그들은 유전자재조합을 추적할 수 있도록 유전적으로 다른 두 종류의 파아지를 사용하였다. 실험에서 바이러스 유전체의 한쪽 끝에 나란히 위치한 유전자 *A*와 *B*에 대하여 야생형(*A B*) 파아지는 무거운 동위원소들을, 변종(*a b*) 파아지는 가벼운 동위원소들을 넣고 배양액에서 키워서 파아지 입자들을 준비하였다(**그림 6.26**). 그리고 메셀슨과 웨이글은 두 파아지를 동시에 세균 세포에 감염시키고 재조합이 일어날 정도의 시간만을 허용한 후 세포를 터뜨리고 파아지 유전체를 분리하여 밀도 구배를 이용한 원심분리기에서 분석하였다.

이 실험에서 중요한 점은 두 유전자 *A*와 *B*가 모두 파아지 유전체의 한쪽 끝에 위치하도록 고안하는 것이었다(그림 6.26). 실험의 기반이 된 아이디어는 야생형과 변종 파아지들을 동시에 감염시킬 경우 이들 중 몇몇은 복제하기 전에 서로의 유전체 사이에 재조합을 일으킬 수 있다는 점이었다. 예를 들어, 고밀도 *A B* 유전체 분자와 저밀도 *a b* 유전체 분자 사이에 재조합이 발생할 수 있을 것이다. 따라서 만일 DNA 분자의 절단 및 결합으로 유전자 사이에 교차가 생겼

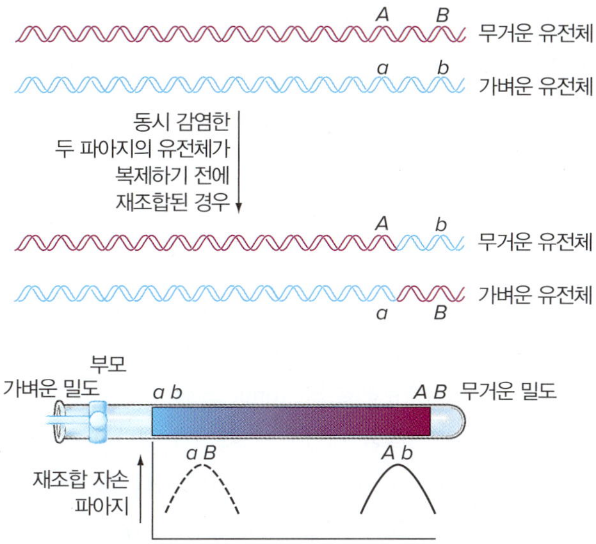

그림 6.26 DNA 분자는 재조합동안 절단되고 재결합된다. 매튜 메셀슨과 잔 웨이글은 실험에서 유전적으로 다른 두 가지 박테리오파아지 람다를 가볍거나(^{12}C 및 ^{14}N) 혹은 무거운(^{13}C 및 ^{15}N) 탄소와 질소 동위원소를 포함한 배지에서 키웠다. 두 파아지를 함께 가벼운 배지에서 대장균 세포에 감염시켜 세포로부터 자손 파아지를 얻고 염화세슘 농도구배 원심분리법으로 분석하였다. *a B* 유전자 재조합 파아지와는 달리 *A b* 유전자 재조합이 일어난 파아지의 밀도는 *A B* 부모의 파아지와 거의 동일하게 무거운 밀도에 위치하였다.

다면 *A b* 재조합 파아지는 *A B* 부모 파아지의 밀도와 비슷하게 무거운 밀도에서 나타난다(그림 6.26). 반면, 유전형이 *a B*인 재조합 파아지의 경우에는 무거운 밀도에서 나타나기 매우 힘들다.

동시 감염 후 파아지들은 가벼운 배지에서 복제를 했기 때문에 재조합 파아지들의 자손들은 밀도 기울기 전체에서 다양하게 나타날 수 있다. 그러나 *A b* 재조합 유전체의 경우에는 고밀도 *A B* 유전체 분자의 근처에서 항상 나타난다. 그림 6.26과 같이, *A b* 재조합 유전체는 재조합자 대부분의 대립유전자가 고밀도 DNA 분자로부터 파생되었기 때문에 이러한 결과는 당연하다고 할 수 있다.

분자수준에서의 교차: 제안된 모델

감수분열 중 재조합에 대한 현재의 분자 모델은 거의 생화학적인 방법으로 이루어진 효모에 대한 실험에서 얻어진 결과로 구성된 것이다. 연구자들은 효모에서 감수분열 중 재조합을 시작하는 데 중요한 역할을 담당하는 단백질 Spo11의 상동 유전자들은 선충류, 식물, 초파리, 포유류에서도 발견되었다. 이러한 발견으로 **이중 가닥 절단 수선 모델**로 알려진 재조합 메커니즘(**그림 6.27**에 자세히 소개)은 오랜 진화에 걸쳐 진핵생물들에 보존되고 있음을 알 수 있었다.

재조합은 네 가닥 시기에 일어나지만 그림에서는 두 비자매염색분체에 초점을 맞추었으며, 교차가 일어나는 것과 상관없이 Spo11로부터 시작되는 분자 수준에서의 과정을 재조합이라는 용어로 사용

하였다. 바로 뒷부분에서는 이렇게 Spo11에 의해 특정시기에 일어나는 과정에서 시작되는 교차(비자매염색체들의 이중 나선 DNA의 상호교환)에 대한 재조합 과정들이 분자 수준에서 세부적으로 소개될 것이다.

재조합의 시작

감수분열 중 재조합 과정은 Spo11이 네 개의 염색분체 중 하나에서 염색분체 DNA의 두 가닥을 절단하면서 시작된다(그림 6.27, 1단계). 다음, **핵산말단가수분해효소**(exonuclease, DNA 분자의 말단으로부터 뉴클레오타이드들을 제거하는 효소)가 절단된 DNA의 양측으로부터 한쪽 가닥 끝을 분해하면서 3′ 단일 가닥 말단을 남기게 된다(그림 6.27, 2단계). **가닥 침입**(strand invasion)이라고 하는 다음 단계에서 한 쪽 단일가닥 말단이 비자매염색분체의 해당가닥을 대체한다(그림 6.27, 3단계). 가닥침입의 결과로 **이형이중 가닥**(heteroduplex; 그리스어로 hetero는 "기타" 또는 "다른"을 의미) 부위를 형성하며, 이 부위에서 DNA 분자는 각각의 비자매염색분체들로부터 유래한 두 가닥의 사슬로 이중 나선을 만들게 된다(그림 6.27, 3단계).

그림 6.27의 3단계 결과로 형성된 재조합 분자 중간체는 두 가지 다른 운명을 가진다. 4~6단계에서 설명된 경로를 거치면 교차가 일어난다. 반면, 4* 및 5*단계에 설명된 두 번째 경로를 거치면 교차가 일어나지 않으며 이후 생성된 염색분체 중 하나에는 이형이중 가닥 영역이 나타난다.

교차 경로

가닥침입에 의해 대체된 가닥은 남아 있던 다른 쪽 3′ 단일가닥 말단과 두 번째 이형이중 가닥을 형성한다(그림 6.27, 4단계). DNA 합성으로 두 3′ 말단들이 연장되면서 핵산말단가수분해효소에 의해 분해되었던 DNA 부위가 채워지고 DNA **연결효소**는 DNA를 재결합시킨다(그림 6.27, 4단계). 그 결과 두 비자매 염색분체들은 두 개의 **홀리데이 교차점**(Holliday junction)에서 꼬인 재조합 중간체를 만든다(그림 6.27, 5단계). 홀리데이 교차점은 서로로부터 멀리 이동하면서 이들 사이의 이형이중 가닥 영역이 확대되는데, 이를 **분지점 이동**(branch migration)이라고 한다(그림 6.27, 5단계).

이제 두 비자매염색분체는 분리되어야 한다. 두 염색분체는 각 홀리데이 교차점에 위치한 DNA의 양 가닥이 절단된 후 이어짐으로써 서로 분리된다. 그림 6.27(6단계)에서 보는 바와 같이, 각 교차점에서 DNA 가닥들의 다른 쌍들이 **리졸베이즈**(resolvase)와 연결효소의 작용으로 잘라지고 연결되어 교차(그리고 주변 대립유전자들의 재조합)가 일어난다. 리졸베이즈는 거의 항상 네 개의 DNA 가닥을 모두 끊기 때문에 두 홀리데이 교차점의 분리는 일반적으로 교차를 완성시킨다.

비교차 경로

Spo11에 의하여 시작되는 재조합은 **항교차 헬리케이즈**(anticrossover helicase)라고 하는 효소의 작용으로 교차가 일어나지 않기도 한다. 이 효소는 비자매염색분체들로부터 나온 침입 가닥을 풀어주어 홀리데이 교차점 형성을 막고 따라서 교차를 방해한다(그림 6.27, 4*단계). 이 과정으로 들어가게 되면 교차가 일어나지는 않지만(5*단계) 생성된 염색분체 중의 한 개는 이형이중 가닥 부위를 포함하게 된다.

재조합 다발점

오직 감수분열을 하는 세포에서만 발현되는 Spo11 단백질은 유사분열 세포에서보다 수백에서 수천 배 이상으로 감수분열 세포에서 재조합 속도를 높이는 데 관여한다. 효모와 인간에서는 감수분열 중 교차를 위해 두 가닥 절단이 어디에서 일어나는지 이미 알고 있는데, 그것은 Spo11이 특정 유전체 서열에 대한 선호를 가지고 있으며, 이 때문에 교차를 위한 **다발점**(hotspot)이 생기는 것으로 알려져 있다(그림 5.16 참조).

5장에서 재조합 다발점의 존재가 물리적 지도(유전자 간의 실제 염기쌍 수)와 유전자 지도(지도 단위의 RF) 사이의 관계를 복잡하게 한다는 것을 보았다(그림 5.16 참조). 동일한 수의 염기쌍으로 떨어져 있는 유전자의 경우, 두 유전자 사이에 다발점이 위치하게 되면 그들 사이에 다발점이 없는 두 유전자보다 유전자지도에서 더 멀리 떨어져 있는 것처럼 나타난다.

요약: 상동 재조합에 대한 이중 가닥 절단 수선 모델의 증거

감수분열 과정 중의 재조합에서 볼 수 있는 이중 가닥 절단 및 수선 모델은 물론 모든 재조합 중간체를 직접 관찰하기 전인 1983년에 제안되었다. 그 이후, 과학자들은 두 가닥 절단 현상, 다시 이를 재절단하여 3′ 단일 가닥 꼬리를 생성하는 현상 그리고 홀리데이 교차점 구조 등을 분자 수준에서 관찰하였다. 이러한 이중 가닥 절단 수선 모델은 유전학적 실험으로부터 추론된 아래와 같은 재조합의 속성을 잘 설명하기 때문에 현재 모델로서 잘 확립되었다.

- 상동체들은 물리적으로 절단되고, 절단 부위는 교환된 후 다시 결합한다. 메셀슨과 웨이글은 파아지 람다를 이용한 실험에서 재조합의 주요 측면들에 대한 증거를 제시하였다(그림 6.26 참조).
- 교차는 DNA 복제 후 비자매염색분체들 사이에서 일어난다. 두

그림 6.27

분자 수준에서 재조합의 모델

1단계 두 가닥 절단. 감수분열 전기 동안, Spo11 단백질은 DNA의 이중 가닥에 서로 인접한 뉴클레오타이드 사이의 인산디에스테르 결합에 작용하여 염색분체 중 하나의 이중 나선을 절단한다. 그림에는 재조합이 일어나는 두 비자매염색분체만 나타내었다.

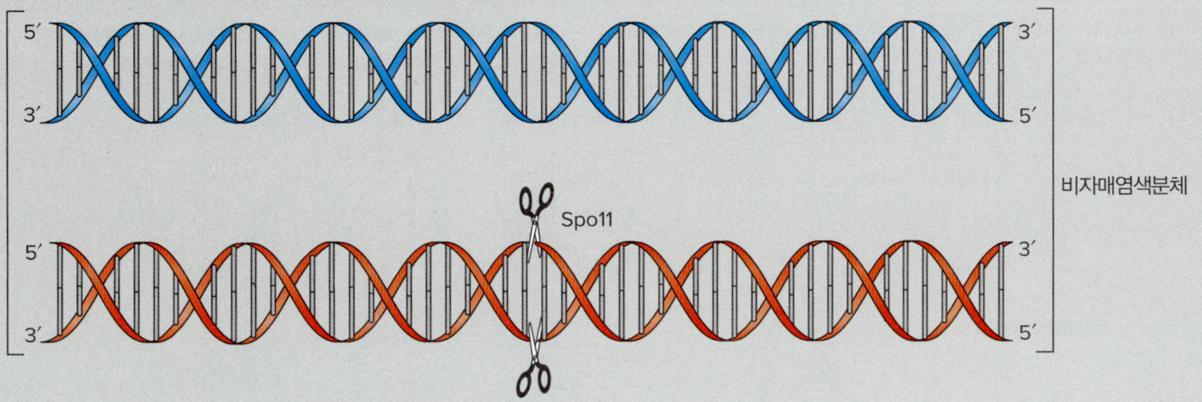

2단계 분해. **핵산말단가수분해효소**(exonuclease)는 절단된 사슬의 양 끝에 있는 5′ 말단들을 분해하여 양쪽에 단일 가닥 3′ 꼬리를 만든다.

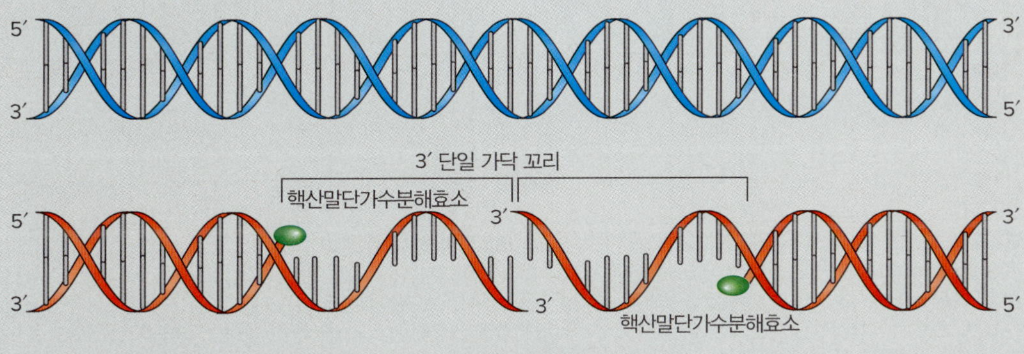

3단계 첫 번째 가닥의 침입. 다른 많은 효소와 함께 협력하여 Dmc1(주황색 타원) 단백질이 한쪽 단일가닥 꼬리에 붙어 다른 쪽 염색분체의 이중 가닥을 침입하여 틈을 벌린다. Dmc1은 이중 나선을 따라 앞쪽의 틈을 벌려 열면서 진행한다. 침입한 가닥은 염기서열을 읽어내려 가면서 잠시 DNA 이중체에서 쌍을 이루지 못하는 지역은 통과하고 충분한 길이의 상보적인 서열들이 나타나면 수 십 개의 수소 결합을 이루어 안정한 **이형이중 가닥**(heteroduplex)을 형성한다. 침입한 꼬리에 의해 치환된 가닥은 **D-고리**(displacement loop)를 형성하고 이 구조는 복제 단백질 A(replication protein A, RPA; 노란색 타원형)이 부착하면 안정화된다.

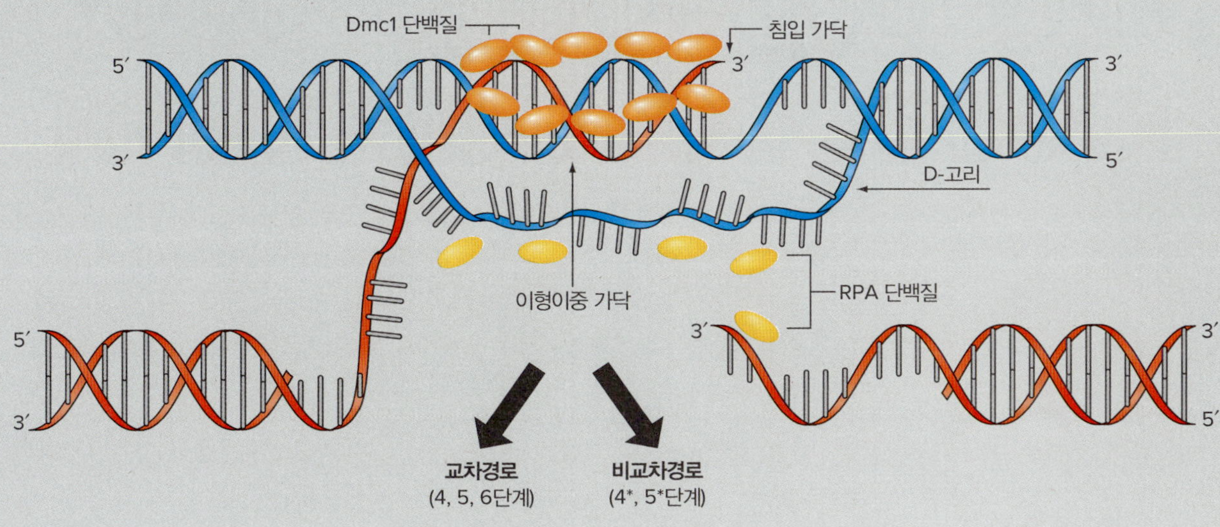

(계속)

그림 6.27 (계속)

교차 경로

4단계 이중 홀리데이 교차점의 형성. 침입한 3′ 꼬리에 새로운 DNA(위쪽 파란색 점선)가 합성되면서, 떨어져나간 가닥의 단일 가닥 염기들이 비자매염색분체의 3′ 꼬리와 상보적인 염기쌍을 형성할 때까지 D-고리의 크기가 점점 커진다. 이 비자매염색분체의 꼬리로부터의 새로운 DNA 합성(아래쪽 파란색 점선)으로 하단의 염색분체에 DNA 이중 나선이 다시 형성되고, 절단된 가닥의 오른쪽에 있는 5′ 말단은 침입한 가닥의 3′ 말단에 연결된다. 그 결과 만들어진 X자형 구조는 이를 제안한 과학자 로빈 홀리데이의 이름을 따서 **홀리데이 교차점**(Holliday junction)이라고 부른다.

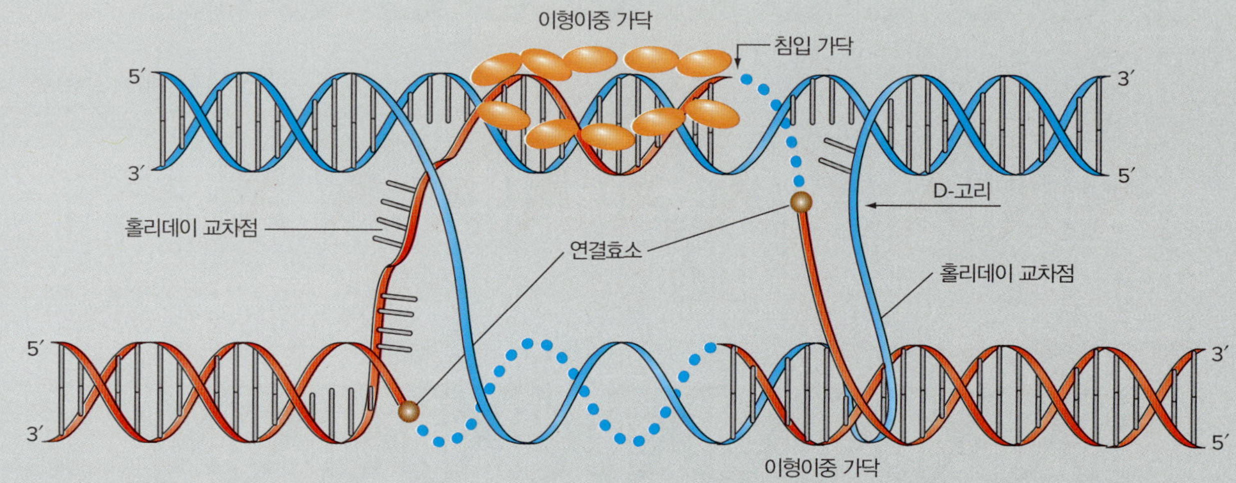

5단계 이중 홀리데이 교차점의 형성. 두 침입 가닥들은 지퍼가 채워지는 것처럼 원래의 이중 나선의 상보적인 가닥들과 쌍을 이루어 결합한다. 분지점은 그림의 화살표와 같이 양쪽으로 이동하면서 앞쪽의 DNA 이중 나선은 풀리고, 뒤쪽에 새로 만들어진 이형이중 가닥 분자는 되감긴다. 이형이중 가닥 지역의 두 끝 지점(두 개의 상동 염색체의 가닥이 교차하는 지역)은 화살표의 방향으로 이동한다. 따라서 분지점 이동은 두 DNA 분자의 이형이중 가닥 지역을 수십에서 수백 또는 수천 염기쌍까지 늘리는 역할을 하게 된다. 단순화를 위해 4단계에서 파란색 점으로 표시된 이형이중 가닥 영역 내의 몇 개의 뉴클레오타이드는 표시되지 않았다.

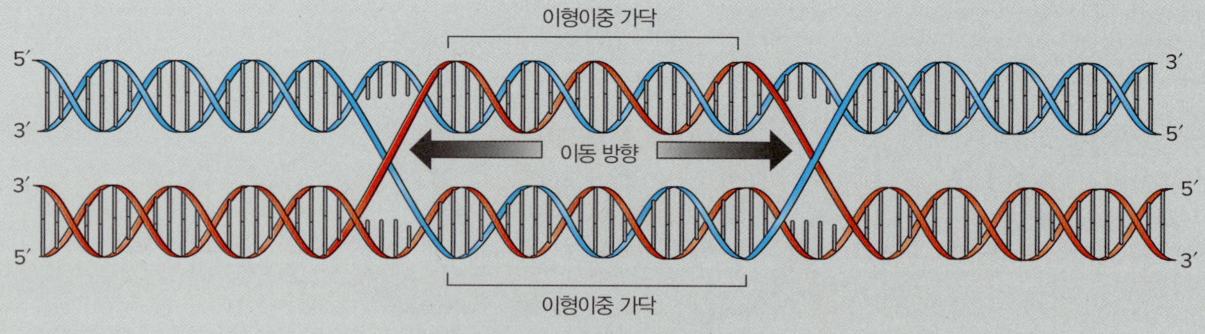

6단계 홀리데이 교차점의 분리. 포개진 두 비자매염색분체는 분리되어야 한다. 교차점의 분리에는 먼저 위치특이성 재조합 촉진효소(**리졸베이즈**(resolvase); 그림에 표시되어 있지 않음)가 각 홀리데이 교차점에서 작용하여 두 DNA 가닥을 절단하고 이후 DNA 연결효소(표시되어 있지 않음)에 의해 결합된다. 각 교차점에서 서로 다른 파란색과 빨간색 가닥들은 초록색 혹은 노란색 화살표와 같이 절단된 후 다시 재결합하면 빨간색 DNA는 파란색 DNA와 혹은 그 반대로 서로 이어질 수 있다. 두 홀리데이 교차점에서는 네 개의 가닥이 각각 한 번씩 절단되고 다시 이어지면서 그 결과 교차가 발생한다. 그림 아래쪽에 보이는 것처럼 재조합된 염색분체들에서는 모두 짧은 이형이중 가닥 부위가 나타나게 된다.

(계속)

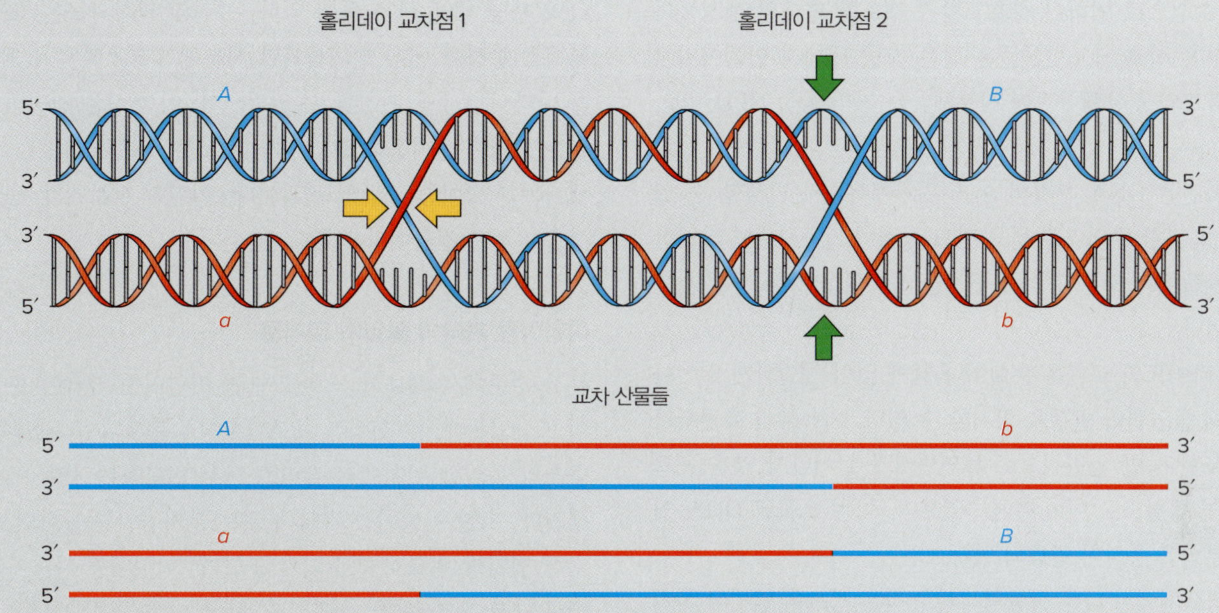

비교차 경로

4*단계 가닥 치환과 혼성화. 교차경로 4단계에서 살펴본 바와 같이, 침입 가닥(화살표)은 비자매염색분체(파란색)를 주형으로 사용하여 DNA(파란색 점선)를 합성하면서 뻗어간다. 그러나 다음 순간, **항교차 헬리케이즈**(anticrossover helicase; 그림에 표시되어 있지 않음)에 의해 침입 가닥과 비자매염색분체가 풀리면서 아래 그림과 같은 중간체가 만들어진다.

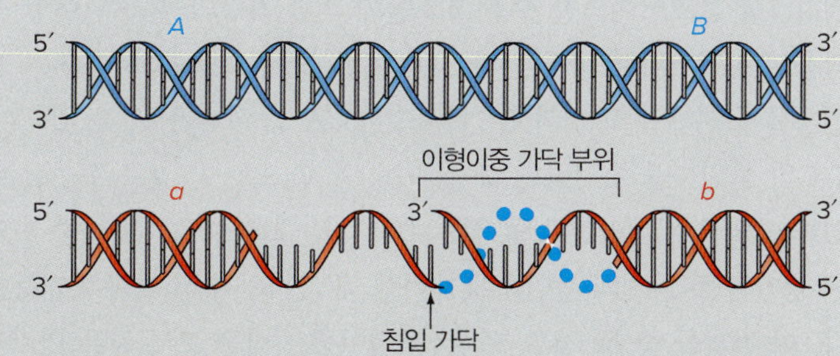

5*단계 DNA 합성과 연결. 이중 나선 DNA상에 남겨진 공간은 DNA 합성(빨간색 점선)을 통하여 채워지고 DNA 연결효소는 인산디에스테르 결합을 통해 가닥들을 연결시킨다. 이 과정으로 교차는 일어나지 않지만 이형이중 가닥 부위가 나타난다.

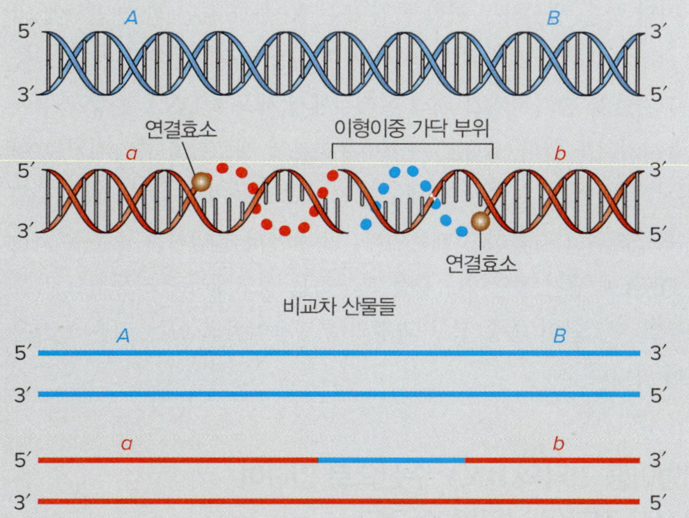

유전자가 연관된 양성잡종(dihybrid)의 효모가 포자를 형성할 때, T 사분체들의 형성 형태나 NPD들의 희소성 등은 재조합 과정이 두 가닥이 아닌 네 가닥 상태에서 일어나야지만 설명이 가능하다(그림 6.25 참조).

- 절단 및 수선으로 인하여 상호교환된 재조합 형태의 생성물이 만들어진다. 상호 재조합체들은 같은 자낭 내에서 만들어지기 때문에 효모와 붉은빵곰팡이 사분체들은 거의 항상 NPD, PD, T들이다.
- 재조합 사건은 DNA 분자의 어느 위치에서든지 발생할 수 있다. 만일 충분한 수의 자손들을 만드는 것이 가능하다면 다양한 실험 개체들에서 모든 쌍의 유전자들 사이의 교차를 관찰할 수 있을 것이다.
- 뉴클레오타이드의 교환은 손실이나 참가 없이 정밀하게 일어나기 때문에 돌연변이 발생을 방지할 수 있다. 처음부터 유전학자들은 재조합 동안 일반적으로 돌연변이가 일어나지 않음을 교차 과정의 정밀도로 이미 추론하였으며, 이는 오늘날 DNA 염기서열 분석을 통하여 입증되 었다.
- 한 상동염색체에서 다른 상동염색체로 작은 정보의 단편이 옮겨가는 **유전자 전환**(gene conversion)은 가끔 재조합 과정의 결과물로 나타나기도 한다. 다음 부분에서는 재조합 과정 동안 일어나는 이형이중 가닥의 형성으로 유전자 전환을 설명한다.

유사분열 중에 일어나는 재조합

감수분열 세포와 달리 유사분열 세포는 Spo11 단백질을 만들지 않으므로 정상 세포 주기 중에는 상동 재조합이 시작되지 않는다. 대신, 유사분열 세포에서의 재조합은 DNA에 이중 가닥 파손 또는 단일 가닥 틈을 생성하는 화학 물질 또는 X-선과 같은 환경 인자에 의한 손상으로부터 시작된다. 이러한 이유로 연구자들은 유사분열 중에 교차율을 증가시키기 위해 실험실에서 세포를 DNA 손상 과정에 노출시키기도 한다. DNA 손상이 유사분열 재조합을 증가시키는 이유는 7장에서 볼 수 있듯이 세포가 가진 효소들이 손상된 DNA 부위를 복구하려고 작동하기 때문이다. 이 장에서 설명하는 많은 효소들은 DNA에 생긴 절단이나 틈을 복구하는 경로에서도 작동하므로 유사분열 재조합이 종종 복구 과정의 부작용이라고 하는 것은 놀라운 일이 아니다.

이형이중 가닥의 DNA 수선으로 인하여 유전자 전환이 나타날 수 있다

효모 사분체 분석은 멘델이 예측한 바와 같이 대립유전자들이 동등하게 각 배우체로 분리되는 것을 보여준다. 특정 좌위에서 이형접합자인 이배체는 대부분의 경우 같은 대립유전자를 가진 두 개의 포자와 이와 다른 대립유전자를 가진 두 개의 포자를 만든다(2:2 분리). 한 번의 감수분열을 통하여 만들어지는 네 개의 모든 생산물들은 하나의 자낭 내에 모두 들어 있다. 그런데 과학자들은 효모의 사분체 분석을 통하여 매우 희귀하지만 사분체가 3:1 혹은 1:3의 분리양상을 나타내는 것을 관찰할 수 있었으며, 이 현상은 멘델의 제 1법칙으로는 설명이 불가능하였다. 이러한 드문 사분체 형성은 재조합 중에 생기는 이형이중 가닥의 결과이다. 이러한 사분체가 만들어지는 현상을 **유전자 전환**이라고 한다.

이형이중 가닥의 불일치 염기들

분자 수준에서 재조합 모델을 보면 이형이중 가닥이 형성되는 과정이 포함되는데, 이 현상은 재조합 DNA 분자의 두 가닥이 이중 나선 구조의 동일한 위치에서 잘리고 다시 결합하는 것이 아니기 때문에 생긴다. 또한 이형이중 가닥 부위는 분지점이 이동하면서 수백 또는 수천 염기쌍 정도로 확장되기도 한다. 이형이중 가닥이라는 이름은 이중 나선 구조 중 한 가닥은 모계로부터 다른 한 가닥은 부계로부터 유래한 것으로서, 부모로부터 유래한 각 가닥의 염기들 중에는 서로 상보적으로 짝을 이루지 못하는 불일치가 생길 수 있기 때문에 붙여진 것이다. 만일 이형이중 가닥 부위가 어떤 유전자 내에 형성되었는데, 이 유전자의 부모 대립유전자들이 서로 다르다면 유전자 전환이 일어날 수 있다.

불일치 수선을 통한 유전자 전환

일치하지 않는 이형이중 가닥 분자들은 오래 존재하지 못한다. 재조합 과정 동안 생기는 이런 문제를 해결하는 데는 복제 시 생기는 불일치된 부분을 해결하는 효소들과 동일한 DNA 수선 효소들이 사용된다(7장 참조). 이러한 수선 효소들에 의한 작업의 결과는 어떤 가닥을 수선하느냐에 따라 달라진다. 예를 들어, **그림 6.28**의 G-A 불일치를 수선하면 그 결과 G : *C* 또는 *T* : A 중 하나가 될 수 있으며, T-C의 불일치를 수선하면 그 결과는 *G* : C 또는 T : *A*로 수선될 수 있다(이탤릭체는 변경된 염기를 나타낸다). 그러므로 이형이중 가닥에 생기는 두 가지의 불일치에 대하여 네 가지의 수선 결과가 가능하다. 이 결과들 중 두 경우, 즉 두 이형이중 가닥들 모두 같은 염기쌍으로 수선되는 경우에 유전자 전환이 일어날 수 있다. 그림 6.28과 같이 이형이중 가닥 내에 존재하는 염기쌍의 차이로 두 대립유전자 *B*와 *b* 사이의 차이가 나타난다고 가정해 보자. 하나의 비자매염색분체가 *B*이고 다른 쪽 염색분체는 *b*인 경우, 유전자 전환의 결과로 양

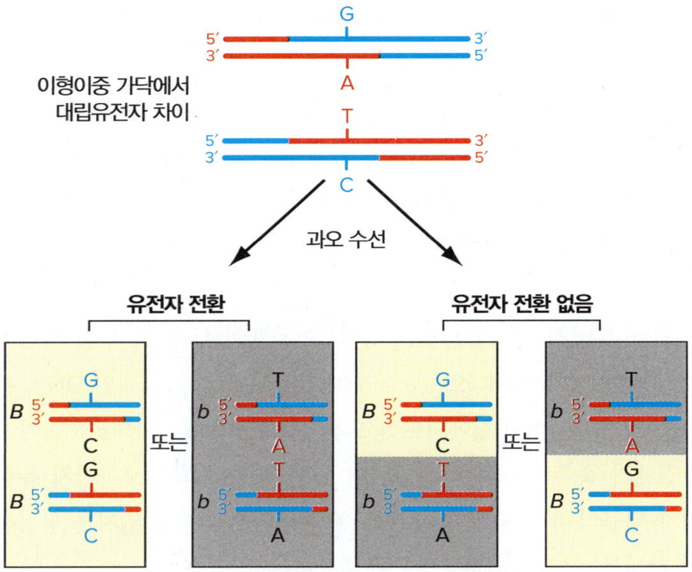

그림 6.28 유전자 전환은 어떻게 일어나는가. 대립유전자 *B*와 *b*는 한 개의 염기쌍에서 차이가 난다고 하자. *B*는 G : C(노란색)인 반면, *b*는 T : A(회색)이다. 만일 유전자 *B*가 재조합 과정 중에 이형이중 가닥 지역 내에 위치한다면 불일치 염기에 대한 불일치 수선에 의해 *B*가 *b*로 바뀔 수 있다(반대도 가능하다). 유전자 전환은 DNA 수선(검은색)에 의해 변화된 염기들이 모두 동일한 염색분체에서 유래할 경우에 나타난다. 파란색과 빨간색 실선은 단일 가닥 DNA를 나타낸다.

쪽 염색분체 모두 같은 대립유전자(모두 *B*나 *b*)로 나타나게 되는 것이다.

효모와 붉은빵곰팡이 자낭에서의 유전자 전환

효모와 붉은빵곰팡이에서는 감수분열 중에 형성되는 모든 산물들이 하나의 자낭에 모여 있기 때문에 이들 생명체에서 유전자 전환을 관찰하여 분석한 결과는 주목할 만하다. 유전자 전환은 PD, NPD 혹은 T가 아닌 비정상 자낭 사분체에서 탐지될 수 있다. 예를 들어 *A*와 *B*가 연관된 유전자일 때, *A B*/*a b* 이배체 효모 세포는 세 종류 중 어느 사분체도 생산할 수 있다(그림 5.21 참조). 모든 사분체 종류에서 *A*:*a* 혹은 *B*:*b* 대립유전자의 비는 2:2이다. 그러나 *b*에서 *B*로의 드문 전환이 일어날 경우에는 *B*:*b* 대립유전자 비가 3:1이기 때문에, PD, NPD 혹은 T에 속하지 않는 사분체를 생산하게 된다(**그림 6.29**).

유전자 전환이 재조합 과정상의 이형이중 가닥 형성에 기인한다는 견해는 유전자 전환이 주변 대립유전자들의 교차와 종종 관련 있는 것으로 관찰되면서 증명되었다. 예를 들어, *A B C*/*a b c* 이배체 효모에서 감수분열 동안 유전자 *A*와 *C* 사이에 재조합이 일어나서 유전자 *B*가 이형이중 가닥 부위 내에 위치하고 있다고 가정하자(그림 6.29). *B* 유전자의 한 쪽에서 일어나는 홀리데이 교차점 분리, 즉 유전자 *A*와 *C* 주변의 대립유전자들 사이의 재조합으로 교차가 일어난다. 이후 유전자 *B*를 포함하고 있는 이형이중 가닥 부위에 대한 뒤

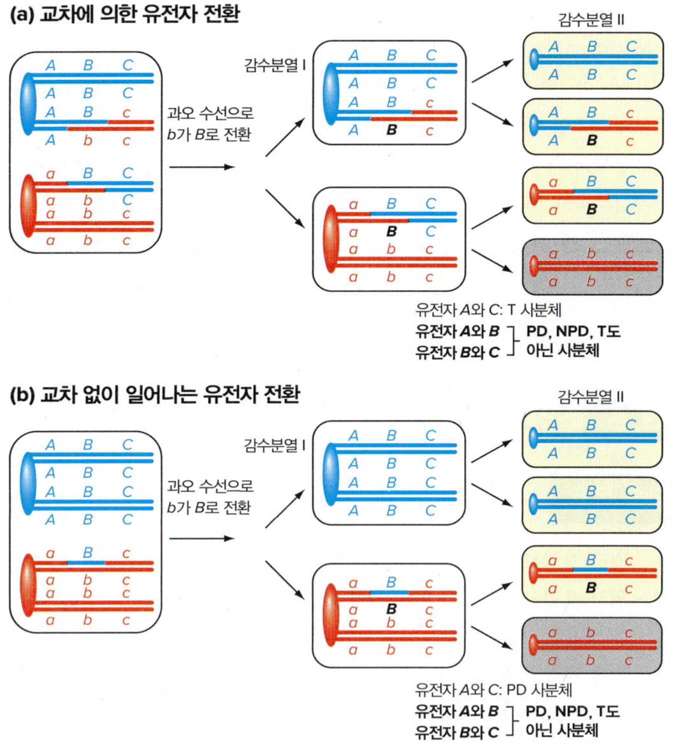

그림 6.29 효모 사분체를 이용한 유전자 전환의 발견. 그림에서 파란색과 빨간색의 실선은 단일 가닥 DNA를 나타낸다. **(a)** *A B C* / *a b c* 이배체 효모 세포에서 감수분열 중 유전자 *B* 위치에서 재조합이 일어나면 다른 대립유전자들을 가진 DNA 가닥들에서 이형이중가닥 지역이 나타난다. 불일치 수선(검은색 B)에 의해 *b*에서 *B*로 전환이 일어나면 *B* : *b* 대립유전자의 비가 2 : 2 대신 3 : 1인 비정상 사분체들이 생산된다. 이 경우 재조합의 결과로 교차와 함께 그에 따른 *A*와 *C* 유전자 주변의 대립유전자들 사이에 재조합이 발생한 것이다. 사분체는 *A*와 *C*에 대하여 T이다. **(b)** 비교차 경로에 의해 재조합이 완성되는 경우이다. 교차가 일어나지 않았기 때문에, 결과적으로 얻어진 사분체는 *A*와 *C*에 대하여 PD이다. 그러나 이형이중 가닥 지역에 불일치 수선이 일어나 *b*를 *B*로 전환시키면 이 사분체는 3 : 1 비의 *B* : *b*를 나타낸다.

이은 DNA 수선은 유전자 전환을 유발하여 *B*:*b* 또는 *b*:*B* 의 3:1 분리비를 나타내는 사분체를 생산하게 된다(그림 6.29a).

한편 비교차 경로를 거치는 재조합으로부터 생성되는 이형이중 가닥 또한 3:1의 분리비를 가지는 사분체를 생산할 수 있다는 점은 기억해 두어야 한다. 이 경우 유전자 전환이 일어나지만 주변 유전자들 사이의 재조합은 수반되지 않는다(그림 6.29b).

핵심 개념 6.5

- 사분체 분석에서 T들의 존재와 NPD들의 낮은 출현도가 관찰됨으로써 염색체 복제 후 상동염색체의 쌍들이 네 개의 염색분체 상태일 때 재조합이 일어남이 확인되었다. 또한 T와 NPD 사분체들은 양쪽 재조합체 모두에서 동일한 수를 나타내기 때문에 상호교환의 결과임을 알 수 있다.
- 재조합 과정에서 염색체 일부분의 교환이 일어날 때 DNA 분자는 잘라지고 다시 이어진다.
- 감수분열 전기 동안에 일어나는 교차 과정을 이용하면 두 홀리데이 교차점들

사이의 이형이중 가닥 DNA 형성과 핵산말단가수분해효소와 DNA 연결효소에 의한 교차점 분리를 분자 수준에서 설명할 수 있다.
- 홀리데이 교차점이 형성되기 전에 헬리케이즈가 염색분체를 해체할 수 있기 때문에 재조합 현상은 교차 동안에 한시적으로 나타난다.
- 유전자 전환은 이형접합자의 한 대립유전자가 다른 쪽과 물리적으로 바뀌는 과정으로서, 재조합 동안 일어나는 이형이중 가닥 형성의 증거가 된다.

6.6 위치-특이적 재조합

학습 목표

1. 위치-특이적 재조합으로 얻을 수 있는 가능한 결과들을 도식화해 본다.
2. 위치-특이적 재조합이 없는 생명체에서 이러한 현상이 일어나도록 하기 위해 도입해야 하는 성분들을 나열한다.
3. 이중 가닥 절단 형성을 촉매하는 두 효소인 Spo11과 Cas9의 기능을 비교한다.

앞서 살펴본 바와 같이 상동 재조합은 기존 DNA 분자들이 분리되고 다시 결합하여 새로운 DNA 서열을 생성한다. 다윈이 최초로 기술한 진화 과정인 **자연 선택**에 따르면, 이후 생명체들은 변화하는 환경에서 생존하고 번식하는 데 도움이 되는 새로운 DNA 분자들을 선택할 것이다. 생명체 집단에서 더 많은 유형의 DNA 분자가 생성될수록 집단이 미래 세대에 생존할 가능성은 커진다. 따라서 상동 재조합이 유전체의 매우 많은 부위들, 아마도 인접한 두 쌍의 뉴클레오타이드 사이에서 거의 무작위로 발생할 수 있다는 것은 놀라운 일이 아니다. 이러한 방식으로 상동 재조합은 자연 선택이 작용할 수 있는 염색체 염기 서열의 엄청난 다양성을 생성하는 데 도움이 된다.

거의 무작위적으로 일어나는 이러한 유형의 상동 재조합과는 대조적으로, 일부 생명체는 특정 DNA 서열에서 DNA 분자의 절단 및 연결이 일어나서 **위치-특이적 재조합**(site-specific recombination)이 일어나는 시스템을 갖기도 한다. 이러한 위치-특이적 재조합은 일반적으로 길이가 200 염기쌍 미만인 2개의 특정 DNA 표적 부위 사이에서만 일어나는 교차이다.

위치-특이적 재조합은 재조합 효소들에 의해 일어난다

분자 수준에서 위치-특이적 재조합은 상동 재조합보다 훨씬 간단하다. 특히, 대부분의 위치-특이적 재조합 시스템에서, **재조합 효소**(recombinase)들은 단일 단백질의 작용으로 절단 및 연결 단계 등 일련의 단계를 촉매하기도 한다. **그림 6.30**은 그러한 재조합 효소의 한 종류의 작용 방식을 보여준다.

위치-특이적 재조합을 이용하는 생명체 중의 하나인 박테리오파아지는 작은 원형의 유전체를 숙주 세균의 염색체에 **통합**(**삽입**)시키기 위해 이 과정을 사용한다(**그림 6.31a**). 이러한 방식으로 박테리오파아지 DNA는 세균 염색체에 '무임승차'를 하게 되는데, 이때 숙주 DNA가 복제되면 삽입된 박테리오파아지 유전체도 함께 복제된다.

위치-특이적 재조합은 또한 단일 염색체의 두 표적 부위 사이에 삽입된 DNA가 **빠져나와**(excision) 다시 두 개의 독립적인 DNA 분자를 생성하는 역과정에서도 중요하다(**그림 6.31b**). 박테리오파아지 유전체가 숙주 염색체에 삽입되어 있는 경우, 박테리오파아지 유전체가 세균의 유전체로부터 스스로 빠져나와서 파아지 입자를 형성하기 위해서는 이러한 절단 반응이 중요하다.

세 번째, 위치-특이적 재조합의 결과로, 두 표적 부위 사이에 위치한 DNA 조각의 **역위**(inversion)가 일어날 수 있다(**그림 6.31c**). 예상할 수 있듯이, 역위는 동일한 염색체 내에 존재하는 두 가지 형태 사이에서 분자 스위치로 작용할 수 있다. 즉 중간에 낀 서열은 서로 다른 상태에서는 다른 방향으로 위치하게 된다.

마지막으로, 2개의 상동염색체 각각의 동일한 위치에 표적 부위가 있는 경우, 위치-특이적 재조합이 일어날 수 있다. 이들 표적 부위에 재조합효소가 작용하면 재조합 염색체를 만들어진다(**그림 6.31d**). 현재까지 알려진 바로는, 위치-특이적 재조합을 사용하는 박테리오파아지와 단세포 생명체에서는 이러한 상황이 일반적으로 발생하지 않는다. 그러나 이 책의 뒷부분에서 알려주듯이, 유전학자들은 이제 표적 부위의 이러한 배열로 생명체를 탄생시키기도 하고 또한 재조합효소 단백질도 합성할 수 있다. 이 기술은 유사분열 중에 생기는 교차를 이런 특정 위치에서 높은 빈도로 일으키는 데 특히 유용하게 쓰인다.

FLP/FRT 및 Cre/loxP 위치-특이적 재조합 시스템을 활용하여 유전자를 켜고 끌 수 있다.

위치-특이적 재조합은 특정 생명체에서만 나타나는 특징으로, 매우 특이적인 과정에서만 볼 수 있는데, 그 예로 박테리오파아지의 삽입이나 절단을 들 수 있다. 상동 재조합과 달리 위치-특이적 재조합이 일반적인 현상이 아니라면 연구자들이 이것을 계속 연구하는 이유는 무엇일까? 그 이유는 바로 이제 유전학자들이 다양한 생물종의 연구에서도 이 위치-특이적 재조합을 사용할 수 있도록 만들었기 때문이다. 유전체에 표적 서열을 추가함으로써 연구자들은 유전체에서 재조합이 일어날 위치를 정확하게 제어할 수 있게 되었다. 또한 재조합

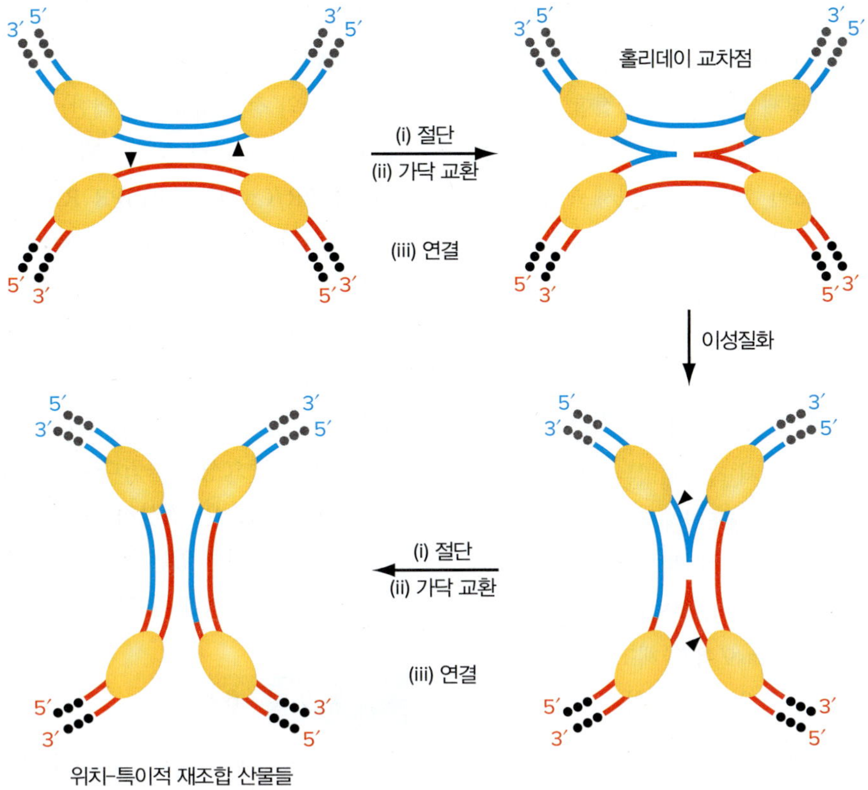

그림 6.30 위치-특이적 재조합 메커니즘의 한 예. 본문에서 설명한 FLP 및 Cre 효소는 그림에서 표시된 모든 단계에서 유사하게 기능한다. 표적 DNA 서열은 서로 동일하지만 명확성을 위해 각각 다른 색상(빨간색과 파란색)으로 표시하였다. 그림에서 이 표적 서열들은 다른 DNA 분자(검은색과 회색 점)들 사이에 존재해 있다. 재조합 효소의 4개 소단위는 노란색 타원으로 표시되어 있다. 검은색 삼각형들은 재조합 효소가 DNA에 단일 가닥의 틈을 만드는 부위들을 나타낸다. 홀리데이 교차점이 분리되기 위해서는 처음에 잘리지 않았던 파란색 및 빨간색 DNA 가닥이 절단되어야 한다.

효소의 생산을 조절함으로써 연구자들은 위치-특이적 재조합이 특정 시간이나 특정 세포 조직에 일어나도록 조절할 수 있다.

이 책의 후반부에서는 두 가지 위치-특이적 재조합 시스템, 즉 효모 세포에서 작은 원형 DNA(플라스미드) 복제에 사용되는 FLP 재조합효소/FRT 부위(FLP/FRT) 그리고 박테리오파아지 P1의 생활주기에서 여러 단계에 필요한 Cre 재조합 효소/loxP 부위(Cre/loxP)에 대해 다룬다.

유전 공학이 이룬 이런 업적들에는 몇 가지 목적이 있다. 위치-특이적 재조합을 사용하면 연구자들은 생명체 내에서 원하는 시간 또는 조직에서 특정 유전자의 발현을 유도하거나 억제할 수 있다. 또

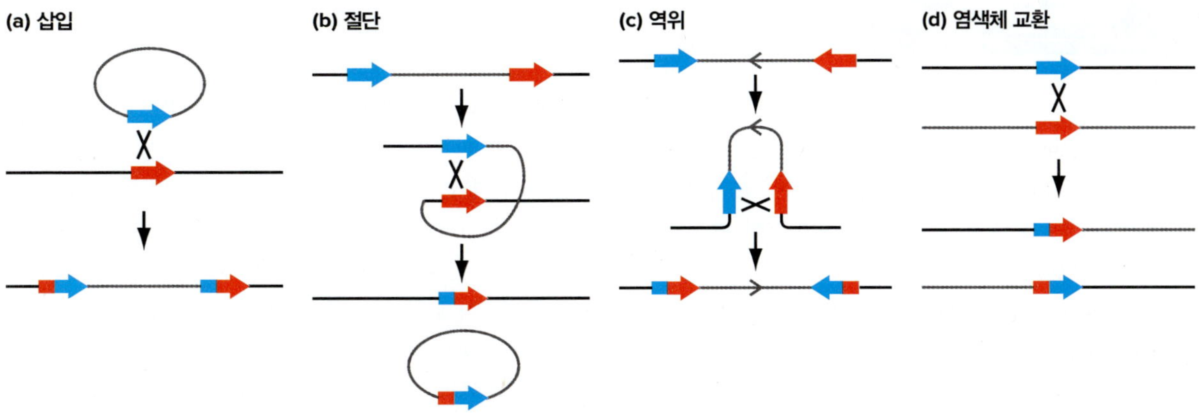

그림 6.31 위치-특이적 재조합으로 생길 수 있는 결과물들. 파란색과 빨간색 화살표는 각각 서로 다른 표적 부위들을 나타낸다. 표적 부위가 비대칭이기 때문에 화살표는 두 방향 중 한 방향을 나타낸다. 표적 부위가 포함된 검은색과 회색 선들은 이중 가닥 DNA를 나타낸다.

한, 위치-특이적 재조합이 거의 모든 세포 유형에서 높은 효율로 일어날 수 있기 때문에, 유전학자들은 이 방법을 사용하여 유사분열 재조합을 유도함으로서 이형 접합 생명체 내에서 동형 접합 돌연변이 세포의 클론을 안정적으로 만들어낼 수 있다. 이러한 조작이 가능해짐으로써 과학자들은 이제 단일 세포인 수정란에서 다세포 유기체의 발달과 같은 생물학적 과정에서의 특정 유전자 역할을 알 수 있는 중요한 연구들을 할 수 있게 되었다. 21장과 22장에서는 이러한 문제에 대해 자세히 설명하고 있다.

CRISPR/Cas9 유도 재조합은 유전체 조작을 위한 강력한 도구이다

위치-특이적 재조합을 새로운 생명체에서 작동시키는 데는 한 가지 중요한 제한 사항이 있다. 그것은 바로, 재조합에 필요한 표적 서열을 그 유전체에 미리 도입해 놓아야 하지만 대부분의 경우 연구자가 원하는 유전체 영역으로 해당 표적 서열을 미리 넣어놓기가 쉽지 않다는 것이다. 이러한 이유로 CRISPR/Cas9 유도 재조합이 발견되기 전에는, 과학자들은 임의로 표적 부위들을 여러 위치에 미리 통합시켜 놓은 후, 가장 사용에 적합한 곳에 표적 부위가 위치한 균주를 찾아서 사용하였다.

매우 최근에 개발된 놀라운 방법을 통해 연구자들은 이제 상상할 수 있는 거의 모든 방식으로 유전체를 정확하게 변경할 수 있다. 특히 흥미로운 기술 중 하나는 *CRISPR*이라고 하는 작은 RNA와 소수의 박테리아 종에서 생산되는 Cas9라는 효소를 기반으로 한다. 이 방법은 뒤에 자세히 설명되어 있지만 일단 이번 장을 이해하는데 있어서 CRISPR는 Cas9를 복잡한 유전체의 특정 DNA 서열로 안내하는 역할을 한다는 정도만 아는 것으로 충분하다. 중요한 것은 Cas9가 DNA의 이중 가닥을 절단하는 효소라는 것이다. 앞서 보았듯이 이중 가닥의 절단(Spo11에 의한)으로 상동 재조합 과정을 시작하는데, 다시 말해서 가닥 절단이 재조합을 유도하는 것이다.

CRISPR/Cas9는 CRISPR RNA의 서열에 의해 결정되는 특정 유전체 위치에서 이중 가닥 절단을 일으키기 때문에 이제 연구자들은 유전체의 특정 위치에서 높은 빈도로 재조합을 유도할 수 있다. 21장에서는 이러한 재조합을 통해 과학자들이 원하는 방식으로 이중 가닥이 절단된 근처의 DNA 서열을 변경하는 방법을 공부할 것이다. 새로 발견된 이 기술을 통해 유전자 서열을 변경할 수 있는 능력의 잠재적 중요성은 놀랍다. 한 가지 예를 들자면, 이러한 정확한 유전체 편집 기술은, 겸상적혈구병과 같은 유전병을 앓고 있는 사람의 체세포 유전체에 있는 돌연변이 대립유전자를 야생형 대립유전자로 변경시키는 유전자 치료에 사용할 수 있다.

핵심 개념 6.6

- 위치-특이적 재조합은 재조합 효소에 의해 촉매되는 두 개의 짧은 DNA 표적 부위들 사이에 교차가 일어나는 것이다.
- 연구자들은 표적 부위와 그에 반응하는 재조합 효소 유전자를, 실험에 사용할 생명체의 유전체로 도입하여, 특정 위치, 특정 시간, 특정 조직에서 위치-특이적 재조합을 촉진할 수 있다.
- CRISPR/Cas9 시스템을 이용하며 유전체의 거의 모든 위치에서 이중 가닥 절단을 유도할 수 있다. 이중 가닥 절단으로 재조합이 유도되기 때문에 절단된 DNA 부근의 유전체를 과학자들이 편집할 수 있게 된다.

풀이 문제

풀이 문제 I

다음 이중 나선 DNA에서 공백으로 표시된 부분에서 끊어지고 그 부위가 수선되기 전에 잘려진 DNA 조각을 회전시켜 위치를 바꾼다고 가정하자. 이후 수선이 이루어진다면 이 DNA의 염기서열은 어떤 것이 되겠는가? 그렇게 생각하는 이유를 설명해 보시오.

5′ TAAGCGTAACC AGTATGCG GGGTCCTATTAACGTGCG 3′
3′ ATTCGCATTGG TCATACGC CCCAGGATAATTGCACGC 5′

해답

문제에 답하기 전에 먼저 DNA 가닥에는 극성(방향성)이 있다는 것을 기억해야 한다. 상단 가닥은 왼쪽에서 오른쪽으로 5′ → 3′의 극성을 가진다. 회전으로 위치를 바꾼 조각은 같은 방향성을 가지고 나머지 부분과 결합을 해야 한다. 우선 잘린 조각 내에서 가닥들의 극성을 파악해야 한다. 상단 가닥의 5′ → 3′ 극성을 유지하기 위하여 좌우로 회전한 경우 조각을 아래위로 한 번 더 회전시켜야 하며, 이러한 위치 변경으로 상단 가닥이 하단에 위치하게 된다. 잘라진 조각을 이중 나선의 축을 따라 180° 회전시키면 같은 효과가 나온다.

5′ TAAGCGTAACCCGCATACTGGGTCCTATTAACGTGCG 3′
3′ ATTCGCATTGGGCGTATGACCCAGGATAATTGCACGC 5′

풀이 문제 Ⅱ

최근 인간 백혈구에 감염하는 새로운 바이러스를 발견하였다. 이 바이러스는 실험실에서 백혈구 세포를 숙주세포로 사용하여 배양할 수 있다. 바이러스가 DNA나 RNA 중 어느 것을 유전물질로 포함하는지 알기 위하여 방사성 동위원소 표지법을 사용한다면 어떤 실험을 수행해야 하는가?

해답

이 질문에 대한 답을 위해 DNA와 RNA 사이의 차이점을 알고 있어야 한다. DNA에 있는 티민 대신 RNA에는 우라실이 포함되어 있다. 우선 방사성 티민이나 방사성 우라실을 첨가한 두 개의 배양액에 숙주세포와 바이러스를 넣고 키운다. 바이러스를 세포에 감염시켜 새로운 바이러스를 생산하게 한 후, 새롭게 합성된 바이러스를 포집하고 어떤 배양액에서 방사성 바이러스를 합성하는지 확인한다. 만일 RNA 바이러스라면 방사성 우라실을 포함하는 배양액에서 바이러스가 성장하여 방사성을 띤 바이러스가 포집되겠지만, 방사성 티민을 첨가한 배지에서는 바이러스가 만들어지지 않아 방사성이 나타나지 않을 것이다. 반대로 만일 바이러스가 DNA 바이러스라면 방사선 티민이 들어 있는 배지에서는 방사성을 띤 바이러스가 합성되어 포집되겠지만, 우라실 배지에서는 방사성 바이러스가 나타나지 않을 것이다.

(DNA 바이러스와 RNA 바이러스를 구분하기 위하여 방사성 동위원소로 표지된 리보오스 또는 디옥시리보오스를 사용할 수도 있으나, 당의 경우 핵산에 통합되기 전에 세포의 대사 과정에 의해 처리되기 때문에 결과가 모호하게 나올 수 있는 단점이 있다.)

풀이 문제 Ⅲ

S기에 있는 인간세포(예; 헬라 세포)를 ^{3}H-티민이 포함된 배양액에서 키우고 이후 분열 중기에 상동염색체 쌍을 관찰한다면 방사능이 어떻게 분포되어 나타나는가? 방사능이 (a) 한 상동염색체의 제1염색분체, (b) 한 상동 염색체의 모든 염색분체, (c) 두 상동염색체의 각 염색분체, (d) 모든 상동염색체의 모든 염색분체, (e) 위와 다른 패턴들 중 어떻게 나타나는가? 정답을 선택하고 이유를 설명하시오.

해답

이 문제는 DNA의 분자 구조와 복제에 대한 지식의 응용능력이 있고, 어떻게 복제가 상동염색체나 염색분체와 연관이 있는지를 알아야 풀 수 있다. DNA 복제는 S기 동안 발생하므로 ^{3}H-티민은 새로운 DNA 가닥에 통합된다. 염색분체는 복제된 DNA 분자이며, 각각의 새로운 DNA 분자는 DNA 중 새로운 한 가닥(반보존적 복제)을 포함하고 있다. 그러므로 방사능은 (d) 모든 상동염색체의 모든 염색분체에 나타날 것이다.

연습 문제

어휘

1. 왼쪽 용어를 가장 잘 설명한 문장을 오른쪽에서 찾아 연결하시오.

a. 형질전환	1. 복제하는 동안 불연속적으로 합성되는 가닥
b. 박테리오파아지	2. DNA의 뉴클레오타이드 단위체의 당
c. 피리미딘	3. 두 개의 링 구조를 가진 질소 염기
d. 디옥시리보오스	4. 이중 나선의 두 가닥을 연결시키는 비공유결합
e. 수소 결합	5. 메셀슨과 스탈 실험
f. 상보적인 염기	6. 그리피스 실험
g. 복제원점	7. 진핵세포 염색체의 끝 구조
h. 오카자키단편	8. 수소 결합에 의해 쌍을 이룰 수 있는 두 질소 염기
i. 퓨린	9. 위치-특이적 재조합을 촉매
j. 입체이성질화효소	10. 링 구조가 하나인 질소 염기
k. 반보존적	11. 복제를 시작하기 위해 이중나선 구조가 풀리는 짧은 염기서열
l. 지체가닥	12. 세균에 감염하는 바이러스
m. 말단소체	13. 불연속 복제에 의해 형성되는 짧은 DNA 조각
n. 재조합효소	14. DNA 초나선을 조절하는 효소

6.1절

2. 세균의 형질전환을 보면, 전체 염색체가 세포로 들어가는 게 아니라 염색체 DNA가 무작위로 잘려서 생성된 조각들이 들어간다. 만일 a^+ b^+ c^+의 유전자를 가진 공여체 세균의 DNA를 사용하여 a b c 유전자를 가진 수여체 세균을 형질전환시켰더니 a^+로 변환된 55%의 개체가 또한 c^+의 유전자를 가지고 있었고, 반면 a^+의 오직 2%만이 b^+ 유전자를 가지고 있었다고 하자. 이 경우 a 유전자에 가까운 유전자는 b와 c 중 어느 것인가?

6.2절

3. 인간 DNA 중 30%가 A라면 (a) C, (b) T, (c) G가 차지하는 비율은 각각 몇 퍼센트인가?

4. 순수 분리한 이중나선의 사람 DNA를 세 시험관에 동일하게 나누어 넣었다. 시험관 1의 DNA에는 당-인산 디에스테르 결합을 끊는 물질을 처리하고, 시험관 2의 DNA에는 당에 결합되어 있는 염기를 잘라내는 물질을 처리하고, 시험관 3의 DNA에는 수소 결합을 분해하는 물질을 처리하였다면 세 시험관에 있는 DNA의 분자 구조는 어떻게 달라져 있는가?

5. 아래는 낭섬유증 관련 인간 유전자 DNA 가닥의 염기서열 일부분이다. 이 유전자의 다른 쪽 DNA 가닥에 해당하는 염기 순서를 쓰고 극성을 표시하시오. 주어진 염기서열의 앞과 뒤 부분의 점들은 무엇을 나타내는 것인가?

5′.....ATAGCAGAGCACCATTCTG.....3′

6. 유전물질로 DNA를 갖는 어떤 바이러스가 다음 비율로 뉴클레오타이드를 가지고 있다(20% A, 35% T, 25% G, 20% C). 어떤 구조라고 설명할 수 있는가?

6.3절

7. DNA는 네 가지 구성 요소로 이루어져 있으며 그 기본 구조는 매우 간단하다.
   a. DNA는 구조가 이렇게 간단함에도 불구하고 어떻게 복잡한 유전정보를 담고 있을 수 있는가?
   b. 이러한 구성 요소는 무엇인가? 각 블록은 작은 단위로 세분화될 수 있다. 무엇으로 이루어져 있는가? 어떤 종류의 화학 결합으로 구성 요소가 연결되어 있는가?
   c. RNA의 기본 구조는 DNA와 어떻게 다른가?

8. 세균의 형질전환과 박테리오파아지 표지 실험으로 세균과 DNA 바이러스에서는 DNA가 유전물질이라는 것이 증명되었다. 그러나 일부 바이러스는 파아지 입자 내부에 DNA가 아닌 RNA를 포함하기도 한다. 예를 들어, 담배 식물에 감염하여 나뭇잎에 병변을 일으키는 담배 모자이크 바이러스(tobacco mosaic virus; TMV)는 RNA를 유전체로 가진다. TMV의 두 가지 변종들은 바이러스 입자에 다른 형태의 특정 단백질을 가지고 있기 때문에 구분이 가능하다. 시험관에서 정제된 단백질과 RNA를 혼합하면 재구성 TMV를 만들 수 있다. 재구성한 바이러스는 숙주 식물세포에 감염시켜 다음 세대 바이러스를 생산하는 데 사용할 수 있다. 이때 RNA가 TMV에 있는 유전물질로 역할을 한다는 것을 보여주기 위한 실험을 구상하여 보시오.

6.4절

9. 메셀슨과 스탈의 밀도 변화 실험(그림 6.20)에서 다음과 같은 경우에 예상할 수 있는 결과를 설명하시오.
   a. 보존적 복제 방법으로 ^{14}N에서 두 차례 DNA를 합성한 경우
   b. 반보존적 복제 방법으로 ^{14}N에서 세 차례 DNA를 합성한 경우
   c. 산발적 복제 방법으로 ^{14}N에서 세 차례 DNA를 합성한 경우
   d. 보존적 복제 방법으로 ^{14}N에서 세 차례 DNA를 합성한 경우

10. S기에 진입하는 사람 세포를 ^{3}H-티미딘(티민과 디옥시리보오스로 이루어진 뉴클레오타이드)이 든 배양액에 넣고 잠시 키워 S기를 거치도록 한다. 이후 세포를 씻어내고 두 번째 S기로 접어들도록 방치한다면 상동염색체 쌍에서 관찰되는 ^{3}H의 분포는 어떤 양상을 보이는가? (재조합은 무시한다) 방사능이 (a) 한쪽 상동염색체의 염색분체 한 개, (b) 한쪽 상동염색체의 모든 염색분체, (c) 두 상동염색체에서 각각 하나씩의 염색분체, (d) 두 상동염색체의 모든 염색분체, (e) 다른 패턴 중 어떻게 나타나는가? 정답을 선택하고 이유를 설명하시오. (이 문제는 앞에 소개된 풀이 문제 III와 그 해답에서 분석한 내용을 응용한 것이다.)

11. a. 자연에 존재하는 핵산 가닥들 중 일부는 DNA이고 또다른 일부는 RNA인 것이 있는가? 그렇다면 그러한 핵산 가닥이 합성되는 시기를 말해 보시오. RNA 성분이 5′ 말단에 있는가, 아니면 3′ 말단에 있는가?
    b. 오카자키단편의 RNA 프라이머는 일반적으로 길이가 10개 미만의 뉴클레오타이드로 매우 짧고 때로는 2개의 뉴클레오타이드만큼 짧다. 이 사실은 프리마아제 효소의 진행성에 대해 무엇을 알려주는가? 프리마아제 또는 DNA 중합효소 III 중 어느 효소가 더 큰 진행성을 가질 가능성이 있는가?

12. 복제가 시작되는 부위 DNA의 한쪽 가닥의 염기가 아래에 표시되어 있다. 굵은 글씨의 염기들에 상보적으로 합성되는 프라이머의 염기서열은 무엇인가? (염기서열의 5′과 3′ 말단을 표시하시오.)

5′ AGGCCTCG**AATTCGTATA**GCTTTCAGAAA 3′

13. DNA 복제에서 다음 효소들의 역할을 설명하시오.
    a. 입체이성질화효소
    b. 헬리케이즈
    c. 프리마아제
    d. 연결효소

14. 그림 6.18은 어떻게 DNA 이중 나선형 구조가 DNA 복제 방법에 적합한지를 설명하는 왓슨과 크릭의 초기 제안을 묘사하고 있다. 현재의 지식으로 보면 이 그림은 너무 간단히 그리다 보니 심각한 오류를 포함하고 있다. 이 그림의 문제점이 무엇인지 설명하시오.

15. DNA 합성기는 주어진 서열 DNA의 짧은 단일가닥을 자동으로 유기 합성하는 데 사용하는 기계다. 다음과 같은 세 가지의 DNA 분자를 만들기 위해 기계를 사용하였다고 하자.
    (DNA 1) 5′ CTACTACGGATCGGG 3′
    (DNA 2) 5′ CCAGTCCCGATCCGT 3′
    (DNA 3) 5′ AGTAGCCAGTGGGGAAAAACCCCACTGG 3′
    우선 DNA 중합효소 완충용액이 들어 있는 작은 시험관에 위의 DNA 분자들을 단독으로 혹은 조합으로 넣은 후 DNA 중합효소, dATP,

dCTP, dGTP, dTTP를 추가하여 넣었다. 다음의 반응 시험관들 중에서 과연 DNA 중합효소가 새로운 DNA 분자를 합성하는 시험관은 어느 것인지, 합성이 된다면 어떤 DNA의 염기서열이 될지 써 보시오.

a. DNA 1와 DNA 3

b. DNA 2와 DNA 3

c. DNA 1와 DNA 2

d. DNA 3 오직 한 가지

6.5절

16. 돌연변이 $spo11^-$ 대립유전자(이 돌연변이 대립유전자는 Spo11 단백질을 생산하지 못한다)를 가진 효모균주가 발견되었다. 이 효모는 어떤 표현형을 가질 수 있는지 설명하시오.

17. 글자 순서대로 밀접하게 연관된 세 유전자의 유전자형 *A B C* 또는 *a b c*를 각각 가진 효모의 두 변종을 교배시켰다고 가정하자. 이 교배에서 발생될 다양한 사분체를 생각해 보고, 두 개의 *B*와 두 개의 *b*의 포자를 만들 수 없는 두 경우를 찾아보시오. 어떤 사분체 I에서는 *A B C*, *A B C*, *a B c*, *a b c* 유전자형을 가진 포자들이 만들어지고, 또 다른 사분체 II에서는 *A B C*, *A b c*, *a b C*, *a b c*를 가지는 포자가 만들어졌다고 하자. 이러한 사분체들은 어떻게 발생하였을까?

18. $e^+ f^+ g^+$와 $e^- f^- g^-$의 붉은빵곰팡이 균주를 교배시켰더니, 연관된 유전자들의 재조합의 결과로 다음과 같이 정렬된 유전자 세트의 포자를 가진 팔분체들이 생겼다.

$e^+ f^+ g^+$
$e^+ f^+ g^+$
$e^+ f^- g^+$
$e^+ f^- g^+$
$e^- f^- g^-$
$e^- f^- g^-$
$e^- f^- g^-$
$e^- f^- g^-$

a. 재조합이 시작된 곳은 어디인가?

b. 교차가 일어난 곳이 유전자 *e*와 *g* 사이인가? 이에 대한 근거를 제시하시오.

c. *f*의 경우 2 f^+ : 6 f^-가 나타난 반면, *e*와 *g*의 경우 4 e^+: 4 e^-와 4 g^+: 4 g^-의 비율을 나타내는가?

d. 이들 비정상적인 팔분체들을 세 유전자에 대한 MI이나 MII로 설명할 수 있는가?

19. 그림 6.27의 6단계에서 리졸베이즈(resolvase) 효소는 거의 항상 이중 홀리데이 교차점 중간체에서 네 가닥의 DNA를 모두 절단한다. 즉 파란색 가닥과 빨간색 가닥을 모두 절단한다. 이 현상을 설명하는 또 다른 방법은 그림에서 교차점 1의 노란색 화살표와 교차점 2의 녹색 화살표로 표시된 것과 같이, 효소가 홀리데이 교차점 1과 2에서 DNA를 다른 방식으로 절단하는 것이다.

그러나 드물게 리졸베이즈가 대신 양쪽 홀리데이 교차점에서 동일한 방식으로 DNA를 절단하기도 한다(양쪽 교차점에서 모두 노란색 화살표 또는 모두 녹색 화살표를 상상해 보자). 즉, 이 경우 양쪽 교차점에서 동일한 빨간색 가닥과 동일한 파란색 가닥이 절단된다. 이러한 희귀한 리졸베이즈 효소 작용의 결과로 어떤 일이 생길 수 있을까?

6.6절

20. 밀접하게 연결된 두 유전자의 사이에 위치한 영역에서 유사분열 교차율을 증가시키는 방법으로 두 가지를 사용할 수 있다. 첫째, 세포를 고용량의 X-선에 노출시켜 재조합에 의한 이중 가닥 절단을 일으킬 수 있다. 또는 21장에서 설명할 기술을 사용하여 유전자 사이에 FRT 또는 loxP와 같은 표적 부위 서열을 삽입하고 FLP 또는 Cre 유전자를 유전체에 추가하여 위치-특이적 재조합을 유도할 수 있다. 만일 FRT 부위와 FLP 유전자를 모두 가지는 세포를 미리 제조하였다면, X-선 또는 FLP/FRT 기술 중 어느 것이 유전자 간의 유사분열 재조합 비율을 증가시키는데 더 효율적일까? 이유는 무엇인가?

21. 아래 나열된 위치-특이적 재조합에 대한 각각의 기질(a~f)들은 또한 이들 기질들 중 하나에서 발생한 위치-특이적 재조합의 산물이다. 기질(a~f)과 산물(a~f)을 서로 짝지워 보시오.

a. 동일 방향으로 두 개의 표적 부위가 있는 선형 DNA

b. 반대 방향으로 두 개의 표적 부위가 있는 선형 DNA

c. 동일 방향으로 두 개의 표적 부위가 있는 원형 DNA

d. 반대 방향으로 두 개의 표적 부위가 있는 원형 DNA

e. 하나의 표적 부위가 있는 원형 DNA와 하나의 표적 부위가 있는 선형 DNA

f. 각각 하나의 표적 부위를 갖는 두 개의 원형 DNA

22. 야생형 쥐의 수정란에 특정 CRISPR RNA와 Cas9 효소를 주입 했다고 가정하자. 그리고 RNA는 Cas9 효소로 하여금 유전성 질병의 원인이라고 생각되는 유전자에 이중 가닥 절단을 유도한다고 하자. 만일 유전자의 야생형 대립유전자를 특정 돌연변이 대립유전자로 전환할 수 있도록 상동 재조합을 이용하려면 어떻게 다른 핵산 분자(여기서는 이중 가닥 DNA)를 동시에 주입해야 하는지 그 방법을 대략적인 형태로 그려 보시오.

23. ΦC31은 연쇄상 구균을 감염시키는 박테리오파지다. 이 파지 유전체에는 그림 6.30에 표시된 재조합 효소와 약간 다른 메커니즘을 통해 작동하는 ΦC31 삽입효소라는 재조합 효소 유전자가 들어 있다. 가장 다른 점은 두 개의 표적 DNA 서열이 서로 다르다는 것이다. *attP*라고 하는 서열은 39개의 염기쌍으로 이루어져 있으며 원형 박테리오파지에 존재한다. 다른 하나인 *attB*는 길이가 34개 염기쌍으로 이루어져 있는 서열로서 연쇄상구균의 유전체에 있다. *attP*와 *attB*의 DNA 서열은 두 서열의 대략 중간에 있는 재조합이 일어나는 동일한 두 개의

염기쌍을 제외하고 서로 완전히 다르다.

a. ΦC31 삽입효소가 수행하는 반응을 도식화하시오. 삽입 반응이 이 파지의 생활주기에 중요한 이유는 무엇인가?

b. ΦC31 삽입효소는 삽입 반응을 되돌릴 수 없다. 방금 그린 그림을 사용하여 ΦC31 삽입효소가 삽입 반응을 되돌릴 수 없는 이유를 설명하시오.

c. 이러한 위치-특이적 재조합을 이용하여 다른 종의 유전자(이식유전자)를 초파리와 같은 모델 동물의 유전체에 끼워 넣는 실험을 계획하고 있다고 하자. 원하는 DNA 염기서열을 만들 수 있고 이러한 DNA 염기서열을 주입을 통해 초파리 생식세포에 도입할 수 있다고 가정했을 때, ΦC31 삽입효소에 의한 삽입 반응이 가지는 비가역성이 초파리 유전체에 이식유전자를 끼워 넣는데 중요한 의미가 되는 이유는 무엇인가?

d. 박테리오파지 ΦC31은 결국 (a) 부분에서 도식화한 반응을 되돌려야 한다. 왜일까? 그러면 이 파지는 어떤 방법으로 삽입 반응을 되돌릴 수 있을까?

24. Cre는 박테리오파아지 P1의 유전자에 의해 암호화되는 재조합 효소이다. Cre 효소는 동일한 박테리오파아지에서 유래한 loxP라고 하는 34bp 길이의 DNA 서열 두 개 사이에서 위치-특이적 재조합을 촉진한다.

Cre/loxP 위치-특이적 재조합 시스템을 사용하면 특정 조직에서 특정 유전자의 결실을 가진 동형 접합 쥐를 만들 수 있다. 앞으로 삭제될 유전자의 주변에 어떻게 먼저 한 쌍의 loxP 부위를 삽입한 쥐를 만드는지는 21장에서 설명되어 있다.

a. 위치-특이적 재조합에 의해 유전자의 결실이 일어날 수 있는 loxP 서열들의 배치를 보여주는 그림을 그려 보시오.

b. 단 한 종류의 조직에서만 유전자 결실에 대해 동형 접합인 쥐를 만들기 위해 쥐 유전체에 도입해야 할 것이 있는데 이것은 무엇일까?

c. 과학자들이 이런 쥐를 만들려고 하는 이유는 무엇일까?

d. ΦC31 통합효소(문제 23 참조)에 의해 촉매되는 *attP* 및 *attB* 부위의 DNA 재배열과 달리 Cre 재조합효소에 의한 DNA 재배열은 가역적이다. 이유가 무엇일까?

e. Cre/loxP에 의한 재조합은 가역성이 있다고 하는데 그러면 Cre/loxP 시스템으로 유전자가 없어진 쥐의 조직을 생성하는 데 방해가 되지 않는 이유는 무엇인가?

chapter **7**

돌연변이

©Shocky/Shutterstock

돌연변이는 생명체의 다양성에 핵심요인이지만 드물게 일어난다.

개요

- 7.1 돌연변이: 유전적 분석의 주요한 수단
- 7.2 DNA 염기서열 변형의 분자기작
- 7.3 DNA 수선기작

"DNA가 약간의 실수를 할 수 있다는 것은 진짜 놀라운 일이다. 이런 특별한 성질이 없다면 우리는 아직도 혐기성 세균에 머물러 있을 것이며 음악은 존재하지도 않았을 것이다." 저명한 의학자 루이스 토마스(Lewis Thomas)는 이 두 문장으로 **돌연변이**(mutation; 다음 세대로 전달되는 DNA염기서열의 변형)가 다양한 표현형의 배후임을 인정하였다. 우연히 일어나는 돌연변이는 표현형을 변화시킴으로 진화를 이끌기 위해 수십억 년동안 진행되어 온 자연선택의 주역인 것이다.

위의 그림은 한 돌연변이로 인해 보통의 진한색 사슴이 흰색 사슴으로 바뀐 표현형의 변이를 보여준다. 이같은 돌연변이 동물은 매우 드물어 보통 자연에서 보기 힘들다. 사슴의 색깔 뿐 아니라 특정 유전자에서 일어나는 우연한 돌연변이는 드문 현상임을 이 장에서 배울 것이다. 다른 돌연변이와 마찬가지로 흰색 사슴의 원인 돌연변이는 다음 세대로 이어진다. 흰색 사슴은 진한색 사슴보다 포식자의 눈에 잘 띄기 때문에 자연에 드물게 존재한다. 뉴욕 야생생물보호소에서 포식자에게 보호를 받으면 한 무리의 흰색 사슴이 살아남을 수도 있다. 이들은 관광객의 이목을 끌게 된다.

이 장의 주요 주제는 지구상의 생명체에게 돌연변이는 필수적이지만 드물게는 치명적일 수 있다는 것이다. 돌연변이로 인한 표현형의 변이가 없이는 생명체는 변화하는 환경에 적응할 수가 없다. 실제로, DNA는 여러 방식으로 손상을 입을 수 있다. 화학물질로 인하거나 복제과정에서 복제의 실수로 인한 것들이 있다. 하지만 DNA 염기서열이 너무 많이 변하면 개체를 유지 못하고 죽기까지도 한다. 따라서 생명체는 DNA 손상 혹은 복제실수를 수선하는 여러 방식을 모색해왔다. DNA 수선이 잘 발달되었다 해도 완전하지 않기 때문에 드물게 돌연변이가 일어난다. 이것은 지구상에 생명체의 놀라운 다양성을 가능케 한다.

7.1 돌연변이: 유전적 분석의 주요한 수단

학습 목표

1. 체세포와 생식세포에서 돌연변이로 인한 영향의 차이를 구별한다.
2. 네 종류의 점 돌연변이인 전이, 전환, 결실, 삽입을 설명한다.
3. 돌연변이 발생률에 차이를 주는 요인들을 요약한다.
4. 방황변이 실험과 복제 평판법으로 어떻게 돌연변이가 자연발생적으로 우연히 유발되는지를 설명한다.

2장에서 살펴보았듯이, 한 개의 대립유전자를 지닌 유전자를 단일형태성(monomorphic)이라고 하고, 여러 개의 대립유전자를 지닌 것을 다형태성(polymorphic)이라고 한다. **야생형 대립유전자**(wild-type allele)라 함은 단일형태성 유전자로 정의가 명확하며 집단 내에서 가장 빈번하게 관찰되는 대립유전자이다. 다형태성 유전자의 경우는 그 정의가 조금 모호하다. 어떤 대립유전자든 관찰빈도가 1%보다 크면 야생형이라고 하는 반면에, 어떤 유전학자들은 집단 내에 여러 대립유전자들이 어느 정도 빈도로 존재하면 이것을 **흔한 변이체**(common variants)라고 하고 **야생형 대립유전자**라는 용어는 단일형태성 유전자일 때만 사용한다.

돌연변이는 DNA 염기서열의 변형이다

유전자의 야생형 대립유전자(정의와 무관하게)를 바꾸는 돌연변이를 **전진 돌연변이**(forward mutation)라고 한다. 이렇게 생긴 돌연변이 대립유전자는 야생형에 비해 열성 혹은 우성일 수 있다. 전진돌연변이가 열성일 때는 $A^+ \rightarrow a^-$로 표시하고, 우성일 때는 $b^+ \rightarrow B^-$로 표시한다. 돌연변이가 돌연변이 대립유전자를 다시 야생형($a^- \rightarrow A^+$, 혹은 $B^- \rightarrow b^+$)으로 되돌아가게 하는 것을 **역 돌연변이**(reverse mutation) 혹은 **역전**(reversion)이라고 한다. 이 장에서 야생형은 열성이든 우성이든 플러스 위첨자($^+$)로 표기했다. 돌연변이는 마이너스 위첨자($^-$)로 표기하거나 경우에 따라 표기하지 않았다.

멘델(Mendel)은 원 래 유전자를 눈에 보이는 표현형의 대립유전자로 정의하였다(노란색 혹은 초록색, 둥근형 혹은 주름진형). 사실, 멘델이 유전자가 존재한다는 것을 알 수 있었던 유일한 방법은 7개의 완두콩 유전자의 대립유전자들을 전진 돌연변이를 통해 얻었기 때문이다. 돌연변이는 체세포 혹은 생식세포에서 일어날 수 있다. 멘델의 완두콩에서 일어난 돌연변이는 생식세포에서 일어났기 때문에 배우체를 통해 다음 세대로 전해질 수 있었다. 거의 한 세기가 지난 다음에 DNA 구조를 알고 나서 다음 세대로 이어지는 DNA 염기서열의 변형이 돌연변이라는 것을 확실히 알게 되었다. 따라서 DNA, 즉 염기서열은 유전정보를 지니는 동일한 위치에 유전적 변이도 지닐 수 있는 것이다.

DNA의 변형 형태에 따라 돌연변이를 분류한다

치환(substitution)은 DNA 한 가닥상의 특정 위치에 있는 염기를 다른 세 개 염기 중의 한 염기로 바꾸는 것이다(**그림 7.1a**). DNA가 복제된 후 새로 생긴 이중 나선에 새 염기쌍이 생긴다. 치환은 하나의 퓨린(A 혹은 G)이 다른 퓨린으로, 하나의 피리미딘(C 혹은 T)이 다른 피리미딘으로 바뀌는 **전이**(transition)와 퓨린이 피리미딘으로 대체되었거나 혹은 그 반대로 되는 **전환**(transversion)이 있다.

다른 종류의 돌연변이는 DNA 서열을 더 복잡하게 변형시킨다. 하나 혹은 그 이상의 염기쌍이 DNA 상에서 없어진 **결실**(deletion)과 반대로 염기쌍이 더해지는 **삽입**(insertion)(**그림 7.1b, c**)이 있다. 결실과 삽입은 작게는 염기쌍 한 개 혹은 크게는 수백만 염기쌍이 변한다. 개체의 염색체상의 유전자 배열이나 유전체의 유전자 수 혹은 염색체의 수까지도 변경하 결실 및 삽입도 있다. 이렇게 한 번에 여러 유전자에 영향을 주는 염색체 재배치에 대한 것은 14장에서 다루고, 이 장에서는 DNA상에 염기쌍 하나 혹은 몇 개 정도 바꾸어 한

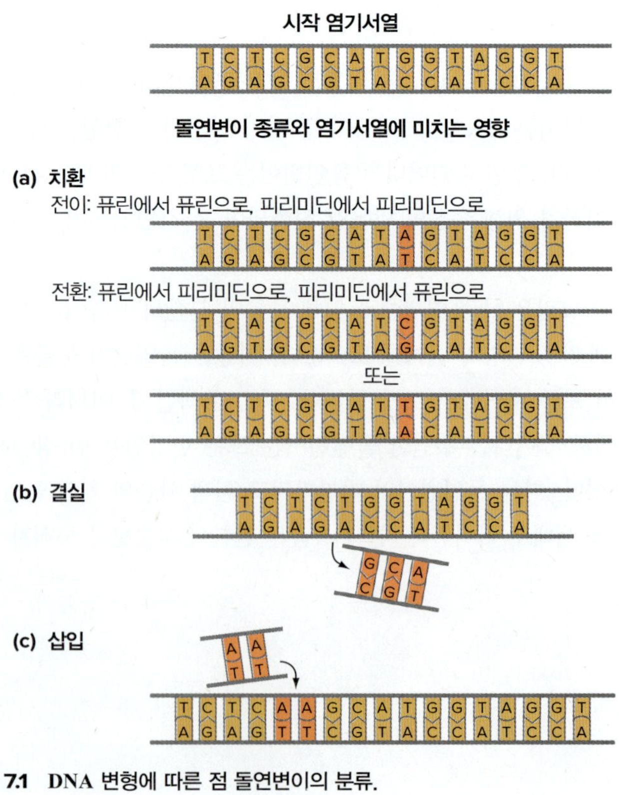

그림 7.1 DNA 변형에 따른 점 돌연변이의 분류.

번에 한 유전자만 변경하는 **점 돌연변이**(point mutations; 전이, 전환, 작은 결실, 삽입)에 대해서 중점적으로 살펴보고자 한다.

유전체에 일어나는 돌연변이 중 실제로 유전자의 기능에 영향을 미치는 것은 적다. 유전자의 구조 혹은 유전자의 단백질 생성량 그리고 단백질 구조 및 양의 변화는 한 대립유전자를 다른 대립유전자로 바꾸어 표현형에 영향을 준다. 이외의 변이는 유전자의 기능에 영향을 주지 않거나 유전자와 유전자 사이에 위치하는 DNA에서 일어나는 변이이다. 12장에서는 눈에 띄는 표현형의 변화가 없는 돌연변이에 대해서 살펴볼 것이다. 이러한 돌연변이는 유전자지도를 작성하거나 개인 간 차별을 조사하는 데 중요하다. 이 장의 남은 부분은 유전자 기능에 영향을 주어 표현형을 변화시키는 돌연변이에 대해 초점을 맞추고자 한다.

자연발생 돌연변이는 매우 낮은 빈도로 발생한다.

유전자의 기능을 바꾸는 돌연변이는 낮은 빈도로 일어난다. 따라서 동일한 집단에서 이러한 돌연변이로 인해 생긴 새로운 표현형을 찾기 위해서는 많은 개체를 조사해야만 한다. 진행 중인 한 연구에서 연구자들이 특별히 교배시킨 수백 마리의 쥐의 털색을 조사한 결과, 한 유전자의 열성 돌연변이 인자를 평균 1백만 개의 배우자 중 11개 정도로 발견하였다(**그림 7.2**). 여러 다른 다세포 진핵생물을 대상으로 한 연구에서도 동일한 결과로 자연발생 돌연변이의 발생률은 평균 한 배우자, 한 유전자당 $2-12\times10^{-6}$이었다.

다른 각도로 돌연변이의 발생률을 본다면 한 개체의 유전자에 몇 개의 돌연변이가 생길 것인가를 생각해 볼 수 있다. 이것을 알려면, 단순히 한 유전자당 돌연변이 발생률 $2-12\times10^{-6}$에 현재 추정하는 인간 유전체 유전자 수인 대략 28,000을 곱하면, 반수체 유전체에 0.06~0.35 사이의 돌연변이가 생길 수 있음을 알 수 있다. 아주 대략적인 계산이지만, 이것은 3~20개의 인간 배우자 중에 표현형에 영향을 미치는 새로운 돌연변이가 평균 한 개는 생긴다는 것을 의미한다.

유전자마다 다른 돌연변이 발생률

유전자당 평균 돌연변이 발생률이 $2-12\times10^{-6}$이라고 해도 유전자에 따라 차이가 매우 크다. 실험에 의하면 배우자당 한 유전자에서 일어날 돌연변이 발생률은 10^{-9}보다 작은 것에서 10^{-3}보다 더 큰 경우까지 다양하다. 같은 개체에서도 유전자에 따라 돌연변이 발생률이 다양한 것은 유전자의 크기가 다르거나(큰 유전자가 돌연변이 발생 표적이 더 많다) 돌연변이를 유발하는 다양한 원인에 반응하는 유전자별 민감도의 차이 때문일 수 있다.

(a)

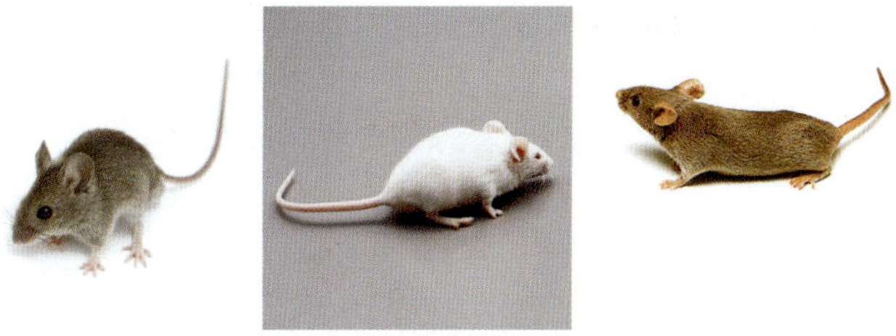

(b)

유전자[a]	조사한 배우자의 수	돌연변이 수	돌연변이 발생률 ($\times10^{-6}$)
al^-(알비노)	67,395	3	44.5
b^-(갈색)	919,699	3	3.3
c^-(아구티가 아님)	150,391	5	33.2
d^-(색이 흐림)	839,447	10	11.9
ln^-(납색)	243,444	4	16.4
	2,220,376	25	11.2(평균)

[a] 야생형에서 열성 돌연변이 대립유전자로 변한 것

그림 7.2 자연발생 돌연변이의 발생률. **(a)** 털색 돌연변이 쥐: 알비노(왼쪽), 갈색(오른쪽). **(b)** 다섯 개의 털색 유전자의 야생형을 열성 돌연변이 인자로 변형시키는 돌연변이 발생률. 동족끼리만 교배를 해온 야생형 쥐와 동형열성인자 털색을 지닌 쥐와 교배를 하였다. 털색 돌연변이를 보이는 다음 세대 쥐의 탄생은 동족끼리 교배를 해온 쥐에서 생성된 배우자에 열성 돌연변이 인자가 존재한다는 것을 말해 준다.

다세포 생물에서 세균보다 높은 돌연변이 발생률

세균에서 추정한 평균 돌연변이 발생률은 세포가 한 번 분열할 때 유전자당 10^{-8}에서 10^{-7}이다. 이것은 다세포 진핵생물에서 사용하는 단위와는 다소 다르지만(세균은 배우자를 생성하지 않기 때문에) 배우자를 생성하는 진핵생물에서의 평균 돌연변이 발생률은 여전히 세균에서 추정한 것보다 훨씬 높다. 주요 원인은 배우자 형성과 감수분열 사이에 다수의 세포분열이 일어나므로 배우자에서 본 돌연변이는 실제로 배우자가 형성되기 전에 여러 세포 계대에서 일어난 것이다. 즉 돌연변이가 쌓일 수 있는 기회가 더 많다는 것이다.

다세포 개체의 이배체 유전체는 배우자에서 치명적인 돌연변이형이 일어나기 위해서 두 개의 배우자 모두에서 같은 유전자에 열성 돌연변이인자를 지녀야 하기 때문에 배우자에서 일어나는 상대적으로 높은 돌연변이 발생률을 이겨낼 수 있을 것이라고 본다(8장 참조). 반대로 세균은 유전자가 하나로 존재함으로써 하나의 돌연변이가 바로 영향을 미치게 된다.

유전자의 기능: 잃기는 쉬우나 다시 찾기는 어렵다

쥐의 털색 연구에서, 다섯 개의 털색 돌연변이 유전자 중 한 유전자가 열성 돌연변이의 동형접합자인 같은 배의 형제와 자매 쥐를 교배하고 다음 세대 F_1에서 털색의 변화를 관찰하여 역 돌연변이 발생률

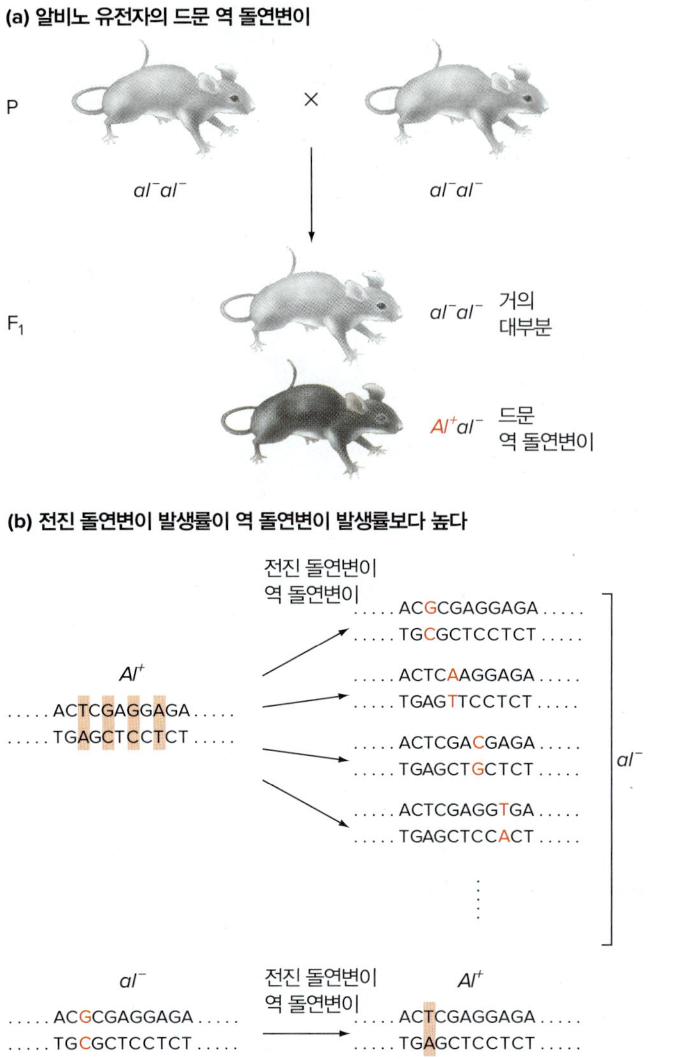

그림 7.3 역 돌연변이 알아보기. (a) 야생형 대립유전자(Al^+)의 열성형질 al^-의 흔치않은 역 돌연변이는 알비노(al^-al^-) 생쥐 중에서 야생형 회색(Al^+al^-) 생쥐를 보면 알 수 있다. **(b)** 전진 돌연변이 발생률은 역 돌연변이 발생률보다 대개 훨씬 높다. 유전자의 기능을 망가지게 하는 돌연변이는 매우 다양하지만 이미 망가진 기능을 다시 돌려놓는 돌연변이는 매우 드물다.

을 추정하였다(**그림 7.3a**). F_1 중에서 우성 야생형의 특정 털색을 보이면 이 쥐는 역 돌연변이가 일어난 유전자를 지닌 것이다. 수백만 마리의 F_1 쥐를 관찰하여 계산한 결과 역 돌연변이율은 배우자당 한 유전자에서 $0 \sim 2.5 \times 10^{-6}$이었다. 역 돌연변이율도 유전자에 따라 차이가 있다. 이 연구에서 보면, 역 돌연변이율은 돌연변이 발생률보다 매우 낮다. 이것은 유전자의 기능을 망가뜨리는 방법은 여러 가지이나 망가진 것을 다시 재생할 수 있는 방법은 매우 적기 때문이다(**그림 7.3b**).

이것은 대부분의 돌연변이에서 마찬가지다. 한 극단적인 예를 보면, 몇 개의 염기쌍이 결실된 돌연변이는 결코 되돌릴 수가 없다. 왜냐하면 유전체에서 사라진 DNA 정보는 자연발생적으로 다시 생길 수 없기 때문이다.

사람의 난자보다 정자에서 높은 돌연변이 발생률

나중에 자세히 설명하겠지만 새로운 기술로 수천 명의 전체 유전체의 DNA 염기서열 분석이 가능해졌다. 부모와 자녀들의 유전체 염기서열을 비교하여 좀 더 자세히 사람의 돌연변이 발생률을 측정한 결과, 배우체 한 개에 1백만 개의 염기쌍당 대략 한 개의 돌연변이가 평균적으로 생긴다는 것을 알았다(혹은 1×10^{-8}). 사람의 반수체 유전체가 3×10^9개의 염기쌍으로 되어 있고, 각 배우체에는 평균 30개 정도의 돌연변이가 생기므로 각 자녀는 60개 정도의 돌연변이를 지니게 된다. 즉 한 자녀는 각 부모의 유전체와 60개의 염기쌍이 다르다. 이 숫자는 DNA의 모든 변화의 수를 말하지만 이 중 표현형에 영향을 주는 것은 아주 드물다는 것을 알아야 한다.

흥미롭게도 이러한 60개의 새로운 변이의 대부분이 난자가 아니라 정자를 통해서 얻는다는 것이다. 최근 유전체의 염기서열 분석기술의 발달로 정자 한 개의 반수체 유전체의 염기서열 분석이 가능하다(5장에서 **정자의 염색체를 생성하는 교차지도작성**에 대한 「빠르게 살펴보기」 참조). 동일한 사람으로부터 얻은 100개의 각 정자의 유전체 염기서열을 비교한 결과 돌연변이 발생률이 $2 \times 10^{-8} \sim 4 \times 10^{-8}$으로 자녀에서 발견한 거의 모든 새로운 돌연변이는 난자가 아니라 정자로부터 온 것임을 알 수 있었다.

정자가 난자보다 돌연변이가 더 많은 것은 사실 당연하다. 이것은 정자를 생성하기 위하여 난자보다 더 많은 세포분열을 거쳐야 하므로 돌연변이가 일어날 기회가 정자에서 더 많기 때문이다. 4장에서 보았듯이 여자는 평생 생성해야 하는 제1난모세포 모두를 가지고 태어난다. 이때 전체 난자 생성을 위해 여성의 이배체 생식세포는 24번의 유사분열을 거치면 될 것이라고 추정할 수 있다. 하지만 남성의 생식세포는 일생에 거쳐 유사분열을 한다. 13세 때 정자생성을 위해서 필요한 세포분열의 수는 36번이라고 추정된다. 이 후 남성의 생식세포는 일 년에 23번 정도의 유사분열을 한다. 이것은 20세가 되면 정자생성을 위해 200번의 세포분열을 수행한 것이며, 30세가 되면 430번, 45세가 되면 770번을 수행한다는 것을 의미한다. 따라서 사람의 경우 자손에서 일어난 새로운 돌연변이 대부분은 난자가 아니라 정자에서 온 것이다. 결국 아버지의 나이가 많을수록 정자에서 돌연변이가 일어날 확률이 더 크다.

자연발생 돌연변이는 우연한 사건으로 일어난다

유전자에 영향을 미치는 자연발생 돌연변이는 매우 드물게 일어나기 때문에 이 과정을 연구하기 아주 힘들다. 이런 문제점을 극복하기 위해서 세균을 연구대상으로 선택하였다. 세균은 수백만 개체로 계대 배양이 쉬워서 드물게 생기는 새로운 돌연변이를 찾기 위해 수많은 개체를 빠르게 탐색할 수 있다. 충분한 성장영양소와 함께 세균을 죽이는 물질, 항생제 혹은 박테리오파아지 같은 것이 풍부한 한천배양 접시 위에 야생형 세균을 뿌린다. 세균은 대부분 죽지만, 드물게 몇몇 세균이 살균 물질에 저항성을 보여 살아남아 자란다. 이러한 저항 세균은 계속 분열하여 유전적으로 동일한 세포들이 모인 **콜로니**(colony; 군락)를 이룬다.

무슨 일이 일어난 것인가? 콜로니를 이루는 세포에서 항생제나 박테리오파아지에 저항하여 살아남을 수 있게 세포내 생화학적 반응이 바뀐 것인가? 아니면, 이러한 물질에 저항성을 주는 유전적 돌연변이가 일어난 것인가? 만약 돌연변이가 일어난 것이라면 이러한 돌연변이는 세균을 죽이는 물질이 없더라도 자연발생적으로 끊임없이, 우연히 일어나는 변이인가? 아니면 환경적인 신호(이 경우에는, 세균을 죽이는 물질첨가)가 있을 때만 일어나는 돌연변이인가?

살바도르 루리아(Salvador Luria)와 델브뤼크(Max Delbrück)는 1943년, 세균 저항성의 근원을 조사할 수 있는 실험을 고안하였다(**그림 7.4**). 이들의 논점은 박테리오파아지에 저항성이 있는 콜로니가 박테리오파아지의 감염에 대해 직접적인 반응으로 생긴 것이라면, 같은 양의 세균 배양액을 나누어 파아지와 영양분이 있는 한천배양 접시에서 자라게 하면 동일하게 적은 수의 저항세균 콜로니가 생길 것이다. 반대로 파아지가 없어도 저항성이 생기는 자연발생 돌연변이에 의한 것이라면, 각각의 배양접시에 뿌린 세균 배양액은 전혀 다른 수의 저항세균 콜로니를 보일 것이다. 이 이유는 저항성을 주는 돌연변이는 이론적으로 배양 중 어느 시점에서든지 일어날 수 있기 때문이다. 돌연변이가 일찍 일어나면, 배양접시에 뿌리기 전에 이미 많은 수의 돌연변이 세포가 있을 것이고, 나중에 돌연변이가 일어나면 배양접시에 뿌릴 때 훨씬 적은 수의 돌연변이 세포가 있을 것이다. 이러한 수적인 차이를 배양접시에서 자라는 저항세균 콜로니 수의 다양성, 즉 방황변이라고 한다.

방황변이 실험(fluctuation test)의 결과는 매우 분명하다. 대부분의 배양접시는 저항 콜로니가 전혀 없거나 적은 수가 자랐으나 몇몇 배양접시는 수백 개의 저항 콜로니가 자랐다. 루리아와 델브뤼크는 각각의 배양접시에 저항 콜로니의 수가 이렇게 차이가 나는 것을 보고는 세균의 저항성은 박테리오파아지가 감염되기 전부터 있었던 돌연변이에 의한 것이라고 결론을 내렸다. 배양접시에 넣어준 세균을

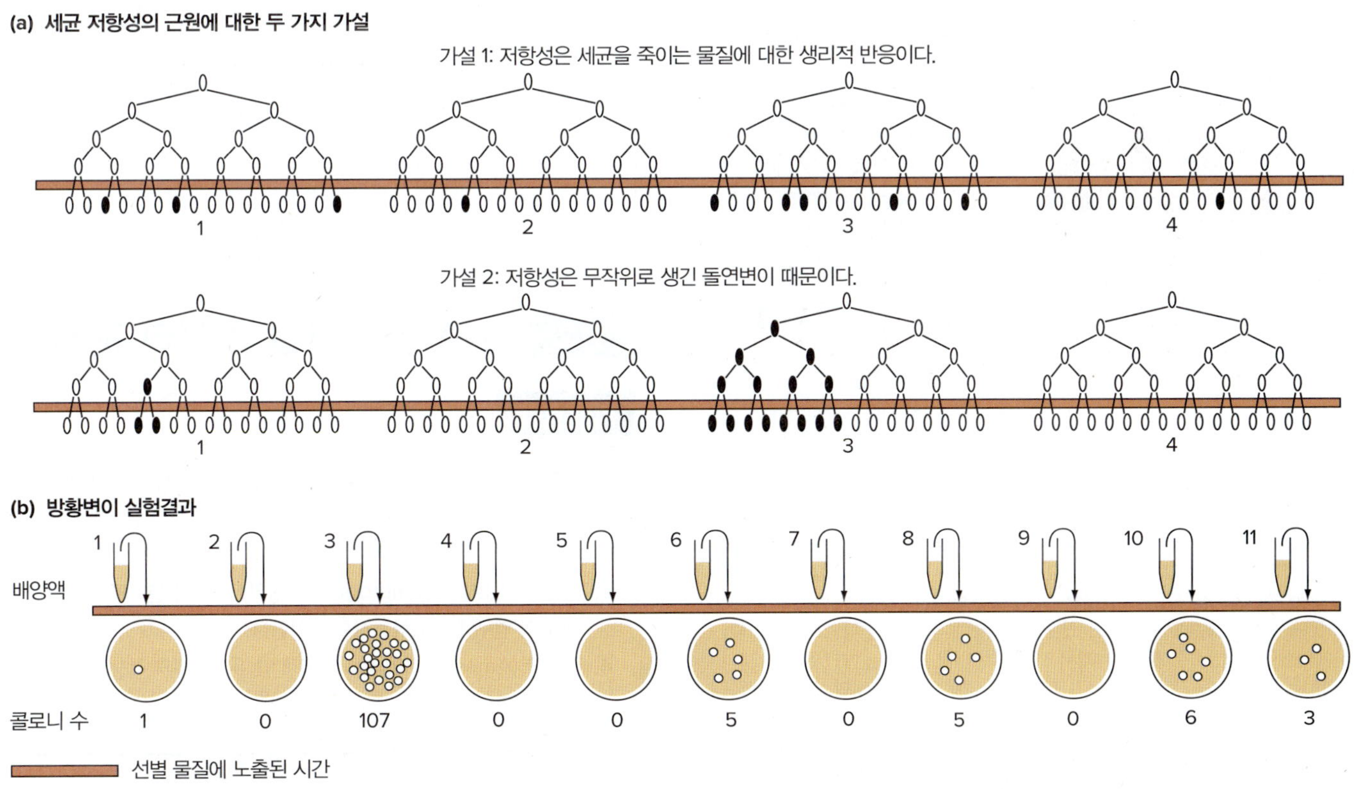

그림 7.4 루리아-델브뤼크의 방황변이 실험. **(a)** 가설 1: 세균을 죽이는 물질에 노출된 후에 저항성이 생긴다면 같은 양의 세균 배양액은 모두 거의 같은 수의 저항세균 콜로니를 형성할 것이다. 가설 2: 세균을 죽이는 물질에 노출되기 전에 이미 저항성을 갖게 하는 돌연변이가 우연히 일어났다면 다른 배양액마다 저항세균 콜로니 수는 매우 다양할 것(방황변이)이다. **(b)** 방황변이가 심한 것을 보인 실제 결과는 어떤 물질에 노출되는 것과는 상관없이 세균에 돌연변이가 자연적으로 생겼다는 것을 말해 준다.

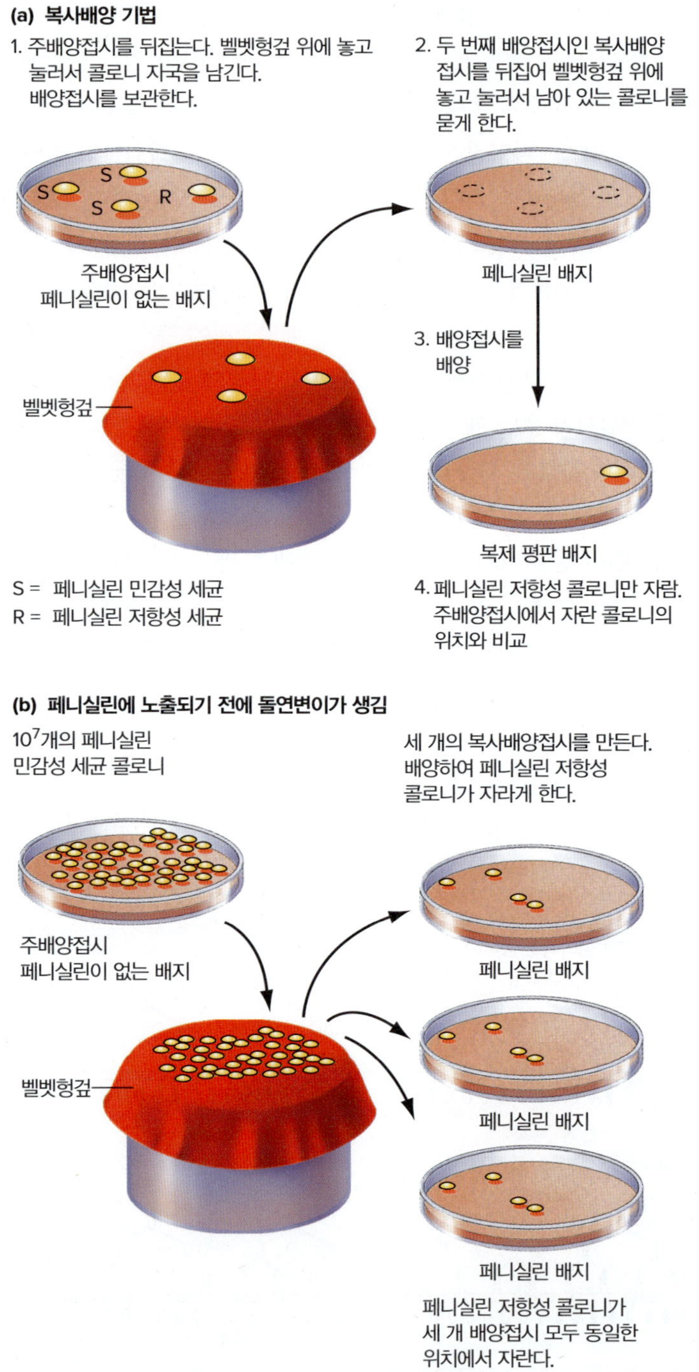

그림 7.5 세균 저항성은 이미 존재하는 돌연변이에 의한 것임을 복제 평판법으로 증명. **(a)** 주배양접시를 벨벳헝겊 위에 놓고 눌러서 세균 콜로니의 세포를 벨벳헝겊 위에 묻게 한다. 복사배양접시를 벨벳헝겊 위에 놓고 눌러서 벨벳헝겊 위에 있는 세포를 복사배양접시로 옮긴다. 주배양접시의 어느 콜로니가 복사배양접시에서 자라는지(이 경우에는 페니실린에 저항성이 있는 것만 자란다) 위치를 파악하고 있어야 한다. **(b)** 페니실린이 없는 주배양접시에서 자란 콜로니를 페니실린이 있는 세 개의 복사배양접시로 차례로 옮긴다. 페니실린 저항세균 콜로니는 세 개의 복사배양접시에서 모두 같은 위치에서 자란다. 이것은 항생제에 노출되기 전에 이미 주배양접시에 저항세균이 자라고 있었다는 것을 말해 준다.

죽이는 물질은 저항성이 없는 세포는 죽이고 이미 저항성을 획득한 세균만 자랄 수 있게 하는 선별자의 역할을 한 것이다. **그림 7.5**는 항생제에 노출되기 전에 이미 세균에 저항성을 주는 돌연변이가 생겼다는 것을 좀 더 직접적으로 설명하기 위한 실험기법인 **복제 평판법**(replica plating)에 대한 것이다.

이 실험은 파아지나 항생제에 대한 세균 저항성은 돌연변이의 결과이며, 이러한 돌연변이는 환경적 변이에 대한 직접적 반응으로 특정 유전자에 일어나는 것이 아님을 보여주었다. 돌연변이는 어느 때나 유전체의 어느 위치에서나 우연히 자연발생적으로 일어난다. 이러한 우연한 변화가 한번 생기면 안정적으로 유지된다. 루리아-델브뤼크의 실험에서 보여준 저항성 돌연변이는 박테리오파아지가 없는 배양액에서 몇 세대를 자란다 해도 저항성을 유지할 것이다.

핵심 개념 7.1

- 돌연변이는 유전되는 DNA 염기서열의 변형이다.
- 점 돌연변이는 한 개 혹은 적은 수의 염기쌍이 변경된 것으로 치환(전이와 전환), 작은 삽입, 결실이 있다.
- 자연발생적 돌연변이 발생률은 낮으며 유전자 및 개체별로 다양하다.
- 세포는 분열할수록 유전체에 돌연변이가 더 많이 쌓일 가능성이 크다.
- 방황변이 실험과 복제 평판법 실험 결과 항생제를 투여하기 전에 세균세포는 무작위적으로 이미 항생제 저항 돌연변이가 일어났음을 알 수 있다.

7.2 DNA 염기서열 변형의 분자기작

학습 목표

1. DNA 손상으로 인한 돌연변이를 유발할 수 있는 자연발생적 과정을 설명한다.
2. DNA 복제 중에 일어난 실수가 어떻게 돌연변이를 유발할 수 있는지를 설명한다.
3. 돌연변이 유발물질(mutagen)을 정의하고 유전연구에서 어떻게 이 물질을 유전학 연구에 이용하는지를 설명한다.
4. 에임즈(Ames) 검사법으로 어떻게 암 유발물질의 가능성을 조사할 수 있는지 설명한다.

유전적 돌연변이의 생성은 몇 가지의 경쟁적 과정인 돌연변이, 수선과 복제의 과정을 거친다(**그림 7.6**). 물론, 무작위적인 DNA 변형 사

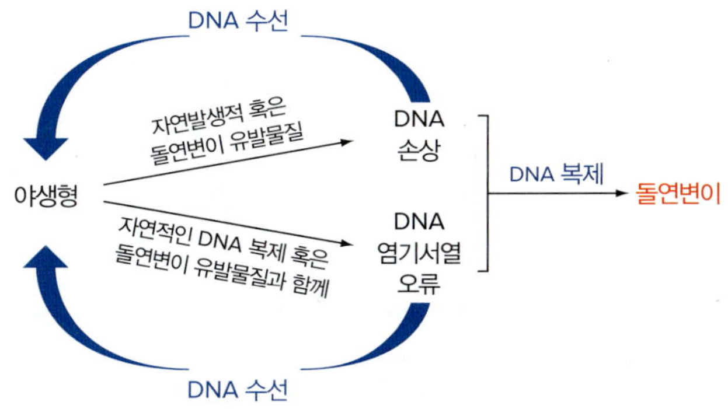

그림 7.6 점 돌연변이는 DNA 복제와 DNA 수선 사이의 경쟁에서 DNA 복제가 이긴 결과이다. DNA에서 일어난 변형은 DNA 수선으로 다음 DNA 복제 전에 그 변형을 되돌리지 못하면 다음 세대로 이어진다.

건이 먼저 일어나야 한다. 두 가지 다른 사건, 즉 화학반응이나 방사능에 의한 DNA 손상 혹은 DNA 복제 시 실수로 DNA 변형이 야기될 수 있다.

변형이 생겼다고 바로 돌연변이가 되는 것은 아니다. 돌연변이로 될 가능성이 있을 뿐이다. 왜냐하면 대부분 이런 변형은 세포 내에 존재하는 다양한 효소작용으로 바로 수선되기 때문이다. 이러한 DNA 수선기작은 DNA 복제와 끊임없이 경쟁을 벌이고 있다(그림 7.6). 만약 다음 DNA 복제시점 전까지 손상된 DNA나 잘못 끼어들어간 뉴클레오타이드를 수선하면 염기서열은 수정되고 돌연변이는 일어나지 않는다. 하지만 수선 효소가 다음 복제시점 전에 손상을 수선하지 못하면 돌연변이는 이중 나선에 모두 영구적으로 남게 되고 유전된다.

이제 DNA 염기서열을 변형시키는 가장 중요한 몇 가지 기작에 대해 설명하고자 한다. 다음으로는 이러한 변형이 초래하는 영향을 최소화하기 위해 발전해 온 여러 가지 생화학적 방식에 대해 살펴 볼 것이다.

DNA를 변형시키는 자연발생적 과정

DNA의 화학적 · 물리적 공격은 매우 흔한 현상이다. 예를 들어 디옥시리보오스-인산 뼈대에 있는 퓨린 염기 A 혹은 G의 가수분해는 사람 세포에서 매시간 1,000번 정도 일어난다. 이러한 DNA 변형을 **탈퓨린화**(depurination)라고 한다(**그림 7.7a**). 탈퓨린 결과 생긴 **퓨린이 없는 부위**(apurinic site)는 상보적 염기에 대한 정보가 없어서 DNA가 복제될 때 아무 염기나 붙게 되어 새로 합성된 DNA 가닥 중 3/4은 돌연변이를 갖게 된다.

아미노(−NH_2) 그룹을 제거하는 **탈아민화**(deamination)도 자연적으로 일어나 DNA의 정보를 변형시킨다. 탈아민화는 시토신(C)을 DNA에는 없고 RNA에만 존재하는 염기인 우라실(U)로 바꾼다. U는 G가 아니라 A와 쌍을 이루기 때문에, 복제 후에 C:G쌍이 T:A 쌍으로 바뀐다(**그림 7.7b**). 이와 같이 C:G를 T:A로 바꾸는 것이 전이 돌연변이이다.

우주선, X-선과 같이 자연적으로 생기는 방사선은 당-인산 뼈대를 파괴한다(**그림 7.7c**). 자외선(UV)은 근접한 티민기를 화학적으로 결합시켜 **티민 이량체**(thymine dimers)를 이루게 하고(**그림 7.7d**), 또한 네 개 염기 모두에게 산화적 손상을 준다(**그림 7.7e**). DNA 복제 시점 전에 수선하지 않으면 이런 모든 변형은 DNA가 지닌 정보를 영구히 바꾼다.

DNA 복제 과정의 실수도 자연발생 돌연변이를 유발한다

복제할 때 A의 짝으로 T 대신 C를 잘못 붙였다면 다음 복제할 때에 DNA 한 가닥은 정상적인 A:T쌍을 가지나 다른 가닥은 G:C를 갖게 된다. 세균과 사람 세포에서 **생체 내**(*in vivo*) 복제의 정확도를 측정하면 실수율이 10^9 염기쌍 중 한 번 정도로 아주 낮다. 이것은 마치 이 책 한 권을 1,000번 타이핑할 때 하나의 오타를 치는 것과도 같다. 이중 나선을 풀고, 염기쌍을 이루고 합성하는 복잡한 과정을 고려할 때 이 정도의 정확도는 놀라운 일이다. 어떻게 세포는 대부분의 DNA 복제 실수를 피할 수 있을까? 그럼에도 불구하고 DNA 복제 과정에서 어떤 종류의 실수가 일어나는 걸까?

DNA 중합효소의 교정/편집기능

복제기기는 지속적인 수정을 거쳐 실수를 최소화한다. 시험관에서 DNA 중합효소가 DNA를 복제할 때 10^6 염기 중 하나 정도의 실수율을 보인다. 이것은 실제 세포에서 일어나는 것보다 대략 1,000배 정도 높다. 그래도 이것은 굉장히 낮은 편인데, 이유는 중합효소가 합성기능 외에 핵산분해효소 기능으로 교정/편집 기능을 가지고 있기 때문이다. 핵산분해효소는 중합효소가 실수를 할 때마다 활성화되며 **3′에서 5′ 핵산말단가수분해효소**(3′-to-5′ exonuclease)로써 잘못된 염기쌍을 찾아 잘라내고 중합효소가 정확한 염기를 붙일 수 있게 기회를 준다(**그림 7.8**). 핵산분해효소의 기능이 없다면 DNA 중합효소의 실수율은 10^4 염기마다 하나는 될 것이다. 따라서 편집기능은 복제의 정확도를 100배는 높여준다.

생체 내의 DNA 중합효소는 서로 협력하여 10배 더 실수율을 낮출 수 있는 여러 단백질로 이루어진 복제시스템의 일부로 세포의 정확도를 100배 정도는 더 높인다. 세포의 100배 더 높은 정확도는 백업 시스템인 **메틸-지시성 짝틀림 수선**(methyl-directed mismatch repair)에 달려 있다. 이것은 새로 합성된 DNA에서 실수를 찾아내

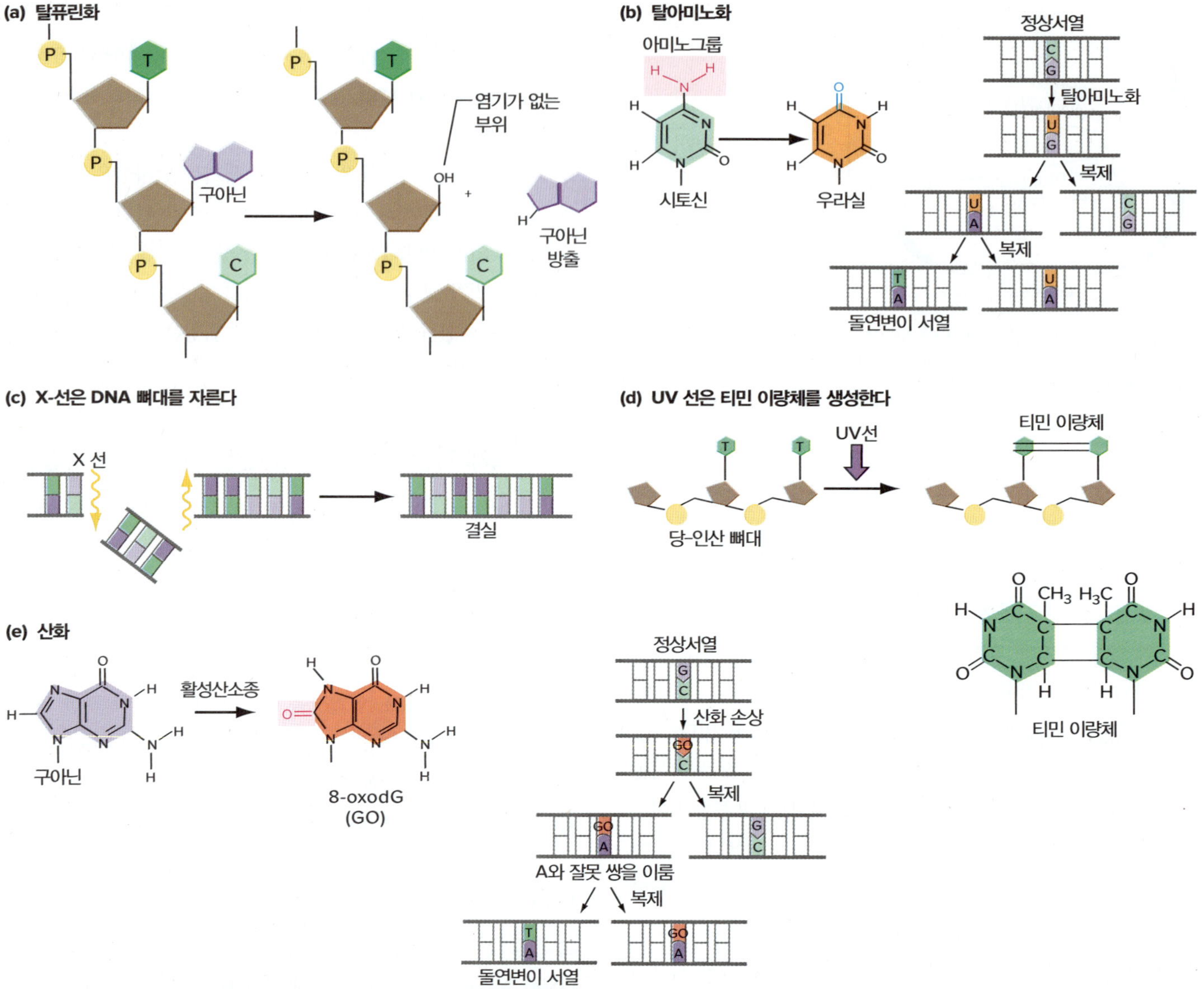

그림 7.7 DNA에 저장된 정보가 자연적으로 변하는 과정. **(a)** 탈퓨린화. A 혹은 G 염기의 가수분해로 DNA선상에 불특정한 염기를 남기게 된다. **(b)** 탈아미노화. C에서 아미노 그룹을 제거하여 DNA 복제 후에 전이를 유발하게 한다. **(c)** X-선이 당-인산 뼈대를 잘라 DNA 분자를 작은 조각으로 나누며 이들 조각이 부적합하게 다시 합쳐진다. **(d)** 자외선(UV) 조사는 가까이 있는 T끼리 이량체를 이루게 하여 유전정보의 해독을 방해할 수 있다. **(e)** 조사는 짝이 없는 전자를 지닌 산소분자와 같은 유리기의 생성을 유도하여 각 염기를 변형시킬 수 있다. 변형된 염기인 GO와 A가 쌍을 이루므로 전환을 유도한다.

어 수정한다. 나중에 돌연변이가 생겼을 때 세포가 대처하는 다양한 방법에 대해 설명할 때 이러한 교정시스템에 대해 자세히 살펴보기로 한다.

염기의 호변이성질체화

DNA 중합효소가 실수를 하는 이유 중의 하나는 염기의 **호변이성질체화**(tautomerization; 토토머화)이다. 네 개의 각 염기는 상호 간에 끊임없이 서로 변형될 수 있는 아주 유사한 화학적 구조를 지닌 두 개의 **호변이성질체**(tautomer)를 지닌다. 이 두개의 호변이성질체 사이의 평형은 거의 대부분 A는 T와 G는 C와 염기쌍을 이루는 구조로 되어 있다. 하지만 주형가닥의 염기가 드물지만 우연히 다른 호변이성질체 구조가 되면 DNA 중합효소는 새 가닥을 합성할 때 잘못된 염기를 삽입한다. 왜냐하면 이 드문 호변이성질체는 보통의 정상 구조와는 다르게 염기쌍을 형성한다(**그림 7.9a**). 만약 다음 복제시점 이전에 짝틀림 수선로 잘못 삽입된 뉴클레오타이드가 수정되지 않으면 점돌연변이가 생긴다(**그림 7.9b**).

불안정 세 뉴클레오타이드 반복서열

1992년에 예상치 못한 아주 드문 종류의 돌연변이를 사람에게서 발견하였다. 정상적으로는 아주 적은 횟수에서부터 50회 정도 연속해

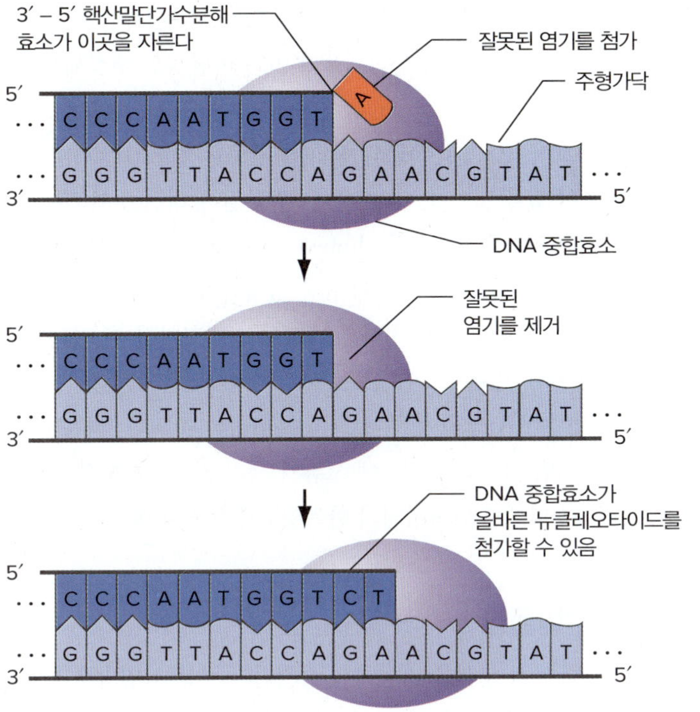

그림 7.8 DNA 중합효소의 교정기능. 만약 DNA 중합효소가 합성하고자 하는 DNA 가닥의 3′-말단에 잘못된 뉴클레오타이드를 실수로 첨가하였다면 이 효소가 지닌 3′ → 5′ 핵산말단가수분해효소 활성으로 잘못된 뉴클레오타이드를 제거하고 제대로 된 뉴클레오타이드를 중합효소가 첨가하도록 두 번째 기회를 준다.

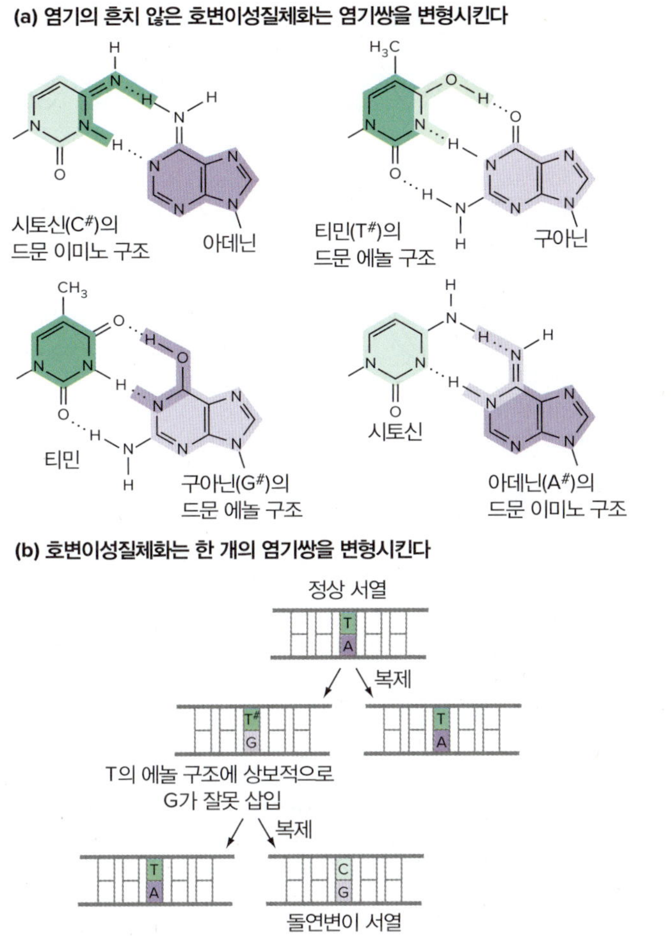

그림 7.9 염기의 호변이성질체화가 어떻게 돌연변이를 유발하는가. **(a)** 네 개의 염기의 드문 호변이성질체화는 정상 염기쌍이 아닌 다른 염기쌍을 이루게 한다. **(b)** 드물지만 에놀(enol) 구조는 DNA 중합효소가 T 자리에서 G를 상보적 염기로 삽입하게 한다. T:G 불일치 염기쌍을 다음 복제 전에 T:A로 수선하지 않으면 T:A가 C:G로 되는 전이 돌연변이가 DNA 딸가닥 하나에 생기게 된다.

서 반복되는 CGG 세 뉴클레오타이드 반복서열이 과도하게 증가되어있는 것이다. 만약 정상이 다섯 개 반복을 가졌다면(즉 CGGCGG CGGCGGCGG), 비정상인자는 200번 반복서열이 있는 것이다. CGG 외에도 CAG, CTG, GCC, GAA의 세 뉴클레오타이드 반복서열이 있으며, 이런 것들은 불안정하여 반복 횟수가 한 개체 내에서도 세포마다 증가할 수도 감소할 수도 있다. 배우자 형성 때에도 불안정하여 한 세대에서 다음 세대로 가면서 반복 횟수가 변하게 된다.

불안정 세 뉴클레오타이드 반복서열(unstable trinucleotide repeats)은 현재 사람의 경우 20개 정도의 유전자에서 발견되었다. 모두 퇴행성 신경질환과 관련이 있다. 모든 경우, 반복서열의 반복이 특정 수 이상이 되면 질환을 유발하는 대립유전자가 된다. 읽을거리 「빠르게 살펴보기」 **세 뉴클레오타이드 반복 질환**에서 설명하듯이 단백질을 암호화하는 유전자 부위와 반복서열의 상대적인 위치에 따라 세 뉴클레오타이드 반복서열 질환을 두 개의 주요 그룹으로 나눈다. 하나는 소년에게 일어나는 가장 흔한 형태의 정신지체증을 보이는 연약 X 증후군(fragile X syndrome)이고, 다른 하나는 1장에서 언급한 신경계 질환인 헌팅턴병(Huntington disease)이다.

두 그룹의 세 뉴클레오타이드 반복서열 질환의 일반적인 양상은 특정부위의 반복서열의 반복 횟수가 많을수록 반복 횟수가 많게 혹은 적게 변화할 확률이 높다는 것이다. 반복 횟수가 많으면 더 불안정하기 때문에 세 뉴클레오타이드 반복서열의 수가 중간 정도인 대립유전자는 **예비-돌연변이 대립유전자**(pre-mutation alleles)(**그림 7.10a**)라고 한다. 예를 들어, 연약 X 증후군에서 예비-돌연변이 대립유전자를 지닌 사람은 정상이지만 복제과정에서 이 대립유전자의 반복서열의 반복 횟수에 변화가 일어날 확률이 높다. 따라서 예비-돌연변이 대립유전자를 지닌 사람은 반복 횟수가 증가된 새로운 질환 대립유전자를 그들의 자손에게 전해 줄 확률이 높다(**그림 7.10b**).

세 뉴클레오타이드 반복서열 질환에 대해 아직 이해가 부족하다. 특정 유전자의 예비-돌연변이 대립유전자는 남성 혹은 여성의 생식세포에서 반복 횟수가 증가하는 경향이 있다. 예를 들어, 그림 7.10b에서 연약 X 증후군을 일으키는 대립유전자는 모계의 예비-돌연변이 대립유전자로부터 유전된 것이고 부계 쪽에서 온 예비-돌연변이 대립유전자는 정자 형성과정에서 반복횟수가 증가하지 않는다. 이상

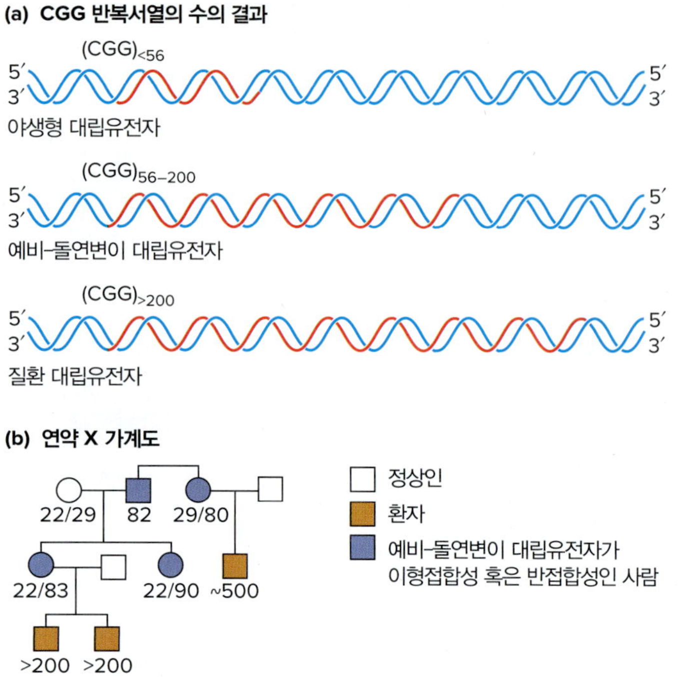

그림 7.10 연약 X 증후군의 유전. **(a)** 정상, 예비-돌연변이와 연약 X 증후군을 유발하는 돌연변이 대립유전자는 CGG 세 뉴클레오타이드의 반복서열의 반복 횟수가 다르다. 질환 대립유전자는 기능을 못한다. 정상 대립유전자는 정상 기능을 하지만 여성의 생식세포에서 DNA가 복제될 때 세 뉴클레오타이드의 반복서열의 반복 횟수가 증가할 확률이 높다. **(b)** 예비-돌연변이 대립유전자가 이형접합성인 정상 여성은 질환 대립유전자를 지닌 난자를 생성하게 될 것이다.

하게도 헌팅턴병의 경우는 상황이 반대이다. 질환을 유발하는 대립유전자가 거의 모두 여성의 생식세포가 아니라 남성의 생식세포로부터 온 것이다.

세 뉴클레오타이드 반복서열의 증가 및 감소를 일으키는 다양한 생화학적 기작이 있을 것이다. 그 기작 중 가장 잘 알려진 것이 DNA 복제과정에서 **미끄럼 짝짓기 오류**(slipped mispairing)이다. DNA 중합효소는 반복서열 부위를 복제할 때 종종 정지하여 DNA 한 가닥(새로 생성된 가닥 혹은 주형가닥)이 다른 가닥에서 미끄러질 수 있는 기회를 준다(**그림 7.11**). 반복서열이 있는 부위라 미끄러진 가닥과 다른 가닥이 다른 위치에서 쌍을 이루어 고리를 형성하게 된다. 다음 DNA 복제가 진행되면 미끄럼 짝짓기에 오류가 생긴 경우 DNA 양쪽 가닥에 세 뉴클레오타이드 반복서열의 반복횟수가 늘거나 줄게 된다.

돌연변이 유발물질

돌연변이는 유전적 분석을 가능하게 하지만 대부분 자연발생 돌연변이의 발생률이 낮아서 이것을 높일 수 있는 길을 모색해야 했다. 뮐러(H. J. Muller)는 모건(Thomas Hunt Morgan)의 **초파리**(*Drosophila*) 그룹의 일원으로 자연적인 것보다 강한 양의 X-선을 쪼이면 초파리에서 돌연변이 발생률을 높인다는 것을 처음으로 보여주었다(**그림 7.12**).

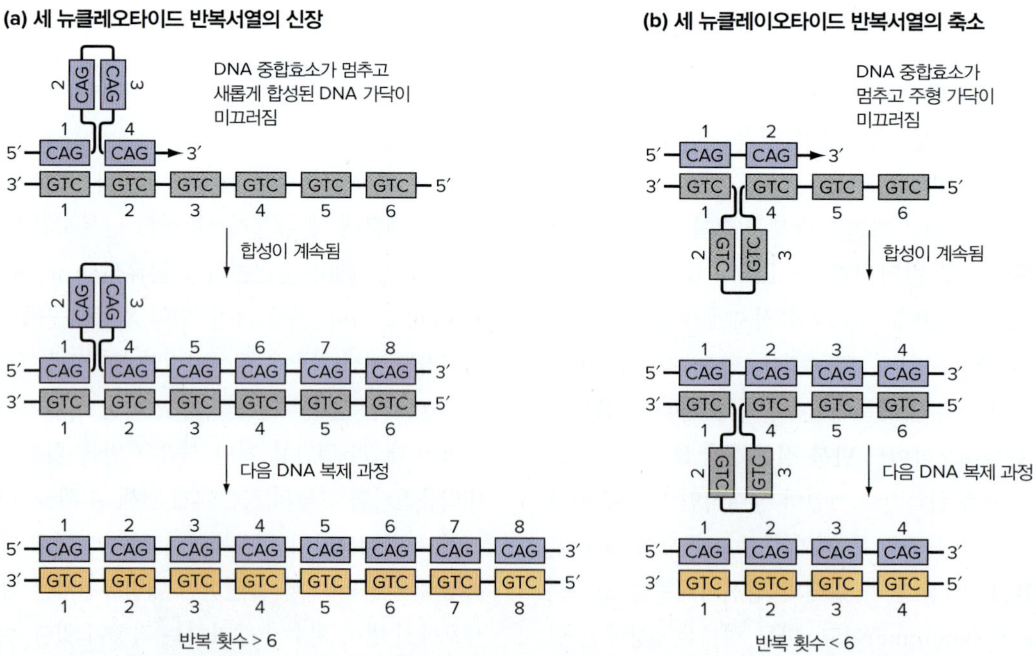

그림 7.11 세 뉴클레오타이드의 반복서열의 불안정성은 DNA 복제 과정에서 미끄럼 짝짓기 오류 때문이다. **(a)** DNA 복제 과정에서 DNA 중합효소가 반복서열에서 멈추면 새롭게 합성되는 DNA 가닥이(파란색 부위) 주형가닥에서(회색 부위) 미끄러진다. 이 부위는 반복서열이라서 미끄러진 가닥은 다른 부위의 주형가닥과 여전히 쌍을 이루어 DNA 합성을 계속 할 수 있다. 다음 DNA 복제가 진행되면 DNA 이중 가닥에 반복서열의 반복 횟수가 늘어나게 된다. **(b)** 유사하게, 이번에는 주형가닥이 새롭게 합성되는 DNA 가닥에서 미끄러지면 세 뉴클레오타이드 반복서열에 결실이 일어난다.

뮐러는 수컷 초파리에 강한 X-선을 쪼이고 암컷과 교배시켰다. 암컷은 X 염색체 한 개에 구별이 쉬운 우성 돌연변이인 막대 눈(bar eyes) 인자를 가졌다. 또한 이 X 염색체는 염색체가 역위로 재배치되어 다른 X 염색체와 교차가 일어날 수 없는 **균형자 염색체**(balancer)이다(14장 참조). 이 교배에서 얻은 F_1 암컷은 아버지로부터 받은 돌연변이 X와 어머니로부터 온 **막대**(bar)로 표시된 X와의 이형접합자이다. 만약 쪼인 X-선이 아버지의 X 염색체 어디에든 열성 치사 돌연변이를 유발하였다면 F_1 암컷은 막대 눈이 아닌 아들을 낳을 수가 없다. 따라서 간단히 막대 눈이 아닌 아들이 있는지 없는지를 보면 초파리의 생존에 필수적인 X 염색체상에 있는 1,000개 이상의 유전자 어느 것에든 돌연변이가 일어났는지를 알 수 있다. 쪼인 X-선 양이 많을수록 열성 치사 돌연변이가 더 많이 생긴다고 결론을 내렸다.

자연발생적인 돌연변이율보다는 높은 돌연변이율을 유발하는 물리 혹은 화학적 물질을 **돌연변이 유발물질**(mutagen)이라고 한다. 연구를 위해 다양한 돌연변이 물질들이 사용된다. 왓슨-크릭의 DNA 구조 모델을 이용하여 대부분의 돌연변이 유발물질의 작용을 분자수준에서 이해할 수 있다. X 염색체에 돌연변이를 유발하기 위해 뮐러가 사용한 X-선은 DNA 가닥의 당-인산 뼈대를 끊을 수 있다. 어떤 경우에는 두 가닥을 동시에 끊을 수도 있다. 여러 곳에서 두 가닥을 동시에 끊으면 DNA 조각을 만들게 되고 이러한 조각들이 서로 잘못 붙게 되면 작은 결실(그림 7.7c 참조) 혹은 14장에서 살펴볼 커다란 결실과 다른 재배치와 같은 것들이 생기게 된다.

돌연변이를 유발하는 또 다른 물질로 **염기 유사체**(base analogs)가 있다. 정상 염기와 화학적 구조가 매우 유사하여 DNA가 복제될 때 끼어 들어갈 수 있다(**그림 7.13a**). 염기 유사체는 정상 염기와는 다르게 염기쌍을 이루게 되어 복제 시 새롭게 만들어지는 DNA 가닥에 염기 치환을 일으킨다.

다른 화학적 돌연변이 유발물질은 직접적으로 염기의 화학적 구조 및 성질을 변형시켜 치환을 유발하기도 한다(**그림 7.13b**). 이러한 변화는 DNA 복제 과정에서 잘못된 염기를 유전체에 고정시키게 된다.

또 다른 종류의 돌연변이 유발물질로 **삽입물질**(intercalators)이 있다. 연속된 염기쌍들 사이에 끼어들어가 복제기구를 방해하여 한 개의 염기쌍을 결실 혹은 삽입하게 하는 납작한 판구조의 분자(**그림 7.13c**). 정확히 이런 성질 때문에 삽입물질인 **프로플라빈**(proflavin)은 종종 유전학 연구에 사용된다.

대부분의 돌연변이 유발물질은 암 유발물질이다

생식세포에서 일어난 돌연변이만이 다음 세대로 전달 될 수 있지만 체세포에서 일어난 돌연변이도 개체의 안위와 생존에 영향을 미칠 수 있다. 예를 들어, 세포주기를 조절하는 것을 돕는 유전자의 체세포 돌연변이는 암으로 이어질 수 있다. 이런 면에서 돌연변이 유발물질은 암 유발물질이 될 수 있다.

미국 식품 및 의약품 관리국(FDA)에서 **에임즈 검사법**(Ames test)을 사용하여 세균에서 돌연변이를 유발하는 화학물질 중 암 유발물질일 가능성이 있는 것을 찾아내려고 시도했다(**그림 7.14**). 이것은 특

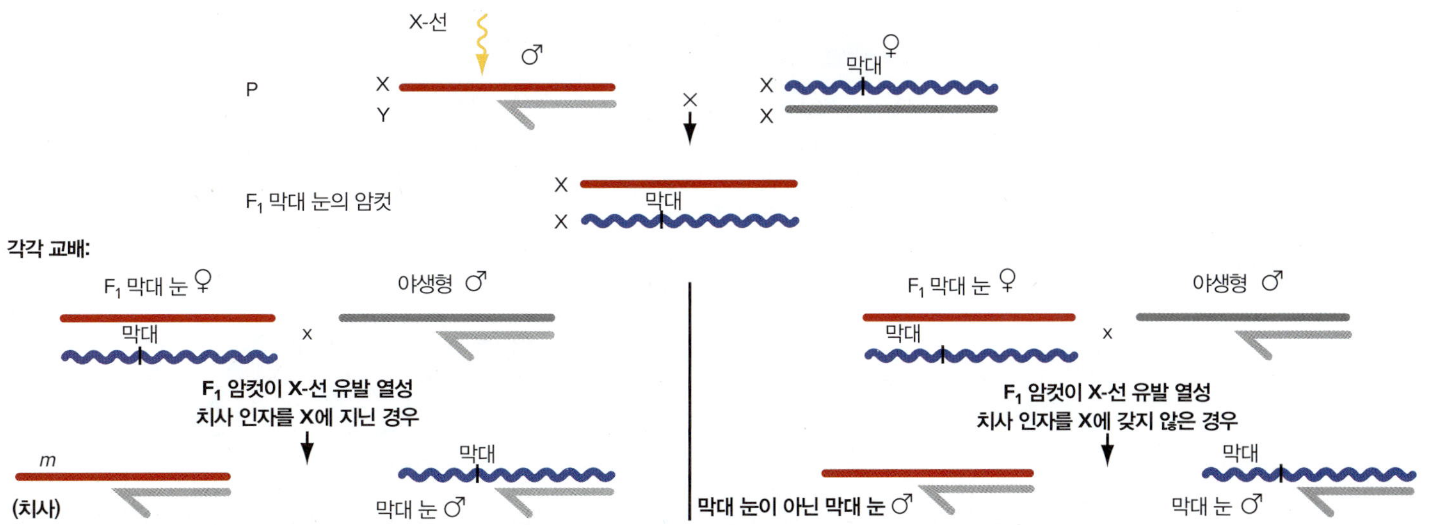

그림 7.12 X-선 노출은 초파리의 돌연변이율을 높인다. 방사능이 조사된 부계의 X 염색체(빨간색 선)와 모계의 막대로 표시된 평형 X 염색체(파란색 구불구불한 선)를 지닌 F_1 암컷을 준비했다. 이 두 염색체 사이에서는 재조합이 일어날 수 없다. 아버지로부터 받은 X-선에 노출된 X 염색체를 가진 F_1 암컷 한 마리와 야생형 수컷을 교배하였다. F_1 암컷에서 부계의 X-선에 노출된 X 염색체에 X-선이 유발한 열성 치사 돌연변이(m)가 있다면 이 암컷은 막대 눈을 갖는 아들만 낳을 수 있다(왼쪽). X 염색체에 이런 돌연변이가 없다면 F_1 암컷은 막대 눈과 막대 눈이 아닌 아들을 모두 낳을 것이다(오른쪽).

돌연변이 유발물질의 종류	돌연변이 유발물질의 화학적 작용

(a) 염기치환:
염기유사체는 DNA 염기와 화학적 구조가 거의 동일하다.

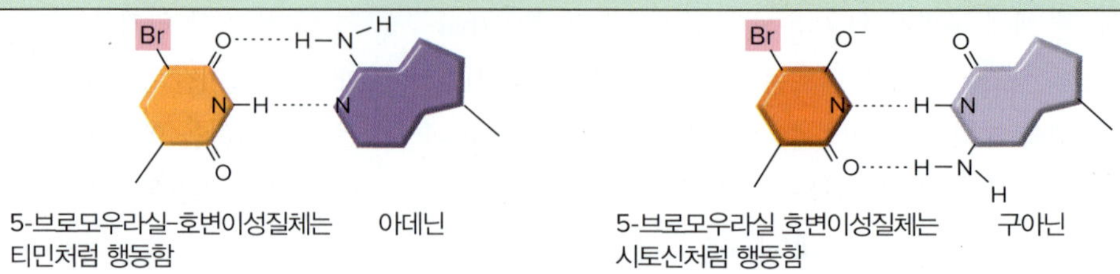

5-브로모우라실: 호변이성질체가 A와 쌍을 이룸, 다른 경우에는 G와 쌍을 이룸

(b) 염기의 구조와 성질을 변형:
수산화 물질:
수산(–OH) 그룹을 첨가

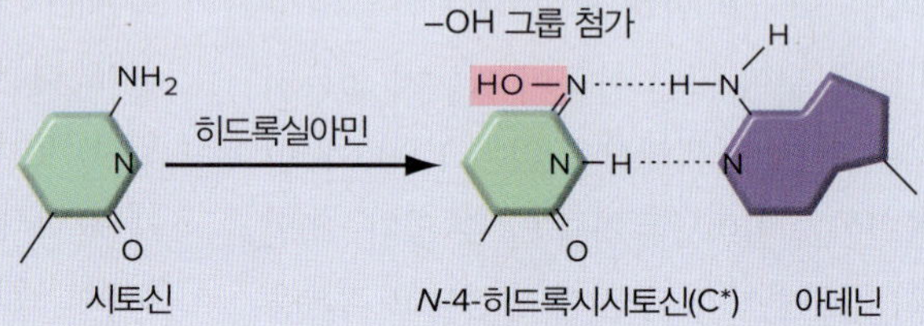

히드록실아민은 – OH를 시토신에 첨가, – OH를 첨가하여 수산화 C가 되면 이제 G 대신에 A와 쌍을 이룸

알킬화 물질:
에틸기(–CH_2–CH_3)
혹은 메틸기(–CH_3)
그룹을 첨가

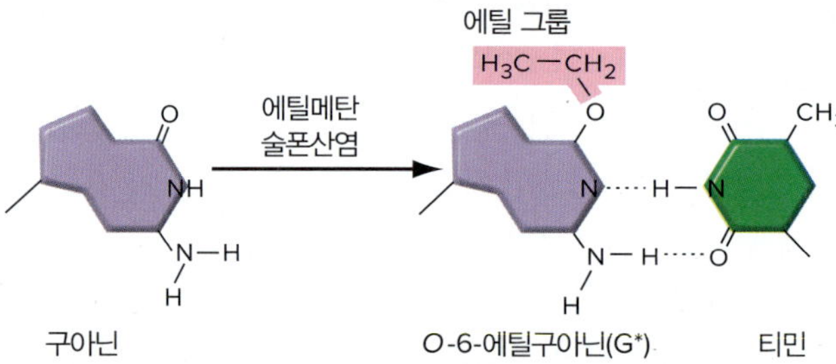

에틸메탄 술폰산염(Ethylmethane sulfonate)은 에틸 그룹을 구아닌에 첨가함, 변형된 G는 T와 쌍을 이룸

탈아민화 물질:
아민(–NH_2) 그룹을
제거

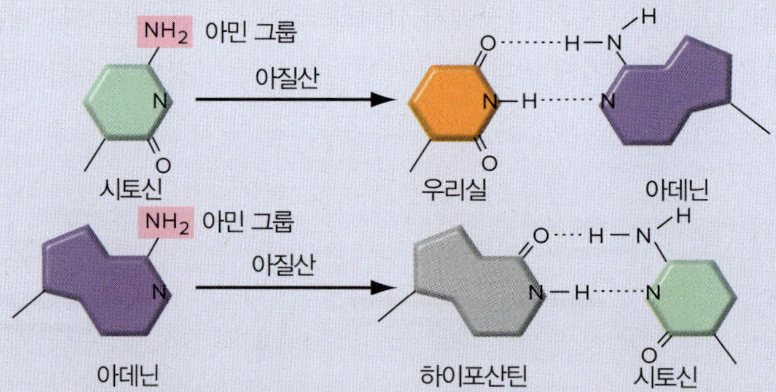

아질산(Nitrous acid)은 시토신을 우라실로 변형시켜 G 대신에 A하고 쌍을 이루게 함, 아데닌을 하이포산틴으로 변형시켜 T 대신에 C와 쌍을 이루게 함

(c) 염기 사이에 삽입:
삽입물질

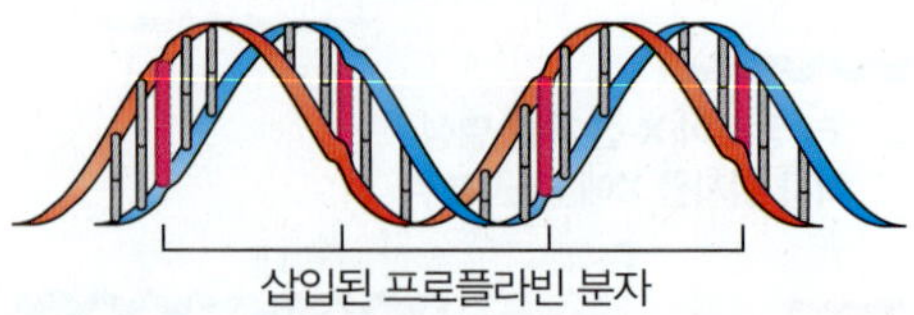

프로플라빈(Proflavin)은 이중 나선 구조 사이로 삽입하여 DNA 복제과정에서 염기쌍 하나의 결실 및 삽입을 유도함

그림 7.13 돌연변이 유발물질로 인한 DNA의 변형. **(a)** DNA에 삽입된 염기 유사체는 쌍을 잘못 이루어 복제하는 동안에 상대편 DNA 가닥에 잘못된 뉴클레오타이드를 첨가하게 한다. **(b)** 어떤 돌연변이 유발물질은 염기의 구조를 변형시켜 다음 복제 때 잘못된 염기쌍을 이루게 한다. **(c)** DNA 삽입물질은 이중 나선 구조의 염기쌍과 대략 동일한 크기와 모양을 갖는다. DNA에 삽입되면 염기쌍 하나의 결실 혹은 삽입을 유발한다. (계속)

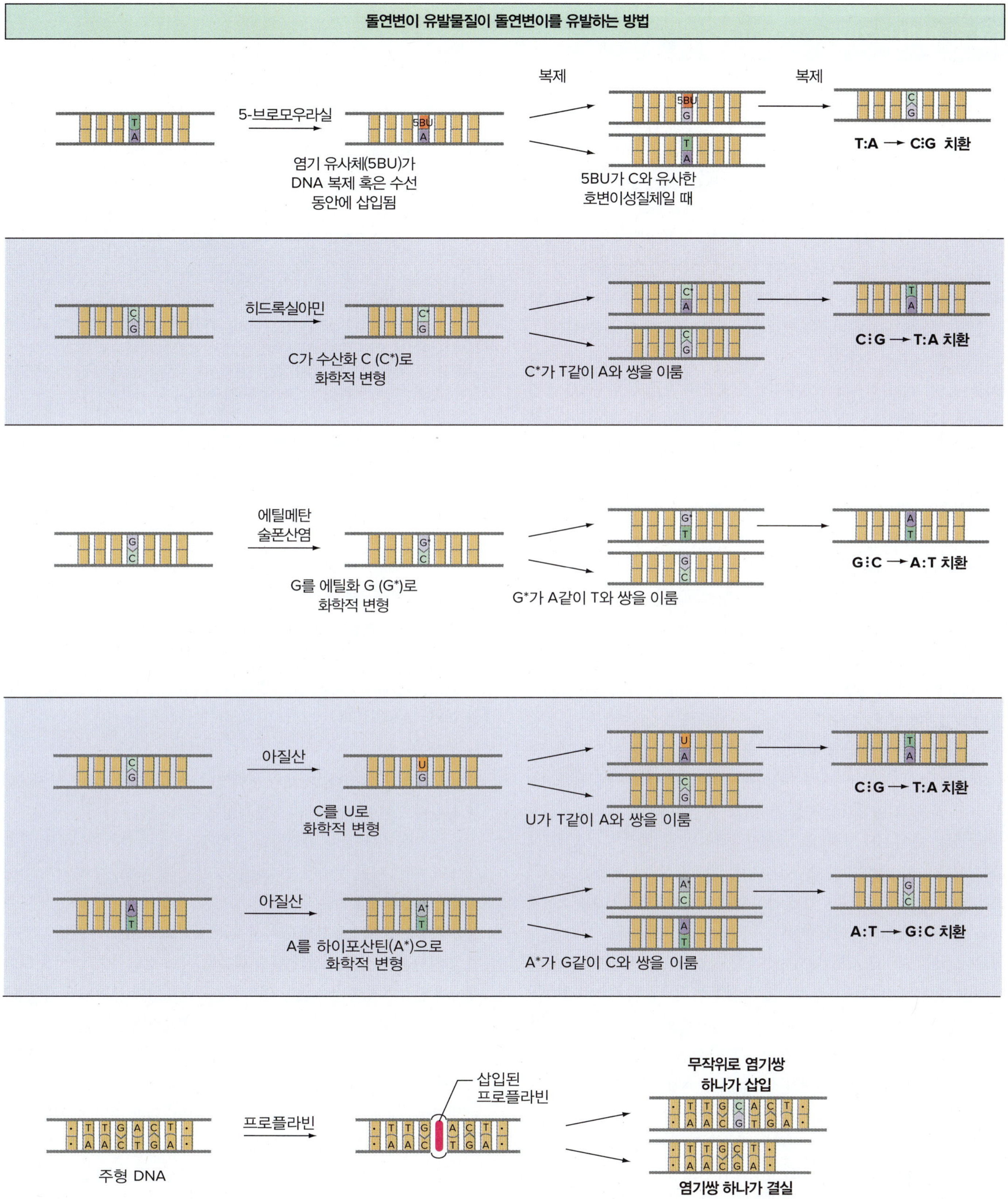

그림 7.13 돌연변이 유발물질로 인한 DNA의 변형. (계속)

빠르게 살펴보기

세 뉴클레오타이드 반복 질환

알려진 대략 20여종의 퇴행성 신경질환은 불안정한 세 뉴클레오타이드 반복을 지닌 유전자가 질환의 원인이다. 이런 반복서열은 **폴리Q 질환**(polyQ diseases)과 **비폴리Q 질환**(non-polyQ disease) 두 종류로 나눈다. Q는 아미노산 글루타민의 상징이다. 폴리Q 질환 유전자는 세 뉴클레오타이드 반복서열이 항상 CAG이다. 반면에 비폴리Q 질환 유전자는 세 뉴클레오타이드 반복서열이 CGG, CTG, GCC, GAA 중 하나이다. 반복서열이 유전자 기능에 미치는 영향에 따라 두 종류의 세 뉴클레오타이드 반복 질환으로 분류한다. 폴리Q 질환은 너무 많은 세 뉴클레오타이드 반복을 지닌 대립유전자가 비정상적인 단백질을 만들고, 비폴리Q 질환 대립유전자는 단백질을 만들지 못하거나 단백질 생성량이 줄어드는 경우이다. 이 두 종류의 차이는 가장 잘 알려져 있는 질환인 폴리Q 질환인 헌팅턴병과 비폴리Q 질환인 연약 X 증후군으로 설명하고자 한다.

헌팅턴병은 세계적으로 10,000명 중 한명 정도 걸린다. 증상은 40세 정도부터 나타나며 근육조절이상, 인지능력저하, 정신적 문제 등을 동반한다. 1장에서 본 것처럼 헌팅턴병은 상염색체 우성 대립유전자(*HD*)를 통해 유전된다. 정상 HD^{+} 대립유전자가 CAG 반복서열이 6~28회 반복되는 반면에 *HD* 질환 대립유전자는 36회 혹은 그 이상 CAG의 반복 횟수가 증가되어 있다. *HD* 유전자의 CAG 반복부위는 **아미노산**으로 단백질을 만들도록 하는 정보를 지닌 **열린 번역틀**(open reading frame; ORF) 내에 위치한다.

각 CAG는 HD 단백질에 아미노산 글루타민(Q)을 첨가하도록 지정하여 정상단백질의 경우 6~28개의 Q아미노산이 **폴리Q 부위**에 있다(**그림 A**). 36개 혹은 그 이상의 반복을 지닌 *HD* 대립유전자는 폴리Q 부위가 늘어나 있는 변이 HD 단백질을 생성한다. 이 변이단백질은 신경세포에 치명적이다. 예비-돌연변이 대립유전자에 의해 생성된 단백질은 정상적으로 기능을 하지만 반복횟수가 불안정하다. 신경세포에서 HD의 정상기능이 무엇인지 왜 HD 변이단백질이 치명적인지 아직 잘 모른다.

*HD*와 같은 폴리Q 질환 대립유전자를 **기능 획득 돌연변이**(gain-of-function mutants)라고 한다. 왜냐하면 생성된 단백질의 기능이 정상단백질에 비해 질적으로 다르기 때문이다. 전형적인 여러 기능 획득 돌연변이와 같이 폴리Q 질환 대립유전자는 우성 유전으로 변이 폴리Q 단백질은 정상단백질이 있어도 치명적이다. 비폴리Q 질환의 예는 연약 X 증후군으로 남자 4,000명 중 1명, 여자 8,000명 중 1명에서 유발되는 유전질환으로 정신지체를 보인다. 이 질환은 X-연관된 유전자 ***FMR-1***(**f**ragile **X** **m**ental **r**etardation-1)에 CGG 반복부위의 확장이 원인이다. *FMR-1*의 CGG는 유전자의 ORF가 아닌 5′UTR에 위치한다(**그림 B**). 정상 $FMR\text{-}1^{+}$ 유전자는 6에서 55개의 CGG 반복횟수를 지닌다. *FMR-1*질환 대립유전자에서 반복횟수가 200 혹은 그 이상으로 증가하면 *FMR-1* 단백질을 생성할 수 없다. *FMR-1* 단백질이 결핍되면 신경세포가 정상적으로 신경세포 연결, 즉 시냅시스를 형성할 수 없다.

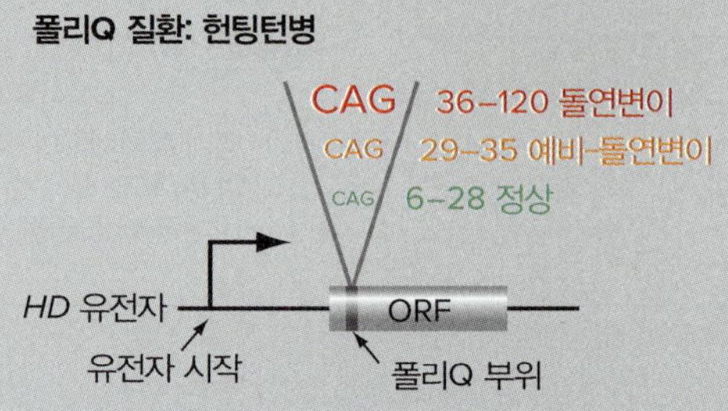

그림 A 헌팅턴병: 폴리Q 반복 질환. *HD* 유전자는 글루타민(Qs)을 지정하는 CAG 서열의 반복서열부위를 열린 번역틀(ORF) 내에 지닌다. *HD* 질환 대립유전자는 변이를 지닌 치명적인 단백질을 합성한다. 이 단백질은 폴리Q 부위가 늘어나 있다. 예비-돌연변이 대립유전자는 CAG 서열의 반복회수가 중간정도라서 정상기능을 하는 단백질을 생성하나 불안정하다.

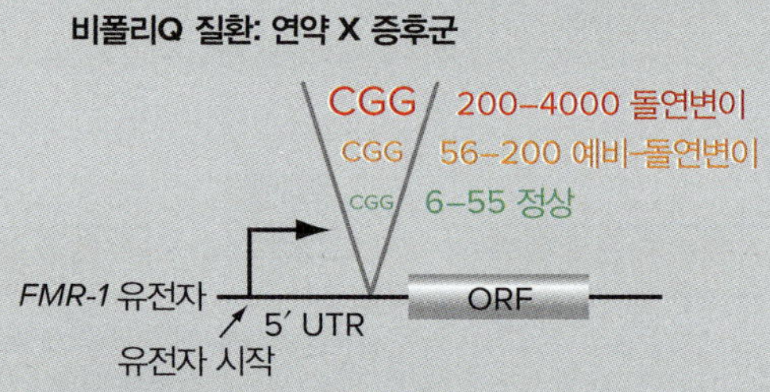

그림 B 연약 X 증후군: 비폴리Q 반복 질환. *FMR-1* 유전자는 CGG 반복 서열을 ORF 밖에 있는 5′ 말단 비번역 부위(5′UTR)에 지닌다. *FMR-1* 질환 대립유전자는 반복서열의 반복횟수가 늘어나 있어 단백질 합성을 방해한다. 예비-돌연변이 대립유전자는 CGG 반복횟수가 중간 정도여서 정상량의 단백질을 생성할 수 있으나 불안정하다.

모든 비폴리Q 질환 유전자의 공통점은 세 뉴클레오타이드 반복이 ORF가 아닌 다른 부위에 위치하는 것이다. 반복횟수가 증가되어 있는 비폴리Q 질환 유전자는 단백질을 생성할 수 없어서 비폴리Q 질환 유전자는 **기능상실 대립유전자**(loss-of-function alleles)이다. 질환 대립유전자를 지닌 이형접합 여성의 경우 대부분 어느 정도 질환 증상을 보이기 때문에 연약 X 증후군은 불완전한 침투도와 다양한 표현도를 지닌 X-연관 우성 유전질환이라 할 수 있겠다. 다른 비폴리Q 질환유전자는 질환의 증상을 막기 위하여 두 개 혹은 한 개의 유전자 생성물이 필요한지에 따라 우성 혹은 열성 유전양식을 보일 것이다.

세 뉴클레오타이드 반복 질환은 돌연변이에 대한 두 가지 기본적인 사실을 말해 준다. 첫째, 돌연변이는 유전자 생성물(폴리Q 질환)의 변이 혹은 생성량(비폴리Q 질환)에 영향을 준다. 둘째, 특정 DNA 서열은 헌팅턴병이나 연약 X 증후군의 예비-돌연변이 대립유전자의 경우처럼 어떤 특정 환경에서 아주 높은 빈도로 변이가 일어날 수 있다. 이러한 두 가지 원리는 다음 장에서 다룰 중요한 주제이다.

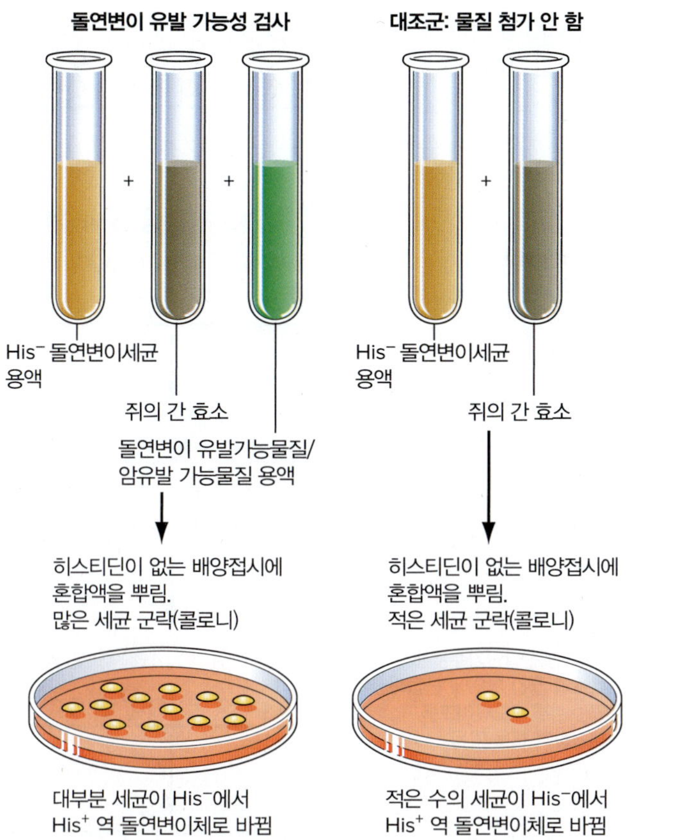

그림 7.14 **에임즈 검사법은 암유발 가능성이 있는 물질을 찾는 검사이다.** 검사하고자 하는 물질을 살모넬라 티피무리움(Salmonella typhimurium) His^- 세균세포와 쥐의 간 효소용액을 섞는다. 간 효소용액은 해롭지 않은 물질을 어떤 경우에는 돌연변이 유발물질로 전환할 수도 있다. 히스티딘이 없는 배양접시에는 His^+ 역 돌연변이만 자란다. 만약 이 배양접시가(아래 왼쪽) 물질처리를 하지 않은 대조실험 배양접시(아래 오른쪽)보다 His^+ 역 돌연변이체를 더 많이 가진다면 이 물질은 암유발 물질일 잠재력이 있다고 간주한다. 대조실험 배양접시에서 드물게 자라는 역 돌연변이는 자연발생 돌연변이의 발생률을 나타낸다.

정물질이 Histidine⁻(His^-) 돌연변이 **살모넬라 티피무리움**(Salmonella typhimurium) 세균을 Histidine⁺(His^+) 복귀 돌연변이체로 유도할 수 있는지를 검사하는 것이다. His^+ 복귀 돌연변이체는 필요한 히스티딘을 주변의 간단한 화합물에서 합성할 수 있다. 반면에 원래의 His^- 돌연변이체는 히스티딘을 합성할 수 없어서 생존하기 위해서는 히스티딘을 공급해 주어야만 한다.

에임즈 검사법의 장점은 히스티딘이 없는 배양접시에서는 오로지 복귀 돌연변이체만 자랄 수 있기 때문에 특정 화학물질로 유도된 소수의 His^+ 복귀 돌연변이체를 찾아내기 위하여 His^-의 배양액에서 다량의 세포를 조사할 수 있다는 것이다. 돌연변이 탐색의 예민도를 높이기 위하여 에임즈 검사법에서 사용하는 His^- 세균은 뉴클레오타이드 절제 수선 시스템이 작동되지 않도록 하는 두 번째 돌연변이를 지니고 있어 돌연변이 유발물질에 의해 생긴 돌연변이의 수선을 막고, 조사하고자 하는 화학물질이 좀 더 쉽게 세포 내로 들어갈 수 있게 하기위하여 세포벽에 결함을 주는 세 번째 돌연변이도 지닌다.

세균에서 돌연변이를 유발하는 대부분의 물질은 고등진핵생물의 DNA에도 손상을 주기 때문에 세균에서 돌연변이 발생률을 높이는 돌연변이 유발물질은 사람이나 다른 포유동물에서 암을 유발할 것이라고 예상한다. 하지만 포유동물은 위험한 화학물질을 불활성화하는 복잡한 대사과정을 가지고 있는 반면 위험하지 않은 화학물질에서 돌연변이 유발물질을 생성할 수 있는 생화학적 경로도 있을 수도 있다. 포유동물의 대사경로를 유추하기 위해 독성학자들은 종종 에임즈 검사법으로 분석하고자 하는 화학물질에 쥐의 간 효소액을 첨가하기도 한다(그림 7.14). 이러한 가상실험은 완벽하지 않기 때문에 식품 및 의약품 관리국 검사관들은 에임즈 검사법으로 알아낸 세균 돌연변이 유발물질이 쥐에서 암을 유발하는지 확인하기 위해 쥐의 식이에 물질을 첨가해서 평가한다.

핵심 개념 7.2

- 자연발생적 돌연변이를 유발하는 자연적 요인(X-선과 UV선)과 화학 반응(탈아미노 반응과 산화)은 DNA를 손상시킨다.
- DNA 복제 실수는 자연발생적 돌연변이의 원인이 되며 이런 변이는 염기의 호변이성질체화 혹은 세 뉴클레오타이드 반복서열의 반복 횟수의 증가 혹은 감소의 결과이다.
- 돌연변이 유발물질은 돌연변이 발생률을 자연발생적 발생률보다 높여 주는 물질이다. 연구를 위하여 특정 돌연변이를 생성하고자 할 때 도움이 된다.

7.3 DNA 수선기작

학습 목표

1. 세포가 손상되거나 변형된 뉴클레오타이드를 지닌 DNA를 수선하는 기작을 나열한다.
2. 이중 가닥 절단을 수선하는 상동 재조합과 비상동 말단-연결 기작의 결과를 비교한다.
3. DNA복제 실수를 수선할 때 어느 가닥을 수선해야 하는지를 메틸-지시성 짝틀림 수선이 어떻게 분별할 수 있는지를 설명한다.
4. 세포는 최후의 수단으로 왜 특정 DNA 수선기작만을 사용하는지를 설명한다.
5. DNA 수선을 담당하는 유전자의 돌연변이가 사람의 건강에 미치는 예상되는 결과를 설명한다.

그림 7.6을 상기해보면, DNA 복제가 일어나기 전에 새로 생긴 DNA 손상이 수리된다면 어떤 돌연변이도 염색체에 남아 있지 않을

것이다. 세포에는 손상된 DNA를 수리하여 돌연변이의 발생을 최대로 감소시키는 다양한 효소 시스템이 발전해 왔다. 거의 모든 유전자에서 일어나는 자연발생적 돌연변이율이 아주 낮은 것을 보면 이러한 수선기작의 조합은 매우 효율적이라고 할 수 있다.

DNA 염기변형의 복원

세포에는 뉴클레오타이드의 변형을 직접적으로 복원할 수 있는 다양한 효소 시스템이 있다. 예를 들어, 메틸기 혹은 에틸기가 실수로 구아닌 염기에 잘못 붙으면(그림 7.13b 참조) **알킬기 전이효소**(alkyltransferase)가 이것들을 제거하여 원래 염기로 되돌려놓는다.

다른 예로는, 자외선에 노출되어 생긴 티민-티민 이량체를(그림 7.7d 참조) **광분해효소**(photolyase)가 찾아내어서 이들 사이에 있는 화학결합을 끊어서 수선한다. 흥미롭게도 광분해효소는 가시광선이 있어야만 작용을 한다. DNA를 수선하기 위해 가시광선에 속하는 빛을 흡수하는 **색소포**(chromophore)라는 작은 분자와 광분해효소가 결합한다. 색소포가 모은 에너지를 사용해 티민 이량체를 분리한다. 어두운 곳에서는 작용을 하지 않기 때문에 광분해효소의 작용을 **빛수선**(light repair) 혹은 **광수선**(photorepair)이라고 한다.

손상된 염기 제거 및 복원

수선시스템은 보편적으로 변형된 염기가 있는 DNA 가닥에서 작은 부위를 우선 제거하고 남은 가닥을 주형으로 하여 제거된 부위를 재합성하는 **상동의존형 수선**(homology-dependent repair) 방법을 이용한다. 이런 방법은 이중 나선구조의 장점을 활용하는 방법이다. 만약 한 가닥이 손상되면 세포는 원래의 염기서열을 복원하기 위해 손상되지 않은 다른 가닥을 주형으로 염기쌍을 이룰 수 있다.

염기 절제 수선

상동의존형 수선은 **DNA 글리코실화효소**(DNA glycosylases)가 뉴클레오타이드의 당에서 변형된 염기를 잘라 제거하여 DNA 가닥에 탈퓨린 혹은 탈피리미딘(AP) 부위를 만든다(**그림 7.15**). 서로 다른 글리코실화효소가 손상된 특정 염기를 잘라낸다. 염기 절제 수선(base excision repair)은 DNA에서 우라실을 제거하는데 특별히 중요하다(우라실은 시토신의 탈아민화에 의해 자연스럽게 생긴다. 그림 7.7b 참조). 우라실-DNA 글리코실화효소(uracil-DNA glycosylase)가 당에서 우라실을 제거하여 AP 부위를 남기면 AP 핵산내부가수분해효소(AP endonuclease)가 AP 부위에서 DNA 뼈대를 끊어 **틈**(nick)을 만든다(DNA 가닥의 인산디에스테르 결합을 끊는다). 그러면

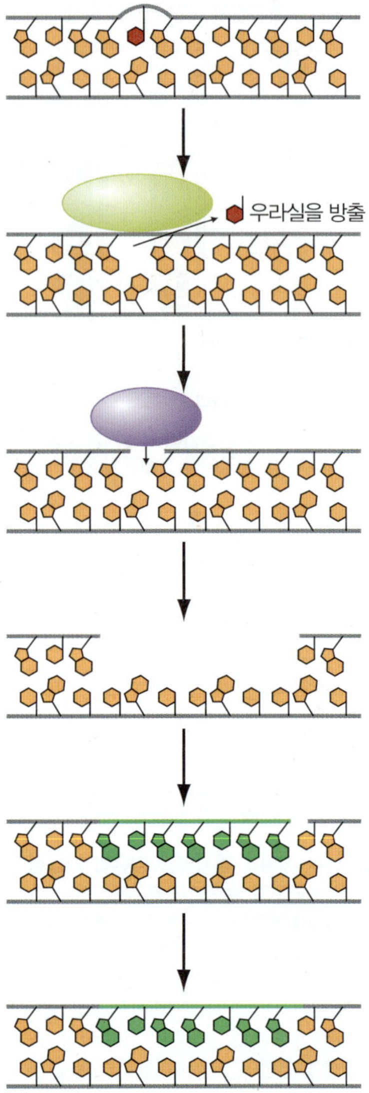

그림 7.15 염기 절제 수선으로 손상된 염기를 제거. 글리코실화효소(연한 초록색 타원)는 시토신의 탈아민화로 생성된 우라실(빨간색)과 같은 비정상적인 염기를 제거하고 탈퓨린(AP) 부위를 남긴다. AP 핵산내부가수분해효소(보라색 타원)는 탈퓨린 부위가 있는 DNA 가닥을 잘라 틈을 남긴다. 핵산말단가수분해효소가 빈틈을 넓혀 갭을 만들면 DNA 중합효소가 올바른 뉴클레오타이드(진한 초록색)로 빈자리를 채운다. 수선된 DNA 가닥을 DNA 연결효소가 이어준다.

DNA 핵산말단가수분해효소(DNA exonucleases)가 틈을 인식하여 이 주변의 뉴클레오타이드를 제거하여 이 부위 DNA 가닥에 빈틈을 남기게 된다. DNA 중합효소가 손상이 없는 다른 가닥을 주형으로 DNA를 합성하여 이 틈을 메워 원래의 염기서열을 복원한다. 그리고 마지막으로 DNA 연결효소(DNA ligase)가 새롭게 수선된 DNA 가닥의 뼈대를 서로 붙여서 마무리를 한다.

뉴클레오타이드 절제 수선

이 과정(**그림 7.16**)은 잘못된 염기를 찾아내는 DNA 글리코실화효소

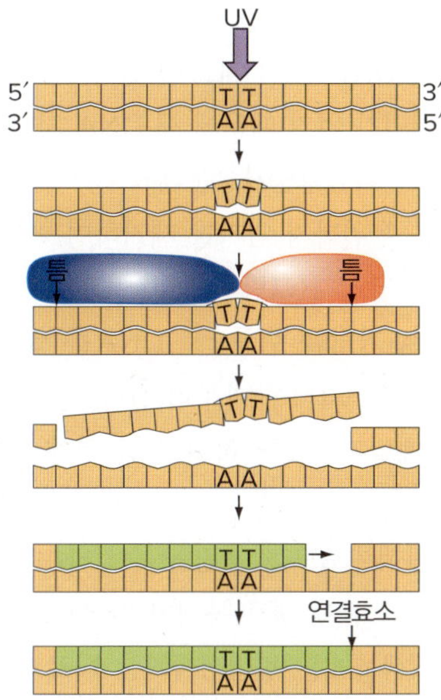

그림 7.16 뉴클레오타이드 절제 수선으로 손상된 뉴클레오타이드를 수정한다. UvrA와 UvrB의 단백질 복합체(그림에 없음)는 티민-티민 이량체와 같은 DNA 손상에 의해 망가진 DNA를 탐색한다. 손상된 부위에서 UvrB(빨간색)는 UvrA에서 분리되어서 UvrC(파란색)와 결합한다. 이 효소는 정확히 손상된 부위의 한쪽은 4개의 뉴클레오타이드 뒤를, 다른 쪽은 7개의 뉴클레오타이드 뒤를 잘라 작은 조각의 단일 가닥 DNA를 잘라낸다. DNA 중합효소는 잃은 부위를 재합성하고(초록색) DNA 연결효소는 수정된 가닥을 이어준다.

가 세포에 없어서 염기제거 방법으로는 수선을 할 수 없는 경우에 작용한다. 뉴클레오타이드 절제 수선(Nucleotide excision repair)은 여러 단백질이 모여 효소복합체를 이루어 작용한다. 대장균에서는 가능성이 있는 세 개의 단백질, UvrA, UvrB와 UvrC 중 두 개로 이루어진다. UvrA+UvrB 복합체는 DNA의 불규칙성을 점검하여 왓슨-크릭 염기쌍의 손상으로 인한 이중 나선 구조의 변형을 감지한다(광수선으로 보정되지 않은 티민-티민 이량체와 같은 경우). UvrB+UvrC는 손상된 DNA 가닥에서 손상부위의 양쪽을 잘라내어 빈틈을 남긴다. 그러면 DNA 중합효소가 이 부위를 채우고 DNA 연결효소는 끝을 붙인다.

이중 가닥 절단을 수선하는 두 가지 중요한 기작

X-선은 이중 나선의 양 가닥을 잘라서 이중 가닥의 절단을 만든다(그림 7.7c 참조). 이중 가닥 절단은 특별히 위험한 DNA 손상으로 수선이 적절하게 되지 않으면 염색체의 절단으로 점 돌연변이 뿐만 아니라 커다란 결실 및 다른 종류의 염색체 재배열로 이어질 수 있다.

따라서 당연히 생명체에는 적어도 두 종류의 이중 가닥 절단 수선 기작이 발전해 왔다. 하나는 **상동성 재조합**(homologous recombination; HR)으로 뉴클레오타이드의 삽입 혹은 결실됨이 없이 정확히 절단을 수선하기 위해 상보적인 염기쌍을 이용하는 기작과, 또 다른 기작은 **비상동성 말단-연결**(nonhomologous end-joining; NHEJ)로 끊어진 DNA 말단을 함께 이어주는 기작으로 이 과정에서 몇 개의 염기쌍이 잘못 삽입 혹은 결실될 수도 있다.

이중 가닥 절단을 수선하는 두 기작 모두 실질적으로 매우 중요하다. 왜냐하면 새롭고 효율적인 **유전체 편집**(genome editing; 특정방식으로 한 개체의 유전체를 바꿈) 방식이 이 두 기작에 기반을 두기 때문이다. 유전체 변형을 위한 이러한 흥미로운 방법에 대해서는 21장에서 다룰 예정이지만 이 장에서는 어떻게 이런 수선기작들이 작용하는지에 대해 이해한다면 나중에 도움이 될 것이다.

상동성 재조합으로 이중 가닥 절단 수선

감수분열 재조합의 첫 번째 단계에서 이중 가닥이 절단되고, 가닥침입과 상동염색체를 주형으로 재조합을 수행하여 세포는 비로소 이중 가닥 절단을 수선한다(그림 6.27 참조). 유사분열을 하는 세포도 X-선 조사로 인한 이중 가닥 절단 수선을 위해 상동성 재조합에 사용되는 효소기작과 거의 동일한 기작을 사용한다.

상동성 재조합은 수선을 위한 주형으로 상동염색체 혹은 더 빈번하게는 자매염색분체를 활용한다. 상동염색체를 주형으로 사용하면 유사분열 재조합이 되지만 상동염색체를 찾는 것이 매우 비효율적이라서 대개 세포주기 G_2기(염색체가 복제된 이후의 단계)의 자매염색분체를 이용한 재조합으로 수선을 한다. 이런 경우 수선을 위한 유사분열 재조합은 일어나지 않는다. 왜냐하면 절단된 염색분체와 주형이 되는 염색분체의 염기쌍이 동일하기 때문이다.

비상동성 말단-연결로 이중 가닥 절단 수선

또 다른 기작은 비상동성 말단-연결(nonhomologous end-joining; NHEJ)로 세포주기의 G_1기(자매염색분체가 상동성 재조합의 주형으로 사용이 가능한 이전 단계)에 생긴 이중 가닥 절단 수선에 특히 중요하다. NHEJ에 관여하는 단백질이 DNA 절단부위에 붙어서 핵산분해효소로부터 절단부위를 보호한다. 이런 NHEJ 단백질은 또한 양 절단부위를 연결하여 DNA 연결효소가 붙일 수 있도록 해준다(**그림 7.17**).

NHEJ는 DNA의 상동성과 무관하기 때문에 어떤 DNA 말단도 연결할 수 있다(텔로미어는 예외이다). 유전체내에 말단끼리 서로 가까이 있지 않아도 연결한다. 따라서 유전체에 여러 부위의 절단이 있다면 NHEJ는 잘못된 말단끼리 연결하여 역위 혹은 커다란 결실과 같은 염색체 재배열의 결과를 초래할 수 있다.

NHEJ는 대개의 경우 정확한 기작이지만 가끔은 DNA 말단을 잇

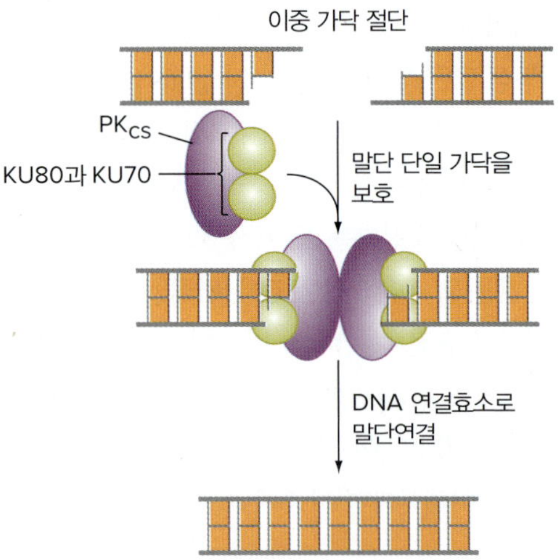

그림 7.17 비상동성 말단-연결(NHEJ)에 의한 DNA 이중 가닥 절단 수선. KU70, KU80, PK$_{CS}$ 단백질(포유동물 세포)은 DNA 절단부위에 붙어서 DNA가 잘려나가는 것을 보호하고 두 절단부위를 가깝게 하여 DNA 연결효소가 인산디에스테르 뼈대를 수선할 수 있게 해 준다.

는 부위에 작은 변화를 초래한다. NHEJ 과정에서 DNA 외부핵산분해효소와 DNA 중합효소가 말단에 작용하여 DNA 연결효소가 말단을 붙이기 이전에 말단에 몇 개의 염기쌍을 결실 혹은 삽입한다. NHEJ로 인한 실수는 상대적으로 드물지만 일어난다. 이것은 21장에서 유전체 편집기술에 대해 설명할 때 중요한 현상으로 다룰 것이다.

짝틀림 수선으로 DNA 복제오류 수정하기

DNA 중합효소는 DNA 복제를 상당히 정확하게 한다. 그렇더라도 복제시스템은 세포가 견딜 수 있는 실수보다 100배는 더 많이 실수를 한다. 백업으로 있는 수선시스템으로 **메틸-지시성 짝틀림 수선**(methyl-directed mismatch repair)이 대부분의 실수를 수선한다(**그림 7.18**). 짝틀림 수선은 DNA가 복제된 후에 활성화되기 때문에 어려운 문제를 해결하게 된다. 만약 G:C 염기쌍이 복제되어 한 가닥은 정상인 G:C 염기쌍, 다른 가닥은 G−T 염기쌍으로 되었다면 짝틀림 수선시스템은 잘못 짝이 맺어진 G−T 염기쌍을 쉽게 찾아낸다. 왜냐하면 잘못된 염기쌍은 이중 나선 구조를 망가뜨려 비정상적으로 튀어나오거나 들어가게 하기 때문이다. 하지만 이런 시스템이 G:C 혹은 A:T 어느 쌍으로 수정해야 할지를 어떻게 아는가?

세균은 부모 DNA 가닥의 특정위치에 구분이 가능한 표지를 함으로써 가능하다. 어디든지 GATC 염기서열이 있으면 **아데닌 메틸화효소**(adenine methylase)가 A에 메틸기를 부친다(그림 7.18a). 복제 바로 후에 부모가닥은 메틸기표지를 지니며, 반면에 잘못된 염기를 지닌 새로 만들어진 새 가닥은 아직 표지가 없다(그림 7.18b). 대장균에 MutL과 MutS 단백질은 쌍을 잘못 이룬 염기를 찾아 그곳에 붙어서 또 다른 단백질 MutH가 DNA 새 가닥에 제일 가깝게 있는 메틸 GATC부터 자르게 한다. MutH는 새 DNA 가닥에 GATC의 메틸기가 없기 때문에 새 DNA 가닥을 구분할 수 있다(그림 7.18c). DNA 핵산말단가수분해효소가 잘린 곳과 잘못 쌍을 이룬 곳 바로 다음 부위까지 염기를 제거하여 메틸기가 없는 새 DNA 가닥에 빈 틈을 남긴다(그림 7.18d). DNA 중합효소가 메틸기가 있는 부모 DNA 가닥을 주형으로 DNA를 재합성하고 DNA 연결효소로 수선한 DNA 가닥을 마무리 한다. 복제와 수선이 완성되면 새로운 가닥에 메틸기로 표지하여 다음 복제 때에 부모가닥이 되게 한다(그림 7.18e).

진핵세포도 짝틀림을 수선하는 시스템이 있지만 아직도 어떻게 이 시스템이 새로 복제된 가닥과 부모가닥을 구분하는지는 모른다. 진핵생물에는 원핵생물과는 다르게 GATC에 메틸기가 붙지 않고, MutH와 유사한 단백질이 없는 것 같다. 한 가지 흥미로운 점은 MutS와 MutL 단백질이 DNA 복제인자와 결합되어 있다는 것이다. 아마도 이런 상호관계가 MutS와 MutL이 DNA 가닥을 인지하고 수선하는 것을 도울 것이라 생각된다.

실수 유발성 수선시스템: 최후의 수단

앞서 살펴본 것 같이 DNA 손상을 수선하는 수선시스템은 매우 정확하다. 왜냐하면 손상된 뉴클레오타이드를 손상되지 않은 가닥을 이용해 상보적으로 바꾸거나 절단부위를 다시 붙일 수 있기 때문이다. 하지만 세포는 가끔 이렇게 정확한 수선시스템이 감당할 수 없는 돌연변이 유발물질의 양 혹은 그런 종류에 노출되기도 한다. 예를 들어, 강한 UV선은 티민-티민 이량체를 세포가 수선할 수 있는 정도보다도 더 많이 생성한다. 수선되지 못한 손상은 세포분열 시에 심각한 결과를 초래한다. 특별히 복제에서 사용되는 DNA 중합효소는 대개 손상부위에서 정지하게 되고 그러면 세포는 분열할 수 없게 된다. 이런 세포들은 비상반응을 일으켜 문제를 극복하고 살아남아 세포분열을 한다. 하지만 이러한 환경이 지속되기 위해서는 유전체에 새로운 돌연변이가 생기는 것을 감수해야 한다.

부주위한 DNA 중합효소

세균에서 비상 수선 종류 중의 하나인 **SOS 시스템**(SOS system; 모스부호의 조난신호를 모방)는 **실수 유발성**(혹은 아무렇게나 만드는) DNA 중합효소를 사용한다. 이런 DNA 중합효소는 정상적인 DNA 복제 때에는 없고 DNA가 손상되었을 때만 생성된다. 손상으로 인해 유도된 실수 유발성 DNA 중합효소는 복제기점으로 모여 수선되지 않고 손상된 뉴클레오타이드에서 멈추어서 손상된 염기 반대편에

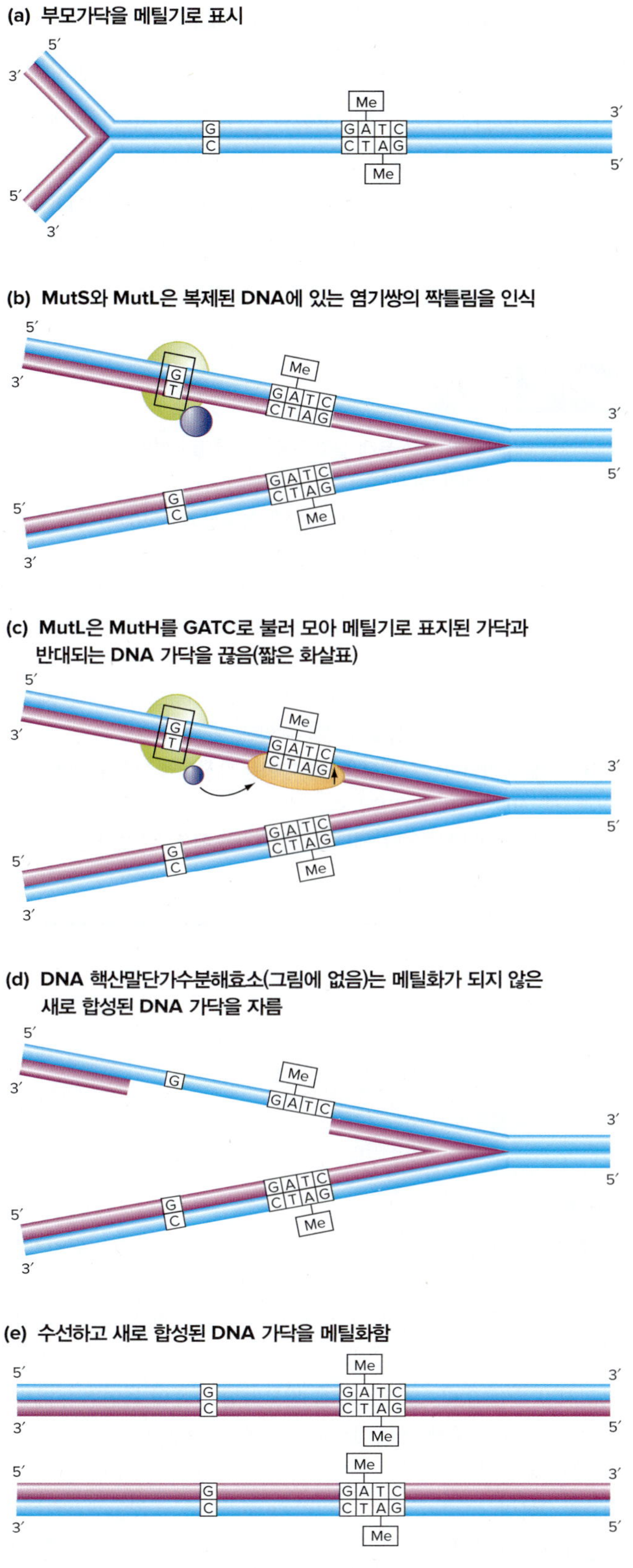

그림 7.18 세균에서 메틸-지시성 짝틀림 수선은 복제 때 생기는 실수를 수정한다. 부모가닥을 연한 파란색으로 새로 합성된 가닥을 자홍색으로 표시. MutS 단백질은 초록색, MutL은 진한 파란색, MutH는 오렌지색. 자세한 내용은 본문 참조.

새롭게 합성되는 DNA 가닥에 아무 뉴클레오타이드를 마구 붙인다.

SOS 중합효소는 따라서 손상된 DNA를 지닌 세포를 두 개의 딸세포로 나뉘게 한다. 이러한 중합효소는 1/4의 확률로만 옳은 뉴클레오타이드를 붙이기 때문에 딸세포의 유전체에 새로운 돌연변이가 생기게 된다. 세균에서 돌연변이 유발물질의 돌연변이 유발 효과는 SOS 시스템에 달려 있으며 더 나아가 증진시키기도 한다.

부주위한 이중 가닥 말단 수선

또 다른 종류의 비상 수선시스템인 **미세상동-매개 말단-연결**(microhomology-mediated end-joining; MMEJ)은 상동성 재조합 혹은 NHEJ로 수선되지 못한 위험한 이중 가닥 절단을 처리한다. MMEJ의 기작은 절단된 DNA 말단에서 효소작용으로 절단부위의 어느 한 쪽을 거슬러 자르는(재잘림) 것을 제외하고는 NHEJ 기작과 유사하다(그림 7.17 참조). 재잘림으로 절단부위의 한 쪽이 상보적 DNA 서열(**미세상동**, microhomology)을 지니는 작은 단일 가닥 부위가 형성된다. 이 부위는 절단 말단부위가 서로 붙는 것을 도와준다.

재잘림으로 인해 이중 가닥 절단부위에 뉴클레오타이드가 제거되었기 때문에, MMEJ는 재결합 DNA에 대개 열에서 백 개의 염기쌍이 결실된다. 이런 결실은 NHEJ의 결과로 생기는 몇 개의 염기쌍의 작은 결실보다는 큰 결실이다.

DNA 수선 단백질을 암호화 하는 유전자의 돌연변이로 인한 질환

DNA 수선기작은 거의 모든 생명체에 어떤 형태로든 존재한다. 예를 들어 사람에게는 대장균의 짝틀림 수선단백질 MutS와 25% 정도 동일한 단백질이 6개가 있다. 따라서 DNA 수선시스템은 매우 오래된 것으로 대략 35억 년 전 생명체가 나올 때부터 유래되었을 것이다. DNA 수선은 식물이 처음으로 공기 중에 산소를 공급할 때부터 필수적인 것이 되었을 것이라 믿는 과학자도 있다. 왜냐하면 산소는 활성산소로 변하여 DNA를 손상시킬 수 있기 때문이다.

손상된 DNA의 수선에 결함이 있다고 알려진 많은 사람유전질환은 생존을 위하여 수선기작이 얼마나 중요한지를 보여준다. 한 예로 **색소성 건피증**(xeroderma pigmentosum)을 가진 환자의 세포는 뉴클레오타이드 절제 수선을 할 수 없다. 이런 환자들은 정상적으로 수선기능을 수행하는 효소를 암호화 하는 7개 유전자 중 한 개에 동형접합 돌연변이가 있다. 따라서 자외선으로 인한 티민-티민 이량체를 효과적으로 제거할 수가 없어서 이런 환자들은 모든 햇볕 노출을 피하지 않으면 피부세포에 돌연변이들이 쌓이게 되고 결국 피부암이 된다(**그림 7.19**).

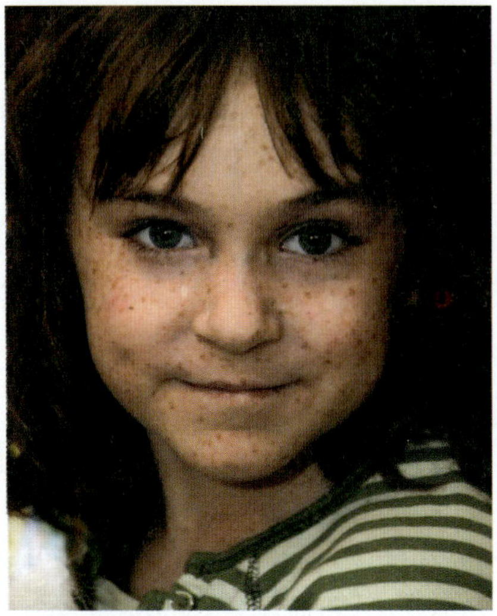

그림 7.19 색소성 건피증 피부질환 환자. 이 유전질환은 뉴클레오타이드 절제 수선시스템에 관여하는 중요한 효소가 없는 것이 원인이다.
Source: ©Barcroft Media/Getty Images

다른 예로는 유전성 대장암이 짝틀림 수선단백질 MutS와 MutL의 대장균 유전자와 아주 유사한 사람유전자에 돌연변이가 일어나 생긴 것이라는 것을 최근에 알았다. 또 다른 예로는 *BRCA1*과 *BRCA2*(둘 중 한 유전자에 돌연변이가 생기면 여성에서 유방암에 걸릴 위험이 높다)는 상동성 재조합을 이용해 이중 가닥 절단을 수선하는 기능을 지닌 단백질을 암호화하는 유방암 유전자이다. 23장에서 DNA 수선과 암에 대한 관계를 좀 더 자세히 살펴볼 것이다.

DNA 수선은 100% 효율적일 수가 없다

이 장 서문에서 소개한 루이스 토마스의 시를 보면 돌연변이의 필요성은 피할 수 없다. 돌연변이가 없었다면 생명체는 환경에 대응을 할 수 없어서 이미 오래전에 죽었을 것이다. 따라서 DNA 수선기작은 옳은 방향이다. 수선 기작이 충분히 효율적이어서 수많은 DNA공격에서 유전체를 보호하여만 한다. 하지만 생명체의 보존 수단으로 어떤 돌연변이는 다음 세대로 전달되는 것이 필요하다.

핵심 개념 7.3

- 세포에는 DNA 손상 혹은 복제 실수를 수선하여 돌연변이를 최소화하기 위한 다양한 효소시스템이 있다.
- 유전체에 특별히 위험한 이중 가닥 절단은 상동성 재조합(HR) 혹은 비상동성 말단-연결(NHEJ)로 수선할 수 있다.
- DNA 복제 실수를 수정하기 위해서 수선해야 되는 가닥을 선택하는데 짝틀림 수선시스템이 필요하다. 세균의 경우 부모 DNA 가닥을 메틸화하여 이 과정을 수행한다.
- 만약 정상 수선기작이 DNA 손상이 너무 많아서 감당할 수 없다면 세포는 실수 유발성 DNA 수선시스템을 동원할 수 있다.
- DNA 수선에 참여하는 단백질을 암호화하는 유전자에 생긴 돌연변이는 종종 암과 같은 사람의 질환을 일으킨다.
- 돌연변이는 진화의 원료이다. 대부분 돌연변이는 해를 주지만 드물게 돌연변이로 인해 선택되는 이점이 있을 수도 있다.

풀이 문제

풀이 문제 I

독립적으로 찾아낸 세 돌연변이의 DNA의 서열은 다음과 같다(5′말단이 왼쪽). 이 정보를 바탕으로 이 부위의 야생형 유전자의 서열은 무엇이겠는가?

돌연변이 1: ACCGTAATCGACTGGTAAACTTTGCGCG
돌연변이 2: ACCGTAGTCGACCGGTAAACTTTGCGCG
돌연변이 3: ACCGTAGTCGACTGGTTAACTTTGCGCG

해답

독립적으로 생긴 각 돌연변이는 서로 한 개의 염기가 다를 것이다. 세 염기서열에서 오직 한 개의 염기가 다른 것을 찾으면 그것이 돌연변이일 것이다. 다른 두 개의 염기서열에서 돌연변이 염기와 동일한 위치에 있는 염기가 야생형일 것이다(아래 서열에 밑줄로 표시). 따라서 야생형 서열은 다음과 같다.

5′ ACCGTAGTCGACTGGTAAACTTTGCGCG 3′

풀이 문제 II

두 방향 돌연변이 유발물질(two-way mutagens)은 특정 돌연변이와 이 특정 돌연변이가 있는 염색체를 지닌 세포에서 원래 DNA 서열로 복귀하는 역 돌연변이를 연이어 유발할 수 있다. 반대로 **한 방향 돌연변이 유발물질**(one-way mutagens)은 돌연변이를 유발할 수 있으나 이 돌연변이를 정확히 복귀시킬 수는 없다. 그림 7.13을 참고하면 다음의 돌연변이 유발물질을 한 방향 혹은 두 방향 어느 것으로 분류할 수 있는가?

a. 5-브로모우라실
b. 히드록실아민
c. 에틸메탄 술폰산염
d. 아질산
e. 프로플라빈

해답

진정한 역 돌연변이가 두 방향 돌연변이 유발물질로 유도된다고 해도 매우 드물게 일어난다. 이런 역 돌연변이는 원래 돌연변이가 일어난 동일한 염기쌍 특이적으로 변화가 일어나야 한다(그림 7.2b 참조). 이런 종류의 역 돌연변이는 오직 세균이나 박테리오파아지 같이 다수의 개체를 조사할 수 있어 아주 드문 현상도 찾아낼 수 있는 실험모델에서나 가능하다.

a. 그림 7.13a에서 염기유사체 5-브로모우라실(5-BU)이 어떻게 T:A → C:G로 치환할 수 있는지를 보여준다. 5-BU는 호변이성질체에 따라 어떤 때는 티민으로 어떤 때는 시토신으로 역할을 할 수 있다. 5-BU는 두 방향 돌연변이 유발물질이다. 역 돌연변이(C:G → T:A)는 5-BU가 DNA에 C와 같은 상태로 G와 염기쌍을 이루고(DNA에 5-BU:G 상태로 있음)나서 5-BU가 다음 복제 때 T와 같이 A와 염기쌍을 이룰 수 있다. 그러면 이제 결과적으로 T:A가 된다.

b. 히드록실아민은 C를 히드록시시토신(그림 7.13b에 C*)로 바꾸고 C*는 A와 염기쌍을 이룬다. 그림 7.13b에서 보듯이 히드록실아민은 C:G → T:A로 치환할 수 있다. 히드록실아민은 T:A 염기쌍을 변경할 수 없기 때문에 한 방향 돌연변이 유발물질이다.

c. 에틸메탄 술폰산염(EMS)는 DNA 분자 내에 있는 G를 에틸화 한다. 그림 7.13b에서 보듯이 에틸구아닌 G(G*)이 복제 때 T와 쌍을 이루면 그 다음 복제 때 G:C→ A:T 치환이 된다. EMA는 A:T 염기쌍을 변경할 수 없기 때문에 한 방향 돌연변이 유발물질이다.

d. 아질산은 C를 U로 바꾸고 A를 하이포산틴(H)으로 변형시켜 C와 염기쌍을 이룬다. 그림 7.13b에서 보듯이 아질산이 유도하는 변형이 DNA 복제 후에 C:G → T:A와 T:A → C:G 치환 둘다를 할 수 있기 때문에 아질산은 두 방향 돌연변이 유발물질이다.

e. 프로플라빈은 하나의 염기쌍을 삽입 혹은 결실시킬 수 있다(그림 7.13c). 삽입된 동일한 염기쌍이 결실되기 때문에 프로플라빈은 두 방향 돌연변이 유발물질이다.

풀이 문제 Ⅲ

Exo 1은 이중 가닥 절단으로 인해 생긴 DNA 말단을 자르는데 관여하는 효소이다. 5′-3′ 핵산말단가수분해효소는 양쪽 5′ 말단부위에서 뉴클레오타이드를 순차적으로 제거하여 3′ 단일 가닥 꼬리를 생성한다. Exo 1은 6장 그림 6.27의 2단계에서 보여 준대로 핵산말단가수분해효소로 작용한다.

a. 유전체의 특정 위치에서 높은 빈도로 이중 가닥 절단을 일으킬 수 있다고 가정해보라. 이것은 CRISPR/Cas9를 포함하여 다음 장에서 설명할 여러 가지 방식으로 가능하다. 세포가 Exo 1을 생성할 수 없다면 상동성 재조합(HR)으로 이중 가닥 절단을 수선하는데 어떤 결과를 초래할 것인가?

b. 세포가 Exo 1을 생성할 수 없는데도 놀랍게도 비상동성 말단-연결(NHEJ)으로 이중 가닥 절단을 수선할 수 있는 능력이 증가했다고 가정해보자. 이경우를 설명해보라.

c. 조사하고자 하는 세포가 반수체 효모라고 가정하자. Exo 1유전자의 돌연변이로 Exo 1 기능을 상실한 세포에서 NHEJ를 수행할 능력이 증가하였다. 단, 이런 현상이 특정 세포주기에서만 일어났다면 어떤 단계에서 가능할까?

해답

이중 가닥 절단은 HR 혹은 NHEJ, 두 가지 방식으로 수선할 수 있다.

a. 이름에서 내포하듯이 HR은 이중 가닥 절단을 상동염색체를 주형으로 사용하여 수선을 한다. 이를 위해서는 각 말단의 한 가닥을 잘라 단일 가닥 DNA를 남겨야만 한다. 이 단일 가닥이 상동염기서열을 지닌 염색체를 찾을 수 있다. 이런 탐색에 대해서 그림 6.27의 3,4단계에서 설명하였다. Exo 1을 생성할 수 없는 세포는 DNA를 자를 수 없고 따라서 이중 가닥 절단을 HR 방식으로 수선할 수 없다.

b. HR과 NHEJ을 주관하는 효소는 이중 가닥 절단으로 생긴 말단을 놓고 서로 경쟁한다. Exo 1을 생성할 수 없는 세포에서 HR로 이중 가닥 절단으로 수선할 수 없다. 그래서 NHEJ를 수행하는 효소는 HR 수선 방식과 경쟁할 필요 없이 작용한다.

c. 이중 가닥 절단의 HR 수선은 상동 주형이 필요하다. 반수체 효모세포는 DNA가 복제되어 두 개의 자매염색분체가 있어야 주형이 생기게 된다. 따라서 HR은 보통 세포주기 G_2기로 제한된다(주형이 가용한 S와 M기를 고려하지 않는다면). Exo 1을 생성하지 못하는 반수체 효모세포는 그래서 세포주기 G_2기 동안에만 NHEJ로 이중 가닥 절단 수선 능력이 증가된다.

연습 문제

어휘

1. 왼쪽의 각 용어를 가장 잘 설명하는 문구를 오른쪽 칸에서 선택하시오. 각 문구는 돌연변이에 대한 설명이고 각 용어는 각 돌연변이에 대한 설명 혹은 가능한 원인이다. 오른쪽에 있는 문구에 해당되는 용어가 여러 개일 수도 있고 각 용어에 해당되는 문구가 여러 개일 수도 있다.

a. 전이	1. 야생형 유전자에 A:T 염기쌍이 G:C 염기쌍으로 바뀜
b. 염기치환	2. A:T 염기쌍이 T:A 염기쌍으로 바뀜
c. 전환	3. AAGCTTATCG가 AAGCTATCG로 바뀜
d. 결실	4. CAGCAGCAGCAGCAGCAG가
e. 삽입	

f. 탈아민화 | g. X-선 조사 | h. DNA 삽입물질 | i. 미끄러진 짝짓기 오류

CAGCAGCAGCAGCAGCAGCAGCAG로 바뀜

5. AACGTTATCG가 AATGTTATCG로 바뀜
6. AACGTCACACACACATCG가 AACGTCACATCG로 바뀜
7. AAGCTTATCG가 AAGCTTTATCG로 바뀜

7.1절

2. 포유동물 가운데 우성 돌연변이의 발생률을 쥐와 사람 둘다에서 측정한 반면에, 상염색체의 열성 돌연변이의 발생률은 거의 대부분 쥐에서 측정하였다. 왜 그랬을 것으로 생각하는가?

3. 세균의 세포표면의 구조를 조절하는 유전자를 연구하고자 하여 세포표면에 붙는 박테리오파아지의 감염에 저항성이 있는 돌연변이 세균을 분리하는 것부터 시작하기로 결정한다면 그 과정은 간단하다. 저항성이 없는 세균 배양액에서 세포를 꺼내 배양접시에 뿌리고 고농도의 파아지를 준 다음에 자라나는 세균 콜로니를 채취한다. 선택을 위해서 (1) 저항성이 있는 세균 배양액 한 곳에서 세포를 꺼내 여러 개의 배양접시에 뿌리고 저항성 콜로니를 모두 채취한다. 혹은 (2) 저항성이 있는 세균이 각각 자란 여러 개의 배양액에서 시작하여 각 배양액에서 세포를 꺼내 각 배양접시에 뿌리고 각 돌연변이를 채취한다. 어느 방법이 확실히 많은 독립적인 돌연변이를 분리할 수 있는가?

4. 방황변이 실험 결과는(그림 7.4) 11개 배양시험관 각각에 서로 다른 수의 돌연변이 박테리아가 처음부터 있었다고 해석된다. 왜냐하면 돌연변이는 각 배양액에서 박테리아가 자랄 때 서로 다른 시간에서 우연히 일어났기 때문이다. 하지만 또 다른 가능성은 배양접시에서 자란 콜로니의 수가 서로 다른 것이 단순히 배양접시가 콜로니 성장에 영향을 주었기 때문이라고 해석할 수도 있다. 예를 들면, 혹시 배양액의 첨가물 혹은 영양소가 배양접시를 만들 때 부은 아가(agar) 배지에 골고루 분포되지 않았을 수도 있다. 이렇게 배양접시의 차이로 인한 요인이 있는지 없는지를 알아보기 위해 어떤 실험을 수행할 수 있는가?

5. 자폐증은 한 개 혹은 여러 개의 유전자의 돌연변이 대립유전자가 원인인 신경질환이라고 생각한다. 과학자들은 2002년에는 500명에서 1명, 2012년에는 88명에서 1명으로 지난 10년 사이에 자폐로 진단을 받은 어린이의 수가 늘어난 이유를 궁금해 왔다. 현재 연구자들이 적어도 일부의 답을 찾았다고 생각한다. 어린이의 아버지의 나이가 점점 더 많아지고 있다. 2012년 〈Nature〉지에 아버지의 나이와 자폐증 발생과의 상관관계를 보여주는 논문이 발표되었다. 엄마의 나이는 요인이 아니었다. 이와 같은 결과가 자폐증 발생률의 증가에 대해 어떤 가능한 설명을 제공할 수 있을까?

6. 2장에서 살펴보았듯이 노란색 래브라도 레트리버처럼 금색 레트리버는 대개 명확한 노란색이다. 여기서 보여주는 금색 레트리버는 아주 드물지만 얼굴에 검은색 표시가 있다.
   a. 이 강아지 모습을 설명할 수 있는 유전적 원리는 무엇인가? 검은색 표시는 마스크가 아니다. 표 2.3에서 수록한 목록에서 *E*와 *B* 유전자만을 고려하라(그림 2.11와 2.12 참조).
   b. 이 표현형을 만든 돌연변이가 새끼 강아지에서 전달될 수 있다고 생각하는가?

©Sally McBurney

7.2절

7. 그림 7.12에서 보여준 실험에서 F_1 암컷의 막대 눈이 아닌 아들이 있는지 없는지를 살펴보는 대신에 흰색 눈과 같은 눈에 띄는 X-선으로 유도된 돌연변이를 뮐러는 왜 조사하지 않았을까?

8. 그림 7.12에서 보여준 뮐러의 실험에서 한 가지 복잡한 사실은 그가 찾아낸 모든 X-연관 열성 돌연변이가 독립적이지 않을 가능성이 있다는 것이다. 달리 말하면 초기 생식근원 줄기세포 혹은 정원세포에서 돌연변이가 생기고 이 세포가 몇 번의 세포분열을 거쳐서 동일한 X-선 조사 수컷이 다수의 동일한 돌연변이를 지닌 정자를 생성한 것이다. 이런 돌연변이 군락현상은 X-선이 새로운 돌연변이를 유도하는 빈도를 내기 위한 뮐러의 계산을 복잡하게 한다.
   a. 이 이야기의 가능성을 뮐러는 어떻게 최소화할 수 있을까?
   b. 이런 군락현상과 그림 7.4에서 보여준 루리아-델브뤼크의 방황변이 실험과 어떤 상관관계가 있을까?

9. 그림 7.13a는 호변이성질체에 따라 T 혹은 C와 유사할수 있는 돌연변이 유발물질인 5-브로모우라실(5-BU)을 소개한다. 그림에서 처음에는 5-BU가 T 호변이성질체로 DNA에 삽입되지만 그 다음 DNA 복제 때에 C 호변이성질체로 바뀌는 것을 보여준다. 그 결과 T:A → C:G로 치환된다. 5-BU의 호변이성질체 상태가 두 번의 복제 동안에 되돌아간다면 결과적으로 어떤 돌연변이가 될까?

10. 에임즈 검사법으로 찾은 특정 돌연변이 유발물질을 쥐에게 주사하여 다양한 종양의 원인이 되는 것을 보면 이 물질은 암유발 물질이기도 하다. 이러한 종양에서 얻은 세포를 돌연변이 유발물질을 주지 않은

다른 쥐에게 주사하면 거의 모든 쥐에 종양이 생긴다. 그러나 돌연변이 유발물질로 유도된 종양을 지닌 쥐를 물질에 노출되지 않은 쥐와 교배하면 거의 모든 자손은 종양이 없다. 왜 종양은 수평적으로는 전이될 수 있으나 (세포를 주사하면) 수직적으로는 (한 세대에서 다음 세대로) 전달되지 않는가?

11. 에임즈 검사법은 역 돌연변이 발생률(His^-에서 His^+로)을 이용하여 돌연변이 유발물질을 검사할 수 있다.
   a. 프로플라빈과 같은 잘 알려진 돌연변이 유발물질이 에임즈 검사법에서 사용한 특정 His^- 돌연변이를 복귀시킬 수 없는 것이 가능한가? 이러한 문제를 고려하여 에임즈 검사법을 어떻게 고안해야 한다고 생각하는가?
   b. 돌연변이 유발물질을 검사하기 위해 전진 돌연변이(His^+에서 His^-로)를 사용하는 방법을 생각할 수 있는가? (힌트: 그림 7.5에서 보여준 복사배양접시 기술을 사용하는 것을 고려하시오.)
   c. 전진 돌연변이 발생률이 역 돌연변이 발생률보다 훨씬 높은데 왜 에임즈 검사법에서 역 돌연변이 발생률을 돌연변이 유발여부를 검사하는 데 사용하는가?

12. 블랙홀 이론으로 유명한 물리학자 스티븐 호킹(Stephen Hawking)은 근위축성측삭경화증(amyotrophic lateral sclerosis, ALS)으로 76세의 나이로 돌아가셨다. ALS는 마비를 일으키는 퇴행성신경질환으로 대개 훨씬 젊은 나이에 죽음을 맞이한다. 최근에 유전학자가 ALS의 주 원인이 *C90RF72* 유전자의 열린 번역틀(ORF) 밖에 위치한 여섯 개 뉴클레오타이드 반복서열(5′-GGGGCC-3′)의 반복 횟수가 드물게 증가된 것임을 규명하였다. 증가된 대립유전자 한 사본으로도 ALS를 유발하기에 충분하지만 질환 대립유전자가 우성인지는 아직 명확하지 않다.
   질환 대립유전자가 반복 횟수가 증가된 반복서열을 지니는 질환 RNA를 생성한다는 이론을 지지하는 연구 결과들이 있다. 이 이론이 옳다면 돌연변이 ALS의 원인 대립유전자와 헌팅턴병의 원인이 되는 돌연변이 대립유전자와 어떤 면이 유사한가? 연약 X 증후군의 원인이 되는 돌연변이 대립유전자와는 또 어떤 면에서 유사한가?

7.3절

13. 사람 DNA의 70%의 시토신 염기는 구아닌 염기로 이어지고(CpG 이중 뉴클레오타이드라고 한다. 이때 *p*는 두 뉴클레오타이드 사이의 인산디에스테르 결합에 있는 *p*를 표기한 것이다.) 5-메틸시토신으로 메틸화되어 있다. 다음 그림처럼 5-메틸시토신이 자연발생적으로 탈아민화가 일어나면 티민으로 된다.

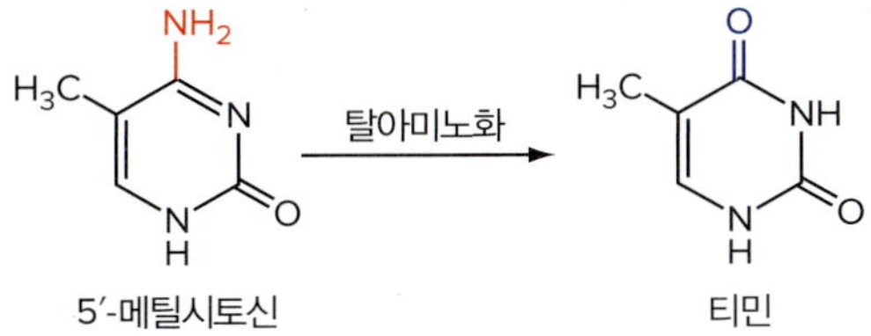

   a. 메틸화가 일어난 CpG 이중 뉴클레오타이드는 사람 DNA에서 점 돌연변이가 일어나는 다발점이다. 그 이유를 설명하는 가설을 제시하시오.
   b. 간단하게 하기 위해 사람 DNA에 C:G와 A:T 염기쌍의 수가 동일하고 사람 DNA의 염기서열은 무작위라고 가정하면 사람 유전체에 CpG 서열은 어떤 빈도로 생길 수 있다고 예상하는가?
   c. 사람 DNA의 실제 GC의 양(~42%)을 고려한다고 해도 사람 DNA에 CpG의 빈도는 문제 (b)에서 계산하여 예상한 것보다 훨씬 낮다. 왜 그런지 설명하시오.

14. 근긴장성이영양증 유형 I(myotonic dystrophy type I, DMI)은 비폴리Q 질환으로 연약 X 증후군과 많은 면에서 유사하다(빠르게 살펴보기, 세 뉴클레오타이드 반복 질환 참조). 유전자 *DMPK*의 질환 대립유전자가 원인으로 CTG 세 뉴클레오타이드가 50회 이상 반복되어 있다. 정상 대립유전자는 5~36회 반복, 예비-돌연변이 대립유전자는 37~50회 반복횟수를 지닌다. 연약 X 증후군과 같이 세 뉴클레오타이드의 반복이 남성이 아닌 여성의 생식세포에서 예비-돌연변이 대립유전자에서 증가한다.
   a. 분자기법을 사용하여 예비-돌연변이 대립유전자를 물려받은 여성에서 질환 대립유전자를 지닌 난자를 발견하였다. 더욱이 반복 횟수의 증가가 산모의 나이와 관련이 있다. 즉 예비-돌연변이 대립유전자를 지닌 나이든 여성의 난자에서 질환 대립유전자의 CTG 반복횟수가 더 많다. 어느 종류의 세포에서 세 뉴클레오타이드 증가가 일어나겠는가?
   놀랍게도 DMI 증후군이 있는 남성은 질환 대립유전자를 자손에게 거의 전달하지 않는다. 오히려 물려받은 대립유전자보다도 CTG 반복횟수가 더 감소한 정자를 생성한다. 이런 반복횟수의 감소는 정원세포에서 태아 발생 중 아주 짧은 기간에서만 일어난다. 즉 정원세포는 임신 13주 동안은 질환 대립유전자만을 지니고 대략 임신 17주가 되면 이제는 예비-돌연변이 대립유전자를 지닌다.
   b. 여성에서 예비-돌연변이 대립유전자의 반복 횟수 증가와 남성에서 질환 대립유전자의 반복 횟수 감소의 원인은 다를 것이다. 하나는 DNA 복제동안에 일어나고 다른 하나는 DNA 수선과정의 결과로서 일어난 것이라 생각된다. 어느 것이 어느 것의 원인인지를 설명하시오.
   c. CTG 반복횟수의 변화가 DNA 수선 중 미끄럼 짝짓기 오류(그림 7.11)에 의해 일어난다고 가정하자. 미끄럼 짝짓기 오류가 어떻게 DNA 수선의 결과가 될 수 있을까?
   d. *DMPK* 유전자는 상염색체에 있다. 비폴리Q 질환으로 CTG 반복이 유전자의 열린 번역틀(ORF) 밖에 존재하고 따라서 질환 대립유전자는 질환 단백질 생성과는 상관이 없다. 질환 대립유전자가 기능-상실 대립유전자라면 왜 DMI 증후군이 우성 유전인지 설명하시오.

chapter 8

돌연변이를 이용하여 유전자를 살피다

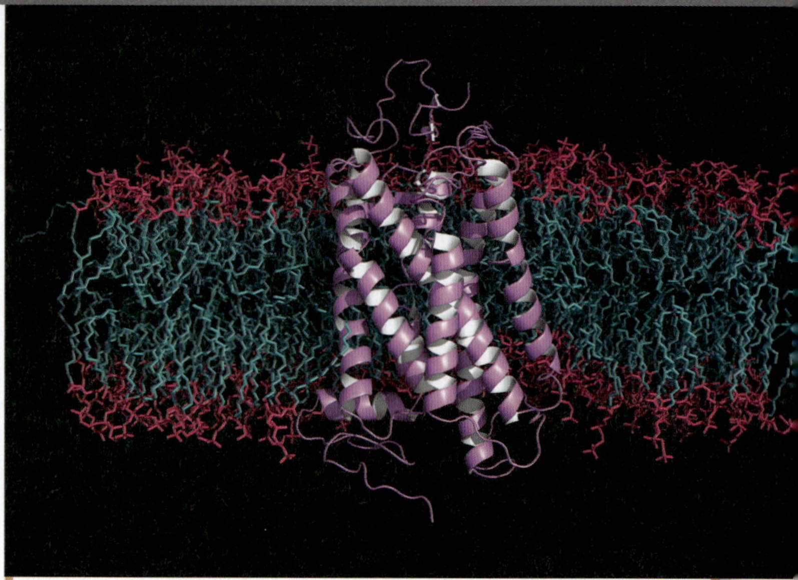

©Petarg/Shutterstock

희미한 빛을 보는데 필요한 단백질인 로돕신(보라색 및 회색)은 망막 간상 세포막에 박혀 있다. 로돕신 유전자는 인간 3번 염색체에 있다. 이 유전자의 돌연변이는 색소성 망막염과 야맹증을 포함한 시력 결함을 유발한다.

개요

- 8.1 **돌연변이가 말해주는 유전자의 구조**
- 8.2 **돌연변이가 말해주는 유전자의 기능**
- 8.3 **종합적 예시: 시력에 영향을 주는 돌연변이**

사람의 3번 염색체는 2억 2천만 개 염기쌍으로 이루어져 1,600개의 유전자를 지니고 있다. 이 염색체 어딘가에 로돕신의 유전자가 있는데, 이것은 우리가 낮은 강도의 빛을 지각할 수 있게 해주는 망막의 간상 세포에 있는 빛에 민감한 단백질이다. 정상유전자를 지닌 사람들은 어두침침한 방이나 어두운 밤 도로에서 잘 볼 수 있다. 그러나 로돕신 유전자에 간단한 돌연변이 하나만 일어나도 야맹증을 유발한다. 이 유전자의 다른 변이들은 간상세포의 치명적인 영향을 미쳐 완전 실명의 원인이 되기도 한다. 의학 연구자들은 지금까지 시력에 영향을 미치는 30개 이상의 서로 다른 로돕신 돌연변이를 밝혀냈다.

로돕신 유전자의 경우를 보면 가장 기본적인 몇 가지 질문에 대해 답을 찾을 수 있다. 3번 염색체의 2억 2천만 개 염기쌍 중 어느 부위가 로돕신 유전자인가? 로돕신 유전자를 이루는 염기쌍들이 염색체 상에서 어떻게 배열되어 있는가? 어떻게 한 개의 유전자가 다양한 표현형을 나타내는 여러 가지 돌연변이를 가질 수 있는가? 이 장에서는 유전학자들이 1950년대와 1960년에 수행한 독창적인 실험을 통해 유전자가 무엇이며 어떻게 기능하는지를 설명하고자 한다.

이러한 연구자들의 실험들을 통해 두 가지 일반적인 원칙을 인식할 수 있다. 첫째, 유전자란 물리적으로 염색체의 특정부위에 있는 DNA 조각으로 대부분 특정 단백질을 암호화한다(어떤 유전자는 단백질로 번역되지 않고 다양한 종류의 RNA로만 암호화한다). 둘째, 유전자는 우리가 한 때 믿었던 것처럼 전체적으로 한 방향으로만 변하는 단순히 실에 꿰인 구슬과 같은 것이 아니다. 오히려 유전자는 나뉠 수 있으며, 각 유전자의 단위인 각각의 DNA 염기쌍은 독립적으로 돌연변이가 생길 수 있고 이들은 서로 통합될 수도 있다.

유전자가 무엇인지, 이것들이 어떻게 작용하는지를 아는 것은 유전자형이 표현형에 어떻게 영향을 미치는지에 대한 생화학적 설명을 해 줄 수 있어서 멘델(Mendel)의 유전학을 이해하는 데 깊이를 더해 준다. 예를 들어, 로돕신 유전자의 돌연변이는 로돕신 단백질을 이루는 아미노산 중 한 개를 다른 아미노산으로 바꾼다. 바뀐 한 개의 아미노산은 로돕신 단백질의 3차원 구조를 바꾸어 로돕신의 광흡수력을 저하시키고, 결국 사람의 광수용력을 바꾼다.

8.1 돌연변이가 말해주는 유전자의 구조

학습 목표

1. 상보성 검사로 어떻게 돌연변이가 동일 유전자에서 일어났는지 혹은 다른 유전자에서 일어났는지를 판별하는 방법을 설명한다.
2. 벤저의 실험결과가 어떻게 박테리오파지 T4의 *rII* 부위에 각각 여러개의 염기쌍으로 된 두 유전자가 있는 것을 보여주는지 설명한다.
3. 벤저가 결실 돌연변이를 이용하여 어떻게 *rII* 부위에 돌연변이를 위치하였는지 논의한다.

유전학이란 학문은 다양한 돌연변이체의 표현형을 보고 교배할 때 유전자의 흐름을 쫓아갈 수 있기 때문에 돌연변이에 철저하게 의존해 있다. 1950년대와 1960년대에 들어서 과학자들은 어떻게 염색체상의 DNA 염기서열이 각각의 유전자를 이루는지를 알기 위하여 돌연변이를 이용할 수 있다는 것을 알았다. 한 유전자에서 생길 수 있는 다양한 돌연변이를 다량으로 얻어서 이것들이 서로 어떤 상관관계가 있는지를 분석해 보기를 원했다. 이러한 분석이 성공적이기 위해서는 같은 유전자의 다양한 돌연변이가 있어야 한다. 다음 설명처럼 이것이 간단한 일은 아니었다.

초기 초파리 유전학자들은 빨간색의 야생형 눈색깔에 변화를 주는 X-연관 열성 돌연변이를 다량으로 찾아내었다(**그림 8.1**). 첫 번째로 발견한 것이 모건(Morgan) 그룹이 연구하였던 그 유명한 흰색 눈이었다. 다른 돌연변이들도 각종 다양한 눈색에 기여하였다(어두운 쪽으로는 자주색과 루비색; 밝은 쪽으로는 주홍색, 체리색과 산호색; 더 밝은 색소로 살구색, 연한 노란색, 담노란색). 이렇게 다양한 눈색의 표현형은 수수께끼였다. 돌연변이가 한 유전자의 다양한 대립유전자를 야기한 것일까? 아니면 하나 이상의 유전자에 영향을 준 것일까?

상보성 검사로 두 개의 돌연변이가 한 유전자에서 일어난 것인지 아니면 다른 유전자에서 일어난 것인지를 알 수 있다

학자들은 일반적으로 유전자를 분자적 생성물이 특정 표현형을 보이도록 기여하는 기능단위라고 정의한다. 과학자들은 이러한 정의를 두 개의 돌연변이가 하나의 유전자에서 일어난 것인지 다른 유전자에서 일어난 것인지를 결정할 때 사용한다. 만약 두 개의 상동염색체에 열성 돌연변이가 각각 다른 유전자에 있다면 각 유전자는 야생의 표현형의 유전자가 존재하여 야생의 표현형을 보일 것이다. 이러한 결과를 **상보**(complementation)라 부른다. 거의 모든 열성 돌연변이

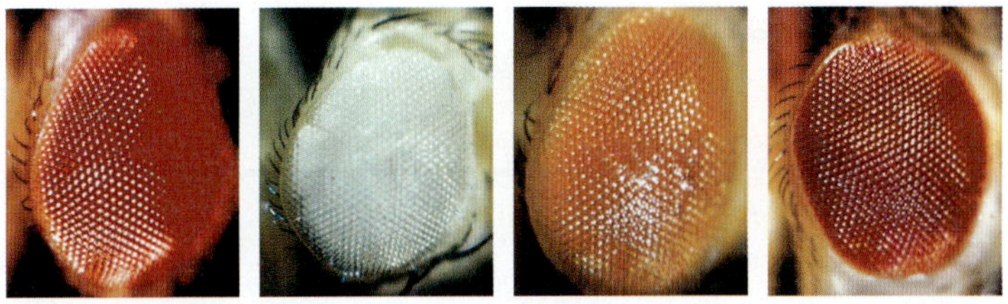

그림 8.1 초파리 눈색 돌연변이는 다양한 표현형을 보인다. 서로 다른 X-연관 눈색 돌연변이를 갖는 초파리들이다. 왼쪽에서부터 루비색, 흰색, 살구색이고, 야생형 눈은 맨 오른쪽이다. *Source: ©Science*

는 유전자의 기능을 방해한다. 일반적으로 우성의 야생 형질의 대립유전자는 각 두 염색체 위에 존재하므로 다른 대립 유전자에 손상이 오더라도 이를 보상하여 야생 형질을 나타낼 수 있는 충분한 유전자 산물을 생산할 수는 유전자가 여전히 존재하므로 야생 표현형이 가능하다(**그림 8.2a 왼쪽**).

반면에 두 개 상동염색체의 열성 돌연변이가 같은 유전자에 생긴 것이면 야생형 대립유전자는 존재하지 않으며 돌연변이로 유전자의 정상 기능을 수행하지 못한다. 정상의 유전자가 존재하지 않아 정상 유전산물도 생성되지 않고 상보도 일어나지 않아 돌연변이 표현형이 나타나게 된다(**그림 8.2a 오른쪽**). 이렇게 서로 상보적이지 않는 돌연변이를 총칭하여 반어적으로 오히려 **상보성 그룹**(complementation group)이라고 한다. 유전학자들은 **상보성 그룹**을 종종 **유전자**의 동의어로 사용하는데, 이는 상보성 그룹 내에서 생긴 돌연변이는 같은 기능단위, 즉 같은 유전자에 영향을 주기 때문이다.

유전자를 기능단위로 본다면 간단한 검사로 두 개의 돌연변이가 동일한 유전자의 대립유전자인지를 결정할 수 있다. 한 상동염색체가 열성 돌연변이를 지니고 다른 상동염색체는 또 다른 열성 돌연변이를 지닌 이형접합자의 표현형을 간단히 조사하면 된다. 표현형이 야생형이라면 돌연변이는 동일한 유전자일 수가 없다. 이것을 **상보성 검사**(complementation test)라고 한다. 예를 들어 자주색과 루비색의 이형접합자 암컷 초파리(*garnet ruby*$^+$/*garnet*$^+$ *ruby*)가 야생형 빨간색 눈을 가지기 때문에 자주색과 루비색 눈색을 보이는 돌연변이는 서로 상보적이고 따라서 서로 다른 유전자에서 돌연변이가 생긴 것이라고 결론을 내릴 수가 있다.

실제 상보성 검사로 자주색(garnet), 루비색(ruby), 주홍색(vermilion), 담홍색(carnation)의 눈색은 서로 다른 유전자에 의해서 생긴 것임을 알았다. 그러나 흰색, 체리색, 산호색, 살구색, 연한 담노란색을 보이는 것들은 서로 상보적이지 않았다. 따라서 이런 돌연변이들은 동일한 유전자의 서로 다른 대립유전자인 것이다. 초파리 유전학자들은 첫 번째로 관찰된 돌연변이형을 따라 이 유전자를 *white* 혹은 *w* 유전자라고 명명하였다. 야생형은 w^+라고 하였고 다양한 돌연

(a) 상보성 검사

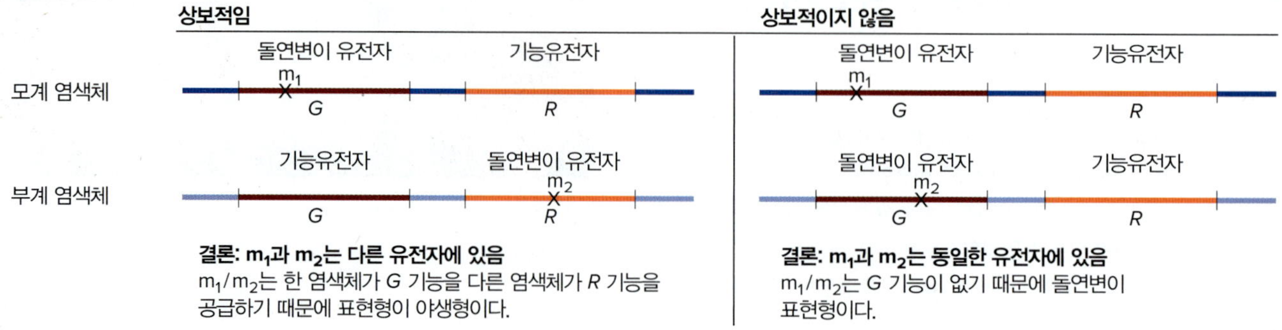

(b) 상보성 검사표: 초파리의 X-연관 눈색 돌연변이

돌연변이	흰색	자주색	루비색	주홍색	체리색	산호색	살구색	살색	담홍색
흰색	−	+	+	+	−	−	−	−	+
자주색		−	+	+	+	+	+	+	+
루비색			−	+	+	+	+	+	+
주홍색				−	+	+	+	+	+
체리색					−	−	−	−	+
산호색						−	−	−	+
살구색							−	−	+
살색								−	+
담홍색									−

(c) 유전자 지도: 초파리의 X-연관 눈색 돌연변이

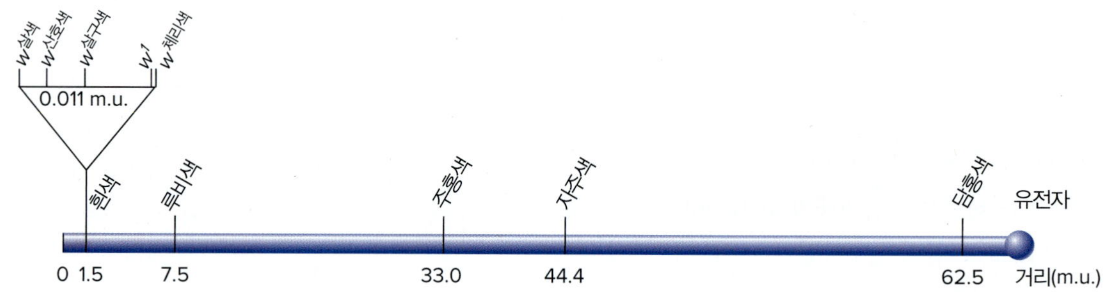

그림 8.2 초파리 눈색 돌연변이의 상보성 검사. **(a)** 이형접합자는 염색체 하나에 돌연변(m_1)이 하나를 그리고 다른 상동염색체에 다른 돌연변이(m_2)를 갖는다. 만약 돌연변이가 다른 유전자에서 생긴 것이면 이형접합자는 야생형이다. 이것은 돌연변이가 서로 상보적인 경우이다(왼쪽). 만약 두 돌연변이가 같은 유전자에 있으면 돌연변이 표현형을 보일 것이다. 이것은 돌연변이가 서로 상보적이지 않은 경우이다(오른쪽). 상보성 검사는 두 돌연변이가 모두 야생형에 비해 열성일 때만 이치가 맞는다. **(b)** 눈색에 대한 5개의 상보성 그룹(5개 다른 유전자)에 대한 상보성 검사표이다. +는 야생형 눈색을 보이는 돌연변이 조합을 표시하며 이들 돌연변이는 서로 상보적이고 따라서 다른 유전자에 있는 것이다. 몇몇 돌연변이는 상보적이지 못하며(−) 따라서 한 유전자, *white* 유전자의 대립유전자인 것이다. **(c)** 재조합지도는 동일한 유전자에 생긴 다른 돌연변이들이 서로 매우 가깝게 위치하는 반면에 다른 유전자에 있는 돌연변이는 꽤 멀리 떨어져 있음을 보여준다.

변이를 w^1(모건이 처음 발견한 흰색 눈 돌연변이를 명명함. 종종 간단히 w라고도 함), w^{cherry}, w^{coral}, $w^{apricot}$, w^{buff}라고 한다. $w^1/w^{apricot}$ 암컷의 눈은 연한 살구색이다. 이 이형접합자의 표현형은 야생형이 아니기 때문에 두 개의 돌연변이는 대립유전자인 것이다. **그림 8.2b**에서 많은 상보성 검사의 결과를 상보성 검사표로 정리하였다. 이러한 표는 여러 돌연변이체 간의 상관관계를 한 눈에 볼 수 있게 해 준다.

단일 유전자의 다른 돌연변이 대립유전자(w 유전자)가 다른 눈 색깔을 생성하는 것이 어떻게 가능한지 궁금할 것이다. 이 장의 뒷부분과 다음 장에서 다양한 돌연변이가 다양한 방식으로 유전자의 기능에 영향을 미칠 수 있음을 알게 될 것이다.

초파리에서 w 유전자의 돌연변이는 X 염색체의 동일한 부위에서 서로 매우 가깝게 위치한다. 반면에 다른 눈색 유전자의 돌연변이는 다른 염색체상에 위치한다(**그림 8.2c**). 이러한 결과는 유전자가 염색체 한쪽 끝에서 다른 쪽 끝까지 흐트러져 있는 것이 아니고 실제로 염색체상에 상대적으로 작고 구별된 부위에 있다는 것을 제시한다. 분자수준에서 유전자를 정의하기 위한 연구에 의하면 유전자는 1,000~20,000개의 지속적인 염기쌍(bp)으로 되어 있다고 한다. 사람은 제일 작게는 히스톤 단백질을 만드는 500 bp로 된 유전자부터 길게는 2백만 염기쌍이 넘는 **뒤시엔느근위축증**(Duchenne muscular dystrophy, DMD) 유전자가 있다. 알려진 모든 사람 유전자는 이 사이에 속한다. 사람 염색체는 대략 평균 1억 3천만개의 염기쌍으로 되어 있다.

유전자는 독립적으로 돌연변이가 발생하고 서로 재조합을 할 수 있는 한 세트의 염기쌍이다

상보성 검사가 동일한 유전자에 생긴 돌연변이와 다른 유전자에 생긴 돌연변이를 구별해 낼 수 있다고 해도 어떻게 유전자의 구조가 다른 돌연변이에 대처하는지, 어떻게 다른 돌연변이가 다른 방식으로 표현형을 변경하는지에 대해서는 명확하지 않다. 각 돌연변이가 특정한 방식으로 한 번에 전체 유전자를 바꾸는가, 아니면 유전자의 특정부위만 변화를 주고 다른 돌연변이는 다른 부위에 변화를 주는 것인가?

1950년대 말에 미국인 유전학자 벤저(Seymour Benzer)는 서로 상보성이 없는 두 개의 다른 돌연변이는 동일한 유전자에 있지만 각각 유전자의 다른 부위에 변이가 있음을 재조합 분석을 이용하여 보여주었다. 재조합이 유전자 간이나 유전자 내에서 일어날 수 있다면 동일한 유전자의 다른 돌연변이를 지닌 상동염색체 간의 교차는 이론적으로 야생형 대립유전자를 만들 수도 있다(**그림 8.3**).

돌연변이가 하나의 유전자에서 일어났기 때문에 서로 매우 가깝게 있을 것이다. 따라서 교차현상을 하나라도 보려면 매우 많은 수의 자손을 조사해야 할 것이다. 실험시스템의 결과가 매우 명확하여 드문 이런 유전현상을 빠르게 감지할 수 있어야 한다. 벤저는 대장균을 감염하는 DNA 바이러스인 박테리오파아지 T4를 선택하였다(**그림 8.4a.1**). T4 파아지가 감염한 세균은 1시간도 안 되어서 100~1,000개의 파아지 자손을 생성하기 때문에 벤저는 분석을 위해 드물게 일어나는 재조합체들을 쉽게 충분히 얻을 수 있었다(**그림 8.4a.2**). 더 나아가서 특정한 T4 돌연변이의 특이성을 조사함으로써 재조합 파아지만 증식할 수 있도록 조건을 정하였다.

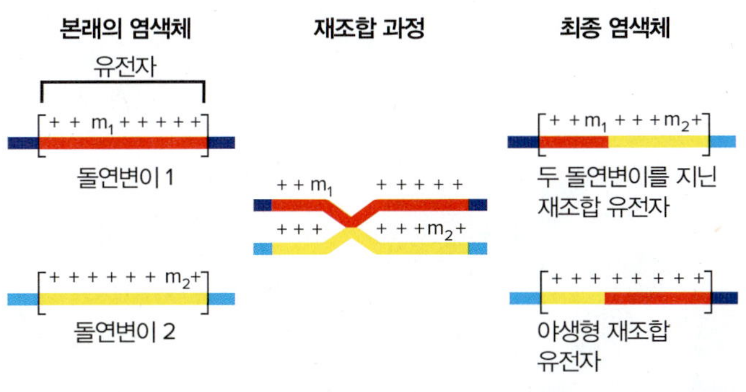

그림 8.3 유전자 내의 재조합으로 어떻게 야생형 대립유전자를 만들 수 있을까? 그림에 유전자로 표시된 부위에서 독립적인 돌연변이가 생길 수 있는 위치가 많다고 가정하자. 동일한 유전자 내에 각각 다른 위치에 있는 돌연변이 m_1과 m_2 사이에 재조합이 일어나 하나는 야생형 대립유전자가 되고 다른 하나는 두 개 돌연변이를 모두 지닌 대립유전자가 되었다.

실험체계: T4 파아지의 *rII*⁻ 돌연변이

박테리오파아지는 너무 작아서 전자현미경의 도움 없이는 볼 수 없지만 간단한 기술로 파아지가 있는지를 알 수 있다(**그림 8.4a.3**). 박테리오파아지와 훨씬 많은 양의 세균이 녹아 있는 한천 배지를 영양분이 있는 한천 배지가 바닥에 포함된 배양접시에 붓는다. 하나의 세균세포에 하나의 파아지가 감염이 되어 **세균밭**(lawn)을 이루고, 세포가 바이러스입자를 생성하여 방출해서 옆에 있는 세균을 또다시 감염하고, 그러면 다시 이 과정을 반복하여 더 많은 파아지를 방출한다. 파아지가 방출되면서 세균은 죽는다. 이런 과정이 여러 차례 반복되면서 동그랗고 투명한 구역이 배양접시에 생기게 되는데, 이것을 **용균반**(plaque)이라고 한다. 배양접시의 그 외의 구역은 불투명하고 살아 있는 세균밭으로 덮이게 된다.

용균반은 일반적으로 세균세포를 감염한 하나의 박테리오파아지에서 생성된 1백만에서 1천만 개에 이르는 바이러스 자손으로 되어 있다. 파아지가 있는 용액을 수차례 희석하면 용균반 내의 파아지 숫자를 셀 수 있다(**그림 8.4a.4**).

벤저는 박테리오파아지 T4와 관련된 유전형질로, *E. coli* B 세균에 감염시키면 야생형 박테리오파아지가 만드는 용균반보다 더 또렷하고 더 동그란 바깥 선을 지니며 더 큰 용균반을 생성하는 돌연변이를 발견하였다(**그림 8.4b**). 용균반 모양의 변화는 숙주 세균의 비정상적인 빠른 세포파괴에서 온 것이기 때문에 벤저는 이것을 rapid lysis에서 따서 *r*이라고 명명하였다. 많은 *r* 돌연변이는 *rII* 구역이라고 알려진 T4 염색체부위에 위치하여 이것을 rII^- 돌연변이라고 명명하였다.

rII^- 돌연변이는 **미세구조 지도작성**(fine structure mapping; 유전자 내에 돌연변이의 지도를 작성하는 것)에 이상적이다. 야생형 rII^+ 박테리오파아지는 *E. coli* B와 *E.coli* K(λ) 모두 세균에서 정상모양과 크기의 용균반을 형성한다. 하지만 rII^- 돌연변이는 *E.coli* K(λ)에서는 용균반을 형성하지 못하고, *E. coli* B 세균에서는 크고 비정상적인 용균반을 형성한다(그림 8.4b). rII^- 돌연변이가 K(λ) 세균을 감염하지 못하는 이유는 명확하지가 않지만 이런 사실은 벤저가 rII^+ 유전자의 기능을 알 수 있는 간단하고 효율적인 검사를 개발할 수 있게 해 주었다. 또한 극히 드물게 일어나는 **유전자 내**(intragenic)의 재조합도 감지할 수 있게 되었다.

rII 부위에 두 개의 유전자가 있다

벤저는 같은 유전자에서 생긴 두 개의 돌연변이가 재조합을 할 수 있는지를 검사하기 전에 정말로 동일한 유전자에 두 개의 돌연변이가 있는가를 확인하고 싶었다. 이를 위하여 박테리오파아지 T4의 중요

그림 8.4

벤저는 박테리오파아지 T4의 *rII* 유전자를 어떻게 분석하였는가?

(a.1)

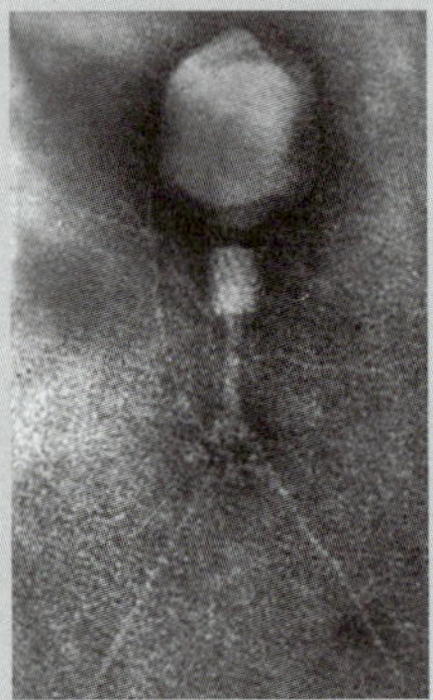

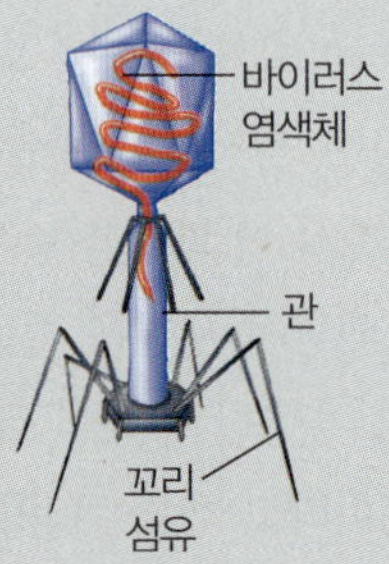

©Science

(a.2)

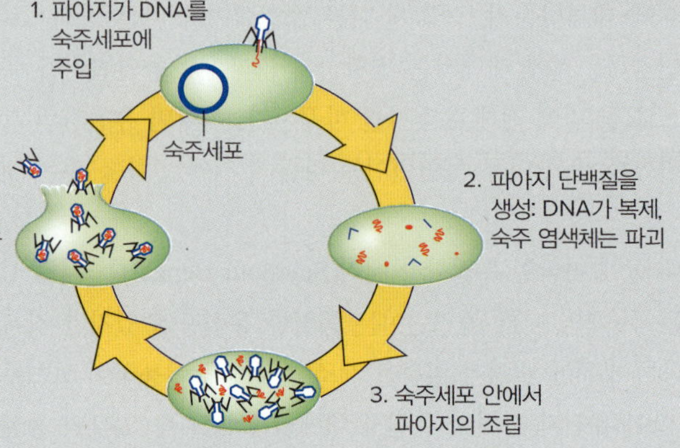

(a.3)

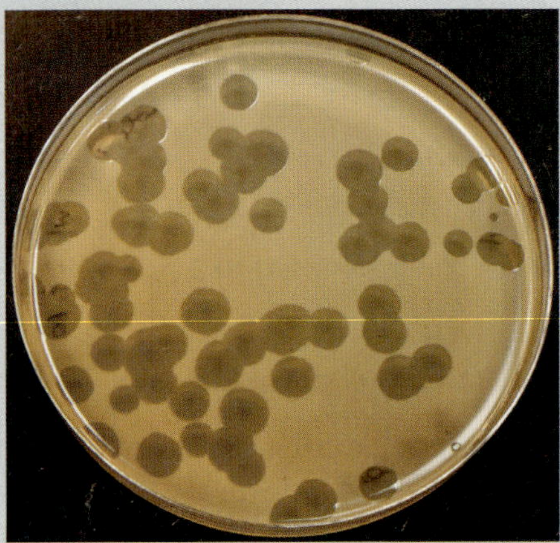

©Lisa Burgess/McGraw-Hill Education

(a.4)

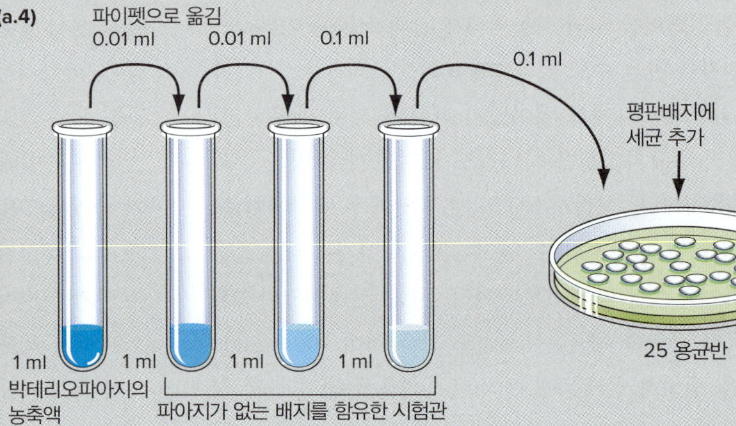

(a) 박테리오파아지 T4로 실험

1. 박테리오파아지 T4(배율 ~100,000배) 사진과 그림이다. 바이러스 염색체는 단백질로 된 머리부분에 있으며, 파아지의 다른 단백질 부분은 파아지가 숙주세포에 부착되는 것을 돕는 꼬리섬유와 외피 그리고 숙주세포 안으로 파아지 염색체를 주입하는 관을 이루고 있다.
2. 박테리오파아지 T4의 용균성 생활사이다. 파아지 입자 하나가 숙주세포를 감염; 파아지 DNA가 복제되고 숙주세포의 장치를 이용하기 위해 필요한 바이러스 단백질을 합성; 새로 합성된 DNA와 단백질이 새로운 박테리오파아지 입자로 조립. 숙주세포의 용해로 1,000개나 되는 새롭게 만들어진 박테리오파아지가 밖으로 방출된다.
3. 세균이 자라던 배양접시에 생긴 박테리오파아지의 투명한 용균반. 박테리오파아지와 다량의 세균 혼합물을 배양접시의 한천평판 배지 위에 부었다. 감염되지 않은 세균은 자라서 유백광색의 세균밭을 형성하고 박테리오파아지에 감염된 세균은 용해되어 새롭게 만들어진 박테리오파아지를 방출하면 이것은 주변의 다른 세균을 감염시킬 것이다. 몇 차례의 감염으로 용균반을 형성한다. 용균반은 처음에 세균을 감염시킨 박테리오파아지와 유전적으로 동일한 수백만 개의 박테리오파아지를 지닌투명한 둥근 부위를 말한다.
4. 연속희석으로 박테리오파아지의 수를 센다. 적은 양의 박테리오파아지의 농축액을 신선한 배양액이 들어 있는 시험관으로 옮기고 그 다음에 이 희석액의 적은 양을 또 다시 신선한 배양액이 들어 있는 다른 시험관으로 옮긴다. 이 과정을 연속적으로 반복하면 희석률이 증가한다. 마지막 희석액을 세균과 섞어서 아가 배양접시 위에 부으면 용균반은 셀 수 있을 정도의 수로 자란다. 계수한 숫자를 역산을 해 보면 처음 용액에 박테리오파아지의 입자가 몇 개였는지를 계산할 수 있다. 여기서 처음 1 ml에는 대략 2.5×10^7개의 박테리오파아지가 있었다.

(b) 박테리오파아지 T4의 rII^- 돌연변이의 표현형질

1. rII^- 돌연변이는 *E. coli* B 세포 위에 뿌리면 rII^+ 야생형 파아지에 의해 형성된 용균반보다 크기가 더 크고 더 또렷한(경계가 더 분명한) 용균반을 형성한다.
2. rII^- 돌연변이는 감염이 가능한 숙주의 범위가 변형되었기 때문에 드문 재조합현상을 찾는 데 특히 유용하다. rII^+ 야생형 파아지와 반대로 rII^- 돌연변이는 *E. coli* K(λ) 숙주 세균밭에서 용균반을 형성할 수 없다.

(b.1)

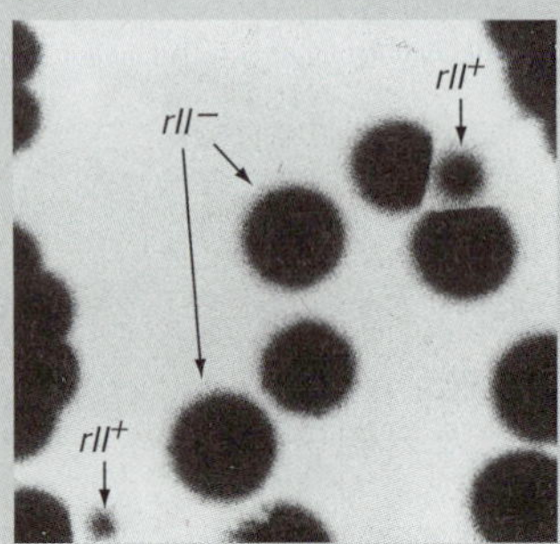

(b.2)

T4 균주	*E. coli* 균주 B	*E. coli* 균주 K(λ)
rII^-	크다, 또렷함	용균반 형성 못함
rII^+	작다, 불분명함	작다, 불분명함

©Seymour Benzer

(계속)

그림 8.4 (계속)

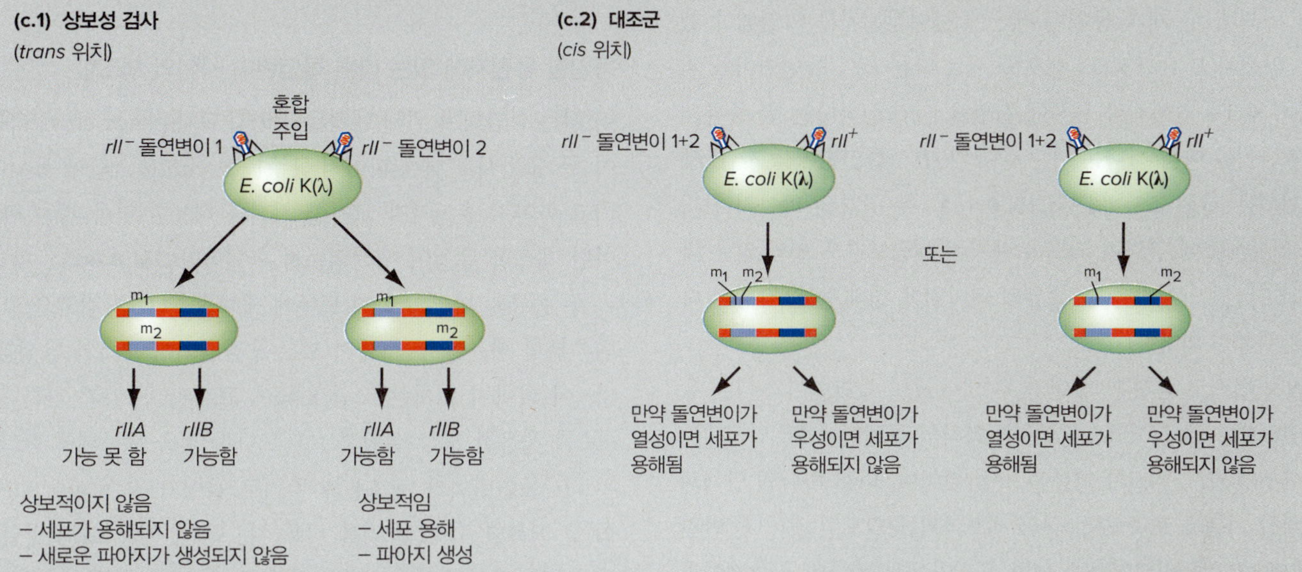

(c) 박테리오파아지 T4의 rII^- 돌연변이 사이에 맞춤식 상보성 검사

1. *E. coli* K(λ) 세포를 두 개의 서로 다른 다량의 rII^- 돌연변이(m_1과 m_2)로 동시에 감염시켰다. 세포 내에서 두 돌연변이는 trans 위치이다. 이것은 돌연변이가 다른 염색체에 있다는 것이다. 만약 두 돌연변이가 동일한 유전자에 있다면 같은 기능에 영향을 줄 것이며, 서로 상보적이지 않아 새로운 파아지가 생성되지 못한다. 만약 두 돌연변이가 다른 유전자(*rIIA*와 *rIIB*)에 있다면 서로 상보적일 것이고 따라서 새로운 파아지를 생성하고 세포는 용해된다.
2. 이러한 상보성 검사를 위한 중요한 대조군은 야생형 T4와 m_1과 m_2를 지닌 T4로 동시에 *E. coli* K(λ) 세균을 감염시키는 것이다. 감염된 세포의 내부에서 두 돌연변이는 *cis*이다. 이것은 같은 염색체에 위치한다는 것이다. 새롭게 생성된 파아지를 방출한다는 것은 두 돌연변이가 야생형에 대해 열성이며 세포가 파아지를 생성하는 것을 방해하는 돌연변이 사이에 상호관계가 없음을 제시한다. 상보성 검사는 두 돌연변이가 야생형에 대해 둘 다 열성일 때만 의미가 있다.

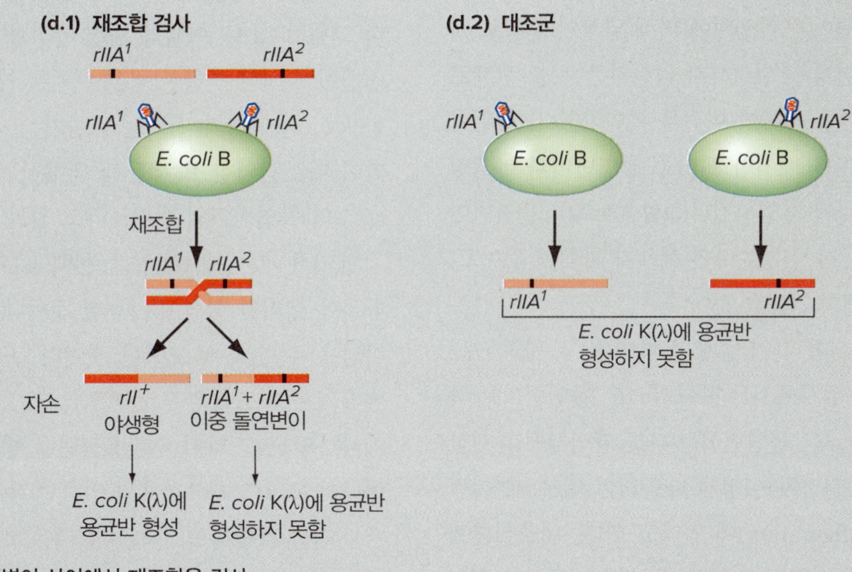

(d) 동일한 유전자에 있는 두 돌연변이 사이에서 재조합을 검사

1. *E. coli* B 세포를 두 개의 서로 다른 $rIIA^-$ 돌연변이($rIIA^1$와 $rIIA^2$)로 동시에 감염시킨다. 두 $rIIA^-$ 돌연변이 사이에 재조합이 일어나지 않는다면 새로 생성된 파아지는 본래의 돌연변이 그 어떤 것도 지니지 않을 것이며 표현형은 rII^-일 것이다. 두 돌연변이 사이에서 재조합이 일어난다면 하나는 $rIIA^1$와 $rIIA^2$ 둘 다를 지닌 이중 돌연변이 염색체인 반면에 다른 하나는 rII^+ 재조합형일 것이다. 새로이 생성된 파아지로 연속적으로 *E. coli* K(λ) 세균을 감염시키면 rII^+ 재조합형만 용균반을 형성할 수 있을 것이다.
2. 대조군으로 *E. coli* B 세포를 단 한 종류의 다량의 돌연변이($rIIA^1$ 혹은 $rIIA^2$)로 감염시킨다. 생긴 rII^+ 용균반만이 두 돌연변이 중 하나의 역 돌연변이이다. 이 대조군 실험은 이러한 역 돌연변이는 매우 드물다는 것과 왼쪽에서 보여준 재조합 실험에서 생긴 rII^+ 돌연변이 중에서 무시될 수 있다. 두 개의 $rIIA^-$ 돌연변이가 가깝게 있다고 할지라도 rII^+ 재조합형의 수는 rII^+ 역 돌연변이의 수보다 100배 더 많았다.

한 두 형질을 이용한 상보성 검사를 하였다. 파아지는 한 개의 T4 염색체를 지닌 **1배체**(monoploid)이기 때문에 숙주세균에서만 복제를 할 수 있다. 따라서 벤저는 돌연변이 사이의 상보성 검사를 하기 위해서 T4 염색체 두 개가 동일한 세균에 들어갔는지를 확인해야 했다. 이를 위해서 *E. coli* K(λ) 세포를 서로 다른 rII^- 돌연변이를 지닌 두 종류의 T4 염색체로 동시에 감염을 시키고(하나는 한 종류의 rII^- 돌연변이를 다른 하나는 다른 종류의 rII^- 돌연변이를 지님) 세포가 파괴되는 것을 조사하였다(**그림 8.4c.1**). 두 종류의 파아지가 거의 모든 세균세포에 감염이 되도록 벤저는 세균보다도 훨씬 많은 파아지를 첨가하였다(이것은 두 종류의 파아지에 대해 높은 감염의 다양성이 존재함을 의미함).

벤저의 방법으로 검사할 때 만약 두 개의 rII^- 돌연변이가 다른 유전자에 있다면 서로 상보적일 것이다. 각각의 돌연변이 T4 염색체는 하나의 야생형 rII^+ 유전자 기능을 가질 것이며, 다른 하나의 염색체에서 부족한 기능을 보충하여, 결국 세포파괴를 일으킬 것이다. 반면에 두 개의 rII^- 돌연변이가 동일한 유전자에서 있다면 상보적이지 않아 어떤 돌연변이 염색체도 필요한 기능을 수행할 수 없기 때문에 용균반을 볼 수 없을 것이다.

여러 다른 rII^- 돌연변이를 쌍으로 검사하면 두 개의 상보성 그룹 *rIIA*와 *rIIB*에 속하지 않는 것이 많다. 한 가지 실험조건을 더 만족시켜야 하는데, 이것은 상보성 검사가 의미 있기 위하여 서로 상보적이지 않는 두 개의 rII^- 돌연변이가 야생형에 비해 열성이며 서로 상호작용을 하여 우성 rII^- 표현형을 생성하지 않는다는 것을 전제로 하여야 한다. 벤저는 대조실험을 통하여 이점을 확인하였다. 동일한 염색체에 두 개 rII^- 돌연변이를 배치하고 이중 돌연변이와 야생형 파아지를 동시에 *E. coli* K(λ)에 감염시켰다(**그림 8.4c.2**). 돌연변이가 열성이며 서로 상호작용을 하지 않는다면 세포가 파괴될 것이고, 이런 경우에 상보성 검사가 해석 가능할 것이다.

실제 상보성 검사와 대조 실험 간의 중요한 차별은 두 개의 rII^- 돌연변이의 위치이다. 상보성 검사에서는 하나의 rII^- 돌연변이는 하나의 염색체에 존해하고 다른 rII^- 돌연변이는 다른 염색체에 존재한다(그림. 8.4c.1). 두 개의 유전자가 이렇게 배열되어 있을 때 이런 경우를 ***trans* 위치**(*trans* configuration)에 있다고 한다. 대조실험에서(그림. 8.4c.1)는 두 개의 돌연변이가 동일한 염색체, 즉 ***cis* 위치**(*cis* configuration)에 있는 경우이다. 상보성 검사와 대조실험 모두를 포함하여 완전한 검사는 *cis-trans* 검사이다. 벤저는 *cis-trans* 검사로 밝혀진 상보성 그룹을 **시스트론**(cistron)이라고 명명했으며 어떤 유전학자들은 아직도 시스트론을 **유전자**(gene)와 동의어로 사용한다.

rII 좌위에 *rIIA*와 *rIIB* 두 개의 유전자가 있다는 사실을 바탕으로 벤저는 동일한 유전자에서 두 개의 돌연변이가 재조합하여 야생형으로 되는지를 조사할 수 있었다.

동일한 유전자에 있는 다른 돌연변이 사이의 재조합

이 질문에 답하기 위해 벤저는 **파아지 교차**(phage crosses)를 수행하여 두 개의 서로 다른 파아지 균주를 *E. coli* B 세균에 동시에 감염시키고 파아지 유전자가 교차할 기회를 허용한 다음 자손 파아지에서 어떤 재조합 유형이 생산되는지 확인했다(**그림 8.4d.1**). 파아지 교차는 두 종류의 다른 파아지 모두에 대해 높은 다중 감염으로 수행되어 대부분의 세균이 두 파아지 모두에 감염되어 교차가 발생할 수 있었다. 이 파아지 교차는 그림 8.4c에 표시된 두 가지 다른 균주의 *E. coli*를 사용한 보상 실험과는 다르다는 것을 주목해야 한다. 세균 B는 *rII* 돌연변이가 세포용해 주기로 들어가 자손 파아지(재조합 포함)를 회복할 수 있는 것을 허용하는 반면, 세균 K(λ) 단일 *rII* 돌연변이 파아지의 전파를 허용하지 않는다. 그러나 좀 더 근본적인 수준에서 보상 실험을 통해 벤저는 파아지가 교차되는 동안 단순히 공동 감염된 세포가 용해되는지 또는 용해되지 않는지 묻고 재조합 파지 자손이 생성되었는지 여부를 물었다.

벤저는 *E. coli* B 세균을 동일한 유전자($rIIA^1$과 $rIIA^2$)에 다른 돌연변이를 지닌 파아지와 섞은 후에 rII^+ 자손이 나오는지를 관찰하였다(그림 8.4d.1). 이렇게 생긴 야생형 자손은 재조합에 결과이지 역돌연변이에 의한 것이 아님을 벤저는 알고 있었다. 왜냐하면 그가 관찰한 rII^+ 파아지의 빈도는 드물기는 하지만 하나의 돌연변이를 지닌 파아지로 감염한 B 세균에 의해서 생성된 자손 중에서 볼 수 있는 rII^+ 역 돌연변이의 빈도보다도 훨씬 높았기 때문이다(**그림 8.4d.2**).

벤저가 rII^+ 재조합체를 **선택**(selection)할 수 있도록 고안하였기 때문에 이러한 실험이 가능한 것이다. 드물지만 찾고자 하는 것만 살아남을 수 있도록 고안한 것이다. 드문 재조합체 자손을 찾기 위한 벤저의 선택조건은 *E. coli* K(λ)가 형성하는 용균반을 찾는 것이다. 왜냐하면 rII^- 파아지는 용균반을 형성하지 못하는데, 그들 중에 단 하나라도 rII^+ 재조합체가 있다면 용균반이 형성되기 때문이다.

이러한 관찰에 의거하여 벤저는 유전자 구조와 기능에 대한 3가지 결론을 내렸다. (1) 한 유전자에는 돌연변이가 생길 수 있는 여러 부위가 있다, (2) 동일한 유전자 내에 다른 돌연변이 위치 간의 재조합은 정상인 야생형 대립유전자를 생성할 수 있다, (3) 유전자의 일부만 돌연변이가 일어나도 유전자가 정상적으로 기능하지 못할 수 있다. 현재 이미 알고 있는 DNA의 구조로 보면 위 결론은 타당한 것이다. 서로 다른 돌연변이 단위는 유전자를 구성하는 염기쌍이다.

유전자는 뉴클레오타이드 쌍의 분리된 일련의 세트이다

유전자를 이루는 다수의 뉴클레오타이드쌍이 어떻게 배열되어 있는가? 지속적으로 아니면 정확한 패턴으로 유전체에 퍼져 있는가? 유전자 기능에 영향을 주는 다양한 돌연변이는 각 유전자 내에서 많은 뉴클레오타이드 혹은 아주 적은 일부만을 변형시키는가?

돌연변이 지도작성을 위한 결실 돌연변이의 활용

유전자 내의 뉴클레오타이드의 배열에 대해 답하기 위해서 벤저는 수천 개의 자연발생 돌연변이와 돌연변이 유발물질로 유도된 rII^- 돌연변이를 얻어 서로에 대해 지도를 작성하였다. 특별한 종류의 2점 교차를 통해 다른 돌연변이의 유전자지도가 만들어 질 수 있음을 알 수 있다.

모든 가능한 2점 교차의 비교를 통해 천 개의 돌연변이의 위치를 알기 위해서는 백만 번($10^3 \times 10^3$)의 동시감염을 수행하여야만 한다. 그러나 많은 결실 지닌 박테리오파아지를 이용하여 훨씬 적은 수의 교배를 통해 같은 정보를 얻을 수가 있었다.

이러한 큰 결실은 DNA 분자를 따라 많은 지속적인 뉴클레오타이드 쌍이 제거된 돌연변이이다. 돌연변이를 지닌 박테리오파아지와 같은 부위에 결핍이 있는 박테리오파아지를 교배하면 야생형 재조합 자손이 나오지 못한다. 왜냐하면 두 염색체 모두 돌연변이가 있는 위치의 적당한 정보를 지니지 않기 때문이다. 하지만 만약 상동염색체의 결실부위의 바깥 부위에서 돌연변이가 생긴 것이라면 야생형 자손이 나올 수 있다(**그림 8.5a**). 이것은 한 개의 뉴클레오타이드에 이상이 생긴 점 돌연변이든지, 결핍 돌연변이든지 마찬가지이다. 성격이 규명되지 않은 돌연변이와 알고 있는 결실 돌연변이 사이의 교차는 돌연변이가 다른 파아지 염색체에서 결핍된 부위에 있는 것인지를 알려주어 돌연변이의 일반적인 위치를 찾는 빠른 방법이 된다.

벤저는 중복이 되는 일련의 결실을 이용하여 *rII* 부위를 상대적으로 작은 구역 혹은 구간으로 나누었다. 그런 다음 그는 돌연변이 파아지를 일련의 결핍 돌연변이와 교배했을 때 rII^+ 자손이 회복되었는지 관찰함으로써 임의의 점 돌연변이 사이에 간격을 두어 할당할 수 있었다(**그림 8.5b**).

벤저는 재조합분석을 통해 1,612개의 자연발생적 점 돌연변이와 박테리오파아지 T4의 *rII* 위치에 있는 몇 개의 결실 돌연변이의 지도를 작성하였다. 우선 재조합을 이용하여 결실 돌연변이 사이의 상관관계를 정하고 어느 결실 돌연변이가 어느 점 돌연변이와 재조합하여 야생형 자손을 낳는지를 관찰하여 각각의 점 돌연변이의 대략적인 위치를 파악하였다.

정확한 지도작성을 위하여 rII^- 돌연변이 사이의 RF를 결정

그런 다음에 염색체상에 동일한 작은 부위에 있다고 알려진 결실 돌연변이 지도로 발견한 점 돌연변이 사이의 유전적 거리를 측정하기 위하여 재조합 검사를 수행하였다. 두 개의 rII^- 돌연변이 사이의 거리는 rII^+와 파아지 교배로 얻은 일정양의 용해물에 있는 총 파아지의 수를 간단히 세면 알 수 있다. RF(지도단위)는 단순히 rII^+ 재조합체의 수[*E. coli* K(λ)에 생긴 용균반]를 파아지 총 수[*E. coli* B에 생긴 용균반]로 나누고 2를 곱한다. 2를 곱하는 것은 반드시 존재하지만 쉽게 감지할 수 없는 rII^- 이중 돌연변이 상호재조합체를 고려하였기 때문이다.

$$\text{RF} = \frac{2[\textit{E. coli}\ \text{K}(\lambda)\text{에 생긴 용균반 수}]}{(\textit{E. coli}\ \text{B에 생긴 용균반 수})}$$

벤저는 결실지도와 RF 계산으로 얻은 결과를 합하여 *rII* 부위의 **정교한 구조**를 보이는 지도를 작성하였다(**그림 8.5c**). *rIIA* 상보성 그룹에 속한 모든 점 돌연변이는 *rII* 부위의 한 쪽으로 위치하고, 모든 *rIIB* 점 돌연변이는 다른 한쪽으로 위치하는 점을 주시하라.

DNA 뉴클레오타이드가 어떻게 유전자를 구성하는가

벤저는 T4 유전체에 위치한 모든 유전자 사이의 유전적 거리는 다 합쳐서 1500 m.u. 정도라는 것을 알았다. T4 염색체는 169,000개의 염기쌍으로 이루어진 DNA임을 또한 알았다. 따라서 박테리오파아지 T4의 1 m.u.는 169,000/1500 = 113 bp 일 것이라 계산할 수 있었다. rII^- 돌연변이 사이의 거리가 가장 짧은 RF는 0.02 m.u.으로 2 bp 정도였다. 따라서 벤저는 돌연변이는 한 개의 염기쌍의 변화로도 생길 수 있고 재조합은 바로 근접한 염기쌍 사이에서 일어날 수 있다고 추정하였다. *rII* 부위 내의 돌연변이가 한결 같은 재조합지도를 보임으로써 유전자는 DNA상에 지속적인 일련의 뉴클레오타이드 쌍의 서열로 되어 있다고 결론을 내렸다. *rIIA* 유전자의 돌연변이 위치가 *rIIB* 유전자의 돌연변이 위치와 중복되지 않는 것으로 보아 두 개의 유전자를 이루고 있는 뉴클레오타이드 서열은 분리되어 구별되어 있다고 결정하였다. 따라서 유전자는 일련의 뉴클레오타이드 쌍의 세트이며, 염색체상의 분리된 부위 내에 위치하고 기능적 단위로써 작용한다고 하겠다.

돌연변이의 다발점

유전자 내에 어떤 위치는 자연적으로 돌연변이의 빈도가 다른 위치보다 훨씬 높다. 이런 곳을 **다발점**(hotspot)이라고 한다(그림 8.5c). 다발점이 있다는 것은 특정 뉴클레오타이드가 다른 것보다 더 쉽게 변이가 일어난다는 것이다. 돌연변이 유발물질 처리로 다발점을 자

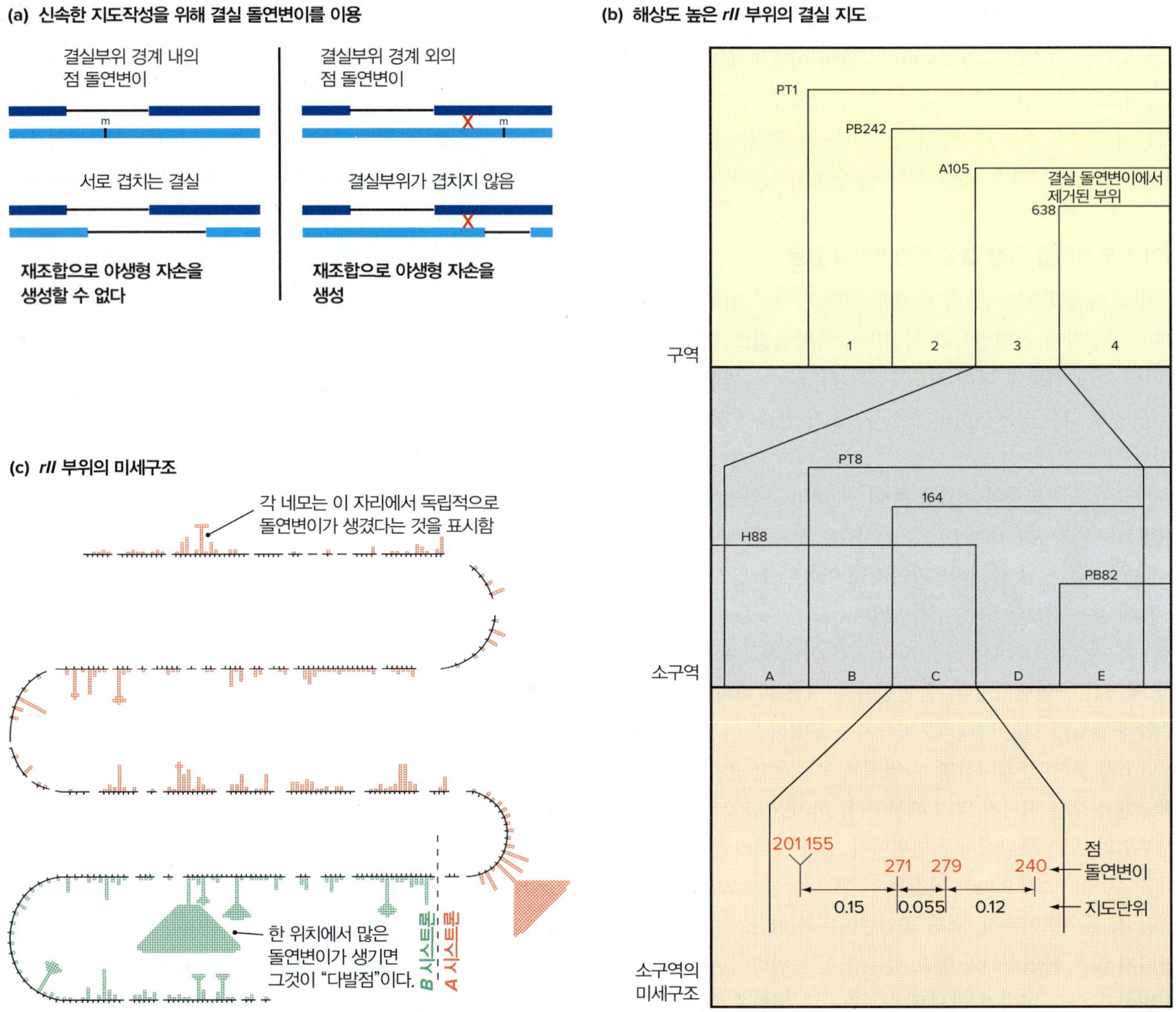

그림 8.5 박테리오파아지 T4 *rII* 유전자의 미세구조 지도. **(a)** 점 돌연변이와 점 돌연변이가 위치한 DNA 부위가 제거된 결실 돌연변이 사이에서의 교차는 야생형을 만들 수 없다. 또한 서로 다른 두 개의 결실 돌연변이의 결실부위가 겹친 경우에도 마찬가지다. **(b)** 커다란 결실로 *rII* 유전자 부위를 구분할 수 있다. 더 작은 결실로 각 부위를 하위단위로 더 나눌 수 있다. 아래 빨간색으로 표시한 271과 같은 점 돌연변이는 결실 돌연변이인 PT1, PB242 혹은 A105와 재조합을 이룰 수 없으나 결실 638과는 (윗부분) 재조합을 할 수 있다면 이것을 구역 3으로 지도를 그릴 수 있다. 다른 결실 돌연변이들(가운데)을 이용하여 점 돌연변이를 구역 3의 소구역로 위치할 수 있다. 재조합조사는 점 돌연변이들을 같은 소구역에 위치시킬 수 있다(아래). 점 돌연변이 201과 155는 야생형을 만들기 위해 재조합을 할 수가 없다. 왜냐하면 동일한 뉴클레오타이드 쌍에 돌연변이가 있기 때문이다. **(c)** 벤저의 미세구조지도. 서로 재조합을 이룰 수 없는 독립적인 수많은 돌연변이가 위치한 부위가 다발점이다.

극할 수 있다. 그러나 이런 물질은 특정 뉴클레오타이드에 특이성이 있어 다양한 물질로 유발되는 돌연변이 위치는 자연발생적으로 생기는 돌연변이의 다발점과는 다른 위치이다.

뉴클레오타이드는 유전자 내에 있든지 유전자 사이의 DNA에 있든지 화학적으로는 동일하다. 게다가 벤저의 실험에서 보여주 듯이 돌연변이와 재조합을 수행하는 분자기작은 **유전자 내**(intragenic)에서와 **유전자 간**(intergenic)에 있는 뉴클레오타이드를 구분하지 않는다. 이들 DNA 간의 주된 차별은 유전자를 이루는 일련의 뉴클레오타이드가 표현형을 결정짓는 기능을 갖게 되었다는 것이다. 다음에는 유전학자들이 그러한 기능이 무엇인지를 어떻게 발견하였는가에 대해 설명하도록 하겠다.

핵심 개념 8.1

- 상보성 검사는 두 개의 다른 열성 돌연변이가 같은 유전자에서 일어나는가 다른 유전자에서 일어나는가를 결정한다.
- DNA 차원에서 유전자는 뉴클레오타이드 쌍의 일련의 서열로 특정 기능을 지닌 염색체상의 분리된 부위를 말한다.
- 재조합은 동일 유전자 내 혹은 다른 유전자 간의 두 개의 뉴클레오타이드 쌍 사이에서 일어날 수 있다.

8.2 돌연변이가 말해주는 유전자의 기능

학습 목표

1. 아르기닌 종속영양체의 분석이 한 유전자가 한 효소를 만든다는 사실을 설명한다.
2. 유전자가 단백질의 아미노산 서열을 결정한다는 사실을 보여주는 데 과오 돌연변이가 어떻게 이용되는지 설명한다.
3. 단백질의 1차, 2차, 3차, 4차 구조를 분별한다.

멘델의 실험은 각각의 유전자가 눈에 보이는 형질을 조절할 수 있다는 것을 정립하였으나 그의 법칙은 어떻게 유전자가 실제로 형질을 조절하는지에 대해서는 설명하지 않는다. 20세기 전반부의 연구자들은 유전자형-표현형 간의 상관관계를 이해하기 위한 노력으로 돌연변이로 인한 생화학적 변화를 연구하였다.

1902년에 수행된 초기의 연구 중의 하나로 영국 의사 개로드(Archibald Garrod) 박사는 **알캅톤뇨증**(alkaptonuria)으로 알려진 사람유전질환이 상염색체 유전자의 열성 대립유전자로 인해 결정된다는 것을 보여주었다. 가계도를 분석하고 형질을 가지고 있는 사람과 없는 사람의 생화학적 분석을 하였다. 알캅톤뇨증이 있는 사람의 소변은 공기 중에 노출되면 검게 변한다. 개로드 박사는 산소를 만나면 검게 되는 **호모겐티신산**(homogentisic acid)이 환자의 소변에 쌓인다는 것을 알아내었다. 정상인은 호모겐티신산을 섭취해도 소변에 이 물질이 전혀 나오지 않는 반면에 환자는 섭취한 호모겐티신산을 그대로 다 배설한다.

이러한 관찰로 개로드 박사는 알캅톤뇨증이 있는 환자는 정상인들처럼 호모겐티신산을 대사할 능력이 없다고 결론을 내렸다(**그림 8.6**). 생명체의 세포 내에서 일어나는 많은 생화학적 반응은 효소에 의해 촉진되기 때문에 개로드 박사는 호모겐티신산을 대사하는 효소의 결

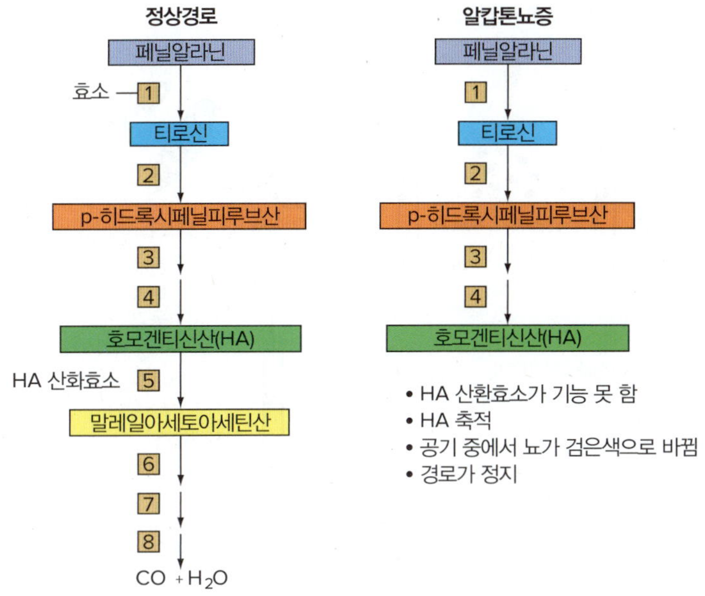

그림 8.6 알캅톤뇨증: 선천성 대사질환. 사람에서 페닐알라닌과 티로신이 호모겐티신산(HA)을 거쳐 분해되는 생화학적 경로. 알캅톤뇨증 환자는 HA 수산화효소가 기능을 하지 못해 HA에서 말레일아세토아세틴산(maleylacetoacetic acid)으로 전환시키지 못한다. 따라서 산화되어 검은색 화합물이 되는 HA가 뇨에 축적된다.

핍이 병의 원인일 것이라고 추정하였다. 효소의 결핍은 산을 축적시키고 이것은 소변이 산소와 만나면 검게 되는 원인이다. 이런 것을 **선천성 대사질환**(inborn error of metabolism)이라고 명명하였다.

개로드 박사는 몇몇 다른 선천성 대사질환을 연구하였는데, 모두가 다 특정 생화학적 반응에 필요한 효소를 생성하는 특정 유전자의 돌연변이에 의한 것임을 제안하였다. 오늘날의 말로 표현하자면 유전자의 돌연변이는 할 수 없지만 야생형 대립유전자는 기능을 할 수 있는 효소를 생성하는 것이다[알캅톤뇨증의 경우 호모겐티신산 산화효소(homogentisic acid oxidase)]. 이형접합자에서 한 개의 야생형 대립유전자는 호모겐티신산의 축적을 막기에 충분한 효소를 생성하기 때문에 알캅톤뇨증은 열성 돌연변이 대립유전자이다.

특정효소를 생성하는 정보를 지닌 유전자: 한 개의 유전자는 한 개의 효소 가설

1940년대 비들(George Beadle)과 에드워드 타툼(Edward Tatum)은 붉은빵곰팡이 *Neurospora crassa*(생활사는 5장 참조)에 관한 일련의 실험으로 유전자와 특정 생화학적 반응을 촉매하는 효소와의 직접적인 관계를 설명하였다. 방법은 간단하다. 우선 *Neurospora*의 성장에 필요한 아미노산아르기닌의 합성을 방해하는 돌연변이를 다수 분리하였다. 다른 돌연변이는 특정 **생화학적 경로**(biochemical pathway; *Neurospora*가 주변에서 얻을 수 있는 간단한 분자를 사용

(a) 아르기닌 종속영양체 분리

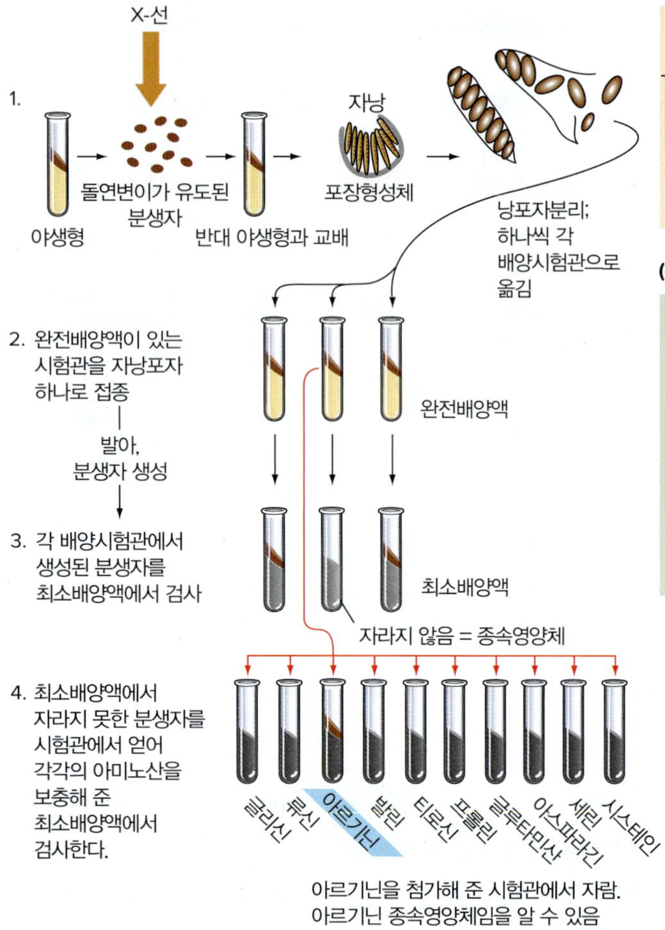

(b) 영양소를 최소배양액에 첨가해 주고 성장결과를 조사

돌연변이체	첨가물 없음	오르니틴	첨가물 시트룰린	아르기니노숙신산	아르기닌
야생형: Arg^{+}	+	+	+	+	+
$ARG\text{-}E^{-}$	–	+	+	+	+
$ARG\text{-}F^{-}$	–	–	+	+	+
$ARG\text{-}G^{-}$	–	–	–	+	+
$ARG\text{-}H^{-}$	–	–	–	–	+

(c) 추정되는 생화학적 경로

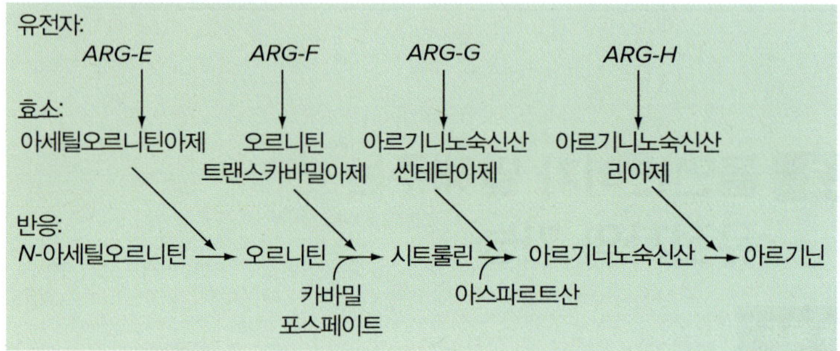

그림 8.7 "한 유전자, 한 효소" 가설의 실험적 지지. **(a)** 비들과 타툼은 X-선으로 돌연변이가 유발된 붉은빵곰팡이(*Neurospora*)를 다른 것과 교배를 시키고 완전배양배지에서 자란 반수체 자낭포자를 분리하였다. 최소배양배지에서 자라지 못하는 것이 영양 돌연변이이다. 아르기닌이 첨가된 최소배지에서 자랄 수 있는 영양 돌연변이를 Arg^{-} 종속영양체라고 한다. **(b)** 아르기닌 합성 경로의 중간대사물을 첨가해 준 최소배양배지에서 자랄 수 있는 야생형과 돌연변이의 능력을 보여준다. **(c)** 4개의 *ARG* 유전자 각각은 대사경로에서 한 중간대사물이 다른 것으로 전환하기 위해 필요한 효소를 암호화한다.

하여 최종 산물인 아르기닌의 합성을 위해 연이은 더 복잡한 분자로 단계별로 변형하도록 하는 순서적으로 일어나는 일련의 반응)의 서로 다른 단계를 방해한다고 가설을 세웠다.

한 유전자, 한 효소에 대한 실험적 증거

그림 8.7a는 비들과 타툼이 가설을 검증하기 위해 수행한 실험에 대한 설명이다. 우선 아르기닌을 합성하지 못하는 *Neurospora* 돌연변이를 돌연변이 유발물질로 유도하여 얻었다. 돌연변이를 지닌 세포는 아르기닌을 합성하지 못해 염과 설탕을 지닌 최소배지에 아르기닌을 보충해 주어야만 성장할 수 있다. 야생형에서는 불필요한 물질 보충이 요구되는 영양 돌연변이 미생물을 **종속영양체**(auxotroph)라고 한다. 따라서 앞에서 살펴본 세포는 영양요구체이다. [반면에 추가적으로 어떤 물질도 요구하지 않는 세포를 특정물질에 대해 **원영양체**(prototroph)라고 한다. 더 일반적인 의미로 원영양체는 최소배지만으로도 자랄 수 있는 야생형 세포를 말한다.]

재조합분석으로 아르기닌 합성방해 종속영양 돌연변이를 유전체 상 네 부위에 위치를 정했으며, 상보성 검사로 네 부위는 서로 다른 상보성 그룹임을 보여주었다. 이 결과를 바탕으로 비들과 타툼은 아르기닌 합성에 적어도 4개의 유전자가 생화학적 경로를 담당한다고 결론을 내렸다. 네 유전자는 *ARG-E*, *ARG-F*, *ARG-G*, *ARG-H*로 명명하였다.

그 다음으로는 *Neurospora* 돌연변이가 아르기닌의 보충 대신에 아르기닌 합성을 위한 생화학적 경로 중 알려진 세 개의 중간대사물[오르니틴(ornithine), 시트룰린(citrulline), 아르기니노숙신산(argininosuccinate)]의 보충으로 자랄 수 있는지를 알고자 하였다. 이 검사로 *Neurospora* 돌연변이체가 중간대사물질을 아르기닌으로 바꿀 수 있다는 것을 알았다. 어떤 아르기닌 종속영양 돌연변이체가 각각의 중간대사물을 보충해 준 각 최소배지에서 자랄 수 있는지를 표로 종합해 보았다(**그림 8.7b**).

결과의 해석: 효소를 암호화하는 유전자

비들과 타툼은 어떻게 *Neurospora* 세포가 아르기닌을 합성하는지 모델로 제시하였다(**그림 8.7c**). 최소배지로 아르기닌을 합성하는 일련의 생화학적 반응 경로에서 각 중간대사물은 한 단계의 생성물이자 다음 단계의 기질이 된다. 정확하게 순서화되어 있는 각 반응은 특정효소가 촉매하며 각 효소의 유무는 네 개의 *ARG* 유전자 중의 하나에 달려 있다.

이 중 한 유전자에 돌연변이가 생기면 세포는 해당 효소가 결핍되어 특정 단계에서 경로가 막혀 혼자서는 아르기닌을 합성할 수 없게 된다. 막힌 경로 다음으로 만들어지는 중간대사물을 배지에 보충해 주면 그 외의 다른 경로에는 문제가 없기 때문에 다시 성장할 수 있다. 부족한 효소가 작용하기 전 단계에서 만들어지는 중간대사물의 보충은 세포가 그 중간대사물을 아르기닌으로 변환할 수 없기 때문에 소용이 없다.

돌연변이는 특정반응을 촉매하는 효소를 생성할 수 없게 한다. 이러한 방해로 각 유전자는 효소의 합성 혹은 활성을 조절한다. 이것을 비들과 타툼은 "**한 유전자, 한 효소**"라고 했다. 물론 유전자와 효소는 같지 않다. 유전자의 뉴클레오타이드 서열은 효소의 구조를 암호화하는 정보를 지니고 있다

비들과 타툼이 연구한 아르기닌 합성경로 분석은 간단했지만 생화학적 경로 연구가 항상 그렇게 해석하기가 간단한 것은 아니다. 어떤 생화학적 경로는 단계별 반응들의 일련의 과정이 아니다. 예를 들어 같은 중간대사물에 다른 효소가 작용하면 다른 방향의 경로로 가서 동일한 중간대사물이 다른 생성물로 변환될 수도 있다. 만약 세포가 성장하기 위해 이 두 생성물을 모두 필요로 한다면 이 중간대사물을 합성하기 위한 효소를 암호화하는 유전자에 돌연변이가 생기면서 세포에 이 두 생성물을 모두 보충해야 한다. 두 번째 경우는 필요한 생성물을 합성하기 위하여 독립적이고 평행한 두 경로가 다 작용할 경우이다. 이런 경우에는 한 경로에 작용하는 효소를 암호화하는 유전자에 돌연변이가 생겨도 아무런 영향이 없을 것이다. 두 경로가 모두 돌연변이가 생겨야 세포에 변종 표현형이 나타날 것이다.

유전학적 분석과 같은 비 연속적인 과정으로도 유전자가 단백질을 암호화한다는 비들과 타툼의 견해에 기초하여 생화학적 경로의 본질을 파악할 수 있다.

유전자는 폴리펩타이드 사슬에 있는 아미노산과 그 순서를 지정한다

한 유전자, 한 효소 가설이 어떻게 유전자가 표현형에 영향을 주는지를 이해하는 데 중요한 발전의 계기가 되었지만 이것은 지나치게 간소화한 것이다. 모든 유전자가 생화학적 경로에서 작용하는 효소를 생성하는 데 관여하는 것은 아니다. 효소는 단백질의 한 종류이다. 다른 종류로 세포의 모양과 뼈대를 만드는 단백질, 세포 안팎으로 물질을 이동하는 단백질, DNA를 염색체 형태로 접는 단백질, 호르몬 전달물질로 작용하는 단백질 등이 있다. 유전자는 효소 및 효소가 아닌 모든 단백질을 합성하도록 지시한다. 다음에서 보듯이 더 나아가서 유전자는 실제로 폴리펩타이드의 생성을 결정하며 어떤 단백질은 여러 개의 폴리펩타이드로 구성되어 있기 때문에 하나 이상의 유전자가 이러한 단백질을 결정짓게 된다.

단백질: 펩타이드 결합으로 이어진 아미노산 선형 중합체

단백질(protein)은 **아미노산**(amino acid) 단위체가 모여서 된 중합체이다. 세포는 필요한 단백질을 합성하기 위해 주로 20개의 아미노산을 사용한다. 모든 아미노산은 특정 기본 성질이 있고, $NH_2-CHR-COOH$로 표기한다(**그림 8.8a**). **카르복시산**(carboxylic acid)으로 알려진 $-COOH$는 산성이고, **아미노그룹**(amino group)으로 알려진 $-NH_2$는 염기성이다. R은 20개 아미노산을 구별되게 하는 곁가지이다(**그림 8.8b**). R 그룹은 수소이온(글리신)과 같이 간단하기도 하고 벤젠고리(페닐알라닌)와 같이 복잡하기도 하다. 어떤 곁가지는 중성적이며 반응성이 없고 어떤 것은 산성이기도 염기성이기도 하다.

20개의 보통 아미노산에 두 개의 보기 드문 아미노산이 특정 환경에서 단백질에 포함될 수 있다(**그림 8.8c**). 아주 드물게(사람의 경우, 겨우 25개가 있음) **셀레노시스테인**(selenocysteine)을 지닌 단백질이 있다. 특정 원핵생물(진핵생물에는 존재하지 않음)은 **피롤라이신**(pyrrolysine)을 포함하는 단백질을 합성한다.

단백질 합성과정에서 세포의 단백질 합성기구가 **펩타이드 결합**(peptide bond)으로 한 아미노산의 $-COOH$ 그룹과 다음 아미노산의 $-NH_2$ 그룹을 연결하여 아미노산을 서로 연결시킨다(**그림 8.8d**). 이렇게 서로 연결된 한 쌍의 아미노산을 **디펩타이드**(dipeptide), 여러 아미노산이 서로 연결된 것은 **올리고펩타이드**(oligopeptide)라고 한다. 단백질을 이루는 아미노산 사슬은 수백, 수천 개의 아미노산이 펩타이드 결합으로 연결된 **폴리펩타이드**(polypeptide)라고 한다. 따라서 단백질은 아미노산의 선형 중합체이다. DNA의 뉴클레오타이드 사슬과 같이 폴리펩타이드도 화학적 방향성이 있다. 폴리펩타이드의 한 끝은 어떤 연결도 되어 있지 않은 자유로운 아미노 그룹으로 되어 있어 처음 합성되는 폴리펩타이드의 말단을 **N 말단**(N terminus)이라고 하고, 다른 끝은 카르복시산 그룹으로 되어 있어 **C 말단**(C terminus)이라고 한다.

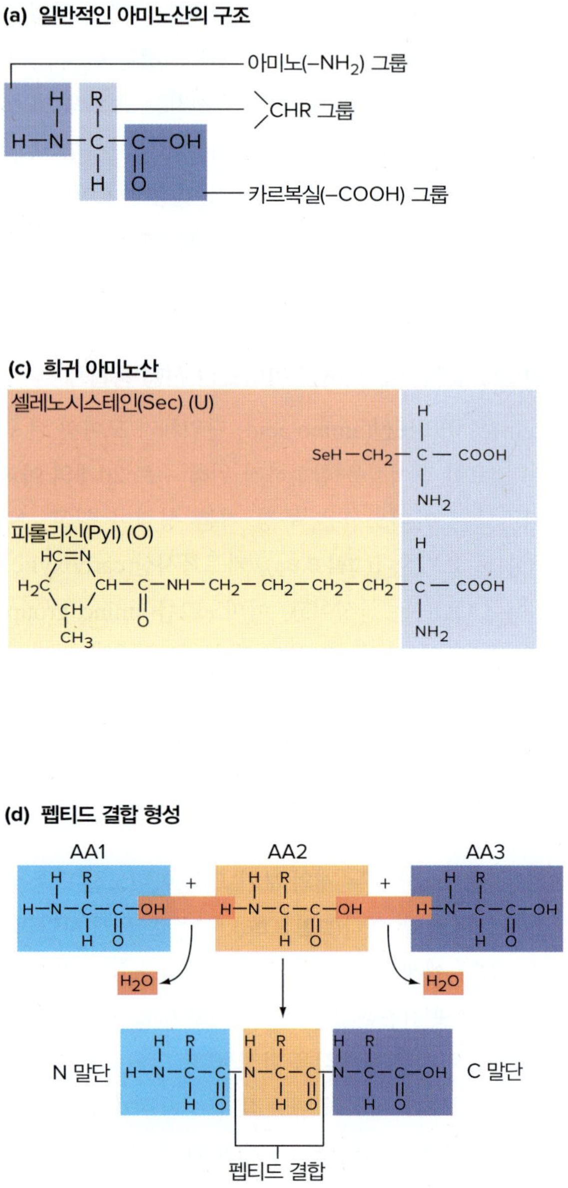

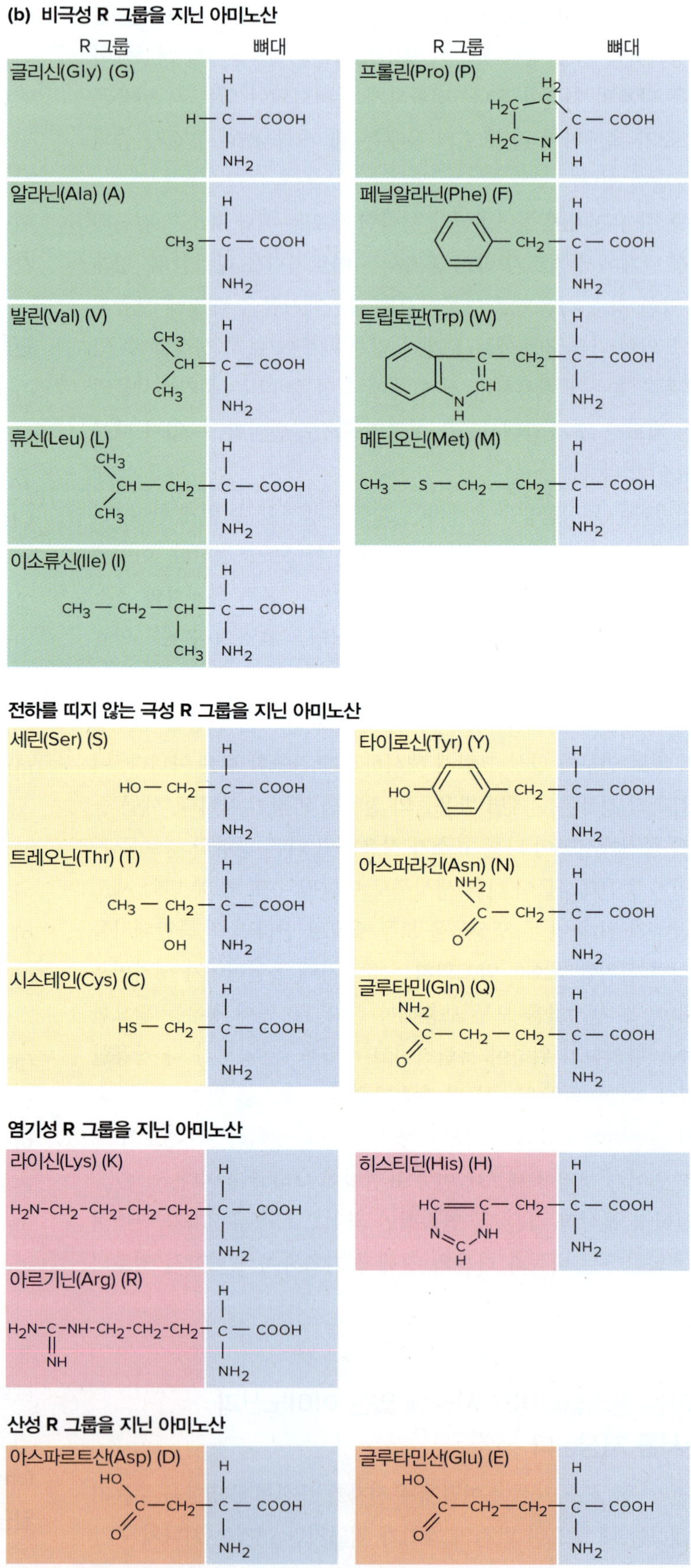

그림 8.8 단백질은 아미노산이 펩타이드 결합으로 연결된 사슬이다.
(a) 아미노산은 염기 아미노그룹($-NH_2$)과 산성 카르복실산그룹($-COOH$) 그리고 CHR기로 이루어져 있다. R은 22개의 다른 곁가지 중의 하나를 말함. **(b)** 단백질에서 흔히 볼 수 있는 아미노산을 R그룹의 성질에 따라 분류한다. **(c)** 셀레노시스테인과 피롤라이신은 특정 개체에 아주 드문 단백질에서만 존재한다. **(d)** 물분자 하나가 빠져나오고 아미드 공유결합(펩타이드 결합)이 하나의 아미노산의 $-COOH$와 그 다음 아미노산의 $-NH_2$ 사이에 형성된다. 그림에서 보여주는 트리펩타이드와 같은 폴리펩타이드는 방향성이 있다. N 말단(자유 아미노 그룹을 지님)에서 C 말단(자유 카르복실산 그룹을 지님)으로 이어진다.

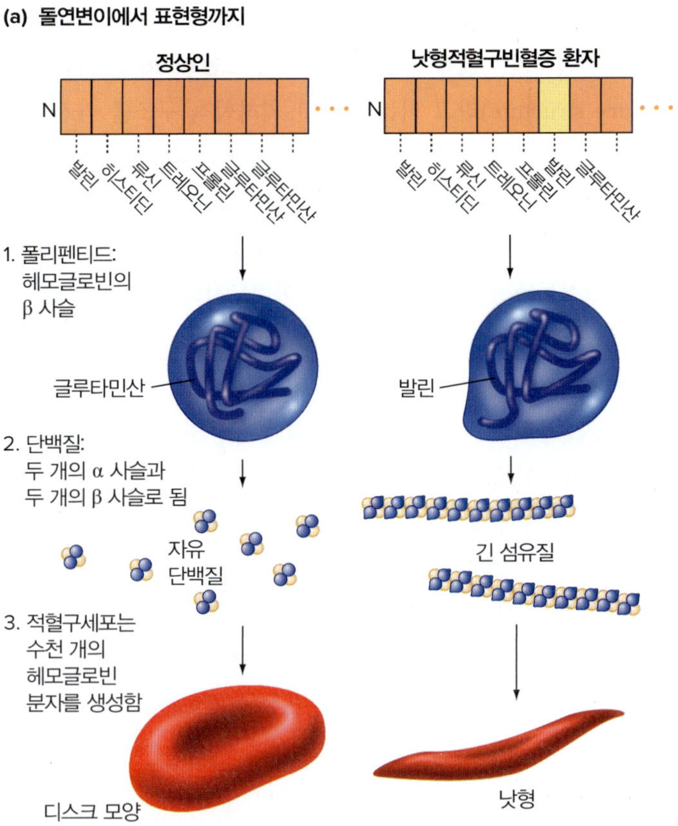

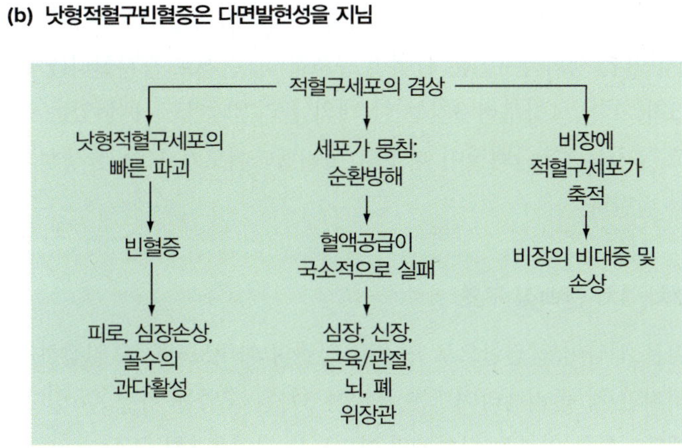

(c) β 사슬 치환/변종

	아미노산 위치									
	1	2	3 ···	6	7 ···	26 ···	63 ···	67 ···	125 ···	146
정상(HbA)	Val	His	Leu	Glu	Glu	Glu	His	Val	Glu	His
HbS	Val	His	Leu	Val	Glu	Glu	His	Val	Glu	His
HbC	Val	His	Leu	Lys	Glu	Glu	His	Val	Glu	His
HbG 산호세	Val	His	Leu	Glu	Gly	Glu	His	Val	Glu	His
HbE	Val	His	Leu	Glu	Glu	Lys	His	Val	Glu	His
HbM 사스카툰	Val	His	Leu	Glu	Glu	Glu	Tyr	Val	Glu	His
Hb 쥬리히	Val	His	Leu	Glu	Glu	Glu	Arg	Val	Glu	His
HbM 밀워키 1	Val	His	Leu	Glu	Glu	Glu	His	Glu	Glu	His
HbDβ 푼잡	Val	His	Leu	Glu	Glu	Glu	His	Val	Gln	His

그림 8.9 낫형적혈구빈혈증 및 다른 빈혈증의 분자기작. **(a)** N 말단에서 6번째 아미노산인 글루타민산이 발린으로 치환되어 헤모글로빈의 β 사슬의 3차원적 구조에 영향을 주었다. 돌연변이가 일어난 β 사슬과 함께 중합체를 이룬 헤모글로빈은 적혈구세포가 낫형이 되게 한다. **(b)** 낫형적혈구세포는 여러 가지의 표현형을 보인다. **(c)** β 사슬에 일어난 여러 다른 돌연변이들도 빈혈증을 유발한다.

아미노산의 서열을 변경하는 돌연변이

각 단백질은 특정 아미노산의 서열로 되어 있다. 세포의 모양을 이루는 구조 단백질, 특정 반응을 촉매하는 효소 등 단백질의 화학적 성질은 무슨 아미노산 몇 개가 어떤 순서로 되어 있는지에 달려 있다.

유전자가 단백질을 암호화한다면 유전자에 변이를 주는 돌연변이는 그 유전자가 암호화하는 단백질의 아미노산 서열을 그에 따라 바꿀 것이다. 1950년대 중반 잉그램(Vernon Ingram)은 어떤 돌연변이가 해당 단백질에 어떤 변이를 주는지 규명하기 시작하였다. 최근에 개발된 아미노산 서열을 결정하는 기술을 이용하여 정상 성인 헤모글로빈(HbA)과 낫형적혈구빈혈증(sickle-cell anemia)을 보이는 동형접합성 환자의 헤모글로빈(HbS)의 아미노산 서열을 비교하였다. 놀랍게도, 정상과 돌연변이 단백질 간에 단 하나의 아미노산의 차이가 있다는 것을 알았다(**그림 8.9a**). 헤모글로빈은 α 사슬과 β 사슬 두 종류의 폴리펩타이드로 되어 있다. β 사슬의 N 말단에서 6번째 아미노산이 정상인에서는 글루타민산이지만 환자에게서는 발린이었다.

따라서 잉그램은 아미노산 한 개를 다른 아미노산으로 바꾸는 돌연변이가 헤모글로빈의 구조와 기능을 바꾸어 낫형적혈구빈혈증을 일으킨다는 것을 보여주었다. 글루타민산이 발린으로 바뀌면서 적혈구 내의 헤모글로빈 용해도를 바꾼다. 산소농도가 낮을 때에 용해도가 낮은 낫형적혈구의 헤모글로빈은 적혈구 모양이 비정상적인 긴 사슬 모양이 되도록 모인다(그림 8.9a). 낫형적혈구가 서로 모여 무더기를 만들고 신체는 많은 낫형적혈구를 분해하여 빈혈을 만들고 장기를 손상시킨다(**그림 8.9b**).

다양한 유전적 빈혈증으로 고생하는 환자들도 비정상적인 헤모글로빈을 지니기 때문에 잉그램과 다른 유전학자들은 얼마나 많은 다양한 돌연변이가 헤모글로빈의 아미노산 서열에 영향을 주는지를 결정할 수 있었다(**그림 8.9c**). 대부분 비정상적인 헤모글로빈은 아미노산 단 한 개의 변이로 인한 것이었다. 다양한 빈혈증 환자들은 서로 다른 아미노산에 변이가 있었지만 종종 한 아미노산에 서로 다른 두 개의 변이도 있었다. 한 아미노산이 다른 아미노산으로 바뀌는 돌연변이를 **과오 돌연변이**(missense mutation)라고 명명하였다.

단백질의 아미노산 서열이 단백질의 3차 구조를 결정한다

폴리펩타이드 결합으로 연결된 아미노산 서열로 구성된 단백질의 생성 과정이 일률적임에도 불구하고 각 폴리펩타이드는 고유의 3차 구조를 지닌다. 생화학자들은 단백질 구조를 네 단계로 구분한다(1차, 2차, 3차, 4차). 1차부터 3차는 한 개의 폴리펩타이드 내에 있는 구조이고, 4차는 한 단백질이 다수의 폴리펩타이드가 모여서 생성된 경우를 말한다.

1차, 2차, 3차 단백질 구조

단백질은 펩타이드 결합으로 연결된 일련의 아미노산으로 일정하게 형성되지만 각 폴리펩타이드는 특정한 3차원 모양을 가질 수 있다. 폴리펩타이드를 이루는 직선상의 아미노산 서열을 **1차 구조**(primary structure)라고 한다. 각각의 특정한 1차 구조는 사슬이 어떤 3차 구조로 배열될지를 지정한다. 22개 아미노산의 R 그룹의 화학적 성질은 다르기 때문에 서로 가깝게 있게 되면 아미노산 사이에 수소 결합 혹은 이온결합을 한다. 예를 들어, 비극성 아미노산은 소수성 부위를 물로부터 숨기기 위해 서로 결합할 것이다. 다른 예를 보면 —SH 그룹의 산화로 두 개 시스테인 아미노산의 —S—S— 이황화 공유결합을 할 수 있다.

이러한 상호결합(**그림 8.10a**)은 특정한 3차원 구조로 폴리펩타이드를 안정화시키는 것을 돕는다. 1차 구조(**그림 8.10b**)는 **2차 구조**(secondary structure)라고 하는 독특한 기하학적 구조를 가진 지협적인 부위를 형성함으로써 3차원 모양을 결정짓는다(**그림 8.10c**). 1차 구조는 또한 2차 구조와 함께 접힘과 뒤틀림을 만들고, 궁극적으로는 3차원적인 전체 폴리펩타이드의 **3차 구조**(tertiary structure)를 형성한다(**그림 8.10d**). 생리적 조건에서 아미노산의 긴 사슬이 자연스럽게 3차원 공간에서 접힌 3차 구조를 폴리펩타이드의 자연적 구조(native conformation)라고 한다. 수소 결합, 이온결합, 소수성 친화력, 이황화결합을 포함한 다양한 힘이 자연적인 형상을 안정화하는 데 돕는다.

폴리펩타이드의 아미노산 서열, 즉 1차 구조는 2차와 3차 구조를 직접적으로 결정짓는다는 사실을 다시 한 번 강조한다. 자연적 구조로 사슬이 접히는 데 필요한 정보는 직선상의 아미노산 서열에 타고난다.

이 논리로 한 예를 보면 대부분 단백질은 우레아와 머캅토에탄올로 처리하든가, 열 혹은 pH를 높이면 구조가 풀려 **변성**(denatured)된다. 이러한 처리는 2차와 3차 구조를 안정화하는 결합을 파괴한다. 조건을 되돌려 처리를 제거하면 대부분 단백질은 다른 요소의 도움

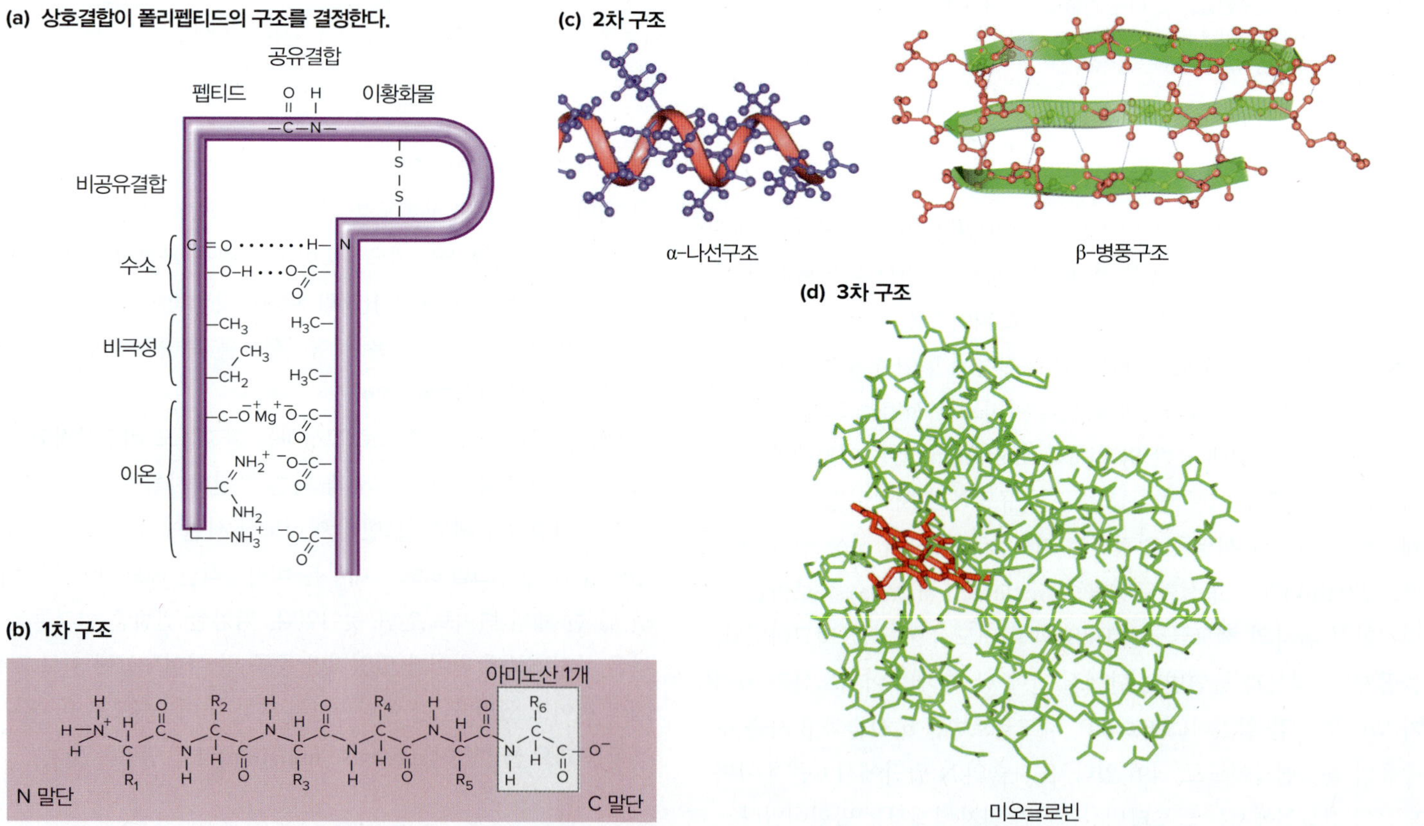

그림 8.10 폴리펩타이드 구조 단계. **(a)** 공유와 비공유결합이 폴리펩타이드의 구조를 결정한다. **(b)** 단백질 1차 구조(1°)는 아미노산의 서열이다. **(c)** 국소적으로 α-나선구조(helixes) 와 β-병풍구조(pleated sheets)와 같은 2차 구조(2°)를 형성한다. **(d)** 3차 구조(3°)는 폴리펩타이드의 완전한 3차원적 배열이다. 그림에서 보여주는 것은 철을 지닌 헴(heme)그룹, 미오글로빈으로 빨간색으로 표시되어 있다. 이것은 산소를 운반한다. 반면에 폴리펩타이드 자체는 초록색으로 표시하였다.

도 없이 자연적 구조로 다시 접힌다. 단백질의 적절한 3차원 모양을 갖게 하기 위해 1차 구조 외의 다른 정보는 필요하지 않다.

일부 단백질은 변성 후 올바른 3차 구조를 다시 형성할 수 없다는 것을 알아야 한다. 이러한 단백질의 적절한 구조 형성에는 원래의 형태를 안정화하는데 도움이 되는 **샤페론**(chaperones)이라는 다른 단백질이 필요하다. 고온으로 인해 단백질이 펼쳐지기 때문에 많은 샤페론은 유기체가 고온에 노출될 때 만들어지는 **열 충격 단백질**(heat shock proteins)이다. 이러한 열 충격 단백질은 고온 조건에서 잘못된 단백질 접힘으로 인한 손상으로부터 세포를 보호한다. 그러나 본래의 형태를 이루기 위해 샤페론이 필요한 단백질의 경우에도 단백질의 아미노산 서열이 최종 3차원 구조를 결정한다.

4차 구조: 다중결합 단백질

흑백 시각을 증진시키는 로돕신과 같은 단백질은 하나의 폴리펩타이드로 되어 있다. 그러나 안구의 수정체에 견고함과 투명함을 주는 수정체단백질 혹은 앞에서 언급한 헤모글로빈과 같은 단백질 등 많은 단백질은 특정한 방식으로 서로 연결된 둘 혹은 더 많은 폴리펩타이드사슬로 되어 있다(**그림 8.11a,b**). 다중체의 각 폴리펩타이드를 **소단위**(subunits)라고 하며, 소단위의 복합체를 **다량체**(multimer)라고 한다. 다량체의 소단위들의 3차원적 구조가 복합단백질의 **4차 구조**(quaternary structure)이다.

폴리펩타이드의 자연적 형태를 안정화하는 힘(수소 결합, 이온결합, 소수성친화력, 이황화결합)과 동일한 힘이 4차 구조의 유지에도

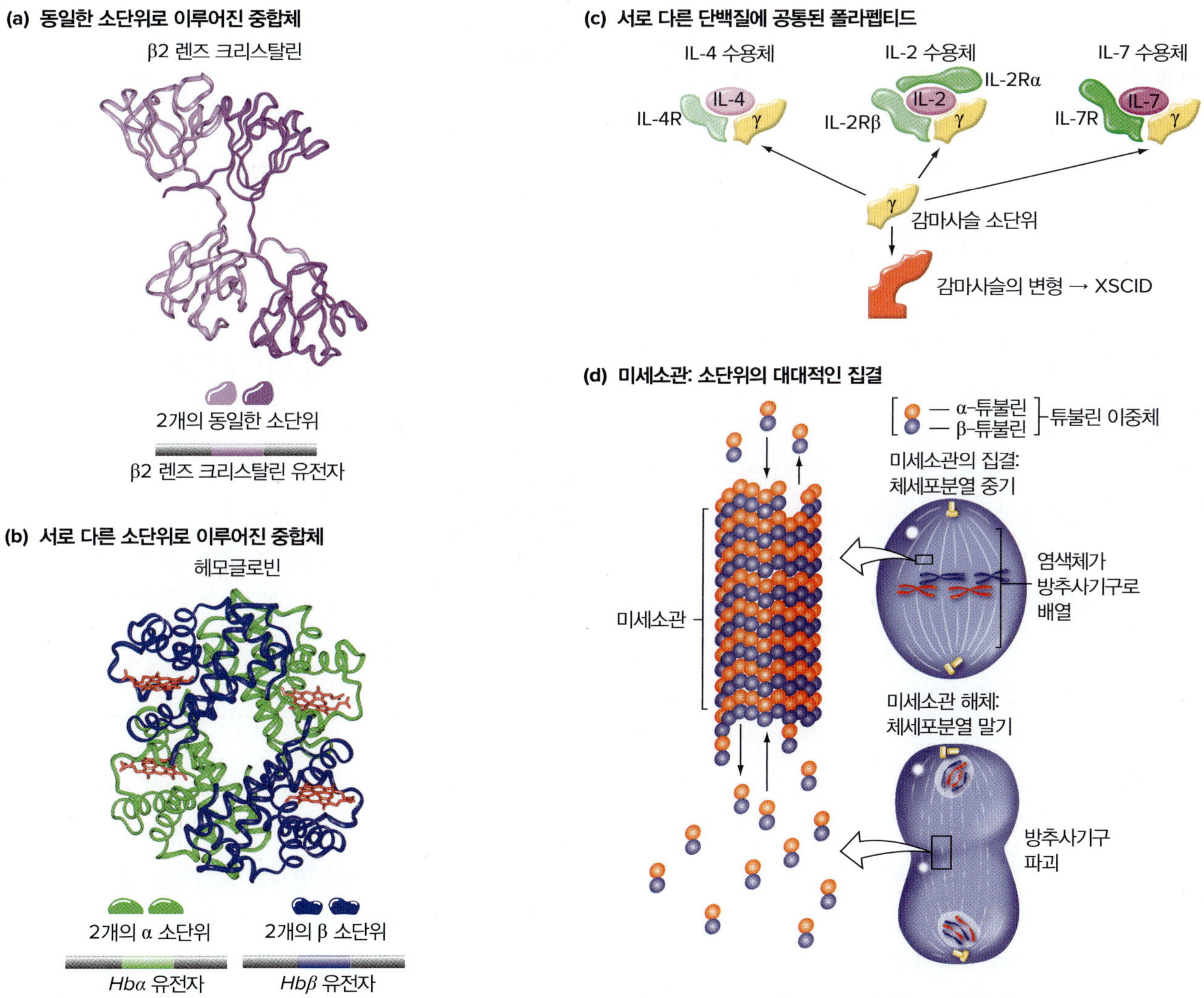

그림 8.11 다량체성 단백질. **(a)** β2 렌즈 크리스탈린은 같은 종류의 소단위 두 개가 모인 것이다. 두 개 소단위는 한 유전자에서 만들어진다. 두 개 소단위의 펩타이드 뼈대를 서로 다른 빛깔의 보라색으로 표시하였다. **(b)** 헤모글로빈은 두 개의 서로 다른 종류의 소단위로 되었으며 각각은 각자 다른 유전자에서 만들어진다. **(c)** 3개의 서로 다른 단백질 수용체로 인터류킨(ILs; 보라색)이라고 하는 면역계 분자이다. 모두 공통적으로 γ 사슬(노란색)과 각 수용체 특이적인 폴리펩타이드(초록색)로 되어 있다. γ 사슬의 돌연변이는 3개 수용체 모두 기능을 못하게 하여 XSCID 질환을 유발한다. **(d)** 하나의 α-튜불린과 하나의 β-튜불린 폴리펩타이드는 서로 결합하여 튜불린 이중체를 이룬다. 많은 튜불린 이중체가 모여 하나의 미세소관(microtubule)을 형성한다. 분열 방추사(mitotic spindle)는 여러 미세소관이 합쳐진 것이다.

기여한다. 그림 8.11a에서 보듯이 중합체 중에는 둘 혹은 그 이상으로 되어 있는 소단위가 동일한 폴리펩타이드이기도 하다. 이러한 동일한 사슬은 한 유전자가 암호화한 것이다. 반면에 한 개 이상의 폴리펩타이드가 모여 단백질을 이루는 다량체도 있다(그림 8.11b). 이런 중합체를 이루는 서로 다른 폴리펩타이드는 다른 유전자가 암호화한다.

한 유전자에 돌연변이가 있어 소단위 한 종류에 변이가 생기면 다량체의 기능에 영향을 줄 수 있다. 예를 들어, 성인 헤모글로빈 분자는 각 소단위가 서로 다른 유전자, 하나는 α 사슬과 다른 하나는 β 사슬에 의해 결정되는 두 개의 α와 두 개의 β 소단위로 구성되어 있다. *Hbβ* 유전자에 생긴 돌연변이는 β 사슬의 6번 위치에서 아미노산을 바꾸어 낫형적혈구빈혈증을 유발한다. 이와 유사하게 만약 여러 다중체성 단백질이 동일한 소단위를 공유한다면 이 소단위를 암호화하는 유전자에 생긴 한 개의 돌연변이는 모든 단백질에 동시에 영향을 줄 것이다. **인터류킨**(interleukin, IL) **수용체**로 알려진 여러 다른 단백질을 무능력하게 하는 쥐와 사람의 X-연관 돌연변이가 있다. 이 수용체 모두는 감염과 맞서서 면역력을 생성하는 면역계 세포의 정상 기능에 필수적이다. 이 돌연변이는 생명을 위협하는 **X-연관면역결핍**(**X**-linked **s**evere **c**ombined **i**mmune **d**eficiency; XSCID, **그림 8.11c**)이라고 알려졌다.

복합체 단백질의 폴리펩타이드는 세포의 필요에 따라 변할 수 있는 굉장히 커다란 구조로 형성될 수 있다. 유사분열 시방추사를 이루는 미세소관은 α 튜불린과 β 튜불린 두 개의 폴리펩타이드의 거대한 집단이다(**그림 8.11d**). 세포는 세포주기의 각 단계에서 필요에 따라 자라거나 줄어드는 매우 긴 원통형으로 이러한 소단위를 배열할 수 있다.

한 유전자, 한 폴리펩타이드

다량체성 단백질 생성에 한 개 이상의 유전자가 관여하고 모든 단백질이 다 효소가 아니기 때문에 한 유전자, 한 효소 가설은 유전자의 기능을 정의하기에는 충분한 것 같지 않다. 더 정확히 말하면 **'한 유전자, 한 폴리펩타이드'** 각 유전자가 특정 폴리펩타이드를 형성한다고 해야 할 것 같다. 9장에서 다루겠지만 이렇게 바꾸어 말한다 해도 모든 유전자의 기능을 다 말해 주지는 못한다. 왜냐하면 모든 유기체들에서 몇 유전자는 단백질생성과 무관한 것도 있다. 이들은 폴리펩타이드로 번역되지 않는 RNA를 암호화한다.

유전자와 폴리펩타이드와의 연관을 앎으로써 유전학자들은 한 유전자에서 생긴 각 돌연변이들이 어떻게 다른 표현형을 보이는지를 분석할 수 있게 되었다. 만약 다른 아미노산이 별개의 방식으로 단백질의 기능에 기여한다면 폴리펩타이드 사슬에서 다른 위치에 있는 아미노산을 바꾸어 단백질의 기능을 다르게 변경할 수 있다. 예를 들어, 대부분 효소는 효소의 역할을 수행하기 위한 작용점이 있다. 반면에 효소의 다른 부위는 작용점의 모양과 위치에 기여한다. 작용점에 위치한 아미노산의 성질을 바꾸는 돌연변이는 작용점 외의 아미노산을 바꾸는 것보다 훨씬 영향이 심할 것이다. 게다가 염기성 곁가지를 지닌 아미노산을 산성 곁가지를 지닌 아미노산으로 바꾸는 것과 같은 아미노산 치환은 아미노산의 화학적 성질을 유지하는 치환보다는 단백질의 기능을 더 많이 잃을 것이다.

어떤 돌연변이는 단백질의 아미노산 구성에 전혀 영향을 주지 않아도 비정상적인 표현형을 보인다. 9장에서 설명하겠지만 이러한 돌연변이는 유전자를 따라 폴리펩타이드를 생성하는 데 관여하는 유전자의 일부를 방해하여 생성된 정상 폴리펩타이드의 양에 변화를 준다.

핵심 개념 8.2

- 대부분의 유전자는 폴리펩타이드의 아미노산 서열을 지정한다.
- 과오 돌연변이는 폴리펩타이드의 아미노산 하나를 변경한다.
- 다중결합 단백질은 두세 개의 폴리펩타이드(소단위)로 되어 있다. 각 소단위는 서로 다른 유전자가 암호화한다.

8.3 종합적 예시: 시력에 영향을 주는 돌연변이

학습 목표

1. 사람의 시력과 관련된 네 개의 광수용체 단백질의 기능에 대해 설명한다.
2. 광수용체를 암호화하는 유전자가 공통유전자에서 어떻게 중복과 분기현상을 통해 파생되었는지를 설명한다.
3. 광수용체 유전자의 돌연변이가 어떻게 시력에 영향을 미치는지를 설명한다.

거의 200년 전에 처음으로 색채인식이 비정상적인 사람에 대해 묘사하였다. 그때 이후로 사람의 시력을 변형시키는 돌연변이를 많이 발견해왔다. 각 돌연변이와 연계된 표현형을 조사하고 유전적 돌연변이의 DNA 변형을 직접적으로 분석하여 사람의 시각적 인식에 영향을 주는 유전자와 유전자가 만들어 내는 단백질의 기능에 관하여 상당히 많이 알아내었다.

사람을 이용한 시각연구는 몇 가지 장점이 있다. 첫째, 사람들은 빨간색이 어떤 것인지 미세한 차이점을 보는 것부터, 빨간색과 초록색 사이의 차이점도 보지 못하거나, 어떤 색채도 전혀 볼 수 없는 것까지 자기들이 본대로 다양하게 인식하고 묘사할 수 있다. 둘째, 잘 발달된 정신물리학은 표현형을 정확하게 정의내리고 비교하기 위한 민감하고 국부적인 검사를 제공한다. 마지막으로 시각체계의 유전적 변이가 드물지만 개인의 수명 혹은 생식능력에도 영향을 미치기 때문에 시각적 인식을 변화시키는 많은 새로운 대립유전자를 갖게 하는 돌연변이가 시간이 지나면서 사람들 사이에 남게 될 것이다.

빛에 민감한 망막세포 단백질

사람은 눈 뒤에 위치한 망막에 있는 신경세포(뉴런)을 통해 빛을 감지한다(**그림 8.12a**). 이러한 뉴런에는 두 종류가 있다[막대 모양의 **간상세포**(rods)와 원추 모양의 **원추세포**(cones)]. 빛 감지 뉴런의 95%가 간상세포로 이것은 전체 파장의 약한 빛에 의해 자극된다. 강한 빛에서는 간상세포가 포화되어 더 이상 뇌로 의미 있는 정보를 보내지 못한다. 이때는 원추세포가 자극되어 색깔을 볼 수 있게 해 주는 밝은 빛의 파장을 이용한다.

원추세포는 세 가지 형태가 있다(빨간색, 초록색 그리고 세 번째로 파란색을 감지하는 것). 각 광수용체 세포는 특정한 파장의 빛으로부터 광전자를 흡수, 광전자의 수와 에너지에 관한 정보를 전기신호로 전환 그리고 광학신경을 거쳐 신호를 뇌에 전달하는 과정으로 광감지를 수행한다.

다른 광민감도를 갖는 네 개의 관련 단백질

광전자를 받고 간상세포에서 정보를 처리하도록 자극하는 단백질은 **로돕신**(rhodopsin)이다. 이것은 세포막을 여러번 가로질러 놓인 348개의 아미노산으로 구성된 하나의 폴리펩타이드 사슬이다(**그림 8.12b**). 사슬 내에 하나의 라이신(lysine)과 실제로 광전자를 흡수하는 망막의 색소분자와 연결되어 있다. 망막 주변의 아미노산은 로돕신의 작용점을 구성하고 망막의 위치를 특정한 방향으로 조정 함으로써 빛에 대한 반응을 결정한다. 각 간상세포는 세포막에 대략 1억 개의 로돕신 분자를 지닌다. 이 장의 앞부분에 살펴보았듯이 로돕신의 생성을 조절하는 유전자는 3번 염색체에 위치한다.

파란색 원추세포에서 광전자를 수용하고 처리하는 단백질은 로돕신과 유사한 것으로 이것도 348개의 아미노산으로 된 하나의 폴리펩타이드 사슬로 되어 있으며, 망막의 한 분자를 감싸고 있다. 파란색 수용단백질은 348개 아미노산의 반보다 약간 적은 아미노산이 로돕신과 유사하다. 나머지 부분은 다르지만 이 부분은 단백질의 특수 빛 수용력에 필요하다(그림 8.12b). 파란색 단백질의 유전자는 7번 염색체에 위치한다.

이와 유사하게 로돕신과 관련된 것으로 빨간색과 초록색 원추세

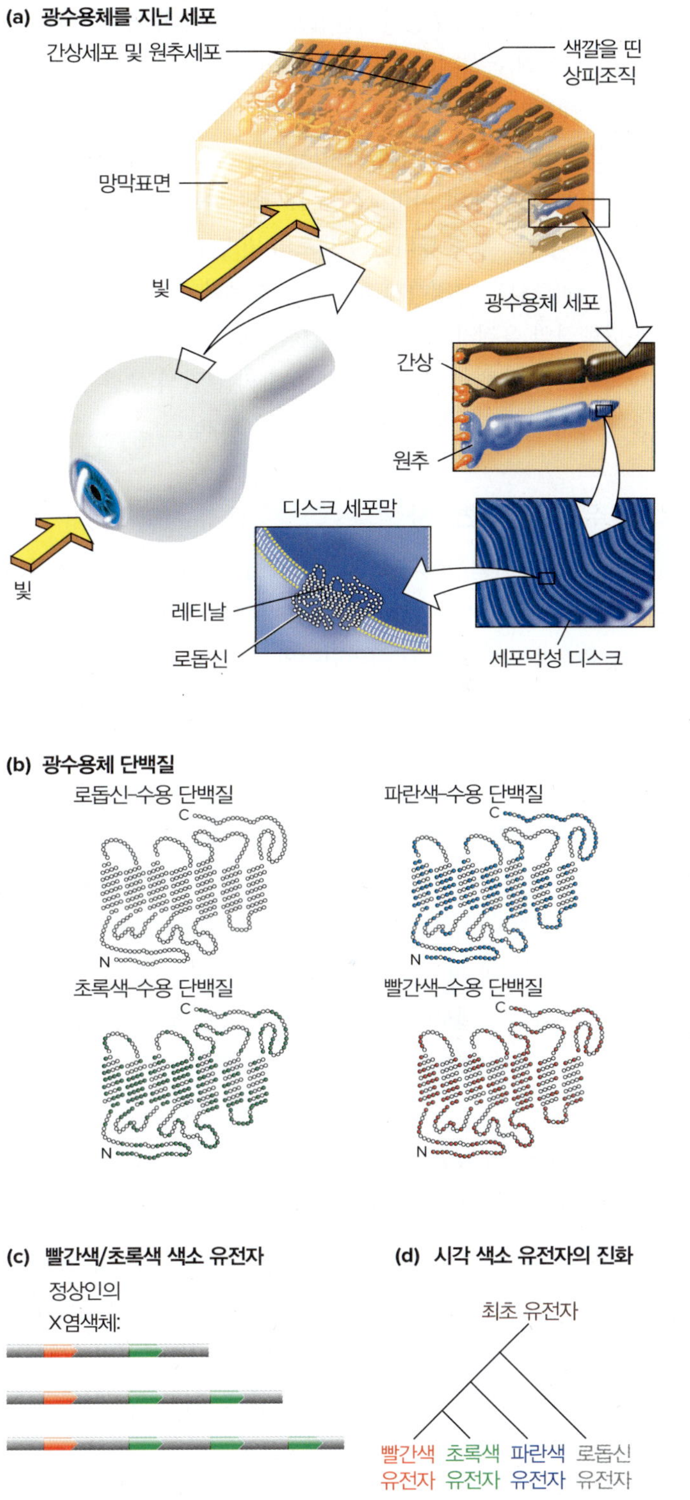

그림 8.12 시각의 세포 및 분자기작. **(a)** 망막의 간상세포 및 원추세포는 세포막에 광수용체를 지닌다. **(b)** 간상세포의 광수용체는 로돕신이다. 원추세포의 파란색, 초록색, 빨간색 수용체 단백질은 로돕신 관련 단백질이다. 색깔이 있는 점은 로돕신과 도표화 된 단백질에서 다른 아미노산을 의미한다. **(c)** 하나의 빨간색 광수용체 유전자와 1~3개의 초록색 광수용체 유전자는 X염색체에 모여 있다. **(d)** 로돕신 유전자와 3개의 색깔 수용체는 아마도 최초의 광수용체에서 3번의 유전자 중복현상과 중복된 사본의 분기현상으로 인해 진화되었을 것이다.

포에 빨간색과 초록색 수용단백질이 있다. 364개의 아미노산보다 약간 더 큰 크기의 폴리펩타이드 하나로 되어 있지만 이것들도 망막과 연결되어 세포막에 박혀 있다(그림 8.12b). 파란색 단백질과 같이 빨간색과 초록색 단백질도 거의 아미노산 반 정도가 로돕신과 다르다. 자기들끼리는 364개의 아미노산중 15개만 다르다. 그러나 이 차이가 미비 하더라도 두 종류의 원추세포의 빛 민감도를 다르게 하여 민감도의 스펙트럼을 분명하게 하기에는 충분한 것이다. 빨간색과 초록색 단백질의 유전자는 둘 다 X 염색체에 있으며, 서로 바로 연이어 반복해서 위치하고 있다. 대부분 하나의 빨간색 유전자와 1~3개의 초록색 유전자가 X 염색체에 있다(**그림 8.12c**).

로돕신 유전자군의 변천사

네 개의 로돕신 단백질이 구조와 기능에서 유사한 것은 이들 폴리펩타이드를 암호화하는 유전자가 일련의 유전자 복제현상을 통해 복제되면서 유전자 속에 포함된 돌연변이의 축적을 통해 나누어 진 것임을 시사한다. 색깔을 볼 수 있는 능력의 발전은 선택에서 유리한 장점을 제공한 돌연변이에 의한 것임에 틀림이 없다. 생물학자들은 유전자와 단백질 생성물의 관련성을 통해 이러한 중복에 관한 진화 역사를 추론 할 수 있다. 빨간색과 초록색 유전자는 가장 유사하여 100개 중 다섯 개 뉴클레오타이드보다도 더 적게 차이가 있다. 이것은 진화상 상대적으로 최근에 서로 갈라진 것임을 제시한다. 빨간색 혹은 초록색 단백질과 파란색 단백질 간에 유사성이 낮아 로돕신과 색 광수용체 사이의 관계보다도 더 낮은데, 이것은 초기 중복과 분기 현상 때문일 것이다(**그림 8.12d**).

로돕신 유전자군의 돌연변이가 어떻게 보는 방식에 영향을 주는가

로돕신과 세 개의 색깔 광수용체 단백질을 암호화하는 유전자에 생긴 돌연변이는 여러 개의 다른 기작을 통해 시력에 변화를 준다. 한 단백질에서 한 개의 아미노산의 정체를 바꾸는 점 돌연변이에서부터 광수용체 유전자의 숫자를 늘리거나 줄일 수 있는 불균등한 교차로 인한 큰 변이에 이르기까지 다양하다.

로돕신 유전자의 돌연변이

로돕신 유전자에 생긴 적어도 한 개의 뉴클레오타이드 치환 돌연변이 29개는 각각 조기 간상세포의 결핍으로 시작하여 주변 망막의 점진적인 퇴화에 의한 **색소성 망막염**(retinitis pigmentosa)으로 알려진 상염색체 우성 시각장애의 원인이 된다. **그림 8.13a**에서 이들 돌연변이에 의해 영향을 받은 아미노산의 위치를 표기하였다. 이들 아미

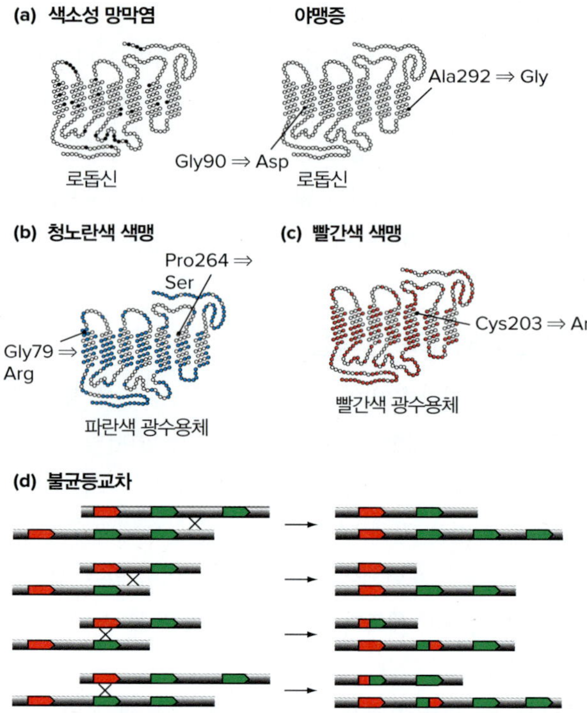

그림 8.13 돌연변이가 빛과 색깔의 인식을 어떻게 조절하는가? **(a)** 로돕신의 3차원적 구조를 망가뜨리는 아미노산 치환(검은색 점)은 색소성 망막염 질환을 유발한다. 다른 치환은 로돕신의 빛에 대한 예민도를 약하게 하여 야맹증을 유발한다. **(b)** 파란색 색조유전자에서 일어난 치환은 청노란색 색맹(tritanopia)을 유발한다. **(c)** 빨간색 광수용체를 불안정하게 하는 돌연변이는 빨간색 색맹을 유발한다. **(d)** 빨간색과 초록색 유전자 사이의 불균등교차는 유전자 수를 변경할 수 있으며 혼합 광수용체를 암호화하는 유전자를 만들 수도 있다.

노산의 변화로 적당한 접힘을 하지 못하거나 접히더라도 불안정한 구조를 지닌 비정상적인 로돕신 단백질이 생성된다. 정상 로돕신은 간상세포막 구조에 필수적이지만 기능을 못하는 이런 돌연변이 단백질은 세포막에 삽입되지 못하고 세포에 남아 있게 된다. 충분한 로돕신을 세포막에 삽입할 수 없는 간상세포는 결국 죽는다. 얼마나 많은 간상세포가 죽었느냐에 따라 부분적 혹은 완전한 실명이 된다.

로돕신 유전자의 다른 돌연변이는 덜 심각한 야맹증의 원인이 되기도 한다(그림 8.13a). 이러한 돌연변이는 단백질의 아미노산 서열을 바꾸어 시력을 갖게 하는 데 필요한 자극의 역치를 높이게 된다. 이러한 변화로 인해 아주 약한 빛은 더 이상 시력을 촉발하기에는 충분하지 않게 된다.

원추세포 색소 유전자의 돌연변이

원추세포 색소 유전자의 돌연변이로 인한 시각장애는 간상세포의 로돕신 유전자에 생긴 유사한 변이로 인한 것보다는 덜 심각하다. 아마도 이러한 차이는 간상세포가 광수용 뉴런의 95%를 차지하고 원추세포는 나머지 5%를 이루기 때문일 것이다. 7번 염색체에 있는 파란

그림 8.14 청노란색 색맹인 사람에게는 지구가 어떤 모습일까? 그림 4.9와 비교해 보라. *Source: Image courtesy of NASA*

색 유전자에 생긴 돌연변이들은 파란색 빛의 양에서만 차이가 있는 색깔 사이를 구분할 수 있는 능력이 결핍된 **청노란색 색맹**(tritanopia)의 원인이다(**그림 8.13b, 8.14**). X 염색체에 있는 빨간색 유전자의 돌연변이는 빨간색 단백질의 기능을 변경 혹은 제거함으로써 빨간색 원추세포의 빛에 대한 민감도를 변경 혹은 파기한다. 예를 들어, 빨간색 수용단백질의 203위치에서 시스테인을 아르기닌으로 바꾸면 단백질의 3차 구조를 지지하는데 필요한 이황화결합을 파괴하게 된다(**그림 8.13c**). 이 결합이 없으면 단백질은 자신의 자연적 구조를 안정하게 유지할 수 없으며 이러한 돌연변이를 지닌 사람은 빨간색 색맹이 되는 것이다.

빨간색과 초록색 유전자 사이의 불균등한 교차

정상적인 색채 시각을 지닌 사람은 하나의 빨간색 유전자를 지닌다. 인접한 초록색 유전자는 한 개 혹은 두세 개까지 가지고 있다. 빨간색과 초록색 유전자는 DNA 서열에서 96%가 동일하고 초록색 유전자 사이는 99.9%가 동일하다.

두 유전자가 가깝게 있으며 유사성이 매우 높으면 드물게 이러한 유전자 간에 **불균등한 교차**(unequal crossing-over)가 일어나게 한다. 감수분열 동안 상동염색체가 결합하면 적색 및 녹색 광수용체 유전자와 같이 서로 인접해 있는 밀접하게 관련된 두 개의 DNA 서열이 서로 잘못 짝을 이룰 수 있다. 잘못 짝을 이룬 서열 사이에 재조합이 발생하면 광수용체 유전자가 삭제, 추가 또는 변경될 수 있다.

다양한 불균등한 재조합은 빨간색 유전자가 없거나, 초록색 유전자가 없거나, 다양한 조합의 초록색 유전자 혹은 빨간색과 초록색의 혼합을 지닌 DNA를 만들게 된다(**그림 8.13d**). 이러한 서로 다른 DNA 조합은 대부분의 알려진 빨간색-초록색 색채 인식장애의 원인이 된다. 나머지는 앞서 언급한 것 같이 점돌연변이에 의한 이상이다. 빨간색과 초록색의 명확한 인식은 처리되는 빨간색과 초록색 빛의 비에 의하기 때문에 빨간색 혹은 초록색 유전자가 없는 사람은 빨간색과 초록색을 동일한 색으로 인식한다(그림 4.9 참조).

핵심 개념 8.3

- 사람의 색채 시각은 간상세포의 로돕신 단백질과 원추세포의 파란색, 빨간색, 초록색 광수용체로 되어 있다.
- 로돕신 유전자군의 네 개의 유전자는 공통된 광수용체 유전자가 중복 및 분기 현상으로 파생된 것이다.
- 로돕신 유전자의 돌연변이는 간상세포의 기능을 파괴하여 시력을 잃게 한다. 원추세포에 있는 광수용체 유전자의 돌연변이는 색맹의 원인이 된다.

풀이 문제

풀이 문제 I

동일한 과정에 영향을 미치는 돌연변이가 대립유전자임을 밝혀 줄 수 있으므로 보상 실험은 유전 학자에게 강력한 도구이다.

a. 보상 실험을 하려면 어떤 종류의 유기체가 생성되어야 하는가? 초파리 눈 색깔 돌연변이에 대한 보상 실험의 경우 이런 종류의 유기체는 어떻게 생성되었나(그림 8.2)? 박테리오파지 T4의 *rII* 돌연변이에 대한 벤저의 보완 테스트의 경우는 어떠한가(그림 8.4c)?

b. 재조합지도는 유전학자 필수 실험 도구의 하나이다. 어떤 종류의 실험에서 더 많은 세대를 필요로 하는가? : 재조합지도 혹은 보상 실험

c. 벤저가 동일한 유전자에 있는 한 쌍의 돌연변이 $rIIA^1$과 $rIIA^2$ 사이의 보상 실험을 수행했을 때 보상이 관찰되지 않았다. 두 돌연변이 파아지 유형과 동시 감염된 *E. coli* K(λ) 세포가 용해되지 않았다(이것이 돌연변이 표현형이다; 그림 8.4c.1 참조). 야생형 rII^+ 유전자를 생성하기 위한 $rIIA^1$ 및 $rIIA^2$ 돌연변이 사이의 교차는 이 실험의 요인이 아니다. 왜 아닐까? [힌트 : *rII* 돌연변이 체는 *E. coli* K(λ) 세포에서 DNA를 효율적으로 복제할 수 없다.]

해답

이 질문에 답하려면 보상 실험과 재조합지도를 구별할 수 있어야 한다.

a. 보상 실험에서는 두 개의 돌연변이 균주 각각에서 하나씩, 두 개의 서로 다른 유전체 사본을 가진 세포를 가진 유기체를 생성해야 한다. 두 균주의 돌연변이는 야생형에 대해 열성이어야 하며 이는 일반적으로 돌연변이 유전자가 기능을 잃게 만든다는 것을 의미한다. 또한 두 균주는 유사한 돌연변이 표현형을 가져야 한다. 초파리와 같은 이배체 유기체의 경우, 두 개의 다른 유전체 사본을 가진 소위 trans-이형접합자를 생성하기 위해 단순히 하나의 돌연변이가 있는 균주와 다른 돌연변이가 있는 균주와 교배시킨다. 박테리오파아지 T4의 경우, 벤저는 두 개의 서로 다른 돌연변이 박테리오파아지 T4 유전체의 사본을 가진 *E. coli* 세포를 생성하기 위해 높은 다중 감염조건에서 동시 감염을 실시했다.

b. 보상 실험에서는 (a)에 대한 답변에 설명된 대로 두 개의 돌연변이 균주 각각에서 하나씩, 두 개의 서로 다른 유전체 사본을 가진 유기체 또는 세포를 생성한다. 그런 다음이 세포나 유기체의 표현형을 보고 그것이 돌연변이(보상 없음)인지 야생형(보상)인지 묻는다. 재조합 지도는 이러한 *trans*-이형접합자(초파리) 또는 동시 감염된 파아지(T4)의 자손을 보고 이들 중 몇 개가 재조합체인지 묻기 때문에 추가 세대가 필요하다.

c. 일반적으로 파아지 교배에서, 공동 감염된 세포는 교차를 겪을 수 있는 두 가지 유형의 박테리오파아지 유전체 각각의 수백 또는 수천 개의 사본을 포함한다. 그러나 만약 파아지 T4가 공동 감염된 세포에서 DNA를 효율적으로 복제할 수 없다면, 세포에는 각 돌연변이 유형의 복제가 최대 몇 개만 존재할 수 있다. 이 상황에서 rII^+ 재조합을 생성하기 위해 $rIIA^1$과 $rIIA^2$ 돌연변이 사이의 작은 영역에서 특별히 교차가 발생할 확률은 매우 낮다.

풀이 문제 Ⅱ

10개의 독립적으로 찾아낸 열성 치사 돌연변이(l^1, l^2, l^3 등)가 쥐의 7번 염색체에 위치하였다고 하자. 이 돌연변이를 지닌 이형접합자의 모든 가능한 조합으로 쌍을 이뤄 교배시켜 상보성 검사를 하고, 죽은 쥐를 임신한 암컷 쥐를 조사하여 상보성의 여부를 분석하였다. 다음 표에 A+는 상보적이고 죽은 배아가 없는 경우, A−는 보상이 발생하지 않아 네 번의 임신 중 1번 정도는 배아가 죽은 경우이다. (이형접합 쥐 사이의 교배는 열성 동형접합 쥐를 만들어 1/4의 배아는 치사 표현형을 보일 것이라 예상한다.) 각 교배의 부모의 이형접합에 있는 치사 돌연변이는 표의 왼쪽에 위에서 아래로 표기하였다. 즉 표의 l^1은 한 염색체는 l^1 돌연변이를 상동 염색체는 야생형을 가진 이형접합자를 나타낸다. 그래서 유전형은 l^1/l^+이다.

10개의 치사 돌연변이에 유전자는 몇 개가 관련되었는가? 무엇이 서로 상보성 그룹인가?

	l^1	l^2	l^3	l^4	l^5	l^6	l^7	l^8	l^9	l^{10}
l^1	−	+	+	+	+	−	−	+	+	+
l^2		−	+	+	+	+	+	+	+	−
l^3			−	−	−	+	+	−	−	+
l^4				−	−	+	+	−	−	+
l^5					−	+	+	−	−	+
l^6						−	−	+	+	+
l^7							−	+	+	+
l^8								−	−	+
l^9									−	+
l^{10}										−

해답

이 문제는 상보성 개념을 데이터 세트에 적용해야 한다. 이러한 결과를 분석하는 가장 좋은 방법은 서로 상하지 않고 따라서 같은 유전자들의 대립유전자인 돌연변이들에 초점을 두는 것이다. 예를 들어 l^1는 l^6과 l^7하고 상보적이지 않다. 이 세 개 대립 유전자는 하나의 상보성 그룹이다. l^2는 l^{10}과 상보적이지 않다. 이것은 두 번째 상보성 그룹이 된다. l^3는 l^4, l^5, l^8, l^9와 상보적이지 않다. 따라서 이것들이 세 번째 상보성 그룹이 된다. 총 세 개의 상보성 그룹이 존재한다. (각 돌연변이의 같은 대립유전자를 지닌 개체 사이의 교배는 치명적 열성 동형접합을 생성하여 상보적이지 않다는 것을 염두에 두어야 한다.) 세 개의 상보성 그룹은 (1) l^1, l^6, l^7; (2) l^2, l^{10}; (3) l^3, l^4, l^5, l^8, l^9이다.

풀이 문제 Ⅲ

W, X, Y는 Z를 생성하는 생화학적 과정에서 순서대로 중간대사물이다. Z^- 돌연변이는 다섯 개의 상보성 그룹이 있다. *Z1* 돌연변이는 Y 혹은 Z에서 자라지만 W 혹은 X에서는 자라지 못한다. *Z2* 돌연변이는 X, Y 혹은 Z에서 자란다. *Z3* 돌연변이는 Z에서만 자란다. *Z4* 돌연변이는 Y 혹은 Z에서 자란다. 마지막으로 *Z5* 돌연변이는 W, X, Y 혹은 Z에서 자란다.

a. 다섯 개의 상보성 그룹을 그것들이 저해하는 단계대로 순서를 정하라.

b. X에서 Y로 전환하는 단계를 수행하는 효소의 성질에 대해 위의 유전적 정보가 무엇을 말해 주는가?

해답

이 문제는 상보성과 생화학적 과정에서 유전자와 효소와의 관계를 이해하여야 한다.

a. 생산물을 생성하기 위해 반드시 순서대로 일어나야 하는 반응의 세트가 생화학적 과정이다. 이 문제에서 Z를 생성하기 위한 과정의 중간대사물의 순서가 주어져 있다. 이 과정에서 어느 효소든지 결핍되면 표현형은 Z^-이다. 그러나 과정 중의 어떤 단계에서도 일어날 수 있다. 만약 돌연변이가 주어진 중간대사물에서 자랄 수 있으면 효소의 결핍은 그 중간대사물이 생성되기 바로 전 단계에서 일어난 것이다.

Z1 돌연변이가 Y 혹은 Z(그러나 W 혹은 X는 아님)에서 자란다는 것

은 Y를 생성하는 효소의 결핍이 있는 것이다. *Z2* 돌연변이는 X 이전에 결핍이 있고, *Z3* 돌연변이는 Z 이전에 결핍이 있고, *Z4* 돌연변이는 Y 이전에 결핍이 있고, *Z5* 돌연변이는 W 이전에 결핍이 있는 것이다. 다섯 개의 상보성 그룹은 다음과 같이 생화학적 과정에서 그 활성을 그려볼 수 있다.

$$\xrightarrow{Z5} W \xrightarrow{Z2} X \xrightarrow{Z1,\ Z4} Y \xrightarrow{Z3} Z$$

b. 돌연변이 *Z1*과 *Z4*는 같은 단계에서 작용하지만 다른 상보성 그룹에 속하기 때문에 이것들이 다른 유전자임을 알고 있다. 돌연변이 *Z1*과 *Z4*는 X에서 Y로 전환하는 단계를 수행하는 다중체 효소의 소단위를 암호화하는 유전자일 것이다. 아니면 X와 Y 사이에 아직까지 알려지지 않은 추가적인 중간단계가 더 있을 수도 있다. 만약 그렇다면 *Z1*과 *Z4*로 지정된 효소는 각각 다른 단계를 개별적으로 수행하는 방식으로 작동한다.

연습 문제

어휘

1. 왼쪽 열의 각 용어에 대해 오른쪽 열에서 가장 일치하는 구문을 선택하시오.

a. 보상	1. 펩타이드 결합을 통해 연결된 일련의 아미노산
b. 상보 그룹	2. 서로 다른 DNA 분자의 두가지 돌연변이
c. 용균반	3. 모든 생합성 경로가 정상적이기 때문에 보충제 없이 최소한의 배지에서 성장할 수있는 박테리아
d. 미세구조지도	4. 이배체에서 상동 쌍의 각 염색체가 다른 하나가 부족한 기능 유전자의 사본을 제공함
e. *trans* 위치	5. 파아지로 채워진 세균의 투명하게 빈 형태
f. *cis* 위치	6. 3차원으로 접힌 단백질 형태
g. 선택	7. 동일한 유전자의 다른 돌연변이 대립유전자
h. 종속영양체	8. 폴리펩타이드의 아미노산 서열
i. 원영양체	9. 특정 표현형을 가진 유기체만 생존할 수 있음
j. 아미노산	10. 특정 유전자에서 서로 다른 돌연변이 부위 사이의 유전적 거리 결정
k. 폴리펩타이드	11. 폴리펩타이드의 소단위
l. 일차 구조	12. 최소 배지에서 성장하려면 보충제가 필요함
m. 삼차 구조	13. 다른 상동체에서 유사한 유전자 사이의 비정상적인 재조합
n. 다량체	14. 동일한 DNA 분자에있는 두 개의 돌연변이
o. 불균등한 교차	15. 여러 폴리펩타이드 소단위로 구성된 단백질

8.1절

2. 그림 8.2b의 상보성 검사표에서, 돌연변이 눈 색깔이 다른 5개의 돌연변이 파리 종자는 동일한 유전자에서 돌연변이를 갖는 것으로 밝혀졌다: 흰색.
   a. 어떤 종자가 흰색 유전자의 돌연변이 대립유전자를 가지고 있는가?
   b. 이 종자가 다른 돌연변이 표현형을 갖는 것이 어떻게 가능한가?

3. 애기장대(Arabidopsis thaliana)의 잎 모양에 영향을 주는 유전자를 연구하는 식물학자가 둥근 잎선 대신에 비정상적인 톱니모양의 잎선을 가지게 하는 여섯 개의 독립적인 열성 돌연변이를 찾았다. 이들 돌연변이의 상보성 검사를 수행하였으나 어떤 검사는 식물원에서 사고가 생겨서 완성하지 못했다. 상보성 검사를 끝낸 것들의 결과는 다음 표로 정리하였다.

	1	2	3	4	5	6
1	−	+	−		+	
2		−				−
3			−	−		
4				−		
5					−	+
6						−

   a. 표의 각 칸에 표시된 + 혹은 −를 채우기 위해서 정확히 어떤 실험을 한 것인가? +는 무엇을 대표하는가? −는 무엇을 대표하는가? 일부 칸은 왜 초록색으로 채웠는가?
   b. 복잡한 것이 없다고 가정하면 수행하지 못한 상보성 검사의 결과가 무엇이라고 예상하는가? 위 표의 각 빈칸에 + 혹은 −를 채워서 완성하시오.
   c. 위의 돌연변이는 몇 개의 유전자로 인한 것인가? 어느 돌연변이가 어느 유전자에 위치하는가?

4. a. 박테리오파아지 T4 *rII* 부위의 벤저의 미세구조 분석은 그림 8.5에서 보는 대로 대부분 DNA 결실을 이용한 분석에 의한다. 이러한 결실 분석을 수행하기 위해서 벤저는 어느 rII^- 박테리오파아지가 결실을 가지고 있고 어느 것이 점 돌연변이인지를 알아야만 했다. 점 돌연변이에서 rII^- 결실 돌연변이를 어떻게 구분해 낼 수 있다고 생각하는가?

b. 그림 8.5c에서 벤저의 *rII* 부위에서 일어난 점 돌연변이의 상세한 지도를 보여준다. 이 지도에서 가장 중요한 것은 다발점이 존재하는 것이다. 벤저는 다발점을 특별히 돌연변이가 잘 일어나는 뉴클레오타이드 쌍이라고 설명하였다. 벤저가 어떻게 다발점에 생긴 모든 독립적인 돌연변이가 같은 뉴클레오타이드 쌍에서 일어난 것이라는 것을 알 수가 있었겠는가?

5. *E. coli* K(λ)에서 자라지 않는 T4 rII^- 돌연변이 다섯 개를 찾았다고 하자. 다음 표에 표시한대로 돌연변이 두 개를 가능한 모든 조합으로 함께 섞고 혼합물을 *E. coli* K(λ)에 넣었다. 그리고 혼합물이 자랄 수 있는지와 용균반을 형성할 수 있는지를 조사하여 표에 ＋로 표시하였다.

	1	2	3	4	5
1	−	+	+	−	+
2		−	−	+	−
3			−	+	−
4				−	+
5					−

a. 이 분석으로 몇 개의 유전자를 찾았는가?
b. 어느 돌연변이가 동일한 상보성 그룹에 속하는가?

6. 반수체 효모에서 아미노산 라이신을 필요로 하는 열성 돌연변이 8개를 찾았다. 돌연변이 5번과 6번은 역 돌연변이를 보이지 않았으나 이것을 제외한 모든 다른 돌연변이는 역 돌연변이의 발생률이 1×10^{-6}이었다. 이러한 돌연변이를 지닌 a와 α 세포를 교배하였다. 라이신이 없는 최소배지에서 교배로 생긴 이배체 효모가 자랄 수 있는지를 다음 표에 표시하였다(＋는 자란 것이고 －는 자라지 못한 것이다).

	1	2	3	4	5	6	7	8
1	−	+	+	+	+	−	+	−
2	+	−	+	+	+	+	+	+
3	+	+	−	−	−	−	−	+
4	+	+	−	−	−	−	−	+
5	+	+	−	−	−	−	−	+
6	−	+	−	−	−	−	−	−
7	+	+	−	−	−	−	−	+
8	−	+	+	+	+	−	+	−

a. 위의 자료에 의하면 상보성 그룹이 몇 개인가? 어느 점 돌연변이가 어느 상보성 그룹에 속하는가?

동일한 이배체 효모는 포자를 만들었다. 형성된 포자 대부분이 종속영양체 포자(auxotrophic spore)였다. 즉 라이신이 없는 최소배지에서는 콜로니를 형성할 수 없었다. 하지만 특정 이배체는 라이신이 없는 최소배지에서도 콜로니를 형성하는 원영양체 포자(prototrophic spore)를 드물게 생성하였다. 다음 표에서 여러 이배체 효모에서 포자형성시 원영양체 포자를 형성하는지(＋), 안 하는지(－)를 표시하였다.

	1	2	3	4	5	6	7	8
1	−	+	+	+	+	−	+	+
2	+	−	+	+	+	+	+	+
3	+	+	−	+	−	+	+	+
4	+	+	+	−	−	−	+	+
5	+	+	−	−	−	−	+	+
6	−	+	+	−	−	−	+	+
7	+	+	+	+	+	+	−	+
8	+	+	+	+	+	+	+	−

b. 앞에서 언급한대로 이배체가 포자형성시 원양양체 포자가 형성된다면 이러한 원영양체 포자를 가지는 사분체에서 보통 원영양체 포자대비 종속영양체 포자의 비가 어느 정도가 될 것이라 예상하는가? 예상하는 비에 대해 설명하시오.

c. 이 문제 전체에서 언급한 자료를 사용하여 라이신 돌연변이 8개의 가장 적합한 지도를 그려보라. 결실 돌연변이의 결실 부위를 보이고 여러 상보성 그룹의 경계를 표시하시오.

8.2절

문제 7, 8의 경우 2장에서 교차에서 얻은 표현형 비율은 유전자가 제어하는 생화학적 경로와 관련된 대립 유전자의 특성에 따라 달라진다는 점을 기억하시오.

7. 옥수수뱀의 야생형 색깔은 갈색이다. 상염색체 열성 돌연변이 하나는 뱀을 주노란색으로 바꾸고 다른 것은 검은색으로 바꾼다. 주노란색 뱀을 검은색 뱀하고 교배한 F_1 자손은 모두 갈색이었다. 여기에 관여하는 모든 유전자는 각각 다른 염색체에 위치한다고 가정하시오.

a. 만약에 주노란색과 검은색의 중간산물이 갈색으로 되는 중간산물과 다르며 색소를 만드는 과정이 하나만 존재한다면, 위에서 말한 교배의 F_2 세대에서는 어떤 표현형을 어떤 비로 예상할 수 있는가?

b. 만약에 주노란색 색소 생성 과정 하나, 또 검은색 색소 생성 과정 하나 그리고 갈색은 뱀의 피부에서 두 색깔이 혼합한 효과라면 F_2 세대에서 어떤 표현형을, 어떤 비로 예상할 수 있는가?

8. 다음의 각 교배에서 두 개의 순종식물을 교배하여 모두 보라색 꽃을 피우는 F_1 식물을 얻었다. 그런 다음에 F_1 식물끼리 교배하여 다음에 표시한 대로 F_2 세대를 얻었다.

교배	부모	F_1	F_2
1	파란색×흰색	모두 보라색	9 보라색 : 4 흰색 : 3 파란색
2	흰색×흰색	모두 보라색	9 보라색 : 7 흰색
3	빨간색×파란색	모두 보라색	9 보라색 : 3 빨간색 : 3 파란색 : 1 흰색
4	보라색×보라색	모두 보라색	15 보라색 : 1 흰색

a. 각 교배에서 꽃색깔의 유전 형태를 설명하시오.
b. 각 교배에서 자료를 설명할 수 있는 가능한 생화학적 과정을 보이시오.
c. 서로 다른 두 개의 소단위를 지니며 효소의 활성을 위해서는 두 개

의 소단위가 필요한 효소가 촉매작용을 하는 단 하나의 단계를 지닌 생화학적 과정으로 설명할 수 있는 교배는 어느 것인가?

d. 각 네 가지의 교배에서 관여하는 모든 유전자가 매우 가깝게 연관되어 있다면 F_1과 F_2 세대에서 무엇을 예상할 수 있는가?

9. 글루타민(Gln)과 프롤린(Pro) 아미노산의 생합성 과정에 하나 혹은 그 이상의 공통 중간산물이 관여한다. 다음 표에서 보듯이 성장을 위해 글루타민 혹은 프롤린, 아니면 두 아미노산 모두를 필요로 하는 종속영양체 효모 돌연변이 1번부터 7번을 분리하였다(+는 성장, −는 성장하지 않음을 표시). 돌연변이들이 A에서 E의 중간산물에서 자랄 수 있는지도 검사하였다. 글루타민과 프롤린 생합성 과정에서 이들 중간산물의 순서는 무엇이며, 이 과정에서 각 돌연변이는 어느 단계에서 억제가 되는가?

돌연변이	A	B	C	D	E	Gln	Pro	Gln+Pro
1	+	−	−	−	+	−	+	+
2	−	−	−	−	−	−	+	+
3	−	−	+	−	−	−	−	+
4	−	−	−	−	−	+	−	+
5	−	−	+	+	−	−	−	+
6	+	−	−	−	−	−	+	+
7	−	+	−	−	−	+	−	+

10. 1952년 〈British Medical Journal〉에 실린 기사는 X 염색체 연관 열성 돌연변이 혈우병으로 고통을 받는 사람들에게서 채취한 혈장에서 흥미로운 차이점을 보고하였다. 어떤 특정한 조합으로 혈장을 섞으면 시험관에서 혈액이 응고되는 것이다. 예를 들어, 혈우병 환자 네 명의 혈장을 다양한 조합으로 섞고 응고가 되는지(+), 안 되는지(−)를 다음 표로 제시하였다.

1과 1	−	2과 3	+
1과 2	−	2과 4	+
1과 3	+	3과 3	−
1과 4	+	3과 4	−
2과 2	−	4과 4	−

이 환자들의 혈우병 유전 형태에 대해 자료는 무엇을 말해 주는가? 이 데이터가 혈액응고를 수행하는 생화학적 과정에 대한 어떤 모델을 배제할 수 있게 하는가?

11. 예쁜꼬마선충(*Caenorhabditis elegans*) 1-세포기 배아에 있는 복합체의 일부인 단백질 6개에 대한 항체를 만들었다. 모체벌레는 배아의 안쪽 표면에서 시작하여 단계적으로 구조물로 결집된다고 믿는 단백질을 만든다. 항체는 돌연변이 모체가 생성한 배아에서 단백질의 위치를 감지하는 데 사용한다. 모체의 돌연변이는 각 단백질을 암호화하는 유전자의 열성동형접합자이다. 모체 선충은 스스로 수정이 가능한 자웅동체라서 수정 중에 야생형 유전자가 도입될 수가 없다.

다음 표에서 *는 단백질이 있으며 단백질은 배아의 내부 표면에 위치함을 의미하고, −는 단백질이 없음을 그리고 +는 단백질은 있으나 배아의 내부 표면에 위치하지 않음을 의미한다. 모든 돌연변이는 해당 단백질을 만들지 못하게 한다고 가정하자.

돌연변이 유전자	단백질 생성과 위치					
	A	B	C	D	E	F
A	−	+	*	+	*	+
B	*	−	*	*	*	*
C	*	+	−	+	*	+
D	*	+	*	−	*	+
E	+	+	+	+	−	+
F	*	+	*	*	*	−

가상 단백질 복합체의 구조물을 보이는 다음 그림을 각 원 안에 맞는 단백질의 기호를 적어서 완성하시오. 화살촉 모양으로 표시한 단백질 두 개는 각각 독립적으로 복합체로 결집할 수 있으나 그 다음 단백질이 복합체에 첨가되기 위해서는 둘 다 필요하다.

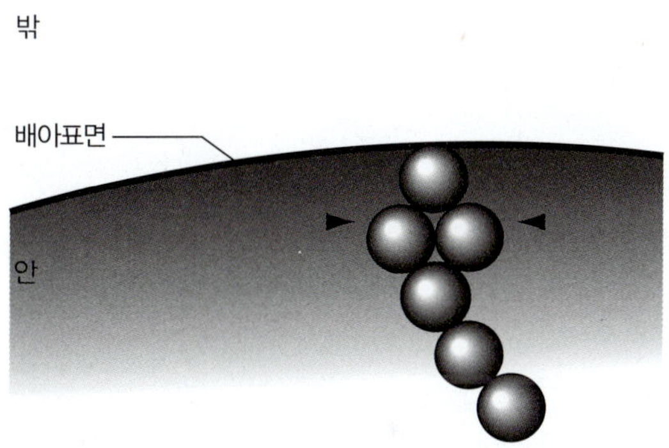

12. 그림 8.7b에 각 상보성 그룹(*ARG-E*, *ARG-F*, *ARG-G*, *ARG-H*)은 각 특이의 보충영양소에서 자랄 수 있다. 왜 이 네 그룹만 관찰되었는가? 예를 들어, 다음 표에서 보여주는 네 개의 가상 그룹처럼 반응하는 상보성 그룹이 왜 없었는가? 그림 8.7b처럼 +는 성장한 것, −는 자라지 못한 것을 표시한다.

가상 돌연변이체	보충영양소				
	없음	오르니틴	시트롤린	아르기노숙신산	아르기닌
야생형: Arg^+	+	+	+	+	+
$ART\text{-}I^-$	−	+	−	+	+
$ART\text{-}J^-$	−	−	+	−	+
$ART\text{-}K^-$	−	+	−	−	+
$ART\text{-}L^-$	−	+	+	−	+

8.3절

13. 두 개의 α-글로빈과 두 개의 β-글로빈($\alpha_2\beta_2$)로 이루어진 성인 헤모글로빈의 주가 되는 HbA 외에, 두 개의 α와 두개의 δ 사슬($\alpha_2\delta_2$)로 이루어진 소수의 HbA_2가 있다. β-와 δ-글로빈 유전자는 서로 연이어 배열되어 있고 유사성이 매우 높다. β와 δ 유전자 사이에 불균등한 교차로 인해 생길 수 있는 염색체를 그려보시오.

14. 사람은 대개 삼색성색맹자이다. 사람은 빨간색, 초록색, 파란색 로돕신과 유사한 광수용체 단백질을 지니는 세 개의 서로 다른 종류의 원추세포를 지닌다. 대부분의 사람은 X 염색체에 빨간색과 초록색 광수용체 유전자가 있고 파란색 광수용체 유전자는 상염색체에 있다. 뇌는 각 종류의 원추세포가 받은 정보를 통합하여 1백만 개정도의 색을 볼 수 있게 한다. 드물게는 사색성색맹자, 즉 네 종류의 원추세포를 지닌 사람도 있다. 만약 이런 사람이 있다면 1억 개의 색을 감지할 수 있다는 것이다.

    문제 (a)와 (b)에서 각 X 염색체에 하나의 빨간색과 하나의 초록색 광수용체단백질 유전자가 있다고 가정하시오.

    a. 과학자들은 여성이 남성보다 사색성색맹자가 더 많을 것이라고 예상하는지 이유를 설명하시오.
    b. X-염색체연관 빨간색/초록색 색맹자는 빨간색 혹은 초록색 광수용체유전자에 돌연변이가 생겨 로돕신 유사단백질의 색감지민감성을 변형시켜 생긴 것이다. 돌연변이 광수용체는 정상 빨간색과 초록색 광수용체 사이의 파장에 민감성을 보인다. 과학자들은 빨간색/초록색 색맹인 아들이 있는 여성이 정상 시각을 지닌 아들이 있는 여성보다 사색성색맹자일 것이라고 생각하는 이유는 무엇인가?
    c. 그림 8.13d를 바탕으로 어떻게 아주 드물게 남성이 사색성색맹자가 되는지를 설명할 수 있는지 시나리오를 제시하시오.

chapter 9

유전자 발현: DNA로부터 RNA, 단백질로의 정보 전달

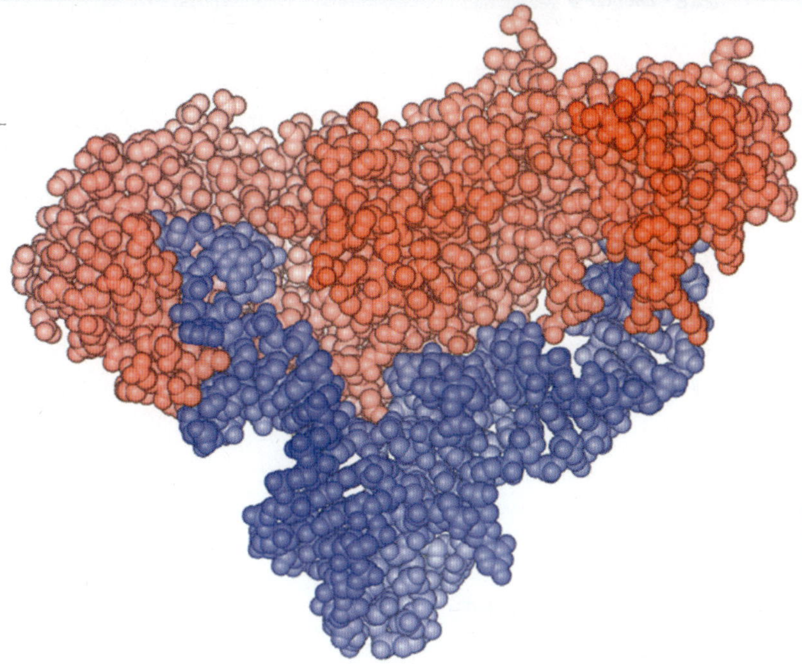

아미노아실-tRNA 합성효소(빨간색)가 특정 tRNA (파란색)를 인식하여 해당 아미노산과 결합시키는 특이적 능력은 핵산 정보를 단백질 정보로 전환하는 데 중요한 작용 기작이다.

개요

- 9.1 유전암호
- 9.2 전사: DNA에서 RNA 만들기
- 9.3 번역: mRNA에서 단백질 만들기
- 9.4 진핵생물과 원핵생물에서 유전자 발현의 차이
- 9.5 돌연변이로 인한 유전자 발현 및 기능의 변화

각 세포 내에서 유전정보는 DNA에서 RNA로 그리고 단백질로 전달된다. 이 과정을 분자생물학의 **중심원리**(central dogma)라 하며, 1957년 프랜시스 크릭(Francis Crick)이 처음 언급하였다. 크릭은 "우선 정보가 단백질로 전달되면 다시 원래의 위치로 돌아갈 수 없다."고 말하였다.

이 장에서는 유전정보를 표현형으로 해석하는 과정인 **유전자 발현**(gene expression)의 세포성 기작을 살펴볼 것이다. 중심원리에서 유전자의 발현은 두 단계로 이루어진다고 설명한다(**그림 9.1**). 첫 번째 단계는, DNA 정보를 RNA 정보로 바꾸는 과정인 **전사**(transcription)이다. 전사 결과 **전사체**(transcript)가 형성되는데, 원핵생물에서는 **전령 RNA**(messenger RNA; mRNA) 분자라고 말하며 진핵생물에서는 mRNA가 되기 위해 처리되는 RNA 분자를 말한다.

유전자 발현의 두 번째 단계에서, 세포는 mRNA의 염기서열 정보를 번역하여 아미노산 서열 정보를 지닌 **폴리펩타이드**(polypeptide)를 형성하는데, 이 과정을 **번역**(translation)이라고 한다(그림 9.1). 번역은 **리보솜 RNA**(ribosomal RNA; rRNA)와 단백질로 구성된 세포소기관인 **리보솜**(ribosome)에서 일어나며, 3개의 뉴클레오타이드로 구성된 암호가 하나의 아미노산을 지정하는 **유전**

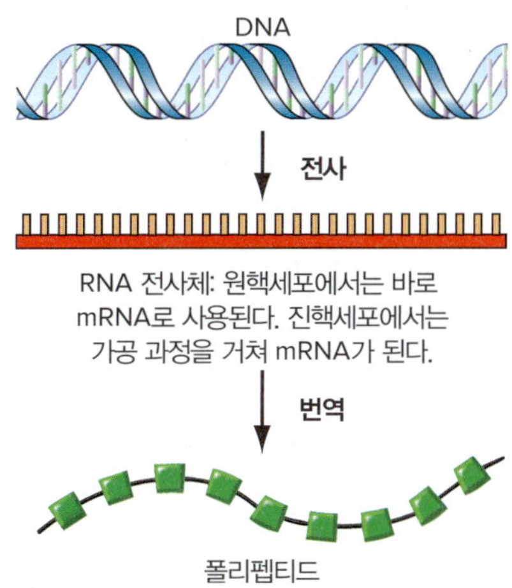

그림 9.1 유전자 발현: 유전정보는 DNA에서 RNA를 거쳐 단백질로 흐른다. 전사 과정에서 RNA 중합효소는 DNA를 복사하여 RNA 전사체를 생성한다. 번역 과정에서 mRNA 정보는 유전암호 규칙에 따라 폴리펩타이드를 합성한다.

암호(genetic code)라는 "사전"에 의존하게 된다. 또한 번역 과정에는 **운반 RNA** (transfer RNA; tRNA)가 사용되어 성장 중인 폴리펩타이드 사슬의 정확한 위치에 특정 아미노산을 운반해 준다.

중심원리는 모든 유전자에 적용되는 개념은 아니다. 크릭이 기술했듯이, 많은 유전자들은 RNA로 전사된 후 단백질로 번역되지 않는다. 이번 9장에서 여러 비번역 RNA가 유전자 발현의 여러 단계에서 중요한 역할을 한다는 것을 배울 것이다. 대표적으로 rRNA와 tRNA가 이러한 그룹에 속한다.

유전자 발현에 관한 일반적인 주제를 요약해 보자. 첫째, 상보적 염기쌍 형성은 DNA에서 RNA로 그리고 RNA에서 단백질로 정보가 전달되는 데 중요한 역할을 한다. 둘째, DNA, RNA, 단백질의 극성(방향성)은 유전자 발현 기작을 수행하는 데 도움을 준다. 셋째, 유전자 발현은 DNA 복제와 재조합처럼 에너지를 요구하는 반응이며, 특정 단백질, RNA, 리보솜 같은 거대 복합체를 필요로 한다. 마지막으로, 유전정보의 변화나 유전정보의 흐름을 방해하는 돌연변이는 표현형에 극적인 영향을 줄 수 있다.

9.1 유전암호

학습 목표

1. 3개의 뉴클레오타이드 서열(삼중자 코돈)이 유전암호의 기본 단위인 이유를 이해한다.
2. 유전자의 뉴클레오타이드 서열과 단백질의 아미노산 서열 간의 공선성에 대한 증거를 이해한다.
3. 번역틀(reading frame)과 유전암호 간의 관련성을 이해한다.
4. 각 아미노산을 지정하는 코돈의 종류와 종결 코돈을 결정한 실험에 대해 이해한다.
5. 유전암호를 검증하기 위해 돌연변이가 어떻게 이용되었는지 이해한다.
6. 유전암호가 거의 보편적이라는 증거를 이해하고, 예외적인 경우를 알아본다.

암호는 하나의 언어 정보를 다른 언어 정보로 바꾸어 주는 시스템이다. 유전암호는 라디오나 전신을 통해 정보를 전달하는 모스 부호(Morse code)와 유사하다고 할 수 있다. 모스 부호의 점과 선(dot-dash) 시스템으로 영어 알파벳의 26문자를 만들어내는데, 두 개의 부호(점과 선)를 하나, 둘, 셋 혹은 네 개의 조합으로 하여 각 문자를 대신하게 된다. 예를 들어, 알파벳 C는 선 점 선 점(−·−·)이며, 알파벳 O는 선 선 선(−−−), 알파벳 D는 선 점 점(−··), 알파벳 E는 한 개의 점(·)이다. 한 개부터 네 개의 기호가 각 알파벳 문자를 표현하기 때문에, 모스 부호는 한 문자에서 다음 문자가 나오기 전에 **멈춤**이라는 기호가 요구된다.

뉴클레오타이드의 삼중자 코돈이 아미노산을 결정한다

핵산 정보는 네 종류의 뉴클레오타이드 서열(DNA−A, G, C, T; RNA−A, G, C, U)로 표현되는 반면에, 단백질 정보는 아미노산 서열로 표현된다. 중요한 문제는 어떻게 뉴클레오타이드 서열이 아미노산 서열을 결정할 수 있는가와 몇 종류의 아미노산 "문자"가 존재할 것인가 하는 점이다.

왓슨과 크릭은 자연계에 존재하는 다양한 폴리펩타이드의 아미노산 서열을 분석하여 DNA가 암호화하는 아미노산 20종류에 대한 목록을 만들었다. 극소수의 단백질에서만 발견되거나 특정 조직 및 특정 생물체에만 존재하는 아미노산은 표준이 되는 구성 성분으로 작용하지 않으며, 단백질 합성 후 변형으로 생성된 것이라 추정하였다. 반대로, 대부분의 단백질에서 나타나는 아미노산들로 목록을 완성하였다. 어떻게 네 종류의 뉴클레오타이드가 20종류의 아미노산을 지정할 것인가?

모스 부호처럼 네 종류의 뉴클레오타이드는 특정 조합(DNA−A, G, C, T의 조합; RNA−A, G, C, U의 조합)을 만들어 20종류의 아미노산을 지정한다. 연구자들은 처음에 수학적 추론을 통해 몇 개의 서열로 이루어진 조합이 사용될지를 예측하였고, 이후 실험을 통해 증명하였다. 만일 하나의 뉴클레오타이드가 하나의 아미노산을 지정한다면, 네 종류의 아미노산밖에 지정하지 못할 것이다. 두 개의 뉴클레오타이드 서열 조합은 $4^2 = 16$이므로, 16종류의 아미노산을 지정하게 된다.

물론, 한 개 또는 두 개의 서열 조합이 함께 암호로 사용된다면, $4 + 16 = 20$이므로 20종류의 아미노산을 지정할 수 있다. 그러나 하나의 문자가 끝나고 다음 문자가 시작하는 데 필요한 멈춤 신호를 표현할 수 있는 방법이 없다. 세 개의 뉴클레오타이드 조합은 $4^3 = 64$ 종류의 암호를 만들어, 20종류의 아미노산을 지정하고도 남게 된다. 만일 두 문자 암호와 세 문자 암호를 동시에 사용한다면, 역시 "멈춤" 신호에 대한 문제가 발생한다. 그러나 세 문자 암호 하나만 사용하게 되면, 연속적으로 세 문자씩 읽고 구분하는 기작만 확실하다면 **멈춤**(pause) 신호는 필요 없게 된다.

두 번째 문자

첫 번째 문자	U	C	A	G	세 번째 문자
U	UUU Phe	UCU Ser	UAU Tyr	UGU Cys	U
	UUC Phe	UCC Ser	UAC Tyr	UGC Cys	C
	UUA Leu	UCA Ser	UAA Stop	UGA Stop	A
	UUG Leu	UCG Ser	UAG Stop	UGG Trp	G
C	CUU Leu	CCU Pro	CAU His	CGU Arg	U
	CUC Leu	CCC Pro	CAC His	CGC Arg	C
	CUA Leu	CCA Pro	CAA Gln	CGA Arg	A
	CUG Leu	CCG Pro	CAG Gln	CGG Arg	G
A	AUU Ile	ACU Thr	AAU Asn	AGU Ser	U
	AUC Ile	ACC Thr	AAC Asn	AGC Ser	C
	AUA Ile	ACA Thr	AAA Lys	AGA Arg	A
	AUG Met	ACG Thr	AAG Lys	AGG Arg	G
G	GUU Val	GCU Ala	GAU Asp	GGU Gly	U
	GUC Val	GCC Ala	GAC Asp	GGC Gly	C
	GUA Val	GCA Ala	GAA Glu	GGA Gly	A
	GUG Val	GCG Ala	GAG Glu	GGG Gly	G

그림 9.2 유전암호. 암호를 읽기 위해, 왼쪽 열(left column)에서 첫 번째 문자를 선택하고, 상단 열(top row)에서 두 번째 문자를 선택하고, 오른쪽 열(right column)에서 세 번째 문자를 선택하라. 이러한 방식은 mRNA를 따라 5′에서 3′ 방향으로 읽는 것이다.

물론 이것은 추론을 통한 가설이긴 하지만, 이 장의 후반부에 설명하는 실험을 통해 3염기 문자의 조합으로 20종류의 아미노산을 지정함이 증명되었다. 각 3문자 뉴클레오타이드를 **코돈**(codon)이라고 한다. 각 코돈은 하나의 아미노산을 지정하는데, 예를 들어 GAA는 글루탐산(Glu)을 지정하며, GUU는 발린(Val)을 지정하는 코돈이다. 유전자 발현의 번역 과정, 즉 mRNA에서 단백질을 합성하는 동안 암호가 사용되기 때문에 유전암호는 RNA 서열(A, G, C, U)로 표현된다(**그림 9.2**). DNA유전자 서열을 말할 때는 U 대신 T를 쓸 수 있다.

만일 유전자의 염기서열과 해당 단백질의 아미노산 서열을 모두 안다면, 실제 세포기구의 번역 과정을 알지 못한다 하더라도 유전암호를 추론해 낼 수 있다. 물론 오늘날 염기서열과 아미노산 서열을 분석하는 기술을 사용할 수 있지만, 유전암호를 풀고자 했던 1950년대와 1960년대에는 폴리펩타이드의 아미노산 서열을 분석하는 것만이 가능했다. 뉴클레오타이드 서열을 분석할 수 없었으므로, 연구자들은 암호를 풀기 위해 유전학 및 생화학적 방법을 사용하였다. 우선 유전자의 여러 돌연변이가 단백질의 아미노산 서열에 어떤 영향을 주는지를 조사하기 시작하였다. 이러한 방식으로 비정상적인 특정 돌연변이를 사용하여 유전자와 폴리펩타이드 간의 관계를 이해하고자 하였다.

유전자의 뉴클레오타이드 서열은 암호화하는 폴리펩타이드의 아미노산 서열과 대응된다

DNA는 선형의 분자로 두 사슬이 염기쌍을 이루며 나선형으로 서로 감겨 있다. 반면에 단백질은 복잡한 3차 구조를 지닌다. 그러나 단백질을 N 말단에서 C 말단까지 풀어보면 1차 구조인 아미노산 서열의 선형 분자가 된다. 만일 유전자의 정보와 해당 단백질의 정보가 일대일로 **대응**(colinear)된다면, DNA의 연속적인 염기서열 순서는 처음부터 끝까지 1차원으로 풀어 놓은 단백질의 연속적인 아미노산 서열 순서를 정할 것이다.

1960년대 찰스 야노브스키(Charles Yanofsky)는 최초로 유전자의 돌연변이 지도와 그 결과 나타나는 특정 아미노산의 치환을 비교 분석하였다. 우선 트립토판 합성 효소의 구성 단위체 유전자인 *trpA*에 돌연변이를 지닌 많은 수의 Trp^- 영양 요구주 대장균을 생성하였다. 그리고 이들 돌연변이를 이용하여 8장에서 소개된 박테리오파지 T4의 *rII* 부위에 대한 벤저(Benzer)의 상세한 지도와 유사한 재조합 지도를 만들어 내었다. 이후 돌연변이 트립토판 합성효소 구성 단위체를 분리하여 아미노산 서열을 분석하였다.

그림 9.3a에서 보듯이, 재조합에 의해 형성된 유전자 돌연변이 지도는 실제 해당 돌연변이 단백질에서 나타나는 아미노산 치환 위치와 일대일로 대응되었다. 야노브스키는 자신의 연구 결과를 면밀히 분석하여 유전자의 염기서열과 단백질의 아미노산 서열간의 나란한 대응관계를 증명했을 뿐 아니라 뉴클레오타이드와 아미노산 간의 관계에 있어 중요한 특징을 유추하였다.

코돈이 하나 이상의 뉴클레오타이드로 구성된다는 증거

야노브스키는 서로 다른 염기쌍을 변화시키는 점 돌연변이가 동일한 아미노산에 영향을 줄 수 있음을 관찰하였다. 그림 9.3a에서 보듯이 돌연변이 23은 정상 단백질의 211번째 아미노산 글리신(Gly)이 아르기닌(Arg)으로 바뀌었으며, 돌연변이 46은 동일 위치에서 글루탐산(Glu)으로 바뀌었다. 다른 예에서, 돌연변이 78은 234번째 글리신이 시스테인(Cys)으로 바뀌었고, 돌연변이 58은 동일 위치에서 아스파탐산(Asp)으로 바뀌었다. 이들은 모두 하나의 아미노산을 지정하는 코돈을 다른 종류의 아미노산을 지정하는 코돈으로 변화시키는 **과오 돌연변이**(missense mutation)이다.

두 경우 모두 동일 아미노산에 변이를 일으킨 두 종류의 돌연변이 간에 재조합이 일어날 수 있음이 확인되었다. 재조합으로 인해 정상 트립토판 효소 유전자가 생성되는 것이다(**그림 9.3b**). 재조합의 가장 작은 단위는 염기쌍이므로, 이 경우 재조합이 일어난 두 돌연변이는 서로 다른 뉴클레오타이드임이 틀림없다. 또한 동일 아미노산에 영

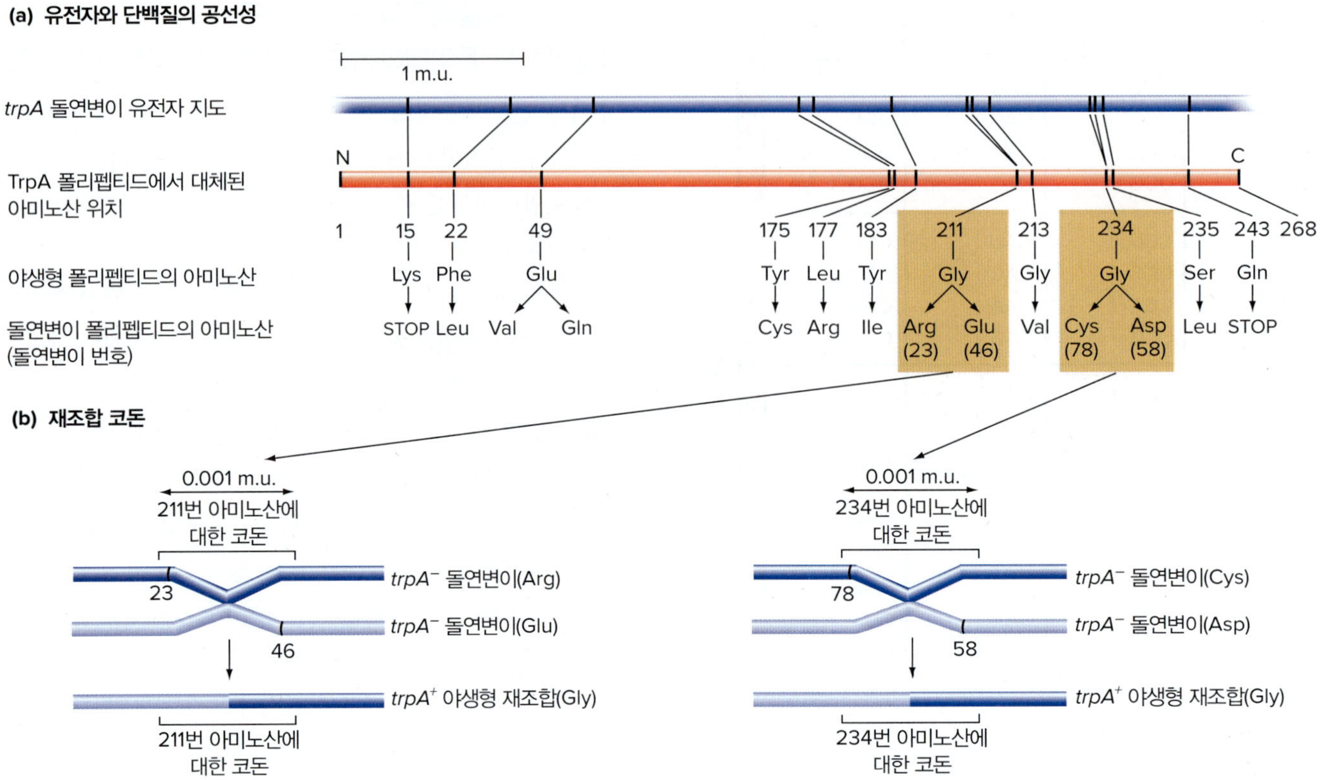

그림 9.3 유전자의 돌연변이는 암호화하는 폴리펩타이드의 아미노산 서열과 공선성을 보인다. **(a)** 대장균의 *trpA* 유전자 지도와 돌연변이 트립토판 합성효소 단백질의 아미노산 치환 위치 비교도이다. **(b)** 코돈은 두 개 이상의 염기쌍을 포함해야 한다. 동일한 위치에서 서로 다른 아미노산으로 치환된 두 돌연변이 균주가 교배되면, 재조합이 일어나 야생형 대립유전자를 생성할 수 있다.

향을 주었기 때문에 두 돌연변이는 동일 코돈에 변이가 일어났을 것이므로, 코돈은 하나 이상의 뉴클레오타이드로 구성되어야 한다.

각 뉴클레오타이드가 오직 한 코돈의 구성 성분이라는 증거

그림 9.3a에 나타난 것처럼, 야노브스키가 분석한 트립토판 합성 효소 유전자의 점 돌연변이 각각은 오직 하나의 아미노산에만 변이를 일으켰다. 이것은 로돕신과 헤모글로빈 같은 인간 유전자를 포함한 많은 유전자의 점 돌연변이에서 공통적으로 나타나는 현상이다(8장 참조). 하나의 염기쌍만을 변화시키는 점 돌연변이가 폴리펩타이드에서 하나의 아미노산만을 변화시키기 때문에 유전자의 각 뉴클레오타이드는 오직 하나의 아미노산에만 영향을 주어야 한다. 반대로 만일 하나의 뉴클레오타이드가 하나 이상의 코돈으로 작용한다면, 특정 뉴클레오타이드의 돌연변이는 하나 이상의 아미노산에 영향을 주어야 할 것이다.

비중복적 삼중자 코돈은 번역틀로 나타난다

20종류의 아미노산을 지정하는 가장 효과적인 암호는 코돈당 세 개의 뉴클레오타이드를 요구하지만, 더 복잡한 시스템도 가능할 수 있다. 그러나 1955년 크릭(Francis Crick)과 브레너(Sydney Brenner)는 박테리오파아지 T4의 *rIIB* 유전자 돌연변이를 연구하던 중 유전 암호의 삼중자 코돈에 대한 증거를 얻게 되었다(8장 참조). 그들은 돌연변이 유발물질인 **프로플라빈**(proflavin)을 사용하였는데, 이 물질은 DNA 분자의 중앙부인 염기쌍 사이에 끼어드는 작용을 한다(그림 7.13c 참조). 그들은 프로플라빈이 다른 돌연변이원처럼 하나의 염기 치환을 일으킨다면 프로플라빈 처리로 발생한 돌연변이에 다른 돌연변이원을 처리하여 정상 서열로 복구된 역 돌연변이를 만들어낼 수 있을 것이라고 예상하였다.

그러나 프로플라빈-유도 돌연변이는 염기 치환을 일으키는 어떤 돌연변이원으로도 정상으로 복구되지 않았다. 오직 프로플라빈을 재처리하면 정상으로 복구되었다. 크릭과 브레너는 파아지를 이용한 실험을 진행하고 나서야 이 현상을 설명할 수 있었다. 면밀한 통찰력으로 그들은 프로플라빈이 염기 치환이 아니라 하나의 염기쌍 삽입이나 결실을 일으킨다고 예측하였다. 이 가설은 염기 치환 돌연변이원으로 프로플라빈-유도 돌연변이를 복구시킬 수 없는 이유를 설명해 준다.

삼중자 암호의 증거

크릭과 브레너는 프로플라빈에 의해 유도된 특정 $rIIB^-$ 돌연변이(FC0)를 이용하여 실험을 진행하였다. 그들은 FC0 돌연변이에 프로플라빈을 더 처리한 후 $rIIB^+$로 복구된 것을 분리하였다(**그림 9.4a**). 복구된 파아지와 정상 파아지 T4를 재조합해 본 결과, 복구된 파아지의 DNA에는 실제 두 개의 $rIIB^-$ 돌연변이를 지니고 있음이 확인되었다(**그림 9.4b**). 하나는 원래 돌연변이인 FC0이고, 나머지 하나는 새로이 유도된 FC7 돌연변이이다. 두 돌연변이는 각각으로는 돌연변이 표현형을 보이나, 동일한 유전자 내에 동시에 존재하게 되면 $rIIB^+$ 표현형을 만들게 된다. 크릭과 브레너는 첫 번째 돌연변이에서 염기쌍 하나가 추가되는 것이라면(기호 +로 표시), 복구 돌연변이는 바로 염기쌍 제거일 것이라고(기호 −로 표시) 추론하였다. 하나의 돌연변이가 동일 유전자 내의 다른 돌연변이의 효과를 상쇄시키는 것을 **유전자 내 억제**(intragenic suppression)라고 한다.

크릭과 브레너는 연구 결과를 분석한 후, 각 코돈은 세 개의 뉴클레오타이드로 구성되며 각 유전자는 하나의 출발점을 지니고 있을 거라고 추정하였다. 이 출발점으로부터 **번역틀**(reading frame)이 생성되는데, 출발점으로부터 세 개의 뉴클레오타이드를 하나의 그룹으로 읽어가면서 폴리펩타이드의 아미노산 서열의 정확한 순서를 결정한다(그림 9.4a). 뉴클레오타이드를 코돈으로 읽어가는 과정에 변화가 일어난 경우를 **번역틀이동 돌연변이**(frameshift mutation)라고 한다. 번역틀이동 돌연변이는 삽입이나 결실이 일어난 지점부터 모든

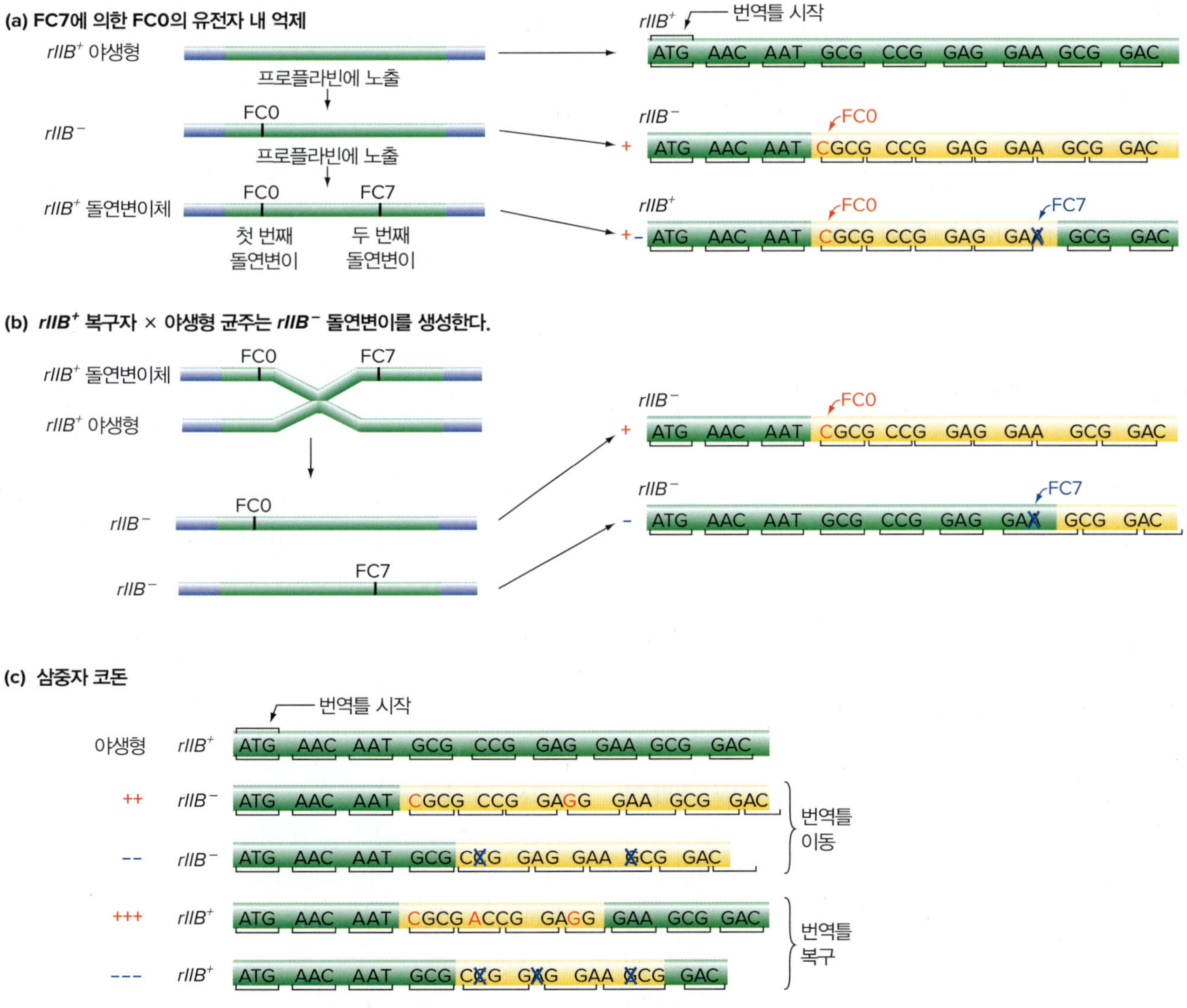

그림 9.4 유전자의 틀이동 돌연변이 연구를 통해 코돈이 3개 뉴클레오타이드로 구성됨을 보여준다. **(a)** 프로플라빈의 처리로 하나의 뉴클레오타이드가 삽입되어 한 지점(FC0)에서 $rIIB^-$ 틀이동 돌연변이가 생성된다. 삽입이 일어난 지점에서부터 아래 방향으로 모든 코돈의 번역틀이 바뀐다(노란색). 프로플라빈의 두 번째 처리로 인해 동일 유전자에서 하나의 뉴클레오타이드가 결실되어 원래의 번역틀(녹색)로 복원되면서 FC0를 억제한다. **(b)** 복구자와 야생형 균주를 교배하면, 교차로 인해 두 종류의 $rIIB^-$ 돌연변이(FC0와 FC7)가 분리된다. 따라서 $rIIB^+$표현형으로의 복구는 유전자 내 억제 현상의 결과이다. **(c)** 하나의 DNA 분자에 여러 돌연변이를 재조합시켰을 때, 2번의 삽입(++) 혹은 2번의 결실(−−) 돌연변이는 $rIIB^+$ 표현형을 제공하지 못했으나, 3번의 동일한 종류의 돌연변이(+++ 혹은 −−−)는 번역틀을 복구시킨다.

코돈이 바뀌게 되므로 거의 항상 폴리펩타이드의 기능이 상실된다.

만일 고정된 출발점에서 코돈을 순서대로 읽는다면, 결실(−) 돌연변이가 일어난 것에 대해 삽입(+) 돌연변이가 발생하여 균형을 맞추어 주면 원래의 번역틀로 복구될 수 있다(그림 9.4a). 그러나 반대 성격을 지닌 두 종류의 돌연변이 발생 지점 사이에 암호화된 폴리펩타이드 부분이 단백질 기능에 필수적이지 않을 때에만 해당 유전자는 정상의 활성을 얻을 수 있다. 왜냐하면, 이중 돌연변이 사이의 아미노산 서열은 정상과 달라지기 때문이다.

크릭과 브레너는 *rIIB* 유전자의 삽입(+) 및 결실(−) 돌연변이를 이용하여 코돈이 3개의 뉴클레오타이드로 이루어져 있다는 가설을 검증하였다. 만일 코돈이 삼중자 암호라면, 하나의 유전자에서 동일한 종류의 돌연변이를 조합하여 형성된 $rIIB^-$ 돌연변이(++ 혹은 −−)는 결코 유전자 내 억제($rIIB^+$ 표현형)를 나타내지 않을 것이다. 그러나 3개의 삽입(+) 혹은 결실(−) 돌연변이의 조합은 간혹 $rIIB^+$ 표현형을 나타낼 것이다. 이러한 예측은 실험을 통해 정확히 검증되었다(**그림 9.4c**).

대부분의 아미노산이 하나 이상의 코돈에 의해 암호화된다는 증거

그림 9.4c를 살펴보면, 유전자 내 억제 현상은 결실과 삽입으로 인한 2번의 틀이동 돌연변이 사이에 정상과는 다르지만 여전히 아미노산 서열이 존재할 때에만 나타난다. 만일 유전자의 틀이동이 일어난 부분에서 단백질 합성의 종결 신호가 나타나게 된다면 기능성 폴리펩타이드는 생산되지 않을 것이다. 즉, 보상 기능을 하는 두 번째 돌연변이가 나타나 정상 번역틀로 되돌리기 전에 새로운 정지코돈이 삽입되면 단백질 합성은 멈춘다.

유전자 내 억제 현상이 매우 자주 나타난다는 사실은 유전암호에서 여러 개의 코돈이 하나의 아미노산을 지정할 수 있음을 제안한다. 실제 20종류의 아미노산에 대해 64종류의 코돈이 존재하므로, 각 아미노산에 오직 하나의 코돈만이 존재한다고 가정하면 44개의(64 − 20 = 44) 코돈은 어떤 아미노산도 지정하지 않게 된다. 만일 비암호화 코돈이 **종결**(stop) 신호로 작동한다면 틀이동 돌연변이의 절반 이상(44/64)은 돌연변이가 일어난 첫 번째 코돈에서 단백질 합성이 멈추게 될 것이며, 다음 아미노산이 추가적으로 연결될수록 단백질 합성이 지속될 확률은 점점 줄어들게 된다. 그 결과 유전자 내 억제 현상은 매우 드물게 나타나게 될 것이다. 그러나 실험에서 한 종류의 틀이동 돌연변이가 반대 종류의 틀이동 돌연변이에 의해 복구되는 것을 자주 관찰하였다. 두 돌연변이 간의 거리를 재조합 실험으로 측정해 본 결과 어떤 경우에는 50개 이상의 아미노산이 존재하였으며, 이것은 64개의 코돈 대부분이 아미노산을 지정해야만 가능한 일일 것이다. 따라서 크릭과 브레너의 여러 실험 결과는 유전암호가 **퇴화적**(degenerate)이라는 것을 지지한다. 대부분의 아미노산은 각각 두 개 이상의 코돈에 의해 지정된다(그림 9.2의 유전암호 참조).

암호의 해석: 어떤 코돈이 어떤 아미노산을 지정하는가?

유전학 실험을 통해 유전암호의 본질에 대해 많은 정보를 얻게 되었지만, 여전히 어떤 코돈이 어떤 아미노산을 지정하는지에 대해서는 알지 못했다. 전령 RNA의 발견과 간단한 전령 RNA를 합성하는 기술이 개발되면서 연구자들은 시험관에서 간단한 단백질을 합성할 수 있게 되었다.

전령 RNA의 발견

1950년대, 연구자는 진핵세포에 방사성 동위원소로 표지된 아미노산을 처리한 후 세포를 관찰한 결과 표지된 아미노산이 폴리펩타이드로 합성되는 과정이 세포질에서 일어남을 알게 되었다. 유전자인 DNA는 세포의 핵에 존재하는데, 단백질 합성이 세포질에서 일어나는 것으로 보아 중간 단계의 정보 물질이 핵에서 세포질로 이동할 것이라고 추측하였다. RNA는 바로 이 중간 단계 정보 물질의 유력한 후보로 거론되었다.

RNA는 DNA와 상보적 염기쌍을 형성할 수 있으므로, DNA 복제와 유사한 기작으로 DNA로부터 상보적인 RNA 가닥을 만들 수 있을 것이라고 추정하였다. RNA에서만 발견되는 우라실을 이용한 방사성 동위원소 표지 실험을 통해 진핵세포의 핵에서 RNA 분자가 합성되고 그 중 일부는 세포질로 이동함을 관찰하였다. 세포질로 이동하는 RNA 분자는 바로 mRNA(전령 RNA)로 그림 9.1에 나타나 있다. mRNA는 핵에서 DNA 서열 정보로부터 전사되어 형성되며, 가공 과정 후 세포질로 이동하여 단백질 합성 동안 아미노산 서열 순서를 지정해 준다.

합성 mRNA와 시험관 내 번역 실험

mRNA에 대한 지식은 유전암호를 해석하는 두 가지 중요한 실험적 발견에 도움을 주었다. 우선 생화학자들은 시험관에 mRNA의 첨가 시 단백질 합성을 가능하게 하는 세포 추출물을 분리할 수 있게 되었으며, 이를 **시험관 내 번역 시스템**(*in vitro* translational systems)이라고 명명하였다. 두 번째는 몇 개의 코돈만을 지닌 인공 RNA를 합성하는 기술을 개발하게 된 것이다. 이제 시험관 내 번역 시스템과 인공 합성 mRNA를 반응시키면 간단한 폴리펩타이드를 형성할 수 있다.

1961년 니렌버그(Marshall Nirenberg)와 마타이(Heinrich Matthaei)는 합성 폴리-우라실(5′...UUUUUUUUUUUU...3′)을 대장

균으로부터 추출한 번역 시스템에 첨가하여, 페닐알라닌으로 구성된 폴리펩타이드를 얻게 되었다(**그림 9.5a**). 폴리-우라실에서 가능한 유일한 코돈은 UUU이므로, 결국 코돈 UUU는 페닐알라닌을 지정하는 것이다. 이와 유사한 방식으로, 연구자들은 CCC 코돈이 프롤린(Pro) 아미노산을, AAA 코돈이 리신(Lys) 아미노산을, GGG 코돈이 글리신(Gly) 아미노산을 지정함을 알게 되었다(**그림 9.5b**).

화학자 코라나(Har Gobind Khorana)는 이후 두 개의 뉴클레오타이드가 반복되는 mRNA(폴리-UC, 5′...UCUCUCUC ...3′)와 세 개의 뉴클레오타이드가 반복되는 mRNA(폴리-UUC), 혹은 네 개의 뉴클레오타이드가 반복되는 mRNA(폴리-UAUC) 등을 제작하여 폴리펩타이드 합성 실험을 진행하였다. 그 결과는 그림 9.5b에 나타나 있는데, 가능한 코돈 종류를 제한해 주기는 하지만 확실하지는 않다.

(a) 페닐알라닌을 암호화하는 폴리-U mRNA

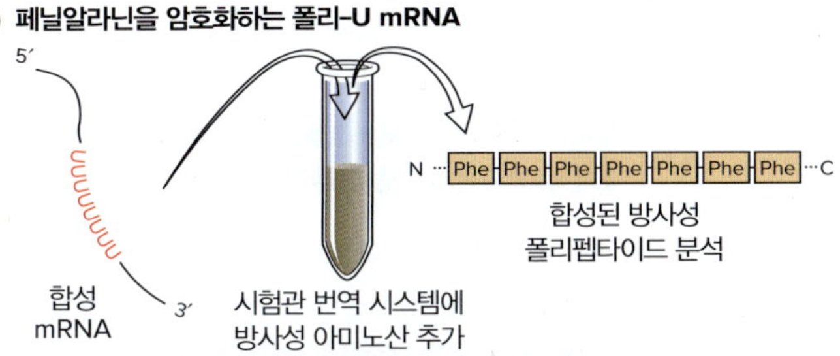

(b) 암호화 능력 분석

합성 mRNA	합성 폴리펩타이드
	1개 아미노산 폴리펩타이드
poly-U UUUU ...	Phe-Phe-Phe ...
poly-C CCCC ...	Pro-Pro-Pro ...
poly-A AAAA ...	Lys-Lys-Lys ...
poly-G GGGG ...	Gly-Gly-Gly ...
디뉴클레오타이드 반복	아미노산이 번갈아 반복되는 폴리펩타이드
poly-UC UCUCUC ...	Ser-Leu-Ser-Leu ...
poly-AG AGAGAG ...	Arg-Glu-Arg-Glu ...
poly-UG UGUGUG ...	Cys-Val-Cys-Val ...
poly-AC ACACAC ...	Thr-His-Thr-His ...
트리뉴클레오타이드 반복	3종류의 폴리펩타이드는 각각 1개의 아미노산을 가진다
poly-UUC UUCUUCUUC ...	Phe-Phe.... and Ser-Ser.... and Leu-Leu....
poly-AAG AAGAAGAAG ...	Lys-Lys.... and Arg-Arg.... and Glu-Glu....
poly-UUG UUGUUGUUG ...	Leu-Leu.... and Cys-Cys.... and Val-Val....
poly-UAC UACUACUAC ...	Tyr-Tyr.... and Thr-Thr.... and Leu-Leu....
테트라뉴클레오타이드 반복	4개의 아미노산이 반복되는 폴리펩타이드
poly-UAUC UAUCUAUC ...	Tyr-Leu-Ser-Ile-Tyr-Leu-Ser-Ile...
poly-UUAC UUACUUAC ...	Leu-Leu-Thr-Tyr-Leu-Leu-Thr-Tyr...
poly-GUAA GUAAGUAA ...	none
poly-GAUA GAUAGAUA ...	none

그림 9.5 합성 mRNA를 이용하여 유전암호를 분석하는 실험. **(a)** 폴리-U mRNA는 폴리-페닐알라닌 폴리펩타이드를 생성한다. **(b)** 2개, 3개, 4개의 뉴클레오타이드로 반복되는 폴리-RNA는 단순한 폴리펩타이드를 암호화한다. 예를 들어, 폴리-GUAA 합성 mRNA는 3종류의 모든 번역틀에 종결 코돈이 있으므로 짧은 길이의 펩타이드만 생성된다.

예를 들어, 폴리-UC는 세린과 류신이 반복되는 폴리펩타이드를 형성했으며, mRNA는 두 개의 코돈 서열(5′ UCU 3′와 5′ CUC 3′)만을 가지므로 어느 것이 세린인지 류신인지 알 수가 없었다.

1965년 니렌버그와 레더(Philip Leder)는 이 문제를 해결하였는데, 오직 세 개의 뉴클레오타이드로 구성된 짧은 mRNA를 만들어 아미노산이 부착된 tRNA를 포함한 번역 시스템에서 함께 반응시켰다. 이때 사용한 20종류의 아미노산 중 한 종류의 아미노산만 방사성 동위원소로 표지되었다. 반응 후 합성 mRNA와 번역 시스템이 포함된 반응물을 필터에 여과시키면, 아미노산이 부착된 tRNA는 필터를 통과할 것이고, 리보솜에 결합한 아미노산 부착 tRNA는 필터에 결합할 것이다(**그림 9.6**). 왜냐하면 리보솜, 아미노산 부착 tRNA, 작은 mRNA로 구성된 큰 복합체는 필터를 통과할 수 없기 때문이다.

니렌버그와 레더는 이 방법을 이용하여 어떤 작은 mRNA가 방사성 표지된 어떤 아미노산과 결합하는지를 하나씩 검토하였다. 예를 들어, 앞선 실험에서 CUC는 세린 혹은 류신을 지정하는 것으로 나타났다(그림 9.5b). 합성 CUC RNA에 방사성 표지된 세린 아미노산과 시험관 내 번역 반응을 시킨 후 여과시켰을 때 필터에서 방사성이 검출되지 않았다(그림 9.6). 그러나 방사성 표지된 류신 아미노산으로 동일한 실험을 진행하였을 때, 필터에서 방사성이 검출되었다.

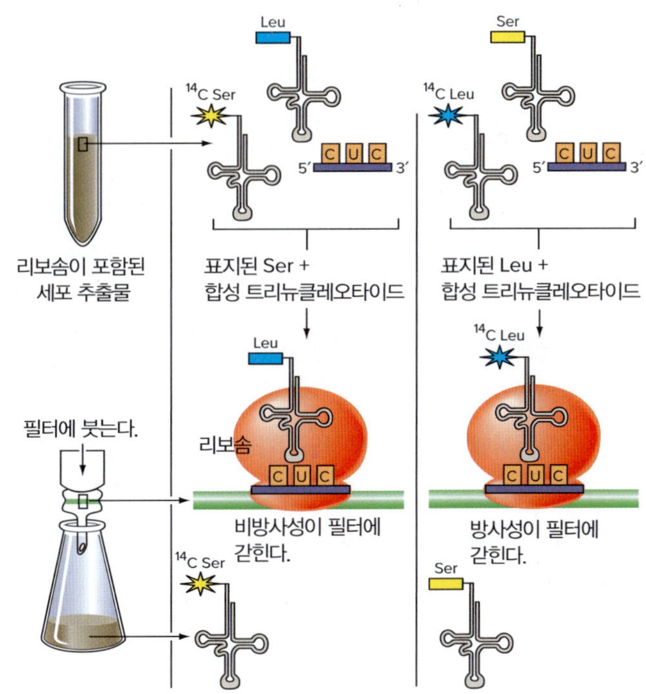

그림 9.6 미니-mRNA를 이용하여 유전암호를 분석하는 실험. 니렌버그와 레더는 서열을 알고 있는 합성 트리뉴클레오타이드(trinucleotide)와 아미노산으로 충전된 tRNA 조합(이 중 하나의 아미노산은 방사선 표지)을 리보솜이 포함된 세포 추출물에 첨가하였다. 만일 트리뉴클레오타이드가 방사성 아미노산을 지정한다면, 방사성을 지닌 충전형 tRNA는 리보솜과 복합체를 형성하여 필터에 갇힐 것이다. 그림의 실험은 코돈 CUC가 세린이 아닌 류신 아미노산을 지정함을 보여준다.

즉 tRNA에 부착된 류신아미노산이 리보솜–mRNA 복합체에 결합했음을 의미하며(그림 9.6), CUC 코돈이 세린이 아닌 류신을 지정한다는 사실이 된다. 니렌버그와 레더는 이 방법을 이용하여 유전암호표(그림 9.2 참조)에 나온 대부분의 코돈에 대해 해당 아미노산을 결정할 수 있게 되었다.

극성: mRNA의 5′에서 3′으로의 방향성은 폴리펩타이드의 N에서 C로의 방향성과 일치한다

합성 mRNA를 이용한 연구에서 여섯 개의 뉴클레오타이드로 구성된 5′ AAAUUU 3′ mRNA의 시험관 내 번역 결과 N Lys-Phe C 펩타이드는 생성되었으나, N Phe-Lys C는 전혀 생성되지 않았다. 코돈 AAA는 리신 아미노산을 지정하고, 코돈 UUU는 페닐알라닌을 지정하므로, mRNA의 5′ 말단에 가까운 코돈은 해당 폴리펩타이드의 N 말단에 가까운 아미노산을 지정함을 알 수 있다. 마찬가지로 mRNA의 3′ 말단에 가까운 코돈은 폴리펩타이드의 C 말단에 가까운 아미노산을 지정한다.

유전자 발현에 참여하는 거대 분자의 극성에 대해 살펴보자. 우선 DNA는 이중 나선으로 두 가닥 중 한 가닥만이 mRNA를 만드는 데 사용되며, 이 가닥을 **주형 가닥**(template strand)이라고 한다. 나머지 가닥은 **RNA-유사 가닥**(RNA-like strand)이라고 하며, mRNA와 동일한 극성과 서열을 가지고 있다. 어떤 과학자들은 RNA-유사 가닥 대신 **센스 가닥**(sense strand) 혹은 **암호화 가닥**(coding strand)이라고 하며, 주형 가닥을 **안티센스 가닥**(antisense strand) 혹은 **비암호화 가닥**(noncoding strand)이라고 한다. **그림 9.7**은 유전자의 DNA, DNA로부터 얻어진 mRNA 전사체, 폴리펩타이드의 극성을 비교하여 보여준다.

정지 코돈과 폴리펩타이드 사슬의 종결

코라나가 실험에 사용한 간단하면서 반복적인 RNA는 길었고, 그 결과 긴 길이의 폴리펩타이드가 생성되었다. 그러나 어떤 경우에는 폴리펩타이드 사슬 형성을 중단시키는 신호가 RNA에 포함되어 있어 긴 길이의 폴리펩타이드를 생성하지 못하였다. 세 종류의 코돈(UAA, UAG, UGA)은 어떤 아미노산도 지정하지 않는 것으로 밝혀졌다. 이들 코돈이 번역틀 내에 있으면, 번역은 멈추게 된다. 한 예로, 폴리-GUAA를 생각해 보자(그림 9.5b 참조). 이 mRNA는 모든 가능한 번역틀 내에 **종결 코돈**(stop codon) UAA를 지니게 되므로 긴 폴리펩타이드를 만들 수 없다.

브레너는 다른 방법으로 종결 코돈을 규명하였는데, 파아지 T4의 머리 부분 캡슐 단백질을 암호화하는 유전자(m)의 점 돌연변이를 이용한 획기적인 실험이었다. **그림 9.8a**에 표시된 것처럼, 브레너는 정상 M 단백질보다 길이가 짧은 **절단된 폴리펩타이드**(truncated

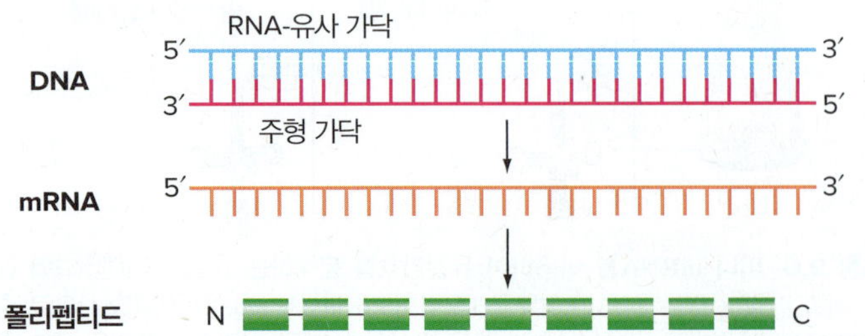

그림 9.7 DNA, mRNA, 폴리펩타이드 간의 극성 비교. DNA의 주형 가닥은 RNA-유사 DNA 가닥 및 mRNA 서열과 상보적이다. mRNA의 5′에서 3′으로의 방향성은 폴리펩타이드의 N 말단에서 C 말단으로의 방향성에 해당한다.

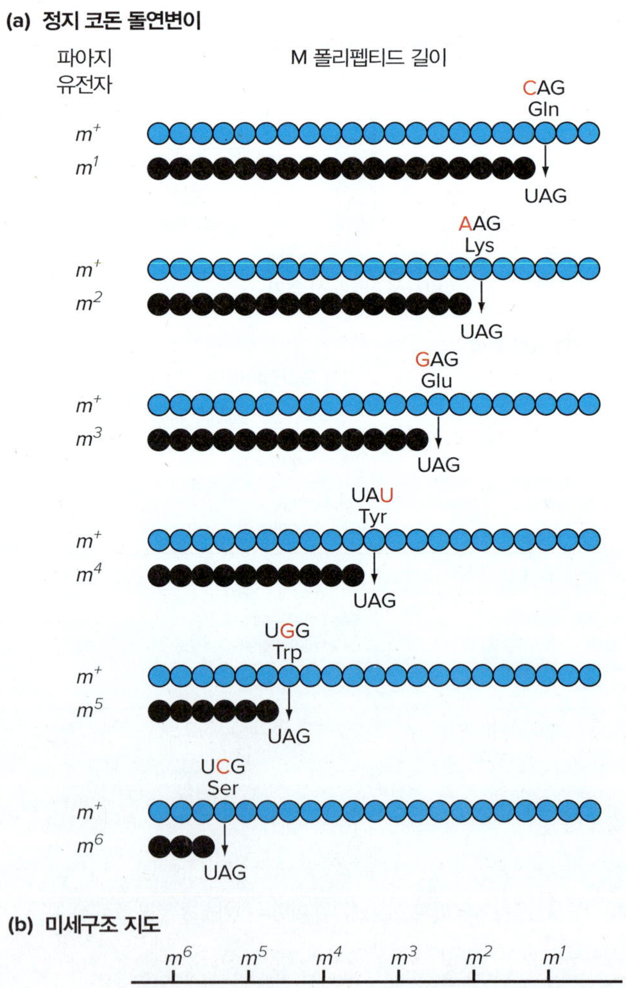

그림 9.8 UAG는 종결 코돈으로 작용한다. **(a)** T4 파아지의 m^+ 유전자는 폴리펩타이드 M을 암호화한다. 아미노산은 파란색 원(blue circle)으로 표시하였다. 돌연변이 대립유전자 m^1-m^6는 짧아진 M 단백질[검은색 원(black circle)의 끈]의 합성을 지시한다. 각각의 돌연변이가 M 단백질에서 마지막 아미노산 다음에 오는 아미노산을 야생형 단백질에서 분석해 본 결과, UAG 서열과 하나의 뉴클레오타이드에 차이를 보이는 코돈이었다. **(b)** 돌연변이 대립유전자 m^1-m^6의 유전자지도 위치는 각 돌연변이 M 단백질의 크기와 공선성(colinearity)을 보인다.

polypeptides)를 암호화하는 돌연변이 대립유전자(m^1-m^6)의 원인을 분석하였다. 길이가 짧은 각 폴리펩타이드의 C 말단 마지막 아미노산의 다음 아미노산은 정상 길이의 단백질에서 UAG 코돈 서열과 하나의 뉴클레오타이드에 차이를 보이는 코돈에 의해 지정됨을 확인하였다. 이러한 결과는 각 *m* 돌연변이체가 어떤 아미노산을 지정하는 코돈을 정지 코돈 UAG로 변화시키는 점 돌연변이를 지니고 있음을 제안한다. 아미노산을 지정하는 코돈(**전사 코돈**; sense codon)을 **정지 코돈**(nonsense codon)으로 변화시켰으므로, 이 경우를 **정지 코돈 돌연변이**(nonsense mutation)라고 한다.

이후 브레너는 m^1-m^6 돌연변이의 짧아진 폴리펩타이드 길이에 대응하는 일렬로 배열된 자세한 유전자 지도를 확립하였다(**그림 9.8b**). 예를 들어 m^6가 암호화하는 M 단백질은 m^5가 암호화하는 단백질보다 길이가 짧은데, m^6 정지 코돈 돌연변이가 m^5보다 번역틀의 시작점과 더 가까이 위치하기 때문이다.

또한 브레너는 UAA와 UGA를 정지 코돈으로 확정하는 정지 코돈 돌연변이 세트를 분리하였다. 역사적 이유로 과학자들은 종종 UAG는 **호박**(amber) **코돈**, UAA는 **황토**(ocher) **코돈**, UGA는 **오팔**(opal) **코돈**이라 부른다. 이것은 초기 연구자의 이름인 번스타인(Bernstein)이 독일어로 보석 호박(amber)을 의미하는 데서 유래하며, 나머지도 준보석인 황토와 오팔을 사용한 것이다.

유전암호: 요약

유전암호는 핵산의 4개 문자를 단백질의 20개 문자로 해독하는 완벽한 사전이다. 다음은 유전암호의 주요 특징을 요약한 것이다.

- **삼중자 코돈**(triplet codons): 암호는 5′에서 3′ 방향으로 나열된 세 개의 뉴클레오타이드 서열로 구성된 mRNA 코돈이다(그림 9.2). 첫 번째 뉴클레오타이드 서열은 코돈의 5′ 말단이다.
- 코돈은 **중복적이지 않다**(nonoverlapping). 예를 들어,mRNA 서열 5′ GAAGUUGAA 3′에서 첫 번째 3개 뉴클레오타이드(GAA)가 하나의 코돈이며, 4번째에서 6번째 뉴클레오타이드(GUU)가 두 번째 코돈이다. 즉 각 뉴클레오타이드는 오직 하나의 코돈에 속하게 된다.
- 유전암호에는 세 종류(UAA, UAG, UGA)의 **종결 코돈** 혹은 **정지 코돈**이 있다. 이들은 일반적으로 어떤 아미노산도 지정하지 않고 번역을 종결시킨다.
- 유전암호는 **퇴화성**(degenerate)을 지닌다. 즉, 하나 이상의 코돈이 동일한 아미노산을 지정하게 된다. 그러나 각 코돈은 오직 하나의 아미노산을 지정하므로 모호하지 않다.
- 세포는 mRNA의 특정 출발 지점부터 스캔해서 **번역틀**(reading frame)을 설정한다. 코돈 AUG는 메싸이오닌 아미노산을 지정하는 동시에 특정 조건에서 **개시 코돈**(initiation codon)으로 작용하여 mRNA에서 폴리펩타이드 합성 시작을 지시하게 된다.
- 코돈과 아미노산 간의 **대등한 극성**(corresponding polarity): mRNA의 5′ 말단에서 3′ 말단으로 이동하면서 나타나는 연속적인 코돈은 번역되어 폴리펩타이드의 N 말단에서 시작하여 C 말단으로 이동한다.
- 돌연변이는 3가지 방식으로 서열 정보를 변형시킨다. **틀이동 돌연변이**(frameshift mutation)는 뉴클레오타이드의 삽입이나 결실로 나타나며, 번역틀을 변화시켜 폴리펩타이드의 서열 정보를 바꾼다. **과오 돌연변이**(missense mutation)는 하나의 아미노산을 지정하는 코돈이 다른 아미노산을 지정하는 코돈으로 바뀐 것이다. **정지 코돈 돌연변이**(nonsense mutation)는 어떤 아미노산을 지정하는 코돈이 정지 코돈으로 바뀐 것이다.

폴리펩타이드에 나타난 돌연변이의 효과는 유전암호를 검증하는 데 도움을 주었다

유전암호를 해독하는 연구는 **시험관 내**(*in vitro*) 번역 시스템과 합성 mRNA를 이용한 실험을 통해 이루어졌다. 그런데 실제 세포에서도 동일한 암호로 폴리펩타이드가 합성되는가? 돌연변이가 실제로 유전자에 의해 암호화된 폴리펩타이드의 아미노산 구성에 어떠한 영향을 미치는지 분석하는 **생체 내**(*in vivo*) 연구를 통해 이 질문에 대한 증거가 제시되었다. 대부분의 돌연변이원(mutagen)은 코돈에서 하나의 뉴클레오타이드를 변화시킨다. 그 결과 대부분의 과오 돌연변이는 하나의 뉴클레오타이드가 치환된 형태이며, 이러한 치환 돌연변이에 대한 분석은 유전암호를 증명할 수 있었다. 예를 들어, 야노브스키는 **대장균**(*E. coli*)에서 두 종류의 *trpA*$^-$ 영양요구주 돌연변이를 분석하였는데, 각각 트립토판 합성효소 유전자에 치환 돌연변이가 발생해 211번째 아미노산이 아르기닌(Arg) 혹은 글루탐산(Glu)으로 바뀐 것이었다(**그림 9.9a**). 암호에 따르면, 이 두 돌연변이는 글리신(Gly)을 암호화하는 코돈(GGA) 대신에 하나의 뉴클레오타이드가 치환되어 나타난 것이다.

야노브스키는 이들 돌연변이로부터 *trpA*$^+$ 복귀 돌연변이를 분리하였는데, 그림 9.9a에서처럼 복귀 돌연변이체는 하나의 염기 치환으로 아미노산이 바뀐 것을 확인하였다. 일부 복귀체는 폴리펩타이드의 211번째 자리에 원래의 글리신(Gly)으로 치환되었으며, 나머지는 이소류신(Ile), 트레오닌(Thr), 세린(Ser), 알라닌(Ala) 혹은 발린(Val)으로 치환되었다. 글리신 대신 이들 아미노산으로의 치환도 트립토판 합성효소의 기능을 유지하는 데 문제가 없었다.

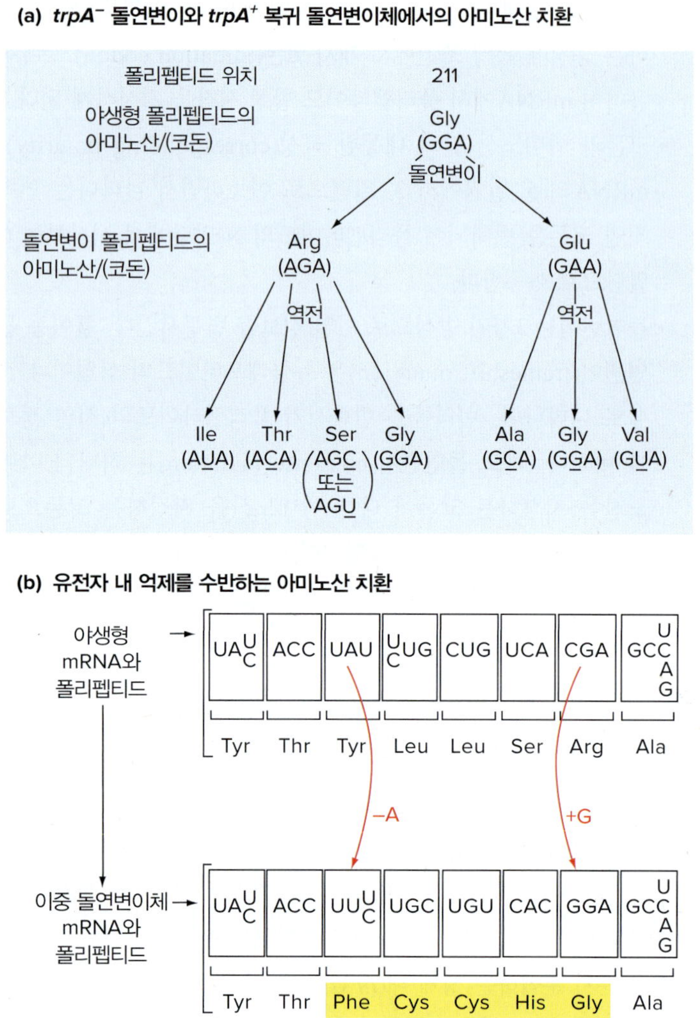

그림 9.9 유전암호의 실험적 증명. **(a)** 하나의 염기쌍 치환에 의해 *trpA*⁻ 돌연변이에서 *trpA*⁺로의 역전 현상을 통해 아미노산 치환을 설명할 수 있다. **(b)** 유전암호는 하나의 염기쌍 결실과 삽입으로 인한 억제로부터 유래되는 아미노산 변화(노란색)를 예측할 수 있게 한다.

야노브스키는 프로플라빈을 처리하여 트립토판 합성효소에 틀이동 돌연변이를 유발한 대장균을 분석함으로써 세포가 실제로 유전암호를 사용한다는 증거를 제시하였다(**그림 9.9b**). 우선 프로플라빈을 처리하여 *trpA*⁻ 돌연변이체를 생산한 후, 여기에 프로플라빈을 더 많이 처리하여 *trpA*⁺ 복귀체를 분리하였다. 복귀체들은 아마도 염기쌍 하나가 결실된 후 잇달아 염기쌍 하나가 삽입된 (−+) 형태의 돌연변이일 것으로 추정되었다. 복귀체의 트립토판 합성효소 폴리펩타이드의 아미노산 서열을 분석하면서, 유전암호를 사용하여 하나의 염기쌍 삽입과 하나의 염기쌍 결실을 가진 복귀체에게 나타났을 아미노산 서열의 변화를 예측할 수 있었다(그림 9.9b).

야노브스키의 연구는 유전암호에 대한 증명뿐만 아니라 유전암호의 여러 특성에 대해서도 확인할 수 있었다. 코돈이 중복적이지 않으며, 고정된 출발 신호에서부터 중단 없이 삼중자씩 차례로 읽어 내려간다는 점을 고려해야만 그의 연구 결과는 해석될 수 있다.

유전암호는 거의 모든 생명체에서 보편적이다

현재 모든 생명체는 동일한 유전암호를 사용한다고 알고 있다. 이러한 통일성에 대한 개념은 어떤 생명체의 번역시스템이 다른 생명체에서 얻은 mRNA를 번역하여 폴리펩타이드를 합성할 수 있다는 연구 결과로부터 얻었다. 예를 들어, 토끼의 헤모글로빈 mRNA를 개구리 알이나 맥아 추출물에 주입하면 토끼의 헤모글로빈 단백질이 합성된다. 최근 DNA와 단백질의 서열을 비교해 보면 거의 모든 생물체에서 코돈과 아미노산 서열 간의 유전암호가 완벽히 일치함을 알 수 있다.

유전암호의 보존

암호의 보편성은 생명의 역사에서 매우 초기에 유전암호가 진화하였음을 알려준다. 유전암호의 출현 이후 수억 년 동안 유지되면서 부분적으로 변화에 대한 약간의 내성을 지니게 되었을 것이다. 유전암호에서 하나의 변화는 세포에서 수백 혹은 수천 개의 단백질(예를 들어, DNA 복제를 담당하는 DNA 중합효소, 전사를 담당하는 RNA 중합효소, 혹은 방추사를 구성하는 튜불린 단백질 등) 생성을 방해할 수 있으므로 치명적일 수 있다.

예외적인 유전암호

연구자들은 유전암호의 보편성에 대해 예외가 존재한다는 놀라운 사실을 발견하였다. 단세포 원생생물인 **섬모충류**(ciliates)의 일부 종에서 코돈 UAA와 UAG는 정지 코돈이 아니라 글루타민 아미노산을 지정한다. 다른 섬모충류 종에서는 UGA 정지 코돈이 시스테인을 지정한다. 이들 섬모충류는 나머지 정지 코돈을 종결 코돈으로 사용한다.

세포에서 ATP 생산을 담당하는 반자동의 자가-생산 세포소기관인 미토콘드리아에서도 유전암호의 예외가 발견된다. 미토콘드리아는 자체적으로 DNA와 유전자 발현시스템을 지니고 있으며(17장 참조), 효모의 미토콘드리아에서 CUA 코돈은 류신 대신 트레오닌을 지정한다.

유전암호의 또 다른 예외는 특정 원핵생물에서 발견되는데, 정지 코돈 UAG가 가끔 매우 드문 아미노산인 피로리신(pyrrolysine)을 지정한다. 그리고 몇몇 mRNA 분자의 특정 위치에서 흔하지 않은 아미노산인 셀레노시스테인(selenocystein)이 UGA 코돈의 하위 집합에 대한 반응으로 다양한 유기체(원핵생물 및 진핵생물)의 몇몇 단백질에 삽입되어 있다. 이 장의 뒷부분에서 우리는 UAG 및 UGA와 같은 정지 코돈이 특정 mRNA 분자의 특정 부분 내에서 발생하는 경우 어떻게 이러한 희귀 아미노산의 삽입을 지정할 수 있는지 설명할 것이다.

현재까지 제시된 실험 증거는 유전암호의 보편성을 지지해 준다. 유전암호의 해독으로 유전자에서 단백질로의 정보의 흐름에 대한 전반적인 개요를 이해할 수 있게 되었지만, 세포가 어떻게 유전자 발현을 진행하는지는 정확히 설명하지 못한다. 지금부터 전사와 번역 과정에 대해 알아보자.

핵심 개념 9.1

- 유전암호는 64개의 코돈으로 구성되며, 각 코돈은 3개의 뉴클레오타이드 서열로 이루어진다. 61개의 코돈은 아미노산을 지정하며, 3개의 코돈(UAA, UAG, UGA)은 종결 코돈이다. 하나의 아미노산을 지정하는 여러 개의 코돈이 존재한다는 점에서 유전암호는 퇴화성(degenerate)을 보인다.
- AUG 코돈은 메싸이오닌을 지정하며, 또한 번역틀을 설정하는 개시 코돈으로도 사용된다. 번역틀은 삼중자 코돈의 비중복적 배열로 이루어진다.
- 과오 돌연변이는 코돈을 변화시켜 다른 아미노산을 지정하게 한다. 틀이동 돌연변이는 돌연변이 지점 이후의 번역틀을 바꾼다. 정지 코돈 돌연변이는 어떤 아미노산에 대한 코돈을 정지코돈으로 바꾼다.

9.2 전사: DNA에서 RNA 만들기

학습 목표

1. 전사의 3단계인 개시, 신장, 종결 과정에 대해 이해한다.
2. 원핵생물과 진핵생물의 전사 개시 과정을 비교한다.
3. 진핵생물에서 전사 후 mRNA의 가공 과정을 이해한다.

전사(transcription)는 상보적 염기쌍 형성을 통해 리보뉴클레오타이드를 연결하여 RNA 전사체를 생산하는 과정이다. DNA 이중 나선에서 유전자를 구성하는 부분의 한 가닥 서열이 RNA 전사체의 주형으로 사용된다.

RNA 중합효소는 단일 가닥 RNA 사본을 합성한다

그림 9.10은 전사의 기본 요소와 대장균의 전사 과정 중의 주요 사건을 묘사한다. 전사는 크게 **개시**(initiation), **신장**(elongation), **종결**(termination)의 세 단계로 나뉘며, 각 단계의 특성은 다음과 같다.

- **RNA 중합효소**(RNA polymerase)는 전사를 촉매한다.
- 유전자의 시작 근처에 있는 **촉진유전자**(promoter) 서열은 RNA 중합효소가 전사를 어디에서 시작해야 할지를 지시한다. 대부분의 박테리아에서 유전자의 촉진유전자는 거의 동일한 서열로 구성된 두 개의 짧은 부분을 지닌다(**그림 9.11a**). RNA 중합효소는 촉진유전자의 공통 서열에 강하게 결합한다.
- RNA 중합효소는 성장 중인 RNA 중합체에 5′에서 3′-방향으로 뉴클레오타이드를 첨가시킨다. 이러한 첨가 반응은 DNA 복제 동안 뉴클레오타이드 간의 인산디에스테르 결합이 형성되는 것과 유사하다(그림 6.21 참조). 복제와 다른 점은 데옥시리보뉴클레오타이드 삼인산 대신 리보뉴클레오타이드 삼인산(ATP, CTP, GTP, UTP)이 사용된다.
- RNA 전사체에 존재하는 **종결자**(terminator) 서열은 RNA 중합효소가 전사를 끝내도록 지시한다.

그림 9.10에서 제시했듯이, DNA는 역평행의 두 가닥으로 구성된다. 하나는 RNA 전사체와 동일한 극성과 서열을 지닌 **RNA-유사가닥**(RNA-like strand)이며, 나머지는 반대의 극성과 상보적 서열을 지닌 **주형가닥**(template strand)으로 전사체를 만들기 위한 주형으로 작용한다. 유전학자들이 일반적으로 **유전자 서열**(sequence of a gene)이라고 명명하는 것은 RNA-유사 서열을 의미한다.

전사 개시는 원핵생물과 진핵생물에서 차이를 보인다

모든 생물체의 유전자에서 일어나는 전사는 기본적으로 그림 9.10에 나온 개요도를 따르지만, 원핵생물과 진핵생물은 중요한 부분에서 차이를 보인다. 진핵생물에서 촉진유전자는 박테리아보다 훨씬 복잡한 구조를 지니며, 세 종류의 RNA 중합효소가 서로 다른 종류의 유전자군을 전사시킨다. 진핵생물의 RNA 중합효소 II(RNA pol II)는 단백질을 암호화하는 유전자를 전사시킨다. **그림 9.11b**는 진핵생물의 유전자에서 RNA 중합효소 II가 전사를 개시하는 DNA 부위의 일반적인 구조를 보여준다. 원핵생물과의 중요한 차이는 **증폭자**(enhancer) 서열의 존재인데, 촉진유전자와 수천 염기쌍 떨어져 위치할 수 있으며 진핵생물 유전자의 효과적 전사를 위해 필요한 서열이다.

원핵생물과 진핵생물의 세포에서 유전자가 언제, 어디서, 얼마나 발현할지를 조절하는 다양한 기작과 차이점들을 18장과 19장에서 자세히 살펴볼 것이다. 읽을거리 「유전학과 사회」에서는 **HIV와 역전사**라는 주제로 AIDS 바이러스의 예외적인 전사 과정인 RNA 주형으로부터 이중 가닥의 DNA를 만드는 **역전사**(reverse transcription)에 대해 알아볼 것이다.

그림 9.10

박테리아에서의 전사 과정

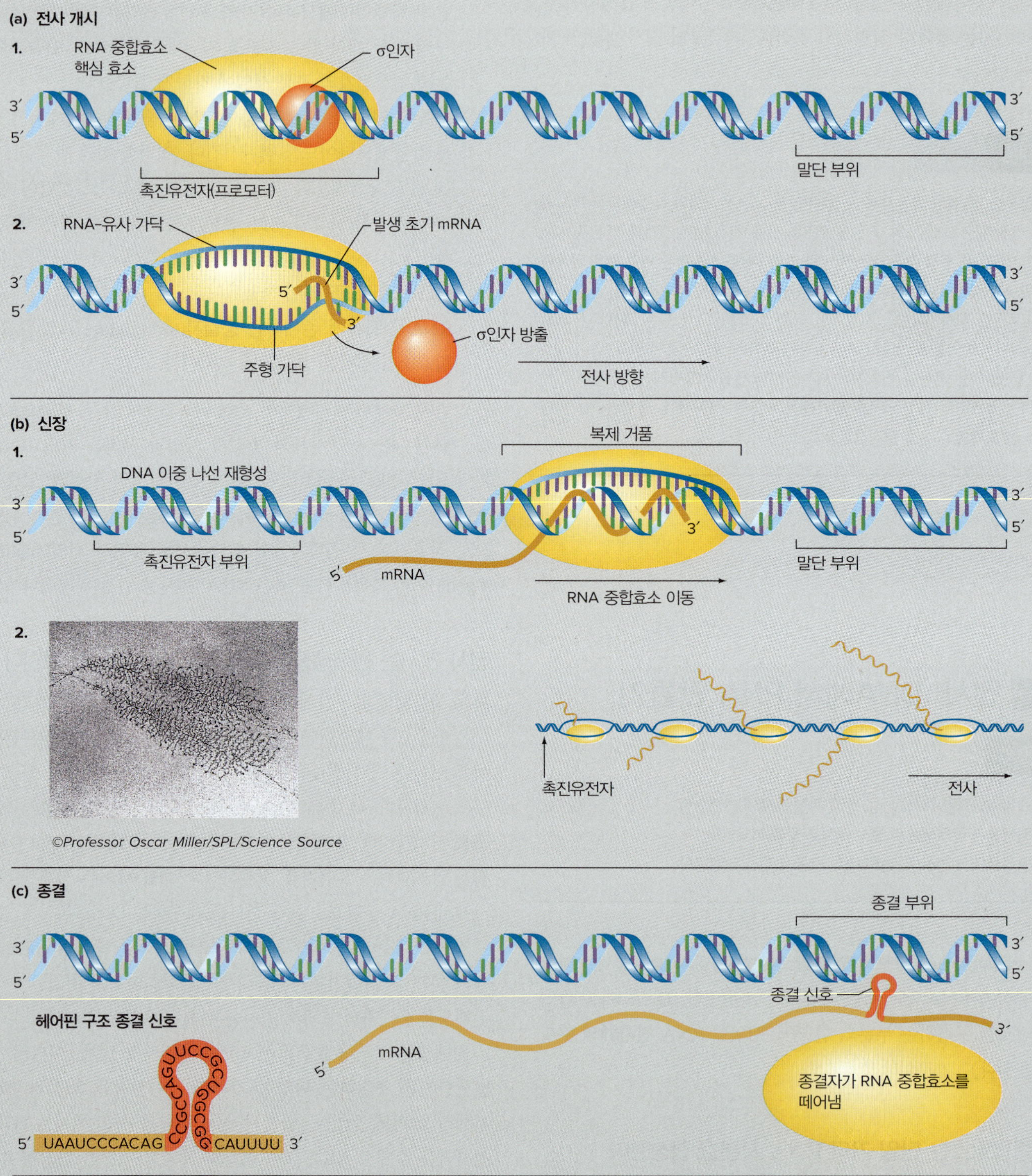

©Professor Oscar Miller/SPL/Science Source

(계속)

(a) 전사 개시

1. **RNA 중합효소는 전사될 유전자의 상단부에 위치한 이중가닥 DNA에 결합한다.** RNA 중합효소는 유전자의 시작 부위에서 전사 개시를 지시하는 특별한 DNA 서열인 **촉진유전자**(promoter, 프로모터)에 결합한다. 특정 촉진유전자는 서열에 다양성을 보이지만, 대장균의 모든 촉진유전자는 6~10개의 뉴클레오타이드로 구성된 짧은 두 종류의 특징적인 서열을 지닌다(그림 9.11a). 박테리아의 완전한 RNA 중합효소[**완전효소**(holoenzyme)]는 **핵심 효소**(core enzyme)와 개시에만 작용하는 σ[**시그마**(sigma)] 소단위체로 구성된다. 시그마 소단위체는 RNA 중합효소의 일반적인 DNA 결합력을 약화시키고 동시에 촉진유전자 서열에 대한 결합력을 증가시킨다. 그 결과 RNA 중합효소 완전효소는 촉진유전자에 강하게 결합하여 **닫힌 촉진유전자 복합체**(closed promoter complex)를 형성한다.
2. **촉진유전자에 결합한 후, RNA 중합효소는 DNA 이중 나선을 풀고 주형 가닥의 염기서열을 노출시킨다.** RNA 중합효소 완전효소와 풀리지 않은 촉진유전자 사이에 형성된 복합체를 **열린 촉진유전자 복합체**(open promoter complex)라고 한다. 효소는 주형 가닥을 인식하여 최초로 복사할 두 개의 뉴클레오타이드를 선택한다. 염기쌍 형성 규칙에 따라 RNA 중합효소는 새로 합성되는 RNA의 최초 두 리보뉴클레오타이드를 정렬시켜 RNA 생성물의 5′ 말단을 만든다. mRNA의 5′ 말단으로 전사되는 DNA는 종종 **유전자의 5′말단**(5′ end of the gene)이라고 한다. RNA 중합효소는 최초 두 리보뉴클레오타이드 간에 인산디에스테르 결합 형성을 촉매한다. 그 후 RNA 중합효소에서 시그마 인자가 분리되어 나오고, 전사 개시가 완료된다.

(b) 신장: 유전자의 RNA 사본 제조

1. **시그마 소단위체가 분리되면 RNA 중합효소는 촉진유전자와의 결합력은 약화되고 DNA에 대한 일반적인 결합력이 강화된다.** 이러한 변화로 인해 핵심 효소는 촉진유전자 서열을 떠나 DNA에 결합하게 된다. 핵심 효소는 이제 DNA를 따라 이동하며 이중 나선을 풀고 주형 가닥의 다음 부분을 노출시킨다. 효소는 사슬의 3′ 말단에 주형 가닥과 상보성을 지닌 리보뉴클레오타이드를 연결하여 RNA를 신장시킨다. 효소가 5′에서 3′ 방향으로 mRNA 분자를 신장시켜 나갈 때, 역평행의 DNA 주형 가닥을 따라 3′에서 5′ 방향으로 이동하면서 RNA 중합효소는 초당 평균 50뉴클레오타이드 속도로 RNA를 합성한다.
   RNA 중합효소에 의해 풀린 DNA 부위를 **전사 거품**(transcription bubble)이라고 하며, 이 부위에 새로 자라는 RNA 사슬이 DNA 주형과 상보적으로 결합한 DNA-RNA 중합체가 형성된다. 그러나 이미 전사가 진행된 DNA 부분은 다시 이중 나선을 형성하면서 합성된 RNA를 분리시켜 자유로운 5′ 말단을 지닌 단일 가닥 RNA가 전사 복합체에 걸려 있게 된다.
2. **일단 RNA 중합효소가 촉진유전자를 떠나면 다른 RNA 중합효소가 전사를 개시하기 위해 유입된다.** 만일 촉진유전자가 매우 강해서 RNA 중합효소를 빠르게 결합시킬 수 있다면, 유전자는 여러 RNA 중합효소에 의해 동시에 전사될 수 있다. 실제 여러 RNA 중합효소가 전사를 진행하는 전자현미경 사진과 묘사도가 그림에 나타나 있다. 유전자의 촉진유전자는 가장 짧은 크기의 RNA가 출현하는 DNA 부분과 아주 가까이 위치한다.
   유전자의 여러 특징들을 논의할 때, 주로 RNA 중합효소의 이동 방향을 기준으로 설명한다. 예를 들어, 유전자의 A 지점에서 RNA 중합효소가 이동한 방향과 동일한 방향으로 B지점까지 이동한다고 할 때, **하류**(downstream) 방향이라고 한다. 반대로, B지점에서 A지점으로 반대 방향으로 이동할 경우 **상류**(upstream) 방향이라고 한다.

(c) 종결: 전사의 끝

전사 종결을 지시하는 RNA 서열을 **종결자**(terminator)라고 한다. 두 종류의 종결자가 있는데, 우선 **내부 종결자**(intrinsic terminator)는 RNA 중합효소 핵심효소가 자체적으로 전사를 끝내도록 지시한다. **외부 종결자**(extrinsic terminator)는 전사 종결을 위해 RNA 중합효소 외에 다른 단백질, 특히 Rho라는 폴리펩타이드를 필요로 한다. 내부 종결자와 외부 종결자 모두 DNA 서열로부터 전사된 특정 mRNA 서열이다. 종결자 서열은 동일한 분자 내의 주로 가까이 위치한 서열 간의 상보적 염기쌍을 통해 **헤어핀 구조**(hairpin loop)를 형성한다. 종결 시, RNA 중합효소와 합성 완료된 RNA는 DNA로부터 분리되어 나온다.

전사를 통해 생성되는 단일 가닥 RNA를 **1차 전사체**(primary transcript)라고 한다(그림 9.10, 9.11 참조). 원핵생물에서 전사를 통해 형성된 RNA는 단백질 합성을 지시하는 실제적인 mRNA이다. 그러나 진핵생물에서는 대부분의 1차 전사체가 세포질로 이동하기 전에 핵에서 **RNA 가공**(RNA processing) 과정을 거친다. 이러한 가공 과정이 복잡한 생명체로 진화하는 데 기본적인 역할을 하였다.

진핵생물에서 전사 후 RNA 가공을 통해 성숙한 mRNA가 형성된다

진핵생물에서 나타나는 RNA 가공에는 RNA 전사체의 5′ 말단과 3′ 말단만을 변형시키는 것과 전사체 내부의 정보 일부를 제거하는 것이 있다. 따라서 성숙한 mRNA는 유전자의 DNA 서열과 완전히 동일하지는 않게 된다.

5′ 메틸화된 모자와 3′ 폴리-A 꼬리 첨가

진핵생물 mRNA의 5′ 말단에는 G 뉴클레오타이드가 1차 전사체의 첫 번째 뉴클레오타이드에 삼인산 결합을 통해 반대 방향으로 연결되어 있다. 이러한 "반대방향의 G"는 DNA로부터 전사된 것이 아니라 전사체의 초반 일부가 합성된 후 **모자 형성 효소**(capping enzyme)가 1차 전사체의 5′ 말단에 첨가시킨 것이다. 그 후 **메틸화 효소**(methyl transferase)가 반대 방향의 G와 연속적으로 연결된 한두 개의 뉴클레오타이드에 메틸기($-CH_3$)를 첨가하여 **메틸화된 모**

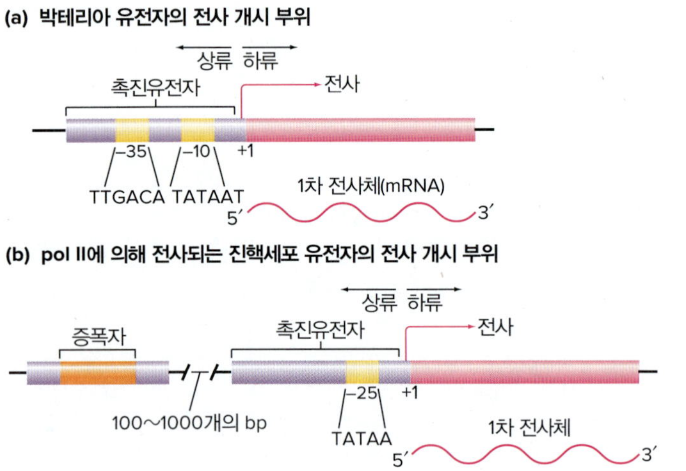

그림 9.11 전사개시를 제어하는 유전자 영역. RNA-유사 가닥의 서열만 나타나 있으며, 숫자는 전사된 첫 번째 뉴클레오타이드를 (+1)로 표시한다. **(a)** 대장균에서 모든 촉진유전자는 RNA 중합효소가 인식하는 데 필수적인 두 종류의 짧은 서열(노란색)을 공유한다. 서열의 각 위치에서 가장 공통적인 서열을 공통서열(consensus sequence)이라고 한다. **(b)** RNA 중합효소 II에 의해 전사되는 진핵생물 유전자는 촉진유전자와 하나 이상의 증폭자 서열(enhancers, 주황색)을 가진다. 증폭자 서열에는 단백질이 결합하여 전사를 돕는다.

자(methylated cap)를 형성한다(**그림 9.12**).

5′ 말단의 메틸화된 모자처럼, 진핵생물 mRNA 대부분은 3′ 말단 서열이 유전자에 의해 암호화 되지 않는다. 3′ 말단은 100~200개의 A 뉴클레오타이드로 구성된 **폴리-A 꼬리**(poly-A tail)를 가진다(**그림 9.13**). 꼬리의 첨가는 두 단계로 이루어진다. 우선 리보핵산가수분해 효소가 1차 전사체를 절단하여 새로운 3′ 말단을 생성한다. 이때 절단은 AAUAAA 서열을 인식하여 일어나는데, 이 서열은 폴리-A 꼬리를 지니는 mRNA에서 폴리-A가 첨가되는 지점으로부터 11~30뉴클레오타이드 상단부에 위치한다. 절단 후에 **폴리-A 중합효소**(poly-A polymerase)가 전사체의 3′ 말단에 A 뉴클레오타이드를 첨가시킨다.

메틸화된 모자와 폴리-A 꼬리는 mRNA가 단백질로 번역되는 데 중요하게 작용한다. 최근 연구에서 진핵생물 **번역 개시인자**(translation initiation factors)가 5′ 모자 부분에 결합하며, **폴리-A 결합 단백질**(poly-A binding protein)이 3′ 말단의 꼬리 부분에 결합하는 것을 확인하였다. 이들 단백질 간의 상호작용은 mRNA 분자가 원형 구조를 만들도록 도와준다. 이러한 원형 구조는 번역의 개시 단계를 촉진시키며, 세포질에서 mRNA를 안정화시켜 메신저로 작용할 수 있는 시간을 증가시키도록 한다.

RNA 이어맞추기를 통해 1차 전사체로부터 인트론 제거

DNA와 RNA의 서열을 분석하는 연구 방법이 개발된 1970년대 후반, 새로운 종류의 RNA 가공 과정이 발견되었다. 연구자들은 이 방법(10장 참조)을 통해 우선 진핵생물의 유전자와 mRNA 서열을 비교해 보았다. 원핵생물과 마찬가지로 진핵생물 유전자의 DNA 서열과 mRNA 서열은 RNA에서 T 대신 U를 사용한다는 것만 제외하고는 동일할 것으로 예상되었다. 그러나 진핵생물의 많은 유전자들은 DNA 서열이 해당 mRNA 서열보다 훨씬 더 길었으며, 이는 RNA 전사체에서 메틸화된 모자와 폴리-A 꼬리 첨가 외에도 광범위한 내부 가공 과정이 일어남을 의미한다.

1차 전사체와 최종 mRNA 간의 길이 차이가 매우 큰 예는 인간의 디스트로핀 유전자이다. 디스트로핀 유전자의 이상은 뒤시엔느 근위

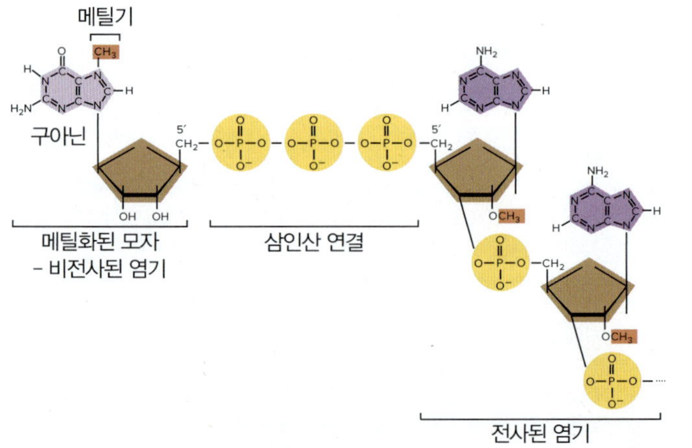

그림 9.12 진핵생물의 mRNA의 5′ 말단에 존재하는 메틸화된 모자. 모자 형성 효소는 1차 전사체의 첫 번째 뉴클레오타이드에 삼인산 결합을 매개로 역방향의 G 리보뉴클레오타이드를 연결한다. 메틸기 전달효소가 G 리보뉴클레오타이드와 DNA 주형에서 전사된 최초 하나 혹은 두 개의 리보뉴클레오타이드에 메틸기(주황색)를 첨가한다.

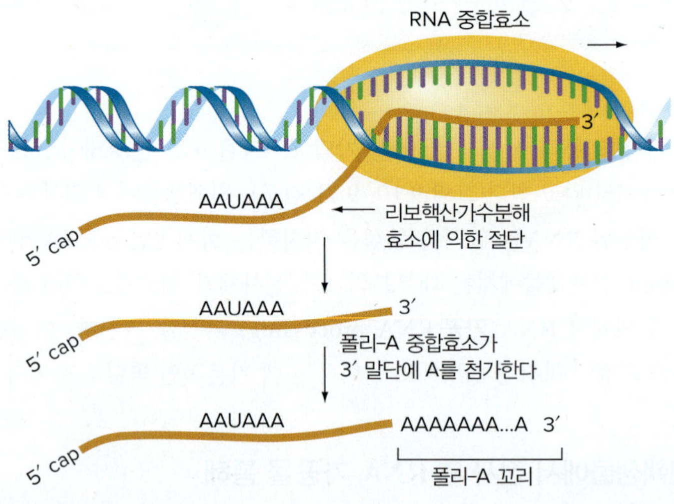

그림 9.13 진핵생물 mRNA의 3′ 말단에 꼬리 첨가. 리보핵산가수분해효소는 1차 전사체에서 특정 조건에 부합된 AAUAAA 서열을 인식하여 11~30 뉴클레오타이드 하류 지점을 절단하여 새로운 3′ 말단을 형성한다. 폴리-A 중합효소가 새로운 3′ 말단에 100~200개의 A 리보뉴클레오타이드를 첨가한다.

유전학과 사회

HIV와 역전사

AIDS를 일으키는 인간면역결핍바이러스(HIV)는 역사상 많이 연구된 바이러스이다. 30년 이상에 걸친 연구를 통해 연구자들은 각 바이러스 입자가 구체이며(**그림 A**) 그 안에 효소가 박힌 유전체가 있다는 것을 알게 되었다. 두 개의 동일한 단일 가닥 RNA 분자에 **역전사효소**(reverse transcriptase)로 알려진 독특한 DNA 중합효소 분자가 많이 결합되어 있다.

AIDS 바이러스는 인간의 면역세포에 결합하여 바이러스의 핵심부를 주입한다(**그림 B**). 그 후 세포질에서 역전사효소를 이용하여 자신의 유전체인 RNA로부터 이중 가닥 DNA를 합성한다(**역전사**, reverse transcription). 합성된 이중 가닥 DNA는 핵으로 이동하고 다른 효소인 **인테그레이즈**(integrase)에 의해 숙주의 염색체로 삽입된다. 숙주 염색체에 삽입된 후 바이러스 유전체는 두 가지 경로 중 하나를 택한다. 하나는 숙주세포의 단백질 합성 기구를 제멋대로 사용하여 수백 개의 바이러스 입자를 만든 후 세포막의 일부로 외막을 만들어 숙주세포로부터 떨어져 나온다. 이 과정은 때때로 사람의 면역 체계를 약화시켜 숙주세포의 죽음을 초래한다. 다른 경우로는 바이러스 유전체가 숙주 염색체에 잠복하여 세포분열 때마다 바이러스 유전체를 복제하도록 하여 딸세포에 존재하게 된다.

바이러스의 생활사 중 단일 가닥 RNA를 이용하여 이중가닥 DNA를 만드는 과정 때문에 HIV는 **레트로바이러스**(retrovirus)라고 한다. 역전사는 유전정보의 흐름, 즉 DNA에서 RNA 그리고 단백질로의 이동에 역행하는 반응이다. 역전사효소는 RNA 또는 DNA를 DNA 합성을 위한 주형으로 사용하는 능력 외에도 부분의 DNA 중합효소에서 나타나지 않는 특징인 부정확성을 보인다. 7장에서 본 것처럼, 정상 DNA 중합효소는 복제 동안 1백만 개의 뉴클레오타이드당 1개의 실수율을 지닌다. 그러나 역전사효소는 5,000개 뉴클레오타이드당 한 개의 실수율을 보이며 복제를 진행한다.

HIV가 이러한 높은 돌연변이능을 지니는 특징은 숙주의 면역반응에 대해 전략적 이점을 가지게 한다. 면역계 세포는 증식하는 바이러스 입자에 대처하기 위해 분열하여 HIV 침입을 극복하려 한다. 그 숫자는 어마어마하다. AIDS 환자에서 감염된 면역세포로부터 매일 1억~1조 개의 HIV 입자가 생성된다. 이러한 공격에 대처할 만큼 면역력이 있는 경우, 매일 새로운 2조 개의 면역세포를 생성한다. 새로 만들어진 면역세포는 주로 바이러스 표면에 존재하는 단백질을 인식하는 항체를 생성한다.

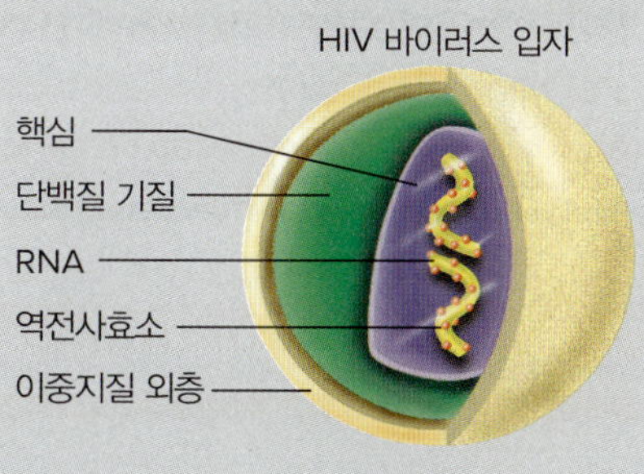

그림 A AIDS 바이러스의 구조

면역반응으로 표적단백질을 지닌 바이러스 입자를 제거하고 있을 때, 현재의 면역 반응에 저항성을 지닌 새로운 형태의 단백질을 지닌 바이러스 입자가 나타난다. 여러 해 동안 면역계가 쫓아가 파괴한 후에도, 변화가 능한 바이러스가 숙주의 면역반응을 이겨내고 우위를 차지하게 된다.

HIV의 고유한 변이성은 AIDS 통제에 대한 두 가지 잠재적인 치료 접근 방식인 약물과 백신을 약화시켰다. HIV 감염 시 처방되는 항바이러스 약제 중 일부[AZT(zidovudine), ddC(dideoxycytidine), ddI(dideoxyinosine)]는 역전사효소의 작용을 방해함으로써 바이러스 복제를 막는다. 각 약제는 네 종류의 뉴클레오타이드 중 하나와 유사한 구조를 지니며, 역전사효소가 성장 중인 DNA 중합체에 뉴클레오타이드 대신 이 약제 분자를 첨가하게 되면 효소는 더 이상 합성을 진행할 수 없게 된다. 약제 복용량을 높이면 독성이 있으므로, 모든 바이러스 입자를 제거하기는 어려운 낮은 복용량으로만 처방해야 한다. 이러한 제한과 바이러스의 높은 돌연변이율 때문에 약제가 있는 상태에서도 작동하는 돌연변이 역전사효소가 금방 출현하게 된다.

연구자들은 효과적인 백신을 개발하는 데도 어려움을 겪는다. 심지어 여러 HIV 단백질에 대해 상당한 면역 반응을 유발할 수 있는 백신이 개발된다 하더라도, 그 백신은 돌연변이로 인해 저항성을 지닌 바이러스가 만들어지기 전 짧은 시간 동안만 효과적으로 작동할 수 있을 것이다.

HIV의 높은 돌연변이율에도 불구하고, 병용 약물 요법을 포함하는 AIDS에 대한 현대적인 치료법은 질병 퇴치에 매우 효과적이었다. 칵테일 요법에는 바이러스 복제 억제제, 바이러스 피막 생성을 돕는 단백질분해효소(protease) 억제제, **인테그레이즈** 효소 억제제 및 인간세포로 바이러스 침입을 억제하는 물질이 포함되어 있다. HIV는 이 약물 칵테일의 다양한 효과를 극복하기 위해 많은 희귀 돌연변이를 필요로 한다.

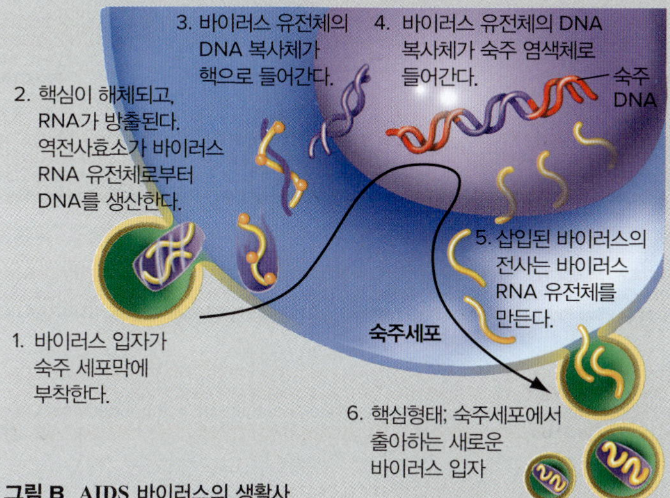

그림 B AIDS 바이러스의 생활사

축증(Duchenne muscular dystrophy, DMD)라는 유전병을 일으킨다. 디스트로핀 유전자는 250만 뉴클레오타이드(2,500 kb)인데 반해, 디스트로핀 mRNA는 약 14,000뉴클레오타이드(14 kb)로 구성된다. 유전자에는 성숙한 mRNA에는 존재하지 않는 서열을 분명히 포함하고 있는 것이다. 성숙한 mRNA에 포함되지 않는 부분이 2,500 kb의 DNA 전체에 흩어져 존재하고 있다.

엑손과 인트론 유전자의 DNA와 성숙한 mRNA에 공통적으로 존재하는 서열을 **엑손**(exon; expressed regions)이라고 한다. DNA에는 존재하지만 mRNA에는 존재하지 않는 서열을 **인트론**(intron; intervening regions)이라고 한다. 인트론은 성숙한 mRNA를 형성하는 엑손 서열들을 각각 분리시킨다. **그림 9.14**에 표시한 콜라겐(결합조직에 풍부한 단백질) 유전자는 2개의 인트론을 가진다. 이에 반해 디스트로핀 유전자는 80개 이상의 인트론을 지니며, 평균 인트론 길이는 35 kb 정도이나, 400 kb 정도 되는 인트론도 존재한다. 사람의 다른 유전자는 일반적으로 더 적은 수의 인트론을 가지며, 소수의 유전자는 인트론이 없는 경우도 있다. 인트론의 크기는 50 bp에서

(a) 콜라겐 유전자: 구조와 발현

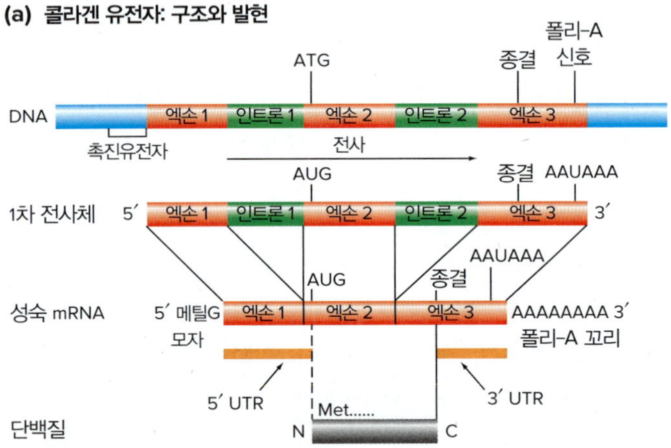

(b) 콜라겐 유전자, mRNA 및 폴리펩티드의 서열

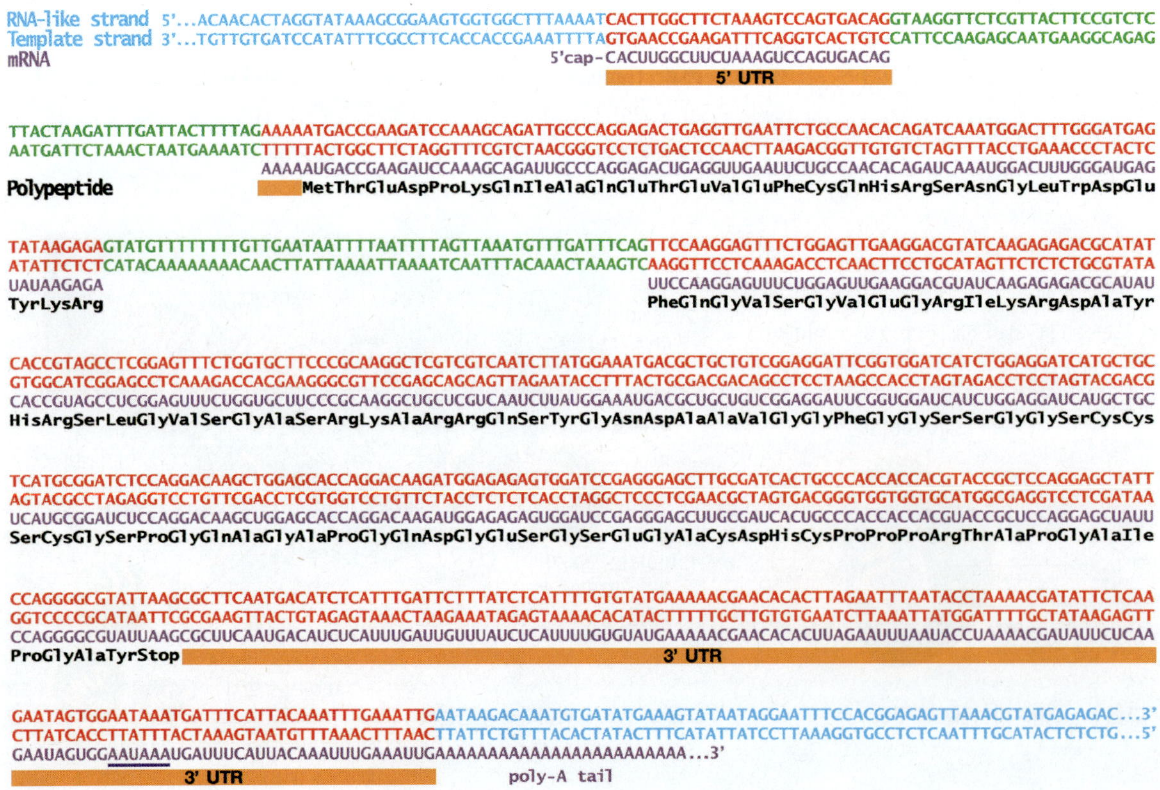

그림 9.14 전형적인 진핵생물 유전자. **(a)** 콜라겐 유전자의 구조와 그 산물의 모식도. 엑손은 붉은색(red), 인트론은 녹색(green), 유전자의 비전사부위는 파란색(blue)으로 표시되어 있다. 1차 전사체로부터 가공을 통해 성숙한 mRNA가 형성된다. 인트론이 제거되며, 5′ 말단에 메틸화된 모자가 첨가되고 3′ 말단에 폴리-A 꼬리가 첨가된다. mRNA의 5′ 말단에서 개시 코돈(AUG) 사이를 5′ 비번역부위(5′ UTR)라고 하며, 정지 코돈에서 폴리-A 꼬리까지를 3′ 비번역부위(3′ UTR)라고 한다(주황색 막대). **(b)** 뉴클레오타이드 서열이 표시된 유전자이다. 색은 (a)에서와 같으며, 성숙 mRNA 서열은 자주색으로 강조되어 있다. 폴리-A 첨가 서열인 AAUAAA가 밑줄로 표시되어 있다.

100 kb 이상 되기도 한다. 이에 반해 엑손의 크기는 50 bp에서 몇 kb 정도에 이른다. 디스트로핀 유전자의 경우 평균 엑손의 크기는 200 bp이다.

성숙한 mRNA는 개시 코돈과 정지 코돈을 포함하여 아미노산으로 해독되는 모든 종류의 코돈을 가진다. 또한 성숙한 mRNA의 5′ 및 3′ 말단에는 번역되지는 않으나, 번역 조절에 중요한 역할을 하는 서열이 존재한다. 이 서열은 바로 메틸화된 모자의 바로 뒤와 폴리-A 꼬리의 바로 앞에 위치하는 **5′ 및 3′ 비번역부위**(5′ and 3′untranslated regions; 5′ and 3′ UTRs)이다(그림 9.14). 모자와 꼬리를 제외하고 성숙한 mRNA에 존재하는 모든 서열(코돈과 비번역부위)은 유전자의 엑손으로부터 전사된 것이다.

인트론은 유전자의 어떤 위치에도 존재할 수 있으며, 심지어 한 코돈의 세 뉴클레오타이드 사이에 위치할 때도 있다. 이런 경우, 해당 코돈의 세 뉴클레오타이드는 두 개의 다른 (그러나 연속적인) 엑손에 각각 나뉘어 존재하게 된다. 또한 인트론이 5′ 및/또는 3′ 비번역부위을 단절할 수 있기 때문에 시작 코돈이 항상 첫 번째 엑손에 있는 것은 아니며 종료 코돈도 항상 마지막 엑손에 있는 것은 아니다.

세포는 인트론에 의해 단절된 암호화 서열을 지닌 유전자로부터 어떻게 성숙한 mRNA를 만들까? 우선 세포는 유전자의 엑손과 인트론이 모두 포함된 **1차 전사체**(primary transcript)를 만든 후, **RNA 이어맞추기**(RNA splicing) 방법으로 인트론을 제거한다. RNA 이어맞추기는 인트론을 제거하고 연속적인 엑손을 연결하여 엑손으로만 구성된 성숙 mRNA를 만드는 과정이다(그림 9.14). 1차 전사체의 첫 번째 엑손과 마지막 엑손은 각각 mRNA의 5′ 및 3′ 말단이 되며, 엑손 사이에 있는 모든 인트론은 제거되므로, 결국 유전자는 인트론보다 하나 많은 수의 엑손을 가지게 된다. 성숙한 mRNA를 만들기 위해 이어맞추기는 매우 정확하게 일어나야 한다. 예를 들어 하나의 코돈 서열 내에 인트론이 존재하면, 이어맞추기를 통해 인트론이 정확히 제거되어 mRNA의 번역틀이 잘못되지 않도록 코돈을 재구성해야 한다.

RNA 이어맞추기 기작 **그림 9.15**는 RNA 이어맞추기가 일어나는 과정을 보여준다. 1차 전사체 내에 존재하는 세 종류의 짧은 RNA 서열인 **이어맞추기 공여자**(splice donor), **이어맞추기 수용자**(splice acceptor), **분지점**(branch site)이 이어맞추기가 정확하게 일어나도록 돕는다. 이들 서열은 인트론과 엑손 간의 연결을 절단한 후, 두 엑손이 서로 연결되도록 한다. 이어맞추기 과정 동안 1차 전사체에서 두 번의 연속적인 절단이 있는데, 우선 이어맞추기 공여자 부위인 인트론의 5′ 말단에서 절단이 일어난다. 그 후, 인트론의 5′ 말단은 인

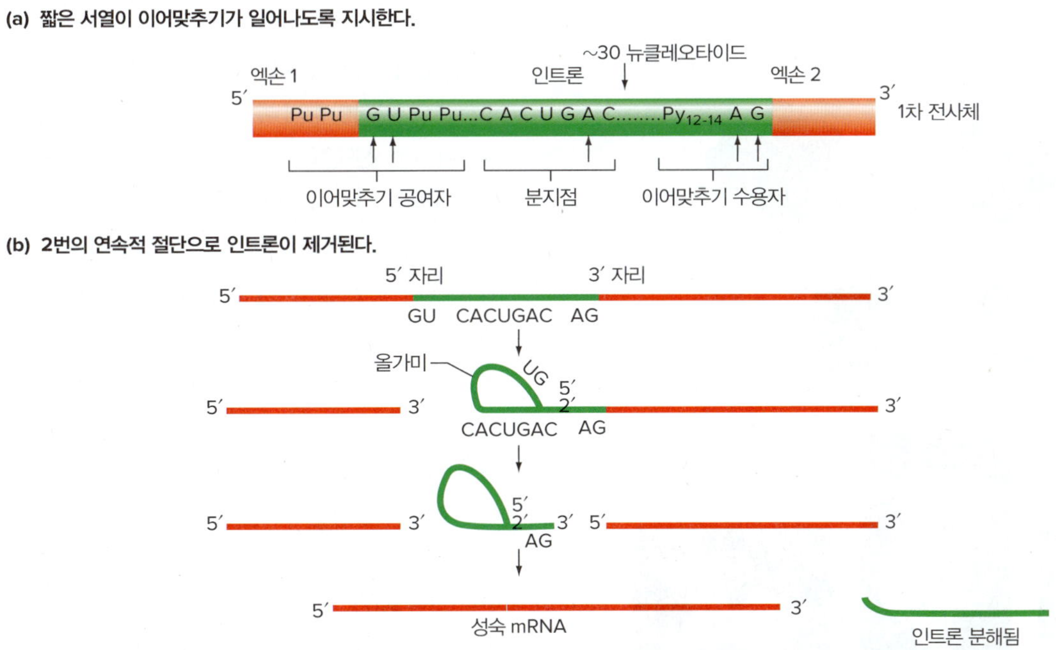

그림 9.15 RNA 이어맞추기 과정. 엑손은 붉은색, 인트론은 녹색으로 표시되어 있다. **(a)** 이어맞추기 과정은 1차 전사체에 존재하는 3종류의 짧은 인식 서열을 필요로 한다. (1) 이어맞추기 공여자 자리는 엑손의 3′ 말단과 인접한 인트론의 5′ 말단에 존재한다. 대부분의 이어맞추기 공여자 자리를 살펴보면, 인트론이 시작되는 부분에 GU 뉴클레오타이드(화살표)가 위치하며, 양 옆으로 약간의 퓨린 염기(Pu: A 또는 G)가 존재한다. (2) 이어맞추기 수용자 자리는 인트론의 3′ 말단이며, 바로 옆에 엑손이 위치한다. 인트론의 마지막 뉴클레오타이드는 항상 AG(화살표)이며, 바로 앞쪽에 12~14개의 피리미딘 염기(Py: C 또는 U)가 존재한다. (3) 분지점은 이어맞추기 수용자 자리에서 앞쪽으로 30 뉴클레오타이드 떨어져 위치하며, 반드시 A(화살표) 뉴클레오타이드가 존재하며, 일반적으로 피리미딘 염기가 많다. **(b)** 이어맞추기 공여자 자리에서 첫 번째 절단이 일어나고 이어맞추기 수용자 자리에서 두 번째 절단이 일어나 인접한 두 엑손 간의 정확한 이어맞추기가 진행된다.

트론 내부의 분지점에 위치한 A 뉴클레오타이드와 새로운 형태의 2′−5′ 인산디에스테르 결합을 통해 연결되어 올가미(lariat) 형태가 만들어진다. 두 번째 절단은 인트론의 3′ 말단에 위치한 이어맞추기 수용자 부위에서 일어나며, 인트론이 제거된다. 제거된 인트론은 분해되고, 인접한 엑손이 연결되면서 이어맞추기가 완료된다(그림 9.15).

SnRNPs 및 이어맞추기 복합체 이어맞추기를 담당하는 복잡한 세포 내 기구는 **이어맞추기 복합체**(spliceosome)이며 이어맞추기 반응은 동시에 진행된다(**그림 9.16**). 이어맞추기 복합체는 **작은 핵 리보핵산 단백질**(small nuclear ribonucleoproteins; snRNP) 단위체 4개로 구성되고, 각 snRNP는 길이 100~300 뉴클레오타이드의 **작은 핵 RNA**(small nuclear RNA; snRNA)가 하나 혹은 두 개 있으며, 단백질이 결합하여 일정한 입자 구조를 지닌다. 특정 snRNA는 이어맞추기 공여자 부위와 이어맞추기 수용자 부위 서열과 염기쌍을 형성하며, 인트론을 사이에 둔 두 엑손 간의 연결에 특히 중요하게 작용한다.

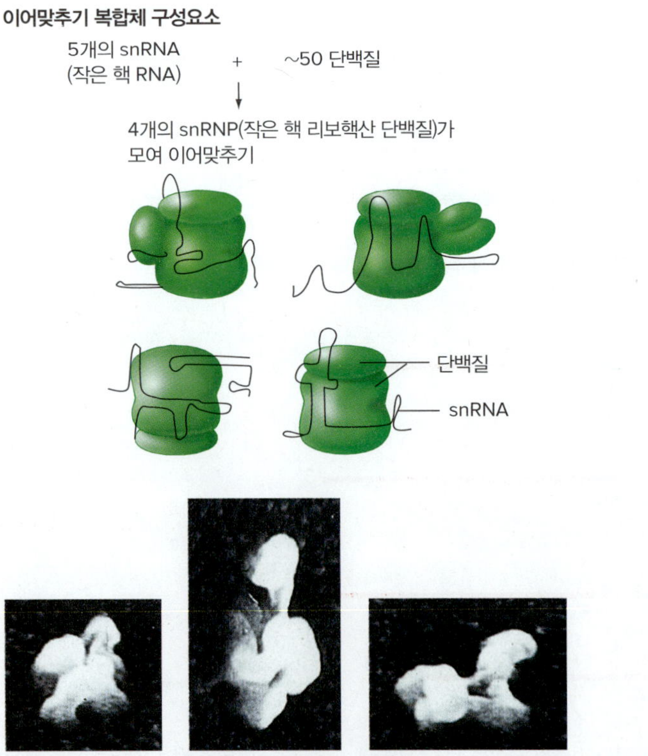

그림 9.16 이어맞추기 복합체는 이어맞추기를 촉매한다. (위) 이어맞추기 복합체는 4개의 snRNP 소단위체가 모여 형성되며, 각 snRNP는 하나 혹은 두 개의 snRNA와 여러 단백질을 지닌다. (아래) 3개의 이어맞추기 복합체를 보여주는 전자현미경 사진이다. *Source: (bottom): ©Dr. Thomas Maniatis, Columbia University, Valegos College of Physicians and Surgeons*

이어맞추기 복합체 구조의 복잡성을 고려해 볼 때, 이어맞추기 복합체나 다른 인자의 도움 없이 스스로 이어맞추기를 진행하는 몇몇 전사체가 존재한다는 사실은 매우 놀랍다. 이러한 1차 전사체는 매우 드문 경우이며, 효소처럼 특정 화학 반응을 진행할 수 있는 RNA 분자인 **리보자임**(ribozyme)으로 기능함을 알 수 있다.

진핵생물의 유전자에 이어맞추기를 통해 제거될 DNA 서열인 인트론을 지니고 있다는 사실은 매우 이상해 보인다. 실제 왜 인트론이 존재하는지에 대해 정확한 답은 없다. 한 가지 가설은 이어맞추기를 통해 단백질의 기능 모듈을 암호화하는 다양한 엑손 조각들로부터 유전자를 조립할 수 있을 것이라고 제안한다. 이러한 조립을 통해 엑손 뒤섞기를 진행하여 새로운 유전자를 만들어내고, 복잡한 생명체로의 진화에도 중요한 역할을 했을 것으로 보인다. 엑손 뒤섞기가 잠재적으로 선택적 이득이 있다는 것은 쉽게 이해되므로, "모듈로서의 엑손설"은 매우 흥미롭다. 그러나 여전히 증거가 없는 채로 가설만 존재한다. 물론 이 가설이 틀렸다는 뚜렷한 증거도 없으므로, 과학자들이 상상하는 방식대로 인트론이 설정되었을 것이라고 조심스레 제안한다.

선택적 이어맞추기: 동일한 1차 전사체로부터 다양한 mRNA의 생성

일반적으로 RNA 이어맞추기는 인트론을 제거하고 두 개의 인접한 엑손을 결합시킨다. 그러나 발생 과정에서 종종 RNA 이어맞추기는 특정 시기와 조직에 따라 조절되는데, 일부 이어맞추기 신호가 무시될 수 있다. 예를 들어, 한 인트론의 이어맞추기 공여자 자리와 다른 인트론의 이어맞추기 수용자 자리 간에 이어맞추기가 일어날 수 있다. 이러한 **선택적 이어맞추기**(alternative splicing)를 통해 구조와 기능면에서 비슷하지만 다른 단백질을 암호화하는 mRNA를 생산한다. 실제로 선택적 이어맞추기는 1차 전사체의 뉴클레오타이드 서열을 손질하여 한 종류 이상의 폴리펩타이드를 생산한다. 사람의 유전체에 있는 28,000여 개의 유전자가 10만 종류의 다양한 단백질을 생산할 수 있는 것은 선택적 이어맞추기로 설명할 수 있다.

포유류에서 항체의 중쇄를 암호화하는 유전자의 선택적 이어맞추기를 통해 항체 단백질이 B 림프구의 막에 결합될지 혹은 혈액으로 분비될지를 결정한다. 항체의 중쇄 유전자는 8개의 엑손과 7개의 인트론으로 구성된다. 6번 엑손 내에는 이어맞추기 공여자 자리가 존재한다(**그림 9.17**). 막 결합형 항체를 생산하기 위해 6번 엑손 내의 오른쪽 부분을 제외하고 모든 엑손이 연결되어 소수성의 C 말단을 암호화하는 mRNA를 만든다. 분비형 항체를 생산하기 위해, 앞 부분 6개의 엑손만 연결되어 친수성 C 말단을 암호화하는 mRNA가 만들어진다. 선택적 이어맞추기를 통해 만들어진 두 종류의 mRNA는 몸의 다른 부분으로 이동하는 약간 다른 단백질을 암호화하고 있다.

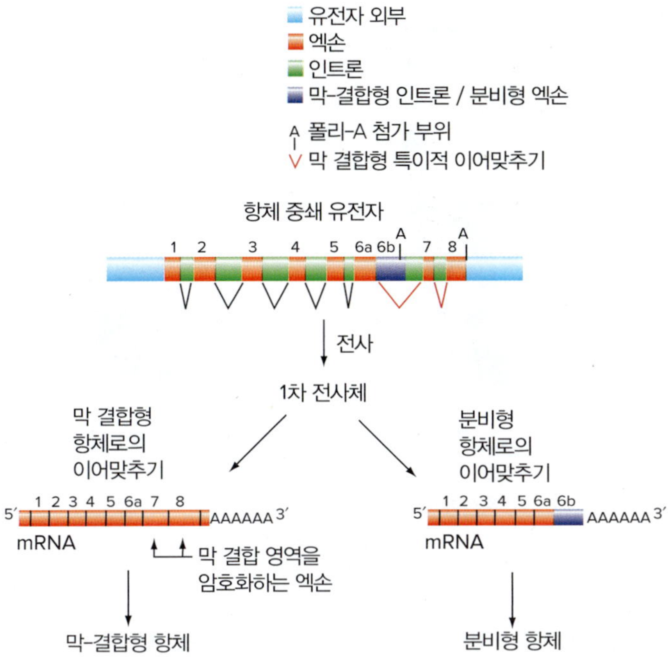

그림 9.17 서로 다른 mRNA가 동일한 1차 전사체로부터 만들어진다. 항체의 중쇄들에 대한 1차 전사체에서 선택적 이어맞추기가 일어나 서로 다른 종류의 항체 단백질을 암호화하는 mRNA가 생성된다.

핵심 개념 9.2

- 전사는 RNA 중합효소가 DNA 주형으로부터 단일가닥 1차 전사체를 합성하는 과정이다.
- 전사 개시에는 RNA 중합효소가 어디에서 복제를 시작할지를 알려주는 촉진유전자라고 하는 DNA 서열이 필요하다. 진핵생물에서는 증폭자라는 DNA 서열이 추가적으로 필요하다.
- 전사 신장 단계에서, RNA 중합효소는 성장 중인 RNA 가닥에 5′에서 3′ 방향으로 뉴클레오타이드를 첨가시킨다.
- 종결 단계에서, RNA 전사체의 종결자 서열은 RNA 중합효소가 전사를 멈추도록 지시한다.
- 원핵생물에서 1차 전사체는 전령 RNA(mRNA)로 작용한다.
- 진핵생물에서 전사 후 RNA 가공(RNA processing)을 통해 전령 RNA가 생성된다. RNA 전사체에 5′ 모자와 폴리-A 꼬리가 첨가되며, 이어맞추기를 통해 인트론이 제거되고 엑손이 연결된다.
- 엑손은 선택적 이어맞추기를 통해 연결될 수 있으며, 동일한 1차 전사체로부터 서로 다른 mRNA 서열을 생성하여 최종적으로 서로 다른 폴리펩타이드를 생산한다.

9.3 번역: mRNA에서 단백질 만들기

학습 목표

1. tRNA의 구조와 기능에 대해 이해한다.
2. 리보솜에서 나타나는 번역의 주요 단계를 이해한다.
3. 번역 후 가공 과정을 분류하고 실례를 알아본다.

번역(translation) 과정을 통해 mRNA의 뉴클레오타이드 서열은 해당 폴리펩타이드의 아미노산 서열이 정확하게 연결되도록 지시한다. 번역은 리보솜에서 일어나며, 리보솜은 mRNA의 유전정보에 따라 특정 아미노산을 운반하는 tRNA의 이동을 조정한다. 우선 tRNA와 리보솜의 구조와 기능을 살펴본 후, 번역 동안 이들 구성요소들이 어떻게 상호작용하는지 알아볼 것이다.

운반 RNA는 mRNA 코돈이 아미노산으로 번역되는 것을 매개한다

mRNA 코돈과 해당 코돈이 지정하는 아미노산 간에는 화학적 유사성이나 극성은 존재하지 않는다. 오히려 **운반 RNA**(transfer RNA; tRNA)가 중개 분자로 작용하여 핵산 정보를 단백질 정보로 전환하는 것을 매개한다.

tRNA의 구조

tRNA는 74~95 뉴클레오타이드 길이의 짧은 단일 가닥 RNA이다. tRNA 내의 뉴클레오타이드 중 일부는 기본적인 A, G, C, U 뉴클레오타이드의 화학적 변화로 인해 변형 염기를 포함한다. 각 tRNA는 하나의 특정 아미노산을 운반하며, 세포에는 유전암호로 지정된 공통의 20종류 아미노산을 지정하는 최소한 한 종류의 tRNA가 존재한다. tRNA의 이름은 어떤 아미노산을 운반하느냐에 따라 결정되며, $tRNA^{Gly}$는 글리신 아미노산을 운반한다.

그림 9.18을 보듯이 tRNA 분자의 구조에 대해 3단계로 고려해 보면 다음과 같다.

- tRNA의 뉴클레오타이드 서열은 1차 구조를 형성한다.
- tRNA 단일 가닥 내의 짧은 상보적 부위에서 염기쌍을 형성하여 특징적인 클로버잎 모양이 나타나며, 이것을 tRNA의 2차 구조라고 한다.
- 3차원 공간 모형으로 접힘이 일어나면, 대문자 L자 모양의 3차 구조가 형성된다.

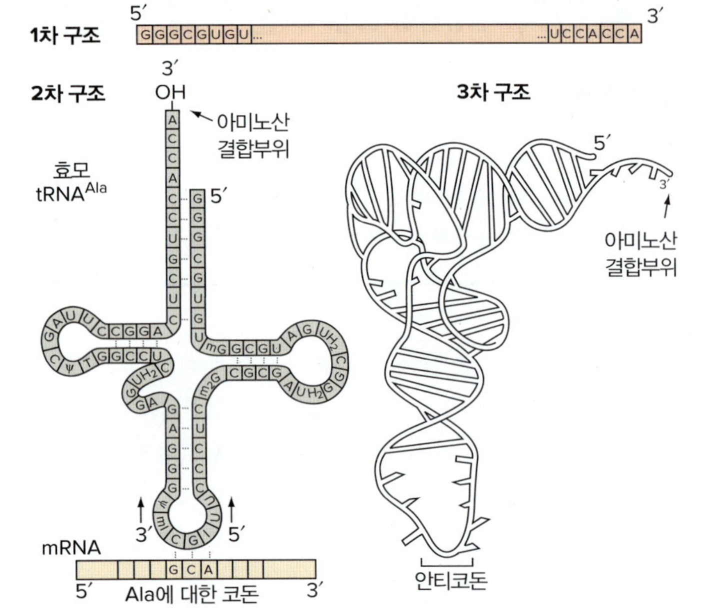

그림 9.18 tRNA 구조. tRNA 분자의 뉴클레오타이드 서열(1차 구조)은 2차 및 3차 구조를 형성하게 한다. 안티코돈과 아미노산 결합 자리는 tRNA 분자의 L자 모양 4차 구조의 반대 쪽 끝부분에 각각 위치한다. I, Ψ, UH_2, ml, m_2G, mG 등으로 표시되는 독특한 염기는 효소에 의해 화학적으로 변형된 A, G, C, U의 변이형이다.

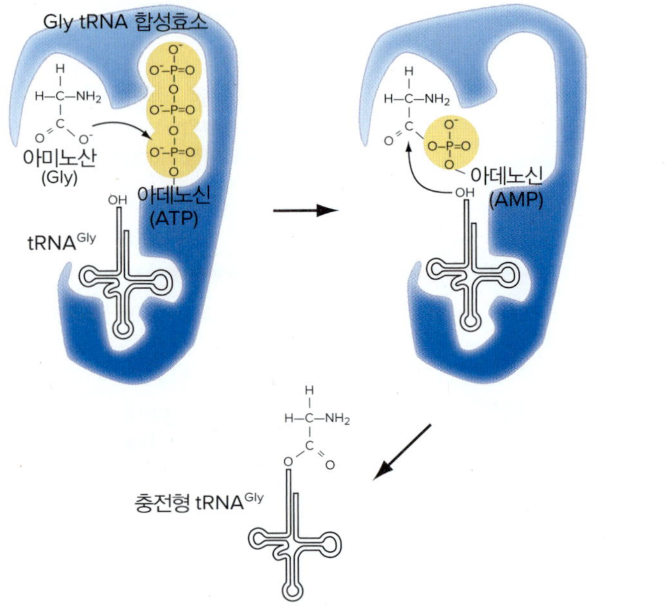

그림 9.19 아미노아실-tRNA 합성효소는 tRNA를 아미노산에 부착한다. 아미노아실-tRNA 합성효소는 아미노산, 해당 tRNA, ATP에 대한 인식부위를 가진다. 합성효소는 우선 아미노산을 활성화시켜 AMP-아미노산을 형성한다. 효소는 AMP에 결합된 아미노산의 카르복시기를 tRNA의 3′ 말단에 위치한 리보오스 당의 하이드록시기(—OH)에 연결시켜, 충전형 tRNA를 형성한다.

tRNA의 L자 모양 한 쪽 말단에 **안티코돈**(anticodon)이 위치한다(그림 9.18). 안티코돈은 mRNA 코돈과 상보적인 서열을 지닌 세 개 뉴클레오타이드 서열로 tRNA가 운반하는 아미노산의 종류를 결정해 준다. 안티코돈은 tRNA의 어떤 서열과도 염기쌍을 형성하지 않으며, 오직 mRNA의 상보적인 코돈 서열과만 작용한다. 리보솜에서 염기쌍을 형성할 때, 코돈과 안티코돈 서열은 다른 상보적인 염기쌍처럼 역평행 구조를 이룬다. 예를 들어, 안티코돈 3′ CCU 5′은 상보적인 mRNA 코돈 5′ GGA 3′와 결합하며, 글리신을 지정한다. tRNA 가닥의 5′ 말단과 3′ 말단이 있는 L의 다른쪽 말단에서(그림 9.18) 적절한 아미노산이 tRNA의 3′ 말단에 부착된다.

아미노아실-tRNA 합성효소: 유전암호의 분자 번역자

아미노아실-tRNA 합성효소(aminoacyl-tRNA synthethase)는 안티코돈에 해당하는 아미노산과 tNRA를 연결해 주는 효소이다. 이 효소는 매우 특이적으로 작용이며, tRNA의 구조가 서로 유사함에도 불구하고 특정 tRNA의 고유한 특징을 인식하며, 또한 해당 아미노산도 인식하게 된다(9장 시작 사진).

아미노아실-tRNA 합성효소는 핵산 문자와 단백질 문자를 동시에 인식하는 유일한 분자이다. 일반적으로 20종류의 아미노산 각각에 대해 하나의 아미노아실-tRNA 합성효소가 작용한다. 각 합성효소는 오직 하나의 아미노산에만 작용하지만, 해당 아미노산을 지정하는 서로 다른 여러 tRNA를 인식할 수 있다. **그림 9.19**는 아미노산과 해당 tRNA의 3′ 말단 사이에서 일어나는 공유결합을 2단계의 과정으로 보여준다. 아미노산이 공유결합된 tRNA를 **충전형 tRNA**(charged tRNA)라고 하며, 이들 간의 결합에는 상당한 에너지가 포함되어 있어 펩타이드 결합 형성을 유도하는 데 사용된다.

코돈과 안티코돈 간의 염기쌍 형성의 주요 역할

적절한 아미노산이 해당 tRNA에 결합하지만, 아미노산 자체는 성장 중인 폴리펩타이드의 어느 자리에 투입될지를 결정하는 데 영향을 주지 않는다. tRNA의 안티코돈과 mRNA의 코돈 간의 특이적인 상호작용만이 이 결정을 수행한다. 간단한 실험으로 이 사실을 증명해 보자(**그림 9.20**). 충전형 tRNA에 화학적 처리를 하면, tRNA의 구조는 변화되지 않은 채로 아미노산을 바꿀 수 있다. 특정 화학 처리를 진행하여 $tRNA^{Cys}$의 시스테인을 알라닌으로 바꾼 후 무세포-번역시스템에 알라닌으로 충전된 $tRNA^{Cys}$를 첨가하였다. 그 결과 $tRNA^{Cys}$의 안티코돈과 상보적인 서열의 시스테인 코돈이 위치한 모든 mRNA 부분에서 성장 중인 폴리펩타이드에 알라닌이 첨가되었다.

워블: 하나 이상의 코돈에 작용하는 하나의 tRNA

20종류의 아미노산 각각에 대해 최소 하나의 tRNA가 존재하지만, 유전암호 중 61개의 코돈에 상보적인 안티코돈을 지닌 tRNA가 모

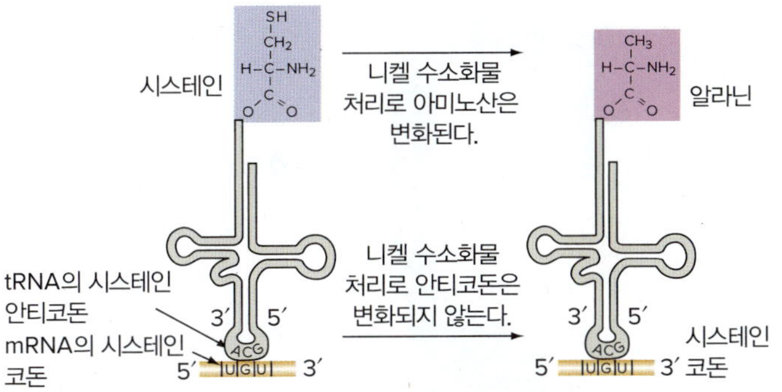

그림 9.20 코돈: mRNA 코돈과 tRNA 안티코돈 간의 염기쌍 형성은 어떤 아미노산이 폴리펩타이드에 참여할지를 결정한다. 시스테인을 지정하는 안티코돈을 지닌 tRNA에 알라닌 아미노산이 충전될 경우, 시스테인을 지정하는 코돈이 나올 때마다 알라닌이 첨가된다.

두 존재할 필요는 없다. 예를 들어, **대장균**(*E. coli*)은 42개의 서로 다른 안티코돈을 지닌 79종류의 tRNA를 만든다. 물론 79종류의 tRNA 중 몇몇은 동일한 안티코돈을 지니고 있지만, 61개의 잠정적인 안티코돈 중 19개(61 − 42 = 19)는 나타나지 않는다. 따라서 대장균에서 19개의 mRNA 코돈은 상보적인 안티코돈을 지닌 tRNA를 만날 수 없다. 그렇다면 mRNA의 일부 코돈의 경우, 상보적인 안티코돈을 지닌 tRNA와 상호작용할 수 없는데, 대장균은 어떻게 폴리펩타이드를 합성할 수 있는가?

일부 tRNA는 자신이 충전한 아미노산에 대해 하나 이상의 코돈을 인식할 수 있다. 즉, 이들 tRNA의 안티코돈은 동일 아미노산을 지정하는 여러 개의 코돈과 상호작용할 수 있으며, 유전암호의 퇴화성(degenerate nature)을 유지하게 해 준다. 크릭은 코돈과 안티코돈 간의 이러한 뒤범벅의 염기쌍 형성에 대한 몇 가지 규칙을 언급했다.

크릭은 여러 코돈에서 마지막 뉴클레오타이드는 코돈의 특이성을 결정하는 데 관련이 없을 것이라고 추정하였다. 예를 들어, 5′ GGU 3′, 5′ GGC 3′, 5′ GGA 3′, 5′ GGG 3′는 모두 글리신을 지정하는데(그림 9.2 참조), 3′ 뉴클레오타이드가 무엇이 되어도 앞쪽 두 문자가 GG이기만 하면 문제가 되지 않는다. 4종류의 코돈이 지정하는 발린도 동일한 규칙이 적용되어, 앞쪽 두 문자가 GU이면 3번째 염기가 U, C, A 혹은 G여도 상관없다.

2종류의 코돈이 지정하는 아미노산의 경우, 코돈의 처음 두 문자는 항상 같은 반면, 세 번째 염기는 두 종류의 퓨린(A 혹은 G) 중 하나이거나 두 종류의 피리미딘(U 혹은 C) 중 하나이다. 따라서 5′ CAA 3′와 5′ CAG 3′ 코돈은 글루타민을 지정하며, 5′ CAU 3′와 5′ CAC 3′ 코돈은 히스티딘을 지정한다. Pu가 퓨린을 나타내고 Py가 피리미딘을 나타내는 경우, CAPu는 글루타민의 코돈을 나타내고 CAPy는 히스티딘의 코돈을 나타낸다.

실제로 tRNA 안티코돈의 5′ 뉴클레오타이드는 mRNA 코돈의 3′ 위치에 있는 하나 이상의 뉴클레오타이드와 상호작용할 수 있다(염기쌍 형성 시 안티코돈 염기와 코돈의 염기가 역평행임을 기억하라). 어떤 아미노산으로 충전된 하나의 tRNA는 그 아미노산을 지정하는 여러 개 혹은 심지어 모든 코돈을 인식할 수 있다. 코돈의 3′ 뉴클레오타이드와 안티코돈의 5′ 뉴클레오타이드 간에 나타나는 유연한 염기쌍 형성 현상을 **워블**(wobble)이라고 한다(**그림 9.21a**). 코돈의 처음 두 자리에서의 정상적인 염기쌍 형성과 세 번째 자리에서의 워블

(a)

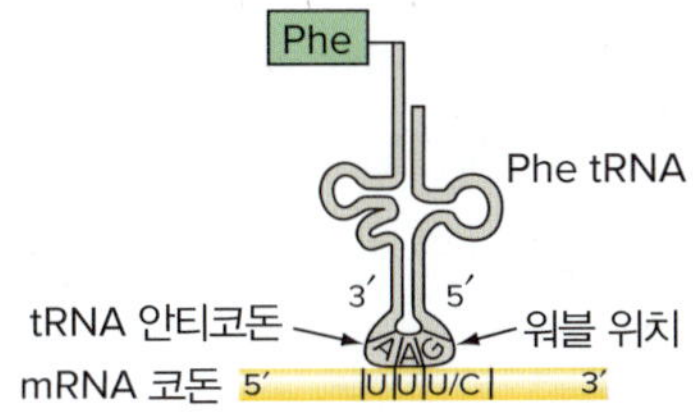

(b)

워블 규칙		
안티코돈의 5′ 말단	→ 염기쌍 형성 →	안티코돈의 3′ 말단
G		U 또는 C
C		G
A		A, G, U 또는 C
U		A, G, U 또는 C
I		A, U 또는 C
xm^5U		A 또는 G
xm^5s^2U		A 또는 G
xo^5U		A, G, U 또는 C
k^2C		A

(c) 안티코돈의 워블 위치에 위치한 변형 염기

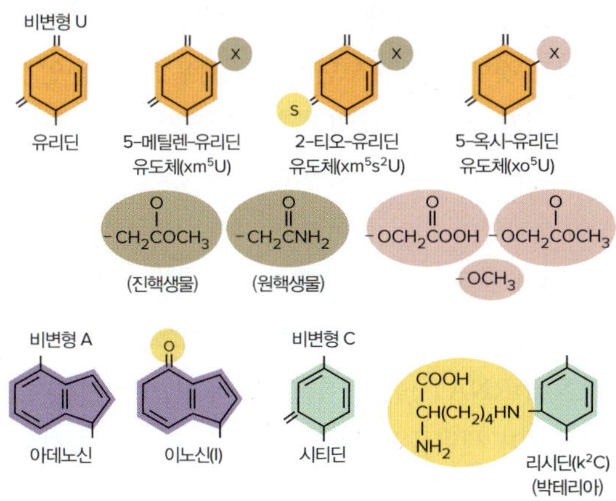

그림 9.21 워블: 일부 tRNA는 동일 아미노산을 지정하는 여러 개의 코돈을 인식한다. **(a)** 그림에 나타난 안티코돈의 5′ 말단에 위치한 G는 코돈의 3′ 말단에 위치한 U 또는 C와 상보적으로 결합할 수 있다. **(b)** 안티코돈의 5′ 말단에 위치한 염기(워블 위치)와 상보적 염기쌍 형성이 가능하다. 특정 tRNA의 모든 분자에서 워블 U는 항상 같은 방식으로 변형된다. k^2C는 특정 박테리아에서만 발생한다. **(c)** 안티코돈에서 변형된 염기의 화학 구조이다.

현상은 하나의 아미노산을 지정하는 여러 종류의 코돈이 동일한 두 개의 문자로 시작되는 이유를 설명해 준다.

워블 현상의 중요한 특징은 안티코돈의 5′ 말단(**워블 위치**; wobble position)에 위치한 특정 염기의 화학적 변형이다(**그림 9.21b**, **c**). tRNA의 워블 위치에 있는 A는 항상 이노신(I)으로 변형되며, 워블 위치의 U는 항상 세 종류의 가능한 방식 중 하나로 변형된다. 이에 반해, 안티코돈의 워블 위치에 있는 G는 항상 변형되지 않으며, 워블 위치의 C는 일부 박테리아 종에서만 변형된다. 워블 위치의 염기는 tRNA에 작용하는 특정 효소에 의해 변형되는데, 이러한 변형은 tRNA의 전사 이후 진행된다.

그림 9.21b에 나타난 **워블 규칙**(wobble rules)은 유전암호에 따라 안티코돈 서열과 워블 위치에 존재하는 염기 변형의 범위를 정해 준다. 예를 들어, 메싸이오닌은 하나의 코돈(5′ AUG 3′)에 의해 지정된다. 그 결과, 메싸이오닌 코돈의 3′ 말단에 위치한 G와 염기쌍을 형성할 수 있는 뉴클레오타이드가 안티코돈의 워블 위치에 존재해야 하므로, 메싸이오닌으로 충전된 tRNA의 안티코돈(5′ CAU 3′)은 5′ 말단에 C를 가져야 한다. 반면, 이소류신으로 충전된 tRNA의 안티코돈 5′에 위치한 변형 뉴클레오타이드 이노신(I) 염기는 이소류신을 지정하는 3개의 코돈(5′ AUU 3′, 5′ AUC 3′, 5′ AUA 3′) 모두를 인식할 수 있다.

특수 tRNA에 의한 종결 코돈 인식

특이한 경우에 종결 코돈은 전사 코돈으로 작용할 수 있다. 이 현상의 한 예는 특정 박테리아 종에서 UAG에 대한 반응으로 특이한 아미노산 피롤리신(Pyr)이 끼어 들어가는 것이다. 또 다른 예는 박테리아와 진핵생물에서 UGA에 대한 반응으로 셀레노시스테인(Sec)이 끼어 들어가는 것이다. 셀레노단백질은 매우 드물며, 인간의 경우 25종류만이 알려져 있다. 피롤리신과 셀레노시스테인은 때때로 21번째와 22번째 아미노산이라고도 한다(그림 8.8 참조).

셀레노시스테인이 끼어 들어가는 기전은 비정상적인 상황에서 종결 코돈이 전사 코돈으로 작용할 수 있는 한 가지 방법으로 설명된다. **그림 9.22**에서처럼, 세린 tRNA 합성효소는 먼저 전용 셀레노시스테인 tRNA($tRNA^{Sec}$)를 인식하여 세린을 충전시킨다. 이후 변형 효소가 작용하여 세린을 셀레노시스테인으로 전환시킨다. 셀레노시스테인으로 충전된 $tRNA^{Sec}$는 특별한 3차 구조를 지닌 mRNA에 위치한 5′ UGA 3′ 서열과 염기쌍을 형성한다. 이러한 특별한 3차 구조는 **셀레노시스테인 삽입 서열**(Sec insertion sequence, SECIS)이라고 하는데, 분자 내 상보적 염기쌍 형성을 통해 특정 줄기-고리(머리핀) 구조를 이룬 mRNA 영역을 말한다(그림 9.22). 줄기-고리 구조

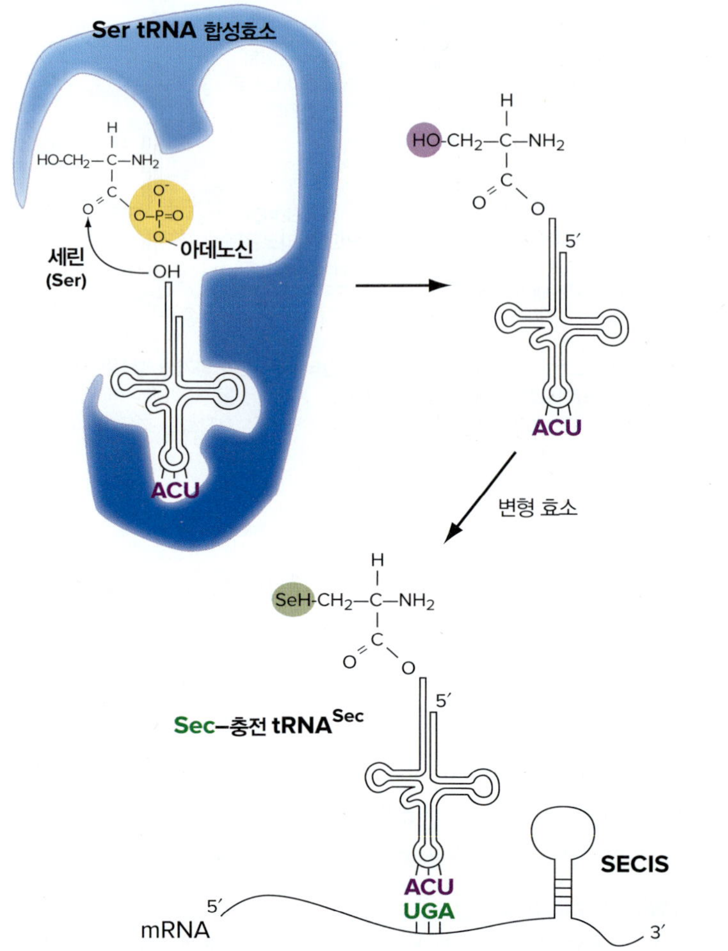

그림 9.22 희귀 단백질이 셀레노시스테인(Sec)을 사용하는 방법. (a) 안티코돈 5′ UCA 3′을 가진 $tRNA^{Sec}$에 결합된 세린은 셀레노시스테인(Sec)으로 변경된다. Sec로 충전된 tRNA는 SECIS 요소를 지닌 매우 드문 형태의 mRNA에서만 UGA 서열을 인식한다. ($tRNA^{Sec}$는 특이한 구조를 가지기 때문에 워블 위치에 있는 U는 오직 A만을 인식한다.)

로 인해 원래 종결 코돈으로 작용했을 UGA 서열에서 폴리펩타이드의 합성 종결이 억제된다. 따라서 tRNASec의 안티코돈은 mRNA의 UGA 서열에 결합하여 셀레노시스테인이 포함된 폴리펩타이드가 합성되도록 한다.

리보솜은 폴리펩타이드 합성이 일어나는 장소이다

리보솜은 다양한 방식으로 폴리펩타이드 합성을 촉진시킨다. 첫째, 리보솜은 mRNA에 존재하는 번역 시작 신호를 인식한다. 둘째, 리보솜은 tRNA와 mRNA 간의 상호작용을 안정화시켜 유전암호가 정확히 해석되도록 도와준다. 만약 리보솜이 없다면, 세 개의 염기쌍으로 이루어진 코돈-안티코돈 간의 상호작용은 극단적으로 약할 것이다. 셋째, 리보솜은 성장 중인 폴리펩타이드 사슬에 아미노산을 연결하는 효소 활성을 제공해 준다. 넷째, 리보솜은 mRNA 분자의 5′에서

3′ 방향으로 이동하면서 mRNA 코돈을 일렬로 노출시켜 아미노산이 일렬로 첨가되도록 해 준다. 마지막으로, 리보솜은 mRNA와 폴리펩타이드 생성물을 분리시켜 폴리펩타이드 합성이 끝나도록 해 준다.

리보솜의 구조

대장균의 리보솜은 3종류의 리보솜 RNA(ribosomal RNA, rRNA)와 52종류의 리보솜 단백질로 구성된다(**그림 9.23a**). 이들 구성 요소는 결합하여 **30S 소단위체**와 **50S 소단위체**라는 두 개의 소단위체를 형성한다(S는 소단위체의 크기와 형태에 근거한 침강 계수를 의미한다. 30S 소단위체가 50S 소단위체보다 작다). 번역이 시작되기 전에, 두 소단위체는 세포질에서 분리되어 따로 존재한다. 번역이 시작되면 두 소단위체는 결합하여 완전한 리보솜을 형성한다. 진핵세포의 리보솜은 원핵세포의 리보솜보다 구성 요소가 더 많지만, 동일하게 두 개의 분리 가능한 소단위체로 구성된다.

리보솜의 기능 영역(도메인)

mRNA에 처음 결합하는 것은 리보솜의 작은 30S 소단위체이다. 큰 50S 소단위체는 **펩타이드기 전이효소**(peptidyl transferase) 활성을 지니고 있으며, 인접한 아미노산을 연결하여 펩타이드 결합을 형성시킨다(**그림 9.23b**). 작은 소단위체와 큰 소단위체는 3개의 tRNA 결합 자리, **아미노아실**(aminoacyl; A) **자리**, **펩타이드**(peptidyl; P) **자리**, **출구**(exit; E) **자리**를 형성한다. 리보솜의 두 소단위체에 분포한 다른 부위는 번역에 참여하는 추가적인 단백질의 결합 부위로 작용한다.

최근 X-선 결정학과 정교한 전자현미경 기술을 통해 리보솜의 복잡한 구조가 비교적 상세하게 묘사되었다. **그림 9.24**는 박테리아 리보솜의 큰 소단위체이다. A와 P 자리에 위치한 충전형 tRNA를 보다 잘 묘사하기 위해 작은 소단위체는 컴퓨터그래픽 기술로 삭제하였다.

리보솜의 구조를 살펴보면, 내부 중앙 부분의 대부분은 rRNA가 차지하고 있으며, 여러 리보솜 단백질은 리보솜의 외곽 여기저기에 위치한다. 놀랍게도, 펩타이드 결합이 형성되는 두 개의 tRNA 근처에는 단백질이 존재하지 않는다. 이러한 결과는 펩타이드기 전이효소가 실제로 리보솜의 어떤 단백질 성분보다 큰 소단위체의 rRNA의 기능이라는 생화학 실험의 결론을 뒷받침해준다. 즉, rRNA는 아미노산 간의 결합을 매개하는 **리보자임**(ribozyme)으로 작용한다.

번역하는 동안 리보솜은 번역과정의 단계를 돕는 다양한 단백질

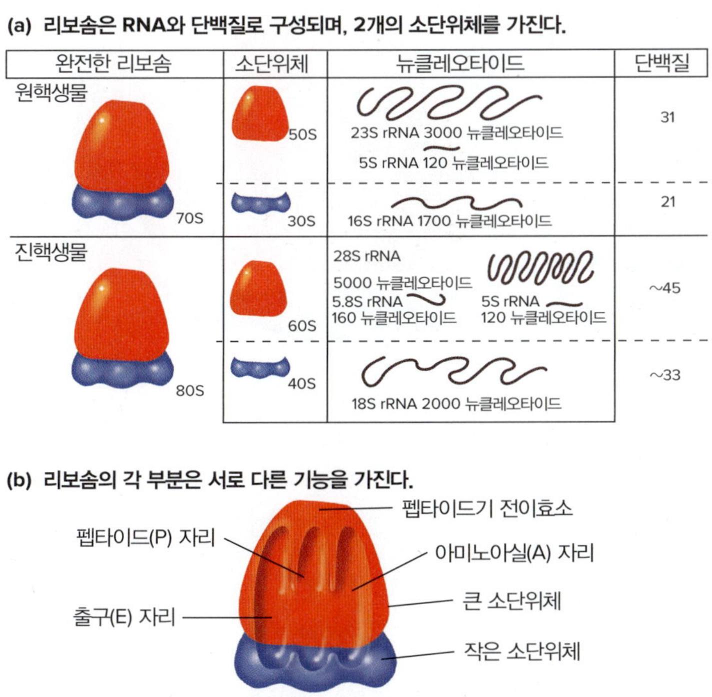

그림 9.23 리보솜. **(a)** 리보솜은 2개의 소단위체로 구성되며, 각 소단위체는 rRNA와 단백질로 이루어진다. **(b)** 작은 소단위체가 우선 mRNA에 결합한다. 큰 소단위체는 펩타이드기 전이효소 활성을 지니며, 펩타이드 결합 형성을 촉매한다. 두 소단위체는 모여 tRNA 결합 자리인 A, P, E 자리를 만든다.

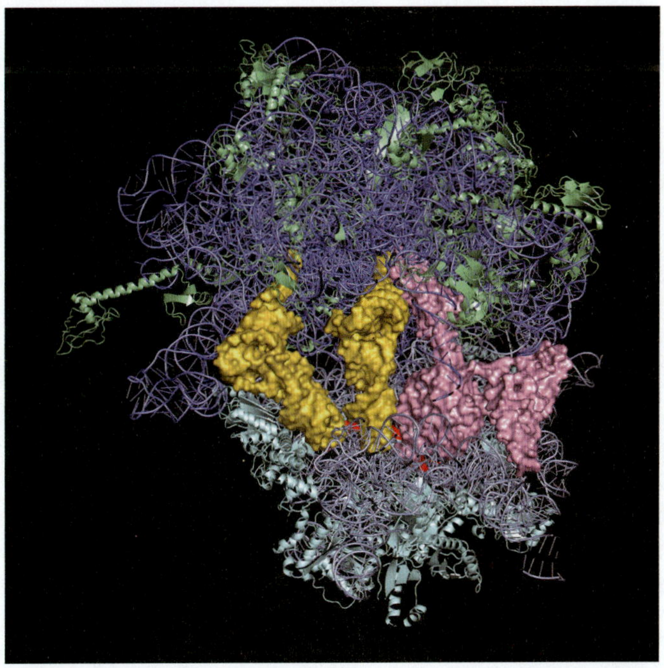

그림 9.24 박테리아 리보솜의 작용. 맨 위의 큰 소단위체: 23S 및 5S rRNA는 짙은 자주색(dark purple)이고 단백질 구성 요소는 녹색으로 표시되고 있다. 작은 소단위체 맨 아래에 있으며 16S rRNA는 연한 자주색(light purple)이고 단백질 구성 요소는 물색(aqua)으로 표시되고 있다. 2개의 tRNA가 금색으로 되어 있는데 왼쪽에 있는 tRNA가 E 자리에 있고 오른쪽에는 tRNA가 P 자리에 위치한다. A 부위는 단백질 방출 인자(분홍색)가 차지한다. mRNA(빨간색)의 일부 뉴클레오타이드는 tRNA 및 방출 인자 바로 아래에 있다. 이 리보솜은 그림 9.25c의 왼쪽 패널에 표시된 것처럼 종결 동안 E 사이트에서 tRNA가 배출되기 직전에 표시된다.
Source: ©Yuxin Mao, Cornell University, Ithica, NY

그림 9.25

리보솜에서 mRNA의 번역

(a) 개시(initiation) mRNA의 처음 세 뉴클레오타이드는 아미노산으로 번역되는 최초의 아미노산이 아니다. 대신 특별한 신호가 mRNA의 어느 지점에서 번역이 시작될지 결정한다. 원핵생물에서 이 신호 서열은 **리보솜 결합 자리**(ribosome binding site)이며, 두 개의 중요 요소를 지닌다. 첫 번째 요소는 발견자의 이름을 딴 **샤인-달가노 박스**(Shine-Dalgarno box)라고 하는 6개의 뉴클레오타이드로 구성된 짧은 서열(일반적으로 5′...AGGAGG...3′)이다. 두 번째 요소는 리보솜 결합 자리내에 위치한 5′ AUG 3′ 개시 코돈이다.

5′ CAU 3′ 안티코돈을 지닌 개시 tRNA가 리보솜 결합 자리의 샤인-달가노 박스 뒤에 위치에 AUG 코돈을 인식한다. 개시제 tRNA($tRNA_i^{fMet}$)는 아미노 말단이 포르밀기(formyl group)에 의해 차단된 변형된 메싸이오닌인 **N-포밀메싸이오닌**(N-formylmethionine; fMet)을 운반하고 있다. 변형되지 않은 메싸이오닌($tRNA^{Met}$)으로 충전된 다른 tRNA는 다른 AUG 코돈을 인식하는데, 이 tRNA는 번역을 개시할 수 없다.

개시 동안, 30S 리보솜 소단위체를 구성하는 16S rRNA의 3′ 말단 서열은 mRNA의 샤인–달가노 박스와 결합하며(그림에는 나타나지 않음), $tRNA_i^{fMet}$는 mRNA의 개시 코돈에 결합하고, 50S 리보솜 소단위체가 30S 소단위체와 결합하여 완전한 리보솜을 형성한다. 개시 마지막에 $tRNA_i^{fMet}$는 완성된 리보솜의 P 자리에 위치한다. **개시 인자**(initiation factor; 그림에는 나타나지 않음) 단백질이 개시 과정에 일시적으로 작용한다.

진핵생물에서 리보솜 작은 소단위체는 우선 성숙 mRNA의 5′ 말단 메틸화된 모자에 결합한다. 이 후 소단위체 는 mRNA를 따라 5′에서 3′ 방향으로 이동하며 개시 자리(일반적으로 처음 만나게 되는 AUG 코돈)를 찾는다. 진핵생물의 특수 개시 tRNA($tRNA_i^{fMet}$)는 fMet 대신 미변형 메싸이오닌(Met)을 운반합니다.

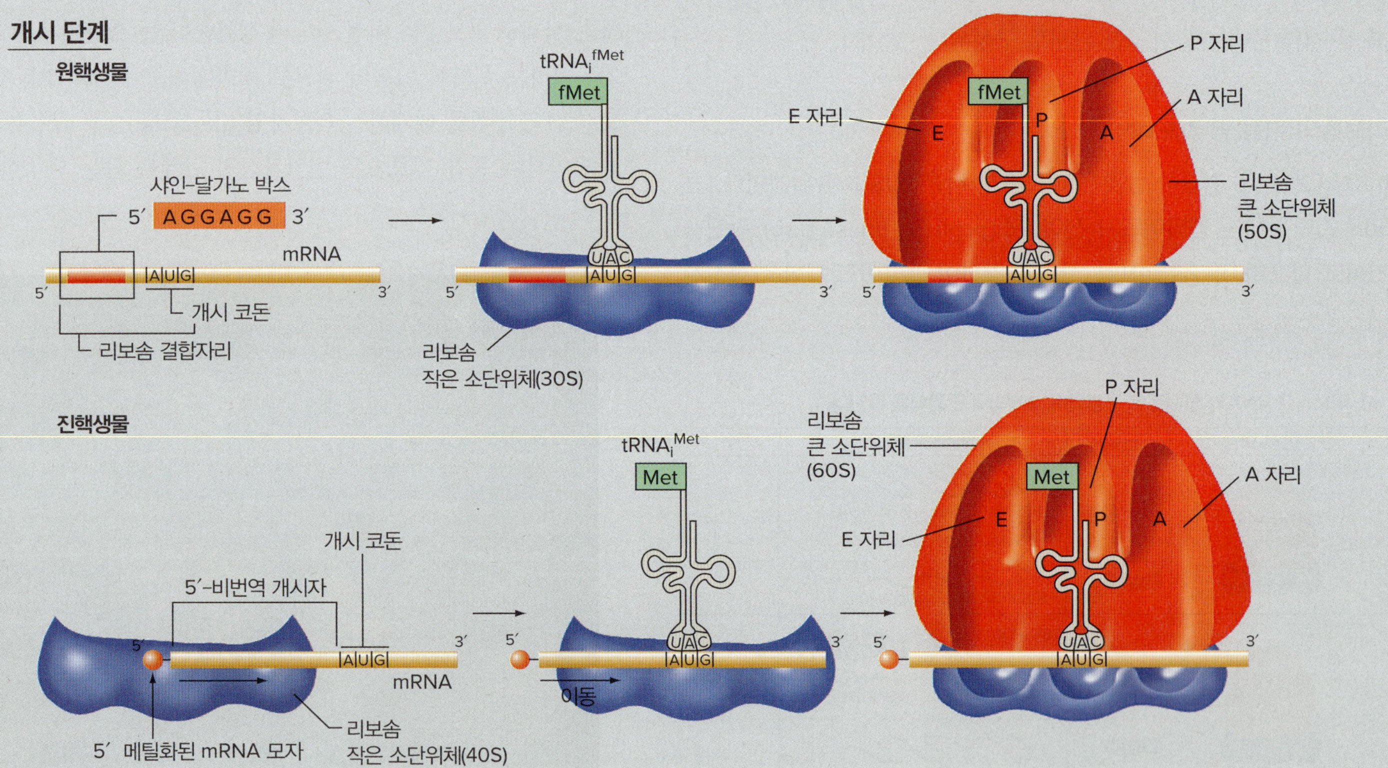

(b) 신장(elongation) **신장 인자**(elongation factor; 그림에는 나타나지 않음) 단백질이 적절한 tRNA를 리보솜의 A 자리로 데리고 온다. A 자리에 위치한 충전형 tRNA의 안티코돈은 mRNA의 다음 코돈과 결합한다. 리보솜은 P 자리의 개시 tRNA와 A 자리의 두 번째 tRNA를 동시에 가지게 되며, 펩타이드기 전달 효소가 두 tRNA에 결합된 아미노산 간에 펩타이드 결합을 형성시킨다. 그 결과, A 자리의 tRNA는 두 개의 아미노산을 운반하게 된다. 디펩타이드(dipeptide)의 N 말단은 fMet이며, C 말단은 두 번째 아미노산이다. 두 번째 아미노산의 카르복시기가 tRNA에 공유결합으로 연결되어 있다.

첫 번째 펩타이드 결합이 형성된 후 리보솜은 신장 인자의 도움으로 이동하여 다음 mRNA 코돈을 노출시킨다. 리보솜이 이동함에 따라 더 이상 아미노산을 운반하지 않는 개시 $tRNA_i$는 E 자리로 가게 되고, 디펩타이드와 결합한 tRNA는 A 자리에서 P 자리로 옮겨진다.

비어 있는 A 자리에는 다음 코돈과 상보적으로 결합하는 안티코돈을 지닌 tRNA가 유입된다. 충전되지 않은 개시 $tRNA_i$는 E 자리에서 떨어져 나와 리보솜으로부터 빠져나온다. 펩타이드기 전달효소는 두 번째 펩타이드 결합 형성을 촉매하여, 현재 A 자리에 있는 tRNA의 C 말단에 3개의 아미노산 사슬이 결합되도록 한다. 연속적인 리보솜의 이동과 펩타이드 결합 형성으로, 펩타이드 사슬은 한 개 아미노산씩 길어진다. 각 tRNA는 A 자리에서 P 자리로 그리고 E 자리로 이동한다(개시 $tRNA_i$는 예외적으로 P 자리에 먼저 들어간다).

(계속)

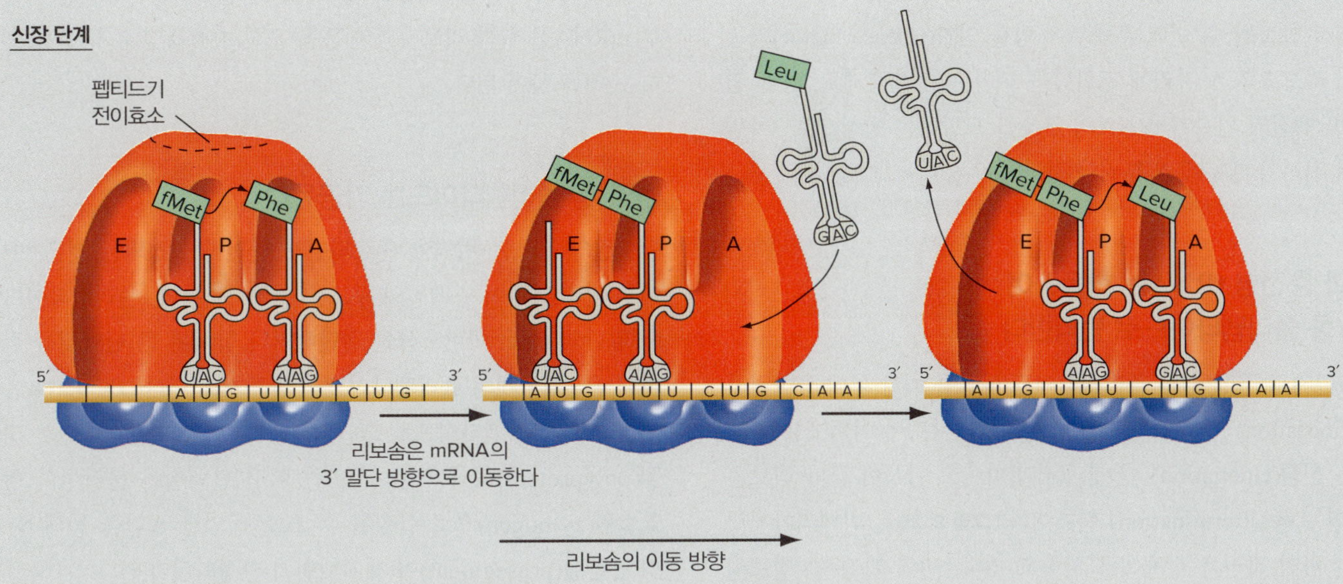

신장 동안 폴리펩타이드의 C 말단에 아미노산이 첨가되므로, 폴리펩타이드 합성은 N 말단에서 C 말단으로 진행된다. 그 결과, fMet(원핵생물) 혹은 Met(진핵생물) 아미노산이 번역 후 가공이 일어나기 전의 완성된 폴리펩타이드의 N 말단이 될 것이다. 또한 리보솜은 mRNA의 5′에서 3′ 방향으로 이동하므로, 폴리펩타이드는 N 말단에서 C 말단으로 성장하게 된다.

일단 리보솜이 mRNA의 리보솜 결합 자리에서 어느 정도 멀어지게 되면, 다른 리보솜이 와서 결합한다. 실제로 여러 개의 리보솜이 동시에 동일 mRNA에 작용할 수 있다. 동일 mRNA를 번역하는 여러 개의 리보솜 복합체를 **폴리리보솜**(polyribosome)이라고 한다. 이 복합체는 하나의 mRNA에서 동시에 많은 폴리펩타이드를 합성할 수 있게 한다.

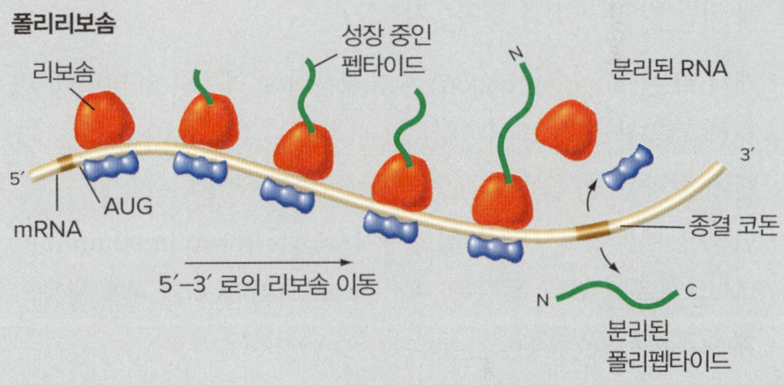

(c) 종결(termination) 세 종류의 종결 코돈(UAG, UAA, UGA)에 상보적인 안티코돈을 지닌 tRNA(tRNA[Sec]과 같은 특수 tRNA 제외)는 존재하지 않는다. 따라서 리보솜의 A 자리에 정지 코돈이 위치하게 되면, 어떤 tRNA도 결합하지 않는다. 이때 **방출 인자**(release factor)가 종결 코돈을 인식하여 폴리펩타이드 합성을 멈추게 한다. 완성된 폴리펩타이드가 tRNA로부터 분리되어 나오고, tRNA와 mRNA도 리보솜으로부터 분리된다. 리보솜은 작은 소단위체와 큰 소단위체로 분리된다.

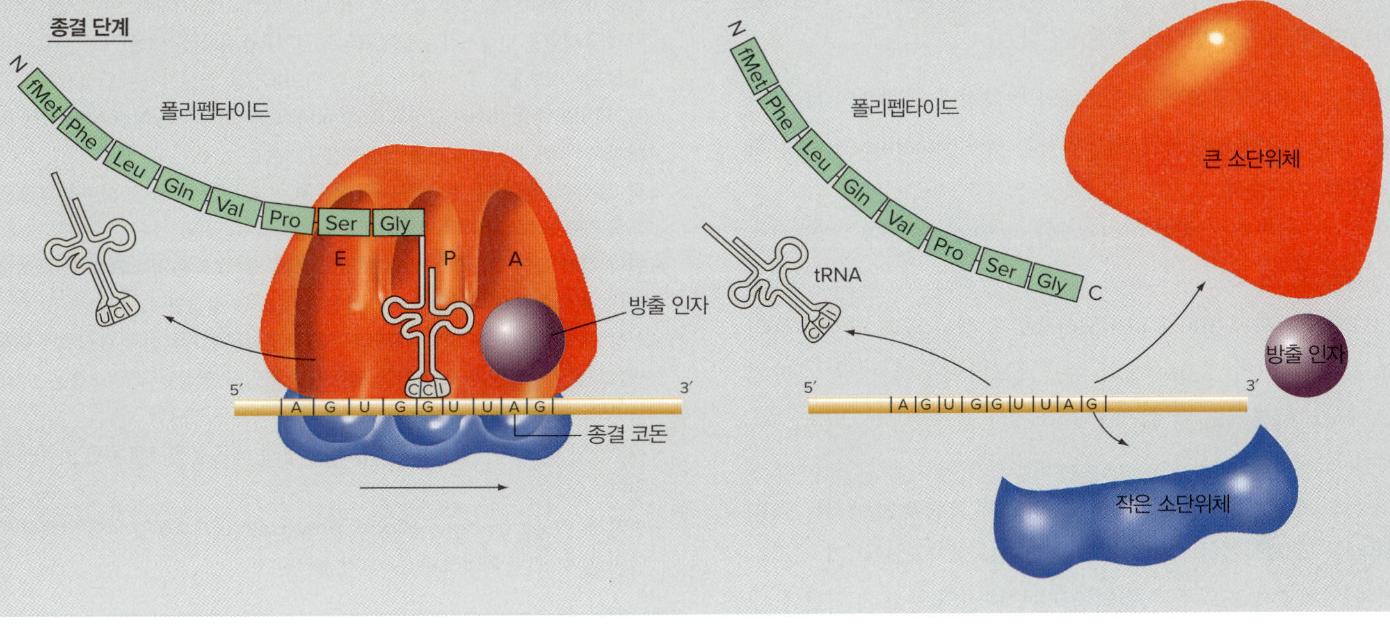

과 잠시 결합한다. 예를 들어, 그림 9.24는 완성된 폴리펩타이드가 리보솜에서 방출될 때 번역 후반부에 **방출 인자**(release factor)라는 단백질이 리보솜의 A 자리에 결합함을 보여준다. 놀랍게도, 방출 인자는 이 단백질의 일부가 tRNA의 구조를 모방하는 방식으로 3차원 공간에서 접히기 때문에 A 부위와 결합될 수 있다.

리보솜과 충전형 tRNA는 협동하여 mRNA를 폴리펩타이드로 번역한다

번역은 3단계로 구성된다. 폴리펩타이드 합성을 위한 무대를 마련하는 **개시**(initiation) 단계, 성장 중인 폴리펩타이드에 아미노산을 첨가시키는 **신장**(elongation) 단계, 폴리펩타이드 합성이 끝나 리보솜이 분리되는 **종결**(termination) 단계이다. **그림 9.25**는 박테리아에서 일어나는 번역 과정을 상세히 묘사하고 있다. 번역 과정 중 정보의 흐름에 대한 몇 가지 점을 알아두자.

- **개시 코돈**(initiation codon)은 유전자의 번역틀의 5′ 말단에 위치한 특별한 조건 내에 있는 AUG이다(단순히 mRNA의 5′ 말단에 위치한 것이 아니다).
- 변형된 메싸이오닌인 **포밀메싸이오닌**(N-formylmethionine; fMet)으로 충전된 특별한 개시 tRNA($tRNA_i$s)가 원핵생물의 개시코돈을 인식한다.
- 리보솜은 mRNA를 따라 5′에서 3′ 방향으로 이동하며, 단계적으로 연속적인 코돈을 노출시킨다.
- 번역의 각 단계에서 폴리펩타이드는 사슬의 C 말단에 다음 아미노산이 첨가되면서 성장한다.
- 유전자의 번역틀 3′ 말단에서 UAA, UAG, UGA 정지 코돈을 만나면, 리보솜은 번역을 종결시킨다.

이들 설명은 mRNA의 5′에서 3′으로의 방향성과 단백질의 N-말단에서 C-말단으로의 방향성이 대응된다는 공선성(colinearity)의 화학적 기초를 보여준다.

신장 동안, 리보솜은 초당 2~15개의 아미노산을 성장 중인 사슬에 첨가시킨다. 이 속도는 원핵세포에서는 더 빠르고, 진핵세포에서는 더 느리다. 따라서 300개 아미노산으로 구성된 평균 크기의 폴리펩타이드의 경우(약 1,000개의 뉴클레오타이드인 평균 길이의 mRNA에서), 합성되는 데 짧게는 25초에서 길게는 2분 30초 정도 오래 걸릴 수도 있다.

번역 동안 정보의 흐름에 집중할 수 있도록 그림 9.25에서는 여러 세부 사항을 삭제하였다. 특히 mRNA와 tRNA가 리보솜의 적절한 장소에 위치하도록 도와주는 번역 인자 단백질의 중요한 역할에 대해서 묘사되지 않았다. GTP를 사용하는 고에너지 결합인 가수분해는 mRNA를 따라 리보솜의 이동을 포함하여 특정 분자 운동을 강화하는 데 도움이 된다.

번역 후 폴리펩타이드는 가공된다

단백질의 구조는 번역이 완료되면서 완전히 고정되는 것은 아니다. 이후 여러 과정이 단백질의 구조를 변화시키는데, 폴리펩타이드에서 N-말단의 fMet 아미노산을 절단하거나 합성된 큰 단백질을 절단하여 작은 여러 개의 폴리펩타이드를 만들기도 한다(**그림 9.26a**). 작은 여러 개의 폴리펩타이드로 절단되기 전의 큰 폴리펩타이드를 **다단백질**(polyprotein)이라고 한다. 또한 어떤 단백질은 불활성화 형태인 **효소원**(zymogen)으로 합성된 후 효소에 의한 절단을 통해 N-말단의 **앞분절**(prosegment)이 제거되면서 활성화된다.

번역 후 특정 아미노산에 인산기, 탄수화물, 지방산 혹은 심지어 작은 펩타이드 같이 특정 화학 그룹이 효소에 의해 첨가되는 경우도 있다(**그림 9.26b**). 폴리펩타이드의 이러한 변화를 **번역 후 변형**(posttranslational modification)이라고 한다. 단백질의 번역 후 변형은 매우 중요하게 작용한다. 예를 들어, 많은 효소는 인산기의 첨가(혹은 제거)에 따라 생화학적 활성 상태가 결정된다. 번역 후 변형은 단백질이 접히는 방식에도 변화를 주며, 다른 단백질과 상호작용하는 능력, 단백질의 안정성, 활성 혹은 세포 내 위치에도 영향을 준다.

핵심 개념 9.3

- 번역은 mRNA 서열에 따라 리보솜에 의해 단백질이 합성되는 과정이다. 리보솜은 tRNA에 대한 특정 결합 부위(A, P, E 자리)를 가지며, 아미노산 간의 펩타이드 결합을 형성시키는 펩타이드기 전이효소 활성을 제공한다.
- tRNA는 리보솜에서 mRNA 코돈과 아미노산을 연결시키는 연결자로 작용한다. 아미노아실 tRNA 합성효소(aminoacyl-tRNA synthetases)는 해당 tRNA에 적합한 아미노산을 연결시킨다.
- 각 tRNA의 안티코돈은 mRNA의 코돈과 상보적 염기쌍을 형성한다. 워블 현상으로 인해 tRNA는 하나 이상의 코돈을 인식할 수 있다.
- 번역 개시 동안 충전형 $tRNA_i^{fMET}$(원핵생물에서) 또는 $tRNA_i^{MET}$(진핵생물에서)는 리보솜의 P 자리에서 개시 코돈인 AUG에 결합한다.
- 신장 단계 동안, P 자리에 위치한 tRNA에 연결된 아미노산과 A 자리에 위치한 tRNA에 연결된 아미노산 간에 펩타이드 결합이 형성된다. 리보솜은 mRNA를 따라 5′에서 3′ 방향으로 이동하여 다음 코돈을 만난다.
- 리보솜이 mRNA 서열에서 번역틀 내의 종결 코돈을 만나게 되면 번역이 종결된다.
- 번역 후 가공(posttranslational processing) 효소들에 의해 단백질의 절단이 일어나거나 화학적 구성요소가 첨가된다.

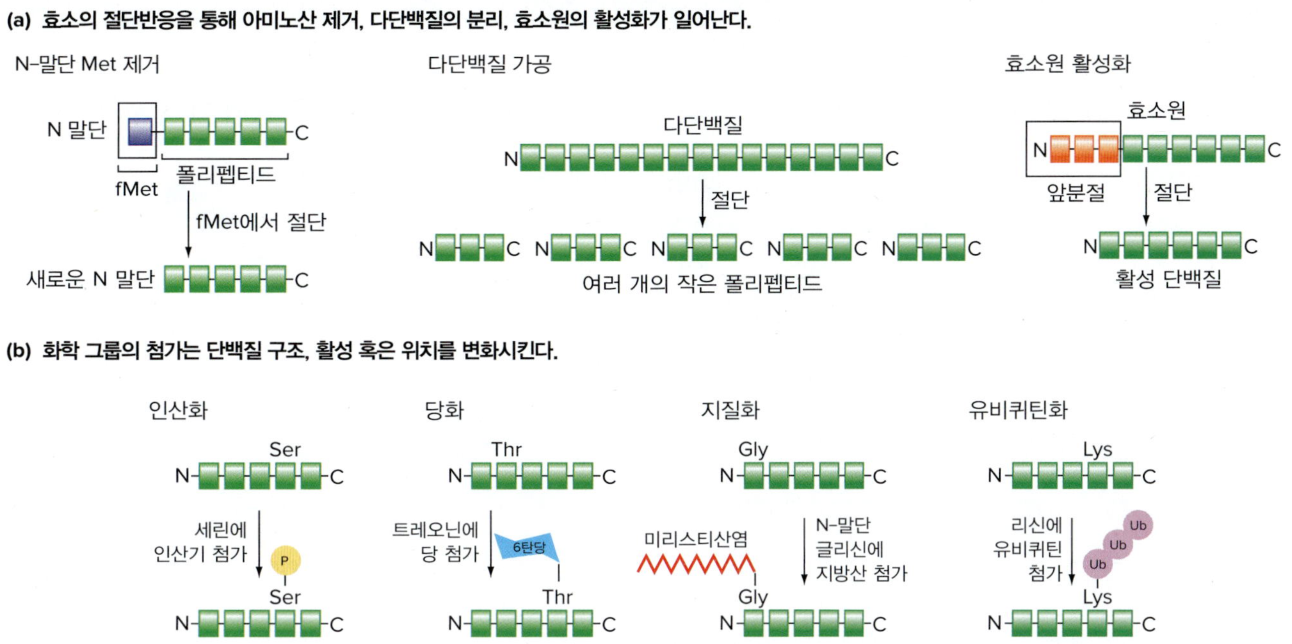

그림 9.26 번역 후 가공은 폴리펩타이드 구조를 변화시킨다. **(a)** 많은 단백질들은 효소에 의한 절단을 통해 성숙한 형태가 된다. **(b)** 효소는 여러 종류의 기능기를 특정 아미노산에 첨가할 수 있다.

9.4 진핵생물과 원핵생물에서 유전자 발현의 차이

학습 목표

1. 진핵생물의 유전자 발현에 핵막이 미치는 영향에 대해 이해한다.
2. 진핵생물의 전사에서 증폭자 서열의 기능에 대해 이해한다.
3. 진핵생물과 원핵생물에서 번역 개시 과정의 차이를 이해한다.
4. mRNA 형성에서 진핵생물에서만 나타나는 과정에 대해 설명한다.

진핵생물과 원핵생물에서 전사와 번역 과정은 여러 면에서 유사하다. 하지만 (1) 진핵생물에서 핵의 존재, (2) 진핵생물의 전사 개시 동안 RNA 중합효소가 촉진유전자를 인식하는 기작의 복잡성, (3) 번역 개시되는 방식의 변화, (3) 진핵생물에서의 전사체 가공의 필요성 등을 포함한 특정 차이로 인해 전사와 번역 과정은 영향을 받게 된다.

진핵생물의 핵막은 전사와 번역의 동시성을 방해한다

대장균과 다른 원핵생물에서 전사는 핵막으로 나누어지지 않은 열린 세포내 공간에서 일어난다. 번역도 동일 장소에서 일어나므로 때때로 두 과정이 직접적으로 연계되어 동시에 나타나게 된다(**표 9.1**). 이러한 연계는 리보솜이 mRNA를 따라 이동하는 방향과 동일한 5′에서 3′ 방향으로 전사도 일어나기 때문이다. 그 결과, RNA 중합효소가 전사를 진행하고 있는 동안 리보솜은 mRNA 일부의 번역을 시작할 수 있다.

전사와 번역의 동시 연계는 원핵생물의 유전자 발현에서 중요한 역할을 한다. 예를 들어, 18장에서 다루게 될 중요한 조절 기작인 **감쇠**(attenuation) 현상은 mRNA의 번역률이 직접적으로 해당 유전자의 전사율을 결정하게 된다.

진핵생물의 경우 핵막이 존재하여 전사와 RNA 가공은 핵 안에서, 번역은 세포질에서 분리되어 일어나므로 이러한 연계 현상은 나타나지 않는다. 따라서 진핵생물에서 번역은 해당 유전사의 전사율에 상당히 간접적인 방식으로 영향을 주게 된다.

진핵생물의 촉진유전자는 멀리 위치한 증폭자 서열의 영향을 받으며 염색질과 상호작용한다

진핵생물에서 전사 개시를 위해 RNA 중합효소가 인식하는 촉진유전자는 원핵생물에는 나타나지 않는 두 가지 상황의 영향을 받는다(표 9.1). 첫째, 그림 9.11에서 설명한 것처럼 RNA 중합효소와 촉진유전자 간의 상호작용은 촉진유전자에서 멀리 떨어져 위치한 증폭자

표 9.1 원핵생물과 진핵생물의 유전자 발현 비교

<table>
<tr><th></th><th>원핵생물</th><th>진핵생물</th></tr>
<tr><td>개요</td><td>1. 핵이 없다. 전사와 번역은 동일한 장소인 세포질에서 일어나며, 번역은 종종 전사와 연계된다.
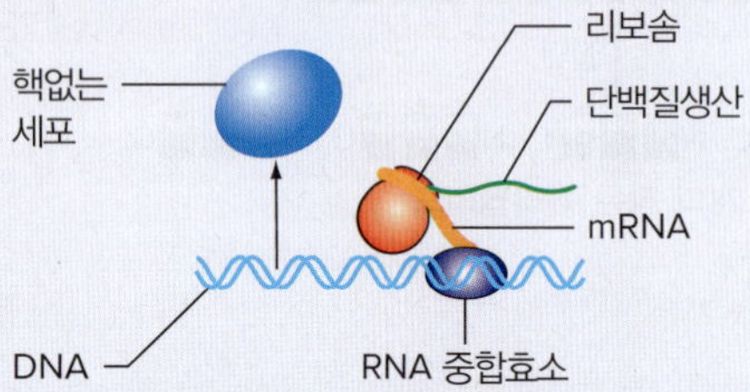
2. 유전자는 엑손과 인트론으로 구분되지 않는다.
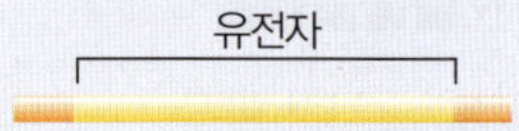</td><td>1. 핵막이 세포질과 핵을 구분한다. 전사는 핵에서 일어나며, 번역은 세포질에서 일어난다. 전사와 번역의 직접적인 연계는 없다.
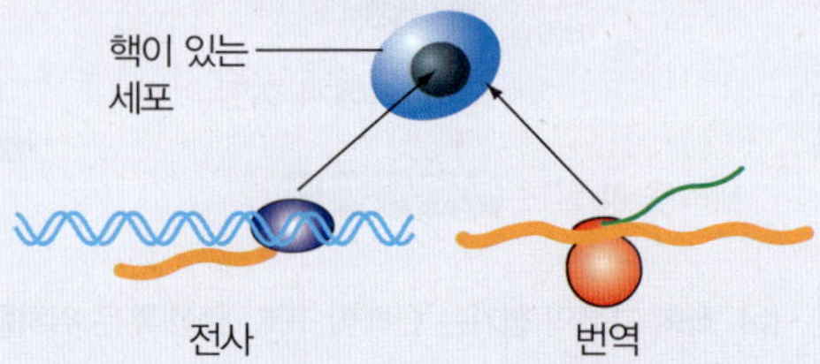
2. 유전자의 DNA는 엑손과 인트론으로 구성된다. 전사 후 이어맞추기에 의해 인트론은 제거된다.
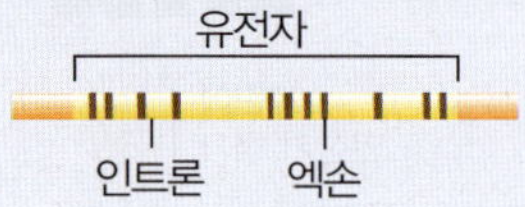</td></tr>
<tr><td>전사</td><td>1. 한 종류의 RNA 중합효소는 다섯 개의 소단위체로 구성된다.
2. 전사 개시를 위한 DNA 서열은 촉진유전자 가까이 위치한다.
3. 촉진유전자는 염색질 구조로 감겨 있지 않다.
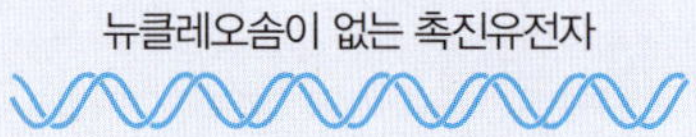
4. 1차 전사체가 실제 mRNA이다. 5′ 말단에는 삼인산이 있으며, 3′ 말단에 꼬리 구조는 없다.
</td><td>1. 열 개 이상의 소단위체로 구성된 여러 종류의 RNA 중합효소가 존재한다.
2. 촉진유전자로부터 멀리 떨어져 위치한 증폭자 서열이 종종 전사 개시에 필요하다.
3. 전사 개시를 위해 촉진유전자는 염색질 구조에서 노출되어 RNA 중합효소와 접촉할 수 있어야 한다.
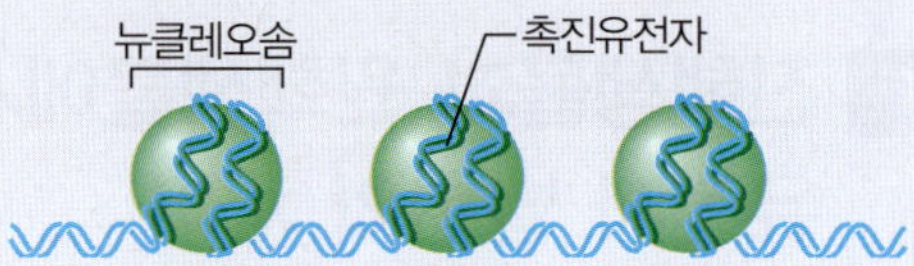
4. 1차 전사체는 가공을 거쳐 5′ 말단에 메틸화된 모자, 3′ 말단에 폴리-A 꼬리를 지닌 성숙 mRNA를 만든다.
</td></tr>
<tr><td>번역</td><td>1. 특별한 개시 $tRNA_i$가 N-포밀메싸이오닌을 운반한다.
2. mRNA는 여러 개의 리보솜 결합 자리를 가지며, 여러 종류의 폴리펩타이드 합성을 지시한다.

3. 리보솜 작은 소단위체는 mRNA의 리보솜 결합자리에 즉시 결합한다.
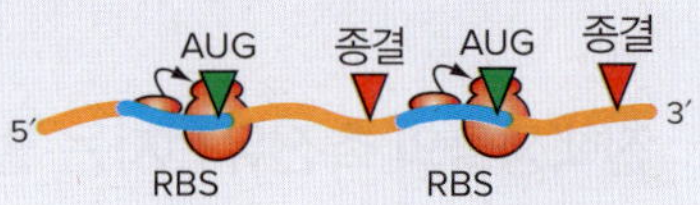</td><td>1. 개시 $tRNA_i$는 메싸이오닌을 운반한다.
2. mRNA는 오직 하나의 리보솜 결합 자리를 가지며, 한 종류의 폴리펩타이드 합성을 지시한다.
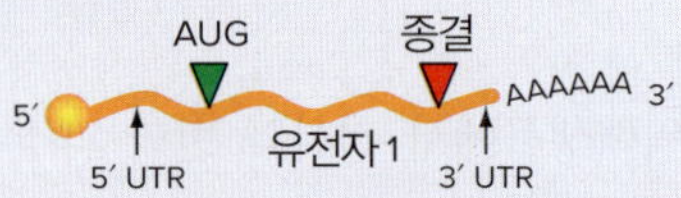
3. 리보솜 작은 소단위체는 일단 성숙 mRNA의 5′ 말단 메틸화된 모자에 결합한 후, 3′ 방향으로의 이동을 통해 리보솜 결합 자리를 찾는다.
</td></tr>
</table>

서열의 영향을 받는다. 원핵생물에서 전사를 조절하는 DNA 서열은 모두 촉진유전자 가까이 위치한다. 둘째, 진핵생물의 염색체는 **히스톤 단백질**(histone proteins)에 단단히 감긴 형태로 **염색질**(chromatin)이라고 하는 DNA/단백질 복합체를 이룬다. RNA 중합효소가 진핵생물 유전자의 촉진유전자를 인식하기 위해서 우선 염색질 구조가 풀려야 한다. 촉진유전자로부터 히스톤 단백질을 제거하는 것이 증

폭자의 기능 중 하나이다(전사에서 히스톤과 염색질의 역할은 13장, 19장, 20장 참조).

원핵생물과 진핵생물의 번역 개시 비교

원핵생물에서 번역은 mRNA의 개시코돈에 인접한 짧은 길이의 특정 서열인 **샤인-달가노 박스**(Shine-Dalgarno box)에 리보솜이 결합하면서 시작된다(그림 9.25a 참조). 원핵생물의 많은 mRNA는 하나 이상의 리보솜 결합 부위를 가지며, **다중시스트론**(polycistronic)이라고 한다. 다중시스트론은 여러 유전자 정보를 지니며[시스트론(cistrons)이라고 부르기도 한다], 각 유전자 정보는 해당 리보솜 결합 부위를 이용하여 독자적으로 번역을 시작한다(표 9.1).

진핵생물에서는 작은 리보솜 소단위체가 우선 성숙 mRNA의 5′ 말단에 위치한 메틸화된 모자에 결합한 후, mRNA의 5′ UTR을 따라 이동하여 개시 코돈을 찾게 된다. 보통 리보솜 소단위체가 mRNA의 5′에서 3′ 방향으로 **스캔**(scan)하며 만나는 최초의 AUG 코돈이 개시 코돈으로 작용한다(그림 9.25a, 표 9.1 참조). 진핵생물에서는 번역 개시 코돈을 찾는 스캔 방식으로 인해 mRNA의 오직 한 자리에서만 번역이 시작되므로, 한 종류의 폴리펩타이드만을 합성하는 정보를 지닌 **단일시스트론**(monocistronic) mRNA를 형성한다.

원핵생물과 진핵생물의 번역 과정의 또 다른 차이는 개시 $tRNA_i$의 성분이다. 원핵생물에서 개시 $tRNA_i$는 변형된 메싸이오닌인 포밀메싸이오닌(fMet)을 운반하고 있지만, 진핵생물에서는 변형이 되지 않은 메싸이오닌을 운반한다(표 9.1). 따라서 진핵생물에서는 번역 직후 바로 형성되는 폴리펩타이드는 모두 N 말단에 (fMet 대신에) 메싸이오닌을 가진다. 그러나 원핵 및 진핵생물에서 번역 후 절단이 종종 일어나 성숙한 단백질의 N 말단에는 더 이상 fMet 혹은 Met을 갖지 않는다(그림 9.26a 참조).

진핵생물의 mRNA는 원핵생물보다 더 많은 가공을 거친다

표 9.1은 원핵생물과 진핵생물의 유전자 구조와 발현의 차이점을 비교한다. 특히, 진핵생물의 유전자는 인트론을 가지나 원핵생물은 그렇지 않다. 따라서 진핵생물의 1차 전사체에서는 이어맞추기가 일어나게 된다. 원핵생물에서는 관찰되지 않으나 진핵생물에서 나타나는 RNA 가공에는 mRNA의 5′ 말단과 3′ 말단에 각각 메틸화된 모자와 폴리-A 꼬리를 첨가하는 것이다.

핵심 개념 9.4

- 원핵생물에서 전사와 번역은 동시에 일어난다. 진핵생물은 핵막으로 인해 핵에서 전사가 일어나며, mRNA가 세포질로 이동한 후 단백질로 번역된다.
- 진핵생물에서 전사 개시는 촉진유전자로부터 멀리 떨어져 위치한 증폭자 서열의 영향을 받는다. 또한 진핵생물의 염색질 구조가 풀려야 RNA 중합효소가 촉진유전자에 접근할 수 있다.
- 원핵생물의 mRNA는 다중시스트론이며, 리보솜은 하나의 mRNA로부터 여러 종류의 폴리펩타이드를 번역할 수 있다. 진핵생물의 mRNA는 단일시스트론이며, 오직 한 종류의 폴리펩타이드만을 생성한다.
- 원핵생물에서 리보솜은 AUG 개시 코돈에 인접한 샤인-달가노 박스 서열을 인식하여 결합한다. 진핵생물에서 리보솜의 작은 소단위체는 5′ 모자 근처에 결합하여 개시 코돈을 찾을 때까지 스캔하듯이 이동한다.
- 원핵생물에서 1차 전사체는 mRNA이며 번역에 바로 사용된다. 진핵생물에서 1차 전사체는 가공 과정(5′ 모자와 폴리-A 꼬리의 첨가, 인트론의 제거)을 통해 성숙한 mRNA가 된다.

9.5 돌연변이로 인한 유전자 발현 및 기능의 변화

학습 목표

1. 침묵 돌연변이, 과오 돌연변이, 정지 코돈 돌연변이, 틀이동 돌연변이로 인해 유전자 산물에 어떠한 변화를 주는지 비교한다.
2. 암호화 서열의 외부에 발생한 돌연변이로 인해 유전자 발현에 영향을 주는 기작을 이해한다.
3. 대부분의 기능 소실 돌연변이(저기능성 또는 무기능성)가 야생형에 대해 열성으로 작용하는지에 대해 설명한다. 그러나 어떤 경우 불완전 우성이거나 우성으로 작용하는지에 대해 알아본다.
4. 고기능성, 신기능성, 길항성 기능 획득 돌연변이의 작용에 대해 비교한다.
5. 유전자 발현에 전반적인 영향을 주는 돌연변이의 예를 알아본다.

DNA 서열 정보는 유전자 발현의 시작점이다. 세포는 DNA정보를 RNA 정보로 전사하고, 단백질 정보로 번역한다. DNA 서열 정보에 돌연변이가 생기면 유전자 발현 과정 혹은 최종 생성물에 변화를 주게 된다.

유전자의 암호화 서열 돌연변이는 단백질에 변화를 줄 수 있다

유전암호의 특성으로 인해 아미노산을 암호화하는 엑손 서열의 돌연변이는 다양한 형태의 효과를 나타낸다(**그림 9.27a**).

침묵 돌연변이

유전암호의 퇴화(degeneracy)로 인해 어떤 코돈이 돌연변이 코돈으로 바뀌어도 아미노산 서열이 변하지 않는 **침묵 돌연변이**(silent mutation)가 나타날 수 있다. 대부분의 침묵 돌연변이는 코돈의 세 번째 서열에서 나타나는데, 이 자리는 동일 아미노산을 지정하는 여러 코돈에서 다양한 서열을 보이기 때문이다. 예를 들어, 코돈 GCA가 GCC로 바뀌어도 단백질 산물에서 여전히 알라닌을 지정한다. 침묵 돌연변이는 폴리펩타이드의 아미노산 서열에 변화를 주지 않으므로, 일반적으로 해당 유전자의 표현형에 어떠한 영향을 주지 않는다.

과오 돌연변이

코돈 서열이 바뀌어 다른 아미노산을 지정하게 될 경우 **과오 돌연변이**(missense mutation)라고 한다. 만일 치환된 아미노산이 기존 아미노산과 화학적 성질이 비슷할 경우 단백질의 기능에 거의 영향을 주지 않게 된다. 이를 **보존적 치환**(conservative substitution)이라고 한다. 예를 들어 아스파탐산을 지정하는 코돈 GAC가 글루탐산을 지정하는 코돈 GAG로 바뀔 경우, 두 아미노산 모두 R 그룹에 산성기를 가지므로 보존적 치환이라고 한다.

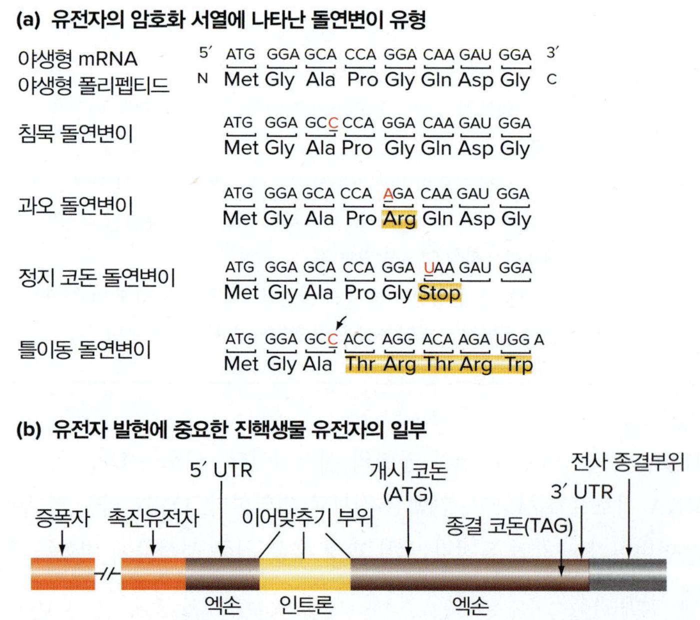

그림 9.27 돌연변이가 유전자 발현에 미치는 영향. **(a)** 유전자의 암호화 서열에 나타나는 돌연변이. 침묵 돌연변이는 단백질의 1차 구조를 바꾸지 않는다. 과오 돌연변이는 하나의 아미노산을 다른 아미노산으로 바꾼다. 정지 코돈 돌연변이는 하나의 코돈을 종결 코돈으로 바꾸어 단백질의 길이가 짧아진다. 틀이동 돌연변이는 염기의 삽입 혹은 결실된 부위부터 번역틀이 바뀌게 된다. **(b)** 비암호화 서열에 나타나는 돌연변이도 유전자 발현에 영향을 준다.

반대로 매우 다른 성질의 아미노산으로 바뀌는 **비보존적 치환**(nonconservative substitution)의 과오 돌연변이는 눈에 띄는 결과를 가져오게 된다. 아스파탐산을 지정하는 코돈 GAC가 알라닌(비극성 R 그룹을 지닌 아미노산)으로 치환되는 예는 비보존적 과오 돌연변이다.

과오 돌연변이로 인한 표현형의 변화는 예측하기 어려운데, 특정 아미노산의 치환이 단백질의 구조와 기능을 어떻게 변화시킬지에 의존하기 때문이다.

정지 코돈 돌연변이

정지 코돈 돌연변이(nonsense mutation)는 아미노산을 지정하는 코돈이 정지코돈으로 바뀌는 것이다. 따라서 정지 코돈 돌연변이가 일어난 코돈부터 정상 폴리펩타이드의 C-말단까지의 아미노산 서열이 존재하지 않는 끝이 **잘린 단백질**(truncated protein)이 생성된다. 돌연변이 단백질의 사라진 부분이 정상 단백질 활성에 필수적인 경우, 이 단백질은 기능하지 않게 된다.

틀이동 돌연변이

암호화 서열에 뉴클레오타이드의 첨가 혹은 결실이 있으면 **틀이동 돌연변이**(frameshift mutation)가 발생한다. 앞서 설명했듯이 추가된 혹은 결실된 뉴클레오타이드의 수가 3배수가 아니라면, 첨가나 결실이 일어난 부위부터 아래쪽으로 번역틀이 변형된다. 그 결과 틀이동 돌연변이의 경우 단백질 기능에 중요한 아미노산 대신에 다른 아미노산이 나타나거나 미성숙 종결 코돈이 형성되어 단백질의 기능을 방해한다.

암호화 서열 외의 돌연변이도 유전자 발현을 변화시킬 수 있다

표현형에 변화를 일으키는 돌연변이는 암호화 서열의 변화에만 국한되지 않는다. 유전자 발현은 암호화 서열 외에 여러 신호 서열에도 의존하므로, 이러한 서열에 변화가 생기면 유전자 발현에 영향을 줄 수 있다(**그림 9.27b**).

유전자의 DNA에 존재하는 촉진유전자와 종결 신호는 RNA 중합효소가 어디서 전사를 시작하고 종결할지를 지시한다. 촉진유전자 서열의 변화는 RNA 중합효소가 촉진유전자에 결합하는 것을 어렵게 혹은 불가능하게 만들어 전사를 감소시키거나 방해하게 된다. 또한 촉진유전자 또는 증폭자의 돌연변이로 전사인자가 결합하지 못하게 되면, 진핵생물의 유전자 발현은 감소된다. 종결 신호의 돌연변이는 생산되는 mRNA의 양을 감소시켜 유전자 산물의 양도 줄어든다.

진핵생물에서 대부분의 1차 전사체는 정확하게 엑손을 연결하여 성숙 mRNA가 형성되도록 하는 이어맞추기 공여자 자리, 이어맞추기 수용자 자리, 분지점 자리를 포함한다. 이어맞추기에 관여하는 이러한 신호 서열의 변화는 이어맞추기를 방해한다. 어떤 경우, 성숙 mRNA가 형성되지 않아 결과물인 폴리펩타이드가 나타나지 않을 수도 있다. 다른 경우, 이어맞추기가 잘못 일어나 이상한 형태의 mRNA가 형성되어 변형된 단백질이 생성될 수 있다.

원핵생물에서, 리보솜 결합 자리의 돌연변이는 mRNA와 리보솜 작은 소단위체의 결합을 약화시켜 번역 효율을 감소시키고, 해당 단백질의 양을 줄인다. 진핵생물 mRNA의 5′ UTR 또는 3′ UTR의 돌연변이도 번역에 영향을 미칠 수 있다. 리보솜은 5′ 모자를 인식하고 mRNA를 스캔하여 AUG를 찾는다. 정상적인 시작 코돈의 상류에 AUG를 생성하는 5′ UTR의 돌연변이 결과 번역의 조기 개시를 초래할 수도 있다. 만약 비정상적인 AUG가 정상적인 시작 코돈과의 번역틀에 맞지 않는다면 정상적인 단백질이 생성되지 않는다. 또는 상류 AUG가 정상적인 시작 코돈과의 번역틀에 맞는다면 N 말단에 추가적인 아미노산이 포함된 단백질이 만들어진다.

19장에서 폴리-A 중합효소(전사체의 3′ 말단에 A 뉴클레오타이드를 추가하는 효소)가 3′ UTR의 서열에 결합하고 폴리-A 꼬리가 진핵생물 mRNA의 번역에 참여한다는 것을 알게 될 것이다. 따라서 폴리-A 중합효소 결합을 방지하는 3′ UTR의 돌연변이는 번역을 방해할 것이다. 이 장 후반부에서 3′ UTR 내의 염기서열이 mRNA가 세포 내 어디에 위치할지 또는 mRNA의 안정성을 결정할 수 있기에, 결국 번역에 영향을 미칠 수 있다는 사실을 알게 될 것이다. 따라서 종결 코돈의 돌연변이는 정상보다 더 긴 단백질을 생성하여 불안정하거나 기능을 하지 못하게 된다.

유전자 발현에 영향을 주는 대부분의 돌연변이는 유전자 기능을 감소시킨다

돌연변이는 해당 단백질의 아미노산 서열 혹은 생산량을 변화시켜 표현형에 영향을 준다. 암호화 서열 내부 혹은 외부의 돌연변이로 인해 해당 단백질의 활성이 감소하거나 사라질 경우, 이러한 돌연변이를 **기능 상실 돌연변이**(loss-of-function mutation)라고 한다.

열성 기능 상실 돌연변이

기능 상실 돌연변이 대립유전자가 해당 단백질의 기능을 완전히 제거할 경우 **영 돌연변이**(null mutation) 혹은 **무기능성 돌연변이**(amorphic mutation)라고 한다. 이러한 돌연변이는 단백질 합성을 방해하거나 기능을 할 수 없는 단백질을 생산한다.

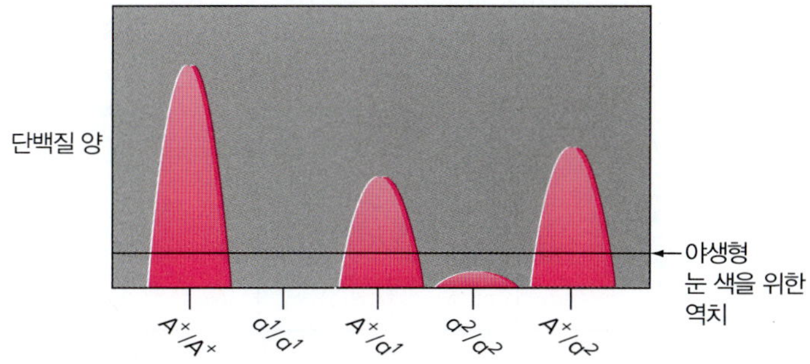

그림 9.28 대부분의 기능 상실 돌연변이 대립유전자가 야생형 대립유전자에 열성인 이유. 분홍색 타원(Pink ellipse)은 초파리에 있는 잔틴(xanthine) 가수분해효소의 양을 나타낸다. 초파리는 정상적인 눈 색깔을 위해 정상 계통(A^+/A^+)에서 생성되는 효소양의 10%만을 요구한다. 영대립유전자 a^1과 저기능성 돌연변이 대립유전자 a^2는 열성으로 작용한다. 왜냐하면 A^+/a^1 혹은 A^+/a^2 이형접합자에서 정상 눈 색깔에 필요한 충분한 양의 효소를 만들기 때문이다.

무기능성 돌연변이가 일반적으로 열성으로 작용하는 이유는 쉽게 이해된다. 예를 들어, A^+/a^1 이형접합자에서 야생형 A^+ 대립유전자는 기능성 단백질을 생산하는 반면에, 영 대립유전자인 a^1는 그렇지 않다(**그림 9.28**). 만일 하나의 A^+ 대립유전자에 의해 생성되는 단백질의 양이 세포에서 정상 활동을 위해 요구하는 역치를 넘어선다면, A^+/a^1 이형접합자의 표현형은 정상일 것이다. 대부분의 유전자는 이러한 방식으로 기능한다. A^+/A^+ 세포에서는 실제 정상 표현형에 필요한 단백질의 양보다 두 배 정도 많이 생성된다. 멘델의 완두콩에서 열성으로 작용하는 녹색과 주름진 형태에 대한 대립유전자는 이러한 이유로 영대립유전자로 작용할 것이다(그림 1.18 참조).

저기능성 돌연변이(hypomorphic mutation)는 기능 상실 돌연변이에 속하며, 야생형 단백질의 양이 적게 생성되거나 매우 약한 활성을 지닌 단백질(그림 9.28에서 a^2)을 생성하는 경우이다. 저기능성 대립유전자는 야생형 대립유전자에 대해 열성으로 작용하며, 무기능성 대립유전자가 열성으로 작용하는 이유와 동일하다.

불완전 우성의 기능 상실 대립유전자

어떤 조합의 대립유전자는 기능성 유전자 산물의 양에 연속적 변이를 보이는 불완전 우성 표현형을 나타낸다. 예를 들어, 색소 생성 유전자의 기능 상실 돌연변이는 붉은색에서 흰색까지 스펙트럼 양상의 꽃 색깔을 나타나게 하는데 흰색은 색소 생성하는 생화학 반응 경로에서 효소의 부재로 나타난다(**그림 9.29**). 이 효소를 암호화하는 유전자 R에 세 종류의 대립유전자가 존재한다고 가정하자. R^+는 정상 양의 효소를 만들어내고, R^{50}은 동일 효소를 정상 양의 반만 생성하고(혹은 정상 활성의 반을 지닌 변형 효소가 충분한 양으로 생성), R^0는 영 대립유전자이다. R^+/R^0 이형접합자는 R^+/R^+에서 나타나는 효소 활성의 절반만 가지므로 붉은색을 나타내기에는 충분치 않아 붉은색

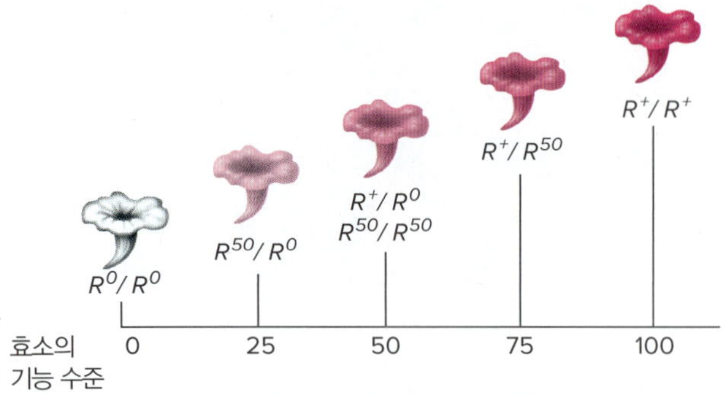

그림 9.29 단백질 기능의 수준에 따라 표현형이 연속변이를 보이는 경우, 불완전 우성이 작동한다.

과 흰색의 중간인 분홍색 꽃을 생산한다. R^+ 혹은 R^0 대립유전자가 R^{50} 대립유전자와 조합을 이룰 경우 붉은색과 분홍색 사이 혹은 분홍색과 흰색 사이의 중간형 색소를 지닌 꽃이 나타난다.

우성 기능 상실 돌연변이 대립유전자는 드물다

기능성 단백질의 생산량에 매우 민감한 표현형의 경우, 비교적 적은 양의 변화로도 특정 표현형을 바꿀 수 있다. 따라서 기능 상실 돌연변이를 지닌 이형접합자에서 정상보다 적은 양의 기능성 단백질이 생성되어 야생형 개체와 완전히 다른 표현형을 보일 수 있다. 하나의 야생형 대립유전자가 돌연변이 표현형을 피할 만큼 충분한 유전자 산물을 제공하지 못하는 경우를 **반수체 불충분성**(haploinsufficiency)이라고 한다.

인간의 경우 반수체 불충분성을 보이는 유전자는 대략 800개 정도이다. 대표적인 예는 *GLI3* 유전자인데, 손(발)가락 형성에 중요한 역할을 하는 전사인자를 암호화한다. *GLI3* 유전자의 기능 상실 돌연변이를 지닌 이형접합자는 **다지증**(polydactyly)을 보이는데, 여분의 손가락 혹은 발가락을 가진다(**그림 9.30**). *GLI3* 유전자는 다면발현성(여러 표현형질을 조절)이기 때문에 *GLI3* 돌연변이 동형 접합체는 생존할 수 없다.

						643		
	V	T	K	K	Q	**R**	G	D
정상 대립유전자 ($GLI3^+$)	GTC	ACC	AAG	AAG	CAG	**C**GA	GGG	GAC
						↓		
돌연변이 대립유전자 (*GLI3*)	GTC	ACC	AAG	AAG	CAG	**T**GA	GGG	GAC
	V	T	K	K	Q	**STOP**		
					642			

그림 9.30 반수체 불충분성: 기능상실 돌연변이 대립유전자는 야생형 대립유전자에 대해 우성으로 작용할 수 있다. 사람의 *GLI3* 유전자는 반수체 불충분성을 보인다. $GLI3/GLI3^+$ 이형접합자는 여분의 손가락과 발가락을 가지는 다지증(polydactyly)을 보인다. 알려진 돌연변이 *GLI3* 대립유전자 중 한 종류는 643번째 코돈인 아르기닌(R)을 종결신호로 바꾸는 정지 코돈 돌연변이이다. (야생형 *GLI3* 단백질은 1,580개의 아미노산을 가진다.) *Source: Rajesh Vora/Dinodia/agefotostock*

독특한 기능 획득 대립유전자는 거의 항상 우성이다

충분한 양의 활성 단백질을 만드는 유전자를 방해하는 많은 방법들이 있기 때문에, 대부분의 돌연변이는 기능 상실 대립유전자이다. 그러나 드물게 단백질의 기능을 강화시키거나 새로운 기능을 부여하거나 혹은 잘못된 장소와 시간에 단백질을 생성하는 경우를 **기능 획득 대립유전자**(gain-of-function allele)라고 한다. 하나의 기능 획득 대립유전자는 정상 단백질이 존재하는 상태에서도 자체적으로 표현형을 바꿀 만큼의 단백질을 생성하므로, 거의 항상 야생형에 대해 우성으로 작용한다.

많은 경우, 우성 돌연변이 대립유전자는 다면발현성이기 때문에 동형접합자에서 치사를 보인다. 어떤 경우에는 정상적인 유전자 기능이 없기 때문에 치사가 나타난다. 다른 경우에는 두 배로 증가된 단백질이 생존 불가능의 원인이 될 수도 있다.

고기능성 대립유전자

고기능성 돌연변이(hypermorphic mutation)는 야생형 대립유전자보다 더 많은 정상 단백질을 생성하거나 더 높은 활성을 지닌 단백질을 생성한다. 예를 들어, 인간의 *FGFR3* 유전자의 고기능성 돌연변이는 소인증의 가장 일반적인 형태인 연골무형성증을 나타낸다(**그림 9.31a**). *FGFR3* 유전자는 뼈 형성을 억제하는 신호 단백질(섬유아세포 성장인자 수용체 3)을 암호화한다. FGFR3 단백질은 정상적으로 FGF(섬유아세포 성장인자)라는 작은 단백질이 결합할 때에만 활성화된다(**그림 9.31b**). 연골무형성증의 경우, 대부분 $FGFR3^{G480R}$ 돌연변이 대립유전자를 가지며, 정상 단백질의 480번째 아미노산인 글리

그림 9.31 고기능성 대립유전자는 과활성의 단백질을 암호화한다. **(a)** 소인증의 한 종류인 연골무형성증은 *FGFR3* 유전자의 고기능성 돌연변이 대립유전자(*FGFR3^{G480R}*)에 의해 유발된다. **(b)** *FGFR3* 유전자는 이량체 막관통 수용체 단백질을 암호화하며, 호르몬 FGF가 수용체에 결합하면 활성화된다. 활성화된 FGFR3 소단위체의 티로신 인산화효소 영역은 다른 소단위체에 각각 인산기(P는 노란색 원으로 나타냄)를 결합시킨다. 인산화로 인해 결국 뼈 형성을 억제하는 신호를 개시한다. **(c)** 돌연변이 FGFR3^{G480R} 단백질은 FGF의 존재 여부에 상관없이 항상 활성화되어 있으므로 뼈 발생이 정상적으로 진행되지 않는다. *Source: (a): ©Frazer Harrison/Getty Images*

신 대신에 아르기닌을 가진 FGFR3 단백질을 암호화한다. 이러한 하나의 아미노산의 변화로 돌연변이 단백질은 FGF가 없는 조건에서도 활성을 지니게 된다. 즉 돌연변이 단백질은 **항상 활성화**(constitutively active)되어 있는 수용체로 작용한다(**그림 9.31c**). 정상단백질이 존재하는 상황에서도 활성을 지닌 돌연변이 단백질은 지속적으로 뼈 형성을 억제하므로 고기능성 대립유전자(*FGFR3^{G480R}*)는 우성으로 작용한다.

신기능성 대립유전자

매우 드문 우성의 기능 획득 대립유전자는 새로운 표현형을 나타내는 **신기능성 돌연변이**(neomorphic mutation)이다. 일부 신기능성 돌연변이는 새로운 기능을 지닌 단백질을 생성하며, 다른 경우에는 정상 단백질이 생성되나 부적절한 장소나 시간에 나타난다(**이소성 발현**; ectopic expression).

우성으로 작용하는 헌팅턴병 대립유전자(*HD*)는 신기능성 돌연변이의 대표적인 예이다. 7장의 읽을거리 「빠르게 살펴보기」의 내용을 살펴보면, *HD$^+$* 유전자는 폴리 글루타민(Q) 유형의 세 뉴클레오타이드 반복 서열을 지닌다. 돌연변이 HD 단백질은 정상에 비해 글루타민 아미노산의 반복 횟수가 더 많으며 신경세포의 퇴화를 일으킨다. 정상 HD 단백질은 돌연변이 HD 단백질에 의한 신경세포의 손상을 막지 못하기 때문에, *HD* 질병 대립유전자는 정상 대립유전자에 대해 우성으로 작용한다.

정상 단백질을 이소적으로 발현하는 신기능성 대립유전자의 극적인 예는 **초파리**(*Drosophila*)의 *Antennapedia* 유전자에서 발견된 돌

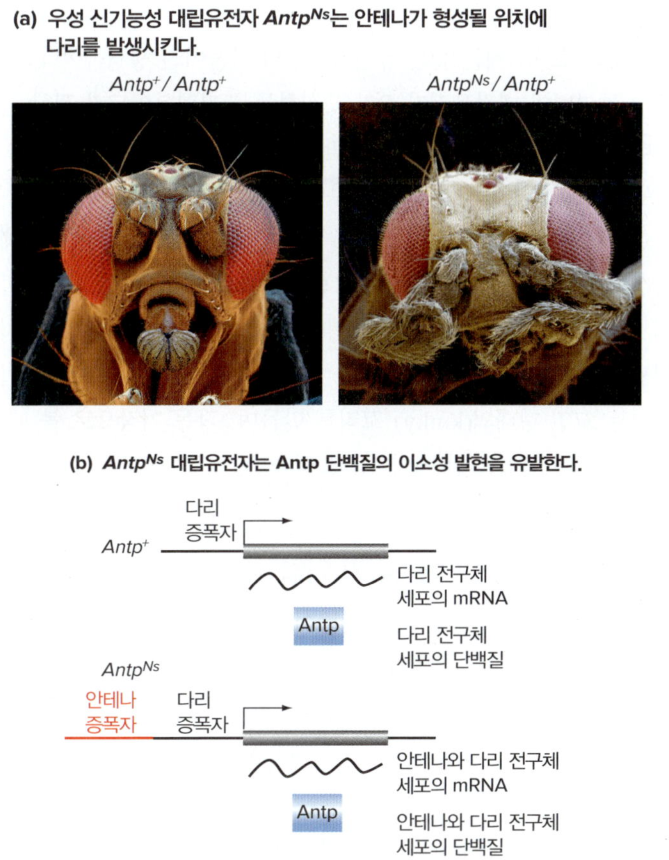

그림 9.32 신기능성 대립유전자는 정상 단백질의 이소성 발현을 유도할 수 있다. **(a)** 초파리 *Antennapedia* 유전자의 신기능성 우성 돌연변이(*Antp^{Ns}*)는 초파리의 머리에서 두 개의 다리가 형성되도록 한다(오른쪽). 정상 초파리는 왼쪽에 나타나 있다. **(b)** *Antp^{Ns}*는 전사 조절 부위에 돌연변이를 가지며, 장차 안테나가 될 세포에서 다리 형성을 결정하는 Antp 단백질의 이소적 발현을 유도한다. *Source: (a): ©Eye of Science/Science*

연변이 대립유전자 $Antp^{Ns}$이다. $Antp^{Ns}/Antp^{+}$(또는 $Antp^{Ns}/Antp^{Ns}$) 이형접합자는 머리 부분에 안테나 대신 다리를 가지고 있다(**그림 9.32a**). *Antp* 유전자는 다리 발생을 촉진하는 단백질을 암호화하며, 야생형의 $Antp^{+}$는 초파리의 다리가 될 조직에서 전사된다. 이 유전자의 전사 조절 부위에 돌연변이가 일어난 $Antp^{Ns}$ 대립유전자는 안테나를 형성할 조직에서 정상 단백질을 발현하게 한다(**그림 9.32b**). $Antp^{+}$ 대립유전자가 장차 안테나로 발생할 세포에서 Antp 단백질의 이소적 발현을 막지 못하기 때문에 $Antp^{Ns}$ 대립유전자는 우성으로 작용한다.

길항성 대립유전자

일부 우성 돌연변이 대립유전자는 야생형 단백질의 활성을 갖지 못할 뿐 아니라 정상 단백질이 기능하는 것을 방해한다. 이러한 대립유전자를 **우성 음성**(dominant negative) 혹은 **길항성 대립유전자**(antimorphic alleles)라고 한다.

예를 들어 하나의 폴리펩타이드가 동일한 3개의 폴리펩타이드와 결합하여 4개의 소단위체로 구성된 효소를 생성한다고 가정하자. 모든 4개의 소단위체는 같은 유전자로부터 만들어진 생성물이다. 만일 우성 돌연변이 대립유전자 *D*가 생성하는 폴리펩타이드가 정상 폴리펩타이드와 결합하여 다량체를 만들어(심지어 다량체 중 하나의 소단위체가 돌연변이 단백질인 경우에도) 효소의 기능을 방해할 경우, 이형접합자에서 정상 기능의 d^{+} 소단위체만으로 구성된 다량체가 생성될 확률은 16분의 1이다(**그림 9.33a**). 그 결과 D/d^{+} 이형접합자의 전체 효소 활성은 d^{+}/d^{+} 동형접합자에서 나타나는 활성에 비해 훨씬 부족할 것이다. 생쥐의 *Axin* 유전자 자리에 있는 *Kinky* 대립유전자는 꼬인 형태의(kinky) 꼬리를 만들며, 작동 기작으로 볼 때 우성 음성 돌연변이의 한 예이다(**그림 9.33b**).

(a) 길항성 대립유전자 *D*는 돌연변이 단백질 소단위체를 암호화한다

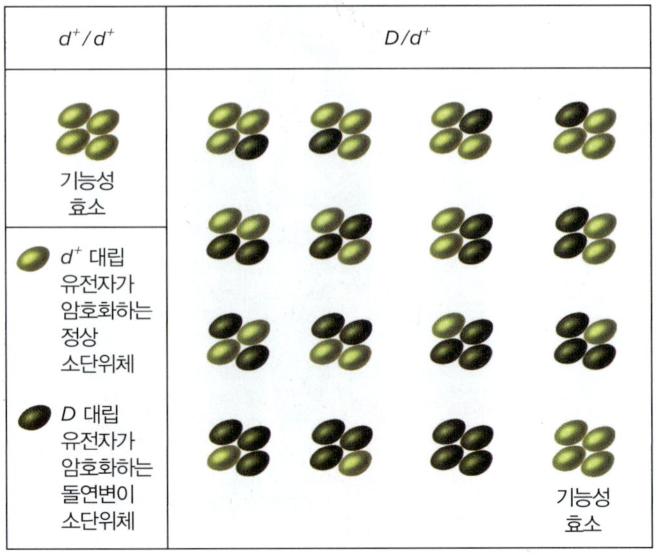

(b) 길항성 대립유전자 $Axin^{Kinky}$가 암호화하는 돌연변이 소단위체로 인한 표현형 효과

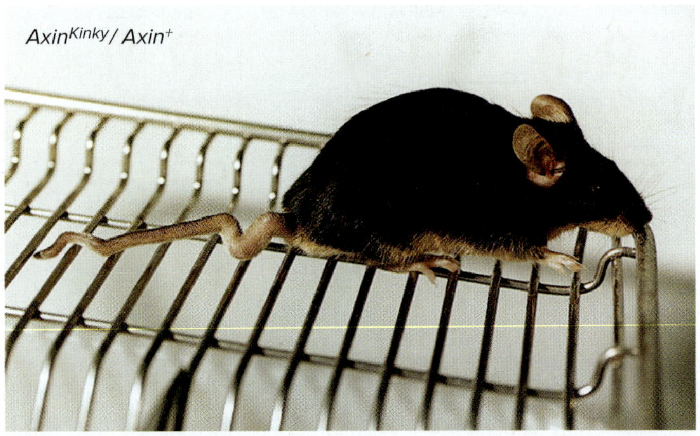

그림 9.33 일부 우성 돌연변이 대립유전자가 길항성으로 작용하는 이유. **(a)** 하나의 유전자가 암호화하는 폴리펩타이드 소단위체 4개로 구성된 단백질의 경우, 우성 음성 돌연변이로 인해 모든 16종류의 다량체 중 15종류가 불활성화된다. **(b)** 생쥐 *Axin*($Axin^{Kinky}$) 유전자의 *Kinky* 돌연변이 대립유전자는 우성 음성 돌연변이로, 구부러진 꼬리를 유발한다. $Axin^{Kinky}$에 의해 암호화된 돌연변이 단백질은 복합체의 구성 소단위체로 작용하여 단백질의 기능을 방해한다. *Source: (b): ©Tom Vasicek*

돌연변이의 효과는 예측하기 어렵다

앞서 언급했듯이 대부분의 돌연변이는 기능 상실 대립유전자이다. 아미노산 서열의 여러 변화가 단백질의 기능을 손상시키기 때문이며, 유전자 조절 부위의 변화 역시 유전자 발현을 감소시키기 때문일 것이다. 그러나 유전자의 거의 모든 위치에서 드물기는 하지만 기능 획득 돌연변이가 나타날 수 있다.

돌연변이가 유전자 기능에 어떠한 영향을 줄 것인지 안다고 해도 해당 돌연변이가 우성으로 혹은 열성으로 작용할지 항상 예측할 수는 없다(**표 9.2**). 물론 대부분의 기능 상실 돌연변이가 열성으로 작용하고, 거의 모든 기능 획득 돌연변이가 우성으로 작용하지만 예외는 존재한다. 왜냐하면 이배체 개체에서 야생형과 돌연변이 대립유전자 간의 우성 관계는 그 돌연변이가 단백질 생산과 활성에 얼마나 크게 영향을 줄 것인지와 표현형이 야생형 단백질의 정상 양에 얼마나 철저히 의존하느냐에 달려 있기 때문이다.

유전자 발현 기구를 암호화하는 유전자의 돌연변이는 전반적인 영향을 줄 수 있다

유전자 발현은 놀랄만한 수와 종류의 RNA와 단백질을 이용하며, 이들은 각각 개별 유전자에 의해 암호화된다. 단백질을 암호화하는 유

표 9.2 단백질 기능에 주는 영향으로 구분한 돌연변이

	기능 상실 돌연변이		기능 획득 돌연변이		
돌연변이 유형	무기능성	저기능성	고기능성	신기능성(이소성 발현)	길항성(우성 음성)
출현 빈도	일반적	일반적	드묾	드묾	드묾
우성 열성 관계	일반적으로 열성으로 작용 유전자 산물로 인해 표현형이 연속 변이를 보일 경우 불완전 우성으로 작용 가능 반수체 불충분성으로 인해 우성으로 작용		일반적으로 우성 혹은 불완전 우성으로 작용	일반적으로 우성으로 작용	일반적으로 우성 혹은 불완전 우성으로 작용

전자(RNA 중합효소, 리보솜의 단백질 소단위체, 아미노아실-tRNA 합성효소 등)는 다른 유전자들과 동일한 방식으로 전사되고 번역된다. rRNA, tRNA, snRNA를 암호화하는 유전자는 전사되지만, 번역되지 않는 **비암호화 유전자**(noncoding gene)이다. 유전자 발현 기구를 암호화하는 유전자의 경우, 단백질을 암호화하든 그렇지 않든 돌연변이가 일어나면 표현형에 극적인 변화를 초래한다.

유전자 발현 기구에 영향을 주는 치사 돌연변이

rRNA와 같이 유전자 발현 기구를 암호화하는 유전자의 돌연변이는 종종 치사 돌연변이로 작용한다. 왜냐하면 세포 내의 모든 단백질 합성에 악영향을 주기 때문이다. 유전자 발현에 필요한 단백질 중 일부 단백질의 양이 50% 감소할 경우 심각한 영향이 나타날 수 있다. 예를 들어 **초파리**(Drosophila)에서 리보솜 단백질을 암호화하는 여러 유전자들의 영 돌연변이는 동형접합자의 경우 치사를 나타낸다. 이형접합자에서 동일한 돌연변이가 나타날 경우, 반수체 불충분성 때문에 세포의 느린 성장이 나타나 초파리의 발생이 지연되는 우성의 Minute 표현형을 보인다.

tRNA 유전자 억제 돌연변이

만일 하나 이상의 유전자가 유전자 발현에 작용하는 동일 분자를 암호화한다면, 이들 유전자 중 하나의 돌연변이는 치사가 될 수 없으며, 심지어 유용할 수도 있다. 예를 들어, 특정 tRNA 유전자의 돌연변이는 다른 유전자의 정지코돈 돌연변이의 효과를 억제할 수 있다. 이러한 작용을 하는 tRNA-유전자 돌연변이는 **정지 코돈 억제자 tRNA**(nonsense suppressor tRNA)를 만든다.

예를 들어, 정상 박테리아 개체군에서 트립토판 합성 효소 유전자의 번역틀 내에 UAG 정지 코돈 돌연변이가 발생했다고 가정하자. 돌연변이 박테리아는 C 말단이 잘린 비기능성의 트립토판 합성 효소를 생산하므로, 트립토판을 합성할 수 없는 트립토판 영양요구주(Trp^-)이다(**그림 9.34a**). 이 영양요구주를 돌연변이 유발물질에 노출시켜, 두 종류의 돌연변이를 지닌 Trp^+ 박테리아를 일부 생성한다. (1) 원래 가지고 있던 트립토판 합성효소의 정지 코돈 돌연변이와 (2) 티로신 아미노산을 운반하는 tRNA 유전자의 돌연변이이다. 명백히 tRNA 유전자의 돌연변이가 정지 코돈 돌연변이의 효과를 억제하여 트립토판 합성효소의 기능을 복원시킨다.

그림 9.34b는 억제 돌연변이의 기작을 묘사하는데, $tRNA^{Tyr}$ 돌연변이는 티로신 코돈에 상보적인 안티코돈 서열이 UAG 종결 코돈에 상보적인 안티코돈 서열로 바뀐 것이다. 돌연변이 tRNA는 폴리펩타

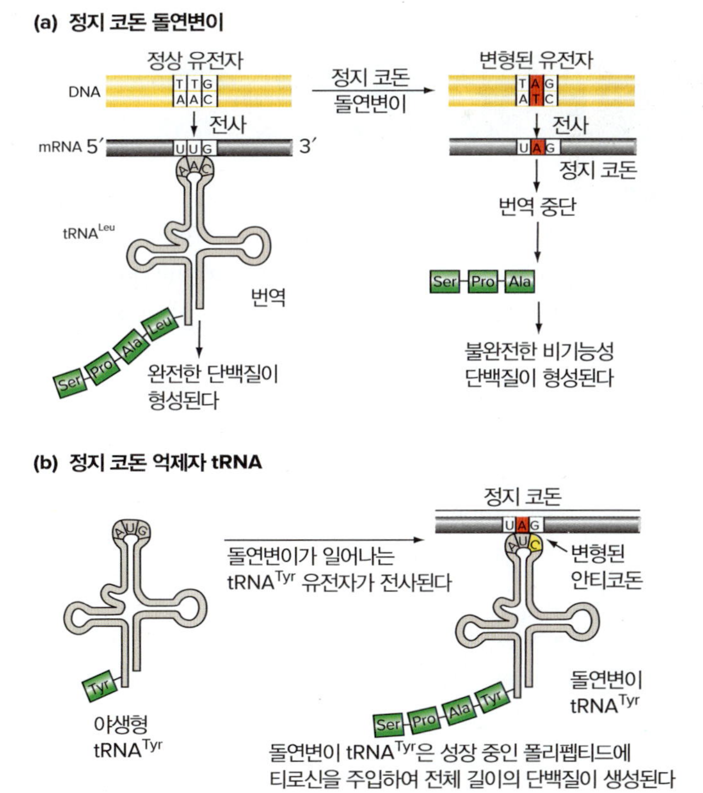

그림 9.34 정지 코돈 억제 현상. **(a)** 정지 코돈을 생성하는 정지 코돈 돌연변이는 말단이 제거된 비기능성의 폴리펩타이드를 만들어낸다. **(b)** tRNA 유전자에서 나타나는 두 번째의 정지 코돈 억제자 돌연변이는 종결 코돈에 대해 아미노산을 첨가시켜, 완전한 길이의 폴리펩타이드를 생성한다.

이드의 UAG 정지 코돈 돌연변이 위치에 티로신을 지정할 수 있으며, 최소한 전체 길이의 효소가 생성될 것이다. 유사한 방식으로 다른 tRNA 유전자의 안티코돈 돌연변이는 UGA 혹은 UAA 정지 코돈 돌연변이를 억제할 수 있다.

tRNA 유전자에 정지 코돈 억제자 돌연변이가 일어난 세포는 두 가지 조건이 충족될 때에만 생존할 수 있다. 첫째, 세포는 안티코돈의 돌연변이가 일어나기 전에 억제자 tRNA가 인식했던 동일 코돈과 상보적으로 결합할 수 있는 다른 tRNA를 가져야 한다. 만일 그러한 tRNA가 없다면 해당 코돈에 적절한 아미노산을 지정할 방법이 없게 된다(**그림 9.34**에서, 티로신 코돈). 둘째, 억제자 tRNA는 mRNA 암호화 서열 마지막 부분에 정상적으로 나타나는 종결 코돈과 약한 결합을 보여야 한다. 만일 그렇지 않다면, 억제자 tRNA는 전반적으로 정상보다 긴 이상한 단백질을 생성하여 세포에 아수라장을 만들 것이다. 이러한 가능성에 대항하는 세포의 전략은 많은 유전자에서 일렬로 나열된 두 개의 종결 코돈에 의해 번역 종결이 진행된다는 것이다. 억제자 tRNA가 두 개의 정지 코돈에 아미노산을 지정하는 확률은 매우 낮으므로, 극소수의 단백질만이 연장된 형태로 합성될 것이다.

핵심 개념 9.5

- 유전자의 암호화 서열의 점 돌연변이는 폴리펩타이드의 아미노산 서열을 변화시킬 수 있다.
- 유전자의 암호화 서열 외부에 발생한 돌연변이는 단백질의 생산 양, 시기, 장소 등을 변화시켜 유전자 발현에 영향을 줄 수 있다.
- 기능 상실 돌연변이는 유전자 발현을 감소 혹은 억제하며, 일반적으로 열성으로 작용한다. 유전자 산물의 양에 따라 표현형이 연속 변이를 보일 경우, 기능 상실 대립유전자는 불완전 우성이다. 반수체 불충분성의 경우, 정상 유전자 산물이 절반으로 존재하여도 정상 표현형을 보이기에 불충분하므로 기능 상실 돌연변이 대립유전자는 우성으로 작용한다.
- 기능 획득 돌연변이는 증가된 단백질 생산, 변형 단백질의 생산, 정상 단백질의 이소성 발현 등을 유발한다. 대부분의 기능 획득 대립유전자는 야생형 대립유전자에 대해 우성으로 작용한다.
- 어떤 돌연변이가 우성 혹은 열성으로 작용할 것인지는 해당 돌연변이로 인해 단백질 산물이 얼마나 심하게 변형되는지와 비정상 유전자의 작용으로 표현형이 얼마나 민감하게 영향을 받는가에 따라 결정된다.
- 유전자 발현 기구 분자를 암호화하는 유전자의 돌연변이는 종종 치사를 유발한다. 예외적으로 정지 코돈 억제자 tRNA를 생성하는 tRNA 유전자의 돌연변이가 있다.

풀이 문제

풀이 문제 I

대장균(*E. coli*)의 여러 돌연변이체에서 특정 단백질의 아미노산 서열을 분석하였다. 정상 효소의 40번째 위치의 아미노산은 글리신이다. 다음 표는 6개의 돌연변이체에서 해당 효소의 40번째 위치에서 치환된 아미노산을 보여준다.

돌연변이체 1	시스테인
돌연변이체 2	발린
돌연변이체 3	세린
돌연변이체 4	아스파탐산
돌연변이체 5	아르기닌
돌연변이체 6	알라닌

각 경우에 DNA에서 발생한 염기서열 치환에 대해 설명하시오. 돌연변이체 1과 재조합을 통해 정상 유전자를 생성할 수 있는 돌연변이체는 어느 것인가?

해답

염기서열 치환을 알기 위해 유전암호표를 활용하라(그림 9.2). 정상 아미노산인 글리신은 GGU, GGC, GGA, GGC로 암호화되어 있다.

돌연변이 1은 40번째 위치의 시스테인으로 치환된다. 시스테인 코돈은 UGU 혹은 UGC이다. 코돈의 첫 번째 자리를 암호화하는 DNA의 염기쌍에 변화(G : C에서 T:A로 전환)가 일어나야 하며, 글리신 코돈은 GGU 혹은 GGC여야 할 것이다.

발린(돌연변이체 2)의 코돈은 GUN(N은 네 종류의 염기 모두를 의미한다)이므로, 만일 돌연변이가 하나의 염기 변화라 가정하면, 발린 코돈은 GUU 혹은 GUC가 되어야 할 것이다. 변화는 코돈의 두 번째 위치에서 DNA가 G : C에서 T:A로 전환되어야 할 것이다.

하나의 염기 변화로 글리신에서 세린(돌연변이체 3)으로 바뀌려면, GGU 혹은 GGC가 각각 AGU 혹은 AGC로 변해야 할 것이다. 이것은 코돈 첫 번째 위치에서 전이(G : C에서 A:T로)가 일어나야 한다.

아스파탐산(돌연변이체 4)은 GAU 혹은 GAC 코돈이므로, 돌연변이체 4의 DNA는 코돈 두 번째 위치에 G : C에서 A:T 전이가 일어난다.

아르기닌(돌연변이체 5)의 코돈은 CGN이므로, 돌연변이체 5의 DNA는 코돈 첫 번째 위치에 G : C에서 C : G 전환이 일어나야 한다.

마지막으로, 알라닌(돌연변이체 6)의 코돈은 GCN이므로, 돌연변이체 6은 코돈 두 번째 위치에 G : C에서 C : G 전환이 일어나야 한다.

돌연변이체 2, 4, 6에서 바뀐염기쌍은 돌연변이체 1에서 바뀐 위치와 다르므로, 돌연변이체 1과 재조합될 수 있다.

요약하면, 정상과 돌연변이체의 해당 지점에서 RNA-유사 가닥의 뉴클레오타이드 서열은 다음과 같다.

정상형	5′ G G T/C 3′
돌연변이체 1	5′ T G T/C 3′
돌연변이체 2	5′ G T T/C 3′
돌연변이체 3	5′ A G T/C 3′
돌연변이체 4	5′ G A T/C 3′
돌연변이체 5	5′ C G T/C 3′
돌연변이체 6	5′ G C T/C 3′

풀이 문제 II

SV40 바이러스의 유전체를 구성하는 이중가닥 환형 DNA를 단일 가닥 DNA로 변성시킬 수 있다. 두 가닥은 각각 염기서열 조성이 다르므로, 밀도 차를 이용하여 분리시켜 W(Watson)와 C(Crick) 가닥으로 명명하였다. 순수 분리한 각 단일 가닥 DNA를 바이러스에 감염된 세포에서 추출한 mRNA와 반응시켜, DNA와 RNA 간의 잡종형을 형성하였다. 이 잡종형을 자세히 살펴보면, W 가닥과 잡종형을 이룬 RNA와 C 가닥과 잡종형을 이룬 RNA는 서로 달랐다. 이러한 사실은 바이러스의 여러 RNA 합성에 사용되는 전사 주형에 대해 어떠한 정보를 제공하는가?

해답

전사와 이중 나선 DNA 가닥의 극성에 대한 정보가 이 문제를 푸는 데 요구된다. 어떤 유전자는 DNA의 한 가닥을 주형으로 사용하며, 다른 유전자는 반대 가닥을 주형으로 사용한다. DNA 가닥의 서로 다른 극성 때문에 한 세트의 유전자는 환형 DNA에서 시계방향으로 전사될 것이며(W 가닥을 주형으로 사용), 다른 세트는 시계 반대방향으로 전사될 것이다(C 가닥을 주형으로 사용).

풀이 문제 III

인간의 헤모글로빈에서 매우 다양한 형태의 돌연변이가 발견되었다. 돌연변이 단백질 중 일부는 정상 크기로 아미노산의 치환이 나타나며, 다른 경우 결실이나 정지 코돈 돌연변이로 인해 짧은 단백질이 생성된다. Hb Constant Spring 돌연변이는 정상보다 긴 형태를 지닌 최초의 돌연변이로 β-글로빈의 C-말단에 여분의 아미노산을 더 가진다.

a. 이러한 돌연변이가 나타난 원인에 대해 설득력 있는 해석을 설명하시오.

b. Hb Constant Spring 돌연변이는 인트론 제거에 실패하여 나타날 가능성이 있는가?

c. 돌연변이 단백질의 C-말단에 얼마나 많은 아미노산이 추가될 수 있는가?

해답

번역과 RNA 이어맞추기에 대한 정보가 문제를 푸는 데 요구된다.

a. 단백질의 C 말단이 신장되어 있기 때문에 돌연변이는 RNA 이어맞추기의 문제라기보다는 정지 코돈의 변화에 의한 것으로 예측된다. 아마도 종결 코돈을 변화 혹은 제거하는 염기의 변화, 틀이동, 혹은 결실이 일어났을 것이다. 정상적인 종결 코돈을 넘어 mRNA의 정보는 새로운 정지 코돈에 도달할 때까지 mRNA의 정보가 번역될 것이다.

b. 이어맞추기 결함은 인트론이 stop codon 바로 앞의 위치에 존재하고 돌연변이가 성숙한 mRNA에서 인트론의 제거를 막는 경우에만 Hb Constant Spring을 설명할 수 있다. 이 경우, 인트론의 뉴클레오타이드는 정지 코돈에 도달할 때까지 프레임 내에서 삼중항으로 읽힌다. 특정 위치에 인트론이 있어야 할 필요성 때문에 이 시나리오는 (a) 부분에 대한 답변에서 설명한 시나리오보다 훨씬 가능성이 적다.

c. Hb Constant Spring 단백질에 대한 설명이 종결 코돈의 변화인지, 이어맞추기의 변화인지에 관계없이 임의의 DNA 서열에 의해 암호화되어 있다고 가정하면 단백질 끝에 추가되는 아미노산의 수를 추정할 수 있다. 유전자 코드에서 64개의 삼중항 중 3개(21개 중 1개)는 정지 코돈이다. 따라서 번역틀이 정지 코돈을 만날 때까지 돌연변이 단백질의 끝에 평균적으로 21개의 아미노산을 추가할 것이라고 추정할 수 있다.

연습 문제

어휘

1. 왼쪽 용어를 가장 잘 설명한 문장을 오른쪽에서 찾아 연결하시오.

a. 코돈	1. 1차 전사체로부터 인트론 서열을 제거
b. 공선성	2. UAA, UAG 혹은 UGA
c. 번역틀	3. 1차 전사체와 동일한 서열의 DNA 가닥
d. 틀이동 돌연변이	4. 해당 아미노산이 결합되어 있는 tRNA
e. 유전암호의 퇴화	5. 하나의 아미노산을 지정하는 mRNA의 3개 염기 조합
f. 정지 코돈	6. 대부분의 아미노산은 하나 이상의 코돈이 지정
g. 개시 코돈	7. DNA 가닥의 서열 정보를 이용하여 RNA 가닥 서열 정보를 지정
h. 주형 가닥	8. mRNA 염기를 3개씩 코돈으로 읽는 것
i. RNA-유사 가닥	9. 특정 조건에 있는 AUG
j. 인트론	10. 폴리펩타이드의 아미노산 서열 순서는 유전자의 뉴클레오타이드 서열 순서와 일치
k. RNA 이어맞추기	11. 동일한 1차 전사체로부터 서로 다른 mRNA를 생성
l. 전사	12. 암호화 서열에 3개가 아닌 수의 염기쌍이 첨가 혹은 결실

m. 번역	13. 유전자 서열 중 성숙 mRNA에 존재하지 않는 서열
n. 선택적 이어맞추기	14. 1차 전사체와 상보적인 염기서열을 지닌 DNA 가닥
o. 충전형 tRNA	15. mRNA의 뉴클레오타이드 서열 정보를 이용하여 폴리펩타이드의 아미노산 서열을 지정
p. 역전사	16. RNA에서 DNA를 복제

9.1절

2. 다음의 유전암호 모델에 따라 인공 mRNA 5′ ...GUGUGUGU... 3′를 번역할 경우, 어떻게 될 것인가?
   a. 2개 염기, 비중복적
   b. 2개 염기, 중복적
   c. 3개 염기, 비중복적
   d. 3개 염기, 중복적
   e. 4개 염기, 비중복적

3. 그림 9.4에 설명된 크릭과 브레너의 실험은 유전암호가 3개의 뉴클레오타이드로 이루어졌다는 것을 보여준다. 다음 질문에 답하시오.
   a. 크릭과 브레너는 FC0 돌연변이 근처에서 두 번째 돌연변이가 일어나 FC0의 유전자 내 억제자로 작용하는 FC7을 얻었다. FC0 돌연변이체에 프로플라빈을 처리하여 얻은 돌연변이 중 $rIIB^+$ 기능을 보이는 다른 종류의 돌연변이에 대해 설명하시오.
   b. 문제 (a)에서 설명된 돌연변이와 FC7 같은 유전자 내 억제자 돌연변이를 어떻게 구분할 수 있는가?
   c. FC7 돌연변이체를 재조합을 통해 FC0와 분리시킬 경우, 두 종류의 $rIIB^-$ 돌연변이 파아지가 생성된다. 하나는 FC7이고, 다른 하나는 FC0이다. 어떻게 FC7과 FC0를 구분할 수 있는가?
   d. 그림 9.4c에 나타난 것처럼 다양한 조합의 결실(−) 혹은 삽입(+) 돌연변이들(++, −−, +++, −−−)을 어떻게 얻었는지 설명하시오.

4. 다음 서열은 파아지 ϕX174의 *A* 유전자 일부와 *B* 유전자의 시작 부위를 나타낸다. 파아지 ϕX174의 일부 유전자는 중복된 번역틀을 사용한다. 예를 들어, *A* 유전자의 암호는 *B* 유전자의 암호 일부로 사용되며, 번역틀은 하나의 염기 차이로 진행된다. 다음 서열은 mRNA와 단백질 *A* 및 *B*의 코돈을 표시한 것이다.

```
aa#    5  6  7  8  9  10 11 12 13 14 15 16
       |  |  |  |  |  |  |  |  |  |  |  |
A      AlaLysGluTrpAsnAsnSerLeuLysThrLysLeu
       |  |  |  |  |  |  |  |  |  |  |  |
mRNA   GCUAAAGAAUGGAACAACUCACUAAAAACCAAGCUG
               |  |  |  |  |  |  |  |  |
B              MetGluGlnLeuThrLysAsnGlnAla
               |  |  |  |  |  |  |  |  |
aa#            1  2  3  4  5  6  7  8  9
```

다음의 아미노산(aa)에 변화가 나타나면, mRNA에 일어나는 서열 변화와 다른 단백질 서열에 나타나는 변화의 결과를 제시하시오.
   a. 단백질 A의 10번째 자리인 Asn이 Tyr로 변화
   b. 단백질 A의 12번째 자리인 Leu이 Pro로 변화
   c. 단백질 B의 8번째 자리인 Gln이 Leu로 변화
   d. 중복되는 번역틀은 매우 드물게 나타난다. 중복 번역틀이 나타나는 경우에도 중복의 정도는 그리 길지 않다. 그 이유를 설명하시오.

5. 그림 9.5의 결과를 보면, 많은 합성 RNA는 AUG 개시 코돈이 없는데도 시험관 시스템에서 폴리펩타이드로 번역된다. 이 실험이 가능했던 이유는 니렌버그가 세포보다 훨씬 높은 농도의 Mg^{2+} 조건에서는 리보솜이 RNA의 어느 위치에서도 번역을 개시할 수 있다는 것을 발견했기 때문이다. 높은 혹은 낮은 농도의 Mg^{2+} 조건에서 다음의 합성 mRNA를 시험관 번역시스템에서 반응시킬 경우 결과물을 예측하시오.
   a. 폴리-UG (UGUGUG...)
   b. 폴리-CAUG (CAUGCAUGCAUG...)
   c. 폴리-GUAU (GUAUGUAUGUAU...)

6. 그림 9.5에 나타난 것처럼 정해진 서열의 RNA 분자를 합성할 수 있는 기술이 정립되기 전에 무작위의 서열을 지닌 합성 mRNA를 이용하여 유사한 실험을 진행하였다. 예를 들어 U와 G로만 구성된 RNA를 시험관에서 합성할 경우, 무작위 서열을 가지게 될 것이다. UTP가 GTP보다 3배 더 많은 상태에서 무작위의 RNA 서열을 합성한 후 시험관 번역 시스템에서 번역을 진행한다고 가정하자.
   a. RNA에는 몇 종류의 서로 다른 코돈이 존재할 것인가?
   b. 합성된 폴리펩타이드에서 몇 종류의 서로 다른 아미노산이 발견될 것인가?
   c. 문제 (a)의 답과 문제 (b)의 답의 개수가 다른 이유는 무엇인가?
   d. 문제 (a)에 있는 코돈 각각을 얼마나 자주 발견할 것이라 예측되는가?
   e. 폴리펩타이드에서 각각의 아미노산의 비를 예측하시오.
   f. 만약 유전암호표의 지식 없이 이 실험을 수행했을 경우, 즉 3:1 비율의 U:G를 포함하는 무작위 서열 RNA를 합성하고 생성된 폴리펩타이드의 각 아미노산의 양을 정량화한 경우, 실험 결과로부터 무엇을 알 수 있는가?

7. 다음 서열에 대해 종결 코돈 없는 가능한 번역틀이 몇 개인지 분석하시오.

   5′...CTTACAGTTTATTGATACGGAGAAGG...3′
   3′...GAATGTCAAATAACTATGCCTCTTCC...5′

8. 야노브스키는 여러 종류의 $trpA^-$ 돌연변이체를 분리하였다(그림 9.3).
   a. 평판 복제법을 통해 어떻게 Trp^- 영양요구주를 규명할 수 있었는지 설명하시오(그림 7.5 참조).
   b. 트립토판 생합성 경로에서 TrpA 효소의 기능이 알려져 있다고 가정할 때, 야노브스키는 어떻게 Trp^- 영양요구주 중에서 $trpA^-$ 돌

연변이체를 규명할 수 있었을까? (힌트: 8장에서 배운 비들과 테이텀의 "한 유전자, 한 효소" 실험 참조)

9. 157개 아미노산으로 구성된 정상 단백질이 프로플라빈 처리로 인해 110개 아미노산으로 구성된 폴리펩타이드를 암호화하는 돌연변이 대립유전자가 생성된다. 이 돌연변이 대립유전자에 프로플라빈을 과도하게 더 처리한 후, 수많은 유전자 내 억제자 돌연변이를 찾아낼 수 있다. 이들 유전자 내 억제자 돌연변이를 분석하였더니, N 말단에서부터 첫 번째 돌연변이 지점 사이의 서열에서만 억제 돌연변이가 관찰되었고, 첫 번째 돌연변이 지점에서 C 말단 사이의 서열에서는 관찰되지 않았다. 이 현상에 대해 적절한 설명을 제시하시오.

9.2절

10. 상보적 염기쌍을 요구하는 전사 단계에 대해 설명하시오.

11. 유전자 *F*의 암호화 서열은 다음 그림의 왼쪽에서 오른쪽으로 읽는다. 유전자 *G*의 암호화 서열은 오른쪽에서 왼쪽으로 읽는다. 어떤 DNA 가닥(위 혹은 아래)이 각 유전자의 전사에 주형으로 작용하는가?

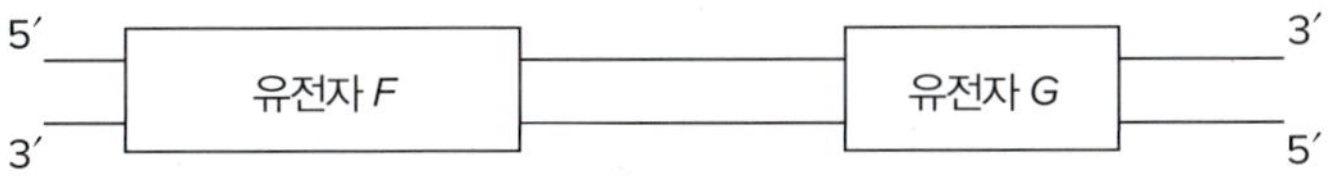

12. 인간의 특정 효소의 정상형과 돌연변이형을 연구하던 중, 흥미로운 돌연변이를 발견하였다. 정상 효소는 227개 아미노산으로 구성되는데, 돌연변이 효소는 여분의 85개 아미노산을 더 포함하여 312개 아미노산으로 구성된다. 여분의 아미노산은 정상 서열 중간 부위에 위치하며, 어떤 방식으로도 정상 단백질 서열에 해당하지 않는다. 이 현상에 대해 가능한 설명들을 제시하고, 각 설명을 구분하시오.

9.3절

13. 상보적 염기쌍 형성을 요구하는 번역 단계에 대해 기술하시오.

14. 다음 그림에 해당 항목을 정확하게 표기하시오. 어떤 항목은 나타나지 않는다. (a) DNA 주형 가닥의 5′ 말단; (b) mRNA의 3′ 말단; (c) 리보솜; (d) 촉진유전자; (e) 코돈; (f) 아미노산; (g) DNA 중합효소; (h) 5′ UTR; (i) 중심립; (j) 인트론; (k) 안티코돈; (l) N 말단; (m) 충전형 tRNA의 5′ 말단; (n) RNA 중합효소; (o) 비충전형 tRNA의 3′ 말단; (p) 뉴클레오타이드; (q) mRNA 모자; (r) 펩타이드 결합; (s) P 자리; (t) 아미노아실-tRNA 합성효소; (u) 수소 결합; (v) 엑손; (w) 5′ AUG 3′; (x) 잠재적인 워블 현상

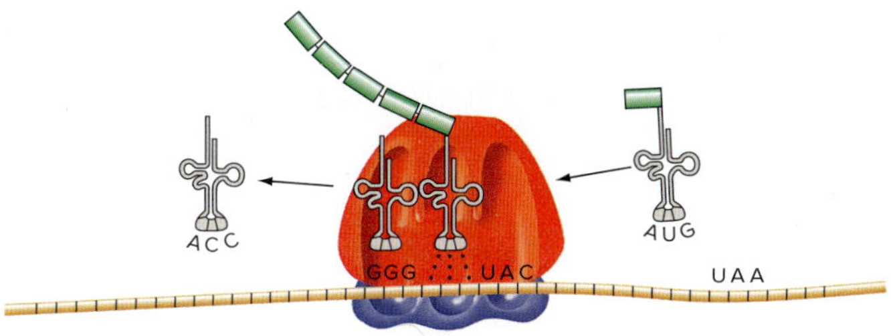

15. 문제 14번의 그림에 대한 질문이다.
    a. 어떤 과정을 묘사하는가?
    b. 그림에서 성장 중인 사슬에 다음으로 첨가되는 단위 분자는 무엇인가? 성장 중인 사슬의 어느 쪽 말단에 첨가될 것인가? 사슬이 완료될 때까지 몇 개의 단위 분자가 첨가될 것인가?
    c. 다른 단위 분자의 종류가 무엇인지 알 수 있는가?
    d. 이 그림에 원핵세포와 진핵세포의 차이를 나타낼 수 있도록 무엇을 추가할 수 있는가?

16. a. 안티코돈 서열이 5′ IAA인 tRNA가 존재할 수 있는가? 그렇다면 어떤 아미노산을 운반하는가?
    b. 안티코돈 서열이 5′ xm^5s^2UAA에 대한 같은 질문에 답하시오.

17. 문제 16의 (a)와 (b) 부분에서, tRNA를 코딩하는 유전자의 DNA서열을 고려하자. (사실이 아니더라도 두 tRNA가 모두 존재한다고 가정하자.) tRNA의 안티코돈에 해당하는 각 tRNA 유전자의 RNA 유사가닥의 서열은 무엇인가? 이 동일한 3개의 뉴클레오타이드에 대한 각 유전자의 주형 가닥의 서열은 무엇인가?

18. 인간 게놈에는 tRNA에 대한 약 500개의 유전자가 있다
    a. tRNA 유전자는 각각 다른 기능을 가지고 있다고 생각하는가?
    b. 인간 게놈이 왜 그렇게 많은 tRNA 유전자를 수용하도록 진화했는지 설명할 수 있는가?

19. 작은 단백질 Met Tyr Arg Gly Ala을 암호화하는 진핵생물의 유전자 서열이 다음에 표시되어 있다. 다음 서열 전체가 주형 가닥으로 사용되어 RNA로 전사된다.

    5′ CCCCTATGCCCCCCTGGGGGAGGATCAAAACACTTACCTGTACATGGC 3′
    3′ GGGGATACGGGGGGACCCCCTCCTAGTTTTGTGAATGGACATGTACCG 5′

    a. 어느 가닥(위 또는 아래)이 주형 가닥인가? RNA 중합효소가 이 유전자를 전사할 때 어느 방향(오른쪽에서 왼쪽 혹은 왼쪽에서 오른쪽)으로 이동하는가?
    b. 가공 후 mRNA의 서열은 무엇인가? mRNA의 5′ 및 3′ 극성도 표시하시오.
    c. 이 유전자에 하나의 돌연변이가 발생해 Met Tyr Thr 단백질이 합성되었다. 이 돌연변이 유전자가 만들어내는 mRNA 서열은 무엇인가?

20. 진핵생물의 유전자 서열에 대한 다음 용어를 유전체에서 배열되어 있는 순서대로, 그리고 RNA 중합효소가 이동하는 순서대로 나열하시오. 유전자의 인트론은 1개이며, 어떤 용어는 약자로 표시되고, DNA와 RNA를 구분하지 않고 표현된다. 예를 들어, "이어맞추기 공여자 자리"는 "이어맞추기 공여자 자리로 전사되는 DNA 서열"을 의미한다. 왜냐하면 이어맞추기는 RNA 전사체에 나타나는 현상으로 유전자

자체에서 발생하지는 않기 때문이다. 유전학자들은 부정확하지만, 단순한 표현을 위해 종종 약어를 사용한다.
(a) 이어맞추기 공여자 자리; (b) 3′ UTR; (c) 촉진유전자; (d) 종결 코돈; (e) 메틸화된 모자가 첨가되는 뉴클레오타이드; (f) 개시 코돈; (g) 전사 종결자; (h) 이어맞추기 수용자 자리; (i) 5′ UTR; (j) 폴리-A 첨가 자리; (k) 이어맞추기 분지점

21 문제 20번에서 제시한 진핵생물의 유전자 서열에 관한 질문이다.
a. 제시된 용어 중 생략해서 표현된 서열은 무엇인가?(즉, 유전자 자체라기보다 유전자의 1차 전사체 혹은 mRNA에서 나타나는 서열은 무엇인가?)
b. 제시된 용어 중 유전자의 첫 번째 엑손(혹은 이 엑손으로부터 전사된 RNA)에서 완전히 혹은 부분적으로 나타나는 서열은 무엇인가? 인트론에서 나타나는 서열은 무엇인가? 두 번째 엑손에서 나타나는 서열은 무엇인가?

22. 합성 생물학자로 알려진 과학자들은 번역 과정 중 비천연 아미노산을 단백질에 첨가할 수 있는 대장균 균주를 개발하고 있다. 이러한 단백질은 고유한 특성을 가지고 있어 연구나 약물로 유용하게 사용될 수 있다. 합성 생물학자들의 한 연구팀은 정상적인 A, T, C, G 뉴클레오타이드 외에 X, Y라는 비천연 뉴클레오타이드를 포함하는 염색체 DNA를 가진 대장균 균주를 만들었다. 놀랍게도, DNA 중합효소는 X와 Y를 포함하는 디옥시리보뉴클레오타이드를 상보적인 염기쌍으로 인식하며, 복제 과정에서 새로운 DNA 가닥에 첨가할 수 있다.
a. 4개의 다른 염기를 가지는 정상적인 DNA는 64개의 다른 코돈을 생성할 수 있다. X, Y를 포함하는 DNA를 갖는 대장균 균주는 몇 개의 코돈을 생성할 수 있는가?
b. 지금까지 연구자들은 PrK와 pAzF라는 두 가지 비천연 아미노산을 단백질에 통합하기 위해 X와 Y를 포함하는 대장균 균주를 개발했다. 박테리아는 염기 X와 Y 그리고 아미노산 PrK와 pAzF를 섭취할 수 있다. 대장균에 PrK와 pAzF를 단백질에 첨가하여 합성하게 하기 위해서 과학자들은 대장균의 유전체에 어떤 유전자를 추가해야 하는가?
c. 대장균이 이러한 합성 염기를 포함하는 유전자가 단백질로 발현되기 위해서는 대장균의 어떤 효소가 X와 Y 염기를 인식할 수 있어야 하는가?

9.4절

23. a. 그림 9.2의 유전암호는 인간과 대장균 모두 적용된다. 인간의 유전체에서 인슐린 호르몬을 암호화하는 유전자의 전체 DNA를 정제하였다고 가정하자. 정제한 DNA를 대장균에게 형질전환하여도 대장균은 인슐린을 만들 수 없다. 그 이유는?
b. 제약회사들은 실제로 인간 인슐린을 만드는 대장균 세포를 사용하며, 생산된 인슐린은 박테리아 세포에서 정제되어 당뇨병 환자를 치료하는데 사용된다. 제약회사들은 어떻게 인슐린을 만드는 박테리아를 만들 수 있는가?

24. 진핵생물과 원핵생물의 번역 개시 과정에서, 어떻게 진핵생물의 mRNA는 단일시스트론인 반면 원핵생물은 다중시스트론일 수 있는지 설명하시오.

9.5절

25. 영 돌연변이는 생물체에서 특정 단백질을 완전히 부재시키므로 해당 단백질의 기능을 이해하는 데 매우 유용하다. 그러나 어떤 돌연변이가 단백질의 부재 상태를 유발하는가를 결정하는 것은 쉬운 일이 아니다.
a. 이배체 개체에서 영 돌연변이 대립유전자를 확인하기 위해 다음의 테스트가 종종 사용된다. 만일 어떤 돌연변이 대립유전자에 대해 동형접합자인 개체에서 보이는 비정상적 표현형이 이형접합자(한 염색체에는 동일 돌연변이 대립유전자를 가지고, 상동염색체에는 그 유전자가 완전히 결실된)의 표현형과 동일하다면, 그 돌연변이는 영 돌연변이라 할 수 있다. 이 테스트의 이론적 배경을 설명하시오. 테스트의 결과를 해석하는 데 어떤 제한이 존재하는가?
b. 어떤 대립유전자가 특정 유전자의 결실(부재) 상태를 유발하는지를 확인하는 다른 방법을 제시하시오.

26. 다음 목록은 60개 이상의 엑손을 지닌 어떤 유전자에서 발견되는 여러 종류의 돌연변이이다. 이 유전자는 2532개 아미노산으로 구성된 매우 큰 단백질을 암호화한다. 각 돌연변이가 mRNA의 크기나 양 혹은 단백질의 크기나 양에 어떠한 측정 가능한 변화를 유발할 수 있는지를 결정하시오. (측정 가능한 변화는 정상치의 1%보다 큰 변화여야 한다.)
a. Lys576Val (576번째 아미노산이 리신에서 발린으로 변화)
b. Lys576Arg
c. AAG576AAA (576번째 코돈이 AAG에서 AAA로 변화)
d. AAG576UAG
e. AUG1AGG (이 돌연변이에 대해 최소한 두 가지 가능한 시나리오가 있다)
f. 촉진유전자 돌연변이
g. 1841번째 코돈에 염기쌍 하나 삽입
h. 779번째 코돈의 결실
i. IVS18DS, G−A, +1 (이 돌연변이는 유전자의 18번째 인트론의 첫 번째 뉴클레오타이드가 바뀌어, 이어맞추기가 일어나지 않아 엑손 19가 포함되지 않고 엑손 18과 엑손 20이 연결된다.)
j. 폴리-A 첨가 자리의 결실
k. 5′ UTR에서 G가 A로 치환
l. 6번째 인트론에 1000개 염기쌍의 삽입(이 삽입은 이어맞추기를 변화시키지 않는다.)

27. 문제 26번에서 제시한 돌연변이에 대한 질문이다.
a. 어느 돌연변이가 영 돌연변이인가?

b. 어느 돌연변이가 정상형에 대해 열성으로 작용할 것인가?

c. 어느 돌연변이가 정상형에 대해 우성으로 작용할 것인가? 왜 그런지 설명하시오.

28. *SCN9A*라는 인간 유전자의 극히 드문 돌연변이에 대한 동형접합은 통증에 대한 완전한 무감각(선천성 통증 무감각, CPA)과 후각의 완전한 결핍(후각장애)을 유발한다. *SCN9A* 유전자는 신체의 특정 신경에서 뇌로 전기 신호를 전달하는데 필요한 나트륨 채널 단백질을 암호화한다. 통증을 느끼지 못하는 것은 부상을 감지할 수 없기 때문에 상당히 위험한 상태이다.

SCN9A 유전자는 26개의 엑손을 갖고 1977개의 아미노산 폴리펩타이드를 암호화한다. 세 가지 다른 가족의 교배에서는 CPA와 후각장애를 가진 자손이 태어난다고 한다. 1번 가족에서 엑손 15의 G가 A로의 치환은 898개 아미노산 길이의 잘린 단백질을 생성한다. 2번 가족에서 단일 염기의 결실은 766개 아미노산 길이의 폴리펩타이드를 생성하고, 3번 가족에서 엑손 10의 C가 G로의 치환은 458개의 아미노산 단백질을 생성한다.

a. 세 가지 *SCN9A* 돌연변이가 유전자 구조에 어떻게 영향을 미치는지에 대하여 생각해보자. 각 경우에 잘린 단백질이 만들어지는 이유는 무엇인가?

b. 돌연변이 대립유전자를 무기능성, 저기능성, 고기능성, 신기능성 또는 길항성 중 어떤 대립유전자에 해당하는가? 그리고 이는 기능 손실과 기능 획득 중 어느 것을 유발하는가?

c. CPA와 후각장애를 유발하는 대립유전자가 정상 대립유전자에 대해 열성인 이유를 분자적인 용어로 설명하시오.

29. 아미노산(동의어 코돈)에 대해 다른 코돈을 생성하기 위해 코돈의 세 번째 염기가 변경되는 돌연변이는 때때로 침묵 돌연변이가 아니다. 즉, 두 대립유전자의 동의어 코돈은 표현형에 다른 영향을 미칠 수 있다.

a. 이것이 어떻게 가능한지 설명하시오. (표현형에 대한 영향은 암호화된 단백질의 아미노산 서열에 대한 변화를 포함하지 않는다고 가정한다.)

b. 일반적인 표현형에 대해 이러한 영향이 경미할지, 혹은 심각할 것이라 생각하는가?

30. 메싸이오닌 영양요구 돌연변이(met^-)를 지닌 반수체 효모 세포 100만 개를 메싸이오닌이 없는 배지에서 배양하였더니, 5개의 콜로니가 자랐다. 이 콜로니는 아마 met^- 돌연변이가 원래 서열로 역 돌연변이가 일어나 복원된 것으로 보인다. 그러나 어떤 종류의 복원은 다른 유전자의 돌연변이로 기존 돌연변이의 효과를 억제해서 나타나기도 한다. 생성된 5개의 콜로니가 met^- 돌연변이의 정확한 역 돌연변이인지 혹은 다른 유전자의 억제 돌연변이인지를 어떻게 결정할 수 있습니까?

31. 돌연변이 *B. adonis* 박테리아는 UAG(다른 정지코돈은 아님) 코돈과 일치하도록 글루타민(Gln)을 삽입하는 정지코돈 억제인자 tRNA를 가지고 있다. [이 종은 워블 위치 C 잔기를 k^2C로 변형하지 않으며 $tRNA^{Pyl}$을 갖지 않는다(문제 60 참조).]

a. 억제자 *tRNA*의 안티코돈은 무엇인가? 돌연변이가 단일 염기 변경이라고 가정하자.

b. 정상 $tRNA^{Gln}$을 암호화하는 유전자에 발생한 억제자 돌연변이가 하나의 염기쌍 변화라고 가정하면, 정상 유전자의 주형 가닥 서열은 무엇인가?

c. 정상 *B. adonis* 박테리아 세포에는 최소 몇 개의 $tRNA^{Gln}$ 유전자가 존재할 것인가? 해당 안티코돈도 제시하시오.

32. 다른 종류의 억제자 돌연변이는 과오 돌연변이를 억제하는 형태이다.

a. 과오 억제자 돌연변이를 지닌 박테리아는 정지 코돈 억제자 돌연변이를 지닌 박테리아보다 일반적으로 성장이 느린 이유가 무엇인가?

b. 단백질 암호화 서열에 발생한 과오 돌연변이를 억제하기 위해 유전자 발현 요소를 암호화하는 유전자에 돌연변이가 일어난다고 할 경우, 어떤 종류의 돌연변이인지 예측하시오.

33. 하나 이상의 정지 코돈을 억제할 수 있는 정지 코돈 억제자 tRNA가 최소한 하나 존재한다.

a. 어떤 종결 코돈을 억제하는가?

b. 이 억제자 tRNA의 안티코돈은 무엇인가?

c. 이 억제자 tRNA에 의해 운반될 가능성이 가장 높은 아미노산은 무엇입니까? (단일 치환 돌연변이가 정지 코돈 억제자를 생성했다고 가정하자.)

d. 이 tRNA가 과오 억제자로도 기능할 수 있는가?

34. 그림 9.8에 나타난 돌연변이 파아지(m^1-m^6)는 억제 돌연변이 박테리아에서 성장했을 때 억제된다. 즉, 야생형 M 단백질처럼 기능하는 완전한 길이의 M 단백질을 생성한다.

a. 억제자 돌연변이 박테리아에서 어떤 유전자가 돌연변이라고 생각하는가?

b. m^- 파아지가 억제자 돌연변이 박테리아 균주에서 증식되었을 때 돌연변이 *m* 대립유전자에 의해 만들어진 모든 단백질이 야생형 M 단백질과 동일하지는 않는다. 그들 중 일부는 어떻게 달라졌는가?

35. 특정 박테리아 종에서 피로리신(pyrrolysine, Pyl)은 유전암호의 독특한 사용에 따라 폴리펩타이드 합성에 참여하므로 간혹 22번째 아미노산이라고도 한다. 특정 유전자의 번역틀 중앙에 위치한 UAG 코돈이 매우 드물게 피로리신을 지정한다. 이 박테리아는 피로리신 tRNA 합성효소를 가지며(첨부 다이어그램 참조), 안티코돈 5′ CUA 3′를 지닌 tRNA에 피로리신을 결합시킨다. 피로리신이 단백질에 삽입되기 위해 피로리신-충전형 $tRNA^{Pyl}$는 번역이 끝나기 전에 리보솜에 도착해야 한다.

a. 피로리신을 지정하는 기작이 셀레노시스테인(Sec)의 경우와 다른 두 가지 방법을 설명하시오.

b. 피로리신 지정은 정지 코돈 억제 현상과 어떻게 유사합니까? (그림 9.34 참조)

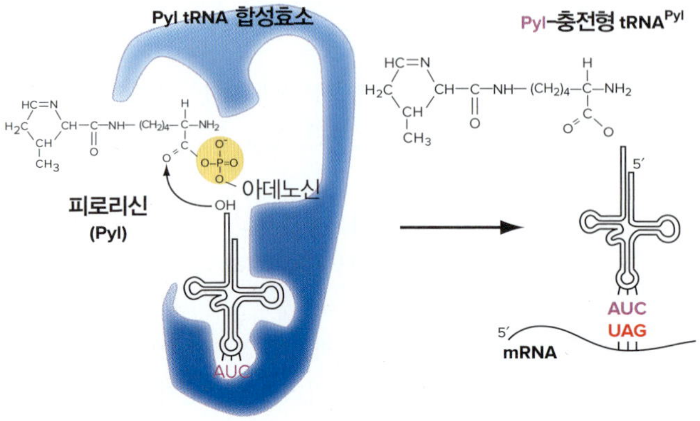

36. 카나바닌은 일부 식물에서 정상적으로 합성되는 아르기닌과 유사한 아미노산이다(첨부 그림 참조). 일반적으로 카나바닌을 만들지 않는 식물이나 동물에서 아르기닌 아미노아실-tRNA 합성효소는 카나바닌과 아르기닌을 구별하지 못하며, $tRNA^{Arg}$는 카나바닌으로 충전될 수 있다. 아르기닌 대신 단백질에 카나바닌을 사용하면 접힘 오류가 발생하고 단백질 구조와 기능이 파괴될 수 있다.

a. 식물이 카나바닌을 만드는 능력을 진화시킨 이유를 생각할 수 있는가?

b. 카나바닌을 만드는 식물이 그 독성을 어떻게 피할 수 있다고 생각하는가?

c. *Dioclea megacarpa*라고 하는 특정 덩굴 콩과 식물은 카나바닌을 만들지만 여전히 단일 곤충 포식자 딱정벌레 *Caryedes brasiliensis*를 가지고 있다. 딱정벌레는 잘 익은 포도나무 열매에 알을 낳고, 부화한 후 딱정벌레 유충은 성충이 될 때까지 열매 속에 산다. 딱정벌레가 카나바닌 독성을 어떻게 피할 수 있다고 생각하는가?

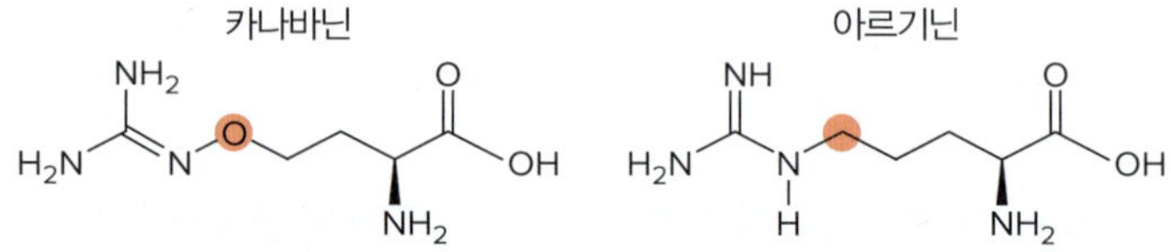

Dioclea megacarpa

Caryedes brasiliensis

Source: (left photo): ©Mark W. Skinner, hosted by the USDA-NRCS PLANTS Database; (right photo): Source: Sarah McCaffrey/Museum Victoria, http://www.padil.gov.au/pests-and-diseases/pest/main/142145/41386 CC-BY

chapter **10**

유전체의 디지털 분석

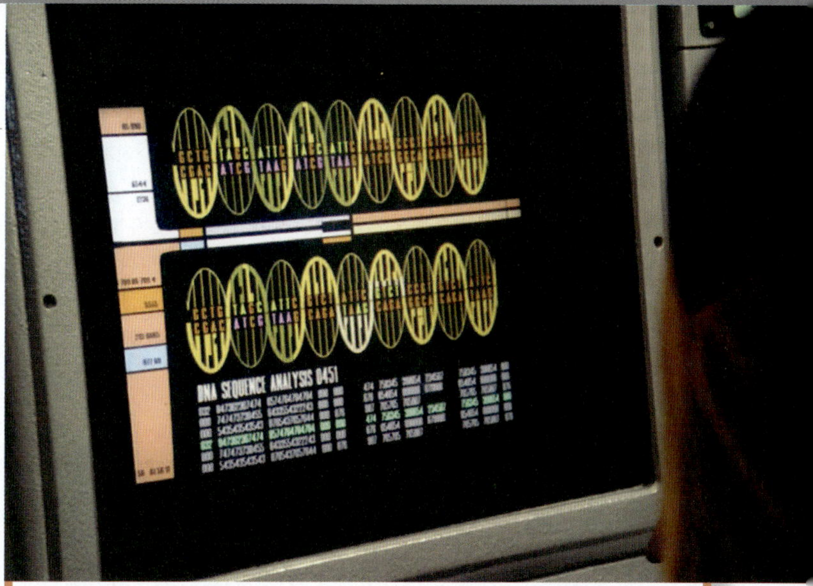

©CBS Photo Archive/Getty Images

1989년 방영된 〈스타 트렉: 넥스트 제너레이션(Star Trek: The Next Generation)〉이라는 TV 드라마에서 가상의 DNA 서열 사진이 들어 있는 컴퓨터 화면이 상영되었을 당시에는 인간 유전체의 서열분석은 공상과학소설에서나 생각할 수 있는 꿈 같은 일처럼 보였다. 그러나 놀랍게도 1990년에 시작된 인간 유전체 프로젝트는 15년이 채 안 걸려 목표를 이루었다.

개요

- 10.1 DNA의 절단
- 10.2 DNA 조작의 클로닝
- 10.3 DNA의 염기서열화
- 10.4 유전체의 염기서열화

1990년부터 진행되어 온 **인간 유전체 프로젝트**(The Human Genome Project)는 여러 모델 생물들의 유전체와 함께 인간 유전체의 염기서열을 결정하고 분석하기 위한 사업으로 계획되어 착수되었다. **유전체**(genome)는 특정 생물의 염색체의 DNA 염기서열에 들어 있는 총 디지털 정보로써 반수체의 인간 유전체는 약 30억 개의 뉴클레오타이드 쌍을 갖고 있다.

인간 유전체 프로젝트가 시작되기 전에 많은 생물학자들은 유전체가 매우 크기 때문에 유전체의 염기서열 분석은 먼 훗날에나 이룰 수 있을 것으로 생각하였다. 그럼에도 불구하고, 미국 정부의 연구기관들은 인간 유전체의 서열 분석을 완성하기 위한 15년 프로젝트에 30억 달러를 지원하기로 합의하였다. 또한 국제적으로 여러 연구기관들이 인간 유전체 프로젝트에 참여하였다.

연구자들은 놀랍게도 2001년 인간 유전체 염기서열의 초안을 작성할 수 있었다. 유전체의 97%를 포함하는 정확한 염기서열은 처음 계획보다 2년 빠른 2003년에 완성되었다. 인간 유전체 프로젝트의 조기 달성은 우수한 서열결정 전략을 사용하여 훨씬 적은 비용으로 3년 안에 유전체의 초안을 완성하겠다는 민간 기업 셀레라(Celera)의 1998년의 발표가 기폭제가 되어 달성할 수 있었다.

인간 유전체 프로젝트를 통해 개발된 기술은 인간 유전체 뿐만 아니라, 다양한 종의 유전체 연구로 연결되었는데, 이를 **유전체학**(genomics)라고 한다. 2019년까지 거의 8,000개의 진핵생물과 200,000개의 원핵생물에 대한 전체 게놈 서열이 완성되어 미생물학 및 식물 생물학과 같은 여러 분야의 연구에 혁명을 일으켰다. 이러한 다른 게놈 서열은 진화 과정에서 보존되는 유전자 및 기타 DNA 요소를 식별함으로써 인간 유전체에 대한 이해에 도움이 된다.

이 장에서는 과학자들이 인간 유전체의 순서를 결정하기 위해 개발한 초기 방법을 설명한다. 유전체 연구자들은 먼저 유전체를 작은 조각으로 절단한 다음, 소위 **재조합 DNA 분자**(recombinant DNA molecule)를 만들어 개별 조각을 분리하고 증폭, **복제**(clone)한다. 다음으로, 과학자들은 이러한 개별 단편 각각의 DNA 서열을 결정한다. 마지막으로, 컴퓨터 프로그램은 전체 유전체를 재구성하기 위해 수백만 개의 이러한 절편 서열을 분석하고 연결하게 된다.

10.1 DNA의 절단

학습 목표

1. 제한 효소로 DNA를 분해하는 것과 DNA의 기계적 절단을 구별한다.
2. 특정 제한 효소가 점착성 말단 DNA 조각을 생성하는 반면 다른 제한 효소는 비점착성 말단 조각을 생성하는 방법을 설명한다.
3. 주어진 제한 효소로 인간 유전체 DNA를 절단하여 생성된 DNA 단편의 평균 크기와 수를 계산한다.
4. 젤 전기 영동이 DNA 단편을 분리하는 과정을 요약한다.

모든 이배체 인간 세포는 길이가 2미터에 이르는 거의 동일한 30억 염기쌍의 정보를 가지고 있다. 이것은 전체적으로 공부하기에는 너무 많은 자료와 정보로써, 복잡성을 줄이기 위해 연구자들은 먼저 유전체를 개별적으로 분석할 수 있는 작은 크기의 조각으로 자른다. 이 목표를 달성하기 위한 한 가지 전략은 제한 효소를 사용하여 특정 DNA 서열에서 유전체를 자르는 것이다. 대체 기술로는 기계적 힘으로 유전체 DNA를 절단하여 무작위로 유전체를 절단하는 것이다.

제한효소는 유전체를 특정한 위치에서 절단한다

연구원들은 **제한효소**를 사용하여 특정 위치에서 DNA를 절단하는데, 이렇게 정확한 절단은 다루기 용이한 DNA 조각을 생성한다. **제한효소**(restriction enzyme)는 유전체 내의 특정한 염기서열을 인식하여 인식한 서열의 각 가닥에 있는 인산디에스테르 결합을 절단한다. 제한효소로 생성된 조각을 **제한 단편**(restriction fragment)이라고 하며, 자르는 과정을 **절단**(digestion)이라고 한다.

박테리아 세포로부터 제한효소를 정제할 수 있다. 「유전학의 기술」에 대한 **과학에서의 뜻밖의 발견: 제한효소의 발견**(Serendipity in Science: The Discovery of Restriction Enzymes)에서 설명되어 있듯이, 제한효소는 바이러스 DNA를 절단함으로써 원핵세포를 바이러스 감염으로부터 보호한다. 박테리아는 유전체 DNA의 제한효소 인식 부위에 선택적으로 메틸기($-CH_3$)를 첨가함으로써 제한효소에 의해서 자신의 유전체가 절단되는 것을 막는다. 박테리아에서 분리한 제한효소들은 다른 생물에서 분리한 DNA의 4~8 bp의 염기쌍 부위를 인식하여 인식부위나 인식 부위 근처를 절단한다. 300가지가 넘는 자주 사용하는 제한효소 중 10가지 제한효소의 이름과 인식부위 및 제한효소를 합성하는 박테리아 이름이 **표 10.1**에 열거되어 있다.

많은 제한효소의 인식부위는 4~6개 염기쌍이며, DNA 두 가닥의 5′ → 3′ 염기서열은 회문 대칭을 나타내기 때문에 대칭선을 중심으로 좌우의 염기쌍은 서로 거울상을 이룬다. 각 효소는 항상 특정 인식부위와 관련하여 동일한 위치에서 절단한다. 대부분의 제한효소가 인식부위를 절단하는 방법은 다음의 두 가지 중 하나이다. 대칭선에서 DNA 두 가닥을 모두 절단하여 **비점착성 말단**(blunt end)을 갖는 DNA 조각을 만들거나 대칭선의 좌우에 위치한 첫 번째 혹은 두 번째 염기를 절단하여 양쪽 끝 부분이 단일 가닥인 DNA 조각을 만든다(**그림 10.1**). 유전학자들은 보통 이러한 튀어나온 단일 가닥을 **점착성 말단**(sticky end)이라고 한다. 동일한 제한효소로 절단된 모든 DNA 조각들은 서로 염기쌍을 형성할 수 있기 때문에 단일 가닥들은 **점착성**(sticky)이 있다고 간주한다.

표 10.1 많이 사용하는 10가지 제한효소

효소	인식부위의 염기서열	생산하는 미생물
Taq I	5′ TCGA 3′ 3′ AGCT 5′	*Thermus aquaticus* YTI
Rsa I	5′ GTAC 3′ 3′ CATG 5′	*Rhodopseudomonas sphaeroides*
*Sau*3AI	5′ GATC 3′ 3′ CTAG 5′	*Staphylococcus aureus* 3A
*Eco*RI	5′ GAATTC 3′ 3′ CTTAAG 5′	*Escherichia coli*
*Bam*HI	5′ GGATCC 3′ 3′ CCTAGG 5′	*Bacillus amyloliquefaciens* H
*Hind*III	5′ AAGCTT 3′ 3′ TTCGAA 5′	*Haemophilus influenzae*
Kpn I	5′ GGTACC 3′ 3′ CCATGG 5′	*Klebsiella pneumoniae* OK8
Cla I	5′ ATCGAT 3′ 3′ TAGCTA 5′	*Caryophanon latum*
*Bss*HII	5′ GCGCGC 3′ 3′ CGCGCG 5′	*Bacillus stearothermophilus*
Not I	5′ GCGGCCGC 3′ 3′ CGCCGGCG 5′	*Nocardia otitidiscaviarum*

인식부위가 긴 제한효소는 더 긴 DNA 조각을 생산한다

연구자들은 연구 목적에 따라 특정한 크기의 DNA 조각이 필요하

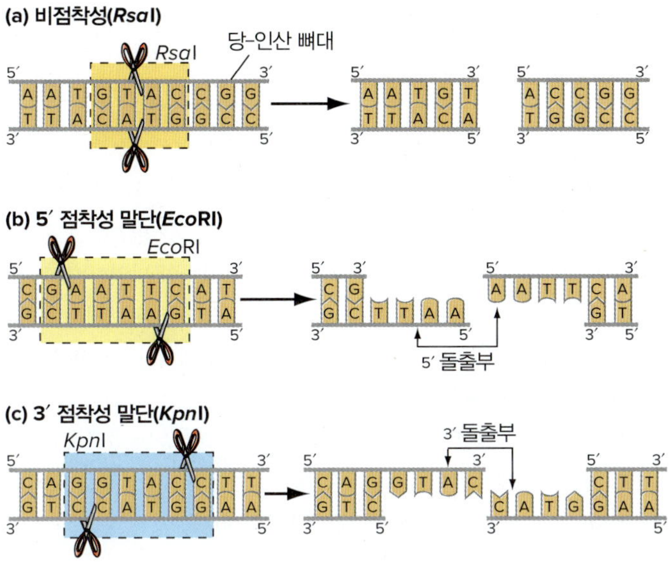

그림 10.1 제한효소는 DNA 분자를 특정 부위에서 절단하여 말단이 비점착성이거나 점착성인 제한 단편을 만든다. (a) *Rsa*I 제한효소는 비점착성 제한 단편을 만든다. (b) *Eco*RI은 5′ 점착성 말단을 만든다. (c) *Kpn*I은 3′ 점착성 말단을 만든다.

(a) 제한 단편의 평균크기 계산

1. 4염기 인식부위가 유전체의 특정한 위치에 나타날 확률 =

$$1/4 \times 1/4 \times 1/4 \times 1/4 = 1/256$$

2. 6염기 인식부위가 나타날 확률 =

$$1/4 \times 1/4 \times 1/4 \times 1/4 \times 1/4 \times 1/4 = 1/4096$$

3. 8염기 인식부위가 나타날 확률 =

$$(1/4)^8 = 1/65536$$

(b) 11번 염색체의 200 kb에 대한 제한효소 지도

그림 10.2 제한 단편의 평균 크기는 제한효소 인식부위의 염기쌍 개수로 정해진다. (a) *Rsa*I의 인식부위는 4 bp이며, *Eco*RI은 6 bp이고, *Not*I은 8 bp이다. (b) 11번 인간 염색체의 200 kb 구역에 있는 *Rsa*I, *Eco*RI 및 *Not*I의 인식부위와 유전자들의 위치가 표시되어 있다. 윗부분에 표시한 눈금의 거리는 50 kb이다. 유전자는 파란색으로 표기한다.

다. 과학자들은 인식부위가 다른 제한효소를 사용하여 DNA를 절단하여 다양한 크기의 DNA 조각을 얻을 수 있다. 두 가지의 간단한 가정을 알면 특정 제한효소에 의해서 절단되는 DNA 조각의 평균 크기를 계산할 수 있다. 첫째, 네 가지 염기가 같은 비로 있어서 유전체가 25%는 A, 25%는 T, 25%는 G, 25%는 C로 구성되어 있다. 둘째, 네 가지 염기가 DNA 서열에 무작위로 분포한다. 따라서 이러한 가정에 근거하면 제한효소 인식부위 사이의 평균거리는 일반식인 4^n (n은 인식부위의 염기 개수)으로 계산할 수 있다(**그림 10.2a**).

4^n 식에 따르면, 네 개의 염기서열 5′ GATC 3′를 인식하는 *Rsa*I은 평균적으로 4^4 혹은 256 bp마다 DNA를 절단하여 크기가 256 bp인 조각을 생산한다. 반면에 여섯 개의 염기서열 5′ GAATTC 3′를 인식하는 *Eco*RI은 평균적으로 4^6 혹은 4,096 bp마다 DNA를 절단한다. 1,000 bp = 1 kb이므로 크기가 약 4.1 kb인 조각을 생성한다. 또한 여덟 개의 염기서열 5′ GCGGCCGC 3′를 인식하는 *Not*I은 평균적으로 4^8 bp 혹은 65.5 kb마다 DNA를 절단한다. 실제로는 DNA에서 제한효소의 인식부위 사이의 거리는 매우 다양하기 때문에 앞에 언급한 세 종류의 제한효소들에 의해서 생성되는 DNA 조각들의 정확한 크기는 256 bp, 4.1 kb, 65.5 kb가 아니다. 특정 제한효소에 의해서 생성되는 조각의 평균 크기를 안다면 또한 그 제한효소로 처리한 특정한 유전체로부터 생성되는 조각의 개수를 계산할 수 있다. 예를 들어, 네 개의 염기서열을 인식하는 *Rsa*I 제한효소는 유전체를 평균 크기가 4^4 (256) bp인 조각으로 절단한다. 만약 최적의 조건에서 충분한 시간 동안 크기가 30억 bp인 인간의 반수체 유전체를 *Rsa*I 제한효소와 반응을 시켜서 모든 *Rsa*I 인식부위를 자르면 평균 크기가 256 bp인 DNA 조각이 약 12,000,000개 생성될 것이다.

$$\frac{3{,}000{,}000{,}000 \text{ bp}}{\sim 256 \text{ bp}} = \text{평균 길이가 } \sim 256 \text{ bp인 } \sim 12{,}000{,}000\text{개 조각}$$

반면에 6개의 염기서열을 인식하는 *Eco*RI은 유전체를 평균 크기가 4^6(4096) bp인 DNA 조각으로 절단한다. 만약 크기가 30억 bp 혹은 300만 kb인 인간의 반수체 유전체를 최적의 방법으로 *Eco*RI으로 절단하면 평균 크기가 약 4.1 kb인 DNA 조각이 약 700,000개 생성될 것이다.

$$\frac{3{,}000{,}000{,}000 \text{ bp}}{\sim 4{,}100 \text{ bp}} = \text{평균 길이가 } \sim 4.1 \text{ kb인 } \sim 700{,}000\text{개 조각}$$

또한 인간의 반수체 유전체를 8개의 염기서열을 인식하는 *Not*I으로 모든 인식부위를 절단하면 평균 크기가 4^8(65536) 혹은 65.5 kb인 DNA 조각이 약 46,000개 생성될 것이다. 제한효소 인식부위의 염기 개수가 많을수록 그 효소에 의해 생성되는 DNA 조각의 개수는 줄어든다.

$$\frac{3{,}000{,}000{,}000 \text{ bp}}{\sim 65{,}500 \text{ bp}} = \text{평균 길이가 } \sim 65.5 \text{ kb인 } \sim 46{,}000\text{개 조각}$$

그림 10.2b에 인간 유전체의 일부분(7개의 유전자만 들어 있음)을 이전의 세 가지 제한효소로 절단한 결과를 표시하여 요약하고 있다.

유전학의 기술

과학에서의 뜻밖의 발견: 제한효소의 발견

클로닝(cloning)을 위한 대부분의 도구와 기술 및 DNA 조각의 분석은 박테리아와 박테리아에 감염하는 바이러스의 연구에서 밝혀졌다. 예를 들어, 바이러스는 특정 박테리아 균주에서는 잘 자라지만 다른 균주에서는 잘 자라지 않는다. 이러한 감염 기작의 차이를 관찰하면서 제한효소가 발견되었다.

감염된 바이러스 숫자와 박테리아 숙주세포에서 복제된 후 숙주세포를 용해시켜 빠져나오는 바이러스의 숫자의 비인 **plating 효율**(plating efficiency)로 바이러스의 복제율을 비교한다. 숙주세포에서 나온 바이러스는 옆에 있는 박테리아에 다시 감염되어 복제된 후 더 많은 바이러스 입자를 방출한다. 배양접시에 코팅된 **세균 밭**(lawn)에 감염성이 높은 바이러스를 뿌리면 죽은 박테리아가 만드는 **투명한 용균반**(plaque, 플라크)이 생긴다(그림 8.4 참조). 대장균 세포에서 자라는 람다 바이러스(lambda virus)의 plating 효율은 약 1.0인데(**그림 A.1**) 이것은 100개의 바이러스 입자가 대장균 C(*E. coli* C) 박테리아의 세균밭 위에 약 100개의 용균반을 만드는 것이다.

동일한 바이러스의 대장균 K12(*E. coli* K12) 박테리아에서의 plating 효율은 0.0001이다. 박테리아가 감염한 바이러스의 성장을 억제하는 능력을 **제한**(restriction)이라고 한다.

제한은 완벽하지는 않다. *E. coli* K12에서 람다 바이러스는 거의 번식하지 못하지만, 일부 세포 안에서 바이러스를 복제한다. 복제되어 방출된 바이러스를 *E. coli* K12에 감염시키면 plating 효율은 거의 1.0이다. 박테리아 숙주세포에서 방출된 바이러스가 같은 숙주세포에 감염되어 다음 세대에서 더 잘 자라는 현상을 **개조**(modification)라고 한다.

그렇다면 과연 어떤 기작으로 바이러스를 제한하고 개조하는가? 복제가 제한된 바이러스 DNA는 여러 조각으로 절단되고 완전히 분해된다(**그림 A.2**). 이러한 작용을 담당하는 효소는 **핵산내부가수분해효소**(endonuclease)로 밝혀졌다. 이 효소는 바이러스의 이중 가닥 DNA의 특정 염기서열의 인산디에스테르결합을 절단한다. 바이러스 DNA의 생물학적 활동이 제한되기 때문에 **제한효소**(restriction enzyme)라고 한다.

후속연구에서 보여준 절단(digestion)을 피해 새로운 바이러스 입자를 만드는 일부 바이러스 DNA는 숙주세포 안에서 복제되는 동안 메틸기 첨가로 개조됨이 밝혀졌다(**그림 A.3**). 연구자들은 특정한 DNA 염기에 메틸기를 첨가하는 효소를 **변경 효소**(modification enzyme)라고 한다.

생물학자들은 그동안 다양한 박테리아 균주에서 수많은 상호보완적인 제한-개조(restriction-modification) 체계를 밝혀냈다. 정제된 제한효소들은 재조합 DNA 기술의 핵심 도구로 사용한다. 즉 DNA의 클로닝, 지도 작성 및 연결을 하기 위해서 DNA를 시험관에서 절단하는 데 사용한다(표 10.1 참조).

과학에 있어서 이러한 우연의 예는 실용성이 없을 것 같은 기초연구의 중요성을 보여주기도 한다. 즉 미생물학자는 제한효소를 발견하기 위해 연구를 하지 않았기 때문에, 그들은 이 효소들이 그들이 발견한 결과물 중 하나라는 것조차도 알지 못했다. 오히려 그들은 박테리아 안에서 바이러스가 어떻게 감염되고 복제하는지에 대한 기작을 이해하려고 했었다. 그러던 중 그들은 제한효소를 발견하게 되었고 또 어떻게 그것이 작용하는지에 대해서도 알게 되었다. 1970년대 초반에 제한효소의 발견은 처음에는 그 중요성이 거의 인식되지 않았지만, 그 이후로 제한효소는 DNA를 연구하고 조작하는데 매우 중요한 도구가 되었다.

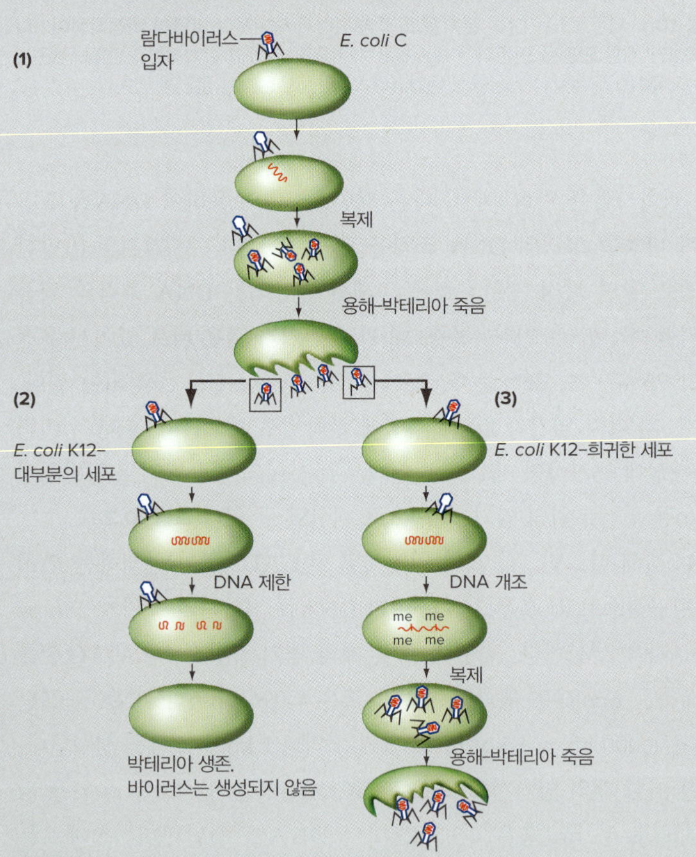

그림 A 자연에서의 제한효소/개조체계의 작동. **(1)** 대장균 균주 C(*E. coli* strain C)는 제한효소/개조체계를 갖고 있지 않아 람다 파아지(lambda phage)에 쉽게 감염된다. **(2)** 반면에, 대장균 C에 감염되어 대장균 C에서 만들어진 바이러스 입자는 대장균 K12(*E. coli* K12)를 감염시키지 못한다. 대장균 K12 세포는 *Eco*RI 제한 효소를 만드는데, *Eco*RI이 바이러스 유전자가 발현되기 전에 람다 DNA 분자를 절단하기 때문이다. **(3)** 극히 드물게 어떤 K12 세포에서는 변경 효소가 람다 DNA에 메틸기(*me*)를 첨가하기 때문에 람다 DNA가 제한효소에 의해 절단되지 않는다. 수정된 람다 DNA는 복제되어 바이러스를 만들고 K12 박테리아에서 쉽게 용균반을 형성한다.

분명히 인식부위가 큰 (*Not*I의 8개 인식부위) 제한효소는 인식부위가 작은(*Rsa*I의 4개 인식부위) 제한효소보다 평균 크기가 더 큰 조각을 더 적게 생성한다.

기계적 전단은 DNA를 무작위로 절단한다

이 장의 후반부에 설명하는 실험에서는 무작위로 DNA를 절단하는 것이 필요하다. 제한효소에 의해서는 DNA가 항상 같은 염기서열 위치에서 절단되지만 무작위적 DNA 절단은 다른 염기서열 위치에서 DNA가 절단되어 다른 DNA 조각들이 생성된다. DNA의 무작위적 절단은 기계적 힘을 가해 수행할 수 있는데, DNA에 압력을 가하고 지름이 매우 가는 바늘을 통과시키거나 DNA를 **초음파처리**(sonication: 초음파 에너지의 적용) 하는 것이다. 강력한 기계적 힘을 DNA에 가하면 무작위로 인산디에스테르 결합이 끊어져 DNA 조각들이 생성된다. 기계적 힘의 크기를 변화시켜서 다양한 크기의 DNA 조각을 얻을 수 있다. 예를 들어, 초음파 에너지를 증가시키면 더 작은 조각이 생성된다.

기계적 전단에 의해서 생성되는 DNA 조각의 양끝은 비점착성 말단이거나 돌출된 단일 가닥이다. 돌출된 단일 가닥은 제한효소에 의해서 생성되는 점착성 말단처럼 "점착성"이 아니다. 왜냐하면, 돌출된 단일 가닥의 염기서열은 무작위이기 때문에 다른 돌출된 단일 가닥과 상보적이지 않다. 그럼에도 불구하고 분자생물학자들은 어떤 종류의 DNA 말단도 다른 종류의 말단으로 전환할 수 있는 기술을 개발하였다. 그리하여 다른 방법으로 얻은 모든 종류의 DNA 조각들을 같은 과정에 사용할 수 있다.

젤 전기영동은 DNA 조각들을 크기에 따라 분리한다

생물학자들은 **전기영동**(electrophoresis; 전기장에서 하전 분자들의 이동) 기술을 사용하여 시료에 들어 있는 DNA를 분석한다. 생물학자들은 전기영동을 이용하여 다양한 형태의 분자들을 분리한다. 이 절에서는 다양한 크기의 DNA 조각들을 젤에서 분리하는 전기영동 과정에 대해 자세히 살펴보기로 한다(**그림 10.3**).

DNA를 분리하기 위해서는 먼저 다공성의 젤 기질 한쪽 끝에 만들어진 **홈**(well)에 DNA 용액을 넣는다. 젤을 완충 용액에 잠기도록 한 후 전원 공급 장치에 연결된 양쪽 끝의 전선 사이에 전기장을 걸면, 모든 하전 분자들이 전기장에 의해서 반대 전극 방향으로 이동한다. DNA 골격을 구성하는 인산기는 중성 pH에서 음전하를 띠기 때문에 DNA 분자는 젤상에서 양극 방향으로 끌려간다.

전기영동 과정에서 DNA 분자들(혹은 다른 종류의 분자들)의 이동 속도를 결정하는 조건들은 젤에 걸린 전기장의 크기, 젤의 조성, 분자의 단위 부피당 전하(charge density, **전하 밀도**) 및 분자의 크기 등이다. 동일한 젤에서 이동하는 다양한 선형 DNA 조각들이 갖고 있는 다른 조건은 분자의 크기 뿐이다. 왜냐하면 같은 홈에 넣은 모든 분자들은 동일한 전기장과 동일한 젤 기질에 놓여 있으며, 모든 DNA 분자들은 똑같은 전하 밀도를 갖고 있기 때문이다(왜냐하면, 모든 뉴클레오타이드 쌍의 전하는 거의 동일하다). 결과적으로, 단지 크기의 차이가 크기가 다른 선형 DNA 분자들이 전기영동 과정에서 다른 속도로 움직이게 해 준다.

선형 DNA 분자의 경우, 크기의 차이는 길이의 차이에 비례한다. DNA 분자의 길이가 길수록 DNA 분자가 차지하는 부피는 더 크다. 분자가 차지하는 부피가 클수록 젤에서 빠져나갈 수 있는 크기의 구멍이 많지 않아 젤 기질에 더 많이 걸린다. 그리고 분자가 젤 기질에 더 많이 걸릴수록 이동 속도(혹은 이동성)는 감소한다. 따라서 일정한 전기영동 시간 동안 더 작은 DNA 분자들은 더 큰 DNA 분자들보다 훨씬 멀리 이동할 것이다.

전기영동을 마친 후, 젤을 DNA와 결합하는 형광염료인 **에티디움 브롬**(ethidium bromide; EtBr) 용액에 담근다. 결합되지 않은 염료를 씻어낸 후, 젤을 자외선으로 비추면 염료가 DNA 조각에 결합되어 주황색으로 보이기 때문에 DNA를 확인할 수 있다. DNA 조각의 실제 크기는 DNA 조각의 이동거리를 동일한 젤의 다른 홈에서 함께 분리한 **DNA 표식자 조각들**(marker fragments)의 이동 거리와 비교하여 결정할 수 있다.

그림 10.3(5단계)은 다른 종류의 DNA 시료를 분석한 결과를 보여주고 있다. 박테리아 바이러스인 박테리오파아지 람다의 염색체 일부인 48.5 kb 유전체를 *Eco*RI 제한효소로 처리하면 전기영동으로 쉽게 확인할 수 있는 몇 개의 조각으로 절단되고 그 조각들의 총 크기는 48.5 kb이다. 반면에, 인간 유전체 DNA를 같은 효소로 처리하여 생성된 수십만 종류의 조각들을 전기영동하면 평균 크기 조각(앞에서 설명하였듯이 *Eco*RI의 조각은 약 4.1 kb)을 중심으로 퍼져 있다.

다양한 크기의 DNA 분자를 확인하기 위해서 **폴리아크릴아마이드**(polyacrylamide) 젤이나 **아가로오스**(agarose) 젤에 근거한 다양한 방법을 사용한다. 아크릴아마이드 단량체들의 공유결합으로 형성되는 폴리아크릴아마이드 젤은 작은 DNA 분자들(1 kb 이하의 크기)을 분리하는 데 적합하고, 아가로오스 중합체의 비공유결합에 의해 형성되는 아가로오스 젤은 그림 10.3에서 보듯이 약 20 kb 정도까지의 큰 DNA 분자들을 분리하는 데 적합하다.

그림 10.3

젤 전기영동

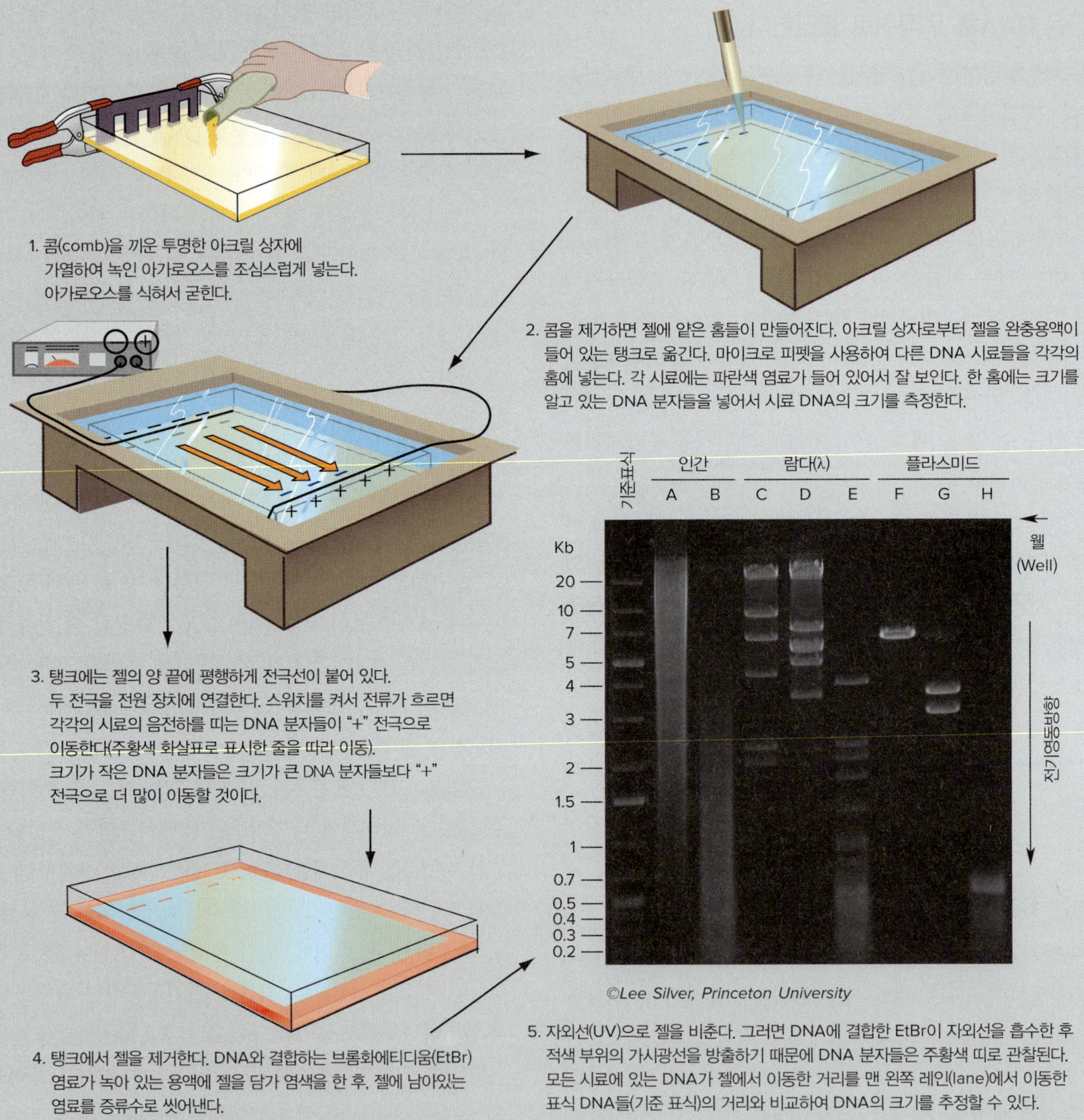

아가로오스 젤 전기영동으로 크기에 따라 DNA 분자 분리. 시료를 넣을 홈이 있는 젤을 만들기 위해서는 단계 1에 나타낸 것처럼 젤을 부어야 한다. 다음에는 전류가 흐르도록 이온을 넣은 완충용액이 채워져 있는 탱크로 젤을 옮긴 후, 홈에 DNA 시료를 넣는다(단계 2). 다음에는 젤 탱크를 전원장치에 연결하여 전기영동을 1~20시간(DNA 크기와 전압에 따라 다름) 동안 수행한다(단계 3). 전기영동이 끝나면 젤을 형광염료인 EtBr로 염색한 후(단계 4), 자외선을 젤에 비춘다(단계 5). DNA 분자들은 형광염료와 결합하기 때문에 주황색으로 보일 것이다.

단계 5는 젤 전기영동의 실제 결과를 보여주고 있다. 흑백 사진이기 때문에 DNA가 주황색이 아니라 흰색으로 보인다. 맨 왼쪽의 기준표식 레인에는 크기가 정해진 DNA 조각들이 분리되어 있다. 레인 A는 인간 유전체 DNA를 *Eco*RI으로 절단한 결과이며 레인 B는 *Rsa*I으로 절단한 결과이다. *Eco*RI으로 절단하면 평균 크기가 4.1 kb이고 *Rsa*I으로 절단하면 평균 크기가 256 bp이기 때문에, 레인 A와 B에는 수십만 개의 DNA 조각들이 들어 있다. 레인 C, D, E는 박테리오파아지 람다의 염색체를 각각 *Hin*dIII, *Eco*RI, *Rsa*I으로 절단한 결과이다. 레인 C, D, E에 분리된 DNA 조각들의 크기를 각각 합하면 모두 바이러스 유전체의 크기인 48.5 kb가 된다. 레인 F, G, H는 크기가 6.9 kb인 플라스미드 DNA를 각각 *Hin*dIII, *Eco*RI, *Rsa*I으로 절단한 결과이다. 분석하는 유전체의 크기가 클수록 더 많은 조각들이 생성되는 것을 알 수 있다. 또한 제한효소의 인식부위가 길수록 평균 크기가 더 큰 조각들이 생성된다.

핵심 개념 10.1

- 제한효소는 특정한 염기서열에서 DNA를 절단한다. 기계적 전단은 DNA를 무작위로 절단한다.
- 인식부위의 염기서열이 더 긴 제한효소로 유전체 DNA를 절단하면 절단 종류의 수는 감소하지만, 크기가 더 큰 조각들을 생성한다.
- 어떤 제한효소들은 점착성 말단이 같은 조각들을 생성하기도 한다.
- 젤 전기영동은 DNA 조각들을 크기에 따라 분리한다. 조각의 크기가 작을수록 젤에서 양극 방향으로 더 빨리 이동한다.

10.2 DNA 조각의 클로닝

학습 목표

1. 제한효소와 DNA 연결효소를 사용하여 재조합 DNA를 만드는 과정을 그려본다.
2. 과학자들이 재조합 DNA 분자의 세포 클론을 생산하는 과정을 알아본다.
3. 플라스미드 벡터와 BAC 혹은 YAC (Bacterial or Yeast Artificial Chromosome) 벡터의 이용을 비교한다.
4. 유전체 DNA 라이브러리는 단일 유전체 당량에 의해서 구성되는 것보다 더 많은 콜로니를 포함하는 이유를 설명한다.

그림 10.3의 젤에 나타난 *Eco*RI-절단 인간 DNA의 수십만 종류의 DNA 조각의 모습을 통하여 동물, 식물, 대장균 같은 미생물의 유전체는 매우 복잡하여 한 번에 한 종류의 작은 조각을 분석해야만 그것들을 이해할 수 있다는 것을 알 수 있다. 모든 종류의 DNA 조각으로부터 단지 한 종류의 조각(유전체의 아주 미소한 일부)만을 정제하는 것이 가장 바람직하다. 다음으로는 정제한 DNA 조각을 **증폭하여**(amplify) 수많은 동일한 DNA를 만들어야 한다. 증폭으로 충분한 DNA를 만들어야 그것을 연구할 수 있는데, DNA의 뉴클레오타이드 서열의 분석이 한 예이다. 수십만 종류의 DNA 조각의 각각의 서열을 분석하게 되면 궁극적으로 유전체의 전체 DNA 염기서열을 알아낼 수 있다.

살아 있는 세포를 사용하여 복잡한 혼합물로부터 한 종류의 DNA 가닥을 분리하거나 분리한 DNA 가닥의 수많은 동일한 복제품을 만드는 과정을 **분자 클로닝**(molecular cloning)이라고 한다. 이것은 인간 유전체 프로젝트의 초기 성공에서 사용된 중요한 기술이었다. 최근에 유전체의 염기서열 결정에 요구되는 분자 클로닝의 어려움을 해결하는 정교한 방법들이 개발되어 왔으며, 이러한 기술의 일부는 다음 장에서 설명할 것이다. 그러나 분자 클로닝은 오늘날 DNA 분석과 개조에 있어 필수적인 접근방식으로 남아 있다.

분자 클로닝은 두 단계로 구성된다. 첫째 단계에서, DNA 조각들을 **클로닝 벡터**(cloning vector)라고 하는 특별한 DNA 운반체 안에 삽입한다. 클로닝 벡터는 각각의 삽입된 DNA의 운반과 복제 및 정제에 적합하다. 둘째 단계에서, 조합된 벡터-DNA를 살아 있는 세포 안으로 넣으면 세포는 벡터-DNA 분자를 많이 복제한다. 모든 복제품이 동일하기 때문에 복제된 DNA 분자의 집합을 **DNA 클론**(DNA clone)이라고 한다. DNA 클론은 정제하여 분석 연구에 바로 사용하거나 **라이브러리**(library)이라고 부르는 세포나 바이러스 속에 보관하여 필요할 때에 사용한다. 분자 클로닝의 각 단계를 자세히 알아본다.

절단한 DNA 조각을 벡터에 연결하여 재조합 DNA 분자를 만든다

인간 유전체 DNA의 작은 조각은 세포 안에서 스스로 복제되지 않는다. 복제가 가능하기 위해서는 각각의 DNA 조각을 절단하여 벡터에 연결해야 한다. 벡터에는 두 종류의 특별한 DNA 염기서열이 들어 있는데, 하나는 벡터와 그것에 삽입된 외부 DNA가 복제가 되도록 해 주는 것이며, 다른 하나는 연구자가 벡터가 숙주세포에 들어 있다는 것을 확인할 수 있는 특징을 나타내는 것이다. 벡터는 또한 크기나 형태에 있어 같은 물리적 특징을 갖고 있어서 숙주세포의 유전체로부터 정제할 수 있다. 여러 유형의 벡터가 사용되고 있는데, 모든 벡터는 외부 DNA 조각이 삽입될 수 있어야 하고 숙주세포의 유전체와는 독립적으로 복제될 수 있어야 한다. 다른 두 종으로부터 유래한 벡터와 외부 DNA 조각을 절단하여 서로 연결한 것을 **재조합 DNA 분자**(recombinant DNA molecule)라고 한다.

점착성 말단과 염기 짝짓기

점착성 말단의 두 가지 특성으로 인하여 벡터-삽입 재조합 DNA가 효율적으로 만들어진다. 첫번째, 단일 가닥 말단은 염기쌍 형성에 사용될 수 있다. 두번째, DNA의 종류와 상관없이(박테리아 DNA와 인간 DNA) 같은 효소에 의해 형성된 두 개의 점착성 말단은 **상보적**(compatible) 염기쌍 형성이 가능하다.

재조합 DNA 분자를 만들기 위해서는 동일한 제한효소로 각각 절단한 벡터와 유전체 DNA 조각들을 DNA 연결효소와 혼합하여 반응시킨다(**그림 10.4**). 상보적인 점착성 말단들이 염기쌍 형성을 하고 DNA 연결효소에 의해서 옆에 있는 두 뉴클레오타이드(하나는 벡터

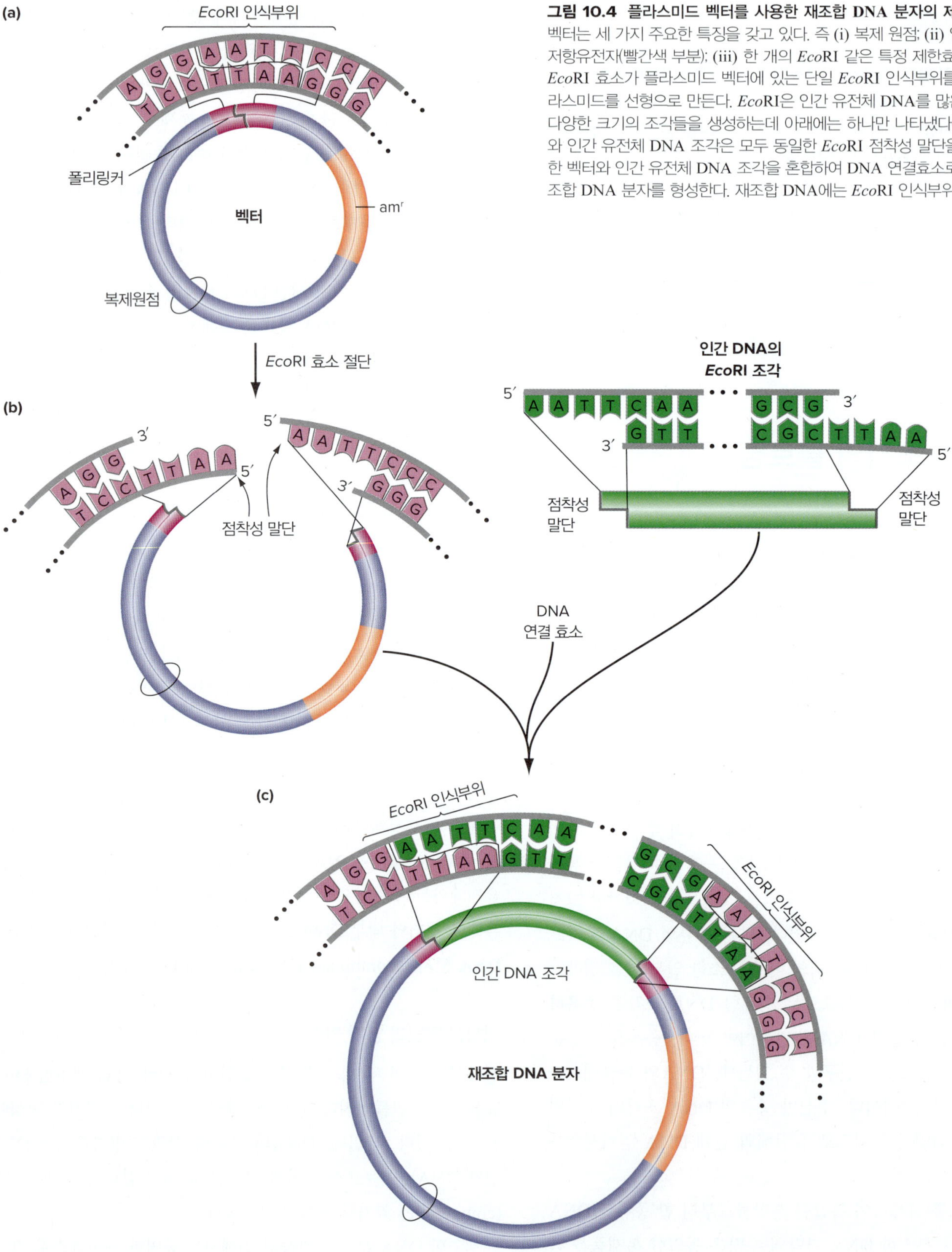

그림 10.4 플라스미드 벡터를 사용한 재조합 DNA 분자의 제작. **(a)** 플라스미드 벡터는 세 가지 주요한 특징을 갖고 있다. 즉 (i) 복제 원점; (ii) 암피실린 같은 항생제 저항유전자(빨간색 부분); (iii) 한 개의 *Eco*RI 같은 특정 제한효소 인식부위이다. **(b)** *Eco*RI 효소가 플라스미드 벡터에 있는 단일 *Eco*RI 인식부위를 절단하여 원형의 플라스미드를 선형으로 만든다. *Eco*RI은 인간 유전체 DNA를 많은 부위에서 절단하여 다양한 크기의 조각들을 생성하는데 아래에는 하나만 나타냈다(초록색). 절단한 벡터와 인간 유전체 DNA 조각은 모두 동일한 *Eco*RI 점착성 말단을 갖고 있다. **(c)** 절단한 벡터와 인간 유전체 DNA 조각을 혼합하여 DNA 연결효소로 연결하면 원형의 재조합 DNA 분자를 형성한다. 재조합 DNA에는 *Eco*RI 인식부위가 두 개 생긴다.

의 뉴클레오타이드며, 다른 하나는 유전체 DNA의 뉴클레오타이드) 사이에 인산디에스테르 결합이 형성되어 안정된 분자가 형성된다.

실험실에서 수행하는 다음의 방법들이 분자 클로닝의 효율과 효용을 증가시킨다. 예를 들면, 유전체 DNA 조각이 벡터와 연결되는 대신 두 개 이상의 유전체 DNA 조각끼리 서로 연결되는 것을 억제하는 특별한 실험방법이 있다. 또한 벡터 분자들이 유전체 DNA 조각과는 연결되지 않고 벡터 분자들끼리 결합하는 확률을 최소화하는 실험방법도 있다. 점착성 말단이 없는 유전체 DNA 조각을 벡터에 결합시키는 실험기술도 있다. 이러한 방법들을 사용함으로써 연구자는 자신이 원하는 분자 클론을 안정적으로 생산한다.

벡터의 선택

벡터들은 생물학적 성질, 운반 능력, 숙주세포 등이 다르다. 실험용도에 따라서 다른 종류의 벡터가 사용될 수 있다. **플라스미드**(plasmid)라고 하는 작은 원형의 이중 나선 DNA가 가장 간단한 벡터에 속한다(그림 10.4a). 플라스미드는 많은 종류의 박테리아 세포에 들어가서 숙주세포의 염색체와는 독립적으로 복제된다. 가장 유용한 플라스미드는 여러 종류의 제한효소 인식부위를 포함하는 **폴리링커**(polylinker)를 포함한다(그림 10.4a). 폴리링커는 짧게 합성된 DNA 서열로, 여러 종류의 제한효소 자리를 갖는다. 각각의 제한효소 자리는 폴리링커에서 한 번 발견되지만 플라스미드 벡터에서는 발견되지 않는다. 따라서 폴리링커는 관심있는 DNA 조각을 절단하기 위한 제한효소의 선택폭을 넓힌다. 특정 제한효소로 절단한 벡터는 해당 인식 부위가 절단되어 열리고, 동시에 플라스미드를 여러 조각으로 분할하지 않고 동일한 제한효소로 절단한 외부 DNA 조각을 쉽게 삽입할 수 있다(그림 10.4b, c). 플라스미드 벡터는 길이가 약 20 kb 미만인 비교적으로 작은 외래 DNA 단편만을 운반할 수 있다.

플라스미드 벡터는 **복제 원점**(origin of replication)과 항생제 저항유전자를 갖고 있다(그림 10.4a). 복제 원점이 있어서 벡터는 박테리아 세포에서 독립적으로 복제된다. 항생제 저항유전자로 말미암아 숙주세포가 항생제 배지에서 살 수 있기 때문에 플라스미드가 들어간 박테리아 세포를 선별할 수 있다. 특정한 DNA를 갖고 있는 숙주세포를 선택할 수 있게 해 주는 항생제 저항유전자 등을 **선별 마커**(selectable marker)라고 한다. 플라스미드는 크기 및 기타 차이점을 활용하는 여러 기술에 의해 박테리아 유전체 DNA로부터 간편하게 정제할 수 있기 때문에 벡터에 대한 최종 요구 사항(정제 용이성)을 충족한다.

운반 능력이 가장 큰 벡터인 **인공 염색체**(artificial chromosomes)는 숙주세포에 들어가서 일반적인 염색체처럼 작동하는 복제 요소와 분리 요소가 결합된 재조합 DNA 분자이다. 박테리아 인공 염색체(BAC)는 300 kb 크기의 DNA를 삽입하여 운반할 수 있다. 효모 인공염색체들(YACs)은 2,000 kb (2 Mb) 크기까지의 DNA를 운반할 수 있다.

재조합 DNA를 숙주세포에 넣어 증폭한다

벡터는 종류에 따라 약간 다르게 기능을 나타내고 특정한 숙주로 들어가지만 숙주로 들어가서 세포의 환경을 이용하여 복제하는 일반적인 체계는 같다. **그림 10.5**는 인간 DNA 조각을 플라스미드 벡터에 삽입한 재조합 DNA 분자를 포함하고 있는 대장균 세포를 선별하는 과정이다. 첫째 단계는 동일한 제한효소를 사용한 벡터와 인간 유전체 DNA의 절단이다. 둘째 단계에서 절단한 벡터와 절단한 인간 유전체 DNA 조각을 DNA 연결효소와 혼합하여 수십만 개의 재조합 DNA를 만든다. 각각의 재조합 DNA에는 다른 인간 유전체 조각이 들어 있다(그림 10.5a). 그런 다음 재조합 DNA를 대장균 세포에 넣는다. 각 세포는 한 종류의 재조합 DNA만을 갖고 있어야 한다.

숙주세포의 형질전환

형질전환은 세포나 생명체가 외부 DNA를 갖게 되어 유전적 특성이 변화되는 과정이다(6장 참조). 다음에 설명하는 형질전환은 에이버리(Avery)와 연구진이 DNA가 유전물질임을 증명하기 위해서 수행한 형질전환 실험(6장, 그림 6.4 참조)과 유사하나 현재 사용하는 형질전환 방법의 효율이 더 크다.

먼저 재조합 플라스미드를 암피실린에 민감한 대장균 세포의 현탁액에 넣는다. 박테리아 세포 현탁액을 차가운 $CaCl_2$ 용액과 혼합하거나 높은 전압으로 전기충격을 가하면(**전기천공법**, electroporation) 플라스미드가 1,000개 세포 중 1개의 세포 안으로 들어간다(그림 10.5b). 이와 같은 방법은 박테리아 세포막의 투과성을 증가시키고, 실제로 구멍이 임시적으로 형성되어 DNA가 들어가게 한다. 한 개의 플라스미드가 하나의 세포 안으로 들어가는 확률은 매우 낮아서(0.001) 두 개의 플라스미드가 동시에 하나의 세포 안으로 들어가는 확률은 미미하다($0.001 \times 0.001 = 0.000001$).

형질전환 세포의 확인과 선별

플라스미드를 갖고 있는 0.1%의 세포를 확인하기 위해서 박테리아-플라스미드 혼합액을 영양분과 암피실린이 들어 있는 고체 배지에 도말한다. 암피실린에 대한 저항성을 제공하는 플라스미드에 의해서 형질전환된 세포들만 암피실린이 들어 있는 배지에서 성장하고 증식할 것이다(그림 10.5b). 플라스미드에 복제 원점이 있기 때문에 박테

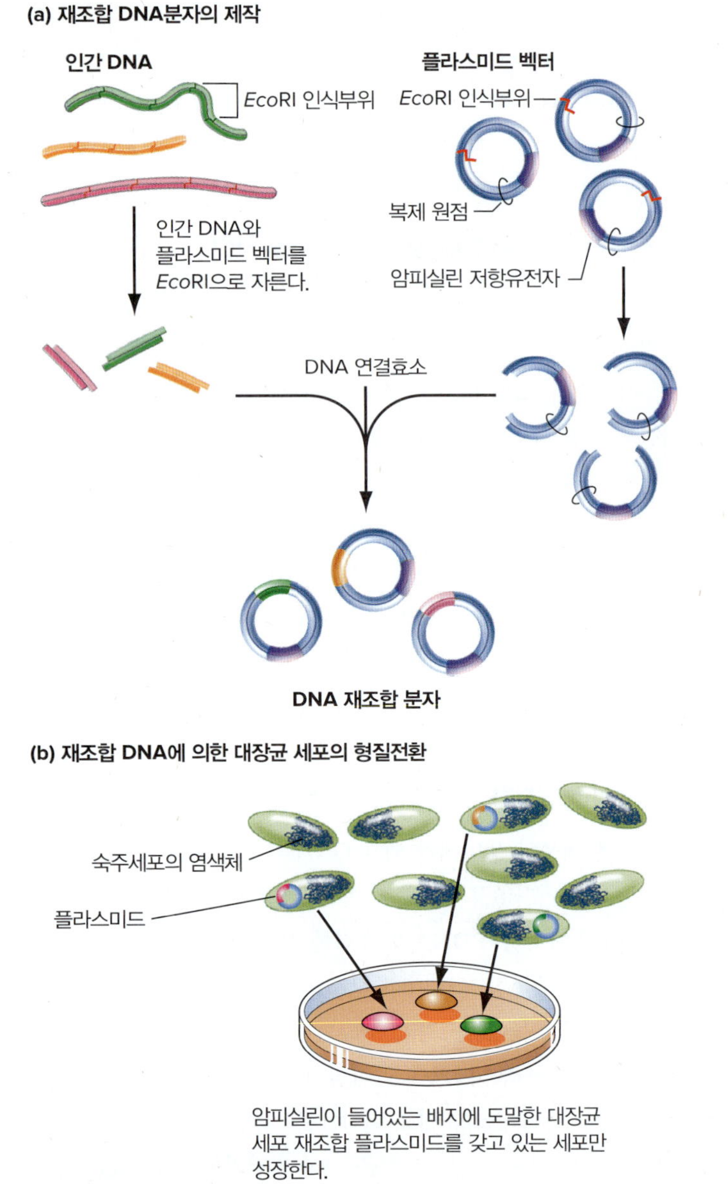

그림 10.5 재조합 DNA 분자의 클로닝. **(a)** 재조합 DNA 제작. 유전체 DNA를 제한효소를 절단하면 많은 조각들이 생성되고, 각각의 조각은 다른 종류의 재조합 DNA 분자를 형성한다. **(b)** 재조합 플라스미드를 갖고 있는 박테리아 세포의 클론 제작. (a)에서 만든 재조합 DNA들을 암피실린에 민감한 대장균(*E. coli*) 세포들과 혼합한다. 재조합 플라스미드로 형질전환된 세포들만 암피실린이 들어 있는 배지에서 성장하고 분열할 것이다. 각각의 군락은 단일 재조합 DNA 분자로 형질전환된 단일 박테리아 세포로부터 분열한 수백만 개의 동일한 세포를 포함하고 있다.

리아 세포에서 플라스미드가 독립적으로 복제된다. 실제로 대부분의 플라스미드는 복제가 활발하기 때문에 박테리아 세포에서 플라스미드 분자가 수백 개까지 복제된다.

플라스미드가 들어 있어 생존한 박테리아 세포는 증식하여 고체 배지에 **군락**(colony)을 형성할 것이다. 군락은 유전적으로 동일한 약 천만 개 세포들의 집합이다. 군락은 **세포 클론**(cellular clone)으로 간주한다. 같은 군락에 들어 있는 수백만 개의 동일한 플라스미드 분자들은 **DNA 클론**(DNA clone)을 형성한다(그림 10.5b).

라이브러리는 복제된 DNA 조각들의 집합이다

모든 유기체의 DNA에서 특정한, 정제된 DNA 단편으로 단계적으로 이동하는 것은 많은 시간이 걸리는 과정이다. 다행히도 같은 생물의 유전체 DNA 조각이 필요할 때마다 클로닝 1단계부터 다시 시작하지 않아도 되며, 대신에 **유전체 라이브러리**(genomic library)를 제작하여 사용할 수 있다. 유전체 라이브러리는 절단된 유전체의 DNA 조각들이 삽입된 벡터를 갖고 있는 모든 세포 클론의 집합이다(**그림 10.6**). 유전체 라이브러리는 처음으로 인간 유전체의 염기서열 분석을 가능하게 했다. 또한 이런 유전체 라이브러리를 사용하여 세포 클론을 유전체 라이브러리에서 선별하여 DNA 클론을 얻을 수 있다. 그러나 유전체 라이브러리에 있는 많은 클론 중 관심 있는 DNA 서열을 포함하는 클론을 결정하는 것은 어렵다. 올바른 세포 클론이 확인되면 원하는 유전체 단편을 대량으로 생성하도록 증폭할 수 있다.

만약 제한효소로 단일 세포의 유전체를 100% 효율로 절단하여 생산한 모든 DNA 조각을 벡터에 연결하여 재조합 DNA를 만들고, 이것으로 숙주세포를 형질전환시켜서 유전체 라이브러리를 제작한다면 라이브러리의 클론에 유전체의 모든 정보가 조각으로 나뉘어 저장되는 것이다. **완전한 유전체 라이브러리**(complete genomic library)는 이론적으로 유전체의 DNA 조각을 단지 한 개씩만 갖고 있는 세포 클론의 집합이다.

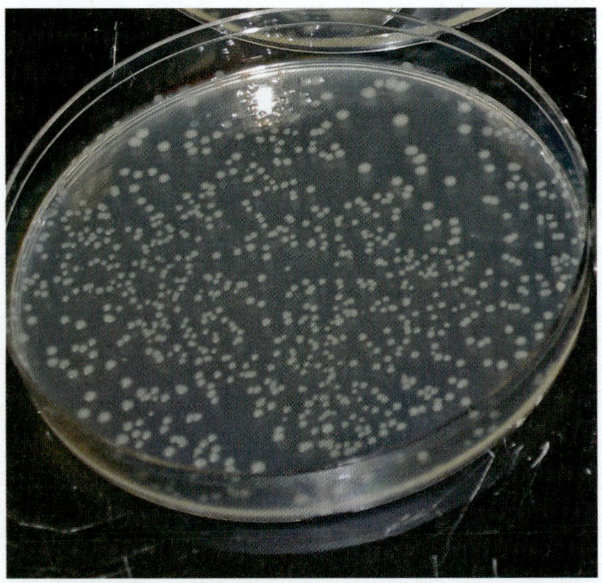

그림 10.6 인간 유전체 DNA 라이브러리의 일부. 사진의 배양접시에 있는 각각의 군락은 인간 유전체의 다른 조각의 재조합 플라스미드를 갖고 있다. *Source: Lisa Burgess/McGraw-Hill Education*

완전한 유전체 라이브러리에는 이론적으로 몇 개의 클론이 들어 있을까? 크기가 3,000,000 kb인 사람의 정자 DNA를 150 kb 크기로 절단하면 생성되는 유전체 DNA 조각은 20,000개이다. 20,000개의 DNA 조각을 하나씩 삽입한 재조합 BAC 클로닝 벡터로 대장균 세포를 형질전환시키면 유전체의 모든 정보를 담고 있는 20,000종류의 클론으로 구성된 완전한 라이브러리가 만들어진다. 이와 같은 완전한 라이브러리에 들어 있는 클론의 개수를 **유전체 당량**(genomic equivalent)이라고 한다. 유전체의 크기(예; 3,000,000 kb)를 라이브러리 벡터에 삽입된 DNA 조각의 평균 크기(150 kb)로 나눈 값이 1 유전체 당량(예; 20,000)이다.

실제로 완전한 라이브러리를 제작하는 것은 불가능하다. 클로닝의 모든 단계는 효율이 매우 낮으며 한 세포에 들어 있는 DNA 양은 클로닝에 매우 부족하다. 따라서 특정 조직이나 기관을 구성하는 수많은 세포에서 DNA를 정제하여 클로닝에 사용한다. 조직이나 기관에서 정제한 DNA로 제작한 유전체 라이브러리는 단지 1 유전체 당량(BAC 벡터로 구성된 인간 라이브러리의 경우 20,000클론)만을 갖고 있다면, 어떤 DNA 조각들은 한 개 이상의 클론에 들어 있는 반면에 어떤 DNA 조각들이 들어 있는 클론은 없을 수 있다. 유전체 당량이 4~5인 유전체 라이브러리에는 같은 DNA 조각의 클론이 평균 4~5개 들어 있으며, 적어도 DNA 조각의 클론이 1개 존재할 확률이 약 95%이다.

핵심 개념 10.2

- DNA 연결효소가 동일한 제한효소로 절단하여 같은 점착성 말단을 갖는 벡터와 유전체 DNA 조각을 연결하여 재조합 DNA 분자를 만든다.
- 벡터는 DNA 복제 원점과 항생제 저항유전자 같은 선별 마커를 갖고 있다. 플라스미드 벡터는 작은 DNA 조각(< 20 kb)의 삽입에 사용하고, BAC 혹은 YAC 벡터는 매우 큰 DNA 조각의 삽입에 사용한다.
- 재조합 DNA가 숙주세포 안으로 들어간다. 한 개의 형질전환 세포가 세포 클론으로 성장하면 세포 클론의 모든 세포는 동일한 재조합 DNA를 갖게 된다.
- 유전체 라이브러리는 무작위 DNA 조각들의 집합으로서 전체 유전체를 포함하고 있다. 유전체의 모든 부분을 포함하기 위해서는 복수의 유전체 당량이 필요하다.

10.3 DNA의 염기서열화

학습 목표

1. 생거(Sanger)의 염기서열화 반응에서 DNA 중합효소, 주형가닥, 프라이머의 역할을 이해한다.
2. 분석할 DNA 조각의 생산에서 다이디옥시리보뉴클레오타이드의 역할을 서술한다.
3. DNA의 염기서열화 과정에서 구한 형광 피크를 뉴클레오타이드 서열로 해석한다.

그림 10.6의 배양접시들에는 인간 유전체 라이브러리 일부를 구성하는 수천 개의 콜로니들이 분리되어 있다. 모든 클론은 다른 종류의 재조합 DNA 분자를 담고 있는데, 재조합 DNA 분자는 플라스미드 벡터와 다른 종류의 인간 유전체 DNA 조각이 연결된 것이다. 콜로니들은 배양접시에 무작위로 흩어져 있으며 그것들의 배열은 유전체 내에서의 상대적인 위치와는 무관하다. 그러면 어떻게 어느 콜로니가 어느 인간 유전체 DNA 조각을 갖고 있는지 확인할 수 있을까?

위의 질문에 대한 가장 간단한 답은 각 클론에 들어 있는 인간 DNA의 염기서열을 결정하는 것이다. 현재 가장 널리 사용하는 DNA 서열화 기술은 1970년 중반에 프레드 생거(Fred Sanger)가 개발한 방법을 근거로 발전된 것이다. 생거는 이러한 연구 공로로 두 번째 노벨상을 수상하였다(그는 인슐린의 아미노산서열을 결정한 공로로 첫 번째 노벨상을 수상하였다). 생거의 방법은 쉽게 자동화로 발전시킬 수 있어서 인간 유전체를 구성하는 30억 개 뉴클레오타이드의 서열을 결정하는 원동력으로 작용하였다.

생거 염기서열화는 DNA 중합효소에 의존한다

생거 박사는 세포에서 일어나는 DNA 복제 원리에 근거하여 DNA 염기서열 분석 기술을 고안하였다. 6장에서 우리는 DNA 중합효소가 DNA 복제를 촉매한다는 것을 배웠다. **그림 10.7a**에 요약되어 있듯이 DNA 중합효소가 최소로 필요로 하는 요소는 다음과 같다. (1) **주형**(template): 복제할 단일 가닥 DNA이다. (2) **디옥시리보뉴클레오타이드 삼인산**(deoxyribonucleotide triphosphates; dATP, dCTP, dGTP, dTTP): 새로 합성되는 DNA의 구성 단위 분자이다. (3) **프라이머**(primer): 주형가닥의 일부와 상보적인 길이가 짧은 단일 가닥 DNA(**올리고뉴클레오타이드**; oligonucleotide)로 DNA 중합효소가 새로운 뉴클레오타이드를 연결할 수 있는 자유 3′ 말단을 제공한다.

생거의 방법으로 DNA의 염기서열을 결정하기 위해서는 일부분

그림 10.7

자동화 생거 DNA 염기서열 분석

(a) 주형가닥과 프라이머의 혼성화. 클로닝 한 재조합 DNA에 열을 가하여 두 가닥을 결합하고 있는 수소결합을 깨뜨려서 **변성**(denatured)시킨다(단일 가닥으로 분리한다). 분리된 두 가닥 중 하나가 **주형**(template)으로 작용한다. 재조합 DNA와 주형가닥의 벡터 부분의 약 20개 염기와 상보적인 **올리고뉴클레오타이드 프라이머**(oligonucleotide primer; DNA 합성기계로 제작)를 혼합한다. 온도를 낮추면 주형가닥과 프라이머가 상보적으로 **결합**(anneal)한다(**혼성화**; hybridize).

(b) 중첩된 조각 집합체 생성. 주형가닥-프라이머 혼합체에 DNA 중합효소, 충분한 양의 디옥시뉴클레오타이드 삼인산(dNTPs) 및 소량의 다이디옥시뉴클레오타이드 삼인산(ddNTPs)을 첨가한다. 각각의 ddNTP는 다른 색깔의 형광표지를 갖고 있다. DNA 중합효소가 프라이머의 3′ 말단에 순서대로 뉴클레오타이드를 첨가함으로써 주형가닥과 상보적인 새로운 DNA 가닥을 합성한다. 다이디옥시뉴클레오타이드가 사슬에 첨가되면 합성이 종료된다. 이와 같은 반응이 계속되면 5′ 말단은 동일하나 3′ 말단이 다른 중첩된 조각 집합체 세트가 생성된다. 각각의 집합체는 3′ 말단의 다이디옥시뉴클레오타이드 색깔로 표지된다. 주형가닥과 새로 합성된 DNA 가닥을 분리한 후, 뉴클레오타이드 개수 차이가 하나인 DNA들을 분리할 수 있는 특수한 젤에 넣어 전기영동을 수행한다. 각각의 조각이 레이저 빔을 통과할 때마다 3′ 말단의 색깔을 구별하여 기록한다.

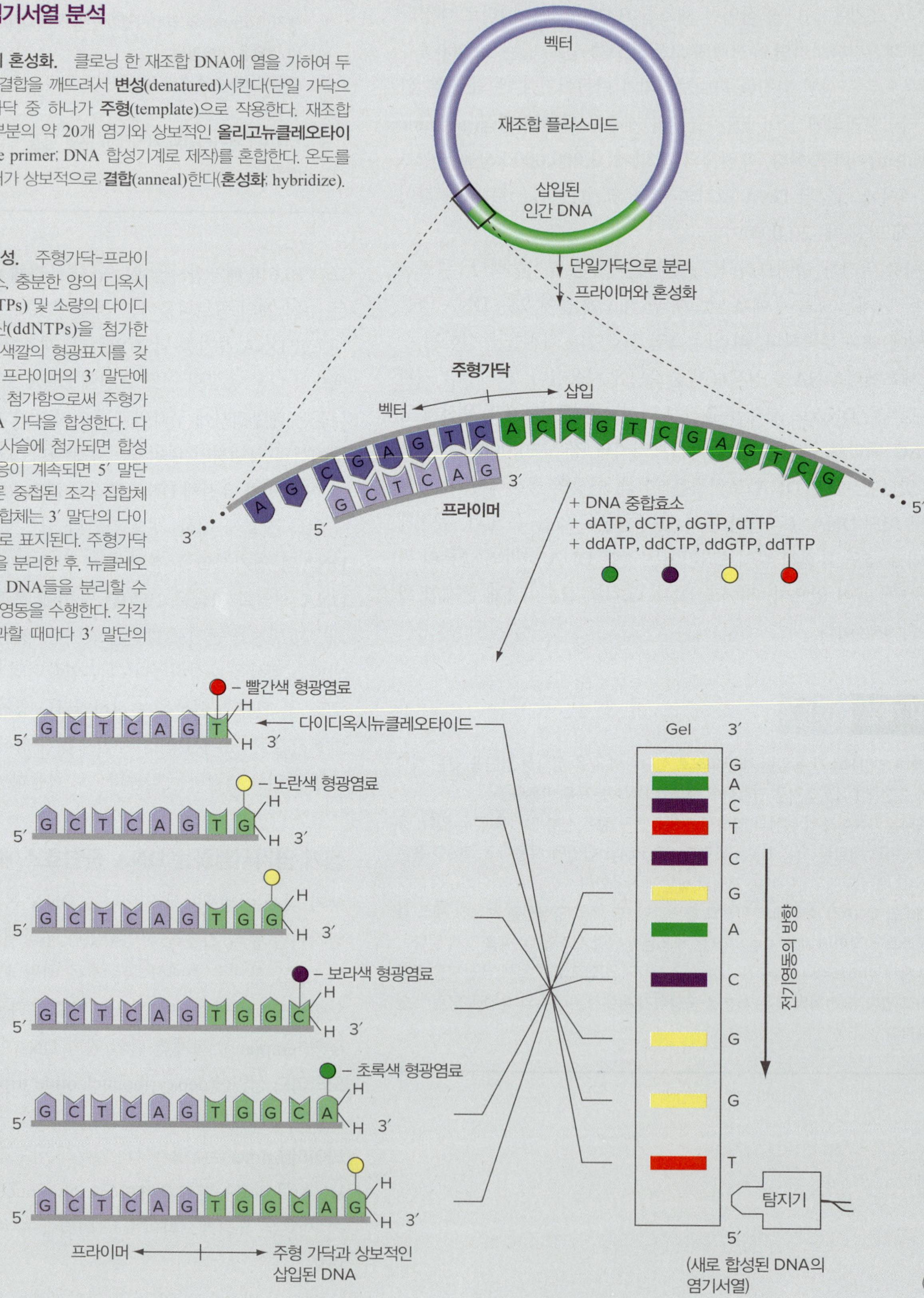

(계속)

(c) 다이디옥시뉴클레오타이드 구조. ddNTP는 디옥시리보오스의 3′ 탄소 원자에 −OH를 갖고 있지 않기 때문에 DNA 중합효소는 3′ 말단에 다이디옥시뉴클레오타이드가 있는 사슬에는 뉴클레오타이드를 첨가하지 못한다.

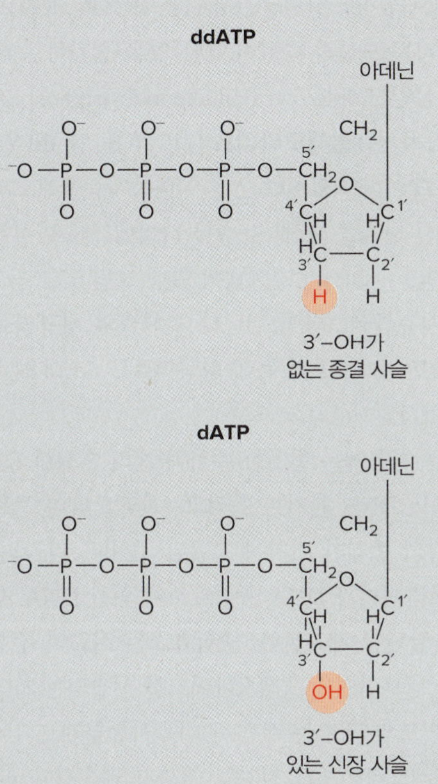

(d) 젤에서 이루어지는 중첩된 조각 집합체 세트의 분석.

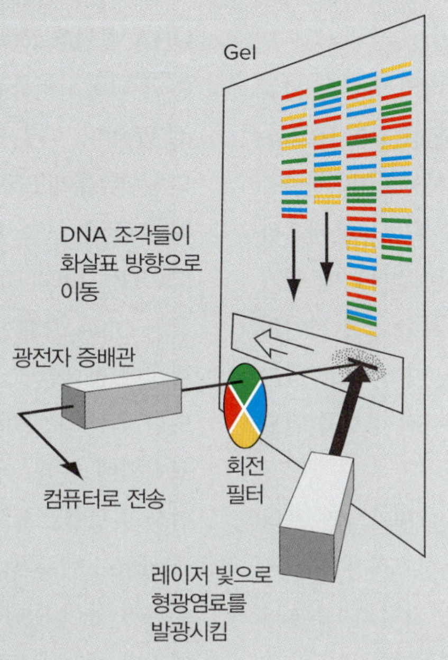

(e) 서열화 젤의 형광사진. 각 열은 각기 다른 시료의 염기서열을 나타내고 있다.

Source: ©Jean Claude Revy/Phototake

(f) 한 열에서 얻은 DNA 염기서열. 쉽게 읽을 수 있도록 하기 위해서 젤 상의 노란색은 검은색으로 표시하였다. 염기분석 프로그램은 새롭게 합성한 DNA 염기서열을 표기한다.

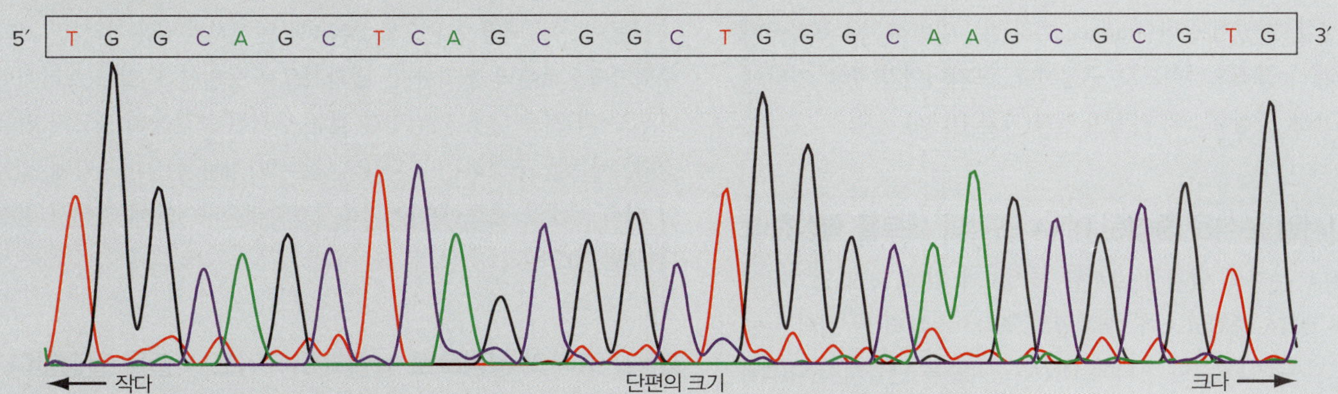

Source: Courtesy of Joshua J. Filter, Cornell University, Ithaca, New York

의 서열이 밝혀져 있지만 나머지는 알려지지 않은 주형가닥이 필요하다. 그래야 밝혀지지 않은 부분의 서열을 결정할 수 있다. 재조합 플라스미드 DNA의 한 가닥을 그러한 주형가닥으로 사용할 수 있다. 벡터의 DNA 서열(라이브러리에 들어 있는 모든 클론은 동일하다)은 밝혀져 있지만 삽입된 유전체 DNA 조각의 서열(클론들의 서열은 다르다)은 모른다(그림 10.7a).

다음으로 인간 유전체 DNA가 연결되어 있는 벡터의 밝혀진 서열과 상보적인 짧은 올리고뉴클레오타이드가 필요하다(그림 10.7a). 프라이머는 **DNA 합성기계**(DNA synthesizer)를 사용하여 만든다. DNA 합성기계는 염기의 길이가 200개까지 되는 올리고뉴클레오타이드를 상당량 합성한다. DNA 합성기계를 조정하는 컴퓨터에 염기서열을 입력하면 기계가 적당한 화학반응을 진행하여 정확한 서열의 올리고뉴클레오타이드를 합성한다. 벡터의 서열을 이미 알고 있기 때문에 프라이머를 설계할 수 있다. 벡터의 서열은 사전 정보를 필요로 하지 않는 화학적 기술로 결정된다.

생거의 서열화에서는 그림 10.7a에 나타냈듯이 주형가닥과 프라이머가 **혼성화**(hybridization) 과정을 통하여 서로 상호작용하여 결합하도록 한다. 혼성화란 자연적으로 상보적인 단일 가닥의 DNA나 RNA가 염기쌍 짓기를 통하여 이중 가닥을 형성하는 현상이다. 특정한 클론의 재조합 DNA를 증폭하여 정제한 후, 온도를 높여서 이중 가닥 DNA의 수소결합을 제거하면 단일 가닥의 주형 가닥이 만들어진다. 일반적인 시료에는 DNA 조각의 두 가닥이 모두 존재하지만 단지 한 가닥만 서열화의 주형가닥으로 사용된다. 주형 가닥을 이미 준비한 충분한 양의 프라이머와 혼합한다. 혼합액의 온도를 천천히 낮추면 프라이머와 재조합 DNA의 주형 가닥의 상보적인 뉴클레오타이드 사이에 수소결합이 형성될 것이다. DNA 합성기계로 합성한 프라이머의 길이는 주형 가닥의 상보적인 서열과 안정한 이중가닥을 형성할 수 있어야 한다(anneal이라 함). 일반적으로 프라이머는 17~25개 뉴클레오타이드로 구성된다. 프라이머가 주형 가닥에 결합되면 DNA 중합효소의 기질이 된다(그림 10.7a).

생거 염기서열 분석은 중첩된 DNA 조각의 세트를 합성한다

분리한 DNA 분자의 염기쌍 순서를 분석하기 위한 생거 염기서열 분석에서는 DNA 중합효소가 바로 앞의 조각으로부터 한 개의 뉴클레오타이드만 추가되는 한 가닥의 DNA 조각들을 만들게 된다(**그림 10.7b**). 길이가 연속적인 조각들의 세트를 **중첩배열**(nested array)이라고 한다. 조각들은 같은 5′ 말단을 갖는 반면, 각각의 3′ 말단에 추가된 염기 수에 의해서 길이가 다르다. 생거 염기서열 분석의 다른 주요한 특징은 3′ 말단 염기(A, C, G 혹은 C)에 의해서 구별되는 것이다. 따라서 각각의 작은 조각들은 두 가지 명확한 속성을 갖고 있다. 한 가지는 작은 조각의 상대적 길이이며, 다른 한 가지는 3′ 말단의 염기 종류이다.

중첩배열을 합성하는 서열화 과정은 정확한 양의 8가지 뉴클레오타이드 삼인산과 결합된 주형 가닥과 프라이머가 들어 있는 반응액에 DNA 중합효소를 첨가함으로써 시작된다(그림 10.7b). 네 가지는 보통의 디옥시리보뉴클레오타이드 삼인산인 dATP, dCTP, dGTP 및 dTTP이다. 다른 네 가지는 보통과 다르며 적은 양을 첨가하는 다이디옥시뉴클레오타이드 삼인산(dideoxyribonucleotide triphosphate; ddNTPs; 보통 **다이디옥시뉴클레오타이드**라고 부름)인 ddATP, ddCTP, ddGTP, ddTTP이다(**그림 10.7c**). 다이디옥시뉴클레오타이드는 DNA 중합반응에서 사슬을 신장하는 인산다이에스테르 결합의 형성에 필요한 3′ 수산기(3′−OH)가 결여되어 있다(그림 6.21 참조). 또한 각각의 다이디옥시뉴클레오타이드는 다른 색깔의 형광염료로 표지되어 있다. 예를 들면, ddATP는 녹색 형광염료를 ddCTP는 보라색 형광염료를 갖고 있다.

서열화 반응 튜브에는 처음에는 동일한 수십억 개의 혼성화 DNA 분자가 들어 있다. 혼성화 DNA 분자는 올리고뉴클레오타이드 프라이머가 주형 DNA 가닥의 동일한 위치에 결합된 것이다. 각각의 혼성화 DNA 분자에서 프라이머가 DNA 중합효소에 의한 DNA 사슬 신장에 필요한 자유 3′ 말단을 제공한다. 중합효소는 시료의 주형가닥의 뉴클레오타이드와 상보적인 뉴클레오타이드를 신장되는 가닥에 첨가한다. 뉴클레오타이드의 첨가는 우연히 디옥시뉴클레오타이드 대신에 다이디옥시뉴클레오타이드가 첨가될 때까지 계속된다. 다이디옥시뉴클레오타이드에는 3′ 수산기가 결여되었기 때문에 DNA 중합효소가 다른 뉴클레오타이드와 인산다이에스테르 결합을 형성할 수 없으므로 새로운 DNA 가닥의 중합화는 종료된다(그림 10.7b).

반응이 종료되면 고온으로 DNA를 변성시켜 새로 합성된 가닥을 주형가닥으로부터 분리한다. 결과적으로 동일한 5′ 말단(프라이머의 5′ 말단)과 서로 다른 3′ 말단을 갖는 중첩된 조각들의 세트가 만들어진다. 세트를 구성하는 조각들의 길이와 형광색은 마지막에 결합되어 사슬 신장을 종료한 다이디옥시뉴클레오타이드에 의해서 결정된다(그림 10.7b).

DNA 조각의 형광으로 뉴클레오타이드 서열을 결정한다

생물학자들은 서열화 반응으로 합성한 DNA 조각들을 폴리아크릴아마이드 젤 전기영동 방법으로 분석한다. 이 방법은 길이가 뉴클레오타이드 개수가 단지 한 개 차이인 DNA 분자들을 분리할 수 있다(**그림 10.7b, d, e**). 다이디옥시뉴클레오타이드 형광표지를 활성화시키는 레이저와 다른 색깔의 형광을 정확히 구분하는 탐지기가 들어 있는 DNA 서열화기계로 젤을 분석한다. 새로 합성된 각각의 DNA 사슬이 레이저를 통과하면 사슬의 3′ 말단 다이디옥시뉴클레오타이드에 붙어 있는 형광염료가 네 가지 색깔 중 하나의 색깔을 발광한다. 다음에 나타나는 형광색깔은 뉴클레오타이드 한 개가 더 긴 사슬이 발광하는 것이다.

탐지기가 형광색깔들의 정보를 컴퓨터로 보내면 정보가 다른 색깔들로 구성된 일련의 정점으로 나타난다(**그림 10.7f**). 또한 DNA 서열화기계의 컴퓨터는 정점을 특정한 기준으로 해석하여 새로 합성된 DNA를 구성하는 As, Cs, Gs, Ts의 디지털 파일인 **리드**(read)를 만든다. 물론 리드의 서열은 분석하는 주형가닥의 서열과 상보적이다.

DNA 서열화기계는 특정 시료의 약 700~1,000개의 염기를 구분하여 읽는다. 또한, 수백 가지의 시료를 동시에 독립된 형광 탐지기로 분석할 수 있다(그림 10.7d, e). 따라서 한 대의 기계가 몇 시간 동안에 수십만 개 DNA 염기의 서열을 결정할 수 있다.

핵심 개념 10.3

- 생거 DNA 서열화에서 분석하는 DNA 분자는 DNA 중합효소에 의한 DNA 합성의 주형 가닥으로 사용된다.
- 생거 DNA 서열화에는 주형 가닥에 혼성화되는 짧은 올리고뉴클레오타이드 프라이머가 필요하다. DNA 중합효소는 주형 가닥에 상보적인 뉴클레오타이드를 프라이머의 3′ 말단에 첨가하여 프라이머를 신장시킨다.
- 자동화 DNA 서열화에서는 DNA 중합효소가 형광표지가 붙은 다이디옥시뉴클레오타이드를 첨가하면 사슬의 합성이 종료된다.
- 중합 반응으로 만들어진 중첩된 DNA 조각들은 젤에서 크기에 따라 분리되고, 탐지기가 각 조각의 3′ 말단에 붙은 형광표지의 색깔을 감지하여 뉴클레오타이드 서열을 결정한다.

10.4 유전체의 염기서열화

학습 목표

1. 유전체 염기서열을 재구축하기 위해서는 개별 조각 DNA 염기들이 겹쳐져야만 하는 이유를 설명한다.
2. 짝-말단 서열 결정을 통해 유전체 프로젝트에서 반복적인 DNA의 존재로 인해 발생하는 문제를 어떻게 극복할 수 있는지 설명한다.

유전체(genome)의 크기는 광범위한데, 알려진 가장 작은 미생물의 700,000개 염기쌍부터 인간의 23개 염색체의 30억 개 염기쌍까지 분포하며, 인간보다 더 큰 유전체들도 있다. **표 10.2**에 대표적인 미생물, 식물, 동물들의 유전체 크기를 나타내었다. 이들 숫자를 전체적으로 살펴보면, 사람의 유전체는 *E. coli*보다 700배 크고 *Paris japonica* 식물보다 45배 작다. 따라서 유전체가 지닌 정보의 양과 생명체의 복잡성이 반드시 비례하는 것은 아니다.

인간 유전체를 포함하여, 커다란 크기의 유전체의 특성 및 분석을 위해서는 많은 노력이 요구된다. 만일 단일의 DNA 염기서열화

표 10.2 유전체의 비교

생명체		염색체 개수[a]	유전자 개수[b]	유전체 크기(Mb)
종류	종			
세균	대장균(*Escherichia coli*)	1	~4,400	4.6[d]
효모	맥주효모(*Saccharomyces cerevisiae*)	16	~6,000	12.5
벌레	예쁜꼬마선충(*Caenorhabditis elegans*)	6	~22,000	100.3
파리	노랑초파리(*Drosophila melanogaster*)	4	~17,000	122.7
겨자 잡초	애기장대(*Arabidopsis thaliana*)	5	~28,000	135
쥐	생쥐(*Mus musculus*)	20	~28,000	2,700
인간	인간(*Homo sapiens*)	23	~28,000	3,300
폐어	아프리카 폐어(*Protopterus aethiopicus*)	14	??	133,000
수관식물	꽃삿갓풀(*Paris japonica*)	5[c]	??	152,400

[a]반수체의 염색체 개수(지적하지 않은 경우)
[b]기능이 있는 비단백질 유전자 포함
[c]이 종은 8배체이다. 기본 염색체 개수는 5(15장 참조)
[d]대장균 유전체는 사이즈가 다양하다. 4.6 Mb는 대표적인 길이이다(16장 참조)

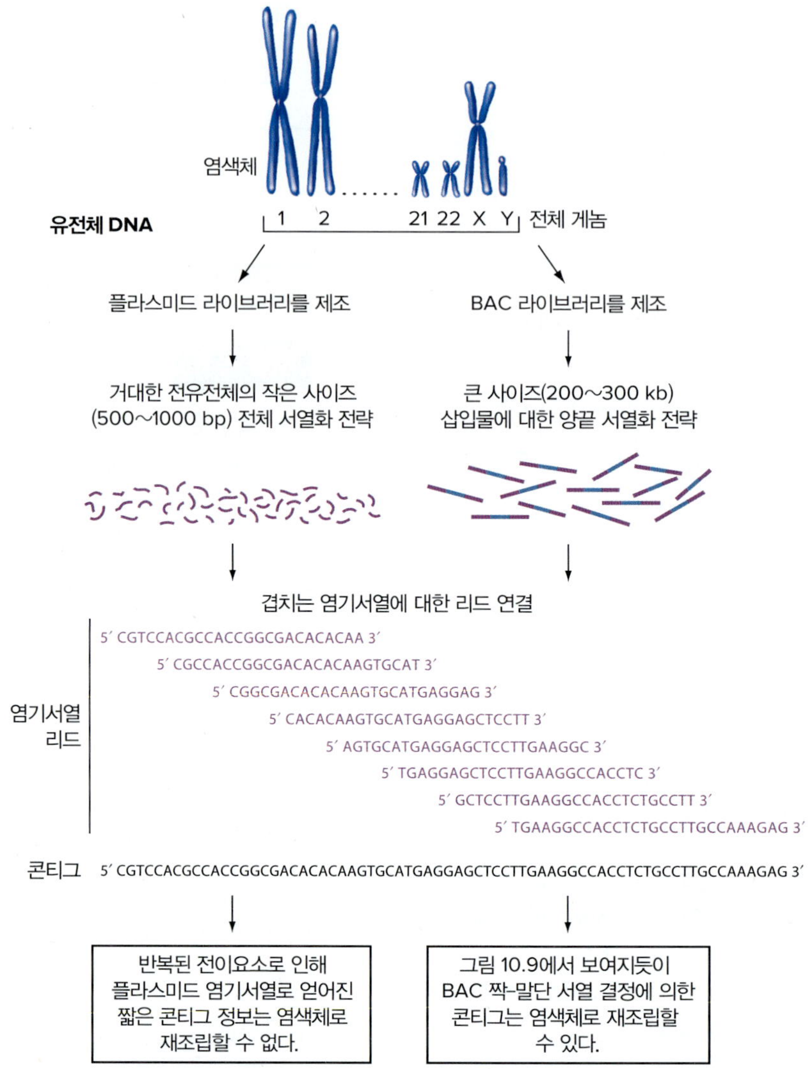

그림 10.8 전체-유전체 샷건 서열화. 유전체 DNA의 작은 중첩 단편(왼쪽)으로 플라스미드 라이브러리를 구성하고 삽입물을 무작위로 배열했다고 가정하자. 컴퓨터는 이러한 무작위 염기서열간의 겹침을 검색하고 이를 콘티그로 조합할 수 있다. 그러나 이러한 콘티그는 게놈이 많은 전이 요소와 기타 반복적인 DNA를 가지고 있기 때문에 너무 짧을 것이다. 대신 전체 염색체에 걸쳐 있는 큰 콘티그의 조립을 가능하게 하기 위해 큰 유전체 DNA 단편의 BAC 라이브러리를 구성한다(오른쪽). 양끝의 염기서열 리드(각각 ~1000 bp)는 반복적인 DNA 서열이 있음에도 불구하고 전체 염색체 서열을 조립하기에 충분한 정보를 제공한다(그림 10.9 참조).

(sequencing)로 1,000개의 염기정보를 생산할 수 있다면, 인간 유전체 전체를 밝히기 위해서 최소한 300만 개의 염기서열화가 필요하다고 생각할 수 있을 것이다. 사실상 이는 상당히 과소평가한 것인데, 그 이유는 앞에서 논의된 바와 같이, 유전체 라이브러리 클론을 위의 숫자의 최소한 5배를 분석해야만 유전체의 모든 부분을 최소한 한번은 포함시킬 수 있는 95%의 확률을 보장할 수 있기 때문이다. 이처럼 많은 염기서열화를 수행하는 것이 가능한가? 그리고 이를 통해 얻게 될 엄청난 양의 염기서열 데이터를 다루어, 어떻게 하여 수백만 개의 1,000염기로 이루어진 작은 조각들이 온전한 유전체상에서 위치하고 있는 상대적인 서열로 파악될 수 있겠는가?

여기서는 셀레라(Celera)라는 회사가 개척한 **전체 유전체 샷건 전략**(whole-genome shotgun strategy)에 중점을 둔다. 이 방법은 3년 이내에 인간 유전체의 서열을 완성했다. 셀레라 전략의 중요성을 이해하려면 먼저 유전체를 서열화하는 가장 간단해 보이는 방법을 고려해야 하고, 유전체에 반복 요소가 존재하기 때문에 가장 간단한 접근 방식이 불가능한 이유를 이해해야 한다.

전체 유전체 샷건 전략의 가장 간단한 형태로는 먼저 플라스미드 벡터에 500~1,000 bp 단편이 겹치는 유전체 라이브러리를 만들어야 한다. 그 다음으로 무작위로 선택한 라이브러리 플라스미드에 삽입된 인간 DNA를 서열화한다. "샷건"은 이 임의의 클론 선택을 나타낸다. 염기서열을 읽는 도중에 중복된 서열을 검색함으로써 컴퓨터는 염기서열을 연속적인 염기쌍 염기서열, **콘티그**(contigs)로 조합

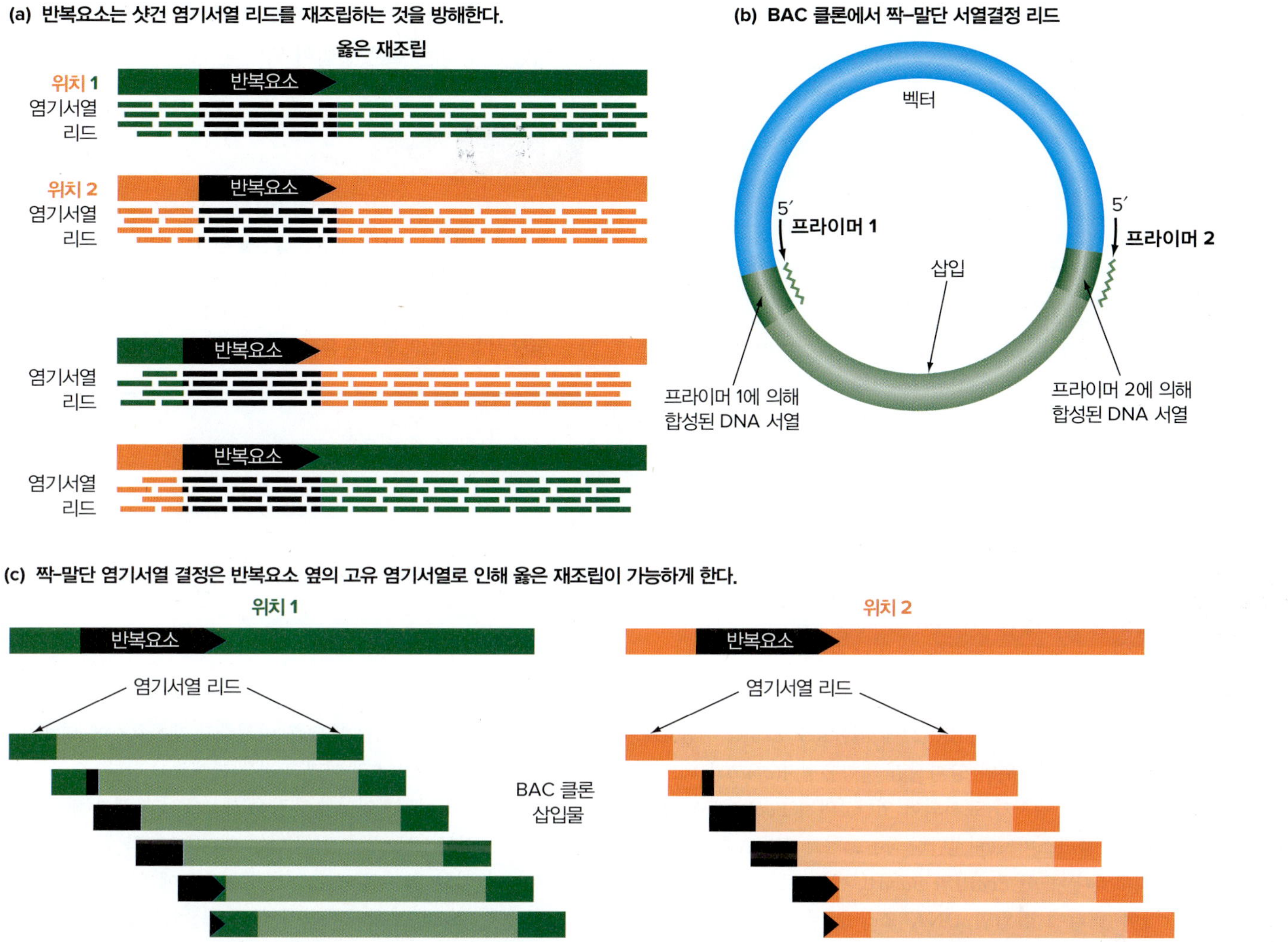

그림 10.9 짝-말단 염기서열 결정, 전장유전체 샷건 서열화. **(a)** 염기서열 읽기보다 긴 반복요소(검은색)는 반복의 다른 사본에 인접한 고유 염기서열(녹색 또는 주황색)이 함께 속하는지 컴퓨터가 결정할 수 없기 때문에 샷건 서열화 조립을 방해한다. **(b)** 짝-말단 서열 결정 방법. 재조합 BAC 클론의 인간 DNA 삽입체의 한쪽 끝은 프라이머 1과 반응에서 서열화되고 다른 쪽 끝은 프라이머 2와의 독립적인 반응에서 서열화된다. **(c)** 짝-말단 염기서열은 일부 짝지어진 리드가 반복요소의 양쪽에 고유한 염기서열을 포함하기 때문에 유전체 조립을 가능하게 한다.

하여(이론적으로) 컴퓨터에서 유전체를 재구성한다(**그림 10.8**). 인간 유전체의 경우 각 염색체(상염색체 및 X, Y)에 대해 24개의 콘티그 염기서열을 얻었을 때에 클론 서열화를 중단할 수 있다는 계산이 나온다.

그러나 이러한 단순한 형태의 전체 유전체 샷건 전략은 유전체에 **전이 요소**(transposable elements)라고 불리는 반복적인 서열이 존재하기 때문에 작동하지 않는다. 14장에서는 인간 유전체의 DNA의 거의 절반이 다양한 종류의 전이 요소로 구성되어 있음을 알 수 있다. 한 가지 유형의 요소에 대한 수천 개의 사본이 유전체 전체에 흩어져 있을 수 있다. 반복된 사본은 일반적으로 서열 리드보다 더 길기 때문에 반복 요소의 한 쪽에 있는 고유한 서열은 반복 요소의 다른 쪽에 있는 고유한 서열과 동일한 리드에 존재하지 않는다(**그림 10.9a**). 이것은 반복 요소의 5' 말단에 있는 수천 개의 고유한 서열 중 어느 것이 3' 말단에 있는 수천 개의 고유한 서열에 연결되는지 아는 것을 불가능하게 만든다. 따라서 과학자(혹은 컴퓨터)는 샷건 전략을 통해 염색체 서열화로 최종 조립할 수 없다(그림 10.8). 조립된 모든 콘티그는 곧 반복적인 DNA라는 장벽에 부딪히기 때문에 짧은 서열 정보만을 제공한다.

전이요소의 존재로 인해 발생하는 조립 문제를 피하기 위해 셀레나는 전장유전체 샷건-전략을 변형시켰다. **짝-말단 서열결정**(paired-end sequencing)이라는 아이디어였다. 즉, 각 삽입물에서 양쪽 두 개의 서열 리드를 얻어 BAC 클론 라이브러리의 염기서열을 분석했다(그림 10.8, **그림 10.9b, c**). 짝-말단 서열 결정은 각 BAC 클론 삽입물에서 3가지 정보를 제공했다. 두 개의 ~1,000 bp 염기서열 읽기와 두 염기서열이 약 200~300 kb 떨어져 있다는 정보이다. 그림 10.9c에서 볼 수 있듯이 이 정보를 통해 과학자들은 반복요소 옆에 있는 고유한 염기서열을 정렬할 수 있었다.

전장유전체 샷건 전략의 주요 장점은 자동화할 수 있다는 것이다. 셀레라는 유전체 라이브러리 클론에서 DNA를 준비하고 이 DNA를 서열 결정 반응에 넣은 후 서열 결정 기계에 주입하는 로봇이 공급하는 수백 대의 DNA 서열 결정 기계가 포함된 거대한 시설에 투자했다. 이러한 자동화 덕분에 셀레라는 약 10배의 동등한 유전체 범위를 제공하는데 필요한 수백만 개의 DNA 서열 판독값을 비교적 저렴하게 얻을 수 있었다. DNA 서열 결정 기계는 중앙집중식 슈퍼컴퓨터에 데이터를 입력했고, 그 소프트웨어는 이 모든 염기서열을 염색체로 조립했다. 전장유전체 짝-말단 염기서열 결정 샷건 접근 방식은 매우 효율적이어서 이 방법의 변형은 처음으로 모든 종의 게놈을 서열 결정하는 표준 방법이 되었다.

핵심 개념 10.4

- 전장유전체 샷건 전략은 유전체 DNA를 물리적으로 끊어서 라이브러리를 만들고 이로부터 무작위로 선별된 클론을 염기서열화하여 각 클론으로부터 생산된 염기서열들이 서로 연결될 수 있도록 한다.
- 대략적으로 알고 있는 길이의 DNA 조각의 양쪽 끝에서 얻어진 염기서열(짝-말단 서열 결정)의 정보는 유전체 재조합을 위한 유용한 정보를 제공한다.

풀이 문제

풀이 문제 I

다음의 클로닝 벡터인 플라스미드 pBR322에 제한효소 *Eco*RI 제한효소와 *Bam*HI 제한효소의 인식부위와 암피실린 저항유전자(*amp*)와 테트라사이클린 저항유전자(*tet*) 위치가 표시되어 있다. 먼저 *Eco*RI과 *Bam*HI 제한효소로 pBR322 플라스미드를 절단한 후, 크기가 큰 *Eco*RI-*Bam*HI 벡터 조각을 분리하였다. 또한 *Eco*RI과 *Bam*HI 제한효소로 인간 유전체 DNA를 절단하여 벡터에 삽입할 DNA 조각을 분리하였다. 분리한 *Eco*RI-*Bam*HI 벡터 조각과 인간 유전체 DNA 조각을 연결하여 제작한 재조합 플라스미드로 암피실린-민감 대장균(*E. coli*) 균주를 형질전환시킨 후 암피실린-저항 집락을 선별하였다.

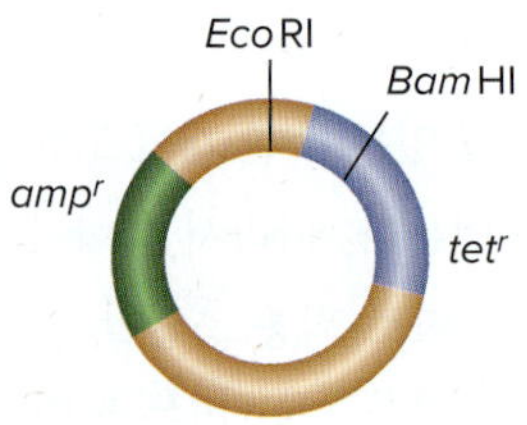

a. 선별한 암피실린-저항 대장균들을 테트라사이클린이 첨가된 배지에서 배양하여 테트라사이클린에 대한 저항성을 조사하면 어떠한 결과를 얻게 되겠는가? 그 이유는 무엇인가?

b. 암피실린 저항유전자의 내부에 *Eco*RI 인식부위가 존재하지 않는 것이 왜 중요한가?

c. 이와 같은 방법으로 제작한 재조합 DNA 분자에 삽입된 인간 DNA 조각의 염기서열 결정에 사용할 두 가지 올리고뉴클레오타이드 프라이머의 위치와 방향을 그려보시오.

d. 이와 같은 방법으로 제작한 라이브러리는 왜 1 유전체 당량 미만을 나타내는가?

해답

이 문제를 풀기 위해서는 벡터를 이해하고 제한효소에 의해서 형성된 점착성 말단을 통한 DNA의 연결 과정을 이해해야 한다.

a. 플라스미드는 원형이어야 대장균 세포에서 복제가 되는데, 이 문제의 경우 삽입할 DNA 조각이 절단된 벡터 DNA와 연결되기만 하면 원형 분자가 된다. *Bam*HI과 *Eco*RI 제한효소에 의해서 형성된 두 점착성 말단은 서로 상보적이지 않기 때문에 삽입할 DNA 없이는 절단된 벡터는 다시 연결되지 않는다. 그러므로 모든 암피실린-저항 균락들은 *Bam*HI-*Eco*RI DNA 조각이 벡터의 *Bam*HI-*Eco*RI 인식부위에 연결된 플라스미드를 갖고 있다. 결과적으로 삽입된 DNA 조각으로 말미암아 테트라사이클린 저항유전자가 불활성화된다. 따라서 모든 암피실린-저항 대장균은 테트라사이클린 민감성일 것이다.

b. 테트라사이클린 저항유전자에는 *Bam*HI 인식부위가 있고 암피실린 저항유전자에는 *Eco*RI 인식부위가 있으면 클로닝 과정에 의해 두 유전자가 모두 파괴된다. 그러면 재조합 DNA 분자에 의해서 형질전환된 박테리아 세포를 선별할 수 없다.

c. 다음의 그림에 나타낸 것처럼 두 가지 프라이머는 인간 유전체 DNA 조각(분홍색)의 바깥에 위치해야 한다.

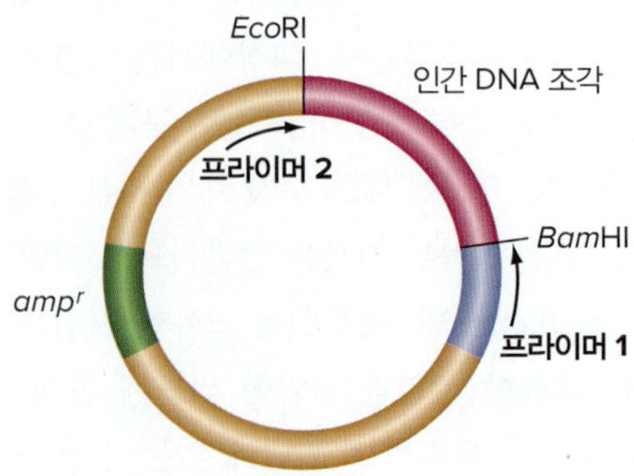

d. 확률적으로 인간 유전체에는 두 개의 *Eco*RI 인식부위 사이에 *Bam*HI 인식부위가 없는 부분들이 있고 두 개의 *Bam*HI 인식부위 사이에 *Eco*RI 인식부위가 없는 부분들도 있다. 이러한 부분이 두 효소에 의해 절단되어 생성된 조각들은 두 효소로 절단한 벡터 삽입에 필요한 두 종류의 점착성 말단을 갖고 있지 않다. 따라서 인간 유전체의 많은 부분이 벡터에 삽입되지 않기 때문이다.

풀이 문제 II

유전체의 염기서열화 과정에서 컴퓨터를 사용하여 다음 6개의 DNA 염기서열을 한 개의 콘티그로 조합하려고 한다.

```
5′ AGCAAATTACAGCAATATGAAGAGATC 3′
5′ AAAATGCCCTAAAGGAAATGAGATTTT 3′
5′ TGATCTCTTCATATTGCTGTAATTTGC 3′
5′ TCCTTTTAAAAATCTCATTTCCTTTAG 3′
5′ TACAGCAATATGAAGAGATCATACAGT 3′
5′ AAATGCCCTAAAGGAAATGAGATTTTT 3′
```

a. 위의 염기서열들이 몇 개의 콘티그를 나타내는가, 또한 각 콘티그의 염기서열은 무엇인가? (힌트: 중복을 검색하기 전에 이중 가닥 DNA로 서열을 결정해보시오.)

b. 이들 일부 염기서열은 중복되는 지역에서 서로 상보적인 반면 다른 염기들은 중복되지만 같은 DNA 가닥을 나타낸다. 이것이 어떻게 가능한가?

c. 만일 이들 염기들이 인간 유전체에서 임의로 유래되었다면, 실제 이들이 서로 중복되지 않을 것이라고 기대하는 이유는 무엇인가?

d. 만일 인간 유전체의 모든 염기쌍을 포함할 만큼 충분한 염기서열화를 하였다면, 몇 개의 콘티그가 존재할 수 있을까?

해답

a. 2개의 콘티그가 존재한다.

서열 1,3,5번:

```
5′ AGCAAATTACAGCAATATGAAGAGATCATACAGT 3′
3′ TCGTTTAATGTCGTTATACTTCTCTAGTATGTCA 5′
```

서열 2,4,6번:

```
5′ TCCTTTTAAAAATCTCATTTCCTTTAGGGCATTTT 3′
3′ AGGAAAATTTTTAGAGTAAAGGAAATCCCGTAAAA 5′
```

b. 겹치는 클론에서 서로 다른 DNA 분자를 시퀀싱하고 있다. 클론은 시퀀싱 프라이머에 대해 무작위 방향으로 벡터에 연결된다. 따라서 어떤 DNA 가닥이 주형으로 사용되는지를 결정하는 것은 프라이머와 삽입물의 관계로서 일부 서열은 동일한 가닥을 읽지만 다른 위치에서 시작하기도 하고, 다른 서열은 상보적 가닥으로 읽히기도 한다.

c. 전체 30억 bp의 인간 게놈에서 무작위로 6개의 짧은 서열만 선택했다면, 이 소수의 서열이 모두 게놈의 동일한 작은 영역에서 나올 가능성은 거의 없다. 따라서 인간 게놈의 6개의 무작위 서열이 겹칠 가능성은 거의 없다. 분명히 6개의 서열은 무작위로 선택된 클론에서 나온 것이 아니다.

d. 각 인간 염색체는 콘티그라 할 수 있는데, 남성 게놈 서열은 24개의 콘티그를 가질 것이고, 여성 게놈 23개의 콘티그를 가지고 있다.

연습 문제

어휘

1. 왼쪽 용어를 가장 잘 설명한 문장을 오른쪽에서 찾아 연결하시오.

a. 올리고뉴클레오타이드	1. 형질전환체의 분리를 가능하게 하는 벡터의 유전자
b. 벡터	2. 특정 생물의 유전체의 DNA 조각들이 삽입된 벡터들의 집합
c. 점착성 말단	3. 외래 DNA 삽입에 사용되며 고유한 제한효소 부위가 있는 복제 벡터의 합성 DNA 요소
d. 재조합 DNA	4. 단일 가닥 DNA 분자들 간의 안정된 결합
e. ddNTPs	5. 크기별로 DNA 분자를 분리하는 방법
f. 유전체 라이브러리	6. 복제 중 DNA 중합효소에 의해 연장된 올리고뉴클레오타이드
g. 유전체 당량	7. 두 종의 유전물질을 갖고 있음
h. 젤 전기영동	8. 특정 생물의 유전체 전체를 충분히 포함할 수 있는 DNA 조각의 개수
i. 선별 마커	9. 제한효소로 절단한 단편의 양쪽에 있는 짧은 단일가닥 염기서열
j. 혼성화	10. 기계로 합성할 수 있는 짧은 DNA 조각
k. 프라이머	11. DNA 사슬 종결 서브유닛
l. 폴리링커	12. DNA 조각의 운반, 복제 및 정제에 사용하는 DNA 분자

※ 이 장의 문제를 풀 때, 달리 지시하지 않는 한, 염기쌍 염기서열은 무작위이고 A:T 및 G:C 염기쌍의 수는 동일하다고 단순 가정한다.

10.1절

2. 다음에 열거되어 있는 제한효소들에 대해서 다음의 질문에 답하시오.
   (i) 인간 유전체(3×10^9 염기)를 제한효소로 완전하게 절단하는 경우 생성되는 조각의 개수는 대략 얼마인가?
   (ii) 인간 유전체를 제한효소로 절단하여 생성되는 조각의 평균 크기를 추정하시오.
   (iii) 제한효소로 절단하여 생성되는 인간 유전체 DNA 조각의 말단이 5′ 점착성 말단인가 혹은 3′ 점착성 말단인가 혹은 비점착성 말단인가?
   (iv) 제한효소가 점착성 말단을 만든다면 그 제한효소에 의해서 생성된 인간 유전체 조각의 양 끝의 돌출부는 모두 동일한가 혹은 동일하지 않은가?

   제한효소의 인식부위 서열이 괄호 안에 쓰여 있다. 왼쪽이 5′이다. N은 네 개의 뉴클레오타이드 중 어느 하나를 의미한다. R은 퓨린, 즉 A 혹은 G이며, Y는 피리미딘, 즉 C 혹은 T이다. ^ 표시는 절단 위치를 나타낸다. Y 및 R를 포함하는 인식 사이트가 항상 회전 대칭인 것은 아니다.

   a. *Sau*3A (^GATC)
   b. *Bam*HI (G^GATCC)
   c. *Hpa*II (C^CGG)
   d. *Sph*I (GCATG^C)
   e. *Nae*I (GCC^GGC)
   f. *Ban*I (G^GYRCC)
   g. *Bst*YI (R^GATCY)
   h. *Bsl*I (CCNNNNN^NNGG)
   i. *Sbf*I (CCTGCA^GG)

3. 그림 10.2에서 DNA가 4개의 가능한 뉴클레오타이드로 동일하게 구성되어 있다고 가정한다. 그러나 많은 유전체는 다른 것에 비해 특정 뉴클레오타이드가 다소 풍부하다. 예를 들어, 인간 유전체는 29.6% A, 29.6% T, 20.4% C, 20.4% G로 구성되어 있다. 위의 제한효소(연습 문제 2. a~i)로 인간의 유전체를 절단한다면 각각 생성된 조각의 평균크기를 추정하시오.

4. 다음에 적혀 있는 염기서열의 DNA 분자를 *Eco*RI(5′ G^AATTC 3′)으로 완전히 절단하였다. 몇 개의 DNA 분자가 생성되는가? 생성된 DNA 분자들의 염기서열을 5′에서 3′ 방향으로 적어보시오. 무작위로 합성된 DNA라고 생각하면 다음의 DNA 분자는 어떤 면에서 보통과 다른가(절대 불가능한 것은 아니지만)?

   5′ AGATGAATTCGCTGAAGAACCAAGAATTCGATT 3′
   3′ TCTACTTAAGCGACTTCTTGGTTCTTAAGCTAA 5′

5. 전기영동 과정에서 길이가 긴 DNA 분자가 짧은 DNA 분자보다 느리게 이동하는 이유는 무엇인가?

6. 다음 그림은 두 종류의 제한효소로 절단한 두 종류의 DNA 시료를 전기영동 한 젤을 *EtBr*로 염색하여 얻은 띠들을 나타낸다. 하나는 인간 유전체 DNA이며 다른 하나는 대장균 세포에 감염하는 박테리오파아지(박테리아 바이러스)의 매우 작은 유전체이다. 한 제한효소는 *Eco*RI (5′ G^AATTC 3′)이고 다른 제한효소는 *Hpa*II (5′ C^CGG 3′)이다. 젤에서 4개 레인(A−D)의 각각은 어느 DNA 시료를 어느 제한효소로 절단하여 분석한 것인가? 화살표는 전기영동의 방향을 나타낸다.

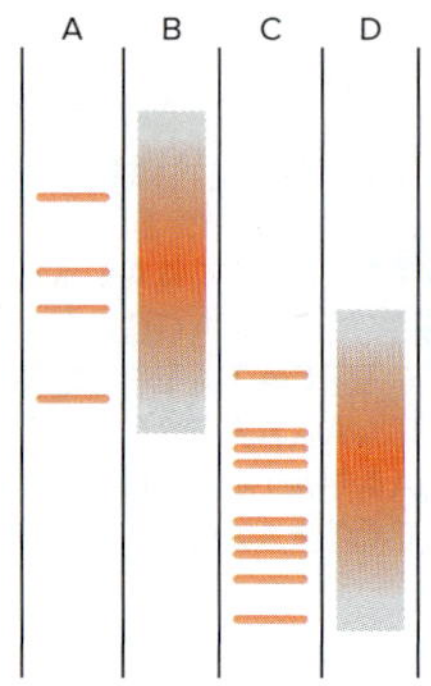

7. 적은 양의 제한효소로 매우 짧은 시간 동안 유전체 DNA를 절단하는 부분절단반응(partial restriction digestion)을 고려하여 다음의 질문에 답하시오.
   a. 부분절단반응에 의해서 생성된 조각들은 완전절단반응(complete restriction digestion)에 의해서 생성된 조각들보다 크기가 긴가 혹은 짧은가? 아니면 크기가 같은가?
   b. 만약 수백만 개의 세포를 포함하고 있는 조직 시료로부터 분리한 유전체 DNA를 부분절단반응으로 절단한다면 조각들의 크기는 같은가 혹은 다른가?

10.2절

8. a. 분자 클로닝의 목적은 무엇인가?
   b. 벡터의 선별 마커는 어떤 목적으로 사용되는가?
   c. 플라스미드 벡터에서 복제 기점의 목적은 무엇인가?
   d. 복제 벡터에 폴리링커가 있는 이유는 무엇인가?

9. 두 개의 다른 제한 효소로 인간 유전체를 정확히 같은 수의 단편으로 절단할 수 있고 단편 크기의 정확히 동일한 분포로 절단할 수 있지만 두 제한 효소에 의해 생성된 말단은 DNA 연결효소에 의해 함께 연결될 수 없는가? 설명하시오.

10. 크기가 4271 bp인 pMBG36 플라스미드 벡터를 사용하여 재조합 DNA 분자를 제작하였다. pMBG36 플라스미드는 *Bam*HI (5′ G^GATCC 3′)과 *Eco*RI (5′ G^AATTC 3′)을 포함하여 여러 종류의 제한효소 인식부위를 한 개씩만 갖고 있다. pMBG36의 폴리링커의 염기서열이 다음에 적혀 있다. 점들은 벡터의 표시하지 않은 다른 염기 부분을 나타낸다.

    5′...CGGATCCCCTAAGATGAATTCCGCGCGCATCGGC...3′
    3′...GCCTAGGGGATTCTACTTAAGGCGCGCGTAGCCG...5′

pMBG36을 *Eco*RI으로 절단한 후, 절단한 DNA 조각을 연습 문제 4번에서 *Eco*RI으로 절단한 플라스미드에 삽입한다.

a. 제작된 재조합 DNA 분자의 DNA 서열을 가능한 만큼 적어 보시오. 가능한 답은 두 가지이다.
b. 문제 (a)에서 왜 두 가지 답이 가능한가?
c. 문제 (a)에 적은 답의 재조합 DNA 분자에는 *Bam*HI 인식부위가 몇 군데 있는가?
d. 재조합 DNA 분자를 *Bam*HI으로 절단하여 젤 전기영동을 수행하면 몇 개의 띠가 분리되는가? 각 띠에 있는 DNA 조각의 크기는 얼마인가?
e. 문제 (a)에 적은 답의 재조합 DNA 분자에는 *Eco*RI 인식부위가 몇 군데 있는가?
f. 재조합 DNA 분자를 *Eco*RI으로 절단하여 젤 전기영동을 수행하면 몇 개의 띠가 분리되는가? 각 띠에 있는 DNA 조각의 크기는 얼마인가?

11. 금어초를 연구하는 원예분자생물학자가 금어초의 꽃잎 빛깔을 결정하는 유전자를 분석하기 위해 유전체 라이브러리를 제작하려고 한다.
    a. 유전체 라이브러리에 특정 유전자를 담고 있는 클론이 한 개 존재할 확률이 95%가 되기 위해서는 라이브러리 제작에 필요한 유전체 당량은 얼마인가?
    b. 이와 같은 유전체 당량을 보장하기 위해 선별해야 할 클론의 수는 어떻게 결정할 수 있는가?

※ 플라스미드 벡터를 이용한 분자 클로닝의 어려움 중 하나는 제한 효소로 분해된 벡터가 유전체 DNA의 삽입 없이 DNA 연결효소에 의해 재결합이 될 수 있다는 점이다. 다음 문제는 이 문제를 처리하는 방법을 조사한다.

12. 대장균의 *lacZ* 유전자는 무색 화합물인 *X-gal*을 파란색 화합물로 분해하는 베타 갈락토오스가수분해효소(β-galactosidase)를 암호화한다. 분자생물학자들은 이러한 특징을 이용하기 위하여 중간에 *Eco*RI 인식부위가 있는 *lacZ* 유전자를 연결한 플라스미드 벡터를 제작하였다(다음 그림 참조). 이 벡터를 *Eco*RI 효소로 절단하여 *Eco*RI-절단 인간 유전체 DNA와 연결하여 만든 재조합 분자로 암피실린-민감 대장균 세포를 형질전환시켜서 암피실린과 X-gal이 들어 있는 배양접시에 도말하여 배양하면 어떤 군락은 흰색이고 어떤 군락은 파란색이다. 그 이유를 설명하시오.

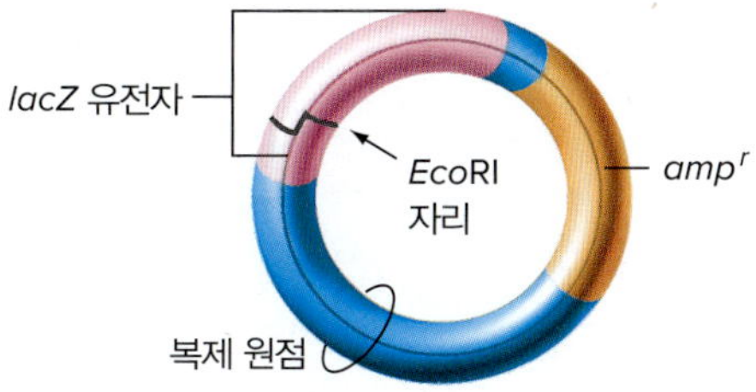

10.3절

13. 다음에서 DNA의 염기서열 분석에 필요한 효소들을 골라보시오. 선택한 효소의 기능은 무엇인가?
    a. DNA 중합효소
    b. RNA 중합효소
    c. 제한효소
    d. DNA 연결효소
    e. 아미노아실-tRNA 합성효소
    f. 펩티딜 전이효소
    g. 역전사효소

10.4절

14. a. 유전체 전체를 서열화하기 위해 유전체 라이브러리를 만들 때, 제한효소로 절단하는 대신에 초음파와 같은 기계적인 분쇄방법을 사용하여 일반적으로 유전체 DNA를 절단하는 이유는 무엇인가?
    b. 새롭게 발견한 생명체의 유전체의 완전한 염기서열을 분석하고자 유전체 라이브러리를 만들고자 하였으나, 사용할 수 있는 초음파 기계가 없었다고 가정하자. 그럼에도 불구하고 어떻게 두 개나 그 이상의 제한효소를 사용하여 라이브러리를 만들어 그들 클론의 염기를 서열화하여 유전체 염기서열을 조합할 수 있는지 설명하시오.
    c. 오직 한 개의 제한효소만 사용할 수 있고, 한 개의 유전체 라이브러리를 만들어 이로부터 유전체 염기를 조합할 수 있다고 가정하자. 어떻게 이러한 목적을 달성할 수 있는가? (힌트: 연습 문제 7번) 이러한 라이브러리를 만들기 위해 4개, 6개, 8개의 염기를 인식하는 제한효소 중 어떤 것을 선호하겠는가?

15. 개인의 각각 특정 유전자의 대립유전자를 가지고 있기 때문에 같은 종의 다른 개인의 유전체 서열은 완전히 동일하지 않다. 이러한 염기쌍 차이를 조사하기 위해 수십만 명의 다른 사람들의 유전체 서열을 결정하였다. 첫 번째 인간 유전체 서열이 결정되면 작은 유전체 단편을 서열화하는 샷건-전략을 사용하여 개인의 유전체를 서열화 할 수 있다(그림 10.8). 개별 인간의 유전체를 서열화 할 때 짝-말단 서열 결정(그림 10.8 및 10.9)이 이제 필요 없는 이유를 설명하시오.

16. 개인의 모든 체세포에 있는 두 유전체(하나는 모계이며 하나는 부계)는 동일하지 않다. 이는 단일 염기서열 리드에서 얻은 데이터에 어떤 영향을 미칠까? 콘티그의 컴퓨터 판독도 영향을 미칠까?

chapter 11

유전체 주석

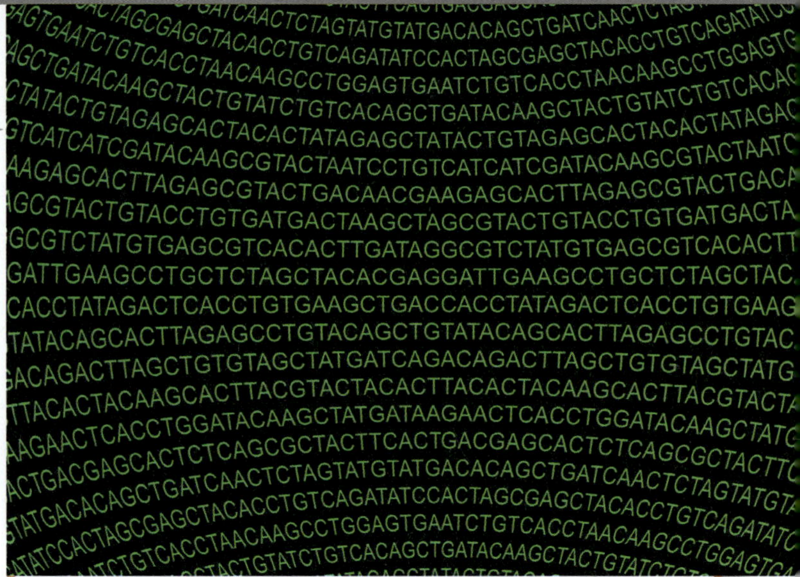

©fredex/Shutterstock

유전체 서열이 결정되면 연구자는 유전자와 같은 기능요소가 수십억 개의 염기쌍 내 어디에 존재하는지 결정해야 한다.

개요

- 11.1 유전체에서 유전자 찾기
- 11.2 유전체 구조와 진화
- 11.3 생물정보학: 정보기술과 유전체
- 11.4 통합 예제: 헤모글로빈 유전자

30억 개에 달하는 인간 유전체 염기서열을 모두 읽어내는 것은 대단한 일이기는 하나 인간 유전체 프로젝트(Human Genome Project)의 첫 단계에 불과했다. 뉴클레오타이드 서열 자체는 다음과 같은 중요한 질문에 대한 답을 주지 못한다. 유전자의 위치는 어디이고 얼마나 많이 존재하는가? 그리고 그것들의 최종 산물은 무엇인가? 유전자와 다른 유전체 요소들이 염색체 상에서 어떻게 조직되어 있는가? 이러한 질문에 대한 답 없이 우리는 인간 유전형(genotype)이 어떻게 복잡한 표현형(phenotype)을 만들어내는지 이해하기 어렵다.

이 장에서 우리는 DNA의 어떤 서열이 어떤 일을 하는지 찾아내는 과정인 인간 유전체 **주석**(annotation)에 대해 설명한다. 주석의 과정은 분자실험 뿐 아니라 대규모의 데이터를 분석하기 위한 복잡한 컴퓨터 알고리즘 등의 다양한 분석방법으로 얻은 자료의 컴파일(compilation)이 필요하다. 이 장의 논의를 통해 배우게 되는 것 중 하나는 인간이 아닌 다른 종의 유전체가 인간 유전체 주석에 중요한 단서를 제공할 수 있다는 것이다. 또한 우리는 인간게놈 프로젝트를 통해 찾아낸 중요한 결과에 대해 살펴보고 이를 통해 3조 개의 염기서열이 어떻게 구성되어 있는지 보다 넓은 시각에서 생각볼 수 있다.

이 장의 중요한 특징은 인터넷기반 자원(Internet-based resources), 특히 미국 국립보건원(U.S. National Institute of Health)에 있는 NCBI(National Center for Biotechnololgy Information)와 같은 대규모 데이터베이스에 대한 소개다. NCBI는 인유전체 외 여러 유전체 서열들을 찾아볼 수 있도록 한다. 마지막으로 인간 유전체 서열이 혈액의 산소 유동성을 저해하는 **혈색소병증**(hemoglobinopathies)이라고 불리는 유전질병의 특징을 이해하는데 어떻게 도움이 되었는지 설명하는 통합 예제를 살펴보며, 이 장을 마무리하고자 한다.

11.1 유전체에서 유전자 찾기

학습 목표

1. 왜 긴 열린 번역틀(Open Reading Frame, ORF)이 단백질 암호화(Protein-coding) 엑손의 존재를 제안하는지 설명한다.
2. 과학자들이 다양한 종의 유전체에서 보존되는 서열을 찾아 어떻게 유전자 위치를 예측하는지의 과정을 기술한다.
3. cDNA 라이브러리 구성 과정 중 역전사효소의 사용에 대해 논의한다.
4. 유전체 라이브러리와 cDNA 라이브러리를 통해 얻을 수 있는 정보를 비교한다.

유전자는 유전체의 핵심 기능 요소다. 이 절에서 우리는 유전체 DNA 서열 내에 존재하는 유전자 위치를 밝히기 위한 방법에 대해 중점적으로 살펴본다. 인간 유전체에 있는 유전자의 주석을 위해 유전체 자체의 서열, 다른 종의 유전체 서열, 인간세포에 있는 RNA 분자의 특징 등의 정보가 유용하게 사용될 수 있다. 이러한 방법은 인간 유전체에서 약 28,000개의 유전자를 성공적으로 찾아냈다. 이러한 노력에도 불구하고 유전자 주석은 끝나지 않았으며 여전히 밝혀지지 않은 유전자들이 존재한다.

열린 번역틀(ORFs)은 단백질 암호화 유전자의 위치 파악에 도움을 준다

단백질 암호화(protein-coding) 유전자의 엑손(exon) 해당영역을 구체적으로 검색하는 한 가지 방법은 긴 **열린 번역틀**(Open Reading Frame; ORF)에 대한 유전체 DNA서열, 즉 정지 코돈에 의해 중단되지 않은 삼중항 번역틀을 가진 뉴클레오타이드 서열을 찾는 것이다. 9장의 유전암호에 대한 논의를 기억한다면, 4개의 뉴클레오타이드는 $4^3 = 64$개의 삼중항으로 배열될 수 있으며, 그 중 3개(DNA 기준으로 TAA, TAG 및 TGA)가 정지를 의미한다는 것을 알고 있다. 따라서 매우 대략적인 추정치지만 임의의 DNA 서열에서 시작하는 한 뉴클레오타이드는 평균적으로 $64/3 \approx 21$ 삼중항 이후에 종결 코돈을 만나게 된다. 만약 뉴클레오타이드가 21개보다 훨씬 더 많은 삼중항에 대해 중단 없이 계속되는 번역틀로 시작되는 경우, 이 영역의 DNA는 임의의 뉴클레오타이드 서열이 아니라 단백질로 발현되는 아미노산 서열일 가능성이 높다(**그림 11.1**).

이 방법은 유용하지만 완벽하지는 않다. 유전자가 아닌 영역에서 우연히 긴 ORF를 포함하는 경우가 거의 없을 것을 기대하기에는 유전체가 너무 크다. 반면, 고등 진핵생물의 많은 유전자는 인트론으로 잘려나가기 때문에 일부 단백질 암호화 엑손의 경우 너무 작아 다른

틀 1 → 5′ ...CCG ATG CTG AAT AGC GTA GAG GTT AGG TAA TCA TCA... 3′
틀 2 → 5′ ... CGA TGC TGA ATA GCG TAG AGG TTA GGT AAT CAT CA... 3′
틀 3 → 5′ ... GAT GCT GAA TAG CGT AGA GGT TAG GTA ATC ATC A... 3′

3′ ...GGC TAC GAC TTA TCG CAT CTC CAA TCC ATT AGT AGT... 5′ ← 틀 4
3′ ...GG CTA CGA CTT ATC GCA TCT CCA ATC CAT TAG TAG ... 5′ ← 틀 5
3′ ...G GCT ACG ACT TAT CGC ATC TCC AAT CCA TTA GTA ... 5′ ← 틀 6

그림 11.1 열린 번역틀(ORFs). 모든 DNA 서열은 6개의 다른 번역틀(한 가닥에서 3개, 다른 가닥에서 3개)에서 번역될 수 있다. 정지 코돈(빨간색)에 의해 중단되지 않는 번역틀이 ORF이다. 긴 ORF는 해당 영역이 단백질 암호화 엑손의 일부임을 시사한다. 이 예에서는 하나의 번역틀(틀 5)만 열려 있다.

정보 없이는 ORF로 식별되기 어렵다.

컴퓨터 프로그램을 통해 엑손을 식별하는데 잠재적인 도움이 될 수 있는 한 가지 정보는 인트론/엑손 경계의 스플라이스 수용체와 공여체 부위가 특징을 가진 공통서열(consensus sequence)로 구성되어 있다는 점이다(그림 9.15 참고). 따라서 유전체 분석 프로그램은 잠재적인 엑손들을 연결하여 유전자를 암시하는 긴 ORF가 만들어지는지 확인할 수 있다.

전장유전체 비교를 통해 자연선택에 의해 보존되는 유전체 영역을 확인한다

유전체 염기해독(sequencing of genome)에 있어 10장에서 설명한 전장유전체 양끝단 샷건(whole genome paired-end shotgun) 방법은 매우 성공적이어서 과학자들은 이미 수천 종의 유전체를 해독했다. 연구자들은 이 엄청난 양의 정보를 활용하여 다양한 종에서 유사한 DNA 영역을 찾을 수 있다. 항상 그런 것은 아니지만 일반적으로 이러한 영역은 유전자에 해당한다.

유전체 비교 연구의 정당성은 찰스 다윈(Charles Darwin)으로 거슬러 올라간다. DNA 이중 나선이 발견되기 거의 1세기 전, 그는 **변이를 통한 유전**(*descent with modification*)의 과정을 통해 지금은 멸종된 조상으로부터 종의 진화를 제안했다. 이제 우리는 변이를 통해 유전되는 것이 종의 유전체를 정의하는 염기쌍 서열이라는 것을 알고 있다. 변이는 DNA에서 발생하는 무작위 돌연변이다. **자연선택**(natural selection)은 그것을 가진 개체가 이점을 주는 돌연변이가 집단 전체에 퍼지고 유해한 돌연변이가 사라지는 과정이다. 도전 과제는 유전자 식별을 위해 DNA 수준에서 이러한 분자적 진화를 추적하는 것이다.

보존 DNA 서열 찾기

출처가 다른 두 개의 유사 DNA 염기서열이 우연히 비슷한 것인지

아니면 공통 기원에 의한 것인지 어떻게 알 수 있을까? 귀무가설의 한 예로, 무작위적인 특정 50 bp 서열을 고려하고 그 서열로부터 독립적으로 만들어낸 DNA 조각이 우연에 의해 100% 동일할 확률을 계산한다고 하자. 길이가 *n*인 임의의 DNA 서열이 발생할 확률은 0.25(특정 위치에서 동일한 염기가 발생할 확률)를 50(필요한 독립적인 우연 사건의 수) 제곱하여 간단히 얻을 수 있다[$(0.25)^{50} = 8 \times 10^{-31}$]. 이 확률은 0에 매우 가깝고, 이는 귀무가설을 무효화하고 자연적으로 발견된 두 개의 완벽하게 일치하는 50 bp DNA 서열은 우연이 아니라 동일한 조상 서열에서 파생된 것이 거의 확실하다는 것을 말한다.

두 가지 서열이 공통 조상의 동일한 DNA 서열에서 파생된 증거로 보일 때, 이 DNA 서열은 다른 종의 DNA 서열의 **상동체**(homolog)라고 한다. 길이가 ~50 bp 이상인 완벽하게 일치하는 서열의 경우라면 증거가 명확하다. 그러나 불완전하게 일치하는 DNA 영역에 대한 상동성 판단 여부는 보다 정교한 통계 분석이 필요하며, 이는 전문 생물정보학 프로그램을 이용해 쉽게 수행할 수 있다. DNA 염기서열의 상동체가 다른 종에서 많이 발견될 때 그 염기서열은 **보존**(conserved)된다고 한다.

DNA 서열 보존의 경관

그림 11.2a와 같은 전통적인 **계통수**(phylogenetic tree)는 유전체 DNA 서열 비교를 통해 만들어졌다. 이 나무는 일련의 공통조상을 나타내는 분기점과 함께 여러 종의 관련성을 나타낸다. 인간 유전체 전체를 다른 척추동물과 비교하면 침팬지(chimp)와 붉은털 원숭이(Rhesus monkey)에 대한 염기서열 보존성(sequence conservation)은 높으나 공통조상까지의 경과시간이 증가할수록 염기서열보존성은 감소한다(**그림 11.2b**). 4억 년이 넘는 거리에서 어류 유전체는 인간 유전체에 존재하는 DNA 서열의 2%만을 포함하고 있다. 대조적으로, 인간 단백질 코딩 서열로 제한하여 비교를 하는 경우에는 척추동물 진화 전반에 걸쳐 보존성이 82% 이상으로 높게 유지된다.

단백질 암호화 영역과 같은 기능 DNA 서열(functional DNA sequence)의 역할을 방해하는 돌연변이는 유기체의 진화적 **적합성**(즉, 유기체의 생존 및 번식 능력)을 감소시킬 수 있다. 결과적으로, 기능 서열(functional sequence)은 표현형에 영향을 주지 않는 비기능 서열(nonfunctional sequence)보다 더 느리게 진화한다. 비기능 서열의 제약없는 복잡성(divergence)은 결국 공통 조상의 모든 증거

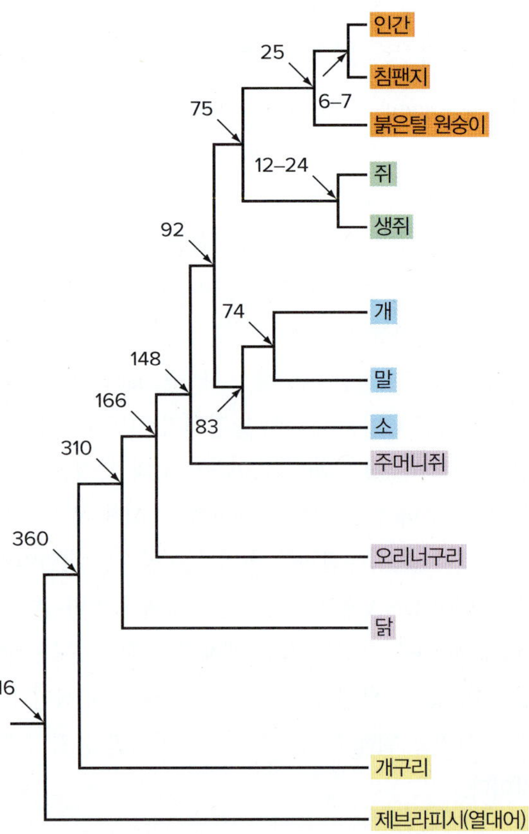

(a)

학명	일반명	1	2
Homo sapiens	인간	100%	100%
Pan troglodytes	침팬지	93.9%	96.58%
Macaca mulatta	붉은털 원숭이	85.1%	96.31%
Rattus norvegicus	쥐	35.7%	94.47%
Mus musculus	생쥐	37.6%	95.36%
Canis familiaris	개	55.4%	95.18%
Equus caballus	말	58.8%	92.70%
Bos taurus	소	48.2%	94.78%
Monodelphis domestica	주머니쥐	11.1%	91.43%
Ornithorhynchus anatinus	오리너구리	8.2%	86.43%
Gallus gallus	닭	3.8%	88.61%
Xenopus tropicalis	개구리	2.6%	87.44%
Danio rerio	제브라피시(열대어)	2.0%	82.38%

(b)

그림 11.2 호모 사피엔스와 다른 척추동물 사이의 유전체 보존. **(a)** 유기체가 분기된 분기점을 보여주는 계통수이다. 숫자는 현재로부터 백만 년 전을 나타낸다. **(b)** 호모 사피엔스 유전체와 다른 척추동물 유전체의 관련성. 1열: 비교 종에서 발견된 완전한 인간 유전체 서열의 비율. 2열: 각 척추동물 유전체에서 발견되는 인간 단백질 암호화 서열의 비율.

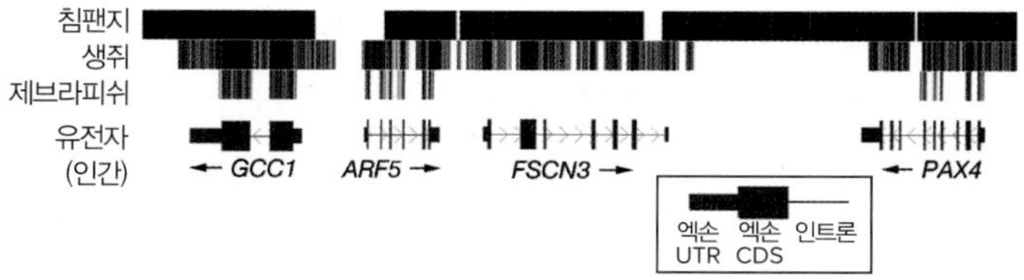

그림 11.3 인간 유전체 100 kb 영역에 대한 상동성 지도. 검은색 영역은 인간과 표시된 종의 유전체가 서로 상동인 영역이다. 인간과 제브라피쉬(Zebrafish) 사이에 보존된 대부분의 DNA 서열은 단백질 암호화 엑손에서 발견된다. 엑손 외부의 일부 서열도 보존되어 있어 현재 알려지지 않은 기능을 할 수도 있음을 보여준다. [UTR: untranslated region(비번역 영역), CDS: protein-coding sequence(단백질 암호화 영역)].

를 지우게 된다. 따라서 전장유전체 비교는 서열 보존 정도에 따라 기능 및 비기능 DNA 서열을 구별할 수 있다.

전산화된 유전체 시각화 도구를 사용하면 유전체를 따라 DNA 서열 보존을 살펴볼 뿐 아니라 진화시간에 따른 보존 역시 살펴볼 수 있다. 4개의 유전자를 포함하는 100 kb 영역에 대한 종간 상동성 분석의 예가 **그림 11.3**에 나와 있다. 그림의 맨 아랫줄은 인간 유전체에서 4개 유전자의 위치와 엑손/인트론 구조를 표시한다. 이 행 위에는 3가지 대표적인 척추동물 종에 대한 상동성 지도가 표시되어 있다. 잘 보존된 DNA 서열은 어두운 선이나 블록으로 표시된다.

인간과 침팬지 종의 긴밀한 관계에서 예상할 수 있듯이, 인간 염기서열은 침팬지 유전체 전 영역에 걸쳐 거의 완전한 보존성을 보인다. 여기에서 생쥐(mouse)로 표시된 다른 포유동물의 경우에도 전체 영역에서 보존성이 분명하게 보이나 패턴이 고르지 않고 작은 보존 영역이 작은 비보존 영역 사이에 여기저기 산재되어 있다.

우리가 물고기까지 계통발생적 경관을 가로질러 가면 진화적 제약을 받는 서열과 그렇지 않은 서열을 더 명확하게 구별할 수 있다. 비교된 모든 종에서 4개 유전자 중 3개 유전자 암호화 영역 대부분이 고도로 보존되어 있다는 점에 주목하라(그림 11.3). 이러한 보존은 3개 유전자의 단백질 산물이 모든 척추동물의 생존에 결정적임을 시사한다. 그러나 4번째 유전자의 상동체는 제브라피쉬에서 발견되지 않아 그 기능이 물고기에게 불필요하다는 것을 나타낸다. 인간, 생쥐 그리고 제브라피쉬 유전체 사이의 상동성은 엑손의 비암호화 부분(유전자의 5′ 및 3′ UTR에 해당)인 인트론과 유전자 사이 영역에서 훨씬 덜 나타난다.

인간이 생쥐나 물고기와 공통 조상을 마지막으로 공유한 이후의 시간처럼 긴 진화 기간에 걸친 서열의 보존은 일반적으로 유전자의 가능성을 보여준다. 그러나 예외가 존재하는데, 보존된 DNA 서열이 암호화 영역이 아닌 위치에서도 드물게 관찰될 수 있다. 이런 희귀한 특징이 매우 잘 보존되어 있다는 것은 대부분의 경우 이러한 기능이 무엇인지 아직 알지 못하지만 진화적 제약을 받은 기능이 있었음을 강력하게 시사한다. 과학자들은 이러한 보존된 비암호화 서열의 역할에 대해 적극적으로 연구 중이다. 일부는 그러한 서열의 근처에 있는 유전자가 mRNA로 전사되는 시기와 위치를 결정하는 역할을 돕는 인핸서(enhancer) 요소(그림 9.11 참조)임을 나타낸다.

유전자를 찾는 가장 직접적인 방법은 전사영역을 찾는 것이다

유전자는 단백질을 암호화하거나 단백질로 번역되지 않는 **비암호화 RNA**(noncoding RNA; ncRNA)를 생성한다. ncRNA의 예로는 rRNA, tRNA 및 snRNA가 있다. 이후 장에서 우리는 유전자 발현을 조절하는 다른 종류의 ncRNA에 대해 살펴볼 것이다. 단백질이든 ncRNA이든 모든 유전자는 RNA(mRNA 또는 ncRNA)로 전사되어야 한다는 공통된 특징을 갖는다. 한 유전자로부터 전사된 RNA의 서열을 안다면, 그 RNA에 해당하는 DNA 서열을 찾는 것만으로 유전체 DNA에서 그 유전자를 쉽게 찾을 수 있다. 이 접근법은 실제로 rRNA(리보솜의 일부를 형성하기 때문에 다른 RNA로부터 분리될 수 있음)와 같이 다량으로 정제될 수 있는 RNA에 잘 적용된다.

대조적으로 대부분의 mRNA와 ncRNA는 세포에서 비교적 드물기 때문에 쉽게 정제할 수 없다. RNA 뉴클레오타이드 서열을 결정하는 기술이 있긴 하지만, DNA 시퀀싱 방법보다 널리 이용되지 않고 수행하기가 훨씬 더 어렵다. 결과적으로 mRNA와 ncRNA를 연구하는 가장 쉬운 방법은 그 서열을 DNA로 복사하고 생성된 DNA 분자를 복제한 후, 유전체 DNA에 대해 이미 설명한 것과 같은 방법으로 클론(clone)의 서열을 읽는 것이다. 여기에서는 인간 유전체프로젝트에서 mRNA 서열을 결정하기 위해 사용한 방법 중 하나를 살펴본다. ncRNA는 일반적으로 폴리-A 꼬리가 없기 때문에 ncRNA를 DNA로 복사하는데 사용되는 방법이 조금 상이하나 이 장에서 자세히 다루지 않는다.

cDNA 라이브러리 생성

mRNA 서열로부터 DNA 클론을 생성하기 위해 연구자들은 **레트로바이러스**(retrovirus)로 알려진 바이러스의 수명 주기의 일부를 모방하는 일련의 **시험관 내**(*in vitro*) 반응을 이용한다. AIDS를 유발하는 HIV 바이러스와 같은 레트로바이러스는 RNA 분자에 유전정보를 담고 있다. 레트로바이러스는 유전자 전달 도구의 일부로 **RNA 의존성 DNA 중합효소**(RNA-dependent DNA polymerase) 혹은 줄여서 **역전사효소**(reverse transriptase)로 알려진 특이한 효소를 포함하고 있다(9장의 「유전학과 사회」의 ***HIV* 및 역전사** 참조). 세포를 감염시킨 후 레트로바이러스는 역전사효소를 사용하여 RNA 단일가닥을 **상보 DNA**(complementary DNA; cDNA) 가닥으로 복사한다.

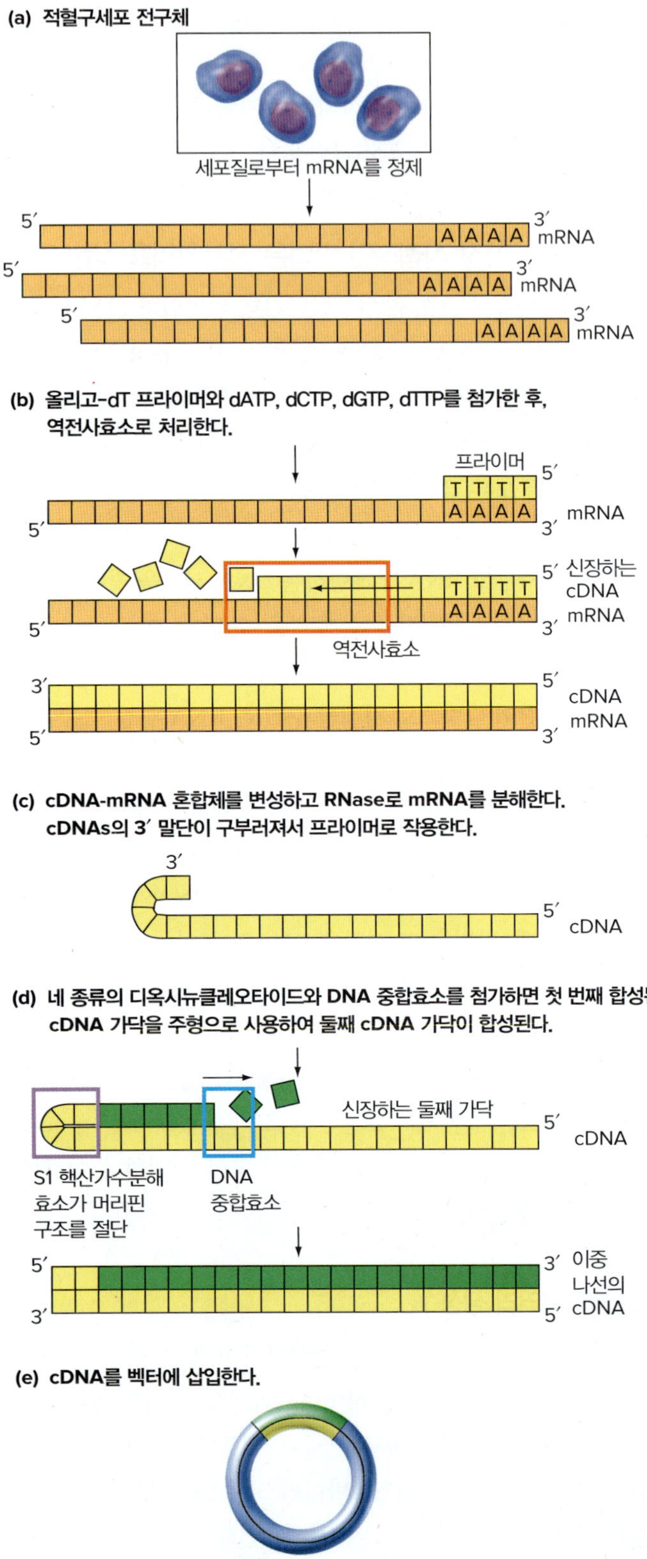

그림 11.4 RNA 전사체의 cDNA 변환. **(a)** 적혈구 전구체에서 mRNA를 얻는다. **(b)** 역전사효소 및 올리고-dT 프라이머를 사용하여 혼성화 cDNA-mRNA 분자를 생성한다. **(c)** 혼합물을 가열하여 mRNA와 cDNA 가닥을 분리한 다음 mRNA 전사체를 제거한다. cDNA 가닥의 3′ 말단은 우연히 동일한 가닥 내의 상보적인 뉴클레오타이드에 결합하여 DNA 중합을 시작할 수 있는 헤어핀을 형성한다. **(d)** 첫 번째 cDNA 가닥에 상보적인 두 번째 cDNA 가닥을 만든다. 핵산분해효소 S1으로 헤어핀을 절단한다. **(e)** 새로 생성된 이중 가닥 DNA 분자를 복제용 벡터에 삽입한다.

DNA 의존성 DNA 중합효소로도 기능할 수 있는 역전사효소는 이 첫 번째 cDNA 가닥의 상보적인 DNA 두 번째 가닥을 만든다(최초의 RNA 주형과 서열이 동일). 마지막으로, 레트로바이러스 RNA 염색체의 이중가닥 cDNA 사본은 숙주 세포의 유전체와 합쳐진다.

역전사효소를 사용하여 적혈구 전구체 세포와 같은 특정 세포 유형에서 전사되는 모든 mRNA의 cDNA 사본을 만드는 방법을 살펴보자. 먼저 간단한 화학적 방법으로 세포에 있는 전체 RNA 분자를 분리한다(**그림 11.4a**). 다음으로, mRNA는 세포 내 RNA의 일부(세포 유형에 따라 1~5%)이기 때문에 훨씬 더 많은 양이 있는 rRNA 및 tRNA로부터 mRNA를 분리할 필요가 있다. 이것은 진핵 세포의 mRNA 3' 말단에 존재하는 폴리-A 꼬리가 **올리고-*dT***(약 20개의 T를 연속으로 포함하는 DNA의 단일 가닥 단편)와 혼성화 할 수 있다는 특징을 이용해 가능하다. 예를 들어, mRNA는 올리고-dT에 연결된 자성구슬(magnetic beads)에 결합하지만 다른 종류의 RNA는 결합하지 않는다. 이 상호작용은 적혈구 전구체 세포에서 발현되는 모든 mRNA의 정제물을 얻을 수 있는 분리 기술(**표시되지 않음**)의 토대가 된다(그림 11.4a).

전체 mRNA에 충분한 양의 4개의 디옥시리보뉴클레오타이드 삼인산(deoxyribonucleotide triphosphates)과 합성의 시작에 필요한 프라이머(primers)를 더해 역전사효소를 넣어주면 mRNA 주형에 결합된 단일 가닥 cDNA를 생성하게 된다(**그림 11.4b**). 이 반응에 사용된 프라이머 역시 올리고-dT이며, 이것은 모든 mRNA의 3′ 말단에서 첫 번째 cDNA 가닥의 중합을 시작하게 한다. 합성이 완료된 후 고온으로 가열하면 mRNA-cDNA 혼성체(hybrid)를 단일 가닥으로 변성(분리)시킬 수 있다. 원래의 RNA 가닥을 분해하는 RNase 효소를 추가하면 온전한 cDNA 단일 가닥만이 남는다(**그림 11.4c**). 이 DNA 가닥의 대부분은 3′ 말단에서 스스로 접혀서 과도기적 헤어핀 고리(hairpin loop)를 형성하여 두 번째 DNA 가닥 합성을 위한 프라이머(primer) 역할을 한다. 그리고는 필수 디옥시리보뉴클레오타이드 삼인산이 있는 상태에서 DNA 중합효소를 추가하면 앞서 합성된 단일 가닥 cDNA 주형 각각에서 두 번째 cDNA 가닥 생성이 시작된다(**그림 11.4d**). 최종산물은 이중 가닥의 cDNA 분자다.

제한효소(restriction enzymes)와 연결효소(ligase)를 사용하여 이중 가닥 cDNA를 적절한 벡터에 삽입한 다음(**그림 11.4e**) 벡터 삽입 재조합체를 적절한 숙주 세포로 형질전환하면 이중 가닥 cDNA 단편의 라이브러리를 생성하게 된다. 각 개별 클론의 cDNA 단편은 적혈구 전구체의 mRNA 분자에 해당한다. 이 cDNA 라이브러리에는 세포가 발현한 유전자의 엑손만 포함된다는 점을 유의해야 한다. **cDNA 라이브러리**에 포함된 클론은 인트론이 포함되어 있지 않은데 그 이유는 클론 자체가 인트론을 포함하지 않는 성숙된 mRNA로 만들어졌기 때문이다. 한 가지 더 이해하고 있어야 하는 것은 적혈구 전구체로부터 만들어진 cDNA 라이브러리에는 전구체에 많이 존재하는 mRNA에 해당하는 클론을 다수 포함되어 있지만 그렇지 않은 희귀 mRNA에 해당하는 클론은 적다는 점이다.

유전체 라이브러리 대 cDNA 라이브러리

그림 11.5는 유전체 라이브러리와 cDNA 라이브러리를 비교하고 있다. 유전체 라이브러리 내의 클론은 DNA의 모든 영역을 동일하게 나타내고 각 클론 영역에서 온전한 유전체가 어떻게 구성되었는지 보여준다. cDNA 라이브러리에 있는 클론은 유전체의 어떤 부분이 특정 조직에서 전사되는지 그리고 이러한 전사체가 어떻게 mRNA로 처리되는지를 보여준다. 특정 유전자에 대한 mRNA의 발현빈도 또한 그 세포에서 만들어지는 다양한 단백질의 상대적인 양에 대한 일부 특징을 보여준다.

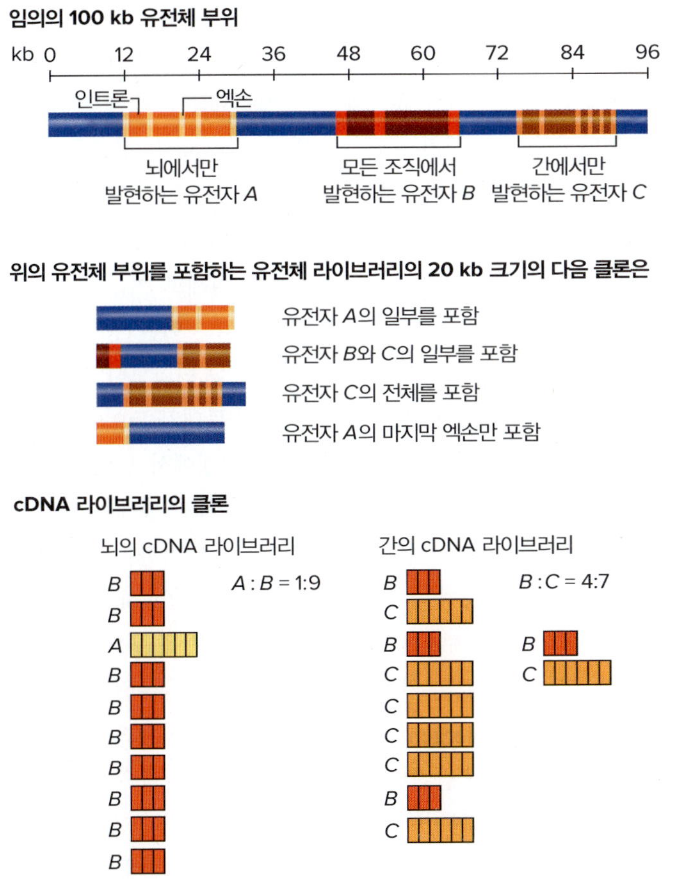

그림 11.5 유전체 라이브러리 대 cDNA 라이브러리. 다세포 유기체의 모든 조직은 동일한 유전체 라이브러리를 생성할 수 있다. 유전체 라이브러리 클론은 유전체의 모든 유전자좌를 같은 비율로 나타낸다. 그와 대조적으로, 서로 다른 조직은 다른 cDNA 라이브러리를 생성한다. cDNA 라이브러리는 해당 조직에서 전사된 일부 유전체 만을 나타낸다. cDNA 라이브러리에 나타나는 서열조각의 빈도는 해당 조직의 해당 mRNA 수준을 나타낸다.

앞에서 설명한 것처럼 cDNA 라이브러리를 만드는 주요 목적 중 하나는 전사된 영역(유전자)을 찾아 유전체에 주석을 다는 것이다. 아이디어는 간단하다. 많은 cDNA 클론의 서열을 읽은 다음 이 cDNA 서열을 유전체 서열과 비교한다. 두 서열이 동일한 영역은 유전자의 엑손을 나타내며, 완전한 cDNA의 서열(전체 mRNA)을 통해 해당 유전자의 엑손/인트론 구조를 결정할 수 있다.

cDNA와 유전체 서열을 비교하여 유전체 주석을 다는 아이디어는 간단하지만 이를 대규모로 실행하는 것은 쉽지 않다. 특정 유전자는 거의 전사되지 않거나 특정 조직에서만 전사되기 때문에 유전체를 연구하는 과학자들은 다양한 조직에서 유래한 mRNA로 만든 여러 cDNA 라이브러리로부터 수백만 개의 cDNA 클론을 서열해독(sequencing)해야 한다. 이러한 이유로 드물게 발현되는 일부 유전자는 아직 유전체 데이터베이스에서 유전자로 인식되지 않았을 수 있다.

cDNAs와 대체접합

대체접합(alternative splicing)은 유전체에 주석을 다는데 있어 또다른 어려움을 준다. 이것은 모든 유기체에서 만들어지는 단백질을 의미하는 **단백질체**(proteome)의 아미노산 서열 예측하는데 있어 매우 중요한 일이다. 문제는 1차 전사체(primary transcript)가 다양한 방식으로 접합될 수 있다는 점이며, 그 중 일부는 단일 유전자에 의해 다른 단백질이 만들어 질 수 있다(그림 9.17 참조).

대체접합에 의해 발생하는 이 문제는 많은 개별 cDNA 클론의 서열해독을 통해 해결할 수 있는데 그 이유는 각각의 cDNA 클론이 개별 성숙 mRNA이기 때문이다. 이러한 cDNA 분석은 전사전구체의 대체접합이 종종 세포유형 특이적으로 발생하여 서로 다른 종류의 세

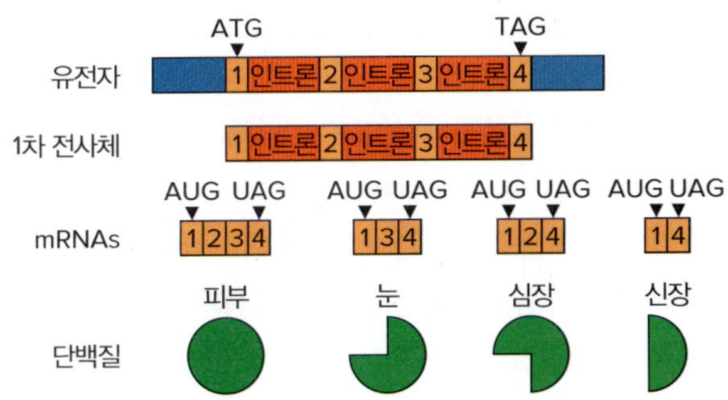

그림 11.6 대체접합은 유전체 주석을 복잡하게 한다. 본 전사체의 엑손(주황색)과 인트론(빨간색)은 종종 세포 유형에 따른 방식으로 대체 접합될 수 있다. 결과적으로 단일 유전자는 여러 다른 단백질을 생산할 수 있다. 연구자들은 다양한 조직의 mRNA로 만든 라이브러리에서 여러 cDNA 클론을 서열분석하여 대체접합을 분석한다.

포가 서로 다른(관련이 있지만) 단백질을 생성할 수 있다는 사실에 도움을 받는다. 이러한 사실은 유전학자들이 다양한 조직의 mRNA를 사용하여 만든 라이브러리에서 cDNA를 서열해독해야 하는 또 다른 이유를 보여준다. cDNA 서열은 특정 세포 유형에서 처리된 mRNA에 어떤 엑손이 나타나는지를 밝히고, 궁극적으로 해당 조직에 존재하는 단백질의 아미노산 서열을 예측할 수 있게 한다(**그림 11.6**).

핵심 개념 11.1

- 유전체 DNA의 긴 열린개방틀(ORF)은 종종 단백질 암호화 엑손을 나타낸다.
- 광범위하게 분기된 종의 유전체 사이에서 보존된 DNA 서열은 종종 유전자의 엑손에 해당한다.
- 역전사효소는 mRNA 전사체에서 상보적 DNA(cDNA)를 생성한다. 따라서 cDNA 클론은 유전자의 엑손만을 나타낸다.
- cDNA 서열은 특정 세포 유형에서 전사전구체가 어떻게 접합되는지를 밝히고 결국 해당 세포 유형에 존재하는 유전자의 단백질 산물 아미노산 서열(들)을 예측한다.

11.2 유전체 구조와 진화

학습 목표

1. 유전자의 수, 전사 방향 및 유전자 밀도를 포함하는 유전체 내 유전자 배열에 대해 토론한다.
2. 유전자 복제와 발산이 어떻게 유전자 족(family)과 유사유전자(pseudogenes)를 형성하는지 설명한다.
3. 진화 시간에 따라 유전체가 변할 수 있는 세 가지 방법을 나열한다.
4. DNA, RNA 및 단백질 수준의 메커니즘이 적은 수의 유전자에서 복잡성을 만들어 낼 수 있는지 설명한다.

인간과 다른 유전체의 완전한 서열은 유전체의 구성과 진화에 대해 새로운 놀라운 통찰력을 제공해왔다. 유전체 서열에 대한 우리의 깊은 지식은 생물학의 관행을 근본적으로 변화시켰다. 이제 다음 네 가지 질문에 초점을 맞춰 이러한 유전체 프로젝트의 주요 교훈과 놀라움에 대해 간략히 설명하고자 한다. 유전체에서 유전자가 차지하는 비율은 얼마나 될까? 유전자는 유전체 내에 어떻게 배열되어 있을까? 진화 과정에서 유전자와 유전체는 어떻게 변하는가? 마지막으로, 상대적으로 적은 수의 유전자를 가진 유전체가 어떻게 인간을 포함해 살아있는 유기체를 만들어낼 수 있는 엄청나게 복잡한 표현형들을 생성할 수 있을까?

대부분의 인간 유전체는 반복적인 DNA간의 유전자이다

유전자가 유전체의 주요 기능원(functional element)이지만 유전자(엑손과 인트론 포함)는 DNA 염기쌍의 약 절반만을 구성한다. 나머지 DNA 대부분은 반복적인 서열로 생물학적 기능이 알려져 있지 않거나 아예 존재하지 않을 수도 있다.

얼마나 많은 유전자가 있을까?

인간 유전체 염기서열의 완성으로 밝혀진 가장 큰 충격은 약 28,000개의 유전자만이 발견되었다는 것이다. 이들 유전자 중 약 20,000개는 단백질을 암호화하고 나머지는 ncRNA로 전사된다. 이 수치는 변동될 수 있다. 매우 작은 단백질을 암호화하고 있거나 mRNA가 드물게 전사되는 일부 단백질 암호화 유전자는 누락되었을 가능성이 있다. 8000개의 ncRNA의 수는 기능이 있는 것으로 알려진 것만을 포함하는 추정치로 실제로는 훨씬 더 많을 수 있다.

정확한 개수와 상관없이 이 숫자는 10만 개 이상의 유전자가 존재할 수 있다고 믿었던 인간 유전체 프로젝트 시작 전의 예측보다 훨씬 낮다. 이러한 초기 추정치는 인간이 박테리아, 효모, 선충류, 초파리와 같은 단순한 모델 유기체보다 훨씬 더 큰 생물학적 복잡성을 가지고 있기 때문에 우리의 유전체에 더 많은 유전자가 있어야 한다는 예상을 바탕으로 계산되었다. 인간 유전체는 실제로 이들 유기체보다 더 많은 유전자를 가지고 있지만 유전자 수의 차이는 생각했던 것만큼 크지 않다(표 10.2 검토). 따라서 유전자 수 변화보다 메커니즘이 후생동물(metazone, 다세포 동물) 복잡성의 토대가 되어야 한다.

유전체 전체길이는 유전자 수보다 진화 과정에서 훨씬 더 현저히 변한다(특히 쥐와 인간과 같은 포유류의 유전체를 벌레와 파리와 같은 모델 진핵생물과 비교해보라. 표 10.2). 이 일반화는 알려진 모든 유전자의 엑손에 해당하는 유전체의 일부인 **엑솜**(exome)이 인간의 전체 게놈의 대략 1.5%에서 2.0%의 작은 비율만을 구성하기 때문에 유효하다. 그 대신 대부분의 DNA 서열은 인트론, 유전자 사이의 공간(**유전자간 영역**; intergenic regions) 그리고 중심체 및 텔로미어와 같은 구조적 특징에서 발견된다. 따라서 서로 다른 종의 유전체 크기에서 관찰할 수 있는 큰 변화는 유전자 수나 유전자 크기의 변화라기보다는 대부분 엑솜 외 DNA 영역의 확장 혹은 수축 때문이다.

반복적인 DNA

인간 유전체 서열을 통해 유전자 외부에 있는 대부분의 DNA가 반복적이라는 것을 밝혀냈는데, 이는 특정 DNA 서열(또는 이들과 유

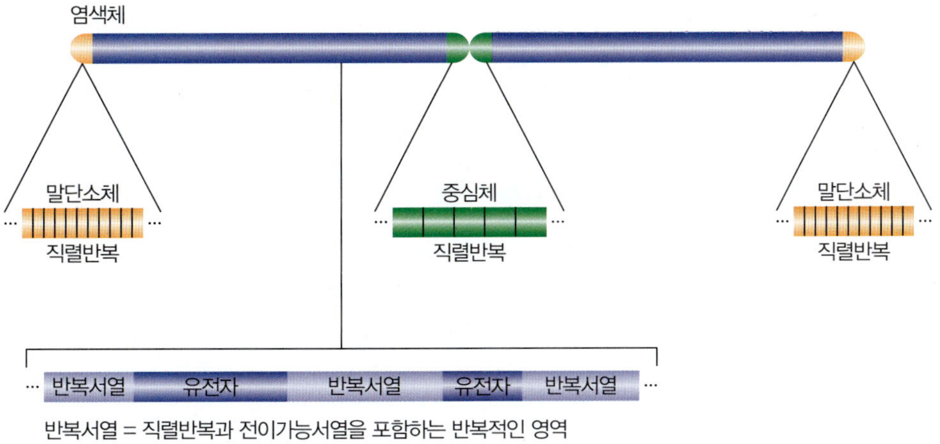

그림 11.7 진핵생물의 염색체 조직. 유전자(대부분 단일 사본으로 존재)는 다중복제 직렬반복 및 전이가능서열을 포함하는 반복적인 DNA로 주로 구성된 유전자간 영역에 산재되어 있다. 말단소체와 중심체는 다중복제 직렬반복으로 구성된다.

사한 서열들)이 게놈에서 여러 번 발견된다는 것을 의미한다(**그림 11.7**). 반복된 서열에는 다중복제 직렬반복(multicopy tandem repeat)과 **전이가능서열**(transposable element)의 두 가지 유형이 있다. 직렬반복은 염색체에 존재하는 각 특정 위치에서 연속적으로 여러 번 나타나는 소수의 염기쌍(CAG: CAGCAGCAG...의 반복과 같은)의 반복 단위를 포함한다. 전이가능서열은 유전체 주위를 이동할 수 있는 일반적으로 수천 개의 염기쌍 길이로 이루어진 DNA 단편이다. 그것들은 유전체 전체에 걸쳐 여러 번 반복되지만 각 전이가능서열은 주어진 위치에 단일 사본으로 존재한다. 그림 11.7은 유전체에 단일 사본으로 각기 존재하는 유전자는 반복적인 DNA로 구성된 유전자간 영역에 산재되어 있다는 것을 보여주는, 염색체 구성에 대한 유용한 경험규칙을 나타낸다. 그러나 이것은 매우 단순화되어 있다는 것을 알아야 한다. 일부 반복적인 서열은 유전자의 인트론이나 단백질 암호화 영역에서도 발견되는 반면(헌팅턴병 유전자 HD와 같은 polyQ 유전자의 경우를 상기하라), 유전자간 영역은 유전체의 한 위치에서만 발견되는 일부 DNA를 포함할 수 있다.

유전체에서 반복 DNA 대부분은 알려진 기능이 없기 때문에 일부 과학자들은 이를 "암흑물질" 또는 **정크 DNA**(junk DNA)라고 부른다. 이 DNA 중 일부는 아직 알려지지 않은 중요한 역할을 할 가능성이 있다. 이런 가능성으로 최근 많은 비율의 반복 DNA가 비록 낮은 수준이나 RNA로 전사되는 것이 밝혀졌다. 그러나 반복 DNA의 대부분은 실제로 기능이 전혀 없을 수 있으며 진화 중에 발생한 우연한 사건의 흔적일 수 있다. 이러한 관점에서 관찰된 낮은 수준의 전사는 단순히 RNA 중합효소가 만들어낸 드문 실수일 수 있다.

예외적인 특정 반복 DNA 서열은 잘 정의된 기능을 가진다. 이들은 염색체의 **중심체**와 **말단소체**를 구성하는 서열이다(그림 11.7). 중심체 반복서열은 자매염색분체를 함께 유지하면서 유사분열 및 감수분열 동안 적절한 시기에 분리되도록 하는 단백질에 결합한다. 말단소체 반복서열은 DNA 복제 동안 염색체 말단이 짧아지는 것을 방지하고 또한 분해효소들로부터 염색체 말단을 보호한다.

반복 DNA 영역은 사본수를 변경할 수 있는 유전체 내 존재하는 효소 메커니즘의 영향을 받기 때문에 반복이 된다. 이러한 서열의 사본수 변화는 다양한 종의 유전체 크기 차이를 상당 부분 설명한다. 이 책의 뒷부분에서 반복 서열의 기원과 중요성에 대해 더 자세히 살펴본다.

유전체 내 유전자 배열은 일괄적이지 않다

이 절과 이 장의 나머지 부분에서는 유전자에 해당하는 유전체의 작은 부분에 초점을 맞추고, 단백질을 암호화하고 있는 것에 대해 강조하여 살펴본다.

대부분의 유전자 전사 방향 임의성

학생들은 종종 염색체의 모든 유전자가 동일한 방향으로 전사되고 항상 동일한 이중 가닥 유전체 DNA 가닥을 주형으로 사용한다고 가정한다. 이 가정은 완전히 잘못된 것이다. 그림 11.3에서 볼 수 있듯이 인접해 있는 유전자는 서로 동일한 방향 혹은 반대 방향으로 전사될 수 있으며 염색체 기준으로는 중심체 쪽으로 또는 말단소체 쪽으로 전사될 수 있다. 그림 11.3과 같은 유전자 지도는 일반적으로 유전자 전사의 5′에서 3′ 방향(즉 RNA 중합효소가 유전자를 RNA로 복사할 때 이동하는 방향)을 화살표로 표시한다.

인접해 있는 유전자는 반대 방향으로 전사될 수 있기 때문에

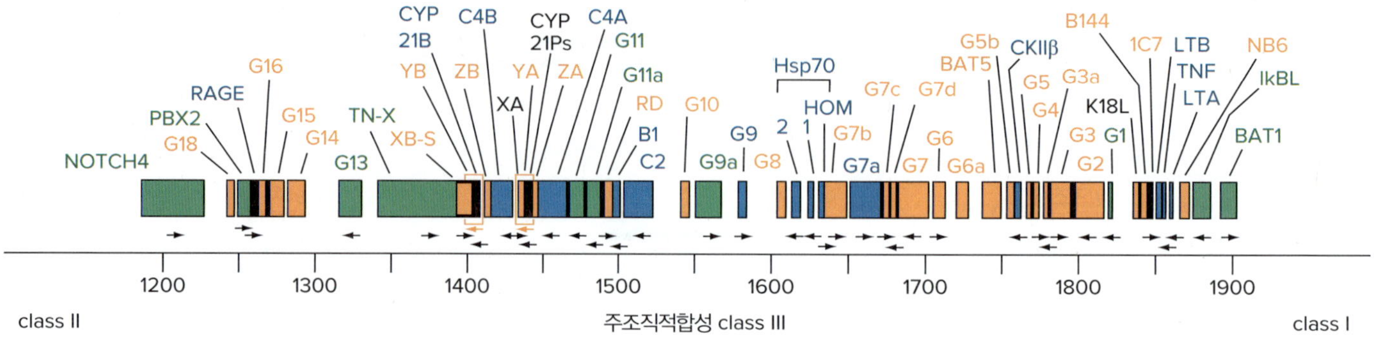

그림 11.8 인간 주요 조직적합성 복합체의 Class III 영역. 조밀하게 밀집한 700 kb 길이의 영역에는 60개의 유전자(색상 상자)가 포함되어 있다. 화살표는 각 유전자의 전사 방향을 나타낸다. 그림 11.3과 같이 일부 유전자는 한 방향으로 전사되고 다른 유전자는 반대 방향으로 전사된다.

RNA 중합효소는 일부 유전자 주형으로 하나의 염색체 가닥("Watson" 가닥이라고 부름)을 사용하는 반면, 다른 유전자 주형은 "Crick" 가닥을 사용할 수 있다. 유전자 대부분은 이웃한 유전자에 대한 전사 방향이 무작위로 나타나거나 적어도 명확한 패턴이 아직 밝혀지지 않았다. 그러나 이 장의 뒷부분에서 설명할 헤모글로빈 유전자를 포함하는 일부 예외적인 유전체 영역에서는 유전자 조절의 특정 메커니즘이 인접 유전자가 동일한 전사 방향을 갖도록 한다.

다양한 유전자 밀도

평균적으로 인간 유전체의 유전자 밀도는 DNA 100 kb당 1개보다 약간 적다(3,000,000 kb 유전체 안에 유전자 28,000개). 그러나 이 대략적인 값은 유전자 뭉침(packing)이 유전체의 다양한 부분에서 매우 다를 수 있다는 사실을 설명하지 못한다. 일부 염색체의 일부 영역은 유전자가 풍부하고 조밀하게 뭉쳐진 유전자들 사이에 공간이 거의 없다. 인간 유전체에서 가장 유전자가 풍부한 영역은 다양한 기능을 가진 조직적합성 단백질을 암호화하는 60개의 유전자를 포함하는 6번 염색체의 700 kb에 걸친 영역이다(**그림 11.8**).

유전자 사막(gene deserts)이라고 불리는 또 다른 영역에는 유전자가 거의 혹은 전혀 없다. 인간 유전체에서 알려진 가장 큰 사막은 단 하나의 유전자도 밝혀진 바 없는 5번 염색체의 5.1 Mb이다. 일부 사막은 핵 전사가 500 kb 이상의 염색체 DNA에 걸쳐 있는 이른 바 **큰 유전자**(big genes)를 포함하고 있기 때문에 유전자가 거의 없다. 인간의 가장 큰 유전자는 2.3 Mb에 달하는 디스트로핀(dystrophin) 유전자로 대부분이 인트론으로 구성되어 있다. 흥미롭게도 큰 유전자는 다량의 전사전구체 생성을 통해서만 발현될 수 있기 때문에 빠르게 분열하는 세포에서는 전사를 완료할 수 없다. 따라서 많은 큰 유전자는 분열하지 않는 뉴런에서만 전사된다. 아주 드문 경우에만 RNA로 전사되는 큰 유전자가 있다면 이런 유전자는 과학자들이 아직 발견하지 못했을 가능성이 있다.

중요하지만 아직 해결되지 않은 질문은 유전자가 풍부한 영역과 (혹은) 유전자가 부족한 영역이 생물학적 의미를 갖는지 여부이다. 유전자 밀도의 이런 차이에 대한 기능적 설명이 존재할까? 그게 아니라면 염색체 구조를 형성하는 진화적 사건 과정에서 일어난 무작위적 변동일까?

유전체는 진화적 변화를 겪는다

유전체는 자연 선택의 원천이 되는 다양한 종류의 DNA 서열 변화를 지속적으로 겪는다. 이 책의 앞 장에서 여러분은 유전자의 뉴클레오타이드 서열을 바꾸는 몇 가지 사건을 접했다. 특히 환경 돌연변이원과 DNA 복제 실패로 인해 뉴클레오타이드 치환이 발생할 수 있다. 유전자 내에서 그러한 점 돌연변이의 축적은 시간이 지남에 따라 유전자의 기능을 확실히 변화시킬 수 있다. 그러나 우리가 지금 설명하는 바와 같이 인간과 다른 종의 유전체 분석은 진화가 단일 뉴클레오타이드보다 큰 DNA 블록을 재편성함으로써 새로운 유전자를 만들어내고 유전체를 재구성할 수 있음을 보여준다. 많은 종류의 과정이 진화의 시간을 거쳐 유전체 가소성(plasticity)을 촉진한다.

도메인 구조의 변화

유전체 주석을 통해 엑손이 종종 별개의 **단백질 도메인**(protein domain)을 인코딩하는 것이 밝혀졌다. 단백질 도메인은 단일 기능 단위로 작용하기 위해 3차원 공간에서 접히는 선형 아미노산 서열을 의미한다. 다중 엑손을 가진 유전자는 다중 도메인을 가진 단백질을 암호화하는데 이는 기차의 차량들과 유사하다. 기차는 다양한 차량으로 구성되어 있으며 각각의 차량(엔진차, 승객차, 식사차, 승무원차)은 고유의 기능을 가지고 있다. 서로 다른 기차는 다른 조합의 차량들로 구성될 수 있으므로 그에 적합한 목적을 수행할 수 있다. 이와 유사하게, 많은 유전자는 별개의 단백질 도메인을 암호화하는 다중 엑손으로 구성된다. 진화 과정 중 엑손의 섞기, 추가 또는 삭제는 새로운 **도메인 구조**(서로 다른 수와 종류의 도메인)의 단백질 산물을 생성하는 새로운 유전자를 생성할 수 있으며, 이러한 유전자들은 세포와 유기체에서 새로운 역할을 할 수 있다.

그림 11.9는 유전자 전사를 조절하는 인핸서(enhancer)와 같은 DNA 영역에 결합하는 단백질인 여러 **전사인자**(transcription factor)와 관련된 도메인의 예를 보여준다. 진화과정에서 엑손 뒤섞임(exon shuffling)은 이런 단백질이 특정 DNA 서열을 인식하고 보조인자(cofactors)와 같은 다른 단백질들과 특이적으로 상호작용할 수 있도록 하는 별개의 도메인을 가진 다른 전사 인자를 생성했다.

생물학자들은 컴퓨터 분석을 통해 특정 단백질(혹은 그것을 암호화하고 있는 유전자)의 기능을 유추할 수 있는데, 그것은 그 단백질이 다른 단백질에 포함되어 있는 어떤 특정 역할이 알려진 도메인을 포함하는지 여부를 확인하는 것이다. 예를 들어, **호메오도메인**(특정 DNA 결합 모티프)을 포함하는 많은 단백질은 다세포 유기체의 발달에 중요한 전사인자다. 컴퓨터 알고리즘은 어떤 유전자가 호메오도메인을 포함하는 단백질인지를 결정할 때 번역된 아미노산 서열과 알려진 호메오도메인의 아미노산 서열과 비교하고 유사 영역을 찾는다(**그림 11.10**).

인트론의 존재는 진핵생물의 유전체에서 이런 종류의 엑손 재배열(그리고 새로운 유전자 생성)을 가능하게 하는데 그 이유는 재배열이 정확할 필요가 없기 때문이다. **그림 11.11**에서 볼 수 있듯이 한 유전자의 엑손과 이웃한 인트론이 다른 유전자의 인트론 내 새로운 위치로 이동했다고 가정하자. 엑손은 이제 두 번째 유전자의 엑손과 함께 접합(spclicing)되어 인트론 내에서 DNA 조각이 결합된 위치에 관계없이 단일 mRNA 분자를 만들게 된다.

유전자 족

유전자 족(gene families)은 서열과 기능이 밀접하게 관련된 유전자 그룹이다. 그러한 유전자 족은 유전체 전체에 걸쳐 많이 존재한다. 유전자군의 예로는 혈액 내 산소 운반을 허용하는 헤모글로빈을 암호화하는 유전자(**그림 11.12**), 감염을 막는 데 도움이 되는 면역글로빈(항체), 후각에 중요한 후각 수용체 등이 있다.

생물정보학을 이용하여 연구자들은 각 유전자 족이 조상 유전자로부터 **복제**(duplication)와 **분기**(divergence) 과정을 거쳐 진화했음을 알 수 있다. 동일하게 시작하는 복제의 두 DNA 서열 산물은 서로 다른 돌연변이를 축적함에 따라 결국 발산한다(**그림 11.13**). 복제

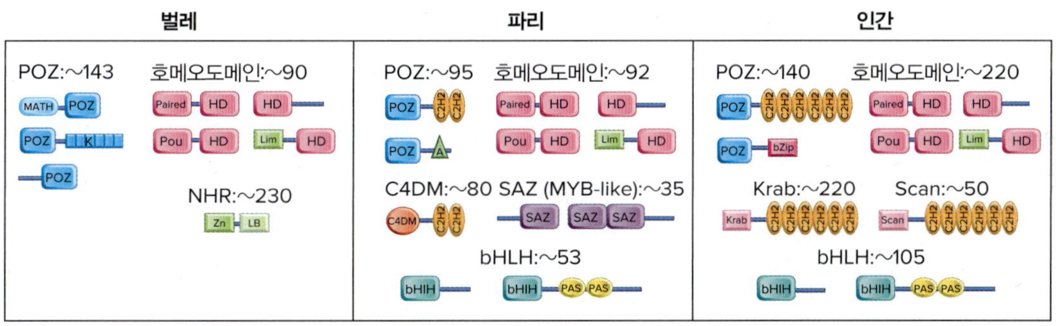

그림 11.9 전사인자의 도메인 구조. 단백질 도메인은 POZ, HD(homeodomain) 등으로 표시된 컬러 아이콘으로 표시된다. 수평선은 동일한 단백질에서 발견되는 도메인을 연결한다. 진화 중 단백질 도메인 재배치는 다른 종의 전사 인자의 수와 유형을 변경한다. 예를 들어, 벌레(worm)는 POZ 도메인을 포함하는 ~143개의 서로 다른 전사 인자를 만드는 반면, 초파리(fruit flies)는 ~95개의 POZ 포함 단백질을 만든다. 그림에 표시된 도메인 중 일부는 DNA 결합을 제어하는 반면 다른 도메인은 단백질-단백질 상호작용을 촉진한다.

그림 11.10 호메오도메인 공통 서열. 공통 서열(consensus sequence)은 모든 유기체에서 알려진 모든 호메오도메인(homeodomain) 내의 주어진 위치에서 가장 일반적으로 발견되는 아미노산을 보여준다. 이어지는 행은 동물 발달과정의 주요 측면을 지시하는 9개 초파리 단백질의 호메오도메인 공통(보라색) 일치성을 보여준다.

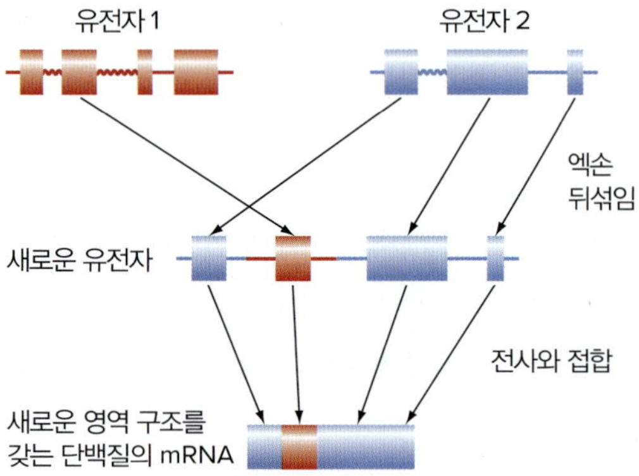

그림 11.11 엑손 뒤섞임. 그림과 같이 2개의 유전자가 인트론에서 끊어져 함께 연결되어 있다고 가정하자. 새롭게 재배치된 유전자의 전사는 인트론에서 절단이 발생한 위치에 관계없이 새로운 도메인 구조를 갖는 새로운 단백질을 암호화하는 성숙한 mRNA로 접합될 수 있는 1차 전사체를 생성하게 된다.

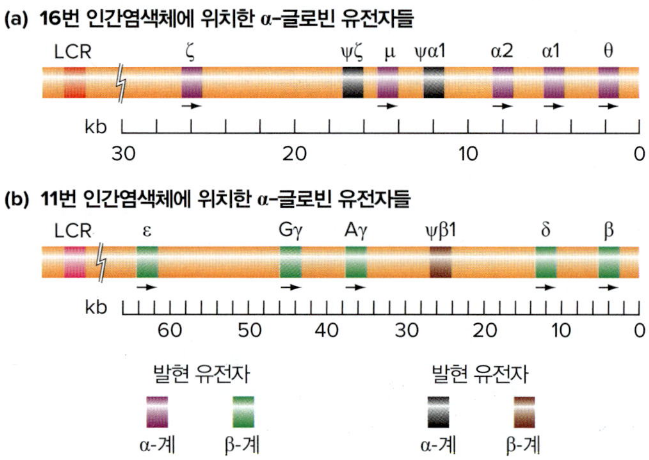

그림 11.12 인간 헤모글로빈의 유전자는 2개의 유전체 군집에 있다. **(a)** α-글로빈 유전자좌. 5개의 기능 유전자는 보라색 상자이고, 2개의 유사 유전자는 검은 상자다. 이 유전자는 모두 같은 방향으로 전사된다(지도에서 왼쪽에서 오른쪽으로). 빨간색 상자는 나중에 설명할 좌위 제어 영역(locus control region, LCR)이다. **(b)** β-글로빈 유전자좌의 도식적 표현. 이 군집은 5개의 기능 유전자(녹색)와 1개의 유사 유전자(갈색)를 포함하고 있다.

및 분기의 과정이 늘어나면 관련 유전자의 수가 추가로 증가될 수 있다. 예를 들어, 인간 유전체에는 헤모글로빈 유전자 족의 10가지 기능적 구성원이 있는 반면, 후각수용체군에는 약 1000개의 유전자가 포함된다. 복제와 발산 과정은 진화의 새로운 원료를 만드는 데 매우 중요한다. 일단 유전자가 복제되면, 분기는 복사본 중 하나는 원 유전자의 기능을 수행하게 하면서 다른 복사본은 연관되었지만 새롭게 전문화된 기능을 할 수 있게 한다.

그러한 그룹에 속한 유전자들은 하나의 염색체에 군집을 이루거나 여러 염색체에 분산될 수 있다. 헤모글로빈 계열의 경우 16번 염색체의 α-글로빈 유전자 족(α-글로빈 유전자좌라고도 함)에는 5개의 기능 유전자가 포함되어 있으며 11번 염색체의 β-글로빈 군

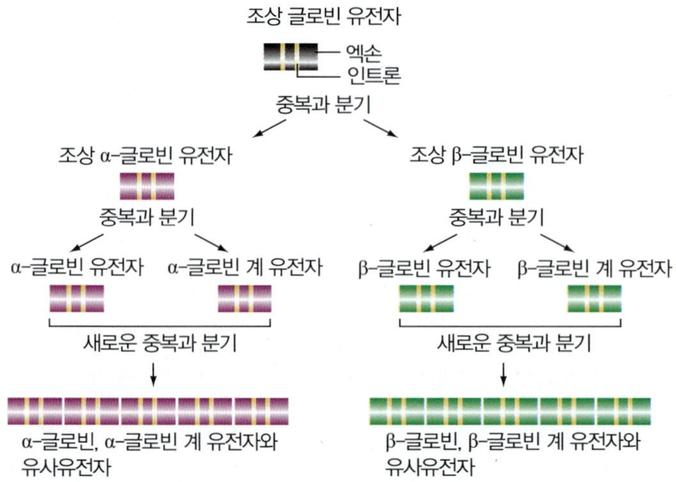

그림 11.13 글로빈 유전자 족의 진화. 조상 유전자의 복제에 이은 복제 산물의 분기는 α- 및 β-글로빈 계통을 확립했다. 각각의 계통 내에서 복제 및 분기의 추가는 현재 글로빈 유전자 족의 유전자와 유사유전자를 생성했다.

집(β-글로빈 유전자좌) 역시 5개의 유전자가 있다(그림 11.12). 모든 α-계 유전자의 서열은 β-계 서열보다 서로 더 유사하며 그 반대의 경우도 마찬가지다. β-계 유전자의 길이는 정확히 동일하고 5개의 β-계 유전자는 정확히 동일한 위치에 2개의 인트론을 가지고 있다. 사실, α-계 유전자 역시 같은 위치에 2개의 인트론을 가지고 있다.

이러한 비교는 모든 글로빈 유전자가 단일 조상 DNA 서열에서 시작된 것으로 추적될 수 있음을 시사한다(그림 11.13). 수억 년 전에 선조의 글로빈 유전자가 복제되었고 하나의 사본이 다른 염색체로 이동했다. 시간이 지남에 따라 두 사본 중 하나는 α 계통을 생성하고 다른 하나는 β 계통을 생성했다. 각 계보는 인간에서 현재의 α-계 및 β-계 유전자 배열을 생성하기 위해 추가 복제를 거쳤다. 서로 다른 유기체의 유전체를 비교함으로써 이러한 다양한 복제 사건이 발생한 시기를 추정하는 것이 가능하다. 예를 들어, 인간과 침팬지의 β-글로빈 군집은 동일한 유전자를 동일한 순서로 갖고 있지만 일부 다른 영장류는 β-계 유전자가 하나 더 적다. 따라서 β-글로빈 족의 마지막 유전자 복제 사건은 인간과 침팬지의 공통 영장류 조상에서 발생했음에 틀림없다.

유전자 족 내 유전자의 관계를 설명하기 위한 새로운 용어의 정의가 필요하다(**그림 11.14**). **오솔로그 유전자**(orthologous genes)는 공통 조상의 동일한 유전자에서 진화한 2개의 다른 종에 존재하는 유전자다. 일반적으로 항상 그런 것은 아니지만, 오솔로그 유전자는 동일한 기능을 갖는다. 인간과 침팬지에서 ε-글로빈 유전자는 오솔로그다. 왜냐하면 ε 유전자는 이미 그들의 마지막 공통 조상에 존재했기 때문이다. 대조적으로, **패럴로그 유전자**(paralogous genes)는 복제에 의

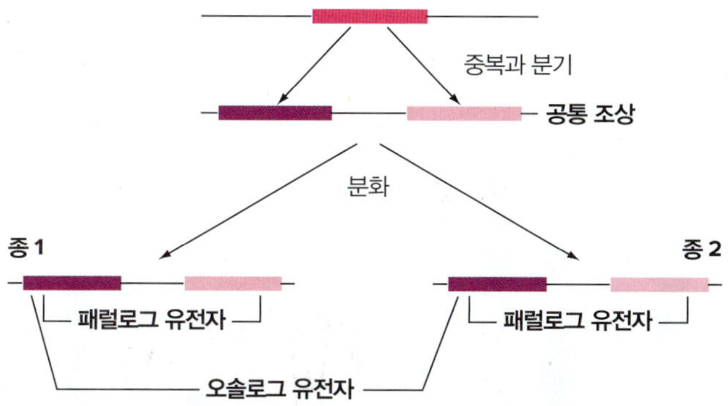

그림 11.14 유전자 족 명명법. 오솔로그 유전자(orthologous genes)는 종분화 사건에 의해 분리된다. 패럴로그 유전자(paralogous genes)는 복제에 의해 분리된다. 상동 유전자(homologous genes)는 분리 메커니즘에 관계없이 공통 조상 DNA 서열의 계통에 의해 서로 관련이 있다. 따라서 이 그림의 모든 유전자는 상동이다.

해 발생한다. 이 용어는 일반적으로 동일 종 내 유전자 족의 다른 유전자를 나타내는 데 사용된다. 따라서 인간 β-글로빈 유전자좌에 있는 δ-글로빈과 ε-글로빈 유전자(그림 11.12b)는 가까운 패럴로그이고 둘다 α-글로빈 군집에 있는 유전자와는 먼 패럴로그다. 마지막으로, **상동성**(homology)은 진화적으로 관련된 모든 서열에 대한 포괄적인 용어다. 따라서 모든 종의 모든 헤모글로빈 유전자는 서로 상동이며 거리는 있지만 관련되어 있는 적혈구가 아닌 근육조직 내 산소 운반 단백질인 미오글로빈(myoglobins)을 암호화하는 유전자와 약한 유사성을 공유한다.

여러 기능을 가진 헤모글로빈 유전자를 만들어낸 복제는 이후 기능이 상실된 유전자도 생성했다. 분자 유전학자들은 더 이상 적절한 발현 능력을 갖지 못한 α 유전자좌 내 2개의 추가 α-계 서열과 β 유전자좌 내 1개 β-계 서열을 보여주는 자료로부터 이 마지막 추론을 이끌어냈다(그림 11.12). 번역틀은 틀이동(frameshift), 아미노산변화(missense) 돌연변이 및 종결 코돈에 의해 중단되고, 유전자의 발현을 제어하는데 필요한 영역은 주요 DNA 신호를 상실했다. 유전자처럼 보이지만 기능하지 않는 서열을 **유사유전자**(pseudogenes)라고 한다. 그들은 모든 고등 진핵생물 유전체 전반에 걸쳐 많은 유전자군에서 발견된다. 흥미롭게도, 거의 모든 유전자가 비활성화된 동일한 유사유전자가 인간과 침팬지 유전체의 β 족에서 발견된다. 이것은 유사유전자 뿐 아니라 기능소실 돌연변이를 유발하는 복제가 두 종의 공통 영장류 조상에 존재했음에 틀림없다는 것을 보여준다.

유사유전자는 기능을 하지 않기 때문에 자연선택 없이 돌연변이를 일으키고 따라서 기능을 가진 유전자의 암호화 또는 조절 서열보다 훨씬 빠른 속도로 돌연변이가 축적된다. 결국 거의 모든 유사유전자 서열은 그들이 유래된 유전자와 구분할 수 없는 경계를 넘어선 변이를 만든다. 따라서 연속된 돌연변이는 한때는 기능을 가졌던 DNA 서열을 본질적으로 무작위 염기쌍 서열로 바꿀 수 있다.

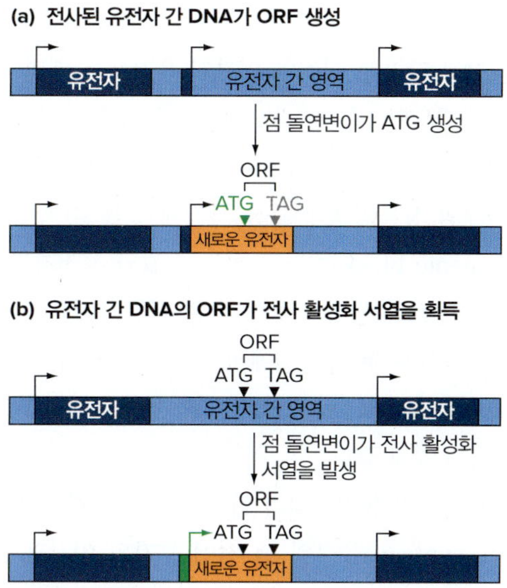

그림 11.15 신생합성 유전자의 기원. 상동체가 없는 유전자는 **(a)** 전사된 유전자 간 DNA가 돌연변이를 일으켜 ATG를 생성하여 작은 ORF를 생성하거나 **(b)** 유전자 간 DNA의 작은 ORF가 전사 활성화 서열을 획득할 때 발생할 수 있다.

신생합성 유전자

서열분석된 유전체에서 대부분의 주석이 달린 유전자들은 유전자 족에 속해 있고 또한 먼 관련이 있는 많은 종에 존재하는 유전자들과 상동체다. 그러나 유전체서열 분석에 의해 발견된 많은 유전자는 다른 종에 상동체가 없거나 밀접하게 관련된 종에서만 상동성을 갖는 것으로 보인다. 예를 들어, 인간 유전체에 있는 수백 개의 유전자는 개체에 따라 다르다. 상동체가 없는 유전자를 **신생합성(de novo) 유전자**라고 한다. de novo라는 용어는 라틴어로 새로운 것을 의미한다.

신생합성 유전자는 조상의 유전자간 서열에서 최근에 진화한 젊은 유전자다. 돌연변이를 통한 새로운 유전자 진화에 대한 2가지 서로 다른 메커니즘 증거가 존재하는데 하나는 전사된 유전자간 영역이 ATG를 획득하여 짧은 ORF(**그림 11.15a**)가 되거나 다른 하나는 원래 전사되지 않은 작은 유전자간 ORF가 전사 조절 서열을 획득하는 경우다(**그림 11.15b**).

짧은 ORF에서 유래한 젊은 유전자에서 기대할 수 있는 것처럼 새로운 유전자는 상동체가 있는 고대 유전자보다 더 작고 단순하다(엑손이 적고 대체접합이 적음). 신생합성 유전자는 단백질체에서 다른 것과 근본적으로 다른 단백질을 암호화하기 때문에 일부 과학자들은 이것이 다양한 신체 패턴의 진화를 촉진하는 데 특히 유용할 수 있다고 생각한다.

염색체 재배치

8,500만 년 전에 갈라진 생쥐와 인간의 유전체는 개별 유전자 서열뿐 아니라 염색체상의 유전자 순서에서도 놀라운 유사점과 차이점을 보인다. 유사성은 24 kb에서 90.5 Mb(평균 17.6 Mb)의 크기 범위인 대략 180개의 상동염색체 블록 각각에서 볼 수 있다(**그림 11.16**). **합성 블록**(syntenic block)이라고 하는 연결된 유전자좌 블록 내 유전자의 순서는 인간과 생쥐에서 매우 유사하다. 그러나 이러한 블록의 염색체 내 순서는 두 유기체에서 완전히 다르다. 그것은 하나의 유전체가 다양한 크기의 180개 조각으로 절단된 다음 다른 유전체에 무작위로 조립된 것과 같다.

동일한 2개 이상의 유전자좌가 다른 종에서 연결되어 있는 **합성보존**(conserved synteny)은 4억 년 전에 분기된 인간과 복어 유전체 사이에도 관찰된다. 그러나 이 경우 합성 블록은 상대적으로 작아서 평균 길이가 약 250 kb에 불과하다.

진화를 수반하는 염색체 블록의 명백한 절단 및 재조립은 유전체 내에서 발생할 수 있는 **염색체 재배열**(chromosomal rearrangement)이라는 사건으로 인한 것이다. 예를 들어, **전위**(translocations)라고 하는 일부 재배열은 한 염색체의 일부를 다른 비상동(nonhomologous) 염색체의 일부에 연결한다. **반전**(inversions)이라고 하는 다른 재배열은 염색체의 한 영역을 나머지 영역으로 180° 뒤집는다. 두 종이 공통 조상을 공유한 시간이 오래될수록, 각 개별 계통에 유전자 순서를 바꾸는 염색체 재배열이 축적된다. 결과적으로 합성 블록의 평균 크기는 종 간의 진화적 거리가 증가함에 따라 작아진다.

우리는 14장에서 염색체 재배열을 일으키는 메커니즘과 이러한 재배열의 유전적 결과에 대해 자세히 논의한다.

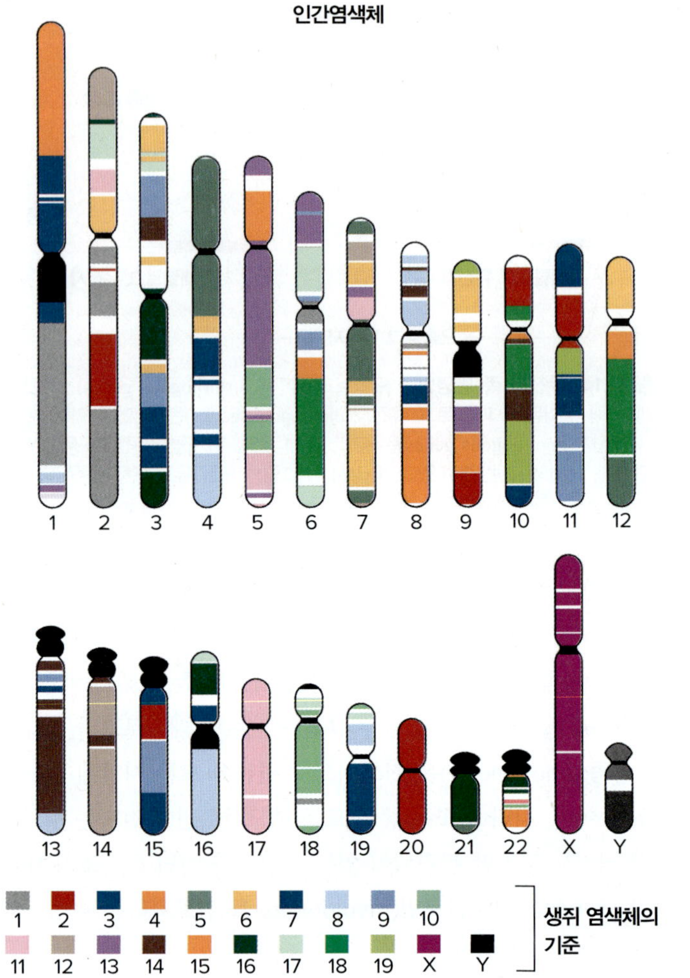

그림 11.16 인간과 생쥐 유전체의 합성 블록. 인간염색체 중 최소 2개의 유전자 순서가 쥐 유전체에서 보존되는 경우 색상 블록으로 나타난다. 각 색상은 기준(key)에 표시된 특정 생쥐 염색체에 해당한다.

상대적으로 적은 수의 유전자가 매우 복잡한 표현형을 만들어낸다

생물학자들은 우리가 부모로부터 물려받은 약 28,000개의 유전자가 어떻게 환경적 요인과 함께 인간 유기체의 놀라운 정교함에 기여하는지에 대한 질문에 답하지 못하고 있다. 그러나 정답의 한 중요한 측면으로 20,000(인간의 단백질을 암호화하는 유전자의 대략적인 수)이라는 숫자는 우리 세포가 형성할 수 있는 다양한 단백질의 수에 근접하지도 못한다는 것이다.

단백질의 다양성은 대부분 같은 유전체에서 시작된 특정 세포에서 DNA 또는 RNA의 서열을 다른 방식으로 결합하는 조합 메커니즘에서 비롯된다. **조합 증폭**(combinatorial amplification)은 여러 가지 방식으로 기본 요소들을 결합할 수 있는 가능성에서 비롯된다. 예를 들어 간단한 슬롯머신에는 각기 7개의 다른 기호를 포함하고 있는 3개의 휠이 있다. 그러나 21개의 기본 요소(7 + 7 + 7)에서 343개의 다른 조합(7^3 또는 7 × 7 × 7)을 생성할 수 있다. 생물학에서 조합 증폭은 DNA와 RNA 수준 모두에서 발생한다.

단백질 다양성에 대한 2번째 기여는 단백질이 번역에 의해 합성된 후 많은 분자 변형을 받는다는 사실이다. 이러한 변형은 단백질 구조와 기능을 변경할 수 있다.

DNA 수준에서의 조합 전략

가장 잘 연구된 DNA 수준 조합 증폭의 예로 T-세포 수용체 유전자는 한 유형의 체세포(T 세포)에서 재배열되지만 생식선 또는 다른 유형에서는 재배열되지 않는 다수의 유전자 단편에 의해 암호화된다(**그림 11.17**). 인간 T 세포 수용체군에는 45개의 기능가변(V; variable) 유전자 절편, 2개의 기능 다양성(D; divergent) 유전자 절편, 11개의 기능연결(J; joining) 유전자 절편 및 2개의 거의 동일한 불변(C;

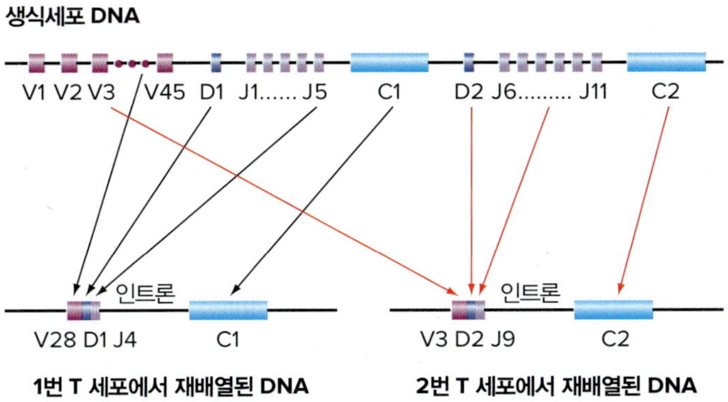

그림 11.17 인간 β T 세포 수용체 사슬 유전자. 생식선과 대부분의 체세포에서 유전자는 ~45개의 V 요소, 2개의 D 조각, ~11개의 J 요소 및 2개의 거의 동일한 C(불변) 영역으로 구성된다. T-세포 발달 동안, 임의의 D는 임의의 J와 결합할 수 있다. 결과적으로 임의의 V는 임의의 D-J와 결합할 수 있고 마지막으로 재배치된 V-D-J 엑손은 C 엑손에 접합된다. 단일 유전자의 이러한 순차적 재배치 결과로 서로 다른 T 세포는 거의 1000가지 종류의 수용체 사슬 중 하나를 발현할 수 있다.

constant) 절편이 있다. 개별 T 세포에서 임의의 D 요소는 먼저 중간의 DNA 삭제를 통해 임의의 J 요소에 결합할 수 있다. 이 결합된 D-J 요소는 다시 한 번 중간 DNA의 삭제를 통해 모든 V 요소에 결합하여 완전한 V-D-J 엑손을 생성할 수 있다. 이 조합 과정은 990개의 서로 다른 V-D-J 엑손($45 \times 2 \times 11 = 990$)을 생성할 수 있지만, 주어진 T 세포에서는 이러한 기능재배열이 하나만 발생한다. 따라서 단일 유전자 내의 58개 유전자 요소($45 + 2 + 11$)에서 조합 결합 메커니즘은 990가지 다른 종류의 T 세포 수용체 단백질을 생성할 수 있다.

T 세포 수용체는 항원이라고 하는 외부 분자 구조와 상호작용 할 수 있다. T 세포는 항원과의 접촉하면 그 수를 1000배 이상으로 나누고 확장한다. 이 항원으로 유발된 유사분열(mitosis)에 의한 유전적으로 동일한 세포 클론으로의 확장은 모든 면역 반응의 핵심이다. T 세포의 원래 집단 중 소수의 특정 조합 유전자 배열은 특정 항원에 더 정확하게 맞는 T 세포 수용체를 우연히 생성한다. 그런 다음 항원과의 결합은 꼭 맞는 수용체를 운반하는 세포의 클론 확장을 촉발하여 유용한 조합 정보를 증폭시킨다. 따라서 면역 반응의 특이성과 강도는 시간에 따라 증가하게 되는데 이는 개인이 노출된 항원에 대한 최상의 수용체를 암호화하는 특정 V-D-J 재배열을 갖는 T 세포의 증식 때문이다.

RNA 수준에서의 조합 전략

다른 순서로 RNA 엑손을 접합하는 것(대체 접합, alternative splicing)은 조합전략이 정보를 증가시키고 다양성을 생성할 수 있는 또 다른 방법이다. 상이한 프로모터 영역에서 전사를 시작하여 더 많은

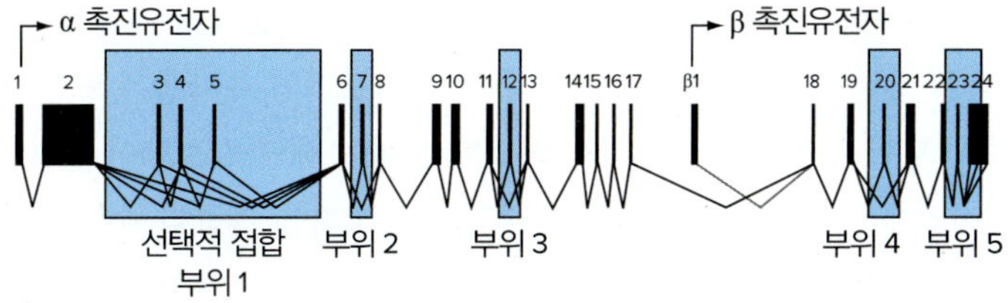

그림 11.18 인간 뉴렉신 유전자 구조. 인간 유전체에는 3개의 뉴렉신(neurexin) 유전자가 있다. 각 유전자에는 2개의 프로모터(α 및 β)와 대체 RNA 접합을 위한 5개의 부위가 있다. 파란색 직사각형은 대체 접합의 영향을 받는 엑손이다. 숫자는 개별 엑손을 나타낸다.

다양성을 만들어내는데 이를 통해 다른 수의 엑손을 가진 전사체를 생성한다.

시냅시스에서 뉴런들을 묶는데 도움을 주는 단백질을 암호화하는 세 개의 뉴렉신 유전자는 이러한 조합 RNA 전략을 모두 보여준다(**그림 11.18**). 각 뉴렉신 유전자는 2개의 프로모터 영역(α-와 β-클래스 mRNA 생성)과 대체접합이 발생할 수 있는 5개 부위를 포함한다. 이 3가지 유전자를 함께 사용하면 아마도 2000개 이상의 대체접합체의 mRNA를 생성할 수 있을 것이다. 핵심 질문은 얼마나 많은 접합 변이체가 기능적으로 구별되는 단백질(동일한 기능을 가진 단백질이 아닌)을 암호화하는지 그리고 배아 성장과정 동안 다른 변이체가 뉴런이 어디로 가야 하는지 알려주기 위한 다른 주소를 나타내는지 등을 포함한다. 많은 cDNA 클론 서열을 살펴봄으로써 과학자들은 신경 조직의 특정 부분집합에 특이적인 일부 접합 변이체를 발견했으며, 이는 신경계 조직을 위한 이 조합 전략의 중요성을 시사한다.

단백질의 번역 후 변형

인간 단백질은 각각 단백질의 기능을 변경할 수 있는 400가지 이상의 화학 반응에 의해 변형될 수 있다. 이러한 번역 후 변형의 몇 가지 예가 그림 9.26에 나와 있으며 여기에는 단백질 절단 및 단백질 인산화와 같은 반응이 포함된다. 따라서 전형적인 인간 세포는 아마도 50,000개의 서로 다른 유형의 mRNA를 가지고 있지만(많은 유전자의 1차 전사체는 단일 세포 유형에서 교대로 접합됨), 100만 개 이상의 서로 다른 단백질을 생성할 수 있다.

유전체 서열연구는 하나의 공통 조상에서 진화되었음을 확인해준다

현재까지 거의 200,000종에 달하는 완전한 유전체 서열을 비교한 결과 다윈과 멘델에서 시작된 아이디어가 확고하게 뒷받침되었다. 모든 살아있는 유기체는 기본적인 세포 과정을 수행하기 위한 유사한 유전 구성요소를 가지고 있다. 이 결론은 우리와 다른 살아있는 유기

체가 모두 하나의 우연한 생명을 생성한 생화학반응에서 유래했다는 생각을 강력히 뒷받침한다. 기본 유전 구성요소의 유사성은 또한 유기체모델에서 적절한 생물학적 시스템 분석이 해당 시스템이 인간에서 어떻게 기능하는지에 대한 근본적인 통찰력을 제공할 수 있음을 확인해준다.

핵심 개념 11.2

- 놀랍게도 가장 복잡한 유전체도 적은 수의 유전자가 있다(인간 유전체의 경우 약 28,000개).
- 유전자 밀도는 인트론 크기와 유전자 사이의 간격 차이에 따라 유전체 내에서 매우 다양하다.
- 유전체 대부분의 영역에서 개별 유전자의 방향과 유전자 전사의 방향은 무작위로 선택되는 것처럼 보인다.
- 다음을 통해 진화하는 동안 새로운 유전자가 발생할 수 있다. (i) 단백질의 도메인 구조를 변경할 수 있는 엑손 뒤섞임; (ii) 유전자 족을 생성하는 복제 및 분기; 및 (iii) 유전자간 DNA 서열의 새로운 돌연변이.
- 단백질의 번역 후 변형뿐만 아니라 DNA 수준 및 RNA 수준에서의 조합 전략을 통해 단일 유전자에서도 고도로 다양한 유전자 산물을 생산할 수 있다.
- 유전체 비교는 현재의 모든 생명체가 단일 공통 조상의 후손임을 확증한다.

11.3 생물정보학: 정보기술과 유전체

학습 목표

1. 생물정보학 연구에 대한 종 참조서열의 관련성을 설명한다.
2. 비교 유전체학에서 BLAST 검색의 용도를 기술한다.

2019년 이 글을 쓰는 시점에 우리 인간을 포함해 거의 200,000종의 유전체는 이미 DNA 염기서열 분석을 통해 특성화되었으며 이 숫자는 지속적으로 증가하고 있다. 연구자들이 사용할 수 있는 서열자료의 양은 어마어마하다. 따라서 과학자들은 이 방대한 정보를 저장하고 해석하는데 컴퓨터에 의존할 수밖에 없다. 정보 저장과 처리를 위해 컴퓨터가 사용하는 디지털 언어는 유전체에 이미 존재하는 디지털 A, C, G, T 코드를 처리하는데 이상적이다. 이 4가지 값은 2진법(00, 01, 10, 11)의 2자리 숫자로 나타낼 수 있다.

1980년대 자동화된 DNA 염기서열해독법의 출현으로 촉진된 생물학 자료 생성의 혁명에 발맞추어 정보 기술에서도 병렬적으로 혁명이 일어나고 있었다. 인터넷은 한 연구실에서 다른 연구실로 전자 자료를 신속하게 전송하기 위해 연결된 개인용 컴퓨터와 함께 등장했다. DNA 염기서열해독 기계의 출력을 전자 저장 매체로 직접 보내는 것은 단순 명료한 작업이었는데 이를 통해 전자 저장 매체에서 서열을 분석하고 다른 과학자에게 정보를 전송할 수 있었다.

1982년 미국 국립 보건원(National Institutes of Health)이 설립한 **GenBank** 데이터베이스는 여전히 가장 널리 사용되는 서열자료 온라인 저장소 역할을 한다. 정보는 전 세계의 분자 생물학 실험실에서 생성되며, 온라인으로 유전자 서열을 GenBank에 기탁한다. GenBank 데이터베이스는 설립 이후 약 8개월마다 크기가 두 배로 증가하여 2019년까지 4×10^{12}개 이상의 주석이 달린 서열 정보 뉴클레오타이드를 포함하게 되었다. GenBank의 가장 큰 장점 중 하나는 인터넷에 연결된 전 세계 모든 사람이 이 놀라운 정보 저장소에 접근할 수 있다는 것이다.

생물정보학은 유전체 분석과 시각화 방법을 제공한다

생물정보학은 유기체 시스템에 포함된 정보의 생물학적 의미를 해독하기 위해 전문화된 소프트웨어를 이용한 계산방법을 사용하는 과학이다. 이 절에서는 공개적으로 사용가능한 모든 웹 브라우저를 통해 액세스할 수 있는 유전체자료 검사 및 해석용 생물정보학 도구 몇 가지를 설명한다.

종 참조 서열

서로 다른 실험실에서 생성된 DNA 서열과 관련된 실험자료 비교는 분석을 위해 보편적으로 합의된 표준의 사용 여부에 달려있다. 이 역할은 **종 참조 서열**(species reference sequence), 즉 완전하고 주석이 달린 단일 종 유전체 버전에 의해 수행된다. 주석이 달린 참조 서열은 국립생명공학정보센터(NCBI; http://www.ncbi.nlm.nih.gov)에서 유지 관리하는 **RefSeq**라는 온라인 데이터베이스에 보관되어 있다. NCBI는 또한 GenBank 및 기타 생물학정보 공개데이터베이스를 보유하고 있다. 참조 서열은 단일 개체로부터 만들어질 필요가 없고 종 구성원에서 발견되는 가장 일반적인 유전변이를 포함할 필요도 없다. 오히려, 이는 해당 종에서 새로 얻은 모든 서열을 비교할 수 있는 잘 특성화된 임의의 서열이다.

유전자와 유전체 시각화

사용자가 유전체 자료의 시각화를 할 수 있도록 하는 여러 웹 기반 프로그램이 개발되었다. 그러한 프로그램 중 하나는 UCSC 유전체 브라우저(https://genome.ucsc.edu/)로 참조 서열 유전자와 엑손/인트론 구조 및 단백질 암호화 영역의 위치와 같은 기능을 보여주는 주석을 시각화 해준다. 그림 11.3은 4개의 유전자를 포함하는 인간 유전체의 100 kb 영역에 초점을 맞춘 유전체 브라우저(Genome Browser) 출력의 예를 보여준다. 전사 단위는 유전자의 범위, 전사 방향 및 각 유전자의 엑손/인트론 구조(엑손은 인트론보다 넓은 것으로 표시됨)를 나타내는 큰 파란색 화살표로 그림 하단에 표시된다. 연구자는 브라우저의 보기를 조정하여 대체접합 변이체, 반복 DNA 서열의 위치, 다른 유기체의 유전체와의 유사성, 가능한 전사 조절 요소의 위치와 같은 관심 있는 많은 추가 유전체 기능을 표시할 수 있다.

BLAST 검색은 상동서열을 자동으로 찾아준다

예를 들어 초파리(*Drosophila*)에서 관심 있는 유전자를 식별했다고 가정하자. 인간 유전체에 이 파리 유전자의 상동체가 포함되어 있는지 알고 싶다고 할 때 사용할 수 있는 도구 중 하나는 BLAST (**B**asic **L**ocal **A**lignment **S**earch **T**ool)라는 NCBI 프로그램이다. 이를 통해 주어진 뉴클레오타이드 또는 아미노산 서열과 관련된 뉴클레오타이드 또는 아미노산 서열을 찾을 수 있다. **그림 11.19**는 BLAST 검색의 일반적인 결과를 보여준다. 이 경우 관심 있는 **초파리** 단백질과 유사성을 공유하는 인간 단백질을 찾는다. 검색어(query)는 이미 알고 있는 서열이다. 여기서는 한 글자 코드로 쓰여진 파리 단백질의 아미노산 서열이다. 대상(subject)은 BLAST 프로그램에 의해 발견된 상동 서열이며 이 경우 관련 인간 단백질이다. 검색어와 대상 사이의 행은 보존된 아미노산을 나타내며 + 기호는 보존적 아미노산 대체(아미노산이 유사한 화학적 특성을 가진 다른 아미노산으로 대체되는 치환)를 나타낸다.

유전체 브라우저 및 BLAST 검색 도구와 같은 생물정보학 프로그램의 힘을 이해하려면 실제로 직접 접속해서 사용해야 한다. 이 장의 끝에 있는 연습 문제 12, 13에는 이러한 방대한 유전체 데이터베이스 중 일부를 마음대로 사용할 수 있는 몇 가지 간단한 문제가 포함되어 있다.

```
Query   688   GPLTASYKSDEIKHLIRALFQDTDWRAKAITQI   720
              GPL A++  S E+K LIRALFQ+T+  RA A+ +I
Sbjct   583   GPLAAAFSSSEVKALIRALFQNTERRAAALAKI   615
```

그림 11.19 BLAST 검색의 출력. 프로그램에 초파리에서 단백질과 관련된 인간 단백질을 찾아달라는 요청을 수행했다. 검색어(query)는 파리 단백질의 아미노산 688-720을 보여준다. 대상(subject)은 검색에 의해 발견된 인간 단백질의 해당 아미노산을 나타낸다. 일부 아미노산은 파리와 인간 단백질에서 동일하다. 더하기 기호(+)는 화학적 특성이 유사한 아미노산의 보존치환을 나타낸다. 일부 위치에서 아미노산 치환은 비보존적이며, 이는 이러한 특정 아미노산이 단백질 기능에 중요하지 않음을 시사한다.

핵심 개념 11.3

- 온라인에서 자유롭게 접근할 수 있는 생물정보학 응용프로그램은 유전체 자료 검색을 위한 통로를 제공한다.
- 유전체 브라우저는 참조 서열 유전체 내의 유전자 배열과 구조를 보여준다.
- BLAST 검색은 특정 DNA 또는 아미노산 서열을 빠르고 자동화된 방법으로 여러 종에 걸쳐 일치된 서열을 찾아내 진화 관계 분석 등을 수행할 수 있게 한다.

11.4 통합 예제: 헤모글로빈 유전자

학습 목표

1. 인간이 발달 단계에 따라 다른 헤모글로빈을 생산하는 것이 유리한 이유에 대해 토론한다.
2. 헤모글로빈 유전자의 군집화가 발현을 조절하는 세포 전략에 어떻게 영향을 미치는지 설명한다.
3. α 및 β 군집에서 특정 돌연변이에 따른 표현형 심각도를 예측한다.

우리 혈액의 생생한 붉은 색은 생명을 유지하는 능력인 산소 운반에서 비롯된다. 이 능력은 차례로 수십억 개의 적혈구에서 유래하며, 각 적혈구에는 **헤모글로빈**으로 알려진 단백질 분자가 거의 2억 8천만 개에 달한다(**그림 11.20a**).

정상적인 성인 헤모글로빈 분자는 4개의 폴리펩타이드 사슬로 구성되어 있다. 2개의 알파(α)-글로빈과 2개의 베타(β-)-글로빈은 각각 **헴 그룹**(heme group)으로 알려진 철 함유 소분자 구조를 둘러싸고 있다(**그림 11.20b**). 헴 내의 철 원자는 산소와의 가역적 상호작용을 유지하여 폐에서 신체 조직으로 이동하는 동안 산소를 붙잡고 있을 만큼 단단하면서도 필요한 곳에서 방출할 수 있을 정도로 느슨하다. 복잡하게 접힌 α 및 β 사슬은 세포 내부의 물질로부터 철 함유 헴을 보호한다. 각 헤모글로빈 분자는 헴당 하나씩 최대 4개의 산소 원자를 운반할 수 있으며 이러한 산소화된 헴은 헤모글로빈 분자와 이를 운반하는 혈액 세포에 주홍색을 부여한다.

발달 단계에 따라 다른 헤모글로빈이 발현된다

유전적으로 결정된 헤모글로빈의 분자 구성은 인간 발달과정 동안 여러 번 변화하여 분자가 배아, 태아, 신생아 및 성인의 다양한 환경에 산소 수송 기능을 적응시킬 수 있다(**그림 11.20c**). 수정 후 처음 5주 동안 적혈구는 2개의 α-계 제타(ζ) 사슬과 2개의 β-계 엡실론(ε)

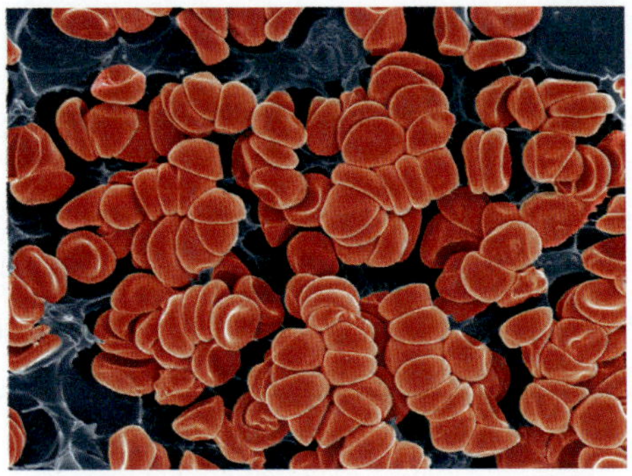

그림 11.20 인간 발달과정 중 헤모글로빈. **(a)** 헤모글로빈을 담은 인간 적혈구의 주사 전자 현미경 사진. **(b)** 성체 헤모글로빈은 2개의 α 및 2개의 β 폴리펩타이드 사슬로 구성되며, 각각은 산소를 운반하는 헴(heme)기를 가지고 있다. **(c)** 인간 발달과정 동안 헤모글로빈은 2개의 α-계 ζ 사슬과 2개의 β-계 ε 사슬을 포함하는 배아 형태에서 2개의 α 사슬과 2개의 β-계 γ 사슬을 포함하는 태아 형태로, 그리고 마지막으로 2개를 포함하는 성체 형태로 전환한다. α 및 2개의 β 사슬. 몇몇 성인 헤모글로빈 분자에서 β-계 δ 사슬은 일반적인 β 사슬을 대체한다. α형 사슬은 보라색이고 β형 사슬은 녹색이다. 그림 11.12에 나타난 μ와 θ 유전자의 단백질 발현은 매우 낮다.
Source: (a): ©Science Photo Library/Getty Images

(a)

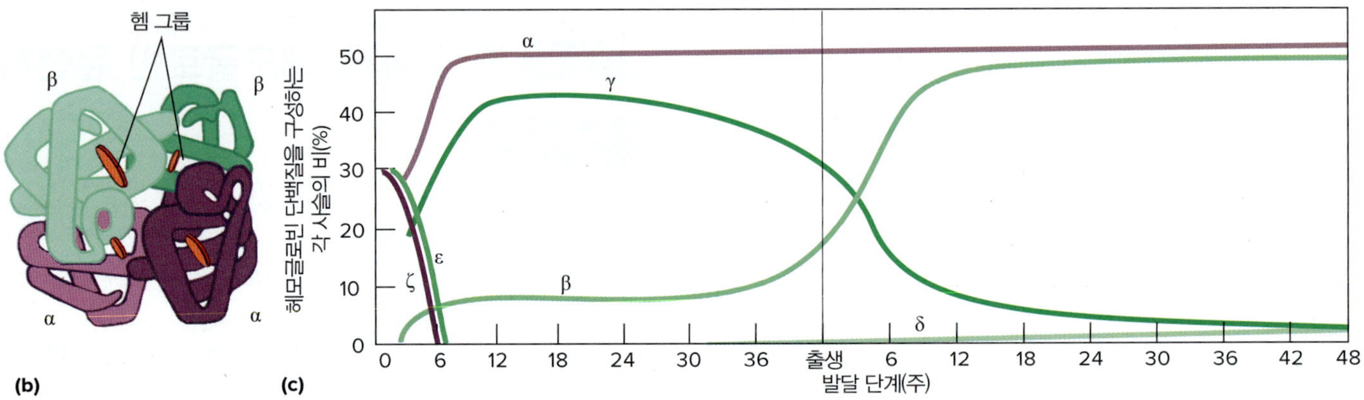

(b) (c)

사슬로 구성된 배아 헤모글로빈을 운반한다. 그 후 나머지 임신 기간 동안 세포는 2개의 진정한 α 사슬과 2개의 β-계 감마(γ) 사슬로 구성된 태아 헤모글로빈을 포함한다. 그런 다음 출생 직전에 2개의 α 및 2개의 β 사슬로 구성된 **성인 헤모글로빈**의 생산이 증가하기 시작한다. 영아가 생후 3개월이 되면 거의 모든 헤모글로빈이 성인형이 된다.

다양한 형태의 헤모글로빈 진화는 다양한 발달 단계에서 개인 세포로의 산소 전달을 극대화했다. 완전히 기능하는 태반과 아직 연결되지 않은 초기 배아는 모체 순환계에서 산소에 대한 접근이 가장 적다. 배아와 태아 헤모글로빈은 모두 성인 헤모글로빈보다 산소와 더 밀접하게 결합하도록 진화했다. 이 사실은 모체 산소를 배아와 태아 헤모글로빈으로 전달하게 한다. 그러나 강한 결합으로 인해 이러한 헤모글로빈은 태아 조직에 산소를 비효율적으로 방출한다. 출생 후 폐에서 산소를 충분히 이용할 수 있을 때 성인 헤모글로빈은 보다 이완된 산소 결합 동력학을 통해 다른 기관으로 산소를 가장 효율적으로 전달할 수 있다.

우리는 헤모글로빈 유전자가 16번 염색체에 있는 약 28 kb 길이의 α-글로빈 유전자좌와 11번 염색체에 있는 약 45 kb 길이의 β-글로빈 유전자좌라는 두 개의 군집에서 발생한다는 것을 확인했다(그림 11.12 검토). 앞서 설명한 바와 같이 5개의 기능유전자와 α-글로빈 유전자좌의 2개의 유사유전자, 5개의 기능유전자와 β-글로빈 -좌의 1개의 유사유전자는 모두 여러 차례의 복제와 발산을 통해 단일 조상 DNA 서열로 역추적 될 수 있다.

여기에서 우리는 인간 유전체 프로젝트에서 얻은 이러한 유전자좌의 DNA 서열이 어떻게 배아에서 태아, 성체 형태에 이르는 정상 발달 과정동안 글로빈 발현을 변화시키는지에 대한 기작에 대해 근본적인 통찰을 주는지 보게 된다. 더욱이, 이 군집의 DNA 서열은 다양한 돌연변이가 다양한 글로빈 관련 장애를 일으키는 방법을 보여준다. 헤모글로빈 질병은 세계에서 가장 흔한 유전 질환이며 β 사슬의 변형으로 인해 발생하는 겸상 적혈구 질환(sickle-cell disease)과 α 또는 β 사슬 생산의 양이 감소하여 발생하는 지중해빈혈(thalassemia)을 포함한다.

α와 β 군집 내 헤모글로빈 유전자의 순서는 발현 시기를 반영한다

α-계 사슬의 경우, 단백질 발현의 시간적 순서는 ζ-글로빈이 배아 첫 5주간, 그 다음 α-글로빈(α1 및 α2 유전자 모두에 의해 암호화)이 태아 및 성체 시기 동안이다. 공식적인 유전자 이름은 *Hbα1*과 *Hbα2*이지만 단순화를 위해 모든 *Hb* 유전자를 인코딩하는 단백질의 이름으로 축약한다. β-계 사슬의 경우 단백질 생성 순서는 배아 첫 5주간

은 ε-글로빈이다. 그런 다음 태아기 동안 γ-글로빈(Aγ 및 Gγ 유전자에 의해 암호화)이고 마지막으로, 출생 후 몇 개월 이내에 대부분은 β이지만 일부는 δ 사슬도 있다(그림 11.20c 참조).

그림 11.12 및 11.20c를 비교해보면, 각 군집 내에서 염색체의 글로빈 유전자 순서는 발달과정의 발현 순서와 유사하다는 것을 알 수 있다. 또한, α-글로빈 유전자좌의 모든 유전자는 16번 염색체에 대해 동일한 방향으로 나열되어 있다. 즉, 그들은 전사 주형으로 모두 동일한 DNA 가닥을 사용한다. β-글로빈 유전자좌의 유전자는 또한 염색체 11번을 기준으로 모두 같은 방향으로 나열되어 있다. 이러한 글로빈 유전자 포함 영역의 구성은 인접 유전자가 무작위로 나열된 것으로 보이는 유전체의 대부분 영역과 대조된다. 이 사실은 발달과정의 다른 단계에서 글로빈 유전자를 켜고 끄는 기작이 무엇이든 상대적인 위치와 방향을 이용한다는 것을 암시한다.

우리는 이제 그 기작이 무엇인지 이해하고 있다. 2개의 글로빈 유전자좌 각각은 한쪽 끝에 해당 유전자좌로부터 순차적인 유전자 발현을 제어하는 **유전자좌 제어 영역**(locus control region; **LCR**)을 포함한다(그림 11.12). 각 유전자좌의 LCR은 19장에서 자세히 논의되는 **인핸서**(enhancer)라는 조절 요소의 집합이다. 인핸서는 **전사 인자**(transcription factor)라는 단백질과의 상호 작용을 통해 적절한 시간에 해당 세포에서 각 유전자의 전사를 활성화한다.

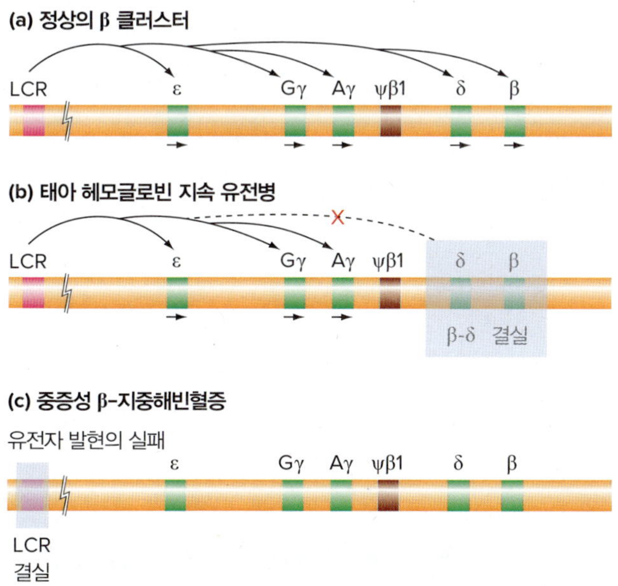

그림 11.21 β-글로빈 유전자 군집의 삭제. **(a)** 정상적인 상황. LCR은 배아에서 ε 유전자, 태아 발달 중에 두 개의 γ 유전자, 성인에서 β 및 δ 유전자를 순차적으로 발현한다. **(b)** β 및 δ 유전자가 결실된 유전자좌는 출생 시 유전자 발현을 전환할 수 없으므로 성인은 여전히 γ 태아 폴리펩타이드를 생산한다. 태아 헤모글로빈의 유전지속성은 양성(benign)이다. **(c)** LCR의 삭제는 군집내 모든 유전자의 발현을 방지하여 심각한 β-지중해빈혈을 유발한다.

β-글로빈 유전자좌의 조직과 LCR을 통한 조절의 흥미로운 결과 중 하나는 드물지만 양성 의학적 상태(benign medical condition)에서 볼 수 있다. 일부 성인에서 적혈구 전구체는 β 또는 δ 유전자를 발현하지 않는다. 이것은 치명적인 상황일 수 있지만 이들은 건강을 유지한다. 질병이 있는 성인의 β-글로빈 유전자좌에 대한 서열 분석은 이들이 β 및 δ 유전자까지 확장되는 특정 결실이 있음을 보여준다(**그림 11.21a**와 **b** 비교). 이러한 특정 결실로 인해 LCR은 일반적으로 출생때와 같이 γ-글로빈에서 β- 및 δ-글로빈 생산으로 전환할 수 없다. **태아 헤모글로빈의 유전적 지속성**이라고 하는 이 희귀 질환을 가진 사람들은 거의 정상에 가까운 건강을 유지하기에 충분한 양의 태아 γ-글로빈을 성인기에 계속 생산한다.

글로빈 관련 질병은 여러 돌변변이의 결과이다

질병이 있는 개인의 DNA 서열을 건강한 개인의 DNA 서열과 비교함으로써 연구자들은 헤모글로빈 유전자의 변형으로 인해 2가지 일반적인 유형의 질병이 발생한다는 사실을 알게 되었다.

첫 번째 종류에서 돌연변이는 아미노산 서열을 변화시켜 α- 또는 β-글로빈 사슬의 3차원 구조를 변화시킨다. 이러한 구조적 변화는 적혈구 파괴를 일으키는 기능이상을 가진 변형된 단백질을 초래한다. 이러한 유형의 질병을 **용혈성 빈혈**(hemolytic anemias)이라고 한다. 예를 들면 β-글로빈 사슬의 6번째 코돈에서 A에서 T로의 치환으로 인한 겸상적혈구병이 있다. DNA 서열의 이 간단한 변화는 사슬의 6번째 아미노산을 글루탐산에서 발린으로 변경한다. 이렇게 변형된 분자를 운반하는 적혈구는 종종 혈관을 막거나 분해되도록 하는 비정상적인 모양을 가지고 있다(그림 8.9 참조).

헤모글로빈 관련 유전질환의 두 번째 주요 종은 2개 글로빈 폴리펩타이드 중 하나의 생산이 감소하거나 제거되는 돌변변이로 인해 발생한다. 이러한 돌연변이로 인한 질병상태는 **지중해빈혈**(thalassemia)로 알려져 있는데 이는 **바다**를 뜻하는 그리스 단어 *thalassa*와 **혈액**을 의미하는 *emia*에서 따왔다. 이 이름은 지중해 연안에 사는 사람들 사이에서 이 혈액 질환의 발병률이 상대적으로 높은데서 유래했다. 여러 유형의 돌연변이가 지중해빈혈을 유발할 수 있는데, 전체 글로빈 유전자 또는 유전자좌를 삭제하는 돌연변이, 글로빈 유전자 외부에 있지만 조절에 필요한 영역에서 서열을 변경하는 유전변이 또는 단백질이 생성될 수 없도록 유전자 내의 서열을 변경하는 유전변이, 예를 들어 넌센스 또는 번역틀이동(frameshift) 돌연변이들이 그런 것들이다. DNA 서열의 이러한 변화의 결과는 정상적인 헤모글로빈 사슬 중 하나 또는 다른 하나가 완전히 없거나 부족해지는 것이다.

임상 증상	유전자형	기능적인 α 유전자의 개수	α 사슬 생산
정상	ζ α2 α1 αα/αα	4	100%
보인자	αα/α–	3	75%
이형접합체의 α–지중해빈혈증 –경증 빈혈	α–/α– 또는 αα/– –	2	50%
HbH (β_4) 빈혈증 –중증 빈혈	α–/– –	1	25%
동형접합체의 α–지중해진혈증 –치사	– –/– –	0	0%

그림 11.22 α-글로빈 군집의 유전자 결실과 관련된 지중해빈혈. 남아있는 α 유전자의 복제수가 적을수록 지중해빈혈의 임상 증상이 더 심각하다.

각 α-글로빈 유전자좌에는 2개의 α-글로빈 유전자(α1 및 α2)가 포함되어 있기 때문에 정상인은 4개의 α-글로빈 유전자를 암호화한다. α-글로빈 유전자좌 내에서 결실을 가진 개체는 이러한 사본 중 1개에서 4개까지 모두 결핍될 수 있다(**그림 11.22**). 하나만 결핍된 사람은 2개의 α 유전자 중 하나가 결실된 이형접합체(heterozygote)일 것이다. 4개 모두가 결핍된 사람은 두 α 유전자의 결실에 대한 동형접합체(homozygote)가 될 것이다. α1과 α2가 수태 후 몇 주부터 거의 동등하게 발현된다는 점을 감안할 때 돌연변이 가능성의 범위는 α-지중해빈혈에서 볼 수 있는 표현형의 범위를 설명한다. α 유전자의 가능한 사본 4개 중 하나만 누락된 개체는 정상이다. 4가지 중 2가지가 부족한 사람은 가벼운 빈혈이 있고, 4가지가 모두 없는 사람은 출생 전에 사망한다.

α1 및 α2 유전자가 태아 초기에 발현된다는 사실은 α-지중해빈혈이 자궁에서 해로운 이유를 설명한다. 대조적으로, 단일 β-글로빈 유전자 대부분이 결실된 동형접합체인 사람들에게 발생하는 질병인 주요 β-지중해빈혈 역시 일반적으로 사망에 이르지만 출생 직후에 사망하는 것은 아니다. 이 개체는 β-유사 단백질 δ-글로빈이 태아에서 발현되기 때문에 어느정도 생존하게 된다(그림 11.20c 참고).

일부 지중해빈혈에서 질병 증상은 α 군집의 한쪽 끝에서 발견되는 LCR 또는 β 군집의 LCR을 변경하는 돌연변이로 인해 발생한다. 영향 받은 군집의 유전자 중 어느 것도 제대로 전사되지 않기 때문에 LCR 중 하나를 삭제하면 심각한 지중해빈혈이 발생할 수 있다(예를 들어 **그림 11.21c** 참조). 그러한 환자의 모든 글로빈 유전자는 온전한 반면 군집 중 하나의 측면에 있는 DNA가 누락되었다는 사실은 LCR의 존재에 대한 첫 번째 단서 중 하나였다.

핵심 개념 11.4

- 배아 및 태아 형태의 헤모글로빈은 성인 형태보다 산소와 더 밀접하게 결합하여 성장하는 배아/태아가 산모의 혈액에서 충분한 산소를 공급받을 수 있도록 한다.
- 발달 과정에 따른 글로빈 유전자의 순차적 발현은 α와 β 군집의 유전자좌 제어 영역(LCR)에 의해 조절된다.
- 지중해빈혈은 군집 중 하나에서 글로빈 폴리펩타이드의 생산을 제거하거나 감소시키는 돌연변이로 인해 발생하는 혈액 질환이다. 이러한 돌연변이는 특정 유전자의 결실 또는 어느 한 군집의 LCR을 포함할 수 있다.

풀이 문제

풀이 문제 I

다음 그림은 *MFAP3L*이라는 유전자를 인코딩하는 인간 게놈 영역에 초점을 맞춘 UCSC 게놈 브라우저의 스크린샷을 보여준다. (참고: *hg38*은 인간 게놈 참조 염기서열의 버전 38을 의미한다.) 브라우저가 게놈을 어떻게 표현하는지 기억나지 않는다면 그림 11.3 하단의 기준을 참조하시오.

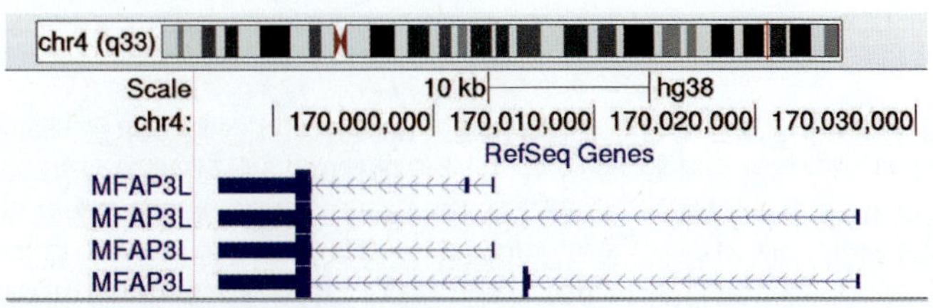

University of California Genome Project, https://genome.ucsc.edu

a. *MFAP3L*의 게놈 위치를 대략적인 용어로 설명하시오.
b. 유전자는 중심체에서 텔로미어 방향으로 전사되는가, 아니면 텔로미어에서 중심체로 전사되는가?
c. *MFAP3L* mRNA의 대체 스플라이스 형태가 데이터에 표시되어 있는가?
d. *MFAP3L*에 대해 얼마나 많은 다른 프로모터가 데이터에 의해 제안되는가?
e. *MFAP3L* 유전자는 얼마나 많은 다른 단백질을 암호화하는 것으로 보이는가? mRNA의 어떤 대안접합 형태가 어떤 단백질을 암호화하는가? 서로 다른 대안접한 형태는 N 말단, C 말단 또는 중간 어딘가에서 각기 다른가? 각 단백질에 포함된 아미노산의 수를 추정하시오.

해답

a. 유전자는 인간 염색체 4의 긴(q) 팔에 있다. 이 위치는 그림 상단의 염색체 표현(idiogram)에 가는 빨간색 수직선으로 표시된다. 이 위치(4*q33*이라고 하는 밴드에서)는 4번 염색체의 작은 팔의 텔로미어에서 대략 1억 7천만 bp(번호가 시작되는 곳)이다. 이 염색체의 총 길이는 약 1억 9천만 bp다.
b. 유전자의 인트론 안의 화살표는 전사 방향이 4q의 말단소체에서 염색체 4의 중심체를 향하고 있음을 보여준다.
c. 데이터는 mRNA의 4가지 대안접합 형태를 나타낸다. 다음 부분에서는 위에서 아래로 A부터 D까지 나열된다.
d. 데이터는 두 프로모터를 제안한다. 하나는 대략 위치 170,027,000에 있고 교대로 접합되어 mRNA B와 D를 생성하는 1차 RNA의 전사를 허용한다. 다른 하나는 대략 170,004,000 위치에 있고 교대로 접합되어 mRNA A와 C를 생성하는 1차 RNA의 전사를 유도한다.
e. 데이터는 *MFAP3* 유전자가 두 가지 다르지만 밀접하게 관련된 단백질을 인코딩할 수 있음을 나타낸다. mRNA A, B 및 C는 모두 동일한 단백질(mRNA D의 N 말단에 다른 단백질에서 발견되지 않는 추가 아미노산을 포함하는 약간 더 큰 단백질)을 암호화한다. 그렇지 않으면 두 단백질이 동일한 것처럼 보인다. ABC 단백질 형태를 암호화하는 ORF는 약 880bp 길이다(대략적인 추정치). 이것은 약 880/3 = 293개 아미노산에 해당한다. D 단백질은 약 50개 아미노산이 더 길다.

풀이 문제 II

동남아시아에서 온 두 부모에게는 태아수종(*hydrops fetalis*)이라는 치명적인 상태를 가진 사산된 아이가 있다. 부모는 α-지중해빈혈(경증 빈혈)을 가지고 있다. 인간은 α-글로빈에 대해 본질적으로 동일한 2개의 유전자(*Hbα1* 및 *Hbα2*)를 갖고 있으며 유전자는 상염색체이므로 정상인은 각각 2개의 사본을 가지고 있음을 기억하시오(그림 11.21).

a. 이 부부가 많은 수태를 했다면 이러한 수태 중 몇 퍼센트가 태아수종을 일으킬 것으로 예상되는가?
b. 북아프리카에서 온 다른 두 부모도 모두 α-지중해빈혈을 앓고 있지만 유전 상담가는 그들의 임신 중 어느 것도 태아수종을 일으키지 않을 것이라고 말했다. 유전 상담사의 조언이 어떻게 정확할 수 있는지 설명하시오.

해답

a. 동남 아시아의 부모는 모두 α-글로빈 군집의 정상 사본 하나와 *Hbα1* 및 *Hbα2* 모두에 대해 삭제된 다른 사본이 있는 이형 접합체여야 한다. 그들의 4분의 1은 태아수종(결손에 대한 동형접합), 절반은 α-지중해빈혈($Hb\alpha 1^{+}$ $Hb\alpha 2^{+}$ / − −), 4분의 1은 정상 상황($Hb\alpha 1^{+}$ $Hb\alpha 2^{+}$ / $Hb\alpha 1^{+}$ $Hb\alpha 2^{+}$)으로 이어질 것이다.
b. 북아프리카의 부모는 둘 다 2개의 *Hbα* 유전자 중 하나가 결실된 동형접합체였다. 따라서 그들의 모든 아이들은 α-지중해빈혈(정상적인 4개 대신에 2개의 *Hbα* 유전자)을 가질 것이고, 그들의 개념 중 어느 것도 태아수종으로 이어지지 않을 것이다. 유전 상담사는 부모의 유전체 분석을 통해 *Hbα* 유전자좌에 어떤 종류의 결함이 존재하는지 알고 있는 경우에만 이러한 조언을 제공할 수 있다.

연습 문제

어휘

1. 왼쪽 열의 각 용어에 대해 오른쪽 열에서 가장 일치하는 구문을 선택하시오.

a. 엑솜	1. 기능 단위를 포함하는 단백질의 특정 영역
b. 신생(de novo)유전자	2. 유전자족 중 기능이 없는 유전자
c. 유전자사막	3. 유전자 엑손의 서로 다른 배열의 결합
d. 유사유전자	4. 서열정렬 시 각 위치에서 가장 많이 발견되는 핵산 혹은 아미노산
e. 신테니(synteny)블록	5. 복제와 발산의 과정을 통해 관련된 유전자 그룹
f. 오솔로그	6. 서로 다른 종에서 같은 순서로 같은 기능을 가진 염색체 영역
g. 자연선택	7. 같은 모유전자로부터 발생한 유사서

열을 가진 서로 다른 종의 유전자

h. 컨센서스 서열 — 8. 한 종에서 복제를 통해 발생하는 유전자들

i. 유전자족 — 9. 유전체에서 엑손에 해당하는 모든 유전자 서열

j. 패럴로그 — 10. 유전체에서 유전자가 없는 영역

k. RNA대체접합 — 11. 유전자간 서열에서 최근 진화함

l. 단백질 도메인 — 12. 생존에 접합한 개체는 살아남고 그렇지 않은 개체는 도태되는 현상

11.1절

2. 그림 11.2a는 나무의 다른 가지에 있는 종이 마지막으로 공통 조상을 공유했던 수백만 년 전의 대략적인 수를 나타내는 숫자를 가지고 있다.
   a. 인간이 침팬지, 생쥐, 개, 닭, 개구리와 마지막으로 공통 조상을 공유한 것은 약 수백만 년 전인가?

   진화적 사건에 대한 이러한 추정치는 현재 다양한 종의 유전체 서열을 비교함으로써 부분적으로 얻어졌다. 이러한 추정의 이면에 있는 기본 가정은 분자 시계의 가정이다. 특정 유형의 유전체 서열의 차이는 진화 기간 동안 비교적 선형 속도로 축적된다. 다음 세 가지 종류의 뉴클레오타이드 변화를 고려하시오. (i) 아미노산 동일성을 변경하는 암호화 영역의 미스센스 돌연변이; (ii) 특정 아미노산에 대한 코돈을 동일한 아미노산에 대한 다른 코돈으로 변경하는 침묵(동의) 돌연변이; 및 (iii) 인트론의 돌연변이. 돌연변이의 세 가지 유형 중 어느 것이 . . .
   b. . . . 가장 느리게 가는 시계를 나타내는가? (즉, 유전체에서 가장 빠르게 축적되는 돌연변이 유형은 무엇인가? 힌트: 그림 11.3 참조)
   c. . . . 4억 년 전에 공통 조상을 마지막으로 공유했던 종의 분기 시간을 추정하는 데 가장 많이 사용되겠는가?
   d. . . . 다른 유전자에 축적되는 비율이 가장 다를 가능성이 있는가?

3. 유전자의 2개의 엑손 부분을 포함하는 복제된 유전체 조각에서 다음 서열 중 하나를 얻었다. 다른 서열은 이 유전자의 mRNA를 나타내는 cDNA 클론의 해당 부분에서 얻었다. (참고: 단순함을 위해 인트론은 비현실적으로 짧다. 스플라이싱에 필요한 시퀀스 기능이 전부는 아니지만 일부만 존재한다.)

   서열 1:
   5′ TAGGTGAAAGAGTAGCCTAGAATCAGTTA 3′
   서열 2:
   5′ TAACTGATTTCTTTCACCTA 3′

   a. 어느 서열이 유전체 단편이고 어느 것이 cDNA 단편인가?
   b. 유전체 서열의 RNA 유사 가닥을 작성하고 5' 및 3' 말단을 표시하시오. 엑손/인트론 경계인 염기 사이에 수직선을 그린다. (접합 순서는 그림 9.15를 참조하시오.)
   c. 이 문제에서 접합에 필요한 서열 기능이 누락된 것은 무엇인가?
   d. 두 엑손이 모두 단백질을 암호화하는 뉴클레오타이드 서열로만 구성되어 있다고 가정하면, 유전자의 α-단백질 생성물의 아미노산 서열에 대해 무엇을 결정할 수 있는가? (N-to-C 방향을 나타낸다.)

4. 왜 진핵생물을 연구하는 유전학자는 cDNA 라이브러리를 구축하는 반면 박테리아를 연구하는 유전학자는 거의 구축하지 않는가? 박테리아 유전학자들이 원하더라도 cDNA 라이브러리를 구축하는 데 어려움을 겪을 수 있는 이유는 무엇인가?

5. cDNA 라이브러리의 삽입서열을 시퀀싱할 때 발생하는 문제를 살펴본다.
   a. 많은 클론을 개별적으로 시퀀싱했다면 동일한 유형의 mRNA 분자에 대한 cDNA 시퀀싱을 계속해서 비효율적으로 많은 자원을 낭비하지 않았는지 설명하시오. 얼핏보면 비효율적인 이 과정이 개별 mRNA의 서열정보 외에 어떤 유용한 정보를 제공하는가?
   b. 4kb 길이의 cDNA 삽입서열이 있는 클론을 확인했다고 가정하자. 당신은 DNA를 작은 무작위 단편으로 절단하여 클론의 전체 서열을 복제하고, 조각을 벡터로 만들어 작은 샷건 라이브러리를 만든 다음 이러한 클론 중 많은 부분을 시퀀싱하여 컴퓨터가 4 kb 길이의 삽입서열의 전체 서열을 정렬할 수 있도록 한다. 그러나 이 절차는 비효율적이다.

   훨씬 적은 수의 시퀀싱 반응만이 필요한 대체 방법을 프라이머 워킹(primer walking)이라고 한다. 이 기술에는 방금 얻은 cDNA 서열에 해당하는 추가 올리고뉴클레오타이드 프라이머의 합성이 포함된다. 프라이머 워킹을 사용하여 전체 4kb 길이의 복제된 cDNA 시퀀싱을 수행하는 방법을 다이어그램으로 표시하고 벡터 및 삽입물, 사용할 모든 프라이머, 얻을 수 있는 모든 서열을 표시하시오. 읽은 각 서열 길이는 1 kb라고 가정한다.

11.2절

6. 박테리아 게놈과 비교하여 인간 게놈에서 단백질 암호화 DNA에 대한 총 DNA의 비율이 훨씬 더 높은 두 가지 이유를 제시하시오.

7. 다음 그림은 UCSC 유전체 브라우저에 표시된 인간 유전체 일부의 수정 스크린샷 일부를 보여준다. A부터 G는 게놈 서열과 관련하여 정렬된 상이한 cDNA 클론이다. 이 다이어그램을 해석하는 데 도움이 필요하면 그림 11.3의 기준을 참조하시오. 엑손을 나타내는 아이콘의 높이에 세심한 주의를 기울이시오.

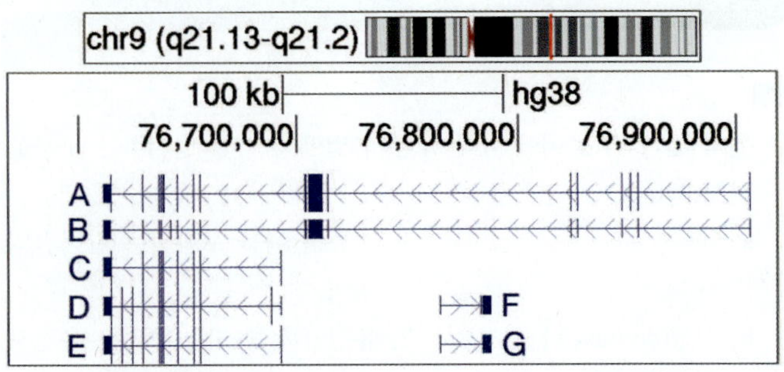

University of California Genome Project, https://genome.ucsc.edu

a. 얼마나 많은 주석된 유전자가 인간 게놈의 이 영역에 존재한다고 생각하는가?
b. 이 영역의 주석된 모든 유전자에 대해 중심체에서 텔로미어 방향 또는 텔로미어에서 중심체 방향으로 전사되는지 여부를 표시하시오.
c. 데이터에 의해 제안된 프로모터는 몇 개인가? 이러한 프로모터는 대략 어디에 있는가?
d. 얼마나 많은 서로 다른 단백질이 이 영역의 DNA 서열에 의해 암호화되는가?
e. 인간 유전체의 이 영역에서 특이한 점은 무엇인가?

8. 그림 11.11은 인트론으로 분해된 염색체 단편을 다시 연결하여 이전에는 존재하지 않았던 새로운 유전자를 만들 수 있는 엑손 셔플링 모델을 나타낸다. 그러나 그림에 표시된 것과 같은 이벤트의 특정 비율만이 원래의 폴리펩타이드로부터 기능 도메인을 가진 단백질을 암호화된 유전자를 생성할 수 있다. 이 비율은 얼마인가?

9. a. 새로 확인된 유전자에서 징크-핑거 도메인(DNA 결합을 용이하게 함)을 발견했다면 해당 유전자의 기능에 대해 어떤 가설을 세울 수 있는가?
b. 새로 확인된 이 유전자가 동일한 유기체에서 이전에 밝혀진 유전자와 전체 길이에 걸쳐 높은 비율의 유사성을 공유한다고 가정하자. 이 사실은 두 유전자의 기원에 대해 무엇을 시사하는가? 이러한 유전자를 다음 중 무엇으로 분류하겠는가?
(i) 상동성, (ii) 유사성 또는 (iii) 이종성? (하나 이상의 답변 적용가능)

10. 인간의 면역 체계에서 소위 B 세포는 감염으로부터 우리를 보호하는 10억 개 이상의 다른 유형의 항체 분자를 만들 수 있다. 그러나 우리의 유전체에는 항체에서 발견되는 폴리펩타이드를 암호화하는 유전자가 3개뿐이다. 이러한 유전자에 대해 DNA 수준(V-D-J 결합) 및 RNA 수준(대체 접합)에서 어떤 종류의 조합 이벤트가 발생하는지 확인하기 위해 어떤 실험을 수행할 수 있겠는가?

11. 완전한 유전체 서열은 인간 유전체에 대략 28,000개의 유전자가 있는 반면 벌레(선충) 유전체에는 약 22,000개의 유전자가 있음을 보여준다. 약 20% 더 많은 유전자를 가진 인간 유전체가 어떻게 벌레보다 훨씬 더 복잡한 생물을 암호화할 수 있는지 설명하시오.

11.3절

12. 컴퓨터의 브라우저에서 URL: http://genome.ucsc.edu/cgi-bin/hgGateway로 액세스되는 페이지를 확인하시오.
상단의 검색어 상자에 *CFTR*(낭포성 섬유증을 담당하는 *CFTR* 유전자)을 입력한 다음 "GO"를 누르면 인간염색체 7에 있는 *CFTR* 유전자의 구성을 보여주는 창으로 이동하게 된다. [그림 대신 목록이 나타나면 목록 상단 근처에 CFTR (ENST00000003084.10)이라고 표시된 굵은 링크를 클릭하시오. 그러면 해당 창으로 이동하게 된다.] 이 창의 상단에는 보기를 좌우 이동, 확대(뉴클레오타이드 서열 수준까지), 축소 또는 (두 번째 행에서) 다른 염색체 위치로 이동할 수 있는 제어 버튼이 있다. 이 버튼 아래에는 보고 있는 염색체의 idiogram이라 불리는 다이어그램이 있는데 염색체 중 빨간색으로 표시되는 영역은 현재 관찰하고 있는 특정 영역이 표시된다.
a. *CFTR* 유전자에는 몇 개의 엑손이 있는가?
b. *CFTR* 유전자는 인간염색체 7번의 짧은 팔(p 암)에 있는가 아니면 긴 팔(q 암)에 있는가?
c. *CFTR* 유전자는 어떤 방향으로 전사되는가? 중심체를 향해서? 혹은 중심체에서 멀어지는 방향으로?
이제 보기를 10배 축소한다.
d. CFTR 양 옆에 있는 유전자의 이름은 무엇인가? 이 유전자는 CFTR과 동일한 7번 염색체 가닥에서 전사되는가 아니면 다른 가닥에서 전사되는가?
이제 7번 염색체 전체가 보일 때까지 100배 축소한다.
e. 7번 염색체의 대략적인 크기는 Mb로 얼마인가?
f. 사람의 7번 염색체에서 중심체의 대략적인 위치는 어디인가?
g. 참조 염기서열 유전자가 전체 염색체를 볼 때 쌓여 있는 것처럼 보인다는 사실의 중요성은 무엇인가?

13. UCSC Genome Browser (http://genome.ucsc.edu/cgi-bin/hgGateway)를 사용하여 문제 7에 첨부된 그림에 표시된 두 가지 주요 유전자의 이름을 확인하시오.

11.4절

14. 경미한 형태의 β-지중해빈혈을 가진 어떤 사람들은 2개의 α사슬과 2개의 β사슬을 가진 정상적인 성인 헤모글로빈에 더하여 2개의 α사슬과 2개의 사슬이 각각에 N-말단 절반은 β정상 사슬에서 나오고 C-말단 절반은 정상 β사슬에서 나온 소위 레포어(*Lepore*) 헤모글로빈이라는 특이한 헤모글로빈을 낮은 수준으로 생산한다. 무증상인 다른 사람들은 2개의 α 사슬과 2개의 사슬을 포함하는 다른 특이한 항-레포어(anti-Lepore) 헤모글로빈을 생성한다. 이 헤모글로빈에는 N-말단 절반은 정상 β사슬에서 나오고 C-말단 절반은 정상 β사슬에서 나온다.
a. 레포어 및 항-레포어 헤모글로빈을 모두 일으킬 수 있는 사건을 설명하시오.
b. 경미한 지중해빈혈을 가진 사람들은 레포어 헤모글로빈 동형접합체를 가지는가 아니면 특이한 대립유전자에 대한 이형접합체를 가지는가?
c. 경미한 지중해빈혈을 가진 사람들이 정상적인 성인 헤모글로빈보다 적은 양의 레포어 헤모글로빈을 생성하는 이유는 무엇인가?

15. 인간의 *Hbα1* 및 *Hbα2* 유전자는 암호화 영역이 동일하다. 이 사실과 문제 14에 대한 답을 염두에 두고 이 두 유전자 중 하나가 자주 삭제될 수 있는 메커니즘을 설명하시오.

chapter **12**

유전체 변이 분석

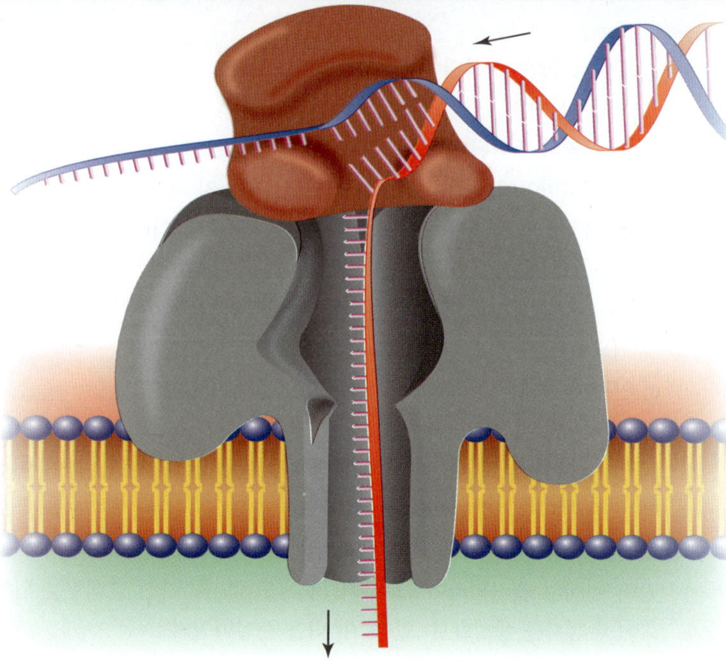

대규모 병행적 DNA 염기서열 분석을 위한 새로운 기술 중 한 가지로서 마이크로포어(회색)라고 불리는 좁은 통로에 DNA를 관통시킬 수 있는 효소(갈색)를 이용하는 것이다. DNA가 그 통로를 통과할 때 각각의 염기서열에 특이적인 방식으로 그 통로를 통과하는 이온들의 흐름을 제한하는 패턴을 감지한다. 통로를 통해 발생하는 이온 흐름을 시간의 함수로 기록하여 DNA 염기서열로 해석할 수 있다.

개요

- 12.1 **유전체 간의 변이**
- 12.2 **질병 유발 변이의 유전형 검사**
- 12.3 **유전체 상의 DNA 변이 찾아내기**
- 12.4 **위치 클로닝**
- 12.5 **전장유전체 염기분석법의 시대**

전 세계적으로 수백만 명의 사람들이 궤양성 장염과 크론병(Crohn's disease)과 같은 질병에 시달린다(**그림 12.1**). 환자의 면역계가 장내 세균들에 대해 과민 반응을 일으켜 장막 세포들을 공격하기 시작하여 급격한 복통, 구토, 설사, 구역질, 피로감 등이 환자의 일상을 망가뜨린다. 100여개의 유전자들에서 나타나는 변이들이 염증성 장질환(inflammatory bowel diseases; IBDs)에 대한 유전적 소인을 증가시키는 것으로 밝혀졌다.

닉 볼커(Nic Volker)는 두 살이 되어 생명이 위태할 정도의 심한 IBD를 겪기 시작하였다. 네 살이 될 때까지, 닉은 소화관 일부를 잘라내기 위한 수술을 140회나 받았다. 닉의 부모와 의사들은 그의 절망적인 상황을 바꾸기 위해 인류유전학자들로 하여금, 닉의 유전체의 전장 유전체 염기분석을 하였다. 2009년, 놀랍게도 연구팀은 닉의 질병을 일으켰던 돌연변이를 발견할 수 있었다. 이 장에서 실제로 어떤 과정을 통하여 그 변이를 찾았고 닉의 병을 고칠 수 있었는 지에 대하여 기술할 것이다.

이 사례는 DNA 수준에서 직접 유전자형을 분석할 수 있는 기술력의 향상이 의료행위에 영향을 미칠 수 있음을 보여 주는 단적인 예이다. 2019년 과학자들은 한 사람의 이배체 유전체에 존재하는 60억개의 뉴클레오타이드들을 이틀만에, 약 백만 원 남짓 되는 비용으로 해독을 할 수 있게 되었다. DNA 염기서열 분석 기술들에서의 새로운 혁신들로 인해 비용이 급격히 줄어들었기 때문에 이제 유전자형을 결정하는 일은 건강관리 분야에서 일상적인 부분이 될 것이다.

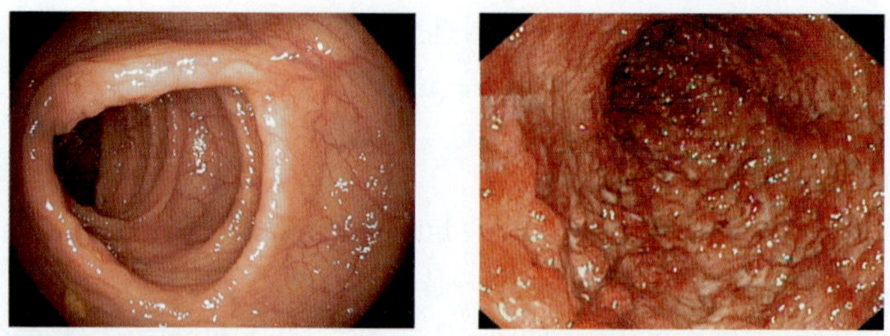

(a) 정상인의 장 (b) 크론병

그림 12.1 염증성 장 질환. 정상인(왼쪽)과 크론병을 앓는 환자(오른쪽)의 대장내시경(섬유형 카메라를 이용하여 내부를 관찰하는 검사) 사진. *Source: (a–b): Gastrolab/Science*

12.1 유전체 간의 변이

학습 목표

1. 어느 정도의 DNA 다형성이 서로 다른 두 사람의 유전체를 구분해 줄 수 있는지 추정한다.
2. 이런 DNA 다형성들 대부분이 사람들의 표현형적 차이를 만들지 못하는지의 이유를 설명한다.
3. DNA 변이들을 그 구조, 형성 기작, 유전체에서의 빈도와 관련하여 종류별로 구분한다.

야생형 인간 유전체 같은 것은 없다. 그저 서로 다른 두 사람의 유전체 사이에는 엄청난 양의 변이가 존재할 뿐이다. 이 장의 후반에 설명될 전장유전체 염기서열 분석에 대한 새로운 기술들의 출현으로, 개인별 유전체 차이의 정도는 점차 분명해지고 있다. 이 DNA 서열 변이들 중 일부만이 개인의 특징을 만드는 표현형들을 만든다. 그러나 DNA 서열 차이가 표현형에 직접적인 영향을 미치지 않는다고는 해도, 그들은 유전자들과 염색체들을 추적하는 아주 좋은 표식자들이다.

광범위한 DNA 변이가 같은 종의 개체들을 구분해 준다

DNA 이중 나선구조의 공동 발견자 중 한 명인 제임스 왓슨(James Watson), DNA 서열화의 선구자인 J. 크레이그 벤터(J. Craig Venter), 이름 모를 어느 중국인 남성의 유전체들은 총 560만 개 이상의 단일 뉴클레오타이드에서 **표준** 인간 유전체(GenBank RefSeq)와의 차이를 나타냈다(**그림 12.2**). 각 개인의 유전체는 다른 두 사람 중 어느 누구와도 공유하지 않는 약 100만 개의 독특한 **DNA 다형성**(DNA polymorphism), 즉 서열 차이들을 가지고 있었다. 반면, 나머지 260만 개의 다형성들은 둘 중 어느 한 사람과 겹치거나 일부 경우에는 세 사람 모두가 공유하고 있었다.

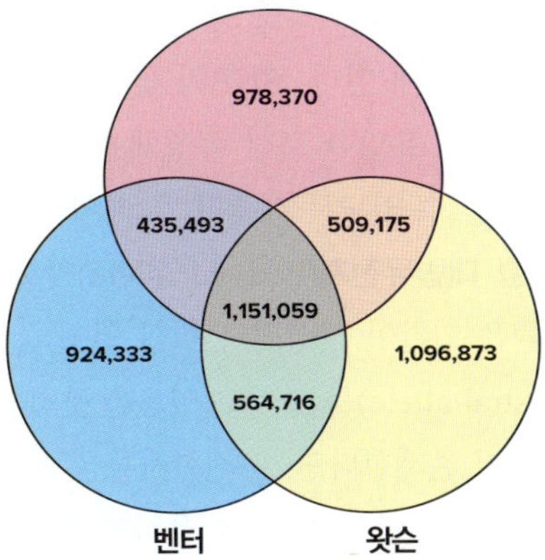

그림 12.2 세 사람의 유전체 비교. J. C. 벤터, J. D. 왓슨 그리고 익명의 중국인(YH) 세 사람의 유전체를 표준 유전체 서열과 비교하여 찾은 단일 뉴클레오타이드들을 보여준다. 개인이 변이에 대해 동형접합형인지 아니면 이형접합형인지에 관계없이 하나의 치환이 한번으로 계산되었다. 각 개인의 유전체에만 존재하는 독특한 뉴클레오타이드 치환의 수는 각 원의 겹치지 않는 부분에 표시되었다. 인간의 표준 유전체에는 없지만 셋 중 두 사람이 공유한 변이들은 이중으로 겹친 영역에 표시하였다. 중앙의 세 번 겹쳐진 부분은 세 사람이 모두 공유하고 있는 변이들을 나타낸다.

야생형 인간 유전체 서열 같은 것은 없을 뿐만 아니라, 야생형 인간 유전체 길이라는 것도 없다. DNA의 결실, 삽입, 중복 등은 건강한 개인간에서도 약 1% 정도의 길이 차이를 만들기도 한다. 예를 들어, 왓슨과 벤터의 유전체들은 10만 개 이상의 유전 좌위들에서 유전물질들이 조금씩 추가되어 있거나 빠져 있는 삽입이나 결실이 관찰되었다.

대부분의 DNA 다형성들은 표현형에 영향을 미치지 않는다

왓슨과 벤터의 유전체 사이에 나타나는 수백만 개의 DNA 다형성 중 일부는 이 두 사람의 표현형 차이를 만드는 데 기여하였을 것이다. 그러나 실제로 이런 DNA 서열 차이들 중 아주 일부만이 표현형에 영향을 미친다. 이 두 사람 사이의 차이 중 약 5,000개 정도만이 단백질의 아미노산 서열을 바꾼다. 이것이 그럴 수밖에 없는 이유는 다음과 같다.

- 유전자 내 단백질을 암호화하고 있는 코돈들은 전체 인간 유전체 중 2%도 차지하지 못한다.
- 돌연변이가 일어난다고 해도, 코돈들의 많은 돌연변이들은 침묵한다(즉, 아미노산을 변화시키지 않는다).
- 특정 변이가 단백질 서열을 바꾸게 되고 모종의 해로운 영향을 미친다면, 자연선택이 인간 집단에서 그 변이와 변이를 가지고 있는 개체를 사라지게 할 것이다.

아미노산을 변화시키는 약 5,000개의 변이들 외에도, 두 유전체 사이에 존재하는 수천개 정도의 다른 다형성들은 유전자들이 전사되는 속도나 **1차 전사체들**이 mRNA로 **이어맞추기**되는 효율 등에 영향을 미치는 것 같다. 그러나 이런 것들을 고려해도, 역시 두 유전체 사이의 서열 차이 대부분은 신체의 어떤 단백질에도 그 양이나 성질에 영향을 미치지 않는 **익명 DNA 다형성**(anonymous DNA polymorphism)들이라는 결론에 도달하게 된다.

그림 12.3은 400 kb의 유전체 영역 내에서 인간의 표준 인간 유전체와는 다른 것으로 나타난 왓슨과 벤터의 실제 변이 분포를 보여준다. 이 부분의 유전체는 돌연변이가 되면 낭섬유증을 일으키는 낭섬유증 막 통과 수용체 유전자(cystic fibrosis transmembrane receptor

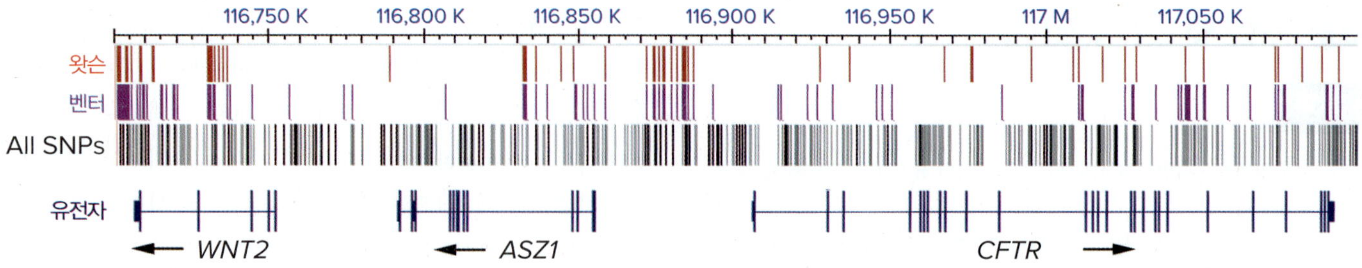

그림 12.3 400 kb 영역에서의 SNP 분포. 7번 염색체의 이 영역(116,700,001염기쌍부터 117,100,000염기쌍까지)은 *CFTR* 외에도 다른 두 유전자들을 포함하고 있다. 수직 막대들은 한 유전체가 인간의 표준 유전체와 달리 나타나는 단일 뉴클레오타이드 다형성(SNP)에 대해 이형접합형이거나 동형접합형인 자리들을 표시한다. 두 행은 왓슨과 벤터의 개인별 유전체들로부터 읽힌 SNP들을 보여준다. 세 번째 트랙은 분석된 모든 사람들의 유전체들로부터 얻은 모든 SNP들을 모은 것으로 2009년에 중앙 SNP 데이터베이스에 저장되어 있다.

gene; *CFTR*)와 다른 두 유전자들이 포함되어 있다. 여러분은 이들의 유전체에서 거의 모든 다형성들이 유전자들의 사이나 인트론들에 있다는 것을 알 수 있을텐데, 이것은 대부분의 DNA변이가 표현형을 바꾸지 않는다는 생각과 부합하는 것이다.

서로 다른 인간 유전체를 구분 짓는 많은 익명 DNA 다형성들이 존재한다는 것은 유전학자들에게는 굉장한 도전이자 기회이다. 수백만개의 다형성들 중에서 유전병 같이 중요한 표현형과 관련되어 있는 소수의 변이들을 어떻게 골라 낼 수 있을 것인가는 분명한 도전이다. 반대로, 비록 다형성이 표현형에 영향을 미치는 익명의 것이라고 하더라도 그것은 유전체상에서의 표지판, 혹은 **DNA 표식자**(DNA marker)로 사용될 수 있다는 사실에서 기회를 찾을 수도 있을 것이다. 따라서 연구자들은 실제로 유전병을 일으키는 근처의 돌연변이들을 찾아내는 데 익명의 다형성 좌위들을 이용한다.

유전적 변이체들은 여러 형태로 나타난다

유전학자들은 일반적으로 다형적인 DNA 좌위들을 관련된 뉴클레오타이드 쌍의 수나 종류에 따라 **표 12.1**에서처럼 네 가지 범주들 중 한가지로 분류한다. 두 분류군들 사이의 경계는 불명확하고 어느 정도 겹치기도 하지만, 그 범주들은 연구자들이 특정 유전적 변이체가 어떤 종류의 것인지를 설명할 수 있도록 해준다.

표 12.1 유전적 변이체들의 종류

	크기	빈도
SNP (단일 뉴클레오타이드 다형성)	1 bp	1 kb
DIP (삽입/결실)	1~100 bp	10 kb
SSR/미세부수체 (단순 반복 서열)	1~10 bp (반복)	30 kb
CNV (반복 수 변이체)	10 bp~1 Mb	60 kb

오른쪽 열은 어떤 두 반수체 인간 유전체를 비교하였을 때 표시된 범주의 다형성을 평균적으로 얼마나 자주 발견할 수 있을지를 보여준다.

단일 뉴클레오타이드 다형성

가장 흔한 형태의 유전적 변이는 **단일 뉴클레오타이드 다형성**(single nucleotide polymorphisms; SNP, '스닙'으로 발음) 그룹이다. SNP은 유전체상의 특정 염기 자리로서, 일부 사람들에서는 다른 사람들과 DNA 알파벳이 다르다. SNP들은 인간 유전체들 사이에 존재하는 모든 변이들 중 많은 부분을 차지하는데, 두 서열을 비교해 보면 평균 1,000개의 염기마다 하나씩 나타난다(표 12.1). 7장에서는 DNA 복제에서의 실수나 환경적 돌연변이 유발 화학물질 혹은 방사능 노출 등, 여러 가지 SNP 생성 기작들에 대해 논의하였다.

SNP을 만들 수 있는 많은 방법이 있지만, 염기당 돌연변이율은 세대당 3천만분의 1 미만 정도(어떤 이들은 10억분의 1까지 낮게 보기도 한다)이다. 이 수치는 상당히 낮은 것으로서 대부분의 SNP이 네 가지 가능한 뉴클레오타이드 쌍 중 두 가지로만 이루어진 이중-대립유전자로서 존재하게 한다. SNP의 낮은 발생율은 연구자들이 개인들의 개별 SNP을 유일한 조상 유전체에서 발생하였던 유전적 변화로까지 역추적할 수 있도록 해준다. 그래서 이렇게 변화한 뉴클레오타이드[**파생형 대립유전자**(derived allele)라고 불린다]를 물려받지 않은 사람들은 인간이 형성되기 훨씬 전에 존재했었던 **조상형 대립유전자**(ancestral allele)를 가지고 있음을 뜻하기도 한다.

만약 어떤 SNP가 존재한다면, 유전학자들은 인간과 침팬지 유전체들 사이에서의 밀접한 연관관계를 이용하여 어떤 대립유전자가 조상형이고, 어떤 것이 비교적 최근의 돌연변이 사건으로 생겨난 파생형인지를 결정할 수 있다. **그림 12.4**는 서로 다른 두 인간 유전체들과 침팬지의 RefSeq 유전체에서 DNA 일부 영역을 비교한 것이다. 두 종이 분지한 이래로 이 작은 유전체 영역에서 두 개의 단일염기변화가 발생하였다. 하나는 모든 인간 유전체들이 공유하고 있는 것으로

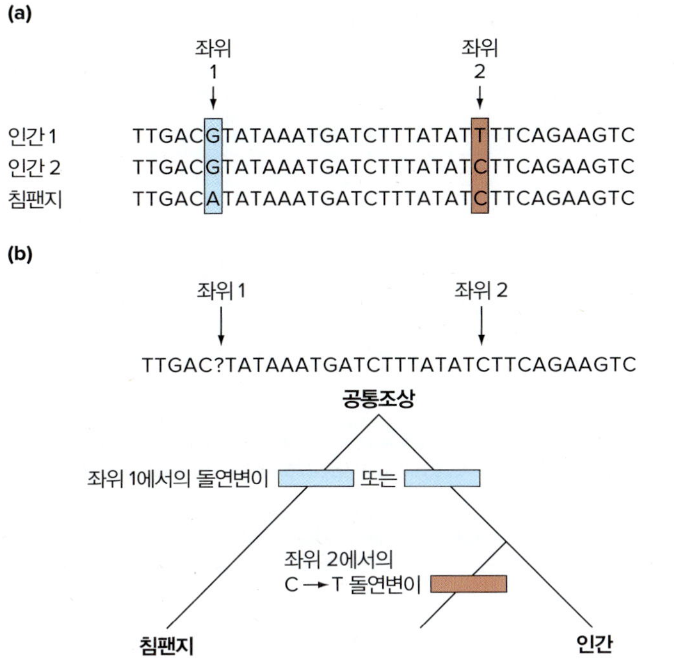

그림 12.4 SNP들의 진화적 역사에 대한 추정. **(a)** 두 사람의 유전체 서열들을 침팬지의 표준 유전체와 비교하면 종 분기 이후로 발생한 단일 염기 변화가 드러난다. **(b)** 분기도(Cladogram: 진화적 계보에 대한 그림). 좌위 1(하늘색)은 침팬지와 인간 사이에서는 차이가 나지만, 모든 인간들에서는 동일한 대립유전자(G)만 존재한다. 좌위 1에서의 차이를 만든 돌연변이는 종 분기 이후에 침팬지 계통이나 인간 계통에서 발생하였을 것이다. 두 종들에 대한 가장 최근의 공통조상에서 이 위치의 대립유전자가 무엇인지는 결정될 수 없다. 좌위 2(주황색)에서는 침팬지와 일부 인간들이 C 대립유전자를 공유하므로 이것이 조상형일 것이다. 다른 사람들이 가진 T 대립유전자는 파생된 것이다(즉, 일부 인간 계통에 특이적인 것으로 최근의 돌연변이에 의해 생긴 것이다).

서, 인간들에서는 다형적이지 않다. 두 번째 염기 변화는 침팬지-인간 조상에서 C였다가 T(파생된 대립유전자)로 바뀐 것으로, 일부 인간의 조상이 그 염색체를 물려 받은 것이다. 이것은 만약 여러분과 여러분의 친구가 익명의 SNP 좌위에서 이런 파생형 대립유전자 하나를 공유한다면, 두 사람 다 인간과 침팬지 계통이 서로 분기한 이후에 살았던 공통조상으로부터 그 대립유전자를 물려받았음을 뜻한다. 지구상에서 무작위로 두 사람을 뽑아 비교하면 이들이 연관되지 않은 많은 수의 파생형 SNP 대립유전자들을 공유한다는 사실은 모든 인간들이 공통조상을 가진다는 것을 보여준다. 이렇게 무작위적으로 선택된 한 쌍의 개인에게서 실제로 많은 파생형 SNP 대립유전자가 발견되는데, 이 사실은 현생인류가 상당히 적은 수의 조상에게서 분지되어 나왔음을 뜻한다.

2019년까지, 미 국립 생명공학 정보센터(National Center for Biotechnology Information; NCBI)의 SNP 데이터베이스(SNP database; dbSNP)에는 1억개 이상의 SNP들이 발견되어 목록화 되었다. 이 SNP들 중 약 1,500만개는 대부분의 인간 집단에서 흔히 발견 된다. 흔한 형태의 파생형 SNP 대립유전자가 생기도록 한 변이들은 초창기 인간 역사에서 발생하여 상당히 많은 수의 현대인들에게 퍼졌을 것이다. 이 SNP 데이터베이스는 이미 인간 집단에서 발견된 흔한 빈도의 SNP들 중 상당 부분을 포함하고 있다. 그러나 매우 최근에 발생한 변이들 역시 지구상 매우 소수의 사람들에서, 혹은 단 한 사람에서만 발견되는 드문 SNP을 만들 수 있다는 점을 알 필요가 있다. 이런 드문 SNP들은 아직 dbSNP에 등록되지 못하였는데, 이것은 전체 인간 집단에 비하면 지금까지 분석된 인간의 유전체는 아주 미미한 숫자이기 때문이다.

SNP의 기인에 대한 이러한 논의는 결국 유전체 분석법이 인간의 가계 정보 이해에 좋은 방법이 될 수 있다는 것을 제시한다. 24장에서는 현생인류와 원시인류 화석에서 얻은 DNA 서열 정보가 어떻게 인류 역사 이해에 도움이 되는지를 다룰 것이다.

결실-삽입 다형성(DIP)

염기서열의 짧은 삽입이나 결실들은 인간 유전체의 유전 변이 중 두 번째로 흔한 형태이다. 이런 변이체들은 결실-삽입 다형성(deletion-insertion polymorphisms, DIPs), 혹은 삽입결실(InDels)로 불린다. SNP 좌위들이 두 유전체의 비교에서 kb당 한 번 나타나는데 반하여, DIP들은 상당히 드물어서 약 10 kb당 한 번 정도로 발견된다(표 12.1). DIP들의 길이 범위는 1 bp에서 수백 bp까지로 나타나지만, 길이가 길수록 그 빈도는 빠르게 감소한다. 결과적으로, 한 두 개의 뉴클레오타이드들 크기의 DIP이 가장 흔하게 관찰된다.

DNA 복제나 재조합에서의 문제, 혹은 손상된 DNA 가닥의 수리 과정에서 발생하는 세포의 실수 등 여러 생화학적 과정들이 DIP들의 형성에 기여한다.

특히 단백질 암호화 영역에서는 3개 혹은 3배수의 뉴클레오타이드쌍들로 삽입되거나 결실되는 것이 아니면, DIP는 번역틀 돌연변이들로 작용한다는 사실을 기억해야 한다.

단순 반복 서열(SSR)

인간 및 고등 진핵생물의 유전체들은 **단순 반복 서열**(simple sequence repeats; SSR)이라고 하는 좌위들로 채워져 있다. 이들은 종종 **미세부수체**(microsatellites)라고도 한다. SSR 좌위들은 10번 이하에서 100번 이상까지 직렬로 반복되는 단일 혹은 소수의 염기들로 이루어진다. 어떤 SSR 좌위의 서로 다른 대립유전자들은 서로 다른 반복 횟수로 나타나진다. 가장 흔한 반복단위체들로는 한두세 개의 염기서열들이다. 더 큰 반복단위를 가진 SSR 좌위들은 흔치 않으며, 여기서는 SSR의 가장 큰 반복 단위를 10개 염기로 한정하였다(표 12.1; 더 큰 반복 단위를 가지는 것은 반복수 변이(*CNV*)로 분류될 것이다). SSR의 예들로는, 1 bp 반복인 AAAAAAAAAAAAAAA, 2 bp 반복인 CACACACACACACACACACACA 같은 것들을 들 수 있다. 전체 SSR들은 인간 유전체의 총 DNA의 약 3% 정도를 차지하며 인간 유전체에서 평균적으로 30 kb마다 한 번씩 발견되는 정도이다.

다른 모든 다형성 부위와 마찬가지로, 대부분의 SSR들은 유전자들의 암호화 영역 바깥에 존재하며 표현형에 별 영향을 미치지 않는다. 이와는 대조적으로, 유전자들 내부의 SSR 변이체들은 심각한 표현형적 효과를 나타낼 수 있다. 예를 들어, 7장에서 이미 다루었던 세 뉴클레오타이드 반복이 있는 긴 유전자 부분들은 몇 가지 중요한 신경학적 질병들, 예를 들어 연약 X증후군과 헌팅턴병의 분자적 원인으로 작용한다.

SSR들은 4~5번의 반복 횟수의 드물고 무작위적 사건들로부터 생겨난다. 일단 이 짧은 SSR이 돌연변이를 일으켜 미끄러진 짝짓기 오류(slipped mispairing or stuttering)라고 하는 잘못된 DNA 복제에 의해 더 긴 서열로 확장될 수 있다. 그림 7.11은 이런 미끄러짐 기작이 어떻게 헌팅턴병을 일으키는 SSR 좌위에서 반복 단위 수를 변화시킬 수 있는지를 자세히 보여주고 있다.

평균적으로 SSR 좌위들은 한 세대당 10^{-3}의 빈도로 새로운 대립유전자들을 만든다(즉, 1,000개의 배우자당 하나에서 발생). 이런 빈도는 10^{-9}인 단일 뉴클레오타이드 돌연변이율보다 훨씬 높아 집단 내에서 혈연관계가 아닌 인간 집단에 다량의 SSR 변이들이 존재하게 만든다. 두 개의 대립유전자들을 가지며 형성 후 별로 변하지 않는 SNP들과는 달리, SSR들은 반복 숫자가 매우 다형적이어서 각 SSR 좌위에 존재하는 서로 다른 대립유전자들의 수가 10개 이상이기도 한다. 동시에, SSR 돌연변이율은 비록 매우 큰 가족들에서라도 몇 세대 안에 변화를 일으키지는 못할 정도로 충분히 낮은 수준이다. 따라서 SSR들은 인간을 포함한 많은 생물체들에서 연관 관계를 연구하는 데 있어 비교적 안정적이고 고도로 다형적인 DNA 표식자로 사용될 수 있다.

반복수 변이체(CNV)

인간의 개인별 유전체들은 SSR, DIP보다 더 큰 DNA 길이 다형성을 보인다. 연구자들은 특별한 유전 질병의 징후도 보이지 않는 많은 사람의 유전체들이 다양한 수의 반복수를 가지는 1 Mb 길이의 거대한 유전 물질 블록들을 가진다는 사실에 놀랐다. 이런 종류의 유전적 변이체들은 **반복수 변이체**(copy number variants; CNVs)로 불린다. CNV들은 유전체 내에서의 분포나 인간 집단별 출현 빈도가 비교적 공통적인 것으로 드러났다(표 12.1). 현재까지 모든 인간 유전체들에서 50만개 이상의 CNV 좌위들이 밝혀졌으며, 두 유전체들 사이에서는 일반적으로 5만개 이상의 CNV 좌위들에서 차이를 보인다.

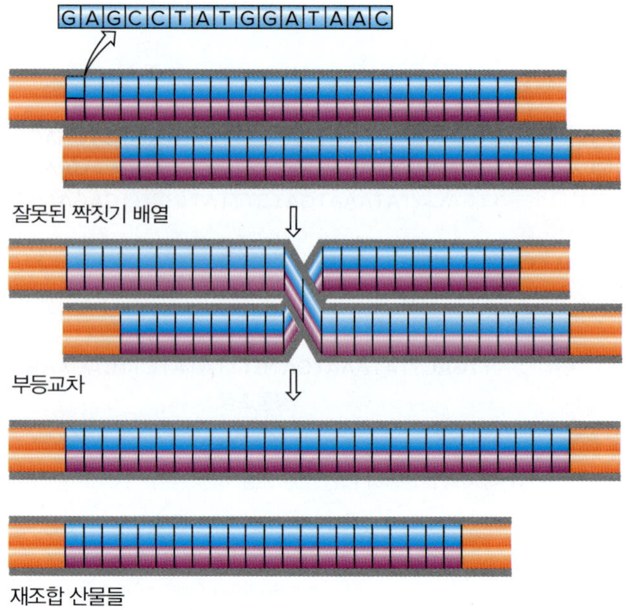

그림 12.5 CNVs는 고도로 다형적이다. CNV들은 10 bp 길이 이상의 동일하거나 유사한 서열들이 꼬리를 물고 반복되는 단위로 구성된다(파란색과 보라색 상자들은 반복 단위의 상보적 가닥을 의미한다). 잘못 배열되어 불균등한 교차가 발생하면 재조합 산물들(양친형 대립유전자들보다 더 길어졌거나 짧아진 새로운 대립유전자들)이 생긴다.

CNV 좌위에서 새로운 대립유전자를 만드는 주요 기작 중 하나는 **부등교차**(unequal crossing-over)이다(**그림 12.5**). 상동염색체상에서 직렬로 반복된 단위부분들은 제1감수분열 중에 짝이 잘 맞지 않을 수 있다. 만약 그 잘못 짝지어진 반복 단위들 사이에서 유전적 재조합이 발생한다면, 배우자들은 원래의 것보다 더 많거나 적은 반복수를 가진 반복 단위들을 가지게 된다. 비록 그런 부등교차가 CNV 좌위들을 매우 다형적인 것으로 만들기는 한다고 해도, CNV들은 안정적으로 유전되기 때문에 현재 인간 집단 내에 존재하는 99% 이상의 CNV 좌위들은 새로운 돌연변이라기보다는 유전된 것들이다.

후각 수용체(olfactory receptor; *OR*) 유전자군은 동물들이 다양한 냄새를 맡을 수 있게 하는 단백질들을 암호화하는데, 유전자의 반복수 변이를 잘 보여주는 예이다. 생쥐 유전체는 다양한 염색체 부위들에 흩어져 있는 1,400개의 *OR* 유전자들을 가지고 있다. 그러나 예리한 후각 능력은 인간의 생존에 더 이상 중요한 것이 아니었고, 결과적으로 *OR* 유전자들은 별다른 문제 없이 소실되어 사람들은 보통 1,000개 미만의 *OR* 유전자들만을 가지게 되었다. 그러나 개인 수준에서 이러한 값들은 이런 평균값 근처에서 큰 분포 차이를 보인다. **그림 12.6**은 열 명의 사람들에 존재하는 11개의 대표적인 *OR* 좌위들 사이에 존재하는 반복수 변이체들을 보여준다. 그 한 유전자인

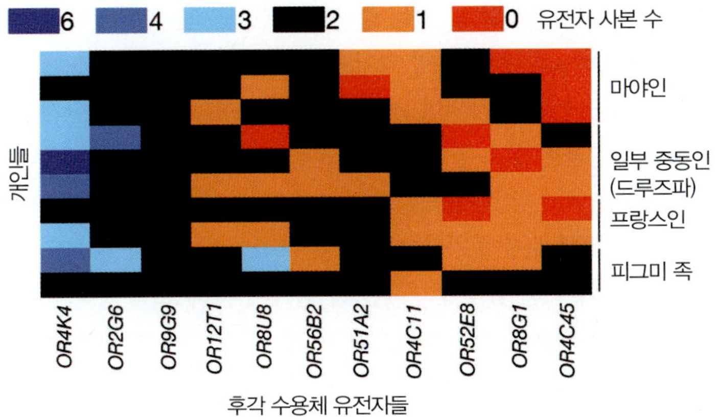

그림 12.6 후각 수용체 유전자들에서의 CNVs. 각 행은 서로 다른 사람들을 나타낸다. 각 세로 열들은 서로 다른 후각 수용체 유전자들이다. 색깔들은 특정인에서 특정 유전자의 반복 수를 나타낸 것이다. 서로 다른 사람들은 후각 수용체 유전자들에서의 반복 수에 상당한 차이를 보이는데, 이를 통해 사람들 사이에서 특정 냄새를 맡을 수 있는 능력의 차이를 설명할 수 있다.

*OR4K4*는 서로 다른 유전체들에서 그 반복수가 2~6으로 다양한 반면, 11개 유전자들 중 5개는 일부 사람들에서 아예 완전히 소실되어 있다. 어떤 사람들은 수백개의 *OR* 유전자들을 다른 사람들보다 덜 가지거나 더 가지기 때문에 사람들의 후각 능력은 매우 다르다.

핵심 개념 12.1

- 하나의 DNA 좌위에 둘 이상의 대립유전자들이 존재하면, 그 좌위는 다 형적인 것이다. 그리고 그런 변이 자체는 DNA 다형성이라고 한다(DNA 표식자들). 대부분의 다형성들은 익명적(anonymous)이다. 그들은 표현형에 영향을 미치지 않는다.
- 단일 뉴클레오타이드 다형성, 즉 SNP들은 가장 빈번하게 발견되는 DNA 다형들이다. SNP가 낮은 비로 발생하기 때문에, 연구자들은 특정 SNP-유발 돌연변이들이 진화 과정 중 어느 시기에 발생한 것인지를 추정할 수 있다.
- DIP, SSR, CNV들처럼 DNA 서열이 추가되거나 빠지는 것 역시 유전적 다양성을 만든다. 이런 변이들은 반복된 서열이 복제될 때 DNA 중합효소가 실수를 하거나 혹은 감수분열 시에 불균등한 교차가 일어나기 때문에 생겨날 수 있다.

12.2 질병 유발 변이의 유전형 검사

학습 목표

1. 중합효소 연쇄반응이 유전체의 특정 영역을 증폭시키는 단계들을 간략히 설명한다.
2. PCR 산물들의 서열이나 크기로 어떻게 유전자형을 알 수 있는지 설명한다.
3. 착상 전의 배아나 자궁 내의 태아에서 유전자형을 결정하는 데 어떻게 PCR을 사용할 수 있는지 설명한다.

유전적 질병에 대해 개인의 유전자형을 검사하는 능력은 삶에 중대한 영향을 미칠 수 있는 정보를 제공한다. 만약 어떤 사람이 치료가 가능한 유전 질병으로 진단되면, DNA 유전자형에 대한 정보는 그 사람의 생명을 구할 수도 있다. 그 질병이 치료될 수 없다고 해도 미래의 부모나 산모가 가진 아기 혹은 체외 수정으로 얻은 배아들에 대한 유전자형 분석을 통해 제대로 된 가족 계획을 세울 수 있다.

어떤 사람이 질병 유발 대립유전자에 대해 동형접합형인지 이형접합형인지를 결정할 수 있다는 것은 당연히 과학자들이 그 질병을 일으키는 뉴클레오타이드의 정확한 변화를 이미 알고 있다는 뜻이다. 낫형적혈구빈혈증 같은 어떤 질병들에 대해서는 그 질병에서 단백질(헤모글로빈 같은)이 어떻게 바뀌는지를 잘 알고 있기 때문에 질병 유발 돌연변이를 명확히 규명할 수 있다. 그러나 대부분의 경우, 질병의 증상은 질병 유전자에 대한 명확한 정보를 제공하지 않는다. 이 장의 후반부에서는 다양한 질병들과 관련된 돌연변이를 찾기 위해 사용되는 전략들을 설명한다. 일단 돌연변이가 확인되면, 우리가 논의하는 방법들에 의해 개인의 유전자형이 결정될 수 있다.

중합효소 연쇄반응(PCR)은 유전체의 특정 영역을 증폭시킨다

어떤 사람이 질병 유발 대립유전자에 대해 동형접합형인지 이형접합형인지 혹은 같은 유전자의 정상 대립유전자에 대해 동형접합형인지를 결정한다는 것은 그 사람의 유전체에서 그 유전자를 분리하여 정제된 DNA를 살펴봄으로써 그 대립유전자를 분석할 수 있다는 뜻이다. 그러나 복잡한 유전체들 내에서 유전자들은 드문 표적이다. 예를 들어, 헤모글로빈의 베타 사슬에 대한 유전자는 인간의 반수체 유전체에 존재하는 3,000,000,000개의 염기쌍 중 약 1,400개에 불과하다. 1985년, 캐리 멀리스(Kary Mullis)는 유전체라는 건초더미에서 유전자라는 바늘을 찾는 문제를 해결하기 위해, 분자생물학에서 가장 강력한 기술 중 하나인 **중합효소 연쇄반응**(polymerase chain reaction; PCR)을 발명하였다. PCR은 매우 빠르고 효율적이다. 하나의 정자 또는 모낭과 같은 아주 소량의 DNA로 시작하여, 연구자들은 단 몇시간 만에 유전체 내의 짧고 한정된 부위를 십억 개 이상의 사본으로 복제할 수 있다.

그림 12.7과 같이, PCR은 DNA의 **표적 영역**(target region)을 증폭시켜준다. 2개의 16~30 염기 길이의 올리고뉴클레오타이드,

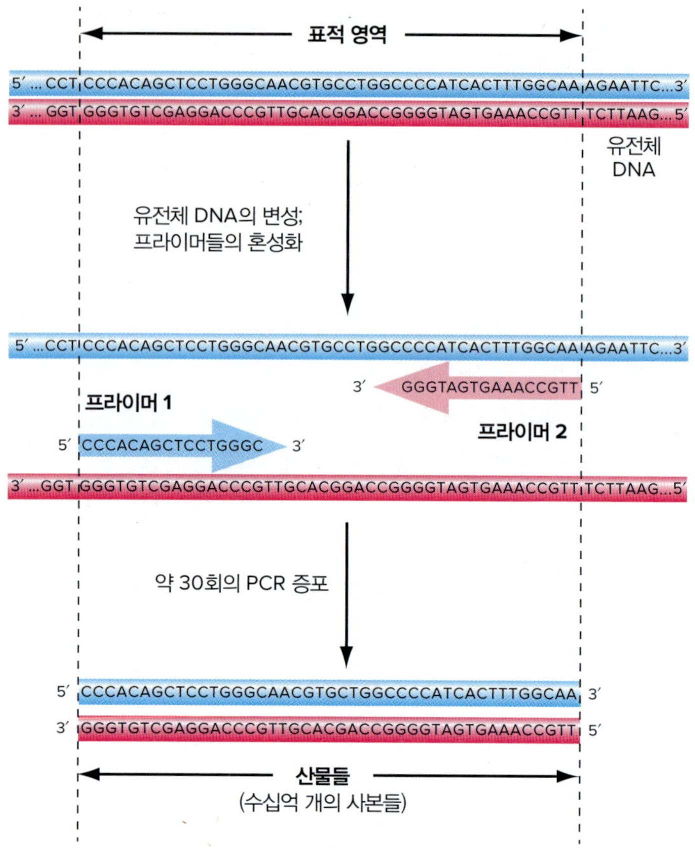

그림 12.7 중합효소 연쇄반응(PCR)의 개요. 두 개의 프라이머의 5′ 말단에 의해 결정되는 유전체 DNA의 표적 영역을 증폭시키는 반응으로 PCR 산물을 만든다. PCR의 기초를 이해할 수 있도록 돕기 위해 같은 DNA 영역에서 왓슨 가닥과 크릭 가닥의 색을 달리 표시하였다.

PCR 프라이머는 표적 영역의 말단을 지정한다. 연구자는 유전체에 대한 사전 지식을 바탕으로 이러한 프라이머들을 합성한다. 하나의 올리고뉴클레오타이드는 영역의 한쪽 말단에 있는 DNA 가닥 하나에 상보적이고, 다른 올리고뉴클레오타이드는 영역의 다른쪽 말단의 다른 가닥에 상보적이다. 이들 프라이머가 방향성을 나타내기 위해 5′ → 3′ 방향의 화살표로 그려지면 화살표는 표적 영역에서 서로를 가리킬 것이다(그림 12.7). DNA 유전자형 분석의 경우 PCR의 목적은 서로 다른 대립유전자 형태들을 가지는 표적 영역 내의 서열을 증폭하는 것이다.

증폭 과정은 이러한 합성 올리고뉴클레오타이드들이 분석할 유전체DNA 시료 내에서 하나 이상의 변성된 주형 DNA 분자(단일가닥으로 분리된)에 혼성화 되는 것으로 시작된다(**그림 12.8**). 올리고뉴클레오타이드들은 프라이머로 작용하여 DNA 중합효소가 프라이머들 사이의 유전체 DNA 두 가닥에 상보적인 새로운 가닥의 DNA를 만들도록 한다. DNA 중합효소는 프라이머의 3′ 말단에 순차적으로 뉴클레오타이드들을 추가한다는 것을 기억해야 한다.

표적 영역을 복사할 수 있는 충분한 시간이 지난 후, 새로 합성된 가닥에서 DNA의 원래 주형 가닥이 분리될 수 있도록 반응물을 가열한다. 반응물이 냉각되면 처음에 사용된 DNA와 이전 단계에서 합성된 사본들이 튜브에 남아있는 올리고뉴클레오타이드를 프라이머로 사용하여 추가 복제를 위한 주형이 된다. 반복적인 루프로서 동일한 일련의 단계(단일 가닥으로 변성, 프라이머 혼성화 및 DNA 중합 효소에 의한 중합)를 수행하면 각 단계에 따라 표적 영역의 복사본 수가 지수적으로 증가한다(그림 12.8). 이 주기를 22회만 반복하면 표적 영역의 이중 가닥 사본이 백만 개 이상 생성되고, 32회 반복된 후에 반응 튜브는 유전체 일부를 10억 개 이상 복제하게 된다.

프로토콜의 반복적인 실험 과정은 미리 프로그래밍 된 일정에 따라 시료를 가열 및 냉각시키는 PCR 기계에서 자동화 할 수 있다. 기계에 넣어진 반응 튜브 안에는 이러한 여러 차례의 DNA 복제를 지원하기에 충분한 뉴클레오타이드 삼인산염과 올리고뉴클레오타이드 프라이머가 포함되어 있다. 또한 튜브 안에는 온천에서 자라는 세균으로부터 나온 특별한 DNA 중합효소가 포함되어 있다. 이 DNA 중합 효소는 PCR 프로토콜의 각 라운드에서 DNA 가닥들을 분리시킬 때 사용되는 고온에서도 활성 상태를 유지한다.

그림 12.7에서 두 개의 올리고뉴클레오타이드 프라이머가 최종 PCR 산물의 본성을 결정한다는 사실을 명심해야 한다. 최종적으로 얻어진 PCR 산물은 이중 가닥의 DNA 단편으로서, 한 프라이머의 5′ 말단 끝에서 다른 프라이머의 5′ 말단 끝까지 이어져 있다. 프라이머들은 상대 가닥들과 상보적이어야 하며, 5′에서 3′ 방향으로 특정 영역을 사이에 두고 서로를 가리킨다. 실제로, PCR은 프라이머가 멀리 떨어져 있는 경우 비효율적이므로 일반적인 프로토콜에서는 길이가 25 kb보다 큰 DNA 영역은 증폭 할 수 없다.

PCR 산물들은 염기서열이나 크기 분석을 통해 유전자형이 결정된다

단일 유전자에서 하나 또는 몇 개의 뉴클레오타이드 몇 개가 바뀌어 발생하는 멘델 유전 질환의 경우, 돌연변이 대립유전자와 정상 대립유전자를 구분하는 모든 정보가 PCR 산물로 포함 가능한 유전체의 한정된 영역 내에 존재한다. 대립유전자들 간의 차이는 PCR 산물의 서열을 직접 확인하거나 돌연변이가 유전체에서 뉴클레오타이드 쌍을 더하거나 빼는 경우 단순히 PCR 산물의 크기를 확인하여 인식할 수 있다. 반복수 변이체(CNV)와 같은 보다 복잡한 다형성들은 PCR 산물로 증폭될 수 있는 것보다 훨씬 더 큰 영역에 걸쳐 확장되는 많은 염기쌍에 영향을 미치므로 책 후반에 설명할 다른 방법들로 분석해야 한다.

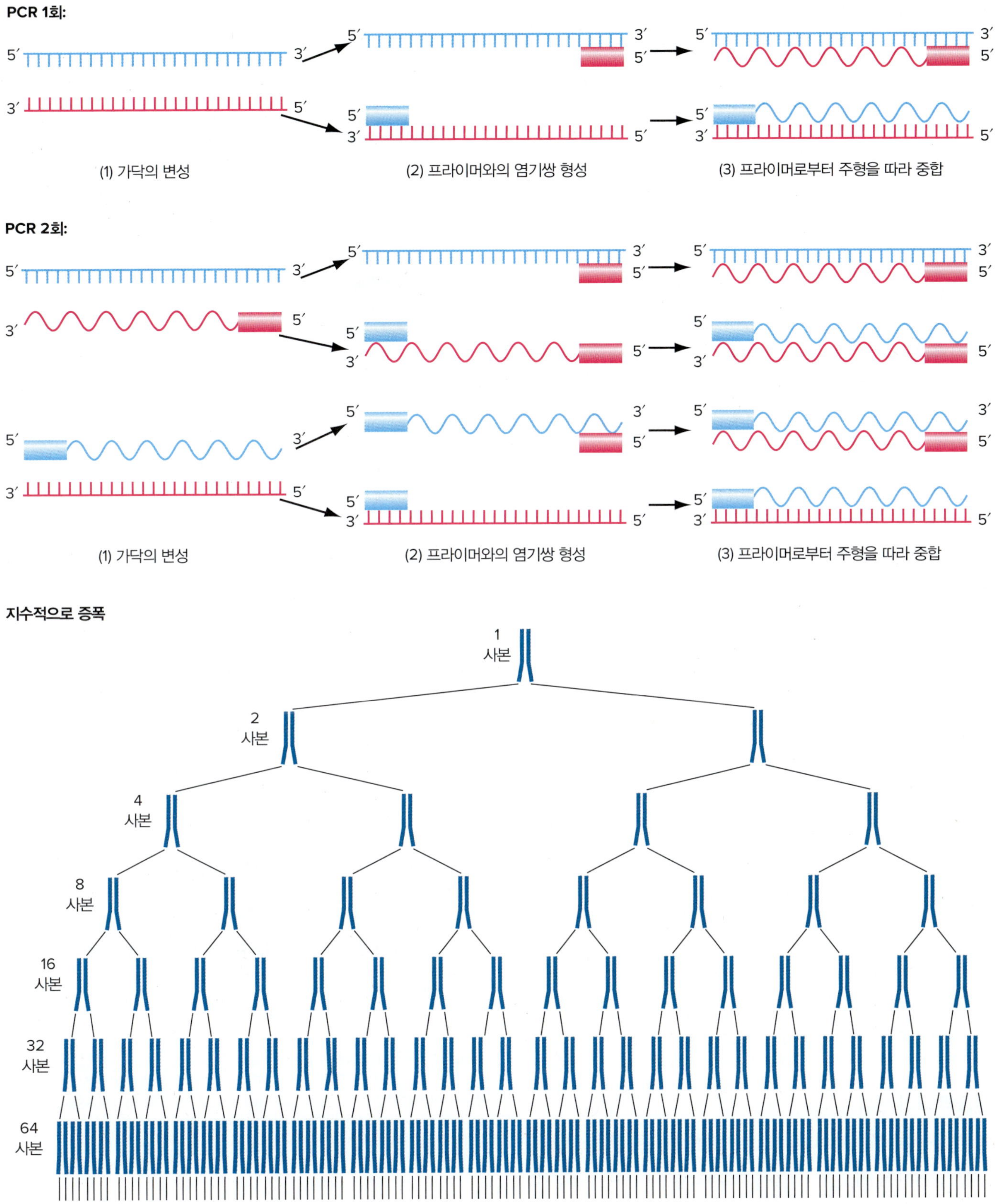

그림 12.8 표적 서열의 PCR 증폭. 첫 번째 PCR 회로에서는, 이중 가닥의 유전체 DNA가 가열되어 변성되어 단일 가닥으로 분리된다. 반응의 온도를 낮춰 단일 가닥들이 두 개의 PCR 프라이머들과 혼성화되도록 한다. 이제 열 안정적 DNA 중합효소가 각 프라이머의 3′ 말단에서 새로운 가닥을 중합한다. 두 번째 PCR 회로에서는 반응 시험관 내의 DNA들이 변성되고 같은 프라이머들과 혼성화된다. 원래의 DNA 가닥들과 첫 번째 회로에서 합성되었던 DNA들이 모두 두 번째 회로에서 DNA 중합효소의 주형으로 작용한다. 따라서 PCR의 각 회로마다 표적 영역의 DNA 양이 두 배씩 늘어난다.

PCR 산물들의 염기서열 분석

이미 살펴본 바와 같이, 낫형적혈구빈혈증을 일으키는 돌연변이 *Hbβ*^{S}는 성인의 헤모글로빈 단백질에서 베타(β) 사슬에 있는 아미노산 하나인 글루탐산을 발린으로 변화시킨다. 이런 돌연변이 대립유전자는 베타-글로빈 유전자의 mRNA 유사 가닥에서 A를 T로 변화시키는 단일 뉴클레오타이드 치환이다. 따라서 이 돌연변이는 단일 뉴클레오타이드 다형성(SNP)이다(**그림 12.9a**). 이러한 SNP의 대립유전자들을 유전자형 분석함으로써, 낫형적혈구빈혈증 질환을 앓고 있거나 질병 대립유전자의 보균자인 사람들을 식별할 수 있다.

이런 과정은 검사 대상자의 유전체 DNA로부터 그 좌위를 증폭하는 PCR로 시작되는데, 실제 질병 유발 돌연변이 양쪽에 존재하는 서열들에 상보적인 한쌍의 프라이머를 사용한다(그림 12.9a). 일단 PCR 산물이 만들어지면, 자동화된 생어(Sanger) 방법(그림 10.7 참조)에 의해 그 DNA 서열을 결정 할 수 있다. 두 PCR 프라이머 중 하나는 염기서열 분석 반응을 위한 프라이머로 사용할 수 있다.

그림 12.9b에서 보는 바와 같이, *Hbβ*^{S}*Hbβ*^{S} 낫형적혈구빈혈증 환자와 *Hbβ*^{A}*Hbβ*^{A} 정상 동형접합자로부터 얻은 PCR 산물의 염기서열을 비교하면 질병의 원인이 되는 뉴클레오타이드 치환이 명확하게 구별된다. 그러나 중요한 것은 *Hbβ*^{S}*Hbβ*^{S} 이형접합형 DNA를 주형으로 사용해서 생성된 PCR 산물에서는 두 대립유전자를 동시에 볼 수 있다는 것이다. 프라이머가 두 개의 상동염색체와 동등하게 혼성화되기 때문에(낫형 세포 돌연변이가 프라이머에 상보적인 게놈 서열을 변경하기 않는 경우), 최종 PCR 산물에 있는 DNA 분자의 절반은 돌연변이 서열을 포함하고 나머지 절반은 야생형의 서열을 포함한다. 따라서 질병을 유발하는 SNP의 이형접합형은 DNA 서열화에서 A와 T의 양쪽 피크를 모두 나타낸다.

유전체 DNA로부터 증폭된 PCR 산물을 서열화하는 기술은 개인의 SNP에 대한 유전자형을 결정하는 간단한 방법이다. 이와 같은 방법을 사용하여 DIPs(작은 결실/삽입)와 단순 반복 서열(SSRs)에서 반복 횟수의 확장/수축과 같은 적은 수의 뉴클레오타이드가 관련된 다른 종류의 다형성에서 유전자형을 결정할 때도 사용된다.

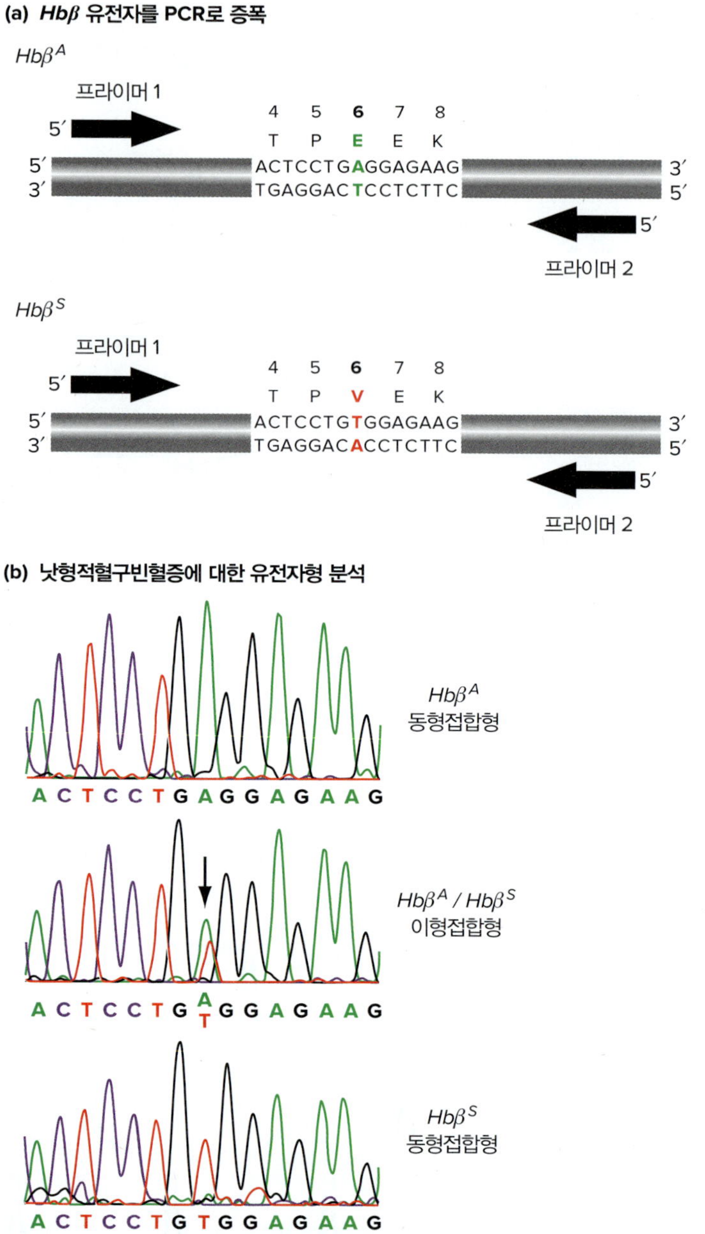

그림 12.9 PCR 산물들의 염기서열 분석을 통한 유전 변이 검출. **(a)** 낫형적혈구빈혈증을 일으키는 돌연변이는 단일 염기 치환(즉, 일종의 SNP)으로, 헤모글로빈의 β-폴리펩타이드의 아미노산 하나를 글루탐산(E)에서 발린(V)으로 변화시킨다. 이런 다형성은 대립유전자들 사이에 차이가 없는 옆 서열에 상보적인 프라이머로 PCR 증폭될 수 있다. **(b)** SNP 좌위의 정상 대립유전자와 돌연변이 대립유전자를 가진 사람들 로부터 유전체 DNA의 PCR 산물을 서열화한 것이다. 이형접합형 보인자로부터 생긴 PCR 산물의 서열화에서는 치환된 위치에서 정상(*Hbβ*^{A}) 및 돌연변이(*Hbβ*^{S}) 뉴클레오타이드가 둘다 나타난다는 것에 주의하라(검정 화살표). *Source: (a): Courtesy of Joshua J. Filter, Cornell University, Ithaca, New York; (b): Joshua J. Filter, Cornell University, Ithaca, New York*

PCR 산물들의 크기 변화

어떤 경우에는 실제로 서열화 하지 않고도 PCR 산물의 다형성을 결정하는 것이 가능하다. 젤 전기 영동은 **그림 12.10**에 예시된 바와 같이 DIP 또는 SSR에 의해 유발된 실제 좌위의 작은 크기 변화를 쉽게 구별한다. 다시 말해서, 개인의 유전체 DNA로부터 특정 좌위를 PCR 증폭하기 위해 실제 길이가 차이 있는 양쪽 서열에 상보적인 한 쌍의 프라이머를 사용하는 것으로 시작한다. 그러나 염기서열을 분석하는 대신, 단순히 PCR 산물을 젤 전기영동하여 크기에 따라 분리시킨다. 에티디움 브로마이드(ethidium bromide) 염색 후에, 각 대립유전자들은 특정한 DNA 밴드로 나타난다.

이러한 방식으로 유전자형 크기 변이체를 분석하는 능력은 유전

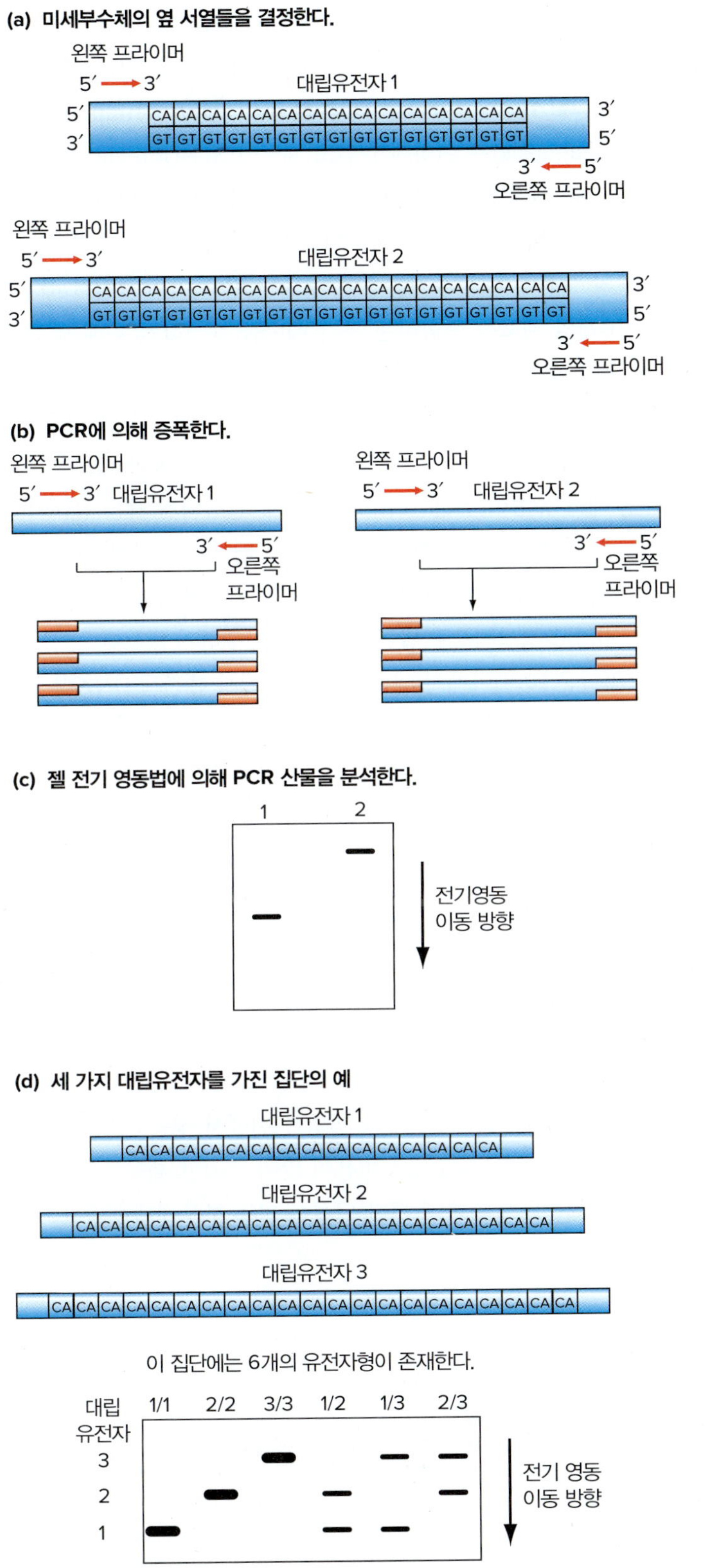

그림 12.10 PCR 산물들의 전기영동을 통한 단순 반복 서열(SSR)의 추적. **(a)** SSR 대립유전자들은 길이가 다르다. 좌/우 프라이머들은 SSR 좌위의 양쪽 서열에 맞는다. **(b)** SSR 좌위의 두 대립유전자가 PCR에 의해 증폭된다. **(c)** 젤 전기영동은 서로 다른 대립유전자를 구별해낸다. **(d)** SSRs은 집단 내에 많은 대립유전자들이 존재하는 고도로 다형적인 서열이지만, 각 개인은 특정 SSR 좌위에 대해 오직 두 개만의 대립유전자를 가진다.

자 내에서 세 뉴클레오타이드 반복 SSR에 의한 유전 질환에서 특히 중요하다. 7장(세 뉴클레오타이드 반복 질환)에서 제시되었던 헌팅턴병(HD)은 인간의 약 20가지 세 뉴클레오타이드 반복 질환 중 하나임을 떠올려 보자. HD는 상염색체 우성 돌연변이로 유전된다. 현재 3만 명 이상의 미국인들이 이 질병과 관련된 하나 이상의 증상을 보이는데, 비자발적이고 발작적인 움직임, 불안정한 보행, 변덕, 성격의 변화, 부정확한 발음 그리고 판단 장애 등이다. 그리고 미국에서만 15만 명의 사람들이 병에 걸린 부모를 두었으며, 부모로부터 병을 물려받아 나이가 들어갈수록 그 우성 질병을 발현할 확률은 50%이다. 비록 병의 증상이 일반적으로 30~50세 사이에 나타나지만, 질병의 첫 징후가 드러나는 시기는 2세부터 83세까지 사람마다 다양하다.

HD 유전자의 정상 대립유전자들은 최대 35개의 CAG 연속 반복을 포함하는 반면에, 질병 유발 대립유전자들은 36개 이상의 반복된 서열을 포함한다. 반복 횟수가 많을수록 질병 발현 시기는 빨라진다(**그림 12.11**). 질병 대립유전자를 물려 받은 사람들은 충분히 오래 살 경우 예외 없이 질병 증상을 보인다. 따라서 표현도(이 경우에는 발병 연령)는 세 뉴클레오타이드 반복 서열의 수에 따라 다르지만 42개 이상의 반복 서열을 가진 모든 질병 대립유전자들은 완전히 침투적

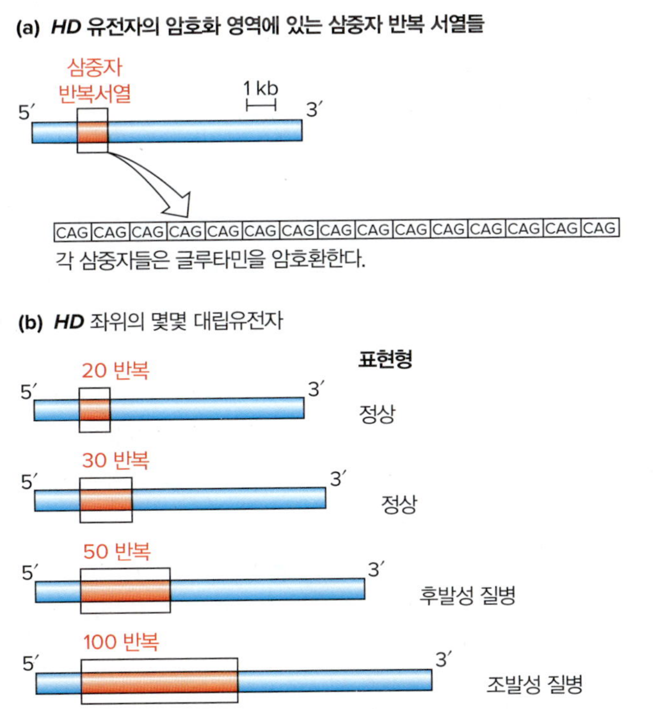

그림 12.11 반복성 삼중자 SSR의 확장에 의해 헌팅턴병이 생긴다. **(a)** 헌팅턴병 좌위(*HD* locus)의 암호화 영역에는 글루타민을 암호화하는 반복성 삼중자 영역이 존재한다. **(b)** 서로 다른 *HD* 대립유전자들은 다른 반복 횟수를 나타낸다. 정상 대립유전자는 35 이하의 반복수를 보인다. 질병을 유발하는 우성 대립유전자는 36 이상의 반복 횟수를 지닌다. 반복 횟수가 증가할수록 질병 발생 시점이 빨라진다.

(penetrant)이다. 36~41개의 CAG를 가진 대립유전자는 일부 사람들에게는 질병을 일으키지만 다른 사람들에게는 질병의 징후가 없다는 점에서 불완전하게 침투한다.

HD 가족력이 있는 일부 사람들은 자녀를 가질지 여부를 결정하기 전에 유전형을 알고 싶어 한다. 이러한 사람들의 *HD* 유전자의 CAG를 포함된 부분을 증폭시키고(SSR 부위 옆의 서열을 프라이머로 사용하여), 이렇게 생성된 PCR 산물의 길이를 측정함으로써 유전학자는 각 대립유전자에서 발견되는 CAG 반복 횟수를 쉽게 결정할 수 있다(그림 12.10). *HD* 가족력이 있는 어떤 사람들은 그들이 질병 대립유전자를 가지고 있다는 확실한 정보가 심각한 심리적 영향을 미치기 때문에 검사를 받지 않겠다고 선택하기도 한다.

태아와 배아 세포들의 유전자형 결정하기

아기를 기다리는 어떤 부부가 유전자형 분석을 통해 자신들이 모두 낭포성섬유증 같은 매우 해로운 열성 유전 질환에 대한 대립유전자의 보균자이거나 그들 중 하나가 헌팅턴병과 같은 후발성 질병을 일으키는 우성 대립유전자를 가지고 있다는 사실을 알고 있다고 가정해보자. 일부 예비 부모는 태아가 질병을 유발하는 유전자형이 있다는 것을 알게 되면 임신을 중단하는 것을 선호할 것이다.

산전 유전 검사(prenatal genetic diagnosis)은 방금 설명한 방법들을 통해 태아의 DNA에 대해 유전자형을 진단하는 것이다. 의사는 **양수천자**(amniocentesis)를 이용하여 태아 세포를 분리하거나 **무세포 태아 DNA 분석**(cell-free fetal DNA analysis)이라는 절차를 이용하여 산모의 혈액에 존재하는 태아 DNA를 얻을 수 있다(자세한 내용은 3장의 「유전학과 사회」 **태아의 유전적 진단** 참조). 유전학자는 태아 유전체 DNA에서 질병 유전자 좌위를 PCR로 증폭한 다음 염기서열 분석 또는 크기를 측정하는 방식으로 PCR 산물들을 분석한다.

최근에 체외 수정 및 PCR 기술 두 가지를 성공적으로 사용하여 생식에 대한 결정을 위한 새로운 선택권이 추가되었다. 이제 부부는 산모의 자궁에 배아를 착상시키기 전에 유전자형을 결정하는 것이 가능하다(**그림 12.12**). 이러한 **착상 전 배아 진단**(preimplantation embryo diagnosis)은 여성에게 난포 자극 호르몬(follicle stimulating hormone; FSH)을 주사하여 난소에서 약 10개의 난자의 성숙을 자극할 때 시작된다. 그 다음 산부인과 의사가 난소에서 난자들을 꺼내 남편의 정자와 체외 수정을 시킨다. 수정란은 이후 수일간 배양되어 6~10개의 세포를 포함하는 초기 배아를 생성하기 위해 몇 차례의 유사분열을 한다.

숙련된 연구원들이 미세피펫을 이용하여 각각의 초기 배아로부터 하나의 세포를 떼어낸다(그림 12.12). 이러한 초기 배아 세포들은 아직 특정 세포 유형이나 기관이 되는 것으로 결정되지 않은 상태이다. 실제로 이 단계에서 자연적으로 분열되는 배아는 건강한 일란성 쌍둥이로 발생 할 수 있다. 따라서 단일 세포를 떼어 내는 것은 배아에 해를 끼치거나 정상적으로 발달하는 것을 방해하지 않는다.

연구자들은 각 배아에서 얻은 단일 세포에서 유전체 DNA를 준비하고 질병을 일으키는 돌연변이 부위를 포함하는 특정 영역을 PCR로 증폭시킨다. 그 다음 PCR 산물들의 염기서열 또는 크기를 분석한다. 의사와 상의하여 부모들은 질병에 걸리지 않을 유전자형(정상 대립유전자의 경우 동형 접합, 열성 질환을 유발하는 대립유전자의 경우 이형 접합)을 가진 건강한 배아를 선택할 수 있다. 일반적으로 2~3개의 배아를 산모의 자궁에 착상시켜 적어도 하나의 배아가 자궁에 착상할 가능성을 높인다.

수정 후 며칠 내에 단일 세포의 DNA를 조사하여 배아의 유전자형이 결정된다는 것은 개념적으로나 기술적으로 놀랍지만, 착상 전 배아 진단은 전 세계적으로 수만 건의 임신에서 성공적으로 사용되었다. 이러한 절차는 복잡하고 비용이 많이 들지만 제공하는 정보는 자녀가 심각한 유전 질환에 걸릴 위험이 있는 부부에게 매우 중요할 수 있다.

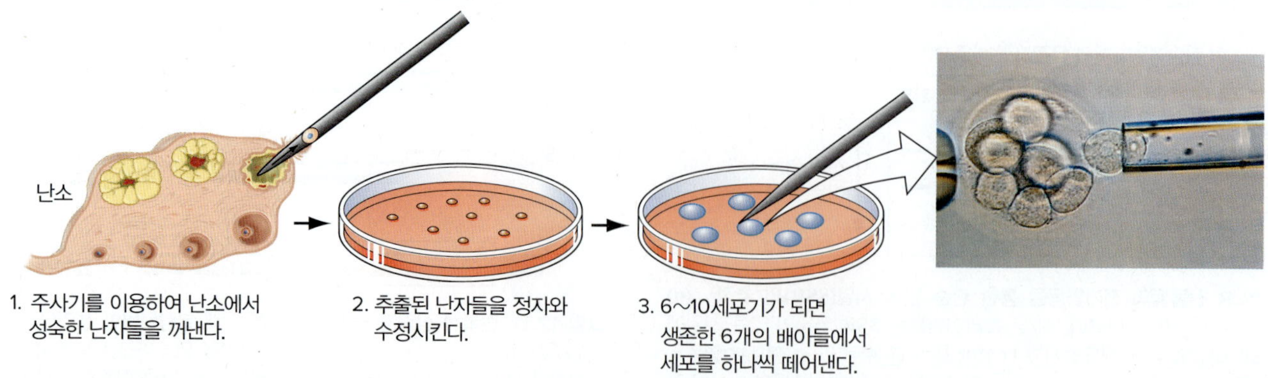

그림 12.12 착상 전 배아의 진단. 현직접적 유전자형 진단을 위해 8세포기 배아로부터 세포 하나를 떼어낸다. 그 세포에서 유전체 DNA를 추출하여 PCR 증폭 후 유전자형 분석에 이용한다. 배아의 남은 부분은 생존시켜 어머니의 자궁에 이식시킬 수 있다. *Source: (photo): ©Benoît Rajau/Science*

핵심 개념 12.2

- PCR은 두 개의 올리고뉴클레오타이드 프라이머에 의해 정해진 DNA의 특정 영역을 증폭시킨다. 반복된 합성 주기를 거치면 표적 DNA 영역의 사본 수가 지수적으로 증가한다.
- PCR 산물의 염기서열 분석을 통해 여러 다형성에 대해 간단하게 유전자형을 검사를 할 수 있다. 작은 크기의 DNA 삽입이나 결실(DIPs와 SSRs)은 젤에서 PCR 산물의 크기를 확인함으로써 그 유전자형을 결정할 수 있다.
- 태아들의 경우, 양수천자를 통해 태아 세포를 얻거나 무세포 태아 DNA 분석을 통해 자궁 내 유전자형 검사가 가능하다. 착상 전 진단에서는 체외 수정을 통해 얻은 초기 배아의 단일 세포를 분리하여 유전자 검사를 수행한다.

12.3 유전체 상의 DNA 변이 찾아내기

학습 목표

1. 비교적 적은 수의 SSR 좌위들만으로도 개인의 DNA 지문을 얻기에 충분한 이유를 설명할 수 있다.
2. DNA 마이크로어레이가 어떻게 만들어지며, 어떻게 이것을 이용하여 수백만 좌위들에 대한 유전자 검사가 이루어지는지 설명한다.

유전체에 존재하는 대다수의 다형성들은 질병을 일으키지도 않으며 표현형에도 영향을 미치지 않는다. 그러나 이런 익명적인 좌위들에서 사람들의 유전자형을 확인하는 데에는 몇 가지 합당한 이유가 존재한다. 그런 좌위들에 대한 유전자형 결정은 개인들을 그들의 DNA에 의해 규명할 수 있도록 해 주며, 이것은 법의학적 목적으로 사용되거나 인간의 진화와 역사를 연구하는 데 있어 매우 유용하다. 실용적 인 중요성들을 추가하면, 익명의 좌위들은 유전체의 특정 영역을 나타내는 분자 표식자로 사용될 수 있다. 비록 이런 DNA 표식자들이 그 자체로 병을 일으키는 것은 아니지만, 과학자들은 그들이 어떻게 유전되었는지를 추적함으로써 유전병이나 다른 표현형과 관련된 찾기 어려운 유전자들의 위치를 알아낼 수 있다.

법의학적 DNA 지문 분석은 다수의 SSR 좌위들을 조사하는 것이다

SSR 좌위들은 매우 다형적이다. 비록 어떤 한 사람이 주어진 좌위에서 가질 수 있는 대립유전자의 수는 2개뿐이라고 하더라도, 집단 내에는 반복 단위의 수가 다른 여러 가지 서로 다른 대립유전자들이 존재한다. SSR 좌위들의 다형성은 어떤 사람의 DNA를 이용하여 그 사람을 밝혀내는 강력한 재료가 된다.

그 힘은 다형적인 SSR 좌위들을 동시에 여러 개 검사할 때의 확률에서 비롯된다. 무작위로 뽑힌 두 사람이 특정 SSR 좌위에서 두 대립유전자 조합을 동일하게 가질 확률이 10% (0.1)이고, 두 번째 좌위에서도 마찬가지이며, 그 두 좌위는 독립적으로 분리된다고 가정해 보자. 독립 사건에 대한 곱하기 법칙을 이용하면, 불특정한 어떤 두 사람이 이 두 SSR 좌위들에서 동일한 대립유전자들을 가질 확률은 $(0.1)\times(0.1) = 0.01$ 혹은 1/100이 된다. 이제 그런 SSR 좌위가 13개 있다고 가정해보라. 어떤 두 사람이 유전체 내의 13개 좌위들에서 모두 동일한 조합의 대립유전자들을 가질 확률은 $(0.1)^{13}$ 혹은 10조 분의 1이다(이 계산은 간략히 처리하였지만 가능성에 대해 대충 짐작할 수 있게 해 준다. 집단유전학을 다룬 24장은 실제 자료로부터 어떻게 그런 계산들을 정확하게 할 수 있는지 알려줄 것이다). 지구상의 인구를 약 70억 명으로 가정하면, 연관되지 않은 13개의 다형성 SSR 좌위들에 대한 유전자형은 독특한 한 인간의 **DNA 지문**(DNA fingerprint)으로 작용할 수 있음을 알 수 있을 것이다. 물론 일란성 쌍둥이는 예외로 한다.

지금까지 논의하였던 단일 SSR 좌위들에 대한 유전자형 분석 방법을 단순히 확장시키면, 동시에 여러 SSR 좌위들에 대한 유전자형 결정도 가능하다. 그림 12.10은 하나의 SSR 좌위로부터 증폭된 PCR 산물들이 각 대립유전자에서의 반복 단위 수를 나타내는 서로 다른 크기를 가진다는 것을 보여준다. 13개의 SSR 좌위들을 동시에 조사하기 위해서는 13개의 프라이머 쌍들을 서로 다른 색깔의 형광 염료로 표지하고, 모든 프라이머 쌍들을 조합하여 같은 PCR 반응 시험관에 넣는다. PCR 산물들을 젤 전기 영동하면, 각 SSR 좌위에 대한 대립유전자형 변이들을 형광색과 크기에 기초하여 구분할 수 있다(**그림 12.13**).

미국에서는 연방 수사국(Federal Bureau of Investigation, FBI)이 CODIS(Combined DNA Index System)라고 하는 데이터베이스를 유지하는데, 이를 이용해 법의학 실험실들에서 전국의 DNA 프로파일들을 공유할 수 있다. 모든 실험실들에서는 동일한 13개의 프라이머 쌍들을 이용해 13개의 SSR 좌위들을 증폭한다. 실험실들은 PCR 산물들의 크기를 세심하게 분류하고 그 목록을 CODIS 데이터베이스에 등록시킨다. 50개 주 모두 성범죄 같은 중죄를 저질렀던 범죄자들로부터 DNA 지문을 수집하도록 강제하고 있다. 이 데이터베이스는 실종자들의 프로파일도 포함하고 있다.

2019년 CODIS는 400,000건 이상의 범죄 수사들을 지원하였다. 전형적으로, 법의학 연구자들은 범죄 현장에 남겨진 DNA 프로파일 증거와 범죄자의 프로파일을 비교하기 위해 데이터베이스를 이용한다. 그러나 DNA는 무죄도 증명할 수 있다. 만약 범죄 현장에서 일

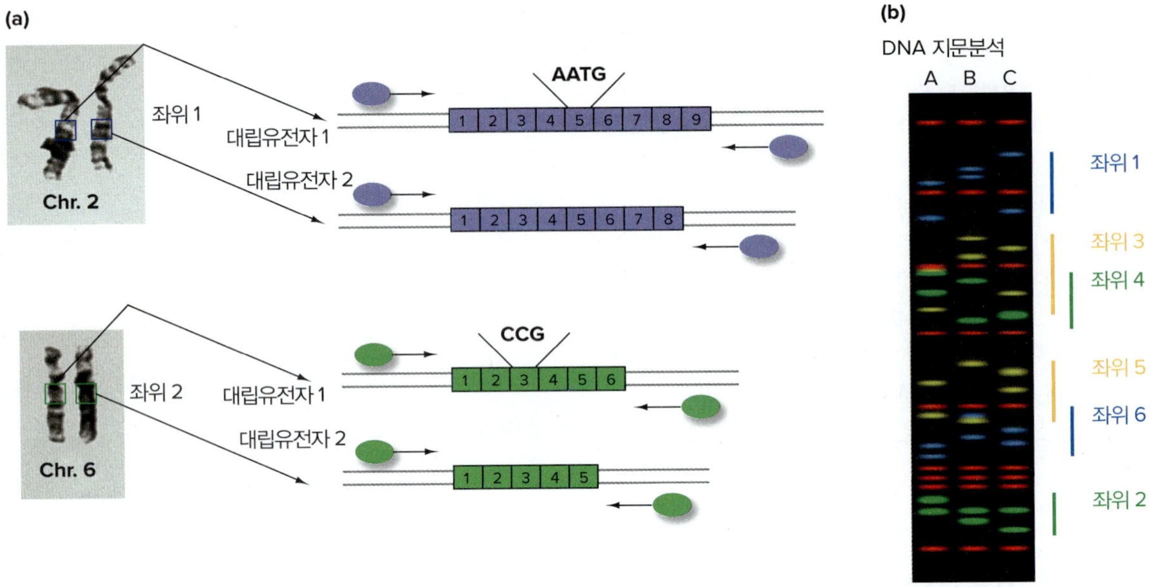

그림 12.13 DNA 지문 분석. **(a)** PCR 다중 좌위 분석(multiplexing; 여러 좌위들에 의해 생긴 PCR 산물들을 동시에 분석하는 것)을 이용한 DNA 지문 분석. PCR 프라이머 쌍(타원)이 각각의 SSR 좌위를 증폭시킨다. 프라이머 쌍은 서로 다른 형광 분자(여기의 두 좌위에서는 파란색과 녹색)로 표지된다. **(b)** 세 사람의 다중 PCR 산물 전기 영동 사진(A－C). 파란색과 녹색, 노란색으로 표시된 6개의 좌위에 대한 분석 결과를 보여준다. 같은 색으로 표지된 두 대립유전자 (좌위 1과 좌위 2)는 크기가 충분히 다르므로 어떤 대립유전자가 어느 좌위의 것인지 분명히 알 수 있다. 각 레인의 붉은색 띠는 크기 표준자들이다.

치하지 않는 증거가 있다면 그 용의자는 배제될 수 있다. 사실상, 무죄 입증 프로그램(Innocence Project)이라고 하는 공공정책기관은 DNA 지문 증거를 이용하여 사형집행을 기다리는 몇몇 사람들을 포함하여 300명 이상의 사형수들에 대해 무죄를 입증할 수 있도록 돕고 있다.

DNA 지문분석기술의 힘은 개인 사생활 및 데이터 수집 시에 발생할 수 있는 차별에 대해 많은 논란을 일으켰다. 한 가지 재미있는 사례가 있다. 형제자매들은 모든 SSR 대립유전자들의 절반을 공유하고 있으며 부모-자식 사이도 마찬가지다. 따라서 가해자는 본인의 DNA가 아닌 가족의 DNA 부분 일치로 범행이 밝혀질 수도 있다. 이런 종류의 가족 DNA 탐색은 2010년 로스앤젤레스에서 "그림 슬리퍼(Grim Sleeper)"라는 연쇄살인범에 대한 주 용의자를 체포하는 데 핵심적인 역할을 하였다. 그 용의자의 아들은 최근 불법 무기 소지죄로 유죄 판정을 받아 DNA가 분석되었다. 그의 DNA 프로파일은 그림 슬리퍼의 피해자에게서 발견된 정액과 타액에서 추출된 DNA 지문과 부분적으로 일치하였다. 경찰은 곧 아버지를 추적하였고, 한 형사가 웨이터로 가장하여 그 아버지의 DNA가 묻은 피자 조각을 얻을 수 있었다. 놀랍게도, 이 DNA는 범죄 현장의 증거와 완벽히 일치하였다. 그림 슬리퍼는 2016년에 사형을 선고받았다. 하지만 2019년에 캘리포니아 주지사는 사형에 대한 유예를 선언하였다.

DNA 지문들은 중범죄에 대한 법의학뿐 아니라 더 많은 곳에서 중요하게 사용될 수 있다. 현재 친자확인 소송과 도용된 신원을 확인하는 데 가장 결정적인 증거로 제공되고 있다. 2001년 9월 11일에 발생한 세계 무역 센터 참사 피해자들을 위해 사용되었던 것처럼 사람의 유해들을 확인하는 데 사용될 수도 있다. 이 기술의 이점은 인간의 DNA 지문으로만 국한되지 않는다. 야생생물을 연구하는 사람들은 멸종 위험 동물 개체들의 DNA 지문을 분석함으로써 포획 번식 프로그램들의 성공률을 증가시키려고 하거나, 불법적으로 밀렵된 동물들을 찾아낸다. 애완견 대회의 개들이나 순종의 말 혹은 소 같이 비싼 가축을 소유한 사람들은 DNA 지문들을 통해 혈통을 확립시키기도 한다. 아르헨티나의 사례는 더 특색이 있는데, 과학자들이 소도둑질을 하던 도축업자의 구속을 도와 준 사건이다. 그 도축업자의 가게에 매달려 있던 고기에서 한 목장주가 소를 도둑맞기 전에 자신의 소에서 채취하였던 조직 샘플과 동일한 DNA 프로파일을 발견하였던 것이다.

DNA 마이크로어레이는 수백만의 SNP들에 대한 유전자형을 결정해 준다

상보적인 단일 가닥의 DNA나 RNA가 이중 가닥 분자를 형성하기 위해 모이려는 힘인 **핵산 혼성화**(nucleic acid hybridization)는 분자생물학에서 많은 기술들의 기초가 된다. 이미 생거(Sanger)의 DNA 염기서열 분석과 PCR에서 올리고뉴클레오타이드 프라이머들이 DNA 주형에 혼성화되는 것의 중요성을 논의한 바 있다. DNA 염기서열 분석과 PCR 둘다 프라이머와 주형의 뉴클레오타이드들 사이에 완벽한 상보적 맞춤이 일어날 것으로 기대한다. 그러나 두 단일 가닥 핵산들 사이에 짝짝이가 일어나면 어떤 일이 발생할까?

표적 가닥에 혼성화되는 21염기의 올리고뉴클레오타이드에서 서열 중간에 하나의 염기가 달라졌다고 생각해 보라(**그림 12.14**). 결과적으로 생기는 이중 가닥 혼성체는 모든 뉴클레오타이드가 맞는 혼성체보다는 훨씬 안정성이 떨어진다. 그 이유는 이중 나선을 서로 붙들고 있는 수소 결합력의 힘이 어떤 짝짝이들도 포함하지 않는 가장 긴 길이에 의존적이기 때문이다. 두 가닥들이 완벽하게 맞지 않을 때는 서로를 잡고 있는 일련의 약한 수소 결합들이 충분하지 않을 수 있다. 따라서 40 bp 정도까지의 작은 영역에 대해서 연구자들은 완벽한 혼성체는 온전히 유지될 수 있지만 불완전한 혼성체는 유지되지 못하는 그런 혼성화 조건(특정 온도 같은)을 만들 수도 있다(그림 12.14).

연구자들은 SNP 좌위들의 유전자형을 결정하기 위해 혼성화 분자의 안정성 차이를 이용한다. **그림 12.15a**에 설명되어 있는 아이디어는 고형 지지물(실리콘 칩 같은)에 20~40염기 길이의 올리고뉴클레오타이드들을 부착시키는 것이다. 후에 이 뉴클레오타이드들은 적당한 조건이 주어지면, 하나의 SNP 좌위에 존재하는 두 대립유전자들 중 오직 하나와만 혼성화될 것이다. 이런 올리고뉴클레오타이드들은 **대립유전자-특이적 올리고뉴클레오타이드**(allele-specific oligonucleotides; ASOs)라고 한다. 이제 연구자들은 분석할 유전체로부터 DNA를 추출하고 그것을 단편화한 후 가열하여 단일 가닥으로 만든다. 이렇게 얻어진 짧은 단일 가닥 유전체 DNA 단편들에 형광염료를 부착시킴으로써 **탐침자**(probe)로 변화시킨다. 염료를 달고 있는 유전체 DNA는 **DNA 마이크로어레이**(DNA microarray)라고 하는 실리콘 칩으로 옮겨지고 그 탐침자가 완벽하게 맞는 ASO에만 혼성화되도록 하는 온도로 맞춘다. 혼성화 상태를 보기 위해서 칩에 빛을 쪼여주면, 탐지기가 특정 ASO를 포함하고 있는 각 영역들로부터 나오는 형광의 양을 기록한다. 그림 12.15a에 나타낸 것처럼, 형광 패턴으로 특정 SNP에서 원래 DNA가 가진 유전자형을 결정할 수 있다.

그림 12.15a에서 재미있는 특징 하나는 실리콘 칩 위의 특정 ASO 위에 나타나는 형광 신호의 강도가 유전체에 존재하는 그 대립유전자의 사본 수와 비례한다는 점이다. 그러므로 형광의 강도는 반복수 변이체들(CNVs)을 살펴볼 수 있는 방법이 되기도 한다. ASO 칩의 이용에 대해서는 이 책의 후반부에서 다룰 것이다.

형광 표지된 유전체 DNA 분자 하나는 마이크로어레이에서 탐지가 될 만큼 충분한 양의 빛을 만들지 못한다. 그러므로 연구자들은 유전체의 각 부분들을 많은 사본들로 증폭하여 그 모두에 형광 표지를 붙일 수 있도록 해야 한다. **그림 12.15b**는 이런 증폭을 가능하게 하는 기발한 한 가지 방법을 설명하고 있다. 우선 유전체를 점착성 말단을 만드는 제한효소로 잘라 단편화하고, 이렇게 생긴 제한 단편들에 **올리고뉴클레오타이드 어댑터**(oligonucleotide adapter)를 연결시킨다. 어댑터 한 부분은 제한 단편의 말단부 돌출서열에 연결될 수 있는 한편, 그 올리고뉴클레오타이드의 나머지 부분은 PCR 프라이머에 상보적이다. 양 말단의 끝에서 어댑터들에 연결된 단편들은 이제 PCR 증폭에서 주형으로 작용할 수 있다. 이 방법에서는 하나의 어댑터와 하나의 PCR 프라이머를 이용하여 유전체의 모든 부분들이 동등하게 증폭될 수 있을 것이다.

DNA 마이크로어레이 제조 기술의 빠른 발전으로, 4백만 좌위 이상에서 SNP들을 추적할 수 있는 칩들을 만들 수 있게 되었다(**그림 12.15c**). 2019년에 유전체 DNA 시료를 분석하는 데 드는 비용은 백 달러에 지나지 않으며, 하나의 SNP 유전자형을 분석하는 데 드는 비용은 훨씬 적다.

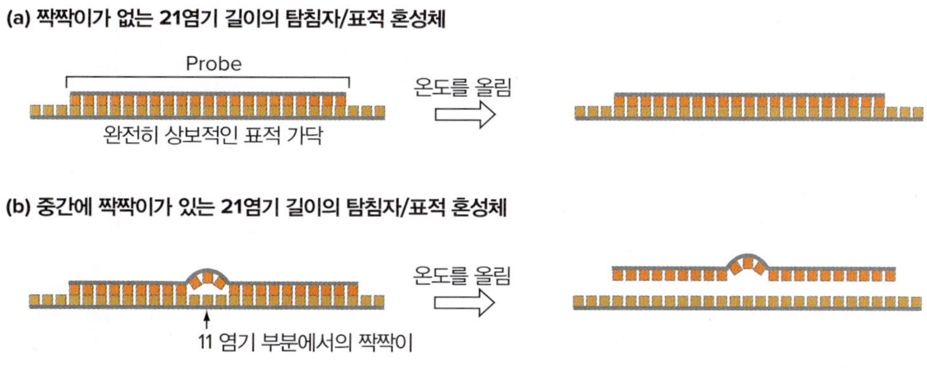

그림 12.14 짧은 혼성화 탐침자는 단일-염기 불일치를 구분할 수 있다. 21개 염기의 짧은 탐침자와 서로 다른 두 표적 서열 사이의 혼성화. **(a)** 탐침자와 표적 서열 사이의 21개의 염기 모두가 일치하는 완벽한 일치. 이 혼성체는 충분한 수소 결합을 가지고 있어 온도가 상승하였을 때에도 그대로 유지된다. **(b)** 탐침자 중간에 단일-염기 불일치가 존재하면 탐침자와 표적 사이의 10개 염기만 효율적 상호작용을 하게 된다. 온도가 올라가면 이러한 혼성체는 분리된다.

빠르게 살펴보기

유전 가계도 분석의 법의학적 적용

1976년부터 1986년까지 "골든 스테이트 살인자"라고 불리우는 사람은 캘리포니아에서 적어도 50건의 강간과 12건의 살인을 저질렀다. 40년이 지난 2018년 사람들의 관심에 의하여 이 사건이 다시 주목받고 있다. 특히 23andMe, Ancestry®과 같은 혈통, 가계도 전문 분석 기업들은 고객의 침에서 DNA를 추출하여 그림 12.15와 같은 마이크로어레이 기술에 기반하여 각 고객이 가지고 있는 SNP 변이 정보를 얻게 된다.

이러한 분석은 친척들끼리는 하플로타입 블락을 공유한다는 관찰에서 기인한다. 25장에서 다룰 것인데 하플로타입 블락은 세대가 넘어가며 각각 함께 유전되는 가까이 위치한 변이들을 담고 있는 DNA 부분을 일컫는다. 이 블락은 재조합이 자주 일어나는 재조합 핫스팟이 양끝단에 위치하여 그 블락 안의 DNA는 재조합 현상에 의하여 끊어질 확률이 낮아진다. 5장에 의하면 정자 생성 과정에서 대략 염색체당 한 번씩의 교차 현상이 일어나며 난자 생성 과정에서는 염색체당 두 번씩의 교차 현상이 일어난다(**그림 A** 왼쪽). 그렇기 때문에 친족관계가 더 가까운 사람들일수록 재조합 현상이 덜 일어날 것이고 그만큼 하플로타입 블락이 덜 끊기기 때문에 더 길어질 것이다(그림 A 오른쪽).

유전적 친족 관계는 상염색체 상 두 사람간 공통된 DNA의 비율로 예측 가능하다(**그림 B**). 예를 들어, 당신의 DNA는 어머니가 가지고 있는 DNA의 반절(난자에서)과 아버지가 가지고 있는 DNA의 반절(정자에서)이 만나서 형성된 것이므로 당신은 부모님과 50%씩의 DNA를 공유하고 있다. 당신의 형제자매와도 평균적으로 50%의 DNA를 공유하고 있다. 왜냐하면 각 부모는 각각의 SNP에 대하여 두 개씩의 대립유전형을 가지고 있으며 자녀들은 그 둘 중 하나씩을 무작위적으로 유전받기 때문이다.

유전적 계통 관계 분석법은 다음과 같은 두 가지가 중요한 요인으로 작용한다. 먼저 마이크로어레이는 상당히 많은 수의 SNP의 데이터를 분석하게 하며, 두 번째로 계통 관계 전문 기업들은 수백만 명이 넘는 고객에게서 도출된 엄청나게 거대한 유전체 데이터베이스를 사용한다. 이정도는 적은 수의 참여자들의 적은 수의 SSR 좌위에 대한 정보만을 담고 있는 CODIS 데이터베이스를 크게 능가하는 규모이다. 그러므로 경찰 등과 같은 정부 기관에서 이러한 계통 관계 데이터베이스에 눈독을 들이고 있는 것이다.

골든 스테이트 살인자의 경우 연구자들이 사건 현장에서 발견된 용의자의 DNA 샘플에서 생성된 유전 정보를 GEDmatch라고 하는 작은 계통 관계 회사의 데이터베이스와 비교하였더니 두 명의 정보와 일치하는 결과를 관찰하였다. 친족관계를 계산해 보았더니 아마도 6촌 정도로 가깝다는 결과가 나왔고 이들의 정보에 기반하여 추가적인 생일, 사망, 결혼 등의 정보를 엮어 조셉 제임스 드안젤로라는 인물이 범인일 것이라는 결론에 이르렀다. 경찰은 드안젤로를 미행하여 그의 생체샘플(자동차 문에서)을 채취하였고

그림 A 친척간 상염색체 공유 상태. 개인별 한 쌍의 염색체를 보여주고 있으며, 왼쪽의 색은 두 세대를 넘어 유전될 수 있는 부분을 말하고 있다. 부모가 생식세포를 만들 때에 재조합 현상이 발생하므로 어떤 부분은 모두 당신의 외가쪽 염색체를 가지고 있을 수도 있고, 반대로 모두 친가쪽 염색체를 가지고 있을 수도 있다. 오른쪽에서는 같은 정보가 다른 방식으로 표시되어 있다. 즉, 검은색 부분은 당신과 당신의 친척과 공유하고 있는 부분이다. 공유된 긴 하플로타입은 유전적 친족 관계를 나타내 주는 가장 좋은 증거이기도 하다.

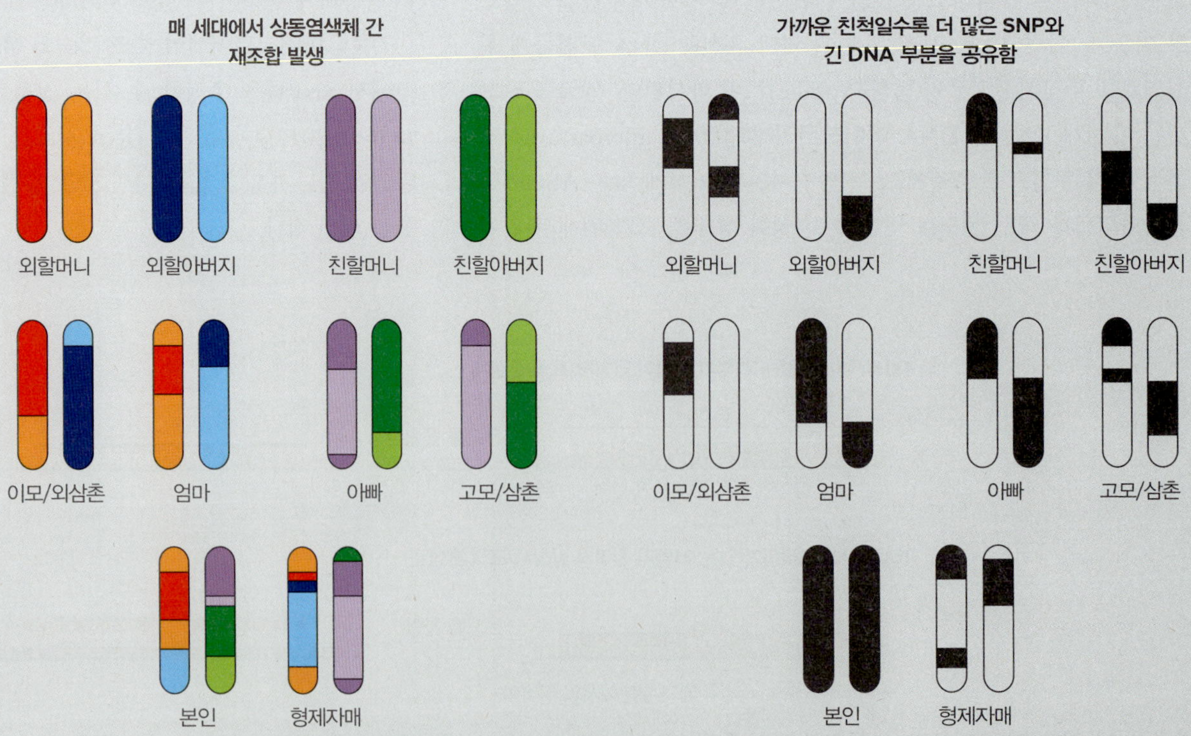

(계속)

그의 DNA가 실제 용의자의 DNA와 일치한다는 것으로 결론내렸다. 그는 2018년 체포되었고 현재 재판을 기다리고 있다.

이러한 계통 분석 방법의 성공 사례들은 동시에 이러한 범죄 행위를 해결하기 위하여 고객의 개인 정보를 어디까지 지켜야 할지에 대한 흥미로운 윤리적 이슈를 던지게 한다. 얼마나 잔인한 범죄행위까지, 어떠한 상황에서의 범죄행위까지 계통 관계 회사들은 고객의 데이터를 넘겨줘야 하는가? 범죄자의 친척은 본인의 친척이 체포되는 것을 방지하기 위하여 DNA를 사용하는 것에 대한 거부권을 가져도 되는 것일까? 현재 어떤 회사들은 절대 정보 공유를 하지 않거나 혹은 법원의 지시 하에서만 공유를 하거나 혹은 GEDmatch처럼 고객에게 통보만 하고 정보를 공유하는 회사도 있다.

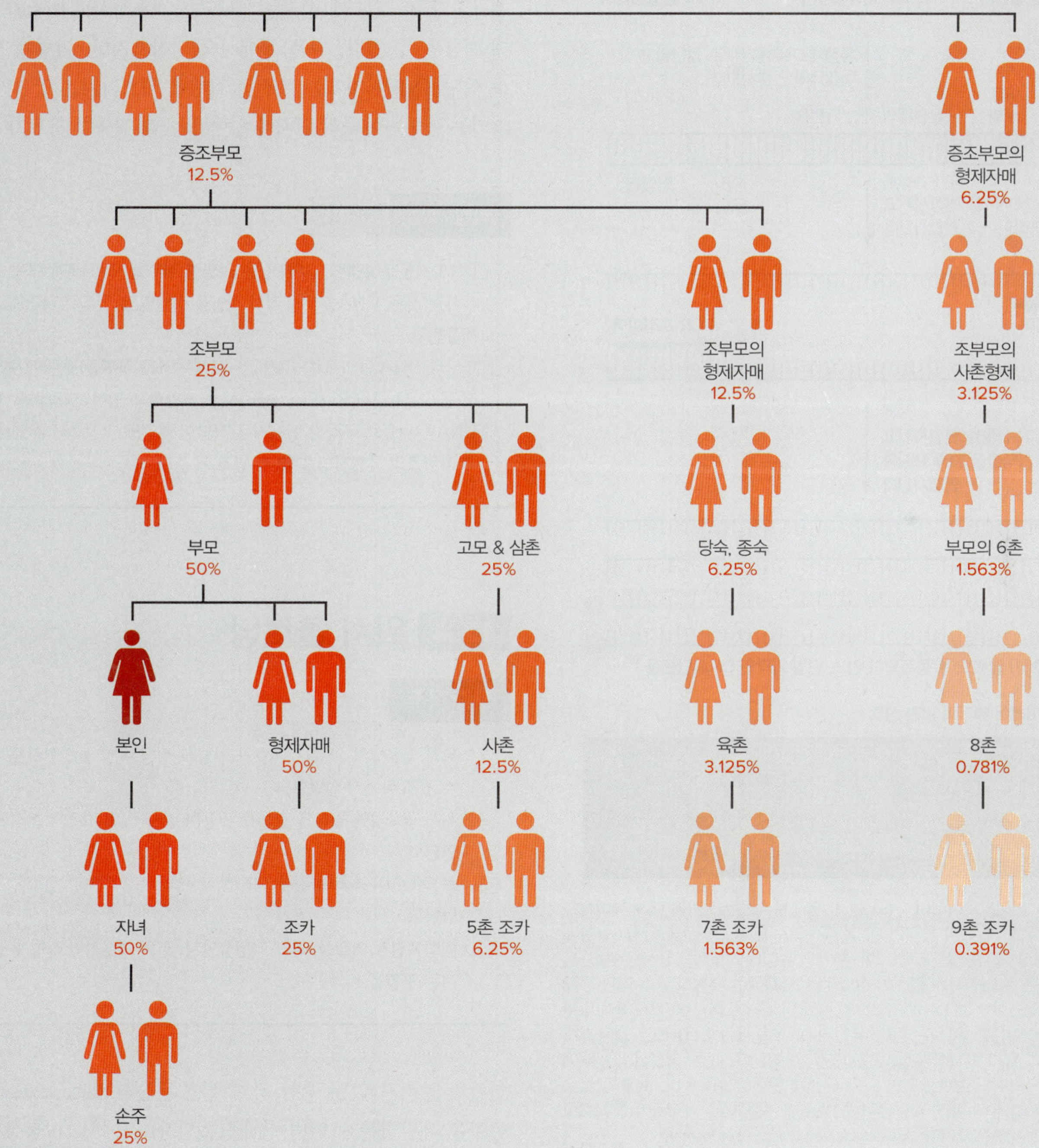

그림 B 유전적 친족관계. 그림은 당신이 당신의 각 친척들과 공유하고 있는 유전체의 비율을 나타내 주고 있다.

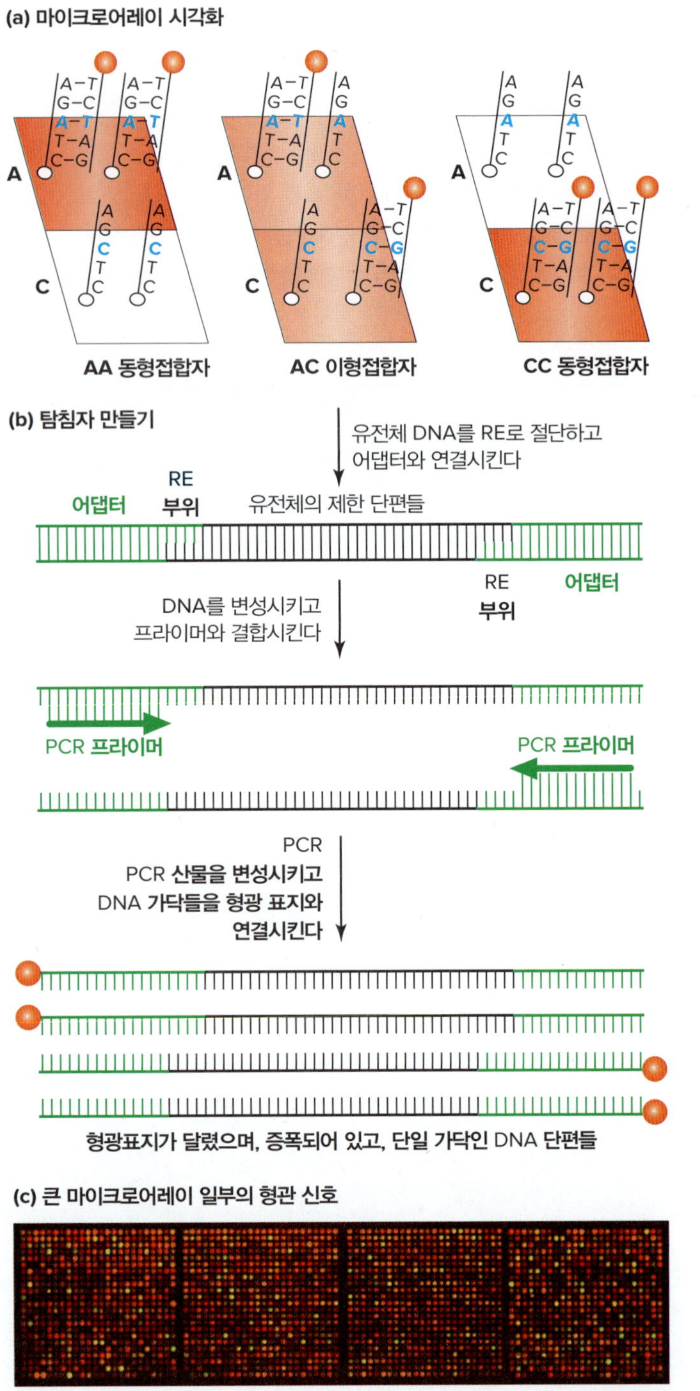

그림 12.15 DNA 마이크로어레이. **(a)** 한 SNP의 두 대립유전자에 대해 특이적인 ASO를 포함하고 있는 세 개의 동일한 DNA 마이크로어레이(ASO를 5개의 뉴클레오타이드로 보여주고 있지만 실제로는 20~40개의 뉴클레오타이드가 사용된다). 붉은색 형광 표지가 달린 탐침자는 완전히 상보적인 ASO에만 혼성화된다. 형광의 세기는 ASO에 상보적인 유전체 DNA 서열들의 수와 비례한다. **(b)** 마이크로어레이 분석을 위해 유전체 DNA를 증폭하는 방법. 유전체 DNA는 제한효소(RE)로 절단되고, 말단에 이중 가닥의 올리고뉴클레오타이드 어댑터가 붙는다. 그후, 어댑터의 일부에 혼성화되는 단일 프라이머로 PCR하면 모든 유전체 단편이 증폭된다. PCR 산물은 변성 후, 형광 표지(붉은색)된다. **(c)** 유전체 DNA를 탐침자로 사용하여 혼성화한 DNA 마이크로어레이의 일부이다. *Source: (c): National Cancer Institute*

상업적으로 사용되는 마이크로어레이에서 분석되는 SNP 좌위들은 유전병과 관련된 것으로 알려진 모든 단일 뉴클레오타이드 변이체들을 포함한다. 그러나 칩 위의 대부분 좌위들은 표현형에 영향을 미치지 않을 것으로 보이는 흔한 SNP들이다. 이러한 마이크로어레이에서 수백만 개의 익명 SNP에 관심을 보이는 이유가 무엇인지 의문을 제기할 수 있다. 답은 이러한 SNP의 분석에 몇 가지 중요한 실용적 응용 분야가 있다는 것이다. 마이크로어레이는 수백만 개의 다형성을 추적함으로써 개인 간의 연관성 정도에 대한 자세한 정보를 제공한다. 이러한 데이터는 가계도를 재구성하고 범죄자를 식별하는 데 사용될 수 있다. 다음 절에서 설명하겠지만, 이렇게 널리 존재하는 익명 SNP들 자체는 유전적 질병을 일으키지는 않지만 질병을 일으키는 돌연변이들의 위치를 알아내는 데 귀중한 자료가 된다.

핵심 개념 12.3

- DNA 지문분석에서, SSR 같은 다형성 좌위들 여러 개에 대해 유전자형을 분석하는 것은, DNA를 이용해서 개인을 식별할 수 있도록 하기에 충분한 정보를 제공한다.
- 하나의 DNA 마이크로어레이는 수많은 SNP 좌위들에 대한 대립유전자 특이적 올리고뉴클레오타이드(ASOs)를 포함하고 있다. 형광으로 표지된 유전체 DNA 단편들로 구성된 탐침자는 적당한 조건에서 상보적 ASO들에 결합하여 그 좌위들의 유전자형을 알 수 있게 해 준다.

12.4 위치 클로닝

학습 목표

1. 위치 클로닝의 과정과 그것이 어떻게 질병 유발 돌연변이들의 위치를 찾을 수 있게 하는지 설명한다.
2. 위치 클로닝에 필요한 정보를 제공하는 데 있어 가계도 분석의 제한점을 확인한다.
3. 로드(LOD) 스코어 값을 어떻게 구하고 그것이 어떤 정보를 제공하는지 설명한다.
4. 대립유전자 이질성, 복합 이형접합형, 좌위 이질성이 질병 유전자 식별에 미치는 영향을 논의한다.

인간의 알려져 있는 수천 가지 **질병 유전자**(disease genes; 질병 표현형을 유발하는 돌연변이 대립유전자) 중에서, 비정상적 조건에서 나타나는 현상을 바탕으로 과학자들이 찾아낸 것은 소수에 지나지 않는다. 예를 들어, 낫모양 적혈구 빈혈증(sickle-cell anemia)과 지중해성 빈혈증(thalassemia) 등은 적혈구 세포에 영향을 미치는 질병들이다. 적혈구 세포 건중량의 약 97%는 헤모글로빈으로 이루어져 있기 때문에, 연구자들은 산소 운반 단백질을 만드는 폴리펩타이드를 암호화하는 유전자들이 질병들의 원인이 될 가능성이 있다고 지목할 수 있었다. 그러나 대부분의 경우 어떤 단백질이 질병 유발 돌연변이에 의해 변하는지에 대해서 제대로 된 예측을 하기가 어렵고 따라서 다른 접근이 필요하다.

DNA 표식자를 이용한 연관분석으로 질병 유전자의 대략적인 염색체상의 위치를 알 수 있다

유전성 질병을 일으키는 결함을 찾는 데 일반적으로 유용한 방법 중 하나는 **위치 클로닝**(positional cloning)이다(**그림 12.16**). 이는 돌연변이와 유전적으로 연관되어 있는 다형성(polymorphism) 좌위를 찾아 질병 유전자의 위치 정보를 얻는 것이다. 우리는 인간의 유전체 서열로부터 각 좌위의 정확한 위치를 알 수 있기 때문에, 질병 유전자와 가까이 연관되어 있는 익명의 DNA 다형성들을 찾아내는 것은 연구자들이 돌연변이를 찾을 때 한 염색체의 작은 영역에 집중할 수 있도록 해준다. 이 영역 내의 후보 유전자들 중에서, 환자들에서 일관되게 나타나는 돌연변이들을 찾아냄으로써 질병을 일으키는 유전자를 발견할 수 있다.

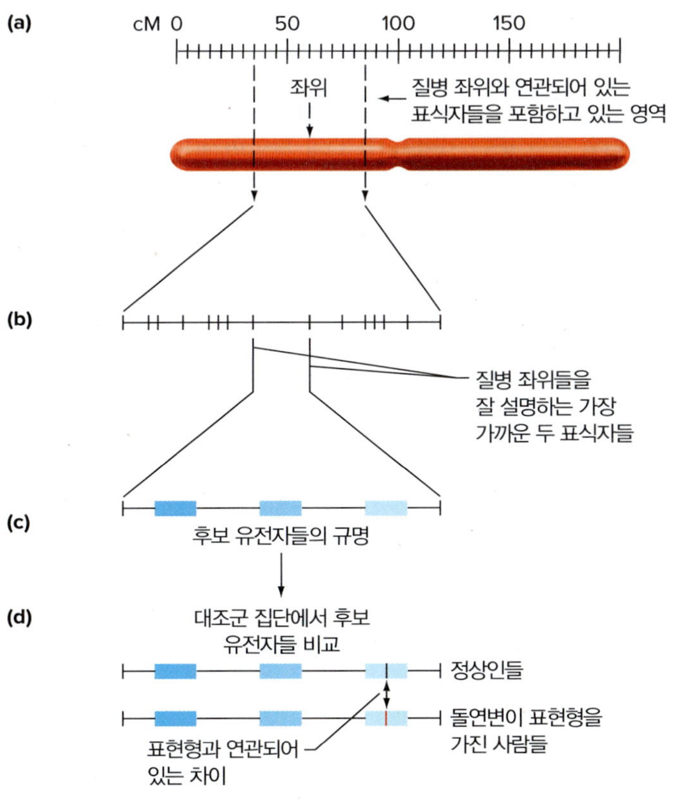

그림 12.16 위치 클로닝: 표현형에서 염색체 부위로, 그리고 유전자까지 찾아나가기. **(a)** 질병원인 유전자는 주위 마커와는 ~50 Mb 이내에 위치하게 된다. **(b)** 연구자들은 돌연변이와 가장 인접한 마커를 탐색한다. **(c)** 후보 유전자(파란색)은 관심영역 내 위치한다. **(d)** 각 유전자들의 염기서열과 질환 조직에서의 발현도 등에 의거하여 질병원인 유전자를 결정한다.

위치 클로닝의 전략

5장에서 우리는 두 유전자가 같은 염색체 상에서 가까이 위치하면 그 두 유전자는 유전적으로 연관(link)되어 있다고 배웠다. 유전자가 연관되어 있으면 생식 세포에서 부모형이 재조합형보다 많이 존재한다. 두 좌위 사이의 재조합 빈도를 통해 둘 사이의 거리를 직접 측량할 수 있다. 단위는 센티모건(centimorgans; cM)으로 기록되며 지도 단위(map units; m.u.) 라고도 불린다. 1 cM은 재조합 빈도 1%와 같다.

위치 클로닝은 연관의 이러한 정의를 직접적으로 확장시킨 것으로 오직 두 가지의 실질적 차이만 존재한다. 첫 번째로 두 유전자들을 그들이 조절하는 특성을 통해 추적하는 대신, 위치 클로닝에서는 하나의 좌위에 대해서만 표현형으로 추적하고(가계도 내에서 개개인의 질병 여부를 표시), 두 번째 좌위는 개개인의 DNA 유전자형으로 직접 추적한다. 결국, 두 좌위 모두에서 DNA의 변이를 찾는 것이지만 다른 방법을 쓸 뿐이다. 표현형은 변이를 간접적으로 확인하고 유전자형은 변이를 직접적으로 보여준다.

두 번째는 한번에 둘 혹은 세 개의 좌위들을 다루는 대신(2점 교배나 3점 교배처럼), DNA 마이크로어레이를 통해 가계도에 있는 개개인마다 존재하는 수백만 개의 익명 좌위들을 추적한다. 이 마이크로어레이/가계도 분석은 쉽게 생각하면 개별 DNA 표식자(marker)와 질병 좌위들 사이의 연관성을 확인하기 위한 2점 교배(two-point cross) 수백만 번이 동시에 수행되는 것과 같다. 질병 좌위와 연관된 DNA 표식자를 발견하는 것이 위치 클로닝의 첫 번째 목표이다.

DNA 마이크로어레이는 다형성 좌위들로 매우 빽빽하게 밀집되어 있어서 그 중 많은 좌위들이 사실상 어떤 멘델성 질병 유전자와 연관되어 있을 가능성이 매우 높다. 2점 교배에서는 두 좌위들의 거리가 50 cM 이하일 경우 서로 연관되었다고 한다. 대략적으로 말하면, 1 cM은 인간 유전체에서 평균 1 Mb(1백만 염기쌍)에 해당하므로, 연관된 좌위들은 서로 50 Mb 내에 있을 것이다. 만약 마이크로어레이가 인간 유전체 상에 흩어져 있는 1,000개의 분자 표식자들을 가지고 있다면, 그들은 평균적으로 3 Mb 떨어져 있는 것이 된다. 따라서 어떤 질병을 유발하는 돌연변이는 마이크로어레이 상의 한 다형성 좌위로부터 3 Mb 내에 있어야 하고, 그 둘은 분명히 유전적으로 연관되어 있다. 현대의 DNA 마이크로어레이는 한 사람의 DNA

에서 수백만 개의 다형성들을 동시에 분석할 수 있다. 따라서 이런 위치 클로닝 방법은 질병 유전자들의 자리를 정확하게 알아낼 가능성이 크다.

위치 클로닝의 예시

신경섬유종(neurofibromatosis)은 우성이며, 완전히 침투적(penetrant)이고, 상염색체에 의해 유발되는 질병으로, 여전히 100,000명의 미국인들에게 영향을 미치는 희귀병이다. 이 질병에 걸리면 신경조직이 걷잡을 수 없이 증식하여 피부 밑으로 종양을 형성한다(**그림 12.17**). 비록 이 종양들이 일반적으로는 양성이지만, 이들에 의해 신경세포들에 손상이 생기고 때로는 악성 암으로 발달하기도 한다. **그림 12.18**은 신경섬유종을 유발하는 돌연변이를 탐색하는 위치 클로닝의 한 단계를 보여주고 있다. 그 결과를 통해 우리는 어떤 익명의 SNP 좌위(SNP1)가 신경섬유종 유전자와 연관되어 있는지 여부를 확인하게 된다. SNP1은 17번 염색체 상에 존재하며, G와 T 두 가지 대립유전자를 가진다.

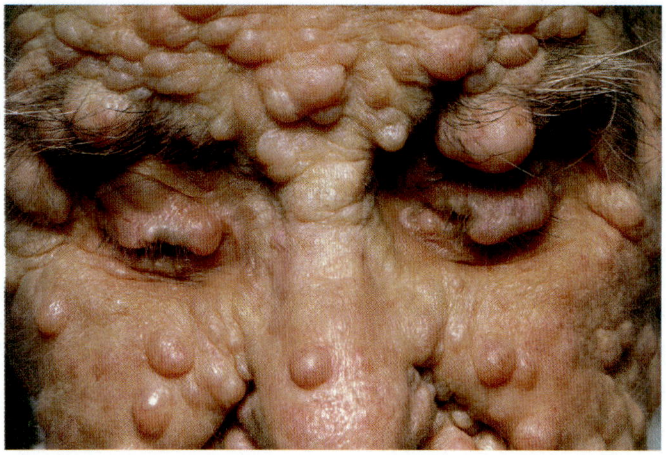

그림 12.17 신경섬유종. *Source: ©Paul Parker/Science*

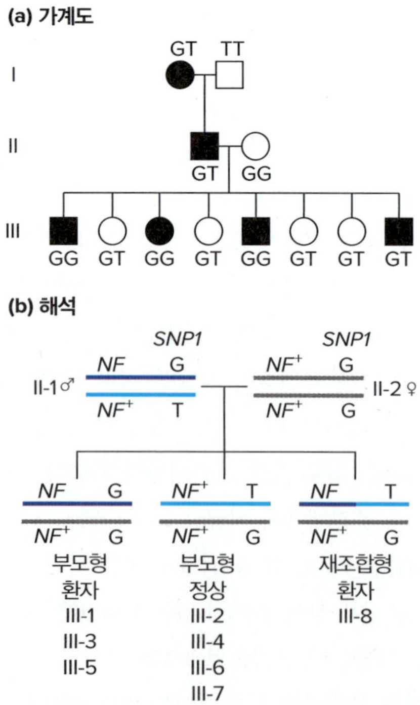

그림 12.18 위치 클로닝. **(a)** 한 가족에서 신경섬유종의 유전을 보여주는 가계도. G와 T는 *SNP1* 좌위의 대립유전자를 나타낸다. **(b)** *SNP1*과 신경섬유종 유전자가 연관되어 있다는 가설을 바탕으로 (a)에 제시된 가계도를 해석한 것이다.

가계도(그림 12.18a)를 보면 신경섬유종 환자인 II-1이 환자인 어머니 I-1로부터 우성 질병 유발 대립유전자인 *NF*와 *SNP1*의 G 대립유전자를 함께 물려받은 것을 확인할 수 있다. 이 사람은 환자가 아닌 그의 아버지로부터는 정상 NF^+ 대립유전자와 SNP의 T 대립유전자를 물려받았다. II-1과 결혼한 II-2는 질병이 대립유전자에 동형접합형(homozygous)이었다. 따라서 III 세대의 아이들은 사실상 검정 교배의 자손들이라고 할 수 있다. 아이들 각각에 대해 질병의 유무와 SNP 유전자형을 조사하면 그 아이가 이중 이형접합자인 아버지 II-1으로부터 부모형(비재조합형) 정자를 받았는지 혹은 재조합형 정자를 받았는지를 알 수 있다.

그림 12.18을 보면 3세대의 자손 8명 중에서 7명이 부모형 정자로부터 비롯되었다. 즉 아버지(II-1)가 할머니(I-1)로부터 물려받은 *NF*와 G의 조합 또는 아버지 (II-1)가 할아버지(I-2)로부터 물려받은 NF^+와 T의 조합이다. 3세대에서 오직 한 명의 아이(III-8, *NF*와 SNP의 T 대립유전자를 가진 병에 걸린 아들)만 재조합형 정자로부터 발생하였다. 따라서 이런 자료는 신경섬유종 유전자와 이 특정 SNP가 유전적으로 연관되어 있으며, 대략 지도 단위(map distance) (1/8) = 0.125 = 12.5% = 12.5 cM 만큼 떨어져 있음을 시사한다.

8자녀를 가진 가족 규모는 오늘날의 기준에서 보면 꽤 큰 수준이지만 통계적으로 큰 의미를 가지기에는 자손의 수가 아직 너무 적다. 그럼에도 불구하고, 자료의 가장 직접적인 해석은 신경섬유종 유전자가 대략 17번 염색체상의 SNP 좌위 양쪽 12.5 Mb 내에 존재한다는 것이다. 그림 12.18b는 이러한 잠정 결론을 바탕으로 어떻게 II-1과 II-2 사이의 교배를 쉽게 해석하는지 보여준다.

다지점 분석법

마이크로어레이 자료는 질병 유전자와 개별 DNA 좌위들 사이의 연관 관계에 대해 단지 2점(two-point) 정보만을 포함하는 것이 아니라, 수백만 DNA 좌위들의 서로에 대한 행동에 관한 여러 지점의 정보 역시 포함할 수 있다. 이미 5장에서 초파리에서의 3점 분석이 가지는 힘을 살펴본 바 있다. 그러나 마이크로어레이는 더 강력해진 3점 교배와 같다고 할 수 있다. 연구자들은 생식 세포가 형성되는 동안 같은 염색체상의 두 다형성 지점들에서 발생한 특정 교차점들을 정확히 추적할 수 있다. 12.5절에서 다루겠지만, 이런 정보는 연구자들이 질병 유전자들의 위치를 특정 재조합 핫스팟 내로 좁혀 생각할 수 있도록 해준다.

위치 클로닝이 가지는 한계점들

식물이나 작은 동물에서 발현되는 형질들에 대해서는, 정확한 유전자 지도 작성을 위해 연구자들이 쉽게 교배를 실시하여 수백 개체의 자손들을 얻는 일이 가능하다. 그러나 과학자들이 인간의 혼인관계를 지시할 수는 없으며, 또한 모든 두 사람 간의 혼인들이 주어진 두 좌위들의 상대적 위치에 대해 해석 가능한 정보를 주는 것도 아니다. 게다가 인간의 가족 크기는 작기 때문에 정확한 지도 작성에 대한 충분한 자료를 얻기도 어렵다.

연관상의 문제

신경섬유종 유전자와 *SNP1* 사이의 지도 거리로 제시된 계산에는 이 가계도에서 보여지는 혼인들 중 하나는 포함되어 있지 않음에 주목해야 한다. I-1과 I-2의 결혼을 살펴보라(그림 12.18 참조). 그 이유는 우리가 환자인 할머니 I-1에서의 대립유전자 연관 상태[혹은 연관상(phase)]를 모르기 때문이다. 그녀의 돌연변이 *NF* 대립유전자는 17번 염색체상에서 G형 SNP과 함께 있을 수 있지만, 이 *NF*를 포함하는 염색체 상의 SNP 대립유전자는 T일 수도 있다. II-1(병에 걸린 그녀의 아들)이 부모형 난자에서 나온 건지 혹은 재조합형 난자로부터 나온 건지를 확실히 말할 수 없기 때문에, 지도 거리 계산에 이 배우자를 고려할 수가 없었다.

연관상의 문제는 두 가지 상황 중 하나로 해결될 수 있다. 첫째로, 만약 우리가 어떤 사람의 부모 양쪽 모두에서 두 좌위의 유전자형을 알고 있다면, 어떤 대립유전자가 어느쪽 부모에게서 기인하였는지를 결정할 수 있게 된다. 이것은 우리가 이중 이형접합자인 아버지 II-1에서의 연관상이 *NF* G/*NF*+ T인 것을 알아낸 과정과 정확히 일치한다(그림 12.18). 이 방법으로 I-1에서의 연관상을 결정하기 위해 그녀의 질병을 가진 부모에 대한 유전자형 정보를 알 필요가 있을 것이다. 둘째로, 두 좌위들이 충분히 가깝다면 연관된 대립유전자들이 함께 나뉘는 경우가 많기 때문에 가능한 연관상을 추론할 수 있다. 그림 12.18에서는, III세대에서 부모형의 수가 재조합형을 상당히 능가하므로, 그 부모들에 대한 정보를 가지고 있지 않아도 이중 이형접합형인 II-1의 가능한 대립유전자 배열을 추측할 수 있다.

정보성 교배와 비정보성 교배

이중 이형접합형인 부모에서 대립유전자 배열 상황을 안다고 해도, 교배가 그 두 좌위와 연관되어 있는지에 대한 유용한 정보를 제공하지 못할 수도 있다. 한 가지 예가 **그림 12.19a**에 제시되어 있다. 신경섬유종을 앓는 II-1 남성과 병에 걸리지 않은 그의 배우자 II-2 간의 교배를 다시 살펴보자. 우리는 지금 다른 SNP 좌위(*SNP2*)를 보고 있으며, 두 부모들은 모두 해당 *SNP2*에서 대립유전자 A와 C 이형접합자들이다. 만약 한 아이 역시 A와 C에 대해 이형접합자라면, 어떤 부모가 A를 주었고, 또 어떤 부모가 C를 주었는지 구분하지 못할 수도 있다. 따라서 그 아이가 부모형 배우자에서 생긴 아이인지 아니면 재조합형 배우자로부터 발생한 것인지를 결정할 수 없을 것이다. 그러나 그 아이가 *SNP2* 대립유전자에 대해 동형접합형이라면, 예를 들어 AA 유전자형이라면, 난자와 정자가 모두 A 대립유전자를 가지고 있었음을 알게 될 것이다.

5장에서, 유전적 지도 작성을 위해서는 적어도 한쪽 부모는 이중 이형접합자이어야 한다고 하였다. **그림 12.19b**는 부모 중 어느 쪽도 이중 이형접합자가 아니고, 따라서 그 혼인이 유용한 정보를 주지 못한다는 것을 보여줌으로써 이런 점을 강조하고 있다.

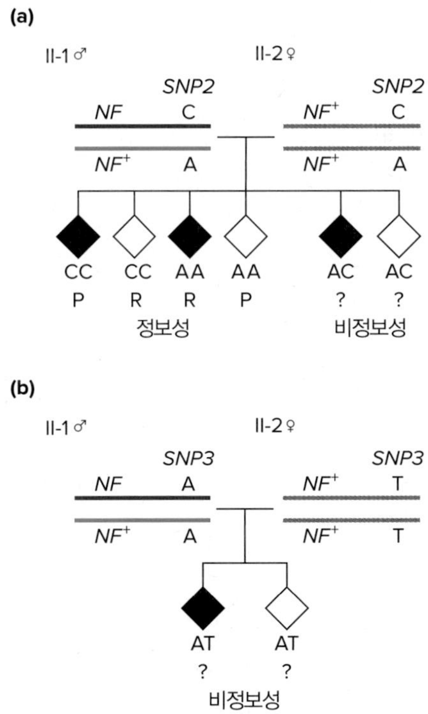

그림 12.19 유전형 정보를 알 수 없는 교배의 예. **(a)** *NF* 유전자와 *SNP2*가 연관되어 있다는 것과 부모에서 연관상 (대립유전자들의 배열 상태)을 알고 있다고 하더라도, 교배가 어떻게 이루어졌는지에 따라 유전형 정보를 알 수도 모를 수도 있다. 만약 아이가 CC나 AA 동형접합형일 때, 교배 시 유전형 정보를 알 수 있지만, AC의 이형접합형이라면, 어느 대립유전자가 어느쪽 부모에게서 온 것인지 알 수 없다. 이럴 경우 "유전형 정보를 알 수 없다"고 한다. **(b)** 만약 부모 둘다 이중 이형접합형이 아니라면 연관 분석은 불가능하다(*SNP3*는 세 번째 SNP 좌위이다).

그 혼인이 특정 SNP 좌위와 질병유전자와의 연관에 대해 유용한 정보를 주지 못한다고 해도, 마이크로어레이에서의 다지점 분석은 일반적으로 이런 약점을 극복할 수 있다. 마이크로어레이는 근처의 정보를 가지고 있는 다른 SNP들을 포함할 가능성이 있기 때문이다.

충분한 가계도 자료 얻기

비록 특정 교배들이 DNA 표식자들과 그 질병 유전자들 사이의 연관에 유용한 정보를 주지 못해도, DNA 칩 상에 있는 수백만 개의 다형성 좌위들은 이론적으로 질병 유전자들을 매우 정확하게 지도화할 수 있게 해야 한다. 그러나 실제로 위치 클로닝의 해상도는 질병이 유전되는 가족 내에서, 유전학자가 추적할 수 있는 사람들의 수에 의해 언제나 제한을 받는다. 만약 과학자들이 1 cM의 DNA 다형성 내로 질병 유전자를 이미 지도화했다면, 이 값은 그들이 그런 가족들에서 적어도 100명의 구성원들에서 표현형(환자 혹은 정상)을 조사하였으며, 그들이 이미 이 사람들 모두에 대해 마이크로어레이로 DNA의 유전자형을 조사하였다는 의미가 된다(1 cM은 총 100개의 배우자들에서 1개의 재조합형 배우자가 나왔다는 뜻임을 기억하라). 이런 이유 때문에, 위치 클로닝은 아이들의 수가 많은 가족들로 발견할 수 있었던 질병에서 첫 번째 성공을 거두었다. 1984년, 헌팅턴병(*HD*) 좌위는 그런 가족이 있었기 때문에 위치 클로닝에 의해 성공적으로 지도화될 수 있었던 첫 번째 인간 질병 유전자가 되었다. **그림 12.20**는 *G8*이라고 하는 DNA 표식자와 *HD* 좌위 사이의 강한 연관을 증명하는데 이용된 7세대의 65명 가족들로 이루어진 가계도를 보여준다.

로드 스코어(LOD)는 연관을 연구하기 위한 통계적 접근법을 제공한다

*HD*에서처럼 위치 클로닝이 쉽게 진행되는 경우는 드물다. 대부분의 인간 가족들은 아이들의 수가 적고, 한 가계도 내에서 여러 세대에 대한 DNA 정보나 표현형 정보를 얻기가 어렵다. 이런 이유들 때문에, 인류유전학자들은 **로드 스코어**(Lod score; **l**og of the **od**ds)라고 하는 통계적 도구를 개발하였다. 로드 스코어의 목적은 5장에서 사용되었던 χ^2 통계값의 목적을 연상시킨다. 그 자료를 통해 질병 유전자와 DNA 표식자가 유전적으로 연결되어 있는지에 대해 확신을 갖고 결론을 내리기에 충분한 가를 결정하는 것이다. 인류유전학자들은 χ^2 통계값 대신 로드 스코어를 사용하는데, 로드 스코어는 적은 수의 자료들을 더 잘 다룰 수 있고, 많은 가계들로부터 얻어진 자료들의 조합이 가능하기 때문이다.

로드 스코어 값은 두 가지 가능성들의 비율로부터 계산된다. 두 좌위들이 연관되었다는 가정하에 한 가계에서 특정 세트의 결과들을 얻을 수 있는 확률(특정 RF 값이라고 하자) 그리고 두 좌위들이 연관되어 있지 않았을 때 같은 결과를 얻을 수 있는 확률이다. 로드 스코어 값은 이 가능성들의 비율을 10을 밑로 하는 로그값으로 바꾼 것이다. 인류유전학자들은 관례적으로 로드 스코어가 3과 같거나 근처의 값이면 두 좌위들이 연관되어 있음을 시사한다고 받아들인다. 3이라는 로드스코어는 두 좌위가 연관되어 있지 않을 확률보다 연관되어 있을 가능성이 1,000배가 더 높다는 뜻(로그 1,000은 3이다)이다. 로드 스코어 값의 좋은 점은 그것이 로그 함수이기 때문에, 서로 다른 가계들로부터 얻어진 로드 스코어들을 단순히 더할 수 있다는 것이다. 따라서 연구자들은 질병 대립유전자가 특정 표식자와 연관되었다는 결론을 얻을 수 있을 만큼 충분한 자료를 얻을 수 있는 시

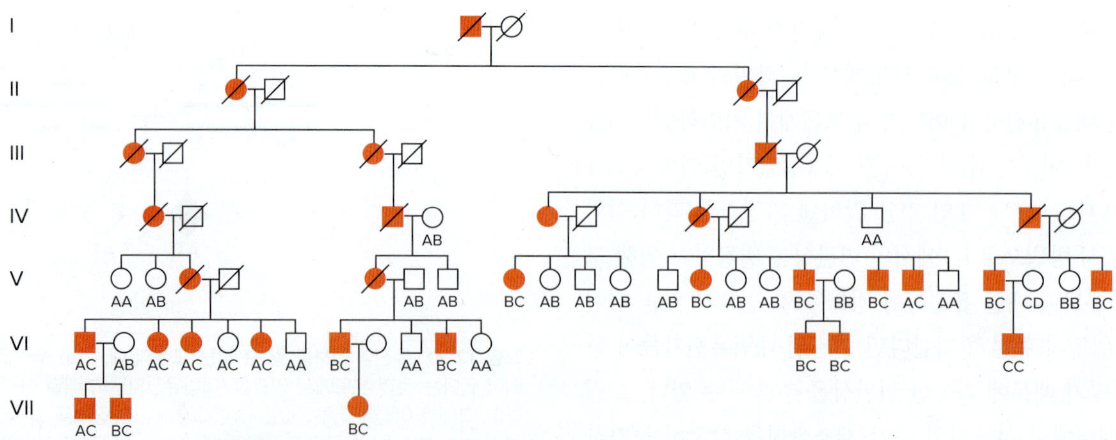

그림 12.20 헌팅턴병 좌위와 밀접한 관련이 있는 표식자. 이 가계도는 헌팅턴병을 가지고 있는 베네수엘라인 대가족을 보여준다. *G8* 표식자 좌위의 대립유전자가 A, B, C, D로 표기되어 있고, 헌팅턴병(HD)을 가지고 있는 환자는 주황색으로 표기되어 있다. *HD* 좌위의 *G8* 표식자의 야생형, 돌연변이 대립유전자가 공동유전되는 것을 명확히 확인할 수 있다.

유전학의 기술

로드 스코어 통계

로드 스코어는 다음과 같은 질문에 수학적 답을 제공한다. 가계도에서 관찰되는 특정 대립유전자의 전달 패턴이 50% 미만의 재조합 빈도(recombination frequency; RF)로 나타날 가능성은 이들이 연관되어 있을 때와 연관되어 있지 않을 때를 비교하면 얼마나 될까? 로드 스코어는 그 이름 "log of the odds"이 의미하는 바와 같이, 이 두 가능성들 사이의 비율에 대한 로그값이다.

$$\text{Lod} = \log\left[\frac{\text{P(좌위들이 주어진 RF 값으로 서로 연관되어 있을 때 그 관찰 결과를 얻을 확률)}}{\text{P(좌위들이 연관되어 있지 않을 때 그 관찰 결과를 얻을 확률)}}\right]$$

그림 12.18a에 있는 가계도로 로드 스코어 계산하는 법을 설명하고 있다. 가계도는 *NF* 유전자가 17번 염색체의 특정 SNP과 연관되어 있다는 것을 시사한다. 이 계산을 통해 이러한 예비 결론에 대한 신뢰도를 결정할 수 있다.

1. **어느 자손이 양친형인지, 재조합형인지 표로 만든다.** 그림 12.18a에서 3세대의 처음 7명의 아이들이 양친형(P)의 대립유전자 배열을 가지고 있으며, 아이 III-8만이 재조합형(R) 상태임을 알 수 있다. 앞으로 이런 자료를 *PPPPPPPR*로 간략하게 표시하도록 한다.
2. **로드 스코어의 분모를 계산한다.** 만약 두 좌위들이 연관되어 있지 않다면, 어느 아이가 P나 R이 될 확률은 같다(RF = 50%). 따라서 확률 P는 1/2이고, R의 확률 역시 1/2이다. 아이들이 특정 출생 순서인 *PPPPPPPR*로 얻어질 확률은 *NF* 유전자와 그 SNP 좌위가 연관되어 있지 않다면 이런 계산에 일반화된 공식은 간단하다.

$$P(RF_{50\%}) = \left(\frac{1}{2}\right)^8 = \frac{1}{256}$$

$(1/2)^n$: 여기서 n은 도표화 된 개인의 총 수이다.

3. **로드 스코어 분자를 계산한다.** RF가 50% 미만이라면 좌위들은 연관되어 있을 수 있다. 그러나 이 계산에는 RF값을 가정해야 한다. 그림 12.18a의 가계도는 RF값이 1/8 = 12.5%이므로, 이 값을 추정값으로 사용하자. RF = 1/8을 이용하면 예상된 P 자손의 빈도는 7/8이고, R 자손의 빈도는 1/8이다. 7명의 양친형과 1명의 재조합형이 *PPPPPPPR* 순서로 나올 확률은 다음과 같다.

$$P(RF_{12.5\%}) = \left(\frac{7}{8}\right)^7\left(\frac{1}{8}\right)^1 \approx \frac{1}{20}$$

로드 스코어의 분자를 계산하는 일반 공식은 다음과 같다.

$$(1 - RF_{obs})^{\#P} \times (RF_{obs})^{\#R}$$

여기서 RF_{obs}는 자료에 의해 표시되는 RF이고, #P는 양친형의 수, #R은 재조합형의 수이다.

4. **가능성 비율을 계산한다.** 이것은 단순히 2단계와 3단계에서 얻은 값의 비이다. 여기서의 예를 들면, 다음과 같다.

$$P(RF_{12.5\%}) / P(RF_{50\%}) = \left(\frac{1}{20}\right) / \left(\frac{1}{256}\right) = 12.8$$

이 가능성 비는 *NF* 유전자와 그 SNP가 RF = 12.5%로 연관되어 있을 가능성은 그 두 좌위가 연관되어 있지 않을 때(RF = 50%) 12.8배 더 높다는 뜻이다.

5. **로드 스코어를 계산한다.** 로드 스코어는 단순히 그 가능성 비에 대한 밑이 10인 로그 값이다. 그림 12.18a의 예에서는 다음과 같다.

$$\text{Lod score} = \log(12.8) = 1.1$$

6. **로드 스코어를 해석한다.** 인류유전학자들 사이의 관례를 보자면, 연관에 대한 확신을 가지기 위해서는 로드 스코어 ≥ 3(가능성 비 ≥ 1000)이 필요하다. 로드 스코어 1.1은 그림 12.18a의 자료가 *NF*와 SNP1의 연관을 확정 짓기에는 부족함을 나타낸다.

로드 스코어에서 중요한 점:

- 로드 스코어는 자료에 내포된 정확한 RF가 언제나 얻을 수 있는 최대 로드 스코어라는 가정에 의해 결정된다.
- 하나의 가계도에 대해서는, 로드 스코어가 50% 미만의 RF값들을 이용해 계산될 수 있다. 3 이상의 로드 스코어는 그 자료들이 검사될 특정 거리(50 m.u. 이하)와 통계적으로 양립할 수 있다는 뜻이다.
- 여러 가계도에서 동일한 RF 값에 대해 계산된 로드 스코어를 단순히 더해서 3개의 로드를 얻을 수 있는지 여부를 확인할 수 있도록 가능성 비를 로드 스코어로 변환한다.

기가 언제인지를 알 수 있게 된다.

읽을거리 「유전학의 기술」은 그림 12.18a의 가계도를 예로 이용하여 어떻게 로드 스코어를 계산할 수 있는지를 설명하고 있다. 보는 바와 같이, 이 자료들의 가장 큰 로드 스코어(RF 값이 12.5%라고 가정하여 얻어진 것)는 1.1인데, 한 개의 가계도로는 17번 염색체상의 *SNP1* 좌위와 *NF* 유전자가 연관되어 있다는 충분한 증거가 될 수 없음을 시사한다. 그러나 추가적으로 로드 스코어가 앞의 가계도와 마찬가지로 1.1(RF 값이 12.5%라고 가정했을 때)인 두 가계도가 더 사용될 수 있다면, 세 가계도의 로드 스코어를 합해 3.3이 되므로 이것은 *NF* 유전자가 17번 염색체 상에 있으며 *SNP1*과 연관되어 있음을 시사하는 강력한 증거로 사용될 수 있다.

유전병들은 대립유전자 이질성 혹은 좌위 이질성을 나타낼 수 있다

위치 클로닝을 통해 어떤 질병 유전자가 1 Mb 거리의 두 다형성 표지자 사이에 존재하는 것으로 영역을 한정할 수 있었다고 가정하자. 인간 유전체에서 평균 유전자 밀도는 약 100 kb DNA당 한 개 정도이다. 따라서 1 Mb 영역 내에서는 10개 이상의 유전자가 존재할 수 있다. 이러한 유전자 후보들 중에서 어떻게 옳은 것을 찾아낼 수 있을까?

어떤 경우에는, 환자들이 갖는 유전자에 의한 mRNA 혹은 단백질 산물의 양이나 크기에 변화가 있는지를 살펴봄으로써 단서를 발견할 수도 있다. 그러나 일반적으로 훨씬 유용한 전략은 PCR을 이용하여 가능한 모든 환자들로부터 후보 유전자에서 유래한 DNA를 증폭시켜 산물들을 모두 염기서열 분석하는 것이다. 만약 환자들이 후보 유전자들 중 하나에서 식별 가능한 돌연변이들을 갖고 있으며, 특히 유전자의 단백질 산물에서 아미노산 서열에 영향을 미치는 돌연변이라는 점을 찾아냈다면, 이는 후보 유전자를 실제 질병 유전자로 식별할 수 있는 강력한 증거가 될 것이다(그림 12.16d 참조).

일부 유전병들은 단일 유전자 내에서 발생한 동일한 단일 돌연변이에 의해서 발생한다. 이미 낫적혈구빈혈을 갖는 모든 환자들이 헤모글로빈의 β 사슬을 암호화하는 유전자에서 동일한 염기쌍 치환을 가지고 있는 동형접합자들이었음을 살펴본 바 있다. 따라서 DNA 염기서열 분석은 모든 낫적혈구빈혈 환자들의 유전체 DNA에 존재하는 동일한 돌연변이들을 찾아줄 수 있으며 보인자들도 알려줄 수 있다.

대립유전자 이질성: 한 유전자 내에서의 다중 돌연변이 대립유전자

그러나 이런 단순한 시나리오가 항상 맞는 것은 아니다. 다른 많은 유전질병들은 **대립유전자 이질성**(allelic heterogeneity)을 보이며, 이는 같은 유전자에서 여러가지 다양한 돌연변이들에 의해 질병이 발생할 수 있다는 뜻이다. 중요한 사례로 낭성 섬유증(cystic fibrosis)이 있다. 이는 부모가 모두 유럽계 혈통일 때, 아이들 2,500명 중 1명 꼴로 발생하는 열성 상염색체성 유전병이다. 이 병을 갖는 아이들은 폐, 이자, 땀샘 그리고 여러 다른 조직들에서 비정상적으로 점도가 높은 분비물로 인한 다양한 증상을 나타낸다. 낭성 섬유증의 질환 유전자 발견으로 치료법이 도입되었고, 환자의 기대 수명은 1990년에 28세에서 2019년에 47세까지 증가했다.

연구자들은 위치 클로닝 전략들을 이용하여 원인 유전자를 7번 염색체상에 있는 두 DNA 표식자들 사이의 400 kb 영역으로 좁힐 수 있었고, 이 영역에는 오직 3개의 후보 유전자만 존재했다(이전 그림 12.3 참조). 유전자 중 하나는 *CFTR*로, 세포막을 통해 염소 이온을 투과시키는 낭성 섬유증 막 통과 수용체(cystic fibrosis transmembrane receptor)를 암호화한다(그림 1.23 참조). 중요한 것은, 모든 낭성 섬유증 환자들에서 *CFTR*의 두 사본들이 단백질의 아미노산 서열을 변화시키거나, 정상적인 양의 단백질을 합성하지 못하는 변이를 갖고 있다는 점이 발견된 것이다. 따라서 그 이름이 의미하는 것처럼 *CFTR*은 낭성 섬유증을 유발하는 유전자임이 분명하다.

ΔF508[단백질의 508번째 아미노산에 해당하는 페닐알라닌(F)를 제거함]이라 불리는 돌연변이는 전세계적으로 *CFTR* 돌연변이 대립유전자의 약 2/3을 차지한다. 나머지 대립유전자들은 1,700개 이상의 서로 다른 희귀 돌연변이로 구성되어 있다(**그림 12.21**). 따라서 많은 환자들은 소위 복합 **이형접합체**(compound heterozygotes; *trans*-heterozygotes라고도 함)이며, 7번 염색체의 한쪽 사본의 *CFTR* 돌

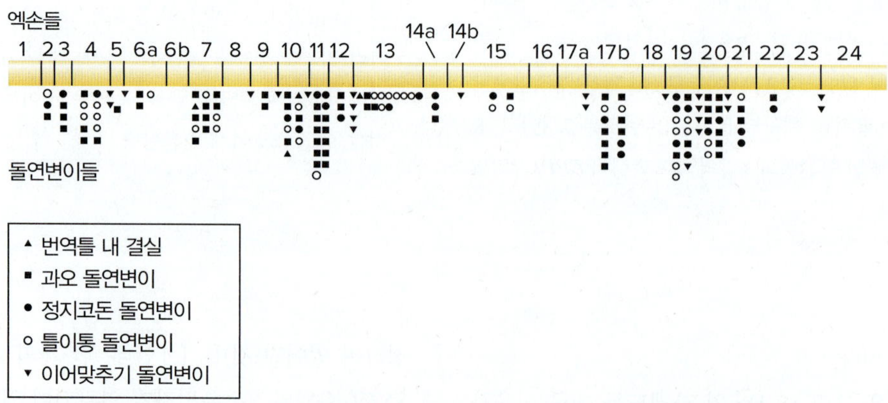

그림 12.21 *CFTR* 유전자의 대립유전자 이질성. 모든 낭포성 섬유증 환자들은 7번 염색체상의 양쪽 사본에 모두 변이된 *CFTR* 유전자를 가지고 있다. 이 도표는 *CFTR* 유전자의 24번 엑손에 위치한 여러 변이들의 위치를 보여준다. 복합 이형접합자는 한 개의 사본에는 이러한 하나의 변이를 가지고 있고, 다른 한쪽에는 또 다른 변이를 가지고 있는 것이다.

연변이와 다른쪽 *CFTR* 돌연변이가 서로 다르다. 이 질환은 7번 염색체의 어느 사본도 정상적인 막투과 수용체를 암호화하지 못하기 때문에 발생한다. 요컨대, 두 개의 열성 *CFTR* 돌연변이들은 서로를 보완할 수 없는 것이다.

대립유전자 이질성의 개념은 최근 개발된 한 약물을 이해하는 데에 중요한데, 낭성 섬유증을 효과적으로 치료하기 위해 개발되었으나, 상대적 소수 환자에게서만 작용한다. 2012년 미국 식품의약품안전청(United States Food and Drug Administration)은 Kalydeco®(ivacaftor라고도 불림)를 G551D(551번째 아미노산이 글리신에서 아스파르트산으로 바뀜)라 불리는 특정 *CFTR* 돌연변이를 갖는 환자에 대해서 치료제로 승인하였다. 이 대립유전자에 의해 암호화된 돌연변이 단백질은 세포막에 적절히 조립되지만, 이 G551D 단백질은 염소 이온을 막을 통해 이동시키기는 효율은 떨어진다. Ivacaftor는 G551D 돌연변이 CFTR 단백질과 세포막에서 특이적으로 상호작용하여 염소 이온의 이동 능력을 강화시킨다. 이 치료법은 어린 나이부터 나타나는 낭성 섬유증 증상을 예방하는 데에 매우 효과적이지만, 인간에서 G551D에 의한 *CFTR* 돌연변이 대립유전자는 전체의 4%만을 차지할 뿐이다.

2015년, 연구자들은 더 흔하게 존재하는 ΔF508 돌연변이를 치료할 수 있는 치료법을 개발하였다. 이 대립유전자는 단백질이 접힐 수 없는 단백질을 암호화하며, 세포막에 삽입되지 않는다. Lumacaftor라 불리는 새 약물은 단백질 접힘 문제를 개선하여 세포막에 *CFTR* 분자의 수가 증가하도록 한다. 그러나 ΔF508 돌연변이 단백질은 여전히 염소 이온 이동에 부분적인 손상이 존재한다. Orkambi®라 불리는 lumacaftor와 ivacaftor의 복합제는 ΔF508 동형접합자인 많은 환자에서 cystic fibrosis의 증상을 현저히 개선한다.

좌위 이질성: 서로 다른 유전자에 대한 돌연변이가 유발하는 같은 질환

이 장에서는 단일 유전자에 존재하는 돌연변이에 의해 유발된 멘델식 유전질환만을 다뤘다. 그러나 이미 **좌위 이질성**(locus heterogeneity)을 나타내는 다른 유전병들도 많이 알고 있을 것이다. 이러한 질환들은 서로 다른 둘 이상의 유전자들 중 하나에서 발생하는 돌연변이들에 의해 발생한다. 앞서 다룬 이질성 유전병의 예시로는 청각상실증이 있다(그림 2.21 참조). 새로운 유전질환에 대해서 연구자들은 좌위 이질성의 가능성에 대하여 인식할 필요가 있다.

고혈압 등의 **복합 형질**[complex trait; **양적 형질**(quantitative trait)이라고도 함]에서는, 서로 다른 많은 유전자들이 개인의 표현형에 서로 다른 정도로 영향을 미칠 수 있다. 25장에서는 유전학자들이 이러한 복합형질들에 대한 유전적인 기초를 연구하는데 사용하는 몇 가지 방법들에 대해 간략히 다룰 것이다.

핵심 개념 12.4

- 위치 클로닝은 질병 유전자들과 연관된 DNA 다형성들을 밝힌다.
- 로드 스코어는 인간의 가계도와 같이 자료가 제한적일 때 연관에 대한 통계적 측정을 할 수 있도록 해 준다.
- 질병 유발 유전자의 대략적 지도가 결정되면, 과학자들은 그 지역에서 후보 유전자들의 서열을 확인하여 환자들에서 일관적으로 변화를 보인 유전자를 밝힌다.
- 대립유전자 이질성에서는 단일 유전자에서 생긴 다양한 돌연변이들이 질병을 일으킨다.
- 두 개의 서로 다른 열성 기능 상실 돌연변이가 같은 유전자에 나타나는 복합 이형접합체들은 질환을 가질 수 있다.
- 좌위 이질성에서는 둘 혹은 그 이상의 유전자 들에서 발생한 돌연변이들이 같은 질병을 일으킬 수 있다.

12.5 전장유전체 염기분석법의 시대

학습 목표

1. 동시에 수백만 개의 DNA 주형의 염기서열을 분석할 수 있는 초고속 자동화 분석법에 대해 설명한다.
2. 질병 유발 변이 후보를 좁힐 수 있는 탐색법의 순서를 요약한다.
3. 많은 사람들의 서열 변이를 정리한 데이터베이스가 유전병 질환을 어떻게 촉진할 수 있는지 설명한다.

수백만 개의 SNP들을 갖는 DNA 마이크로어레이는 인간 유전체 사이의 변이 중 아주 일부만을 시료로 삼으며, 따라서 질병 유전자의 일반적인 염색체 위치만을 제시할 수 있다. 바로 앞에서 다룬 것과 같이, 질병 유전자의 규명을 위해서는 궁극적으로 DNA 서열 분석을 통해 실제 돌연변이와 질병을 연관시킬 필요가 있다. 이제 환자 개인의 유전체 전체의(후보 유전자뿐만 아니라) 뉴클레오타이드 서열을 저렴하고 정확하게 규명할 수 있다고 가정하자. 전장유전체 서열은 어딘가 원인 돌연변이를 가지고 있을 것이다. 따라서 주된 목표가 질병 유전자와 연관된 분자적 표식자를 찾는 것인 위치 클로닝과는 달리, 전장유전체 접근법은 질병 대립유전자에 존재하는 DNA 변화를 직접 찾아내는 것이 목표이다.

놀라운 발전들로 인해 전장유전체 염기서열 분석을 일상적이고 저렴하게 만드는 것이 현실화되고 있다. 10장과 11장에서는 인간 유전체 프로젝트를 설명했는데, 30억 달러를 사용하여 2003년에 인간 전체 유전체 염기서열을 분석했다. 그 이후, 연구자들은 DNA 염기서열 분석에 드는 비용을 급격히 감소시킬 수 있는 창이적인 새로운 기술들을 발명해왔다. 2019년에는 한 사람의 전장유전체 염기분석 비용(몇몇 작은 영역은 빠져있으나 높은 coverage)이 약 1,000달러 정도이다.

전장유전체 염기서열 분석은 아직 비싸므로, 연구자들은 단백질 암호화하는 엑손만을 염기서열 분석하여 염기서열 분석 비용을 절약하기도 한다. 이러한 방법은, 전부와는 거리가 멀지만, 보통 질환을 유발하는 돌연변이가 단백질의 아미노산 서열에 영향을 주기 때문에 유용하다. **엑솜 염기서열 분석법**(whole-exome sequencing)에서는 연구자들은 모든 유전자의 엑손에 대응하는 유전체 DNA 조각들을 증폭(cDNA 서열들에 혼성화시키는 방법을 사용함)한 뒤, 이 단편들의 염기서열을 분석한다. 따라서 **엑솜**(exome)이라 불리는 모든 유전자에서 유래한 모든 엑손의 모음은 전체 유전체의 2% 미만을 구성하며, 엑솜 염기서열 분석법은 전장유전체 분석에 비해 적은 수의 서열 리드만이 필요하다. DNA 염기 분석법이 더 저렴해진다면, 엑솜 증폭은 전장유전체 분석에 비하여 비용 이점을 갖지 못하게 될 수도 있다.

새로운 기술들로 수백만 명의 DNA 분자들의 염기서열을 동시에 분석할 수 있다

주요한 기술적 발전들은 수백만 개의 개별 DNA 분자를 동시에 서열 분석하여 질병 유전자를 규명하는 데에 사용할 수 있을 정도로 엑솜과 전장유전체 분석법을 빠르고 저렴하게 수행하도록 했다. 여러 창의적인 방법들이 개발되어 이른바 **고속**(high-throughput) 혹은 **대량 평행**(massively parallel) 염기서열 분석을 수행한다.

인간 유전체 염기서열 분석을 위한 고속 처리법 중 일부는 10장에서 이미 다룬 DNA 합성에 의한 생거 염기서열 분석법의 일반적인 확장이지만, 두 가지 중요한 점들이 새롭게 도입되었다. 첫째는 DNA 중합효소에 의해 합성되는 개별 DNA 분자가 한 곳에 고정되는 것이다. 둘째는 이러한 방법으로 각 염기가 다음 염기가 추가되기 전에 식별하기 위해 염기 추가 타이밍을 제어하는 것이다.

그림 12.22는 현재 사용중인 고속 시퀀싱을 위한 여러 독창적인 방법 중 가장 널리 사용되는 일루미나 회사의 기법을 간략하게 보여준다. 이 방법의 기본 원리는 단순하다. (1) DNA 어댑터가 유전체 DNA 조각에 부착된다. 이 어댑터들은 플로우셀(마이크로어레이 슬라이드의 특수한 형태)에 미리 부착된 올리고뉴클레오타이드에 상보적이므로, 플로우셀에 단편의 단일 가닥이 결합하여 고정될 수 있다. (2) 단일 가닥의 DNA 단일 분자로부터 새로운 DNA를 합성하는 것은 감지 가능한 신호를 제공하지 않으므로, 단일 DNA 가닥이 브릿지 증폭(bridge amplification)이라 하는 영리한 방법을 이용해 1000개 이상의 사본까지 증폭되며, 플로우셀에 서로 매우 가깝게 위치하여 클러스터를 형성한다. (3) DNA 중합효소와 형광 태그가 붙은 뉴클레오타이드를 추가하여 클러스터의 모든 주형으로부터 새로운 DNA를 합성한다. 한번에 하나의 뉴클레오타이드가 새로운 DNA에 추가되고, 추가할 때마다 시퀀싱 기기는 클러스터의 사진을 찍어 형광의 색상을 (따라서 더해진 뉴클레오타이드의 종류를) 기록한다. 형광 태그는 제거되고, 이 과정을 반복하여 태그가 부착된 후속 뉴클레오타이드를 중합 사슬에 추가한다. 기기는 플로우셀에 존재하는 수백만 클러스터에서 실시간으로, 동시에 중합 반응를 기록하여 수백만 개의 시퀀스 리드를 생성하며, 각각은 하나의 단일 가닥 DNA 단편에서 시작된다.

이 장의 시작 부분에 있는 그림은 **나노포어 시퀀싱**(nanopore sequencing)이라는 완전히 다른 기술을 보여준다. 이 두 번째 방법의 장점은 (일루미나 시퀀싱과는 대조적으로) 유전체 DNA의 단편화나 PCR 증폭 없이 염색체의 염기쌍을 직접 판독한다는 것이다. 2019년 기준으로 나노포어 시퀀싱은 일상적인 사용에는 너무 부정확한 것으로 생각되지만, 더 신뢰할 수 있게 될 것이며 미래에는 선택할 만한 방법이 될 수 있다. 어느 쪽이든, 정확한 기술과 무관하게, 전장유전체 분석의 시대가 이미 도래했음에 대해서는 부정할 여지가 없다.

변이의 바다에 숨어있는 질병 유발 돌연변이

환자의 엑솜 또는 전장유전체 서열에는 유전 질환의 원인이 되는 서열 차이들이 포함되어 있겠지만, 이 서열 정보의 소유만으로 유전학자가 해당 돌연변이를 식별할 수 있다는 보장을 해주지는 않는다. 한 가지 문제는 기술적이다. 어느 유전체 서열도 100% 정확하거나 완전하지 않다. 모든 시퀀싱 방법은 뉴클레오타이드를 식별하는 데 있어서 낮지만 실질적인 오류율을 가지며, DNA 단편의 무작위 샘플링은 유전체 일부 영역을 시퀀싱되지 않은 상태로 남긴다. 이러한 문제는 유전체에 대한 coverage를 전체 유전체의 10배 이상으로 올려서 최소화 가능하지만, 완전히 제거할 수는 없다.

더 근본적인 문제는 인간 유전체 간 변이의 양이 매우 많다는 것이다. 이 장의 앞부분에서, 개인 유전체는 표준 인간 서열과 3백만 개 이상의 위치에서 다르다는 점을 확인했다. 그렇다면, 이 수백만 개의 DNA 다형성 중 어떤 것이 환자의 질병을 유발했다고 주장할 수 있을까? 전장유전체를 다루는 우리의 능력은 상당히 제한적이므

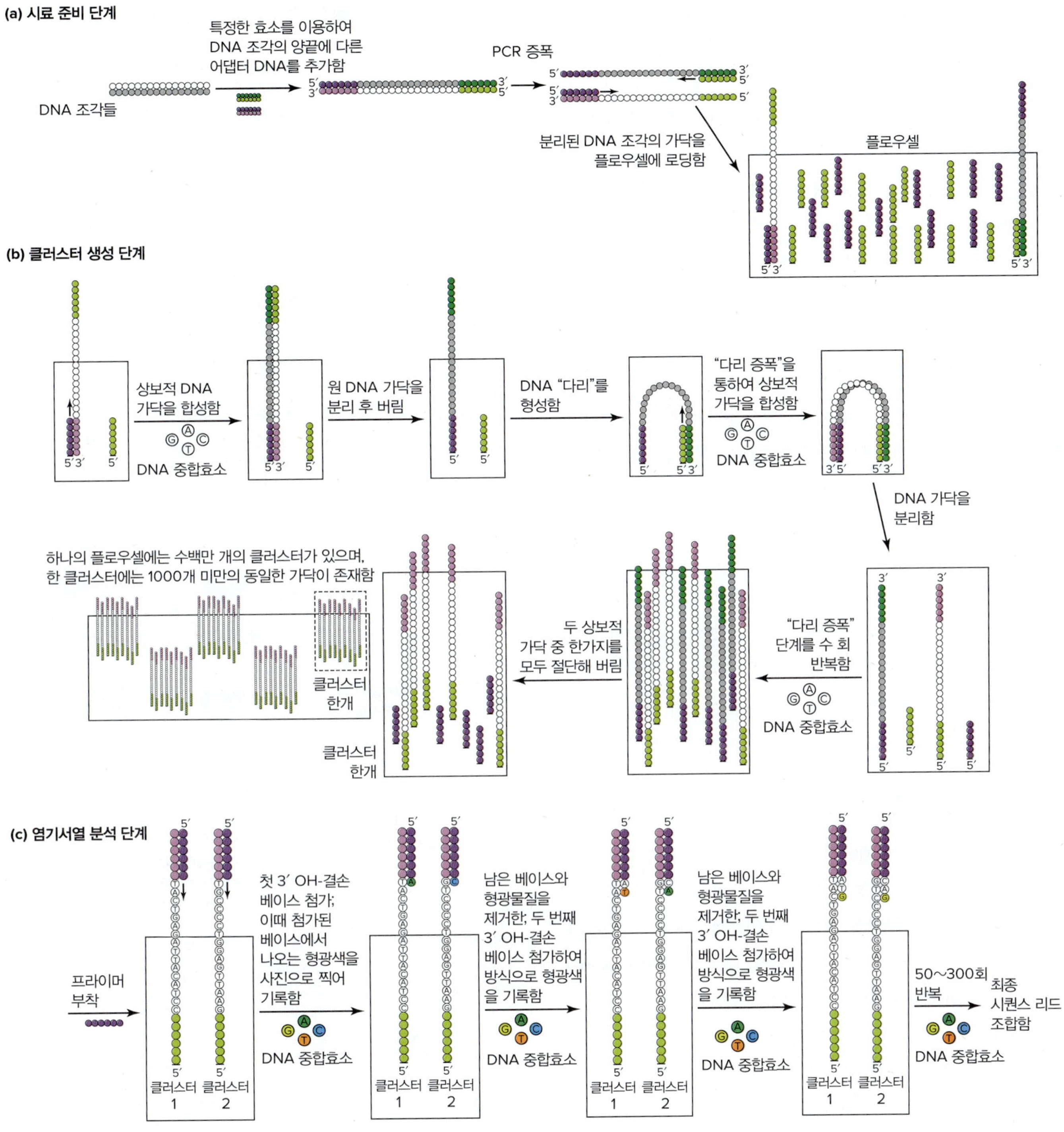

그림 12.22 일루미나 사의 고효율-대용량 단일 분자 DNA 염기서열 분석. **(a) 시료 준비.** 유전체 DNA을 조각내고 어댑터를 부착하고(흰색, 회색 원은 짝 염기를 나타낸다), 이 어댑터를 인식하는 프라이머를 이용하여 PCR로 증폭한다. PCR 산물을 변성시킨 후, 플로우셀(flowcell)이라고 하는 마이크로어레이에 처리한다. 단일 가닥의 DNA 조각이 플로우셀 표면에 부착되어 있는 각각의 어댑터의 한 가닥에 상보적인 서열으로 이루어진 올리고뉴클레오타이드와 혼성화한다. **(b) 클러스터 생성.** 플로우셀 표면에 부착된 올리고뉴클레오타이드는 혼성화된 유전체 DNA 조각을 주형으로 하여 DNA를 합성한다. 염기서열 분석기는 합성된 이중 가닥 DNA를 변성시키고, 주형 가닥을 씻어낸다. 남은 단일 가닥 조각은 구부러져 플로우셀 표면의 상보적 올리고뉴클레오타이드와 혼성화하여 다리를 형성한다. 반대쪽 다리의 올리고뉴클레오타이드에서부터 상보적인 DNA 가닥이 합성된다. 변성, 다리 형성, DNA 합성으로 이루어진 이 과정은 "다리 증폭"이라 불리며 여러 번 반복된다. 단일 가닥 DNA을 쪼개는 염기서열-특이적 효소가 한 가닥으로 되어 있는 DNA를 전부 제거한다. 플로우셀에는 각각의 단일 가닥 유전체 DNA 조각이 약 1000개의 사본을 가지고 있는 이러한 클러스터가 수백만 개 존재한다. **(c) 염기서열 분석.** 염기서열 분석기는 플로우셀에 여러 프라이머를 넣어주고, 이 프라이머는 각각의 클러스터의 동일한 주형의 3′ 말단에 부착한다. 그 후 DNA 중합효소와 특별한 dNTP(A, T, G, C)를 플로우셀에 넣어준다. dNTP는 각각 서로 다른 형광 분자로 표지되어 있으며 3′−OH기에 중합과정을 차단할 수 있는 화학물질이 있어, 한번에 한 염기만이 각각의 프라이머에 더해진다. 염기서열 분석기는 각각의 클러스터에 반응하는 염기에 대한 색을 기록하고, 각 염기서열에 대한 단일 주형과는 반대로, 동일 주형의 클러스터는 신호 검출에 이용된다. 그 후 형광 분자를 분해하고 3′−OH기의 화학물질을 제거한다. 이 과정은 50~300번 정도 반복되어 각각의 클러스터에서 수백만 개의 염기서열 리드를 만들어내고, 컴퓨터를 이용하여 리드를 조각들(contig)로 이어 붙인다.

로, 많은 경우 질환 유발 변이가 아직 확인되지 않았다. 해당 변이는 서열 내에 숨어있어야 하지만, 바로 우리의 코앞에 숨겨져 있다.

이러한 문제에도 불구하고 연구자들은 몇 가지 유형의 데이터 분석 결과를 정리할 수 있었으며 때로는 직감에 의한 추측에 의해 뒷받침되어 점점 더 많은 질병 유전자를 찾을 수 있었다. 이 섹션에서는 유전학자가 전장유전체 또는 엑솜 서열 내에서 질병을 유발하는 돌연변이를 식별하는 데 사용하는 단서에 중점을 둘 것이다. 다만, 이 방법들이 적어도 아직까지는 항상 성공적이지는 않다는 점을 명심할 필요가 있다.

질병의 유전 패턴으로부터 얻는 단서들

전장유전체 혹은 엑솜 염기서열 분석의 기본 논리는 질병 대립유전자인 DNA 변이 인구집단 내에서 드물게 존재한다는 점이다. 이 기본 가정으로 과학자들은 환자의 유전체에서 어떤 변이가 질병의 원인이 될 수 있는지를 예측할 수 있다. 이러한 예측은 질병유전에 대해 가계도가 어떤 정보를 주는지에 의존적이다. 질병 대립유전자가 열성인가 우성인가? 성염색체성인가 상염색체성인가? 침투도는 완전한가 불완전한가? 이러한 유전 방식들은 후보 좌위의 특정한 분자적 유전자형만이 일치할 것이다.

희귀한 우성 질환의 경우, 환자는 원인 대립유전자에 대해 이형접합일 가능성이 높다. 혈연관계의 환자들은 같은 희귀 돌연변이 대립유전자를 가져야 하지만, 관계가 없는 환자들은 같은 유전자에 서로 다른 돌연변이를 가질 수 있다(**그림 12.23a**). 만약 질환이 열성이라면, 유전학자들은 환자의 유전체에서 동형접합자인 희귀 돌연변이에 집중할 것이다. 만약 질환이 열성이며 부모가 관계되어 있지 않다면, 환자는 대신에 복합 이형접합형일 가능성이 있는데, 두 개의 서로 다른 돌연변이 대립유전자가 한 유전자에 존재할 수 있다(**그림 12.23b**). 후자를 검증하기 위하여 유전학자들은 환자의 DNA에서 한 유전자에 대한 서로 다른 두 개의 희귀 대립유전자를 찾는다. 마지막으로, 유전자형이 성 연관성을 보인다면 후보 유전자는 X 염색체로 국한되며, 상염색체성이라면 X 염색체는 배제된다.

환자 가족들의 DNA 서열 정보는 후보 다형성의 목록을 파악하고 줄이는 데 특히 유용하다. 예를 들어, 이 장의 초반에 논의하였던 마이크로어레이를 이용한 친척의 SNP 유전자형 분석은 두 개의 알려진 SNP 사이의 영역으로 탐색영역을 좁혀줄 수 있다. 따라서 위치 클로닝과 전장유전체 염기서열 분석은 질병 유전자를 규명하는 데 있어 서로 배타적인 접근법이 아니며, 오히려 시너지 효과를 얻을 수 있다. 더 비싸더라도 더 좋은 방법은 환자의 전장유전체나 엑솜 서열들을 부모나 형재자매의 서열과 비교하는 것이다.

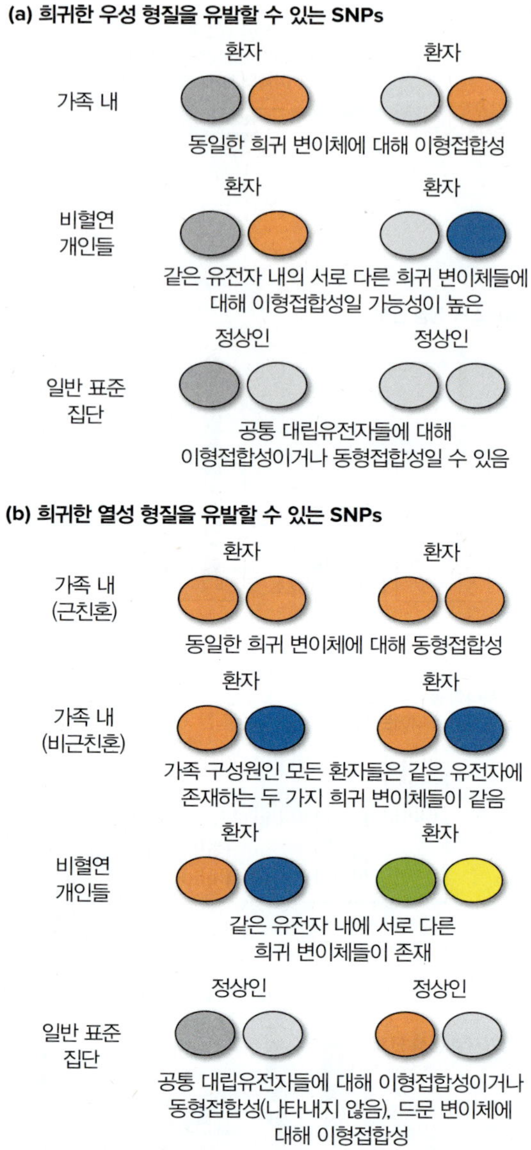

그림 12.23 유전되는 형질과 일치하는 SNP 패턴. 각 타원은 유전자의 한 사본을 나타내기 때문에, 각각 두 개의 타원을 가지고 있다. 흔한 공통 변이들은 회색으로 표기되어 있으며, 동일한 유전자의 다른 희귀한 변이는 다른 색으로 나타냈다. **(a)** 우성 형질을 유발하는 변이. 한 가족 내에서 형질을 가지고 있는 사람은 동일한 희귀 변이를 이형접합자로 가지고 있을 것이다. 형질을 가지고 있지만, 친족이 아닌 다른 사람들은 같은 유전자의 서로 다른 희귀 변이를 가지고 있을 것이다. **(b)** 열성 형질을 유발하는 변이. 동족집단에서는 형질을 가지고 있는 사람은 공통 조상의 자손으로부터 유전된 하나의 변이를 동형접합자로 가지고 있을 것이다. 형질을 가지고 있는 친족이 아닌 사람들의 자손들은 동일한 유전자의 서로 다른 희귀 변이를 각각 부모에게서 하나씩 유전 받아 복합 이형접합자일 것이다. (a)와 (b) 모두 형질을 가지고 있지 않은 사람들은 서로 친족일 수도 아닐 수도 있다.

최근의 한 연구는 혈연관계인 사람들로부터 얻은 DNA 서열 정보의 힘을 잘 보여준다(**그림 12.24**). 한 남매는 안면과 사지 발달에 영향을 미치는 희귀병인 밀러 증후군(Miller syndrome)을 앓았지만, 부모는 모두 환자가 아니었다(그림 12.24a). 이런 사실은 밀러 증후군이 열성 상염색체성 질병임을 시사하며, 두 아이들은 이형접합형

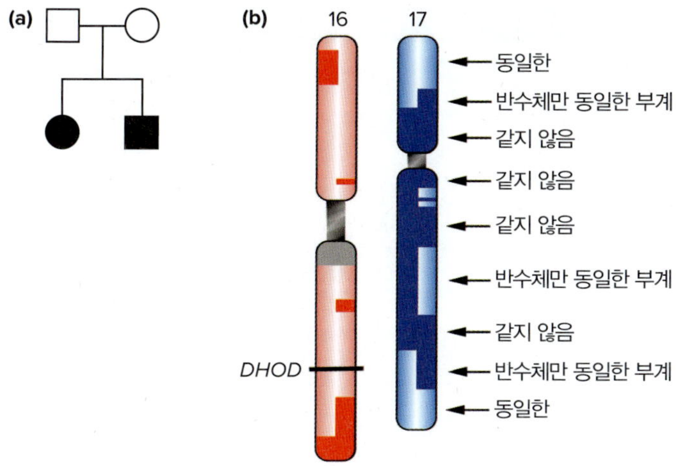

그림 12.24 유전체 염기서열이 완전히 분석된 최초 가족. **(a)** 밀러증후군의 유전 가계도. **(b)** 병을 앓고 있는 아이들의 16번, 17번 염색체 지도. 병을 앓고 있는 형제는 서로 동일한 영역에 부모에게서 각각 유래한 동일한 대립유전자를 가지고 있지만, 동일하지 않은 영역에는 같은 대립유전자를 가지고 있지 않다. 절반이 엄마와 같은(haploidentical maternal) 영역에는, 형제가 엄마에게서 받은 동일한 대립유전자를 가지고 있지만 아빠에게서 받은 대립유전자는 같지 않다. 반대로 절반이 아빠와 같은 영역에는 아빠에게서 받은 동일한 대립유전자를 가지고 있지만 엄마에게서 받은 대립유전자는 같지 않다. 만약 밀러증후군이 열성이라면, 질병 발병 유전자는 이 동일한 영역에 위치해야 한다. 이러한 예측은 질병의 원인 유전자로 *DHOD* 유전자의 변이를 찾아내는 데 중요하게 작용했다.

보인자들이었던 부모들로부터 돌연변이 대립유전자를 물려받았음을 추측할 수 있다(증명하지는 않음). 밀러증후군 유전자를 찾기 위해, 연구자들은 부모와 자녀 모두의 전장유전체를 서열 분석했다. 사실, 이는 핵가족의 구성원의 유전체들을 모두 완전히 서열 분석한 사상 최초의 일이다.

그림 12.24b는 이 거대한 데이터 세트의 일부를 그래프로 요약한 것으로서, 어머니와 아버지의 감수분열 동안, 환자인 아이를 만들어 낸 생식세포에서 일어난 단 두 개의 염색체에서 발생한 재조합을 보여준다. 밀러증후군이 열성이라는 가설은 환자인 아들과 딸 그리고 부모들이 모두 동일한 대립유전자를 공유하는 영역('identical'이라고 표지된 영역)에 원인 유전자가 존재할 것이라고 예측한다. 따라서 이 질병을 연구하는 유전학자들은 이 경우에 그들의 관심을 유전체의 약 25%에 집중할 수 있었다(그림 12.24b). 이 장의 마지막에는 이 연구의 결과에 대한 설명을 제시하였다.

변이가 유전자에 미치는 예상 효과로부터 얻는 단서들

연구자들은 먼저 엑솜의 단백질 암호화 영역 내에서 질병유발 돌연변이들을 찾으려고 하는데, 이는 유전체의 이 부분이 가장 찾기 쉬운 부분이기 때문이다. 암호화 영역은 전체 유전체에서 아주 작은 부분만을 차지하며, 그 영역내에 있는 변화는 가장 직관적으로 해석이 가능하다. 특히, 연구자들은 아미노산 특성을 바꾸는 희귀 다형성들(즉, 미스센스 돌연변이를 유발하는 SNP들)이나 리딩프레임(reading frame)을 변화시키는 변이들(정지코돈 돌연변이나 틀이동 돌연변이를 만드는 SNP나 DIP)을 찾을 것이다. 대부분의 정지코돈(nonsense)과 틀이동(frameshift) 돌연변이와 일부 미스센스(missense) 돌연변이 모두 단백질 기능 변화를 통해 표현형에 영향을 미치는 비익명 DNA 다형성(nonanonymous DNA polymorphism)들이다. 반면, 동일한 아미노산을 만드는 또다른 코돈으로 변화시키는 침묵 돌연변이(silent mutation)들은 표현형에 영향을 미치지 않을 것이다. 따라서 이런 익명 SNP(anonymous SNP)들은 후보에서 제외될 수 있다.

그럼에도 불구하고 특정 유전질병이 단백질 암호화 엑손에서 생긴 돌연변이에 의한 것이라는 추측은 매우 불명확하다. 어떤 유전 질병들은 아미노산 서열에서의 변화에 의한 것이 아니고, 오히려 그 생물(organism)이 만드는 단백질의 양의 변화에 의한 것일 수 있다. 예를 들어, 엑솜 바깥의 유전체 영역에 존재하는 돌연변이들이 유전자 전사의 정도(level)나 유전자 스플라이싱(splicing)에 영향을 줄 수 있다. 어떤 경우에는 특정 단백질 산물이 줄어들게 되며, 심지어는 아예 합성이 되지 않을 수도 있다. 그런 돌연변이들은 만약 연구자들이 엑솜에만 관심을 기울일 경우 전혀 발견되지 않을 것이다.

현재는 새로운 바이오인포매틱스 툴이 나와 과학자들이 전사체 조절 영역에서의 돌연변이를 찾기 위해 전체 유전 영역 탐색을 시작할 수 있도록 하고 있다. ENCODE(the **Enc**yclopedia **o**f **D**NA **E**lements)라고 부르는 데이터베이스는 유전자의 전사를 조절하는 많은 DNA 요소들(프로모터와 인핸서)의 위치와 염기서열들의 카탈로그를 구축하고 있다. 그러나 우리는 여전히 이러한 영역에 대하 아는 것이 거의 없어 카탈로그는 초기 단계에 있다. 그러므로 많은 수의 질병유발 돌연변이는 환자의 전장유전체 시퀀스가 가능한 경우라도 그냥 지나쳐 버리게 될 것이다.

이미 결정되어 있는 유전체 서열정보로부터 얻는 단서들

희귀병이 인간 집단에서 흔한 변이들로 인해 발생할 가능성은 거의 없다. 따라서 데이터 베이스에 흔한 것으로 보고된 변이들은 질병유발 돌연변이 후보군에 속할 가능성이 매우 낮다. 반대로, 비슷하거나 적어도 애매하게 연관된 증상을 겪는 서로 다른 환자들이 동일한 희귀 돌연변이를 공유하거나 같은 유전자 상에 서로 다른 돌연변이들을 가질 수도 있다.

심지어 다른 생물체들의 유전체들이 적절한 방향의 유전적 탐침을 알려줄 수도 있다. 예를 들어, 어떤 유전자가 진화적으로 매우 잘 보존되어 있어서 그 단백질 산물의 아미노산들이 여러 생물들, 즉 사

표 12.2 닉 볼커의 유전체에서 질병 유발 돌연변이 찾기

분석 단계	남아 있는 후보 변이들
닉의 엑솜 염기서열 분석	16,124
아미노산을 변화시키는 과오 돌연변이 조사	7,157
데이터베이스에 보고된 적이 없는 새로운 변이 조사	878
닉의 엑솜에서 X-연관성이거나 열성 양식을 보이는 변이 조사	136
진화적으로 보존성이 높은 변이를 조사하여 첨가함	35
일반인 집단에서 변이를 자주 일으키지 않는 유전자에서 변이 조사	5
관련을 보이는 다른 유전질병들에서 변이되는 것으로 알려진 유전자에서의 변이 조사	1(*XIAP*)

람과 초파리에서 동일하게 나타난다고 가정해보자. 보존성(conservation)은 이 특정 아미노산 서열이 단백질의 기능에 매우 중요한 역할을 하는 것임을 시사한다. 만약 환자에서 찾은 희귀한 변이체가 아주 잘 보존된 아미노산을 다른 것으로 바꾸는 것이라면 이 돌연변이는 표현형에 영향을 미치는 것일 가능성이 높기 때문에 훌륭한 후보가 될 것이다.

질병 유전자를 정확히 찾아내려면 접근 방식의 조합이 필요하다

이 장을 시작하면서 소개했던 닉 볼커는 엑솜 염기서열 분석을 통해 규명된 원인 유전자에 기초하여 성공적으로 유전병을 치료하였던 최초의 환자이다. 닉의 DNA가 밝혀졌던 2009년에는 시퀀싱 비용이 비교적 비쌌기 때문에, 연구자들은 닉의 전장유전체를 시퀀싱하거나 그의 부모나 형제들의 엑솜 또는 전장유전체를 시퀀싱하기보다는 닉의 엑솜만을 시퀀싱했다. **표 12.2**는 유전학자들이 후보 변이들 중에서 중요한 역할을 하는 하나의 돌연변이를 찾기 위해 어떻게 여러 정보들을 사용하여 닉의 엑솜을 분석했는지를 보여준다.

닉의 엑솜에는 인간의 레퍼런스 시퀀스와 비교했을 때 16,000개 정도의 변이들이 포함하고 있었다(표 12.2). 이러한 변이체들은 대부분이 SNP들이었지만 일부 DIP들과 SSR들도 역시 발견되었다. 연구자들은 엑손 내의 익명 변이체일 가능성이 있는 것들(코돈의 침묵 돌연변이나 mRNA의 5′ 및 3′ UTR 서열에 존재하는 돌연변이들)을 제외함으로써 이 변이체 후보들을 줄여나가기 시작하였다. 다음으로는 이전에 데이터베이스에 보고되지 않았던 새로운 변이들에 노력을 집중하였는데, 이 과정에서 정상인들의 유전체 내에도 공통으로 존재하는 것으로 알려진 변이들을 제외시켰다. 다음 단계는 X-연관성 또는 열성 유전을 보이는 돌연변이 목록을 남기는 것이었다. 이는 닉에게는 영향을 미치지만, 부모나 다른 친척에게는 영향을 미치지 않는 특징을 띄는 닉의 질병에 가장 가능성 있는 시나리오였기 때문이다.

이 시점에서 닉의 질병을 일으킬 것으로 생각된 좋은 후보들의 목록은 136개 변이체로 좁혀졌다(표 12.2). 연구자들은 이제 진화적 접근을 선택하였으며, 이 변이들 중 어떤 변이들이 많은 종들에서 매우 보존되어 있는 아미노산을 바꿀수 있는지 조사하였다. 최종 분석에 이르기에 앞서 남은 후보들이 일반인 집단 데이터베이스에서 전혀 혹은 거의 불활성화되지 않는 것으로 알려진 유전자들에 속하는 지를 조사하였다. 그 이유는 정상인들에서 결손이 발견되는 유전자들은 질병 표현형에 영향을 미칠 가능성이 적기 때문에 미리 배제하고자 하는 것이다.

다섯 개의 후보 변이체들이 연구자들의 목표 목록에 남게 되었다. 연구자들은 이 후보 돌연변이들 중 하나가 *XIAP*라고 불리는 유전자에 존재한다는 것을 알게 되었다. *XIAP*의 다른 돌연변이들은 ***X*-연관성 림프구증식증**(*X*-linked lymphoproliferative disease; *XLPD*)이라고 하는 심각한 병을 일으킨다고 알려져 있었다. 이 질병은 혈액에 너무 많은 림프구들(면역계의 백혈구들)이 존재해서 산소를 운반하는 적혈구를 밀어내고 간을 손상시킨다. 이러한 증상은 닉의 증상과는 매우 달랐지만, 면역계가 위장 염증에 관여하는 것이 분명하였기 때문에 XLPD는 닉의 사례와 다소 연관이 있는 것으로 보였다.

연구자들은 닉이 *XIAP* 유전자에 갖고 있는 변이가 단백질 산물을 변화시키는 미스센스 돌연변이로써 아미노산 하나를 바꾸는데, 이 아미노산이 인간, 개구리, 파리 및 기타 많은 종들 사이에서 완전히 보존되어 있는 것임을 알게 되자 매우 흥분하였다(**그림 12.25**). 같은 유전자에서 XLPD를 일으키는 돌연변이들은 대신 완전한 길이의 단백질 합성을 방해하는 정지코돈 돌연변이와 틀이동 돌연변이여서, 아마도 이 점이 닉의 증상과 XLPD 환자의 잠재적인 증상 차이를 설명해 줄 수 있을 것 같았다.

비록 이런 광범위한 생물정보학적 분석은 유전자 내의 *XIAP* 변이가 닉의 질병을 일으켰음을 증명하는 것은 아니었지만, 이 변이는 표 12.2에서 조사되었던 모든 기준들을 충족시키는 훌륭한 후보였다.

	195					200					205					210	
닉의 XIAP	G	D	Q	V	Q	C	F	C	Y	G	G	K	L	K	N	W	E
인간	G	D	Q	V	Q	C	F	C	C	G	G	K	L	K	N	W	E
침팬지	G	D	Q	V	Q	C	F	C	C	G	G	K	L	K	N	W	E
쥐	D	D	Q	V	Q	C	F	C	C	G	G	K	L	K	N	W	E
개	D	D	Q	V	Q	C	F	C	C	G	G	K	L	K	N	W	E
소	D	D	Q	V	Q	C	F	C	C	G	G	K	L	K	N	W	E
닭	D	D	Q	V	Q	A	F	C	C	G	G	K	L	K	N	W	E
지브라피시	D	D	N	V	Q	C	F	C	C	G	G	G	L	S	G	W	E
개구리	R	D	H	V	K	C	F	H	C	D	G	G	L	R	N	W	E
초파리	L	D	H	V	K	C	V	W	C	N	G	V	I	A	K	W	E

그림 12.25 XIAP 단백질의 보존된 아미노산에서 발생한 변이. XIAP 단백질의 195-211번 아미노산 코드. 정상인의 XIAP 단백질(두번째 행)과 비교해, 닉 볼커의 XIAP(첫번째 행)는 203번 아미노산이 시스테인(C)에서 타이로신(Y)로 바뀌어 있다. 서열이 알려진 모든 다른 종에서 이 자리는 시스테인이기 때문에, 닉의 변이는 XIAP의 기능을 변화시켰을 것임을 시사한다.

게다가 만약 이런 확인이 올바른 것이라면, 닉의 병은 치료가 가능할 수도(actionable) 있었다. 즉 그의 증상을 경감시키기 위해 무엇인가를 해 볼 수도 있는 상황이 된다는 뜻이 된다. 아마도 XLPD 환자들을 도울 수 있는 것으로 알려진 방법으로 치료해 볼 수도 있을 것이다. 그의 골수에 신생아로부터 얻은 제대혈을 이식하는 것이다. 이런 치료는 이론적으로 닉에게 지속적으로 정상적인 림프구들을 생산할 수 있는 재생성 줄기세포 원천을 제공할 수 있다. 이식 수술 후 1년 만에 닉의 상태는 눈에 띄게 개선되었다.

인간 유전학 연구는 현재 진행형 사업이다

닉 볼커는 홀-엑솜 또는 홀-지놈 시퀀싱으로부터 얻은 정보로 그들의 고통이 경감될 수 있었던 환자들 중 한 명이다. 이런 환자들의 수는 점차 증가하고 있다. 그러나 그런 연구들의 결과가 항상 호의적인 것만은 아니다. 예를 들어, 연구자들은 닉의 사례에서 사용되었던 것과 유사한 생물정보학적 필터링법을 이용하여 앞서 그림 12.24에서 소개하였던 남매 환자들의 질병인 밀러증후군을 일으키는 돌연변이들을 찾을 수 있었다. 이들은 어머니로부터 *DHOD*라고 하는 유전자에서 하나의 돌연변이를 물려받았고, 아버지로부터는 해당 유전자의 또 다른 돌연변이를 받았다. 즉, 복합 이형접합체들(compound heterozygotes)이었다. 불행히도 밀러증후군 유전자의 규명으로 어떤 종류의 치료를 제시해 줄 수 있는 상황이 된 것은 아니다. 그러나 *DHOD*가 밀러증후군 유전자라는 지식은 이 환자들이 미래에 가족 구성원에 대해 결정을 내려야 할 때 도움을 줄 수도 있을 것이다. 만약 그들의 배우자들이 *DHOD* 유전자에 돌연변이를 가지고 있지 않다면, 자식들 중 누구도 이런 질병에 영향을 받지는 않을 것이다.

다른 많은 사례들에서는 홀-지놈 유전체 염기서열 분석이 연구자들이 원인 돌연변이를 찾을 수 있도록 해주지는 않았다. 아마도 이러한 돌연변이는 시퀀스가 잘 알려지지 않은 부분에 있을 것이다. 아마도 돌연변이가 단백질 코딩 엑솜의 밖에 그 기능이 아직 밝혀져 있지 않은 서열에 있거나 연구자들이 생물정보학적 분석의 어떤 과정에서 잘못된(논리적인 것일지라도) 가정을 했을 수 있다.

닉의 이야기에서 얻은 한 가지 교훈은 데이터베이스와 공유된 정보들의 중요성이다. 그의 질병 유발 돌연변이 규명에서 핵심적인 과정들은 다른 많은 사람들의 유전체들에서 얻은 변이체들에 대한 정보에 의존한 것이었다. 이런 정보를 제공해 주었던 사람들은 병에 걸리지 않았던 사람들뿐 아니라 다른 유전병 때문에 그의 증상과 조금 비슷한 표현형을 가지고 있었거나 전혀 표현형이 같지 않았던 사람들도 포함되어 있었다. 따라서 인간 유전학 방법은 거대한 부트스트랩(bootstrapping) 작업이다. 더 많은 유전체의 염기서열이 분석될수록 더 많은 정보를 사용하여 새로운 유전체들의 분석을 도울 수 있다. 그러므로 인간유전학 발전을 위해서는 데이터베이스의 지속적 갱신과 유지가 필요하며, 이러한 방대한 정보는 기록을 보관하여 일반적인 방법을 이용하는 모든 연구자들에게 접근이 가능한 것으로 만들어져야 할 필요가 있다. 이 정도의 접근을 허용하면서도 유전체 정보가 수집된 개인들의 비밀을 보장하는 것은 미래를 위해 아주 중요한 문제이다.

인간유전학 연구를 위한 가장 중요한 데이터베이스 중 하나는 **OMIM**(Online Mendelian Ingeritance in Man; www.omim.org)이다. OMIM은 인간 유전자와 이러한 유전자들이 제어하는 특성에 대한 카탈로그이다. 이 데이터베이스는 특정 질병들이나 기타 특성에 관여하는 인간 유전자의 알려진 변이를 나열하고 이러한 변이에 대해 출판된 연구 논문에 대한 링크를 제공한다. 새로운 연구 결과로 매일 업데이트되는 OMIM은 닉 볼커 증상에 대한 유전적 원인을 파악하는 연구자와 같은 이들에게 매우 귀중한 자료이다. 이 온라인 데이터베이스는 매우 유용하고 사용하기 쉽기 때문에 탐색해보는 것을 추천한다.

핵심 개념 12.5

- 고효율 대용량의 기술은 동시에 수백만 개의 개인 DNA 분자들의 염기서열을 분석할 수 있게 한다. 이런 새로운 방법들은 홀-엑솜과 홀-지놈 시퀀싱 비용을 빠르게 감소시키고 있다.
- 개인들의 유전체를 구별하는 수많은 DNA 변이들 중에서 질병 유발 돌연변이를 찾는 과정은 순차적인 필터링 과정을 포함한다. 이런 단계에는 가능성이 있는 유전 형식에 대한 추론과 친척들의 유전체 분석, 유사한 유전 질병에 대한 지식 및 변이체가 단백질 기능에 어떤 영향을 미치는지 예측하는 것이 포함된다.

풀이 문제

풀이 문제 I

한 여성의 혈액세포에서 얻은 유전체 DNA가 유전체의 독특한 좌위를 나타내는 한 쌍의 프라이머들을 이용해 PCR 증폭되었다. 이러한 PCR 산물들은 PCR에 사용되었던 프라이머 중의 하나를 이용하여 생거(Sanger) 방법에 의해 시퀀싱되었다. 다음 그림은 이 시퀀스 리드(sequence read)의 일부를 추적한 내용을 보여준다.

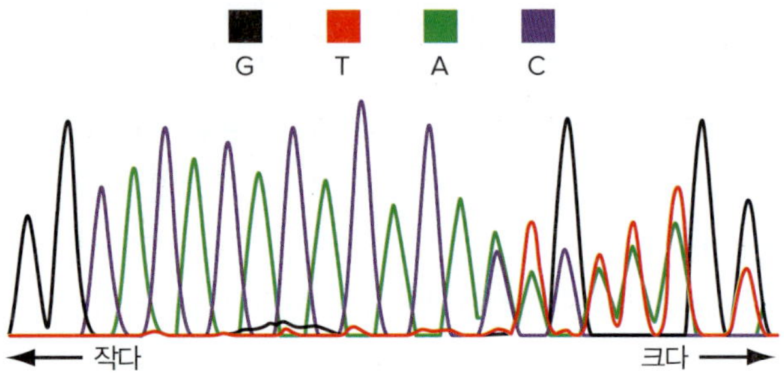

a. 어떤 종류의 다형성이 가장 잘 드러나겠는가?
b. 문제 (a) 질문에 대한 답을 염두에 두고, 이 좌위에서 여성의 유전자형을 결정하시오. 두 대립유전자로부터 읽힐 수 있는 모든 뉴클레오타이드들을 5′ → 3′방향으로 표시하시오.
c. 어떤 종류의 분자적 사건이 이런 다형성을 만들었을 것으로 생각되는가?
d. 정확히 유전체의 어느 곳에 이 좌위가 있는지 알 수 있을까?
e. 이 좌위의 유전자형을 결정하기 위해 PCR 산물을 분석하는 또 다른 방법으로는 어떤 것이 있겠는가?
f. 그림 12.22와 같이 고효율 홀-지놈 DNA 시퀀싱을 이용해 이 좌위의 유전자형을 결정하고 싶다고 가정하자(그림 12.22의 단일 집합으로부터 얻은). 한 개의 리드(read)가 해당 좌위의 유전자형을 결정하는 대체 방법으로 충분하겠는가?

해답

이 문제를 풀기 위해서는 일반적으로 PCR이 해당 유전좌위의 두 개(어머니로부터 받은 염색체에서 한 개 그리고 아버지로부터 받은 염색체에서 한개)의 카피(copy) 모두를 동시에 증폭할 것이라는 것을 알아야 한다. 염기서열 분석 자료는 여러 위치에서 두 가지 뉴클레오타이드들을 나타낸다. 이런 사실은 그 여성이 분명히 이형접합형이며 PCR 과정이 그 좌위의 두 대립유전자를 모두 증폭시켰음을 시사한다.

a. 두 대립유전자 모두 CA 두 개의 뉴클레오타이드 반복 서열들을 여러 번 포함하고 있음에 유의해야 한다. 따라서 이 다형성에 대한 가장 그럴듯한 설명은 그 좌위가 SSR 다형성을 포함하고 있으며, 이 다형성을 이루는 대립유전자들은 서로 다른 수의 CA 반복을 가진다. 한 대립유전자는 6번 반복되어 있고, 다음 대립유전자는 분명히 6번보다 더 많은 CA 단위들을 가진다.
b. 두 대립유전자의 처음 14개 뉴클레오타이드를 쓰는 것은 어렵지 않다. 만약 문제 (a)에 대한 답변이 맞다면, 하나의 대립유전자는 6개 이상의 CA 반복 서열을 가질 것이다. 염기서열 추적 자료는 한 대립유전자의 15~18 위치에서(왼쪽 끝에서부터 번호 시작) CA 반복 서열이 두 번 추가되어, 총 8번의 CA반복이 있다는 증거를 보여준다.
그런 다음 더 짧은 대립유전자에서 15~18 위치의 CACA를 뺌으로써 반복 서열 이후의 뉴클레오타이드를 결정할 수 있다. 이 위치에서 남아 있는 피크들은 ATGT이다. 이러한 ATGT는 더 긴 대립유전자에서도 보이지만, 이번에는 두 번의 추가적인 CACA 반복서열 바로 뒤인 19~22 위치의 뉴클레오타이드에 있다는 점에 주목하자. 이제는 더 짧은 대립유전자에서 19~22 위치의 ATGT를 뺌으로써 마지막 네 개의 뉴클레오타이드를 결정할 수 있다. 이 위치의 나머지 피크는 TAGG이다. 이 SSR 좌위의 두 대립유전자 서열(DNA 한 가닥만을 나타냄)들은 다음과 같다.

대립유전자 1: 5′ ... GGCACACACACACAATGTTAGG ... 3′
대립유전자 2: 5′ ... GGCACACACACACACACAATGT ... 3′

c. 대부분의 SSR 다형성을 만드는 것으로 생각되는 기작은 DNA 복제 중에 발생한 DNA 중합 효소의 말더듬(stuttering)이다.
d. 사실 실험을 시작하기 전에도 이 좌위의 위치를 알고 있었다. 이것은 인간의 전체 유전체 서열에 대한 지식을 사용하여 PCR 프라이머를 고안하였기 때문이다.
e. 이러한 다형성은 반복 단위의 수 차이를 포함하고 있으므로 두 대립유전자들은 길이가 다른 PCR 산물을 생성할 것이다. 해당 좌위는 그림 12.10과 같이 PCR 산물을 겔 전기영동(gel electrophoresis)를 이용하여 유전자형을 결정할 수 있다.
f. 유전체의 DNA로부터 얻은 PCR 산물을 바로 생거 시퀀싱을 하면 양쪽 대립유전자 모두를 포함하는 추적 결과를 생성한다. 이는 고효율 DNA 시퀀싱 기법을 사용하는 경우에는 해당되지 않는다. 따라서 하나의 DNA 분자에서 시작된(개별 클러스터로부터 온) 각각의 리드는 오직 하나의 대립유전자만을 읽은 결과이다. 만약 어떤 사람이 이형접합형이라면 두 대립유전자 모두를 보기 위해선 개별 유전 DNA 분자로부터 시퀀스를 충분히 여러번 읽어야 한다.

풀이 문제 II

인간은 가족의 크기가 작기 때문에 정확한 재조합 빈도를 얻기 어렵다. 이런 문제를 극복할 수 있는 한 가지 흥미로운 방법은 개별 정자 세포들의 유전자형을 결정해 연관 분석에 이용할 수 있는 큰 데이터 셋을 만드는 것이다. 다음 표는 이런 연구를 위해 한 남성이 제공한 20개의 정자들로부터 4개의 SNP 좌위들의 유전자형을 나타낸 것이다. 이 유전자형들은 PCR로 시료들을 증폭한 후 마이크로어레이 분석을 실시하여 결정된 것들이다. 표의 A, C, G, T는 그 SNP들의 대립유전자들(한 가닥의 뉴클레오타이드들)이고, 실선(−)은 해당 시료에서 이 조위에 해당하는 DNA는 증폭되지 않았음을 뜻한다.

SNP:	좌위 1	좌위 2	좌위 3	좌위 4
정자 번호				
1	G	C	–	T
2	G	A	G	C
3	G	C	G	C
4	G	C	G	T
5	G	A	–	C
6	G	C	–	T
7	G	A	G	C
8	G	A	–	C
9	G	A	G	T
10	G	C	–	T
11	G	C	–	T
12	G	C	G	T
13	G	A	–	C
14	G	A	–	C
15	G	C	G	T
16	G	A	G	C
17	G	D	–	T
18	G	A	–	T
19	G	A	G	C
20	G	C	G	T

a. 어느 SNP 좌위들이 X-연관성이 있는가?
b. 어느 SNP 좌위들이 Y염색체 상에 있을 수 있겠는가?
c. 어느 SNP 좌위들이 상염색체 위에 있어야 하는가?
d. 상염색체 위의 SNP 좌위들에 대하여, 체세포성 조직에서 정자 제공자의 유전형은 무엇인가?
e. SNP 좌위들 중 서로 연관되어 보이는 것이 있는가?
f. 연관된 두 SNP 좌위들 사이의 거리는 얼마인가?

해답

PCR에 의한 SNP 분석은 매우 민감해서 개별 정자 세포 내에 존재하는 단일 대립유전자들을 읽을 수 있고, 이는 연구자들에게 상당한 정보를 제공한다. 남성의 체세포들은 두 사본의 상염색체와 한 개 사본의 X 염색체, 그리고 한 개 사본의 Y염색체를 가지고 있다는 것을 염두에 두자. 개별 정자들은 한 개 사본의 상염색체와 한 개 사본의 X 혹은 Y 염색체만을 가질 것이다.

a. X 염색체와 연관된 SNP 좌위들에 대해, 정자 세포들의 절반은 동일한 SNP 대립유전자를 가지겠지만, 다른 절반의 정자 세포들은 X 염색체를 가지고 있지 않기 때문에 PCR 산물을 만들지 않을 것이다. 좌위 3에서 이런 형태를 확인할 수 있다.
b. 이와 비슷하게, Y 염색체상의 좌위는 오직 절반의 정자 세포들에서만 발견되며, 이런 정자 세포들은 모두 동일한 대립유전자를 가질 것이다. 이에 좌위 3은 Y 염색체와 연관 있는 SNP일 가능성이 있다. 해당 자료에서는 좌위 3이 X 염색체 위에 있는지, Y 염색체 위에 있는지 구분할 수 없다.
c. 상염색체성 SNP 좌위에 대해서는 모든 정자들이 해당 좌위들에 대하여 하나씩 가지고 있을 것이다. 따라서 좌위 1, 2, 4는 상염색체성이다.
d. 만약 남성이 특정 상염색체성 SNP 좌위에 대하여 해당 대립유전자가 동형접합형이라면, 그가 만든 모든 정자들은 모두 해당 대립유전자만을 가질 것이다. 만약 그 남성이 서로 다른 두 대립유전들을 가진 이형접합형인 좌위를 가진다면, 대략 절반의 정자들은 한쪽 대립유전자를 가지며, 다른 절반은 그 좌위의 다른 대립유전자를 가질 것이다. 남성의 상염색체성 유전자 위에 있는 SNP 좌위들의 유전자형은 SNP 좌위 1 : GG(동형접합형); 2 : CA(이형접합형); 3 : CT(이형접합형)이다.
e. 서로 연관된 좌위의 대립유전자들은 50% 이상의 확률로 함께 분리(같은 정자로 들어감)된다. SNP 좌위 2의 C 대립유전자와 좌위 4의 T 대립유전자에서 이를 확인할 수 있다. 좌위 2와 좌위 4의 상호 대립유전자들(각각 A와 C) 또한 함께 분리된다. SNP 좌위 2와 4는 서로 연관되어 있다.
f. 3번, 9번 그리고 18번 정자에서는 좌위 2와 4 사이에서 재조합이 일어난 것을 확인할 수 있다. 20개 중 3개, 즉 15%의 정자들이 재조합체들이다. 따라서 좌위 2와 4 사이의 거리는 15 cM이다.

연습 문제

어휘

1. 왼쪽 용어를 가장 잘 설명한 문장을 오른쪽에서 찾아 연결하시오.

a. DNA 다형성	1. 짧은 반복 서열들이 연속되어 구성되는 DNA 요소
b. 연관성	2. 서로 다른 사람들로부터 얻은 유전체 DNA의 같은 자리에서 서로 다른 뉴클레오타이드들이 나타나는 것
c. 정보성 교배	3. 이배체에서 연관된 두 유전자들의 대립유전자 배열
d. ASO	4. 염색체상에서의 위치
e. SNP	5. 둘 혹은 그 이상의 변이 형태를 보이는 DNA 서열
f. DNA 지문	6. 선택된 SNP 좌위가 있는 한 대립유전자에만 붙는 짧은 올리고 뉴클레오타이드 탐침자

g. SSR　　7. 서로 연관되어 있지 않은 매우 다형적인 여러 좌위들을 추적하는 것
h. 좌위　　8. 배우자(단상세포)가 재조합성인지 비재조합성인지를 알 수 있게 해주는 것
i. 복합 이형접합체　　9. 한 유전체 내의 모든 엑손들
j. 엑솜　　10. 한 유전자 위에 서로 다른 두 돌연변이를 가진 사람

12.1절

2. 인간의 유전체에서 단백질-암호화 영역과 비암호화 영역 중 어느 쪽에서 단일 뉴클레오타이드 다형성(SNP)들을 발견할 가능성이 높은가?

3. 그림 12.3를 잘 살펴보면, 116,870 K와 116,890 K의 뉴클레오타이드들 사이처럼, 제임스 왓슨과 크레이그 벤터가 같은 SNP들을 공유하는 일부 영역들이 있는데, 이곳은 이 두 남성이 어떤 SNP들도 공유하지 않는 부분으로 둘러싸여 있다는 것을 알 수 있다. 이런 사실은 이 두 남성들의 관계에 대해 어떤 것을 말해 주며, 어떻게 이런 공유 SNP 패턴과 비공유 SNP 패턴들이 생겼다고 생각하는가?

4. 단순 반복 서열(SSR)에서의 돌연변이는 배우자(단상세포) 하나의 좌위당 $\sim 1 \times 10^{-3}$의 빈도로 발생한다. SNP 좌위들에서의 염기 치환율[배우자(단상세포) 하나의 좌위당 $\sim 1 \times 10^{-8}$]과 비교했을 때, 어느 것이 더 빈도가 높겠는가?
   a. SSR 다형성의 특징은 무엇인가?
   b. 어떤 기작에 의해 이 SSR 다형성들이 생기겠는가?
   c. 반복수 변이체(CNV)들 역시 비교적 높은 빈도로 돌연변이를 일으킨다. 이 돌연변이들은 SSR들이 생기는 기작와 같은 기작에 의해 만들어지는가, 아니면 다른 기작으로 발생하는가?
   d. SSR 돌연변이율은 새로운 SNP들을 만드는 돌연변이율보다 훨씬 높다. 그렇다면 왜 유전학자들은 일억 개가 넘는 SNP 좌위들을 발표한 반면, SSR 좌위들은 약 십만 개만 발표되었는가?

5. 인간과 고릴라는 약 1천만 년 전에 마지막으로 공통조상을 가졌었다. 인간과 침팬지는 약 6백만 년 전에 조상을 공유하였다. 다음 표는 두 개의 고릴라 배우자(단상세포)들로부터 얻는 유전체 영역과 침팬지 배우자(단상세포)로부터 얻은 영역 그리고 3개의 인간 배우자(단상세포)들로부터 얻은 해당 영역들을 보여주고 있다.
   a. 세 가지 생물종들 간의 진화관계를 보여주기 위해, 그림 12.4b에 나타난 것과 같은 분기도를 그려보시오.
   b. 해당 자료는 8종의 유전체들 사이에 존재하는 6개의 다형성들을 보여준다. 2번 위치(A 또는 G), 3번 위치(A 또는 T), 4번 위치(G 또는 T), 7번 위치(C 또는 T), 8번 위치(C 또는 T), 9번 위치(G 또는 T)이다. 이 각각의 다형성들이 언제 생겼을지 그 시기를 그려 놓은 분기도상에 대략적으로 표시하시오. 각 대립유전자들에 대하여 그것이 조상형인지, 파생형인지 아니면 구분이 불가능한지를 설명해 보시오.
   c. (i) 인간과 침팬지의 마지막 공통조상인에서의 서열을 추측하시오. 그리고 (ii) 3종 모두의 마지막 공통조상인에서의 서열을 추측하시오. 불확실한 경우 물음표(?)를 사용하시오.

유전체 (반수체)	고릴라	침팬지	인간
1	CATGTCCTGA	CGAGTCCTGA	CAAGTCCTGA
2	CATGTCCTTA	CAAGTCCTGA	CAATTCCTGA
3		CAAGTCCCGA	CAATTCTTGA

6. 2015년 국제공동연구팀에서 두 마리의 맘모스 유전체를 해독했다. 두 개체 모두 지구상에서 가장 추운 생장지인 시베리아 지역에서 발견되었다. 탄소연대측정법을 통하여 랭겔섬에서 발견된 한 마리는 약 4천년 전에 죽었고, 오이미아콘이라는 동네에서 발견된 다른 한 마리는 약 4만 5천년 전에 죽었다고 생각된다. 유전체 분석 결과 두 유전체에서 이형접합/동형접합 변이의 양상이 크게 차이가 남을 밝혀냈다. 랭겔섬의 개체는 예상치를 뛰어넘는 많은 정도의 ROH(runs of homozygosity)가 발견되었다. ROH는 그 부위 내에서는 모든 변이가 동형접합의 형태를 가지는 부위를 일컫는다. 랭겔섬 개체 유전체의 약 23.4%가 500 kb가 넘는 ROH를 가지고 있었으며 어떤 것들은 5 Mb가 넘는 길이를 보이기도 했다. 그에 비하여 오이미아콘 개체는 유전체의 0.83%만이 500 kb가 넘는 ROH를 보였다.
   a. 어떻게 유전체 시퀀싱을 통하여 다형성 변이를 검출할 수 있는가? 어떻게 연구자들은 특정 염기쌍이 이형접합인지 동형접합인지 알 수 있는가?
   b. 랭겔섬 개체의 ROH 집중 현상이 그 개체의 부모에 대하여 시사하는 바는 무엇인가?
   c. 랭겔섬 개체는 맘모스가 멸종된 약 4천년 전에 살았던 거의 마지막 집단에 속해 있는 것으로 생각된다. (b)의 해답은 맘모스 멸종의 원인의 여러 이유 중 하나를 시사하기도 한다. 이에 대하여 설명하시오.

12.2절

7. 다음 a~d의 프라이머 세트들 중 어느 것이 다음 표적 DNA 서열을 증폭시키는 데 사용될 수 있겠는가? 표적 DNA 서열은 *CFTR* 유전자의 마지막 단백질 암호화 엑손의 일부이다.

5′ GGCTAAGATCTGAATTTTCCGAG ... TTGGGCAATAATGTAGCGCCTT 3′
3′ CCGATTCTAGACTTAAAAGGCTC ... AACCCGTTATTACATCGCGGAA 5′

   a. 5′ GGAAAATTCAGATCTTAG 3′;
      5′ TGGGCAATAATGTAGCGC 3′
   b. 5′ GCTAAGATCTGAATTTTC 3′;
      3′ ACCCGTTATTACATCGCG 5′
   c. 3′ GATTCTAGACTTAAAGGC 5′;
      3′ ACCCGTTATTACATCGCG 5′

d. 5′ GCTAAGATCTGAATTTTC 3′;
5′ TGGGCAATAATGTAGCGC 3′

8. 당신은 16개의 엑손으로 구성된 인간의 유전자에 관심이 있어서 그 유전자의 alternative splice 구조를 포함한 mRNA 구조를 판별하고 싶어 한다. 이를 알 수 있다면 이 유전자가 만들 수 있는 단백질의 아미노산 서열을 알 수 있을 것이다. 당신은 어떻게 PCR을 이용하여 망막에서 발현되는 이 유전자의 cDNA 분리할 수 있을까? (그림 11.4를 보고 cDNA 라이브러리 구축에 대하여 상기해 보시오)

9. 당신은 인간 유전체에서 특정 부위를 PCR로 증폭하여 이를 플라스미드 벡터에 삽입하는 DNA 재조합 실험을 하려 한다. 벡터의 폴리링커 부분에는 *Eco*RI(5′ G^AATTC 3′), *Bam*HI(5′ G^GATCC 3′) 제한효소 인식 부위가 존재한다(^ 표시는 이 부분이 제한효소에 의하여 잘리는 부분이라는 뜻임). 인간 유전체에서 PCR 증폭을 위하여 사용될 프라이머 시퀀스는 다음과 같다.
5′ GCTACTTCGCGTATTCCA 3′과 5′ CCCAAGTCCTAGCCGATA 3′
 a. 어떻게 이 프라이머 서열을 수정하여 인간 유전체에서 PCR 증폭을 한 후 바로 *Eco*RI으로 미리 잘라진 벡터의 양쪽 끝에 그에 맞는 시퀀스의 PCR 증폭 결과물을 삽입할 수 있을지 구체적으로 기술하시오. 단, 제한효소는 DNA의 끝 부분은 잘 자르지 못한다는 사실을 고려하시오. DNA의 끝단에서 최소한 여섯 베이스 정도의 여유가 있어야 제한효소가 잘 작동 가능하다.
 b. (a)에서 기술한 방법이 제대로 작동할 수 없을 수도 있는 PCR 증폭 DNA의 특징에 대하여 기술하시오.
 c. 이제 프라이머 서열을 수정하여 어떻게 하면 PCR 증폭된 DNA의 한쪽 끝은 *Eco*RI과 다른 한쪽 끝은 *Bam*HI과 결합할 수 있을지 기술하시오. 두가지의 방법이 가능하지만 한 가지만 기술하시오. *Bam*HI도 여타 제한효소와 같이 최소 여섯 베이스의 여유가 필요하다. 마지막으로, 이러한 방법으로 DNA 재조합을 할 때의 장점을 기술하시오.

10. 문제 5번은 인간 집단의 같은 상염색체 위에 존재하는 세 가지 다른 서열들을 보여주고 있다. 이 서열들은 단일 염색분체로부터 얻은 것이다. 개별 반수체 배우자들로부터 PCR 증폭이 된 것이기 때문에 이것이 사실임을 알고 있다. 만약 체세포로부터 얻은 유전체 DNA를 PCR 증폭하여 같은 정보를 얻기를 원한다면, 초기 세포가 이배체이므로 이 문제는 조금 더 복잡해질 것이다. 서열화될 PCR 산물들은 실제로는 두 개의 상동염색체들로부터 증폭될 것이다. 그래도 문제 8번에 제시된 세 가지 서로 다른 반수체 서열들은 두 사람 정도의 체세포 유전체 DNA를 분석함으로써 확인할 수 있다(우연히 맞는 사람들이 있다면).
 a. 이 세 가지 다른 반수체 서열들을 구별할 수 있는 두 사람들의 이배체 유전자형을 표시하시오. 이 서열들에서 10개의 뉴클레오타이드들을 모두 말하시오. 세 가지 가능한 답이 있을 수 있지만 하나만 답하시오.
 b. 특정 유전체형을 가진 사람의 체세포 유전체 DNA로 PCR 증폭을 진행하였다면, 그 유전체가 이 세 가지 서열 중 어느 것을 포함하는지 결론을 내릴 수 없을 것이다. 왜 그런지 설명하시오.

11. 헌틴턴병의 증상이 막 나타나기 시작한 두 남성으로부터 정사 시료들이 채취되었다. 이 시료들로부터 각각의 정자에 대해, PCR로 *HD* 유전자의 세 뉴클레오타이드 반복 부위를 증폭하여 그 길이를 분석하였다. 제시된 그래프에서 가로축은 각 정자의 CAG 반복수를 나타내는 것이고, 세로축은 특정 크기의 총 정자 수가 얼마나 되는지를 나타낸 것이다. 첫 그래프는 62개의 CAG 반복서열(체세포에서 측정된 것)의 돌연변이 *HD* 대립유전자를 가진 남성의 결과를 보여준다. 두 번째 그래프는 돌연변이 *HD* 대립유전자에 48개의 반복이 있는 남성에게서 얻은 정자를 분석한 것이다.

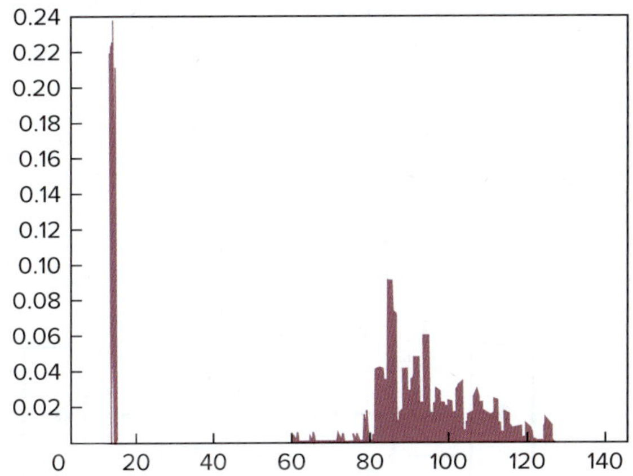

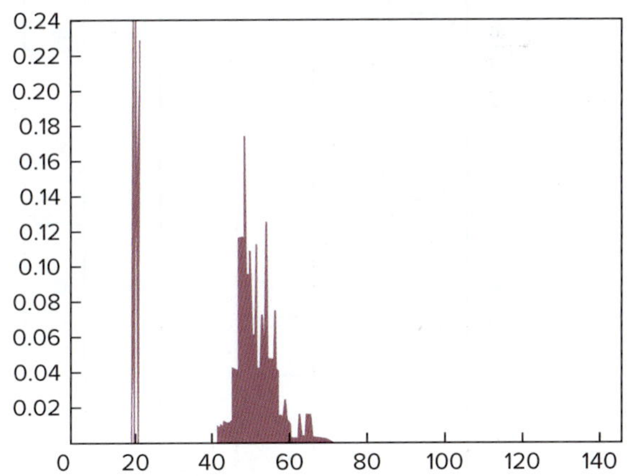

 a. 두 환자 모두에서 HD^+ 대립유전자들의 CAG 반복수는 대략 얼마인가?
 b. 이 결과들이 어떤 경향을 나타낸다고 가정하면 돌연변이 *HD* 대립유전자가 생기는 과정에 대해 어떠한 결론을 내릴 수 있는가? 이런 과정을 어떤 종류의 세포에서 발생하는가?
 c. 이 결과는 헌팅턴병 환자의 약 5~10%가 이 질병의 가족력이 없는 이유를 어떻게 설명해주는가?
 d. 단일 정자 시료가 아닌 각 환자의 단일 피부 세포에 대해 동일한 PCR 분석을 수행한 경우 결과를 예측하시오.

12.3절

12. a. DNA 표식자로 SSR 대신 SNP로도 DNA 지문분석을 수행할 수 있지만, 일반적으로 일치하는지를 확인하기 위해서는 CODIS 데이터베이스에서 사용되는 13개의 SSR 좌위들보다 더 많은 SNP 표식자들이 필요하게 된다. 그 이유를 설명하시오.

 b. DNA 지문분석은 쇼견(Show dog)이나 경주용 그레이하운드 그리고 순종 말들의 가계도를 확인하는 등의 귀한 동물들에게 사용되어 왔다. 그러나 이런 응용 기술은 인간의 법의학적 적용보다 훨씬 어렵다. 특히 두 DNA 샘플의 정체성 또는 가까운 가족 관계를 확립하기 위해 가축에서 더 많은 DNA 표식자를 검사해야 한다. 인간보다 동물에서 더 많은 다형성 유전자 좌위들이 더 조사되어야 하는 이유는 무엇인가?

13. 다음 그림은 강간 사건과 관련된 정액(***) 및 4명의 구강채취시료(체세포)에서 얻은 유전체 DNA에 대한 지문분석 결과를 보여주고 있다. 이 분석은 6개의 SSR 좌위에 대한 PCR 증폭을 포함한다. 이 좌위들은 모두 서로 다른 염색체(비상동염색체)에 존재한다. 사용된 모든 PCR 프라이머는 20개의 뉴클레오타이드 길이이다. 각 유전자 좌위의 프라이머에는 유전자좌별 색상의 형광으로 표지되었다. 젤에서는 일부 밴드들이 더 두꺼운데, 그 이유는 상대적으로 더 많은 PCR 산물이 얻어졌기 때문이다. 그림의 양쪽에 있는 점들은 특정 밴드를 찾는데 이용할 수 있도록 표시한 것이다.

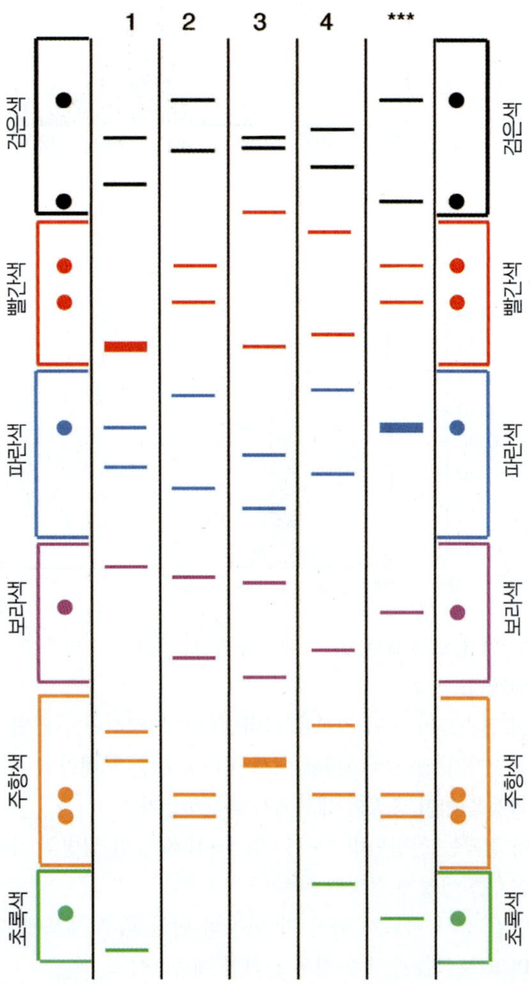

 a. 정자들은 반수체이다. 그러나 정액 시료는 특정 좌위에서 서로 다른 길이의 두 가지 PCR 산물을 보여준다. 어떻게 이것이 가능한가?

 b. X 염색체상의 좌위가 있는가? 있다면 어떤 것인가?

 c. Y 염색체 상의 좌위가 있는가? 만약 있다면 어느 것인가?

 d. 왜 이 결과가 네 명 중 누구도 강간범이 아니라는 것을 증명하는지 설명하시오. 강간범으로부터 구강채취를 실시하였다면 어떤 DNA 패턴이 나올 것이라고 기대하는가?

 e. 그럼에도 불구하고 이 결과가 강간범을 식별하는데 도움이 되는 정보를 제공하는가? 만약 그렇다면 가능한 한 구체적으로 설명하시오.

 f. 정액에서 PCR 증폭된 두 개의 주황색 밴드는 200 염기쌍 및 212 염기쌍의 길이를 가진다. 강간범의 유전체 DNA에서 이 유전자좌의 두 대립유전자에서 몇 개의 미세부수체 반복 단위가 발견되는가? (PCR 산물은 가능한 가장 짧으며, 이 좌위에서 반복 단위는 TCCG라고 가정하시오.)

14. 야생형 $Hb\beta^A$ 대립유전자의 부분적 서열이 아래에 나타나 있다(위쪽 가닥은 RNA 유사 코딩 가닥이고 질병을 일으키는 돌연변이의 위치는 밑줄이 그어져 있다).

5′ ATGGTGCACCTGACTCCTG<u>A</u>GGAGAAGTCGCCG 3′
3′ TACCACGTGGACTGAGGAC<u>T</u>CCTCTTCAGCGGC 5′

겸상 적혈구 대립유전자 $Hb\beta^S$ 서열은 다음과 같다.

5′ ATGGTGCACCTGACTCCTG<u>T</u>GGAGAAGTCGCCG 3′
3′ TACCACGTGGACTGAGGAC<u>A</u>CCTCTTCAGCGGC 5′

마이크로어레이 분석을 위한 실리콘 칩에 부착할 수 있는 21개의 뉴클레오타이드 길이의 ASO를 고안하시오. 각 ASO에 대해 두 가지 가능성이 존재한다. 각각에 대해 하나만 표시하시오.

15. a. 그림 12.15b을 보면, 마이크로어레이에서 유전자형을 결정하기 위해 PCR로 유전체 DNA를 증폭하였다. 이 PCR 반응에는 일반적인 PCR처럼 두 개의 프라이머가 쓰인 것이 아니라 프라이머 하나만 사용되었다. 이 경우 왜 프라이머 하나만으로 충분한가?

 b. 다시 그림 12.15b로 돌아가서, PCR 증폭을 수행하기에 앞서 유전체 DNA를 제한효소로 절단하였다. 이 목적을 위해 어떤 종류의 제한효소가 가장 효과적이겠는가? 점착성 말단을 만드는 것인가 아니면 비점착성 말단을 만드는 것인가? 4 bp의 인식 서열인가 아니면 6 bp 혹은 8 bp를 인식하는 것이겠는가?

16. 놀랍게도 마모셋 원숭이가 이따금씩 키메라로 존재한다는 사실이 밝혀졌다. 여기서 키메라란 두 다른 알에서 발생된 세포들로 구성된 개체를 말한다. 이러한 키메라는 이란성 쌍둥이 사이에서 자주 관찰되는데 엄마의 자궁 안에 두 쌍둥이 개체가 함께 있으면서 핏줄을 통하여

각각의 세포를 공유하기 때문이다. 그 결과로 생식세포를 포함한 모든 기관, 조직이 키메라로 존재할 수 있다.

세 마리의 엄마 마모셋에서 태어난 네 마리의 아기 마모셋이 있다. 어떤 수컷이 그 새끼 중 누구의 아버지인지 알아보기 위하여 마모셋 모근 세포에서 DNA를 추출하여 네 SSR 부위를 검사하였다. 이 그림에서 보이는 밴드의 굵기는 DNA 양을 반영한다. 이 그림의 양쪽 끝의 점을 기준으로 자 혹은 종이를 이용하여 각 밴드의 위치를 비교 가능하다.

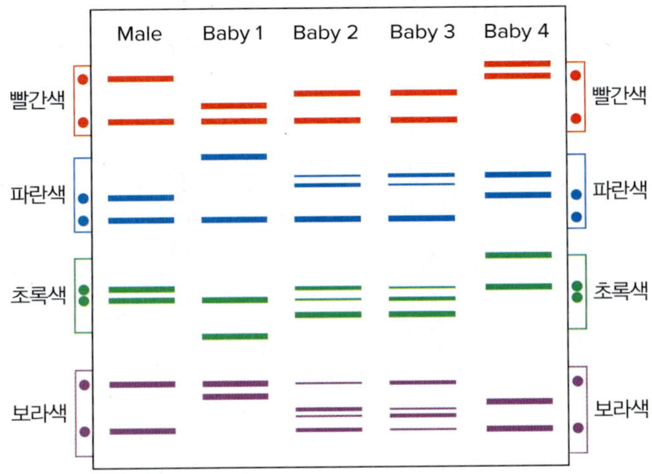

a. 마모셋 한 개체가 SSR 부위 하나에서 가질 수 있는 최대 대립유전자의 수는?
b. 네 마리의 새끼 중 누가 이 수컷의 자손일까?
c. 키메라를 구성하는 쌍들을 판별하시오.
d. 쌍둥이들의 아버지 혹은 어머니가 키메라라고 할 증거가 존재하는가?
e. 어떻게 아기 마모셋의 생물학적 어머니가 유전적으로는 삼촌뻘이 될 수 있을지 설명하시오(꼭 이 그림에서만의 상황을 묻는 것은 아님).

※ 연습 문제 17, 18번은 읽을거리「빠르게 살펴보기」유전 가계도 분석의 법의학적 적용에 관한 문제이다.

17. a. 그림 B는 당신과 당신 친척들간 공유하고 있는 DNA의 비율을 나타낸 것이다. 어떤 친척들과는 그 비율이 정확하게 떨어질 것이며, 다른 친척들과는 평균값으로 나타나 있기에 실제 당신의 친척과의 공유 비율은 평균값과 다를 수도 있다. 어떤 친척과 당신과의 공유 비율이 정확하게 떨어지는가? 그에 비하여 어떤 친척과의 공유 비율은 평균으로 나타내지는가? 그 이유를 설명하시오.
b. DNA 공유 비율 이외에 유전학자들이 유연관계를 유추하기 위하여 사용하는 지표로는 어떤 것이 있을까?

18. DNA를 분석하여 조상 정보를 제공하는 회사들의 서비스를 이용하는 사용자들의 일부는 본인이 정자은행에서 제공받은 정자로 태어났으며, 또한 본인과 같은 정자 제공자에 의하여 태어난 사람들도 존재한다는 사실을 알게 된다.
a. 이와 같이 어머니는 다르지만 같은 아버지에서 태어난 두 사람(이복형제 관계)은 각 그 상염색체상 DNA 공유 비율이 얼마나 될 것인가?
b. 문제 (a)에서 기술한 상황의 두 사람의 염색체간 관련도를 그림 A 오른쪽에 나타나 있는 것과 비슷한 형식으로 그리시오. 두 명 중 한 명을 "당신"으로 하고 나머지 한 명을 "이복동생"으로 정하시오. 그 둘의 부모의 염색체도 그려보시오. 그럼 최종적인 그림이 (a)의 해답을 잘 설명하는지 알아보시오.

12.4절

19. 다음 그림은 완전 침투성인 상염색체 우성 유전되는 질병이 3세대 동안 유전되고 있는 가계도와 이중 대립유전자성 개별 SNP 좌위들에 대한 마이크로어레이 분석(대립유전자들은 C 또는 T)을 같이 보여주고 있다.

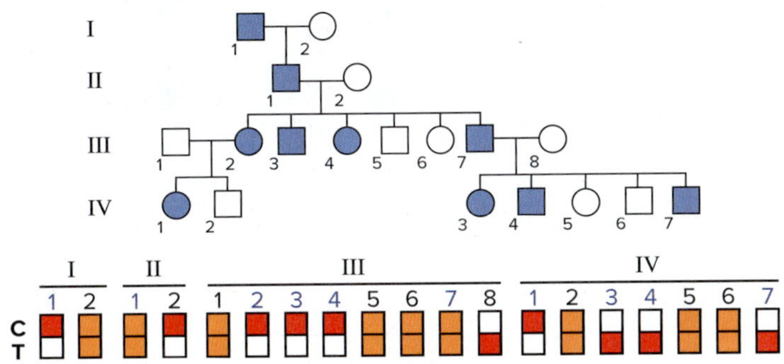

a. 이 자료들은 질병 좌위와 SNP 좌위 사이에 유전적 연관이 있음을 제시하는가? 만약 그렇다면 그 두 좌위 사이의 유전적 거리는 얼마로 계산되는가?
b. 이 가계도에서 질병 좌위와 SNP 사이의 연관에 대해 최대 로드 스코어값을 계산하시오. 이 로드 스코어는 무엇을 의미하는가?

20. 그림 12.20에서 제시된 가계도는 4번 염색체에 위치한 헌팅턴병 유전자 *HD*를 식별하는데 중요했다.
a. 이 자료는 DNA 마커 *G8*가 *HD*와 연관되어 있음을 확실히 보여준다. 헌팅턴병을 가진 이 가족 구성원들의 대다수는 우성 질병 유전자인 돌연변이 *HD* 대립유전자와 함께, *G8*의 어떤 대립유전자(A, B, C, D)를 물려받았을까?
b. 이 가계도 내에서 얼마나 많은 사람들이 어떠한 가정(연관에 대한 가정을 포함하여)도 하지 않고, 환자의 부모님 혹은 환자의 재조합된 생식세포의 산물이라고 확실히 구분할 수 있는가?
c. 만약 *G8*과 *HD*가 연관되어 있다고 가정한다면, 이 가계도 내에서 몇 명이 환자 부모로부터 생긴 재조합된 생식세포의 산물이라고 말할 수 있는가?
d. 이 가계도에서 얻은 정보만 가지고 *G8*과 *HD* 사이의 지도 거리에 대한 가장 좋은 추정치를 구하면 얼마가 되는가?
e. 문제 (b)와 (d)에 대한 답을 고려하여, 로드 스코어 최대 값을 계산하시오. 가계도에는 정보를 줄 수 있는 혼인으로부터 생긴 47명의 사람이 포함되어 있다($0^0 = 1$임에 유의하라). 이 로드 스코어가 의미하는 바는 무엇인가?

※ 연습 문제 21번과 22번은 질병을 유발하는 돌연변이를 직접 검사하지 않더라도 자녀들에게서 연관된 마커들의 유전자형을 예측할 수 있음을 보여준다. 이 방법은 강하게 연관되어 있어도 높은 대립유전자 이질성을 보이는 질병들에 귀중한 것일 수 있다.

21. 이 가계도는 서로 연관되어 있지 않은 세 가족들의 구성원들이 우성 돌연변이에 의해 생기는 완전 침투성 질병에 의한 같은 질병을 갖는 것을 보여준다. 이 돌연변이는 1, 2, 3번 대립유전자로 나타나는 SSR 표식자와 10 cM의 거리로 연관되어 있다. 살아있는 각각의 사람의 이 SSR 대립유전자들의 유전자형은 가계도 기호 아래에 표시되어 있다. A, B, C, D라고 표시된 신생아들의 표현형은 아직 모른다.

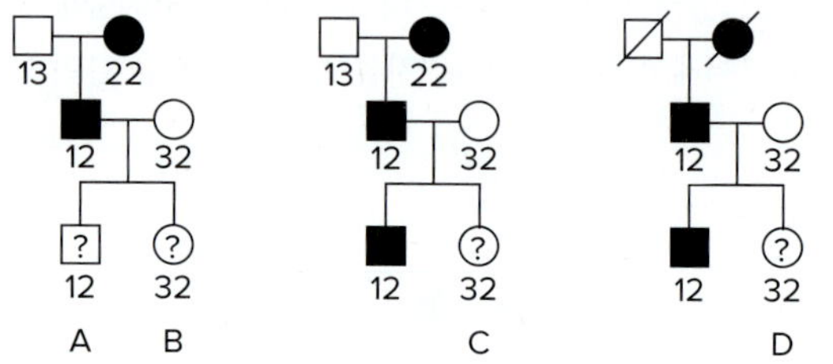

a. 이 신생아들이 질병 표현형을 나타낼 확률은 얼마인가?
b. 왜 인류유전학자가 이 질병을 진단할 때 이 SSR 표식자를 사용하지 않았을까?

22. 인구의 약 3%가 열성 질병인 낭섬유증을 유발하는 *CFTR* 유전자의 한 가지 돌연변이 대립유전자를 가지고 있다. 한 유전 상담사가 부모가 모두 *CFTR* 돌연변이의 보인자로 알려진 가족을 조사하고 있다. 그들의 첫 아이는 질병을 가지고 태어났고, 그 부모들은 상담사를 찾아와 임신 중인 그들의 새로운 태아가 병에 걸릴 것인지, 보인자일 것인지 아니면 *CFTR* 좌위에 대해 완전히 야생형일지에 대한 추정을 부탁하였다. 각 가족 구성원들과 태아로부터 DNA 시료를 얻어서 PCR과 젤 전기영동으로 *CFTR* 유전자의 한 인트론 내에 있는 SSR 표식자에 대해 검사를 실시하였다. 다음은 이렇게 해서 얻어진 결과이다.

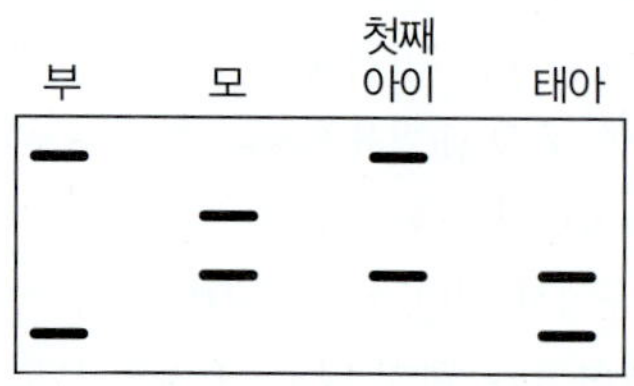

a. 태아가 자란 아기가 질병을 발현시킬 확률은 얼마인가?
b. 태아가 자랐을 때, 자신의 자녀 중 한 명이 이 질병에 걸릴 확률은 얼마인가?
c. 낭섬유증 유전자는 광범위한 대립유전 이질성을 나타낸다. *CFTR* 유전자는 전세계적으로 1,500개 이상의 서로 다른 돌연변이들이 이 질병과 관련된 것으로 알려져 있다. 이러한 사실을 명심하며, 왜 인류유전학자들이 첫째 아이에서 질병을 유발한 돌연변이를 직접적으로 초점을 맞추기보다 이 문제에서 설명된 바와 같이 간접적인 방법으로 태아를 검사하기를 선택했는지에 대해 설명하시오.

23. 최근 *CFTR*의 희귀한 돌연변이인 G551D를 갖는 낭섬유종 아이들을 치료하기 위해 이바카프토(ivacaftor)라는 약이 개발되었다.
a. 이바카프토가 G551D 돌연변이에 대해 동형접합형인 환자들에게만 효과가 있을지, 아니면 7번 염색체의 한 좌위에는 G551D를 가졌지만 다른 쪽에는 보다 흔한 대립유전자인 ΔF508과 같은 다른 *CFTR* 대립유전자를 가지고 있는 복합 이형접합형인 환자들에게도 효과가 있을까? (G551D에 의해 암호화되는 단백질은 적당히 접혀 세포막으로 삽입되지만, 염소이온 수송 효과는 떨어진다. 이바카프토는 G551D의 이온 수송 능력을 향상시켜준다. ΔF508 단백질은 제대로 접히지 않기 때문에 세포막에 삽입될 수 없다.)
b. 왜 이바카프토가 나이든 낭섬유증 환자들에서보다 어린아이들에게서 효과적일 것이라고 생각하는가?
c. 이바카프토를 개발한 과학자들은 낭섬유증에 대한 모형을 가지고 있다. 배양기에서 자라고 있는 한 층의 세포들은 G551D에 대해 동형접합형이다. 이 세포들은 그 표면에 점액을 축적시켜 세포막의 미세한 털들인 섬모들이 움직이는 것을 방해한다. 어떻게 그 과학자들이 이 모형을 이용하여 G551D 관련 낭 섬유증을 막는데 효과적인 약물들을 골라낼 수 있었다고 생각하는가?

12.5절

24. 한 연구자가 어셔 증후군을 앓고 있는 환자의 모든 엑솜의 염기서열을 분석한다. 이 희귀한 상염색체 열성 유전 질병은 청각장애와 시각장애를 동시에 일으키는 주요 원인이다. 엑솜 서열은 인간의 서열 결정과 다른 어떤 다형성에 대해서도 동형접합형을 나타내지 않는다.
a. 엑솜 서열이 정확하다고 가정했을 때, 질병 유전자를 찾기 위해 연구자는 이미 갖고 있는 자료들을 어떻게 조사할 수 있을까?
b. 만약 문제 (a)에서 설명했던 시도가 성공적이지 못했다면, 연구자들은 환자의 전장유전체 염기서열을 분석해야 할지 고민할 것이다. 이 전략의 잠재적인 문제점은 무엇인가?

25. 그림 12.24는 4개의 유전체의 염기서열을 완전히 읽어서 밀러증후군(Miller syndrome)에 대한 분석한 것을 보여준다. 환자들인 남매들과 양쪽 부모에 대한 것이다.
a. 연구자들은 밀러증후군이 열성 형질이라고 가정하였다. 우성 돌연변이 때문에도 밀러증후군이 생길 수 있을까? 만일 그렇다면 어떤 시나리오일 때 가능하겠는가?
b. 연구자들은 밀러증후군이 어머니, 아버지 혹은 둘다의 생식세포에서 생긴 새로운 돌연변이들에 기인할 가능성이 별로 없다고 보는 이유는 무엇 때문인가? 아주 희박하지만 이론적으로 봤을 때, 인간의 난소나 정소에서 발생하는 세포분열에 대한 이해(그림 4.5와 4.6 참고)를 바탕으로, 새로운 돌연변이에 의해 병이 발생했다는 가설을 가능하게 하는 시나리오를 작성하시오.
c. 그림 12.24b에서, 밀러증후군 환자의 부모 중 한명에게서 감수분열 동안 재조합이 일어난 *DHOD* 유전자에서 가까운 16번 염색체의 위치를 보여준다. 어느 부모 쪽에서 재조합이 일어났던 것인가?

d. 그림 11.24b에서 보이는 교차의 수는 인간 유전체에서 이전에 계산된 1 cM가 약 1 Mb에 해당한다는 수치와 일치하는가? 16번 염색체의 길이는 약 90 Mb이고 17번 염색체의 길이는 약 81 Mb이다.

e. 연구자들은 뉴클레오타이드당 돌연변이의 비율을 계산하기 위해 이 가족에서 얻은 모든 염기서열들의 자료들을 어떻게 이용할 수 있겠는가?

26. 표 12.2와 그림 12.25는 모두 닉 볼커의 중증 염증성 장 질환을 일으킨 돌연변이를 찾기 위한 노력을 보여주고 있다. 부모 중 누구도 병을 앓지 않으므로 유전학자들은 열성 유전 양식과 X 염색체에 위치한 드문 변이들을 집중적으로 탐색하였다.

a. 상염색체상의 후보 변이들에 대해, 연구자들은 닉의 동형접합형 변이에만 관심을 기울였을 것이다. 왜 그랬을지 설명하시오.

b. 열성이고 X-연관성이라는 가정을 배제하면, 닉의 질 병에 대해 다른 어떤 가능한 설명이 존재할 수 있겠 는가?

c. 원인 돌연변이는 닉의 엑솜만을 분석함으로써 특정되었는데, 이 연구가 행해질 즈음에 전장유전체나 전장 엑솜 염기서열 분석이 너무 비싸서 그의 부모들에 대해서까지 수행하기 어려웠기 때문이다. 어떤 경제적 방법으로 이 돌연변이가 부모 중 어느 한 쪽의 생식계 세포에서 생긴 신생 돌연변이(닉을 만든 특정 난자나 정자가 만들어지는 중에 생긴)인지 아닌지를 결정할 수 있는가? 답에 전장유전체나 전장 엑솜 서열화 방법이 포함되지 않도록 하시오.

27. 사람에게서 *HPRT1* 유전자의 돌연변이는 두 가지의 증상을 유발한다. OMIM(www.omim.org) 데이터베이스에서 HPRT1을 검색한 후 보이는 세 가지 결과(#300322, #300323, #308000)에 주목하시오.

a. *HPRT1* 효소의 전체 이름은?

b. *HPRT1* 유전자가 위치해 있는 염색체는 몇 번인가?

c. *HPRT1* 유전자와 연관되어 있는 두 가지의 병명이 무엇인가? 각 병에 대하여 다음에 답하시오. (1) 각 병과 연관된 증상들이 무엇인가? (2) 돌연변이가 정상 변이에 대하여 우성/열성/공우성/불완전우성/기타 특별한 관계를 가지고 있는가? (3) 각 병이 돌연변이에 의한 기능 상실에 기인한 것인가 기능 획득에 기인한 것인가? (4) 각 병이 대립유전자 이질성을 보이는가? (5) 각 병이 좌위 이질성을 보이는가? (OMIM 상의 모든 것을 이해한 후 이 문제를 풀 필요는 없음)

28. 일루미나 차세대 시퀀싱 기계가 실제 플로우셀에서 염기서열 리드 정보를 얻기 위하여 실제 "보는 것"이 어떤 정보인가?

chapter 13

진핵세포 염색체

(left): Texas A&M University/FEMA/HandoutGetty Images; (right): ©Alpha/ZUMAPRESS/Newscom

CC(복제된 고양이, 왼쪽)와 핵 공여자인 고양이 Rainbow(오른쪽)는 같은 염색체를 공유하지만 표현형은 구별된다.

개요

- 13.1 **염색체 DNA와 단백질**
- 13.2 **염색체 구조와 응축**
- 13.3 **염색체의 포장과 유전자 발현**
- 13.4 **진핵세포 염색체의 복제**
- 13.5 **염색체 분리**
- 13.6 **인공 염색체**

2001년 12월, 수의사들은 세계 최초의 복제 애완동물 새끼 고양이 CC(“*Copy Cat*”과 “*Carbon Copy*”에서 유래, 사진의 왼쪽)의 출산을 제왕절개수술로 도왔다. CC는 Rainbow(사진의 오른쪽)라 명명된 암컷 삼색털 고양이로부터 얻은 핵을 이미 핵이 제거된 난자(이름 없는 기증자 고양이로부터)로 주입하는 핵이식 실험의 결과였다. 재구성된 난자는 대리모의 자궁에 착상된다. CC는 2013년까지 살아 있었고, 자신의 새끼 고양이를 보살피는 완벽하게 정상적인 고양이의 모습을 보인다.

사진 속 CC와 Rainbow의 모든 세포들은 한 세포의 유사분열로부터 유래한 것이기 때문에 같은 핵 DNA를 갖는데, 접합자는 Rainbow가 된다. 그렇지만 이런 모든 세포의 핵 DNA들이 동일하더라도, 모든 세포들이 동일한 것은 아니다. 몇몇 세포들은 눈으로, 다른 세포들은 수염으로, 또 다른 세포들은 피부로 그리고 기타 등등으로 분화된다. 같은 DNA에도 불구하고, CC와 Rainbow는 털의 색깔 패턴부터 성격까지 여러 표현형이 다르다.

염색체로의 DNA의 포장(packaging)은 이런 사진들에서 보고 있는 생물학의 많은 것들의 밑바탕이 된다. 이런 포장은 고양이 유전체를 이루는 10억 개의 염기쌍을 하나의 세포핵에 넣는 것을 가능하게 하고, 셀 수 없이 많은 유사분열 동안에 유전체 원본에 충실한 복제와 분배에 필수적이다. 염색체의 몇몇 단백질은 유전자를 켜야 하거나 꺼야 할 때, 유전자에 명령하기 때문에 세포 분화의 원인이 된다. 염색체와 연관된 다른 거대분자들(단백질과 RNAs)은 Rainbow와 CC의 털 색깔 패턴에서 보이는 많은 차이를 설명하는, X 염색체 불활성화의 원인이 된다.

이 장에서는 진핵세포 염색체의 구조와 기능을 설명한다. 일반적인 결론은 이러한 논의에서 도출된다. 즉 염색체는 하나의 긴 DNA 분자에 존재하는 정보들의 포장, 복제, 분리, 발현에 관련된 많은 기능들을 지원하도록 다양하고 역동적인 구조를 갖는다는 것이다.

13.1 염색체 DNA와 단백질

학습 목표

1. 가닥의 극성을 포함한 염색체의 DNA 구성요소들을 도식화한다.
2. 구조와 기능의 측면에서 히스톤 단백질과 비히스톤 단백질을 비교한다.

광학현미경에서 보면 염색체는 세포분열 과정을 통해 다양한 모양과 위치를 갖는다. 유사분열 간기 동안 염색체는 스파게티가 엉킨 듯한 모양을 갖는다. 유사분열 중기 즈음의 염색체는 쌍을 이루고 있는 막대모양(두 개의 자매염색분체)으로 방추사 기구의 중간에 나타난다. 이 절에서는 염색체가 무엇으로 구성되어 있는지에 대해서 살펴보고, 다음 절에서는 어떻게 이러한 염색체 요소들이 상호결합을 하여 관찰되는 바와 같은 다양한 구조를 형성하는지 알아본다.

각 염색체는 하나의 긴 DNA 분자로 구성되어 있다

과학자들은 물리적 분석을 통해 세포 핵 안에 있는 각각의 염색체(또는 복제 후, 각각의 염색분체)들이 긴 선형 이중 가닥 DNA 분자를 포함하고 있는 것을 발견하였다. 오래 전의 연구에서 그들은 염색체 DNA를 두 개의 실린더들 사이에 놓고 한쪽의 실린더를 회전시켜서 DNA를 늘린 후 다시 감기는 정도를 측정하였다. 짧은 분자는 긴 분자보다 더 빨리 감긴다. 연구자들은 이러한 기술을 초파리 염색체 DNA에 적용하였을 때, 가장 긴 DNA 분자의 길이가 가장 큰 염색체의 DNA 양과 일치되는 것이 측정됐다. 따라서 염색체는 하나의 선형 DNA 분자를 포함한다.

염색체는 히스톤 단백질과 비히스톤 단백질을 포함한다

DNA 그 자체만으로는 핵 안에 존재할 수 있을 만큼 접힘이 일어나지 않는다. 충분한 응축을 위하여 DNA는 두 종류의 단백질인 히스톤과 비히스톤 염색체 단백질과 결합한다. **염색질**(chromatin)은 세포의 핵에서 발견되는 DNA와 단백질 결합체를 총칭하는 용어이다. 하나의 염색체는 세포분열 동안(S기 전에) 하나의 단일 DNA 분자를 포함하고 하나의 단위(unit)처럼 행동하는 염색질의 한 조각이다.

염색질은 중량면에서 DNA 1/3, 히스톤 1/3, 비히스톤 1/3이지만 또한 상당양의 RNA를 포함한다. 일반적으로 염색질과 관련된 RNA들의 역할은 잘 알려져 있지 않지만, 이 장의 뒤에서 바 소체(barr body) 형성 과정의 *Xist*라는 유전자 발현을 조절하는 특정 RNA 분자의 기능을 설명할 것이다.

히스톤 단백질

히스톤(histone)은 1884년에 발견되었고, 비교적 염기성 양 전하를 띤 아미노산 리신과 아르기닌이 많은 작은 단백질이다. 히스톤은 강한 양 전하를 띠고 있기 때문에 음 전하를 띤 염색질 DNA를 중화시킨다. 히스톤은 중량면에서 염색질 단백질의 50%를 차지하고 다섯 종류로 구분된다(H1, H2A, H2B, H3, H4). 마지막 네 개의 단백질 H2A, H2B, H3, H4는 초기 DNA 응축 단위인 **뉴클레오솜**(nucleosome)의 핵심 단백질이다. 이들을 **핵심 히스톤**(core histone)이라고 한다.

다섯 종류의 히스톤은 거의 모든 이배체 진핵세포의 염색질에 나타나고 모든 진핵세포에서 유사하다. 완두식물과 송아지의 H4 단백질은 둘다 102개의 아미노산으로 되어 있고, 2개를 제외한 나머지 아미노산은 모두 동일하다. 히스톤은 진화 과정을 통해서 거의 변화가 없는 것으로 보아 염색질 구조 형성이 매우 중요하다는 것을 알 수 있다.

비히스톤 단백질

진핵세포의 염색질에 있는 단백질의 반은 히스톤이 아니다. 그들은 수천 종류의 **비히스톤 염색체 단백질**(nonhistone chromosomal protein)로 구성된다. 이배체 유전체의 염색질은 200~2,000,000분자의 비히스톤 단백질을 포함한다. 당연히 이렇게 다양한 단백질들은 많은 다른 기능을 수행한다. 몇 개의 비히스톤 단백질은 단순히 구조적 역할만 하는데, 그들은 DNA가 좀더 복잡한 구조로 응축되는 데 도움을 준다. 염색체의 구조적 중추, 즉 **뼈대** 역할을 하는 단백질이 이러한 종류에 속한다(**그림 13.1**). DNA 중합효소와 같은 다른 비히스톤 단백질들은 복제에 관여한다. 또 다른 단백질은 염색체 분리에 관여한다. 예를 들어, 방추사부착점의 동력 단백질은 방추기구와 더불어 염색체를 움직이게 하여 유사분열과 감수분열 동안 부모세포에서 딸세포로 염색체의 수송을 촉진시킨다(**그림 13.2**).

지금까지 알려진 가장 큰 비히스톤 단백질은 유전자 발현 동안 전사나 RNA 가공을 촉진하거나 조절하는 것으로 구성된다. 포유동물에는 5,000종류가 넘는 이와 같은 다양한 단백질이 있다. DNA와 상호 결합에 의해 이런 단백질들은 언제, 어디에서, 어떤 비율로 유전자가 전사되는지에 영향을 준다.

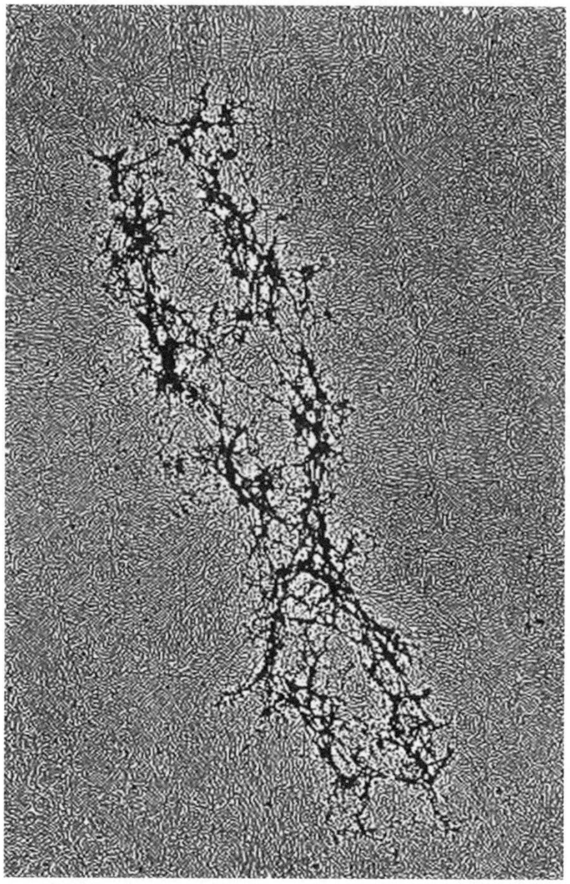

그림 13.1 염색체 뼈대. 사람 염색체가 히스톤과 일부 비히스톤 단백질을 제거하기 위해 약하게 세제로 처리될 때, 아직 남아 있는 비히스톤 단백질로 구성된 검은 뼈대는 두 개의 자매염색분체 모양으로 보인다. 세제 처리에 의해 자유로워진 DNA 고리가 뼈대를 둘러싸고 있다. *Source: ©Don Fawcett/J.R. Paulson, U.K. Laemmli/Science*

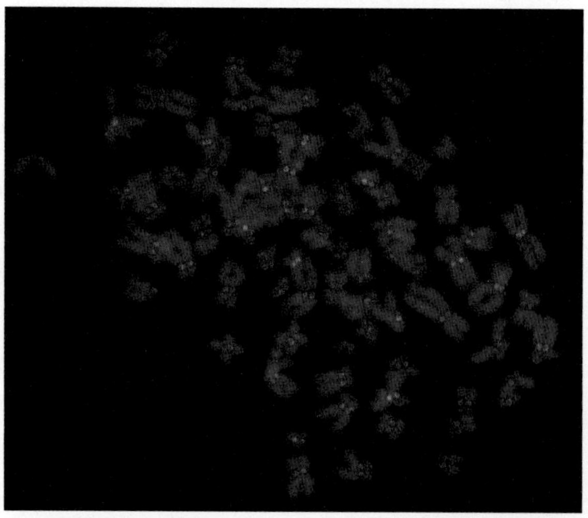

그림 13.2 방추사부착점 단백질. 어떤 비히스톤 단백질들은 세포분열 동안에 방추사를 따라 염색체를 이동하게 하는 동력이 된다. 이 그림에서 염색체는 파란색으로 염색되어 있고, CENP-E로 알려진 비히스톤 단백질은 빨간색으로 염색되어 있다. CENP-E는 복제된 각 염색체의 방추사부착점에 있고 자매염색분체가 후기에 방추극 쪽으로 이동하는 데 중요한 역할을 한다. *Source: ©Daniel A. Starr/University of California, Davis*

핵심 개념 13.1

- 각각의 진핵 염색체(복제 전에)는 절단이나 극성의 변화가 없는, 하나의 선형 분자의 이중 가닥 DNA를 갖는다.
- 히스톤 단백질은 DNA가 염색질로 포장되도록 돕는다.
- 비히스톤 단백질은 유전자 발현의 조절뿐만 아니라 염색체 구조, 복제, 분리에서 기능을 한다.

13.2 염색체 구조와 응축

학습 목표

1. 염색체 구조 형성에서 히스톤과 콘덴신의 역할을 비교한다.
2. 뉴클레오솜의 구조를 도식화한다.
3. 염색체에서 G 밴드 생성의 과정과 어떻게 이런 밴드들이 유전자의 위치를 알아내는 데 사용되는지 요약한다.
4. Fish 분석과 염색체에서 특정 DNA 서열을 찾을 때와 핵형분석에서 이것의 적용을 설명한다.

한 개의 인간 세포 안에 존재하는 DNA를 가늘게 일렬로 늘린다면 약 2 m에 달할 것이다. 물론 이것은 유전체가 포함된 세포핵보다 틀림없이 훨씬 길다. 사람 세포 핵의 평균 직경은 약 6 μm (6×10^{-6} m)이다. 여러 단계의 응축은 DNA를 핵 안에 들어갈 수 있도록 한다. 첫째, 히스톤 둘레를 DNA가 감아서 **뉴클레오솜**(nucleosomes)을 만든다. 뉴클레오솜은 염색질의 기본 단위이고, 이들은 간기 세포와 체세포 분열을 겪는 모든 세포에서 존재한다. 그 다음에 단백질 복합체인 **콘덴신**(condensins)이 DNA 주위에 원형들을 형성하여 염색체를 고리 모양으로 구조화한다. 비록 일부 콘덴신이 간기의 염색질과 관련 있지만 콘덴신 고리들은 분열기 염색체 응축과정을 시작하는 데 있어서 가장 중요하다. 현미경을 통해 관찰되는 중기 염색체의 응축과정은 아직 이해되지 않고 있다.

뉴클레오솜은 염색체 응축의 가장 기본적인 단위이다

그림 13.3에 있는 염색질의 전자현미경 사진은 사람 적혈구 세포의 핵에서 나온 길면서 장식용 단추결절 같은 섬유형태의 DNA를 보여주고 있다. 뉴클레오솜은 실 위에 구슬과 같은 모양을 띤다. 구슬은 직경이 100 Å이고, 실은 직경이 20 Å인 DNA이다(1 Å $= 10^{-10}$ m $= 0.1$ nm). **그림 13.4a**는 염색질 섬유의 실 위의 구슬 구조를 형성

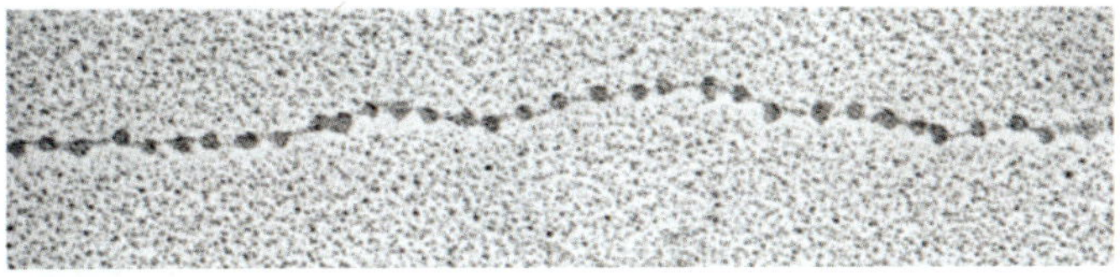

그림 13.3 뉴클레오솜. 전자현미경에서 뉴클레오솜은 구슬에 엮인 DNA 실모양이다. *Source: ©Barbara A. Hamkalo*

(a) 뉴클레오솜의 구조모식도

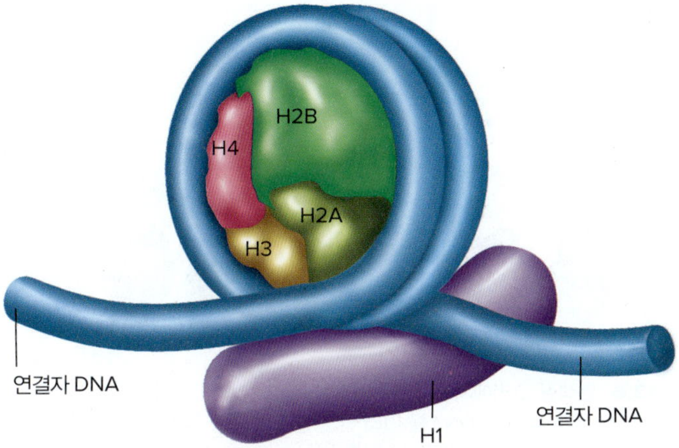

(b) 고분해능 분석에서의 뉴클레오솜 구조

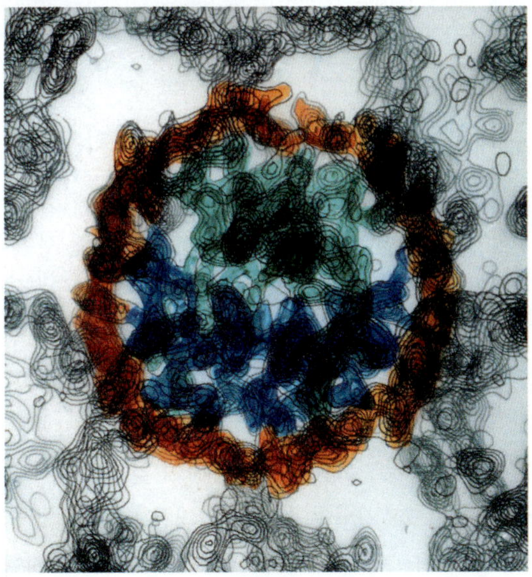

그림 13.4 뉴클레오솜 구조. **(a)** 각 뉴클레오솜에 있는 DNA는 각각의 히스톤 H2A, H2B, H3, H4의 두 쌍으로 이루어진 핵심 히스톤을 두 번 감싼다. 히스톤 H1은 DNA가 뉴클레오솜을 들어오고 나가는 곳과 연관이 있다. **(b)** X-선 결정에 의한 뉴클레오솜 구조. DNA(주황색)는 핵심 히스톤 8량체(파란색)를 감싸고 여러 군데에서 급격하게 구부러진다. *Source: (b): ©Gerard J. Bunick, Oak Ridge National Laboratory*

하기 위해 DNA가 어떻게 핵심 히스톤을 감싸는지 보여준다.

각 구슬은 160 bp의 DNA를 포함하고 있는 뉴클레오솜이다. 그 DNA는 그림 13.4a에서 보이는 것처럼 각각 2개의 H2A, H2B, H3, H4의 8개 히스톤으로 구성된 핵심 히스톤을 감고 있다. 160 bp의 DNA는 핵심 8량체를 두 바퀴 감고 있다. 추가적인 40 bp로 구성되어 있는 **연결자 DNA**(linker DNA)는 하나의 뉴클레오솜을 다음 뉴클레오솜과 연결시킨다.

히스톤 H1은 DNA가 들어오고 나가는 핵심 히스톤의 바깥쪽에 존재한다(그림 13.4a). 과학자가 특정 시약을 사용해 염색질로부터 H1을 제거하면 약간의 DNA는 뉴클레오솜에서 풀어지지만 해체되지 않는다. 약 140 bp는 각 핵심 히스톤을 감싼 채로 있다.

과학자들은 핵심 뉴클레오솜을 결정화할 수 있고 결정을 X-선 회절분석을 할 수 있다. 얻어진 그림을 보면 앞서 설명한 뉴클레오솜 구조와 같지만, DNA가 핵심 히스톤 둘레를 부드럽게 감싸고 있지는 않다(**그림 13.4b**). 대신에 DNA는 어떤 부위에서는 급격하게 구부러지고, 어떤 곳에서는 거의 구부러지지 않는 모양을 보인다. 급격하게 구부러진 곳은 특정 염기서열에서만 나타나고 다른 염기서열에서는 나타나지 않기 때문에, 염기서열은 염색체에서 선호되는 뉴클레오솜 위치의 결정에 도움을 준다.

기본적인 뉴클레오솜 구조의 중복은 DNA 복제와 연계되어 있다. 4개의 염기성 히스톤 단백질은 세포분열의 S기에 증가하여 새로 복제된 DNA에 들어간다. 히스톤 샤페론은 구조적인 요소는 아니지만, 뉴클레오솜의 조립에 관여한다. DNA와 히스톤 합성이 서로 연계되어 적절한 시간에 일어나도록 조절하는 특정 조절 기전이 있다.

뉴클레오솜의 간격과 구조는 유전적인 기능에 영향을 미친다. 각 염색체의 뉴클레오솜은 균일한 간격으로 존재하지 않지만 염색질의 특정 장소에 잘 배열되어 있다. 이러한 배열은 독특한 세포 종류마다 다양하며, 이 배열은 심지어 하나의 세포에서 조건이 변할 때마다 바뀔 수 있다. 뉴클레오솜과 뉴클레오솜 사이에 존재하는 DNA는 뉴클레오솜 안에 있는 DNA보다 발현이나 복제를 시작하는 단백질과 상호결합하기 적절하므로, 염색체에 있는 뉴클레오솜의 간격은 매우 중요하다.

뉴클레오솜으로 응축되는 것은 일반적인 DNA를 7배 응축시키는 효과가 있다. 이러한 응축으로 이배체 인간유전체에 있는 2 m의 DNA는 거의 0.25 m 길이로 감소된다. 이것은 가장 큰 세포의 핵 내에 들어가기에는 아직 너무 크므로 부가적인 응축이 요구된다.

콘덴신은 염색질 고리를 밀어냄으로써 염색체를 형성한다

그림 13.1에서 염색체의 구조적 토대인 뼈대에 대해서 소개했었다. 여러 그림들에서 보여지는 것과 같이 과학자들은 염색체의 끝부분에 집중하여 염색체 DNA가 뼈대에 붙어 있어서 긴 고리 형태를 갖고 있다는 것을 알아냈다(**그림 13.5**). 고리형성 과정은 염색체 응축의 다

그림 13.5 방사상 고리-뼈대 모형의 실험적인 증거. 그림 13.1에 있는 사진의 부분적인 확대. 이 전자현미경 사진은 사진의 아래에서 단백질 뼈대로부터 긴 DNA 고리가 방사하는 것을 보여준다. *Source: ©Don Fawcett/J.R. Paulson, U.K. Laemmli/Science*

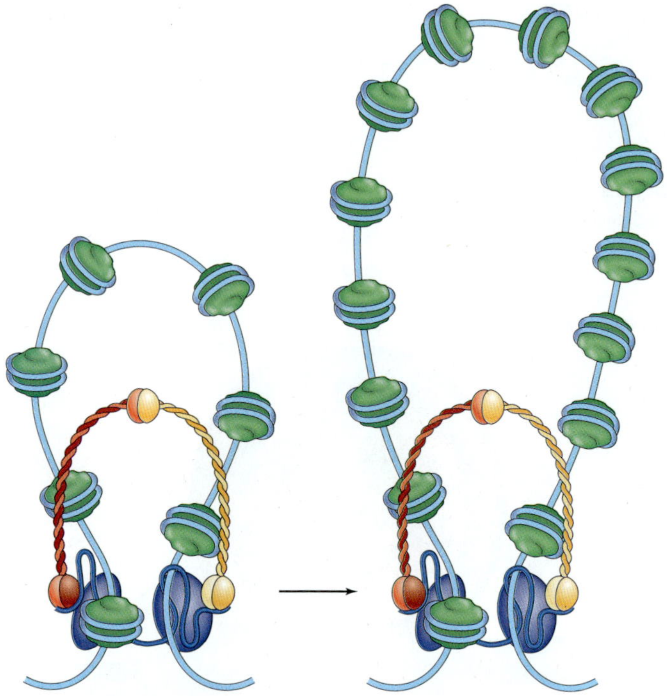

그림 13.6 염색질 고리에서의 콘덴신. 콘덴신 복합체를 구성하는 다섯 개의 단백질 구성요소, 두 개의 발로 DNA를 따라 걷는 분자적 운동기관(파란색 구성요소)이다. 빨간색과 노란색 구성요소는 ATP 분해 효소로써 ATP를 ADP로 전환한 에너지로 콘덴신의 움직임을 제공한다. 왼쪽에 "삐져나온" 원형의 콘덴신은 뉴클레오솜이 많은 염색질의 작은 지역에 있고, 작은 염색질 고리를 형성한다. DNA를 따라 있는 콘덴신의 움직임(도식화 그림의 바닥면을 향하는)은 뉴클레오솜을 고리로 밀어낸다(오른쪽).

음 단계이다. 고리들은 단백질 복합체인 콘덴신(condensin)에 의하여 형성되는데 이는 주된 뼈대 구성성분 중에 하나이다. 콘덴신 복합체는 뉴클레오솜이 많은 DNA 주변에 형성되어 작은 염색질 고리를 만들며 염색체 섬유를 콘덴신 고리 안쪽으로 두번 통과시키는 방식으로 염색체의 고리 모양 안에 존재한다(**그림 13.6**). 콘데신의 구성요소인 단백질 중 일부는 ATP 가수분해 에너지를 이용하여 염색질과 연관된 콘데신을 움직이게 한다. 이러한 운동성은 그림 13.6에서 처럼 염색질 고리를 밀어낸다. 앞서 말한 과정은 꽤 신속한데 하나의 콘데신 복합체가 1초에 1500 bp 정도를 밀어낼 수 있다. 분열기 염색체 고리는 대략 30~400 kb의 DNA를 포함하고 있다. 콘덴신 고리가 염색체의 어디에서 처음으로 형성되는지 그리고 언제 압출과정이 멈추는지에 기여하는 요소들에 대해서는 과학자들이 아직 알아내지 못했다.

압출 과정에서, 염색질에 관련된 콘덴신의 움직임이 DNA에 꼬임을 주어 DNA 초나선 구조를 형성하게 한다(그림 6.24). 초나선구조는 이후의 압출을 막을 수 있기 때문에, 초나선구조를 풀어주고 응축된 염색체에서 DNA가 엉키어지는 것을 막기 위하여 **DNA 위상이성질체화 효소 II**(DNA topoisomerase II)가 필요하다. 실제로, DNA 위상이성질체화 효소 II는 염색체 뼈대의 2가지 주요 구성요소 중 하나이다.

더 높은 단계의 포장은 염색체를 좀더 응축시킨다

생화학자들은 아프리카 개구리(*Xenopus*)의 거대한 난자에서 추출한 단백질을 이용하여 시험관에서(*in vitro*) 염색체 구조 재현을 시도함으로써 중기 염색체의 조립에 필요조건들에 대해 연구해왔다. 정자 염색질을 아프리카 개구리의 난자 추출물과 함께 배양하면, 해체되고 나서 중기 염색체의 구조로 재조립된다. 대단하게도 최근 연구자들은 오직 4종류의 정제된 단백질인 히스톤, 히스톤 샤페론, 콘덴신, DNA 위상이성질체화 효소 II만을 이용하여 앞선 과정의 모든 과정을 모사할 수 있다. 그로 인해 앞서 말한 작은 단백질과 결합된 염색분체는 실제 중기 염색체 구조와 완전히 동일하지는 않지만 꽤 비슷하다. 이 결과들로 인해 분열기 염색체 응축의 주요한 특징들은 뉴클레오솜 결합(히스톤, 히스톤 샤페론과 함께)과 염색질 고리의 압출(위상이성질체화 효소 II의 협력과 함께 콘덴신에 의해)이 유력할 것으로 보인다.

간단히 뉴클레오솜의 염색질이 400 kb 가량의 DNA를 포함할 수 있도록 느슨하게 포장되어 큰 고리 형태로 조직화 되는 것으로는 분열기 염색체 만큼의 응축 정도에 도달할 수준이 되지 않기 때문에 완전한 가설은 더욱 복잡할 것이 분명하다. 연구자들이 몇 가지의 단백

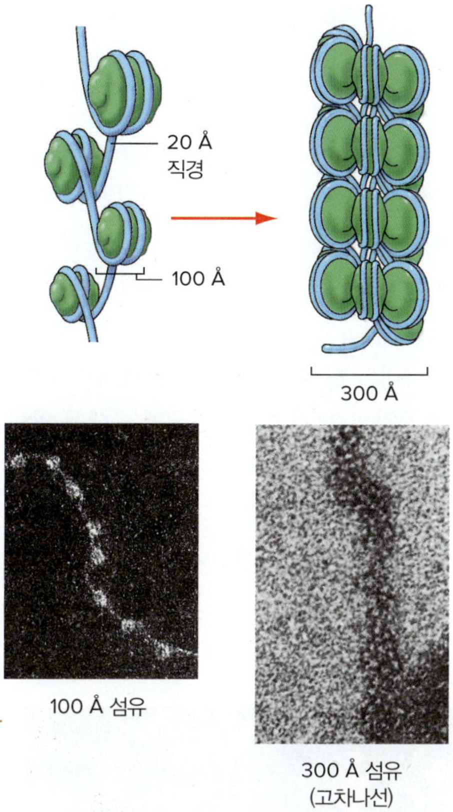

그림 13.7 높은 단계의 염색체 포장 모형. 100 Å(왼쪽) 섬유와 300 Å(오른쪽) 섬유를 비교하는 개념(위)과 전자현미경 사진(아래). *Source: (left): ©Barbara Hamkalo/University of California-Irvine, Department of Biochemistry; (right): ©Don Fawcett/H. Ris, and A. Olins/Science*

질만으로도 분열기 염색체를 거의 완전하게 재구성할 수 있기 때문에 더 나아간 염색체 응축은 이미 특정된 구성요소인 뉴클레오솜과 콘덴신 고리 사이의 상호작용을 통해서 알아낼 수 있을 것이다. 추가적인 단계의 염색체 응축구조에 대해서 현재로써는 알 수 없다. 한 가지 가능성은 **그림 13.7**에서와 같이 고리 안에서 뉴클레오솜이 다른 구성요소들과 상호작용하여 초나선구조의 종류를 형성한다는 것이다. 전자현미경으로 이 구조들을 볼 수 있으나, 과학자들은 전부 또는 약간의 염색질들이 실제로 동일한 방식으로 조직화되는지에 대해서는 동의하지 않는다. 또 다른 가능성으로는 콘덴신 고리가 뼈대 안의 다른 구성요소와 상호작용하여 고리들을 서로 가깝게 가져올지도 모른다.

김자 염색은 복제할 수 있는 염색체 분염 패턴을 밝힌다

앞에서 포장의 다양한 단계가 사람의 중기 염색체를 10,000배 응축시키는 것을 확인하였다. 이러한 응축 동안, 각 염색체의 동원체 지역과 말단소체를 볼 수 있다. 3장에서 확인하였듯이 다양한 염색 기술은 핵형을 확립하는 각 중기 염색체의 특징적인 분염 패턴, 크기,

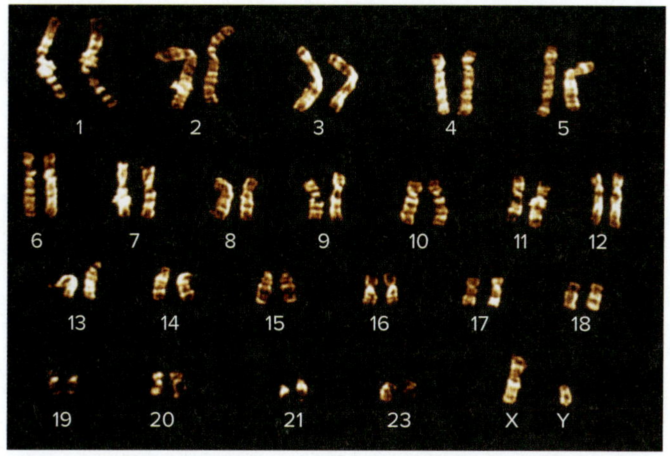

그림 13.8 고해상도 G-분염에 의해 확인된 사람 염색체. *Source: ©Scott Camazine and Sue Trainor/Science*

모양을 보여준다. **G 분염**(G-banding)을 예로 들면, 염색체는 우선 부드럽게 가열되고 김자(Giemsa) 염색에 노출된다. 이 DNA 염색물질은 어둡고 밝은 밴드가 서로 교대되는 **G 밴드**(G band)를 만들기 위해 어떤 지역을 우선적으로 어둡게 염색한다. 각각의 G 분염은 1~10 Mb에 이르는 매우 커다란 DNA 조각이고 많은 고리를 포함한다. 해상도가 높은 G 밴딩 기술에서, 표준 이배체인 사람의 46개 염색체의 핵형은 1백여 개의 어둡고 밝은 G 밴드를 갖는 것으로 보인다(**그림 13.8**).

분염의 생화학적인 기본은 아직 밝혀지지 않았다. 대부분의 분자생물학자들은 김자 염색에 의해 형성된 밴드들이 염색체에서의 짧고 반복적인 DNA 서열의 간격과 밀집에 의해 결정된, 불균등한 고리들의 포장을 반영한다고 생각한다. 근본적인 원인과는 관계없이, 염색체가 복제될 때마다 분염 패턴은 정확하게 재현된다. 분염 패턴이 한 세대에서부터 다음 세대까지 매우 높게 재현되는 사실은, 분염 패턴이 DNA 염기서열 자체에 의해 결정되는 염색체에 내재되어 있는 성질이라는 것을 알려준다.

이 패턴의 재현 가능성은 유전학자들이 특정한 염색체의 p(짧은; 프랑스어 petit) 또는 q(긴; "tail"의 프랑스어 queue) 팔에 존재하는 분염 밴드와 연관시켜 유전자의 위치를 설명함에 따라 유전자의 염색체상의 위치를 지정할 수 있다는 것을 의미한다. 이러한 목적으로 p와 q 팔은 더 작은 구역으로 나뉘고, 각 구역 내에 어둡고 밝은 분염들이 연속적으로 번호가 붙여진다. **그림 13.9**에서와 같이 보이는 분염 패턴의 도표는 **핵형도**(idiogram)라고 한다. 예를 들어, 색맹에 대한 X-연관 유전자들은 q27-qter에 위치한다. 이것은 유전자가 X 염색체의 긴(q) 팔에 있는 두 번째 지역 내에 7번째 밴드의 시작점과 말단소체 말단 사이의 어느 곳에 놓여 있다는 것을 나타낸다(terminus, 또는 ter; 그림 13.9).

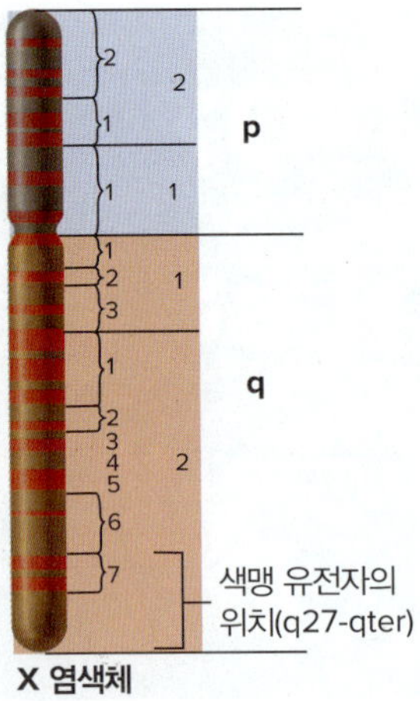

그림 13.9 사람 X 염색체의 핵형도. 사람의 색맹 유전자가 X 염색체의 긴 팔(q)의 끝쪽 근처의 작은 지역에 위치한다.

형광 제자리 혼성화(FISH)는 유전학자들이 유전체를 특징짓는 데 도움을 준다

과학자들은 종종 하나의 유전체 전체로써 특정 DNA 서열의 관계를 이해할 때, 해상도의 문제에 직면한다. 핵형은 전체 유전체를 구성하는 G 분염이 염색된 염색체를 보여 주지만, 확실히 개별적인 염기쌍의 해상도보다는 낮은 해상도를 갖는다. 반대로, 유전체 조직의 전체적인 시야를 얻기 위한 전장유전체 서열결정의 방대한 정보에서 벗어나기는 어렵다. **형광 제자리 혼성화**(fluorescence *in situ* hybridization; FISH)라고 하는 기술은 낮은 해상도의 핵형과 초고도 해상도의 완벽한 유전체 서열 사이의 편리한 매개점을 제공한다. 본질적으로 FISH는 연구자들이 핵형에서의 염색체에 대하여 특정 DNA 서열의 위치를 찾는 것이 가능하도록 한다.

이름에서 알 수 있듯이, FISH의 근본적인 원리는 뉴클레오타이드의 상보성을 내재한다. 연구자는 우선 유사분열 중기의 세포를 얻고, 이 세포를 현미경 슬라이드에 떨어뜨린다. 그 세포를 성공적으로 잘 터트리고 나서 염색체를 각각 떨어지게끔 펼친 후 슬라이드에 염색체를 고정한다. 비록 많은 지점에서 이중 나선이 단일 가닥으로 분리되더라도 전체적인 염색체 구조를 어느 정도 보존하도록 약하게 염색체 DNA를 변성시킨다. 각각의 반응에서, 연구자들은 형광꼬리표가 달린 정제된 DNA 서열을 **DNA 탐침자**로 만들어 표지한다. 탐침자 DNA는 열에 의해 단일 가닥으로 변성되고, 탐침자는 플레이트에서 염색체에 혼성화된다. 탐침자는 오직 뉴클레오타이드 서열에 상보적인 염색체의 지역에 결합할 것이다. 그리고 연구자들은 형광현미경을 통한 관찰에 의해 이런 지역들을 확인할 수 있다.

FISH의 한 가지 사용법에서, 탐침자는 짧고 cDNA 클론과 같이 정의된 서열이다. 그 결과는 유전체에서 유전자와 일치하는 위치를 보여주는 형광점이다(**그림 13.10a**). 역사적으로, 이 방법은 인간유전체 프로젝트의 원래의 초안이 적당히 정리되었는지 확인하는 데 매우 중요하다.

스펙트럼 핵형분석(spectral karyotyping; SKY)이라고 하는 FISH의 두 번째 변형에서, 탐침자는 개별적인 염색체의 가닥에 흩뿌려진 위치에서부터 기원된 다양한 DNA로부터 만들어진다. 1번 염색체에 대한 탐침자는 하나의 색깔로 함께 빛나는 형광 꼬리표(염색제 또는 형광)의 혼합으로 표지되고, 2번 염색체에 대한 탐침자는 다양한 색을 나타내는 형광들의 다양한 혼합체로 꼬리가 달리는 등, SKY 핵형에서 각각의 24개의 사람염색체는 색에 의해서 쉽게 인식될 수 있다(**그림 13.10b**). 14장에서는 이런 두 가지의 FISH 기술이 유전적 질병을 야기할 수 있는 결실, 복제, 역위, 전좌와 같은 염색체의 재배열의 특징을 나타내는 것에 대한 중요한 기술로 남아 있음을 확인할 것이다.

(a) FISH 분석에서의 유전자 위치

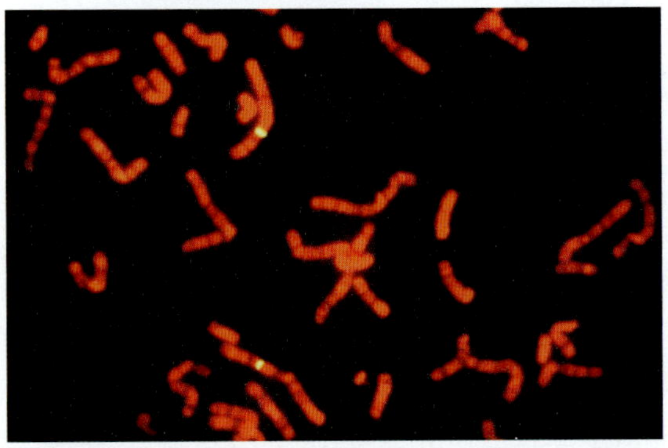

(b) 사람 염색체의 스펙트럼 핵형분석

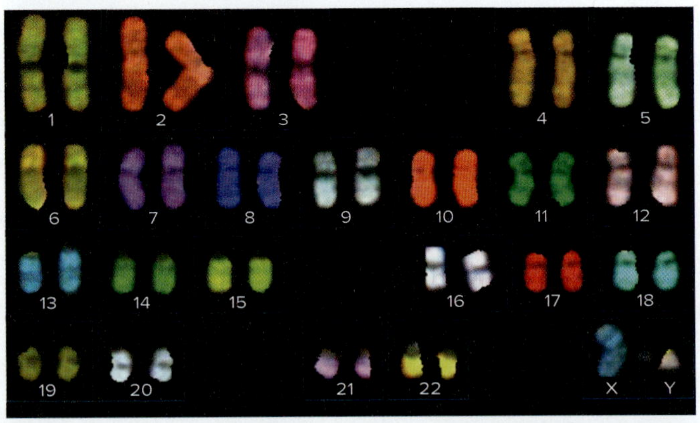

그림 13.10 형광 제자리 혼성화. **(a)** 사람 세포 염색체의 FISH 분석. 4개의 노란색 점은 하나의 유전자로부터 만들어진 탐침자가 두 상동염색체의 각각 두 자매염색분체에 혼성화한 곳을 나타낸다. 왜냐하면 두 자매염색분체는 이 준비에서 매우 서로 가까워지고, 오직 하나의 노란색 점이 각각의 상동을 나타낸다. **(b)** 스펙트럼 핵형분석(SKY). 각각의 염색체의 가닥에 존재하는 DNA로부터 만들어진 탐침자는 다양한 색깔들의 형광 꼬리표로 표지된다. *Source: (a): ©Patrick Landmann/Science; (b): Courtesy Thomas Ried. Head, Cancer Genomic Section, Genetics Branch/CCR/NCI/NIH. Image created by Dr. Hesed Padilla-Nash*

핵심 개념 13.2

- 뉴클레오솜에서, DNA는 히스톤 H2A, H2B, H3, H4로 구성된 핵심 히스톤을 두 번 감싼다. 히스톤 H1은 DNA가 들어오고 나가는 것을 조절한다.
- 콘덴신은 뉴클레오솜 염색질을 고리 밖으로 밀어내면서 분열기 염색체를 형성한다. 콘덴신과 위상이성질체화효소 II는 분열기 염색체 뼈대의 주요한 구성요소이다.
- 김자 염색은 중기 염색체에 G 분염 밴드를 만든다. 염색체와 유전자 위치의 동정을 가능하게 하는 G 분염 밴드의 패턴은 매우 명확하고 재현 가능하다.
- FISH 기술은 연구자들이 염색체의 밴드에 대한 특정 DNA 염기서열을 위치화하거나 핵형 해석이 수월하도록 완전한 염색체를 시각화하는 것이 가능하도록 한다.

13.3 염색체의 포장과 유전자 발현

학습 목표

1. 염색질 재구성 복합체가 어떻게 유전자 발현이 가능하게 하는지 설명한다.
2. 이질염색질과 진정염색질의 유전자 발현의 차이를 알아본다.
3. 과학자들이 이질염색질의 근본적인 형성 기작을 연구하기 위해 어떻게 위치 효과 얼룩을 사용하는지 설명한다.
4. 어떻게 히스톤 메틸화와 아세틸화가 염색질 구조와 유전자 발현에 영향을 주는지 개요를 서술한다.
5. 포유류 세포의 X 불활성화에서 *Xist* 유전자의 역할을 요약한다.

염색질로의 DNA 응축은 전사, 복제, 분리와 같은 기능을 수행하기 위해 DNA 서열을 인식해야 하는 단백질에 문제를 준다. 이러한 단백질들은 어떻게 염색질 복합체 구조 안에 감추어져 있는 특정 뉴클레오타이드 서열에 접근할까? 그 대답으로 염색질 구조는 역동적이고 특정 단백질의 활동이 필요할 때 단백질의 접근을 허용하기 위해 변화할 수 있다는 것이다. 이런 변화는 다양한 염색체의 기능에 필수적인 염색질 구조의 변형을 만든다.

이 절에서는 염색질 구조와 유전자 전사 사이의 연관성에 초점을 맞춘다. 우선 유전자의 프로모터를 인식하고 전사개시를 위해 RNA 중합효소를 받아들이는 염색질의 변화를 설명한다. 그리고 전사되지 않는 염색체의 지역과 연관 있는 **이질염색질**(heterochro- matin)이라고 불리는 염색질 구조의 새로운 형태를 논의한다. 이질염색질의 형성은 포유류에서의 X 염색체 불활성화를 포함하는 여러 중요한 유전적 현상에 대한 분자적 근거이다.

전사에는 염색질 구조와 뉴클레오솜 위치의 변화가 필요하다

진핵세포에서 유전자 발현과 관련된 중요한 개념은 적은 양의 DNA가 전사될수록, DNA가 좀더 조밀하다는 것이다. 예를 들어, 세포는 염색체가 응축되지 않거나 느슨해질 때 세포주기의 간기 동안 주로 그들의 유전자를 발현한다. 유전자 전사는 매우 촘촘한 중기 염색체에서는 적게 나타난다. 그러나 상대적으로 느슨한 중기 염색질마저도 전사를 위하여 뉴클레오솜 안에 있는 DNA 노출을 위해 그 이상의 풀어헤침이 필요하다. 유전자 프로모터는 리스톤에 감싸여져 있으면, 중합효소와 전사인자가 결합하기 어렵기 때문이다(**그림 13.11a**).

염색질 구조의 연구는 대부분의 불활성화 유전자의 프로모터가 확실히 뉴클레오솜에서 감싸져 있다는 것을 보여 준다. 이런 연구에서, 분자적 수준의 뉴클레오솜의 위치는 DNA의 인산디에스테르 결합을 절단하는 DNase I 효소를 염색질에 처리함에 의해 정립되었다. 뉴클레오솜 안에 있는 염기서열은 DNase 분해로부터 보호되는 반면, 뉴클레오솜이 제거된 부분의 염색체 부분은 DNase 절단에서 높은 민감성으로 인식될 수 있다.

세포 분화의 후반부에서 이전에 불활성화된 유전자가 전사를 준비하는 경우, 프로모터 부분은 DNase 저항 부위에서 **DNase 과민부위**(DNase hypersensitive site)로의 변화가 관찰된다. 그 이유는 전사조절단백질(전사인자; transcription factor)이 증폭자(enhancer) 근

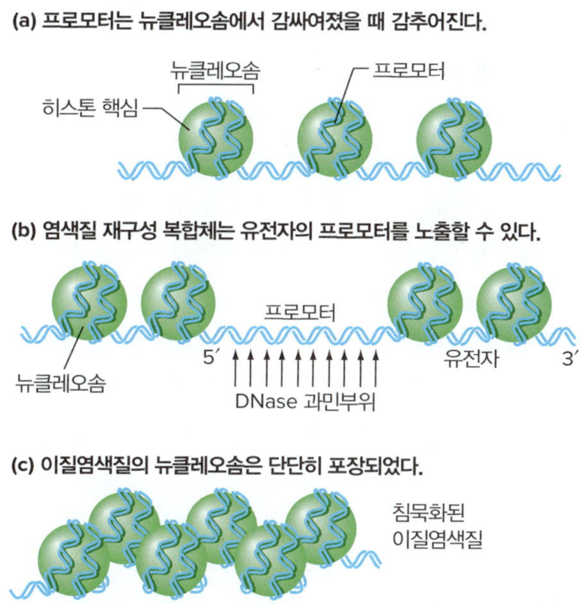

그림 13.11 뉴클레오솜 포장과 유전자 발현. **(a)** 뉴클레오솜 핵심 근처에서 감싸여진 프로모터는 RNA 중합효소와 다른 전사인자들이 접근할 수 없다. **(b)** 염색질 재구성 복합체는 DNase에 과민한 뉴클레오솜이 없는 지역에 위치함으로써 프로모터를 노출할 수 있다. **(c)** 이질염색질에 있는 DNA는 매우 단단히 포장되어 있어서 전사적으로 불활성화이다.

처에서 DNA와 결합하고 근처에서 염색질을 재배열하는 단백질을 모으기 때문이다. 특별히, 이런 새롭게 집결된 단백질은 프로모터를 막는 뉴클레오솜을 제거하거나 그 유전자에 맞게 위치를 바꾼다(**그림 13.11b**). 염색질 조절자의 어떤 형태는 뉴클레오솜의 위치를 변화하기 위해 ATP 가수분해의 에너지를 사용하는 다중소단위 **재구성 복합체**(remodeling complex)로 구성된다. 다른 염색질 조절자는 뉴클레오솜의 히스톤 핵심꼬리를 화학적으로 수정한다. 두 가지 기작에 의해 수행된 염색질 변화는 이전에 감추어진 프로모터를 노출하고 RNA 중합효소의 인식을 허용함에 따라 유전자의 전사 활성을 촉진한다(그림 13.11b).

분화된 세포는 염색질 배열과 유전자 발현의 특정한 양식을 보유하고 있는데 이는 체세포 분열로 세포가 분열된 이후에도 지속된다. 대부분의 경우에서, 분화된 세포가 분열할 때 DNA에 붙는 전사조절단백질과 염색질 구조가 양쪽의 딸세포로 분배되기 때문이다. DNA 복제 이후, 이러한 단백질들은 DNA가 뉴클레오솜에 감아지기 전에 DNA에 다시 붙고 부모세포에서 나타났던 염색질 배열을 재형성한다.

이질염색질 지역의 모든 유전자는 침묵화된다

어떤 종류의 염색질 조직은 유전체에 넓게 퍼져 있고 유전자 발현의 강한 억제와 연관되어 있다. 염색질은 길게 펼쳐진 DNA를 포함하기 때문에 이 원리로 구성된 염색질은 광학현미경으로 볼 수 있다. 특정 DNA-결합 화학물질로 염색된 세포에서, 몇몇 염색체 지역들은 다른 지역보다 많이 어둡게 나타난다. 유전학자들은 이런 어두운 지역은 **이질염색질**(heterochromatin)이라고 한다. 이것은 **진정염색질**(euchromatin)처럼 밝은 지역에 대조적으로 언급된다. 또한, 진정염색질과 이질염색질 사이의 구분은 전자현미경상에서 나타나고 이질염색질은 진정염색질보다 좀더 응축되어 보인다. 이런 관찰은 이질염색질 지역에서 뉴클레오솜의 좀더 빽빽한 포장을 반영한다(**그림 13.11c**).

현미경학자들은 처음에 세포분열 간기 세포의 덜 응축된 염색질에서 검은색으로 염색되는 이질염색질을 확인하였고, 이질염색질은 핵의 주변부에 위치하는 경향이 있었다. 심지어 높게 응축된 중기 염색체는 진정염색질과 대조적으로 구별되는 이질염색질의 염색을 보인다(**그림 13.12**). (이런 염색은 이전에 설명된 핵형에서의 G 분염과 구별하고 혼동하지 말아야 한다.) 강하게 응축된 염색체에서 대부분의 이질염색질은 동원체 측면 지역에서 발견되지만, 일부 동물에서 이질염색질은 염색체의 다른 지역에서 형성된다. 초파리의 완전한 Y 염색체 그리고 사람의 대부분의 Y 염색체는 이질염색질이다. 모든 세포에서 대대분의 시간에서 이질염색질로 응축되어 유지하는 염색체의 지역은 **구성적 이질염색질**(constitutive heterochromatin)로 알려져 있다.

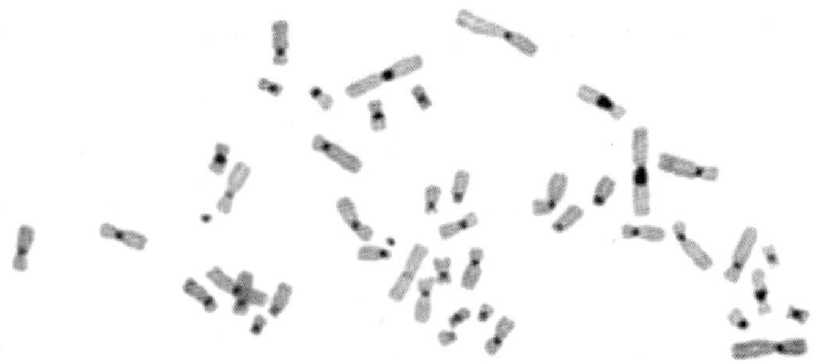

그림 13.12 구성적 이질염색질. 사람의 중기 염색체는 구성적 이질염색질을 어둡게 하는 특별한 기술에 의해 염색된다. 이것의 대부분은 동원체 주위의 지역에 존재한다. *Source: ©Doug Chapman, University of Washington Medical Center Cytogenetics Laboratory*

방사능 사진 촬영은 활발하게 유전자를 발현하는 세포가 진정염색질의 지역에서 거의 독점적으로 방사성의 RNA 전구체를 RNA로 결합하는 것을 밝혔다. 이런 관찰은 진정염색질이 전사의 대부분의 지역을 포함하고, 따라서 유전자의 대부분을 포함하는 것을 나타낸다. 대조적으로 이질염색질은 대부분의 지역에서 전사적으로 불활성화되는 것으로 보인다. 이것은 매우 단단히 포장되었기 때문에 몇몇 유전자의 전사에 필요한 효소는 그들이 붙는 정확한 DNA 서열에 접근할 수 없다.

구성적 이질염색질 지역에 존재하는 높은 비율의 DNA는 SSR와 같은 간단한 반복서열의 긴 확장으로 구성된다. 또한 이질염색질 지역은 많은 **전이인자**(유전체 주위를 움직이는 DNA 단편; transposable elements)들의 저장소이다. 아마도 SSR와 전이인자는 구성적 이질염색질에서 전사적으로 **침묵화**(silenced)되기 때문에 그곳(영구적인 전사적 불활성)에 모인다. 반복적인 DNA와 전이인자는 유전체의 절반 이상을 구성한다. 전사적으로 불활성화된 이질염색질에서의 그들의 격리는 일반적인 세포의 생리에서 "쓰레기" DNA와 같은 효과를 최소화하기 위한 방법으로의 조직을 제공한다.

이제 우리는 두 가지의 특별한 현상으로써 초파리의 위치효과 얼룩과 암컷 포유류의 바 소체에서 유전자 활성의 감소와 이질염색질 형성 사이의 관계에 대해 명확히 서술한다. 또한 이러한 현상은 과학자들이 이질염색질과 진정염색질 사이의 생화학적인 차이를 연구하는 데 도움을 준다.

이질염색질은 염색체를 따라 퍼져 있고 진정염색질 유전자 근처를 침묵화한다

초파리에서 *white*$^+$(w^+) 유전자는 일반적으로 X 염색체의 말단소체 근처의 비교적 덜 응축된 진정염색질 부위에 위치한다. DNA 단편의 역위와 같은 염색체 재배열이 그 유전자를 동원체 근처의 높게 응축된 이질염색질로 옮겼을 때, w^+ 유전자의 발현은 중단될 수 있다(**그림 13.13**). 이와 같은 재배열은 어떤 세포에서는 w^+ 유전자 발현을 침묵화하고 다른 세포에서는 그렇지 않은 **위치효과 얼룩**(position-effect variegation; PEV)을 만든다.

야생형 w^+ 대립유전자를 가진 초파리에서 활성이 있는 w^+ 유전자를 갖는 눈 세포는 빨간색인 반면, 활성이 없는 w^+ 유전자를 갖는 세포는 흰색이다. 명백하게, 일반적으로 w^+와 같은 진정염색질 유전자는 이질염색질 근처로 이동할 때, 이질염색질은 진정염색질 지역으로 퍼질 수 있고 이질염색질 "침입"이 발생한 그 세포에서 유전자 발현을 멈춘다. 이러한 상황에서, 유전자의 DNA는 변하지 않지만, 어떤 세포에는 재배열이 유전자의 포장을 변화시켰다. 따라서 위치효과 얼룩현상은 **선택적 이질염색질**(facultative heterochromatin)의 존재를 반영한다. 이 부위는 어떤 세포에서는 이질염색체적이지만 같은 조직의 다른 세포에서는 진정염색질적인 염색체 부위(또는 온전한 전체 염색체)이다.

초파리의 빨간색 눈과 흰색 눈의 위치-효과 얼룩은 크기가 다른 빨간색과 흰색 조각의 모자이크 눈을 만든다(그림 13.13a). 그 조각들의 수량과 위치와 크기는 눈에 따라 다양하다. 이런 차이는 특정 세포에서 이질염색질이 w^+ 유전자로 퍼지는지 아닌지를 확정하는 "결정"이 무작위적인 과정의 결과임을 제안한다. 인접한 세포로 구성된 많은 조각들은 같은 색을 갖기 때문에, 그 결정은 눈의 발생 과정의 초기에 만들어져야 한다. 일단 결정이 되면, *white* 유전자가 켜질지 또는 꺼질지를 결정하는 결정은 모든 세포의 유사분열 자손에 의해 끊이지 않게 된다. 이러한 자손 세포들은 눈의 한 지역을 차지하고 각각 빨간색 혹은 흰색 세포의 조각을 형성한다.

이질염색질의 효과의 범위

위치효과 얼룩현상에 의해서 밝혀진 흥미로운 특징은 이질염색질은 진정염색질 이전의 1,000 kb 이상 퍼져갈 수 있다는 것이다. 예를 들어, w^+ 유전자를 이질염색체 근처에 가져오는 몇몇 재배열은 비록 이질염색질의 동원체로부터 조금 멀지만, 같은 위치에 *roughest*$^+$ 유전자를 놓는다(그림 13.13a). 야생형 *roughest*$^+$(*rst*$^+$) 유전자는 부드러운 눈 표면을 만든다. 재배열이 일어난 초파리에서 몇몇 흰색의 조각들은 부드러운 표면을 갖는 반면, 다른 조각들은 거친 표면을 갖는다(그림 13.13b). 후자의 경우, 이질염색질이 w^+와 *rst*$^+$를 불활성화하였다. 빨간색이면서 거친 표면은 결코 만들어지지 않았다. 이질염색질은 염색체를 따라 선으로 퍼져가고 유전자를 건너뛰지 않는다

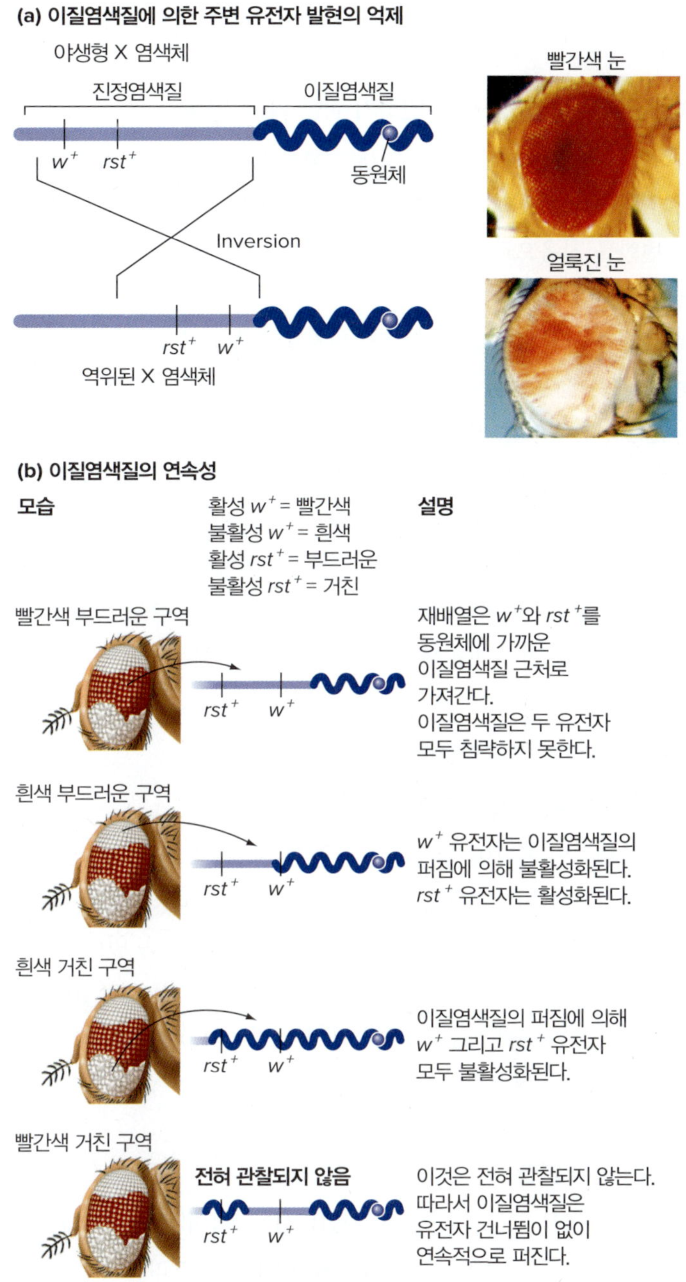

그림 13.13 초파리에서의 위치효과 얼룩. **(a)** w^+ 눈 색깔 유전자가 염색체 역위에 의해 이질염색질 근처지역으로 이동될 때, 초파리의 눈은 일부는 빨간 세포 그리고 일부는 흰 세포로 얼룩진다. **(b)** w^+와 *roughest*(*rst*$^+$) 유전자의 위치효과 얼룩의 모형은 이질염색질이 동원체를 둘러싸는 일반적인 위치에서부터 유전자 근처까지 연속적으로 퍼질 수 있고 그들의 불활성화를 야기하는 것을 가정한다. *Source: (a): ©Clinton Bishop, Department of Biology, West Virginia University*

는 것을 의미한다.

이질염색질이 퍼질 수 있다면, 일반적으로 어떻게 이질염색질과 진정염색질 사이의 경계가 형성되는가? 연구자는 이질염색질의 퍼짐을 막는 **경계 요소**(barrier elements)라고 하는 DNA 부분을 찾았다. 경계 요소의 활동에 의한 정확한 기작은 알려져 있지 않지만, 이 장의 뒷 부분에서 설명되어지는 바와 같이 현재 모형은 경계 요소가 히

스톤 단백질을 수정하는 효소들을 모을 것이라고 제안한다.

이질염색질 구성요소를 확인하기 위한 PEV 이용

과학자들은 초파리에서 이질염색질 형성에 관계 있는 분자들을 분석하기 위해 위치효과 얼룩(PEV) 현상을 이용해왔다. 그들은 얼룩 양의 변화를 찾음으로써, 이질염색질 형성의 효율을 변화시키는 돌연변이를 얻었다. 위치효과 얼룩의 증가(더욱 흰색 눈)는 많은 세포에서 유전자 불활성화를 반영한다. 위치효과 얼룩의 감소(더욱 빨간색 눈)는 적은 세포에서 유전자 불활성화를 반영한다. 연구자들은 후에 돌연변이가 일어난 여러 가지 유전자들을 분리하였고, 이런 유전자의 돌연변이 단백질 결과물에 대한 항체를 제작하였다. 이 방법으로, 이질염색질 형성에 영향을 주는 일부 유전자가 이질염색질에 선택적으로 위치하는 단백질을 암호화하는 것을 발견하였다. 다음 절에서 설명된 것처럼, 이런 단백질의 확인은 염색질 구조에서 생화학적 조절에 대한 중요한 실마리를 제공하였다.

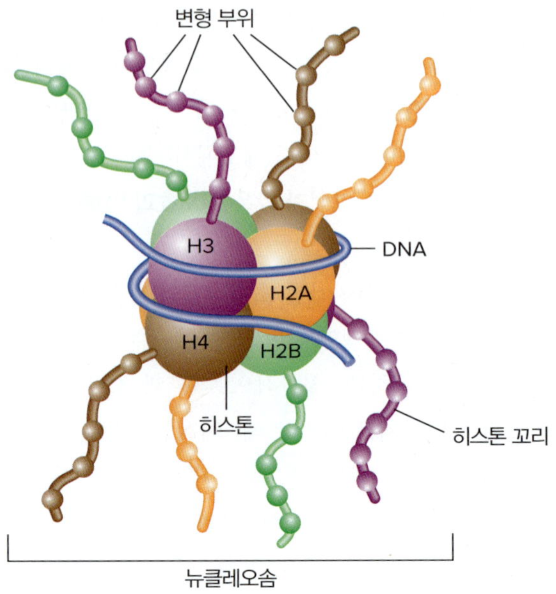

그림 13.14 히스톤 꼬리 변형. 히스톤 중심부의 N 말단 꼬리는 뉴 클레오솜으로부터 밖으로 연장된다. 이 꼬리들의 다양한 아미노산은 염색질의 구조를 바꾸는 메틸화, 아세틸화와 같은 변형의 표적이 된다.

이질염색질과 진정염색질은 서로 다른 히스톤 변형을 가지고 있다

여러 독립적인 기작이 활성화된(혹은 부분적으로 활성화 된) 진정염색질과 침묵된 이질염색질 사이의 차이를 통제한다. 여기서 이런 기작들 중에서 가장 중요한 것들 중 하나인, 뉴클레오솜 안에 있는 히스톤에서의 공유결합 변형에 대해서 초점을 맞춘다. 염색질변경 단백질들과 유전자 발현을 조절하는 전사인자들의 상호결합에 관한 논의는 19장과 20장에서 다룬다.

히스톤 꼬리 변형

네 개의 중심부 히스톤인 H2A, H2B, H3, H4의 N 말단 지역은 뉴클레오솜으로부터 바깥으로 연장되어 나가는 꼬리를 만든다(**그림 13.14**). 효소들은 이런 꼬리들의 다양한 아미노산에 다양한 종류의 화학적 그룹(다른 것들 중에, 메틸기, 에틸기, 인산화기, 유비퀴틴; 그림 9.26 참조)을 추가할 수 있고, 반면에 다른 효소들은 이전에 첨가된 그룹들을 제거할 수 있다. 이런 히스톤 꼬리의 변형은 뉴클레오솜의 응축에 영향을 주고, 변형된 꼬리들은 어떤 염색질 변형체의 단백질들이 붙을지에 대한 단상의 역할을 하게 된다. 뉴클레오솜 중심부의 **히스톤 꼬리**(histone tail)들은 잠재적으로 100가지 이상의 방법으로 변형될 수 있다(그림 13.14).

이런 히스톤 꼬리 변형의 가장 좋은 이해는 특정 리신으로의 아세틸기 첨가(아세틸화)와 특정 리신과 아르기닌으로의 메틸기 첨가(메틸화)이다(**그림 13.15**). **히스톤 아세틸기 전이효소**(histone acetyltransferase; HATs)라고 하는 효소 군에 의해 형성되는 리신 아세틸화는, 뉴클레오솜의 응집을 막아서 염색질을 "연다". 따라서 히스톤 아세틸화는 진정염색질 지역의 유전자 발현에 빈번히 이용되는데, 열린 염색질에 있는 유전자의 촉진유전자에 RNA 중합효소의 접근이 가능하기 때문이다. 흥미롭게도, 히스톤 꼬리의 아세틸화된 리신은 HAT 효소들의 결합장소로 작용하고, 따라서 주변 뉴클레오솜으로의 히스톤 아세틸화 확산을 촉진시킨다. 아세틸기를 없애고 역반응을 시키는 **히스톤 탈아세틸화효소**(Histone deacetylase; HDACs)는 **닫힌 염색질**(closed chromatin)을 만들고 전사를 억제한다.

히스톤 꼬리의 메틸화는 더 복잡하고, 특정 아미노산이 메틸화됨에 따라서 염색질이 닫히거나 열린다. 히스톤 꼬리 아미노산을 메틸화시키는 효소는 **히스톤 메틸화효소**(histone methyltransferase; HMTs)이고, 히스톤 메틸화의 역반응을 시키는 효소는 **히스톤 탈메틸화효소**라고도 한다.

기능을 잃는 돌연변이 대립유전자의 한 유전자는 초파리에서 PEV 억제자로 작용하고 H3 히스톤의 특정 라이신(K9)에 메틸기를 붙이는 메틸화 효소를 유전정보를 가지고 있다. 이 특정 메틸화는 이질염색질-특이적 단백질의 결합장소를 제공함으로써 이질염색질로의 조합을 위해 염색질을 표지한다. 히스톤 H3K9의 메틸화는 전사적으로 침묵된 염색체 지역의 통상적인 특징이다(그림 13.15).

이질염색질-특이적 단백질

초파리에서 다른 PEV 억제유전자에 의해서 암호화되는 HP1 단백질

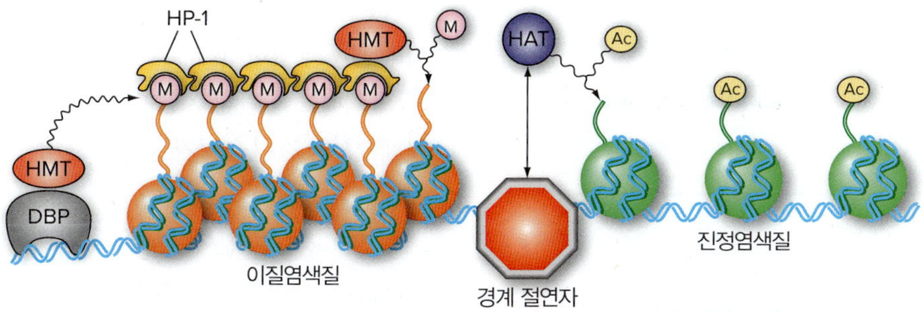

그림 13.15 히스톤 꼬리 변형은 염색질 구조를 바꾼다. 이질염색질(주황색)에서, H3K9-메틸화된(M) 뉴클레오솜은 HP1 단백질에 의해서 결합되고, 이것은 HMTs 효소를 이끌어 인접한 뉴클레오솜을 메틸화시키고, 따라서 불활성화된 "닫힌" 상태가 퍼져나간다. 진정염색질(초록색) 지역에서, HAT 효소는 중심 히스톤을 아세틸화(Ac)시키고, "열린" 염색질을 만들어 전사에 용이하도록 뉴클레오솜을 멀리 떨어뜨린다. 이질염색질이 퍼지는 것을 막는 경계 절연자는 그림에서 표시된 것과 같이 HAT 효소를 이끄는 DNA 서열과 같고, 그리고/혹은 H3K9 메틸화를 역반응시키는 탈메틸화효소와 같다(보이지 않음).

은 메틸화된 K9을 갖는 히스톤 H3 꼬리에 붙는 중요 이질염색체 단백질이다. HP1 단백질은 두 가지 방식으로 염색질 응축을 촉진하여 이질염색체가 되게 한다(그림 13.15). 첫째로, 이들은 스스로 결합하여 근처의 뉴클레오솜들이 서로 가까워지도록 돕는다. 둘째로, HP1 단백질은 히스톤 H3의 같은 K9 아미노산에 메틸기를 붙이는 HMT 효소와 붙는다. 모여진 HMT는 인접한 뉴클레오솜의 히스톤 H3의 K9을 메틸화 한다. 이런 자가촉매 작용의 효과는 PEV에서 관찰되는 이질염색질의 선형 전파에 대한 최소한의 부분적인 설명이 된다.

이질염색질 형성은 암컷 포유동물세포의 X 염색체를 불활성화한다

4장에서 포유동물은 암컷의 체세포에서 두 개의 X 염색체 중에 하나를 무작위적으로 불활성화시킴으로써 수컷과 암컷 사이의 X-연관 유전자의 유전자량 차이를 보정한다는 것을 기억할 것이다. 몇몇 세포에서는 모계에서부터 유래된 X가 불활성화된다. 다른 세포에서는 부계에서 유래된 X가 불활성화된다(그림 4.13 참고). 불활성화된 X 염색체인 **바 소체**는 선택적 이질염색질의 예시이다. 몇몇 세포에서는 X 염색체 전체가 거의 완전히 이질염색질이 되고, 반면 다른 세포들에서는 같은 X 염색체의 다른 가닥이 진정염색질로 남아 있다. X 염색체의 대부분의 유전자는 염색체가 진정염색질인 세포에서만 전사가 가능하다. 반대로, 오로지 적은 수의 유전자들만 (주로 위상염색체 영역에 있는) 이질염색질의 바 소체가 되는 X 염색체의 전사가 가능하다.

긴 비암호화 RNA인 *Xist*

사람의 X 염색체는 **X 불활성화중심**(X inactivation center; XIC)라고 하고, 유전자 보정을 매개하는 450 kb의 DNA 영역을 포함한다 (**그림 13.16a**). XIC의 역할은 어떤 XIC가 상염색체로 전달되는지에 대한 실험에 의해 알려졌는데, 놀랍게도 그 상염색체는 바 소체가 된다. XIC에 있는 여러 유전자 중 가장 중요한 것은 ***Xist***(*X* 특이적 전사 불활성화; ***X** **i**nactive **s**pecific **t**ranscript*)라고 한다. *Xist* 유전자 생성물은 현저하게 (~17 kb) **긴 비암호화 RNA**(long noncoding RNA; lncRNA)인데, 다른 대부분의 전사체와 달리 핵을 절대 벗어나지 않고 단백질로 번역되지 않는다.

*Xist*는 이후에 불활성화될 X 염색체로부터만 안정적으로 전사되고, *Xist* lncRNA는 이것이 전사된 X 염색체의 불활성화를 유발한다. 이미 *Xist*가 불활성화를 매개하는 중요한 유전자라는 것을 알고 있는데, 그 이유는 *Xist*가 X 염색체에서 결실되면 다른 X는 항상 바 소체가 된다. 역으로, *Xist*의 가닥이 상염색체에 첨가된다면, 이제 이 상염색체는 이질염색질의 바 소체가 된다.

형광 물질 탐침을 이용한 연구는 *Xist* lncRNA가 이를 생성하는 X 염색체를 감싸는 것을 보여준다(**그림 13.16b**). *Xist* lncRNA는 그 다음에 X 염색체로 히스톤 변형 효소들을 끌어온다. 이 효소들은 염색체의 뉴클레오솜에 있는 히스톤 꼬리를 메틸화시키거나 아세틸화시킴으로써, 염색체를 응축시켜 바 소체가 되도록 돕는다. 불활성화된 X 염색체는 또한 침묵된 염색질의 다른 특징을 보여주는데, 예를 들면 DNA에서의 특정 뉴클레오타이드의 메틸화와 같은 특징이 있고, 이는 20장에서 더 기술될 것이다.

X-염색체 불활성화에 대한 의문점

그림 13.16에서 현재까지 알려진 X-염색체의 불활성화에 관련된 몇 가지 분자들의 설명을 보여주지만, 여러 가지 의문점이 남아 있다. 4장에서, 수정 후 2주 정도 뒤의 사람의 경우, XX 여성의 500~1000개의 세포 각각에서 바 소체로 응축시킬 두 개의 X 염색체 중 하나를 독립적으로 정한다고 설명하였다. 왜 각각의 세포들이 오직 하나

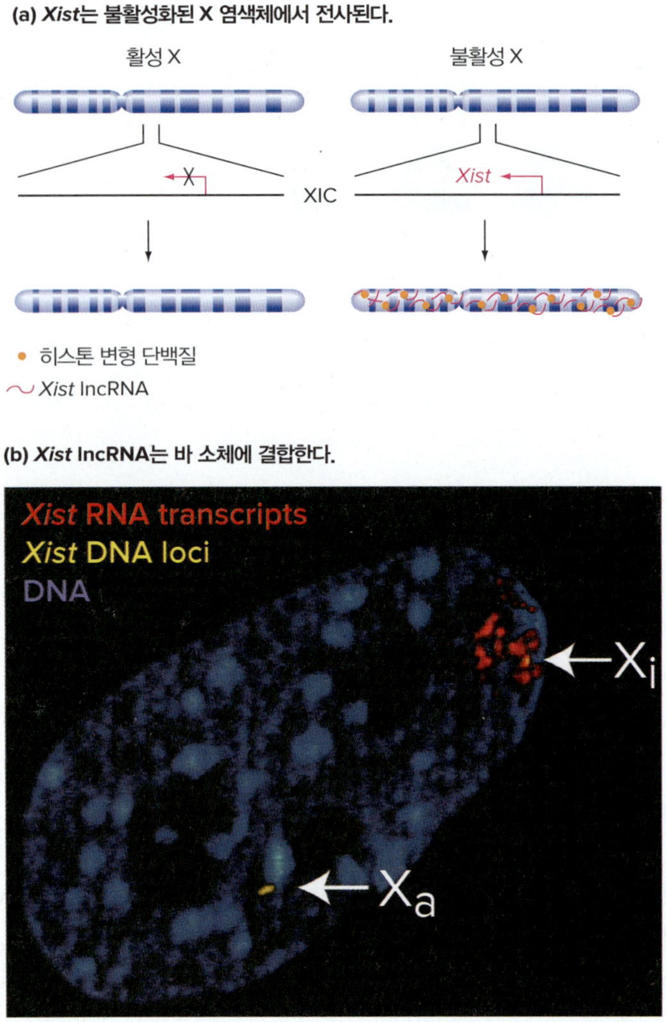

그림 13.16 X 염색체 불활성화. **(a)** XIC의 한 유전자는 *Xist*이고, 이 유전자의 생성물은 번역되지 않는 lncRNA이다. *Xist*는 오로지 불활성화된 X 염색체에서만 안정적으로 전사된다. *Xist* lncRNA는 이 염색체의 다양한 부위에 붙는다. *Xist* lncRNA는 그 다음에 DNA를 침묵시키는 히스톤 변형 단백질들을 끌고 온다. **(b)** XX 암컷 생쥐로부터의 세포들은 *Xist* lncRNA (빨간색)가 불활성화된 X 염색체(X_i; 바 소체)에 붙지만 활성화된 X 염색체(X_a)에는 붙지 않는다. DNA는 파란색으로 염색되었다. X 염색체에 있는 *Xist* 유전자는 노란색으로 염색되었다. *Source: (b): B. Reinius et al. (2010), "Female-biased expression of long noncoding RNAs in domains that escape X-inactivation in mouse," BMC Genomics, 11:614, Fig. 5. ©Reinius et al. Licensee BioMed Central Ltd. 2010.*

의 X 염색체만을 불활성화시킬까? 세포들이 어떤 염색체를 불활성화 시킬지 어떻게 선택할까? 그리고 왜 하나의 X 염색체에서 *Xist*를 발현하면 *Xist* lncRNA는 오직 그 X 염색체에만 붙을까?

최근까지 이어진 연구에서 앞선 질문들에 대한 답변이 될 만한 진전이 나왔다. 3개의 X 염색체를 갖는 이배체 세포에서 두 개의 X 염색체가 바 소체가 되는 것과 대조적으로 XXX 갖는 삼배체 세포에서는 오직 한 개의 X 염색체만이 바 소체가 된다. 이러한 결과는 상염색체 유전자가 *Xist* 전사 용량 민감성 억제 물질을 암호화 하고 있다는 것을 암시한다. 이배체 XXX에서 두 쌍의 상염색체 억제자 유전자는 오직 하나의 X 염색체에서 *Xist* 전사를 막는 데 충분한 억제 단백질을 생산하기에 다른 두 개는 바 소체가 되는 반면, 삼배체 XXX에서는 하나의 X만이 활성화된다. 이 장 끝 부분의 8번 연습문제에서와 같이 연구자들은 어떤 유전자가 억제자로 특정되는지 알아내기 위해 노력하고 있다.

반면, 또 다른 분야에서는 X 불활성화가 체세포에서는 유전된다는 사실에 대한 연구가 활발히 진행되고 있다. 한 번 결정되면, 이는 반복적으로 전달되고 결국에는 모든 수백의 세포들이 체세포분열을 통해 특정 배아세포로부터 같은 X 염색체를 세포 분열을 통해 바 소체로 전달한다. 20장에서 어떻게 분열 전 부모세포와 같은 X 염색체의 불활성화를 체세포 분열 이후에도 딸세포들이 "기억하고" 있는지에 대해 이해하기 위한 최근 연구의 진전에 대해 이야기한다.

핵심 개념 13.3

- 재조합된 복합체는 ATP 가수분해로부터 나온 에너지를 사용하여 뉴클레오솜의 위치를 바꾸고, 촉진유전자를 노출시켜 전사가 가능하게 한다.
- 이질염색질 지역에서는 유전자들의 촉진유전자가 뉴클레오솜에 촘촘하게 감겨져 있어서 전사를 막으므로 유전자가 침묵된다.
- 위치효과 얼룩은 염색체 재배열이 동원체 근처 부분의 이질염색질 옆의 유전자에서 일어날 때 일어난다.
- 히스톤 H3의 특정 라이신(K9)의 메틸화는 침묵된 지역의 특징이다. 반대로, 히스톤 꼬리에 있는 라이신의 아세틸화는 염색질을 열고 유전자 발현을 가능하게 한다.
- *Xist* 유전자는 X 불활성화에 관련되어 있다. *Xist* lncRNA는 이를 생성하는 X 염색체를 감싸고 불활성화될 염색체로 히스톤 변형 효소들을 끌어 오는데, 이는 바 소체가 된다.

13.4 진핵세포 염색체의 복제

학습 목표

1. 긴 진핵세포염색체가 어떻게 짧은 시간 내에 DNA 복제가 일어날 수 있는지 설명한다.
2. 어떤 뉴클레오솜들이 복제하는 동안 형성되는지 과정을 요약한다.
3. 말단소체의 구조와 그들이 염색체 온전성을 유지하는 역할을 논의한다.
4. 말단소체 복원효소의 작용을 서술하고 이것이 계속 합성되는 세포 종류를 규명한다.

전사와 마찬가지로 염색체의 복제도 그들이 함유한 DNA 서열을 읽는 것이 요구된다. 역사적으로 볼 때, 과거 과학자들은 염색체들이 복제되고 딸세포로 분열되는 과정들을 광학현미경 수준에서 관찰해 왔다. 분자적 수준 기작은 최근에서야 발견되었다. 이 절에서는 진핵 염색체의 복제에 대해서 현재 어떤 것이 알려져 있는지 개괄적으로 살펴볼 것이다.

6장에서는 DNA 중합효소가 박테리아 세포의 DNA를 복제하기 위해 다른 인자들과 어떻게 협력하는지에 대해서 논의하였다. 진핵세포 DNA 복제에서도 많은 부분이 이들과 유사하게 진행되지만, 부가적으로 어려운 점들이 더 있다. 첫째로, 진핵세포는 원핵세포보다 더 많은 DNA를 갖고 있고, 이들은 세포주기의 짧은 기간 안에 복제되어야 한다. 둘째로, 진핵세포에서의 DNA 복제 절차는 뉴클레오솜의 주위로 DNA가 감겨 있더라도 실행될 수 있어야 한다는 점이다. 마지막으로, 진핵세포 염색체는 원형이 아닌 선형이고, 그리고 앞으로 살펴보겠지만 선형염색체의 말단 부분은 복제하기 어렵다. 이 절에서는 어떻게 진핵세포가 염색체 복제에서의 이런 특별한 논점들을 다루는지 논의할 것이다.

염색체 DNA 복제는 특정 복제원점들에서 시작한다

복제 동안 DNA 중합효소는 DNA 주형에 따라 전형적인 인간세포에서 초당 약 50뉴클레오타이드 속도로 뉴클레오타이드 새 가닥을 만든다. 한 개의 복제원점을 가지고 이러한 속도로 진행이 되면 평균 인간염색체 길이인 1억 3천만 염기를 합성하기 위하여 약 800시간, 한 달보다 좀더 많이 걸릴 것이다. 그러나 활동적으로 세포분열이 일어나고 있는 인간 조직에서 세포주기의 길이는 24시간보다 훨씬 짧고 S기(DNA 복제의 한 시기)는 이 기간의 3분의 1만 차지한다. 진핵세포 염색체는 동시에 작동하는 다수의 복제원점을 통해 서 이와 같은 시간 제한을 극복한다.

대부분 포유동물세포는 염색체 내에 위치한 1만 개의 복제원점을 가지고 있다. 6장에서 살펴본 바와 같이, 각 복제원점에 이중 나선의 두 가닥을 풀리게 하는 단백질이 결합하여 그들을 분리하고 두 개의 복제 분기점을 만든다. 그런 후, 복제가 두 방향으로 진행이 되고 그 분기점이 다른 분기점과 만날 때까지 양쪽 방향으로 진행된다. 복제가 염색체 DNA를 열 때, **복제 거품**이 전자현미경으로 관찰되는데, 많은 거품이 나타난다(**그림 13.17**). 이런 거품들은 근접한 거품을 마주칠 때까지 크기가 커지고, 결국에는 전체 염색체가 복제되게 된다.

한 복제원점에서 끝까지, 즉 옆에 있는 복제 분기점의 DNA와 만날 때까지 양쪽 방향으로 진행되는 DNA를 **복제 단위**(replication unit; replicon)라고 한다. 아직 알려져 있지 않은 기작으로 S기 시간 길이에 맞춰서 활성 원점의 수가 결정된다. 예를 들어, 초파리에서 초기 배아세포는 10분보다 더 빨리 그들의 DNA를 복제한다. 이와 같이 짧은 시간에 S기를 마무리하기 위하여 그들의 염색체는 S기가 6~10배보다 더 긴 시간인 발생 후기에서 보다 더 많은 복제원점을 사용한다. 이와 같이 모든 복제원점이 개체형성 과정에서 일어나는 모든 체세포분열 동안 반드시 사용되는 것은 아니다. 각 포유동물 세포핵의 염색질에 흩어져 있는 1만 개의 복제 원점은 서로 약 30~300 kb DNA만큼 떨어져 있는데, 이것은 염색질고리당 적어도 한 개의 복제원점이 있다는 것을 제시하고 있다.

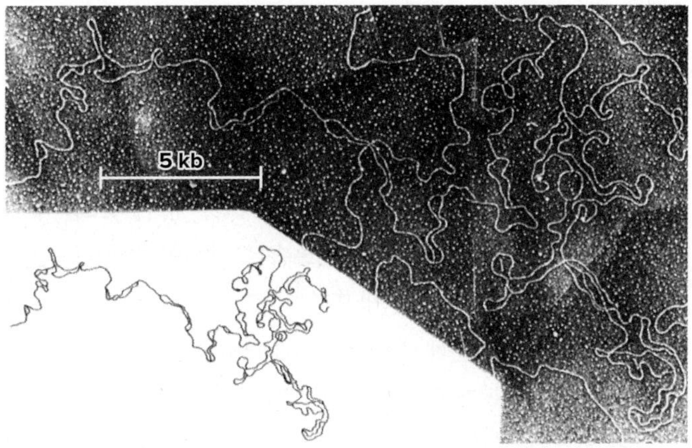

그림 13.17 진핵세포는 다수의 복제원점을 가지고 있다. 초파리 배아에서 DNA가 복제되는 지역을 보여주는 전자현미경 사진과 해석도 식도. 여러 부위에서 여러 복제원점이 동시에 활발한 활성을 보여주고 있다. *Source: ©H. Kreigstein and D.S. Hogness, "Mechanism of DNA Replication in Drosophila Chromosomes: Structure of Replication Forks and Evidence of Bidirectionality," PNAS, 71(1974): 135-139.*

효모에서 복제원점(ARS로 알려진)은 효모 세포에서 플라스미드 복제를 하는 능력에 의해서 분리될 수 있다. ARS의 복제를 시작하는 효소들이 결합할 수 있다. 대부분의 ARS는 11염기쌍의 다양한 AT-풍부 부위 서열인 5′ T/ATTTAYRTTTT/A 3′을 가지고 있고, Y는 피리미딘 염기 중 하나이고, R은 퓨린 염기 중 하나이다. 여러 다른 근처의 서열 모티프는 ARS가 복제원점으로 작용하도록 기여한다. DNase I을 가지고 간기 염색질을 절단하는 방법을 사용하여 과학자들은 복제원점은 뉴클레오솜이 없는 접근도가 높은 DNA라고 결정하였다.

새로운 뉴클레오솜이 DNA 복제 동안 형성된다

DNA 복제는 염색체 복제의 한 단계일 뿐이다. 이 복잡한 과정은 또한 뉴클레오솜과 염색질 구조를 형성하기 위한 히스톤과 비히스톤 단백질을 합성하고 통합하는 것을 포함시킨다. 모형에 대한 여러 관점들의 논란이 있지만, 연구자들은 이런 과정으로 이뤄진다는 증거들을 얻었다.

- 히스톤의 합성과 운송은 DNA 합성과 밀접하게 협력되어 있어

야 하는데, 그 이유는 근처의 DNA가 이것의 형성 이후 몇 분 내에 뉴클레오솜에 들어가기 때문이다.

- 이것이 부모 DNA를 제외하기 때문에, 복제 분기점은 부모 DNA에서 뉴클레오솜을 해체한다. 그렇지만 DNA 복제가 일어남에 따라 새롭게 형성되는 딸 DNA와는 뉴클레오솜이 빠르게 조합된다. 이 새로운 뉴클레오솜은 기존의 (재활용되는) 것과 새롭게 형성된 히스톤의 혼합체이고, 두 개의 딸 DNA 분자에 무작위적으로 분배되어 있다(**그림 13.18**).
- 뉴클레오솜이 복제과정에서 해체되고 재조합 될 때 약간의 히스톤 변형이 있을지라도 대부분은 그렇지 않다. 오직 재활용된 히스톤만 변형할 수 있는 반면 새롭게 복제된 DNA에 있는 히스톤의 절반은 새롭게 형성된 것이기 때문이다. 두번째 이유로는 히스톤 변형은 불안정하고(빨리 사라짐), 그로 인해 모든 재활용된 히스톤들이 원시적인 마크를 갖고 있지 않다.

대부분의 히스톤 마크가 DNA 복제 동안에 유지되지 않는다는 것을 고려하던 과학자들은 이처럼 저절로 지속되지 않았던 히스톤 마크와 그들과 관련된 염색질 구조들이 종종 분화된 세포가 체세포 분열을 겪을 때 다시 보여진다는 것에 놀라워 했다. 어떻게 이게 가능할까? 그 답은 복제 바로 후에, 새 뉴클레오솜으로부터 형성된 염색질이 열리기 때문인 것처럼 보인다. 따라서 핵에 있는 전사조절 단백질들이 딸 DNA 분자에 붙을 수 있는 여건이 만들어지게 된다. 이 단백질들은 그 다음으로 히스톤-변경 효소들을 끌어오고, 히스톤 변형이 DNA가 복제될 때 일시적으로 소실되었음에도 불구하고 모계 염색체의 염색질 구조를 다시 생성해낸다.

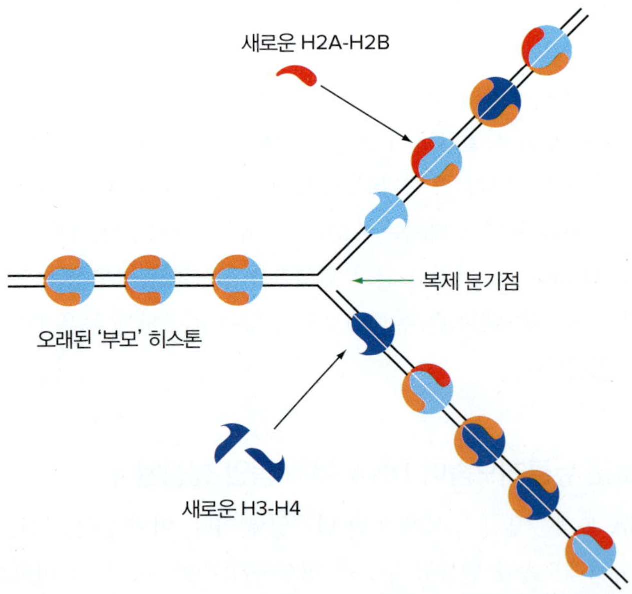

그림 13.18 DNA 복제 후의 뉴클레오솜 복제분기점이 모계 염색체에 있는 뉴클레오솜을 해체시킨다. 새로운 뉴클레오솜은 복제분기점이 지나가자마자 조합되기 시작한다. 첫째로, 히스톤 H3와 H4의 각각 두 개의 분자를 갖는 4량체가 DNA에 결합하여 뉴클레오솜의 반을 형성하고, H2A와 H2B를 갖는 두 개의 2량체가 와서 결합한다. 새로운 뉴클레오솜은 새롭게 생성되거나 이전의 모계 염색체에서 발견되던 다양한 무작위적 조합의 H3/H4 4량체와 H2A/H2B 2량체를 가질 수 있다.

말단소체는 선형염색체의 말단을 보호하고 복제하게 한다

진핵세포의 선형염색체는 양쪽 말단에 **말단소체**(telomeres)라고 하는 보호덮개를 가지고 있다(**그림 13.19**). DNA와 특이적 단백질로 구성된 이러한 덮개는 유전자를 포함하지 않고 있지만, 각 염색체의 구조를 보호하는 데 필수적이다.

말단소체와 염색체 말단의 복제

선형염색체의 말단 복제는 세포에 어려운 문제를 제기한다. 6장에서 배웠듯이, 복제기구의 주요한 성분요소인 DNA 중합효소는 5′ → 3′ 방향으로만 기능을 한다. 이것은 이미 존재하는 사슬의 3′ 말단에 뉴클레오타이드를 더한다. 5장에서 봤듯이 DNA 중합효소는 새로운 가닥의 5′ 말단에서 합성을 시작할 수 없기 때문에 일을 수행하기 위해서 RNA 프라이머에 의존한다. 이 RNA 프라이머는 마지막에는 제거된다. 따라서 진핵세포의 선형염색체의 5′ 말단에서 RNA 프라이머의 뉴클레오타이드 길이가 DNA가 복제될 때마다 새로 생성되는 염색체 가닥의 5′ 말단에서 짧아질 것이다(**그림 13.20**). 결과적으

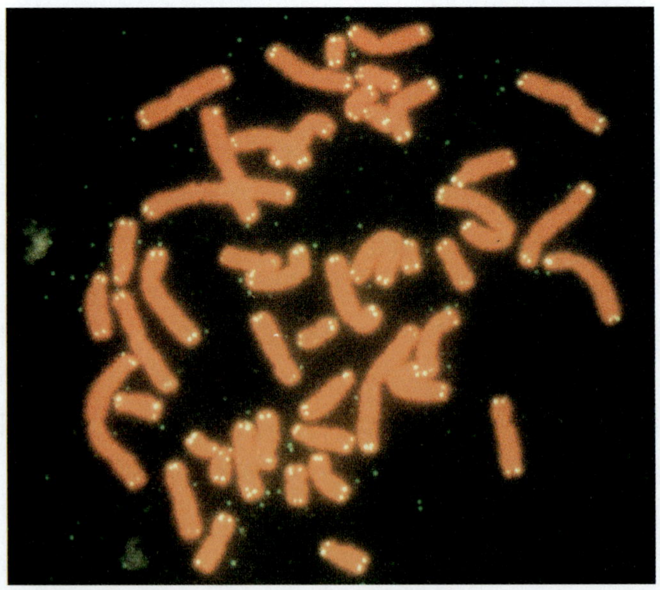

그림 13.19 말단소체는 진핵세포의 염색체 말단을 보호한다. TTAGGG 염기서열을 인지하는 탐침을 사용한 FISH 연구를 수행하여 인간 말단소체(노란색)를 관찰한 결과이다. *Source: ©Robert Moyzis/University of California-Irvine, Department of Biochemistry*

로, 세포가 연속적으로 분열하면 염색체는 점점 짧아져서 중요한 유전자들을 잃게 된다.

말단소체와 **말단소체 복원효소**(telomerase)는 DNA 중합효소의 이러한 제약에 대안책이 된다. 말단소체는 특정 반복 DNA 서열로 구성되어 있다. 인간 말단소체는 5′ TTAGGG 3′ 염기서열이 250~1,500번 반복된 DNA 단편이다. 반복개수는 세포 종류에 따라서 다양하다. 정자가 가장 긴 말단 신장소체를 가지고 있다. 같은 염기서열 TTAGGG는 모든 포유동물, 조류, 파충류, 양서류, 견골류, 많은 식물 종의 말단소체에 존재한다. 진화적으로 약간 조금 더 먼 생물체 또한 서열이 약간 다르지만 말단소체의 서열을 가지고 있다. 예를 들면, 선모충(*Tetrahymena*) 염색체에 말단소체 반복서열은 TTGGGG이다. 이와 같이 다양한 문(phylum)에 걸쳐서 나타나는 이러한 반복 염기서열이 잘 보존되었다는 것은 진핵생물의 진화적 단계의 초기 단계에서부터 매우 중요한 기능을 수행해왔다는 것을 알 수 있다.

말단소체 복원효소는 RNA와 단백질로 구성되 어 있는 특이한 효소이다. 이와 같이 섞여 있기 때문에 그것은 **리보핵산단백질**이라고 불린다. 이 효소의 RNA 부분은 말단소체에 5′ TTAGGG 3′ 반복 서열에 상보적인 3′ AAUCCC 5′을 포함하고 있고, 그들은 말단소체 말단에 새로운 TTAGGG 반복서열을 더하는 주형으로써 역할을 한다(**그림 13.21**). 이들로 어떻게 이 새로운 반복서열의 첨가가 선형 DNA가 복제될 때 반드시 일어나는 DNA 손실의 균형이 되는지 쉽게 알 수 있다.

말단소체 복원효소 활성과 세포증식

몇몇 세포 종류는 세포분열시 일어나는 염색체의 크기를 유지하는 데 말단소체 복원효소의 능력으로 이점을 얻고 있지만, 다른 세포 종류는 어떤 말단소체 복원효소라도 매우 적게 생산하고, 사실 그들의 염색체는 모든 세포 세대가 생성되는 동안 짧아진다. 사람에서 대부분의 분화된 체세포는 후자인 경우다. 이 세포들이 유전체에 말단소체 복원효소 유전자를 가지고 있다고 할지라도, 이 효소를 발현하지는 않고, 말단소체가 각 세포분열마다 조금씩 짧아진다. 30~50세대

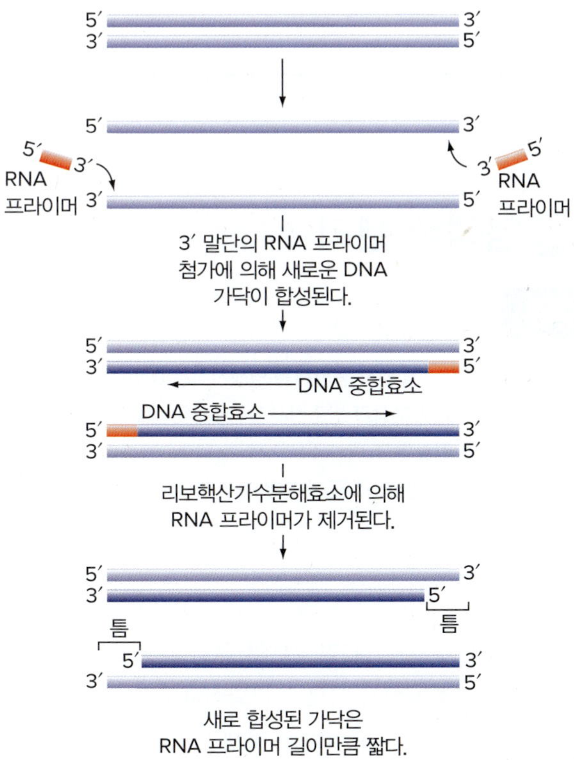

그림 13.20 염색체 말단에서의 복제. 5′ 말단의 RNA 프라이머(빨간색)가 새로운 가닥을 생성할지라도, 결국 리보솜이 프라이머를 제거하면 틈이 남게 된다. DNA 중합효소는 프라이머 없이는 이런 틈을 채울 수 없고, 따라서 새롭게 생성된 가닥(어두운 파란색)은 모계 가닥(밝은 파란색)보다 더 짧아지게 될 것이다.

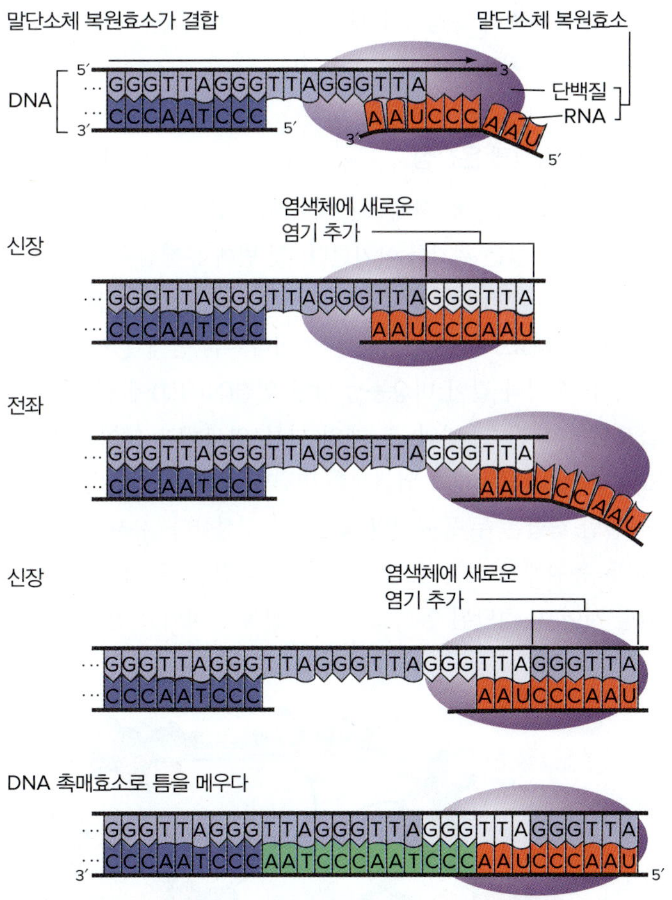

그림 13.21 말단소체 복원효소가 말단소체를 확장하는 방법. 3′ AAUCCC 5′로 반복되는 말단소체 복원효소 RNA(빨간색)는 5′ TTAGGG 3′로 반복되는 말단소체와 상보적이다. 말단소체 복원효소 RNA는 말단소체 말단에 TTAGGG의 반복을 추가하기 위한 주형을 제공한다. 새로운 반복을 추가한 후에 새롭게 합성된 말단소체 복원효소 이동(전좌되는)은 말단소체 신장에 추가적인 단계를 허용한다.

가 지나면, 이들의 말단부에서 중요한 유전자를 잃기 시작한다. 세포들은 노화의 증상을 보이고 그 다음에 사멸하게 된다. 따라서 말단소체 복원효소의 결핍은 분화된 체세포가 한정된 수명을 가진다는 것을 입증한다.

반대로, 생식세포들은 말단소체 복원효소를 항상 발현하고, 따라서 유전자의 손실 없이 반복된 DNA 복제를 통해 그들의 염색체 말단을 유지한다(만약 이 경우가 아니었다면, 우리 종은 오래전에 멸종되었을 것이다). 분명히 생식세포들은 말단소체에 적절한 수의 반복서열을 가지고 있고, 이로 인하여 염색체 말단은 사람의 각 세대 동안 짧아지거나 길어지지 않게 된다.

인체에서 두 종류의 체세포들 또한 말단소체 복원효소를 생성할 수 있고, 따라서 영속적으로는 아닐지라도 많은 세대 동안에 자손을 생성할 가능성을 가졌다. 이런 세포들의 한 종류는 줄기세포로 혈액세포가 계속적으로 생성되는 것과 같이 조직이 재생성되도록 한다. 두 번째 종류는 암세포를 구성한다. 체세포들은 비정상적으로 무한으로 분열하고, 불멸처럼 보인다. 높은 말단소체 복원효소의 활성이 많은 것이 암세포의 특징이기 때문에, 제약회사들은 이 중요한 효소를 억제하는 암 치료약을 개발하고 있다.

말단소체와 염색체 온전성

절단되어(예를 들면, X-선에 노출되어서) 말단소체에서 떨어진 염색체는 세포에게 많은 위기를 야기한다. 첫 번째 문제점은 세포들이 절단된 말단에서 시작하여 안쪽으로 DNA를 급진적으로 분해시킬 수 있는 핵산분해효소를 포함한다는 것이다. 두 번째 문제점은 그림 7.17에서 본 바와 같이 비상동성 말단 연결(NHEJ)에 관련 있는 효소들로부터 생긴다. 만약 두 개의 다른 염색체가 끊어진다면, 이 NEHJ 효소들이 두 개의 염색체를 연결할 것이다. 절단된 염색체의 말단-말단 접합은 두 동원체의 독립체를 생성한다. 유사분열의 후기 동안 두 동원체가 다른 방향으로 당겨진다면 그들 사이의 DNA는 파열될 것이고, 절단된 염색체가 되어 잘못 분리되고 결국엔 딸세포에서 사라지게 된다. 이런 예시들은 정상의 절단되지 않은 염색체의 말단소체가 염색체를 보호하고 정확한 세포내에서 정확한 유전적 상보성을 유지하는 데 중요한 기능을 가지고 있다는 것을 증명한다. 말단소체의 보호적 기능은 말단소체 복원효소와 다른 단백질들 때문인데, 이들 또한 염색체 바로 말단에 존재하는 TTAGGG 반복서열에 결합한다. 이 단백질들은 **쉘터린**(shelterin)이라는 복합체를 형성하여 말단소체를 접어 적절한 구조를 만들어 핵산분해효소와 NHEJ 효소들로부터 단일 가닥의 TTAGGG 서열을 보호한다(**그림 13.22**).

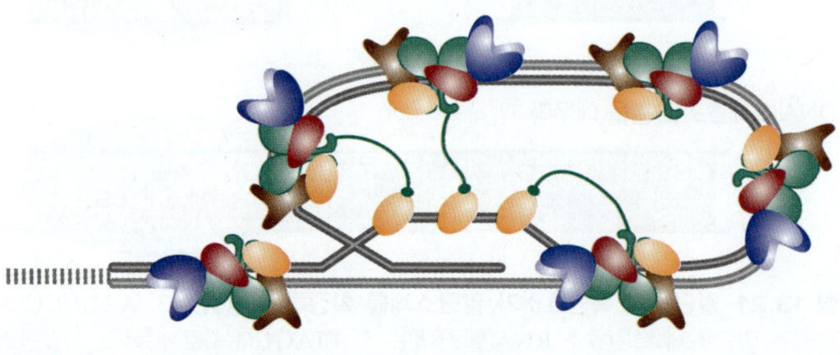

그림 13.22 쉘터린 복합체가 말단소체를 보호한다. 쉘터린 복합체(색 있는 모양)의 단백질들은 말단소체에 결합하고 DNA 말단(회색)을 접어서, 핵산분해효소에 의해 공격당하거나 NHEJ의 기질이 되지 않게 한다.

핵심 개념 13.4

- 진핵세포에서, DNA 복제는 거의 천 개의 복제원점에서 동시다발적으로 시작된다.
- 복제 동안, 새로운 뉴클레오솜이 딸 DNA에 조합된다. 조절 단백질들은 딸 DNA에 결합하고 모계 염색질 구조를 재형성하기 위해 히스톤-변형 효소들을 끌어온다.
- DNA 중합효소가 선형 DNA의 5′ 말단을 복제하지 못하기 때문에, 염색체는 복제될 때마다 짧아지고, 이로 인하여 염색체가 손실되고 세포가 죽게 된다. 이 손실을 막기 위해, 말단소체는 말단소체 복원효소에 의해 연장될 수 있는 반복된 서열을 포함한다.
- 대부분의 체세포는 말단소체 복원효소를 발현하지 않고, 제한된 수명을 갖는다. 말단소체 복원효소를 연속적으로 발현하는 세포에는 생식세포, 줄기세포, 암세포가 있다.

13.5 염색체 분리

학습 목표

1. 효모와 고등진핵생물에서 동원체를 형성시키는 DNA 서열을 대조한다.
2. 중기에서의 방추체 부착과 방추사부착점에서의 적절한 염색체 분리를 위한 장력의 역할을 기술한다.
3. 유사분열, 제1감수분열, 제2감수분열 동안에 코헤신 복합체의 행동을 비교한다.

세포들이 유사분열 혹은 제2감수분열 동안 분열할 때, 각각 복제된 두 개의 염색질이 후기에서 서로 분리되어야 하고, 각각 딸세포는 각각의 염색체로부터 오직 한 가닥의 염색질만 받아 분리되어야 한다. 반대로, 제1감수분열 동안에는 상동염색체는 쌍을 이뤄야 하고 각 딸세포는 각각의 상동 쌍으로부터 오직 한 개의 염색체만 받아 분리되어야 한다. 진핵염색체의 동원체는 분리 중추로 작용함으로써 다

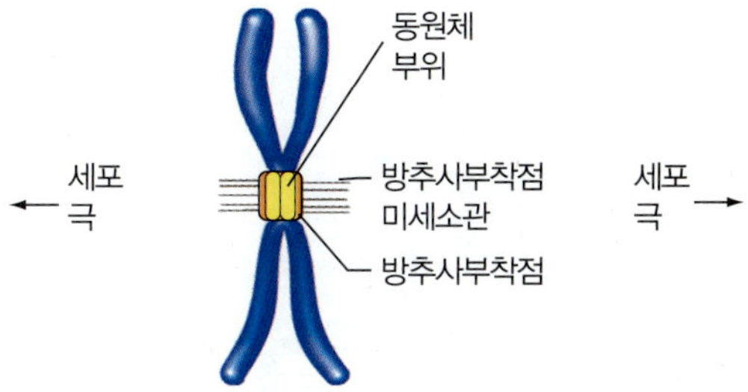

그림 13.23 동원체. 동원체(노란색)의 코헤신은 자매염색분체를 서로 묶는다. 동원체는 방추사부착점(주황색)을 형성하기 위한 정보를 갖는데, 이 구조를 통해 염색체를 방추사에 결합하게 한다.

른 종류의 세포분열 동안 이런 정확한 분배를 보장한다. 동원체는 촘촘하게 서로 붙어 있는 자매염색분체들에 있는 부분이다. 게다가, **방추사부착점**이라고 하는 동원체에 있는 구조는 염색체가 방추사에 붙는 지역이다(**그림 13.23**).

특정 DNA 서열이 동원체를 형성하게 한다

효모 *S. cerevisiae*에서 동원체는 두 개의 매우 강력하게 보존된 뉴클레오타이드 염기서열 단위로 구성되어 있다. 각각 10~15 bp 크기이고, 약 90 bp AT-rich DNA에 의해서 분리되었다(**그림 13.24**). 약 120뉴클레오타이드 짧은 도메인은 이러한 생물체에서 동원체 특성을 나타내기에 충분하다. 다른 효모 염색체의 동원체 염기서열은 매우 유사해서 한 염색체의 동원체는 다른 것으로 대체가 가능하다. 이러한 사실은 모든 동원체가 염색체 분리에서 같은 역할을 하고 서로를 구분하지 않는다는 것을 알려주고 있다.

고등진핵세포 생물의 동원체는 효모의 동원체보다 훨씬 크고 좀 더 복잡하다. 더 복잡한 동원체는 반복적인 단순한 비암호화 염기서열의 블록, 즉 **부수체 DNA**(satellite DNAs) 내에 존재한다. 많은 종류의 부수체 DNA가 있는데, 그들은 5~300 bp 정도 크기의 DNA가 수천에서 수백만 번 반복되어 있다. 인간에게 많이 존재하는 것은 알파 부수체 DNA이며, 이것은 길이가 171 bp 되는 비암호화 염기서열이다. 각 염색체의 동원체 부위에 수없이 많이 반복되어 1백만 염기쌍 이상 되는 염기서열 블록이다. 여러 인간 동원체들은 또한 알파 부수체와는 다른 반복되는 염기서열도 포함한다. 이 서열들은 동원체 형성 지역에 이질염색질 특징을 부여하는데, 그림 13.12에 이미 나와 있다.

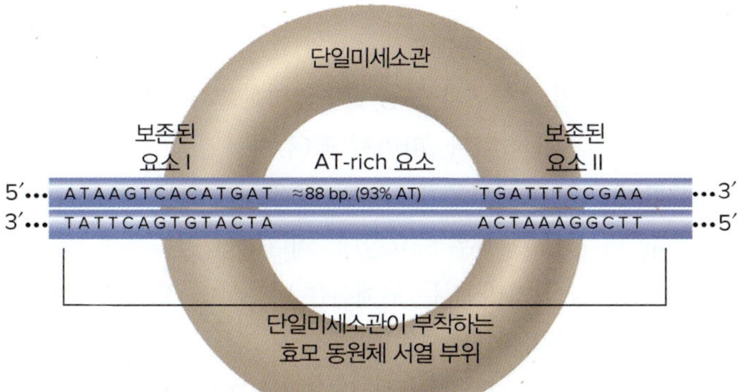

그림 13.24 효모 동원체의 DNA 서열. 각 효모 동원체는 두 개의 짧고 보존된 DNA 요소를 갖고, 방추사부착점 단백질(표시되어 있지 않음)을 통하여 한 가닥의 방추사부착점 미세소관(갈색)에 붙는데, 그 크기는 비교를 위해 보여준다.

방추사부착점이 염색체에 방추사가 붙는 것을 조절한다

동원체가 적절한 염색체 분리를 하기 위한 중요한 방법 중 하나는 **방추사부착점**(kinetochore)의 정교한 구조를 통해서이다. 이는 DNA와 단백질로 구성된 방추사가 염색체에 붙을 수 있는 특수한 구조이다. 효모에서 각각의 단순한 방추사부착점은 오직 단일 방추사를 연결하지만(그림 13.24), 고등진핵생물에서 방추사부착점은 많은 방추미세소관에 붙는다(**그림 13.25**). 연구자들은 이 방추사부착점 복합체

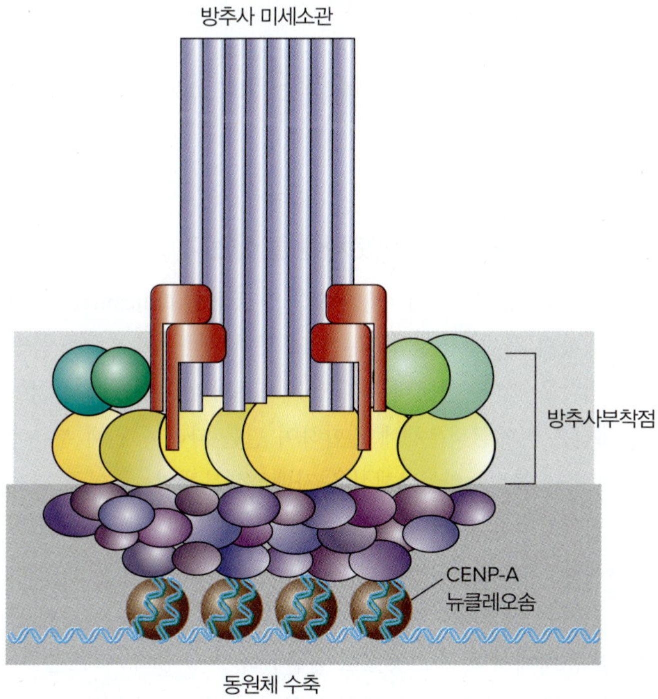

그림 13.25 방추사부착점. 진핵생물에서 반복된 서열로 구성된 동원체 DNA는 히스톤 H3의 변형인 CENP-A가 포함된 뉴클레오솜을 구성한다. 여러 개의 단백질을 포함하는 방추사부착점은 이 뉴클레오솜 주위에 구성한다. 이 단백질 중 몇 개는 방추사부착점의 조립(보라색의 그림자)을 조절하고, 몇 개는 미세소관(노란색)에 붙는다. 몇 개는 염색체를 방추사를 따라 움직이는 동력체이다(CENP-E; 빨간색). 그리고 몇 개(초록색)는 점검점에서 작용하여 자매염색분체(유사분열, 제2감수분열) 혹은 상동염색체(제1감수분열)가 모든 염색체가 적절히 방추사에 붙을 때까지 떨어지지 않게 한다.

가 각각의 소단위가 한 방추사에 붙는 반복된 구조의 소단위로 구성되었을 가능성이 있다고 생각한다.

사람의 알파 부수체와 같은 방추사부착 형성 DNA는 다른 염색체 지역보다 다른 염색질 구조와 다른 고배열 포장을 가지고 있다(그림 13.25). 이 특수화된 염색질에서는, 정상 히스톤 H3 단백질이 뉴클레오솜 중심에서 *CENP-A*라고 하는 히스톤 변이체로 교체된다. CENP-A 단백질은 C 말단 부위에서는 히스톤 H3와 매우 유사하지만, N 말단 부위에서는 H3와 다르다. 이 히스톤 이형을 갖는 뉴클레오솜은 다른 많은 단백질들이 방추사부착점으로 조립되도록 뼈대로써의 역할을 한다.

감수분열 동안 방추사부착점은 늦은 중기에 각 자매염색분체 동원체의 한 부분에서 만들어진다. 전중기까지 두 자매염색분체에 있는 방추사부착점은 세포의 반대극에 있는 중심체에서 나오는 방추사에 부착한다. 방추사부착점 단백질 중 몇몇은 동력 단백질로 염색질들이 붙을 방추사 극으로의 장력을 발휘한다. 중기에서 장력은 자매염색분체가 다른 방향으로 당겨질 때 강해지지만, 자매염색분체들은 여전히 동원체에 붙어 있다. 특정 다른 방추사부착점 단백질들은 이 장력을 관측하여 세포주기 점검점의 정보로 이용된다. 오직 세포의 모든 방추사부착점이 장력하에 있어야 (즉, 모든 염색체가 방추사에 적절히 붙어야) 이 단백질들이 분자적 신호를 형성하여 자매염색분체가 서로 떨어지게 만든다. 염색질은 그 후에 후기에서 각각의 극으로 이동할 수 있다.

코헤신 복합체는 자매염색분체를 붙잡는다

보존도가 높고 다단위체 단백질 복합체인 **코헤신**(cohesin)은 분리가 일어날 때까지 체세포분열과 감수분열 동안 자매염색분체를 붙잡는 접착제 역할을 한다. 염색체 복제가 세포주기의 S 단계에서 일어난 후, 코헤신은 자매염색분체에 결합하여 팔을 따라 동원체 부분에서 자매염색체를 붙잡는다. 코헤신은 자매염색분체의 두 이중 나선을 돌면서 떨어지지 않게 한다. **그림 13.26**은 코헤신과 두 DNA 간의 위상적 관계를 보여주는 현재의 (논쟁이 있을지라도) 모형을 보여준다. 코헤신 고리는 염색체의 길이를 따라 흩어지지만, 이들은 동원체 이질염색질 근처에서 특히 고농도로 발견된다.

유사분열의 중기 동안, 코헤신 복합체는 방추사부착점에서 염색질이 극쪽으로 당겨지는 것을 막아, 언급한대로 염색체 간의 장력을 생성한다. 후기에서 **세파레이즈**(separase)라고 하는 단백질분해 효소가 코헤신 복합체를 자르고, 자매염색분체가 분리되어 반대편 방추사 극으로 이동하도록 한다(그림 13.26과 **그림 11.27a**). 이 생각을 지지하듯, 세파레이즈에 의해 잘릴 수 없는 코헤신을 발현시키면, 분열하는 세포는 염색체 분리에 많은 오류를 만든다.

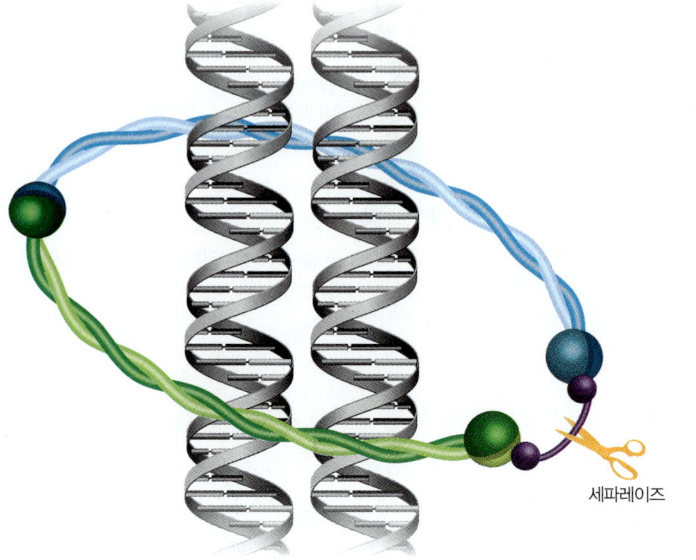

그림 13.26 코헤신 분자적 모형. 코헤신 복합체(초록색, 하늘색, 보라색)는 두 자매염색분체(회색의 두 DNA 분자)를 함께 둘러싼다. 자매염색분체는 단백질분해효소(금색 가위: 세파라제)가 화살표 머리가 가리키는 보라색의 코헤신 소단위를 자를 때 자유로운 두 DNA 분자로 분리된다.

감수분열에서 특별한 문제가 발생한다. 자매염색분체는 첫 번째 감수분열 동안에는 붙어 있어야 하지만, 두 번째 감수분열 동안에는 떨어져야 한다. 세포는 감수분열-특이적 단위체로 코헤신 복합체를 형성함으로써 이런 문제를 해결하는데(그림 13.26에서 보라색 단위체를 바꾸는), 이 단위 체는 **슈고신**(shugoshin, 일본어로 "보호자 정신"의 뜻; **그림 13.27b**)이라고 하는 단백질과 작용한다. 슈고신은 세파라 제에 의해 잘리는 것으로부터 코헤신을 보호한다. 제2감수분열에 들어가기 전에, 슈고신이 제거되고, 이제 세파라제는 후기 II에서 동원체 코헤신을 자를 수 있고, 자매염색분체가 반대쪽 극으로 분리되게 한다.

흥미롭게도 슈고신은 자매염색분체의 팔을 따라 코헤신을 보호하지는 않는다. 팔의 코헤신과 동원체의 코헤신을 구별하는 분자적 기작은 아직 알려지지 않았다. 따라서 제1감수분열에서 자매염색분체의 팔을 따라 있는 코헤신은 잘리지만, 동원체에 있는 코헤신은 잘리지 않는다. 이 사실은 매우 중요한데, 왜냐하면 연습문제 13번에서 알 수 있듯이, 팔을 따라 있는 코헤신은 방추사가 첫 번째 감수분열의 중기 동안 상동염색체가 떨어지지 않게 하는 접착제이기 때문이다. 팔의 코헤신의 잘림은 따라서 제1감수분열의 후기 동안 반대쪽 방추사 극으로 상동염색체가 분리되게 하는 데 중요하다.

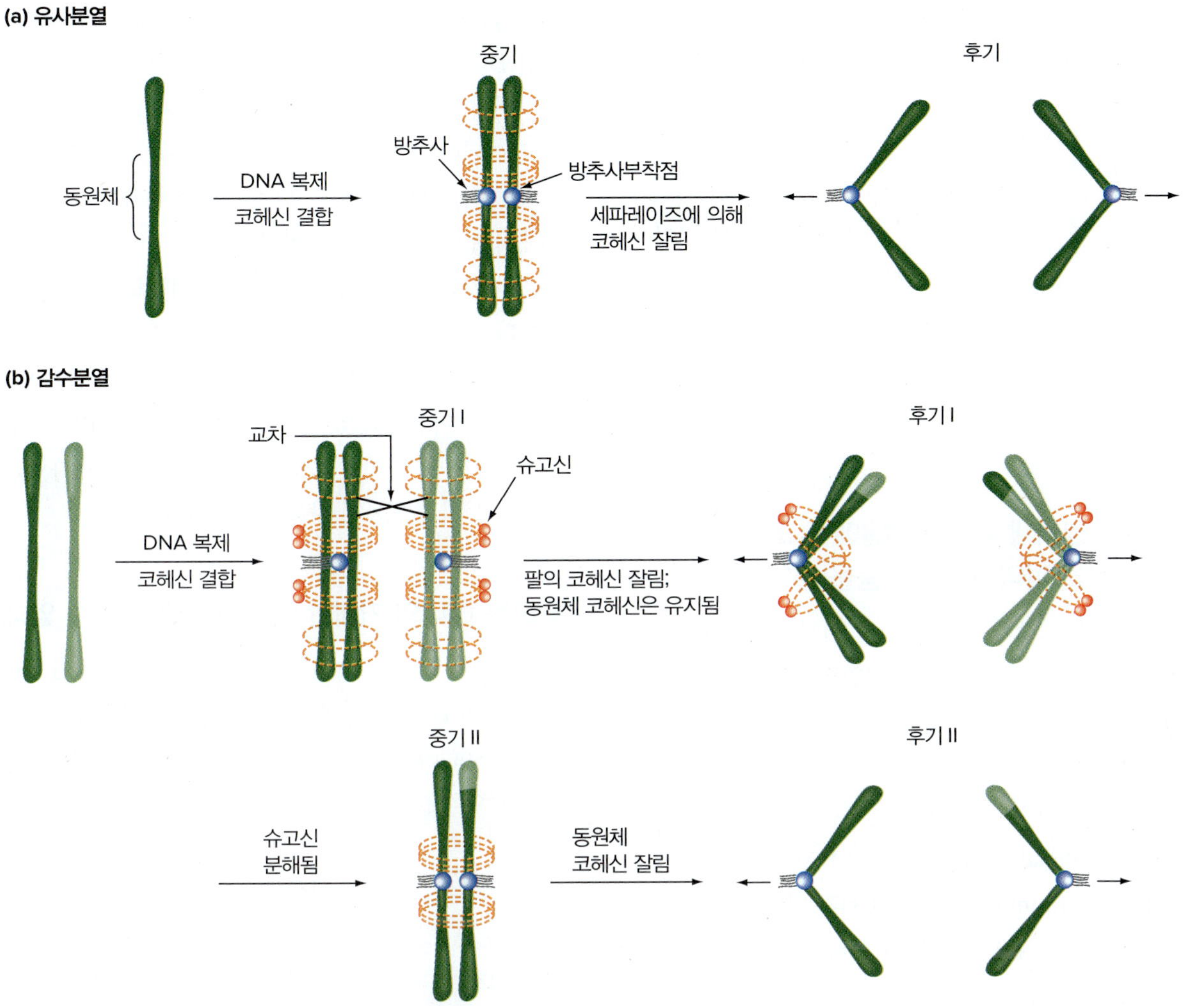

그림 13.27 유사분열과 감수분열에서 코헤신의 역할. **(a)** 유사분열 동안 코헤신은 자매염색분체를 서로 묶여 있도록 하고 중기 내내 이런 상태로 지속된다. 세파레이즈에 의한 코헤신의 절단은 후기에서 자매염색분체가 분리될 수 있게 한다. **(b)** 제1감수분열에서 코헤신은 염색체 팔에서 절단되어 사라지지만 동원체에서는 슈고신에 의해서 보호를 받는다. 코헤신은 후기 II까지 자매염색분체에 같이 존재한다.

핵심 개념 13.5

- 짧은 DNA 서열이 효모 동원체를 정의한다. 고등진핵생물에서, 동원체는 더 복잡하고 반복적인 DNA 서열을 포함한다.
- 동원체의 방추사부착점은 염색체가 방추사에 붙는 부분이다. 세포주기 점검점은 모든 방추사부착점이 방추사에 적절히 연결될 때까지 염색질이 분리되지 못하게 한다.
- 코헤신 복합체는 세파레이즈가 후기에서 코헤신을 자를 때까지 염색질을 붙잡아 둔다. 제1감수분열에서 슈고신은 코헤신을 보호하고 따라서 자매염색분체를 계속 붙잡는다. 제2감수분열에서 슈고신이 제거되고, 세파레이즈가 이 분열의 후기에서 코헤신을 자른다.

13.6 인공 염색체

학습 목표

1. 인공 염색체에 포함되어야 하는 요소들의 목록을 만든다.
2. 과학자들이 인공적으로 혼합하거나 합성한 염색체들을 생성하는 이유에 대해 논의한다.

1980년대에 분자유전학자들은 효모로부터 직접 얻은 동원체, 말단소체, 복제원점을 사용해서 인공 염색체, 즉 **효모 인공 염색체**(**y**east **a**rtificial **c**hromosome; YAC, **그림 13.28**)를 제조하였다. 2014년에 Johns Hopkins Universit의 한 과학자 단체가 처음으로 같은 개체에서 완전하게 합성된 염색체 구조를 발표했다. 이번 절에서 YAC과

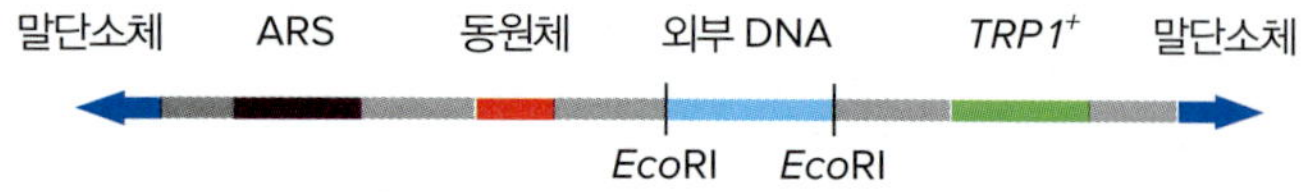

그림 13.28 효모 인공 염색체(YAC). 인공 염색체로써 기능을 효과적으로 수행하기 위해, ARS(효모 복제원점), 동원체 서열 그리고 끝에 말단소체를 갖는 YAC 벡터는 100 kb가 넘는(단위 표시는 그리지 않았지만) 외부 DNA를 삽입시켜야 한다(여기서는 *Eco*RI 제한효소 부위를 이용). YAC으로 형질전환된 효모는 벡터가 *TRP1*$^{+}$ 유전자와 같은 선별 표식자를 갖는다면 분리될 수 있다.

합성 염색체 사이의 차이에 대해서 논의하고 이 두 종류의 DNA 분자의 사용에 대해 논의한다.

효모 인공 염색체는 염색체 복제와 전달에 필요한 DNA 요소들의 특성을 파악하는데 도움을 준다.

10장에서 복제된 유전체 조각의 페어드 엔드 서열결정(paired-end sequencing)을 통한 전장유전체 샷건 염기서열결정(whole-genome shotgun sequencing)전략에 대해 설명하였다. 이 방법을 사용하면 유전체를 최대 2 Mb 길이로 크게 잘라서 분리, 증폭, 특정화 한다. 이렇게 긴 DNA 조각을 복제할 수 있는 두 종류의 벡터에는 세균 인공 염색체(Bacterial Artificial Chromosomes; BACs)와 효모 인공 염색체(Yeast Artificial Chromosomes; YACs)가 있다. YACs은 큰 조각의 유전체 DNA 복제에 유용할 뿐만 아니라, 이러한 벡터 분자의 조작이 염색체 기능에 대한 많은 이해들을 제공하였기 때문에 여기에서 좀더 자세히 설명한다.

그림 13.28에서 YAC을 만들기 위해 동원체, 말단소체, 복제원점들이 어떻게 결합되어 있는지에 대해 분명히 보여준다. 과학자가 이들 요소들을 유전자 재조합 기술(recombinant DNA technology)에 이용하게 되면 YAC을 효모세포로 형질전환하여 자율염색체(Autonomous chromosome)으로 유지할 수 있다. 연구자들은 선별할 수 있는 표지를 포함시킴으로써 YAC의 존재를 추적할 수 있는데, 예를 들어 영양요구성 주체 세포가 트립토판이 결핍된 배지에서도 자라도록 해주는 *TRP1*$^{+}$ 유전자가 있다.

YAC 제작 과정은 유전학자들로 하여금 효모의 복제원점인 ARS와 동원체에 상응하는 염색체 영역을 분리하고 분석할 수 있게 해주기 때문에 역사적으로 중요했다. 동원체나 말단소체 없이 복제원점만 포함하고 있는 플라스미드는 복제는 되지만 제대로 분리되지 않는다. 복제원점과 동원체는 있지만 말단소체가 없는 플라스미드는 원형인 경우 복제와 분리가 잘 되지만, 선형 플라스미드인 경우에는 분해되고 결국 세포에서 소실된다.

흥미롭게도, 세 가지 요소를 모두 가지고 있는 작은 DNA 분자는 독립적인 선형염색체로 일반 효모 염색체와 분리되고 복제되지만 충분한 DNA가 없기 때문에 정확히 분리되지는 않는다. 11,000 bp의 무작위적 DNA 단편을 갖는 YAC은 세포분열 시 50%의 확률로 잘못 분리된다. 10,000 bp가 넘는 단편을 갖는 인공 염색체는 분리 오류 비율이 0.3%로 떨어진다. 이 오류 비율은 정상 크기의 효모 염색체에서 보여주는 것보다 여전히 200배 정도 더 높은데, 이는 염색체 구조와 기능의 몇가지 미묘한 면이 여전히 밝혀져야 한다는 것을 의미한다.

연구자들은 이런 YAC 연구에서의 교훈을 인간 인공 염색체를 개발하는 데 이용하고 있다. 연구자들은 결국 이런 염색체들이 인간 세포에서 기능이 결여된 특정 유전자를 정상 유전자로 형질전환시켜서 유전병을 치료하는 데 사용되기를 바란다.

효모는 하나의 거대한 염색체로 생존할 수 있다.

과학자들은 21장에서 설명한 유전체 조작 기술을 이용하여 가장 긴 일반 효모 염색체보다 8배 더 큰 11.8 Mb의 거대 **융합 염색체**(fused chromosome)를 1개만 가진 효모 종을 만들었다. 이 인상적인 위업에서 과학자들은 16개의 일반 효모 염색체를 모두 융합하였고, 1개의 동원체와 2개의 말단소체를 제외한 모든 것을 제거하였다. 놀랍게도, 약간의 성장률, 생식세포 형성, 생식세포 생존력의 감소를 제외하고는 단일 염색체 효모 균주는 야생형처럼 행동하였고, 적어도 몇몇 개체들은 염색체 수의 큰 변화를 견딜 수 있다는 것을 보여주었다. 그러나 단일 염색체 효모균주와 정상 효모 사이의 교배는 독자적으로 생존 가능한 포자를 생산할 수 없는 이배체를 야기한다. 융합 염색체 종의 생식적 격리는 과학자들이 실험실 밖에서 특정 유전자 변형과 함께 효모를 배양하고자 하는 상황에서 유용할 것이다. 예를 들어 특정한 맛의 맥주를 만드는 것이다. 유전적 변형은 단일 염색체 효모에서 이루어질 수 있으며, 변형된 유전자는 정상적인 효모 집단으로 전달되지 않을 것이다.

합성 염색체가 최소 유전체를 정의하는데 도움이 될 수 있다

염색체는 의심할 여지없이 개체의 생존에 필요하지 않은 많은 DNA 염기서열을 포함하고 있다. 여기에는 전이인자, 반복 DNA, 유전자 사이의 몇몇 DNA와 여러 인트론 서열이 포함된다. 게다가 대략 6000개의 효모 유전자 중 약 1000여개 만이 실험실 조건 하에서 효모 세포 성장에 개별적으로 필수적인 것이 밝혀졌다. 즉 남은 5000개의 유전자 중 어느 하나를 제거해도 효모는 살아남을 수 있다. 하지만 아마도 이 5000개의 비필수유전자 중 많은 수가 자연에서 발견되는 특정한 성장 조건 하에서 실제로 필수적이거나, 다른 유전자가 동시에 제거될 때 주어진 유전자가 필수적이 될 수도 있다. 그렇다면 효모 세포가 생존을 위해 실제로 필요한 최소한의 DNA 염기서열은 무엇일까?

이 질문에 답하기 위해 분자생물학자들은 완전하게 합성된 16개 세트로 구성된 염색체로 효모 세포를 만드는 것을 목표로 하고 있다. 이 관점에서, 합성 염색체는 YAC 과 같은 인공 염색체와는 두 가지 측면에서 다르다. 첫 번째, 합성 염색체의 모든 DNA는 DNA 합성 기계가 완전히 인간에서 유래한 반면, YAC은 효모 염색체에 원래부터 있던 DNA 요소들을 결합시킴으로써 구성된다. 두 번째, 합성 염색체는 (그 다음의 조작 이전에) 해당하는 효모 염색체에 존재하는 모든 유전자들을 포함하곤 한다. 반면에, YAC 벡터는 일반적으로 그림 13.28의 *TRP1*$^+$와 같이 오직 하나의 단백질을 암호화하는 효모 유전자인 선별할 수 있는 표지를 갖는다.

2014년에 과학자들은 눈에 띄게, 효모 3번 염색체의 합성 버전인 Syn III와 최초의 합성 진핵 염색체 제작을 발표했다. Syn III가 정상적인 3번 염색체(~317,000 bp)의 약 50,000 bp(대부분이 전이인자 및 유전자 사이의 염기서열) 정도 결여되어 있을지라도, 정상적인 3번 염색체 대신에 Syn III를 갖는 효모 세포는 야생형의 외형과 성장 양상을 갖는다. 18번 연습 문제에서 볼 수 있듯이, Syn III에는 미래 연구자들이 어떤 유전자 또는 유전자 조합이 필수적인지 비필수적인지를 확인하기 위하여 염색체의 다양한 영역을 제거할 수 있도록 하는 특수한 짧은 서열들이 포함되어 있다.

최소한의 16개 합성 염색체로 생존 가능한 효모를 얻을 수 있을 것으로 예상하면서, 과학자들은 현재(2019년) 나머지 15개의 효모 염색체 중 4개의 유사한 합성 버전을 만들었다. 만약 이 실험이 성공한다면 연구진들은 화학 합성으로 전체 유전체를 만들 뿐만 아니라, 그들이 만든 효모는 생명을 유지할 수 있는 최소한의 효모 유전체를 결정하는 데 초점을 둔 향후 연구의 기반이 될 것이다.

핵심 개념 13.6

- 선형 YAC의 안정된 전달을 위해서는 복제원점(ARS), 동원체, 말단소체를 요구한다. 알려진 이유는 전달된 염색체는 100 kb보다 큰 DNA를 포함하기 때문이다.
- 인공 염색체는 클로닝 벡터로써 본질적인 염색체의 기능 영역을 알아내기 위한 연구에 사용되어 왔다.
- 16개의 작은 염색체 대신에 하나의 거대한 융합 염색체를 가진 효모 세포는 거의 정상적인 기능을 하며 일부 개체들이 유전체 조직의 큰 변화를 견딜 수 있음을 보여준다.
- 대부분의 유전자 사이 서열이 결핍된 효모 합성 염색체는 정상적으로 기능한다. 이러한 합성 염색체는 최소한의 효모 유전체를 정의하는 데 도움이 될 것이다.

풀이 문제

풀이 문제 I

다양한 종에서 일관된 형태로 보여지는 하나의 히스톤 변형은 아세틸기를 H4 단백질의 12번째 리신 잔기(H4K12)에 붙이는 것이다. 만약 여러분이 효모를 가지고 일하는 유전학자이고 *H4* 유전자의 클론을 가지고 있다면, 이런 특정 리신에서의 아세틸화가 염색질의 기능에 필수적인지 실험하기 위해 무엇을 할 수 있는가?

해답

H4K12 아세틸화가 염색질 형성 과정에서 얼마나 중요한지 확인하기 위해서는, 먼저 *H4* 유전자의 12번째 코돈을 변경하여 아세틸화가 일어날 수 없는 다른 아미노산을 지정하도록 하여, 그로 인한 변화가 염색질에 영향을 끼치는지 확인해본다. 그림 13.11에 나타난 것처럼, DNA 분해효소 민감도 분석을 통해 염색질의 구조를 분석할 수 있고, 결과적으로 다양한 영역에 있어서 뉴클레오솜의 분포가 얼마나 변하게 되었는지 확인할 수 있는 것이다. 만약 뉴클레오솜의 구조가 일부 파괴된 결과를 얻었다면, H4 유전자가 암호화하고 있는 아미노산을 변경시켜 보면서 표현형을 확인하는 것이 좋을 것이다. 그러한 변화는 유기체의 생존에 영향을 미치게 되거나 (예를 들어, 세포가 자라지 못 하게 된다거나) 특정 유전자의 발현을 방해하는 등의 결과를 유발할 수도 있을 것이다.

21장에서는 *H4* 유전자를 바꾸게 하는 다양한 기술들을 배우게 될 것이다. 대표적으로 그러한 방법 중 하나는, 12번째 코돈의 대립유전자를 효모의 야생형 대립유전자로 대체하는 것이다. 또 다른 방법으로는, 야생형 유전자의 복제본을 가지고 있는 효모 세포에 변경된 코돈을 가지고 있는 전이유전자(transgene)를 삽입하는 것이 있다. 이러한 경우 돌연변이 대립유전자가 야생형 대립유전자보다 우성일 경우에만 비정상적인 표현형이 나타나게 된다.

다만 이러한 접근법의 한 가지 잠재적인 문제는, 아미노산의 치환이 아세틸화를 유발하지 않는 방식으로 H4의 구조나 기능에 영향을 미칠 수 있을지도 모른다는 것이다. 따라서 해당 위치에서의 다양한 아미노산 치환의 결과가 동일한 결과를 유발하는지 여부를 확인해야 할 필요가 있다.

풀이 문제 II

CBF1으로 불리는 단백질이 효모에서 동원체 결합 단백질로 규명되었다. 효모 CBF1 단백질과 아미노산 구성면에서 유사한 단백질을 암호화하는 유전자를 인간유전체에서 발견하였다.

a. 이러한 인간유전자가 만들어내는 단백질이 인간 동원체 부위와 연관되어 있는지 어떻게 알 수 있을까? (이 단백질에 결합하는 항체를 확보할 수 있음을 가정하시오.) 왜 FISH 실험으로는 가능하지 않은가?

b. 이러한 인체 단백질이 동원체 기능에 실제로 참여하는지에 대해 알 수 있는 방법 두 가지를 기술하시오.

첫 번째 방법의 경우, 인간 조직을 배양한 세포 혹은 쥐 전체에서 주어진 유전자에 돌연변이를 쉽게 만들어 낼 수 있다고 가정한다.

두 번째 방법의 경우, 두 가지의 다른 재조합 YAC를 사용하여야 한다. 우선 YAC-1에는 효모 $CBF1^+$ 유전자와 우라실이 없는 상태에서도 $ura3^-$ 효모가 성장할 수 있도록 하는 효모 $URA3^+$ 유전자가 포함되어 있다. 이어서 YAC-2에는 야생형 인간의 *CBF1* 관련 유전자와 아미노산인 트립토판이 없는 상태에서도 $trp1^-$ 효모가 성장할 수 있도록 하는 $TRP1^+$ 유전자가 포함되어 있다. 이 경우, URA3 효소의 일반적인 기질과 밀접하게 연관되어 있는 화학 물질인 5-FOA를 사용하는 것이 좋다. 5-FOA가 존재한다면 URA3 단백질을 만드는 효모는 성장할 수 없게 되는데, 이는 URA3 효소가 5-FOA를 치명적인 독소로 바꾸어 버리기 때문이다.

해답

이 문제에 답을 하기 위해서는 세포분열 동안 염색체 분리가 적절하게 되도록 하는 동원체의 구조와 기능을 이해해야 한다.

a. 효모 CBF1와 유사한 인체 단백질에 특이적으로 결합할 수 있는 분자 탐침이 필요하다. 이러한 단백질에 반응하고 형광물질로 표지된 항체는 그러한 탐침으로 역할할 수 있다. CBF1 유사 인체 단백질을 대량으로 추출(18장에 재조합 DNA 기술을 사용하여 단백질을 추출하는 방법을 토의함)한 후, 토끼 혹은 다른 실험동물에 주사한다. 토끼는 그 단백질에 대한 항체를 만들어 낼 것이다(인간이 백신 바이러스 단백질에 대해 항체를 생성하는 것과 유사함). 토끼 혈액에서 항체를 추출하고 형광 표지자로 그들을 표식할 수 있다. 마지막으로 인체 염색체가 펼쳐져 있는 현미경 슬라이드에 표지 항체를 놓는다. CBF1 유사 인체 단백질이 인간 동원체와 관련되어 있으면 그림 13.2에 있는 것과 같은 형광패턴을 얻을 것이다. 탐침이 염색체에 있는 DNA 서열과 결합하는 핵산이 아니고 동원체 DNA 서열과 관련된 단백질에 결합하는 항체 이기 때문에 이 방법은 FISH 실험이 아니다.

b. 이러한 인체 단백질이 동원체 기능에 관여하는지를 아는 방법으로써 두 가지 실험을 진행한다.

첫째, 인간 세포나 포유류와 밀접한 쥐의 세포로부터 이 단백질을 암호화하는 유전자의 기능을 억제하거나 제거하여 세포 분열 시에 염색체들이 정상적으로 분리되지 못하는 현상이 높은 빈도로 발생하는지 파악할 수 있다. 21장에서 포유류의 유전자를 방해하거나 유전자의 발현을 간섭하는 다양한 방법들에 대해 논의한다.

둘째, 인체 단백질의 발현이 효모 CBF1 유전자의 기능을 대체할 수 있는지 판별할 수 있다. YAC-1 (효모 $CBF1^+$, $URA3^+$)으로 3종의 돌연변이 효모 세포 ($cbf1^-$, $ura3^-$, $trp1^-$)를 형질전환한다. 형질전환된 효모 세포는 트립토판이 존재하는 동안 생존할 수 있다. 그 다음, YAC-2 (인간 $CBF1^+$, $TRP1^+$)으로 YAC-1을 대체할 수 있는지 확인하고자 한다. 그럴 경우 YAC-2로 형질전환된 세포들과 트립토판(YAC-2에서의 $TRP1^+$ 유전자 선택)이 없고 5-FOA (YAC-1에서의 $URA3^+$ 유전자 선택)가 있는 상태에서 성장해 YAC-1을 잃은 효모 세포를 선별할 수 있다. YAC-1 대신에 YAC-2를 갖는 효모 세포는 인체 CBF1 단백질이 효모 $CBF1^+$ 유전자의 대체제로 작동할 경우에만 얻어진다.

연습 문제

어휘

1. 왼쪽 용어를 가장 잘 설명한 문장을 오른쪽에서 찾아 연결하시오.

a. 말단소체	1. 자매염색체를 유사분열 후기까지 유지하는 단백질 복합체
b. G 밴드	2. 염색질을 압축시키는 단백질 복합체
c. 방추사부착점	3. 고등진핵세포에서 동원체 근처에서 발견되는 반복적인 DNA
d. 뉴클레오솜	4. 선형 염색체의 말단에 특성화된 구조
e. 콘덴신	5. 진핵세포핵의 DNA, 단백질, RNA의 복합체
f. 부수체 DNA	6. DNA와 결합하고 뉴클레오솜의 핵심을 형성하는 작은 염기 단백질
g. 염색질	7. 방추사가 염색체에 붙어 있는 DNA와 단백질 복합체
h. 코헤신	8. 히스톤을 둘러싸는 DNA로 이루어진 구슬 모양의 구조
i. 히스톤	9. 분해와 말단-말단 연결로부터 말단소체를 보호하는 단백질 복합체
j. 쉘터린	10. 염색되는 차이로 인해 구별되는 염색체의 지역

13.2절

2. 중기와 간기 동안에 염색체의 응축에서 다른 점은 무엇인가? 왜 이 차이가 필요한지 최소 하나의 이유를 서술하시오.

3. a. 뉴클레오솜당 간격을 평균적으로 200 bp로 추정하고, S기 종료 후에 전형적인 사람 세포에서 얼마나 많은 히스톤 H2A의 분자가 필요한가?
   b. 새로운 히스톤 합성이 가장 필요한 시기는 세포주기의 어느 단계인가?
   c. 인간 유전체는 60개의 히스톤 유전자를 포함한다. 각 종류당(H1, H2A, H2B, H3, H4) 10~15개씩 있다. 왜 유전체는 각각 많은 수의 히스톤 유전자를 갖는다고 생각하는가?

4. a. 어떤 글자가 사람 염색체의 짧은 팔과 긴 팔을 나타내는가?
   b. 각각의 짧은 팔에 2개의 밴드를 갖는 3개의 구역을 갖고 각각의 긴 팔에 3개의 밴드를 갖는 5개의 구역을 갖는 가상적인 염색체 3의 도식화를 그려보시오. 팔 구역 그리고 밴드를 표시하고 유전자에서 3p32를 표시하시오.

5. 과학자들은 다양한 염색체 정합 캡처(*Chromosome conformation capture*) 기술을 통해 진정염색성 세포의 핵 안에 존재하는 염색질의 3차원적인 구조를 연구하고 있다. 그러한 기술은 개략적으로, 다음과 같은 절차로 구성되어 있다.
   (1) 세포핵 또는 핵으로부터 분리된 염색질에 포름알데하이드를 처리하여 서로 인접해 있는 유전체 DNA(genomic DNA) 사이에 공유 결합을 형성시킨다.
   (2) 제한 효소를 처리하여 교차결합(crosslink)이 일어난 염색질을 분해한다.
   (3) 제한 효소에 의해 분해된 염색질에 적은 농도의 DNA 연결 효소(DNA ligase)를 처리하여, 이전에 교차결합이 발생한 제한 단편(restriction fragment)의 말단 사이에서만 DNA 연결이 일어나도록 한다.
   (4) 교차결합이 화학적으로 역전된다.
   (5) 많은 양을 빠르게 처리할 수 있는 DNA 염기서열 분석법을 통해 염색질의 단편을 분석한다.
   a. 제시된 절차를 나타낼 수 있는 간단한 도표를 제작하시오.
   b. 하나의 염색체 상에서 멀리 떨어져 있는 두 개의 DNA 염기서열에 대해, 두 염기서열이 서로 유의미한 상호작용을 할 수 있음을 보여주는 DNA 염기서열 분석 결과는 무엇인가? 단, 핵 내부에 존재하는 염색질은 높은 이동성을 가질 수 있고, 따라서 두 DNA 염기서열이 우연하게, 일시적으로 무의미하게 결합할 수 있다는 것을 고려하시오.
   c. 그림 13.6에서 볼 수 있듯이, 콘덴신은 체세포분열시의 염색체를 압축하는데 영향을 주는 염색질 고리 구조(loop)를 돌출시킨다. 과학자들은 이러한 고리 구조를 구분할 수 있게 해주는 염색체 정합 캡처 결과를 분석함으로서 어떠한 종류의 결과를 얻을 수 있었는가?
   d. 체세포분열시의 염색체의 구조에 대한 한 가지 가설은, 세포가 두 종류의 콘덴신을 가진다는 사실과 연관되어 있다. 콘덴신 II는 세포분열 전기에 앞서 대부분 형성되고, 콘덴신 I은 그 이후인 전중기즈음에 형성된다. 이러한 모델에 따르면 콘덴신 II는 먼저 DNA의 200~400 kb에 해당하는 긴 염색질 고리 구조를 형성한다. 그러고 나면 콘덴신 I은 전중기 동안 긴 염색질 구조 내에서 대략 DNA의 30~50 kb에 해당하는 작은 고리 구조를 중첩해가며 형성한다. 과학자들은 이러한 모델을 뒷받침 할 수 있는 염색체 정합 캡처 결과를 분석함으로서 어떠한 종류의 증거를 얻을 수 있었는가? (세포분열 전기 또는 전중기에서 세포로부터 별도로 염색질을 얻어낼 수 있었다고 가정한다.)

13.3절

6. 다음에서 구성적 이질염색질과 선택적 이질염색질의 예를 들어보시오.
   a. 초파리
   b. 사람

7. 초파리 유전학자들은 위치효과 얼룩을 수정하는 많은 돌연변이를 분리하였다. 얼룩의 우성 억제자[Su(var)s]는 염색체 재배열에 의해 이질염색질 근처로 가져온 유전자의 적은 빈도의 불활성화를 야기하는 반면, 얼룩의 우성 증폭자[E(var)s]는 같은 유전자의 더 잦은 빈도의 불활성화를 야기한다.
   a. 초파리에서 이런 두 종류의 돌연변이는 각각 *white* 유전자의 위치효과 얼룩에서 어떤 효과를 갖는가? (즉, 눈이 더 빨간색일까 또는 더 흰색일까?)
   b. 이런 *Su*(*var*)과 *E*(*var*) 돌연변이는 이와 상응하는 유전자에서 기능상실 대립유전자라고 가정하면, 이런 유전자는 어떤 종류의 단백질을 암호화한다고 생각하는가?

8. 일부 과학자들은 인간 여성의 X 염색체 한 쌍에서 단 하나의 X 염색체만이 활성화되어 있다고 생각하고 있다. 오직 하나의 X 염색체에서 *Xist* 유전자의 전사를 억제할 수 있을 만큼의 억제자 단백질(repressor)을 상염색체 유전자를 통해 만들어 내고 있기 때문이다. 이러한 가설을 확인하기 위해, 과학자들은 억제자 단백질을 암호화 하고 있는 상염색체 유전자를 밝혀내기 위해 노력하고 있다. 그러한 일환으로 어떤 한 실험에서는, 한 개의 바 소체를 가지고 있는 낙태된 인간 여성 태아의 핵형을 연구하였는데, 이에 해당하는 태아들의 세포들은 하나의 추가적인 상염색체를 가지고 있는 것을 확인할 수 있었다. 그리고 이러한 사실은 태아들이 낙태될 수밖에 없었던 것을 의미하기도 한다.
   a. 여성 태아에서 추가적으로 나타나지 않은 유일한 상염색체는 19번 염색체였다. 과학자들은 이러한 발견을 바탕으로 상염색체 상에 *Xist*를 억제하는 유전자가 존재한다고 결론을 내렸다. 이러한 이유에 대하여 설명하시오.
   b. 연구자들은 바 소체를 가진 여성 태아들 중, 19번 염색체의 일부만 추가로 포함하고 있는 다수의 세포를 발견하였다. 그리고 이를 통해 전사 억제 단백질 *Xist*의 유전자가 19번 염색체의 8 Mb 영역 안에 존재한다는 것을 밝혀내었는데, 이러한 발견이 어떻게 가능했던 것인지 설명하시오.

c. 지금까지도 해결되지 않은, 인간을 둘러 싼 생물학적 의문 중 하나는 전 세계적으로 여성보다 더 많은 수의 남성이 태어난다는 것이다. 남성 : 여성 비율은 1.05 : 1.0으로, 과학자들은 이러한 현상이 X 염색체 불활성화에 의해 나타나는 것으로 생각하고 있다. 이에 대하여 설명하시오.

13.4절

9. 인간 유전체는 약 30억 개의 염기서열을 가지고 있다. 인간 배아의 수정 후 첫 분열 동안 S기는 거의 3시간 걸린다. S기에 DNA 중합효소는 초당 50개 뉴클레오타이드를 합성하는 속도로 진행된다면 인간 유전체에 존재하는 복제원점은 최고 몇 개이겠는가?

10. 2014년 Cell 저널에 게재된 실험에서, Ammon Korean과 Steven McCarroll은 세계 각지에 있는 연관성이 없는 두 사람에게서 성장 중인 두 집단의 조직 배양 세포를 분리시켰다. 각각의 사람에게서 나온 한 집단은 수백만 개의 G_1 세포 주기에 있는 세포로 구성되어 있었고, 다른 집단은 S 기의 다양한 시간에 있는 유사한 양의 세포로 구성되어 있었다. 그리고 과학자들은 이러한 세포 군주들에게 대용량 염기서열 분석법(high throughput DNA sequencing)을 진행하였다. 다음 두 그래프는 두 개체의 데이터를 보여주고 있다. 각각의 그래프에서 x축은 염색체를 따른 위치(여기서는, 8번 염색체)를 나타내며, y축은 S기의 샘플에서 주어진 유전체 영역에서 얻어진 값을 G_1기 샘플을 동일한 영역에서 얻은 판독 횟수로 나눈 비율을 나타낸다. 각각의 작은 보라색 점은 염색체를 따라 2 kb이고, 검은색 선은 보라색 점의 이동 평균값이다.

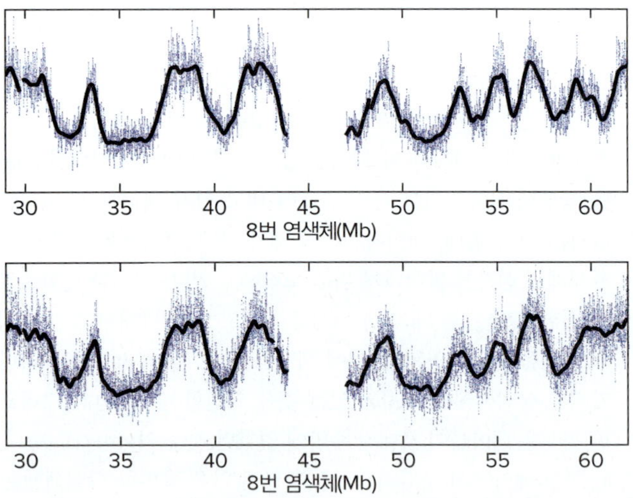

Amnon Koren, Dept. of Molecular Biology and Genetics, Cornell University

a. 염색체의 33 Mb 좌표에서 y축 값은 좌표 35 Mb보다 훨씬 높다. 이 사실은 두 위치에서의 DNA 복제 시간에 관해서 무엇을 말해주고 있는가?

b. 과학자들은 아직 사람세포에서 복제 기원을 정의하는 DNA 염기서열 또는 염색질 구조의 성질에 대해서 정확히 알고 있지 않다. 만약 이러한 복제의 근원을 찾으려고 한다면, 어디를 살필 것인가?

c. 같은 세포 수를 가진 두 집단, 한 집단은 G_2기 그리고 다른 군주는 G_1기를 사용하여 비슷한 실험을 수행했다고 가정하자. 만약 G_2기 샘플에서 얻어진 수를 G_1기 샘플의 값으로 나눈 비율을 나타내는 y축과 함께, 데이터를 비슷한 방식으로 그래프에 표시할 경우, 그래프가 어떻게 구성될 것인가?

d. 이 두 사람이 완전히 관련이 없음에도 불구하고 두 사람의 패턴은 거의 동일하였다. 이 사실이 암시하는 바는 무엇인가?

e. 과학자들은 나중에 다른 세포 주기 단계에 있는 세포 집단을 분리하지 않고 대용량 염기서열 분석법으로 유전체를 배열한 모든 사람에게서 동일한 종류의 정보를 얻을 수 있다고 추론하였다. 분석된 세포와 이용 가능한 데이터 종류에 대해서 무엇이 사실이여야 하는가? 여러 사람의 데이터를 살펴보려고 하는 이유는 무엇인가?

11. a. 말단소체 복원효소를 암호화하는 유전자의 발현을 막도록 변형된 생쥐는 정상보다 더 빠르게 노화되고 감소된 수명을 갖는다. 말단소체 복원효소의 발현이 다시 미성숙한 생쥐에서 복구되었을 때, 노화에 대한 많은 부정적인 효과들이 빠르고 극적으로 복구된다. 이런 결과들에 대해 가능한 설명을 하시오.

b. 이런 생쥐 실험의 결과는 연구자들이 인간의 노화를 복구할 "젊음의 원천"으로 말단소체 복원효소 유전자의 과발현이 치료법으로 될 수 있다는 가정을 한다. 왜 이런 치료법을 시도하는 데 신중해야 한다고 생각하는가? 이 질문에 대한 답은 왜 이것이 말단소체 복원효소를 발현하지 않는 것이 다세포 유기체에서 이점을 갖는지를 설명하시오.

12. 다음의 목록에서 두 말단소체를 비교한다면, 어떤 경우가 항상 똑같은 수의 TTAGGG 반복서열을 갖게 될 것이라고 예상하는가?

a. 염색체의 한 끝에 있는 말단소체, 비상동염색체의 한 끝에 있는 말단소체

b. 염색체의 한 끝에 있는 말단소체, 상동염색체의 상응하는 끝에 있는 말단소체

c. 염색체의 한 끝에 있는 말단소체, 같은 염색체의 다른 한 끝에 있는 말단소체

d. 염색질 끝에 있는 말단소체, 자매염색질의 상응하는 끝에 있는 말단소체

13.5절

13. a. 어떤 DNA 염기가 인간 동원체 부위에서 주로 발견되는가?

b. 두 개의 동원체-연관 복합체 코헤신과 방추사부착점은 염색체 기구에서 어떤 기능을 하는가?

14. Rec8은 코헤신 복합체의 단위체로 감수분열 동안에만 만들어진다. 이것은 그림 13.27에 있는 유사분열의 코헤신 복합체에서 보여준 보라색 단백질을 바꾼다. Rec8은 제1감수분열 동안에 잘라지지 않지만 제2감수분열 동안에는 잘려서 자매염색분체가 마침내 분리되게 한다. 연구자들은 한 단백질(슈고신)이 Rec8가 제1감수분열 동안에 잘리지

않도록 보호한다고 가정하였다. 슈고신을 밝히기 위해, 연구자들은 첫째로 유사분열을 하는 효모에서 Rec8을 생산하였다. 이 효모에서 Rec8은 유사분열 동안 잘리고 세포에 아무런 해가 없었다. 연구자들은 그 다음으로 Rec8을 유사분열 동안 발현하는 세포에 다른 정상적인 감수분열-특이적 단백질들을 발현시켰다. 연구자들은 Rec8을 분해되지 않도록 하는 단백질로 슈고신을 발견할 수 있었다.
Rec8을 발현하는 유사분열 중인 세포에 슈고신을 발현시키면 어떤 효과가 있는가? 세포에 어떤 형질이 나타나겠는가?

15. 전이인자의 발견으로 노벨상을 받는 맥클린톡(Babara McClintock)은 1920년에 X-선의 개체가 되는 밀 세포에서 염색체의 움직임을 실험하였다. 그녀는 X-선이 G_1기 동안에 염색체 절단을 일으키고, S기의 염색체 복제 후, 두 자매염색분체의 부러진 끝이 결합되어서 원래보다 더 커지도록 "융합" 염색체를 만들도록 할 수 있는 것을 알아냈다. 그 후, 유사분열 중기와 이른 후기 동안, 결합된 자매염색분체는 염색질이 두 방추사극 사이로 당겨지는 흔하지 않은 "다리" 구조를 형성하고, 결국에는 부러질 수 있다. 그녀는 이런 현상을 절단-융합-다리 주기라고 부른다. 각각의 사진은 그런 두 개의 염색질 다리를 갖는 유사분열 이른 후기의 세포를 보여준다.

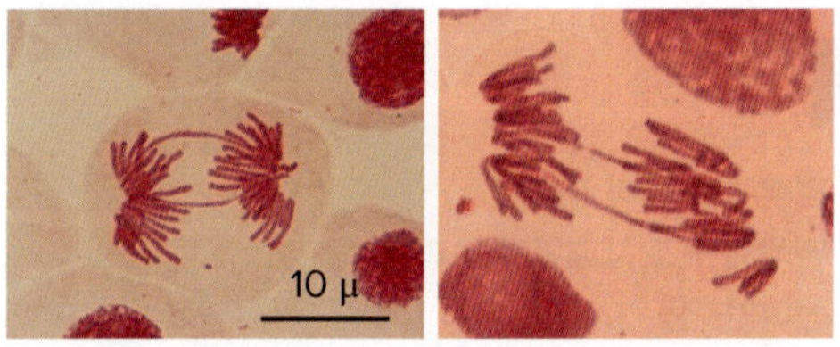

©Marin-Morales, Sao Paulo State University (UNESP), Ventura-Camargo BC, Maltempi PPP, Marin-Morales MA (2011), "The use of the cytogenetic to identify mechanisms of action of an azo dye in Allium cepa meristematic cells," J Environment Analytic Toxicol, 1:109. doi:10.4172/2161-0525.1000109

a. 잘린 후 자매염색분체의 끝이 그렇듯 무엇이 정상 염색체의 말단은 같이 융합하지 않도록 하는가?
b. 다음의 그림은 유전자 *A*~*G*의 염색체를 보여준다. 화살표는 X-선-유도 절단의 장소를 나타낸다. 유사분열 후기에 나타날 다리(큰 융합된 염색체)를 그려보고, 다리가 포함하는 모든 유전자와 중요한 염색체 구조를 표시하시오. 이 다리의 방추기구에 의해 가해지는 힘은 화살표를 통해 나타내시오.

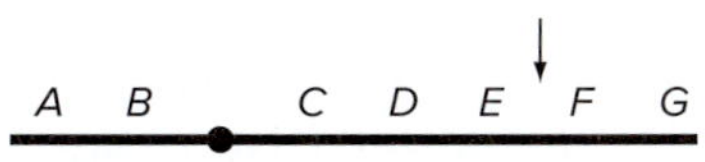

c. 만약 자매염색분체가 융합한다면, 왜 이 융합 염색체는 유사분열 동안 다리처럼 행동해야만 하는가? [문제 (b)의 답에서 묘사한 다리에 가해지는 장력을 생각하시오.]
d. 유사분열 후기 동안 이 다리에 무슨 일이 일어나기 쉬운가? 그 다음에 묘사된 유사분열에 의해 생성될 두 딸세포에서 무슨 일이 일어나기 쉬운가? (힌트: 맥클린톡은 이런 현상을 주기라고 내포하도록 이름지었다.)

16. 코넬리아 드 랑주 증후군(CdLS)은 코헤신 단백질 복합체의 조절자나 암호화하는 최소 5개의 다른 유전자 중 하나에서 지배적으로 기능을 잃는 돌연변이에 의해 일어나는 사람 희귀 질환이다. CdLS를 동반하는 사람들은 넓은 범위의 형태학적 이상, 성장 지체 그리고 정신 장애를 가지고 있다. CdLS 환자의 분석은 세포 분열 중 염색체의 잘못된 분열 외에도 발달 중의 유전자 발현의 광범위한 잘못된 조절로 인해 비정상적인 표현형이 나타날 수 있음을 보여준다. 코헤신은 적절한 전사 조절에 필요한 염색질 루프를 구성하는 역할을 할 수도 있다. (이 주제에 대한 자세한 내용은 19장에서 배울 것이다.)
a. 한 가족에서는 CdLS가 상염색체의 우위 유전 패턴을 보이지만, 두 번째 가족에서는 X-연계 우세 패턴을 보여준다. 이것이 어떻게 가능한가?
b. 코헤신 단백질을 암호화하는 유전자 안의 대립형질의 기능 손실이 어떻게 야생형의 단백질에 지배적일 수 있는지 설명하시오.
c. CdLS는 보통 한 부모 생식세포의 새로운 변형에 의해 발생한다. 이유는?

13.6절

17. 많은 효모-유래 요소들이 박테리아 플라스미드 Pbr322에 클론되었다. 생장을 위하여 우라실이 필요한 효모(Ura^- 세포)인 *ura3*$^-$ 돌연변이를 갖는 효모는 이러한 변형된 플라스미드로 형질전환 되었고 Ura^+ 콜로니들이 우라실 결핍 배지에서 선택되었다. 아래 열거된 요소들 (a) 에서 (c)까지 각각을 포함한 플라스미드를 보고 이들이 염색체 안으로 들어갔는지 아니면 독립적인 플라스미드로 유지되었는지 설명하시오. 만일 플라스미드들이 독립적으로 자동복제 된다면 Ura^+ 세포 선택 없이(우라실을 포함한 배지에서 배양할 때) 배양하여도 이러한 플라스미드들이 딸세포들에게 계속적으로 전달될 것으로 생각하는가?
a. *URA3*$^+$ 유전자
b. *URA3*$^+$ 유전자, ARS
c. *URA3*$^+$ 유전자, ARS, CEN(동원체)
d. 이 서열이 선형 인공 염색체로써 안정적으로 효모에서 유지되기 위해 첨가해야 하는 것은 무엇인가?

18. 완전한 합성 효모 염색체 Syn III는 효모 생존에 잠재적으로 중요하지 않은 모든 유전자의 3′ UTR에 loxP 부위를 포함하고 있다. 6장에서의 내용을 상기시켜보면, loxP 부위는 특정한 부위별 재조합의 대상이다. Syn III를 만든 연구진들은 이러한 loxP 부위를 염색체의 일부를 쉽게 지우거나 재배열할 수 있는 염색체를 "뒤섞는" 방법의 부위로 포함시켰다. 이 연구의 목표는 Syn III의 진화를 추진하여 이 생물의 생명을 지탱할 수 있는 최소한의 게놈을 정의하는 것이다. 최소한의 게놈을 정의하기 위해 Syn III를 뒤섞을 때 연구자들의 실험 개요를 약술하시오.

chapter 14

염색체 구조적 재배열

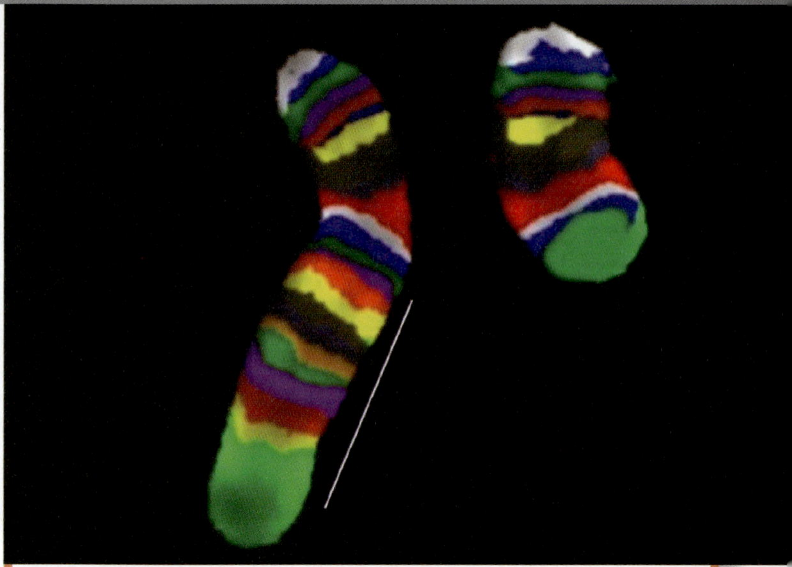

©Ilse Chudoba, MetaSystems GmbH

FISH 기법을 이용하면 염색체를 다양한 형광염색으로 밴드(띠)를 형성할 수 있어서 "염색체 바코드"를 작성하여 염색체구조 재배열의 주요한 변이를 관찰할 수 있다. 다양한 색의 밴드들은 각각 다른 형광으로 표지된 염색체 지역 특이적 탐침자로 분자 교잡된 부위이다. 왼쪽은 인간의 정상 5번 염색체 바코드이다. 오른쪽 염색체는 왼쪽에 있는 정상 5번 염색체에서 흰색 줄로 표시된 부위 만큼이 결실된 염색체이다.

개요

- 14.1 염색체 DNA의 재배열
- 14.2 염색체 구조 재배열의 효과
- 14.3 전이인자들
- 14.4 유전체 재구성과 진화

여러 종들 간의 전장유전체의 서열결정 비교는 **염색체의 구조적 재배열**(chromosomal rearrangement)이 진화의 주요 한 기작이었음을 보여준다. 예를 들면, 생쥐의 염색체들은 인간의 염색체 단편들을 많이 가지고 있으며(synteny segments: **연관복합성 단편**), 인간 염색체에도 생쥐의 염색체 단편들이 많이 존재한다. 원칙적으로 과학자들은 인간의 유전체를 길이가 약 16 Mb 정도되는 342개 단편으로 분해하고, 이들 단편들을 다시 이어붙이기하여 생쥐 유전체를 "재구성"시킬 수 있다. 11장의 그림 11.16은 생쥐 전체 염색체들과 인간 전체 염색체들 간의 연관복합성 관계를 보여주고 있다.

이러한 발견은 우리 생명체들이 얼마나 복잡하게 진화하였는지를 이해하는데 공헌하였다. 인간과 생쥐는 약 6천5백만 년 전에 서로 분지한 이후 두 계통 간에는 대략 300번 정도의 염색체 재구성이 있었으며, 이러한 결과는 지금의 두 유전체 조직화의 차이로 이르게 하였다.

두 가지 형태의 염색체 변이에 대해서 설명한다. (1) 하나 혹은 여러 개의 염색체 내에서 DNA 배열의 재구성되는 **염색체 구조 재배열**(rearrangement), (2) 염색체 한 개 내지 두 개 혹은 완전한 염색체 세트를 소실하거나 더 갖는 **염색체 수적 변이**(changes in chromosome number)이다. 본 장에서는 염색체구조 재배열에 대해서 설명을 하고, 다음 장에서는 염색체 수의 변이에 대해서 설명한다.

염색체 구조 재배열은 두 가지의 주요한 점이 있다. 첫째, 핵형은 한종 내에서 비교적 안정적으로 유지되는데, 이것은 염색체 구조 재배열에 의한 유전적 불균형과 불안정성이 변이를 갖는 세포나 개체에 선발적 불이익을 주기 때문이다. 둘째, 관련된 종들이 항상 다른 핵형을 가지며, 아주 가까운 종들은 (침팬지와 인간처럼) 오직 몇개 정도의 재배열에 의해 서로 분지되었으며, 유연관계가 먼 종들은 (생쥐와 인간처럼) 더 많은 재배열에 의해 분지되었다. 이러한 사실들은 핵형의 재배열과 새로운 종의 진화에는 밀접한 관계가 있다는 것을 시사한다.

14.1 염색체 DNA의 재배열

학습 목표

1. 네 가지의 염색체 구조 재배열을 요약한다.
2. 염색체 구조 재배열을 야기하는 두 가지의 주요한 기작을 설명한다.
3. 연구자들이 염색체 구조 재배열을 탐색할 수 있는 연구방법을 학습한다.

모든 종류의 염색체 구조 재배열은 DNA 염기배열을 변경시킨다(**그림 14.1**). 어떤 염색체 구조 재배열은 염기를 제거시키거나 첨가한다[특정한 염색체 부위가 제거된 것을 **결실**(deletion)이라 하고 첨가된 것을 **중복**(duplication)이라고 한다]. 다른 종류의 염색체 구조 재배열로는 염색체 DNA의 염기쌍을 잃거나 첨가시키지 않고 유지하면서 염색체 부위를 재배열하는 것이다[한 염색체에서 두 곳을 절단한 후 염색체 순서를 반-바퀴 회전하여 돌려놓는 것을 **역위**(inversion)라고 하며, 비상동염색체들 간에 염색체 부위를 서로 교환한 것을 **상호전좌**(reciprocal translocation)라고 한다]. 이 장에서는 한 세대에서 다음 세대로 생식세포를 거쳐서 전달되는 유전 가능한 재배열들에 초점을 두고 설명하지만, 체세포의 유전체가 염기 수나 순서가 바뀌는 경우도 설명을 한다. 읽을거리 「빠르게 살펴보기」의 **예정된 DNA 재배열과 면역계**는 인간의 면역계의 정상적인 발달이 체세포의 비유전적이며 프로그램된 재배열에 달려 있는지를 보여준다.

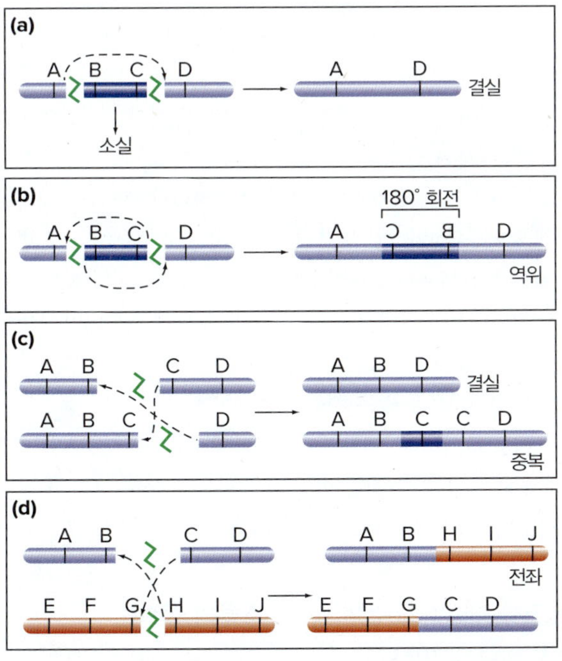

그림 14.1 염색체 절단과 이어지는 DNA 수선은 모든 종류의 염색체 구조 재배열을 초래한다. **(c)**의 염색체들은 상동염색체들이거나 자매 염색분체들일 수 있다. **(d)**의 염색체들은 비상동염색체들이다. **(d)**에서 푸른색과 붉은색으로 나타낸 염색체들은 비상동염색체들이다. 숫자는 염색체에 있는 유전자좌들이다.

이 절에서는 첫째로 유전 가능한 염색체 구조 재배열이 어떻게 생성되고 과학자들은 어떻게 염색체 구조 재배열의 존재를 찾아내는지를 설명한다. 그러고 나서 각 재배열은 어떻게 돌연변이 표현형을 생성하고 염색체 행동에 영향을 미치는지를 설명하고, 마지막으로 유전학자들은 어떻게 유전 연구의 도구로 염색체 구조 재배열을 이용하는지를 설명한다.

염색체 구조 재배열은 DNA 절단이나 반복 염기서열 간의 비적합적 재조합에 의해 생성된다

결실, 역위, 중복, 상호전좌 등은 주로 다음의 두 가지 기작에 의해 생성된다. 염색체 절단(7장에서 설명한 X-선 등에 의해 일어남) 또는 반복 염기서열들 간의 비정상적인(비적합적인) 재조합에 의해서 생성된다.

만약에 한 염색체 내의 두 곳에서 이중 나선 절단이 일어나고, 절단점 사이의 편이 소실되어 남아있는 두 단편들의 말단부위 간에 접합 수선이 되면[예를 들어 7장에서 설명한 비상동 말단접합(nonhomologous end-joining; NHEJ)이 일어난다] 결실이 생성된다(**그림 14.1a**). 대신에 절단된 단편이 180도 회전하여 이어지면 역위가 생성된다(**그림 14.1b**). 두 상동염색체나 자매염색분체 간의 절단이 다른 부위에서 일어나고, 만약에 절단된 염색체 말단 부위가 DNA 수선에 의해 서로 붙기 전에 위치가 바뀌게 되면 결실과 중복이 생성된다(**그림 14.1c**). 마지막으로 두 비상동염색체들에서의 절단과 절단된 부위의 교차적 수선은 상호전좌를 생성한다(**그림 14.1d**).

드물게 한 염색체 내에서 또는 두 개의 다른 염색체들에 있는 반복서열 염기들 간의 비정상적인 교차도 염색체 구조 재배열을 초래할 수 있다. 반복서열 염기들은 **단순염기반복**(simple sequence repeats; SSR)과 같은 것일 수도 있다. 같은 반복 단위를 갖는 SSR 유전자좌들이 유전체 내에 많이 산재하며, 이러한 곳들은 재조합 효소들에 의해 감지되어 염기 유사성을 제공하여 비적합적 재조합을 일어나게 할 수 있다는 것을 상기하라. 또한 이러한 반복서열 염기들은 **전이인자**(transposable elements)들일 수도 있다. 이 장의 후반부에서 설명되지만, 전이인자들은 자신의 염기서열을 염색체의 한 곳에서 다른 곳으로 이동시킬 수 있는 DNA 단편들이다. 한 유전체 내에서 이러한 전이인자들은 자신의 사본 수를 수십만 카피까지 증가시킬 수 있다.

한 염색체 내의 두 곳에 존재하는 반복 염기서열 간의 교차(crossover)는 반복서열의 염기 방향이 같은 방향이면 염기서열의 결실을 야기하며(**그림 14.2a**), 반복서열 염기들의 염기 방향이 역방향이면 이들 간의 교차는 역위를 야기한다(**그림 14.2b**). 두 상동염색체가 반복

빠르게 살펴보기

예정된 DNA 재배열과 면역계

인간의 면역계는 특이성과 다양성에서 매우 놀랍다. 면역계는 수십억 개의 B 림프구를 포함하는데, B 림프구는 수십억 개 이상의 다른 항체(면역글로불린, immunoglobulin 또는 Ig라고도 함)를 생성하는 특별한 백혈구 세포이다. 그러나 각각의 B 세포는 오직 한 개의 세균이나 바이러스 단백질(면역반응에 맥락에서 항원, antigen)에 대항하여 항체를 만들어낸다. 항원에 대한 항체의 결합은 우리 몸이 병원균에 대항하여 싸우고 이들을 중화시키는 것을 돕는다.

항체 반응에서 한 가지 아주 흥미로운 사실은 유전체에는 20,000~30,000개 정도의 유전자 밖에 없는데, 수십억 개의 서로 다른 항체를 만들어 낼 수 있다는 점이다. 이에 대한 대답은 체세포 돌연변이와 여러가지 크기의 다양한 폴리펩타이드들의 다양한 접합과 연계되어 예정된 유전자 재배열로서 이것은 아주 적은 수의 유전자들로부터 대략 수십억 개의 결합 특이체들을 생성시킬 수 있게 된다.

항체 형성 유전은 다양성과 특이성을 생성한다

모든 항체 분자들은 같은 기본 분자 단위를 한 개 또는 여러 카피를 가진다. 두 개의 동일한 긴-사슬과 두 개의 동일한 짧은-사슬로 된 네 개의 폴리펩타이드가 모여서 이러한 기본 단위를 만든다. 각 짧은-사슬은 한 개의 긴-사슬과 붙어 있다(**그림 A**). 긴-사슬과 짧은-사슬 각각은 C(constant, 일정함) 도메인과 V(variable, 가변적) 도메인을 가진다. 긴-사슬의 C 도메인은 항체가 IgM, IgG, IgE, IgD, IgA 인지에 따라 5가지로 분류되는데, 이들은 어디에서 어떻게 항체가 기능을 하는가를 결정한다. 짧은-사슬과 긴-사슬의 V 도메인이 항체 결합부위를 형성하는데 이것이 항체의 특이성을 결정한다.

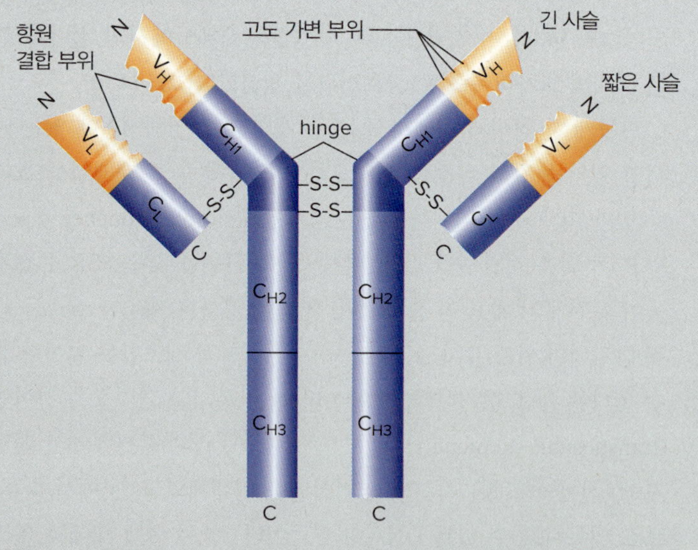

그림 A 항체 구조. 두 개의 긴 사슬과 두 개의 짧은 사슬들이 이황화 결합(−S−S−)에 의해 결합되어 항체의 기본 구조를 이룬다. 긴 사슬과 짧은 사슬 모두 가변 (V) 부위(노란색)의 N-말단 부위에 가지며, 이 부위는 항원 결합 부위와 연계되어 있다. V 도메인 내부에 있는 "고도가변" 부위의 아미노산들은 항체에 따라 매우 다양하다. 각 사슬의 나머지 부위는 C 도메인(푸른색으로 표시함)으로 구성되어 있는데, 긴 사슬은 여러 개의 부도메인(C_{H1}, hinge, C_{H2}, C_{H3})을 가진다.

긴-사슬 유전자는 14번 염색체에 존재한다(**그림 B**). 긴-사슬 유전자는 100개 이상의 V-코딩 단편들로 되어 있으며, 각각은 별개의 프로모터를 가지며, 여러 개의 D(diversity) 단편들과 여러 개의 J(joining) 단편들 그리고 촉진자를 앞에 가지고 있는 9개의 C-코딩 단편들로 되어 있다(촉진자는 전사 개시를 돕는 짧은 DNA 단편이다. 19장 참조). 모든 생식 계통 세포들과 대부분의 체세포들에서 이들 다양한 유전자 단편들은 멀리 떨어진 곳에 위치한다. 그러나 B 세포가 발달되는 동안 체세포 염색체 재배열에 의해 이들은 임의적으로 인접하게 되어 각 V, D, J 단편들은 새로이 형성된 가변 지역이 C 단편과 C 단편 촉진자 부위 옆에 위치하게 되고 프로모터와 촉진자 간의 간격을 가깝게 하여 긴-사슬의 전사를 시킨다. RNA 스플라이싱에 의해 일차 전사물의 인트론을 제거하고 완전한 긴-사슬 폴리펩디드를 암호화한 성숙한 mRNA를 만든다.

B 세포에서 V, D, J, C 단편들의 재배열은 임의적으로서 각 세포마다 오직 한 개의 특이한 긴-사슬만을 생성한다. 짧은-사슬 유전자에서도 이와 비슷한 재배열에 의해 단편들이 섞인다. 항체를 발현시키는 이러한 염색체 재배열은 재조합과 임의적인 선발을 통하여 결과적으로 매우 다양한 결합 부위를 만들어낼 수 있다.

이러한 다양성을 만들어내는 데에는 이외에도 다른 기작들이 있다. 첫째, 각 유전자들의 DNA 단편들은 부정확하게 연결되는데, 이것은 이들이 서로 연결되는 단편들의 연결점에 염기들을 첨가하거나 DNA를 제거하는 효소들에 의해 일어난다. 이러한 부정확한 연결은 그림 A에서 **고도 변이성 부위**(hypervariable regions)를 형성하는데 도움을 준다. 이와 함께 재배열된 유전자의 V 지역에서의 임의적인 돌연변이가 항체의 V 도메인의 변이를 증가시킨다.

B 세포가 임의적으로 짧은-사슬과 긴-사슬을 한 개씩 만듦으로 항체들의 다양성은 매우 증가된다. 예를 들어, 만약에 10^4개의 서로 다른 짧은-사슬과 10^5개의 서로 다른 긴-사슬이 있다고 하면, 이들 두 가지가 결합하여 나타나는 다양성은 10^9개가 된다.

항체 유전자 재배열을 수행하는 효소들의 실수는 암으로 발전할 수 있다

RagI과 RagII는 항체 유전자들의 DNA 서열과 작용하는 효소들로 이들은

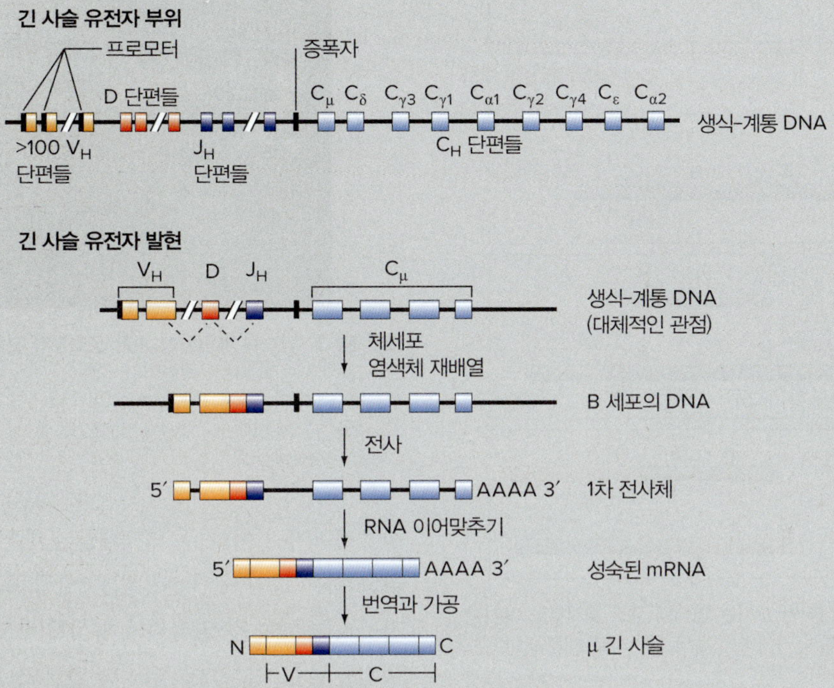

그림 B 14번 염색체에 있는 긴-사슬 유전자 부위. 모든 비-항체-생성 세포들의 DNA는 100개 이상의 V_H 단편, 약 20여 개의 D 단편, 6개의 J_H 단편 그리고 9개의 C_H 단편을 갖는다(맨 위). 각 V_H와 C_H 단편들은 두 번째 선상의 고해상 그림과 같이 두 개 또는 그 이상의 엑손을 가지고 있다. B 세포에서 체세포 유전자 재배열은 임의적으로 각 V_H, D, J_H 단편들을 연결시킨다. 새롭게 생성된 긴-사슬 유전자로부터 만들어진 1차 전사체는 순차적으로 스플라이싱하여 성숙한 mRNA로 된다. 이 mRNA로부터 번역되어 생성된 μ 긴-사슬은 IgM 항체에서 발견되는 긴-사슬이다. B세포의 차후 발생에서 배열(여기서는 안 보여줌)이 같은 V-D-J 변이 부위를 다른 C_H 단편에 연결시켜 같은 항원에 결합화는 다른 종류의 항체를 생성시킨다.

위에서 기술한 것과 같은 재배열을 촉매한다. 그러나 재배열 역할을 수행하는 동안 이들은 가끔씩 실수를 일으켜서 인간의 8번과 14번 염색체 간에 상호 전좌를 야기할 수 있다. 이 같은 전좌 후에 14번 염색체의 긴-사슬 유전자의 촉진자가 8번 염색체의 항체 형성과 관련이 없는 *c-myc* 유전자의 인접한 부위로 이동될 수 있다. 정상적인 환경 하에서 *c-myc*는 세포 주기에서 적절한 시기와 비율로 세포가 분열하도록 세포 분열 시 활동하는 다른 유전자를 활성화시키는 전사인자를 생성한다. 그러나 전좌된 항체 유전자의 촉진자는 *c-myc* 유전자의 활성을 촉진하여 전좌를 가진 B 세포가 조절이 안 되도록 분열하도록 한다. 이러한 B 세포 무조절분열은 **버키트 림프종**(Burkitt lymphoma)이라는 종양을 야기한다(**그림 C**).

그러므로 비록 예정된 유전자 재배열이 건강한 면역계를 정상적으로 발달시키지만, 재배열의 실수는 질병을 야기할 수도 있는 것이다.

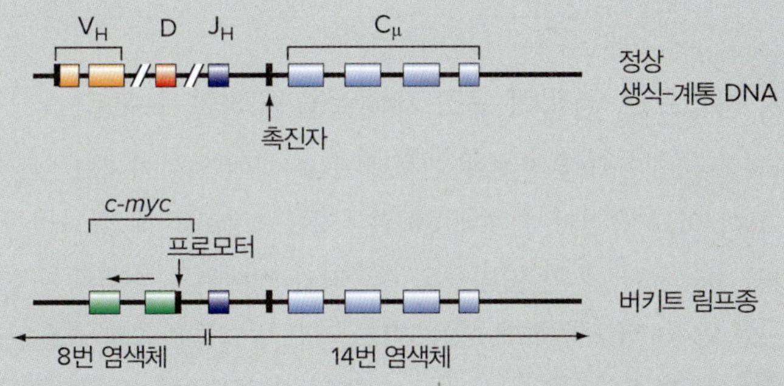

그림 C 잘못된 전좌는 버키트 림프종을 야기할 수 있다. 버키트 림프종 환자의 DNA에서 전좌로 *c-myc* 유전자의 (녹색) 전사가 인접한 C_μ의 촉진자 조절 하에 놓이게 된다. 결과적으로 B세포는 *c-myc* 단백질을 비정상적으로 많이 생성한다. RagI과 RagII 효소들이 실수로 J_H 단편을 D 단편에 연결시키는 대신 8번 염색체의 *c-myc* 유전자에 연결시킨 것이다.

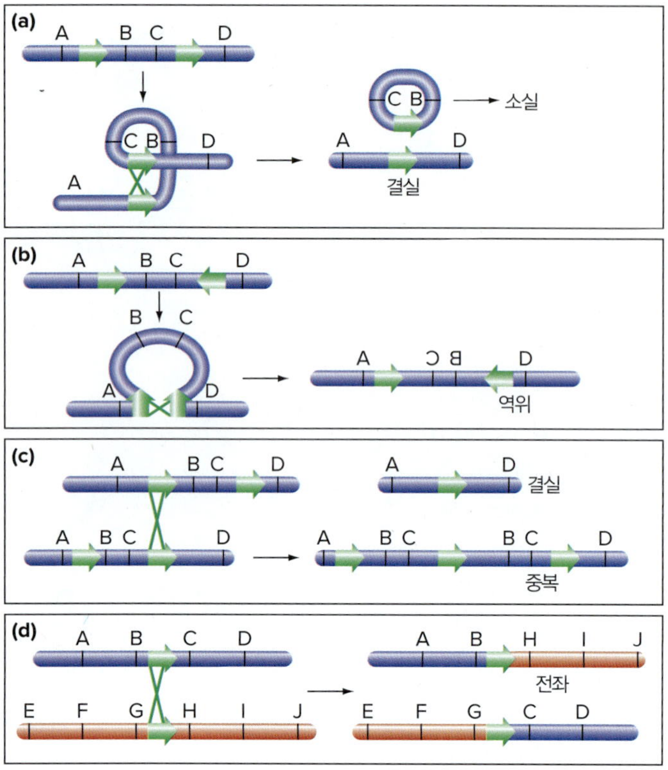

그림 14.2 반복서열 염기들 간의 비정상적인 교차는 염색체 구조 재배열을 야기한다. 초록색의 화살표는 반복서열 염기를 나타내며 이들의 염기서열 방향을 보여준다. 반복서열 DNA 염기들은 단순염기반복(SSRs)이거나 전이인자들이다. **(c)**의 염색체들은 상동염색체들이거나 자매염색분체들이다. **(d)**의 푸른색과 붉은색의 염색체들은 비상동염색체들이다.

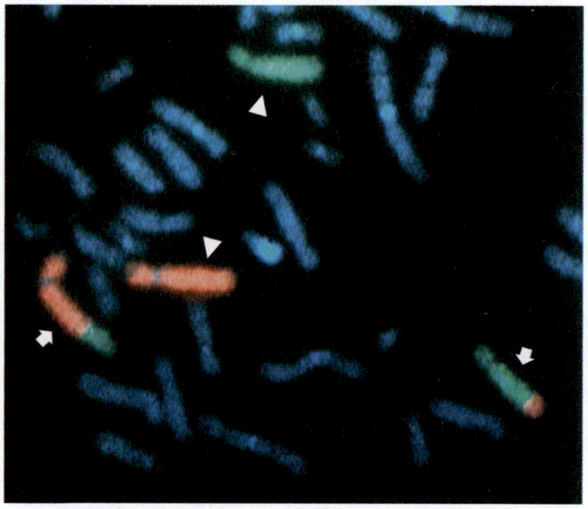

그림 14.3 염색체 페인팅에 의한 상호전좌 분석. 본 그림은 상호전좌를 이형접합으로 가진 사람의 FISH 핵형이다. 상호 전좌가 일어난 두 염색체들을 적색과 녹색(화살표)으로 나타내었다. 전좌가 일어나지 않은 두 염색체들은 염색체 전체가 적색이거나 녹색으로 페인팅되어 있다(삼각형으로 표시). *Source: ©Lisa G. Shaffer, Ph.D./Baylor College of Medicine*

염기서열에서 서로 어긋나기 대합을 하고 교차가 일어나면 염기 결실과 중복을 야기한다(**그림 14.2c**). 두 개의 비상동염색체에 존재하는 반복서열 염기들 간의 교차는 상호전좌를 야기한다(**그림 14.2d**).

다양한 방법으로 염색체 구조 재배열을 탐색할 수 있다

유전학자들은 개인의 유전체가 염색체 구조 재배열을 가지고 있는지, 정확히 어떤 유전자가 재배열되었는지를 결정하는데 효과적인 방법들을 요구한다. 어떤 기법들은 과학자가 재배열의 존재와 대략의 위치를 알 수 있도록 하게 하는 반면, 어떤 방법들은 재배열을 분자 수준에서 DNA 재배열을 검색할 수 있게 한다.

형광 제자리 혼성화(fluorescent *in situ* hybridization; FISH) 기법은 종종 재배열의 존재와 성격에 대한 일차적 힌트를 제공한다. 13장에서 학습한 유전체 DNA 탐침자를 형광으로 표지하여 염색체의 특정한 부위의 상보적 염기들과 교잡하는 FISH 기법을 기억하라. FISH 분석법의 한 가지인 **스펙트럼 핵형 분석**(spectral karyotyping; SKY)이라고 하는 방법은 염색체 각각을 다른 색으로 염색하는 탐침자를 이용한다(그림 13.10b 참조). **그림 14.3**는 비슷한 방법으로 상호전좌가 일어난 두 염색체를 염색한 것을 보여준다. 다색 염색이라고 하는 좀더 세련된 방법은 염색체의 특정한 부위에 특이한 탐침자를 이용하여 각 염색체의 **염색체 바코딩**(chromosome barcode)를 생성할 수도 있다. 이 장의 맨 앞 사진은 다색 염색 기법으로 하나의 인간 염색체에 있는 결실의 존재와 특징을 보여준다.

유전체 DNA의 마이크로어레이는 바코딩에 의해 발견하기에는 너무 작은 결실이나 중복을 탐지할 수 있다. 과학자들은 개인의 유전체 DNA로부터 탐침자를 만들어 유전체 전체를 포함하는 수백만 개의 단편으로 이루어진 마이크로어레이에 분자 교잡시킨다(그림 12.15 참조). 결실이나 중복의 존재와 대략적 위치가 마이크로어레이의 특정한 스팟에 단편 분자 교잡 증가와 감소 등으로 나타나게 된다.

유전체 염기서열 결정은 염색체 구조 재배열을 최종 수준의 해상도(염기쌍)로 나타낸다. 결실을 이형접합으로 가진 사람은 결실을 가지지 않은 사람에 비해 유전체 DNA를 분석할 때 결실된 부위의 염기서열 단편이 적게 분석된다. 반대로 중복을 가진 사람의 유전체 서열은 중복을 가지지 않은 사람의 유전체 염기서열에 비해 중복된 부위의 염기서열이 더 많이 나타나게 된다.

모든 염색체 구조 재배열은 정상체에서는 가능하지 않은 염기서열들을 인접하게 하므로 전장유전체 서열결정 분석은 이러한 사본수의 차이를 초월하여 더 자세한 분석을 가능하게 한다(**그림 14.4**). 모든 염기서열 재배열은 절단점 부위에서 정상적으로 연결되지 않는 DNA 서열을 나란히 가지게 된다. 이러한 재배열 절단점 부위 염기서열 분석으로 **재배열 절단점**(rearrangement breakpoints)을 정확히 동정하여 재배열 부위의 시작점과 마지막 종결 부위 염기들을 동정

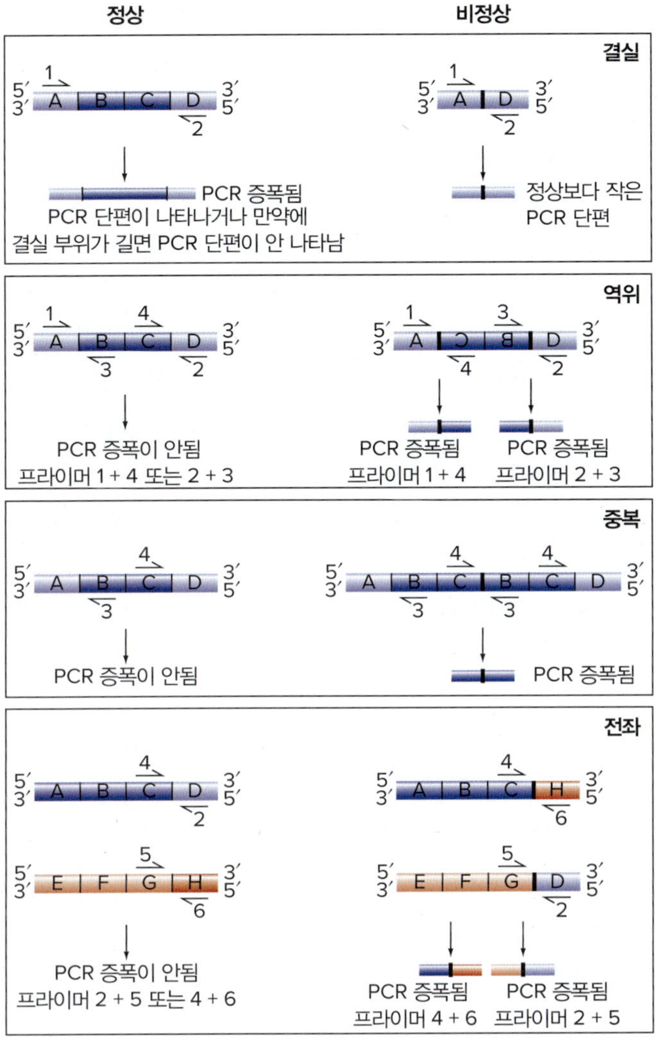

그림 14.4 색체 구조 재배열의 절단점은 염기서열 결정이나 PCR 분석으로 찾아낼 수 있다. 유전체 염기서열 분석으로 재배열 절단점 부위(검고 진한선) 부위에서 비정상적으로 병열로 연결된 염기들을 찾아낼 수 있다. PCR 프라이머 쌍(반 화살표)을 이용하여 PCR 증폭 후 특이한 증폭 단편을 분석하여 절단점을 검색한다(화살머리는 DNA 프라이머의 3′ 말단으로 증폭되는 방향을 나타낸다). 증폭된 단편의 염기서열 분석으로 절단의 정확한 정도를 분석할 수 있다.

가능하게 한다. 이러한 절단점의 정확한 동정은 재배열과 관련된 표현형을 분석하는데 아주 유효하다.

재배열 절단점은 또한 유전체 DNA를 주형으로 하여 DNA 중합 효소연쇄 반응(PCR)으로 분석하는 대체적 방법으로도 동정 가능하다. 재배열의 일반적인 위치를 바코딩 또는 마이크로어레이 등으로 알게 되면, 과학자들은 재배열된 염색체 부위를 PCR 증폭시 새로운 단편이 증폭되도록 프라이머들을 고안한다(그림 14.4). 증폭된 단편의 염기서열을 분석하면 절단점을 정확히 찾아낼 수 있다.

PCR 분석은 이미 알고 있는 재배열의 후대 전달 분석을 매우 정확하게 저비용으로 분석할 수 있으므로 매우 유용하다. 예를 들면, 이 장의 후반부에서 설명하는 한 형태의 백혈병(백혈구 암)은 특정한 상호 전좌에 의해 야기된다. 의사들은 환자의 혈액 샘플을 이용하여 PCR 분석을 실시하여 백혈구 세포를 제거하기 위한 화학요법을 성공적으로 실시할 수 있다. 전좌 절단 부위를 검색할 수 있는 프라이머들을 이용하여 PCR 증폭으로 검색은 몇 개 정도의 암 세포도 찾을 수 있으므로, 검색되면 치료를 더 진행할 필요가 있는 것이다.

핵심 개념 14.1

- 염색체구조 재배열은 염기쌍들을 제거하거나 첨가하는 것(결실과 중복)과 DNA 부위를 재배치하는 것들이 포함된다.
- 염색체 절단이 일어나고 이어서 DNA 수선이 되거나 비대칭 접합된 염색체들 간의 부적합한 교차는 결실, 중복, 역위, 전좌 등을 야기할 수 있다.
- 발전된 FISH 방법은 염색체 재배열을 바코딩과 같이 형상화된 밴드(띠)로 나타나게 하거나 마이크로어레이로 작은 부위의 결실이나 중복을 탐지할 수 있게 하며, 마지막으로 DNA 염기서열 결정법이나 PCR 증폭 등은 염색체 구조 재배열을 염기수준까지 분석 가능하게 해 준다.

14.2 염색체 구조 재배열의 효과

학습 목표

1. 결실을 동형접합으로 가지고 있거나 이형접합으로 가지고 있는 경우 표현형적인 결과를 확인한다.
2. 결실을 이용하여 유전자 동정을 하는 방법을 알아본다.
3. 중복의 표현형적인 효과와 염색체 교차에 미치는 영향을 논의한다.
4. 역위 절단점을 결정하고 이러한 절단점의 표현형적인 효과를 설명한다.
5. 상호전좌를 정의하고 표현형적인 결과에 대해서 논의한다.
6. 역위와 전좌의 염색체 교차와 임성에 미치는 효과를 요약한다.

네 가지 주요한 염색체 구조 재배열 각각은 형태, 임성 또는 생존성 등 표현형에 효과를 준다. 이러한 효과의 존재와 심화도는 보통 염색체 구조 재배열을 동형접합으로 가지고 있는지 아니면 이형접합으로 가지고 있는지에 따라 차이가 난다. 인간 집단에서 염색체 재배열은 드물기 때문에 재배열된 염색체를 가지는 대부분의 사람들은 정상염색체와 재배열 염색체를 가지는 이형접합형으로 존재한다.

결실은 유전체로부터 DNA를 제거한다

7장에서 설명한 것처럼 연속적인 염기쌍의 작은 결실은 종종 한 개의 유전자에만 영향을 미치는 반면, 커다란 부위의 결실은 수십에서 수백 개의 유전자가 결실된 염색체를 초래한다. 본 책에서는 이렇게 커다란 부위의 결실을 가지고 있는 염색체를 *Del*이라고 명명한다. 이어지는 설명들은 학생들에게 *Del* 염색체를 결실된 유전자들의 무형대립유전자(amorphic allele, 완전한 기능상실 대립유전자)로 이해하는데 도움을 줄 것이다.

결실 동형접합형의 치사 효과

유전체 내의 많은 유전자들은 그 개체의 생존에 필수적이므로, 결실 염색체를 동형접합형(*Del*/*Del*)이나 반접합형(*Del*/Y)으로 가지면 생존하지 못한다. 그러나 드문 경우로 결실된 부위에 생존에 필수적인 유전자가 없다면 동형접합형이나 이형접합형 모두 생존할 수도 있다. 결실된 부위가 작을수록 동형접합형이 생존 가능성이 높아진다.

결실 이형접합형의 불리한 효과

일반적으로 여러 개의 유전자 부위가 결실된 염색체를 가진 생물체가 살아남을 수 있는 유일한 경우는 결실된 부위를 상동염색체가 보상해 주는 것이다. *Del*/+과 같은 개체는 **결실 이형접합형**(deletion heterozygote)이다. 비록 모든 유전자들을 적어도 한 카피씩 가지고 있다고 하여도 결실 이형접합형은 다음과 같은 여러가지 이유로 돌연변이 표현형을 가진다.

반수체 불충분성 결실 이형접합형은 때로 **반수체 불충분성**(haploinsufficiency)으로 인해 돌연변이 표현형을 보인다. 즉, **정상적인 유전자량**(gene dosage)의 (주어진 유전자의 유전체 내에서 수) 절반을 가지므로 정상적인 표현형을 보이기에 불충분한 단백질을 생성한다. 어떤 경우에는 결실된 부위에 있는 유전자가 한 개밖에 없어도 비정상적인 표현형을 보이는 경우도 있다. 9장에서 이미 설명한 인간의 다지증(polydactyly, 발가락이나 손가락을 정상보다 많이 가지는 현상)은 특정한 한 유전자에서 한 개의 대립유전자 기능 상실로 인한 이형접합형에 의해 야기된다(그림 9.30 참조). 결실의 이러한 효과는 인간에서는 약 800개의 반수체 불충분성 유전자들이 있으므로 비전형적인 경우이다. 그러나 거의 모든 유전자들이 유전자량이 줄어들면 작은 결실 효과를 보일 가능성이 있다. 여러 개의 유전자가 포함된 커다란 부위의 결실은 (염색체 단완 또는 장완의 일부 또는 완전 소실과 같은) 여러 유전자들의 반수 유전자량에 의한 작은 효과들의 누적으로 치사한다.

돌연변이에 대한 취약성 결실 이형접합형이 해로운 또 다른 이유는 대립유전자를 한 개만 가지고 있으므로 남아있는 대립유전자의 불활성화에 의한 돌연변이에 대한 취약성을 가지게 된다는 것이다. 5장의 읽을거리 「유전학과 사회」의 **유사분열 재조합과 암 형성**에서 13번 염색체에 있는 망막아세포종(retinoblastoma) 유전자의 대립유전자 한 개의 기능상실로 인해 이형접합형(RB^-/RB^+)을 가지고 태어난 사람들이 어떻게 망막암에 걸리는지 살펴보았다. 이러한 이형접합을 가진 사람들은 RB^-/RB^+ 이형접합형 세포를 RB^-/RB^- 동형접합형 세포로 전환시키는 많은 기작들로 인해 모든 망막아세포종 유전자 기능을 상실한다. 망막아세포종 유전자를 가진 많은 사람들의 암화되지 않은 정상적인 세포들의 핵형분석으로 이들은 망막아세포종 유전자가 있는 13번 염색체 부위를 결실로 가진 이형접합형으로 나타났다. 같은 사람의 망막 암세포들은 결실을 가지고 있지 않은 염색체에 남아 있는 *RB* 유전자에 돌연변이가 생긴 것으로 볼 수 있다. 망막아세포종 유전자는 23장에서 심도 있게 다루게 되는 암 억제 유전자들 중의 하나이다.

열성 대립유전자들의 노출 실제로 이형접합형 결실은 상동염색체의 결실되지 않은 부위의 유전자들을 반접합형으로 노출시킨다. 만약에 정상적인 염색체가 돌연변이 유전자를 반접합형으로 노출되면, 그 개체는 돌연변이 표현형을 나타낸다. 예를 들면 초파리에서 짙은 빨간색 눈 색깔의 *scarlet*(*st*) 눈은 정상형에 비해 열성이다. 그러나 *st*/*Del*로 정상적인 *scarlet* 유전자가 결실된 개체는 정상적인 짙은 빨간색 눈을 가지지 않고 밝은 빨간색 눈을 가지게 되는데, 이러한 현상은 결실로 돌연변이 유전자가 '노출'되었기 때문에 나타나는 것이다(**그림 14.5a**).

결실을 이용하여 유전자 위치를 찾아내기

유전학자들은 비정상적인 표현형을 보이는 유전자들을 찾는데 결실을 이용한다. 이때 기본적으로 요구되는 것은 기능 상실 돌연변이에 의한 열성대립유전자 *m*(즉, amorphic 또는 hypomorphic 대립유전자)의 효용성이다. *m*/*Del* 이형접합형의 표현형이 돌연변이형이라면(*m*/*m* 돌연변이 표현형과 같이), 결실이 돌연변이 유전자좌를 노출시키게 되므로 그 표현형을 나타내는 유전자가 결실된 염색체 부위 내에 있음을 나타내는 것이다. 대조적으로, 유전자에 의해 결정되는 유전 형질이 이형접합형에서 야생형으로 나타나면 결실에 의해 열성대립유전자가 노출되지 않는 것이므로 이 유전자는 결실된 부위의 밖에 존재하는 것이다(**그림 14.5b**). 여기에서 독자들은 이러한 실험을 돌연변이와 결실 사이의 보완성 실험으로 생각할 수 있다. 열성 돌연변이 표현형의 노출은 두 상동염색체 모두가 야생형 유전자 기능을 제공하지 못하므로 보완성 결핍으로 나타난다.

만약에 염색체의 특정한 지역에 중첩되는 여러가지 결실 돌연변이체들이 있고 절단점 부위의 DNA 수준에서 염기서열을 알고 있다

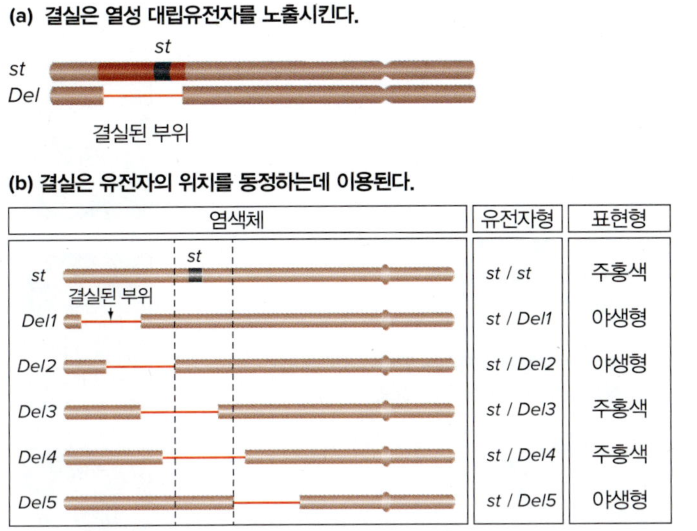

그림 14.5 결실 염색체를 이용하여 유전자 지도 작성. **(a)** 결실된 염색체는 상동 염색체의 상동 유전자의 열성 돌연변이를 "노출"시킨다. *st*/*Del*의 유전자형을 가진 초파리는 *Del* 염색체가 st^+ 대립유전자가 결실되어 열성인 주홍색(*scarlet*) 눈색깔을 보인다. **(b)** 결실된 염색체(*Del*)과 열성 대립유전자인 *scarlet*(*st*)을 가진 염색체를 가진 이형접합형은 결실 염색체 부위에 st^+가 포함되어 있으면 *scarlet* 표현형을 보이며 st^+가 결실되지 않았다면 야생형 눈 색깔을 보인다. 도해에 보이는 5가지의 다른 형태의 결실 이형접합형들의 표현형은 st^+가 수직 점선으로 표시한 부위 내에 존재함을 보여준다.

면 *m*/*Del* 이형접합형을 이용한 유전자 지도 작성으로 돌연변이를 매우 정교하게 분석할 수 있으며 이러한 방법으로 종종 단일 유전자 분석에 이용된다(그림 14.5b).

유전적 거리에 미치는 이형접합형 결실의 효과

재조합은 모친 유래 및 부친 유래의 상동염색체 사이에서 오직 상동 부위에서만 일어날 수 있으므로, 이형접합형 결실은 재조합으로부터 측정된 유전적 거리는 비정상적이다. 예를 들면, **그림 14.6**에서 유전자 *C*, *D*, *E* 내에서 재조합이 일어날 수 없는데, 그 이유는 정상 염색체에서 이 유전자 부위는 재조합이 일어날 상동 부위가 결실 염색체에는 없기 때문이다. 실제로, 제1감수분열 전기에서 상동염색체가 접합을 하는 동안, 정상 염색체의 결실되지 않은 부위는 상동염색체의 상동 부위가 결실되므로 접합을 못하고 고리 형태를 띠는 **결실 고리**(deletion loop)를 만든다.

Del/+ 이형접합형의 자손은 항상 하나의 단위로 행동하는 결실 고리를 표지로 가지게 된다(그림 14.6에서 *C*, *D*, *E*). 결과적으로 이들 유전자들은 재조합에 의해 분리되지 않으며 *Del*/+ 자손들의 표현형에서 나타나듯이 유전적 거리가 0으로 된다. 더욱이 이들 양 옆에 있는 두 유전자(그림 14.6에서는 *B*와 *F*)는 원래보다 적은 수의 재조합이 이들 간에 생기게 되므로 원래의 거리보다 좁게 나타난다.

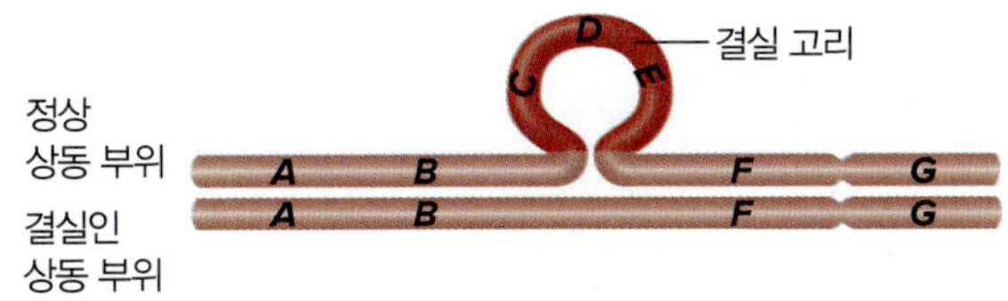

그림 14.6 결실 고리가 이형접합 결실의 염색체에서 생성된다. 1차 감수분열 전기 동안 정상염색체의 결실되지 않은 부위는 접합할 상동염색체 부위가 없으므로 결실 고리를 형성한다. 결실 고리 내에서는 조환이 일어나지 않는다. 각각의 선은 두 자매염색분체를 나타낸다.

중복 염색체들은 같은 유전자를 여분으로 가지고 있다

중복된 부위의 유전자 카피들은 서로 다른 방법으로 배열될 수 있다(**그림 14.7**). **순차 중복**(tandem duplication)은 중복된 부위가 인접하여 같은 방향이나 서로 다른 방향으로 배열되어 존재한다. **비순차 중복**(nontandem duplication) 또는 **분산 중복**(dispersed duplication)은 중복된 부위가 서로 인접하지 않고 같은 염색체에서 멀리 떨어져서 존재하거나 다른 염색체에 존재할 수 있다. 본 교재에서는 중복을 가진 염색체 유전자형을 *Dp*로 나타낸다.

중복의 표현형적 효과

대부분의 중복은 현저한 표현형적 효과를 보이지 않는데, 그 이유는 대부분의 유전자들은 여분의 수로 증가되어도 정상적인 세포 또는 조직의 생리 현상에 영향을 주지 않기 때문이다. 어떤 중복은 그럼에도 불구하고 일부의 중복 돌연변이들은 가시적인 표현형이나 생존에 영향을 미칠 수 있는데, 이러한 비정상적인 표현형은 적어도 두 가지 이유로 일어난다. 첫째, 어떤 표현형들은 특정한 유전자나 일련의 유전자 세트의 수가 늘어나면 민감해진다. 둘째, 흔하지 않은 경우지만 야생형 염색체에서는 존재하지 않는 새로운 염색체 환경에 유전자가 놓이면 중복된 염색체 부위의 인접한 유전자 발현이 바뀌는 경우이다.

중복 이형접합형(*Dp*/+)이 비정상적인 표현형을 보이는 경우도

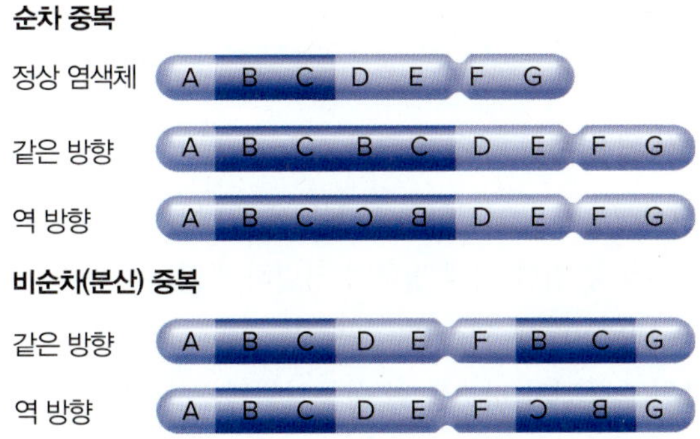

그림 14.7 중복 염색체의 형태. 순차 중복에서 반복된 부위가 같은 방향 또는 역방향으로 인접하여 존재한다. 비순차 중복에서는 중복된 부위가 떨어져 있다.

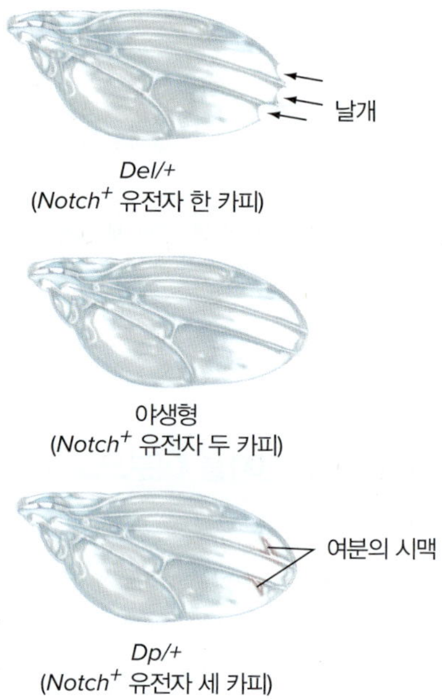

그림 14.8 결실과 중복 이형접합형들의 표현형적인 결과. 결실 이형 접합형은 결실된 부위 내의 유전자를 오직 한 카피 만을 가지는 반면, 중복 이형접합형은 세 카피를 가지게 된다. *Notch*$^+$를 한 카피 만을 가지는 초파리는 너치(notch)형의 날개를 가지며, *Notch*$^+$를 세 카피를 가지면 시맥(wing vein)의 결핍을 보인다.

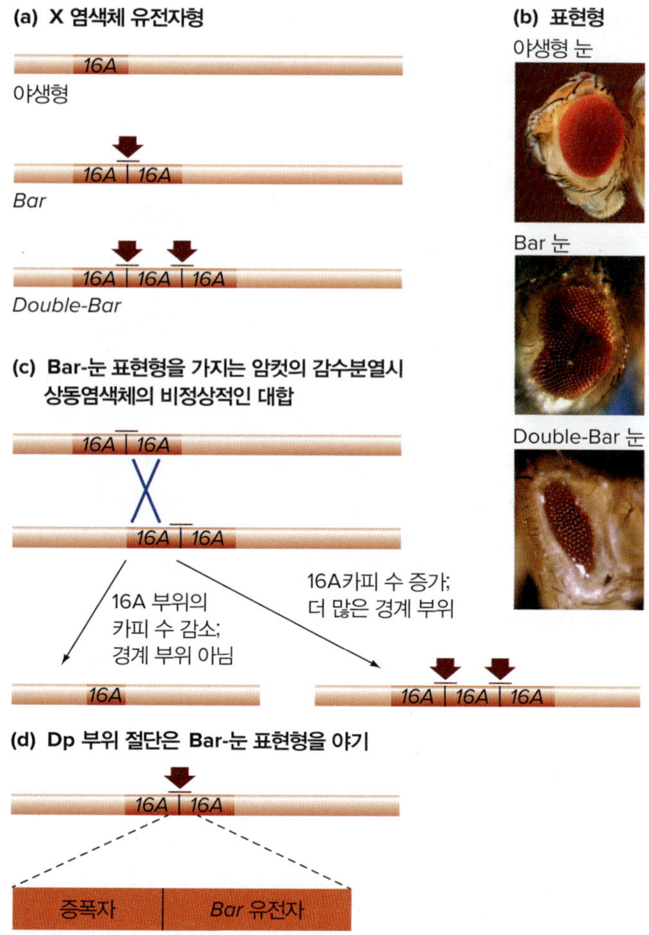

그림 14.9 불균형 교차는 유전자 카피 수를 증가시키거나 감소시킨다. **(a)** 초파리 X 염색체의 16A 부위의 중복은 Bar(막대기) 눈 표현형을 야기시킨다. 삼중복은 double-Bar 표현형을 보인다. 화살표는 중복 절단점이다. **(b)** Bar 표현형은 야생형보다 좁아 막대기형이다. **(c)** 중복을 동형접합으로 가지는 암컷 초파리에서 감수분열 동안 비대칭 대합과 교차는 16A 부위를 한 카피만 가지는 염색체를 가진 개체(정상적인 눈을 가짐)와 세 카피를 가지는 개체(더욱 비 정상적인 double-Bar 눈)를 생성시킨다. **(d)** Bar 눈을 가지는 표현형은 절단점에 인접한 DNA 염기서열의 비정상적으로 병열 존재로 인해 야기되는데 다른 유전자의 전사촉진자가 Bar 유전자를 과다 발현시킨다. *Source: (b): (top): ©blickwinkel/Alamy; (middle): ©Brian R. Calvi; (bottom): ©Carolina Biological Supply Company/Phototake*

있다. 예를 들면, *Notch*$^+$ 유전자가 포함된 부위의 중복을 이형접합형으로 가지는 초파리는 *Notch*$^+$유전자를 세 카피로 가지게 되므로 야기되는 비정상적인 날개 모습을 가진다(**그림 14.8**). *Notch*$^+$ 유전자는 여분의 카피 수에 대하여 매우 민감한 유전자로서, *Notch*$^+$ 한 카피 만을 가지는 *Del*/+ 초파리는 다른 종류의 날개 이상형을 보이므로 이 유전자는 반수체 불충분성 현상을 가지는 유전자이다(그림 14.8).

생물체들은 단일 유전자의 여분 카피에 대해서는 별로 민감하지 않지만, 긴 부위의 결실처럼 커다란 부위에서 중복이 일어나 많은 수의 유전자들이 불균형으로 존재하면 생존에 영향을 미칠 수 있는 첨가적인 해로운 효과를 보일 수 있다. 인간에서 여러 종류의 질병 증후군들이 수백만 염기쌍 정도를 중복으로 가지는 이형접합형과 관련이 있다. 이보다 더 큰 단편의 염색체 중복 이형접합형은 (염색체 장완이나 단완 전체가 중복된 경우) 대부분 사망한다.

중복된 염색체 단편들 간의 불균등 교차

순차 중복(*Dp*/*Dp*) 동형접합형 개체들에서 중복을 가진 상동염색체들은 감수분열 중 접합 시에 정확히 정렬하지 않는 경우가 종종 있다. 이러한 어긋난 접합에 의한 **불균등 교차**(unequal crossing-over)는 중복된 부위의 유전자 카피를 한 상동염색체에서는 세 카피로 증가시키고 다른 상동염색체에서는 한 카피로 감소된 배우체를 만든다.

초파리에서 X 염색체의 16A라고 하는 부위의 순차 중복은 초파리의 눈을 동부콩 모양으로 형성하는 "*Bar*"형의 돌연변이 표현형을 보인다(**그림 14.9a**와 **b**). *Bar* 유전자가 중복 동형접합인 암컷들은 대부분 *Bar* 표현형을 가진 자손을 만든다. 그러나 자손들 중 일부는 정상의 눈을 가지고 있는 것들도 있고, 다른 일부는 *Bar* 눈보다 더 작은 double-Bar 눈을 가진 것들도 있다(그림 14.9a와 b). 이에 대한 유전적 설명은 야생형의 눈을 가진 초파리는 X 염색체의 문제가 되는 부위에서 *Bar* 유전자를 한 카피만 가지고 있는 것들이며, Bar-눈을 가지는 초파리는 이 부분 유전자를 두 카피를 가지며, double-Bar 표현형을 가지는 것들은 *Bar* 유전자를 세 카피 가지고 있는 것들이다(그림 14.9a와 b). 야생형과 double-Bar 표현형 자손들은 불균등 교차에 의해 만들어진 X 염색체를 유전받은 것들이다(**그림 14.9c**).

Double-Bar 염색체를 동형접합으로 가지고 있는 암컷 초파리에서 불균등 교차는 중복된 부위에서 *Bar* 유전자를 네 카피나 다섯 카피를 가지므로 더욱 심한 표현을 보이는 자손을 낳기도 한다. 그러므로 중복 동형접합형에서 중복된 부위의 유전자들은 세대가 진전되면서 증가시키거나 감소될 수 있다.

Bar 눈은 DNA 염기서열의 재배열 때문에 새로운 염색체 환경 하에 놓이게 되는 유전자에 의해 야기되는 유전자 중복과 관련된 예이다. 중복 중단점의 하나에서 *Bar* 유전자는 다른 유전자의 촉진자(유전자 조절 염기서열)에 인접하도록 놓이게 된다(**그림 14.9d**). 결과적으로 *Bar* 유전자는 정상의 유전자에 비해 높은 수준으로 전사하게 되어 이것은 작은 눈의 표현형으로 나타나게 되는 것이다. 16A 부위에서 세 카피로 *Bar* 유전자를 갖는 double-bar 염색체는 이러한 중단점을 두 카피로 갖게 되므로(두 카피의 비정상적인 촉진자–Bar 유전자 융합), 더욱 많은 mRNA를 만들게 되어 더욱 작은 눈을 생성한다(그림 14.9a와 b).

역위는 염색체의 DNA 서열을 재배열시킨다

역위는 단일 염색체 내에서 염색체 부위를 반회전시킨 것이다. 역위가 있는 염색체라도 한 염색체 내에서 DNA 가닥은 5′-말단으로부터 3′-말단까지 연속적이므로, 회전된 역위 염색체에서는 역위된 부분에서 방향이 회전되었을 뿐 아니라, 이 부분의 두 가닥 DNA의 방향도 회전된 것이라는 것을 알아 두는 것은 중요하다(6장 연습문제 1번 참조).

유전학자들은 역위된 부위에 동원체가 포함 여부에 따라 역위 부위 내에 동원체가 포함된 **협동원체성 역위**(pericentric inversion)와 동원체가 포함이 안된 **편동원체성 역위**(paracentric inversion)로 분류하였다(**그림 14.10**). 이 절의 후반에 설명하지만 역위된 부위 내에 동원체가 포함되어 있는지 여부는 역위를 가진 염색체가 감수분열 시 어떻게 행동하는지에 대해서 중요한 영향을 미친다.

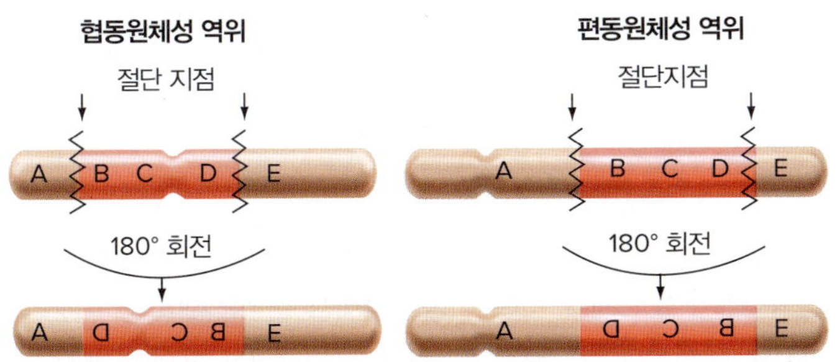

그림 14.10 역위의 종류. 역위는 염색체의 부분을 180° 회전시킨 것이다. 역위된 부분 내에 동원체가 포함되어 있으면 협동원체성 역위이며, 역위 부분내에 동원체가 포함되어 있지 않으면 편동원체성 역위이다.

역위의 표현형적 효과

대부분의 역위는 비정상적인 표현형을 보이지 않는데, 그 이유는 역위에 의해 유전자들의 순서가 바뀌었어도 DNA가 첨가되거나 소실되지 않으므로 유전자 수의 변화는 없기 때문이다. 그러나 역위 발생 시 두 곳의 역위 절단점들에 특정한 유전자가 포함된 경우에는 돌연변이형 표현형을 보인다. **그림 14.11**에서 보이는 것처럼 만약에 역위의 말단 부위가 유전자 내에 있다면 그 유전자의 기능 상실을 초래한다. 유전자 내에서 절단이 일어나고 역위가 일어남으로 인해 유전자의 두 부분이 분리되어 한 부분은 염색체의 먼 부분으로 이동되고 다른 부분은 원래의 부위에 남아 있게 된다. 이러한 유전자의 절단 현상은 유전자의 기능에 장해를 준다.

역위는 유전자를 정상적인 유전자 발현을 바꿀 수 있는 환경으로 유전자의 위치를 옮기는 경우가 있는데, 이러한 경우에도 표현형에 영향을 준다. 예를 들면, 초파리에서 정상적으로는 안테나가 발생하던 곳을 다리로 바꾸는 *Antennapedia* 유전자의 돌연변이는 역위에 의해 유전자를 새로운 조절 환경에 놓이게 하여 정상적으로는 발현이 안 되지만, 역위에 의해 촉진자 인접한 부위로 이동하게 되어 새롭게 발현되어 발생한다(그림 9.32 참조). 변경된 유전자 조절 환경의 다른 예로서, 염색체의 진정염색질에 위치한 유전자를 역위에 의해 이질염색질 부위로 위치가 변경되면 비정상적인 표현형이 나타나는데, 이때에는 이질염색질의 퍼짐 현상으로 체세포에서 인접한 유전자들의 발현을 억제하여 11장에서 설명한 위치–효과 얼룩(position-effect variegation)을 나타내게 된다(그림 13.14 참조).

역위 이형접합형과 임성의 저하

역위를 이형접합($In/+$)으로 가진 개체를 **역위 이형접합체**라고 한다. 이러한 사람들의 감수분열에서 역위를 가진 염색체가 정상의 상동염색체와 대합 시 **역위 고리**(inversion loop)를 형성하여 상동부위와 최대한 밀접하게 대합을 한다. 역위 고리 내에서 한 상동염색체는 다른 상동염색체의 상동부위와 접합하기 위해서 틀어져서 고리 구조

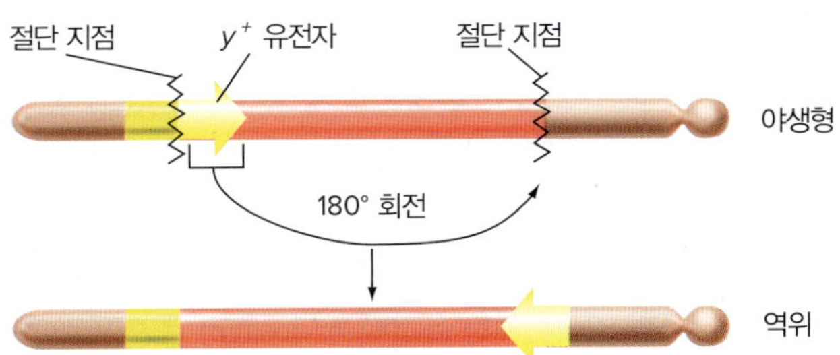

그림 14.11 역위가 유전자를 훼손하면 표현형에 영향을 준다. 여기에서는 역위가 *y*(yellow) 유전자를 절단시킴으로 불활성화된다.

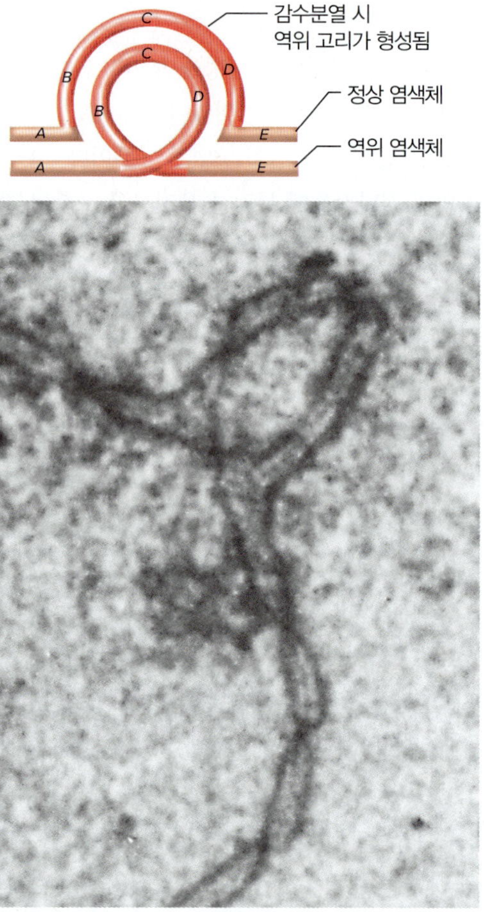

그림 14.12 역위 이형접합형은 역위 고리를 형성한다. 역위 이형접합형($In/+$)의 제1 감수분열 전기 동안 상동염색체의 접합을 극대화하기 위하여 상동부위는 역위 고리를 형성한다. (위) 자매분체들 쌍을 하나의 선으로 표시한 간단한 모식도. (아래) $In/+$ 생쥐 염색체의 역위 고리 부위의 전자현미경 사진 *Source: ©Lorinda Anderson and Stephen Stack, Department of Biology, Colorado State University*

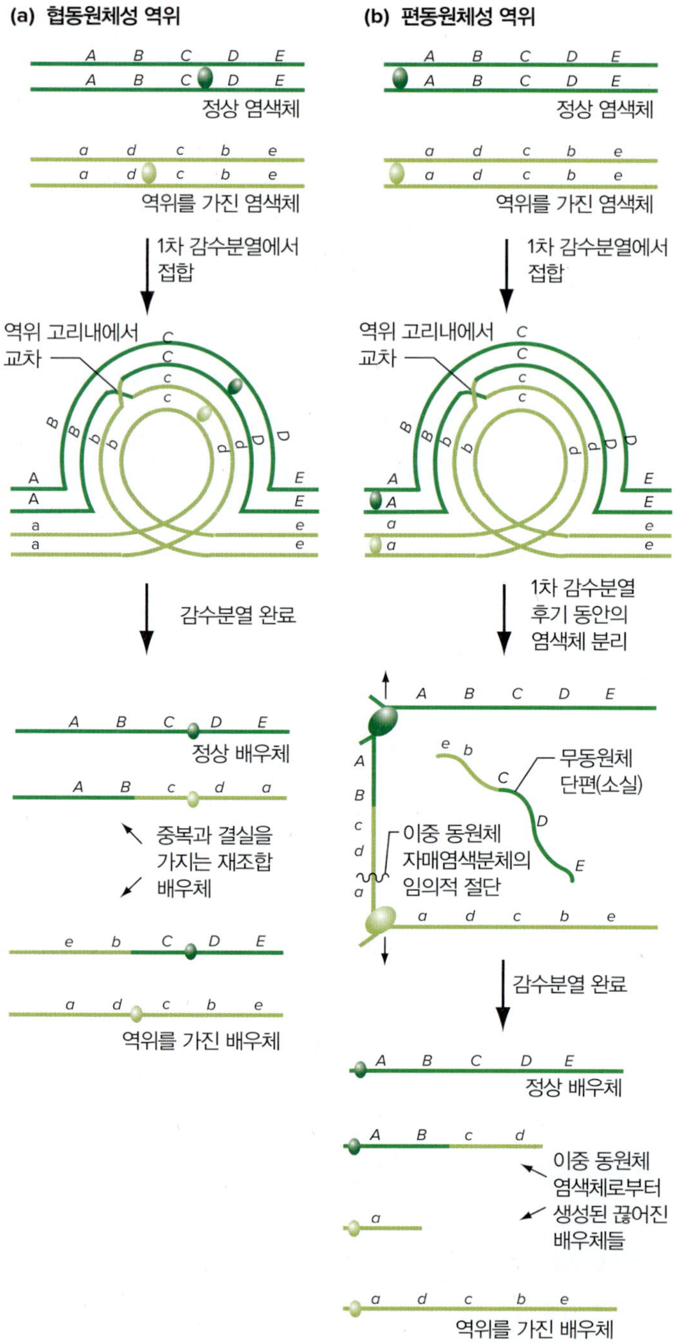

그림 14.13 왜 역위 이형접합형이 매우 적은 수의 재조환형 자손을 생성하는가. 각 선은 하나의 자매염색분체를 나타내고 다른 색깔의 초록색은 두 상동염색체를 나타낸다. **(a)** 협동원체성 역위의 역위 고리 내에서 재조합에 의해 형성된 자매염색분체들은 유전적으로 불균형이다. **(b)** 편동원체성 역위의 역위 고리 내에서의 재조합에 의해 생성된 자매염색분체들은 유전적으로 불균형일 뿐 아니라 동원체를 한 개만 가지지 않고 두 개 또는 전혀 가지지 않을 수도 있다.

를 형성한다(**그림 14.12**). 역위 고리 내에서 상동염색체 간 교차는 역위가 협동원체성인지 편동원체성인지에 따라 비정상적인 조환 염색자매분체들을 생성한다.

만약에 역위가 협동원체성이고 역위 고리 내에서 한 번의 교차가 일어난다면, 각 재조합 염색분체는 하나의 동원체를 갖게 되지만, 한 부위의 유전자들은 중복 상태로 갖고 다른 부위는 결실의 상태로 된다(**그림 14.13a**). 이러한 재조합형 염색자매분체를 갖는 배우자는 어떤 유전자들을 비정상적인 양으로 가지게 된다. 수정 시 비정상적인 배우자와 정상적인 배우자에 의해 생성된 접합자는 유전적 불균형으로 인해 대부분 치사한다.

만약에 역위가 편동원체성이고 역위 고리 내에서 한 번의 교차가 일어난다면, 재조합 염색분체는 유전자 양(dosage) 뿐 아니라 동원체의 수에서도 불균형을 가진다(**그림 14.13b**). 한 번의 교차는 동원체가 결핍된 **무동원체성 단편**(acentric fragment)을 만드는 반면, 상호 교차는 두 개의 동원체를 갖는 **이중동원체성 염색분체**(dicentric chromatid)를 생성한다. 동원체가 결핍된 무동원체성 단편은 제1감수분열 시 방추체가 결합할 수 없으므로 세포는 이것을 딸세포의 핵으로 전달할 수가 없으며, 결국 이러한 무동원체성 단편은 소실되고 배우자에는 편입되지 않는다. 대조적으로 제1감수분열의 후기에서는 반대 방향의 방추사는 두 개의 동원체를 각각 양방향으로 동시에 끌어당기게 되므로 두 동원체 사이의 부위 중 임의적인 곳에서 절단이 생기게 된다. 이러한 절단된 염색체 단편들은 많은 유전자들을 잃게 된다. 이렇게 무동원체 단편의 소실과 이중동원체의 절단은 치사적 불균형된 접합자를 만들게 되므로 초기 배발생 단계를 지나면 더 이상 발생이 진행되지 않는다. 결과적으로 편동원체 역위 고리 내에서 단일 교차는 재조합을 가진 자손 개체는 살아남지 못하며, 살아남은 자손들은 모두 역위 고리내에서 교차를 겪지 않은 비재조합형들이다.

요약하면, 역위가 협동원체성인가 편동원체성인가에 따라 역위 이형접합형의 역위 고리 내에서의 교차는 같은 효과를 갖는다. 수정 후 접합자 발달을 저해하는 재조합형 배우자의 형성이다.

감수분열 시 역위 고리 내에서 단일 교차가 일어나면 각 감수분열 세포는 두 개의 유전자 균형을 갖는 배우체(하나는 정상염색체를 가지면 다른 하나는 역위를 가짐)들과 두 개의 유전자 불균형을 갖는 배우체를 생성한다. 역위 부위가 크면 클수록 역위 고리 내에서 교차가 일어날 가능성이 높으며 따라서 더 높은 불균형 배우체를 생산한다. 이러한 이유로 특히 역위 부위가 클 때 역위 이형접합형은 임성이 낮아진다.

(역위를 동형접합으로 가진 정-세포에서는 고리가 형성되지 않으므로 역위 부위 내에서의 교차가 유전자나 동원체의 비정상적인 수를 가지지 않는다. 그러나 염색체들은 여전히 역위를 가지고 있는 것이다.)

역위 이형접합형과 교차 억제

역위 고리 내에서 조환이 일어나지 않은 자매염색분체들만이 생존 가능한 자손을 생산할 수 있으므로 역위는 **교차 억제자**(crossover suppressors)로 작용한다. 그렇다고 역위 고리 내에서 교차가 일어나지 않는다는 것은 아니고, 역위 이형접합형의 생존 가능한 자손들 중에는 조환형이 적은 수 또는 전혀 없다는 것을 나타내는 것이다.

유전학자들은 다수의 부분적으로 중첩이 되며 관찰 가능한 우성 표현형의 마커 돌연변이를 가지는 역위(협동원체성과 편동원체성 모두)를 가지는 **균형 염색체**(balancer chromosome)를 만들기 위해 교차억제자를 이용한다(**그림 14.14**). *Balacer*/+ 이형접합형의 생존 가능한 자손은 *Balancer* 염색체나 정상적인 유전자 순서를 가지는 염색체(+) 중 하나를 가지게 되지만, 이들은 두 가지를 모두 가지는 조환형 염색체를 받지는 못한다. 연구자들은 *Balancer* 염색체에 존재하는 우성 마커의 존재 여부에 따라 두 가지 형의 생존 가능한 자손들을 구별할 수 있다.

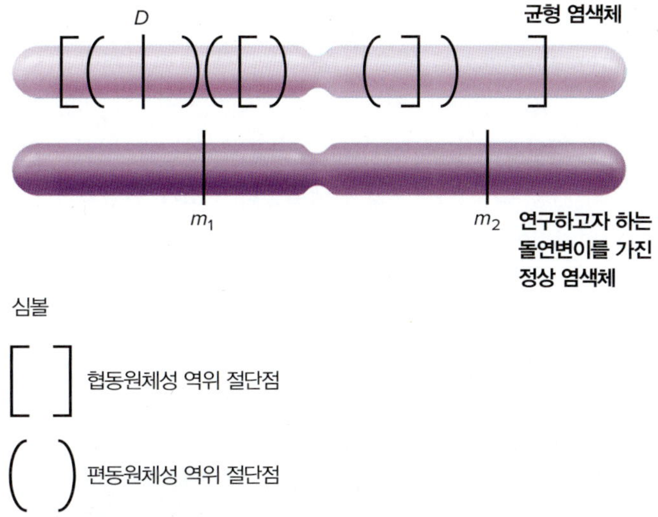

그림 14.14 반복성 삼중자 SSR의 확장에 의해 헌팅턴병이 생긴다. (a) 헌팅턴병 좌위(HD locus)의 암호화 영역에는 글루타민을 암호화하는 반복성 삼중자 영역이 존재한다. **(b)** 서로 다른 *HD* 대립유전자들은 다른 반복 횟수를 나타낸다. 정상 대립유전자는 35 이하의 반복수를 보인다. 질병을 유발하는 우성 대립유전자는 36 이상의 반복횟수를 지닌다. 반복횟수가 증가할수록 질병 발생 시점이 빨라진다.

유전학자들은 정상 염색체에 이들이 흥미를 가지는 여러가지의 돌연변이를 가지고 있는 염색체가 조환에 의해 변하지 않은 상태로 다음 세대로 전달되도록 하기 위해 *Balancer* 이형접합형을 만든다. 유전학적 계통을 만드는 것을 수월하게 하기 위해 대부분의 *Balancer* 염색체에 있는 마커는 우성의 관찰 가능한 표현형을 나타낼 뿐 아니라 *Balancer* 염색체의 동형접합형의 생존을 억제하는 열성의 치사 돌연변이로 행동한다.

전좌는 한 염색체의 일부를 다른 염색체에 붙인다

전좌(translocation)는 한 염색체의 일부를 다른 비상동염색체에 연결시키는 커다란-규모의 돌연변이이다. 이 절에서는 가장 흔한 형태의 전좌인 상호전좌(reciprocal translocation)만 설명하는데, 상호전좌는 두 비상동염색체 간의 염색체 부위의 교환이다(그림 14.1 참조). 상호전좌를 가지는 대부분의 개체들은 유전물질을 얻거나 잃지 않았으므로 표현형적으로 정상이다. 그러나 역위처럼 전좌 중단점 중의 하나가 유전자 근처이거나 유전자 내에 있다면 이 유전자의 기능이 바뀌거나 파괴될 수 있다. 마찬가지로 역위에서와 같이 상호전좌는 임성이 낮아지게 되지만, 그 이유는 다음에서 설명할 역위와는 다르다.

발암유전자를 생성시키는 전좌

유전자 기능에 대한 전좌의 잠재적 효과는 체세포에서 전좌에 의해 생기는 여러 가지 암을 설명하면 명백해진다. 정상 세포에서 **원암유전자**(proto-oncogenes; 원종양 형성 유전자)라고 알려진 유전자들이 세포분열을 조절한다. 이들 원암유전자들을 전자에 의한 재배열은 이들을 **발암유전자**(oncogenes)로 바꿀 수 있는데, 이것은 원암유전자들의 기능 획득으로 생성 단백질들의 구조가 변경되거나 발현 수준이 변경되어 세포분열을 계속 하게 한다.

예를 들면, 만성골수성백혈병(chronic myelogenous leukemia) 환자들의 대부분은 특정한 백혈구를 과잉 생산하는데, 백혈병 세포는 9번 염색체와 22번 염색체 간에 상호전좌가 있다(**그림 14.15**). 9번 염색체의 절단점이 *c-abl*이라고 원암유전자의 인트론에서 일어나고 22번 염색체의 절단점은 *bcr* 유전자의 인트론에서 일어난다. 전좌에 의해 두 유전자가 서로 인접하게 된다. 전사가 되는 동안 RNA-합성 기구들이 이 두 유전자를 같이 전사시키므로 긴 1차 전사체를 생성한다. 스플라이싱 후 mRNA는 *c-abl*-결정 단백질 N-터미널 부위 25개 아미노산들이 *bcr*-결정 단백질의 아미노산 600개로 대체된 융합 단백질을 생성시킨다. 이 융합 단백질의 활성은 세포분열 조절에 영향을 미치게 하여 백혈병으로 이르게 한다.

이 장의 읽을거리 「빠르게 살펴보기」의 **예정된 DNA 재배열과 면역체계**에서 전좌-유래 암의 다른 예로 **버키트 림프종**이라고 하는 암에 대해 설명한다.

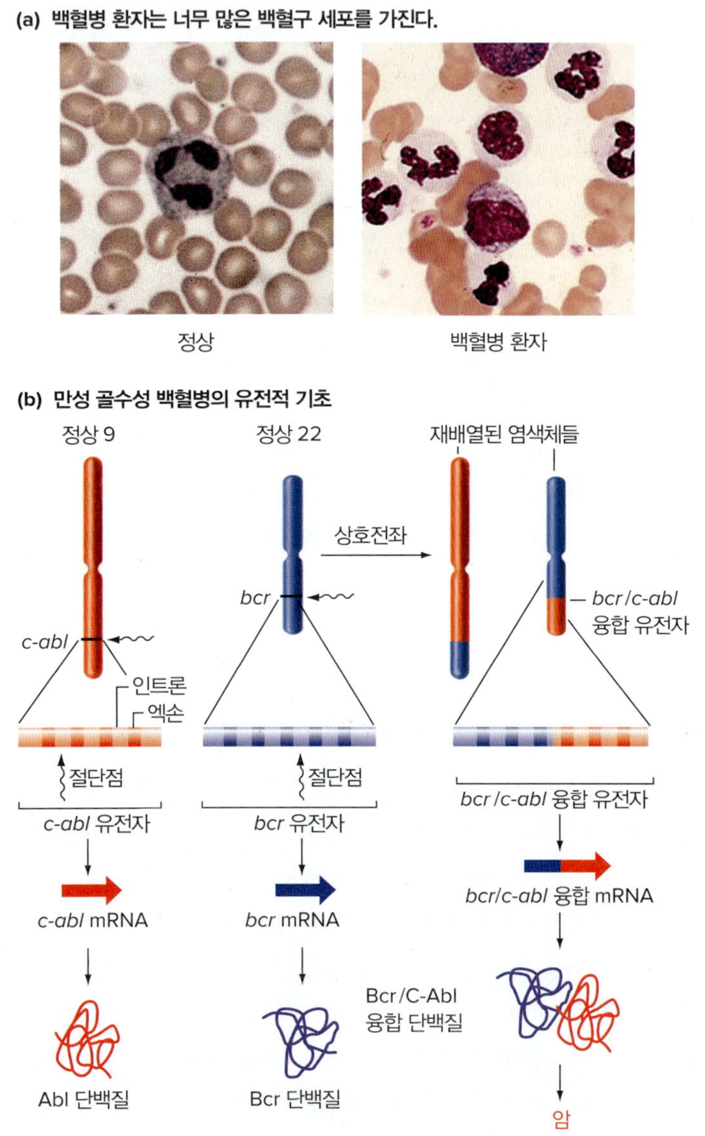

그림 14.15 어떻게 상호 전좌가 한 가지 종류의 백혈병을 야기하는가. **(a)** 통제불능의 세포분열에 의해 크고 검게 염색된 백혈구 세포들이 백혈병 환자(오른쪽)에게서는 정상인(왼쪽)에 비해 적혈구에 비해 많게 된다. **(b)** 9번 염색체와 22번 염색체의 상호 전좌는 만성 골수성 백혈병을 야기한다. 이러한 재배열은 *c-abl* 유전자의 일부와 *bcr* 유전자의 일부를 비정상적으로 연결된 혼성 유전자를 만든다. 이러한 혼성 유전자는 비정상적인 융합 단백질을 만들어 세포 분열 조절을 못하도록 만든다.
Source: (a): (left): ©E. Walker/SPL/Science; (right): ©Joaquin Carrillo-Farga/Science

전좌 이형접합형의 임성 저하

역위와 마찬가지로 전좌도 염색체 절단점이 유전자의 기능을 방해하지 않는다면 동형접합으로 있으면서 아무런 유전적 영향을 미치지 않는다. 전좌 동형접합은 감수분열에서 멘델의 양식으로 정상적으로 염색체들이 분리한다(**그림 14.16a**). 비록 유전자의 순서가 바뀌기는 하였지만 이들이 가진 두 벌의 반수체 염색체 세트들은 모두 같은 유전자 재배열을 가지고 있다. 결과적으로 모든 염색체들은 감수분열 접합 시 단일 염색체와 쌍을 이룬 파트너를 가지게 되며 자손들에게도 아무런 악영향을 주지 않는다.

그러나 **전좌 이형접합형**(translocation heterozygote)에서 감수분열 시, 어떤 형태의 분리는 유전적으로 불균형 배우자를 형성하여 수정 시 접합자에 해로운 영향을 준다. 전좌 이형접합형에서 두 벌의 반수체 염색체 세트들은 같은 유전자 배열을 가지고 있지 않다. 결과적으로 제1 감수분열 전기에서 전좌된 염색체들과 이들의 상동염색체들은 **십자 모양**(cruciform)의 접합을 하여 4개의 염색체들의 상동염색체 부위들 간의 접합을 극대화한다(**그림 14.16b**). 십자 모양의 염색체 접합에 참여한 염색체들을 추적하기 위하여 그림에서는 전좌된 염색체들은 *T*로 표시하고 정상적인 염색체들은 *N*으로 표시하였다. *N1*과 *T1* 염색체들은 1번 염색체에 있는 정상 상동동원체를 가지며, *N2*와 *T2* 염색체들은 2번 염색체의 정상 상동동원체를 가진다.

제1 감수분열 후기에서 이와 같은 십자 모양으로 접합된 염색체에 방추사가 연결되는 메커니즘은 상동동원체의 분리를 가능하게 하여 상동염색체들은 반대방향의 방추극으로 이동시킨다(*T1*과 *N1*은 반대 방향의 방추극으로 향하고, *T2*와 *N2*도 서로 반대 방향의 방추극으로 향한다). 중기의 적도판 배열에서 네 개의 염색체들의 배열에 따라 상동염색체들의 정상적인 분리는 두 가지의 염색체 분리 패턴

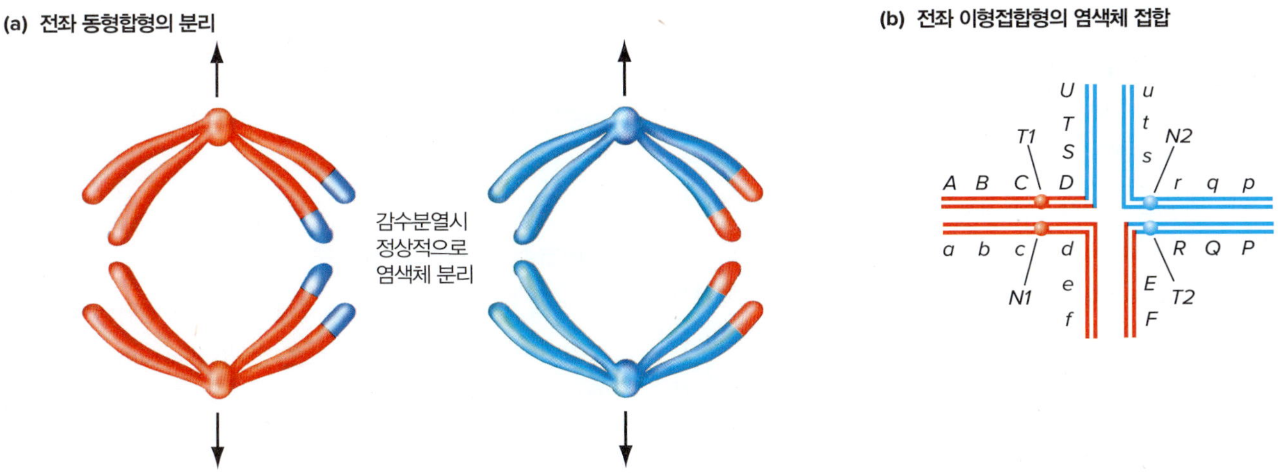

(c) 전좌 이형접합형의 염색체 분리

분리 양상	교호적		인접-1		인접-2 (빈도 낮음)	
배우자	균형 *N1 + N2* *a b c d e f* *p q r s t u*	균형 *T1 + T2* *A B C D S T U* *P Q R E F*	불균형 *T1 + N2* *A B C D S T U* *p q r s t u*	불균형 *N1 + T2* *a b c d e f* *P Q R E F*	불균형 *N1 + T1* *a b c d e f* *A B C D S T U*	불균형 *N2 + T2* *p q r s t u* *P Q R E F*
정상적인 *abcdefpqrstu* 동형접합과 수정되었을 때 자손 양상	*abcdef pqrstu*	*ABCDEF PQRSTU*	생존 못함	생존 못함	생존 못함	생존 못함

(d) 반불임성을 가지는 옥수수

그림 14.16 상호 전좌의 감수분열 염색체 분리. 막대와 선은 하나의 자매염색분체를 나타낸다. **(a)** 전좌 동형접합형(*T*/*T*)에서는 염색체들이 제1 감수분열 시 정상적으로 분리한다. **(b)** 전좌 이형접합형(*T*/+)에서는 네 개의 관련된 염색체들이 접합 형성을 극대화하기 위하여 십자 모양으로 접합한다. 원래의 유전자 순서를 가진 염색체(*N1*과 *N2*)에 있는 대립유전자들은 소문자로 표시하고 전좌된 염색체(*T1*과 *T2*)에 있는 대립유전자들은 대문자로 표시하였다. **(c)** 전좌 이형접합형에서는 세 가지의 염색체 분리가 가능하며 오직 교차분리만이 균형 있는 염색체들의 분리가 가능하다. **(d)** 여기에서 보이는 옥수수의 반불임 옥수수 이삭은 전좌 이형접합형이기 때문이다. 그림의 이삭은 정상 이삭에 비해 절반 정도의 옥수수가 맺혀 있는데 이것은 불균형 배주들은 유산되었기 때문이다. *Source: (d): ©M.G. Neuffer, University of Missouri*

중 각각을 동일하게 생성시킨다(**그림 14.16c**). **교호 분리형**(alternate segregation pattern)에서는 전좌된 염색체(*T1*, *T2*)들이 한쪽 방추극으로 이동하고 정상염색체(*N1*, *N2*)는 반대쪽 방추극으로 이동한다. 이러한 분리에 의한 두 종류의 배우자들(*T1*, *T2*와 *N1*, *N2*) 모두 정상적인 반수체에 있는 유전자들을 가지게 되며 이들이 정상의 배우자와 결합하면 정상적인 접합자를 형성한다. 대조적으로, **인접-1 분리형**(adjacent-1 segregation pattern)에서는 상동동원체들이 분리하는데, *T1*과 *N2*가 한쪽 방추극으로 이동하고 *N1*과 *T2*가 반대쪽 방추극으로 이동한다. 결과적으로 생성되는 배우자들은 커다란 부위(같은 배우자 내에 정상 염색체와 전좌된 염색체의 전좌된 부위)의 중복이 있으며, 다른 배우자는 커다란 부위(전좌된 염색체의 전좌된 부위를 가지지 않음)의 결실이 생기게 되어 유전적으로 불균형한 배우자를 만든다. 이러한 배우자들에 의해 수정된 접합자들은 보통 생존하지 못한다.

전좌 이형접합형의 비정상적인 십자 모양의 염색체 접합으로 상동동원체의 비분리가 측정할 만한 수준이지만 낮은 비율로 생긴다. 이러한 비분리는 **인접-2 분리형**(adjacent-2 segregation pattern)을 야기하며 여기에서 상동동원체 *N1*과 *T1*이 같은 방추극으로 이동하고 또 다른 방추극으로는 상동동원체 *N2*와 *T2*가 이동한다(그림 14.16c). 결과적으로 생성되는 유전적 불균형은 수정 시 생성되는 접합자가 치사한다.

그러므로 전좌 이형접합형에 의해 발생되는 모든 배우자들 중에서 약 절반보다 적은 정도의 빈도인 교호 분리에 의한 것들만이 전좌를 가지지 않은 개체와의 수정에서 생존 가능한 자손을 생산한다. 즉, 결과적으로 대부분의 전좌 이형접합형들은 생존 가능한 자손을 가질 수 있는 능력인 임성이 적어도 50% 정도로 줄어든다. 이러한 조건을 **반불임성**(semisterility)이라고 한다. **그림 14.16d**는 반불임성과 전좌 이형접합형과의 관련성을 옥수수를 이용하여 보여주었다. 유전적으로 불균형인 배주에 대한 추측은 옥수수 이삭이 열매를 완전히 맺지 못하고 듬성듬성 열매가 있는 것으로 알 수 있다.

인간에서는 대략 500명 중 1명이 어떤 종류이든 전좌를 이형접합형으로 가진다. 이러한 사람들은 대부분 표현형적으로 정상이지만, 이들이 생산하는 접합자의 대부분이 자연적으로 유산되므로 이들의 불임성은 낮다. 이미 학습한 것과 같이 이러한 반불임성은 인접-1과 인접-2 분리형에 의한 배우체가 유전적으로 불균형을 가지게 되므로 야기되는 것이다. 그러나 이러한 유전적 불균형이 접합자를 불가피하게 치사하게 하는 것은 아니다. 만약에 중복되거나 결실된 부위가 작다면 이러한 분리 모드에 의하여 생성된 불균형 배우체라고 하여도 정상적인 아이를 생산한다.

전좌 이형접합형과 관련된 위연관

전좌 이형접합형의 반불임성은 두 개의 전좌된 염색체들이 독립적으로 분리하는데 있어서 유전자의 가능성을 약화시킨다. 멘델의 2차 법칙에서는 감수분열 시 접합한 염색체 쌍은 두 가지의 정렬로부터 만들어지는 배우자들이 모두 생존 가능한 자손을 만드는 것이다. 그러나 앞서 살펴본 바와 같이 전좌 이형접합형에서는 타가수정에서 오직 교호 분리에서 생성된 배우자들 만이 자손을 만들고 비슷한 빈도로 만들어지는 인접-1과 인접-2의 분리로부터 생성되는 배우자들은 자손을 만들지 못한다. 그러므로 상호 전좌에 관련된 비상동염색체들의 절단점 부위에 있는 유전자들은 **위연관**(pseudolinkage) 현상을 보이게 되어 이들이 연관된 것처럼 나타난다.

그림 14.16c는 전좌 이형접합형에서 왜 위연관이 일어나는지를 보여준다. 그림에서 소문자 *a b c d e f*는 정상 1번 염색체(*N1*)에 있는 대립유전자들을 나타내며 *p q r s t u*는 비상동염색체인 정상 2번 염색체(*N2*)에 위치한 대립유전자들을 나타낸다. 전좌된 염색체(*T1*과 *T2*)들에 있는 이들 유전자들의 대립유전자들은 대문자로 표시하였다. 재조합이 없는 상태에서 멘델의 독립유전법칙에 따르면 두 개의 다른 염색체에 있는 유전자들은 네 가지 형태로 배우자에 같은 빈도로 존재한다. 예를 들면, *a p*, *A P*, *a P*, *A p*가 같은 빈도이어야 한다. 그러나 생존 가능한 자손을 만드는 배우자들은 (교차가 없는 상태에서) *a p*와 *A P* 유전자형을 가지는 것들이다. 그러므로 전좌 이형접합형에서 비상동염색체에 있는 유전자들이 마치 연관된 것처럼 행동하는 것이다.

로버트손 전좌와 다운증후군

두 개의 단부동원체성 염색체에서 염색체 절단이 동원체 내부나 인근지역에서 일어나면 **로버트손 전좌**(robertsonian translocation)가 생긴다(**그림 14.17**). 절단된 두 염색체 단편들 간에 교차 연결이 되므로 한 개의 긴 중부동원체성 염색체와 한 개의 아주 작은 염색체가 생성되는데, 이 작은 염색체에는 유전자가 거의 없거나 있어도 몇 개 없는 경우가 생긴다. 이 작은 염색체는 세포분열이 거듭되면서 소실된다. 로버트손 전좌는 로버트손(W.R.B. Robertson)의 이름을 딴 것으로 그는 1911년에 처음으로 진화가 되는 동안 중부동원체성 염색체는 두 개의 단부동원체성 염색체들의 융합에 의해 생긴다고 하였다.

이러한 현상의 중요한 예가 14번과 21번 염색체들 간의 로버트손 전좌 염색체를 이형접합형으로 가진 사람들에서 나타나며, 예로서 **그림 14.18**에서 보여주고 있다. 이러한 사람들은 표현형적으로는 정상이나 감수분열에서 인접-1 분리에 의해 생성된 배우자들에는 21번 염색체의 장완의 대부분을 두 카피 가지고 있는 것들이 있다. 한 카피는 정상 21번 염색체이고 두 번째 카피가 14번 염색체와 21번 염색체 간에 로버트손 전좌가 일어난 염색체이다. 수정 시, 두 카피를 가진 배우자가 정상적인 배우자와 결합하면 생성되는 아이는 21번 염색체의 장완 대부분을 세 카피로 가지게 된다. 다운증후군을 보이는 사람들의 약 4% 정도가 로버트손 전좌에 의해 생긴다. 이 장의 후반부에서 대부분의 다운증후군을 가진 사람들은 21번 염색체 전체를 3벌 가지는 경우라는 것을 살펴볼 것이다.

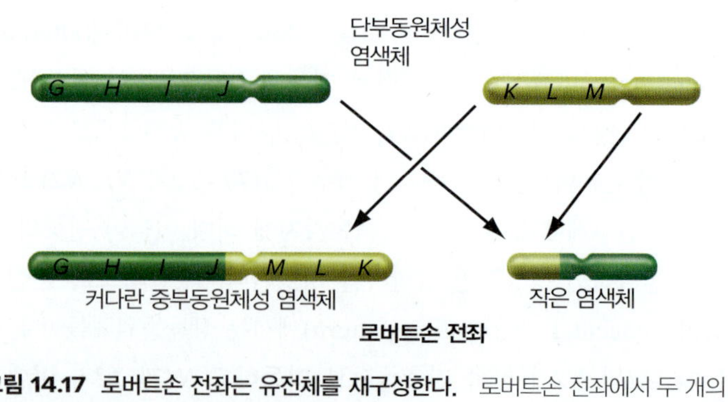

그림 14.17 로버트손 전좌는 유전체를 재구성한다. 로버트손 전좌에서 두 개의 단부동원체성 염색체끼리 염색체 부분을 상호 교환하므로 하나의 커다란 중부동원체성 염색체와 다른 하나의 작은 염색체를 형성한다. 작은 염색체에는 유전자가 몇 개 없어서 차후에 소실되어도 해로운 효과를 보이지 않는다.

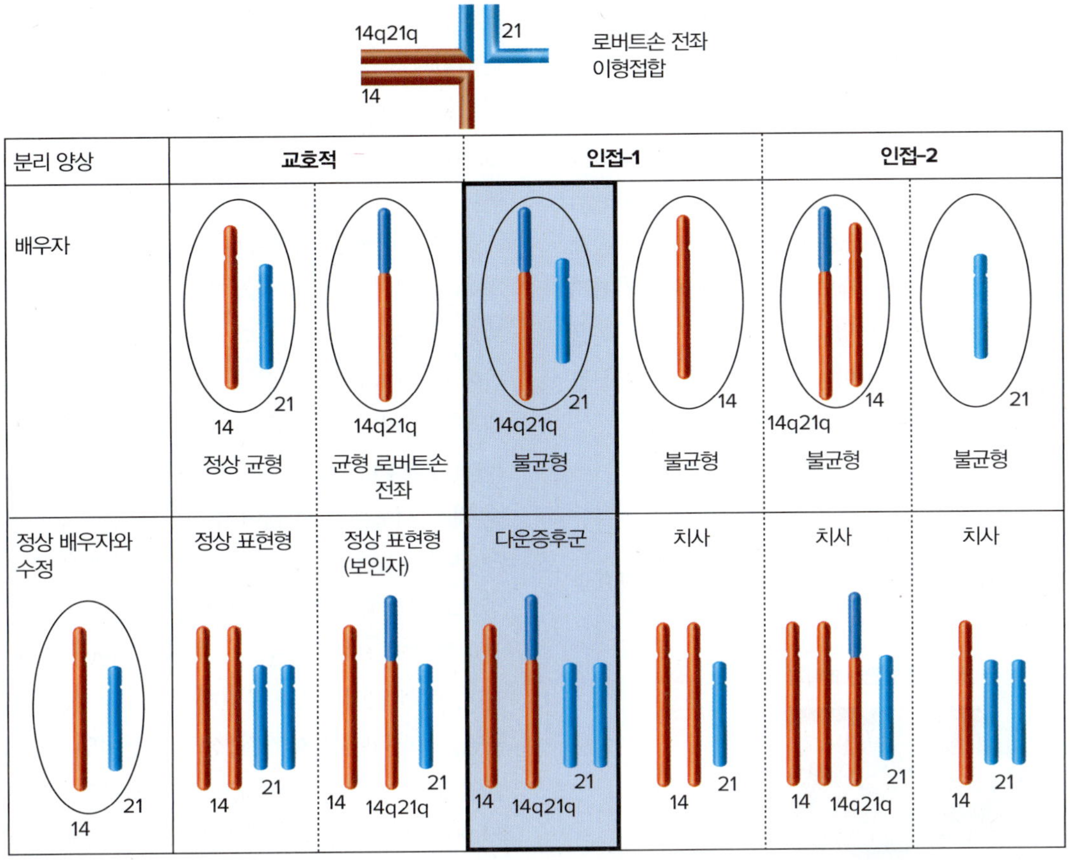

그림 14.18 전좌 다운증후군이 어떻게 발생하는가. 14q21q(21번 염색체와 14번 염색체 간의 로버트손 전좌)와 같이 21번 염색체가 전좌에 연관된 이형접합에서, 인접-1 분리는 21번 염색체의 일부분을 두 카피 갖는 배우자를 생성한다. 이러한 배우자가 정상 배우자와 결합하면 생성되는 접합자는 21번 염색체의 일부분을 세 카피 가지게 된다. 세 카피로 존재하는 21번 염색체 단편의 성격에 따라 다운증후군을 유발할 수 있다(원래의 전좌 이형접합에서 상호 전좌된[14p21p]의 작은 단편은 소실된다).

핵심 개념 14.2

- 결실은 염색체에서 DNA를 제거시키며 유전자량의 효과에 따라 돌연변이 표현형을 보인다.
- 결실은 유전자의 염색체 위치 찾기에 유용하다.
- 중복은 염색체에 DNA가 첨가되는 것으로 유전자량이 증가되거나 절단점 인근 유전자 조절이 변함으로써 돌연변이 표현형을 보인다.
- 역위는 염색체 내의 유전자 순서를 바꾸지만 유전자 수는 변하게 하지 않는다.
- 역위는 절단점이 유전자 내 또는 인접한 곳에 있으면 유전자를 분할하거나 유전자 기능을 방해하거나 유전자 조절을 변경함으로써 돌연변이 표현형을 나타내게 한다.
- 역위 이형접합형은 역위된 부위 내에서 감수분열 시 교차가 일어나면 불균형 배우자를 생성하므로 임성이 낮아지게 된다.
- 상호전좌에서는 두 비상동염색체들 간의 염색체 단편을 주고받는 것으로 DNA의 획득이나 소실은 없다. 전좌는 전좌 중단점 내에 있는 유전자나 인근의 유전자의 기능을 변형시킬 수 있다.
- 전좌 이형접합형은 감수분열 시 염색체 대합과 분리에서 많은 불균형 배우자를 형성하므로 임성이 낮아지게 된다.

14.3 전이인자들

학습 목표

1. 전이인자들을 정의한다.
2. 레트로트랜스포존과 DNA 트랜스포존의 구조와 이동 기작 차이를 이해한다.
3. 인간 유전체에서의 전이인자들과 이들의 이동성에 대하여 논의한다.
4. 전이인자들이 어떻게 유전체를 변형시킬 수 있는지 설명한다.
5. 세포는 어떻게 전이인자들의 과도한 전이를 억제하는지 설명한다.

유전체의 재배열에 중요한 영향을 미치는 다른 종류는 **전이**(transposition)로서 **전이인자**(transposable elements; TEs)라고 하는 작은 DNA 단편이 유전체의 한 곳에서 다른 곳으로 이동을 하는 것이다. 1930년대 로더스(Marcus Rhoades)와 1950년대에 맥클린톡(Barbara McClintock)의 옥수수의 복잡한 유전적 연구를 통하여 TEs의 존재를 처음으로 암시하였다. 당시 과학계에서는 이들 연구의 중요성을 오랜 기간 동안 간과하였는데, 고전적인 유전학에서는 유전적 재조합에 의한 유전자 지도 작성 연구 등으로 유전자는 염색체에 고정적으로 존재한다는 오랫동안의 믿음에 그들의 발견은 따르지 않기 때문이었다. 게다가, TEs들은 크기가 작아서 낮은 해상도의 핵형분석으로는 (FISH 분석 제외) 그들의 존재를 볼 수가 없었기 때문이었기도 하다. 하지만 TE DNA가 클로닝되면서 이들에 대한 연구를 자세하게 진행할 수 있게 되었으며, 유전학자들은 그들의 존재를 인정하였을 뿐 아니라 TEs가 박테리아로부터 인간에 이르기까지 모든 생물체에 존재한다는 것을 알게 되었다. 1983년에 맥클린톡은 옥수수 종자의 점박이 형질을 야기하는 이동성 유전 인자에 대한 통찰력이 있는 연구로 노벨상을 수상하였다(**그림 14.19a**).

전이인자들은 구조, 카피 수, 이동 기작 등이 다양하다

유전체 내에서 한 곳에서 다른 곳으로 이동을 할 수 있는 능력으로 진화한 DNA 단편들은 이들의 기원이나 기능 등을 불문하고 모두 전이인자로 정의할 수 있다. 전이인자는 생물체에 어떤 기능을 하는 염기들은 아니다. 실제로 많은 과학자들은 이들을 자신들의 복제 만을 허용하는 정보만 갖춘 이기적(selfish) 기생물이라고 여기기도 한다.

그러나 어떤 전이인자는 그들의 기주 생물에 기능을 부여하도록 진화된 것들도 있다. 한 가지 흥미로운 예로 전이인자는 초파리 염색체의 길이를 유지시켜준다. 염색체 말단에는 TTAGGG 반복이 존재하여 텔로머레이즈에 의해 길이가 유지되지만 다른 생물체들의 염색체와는 달리 초파리 염색체의 말단립에는 이러한 반복을 가지지 않는다(그림 13.22 참조). 그러나 초파리가 가지고 있는 전이인자의 어떤 것은 세포분열 시 짧아지는 염색체를 복원하기 위하여 염색체 말단 부위로 높은 빈도로 이동하여 염색체의 짧아짐을 방지한다. 결과적으로 염색체 크기가 상대적으로 일정하게 유지된다.

대부분의 전이인자들은 크기가 50 bp에서 10,000 bp(10 kb)정도이다. 어떤 전이인자는 유전체 내에서 수십만 카피가 존재한다. 예들 들면, 초파리에는 80가지 정도의 전이인자가 있는데, 각각은 평균 길이가 약 5 kb이고 50카피 정도된다. 이것은 $80 \times 50 \times 5 =$ 20,000 kb 정도로서 초파리 유전체 160,000 kb의 약 12.5%를 차지하는 것이다.

TE DNA를 클로닝한 후 이것을 탐침자로 이용하여 FISH 실험을 하면 TEs가 실제로 이동을 한 것을 볼 수가 있다. 예를 들면, 미국의 다른 두 지역에서 수집한 두 계통의 초파리에 *copia*라는 전이인자를 탐침자로 하여 타선 염색체에 분자 교잡하면, 각 계통들은 30~50곳에서 분자 교잡이 일어나는 것을 관찰할 수 있다. 어떤 분자 교잡은 두 계통 같은 곳에서 일어나지만 어떤 것들은 다른 곳에서 분자 교잡이 일어난다. 대조적으로 정상적인 유전자를 FISH 탐침자로 하여 실험을 하면 두 계통 모두 같은 곳에서 분자 교잡이 일어난다. 이러한 결과는 두 계통이 지역적으로 분리되고 난 뒤, *copia* 인자의 어느 것들은 두 계통의 유전체 내에서 이동을 하였지만, 정상적인 유전자는 이동을 하지 않고 같은 한 장소에 존재하는 것이다.

전이인자는 그들이 어떻게 이동하는가에 따라서 두 가지로 분류된다. **레트로트랜스포존**(retrotransposon)은 RNA 역전사효소에 의해 만들어지는 RNA 중간 매개체를 이용하여 이동한다. 앞에서 설명한 초파리의 *copia* 인자가 레트로트랜스포존이다. **트랜스포존**(transposon 또는 DNA transposon)은 RNA 매개체 없이 DNA 상태로 전이한다. 맥클린톡이 옥수수의 종자에 점박이를 일으키는 것으로부터 발견한 유전 인자들이 트랜스포존이다(**그림 14.19b**).

(a) 바바라 맥클린톡: 전이인자를 발견한 과학자

(b) 전이인자는 옥수수 종자에 얼룩을 생성한다.

그림 14.19 전이인자의 발견. **(a)** Babara McClintock는 옥수수 연구를 통하여 전이인자를 발견하였다. **(b)** 전이인자가 옥수수 종자의 색깔에 관여하는 색소 유전자 내로 삽입되거나 삽입된 것이 빠져나오는 등으로 색소 형성에 영향을 미쳐 옥수수 종자의 얼룩이 생성된다. *Source: (a): Science History Images/Alamy Stock Photo; (b): ©Nina Fedoroff*

표 14.1 인간 유전체에 있는 전이인자들.

LINE과 SINE은 poly-A형의 레트로트랜스포손이다: LINE들은 자신의 이동을 가능하게 하는 RNA-결합 단백질과 역전사효소(*ORF1*과 *pol* 유전자)를 코딩하고 있으며, SINE들은 LINE-코딩되어 있는 단백질들에 의존하여 이동을 한다. HERVs와 LTR-형 레트로트랜스포손들은 *pol* 유전자 외에 레트로바이러스의 외피단백질을 코딩하고 있는 *gag*와 *env* 유전자를 가지고 있다. 이들 전이인자들이 가지고 있는 유전자들이나 전이에 필요한 말단 부위 염기서열에 돌연변이 때문에, 인간 유전체에서는 오직 몇 개의 LINEs과 SINEs만이 이동을 할 수 있다; 인간 유전체 내의 HERVs와 DNA 전이인자들은 이동을 하지 않는 전사인자 흔적들이다.

전이인자	구조	길이 (kb)	카피 수	유전체 내의 양
레트로트랜스포손				
LINEs		6~8	1,000,000	20%
SINEs		< 0.3	2,000,000	13%
HERVs		1~11	600,000	8%
DNA 트랜스포손				
		2~3	400,000	3%
		합계	4,000,000	44%

인간 유전체의 거의 절반은 전이인자들로 채워져 있다

인간 유전체에는 약 4백만 개의 전이인자들이 있으며 이들의 전체 길이는 인간 전체 유전체의 44%를 차지한다(**표 14.1**). 인간 유전체에 존재하는 전이인자들의 대부분(약 90%)은 레트로트랜스포존이다. 인간 유전체 내에서 전이인자들의 이동은 진화적으로 우리 인간들과 최근에 분지된 침팬지의 유전체와 비교하면 알 수 있으며, 더욱 최근의 TE 활성은 인간 각 개인들의 유전체를 비교하면 찾아낼 수 있다. 이와 같은 연구 결과 침팬지와 분지된 이후 DNA 트랜스포존의 이동은 발견되지 않았으며 비교적 적은 수의 레트로트랜스포존들이 이동하였다는 것을 볼 수 있다. 인간에서 이와 같이 적은 비율의 TE 이동률은 부분적으로 TE 염기서열에 돌연변이가 집적되었기 때문으로 보이며, 또한 부분적이지만 이들의 이동을 최소화하는 기작이 있기 때문이다.

레트로트랜스포존은 RNA 매개로 이동한다

레트로트랜스포존의 전이는 RNA 중합효소에 의해 역전사효소-유사 효소를 암호화한 RNA로 전사하며 시작한다. 9장의 읽을거리 「유전학과 사회」의 **HIV와 역전사**(HIV and Reverse Transcription)에서 설명한 AIDS-발생 HIV 바이러스에 의해 만들어지는 역전사효소와 유사한 이 효소는 RNA에서 단일 가닥의 cDNA를 만들 수 있으며, 이것은 다시 두 가닥 DNA를 만드는데 주형으로 이용된다. 많은 종류의 레트로트랜스포존이 역전사효소 외에 다른 폴리펩타이드들을 암호화하고 있다.

어떤 레트로트랜스포존은 RNA-유사 DNA 가닥의 3′-말단에 폴리-A 꼬리를 가지고 있어서 mRNA를 연상시킨다. 인간에서는 **LINEs**(long interspersed nuclear elements)와 **SINEs**(short interspersed nuclear elements)와 같은 두 가지 유형의 폴리-A-함유 레트로트랜스포존이 있다(표 14.1). 다른 형태의 레트로트랜스포존은 양 말단에 **긴 말단반복**(long terminal repeats; LTRs)을 같은 방향으로 가진 것들이 있다. 이러한 두 번째 유형의 레트로트랜스포존는 레트로바이러스(RNA 종양 바이러스)의 DNA 복사본으로 삽입되는 것과 유사하여, 이것은 아마도 레트로트랜스포손이 레트로바이러스로부터 유래되었거나 반대로 레트로바이러스가 이들 레트로트랜스포존들로부터 유래되었음을 시사하는 것이다. 인간의 LTR-형 레트로트랜스포존은 실제로 **HERVs**(human endogenous retroviruses)라고도 한다(표 14.1).

레트로트랜스포존, mRNA, 레트로바이러스 간의 구조적인 유사성과 레트로트랜스포존이 역전사효소 같은 효소를 암호화하고 있다는 사실은(표 14.1의 *pol* 유전자) 레트로트랜스포존이 RNA 중간체

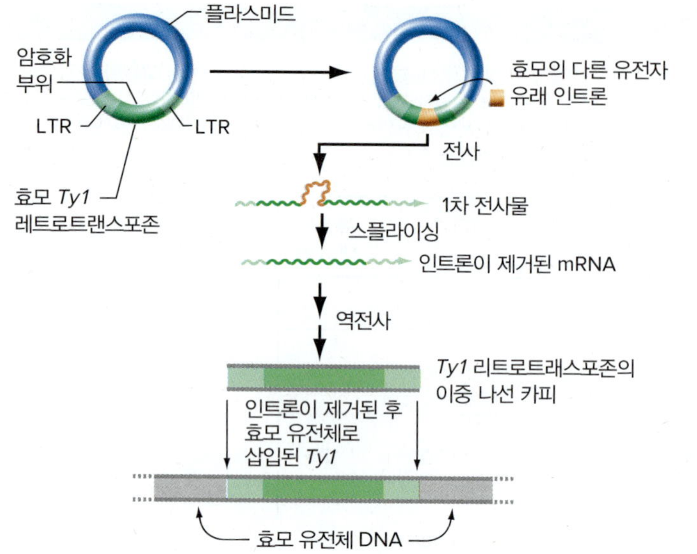

그림 14.20 리트로트랜스포존이 RNA를 매개로 하여 이동한다는 모식도. 과학자들은 하나의 인트론을 가진 *Ty1* 레트로트랜스포존을 가지는 플라스미드를 만들었다. 이 플라스미드를 효모 세포에 형질전환하여, 효모의 유전체에 *Ty1* 삽입시켰다. 이렇게 새롭게 삽입된 *Ty1*은 인트론을 가지고 있지 않았는데, 이것은 전이되기 전에 1차 전사체로부터 인트론을 제거한 후 전이된 것을 의미한다.

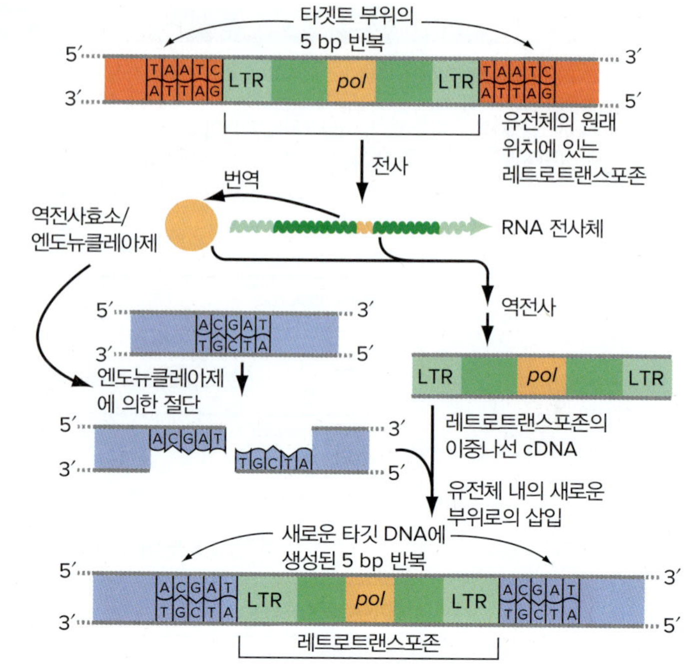

그림 14.21 LTR-레트로트랜스포존의 전이기작. LTR-레트로트랜스포존은 이동하기 위해 그들의 LTRs 염기들과 *pol* 유전자에 코딩되어 있는 역전사효소 및 엔도뉴클레아제 효소를 이용한다. 역전사효소는 두 가닥의 레트로포존 cDNA를 만든다. 두 가닥 cDNA의 효모의 새로운 곳으로의 삽입(청색)은 두 가닥 절단을 하여 "점착성 말단"을 요구한다. 점착성 말단을 채우기 위한 중합으로 타겟트 부위에 5 bp를 한쌍 만든다.

를 이용하여 전이하는지를 의심하게 하였다. 효모를 이용하여 실험한 결과는 이 사실을 증명한다. 한 연구에서 효모의 인트론을 가진 플라스미드에 *Ty1* 레트로트랜스포존 한 카피가 있는 것을 발견하였는데, 이것이 효모의 염색체로 이동하였을 때에는 새로운 장소에 있는 *Ty1*에서는 인트론이 발견되지 않았다(**그림 14.20**). 인트론의 제거는 mRNA 프로세싱 과정에서만 일어나므로 연구자들은 *Ty1* 레트로트랜스포존이 전이 시 RNA 중간 매개체를 이용하여 이루어진다는 결론을 지었다.

Poly-A-꼬리를 가지는 인자와 LTR-레트로트랜스포존이 이동을 하는 기작은 자세하게는 다르지만 하나의 중요한 방법은 서로 유사하다. 그것은 두 인자 모두 레트로트랜스포존의 전사부터 시작된다는 것이다. **그림 14.21**은 LTR-레트로트랜스포존(효모의 *Ty* 인자와 초파리의 *Gypsy* 인자 그리고 인간의 HERVs 인자들의 조상 인자들)이 유전체 내에서 이동하는 것을 보여 준다. 레트로트랜스포존이 가지고 있는 *pol* 유전자 전사체의 번역으로 역전사 효소와 엔도뉴클레이즈 활성을 가지는 효소를 생산한다. 이 효소는 레트로트랜스포존 RNA를 이중나선의 cDNA로 전환시키는 것을 개시하며, 유전체 DNA의 표적 부위를 절단하여 TE cDNA를 삽입시킨다. Poly-A-꼬리를 가진 TEs(인간의 LINE과 같은 인자들)은 역전사효소뿐 아니라 *ORF1*이라고 하는 레트로트랜스포존에 코딩되어 있는 단백질에 의한 알려지지 않은 복잡한 방법으로 이동을 한다.

그림 14.21에서 보여주는 것과 같이 RNA 매개로 전이의 한가지 결과는 레트로트랜스포존이 원래의 위치에 카피가 남아 있으면서 새로운 장소에 삽입되므로 카피 수가 증가하는 것이다. 이러한 방식의 이동으로 레트로트랜스포존 카피 수는 급격히 늘어날 수 있다. 생물체들은 레트로트랜스포존의 이동을 제한하는 정교한 진화적 메커니즘을 개발하여 레트로트랜스포존의 폭발적 증가를 억제하며, 이에 대해서 본 장의 후미에서 설명한다.

전이효소는 DNA 트랜스포존의 이동을 촉매한다

RNA를 중간 매개체로 전이하지 않는 트랜스포존의 대표적인 특징은 양말단이 서로 역반복되어 있어서, 한쪽 끝의 염기서열이 다른 끝의 염기서열의 거울 이미지라는 사실이다(**그림 14.22a**). 이러한 역반복은 길이가 통상 10~200 bp정도이다.

트랜스포존의 역반복 사이에는 전이 시 양말단 반복서열을 인식하여 전이를 매개하는 전이효소를 암호화한 유전자를 가지고 있다. 그림 14.22a에서 보는 것과 같이 전이로 이어지는 과정은 원래의 유전체 위치에서 트랜스포존이 떨어져 나와 새로운 위치로 삽입되는 것이다.

이때 떨어져 나오는 부위에서의 두 가닥 절단은 경우마다 다른 방

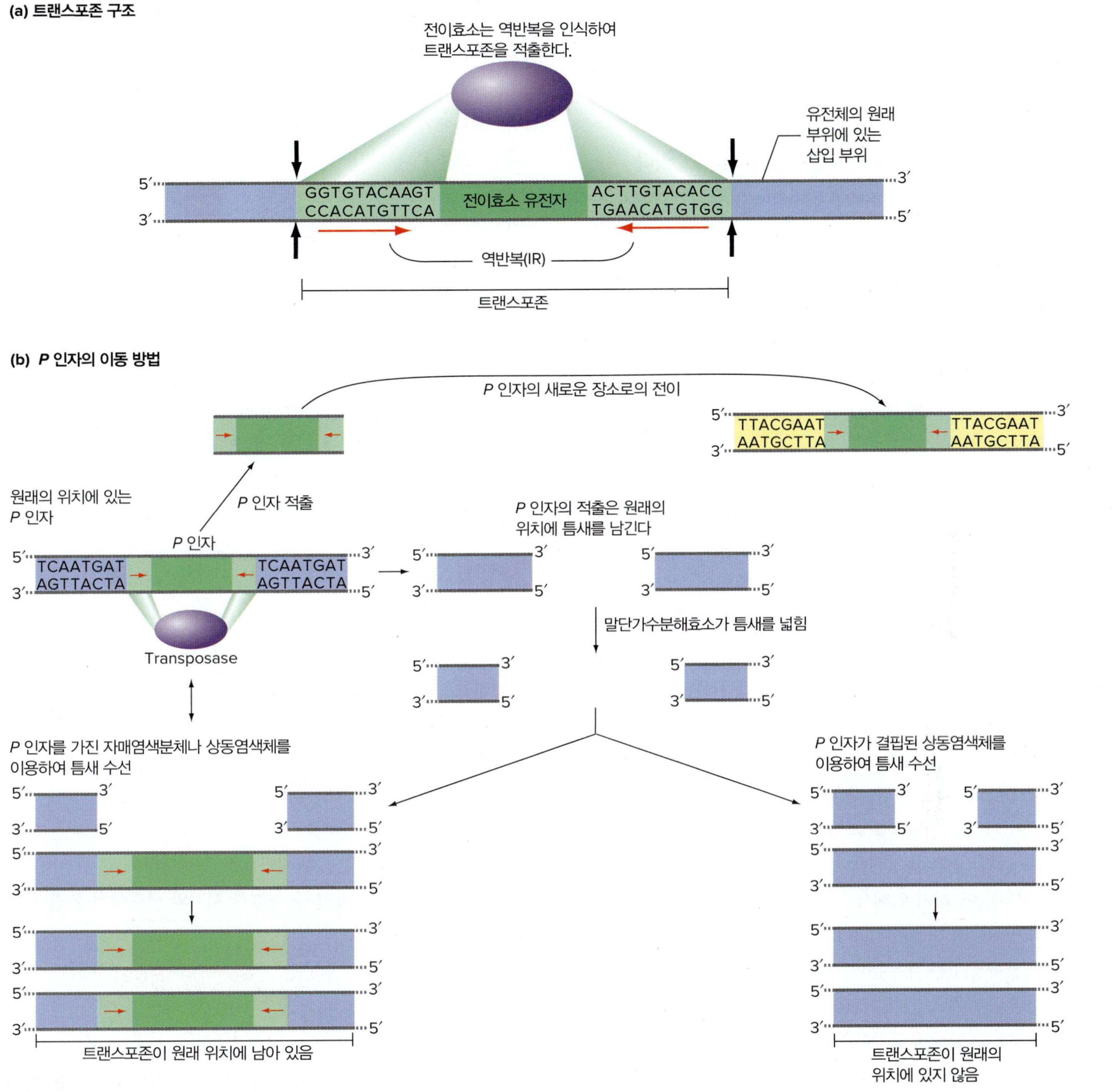

그림 14.22 DNA **트랜스포존: 구조와 이동.** **(a)** 대부분의 트랜스포존들은 말단에 역반복을 가지고 있고 (밝은 녹색 붉은 화살표) 이들 역반복을 인식하는 전이효소 유전자를 가지고 있다. 전이효소는 트랜스포존과 인접한 염기 사이의 경계를 절단하며 트랜스포존의 적출과 새로운 장소로의 삽입을 돕는다. **(b)** *P* 인자의 전이효소-촉매 삽입은 타깃 부위에 새로운 8 bp의 반복을 형성한다(노란색). 원래의 위치에서 트랜스포존의 적출 시 틈새를 남긴다. 핵산 말단가수분해효소가 이 틈새를 넓히며 세포는 관련된 DNA들을 주형으로 하여 틈새를 수선한다. 주형이 *P* 인자를 가지고 있는지 여부에 따라 트랜스포존은 자리에 남아 있거나 또는 원래의 자리에서 적출된다.

법으로 수선된다. **그림 14.22b**는 두 가지 가능성을 보여 준다. 초파리에서 *P* 인자(*P* element)로 알려진 트랜스포존은 적출 후, DNA 말단가수분해효소(exonuclease; 엑소뉴클리에이즈)가 생성되는 틈새를 벌려 놓고 자매염색분체나 상동염색체의 상동부위를 주형으로 수선한다(7장에서 설명한 두 가닥-절단-수선 기작을 이용하여). 만약에 주형이 *P* 인자를 가지고 있고 DNA 복제가 완벽히 정확하게 이루어진다면, 수선은 적출 전 처음에 있었던 위치에서 *P* 인자를 회복할 수 있으므로 *P* 인자가 전이 과정 중에도 원래 위치에 남아 있는 것처럼 보인다(그림 14.22b의 왼쪽 하단). 만약에 주형이 *P* 인자를 가지고 있지 않다면, 트랜스포존은 전이 후 원래의 위치에서는 소실된다(그림 14.22b, 오른쪽 하단).

유전체는 결함을 가진 전이인자를 종종 가지고 있다

전이인자의 많은 카피들이 전이 과정이나 (예로 레트로트랜스포존의 불완전한 역전사) 전이 후의 기작 (예로 *P* 인자가 적출된 후 수선될 때 결함) 등으로 결실을 가지고 있다. 레트로트랜스포존이 전사에 필요한 프로모터가 결실되면 이 레트로트랜스포존 카피는 차후 이동하기 위한 RNA 중간체를 형성할 수 없다. 트랜스포존의 경우 양 말단 반복 중 한 개가 결실되면 전이효소는 이 인자의 전이를 촉매할 수 없다. 이러한 결실은 결함이 있는 전이인자들을 만들어 이들이 다시 이동할 수 없게 한다.

다른 형태의 결실은 자신의 힘으로는 이동을 할 수 없지만 만약 유전체 상에서 자신의 결함된 기능을 보완하여 줄 수 있는 비결함인자가 있으면 이동이 가능한 것들도 있다. 예를 들면, 레트로트랜스포존에서 결실에 의해 역전사효소 유전자가 결함을 가지거나 트랜스포존에서 전이효소 유전자가 결함을 가지고 있으며 유전체 상에 오직 그 카피 만이 존재한다면 이들은 이동하지 못한다. 하지만 만약에 유전체 내에서 다른 인자들에 의해 역전사효소나 전이효소를 공급받으면 이들은 이동이 가능하다. 이렇듯 다른 비결함 전이인자들의 활성에 의해 이동 가능한 결함을 가진 전이인자를 **비자가인자**(nonautonomous elements)라고 하며, 다른 인자들의 도움 없이 자신의 능력으로 이동이 가능한 인자들을 **자가인자**(autonomous elements)라고 한다. 예를 들면, 인간 유전체에 있는 모든 SINES 인자들은 비자가인자들로서 이동을 하기 위해서는 LINEs에 코딩되어 있는 단백질들을 이용하여 이동이 가능하다(표 14.1).

인간 유전체에 있는 대부분의 TEs들은 TE 흔적(relics)으로서 두 가지의 결함을 가지고 있다. 역전사효소나 전이효소와 같이 이동에 필요한 단백질 유전자에 결함을 가지고 있을 뿐 아니라 이들의 프로모터나 말단 부위가 훼손되어 이동을 전혀 할 수 없는 것이다. 앞에서 기술한 것과 같이 인간 유전체 내에서 이동이 가능한 것들은 오직 LINEs나 SINEs 인자이며, 이들 중에서도 오직 일부 인자들만이 이동 가능하다. 이동에 필요한 모든 것을 갖춘 완전한 자가 전이인자의 수는 더욱 적어서, 예를 들면 과학자들은 인간의 이배체 유전체상에 자가 전이인자는 약 80~100개 정도라고 생각한다. 3백만 개의 거의 모든 LINEs과 SINEs 인자는 모든 사람들이 같은 위치에 가지고 있으며, 인간 진화 과정에서 약 8,000개 정도가 이동을 하였으며, 이들은 사람들마다 삽입 장소가 다를 수 있다.

전이인자들은 유전자를 훼손하고 유전체를 변형시킨다

유전학자들은 통상 전이인자를 자신의 복제만을 위해 존재하는 **이기적 DNA**(selfish) 단편이라고 생각하였다. 그러나 전이인자의 이동은 생물체가 유지하고 있는 염색체나 유전자의 조직화나 기능에 많은 영향을 준다.

TEs에 의한 유전자 돌연변이

전이인자가 유전자 내 또는 인접한 부위로 삽입하면 그 유전자의 발현에 영향을 주어 표현형을 변화시킨다. 멘델이 연구한 완두콩의 주름진 씨껍질 형질은 전분 분지효소 유전자인 *Sbe1* 내로 전이인자가 삽입되어 유전자 기능을 훼손하여 나타난 것이다. 초파리에서 1910년에 모건이 발견한 w^1 돌연변이를 포함한 많은 수의 자연 돌연변이들이 전이인자의 삽입에 의한 것이다. 인간에서 활성 TE를 찾는 한 가지 방법은 이들의 전이가 질병을 야기하는 것을 탐지하는 것이다. 레트로트랜스포존 삽입의 의한 인간 질병이 약 100여 가지가 알려져 있는데, 예로 혈우병 A, 혈우병 B, 섬유성 낭포증, 신경섬유종증, 근육 이형성증 등이 있다.

전이인자의 유전자 삽입 시 효과는 어떤 인자이며, 유전자의 어느 부위로 삽입되었는지 따라 다르다(**그림 14.23**). 만약에 인자가 단백질 암호화 부위의 엑손에 삽입되었다면, 첨가된 DNA는 해독틀 이동을 일으키거나 폴리펩타이드 생성시 조기 종결 코돈을 생성시킬 수 있다. 만약에 전이인자가 인트론에 삽입되면 스플라이싱의 효율을 감소시킬 수 있다. 엑손이나 인트론에 삽입된 전이인자는 또한 전사를 종결 신호로 만들어서 삽입된 부위의 하위부터는 전사가 일어나지 않게 할 수도 있다. 마지막으로 프로모터와 같은 전사 조절 부위로 삽입되면 발달 과정 중 특정한 시기와 조직에서 유전자 산물의 생성에 영향을 준다.

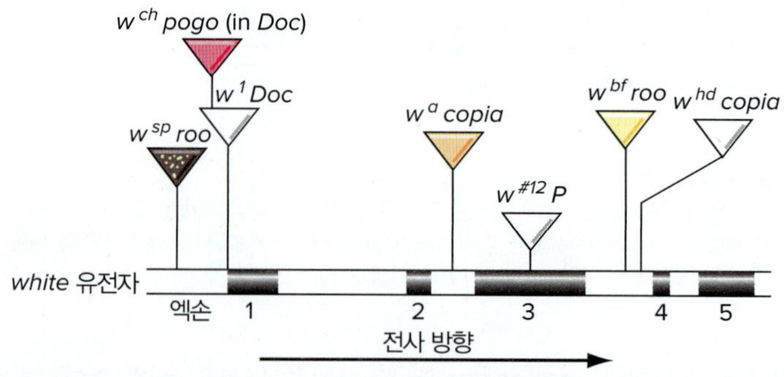

그림 14.23 전이인자는 유전자 내로 삽입하여 돌연변이를 일으킨다. 초파리의 *white* 유전자에서 많은 수의 자연 돌연변이들이 *copia, roo, pogo, Doc* 등의 전이인자들의 삽입에 의하여 생긴 것이다. 결과적으로 생성되는 눈 색깔 표현형(삼각형의 색깔로 표시함)은 어떤 인자가 *white* 유전자의 어느 곳으로 전이인자들이 삽입되었는가에 따라 다르다.

TE 삽입 돌연변이에 의한 불안정성

만약에 전이인자의 말단 부위가 전이 과정 중에 손상을 입어 TE가 이동을 할 수 없게 되거나, 전이에 필요한 단백질을 코딩한 인자가 없다면 TE 삽입에 의한 돌연변이는 안정하게 된다. 그렇지 않으면 TE 삽입은 불안정하게 된다. TE가 다시 재가동, 즉 재전이가 되어 돌연변이 대립유전자를 야생형 대립유전자로 회복시킬 수도 있다.

옥수수에서 TE 삽입으로 인하여 생성된 불안정한 돌연변이인 *C* 유전자는 맥클린톡이 전이인자를 발견하게 하여 주었다(**그림 14.24**). *C* 유전자는 옥수수 종자에 자주색 색소를 내게 하는 색소 단백질을 코딩하고 있다. *C* 유전자 내에 *Ds* 또는 *Dissociator*라는 비자가 인자가 삽입되면 불활성화가 되어 종자 색깔이 노란색이 된다. 옥수수는 또한 *Ds*와 같은 계통의 자가 전이인자 *Ac* 또는 *Activator* 인자를 가지고 있어서 *C* 유전자 돌연변이가 불안정하게 된다. 즉, 어떤 세포에서는 *Ds*가 삽입된 장소에서 적출되어 나오게 되고 *C* 유전자가 야생형으로 회복하게 하여 결과적으로 노란색 종자에 자주색 얼룩을 보이게 하는데(그림 14.19b), 자주색 세포들은 *Ds*가 적출된 세포로부터 유래한 클론 세포들인 것이다.

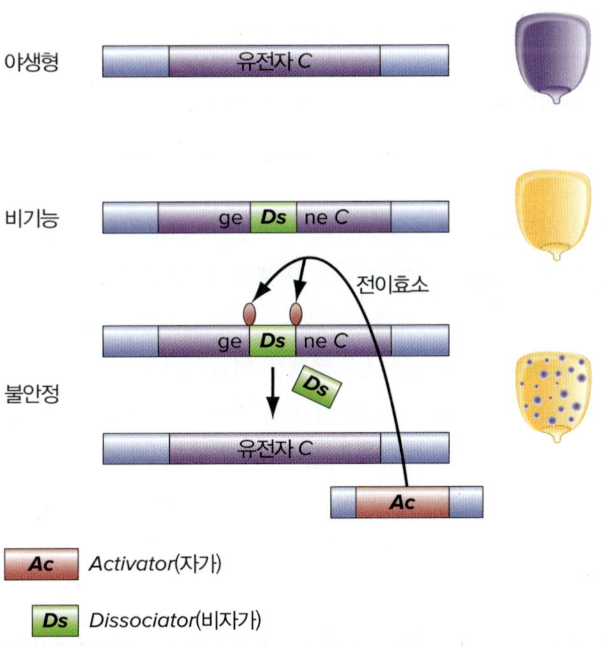

그림 14.24 TE-연관된 대립유전자들은 불안정하다. *C* 유전자가 활성을 가지면 옥수수 종자 세포들은 자주색이다. *Ds* 인자가 삽입되어 *C* 유전자가 불활성화되면 종자색이 노란색이 된다. 노란색 종자 중 어떤 것들은 자주색 세포들로 인한 얼룩을 가진다(반점, mottling). Babara McClintock는 이러한 자주색 점들은 종자 세포 유전체에 *Ac* 인자가 존재하여 *C* 유전자 돌연변이가 불안정화 되었기 때문이라고 설명하였다. 후에 분자생물학적 실험으로 *Ac* 인자는 전이효소를 제공하여 비자가인자인 *Ds* 인자를 *C* 유전자로부터 적출하도록 한 것이라는 것을 증명하였다.

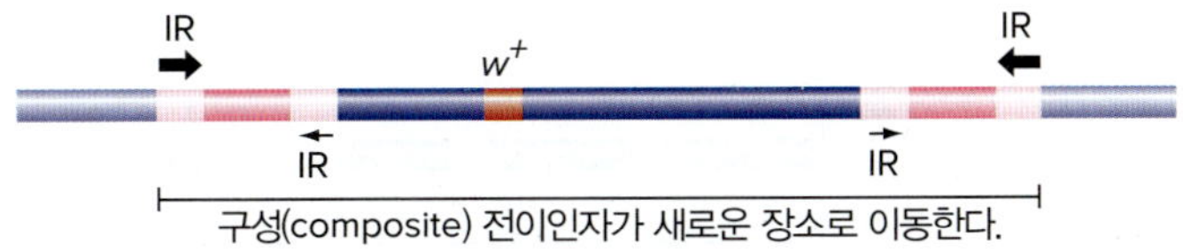

그림 14.25 트랜스포존은 유전자를 염색체의 새로운 위치로 이동시킨다. 만약에 같은 트랜스포존이 두 카피가 같은 염색체 상에서 인접하여 존재한다면, 전이효소는 가장 외곽에 있는 역반복(IRs, 큰 화살표)을 인식하여 복합 트랜스포존을 형성하여 그림에서 보이는 w^+(붉은색)와 같은 유전자를 새로운 위치로 이동시킬 수 있다.

TE에 의한 염색체 재배열

레트로트랜스포존과 트랜스포존 모두 전이되는 것 외에도 여러 가지 방법으로 염색체 재배열을 일으킬 수 있다. 이미 설명한 바와 같이(그림 14.2), 같은 TE를 두 카피 가지고 있으면 이들은 비정상적인 대합을 하여 이들 간의 교차는 염색체 재배열을 야기할 수 있다. 초파리에서 Bar 돌연변이를 가진 중복 돌연변이(그림 14.9)는 중복된 부위의 인접 부위에 있는 TEs에서 불균등 교차가 일어난 것일지도 모른다. 다른 종류의 염색체 재배열은 TE들 간의 재조합에 의한 것이 아니고 전이 과정 그 자체에 의해 생성되기도 한다. 때로는 전이 과정의 실수로 TE 인접한 부위의 염기들이 중복되거나 결실되기도 한다.

전이에 의한 유전자 재배치

만약에 같은 DNA 전이인자가 한 염색체 내에서 인접하여 존재하면, 두 전이인자의 가장 외곽의 역반복(inverted repeat, IR)들이 마치 하나의 전이인자의 역반복과 같이 놓이게 된다(**그림 14.25**, 굵은 화살표로 표시). 만약에 전이효소가 전이 과정에서 이들 가장 외곽의 역반복 쌍을 인식하면, 이들 두 인자와 이들 사이에 있는 유전자를 포함한 하나의 커다란 전이인자로 이동시킨다. 원핵생물에서 두 TEs들을 동시에 이동시킬 수 있는 능력은 다른 스트레인이나 종으로 약제 내성을 전파시키는 기작을 제공하는데, 이에 대해서는 15장에서 다룬다.

전이인자들의 이동을 제한하는 메커니즘들이 진화되었다

전이인자들의 삽입은 특정한 유전자에 돌연변이를 일으키고 염색체 재배열을 야기할 수 있다는 것을 학습하였다. 빈번한 TE 이동은 기주 유전체를 위험에 빠뜨릴 수 있으므로, 전이인자 활성을 억제하는 메커니즘들이 진화적으로 고안되었다.

한 예로 초파리의 *P* 인자의 이동은 전이효소 생성을 억제하고 *P* 인자 RNA의 대체적 스플라이싱을 통하여 전사 억제인자를 생성하는 것으로 통제한다(**그림 14.26**). 생식세포에서 전이효소 mRNA의 1차 전사체의 인트론(그림 14.26의 노란색)이 어떤 경우에는 스플라

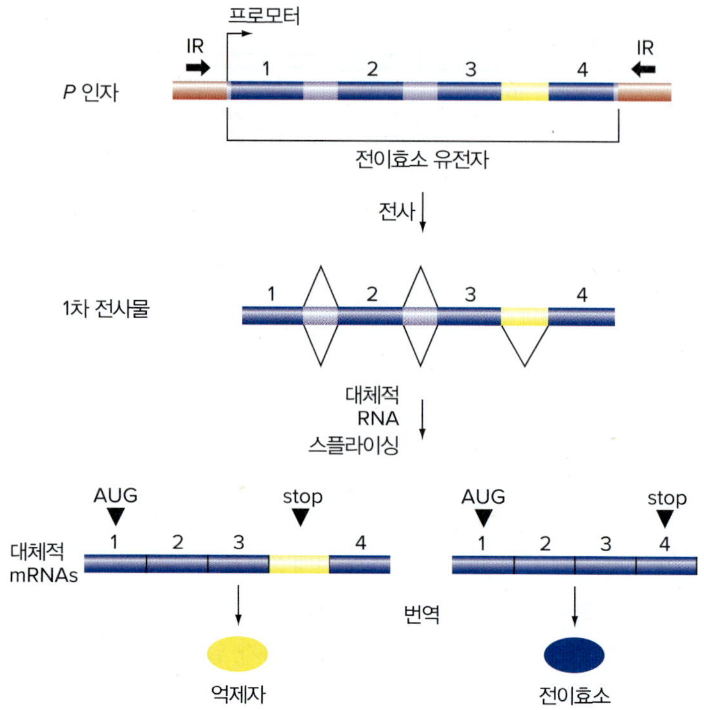

그림 14.26 ***P* 인자의 이동은 mRNA 스플라이싱에 의해 조절된다.** *P* 인자의 일차전사물은 대체적 스플라이싱을 한다. 3번 엑손과 4번 엑손 사이의 인트론은 (노란색으로 표시) 때로는 스플라이싱 되고 때로는 남아 있는다. 이 인트론을 가지고 있는 mRNA는 전이를 억제하는 억제자를 코딩한다. 이 인트론이 없는 mRNA는 전이효소를 코딩한다.

이싱되기도 하고 어떤 경우는 남아 있기도 하다. 인트론이 스플라이싱되어 제거된 mRNA는 전사효소를 코딩하지만, 대체적 스플라이싱으로 인트론을 가지고 있는 mRNA는 작은 억제 폴리펩타이드를 코딩하고 있다. 생식세포에서는, 이 억제 단백질이 *P* 인자의 역반복에 전이효소가 결합하는 것을 경쟁적으로 방해하여 *P* 인자의 전이를 억제한다. 이상하게도 체세포에서는 인트론이 전혀 스플라이싱되지 않으며, 오직 억제 단백질만 만들게 되어(전이효소가 아님), *P* 인자들은 체세포에서는 이동하지 않는다.

DNA 트랜스포존과 레트로트랜스포존 모두 생식-세포에서의 활성을 억제하는 더욱 일반적인 메커니즘이 최근에 발견되었는데, 이것은 모든 동물에 존재하는 것 같다. 이 메커니즘은 **piRNAs**(Piwi-interacting RNAs)라고 하는 작은 RNAs로서 이들은 TEs의 전사와 TE 전사물들의 번역을 억제한다. 19장과 20장에서 여러 종류의 작은 RNA들이 어떻게 진핵생물 유전자 발현 조절을 하는지 자세한 설명을 한다.

핵심 개념 14.3

- 전이인자들은 유전체 내에 많은 카피로 존재하는 이동 가능한 작은 염기서열이다.
- 레트로트랜스포존은 역전사효소에 의해 일차적 전사물이 역전사되고 다시 cDNA가 되는 RNA를 중간 매개자로 하여 유전체 내에서 이동한다. 대조적으로, DNA 트랜스포존은 전이효소를 이용하여 트랜스포존 양말단에 있는 역반복을 인식하여 이동한다.
- 인간 유전체의 거의 절반은 전이인자들로 이루어져 있으며, 현재에는 이들 중 오직 몇 개만이 이동할 수가 있다.
- 전이인자들은 유전자를 훼손시키고, 유전자를 새로운 위치로 이동시키고 염색체를 재배열하는 등으로 유전체를 변형시킨다.
- TE 활성을 억제하는 메커니즘으로 대체적 스플라이싱과 TE 전사를 억제하는 piRNAs 등의 행동이 있다.

14.4 유전체 재구성과 진화

학습 목표

1. 어떻게 여러 형태의 염색체 구조들이 유전자 발현 양상을 바꾸고 새로운 유전자 산물을 만들어내는지 이해한다.
2. 중복에 의한 여분의 유전자 카피가 어떻게 진화에 속도를 내게 하는지 설명한다.
3. 특히 왜 전좌가 종 분화에 기여하는지 설명한다.

이 장의 서두에서 생쥐의 유전체와 비슷한 형태의 인체 유전체가 인간이 가지고 있는 약 300여 개의 염색체 구조 재배열에 의해 어떻게 인체 유전체를 재구성하게 하였는지를 살펴보았다. 생쥐와 인간 유전체를 구성하는 DNA를 직접적으로 비교하면 결실, 중복, 역위, 전좌, 전위 등이 인간과 생쥐가 약 6천5백만 년 전의 공통조상으로부터 각각 분지한 이후 각각의 계통에서 일어났는지를 볼 수 있다. 지금까지 이 장에서 기술한 유전체 재구성의 어떤 것들이 진화에 기여하였는지를 세 가지의 일반적인 방법으로 고려한다.

염색체 재배열과 전위는 유전체 변이의 중요한 요인들이다

진화 과정은 전적으로 DNA 염기서열에 존재하는 변이에 달려 있다. 특정한 환경에서 생존하여 번식 능력을 나타내는 **적응도**(fitness)를 높이는 변이들은 집단에 퍼져 나가게 된다. 적응도에 부정적인 영향을 주는 변이들은 집단에서 사라지게 된다. 변이가 없으면 **자연 선**

발(natural selection)이 —높은 적응도를 가진 개체들이 다음 대의 부모가 된다— 없으며 결과적으로 진화는 없다.

이전의 장들에서 SNP와 같은 단일-염기서열의 변이에 대해서 많은 강조를 하였지만, 이 장에서는 염색체 구조 재배열과 전이인자들의 전이 등이 큰 규모의 재배열도 DNA 변이에 확실히 중요하다는 것을 보여준다. 염색체 구조 재배열 시 중단점 부위에 있는 유전자들이나 직접 유전자 내에 중단점이 있는 경우 특정한 조직에서 이들 유전자 발현이 증가하거나 줄어들 수 있다. 어떤 경우에는 염색체 재배열 중단점들이 이전에는 서로 떨어져 있던 두 유전자들을 이어 붙여서 새로운 유전자를 생성하기도 한다(그림 14.15b 참조).

진화는 또한 진이인자들의 이동성을 이용하기도 한다. TE가 전이하여 어떤 유전자 내로 삽입되면 그 유전자 발현이 바뀌거나 그 유전자 발현을 완전히 방해하여 무형유전자(null; 삭제) 돌연변이를 만들기도 한다(그림 14.23 참조); 유전자 불활성화는 그 유전자 활성이 특정한 환경에서 해로운 경우 이득이 되기도 한다. 진화 과정에서 유전체는 새로운 유전자가 나타나게 하는 등 TE를 더욱 민감하게 이용하기도 하는데, 즉 TE들이 **순화**(domesticated)되는 것이다. 예를 들면, 최근에 과학자들은 Rag I과 Rag II 효소를 암호화한 유전자들의 기원을 밝혀냈다. 읽을거리 「빠르게 살펴보기」의 **예정된 DNA 재배열과 면역계**에서 이들 효소들이 체세포에서 염기재배열을 촉매하여 우리 몸이 어떻게 매우 많은 수의 항체를 만들어 내는지를 설명하였다. 놀랍게도, 과학자들은 오래된 DNA 트랜스포존의 전이효소 유전자가 *Rag I*과 *Rag II*가 되었는지를 발견하였다.

중복에 의해 생성된 여분의 유전자 카피는 새로운 기능을 획득한다

생존에 필수적인 유전자에 돌연변이가 일어나면 그 생물체는 정상적으로는 살아남기가 어렵지만, 중복은 그 유전자 카피를 두 개로 만든다. 필수적인 기능이 한 카피에 보존이 된다면 다른 카피는 돌연변이가 일어나서 새로운 기능을 가질 수도 있다. 대부분의 고등식물이나 동물들은 실제로 약간 다른 기능을 갖는 유사한 염색체들로 이루어진 많은 **유전자군**(gene families)을 가지는데 이들은 대부분이 연속적인 유전자 중복현상으로 생긴다. 척추동물들에서 어떤 유전자군들은 수백 개로 이루어져 있다. 헤모글로빈이나 미각 수용체 유전자 유전자들과 같은 이러한 다유전자군의 여러가지 예들이 11장에 소개되었다.

전좌는 종 분화에 영향을 준다

포르투갈의 해안에 있는 대서양의 작은 화산섬인 마데이라(Madeira) 섬에는 두 종류의 집쥐 집단들이 전좌에 의해 서로 생식적 고립되어 별개의 종으로 되고 있다[**종**(species)은 서로 교배

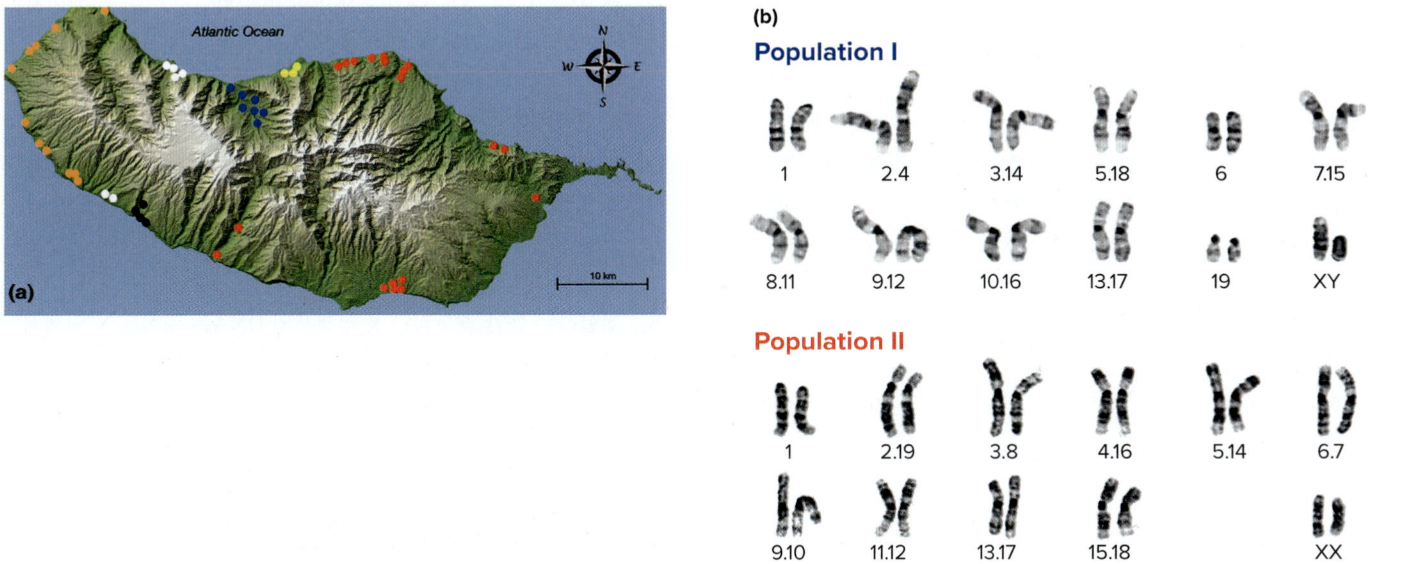

그림 14.27 마데이라 섬에 서식하는 집쥐들의 급속한 염색체 진화. **(a)** 다른 로버트손 전좌를 가진 쥐 집단들의 분포(다른 색깔의 점으로 표시). **(b)** 두 집단의 암컷들의 핵형 분석. 위에 있는 핵형 I은 (a)에서 푸른 점으로 표시된 부위에서 유래한 암컷이며 아래에 있는 핵형 II는 붉은 점으로 표시한 지역에서 유래한 암컷의 핵형이다. 로버트슨 전좌가 일어난 염색체들은 숫자 사이에 컴마로 표시하였으며(예로 2, 19는 표준형 집쥐의 2번 염색체와 19번 염색체 사이에서 로버트손 전좌가 일어났다는 것을 보여주고 있다).
Source: (a): NASA Earth Observatory image created by Jesse Allen, using a digital elevation model from the Direccao Regional de Informacao Geografica e Ordenamento do Territorio (DRIGOT) of Madeira and the Telecommunication Advanced Networks for GMES Operations (TANGO). Special thanks to Pedro Soares and Antonio de la Cruz (European Union Satellite Centre); (b): ©Janice Britton-Davidian, Institut des Sciences de l'Evolution Montpellier

(interbreed)에 의해 자손을 만듦]. 이들 쥐들은 가파른 산에 의해 형성된 몇 개의 좁은 골짜기에 서식한다. 유전학자들은 산 장벽의 두 면에 서식하는 두 집단은 로버트손 전좌에 의해 생성된 서로 다른 염색체 세트들을 가진다는 것을 알아냈다(**그림 14.27**). 예를 들어, 마데이라 섬의 한 쥐 집단은 이배체 염색체 수가 22개인데 다른 집단은 24개의 염색체를 가지며, 전 세계에 퍼져 있는 대부분의 집쥐들의 이배체 염색체 수는 40이다.

두 집단의 개체들을 서로 교배시키면 잡종은 염색체들이 서로 매우 상이하여 감수분열 시 접합을 못하고 염색체 분리가 비정상적이어서 불임이다. 그러므로 생식적 고립은 이미 확립된 지리적 고립을 더욱 가속화시켜서, 두 집단은 서로 다른 종으로 분화되기 직전이다. 이러한 종 분화의 놀라운 것은 이들 쥐들이 15세기에 포르투갈 정착민들이 마데이라 섬에 정착하면서 도입된 것이다. 이것은 종 분화로 이르게 하는 로버트손 전좌의 복잡하고 변이적인 염색체 세트들이 600여 년도 안 되는 기간에 다른 집단에서 고정되었다는 것이다.

핵심 개념 14.4

- 염색체 구조 재배열에 의한 유전자 발현 변화와 새로운 유전자 산물들은 자연 선발을 받게 되는 변이를 생성한다.
- 유전자 중복에 의해 생성되는 새로운 유전자 카피는 원래의 카피와는 독자적으로 돌연변이를 축적하여 새로운 기능을 가질 수 있다.
- 전좌 이형접합형은 불임을 야기하므로 전좌는 종 분화에 기여한다. 가장 성공적인 교배는 같은 염색체 구조를 가진 개체들 간에 일어난다.

풀이 문제

풀이 문제 I

순계의 야생형 수컷 초파리에 X-선을 조사한 후 X-연관 유전자에 다음과 같은 열성 돌연변이를 순계로 가진 암컷과 교배를 하였다: yellow body(*y*), crossveinless wings(*cv*), cut wings(*ct*), singed bristles(*sn*), miniature wings(*m*). 이들 마커 유전자들의 순서는 다음과 같다.

y - *cv* - *ct* - *sn* - *m*

이 교배에서 탄생한 대부분의 암컷 자손들은 정상형의 표현형을 가지나 수컷들은 *ct*와 *sn* 표현형을 보였다. 이들 예외적인 *ct sn* 암컷을 야생형의 수컷 초파리와 교배를 하므로 수컷들보다 암컷의 빈도가 두 배가 되었다.

a. 이들 예외적인 암컷들이 가지고 있는 X-선에 의해 생긴 돌연변이는 무엇인가?

b. 예외적인 *ct sn* 암컷이 가지고 있는 X 염색체를 감수분열 시 접합하고 있는 상태를 그려보시오.

c. 예외적인 *ct sn* 암컷과 정상 수컷과의 교배에서 생긴 자손들은 어떤 표현형을 가지게 되겠는가? 수컷과 암컷을 각각 설명하시오.

해답

이 문제를 풀기 위해서 우선 돌연변이의 성격을 추론하기 위해 여러 가지 형태의 염색체 돌연변이의 효과를 생각할 필요가 있다. 그러고 나서 돌연변이의 유전에 결과를 평가할 수 있다.

a. 두 가지 사항이 X-선 유발 결실 돌연변이임을 시사한다. 두 열성 돌연변이들이 예외적인 암컷에서 표현형을 보인다는 사실은 이 암컷은 두 개의 X 염색체 중에서 한 개가 결실되어 *ct*과 *sn* 유전자를 노출시켜 표현형을 나타내게 했다.
둘째로, 예외적인 암컷의 자손들 중에서 암컷이 수컷보다 두 배 많이 생성되었다는 것은 결실 돌연변이임을 확인시켜준다. 예외적인 암컷 어미로부터 결실된 X 염색체를 유전 받은 수컷들은 생존하지 못하지만(결실된 부위에 필수적인 유전자들이 존재하므로), 결실되지 않은 X 염색체를 유전 받은 수컷들은 생존한다. 반면에 예외적인 어미로부터 생성된 암컷들도 결실된 X 염색체를 유전 받았지만 이들은 정상의 X 염색체를 부친으로부터 받았다. 결과적으로 이 예외적인 암컷과 정상형 수컷의 교배에서 생성된 자손들 중에서는 수컷이 암컷보다 절반밖에 되지 않았다.

b. 접합하는 동안 정상적인 X 염색체의 DNA는 결실된 X 염색체에 접합 상대가 없으므로 고리를 형성한다. 제1 감수분열 시 염색체 접합 양상은 다음과 같다. 이때 각 선은 하나의 상동염색체를 나타낸다.

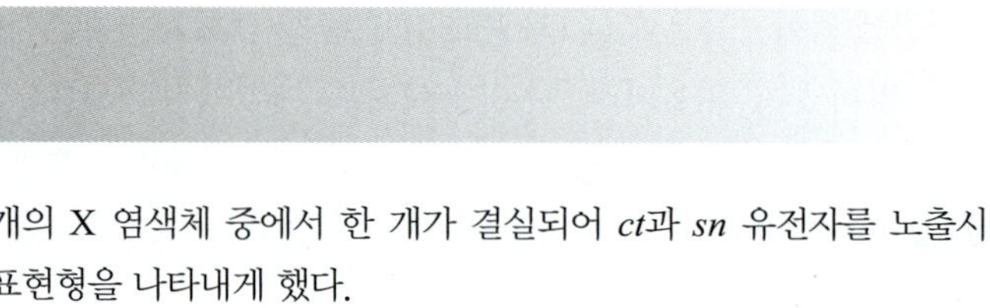

c. 예외적인 암컷의 자손들 중 모든 암컷들은 이들의 부친으로부터 모든 유전자들이 야생형 대립유전자들을 받았으므로 야생형 표현형을 보인다. 생존한 수컷 자손들은 예외적인 암컷 엄마로부터 결실이 없는 정상형 X 염색체를 받은 것들이다. 이들 X 염색체들 중 어떤 것들은 감

수분열에서 재조합이 일어나지 않은 것들이지만, 다른 X 염색체들은 재조합이 일어난 것들이다. 수컷들은 여기에서 보여주는 다음의 유전자형들 중 하나를 가지고 있어서 이에 상응하는 표현형을 보이게 된다. 이들 모두는 *ct sn* 조합을 가지는데, 이는 결실된 부위에서는 교차가 일어나지 않기 때문이다. 이들 유전자형들 중에는 모친의 감수분열 시 다중 교차에 의한 것들도 있으며 이들은 상대적으로 빈도가 낮다.

y	*cv*	*ct*	*sn*	*m*
+	+	*ct*	*sn*	+
+	*cv*	*ct*	*sn*	*m*
y	+	*ct*	*sn*	+
y	*cv*	*ct*	*sn*	+
+	+	*ct*	*sn*	*m*
+	*cv*	*ct*	*sn*	+
y	+	*ct*	*sn*	*m*

풀이 문제 II

14장의 첫 페이지 그림은 DNA 바코딩으로 염색체 결실 부위를 보여주었다.

결실된 부위를 이형접합으로 가지고 있는 사람의 염기서열을 분석하였다고 가정하시오. 염기서열 결과는 결실 부위의 크기를 보여주며 결실 발생 시의 절단점의 정확한 위치를 결정할 수 있을까? 별개로 다음과 같은 두 가지의 결과를 얻었다고 가정하시오.

(i) 특정 염기서열의 사본 수

(ii) 야생형에서는 없는 새로운 염기서열 발견

해답

이 문제를 해결하기 위해서는 유전체 염기서열 자료가 어떻게 염색체 재배열의 성격을 결정하는가를 이해해야 한다.

아래의 그림에 묘사한 것은 정상적인 5번 염색체와 결실된 5번 염색체의 장완(q arm)을 나타낸다. 장완(q arm)의 긴 부위(DEF)가 결실된 염색체에서는 사라졌다.

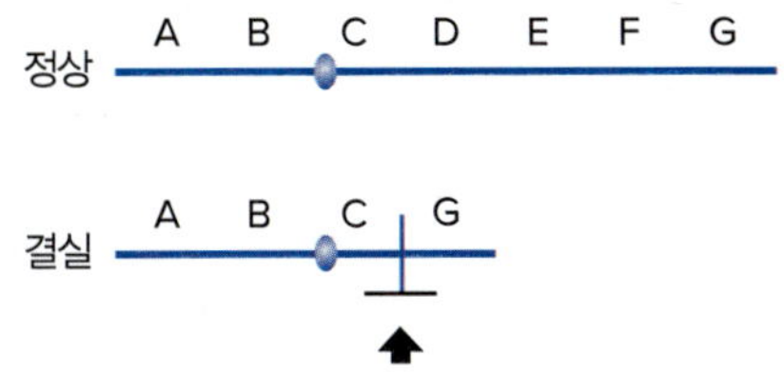

(i) 결실된 부위(DEF)의 염기서열 사본 수가 절반으로 나타난다.

(ii) 결실 이형접합의 염기서열에서는 결실 절단점(화살표)에서는 특이한 염기서열 단편이 나타난다(검정색 선으로 표시한 수평선 부위).

연습 문제

어휘

1. 왼쪽 용어를 가장 잘 설명한 문장을 오른쪽에서 찾아 연결하시오.

a. 상호전좌	1. 재배열이 시작되고 끝나는 정확한 지점의 염기
b. 결실	2. 작은 DNA 단편 인자들 이동
c. 편동원체성	3. 염색체 DNA 단편의 180° 회전
d. 협동원체성	4. 두 비상동염색체의 정확한 부분 교환
e. 정배수체성	5. 동원체를 포함하지 않는다.
f. 배수성	6. 동원체를 포함한다.
g. 전이	7. 유전체의 일부분을 여분으로 가지는 염색체
h. 재배열 절단점	8. 긴 단편의 DNA를 소실한 염색체

14.2절

2. 다음은 어떤 염색체이상에 대한 설명인가? (i) 염색체이상을 가진 생물체가 이형접합형인지, 제1 감수분열에서 어떤 형태의 고리를 형성하는지, (ii) 이형접합형에서 제1 감수분열 후기에서 염색체 다리를 형성하는지 형성하면 어떤 조건에서 형성하는지 (iii) 이형접합형이 제1 감수분열 후기에서 무동원체 단편을 만드는지, 만든다면 어떤 조건에서 만드는지, (iv) 염색체이상이 감수분열에서 재조합을 억제할 수 있는지, (v) 염색체이상을 초래하는 두 번의 염색체 절단이 동원체 양편에서 일어났는지 또는 다른 염색체에서 일어났는지 등이다.
   a. 상호전좌
   b. 편동원체성 역위
   c. 작은 부위의 순차적 중복
   d. 로버트슨 전좌
   e. 협동원체성 역위
   f. 큰 부위의 결실

3. 특이한 초파리 암컷의 X 염색체 중 하나는 정상의 유전자배열을 가지지만 열성 대립유전자들로 yellow body color(y), vermilion eye color(v), forked bristles(f)와 우성의 X-연관 Bar 눈 돌연변이(B)를 가지고 있다. 이 암컷의 다른 X 염색체는 네 유전자 모두를 야생형 대립유전자들로 가지고 있지만 y^+, v^+, f^+ (그러나 B^+는 포함 안됨) 부위는 정상형에 비해 역위의 상태로 가지고 있다. 다음의 그림과 같이 이 암컷이 정상형 수컷과 교배하였다.

이 교배에서 생성된 수컷 자손들은 다음과 같다.

y	v	f	B	48
y^+	v^+	f^+	B^+	45
y	v	f	B^+	11
y^+	v^+	f^+	B	8
y	v^+	f	B	1
y^+	v	f^+	B^+	1

a. $y\,v\,f^+$, $y^+\,v^+\,f$, $y\,v^+\,f^+$ 또는 $y^+\,v\,f$ 유전자형을 가진 수컷들은 왜 존재하지 않는가(*Bar* 유전자와는 무관하다)?

b. 어떤 종류의 교차가 $y\,v\,f\,B^+$와 $y^+\,v^+\,f^+\,B$ 자손을 생산하였는가?

c. 어떤 종류의 교차가 $y^+\,v\,f^+\,B^+$와 $y\,v^+\,f\,B$ 자손을 생산하였는가?

4. 다음 그림에 있는 두 그래프는 scarlet-colored 눈을 가진 두 마리의 초파리 유전체 염기서열을 나타낸다. 두 마리 모두 정상적인 유전자 서열의 3번 염색체와 열성의 *scarlet*(*st*)을 가진 염색체구조 재배열의 3번 염색체를 가지고 있는 이형접합형이며, 두 초파리가 가진 재배열은 서로 다르다. 그래프에 있는 작은 원들은 x축을 따라 3번 염색체에 표지된 위치에서 시작하여 100 bp씩 얻어진 염기서열 reads 숫자(y축)를 나타낸다.

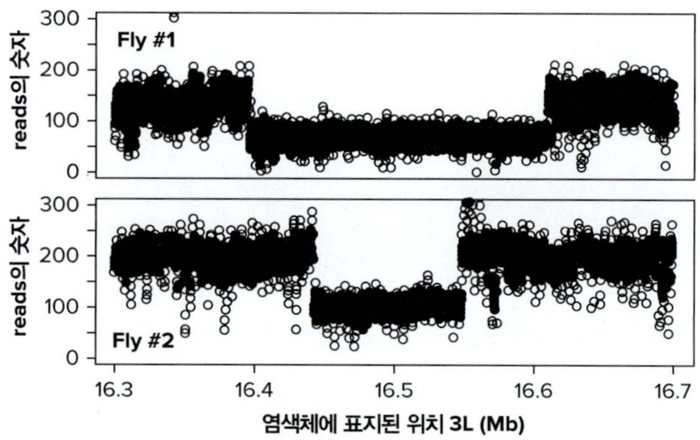

Courtesy of Tawny Cuykendall, Cornell University, Ithaca, New York

a. 각 초파리가 가지고 있는 염색체 재배열의 성격이 무엇인가? 이들 재배열을 정의하기 위한 중단점들의 대략적 위치는 어디인가? 중단점에서의 정확한 염기들을 어떻게 찾을 수 있는가?

b. *st* 유전자의 일부분이 3번 염색체의 특정한 지역에 있는지를 결론을 지을 수 있는가? 그렇다면 가능한 한 정확하게 이들 부위의 위치를 지정하시오.

c. 문제 (b)에서 지정한 지역의 밖에 위치한 *st* 유전자의 단백질-코딩 엑손들을 한 개 이상 찾을 수 있는가? 설명하시오.

d. 이러한 자료들을 이용하거나 보완 실험을 통하여 *st* 유전자의 위치를 지도상에 그릴 수 있는가?

5. 다음 그림은 돌연변이가 없는 두 개의 차단부형 비상동염색체들의 장완으로부터 유래한 인간 유전체 DNA 단편들을 나타낸다. 두 단편에서 중심립-말단립의 방향은 왼쪽에서 오른쪽 방향이다. 1, 2, 3으로 나타낸 빨간색 선은 방사선 조사에 의해 절단될 수 있는 위치를 나타낸다. 이들 중단점들의 어떤 조합들은 DNA 수선 기작에 의해 절단된 후 서로 다시 이어 붙이기가 되어 염색체구조 재배열을 만들 수 있다. PCR을 이용하여 재배열의 유무를 확인하고자 한다. 모든 방법에서 PCR 증폭시 한 개의 프라이머는 다음에 보여준 염기서열을 이용하여 증폭하고자 한다.

5′ TCGATTCCGGAAAGCT 3′

a. 중단점 두 개 중 어느 것이 결실을 만들겠는가?

b. 환자의 유전체 DNA에서 프라이머 A와 함께 증폭하여 역위를 찾아낼 수 있는 16 bp 정도의 프라이머를 적어 보시오. 증거는 negative 결과가 아니고 positive 결과이어야 한다. (즉, 결실에 특이적인 밴드를 증폭시킬 수 있어야 함; 증폭 밴드의 결핍은 정보를 주지 못하는 것임)

c. 어느 중단점 두 개가 역위를 만들어 낼 수 있는가?

d. 프라이머 A와 함께 PCR 반응시 환자의 DNA에서 역위를 찾아낼 수 있는 16 bp의 프라이머를 써 보시오. 답에서 가능한 한 PCR 단편이 가장 긴 단편을 만들어 낼 수 있는 프라이머여야 한다. 프라이머는 그림에서 보여주는 빨간색 선을 포함하면 안 된다.

e. 상호전좌를 만들 수 있는 두 개의 절단점을 찾으시오. (두 가지 답이 가능함. 이 중 한 개만 답을 할 것)

f. 프라이머 A와 함께 PCR 증폭으로 환자의 DNA에서 상호전좌의 유무를 찾을 수 있는 16 bp의 프라이머를 적어보시오. 이 상호전좌는 감수분열 시 염색체 절단이나 소실 없이 전달 가능한 것이어야 한다. 증거는 positive이어야 하며, negative는 안 된다.

g. 문제 (e)와 (f)의 전좌가 로버트슨 전좌인가? 예 또는 아니오로 답하고 설명하시오.

6. 초파리의 X-연관 유전자 *zeste*(*z*)의 열성 돌연변이 z^l은 야생형 *white*(*w*) 유전자를 두 카피 이상 가진 초파리들에서만 노란색 눈(zeste) 표현형을 보인다. 이러한 성질을 이용하여 w^+ 유전자의 순차 중복 w^{+R}을 동정하였다. 그러므로 $y^+\,z^l\,w^{+R}\,spl^+/Y$는 zeste 눈을 보인다. 이러

5′ TCGATTCCGGAAAGCTT|AGTTTCCCGGGACGTATTGCCAACCTAGGTAAGCGCCGAA|TATCCATGGGCACC 3′
3′ AGCTAAGGCCTTTCGAA|TCAAAGGGCCCTGCATAACGGTTGGATCCATTCGCGGCTT|ATAGGTACCCGTGG 5′
1 2

5′ GGCAATAGCCTAGGAA|CTTTTAGGCCAATTAA 3′
3′ CCGTTATCGGATCCTTG|AAAATCCGGTTAATT 5′
3

연습문제 5번의 그림

한 수컷을 $y\ z^{l}\ w^{+R}\ spl/y^{+}\ z^{l}\ w^{+R}\ spl^{+}$ 암컷과 교배하였다. (이들 네 유전자들은 X 염색체 상에서 가깝게 연관되어 있으며 이들은 동원체 부위로부터 오른쪽으로 배열된 순서가 다음과 같다: y = yellow bodies; y^{+} = tan bodies; spl = split bristles; spl^{+} = normal bristles). 이러한 교배로부터 나온 81,540마리의 수컷들 중 다음과 같은 예외적인 것들이 발견되었다.

Class A 2430 yellow bodies, zeste eyes, wild-type bristles
Class B 2394 tan bodies, zeste eyes, split bristles
Class C 23 yellow bodies, wild-type eyes, wild-type bristles
Class D 22 tan bodies, wild-type eyes, split bristles

a. 81,540마리의 수컷들 중 나머지들의 표현형은 무엇인가?
b. Class A와 B를 만들어낸 사건들은 무엇인가?
c. Class C와 D를 만들어낸 사건들은 무엇인가?
d. 이 실험 결과 *y*와 *spl*의 유전적 거리는 얼마인가?

7. 다음의 그림에서 분홍색 선은 정상(검은색 선) 부위에 있는 유전자들에 대해서 상대적으로 역위된 부위를 나타낸다. 계통 1~4들의 이배체 염색체 구성은 다음 그림과 같다. 다음의 각 설명을 그림과의 관련성에 맞추어 보시오. 각 설명에 대해서 그림들이 하나 이상에 해당할 수도 있으며, 각 그림은 한 가지 이상의 설명에 맞을 수도 있다.

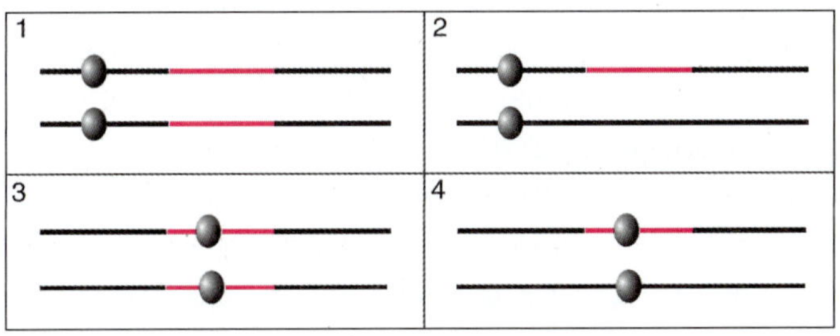

a. 역위 고리가 1차 감수분열에서 생성될 수 있다.
b. 역위 부위에서 교차가 한번 일어나고 다른 염색체의 상동 부위는 유전적으로 불균형 배우자를 형성한다.
c. 역위 부위에서 교차가 한번 일어나고 다른 염색체의 상동 부위는 무동원체 단편을 생성한다.
d. 역위 부위에서 교차가 한번 일어나서 네 개의 생존 가능한 배우자 형성한다.

8. 효모 두 계통 간에 교배를 하여 포자를 형성하였다(감수분열을 하였음을 의미). 한 계통은 정상적인 염색체를 가진 반수체로서 동원체 주위에 존재하는 유전적으로 연관된 두 유전자 *ura3* [생장하기 위해 우라실(uracil) 필요]와 *arg9* [생장을 위하여 아르기닌(arginine) 필요]를 가지고 있다. 다른 계통은 이들 두 표지 유전자들을 야생형(*URA3*와 *ARG9*)으로 가지고 있지만 이 유전자를 포함한 부위에 역위를 분홍색으로 표시한 것과 같이 가지고 있다.

감수분열 동안, 비상동 자매염색분체들 간에 여러 가지의 교차가 일어났다. 다음 각각에 대해서 반수체 포자가 보이는 유전자형과 표현형을 보이시오. 반수체 효모에서 염색체 결실은 치사하는 것으로 간주하시오.

a. 역위 밖에서의 한번의 교차
b. *URA3*와 동원체 사이에서 한번의 교차
c. 같은 염색분체에서 두번의 교차가 일어났는데, 각 교차는 *URA3*와 동원체 사이에서 한번 그리고 *ARG9*과 중심립 사이에서 한번 일어났다.

9. 유전적으로 연관된 두 개의 표지 유전자 *his4*와 *leu2*를 가지고 있는 반수체 효모를 아래 그림의 파란색으로 표시한 *HIS4*와 *LEU2* 부위를 역위로 가진 야생형 계통과 교배를 하였다.

비상동 자매염색분체들 간에 여러 번의 교차가 일어난 후 반수체 포자를 형성하였다. 다음의 설명에서 예상되는 반수체 포자들의 유전자형과 표현형을 쓰시오.

a. *HIS4*와 *LEU2* 사이에서 한 번의 교차
b. 같은 염색분체들 간에 *HIS4*와 *LEU2* 사이에서 이중 교차 일어난다.
c. 동원체와 역위 개시 부위 사이에서의 한 번의 교차

10. 문제 9번에서 제시한 반수체의 두 효모 간에 교배가 되었다고 가정하고 생존 가능한 네 개의 포자들의 사분체 자낭을 만드는 시나리오를 설명하시오.

11. 다음의 그림에서 검은색 선과 분홍색 선은 각각 비상동염색체들을 나타낸다. 어느 그림이 다음의 설명과 일치하는가? 한개 이상의 그림이 설명에 일치할 수 있으며, 한 그림은 하나의 질문 이상에 대한 답일 수도 있다.

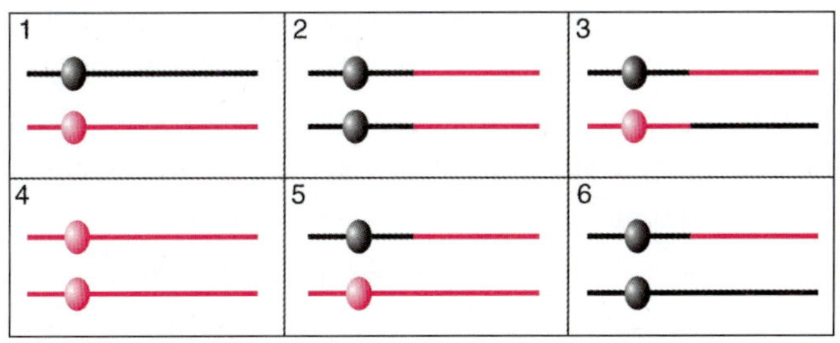

a. 전좌 이형접합형에 의해 생성된 배우자
b. 전좌 이형저합형에 의해 생성되지 않은 배우자
c. 전좌 이형접합형에 의해 생성된 유전적으로 균형 있는 배우자
d. 전좌 이형접합형에 의해 생성된 (어느 빈도이든) 유전적으로 불균형 배우자

12. 배주의 절반 정도가 유산되므로 종자가 채워지지 않아 듬성듬성한 옥수수 열매를 가진 이삭의 옥수수의 반불임성은 전좌 이형접합형을 가지고 있다는 것을 의미한다. 전좌에 연관된 염색체들은 테스트하고자

하는 염색체에 있는 유전자들을 동형접합형으로 가지고 있는 옥수수에 전좌 옥수수를 교배하여 검증한다. 교배되어 생산된 반불임성 F_1을 동형접합형 자손에 역교배하여 얻어진 것들의 표현형 분리비 분석으로 유전자가 전좌된 염색체에 존재하는지를 알아본다. 예를 들면, 불임성 계통을 9번 염색체에 있는 *yg* 돌연변이 동형접합형에 교배한다(이 돌연변이는 초록색 잎을 가지지 않고 노란색-초록색 잎을 가진다). 반불임성 F_1 자손들을 다시 *yg* 돌연변이 동형접합형에 교배한다.

a. 만약에 테스트하는 유전자가 전좌가 일어난 염색체에 존재하지 않는다면 F_1을 *yg* 돌연변이 동형접합형과 역교배한 자손들은 어떤 것들을 예상하는가(임성 또는 반불임, 초록색 잎 또는 노란색-초록색 잎)?

b. 만약에 테스트하는 유전자가 전좌가 일어난 염색체에 존재한다면 F_1을 *yg* 돌연변이 동형접합형과 역교배한 자손들은 어떤 것들을 예상하는가(임성 또는 반불임, 초록색 잎 또는 노란색-초록색 잎)?

c. 만약에 *yg* 유전자가 전좌에 연루된 염색체상에 존재하고 자손들 중에 소수의 임성을 가진 초록색 잎을 가진 것들과 소수의 반불임 노란-초록색 잎을 가진 것들이 나타났다고 가정한다. 이런 소수의 계통 자손들이 어떻게 생겼는가? 이들 소수 자손들의 비율로부터 유전적 거리는 어떻게 구하는가?

13. 상염색체와 Y 염색체 사이에 상호 전좌가 일어난 수컷 초파리가 있다. 전좌 절단점의 한 곳은 Y 염색체의 말단립 부근이다. Y 염색체의 큰 단편과 연결된 상염색체의 단편은 우성 돌연변이인 *Lyra* (shortened wings)를 가지며, 상염색체와 전좌에 참여하지 않은 상동 염색체에는 $Lyra^+$ 대립유전자를 가지고 있다. 이 수컷 초파리와 순계의 야생형 암컷과 교배하였다. 교배의 자손들은 어떤 형들인가? 이들의 비율은 얼마인가?

14. 듀켄씨 근육이영양증은 디스트로핀(dsytrophin)이라는 X-연관 돌연변이 열성 대립유전자에 의해 생긴다. 드물게 열성 대립유전자를 반접합형으로 가지고 있는 남성에 나타나는 증세와 같이 심각한 증세를 가진 여성이 있다. 이러한 여성들은 X-상염색체 상호전좌를 이형접합으로 가지고 있는 여성들로서 X 염색체의 중단점이 디스트로핀 유전자의 내부에서 일어나 유전자가 두 개로 분리된 것이다.

a. 이 환자의 세포에서 X-염색체 불활성화 센터(X-chromosome inactivation centers; XICs, 그림 13.16 참조)로부터 두 X 염색체의 불활성화가 임의적으로 일어나는데, 이 환자의 세포들 중 정상적인 디스트로핀 유전자 가능을 가진 세포의 비율은 얼마 정도인가?

b. 이 환자의 세포 중에서 상염색체의 유전자가 불활성화될 수 있는가? 정상적인 불활성화를 받는 X-연관된 유전자들이 두 X 염색체들로부터 발현되는가? 그렇다면, 정상적인 염색체와 전좌가 된 염색체를 도해로 그리고 중심립의 위치, 잠재적으로 불활성화되는 상염색체 유전자들, 디스트로핀 유전자, XIC 등을 나타내시오. 그림을 간단히 하기 위해 디스트로핀 유전자와 XIC가 각각 단완과 장완의 중간에 있는 것으로 나타내시오.

c. 이 여성 환자의 세포들 중 어느 것도 실제적으로는 디스트로핀 유전자 산물을 만들어 내지 못한다는 것이 알려졌다. 이 문제의 답을 구하는데 이러한 흥미로운 관찰을 설명하기 위해 문제 (a)와 (b)의 해답의 일부를 사용하시오. 유전자 발현의 변화가 세포의 생존과 번식에 관여한다는 것을 고려하시오.

d. 과학자들이 인간 X 염색체에서 XIC의 위치를 찾는데 X:상염색체 상호전좌를 어떻게 이용하는지 설명하시오. 문제 (c)에서 제시한 답이 이러한 접근에 잠재적인 함정을 제공하는지 설명하시오.

14.3절

15. 초파리에서 특정한 교잡으로 발생되는 잡종들의 불임 현상인 잡종 발생장애(hybrid dysgenesis)로 전이인자 *P* 인자를 발견하였다. 과학자들은 1970년대에 과학자들은 실험실에서 어떤 스트레인을 야생에서 채취한 초파리들과 교잡 후 놀라운 현상을 발견하였다. 야생에서 수집된 초파리를 수컷으로 하고 실험실 암컷과 교배 후 잡종은 불임되는 것을 발견하였다. 하지만 반대로 실험실 스트레인을 수컷으로 하고 야생의 것을 암컷으로 한 교잡에서는 잡종이 정상이었다.

DNA 분석으로 야생의 초파리 유전체에는 *P* 인자가 있었지만, 실험실 초파리 스트레인의 유전체에는 *P* 인자를 발견하지 못했다. 그러므로 *P* 인자는 약 100년 전 야생의 초파리를 수집하여 실험실에서 현재까지 유지한 후에 야생의 집단에서 퍼진 것이 확실하다.

a. 정-세포에서 고빈도로 *P* 인자들이 이동하므로 염색체 재배열과 높은 돌연변이가 생겨서 잡종이 불임이다. *P* 인자의 이동이 발생장애(dysgenesis)를 일으키는 원인을 설명하시오.

b. 과학자들은 실험실 스트레인을 암컷으로 하고 야생의 것을 수컷으로 했을 경우에만 발생 장애가 발생하고 반대의 교잡에서는 나타나지 않으므로 난세포 세포질에 *P* 인자-암호화된 억제 단백질의 집적이 발생장애의 원인으로 초기에는 생각을 했다. 왜 실험실 스트레인을 암컷으로 했을 때만 발생장애가 나타나고, 반대의 교잡에서는 나타나지 않을까? (본 책의 후반부에 이 설에 대한 정답이 있지만, 이것은 전체 스토리의 일부분이다.)

c. 야생 스트레인을 수컷으로 하여 실험실 스트레인을 암컷으로 교잡했을 때 어떤 경우에는 잡종 자손이 완전 불임이라기 보다 부분적 불임인 경우도 있다. 이러한 정보를 가지고, P 인자 삽입에 의해 초파리 X-연관 유전자인 *yellow*의 기능상실 돌연변이(loss-of-function) 돌연변이를 분리할 수 있는 교잡에 대해서 설명하시오. 실험실 밖의 스트레인을 교잡 시 왜 어떤 경우에는 부분 불임이 되고 어떤 경우에는 완전 불임이 되는 분자적 수준에서 설명하시오.

d. 야생형 초파리에서 몸통 색이 짙은 갈색이 아니고 노란색을 가진 점들을 가진 것을 관찰할 수 있다. 흥미롭게도, 이러한 노란 점의 빈도는 실험실 밖의 스트레인을 수컷으로 하고 실험실 스트레인을 암컷으로 한 교잡의 자손에서는 증가하지 않는다. 이러한 결과가 보여주는 잡종 발생장애의 성격은 무엇인가?

14.4절

16. 전좌의 어떤 특징이 과학자들에게 이러한 염색체 재배열이 새로운 종으로 이르게 하는 주요한 요인으로 믿게 만들었는가?

17. 다음 그림은 인간의 1번, 2번 염색체와 다른 영장류들의 상동염색체들이다. 1번 염색체는 네 종 모두 거의 일치하지만 인간의 2번 염색체의 밴드 양상은 다른 영장류의 두 개의 다른 염색체들과 상이하다. 인간의 2번 염색체와 다른 영장류 동물들의 염색체들과의 관계를 설명하시오.

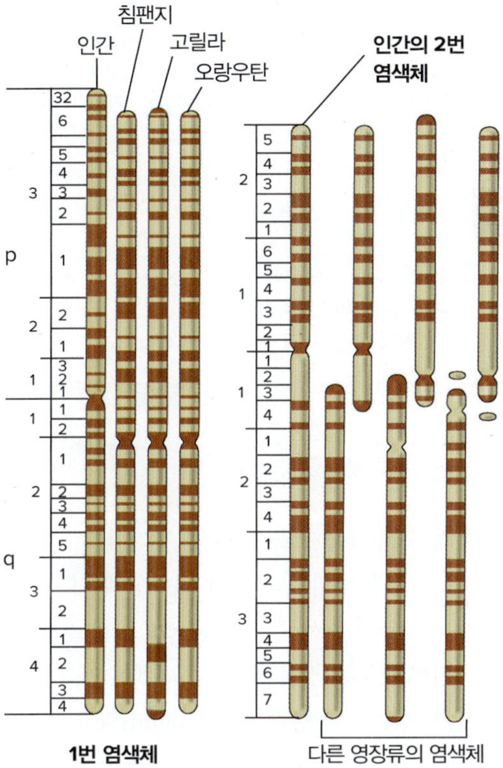

18. 북아메리카에서 흔히 발견되는 흰목 참새(*Zonotrichia albicollis*)는 유전적으로 특이한 특징이 있다. 두 종류(흰 것과 짙은 갈색)가 비슷한 빈도로 산다. 색깔의 차이는 대부분 머리 부분으로, 흰색 참새는 정수리에 흰색의 띠가 있고 목 부분도 흰색인 반면 갈색 참새는 띠가 갈색이다(사진 참조). 이상하게도 흰색 참새의 수컷은 항상 갈색 참새 암컷과 교미를 하고, 갈색 참새 수컷은 흰색 참새 암컷과 교미를 한다. 결과적으로 어느 개체이건 항상 집단의 1/4 정도 되는 개체들과 교미를 하므로 어떤 때는 4가지의 성이 있다고 한다.

흰색 짙은 갈색

(left): Trudy Wilkerson/Shutterstock; (right): Charles Brutlag/Shutterstock

깃털의 차이와 함께, 흰색 수컷/ 갈색 암컷 그리고 갈색 수컷/흰색 암컷 쌍들은 다른 번식 계략을 이용한다. 흰색 참새 수컷은 매우 공격적이고 여러 마리의 암컷과 교미를 하며 자식을 돌보지 않는 반면, 갈색 참새 수컷은 덜 공격적이고 한 마리의 암컷과만 교미를 하며 자식을 잘 돌본다. 흰색 참새 암컷은 갈색 참새 암컷보다 더 공격적이다.

유전체 염기서열 분석으로 흰색과 갈색의 표현형 및 행동의 차이는 2번 염색체에서 약 100 Mb 정도 되는 단편의 재배열과 관련이 있음을 밝혔다. 흰색 참새는 정상 2번 염색체와 재배열 2번을 가진 이형접합형이고, 갈색 참새들은 정상 2번 염색체를 동형접합으로 가진다.

a. 아래 그림은 정상의 2번 염색체와 재배열된 2번 염색체의 염기쌍 관계를 보여준다. 재배열된 부분에는 깃털과 행동에 관련된 유전자들을 포함하여 유전자가 약 1100개 정도 있다. 염색체 재배열이 어떻게 두 가지 참새들의 행동과 표현형을 달리하게 하고 이들은 어떻게 지금까지 유지되었는지를 설명하시오.

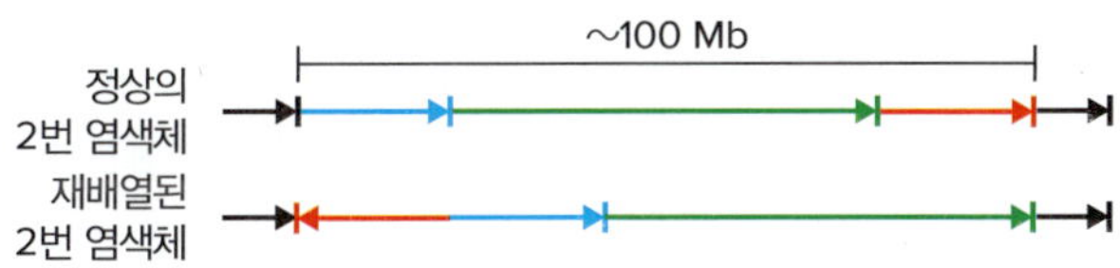

b. 일련의 두 돌연변이가 염색체 재배열을 생성하였다고 과학자들은 생각한다. 이러한 돌연변이들은 무엇인지 설명하시오. 어떤 종류의 염색체 재배열인가?

c. 정상의 2번 염색체를 가진 개체들에 비해 재배열된 염색체를 가진 참새들이 왜 표현형적으로 다름을 설명하는 설로 두 가지를 제시한다. (1) 재배열된 염색체에서 재배열 부위 내에 있는 유전자들이 소실되었거나, (2) 재배열된 염색체에는 재배열된 부위의 대립유전자들이 정상 염색체 대립유전자들과는 다른 기능을 가지도록 진화되었다. 흰색 참새들이 염색체 재배열을 이형접합으로 가지고 있다는 것이 이 두가지 설을 구별하는데 도움이 되는지 설명하시오.

chapter 15 배수성

Boonchuay1970/Shutterstock; P Maxwell Photography/Shutterstock

이배체 수박(왼쪽)과는 달리 염색체 세트가 3개인 삼배체(오른쪽) 수박은 씨가 없다. 염색체 세트를 홀수로 가지고 있는 식물은 온전한 염색체 세트를 가진 배우자를 거의 생산하지 못하기 때문에 배우자가 합쳐진 접합자가 거의 살아 남지 못한다.

개요

- 15.1 **염색체 수의 변이: 이수성**
- 15.2 **염색체 세트 수의 변이: 정배수성**
- 15.3 **진화의 원동력으로서의 전장유전체 복제**

앞에서는 인간과 초파리처럼 이배체 생물이나 세균과 같은 단수체 생물의 유전만을 공부해 왔다. 이 장에서는 많은 식물들과 일부 동물들이 하나, 둘, 세 개 혹은 그 이상의 염색체 세트를 가지고 있다는 것을 보게 될 것이다. 두 개 이상의 염색체 세트를 가지고 있는 생물은 **배수체**(polyploid)이다. 일부 생물체는 배수성를 진화시켰으며 일부 생물체들, 특히 농작물은 과학자들이 배수체 품종의 특별한 특성을 개발시키려고 배수체를 만들었다. 예를 들어, 위에서 언급된 씨 없는 수박은 세 개의 염색체 세트를 가지고 있기 때문에 씨앗을 만들 수 없다. 이 삼배체 수박은 감수분열에서 모든 염색체가 동일한 숫자를 가진 배우자를 만들 수 없기 때문에 생존 능력이 있는 접합자(씨앗)가 만들어질 수 없다는 것을 보게 될 것이다

이 장의 주요 주제는 염색체 양이 표현형에 미치는 영향이다. 어떤 생물체는 특정 염색체 세트 수가 중요하지 않을 수도 있지만 염색체 세트를 온전히 갖추는 것은 매우 중요하다. 염색체 세트를 온전하게 가지고 있는 생물체를 **정배수체**(euploid)라고 하며 반면에 세포가 한 세트에서 하나 이상의 염색체를 소실 혹은 추가된 경우 이를 **이수체**(aneuploid)라 한다. 이수성은 감수분열 시 이수체 배우자가 만들어지는 염색체 비분리현상에 의해 주로 생기며 이수성 배우자가 수정에 참여하면 이수체 접합자가 생기며 이는 수백 개의 유전자가 추가 혹은 소실되는 결과를 초래한다.

15.1 염색체 수의 변이: 이수성

학습 목표

1. 이수성, 일염색체성, 삼염색체성을 정의한다.
2. 상염색체 이수성이 성염색체 이수성보다 더욱 해로운 이유를 설명한다.
3. 이수체와 모자이크 생물체가 어떻게 생성되는지 이해한다.

완두, 초파리, 사람 등은 이배체로서 배우자가 가지고 있는 염색체 세트(n)를 두 벌 가지고 있는 것($2n$)을 살펴보았다. 이들 이배체 생물체들의 반수체 배우자들의 모든 염색체들은 서로 다르다. 염색체 수가 그 생물종이 가지고 있는 반수체 염색체 수(n)의 정배수가 아닌 개체들을 **이수체**(aneuploids)(**표 15.1**)라고 한다. 예를 들면, 정상적으로는 이배체인 종에서 염색체가 한 개 적은 개체를 **일염색체성**(monosomic; $2n-1$)이라고 하고, 염색체를 하나 더 가지고 있는 개체를 **삼염색체성**(trisomic; $2n+1$)이라고 한다. 일염색체성, 삼염색체성 그리고 다른 형태의 이수성 개체들은 보통 그 생물체에 대해서 해로운 유전적 불균형을 가진다. 이 절에서는 이수성이 어떻게 생성되고 이들의 표현형적인 결과에 대해서 설명한다.

상염색체 이수성은 보통 치사한다

인간에서 상염색체를 일염색체성으로 가지게 되면 대부분 살아남지 못하지만, 의학유전학자들은 몇 건의 1번 염색체 일염색체성의 사례를 보고한 바 있다. 비록 여러가지의 심한 기형을 가지고 태어나지만 이러한 일염색체성 아기들은 태어났더라도 잠시만 생존한다. 또한 상염색체 삼염색체성도 매우 해롭다. 1번이나 2번 염색체와 같이 큰 염색체를 삼염색체성으로 가지는 개체들은 임신 초기에 유산된다. 18번 염색체의 삼염색체성은 에드워드증후군(Edwards syndrome)이라고 하며 13번 염색체의 삼염색체성은 파타우증후군(Patau syndrome)이라고 하는데 두 가지 형 모두 매우 심각한 기형을 초래하며 보통 조기에 사망한다(**표 15.2**).

표 15.1 이배체 생물이 가질 수 있는 여러 종류의 이수체들

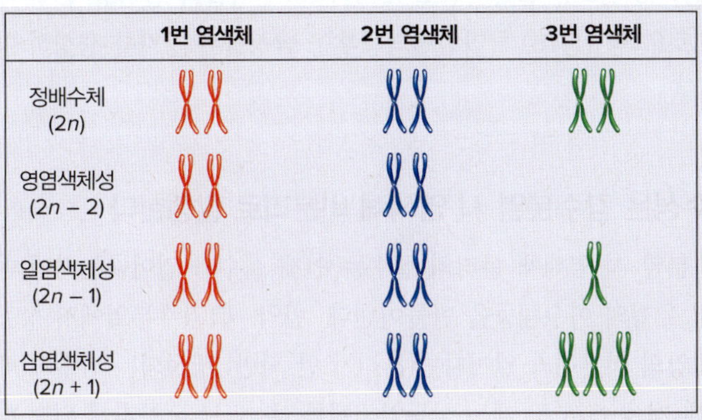

표 15.2 인간 집단에서 발견되는 이수체들

염색체	증후군	출생 시 빈도
상염색체		
21번 삼염색체성	다운	1/700
13번 삼염색체성	파타우	1/5000
18번 삼염색체성	에드워드	1/10,000
성염색체, 여성		
XO, 일염색체성	터너	1/5000
XXX, 삼염색체성 XXXX, 사염색체성 XXXXX, 오염색체성		1/700
성염색체, 남성		
XYY, 삼염색체성	정상*	1/10,000
XXY, 삼염색체성 XXYY,사염색체성 XXXY, 사염색체성 XXXXY, 오염색체성 XXXXXY, 육염색체성	클라인펠터	1/500

모든 출생아의 약 0.4% 정도는 해로운 표현형을 나타내는 염색체 이상을 가지고 태어난다.
* XYY 염색체 조성을 가진 일부 남성은 평균보다 키가 크고 다양한 정도의 학습장애를 보이며 행동 발달이 지연된다.

인간 삼염색체성 중에서 가장 흔하게 발견되는 것은 21번 염색체를 삼염색체성으로 갖는 다운증후군(Down syndrome)이다. 인간 상염색체 중에서 21번 염색체는 가장 작은 염색체로서 인간 전체유전체의 1.5% 정도밖에 차지하지 않는다. 다운증후군 환자에게 나타나는 증세는 표현적 변이가 상당하지만, 정신지체와 근골격계의 이상 등이 가장 흔하게 보이는 임상적 증세이다. 다운증후군의 많은 아기들은 심장 결손이나 감염 등에 취약하여 출생 후 1년 내에 사망한다. 다운증후군 환자 중 일부는 21번 염색체 전체를 3개 갖고 있지 않고 21번 염색체의 일부만을 추가로 가지고 있다. 예를 들어, 앞서 살펴본 로버트손 전좌에 의하여 21번 염색체의 일부를 추가적으로 가지는 사람들도 있다(그림 14.18). 이 장의 연습문제 9번은 다운증후군과 관련하여 추가되어 있는 21번 염색체 있는 특정한 유전자 부위를 찾는 것에 대하여 다루고 있다.

많은 생물체는 성염색체 이수성을 견딘다

비록 X 염색체는 인간 염색체들 중 가장 큰 염색체의 하나로서 전체 유전체의 5% 정도를 차지하지만, XXY 남성, XO 여성, XXX 여성과 같이 X 염색체를 이수성으로 가진 사람들은 다른 거대 상염색체

이수성에 비해 생존률이 높다(표 15.2). X-염색체 이수성의 생존률이 높은 것은 X-염색체 불활성화로 인해 다른 수의 X 염색체를 가진 사람들이라도 X-연관 유전자의 발현은 동일하기 때문이다. 4장에서 살펴본 것처럼 XX 포유류들은 X-염색체 불활성화로 두 X 염색체 중 하나에 있는 대부분의 유전자들은 발현이 억제된다. X-불활성화가 되지 않는 유전자들은 주로 X 염색체와 Y 염색체 간의 위상염색체 부위(pseudoautosomal region; PARs)에 있는 유전자들이다(그림 4.4 참조). 두 개 이상의 X 염색체를 갖는 X-염색체 이수체들에서 하나의 X 염색체 있는 유전자 외의 여분의 X 염색체에 있는 유전자들은 불활성화된다. 결과적으로 X-염색체 이수체들에서 대부분의 X-연관 유전자들이 생산하는 단백질들의 양은 정상적인 XX 또는 XY 개체들과 같다.

그럼에도 불구하고 인간 X-염색체 이수체들은 이상이 없는 것은 아니다. XXY 남성은 **클라인펠터증후군**(Klinefelter syndrome)을 보이며, XO 여성은 **터너증후군**(Turner syndrome)을 보인다(표 15.2). 이러한 증후군을 가지는 이수체성 사람들은 보통 불임이며 근골격계의 이상을 보이는데, XXY 남성은 비정상적으로 신장이 크며 긴 팔다리를 가지며 XO 여성은 비정상적으로 신장이 작다.

터너와 클라인펠터 증후군과 관련하여 형태적인 비정상은 부분적으로는 체세포에서 30개의 PAR 유전자들의 양적인 차이 때문에 생긴다. XO 여성은 이러한 유전자들을 정상 XX 여성에 비해 한 개씩 덜 갖고 있으며, XXY 남성은 정상 XY 남성에 비해 한 개씩 더 가지고 있는 것이 된다(**그림 15.1a**). *SHOX*(**sh**ort stature homeo**box**)라는 유전자는 뼈 발달에 중요한 단백질을 암호화하고 있어서 터너증후군 여성이 비정상적인 작은 키와 클라인펠터증후군 남성이 큰 키를 가지게 한다.

터너증후군이나 클라인펠터증후군을 가진 사람들의 불임은 생식세포에서 PAR 부위 밖의 X-연관 유전자들의 유전자량 때문이다(**그림 15.1b**). 그 이유는 생식세포에서는 X-불활성화가 지워져서 다시 **X 염색체 재활성화**(X chromosome reactivation)가 되기 때문이다. 여성에서 생식계통 세포들은 유사분열을 하여 딸세포들을 만들고 이들이 난모세포로 성숙해 감수분열을 하게 되는데 이러한 난자형성 과정에서 X 재활성화가 이루어진다(그림 4.5 참조). 난모세포에서 이전에 불활성화되었던 X-염색체가 재활성화됨으로써 성숙된 난자(배우자)가 활성화된 X 염색체를 갖게 된다. 여기에서 X 재활성화는 필요한 과정이라는 것을 유념해야 한다. 만약에 재활성화가 일어나지 않으면 정상적인 여성의 난자는 불활성화된 X 염색체를 가질 가능성이 있으므로 이러한 난자가 수정이 되면 이후 발생이 진행되지 않을 것이다.

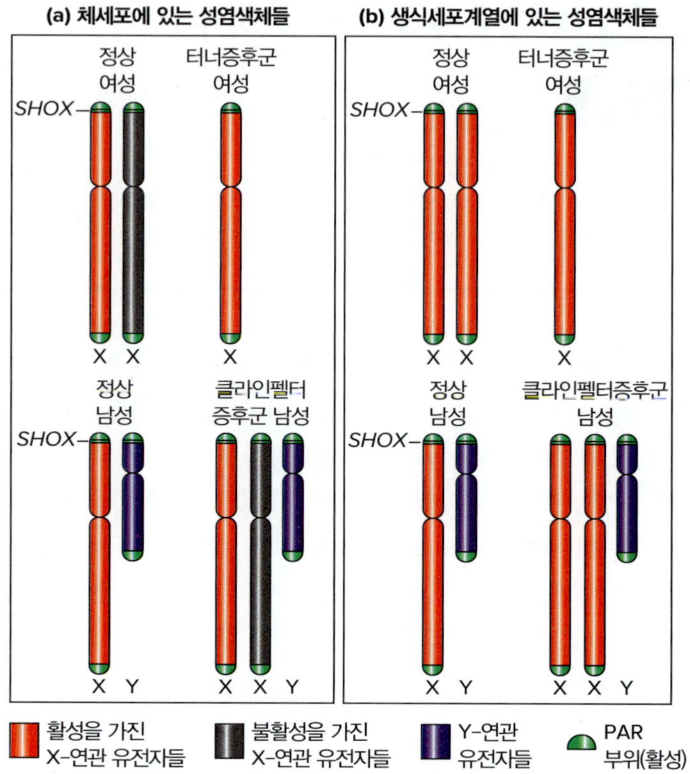

그림 15.1 X 염색체 이수성을 가지는 사람들이 표현형적으로 비정상이고 불임이 되는 이유. **(a)** 체세포에서 X 염색체 불활성화 PAR 부위에(녹색부위) 있는 *SHOX*를 포함한 유전자들에는 영향을 미치지 않는다. 결과적으로 XO 터너증후군 여성은 PAR 부위에 있는 유전자들의 발현이 정상인들에 비해 절반이며, XXY 클라인펠터증후군 남성은 PAR 부위 유전자들의 발현이 정상인의 두 배가 된다. **(b)** 생식세포에서는 X 염색체에 있는 모든 유전자들이 활성화되므로 XO 여성의 생식세포에서는 X-연관 유전자들의 발현이 정상인의 절반이 되며, XXY 남성의 생식세포에서는 이들 유전자 발현이 정상 남성의 두 배가 된다(PAR 부위 유전자 양은 세 배).

X 재활성화로 정상적인 XX 여성의 난원세포는 X 염색체 있는 유전자 활성을 두 배 가지게 되지만, XO 터너증후군 여성은 같은 유전자들을 오직 한 벌씩만이 활성을 가지게 되므로 결함을 가진 난자형성과정을 가지게 된다(그림 15.1b). 남성 생식계통세포는 체세포분열을 하여 정모세포를 만들고 여기에서 감수분열을 하여 정자를 형성한다. XXY 남성에서 정자 형성 과정 중 X 재활성화가 일어난다(그림 4.6 참조). 결과적으로 X-연관 유전자들의 발현량이 두 배가 되므로(그림 15.1b) 클라인펠터증후군 남성들은 정자를 생성하지 못한다.

이수성은 감수분열 시 염색체 비분리로 발생한다

감수분열 시 염색체 분리의 실수는 언제 실수가 일어나는지에 따라 여러 유형의 이수체들을 만들어낸다. 만약 제1감수분열에서 상동염색체쌍의 비분리가 일어나면(분리가 안 되면) 생성되는 반수체 배우자 네 개 중에서 두 개는 상동염색체를 두 개 모두 가지게 되고 다른 두 개의 배우자들은 상동염색체를 갖지 못한다. 이러한 배우자들이 정상의 배우자들과 결합하면 이수체의 접합자를 만들어 절반은 삼염색체성이고 절반은 일염색체성이 된다(**그림 15.2a**). 대조적으로 **감수분열 비분리**(meiotic nondisjunction)가 제2감수분열에서 일어나면, 생성되는 네 개의 배우자들 중에서 두 개만이 이수성 배우자가 된다(**그림 15.2b**). 이러한 오류로 인해 생성된 이수체 배우자는 모든 유전자가 정상적인 양으로 존재하는 것이 아니기 때문에 **불균형 배우자**(unbalanced gametes)라고 불린다.

동원체 가까이에 있는 유전자를 이형접합형으로 가지는 세포에서의 염색체 비분리로부터 생성되는 $n+1$ 배우자들은 비분리가 제1감수분열 시에 일어나면 이형접합자가 되지만(그림 15.2a), 염색체 비분리가 제2감수분열 시에 일어나면 이들은 동형접합자가 된다(그림 15.2b). 이러한 구별로 염색체 비분리가 양친 중 누구에게서 언제 일어났는지를 결정할 수 있다. 예를 들면, 다운증후군을 야기하는 염색체 비분리는 부친(10%)보다 모친(90%)에서 더욱 빈번하게 일어난다. 흥미로운 점은 이러한 염색체 비분리가 제2감수분열보다 제1감수분열에서 더욱 흔하게(약 75%) 일어난다는 사실이다. 대조적으로 염색체 비분리가 부친에서 일어나 야기된 다운증후군에서는 이와는 반대이다.

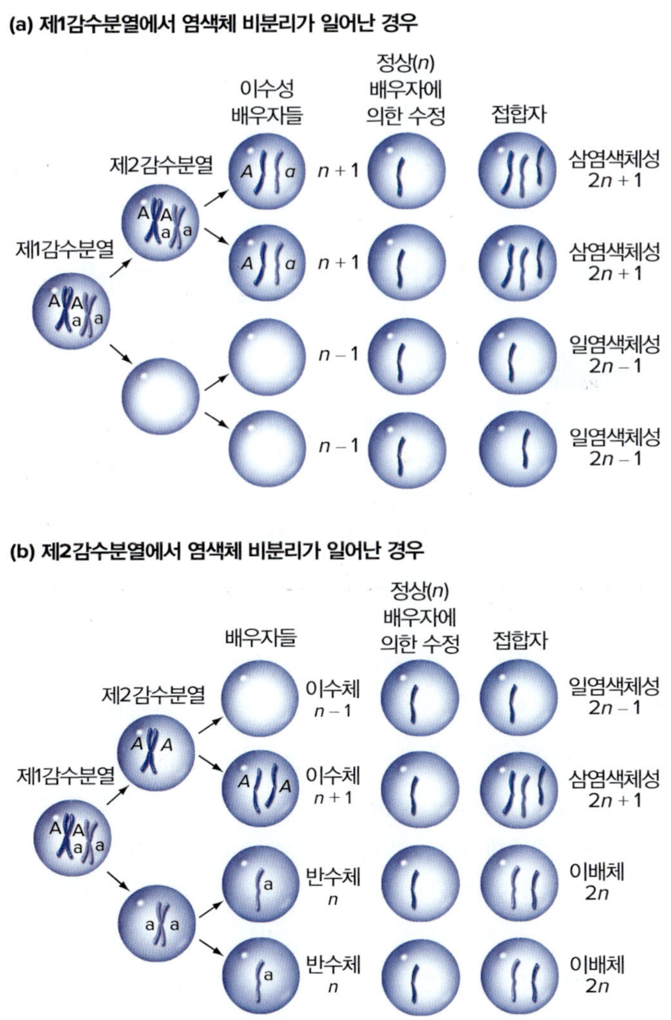

그림 15.2 감수분열 시 염색체 비분리로 이수성이 생긴다. **(a)** 동원체에 가까이 존재하는 유전자들에서 삼염색체성 자손이 두 개의 다른 대립유전자(A와 a)를 부모 중 한 명에게서 받고서 염색체 비분리 현상이 제1감수분열에서 일어난 경우이다. **(b)** 부모 중 한 명에게서 받은 두 대립유전자가 동형(A와 A 또는 a와 a)이고 염색체 비분리가 제2감수분열 시 일어난 경우이다.

인간에서 얻어진 분자생물학적 자료에 의하면 많은 수의 감수분열 염색체 비분리가 감수분열 시 재조합의 이상에 의해 발생한다는 것이다. DNA 표지 추적으로 연구자들은 $n+1$ 배우자를 생성하는 감수분열 동안 21번 염색체의 길이를 따라 어느 부위에서 재조합이 일어났는지를 추적할 수 있었다. 다운증후군 사례의 많은 경우가 모친의 제1감수분열 시의 염색체 비분리에 의하여 발생하였으며, 이러한 감수분열 오류가 있을 때는 21번 상동염색체 쌍에서 교차가 발생하지 않았다. 이것은 교차가 일어난 교차점들(chiasmata)이 제1 감수분열 중기판에서 이가염색체 쌍을 서로 붙잡고 있으므로 설명이 된다(그림 3.11 참조). 재조합, 즉 교차점이 없으면 모친 유래와 부친 유래 상동염색체를 제1 분열 후기에서 반대극으로 이동시키는 기작이 작용할 수 없다. 그러므로 산모의 나이가 많을수록 다운증후군이 증가하게 되는 것은 이들 여성들에게는 감수분열 재조합 기작의 효율이 떨어져 있음을 보여 준다.

체세포분열에서의 염색체 비분리와 염색체 소실에 의한 모자이크 현상

하나의 접합자는 수많은 분열을 통하여 성인 개체가 되며 발달이 이루어지는 동안 진행되는 체세포분열 시의 염색체 분리의 실수는 특정한 세포에서 염색체 수를 늘리거나 줄이게 된다. **유사분열 비분리**(mitotic nondisjunction) 시 유사분열 후기에서 두 자매염색분체의 분리의 실패로 딸세포는 삼염색체성과 일염색체성이 되게 된다(**그림 15.3a**). 유사분열 후기에서 두 방추극으로 끌려가지 못한 지체 염색분체와 같은 다른 종류의 실수는 **염색체 소실**(chromosome loss)을 야기하여 한 개의 일염색체성과 한 개의 이배체 딸세포를 만든다(**그림 15.3b**).

다세포 생물체에서 유사분열 염색체 비분리나 염색체 소실로부터 생기는 이수성 세포들은 다음 세대의 세포분열에서도 살아남아 계속 분열하여 비정상적인 염색체 구성을 가진 세포 클론을 형성한다. 발생 초기에 일어나는 염색체 소실이나 염색체 비분리는 후기에 일어나는 염색체 비분리보다 더욱 큰 부위로 이수성 세포 클론을 형성한다. 이수성 세포와 정상세포로 이루어진 조직이 인접되게 존재하여

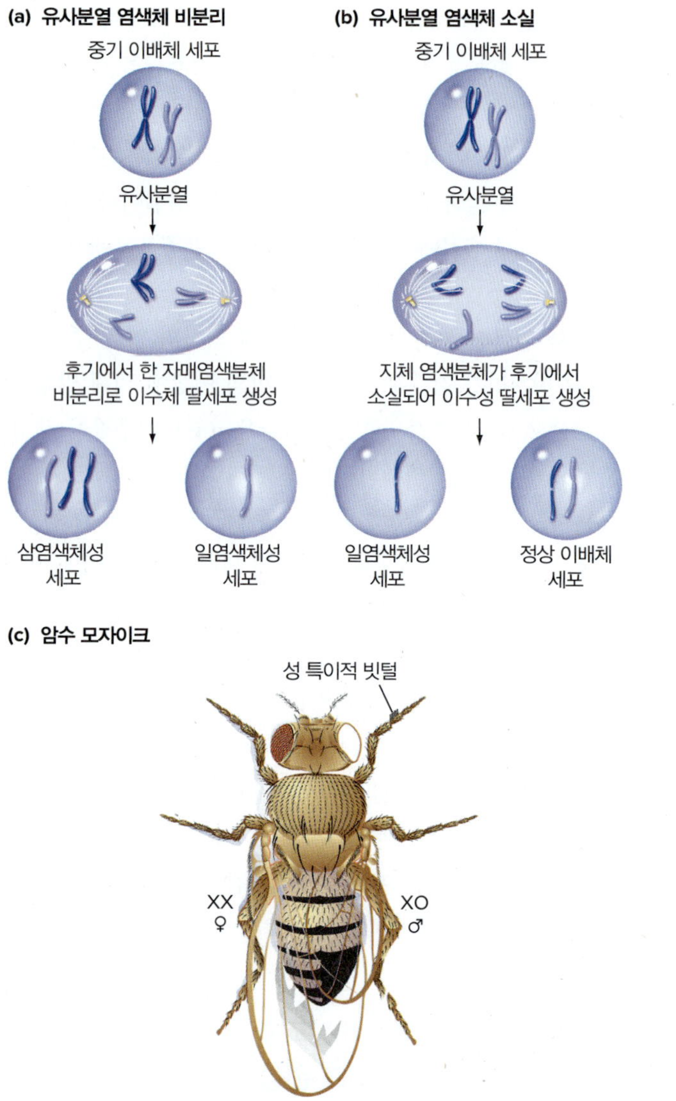

그림 15.3 유사분열의 실수로 이수성 세포 클론이 생긴다. 유사분열 염색체 비분리 **(a)** 또는 염색체 소실 **(b)** 등은 분열하여 일염색체성과 삼염색체성의 이수성 세포 클론을 만든다. **(c)** XX 초파리 접합자가 만약에 한 개의 X 염색체를 유사분열 시에 소실한다면 만들어지는 딸세포 중 한 개는 XX (암컷)이며, 다른 한 개는 XO(수컷) 세포가 된다. 이러한 배(embryo)는 암수 세포로 이루어진 암수 모자이크(자웅동체)가 된다. 여기에서 접합자의 유전자형이 $w^+\ m^+/w\ m$이며, 따라서 이 초파리의 절반은 빨간색 눈과 정상 날개를 가지며(왼쪽), $w^+\ m^+$ 유전자를 가진 염색체를 소실한 절반은 XO로서 흰색 눈(w), 작은 날개(m) 그리고 수컷의 특징인 빗과 같은 털을 가진다.

모자이크(mosaic) 현상을 보이므로 이들의 표현형은 이수성이 어느 조직인지, 얼마나 많은 세포들에서 일어났는지, 어느 염색체를 이수성으로 가지는지에 따라 표현형이 달라진다. 이러한 모자이크의 많은 사례들을 성염색체에서 볼 수 있다. 만약 XX 초파리 암컷이 수정 후 발생 초기 유사분열에서 X 염색체 중 하나를 소실하면 암컷의 조직과 수컷 조직이 비슷한 비율로 존재하는 **암수 모자이크**(gynandromorph)가 만들어진다(**그림 15.3c**).

많은 터너증후군 여성은 XX 세포와 XO 세포를 가진 모자이크이다. 이러한 여성들은 처음에는 XX 접합자로부터 시작하지만 초기 배 발생 시 X 염색체가 소실되어 XO 구성을 가진 세포 클론을 지니게 된 것이다. 비슷한 모자이크 현상이 상염색체에서도 일어난다. 예를 들면, 21번 염색체 모자이크인 가벼운 증세의 다운증후군들이 보고되었다. 터너증후군 또는 다운증후군 모자이크 사람은 정상적인 조직이 존재함으로 인해 증세가 완화되며, 이들의 증상 정도는 정상 조직과 이수성 조직의 비율에 따라 다르다.

핵심 개념 15.1

- 이수성은 하나 혹은 여러 개의 염색체를 더 갖거나 덜 갖는 것이다.
- 상염색체 이수성은 유전적 불균형에 의해 치사한다.
- 성염색체 이수성은 오직 하나의 X 염색체가 활성을 가지고 Y 염색체는 유전자를 적은 수로 가지므로 상염색체 이수체들에 비해 증세가 경하다.
- 제1감수분열 또는 제2감수분열 시 염색체 비분리는 불균형 배우자를 형성하게 되므로 자손에서 이수성이 나타난다.
- 간혹 유사분열 염색체 비분리나 염색체 소실로 인해 모자이크 현상이 나타난다. 즉, 어떤 세포들은 정상이지만 어떤 세포들은 이수성을 나타낸다.

15.2 염색체 세트 수의 변이: 정배수성

학습 목표

1. 정배수체와 이수체에서 염색체 수를 나타내는 x와 n의 차이를 이해한다.
2. 염색체 세트를 홀수로 가지는 생물체들이 불임인 이유를 설명한다.
3. 동질배수체와 이질배수체를 구별한다.
4. 식물 육종에서 단수체와 배수체들의 이용에 대해 설명한다.

이수체들과는 대조적으로 **정배수체**(euploid)들은 완전한 염색체 세트들을 가지고 있다. 대부분의 정배수체 종들은 이배체들이지만 어떤 종들은 완전한 염색체 세트를 세 개 또는 그 이상을 가지고 있는 **배수체**(polyploid)들이다(**표 15.3**). 배수체에 대해서 말할 때 유전학자들은 **기본 염색체 수**(basic chromosome number)를 나타내기 위해 x라는 기호를 이용하는데, 이것은 여러 개의 다른 염색체들로 이루어진 완전한 한 세트를 일컫는다. 그러므로 **삼배체**(triploid)는 완전한 염색체 세트를 세 벌 가지고 있으므로 $3x$로 나타내며, 완전한 염색체 세트를 네 벌 가지고 있는 **사배체**(tetraploid)는 $4x$ 등으로 나타낸다.

이배체에서는 각 배우체가 그 종의 완전한 염색체 세트를 한 벌 가지고 있으므로 x는 배우체에 있는 염색체 세트를 나타내는 n과 동

표 15.3 정배수성의 염색체 변이

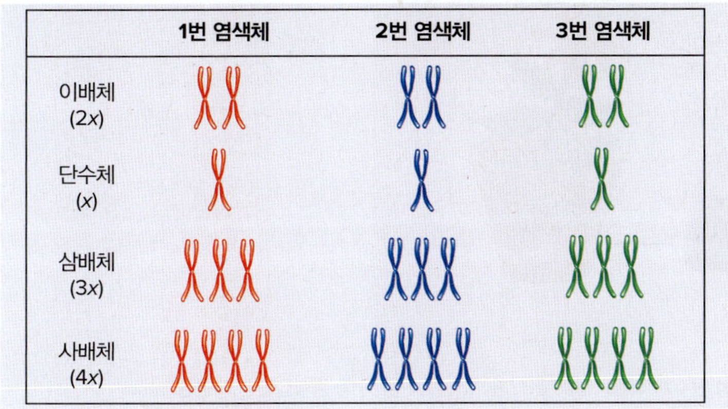

일하다. 그러나 $x = n$이라는 등식은 일부 배수체에서는 맞지 않는데, 다음의 예에서 이를 설명한다. 농업적으로 재배되는 밀은 42개의 염색체를 가지고 있는데, 각 염색체 세트당 일곱 개의 염색체를 가진 여섯 개의 거의 비슷하지만 완전히 동일하지는 않은 염색체 세트로 구성된다. 그러므로 빵밀은 기본 염색체 수 $x = 7$이며, $6x = 42$인 육배체이다. 그러나 각 삼배체 배우자들은 이것의 절반의 염색체를 가지므로 $n = 21$이다. 그러므로 빵밀은 x와 n이 동일하지 않다($n = 3x$).

배수체 외의 다른 형태의 정배수성으로 **단수체**(monoploid 또는 haploid)인 생물체가 있는데, 이는 오직 염색체 세트를 한 벌만 가진다(표 15.3).

동물에서 단수성과 배수성은 드물게 발견되는데 단수성의 몇가지 예 중에는 개미와 벌 등이 있다. 이들의 수컷은 단수체인 반면 암컷은 이배체이다. 이러한 종들의 수컷들은 비수정된 알들에서 **단위생식**(parthenogenesis)으로 발생한다. 이들 단수체 수컷들은 아직 알려지지 않은 기작으로 제1감수분열 시 모든 염색체들을 딸세포로 전달하고 제2감수분열에서는 자매염색분체들이 정상적으로 분리하는 변형된 감수분열로 배우자들을 생산한다.

동물에서 배수체는 특이적인 생식 주기를 가지는 종에서만 발견되는데, 수컷과 암컷 생식기를 모두 가지고 있는 자웅동체(hermaphroditic) 지렁이와 단위생식에 의한 사배체인 금붕어 등이 이에 해당한다. 초파리는 어떤 특이한 환경에서 삼배체와 사배체 암컷이 생성되기도 하지만 배수체 수컷은 절대 안 생긴다. 인간에서는 배수체들은 모두 치사하며, 보통 임신 초반 3개월 사이에 자연유산된다.

단수체 식물들은 식물 육종에 유용하다

감수분열이 정상적으로 이루어져 화분을 생성할 수 있는 이배체 종의 생식세포를 배양하여 단수체 식물을 만들 수 있다. 이러한 과정에서 생식세포의 배양 세포괴를 **배상체**(embryoid)라고 한다. 이들 배상체에 특별한 호르몬을 처리하여 식물체로 발달시킨다(**그림 15.4a**). 드물지만 단수체 식물은 대규모 자연 집단에서 나타나기도 한다.

기원이 무엇이든 단수체 식물들은 모두 불임이다. 제1감수분열에서 염색체들이 접합할 상대가 없으므로 세포분열 시 염색체들이 양극으로 임의로 분리된다. 매우 드물게 모든 염색체들이 같은 방추극으로 이동하는 경우가 있지만, 이런 특별한 경우가 아니면 생성되는 배우자들은 심한 염색체 불균형을 가지므로 배우자들 모두가 결함을 가지게 된다. 유전체의 염색체 수가 많으면 많을수록 모든 염색체를 가진 배우자를 형성할 가능성은 낮다.

이러한 문제점에도 불구하고 단수체 식물이나 조직은 식물 육종가들에게 매우 중요하다. 동형접합자를 얻기 위해 교배를 하지 않고도 단수체는 열성 형질을 직접 볼 수 있도록 한다. 식물학자들은 단수체 세포 각각에 돌연변이를 유도하여 제초제 저항성 등의 유용한 표현형을 선발할 수 있으며, 선발된 세포들을 호르몬을 처리하여 단수체 식물로 육성할 수 있다(**그림 15.4b**). 이러한 단수체 식물들은 다시 **콜히친**(colchicine)이라는 알칼로이드 약품을 처리하여 동형접합형의 이배체 식물로 육성할 수 있다. 콜히친은 방추사의 주요한 단백질 성분인 튜불린에 결합하여 방추사의 형성을 저해한다. 방추사가 없는 세포에서 자매염색분체들은 동원체가 분리되고 나서도 분리할 수 없으므로 콜히친 처리에 의해 세포의 염색체 수가 배가가 되는 것이다(**그림 15.4c**). 결과적으로 생성된 이배체 세포들은 이배체 식물로 자라서 원하는 형질을 발현하고 임성이 있는 배우자를 생성한다.

삼배체 생물은 일반적으로 불임이다

삼배체($3x$)는 단수체(x) 배우자와 이배체($2x$) 배우자의 수정으로 생긴다(**그림 15.5a**). 이배체 배우자는 사배체($4x$)의 생식 세포에서의 감수분열 산물이거나 이배체가 감수분열 시 방추사 형성에 실패하거나 혹은 세포분열의 실패로 생길 수 있다.

삼배체의 유성생식은 감수분열이 대부분 불균형 배우자들을 생산하므로 매우 비효율적이다. 삼배체 생식세포에서 제1감수분열 시 세 쌍의 상동염색체들은 두 개의 딸세포로 분리되어야 하므로 염색체 쌍 형성이 어떤 식으로 되든지 생성되는 배우자들이 균형 있는 $2x$나 $1x$의 온전한 염색체 세트를 가질 수 없다. 대부분의 경우 제1감수분열 후기에서 두 염색체는 어느 쪽이 되었든 한쪽 극으로 이동하고 다른 한 염색체는 반대극으로 이동한다. 이러한 감수분열의 산물은 어떤 염색체이든 두 염색체를 가지며 다른 산물은 한 개를 가지게 되는 것이다(**그림 15.5b**). 만약에 x가 크다면, 유전적으로 균형 있는 배우

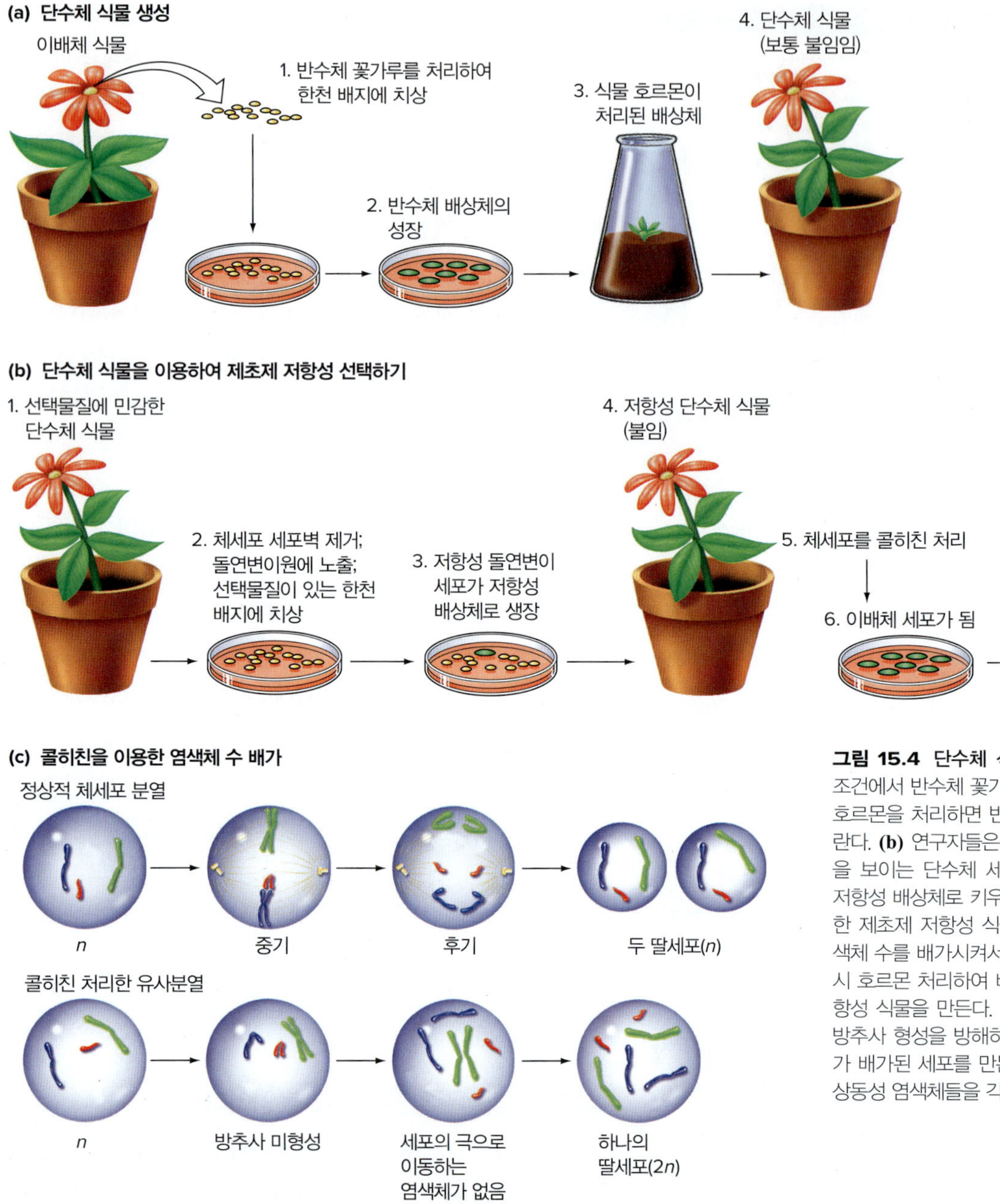

그림 15.4 단수체 식물의 생성과 이용. **(a)** 특정한 조건에서 반수체 꽃가루는 반수체 배상체가 된다. 식물 호르몬을 처리하면 반수체 배상체는 단수체 식물로 자란다. **(b)** 연구자들은 제초제 저항성과 같은 열성 형질을 보이는 단수체 세포를 선발한다. 선발된 세포들을 저항성 배상체로 키우고 호르몬 처리에 의해 다시 성숙한 제초제 저항성 식물체를 만든다. 콜히친 처리는 염색체 수를 배가시켜서 이배체 세포를 만들고 이것을 다시 호르몬 처리하여 배양하여 동형접합형의 제초제-저항성 식물을 만든다. **(c)** 콜히친 처리는 체세포분열 시 방추사 형성을 방해하여 세포 분열을 방해해 염색체수가 배가된 세포를 만든다. 파란색, 빨간색, 초록색은 비상동성 염색체들을 각각 나타낸다.

자를 만들 가능성은 낮아진다. 그러므로 삼배체 개체들로부터 생산된 배우자들이 수정되면 생존 가능한 자손은 거의 없다. 그러나 x가 작다면, 드물게 감수분열 시 유전적 균형을 가진 배우자들을 생산할 수도 있으며 우연히 각 상동염색체 두 사본이 같은 극으로 이동을 하고 남아 있는 한 세트의 염색체들이 반대쪽 극으로 이동할 수 있다(**그림 15.5c**).

바나나와 수박과 같은 삼배체 종들은 무성생식에 의해 번식이 가능하다. 삼배체 식물의 과실은 유전적으로 불균형한 배우자들이 수정 시 적절하게 기능을 못하거나 수정이 되었다고 하여도 접합자가 유전적으로 불균형하여 발달을 하지 못하기 때문에 무종자가 된다. 어쨌든 종자를 맺지 못한다. 삼배체와 같이 홀수의 염색체 세트를 가지는 모든 배수체($5x$, $7x$ 등)들은 균형 있는 배우자를 만들 수 없으므로 불임이다.

염색체 세트를 짝수로 가지는 배수체들은 새로운 종(種)이 될 수 있다

만약에 유사분열 동안 이배체($2x$) 세포가 복제 후 염색체들의 분리가 실패한다면 생성되는 딸세포들은 사배체가 된다($4x$; **그림 15.6a**). 이러한 사배체 세포가 생식세포에서 생겼다면, 이어지는 감수분열로

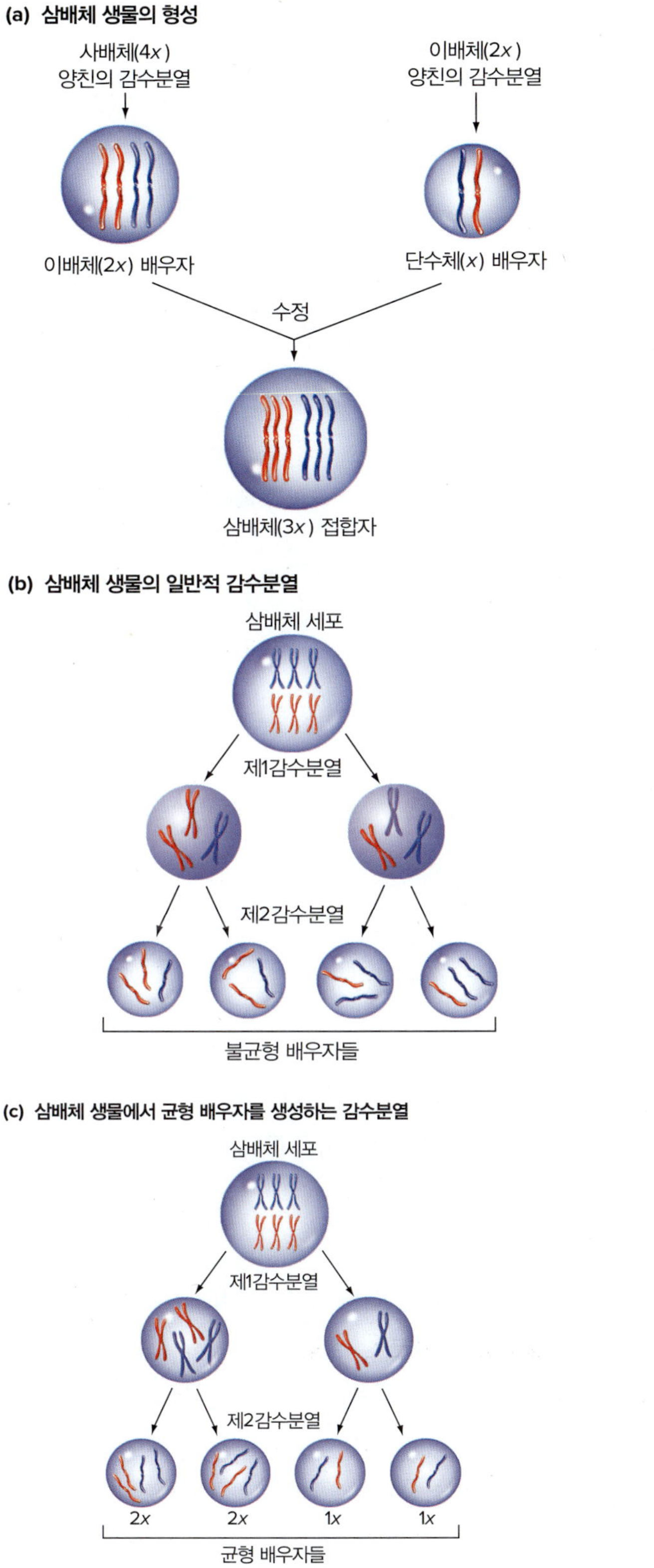

그림 15.5 삼배체의 유전학. **(a)** 이배체 배우자와 단수체 배우자가 수정되어 삼배체($3x = 6$) 생성. 비상동염색체를 파란색이나 빨간색으로 표시하였다. **(b)** 삼배체의 감수분열은 제1감수분열에서 두 딸세포들의 염색체 구성이 다양하므로 보통 불균형 배우자들을 생성한다. **(c)** 균형 배우자는 각 염색체의 두 복사본이 한 딸세포로 분리되고, 세번째 복사본은 다른 딸세포로 분리되는 경우에만 생성된다.

이배체 배우자가 생성된다. 낮은 빈도지만 이배체 배우자들끼리 수정 되면 사배체 생물체가 생성된다. 새로이 생성된 사배체 생물체는 자가수정으로 완전히 새로운 종이 되는데, 그 이유는 이러한 사배체와 원래의 이배체와 교배가 되면 불임의 삼배체가 생성되기 때문이다(그림 15.5 참조). 이러한 방법으로 만들어진 사배체는 한 종의 염색체 세트들로만 이루어진 배수체이기 때문에 **동질배수체**(autopolyploid)이다.

사배체를 유지하는 것은 균형 배우자의 생성 여부에 달려 있다. 대부분의 성공적인 사배체들은 네 개의 상동염색체가 두 개씩 쌍으로 접합을 하여 두 개의 **이가염색체**(bivalent)—접합된 상동염색체 쌍—를 형성하도록 진화되었다(**그림 15.6b**). 접합된 상태의 이가염색체에 있는 각 염색체들은 제1 감수분열에서 방추사에 의해 서로 반대극으로 향하여 위치하므로 감수분열은 정상적으로 각 염색체를 완전하게 두 개씩 가지는 배우자를 형성한다.

사배체들은 모든 유전자들을 네 개씩 가지고 있으므로 색다른 멘델의 분리비를 나타낸다. 예를 들면, 어떤 유전자가 두 개의 대립유전자를 가지고 있으면(예로 A와 a), 다섯 가지의 가능한 유전자형이 있다($AAAA$, $AAAa$, $AAaa$, $Aaaa$, $aaaa$). 만약에 표현형이 A의 수에 따른다면 이들 각 유전자형에 상응하는 다섯 가지의 표현형이 가능하다. 사배체의 감수분열 시 대립유전자들의 분리도 마찬가지로 복잡하다.

동원체에 가깝게 위치한 A 유전자가 $AAaa$로 이형접합자이고, A는 a에 대해 완전 우성이라고 가정하자. 열성 표현형을 보이는 $aaaa$ 유전자형이 나타날 가능성은 얼마인가? **그림 15.6c**에서 설명한 것처럼 제1감수분열에서 그 유전자를 가진 네 개의 염색체들은 적도판에 임의적으로 배열하게 되므로 예상되는 배우자의 분리비는 $2(AA) : 8(Aa) : 2(aa) = 1(AA) : 4(Aa) : 1(aa)$이다. 따라서 이들이 수정되어 $aaaa$가 나올 확률은 $1/6 \times 1/6 = 1/36$이다. 다시 말하면, A가 완전 우성이므로 우성 표현형 대 열성 표현형은 A–––와 $aaaa$의 비율이 되어 35 : 1이 된다.

배수체 유전체의 배가로 새로운 배수체가 생성될 수 있다. 이러한 유전체 배가는 자연 상태에서 드물게 일어나는데, 이는 체세포분열 시 방추사의 형성을 억제하는 콜히친이나 다른 약품을 처리하여서도 얻을 수 있다. 사배체 유전체의 유전체 배가는 8배체($8x$)를 형성한다. 연속적인 유전체 배가에 의하여 만들어진 고배수체들은 단일종으로 유래된 염색체들을 가지고 있으므로 동질배수체들이다.

현화 식물의 약 3분의 1은 배수체이며, 배수성은 종종 식물의 크기나 활성을 높이므로 식용으로 하는 많은 배수성 식물들은 농사로 재배하며 선택되어진 것들이다. 알팔파, 커피, 땅콩 등 상업적으로 재배되는 작물들의 많은 것들이 사배체($4x$)이다. 거대한 과실이 달

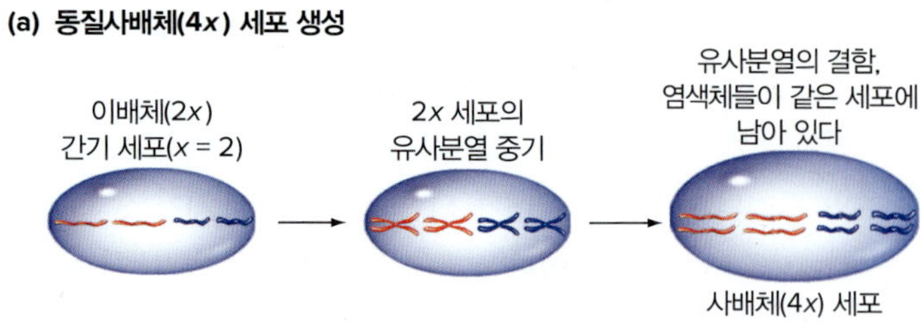

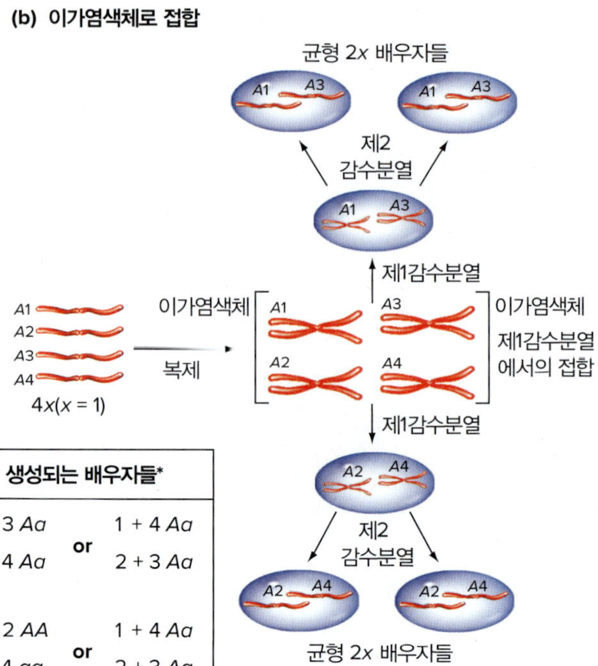

(c) *AAaa* 사배체로부터 생성되는 배우자들

염색체	접합과 정렬	생성되는 배우자들*
1. *A* 2. *A* 3. *a* 4. *a*	1 ↑*A* 2 ↓*A*, 3 ↑*a* 4 ↓*a* or 1 ↑*A* 2 ↓*A*, 4 ↑*a* 3 ↓*a*	1 + 3 *Aa*, 2 + 4 *Aa* or 1 + 4 *Aa*, 2 + 3 *Aa*
	1 ↑*A* 3 ↓*a*, 2 ↑*A* 4 ↓*a* or 1 ↑*A* 3 ↓*a*, 4 ↑*a* 2 ↓*A*	1 + 2 *AA*, 3 + 4 *aa* or 1 + 4 *Aa*, 2 + 3 *Aa*
	1 ↑*A* 4 ↓*a*, 2 ↑*A* 3 ↓*a* or 1 ↑*A* 4 ↓*a*, 3 ↑*a* 2 ↓*A*	1 + 2 *AA*, 3 + 4 *aa* or 1 + 3 *Aa*, 2 + 4 *Aa*

*동원체와 유전자 *A* 사이에 교차가 없다고 가정

결과:
2(*AA*) : 8(*Aa*) : 2(*aa*)
= 1(*AA*) : 4(*Aa*) : 1(*aa*)

그림 15.6 사배체의 유전학. **(a)** 사배체는 이배체가 유사분열에서 자매염색분체들의 분리 실패로 생성된다. **(b)** 성공적인 사배체는 염색체들이 이가염색체로 접합하게 되어 유전적으로 균형 배우자를 생성하게 된다. **(c)** 동원체에 가깝게 존재하는 *A* 유전자가 *AAaa* 유전자형인 이형접합성 사배체가 질서 있게 이가염색체를 형성하여 배우자를 형성한다. 네 개의 상동염색체가 두 개의 이가염색체로 접합을 하는 3가지 가능한 방법이며, 각 접합에서 염색체 쌍은 두 가지 방법으로 임의적으로 배열한다. 만약에 모든 가능성이 동일하다면 배우자들의 예상되는 유전자형 분리비는 1(*AA*) : 4(*Aa*) : 1(*aa*)이다.

그림 15.7 배수체 식물체는 이배체에 비해 크다. 8배체 딸기(왼쪽)와 이배체 딸기(오른쪽)의 비교. *Source: Rosemary Calvert/Getty Images*

리는 매킨토시 사과와 바트렛 배 등도 사배체이다. 상업적으로 재배되는 딸기는 8배체이다(**그림 15.7**).

배수체 식물들이 진화적으로 성공할 수 있었던 것은 배수성이 유전자 중복처럼 부가적인 유전자를 가짐으로써 가능했다. 한 유전자가 원래의 기능을 하는 동안 부가된 다른 유전자가 유리한 새로운 기능을 할 수 있다. 그러나 배수체들이 임성을 가지기 위해서는 염색체 세트를 짝수로 가져야 한다.

이질배수체들은 서로 다른 종들로부터 유래한 염색체 세트를 가지는 잡종들이다

배수성은 염색체의 배가로부터 생성되기도 하지만, 다른 두 종 간의 교배에 의해 생성되기도 하는데, 이들 두 종의 염색체 수가 다른 경우에도 일어난다. 두 종 또는 그 이상의 다른 종으로부터 유래된 배수체를 **이질배수체**(allopolyploid)라고 한다.

서로 다른 종들은 DNA 서열이 다르고 염색체 수가 다르므로 서로 쉽게 접합하지 못하므로 임성을 가진 이질배수체가 생기는 일은 매우 드물다. 이질배수체는 결과적으로 염색체 분리가 매우 불규칙적이어서 유전적으로 불균형 배우자들을 생성하므로 잡종 1대는 불임이 된다. 그러나 생식세포에서 염색체 배가가 일어나면 자신의 접

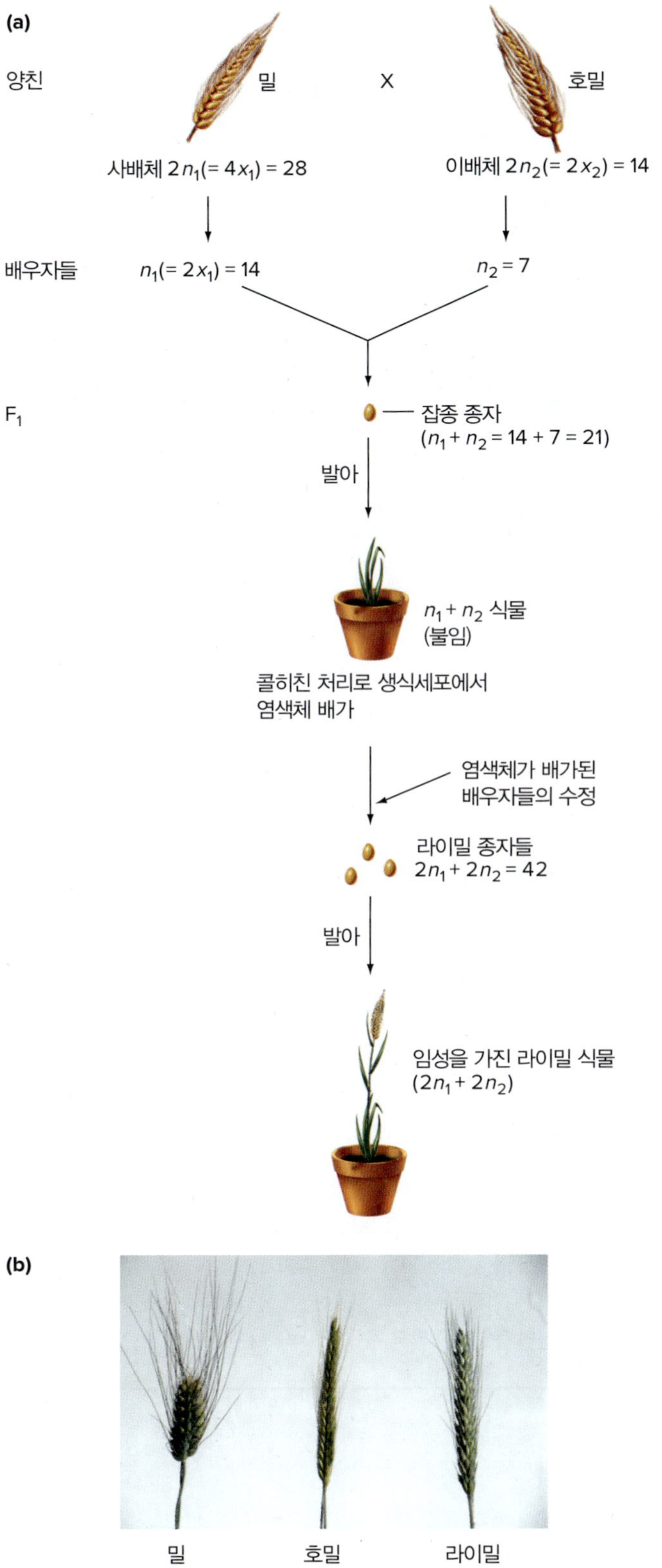

그림 15.8 농업에서의 이질배수체. **(a)** 식물 육종가들은 밀과 호밀을 교배하여 라이밀을 만들었다. 여기에서 보여주는 밀은 사배체이므로, x_1(밀의 기본적 염색체 세트의 염색체 수)은 n_1(밀 배우자에 있는 염색체 수)의 절반이다. 이배체 호밀은 $n_2 = x_2$이다. 밀과 호밀의 F_1 잡종은 호밀 염색체가 밀의 염색체와 접합을 하지 못하므로 불임이라는 것을 유념하라. F_1 잡종에 콜히친 처리로 염색체를 배가시킴으로써 염색체가 규칙적으로 접합할 수 있게 된다. **(b)** 밀, 호밀, 라이밀 이삭의 비교.
Source: (b): ©Davis Barber/PhotoEdit

합 상대자가 생기게 되므로 임성을 회복한다. 이러한 방법에 의해 만들어진 생물체가 두 양친이 이배체였다면 **복다배체**(amphidiploid)라고 하며, 이들은 두 개의 이배체 유전체를 가지는데 각 유전체는 두 양친으로부터 유래한 것이다. 다음의 예시에서 보여 주는 것처럼 복다배체나 다른 이질배수체들의 특징을 예측하기는 어렵다.

한 예로 이배체 양배추와 이배체 무를 교배하여 **무양채**(*Raphanobrassica*)라고 알려진 복다배체를 얻은 경우가 있다. 두 양친은 모두 유전체의 염색체 수가 9개이며 불임인 F_1은 18개의 염색체를 가지며 이들은 아무도 상동염색체를 갖지 않는다. 콜히친 처리에 의해 생식세포의 염색체를 배가하여 생성된 배우자들이 수정되면 36개의 염색체를 가진 새로운 종의 무양채가 만들어진다. 이것은 양배추의 18개 염색체(9쌍)와 무 염색체 18개(9쌍)를 고스란히 가지고 있다. 불행하게도 복다배체는 배추의 뿌리와 무의 잎을 가진 표현형을 보여 농업적으로는 가치가 없다.

이와는 달리 사배체(또는 육배체) 밀과 이배체 호밀 간의 교배로 두 양친으로부터 농업적으로 유용한 형질을 모두 받은 여러 종류의 이질배수체를 얻었다(**그림 15.8**). 이들 잡종의 일부는 밀의 높은 수확성과 호밀의 불리한 환경에 적응하는 특징을 모두 가지고 있었다. 또 다른 계통은 밀의 높은 단백질 함량에 인간 식품에서 중요한 아미노산이지만 밀 단백질에서는 함량이 낮은 리신을 높은 수준으로 가진 호밀의 특징이 합쳐진 성질을 보였다. 밀과 호밀 간의 교배로 만들어진 다양한 잡종들을 **라이밀**(*Triticale*)이라고 부른다. 일부 계통은 이미 건강식품점에서 판매되는 빵에 사용되는 영양이 풍부한 라이밀을 생산하고 있다. 식물 육종가들은 현재도 대규모 농업 경작을 위한 다양한 라이밀 계통들을 개발하고 연구하고 있다.

핵심 개념 15.2

- 정배수체성 생물은 염색체 세트를 온전히 가지고 있는 생물체를 말한다. 단수체는 염색체 세트를 한 벌만 가지고 있으며, 배수체들은 염색체 세트를 두 벌 이상 가지고 있는 생물체들이다.
- 배수체 생물들에서 x는 염색체 세트 한 벌에 있는 염색체 수를 말하며 n은 배우체에 있는 염색체 수를 말한다. 이배체 생물에서는 $n = x$이다. 육배체는 $n = 3x$이다.
- 염색체 세트를 홀수로 가지는 배수체와 마찬가지로 단수체들은 감수분열 시 염색체 분리가 정상적으로 이루어지지 않아 유전적 균형을 가진 배우자를 생성하지 못하므로 보통 임성을 갖지 못한다.
- 한 종으로부터 유래된 배수체들은 동질배수체들이며, 하나 이상의 다른 종들로부터 유래된 배수체들은 이질배수체들이다.
- 세포분열의 실패로 염색체가 배가되면 모든 염색체들이 접합할 수 있는 짝이 생기므로 임성이 회복될 수 있다.

15.3 진화의 원동력으로서의 전장유전체 복제

학습 목표

1. 전체 유전체의 복제로 인해 추가된 유전자들이 어떻게 진화를 돕는지 설명한다.
2. 과학자들이 고대 전장유전체 복제가 있었다는 사실을 어떻게 발견했는지 설명한다.

14장에서는 유전자 중복이 돌연변이(다양화)와 자연선택이 작용하며 유전자 패밀리를 형성할 수 있는 새로운 재료를 제공한다고 설명했다. 전장유전체 복제는 수천 개의 유전자들을 추가시키므로 진화에서 이의 특별한 이점을 이용해 왔다고 생각할 수 있다. 배수화는 실제로 특히 식물 종들의 다양한 분화에서 중요하다. 예를 들면, 식물학자들은 5개의 염색체로 이루어진 고대의 이배체 조상종($x = 5$)이 약 9천만 년 전에 전장유전체 복제를 거쳤다고 생각한다. 복제된 염색체들은 이후 서로 다르게 분화되고 염색체 절단과 로버트손 전좌 등을 겪게 되었다. 이러한 결과 현재 재배되고 있는 벼, 밀, 보리, 수수, 옥수수 등과 같은 초본류 작물들의 공통 조상종인 기본 염색체 수가 12 ($x = 12$)인 식물을 탄생시켰다.

조상종의 전장유전체 복제에 대한 증거는 현재 재배되고 있는 **벼**(*Oryza sativa*)의 유전체 염기서열에서 볼 수 있다(**그림 15.9**). 상동유전자 서열의 많은 블록들이 두 개의 비상동염색체에서 발견되는데, 이는 그림에서 여러 가지 색의 선으로 표시하였다. 이러한 유전자 블록 내에서 유전자들의 순서는 상당히 보존적이다. 그러나 두 유전자 사본은 서로 동일하지 않으며, 어떤 유전자들은 새로운 기능을 획득하였으며, 어떤 것들은 돌연변이가 심하게 이루어져 소실되었다.

유전자를 추가시키는 배수화의 일반적인 전략은 변이를 생성하는 데 매우 성공적이어서 많은 식물체에서 과거의 여러 시기에 걸쳐 여러 번의 유전체 복제를 겪었음을 확인할 수 있다.

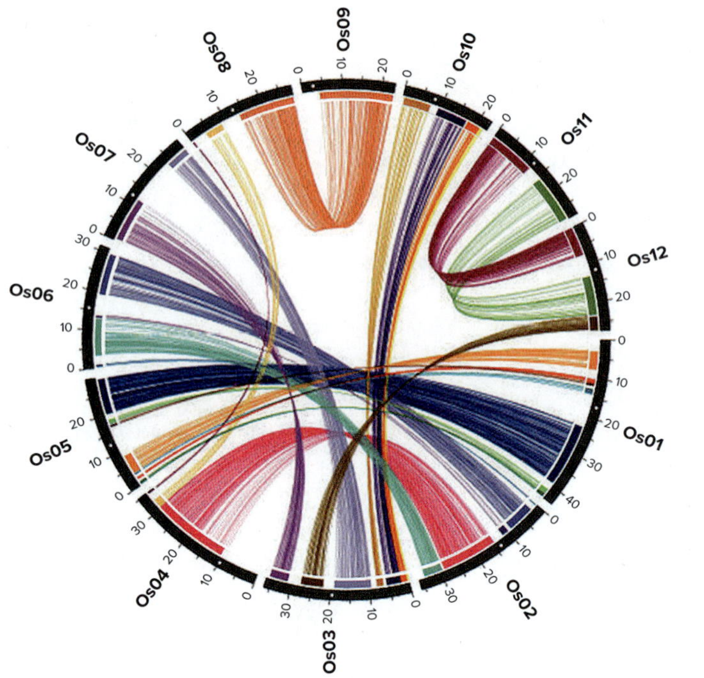

그림 15.9 현재 벼(*O. sativa*)의 유전체에서 고대 유전체 복제가 여전히 확인된다. 모든 곡물류 초본 식물의 고대 공통조상은 5개의 기본 염색체를 갖고 있었던 것으로 생각된다. 염색체 재배열에 의한 이배체화로 원래 유전체가 가지고 있던 두 개의 사본이 현재의 벼가 가지고 있는 12개의 염색체로 분포하게 되었는데, 그림에서는 원을 따라 벼 염색체들을 Os1부터 Os12까지 표시하였다. 가운데 색깔로 표시한 선들은 서로 다른 벼 염색체에 존재하는 상동유전자들을 나타내고 있으며 이는 진화적인 역사를 보여준다. *Source: (art): T. Thiel et al. (2009), "Evidence and evolutionary analysis of ancient whole-genome duplication in barley predating the divergence from rice," BMC Evolutionary Biology, 9:209, Fig. 1. ©Thiel et al. Licensee BioMed Central Ltd. 2009. http://bmcevolbiol.biomedcentral.com/articles/10.1186/1471-2148-9-209; (photo): ©Thiel et al. Licensee BioMed Central Ltd. 2009 http://bmcevolbiol.biomedcentral.com/articles/10.1186/1471-2148-9-209*

핵심 개념 15.3

- 현대 많은 식물 종들은 두 개의 다른 염색체에서 유사한 유전자 블록을 유사한 순서로 반복하여 가지고 있음을 보여 준다. 이러한 사실은 조상종에서 전체 유전체 복제가 있었음을 보여준다.
- 전장유전체 복제 이후, 유전자의 두 사본은 독립적으로 돌연변이를 겪으며 더 이상 염기서열이 동일하지 않고 기능이 다르게 분화되었다.

풀이 문제

풀이 문제 I

어떤 이수체 XYY 남성들은 완전히 정상인 반면, 다른 사람들은 다양한 증상들을 보이는데 평균보다 큰 키, 발달 지체 및 학습 장애가 포함된다.

a. XYY 남성에게 이러한 증상의 원인은 무엇인가?

b. 터너 증후군(XO)이 있는 여성과 클라인펠터 증후군(XXXY)이 있는 남성은 불임이다. 이와는 대조적으로, XYY 남성들은 대개 정상적인 생식능력을 보인다. 차이점을 설명하시오.

c. 감수분열의 실수로 어떻게 XYY 이수성이 나타날 수 있는 지 설명하시오. 그러한 실수가 수컷 생식세포 계열 혹은 암컷 생식세포 계열에 일어날 수 있는가? 그 실수가 제1감수분열이나 제2감수분열 중에서 일어난 것인지 설명할 수 있는가?

해답

이수성은 비정상적인 유전자 양으로 인해 표현형에 영향을 미친다는 것을 기억하라. 터너증후군과 클라인펠터 증후군에서 유전자 양의 영향은 그림 15.1에 설명되어 있다.

a. XYY 남성들은 모든 체세포 및 생식세포들이 Y-연관 유전자들을 더 많이 가짐으로 인해 때로 비정상적인 표현형을 나타낸다. 클라인펠터 증후군(XXY)을 앓고 있는 남성과 마찬가지로 XYY 남성도 체세포가 PAR 유전자 *SHOX*를 추가로 가지고 있으므로 평균보다 키가 클 수 있다.

b. Y 염색체는 X 염색체에 존재하는 유전자의 10분의 1 정도만 가지고 있기 때문에 XYY 남성은 XO나 XXY인 사람보다 10배 적은 수의 유전자를 가지고 있다.

c. 모든 Y 염색체는 반드시 부계로부터 물려받기 때문에, XYY 남성은 YY 정자와 X 난자가 수정하여 발생한 결과이다. 남성 생식계통 세포의 제2감수분열에서의 Y 염색체 비분리현상(NDJ)은 모식도에서 보여주는 것과 같이 YY 배우자를 생성한다. 이와는 달리, 남성 생식계통 세포의 제1감수분열에서의 비분리 현상은 YY 배우자가 아닌 XY 배우자를 생성한다.

풀이 문제 II

생명공학 회사 '아쿠아바운티 테크놀로지스'는 실험실에서 변형시킨 성장 호르몬 유전자를 연어 유전체에 삽입하여 보통 연어보다 더 빠르게 성장하는 다양한 종류의 유전자 변형 대서양 연어를 개발했다(21장에서 유전자 변형 물고기 혹은 동물들이 어떻게 만들어지는지를 배우게 될 것이다). 이들 아쿠어드밴티지®연어는 미국 식품의약국(FDA)이 인간의 소비를 승인한 최초의 유전자 변형 동물이다. '아쿠아바운티 테크놀로지스'는 아쿠어드밴티지® 연어 양식업자에게 삼배체 암컷만을 제공한다. 만약 유전자 변형 물고기가 야생으로 도망치더라도 도입 유전자는 자연의 이배체 연어 집단에게 전달되지 않을 것이다.

a. 삼배체 암컷을 이용하면 어떻게 도입 유전자의 확산을 방지할 수 있는지 설명하시오(그림 15.5b 참조).

b. 대서양 연어는 $x = 29$이다. 삼배체 아쿠어드밴티지® 연어가 균형 배우자를 생성할 수 있는 빈도는?

c. 문제 (b)의 답을 고려할 때, 삼배체 암컷을 기르는 전략이 도입 유전자의 확산을 막는 데 얼마나 효과적이라 생각하는가?

d. x(기본 염색체 수)와 삼배체가 생성하는 균형 배우자 간의 상관관계를 일반 공식으로 도출하시오.

해답

이러한 질문에 답하기 위해서, 각 상동염색체가 이배체에서 쌍으로 존재하는 대신 삼배체에서 3개씩 존재할 때 제1감수분열에서 어떻게 분리하는지 생각해 보시오. 3개의 상동염색체로 접합된 상태에서, 이들 중 두 개는 서로 다른 딸세포들로 분리된다. 그러나 세번째 상동염색체는 무작위로 다른 딸세포들로 분리되므로 결과적으로 배우자의 대부분은 그림 15.5b와 같이 불균형 배우자가 된다.

a. 만약 유전자 변형 삼배체 암컷이 야생의 이배체 수컷과 짝짓기를 한다면, 암컷 난자의 대부분은 불균형 상태가 되기 때문에, 결과적으로 접합자는 이수체가 되어 살아남지 못할 것이다.

b. 균형 배우자가 만들어질 수 있는 유일한 방법은 제1감수분열에서 세 번째 상동염색체들이 우연히 같은 딸세포로 분리되는 것이다. 이러

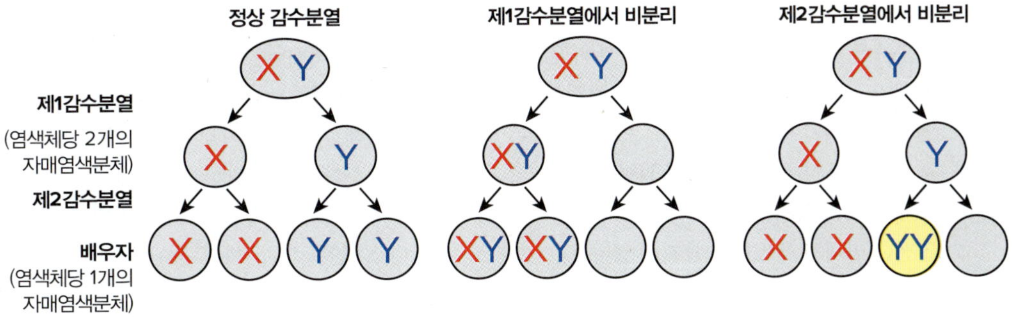

풀이 문제 Ic의 그림

한 감수분열은 $x = 3$인 삼배체 모세포에 대한 모식도를 통해 볼 수 있다. 생성된 균형 배우자는 $2x$ 또는 $1x$이다. $x = 29$일 때 이와 같은 감수분열이 일어날 수 있는 가능성은 얼마나 될까? 이에 대해 생각할 수 있는 간단한 한 방법은 다음과 같다. 첫번째 제3의 상동염색체가 어느 한 딸세포로 분리된다. 균형 배우자가 생성되려면, 나머지 28개의 제3의 상동염색체가 첫번째와 같은 딸세포로 이동해야 한다. 각각의 제3의 상동염색체에 대해, 첫번째와 같은 딸세포로 갈 확률은 1/2이며, 따라서 28개 모두가 첫번째와 같은 딸세포로 갈 확률은 $1/2^{28}$, 즉 1/268,000,000이다.

c. 삼배체와 이배체 야생 연어 사이의 짝짓기에서는 삼배체로부터의 균형 배우자만 생존 가능한 정배수체 접합자를 생성할 수 있다. 각 감수분열에서는 동일한 수의 배우자를 생산함으로 삼배체 암컷은 268,000,000개 중, 단 한 개의 균형 268,000,000만 생산하게 된다. 유전자 변형 연어와 야생 연어 사이의 짝짓기 중 1/268,000,000의 확률로 생존 가능한 자손을 만들 수 있기 때문에 유전자 변형 삼배체 물고기를 만드는 전략은 유전자 변형 도입 유전자 확산을 막는데 매우 효과적이다.

d. (b)의 답으로부터 균형 배우자를 생성하는 감수분열의 빈도에 대한 일반 공식은 $1/2^{x-1}$임을 알 수 있다.

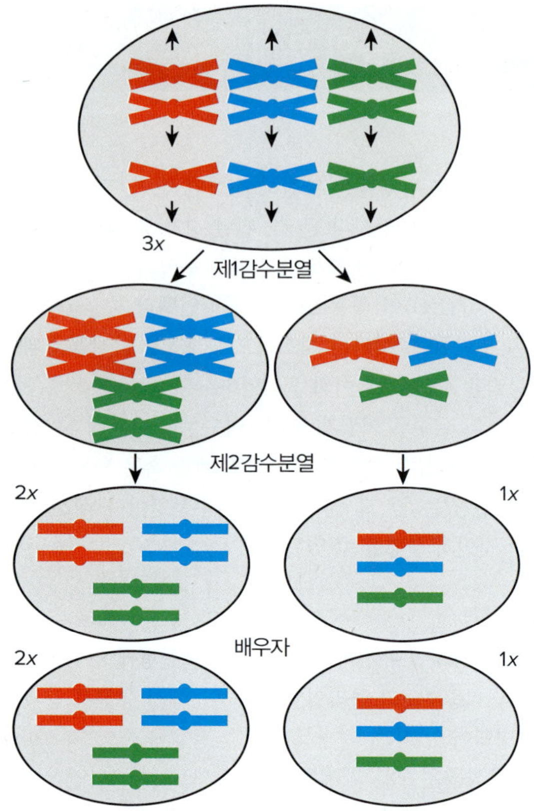

연습 문제

어휘

1. 왼쪽 용어를 가장 잘 설명한 문장을 오른쪽에서 찾아 연결하시오.

a. x	1. 염색체를 하나 또는 두 개 더 가지고 있거나 부족하다.
b. n	2. 서로 다른 두 종의 교배에 의해 생성된 잡종
c. 비분리현상	3. 완전한 염색체 세트를 두 개 이상 가진다.
d. X-염색체 재활성화	4. 한 세트의 염색체 수
e. 정배수성	5. 감수분열 또는 체세포 분열 시 두 개의 염색체 또는 자매염색분체의 분리가 적절하게 이루어지지 않는 것
f. 배수성	6. 포유동물 생식계통 세포에서 일어나는 바소체 형성의 역전
g. 이질배수체	7. 완전한 염색체 세트들을 가지고 있다
h. 이수성	8. 배우자의 염색체 수

15.1절

2. 단친이염색체성(uniparental disomy)은 열성 장애를 가진 자녀의 부모 중 한 사람만이 그 증세에 대해 보인자인 드문 현상이다. 부모의 다른쪽은 정상 대립인자에 대해 동형접합성이다. DNA 다형성 분석을 하면 아이가 돌연변이 대립유전자를 두 개 모두 보인자 부모로부터 받고 다른쪽 부모로부터는 전혀 유전자를 받지 못한 것을 확실히 알 수 있다.
   a. 단친이염색체성이 일어날 수 있는 기작을 적어도 두 가지 만들어 보시오(힌트: 이러한 기작들은 모두 하나 이상의 세포분열의 실수에 의해 나타나며 이것이 왜 단친이염색체성이 매우 희귀한지를 설명해 준다). 특정 단친이염색체성의 경우를 설명하며 이러한 두 기작의 차이를 보여 줄 수 있는 방법이 있는가?
   b. 이 X-연관 열성 희귀 장애를 가지고 있는 딸이 부친은 정상인 드문 경우 또는 X-연관 열성 장애가 아버지에서 아들로 전해진 또 다른 경우를 단친이염색체성으로 설명할 수 있는가?

c. 만약 당신이 인류유전학자이고 환자 중 한 사람이 단친이염색체성에 의한 증후군을 가진 것으로 의심된다면 그 원인이 배 발달 초기 체세포 재조합에 의한 것이 아니라는 것을 어떻게 정립할 수 있는가?

3. 붉은빵곰팡이(*Neurospora*)에서 *his2* 돌연변이주는 생장을 위해 히스티딘 아미노산을, *lys4* 돌연변이주는 리신 아미노산을 필요로 한다. 이들 두 유전자는 같은 염색체상에 다음과 같은 순서로 배열되어 있다.

동원체 – *his2* – *lys4*

his2 돌연변이주를 *lys4*와 교잡시켰다. 감수분열 시 다음과 같은 사건들이 일어난다면 각 자낭포자들의 영양요구성을 표시하여 모든 가능한 정렬의 자낭들을 도시하시오. 염색체 사본이 결핍된 자낭포자는 자라지 못하고 죽으므로 하얗게 표시된다.

a. 동원체와 *his2* 유전자 사이의 단일 교차
b. *his2*와 *lys4* 사이의 단일교차
c. 제1감수분열 염색체 비분리
d. 제2감수분열 염색체 비분리
e. 동원체와 *his2* 사이의 단일교차 후 제1감수분열 염색체 비분리
f. *his2*와 *lys4* 사이의 단일교차 후 제1감수분열에서 비분리

4. 다운증후군은 다운증후군 부모의 자식들에게서 거의 50%에 가까운 높은 빈도로 나타난다. 다운증후군 부모에게서 21번 염색체 이수성이 높은 빈도로 나타날 이유를 부모의 감수분열을 그림으로 나타내고 설명하시오. 또한 이러한 부모들의 아이들 중 다운증후군을 가진 아이들이 50%보다 낮게 나타나는 이유를 설명하시오.

5. 다운증후군은 통상 21번 염색체를 한 개 더 가지게 됨으로써 발생한다. 다운증후군의 증세는 낮은 IQ, 심장병, 특징적인 얼굴, 위장관의 이상, 작은 키, 근육 발달 저하, 백혈병 가능성 높아짐, 치매 가능성이 높아짐 등과 같은 여러 가지가 있다. 다운증후군을 가진 사람들 중 어떤 사람들은 이러한 여러 가지 증세 중 일부만을 보이는 사람들도 있다. 이러한 사람들은 한 개의 정상적인 21번 염색체와 중복을 가진 한 개의 21번 염색체를 가지는 사람들로서 21번 염색체에 중복된 부위는 개인에 따라 차이를 보였다. 어떤 과학자들은 21번 염색체에 다운증후군을 일으키는 하나 혹은 몇몇 유전자를 포함하고 있는 핵심부위가 존재하는 것으로 생각한다. 이러한 생각을 검증하기 위해 염색체 중복으로 인한 다운증후군을 가진 사람들을 조사하기로 하였다. 유전체 염기서열을 분석하여 과학자들은 이들 중복 다운증후군 환자 8명으로부터 21번 염색체 부위가 3개인 부분을 찾아냈다. 이들의 결과를 다음 표에 요약하였다. *X*는 환자가 특정한 표현형을 보이는 경우를 표시한 것이다.

환자	이상 증세						중복 부위 (21p — 21q)
	낮은 IQ	안면 특징	소화계 이상	작은 키	근력 저하	심장병	
1	X	X		X			
2	X			X			
3	X			X	X		
4				X		X	
5	X	X	X	X	X	X	
6	X	X	X		X	X	
7	X						
8	X	X					

a. 이 결과는 21번 염색체에 다운증후군 핵심부위가 존재한다는 가정을 지지하는가? 아님 반박하는가?
b. 이 결과는 다운증후군의 비정상적 표현형이 21번 염색체의 서로 다른 부위의 유전자들의 과발현에 의한 것이라는 가정을 지지하는가? 설명하시오.

15.2절

6. 다양한 귀리종들의 체세포 염색체 수는 다음과 같다.

모래귀리(*Avena strigosa*)—14
가는 야생귀리(*Avena barata*)—28
재배귀리(*Avena sativa*)—42

a. 귀리의 기본 염색체 수(x)는 얼마인가?
b. 이들 다른 종들의 배수성은 얼마인가?
c. 이들 각 귀리종들의 배우자에 있는 염색체 수는 얼마인가?
d. 각 종들의 n 염색체 수는 얼마인가?

7. 특정 이배체 식물의 체세포가 정상적으로는 14개의 염색체를 가지고 있다. 배우자에 있는 염색체를 1번부터 7번까지 숫자로 명명하였다. 간혹 염색체가 14개보다 많거나 적은 접합자가 생성된다. 아래에 보여 주는 접합자들에서 (i) 염색체 조성이 정배수체인지 이수체인지 말하시오. (ii) 각 개체의 염색체 조성을 가능한 정확하게 용어로 말하시오. (iii) 그 개체가 배 단계를 거쳐 발생할 수 있는지 그렇지 않은지 말하시오. 발생할 수 있다면 이 식물이 임성을 가질 것인지 불임일지 설명하시오.

a. 11 22 33 44 5 66 77
b. 111 22 33 44 555 66 77
c. 111 222 333 444 555 666 777
d. 1111 2222 3333 4444 5555 6666 7777

8. 담배 식물의 반수체 세포를 배양하여 제초제에 저항성인 형질전환 세포를 만들었다. 이로부터 임성을 가진 제초제 저항성 식물을 육성할 수 있는 이배체 세포 계통을 만들기 위해서 어떤 작업을 수행하여야 하는가?

9. 핵형분석으로 동질배수체와 이질배수체는 어떻게 구별 가능한가?

10. 이 장에서 우리는 양배추와 무를 교잡하여 생긴 잡종식물 **무양채** (*Raphanobrassica*)에 대해 배웠다. 양배추와 무 각각이 9개의 염색체를 갖는 배우자(양배추와 무 모두 $x = 9$인)를 생성하는 것이 이 잡종식물의 생존력과 임성에 얼마나 중요한가?

11. 삼염색체성 옥수수에서는 오직 $1x$의 정자만이 생존할 수 있다. *B* 유전자는 옥수수 알맹이 색을 제어한다. 우성 *B* 대립인자가 하나 있으면 보라색을, 열성 *b* 대립인자는 구리빛을 나타낸다. *Bbb* 식물의 암술에 *BBb* 식물의 꽃가루로 수분시켰을 때 자손이 삼염색체성 구리빛으로 나올 비율은?

12. 대부분의 동물들은 배수체일 때 생존할 수 없지만, 굴과 같은 몇몇 연체동물은 생존한다. 비록 야생 굴은 이배체이지만, 양식 굴은 삼배체로 만들어지는 경우가 많다. 삼배체성의 장점은 굴이 불임이기 때문에 입맛 떨어뜨리는 배우자를 생산하는 소비했을 에너지를 맛있는 근육을 생산하는데 활용할 수 있다는 것이다. 이 육질이 많은 삼배체 굴은 이배체 굴보다 상업적으로 더 가치가 있다.
    a. 삼배체 굴을 만들기 위해, 연구원들은 시토칼라신 B를 사용했는데, 시토칼라신 B는 난자생성 중 제1감수분열 혹은 제2감수분열 시기에 분열을 억제하나 이 약품은 염색체 복제를 방해하지는 않는다. 시토칼라신 B를 사용하여 어떻게 삼배체 굴이 생성될 수 있는지 설명하시오.
    b. 시토칼라신 B는 사람에게 독성이 있어서 굴 양식가들은 이 약품을 사용할 수 없다. 굴 양식업자들이 삼배체 굴을 대량으로 생산할 수 있는 다른 방법을 생각해 볼 수 있는가?

15.3절

13. 아래 그림에서 위와 아래 선은 각각 효모(*Saccharomyces cerevisiae*)의 4번과 12번 염색체를 나타낸다(*Scer 4*와 *Scer 12*). 숫자는 특정 유전자들을 나타내며 빨간색 화살표는 전사 방향과 크기를 나타낸다. 중간 선은 효모와 근연인 다른 효모종(*Klyuyveromyces waltii(Kwal 1)*)의 1번 염색체 서열이며 유전자들은 옅은 파란색으로 표시하였다. 두 효모 종에서 유사한 DNA 염기서열은 염색체를 위, 아래로 연결하는 선으로 표시하였다.
    a. 진한 청색으로 표시한 근연 효모종의 두 유전자는 무엇을 의미하는가?
    b. 이러한 결과에 의해 그림에서 보여진대로 효모 유전체의 해당 부분의 생성에 대해서 설명하시오.

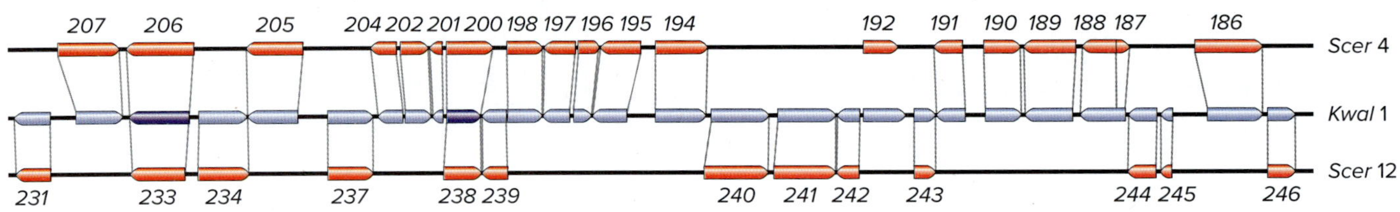

연습문제 13의 그림

chapter 16

세균 유전학

Werner Van Steen/The Image Bank/Getty Images

세균 중 일부는 미국 와이오밍의 옐로우스톤 국립공원에 있는 아름다운 온천 호수와 같은 열악한 환경에서도 살 수 있다. 호수 가운데의 파란 부분을 제외한 다른 부분의 색깔은 물의 가장자리에서 빽빽하게 자란 세균이 가지는 색소에 기인한 것이다.

개요

- 16.1 세균의 다양성
- 16.2 세균 유전체
- 16.3 실험생물로서의 세균
- 16.4 세균에서의 유전자 전달
- 16.5 세균의 유전적 분석
- 16.6 심화학습: 어떻게 임질균이 페니실린 내성을 가지게 되었을까

임질은 성행위에 의해 남녀에게 전염되는 비뇨생식기 감염증으로 **임질균**(*Neisseria gonorrhoeae*)에 의해 일어난다. 이 질병은 치명적이지는 않지만 남성과 여성 모두에서 불임을 유발할 수 있다. 1970년대 말까지는 페니실린 주사를 몇번 맞는 것으로 완전히 치료되었지만, 1995년에는 전세계적으로 환자에서 검출된 임질균의 20% 이상이 페니실린에 대해 내성을 가지게 되었다.

현재 유전학자들은 이러한 항생제 내성이 증가하는 원인이 한 세균에서 다른 세균으로 DNA가 전달되기 때문이라는 것을 잘 알게 되었다. 전염병 학자들에 따르면 페니실린 내성을 나타내는 임질균은 1970년대에 아시아에서 페니실린 치료를 받은 임질 환자에서 처음 발견되었는데, 이 환자는 **인플루엔자**(*Haemophilus influenzae*)라는 다른 세균에도 감염되어 있었다. 이 환자의 인플루엔자균 중 일부가 페니실린가수분해효소(penicillinase)라는 페니실린을 분해하는 효소의 유전자를 플라스미드에 가지고 있었던 것이다. 두 종류에 모두 감염된 환자에서 인플루엔자에 대한 면역 반응에 의해 세균이 분해될 때 이 플라스미드가 방출되었으며, 이들 중 일부의 유리된 원형 DNA가 임질균에 들어가 이들을 페니실린 내성균으로 형질전환시켰다.

형질전환된 임질균은 증식하기 시작하였고, 페니실린에 연속적으로 노출되면서 내성균이 선택적으로 증가하기 시작하였다. 그 결과 환자는 페니실린 내성균을 성행위 상대에게 계속 퍼뜨리게 되었다. 즉 페니실린 처리 자체가 저항성을 나타내는 유전자를 만들어내지는 않았지만, 이 유전자가 퍼지는 것을 가속화하였다. 오늘날 미국에서는 여러 임질균이 페니실린 뿐만 아니라 다른 두 종류의 항생제, 즉 스펙티노마이신과 테트라사이클린에 대해서도 동시에 내성을 지니고 있다.

세균 유전학에 대한 탐색을 통해 알 수 있는 주요 내용은 한 세포 또는 한 종의 DNA와 유전자는 변하지 않는 것이 아니며, 완전히 독립적으로 존재하지도 않는다는 것이다. 전이인자의 경우와 같이 DNA 조각이 유전체 내에서 움직일 수 있을 뿐만 아니라 DNA와 유전자 또한 한 종의 세포 사이 또는 다른 종의 세포 사이에서도 이동할 수 있다. 세포 사이의 유전자 전달은 미생물 세계의 진화에서 핵심적인 특징 중의 하나이다.

16.1 세균의 다양성

학습 목표

1. 원핵세포의 주요 특징을 열거한다.
2. 세균의 서식지가 어떻게 세균의 물질대사에 영향을 주는지 논의한다.
3. 어떤 성질에 의해 세균이 인간에 대해 감염성을 가지게 되는지 요약한다.

임질균과 **인플루엔자균**과 같은 세균은 생물의 세 가지 주요 진화 계통 중의 하나를 차지하고 있다(**그림 16.1**). 다른 두 계통은 진핵생물(막으로 둘러싸인 핵을 가진 세포로 구성된생물)과 **고세균**(*archaea*)으로, 고세균은 염도가 매우 높거나, 뜨겁거나, 산소가 없는 등 극한 환경에서 사는 생물이다. 세균과 고세균은 둘다 막으로 둘러싸인 진정한 핵을 가지고 있지 않기 때문에 모두 **원핵생물**(prokaryotes)로 분류된다. 하지만 세균과 고세균은 형태적 · 생화학적으로 뚜렷이 구분된다. 세균이 더 흔한 실험 생물이고 더 잘 알려져 있기 때문에 이 장에서는 세균에 대해서만 다룬다. 하지만 유전체의 구성에서부터 세포 사이의 유전자 전달 등과 같이 세균에서 얻은 많은 지식들이 이들의 먼 친척인 고세균에도 여전히 유용하다.

세균의 유전학을 이해하는 것은 여러 가지 이유로 인간에게 매우 중요한데, 그 중요한 사실 중 하나는 우리가 세균과 매우 밀접한 관계를 유지하며 살고 있다는 것이다. 성인 한명은 인간을 구성하고 있는 세포의 수와 거의 비슷한 30~50억 개 정도의 살아 있는 세균을 지니고 있다. 대부분의 세균은 장에 살고 있지만 피부, 입, 치아, 호흡기 등에도 세균의 생태계가 자리 잡고 있다. 세균은 필요한 비타민을 합성하거나 음식의 소화를 돕는 등 여러 가지 방법으로 인간의 건강에 도움을 주지만 일부 세균은 질병의 원인이 되기도 한다.

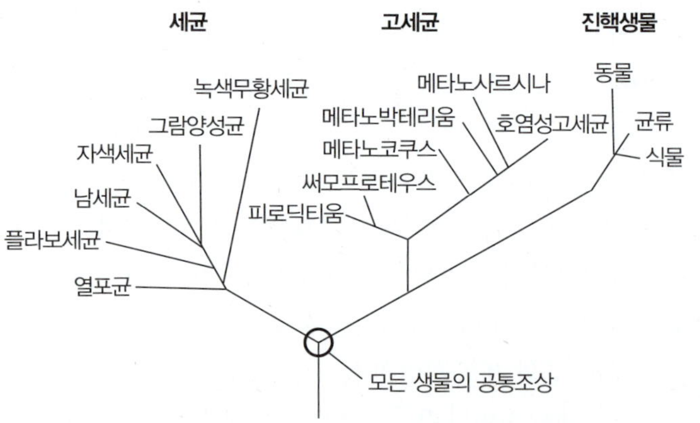

그림 16.1 모든 생물의 계통도. 모든 생물의 세 가지 주요 진화 계통은 세균, 고세균, 진핵생물이다. DNA 염기서열 분석 결과 모든 생물은 약 35억 년 전에 살던 공통의 원핵생물 조상으로부터 생겨났다고 알려졌다.

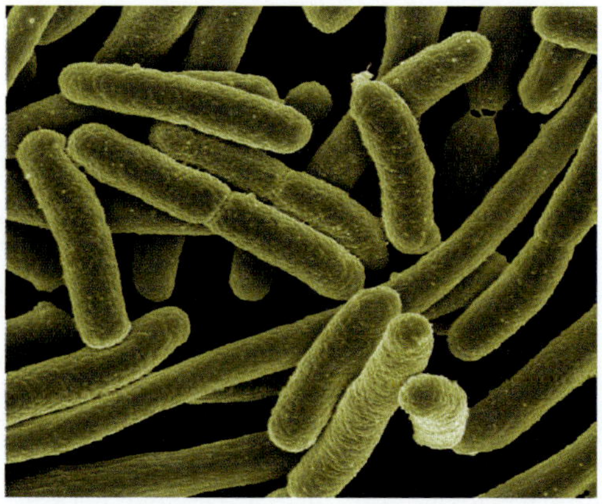

그림 16.2 대장균(*Escherichia coli*). *E. coli*의 주사전자현미경 사진(14,000배). 그림 중심부에서 보면 몇몇 세포들이 2진 핵분열에 의해 분열하고 있다.
Source: Mediscan/Alamy

세균은 크기와 모양이 다양하다

가장 작은 세균은 직경이 약 200 nm이며, 가장 큰 세균은 길이가 500 μm 정도이다. 이런 큰 세균은 가장 작은 세균에 비해 부피와 무게가 약 100억 배 정도 크며, 현미경 없이도 볼 수 있다. 막대 형태로 실험실에서 많이 이용되는 대장균(*Escherichia coli*; *E. coli*)은 작은 편에 속하는 것으로서 직경이 0.5 μm, 길이가 2 μm 정도이다(**그림 16.2**).

세균은 크기와 형태는 다양하지만 모두 핵막이 없으며, 진핵세포의 미토콘드리아나 엽록체와 같은 막으로 둘러싸인 세포소기관이 없다(**그림 16.3**). 세균의 염색체는 하나이며, 접혀져 밀도가 높은 **핵양체**(nucleoid body)를 만든다. 대부분의 세균에서는 탄수화물과 펩타이드의 중합체로 구성된 세포벽이 세포막을 지지하고 있다. 일부 세균은 세포벽 이외에도 캡슐이라고 하는 두꺼운 점액층과 유사한 표면을 가지고 있어 면역계의 공격을 벗어나는 데 도움을 받는다. 그림 16.2에서는 보이지 않지만, 대장균을 비롯한 여러 세균들이 편모를 가지고 있어 음식물이나 빛을 향해 움직일 수 있다(그림 16.3).

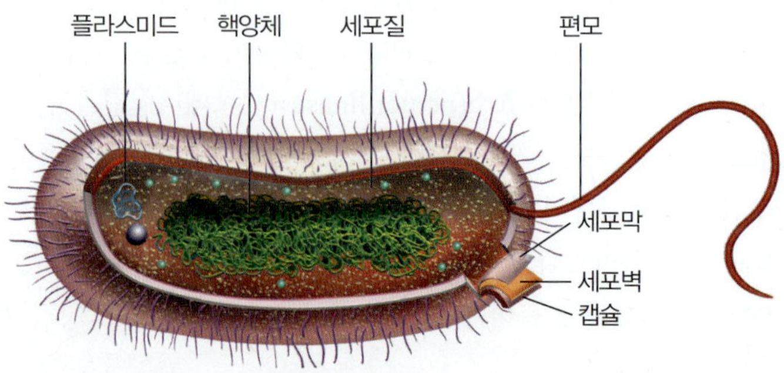

그림 16.3 세균의 구조. 세균 염색체(핵양체)는 세포질에 있으며, 세포질은 투과성이 있는 세포막에 의해 둘러싸여 있다. 막 바깥에는 투과성이 더 작은 세포벽이 둘러싸고 있으며, 어떤 종에서는 세균 전체가 보호 캡슐로 둘러싸여 있다.

세균의 물질대사는 다양하다

세균은 다양한 환경에서 살아가도록 진화되었다. 일부는 토양에서 독립적으로 살고, 다른 일부는 수생 환경에서 자유롭게 유영하며 살아가며, 또 다른 일부는 생명체 내에서 기생하거나 공생하는 것도 있다. 세균의 물질대사는 이러한 특정한 환경에 잘 적응할 수 있어야만 한다. 일부의 토양 세균은 화학물질인 암모니아를 연료로 사용하여 생장에 필요한 에너지를 얻는 반면, 다른 광합성 세균은 태양광으로부터 에너지를 얻는다. 물질대사의 다양성으로 인해 세균은 영양물질의 순환에 필수적인 물질의 분해와 같이 여러 자연 현상에서 필수적인 역할을 하게 된다. 미생물의 균형은 생태계의 여러 과정이 성공적으로 진행되는 데 필수적이며, 환경을 유지하는 데 도움을 준다.

예를 들면, 질소의 순환에서 분해 세균은 질소가 풍부한 식물과 동물을 분해하여 암모니아(NH_3)를 생산한다. 그러면 질화세균이 암모니아를 에너지원으로 사용하고 질산염(NO_3^-)을 방출하며, 이것을 일부의 식물이 질소원으로 직접 사용할 수 있다. 탈질소세균은 식물이 사용하지 못한 질산염을 질소 가스(N_2)로 바꾸어 대기로 되돌려주며, 리조비움(*Rhizobium*)과 같은 질소고정세균은 완두와 기타 콩과 식물의 뿌리에 살고, N_2를 암모늄 이온(NH_4^+)으로 전환하여 숙주 식물이 이용할 수 있게 해 준다.

일부의 해양 세균은 기름을 먹는 놀라운 능력을 가지고 있다. 기름의 탄화수소를 분해하여 에너지원으로 사용하는 *Alcanivorax borkumensis*라는 종은 "환경 정화 세균"으로 불리는데, 그 이유는 이들이 기름이 유출된 곳에서 자라서 기름을 청소하는 것을 도와주기 때문이다. 2010년 멕시코 걸프 만의 시추시설인 딥워터 호라이즌(Deepwater Horizon)에서 기름유출 사고가 발생한 이후 유출된 기름 기둥 안에서 기름을 먹는 이 세균의 개체수가 급증하였다.

세균 중 일부는 병원균이다

병원균(pathogen)은 숙주의 질환을 유발하는 세균이다. 인간의 몸에서 살고 있는 세균 중 대부분은 해가 없으며 이롭지만, 그 중 소수는 병원균이다. 병원성 세균은 조직에 침투할 수 있도록 만들어주고 **독소**(toxin)를 만들어낼 수 있는 유전자를 가지고 있다. 세균이 만들어내는 독소 단백질은 세포막을 파괴하거나 숙주 세포의 기본적인 기능을 저해할 수 있다. 예를 들면, 클로스트리듐(*Clostridium tetani*)이 만드는 파상풍 독소는 신경과 근육 사이의 신호교환을 저해하는 단백질 분해효소로써 마비를 일으키며, 코리네 세균(*Corynebacterium diphtheriae*)은 번역 과정에 관여하는 단백질을 변형시켜 단백질 합성을 저해하는 효소인 디프테리아 독소를 만들어낸다.

같은 세균 종에서도 일부 균주는 해롭지 않은 반면 다른 일부는 병원균일 수 있다. 이 장의 뒷부분에서 이러한 종 내 다양성의 주요 원인이 높은 빈도로 나타나는 세균의 유전자 전달임을 알게 될 것이다.

핵심 개념 16.1

- 세균은 원핵세포이다. 막으로 둘러싸인 핵이나 소기관이 없다.
- 세균은 빠르게 진화할 수 있다. 그 결과 이들은 크기, 형태, 물질대사와 적응해야 하는 서식지가 매우 다양하다.
- 전형적인 인간의 몸에는 수백조 개의 세균이 있으며, 이들의 대부분은 해가 없거나 이롭지만 아주 일부는 병원균이다.

16.2 세균 유전체

학습 목표

1. 세균의 유전체 안에 유전자가 어떻게 구성되어 있는지 설명한다.
2. 한 종의 핵심 유전체와 범유전체를 구분한다.
3. 세균에서 IS와 Tn 전이인자의 차이를 구분한다.
4. 세균에 다제내성을 주는 플라스미드가 어떻게 진화되었는지 설명한다.
5. 메타유전체학 연구를 통해 어떻게 실질적인 이익이 생길 수 있는지 설명한다.

전형적인 세균 유전체의 핵심 요소는 **세균 염색체**(bacterial chromosome)로, 이것은 원형으로 배열된 한 분자의 이중 나선 DNA이다. 흔히 연구되는 대부분의 종에서 염색체의 길이는 4~5 Mb이다. 대장균의 원형 염색체는 한 곳이 절단되어 선형이 되면 두께가 2.4 nm이고 길이가 1.6 mm로써, 대장균 세포의 길이보다 수천 배가 크다(**그림 16.4**). 세포 내부에서 긴 원형의 DNA 분자는 초나선을 형성하고 고리형태로 접혀져 밀도가 높게 채워진 **핵양체**(nucleoid body)를 만든다(그림 16.3 참조).

세균의 세포주기 동안에 각각의 세균은 원형 염색체를 복제한(그림 6.24 참조) 다음 이분법에 의해 두 개의 동일한 딸세포로 나누어져서 각각이 자신의 염색체를 가지는 두 개체를 생성한다. 대부분의 세균은 하나의 원형 염색체를 가지지만, 예외가 있다. 세균의 유전체 분석에 따르면, 콜레라를 일으키는 병원균인 비브리오(*Vibrio cholera*)와 같은 세균의 경우 두 개의 서로 다른 원형 염색체가 모두 생존에 필수적이며, 다른 세균 중에는 선형의 DNA 분자를 가지고 있는 것도 있다.

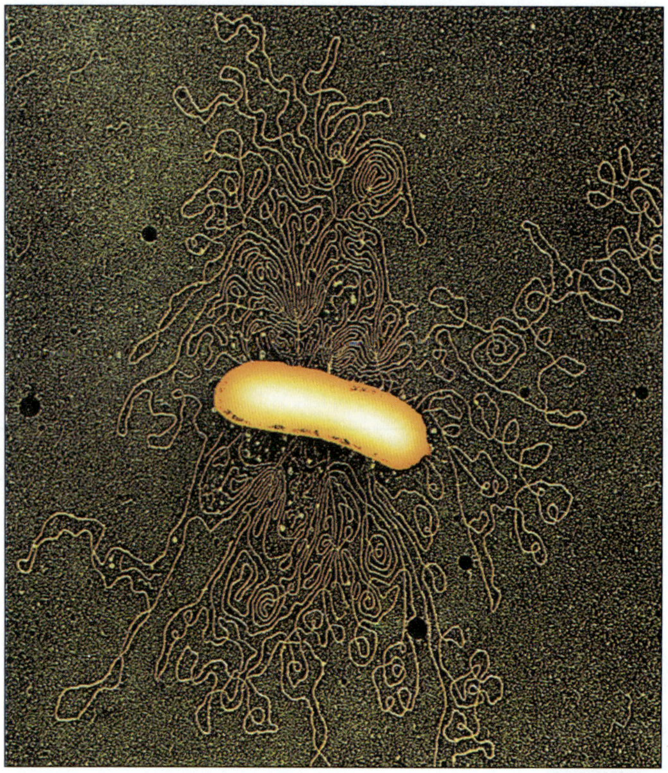

그림 16.4 ***E. coli* 염색체 DNA.** 용해되어 염색체가 빠져 나와 있는 *E. coli* 세포의 전자현미경 사진. *Source: Gopal Mutri/SPL/Science*

세균의 유전체에는 유전자가 밀집되어 있다

1997년 분자유전학자들에 의해 *E. coli* K12 균주의 4.6 Mb에 달하는 유전체의 염기서열이 모두 밝혀졌다. *E. coli* DNA의 90% 가량이 단백질을 암호화하고 있으며, 평균적으로는 염색체 1 kb마다 하나의 유전자가 존재한다. 이는 인간의 유전체와 매우 대조적인데, 인간 유전체 DNA에서는 5% 미만의 DNA만 단백질을 암호화하고 있으며, 대략 100 kb당 하나의 유전자가 위치한다. 이러한 차이의 원인 중 하나는 *E. coli*의 유전자에는 인트론이 없다는 것이다. 또한 세균에는 반복 서열이 거의 없고, 유전자 사이 부분도 매우 작다. 일부 유전자가 한 가닥에서 전사되는 반면에 다른 가닥에서는 다른 유전자가 전사되기도 하며, 이렇게 두 방향으로 전사되는 유전자들이 유전체에 산재해 있다.

E. coli K12 균주 유전체의 완전한 염기서열 분석을 통해 4,288개의 유전자가 밝혀졌다. 가장 수가 많은 종류가 세포 안팎으로 물질을 수송하는 기능을 담당하는 것으로 여겨지는 유전자 군으로 총 427개의 유전자가 이에 해당한다. 그 외에도 번역, 아미노산 생합성, DNA 복제, 재조합 기능을 하는 종류들이 있다. 약 20%의 유전자들은 개방 번역틀만 알려져 있을 뿐, 현재까지도 그 기능이 밝혀지지 않았다.

E. coli K12 유전체의 또 다른 특징으로는 박테리오파아지 유전체의 흔적이 남아 있다는 것이다. 이러한 서열의 존재는 수 차례에 걸친 바이러스의 침입과 같은 세균의 진화 역사를 알려주는 것이다.

E. coli 균주 각각은 *E. coli* 범유전체의 일부를 지니고 있다

2019년까지 K12뿐만 아니라 수백 종류의 서로 다른 *E. coli* 균주의 유전체가 분석되었다. 분석된 이들의 유전체 시열 을 비교한 결과 매우 많은 변이가 발견되었다(**그림 16.5**). *E.coli*의 모든 균주에 공통적인 것은 1,000개 정도의 유전자에 불과하였으며, 이는 대장균 유전체의 80% 가량이 균주에 따라 서로 다르다는 것을 의미한다.

모든 *E. coli* 균주가 지니고 있는 약 1,000여 종의 공통적인 유전자를 **핵심유전체**(core genome)라고 한다. 핵심유전체 이외에 각 균주는 균주 특이적이거나 혹은 다른 일부 균주와 공통적인 유전자들을 가지고 있다(그림 16.5). *E. coli*의 핵심유전체와 일부의 균주에서만 발견되는 유전자들을 통틀어 **범유전체**(pangenome)라고 한다(**그**

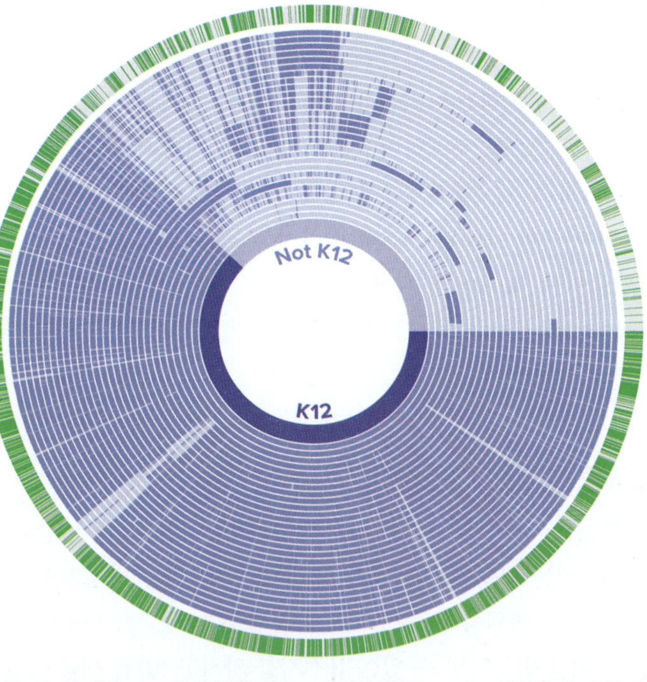

그림 16.5 **28개의 *E. coli* 유전체 비교.** 28개의 얇은 고리는 대장균 한 균주의 유전체를 표시한다. 고리의 검푸른 부분은 균주의 유전체에서 발견된 DNA 염기서열을 나타낸다. 밝은 파란색 DNA 염기서열은 그 균주의 염색체에서 발견되지 않지만 다른 균주의 유전체에서 발견된다. 두꺼운 내부 고리는 *E. coli* K12 균주의 유전체에서 DNA 염기서열을 보여주는 암청색 부문과 K12 염색체에는 없지만 하나 이상의 다른 균주의 유전체에서 발견되는 DNA 염기서열을 나타내는 연한 파란색 부문인 두 부분으로 나뉜다. 그림 바깥쪽 고리의 녹색 선은 알려져 있거나 예측된 유전자와 일치한다. 밝은 회색으로 음영 처리된 가장 바깥쪽 고리의 영역은 알려진 세균 유전자와 무관한 DNA 서열이다. 이러한 많은 새로운 DNA 염기서열은 28개의 유전체 중 하나 또는 몇 개에서 발견된다. 이 중 많은 부분이 박테리오파지 염색체의 잔존물일 가능성이 높다.

그림 16.6 *E. coli*의 핵심유전체와 범유전체를 나타낸 벤다이어그램.

림 16.6). 현재까지 약 15,000개의 유전자가 *E. coli*의 범유전체를 구성하고 있으며, 이 숫자는 추가적으로 *E. coli* 균주의 유전체 서열이 분석될수록 점점 더 증가할 것이다.

핵심유전체는 지질, 세포벽 및 세포막, 뉴클레오타이드, 비타민, 보조인자 등의 합성을 위한 유전자들에 의해 *E.coli*를 정의하는 대사 기능을 위한 유전자를 포함한다. 예를 들어, 서로 다른 *E. coli* 균주는 탄소 공급원으로 서로 다른 탄수화물을 분해할 수 있다.

이와 같은 *E. coli*의 놀라운 유전적 다양성은 세균에서는 일반적인 특징 중의 하나이다. 비교유전체학 연구를 통해 세균에서 같은 종이나 다른 종 사이에서 유전자의 이동이 많이 일어난다는 증거들이 발견되고 있다.

세균의 유전체는 트랜스포존을 가지고 있다

세균 유전체의 DNA 염기서열 분석 결과 **삽입서열**(insertion sequences; IS)이라고 하는 작은 전이인자들이 여러 군데 위치하고 있음이 밝혀졌다. 길이가 700~5,000 bp에 이르는 여러 종류의 전이인자들이 알려졌는데, 이들은 발견된 순서에 따라 IS1, IS2, IS3 등으로 이름이 붙여졌다. 진핵세포의 DNA 트랜스포존 말단과 같이(14장 참조) 이들 IS 요소의 말단도 역반복 서열을 가지고 있다(**그림 16.7a**). 각각의 IS 요소는 거울상과 같은 말단을 인식하고 DNA를 잘라서 전이를 일으키는 전이효소를 암호화하는 유전자를 가지고 있다. IS 인자는 전이되어 세균 유전체의 다른 부위로 이동할 수 있기 때문에

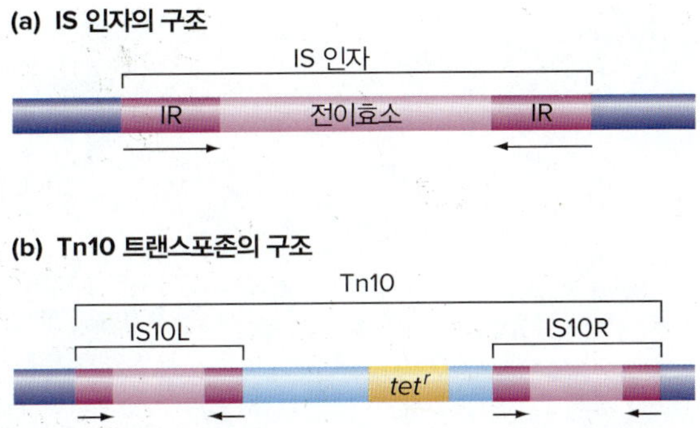

그림 16.7 세균의 전이인자. **(a)** 전이효소를 사이에 두고 양끝에 역반복서열(IR)을 가지는 삽입인자(IS). **(b)** 복합 트랜스포존인 Tn10은 테트라사이클린 내성 유전자를 포함하는 7 kb DNA를 사이에 두고 약간 다른 두 종류 IS10들, 즉 IS10L과 IS10R을 가지고 있다. 양끝에는 IS10의 역반복서열이 있기 때문에 Tn10은 IS10 전이효소에 의해 이동할 수 있다.

한 세균 종 내의 여러 균주에서 이들의 분포는 매우 다양하다. 진핵세포의 전이인자와 같이 IS 인자도 유전자 안에 삽입되면 돌연변이를 유발할 수 있다. 또한 14장의 진핵세포 전이인자의 예에서 이미 보았듯이, 같은 종류(예를 들면 두 개의 IS1 인자들)의 IS 인자들 사이에 재조합이 일어나 결실이나 역위와 같은 세균 유전체의 재배열이 일어날 수 있다.

세균 유전체는 소위 **복합 전이인자** 또는 **Tn 인자**(Tn element)도 가지고 있다. Tn 인자는 전이효소 유전자 이외에도 항생제나 독소 금속에 대한 저항성을 제공하는 유전자를 가지고 있다. Tn10이라고 알려진 Tn 전이인자는 두 개의 IS10 요소로 구성된 Tn 인자는 테트라사이클린 저항성 유전자가 위치하는 구조를 가지고 있다(**그림 16.7b**).

플라스미드는 세균 염색체 외 부가적인 DNA를 지니고 있다

세균은 성장과 번식에 필요한 필수 유전자를 자신의 큰 원형 염색체에 가지고 있다. 일부 세균은 이외에 일반적인 조건에서는 필요하지 않은 유전자를 **플라스미드**(plasmid)라고 하는 작은 원형의 이중 나선 DNA에 가지고 있다(**그림 16.8**). 11장에서 이미 세균의 플라스미드를 유전적으로 가공하여 유전자를 클로닝하는 벡터로 사용하고 있음을 살펴보았다. 자연적인 플라스미드는 그 크기가 다양하다. 가장 작은 것은 길이가 1,000 bp이며, 큰 것은 수 Mb에 달한다. 세균은 대개 매우 큰 플라스미드는 하나만 가질 수 있지만, 작은 원형 DNA는 수백 개까지도 가질 수 있다. **F 에피좀**(F episome)이라고 하는 중요한 플라스미드는 세균을 다른 세균과 접촉할 수 있게 하여 플라스미드와 세균의 유전자를 다른 세포로 이동할 수 있게 해 준다. 이러한 세포와 세포의 교배를 **접합**(conjugation)이라고 하며, 이 장의

그림 16.8 플라스미드. 원형의 플라스미드 DNA를 보여주는 전자현미경 사진.
Source: Gopal Mutri/Science

뒷부분에서 다룰 것이다.

플라스미드가 지니고 있는 유전자는 특정한 조건에서는 숙주 세포에 이로움을 줄 수 있다. 예를 들면, 많은 세균에서 플라스미드는 그들의 숙주를 수은과 같은 독소 금속으로부터 보호하는 유전자를 지니고 있다. 토양에 있는 다양한 슈도모나스균(*Pseudomonas*)이 가지고 있는 플라스미드에는 톨루엔, 나프탈렌, 석유제품 등과 같은 화학물질을 분해할 수 있는 단백질 유전자가 있다. 또한 이질을 일으키는 이질균(*Shigella dysenteriae*)이 만들어 내는 독소 유전자와 같이 병원성을 나타내게 만드는 여러 유전자들도 플라스미드에 들어 있다. 항생제에 내성을 가지게 만드는 유전자도 플라스미드에서 발견되는데, 플라스미드에 의한 다중약물내성은 1970년대에 이질균에서 처음 발견되었다. 여러 항생제에 대한 내성은 대개 플라스미드의 복합 IS/Tn 인자에 기인한다(**그림 16.9**).

뒤에 다시 살펴보겠지만, 플라스미드는 자연에서 한 세균에서 다른 세균으로 전이될 수 있으며, 때로는 다른 종으로도 전이될 수 있다. 따라서 플라스미드는 의학에 있어서는 무서운 존재이다. 만일 내성 플라스미드가 새로운 병원성 세균에 전이된다면, 새 숙주는 여러 항생제에 대한 내성을 한 번에 얻게 된다. 이러한 가능성에 대해서는 서두의 항생제 내성 임질균의 예에서 이미 살펴보았다.

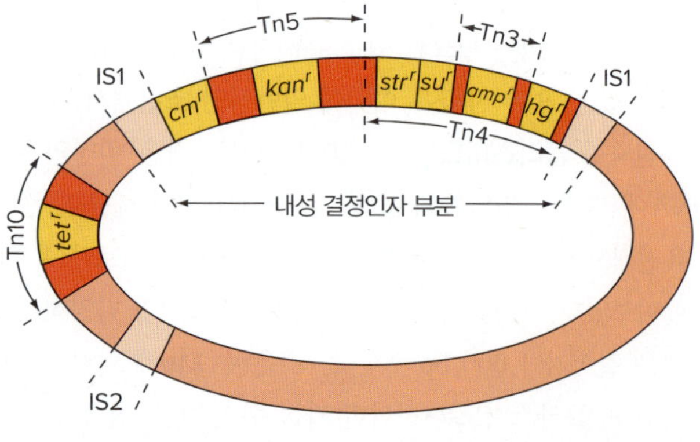

그림 16.9 내성 플라스미드. 일부 플라스미드는 여러 개의 항생제 내성 유전자(노란색으로 표시: cm^r은 클로람페니콜, kan^r은 카나마이신, str^r은 스트렙토마이신, su^r은 설폰아마이드, amp^r은 암피실린, hg^r은 수은, tet^r은 테트라사이클린에 대한 내성 유전자)를 포함한다. 트랜스포존 IS (분홍색) 트랜스포존과 Tn (빨간색) 트랜스포존은 항생제 내성 유전자가 플라스미드로 이동하는 것을 촉진한다. 항생제 내성 유전자는 2개의 IS1 인자 사이에 위치하여 전체가 한 단위로 자리를 이동한다.

메타유전체학에서는 미생물 군집의 전체 유전체를 탐색한다

한 종의 세균이 따로 떨어져 사는 경우는 실험실을 제외하고는 거의 나타나지 않으며, 세균들은 수백에서 수천 종들이 섞여 군집을 이루며 살아간다. 이 군집 안에서 다양한 세균들이 대사물질이나 유전자를 교환하는 등 서로 영향을 미칠 수 있다. 이러한 복잡한 세균 군집의 특성을 이해하기 위하여 세균의 큰 집단에서 추출한 DNA의 염기서열을 분석할 수 있다. 컴퓨터를 이용한 자료 분석을 통해 이 시료 안에 존재하는 종의 종류, 군집 내에서 각 종의 상대적 비율, 이들이 가지는 유전자 모두를 찾아낼 수 있다. 정상적인 서식 환경에서 얻은 미생물 군집의 유전체 DNA를 총체적으로 분석하는 것을 **메타유전체학**(metagenomics)이라고 한다.

메타유전체학의 가장 큰 장점은 실험실 조건에서 자라지 않기 때문에 이전에 결코 발견할 수 없었던 새로운 종의 세균을 발견하는 것이다. 2016년 메타유전체학에 의해 진흙과 초원의 토양에서 1000개 이상의 새로운 세균의 종이 발견되어 생명의 나의 세균의 가지에 분류되었다.

인간 마이크로바이옴

미국 국립보건원(National Institute of Health; NIH)에서는 인간의 몸에 서식하는 세균의 메타유전체를 분석하는 **인간 마이크로바이옴 사업**(Human Microbiome Project)을 수행해오고 있다. 이 사업의 첫 번째 실험은 242명의 건강한 사람의 장, 피부 및 기타 신체 부위로부터 세균 시료를 채취하는 것이었다. 분석 결과 총 10,000여 종 이상의 다른 세균들이 발견되었으며, 한 개인에 많게는 1,000종의 세균이 발견되었다. 현재까지 이러한 연구를 통해 알아낸 가장 놀라운 결론은 사람들이 가지고 있는 세균의 종류가 매우 다양하다는 것이다.

이 사업의 주요 미래 목표 중 하나는 인간 마이크로바이옴이 숙주의 중요한 특성에 어떻게 영향을 미치는지 결정하는 것이다. 인간의 장내 미생물이 비만, 소화기 계통의 염증성 질환, 심지어 암을 유발하는 데 도움이 된다는 강력한 증거가 이미 존재하며 「유전학과 사회」의 **인간 마이크로바이옴 사업**에서 진행 상황에 대해 더 자세히 설명되어 있다.

유전학과 사회

인간 마이크로바이옴 사업

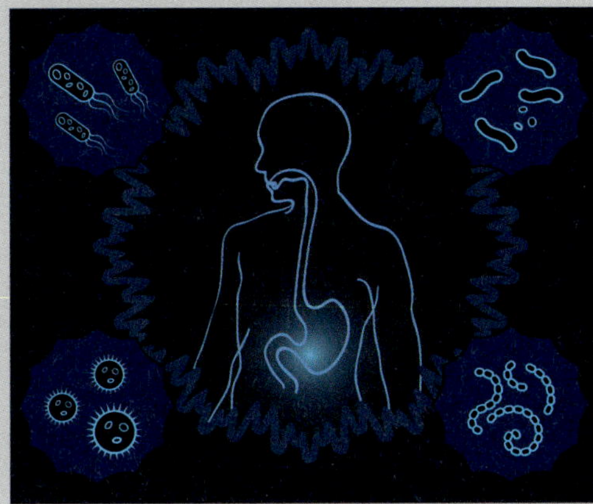

Anna Smirnova/Alamy

2008년에 설립되고 미국 국립 보건원(National Institutes of Health)이 자금을 지원하는 인간 마이크로바이옴 사업(Human Microbiome Project; HMP)은 우리 몸에 서식하는 수조 개의 미생물과 인체 사이의 복잡한 관계를 이해하는 것을 목표로 하는 국제 컨소시엄이다.

HMP는 이미 인간 마이크로바이옴을 구성하는 유기체의 다양성을 설명하는 첫번째 목표를 달성하였다. HMP 연구자들은 전 세계의 250명 이상의 사람의 여러 다른 부위에서 발견된 미생물 메타게놈을 분석하였다. 이 연구는 염기서열이 상이한 박테리아 종에서 실질적으로 분기되어 그러한 종의 마커 역할을 하는 이들 세균들의 리보솜의 작은 서브유닛의 16S rRNA를 암호화하는 유전자의 서열에 초점을 맞추었다. 그 결과, 한 사람이 최대 1,000가지의 서로 다른 박테리아 종을 보유할 수 있지만 개개인이 미생물군집을 구성하는 박테리아 유형이 매우 다양하다는 것을 보여주었다. 전 세계적으로 10,000종 이상의 다양한 박테리아가 인체에 서식하는 것으로 밝혀졌다. HMP 연구원들은 이미 많은 종류의 세균의 유전체의 염기서열 시퀀싱을 완료하였다.

HMP의 2단계는 2014년에 시작되었으며 마이크로바이옴의 변화 여부가 궁극적으로 질병 또는 기타 중요한 인간의 특성에 대한 원인이나 결과를 결정할 수 있는지를 밝히는 것을 목표로 하였다. 암, 여드름, 건선, 당뇨병, 비만 및 염증성 장 질환 등이 마이크로바이옴과 밀접하게 연결되어 있으며, 일부 연구자들은 마이크로바이옴의 구성이 숙주의 정신 건강에도 영향을 미칠 수 있다고 제안하였다. 이 연구의 첫 번째 단계는 특정 종류의 마이크로바이옴과 질병 상태 사이에 통계적 상관관계가 존재하는지의 여부를 확인하는 것이다. 어떻게 연구자들이 마이크로바이옴과 질병 간의 통계적 상관관계가 원인과 결과를 반영하는지 설정할 수 있을까?

마이크로바이옴 변화의 원인과 결과를 확립하는 한 가지 강력한 방법은 무균 환경에서 태어나고 자란 무균 생쥐를 사용하는 것이다. 놀랍게도, 무균 생쥐는 정상이 아니더라도 생존할 수 있다. 면역 체계가 바뀌고 피부 상태가 나빠지고 정상 체중을 유지하려면 정상 쥐보다 더 많은 칼로리를 섭취해야 한다. 연구원들은 단일 세균종 또는 다양한 마이크로바이옴을 갖는 무균 마우스를 유지하여, 어떻게 미생물군집이 생리적 상태에 영향을 미치는지 결정할 수 있다.

미생물 군집이 실제로 인간의 건강 상태에 기여하는 경우라면 미래의 치료법은 상주 마이크로바이옴을 바꾸는 것을 목표로 하게 될 것이다. 따라서 HMP의 다른 이면은 어떻게 인간의 개입이 세균 군집을 바꾸는지에 대한 연구가 될 것이다. 마이크로바이옴의 장기적인 변화를 가져올 수 있는 식사 변경 또는 프로바이오틱스 등의 음식 첨가물이 얼마나 효과적일까? 급성 감염에 대한 항생제 치료 후 시간의 경과에 따른 세균 군집이 어떻게 변화하나? 이미 HMP의 여러 프로젝트들이 이러한 중요한 질문에 대한 연구를 진행하고 있다.

호극성균 메타유전체

극한 환경에서 살고 있기 때문에 극한 조건에서도 작동할 수 있는 단백질 유전자를 많이 가지고 있는 호극성균(*extremophiles*)의 메타유전체을 분석하였다. 이러한 단백질들은 실험실에서 매우 유용할 수 있는데, 예를 들면 *Taq* DNA 중합효소는 DNA를 변성시키는 높은 온도에서도 견딜 수 있기 때문에 PCR에 이용되고 있다. 이 효소는 옐로우스톤 국립공원(Yellowstone National Park)의 온천에서 처음 발견된 *Thermus aquaticus*라는 세균에서 얻어진 것이다. 이런 군집에서 얻은 메타유전체의 임의의 DNA 조각을 모두 분석하면 흔치 않은 대사 능력을 지니고 있는 유전자를 발견할 수 있을 것이다. 상업적으로 중요한 예로는 높은 pH에서도 잘 자라는 호알칼리성(alkaliphilic) 세균에서 얻어진 효소들로, 세탁세제에 첨가되는 것들이 있다. 단백질, 지질, 탄수화물 등을 분해하는 다양한 이들 효소는 염기성의 비누거품 속에서도 매우 잘 작용하기 때문에 얼룩이나 냄새를 만들어내는 화학물질이나 미생물을 제거할 수 있다.

핵심 개념 16.2

- 세균 염색체의 유전자는 조밀하게 밀집되어 있으며, 인트론이 없고 유전자 사이의 부분이 짧다.
- 핵심 유전체는 한 종의 모든 구성원에서 공통적인 유전자들로 구성되며, 핵심 유전체와 균주 특이적인 유전자들을 모두 합쳐 그 종의 범유전체라고 한다.
- 세균 유전체에서 트랜스포존은 약물 저항성을 나타내는 것들을 포함해 여러 유전자를 운반할 수 있다.
- 플라스미드는 원형의 DNA 분자로써 스스로 복제하고, 세포 사이로 전이될 수 있으며, 대개 약물 저항성이나 병원성 또는 특수한 대사 기능을 제공하는 유전자들을 가지고 있다.
- 메타유전체학은 특정한 환경에 서식하는 세균 군집의 전체 유전체를 분석하는 것이다. 메타유전체 연구를 통해 인간의 건강에 미치는 세균의 역할을 명확히 할 수 있으며, 특정한 성질을 나타내는 세균의 유전자를 찾아낼 수도 있다.

16.3 실험생물로서의 세균

학습 목표

1. 실험실에서 이용하기에 유용한 세균 특히 *E. coli*의 특징을 설명한다.
2. 세균 돌연변이의 종류와 이들을 확인하는 방법을 설명한다.

세균 연구는 유전학의 발전에 결정적인 역할을 했다. 1940년대부터 1970년대 사이를 고전 세균 유전학의 시대라 할 수 있는데, 유전자의 구조, 유전자 발현 및 조절에 관한 거의 모든 지식이 세균과 세균에 감염되는 **박테리오파아지**(bacteriophage, 세균의 바이러스, 짧게 파아지라고도 씀)의 분석 결과 얻어진 것이었다. 1970년대에서 1980년대에 재조합 DNA 기술이 발달한 것도 세균의 유전자, 염색체, 제한효소 등에 대해 알게 되었기 때문이다. 또한 다른 다양한 생물의 유전자를 재조합 DNA 기술로 조작하는 일조차도 유전적으로 조작된 분자를 만들고 증폭하는 데에는 여전히 세균을 사용하고 있다.

(a) (b)

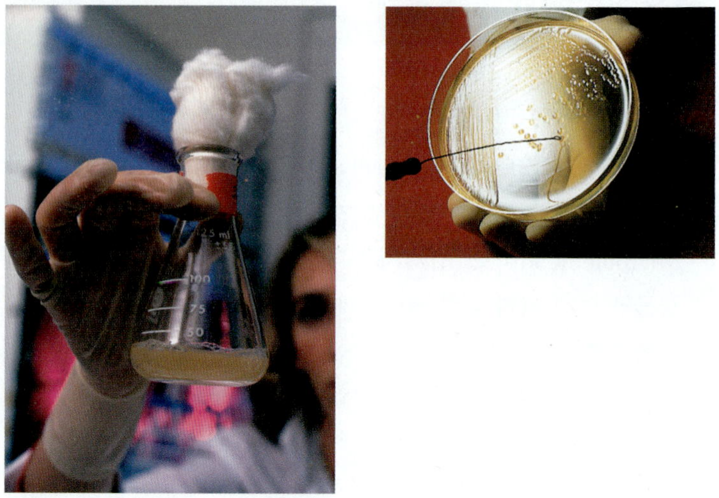

그림 16.10 세균 배양. **(a)** 세균은 실험실에서 액체배지에서 현탁액으로 배양하거, **(b)** 나페트리접시 안의 고체배지 위에서 군락으로 배양할 수 있다. *Source: (a): Hank Morgan/Science; (b): Jeremy Burgess/SPL/Science*

세균은 액체배지 또는 고체에서 키울 수 있다

세균은 액체배지에서(**그림 16.10a**) 또는 페트리접시에 한천(agar)으로 굳힌 고체배지 위에서(**그림 16.10b**) 키울 수 있다. 액체배지에서는 *E. coli*와 같은 흔한 종들은 하루 안에 밀리리터당 10^9개의 농도까지 자라게 된다. 빠르게 많은 수의 세포로 자랄 수 있는 능력은 세균, 특히 *E. coli*를 유전학 연구에 매력적인 생물로 만드는 장점 중 하나이다. 그러나 실험실에서 배양할 수 있는 세균의 종류는 일부에 불과하고, 대부분의 종들은 자연적인 환경에서만 유지가 가능하다.

액체배지에서 개별 세포의 표현형을 조사하고자 할 때 소량의 액체배양액을 페트리접시의 한천-고체배지에 펼친다. 액체배양액을 연속적으로 희석하면(그림 8.4a.4), 적절한 양의 세균을 얻을 수 있다. 페트리접시에 자리잡은 하나의 세균은 하나의 **군락**(colony)으로 증식할 수 있다. 육안으로 단일 세균을 관찰할 수는 없지만, 10^7~10^8개 정도의 유전적으로 동일한 자손을 포함하는 군락은 쉽게 관찰이 가능하다.

*E. coli*는 다목적 모델 생물이다

가장 많이 연구되고 잘 알려진 세균 종인 *E. coli*는 정온동물의 장내에 서식하는 흔한 생물이다. 여러 고전적인 실험들과 가장 현대적인 재조합 DNA 기술은 모두 *E. coli*를 모델 생물로 사용한다. *E. coli*는 장내와 같이 완전히 산소가 없어도 자랄 수 있으며, 공기 중에서도 자랄 수 있다. 실험실에서 연구되는 *E. coli* 균주는 병원성은 아니지만, 다른 균주 중에는 장내 질병을 일으키는 것도 있는데, 이들 중 대부분은 증세가 약하지만 아주 일부는 생명에 위협적인 것도 있다.

*E. coli*는 일반적으로 아미노산과 뉴클레오타이드 합성에 필요한 모든 효소의 유전자를 가지고 있는 **원영양체**(prototrophic organism)로써 포도당과 같은 하나의 탄소원 및 에너지원과 세균을 구성하는 또 다른 요소들을 제공하는 무기염류만을 가지는 **최소배지**(minimal media)에서 자랄 수 있다. 최소배지에서 *E. coli*는 한 시간에 한번씩, 즉 하루에 24번 분열하여 수가 늘어난다. 여러 종류의 당과 아미노산이 들어 있어 영양이 풍부한 복합배지에서는 20분마다 분열하여 하루에 72세대를 거치게 된다. 후자의 경우 이 속도로 다른 제한 요소가 없이 2일 동안 지수성장한다면 지구의 질량과 동일한 세균 덩어리가 생기게 될 것이다.

세균은 증식하는 속도가 빠르기 때문에 아주 낮은 빈도로 일어나는 유전현상도 확인하고 조사할 수 있다. 예를 들면, 야생형의 *E. coli* 세포는 보통 항생제인 스트렙토마이신에 민감성이 크다. 10억 개의 야생형 세균을 스트렙토마이신이 들어 있는 고체배지에 뿌리면 10^9세포당 하나의 매우 낮은 빈도로 우연히 생겨나는 스트렙토마이신 내성 돌연변이를 분리해 낼 수 있다. 이렇게 낮은 빈도로 나타나는 사건을 미생물 이외의 생물에서 발견하기는 쉽지 않으며, 다세포 동물에서는 거의 불가능하다.

돌연변이 세균은 특정한 생장 조건에서 군락의 유무나 특징으로 확인할 수 있다

대부분의 세균 유전체는 각 유전자를 하나만 가지고 있는 단수체이다. 따라서 유전자 돌연변이와 표현형 변이의 관계는 직접적이다. 즉 각 유전자에 대해 야생형의 다른 사본이 없기 때문에 모든 돌연변이는 표현형으로 나타난다.

세균은 너무 작아서 이들을 조사하는 실질적인 방법은 고체배지에 형성된 세포의 군락을 조사하는 것이다. 이런 제한점에도 불구하고 여러 가지 다양한 돌연변이를 확인하는 것이 가능하다.

세균 돌연변이의 종류

세균 돌연변이는 이들을 확인하는 데 사용된 방법에 따라 분류될 수 있다. 돌연변이의 종류는 다음과 같다.

- 군락이 크거나 작고, 빛나거나 희미하고, 둥글거나 불규칙한 것 등 **군락의 모양**(colony morphology)에 영향을 주는 돌연변이
- 항생제나 박테리오파아지 등과 같은 세균을 죽이는 요인에 대한 **내성**(resistance)을 갖는 돌연변이
- 최소배지에서 자라지 못하는 **영양요구주**(auxotroph)를 만드는 돌연변이. 영양요구주는 필수적인 복잡한 물질을 간단한 물질로부터 합성할 수 없다.
- 환경의 복잡한 물질을 **분해**해서 이용하는 능력에 영향을 주는 돌연변이. 예를 들면, *lacZ* 유전자에 돌연변이가 생긴 *E. coli*는 복잡한 당인 젖당을 분해할 수 없다. 이 돌연변이는 유전자 발현이 어떻게 조절되는지를 조사하는 데 매우 유용한데, 18장에서 살펴볼 것이다.
- 생장에 필요한 단백질 산물을 암호화하는 **필수 유전자**의 돌연변이. 필수 유전자가 기능을 상실하는 영 돌연변이(null mutation)가 생기면 어떤 조건에서도 군락을 형성하지 못하기 때문에, 돌연변이를 얻기 위해서는 온도 민감성 돌연변이(temperature sensitive mutation; ts)와 같은 조건적 치사 돌연변이(conditional lethal mutation)를 만들어야 한다. 이런 저형태성 돌연변이체는 낮은 온도에서는 생장하지만 높은 온도에서는 자라지 못한다.

검색과 선별

흔치 않은 돌연변이를 찾아내기 위해서는 여러 가지 기술이 사용된다. 특정한 요인에 대해 저항성을 나타내는 돌연변이는 직접적으로 **유전적 선별**(genetic selection)할 수 있다. 즉 원하는 돌연변이만 자랄 수 있는 조건을 만드는 것이다. 예를 들면, 대장균을 항생제인 스트렙토마이신을 가진 고체배지 위에 뿌린다면 스트렙토마이신에 내성을 보이는 대장균(Str^r)만 살아 남을 것이다. 또한 영양요구성 돌연변이의 복귀 돌연변이는 영양요구주가 필요로 하는 영양물질을 갖지 않는 최소배지 위에 도말하여 간단히 검출해낼 수 있다.

앞서 설명한 것 이외의 대부분의 돌연변이는 특정한 조건에서 자라지 않는 특성을 가지고 있기 때문에 이들을 직접 선별하는 것은 불가능하다. 이러한 돌연변이를 찾아내기 위해서는 **유전적 검색**(genetic screen), 즉 집단 내에서 각 군락의 표현형을 조사하는 작업을 해야 한다. 예를 들면, 메싸이오닌을 첨가한 최소배지에서 키운 군락을 복제평판(그림 7.5 참조)을 만들어 메싸이오닌이 없는 최소배지에 옮겨 놓을 수 있다. 군락이 최소배지에서 자라지 못하면, 원래의 군락 세포가 메싸이오닌에 대해 영양요구성임을 의미한다.

특정한 세균의 유전자에서 자연적인 돌연변이는 유전자에 따라 10^6~10^8 세포당 하나의 매우 낮은 빈도로 나타난다. 따라서 1백만 개에서 수억 개에 달하는 군락을 대상으로 특정 표현형에 대해 검색하여 이런 희귀한 돌연변이를 찾아내는 것은 거의 불가능하다. 돌연변이원을 처리하면 집단 내에 돌연변이의 빈도가 증가한다(그림 7.13 참조). 세균의 돌연변이 검색과 돌연변이 유전자의 확인은 이

장의 뒷부분에서 더 자세히 논의될 것이다.

세균 대립유전자의 명명

세균의 유전자는 유전자의 기능을 나타낼 수 있는 세 개의 이탤릭 소문자로 명명한다. 예를 들면, 돌연변이 결과 아미노산 류신(leucine)을 합성하지 못하는 유전자는 *leu*로 지정한다. 대장균에는 *leuA*, *leuB*, *leuC*, *leuD*의 네 개 *leu* 유전자가 있는데, 이들은 류신의 합성에 필요한 세 개의 효소에 해당한다(하나의 효소는 두 개의 폴리펩타이드로 구성되어 있다). 이 *leu* 유전자 중 어느 하나만 돌연변이가 생겨도 세균은 류신 영양요구주가 된다. 즉, 류신을 합성하지 못한다. 이러한 세포는 배지에 류신이 있어야만 자랄 수 있다. *lacZ* 등과 같이 당의 분해에 필요한 유전자에 돌연변이가 생기면 이러한 세포는 탄소 공급원으로 젖당만 갖고 있는 배양액에서는 자라지 못한다. 야생형 세균이 가지는 대립유전자형(genotype)을 표시하는 데는 leu^+, $lacZ^+$ 등과 같이 첨자 "+"을 사용한다. 돌연변이 대립유전자를 사용하는 데는 $leuA^-$ $lacZ^-$와 같이 첨자 "−"를 사용한다. 다른 종류의 돌연변이는 항생물질 스트렙토마이신과 같은 세균성 물질에 저항성을 부여한다. 항생제 내성을 나타내는 돌연변이의 예로 스트렙토마이신(streptomycin) 내성을 나타내는 경우 Str^s (s = 민감성)는 야생형 대립유전자를, Str^r은 돌연변이 대립유전자(r = 내성)로 표기한다.

특정 유전자에 대한 세균의 표현형은 야생형과 돌연변이형 모두 유전자를 지정하는 데 사용한 세 글자를 그대로 사용하는데, 첫 글자는 대문자이며, 이탤릭을 사용하지 않고, 첨자는 "−", "+" 또는 한 글자의 첨자를 사용한다. 예를 들면 Leu^-는 배양액에 류신이 있어야만 자라고, Lac^+은 배양액에 포도당 대신에 젖당만 있어도 자라며, Str^r은 스트렙토마이신이 있더라도 자랄 수 있다.

핵심 개념 16.3

- 하나의 세균 세포가 자라서 유전적으로 동일한 자손 수백만 개가 모여 있는 군락을 형성한다.
- 유전학 연구에 도움을 주는 세균의 특징은 단수체여서 돌연변이의 확인이 용이하고, 빠르게 자라서 희귀한 돌연변이를 얻기 용이하다는 것이다.
- 세균의 돌연변이는 검색이나 선별을 통해 확인할 수 있다. 검색에서는 각각의 군락을 특정한 표현형에 대해 검사해야 한다. 선별에서는 궁금해하는 표현형을 가진 세균만 군락을 형성하므로 낮은 빈도로 나타나는 돌연변이도 확인하기 쉽다.

16.4 세균에서의 유전자 전달

학습 목표

1. 세균의 세 가지 유전자 전달 기작인 형질전환, 접합, 형질도입을 비교한다.
2. 이 세 가지 유전자 전달 방법을 어떻게 세균 유전자 지도를 작성하는 데 사용할 수 있는지 설명한다.
3. 세균의 진화에서 수평 유전자 전달이 어떤 역할을 했는지 논의한다.

하나의 개체에서 다른 개체로의 유전자 전달은 자연에서 새로운 변이의 진화에 중요한 역할을 한다. 예를 들면 **유전자 수직 전달**(vertical gene transfer)은 한 세대에서 다음 세대로 일어나며, 유성생식을 하는 개체에서 특히 중요하다. 반면에 **유전자 수평 전달**(horizontal gene transfer)은 형질이 부모에서 자손으로 이동하는 것이 아니라 관련이 없는 개체로 혹은 다른 종으로 이동하는 것이다. 유전자 수평 전달의 많은 예들이 최근의 분자생물학 및 DNA 염기서열 분석을 통해 알려졌다.

다양한 세균종의 여러유전자들의 비교유전체 분석결과는 연관이 먼 것으로 생각되는 종 간에도 유전자의 유사성이 있음을 보여주었다. 또한 앞서 살펴본 바와 같이 각각의 종에서 핵심유전체와 범유전체가 존재한다는 사실은 *E. coli*와 다른 종들에서 유전자의 소실과 획득이 빈번하게 일어난다는 것이다. 이러한 발견에 대한 가장 간단한 설명은 진화 과정에서 세균들 사이에 상당히 많은 DNA의 전달이 있었다는 것이다. DNA의 알려진 전달 기작을 자세히 살펴보면 어떻게 수평 유전자 전달이 생겨났는지를 이해하는 데 도움이 된다. 또한 유전자 지도를 작성하고 유용한 세균 균주를 제조하는 데 다양한 유전자 전달 방법을 사용할 수 있음도 알게 될 것이다.

세균에서의 유전자 전달은 형질전환, 접합, 형질도입의 세 가지 방법으로 일어날 수 있다(**그림 16.11**). 세 가지 기작 모두 **공여자**(donor)가 전달되는 유전물질을 제공하고, **수용자**(recipient)는 유전물질을 받아들인다. **형질전환**(transformation)에서는 공여자의 DNA가 세포 배양액에 첨가되면, 수용자가 이것을 받아들인다. **접합**(conjugation)에서는 공여자가 특수한 플라스미드를 가지고 있어서 수용자와 접하고 직접 DNA를 전달할 수 있다. **형질도입**(transduction)에서는 공여 DNA가 박테리오파아지의 단백질 외피 안에 싸여서 파아지 입자가 감염될 때 수용자로 들어간다. 유전자를 받아들인 수용자는 각각 DNA 전달 방법에 따라 **형질전환체**(transformant), **접합완료체**(exconjugant), **형질도입체**(transductant)라고 한다.

세균의 유전자 전달은 모두 비대칭적이다. 첫째, 전달은 공여자에서 수용자로 한 방향으로만 일어난다. 둘째, 대부분의 수용자는 공여

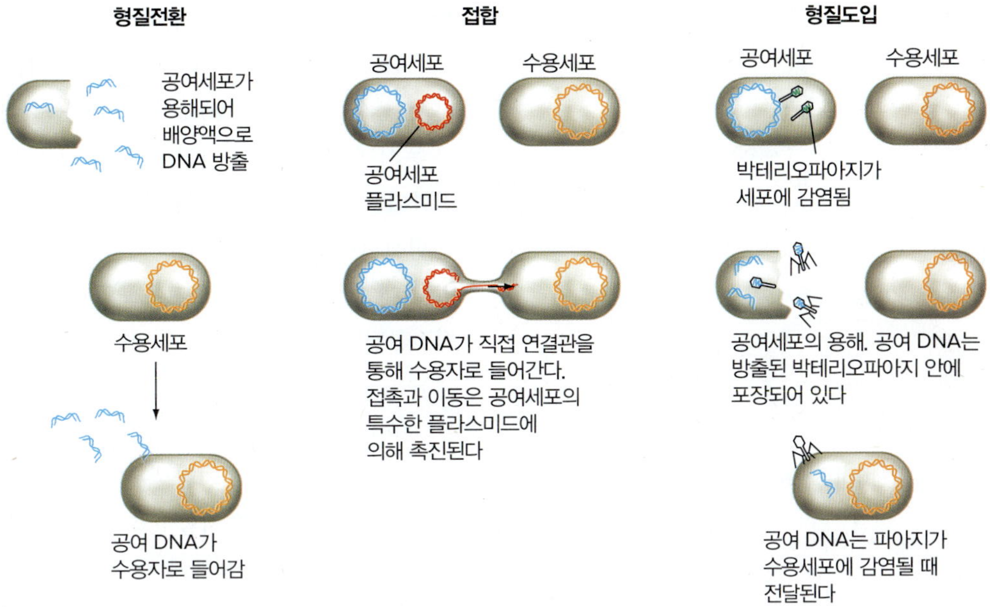

그림 16.11 세균의 유전자 전달: 개요. 이 그림과 이 장에서 공여자의 염색체는 파란색으로, 수용자의 염색체는 주황색으로 표시한다. 형질전환에서 배양액에 방출된 공여 DNA 조각은 수용세포로 들어간다. 접합에서 공여세포의 특수한 플라스미드(빨간색)는 수용세포와의 접촉을 촉진해서 DNA의 전달을 시작시킨다. 형질도입에서 공여세포의 DNA는 수용세포에 감염될 수 있는 박테리오파아지 입자에 포장되어 공여 DNA를 수용자로 전달한다.

자 DNA의 3% 미만을 받아들이고, 접합완료체를 제외하고는 공여자로부터 많은 양을 받아들이는 경우는 없다. 따라서 수용자로 들어가는 공여자 DNA의 양은 수용자의 염색체에 비해 상대적으로 크기가 매우 작으며, 수용자는 자신의 DNA 대부분을 유지하게 된다. 이제 각각의 유전자 전달에 대해 자세히 살펴보자.

유전자형을 변화시키도록 DNA를 받아들인다

일부 세균은 자연적으로 주변의 DNA 조각을 받아들일 수 있는데, 이를 **자연 형질전환**(natural transformation)이라고 한다. 그러나 대부분의 세균들은 실험실 조작을 통해 세포벽과 세포막이 DNA에 대해 투과성을 가지게 만들어 주어야만 DNA를 받아들일 수 있으며, 이런 과정을 **인공 형질전환**(artificial transformation)이라고 한다.

자연 형질전환

자연 형질전환이 일어나는 세균종들이 몇 가지 알려져 있는데, 그 중의 하나가 폐렴균(*S. pneumoniae*)으로 인간의 폐렴을 일으키는 원인이며, 그리피스(F. Griffith)에 의해 최초로 형질전환이 일어난다는 것이 알려졌다. 그 외에도 토양에 있는 무해한 세균인 고초균(*B. subtilis*), 사람에게 여러 질병을 일으키는 인플루엔자균(*H. influenzae*), 임질균(*N.gonorrhoeae*) 등이 있다.

자연 형질전환을 연구하던 중에 $trpC^-$와 $hisB^-$의 두 돌연변이를 가지고 있어 Trp^- His^- 이중 영양요구성을 나타내는 고초균이 분리되었다. 이 이중 영양요구주는 야생형의 Trp^+ His^+ 공여자로부터 DNA를 받는 수용자로 사용되었다(**그림 16.12a**). 공여자 DNA를 추출, 정제하고 $trpC^-$ $hisB^-$ 수용자를 적절한 배양액에서 **수용성**(competent)이 생길 때까지 키우면 배양액에 있는 DNA를 받아들일 수 있다.

수용자가 자연 형질전환을 통해 DNA를 받아들일 때는, 공여자 DNA의 한 가닥만이 세포 안으로 들어가고, 나머지 가닥은 분해된다(**그림 16.12b**). 세포 안으로 들어간 DNA 가닥은 수용자의 염색체로 통합되어 수용세포가 분열할 때 형질전환체를 만들게 된다.

Trp^+ 형질전환체를 관찰하고, 수를 확인하기 위해서는 새로 형질전환된 수용세포를 히스티딘만을 가지고 있는 최소 배지가 들어 있는 고체배지에 도말하면 된다. 공여 DNA를 받아들이지 못한 수용세포는 트립토판이 없는 배양액에서 자라지 못하는 반면, Trp^+ 형질전환체는 자라서 그 수를 셀 수 있다. His^+ 형질전환체를 골라내기 위해서는 히스티딘 대신에 트립토판이 들어 있는 배지를 사용한다. 이 실험에서 Trp^+과 His^+ 형질전환체의 수는 같았다. 고초균의 수용성이 가장 커지는 조건에서는 10^9세포가 10^5개 정도의 Trp^+ 형질전환체와 His^+ 형질전환체를 만들어낸다.

Trp^+ 형질전환체들 중 His^+ 형질전환도 일어난 세포를 확인하기 위해서는 멸균된 이쑤시개를 이용하여 Trp^+ 형질전환체를 트립토판과 히스티딘이 둘다 없는 최소 배지에 옮겨키우면 된다. 100개의

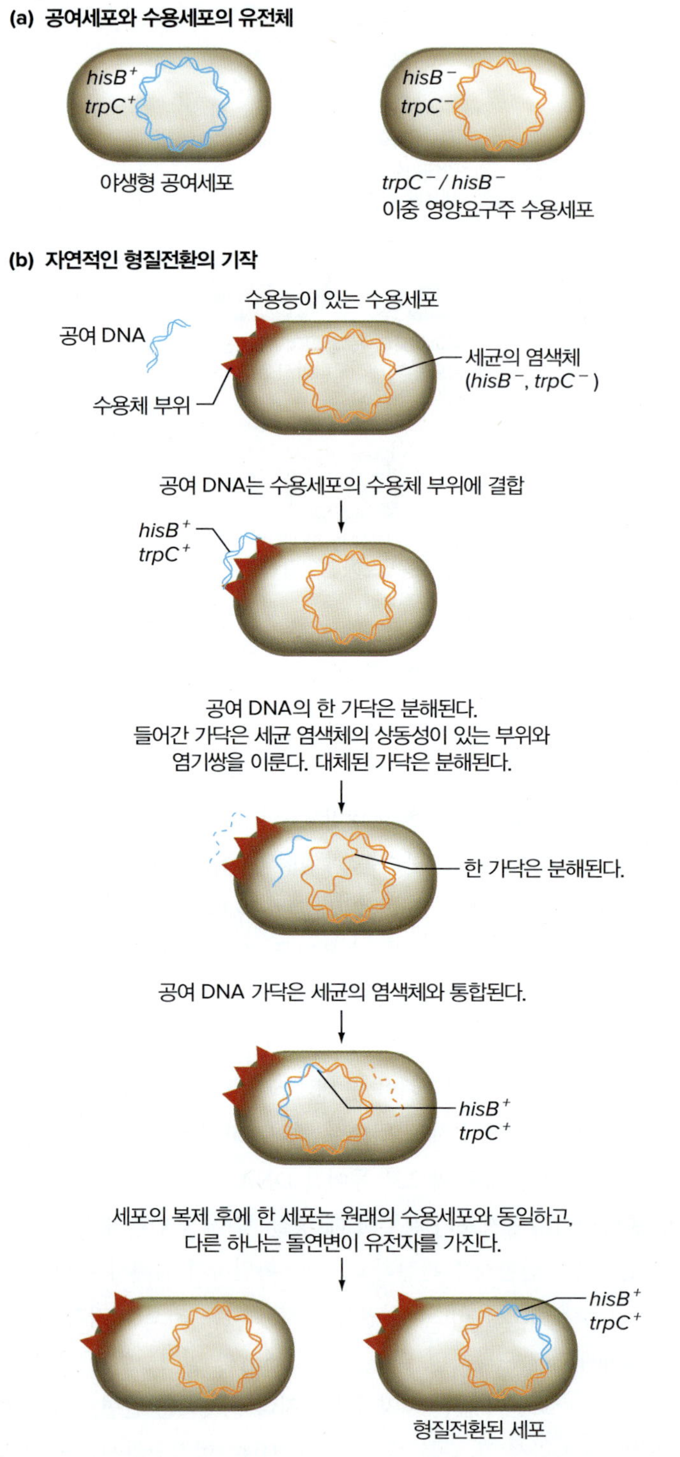

그림 16.12 고초균의 자연적인 형질전환. **(a)** 야생형 공여자와 *trpC*− *hisB*− 이중 영양요구주 수용세포. Trp^+와 His^+ 표현형을 선별하여 형질전환체를 확인한다. **(b)** 고초균의 자연적인 형질전환의 기작. 공여 DNA 조각의 한 가닥은 수용자로 들어가는 반면, 다른 가닥은 분해된다. 들어가는 가닥은 수용자의 염색체와 재조합되어 이중 나선의 한 가닥이 한 부모로부터 나오고, 다른 한 가닥은 다른 부모로부터 오는 이형이중 가닥을 형성한다. 수용세포가 분열할 때, 수용 유전자와 함께 형질전환체가 만들어진다.

Trp^+ 형질전환체당 40개가 최소 배지에서 자랐으며, 따라서 이들은 모두 His^+ 형질전환체이다. 마찬가지로 His^+ 형질전환체의 약 40%가 Trp^+였다. 따라서 40%의 분석된 군락은 *trpC*+과 *hisB*+ 유전자가 동시에 형질전환된 것이다. 두 가지 이상의 유전자가 동시에 형질전환되는 것을 **공동형질전환**(cotransformation)이라고 한다.

형질전환 동안에 공여 DNA는 수용자 염색체의 아주 작은 일부분만을 대체하기 때문에 두 고초균의 유전자가 높은 빈도로 동시에 형질전환된다는 것은 놀라운 일이다. 해답은 *trpC*와 *hisB* 유전자가 염색체상에 아주 가깝게 위치한다는 것, 즉 유전적으로 연관되어 있다는 것이다. 완전한 고초균의 염색체는 약 4,700 kb로써, 같은 염색체상의 가까운 곳에 위치한 유전자만이 동시에 형질전환될 수 있다. 유전자가 가까이에 위치할수록 공동형질전환 빈도는 더 높아진다. 따라서 비록 공여 염색체가 형질전환을 위한 DNA 추출 과정에서 20 kb 정도 크기로 조각이 나지만, 야생형의 *trpC*+와 *hisB*+ 대립유전자가 아주 가깝기(약 7 kb 떨어져 있음)때문에 하나의 공여 DNA 분자 내에 같이 위치하는 경우가 많게 된다. 반면에 너무 멀리 떨어져 있어서 같은 공여 DNA 조각 내에 위치하지 못하는 유전자들은 공동형질전환이 거의 일어나지 않는데, 그 이유는 형질전환의 효율이 높지 않아서 수용세포가 보통은 하나의 DNA 조각만을 받아들이기 때문이다.

형질전환은 **플라스미드의 전이**도 일으킨다. 만일 공여 DNA가 플라스미드라면 수용세포는 완전한 플라스미드를 받아들여 플라스미드 유전자에 의해 나타나는 형질을 획득하게 된다. 이 장의 서두에서 소개했던 페니실린 내성 임질균은 플라스미드의 형질전환에 의해 유래된 것으로 여겨진다. 플라스미드의 공여자는 동시에 감염된 환자에서 면역반응에 의해 파괴된 인플루엔자 감염세포였던 것이다. 플라스미드에는 페니실린가수분해효소(penicillinase) 유전자가 있었으며, 수용자인 임질균은 플라스미드의 형질전환에 의해 페니실린에 대한 내성을 획득하게 되었다.

인공 형질전환

앞에서 소개한 연구들은 자연 형질전환을 실험실에서 행한 것이었으며, 자연 형질전환을 하지 못하는 세균들을 형질전환시키는 방법도 개발되었다. 이러한 인공 형질전환 기술은 10장에 소개된 유전자 클로닝 기술의 개발에 필수적이었다. 개발된 방법에는 모두 공여 DNA가 세포 안으로 확산될 수 있도록 수용세균의 세포막과 세포벽을 손상시키는 과정이 포함되어 있다. *E. coli*의 경우 가장 흔한 방법은 낮은 온도에서 세포에 높은 농도의 칼슘 용액을 처리하는 것이다. 이러한 조건에서 세포는 단일 가닥 또는 이중 가닥 DNA에 투과성을 가지게 된다.

다른 인공적인 형질전환 방법으로는 **전기천공법**(electroporation)이 있다. 이것은 수용 세균 현탁액을 공여 DNA와 섞은 후 혼합액에 아주 짧게 고전압 충격을 주는 것이다. 이 충격은 세포막에 구멍을 만들게 되며, 적절한 충격 조건에서는 수용세포가 공여 DNA를 효과적으로 받아들이게 된다. 전기천공법은 거의 모든 세균에서 사용할 수 있다.

접합에서는 공여자가 수용자에 직접 DNA를 전달한다

1940년대에 레더버그(Joshua Lederberg)와 테이텀(Edward Tatum)은 각각 여러 개의 영양요구성을 나타내는 두 종류 *E.coli* 균주를 분석한 결과 한 종류의 *E. coli* 세포에서 다른 종류의 세포로 유전자가 전달되는 것처럼 보이는 놀라운 발견을 하였다(**그림 16.13**). 두 균주 모두 포도당과 염만 가지는 최소 배지에서는 자랄 수 없었다. A 균주는 메싸이오닌과 바이오틴(비타민 H)이 필요했으며, B 균주는 트레오닌, 류신, 티아민(비타민 B_1)을 필요로 한다. 레더버그와 테이텀은 두 균주를 완전 배지에서 함께 배양한 다음, 두 균주의 혼합액을 최소배지로 옮긴 결과, 옮긴 세포 10^7개당 1개의 세포가 살아나 군락을 형성함을 확인하였다. 이 군락은 무엇이며, 어떻게 생겨났을까?

이후로 한 세기 이상 계속된 실험을 통해 레더버그와 테이텀이 관찰하였던 결과가 **세균 접합**(bacterial conjugation)이며(**그림 16.14**), 이 공여자에서 수용자로의 일방적인 DNA 전달에 세포와 세포의 직접적인 접촉이 필요하며, 공여자 안의 **접합성 플라스미드**(conjugative plasmid)에 의해 시작된다는 것이 밝혀졌다. 여러 종류의 플라스미드가 수용세포로 자신 또는 공여세포의 염색체 일부를 전달하게

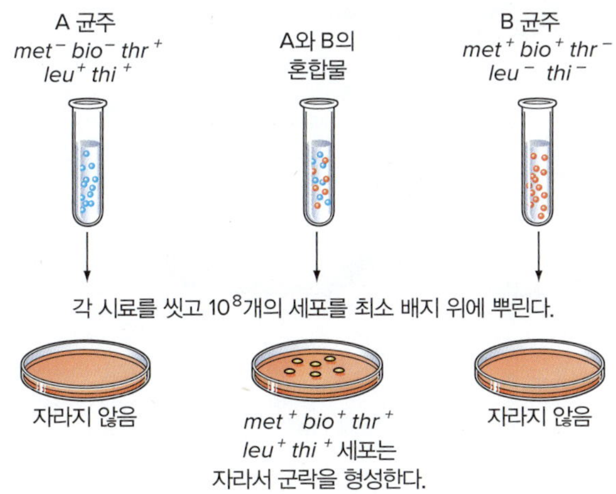

그림 16.13 접합. 레더버그와 테이텀이 분석한 두 복합 영양요구주 중 어느 것도 최소 배지에서는 군락을 형성할 수 없다. 두 균주의 세포를 섞으면 유전자 전달에 의해 최소 배지에서 군락을 형성할 수 있는 원영양체가 만들어진다.

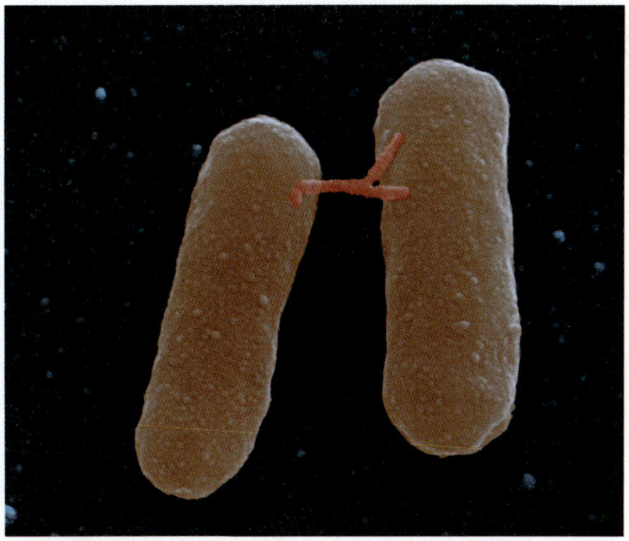

그림 16.14 접합하는 세균 세포. *Source: Eye of Science/Science*

해 주는 유전자를 지니고 있어 접합을 유도할 수 있다.

F 플라스미드와 접합

그림 16.15은 최초로 발견된 접합성 플라스미드인 *E. coli*의 **F 플라스미드**(F plasmid)에 의해 시작되는 세균의 접합을 보여주고 있다. F 플라스미드를 가지고 있는 공여세포를 F^+라 하고, 플라스미드가 없는 수용세포를 F^-라 한다. F 플라스미드는 공여세포가 수용세포와 접촉하는 데 필요한 부속지인 **선모**(pilus)를 형성하는 유전자(그림 16.14)와 F 플라스미드 DNA의 특정 부위(**전달기점**, origin of transfer)에 틈을 형성하는 핵산내부 가수분해효소 유전자 등 DNA의 전달에 필요한 여러 유전자를 가지고 있다.

F 플라스미드를 가진 F^+ 공여자가 선모를 통해 F^- 수용세포(F 플라스미드 없음)에 접하게 되면 선모가 수축되어 공여자와 수용자가 가까워진다. F 플라스미드 DNA에는 핵산내부가수분해효소에 의해 틈이 생기고, 플라스미드의 단일 가닥이 두 세포 사이의 가교를 건너 이동하게 되며, 이때 공여세포에서는 이동하는 DNA 부분이 동시에 합성되어 채워진다. 공여 DNA가 수용세포에 들어가면 원형이 되며 상보적인 DNA 가닥이 수용세포 내에서 합성된다. 이러한 $F^+ \times F^-$ 접합에서는 수용세포가 F^+가 되며, 공여세포는 F^+ 상태로 남게 되는 것이다.

접합을 시작하고 담당함으로써, F 플라스미드는 성행위에 의해 전염되는 질병원이 인간 집단에 미치는 작용과 같은 방법으로 세균 집단에 작용하게 된다. 몇 개의 공여세균이 F 플라스미드를 가지지 않는 큰 집단에 들어가게 되면, F 플라스미드는 곧 전체 집단으로 퍼지게 되며, 모든 세포가 F^+가 된다.

그림 16.15

F 플라스미드와 접합

a. F 플라스미드는 공여세포와 수용세포 사이의 연결관을 합성하는 유전자를 가지고 있다. F 플라스미드는 100 kb 길이의 원형 이중 나선 DNA이다. F^+세포는 대부분 한 사본의 플라스미드를 가지고 있다. 유성 생식과 유사하게 F^+ 세포는 "수컷" 세균으로 여겨지는데, 그 이유는 이들이 다른 세균에 유전자를 전달할 수 있기 때문이다. 약 35%의 F 플라스미드 DNA는 플라스미드의 전달을 조절하는 유전자로 구성되어 있다. 대부분의 이들 유전자는 세균에서 뻗어나가는 가늘고 단단한 단백질 가닥인 **F 선모**(F pilus; 복수 pili)라고 하는 구조를 형성하는 데 관여하는 단백질을 암호화하고 있다. 이 플라스미드의 다른 부분에는 IS와 DNA 복제에 관여하는 단백질의 유전자를 가지고 있다.

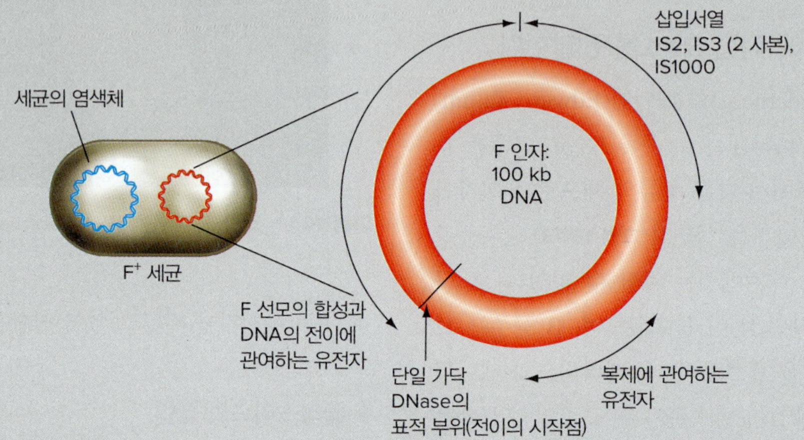

b. 접합 과정.

1. **선모**: 평균적으로 선모는 길이가 1 mm 정도로 *E.coli*의 평균 길이와 비슷하다. 선모의 끝에는 F 플라스미드 ("암컷"세균)를 가지지 못한 F^- *E.coli* 세포의 세포벽에 특이적으로 결합하는 단백질로 이루어져 있다.
2. **F^- 세포(암컷 세균)에 결합**: F 인자가 없기 때문에 F^- 세포는 선모를 만들 수 없다. F^+ 세포의 선모는 F^- 세포에 접촉한 다음 길이가 짧아져 F^- 세포가 F^+ 세포 가까이에 위치하게 된다. 이제 이웃한 F^+ 세포와 F^- 세포의 세포막을 통해 좁은 통로가 만들어진다.
3. **유전자 전달**: 단일 가닥 DNA가 수컷세포에서 암컷세포로 전달된다. 세포와 세포의 통로가 완성되면 신호가 전달되어 핵산 내부가수분해효소가 F 플라스미드의 특정부위(전이의 시작점)에서 한 가닥을 자른다. F^+ 세포는 잘린 가닥을 통로를 통해 F^- 세포로 보낸다. F 플라스미드를 받으면서 F^- 세포는 상보적인 가닥을 합성한다. F^-였던 세포는 이중 가닥의 F 플라스미드를 가지게 되며, 이제 F^+ 세포가 된다.
4. **원래의 F^+ 세포에서는 새로 합성된 DNA가 F^- 세포로 전이된 단일 가닥을 대체한다**: 전이와 합성이 끝나 두 세균이 분리되면 두 세포 모두가 F^+이다.

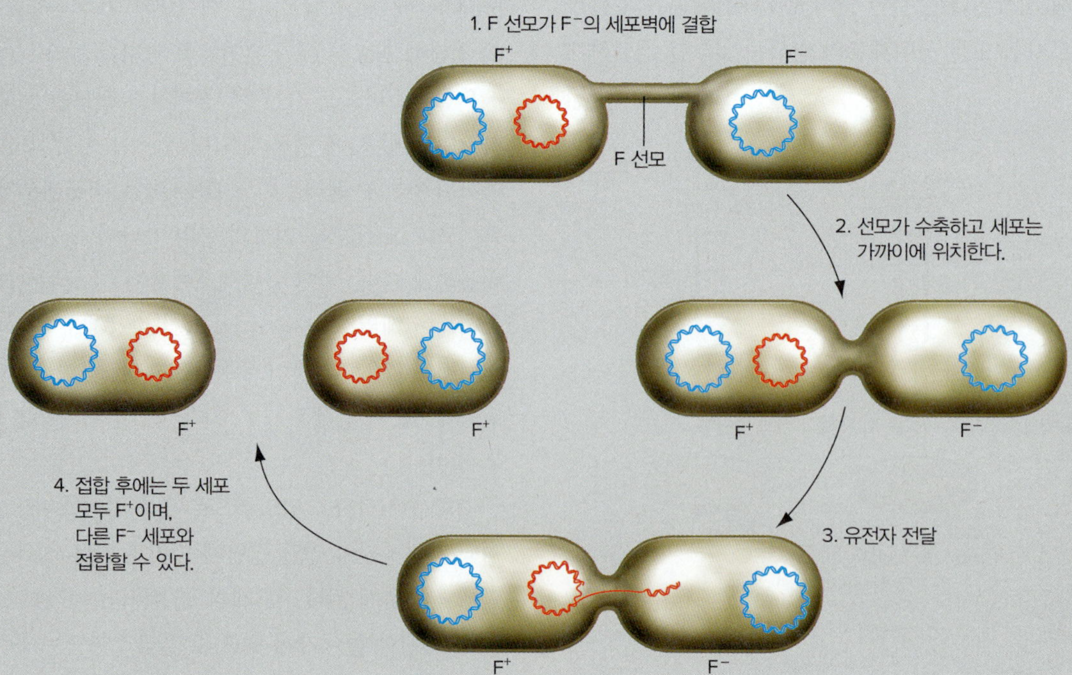

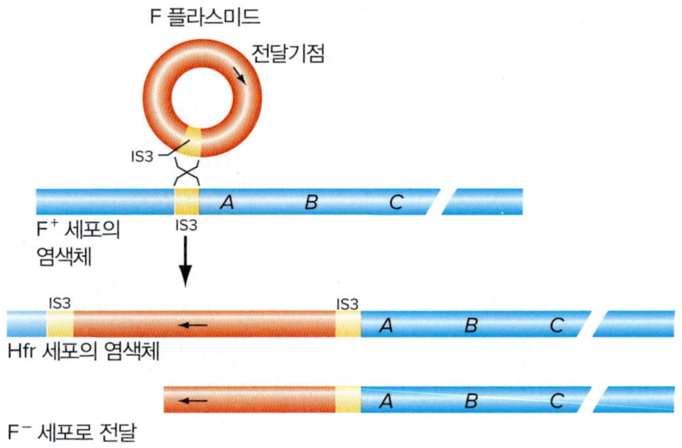

그림 16.16 Hfr 염색체의 형성. 이 그림에서 막대는 DNA의 두 가닥을 나타낸다. F 플라스미드상의 IS와 세균의 염색체에 있는 같은 종류의 IS 사이의 재조합은 Hfr 염색체를 만들어낸다. 접합 동안에는 DNA가 Hfr 공여자에서 수용자로 전달기점(화살표)에서부터 전달되기 시작하며, 따라서 세균 유전자는 *A B C*의 순서로 전달된다.

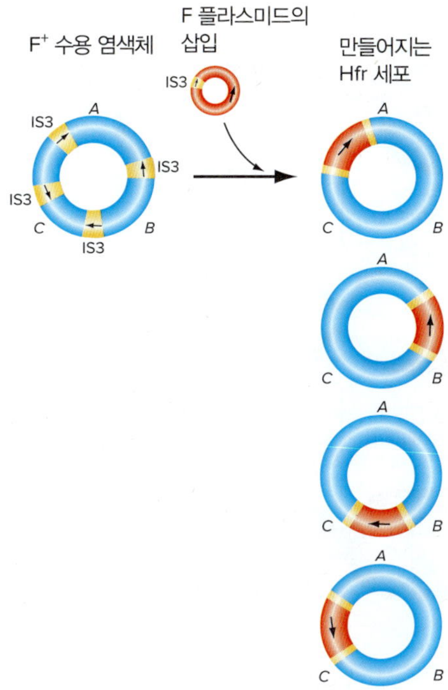

그림 16.17 다른 종류의 Hfr 염색체. F 플라스미드상의 IS와 세균 염색체의 대응하는 임의의 IS 사이에서 재조합이 일어나면 여러 종류의 다른 Hfr 균주가 만들어진다. 처음 염색체상 IS 인자의 방향에 따라 재조합은 유전자를 시계방향으로 전달하는 Hfr 균주를 만들 수도 있고, 시계반대방향으로 전달하는 균주를 만들 수도 있다.

접합에 의한 염색체 유전자의 전달

F 플라스미드는 세 종류의 IS 인자(IS element)를 가지고 있는데, 이들은 하나의 IS2, 두 사본의 IS3, 하나의 매우 긴 IS1000이다. 이 F 플라스미드상의 IS 서열들은 세균 염색체의 여러 부위에서 발견되는 IS 인자들과 같은 것들이다. 대략 100,000개의 F^+ 세포당 하나에서 플라스미드의 IS와 염색체상의 동일한 IS 사이에서 상동재조합이 일어나 F 플라스미드 전체가 *E. coli*의 염색체로 통합된다(**그림 16.16**). 염색체에 플라스미드가 통합되어 있는 세포는 **Hfr 세균**(Hfr bacteria)이라고 하는데, 이것은 다음에서 보게 되겠지만 이들이 F^- 균주와 접합하면 높은 빈도로 염색체 유전자의 재조합이 일어나기 때문이다.

F 플라스미드가 세균 염색체로 통합되는 재조합은 F 플라스미드의 어떤 IS 인자와 이에 상응하는 염색체의 어떤 IS인자 사이에서도 일어날 수 있기 때문에 30가지 이상의 다른 Hfr 세포가 만들어질 수 있다(**그림 16.17**). F 플라스미드와 같이 유전체로 통합될 수 있는 플라스미드를 **에피좀**(episome)이라고 한다. 다양한 Hfr 균주는 세균의 염색체에 대한 에피좀의 위치와 방향(시계방향 또는 시계반대방향)에 의해 구분된다.

세균의 번식 동안에 Hfr 세포에 통합된 플라스미드는 나머지 세균의 염색체와 함께 복제된다. 그 결과 분열 후 만들어진 딸세포의 염색체는 모세포의 염색체에 통합되어 있었던 동일한 위치에 완전한 F 플라스미드를 가지게 된다. Hfr 세포의 모든 자손은 동일하며, F 플라스미드의 삽입 방향과 위치도 동일하다. 통합된 F 플라스미드는 여전히 접합에 의해 DNA의 전달을 시작할 수 있는 능력을 지니고 있으며, 이제는 세균 염색체의 일부이므로 공여세포 염색체의 일부 또한 전달될 수 있다(**그림 16.18**).

Hfr 세포에서 접합된 F^- 세포로의 DNA 전달은 통합된 F 플라스미드의 가운데에서 단일 가닥 틈이 생겨 시작된다(그림 16.18). 일단 공여 DNA가 수용세포로 전달되면 공여 DNA와 수용세포 염색체 사이에서 재조합이 일어날 수 있게 된다.

접합 동안의 유전자 전달에 의한 유전자 지도 작성

Hfr 염색체에서 유전자들은 수용세포로 순서대로 전달되기 때문에 Hfr × F^- 교배를 사용하면 유전자 지도를 작성할 수 있다. *E. coli* 유전체의 초기 연구에서, 월만(Eli Wollman)과 자콥(Francois Jacob)은 Str^s(스트렙토마이신 민감성), Thr^+(트레오닌 합성 가능), Azi^r(아지드화물 저항성), Ton^r(T1파지 저항성), Lac^+(젖산에서 생장), Gal^+(갈락토오스에서 생장)인 Hfr 균주와 반대의 특징을 지닌 F^- 균주(Str^r, Thr^-, Azi^s, Ton^s, Lac^-, Gal^-)를 사용하였다. 이 두 균주를 사용해서 이들은 유전자 전달과 재조합이 일어난 접합체를 분리해 분석할 수 있게 되었다.

월만과 자콥은 이 두 균주를 비선택 영양배지에서 섞어 접합을 유도하였다. 그 다음, 1분 간격으로 교배가 일어나고 있는 혼합 시료를 주방용 믹서기로 흔들어 교배를 중단시키고[이런 이유로 이 실험을 **교배방해실험**(interrupted-mating experiment)이라고 한다], 이 교

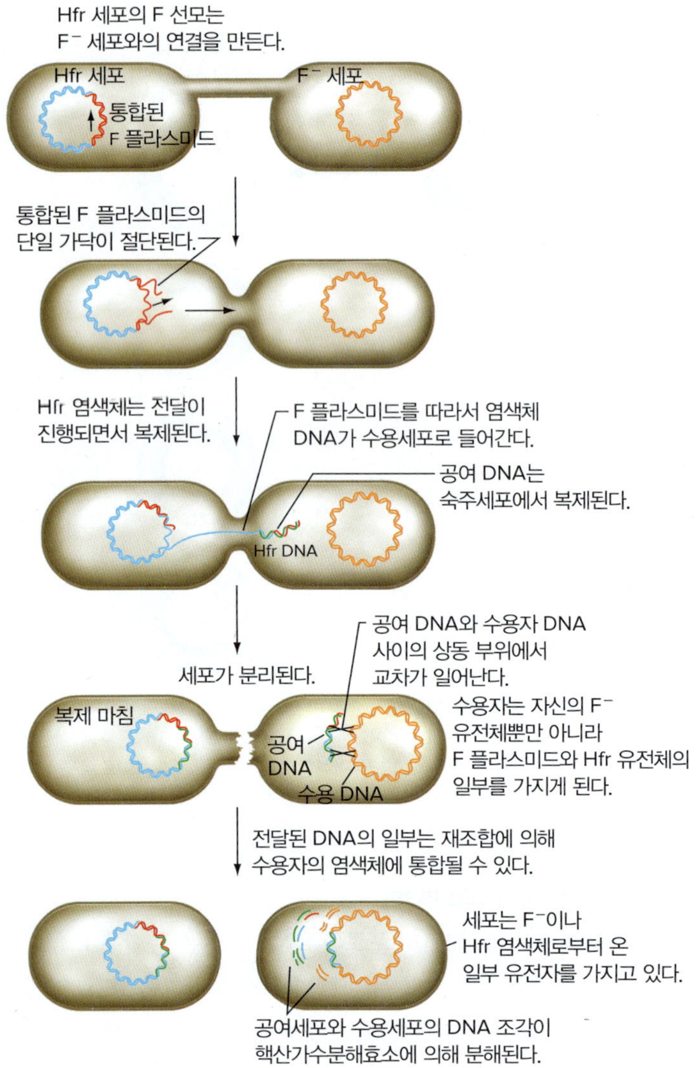

그림 16.18 Hfr 공여세포와 F⁻ 수용세포 사이의 유전자 전달. Hfr×F⁻ 교배에서는 통합되어 있는 F 플라스미드의 전달기점에서부터 단일 가닥 DNA가 수용세포로 전달된다. 수용세포에서는 이 단일 가닥 DNA가 복사되어 이중 가닥이 된다. 만일 교배가 중단된다면, 수용세포는 자신의 염색체 이외에도 이중 가닥의 선형 DNA 조각을 가지게 될 것이다. 공여자로부터 온 유전자는 수용세포의 염색체에 재조합될 때에만 접합완료체 내에 남아 있게 된다. 수용자의 염색체가 원형으로 남아 세포가 살 수 있게 되기 위해서는 짝수 번의 교차가 필요하다.

배가 중단된 시료를 원래의 Hfr 균주를 죽이는 스트렙토마이신이 들어 있는 페트리접시에 도말하였다. 이 고체배지에는 교배가 일어나지 않아서 Hfr 세포로부터 thr^+ 유전자를 받지 못한 F⁻ 세포를 제거해내기 위해서 트레오닌을 첨가하지 않았다. 이 배지에서 자라는 Str^r Thr^+ 접합완료체를 얻은 후, 복제평판을 만들어 Hfr 세포로부터 F⁻ 수용자로 네 가지 다른 유전자들이 전달되었는지를 조사하였다(**그림 16.19a**).

그림 16.19b는 접합을 시작해서 중단되기까지의 시간에 따라 Hfr 균주로부터 다양한 대립유전자를 전달받는 빈도를 나타낸 것이다. 교배가 시작되고 8분이 지난 후에는 Azi^r 재조합체가 일부 나타났지만 나머지 대립유전자를 가지고 있는 것들은 나타나지 않았다. 10분 후에는 ton^r 대립유전자 재조합체가 나타나며, 15분 후에는 lac^+ 대립유전자가, 17분 후에는 gal^+가 나타난다. Hfr에서 받은 특정한 유전자를 가진 재조합 군락의 비율은 시간에 따라 증가하다가 유전자에 따라 일정한 값의 정체기에 도달하게 되는데, F⁻ 세포로 가장 먼저 전달되는 Hfr의 유전자(azi^r)가 가장 높은 정체기를 가지며(90%), 마지막 유전자(gal^+)가 가장 낮은 값을 가진다(20%).

교배 중단 실험에서 전달되는 각 유전자의 두 가지 특징, 즉 유전자 전달이 최초로 나타나는 시간과 정체기에서 공여 유전자를 가지는 접합체의 비율은 Hfr 균주에서 통합된 F 에피좀의 존재로 설명할 수 있다. 접합체에서 각각의 유전자가 최초로 나타나는 시간이 특정한 것은 모든 Hfr 공여세포에서 F 인자가 동일한 부위에 동일한 방향으로 위치하기 때문이며, 또한 전달이 항상 F 인자의 같은 부위, 즉 전달기점(origin of transfer)에서 시작되기 때문이다(그림 16.16 참조). 따라서 유전자가 최초로 수용세포로 들어가는 시간은 유전자와 전달기점으로부터의 거리를 반영하는 것이다. 이러한 해석을 통해 *E. coli* 염색체에서 유전자의 순서를 예상할 수 있으며, 또한 유전자 사이의 거리도 정확하지는 않지만 측정할 수 있다. 거리의 단위는 **염색체 전달 시간(분)**(minutes of chromosome transfer)으로 정의될 수 있으며, 1분은 약 47,000 bp에 해당한다(**그림 16.19c**).

각각의 전달된 유전자를 가지는 군락의 비율이 정체기에 도달하는 것은 새로운 전달이 계속 시작된다는 사실과 접합 다리와 전달되는 DNA의 고유한 연약성에 기인한다. Hfr 공여자와 F⁻ 수용자 사이의 전달은 세포가 떨어지거나 전달되는 염색체가 끊어지면 자연스럽게 끝나게 된다. 그 결과 초기에 전달되는 azi^r와 같은 유전자조차도 모든 접합체가 가질 수는 없다. 또한 유전자가 전달되는 데 시간이 많이 걸릴수록 전달이 완료되기 이전에 교배쌍이 떨어져 나갈 확률이 커지게 된다. 다시 말하면 접합은 믹서기 없이도 자연적으로 중단될 수 있다. 따라서 후기에 전달되는 유전자가 성공적으로 전달되는 접합완료체의 비율은 줄어들게 된다.

그림 16.19b에서 볼 수 있듯이 유전자의 순서는 1분 간격으로 교배를 중단시키지 않고 단순히 20분의 접합 후에 여러 유전자들을 가지는 접합완료체의 비율을 구해 결정할 수 있다. 이러한 접합의 성질, 즉 F 인자 기원으로부터 유전자의 거리가 그 유전자를 가지는 접합자의 비율을 결정한다는 것을 **전송기울기**(gradient of transfer)라고 한다.

일단 Hfr 공여자의 유전자가 F⁻ 수용자에게 도착하고 나면, 수용자의 대립형질을 안정적으로 대체하기 위해서는 가장 간단한 경우

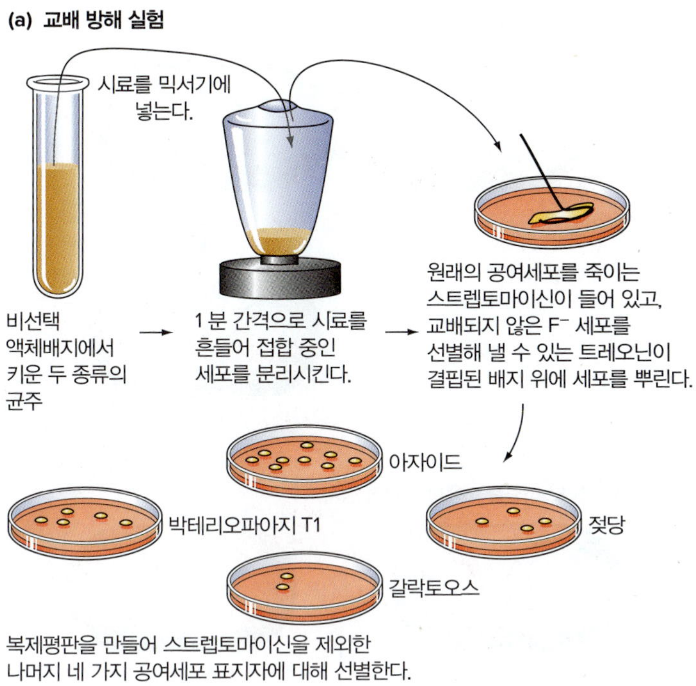

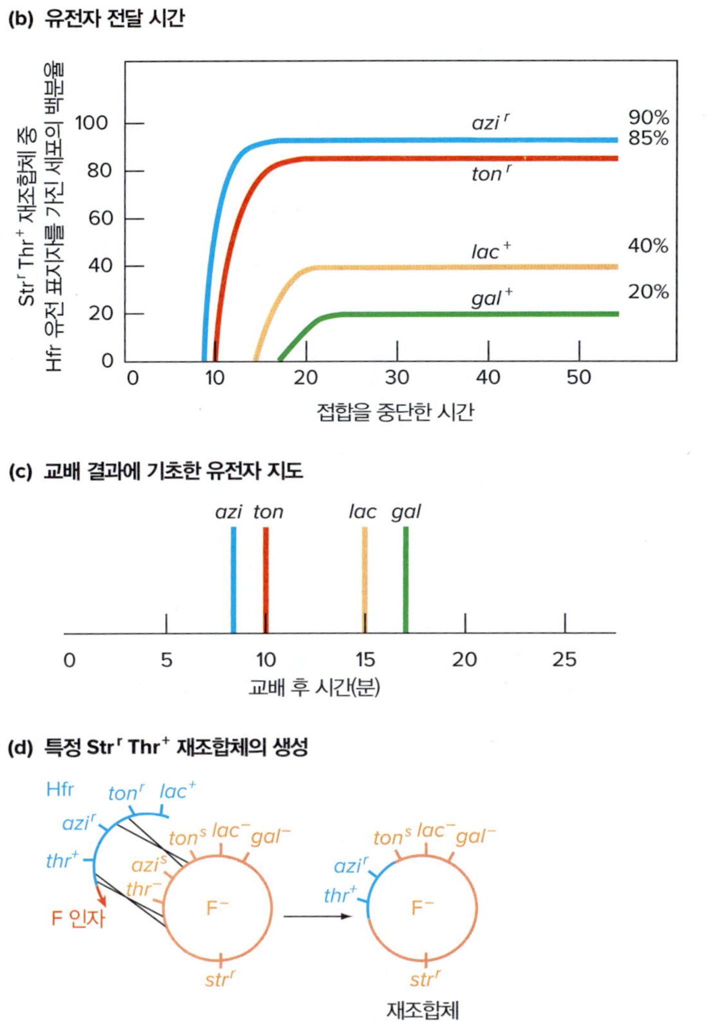

그림 16.19 교배 방해 실험. **(a)** Hfr(thr^+, azi^r, ton^r, lac^+, gal^+, str^s)과 F^- (thr^-, azi^s, ton^s, lac^-, gal^-, str^r) 세포를 섞어 교배시킨다. 시료를 1분 간격으로 주방용 믹서기를 사용하여 강하게 섞어주어 유전자 전달을 중단시킨다. 세포를 스트렙토마이신이 있고(Hfr 공여세포를 죽이기 위해), 트레오닌이 결핍된(교배되지 않은 F^- 세포가 자라지 못하도록) 배지에 뿌린다. 다른 표식자에 대한 접합완료체의 표현형은 복제평판을 사용하여 확인한다. **(b)** 교배 방해 실험의 결과. **(c)** 결과로부터 최초로 수용자에서 공여 DNA가 나타난 시간에 의해 결정된 유전자의 순서. **(d)** Hfr 유전자의 F^- 수용자로의 전달. 재조합체에서 나타나기 위해, Hfr DNA는 F^- 염색체와 함께 2개(혹은 짝수개)의 교차를 거쳐야 한다. Thr^+ 재조합체가 선택되면, *thr* 유전자와 나란히 두 개의 교차(검은색 선)가 일어난다. 여기서는 thr^+와 azi^r 모두 F^- 염색체로 전달된다.

두 개부터 짝수개의 교차수가 필요하다. **그림 16.19d**는 중단된 짝짓기 실험에서 하나의 특정 등급의 안정된 접합체가 어떻게 생성되었는지를 보여준다. 접합체가 Thr^+로 선택되었기 때문에, 두 가지 교차물질 중 하나가 전달 유전자와 *thr* 유전자 사이에 발생해야 한다. (사실, 이 실험의 성공은 thr^+ 마커가 이 특정 Hfr 변형으로부터 전송된 모든 마커 중 첫 번째라는 울먼과 제이콥의 사전 지식에 기초했다.) 두 번째 교차는 반드시 *thr* 유전자의 반대쪽에서 일어나야 한다. 예를 들어, 그림 16.19d에서 보듯이, thr^+ 및 azi^r 대립 형질(다른 마커는 제외)을 Hfr에서 F^- 수용자로 같이 이동하려면 *azi*와 *ton* 유전자 사이의 두 번째 교차가 요구된다.

이 장의 마지막에 있는 연습 문제들은 접합 실험의 두 가지 부가적인 특징을 강조해 보여준다. 첫째, 연습 문제 14번에서 볼 수 있듯이 *E. coli* 염색체의 여러 다른 부위에 다른 방향으로 삽입되어 있는 F 에피솜과 서로 다른 Hfr 공여 균주를 사용한 접합 실험은 역사적으로 세균의 염색체가 실제로 원형이라는 최초의 증거를 제공해 주었다. 둘째, 연습 문제 11, 12번은 안정한 접합체의 형성에는 짝수번의 재조합이 필요하다는 것을 강조하고 있다. 이 교배의 결과를 추적한 결과 접합 실험으로부터 매우 정확한 유전자 지도를 얻을 수 있었다.

상보성 연구에서 F′ 에피좀의 사용

앞서 F 플라스미드가 세균의 염색체에 삽입되는 사건이 100,000개의 F^+ 세포당 하나에서 일어나 하나의 Hfr 세포가 만들어짐을 보았다. 거의 같은 비율로 Hfr 세포에서 절제가 일어나 Hfr 세포가 F^+ 세포로 돌아간다. 이런 절제 과정에서 적은 비율로 재조합의 오류가 생겨 대부분의 F 플라스미드와 삽입된 F 에피좀 옆의 세균 염색체 일부분을 가지는 플라스미드가 만들어진다. 이렇게 F 플라스미드의 유전자 대부분과 세균 염색체 일부분을 가지는 새로 만들어진 플라스미드를 **F′ 플라스미드**(F′ plasmid) 또는 **F′ 에피좀**(F′ episome)이라고 한다(**그림 16.20a**).

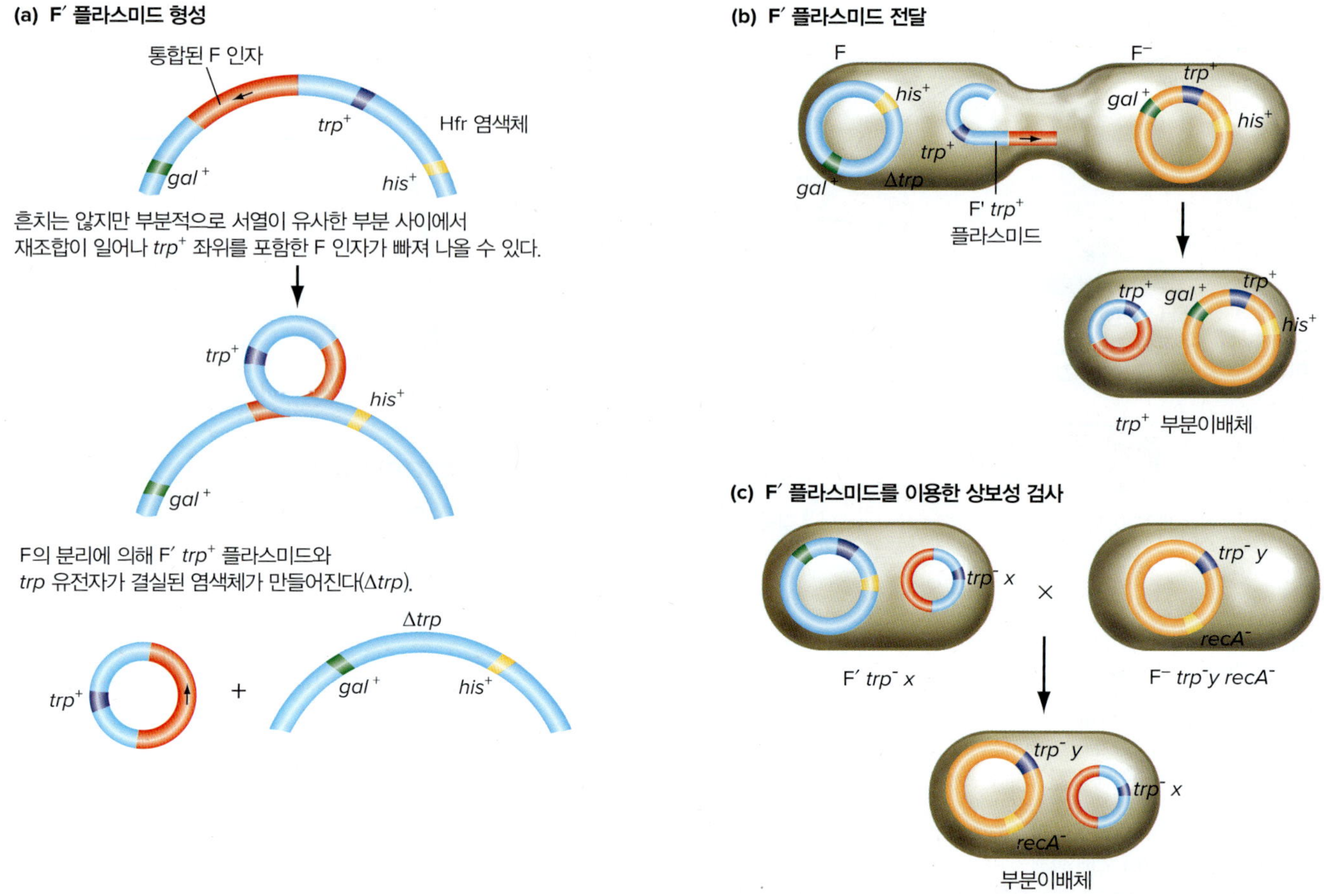

그림 16.20 F′ 에피좀. **(a)** F 플라스미드가 세균의 염색체에서 떨어져 나올 때 아주 가끔 이웃한 세균의 유전체 DNA를 가지고 나와 F′ 에피좀이 만들어질 수 있다. **(b)** 접합 동안의 F′의 전달은 부분이배체를 만들 수 있다. **(c)** 부분이배체는 F′ 에피좀 상의 세균 유전자를 포함하는 상보성 분석에 사용될 수 있다. *trp*⁻ *x*와 *trp*⁻ *y*는 두 개의 독립적인 *trp*⁻ 돌연변이이다.

F′ 플라스미드는 *E. coli* 안에서 원형의 DNA로 분리되어 복제된다. 이들은 F 플라스미드가 전달되는 것과 같은 방식으로 F⁻ 수용세포에 전달될 수 있다. 차이는 염색체 유전자의 일부가 F′ 플라스미드의 일부로써 항상 같이 전달된다는 것이다. 세균 염색체와 독립적으로 복제할 수 있는 분자에 위치한 염색체 유전자를 전달할 수 있는 F′ 에피좀의 능력으로 인해 이것은 상보성 분석에 사용할 수 있는 좋은 운반체이다.

8장에서 다루어졌던 세포의 상보성 검사는 분석하고자 하는 유전자에 대해 이배체이어야 한다. 비록 세균은 단수체이지만 세균 유전자를 가지고 있는 F′ 플라스미드를 사용하면 특정 부분에 대한 부분 이배체를 만들 수 있다. 예를 들면, 트립토판의 생합성을 조절하는 *trp* 유전자를 가지는 F′ 플라스미드가 있는데, 이 플라스미드는 F′ *trp* 플라스미드라고 한다.

세균에서 F′ 플라스미드를 사용하여 부분 이배체를 만들기 위해서는 F′ 플라스미드를 이 플라스미드가 가지는 유전자가 결실되지 않은 균주에 전달해야 한다. 이것은 F′을 가지는 세포를 F⁻ 세포와 교배하여 얻을 수 있다(**그림 16.20b**). 이 교배로부터 얻은 접합체는 일부 세균 유전자를 F′에서 온 것과 세균 염색체에 있는 것, 이렇게 두 사본을 가지고 있는데, 이들을 **부분이배체**(merodiploid)라고 한다.

부분이배체를 사용한 상보성 연구의 예로는 트립토판 생합성에 영향을 미치는 돌연변이에 관한 연구를 들 수 있다(**그림 16.20c**). 이들 돌연변이는 모두 매우 가까이에 위치하고 있는데, 부분이배체를 만들기 위해서 먼저 특정한 *trp*⁻ 돌연변이(*trp*⁻ *x*)가 있는 전체 *trp* 부위를 가지는 F′ 플라스미드를 염색체에 다른 *trp*⁻ 돌연변이(*trp*⁻ *y*)를 가지고 있는 세균 균주에 도입하여야 한다. 트립토판이 없는 최소 배지에서 특정한 부분이배체가 자란다면 각각의 돌연변이가 보상되었음을 의미하며, 이는 돌연변이가 서로 다른 유전자에 있음을 의미한다. 만약 세포가 자라지 못한다면 돌연변이는 같은 유전자에 있는 것이다. F′ *trp* 부분이배체를 이용한 상보성 검사를 통해 *E. coli*에 트립토판의 생합성에 필요한 서로 다른 다섯 가지 효소에 각각 해당하는 *A*, *B*, *C*, *D*, *E*의 다섯 가지 *trp* 유전자가 있음이 밝혀졌다.

형질도입에서는 파아지가 DNA를 공여세포에서 수용세포로 전달한다

다양한 세균에 감염되어 증식하고 세균을 죽이는 박테리오파아지는 자연에 매우 널리 퍼져 있다. 대부분의 세균은 한 가지 이상의 이러한 바이러스에 감염될 수 있다. 감염 동안에 바이러스 입자는 세균 염색체의 일부를 가질 수 있으며, 이 세균의 DNA를 다음 감염 주기 동안에 다른 숙주세포로 옮길 수 있다. 바이러스 입자가 세균의 DNA를 하나의 숙주세포에서 다른 세포로 옮기는 것을 **형질도입**(transduction)이라고 한다.

용균회로에 의한 파아지의 증식

박테리오파아지가 DNA를 세균 세포로 주입하면 파아지 DNA는 세포의 단백질 합성 및 DNA 복제기구를 사용하여 파아지 유전자의 발현을 촉진하고, 파아지 단백질을 만들며, DNA를 복제한다(그림 8.4 참조). 새로 합성된 파아지 단백질과 DNA는 파아지 입자에 조립되고, 이후 감염된 세포가 터질 때(또는 용해될 때) 다른 세포에 감염될 수 있는 100~200개의 새로운 바이러스 입자가 방출된다. 세포의 용해와 새로운 파아지의 방출이 일어나는 번식주기를 파아지 증식의 **용균회로**(lytic cycle)라고 한다. 숙주 세균으로부터 용균회로의 마지막에 방출되는 파아지 입자의 집단을 **용해물**(lysate)이라고 한다.

일반형질도입

여러 종류의 박테리오파아지에는 숙주세포의 염색체를 파괴하는 효소 유전자가 있다. 이 효소에 의해 세균의 염색체가 분해될 때 파아지의 유전체와 동일한 크기의 세균 DNA 조각이 때때로 만들어지고, 이 DNA 조각이 파아지 DNA 대신에 파아지 입자 안에 담길 수 있다(**그림 16.21**). 숙주세포가 용해된 후에 파아지 입자는 다른 세균 세포에 붙어서 세포 내로 DNA를 주입할 수 있다. 이런 방법으로 파아지는 한 세균(공여세포)에서 다른 세균(수용세포)으로 유전자를 전달한다. 주입된 DNA와 새로운 숙주의 염색체 사이에서 재조합이 일어나면 전달이 완성된다. 이런 과정을 통해 가까운 균주들 사이에서는 어떤 유전자라도 전달될 수 있으며, 이 과정을 **일반형질도입**(generalized transduction)이라고 한다.

일반형질도입에 의한 유전자 지도 작성

공동형질전환과 마찬가지로 세균의 염색체 상에 가까이 위치한 두 유전자는 함께 형질도입될 수 있다. **공동형질도입**(cotransduction)의 빈도는 두 유전자 사이의 거리에 직접적으로 의존한다. 가까이 위치할수록 하나의 짧은 DNA 조각내에 함께 있을 가능성이 높고, 따

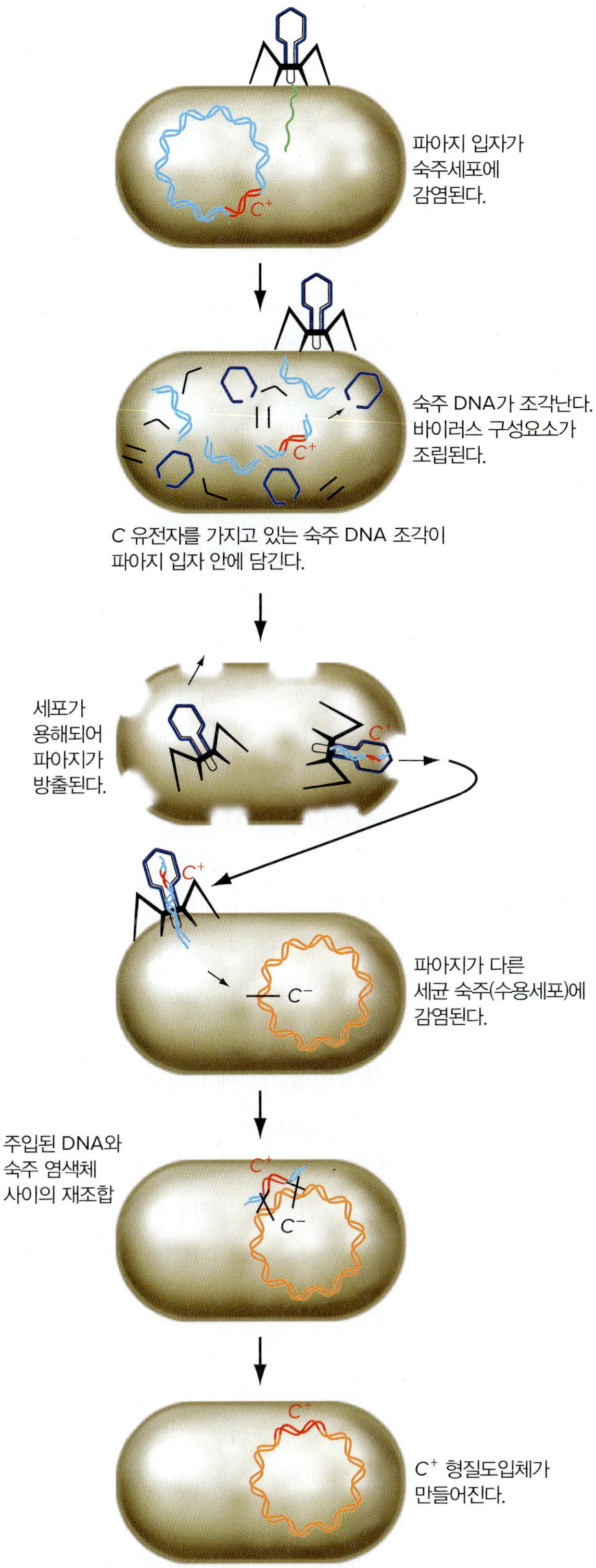

그림 16.21 일반형질도입. 임의의 세균 DNA 조각이 공여세포로부터 박테리오파아지 입자로 들어가면 일반형질도입 파아지가 만들어진다. 이들 파아지 입자가 수용세포에 감염되면 공여 DNA는 수용세포로 주입된다. 공여 DNA 조각이 수용세포 염색체와 재조합되면 형질도입체가 된다. 짝수 번의 교차 과정이 필요하다.

(a) 공여세포: $thyA^+$ $lysA^+$ $cysC^+$

↓ P1 용해물 제조; 수용세포에 감염

수용세포: $thyA^-$ $lysA^-$ $cysC^-$

선별된 표식자	기타 표식자
Thy^+	47% Lys^+; 2% Cys^+
Lys^+	50% Thy^+; 0% Cys^+

(b) 

그림 16.22 공동형질도입 빈도에 의한 유전자 지도 작성. **(a)** $thyA^+$ $lysA^+$ $cysC^+$ 공여세포의 P1 용해물을 사용하여 $thyA^-$ $lysA^-$ $cysC^-$ 수용세포를 감염시킨다. Thy1 또는 Lys1 세포를 선별한 다음, 다른 표식자에 대해 조사한다. **(b)** 앞의 **(a)** 결과에 기초한 유전자 지도. *thyA*와 *cysC* 유전자는 낮은 빈도로 공동형질도입되며, 따라서 이들은 결코 동시에 형질도입 되지 않는 *lysA*와 *cysC*에 비해 더 가까이 위치한다.

라서 같은 파아지에 들어갈 수 있다. 하나의 파아지 입자에 담길 수 있는 DNA 조각의 길이보다 더 멀리 떨어진 두 유전자는 절대로 함께 형질도입될 수가 없다. *E. coli*의 일반형질도입 실험에 흔히 사용되는 박테리오파아지 P1의 경우에는 공동형질도입이 가능한 최대의 거리는 약 90 kb로 세균 염색체의 2% 길이에 해당한다.

예를 들어, 대장균의 염색체에서 교배 방해 실험을 통해 비슷한 지역에 위치하는 것으로 확인된 *thyA*, *lysA*, *cysC*의 세 유전자에 대해 살펴보자. 이들은 서로에 대해 어떤 관계에 있을까? 이것은 야생형 균주에서 얻은 P1 일반형질도입 용해물을 이용하여 $thyA^-$, $lysA^-$, $cysC^-$ 균주를 감염시킨 후 Thy^+ 또는 Lys^+ 표현형을 나타내는 형질도입체를 검색함으로써 확인할 수 있다. 복제평판을 만든 후 각각의 선택된 형질도입체를 다른 두 가지 대립유전자 형질에 대해 조사한다. **그림 16.22a**의 표현형 자료에 나타난 것과 같이 *thyA*와 *lysA*는 서로 가까이 위치하지만 *cysC*는 떨어져 있으며, *lysA*와 *cysC*는 너무 멀리 떨어져 있어 함께 형질도입되는 결과는 나타나지 않았다. *thyA*와 *cysC*는 공동형질도입되는 빈도가 아주 낮았다. 따라서 이 세 유전자의 순서는 *lysA*, *thyA*, *cysC*이다(**그림 16.22b**).

잠재성 파아지

이제까지 살펴본 박테리오파아지는 모두 독성(virulent)이 있는 것이다. 이들은 숙주에 감염되면 항상 용균회로로 들어가 빠르게 증식하고 세포를 죽인다. 다른 종류의 박테리오파아지로 **잠재성**(temperate)인 것이 있다. 이들도 용균회로로 들어갈 수 있지만 그 대신에 **용원회로**(lysogenic cycle)로 들어갈 수 있으며, 이 경우에는 파아지 DNA가 숙주의 유전체에 끼어들어가 숙주 유전체와 함께 증식하여 숙주에 해가 없다(**그림 16.23**). 삽입된 잠재성 박테리오파아지 DNA를 **프로파아지**(prophage)라고 하며, 프로파아지를 가지는 세균을

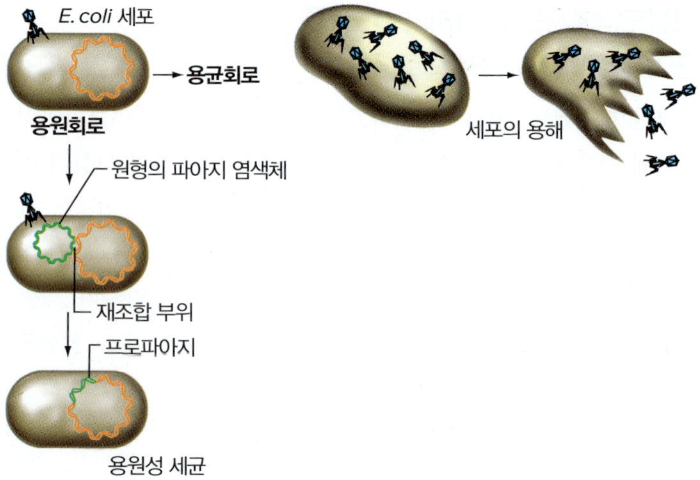

그림 16.23 용균성 번식과 용원성 번식. 잠재성 박테리오파아지에 감염된 세포는 용균회로로 들어가거나 용원회로로 들어가게 된다. 용균회로에서 파아지는 숙주세포를 용해해서 새로운 숙주에 감염될 수 있는 새로운 박테리오파아지 입자를 만들어 번식한다. 용원회로에서는 파아지 염색체(초록색)가 숙주 염색체(주황색)에 통합되어 프로파아지가 된다.

용원(lysogen)이라고 한다. 염색체에 끼어 들어가면 파아지 유전체는 염색체 DNA를 따라다니는 수동적인 파트너이다. 통합된 프로파아지는 염색체와 함께 복제되지만 바이러스 입자를 만드는 데 필요한 단백질은 만들지 않는다.

용해회로와 용원회로의 생활사가 결정되는 것은 환경조건을 포함한 다양한 조건에 의존한다. 일반적으로 약독성 파아지가 숙주세포에 감염될 때 숙주 중 일부 세포는 용회회로로 들어가는 반면에 나머지는 용원회로로 들어간다. 연구목적으로 자주 사용되는 잠재성 파아지로는 박테리오파아지 람다(λ)가 있다(**그림 16.24**).

특정한 조건에서는 통합되어 있던 바이러스 유전체가 염색체에서 잘려져 나와 복제되어 새로운 바이러스를 형성할수 있다(**그림 16.25a**). 흔치는 않지만 잘려져 나갈 때 박테리오파아지가 삽입된 부위 옆에 있던 세균의 유전자 일부가 바이러스 유전체와 함께 잘려 나와 포장될 수 있다. 이렇게 세균 유전체에서 용원성 바이러스가 잘

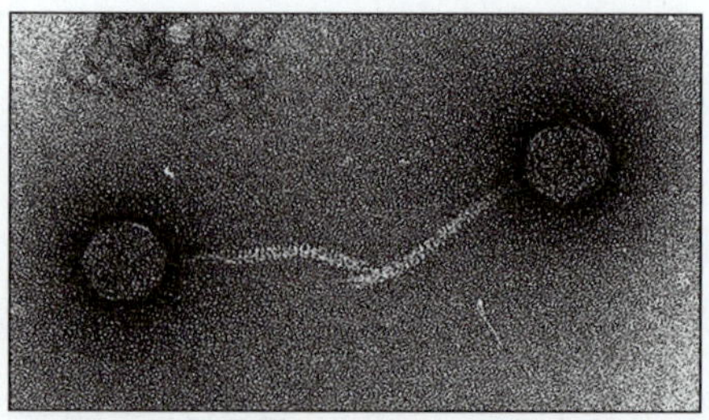

그림 16.24 박테리오파아지 람다. 잠재성 파아지인 박테리오파아지 람다(λ) 두 입자의 전자현미경 사진. *Source: Jack D. Griffith/University of North Carolina Lineberger Comprehensive Cancer Center*

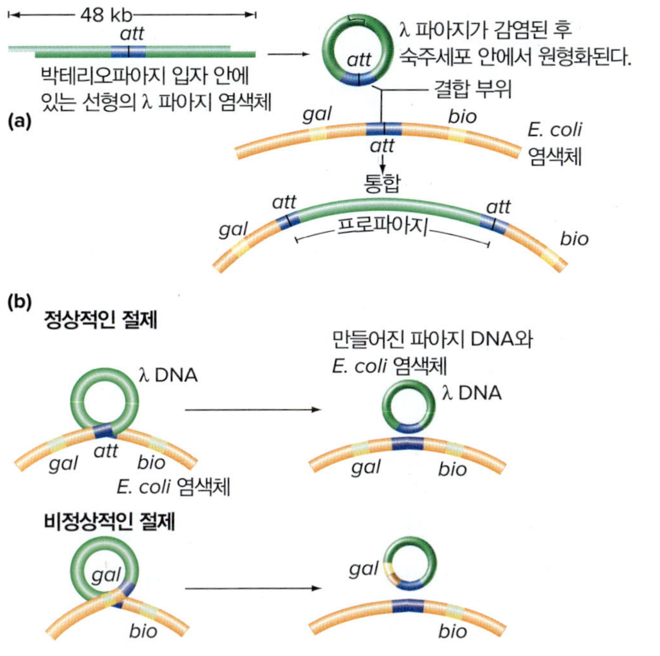

그림 16.25 용원성과 절제. **(a)** λ 파아지 DNA가 통합되어 용원회로가 시작된다. 파아지의 *att* 부위와 세균 염색체 사이의 재조합에 의해 프로파아지의 통합이 허용된다. **(b)** 프로파아지의 절제 오류가 특수형질도입 파아지를 만든다. 프로파아지와 세균 염색체 사이의 비정상적인 재조합에 의해 일부의 파아지 유전자가 결실되고 이웃한 *gal* 유전자를 가지는 원형 DNA가 만들어진다.

못 잘려져 나와 만들어진 바이러스를 **특수형질도입 파아지**(specialized transducing phage)라고 한다(**그림 16.25b**). 이러한 파아지가 만들어지는 동안에 세균의 유전자는 바이러스 DNA를 따라가는 탑승객이 된다. 특수형질도입 파아지가 다른 세포에 감염되면 감염된 세포로 이 세균 유전자가 전달된다. 이렇게 파아지에 의해 몇 개의 세균 유전자가 전달되는 것을 **특수형질도입**(specialized transduction)이라고 한다. 잠재성 파아지는 하나의 세균 균주에서 다른 균주로 또는 한 종에서 다른 종으로 유전자의 수평 전달을 일으키는 매우 중요한 운반체로 여겨진다.

유전자 수평 전달은 진화에 중요한 역할을 한다

앞서 살펴본 유전자 전달 기작(형질전환, 접합, 형질도입)은 여러 세균에서 사용된다. 수평 유전자 전달에 관한 광범위한 증거들은 이러한 기작이 세균을 변화하는 환경에 빨리 적응하게 하는 데 매우 중요하다는 것을 나타내 준다.

이종 간의 수평 유전자 전달은 여러 세균 유전체에서 **유전체 섬**(genomic island)이라고 하는 커다란 DNA 절편 부위(10~200 kb)가 발견되는 원인으로 생각되는데, 이들의 성질로 볼 때 이들은 모두 외부의 DNA가 세균 세포로 전달되어 생겨난 것으로 여겨진다. *E. coli* K12에 있는 이러한 유전체 섬은 **이질균**(Shigella)의 유전체에서 온 것이 확실하다. 이 수평적 유전자 이동은 이 유전체 섬이 대부분의 다른 *E. coli*의 다른 균주에서는 발견되지 않기 때문에, 최근에 일어났음이 틀림없다.

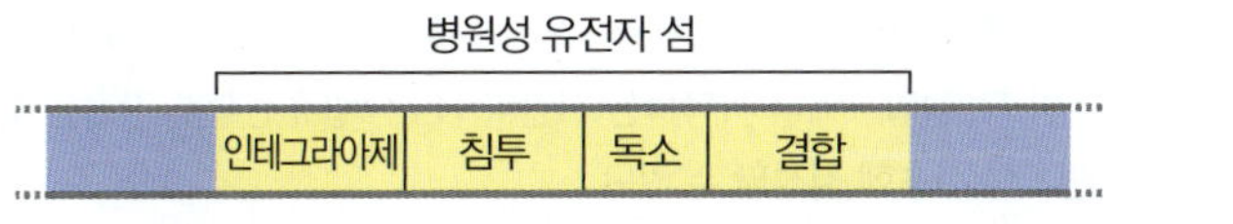

그림 16.26 병원성 유전자군. 세균 유전체 안의 병원성 유전자군은 질병을 유발하는 여러 유전자를 가질 수 있다.

유전체 섬이 수용세포의 염색체에 통합되는 기작이 λ 같은 잠재성 박테리오파아지가 프로파아지를 형성하는 기작과 연관되어 있다. 예를 들면, 여러 유전체 섬은 박테리오파아지의 통합효소와 연관성이 있는 효소 유전자를 가지고 있다. 유전체 섬은 새로운 물질대사 효소나 항생제 저항성을 나타내는 단백질 등의 유전자를 가지고 있어서 수용 세균이 새로운 환경에 적응하는 데 도움을 줄 수 있다.

병원성 세균에서 병원성을 결정하는 여러 인자들이 **병원성 유전자군**(pathogenicity island)이라고 하는 특정한 유전체 섬에 모여 있는 경우가 흔히 있다. 이렇게 모여 있기 때문에 한 종에서 다른 종으로 한 묶음의 유전자들이 수평으로 이동하여 비병원성 세균을 병원성으로 바꾸어 줄 수 있다. 주요 예의 하나가 콜레라를 일으키는 콜레라균(*Vibrio cholerae*)에서 발견된다. 이 균주의 병원성 유전체 섬에는 숙주세포의 기능을 방해하는 장내 독소, 장관의 점막층을 통과할 수 있게 해 주는 침투단백질, 세균을 숙주세포에 결합시키는 단백질, 파아지에서와 유사한 인테그라아제 등 여러 유전자가 포함되어 있다(**그림 16.26**). 콜레라의 유행은 *V. cholerae*라는 특정한 콜레라 균주에 의해 나타나는데, 이러한 질병 유발 균주의 유전체 분석 결과 병원성 유전체 섬 안에 들어 있는 유전자에 변이가 있다는 사실이 발견되었다. 유행병의 심각성은 그 균주 안에 존재하는 유전자에 따라 달라진다.

핵심 개념 16.4

- 세균 사이의 수평 유전자 전달은 형질전환, 접합, 형질도입의 세 가지 기작으로 일어난다.
- 형질전환에서는 배지에 있는 공여 DNA가 수용세포로 들어간다.
- 접합은 접합성 플라스미드(예, F^+ 계통의 *F* 플라스미드)를 가지거나 통합된 접합효소가 있는(Hfr 균주와 같은) 공여자와 그러한 요소를 가지지 않은 수용자(F^-) 사이의 직접적인 세포-세포 접촉을 필요로 한다.
- 형질도입에서, 파아지의 단백질로 둘러싸인 박테리아 DNA는 유전자 전달을 위한 전달자다.
- 가까이에 위치한 유전자들은 공동형질전환 또는 공동형질도입되는 빈도가 유전자 사이의 거리에 반비례한다.

- Hfr × F^- 접합에서 유전자의 대략적인 위치는 Hfr 공여자의 서로 다른 대립유전자들이 F^- 접합자에서 나타나는 시간과 Hfr 대립유전자를 가지는 접합자의 최종 빈도를 사용해 결정할 수 있다.
- 세균은 병원성 유전자군에 있는 한 묶음 유전자들의 수평 유전자 전달에 의해 빠르게 진화하였다.

16.5 세균의 유전적 분석

학습 목표

1. 재조합 플라스미드를 형질전환함으로써, 돌연변이 유전자를 어떻게 찾아낼 수 있는지 설명한다.
2. 세균에서 트랜스포존을 돌연변이원으로 사용할 수 있을지 논의한다.
3. 유전자 표적화로 특정한 *E. coli* 유전자의 특정한 돌연변이를 어떻게 만들 수 있는지 논의한다.

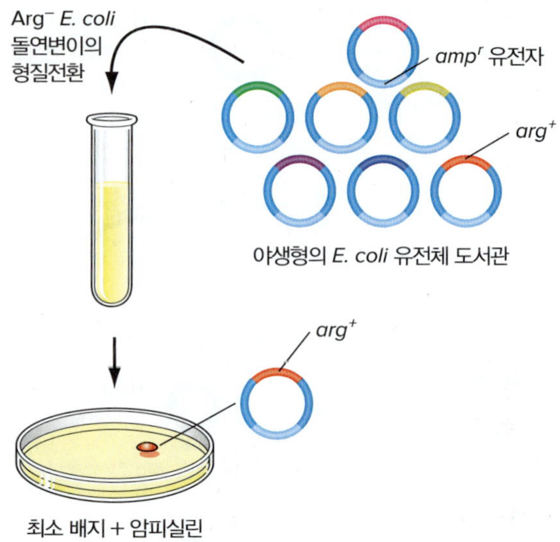

그림 16.27 플라스미드 도서관의 형질전환에 의한 돌연변이 유전자의 확인. 이 예에서는 돌연변이 영양요구성 세균세포(Arg^-)를 야생형 *E. coli*의 유전체 DNA로 만든 재조합 도서관으로 형질전환시킨다. 아르기닌이 없는 최소 배지에서 자라난 군락은 돌연변이였던 유전자의 *arg*$^+$ 대립유전자형을 가지고 있다.

세균 유전학의 주요 목표 중 하나는 아미노산이나 뉴클레오타이드의 생합성, 항생제나 박테리오파아지에 대한 내성이나 민감성, 특정 세균에 의한 병원성, 세균의 행동 등과 같은 세균의 생활에 필요한 다양한 유전자 산물을 만들어내는 유전자를 분자 수준에서 확인하는 것이다. 과학자들은 두 가지 방법으로 유전자형과 표현형을 연결할 수 있다. 관심 있는 특징에 영향을 미치는 돌연변이를 찾아내서 돌연변이가 일어난 유전자를 확인하거나, 다른 방법으로 그 과정에 관여할 것으로 의심되는 알려진 유전자를 대상으로 하여, 그 유전자에 돌연변이를 일으키고, 돌연변이에 의해 연구하고자 하는 과정에 관련된 형질이 어떻게 변했는지를 조사할 수 있다. 이 장에서는 유전학자들이 주요 세균 유전자들을 찾아낼 때 사용한 여러가지 효율적인 방법들을 살펴볼 것이다.

재조합 플라스미드 도서관으로 인해 유전자 동정이 간단해졌다

세균 유전체 DNA 도서관은 일반적으로 유전자를 동정하는 유용한 자원이다. 예를 들면, 어떤 과학자가 돌연변이원을 처리하여 아르기닌 요구주를 찾아내고, 그 돌연변이 유전자를 동정한다고 생각해 보자. 야생형 *E. coli* 균주의 유전체 조각이 암피실린 저항성을 가지는 플라스미드 벡터에 클로닝되어 있는 유전체 DNA 도서관을 Arg^- 세균에 형질전환한 다음, 암피실린 저항성과 아르기닌 없이도 자랄 수 있는 형질전환체 군락을 찾아낼 수 있다(**그림 16.27**). 이러한 군락은 Arg^- 돌연변이 표현형을 보상하는 도서관의 플라스미드를 가지고 있으며, 따라서 돌연변이 유전자에 해당하는 야생형 유전자 사본을 가지고 있을 것이다. 해당하는 서열이 아르기닌 요구성을 회복시키는 모든 클론에서 발견될 것이므로, 이런 방법으로 관심 있는 유전자를 빠르게 동정해낼 수 있다.

동정한 유전자가 맞는 것인지 확인하기 위해서는 Arg^- *E. coli* 염색체의 해당 유전자를 PCR로 증폭하여 염기서열을 분석할 수 있다. 정확한 유전자가 찾아진 것이라면 Arg^- 유전체에는 돌연변이가 있어야만 한다.

트랜스포존은 유전자 표지 돌연변이원으로 사용될 수 있다

14장에서 보았듯이 전이인자는 유전자에서 이동하고 삽입될 때 돌연변이를 일으킬 수 있다. 다른 돌연변이원에 비해 트랜스포존의 장점은 이들이 돌연변이가 일어난 유전자를 빠르게 찾을 수 있도록 도와주는 분자적 표지 역할을 한다는 것이다.

유전학자들은 *Mariner*라고 하는 초파리의 DNA 트랜스포존을 조작해서 *E. coli*와 같은 세균의 유전자 표지 돌연변이원으로 사용하였다(**그림 16.28**). *Mariner*의 역반복서열요소 사이에 카나마이신 저항성 유전자(*kan*^{r})와 역반복서열을 인식하여 조작된 *kan*^{r} 트랜스포존의 이동을 촉진하는 *Mariner*의 전이효소(transposase) 유전자를 가지는 플라스미드를 제조하여 세균에 형질전환한다. 이 플라스미드는 복제원점이 없으며, 따라서 세포분열 동안에 *kan*^{r} 유전자가 계속

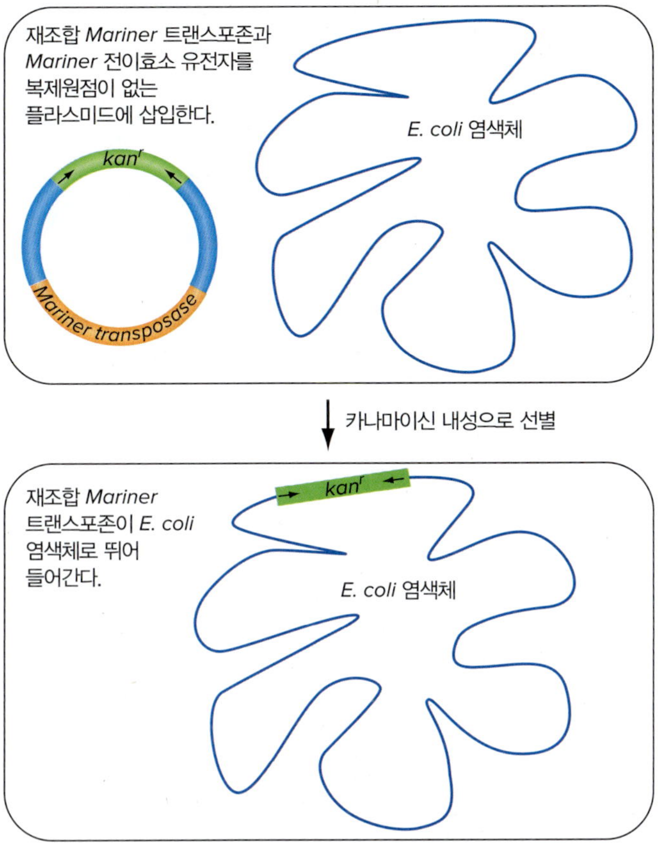

그림 16.28 돌연변이원으로서의 트랜스포존. 유전적으로 조작된 초파리의 *Mariner* 트랜스포존은 카나마이신에 대해 내성을 나타내는 유전자(녹색)를 가지고 있으며, 전이효소를 가지고 있는 플라스미드에서 *E.coli* 염색체로 뛰어 들어갈 수 있다. 재조합 *Mariner* 요소를 가지는 세균세포는 카나마이신이 들어 있는 배양액에서 키워 선별해 낼 수 있다. 검은색 화살표는 *Mariner* 전이효소에 의해 인식되는 역반복서열이다.

유지되기 위해서는 플라스미드에서 *E. coli* 염색체로 자리이동이 일어나야만 한다. 자리이동이 일어난 세포는 형질전환된 세균을 카나마이신이 들어 있는 고체배지에 도말하여 선별해낼 수 있다. 카나마이신 내성(Kan^r) 군락 각각은 *E. coli* 염색체상의 서로 다른 위치에 트랜스포존을 가지고 있으며, 이들을 대상으로 관심 있는 돌연변이 형질을 나타내는 군락을 탐색할 수 있다.

진핵세포 *Mariner* 트랜스포존을 이용하면 세균의 트랜스포존을 이용하는 것에 비해 두 가지 장점이 있다. 첫째는 플라스미드가 복제되지 않으므로 *Mariner*의 전이효소가 만들어지지 않아서, 트랜스포존은 더 이상 이동할 수 없으며, 그 결과 돌연변이는 안정하게 유지된다. 둘째는 각각의 선별된 Kan^r 세균 군락은 이동한 하나의 트랜스포존만을 가지게 될 것이고, *E. coli* 유전체에는 *Mariner*와 유사한 서열이 없으므로, 트랜스포존에 의해 망가진 유전자를 찾기가 쉽다. **그림 16.29**에 트랜스포존이 삽입된 부위의 염기서열을 쉽게 확인할 수 있는 **역PCR**(inverse PCR)이라고 하는 방법이 소개되어 있다.

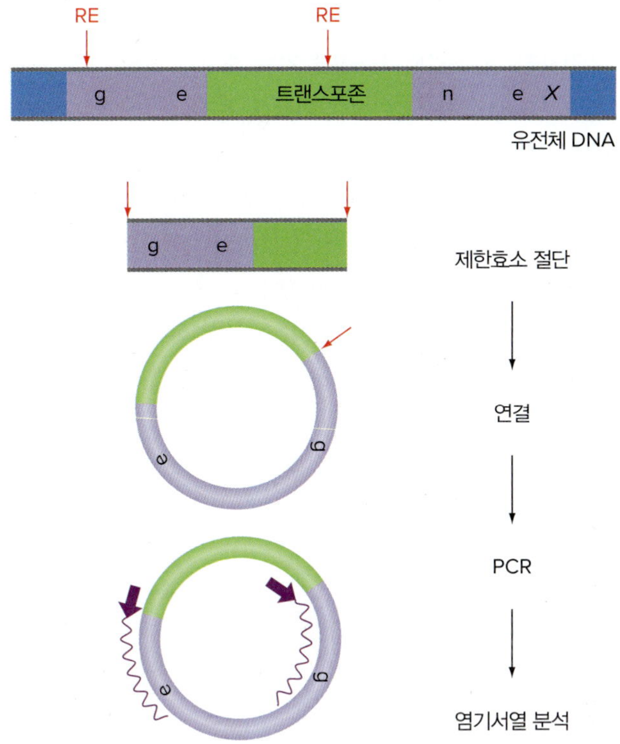

그림 16.29 역PCR로 트랜스포존이 삽입된 유전자를 확인한다. 트랜스포존(초록색)이 특정 유전자 X (보라색)에 삽입된 세균 유전체 DNA를 트랜스포존 내의 한 부위를 인식하는 제한효소(RE)로 자른다. 잘린 조각을 DNA 연결효소로 원형화하여 트랜스포존 DNA와 RE 부위옆의 이웃한 유전체 DNA를 가지는 원형 DNA를 얻는다. 트랜스포존(보라색 화살표) 안의 한 쌍의 PCR 프라이머로 유전자 X를 포함하는 원형 DNA의 유전자 부위(구불구불한 선)를 증폭한다. 이 PCR 산물의 염기서열을 분석하면 트랜스포존이 들어가 있는 유전자를 확인할 수 있다.

유전자 표적화는 특정한 유전자의 돌연변이 제조를 가능하게 해 준다

세균 유전체의 분석을 통해 기능이 밝혀지지 않은 많은 유전자들이 확인되었다. 이러한 유전자의 기능을 조사하는 한 가지 방법은 재조합 DNA 기술과 상동재조합을 이용하여 영 돌연변이(null mutation)를 만드는 것이다. **그림 16.30**과 같은 방법을 **유전자 표적화**(gene

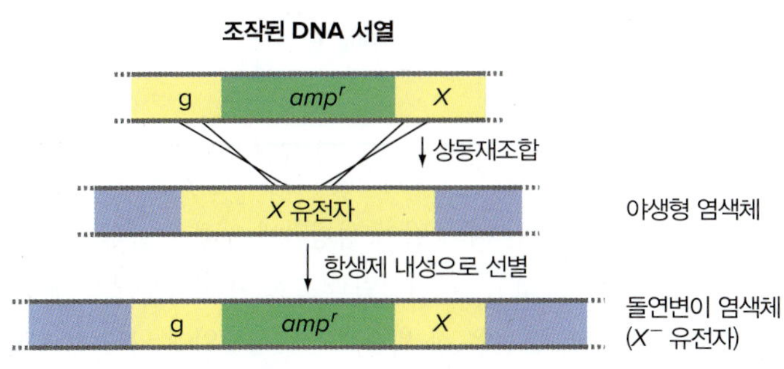

그림 16.30 유전자 표적화. PCR로 만든 선형의 DNA 조각을 *E.coli* 내에 도입하여 이 조각의 말단과 세균 염색체의 상동 서열 사이에 재조합을 유도한다. DNA 조각의 삽입에 의해서 대부분의 *X* 유전자 부분이 암피실린 내성 유전자로 교체되어 *X* 유전자 영 돌연변이가 만들어진다.

targeting)라고 한다.

X 유전자의 영 돌연변이를 만들기 위해서는 항생제 내성 유전자의 양 끝에 50 bp 또는 그 이상 길이의 X 유전자의 5′과 3′ 말단 부위를 가지는 선형의 DNA 조각을 세균세포로 도입한다(그림 16.29). 항생제 내성 유전자는 이 DNA 조각 양끝 부위에서의 상동재조합에 의해 세균 염색체로 통합되어야만 유지될 수 있다. 이러한 상동재조합은 야생형의 X 유전자를 항생제 내성 유전자로 바꾸어주며, 따라서 영돌연변이가 만들어진다(그림 16.30). 배양액에 항생제를 첨가하여 통합이 일어난 군락을 선별한 후, 이들 세포를 분석하여 돌연변이 표현형을 찾아낸다.

핵심 개념 16.5

- 플라스미드에 제조된 야생형 세균 유전체 도서관을 돌연변이 세균 균주에 형질전환하여 돌연변이 유전자를 확인할 수 있다. 형질전환된 세균에서 돌연변이 표현형이 야생형으로 회복된다면 이 세균은 돌연변이 유전자의 야생형 사본이 담긴 플라스미드를 가지고 있을 것이다.
- 트랜스포존은 역PCR 방법으로 유전체 DNA 서열을 쉽게 확인할 수 있는 분자적 표지로 사용될 수 있기 때문에 유용한 돌연변이원이다.
- 유전자 표적화에서는 세균 염색체와 시험관에서 조작된 선형의 DNA 조각 사이의 상동재조합에 의해 어떤 유전자의 영 돌연변이라도 만들 수 있다.

16.6 심화학습: 어떻게 임질균이 페니실린에 내성을 가지게 되었을까

학습 목표

1. 페니실린이 어떻게 세균을 죽이는지 설명한다.
2. 페니실린 내성 기작과 어떻게 임질균이 내성을 가지게 되었는지 설명한다.
3. 전 세계적인 항생제 내성 병원균 문제를 풀 수 있는 가능한 방법에 대해 논의한다.

이 장의 서두에서 논의한 바와 같이 성행위에 의해 전염되는 임질균(*Neisseria gonorrhoeae*)은 페니실린과 같은 여러 항생제에 대해 내성을 가지게 되었다. 임질은 전 세계적으로 성행위에 의해 전염되는 세균 감염의 가장 흔한 예 중 하나이며, 현재 사용 가능한 항생제로 치료하지 못하게 될 수 있는 위기에 처해 있다. 여기에서는 항생제가 어떻게 세균을 죽이는지를 임질균에 대한 페니실린의 작용을 중심으로 살펴볼 것이다. 그 다음 세균이 어떻게 항생제 내성을 가지게 되는지를 임질균의 페니실린 내성을 예로 들어 설명할 것이다. 항생제 내성의 기작을 이해하는 것은 다제내성 세균(multidrug-resistant bacteria)에 의한 위기를 벗어나는 데 도움이 될 것이다.

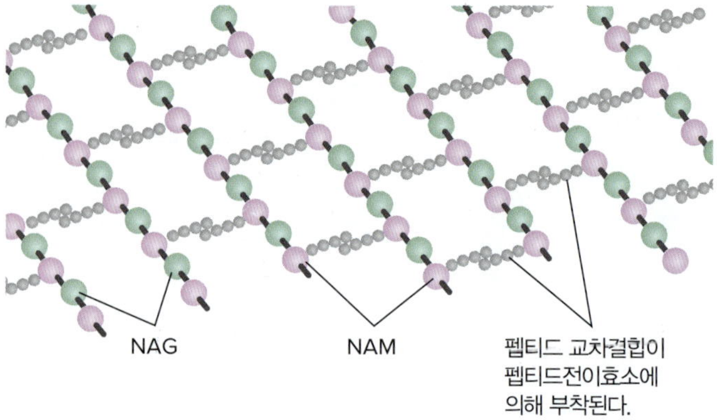

그림 16.31 펩티도글리칸. 세균 세포벽의 주요 성분은 당 사슬이 펩타이드에 교차결합되어 있는 팹티도글리칸이다. NAG(초록색)는 N-아세틸글루코사민이고, NAM(보라색)은 N-아세틸뮤라민산이다.

페니실린은 세균의 세포벽 합성을 저해한다

세균은 투과성을 가진 세포막 바깥에 세포벽을 가진다(그림 16.3 참조). 세균의 세포질은 다양한 용질을 가지고 있으므로 세포벽이 없다면 삼투에 의해 물이 들어와 터지게 될 것이다. 세포벽의 주성분은 N-아세틸글루코사민(N-acetylglucosamine; NAG)과 N-아세틸뮤라민산(N-acetylmuramic acid; NAM)의 두 가지 당 분자로 구성된 **펩티도글리칸**(peptidoglycan)이다. 세균은 NAG와 NAM이 교대로 배열된 긴 사슬을 합성하고 이들이 **펩타이드전이효소**(transpeptidase)에 의해 NAM에 결합된 짧은 펩타이드로 교차 결합된다(**그림 16.31**). 페니실린은 펩타이드전이효소에 결합하여 이들의 활성을 저해함으로써 교차결합 형성을 억제한다. 이런 이유로 펩타이드전이효소는 **페니실린 결합 단백질**(penicillin-binding protein; PBP)로도 알려져 있다.

세균이 성장하고 분열함에 따라 세포벽은 끊임없이 재구성되어야 한다. 페니실린이 있는 경우에는 세균이 세포분열 후에 세포벽을 형성하지 못하므로 세포가 죽게 된다. 사람의 세포는 펩티도글리칸이 없으므로 페니실린의 치명적인 효과는 세균에만 특이적인 것이다.

임질균은 여러 기작을 통해 페니실린에 내성을 가지게 된다

세균은 항생제 분자를 직접적으로 불활성화하는 능력을 가지고 있어 항생제에 내성을 가지기도 한다. 또는 세균의 생리작용이 변화하여

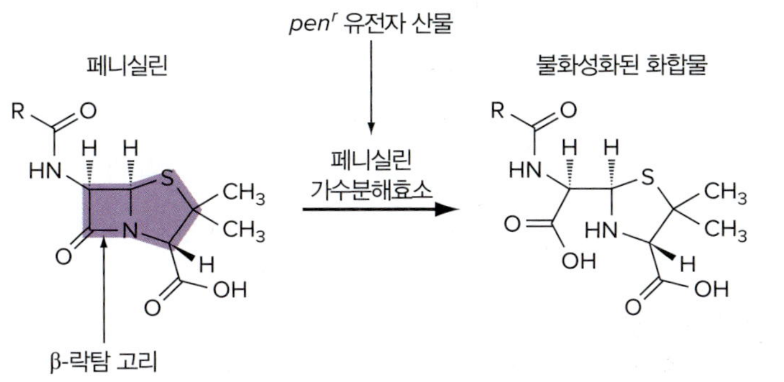

그림 16.32 페니실린가수분해효소의 작용. pen^r은 페니실린가수분해효소의 유전자인데, 이 효소는 페니실린의 β-락탐 고리를 잘라 페니실린을 불활성화한다.

약물이 세포 내 표적에 접근하지 못하게 막기도 한다. 세균은 이런 내성을 염색체 유전자의 자연적인 돌연변이에 의해 또는 형질전환, 접합, 형질도입 등에 의해 다른 세균으로부터 유전자를 도입하여 얻게 된다.

이 장의 서두에서 임질균이 페니실린 내성 유전자를 가지는 인플루엔자로부터 플라스미드를 얻어 내성을 가지게 되는 한 가지 방법을 이미 살펴보았다. 페니실린 내성 유전자(pen^r)는 페니실린 분자의 β-락탐(β-lactam) 고리를 잘라내어 페니실린을 불활성화하는 **페니실린가수분해효소**(penicillinase)라는 효소의 유전자이다(**그림 16.32**).

임질균이 페니실린 내성을 가지게 되는 다른 방법은 염색체에 있는 *penA*, *penB*, *mtr* 등과 같은 여러 다른 유전자의 돌연변이에 의한 것이다. 여러 유전자에 돌연변이가 생길수록 그 균주는 페니실린에 대한 내성이 증가하게 된다.

- 페니실린의 주요 표적인 PBP(펩타이드전이효소)는 (**그림 16.33a**) *penA* 유전자에서 만들어지는데, *penA*의 과오 돌연변이는 페니실린에 대한 PBP의 결합능력을 감소시킨다(**그림 16.33b**).
- *penB* 유전자는 세포벽의 외막에 있는 **포린**(porin) 단백질 유전자인데, 포린은 펩티도글리칸(그림 16.33a)을 포함하는 세포벽의 일부분인 **주변세포질**(periplasm)로 물질의 유입을 조절하는 단백질이다(그림 16.33b).
- *mtr* 유전자 산물은 MtrR이라고 하는 단백질인데, 주변세포질로부터 페니실린과 같은 물질을 퍼내는 유출펌프를 구성하는 폴리펩타이드 유전자의 전사를 억제하는 역할을 한다(그림 16.33a). *mtr* 활성이 감소되는 돌연변이는 유출펌프의 수를 증가시켜 세균세포 내에 페니실린이 줄어들게 만든다(그림 16.33b).

항생제 내성 문제에 대해서 무엇을 해야 할까?

항생제를 사용하면 항생제 내성 병원성 균주가 선별되므로, 결과적으로는 수많은 생명을 구할 수 있는 항생제의 효능이 줄어들거나 심

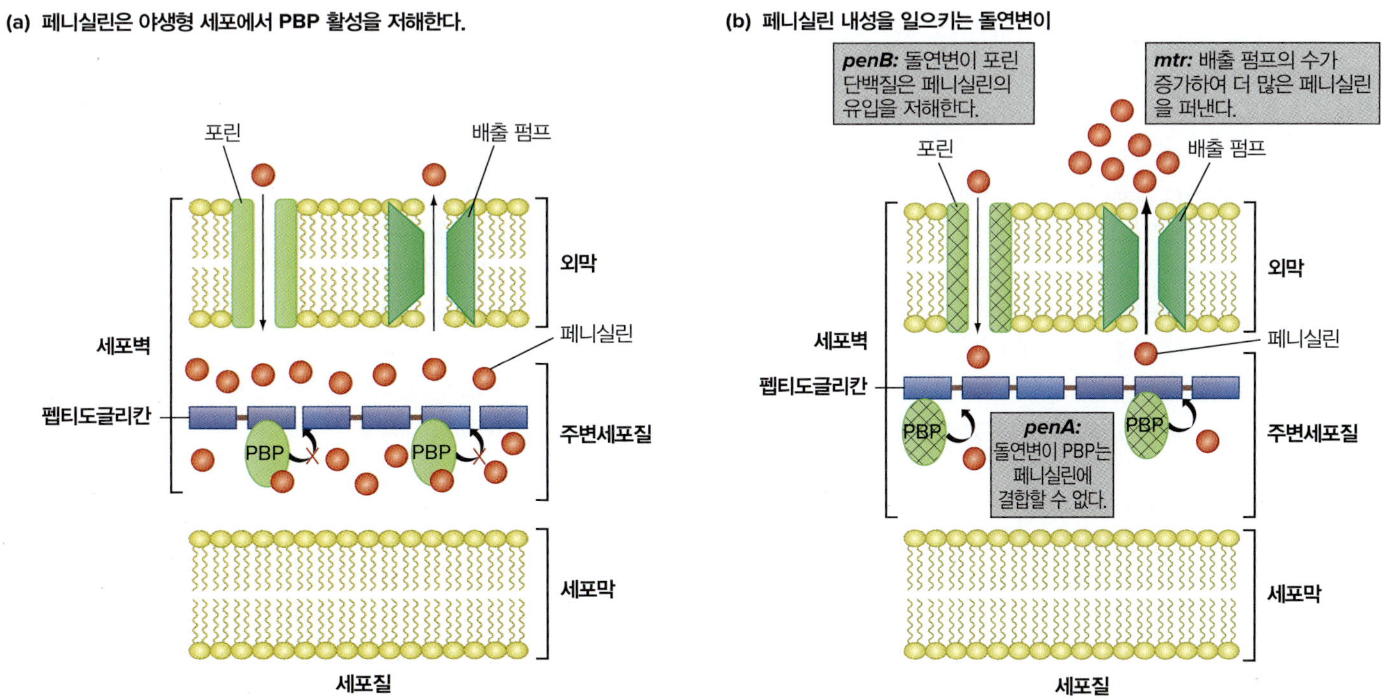

그림 16.33 페니실린 내성을 일으키는 임질균의 유전자 돌연변이. **(a)** *N. gonorrhoeae*와 같은 그람음성균에서 세포벽은 외막과 펩티도글리칸을 포함하고 있는 주변세포질 공간으로 구성되어 있다. 포린 단백질은 페니실린(빨간색 원)이 주변세포질로 들어오게 하며, 배출 펌프 단백질은 페니실린을 퍼낸다. 페니실린 결합 단백질(PBP)은 펩티도글리칸 사이의 교차결합 형성을 촉진한다. 페니실린은 PBP의 효소 활성을 저해한다. **(b)** 세 가지 유전자 돌연변이가 페니실린에 대한 내성을 일으킨다.

지어는 없어지게 된다. 이러한 과정을 늦추는 중요한 방법은 항생제의 사용을 줄임으로써 병원균에 대한 선택압력(selection pressure)을 줄이는 것이다. 그러나 이런 방법은 지속적인 해결책이 될 수는 없는데, 그 이유는 감염에 대해서 항생제를 꼭 처리해야 하는 경우가 많기 때문이다.

말할 필요도 없이 새로운 항생제와 기존 약의 효능을 증가시키는 방법을 개발하는 것이 필요하다. 세균세포의 여러 다른 표적에 대한 새로운 항생제를 발견해야만 한다. 여러 다양한 환경에서 분리된 미생물 군집에 대한 메타유전체학 분석은 새로운 종류의 유용한 항생제를 개발하는 새롭고 흥미로운 방법을 제시해 주고 있다.

항생제 내성에 대한 상상력이 풍부한 접근법이 최근 개발되고 있다. 한 가지 흥미로운 아이디어는 시간이 지나면 스스로 파괴되는 약물을 개발해서 항생제가 환경에 축적되지 않게 하는 것이다. 또 다른 연구방향으로는 세균의 저항성 기작을 막거나 저해하는 화합물을 탐색하는 것이다. 예를 들면 유출펌프의 활성 저해제를 찾아서 다양한 항생제에 대한 민감성을 증가시키고자 하는 것이다. 18장에서는 **정족수 감지**(quorum sensing)라는 현상에 대한 연구 결과를 보게 될 것인데, 이것은 세균들이 서로 신호를 교환하는 기작의 하나로, 이를 항생제 개발에 이용하려는 새로운 아이디어가 제안되고 있다.

핵심 개념 16.6

- 임질균 중 일부는 페니실린을 분해하는 페니실린분해효소의 유전자를 가지는 플라스미드를 얻어 내성을 가지게 된다. 다른 종류의 내성 균주는 세포 내에 페니실린의 축적을 억제하는 돌연변이들을 가지고 있다.
- 항생제 사용을 줄이는 것이 항생제 내성균의 증가를 늦출 수 있다. 또한 병원체 내의 다른 표적 분자를 대상으로 하거나 새로운 화학구조를 가지는 새로운 항생제 개발이 필요하다.

풀이 문제

풀이 문제 I

P22 박테리오파아지를 이용해서 살모넬라균(*Salmonella typhimurium*)의 3점 교배를 실시하였다. Arg^- Leu^- His^- 수용세균과 Arg^+ Leu^+ His^+ 균주에서 배양한 P22 파아지를 교배하여, 1,000개의 Arg^+ 형질도입 세포를 선별하고, 복제평판에서 다른 영양요구성을 조사하였다. 그 결과는 다음과 같다.

Arg^+ Leu^- His^-	585
Arg^+ Leu^- His^+	300
Arg^+ Leu^+ His^+	114
Arg^+ Leu^+ His^-	1

a. *arg*과 *his* 또는 *leu*의 공동형질도입 빈도는 얼마인가?
b. *arg*이 *leu*보다 *his*에 더 가까운가 아니면 *his*보다 *leu*에 더 가까운가? 상대적인 지도 거리는 얼마인가?
c. 주어진 자료로부터 *his*와 *leu*의 정확한 공동형질도입 빈도를 얻을 수 없는 이유는 무엇인가?
d. 이 세 표식자의 순서는 무엇인가?
e. 단 하나의 형질도입체를 만들어내게 되는 교배를 그려보시오.
f. 이 세 유전자를 가지는 4.9 Mb의 살모넬라 유전체 비율을 예상해 보시오. P22 박테리오파아지가 *E. coli* 바이러스인 P1과 같은 크기의 DNA를 가질 수 있다고 가정하시오.

해답

a. 공동형질도입 빈도는 두 개의 표식자를 받은 세포의 비이다. *arg*와 *his*의 경우는 Arg^+ Leu^- His^+ (300)와 Arg^+ Leu^+ His^+ (114)를 모두 포함한다. 따라서 *arg*와 *his*의 공동형질도입 빈도는 414/1000 = 41.4%이다. *arg*와 *leu*의 공동형질도입 빈도는 (114 + 1) 또는 115/1000 = 11.5%이다.
b. *arg*와 *his*의 공동형질도입 빈도가 *arg*와 *leu*의 빈도보다 높기 때문에 *arg*은 *leu*보다는 *his*에 더 가깝다. *arg*과 *leu*의 지도거리는 약 41.4/11.5 = 3.6배 정도 *arg*와 *his*의 거리에 비해 길다.
c. 모든 형질도입체는 Arg^+를 선별하였다. 따라서 실험에서 생겨났을 Arg^- Leu^+ His^+ 형질도입체는 확인될 수 없다.
d와 e. 위에 있는 문제 (b)의 답은 두 가지 가능한 유전자순서인 *arg-his-leu* 또는 *his-arg-leu*와 맞는 것이다. 이 두 가지 가능성 중 맞는 것을 구분하기 위해서는 공여자로부터의 선형조각과 (박테리오파아지에 의해 수용자로 도입된) 각각의 안정한 형질도입체를 만들 수 있는 원형의 수용자 염색체 사이의 교차를 고려해야 한다. 한 번의 교차(또는 홀수 번의 교차)는 세균에서는 복제될 수 없는 긴 선형의 염색체를 만들게 되며, 따라서 살 수가 없다(군락이 형성되지 않음). 반면에 두 번의 교차나 짝수 번의 교차는 수용자 염색체의 일부를 공여 DNA로 성공적으로 교체할 수 있다.
위에서 가장 수가 적은 종류의 형질도입체는 Arg^+ Leu^+이며, 이것은 이런 종류의 회복에 두 번의 교차가 아니라 네 번의 교차가 필요하다는 것을 의미한다. 따라서 이들 유전자의 순서는 *arg-his-leu*이다. 다음 그림은 네 번의 교차가 일어나는 모습을 보여주고 있다. 여러분은 스스로 세 종류의 다른 형질도입체 모두 이 유전자 순서일 때 단 두 번의 교차에 의해서 만들어질 수 있으며, 왜 이들 종류가 더 많은지 보여 주는 그림을 만들어야 한다.

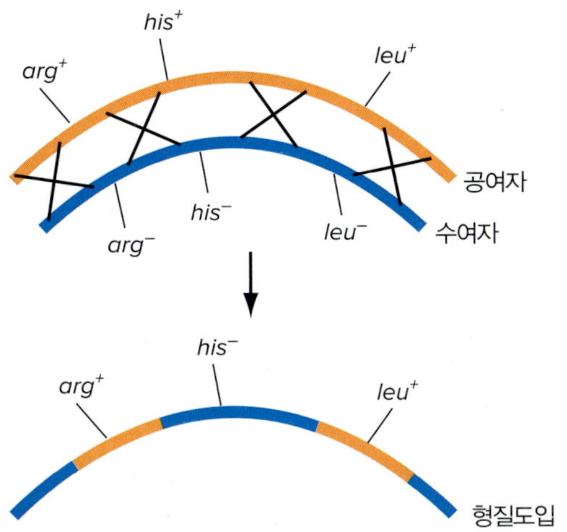

f. P22 박테리오파아지는 약 90 kb 길이의 유전체 DNA 조각을 담을 수 있다. *arg*, *his*, *leu* 유전자들은 공동형질도입될 수 있으며, 따라서 가장 바깥쪽 유전자(*arg*와 *leu*)들 사이의 거리는 90 kb보다 짧다. 이 길이는 살모넬라 유전체의 $90/4900 \times 100 = 1.8\%$ 보다 작으며, 따라서 이 유전자들은 유전체 지도에서 매우 가깝게 위치하는 것들이다.

풀이 문제 II

E. coli K12의 유전체 서열에서 기능을 모르는 유전자를 발견하였다. 이 유전자 단백질 산물의 아미노산 서열은 세포막을 가로질러 아미노산이나 당과 같은 영양물질(또는 페니실린과 같은 약물들)을 이동하게 해 주는 포린 단백질과 약간의 유사성을 나타냈다. 어떤 포린은 특이성이 없어서 어떤 용질도 크기만 적절하면 통과시킨다. 다른 포린들은 특이성이 있어 특정한 당만 통과시키는 것이 있다. 이 새로운 유전자가 환경에 존재하는 말토오스를 세균이 사용할 수 있게 해 주는 기능을 하는지를 조사하려 한다면 어떤 유전학 실험을 할 수 있는가? 여러분의 실험적 접근을 어렵게 만들 수 있는 경우를 작성하시오.

해답

유전자 표적화 방법으로 이 유전자의 영 돌연변이를 만들 수 있다(그림 16.30 참고). 재조합 DNA 기술을 이용하여 항생제 내성 유전자를 안쪽에 두고 한쪽 끝에는 관심 있는 유전자 5′ 말단의 서열을, 다른 쪽의 3′ 말단 서열을 가지는 DNA를 제조한다. 이 선형 DNA 조각을 야생형 *E.coli*에 도입한 후 항생제가 들어 있는 고체배지에서 키워 항생제 내성 유전자를 가지고 있는 군락을 선별한다. 자라는 군락은 이 유전자의 영 돌연변이로써, 상동재조합에 의해 대상 유전자 자리에 항생제 내성 유전자가 끼어들어가 이 유전자에 대해 영 돌연변이인 세균의 자손들이다.

유전자의 기능을 확인하기 위해서는 이들 군락의 표현형을 조사하기 위해 복제평판을 이용할 수 있다. 특히 이 유전자가 말토오스가 세포 안으로 들어갈 수 있게 해 주는 포린의 유전자라고 가정하면 야생형과는 달리 이 돌연변이 세포는 자라는 속도가 매우 느려서 당원으로 말토오스만 가지고 있는 배지에서는 아주 작거나 군락을 형성하지 못할 것이다. 이 돌연변이 세포는 세포에 에너지원으로 사용할 수 있는 다른 당이 들어 있는 배지에서는 정상적으로 군락을 형성할 것이다.

실험이 어려워질 수 있는 경우는 이 유전자가 특정 조건에서 세균의 생존이나 복제에 필수적일 경우가 있는데, 이 경우에는 영 돌연변이가 살 수 없기 때문에 항생제 내성 군락을 얻을 수 없다.

연습 문제

어휘

1. 왼쪽 용어를 가장 잘 설명한 문장을 오른쪽에서 찾아 연결하시오.

a. 형질전환	1. 생장을 위해서는 배지에 첨가물이 필요하다
b. 접합	2. 세균 유전체에서 돌연변이 유전자를 만드는 방법
c. 형질도입	3. 작은 원형의 DNA 분자로 염색체에 통합될 수 있다.
d. 용균회로	4. 하나의 세균 종에서 공유되는 핵심 유전자와 각 균주 특이적인 모든 유전자들 전체
e. 용원성	5. 물리적인 접촉을 필요로 하는 DNA의 전달
f. 에피좀	6. 파아지 DNA의 염색체로의 통합
g. 영양요구주	7. 파아지가 감염되어 세포를 용해시키고 새로운 파아지를 방출하는 것
h. 범유전체	8. 아무것도 붙어 있지 않은 DNA의 전달
i. 유전자 표적화	9. 바이러스 입자를 통한 세균 사이의 DNA 전달

16.2절

2. 현재는 *E. coli* K12 균주의 유전체(약 5 Mb) 서열이 모두 알려져 있어 클로닝된 DNA 조각의 염기서열을 일부만 분석해 비교해도 이 조각이 어디서 온 것인지 정확히 알 수 있다.
   a. 한 조각이 정확히 어디에서 온 것인지 알아내려면 몇개 뉴클레오타이드의 서열 정보가 필요한가?
   b. *E. coli* 세포에서 단백질을 정제한 경우, 이 단백질을 암호화하는 유전자를 확인하기 위해서 아미노산은 대략 몇 개의 서열이 필요한가?
   c. 하나의 다른 *E. coli* 균주 유전체 DNA에서 100 뉴클레오타이드의 염기서열을 조사하였으나, 이 서열은 *E. coli* K12 유전체의 서열과

는 일치하지 않았다. 이것이 어떻게 가능한가?

3. 세균의 유전체에서 발견되지 않는 진핵생물 유전체의 특징을 세 가지 이상 열거하시오.

4. 염의 농도가 높으면 일반적으로 단백질이 뭉치는 경향이 있다. 특정한 세균의 종들에서 발현되는 단백질들 중에서 높은 염 농도에서도 용균성을 유지하는 단백질을 확인할 수 있는 방법을 제안하시오.

5. 최근 진행된 메타게놈학 연구에서 뉴욕시의 전체 지하철 시스템 내의 표면에 존재하는 미생물을 분석했다. 연구원들은 지하철에서 수백 종의 세균을 발견했는데, 그들 대부분은 비병원성균이었다. 흥미롭게도, 지하철에서 발견된 모든 DNA의 거의 절반가량이 알려진 유기체와 일치하지 않았다.
   a. 과학자들은 지하철역마다 특징적인 마이크로바이옴을 가지고 있다는 것을 발견했다. 이 연구결과를 경찰들은 어떻게 활용할 수 있을까?
   b. 지하철에서 확인된 DNA의 대부분이 세균이었기 때문에, 연구원들은 알려진 유기체와 일치하지 않는 DNA 조각의 대부분이 세균일 거라고 추정한다. 여러분은 왜 그렇게 많은 세균종들이 우리에게 알려지지 않았다고 생각하나? 알려지지 않은 세균들의 어떤 특징들이 이 세균들을 연구하는 것을 방해할까?

16.3절

6. 액체배지에 배양한 2×10^8세포/ml 농도의 대장균을 연속적으로 그림과 같이 희석하고, 마지막 두 시험관의 세포희석액 0.1 ml을 완전 배지가 들어 있는 한천 배양접시에 뿌렸다. 각 배양접시에는 몇 개의 군락이 생겨날 것으로 예상하는가?

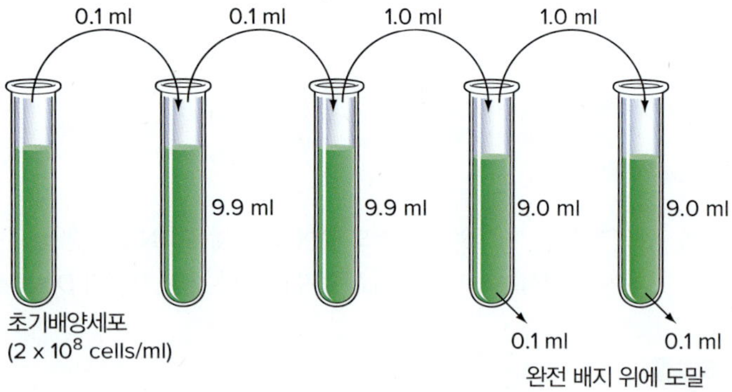

16.4절

7. 이 문제는 레더버그와 테이텀이 세균의 접합 현상을 처음 발견한 실험을 보여주는 그림 16.13에 관한 것이다.
   a. A 균주는 두 유전자에 돌연변이가 있는 반면에, B균주는 세 가지 돌연변이를 가지고 있다. 이 두 균주를 사용한 이유는 레더버그와 테이텀이 그들이 조사한 현상에 역 돌연변이가 관여하지 않는다는 것을 확실히 하고자 했기 때문이다. 한 유전자의 역돌연변이의 비율이 1천만 개당 하나($1/10^7$)라고 가정하고, 이들의 실험 계획의 바탕이 되는 논리를 설명하시오. 이들은 두 배양액을 섞은 후 발견되는 세포들이 실제로 역 돌연변이체가 아니라는 것을 어떻게 알 수 있는가?
   b. 그림 16.13의 실험에서는 어떤 균주가 공여자이고 어떤 것이 수용자인지는 알 수 없다. 실험을 수정하여 이를 확인할 수 있는 방법을 기술하시오.

8. *E. coli* 세포는 일반적으로 세포 하나당 하나의 F 플라스미드가 있다. 돌연변이에 의해 F 플라스미드의 사본 수가 세포당 3~4개로 늘어난 세포를 분리하였다고 하자. 사본수가 F 플라스미드상의 돌연변이에 의해 늘어났을 가능성과 염색체 유전자의 돌연변이에 의해 늘어났을 가능성을 어떻게 구분할 수 있는가?

9. 인플루엔자(*H. influenzae*)의 완전한 유전체 염기서열 분석은 1995년에 끝이 났다. 비병원성 인플루엔자 균주(*H.influenzae Rd*)의 DNA를 병원성 *b* 균주의 DNA와 비교한 결과 *purE*와 *pepN* 유전자 사이에 위치한 세균이 숙주에 부착하는 데 관여하는 fimbrial 유전자 무리의 8개 유전자가 비병원성 균주에서는 완전히 없다는 것이 밝혀졌다. 이러한 결실이 비병원성 균주나 병원성 균주에서 추출한 DNA를 이용한 *purE*와 *pepN*의 공동형질전환에 어떤 영향을 미칠까?

10. a. *E. coli* Hfr 균주(Pyr^+, Met^+, Xyl^+, Tyr^+, Arg^+, His^+, Mal^+, Str^s)로 교배 방해 실험을 수행하고자 한다. 이 교배의 짝으로는 어떤 세균 균주를 사용하는 것이 적절할지 기술하라.
    b. Hfr × F^- 교배에서 *pyrE* 유전자는 5분 안에 수용자로 들어가지만, 이 시간에 Met^+, Xyl^+, Tyr^+, Arg^+, His^+ 또는 Mal^+인 접합완료체는 생기지 않는다. 교배 후 30분에 Pyr^+ 접합완료체를 선별한 경우, Pyr^+세포 중 Met^+는 32%, Xyl^+는 94%, Tyr^+는 7%, Arg^+는 59%, His^+는 0%, Mal^+는 71% 였다. 유전자의 순서에 대해 어떤 결론을 내릴 수 있는가?

문제 11~14번은 수용세포 염색체상의 특정 유전자가 공여세포에서 도입된 유전자 사본으로 대체될 수 있는 재조합사건을 나타내는 모식도가 필요하다. 풀이 문제 I에서 보듯이 짝수 번의 교차만이 살아남을 수 있는 재조합 염색체를 만들어낼 수 있다. 유전자 지도 작성은 네 번의 교차에 의해 생겨나는 자손의 종류가 두 번의 교차에 의해 생겨나는 자손에 비해 빈도가 훨씬 적다는 것을 기억하면 간단하다.

11. 문제 10번에서 대부분의 Pyr^+ Arg^+ 접합완료체가 동시에 Xyl^+ Mal^+일 것으로 생각하는가? Pyr^+ Arg^+ Xyl^+ Mal^+인 군락을 만드는 데 필요한 재조합 사건과 Pyr^+ Arg^+ Xyl^- Mal^- 군락을 만드는 데 필요한 재조합 사건을 고려하여 답한 이유를 설명하시오.

12. 문제 10번에서와 같은 교배 방해 실험에서의 문제점 중 하나는 유전자가 가깝게 붙어 있는 경우에는 유전자의 순서가 애매하다는 것이다. 또 다른 단점으로는 이러한 실험이 정확한 지도 거리를 제공하지 못한

다는 것이다. 그 이유는 연구자는 최초로 수용자로 전달된 Hfr 표식자를 선별하지만, 뒤쪽의 Hfr 표식자를 가지는 F^- 접합완료체를 얻는 것은 복잡한 일로써, 세포로의 표식자 전달뿐만 아니라 전달된 표식자를 수용자 염색체로 전달하는 교차에도 의존하기 때문이다. 정확한 지도를 작성하기 위해서 세균 유전학자들은 Hfr × F^- 교배를 다른 방법으로 하기도 한다. 이것은 뒤쪽의 Hfr 표식자를 가지는 접합완료체를 먼저 선별하고, 그 다음에 앞쪽 표지자의 존재를 탐색하는 것이다. 이 방법에서는 모든 표식자들이 F^- 세포로 들어가기 때문에 유전자들 간의 상대적 거리는 오로지 교차의 비율에 의존하게 된다. 게다가 유전자의 순서는 각 종류의 접합완료체를 만들어내는 교차를 고려하여 명확히 확인할 수 있다. 예를 들면 문제 10번과 동일한 교배를 수행한다고 할 때, 먼저 Arg^+ 접합완료체를 선별하고, 그 다음 앞쪽의 Hfr 표식자인 Mal^+, Xyl^+, Pyr^+에 대한 탐색을 할 수 있다. 이를 통해 얻은 결과는 다음과 같다.

접합완료체 종류	접합완료체의 수
Arg^+ Mal^+ Xyl^+ Pyr^+	80
Arg^+ Mal^+ Xyl^+ Pyr^-	40
Arg^+ Mal^+ Xyl^- Pyr^-	20
Arg^+ Mal^- Xyl^- Pyr^-	20
Arg^+ Mal^- Xyl^+ Pyr^-	1
Arg^+ Mal^- Xyl^- Pyr^+	1

a. 접합완료체 중 네 종류가 다른 두 종류에 비해 훨씬 더 높은 빈도로 나타나는 이유를 설명하시오.

b. 네 유전자 사이의 상대적인 거리에 대해 어떤 결론을 내릴 수 있는가?

c. 이 데이터로부터 하나의 다른 연관된 유전자 거리를 추정할 수 있다. 설명하시오.

13. 완전히 원영양체성이고 스트렙토마이신 민감성(야생형)인 F^- 균주에서 유래한 두 *E. coli*의 Hfr 균주(HfrA, HfrB)가 있다고 가정하자. 독립된 실험에서 이 두 Hfr 균주를 스트렙토마이신 내성과 글리신, 리신, 니코틴산, 페닐알라닌, 티로신, 우라실에 대해 영양요구성인 (Gly^-, Lys^-, Nic^-, Phe^-, Tyr^-, Ura^-) F^- 수용세포(Rcp)와 접합시켰다. 교배 방해 실험을 이용해서 각각의 표식자가 스트렙토마이신 내성의 수용세포에서 발견되는 최초의 시간을 구한 것은 다음과 같다.

교배	Gly^+	Lys^+	Nic^+	Phe^+	Tyr^+	Ura^+
HfrA × Rcp	3	*	8	3	3	3
HfrB × Rcp	8	3	13	8	8	8

(*는 Lys^+세포가 60분간의 실험에서 나타나지 않았음을 나타낸 것이다.)

a. 이 데이터에서 얻을 수 있는 가장 최선의 지도를 작성하고, HfrA와 HfrB 균주에서 표식자의 상대적 위치와 전달의 기점을 표시하시오. 가능하면 거리도 표시하시오.

b. 위에서 작성한 지도의 모호한 점을 없애기 위해 일반형질도입을 하는 P^+ 파아지를 이용하여 표식자의 공동형질전환을 조사하였다. P^+ 파아지를 HfrB 균주에서 키운 다음, 세포용해물을 Rcp 균주를 감염시키는데 사용하였다. Phe^+ 클론을 선별한 후, 비선별 표식자의 유무를 확인한 결과는 다음과 같다.

형질도입체의 수	표현형 Gly	Lys	Nic	Phe	Tyr	Ura
600	−	−	−	+	−	−
300	−	−	−	+	−	+
100	−	−	−	+	+	+

이 공동형질도입 데이터에 기초하여 이들 유전자의 최선의 순서를 그려보시오.

c. 일반형질도입을 사용하여 일부 다른 표식자에 대한 *gly* 유전자의 위치를 정하려 한다고 가정하자. 성공확률을 높이기 위해 위에서 기술한 공동형질도입 실험을 어떻게 변형해야 할까? 사용할 배지의 조성을 작성하시오.

14. 원영양체성(영양요구성 돌연변이가 없음)이고 Str^s인 F^- 균주로부터 여러 개의 독립적인 Hfr 균주가 분리되었다. 이 Hfr 균주를 Str^r Arg^- Cys^- His^- Ilv^- Lys^- Met^- Nic^- Pab^- Pyr^- Trp^-인 F^- 균주와 교배하였다. 교배방해 실험 결과 Hfr 균주는 야생형 대립유전자를 다음의 표에 있는 순서대로 시간에 따라 전달하였다. 괄호 안에 있는 표식자의 전달 순서는 구분할 수가 없었다.

Hfr 균주	전달순서 →
HfrA	*pab ilv met arg nic (trp pyr cys) his lys*
HfrB	*(trp pyr cys) nic arg met ilv pab lys his*
HfrC	*his lys pab ilv met arg nic (trp pyr cys)*
HfrD	*arg met ilv pab lys his (trp pyr cys) nic*
HfrE	*his (trp pyr cys) nic arg met ilv pab lys*

a. 이 데이터로부터 세균 염색체상에서 이들 표식자의 상대적 위치를 표시한 지도를 작성하시오. 각 Hfr 균주에 대해 통합된 F 플라스미드의 위치와 방향을 화살표로 표시하시오.

b. *trp*, *pyr*, *cys* 표식자의 상대적인 순서를 결정하고 이들 사이의 거리를 결정하기 위하여 HfrB 균주를 F^- 균주와 충분히 긴 시간 동안 교배하여 *nic* 표식자가 전이되도록 한 다음 Trp^+ 재조합체를 선별하였다. 그다음 비선택 표지자인 *pyr*과 *cys*를 Trp^+ 재조합체에서 검사하여 다음과 같은 결과를 얻었다.

재조합의 수	Trp	Pyr	Cys
790	+	+	+
145	+	+	−
60	+	−	+
5	+	−	−

trp, *pyr*, *cys* 표식자의 상대적 위치를 지도에 표시하시오(이 데이터에서 *nic* 또는 *his* 유전자로부터의 상대적 순서를 결정할 수 없다는 것을 명심하라). 이웃한 유전자 사이의 지도 거리를 이들 사이의 교차 빈도로 표현하시오.

15. 어떤 병원성 세균의 유전체 서열 분석 결과 박테리오파아지 유전자 옆에 병원성 유전자가 위치하고 있었다. 이것이 왜 수평 유전자 전달이 있었음을 시사해 주며, 그 전달의 기작은 무엇이었는가?

16.5절

16. 그림 16.27에 있는 플라스미드 형질전환에 의한 유전자 확인을 유용하게 변형한 실험에 관한 것이다.
   a. 여러분이 흥미로운 세균 돌연변이 균주를 얻었다고 가정하자. 돌연변이가 일어난 유전자를 확인하기 위해 돌연변이 균주의 유전체 전체의 염기서열을 분석하여 야생형의 염기서열과 비교할 수 있다. 유전체 사이에 차이점이 여러 군데 발견된다면 이들 중 정지코돈 돌연변이(nonsense mutation)가 후보가 될 것이다. 이 정지코돈 돌연변이가 돌연변이 표현형을 나타내게 하는 것인지 확인하기 위해 플라스미드 도서관을 어떻게 이용할 수 있는가?
   b. 그림 16.27은 주어진 비정상적인 표현형을 유발하는 기능상실 돌연변이를 가진 유전자를 확인하기 위해 플라스미드 도서관을 어떻게 사용하는지를 보여주는 것이다. 기능획득 돌연변이 유전자를 확인하기 위해서는 플라스미드 도서관을 어떻게 사용해야 하는가?

17. *Streptococcus parasanguis*는 치아에 붙어 용균반(plaque) 형성이 시작되게 만드는 세균이다. 용균반을 제거할 방법을 찾기 위해서 그림에 나타난 것과 같이 *S. parasanguis*에 돌연변이를 유발할 수 있는 플라스미드를 제조하였다. 이 플라스미드의 특징은 $repA^{ts}$(온도 민감성 복제원점), kan^r(항생제인 카나마이신 내성 유전자), 트랜스포존 IS256을 가지고 있다는 것이다. 이 IS256 트랜스포존은 에리트로마이신(erythromycin) 내성 유전자인 erm^r을 가지고 있으며, 트랜스포존의 역반복서열(IRs) 사이에 전이효소를 가지고 있어 *S. parasanguis* 안에서 자리이동을 한다.

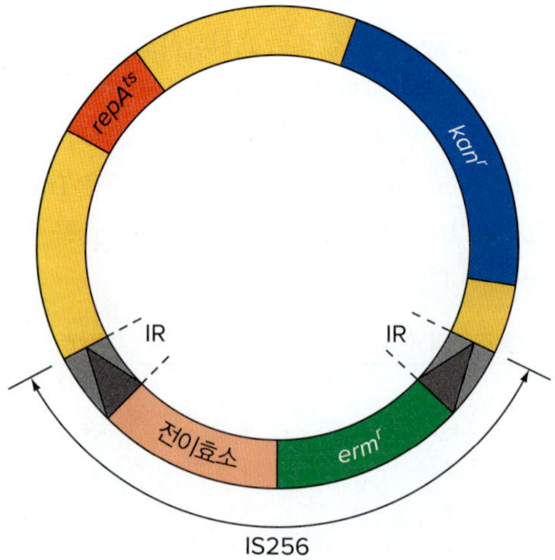

   a. 이 플라스미드를 어떻게 돌연변이원으로 사용할 수 있는가? 어떻게 트랜스포존을 세균 안으로 넣을 수 있고, 어떻게 IS256이 *S. parasanfuis* 유전자 내로 새로 끼어들어간 균주를 확인할 수 있는지를 고려하시오. 답에는 왜 플라스미드가 두 가지의 다른 항생제 내성유전자와 온도 민감성 복제원점을 가지고 있는지가 설명되어 있어야 한다.
   b. 왜 연구자들이 이 플라스미드를 돌연변이원으로 사용하는가?
   c. 용균반이 형성되지 않는 *S. parasanfuis*의 돌연변이균주가 발견된다면, 돌연변이가 생긴 유전자를 어떻게 확인할 수 있는가?

18. 유전자 표적화는 유전자를 제거할 때뿐만 아니라(그림 16.30 참고) 비세균성 유전자를 세균의 염색체 안으로 도입할 때도 사용할 수 있다. 이러한 유전자 중 많이 사용되는 것이 해파리에서 발견된 녹색형광단백실 유전자이다. 한 가지 예를 들면, *E. coli*를 매우 독성이 큰 중금속인 카드뮴을 확인할 수 있는 생물 감지자로 사용하는 경우가 있다. *E.coli* 유전체의 *yodA*라는 유전자는 카드뮴이 있는 경우에만 전사되어 단백질이 만들어진다. 유전자 표적화를 사용하여 환경에 카드뮴이 있으면 녹색 형광을 강하게 내는 *E. coli* 균주를 만들려고 한다.
   a. *ydoA*의 암호화 부위를 해파리의 녹색형광 단백질암호화 부위로 교체하는 데 사용할 수 있는 DNA 조각을 그려보시오. 해파리의 DNA를 유전체 DNA에서 얻어야 하는가? 아니면 cDNA 클론에서 얻어야 하는가?
   b. 카드뮴이 있을 때 녹색을 내는 세균에서 더 이상 *yodA* 유전자가 기능을 나타내지 못하는 이유를 설명하시오.
   c. *yodA* 유전자가 계속 기능을 할 수 있도록 만드는 다른 방안을 생각해 낼 수 있는가?

16.6절

19. 아미노산 생합성 경로를 연구하기 위해 영양요구성 세균을 얻으려고 한다. 페니실린 농축(penicillin enrichment)이라고 하는 기술로 이 일을 쉽게 할 수 있다. 이 방법에서는 먼저 액체 완전 배지에서 자라는 야생형(원영양성) 세균에 화학 돌연변이원을 처리한다. 처리 후 세포를 원심분리하여 배지와 돌연변이원을 제거한다. 세포 침전물은 하나의 아미노산(예를 들면, 시스테인)이 결핍되어 있지만 페니실린이 들어 있는 배지에 풀어 준다. 그 다음, 세균을 여과하여 페니실린을 제거하고 농축시킨다. 여과지에 걸린 살아 있는 세균에는 시스테인 영양요구성 균이 많이 농축되어 있다.
   a. 페니실린의 작용에 대해 알고 있는 지식을 바탕으로 왜 이러한 농축이 일어나는지를 설명하시오.
   b. 페니실린 농축은 항생제가 원영양요구성 세포를 100% 죽이지 못하기 때문에 선별은 아니다. 여과지 위의 세포는 따라서 시스테인 요구성에 대한 선별이 필요하다. 이 선별은 어떻게 할 수 있는가?
   c. 만일 최초 균주가 플라스미드에 pen^r 유전자를 가지고 있다면 이러한 방법으로 영양요구성 세포를 농축할 수 있는가? 그 이유를 설명하시오.

20. 인간에게 현재 가장 영향을 미치는 중요한 문제들 중 하나인 많은 병원성 박테리아의 내성 문제를 해결하기 위해 과학자들은 메타유전체를 사용하고 있다. 이런 항생제 문제를 해결하는 방법은 다른 살균제

를 개발하는 것이다. 과학자들은 몇몇 박테리아 종이 다른 박테리아 종들을 잡아먹을 수 있게 하는 독소를 합성한다는 연구결과를 활용하여 살균제를 개발하려고 시도하던 중, 놀랍게도 이런 독소를 만들기 위해 합성 경로에서 작용하는 효소들이 종종 아미노산 서열 내에 특징적인 패턴을 가지고 있다는 것을 발견했다. 토양, 바다 또는 인체의 미생물체에 대한 메타유전체 분석이 어떻게 인간의 병원균에 효과적일 수 있는 새로운 항생제를 발견하도록 할 수 있는지 설명하시오.

21. 페니실린 항생제는 페니실륨이라고 불리는 곰팡이에 의해 자연에서 만들지만, 다른 많은 항생제들은 세균에 의해 만들어진다. 두 가지 예는 테트라사이클린과 카나마이신인데, 다른 종류의 스트렙토마이시스로부터 유래한다.

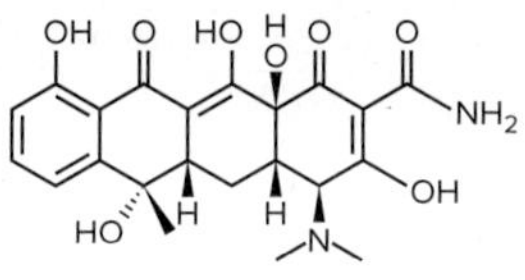

테트라사이클린

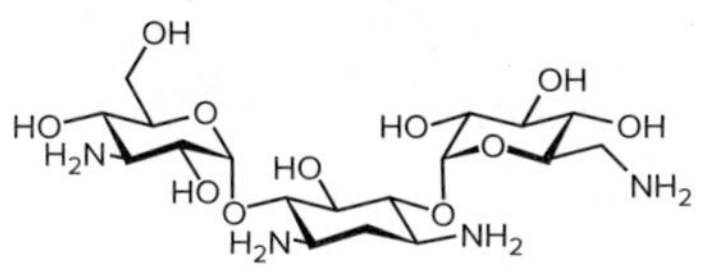

카나마이신

테트라사이클린과 카마이신은 30S 리보솜 소단위에 결합하고 번역을 방해한다.

a. 어떻게 일부 세균이 살균제를 생산할 수 있을까? 세균이 세균의 독을 합성하는 것이 왜 유리할까?
b. 페니실린은 세균을 죽이지만 인간의 세포는 죽이지 않는다. 이유를 설명하시오. (그림 16.33 참조)
c. 테트라사이클린은 tRNA의 리보솜 결합을 억제하는 반면, 카나마이신은 리보솜과 mRNA의 정렬이상을 일으켜 잘못된 아미노산을 리보솜에 결합시킨다. 왜 이 두 살균제가 사람의 세포를 죽이지 않는지 설명하시오.
d. 세균이 테트라사이클린과 카나마이신에 대한 내성을 진화시킬 수 있게 하는 유전적 변화의 본질이 무엇인지 생각해보자. (그림 16.32와 그림 16.33을 참조)

chapter **17**

소기관 유전

©MomoShi/Shutterstock

최초로 알려진 비멘델성 유전의 예는 분꽃 잎의 엽록 유전이다.

개요

- 17.1 미토콘드리아와 미토콘드리아의 유전체
- 17.2 엽록체와 엽록체의 유전체
- 17.3 세포 소기관 유전체와 핵 유전체의 관계
- 17.4 미토콘드리아와 엽록체의 비멘델성 유전
- 17.5 돌연변이 미토콘드리아와 사람의 질병

멘델의 유전 법칙이 재발견된 지 9년밖에 지나지 않았을 때, 식물 유전학자인 코렌스(Carl Correns)는 멘델의 기본적인 가정 중 하나에 도전하는 복잡한 현상에 대해 발표하였다. 코렌스는 분꽃이라고 알려진 현화식물에서 잎 색깔의 유전을 분석하기 위한 상호교배의 결과를 설명하였다. 대부분의 분꽃은 초록색 잎을 가졌지만, 일부 분꽃에서는 초록색 잎과 흰색 잎이 동시에 나타나거나 초록색과 흰색이 섞인 얼룩 잎이 나타났다(오른쪽 상단 사진 참조).

얼룩 잎을 가진 식물의 난자를 초록색 잎의 꽃가루와 수정시키면 얼룩 잎을 가진 자손이 생겨났다. 그런데 놀랍게도 반대의 교배, 즉 초록색 잎의 모계와 얼룩 잎의 부계를 통한 교배에서는 초록색 잎만이 나타났다. 이 결과로부터 얼룩 잎 형질은 모계를 통해서만 자손으로 전달된다는 사실을 알 수 있다. **모계 유전**(maternal inheritance)이라고 알려진 이러한 종류의 형질 전달은 모계와 부계가 유전에 동등하게 기여한다는 멘델의 가정을 부정하는 것으로 **비멘델성 유전**(non-Mendelian inheritance)이 존재한다는 것을 보여주었다.

지금의 우리는 분꽃 잎 색깔의 비멘델성 유전이 이 형질을 조절하는 유전자가 **엽록체**(chloroplast)라고 불리는 비핵성 세포 소기관의 유전체에 존재하기 때문이라는 사실을 잘 알고 있다. 이 세포 소기관은 고유의 유전체를 가지고 있는데, 이것은 작은 원형의 염색체로써, **엽록체 DNA**(chloroplast DNA; cpDNA)라고 한다. 분꽃 한 개체는 엽록체와 엽록체 DNA를 난자를 통해서만 받는다.

식물과 동물 모두에서 발견되는 다른 종류의 세포 소기관으로 **미토콘드리아**(mitochondria)가 있는데, 미토콘드리아 역시 고유 유전체인 **미토콘드리아 DNA**(mitochondrial DNA; mtDNA)를 가지고 있다. 미토콘드리아 DNA에 존재하는 유전자에 의해 조절되는 형질 또한 비멘델성 유전 양상을 나타내게 된다.

이 장에서는 다음의 세 가지 주요 논제가 나타난다. 첫째, 세포 소기관 유전체의 전달에 관련된 규칙은 종에 따라 다양할 수 있다. 많은 종에서 모계만이 세포 소기관을 다음 세대로 전달하지만, 일부 종에서는 부계에서만 세포 소기관이 전달되기도 하며, 양쪽에서 모두 전달되는 경우도 있다. 둘째, 세포 소기관의 기능에는 세포 소기관 유전체와 핵 유전체 사이의 협력이 필요하다. 마지막으로 세포 소기관의 유전체는 진핵세포의 핵 유전체보다 세균의 유전체와 더 유사하다는 것이다. 이러한 관찰의 결과가 세포 소기관들이 초기 진핵생물과 공생관계를 유지하던 세균이 진화한 흔적이라는 **세포 공생설**(endosymbiont theory)의 기초가 되었다.

17.1 미토콘드리아와 미토콘드리아의 유전체

학습 목표

1. 전형적인 미토콘드리아의 구조와 기능을 설명한다.
2. 종 간 미토콘드리아 유전체에 어떠한 차이가 있는지 나열한다.
3. 미토콘드리아에서의 RNA 편집에 대해 요약한다.
4. 미토콘드리아에서 발견되는 보편적 유전암호의 예외에 대해 논의한다.

미토콘드리아(mitochondria)는 대부분의 진핵세포에서 발견되며 막으로 둘러싸여 있는 세포 소기관으로 포도당과 기타 영양물질의 에너지를 ATP로 전환한다. 미토콘드리아는 핵의 유전체와는 독립적인 자신의 DNA를 가지고 있는데, 이 미토콘드리아 유전체에는 에너지 전환에 필요한 단백질 유전자 중 일부가 존재한다. 나머지 단백질들은 핵의 유전체로부터 만들어져 미토콘드리아 내로 운반된다.

각각의 진핵세포는 많은 수의 미토콘드리아를 가지고 있는데(**그림 17.1a**) 그 정확한 수는 세포의 에너지 요구량과 세포 분열 과정에서 일어나는 미토콘드리아의 분배에 의존하여 결정된다. 인간에서 신경, 근육, 간세포는 1천 개 이상의 미토콘드리아를 가지고 있으며, 난모세포는 약 10만 개의 미토콘드리아를 가지고 있다.

미토콘드리아는 정적인 구조가 아니다. 미토콘드리아는 자랄 수 있고, 서로 융합하고 분열하기도 한다. 대략 세포의 한 세대 동안 미토콘드리아는 두 배로 커지고, 미토콘드리아 DNA를 복제한 후 반으로 나뉜다. 세포가 분열할 때 미토콘드리아는 무작위적이며 수동적으로 딸세포로 분배되는데, 이로 인하여 각 세포 내 존재하는 미토콘드리아 수가 다양해진다.

미토콘드리아는 ATP를 생산한다

그림 17.1b는 세포 소기관의 기본구조를 보여준다. 편평한 외막이 **크리스타**(cristae)라고 하는 안쪽으로 접혀 들어온 구조를 가진 내막을 둘러싸고 있다. 내막으로 둘러싸인 공간은 **기질**(matrix)이라고 한다.

미토콘드리아는 두 단계로 에너지 저장체(ATP)를 생산한다. 첫 단계에서는 기질 내 효소가 **크렙스 회로**(Krebs cycle)의 반응을 촉진하여 피루브산(세포질 내 포도당 분해 산물)으로부터 고에너지 전자 운반체인 NADH와 $FADH_2$를 만들어낸다. 두 번째 단계에서는 미토콘드리아 내막에 박혀 있는 일련의 효소 복합체가 **산화적 인산화**(oxidative phosphorylation)라는 과정을 통해 이 에너지를 효율적으로 사용한다. 이 효소 복합체의 일부가 전자를 NADH와 $FADH_2$로부터 최종 전자 수용체인 산소로 전달하는 전자전달계를 구성한다. 전자전달 과정에서 방출되는 에너지를 사용하여 기질에서 내막과 외막 사이 공간으로 양성자를 퍼내며, 그 결과 내막을 가로질러 전기적 전위가 생겨난다. 양성자는 **ATP 합성 효소**(ATP synthase)라는 크리스타에 박혀 있는 효소 복합체를 통해 다시 기질로 되돌아오게 된다. ATP 합성 효소는 양성자 이동에 의해 방출되는 에너지를 사용하

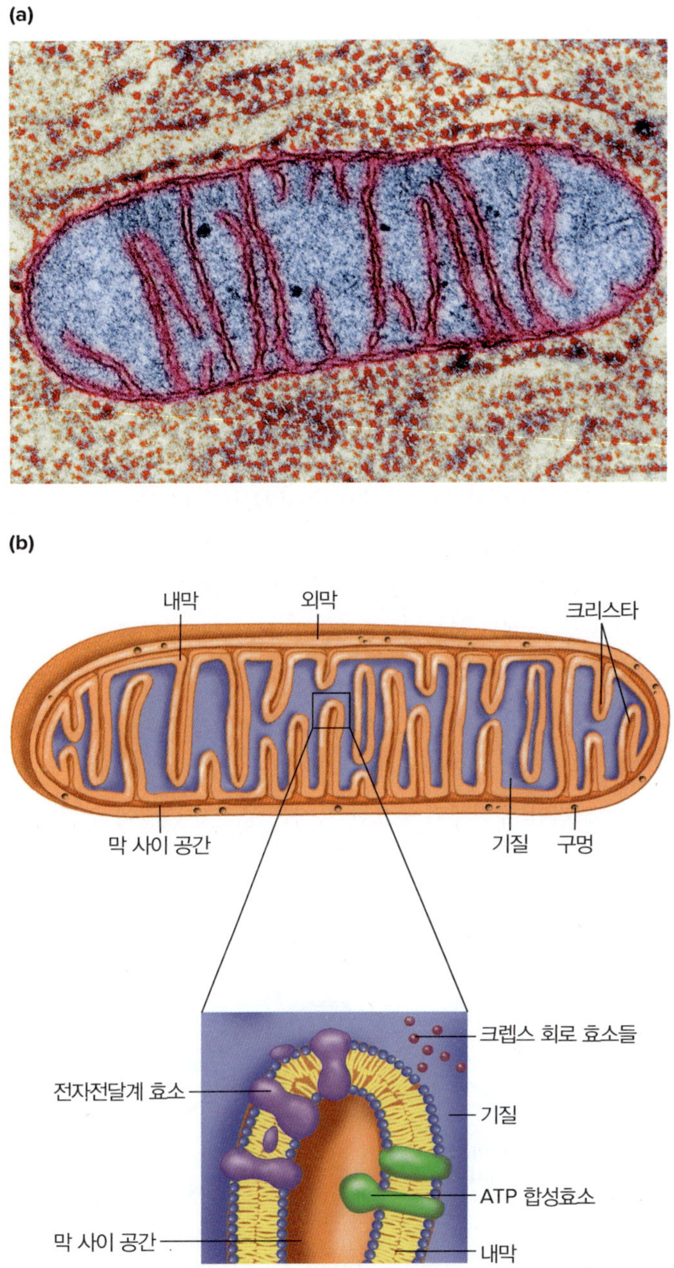

그림 17.1 미토콘드리아 구조. **(a)** 색을 입힌 미토콘드리아의 현미경 사진(62,800X) **(b)** 미토콘드리아의 구성과 구조. 내막으로 완전히 둘러싸인 부분은 기질(파란색)이다. 기질은 미토콘드리아 DNA와 크렙스 회로의 효소들을 가지고 있다. 내막이 접힌 구조를 크리스타라고 한다. 하나의 크리스타를 확대하여 산화적 인산화를 담당하는 전자전달계의 효소들을 나타내었다. *Source: (a): ©CNRI/Science*

여 ADP를 인산화함으로써 ATP를 생성한다.

미토콘드리아 유전체는 종에 따라 차이가 난다

하나의 미토콘드리아는 기질 내에 여러 개의 유전체 사본을 가지고 있다. 기질 내 유전체 사본의 수는 세포의 에너지 요구량에 따라 다양해질 수 있으나, 대개는 2~10개 사이이다. 먼저 인간의 미토콘드리아 유전체를 예로 들어 살펴볼 텐데, 나중에 보게 되겠지만 미토콘드리아 유전체는 그 크기와 수가 종에 따라 매우 다양하다.

인간 미토콘드리아 DNA

인간 미토콘드리아 DNA(mitochondrial DNA; mtDNA)는 16.5 kb로 인간 배우자 내 반수체 유전체 길이의 1/100,000 정도에 불과한데, 이 원형의 DNA 분자는 37개의 유전자를 가지고 있다(**그림 17.2**). 이 유전자 중 13개는 산화적 인산화 장치를 구성하는 단백질 복합체의 단위 단백질을 생성하는 유전자이다. 그 외에도 미토콘드리아 유전체는 22개의 서로 다른 tRNA 유전자와 미토콘드리아 리보솜에서 발견되는 큰 rRNA와 작은 rRNA 유전자 2개도 가지고 있다.

미토콘드리아 유전체의 중요한 특징은 유전자 배열이 조밀하다는 것이다. 이웃한 유전자들이 붙어 있거나 일부의 경우에는 겹쳐 있기도 하다. 유전자들 사이에 여분의 뉴클레오타이드가 거의 없으며, 인트론도 없어 유전자들이 매우 조밀하게 밀집되어 있다.

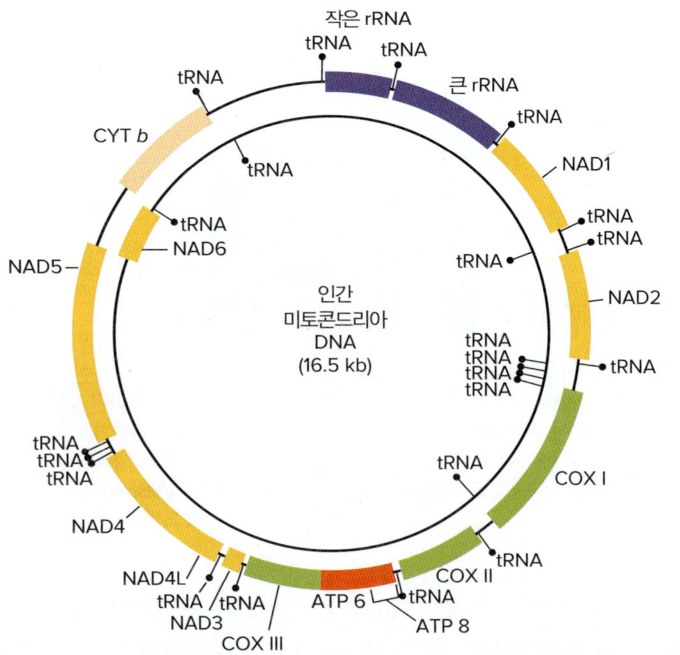

그림 17.2 인간 미토콘드리아 유전체. 인간의 미토콘드리아 DNA에 있는 37개의 유전자가 그림에 표시되어 있다. 초록색은 시토크롬 산화효소 단백질, 빨간색은 ATPase 단위체 단백질, 노란색은 NADH 복합체 단백질, 연한 갈색은 시토크롬 복합체 단백질, 보라색은 리보솜 단백질 또는 rRNA 유전자이다. 각각의 tRNA 유전자는 검은색 원과 막대로 표시되어 있다. 외부와 내부 원의 유전자는 서로 전사되는 방향이 반대이다.

미토콘드리아 유전체

미토콘드리아 DNA의 크기와 구성은 종에 따라 서로 다르다. 말라리아 원충인 *Plasmodium falciparum*의 미토콘드리아 DNA 길이는 6 kb 밖에 되지 않지만, 머스크멜론인 *Cucumis melo*의 미토콘드리아 DNA 길이는 2,400 kb에 이른다. 이러한 미토콘드리아 DNA의 크기 차이가 유전자 구성의 차이를 반영하는 것은 아니다. 비록 고등식물의 큰 미토콘드리아 DNA가 다른 종의 작은 미토콘드리아 DNA보다 더 많은 유전자를 포함하고 있기는 하지만, 75 kb의 효모 미토콘드리아 DNA는 16.5 kb의 인간 미토콘드리아 DNA보다 더 적은 수의 호흡 연쇄 단백질 유전자를 가지고 있다. 효모 미토콘드리아 DNA가 더 큰 이유는 유전자에 존재하는 인트론과 유전자 사이에 존재하는 큰 공백 때문이다.

미토콘드리아 DNA는 모양도 상당히 다양하다. 생화학적 분석과 유전자 지도 작성 연구는 인간과 다른 동물의 미토콘드리아 DNA가 원형임을 규명하였으나, 대부분의 진균류와 식물의 미토콘드리아 DNA는 선형이다.

원생 기생생물인 **트리파노솜**(*Trypanosoma*)과 **리슈마니아**(*Leishmania*)의 미토콘드리아 DNA는 매우 특이하게 구성되어 있다. 이 단세포 진핵생물은 **동원질체**(kinetoplast)라고 하는 하나의 미토콘드리아를 가지고 있다. 이 구조에서 미토콘드리아 DNA는 0.5~2.5 kb의 **작은 원형** DNA 10~25,000개와 21~31 kb의 **큰 원형** DNA 50~100개가 연결된 큰 네트워크로 존재한다(**그림 17.3**). 큰 원형 DNA와 작은 원형 DNA의 역할 차이는 다음 절에 설명되어 있다.

미토콘드리아 유전자 발현은 색다른 특징을 가지고 있다

미토콘드리아 유전자가 발현되어 단백질이 생성되는 과정에는 고유한 특징들이 존재한다. 이 특징 중에는 **RNA 편집**(RNA editing)과 같은 특수한 종류의 전사 산물 가공 과정이 포함되어 있다. 또한, 미토콘드리아 번역기구는 보편적인 유전암호와는 다른 예외적인 유전암호를 사용하기도 한다.

미토콘드리아 유전자 전사체의 RNA 편집

트리파노솜의 미토콘드리아(동원질체)에서 RNA 편집이라는 예상치 못한 현상이 발견되었다. 동원질체 mRNA로부터 만들어진 cDNA, 큰 원형 DNA, 작은 원형 DNA의 염기서열을 분석한 결과 놀라운

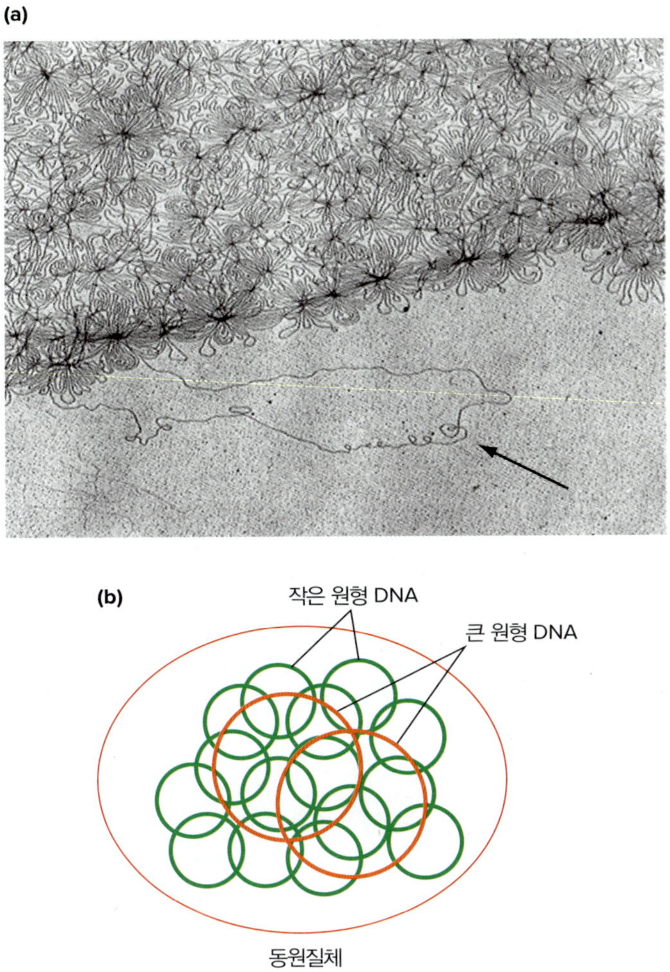

그림 17.3 동원질체 DNA 네트워크. 일부의 원생 기생생물에서는 하나의 미토콘드리아 또는 동원질체가 서로 연결된 작은 원형 DNA와 큰 원형 DNA의 커다란 네트워트를 가지고 있다. **(a)** 동원질체의 전자 현미경 사진. 화살표는 하나의 큰 원형 DNA를 가리키고 있다. **(b)** 이러한 원형 DNA 분자들이 서로 연결된 것을 나타낸 모식도이다. *Source: (a): Electron micrograph by Dr. Stephen Hajduk/University of Alabama at Birmingham*

결과가 밝혀졌다. 작은 원형 DNA에는 단백질 유전자가 없었고, 큰 원형 DNA에는 단백질 유전자가 발견되었으나 그 서열이 단백질을 암호화하는 mRNA로부터 만들어진 cDNA의 서열과 일치하지 않았다. 이는 큰 원형 DNA가 mRNA 전구체인 pre-mRNA로 전사된 후 성숙한 mRNA로 변한다는 것을 암시한다.

pre-mRNA를 성숙한 mRNA로 변환하는 과정이 **RNA 편집**이다. RNA 편집이 없다면 pre-mRNA는 폴리펩타이드를 만들어내지 못한다. 일부 pre-mRNA는 번역 개시에 필요한 첫 번째 코돈이 없으며, 일부는 번역을 멈추는 정지코돈이 없다. RNA 편집은 이 두 개의 코돈과 더불어 유전자 내에 여러 새로운 코돈을 만들어낸다.

트리파노솜에서는 RNA 편집 기구가 우라실을 첨가하거나 제거하여 pre-mRNA를 성숙한 mRNA로 전환시킨다. **그림 17.4**와 같이

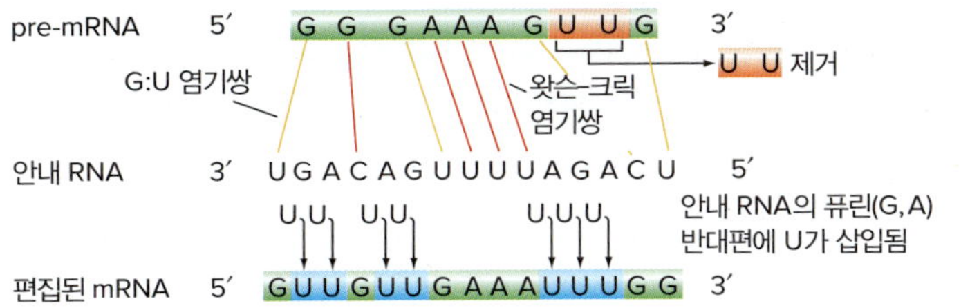

그림 17.4 트리파노솜에서의 RNA 편집. pre-mRNA는 안내 RNA와 전형적인 A:U 및 G:C 염기쌍(주황색 선) 결합과 비전형적인 G:U 염기쌍(노란색 선) 결합을 통해 이중 나선 하이브리드를 만든다. 안내 RNA에서 쌍을 이루지 못한 G와 A 염기는 pre-mRNA 서열 내에 U의 삽입(파란색)이 시작되게 한다. 반면에 pre-mRNA에서 쌍을 이루지 못한 U는 제거되어(빨간색) 최종적으로 편집된 mRNA가 완성된다.

우라실 편집은 효소들이 **에디토솜**(editosome)이라는 구조를 형성하고 RNA 주형을 안내자로 사용하여 pre-mRNA를 수정하는 단계에서 일어난다. 가이드 RNA는 작은 원형 DNA의 짧은 부분으로부터 전사되는데, 이는 동원질체에 큰 원형 DNA뿐 아니라 작은 원형 DNA가 존재하는 이유를 설명해 준다.

RNA 편집은 일반적이지 않은 현상이나 이것이 트리파노솜의 동원질체에서만 일어나는 것은 아니다. 점균류인 Physarum의 미토콘드리아 전사체에서는 시토신을 첨가하는 RNA 편집이 일어난다. 식물의 미토콘드리아와 엽록체에서는 또 다른 종류의 RNA 편집이 일어나는데, pre-mRNA의 시토신이 성숙한 mRNA에서는 우라실로 변한다. 아직 이와 같은 다양한 RNA 편집에 대한 분자 기전이 모두 알려지지는 않았다.

미토콘드리아의 보편적인 유전암호 제외

미토콘드리아는 자신의 고유한 번역기구를 가지며 미토콘드리아 DNA는 자신의 rRNA와 tRNA 유전자를 가지고 있다(그림 17.2). 미토콘드리아에서의 번역은 진핵생물의 핵유전자로부터 전사된 mRNA가 번역되는 것과 상당히 다르다. 실제로 미토콘드리아의 번역 시스템 중 많은 부분은 원핵생물의 번역 시스템과 더 유사하다. 예를 들어, 미토콘드리아에서는 원핵생물에서처럼 *N*-포밀메싸이오닌(*N*-formyl methionine)과 포밀메싸이오닌-tRNA($tRNA_i^{fMet}$)가 번역을 개시한다. 또한 클로람페니콜이나 에리트로마이신과 같이 세균의 번역을 저해하는 약물은 진핵생물 세포질 내의 단백질 합성에는 영향을 주지 않지만, 미토콘드리아 단백질 합성은 효과적으로 저해한다.

9장에서 서술한 바와 같이 유전암호는 모두는 아니지만 거의 보편적이다. 이 보편적인 유전암호의 여러 예외가 미토콘드리아에서 발견되는데, 예를 들면 인간의 미토콘드리아 DNA에서는 5종류의 암호가 핵과 다르게 사용된다(**표 17.1**) 모든 종에서 기능하는 미토콘드

표 17.1 보편적 유전암호와 인간 미토콘드리아 유전암호의 차이

세 자리 암호	보편적 암호	미토콘드리아 유전암호
UGA	Stop	Trp
AGG	Arg	Stop
AGA	Arg	Stop
AUA	Ile	Met
AUU	Ile	Ile-연장 Met-개시

리아 유전암호는 단 하나도 없으며, 고등식물의 미토콘드리아에서는 보편적인 유전암호가 사용된다. 일부 미토콘드리아 유전암호는 미토콘드리아가 진핵세포의 일부가 된 이후에 보편적인 유전암호에 일련의 돌연변이가 발생하여 유래된 것으로 여겨진다.

핵심 개념 17.1

- 미토콘드리아는 해당 작용의 산물인 피루브산을 산화시켜 ATP를 생성한다. ATP 생성은 미토콘드리아 내막에 박혀 있는 전자전달계와 ATP 합성 효소가 관여한다.
- 서로 다른 종의 미토콘드리아 유전체는 유전체의 길이, 미토콘드리아 DNA가 선형인지 원형인지 여부 그리고 인트론 존재 여부에 따라 매우 다양하다.
- 미토콘드리아 내의 pre-mRNA는 RNA 편집을 통해 성숙한 mRNA로 전환되는데, 이와 같은 RNA 편집으로 전사체의 번역이 가능하게 된다.
- 미토콘드리아 내의 번역은 세균의 번역과 많은 유사성을 가진다. 비록 일부의 미토콘드리아는 보편적인 DNA 암호를 사용하지만, 다른 종의 미토콘드리아 내에서는 일부 암호를 핵 DNA와 다르게 사용한다.

17.2 엽록체와 엽록체의 유전체

학습 목표

1. 전형적인 엽록체의 구조와 기능을 설명한다.
2. 종 간 엽록체 유전체 차이를 미토콘드리아 유전체의 종에 따른 차이와 비교한다.
3. 형질전환 엽록체를 만들 수 있는 과정을 설명한다.

엽록체(chloroplast)는 태양 에너지를 흡수하며, **광합성**(photosynthesis) 과정을 통해 태양 에너지를 당의 화학결합으로 저장한다. 새

(a)

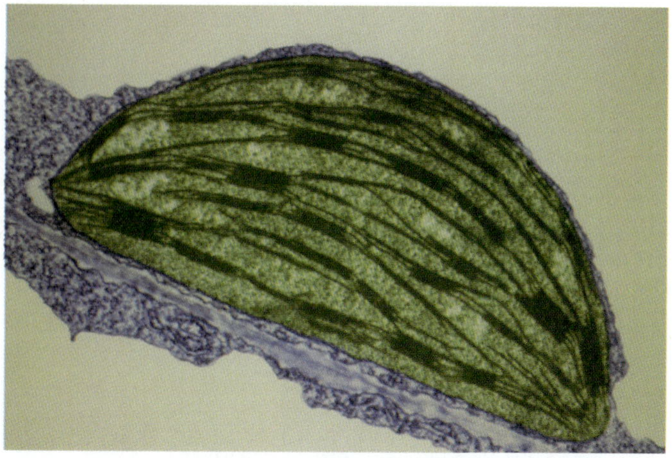

(b)

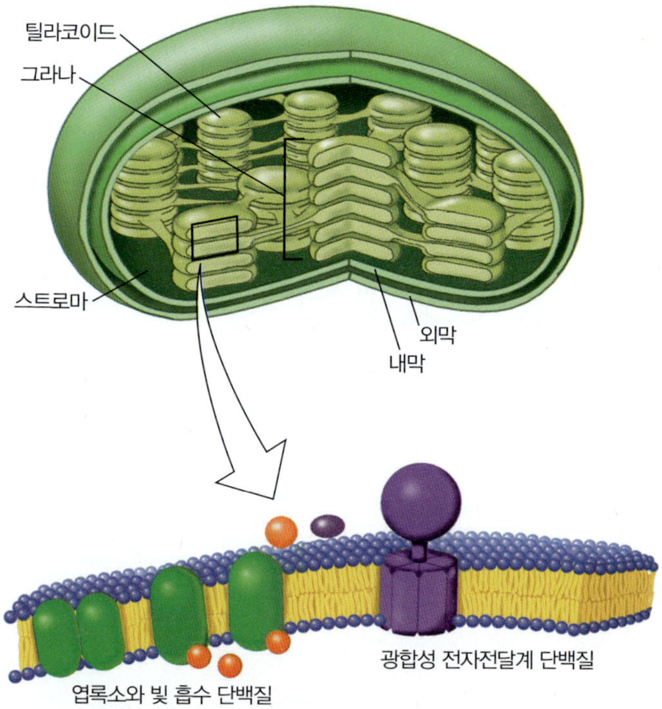

그림 17.5 엽록체의 구조. **(a)** 담뱃잎 세포에서 분리한 엽록체의 전자현미경 사진 (11,000X). **(b)** 엽록체는 외막과 내막을 가진다. 내막 안의 공간은 스트로마라고 하며 엽록체 DNA와 광합성 효소를 가진다. 스트로마에는 틸라코이드라고 하는 주머니가 겹겹이 쌓여 그라나라고 불리는 구조를 형성한다. 광합성은 틸라코이드의 표면에서 일어난다. *Source: (a): ©Jeremy Burgess/Science*

가 하늘을 날 때나 사람이 말을 할 때, 벌레가 몸을 뒤집고 꽃이 필 때 모두 개체 내의 세포가 사용하는 에너지는 근본적으로 엽록체에 의해 흡수된 태양 빛이 미토콘드리아 기능을 통해 방출된 것이다. 광합성에 능숙한 작물 중 하나인 옥수수의 경우, 잎의 세포 각각은 40~50개 정도의 엽록체를 가지며(**그림 17.5a**), 잎 표면 1 mm^2마다 50만 개 이상의 엽록체가 있다.

엽록체는 광합성이 일어나는 곳이다

그림 17.5b는 엽록체의 구조를 보여준다. 빛을 흡수하는 색소인 **엽록소**(chlorophyll), 빛을 흡수하는 단백질, 광합성 전자전달계의 단백질들이 **틸라코이드**(thylakoid)라고 하는 내부 구조의 막에 박혀 있다. 광합성에서 빛을 흡수하는 시기에는 태양으로부터 온 빛의 광자 에너지가 엽록소의 전자를 고에너지 수준으로 밀어 올려준다. 에너지를 흡수한 전자는 전자전달계로 전달되며, 전자전달계에서는 에너지를 사용하여 물을 산소와 양성자로 분해한다.

광합성의 전자전달 결과 NADPH가 생성되고 미토콘드리아의 것과 유사한 ATP 합성 효소를 통해 ATP의 합성이 유도된다. 두 번째 광합성인, 당 합성 단계에서는 **캘빈회로**(Calvin cycle)의 효소들이 ATP와 NADPH를 사용하여 대기 중의 이산화탄소를 당으로 바꾸어 준다. 이 영양물질 분자의 결합에 저장된 에너지가 영양물질을 만드는 식물과 식물을 먹는 동물 모두에서 생물의 활동에 필요한 연료가 된다.

엽록체의 유전체들은 비교적 일정하다

엽록체는 식물과 조류(algae)에서 발견된다. 이들의 유전체는 미토콘드리아 유전체에 비해 크기가 훨씬 더 일정하다. 비록 **엽록체 DNA**(chloroplast DNA; cpDNA)는 그 길이가 120~217 kb 사이에 걸쳐 있지만, 대부분은 120~160 kb 사이이다. 엽록체 DNA는 미토콘드리아 DNA에 비해 더 많은 수의 유전자를 포함하고 있는데, 이 유전자는 세균이나 인간 미토콘드리아 DNA의 유전자와 유사하게 엽록체 DNA에 조밀하게 배치되어 있고, 효모 미토콘드리아 DNA의 유전자와 유사하게(인간의 경우는 다름) 인트론을 포함하고 있다. 엽록체 DNA는 일부의 경우 원형으로 존재하지만, 대부분은 선형의 가지 모양이다. 미토콘드리아와 마찬가지로 엽록체도 여러 개의 유전체 사본을 가지고 있는데, 대개는 15~20개의 사본을 가진다.

염기 서열이 완전히 분석된 최초의 엽록체 유전체는 우산이끼인 *M. polymorpha*의 엽록체 DNA로 **그림 17.6**에 보여지고 있다. 엽록체 유전체에는 광합성의 전자전달계와 광합성의 다른 부분에 관여하

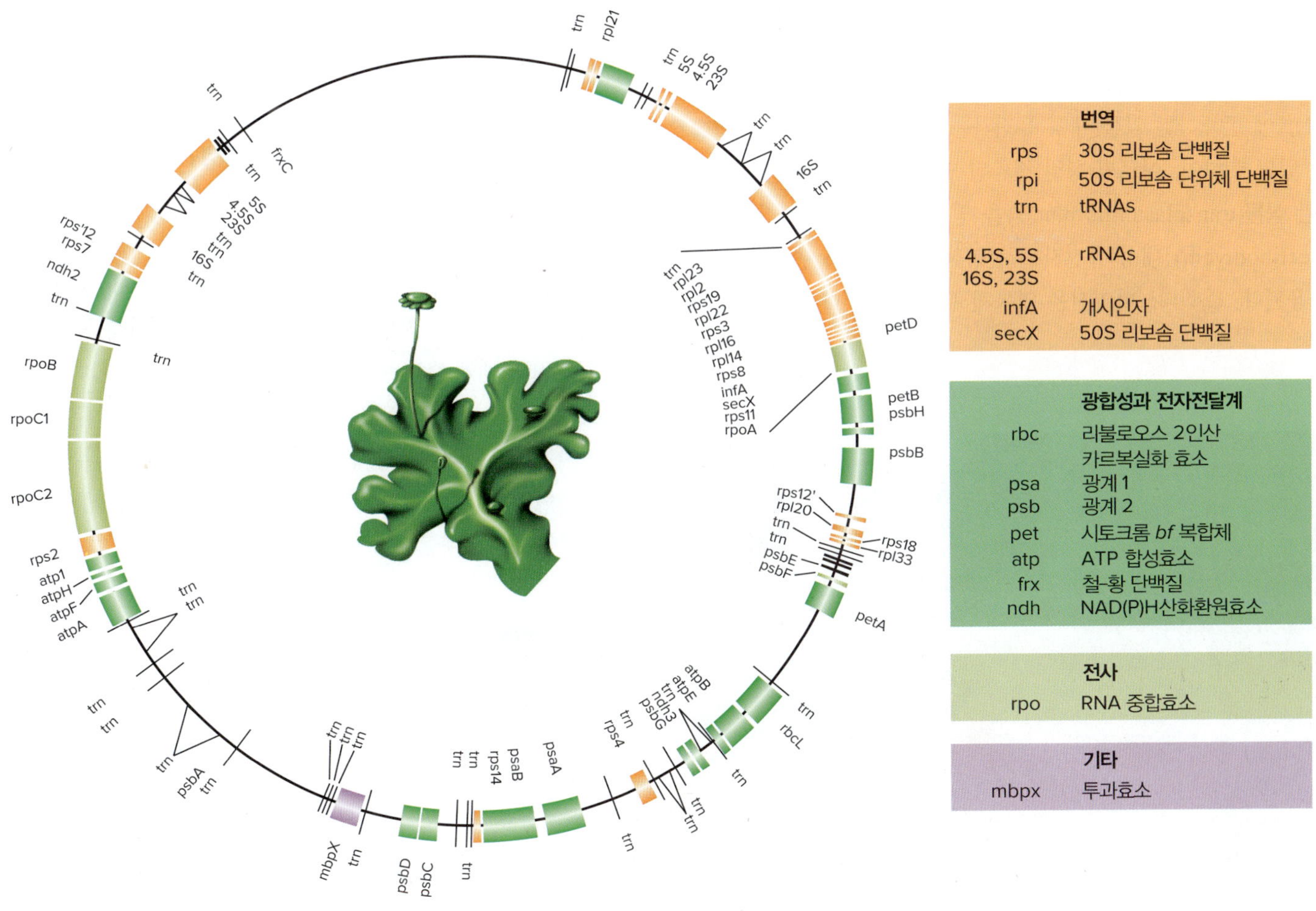

그림 17.6 우산이끼(*M. polymorpha*) 엽록체 유전체. 128개 유전자 중 일부의 상대적 위치가 표시되어 있다. 유전자들은 기능에 따라 다른 색으로 구분하였다. 일부 유전자는 시계 방향으로 다른 일부 유전자는 반시계 방향으로 전사된다(이 부분은 표기하지 않음).

는 단백질뿐 아니라, RNA 중합효소, 번역 인자, 리보솜 단백질 그리고 기타 엽록체 유전자 발현에 필요한 많은 단백질 유전자가 있다. 세균의 번역을 저해하는 클로람페니콜과 스트렙토마이신 같은 약물은 미토콘드리아에서와 마찬가지로 엽록체에서의 번역도 저해한다.

형질전환 엽록체를 만들 수 있다

재조합 DNA 기술의 개발 초기에는 세포 소기관을 연구하는 연구자들이 클로닝된 유전자와 변형시킨 DNA 조각들을 소기관의 유전체로 전달하는 데 큰 어려움을 겪었다. 1980년대 말에 **유전자 총**(gene gun)과 **유전자 총 형질전환**(biolistic transformation)이라는 유전자 전달 방법이 개발되어 이 난제가 해결되었다(**그림 17.7**). 이 기술은 엽록체의 유전체를 연구하는 사람들에게 특히 유용했으며, 이 방법으로 효모 *S. cerevisiae*의 미토콘드리아를 외부 DNA로 형질전환하는 것도 가능해졌지만 다세포 생물의 미토콘드리아를 안정적으로 형질전환시키는 것은 지금까지 어려운 과제로 남아 있다.

기본적인 아이디어는 작은(1 μm) 금속 입자를 DNA로 코팅한 다음, 이 DNA를 가진 "탄환"을 세포나 잎에 발사하는 것이다(그림 17.7). 식물 세포로 발사한 DNA는 엽록체로 들어가 엽록체 DNA의 특정 지역에 상동 재조합을 통해 끼어 들어갈 수 있다. 세포에 넣어 준 DNA에 존재하는 약물 내성 유전자는 형질 전환된 세포를 선별할 수 있도록 하여, 이로써 형질 전환된 엽록체를 가지는 **엽록체 형질전환 식물**(transplastomic plants)을 얻을 수 있다. 스펙티노마이신(spectinomycin) 내성 유전자는 전형적으로 유전자 총 형질전환에 사용된다. 스펙티노마이신은 엽록체 유전자에서 나온 mRNA의 번역을 방해하므로 이 약물 내성 유전자를 포함하고 있는 도입 유전자를 갖고 있지 않은 엽록체는 스펙티노마이신 처리 시 기능을 할 수 없게 된다. 형질전환이 이루어지지 않은 엽록체를 가지고 있는 식물 세포가 약물 선별 과정에서 살아남는 경우 그 식물 세포는 하얗고 약할 것이다.

도입 유전자를 엽록체 DNA에 끼워넣기 위해 식물 세포에 넣어주는 DNA는 **유전자 표적 구조**(gene-targeting constructs)를 포함하고 있으며, 유전자 표적 구조에 사본으로 넣어 준 엽록체 DNA 서열에 따라 도입 유전자가 상동 재조합을 통하여 통합될 내인성 염색체의 위치가 결정된다(16장 그림 16.30 참조). 일반적으로 도입 유전자는 스펙티노마이신 내성 유전자와 나란히 존재하고, 두 유전자는 표적화를 위한 엽록체 DNA 서열 옆에 위치한다. 도입 유전자 통합은 유전자 표적 구조의 5′ 및 3′ 말단에 있는 엽록체 DNA 서열이 이에 상응하는 엽록체 유전체 서열과 교차할 때 발생한다. (미토콘드리아의 상동 재조합 효소는 비효율적이기 때문에 이와 같은 방식으로 형질전환 미토콘드리아 DNA를 만드는 것은 불가능하다.)

엽록체 유전체의 형질전환을 이용하면 상업적으로 중요한 농작물의 성질을 바꿀 수 있다. 예를 들면, 제초제 내성 식물 생산에 이용될 수 있다. 제초제 내성 유전자를 핵 DNA가 아닌 엽록체 DNA에 도입하는 방법의 장점은 엽록체에 도입된 DNA가 부계인 꽃가루가 아니라 모계로만 유전된다는 것으로, 이 방법은 도입 유전자가 이웃한 식물 집단으로 퍼질 위험성을 낮춘다.

세균과 마찬가지로(그림 16.30) 엽록체 내의 유전자 표적화는 아직 기능이 밝혀지지 않은 개방 번역틀(open reading frame; ORF)의 기능을 결정하는 방법을 제공해 준다. ORF의 기능을 탐색하기 위해서 ORF 내에 스펙티노마이신 내성 유전자를 포함하는 DNA 분자를 제조한다. 이 DNA는 엽록체 유전체에 통합되어 야생형 ORF를 파괴된 ORF로 대체하게 된다. 연구자들은 이와 같은 방법을 사용하여 여러 식물 종에서 새로운 광합성 효소 단위체를 암호화하고 있는 엽록체 유전자를 찾아냈다.

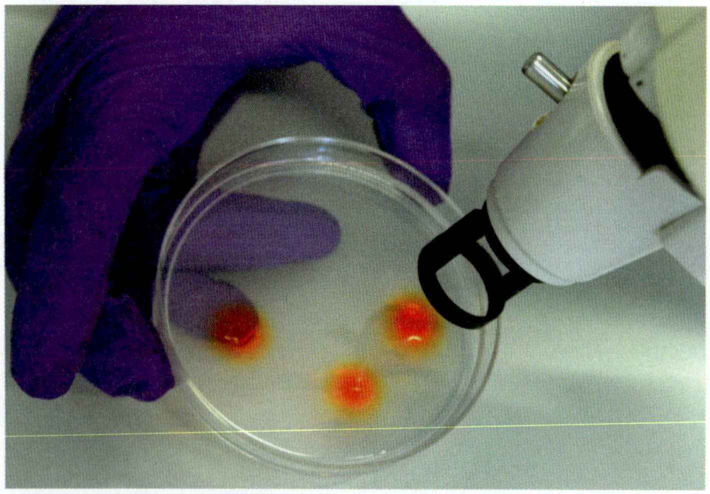

그림 17.7 유전자 총. 총은 DNA가 입혀진 작은 구슬(탄환)을 식물에 쏘아 넣어 엽록체를 형질전환시키는 데 사용한다. *Source: ©Winfried Rothermel/AP Photo*

핵심 개념 17.2

- 엽록체에서 햇빛은 ATP와 NADPH를 생성하는 전자전달계를 활성화한다. 고에너지 분자는 최종적으로 이산화탄소와 물을 당의 화합물로 전환하는 데 사용된다.
- 엽록체 유전체는 일반적으로 미토콘드리아 유전체보다 더 많은 유전자를 포함하고 있다. 엽록체 내 유전자는 광합성과 소기관 내 유전자 발현에 필요하다.
- 유전자 총 형질전환은 미세금속 입자 표면의 DNA를 세포 안으로 쏘아 넣는 것으로 형질전환 엽록체를 가지는 식물 계통을 생산할 수 있게 하였다.

17.3 세포 소기관 유전체와 핵 유전체의 관계

학습 목표

1. 세포 소기관 유전체와 핵 유전체의 협동 관계를 설명한다.
2. 세포 소기관 기원에 관한 세포 공생설에 대해 요약한다.
3. 세포 소기관 유전체로부터 핵으로의 유전자 전달이 미치는 영향을 설명한다.

기능적 미토콘드리아와 엽록체의 유지 및 조합은 각 세포 소기관 유전체 자체와 핵 유전체의 유전자 산물에 의존한다. 이러한 협력 관계는 하루아침에 생겨난 것이 아니라 오랜 진화의 시간을 통해 발전한 것이다. 증거에 따르면 세포 소기관과 이들을 포함하는 세포의 고대 조상은 공생관계에 있었던 자유 생활을 하던 생명체들이었다.

핵 유전체와 세포 소기관 유전체는 서로 협력 관계에 있다

여러 생화학적 과정에 세포 소기관과 핵, 양쪽의 요소가 모두 필요하다. 예를 들어, 미토콘드리아 전자전달계의 마지막 단백질인 시토크롬 *c* 산화효소는 대부분 생물에서 7개의 단위체로 구성되어 있는데, 이 중 3개는 미토콘드리아 유전자로 전사 후 미토콘드리아 리보솜에 의해 번역된다. 나머지 4개의 단위체는 핵유전자로 전사 후 세포질에서 리보솜에 의해 번역된 후 미토콘드리아 내부로 수송된다.

모든 생물체의 미토콘드리아와 엽록체에서 유전자 발현에 필요한 단백질 대부분은 핵유전자에 존재한다. 예를 들어, 비록 미토콘드리아 유전체가 rRNA를 가지고 있지만 대부분(효모와 식물에서) 또는 모든(동물에서) 미토콘드리아 리보솜 단백질은 핵 유전체의 유전자로부터 만들어진다. 미토콘드리아와 엽록체는 기능과 번식에 필요한 모든 단백질에 대한 유전자를 가지고 있지는 않기 때문에 이들 세포 소기관들은 세포의 다른 부분으로부터 분자들을 지속적으로 공급받아야 한다. 따라서 미토콘드리아와 엽록체는 이것들이 발견되는 세포를 벗어나 독립적으로 존재할 수 없다.

미토콘드리아와 엽록체는 세균으로부터 유래되었다

엽록체는 오늘날 살아 있는 특정한 광합성 세균과 그 크기와 모양이 매우 유사하다. 그리고 미토콘드리아 유전 체계의 엄청난 다양성으로 인해 일반화하기는 어렵지만, 적어도 일부 미토콘드리아는 오늘날의 특정 유기호흡 세균과 비슷하다. 이러한 유사성은 미토콘드리아와 엽록체가 현대 진핵세포의 조상과 병합하여 숙주와 기생생물이 서로 도움을 주고받는 일종의 세포 공동체를 형성하게 된 세균으로부터 유래하였음을 시사한다.

세포 공생설

린 마굴리스(Lynn Margulis)는 1970년대에 미토콘드리아와 엽록체는 진핵세포의 원시 조상이 특정한 세균을 받아들여 공생관계를 형성함으로써 유래되었다고 제안한 최초의 생물학자 중 한 명이다. 미토콘드리아나 엽록체와 유사한 세균을 가지고 있는 원시 세포는 에너지 생산이라는 치열한 경쟁에서 유리해졌을 것이며, 결국 복잡한 진핵생물로 진화했을 것이다. 이러한 가설을 지지하는 매우 많은 증거가 있으며 이로 인해 이제는 **세포 공생설**(endosymbiont theory)이 일반적으로 받아들여지고 있다.

세포 공생설에 대한 분자 수준의 증거는 다음과 같다.

- 미토콘드리아와 엽록체는 모두 고유의 DNA를 가지며 핵 유전체와는 독립적으로 복제된다.
- 세균의 DNA와 마찬가지로, 미토콘드리아 DNA와 엽록체 DNA는 히스톤 단백질을 갖는 뉴클레오솜을 구성하지 않는다.
- 미토콘드리아 유전자 발현은 번역 시 N-포밀메싸이오닌과 포밀메싸이오닌-tRNA($tRNA_i^{fMet}$)를 사용한다.
- 클로람페니콜이나 에리트로마이신과 같은 세균 번역 저해제는 미토콘드리아와 엽록체 내의 번역은 억제하지만, 세포질에서의 단백질 합성에는 영향을 미치지 않는다.
- 세포 소기관과 세균의 rRNA 유전자 서열 비교 결과는 미토콘드리아 유전체가 현재의 그람 음성 홍색비황세균(nonsulfur purple bacteria)의 공통 조상으로부터, 엽록체 유전체가 남세균(예전에는 남조류로 분류되었음)으로부터 유래하였음을 시사한다.

미토콘드리아가 세포 내에서 공생하게 된 것은 20억 년 정도 전으로, 엽록체가 세포 내에서 공생하게 된 것은 아마도 5억 년 후에 일어난 것으로 추정된다. 이러한 사건은 너무나 오래전에 일어난 일로 정확히 어떠한 과정으로 발생했는지는 알 수 없다. 일부 과학자들은 초기 원시 진핵세포가 세균을 집어삼킨 것이 아니라 최초의 진핵세포가 고세균과 세균의 공생으로부터 생겨났다는 이론을 제시하기도 한다.

세포 소기관과 핵 사이의 유전자 전달

미토콘드리아와 엽록체가 만들어지게 된 최초의 세포 내 공생 사건이 생겨난 이후로 일부 유전자는 세포 소기관의 유전체로부터 핵 유전체로 이동했을 가능성이 있다. 예를 들면, 산화적 인산화와 광합성이 필요한 유전자 중 일부는 핵 유전체에 존재한다. 이것들은 아마도 세포 소기관 유전체로부터 핵으로 이동되었을 것이다. 세포 소기관의 리보솜 단백질 유전자에 대해서도 마찬가지일 것이다.

유전자가 세포 소기관으로부터 핵으로 이동할 수 있다는 발상은 중요한 의미를 가진다. 첫째, 그러한 유전자의 사본이 핵 염색체에 통합되면 세포 소기관의 사본은 중복이 되어, 결국에는 없어질 수 있다. 만일 그 유전자가 원래는 세포 내 공생하게 된 세균의 독립적인 성장에 필요했던 것이었다면, 이 원시세포 소기관은 숙주세포를 벗어나서는 더 이상 생존할 수 없게 된 것이다. 둘째, 진핵생물의 다른 진화 계통에서는 세포 소기관 유전자의 서로 다른 부분을 핵으로 전달시킬 수 있으며, 그 결과 현재와 같이 세포 소기관 유전체의 엄청난 다양성을 초래하였을 것이다.

세포 소기관과 핵 사이의 유전자 전달 기작에 대해서는 조금씩 알려지고 있다. 여러 식물에서 미토콘드리아 전자전달계의 *COXII* 유전자는 미토콘드리아 유전체에 위치하는데, 다른 식물에서는 이 유전자가 핵 DNA에 위치하기도 한다. 또한 다른 여러 식물 종에서 핵의 *COXII* 유전자는 완전한 기능을 하는 반면, 미토콘드리아 DNA에는 기능을 하지 못하는 이 유전자의 사본[*COXII*의 위유전자(pseudogene)]이 들어 있다. 놀랍게도 미토콘드리아 DNA 유전자에는 인트론이 포함되어 있는 반면, 핵 유전자에는 인트론이 포함되어 있지 않다. 유전학자들은 이러한 결과를 *COXII* 유전자가 역전사효소를 사용한 RNA 매개체를 통해 미토콘드리아 DNA로부터 핵 DNA로 전달되었다고 해석하고 있다. 인트론은 아마도 *COXII* 전사체에서 스플라이싱에 의해 제거되었을 것이며, mRNA가 역전사효소에 의해 DNA로 복제되어 핵 안의 염색체에 통합되었기 때문에 인트론이 없는 핵유전자가 만들어졌을 것이다. RNA 매개체를 포함하지 않는 세포 소기관과 핵 사이의 DNA 전달 기작도 존재하는 것으로 여겨진다.

핵심 개념 17.3

- 세포 소기관 기능에 필요한 많은 단백질은 핵 DNA에 암호화 되어 있고, 일부가 세포 소기관 DNA에 존재하기 때문에, 세포 소기관과 핵 사이의 협력이 필요하다.
- 세포 공생설에 따르면 미토콘드리아와 엽록체는 세균과 같은 세포와 이들을 집어삼킨 진핵세포의 전구체 사이의 공생관계에서 진화되었다.
- 세포 소기관 유전체로부터 핵 유전체로의 유전자 전달과 뒤이은 원래 세포 소기관 유전자의 손실로 인해 숙주세포 외부에서 살아갈 수 없는 세포 소기관을 만들어냈다.

17.4 미토콘드리아와 엽록체의 비멘델성 유전

학습 목표

1. 세포 소기관이 대개는 모계로 유전된다는 것을 입증할 수 있는 실험 방법을 설명한다.
2. 한 종의 식물에서 다른 엽록체 DNA가 섞여 있는 것이 어떻게 식물에서 얼룩 색을 나타내는지 설명한다.
3. 효모 미토콘드리아가 양친성으로 유전된다는 유전 연구를 설명한다.

세포 소기관 전달 방식은 종마다 크게 다르다. 유전학자들이 주어진 종에 관해 묻는 내용 중 하나는 교배 후의 자손이 양쪽 부모로부터 세포 소기관을 얻는지(**양친유전**; biparental inheritance), 아니면 모계 혹은 부계의 한쪽 부모로부터만 받는지(**단친유전**; uniparental inheritance)이다. 이 모든 가능성이 자연에는 존재한다.

많은 생물에서 세포 소기관과 그 DNA는 한 부모로부터 유전된다

많은 진핵생물 종에서, 특히 동물에서 세포 소기관은 단친유전된다. 단친유전이 발생하면 자손은 대부분 모계로부터 세포 소기관을 받게 되지만(**모계 유전**; maternal inheritance), 예외도 많다. 예를 들어, 바나나에서 엽록체는 모계로 유전되는 반면, 미토콘드리아 유전체는 부계로 유전된다. 알팔파에서는 그 반대로 유전되며, 세쿼이아 나무에서는 엽록체와 미토콘드리아 모두 부계로 유전된다. 여기서는 보다 일반적인 모계 유전의 고전적인 예에 초점을 맞추어 살펴볼 것이다.

붉은빵곰팡이의 미토콘드리아 DNA 돌연변이의 모계 유전

5장에서 소개한 붉은빵곰팡이(*Neurospora crassa*)의 유전에 대해 논의해 보자. 붉은빵곰팡이 균락은 반수체($1n$)이며 두 종류의 교배형이 있어, 각각은 다른 교배형의 세포와 교배(융합)가 가능한 특수한 세포를 생성할 수 있다(5장 그림 5.18b 참조). 각각의 교배형은 수컷과 암컷의 교배 세포를 각각 만들 수 있는데, 수컷 세포는 암컷 세포에 비해 크기가 상당히 작다. 한 종류의 수컷 세포가 암컷 세포와 교배되면 핵이 융합하여 이배체($2n$)가 되며, 이배체는 감수분열을 하고 뒤이어 유사분열을 진행하여 반수체 포자 8개를 생성한다. 원래 반수체 세포가 핵 염색체 유전자의 서로 다른 대립유전자를 가지고 있다면, 멘델 유전에서는 8개의 포자 중 절반이 한 대립유전자를 가지며 나머지 절반이 다른 대립유전자를 가지게 될 것이다(4 : 4로 분리).

1952년에 메리와 허셸 미첼(Mary and Herschel Mitchell)은 *poky*라고 하는 느리게 자라는 붉은빵곰팡이 돌연변이 균주를 분리해 내었다. 이들은 ad^+(아데닌 합성 기능) 유전자에 대해서 야생형이며 *poky* 돌연변이 균주와 정상적으로 자라며($poky^+$) ad^-(아데닌 요구주)인 다른 교배형 세포를 교배하였다. 핵 표식자인 ad^+와 ad^-는 예상하였던 것처럼 4 : 4로 분리되었지만, 놀랍게도 포자는 모두 일정하게 $poky^+$거나 $poky^-$로 느리게 자라는 표현형의 분리비는 8 : 0 이거나 0 : 8이었다. 게다가 포자의 표현형은 항상 암컷 교배형 세포가 나타내는 표현형과 동일했다(**그림 17.8**). 모계와 부계의 배우자가 자손의 표현형에 동일하게 기여하지 않기 때문에 "*poky*" 형질은 **비멘델성 유전**을 나타낸다.

이는 $poky^-$가 미토콘드리아 DNA의 돌연변이라는 것으로 설명

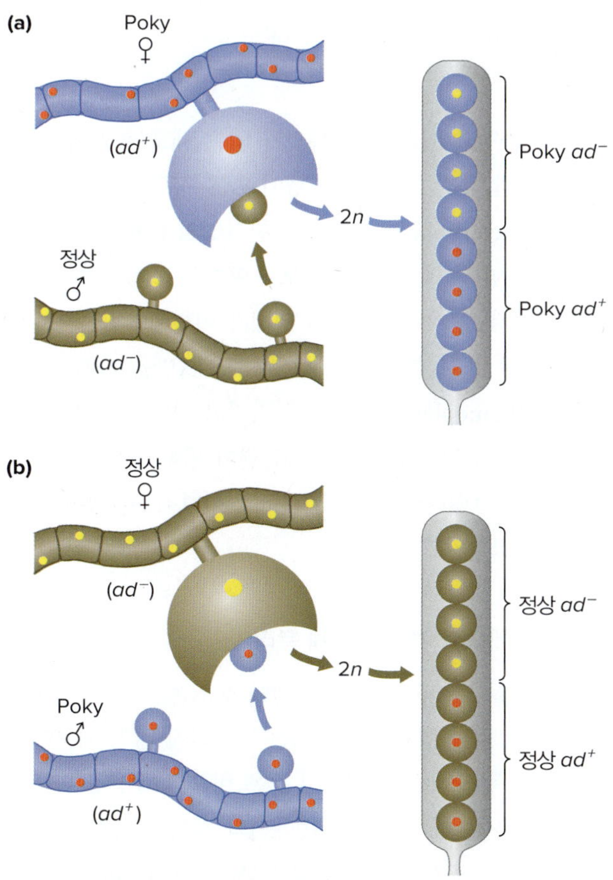

그림 17.8 붉은빵곰팡이에서의 모계 유전. **(a)** Poky ad^+(파란색 세포질, 빨간색 핵) 암컷 배우자와 정상 ad^-(갈색 세포질, 노란색 핵) 수컷 배우자를 교배하여 얻은 8분체에서 포자의 반은 ad^+이며 반은 ad^-이다. 모든 포자는 Poky인데, 그 이유는 이 표현형이 미토콘드리아 유전자에 의해 조절되고, 모든 미토콘드리아는 크기가 큰 암컷 배우자로부터 전달되기 때문이다. **(b)** 상호교배의 이배체 또한 반은 ad^+이고 나머지 반은 ad^-인 포자를 만들지만, 모든 포자는 Poky가 아니라 정상이다.

된다. *poky*는 미토콘드리아의 리보솜 RNA 유전자로 $poky^-$ 돌연변이에서는 미토콘드리아에서의 번역 효율이 떨어지기 때문에 성장이 느려진다. 크기가 큰 암컷 교배형 세포는 일시적으로 형성되는 이배체 세포의 세포질과 8개의 포자에 있는 모든 미토콘드리아를 제공한다. 따라서 붉은빵곰팡이에서 미토콘드리아 유전은 단친성이며 모계 유전이다.

세포 소기관의 모계 유전 기작

배우자의 크기 차이는 수컷 배우자가 암컷 배우자보다 훨씬 작은 붉은빵곰팡이와 같은 종에서 모계 유전을 설명하는 데 도움을 준다. 배우자의 크기 차이 결과, 접합자는 모계의 세포 소기관은 매우 많이 받으나 부계의 세포 소기관은 거의 받지 못한다. 이와 같은 현상이 분꽃의 엽록체나 인간의 미토콘드리아를 포함한 많은 다세포 생물에서의 단친성 모계 유전을 적어도 일부 설명해 줄 수 있으며, 이는 다음 절에서 살펴보게 될 것이다.

그러나 접합자의 크기가 세포 소기관의 모계 유전을 이끄는 유일한 기작은 아니다. 일부 생물에서는 부계의 세포 소기관이 능동적으로 배제되거나 파괴된다. 일부 식물에서는 접합자의 분열 초기에 대부분 혹은 모든 부계의 세포 소기관 유전체를 배아의 일부가 되지 않는 세포로 분배한다. 어떤 동물에서는 수정과정에서 부계의 세포로부터 세포 소기관이 접합자로 전달되지 못하게 막는다. 예를 들어, 척색동물인 멍게는 수정과정에서 정자의 핵만 난자로 들어가며 부계의 미토콘드리아는 물리적으로 들어가지 못하게 배제된다. 많은 동물에서 발생하는 또 다른 기작으로 수정 후 접합자 내에서 부계의 세포 소기관을 파괴하는 것이 있다.

상대적으로 적은 수의 종에서만 나타나기 때문에 세포 소기관의 단친성 부계 유전의 기초는 아직 잘 알려지지 않았다.

세포 소기관 유전체의 변이는 세포 분열 과정 동안 분리된다

하나의 진핵세포에는 수천 개의 미토콘드리아가 있을 수 있으며 하나의 식물 세포에는 수십 개의 엽록체가 있을 수 있다. 더욱이 이들 각각의 세포 소기관은 세포 소기관 유전체의 사본 여러 개를 가질 수 있다. 이와 같은 사실은 세포 소기관 염색체상의 유전자에 의해 결정되는 형질의 유전에 중요한 결과를 가져오게 된다.

분꽃의 얼룩덜룩한 색

이 장의 서두에서 식물 유전학자인 코렌스에 의해 행해진 분꽃(*Mirabilis jalapa*)의 얼룩덜룩한 잎 유전 양상에 관한 기념비적인 연구에 대해 살펴보았다. 얼룩 색 식물은 일반적으로 일부분은 초록

그림 17.9 얼룩진 분꽃 식물. 얼룩이 있는 식물은 대개 얼룩이 있는 가지, 완전한 초록색 가지, 완전한 흰색 가지를 모두 가진다. 중심 싹은 대개 얼룩이 있다.

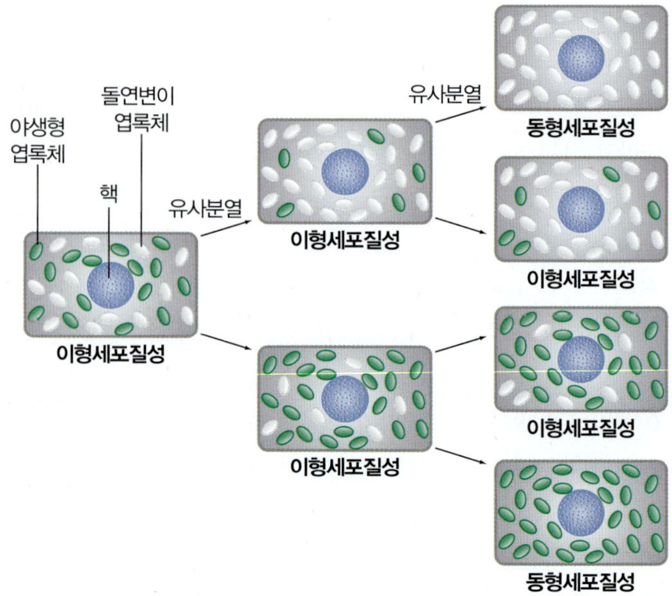

그림 17.10 엽록체의 세포질 분배. 얼룩 색의 식물은 야생형(초록색)과 돌연변이형(흰색) 엽록체를 모두 가지고 있다. 동형세포질성 세포(엽록체 DNA가 모두 돌연변이형이거나 모두 야생형임)는 이형세포질성 세포(돌연변이형과 야생형 엽록체 DNA 두 종류를 모두 가짐)가 분열할 때 엽록체가 불균등하게 분배되어 우연히 하나의 딸세포에 한 종류의 엽록체만 전달되는 경우 만들어질 수 있다.

색이고 일부분은 흰색인 얼룩덜룩한 가지와 모두 초록색이거나 모두 흰색인 가지를 가지고 있다(**그림 17.9**). 코렌스는 얼룩 색, 초록색 또는 흰색의 각기 다른 종류의 가지에서 자라는 꽃에서 얻은 수컷(꽃가루)과 암컷(난자) 배우자 사이의 가능한 모든 조합인 9가지 쌍으로 교배를 수행하였다. 그 자손의 표현형은 항상 암컷 배우자를 만들어 낸 전 세대의 표현형과 유사하였는데(**표 17.2**), 그 이유는 식물 세포의 색은 모계로 유전되는 엽록체 DNA에 의해 조절되기 때문이다.

얼룩 색 표현형의 원인은 이 분꽃이 야생형과 돌연변이 형의 두 종류 엽록체를 모두 가지고 있기 때문이다. 돌연변이 엽록체 DNA는 초록색 색소인 엽록소의 합성에 필요한 유전자에 결함이 있는 대

표 17.2 코렌스의 분꽃 교배 결과

난자를 제공한 식물의 가지	꽃가루를 제공한 식물의 가지	자손의 표현형
초록색	초록색	초록색
초록색	흰색	초록색
초록색	얼룩 색	초록색
흰색	초록색	흰색
흰색	흰색	흰색
흰색	얼룩 색	흰색
얼룩 색	초록색	초록색 또는 흰색 또는 얼룩 색
얼룩 색	흰색	초록색 또는 흰색 또는 얼룩 색
얼룩 색	얼룩 색	초록색 또는 흰색 또는 얼룩 색

립 유전자를 가지고 있으며, 엽록소가 없는 세포는 흰색을 띠게 된다. 세포 소기관 유전체의 유전자형이 둘 이상인 세포 혹은 개체를 **이형세포질성**(heteroplasmic)이라고 한다(**그림 17.10**). 얼룩 색 식물은 야생형과 돌연변이형 엽록체를 모두 포함하고 있는 이형세포질성 난자로부터 생겨났기 때문에 개체 전체가 이형세포질성으로 간주된다. 이런 식물은 또한 한 종류의 엽록체 DNA만을 가지는 세포, 즉 **동형세포질성**(homoplasmic) 세포도 가지고 있다(그림 17.10). 예를 들어 식물에서 전체가 흰 부분은 돌연변이 엽록체에 대한 동형세포질성인 것이다. 그렇다면 왜 일부 세포는 이형세포질성이고 다른 일부는 동형세포질성일까?

세포질에서의 세포 소기관 유전체 분리

세포가 유사분열을 하면 엽록체의 절반 정도는 각각의 딸세포에 도달하게 된다. 그러나 엽록체의 분배는 정밀하지 않기 때문에 이형세포질성 세포의 두 딸세포는 정확히 같은 비율의 야생형 및 돌연변이 엽록체를 받지 않는다. 그림 17.10에서와 같이 수차례의 세포 분열을 거치는 동안 무작위적인 **세포질 분배**(cytoplasmic segregation)에 의해 한가지 유형의 엽록체 DNA만 포함하는 동형세포질성 딸세포가 생겨날 수 있다. 세포가 한번 동형세포질성이 되면 새로운 돌연변이가 생기기 전까지는 다시 이형세포질성이 될 수 없기에, 이 시점 이후의 자손은 모두 동형세포질성이 된다. 엽록체의 우연한 세포질

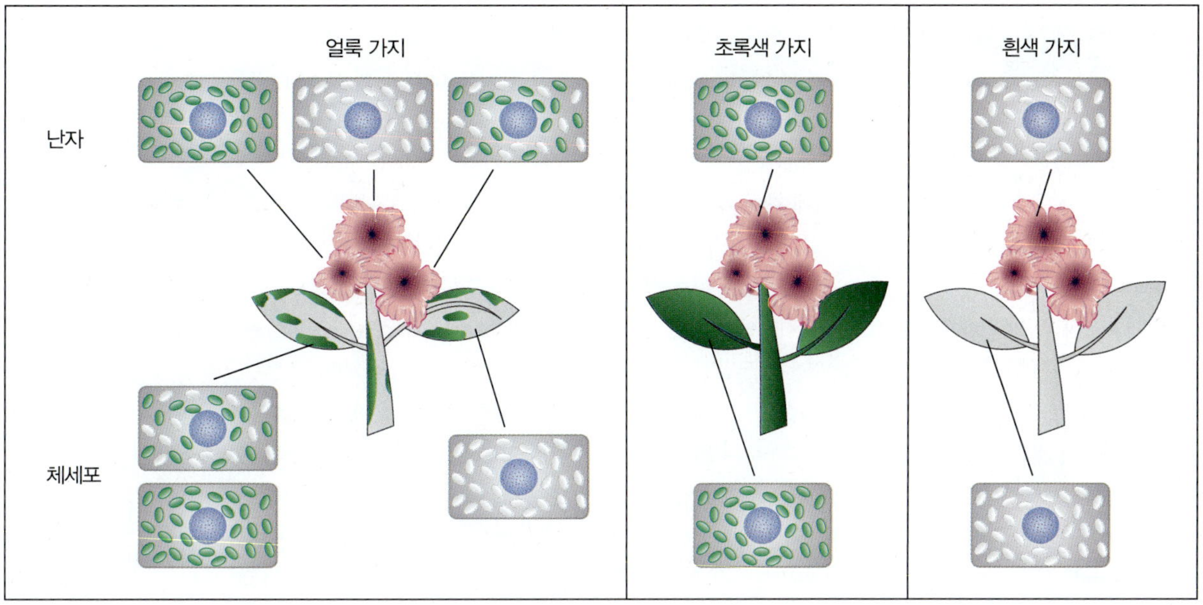

그림 17.11 얼룩 분꽃의 세 종류 난자. 얼룩 가지에서 초록색 부분은 주로 이형세포질성 세포로 구성되어 있다. 세포질 분배는 흰색 영역을 형성하는 일부 동형세포질성 돌연변이 세포와 초록색 영역을 형성하는 일부 동형세포질성 야생형 세포를 만들어낸다. 얼룩 가지의 난자는 야생형 또는 돌연변이형 엽록체를 가진 동형세포질성일 수도 있고, 이형세포질성일 수 있다. 완전한 초록색이나 완전한 흰색의 가지에서는 모든 난자가 각각 야생형 또는 돌연변이형의 동형세포질성이다.

분배는 야생형 및 돌연변이형 엽록체를 가지는 이형세포질성의 식물이 어떻게 이형세포질성, 야생형 동형세포질성, 돌연변이형 동형세포질성 세포의 혼합물을 가질 수 있는지를 적어도 부분적으로 설명한다.

세포 분리와 얼룩 색의 관계

얼룩 색 식물에서 대개 얼룩 색의 중심 싹은 초록색과 흰색 조직의 얼룩을 가지며, 완전히 초록색이거나 완전히 흰색인 가지도 가진다(그림 17.9). 얼룩 색 부분에서 초록색 얼룩은 주로 이형세포질성 세포로 이루어져 있다(**그림 17.11**). 유사분열 동안 돌연변이 엽록체에 대한 동형세포질성인 세포가 생겨날 수 있으며, 이들은 흰색 얼룩과 흰색 가지를 형성한다. 야생형 엽록체에 대해 동형세포질성인 세포 또한 생겨날 수 있으며, 이들은 완전히 초록색인 가지를 형성한다.

분꽃에서 이형세포질성 세포는 초록색인데 그 이유는 야생형의 엽록소가 아주 조금만 있어도 충분히 초록색을 띨 수 있기 때문이다. 야생형 세포 소기관이 특정한 양 이상만 있으면 정상적인 표현형을 나타내는 이러한 현상을 **역치 효과**(threshold effect)라고 한다. 돌연변이 표현형이 나타나지 않는 야생형 세포 소기관의 정확한 비율은 유전자와 돌연변이의 종류에 의존적이다.

이제 코렌스의 교배 실험 결과를 이해할 수 있게 되었을 것이다(표 17.2). 흰색 가지의 꽃에 있는 암컷 배우자는 돌연변이 엽록체에 대한 동형세포질성이며, 이들은 항상 완전한 흰색 식물을 만들어내게 된다(이 식물은 광합성을 하지 못하기 때문에 결국에는 죽는다). 초록색 가지의 꽃에서 생겨난 난자는 야생형 엽록체에 대한 동형세포질성으로 완전한 초록색(얼룩 색이 아닌) 자손을 낳게 된다. 마지막으로 얼룩 가지의 꽃에서는 이 세 종류의 난자가 모두 나올 수 있다(그림 17.11). 그림 17.9에 나와 있는 식물은 얼룩 가지에 있는 꽃의 이형세포질성 난자로부터 만들어졌을 것이다. 이 장의 시작 부분에 있는 사진의 식물도 마찬가지여야 한다.

각 세포 소기관의 이형세포질성

각각의 엽록체나 미토콘드리아에는 여러 개의 유전체 사본이 있어 각각의 세포 소기관은 그 자체가 야생형과 돌연변이 DNA에 대해 동형세포질성일 수도 있고 이형세포질성일 수도 있다. 다음의 두 경우로 인하여 원래 이형세포질성인 세포 소기관 내에서 유전체의 세포질 분배가 유도될 수 있다. 첫째, 세포 소기관이 분열할 때 딸 소기관에 대한 유전체 사본의 분리는 무작위적으로 일어나기 때문에 한 종류의 엽록체 DNA가 우연히 분리되어 나타날 수 있다. 둘째, 세포 소기관 내의 모든 DNA 분자가 복제되는 것은 아니며 어느 것이 복제되는지는 무작위로 선택되는 것으로 여겨진다. 결과적으로 일부 유전체는 여러 번 복제되는 반면 다른 유전체는 전혀 복제되지 않는다.

개별 소기관이 정상적으로 기능하는지(야생형) 또는 그렇지 않은지(돌연변이형)는 잠재적으로 역치 효과에 의하여 결정된다. 따라서 세포와 마찬가지로 각 세포 소기관의 표현형, 즉 그 세포 소기관이

빠르게 살펴보기

미토콘드리아 이브

인간 미토콘드리아의 모계 유전은 우리의 진화 역사에 대한 추론을 할 수 있는 독특한 기회를 제공한다. 이와 같은 연구를 통해 유전학자인 윌슨(Allan C. Wilson)과 그의 동료들은 오늘날 살아 있는 인간의 미토콘드리아 DNA가 모계 혈통을 따라 약 200,000년 전에 아프리카에 살았던 한 여성의 미토콘드리아 DNA에서 유래하였다는 놀라운 결론에 도달했다.

비록 오늘날 모든 인간이 미토콘드리아를 따라 오래전에 살았던 한 여성인 **미토콘드리아 이브**까지 거슬러 올라갈 수는 있지만, 우리의 미토콘드리아 DNA가 모두 동일한 것은 아니다. 실제로 지난 20만 년 동안 발생했던 무작위적인 돌연변이에 의해 야기된 인간 미토콘드리아 유전체 서열의 차이 덕분에, 과학자들은 미토콘드리아가 미토콘드리아 이브까지 도달한 경로를 추적할 수 있었다.

윌슨과 동료들은 전 세계에서 사람이 거주하는 대륙을 대표하는 약 250명에 대해 미토콘드리아 DNA 서열을 분석하였는데, 아시아인이나 유럽인보다 아프리카인 사이에서 더 많은 염기서열 차이가 있음을 발견하였다. 돌연변이는 시간이 지남에 따라 발생하기 때문에, 아프리카인 집단이 변이를 축적하는 데 가장 오랜 시간을 소요하였을 것이며 이로써 간단하게 결론을 내릴 수 있다. 현대 인류는 아프리카에서 기원하였다.

미토콘드리아 DNA에 돌연변이가 축적되는 비율이 상대적으로 일정하다고 가정하여 미토콘드리아 이브가 존재했을 법한 시대를 추정할 수 있다. 침팬지와 인간은 약 500만 년 전에 공통 조상으로부터 갈라져 나왔고 인간과 침팬지의 미토콘드리아 DNA는 약 15% 정도 다르다. 동일한 염기쌍에서 발생할 수 있는 다중 치환을 설명할 수 있도록 이 데이터를 약간 조정하여 추정한 결과, 인간과 침팬지의 미토콘드리아 DNA는 백만 년당 평균 13.8%의 비율로 바뀌어 갈라져 온 것으로 생각할 수 있다.

미토콘드리아 이브가 살았던 시기를 대략적으로 알아보기 위해 윌슨과 그의 동료들은 인간 미토콘드리아 DNA에 있는 변이의 최대치가 미토콘드리아 DNA의 약 2.8%에 달한다는 점을 고려하였다. 이 수치를 단순하게 침팬지와 인간 미토콘드리아 유전체를 비교하여 얻은 단위 시간당 염기쌍 변화 비율로 나누어 현재 가장 많은 미토콘드리아 DNA 변이를 가지고 있는 인간이 공통 모계 조상과 동일한 미토콘드리아 DNA를 가졌을 시기를 추정하였다.

$$\frac{2.8\%\ \text{bp 변화}}{13.8\%\ \text{bp 변화/백 만년}} = 0.20\text{백만 년}$$

$$= 20\text{만 년 전}$$

비록 이 분석의 기초를 이룬 통계학적 방법과 가정에 있어 약간의 논란이 존재하지만, 대다수 유전학자는 우리의 조상 미토콘드리아 DNA를 가졌던 여성이 약 20만 년 전 사하라 사막 이남의 아프리카에서 살았다는 결론에 동의한다.

미토콘드리아 이브는 누구였을까? 정답은 그녀가 오늘날 살아있는 인간에게 존재하는 모든 미토콘드리아 DNA를 추적할 수 있는 단 한 명의 여성이라는 점이다. **그림 A**는 그 개념을 설명한다.

여러분은 그녀의 이름에도 불구하고 미토콘드리아 이브가 분명 최초의 여성이 아니었음을 알 수 있을 것이다. 많은 다른 여성들이 동시에 살아 있었고, 그녀 이전에도 많은 여성이 존재했었다. 그러나 다른 여성들의 미토콘드리아 DNA는 오늘날의 인간에게 전해지지 않았다. 지난 20만 년 동안, 이 여성들 또는 후대에 생존한 모계 후손들은 아이가 없었거나 아들만 낳았

기능을 하느냐 못하느냐는 야생형 유전체 사본 수와 돌연변이형 유전체 사본 수의 상대적인 비율에 따라 영향을 받는다.

일부의 생물에서는 세포 소기관의 유전체가 양친유전 양상을 보인다

비록 대부분의 후생동물과 식물에서는 세포 소기관의 유전이 단친성 유전 양상을 보이는 것이 일반적이지만, 특정 종류의 단세포 효모와 일부 식물에서는 세포 소기관 유전체가 양쪽 부모로부터 유전되는 양친유전 양상을 보인다. 이 절에서는 출아 효모 *Saccharomyces cerevisiae*의 예를 살펴보겠다.

효모에서 미토콘드리아 유전자의 유전 연구

세균에서 mRNA의 번역을 저해하는 클로람페니콜과 에리트로마이신 등의 약물은 미토콘드리아 단백질 합성의 강력한 저해제이다(세포질 단백질 합성은 저해하지 않음). 이러한 사실은 1960년대 초에 클로람페니콜이 비발효성 탄소원(글리세롤이나 에탄올)을 포함하는 배양액에서는 야생형 효모의 성장이 억제되지만, 발효성 탄소 원인 포도당을 가지는 배양액에서는 효모의 성장이 억제되지 않는다는 것을 발견하면서 밝혀졌다. 발효는 산소가 없는 조건에서 ATP를 생성하는 것으로 미토콘드리아와 무관하게 일어나기 때문에 앞의 결과로부터 클로람페니콜이 미토콘드리아 번역기구에 작용한다고 결론을 지을 수 있었다.

이에 연구자들은 세포가 성장을 위해 미토콘드리아에 의존하게

다. 이 개념은 그림 A에서 보여주고 있는데, 채색되어 있는 사람들의 혈통은 현세대 이전에 사라졌다.

유사한 조상 추적으로 오늘날 모든 Y 염색체의 최근 공통 조상을 보유하는 남성, 소위 말하는 Y 염색체 아담도 사하라 이남 아프리카에 살았으나 아마도 다른 시기(20만~30만 년 전)에 살았을 것이라는 내용이 밝혀졌다. 24장에서는 과학자들이 어떻게 DNA 염기 서열을 비교하여 인류 진화 역사에 대해 추론을 하는지 더 자세하게 배우게 될 것이다.

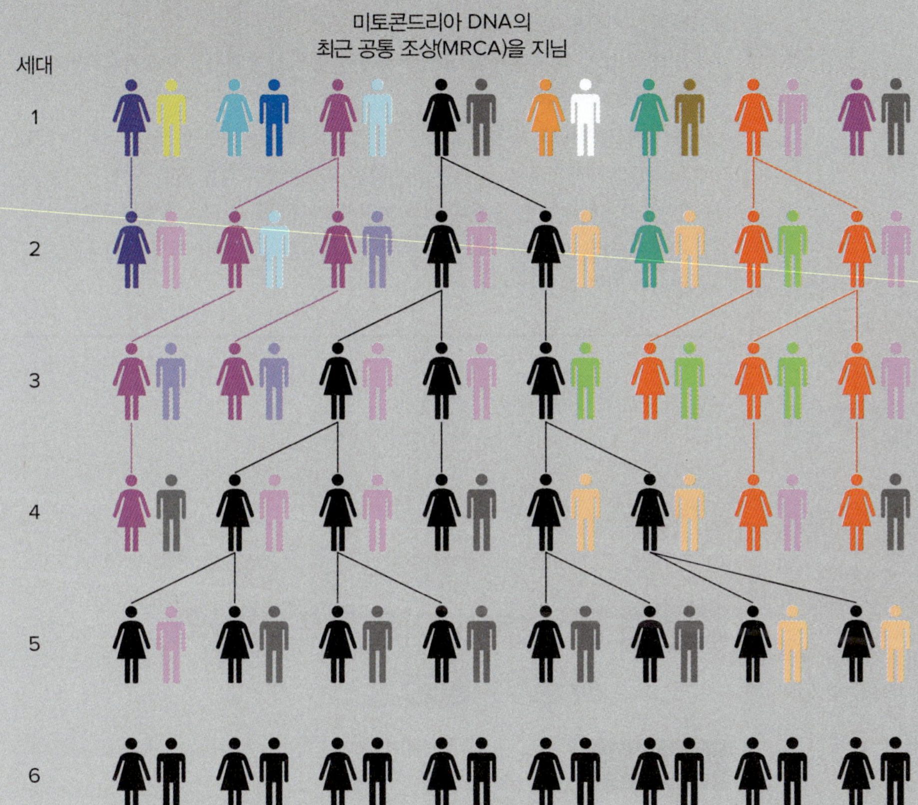

그림 A 미토콘드리아 DNA의 최근 공통 조상(most recent common ancestor; MRCA). 오늘날 사람들의 미토콘드리아 DNA(6세대)는 미토콘드리아 DNA의 최근 공통 조상을 보유하고 있는 한 명의 여성(1세대, 검은색)으로 추적될 수 있다. 이전 세대에 나타난 다른 여성의 미토콘드리아 DNA(검은색 이외의 색)는 5세대 이전 어느 시점에 손실되었다. 미토콘드리아 DNA는 모계로 전달되기 때문에 남성이 지닌 미토콘드리아 DNA 변이는 다음 세대의 미토콘드리아 DNA 분포에 영향을 미치지 않는다. 모집단의 모든 여성이 최근 공통 조상인 미토콘드리아 DNA 변이를 보유하게 되면, 다음 세대의 모든 남성도 최근 공통 조상인 미토콘드리아 DNA 변이를 보유하게 된다.

만드는 글리세롤이나 에탄올에서 효모를 성장시키면, 미토콘드리아 유전자의 돌연변이를 분리할 수 있다고 생각했다. 실험 방법은 간단했다. 야생형 효모와 달리 미토콘드리아 단백질 합성을 억제하는 약물이 있는 조건에서도 글리세롤 배양액에서 자랄 수 있는 돌연변이가 선택되었다. 미토콘드리아 DNA에서 발견된 첫 유용한 돌연변이는 클로람페니콜 내성 돌연변이(C^r)로 이들은 이 약물에 민감한 야생형 세포(C^s)로부터 유래한 것이다.

5장에 나왔던 것처럼 효모 세포는 반수체이며 교배형은 a 또는 α 둘 중 하나이다(그림 5.18a). 반대의 교배형 세포들은 융합하여 이배체를 형성할 수 있으며, 이배체는 출아하여 자랄 수 있다. 따라서 효모의 교배를 통해 이배체를 생성하고 배양할 수 있다. 효모는 두 배우자(반대 교배형의 반수체 세포)의 크기와 모양이 비슷하기 때문에 **동형배우자성 종**(isogamous species)이다.

효모에서 미토콘드리아의 양친형 유전과 세포질 분배

효모에서 미토콘드리아의 유전 양상을 분석하기 위하여 서로 반대되는 교배 유형의 C^r과 C^s 부모 세포를 혼합하고 부모 세포가 가지는 영양 요구성 표식자를 사용하여 새로 생성된 이배체를 분리하였다. 새로 생성된 이배체 세포는 여러 세대 동안 영양 성장(vegetative growth)을 통해 분열시킨 후 글리세롤과 클로람페니콜이 있는 배양접시에 세포의 복제 배양접시를 만들어 C^r과 C^s 표현형을 조사하였다. 그 결과 일부 이배체는 C^r이며 나머지 일부는 C^s임이 밝혀졌다(**그림 17.12**). 이 결과는 양쪽의 부모가 세포 소기관을 자손에게 전달했음을 보여준다.

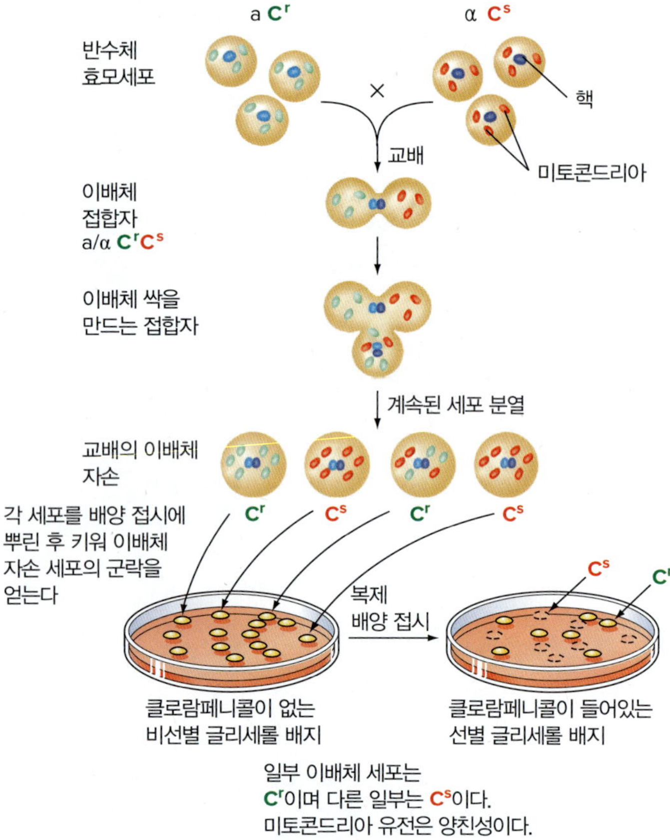

그림 17.12 출아 효모에게서의 양친성 미토콘드리아 유전. 효모의 클로람페니콜에 대한 내성 또는 민감성은 미토콘드리아 유전자가 조절한다. 서로 다른 교배형인 클로람페니콜 내성(C^r) 반수체 효모와 클로람페니콜 민감성(C^s) 반수체 효모를 교배하면 이배체는 두 반수체 모두로부터 미토콘드리아를 전해 받는다. 이 미토콘드리아 DNA 변이체들은 이후에 이배체 세포가 유사분열에 의해 분열할 때 세포질 분배를 거치게 된다.

이 실험은 또한 서로 다른 교배형을 가지는 양친 세포의 세포 소기관이 영양 성장 과정에서 유사분열이 진행되는 동안 분리된다는 것도 보여주었다. 교배 직후의 이배체는 두 종류의 미토콘드리아를 모두 가지게 될 것이고, C^r 대립유전자가 우성이므로 이 이배체의 표현형은 C^r이 될 것이다. 그러나 여러 번의 분열을 거친 후에는 일부 세포는 C^s 미토콘드리아만을 가져 C^s 표현형을 나타내게 된다. 즉 C^r와 C^s 미토콘드리아 DNA는 무작위적 세포질 분배를 거친 것이다(그림 17.12).

S. cerevisiae 연구를 통해 알게 된 것 중 하나는 미토콘드리아 DNA의 세포질 분배 과정은 매우 빠르게 일어나기 때문에 단지 몇 번의 유사분열만을 거치더라도 이러한 현상이 나타난다는 것이다. 이 효모는 작은 싹을 만드는 출아 과정을 통해 유사분열을 한다는 것을 기억할 것이다(그림 5.18a 참조). 이와 같은 크기의 불균등으로 인하여 단지 소수의 미토콘드리아 DNA만 새로 형성되는 싹으로 전달되면 새로운 싹의 대부분은 한 종류의 미토콘드리아 DNA를 가지게 될 가능성이 커진다.

핵심 개념 17.4

- 많은 생물에서 세포 소기관의 유전자에 의해 결정되는 형질들은 단친성이며 모계로 유전된다. 모든 자손의 표현형은 모계와 유사하다.
- 세포 소기관의 모계 유전은 종종 암컷 배우자가 수컷 배우자에 비해 크기가 더 큰 것에 기인한다. 또한 수컷 배우자에서 유래한 세포 소기관을 파괴하거나 배제하는 기작도 가질 수 있다.
- 효모와 같이 두 배우자의 크기가 비슷한 일부 생물에서는 미토콘드리아가 양친형으로 유전된다.
- 한 세포 안에 세포 소기관 DNA가 혼합된 형태로 존재할 수 있다. 이러한 이형세포질성 세포의 세포 소기관 유전체는 유사분열 과정을 여러 차례 거치는 동안 서로 분리되어 한 종류의 세포 소기관 DNA만을 가지는 동형세포질성 세포가 만들어질 수 있다. 세포질 분배는 다른 표현형을 가진 조직을 만드는 얼룩변이의 원인 중 하나이다.

17.5 돌연변이 미토콘드리아와 사람의 질병

학습 목표

1. 가계도에서 미토콘드리아 질병을 확인한다.
2. 미토콘드리아 질병의 증상이 나타내는 것에 대한 이형세포질성의 영향을 설명한다.
3. 왜 일부 과학자들이 미토콘드리아와 노화 사이에 연관성이 있다고 생각하는지 논의한다.
4. 난모세포의 핵 이식이 미래에 어떻게 미토콘드리아 질병의 유전을 막는 데 사용될 수 있을지 설명한다.

모든 염색체와 마찬가지로 인간 미토콘드리아 DNA에서도 돌연변이가 발생한다. 그 결과, 오늘날 인류는 서로의 미토콘드리아 유전체를 구별할 수 있는 여러 다형성을 가지고 있다. 유전학자들은 우리 종의 진화 역사를 탐구하기 위하여 인간 미토콘드리아 DNA의 서열을 분석할 수 있으며, 미토콘드리아 DNA의 모계 유전은 이러한 진화 연구에 독특한 관점을 제공한다. 「빠르게 살펴보기」 내용의 **미토콘드리아 이브**는 미토콘드리아 DNA 염기서열을 비교한 결과가 오늘날 살아 있는 모든 인간이 약 20만 년 전에 살았던 아프리카 여성의 후손임을 암시하는지 설명한다.

특정한 미토콘드리아 DNA의 다형성은 심각한 표현형을 유발한다. 특히 인간 신경계를 약화시키는 여러 질병은 미토콘드리아 유전체의 돌연변이에 의해 유발된다. 이 질병 유전자는 어머니에게서 딸과 아들로, 영향을 받은 딸에서 손녀와 손자에게 전달되는 등 모계를 통해서 전달된다. 이형세포질성으로 인하여 이와 같은 질병의 증상은 가족 구성원 간에 크게 다를 수 있다. 최근 **미토콘드리아 유전자 치료**(mitochondrial gene therapy)의 발전으로 미토콘드리아 기반의 질병이 있는 여성이 돌연변이 미토콘드리아 DNA를 전달하지 않고도 자녀를 가질 수 있게 되었다.

LHON 환자는 대개 동형세포질성이다

레베르 유전성 시신경병증(**L**eber's **h**ereditary **o**ptic **n**europathy; LHON)은 미토콘드리아 전자전달계의 결함에 의하여 시신경이 퇴화되어 눈이 멀게 되는 질병이다. 가계도를 보면 LHON은 모계를 통해서만 자손에게 전달되는 것을 알 수 있다(**그림 17.13**). LHON은 *ND1*, *ND4* 또는 *ND6*의 세 가지 미토콘드리아 유전자 중 하나의 유전자에 생긴 저형성 돌연변이(hypomorpic mutation)에 의해 발생하는데, 이들 유전자 각각은 그림 17.1b에 표시된 전자전달계의 첫 번째 효소 복합체인 NADH 탈수소효소를 구성하는 단위체 유전자이다. 전자전달계를 통한 전자의 흐름이 감소하면 미토콘드리아에서 ATP의 생성이 감소하여 세포의 기능이 점차 떨어져 결국에는 세포가 죽게 된다. 시신경 세포는 에너지 요구량이 상대적으로 높으므로 이런 유전적 결함이 다른 생리 시스템에 영향을 미치기 전에 시력에는 빠르게 영향을 미치게 된다.

질병을 유발하는 대립유전자는 약한 돌연변이여서 LHON의 영향을 받은 사람 대부분에서 시신경 세포는 질병 돌연변이에 대해 동형세포질성(모든 미토콘드리아가 돌연변이)이며, 일반적으로 이 경우는 이 사람 전체가 돌연변이 미토콘드리아에 대한 동형세포질성임을 의미한다. 이러한 이유로 LHON은 항상 그렇지는 않지만 대부분 미토콘드리아 질병으로써 가능한 가장 단순한 유전 양상을 나타내게 된다(그림 17.13). LHON 영향을 받은 모든 여성의 난자에 있는 모든 미토콘드리아 DNA는 돌연변이이며, 따라서 이들의 모든 자손(남녀 모두)은 미토콘드리아에 대한 동형세포질성이다. LHON 가계도가 그림 17.13에 표시된 것과 같이 항상 명확한 것은 아니다. 어떤 가족에서는 유전의 침투도가 불안전한데 이것은 아마도 이형세포질성 때문일 것이다.

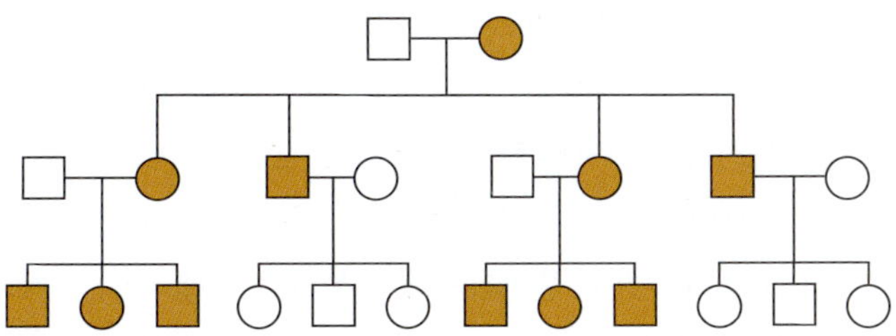

그림 17.13 미토콘드리아 질병의 전형적인 가계도. 질병이 있는 어머니의 모든 자녀는 질병의 영향을 받으나, 질병이 있는 아버지의 자녀는 아무도 질병의 영향을 받지 않는다. 일부 LHON 가계도는 이상적인 유전 양상을 나타내지만, 형질은 불완전한 침투성과 다양한 발현 정도를 나타내는데, 그 이유는 일부 LHON 환자가 이형세포질성이기 때문이다.

MERRF 환자는 이형세포질성이다

희귀한 유전병인 불균일 적색 근육 섬유를 동반한 간대성 뇌전증(**m**yoclonic **e**pilepsy and **r**agged **r**ed **f**iber disease; MERRF)은 근육 경련(간대성 뇌전증 증상의 일부), 근육의 약화, 청각 장애, 심장과 신장의 이상, 진행성 치매 등의 다양한 증상을 나타낸다. 환자들의 골격근 부위를 염색해 보면 종종 비정상적인 불균일 패턴이 나타나는데, 이것은 이 병의 이름에도 있는 것과 같이 불균일한 적색근에 의한 것이다(**그림 17.14**).

MERRF는 미토콘드리아 tRNA 유전자의 기능 상실 돌연변이에 의해 발생하며, 90%의 MERRF 환자는 $tRNA^{Lys}$에 돌연변이를 가지고 있다. 이 돌연변이는 미토콘드리아 mRNA의 모든 번역에 영향을

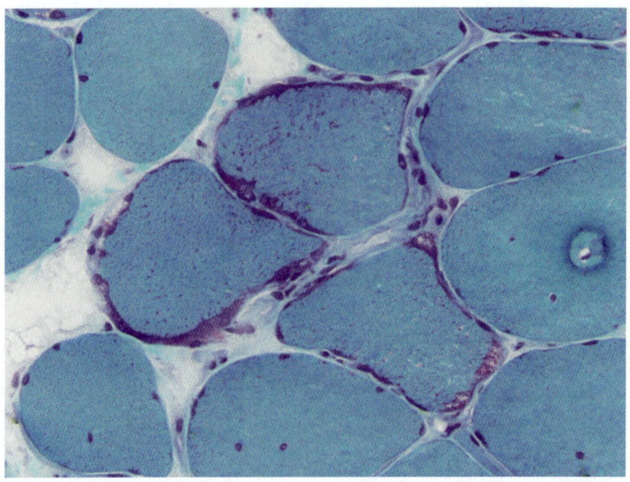

그림 17.14 MERRF 환자의 근섬유 사진. 미토콘드리아는 빨간색으로, 세포질은 파란색으로 염색되었다. 돌연변이 미토콘드리아의 비율이 높은 이 이형세포질성 환자의 근섬유는 미토콘드리아 기능이 매우 저하되어 있다. 이를 보충하기 위하여 이 불균일 적색근에서는 미토콘드리아가 더 많이 만들어진다(따라서 염색하면 빨간색이 더 많이 보인다). 그럼에도 불구하고 불균일 적색근에서는 여전히 에너지가 적게 생성되고 정상 섬유보다 덜 건강하다. *Source: ©Courtesy Dimitri P. Agamanolis, M.D.*

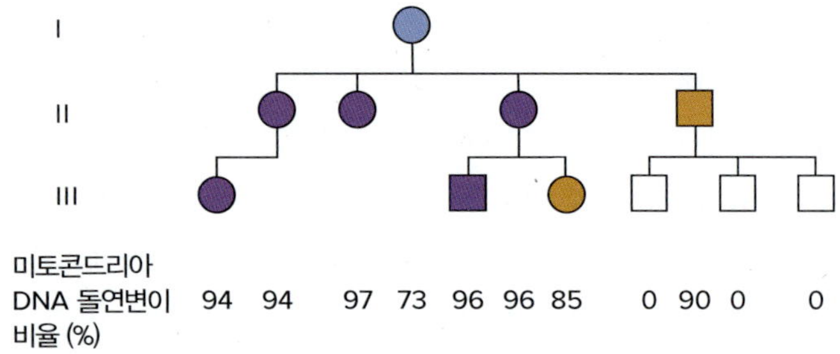

그림 17.15 MERRF의 모계 유전. 이 가계도는 미토콘드리아 돌연변이에서 예상되는 모계 유전 양상을 보이지만, 이형세포질성 개체의 세포에서 돌연변이 미토콘드리아 DNA의 전체적인 비율은 그림 아래쪽에 표기된 것처럼 다양하며, 다른 색으로 표시한 증상의 정도와 일치한다.

미치기 때문에 ATP 생성에 심각한 악영향을 미친다. 해당 미토콘드리아 돌연변이를 가진 세포가 동형세포질성이라면 세포가 죽을 것이기 때문에, 이 미토콘드리아 돌연변이를 가진 사람들의 세포는 항상 야생형과 돌연변이형 미토콘드리아를 모두 가지는 이형세포질성이다. 이와 같은 이형세포질성은 질병 증상이 나타나는 정도 및 침투도에 매우 다양한 변화를 가져오게 한다.

난자에서 돌연변이 미토콘드리아 비율의 다양성

그림 17.15의 가계도에서 알 수 있듯이 MERRF는 어머니로부터 유전되며, 남성 환자의 자손 중에서는 어느 누구도 질병 증상을 나타내지 않는다. 또한 가족력으로부터 이 병의 증세는 개인에 따라 매우 크다는 것을 알 수 있는데, 이것은 대체로 돌연변이 미토콘드리아의 비율과 관계가 있다. 그림 17.15에서 볼 수 있듯이 어머니와 자손의 돌연변이 미토콘드리아 비율이 항상 같은 것은 아니며, 형제자매 사이에서도 그 비율은 같지 않다. 그 이유는 MERRF 돌연변이에 대해 이형세포질성인 여성에서 난자가 만들어질 때 야생형과 돌연변이형 $tRNA^{Lys}$ 유전자를 가진 미토콘드리아 DNA의 상대적 비율이 다양하게 형성되기 때문이다. 그 정확한 비율은 생식 근원세포 계통을 형성하는 유사분열 과정에서 미토콘드리아의 무작위적 분배에 달려 있다.

조직 내 돌연변이 미토콘드리아와 표현형 분포의 다양성

MERRF를 유발하는 미토콘드리아에 대해 이형세포질성인 사람에서 돌연변이형과 야생형 미토콘드리아 DNA의 비율은 유사분열 동안 일어나는 무작위적인 세포질 분배로 인해 조직마다 상당히 다르다. 그리고 각 조직은 서로 다른 에너지 요구량을 갖기 때문에 비율이 같더라도 각 조직에 미치는 영향은 다를 수 있다(**그림 17.16**). 근육과 신경세포는 세포 중에서 에너지 요구량이 가장 높아 산화적 인산화에 가장 의존적이다. 이들 조직에서 돌연변이 미토콘드리아 DNA의 분리 정도에 의해 MERRF를 판별하게 하는 특징이 만들어진다.

그림 17.16 MERRF의 증상의 다양성. 돌연변이 미토콘드리아(파란색)의 비율이 특정 조직에서 MERRF 증상의 중증도를 결정한다. 에너지 요구량이 높은 조직(예를 들면, 뇌)은 돌연변이 미토콘드리아의 영향을 가장 많이 받는다. 에너지 요구량이 낮은 조직(예를 들면, 피부)은 야생형 미토콘드리아(보라색)의 비율이 많이 낮아진 경우에만 영향을 받는다.

미토콘드리아 돌연변이는 인간의 노화에 영향을 미칠 수 있다

미토콘드리아 DNA의 돌연변이 중 일부는 생식세포를 통해 유전되지만 다른 돌연변이는 체세포에서 우연히 산발적으로 생겨날 수 있다. 사실 인간 체세포에서 돌연변이의 비율은 핵 DNA보다 미토콘드리아 DNA에서 훨씬 높다. 그 이유 중 하나는 미토콘드리아의 산화적 인산화 기구가 세포 소기관 내 DNA를 손상시킬 수 있는 자유라디칼을 매우 높은 수준으로 만들어내기 때문이다.

노화유전학을 연구하는 일부 학자들은 사람의 일생 동안 미토콘드리아 DNA에 축적되는 돌연변이가 노화에 따른 산화적 인산화 감소를 초래한다고 생각하고 있다. 이러한 산화적 인산화의 감소는 심장이나 뇌 기능 저하 등과 같은 노화의 다른 증상에 대한 원인이 된다. 이러한 가설을 지지하는 한 가지 증거로 알츠하이머성 치매 증상을 보이는 사람의 뇌세포는 비정상적으로 낮은 에너지 대사량을 가진다는 점을 들 수 있다. 흥미롭게도 대부분의 치매 환자 뇌세포에 있는 미토콘드리아의 20~35% 가량은 세 개의 시토크롬 *c* 산화효소 유전자 중 두 개에 돌연변이를 가지고 있다. 미토콘드리아의 손상이 실제로 노화 과정에 크게 기여하는지를 확인하기 위해서는 더 많은 연구가 필요할 것이다.

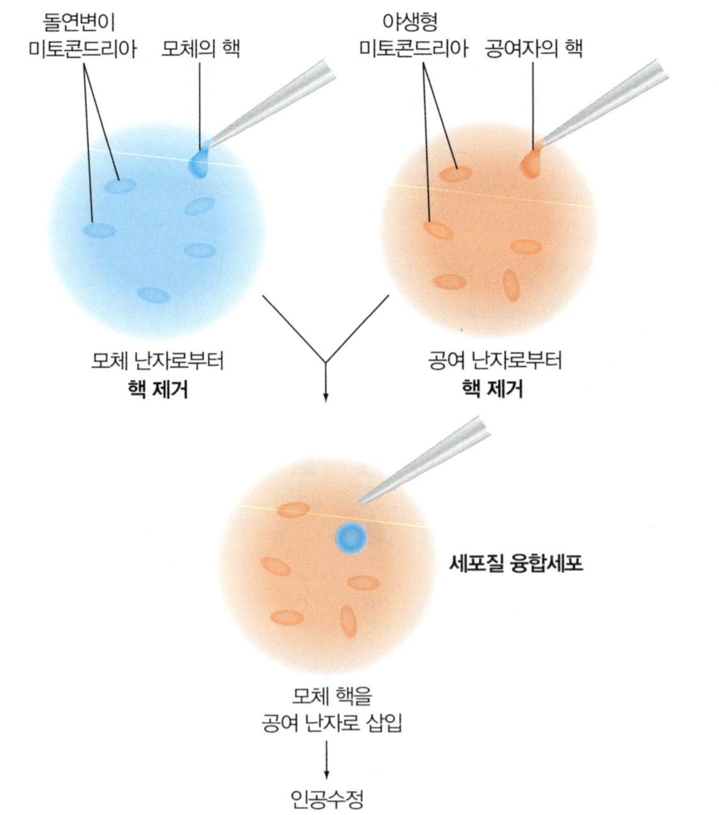

그림 17.17 미토콘드리아 유전자 치료. 돌연변이 미토콘드리아를 가진 난모세포의 핵을 정상 미토콘드리아를 가진 난자로 이식하여 세포질 융합 난자를 생성한다. 이 기술은 미토콘드리아 질병의 유전을 막을 수 있다.

난모세포 핵 이식으로 미토콘드리아 질병의 유전을 피할 수 있다

미토콘드리아 질병은 비교적 희귀한 질병이지만, 미국에서만 한 해에 수천 명의 아기가 미토콘드리아 DNA의 돌연변이에 의한 질병을 가지고 태어난다. 새로운 기술로 인해 미토콘드리아 질병이 엄마로부터 자손에게 전달되는 것을 피할 수 있는 가능성이 만들어졌다. **미토콘드리아 유전자 치료**(mitochondrial gene therapy)라고 하는 이 신기술은 정상적인 미토콘드리아를 가진 공여 난자에서 핵을 제거하고 미토콘드리아 질병이 있는 예비 엄마의 난자로부터 얻은 핵을 넣어 치환한다는 개념에 기초한 것이다(**그림 17.17**). 서로 다른 출처의 핵과 미토콘드리아를 가진 난자는 **세포질 융합세포**(**cy**toplasmic hy**brid**; cybrid)라고 한다.

시험관 수정을 한 후 접합자를 자궁에 이식하여 태어난 아이는 부모의 핵유전자와 난자 공여자의 정상적인 미토콘드리아 DNA를 가지게 된다. 이 과정에서 핵심적인 부분은 엄마의 핵을 미토콘드리아 없이 깨끗하게 얻어 이식하는 것으로, 그렇지 못하면 접합자는 이형세포질성이 될 것이다.

그림 17.18 미토와 트래커: 영장류에서의 성공적인 난모세포 핵 이식. 두 붉은 털원숭이는 난모세포 핵 이식과 인공수정에 의해 태어났다. 이들의 세포는 수컷과 난자 핵 공여자로부터 온 핵을 가지고 있지만, 미토콘드리아 DNA는 핵을 제거한 난모세포를 제공한 세포질 공여자로부터 유래한 것이다. *Source: ©Oregon Health and Science University*

2009년에 붉은털원숭이 난자의 핵을 핵이 제거된 공여자의 난자로 이식한 후 이 조작된 난자를 붉은털원숭이의 정자와 인공수정 시켰다. 수정된 접합자는 대리모의 자궁에 이식하여 정상적인 이란성 쌍둥이인 미토와 트래커가 태어났으며(**그림 17.18**), 이들의 분자적 분석 결과 미토콘드리아 DNA는 세포질 공여자로부터 온 것만 존재함이 확인되었다.

원숭이 실험의 성공은 인간의 미토콘드리아 유전자 치료에 대한 성공적인 임상 시험으로 이어졌다. 2016년 멕시코에서 리 증후군(Leigh syndrome)이라는 미토콘드리아 질환을 앓고 있는 요르단의 어머니에게서 이른바 세 부모 아기(three-parent baby)가 태어났다. 그리스와 우크라이나에서도 미토콘드리아 치료를 통해 아기들이 태어났다. 이 글을 작성하는 시점인 2019년 미국 정부는 여전히 이 신기술의 윤리성에 대하여 논의하고 있다.

핵심 개념 17.5

- 사람의 미토콘드리아 돌연변이에 의해 생기는 질병은 모계 유전 양상을 나타낸다.
- 미토콘드리아 질병 대립 유전자의 이형세포질성으로 인하여 한 환자 엄마의 자손들 사이에서도 표현형의 차이가 발생한다.
- 체세포에서 시간에 따라 일어나는 미토콘드리아 DNA 돌연변이의 축적은 노화에 영향을 미칠 수 있다.
- 돌연변이 미토콘드리아 DNA를 포함하는 난모세포의 핵을 정상적인 미토콘드리아 DNA를 가진 공여 난자의 핵을 제거한 후 이식하여 미토콘드리아 질병이 자손으로 전달되는 것을 피할 수 있도록 도와줄 수 있다.

풀이 문제

풀이 문제 I

1970년대 초에, 다비드(Igor Dawid)와 블랙클러(Antonie Blackler)는 척추동물에서 미토콘드리아 DNA의 모계 유전을 직접적으로 보여주는 고전적인 실험을 최초로 수행하였다. 이들은 개구리의 근친종인 *Xenopus laevis*와 *Xenopus borealis*를 교배하였는데, 이 둘의 미토콘드리아 DNA 염기 서열은 상당히 달랐다. 그 당시에 사용되었던 기술은 아주 적은 양의 부계 DNA를 확인할 만큼 민감성이 높지 않았다. 오늘날에는 아주 적은 양의 DNA도 확인할 수 있는 민감도가 높은 기법으로 무엇이 사용될 수 있을까? 이 기법을 부계의 미토콘드리아 DNA가 이종 교배의 자손에 존재하는지를 확인하는 데 어떻게 사용할 수 있을까?

해답

중합효소 연쇄 반응(polymerase chain reaction; PCR)은 아주 적은 양의 DNA도 확인할 수 있는 민감한 방법이다. 서로 다른 두 종 각각의 미토콘드리아 DNA에 특이적인 올리고뉴클레오타이드 프라이머를 사용하면 이종 교배에서 얻어진 자손에 부계의 DNA가 존재하는지 확인할 수 있다. 예를 들어, *X. laevis* 암컷과 *X. borealis* 수컷 사이의 교배에서 얻은 여러 올챙이의 DNA를 얻은 후 PCR 테스트를 진행할 수 있다. 온전한 모계 유전인 경우 *X. laevis* 특이적인 PCR 산물만 얻어질 것으로 예상할 수 있다. 대조군으로 *X. laevis* 수컷과 *X. borealis* 암컷 사이에서 태어난 올챙이의 DNA를 사용할 수 있다. 이 경우는 *X. borealis* 특이적인 PCR 산물만 얻어질 것이다.

다른 방법으로 고용량 DNA 염기서열 분석법(high-throughput DNA sequencing)이 있다. 올챙이로부터 전체 DNA를 정제하여 얻고 무작위적으로 절단한 후 염기서열을 조사하면, 핵 유전체뿐만 아니라 미토콘드리아 유전체의 염기서열도 알아낼 수 있다. 충분한 염기서열 분석 반응을 수행하면 소량의 부계 미토콘드리아 DNA가 자손에 존재하더라도 이를 감지하여 확인할 수 있다.

풀이 문제 II

a. 다음 가계도의 형질은 미토콘드리아 유전일 수 있는가? 답한 이유를 설명하시오.

b. 이 자료와 일치하는 다른 유전 양상은 무엇인가?

c. 미토콘드리아 유전과 이 자료와 일치하는 다른 유전 양상을 어떻게 구분할 수 있는가?

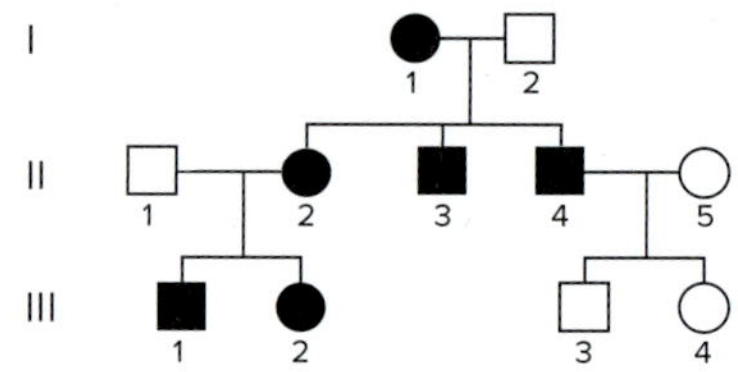

해답

a. 이 가계도에 있는 자료는 미토콘드리아 유전일 가능성이 있다. 그 이유는 형질이 모계로 유전되고 형질을 나타내는 남성은 형질을 다음 세대로 전달하지 않았으며, 형질을 나타내는 여성의 모든 자손은 형질을 나타내기 때문이다.

b. 이 유전 양상은 상염색체 우성 형질과도 일치한다. 이 경우라면 I-1과 II-2는 우성 대립유전자를 모든 자손에게 전달하였으며, II-4는 어떤 아이에게도 대립유전자를 전달하지 않은 것이다.

c. 영향을 받은 개인이 나타내는 증상은 하나의 단서를 제공한다. 만일 미토콘드리아 질병이라면 LHON 또는 MERRF와 같은 미토콘드리아 질병이 있는 것으로 알려진 환자와 유사한 증상이 나타날 것을 예상할 수 있다. 그러나 미토콘드리아에 영향을 미치는 일부 질병은 핵 유전자의 돌연변이로 인하여 발생하기 때문에 증상에 의한 증거로는 뚜렷한 결론을 얻을 수 없다. 궁극적으로는 증상을 보이는 개인의 미토콘드리아 DNA를 검사하여 미토콘드리아 유전체 내에서 유전자의 구조나 발현을 방해할 수 있는 변형이 있는지 확인하여야 한다.

연습 문제

어휘

1. 왼쪽 용어를 가장 잘 설명한 문장을 오른쪽에서 찾아 연결하시오.

a. 세포질 분리	1. 모계 배우자로부터만 유전자가 전달됨
b. 이형세포질성	2. 모든 미토콘드리아 DNA 또는 엽록체 DNA의 유전자형이 동일한 세포
c. 동형세포질성	3. 비슷한 크기의 배우자를 가짐
d. 모계 유전	4. 다른 미토콘드리아 DNA의 혼합체를 가지는 한 세포가 한 종류의 미토콘드리아 DNA만을 가지는 딸세포를 생성함
e. 단친유전	5. 야생형 세포 소기관 DNA가 특정 비율 이상

	이어야만 야생 표현형이 나타남
f. 동형배우자성	6. 서로 다른 유전자형의 미토콘드리아 DNA 또는 엽록체 DNA를 갖는 세포
g. 역치 효과	7. 유전자가 양쪽 모두로부터가 아니라 모계나 부계의 한쪽 배우자로부터 전달됨

17.1절

2. 역번역(reverse translation)이라는 용어는 특정한 단백질을 암호화하는 DNA 염기서열을 역으로 추정하는 과정을 말하는 것이다. 아미노산 서열이 Trp His Ile Met인 경우 다음의 물음에 답하시오.
   a. 이 아미노산 서열에 해당하는 핵 안의 DNA 염기서열은 무엇인가? (가능한 모든 경우를 나열하시오.)
   b. 이 아미노산 서열에 해당하는 미토콘드리아 DNA의 염기서열은 무엇인가? (가능한 모든 경우를 나열하시오.)

3. 인간의 미토콘드리아 유전체는 tRNA 합성 효소 유전자를 가지지 않는다.
   a. 그렇다면 미토콘드리아 tRNA는 어떻게 아미노산과 결합할까?
   b. 문제 (a)에 대한 답을 바탕으로 AUA가 미토콘드리아에서는 Met을 지정하지만, 핵에서는 Ile을 지정할 수 있는 방법을 설명하시오.

4. 마트에서 구매한 광어가 정말 광어인지 어떻게 알 수 있을까? 생물학적 시료의 출처를 확인하기 위해 과학자들은 종마다 다른 것으로 알려진 DNA 영역을 PCR로 증폭한 후 염기서열을 분석한다. 동물의 경우 이 DNA 영역은 미토콘드리아 시토크롬 산화효소 I 유전자의 648개 염기쌍 부분이다. 이 미토콘드리아 DNA 영역의 염기 서열은 수십만 동물 종에 대해 고유하며, 이 서열을 포함하는 데이터베이스가 존재하기 때문에 해당 미토콘드리아 DNA 영역은 DNA 바코드 역할을 한다.
   a. 왜 핵 유전체 DNA 영역이 아닌 미토콘드리아 DNA 영역이 동물 바코드에 사용된다고 생각하는가?
   b. 한 쌍의 PCR 프라이머를 사용하여 모든 종의 물고기를 바코드화할 수 있다. 이것이 어떻게 가능한지 설명하시오.
   c. 동물 바코드에 사용할 미토콘드리아 DNA 서열을 결정할 때 고려했을 기준을 나열하시오.

17.2절

5. 알려지지 않은 이배체 식물의 DNA 표본을 분석한다고 가정하자. 묘목으로부터 DNA를 정제하여 수백만 개의 임의의 DNA 조각을 모두 읽어내는 고용량 염기서열 분석을 수행한다.
   a. 사본 수가 하나인 핵 DNA 서열이 100번 정도 읽혔다면 미토콘드리아 DNA와 엽록체 DNA는 몇 번 정도 읽히겠는가? 하나의 미토콘드리아에는 10개의 유전체 사본이 있으며, 세포당 1,000개의 미토콘드리아가 있다고 가정하자. 그리고 하나의 엽록체에는 20개의 유전체 사본이 있으며, 세포당 50개의 엽록체가 있다고 가정하자.
   b. 읽어낸 특정한 서열이 핵 DNA인지 아니면 미토콘드리아 DNA나 엽록체 DNA인지 결론을 내기 위하여 염기서열이 읽힌 수 이외에 어떤 기준이 필요하겠는가?

17.3절

6. 엽록체와 미토콘드리아의 다음 특징 중 진핵세포보다 세균과 더 유사한 것은?
   a. 클로람페니콜과 에리트로마이신에 번역이 민감하다.
   b. 미토콘드리아 유전자에서는 대체 코돈이 사용된다.
   c. 세포 소기관 유전자에 인트론이 존재한다.
   d. 세포 소기관의 DNA에는 뉴클레오솜 구조가 없다.

17.4절

7. 인간 미토콘드리아 유전체의 소위 초가변 부위(hypervariable region)인 HV1과 HV2는 종종 법의학 연구에 이용된다. 이 부분은 미토콘드리아 유전체에 있는 두 비암호화 부위로써 각각의 길이가 300 bp이고 복제원점의 양옆에 위치하며, 이 염기서열의 기능은 잘 알려져 있지 않다. 그러나 이 두 영역의 미토콘드리아 DNA는 사람들 사이에서 가장 큰 다양성(SNP와 InDel)을 보인다. HV1과 HV2 DNA에는 핵 유전체의 염기 서열에 비하여 10배 정도 빠르게 돌연변이가 축적된다.
   a. 어떤 경우에 인간의 미토콘드리아 DNA가 핵 DNA에 비하여 개인을 확인하는 데 유리한가?
   b. 개인을 식별하는 데 핵 DNA가 아니라 미토콘드리아 DNA를 사용한다면 단점은 무엇인가?

8. 부계의 미토콘드리아 유전체가 다른 종의 자손에게 전달되지 않도록 막는 방법을 최소 두 가지 기술하시오.

9. 처음 발견된 식물에서 미토콘드리아 유전이 모계, 부계, 양친형 중 어떤 유전인지를 조사하고자 한다. 이 집단에는 특정 프라이머를 사용하여 PCR 산물의 크기 차이로 구분할 수 있는 두 가지 변이형이 있다. 먼저 식물 두 개체의 잎에서 DNA를 추출하여 PCR 분석을 시행하였다. 이후 식물 1의 난자를 식물 2의 꽃가루와 교배하여 네 개의 묘목을 얻은 후 각각의 묘목으로부터 DNA를 추출하여 PCR 분석을 진행하였다. 그 결과는 다음과 같다.

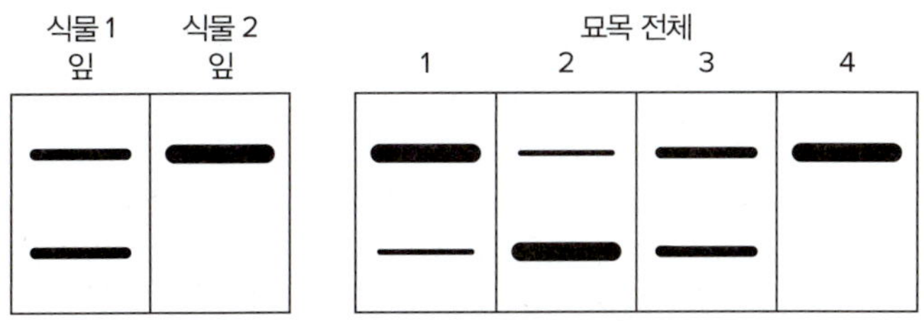

   a. 식물 2가 동형세포질성이라고 가정할 때, 이 종에서 미토콘드리아 DNA의 가능한 세 가지 유전 모델(모계, 부계, 양친형) 중 배제할 수 있는 것이 있는가?
   b. 남아 있는 모델 중 어떤 모델이 맞는지 찾아내려면 어떤 실험을 해야 하는가?

c. 식물 2가 가정했던 것처럼 실제로 동형세포질성이라는 것을 확인하려면 어떤 실험을 해야 하는가? 이러한 실험이 이 종에서 미토콘드리아 DNA의 유전 양상에 대한 결론을 얻는 데 왜 필요한가?

d. 네 묘목에서 두 미토콘드리아 DNA의 비율이 다른 이유를 가능한 구체적으로 설명하시오.

10. 본문에서 설명된 대로, 과학자들은 글리세롤과 클로람페니콜을 포함하는 배지에서 클로람페니콜에 민감한 야생형 반수체 세포를 성장시켜 미토콘드리아 DNA에 돌연변이가 있는 첫 번째 균주를 분리하였고, 이와 같은 방식으로 클로람페니콜 내성 돌연변이 균주들을 얻었다. 이 균주들의 일부는 미토콘드리아 DNA에 돌연변이가 있었지만 다른 일부는 핵 내의 염색체에 있는 유전자에 돌연변이가 있었다.

a. 돌연변이체 분리는 글리세롤이 유일한 탄소원이자 에너지 공급원인 배지에서 수행되었다. 그 이유는 무엇인가?

b. 일부 균주에서는 클로람페니콜 내성을 부여하는 돌연변이가 미토콘드리아 DNA에 있지만 다른 균주에서는 핵의 염색체에 존재하는 것이 어떻게 가능한가? 각각의 경우에 돌연변이가 발생할 수 있는 유전자의 종류를 제안하시오.

c. 특정 반수체 돌연변이 균주가 미토콘드리아 DNA의 유전자에 돌연변이를 가졌는지 혹은 핵 염색체의 유전자에 돌연변이를 가졌는지 어떻게 알 수 있는가? (힌트: 그림 17.12 참조)

11. 1940년대 프랑스 과학자인 에프루시(Boris Ephrussi)는 효모 *S. cerevisiae*에서 비멘델성 유전의 첫 번째 예를 발견하였다. 그는 호흡하지 못하는, 즉 산화적 인산화를 할 수 없는 돌연변이를 발견하였다. 이 돌연변이 세포들은 탄소원으로 포도당이 들어 있는 배양 접시에서 키우면 크기가 작은(*petite*) 군락을 만든다. 이 작은 군락의 세포들은 비발효성 탄소원인 글리세롤이나 에탄올만 있는 배양 접시에서는 전혀 자라지 못한다. 반면에 야생형(*grande*) 세포는 양쪽 배양 접시 모두에서 잘 자란다.

에프루시는 *grande*와 *petite* 반수체 균주 사이의 교배에서 얻은 모든 자낭의 4개 포자가 전부 *grande*임을 알게 되었다. 즉 *grande : petite*의 비율은 항상 4 : 0으로 단친성 유전을 보여준다.

a. 세포가 환경으로부터 에너지를 얻는 방법(산화적 인산화 또는 발효)에 따른 *grande*와 *petite* 효모 세포의 표현형(두 종류의 배지에서 자라는 능력)을 설명하시오.

b. 그림 17.12는 *S. cerevisiae*에서 미토콘드리아 유전이 양친성임을 보여준다. *petite*와 *grande* 균주의 차이는 단지 미토콘드리아 DNA의 성질에 의한 것임이 밝혀졌다. 그러나 이 경우 유전은 단친성이다. 어떻게 이렇게 모순적으로 들리는 진술들이 동시에 참일 수 있을까? (힌트: *S. cerevisiae* 세포는 발효에 미토콘드리아 DNA가 필요하지 않다.)

17.5절

12. 인간의 가계도에서 형질에 영향을 미치는 돌연변이의 위치가 미토콘드리아에 있음을 의미하는 특징에는 어떤 것들이 있을까?

13. 1988년 호주의 신경학자들은 10대에 간대성 뇌전증 증상이 나타난 일란성 쌍둥이의 존재를 보고하였다. 쌍둥이 중 한 명은 증상이 약했지만 다른 한 명은 청각 장애, 불균일 적색근, 운동실조증(근육 조절 능력 상실) 등의 완전한 MERRF 증상을 나타내었다. 이 두 일란성 쌍둥이 사이에서 표현형의 차이가 나타나는 이유를 설명하시오.

14. 컨스세이어증후군(Kearns-Sayre syndrome; KSS), 피어슨증후군(Pearson syndrome), 진행성 외안근마비(progressive external opthalmoplegia; PEO)는 미토콘드리아 유전체가 7.6 kb 정도까지 결실되어 나타나는 희귀한 질병들이다. KSS는 중추신경계, 골격근, 심장에 영향을 미치며 환자는 대개 어린 나이에 죽게 된다. 피어슨증후군에서는 심한 빈혈과 이자의 기능 이상이 나타난다. 이 증상은 대부분이 유아기에 치명적인 결과를 보이지만 일부 생존자는 KSS 증상을 나타내기도 한다. PEO 환자는 안검하수(눈꺼풀 처짐)와 사지의 허약함이 나타나지만, 수명은 정상적이다.

a. 이 질병들이 모두 미토콘드리아 DNA에 커다란 결실이 있다는 점에 비추어 볼 때 환자들이 나타내는 증상의 정도와 영향받는 조직의 다양성을 어떻게 설명할 수 있는가? (결실의 크기는 표현형의 차이에 영향을 미치지 않는다고 가정하시오.)

b. 미토콘드리아 DNA가 한 지점으로부터 복제를 시작한다고 가정하면, 이들 질병으로부터 미토콘드리아 DNA의 복제원점 위치에 대해 어떤 결론을 내릴 수 있는가?

c. 비록 이들 증상이 미토콘드리아 DNA의 결실에 의한 것이지만 이들은 보통 모계로 유전되지 않으며, 대신에 각각의 개체에서 새로운 돌연변이에 의해 생겨난다. 예를 들어, PEO 환자인 엄마는 이 형질을 자손에게 전달하지 못한다. 이러한 놀라운 발견에 관해 설명하시오.

15. 리증후군(Leigh syndrom)은 정신운동 지체 증상, 즉 점진적인 정신적 능력 및 운동 능력 상실로 특정 지어진다. 환자들은 젖산 산증(lactic acidosis)도 나타내는데, 이 증상은 미토콘드리아의 호흡에 결함이 생기는 경우 조직이 포도당을 산소 없이 분해하면서 생산되는 젖산이 축적되어 생기는 것이다. 리증후군 환자 중 일부는 미토콘드리아 유전자인 *MT-CO3*에 돌연변이가 있는데, *MT-CO3* 유전자는 전자 수송 복합체 시토크롬 *c* 산화효소를 구성하는 단위 단백질을 암호화하고 있다. 리증후군으로 진단받은 다른 환자에서 핵 유전자인 *SURF1*의 기능 상실 돌연변이도 발견되는데, *SURF1*은 동일한 효소 복합체의 조립에 필요한 단백질을 암호화하고 있다.

a. 어떻게 미토콘드리아 유전자의 돌연변이와 핵 유전자의 돌연변이에 의해 같은 증후군이 나타낼 수 있는가?

b. 주어진 가계도는 이 가계의 리증후군이 미토콘드리아 유전자와 핵 유전자의 돌연변이 중 어떤 돌연변이에 의한 것인지 구분할 수 있는 충분한 증거를 제공하는가? (핵의 돌연변이에 의한 것이든 미토

콘드리아 DNA 돌연변이에 의한 것이든 관계없이 여러 질병의 침투도는 완전하지 않으며, 다양한 표현형을 보인다는 사실을 기억하시오.)

c. 이 두 가지 가능한 유전 양상 중 어떤 방식으로 유전되는지 구분해내는 것이 이 가계의 가족들에게 실제로 어떤 도움이 되겠는가?

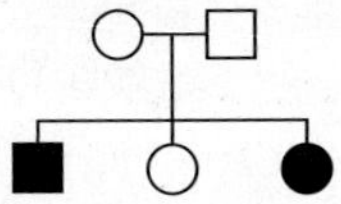

16. 붉은털원숭이 미토와 트래커(그림 17.18 참조)가 핵 공여자 암컷의 미토콘드리아 DNA를 가지지 않는다는 것을 어떻게 조사할 수 있는가?

chapter 18

원핵생물의 유전자 조절

©Courtesy of Mattias Ormsestad and Eric Roettinger/Kahi Kai

생체 발광 세균인 *Vibrio fischeri*는 짧은꼬리오징어의 발광기관 내에 서식한다.

개요

- 18.1 원핵생물 유전자 발현의 요소들
- 18.2 DNA-결합 단백질들에 의한 전사 개시의 조절
- 18.3 RNA에 의해 매개되는 유전자 조절 기전
- 18.4 세균 유전자 조절 기작의 발견과 그 이용
- 18.5 포괄적인 예: 정족수 감지에 의한 생체발광의 조절

세균들은 **정족수 감지**(quorum sensing)라는 통신 체계를 이용하여 개체군의 밀도에 따라 그들의 행동을 조절한다. 정족수 감지는 하와이 짧은꼬리오징어(Hawaiian bobtail squid)의 발광기관 내에 서식하는 생체 발광 세균인 *Vibrio fischeri*에서 처음 관찰되었다(첨부 사진). 생체 발광은 오징어의 어두운 윤곽을 달빛과 일치시켜 오징어가 포식자들의 눈에 쉽게 띄지 않도록 한다. 과학자들은 오징어의 발광기관 내의 세균들이 특정한 밀도에 도달해야만 빛을 내는 현상을 발견하였다. 하나의 세균은 오징어를 빛나게 할 수 없고, 빛을 내기 위해서는 에너지가 필요하다는 것을 고려하였을 때 세균들의 이러한 행동은 에너지 관점에서 일리가 있다.

그렇다면 오징어 발광기관 내의 *V. fischeri* 세균은 집단의 크기가 빛을 만들 수 있을 정도로 충분히 크다는 것을 어떻게 알 수 있을까? 굉장히 흥미로운 이러한 질문에 관심을 가졌던 연구자들은 세균유전학적 기술들을 이용하여 생체 발광 경로를 분석하였다. 이 장에서는 *V. fischeri*가 발광 단백질들을 암호화하는 유전자들의 전사를 조절하는 환경 조절 인자들을 합성하여 세포 밖으로 배출하며, 개체군의 밀도가 높을 때에만 생체 발광 유전자들의 전사를 활성화시키기에 충분한 양의 조절 분자들이 만들어진다는 것을 알게 될 것이다.

*V. fischeri*의 생체발광은 이 장의 중요한 주제이다. 세균은 끊임없이 변화하는 환경에 적응하고 생존하기 위해 다양한 환경에 적절히 반응하고, 또 불필요한 단백질을 만들어 에너지를 낭비하지 않도록 잘 조직화된 방법으로 유전자들의 발현을 조절해야 한다.

18.1 원핵생물 유전자 발현의 요소들

학습 목표

1. 원핵생물 전사에서 RNA 중합효소의 핵심 효소, 시그마(σ) 인자, Rho(ρ) 인자의 기능을 설명한다.
2. 원핵생물에서 mRNA 분자의 전사와 번역이 동시에 일어나는 이유를 설명한다.
3. 유전자 발현 과정에서 잠재적으로 조절의 대상이 될 수 있는 단계들을 제시한다.

9장에서 **유전자 발현**이 DNA에 암호화된 지침에 따라 RNA와 단백질들을 만드는 것임을 보았다. 유전자가 발현되는 동안 DNA에 있는 정보는 RNA로 전사되고 RNA에 담긴 메시지는 다시 한 가닥으로 연결 된 아미노산들로 번역된다. 전사와 번역 모두 세포가 필요한 만큼의 RNA와 단백질을 합성하기 위해 조절할 수 있는 단계이다.

RNA 중합효소는 전사에서 핵심이 되는 효소이다

원핵생물에서 유전자 발현은 RNA 중합효소(RNA polymerse)가 유전자의 DNA를 RNA로 전사하는 것에서부터 시작한다. RNA 중합효소는 전사의 세 단계, 즉 개시, 신장, 종결 단계에 모두 참여한다. RNA 중합효소가 전사의 세 단계에서 하는 역할에 대한 자세한 내용은 그림 9.10에서 볼 수 있으며, 여기서는 가장 핵심적인 요점들을 간단히 복습할 것이다.

RNA 중합효소의 핵심 효소를 구성하는 소단위들 이외에 시그마(σ) 인자라고 하는 특별한 소단위가 전사의 시작에 필요하다는 것을 기억할 것이다. 핵심 효소와 결합한 시그마 소단위는 **프로모터**(promoter)에 있는 특정한 DNA 서열들을 인식하고 결합한다. 프로모터에 결합한 **RNA 중합효소 완전효소**(핵심효소와 시그마 소단위의 복합체)는 DNA를 풀어 전사를 개시하고 DNA 주형 가닥에 상보적인 염기들의 중합반응을 시작한다.

RNA 중합효소가 프로모터에서 멀어지고 시그마 소단위가 RNA 중합효소로부터 분리되면 전사는 개시단계에서 신장단계로 전환된다. 전사의 신장은 중합효소가 전사를 종결을 지시하는 특정한 RNA 염기서열을 만날 때까지 계속된다. 원핵생물에서는 Rho(ρ) 의존성 종결과 Rho 비의존성 종결, 두 종류의 종결신호가 원핵생물에서 발견된다. Rho 의존적 종결에서는 DNA 주형에서 전사된 mRNA를 풀어주는 헬리카아제 효소인 Rho가 RNA 중합효소를 분리하는데 도움을 준다. Rho 비의존성 종결에서는 RNA 염기들에 의해 형성된 **헤어핀 고리** 이차 구조가 RNA 중합효소를 RNA에서 분리시키는 신호로 작용한다(그림 9.10 참조).

원핵생물에서는 전사가 끝나기 전에 번역이 시작된다

세균은 세균 염색체를 둘러싸는 막 구조가 없기 때문에 mRNA로 전사되고 있는 동안에 RNA에 담긴 메시지가 폴리펩타이드로 번역될 수 있다. 리보솜들은 RNA의 하류 지역의 전사가 진행되고 있는 동안 번역틀의 5′ 말단에 있는 특별한 개시 위치(리보솜 결합 위치)에 결합한다. 번역의 개시와 종결에 필요한 신호들은 전사의 개시와 종결을 위한 신호들과는 다르다. **그림 9.25**는 리보솜과 tRNA 그리고 번역 인자들이 어떻게 mRNA 코돈의 지침에 따라 번역의 개시와 신장 그리고 종결 단계를 거쳐 N 말단에서 C 말단 방향으로 폴리펩타이드를 만드는지 보여준다.

원핵생물 유전자 발현의 또 다른 독특한 특징은 리보솜이 단일 mRNA의 여러 위치에서 번역을 시작할 수 있는 것이다. 따라서 많은 박테리아 mRNA는 여러 다른 단백질에 대한 개방형 판독 프레임을 포함하는 **폴리시스트로닉**(polycistronic)이다. 이러한 것이 유전자 조절에 중요한 결과를 초래한다는 것을 알게 될 것이다.

유전자 발현의 조절은 여러 단계에서 일어날 수 있다

어느 시점에서 하나의 세균 세포에서 만들어지는 특정한 폴리펩타이드의 양은 여러 단계에서 조절되어 결정된다. 어떤 조절들은 전사 과정, 즉 RNA 중합효소가 프로모터(촉진유전자)에 결합하거나 전사 개시에서 신장으로 전환하는 단계 또는 전사 종결 부위에서 mRNA가 분리되는 단계에 영향을 미친다. 또 다른 조절들은 전사 이후의 단계에서 합성된 mRNA의 안정성이나 mRNA에 존재하는 다양한 번역 개시 부위에 리보솜이 결합하는 효율성 또는 폴리펩타이드 산물의 안정성과 활성 등에 영향을 준다.

핵심 개념 18.1

- RNA 중합효소는 원핵생물 전사에서 핵심적인 역할을 하는 효소이다. 시그마(σ) 인자는 효소가 프로모터를 인지할 수 있게 하고 Rho(ρ) 단백질은 유전자들의 전사를 종결시킨다.
- 세균은 염색체를 둘러싸는 막 구조가 없기 때문에 전사가 일어나는 동안에 mRNA에서 폴리펩타이드로의 번역이 시작될 수 있다.
- 세균의 mRNA들은 폴리시스트론성인 경우가 많다. 전사체에 존재하는 각각의 개방 번역틀은 자기 자신의 번역에 필요한 리보솜 결합 위치를 가진다.
- 원핵생물의 유전자 발현은 전사의 개시, 신장, 종결, mRNA 안정성, 번역 개시 또는 단백질의 안정성이나 활성 등 여러 단계에서 조절될 수 있다.

18.2 DNA-결합 단백질들에 의한 전사 개시의 조절

학습 목표

1. 이화 경로들의 조절 요소들과 동화 경로들의 조절 요소들을 비교한다.
2. *lac* 오페론을 이용하여 오페론설을 설명한다.
3. *lacI* 가 작동자 DNA에 결합하는 다른 자리 입체성 억제 단백질을 암호화한다는 유전적 증거에 대해 논의한다.
4. 전사 조절 단백질들이 다량체인 것과 그들이 결합하는 위치들이 모여 있는 것이 유리한 이유를 설명한다.
5. 프로모터에서 양성 조절 단백질과 음성 조절 단백질의 작용을 비교한다.
6. 억제 단백질이 어떻게 이화 오페론과 동화 오페론의 조절에서 중요한 역할을 할 수 있는지 설명한다.

조절 단백질들이 프로모터 또는 그 주변에 위치한 DNA 표적들에 결합하여 전사를 조절하는 것이 유전자 발현 조절의 기본적인 방식 중의 하나이다. 조절 단백질들의 DNA 결합은 RNA 중합효소에 의한 전사 개시를 억제 또는 증가시킨다. 여기서 RNA 중합효소의 활성이 억제되는 경우를 **음성조절**이라고 하고 활성이 증가되는 경우를 **양성조절**이라고 한다.

이화 경로와 동화 경로는 서로 다른 방식의 조절을 필요로 한다

연구자들이 유전자 조절의 원리들을 알게 된 것은 대장균의 다양한 대사 경로들에 대한 연구를 통해서였다. 대사 경로에는 세포에 에너지와 탄소 원자들을 제공하기 위해 당들을 분해하는 **이화 경로**(catabolic pathway)가 있다. 또 다른 경로는 단순한 구성 성분으로부터 아미노산과 뉴클레오타이드처럼 세포에 필요한 최종산물 분자들을 만드는 **동화 경로**(anabolic pathway)이다.

이화 경로들과 동화 경로들을 조절하기 위해 세포가 따라야 할 기본적인 논리는 완전히 다르다. 이화 경로들은 **유도성 조절**(inducible regulation)을 요구하며, 이것은 이 경로가 분해할 이화물이 세포의 주변에 존재할 때에만 작동하기 시작해야 한다는 것을 의미한다. 그렇지 않다면 세포는 분해할 당이 없는 경우에도 그 당을 분해하는 데 필요한 효소들을 합성함으로써 자원을 낭비할 것이다. 이와 반대로 동화 경로들에서는 **억제성 조절**(repressible regulation)이 필요하다. 이는 세포가 필요로 하는 특별한 아미노산과 같은 **최종산물**의 양이 충분하지 않을 때만 경로들이 시작되고 충분히 존재할 때는 억제되는 것을 의미한다. 이를 통해 세포는 새로운 최종산물 분자들을 만들기 위해 자원들을 낭비하지 않을 수 있다.

이 절에서 대장균에 있는 이화 경로의 하나인 젖당을 탄소원과 에너지원으로 이용할 수 있도록 하는 경로의 유도성 조절에 대해 알아볼 것이다. 앞으로 살펴볼 많은 내용들은 이 장의 후반부에서 필수 아미노산인 트립토판의 합성에 관여하는 동화 경로의 억제성 조절에 대해 논의할 때에도 유용할 것이다.

대장균의 젖당 이용은 유전자 조절의 모델 시스템을 제공한다

증식하는 대장균은 탄소와 에너지의 원천으로 여러 당 중 하나를 사용할 수 있다. 단당류인 포도당과 갈락토오스로 구성된 복합체인 **젖당**도 그 중 하나이다. 배지에 존재하는 젖당은 막단백질인 Lac 투과효소(Lac permease)에 의해 세포 내로 들어온 다음에 베타-갈락토오스가수분해효소(β-galactosidase)에 의해 갈락토오스와 포도당으로 분해된다(**그림 18.1**). 이것은 젖당을 더 간단한 하위 구성 요소로 분해하는 이화작용 경로이다.

젖당에 의한 조직화된 유전자 발현 유도

젖당이 없는 조건에서 자라는 세포는 젖당 이용에 필요한 Lac 투과효소와 베타-갈락토오스가수분해효소가 필요 없기 때문에 세포 내에 이 단백질들이 매우 낮은 농도로 존재한다. 그러나 배지에 젖당을 첨가하면 이 단백질들의 생산은 약 1,000배 가량 증가한다. 이와 같이 특정한 분자에 의해 단백질의 합성이 자극되는 과정을 **유도**(indu-

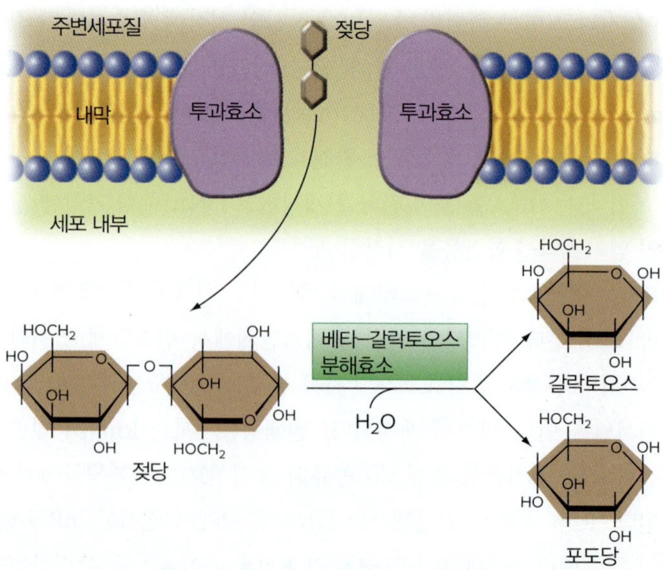

그림 18.1 대장균 세포에서 젖당의 이용. 젖당은 Lac 투과효소 단백질에 의해 형성된 통로를 통해 세포막을 통과한다. 세포 안으로 들어온 젖당은 베타-갈락토오스가수분해효소에 의해 갈락토오스와 포도당으로 분해된다.

ction)라고 하고 단배질의 합성을 자극하는 분자를 **유도자**(inducer)라고 한다. 이 조절 체계에서는 젖당의 변형된 분자인 알로락토오스가 젖당 이용을 위해 필요한 유전자들의 유도자로 작용한다.

배지에 포함된 젖당이 어떻게 자신의 이용에 필요한 단백질들을 동시에 발현하도록 유도하는지가 세균유전학의 황금기로 여겨지는 1950년대와 1960년대의 중요한 연구 주제였다.

대장균에서 젖당 체계 연구의 장점들

대장균의 젖당 이용은 유전자 조절을 연구하는 모델로서 훌륭한 선택이었다. 많은 수의 세균을 배양할 수 있기 때문에 드물게 나타나는 돌연변이들을 쉽게 분리할 수 있었고, 일단 분리된 다음에는 유전자 지도 작성 기술을 이용하여 표현형의 변화를 가져온 돌연변이의 위치를 결정할 수 있었다. 또 다른 종류의 당을 탄소원으로 이용할 수 있기 때문에 젖당 이용에 관련된 유전자들이 세균의 생존에 필수적이지 않다는 장점도 있었다. 이 외에도 유전자 발현이 유도되었을 때와 유도되지 않았을 때에 나타나는 약 1,000배에 이르는 젖당 이용 단백질 양의 현저한 차이는 돌연변이와 야생형의 구별뿐만 아니라 발현에 부분적인 영향 또는 전혀 영향을 미치지 않는 돌연변이를 찾는 것을 가능하게 하였다.

발현 수준을 측정할 수 있는 방법은 이러한 실험들에서 매우 중요하다. 화학자들은 o-nitrophenyl-galactoside(ONPG)와 같이 베타-갈락토오스가수분해효소에 의해 분해될 수 있으면서 분해 산물의 분석이 용이한 화합물들을 합성하였다. ONPG의 분해 산물 중 하나는 노란색을 나타내며 색의 진한 정도가 분해 산물의 양에 비례하기 때문에 베타-갈락토오스가수분해효소의 활성을 반영한다. 시료에 존재하는 노란색 분해 산물의 양은 **분광광도계**를 이용하여 쉽게 측정할 수 있다. 베타-갈락토오스가수분해효소의 기질 중 하나인 **X-gal**은 분해되었을 때 파란색을 나타낸다. 이 장의 후반부에서 다시 설명하겠지만 연구자들은 X-gal을 평판배지에 첨가하면 베타-갈락토오스가수분해효소를 발현하는 세균 군집이 파란색으로 변한다는 사실이 아주 쓸모 있다는 것을 알게 되었다(**그림 18.2**).

오페론설은 하나의 물질이 어떻게 여러 개의 모여 있는 유전자들을 조절하는지 설명한다

자크 모노(Jacques Monod)(**그림 18.3**)는 젖당 이용의 조절을 이해하기 위한 노력한 선구자였다. 모노는 파리 파스퇴르 연구소에서 효소 유도를 연구하기 위해 세계 각국에서 온 과학자들의 연구를 주도했다. 모노와 그의 가까운 동료인 프랑수아 제이콥(François Jacob)은 이곳에서 이루어진 유전학적 연구 결과들을 바탕으로 염색체에 함께

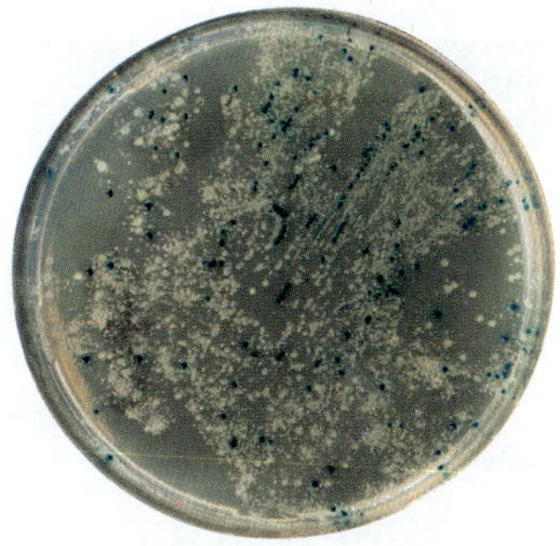

그림 18.2 X-gal을 포함하는 배지 위의 대장균 군집. 베타-갈락토오스분해효소를 발현하는 군집은 파란색이고 그렇지 않은 군집은 하얗다. *Source: anyaivanova/Getty Images*

그림 18.3 자크 모노는 유전자 조절의 원리들을 발견하는 데 있어 중요한 역할을 하였다. *Source: Bettmann/Contributor/Getty Images*

모여 있으면서 동일한 과정에 관련되어 있는 유전자들의 발현이 하나의 신호에 의해 동시에 조절될 수 있다는 유전자 조절 모델, 즉 **오페론설**(operon theory)을 제안하였다. 그들은 이 유전자들이 하나의 집단으로 존재하기 때문에 하나의 mRNA로 전사될 수 있고, 따라서 이 mRNA의 전사를 조절하는 그 어떤 것이라도 이 집단에 포함된 모든 유전자들의 발현에 영향을 미칠 것이라고 추론하였다. **오페론**(operon)은 바로 이러한 방식으로 조절되는 유전자 집단을 말한다. 먼저 간단히 이론을 요약한 다음 제이콥과 모노의 생각에 영향을 주었던 중요한 실험들을 설명할 것이다.

그림 18.4는 이 이론을 구성하는 요소들이 어떻게 상호작용하여 젖당을 이용하는 데 필요한 유전자들의 발현을 체계적으로 조절하는지를 보여준다. 환경의 변화에 대응하여 세 구조 유전자들을 동시에 조절할 수 있는 하나의 DNA 단위인 **젖당 오페론**(*lac* operon)은 젖당 이용에 필요한 단백질들을 암호화하는 세 개의 구조유전자들(*lacZ*, *lacY*, *lacA*)과 조절 요소들인 프로모터(*P*)와 작동자(*o*)로 구성되어 있다. 오페론과 상호작용하는 분자들에는 오페론의 작동자에 결합하는 억제자와 억제자에 결합하여 억제자가 작동자에 결합하는 것을 막는 유도자(알로락토오스)가 있다. 여기서 억제자는 알로락토오스

그림 18.4

대장균의 젖당 오페론

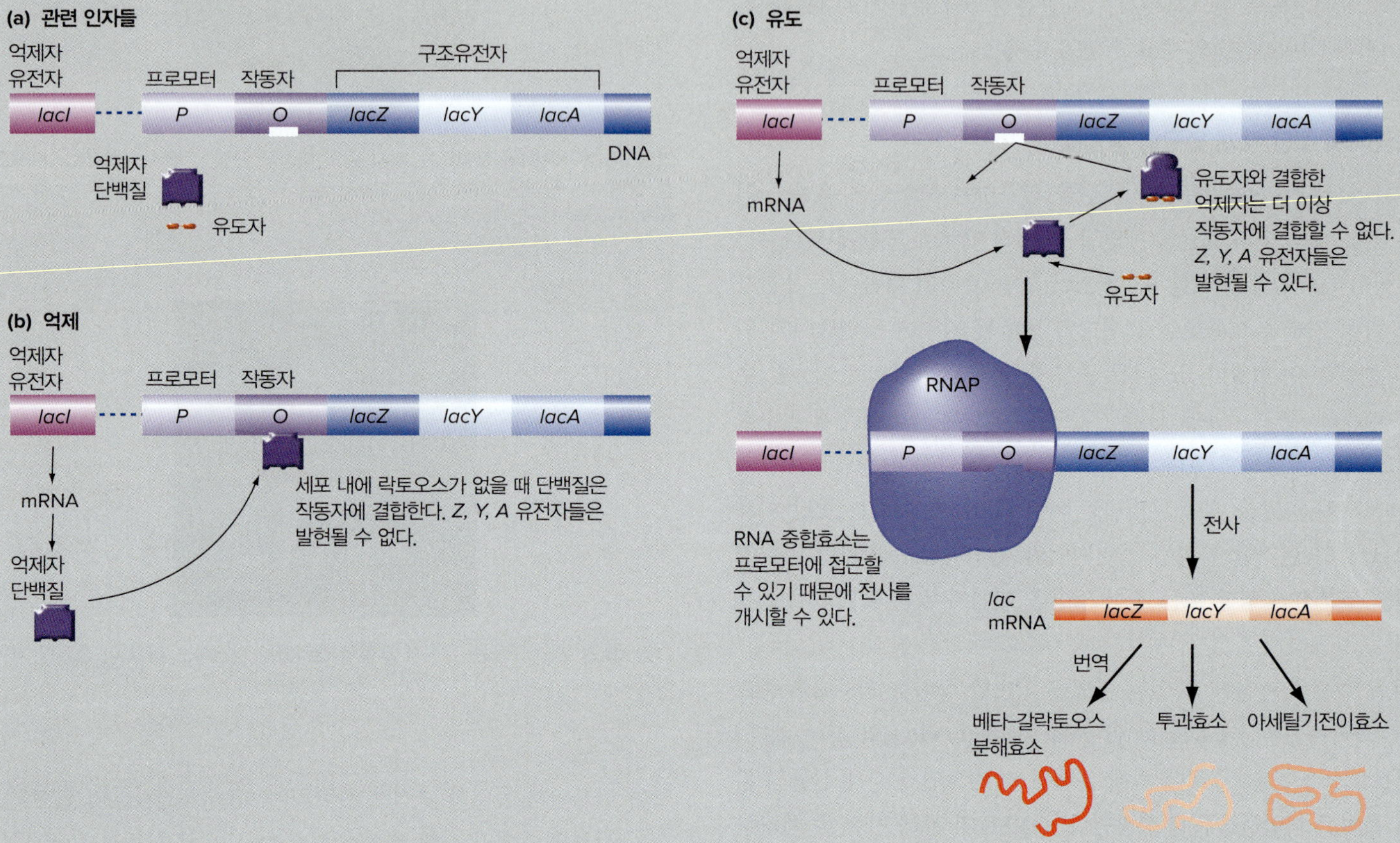

a. 관련 인자들

여러 가지 요소들이 협동하여 세균이 에너지 효율적인 방법으로 젖당을 이용할 수 있도록 한다. 이러한 요소들은 다음과 같다.

1. 젖당을 포도당과 갈락토오스로 분해하는 데 필요한 효소들을 암호화하는 아주 가깝게 연관된 세 개의 구조 유전자들은 *lacZ*, *lacY*, *lacA*이다.
2. 프로모터(*P*)는 RNA 중합효소가 다중시스트론성 mRNA의 전사를 개시하는 부위이다. 프로모터는 시스로 작용하여 동일한 DNA 분자의 프로모터 하류부위의 *lac* 구조 유전자들의 발현에만 영향을 준다.
3. 시스로 작용하는 DNA 작동자(O)는 같은 DNA 분자에 있는 *lac* 오페론 프로모터와 매우 가깝게 위치한다. 세 개의 구조 유전자들과 프로모터 그리고 작동자가 함께 *lac* 오페론을 구성한다.
4. 트랜스로 작용하여 작동자에 결합하는 억제자는 오페론에 포함되어 있지 않아 조절되지 않는 *lacI* 유전자에 의해 암호화된다. 합성된 후 억제자는 세포질로 확산되어 그 표적과 결합한다.
5. 유도자는 억제자가 작동자에 결합하는 것을 막는다. 초기의 연구자들은 젖당이 유도자라고 생각했었지만 지금은 젖당에서 유래한 알로락토오스가 실질적인 유도자라는 것이 알려져 있다.

각각의 인자들 사이의 상호작용에 의한 젖당 이용 유전자들의 조절

b. 억제

젖당이 없을 때 억제자는 작동자 DNA에 결합하여 전사를 방해한다. 따라서 억제자는 음성 조절 요소이다.

c. 유도

1. 젖당이 있을 때 젖당에서 유래한 유도자인 알로락토오스는 억제자와 결합한다. 이 결합은 억제자의 구조를 변화시켜 억제자가 더 이상 작동자와 결합할 수 없도록 한다.
2. 억제자가 작동자로부터 분리되면 RNA 중합효소는 *lac* 오페론의 프로모터에 접근할 수 있고, 그 결과 세 개의 젖당 이용 유전자들의 전사를 시작하여 하나의 다중시스트론성 mRNA를 만든다.

와 결합하였을 때 가역적인 구조 변화가 나타나는 **다른 자리 입체성 단백질**(allosteric protein; 알로스테릭 단백질)이다.

제이콥과 모노의 이론은 그들이 세균 세포의 분자들에 대해서 구체적으로 알지 못하는 상태에서 제안한 것이라는 점에서 주목할 만하다. DNA 구조에 대한 왓슨-크릭 모델은 겨우 8년밖에 되지 않았고 mRNA의 존재가 알려진 지도 얼마 되지 않았던 시기였으며, 아직 전사에 대한 자세한 내용이 알려지기 전이었다. 그들이 오페론설을 제안하였던 1961년에는 아직 DNA에서 RNA를 거쳐 단백질로 이어지는 유전정보의 흐름이 완전히 확립되기 전이었으며, 세포 내 단백질의 기능에 대한 지식도 제한적이었던 때였다. 한 예로 모노는 다른 자리 입체성과 그 효과에 대해 특별한 관심을 가졌던 생화학자였지만 억제자는 개념으로만 존재하는 산물이었다. 그들의 이론이 출판되었을 때 억제자는 아직 분리되지도 않았을 뿐만 아니라 그것이 RNA인지 단백질인지, 또 다른 물질인지도 몰랐기 때문에 자크와 모노는 오페론설을 제안하기 위해 엄청난 상상의 도약이 필요했다.

이제 단백질이 DNA에 결합하여 유전자 발현을 조절한다는 이론의 핵심적인 개념이 젖당 오페론의 음성 조절뿐만 아니라 양성 조절에 있어서도 사실이라는 것을 알았다. DNA에 대한 단백질의 결합은 또한 *lac* 오페론 외에도 많은 원핵생물 유전자 및 진핵생물 유전자의 전사 조절의 중심이기도 하다.

유전학적 분석이 제이콥과 모노를 오페론설로 이끌었다

모노와 연구진은 유전자 조절의 오페론설을 발전시키는 과정에서 젖당을 이용하지 못하거나 젖당의 존재와 상관없이 항상 젖당 분해에 필요한 효소들을 생산하는 다양한 돌연변이들을 분리하였다.

Lac⁻ 돌연변이들의 상보성 및 지도작성 분석들

Lac⁻ 돌연변이들은 젖당을 이용하지 못하는 세균 세포들이다. 연구자들은 많은 수의 Lac⁻ 돌연변이들의 상보성 분석을 통해 세포가 젖당을 분해하지 못하는 원인이 베타-갈락토오스가수분해효소를 암호화하는 *lacZ*와 Lac 투과효소를 암호화하는 *lacY*, 두 유전자의 돌연변이 때문이라는 것을 보였다. 또 그들은 오페론의 세번째 유전자로 젖당과 다른 당들에 아세틸기(CH_3CO)를 붙이는 아세틸기전달효소를 암호화하는 *lacA*를 발견하였다. 유전자 지도작성 기술을 이용하여 세 유전자들이 염색체에서 *lacZ-lacY-lacA*의 순서로 아주 밀접하게 연관된 집단으로 존재한다는 것을 보였다(그림 18.4). 그러나 *lacA* 유전자 산물은 젖당 분해에 필요하지 않기 때문에 대부분의 젖당 이용에 관한 연구에서 *lacA*는 배재되었다.

억제자 단백질에 대한 증거: *lacI⁻* 돌연변이들의 영향

lac 오페론 가까이에 위치한(그러나 오페론 내부에는 존재하지 않는) *lacI* 유전자의 기능상실 돌연변이들은 젖당이 없는 조건에서도 베타-갈락토오스가수분해효소와 Lac 투과효소를 생산하는 **구성적 돌연변이**(constitutive mutant)이다(그림 18.4). 구성성 돌연변이는 환경 조건과 무관하게 특정한 효소를 계속 생산하는 돌연변이이다. 이러한 구성성 돌연변이들은 *lacI*가 음성 조절자 또는 **억제자**(repressor)를 암호화한다는 것을 제안하였다. 세포들은 유도자가 없는 조건에서 *lacY*와 *lacZ*의 발현을 막는 억제자가 필요할 것이다. 하지만 구조적 돌연변이들에서는 *lacI* 유전자의 돌연변이가 음성 조절 기능을 하는 억제자 단백질에 결점을 만든다.

세 번째 공동 연구자였던 아서 파르디(Arthur **Pa**rdee), 제이콥(**Ja**cob), 모노(**Mo**nod)의 이름을 딴 역사적인 PaJaMo 실험은 더 나아가 *lacI*가 실제로 가설로만 존재했던 *lac* 유전자들의 음성 조절자를 암호화한다는 증거를 제시하였다. PaJaMo 연구는 Hfr 공여자 세포의 염색체 DNA를 F⁻ 수용세포로 전달하는 교배를 이용하여 이루어졌다. 연구자들은 젖당이 없는 배지에서 LacI와 LacZ 단백질이 없는 수용세포에 *lacI⁺*와 *lacZ⁺* 대립유전자들을 전달하였다(**그림 18.5**). *lacI⁺*와 *lacZ⁺* 대립유전자들이 전달된 직후, 갈락토오스가수분해효소가 합성되고 또 이러한 합성이 한 시간 이내에 중단되었다.

파르디, 제이콥, 모노는 이러한 결과들을 다음과 같이 해석하였다. 공여자 세포의 DNA가 처음 수용세포에 전달되었을 때 수용세포의 염색체가 *lacI⁻*이기 때문에 수용세포의 세포질에는 억제자

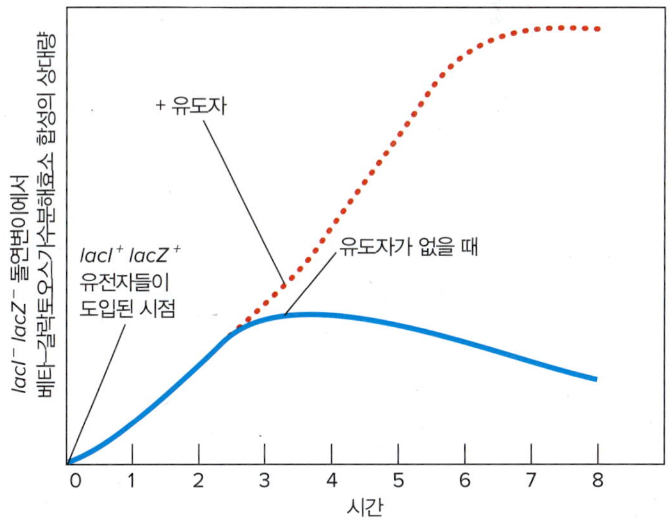

그림 18.5 PaJaMo 실험. '접합'을 통해 *lacI⁺ lacZ⁺* 유전자들을 *lacI⁻ lacZ⁻* 세포에 도입한다. 수용세포에 도입된 *lacZ⁺* 유전자로부터 베타-갈락토오스가수분해효소가 만들어진다. 그러나 도입된 *lacI⁺*에서 만들어지는 억제자가 축적되면 베타-갈락토오스가수분해효소의 생산은 중단된다. 만약 유도자가 첨가되면(점선으로 표시된 부분) 베타-갈락토오스가수분해효소의 생산은 다시 시작된다.

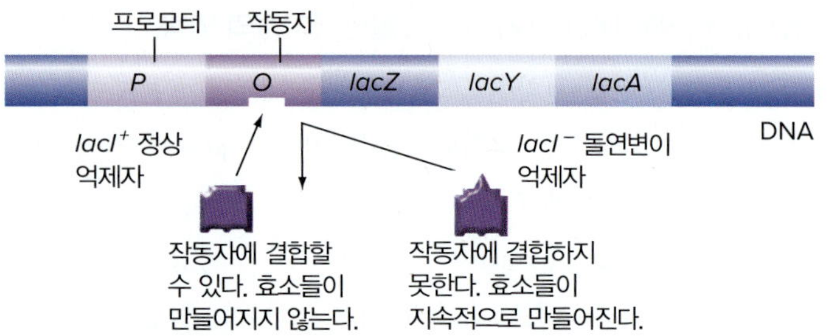

그림 18.6 억제자 돌연변이(*lacI*$^-$). 어떤 *lacI*$^-$ 돌연변이들에서는 억제자가 작동자에 결합하지 못하기 때문에 오페론을 억제하지 못한다. 다른 *lacI*$^-$ 돌연변이들에는 단백질을 만들지 못하는 삭제 돌연변이들이 있다(그림 생략).

(LacI 단백질)가 존재하지 않는다. 억제제가 없을 때 *lacZ*$^+$ 유전자가 발현된다. 하지만 시간이 지나면서 교배를 통해 들어온 *lacI*$^+$ 유전자로부터 억제 단백질이 만들어지면 다시 발현이 억제된다.

이 실험들을 바탕으로 모노와 연구진들은 억제 단백질이 젖당-이용 유전자들의 프로모터 부근에 존재하는 유전자 서열인 가상의 **작동자 위치**(operator site)에 결합하여 *lacZ* 유전자 전사를 억제할 것이라고 제안하였다. 그들은 억제자가 작동자에 결합하면 프로모터를 차단하고 이러한 현상은 젖당이 없는 배지에서 일어난다고 제안하였다(그림 18.4). 그리고 어떤 *lacI*$^-$ 대립유전자들은 삭제 돌연변이(null mutation)들로 단백질을 만들지 못하지만 다른 *lacI*$^-$ 돌연변이들은 작동자에 결합하지 못하는 구조를 가지는 억제자 단백질을 만들 것이라고 예측하였다(**그림 18.6**).

유도자는 어떻게 효소의 합성을 촉발하는가?

연구자들은 PaJaMo 실험의 마지막 단계에서 배지에 젖당(유도자의 전구체)을 첨가하면 베타-갈락토오스가수분해효소의 합성이 다시 시작된다는 결과를 얻었다(그림 18.5). 그들은 이 결과를 유도자가 야생형의 억제자와 결합하여 억제자가 더 이상 DNA에 결합하지 못하도록 구조를 변화시켰기 때문이라고 해석하였다. 환경에서 유도자를 제거하면 유도자와 결합하지 않은 억제자는 DNA에 결합할 수 있는 형태로 되돌아간다(그림 18.4). 유도자가 억제자와 결합하면 억제자가 작동자와 결합하지 못하게 하는 다른 자리 입체 효과가 나타난다. 이러한 일련의 사건들에서 유도자는 **효과인자 분자**(알로스테릭 단백질에 결합하여 구조적 변화를 일으키는 분자)로 자신은 DNA에 결합하지 않으면서 억제를 해제한다.

작동자 돌연변이들

억제자 유전자의 *lacI*$^-$ 돌연변이들은 억제자의 활성을 없앨 수 있지만 억제자에 의해 인식되는 특정한 염기서열이 바뀐 돌연변이들도 이

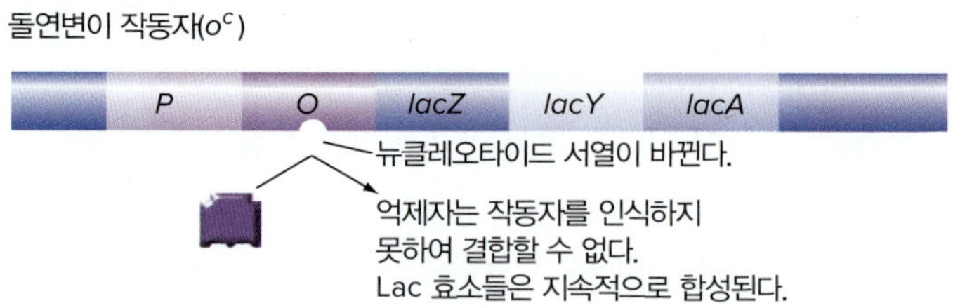

그림 18.7 작동자 돌연변이들 억제자가 *lac* o^c 돌연변이 위치에 있는 바뀐 DNA 서열을 인식하지 못하여 결합하지 못하고 따라서 오페론을 억제하지 못한다.

와 동일한 효과를 낼 수 있다(**그림 18.7**). 돌연변이에 의해 작동자의 염기서열이 바뀌면 억제자는 결합부위를 인식하지 못하기 때문에 DNA와 결합하지 못하고, 그 결과 젖당-이용 단백질들이 지속적으로 만들어진다. 연구자들은 유전적인 결합이 *lacZ* 유전자와 인접해 있는 작동자에 위치하는 구성적 돌연변이들을 분리하였다. 그리고 이러한 지속성 작동자 DNA 변화들을 o^c 돌연변이들이라 명명하였다.

초억제자(*lacI*^{s}) 돌연변이

만약 유도자가 억제자 단백질과 결합하여 억제자가 작동자에 결합하는 것을 막는다면 유도자와의 상호작용을 막는 억제자 돌연변이들에 대해 어떠한 결과를 예상할 수 있겠는가? 당연히 그런 돌연변이들에서는 유도자가 배지에 첨가되더라도 세포가 오페론의 유전자들을 발현하지 못할 것이라고 예상할 것이다. 연구자들은 억제자 유전자에서 유도되지 않는 돌연변이들을 분리하였고, 그들을 *lacI*^{s} 또는 초억제자 돌연변이라고 명명하였다(**그림 18.8**). *lacI*^{s} 돌연변이들은 유도자와는 결합하지 못하지만 DNA에는 결합할 수 있어 오페론의 전사를 억제한다. 이러한 억제는 젖당이나 알로락토오스의 존재 여부와 무관하게 나타난다.

단백질은 트랜스로 작용하고 DNA 위치들은 시스로 작용한다

표 18.1은 *lac* 오페론과 *lacI* 유전자의 돌연변이를 가지는 세균들의 표현형들을 요약한 것이다. 이 표에서 알 수 있는 중요한 발견들 중

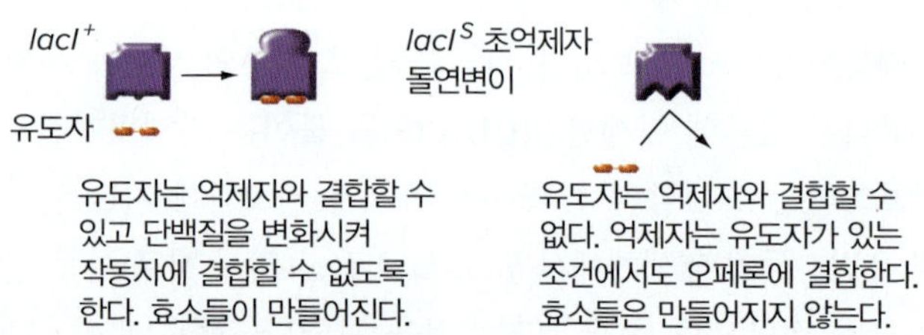

그림 18.8 초억제자 돌연변이 *lacI*^{s}. 초억제자 돌연변이들에서는 LacI^{S}가 작동자에는 결합하지만 유도자와는 결합하지 못한다. 따라서 억제자가 작동자로부터 떨어져 나오지 못해 유전자들이 계속 억제된 상태로 유지된다.

표 18.1 중요한 *lac* 오페론 표현형들의 요약

유전자형	*lacZ* 활성		*lacY* 활성		결론
번호	유도자가 없을 때	유도자가 있을 때	유도자가 없을 때	유도자가 있을 때	
(1) $I^+o^+Z^+Y^+$	−	+	−	+	*lac* 오페론은 유도 가능하다.
(2) $I^-o^+Z^+Y^+$	+	+	+	+	*I*는 억제자를 암호화한다.
(3) $I^So^+Z^+Y^+$	−	−	−	−	I^s는 초억제자를 암호화한다.
(4) $I^+o^cZ^+Y^+$	+	+	+	+	o^+는 억제자와 결합하는 DNA 위치이다.
(5) $I^-o^+Z^+Y^-$/F′ ($I^+o^+Z^-Y^+$)	−	+	−	+	I^+는 I^-에 대해 우성이다. 억제자는 트랜스로 작용한다.
(6) $I^+o^+Z^+Y^-$/F′ ($I^So^+Z^-Y^+$)	−	−	−	−	I^s는 I^+에 대해 우성이다. 초억제자는 트랜스로 작용한다.
(7) $I^+o^cZ^+Y^-$/F′ ($I^+o^+Z^-Y^+$)	+	+	−	+	o^+와 o^c는 시스로 작용한다.

하나는 서로 다른 두 가지의 돌연변이들이 유도자가 없을 때에도 *lac* 오페론의 발현을 가능하게 한다는 것이다. 이들은 지속성 작동자 돌연변이(o^c)들(표 18.1의 유전자형 4)과 지속성 $lacI^-$ 돌연변이들(표 18.1의 유전자형 2)이다. 둘 다 발현을 방지한다는 점을 고려할 때 이러한 돌연변이를 서로 어떻게 구별할 수 있을까? 둘 다 억압을 방지한다는 점을 고려할 때 이러한 돌연변이를 서로 어떻게 구별할 수 있습니까?

트랜스(*trans*)로 작용하는 요소들은 세포질을 통해 확산되어 세포 내에 존재하는 어떠한 표적 DNA 위치에서도 작용 할 수 있다. **시스**(*cis*)로 작용하는 요소들은 동일한 DNA 분자에서 그 요소와 가까이 있는 유전자들의 발현에만 영향을 줄 수 있다. 연구자들은 세포질에 *lac* 유전자들을 한 벌 더 도입해서 만든 부분이배체를 이용하여 시스로 작용하는 작동자 위치 돌연변이(o^c)와 트랜스로 작용하는 단백질을 암호화하는 *lacI*의 돌연변이를 구별하였다.

부분이배체는 세균의 염색체에 존재하는 유전자들의 일부를 포함하고 있는 F′ 플라스미드를 이용하여 만들 수 있다(그림 16.20 참고). F′(*lac*) 플라스미드를 포함하는 세포는 플라스미드에 있는 *lac* 유전자와 염색체에 존재하는 *lac* 유전자를 합쳐 두 벌의 젖당-이용 유전자들과 *lacI* 유전자를 가지게 된다. 모노의 연구진은 F′(*lac*) 플라스미드들을 이용하여 조절(o^c와 *lacI*) 돌연변이들과 효소를 암호화하는 구조 유전자(*lacZ*와 *lacY*) 돌연변이들이 다양하게 조합된 세균 균주를 만들 수 있었다. 그리고 이 부분이배체 세포들의 표현형들을 조사하여 모노와 그의 동료들은 특정한 구성성 돌연변이가 확산 가능하고 트랜스로 작용하는 단백질을 만드는 유전자 내에 있는지, 아니면 시스로 작용하는 DNA 위치에 있어 동일한 DNA 분자에 있는 유전자들에게만 영향을 주는지를 결정할 수 있었다. 표 18.1의 유전자형 5에서 7까지는 중요한 부분이배체 실험 결과들을 요약한 것이다.

$lacI^+$: 트랜스로 작용하며 $lacI^-$에 대해 우성이다 한 실험에서 모노와 연구진들은 억제자를 만들지 못해 베타-갈락토오스가수분해효소가 지속적으로 만들어지는 $lacI^-$ $lacZ^+$ $lacY^-$ 균주에(**그림 18.9**, 표 18.1의 유전자형 5) F′($lacI^+$ $lacZ^-$ $lacY^+$) 플라스미드를 도입하여 베타-갈락토오스가수분해효소와 투과효소의 발현이 야생형과 같은 표현형, 즉 젖당이 없을 때 발현이 억제되고 젖당이 있을 때 발현이 유도되는 부분이배체를 만들었다. 부분이배체의 이러한 표현형은 $lacI^+$가 $lacI^-$에 대해 우성이라는 것을 나타낸다. 또한 $lacI^+$와 함께 플라스미드에 있는 $lacY^+$뿐만 아니라 세균 염색체에 있는 $lacZ^+$도 유도될 수 있다는 사실은 플라스미드에 있는 $lacI^+$ 유전자로부터 만들어진 LacI 단백질이 플라스미드에 있는 작동자뿐만 아니라 세균 염색체에 있는 작동자에도 결합할 수 있음을 의미한다. 결론적으로 *lacI* 유전자 산물은 트랜스로 작용하는 단백질로 세포 내에서 확산되어 작동자의 위치와 무관하게 자신이 만나는 어떠한 작동자에도 결합할 수 있다.

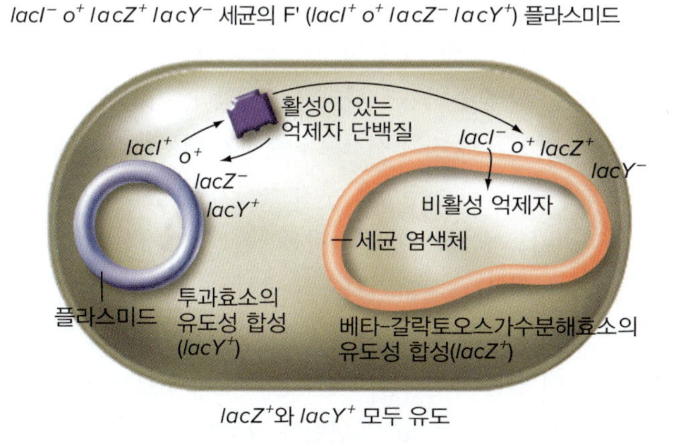

그림 18.9 LacI⁺ 단백질은 트랜스로 작용한다. 플라스미드에 있는 $lacI^+$ 유전자로부터 만들어진 억제자 단백질은 세포질로 확산되어 플라스미드에 있는 작동자뿐만 아니라 염색체에 있는 작동자에도 결합 할 수 있다(표 18.1의 유전자형 5번).

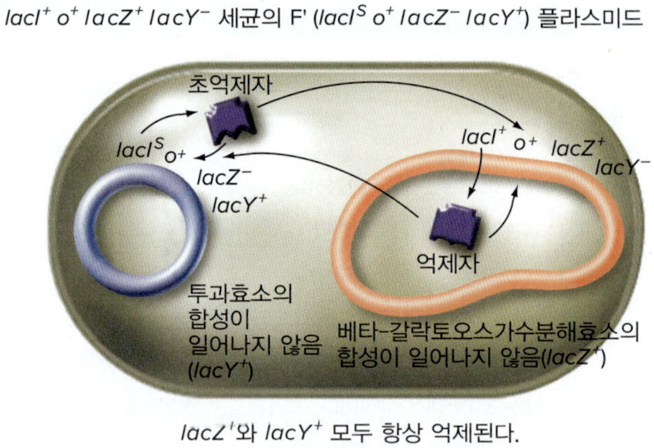

그림 18.10 LacI^s 단백질을 트랜스로 작용한다. 플라스미드의 *lacI^s*에 암호화된 초억제자는 확산되어 플라스미드와 염색체에 존재하는 작동자들에 결합하여 유도자가 존재하는 상황에서도 lac 오페론을 억제한다(표 18.1의 유전자형 6번).

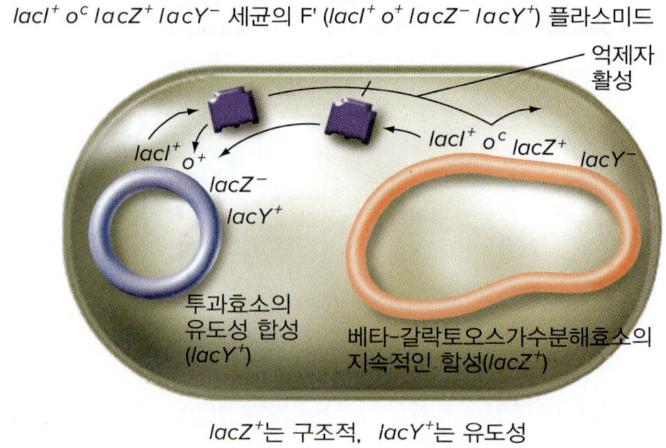

그림 18.11 o^c와 o^+는 시스로 작용한다. o^c 구조적 돌연변이와 o^+ 야생형 작동자는 그들이 속한 오페론에만 영향을 미친다. 이 세포에서는 염색체에 있는 오페론만이 지속적으로 전사된다(표 18.1의 유전자형 7번).

***lacI^s*: 트랜스로 작용하며 *lacI$^+$*에 대해 우성이다** 두 번째 실험에서는 억제와 유도가 모두 가능한 *lacI$^+$* 균주에 *lacI^s* 플라스미드를 도입하여 억제는 여전히 가능하지만 더 이상 유도되지 않는 균주를 만들었다(**그림 18.10**, 표 18.1의 유전자형 6). 이러한 결과는 돌연변이 LacI^s 억제자가 작동자에는 결합할 수 있지만 더 이상 유도자와 결합할 수 없기 때문에 나타난다. 유도가 불가능한 초억제자를 암호화하는 대립유전자는 야생형 억제자 대립유전자에 대해 우성이다. 왜냐하면, 어느 정도의 시간이 지나면 유도자와 결합하지 못하는 돌연변이 억제자가 모든 작동자 위치에 결합하여 세포 내에 존재하는 모든 *lac* 유전자의 전사를 막기 때문이다.

o^c와 o^+: 시스로 작용한다 세 번째 실험에서 연구자들은 야생형 억제자가 변형된 작동자에 결합하지 못하기 때문에 지속적인 베타-갈락토오스가수분해효소의 합성이 일어나는 *lacI$^+$ o^c lacZ$^+$ lacY$^-$* 세균을 이용하였다(**그림 18.11**와 표 18.1의 유전자형 7). 이 균주에 F′ (*lacI$^+$ o^+ lacZ$^-$ lacY$^+$*) 플라스미드를 도입하여도 이러한 상태, 즉 투과효소는 유도되지만 베타-갈락토오스가수분해효소는 지속적으로 만들어지는 상태에 변화가 나타나지 않았다. 이러한 결과는 플라스미드에 있는 o^+ 작동자가 시스로 작용하기 때문에 염색체 DNA에 있는 *lacZ$^+$* 유전자에는 영향을 주지 못하기 때문이라고 설명할 수 있다. 플라스미드에 있는 야생형 작동자는 자기 자신의 DNA 분자에 있는 *lacZ$^-$*와 *lacY$^+$* 유전자들의 발현에만 영향을 주기 때문에 염색체에 존재하는 돌연변이 작동자를 극복하지 못하고 그 결과 세균의 염색체에 있는 유전자들의 발현은 억제하지 못한다. 이와 반대로 세균의 염색체에 있는 o^c 돌연변이 작동자는 플라스미드에 있는 *lacY$^+$* 유전자에 대해 트랜스로 작용하지 못하기 때문에 투과효소 유전자의 유도는 가능하다.

이 실험들로부터 얻을 수 있는 일반적인 법칙은 만약 어떤 유전자가 세포 내의 어떠한 DNA 분자에 있는 표적 위치에도 결합할 수 확산이 가능한 요소(보통 단백질이 이에 해당함)를 지정한다면 우성의 대립유전자는 트랜스로 작용하는 단백질을 암호화 할 것이다. 만약 돌연변이가 시스로 작용하여 같은 DNA 분자에 있는 인접한 유전자들의 발현에만 영향을 준다면 이러한 돌연변이는 단백질을 암호화하는 유전자의 변형에 의하기보다는 주로 단백질 결합 부위와 같은 DNA 위치의 변형에 의해서 나타난다.

오페론 가설은 많은 생화학 실험들에 의해 뒷받침된다

1970년대에 클로닝, DNA 염기서열 분석 그리고 단백질과 DNA의 상호작용을 분석하는 기술이 발달하면서 특정 고분자들을 더 효과적으로 분리하여 그들의 구조를 결정하거나 분자들 사이의 관계들을 분석하는 능력을 향상시켰다. 이러한 연구들을 통해 제이콥-모노가 제안한 오페론설의 기본 논리들을 재확인하고 분자 수준에서 *lac* 오페론을 더 상세하게 구체화할 수 있었으며, 전사 개시 단계에서 조절되는 많은 유전자들에 이러한 내용들을 어떻게 적용할지 알게 되었다.

하나의 다중시스트론성 mRNA로 조직적으로 발현되는 *lacZYA* 유전자들

모노와 연구진이 *lacZ*, *lacY*, *lacA*의 억제 또는 유도가 일치되어 일어난다는 것을 보여준 것을 기억할 것이다. 그들은 젖당 이용에 필요한 유전자들의 조직화된 발현을 설명하기 위해서 세 유전자들이 같은 다중시스트론성 mRNA의 일부로 전사된다고 제안하였다(그림 18.4 참조). 표 18.1에 나타난 결과는 모두 이 아이디어와 잘 들어맞지만, 이 결과 자체만으로는 세 개의 암호화 서열이 동일한 전사체에 있다는 것을 증명하지는 않는다.

생화학적 연구들은 RNA 중합효소가 하나의 프로모터에서 밀접하게 연관되어 있는 *lac* 유전자 집단의 전사를 시작한다는 것을 보였다. 전사 동안에 중합효소는 5′-*lacZ*-*lacY*-*lacA*-3′의 순서로 *lac* 유전자들의 정보를 포함하고 있는 하나의 다중시스트론성 mRNA를 만든다. 이로 인해 *lacZ* 상류에 위치한 프로모터의 돌연변이들은 세 유전자 모두의 전사에 영향을 준다. 이 다중시스트론성 mRNA로부터 각각의 유전자가 번역되기 위해서는 각각의 개방 번역틀 앞에 독립적인 리보솜 결합 위치가 있어야 한다는 것을 기억해야 한다.

조직화된 유전자 발현을 얻기 위해 비슷한 기능을 가지는 유전자들을 오페론으로 집단화하는 것은 단순하지만 매우 효과적인 방법이다. 따라서 세균 유전체에서 많은 오페론이 진화해온 것은 그리 놀랄 만한 일이 아니다. 대장균 유전체에는 약 400개의 오페론이 존재하며 각각의 오페론이 적어도 두 개의 유전자를 가진다는 것을 고려하면, 약 5,000개에 달하는 대장균 유전자들의 많은 부분은 오페론으로 구성되어 있다.

정제된 Lac 억제자들에 의한 작동자의 결합

과학자들은 Lac 억제자 단백질을 정제하게 되자 억제자가 작동자 DNA에 물리적으로 결합할 수 있다는 것을 입증할 수 있었다. 연구자들은 방사성 동위원소로 표지된 억제자 단백질과 *lac* 오페론을 포함하고 있는 세균 바이러스 DNA를 혼합하였다. 이 혼합물을 글리세롤 농도구배에서 원심분리하면 방사성 단백질이 DNA와 함께 침전되는 것을 확인하였다(**그림 18.12a**). 그러나 o^c 돌연변이를 가지는 *lac* 오페론을 포함하는 바이러스 DNA를 이용한 실험에서는 단백질이 변형된 작동자 위치에 결합할 수 없기 때문에 DNA와 함께 침전되지 않았다(**그림 18.12b**).

Lac 억제자 단백질에 존재하는 영역들

정제된 억제자 단백질은 *lacI*에 암호화된 소단위 두 개로 구성된 2량체로 경우에 따라 두 2량체가 상호작용을 통해 4량체를 형성할 수 있다. 중요하게도 각각의 소단위는 서로 다른 세 개의 영역을 포함하고 있다(**그림 18.13**). 이 중 하나는 유도자와 결합하고 다른 하나의 영역은 작동자 위치의 DNA를 인식하고 결합한다(여기서 우리는 단백질의 기능적인 특정 부분을 지칭할 때 **영역**(domain)이라는 용어를 사용하고 단백질의 DNA 결합 영역과 상호작용하는 DNA 서열에는 **위치**(site)라는 용어를 사용한다는 것에 주목해야 한다).

억제자 소단위의 이러한 구조는 억제자 기능에 영향을 주는 돌연변이들의 분자적 특성에 대한 연구 결과들을 잘 설명할 수 있었다. 작동자에 결합하지 못하는 단백질들을 암호화하는 $lacI^-$ 돌연변이들은 단백질의 DNA 결합 영역에 있는 아미노산들에 영향을 주었다. 반면에 유도될 수 없는 단백질들을 암호화하는 $lacI^s$ 초억제자 돌연변이들에서는 유도자-결합 영역에 있는 아미노산들에 해당하는 코돈들

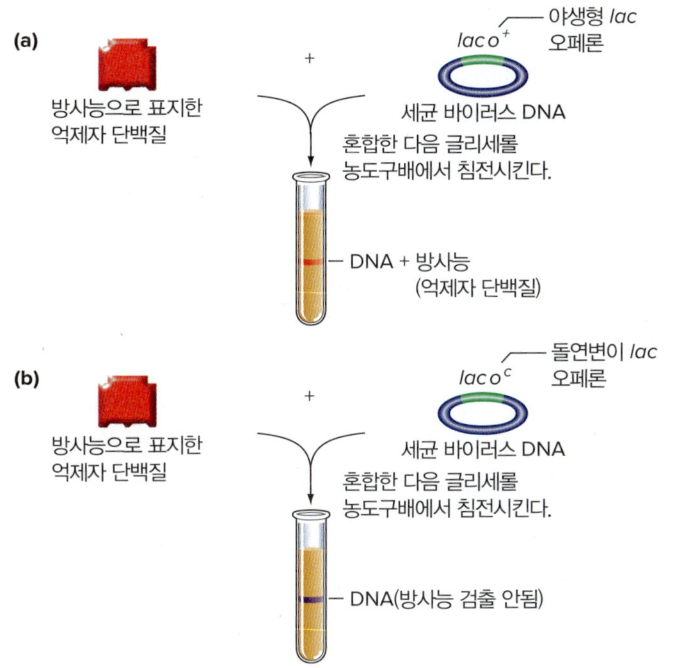

그림 18.12 Lac 억제자는 작동자 DNA에 결합한다. (a) $lacI^+$ 세포들로부터 유래한 억제자 단백질을 방사능으로 표지하여 정제하고 세균 바이러스 염색체에 있는 *lac* 작동자를 포함하는 DNA와 혼합하면 단백질은 DNA와 함께 침전된다. **(b)** 야생형 억제자를 돌연변이 작동자 위치를 포함하고 있는 DNA와 함께 침전시키면 침전에서 방사능이 검출되지 않는다.

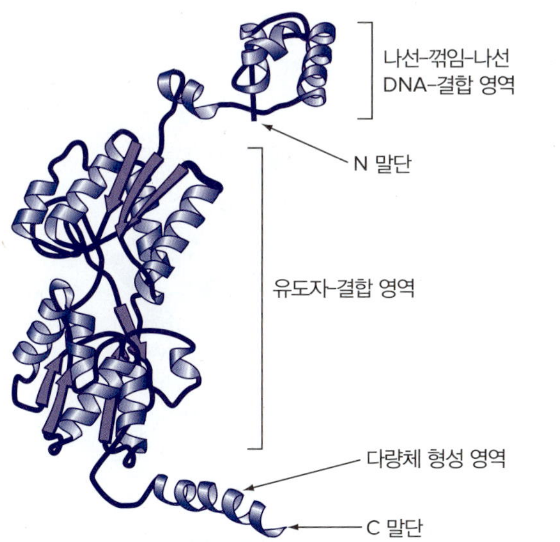

그림 18.13 Lac 억제자 단백질 존재하는 영역들. Lac 억제자의 X선 결정학적 구조는 작동자 DNA와 결합하는 도메인(영역)과 별도의 유도자 결합 영역을 보여준다. C 말단 근처의 세 번째 도메인은 소단위가 이량체와 사량체로 다량체화 되도록 한다.

에 돌연변이가 집중되어 있었다.

마지막으로 폴리펩타이드의 C 말단에서 발견되는 Lac 억제자 소단위의 세 번째 영역은(그림 18.13) 다른 소단위의 동일한 영역과 상호작용하여 2량체 또는 4량체를 형성하는 데 관여한다. 이 다량체 형성의 중요성은 이 절의 후반부에서 논의될 것이다.

나선-꺾임-나선 단백질들

X-선 결정법을 이용한 연구들은 Lac 억제자 소단위의 DNA 결합 영역이 두 개의 알파 나선(helix) 지역들이 하나의 꺾임(turn)에 의해 분리되어 있는 특징적인 3차구조를 가진다는 사실을 알게 되었다(그림 18.13). 단백질에서 발견되는 이러한 **나선-꺾임-나선 모티프** [helix-turn-helix(HTH) motif]는 DNA의 주홈과 구조적으로 잘 맞는다(**그림 18.14**).

HTH 모티프는 세균에서 진핵세포에 이르기까지 수백 종류의 DNA 결합 단백질들에서 발견된다. 이 단백질들이 나타내는 구조적인 유사성은 그들이 하나의 공통된 조상 유전자로부터 유래하였으며 공통조상 유전자의 중복이나 변화를 통해 전체적으로 유사한 DNA 결합 구조를 가지는 전사 억제 단백질들의 집단이 만들어졌다는 것을 제안하고 있다. 그러나 HTH를 가지는 각각의 전사인자에서 두 알파 나선의 하나는 서로 다른 아미노산으로 이루어져 특정한 뉴클레오타이드의 DNA 서열을 인식한다. 따라서 다양한 HTH 단백질들은 서로 다른 DNA 서열에 결합한다. 세균에서는 이로 인해 HTH 모티프를 가지는 서로 다른 전사인자들은 서로 다른 작동자들과 상호작용함으로써 서로 다른 유전자들과 오페론들을 조절할 수 있다.

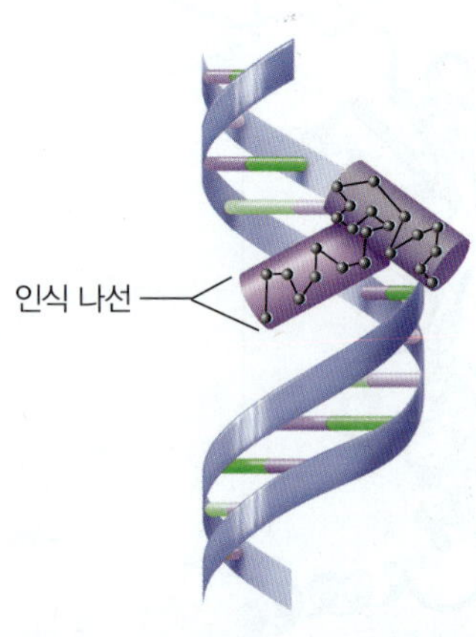

그림 18.14 나선-꺾임-나선 모티프는 특정한 DNA 서열을 인식한다. 그림에서 원통 안에 보이는 나선들로 표시된 나선-꺾임-나선 모양의 단백질 모티프는 DNA 나선의 주홈에 딱 맞는다. 단백질의 나선형 부위에 있는 특정한 아미노산들은 DNA에 있는 특정 염기서열을 인식한다.

작동자 서열들의 특성

1970년대에 유전자 조절을 연구하던 유전학자들은 조절 단백질들이 DNA에 결합하는 위치를 결정할 수 있는 새로운 시험관 내 실험 방법을 개발하였다. 정제된 단백질이 DNA 조각에 결합하면 결합된 부위는 DNase I처럼 뉴클레오타이드 사이의 인산디에스테르 결합을 끊는 효소들에 의해 분해되지 않는다. 만약 DNA 이중 나선의 한쪽 말단 부위를 동위원소로 표지하고 이것을 정제된 결합 단백질과 반응시킨 다음에 DNase I 효소로 부분 소화시키면 단백질과의 결합에 의해 보호되는 부위에 있는 인산디에스테르 결합을 제외한 모든 인산디에스테르 결합이 분해될 수 있다. 반응한 시료 DNA를 젤 전기영동과 젤을 방사능에 민감한 필름에 노출시키는 **방사선자동사진법**으로 분석하면 각 염기 사이에 끊어진 부위에 해당하는 위치들을 나타내는 DNA 밴드를 얻을 수 있다. 이때 DNA 결합 단백질에 의해 보호되는 부위에 해당하는 DNA 밴드들은 나타나지 않으며 이러

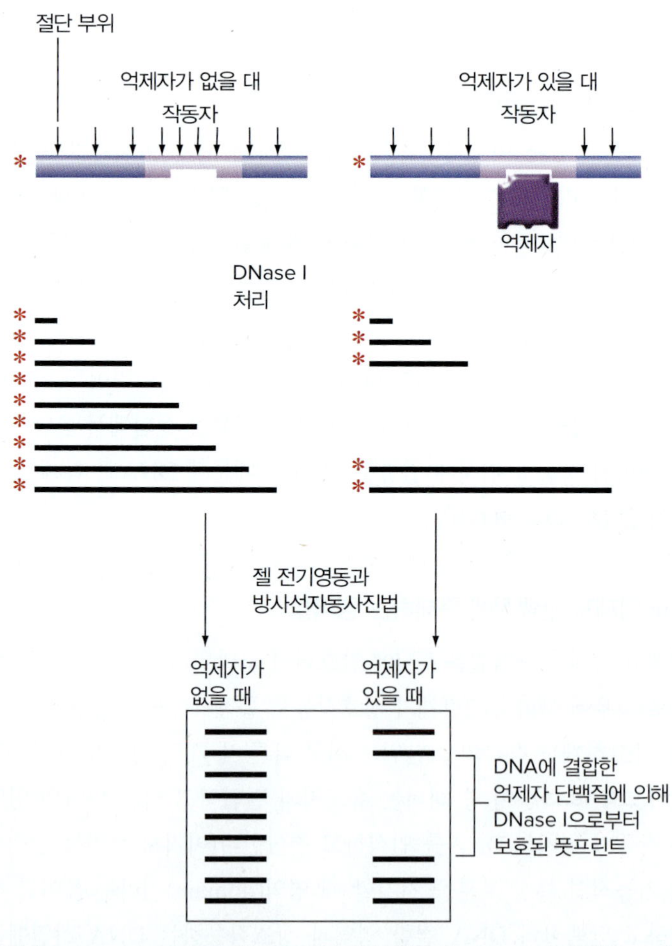

그림 18.15 DNase 풋프린트는 단백질이 결합하는 DNA의 위치를 보여준다. DNA의 한쪽 끝을 방사능으로 표지한다(빨간색). DNase I 효소로 부분 분해하면 일련의 단편들이 만들어진다. 효소는 결합 단백질이 결합한 위치들에 있는 DNA는 분해하지 못한다. 젤 전기영동으로 분석하면 밴드의 부재는 단백질이 결합했다는 것을 나타낸다.

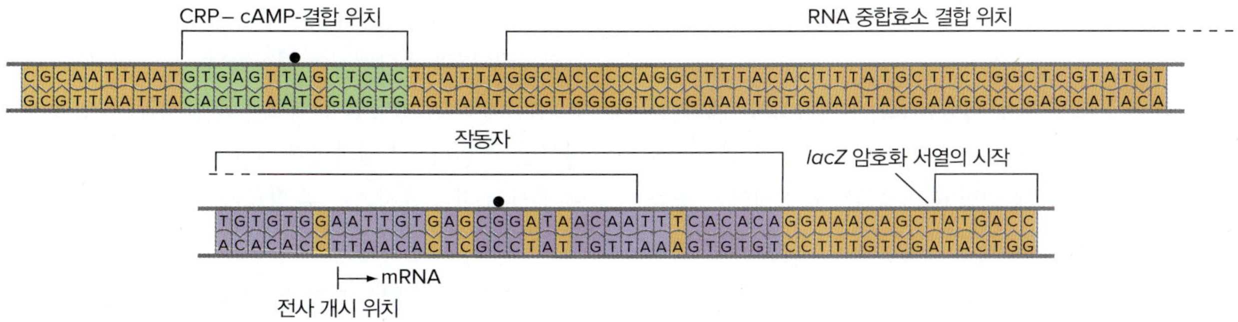

그림 18.16 조절 단백질의 결합 위치들은 서로 겹친다. 작동자에 결합한 Lac 억제자는 RNA 중합효소의 프로모터 결합을 방해한다. DNase 분해 실험에 의해 결정된 RNA 중합효소와 억제자의 결합 위치들은 작동자와 프로모터 사이에 겹치는 부위가 있음을 보여준다. 작동자(보라색)와 CRP-cAMP 결합 위치(초록색)에 있는 뉴클레오타이드 서열들이 검은색 동그라미를 중심으로 회전대칭임을 주목하라.

한 부위를 **풋프린트**(footprint)라고 한다(**그림 18.15**).

작동자와 촉진유전자의 겹침 DNA 풋프린팅 실험들은 *lac* 오페론 작동자의 어떤 뉴클레오타이드들이 *lac* 오페론에서 RNA 중합효소가 처음 유전자에 결합하는 부위인 프로모터의 일부분이라는 것을 보여주었다(**그림 18.16**). 작동자에 있는 어떤 염기들은 오페론이 전사될 때 만들어지는 mRNA에도 포함되어 있다. 이것은 젖당이 없는 환경에서 자라는 정상세포에서 억제자가 작동자 위치에 결합되어 있다면 RNA 중합효소는 프로모터를 인식하지 못하고 따라서 결합하지 못한다는 것을 의미한다. 이러한 발견들은 직접적으로 왜 억제자가 작동자에 결합하는 것이 *lac* 오페론 유전자들의 발현을 막는지 설명한다.

작동자의 회전 대칭성 Lac 억제자 단백질을 이용한 DNA 풋프린팅 실험을 통해 드러난 *lac* 작동자 서열들은 **회전 대칭성**이라는 흥미로운 특징을 나타낸다. 그들의 두 DNA 가닥은 그림 18.16의 회문 부위들이 보라색으로 강조된 부분에서 볼 수 있듯이 양쪽 가닥을 5′ 말단에서 3′ 말단 방향으로 읽었을 때 거의 동일한 염기서열을 가진다. 이러한 회전 대칭성은 Lac 억제자 단백질의 한 가지 형태가 2량체라는 사실을 고려하면 이해할 수 있다. 2량체를 구성하는 두 개의 소단위 중 하나는 작동자 서열의 한쪽 반에 해당하는 염기들과 결합한다. 다른 소단위 하나는 다른 방향을 향해 위치하여 회전 대칭을 이루는 작동자 서열의 나머지 반에 결합한다.

회전 대칭성은 *lac* 작동자 외에도 전사인자들이 결합하는 많은 다른 DNA 서열들에서도 볼 수 있다. 이것은 많은 경우 전사인자들이 같거나 유사한 소단위들로부터 조립된다는 사실을 반영한다.

결합에서의 협동성

앞에서 언급한 것처럼 두 개의 Lac 억제자 단백질 2량체는 상호작용하여 하나의 4량체를 형성할 수 있다. 4량체 Lac 억제자와 프로모터의 상류 지역의 염기서열을 더 많이 포함하는 *lac* 오페론 DNA 조각을 이용하여 DNA 풋프린트 실험을 한 결과, Lac 억제자 단백질이 오페론 근처의 세 위치에 결합할 수 있다는 사실이 밝혀졌다. 이 위치들 중 하나는 o_1(여기서 o는 operator, 즉 작동자를 말하며, o_1이 그림 18.16에서 보여주는 o^c 돌연변이들에 의해 동정된 부위)이라고 하며, 다른 위치들은 o_2와 o_3라고 한다(그림에서 볼 수 없다).

o_1 위치는 억제자에 대해 가장 강한 결합 친화도를 가지며 4량체를 구성하는 2량체 중 하나는 항상 이 위치에 있는 회전 대칭성 서열에 결합한다. 또 다른 2량체는 o_2 또는 o_3에 결합한다(**그림 18.17**). o_2 또는 o_3에 존재하는 돌연변이는 억제에 거의 영향을 주지 않지만 o_2와 o_3 모두에 돌연변이가 있을 경우에는 억제효과가 50배 이상 감소된다. 이것은 억제를 최대화하기 위해서 억제자를 구성하는 두 2량체(억제자를 구성하는 네 개의 사량체 소단위)가 동시에 DNA에 결합해야 한다는 것을 의미한다

o_1 위치는 o_2로부터 약 400염기 정도, o_3와는 100염기 정도 떨어져 있다. 작동자들 사이의 거리는 작동자 위치들 사이에서 DNA 고리가 형성된다고 가정해야만 4량체 억제자 분자가 o_1과 o_2 또는 o_3 중에 동시에 결합할 수 있을 정도로 충분히 멀리 떨어져 있다(그림 18.17). 4량체 억제자가 네 곳의 인식 부위(두 작동자 위치에 각각 두 곳씩)에 결합하면 단백질-DNA 상호작용의 안정성이 증가되어 고리를 형성하는 데 요구되는 어떠한 에너지도 상쇄시킬 수 있다. 실제로 Lac 억제자의 DNA 결합은 매우 효과적이어서 단지 열 개의

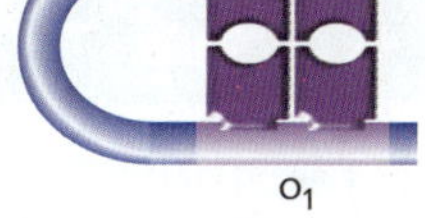

그림 18.17 Lac 억제자 4량체는 두 위치에 결합한다. Lac 억제인자는 동일한 소단위의 4량체이다. 소단위들 두 개가 2량체를 형성하여 하나의 작동자 위치(o_1)에 결합하고 다른 두 개의 소단위로 구성된 또 하나의 2량체가 두 번째 작동자(o_2 또는 o_3)에 결합한다.

억제자 4량체 분자만으로도 세포가 젖당이 없는 조건에서 억제를 유지할 수 있다.

그림 18.18은 X선 결정학에 의해 결정된 *lac* 오페론 DNA에 결합된 억제자 사량체의 구조를 보여준다. 그림 18.18은 X선 결정학에 의해 결정된 *lac* 오페론 DNA에 결합된 억제인자 사량체의 구조를 보여줍니다. 이 그림을 좀더 자세히 확인해야 한다. 억제자를 두 개의 작동자 부위에 결합하는 데 필요한 고리가 명확하게 나타난다. 리프레서를 두 개의 작업자 사이트에 결합하는 데 필요한 루핑이 명확하게 보인다. 억제자를 구성하는 두 분자의 2량체와 억제자 소단위들에 있는 다량체화 영역의 위치 그리고 DNA에 결합한 네 개의 나선-꺾임-나선 영역을 찾을 수 있는지 확인해야 한다. 그림 18.18의 특별한 X-선 구조는 하나의 2량체에 있는 두 개의 DNA 결합 영역이 세균 염색체를 기준으로 서로 다른 방향을 향하고 있다는 것을 보여주며 이것은 각각의 작동자 위치가 왜 회전 대칭성을 나타내는지 설명할 수 있다.

원핵생물이나 진핵생물에서 DNA에 결합하는 대부분의 단백질들은 비슷한 전략을 이용한다. 많은 DNA-결합 단백질들이 다량체로 존재하며, 따라서 DNA-결합 영역을 가지는 각각의 소단위로부터 조립된 전사인자는 여러 개의 DNA 결합 영역을 가지게 된다. 그러므로 만약 다량체 단백질이 결합할 수 있는 위치들이 한 유전자의 조절 부위에 모여 있다면 단백질과 조절 부위 사이에 더 많은 접촉이 형성될 수 있다. 그 결과 단백질-DNA 상호작용의 안정성이 증가하여 전사 조절을 유지하는 데 필요한 결합 강도를 만들 수 있게 된다.

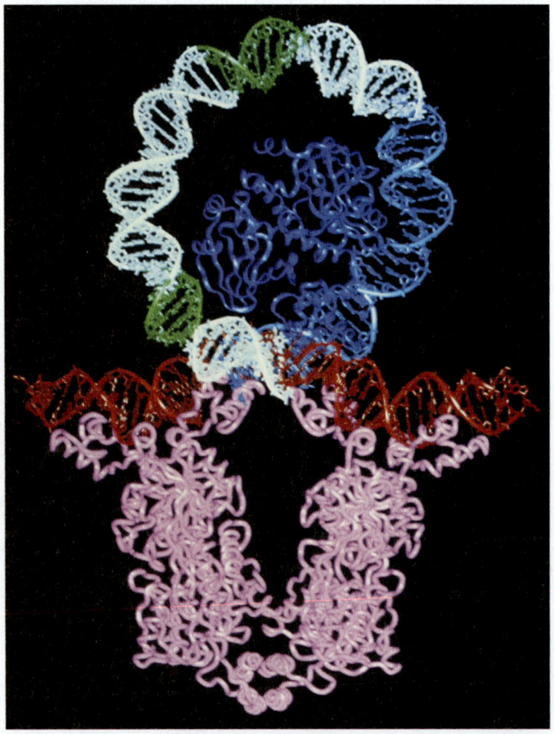

그림 18.18 ***lac* 오페론에 대한 Lac 억제자의 결합.** Lac repressor(보라색)는 두 개의 작동자 부위 각각에 두 개의 소단위가 결합하여 DNA에 고리(파란색 및 녹색)가 형성되도록 하는 사량체이다. 각 조작 부위(빨간색)는 회전 대칭을 나타내므로 이량체를 형성하는 두 개의 소단위는 염색체에서 반대 방향으로 배향된다. 이 모델은 또한 cAMP(보이지 않음)와 복합체를 형성한 복합된 CRP 단백질(진한 파란색)이 *lac* DNA에 결합하는 위치를 보여준다. *Source: ©SPL/Science*

lac 오페론은 양성 조절에 의해서도 조절된다

젖당은 세균 세포들이 에너지와 탄소 원자의 자원으로 이용할 수 있는 여러 종류의 당 중 하나일 뿐이다. 만약 선택의 여지가 있다면 대부분의 세균은 포도당을 더 선호한다. 예를 들어, 포도당과 젖당을 모두 포함하는 배지에서 자라는 대장균은 젖당을 사용하기 전에 포도당을 사용한다. 포도당이 존재하는 동안에는 젖당이 있더라도 Lac 단백질들의 발현을 시작하지 않는다.

이런 조건에서 젖당이 왜 유도자로 작용하지 않을까? 그 이유는 *lac* 오페론의 전사개시는 복잡한 사건이기 때문이다. 게다가 *lac* 오페론에서의 전사 개시가 억제로부터 해제되는 것 이외에도 RNA 중합효소가 전사를 시작할 수 있도록 도와주는 양성 조절 단백질에 의존하기 때문이다. 중합효소는 양성 조절 단백질의 도움 없이 효과적으로 이중 나선을 풀지 못한다. 다음에서 보듯이 포도당은 간접적으로 이러한 양성 조절자의 기능을 억제한다.

CRP 단백질과 포도당에 대한 반응

작은 뉴클레오타이드인 **cAMP**(고리형 AMP)는 세균 세포 내에서 **cAMP 수용체 단백질** 또는 **CRP**라고 하는 단백질과 결합한다. cAMP가 CRP에 결합하면 CRP는 *lac* 오페론의 프로모터 근처에 있는 DNA 조절 부위에 결합할 수 있다(그림 18.16). DNA에 결합한 CRP는 RNA 중합효소와 물리적인 상호작용을 통해 RNA 중합효소를 프로모터로 이끌어 RNA 중합효소에 의한 *lac* 유전자들의 전사를 증가시킨다(**그림 18.19**). 따라서 CRP는 *lac* 프로모터에서 RNA 중합효소의 전사 활성을 증가시키는 양성 조절자로 작용하고 cAMP는 CRP에 결합하여 CRP가 프로모터 근처에 있는 DNA에 결합하여 조절기능을 수행할 수 있도록 해 주는 효과기(effector) 역할을 한다.

cAMP와 결합한 CRP는 2량체로 DNA에 결합한다(그림 18.19). CRP-cAMP 복합체가 결합하는 DNA 서열은 *lac* 작동자와 마찬가지로 회전 대칭성을 나타낸다(그림 18.16의 서열에서 확인할 수 있다). CRP-결합 위치들은 서로 반대 방향을 향하는 두 개의 인식 서열들로 구성되어 CRP 2량체를 구성하는 각각의 소단위와 결합할 수 있다.

포도당은 ATP를 cAMP로 전환시키는 효소인 **아데닐산고리화효**

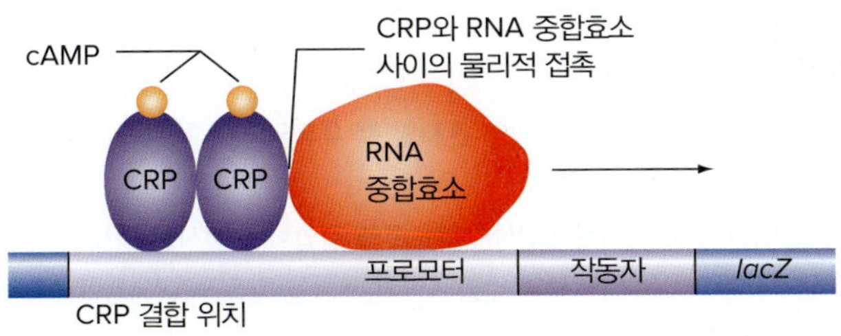

그림 18.19 그림 15.18 *lac* 오페론의 양성 조절. 높은 수준의 *lac* 오페론 발현을 위해서는 양성 조절자인 CRP-cAMP 복합체가 프로모터 근처에 있는 위치에 결합하여야 한다. 이 복합체는 2량체로 회전 대칭성 DNA 서열들을 포함하는 위치에 결합한다. CRP-cAMP 복합체는 RNA 중합효소와 직접 접촉하여 전사의 개시를 돕는다.

소의 활성을 감소시켜 간접적으로 세포 내에 존재하는 cAMP의 양을 조절한다(**그림 18.20**). 포도당이 있을 때에는 cAMP가 낮은 수준으로 존재하고 포도당이 없을 때에는 그 반대로 cAMP의 합성이 증가한다. 그렇기 때문에 배양 배지에 포도당이 포함되어 있으면 CRP와 결합할 수 있는 cAMP가 거의 없어서 배양 배지에 젖당이 존재한다고 할지라도 *lac* 오페론의 유도가 거의 나타나지 않는다. 포도당에 의한 *lac* 유전자 전사의 억제는 대장균이 선호하는 이화물인 포도당이 오페론의 전사를 억제하기 때문에 **이화물 억제**(catabolite repression)라고도 한다.

CRP 단백질에 의한 총체적 조절

CRP-cAMP 복합체는 *lac* 오페론의 양성 조절자로 기능할 뿐만 아니라 갈락토오스 분해에 필요한 유전자 집단인 *gal* 오페론과 아라비노오스 당의 분해에 관여하는 *ara* 오페론과 같은 이화성 유전자 체계에서도 작용한다. 이러한 이화 오페론들도 *lac* 오페론과 마찬가지로 포도당의 존재에 민감하여 포도당이 존재하고 cAMP가 부족할 때에는 낮은 수준으로 발현된다. CRP를 암호화하는 유전자에서 단백질의 DNA 결합 부위를 변화시키는 돌연변이들은 *lac* 오페론 이외에 다른 이화 오페론들의 전사도 감소시킨다. CRP-cAMP의 결합에 의한 전사 조절은 환경에서 포도당과 같이 한정된 기질에 대응하는 총체적인 조절 전략의 한 예이다.

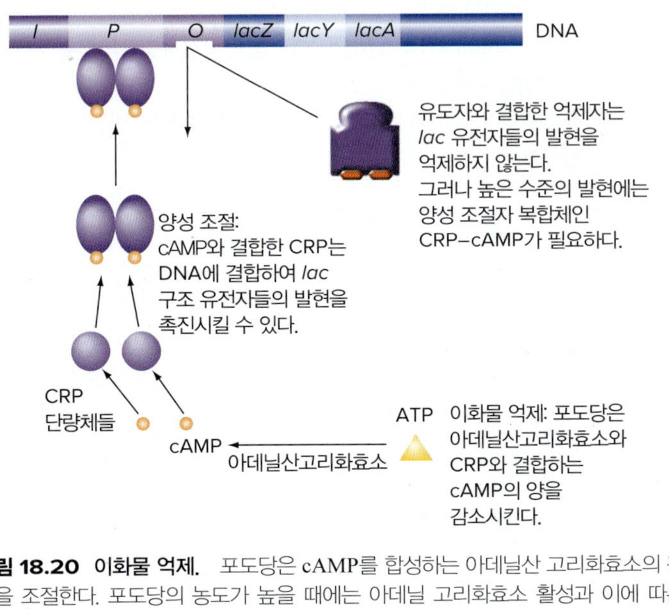

그림 18.20 이화물 억제. 포도당은 cAMP를 합성하는 아데닐산 고리화효소의 활성을 조절한다. 포도당의 농도가 높을 때에는 아데닐 고리화효소 활성과 이에 따른 cAMP의 수준이 낮아 양성 조절자인 CRP가 *lac* 오페론에 결합하지 못한다. 이로 인해 세포가 포도당을 이용할 수 있을 때에는 *lac* 오페론이 낮은 수준으로 전사된다.

양성 조절자들과 음성 조절자들

lac 오페론은 서로 다른 환경 신호들에 반응하여 유전자 발현의 범위를 증가시키는 두 종류의 서로 다른 조절자(*lac* 오페론의 경우, Lac 억제자와 CRP)들의 활성에 의존한다. 대장균의 세포는 어느 특정한 시점에 그들이 이용할 수 있는 당 탄소원들이나 다른 영양소들의 혼합물에서 이익을 얻을 수 있도록 정교하게 유전자 발현을 조절할 수 있다.

양성 조절자들과 음성 조절자들은 전사에 있어 명백하게 반대 효과를 나타내지만, 대부분의 경우 두 가지 형태의 조절자 모두 RNA 중합효소에 영향을 주는 방식으로 작용한다. Lac 억제자와 같은 음성 조절자들은 RNA 중합효소가 프로모터에 기능적으로 결합하는 것을 막음으로써 전사를 방해한다. 반면에 일반적으로 양성 조절자들은 RNA 중합효소와의 물리적 접촉을 통해 RNA 중합효소를 프로모터로 이끌어 오거나 RNA 중합효소가 DNA에 결합한 상태로 더 오래 머물러 있도록 하여 전사 개시가 좀더 자주 일어날 수 있게 한다.

억제자/공동억제자 상호작용은 전사개시의 억제성 조절을 가능하게 한다

세균에서는 물질의 이화 또는 동화 과정에 관여하는 많은 유전자들이 오페론과 같은 형태로 함께 모여 존재하고 조절된다. 우리는 이화 오페론이 젖당이 존재할 때, *lac* 오페론 유전자들의 발현하는 것을 보았다. 반면에 동화 오페론들은 대사 경로의 최종산물이 존재할 때, 이 최종산물을 생산하는 데 필요한 단백질들을 암호화하는 구조 유전자들의 발현을 차단하는 방식으로 조절된다. 달리 말하면 동화 경로들은 억제성 조절을 요구한다.

몇몇 동화 오페론들은 아미노산 합성에 관련한다. 잘 연구된 예로 트립토판(*trp*) 오페론은 아미노산인 트립토판을 만드는 데 필요한 다섯 개의 구조 유전자들인 *trpE*, *trpD*, *trpC*, *trpB*, *trpA*로 구성되어 있다(**그림 18.21**). 예상대로 *trp* 유전자들의 최대 발현은 생장 배지에서 트립토판이 결여되었을 때 나타난다.

trp 오페론은 *trpR* 유전자 산물인 억제자 단백질에 의해 전사 개시 단계에서 조절된다. 트립토판은 다른 자리 입체성 단백질인 TrpR 억제인자에 대한 효과기로 기능한다. TrpR 단백질과 트립토판의 결합은 TrpR의 모양을 변화시켜 작동자에 결합하게 하고 *trp* 오페론 유전자의 전사를 억제할 수 있게 한다. TrpR 단백질의 트립토판 결합 영역이나 DNA 결합 영역을 변화시키는 trpR 유전자의 돌연변이들은 TrpR 억제자가 DNA에 결합하지 못하게 하며 따라서 두 종류의 돌연변이들은 생장 배지에 트립토판이 존재할 때에도 *trp* 유전자들이 지속적으로 발현되게 한다.

이화 경로와 동화 경로의 조절이 같은 종류의 조절 분자에 의존한다는 것은 주목할 만하다. 두 경로 모두 프로모터나 그 주변의 작동자 서열에 결합하여 RNA 중합효소가 프로모터를 인식하지 못하게 하는 억제 단백질에 의해 조절된다. 그러나 두 경로에는 간단하지만 매우 중요한 차이점이 있다. Lac 억제자는 유도자인 알로락토오스가 존재할 때 *lac* 작동자에 결합하지 못하지만 TrpR 억제자는 공동억제자인 트립토판이 존재할 때에만 작동자에 결합할 수 있다. 이 모든 것은 이화 경로는 시작 물질(*lac* 오페론에서는 젖당)이 있을 때는 작동하고 동화 경로는 경로의 최종산물 (*trp* 오페론에서는 트립토판)이 있을 때는 작동이 멈춘다는 세포의 논리를 생각한다면 이해할 수 있다.

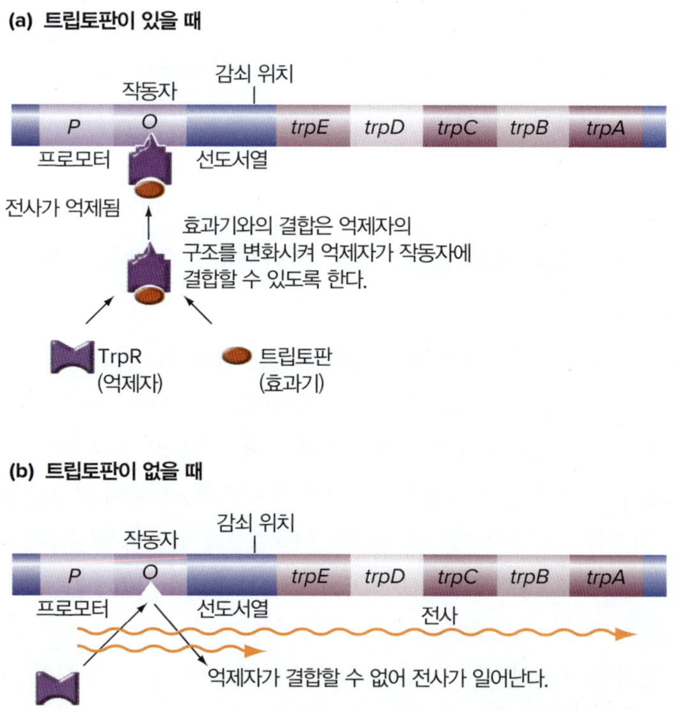

그림 18.21 트립토판은 효과기로 작용한다. **(a)** 트립토판은 TrpR 억제자와 결합하여 그 분자의 구조를 변화시킨다. 그 결과, 억제자가 *trp* 오페론의 작동자와 결합하고 전사를 억제한다. **(b)** 트립토판의 이용이 불가능하면 억제자는 작동자와 결합하지 못하고 따라서 트립토판 생합성 유전자들이 발현된다. 선도서열과 감쇠 위치는 *trp* 오페론 발현을 미세 조정한다.

핵심 개념 18.2

- 이화 경로들은 분해될 분자들이 존재할 때 유도되고 동화 경로들은 최종 산물 분자가 존재할 때 억제된다.
- 오페론에서 Lac 억제자가 DNA 작동자에 결합하면 전사를 억제한다. 유도자인 알로락토오스는 억제자에 결합하여 억제자를 작동자에서 분리시켜 전사를 가능하게 한다
- 조절 단백질들은 트랜스로 작용하고 DNA-결합 위치들은 시스로 작용한다.
- Lac 억제자 단백질은 나선-꺾임-나선 DNA-결합 영역, 유도자-결합 영역 그리고 다량체화를 가능하게 하는 영역을 가진다. 이러한 방식으로 익제자는 십단화된 작동자들을 인식하고 강하게 결합할 수 있다.
- cAMP 조절 단백질(CRP)은 포도당이 결여되어 cAMP의 수준이 높을때에만 lac 프로모터 부위에 결합하여 최고 수준의 전사를 가능하게 한다.
- Lac 억제자와 같은 음성 조절자들은 RNA 중합효소가 프로모터에 결합하는 것을 억제한다. CRP-cAMP와 같은 양성 조절자들은 중합효소가 프로모터에 결합하는 것을 돕는다.
- 동화작용 (생합성) 오페론들에서 억제자 단백질들은 보통 경로의 최종산물인 효과기가 존재할 때에만 작동자에 결합한다.

18.3 RNA에 의해 매개되는 유전자 조절 기전

학습 목표

1. RNA 선도서열 장치들이 어떻게 환경 조건들에 반응하여 유전자 발현을 조절하는지 설명한다.
2. 트랜스-작용 small RNAs(sRNAs)들이 표적 유전자들의 발현을 조절하는 두 가지 방법을 제시한다.
3. 유전자에서 센스 RNA와 안티센스 RNA를 위한 프로모터들 사이의 관계에 대해 설명한다.

앞에서 많은 세균 유전자들이 *lac* 오페론과 *trp* 오페론에서처럼 억제자나 CRP와 같이 트랜스로 작용하여 시스로 작용하는 DNA 위치들에 결합하는 조절 단백질들에 의해 전사 개시단계에서 주로 조절된다는 것을 보았다. 단백질들의 다른 자리 입체성(알로락토오스나 트립토판과 같은 효과기와 결합하였을 때 나타나는 구조적인 변화)은 세포가 환경에 대응하여 유전자들의 발현을 시작하거나 억제하는 것을 가능하게 한다. 세균들은 지속적으로 변화하는 조건들에 대응하여 유전자 발현을 적응시키는 정교하고 중요한 기전들을 진화시켜왔다. 이러한 메커니즘의 대부분은 전사가 시작된 후에 기능하고 전사

의 종료 또는 mRNA 전사체의 번역을 조절하는 RNA 분자의 RNA 서열을 포함한다.

다양한 RNA 선도 장치들이 시스로 작용하여 유전자 발현을 조절한다

모든 세균 mRNA들에는 5′-UTR 또는 **RNA 선도서열**이라고 하는 번역되지 않는 부위로 시작한다. 많은 경우에 RNA 선도서열들은 상보적인 염기쌍 형성을 통해 **줄기-고리** 또는 **헤어핀 고리**라고 하는 이차 구조들을 형성한다. 줄기-고리는 mRNA의 나머지 부분의 전사를 조기에 종결시키거나 리보솜이 mRNA의 리보솜 결합 위치에 접근하는 것을 막아 번역을 방해할 수 있다. 이 RNA 선도서열들은 다양한 환경 신호들에 대응하여 그들의 머리핀 구조를 변화시켜 서로 다른 기능을 할 수 있다는 점에서 다른 자리 입체성 분자이다.

감쇠

첫 번째 RNA 선도서열 기전은 세포가 이용할 수 있는 트립토판의 양에 따라 *trp* 오페론을 정교하게 조절하는 과정에서 발견되었다. *trp* 유전자들의 최대 발현이 배양 배지에 트립토판이 전혀 없을 때 일어난다는 것을 기억할 것이다(그림 18.21). 이때 TrpR 억제자 단백질은 효과기인 트립토판이 없기 때문에 작동자에 결합하지 못한다. TrpR에 의해 매개되는 억제는 *trp* 오페론 조절의 중요한 첫 단계이지만 그것이 대장균에서 *trp* 유전자들의 발현을 조절하는 유일한 조절 기전은 아니다.

억제인자에 대한 TrpR 결합이 중요한 유일한 사건이라면 *trpR*$^-$ 돌연변이가 *trp* 유전자를 지속적으로 발현할 것으로 예상할 것이다. 배지에 트립토판이 있든 없든, 작동자에 결합할 억제자가 없으면 RNA 중합효소는 *trp* 프로모터에 방해없이 부착해야 한다. 놀랍게도 실제 실험에서 *trpR*$^-$ 돌연변이들은 트립토판이 있는 생장 배지에서 *trp* 유전자들의 완전히 억제(최대로 발현)하지 못하였다. 배지에서 트립토판을 제거하면 *trp* 유전자들의 발현이 3배 증가하였다. 명백하게, 트립토판이 TrpR 억제자 단백질과 무관한 다른 방식으로 *trp* 오페론의 발현에 영향을 줄 수 있음을 의미한다.

찰스 야노프스키(Charles Yanofsky)와 연구진은 아주 훌륭한 일련의 실험들을 통해 억제자 독립적인 *trp* 오페론 발현의 변화가 *trp* 오페론의 대체 전사체들의 생산과 관련 있다는 사실을 발견하였다. 때로는 프로모터에서 전사가 시작되면 구조 유전자를 전혀 포함하지 않고 오직 RNA 선도서열만을 포함하는 약 140개의 염기들로 구성된

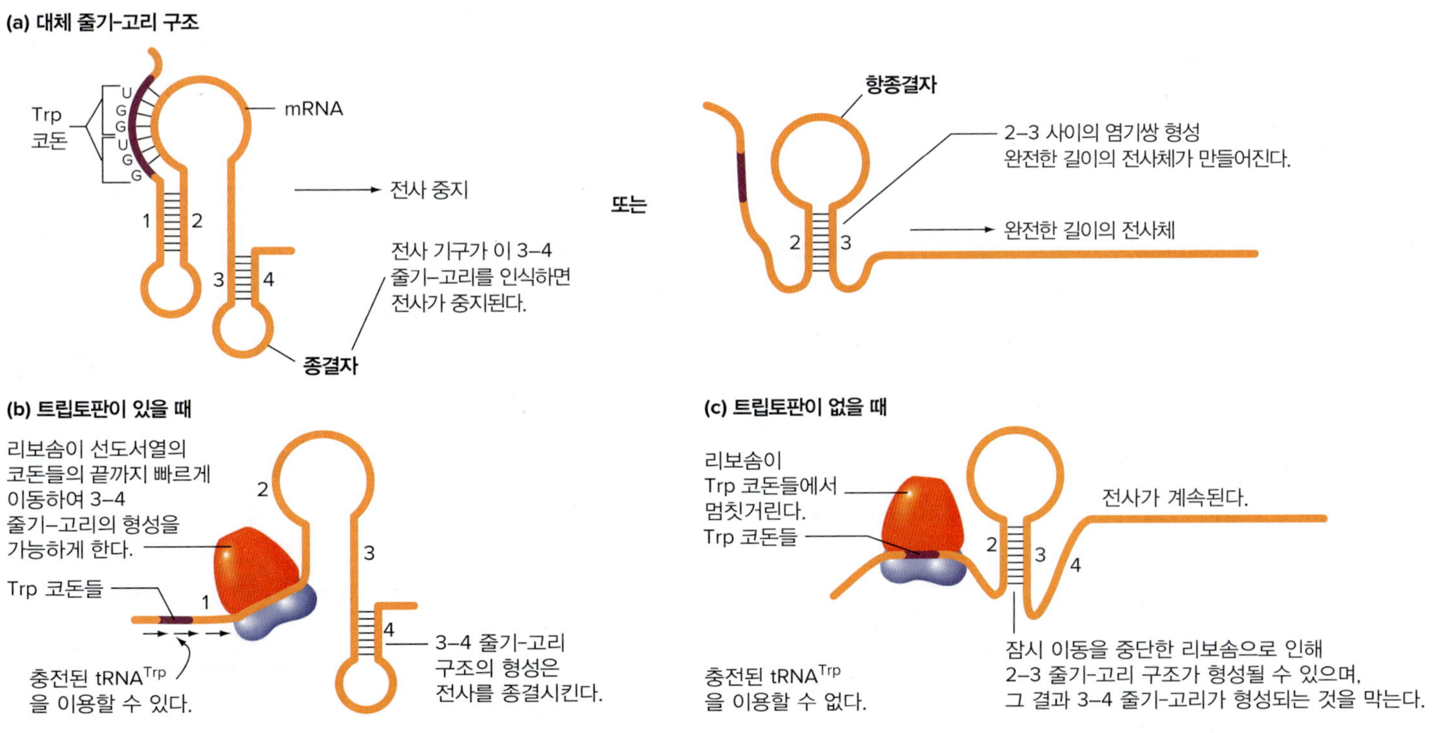

그림 18.22 대장균의 트립토판 오페론에서 관찰되는 감쇠. **(a)** *trp* 선도서열 RNA는 상보적인 염기쌍 결합을 통해 줄기-고리 구조를 만든다. 이 중 하나는 RNA 중합효소가 중합반응을 멈추도록 하는 종결자를 포함하고 있으며, 다른 하나는 오페론에 있는 구조 유전자들의 전사를 가능하게 하는 항종결자로 작용한다. 선도서열에는 두 개의 트립토판을 지정하는 UGG 코돈을 포함하는 작은 개방 번역틀이 존재한다. **(b)** 트립토판이 있을 때 리보솜은 전사체를 따라 빠르게 이동하여 종결자의 형성을 가능하게 한다. **(c)** 만약 트립토판이 없다면 리보솜은 *trp* 코돈들에서 멈칫거리고 이로 인해 항종결자가 만들어질 수 있다.

짧은 mRNA를 만들기도 한다. 다른 경우에는 중합효소는 선도서열의 끝을 지나 완전한 오페론 길이의 전사체를 만든다(그림 18.21b). 어떤 mRNA는 *trp* 구조 유전자들의 전사 이전에 종결되고 다른 경우에는 그렇지 않은지에 대해 연구하는 과정에서 **감쇠**(attenuation), 즉 RNA 선도서열 매개 조기 전사 종결에 의한 유전자 발현의 조절로 리더서열 일부에 대한 비정상적 번역을 수반하는 과정이 발견되었다. 전사가 미성숙 상태로 종결되는지 아닌지는 번역 기구가 **감쇠자**(attenuator)라 하는 RNA 선도서열과 상호작용하는 방식에 따라 다르다.

trp RNA 선도서열은 동일한 RNA 분자에 있는 염기들의 상보성에 의해 서로 다른 두 종류의 안정적인 구조를 형성할 수 있다(**그림 18.22a**). 첫 번째 구조는 1, 2번 부위의 염기쌍 결합과 3, 4번 부위의 유사한 염기쌍 결합으로 만들어지는 두 개의 줄기-고리 구조를 가진다. 이때 3-4 줄기-고리 구조는 RNA 중합효소와 접촉하였을 때 *trp* 오페론 전사를 중지시켜 짧은 길이의 감쇠 RNA를 만들기 때문에 **종결자**(termination)라고 한다. 또 다른 구조에서는 2-3번 부위의 염기쌍 형성에 의해 **항종결자**(antiterminator)라고 하는 구조가 만들어진다. 이 구조에서는 3번 부위가 더 이상 4번 부위와 쌍을 이루지 못하기 때문에 선도서열 RNA가 종결자를 만들지 못해 전사 기구가 계속 진행하여 *trp* 구조 유전자 서열들을 포함하는 완전한 길이의 mRNA를 만들 수 있다.

두 가지 RNA 구조들 중 어느 것이 형성될지는 선도서열의 나머지 부분에 대한 전사가 여전히 일어나고 있는 동안에 진행되는 RNA 선도서열의 초기 번역에 의해 결정된다. RNA 선도서열의 주요 부분에는 14개의 코돈을 포함하는 짧은 개방 번역틀이 존재하며, 이 중 두 개는 Trp 코돈이다(그림 18.22a). 트립토판이 존재할 때에는 리보솜이 RNA 선도서열에 있는 Trp 코돈들을 빠르게 지나서 선도서열의 마지막 코돈까지 진행하여 종결자가 형성될 수 있다(**그림 18.22b**). 그러나 트립토판이 없을 때에는 세포 내에 트립토판으로 충전된 $tRNA^{Trp}$이 부족하기 때문에 리보솜이 RNA 선도서열에 존재하는 두 개의 Trp 코돈에서 멈춘다. 이로 인해 항종결자가 형성되어 종결자의 형성을 막고 그 결과 전사는 선도서열을 지나 구조 유전자들까지 계속된다(**그림 18.22c**).

왜 트립토판 오페론과 같은 생합성 경로들에서 이렇게 복잡한 조절 체계가 발달하게 되었을까? TrpR 억제자는 트립토판의 존재 여부에 따라 전사를 완전히 차단하거나 허용하는 방식으로 발현을 조절하지만 감쇠는 이러한 온/오프 스위치를 더 정교하게 조절할 수 있는 수단을 제공한다. 감쇠는 세포가 트립토판으로 충전된 $tRNA^{Trp}$의 수준을 감지하고 이에 따라 *trp* mRNA의 양을 조절한다. 대장균에서는 히스티딘, 페닐알라닌, 트레오닌, 류신을 포함하는 몇몇의 아미노산 생합성 오페론들이 감쇠에 의해 조절된다고 알려져 있다.

리보스위치

야노프스키와 연구진이 분자 수준에서 감쇠에 의한 조절을 밝힌 지 몇 년 지나지 않아서 RNA가 특정 오페론의 발현을 정교하게 조절하는 것 이상의 일을 수행한다는 것이 명백해졌다. 사실 서로 다른 구조를 가지는 RNA 분자들 사이의 이동은 많은 유전자의 조절에서 주요 역할을 한다. 이 중 널리 퍼진 기전의 하나로 작은 분자 효과기가 RNA 선도서열에 결합하여 유전자 발현을 조절하는 **리보스위치**(riboswitch)가 있다(**그림 18.23**).

감쇠에서는 트립토판과 같은 아미노산의 수준이 tRNA와 리솜의 참여를 통해 간접적으로 선도서열의 구조를 조절(tRNA와 리보솜의 참여를 통해)하는 반면 리보스위치로 작용하는 선도서열에서는 앱타머라고 하는 부위가 직접 효과기와 결합한다. 또 리보스 위치에는 **앱타머**의 구조에 따라 줄기-고리 구조를 변경하여 유전자 발현을 조절하는 **발현 플랫폼**이라는 두 번째 부위가 존재한다.

어떤 리보스위치에서는 발현 플랫폼이 전사의 종결을 조절한다(그림 18.23a). 예를 들어, 가장 단순한 리보스위치 중 하나는 뉴클레오타이드 염기 구아닌에 대한 반응으로 전사를 제어한다. 구아닌이 앱타머에 결합하였을때 발현 플랫폼이 형성하는 가장 안정적인 구조가 종결자로 작용한다. 이와 반대로 구아닌이 앱타머에 결합하지 않았을 때 발현 플랫폼은 항종결자를 형성한다. 이 리보스위치에서 앱타머는 구아닌의 수준을 인지하는 센서로 기능하여 구아닌 수준이 높을 때에는 구아닌 합성에 참여하는 유전자들의 발현을 억제하고 수준이 낮을 때에는 유전자들의 발현을 가능하게 한다.

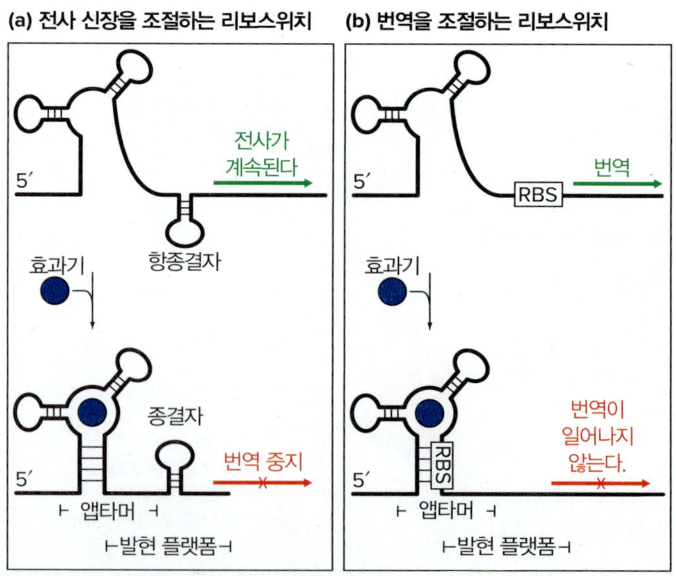

그림 18.23 리보스위치들. 많은 세균 유전자들과 오페론들의 mRNA에 있는 선도서열은 효과기 분자에 반응하여 발현을 조절하는 리보스위치이다. 리보스위치는 효과기와 결합하는 앱타머와 그 구조 변화에 응답하는 발현 플랫폼으로 구성되어 있다.

또 다른 리보스위치에서는 발현 플랫폼에 의해 리보솜 결합 위치가 차단되거나 노출되어 번역이 조절된다(그림 18.23b). 한 예로 동화 경로에서 효과기(이 경우에는 최종산물)는 앱타머에 결합하여 선도서열의 구조를 바꾸어 리보솜 결합 위치를 차단할 수 있다. 이와 같은 방법으로 리보스위치는 세포가 필요로 하지 않는 단백질 산물의 합성을 막아 에너지를 보존할 수 있게 한다.

현재까지 20개의 이상의 서로 다른 리보스위치 앱타머가 대장균에서 알려져 있으며, 각각의 앱타머는 효소들의 보인자, 뉴클레오타이드 유도체, 아미노산, 당, 마그네슘 이온과 같은 특정한 효과기와 결합한다. 과학자들은 이를 빙산의 일각이라 생각한다. 하나의 앱타머 형태가 유전자들이나 오페론들에서 서로 다른 발현 플랫폼과 연결될 수 있기 때문에 세균 세포들은 이를 이용하여 다양한 환경 변화에 대한 복잡한 반응들을 조율할 수 있다.

조절 small RNA들은 트랜스로 작용하여 mRNA의 번역을 조절한다

세균 유전체는 mRNA와 염기쌍을 형성하여 트랜스로 번역을 조절하는 많은 small RNA(**sRNA**) 분자들을 암호화하고 있다(**그림 18.24**). 조절 sRNA들은 보통 50~400개 길이의 뉴클레오타이드로 다른 mRNA 표적들과 상보적인 염기서열들을 포함하고 있다. 대부분의 sRNA는 억제성으로 리보솜 결합 위치와 염기쌍을 형성하여 표적 mRNA의 번역을 억제한다(그림 18.24a). 어떤 sRNA들은 리보솜 결합 위치를 차단할 수 있는 mRNA 선도서열의 줄기-고리 구조 형성을 방해함으로써 표적 mRNA의 번역을 활성화시킨다(그림 18.24b). 또 어떤 sRNA는 mRNA와 결합하여 이중 나선 RNA를 만들어 mRNA가 리보핵산분해효소에 의해 분해되는 것을 촉진함으로써 표적 유전자의 발현에 영향을 미치기도 한다.

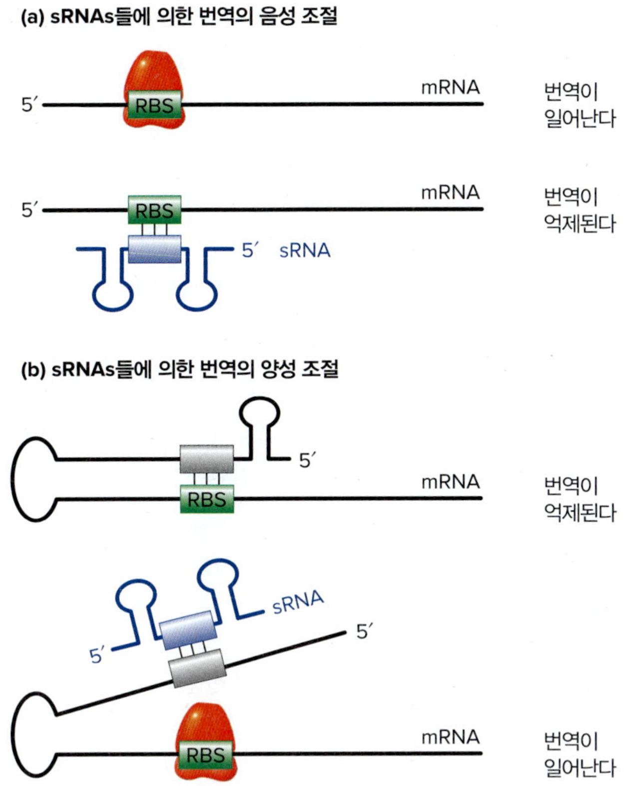

그림 18.24 트랜스로 작용하는 sRNA에 의한 조절. **(a)** sRNA와 선도서열 사이의 염기쌍 형성은 리보솜 결합 위치(RBS)를 숨겨 mRNA의 번역을 억제한다. **(b)** sRNA는 선도서열과의 염기쌍 형성을 통해 리보솜 결합 위치를 숨기는 줄기-고리가 만들어지는 것을 막아 mRNA 번역을 촉진할 수 있다.

대부분의 sRNA들은 효과기와 결합하지 않기 때문에 환경 변화에 직접 반응하지 못한다는 것을 알아야 한다. 대신에 sRNA의 전사 또는 안정성은 세포 내의 sRNA 농도가 증가 또는 감소시키기 위해 sRNA 유전자의 프로모터와 상호작용하는 전사인자들과 같은 조절 분자들에 의해 조절된다. 이것은 sRNA가 하나의 조절자가 다른 조절자의 발현에 영향을 주는 **다단계 조절**의 중간 단계에서 기능한다는 것을 의미한다. 이 장의 후반부에서 그러한 조절 회로들의 예를 보게 될 것이다.

유전자들은 안티센스 RNA에 의해서도 조절될 수 있다

앞에서 설명한 조절 sRNA들을 암호화하는 유전자들은 그들의 표적 mRNA를 암호화하는 유전자들로부터 멀리 떨어져 있다. 그러나 어떤 세균 유전자들은 반대쪽 DNA 나선을 전사 주형으로 사용하기 때문에 mRNA와 상보적인 염기서열을 가지는 RNA에 의해 조절된다. 조절 RNA들은 **안티센스 RNA**(antisense RNA)라고 하며, 그들이 조절하는 mRNA는 **센스 RNA**라고 한다(**그림 18.25**). 안티센스 RNA들은 길이가 10~1000 뉴클레오타이드에 달하며, 반대편 DNA 가닥에 암호화된 mRNA 전체와 상보적이거나 또는 그 일부분과 겹친다. 센스 RNA와 안티센스 조절 RNA를 만드는 데 필요한 프로모터들은 코딩 부위의 서로 반대편에 위치한다(그림 18.25).

어떤 안티센스 RNA들은 트랜스로 작용하는 sRNA처럼 작용한

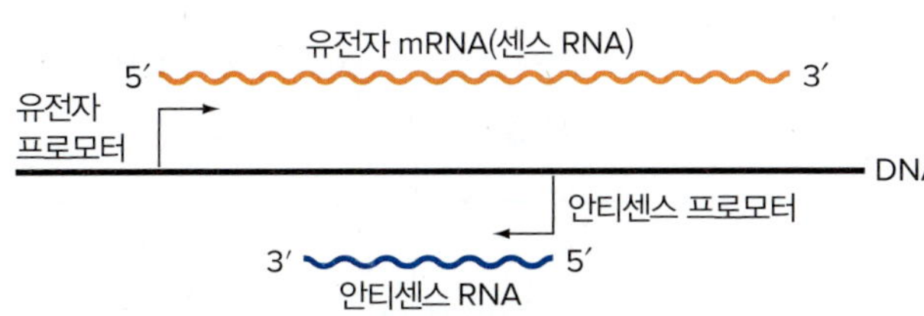

그림 18.25 안티센스 RNA는 유전자 발현을 억제한다. 어떤 센스 mRNA 전체 또는 일부 서열과 겹치는 안티센스 전사체는 인접한 안티센스 프로모터로부터 전사된다.

다. 그들은 센스 mRNA와 염기쌍을 이루어 리보솜 결합 위치를 차단함으로써 번역을 방해하며 이것은 그림 18.24와 유사하다. 또 다른 경우는 안티센스 RNA는 센스 RNA와의 염기쌍 형성으로 이중 나선 RNA가 리보핵산분해효소에 의해 분해될수 있다. 이 외에 안티센스 RNA가 아니라 그것을 전사하는 과정 자체가 센스 유전자의 전사 개시를 방해하여 발현을 억제하는 경우도 있다.

센스 mRNA가 고농도에서 세포 독성을 나타내는 단백질을 암호화하는 경우에는 안티센스 RNA의 지속적인 전사를 통해 독성 산물을 만드는 mRNA가 낮은 수준으로 유지되도록 한다. 어떤 유전자들에서는 안티센스 프로모터는 환경조건에 따라 안티센스 RNA(간접적으로 센스 RNA)의 전사를 조절하는 일련의 조절 요소에 의해 제어된다.

핵심 개념 18.3

- 원핵생물 mRNA 선도서열들은 환경 조건들에 반응하여 서로 다른 줄기-고리를 형성한다. 이러한 구조는 시스로 작용하여 전사 또는 번역을 조절할 수 있다.
- Small RNA(sRNA)들은 트랜스로 작용하며 상보적 염기쌍 형성을 통해 표적 mRNA의 리보솜 결합 위치를 차단하거나 노출시켜 번역을 조절한다.
- 안티센스 RNA는 반대편 DNA 가닥으로부터 전사되어 센스 mRNA의 번역이나 전사를 방해함으로써 유전자 발현을 조절할 수 있다.

18.4 세균 유전자 조절 기작의 발견과 그 이용

학습 목표

1. 과학자들이 유전자 조절을 연구하기 위해 *lacZ* 리포터(reporter) 유전자들을 이용한 방법들을 설명한다.
2. *lac* 오페론의 조절 부위들이 어떻게 의약용 단백질들의 생산에 이용될 수 있는지 설명한다.
3. RNA-seq과 RNA-seq의 이용이 열 충격에 대한 세균의 반응 연구에 어떻게 적용될 수 있는지 논의한다.
4. 전사체(transcriptome; 트랜스크립톰)의 컴퓨터 분석이 유전학 연구에 기여한 방법들 중 적어도 두 가지를 제시한다.

주변 온도가 상승할 때 세균이 어떻게 생존하는지, 병원성 세균이 어떻게 체내의 방어 기작을 빠져나갈 수 있는지 또는 어떻게 식물과 공생관계에 있는 세균이 질소 기체를 식물에 유용한 질소를 포함하는 분자들로 전환하는 질소 고정을 어떻게 시작하는지와 같은 환경 변화에 대한 세균의 반응들을 이해하는 데 관심이 있는 유전학자라고 가정하자. 주어진 환경 변화에 의해 어떤 유전자들이 발현되고 또 그 발현이 억제될까? 이 장에서 설명한 어떤 일반화된 기작에 의해 유전자 발현이 조절될까, 아니면 아직 발견되지 않은 완전히 새로운 기작들에 의해 유전자 발현이 조절될까?

이 절에서는 이런 종류의 질문들에 답하기 위해 현재 이용되는 방법을 설명하고자 한다. 과학자들과 유전 공학자들이 세균 유전자 조절 연구로부터 얻은 지식을 어떻게 제약 산업의 중요한 부분인 단백질 의약품의 대량 생산에 적용하는지에 대해 설명할 것이다.

lacZ 리포터 유전자를 이용하여 다른 유전자들의 조절 기작을 밝힐 수 있다

앞에서 유전자 조절 기전 연구에 있어 *lac* 오페론이 가지는 장점 중 하나로 시료 내에 존재하는 베타-갈락토오스가수분해효소의 양을 측정할 수 있는 간단한 분석방법이 존재한다는 것임을 보았다. 베타-갈락토오스가수분해효소는 무색의 기질을 분해하여 용해성의 노란색 화합물을 만들 뿐만 아니라 다른 무색의 화합물인 X-gal을 비용해성인 파란색 침전물로도 바꿀 수도 있다. 이러한 이유로 베타-갈락토오스가수분해효소를 암호화하는 *lacZ* 유전자는 어느 특정한 조절 요소에 반응하여 나타나는 전사량을 측정하기 위한 **리포터 유전자**(reporter gene)로 이용될 수 있다.

연구자들은 재조합 DNA 방법들을 이용하여 *lacZ*의 코딩 부위(단백질을 암호화하는 부위)가 다른 유전자(gene *X*)의 프로모터와 작동자를 포함하는 시스-작용 조절 부위와 결합된 DNA 분자들을 만들었다. 이렇게 만들어진 리포터 유전자는 형질전환으로 세균 세포들에 도입될 수 있다. 정상적으로 gene *X*의 발현을 유도할 수 있는 조건에서 이 **융합 유전자**(fusion gene)를 가지는 세포들은 베타-갈락토오스가수분해 효소를 생산할 것이다(**그림 18.26**). 따라서 과학자들은 세포가 생산한 베타-갈락토오스가수분해효소의 양을 측정함으로써 gene *X* 조절 요소의 활성을 평가할 수 있다.

lacZ 리포터 유전자는 조절에 관여하는 유전자들과 신호들뿐만 아니라 조절에 필요한 DNA 위치들을 찾는 데에도 이용될 수 있다. 예를 들어, 시험관 내에서 gene *X*의 조절 부위에 돌연변이를 포함하고 있는 변형된 gene *X* :: *lacZ* 융합 분자를 세균 세포들에 형질전환하여 조절에 중요한 시스 작용 위치들을 식별할 수 있다. 또는 융합 분자를 포함하는 세균에 돌연변이를 만들어 gene *X*의 조절 부위에 있는 DNA 서열과 상호작용하는 분자들을 암호화하는 트랜스 작용 유전자들을 찾을 수도 있다. 이 과정에서 *lacZ* 발현 수준의 차이는

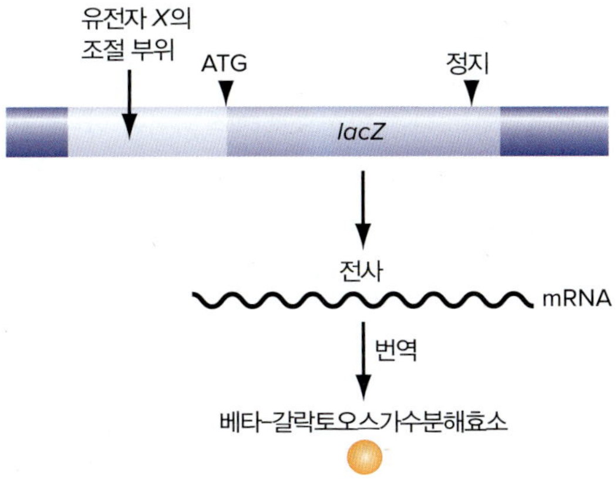

그림 18.26 ***lacZ* 리포터 유전자.** *lacZ* 암호화 서열들은 *gene X*의 조절 부위와 융합될 수 있다. 베타-갈락토오스가수분해효소의 발현은 *lacZ*가 융합된 조절 부위의 신호들에 의존적일 것이다.

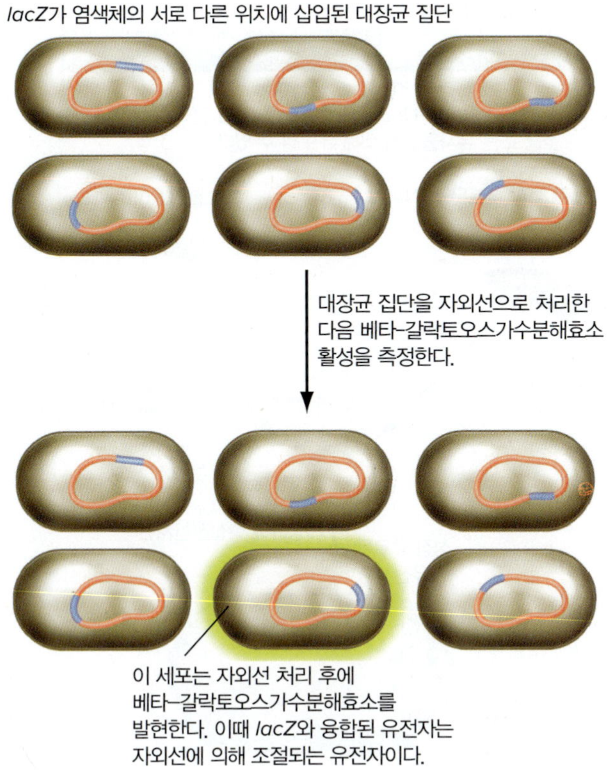

그림 18.27 **촉진유전자가 없는 *lacZ* 유전자의 이용.** 위치전환을 이용하여 촉진유전자가 없는 *lacZ* 유전자가 무작위적으로 염색체에 삽입된 대장균 세포 집단을 만든다. 만약 *lacZ*가 전사가 되는 방향으로 특정 유전자 안에 삽입되면 유전자의 조절 부위에 의해 *lacZ*의 발현이 조절될 것이다. 연구자들은 세포를 스크리닝하여 자외선 노출과 같은 신호에 의해 조절되는 유전자를 식별한다.

세균이 X-gal이 있는 한천 배지에서 자랄 때 나타나는 파란색 또는 흰색 군집의 색을 통해 확인할 수 있다.

보고 융합은 동일한 환경 자극에 의해 조절되는 여러 유전자들을 동정하는 데에도 이용할 수 있다. 연구자들은 이를 위해 트랜스포존(전이인자)을 이용하여 조절 부위가 없는 *lacZ* 유전자를 세균 염색체의 다양한 위치에 끼워 넣었다(**그림 18.27**). 이 *lacZ* 유전자 자체는 프로모터가 없기 때문에 베타-갈락토오스가수분해효소를 만들 수 없다. 그러나 일부 세포에서는 프로모터가 *lacZ* 리포터 유전자가 다른 유전자들의 프로모터 또는 조절 부위에 인접하게 삽입된다. 리포터가 삽입된 유전자가 발현을 될 수 있는 조건이 되면 세포는 베타-갈락토오스분해효소를 생성한다. 리포터가 삽입된 유전자의 발현을 켤 수 있는 조건이 맞으면 세포는 베타-갈락토시다아제를 생성합니다. 연구자들은 이러한 방법을 이용하여 자외선과 같이 DNA를 손상시킬 수 있는 인자에 노출되었을 때 세포 내에서 활성화되는 유전자들을 발견하였다(그림 18.27).

lac 오페론 조절 서열들은 세균에서 단백질 의약품을 생산하는 데 이용될 수 있다

리포터 유전자를 구성할 시에는 *lac* 오페론의 중요한 부위는 *lacZ* 암호화 서열이다. 그러나 유전학자들은 *lac* 오페론의 다른 부분, 즉 높은 수준의 전사를 허용하는 조절 영역을 활용하여 의학적으로 중요한 단백질을 대량으로 생산하기 위해 박테리아를 소형 공장으로 이용할 수 있다. 여기에는 세균에서 당뇨병 환자를 위한 인슐린과 같은 호르몬, 혈우병 환자들을 위한 응고인자들 그리고 백신으로 이용될 수 있는 폴리펩타이드 항원이 포함된다.

이러한 과정에는 *lac* 오페론의 조절 부위 DNA를 원하는 단백질을 암호화하는 개방 번역틀과 융합시킨 재조합 플라스미드를 이용한다. 재조합 플라스미드로 형질전환된 대장균 세포들은 젖당이 배지에 첨가되었을 때, 많은 양의 단백질 약품을 생산할 것이다(**그림 18.28**). 외래 단백질이 대장균의 생장에 치명적인 영향을 미치는 경우, 재조합 유전자의 발현을 조절하는 능력은 특히 중요하다. 유도자가 없는 조건에서 고밀도로 배양이 가능하고 젖당이 첨가되면 단백질 합성이 높은 수준으로 증가한다.

RNA-seq은 전사체와 그 조절의 특성을 이해하는 데 이용된다

전사체(transcriptome; 트랜스크립톰)는 특정한 조건에서 세포가 생산하는 모든 전사체의 염기서열을 의미한다. 전사체의 염기서열 결정을 위해서는 cDNA 라이브러리(도서관)을 제작한 다음 대량으로 제작된 cDNA들의 염기서열을 결정하는 과정이 필요하고 이 모든 과정을 **RNA-seq** 또는 **cDNA 통합 서열화**(cDNA deep sequencing)라고 한다. 현재의 RNA-seq 기술은 약 150뉴클레오타이드 길이의 염기를 읽는 방식으로 한 번의 실험을 통해 약 10억 개의 cDNA 서열

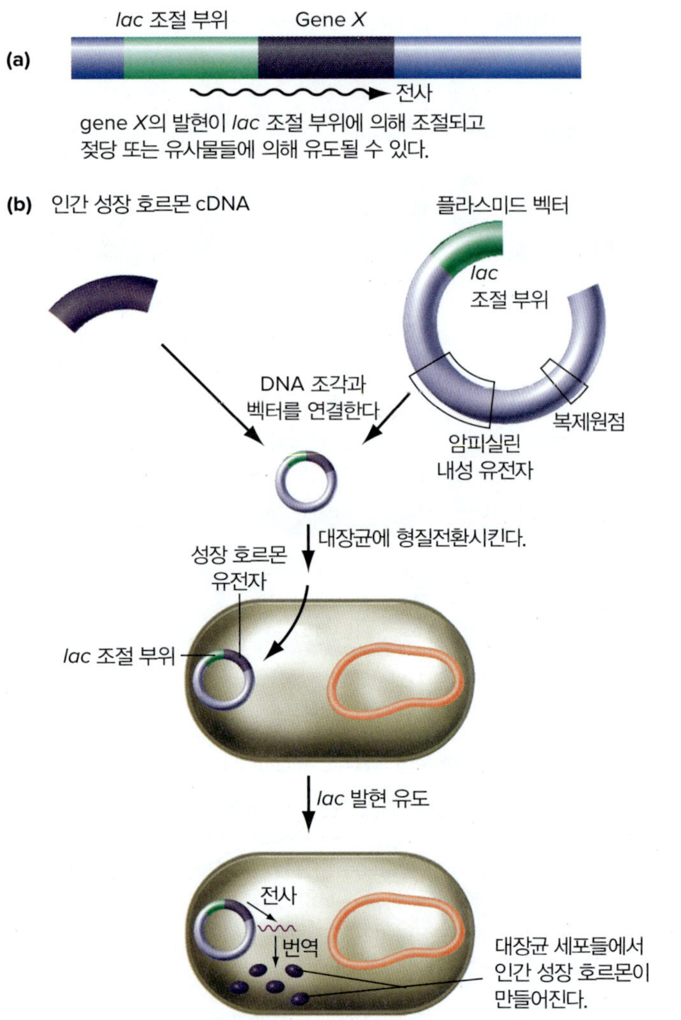

그림 18.28 대장균을 단백질 생산 공장으로 만들기. **(a)** *lac* 조절 부위를 *gene X*에 융합시켜 유전자 발현을 조절할 수 있다. **(b)** 사람의 성장 호르몬을 암호화하는 cDNA를 *lac* 조절 부위 다음에 클로닝한 다음 대장균에 형질전환시킨다. *lac* 발현을 유도하는 조건에서 성장 호르몬이 발현되고 발현된 성장 호르몬은 세포로부터 정제될 수 있다.

을 얻는 것이 가능한 수준에 있다. 한 세포에서 특정 mRNA의 수준이 높을수록 이 RNA에 상응하는 cDNA가 염기서열 결정 과정에서 더 많이 나타날 것이다. 따라서 통합 서열화를 이용하면 각각의 mRNA 발현 수준을 cDNA 서열의 빈도를 이용하여 정량화할 수 있다.

서로 다른 환경에서 자란 세균 세포 집단의 전사체를 비교하면 조건이 변화되었을 때 유전체에 있는 모든 유전자들 중에 어느 유전자들의 발현이 시작되고 중단되는지 결정할 수 있다. 이외에 조절 유전자나 조절 DNA 서열이 결여된 돌연변이 균주의 전사체를 야생형 균주의 전사체와 비교함으로써 유전체에서 특정한 조절 방식에 가장 의존적인 유전자를 결정할 수도 있다.

원핵생물의 mRNA는 진핵세포의 mRNA와는 달리 폴리-A 꼬리들이 특징적인 것이 아니다. 그렇기 때문에 세균 세포들에 대한 cDNA 라이브러리는 폴리-A 꼬리를 이용하여 제작되는 진핵세포의 cDNA 라이브러리와는 다른 방식으로 제작되어야 한다(그림 11.4 참조). 연구자들은 폴리-A 꼬리 대신 DNA 리가아제(연결효소)를 이용하여 세균의 RNA 조각을 어댑터 올리고뉴클레오타이드와 연결시켰다(**그림 18.29**). 또한 안티센스 RNA에 의해 조절되는 유전자들은 양방향으로 전사되기 때문에 cDNA 라이브러리는 mRNA 또는 안티센스 RNA의 어느 쪽 가닥에서 유래했는지 나타낼 수 있는 방법으로 제작되어야 한다. 그림 18.29와 같이 이러한 정보가 보존되는 방식으로 제작된 cDNA 라이브러리를 **방향성 cDNA 라이브러리**라 한다.

RNA-seq 실험으로부터 얻은 결과들을 분석하기 위해서는 컴퓨터를 이용하여 cDNA 서열을 세균의 유전체 서열과 함께 정렬해야 한다. **그림 18.30**은 세균 유전체의 한 부분을 이런 방식으로 정렬한 결과들이다. 이러한 데이터를 통해 유전체에서 어느 서열들이 전사되고 어느 DNA 가닥이 주형으로 사용되었는지 알 수 있다. 또한 유전체 내에서 각 뉴클레오타이드들이 하나의 cDNA에서 읽힌 빈도는 시료에 존재하는 서로 다른 mRNA들의 상대적인 양을 나타낸다. 그림 18.30의 결과로부터 특정한 실험 조건에서 *ybhC*, *ybhE*, *galM*과 같은 유전자들은 강하게 전사되지만 *hutC*, *hutI*, *t2110*과 같은 유전자들은 발현되지 않는다는 것을 보여준다.

RNA-seq 방법을 이용한 연구 중에서 대장균을 극단적으로 높은 온도(45°C)에 노출하였을 때 나타나는 반응에 대한 연구는 중요한 예이다. 연구자들은 RNA-seq을 통해 높은 온도가 세포가 고온에서 생존할 수 있도록 돕는 특별한 **열 충격 단백질**들을 암호화하는 유전자들의 전사를 유도한다는 것을 발견하였다. 세포 내에서 이 열 충격 단백질들은 고온에 대응하여 대부분의 다른 단백질들이 변성되거나 응집되는 것을 유발한다. 유도된 열-충격 단백질들은 비정상적인 단백질들을 인식하여 분해하거나 다른 단백질들의 재접힘을 돕는 **분자 샤페론**(molecular chaperones)으로 기능하여 그들의 응집을 막는다. 대장균에서 관찰되는 열 충격에 대응하는 단백질들의 유도는 매우 잘 보존된 스트레스 반응이다. 높은 온도에 대응하여 비슷한 기능을 하는 단백질들이 유도되는 현상은 세균뿐만 아니라, 파리 그리고 식물에 이르기까지 다양한 생명체에서 발견된다.

컴퓨터 분석을 통해 유전자 조절의 다양한 면이 밝혀졌다

유전체 시대 이후의 주된 목표는 한 개체에서 전사를 조절하는 모든 트랜스 작용 인자들(단백질들과 RNAs)과 그들이 결합하는 모든 시스 작용 요소들을 찾고 최종적으로 이들의 상호작용이 어떻게 유전체 내에 존재하는 각각의 유전자를 조절하는지를 설명하는 일종의

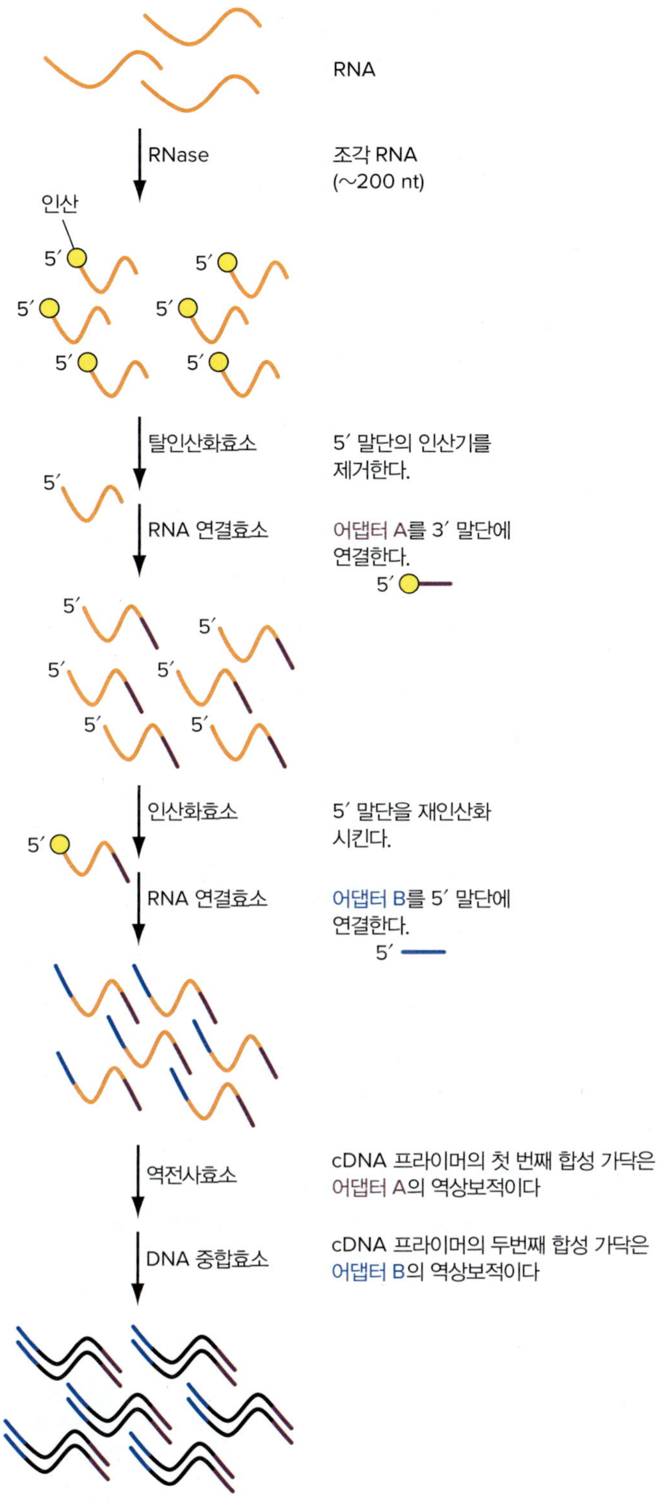

그림 18.29 RNA-seq을 위한 방향성 cDNA 라이브러리의 제작. 세균의 RNA를 RNase로 조각낸 다음 효소를 이용하여 조각들의 5′ 말단을 탈인산화시킨다. 합성된 작은 단일 가닥 RNA 서열(어댑터 A)을 RNA 연결효소를 이용하여 3′ 말단에 연결하고[어댑터는 인산기가 없는 RNA 조각들의 5′ 말단에는 붙일 수 없다(노란색 원)] 인산화 효소로 5′ 말단을 다시 인산화시킨다. 그 다음, 다른 염기서열을 가지는 두 번째 어댑터(어댑터 B)를 RNA 조각들의 인산화된 5′ 말단에 연결시킨다. 이 주형들로부터 합성되는 cDNA는 최초의 RNA의 5′ 말단과 3′ 말단을 표시하는 두 개의 어댑터 서열을 포함하고 있다.

안내서를 만드는 것이다. 물론 이 목표는 굉장히 야심차고 현실과는 아직 상당히 동떨어져 있지만 이를 위한 연구들은 점점 빠르게 발전하고 있다. 이러한 연구는 이미 세포가 어떻게 작동하는지에 대한 기본적인 이해와 이를 실질적으로 적용하는 데 있어 유용한 정보를 제공하였다. 일반적으로 이러한 목표를 달성하기 위해서는 세균 유전체와 전사체의 분석은 컴퓨터를 이용하는 것에 의존한다. 여기서 컴퓨터를 이용하여 거대한 데이터 집합들을 해석하는 몇 가지 사례들을 소개할 것이다.

오페론의 발견

세균에서 조절 기구들을 찾는 데 있어 중요한 문제는 오페론들을 찾는 것이다. 유전체의 DNA 염기서열로부터 잠재적인 개방 번역틀을 찾는 것은 어렵지 않지만 하나의 mRNA로 함께 전사되는 유전자들은 어떻게 찾을 수 있을까? 한 가지 방법은 RNA-seq로 얻은 전사체 정보로부터 세균에서 만들어지는 모든 전사체들에 상응하는 cDNA의 염기서열들을 결정하고 이로부터 얻은 전사체 정보를 분석하는 것이다. 컴퓨터 프로그램들을 이용하여 하나의 전사체에 여러 개의 개방 번역틀이 포함되는 하나의 오페론으로 함께 전사되는 유전자들을 찾아낼 수 있다. 컴퓨터 전문가들은 더 나아가 전사 종결 신호들과 이미 알고 있는 프로모터에 인접한 유전자들을 찾을 수 있는 알고리즘을 개발하였다.

이러한 예측들은 종들의 비교 분석을 통해 평가될 수 있다. 만약 매우 다른 두 종의 유전체에서 유사한 유전자들이 서로 가까이 위치한다면 이것은 그 유전자들이 오페론으로 함께 동시에 전사되기 때문일 가능성이 크다.

전사인자들과 그들이 결합하는 위치들의 발견

트랜스로 작용하는 새로운 조절 단백질들은 Lac 억제자 단백질의 나선-꺾임-나선 모티프처럼 이미 알려진 DNA 결합 모티프를 암호화하는 서열들을 유전체에서 탐색하여 찾을 수 있다. 어떤 경우에는 컴퓨터를 이용하여 주어진 환경 조건에 대해 비슷한 조절 양상을 보이는 유전자 집단의 DNA 서열을 조사함으로써 트랜스로 작용하는 조절 단백질들이 결합하는 시스-작용 위치들을 찾을 수도 있다. 예를 들어 만약 여러 개의 유전자들이나 오페론들이 같은 억제자 단백질에 의해 조절된다면 이 유전자들이나 오페론들의 바로 상류에서 비슷하거나 관련 있는 작동자 DNA 서열들을 찾을 수 있을 것으로 예상할 수 있다.

앞에서 소개한 고온에 대한 대장균의 총체적인 조절 반응은 이러한 종류의 방법을 이용한 분석의 흥미로운 사례 중 하나이다. 높은

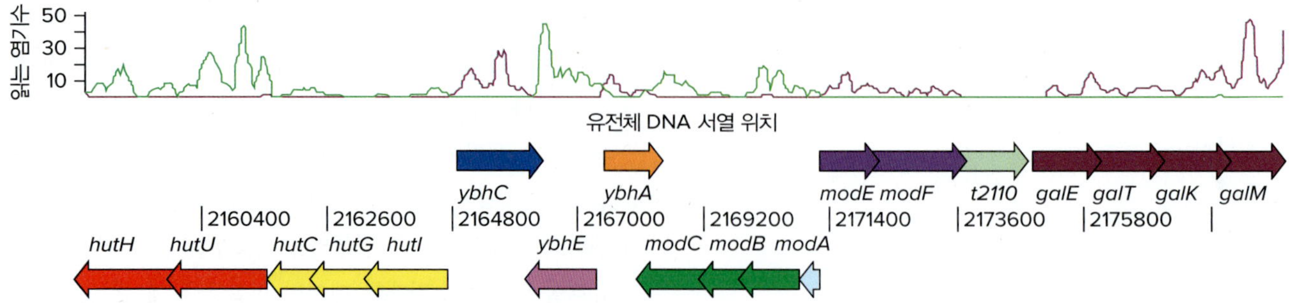

그림 18.30 RNA-seq 결과들. 다음은 *S. typhimurium* 유전체 일부분의 지도이다. 숫자들은 염기쌍들을 나타내고 유전자들은 전사 방향을 나타내는 색칠된 화살표로 나타냈다. 같은 색을 나타내는 인접한 유전자들은 아마도 같은 오페론 내에 있을 것이다. 위에는 RNA-seq 결과가 전개되어 있다. 초록색 선은 유전체 서열에서 각 염기가 오른쪽에서 왼쪽으로 전사된 RNA로부터 만들어진 cDNA가 염기 서열 결정을 통해 읽혀진 횟수를 나타낸다.

온도가 이러한 환경 조건으로 인한 치명적인 결과로부터 세포를 보호하는 산물을 만드는 열 충격 유전자들의 전사를 유도한다는 것을 기억할 것이다. 열 충격 유전자들의 단백질 암호화 부위 바로 위쪽에 위치한 DNA 서열들을 조사한 결과, 열 충격 유전자들의 프로모터들은 다른 유전자들의 프로모터와는 상당한 차이가 있었다. 이것은 대체 시그마 인자들에 의해 RNA 중합효소가 서로 다른 종류의 프로모터들을 인식하기 때문인 것으로 밝혀졌다(**그림 18.31**). 정상적인 '하우스키핑' 시그마 인자인 σ^{70}은 세포가 정상적인 생리조건에 있을 때 활성이 있지만 고온에서는 변성되어 활성을 잃는다. 이와 반대로, 대체 시그마 σ^{32}는 고온에서 기능할 수 있으며 σ^{70}에 의해 인지되는 것과는 다른 프로모터 서열들을 인지한다.

열 충격에 의해 유도되는 많은 유전자들의 프로모터는 σ^{32}에 의해 인지되는 뉴클레오타이드 서열들을 포함하고 있다. σ^{32}인자는 핵심 RNA 중합효소에 결합하여 중합효소가 열 충격 단백질들을 암호화하는 유전자들의 전사를 시작하게 함으로써 열 충격 반응을 매개한다.

새로운 조절 RNA들의 발견

조절 RNA는 찾기 어려울 수 있다. 리보스위치과 같은 RNA 선도서열 도구들은 때때로 비슷한 이차 구조 특징을 나타내지만 컴퓨터가 찾을 수 있을 정도로 염기서열이 잘 보존되어 있지 않다. 그러나 적절한 전사체 분석을 통해 RNA 선도서열 장치, sRNA, 안티센스 RNA들을 찾는 데 유용한 단서들을 얻는 것은 가능하다. RNA 선도서열들은 유전자들의 개방 번역틀에 연결되어 전사체의 5′ 말단에 위치한다. sRNA는 mRNA 전사체의 일부와 적어도 제한된 상보성을 나타내는 부위들을 가지고 있어야 한다(그림 18.24 참조). 안티센스 RNA의 경우에는 상보성 부위들이 더 두드러지게 나타날 것이고(그림 18.25 참조), 센스와 안티센스 전사체들의 상반되는 극성은 상응하는 cDNA들의 방향성 조사에 의해 밝혀져야 한다.

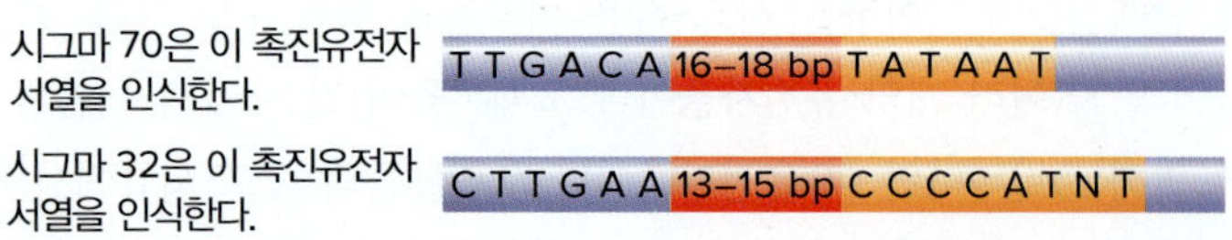

그림 18.31 시그마 인자가 인식하는 염기서열. 정상 온도에서 발현되는 '하우스키핑' 유전자들의 프로모터는 σ^{70} (시그마 70)에 의해 인식된다. 열-충격 단백질들을 암호화하는 유전자들의 프로모터들은 열-저항성 시그마 인자인 σ^{32} (시그마 32)에 의해 인지되는 서열들을 가지고 있다(여기서 N은 이 위치에서 발견되는 어떠한 염기도 가능하다는 것을 나타낸다).

연구자들은 컴퓨터 분석을 통해 대체 시그마 인자 σ^{32}를 암호화하는 mRNA에서 가장 기본적인 형태의 리보스위치로 간주될 수 있는 **RNA 온도계**(RNA thermometer)라고 하는 특별한 종류의 RNA 선도서열 기전을 발견하였다. RNA 온도계들은 낮은 온도에서 염기쌍 상호작용을 통해 리보솜 결합 위치가 포함된 줄기 고리 구조를 형성하여 mRNA의 번역을 막는다. 그러나 이 구조는 높은 온도에서 불안정해지고 풀려서 리보솜 결합 위치가 노출되는 구조로 바뀐다(**그림 18.32**). 이 기전은 σ^{32} mRNA의 특징을 잘 설명한다. σ^{32}는 RNA 중합효소가 열 충격 유전자들을 전사할 수 있도록 높은 온도에서만 필요하다. 또 σ^{32} mRNA의 선도서열에 있는 RNA 온도계는 낮은 온

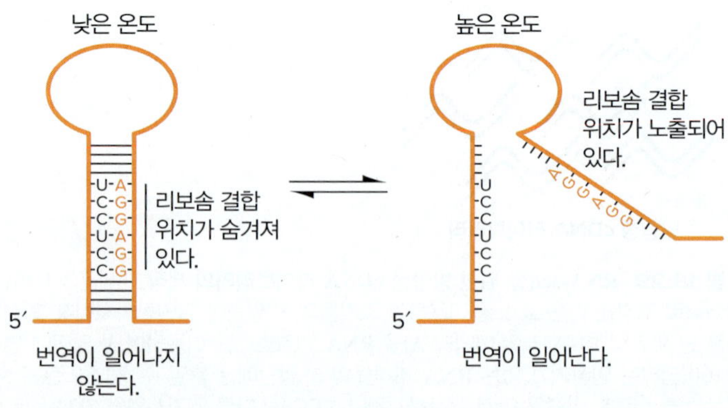

그림 18.32 RNA 온도계. 어떤 세균 mRNA들은 온도에 반응하여 번역을 조절하는 선도서열들을 포함하고 있다. 낮은 온도에서는 리보솜 결합 위치를 숨기는 줄기-고리 구조가 형성되고 높은 온도에서는 이러한 줄기-고리 구조가 풀린다.

도에서 이들이 합성되는 것을 억제함으로써 시그마 인자와 그 작용에 의해 만들어지는 열 충격 단백질들이 세포에 피해를 주는 것을 막는다.

핵심 개념 18.4

- *lacZ* 암호화 서열들을 이용하여 만든 보고 유전자들은 베타-갈락토오스가수분해효소의 합성을 통해 전사를 감지할 수 있다. 조절 서열들이 없는 lacZ를 무작위적으로 유전체에 삽입하면 특정 환경에서 활성을 나타내는 프로모터들을 정확하게 찾아낼 수 있다.
- *lac* 조절부위와 다른 유전자의 암호화 서열들을 조합하는 유전자 융합은 세균에서 유용한 의약 단백질을 생산하는 데 이용될 수 있다.
- RNA-seq을 이용하여 전사체의 서열과 서로 다른 환경 조건에서 발현되는 모든 유전자들의 상대적인 전사 수준을 결정할 수 있다.
- 컴퓨터를 이용한 분석은 오페론들의 발견, 전사인자들과 그들이 결합하는 위치들의 동정 그리고 조절 RNA들의 발견을 용이하게 한다.

18.5 포괄적인 예: 정족수 감지에 의한 생체발광의 조절

학습 목표

1. 연구자들에 의해 *V. fischeri*의 생체발광 유전자들을 동정하는데 대장균이 어떻게 이용되었는지 설명한다.
2. 정족수 감지가 *V. fischeri*에서 생체발광을 조절하는 분자 기작을 설명한다.
3. 항생제 표적으로서 정족수 감지 단백질들이 가지는 장점에 대해 논의한다.

이 장의 서두에서 *V. fischeri* 세균이 빛을 낼 뿐만 아니라 그들이 내는 빛이 오징어의 잠재적 포식자에게 보일 수 있을 정도로 집단의 크기가 충분히 클 때에만 빛을 만든다는 놀라운 현상을 설명하였다(**그림 18.33**). *V. fischeri*에서 생체발광이 조절되는 기작은 집단 밀도에 반응하여 유전자 발현을 조절하기 위해 세균이 일반적으로 이용하는 것으로 알려진 **정족수 감지**(quorum sensing)의 첫 번째 사례이다. 이 절에서는 정족수 감지가 유전자와 유전자 산물에 작동하는 방식의 발견을 가져온 몇 가지 중요한 실험들에 대해 설명할 것이다.

재조합 *Vibrio fischeri* 생체 발광 유전자들은 대장균에게 발광능력을 부여한다

*V. fischeri*와는 달리 대장균은 보통 형광을 내지 않는다. 과학자들은 이 사실을 이용하여 *V. fischeri*의 생체 발광 유전자들을 분리하였다.

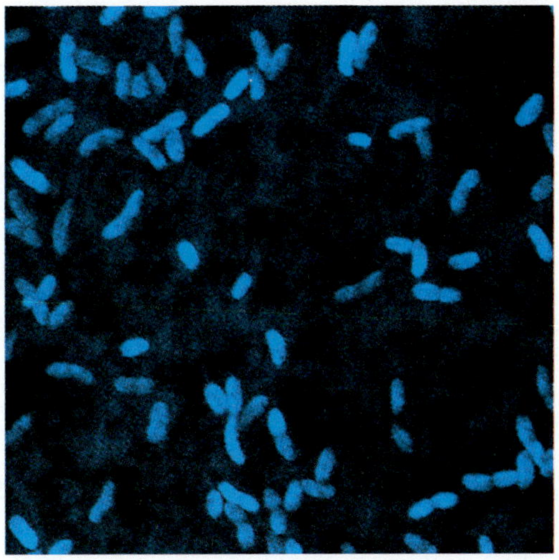

그림 18.33 ***Vibrio fischeri*** **박테리아는 빛을 생성한다.**
Source: The Vibrio fischeri Genome Project courtesy of L. Sycuro and E.G. Ruby. Individual cells are approximately 0.7 by 1.5 microns.

연구의 핵심은 유전자 전달을 통해 대장균에게 발광 능력을 전달하는 *V. fischeri*의 유전체 부위를 찾는 것이었다. 플라스미드에 *V. fischeri*의 유전체 라이브러리를 제작하고 이를 대장균에 형질전환시켰다. 놀랍게도 몇몇의 대장균 군락에서 생체 발광 현상이 관찰되었다. 더 놀라운 것은 빛을 내는 세균이 빛이 나는 것은 세균의 밀도가 높을 때에만 나타났다. 이것은 형질전환된 대장균에 있는 단지 9 kb 길이의 *V. fischeri* DNA를 포함하는 재조합 플라스미드에 *V. fischeri*의 모든 생체 발광 유전자들과 정족수 감지에 요구되는 모든 조절 요소들이 포함되어 있다는 것을 의미한다.

연구자들은 클론된 9 kb의 *V. fischeri* 유전체 DNA 조각에 얼마나 많은 생체 발광 유전자들이 포함되어 있는지 결정하기 위하여 생체 발광 대장균 균주를 화학적 돌연변이 유발인자가 있는 조건에서 배양하여 더 이상 빛을 만들어내지 못하는 돌연변이들을 분리하고 이들을 상보성에 근거하여 분류하였다. 연구자들은 9 kb의 조각에 생체 발광을 막는 서로 다른 돌연변이를 포함하는 두 종류의 서로 다른 플라스미드로 대장균을 형질전환시켰다. 만약 이중으로 형질전환된 세포들이 빛을 낸다면 각각의 플라스미드가 서로 다른 *V. fischeri* 유전자에 돌연변이를 가지고 있어 대장균에 도입된 두 재조합 플라스미드들이 서로를 보완했음을 뜻한다. 마찬가지로 형질전환된 대장균이 빛을 내지 못한다면 동일한 *V. fischeri* 유전자에 돌연변이들을 가지고 있어 두 플라스미드가 서로 보완하지 못했기 때문이라고 할 수 있다.

이러한 분석을 통해 연구자들은 *V. fischeri* DNA 조각에서 7개의 상보성 그룹, 즉 7개의 유전자들을 분리하였다. 염기서열 결정과 다른 분자 실험들로부터 7개의 유전자들이 서로 다른 두 개의 프로모터로부터 전사된다는 사실을 발견하였다. 이 중 한 프로모터는 LuxR 단백질을 만드는 *luxR* 전사체를 만드는 데 필요하고 다른 프로모터는 LuxI, LuxC, LuxD, LuxA, LuxB, LuxE 단백질들을 만드는 데 필요한 다중시스트론성 mRNA의 전사에 필요하다(**그림 18.34a**).

*luxA*와 *luxB* 유전자들은 빛 생산을 촉매하는 발광효소의 소단위들을 암호화한다. *luxC*, *luxD*, *luxE*는 발광효소 기질들과 보조인자들을 합성하고 재활용하는 단백질들을 암호화 한다.

LuxI와 LuxR은 *Vibrio fischeri*의 정족수 감지 단백질들이다

9 kb 유전체 DNA 조각에는 생체 발광 유전자들 이외에 *V. fischeri*에서 정족수 감지를 매개하는 *luxI*와 *luxR* 유전자들이 포함되어 있다(그림 18.34a). LuxR 단백질은 전사 활성화 단백질로 *luxICDABE* mRNA의 전사에 필요하다. LuxI 단백질은 **자가유도자**라고 하는 분자를 만드는 합성효소이고, 이로부터 합성된 자가유도자는 LuxR에 결합하여 수용체가 DNA에 결합할 수 있도록 하는 효과기이다.

자가유도자는 세포 밖으로 배출된 후 다시 세포 안으로 들어올 수 있다. 세균 집단의 밀도가 높아지면 세포질은 자가유도자로 가득 차게 되어 LuxR이 자가유도자와 결합할 수 있다. 그 결과, 높은 수준으로 발현되고 빛이 만들어진다(**그림 18.34b**).

그러나 몇몇의 세균만 있을 때에는 자가유도자의 농도가 너무 낮아 많은 양의 자가유도자가 세포 안으로 들어오지 못한다. 이로 인해 생체 발광 유전자들이 낮은 수준으로 전사되어 빛을 내지 못한다. 이 장의 연습문제 23번은 과학자들이 어떻게 *lacZ* 리포터 유전자와 *V. fischeri* DNA의 서열을 융합하여 이러한 조절 기작을 발견하였는지 설명하고 있다.

정족수 감지는 항체 개발에 있어 새로운 방안을 제안한다

정족수 감지는 생체발광 세균에만 한정되어 있지 않으며 실제로는 모든 세균종들에서 정족수 감지 경로들이 발견된다. 어떤 병원성 세균은 정족수 감지를 이용하여 독소의 배출을 조율함으로써 숙주에 미치는 영향을 최대화한다. 과학자들은 이를 이용하여 정족수 감지를 방해할 수 있는 물질을 도입하여 병원성 세균의 독소 배출을 억제할 수 있는 방안을 모색하였다.

점점 증가하고 있는 항생제 저항 병원균 문제에 대처하는데 있어 정족수 감지 기작을 표적으로 하는 의약품은 몇 가지 잠재적인 장점들을 가진다. 각각의 세균에 있어서 정족수 감지를 표적으로 하는 의약품에 저항성을 가지는 것이 어떠한 선택적 장점이나 생존 혜택을 부여하지 않기 때문에 자신을 죽이는 항생제에 저항성을 가지도록 진화하는 것과 비교했을 때 더 어려울 수 있다는 점에서 이러한 새로운 전략은 특히 유망하다. 또 정족수 감지 단백질들은 사람의 어떤 단백질과도 유사하지 않기 때문에 정족수 감지를 표적으로 하는 의약품은 정상적인 인간 생화학을 방해하는 어떠한 부작용도 일으키지 않을 것이라는 것도 하나의 장점이다. 이 흥미로운 아이디어가 세균성 병원체들에 의한 질병들의 새로운 치료법을 개발하는 데 있어 기초가 될 수 있을지는 지켜봐야 할 것이다.

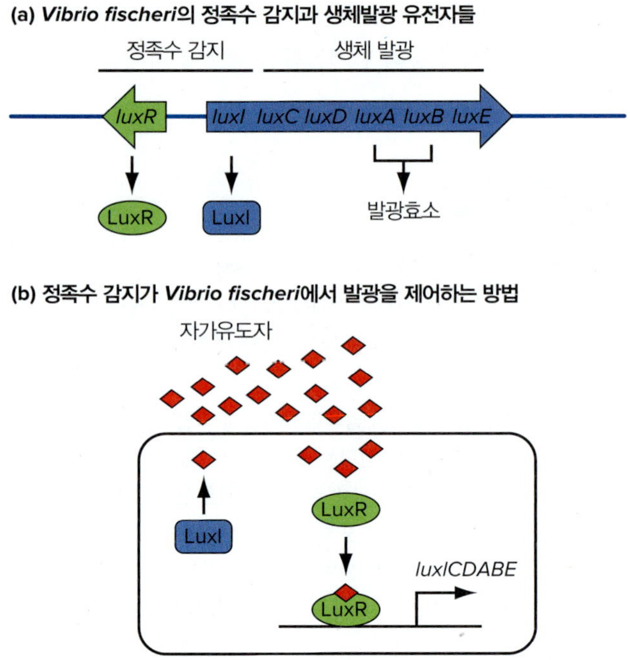

그림 18.34 정족수 감지는 *Vibrio fischeri*의 생체 발광을 조절한다. **(a)** 발광을 위해서는 *luxR*과 *luxCDABE*의 두 전사체들이 필요하다. *luxR*과 *luxI* 유전자들은 두 정족수 감지 단백질들을 암호화한다. 다른 *lux* 유전자들은 생체발광 단백질들을 암호화한다. **(b)** LuxI는 세포에서 외부 환경으로 배출되도록 자가유도자 분자를 생산한다. 자가유도자의 수준이 역치에 도달하면 자가유도자는 세포안으로 다시 들어오고 LuxR 단백질과 결합한다. 자가유도자와 결합한 LuxR는 생체 발광 오페론의 촉진유전자에 결합하여 전사를 활성화한다.

핵심 개념 18.5

- 생체 발광과 정족수 감지에 필요한 유전자들은 *V. fischeri* DNA를 대장균에 형질전환시킨 후 빛을 내는 세균 군락들을 찾는 과정을 통해 동정되었다.
- *V. fischeri*는 정족수 감지를 이용하여 집단의 밀도가 높을 때에만 빛을 낸다. 정족수 감지는 많은 수의 세포들만이 생체 발광 오페론을 높은 수준으로 전사하기에 충분한 양의 자가유도자를 축적시킬 수 있다는 사실에 기초한다.
- 정족수 감지 단백질들은 항미생물 의약품의 훌륭한 표적이 될 수도 있다. 왜냐하면 이에 대한 면역이 개개의 세포에 어떠한 선택적 장점을 제공하지 않을 것이기 때문이다.

풀이 문제

풀이 문제 I

대장균의 *galR* 유전자에 의해 암호화되는 억제자는 갈락토오스 오페론의 작동자 위치인 *galo*에 결합하여 *galE*, *galT*, *galK* 세 구조유전자들의 발현을 조절한다. 오페론의 발현은 배지에 갈락토오스가 존재할 때 유도된다. 아래에 제시된 네 종류의 균주에서 구조 유전자들 각각의 발현이 지속적인가 혹은 유도되는가, 아니면 전혀 발현이 안 되는가($galR^-$ 돌연변이는 기능상실 돌연변이라고 가정한다.)?

a. $galR^- galo^+ galE^+ galT^+ galK^+$
b. $galR^+ galo^c\ galE^+ galT^+ galK^+$
c. $galR^- galo^+ galE^+ galT^+ galK^- / galR^+ galo^+ galE^- galT^+ galK^+$
d. $galR^- galo^c\ galE^+ galT^+ galK^- / galR^+ galo^+ galE^- galT^+ galK^+$

해답

이 문제에 답하기 위해서는 조절 위치들과 그 조절 위치들에 결합하는 단백질들이 어떻게 행동하는지에 대한 이해가 필요하다. 먼저 구조유전자의 야생형태 사본에 초점을 맞추고 같은 염색체의 특정 조절요소에 의해 이들의 발현에 어떠한 영향을 미치는지 물어야 한다. (c)와 (d)의 경우 구조유전자의 발현이 다른 염색체의 조절 요소에 의해 영향을 받는지 여부도 고려해야 한다.

a. *galR* 유전자는 억제자를 암호화한다. 따라서 GalR 단백질이 없으면 *galE*, *T*, *K*가 지속적으로 발현된다.
b. $galo^c$ 돌연변이는 작동자 위치 돌연변이이다. *lac* 오페론으로부터 유추한다면 $galo^c$에는 억제자가 결합하지 못하고 따라서 *galE*, *T*, *K*가 지속적으로 발현된다.
c. 첫 번째 오페론은 $galR^-$ 돌연변이를 가지지만 다른 오페론은 야생형의 *galR* 유전자를 포함하고 있다. 야생형 대립유전자는 두 오페론 모두에 트랜스로 작용할 수 있는 억제자를 생산하여 $galR^-$ 돌연변이의 효과를 극복할 수 있다. 따라서 전체적으로 세 개의 *gal* 유전자들의 유도성 발현이 나타난다. 이때 GalE 단백질은 첫 번째 오페론에서, 그리고 GalK 단백질은 두 번째 오페론에서 만들어지며, GalT 단백질은 두 오페론 모두에서 만들어질 것이다.
d. 첫 번째 오페론은 $galo^c$ 돌연변이를 포함하고 있기 때문에 같은 오페론 위의 *galE*와 *galT*는 지속적으로 발현될 것이다. 두 번째 오페론은 야생형의 작동자를 가지고 있어 오페론 내의 유전자의 발현이 유도될 것이다. 이때 어떠한 작동자도 다른 오페론에 영향을 주지 못하기 때문에 *galE*와 *galT*는 지속적으로 발현되고 *galK* 발현은 유도될 수 있을 것이다.

풀이 문제 II

대장균의 *trp* 오페론에 대한 연구들을 기억해 보자. 감쇠가 존재한다는 것은 TrpR 억제 단백질을 만들지 못하는 $trpR^-$ 균주의 경우, 트립토판이 없는 배지에서 오페론의 발현이 트립토판이 있는 배지에서보다 3배 더 높다는 사실에서 명백히 알 수 있다.

a. 연구자들은 *trp* 오페론에서 RNA 선도서열이 제거된 균주를 만들었다. 만약 이 결실 균주의 유전자형이 $trpR^-$라면 트립토판 수준이 달라졌을 때 *trp* 오페론의 발현은 어떻게 변할지 설명하시오.
b. $trpR^-$인 다른 균주는 RNA 선도서열의 4번 부위(그림 18.22 참조)에 있는 염기가 바뀐 점 돌연변이를 가지고 있다. 점 돌연변이는 오페론의 발현에 어떤 영향을 주겠는가? 이 효과를 되돌릴 수 있는 RNA 선도서열의 두 번째 위치 돌연변이에 대해 설명하시오.
c. *trp* RNA 선도서열에 있는 AUG 코돈의 A가 C로 바뀌었다고 가정하자. 이 균주가 $trpR^-$라면 이 돌연변이는 오페론의 조절에 어떤 영향을 미칠지 설명하시오.
d. 만약 문제 (a)에서 설명한 *trp* 오페론 선도서열이 제거된 균주가 $trpR^+$라면 어떤 일이 일어날지 설명하시오.

해답

이 문제에 답하기 위해서는 *trp* 오페론의 mRNA에 있는 선도서열에 의해 형성되는 서로 다른 구조들이 감쇠에 관여한다는 것을 기억해야 한다. 이 구조들 중 하나는 구조 유전자들의 발현을 막는 전사 종결자를 형성하는 반면 다른 구조는 오페론의 나머지 부분의 전사를 가능하게 하는 항종결자로 기능한다. 만약 트립토판이 존재한다면 리보솜은 선도서열에 포함된 작은 개방 번역틀에 있는 두 개의 Trp 코돈을 번역할 수 있고 이로 인해 종결자가 형성될 수 있다. 하지만 트립토판이 없다면 리보솜들은 이 코돈들에서 멈칫거리고 그 결과 항종결자가 형성될 수 있다.

a. 만약 선도서열가 전혀 없다면 오페론의 전사를 일찍 종결할 수 있는 어떤 기전도 존재하지 않는다. 여기에 더해서 균주가 $trpR^-$라면 트립토판은 어떤 방법으로도 오페론의 발현에 영향을 줄 수 없고, 따라서 오페론의 구조 유전자들은 트립토판의 존재 여부와 상관없이 비슷하게 높은 수준으로 계속 발현될 것이다.
b. 만약 4번 부위에 있는 뉴클레오타이드가 바뀌면 더 이상 종결자 줄기-고리에 있는 다른 뉴클레오타이드와 염기쌍을 형성하지 못한다. 따라서 점 돌연변이 균주에서는 종결자가 불안정하여 트립토판이 있는 조건에서 야생형보다 더 높은 수준의 오페론 발현이 관찰될 것이다. 그러나 트립토판이 없을 때에는 종결자가 형성되지 않기 때문에 RNA 선도서열 돌연변이는 아무 영향을 주지 못하고 오페론의 발현 수준은 야생형과 비슷할 것이다. 만약 선도서열이 두 번째 돌연변이를 가지고 있어 두 개의 돌연변이 뉴클레오타이드가 서로 염기쌍을 형성할 수 있게 되면 종결자 줄기-고리는 정상적으로 기능할 가능성이 높다.
c. 만약 AUG가 없다면 리보솜은 선도서열에 있는 Trp 코돈들을 번역할 수 없을 것이다. 따라서 선도서열은 가장 많은 분자 내 염기쌍 형성을 가지는 안정적인 구조를 형성할 것이다. 이 가장 안정한 구조에서는 1번 부위가 2번 부위와 염기쌍을 이루고 3번 부위는 4번 부위와 염기쌍을 이루어 종결자 줄기-고리를 만든다. 이로부터 예상되는 결과는

trp 오페론의 발현이 트립토판의 유무와 상관없이 낮다는 것이다.

d. 만약 TrpR 단백질은 있지만 *trp* 오페론의 RNA 선도서열은 없다면 트립토판이 TrpR의 효과기로 작용하여 오페론의 발현을 조절할 수 있을 것이다. 그러므로 오페론의 전사는 트립토판이 없을 때 높고, 있을 때 매우 낮을 것이다. 이 균주에서는 *trp* 오페론 선도서열을 가지는 야생형 균주에서보다 트립토판이 없을 때 나타나는 오페론의 발현 수준이 약간 더 높을 것이다. 이것은 야생형에서 선도서열은 때때로 종결자 구조를 형성하지만 선도서열이 완전히 없다면 이런 일이 불가능하기 때문이다.

연습 문제

어휘

1. 왼쪽 용어를 가장 잘 설명한 문장을 오른쪽에서 찾아 연결하시오.

a. 유도	1. 포도당이 이화 오페론들의 발현을 억제한다.
b. 억제자	2. 단백질 또는 RNA의 구조가 가역적으로 변화한다.
c. 작동자	3. 트랜스로 mRNA의 번역을 억제한다.
d. 다른 자리 입체성	4. 작은 분자나 이온에 반응하여 유전자 발현을 조절하는 RNA 선도서열이다.
e. 오페론	5. 억제자가 결합하는 위치이다.
f. 이화 억제	6. 번역에 대응하여 전사 신장이 종결된다.
g. 보고 유전자	7. 하나의 mRNA로 전사되는 유전자들을 말한다.
h. 감쇠	8. 음성 조절자이다.
i. sRNA	9. 발현을 관찰하고자 하는 유전자들의 조절 부위와 융합된다.
j. 리보스위치	10. 특별한 분자에 의해 단백질 합성이 자극되는 현상이다.

18.1 절

2. 이 장에서 배운 중요한 내용 중 하나는 세균 유전자들이 때로는 하나의 프로모터로부터 여러 개의 유전자(다중시스트론성)를 포함하는 거대한 전사체로 전사된다는 것이다. 유전자들의 발현을 조절하는 조절 요소들과 하나의 mRNA로 전사되는 일단의 유전자들을 포함하는 DNA 부위를 오페론이라고 한다.
   a. 다음에 제시한 기작 중에 어느 것이 서로 다른 오페론들에서 나타나는 mRNA 수준의 차이를 설명할 수 있는가?
   b. 다음에 제시한 기작 중에 어느 것이 동일한 오페론에 있는 서로 다른 유전자들에서 만들어지는 단백질들의 양의 차이를 설명할 수 있는가?
      i. 서로 다른 프로모터들은 DNA 염기서열이 다를 수 있다.
      ii. 서로 다른 프로모터들은 다른 형태의 RNA 중합효소에 의해 인식될 수 있다.
      iii. mRNA들의 서로 다른 이차 구조들은 리보핵산가수분해효소에 의해 분해되는 속도에 영향을 줄 수 있다.
      iv. 하나의 오페론 내에서 어떤 유전자들은 다른 유전자들보다 프로모터에서 더 멀리 떨어져 있다.
      v. 하나의 오페론 내에 있는 서로 다른 개방 번역틀의 시작 부위에 있는 번역 시작 서열들은 번역의 효율에 차이를 가져올 수 있다.
      vi. 하나의 오페론 내에 있는 서로 다른 개방 번역틀의 시작 부위에 있는 번역 시작 서열들은 번역의 효율에 차이를 가져올 수 있다.

18.2절

3. 그림 18.18은 Lac 억제자 사량체와 CRP-cAMP 복합체가 lac 오페론 조절 지역과 결합되는 것을 보여준다.
   a. Lac 억제자 또는 CRP와 같은 조절 단백질이 제어해야 하는 유전자 또는 오페론을 구체적으로 조절할 수 있도록 하는 주요 특징은 무엇인가?
   b. 그림에서 다음 구성 요소의 위치를 표시하시오. (i) Lac 억제자 단량체; (ii) Lac 억제자 이량체; (iii) Lac 억제자 사량체의 4개의 DNA 결합 도메인; (iv) 단일 나선-회전-나선 모티프; (v) lac 오페론의 o_1 부분과 o_2 또는 o_3 부분(오페론이 그림에서 오른쪽에서 왼쪽으로 전사된다고 가정하자); (vi) 4개의 Lac 억제자 단량체의 다량체 도메인; (vii) 유도자-상호작용 도메인; (viii) CRP-cAMP 복합체; (ix) DNA 고리.
   c. 그림에 나타난 DNA 고리 형성을 위한 물리적 기초는 무엇인가?
   d. 그림에 DNA 서열에서 두 개의 대칭축의 위치를 표기하시오. 정확한 DNA 서열에 대한 사전 정보 없이 그림의 정보로만 이 두 대칭축이 DNA에 존재할 가능성이 있고 이 축 주위의 서열이 회전 대칭임을 어떻게 알 수 있는가?

4. 당신은 *hupF*, *hupH*, *hupG*가 순서대로 함께 전사되는 오페론을 연구하고 있다. 이 오페론의 mRNA를 그림으로 그려보시오. 5′ 말단과 3′ 말단, 모든 개방 번역틀, 번역 시작 위치들, 종결 코돈들, 전사 종결 신호들 그리고 이러한 기능을 제공하지는 않지만 mRNA에 있을 수 있는 다른 부위들을 포함하여 나타내시오.

5. *emu* 오페론(*emu1 emu2*)이 지속적으로 발현되는 두 개의 서로 다른 돌연변이들을(*reg1*과 *reg2*) 분리하였다. 한 돌연변이는 DNA 결합 위치에 결함이 있고 다른 하나는 그 위치에 결합하는 단백질을 암호화하는 유전자에 기능상실 돌연변이가 있다.
   a. DNA 결합 단백질은 유전자 발현에 있어 양성 조절자인가? 음성 조절자인가?

   이 질문에 답하기 위해 아래 나열된 두 개의 부분 이배체 균주(i 및 ii)를 구성한 다음 이 균주에서 Emu1 및 Emu2 단백질 수준을 분석하고자 한다.

   i. $F'(reg1^- reg2^+ emu1^- emu2^+)$ / $reg1^+ reg2^+ emu1^+ emu2^-$

   ii. $F'(reg1^+ reg2^- emu1^- emu2^+)$ / $reg1^+ reg2^+ emu1^+ emu2^-$

   b. 만약 *reg2*이 조절 단백질을 암호화하고 *reg1* 조절 위치라고 한다면 두 균주(i와 ii)에 대해 어떤 결과를 예측할 수 있는가?

   c. 만약 *reg1*이 조절 단백질을 암호화하고 *reg2*가 조절 위치라고 한다면 두 균주(i와 ii)에 대해 어떤 결과를 예측할 수 있는가?

6. 미스센스 *lacI* 돌연변이의 구성 표현형이 억제된 돌연변이체가 분리되었다. 즉, 오페론은 이제 유도될 수 있다. 이러한 억제 돌연변이는 *lacI* 유전자가 아니라 오페론에 매핑된다. 이러한 돌연변이는 무엇인가?

7. 이전의 문제들은 흥미로운 논쟁을 제시한다.
   a. *lac* 오페론을 사용한 대부분의 실험에서 연구자들은 합성 유도제 IPTG를 사용하여 젖당이나 알로락토스 대신하여 오페론 발현을 활성화한다. IPTG 사용의 장점은 무엇이라고 생각하는가?

   b. 과학자들은 소위 젖당-역설에 대해 어리둥절해 했다. *lac* 오페론을 발현시키기 위해서는 유도자(IPTG 또는 -젖당/알로락토오스)가 세포 안으로 들어갈 수 있어야 한다. 이 유도자를 유입하려면 세포막에 Lac 투과효소가 존재해야 한다(그림 18.1). 그러나 유도자를 추가하기 전에 오페론이 억제되면 Lac 투과효소가 존재하지 않고, 유도자가 세포 안으로 유입되지 않아 유입이 일어날 수 없다. 하지만 유도는 분명히 일어난다. 이것이 어떻게 가능한가?

8. 다음 제시한 각각의 성장 조건에서 어떤 단백질들이 *lac* 오페론 DNA에 결합되어 있을까? (단백질을 나열하고 RNA 중합효소는 포함하지 마시오.)
   a. 포도당
   b. 포도당 + 젖당
   c. 젖당

9. 대장균이 말토오스를 이용하기 위해서는 세 개의 서로 다른 오페론에 있는 유전자들에 의해 암호화된 단백질들이 필요하다. 이 중에 한 오페론은 *malE*, *malF*, *malG* 유전자를 포함하며, 두 번째 오페론은 *malK*와 *lamB* 유전자를 그리고 마지막 세 번째 오페론은 *malP*와 *malQ* 유전자를 포함한다. MalT 단백질은 모든 오페론들의 발현을 조절하는 양성 조절자이며 *malT* 유전자의 발현은 이화물에 민감하다.
   a. *malT* 유전자의 기능상실 돌연변이는 어떤 표현형을 나타낼까?

   b. 세 개의 말토오스 오페론들이 CRP(cAMP 수용체 단백질) 결합 위치들을 포함하고 있을 것이라고 생각하는가? 이에 답하고 그 이유를 설명하시오.

   대장균에 감염하기 위해서 박테리오파아지 λ는 세포의 외막에서 발견되는 말토오스 운반 단백질인 LamB에 결합한다(λ 수용체 단백질이라고도 알려져 있다). LamB의 합성은 위에서 설명한 바와 같이 MalT 단백질의 발현을 통하여 배지에 존재하는 말토오스에 의해 유도된다.

   c. 야생형 대장균이 박테리오파아지 λ의 감염에 민감하게 되는 배양 조건을 제시하시오.

   d. 박테리오파아지 λ에 의한 감염에 저항성이 있는 대장균이 분리되었다. λ-억제 돌연변이들이 가질 수 있는 말토오스 레귤론(말토오스에 의해 조절되는 모든 유전자들의 집합) 내의 돌연변이들의 형태를 제시하시오.

10. 양성 조절자인 CRP를 암호화하는 *crp* 유전자의 돌연변이를 포함하는 세포들에는 Lac^-, Mal^-, Gal^- 등이 있다. *crp* 돌연변이(즉, crp^+인 것처럼 하는 *crp* 돌연변이가 있는 세포)에 대한 억제자가 있는 세포를 찾기 위해 스크리닝 하여 Lac^+와 Mal^+를 함께 가지는 세포들을 선별하였다.
    a. Lac^+만을 가지는 세포를 찾기 위한 선별과 비교하였을 때 이러한 선별을 통해 어떤 형태의 억제자들을 기대할 수 있을까?

    b. 분리된 모든 억제자들은 RNA 중합효소의 α 소단위에 해당하는 유전자에 돌연변이가 있는 것들이다. 이러한 분석에 근거하여 어떤 가설을 제안할 수 있는가?

11. a. *lac* 오페론에서 처음 발견된 지속형 작동자 돌연변이들은 모두 o_1에 있는 염기에 변화가 있었다. 왜 이 스크리닝에서 o_2 또는 o_3의 돌연변이가 분리되지 않았다고 생각하는가?

    b. 작은 삽입을 유발하는 돌연변이 유발인자가 어떻게 o^c 돌연변이를 만들 수 있을지 설명하시오.

    c. (b)에서 설명된 o^c 돌연변이 중 하나와 $lacI^S$ 돌연변이가 있는 균주가 유도자의 존재 여부에 관계없이 베타-갈락토오스분해효소를 만들 수 있는지 설명하시오.

12. 그림 18.16은 *lac* 오페론에서 작동자(o_1)와 CRP-cAMP 결합 위치 모두 회전 대칭성을 가진다는 것을 보여주고 있다. 그러나 이것은 프로모터(RNA 중합효소 결합 위치) 전체에 대해서는 사실이 아니다. 왜 프로모터는 회전 대칭성을 나타내지 않는다고 생각하는가?

18.3절

13. 왜 원핵생물에만 *trp* 감쇠 기전이 존재하는가?

14. 다음은 *Salmonella typhimurium*의 *his* 오페론 mRNA의 선도서열 부위에 해당하는 염기서열이다. 이 염기서열 중 어느 염기들이 배양배지

에 히스티딘이 부족할 때(즉, 매우 적은 양이 존재할 때) 리보솜을 멈추게 할 수 있을까?

5′ AUGACACGCGUUCAAUUUAAACACCACCAUCAUCACC AUCAUCCUGACUAGUCUUUCAGGC 3′

15. 안티센스 RNA가 유전자 발현의 음성 조절자로 작용하는 기작 중 하나는 센스 mRNA에 있는 리보솜 결합 위치와 염기쌍을 형성하여 번역을 막는 것이다. 또 다른 기작으로 안티센스 RNA를 전사하는 과정 자체가 RNA 중합효소가 동일한 유전자의 센스 프로모터를 인식하는 것을 막는 것이 있다. 특정한 유전자에 대해 이 두 가지 방식을 구별할 수 있는 실험적 접근법을 고안해보시오. (힌트: 만약 플라스미드에 있는 하나의 유전자로부터 전사된 안티센스 RNA가 높은 수준으로 존재한다면 각각의 경우에 어떤 결과가 예상되는가?)

16. 구조적으로 가장 간단한 리보스위치는 소위 퓨린 리보스위치라 불리는 2개가 있는데 하나는 구아닌에 반응하고 다른 하나는 아데닌에 반응한다. 함께 제공된 다이어그램은 구아닌 리보스위치이다. 유리 구아닌(파란색)과 앱타머 내의 특정 시토신 잔류물 사이의 염기쌍이 리보스위치 구성을 결정한다.

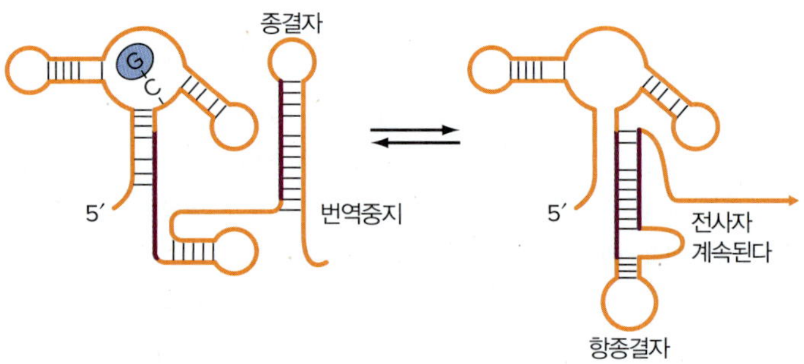

a. 세포내 환경의 어떤 조건이 각 리보스위치 구성에 적합할까?

b. *B. subtilis*에서 구아닌 리보스위치는 17개의 다른 유전자를 포함하는 5개의 다른 전사 단위에 위치한다. 그림과 (a) 부분에 대한 답을 바탕으로, 이 17개 유전자가 어떤 생물학적 과정에 관여할 수 있다고 생각하는가?

18.4절

17. DNA 손상에 의해 발현이 시작되는 많은 유전자들이 분리되었다. *lexA* 유전자의 기능상실 돌연변이들은 DNA 손상이 전혀 없을 때에도 이러한 유전자들을 발현한다. LexA 단백질이 양성 조절자와 음성 조절자 중 어떤 것이라고 가설을 세우겠는가? 그리고 왜 그러한 가설을 세웠는가?

18. 대장균의 MalT 단백질은 말토오스 당이 있을 때 유도되는 *mal* 오페론들의 양성 조절자이다. MalT 단백질을 암호화하는 유전자는 말토오스가 없을 때에도 지속적으로 *mal* 오페론들이 발현되는 돌연변이들을 찾는 과정에서 발견되었다. 이 과정에서 말토오스 유도성 오페론이 *lacZ*의 암호화 서열들과 융합되어 있는 *lacZ* 전사 융합 리포터 유전자가 이용되었다.

a. 리포터 유전자로 $lacZ^-$ 돌연변이를 포함하는 세균을 형질전환시킨 후 베타-갈락토오스가수분해효소의 기질인 X-gal이 포함된 평판배지에 도말하였다. 만약 배지에 말토오스가 포함되어 있다면 세균 군락들은 어떤 색을 나타내는가? 그리고 만약 배지에 X-gal은 포함되어 있지만 말토오스는 포함되어 있지 않다면 세균 군락들은 어떤 색을 나타내는가?

b. 과학자들은 선별 과정에서 리포터 유전자로 형질전환시키기 전에 $lacZ^-$ 세균의 돌연변이를 만들었다. 그 다음, 형질전환된 세균을 X-gal은 있지만 말토오스는 없는 평판배지에 도말하였다. 이로부터 파란색을 나타내는 하나의 군락을 제외한 모든 군락들이 흰색을 나타냈다는 결과를 얻었다. 그러나 연구자들은 이 분석만으로 파란색 군락에 있는 유전자 돌연변이가 *mal* 오페론들의 양성 조절자인지 아니면 음성 조절자인지를 결정할 수는 없었다. 먼저 그 유전자가 양성 조절자를 암호화한다고 가정하자.

(i) 야생형 단백질은 말토오스에 대해 어떻게 반응할까?

(ii) 돌연변이는 단백질 기능에 어떤 영향을 미칠까?

(iii) 분자 수준에서 유전자에 있는 그럴 듯한 돌연변이를 설명하시오.

이제 유전자가 *mal* 오페론 발현에서 음성 조절자(억제자)를 암호화한다는 가설 하에 동일한 세 가지 질문에 답하시오.

c. 과학자들이 어떻게 MalT가 양성 조절자이고 억제자가 아니라는 것을 알아냈다고 생각하는가? (힌트: 만약 연구자들이 야생형 또는 돌연변이 균주의 유전체로부터 만들어진 플라스미드 라이브러리를 이용하여 *malT* 돌연변이를 클로닝하려고 시도하였다면 각각의 경우에 어떤 일이 일어났을지 생각해 보라.)

19. 삼투압(용매 속에 있는 전체 용질의 농도) 변화에 반응하여 켜지거나 꺼지는 유전자들을 찾기 위하여 대장균을 고장액 또는 저장액 상태에서 배양한 다음에 각각의 배양 조건에 대해 RNA-seq을 하였다. 삼투압의 변화가 열 충격과 같은 다른 스트레스 상황에서 볼 수 있는 일반적인 스트레스 반응을 유도할 수도 있다면 삼투압 차이에 특이적인 변화를 보이는 유전자들과 일반적인 스트레스 변화와 관련된 유전자들을 어떻게 구별할 수 있는가?

20. 많은 세균 종들에서 조절 sRNA들은 전사체 서열 결정(RNA-seq)을 통해 발견되었다. 연구자들은 어떻게 cDNA 서열 결정에 의해 발견된 작은 RNA들이 더 긴 mRNA들의 절편이 아닌 조절 sRNA라는 것을 알 수 있는가?

18.5절

21. *V. fischeri*의 정족수 감지 경로를 구성하는 요소들을 발견하는 데 RNA-seq 분석이 어떻게 이용됐을 수 있을지 설명하시오. 그림 18.34에 나타난 경로를 구성하는 요소들 중에 어느 하나라도 검출되지 않았을 가능성에 대해 설명하시오.

22. 생체 발광과 정족수 감지를 연구하던 연구자들은 *V. fischeri* DNA의 9 kb 단편을 포함하는 플라스미드로 형질전환시킨 대장균이 세포 집단의 밀도가 높을 때에만 빛을 낸다는 것을 발견하였다. 그림 18.34는 9 kb 단편 내의 유전자를 보여준다. 과학자들은 이 대장균 세포들에 돌연변이를 유도하여 세포가 빛을 내지 못하게 하는 돌연변이가 9 kb 단편 내에 위치하는 많은 돌연변이들을 찾았다. 그 다음에 연구자들은 9 kb 단편에 하나의 돌연변이가 있는 서로 다른 두 종류의 플라스미드를 동시에 대장균 세포에 형질전환하여 두 돌연변이들의 상보성을 검사하였다. 이때 대장균 세포들이 두 종류의 플라스미드로 형질전환되었다는 것을 확인하기 위하여 암피실린 저항성을 제공하는 유전자와 테트라사이클린 저항성을 부여하는 유전자를 각각 가지고 있는 두 종류의 플라스미드를 사용하였고, 세포들은 두 가지 항생제를 모두 포함하는 평판배지에서 선택되었다.
   a. 다음 설명한 9종류의 돌연변이들에 대해 "+"는 빛을 내는 세포들을, "−"는 어두운 상태로 남아 있는 세포를 나타내는 방식으로 9×9 상보성 표를 만드시오(표의 나머지 반을 채우시오).
      돌연변이 1: 발광효소의 기질에 결합하지 못하는 LuxA 단백질을 암호화한다.
      돌연변이 2: LuxB 단백질과 상호작용하지 못하는 LuxA 단백질을 암호화한다.
      돌연변이 3: LuxA 단백질과 상호작용하지 못하는 LuxB 단백질을 암호화한다.
      돌연변이 4: *luxI* 유전자의 삭제 돌연변이
      돌연변이 5: DNA에 결합하지 못하는 LuxR 단백질을 암호화한다.
      돌연변이 6: 자가유도자에 결합하지 못하는 LuxR 단백질을 암호화한다.
      돌연변이 7: 전사를 억제하는 *luxR* 프로모터의 돌연변이
      돌연변이 8: 전사를 억제하는 *luxICDABE* 프로모터의 돌연변이
      돌연변이 9: LuxR 단백질의 결합을 막는 *luxICDABE* 프로모터 부위의 돌연변이
   b. 이 9개의 돌연변이 중 얼마나 많은 상보군이 존재할까?
   c. (b)에 대한 대답은 또한 다른 유전자의 수인가?

23. 그림 18.34와 문제 22번에서 설명된 *V. fischeri* DNA의 9 kb 단편을 이용하여 만든 두 개의 전사 융합 리포터 유전자들을 이용한 실험은 정족수 감지의 분자 기작을 이해하는 데 있어 중요한 실험이었다. 한 보고자(*luxR::lacZ*)에서는 *luxR* 조절 부위에 의해 *lacZ*가 전사된다(9 kb 단편의 *luxR* 암호화 서열들이 *lacZ*의 암호화 서열로 대체됨). 다른 리포터(*luxICDABE::lacZ*)에서는 *luxICDABE* 오페론의 조절 서열들에 의해 *lacZ*가 전사된다(9 kb 단편의 오페론의 구조 유전자들이 *lacZ* 암호화 서열로 대체됨).
   둘 중 하나의 리포터(*luxR::lacZ* 또는 *luxICDABE::lacZ*)를 포함하는 대장균 군락들(염색체는 *lacZ*$^-$ 이다)은 흰색을 나타냈다. 정제된 자가유도자 분자들을 배지에 첨가하였을 때 *luxR::lacZ* 군락들은 여전히 흰색이었지만, *luxICDABE::lacZ* 군락들은 시간이 지나자 파란색으로 바뀌었다.
   a. 왜 *luxR::lacZ* 군집들은 자가유도자가 없을 때 흰색을 나타내었는가?
   b. 왜 *luxICDABE::lacZ* 군집들은 자가유도자가 없을 때 흰색을 나타내었는가?
   c. 왜 *luxR::lacZ* 군집들은 자가유도자가 있을 때에도 여전히 흰색으로 남아 있는가?
   d. 왜 *luxICDABE::lacZ* 군집들은 자가유도자가 있을 때 파란색으로 변하는가, 그리고 왜 이 반응이 시간 의존적인가?
   e. 이 결과들은 *luxR* 유전자의 전사에 대해 무엇을 제안하고 있는가?

24. 과학자들은 현재 *V. fischeri*의 높은 세포 밀도에 대해 반응하는 생물발광 억제자에 대한 작은 분자의 화학 과학자들은 현재의 *V. fischeri* 높은 세포 밀도에 응답하여 생물 발광의 억제제 작은 분자의 화학적 라이브러리를 스크리닝한다.
   a. LuxR과 결합하는 분자가 어떻게 생체발광을 막을 수 있을까?
   b. 수백 가지의 다른 세균종들은 *V. fischeri*와 유사한 정족수 감지 메커니즘을 사용하고 LuxI 및 LuxR과 유사한 단백질을 인코딩한다. 이 정보에 비추어 볼 때 과학자들이 (a) 부분에 설명된 분자를 확인하려고 하는 이유는 무엇이라고 생각하는가?

chapter 19

진핵생물의 유전자 조절

©Solvin Zankl
구애 중인 노랑초파리(Drosophila melanogaster) 수컷(아래)과 암컷.

개요

- 19.1 **진핵생물 유전자 발현 조절 개요**
- 19.2 **인핸서를 통한 전사 개시의 조절**
- 19.3 **전사 후 조절**
- 19.4 **포괄적인 예: 초파리의 성 결정**

수컷 초파리가 암컷 초파리에게 구애를 할 때, 수컷 초파리는 전통적인 노래를 부르며 의례적인 춤을 춘다. 구애 의식이 끝나면 수컷은 암컷을 따라가기 시작한다. 암컷이 구애를 받아들이면, 수컷과 암컷은 약 20분 동안 교미한다.

*fruitless*라고 불리는 유전자의 저형성 돌연변이(hypomorphic mutation)를 갖는 수컷 초파리는 다른 수컷과 암컷 초파리에게 무분별한 구애를 한다. *fruitless* 유전자는 성 특이적인 RNA 스플라이싱(RNA splicing)을 통하여 수컷과 암컷에 특이적인 단백질을 암호화한다. 즉 1차 전사체가 암컷과 수컷 초파리에서 다르게 스플라이싱(splicing)된다.

성 특이적인 Fruitless 단백질은 많은 표적 유전자들의 전사를 조절하는 조절 단백질이다. 수컷 특이적인 Fruitless 단백질은 날개와 다리의 움직임을 조절하는 운동신경세포와 후각, 미각, 시각, 청각을 담당하는 감각신경세포 및 뇌세포 같은 오직 수천 개의 세포에서만 합성된다. 이 세포들에서 표적 유전자들의 전사를 조절함으로써 수컷 특이적인 Fruitless 단백질은 짝짓기 활동을 조절하게 된다.

이 장에서는 적시 적소에서 유전자를 작동 또는 정지시키는 조절 인자들의 상호작용에 의한 **진핵생물에서 유전자 발현의 조절**(eukaryotic gene regulation)에 대하여 알아볼 것이다. 다세포 진핵생물에서 유전자 발현의 조절은 다양한 단계에서 일어난다. 예를 들어, 초파리의 구애 행위는 전사 개시 단계와 전사 스플라이싱(splicing) 단계에서 조절된다.

이 장의 주요 주제는 다세포 진행생물의 유전자 조절이 서로 다른 세포 유형에서 특정한 유전자 발현 프로그램을 확립하고, 이들을 계속 유지 및 변형하는 전략을 취하고 있는 것이다. 원핵생물에서 유전자 발현의 기본 원리들은 진핵생물과 유사하지만, 진핵생물에서 유전자 발현 조절 인자들의 분자적 상호작용은 훨씬 복잡하고 독특한 특징을 가지고 있다.

19.1 진핵생물 유전자 발현 조절 개요

학습 목표

1. 유전자 발현 과정에서 조절될 수 있는 단계들을 나열한다.
2. 원핵생물과 진핵생물에서의 유전자 발현 조절의 핵심적인 차이들을 정리한다.

원핵생물과 진핵생물 모두에서 전사 조절은 DNA 결합 단백질이 전사 단위 근처에 있는 특정 DNA 서열에 결합함으로써 일어난다. 그러나 진핵생물은 여러 가지 이유로 더 복잡한 수준의 유전자 발현 조절이 필요하다.

- 염색질 구조로 인해 종종 DNA와 전사 조절 인자들이 결합할 수 없게 한다.
- 추가적인 RNA 처리 과정이 일어난다.
- 전사 과정은 핵에서 일어나고, 번역 과정은 세포질에서 일어난다.
- 유전자 발현 조절은 수백 개의 특정한 세포 형태로 분화시키는 데 필요하다.

원핵생물처럼, 진핵생물도 RNA 중합효소가 1차 전사체를 만드는 전사 개시기에서부터 유전자 발현이 조절될 수 있다. 하지만 전사 개시 단계 이후에도 활성 유전자 산물을 생성하기 위한 많은 과정에서 유전자 발현 조절이 일어난다(**그림 19.1**). 전사체 처리(스플라이싱 포함), 핵에서 mRNA의 방출, mRNA의 안정성과 번역가능성, 세포 내 단백질 변형은 단백질의 기능, 안정성, 위치를 바꾸며 최종적으로 활성 산물의 양에 영향을 미쳐 활성도를 조절할 수 있게 된다.

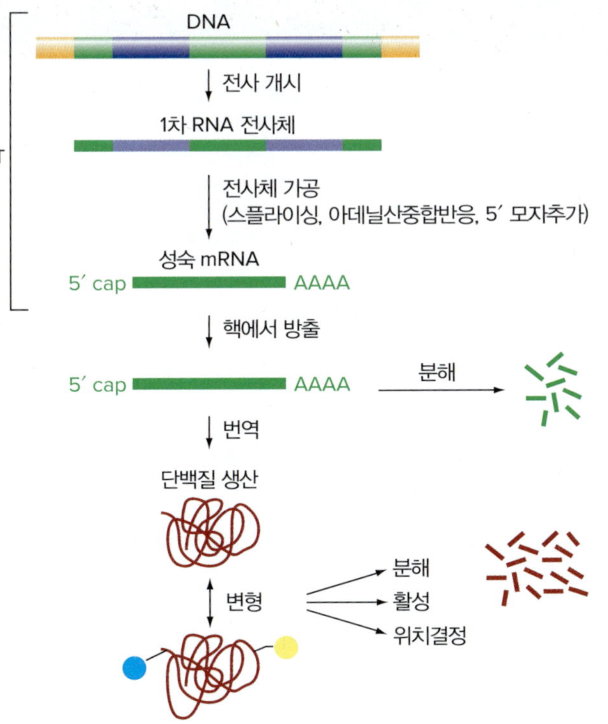

그림 19.1 진핵생물의 유전자 발현. 진핵생물의 유전자 발현. 유전자 발현은 핵 내에서 전사와 RNA 가공으로 시작된다. mRNA는 세포질로 이동되어 단백질로 번역된다. 번역 후 변형은 단백질의 활성, 안정성 또는 세포 내 위치에 영향을 미친다[전사되지 않은 DNA(주황색), 엑손(초록색), 인트론(파란색)].

핵심 개념 19.1

- 진핵생물의 유전자 발현 조절은 전사 개시, 전사체 가공, mRNA 안정성, mRNA 번역, 단백질 변형 및 단백질 안정성 등 많은 단계에서 이뤄진다.
- 진핵생물이 염색질을 가지고 있고, 전사체는 더 가공되어야 하며 단백질로 합성되기 위해 핵에서 세포질로 이동해야 하기 때문에 원핵생물에 비해 유전자 발현 조절 기전이 더욱 복잡하다.
- 다세포 진핵생물에서 복잡한 유전자 발현 조절은 수많은 세포 유형의 분화를 이끌어낸다.

19.2 인핸서를 통한 전자 개시의 조절

학습 목표

1. 진핵생물에서 단백질을 암호화하고 있는 유전자들의 조직-특이적 전사를 조절하는 시스(*cis*)-작용 인자들을 설명한다.
2. 전사 활성자와 억제자의 구조와 기능을 비교 및 대조한다.
3. 인핸서가 어떻게 작동하고 동정이 되었는지 설명한다.
4. 절연자의 기능과 과학자들이 이의 위치를 결정한 방법에 대하여 설명한다.
5. 컴퓨터 프로그램과 ChIP-Seq 기술이 어떻게 전사인자와 이들의 표적 위치를 규명하는지에 대하여 토론한다.

진핵생물에서 세 종류의 RNA 중합효소(RNA polymerase)가 유전자 전사를 담당한다. RNA 중합효소 I (pol I)은 리보솜을 구성하는 주요한 RNA (rRNA)들을 암호화하는 유전자를 전사한다. RNA 중합효소 II (pol II)는 단백질을 암호화하는 유전자들을 전사한다. RNA 중합효소 III (pol III)은 tRNA뿐만 아니라 짧은 비번역 RNA를 암호화하는 유전자들의 전사에 관여한다.

우리는 이 장에서 단백질을 암호화하는 전사체를 생성하는 pol II 전사활성에 초점을 맞추어 설명할 것이다. 특정 단백질의 유·무는 하나의 세포에서 다른 세포 유형으로 분화시키기 때문에, pol II에 의해 전사되는 유전자들의 조절은 복잡하게 진화되었다.

프로모터와 인핸서는 주요한 시스-작용 조절 인자이다

비록 진핵생물의 유전체에서 pol II가 전사하는 수천 개의 유전자 각각의 조절 부위는 독특하지만, 세포 유형에 특이적인 형태로 발현되는 모든 유전자들은 두 가지의 필수적인 DNA 서열을 가지고 있다. 그 중 하나인 **프로모터**(promoter)는 항상 단백질 암호 영역에 매우 가까이에 위치한다(**그림 19.2**). 프로모터는 대게 T—A—T—A—(A 또는 T)—A—(A 또는 T) 7개 뉴클레오타이드(nucleotide)로 구성된 염기서열인 **TATA 상자**(TATA box)를 가지고 있으며, 이들은 전사 개시 부위의 바로 위에 존재한다. TATA 상자 자체로는 RNA 중합효소를 약하게 끌어당겨(다음 단락에서 설명하는 인핸서가 없는 경우), TATA 상자에 의해 **기저수준**(basal level)의 전사라고 불리는 낮은 수준의 전사가 이루어진다.

진핵생물의 전사에 중요한 두 번째 DNA 염기서열 인자는 **인핸서**(enhancer)라고 한다. 프로모터에서부터 수만 뉴클레오타이드 떨어져 상당히 먼 곳에 위치할 수 있는 조절 부위이다. 특정 세포유형에서, 인핸서에 단백질의 결합은 기저수준의 전사를 증가 또는 억제 시킬 수 있다. 인핸서는 전사 개시 지점의 5′ 또는 3′ 영역에 존재하거나 인트론(intron)에 존재할 수 있다(그림 19.2). 하나의 유전자는 하나 또는 여러 개의 인핸서를 가질 수 있다. 추후에 더 자세히 설명하겠지만, 하나의 인핸서는 서로 다른 전사인자가 결합할 수 있는 다중적인 결합 부위를 포함할 수도 있다.

과학자들은 진핵생물의 인핸서를 규명하기 위해, 박테리아에서 리포터로 사용되는 *lacZ* 유전자와 같은 해파리의 녹색 형광 단백질(green fluorescent protein; GFP)을 사용한다(그림 18.25 참고). 관심 있는 유전자의 조절 부위로 추정되는 서열과 *GFP* 유전자 서열을 융합한 재조합 DNA를 제작하여 유전자 발현 조절을 확인하는 발상이다(**그림 19.3a**). 재조합 DNA를 유전체 안으로 도입시킨 **형질전환체**(transgenic organism)를 생성한다(21장에서 형질전환 기술에 대하여 자세히 배울 것이다). 도입된 재조합 DNA에 특정 조직에서 전사를 유도하는 인핸서가 포함되어 있다면, 특정 조직에서만 GFP가 발현되어 검출 가능하다. GFP는 특정 파장의 빛에 노출 되었을 때 초록색 형광을 발광한다. 따라서 형질전환된 동물이 해당 파장의 빛에 조사되었을 때 조직 특이적인 인핸서가 발견될 수 있다(**그림 19.3b**).

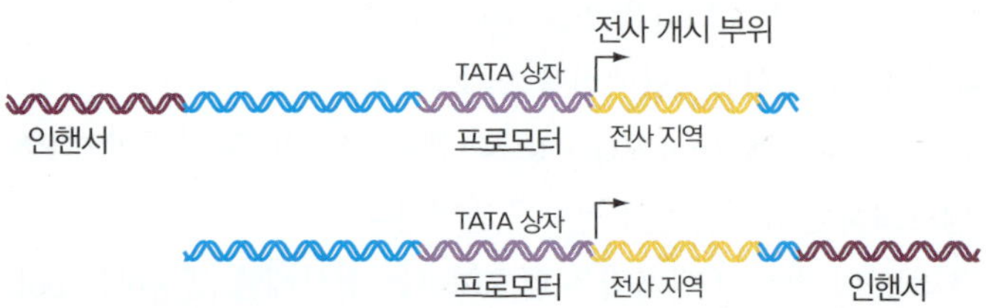

그림 19.2 유전자의 시스-작용 인자들. 시스 작용 조절 인자들이란 그들이 조절하는 유전자 DNA와 동일한 DNA 분자에 위치하는 서열을 일컫는다. 프로모터는 전형적으로 전사 개시 지점과 인접한 곳에 위치한다. 발현을 조절하는 인핸서는 프로모터의 상류 또는 하류에 수천 염기쌍 떨어진 곳에 존재할 수 있다.

(a) 형질전환 리포터 유전자를 통해 인핸서를 찾을 수 있다.

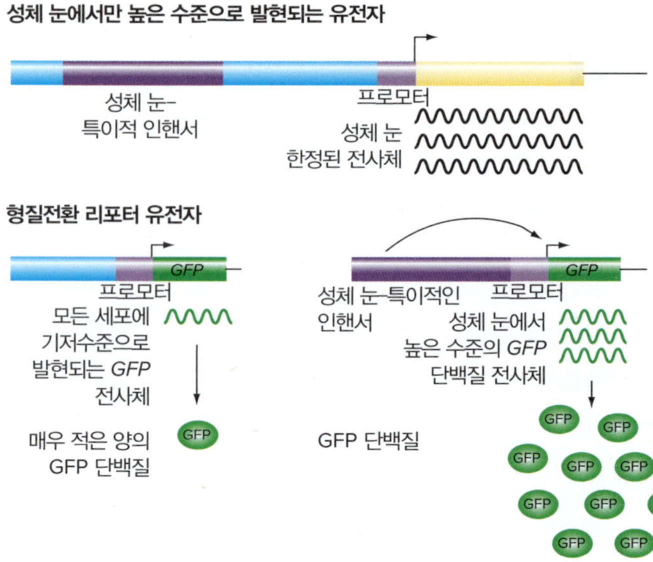

(b) 눈 특이적으로 GFP를 발현하는 형질전환된 생쥐

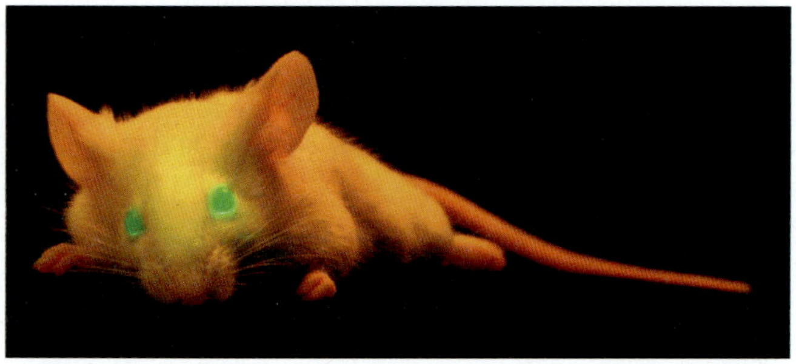

그림 19.3 GFP 리포터를 이용한 인핸서 찾기. **(a)** 이 그림에서 보여주는 눈-특이적 인핸서는 각각 다른 DNA 절편들을 인핸서가 없는 해파리 녹색 형광 단백질(GFP) 리포터와의 융합을 통해 찾을 수 있다. 재조합된 유전자가 유전체에 도입되었을때, 인핸서와 융합된 리포터만이 해당 조직에서 대량의 GFP를 생산할 수 있다. **(b)** 눈-특이적 생쥐의 인핸서를 갖는 GFP 리포터 도입 유전자(transgene)를 가진 생쥐.
Source: (b): ©Courtesy John H. Wilson, Baylor College of Medicine

리포터(reporter) 유전자를 이용한 실험의 흥미로운 결과는 인핸서가 프로모터에 대한 상대적인 방향이나 위치(상류 또는 하류)에 관계없이 기능을 할 수 있다는 점이다. 이 결과에 대한 이유는 다음 절에서 논의할 것이다.

단백질은 전사 개시를 조절하기 위해 트렌스하게 작용한다

유전자의 프로모터와 인핸서에 결합한 단백질들은 전사 개시의 빈도를 조절한다(**그림 19.4**). 서로 다른 종류의 단백질들은 각각의 **시스**(*cis*)-작용 조절 부위에 결합한다. **기본인자들**(basal factors)은 프로모터에 결합하고, **전사 활성자들**(activators)과 **억제자들**(repressors)은 인핸서에 결합한다. 이 책에서 우리는 전사에 영향을 주는 염기서열 특이적인 DNA 결합 단백질을 **전사인자**(transcription factors)라고 명명한다(기본인자, 활성자, 억제자 모두 포함). 전사인자가 DNA에 결합하면, 이들은 전사에 영향을 줄 수 있는 추가적인 단백질들을 유전자로 불러온다.

기본인자들

기본인자들은 RNA 중합효소 II가 프로모터에 결합하는 것을 돕는다. 대부분의 프로모터에서 구성되는 기본인자 복합체들의 핵심 요소들은 **TATA 상자 결합단백질**(TATA box-binding protein; TBP)이다. 이 단백질은 **TBP-연관 인자들**(TBP-associated factor; TAF)라고 하는 단백질을 프로모터로 소환한다(**그림 19.5**). 기본인자 복합체가 형성되면, RNA 중합효소는 낮은 수준의 전사를 개시한다(기저수준의 전사). 기본인자들의 일차 염기서열과 삼차원 구조는 효모에서 인간에 이르는 모든 진핵생물에서 잘 보존되어 있다.

매개자

많은 진핵생물 유전자의 전사는 20개 이상의 단백질로 구성된 **매개자**(mediator)라고 하는 다중인자 복합체를 필요로한다. 매개자는 직접적으로 DNA에 결합하지 않지만, 프로모터에 결합한 RNA 중합효소 II 복합체와 인핸서에 결합하는 활성자 또는 억제자 사이의 연결고리 역할을 수행한다(**그림 19.6a**).

활성자

비록 진핵생물의 유전체에서는 수만 개 유전자의 모든 프로모터에 유사한 기본인자 복합체들이 결합하지만, 모든 세포 유형에서 모든 유전자들이 전사되는 것은 아니다. 광범위한 범위의 전사 조절은 각각 다른 유전자들에 연관된 별개의 인핸서에 다른 전사조절인자들이

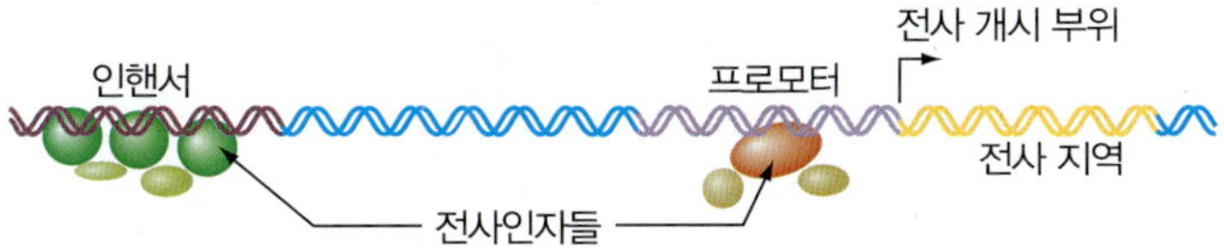

그림 19.4 트랜스-작용 인자들. 전사인자들(진한 초록색 및 주황색 타원)은 트랜스-작용 단백질로 DNA를 통해 직접적으로 시스-작용 인자들(프로모터와 인핸서)과 상호 작용한다. 다른 트랜스-작용 인자들(연두색과 베이지색 타원)은 전사인자들과의 상호 작용을 통해 DNA에 간접적으로 결합한다.

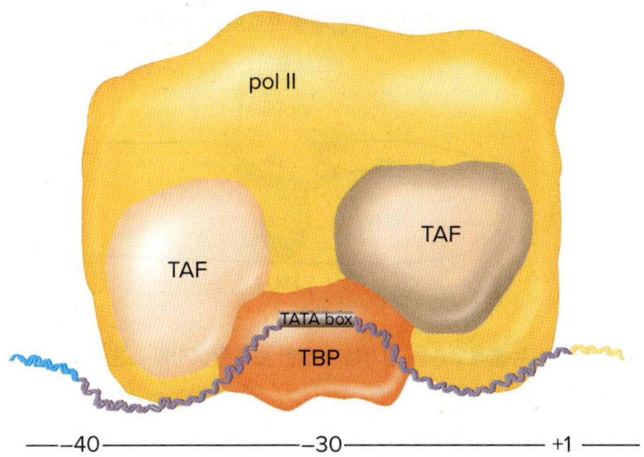

그림 19.5 기본인자들은 프로모터에 결합한다. TATA 상자-결합 단백질(TBP)과 프로모터 DNA와의 결합, TBP-연관 인자들(TAFs)과 TBP의 결합, RNA 중합효소 II(pol II)와 기본 인자들의 결합을 도식화한 그림. RNA 중합효소가 프로모터에 결합하면, 낮은 수준(기저)의 유전자 전사가 시작된다.

결합함으로써 일어난다. 전사 활성자가 인핸서 영역에 결합하면, **전사 활성자**는 프로모터 단독에 의한 기저 전사 수준 이상으로 전사를 증가시킨다. 활성자는 프로모터에서 직 · 간접적으로 기본인자들과 상호작용하여 삼차원 구조의 단백질/DNA 복합체를 형성하여 전사 활성을 증가시킨다.

인핸서는 프로모터에서 멀리 떨어져 있을 수 있기 때문에, 기본인자들과 매개자, 그리고 활성자(또는 억제자)들간의 상호 작용의 결과로 인핸서와 프로모터 사이의 DNA는 고리 모양으로 구부러진다(그림 19.6a). 고리 내의 DNA 긴 가지는 매우 유연하기 때문에, 인핸서가 프로모터에서 대해 다른 위치에 있더라도 인해서가 기능을 할 수 있게 된다.

활성자가 하는 일 기계론적 수준에서, 활성자 단백질은 DNA의 표적 위치에 결합하여 다음과 같은 방법으로 RNA 합성을 증가시킨다.

- 활성자는 그림 19.6a에서처럼 기본 RNA 중합효소 II 복합체의 구성 인자들과 직접적인 상호작용을 통해 프로모터 염기서열로 기본 인자와 RNA 중합효소 II가 모이도록 돕는다. 이 기능은 박테리아의 대부분 전사 활성자와 비슷하다. 박테리아에서 CRP와 같은 양성 조절자가 프로모터에 RNA 중합효소의 결합을 안정화시킨다는 것을 회상하자.
- 활성자는 **보조활성자**(coactivator)를 끌어들인다. 보조활성자는 유전자 전사가 일어날 수 있도록 일부 국소 영역의 염색질 구조를 "열어"주는 단백질이다(**그림 19.6b**). 13장에서 염색체 DNA가 뉴클레오솜의 히스톤 단백질 주위에 감겨 있음을 상기한다면, 뉴클레오솜으로 덮힌(**닫힌 염색질**) 프로모터 DNA에 기본인자들이 접근할 수 없다(그림 13.10). 따라서 전사를 시작하기

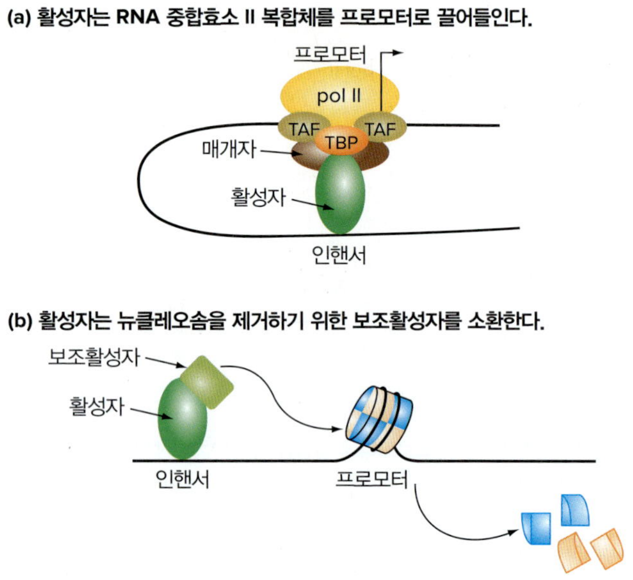

그림 19.6 전사 활성자가 하는 일. **(a)** 인핸서 DNA와 연관된 활성자는 기본인자들(때론 매개자를 통해 간접적으로)과 결합하여 RNA 중합효소 II와 프로모터 DNA의 상호작용을 안정화한다. **(b)** 활성자 단백질은 또한 보조활성자 단백질을 끌어들인다. 예를 들어 프로모터 DNA의 뉴클레오솜을 정리하기 위해 히스톤 꼬리를 변형시키는 효소. DNA 고리 형성은 활성자 기능의 또 다른 기전에 필요하다.

위해서는 프로모터 DNA가 뉴클레오솜으로부터 해방되어야 한다(**개방 염색질**).

염색질을 개방하기 위한 두 가지 형태의 보조활성자인, 히스톤 변형 효소와 염색질 리모델 복합체를 기억하자. 히스톤 변형 효소는 히스톤 탈아세틸화 효소(HATs), 히스톤 메틸기 전달 효소(HMTs), 및 히스톤 탈메틸화 효소를 포함한다. 염색질 리모델 단백질은 ATP 분해효소(ATPase) 서브유닛을 포함하고, ATP 가수분해를 통해 얻은 에너지는 프로모터를 뉴클레오솜으로부터 분리시키기 위하여 사용된다. 활성자 단백질은 또 다른 형태의 보조활성자를 프로모터로 소환하는 것을 돕는다.

인핸서 DNA가 뉴클레오솜으로 감싸져 있다면, 활성자가 처음에 어떻게 인핸서에 결합할 수 있을까? 과학자들은 DNA 증폭 직후, 뉴클레오솜이 형성되기 전에 활성자가 인핸서에 결합할 것이라고 생각한다. 또한, 몇몇 활성자는 뉴클레오솜에 둘러싸여 있더라도 인핸서 DNA에 결합할 수 있다.

활성자의 구조 전사 활성자 단백질은 서열 특이적 방식으로 인핸서 DNA에 결합해야 하고, 결합 후에는 전사를 활성화하기 위해 반드시 다른 단백질들(기본인자 또는 보조활성자)과 상호 작용할 수 있어야 한다. 활성자 단백질의 두 가지 구조 도메인(domain)[**DNA-결합 도메인**(DNA-binding domain)과 **활성화 도메인**(activation domain)]이 이 두 가지 생화학적 기능을 매개한다(**그림 19.7**).

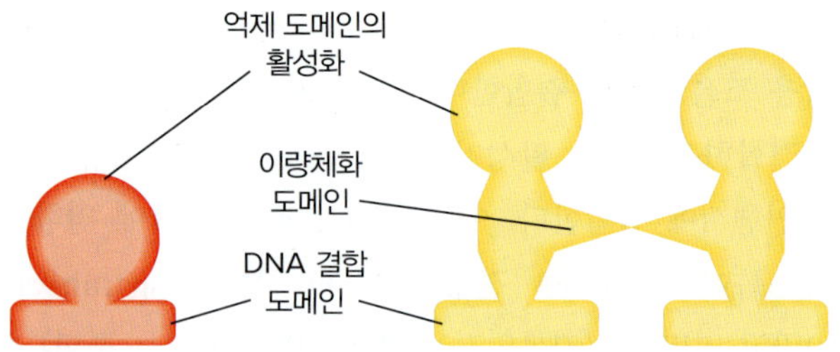

그림 19.7 활성자와 억제자의 모듈 구조. 몇몇 활성자와 억제자는 DNA에 단량체(왼쪽) 또는 이량체(오른쪽)로 결합한다 활성 도메인과 억제 도메인은 보조활성자, 보조억제자, 매개자 또는 프로모터 복합체와 상호작용한다(그림 없음).

전사인자들은 비슷한 DNA 결합 도메인을 공유하는 여러 단백질 패밀리에 속한다. 가장 잘 알려진 두 가지 DNA-결합 도메인은 **아연 집게**(zinc fingers)와 **나선-꺾임-나선**(helix-turn-helix) 도메인이다(**그림 19.8**). 아연 집게는 진핵생물에서 주로 발견되는 단백질이지만, 나선-꺾임-나선은 원핵생물에서 주로 존재한다. 예를 들어 Lac 억제자가 나선-꺾임-나선 단백질이다(그림 18.14 참고). DNA-결합 도메인은 DNA의 큰 홈에 잘 들어맞는다. 동일한 활성자 패밀리에서 아미노산 서열의 미묘한 차이가 서로 다른 인핸서 DNA 서열 특이적인 인식을 가능하게 한다.

전사인자들의 활성화 도메인은 DNA 결합 도메인에 비해 덜 알려져 있으며, 덜 구조화되어 있다. 활성화 도메인의 아미노산 서열은 활성자가 기본인자 복합체 또는 하나 이상의 보조활성자와 상호 작용하는지에 따라 결정된다.

Lac 억제자와 같은 여러 조절 단백질처럼, 많은 활성자 폴리펩타

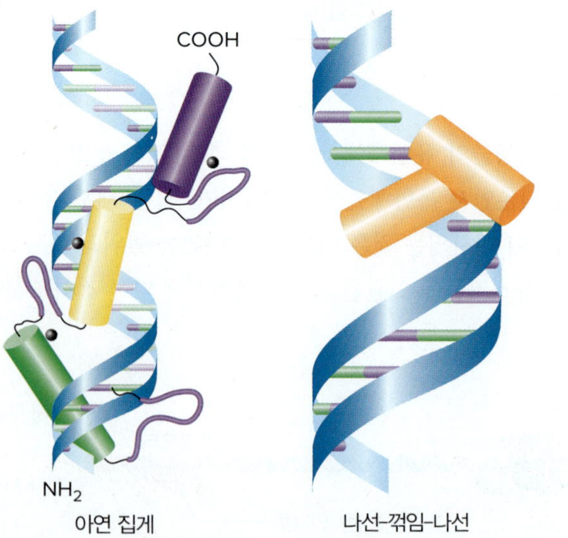

그림 19.8 활성자 단백질 패밀리. 활성자에서 발견되는 두 가지 일반적인 DNA 결합 모티프(motif)는 아연 집게와 나선-꺾임-나선 구조이다. 색칠된 원통은 DNA-결합 영역의 나선 부위를 나타낸다. 검은 구슬은 아연 집게를 안정화시키는 아연 이온이다.

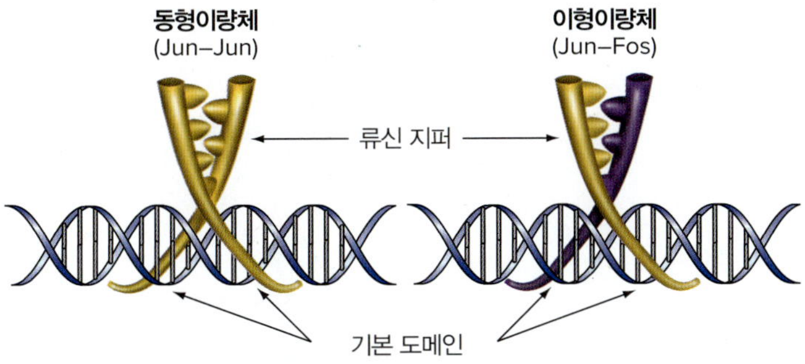

그림 19.9 Jun-Jun과 Jun-Fos 이량체. 동형이량체들은 동일한 폴리펩타이드를 가지고 있는 반면, 이형이량체는 다른 두 가지 폴리펩타이드를 가지고 있다. 두 소단위내의 류신 지퍼 모티프는 서로 강하게 상호작용하여 이량체를 형성될 수 있다. 기본 DNA-결합 도메인은 류신 지퍼를 갖고 있는 전사인자들의 특징이다.

이드(polypeptide)는 같은 폴리펩타이드의 다른 사본이나, 다른 전사인자들과의 상호작용할 수 있는 세 번째 도메인[**이량체화 도메인**(dimerization domain)]을 가지고 있다(그림 18.17 참고). 다양한 이량체화 도메인 중 하나는 일정한 간격으로 류신 잔기를 가지는 나선 구조의 **류신 지퍼**(leucine zipper)이다. 두 개의 류신 지퍼 단백질의 맞물리는 능력은 류신 사이에 있는 특이적인 아미노산 서열에 의해 의존적이다.

류신 지퍼를 가지고 있는 가장 잘 알려진 전사인자는 세포 증식과 포유류의 생리주기 동안 자궁 내막의 손실 및 재생 과정에 중요한 Jun이다. Jun은 그 자체로 Jun-Jun **동형이량체**(homodimers)를 형성하거나 또는 Fos라는 단백질과 Jun-Fos **이형이량체**(heterodimers)를 형성할 수 있다(**그림 19.9**). Fos 류신 지퍼는 자신과 같은 종류와는 동형이량체를 형성할 수 없으며, Jun이나 Fos 단량체는 혼자서 DNA에 결합할 수 없다. 따라서 Jun-Fos 전사인자 시스템은 두 종류의 전사인자만을 만들어 낼 수 있다(Jun-Jun 단백질 혹은 Jun-Fos 단백질). 이 이량체들은 다른 친화력을 가지고 다양한 인핸서 서열에 결합한다.

억제자

인핸서와 같은 유전자 근처의 특정 DNA에 결합하여 유전자 전사 개시를 저해하는 진핵생물의 전사인자를 **억제자**(repressors)라고 한다.

억제가가 하는 일 일반적으로 원핵생물의 음성 조절자들은 RNA 중합효소가 프로모터에 결합하는 것을 물리적으로 막음으로써 작용한다. 진핵생물에서 억제자의 기능은 원핵생물과는 다르다. 진핵생물의 억제자는 일반적으로 보조억제자(corepressor) 단백질을 인핸서로 소환한다. 보조억제자 단백질은 그 자체로 DNA와 직접 결합할 수 없어서 DNA에 결합할 수 있는 억제자가 존재할 경우에만 인핸서와 결합할 수 있다. 보조억제자는 다음 두 가지 기능을 가지고 있다.

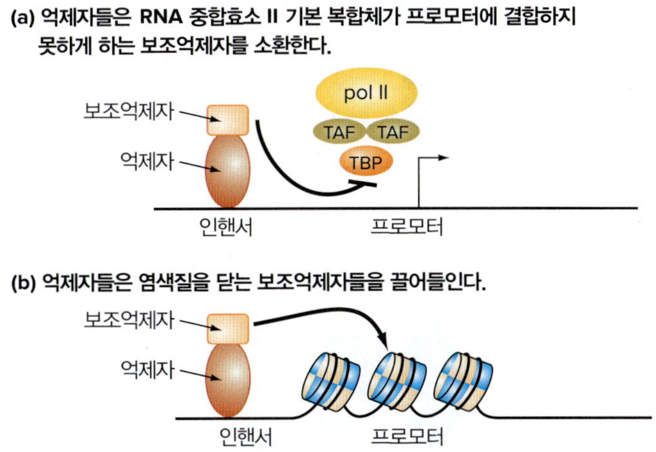

그림 19.10 전사 억제자가 하는 일. 억제자 단백질은 인핸서 DNA에 결합하여, 보조억제자를 끌어들인다. **(a)** 몇몇의 보조억제자는 직접 RNA 중합효소 II 기본 복합체가 프로모터에 결합하지 못하도록 막는다. **(b)** 다른 보조억제자는 전사가 되지 않도록 프로모터 염색질을 닫히게 하는 히스톤 변형 효소들이다.

- 몇몇 보조억제자들은 RNA 중합효소 II 기본 복합체와 직접적으로 상호작용하여 프로모터에 결합하는 것을 막는다(**그림 19.10a**).
- 다른 보조억제자는 히스톤 꼬리의 아미노산을 변형하는 효소로, 닫힌 염색질 구조를 만든다(**그림 19.10b**). 13장에서 살펴본 히스톤 탈아세틸화 효소(HDACs), 히스톤 메틸기 전달효소(HMTs) 및 히스톤 탈메틸화 효소가 이에 해당한다.

억제자의 구조 억제자의 구조는 활성자와 유사하다. 억제자는 DNA-결합 모티프, 보조억제자와 상호작용하는 억제 도메인(repression domain)을 가지고 있으며, 일부 억제자는 이량체화 도메인도 가지고 있다(그림 19.9). 실제로 특정 전사인자는 상황에 따라 활성자 또는 억제자로 역할을 한다. 예를 들어, 초파리의 전사인자인 Dorsal은 몇몇의 표적 유전자의 인핸서에 결합하여 활성자로 역할을 하기도 하지만, 다른 유전자의 인핸서에 결합할 때는 억제자로서 기능을 한다. 하나의 단백질이 전사에서 어떻게 두 가지 반대의 기능을 수행할 수 있을까? Dorsal은 본질적으로 보조활성자와 결합하는 활성자다. 그러나 몇몇 인핸서에선 Dorsal이 다른 전사인자들과 상호작용하여 Groucho라고 불리는 보조억제자를 소환한다(**그림 19.11**).

간접적 억제

간접 억제자라고 불리는 많은 조절 단백질들은 보조억제자를 끌어들이는 것이 아니라, 활성자의 기능을 방해하여 전사 개시를 간접적으로 막는다. 몇몇 억제자는 활성자와 DNA 결합 서열이 겹쳐서 인핸

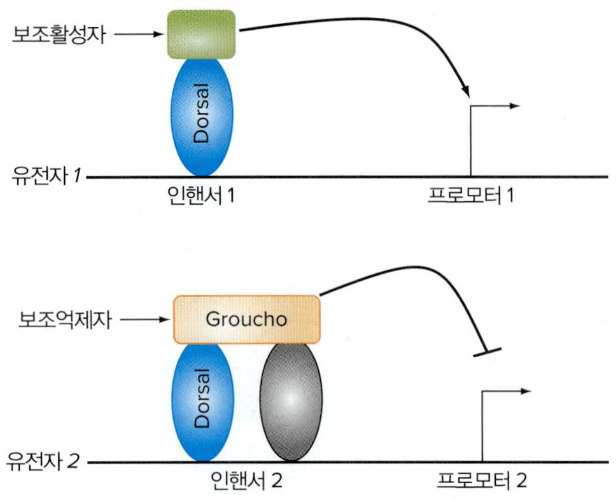

그림 19.11 한 전사인자가 활성자가 될 수도 있고 억제자가 될 수도 있다. 초파리의 Dorsal 단백질은 유전자 *1*의 활성자로 기능한다. 유전자 *2*에서 또 다른 전사인자(회색)는 인핸서에 결합하여 Dorsal이 Groucho라는 보조억제자를 소환함으로써 억제자로 역할을 한다.

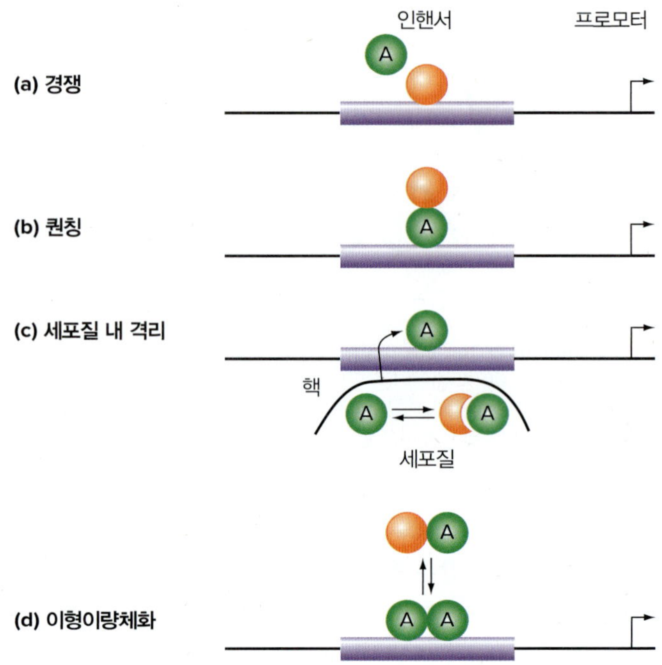

그림 19.12 간접적 억제. (a) 억제자(주황색)는 활성자와 인핸서 내의 공통 또는 중첩되는 결합 서열을 공유하기도 한다. 이 경우, 억제자는 인핸서 결합에 대하여 활성자와 경쟁한다. **(b)** 간접 억제자는 활성자에 결합하여, 활성자의 활성화 도메인을 감춘다. **(c)** 간접 억제자에 결합된 활성자는 핵으로 이동하지 못하고 세포질 내에 격리된다. **(d)** 비기능적인 억제자-활성자 이형이량체의 형성은 기능적인 활성자 동형이량체의 형성을 저해한다.

서에 대한 결합을 두고 활성자와 경쟁할 수 있다(**그림 19.12a**). 또 다른 간접적인 억제 기전은 **퀀칭**(quenching)이라고 하는데, 인핸서에 결합하는 활성자의 활성 도메인에 결합하여 활성자의 기능을 저해한다(**그림 19.12b**). 몇몇 저해자들은 활성자들에 결합하여 활성자들을 세포질에 머물게 한다. 간접 억제자들의 번역 후 변형은 활성자를 풀어주어, 활성자가 핵으로 이동해 표적 인핸서에 결합할 수 있게 한다(**그림 19.12c**). 마지막으로, 몇몇 간접 억제자들은 활성자와 이형이량체를 형성할 수 있다. 활성자 동형이량체만이 DNA에 결합할 수 있다면, 간접 억제자와 활성자와의 이형이량체 형성에 의해 활성자를 적정함으로써 활성자 동형이량체가 거의 만들어지지 않게 할 수 있다(**그림 19.12d**).

히스톤 변형

이미 13장에서 기술했듯이, 뉴클레오솜의 히스톤 단백질 N 말단 꼬리에 특정 아미노산이 붙는 다양한 공유 변형과 유전자 전사 사이에 상관관계가 존재한다. 전사에 있어 이러한 변형 중 가장 중요한 것은 아세틸 그룹이 붙는 아세틸화와 메틸 그룹을 추가되는 메틸화이다.

히스톤 아세틸기 전달효소(histone acetyltransferase; HATs)에 의해 히스톤 꼬리 내의 특정한 리신(lysine)이 아세틸화됨으로써 뉴클레오솜으로부터 프로모터를 풀어 개방 염색질로 만들어 유전자 발현을 촉진한다. 따라서 많은 전사인자 보조활성자들은 히스톤 아세틸기 전달효소들이다. 히스톤 아세틸화는 두 가지 방식으로 염색질을 개방하는데 도움을 준다. 첫 번째로, 리신 아세틸화는 히스톤의 양전하를 감소시켜 음전하를 띠는 DNA와 뉴클레오솜의 정전기적 상호작용을 감소시킨다. 두 번째로는 아세틸화된 리신이 있는 히스톤 꼬리는 특정 단백질을 뉴클레오솜으로 끌어들이는 착륙장으로서 역할을 한다. 이들은 같거나 인접한 뉴클레오솜 내에 다른 히스톤 꼬리의 리신을 아세틸화하는 히스톤 아세틸화 전달효소이거나 또는 ATP 가수분해로 얻은 에너지를 사용하여 DNA에서 히스톤을 제거하는 **DNA 리모델 단백질**일 것이다.

히스톤 메틸화 전달효소(histone methyltransferase; HMTs)에 의한 히스톤 꼬리상의 특정 리신(또는 아르지닌)의 메틸화는 메틸화된 부위가 뉴클레오솜으로 모이도록 하는 특정 단백질들에 따라 전사를 활성화하거나 억제하는데 도움을 준다. 몇몇 메틸화된 아미노산들은 특정한 유전자의 염색질을 여는 인자와 결합하는 반면, 어떤 것들은 국지적으로 염색질을 닫는 단백질과 결합한다. 따라서 몇몇 히스톤 메틸화 전달효소들은 보조활성자이고, 다른 히스톤 메틸화 전달효소들은 보조억제자들이다.

히스톤의 아세틸화와 메틸화는 히스톤 아세틸 전달효소 또는 히스톤 메틸화 전달효소에 의해 빠르게 추가될 수 있고, **히스톤 탈아세틸화 효소**(histone deacetylase) 또는 **히스톤 탈메틸화 효소**(histone demethylase)에 의해 제거될 수 있는 변형이다. 이러한 변형이 추가되고 제거되는 속도는 세포 환경 변화에 대한 전사 조절의 역동적인 반응의 핵심이다.

히스톤 변형 효소들은 자체적으로 유전체의 특정한 DNA 부위에 결합할 수 없다. 모든 유전자 특이적 또는 유전적 부위-특이적인 히스톤 변형은 특정 DNA 서열에 결합하는 단백질들(전사인자들)에 의해 시작된다. 이는 한 조직내 세포가 분열하여 딸세포가 모세포와 같은 히스톤 변형을 가질 때 중요한 의미를 갖는다. 대부분의 이런 변형은 뉴클레오솜이 복제 분기점(replication fork)에 의해 제거되기 때문에 분열 중에 사라진다. 하지만 전사인자들은 빠르게 새로이 복제된 DNA에 결합할 수 있으며, 딸세포에서는 모세포와 동일한 패턴의 히스톤 변형을 재확립하기 위한 히스톤 변형 효소들을 끌어들일 수 있다.

전사인자의 동정

과학자들은 종종 GFP 리포터 유전자를 사용하여 표적 유전자를 조절할 것으로 의심되는 전사인자의 기능을 확인한다. 이러한 실험에는 두 가지 조건이 필요하다. 첫 번째, 연구자들은 GFP 리포터(프로모터와 *GFP* 암호 서열)와 표적 유전자의 인핸서를 포함하는 도입 유전자를 가진 유기체를 형성해야한다. 그림 19.3에서 보았듯이, 야생형 동물과는 달리 GFP는 적절한 세포에서 높은 수준으로 발현될 것이다.

두 번째 조건은 추정되는 전사인자를 암호화하는 유전자의 돌연변이가 반드시 가능해야 한다는 것이다. GFP 리포터를 가진 동물이 추정되는 활성자를 암호화하는 유전자의 기능 소실 돌연변이(loss-of-function mutation)을 가지고 있다면, 실제로 활성자가 특정 인핸서와 상호작용 하더라도 GFP 리포터는 발현되지 않을 것이다(**그림 19.13**). 반대로 억제자를 암호화하는 유전자의 기능 소실 돌연변이는 정상에 비해 더 많이 GFP 형광이 나타나거나 적정하지 않은 세포에서 GFP가 발현될 것이다(그림 없음).

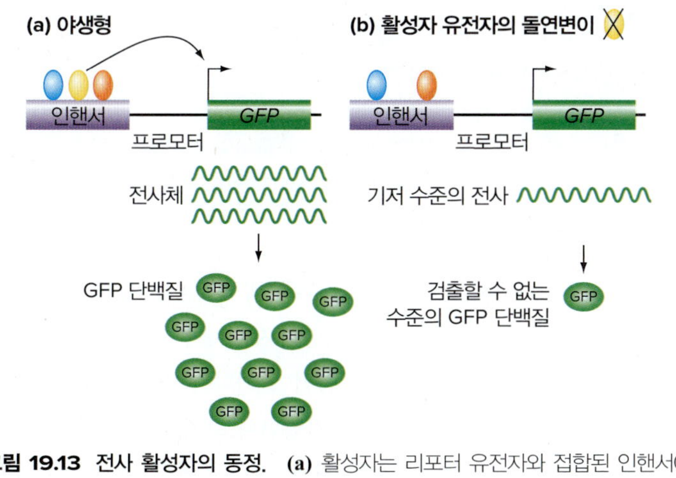

그림 19.13 전사 활성자의 동정. **(a)** 활성자는 리포터 유전자와 접합된 인핸서에 결합하고, 전사를 활성화한다. GFP의 발현으로 확인할 수 있다. **(b)** 활성자를 암호화하는 유전자의 돌연변이는 리포터의 전사를 감소시켜 GFP 발현이 감소된다.

인핸서는 세포 내 정보를 통합하여 유전자 전사를 조절한다

복잡한 다세포 유기체에서 많은 비율의 유전자가 전사 조절에 관여한다. 과학자들은 인간 유전체에 있는 약 28,000개 유전자 중에서 2,000개 이상의 유전자가 전사인자들을 암호화하고 있다고 추정한다. 많은 단백질들이 어느 한 유전자의 전사를 조절할 수 있으며, 각각의 조절 단백질은 여러 다른 유전자들에서도 작용할 수 있다. 가능한 조절자의 조합의 수는 상당하며, 세포의 분화와 다세포 진핵 생물의 분화에 있어서 중요한 유연성을 제공한다.

인핸서는 대개 특정 시간과 특정 유형의 세포에서 유전자 발현을 제어하는 시스 작용 서열로 정의된다. 많은 유전자들이 하나 이상의 조직에서 발현되기 때문에, 눈 세포에서의 전사를 활성화하는 눈 인핸서, 피부 세포에서의 전사를 활성화하는 피부 인핸서처럼 유전자 발현 조절 부위는 여러 개의 인핸서 요소를 가질 수 있다(**그림 19.14**). 각각의 인핸서는 서로 다른 활성자와 억제자들에 대해 다양한 친화력을 가지는 하나 이상의 결합 부위를 가진다. 인핸서에서 나온 이 모든 정보의 생화학적 통합을 통하여 세포는 전사를 시작하거나 중지할 것인지 결정할 뿐만 아니라 실제로 유기체에서 세포의 역할에 최적화된 수준으로 유전자의 전사 활성화 또는 억제를 정교하게 조절한다.

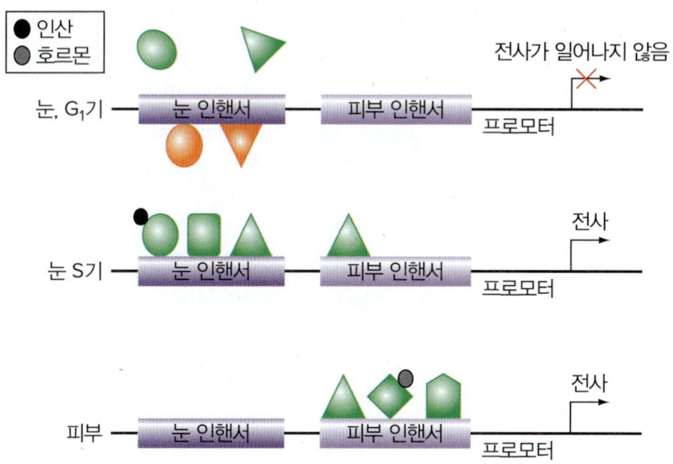

그림 19.14 인핸서는 조직 및 시기 특이적인 유전자 발현을 조절한다. 가상의 유전자가 눈과 피부 발현에 대한 인핸서를 가지고 있다고 가정하자. 일부 조직에는 존재하지만 다른 조직에는 존재하지 않는 전사 활성자(초록색) 또는 억제자(오렌지)의 조합은 인핸서 서열을 인식한다. 일부 전사인자(TFs)는 다른 자리 입체성(예를 들면, 호르몬 결합) 또는 전사 후(예를 들면, 인산화) 기작에 의해 조절될 수 있다. 인핸서는 전사인자의 결합 정보를 통합하여 표적 유전자가 조직에서 전사되어야 하는지, 전사가 된다면 어떤 수준으로 어떤 세포 주기에서 전사가 일어나는지를 결정한다.

유전학의 기술

Gal4/UAS_G 이진 발현 시스템

효모에서, **상류 활성화 서열**(upstream activating sequences; *UASs*)라고 불리는 DNA 요소는 단일 전사인사의 여러 개가 결합한 단순한 인핸서의 역할을 한다. 예를 들어, 갈락토오스(galactose) 대사에 관여하는 여러 가지 유전자를 조절하는 UAS_G는 Gal4라고 불리는 활성자 단백질이 결합할 수 있는 4개의 부위를 가지고 있다.

연구자들은 Gal4-UAS_G 상호작용의 단순한 특성을 이용하여 형질 전환 모델 유기체가 수천 개의 조직 특이적 패턴에서 관심있는 모든 유전자를 발현할 수 있는 실험 체계를 개발했다. **그림 A**는 이 체계가 초파리에서 어떻게 작동하는지 보여준다.

연구자들은 먼저 복제된 UAS_G와 프로모터의 하위에 있는 유전자의 cDNA를 복제하고, 이 도입 유전자 구조를 초파리 유전체에 이식한다. UAS_G::*cDNA* 도입 유전자를 가지고 있는 초파리가 Gal4를 발현하는 도입 유전자를 가지고 있는 초파리와 교배될 때, 두 개의 도입 유전자를 가지고 있는 자손은 Gal4 단백질을 만드는 세포에서 특이적으로 cDNA를 전사한다.

Gal4 단백질을 발현하는 도입 유전자는 **운전자**(driver)라고 하는 초파리 계통에 의해 유지된다. 각각의 운전자 계통은 인핸서가 없는 초파리 프로모터와 Gal4를 암호화하고 있는 cDNA를 융합한 *promoter*::*Gal4* 유전자를 가지고 있다. 과학자들은 각각 다른 *promoter*::*Gal4* 유전자를 이식 유전자를 초파리 유전체에 무작위 위치에 삽입한 수천 개의 계통을 만들었다. *promoter*::*Gal4* 삽입 부위 근처에 있는 인핸서는 Gal4 발현 패턴을 결정한다. 수천 개의 계통이 사용가능하고, 각 계통은 서로 다른 조직 특이적인 패턴으로 Gal4를 발현한다.

Gal4/UAS_G 이진 발현 시스템은 다양하게 응용될 수 있다. 간단한 예로, 특정 부류의 세포를 죽이는(또는 제거하는) 흥미로운 예시를 들어보자. 이 응용은, UAS_G의 하류에 세포자살(apoptosis) 또는 예정 세포사(programmed cell death)를 활성화하는 단백질인 Reaper를 암호화하는 cDNA가 있다. 이 Reaper를 발현하는 세포는 궁극적으로 죽거나 개체에서 제거된다.

연구자들은 UAS_G::*reaper*를 가진 초파리를 뇌의 특정 부류의 뉴런에서만 Gal4를 발현하는 운전자를 가진 계통과 교배시켰다. 이러한 방식으로 과학자들은 다양한 뉴런 유형에서 결핍된 다양한 초파리를 만들었다. 그들은 특정 종류의 이온 채널을 만드는 단백질이 결핍된 뉴런을 가진 암컷이 이 장의 시작에서 언급한 수컷의 구애의 노래와 춤에 대한 더 민감한 반응성을 보인다는 것을 관찰했다. 다시 말해, 정상 암컷은 짝을 선택하기 전에 많은 잠재적인 수컷 파트너를 거부할 수 있지만, 이 돌연변이 초파리는 거의 모든 수컷과 짝짓기를 한다. 이러한 결과는 짝짓기 행동에서 특정 뉴런과 이온 채널의 중요성을 보여준다.

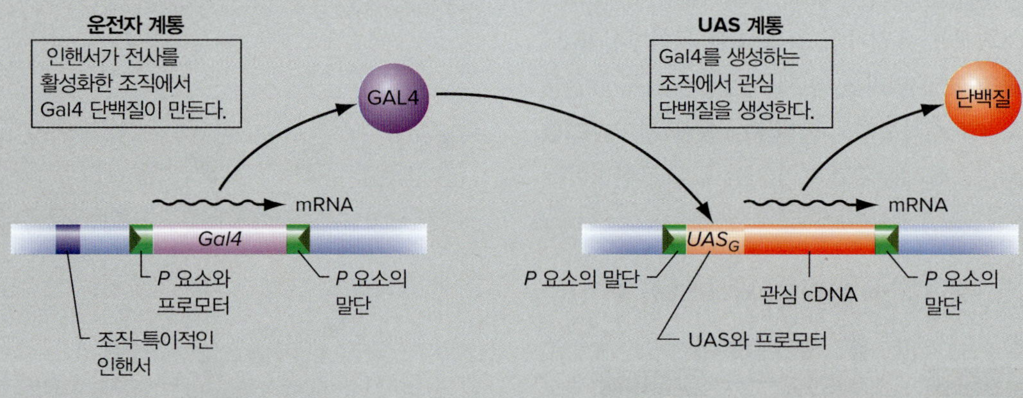

그림 A Gal4/UAS_G를 이용한 유전자 발현. *Gal4*와 UAS_G 도입 유전자는 다른 유전체적 위치에 존재한다. *P* 요소의 말단은 도입 유전자를 유전체에 합치는데 사용된다(21장에서 자세히 설명).

단세포 진핵생물인 효모에서는 인핸서와 유사한 **활성화 서열**(**u**pstream **a**ctivating **s**equences; UASs)라고 하는 단순한 요소에 의해 조절된다. 상류 활성화 서열은 단일 전사인자의 여러 개가 결합한다. 읽을거리 「유전학의 기술」 Gal4/UAS_G **이진 발현 시스템**은 형질 전환 유기체에서 거의 모든 발현에서 어떻게 복제된 유전자를 발현하기 위해 특정 상류 활성화 서열이 활용되었는지 설명해준다.

다세포 유기체에서 모든 세포는 같은 핵 DNA를 가지고 있기 때문에, 유전자의 인핸서들은 모든 유형의 세포에 존재한다. 따라서 세포 유형-특이적 전사는 발생기간 동안 일어나는 인핸서들과 상호작용하는 전사인자들의 배열 변화에 기인한다(그림 19.14). 우리는 트랜스-작용 단백질 조합이 시간이 지남에 따라 변할 수 있는 무수한 방식 중 세 가지에 대하여 논의할 것이다.

다른 자리 입체성 상호작용

진핵생물에서의 전사인자 활성은 효과인자들(effectors)과의 다른 자리 입체성 상호작용으로 조절될 수 있는데, 이는 18장에서 본 박테리아의 Lac 억제자에 대한 알로락토오스(allolactose)와 TrpR 억제자에 대한 트립토판(tryptophan)의 결합과 유사하다. 스테로이드 호르몬 수용체 전사인자는 진핵생물에서 다른 자리 입체 효과의 중요한 예시이다. 호르몬 결합은 수용체 단백질의 표적 인핸서에 대한 DNA 결합 도메인의 결합 친화성을 크게 증가시키는 모양 변화를 일으킨다(**그림 19.15**).

사람에서 스테로이드 호르몬인 테스토스테론(testosterone)과 디히드로테스토스테론(dihydrotestosterone)도 이러한 기작으로 정밀하게 작동한다. 남성의 사춘기에서, 고환은 피부 모낭 세포와 같은 표적 세포의 안드로겐(androgen) 수용체에 결합하는 안드로겐 스테로이드를 높은 수준으로 생성한다. 스테로이드에 의한 안드로겐 수용체 전사인자의 조절은 표적 세포의 유전자 활성을 조절하여, 사춘기 이후 소년의 수염과 같은 남성 2차 성징의 발달로 이어진다. 이 예시는 다세포 진핵생물의 각각의 세포가 신체의 다른 곳에서 끊임없이 변화하는 신호에 반응하여 유전자 활성 프로그램을 지속적으로 수정하고 있음을 분명히 보여준다.

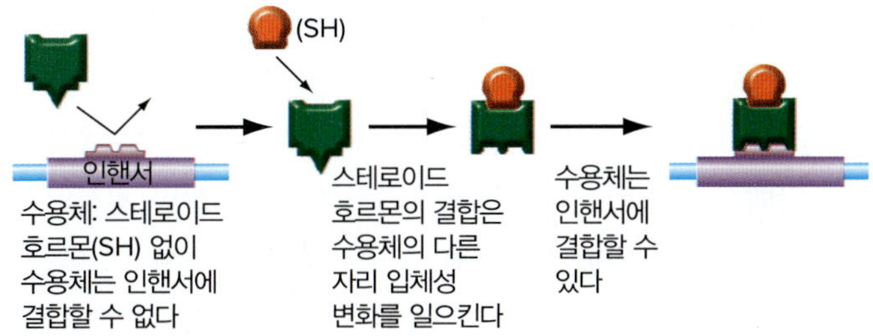

그림 19.15 스테로이드 호르몬 수용체. 비활성화된 스테로이드 호르몬 수용체의 DNA-결합 도메인은 호르몬 분자가 수용체상의 다른 도메인에 결합하여 수용체의 다른 자리 입체성 변화를 유발하고, 그래서 수용체상의 DNA-결합 도메인이 인핸서를 인지하게 된다.

전사인자의 변형

전사인자는 단백질로 합성된 후에 여러 다른 화학물 그룹의 공유결합에 의해서 변형된다. 그림 9.26b에서 이미 이에 대하여 기술하였다. 이들 변형 중에서 가장 중요한 것 중 하나는 인산화이다. 인산기를 단백질에 공유 결합시키는 효소를 **인산화효소**(kinase)라고 하고 인산화는 여러 가지 방법으로 전사인자를 활성화 혹은 불활성화 할 수 있다. 인산화는 전사인자가 핵으로 이동하는 것을 조절하거나, DNA 결합 특성을 변화시키거나, 보조활성자나 보조억제자와 같은 다른 단백질과의 상호작용 능력을 변화시킬 수 있다.

세포들은 세포 주기의 변화나 주변 환경의 변화처럼 빠르게 발생하는 현상들을 조절하기 위하여 인산화 기작을 이용한다. 23장에서 p53과 같은 특정 전사인자의 인산화가 암세포로부터 개체를 보호하는 데 어떻게 기여하는지 살펴볼 것이다.

전사인자 연쇄반응

그림 19.14에서 묘사된 것처럼 모든 전사인자들이 모든 세포에서 언제나 만들어지는 것은 아니다. 분명히 한 전사인자가 특정 세포에 존재하지 않는다면 표적 유전자의 전사개시에 영향을 줄 수 없을 것이다. 즉, 다양한 전사인자들의 가용성은 어떤 유전자를 얼마만큼 전사할지에 대한 세포의 결정에 매우 중요하다.

전사인자는 다른 단백질처럼 전사를 통해서 그 양이 조절된다. 따라서 전사인자의 발현은 다른 전사인자에 의해서 조절되는 연쇄반응으로 발생한다. 일종의 전사인자들은 다른 전사인자의 발현을 중지 혹은 촉진시킨다. 22장에서 **전사인자의 연쇄반응**(transcription factor cascade)을 통한 조절이 다세포 진핵생물의 조직 발달에서 얼마나 중요한지에 대하여 살펴볼 것이다.

새로운 방법들은 시스와 트랜스 작용 전사조절인자들의 전체적인 모습을 제공한다

생물학, 컴퓨터과학, 정보공학을 융합하여 **생물정보학**(bioinformatics)이라는 하나의 학문분야를 형성하였으며, 생물정보학을 통해 생명체의 복잡한 전사조절 프로그램을 이해할 수 있게 되었다. 예를 들어, 컴퓨터 프로그램은 cDNA 클론의 암호화 서열과 유전체의 열린 번역틀(open reading frame; ORF)을 단백질 아미노산 서열로 가상 번역 한다. 그런 다음 컴퓨터는 나선-고리-나선(helix-loop-helix)이나 아연 집게 모티브와 같은 아미노산 서열에서 단백질이 전사인자임을 나타내는 특징들을 찾는다. 이와 같은 방식으로 연구자들은 생명체 유전체에 암호화 되어 있는 **트랜스**(*trans*) 활성 전사인자들을 찾을 수 있다.

인핸서와 같은 시스 활성 전사조절 부위를 찾기 위해, 컴퓨터를 활용하여 근연종간의 유전체 염기서열을 비교한다. 그림 11.3에서 확인한 것처럼 단백질 정보를 갖고 있는 영역 이외의 부분은 염기서열이 잘 보존되어 있지 않다. 따라서 이 영역에서 잘 보존된 염기서열은 중요한 역할을 수행할 가능성이 있다.

염색질-면역침강 서열 분석(chromatin immunoprecipitation-sequencing; ChIP-Seq)는 특정 세포 내 유전체에 존재하는 관심 있는 전사인자의 모든 표적 유전자를 찾는 강력한 새로운 방법이다(**그림 19.16**). 연구자는 연구할 세포의 핵에서 염색질을 분리하고, 염색질의 DNA와 단백질을 화학적으로 교차연결(cross-link)시키고, DNA를 절단시킨다. 다음으로 관심 있는 전사인자에 결합하는 항체로 코팅된 미세 구슬을 넣어준다. 항체로 코팅된 구슬에 결합하는 DNA-단백질 복합체는 상호작용하는 인핸서에 결합한 전사인자를 포함하는 복합체들이다. 불특정한 결합을 제거하기 위하여 이들 복합체를 여러 번 씻어준다. 이처럼 항체를 이용하여 특정 단백질과 상호작용하는 단백질이나 핵산을 정제하는 것을 **공동 면역침강**(coimmunoprecipitation)이라고 한다. 과학자들은 정제된 복합체에서 DNA 조각을 염기서열 분석하여 특정 세포 내에서 관심 있는 전사인자의 표적 유전자들을 확인할 수 있다.

Human Genome Project의 후속으로, 수백 명의 과학자들이 인간 유전체 내의 프로모터, 인핸서, 절연자와 같은 모든 시스 활성 조절 인자를 도표화하고자 했다. **ENCODE**(the **Enc**ycl**o**pedia of **D**NA **E**lement)라고 불리는 이 프로젝트는 컴퓨터 공학과 ChIP-Seq과 같은 생화학적 실험을 통해 이루어진다. 방대한 ENCODE 데이터베이스는 특히 유전자의 엑손과 멀리 위치하는 인핸서의 질병을 일으키는 돌연변이에 대해 연구하는 과학자들에게 유용하다.

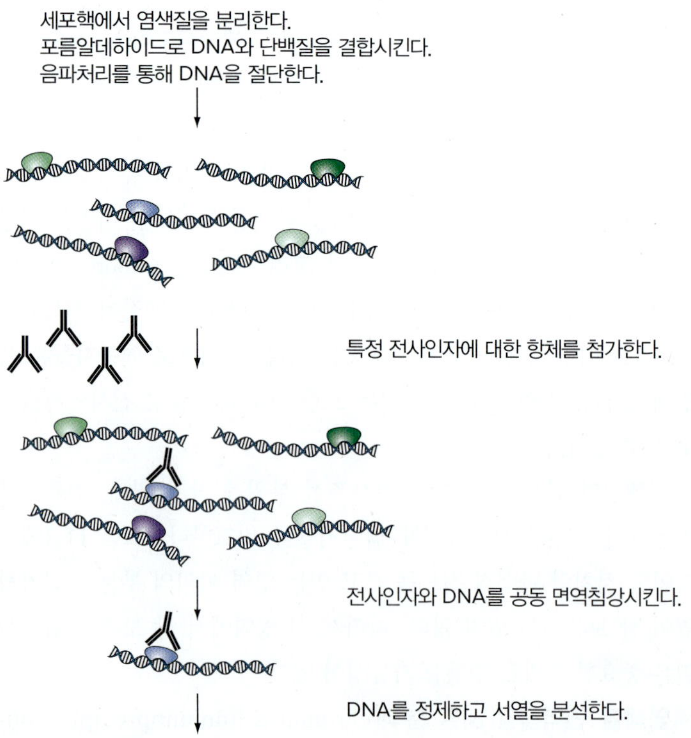

그림 19.16 ChIP-Seq 표적 유전자 DNA에 결합하는 단백질을 분리하기 위해 특정 전사인자(파란색 타원형)에 결합하는 항체(Y 모양의 분자)를 사용한다(항체를 미세구슬에 결합시킨다. 그림으로 제시하지 않음). 분리된 단백질-DNA 복합체 중 DNA 염기서열을 분석해서 전사인자가 조절하는 유전자들을 확인한다.

위상적 상호작용 도메인(TADs)은 인핸서와 프로모터의 상호작용을 조절한다

앞서 언급한 것처럼 인핸서는 조절하고자 하는 유전자의 상류 혹은 하류에 존재하면서, 프로모터의 방향에 관계없이 위치하여 유전자의 발현을 조절할 수 있다. 그렇다면 인핸서는 양쪽의 두 유전자 사이에서 어떤 유전자를 발현시켜야 하는지 어떻게 인지할 수 있을까? 그리고 인핸서가 멀리 떨어져 있는 프로모터를 조절하면서 어떻게 염색체상의 다른 유전자들의 발현은 조절하지 않는 것일까? 이러한 것은 **절연자**(insulator)라는 DNA 인자가 염색질을 구조화하여 인핸서가 특정 프로모터에만 결합하도록 만듦으로써 가능해진다.

절연자

절연자는 인핸서와 프로모터 사이에 존재하며 프로모터의 전사를 촉진하는 인핸서를 억제한다. 절연자 후보 DNA 서열을 유전체 내 리포터 유전자(reporter gene)의 인핸서와 프로모터 사이에 삽입하여 리포터 유전자의 발현이 억제된다면 DNA 서열은 절연자로 간주된다(**그림 19.17**).

인간의 절연자는 **CTCF**(CCCCTC-결합인자)라는 단백질에 결합한다. CTCF 단백질과 절연자는 13장에서 설명한 코헤신(cohesion) 단백질 복합체와 함께 결합하여 **위상적 상호작용 도메인**(topologically associating domains; TADs)이라고 불리는 DNA 고리의 형성을 촉진한다(TADs는 간기 염색질의 특징이기 때문에 13장에서 설명한 유사분열 염색체의 콘덴신 복합체에 의해 형성되는 염색질 고리와는 다르다). 다른 TADs에 있는 프로모터와 인핸서는 서로 상호작용할 수 없다(**그림 19.18**).

최근 연구에 따르면 TADs의 형성은 생물이 발생함에 따라 다양한 조직에서 역동적으로 변화할 수 있다. 이는 일부 DNA 서열이 일

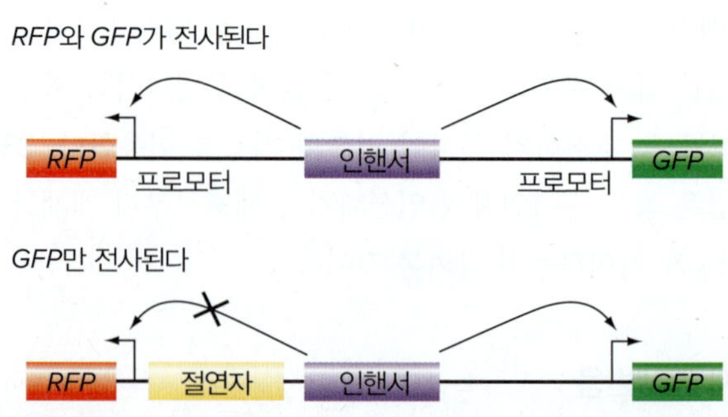

그림 19.17 절연자 찾기. 절연자 염기서열이 인핸서와 프로모터 사이에 존재하여 전사를 방해하지 않는다면 두 가지 리포터 유전자의 프로모터 사이에 놓인 인핸서는 전사를 촉진할 것이다. RFP(red fluorescent protein)는 붉은 산호에서 분리된 붉은색 형광 단백질이다. 위 그림의 구조를 갖는 형질전환 개체의 세포는 붉은색과 녹색 형광 모두를 가져 노란색을 나타낼 것이다. 아래 그림의 구조를 갖는 형질 전환 개체의 세포는 녹색 형광만을 나타낼 것이다.

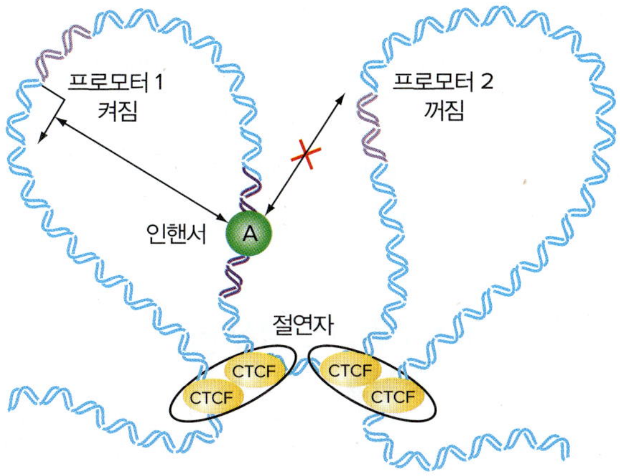

그림 19.18 절연자 작동 방법. 절연자는 유전체 DNA를 고리 형태로 만든다. 인핸서는 같은 고리 안에 위치한 프로모터에서만 전사를 촉진한다(A = 활성자). 다른 절연자에 결합한 CTCF 단백질(노란색)간의 상호작용은 절연자 사이 지역의 DNA 고리 형성을 촉진한다. 검정 고리는 코헤신이다.

부 세포에서는 절연자로 작용하지만 다른 세포들에서는 그렇지 않다는 것을 의미한다. TADs 패턴의 변화는 특정 프로모터에 특정 인핸서를 전달할 수 있으며 발생 과정 동안 변화하는 신호에 대한 반응으로 유전자 발현을 조절할 수 있게 한다.

과학자들은 어떻게 TADs를 발견했을까?

염색질 형태 포착(chromatin conformation capture) 기술을 통해 염색질의 3차원 구조 분석이 가능해짐에 따라 TADs의 존재를 확인할 수 있었다. 염색질 형태 포착은 염색질 내에서 매우 근접한 단백질과 DNA를 공유 결합시키기 위해 화학물질을 사용한다(**그림 19.19a**). 상호 연관된 염색질 내의 DNA는 단편화되고 DNA 연결효소가 단편 말단을 연결하여 상호작용하는 단백질에 의해 결합된 원형의 DNA를 생성 한다(그림 19.19a). 12장에서 설명한 고 처리량 방법(high-throughput methods)은 이러한 수억 개의 원들을 서열결정하는데 사용되며 컴퓨터로 하나의 원에서 서로 다른 유전체 DNA 서열이 함께 발견되는 빈도를 기록한다(**그림 19.19b**). 하나의 원에서 잠재적으로 발견될 수 있는 DNA 서열의 모음으로 하나의 TAD를 정의한다. 다른 TAD에 존재하는 DNA 서열은 절대 하나의 원에서 존재할 수 없다. 다수의 연구 결과, 인간 유전체에서 약 2000개의 TAD를 밝혀냈고 그 길이는 일반적으로 200~1000 kb이다.

정확한 인핸서/프로모터 상호작용에는 구체적인 TAD 경계가 필요하다

TAD 경계를 파괴하는 돌연변이는 유전자 발현을 조절할 수 있다. 예를 들어, 인간과 생쥐 모두에서 발생하는 다지증(손가락과 발가락이 더 있는 경우)의 한 형태는 TAD 경계의 삭제로 인한 것이다(**그림**

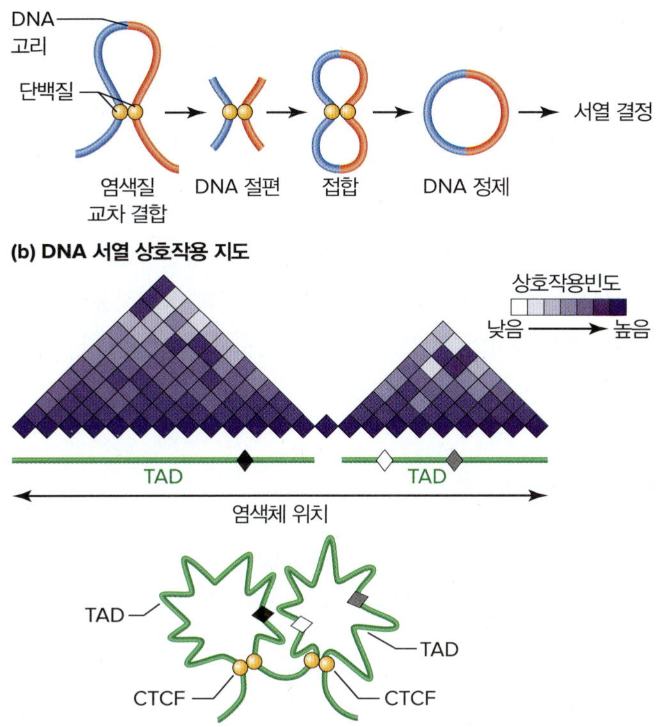

그림 19.19 염색질 구조 포착. **(a)** 포름알데히드 처리는 염색질에서 상호 작용하는 단백질과 DNA를 공유적으로 교차 연결한다. 초음파 처리는 교차 결합된 염색질을 조각내고 DNA 연결효소는 끝을 연결하여 원을 형성한다. 그런 다음 정제된 DNA를 서열 결정한다. **(b)** 컴퓨터는 상호 작용하는 유전체의 서열 쌍을 기록한다. 보라색 사각형이 어두울수록 두 DNA 서열이 원에서 함께 발견되는 빈도가 높아진다. 두 개의 삼각형 영역으로 정의된 두 개의 TAD가 표시된다. 동일한 TAD의 두 DNA 영역(흰색 및 회색 다이아몬드)은 동일한 삼각형에 있는 반면, 다른 TAD의 영역(검은색 다이아몬드 및 흰색 또는 회색 다이아몬드)은 다른 삼각형에 있다.

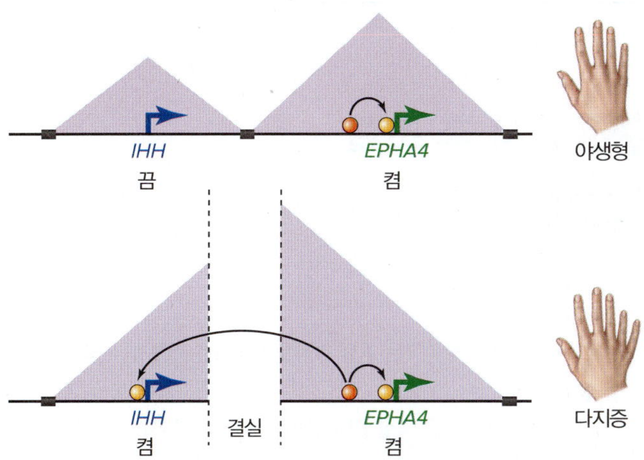

그림 19.20 TAD 경계 삭제로 인한 다지증. (위): *EPHA4* 및 *IHH* 유전자는 일반적으로 별도의 TAD(보라색 삼각형)에 있다. *EPHA4* 유전자의 인핸서 결합 단백질(주황색 원)은 *EPHA4*에서 프로모터 결합 단백질(노란색 원)과만 상호작용(검정색 화살표)할 수 있으며, 이는 발달 중인 사지에서 *IHH*가 아닌 *EPHA4*의 전사를 유도한다. (아래): 정상 TAD 경계를 제거하는 염색체 결실이 있는 개체는 두 유전자가 동일한 TAD에 있게 되기 때문에 다지증을 가지고 발달 중인 사지에서 *IHH*가 발현된다.

19.20). *EPHA4*라는 유전자는 일반적으로 사지의 발생동안에 발현되며 EPHA4 단백질은 사지의 신경분포에 필요하다. *EPHA4*에 근접한 유전자 *IHH*는 발생 패턴의 조절자를 암호화 하는 유전자로 일반적으로 사지에서는 전사되지 않는다(그림 19.20). 그러나 *EPHA4*와 *IHH* 사이의 정상적인 TAD 경계를 제거하는 염색체의 결실은 결과적으로 두 유전자를 포함하는 TAD의 비정상을 초래한다. 따라서 사지에서 특이적인 *EPHA4* 인핸서에 결합하는 전사인자는 *EPHA4*의 프로모터 뿐만 아니라 *IHH*의 프로모터와도 상호작용할 수 있다(그림 19.20). 사지의 발생동안 *IHH*의 이소성의 전사는 다지증을 일으킨다.

핵심 개념 19.2

- 인핸서는 유전자의 프로모터에서 멀리 떨어져 있는 DNA 염기서열로, 특정 세포에서 기저수준에 비교하여 유전자의 발현을 증가 혹은 감소시키는 역할을 수행한다.
- 전사인자는 프로모터에 결합하는 기본인자와 인핸서에 결합하는 활성자와 억제자를 포함하는 트랜스 작용 단백질이다. 일단 DNA에 결합하면, 전사인자는 다른 단백질들을 유전자로 불러들인다.
- 인핸서는 다양한 활성자와 억제자에 대한 결합 부위를 가지고 있다. 이러한 특성은 인핸서가 시기 특이적이거나 세포 특이적인 유전자 발현이 가능하도록 한다.
- 생물정보학은 새로운 전사인자와 그들의 결합 위치에 대해 유전체 전체에 대한 탐색을 가능하게 한다. ChIP-Seq은 특정 항체를 이용하여 관심 있는 전사인자에 의해서 조절되는 유전자들을 밝힌다.
- 절연자는 염색질을 위상적 상호작용 도메인(TADs)라고 불리는 고리형태로 만들어주는 DNA 인자이다. 인핸서와 프로모터는 동일한 TAD에 위치할 때만 상호작용한다.

19.3 전사 후 조절

학습 목표

1. 진핵생물에서 한개의 1차 전사체가 서로 다른 단백질을 만들 수 있는지 설명한다.
2. 번역개시수준에서 작동하는 조절 기작을 설명하는 리보솜 프로파일링 결과를 설명한다.
3. 세 가지 서로 다른 작은 조절 RNA들(miRNA, siRNA, piRNA)의 기원과 기능을 비교한다.

유전자 발현조절은 발현 과정의 어느 시점에서든 일어날 수 있다. 지금까지 우리는 전사 개시율에 영향을 끼치는 기작에 대해 알아보았다. 그러나 스플라이싱(splicing), 안정성, mRNA의 세포내 위치, mRNA의 단백질로의 번역, 단백질의 안정성, 세포 내 위치, 변형을 포함하는 전사 후 과정에 대한 수많은 작용 기작들이 존재한다. 이 모든 기작들을 하나의 장에서 전부 설명하는 것은 불가능하므로 여기서는 몇 가지 주요한 내용들만 설명하고자 한다.

염기서열-특이적 RNA 결합 단백질들은 RNA 스플라이싱을 조절할 수 있다

진핵세포의 유전체는 세포에서 발현되는 단백질보다 적은 숫자의 유전자를 갖는다. 세포가 하나의 유전자에서 더 많은 종류의 단백질을 만드는 방법 중 하나는 **선택적 스플라이싱**(alternative splicing)이다. 선택적 스플라이싱은 1차 전사체로부터 서로 다른 mRNA를 만들어 다른 단백질들을 만들 수 있도록 한다(그림 9.17 참조).

1차 전사체의 이어맞춤접합(splice junction) 부위에서 조립된 스플라이소좀(spliceosome)은 100개 이상의 단백질을 포함하고 있다. 스플라이소좀 단백질들은 RNA 절단, 엑손의 연결 등 서로 다른 기능들을 수행한다. 스플라이소좀의 구성 요소 중 일부는 어떤 엑손이 함께 스플라이싱 되는지 결정 짓는데 중요한 역할을 한다. 스플라이소좀 단백질들은 1차 전사체에서 특정 염기서열을 인식해서 특정 이어맞춤접합 서열의 사용을 촉진하거나 저해한다.

이 장의 서두에서 수컷 초파리의 성-특이적인 파트너 유인 행동은 *fruitless*(*fru*) 유전자에 의해 조절된다고 언급하였다. 수컷 초파리의 뇌에서는 수컷 특이적인 형태의 *fru* 유전자 산물인 아연집게 전사인자 Fru-M을 만든다. 수컷에게서만 합성되는 Fru-M 단백질은 암컷 특이적으로 발현되는 RNA 결합 단백질인 Transformer(Tra)가 없

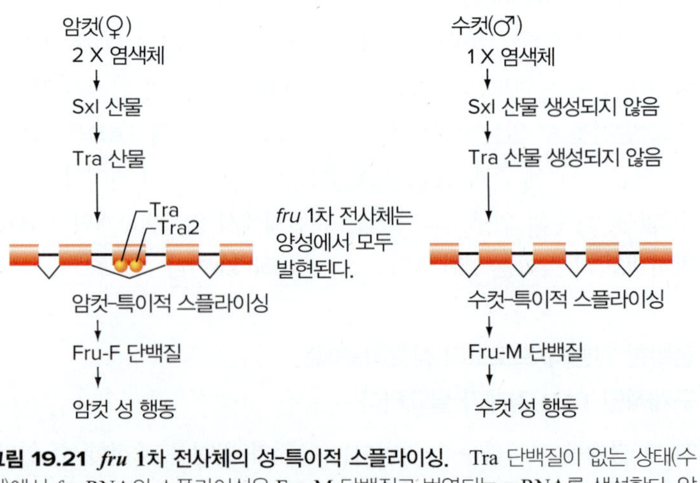

그림 19.21 *fru* 1차 전사체의 성-특이적 스플라이싱. Tra 단백질이 없는 상태(수컷)에서 *fru* RNA의 스플라이싱은 Fru-M 단백질로 번역되는 mRNA를 생성한다. 암컷의 경우 Tra 단백질(Tra2 포함)이 *fru* 전사체에서 하나의 엑손 사용을 차단하여 Fru-F 단백질을 암호화하는 전사체를 만든다.

을 때 발생하는 수컷 특이적인 스플라이싱에 의해 합성된다(Tra가 암컷에게서만 생성되는 이유에 대해서는 뒤에서 설명하겠다).

*fru*의 1차 전사체는 암컷과 수컷 모두에게서 만들어진다. 암컷에게서 Tra(Tra2라고 하는 암컷과 수컷 모두에서 존재하는 단백질과 함께)는 *fru*의 1차 전사체의 특정 서열에 결합한다. Tra와 Tra2는 특정 스플라이스 수용자 부위(splice acceptor site)의 사용을 막아 암컷 특이적인 Fru-F 단백질을 합성한다(**그림 19.21**). Tra 단백질이 없는 수컷 세포에서는 *fru* 전사체의 선택적 스플라이싱에 의해 N 말단에 101개의 아미노산이 추가된 Fru-M 단백질을 만든다(그림 19.21).

비록 Fru-F는 특별한 기능이 없는 것처럼 보이지만, Fru-M은 수컷의 교미 춤과 암컷을 찾아가는 방향성을 조절하는 유전자 발현 프로그램을 활성화한다. Fru-M 생성이 억제되는 *fru* 돌연변이를 갖는 수컷 초파리는 암컷과 수컷을 가리지 않고 교미 춤을 춘다. 그러나 Fru-M 발현을 유도하는 *fru* 돌연변이를 갖는 암컷 초파리는 수컷의 성적 행동을 한다. 그들은 수컷의 교미 춤을 추고 암컷을 유혹한다. 결국 Fru-M은 수컷 초파리의 교미 춤을 추는 데는 불필요하다. 그러나 암컷을 향해 교미 춤을 추도록 하는 데는 필수적이다. 연구자들은 이제 이러한 행동을 직접적으로 일으키는 Fru-M의 전사 표적을 찾으려 하고 있다.

mRNA 번역을 조절하는 몇 가지 기작들

9장의 그림 9.25에서 설명했듯 번역은 리보솜의 작은 소단위가 mRNA의 5′ 말단 모자에 결합할 때 시작된다. 이후 리보솜은 mRNA를 5′에서 3′ 방향으로 지나면서 단백질 산물의 N 말단에 Met을 지정하는 개시코돈 역할을 하는 AUG를 찾는다.

리보솜의 작은 소단위는 5′ 모자만 인식하는 것이 아니라 모자주변의 복잡한 구조를 인식한다(**그림 19.22**). eIF4A, eIF4E, eIF4G라고 불리는 3가지 개시인자의 복합체가 5′ 모자의 말단에 결합한다. 이 복합체에서 eIF4G 단백질은 **폴리-A 결합 단백질**(poly-A-binding protein; PABP)과 폴리-A 꼬리에서 상호작용한다. 그 결과, mRNA는 원형화되고 리보솜의 작은 소단위가 번역을 개시하기 위해 이 원형화된 구조를 인식한다.

번역 개시 복합체의 조합 조절

그림 19.22에서 알 수 있듯이, 리보솜이 mRNA의 5′ 모자를 인식하기 때문에 번역 개시 복합체 조합의 조절을 통해 번역과정을 제어할 수 있다.

영양소에 따른 mRNA 번역 조절 **eIF4E-결합 단백질 1**(eIF4E-binding protein 1; 4E-BP1)은 진핵세포가 세포외 자극에 적절히 반응하도록 한다. 그 이름에서 알 수 있듯이 이 단백질은 개시인자 eIF4E에 결합하고, 이 결합은 5′ 모자에 위치한 개시 복합체의 나머지 구성 성분들의 결합을 억제하여 개시 복합체의 조립을 억제한다(**그림 19.23**).

세포 외 환경에 존재하는 영양소와 성장인자들은 4E-BP1에 인산기를 더해주는 인산화효소들을 활성화 시킨다. 인산화된 4E-BP1은 더 이상 eIF-4E에 결합할 수 없게 되어 mRNA의 5′ 모자에 개시 복합체가 조립될 수 있다(그림 19.23). 세포가 성장하고 많은 양의 단백질을 만들어야 할 때 이 기작은 mRNA 번역의 전체 빈도가 크게 증가하도록 한다.

mRNA 번역의 생물학적 주기 조절 5′ 모자의 개시 인자와 3′ 폴리-A 꼬리의 PABP의 결합을 통한 mRNA의 원형화는 폴리-A 꼬리 길이 제어를 통해 간접적으로 번역 개시를 조절하는 물리적 기반의 조절 기작이다. 긴 꼬리는 짧은 꼬리보다 PABP를 더 효율적으로 끌어당기므로 폴리-A 꼬리가 길수록 더 많은 번역이 진행된다. 서열-특이적 RNA 결합 단백질은 mRNA에 결합하고 mRNA 꼬리에 A를 더하거나 제거할 수 있는 효소들을 끌어 당긴다(**그림 19.24**).

흥미롭게도, 이 기작은 하루 중 각 시간의 특정 단백질 양에서의

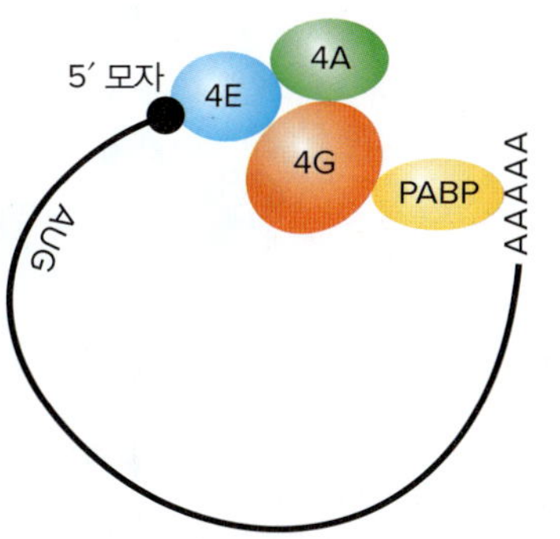

그림 19.22 진핵생물의 번역 개시 복합체. 작은 리보솜 소단위는 mRNA를 원형화하는 RNA-단백질 복합체에서 mRNA 5′ 모자(검은색 원)를 인식한다. 복합체는 eIF4A(4A), eIF4E(4E), eIF4G(4G) 및 폴리-A-결합 단백질(PABP)로 구성된다.

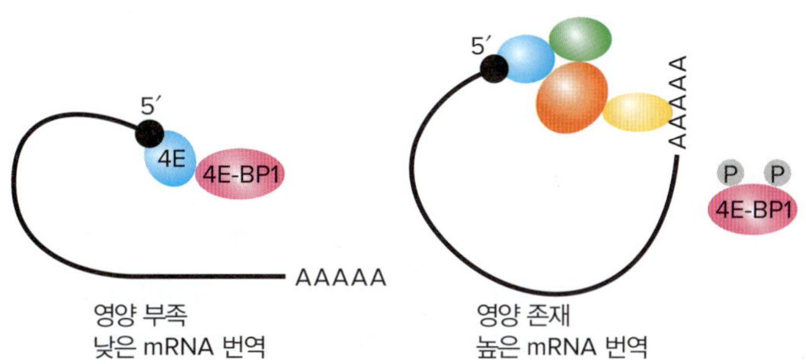

그림 19.23 4E-BP1을 통한 번역 조절. **(왼쪽)**: 인산화 되지 않은 4E-BP1(분홍색)은 eIF4E(4E)에 결합하여 mRNA 5′ 모자(검은색 원)에 리보솜이 결합하는 것을 억제한다. **(오른쪽)**: 인산화되면(P) 4E-BP1이 더 이상 eIF4E에 결합하지 않고 번역 개시 복합체가 조립될 수 있다.

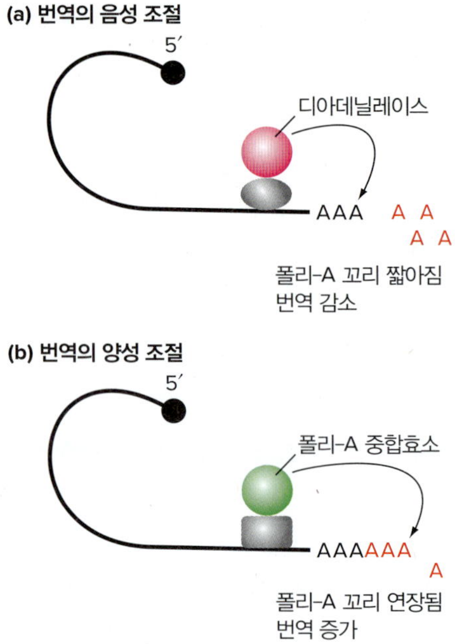

그림 19.24 폴리-A 꼬리 길이를 통한 번역 제어. 긴 폴리-A 꼬리는 PABP에 보다 효율적으로 결합하여 더 많은 번역 개시 복합체를 형성한다(그림 19.22 참조). **(a)** 서열-특이적 RNA 결합 단백질(회색 타원)에 의한 디아데닐레이스 효소(보라색)의 결합은 번역을 음성 조절한다. **(b)** 서열-특이적 RNA 결합 단백질(회색 사각형)은 mRNA에 폴리-A 중합효소를 불러들이고 번역을 양성 조절한다.

24시간 주기 진동(circadian oscillation)에 대해 부분적으로 관련되어 있다. 이들 단백질에 대한 mRNA의 양은 일정하게 유지되지만 폴리-A 꼬리의 크기와 그에 따른 mRNA 번역의 효율성 및 이들 단백질의 양은 늦은 밤과 이른 아침에 최고조에 달한다.

상류 ORF

특정 mRNA들은 **미끼**(decoy) AUG로 시작하고 기능이 없는 작은 펩타이드를 암호화하는 하나 또는 하나 이상의 **상류 열린 번역틀**(upstream open reading frames; uORFs)을 가진다. 리보솜이 uORF를 번역한다면 mRNA의 주요 ORF의 번역은 억제된다. 따라서 uORF와 주요 ORF 번역 사이의 선택은 유전자 발현을 조절할 수 있는 잠재적 지점이다. uORF는 인간 세포의 모든 전사체의 약 절반에서 발견되기 때문에, 이런 번역 조절 기작은 모든 세포에서 일반적으로 나타나는 듯하다.

uORF에 의한 번역 조절의 예는 이 장의 끝에서 설명할 초파리 성 분화 경로에서 볼 수 있다. 일단 Sex lethal(Sxl)이라는 단백질이 XX 파리에서만 발현된다는 것과 XX 파리가 암컷으로 발달하는데 필요한 단백질이라는 사실만 알면 된다. 반면에 암컷이 Msl-2라는 수컷 특이적인 단백질을 만들면 죽게 된다. Sxl 단백질은 *msl-2* mRNA가 번역되는 것을 부분적으로 차단하여 Msl-2 단백질이 암컷

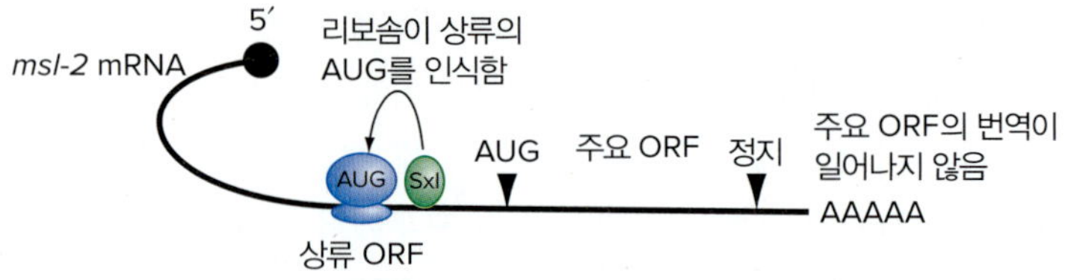

그림 19.25 미끼 AUG에 의한 번역 조절. 암컷 초파리에서 *msl-2* mRNA의 번역을 방지하기 위해 Sxl 단백질(녹색)이 mRNA에 결합하고 리보솜(파란색)이 uORF를 번역하도록 한다. 따라서 Sxl 단백질은 Msl-2 단백질을 암호화하는 주요 ORF의 번역을 방지한다.

에게서 합성되지 않도록 한다(**그림 19.25**). Sxl 단백질은 *msl-2* mRNA의 특정 결합 부위에 결합하여 uORF의 번역을 촉진한다. 그 결과 Msl-2 단백질을 암호화하는 주요 ORF의 번역을 억제하여 XX 동물이 생존할 수 있게 한다.

리보솜 프로파일링은 번역 효율성을 측정한다

유전자 발현은 번역 수준에서 조절될 수 있기 때문에 유전자의 단백질 산물의 양이 항상 mRNA의 양과 직접적인 상관관계가 있는 것은 아니다. 따라서 과학자들은 mRNA가 얼마나 효율적으로 번역되는지 파악할 수 있는 방법이 필요하였고, **리보솜 프로파일링**(ribosome profiling)을 통해 연구자는 세포 또는 조직에 있는 모든 mRNA에서

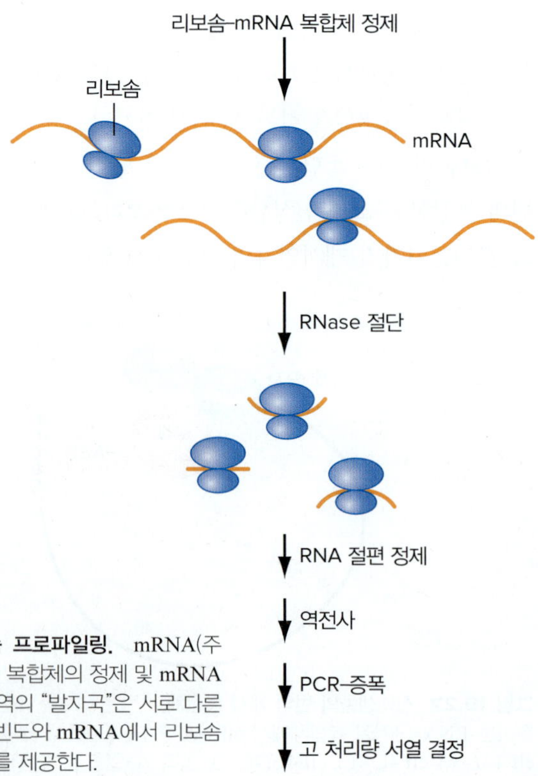

그림 19.26 리보솜 프로파일링. mRNA(주황색)-리보솜(파란색) 복합체의 정제 및 mRNA에서 RNase 내성 영역의 "발자국"은 서로 다른 mRNA가 번역되는 빈도와 mRNA에서 리보솜의 위치에 대한 정보를 제공한다.

표 19.1 진핵생물에서 Small RNA들

	표적	효과
마이크로 RNA (**mi**cro-**RNA**s; miRNAs)	• mRNA	• mRNA 번역 저해 • mRNA 불안정화
작은 간섭 RNA (**s**mall **i**nterfereing **RNA**s; siRNAs)	• mRNA • 염색체에서 만들어진 이질염색질이 될 초기 전사체들	• mRNA 번역 저해 및 불안정화 • 히스톤 변형 효소를 DNA로 소환하여 이질염색체 형성
piwi-상호작용 RNA (**pi**wi-**i**nteracting RNAs; piRNAs)	• 전이요소 전사체들 • 전이요소 프로모터	• 전이요소 mRNA의 분해 • 히스톤 변형을 촉진하여 전이요소 전사체 저해

리보솜의 위치를 관찰할 수 있게 되었다.

리보솜 프로파일링의 기초는 결합된 단백질이 DNase I의 절단으로부터 DNA를 보호하기 때문에 전사인자 단백질의 DNA 결합 부위를 식별할 수 있는 DNase 발자국(그림 18.15 참조)의 기초와 개념적으로 유사하다. 리보솜 프로파일링은 리보솜이 RNase의 절단으로부터 RNA 서열을 보호하기 때문에 리보솜이 결합된 mRNA의 위치를 식별한다.

리보솜 프로파일링의 과정은 **그림 19.26**에 나타나 있다. 연구자들은 mRNA-리보솜 복합체를 분리하고 RNase를 이용해 그들을 절단시킨다. 연구자들은 RNA 조각들(~30 nt 길이)을 RNA의 방향성 정보를 유지하는 단일 가닥 cDNA로 전환시킨다. 그런 다음 cDNA를 PCR로 증폭하고 무작위로 선택된 수억 또는 수십억 개의 cDNA 조각을 서열 결정할 수 있는 고 처리량 기술(high-throughput technique)을 적용한다.

특정 cDNA 서열이 획득된 횟수는 조직 샘플이 준비될 때 해당 mRNA가 번역된 빈도를 나타낸다. 또한 그 결과는 주어진 mRNA를 따라 리보솜의 위치에 대한 정보를 제공하여 번역이 시작, 종결, 일시 정지되는 위치를 나타낸다. 연구자들이 다른 조건에서 자란 세포를 사용하여 리보솜 프로파일링을 수행한 다음 RNA-Seq에서 얻은 결과(이는 우리가 본 것처럼 mRNA 전사물의 수준을 나타냄)와 비교하면, 번역 효율성을 조절하는 기작의 존재를 나타낼 수 있다.

작은 RNA들은 mRNA 안정성과 번역을 조절한다

최근 들어 상보적인 염기쌍 결합에 의해서 특정 유전자의 발현을 저해하는 작고 특별한 RNA 형태의 새로운 유전자 조절자들이 발견되었다(**표 19.1**). 현재 **마이크로 RNA**(micro-RNAs; miRNAs), **작은 간섭 RNA**(small interfering RNAs; siRNAs), **Piwi 상호작용 RNA**(Piwi-interacting RNAs; piRNAs)와 같은 3가지 종류의 작은 조절 RNA들이 동정되었다. 각 종류의 작은 RNA들은 서로 다른 경로를 통해 만들어진다. 결국 약간 다른 길이의 단일 가닥 RNA를 생산하지만 이들은 항상 21~30 뉴클레오타이드 범위 내에 있다.

이들이 기능을 수행하기 위해서는 각각의 작은 RNA 그룹들은 **Argonaute** 단백질 그룹과 함께 리보뉴클레오타이드 복합체를 형성한다. 각 복합체에 있는 작은 RNA들은 복합체를 부분적 혹은 완벽한 상보성을 갖는 특정 목표 핵산으로 안내한다. 세 그룹의 작은 RNA들은 RNA의 안정성과 번역을 조절하여 전사 후 조절 수준에서 유전자 활성을 조절한다. 또한 siRNA와 piRNA는 염색질 구조에 영향을 미쳐 전사수준에서 조절한다.

miRNAs

동물에서 가장 많은 작은 RNA 그룹 중 하나는 마이크로 RNA이다. miRNA들은 일반적으로 표적 mRNA의 음성적 조절자로서 mRNA를 분해하고 단백질 번역을 저해한다.

인간 유전체에는 miRNA를 합성하는 유전자가 1000개에 달한다. 이들 유전자는 RNA 중합효소 II에 의해 **pri-miRNA**라고 불리는 긴 일차 전사체로 전사된다. pri-miRNA는 이중 가닥 줄기-고리 구조에 하나 이상의 miRNA 서열을 가진다(**그림 19.27**). pri-miRNA는 짧은 단일 가닥의 활성화된 miRNA를 형성하기 위해 일련의 처리과정을 거친다. **그림 19.28**은 **Drosha**와 **Dicer**라고 불리는 두 종류의 리보핵산가수분해효소에 의해 처리되는 과정을 모식적으로 보여준다. 이 과정 중에 miRNA서열은 전사되는 장소인 핵에서부터 작용

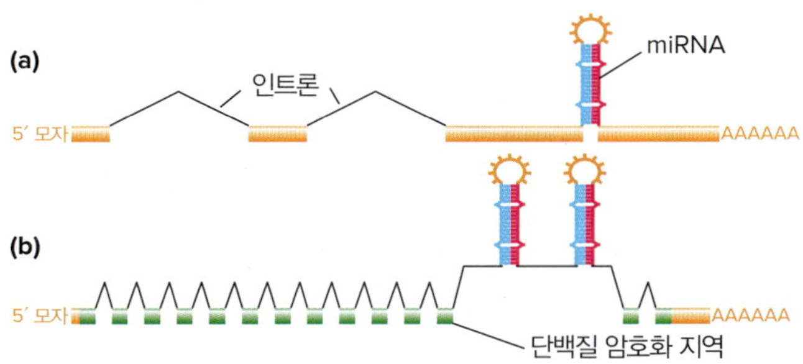

그림 19.27 micro-RNA를 포함하는 유전자. 1차 miRNA 전사체(pri-miRNAs)는 한 개 또는 여러 개의 miRNA를 만들 수 있다. 이들 1차 전사체 중 일부는 단백질을 암호화하지 않는다**(a)**. 하지만 다른 일부 miRNA는 단백질을 암호화하는 전사체의 인트론에서 만들어진다**(b)**.

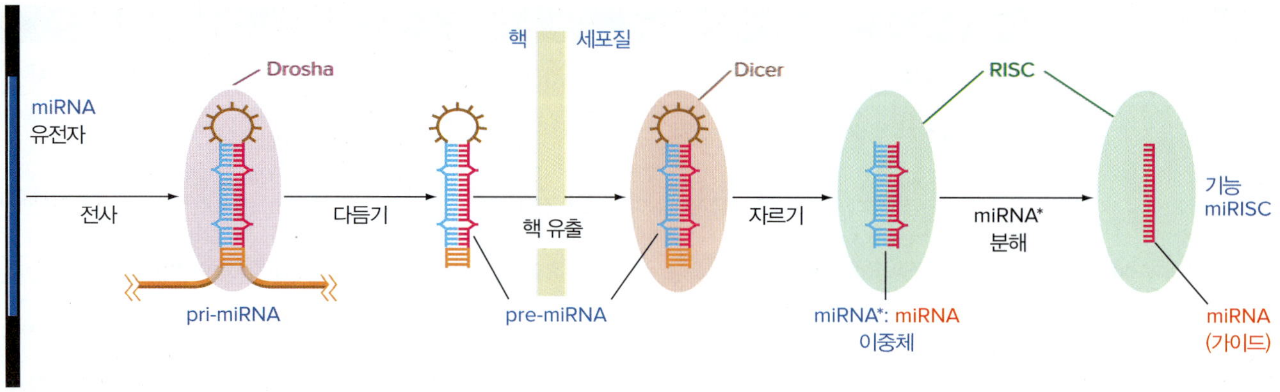

그림 19.28 miRNA 처리 과정. 핵 효소 Drosha는 더 큰 pri-miRNA에서 pre-miRNA 줄기-고리 구조를 잘라낸다. pre-miRNA는 세포질로 수송되어 효소 Dicer가 이들을 단기 miRNA*: miRNA 이중체로 환원시킨 다음 RISC에 인식된다. RISC는 파란색 miRNA* 가닥을 제거하고 나머지 빨간색 miRNA는 miRISC의 가이드 역할을 한다.

하는 장소인 세포질로 수송되어 나오게 된다. 더욱이, miRNA들은 **miRNA 유도성 침묵화 복합체**(miRNA-induced silencing complexs; miRISCs)라고 불리는 리보핵산단백질 복합체가 된다. 각각의 miRISC는 Argonaute 단백질의 특정한 그룹을 갖는다.

miRISC들은 그들이 가지는 Argonaute 단백질과 mRNA의 3′-UTR에 있는 표적 부위와 **가이드**(guide)라고 불리는 miRNA 상보 서열의 길이에 따라 다양한 기능을 한다. miRNA를 가이드하는 miRISC는 표적 RNA와 완벽한 상보성을 가지면 표적 mRNA를 분해한다(**그림 19.29a**). 비록 miRISC가 번역 활성을 어떻게 조절하는지 완벽히 밝혀지진 않았지만, 상보성이 부족한 경우에는 일반적으로 번역을 막는 기능을 한다(**그림 19.29b**).

각 종류의 miRNA는 서로 다른 다양한 mRNA를 조절하며 과학자들은 인간 유전자의 약 절반이 miRNA에 의해 조절받을 것이라고 추측한다.

siRNA

작은 간섭 RNA(siRNA) 경로는 miRNA와 많은 유사성을 가진다. 둘 사이 가장 큰 차이점은 small RNA의 기원이다. miRNA는 긴 단일 가닥의 전사체로부터 기원한다면, siRNA는 이중 가닥 RNA(double-stranded RNAs; dsRNA)가 Dicer에 의해 처리되어 만들어진다. 이 dsRNA는 유전체의 내인성 DNA 또는 바이러스와 같은 외부에서 유래하여 합성된다. dsRNAs는 단일 가닥의 RNAs로 처리되어 Argonaute 단백질과 함께 리보핵산단백질 복합체를 형성한다. 이 복합체는 그림 19.29에서 보인 miRNA 복합체의 기작과 갈

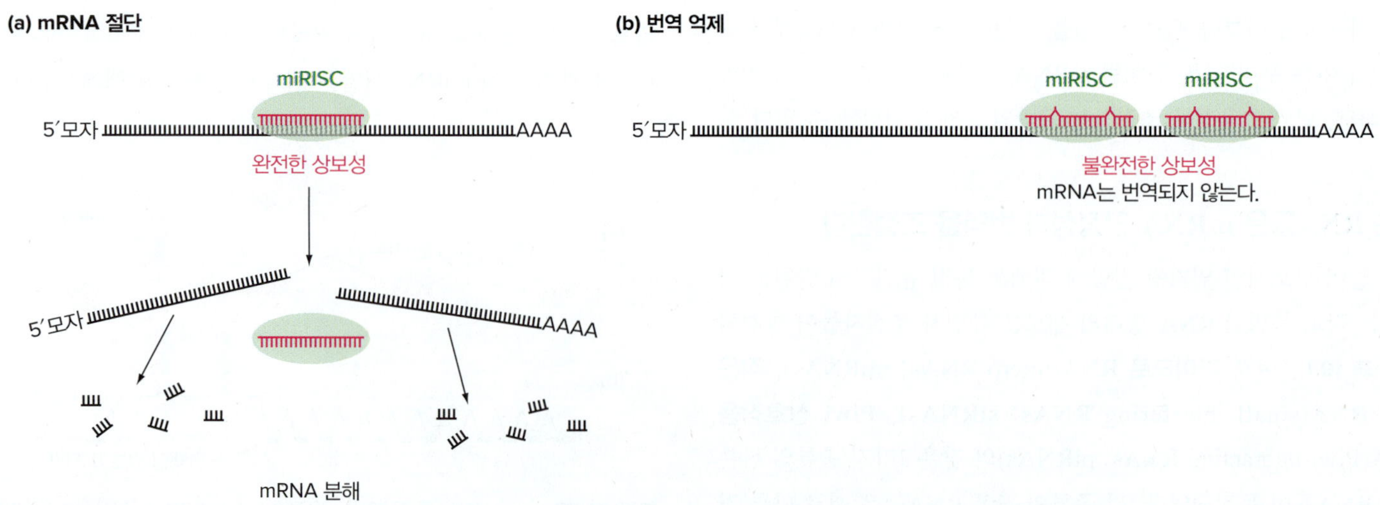

그림 19.29 miRISC가 유전자 발현을 억제하는 방법. miRISC는 두 가지의 다른 방법으로 유전자 발현을 억제한다. **(a)** 만약 miRNA와 그의 표적 mRNA가 완전히 상보적인 염기 서열을 가지고 있다면, miRISC는 mRNA를 자른다. 두 개로 잘린 전사체는 빠르게 분해된다. **(b)** 만약 miRNA와 그의 표적 mRNA가 부분적으로 상보적이라면 알려지지 않은 기작을 통해 mRNA에서 단백질이 합성되는 것을 저해한다.

이 단일 가닥 RNA를 가이드로 사용하여 상보적인 서열을 가진 유전자의 발현을 방해한다. siRNA는 또한 바이러스의 mRNA를 분해함으로서 바이러스의 침입으로부터 세포를 보호하기도 한다.

연구자들은 특정 유전자의 기능을 알기 위해 해당 유전자의 발현을 선택적으로 억제하는 siRNA의 기작을 연구하였다. 이 발상은 특정 유전자에 상응하는 dsRNA를 세포나 개체에 도입하여 유전체 내의 내부 유전자의 발현을 억제하는 것이다. 이 기술은 **RNA 간섭**(RNA interference)라고 명명한다. siRNA의 처리과정은 이중 가닥 RNA를 단일 가닥의 siRNA로 만든다. 그런 다음, Argonaute를 포함한 복합체 내에서 siRNA는 mRNA 전사체의 상보적 서열에 결합하여 mRNA를 분해한다. 이러한 방법으로 과학자들은 관심 있는 유전자의 발현을 억제하고 기능을 제거했을 때의 결과를 연구할 수 있다. 22장에서 다양한 생물학적 과정을 분석하기 위한 RNA 간섭의 활용을 살펴볼 것이다.

siRNA는 유전자 발현을 억제하는 것뿐만 아니라, 이질염색질의 형성에도 중요한 역할을 한다. 이 주제는 20장에서 살펴볼 것이다.

piRNAs

진핵생물에서 유전자 이동 및 전위를 일으키는 전이요소(transposable element; TE)가 유전체 내에 많이 존재한다는 것을 이전 장에서 언급하였다. 이런 TE를 갖는 생물체들은 유전체의 잦은 변이와 재배치로 인해 파괴되는 것을 막기 위해 TE의 움직임을 제한해야 한다. TE의 이동성을 최소화하기 위한 한 가지 기작은 piRNA를 이용한 것이다. piRNA는 유전체 내 TE의 전사를 억제하고 TE mRNA의 번역도 억제한다. 전이효소(transposase)나 역전사효소(reverse transcriptase)와 같은 효소의 합성 없이 TE는 움직일 수 없다.

piRNA는 유전체에 위치하며 10개에서 1000개의 piRNA를 암호화하는 piRNA 유전자 클러스터로부터 전사된 긴 RNA가 분해되어 형성된다. 일련의 과정 후에 piRNA는 Arogonaute의 일종인 **Piwi 단백질**(Piwi protein)을 가진 복합체 위에 올려지고, piRNA는 Piwi 단백질을 TE DNA 또는 TE 전사체로 안내한다. TE DNA에서 Piwi 복합체는 TE 전사를 방해하는 히스톤 변형을 촉진한다. 반면에 TE 전사체에 결합한 Piwi 복합체는 TE RNA를 분해한다. 이 주제에 대해서는 20장에서 더 알아볼 것이다.

핵심 개념 19.3

- 진핵생물에서 선택적 스플라이싱은 한 개의 전사체로부터 각각 다른 단백질들을 만들 수 있다. 서열 특이적인 RNA-결합 단백질은 특정 이어맞춤접합 서열의 사용을 억제하거나 촉진할 수 있다.
- mRNA 번역를 조절하기 위한 기작 때문에 리보솜 프로파일링으로 측정된 단백질합성 수준은 항상 RNA-seq에 의해 측정된 mRNA 수준과 정확히 비례하지는 않는다.
- miRNA, siRNA, piRNA 세 종류의 작은 RNA는 상보적인 염기쌍 형성을 통해 mRNA 안정성, 번역, 전사를 조절한다. 이들 작은 RNA들은 단백질 복합체를 특정 mRNA (mRNA 분해 혹은 단백질 번역 억제) 또는 전이요소와 같은 DNA 서열로 안내하여(전사 억제) 결합할 수 있도록 한다.

19.4 포괄적인 예: 초파리의 성 결정

학습 목표

1. 초파리에서 *Sxl* 프로모터가 어떻게 X 염색체 숫자를 인식하는지 설명한다.
2. 암컷의 형태형성과 행동을 결정하는 Sxl 단백질에 의해 시작되는 RNA 스플라이싱의 과정들을 설명한다.
3. 초파리의 성 결정에서 전사 조절 기작을 논의한다.

수컷과 암컷 초파리는 형태학, 생화학, 행동학, 그리고 생식근원 세포 계통의 기능에서 많은 성 특이적 차이를 보여준다(**그림 19.30**). 수십 년에 걸친 연구를 통해 연구자들은 초파리에서 Y염색체의 존재 유무가 아니라 X 염색체의 숫자가 성을 결정한다고 결론 내렸다. 그리고 이러한 성결정은 *Sex lethal* (*Sxl*) 유전자의 전사조절을 통해 최초에 시작된다. XY가 아닌 XX 동물에서 *Sxl*의 전사는 3가지 독립적인 경로를 통해 성 결정에 영향을 준다. 첫째, 초파리의 외형과 행

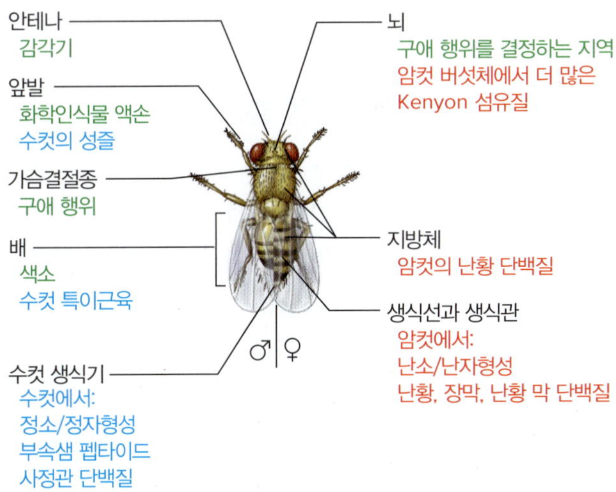

그림 19.30 초파리의 성 특이적 특징들. 파란색으로 표시된 것은 남성에게만 해당되는 특징들이다. 빨간색으로 표시된 것은 암컷의 특징들이다. 녹색은 두 성별에서 서로 다른 형태로 보이는 특징들이다.

표 19.2 두 성별에서 서로 다르게 영향을 미치는 초파리 돌연변이

돌연변이	XY 표현형	XX 표현형
Sex lethal (*sxl*)	수컷	치사
transformer (*tra*)	수컷	수컷(불임)
doublesex (*dsx*)	간성	간성
intersex (*ix*)	수컷	간성
fruitless (*fru*)	비정상적인 교배행동을 하는 수컷	암컷

모든 돌연변이 대립유전자는 기능 상실이고 야생형에 대해 열성이다.

동이 수컷인지 암컷인지 결정한다. 둘째, 생식근원세포가 난자 혹은 정자로 발달할지를 결정한다. 셋째, 수컷에서 X-연관된 유전자의 전사비율을 두 배로 함으로써 양적 보상을 한다.

여기서 주로 첫 번째로 언급된 체세포 성 특징 결정에 대해 집중하여 볼 것이다. 이 경로에 대한 이해는 특정한 성적 특징에 영향을 주는 돌연변이들을 분석함으로써 시작되었다. 예를 들어, 이 장의 도입부에서 *fruitless* (*fru*) 유전자에 돌연변이를 갖고 있는 XY 초파리는 특이하게도 수컷 유혹행동을 한다. 반면에, XX 초파리는 동일한 *fru* 돌연변이를 가지더라도 일반적인 암컷처럼 행동한다.

표 19.2는 서로 다른 유전자의 변이가 암컷과 수컷에서 다르게 영향을 끼친다는 것을 보여준다. 어떻게 이런 체세포 돌연변이들이 초파리의 성 결정에 영향을 끼치는지에 대한 설명은 유전학적 실험들(예를 들어, 하나의 돌연변이 대립유전자가 다른 하나에 비해 우성인지에 대한 연구)이나 분자생물학적 실험들(연구자들이 복제하고 분석한 돌연변이와 정상 유전자)로부터 왔다. 이러한 연구를 통해 초파리 유전학자들은 복잡한 조절 네트워크를 설명하기 위해 성 결정의 다양한 단계들을 구분하였다.

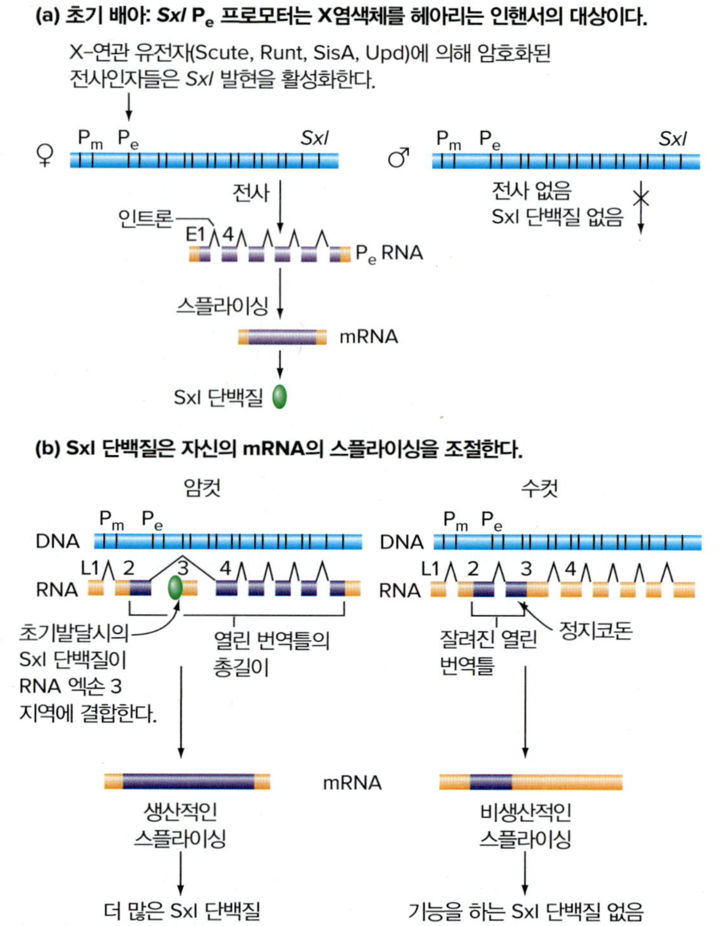

그림 19.31 XX 초파리에서만 발현되는 *Sxl*. **(a)** X 염색체-연관 유전자에 의해 암호화되는 활성자는 오직 암컷 초기 배아에서만 P_e 프로모터에서 전사를 개시하기엔 충분한 농도로 존재한다. 처음 두 엑손이 *E1*과 *4*인 mRNA는 Sxl 단백질을 암호화 한다. **(b)** 후기 배아에서는 XX와 XY 동물 모두에서 만들어진 활성자는 P_m 프로모터에서 *Sxl* 전사를 활성화한다. *L1, 2, 3, 4*는 처음 몇 개의 엑손을 나타낸다. 암컷에 존재하는 Sxl 단백질은 *Sxl* 1차 전사체에 결합하여 스플라이싱된 mRNA를 만들고, 이 스플라이싱된 mRNA는 더 많은 Sxl 단백질을 암호화한다. 이 되먹임 순환으로 암컷에서 Sxl 단백질이 유지된다. RNA에서 주황색은 번역되지 않은 영역을 나타내고 보라색은 단백질 암호화 영역을 나타낸다.

X 염색체의 수는 초파리의 성을 결정한다

4장에서, 인간과 초파리 모두에서 XY는 수컷이고, XX는 암컷이라고 설명하였다. 그러나 인간과 초파리에서 성 결정의 분자적 기작은 서로 다르다. 인간에서 남성을 결정하는 핵심은 Y 염색체에 존재하는 *SRY* 유전자이다. 여성은 *SRY*가 없는 조건이 기본 상태이다. 초파리에서의 수컷 결정은 암컷처럼 2개의 X 염색체가 아니라 1개만 가짐으로써 초래된 기본 상태이다. 초기 배발생 단계에서 *Sxl* 유전자의 전사를 활성화하는데 2개의 염색체가 필요하기 때문이다.

Sxl 프로모터에 의한 X 염색체 계산

성 결정이나 양적 보상이 발생하기 전의 배발생 초기 단계에서 XX 세포들은 **확립 프로모터**(establishment promoter; P_e)를 통해 *Sxl* 유전자를 발현시킨다. P_e에서 일어나는 전사는 4개의 전사 활성 단백질에 의존한다. Scute, Runt, SisA, Upd이다(**그림 19.31a**). 이 활성자에 대한 유전자들은 X 염색체 상에 존재하기 때문에 XX 배아는 XY 배아보다 2배 많은 4개의 활성자를 갖는다. 두 개의 X 염색체를 갖는 세포들만이 *Sxl* 전사가 일어나게 하는데 충분한 활성자를 갖는다.

암컷에서 Sxl 단백질의 작용

Sxl은 자신 RNA를 포함한 특정 표적 RNA들의 선택적 스플라이싱을 조절하는 RNA-결합 단백질이다(**그림 19.31b**). 배아 발생이 진행되면서 P_e에서 *Sxl* 전사를 촉진하는 전사인자들은 사라지고, 대신에

*Sxl*은 **유지 프로모터**(maintenance promoter; P_m)에서 전사된다. 수컷에서 P_m으로부터 합성된 일차 *Sxl* 전사체의 스플라이싱은 해독틀(reading frame)내 정지 코돈을 포함한 엑손(엑손 3)을 갖는 RNA를 형성한다. 그 결과 수컷에서의 이 RNA는 온전한 Sxl 단백질을 만들지 못한다.

그러나 암컷에서는 확립 프로모터인 P_e에서의 전사에 의해 생성된 Sxl 단백질이 유지 프로모터인 P_m에서 시작된 일차 전사체의 스플라이싱에 영향을 끼친다. 이전에 생성된 Sxl 단백질이 이후에 전사된 RNA에 결합하면 스플라이싱에 영향을 끼쳐 엑손 3이 제거된 mRNA를 만들게 된다. 엑손 3이 없는 mRNA는 좀더 많은 Sxl 단백질을 만들 수 있게된다. 이처럼, 발생 매우 초기에 합성된 적은 양의 Sxl 단백질은 후의 암컷 발생 단계에 더 많은 Sxl 단백질 합성을 초래하는 양성 되새김 기작을 확립하게 된다.

Sxl 돌연변이의 효과

기능을 하지 않는 유전자 산물을 만들어내는 열성 *Sxl* 돌연변이는 XY 수컷에는 아무런 영향을 미치지 않지만, XX 암컷에서는 치사 돌연변이이다(표 19.2 참조). 그 이유는 일반적으로 *Sxl* 유전자를 발현하지 않는 수컷은 돌연변이에 의해 어떤 기능적인 산물을 잃지 않지만, 성 결정을 Sxl 단백질에 의존하는 암컷은 돌연변이에 의해 이 산물의 기능을 잃기 때문이다.

*Sxl*의 기능상실 돌연변이로 인한 암컷의 치사는, 수컷에서 X 염색체 상의 유전자 발현을 증가시키는 특정 양적 보상 유전자의 비정상적인 발현 때문이다. 그림 19.25에 한 가지 예를 나타내었다. 정상 암컷에서의 Sxl 단백질은 양적 보상 유전자들 중 하나인 *msl*-2 mRNA의 번역을 막는다. 그러나 *Sxl*에 변이를 가지는 암컷의 경우 Msl-2 단백질을 합성하여 X-연관 유전자가 정상 암컷에 비해 두 배 발현되도록 한다. 수컷은 하나의 X 염색체를 갖는 반면에, 암컷은 두 개의 X 염색체를 가지기 때문에 두 개의 X 염색체의 유전자의 과도한 전사는 치사에 이르게 한다.

Sxl 단백질은 스플라이싱의 연쇄반응을 작동시킨다

Sxl 단백질은 자신의 유전자뿐만 아니라 다른 유전자로부터 전사된 RNA 스플라이싱에 영향을 미친다. 이들 중에는 *transformer* (*tra*) 유전자가 있다. 정상 암컷에서와 같이 Sxl 단백질이 있을 때, *tra*의 일차 전사체는 생산적인 스플라이싱 과정을 거쳐 기능적인 단백질로 번역될 수 있는 mRNA를 만든다. 정상 수컷에서와 같이 Sxl 단백질이 없는 경우, *tra* 전사체의 스플라이싱은 기능을 할 수 없는 단백질을 만든다(**그림 19.32a**).

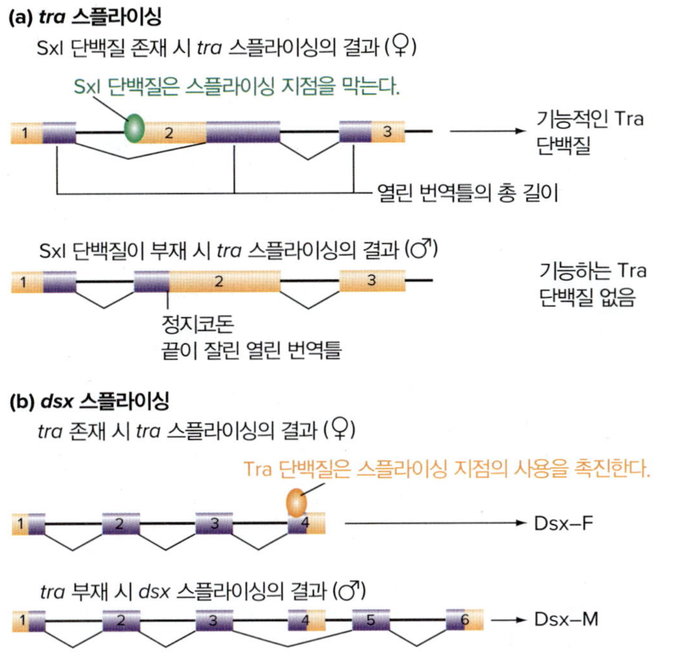

그림 19.32 선택적 스플라이싱의 연쇄반응. **(a)** Sxl 단백질은 *tra* RNA의 스플라이싱을 변경한다. 암컷 전사체는 기능적인 Tra 단백질을 생성하지만 수컷 전사체는 생성할 수 없다. **(b)** Tra 단백질은 차례로 *dsx* RNA의 스플라이싱 패턴을 변경하여 수컷에서는 Dsx-M을, 암컷에서는 Dsx-F를 생성한다.

이런 연쇄반응은 계속된다. 그림 19.21는 Tra 단백질(비성특이적 Tra2 포함)이 *fru* 일차 전사체의 스플라이싱을 조절하여 전사인자인 Fru-M가 수컷에서만 만들어지는 과정을 보여주고 있다. Fru-M은 수컷의 성적 행동을 조절한다. 또한, Tra와 Tra2 단백질은 *doublesex* (*dsx*) 유전자의 일차 전사체의 스플라이싱에도 영향을 미친다. 이 스플라이싱 경로에 의해 Dsx-F라고 불리는 암컷 특이적인 Dsx 단백질이 생산된다. Tra 단백질이 없는 수컷에서는 *dsx* 일차 전사체의 스플라이싱 차이로 인해 다른 종류의 단백질인 Dsx-M을 합성한다(**그림 19.32b**). Dsx-M과 Dsx-F의 N-말단 부분은 같으나 C-말단 부분은 서로 다르다.

Dsx-F와 Dsx-M 단백질은 체세포 성 특징의 발달을 조절한다

Dsx-F와 Dsx-M 모두 전사인자로서 역할을 하지만, 이들은 서로 반대의 효과를 가지고 있다. *intersex* (*ix*) 유전자에 의해 암호화되는 단백질과 함께 Dsx-F는 주로 수컷의 체세포 성 특징(somatic sexual chrcteristics)을 형성하는 유전자들의 전사를 억제한다. 한편 Dsx-F는 체세포 여성성(somatic femaleness)을 촉진하는 유전자의 전사는 활성화한다. Intersex 단백질과 독립적으로 작용하는 Dsx-M은 그 반대의 작용을 한다. 즉, 수컷의 성적인 특징들에 대한 유전자를

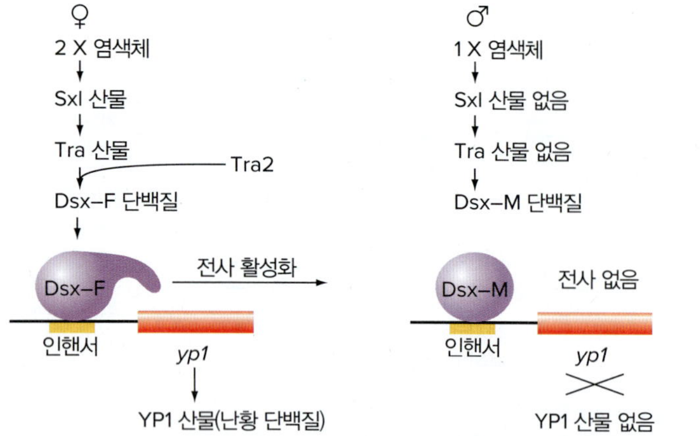

그림 19.33 성 특이적 Dsx 단백질 형태. *yp1* 유전자 인핸서에서 Dsx-F는 전사 활성자로 작용하는 반면 Dsx-M은 전사 억제자로 작용한다.

활성화 시키고 암컷의 성적인 특징을 결정하는 유전자 발현을 억제한다.

흥미로운 것은 두 개의 Dsx 단백질이 모두 하나의 동일한 인핸서 요소에 결합할 수 있지만, 이러한 결합이 반대의 결과를 나타낸다는 것이다(**그림 19.33**). 예를 들어, 두 단백질 모두 난황 단백질을 암호화 하는 *yp1* 유전자의 인핸서에 결합할 수 있다. 암컷은 난황 단백질을 지방 기관에서 만든 다음 발달중인 알로 전달한다. 암컷에서 Dsx-F의 결합은 *yp1* 유전자 전사를 촉진하는 한편, 수컷에서는 동일한 인핸서의 Dsx-M의 결합이 *yp1* 전사를 억제한다.

dsx 돌연변이는 암컷과 수컷 모두에게 영향을 끼친다. 암컷과 수컷 모두에게 있어서 Dsx 단백질은 각 반대 성의 발생에 특이적인 특정 유전자들을 억제하기 때문이다. 기능적인 Dsx-F 또는 Dsx-M을 만들어 내는 것이 불가능한 *dsx*의 영 돌연변이(null mutation)는 수컷 특이적이거나 암컷 특이적인 유전자의 억제가 일어나지 못하기 때문에 중성을 야기하게 된다(표 19.2).

핵심 개념 19.4

- *Sxl* 유전자는 초파리 성 결정의 총괄 조절자이다. *Sxl*의 초기 전사는 X-연관 유전자에 의해 암호화되는 활성자에 달려 있다. 오직 XX 세포에서만 *Sxl* 전사에 충분한 양의 활성인자가 존재한다.
- 암컷에서 Sxl 단백질은 Dsx-F 단백질을 암호화 하는 *dsx* mRNA 합성을 축적하는 스플라이싱 인자 연쇄반응을 개시한다. Sxl 단백질이 없는 수컷에서 선택적 스플라이싱은 Dsx-M 단백질을 만드는 *dsx* mRNA를 만든다.
- Dsx-F와 Dsx-M 단백질은 전사인자로서, 암컷과 수컷 특이적인 형태와 행동에 영향을 주는 유전자 발현에 상반되는 효과를 가진다.

풀이 문제

풀이 문제 I

레티노산 수용체(retinoid acid receptor; RAR)는 스테로이드 호르몬 수용체와 유사한 전사인자이다. 이 수용체에 결합하는 물질(리간드)는 레티노산이다. 레티노산과 수용체 결합에 의해 전사가 활성화되는 유전자들 중 하나는 myoD이다. 다음 그림은 두 개의 서로 다른 12개-염기 이중 가닥 올리고뉴클레오타이드 중 하나가 열린 번역틀(open reading frames; ORF)에 삽입된 유전자에 의해 생성된 RAR 단백질을 도표로 보여주고 있다. 각각의 돌연변이 단백질과 연관된 삽입 부위(a~m)는 폴리펩타이드 지도상에 적당한 문자로 표시되어있다. 단백질 a~e를 암호화하는 구성물의 경우, 올리고뉴클레오타이드 1(어느 쪽 가닥에서 읽든 5′ TTAATTAATTAA 3′)가 *RAR* 유전자에 삽입되었다. 단백질 f~m을 암호화하는 구성물의 경우는 올리고뉴클레오타이드 2(5′ CCGGCCGGCCGG 3′)가 유전자에 삽입되었다.

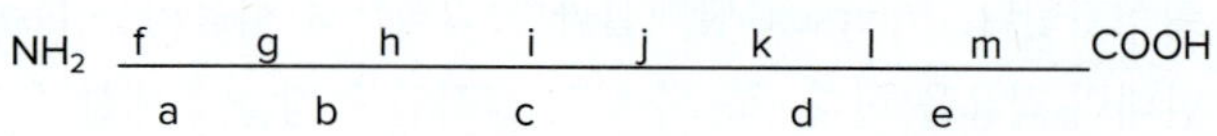

야생형 RAR 단백질은 DNA에 결합하고 레티노산이 없으면 약하게, 있으면 강하게 전사를 활성화시킨다. 레티노산의 유무에 따라 각각의 돌연변이 단백질이 레티노산과 DNA의 결합하고 *myoD* 유전자의 전사를 활성화 시키는 능력에 대해 검증하였다. 결과는 다음과 같이 표로 작성되었다.

돌연변이	RA 결합	DNA 결합 −RA	DNA 결합 +RA	전사 활성 −RA	전사 활성 +RA
a	−	−	−	−	−
b	−	−	−	−	−
c	−	−	−	−	−
d	−	+	+	+	+
e	+++	+	+++	+	+++
f	+++	+	+++	+	+++
g	+++	+	+++	−	−
h	+++	+	+++	−	−
i	+++	−	−	−	−
j	+++	−	−	−	−
k	−	+	+	+	+
l	−	+	+	+	+
m	+++	+	+++	+	+++

a. 열린 번역틀의 아무 곳에나 올리고뉴클레오타이드 1이 삽입되었을 때 효과는 어떠한가?
b. 열린 번역틀의 아무 곳에나 올리고뉴클레오타이드 2이 삽입되었을 때 효과는 어떠한가?
c. 이전 그림의 사본에 RAR의 세 가지 단백질 영역을 표시하시오. 세 개의 영역은 서로 겹치지 않고 분리되어 있음에 주목하시오.

해답

이 질문은 단백질 내 도메인 개념과 올리고뉴클레오타이드 삽입 효과를 이해하기 위한 유전 코드의 사용을 포함하고 있다.

a. 올리고뉴클레오타이드 1은 세 개의 번역틀 중 하나에 종결 코돈(stop codon)을 포함하고 있다. 이는 올리고뉴클레오타이드 1이 삽입되는 위치와 방향에 관계없이 단백질 번역의 종결을 야기함을 의미한다.
b. 12개 뉴클레오타이드 길이의 올리고뉴클레오타이드 2는 종결 코돈이 없다. 따라서 올리고뉴클레오타이드 2는 단백질에 아미노산을 추가할 뿐, 단백질 번역틀의 변화는 없다. 올리고뉴클레오타이드의 삽입은 삽입된 도메인의 기능을 방해할 수는 있지만, 반드시 그런 것은 아니다.
c. 전반적인 데이터를 살펴보면, 레티노산 결합 부위에 결함이 있는 모든 돌연변이들은 DNA 결합 및 전사 활성화 모두에서 부분적으로 또는 완전히 결핍이 있다는 것을 알 수 있다. 이 결과는 레티노산 결합으로 RAR 단백질이 모양을 변경하여 DNA 결합 도메인을 완전히 이용할 수 있음을 의미한다.

   삽입부위에서 단백질을 절단하는 올리고뉴클레오타이드 1을 이용한 삽입물 a, b 및 c의 세 가지 활성에서 결함이 있으며, 이는 적어도 RA-결합 도메인의 일부가 c에서 C 말단이어야 함을 의미한다. 돌연변이 d에서는 DNA 결합과 전사 활성화 모두 관찰되는데, 이는 두 가지 활성이 d보다 N 말단에 더 가깝고, 적어도 RA 결합 도메인은 d에 대해 C 말단에 있어야 한다. e에서의 절단은 RA 결합에 영향을 미치지 않을 미치지 않으므로, RA-결합 도메인은 완전히 e의 N 말단에 있어야 한다.

   올리고뉴클레오타이드 2를 이용하면 전사 활성이 g와 h부분을 삽입함으로써 사라지며, 이는 이 주위가 전사 활성화 도메인 일부라는 것을 보여준다. i와 j 삽입은 DNA 결합을 방해하고 k와 l은 RA 결합을 방해한다. 이러한 데이터를 바탕으로 결정된 최소한의 영역들은 다음의 그림에 표시되었다.

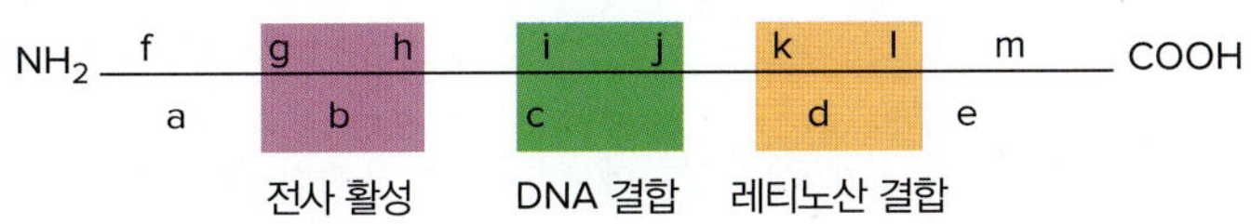

풀이 문제 II

a. 많은 초파리 세포에서 낮은 기본 수준의 녹색 형광 단백질(GFP)을 발현하는 유전자 구조를 만들고 싶다. 제작한 유전자 구조물이 초파리 유전체내로 통합됐을 때 이 단백질을 발현하려면 *GFP* 암호화 서열 외에 어떤 DNA 요소가 어떤 순서로 포함되어야 하는가?
b. GFP가 날개와 같은 파리의 특정 조직에서만 높은 수준으로 발현되도록 하기 위해서 어떤 요소를 추가해야 하는가? 유전자 구조물 어디에 이 요소를 넣을 것인가?
c. 특정 전이요소의 끝에서 발견되는 역반복서열 사이에 (a)에 답한 필요한 모든 DNA 요소와 *GFP* 암호화 영역을 삽입한다고 가정한다. 이러한 역반복서열 사이에 위치한 모든 DNA 서열은 초파리 유전체 사이를 이동할 수 있기 때문에 각기 다른 유전체 위치에 통합된 구조를 가진 다양한 초파리 계통을 만들 수 있다. 각 계통의 동물에서 GFP 형광을 검사한다. 다른 계통의 동물들은 서로 다른 패턴을 보인다. 일부는 눈에서 녹색으로 빛나고 다른 동물은 다리에서 빛을 발하며 일부는 녹색 형광을 나타내지 않는다. 이 결과를 설명하고 이러한 초파리 계통의 잠재적인 용도를 설명하시오.

해답

이 질문에 답하려면 진핵생물 유전자의 조절 요소와 이들이 함께 작동하는 방식을 이해해야 한다.

a. *GFP* 암호화 서열 외에도 초파리에서 기본 수준의 GFP를 발현하는 유전자 구조는 전사 시작 부위와 5′ UTR, 3′ UTR 및 전사 종결을 암호화 하는 DNA 서열을 포함하는 프로모터가 필요하다. 이상적으로, 5′ UTR은 RNA-유사 가닥에 ATG 삼중항을 포함하지 않으므로 mRNA의 *GFP* 암호화 서열의 시작 부분에 있는 AUG에서 번역이 시작될 수 있다. 3′ UTR은 폴리-A 첨가 신호를 포함해야 한다. 프로모터, 전사 시작 부위 및 5′ UTR은 암호화 영역의 상류에 순서대로 있어야 합니다. 3′ UTR 및 전사 종결 서열은 이 순서대로 암호화 서열의 바로 하류에 있다.
b. 날개에 특이적으로 발현되도록 하려면 날개 특이적 인핸서를 구조에 추가하면 된다. 인핸서는 프로모터의 상류 또는 전사 종결 서열의 하류에 첨가될 수 있다.
c. (a)는 각 계통의 다른 유전체 위치에 통합된 인핸서가 없는 유전자를 설명한 것이다. GFP는 구조가 인핸서 근처 및 동일한 TAD 내에 통합된 경우에만 높은 수준으로 발현된다. 조직과 인핸서의 일시적 특이성이 GFP 발현 패턴을 결정한다. 이와 같은 리포터 유전자의 구조를 **인핸서 트랩**(enhancer trap)이라고 한다. 이들은 특정 세포에서 발현되는 유전자 또는 발달 과정 중 유전자의 인핸서 근처에 구조가 모여서 통합되는 특정 시간에 발현되는 유전자를 확인하는 데 사용할 수 있다.

연습 문제

어휘

1. 왼쪽 열의 용어에 대하여 오른쪽 열에서 가장 잘 설명한 문장을 찾아 연결하시오.

a. 기본인자	1. 프로모터와 인핸서가 상호작용할 수 있는 DNA 고리
b. 억제자	2. 인간 유전체에서 시스-작용 전자 조절 요소의 데이터베이스
c. TAD	3. 시기와 조직 특이적이게 유전자 전사를 활성화한다
d. 리보솜 프로파일링	4. 프로모터/인핸서 상호작용을 만들기 위해 CTCF에 결합한다
e. miRNA	5. 전사인자의 DNA-결합 위치를 동정한다
f. 보조활성자	6. 인핸서에 결합한다
g. ENCODE	7. 프로모터에 결합한다
h. 절연자	8. 활성자에 결합한다
i. 인핸서	9. 전사 후에 유전자 발현을 억제하거나 감소시킨다
j. ChIP-Seq	10. 번역을 억제하는 5′UTR의 서열
k. uORFs	11. 폴리-A 꼬리에 결합한다
l. PABP	12. mRNA 집단에서 리보솜 위치를 관찰하는 기술

19.1절

2. 전사 개시 이외에 활성 단백질의 종류나 양에 영향을 줄 수 있는 다섯 가지 사건에 대하여 기술하시오.

19.2절

3. 다음 단백질, 단백질 종류, 단백질 복합체들 중 어느 것이 직접 DNA에 결합하고, 어느 것이 간접적으로 결합하는가? 만약 DNA에 직접 결합한다면, 그것은 인핸서인가? 프로모터인가?
   a. TBP
   b. TAFs
   c. 매개자
   d. RNA 중합 효소 II
   e. 활성자
   f. 보조활성자
   g. Jun-Jun 동형이량체
   h. 간접적인 억제자
   i. 억제자
   j. 보조억제자

4. 다음 그림과 같이 *KITLG*라는 인간 유전자의 모낭 인핸서의 단일 염기 차이가 모발 색상을 결정하는데 기여한다. 인핸서에 A:T 염기쌍을 가진 사람은 검은 머리를 가지고 있는 경향이 있는 반면 같은 위치에 G:C 염기쌍을 가진 사람은 금발 머리를 가지고 있는 경향이 있다. 염기쌍 차이는 *KITLG*의 전사 수준에 영향을 준다. 금발 관련 대립유전자는 검은 머리-관련 대립유전자의 80%만 전사된다. 인핸서 서열의 단이 염기쌍 차이가 어떻게 이러한 효과를 줄 수 있는 지 설명하시오.

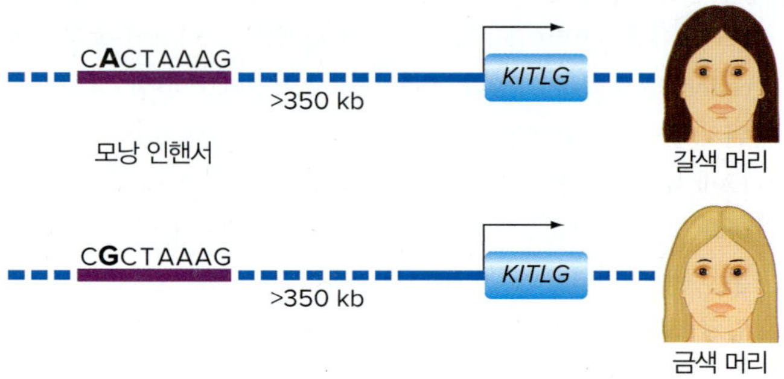

5. 해파리 *GFP* cDNA를 생쥐의 프로모터의 하류에 배치하여 인핸서가 없는 GFP 리포터로 합성했다. 이제 이 인핸서가 없는 리포터를 아래 세 가지 유형의 서열과 결합할 것이다(x~z).
   리포터와 결합된 서열의 종류
   x. 무작위 생쥐 유전체 서열
   y. 생쥐에서 알려진 신장-특이적인 인핸서
   z. 생쥐 유전자 전사체를 둘러싸고 있는 유전체 DNA 단편
   a. 세 가지 서열(x~y) 중 어느 것이 나열된 세 가지 목적(i~iii)을 위해 사용할 것인가? 각각의 경우에 대하여 특정 결합이 어떻게 특정 목적에 사용되는지 설명하시오.
   용도:
   i. 유전자의 인핸서를 밝히기 위해
   ii. 조직-특이적으로 GFP를 발현하기 위해
   iii. 신경 세포에서 발현하는 유전자들을 밝히기 위해
   b. 유전자의 단백질 산물을 이소성, 즉 유전자가 일반적으로 발현되지 않는 조직에서 임의적으로 발현하기 위해 관심있는 특정 생쥐의 유전자에 어떤 서열(x~z)을 결합하겠는가? 왜 이 실험을 해야 하는가?

6. 효모 유전자는 프로모터 상류에 인핸서와 유사한 상류 활성화 서열(upstream activating sequences; UAS_S)라고 불리는 시스-작용 요소가 있다. 몇몇의 표적 유전자는 갈락토스 사용과 관련된 유전자는 GAL4라고 하는 활성자의 네 개의 결합부위를 가진 UAS_G라는 상류 활성화 서열에 의해 조절 받는다. UAS_G에 의해 조절 받는 두 개의 표적 유전자는 *GAL7*와 *GAL10*이다. GAL80 단백질은 *GAL7*와 *GAL10* 전사의 간접적인 억제자이다. UAS_G에서, GAL80은 GAL4 단백질에 결합하여 GAL4의 활성화 도메인을 막는다. 갈락토스가 있으면, GAL80은

더 이상 GAL4에 결합하지 못한다.

어느 유전자(*GAL4* 그리고/또는 *GAL80*)에 돌연변이가 생길 때 유전자 갈락토스가 없어도 *GAL7*와 *GAL10*을 항상 발현하는 돌연변이를 분리할 수 있는가? 그리고 각 경우에서 돌연변이는 단백질의 어떠한 특징들을 방해하는가?

7. MyoD는 인간 세포에서 몇몇의 근육-특이적인 유전자를 발현시키는 전사 활성자이다. Id 유전자 산물은 MyoD의 활성을 억제한다.
   a. 한 가지 가능성은 Id 단백질은 직접적으로 근육-특이적인 유전자의 발현을 억제한다는 것이다. Id 단백질이 억제자라면 어떻게 그것이 기능하는지 설명하시오.
   b. 또 다른 가능성은 Id 단백질은 근육-특이적은 유전자의 전사를 MyoD 기능을 막음으로써 간접적으로 억제한다는 것이다. Id 단백질이 간접적인 억제자로 어떻게 기능하는지 설명하시오.
   c. Id 단백질의 아미노산 서열을 알고 있다고 가정하자. 이 정보는 어떻게 (a)와 (b)의 가설을 지지할 수 있는가?

8. 풀이 문제 II에 설명한 방법을 이용하여, 눈-특이적인 인핸서로 작용할 가능성이 있는 유전체 영역을 선별할 수 있다. 이러한 DNA 서열이 인핸서의 모든 특징을 실제로 공유하는지 확인하고, 유전체 DNA에서 정확한 인핸서의 경계를 결정하기 위하여 어떤 실험을 수행할 것인가?

9. Myc은 세포 증식을 조절하는 전사인자이다. *myc* 유전자 돌연변이는 버킷 림프종(Burkitt lymphoma) 암의 많은 발병에 기여한다. Myc에 대한 초기 실험들은 해석하기 어려웠다. Myc 단백질은 류신 지퍼 이량체화 도메인과 bHLH라고 하는 나선-꺾임-나선 도메인을 모두 가지고 있었지만, 분리된 Myc에서는 동형이량체를 형성하지도 않으며 DNA에 결합하지도 않았다.

   Max와 Mad 단백질의 발견은 이러한 모순을 해결해주었다. Myc과 유사하게, Max와 Mad는 각각 bHLH 모티프와 류신 지퍼를 가지고 있지만, Max와 Mad은 동형이량체를 형성하지도 않고 DNA에 높은 친화성을 가지고 결합하지 않았다. 하지만 Myc-Mac와 Myc-Mad의 이형이량체는 쉽게 형성되며 DNA에 결합한다. 이들은 실제로 동일한 표적 유전자의 동일한 인핸서 부위에 결합한다. Myc은 활성화 도메인을, Mad는 억제 도메인을 가지고 있지만 Max는 둘다 가지고 있지 않다.

   max 유전자는 모든 세포에서 모든 시간에 발현되고 있다. 반대로 *mad*는 휴지기(세포 주기의 G_0기)의 세포에서 발현되나, *myc*은 휴지기의 세포에서 전사되지 않을 뿐만 아니라 세포가 분열할 때(G_1에서 S기로 전이)에 발현이 시작된다. Mad와 Myc 단백질은 Max에 비해 상대적으로 불안정하다. *mad*와 *myc*의 발현이 중단되면, Mad나 Myc은 곧 사라진다.
   a. Myc-Max의 결합할 수 있는 인핸서를 가진 표적 유전자가 세포 주기를 진행시키거나 억제하는 단백질을 암호화한다고 생각하는가? Mad-Max의 결합 부위가 있는 인핸서를 가진 유전자는 어떤가? 이에 대한 답을 하고 이유를 설명하시오.
   b. 표적 유전자의 조절 부위, 인핸서에 결합하는 단백질 그리고 휴기지 상태에 있는 세포 또는 분열하고 있는 세포에서 전사가 일어나는지를 나타내는 그림을 그림 19.14처럼 그려보시오.
   c. 이 세 가지 단백질이 세포 증식을 어떻게 조절하는지 간략하게 요약하시오.
   d. *myc*의 암-유발하는 돌연변이는 기능 상실 돌연변이인가? 기능 획득 돌연변이인가?

10. 진핵생물 활성자 단백질의 모듈식 특성은 과학자들에게 관심 있는 단백질과 상호작용하는 단백질을 찾는 방법에 대한 아이디어를 제공했다. 이 방법은 단백질-단백질 상호작용을 통한 DNA-결합 도메인과 활성화 도메인이 서로 가까이 있게 하여, 두 개의 서로 다른 폴리펩타이드가 비공유결합적으로 상호작용하여 인공적인 활성자를 만드는 것이다.

    이 방법은 효모 이중 혼성화 시스템(yeast two-hybrid system)이라고 하며, 세 가지 구성 요소를 갖는다. 첫째, 효모는 UAS_G(문제 11에서 설명했듯이 Gal4 활성자가 결합하는 인핸서와 유사한 서열)가 효모 프로모터로부터 대장균 *lacZ* 리포터(ß-galactosidase 효소를 암화화함)의 발현을 유도할 수 있는 유전자 구조를 가져야 한다. 둘째, 효모는 또한 관심 있는 단백질과 Gal4의 DNA-결합 도메인을 결합한 융합 단백질을 발현해야 한다. 이 융합 단백질은 미끼(bait)라고 부른다. 셋째, 플라스미드로 만들어진 cDNA 라이브러리(cDNA library)로, 각 cDNA는 Gal4의 활성화 도메인의 틀 내에 융합되며, 이들은 효모 세포에서 발현되며, 먹이(prey) 융합 단백질이라고 한다.

    설명한 플라스미드 cDNA 발현 라이브러리와 함께 처음 설명한 두 성분을 포함하는 효묘 균주를 사용하여, 어떻게 미끼 단백질에 결합하는 먹이 단백질을 식별할 수 있겠는가? 세포에서 상호작용할 수 있는 단백질을 찾는 목적과 이 방법은 어떤 연관성이 있는가?

11. 히스톤 H3(H3K4)의 리신 4는 많은 전사 활성 유전자의 뉴클레오솜에서 메틸화된다. 뉴클레오솜이 메틸화된 H3K4를 가지는 인간 유전체의 모든 위치를 결정하려고 한다고 가정한다.
    a. K4가 메틸화된 히스톤 H3의 꼬리에만 특이적으로 결합하는 항체를 이용하여 어떤 실험을 할 수 있는가? 이 실험의 주요 단계를 설명하시오.
    b. 피부 세포를 이용한 실험과 혈액 전구 세포를 이용한 실험에서 동일한 결과를 얻을 수 있을 것인가? 이유를 설명시오.
    c. (a)의 실험 결과를 H3K4 메틸화 표시가 전사적으로 활성인 유전자에만 나타나는지 확인할 수 있는 후속 실험을 설명하시오.

12. J.T. Lis와 동료들은 전사에 관여하는(transcriptionally engaged) RNA 중합효소(즉, RNA 합성 과정에서 활발히 활동하는 효소 분자)가 특정 시간에 위치하는 유전체의 모든 위치를 정확히 감지하는

PRO-Seq라는 실험 프로토콜을 개발했다. 첨부된 그림은 *Dnaj4* 유전자 주변의 인간 유전체의 한 영역에 대한 PRO-Seq 분석 결과이다. 수직 빨간색 선은 왼쪽에서 오른쪽 방향으로 DNA를 따라 이동하는 전사에 관여하는 RNA 중합효소의 위치를 나타내고 수직 파란색 선은 반대 방향으로 전사에 관여하는 RNA 중합효소를 나타낸다. 선의 길이는 활성 중합효소가 샘플의 유전체를 따라 해당 위치에서 발견되는 빈도를 나타낸다.

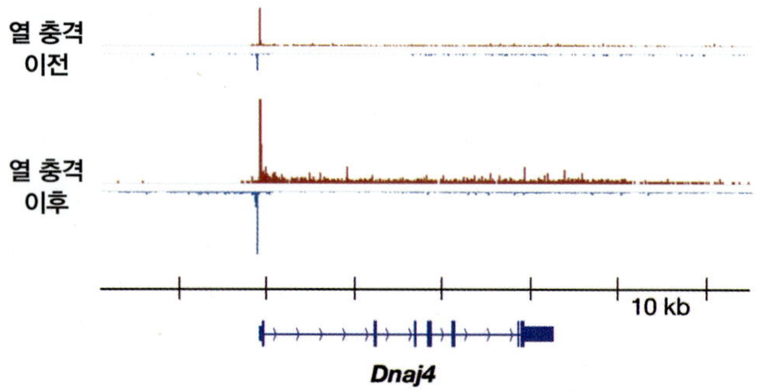

Source: Digbijay Mahat and John T. Lis, Cornell University, Ithaca, NY

페트리 플레이트에서 키운 동일한 인간 세포에서 두 개의 샘플을 채취했다. 하나는 정상적인 조건에서 배양시킨 다음 샘플 채취하였고(열충격 전), 다른 하나는 고온에서 배양시키고 1시간 후에 샘플 채취했다(열 충격 후).

a. 전사에 관여하는 RNA 중합효소는 유전자를 따라 균일하게 분포되지 않는다. 이 사실이 의미하는 바가 무엇인가?

b. (a)의 연장선에서, 실험결과를 통해 열 충격 전후 여부에 관계없이 프로모터에 대한 RNA 중합효소의 결합이 *Dnaj4* 유전자 전사의 속도를 제한하는 유일한 단계가 아님을 알 수 있다. 어떤 다른 단계가 관련되어 있는가? 열 충격에 의해 가장 직접적으로 조절되는 단계는 무엇인가?

c. RNA 중합효소가 이 유전자의 프로모터에 결합할 때 주형으로 사용할 DNA 가닥을 알고 있는가?

d. *DNAj4* 유전자의 전사는 어디에서 끝나는가? 실험 결과가 단일 전사 정지 위치의 존재를 명확하게 보여주는가?

e. PRO-Seq 방법으로 DNA에 결합할 수 있지만 전사를 촉매하지 않는 RNA 중합효소와 대조적으로 전사에 관여하는 RNA 중합효소를 특이적으로 확인할 수 있다고 생각하는가?

19.3절

13. a. 단일 진핵생물 유전자가 어떻게 여러 다른 유형의 mRNA 분자를 생성할 수 있는가?

b. 드물게 발생하는 폴리-시스트론 메시지를 제외하고 진핵 세포의 단일 mRNA 분자가 어떻게 다른 활성을 가진 단백질을 생산할 수 있는가?

14. 일반적으로 쥐의 초기 발달에 필요한 유전자를 제어하는 시스-작용 조절 요소의 제어에 따라 *GFP* 리포터 유전자를 발현하는 형질전환 쥐를 연구하고 있다고 가정하자. 이전에 수행한 총 전사체 서열결정(RNA-Seq)의 결과, 관심 유전자의 mRNA가 임신 8.5일과 10.5일 사이에 식별됨을 알 수 있었다. GFP 형광은 약 8.75일부터 최소 12일까지 볼 수 있다.

a. mRNA와 단백질 발현 사이의 차이를 설명하시오.

b. GFP 단백질 발현이 이 유전자의 정상적인 활성 시작 또는 활성 중단을 보다 정확하게 나타낸다고 예측할 수 있는가? 이유를 설명하시오.

15. 과학자들은 siRNA 경로를 이용하여 RNA 간섭(RNA interference)이라고 하는 기술을 수행했다. 이는 돌연변이를 만들지 않고도 특정 유전자의 발현을 억제하는 수단이다. 이 발상은 표적 유전자에 해당하는 dsRNA를 유기체에 도입하는 것에서 시작되었다. 그런 다음 dsRNA는 siRNA로 처리되어 표적 유전자의 mRNA를 분해한다. 일부 유기체(예: 선충류 *C. elegans*)에 dsRNA를 전달하는 한 가지 방법은 dsRNA를 발현하는 재조합 플라스미드로 형질 전환된 박테리아를 처리하는 것이다.

a. 박테리아의 플라스미드가 발현될 때 RNA 간섭에 의해 *C. elegance*의 유전자 *X*의 발현을 억제하는 데 사용할 수 있는 유전자 구조를 그리시오.

b. (a)의 유전자 구조를 포함하는 플라스미드로 형질 전환된 박테리아를 처리한 애벌레에서 유전자 X 발현이 소멸되는지 어떻게 확인할 수 있는가?

c. 이 애벌레에서 유전자 X의 발현만 영향을 받을 것이라고 생각하는가? 이유를 설명하시오.

16. 감(*Diospyros lotus*)은 수꽃(XY)과 암꽃(XX)이 별도의 식물에 존재하는 이성 식물이다. 암꽃에는 수술과 꽃밥(수컷 성 기관)이 있지만 수꽃에는 꽃가루가 생성되지 않는 초기의 비기능성 심피(난소를 포함하는 암컷의 성 기관)가 있다. 놀랍게도, 감의 성별 결정은 *OGI*[일본어로 숫나무(male tree)]라고 불리는 Y-연관 miRNA 유전자에 의해 조절되며, 이 유전자의 표적 mRNA는 *MeGI*[암나무(female tree)]라는 상염색체 유전자에 의해 암호화된다.

a. *OGI* 전사체 염기서열의 어떤 특징을 통해 연구자가 *OGI*가 miRNA를 암호화한다고 생각할 수 있었을까?

b. RNA-Seq 실험을 통해 암컷 성 기관에서 *MeGI* mRNA가 많이 발현 됐지만 수컷의 성 기관에서는 적게 발현됨을 알 수 있었다. *OGI* miRNA가 *MeGI* 유전자 발현을 조절할 수 있는 분자 기작을 제안하시오.

D. lotus 유전체에 이식유전자를 삽입하는 것은 어렵다. 따라서 과학자들은 *MeGI*의 기능을 조사하기 위해 *MeGI*를 과발현하는 이식유전자를 구축하고 이를 사용하여 연구에 더 적합한 식물 종인 애기장대(*Arabidopsis thaliana*)를 형질 전환했다. 애기장대는 꽃은 남성과 여성의 구조를 모두 가져 소위 완벽한 꽃을 가지고 있다. 형질전환체에서 *MeGI*의 과발현은 불임의 꽃밥을 만들지만 심피는 영향을 받지 않

고 기능하는 것으로 밝혀졌다.

c. 애기장대 형질전환체에도 *OGI*를 과발현하는 이식유전자가 포함되어 있다면 어떤 일이 일어날 것이라고 예상하는가?

d. MeGI 단백질은 호메오박스(homeobox) 전사인자이다. 형질전환된 애기장대의 결과를 통해 감의 성 결정에서 이 단백질의 역할이 무엇인지 알 수 있는가?

e. 수컷 감 꽃에서 비기능성 심피의 기본적인 발달을 설명할 수 있는 가능한 기작에 대해 추측해 보시오. 이러한 기작에 *OGI* 및 MeGI가 관여 하는가?

17. 본문에서 주어진 세포 유형에서 특정 시간에 존재하는 mRNA의 양을 정량화하는 RNA-Seq 기술에 대해 논의했다. 또한 세포 집단에서 특정 시간에 활발하게 번역되는 mRNA 서열의 수준을 정량화하는 리보솜 프로파일링 방법을 설명했다. 그러나 두 종류의 실험을 모두 수행하더라도 실험 결과는 mRNA의 단백질 산물의 상대적인 양을 정확하게 알려주지 못한다. 왜 불가능한가? 이 기술들은 유전자 발현의 어떤 요소를 설명하고 어떤 요소를 무시하는가?

19.4절

18. 초파리 *Sex lethal* (*Sxl*) 유전자의 특정 대립유전자는 XY 동물에 영향을 미치지 않지만 XX 동물이 발달 초기에 죽게 만든다. 다른 대립유전자는 XX 동물에 영향을 미치지 않지만 XY 동물이 발달 초기에 죽게 만든다. 따라서 일부 *Sxl* 대립유전자는 암컷에게 치명적이고 다른 일부는 수컷에게 치명적이다.

a. *Sxl*에 영(null) 돌연변이가 발생한다면 수컷이나 암컷을 죽게 만들 것인가? 활성인 *Sxl* 돌연변이는 어떠한가?

b. 두 종류의 *Sxl* 대립유전자가 특정 성별의 초파리를 죽게 만드는 이유는 무엇인가?

일부 *tra* 대립유전자는 XX 동물을 형태학적 수컷으로 변화시킬 수 있는 반면, 다른 *tra* 대립유전자는 XY 동물을 형태학적 암컷으로 변화시킬 수 있기 때문에 *Transformer* (*tra*) 유전자는 성적 변형(sexual transformation)에서 그 이름을 따왔다.

c. 이러한 성 변환 중 *tra*의 영(null) 대립유전자에 의해 유발되고 활성인 *tra* 대립유전자에 의해 유발되는 것은 각각 무엇인가?

d. *Sxl*과 달리 영(null) *tra* 돌연변이는 XX 또는 XY 동물을 죽게 만들지 않는다. 그러나 Sxl 단백질은 Tra 단백질의 생산을 조절한다. 그렇다면 왜 모든 *tra* 돌연변이 동물이 죽지 않고 생존할 수 있는가?

e. XX 및 XY 동물에 대한 *tra-2*의 영(null) 돌연변이의 결과를 예측하라. (*tra-2*는 Tra 기능에 필요한 남녀 모두에서 발현되는 단백질을 암호화한다는 것을 고려하시오.)

f. *Fruitless* (*fru*) 유전자에 기능 상실 돌연변이가 있는 XY 수컷은 비정상적인 구애 행동을 보인다. *fru*의 야생형 대립유전자를 갖고 있지만 *tra*의 기능 상실 돌연변이를 가진 XX 또는 XY 동물도 비정상적으로 구애할 것이라고 예측할 수 있는가?

19. 집 파리(*Musca domestica*)의 경우, 수컷성은 *tra* 전사체의 암컷 스플라이싱 패턴과 기능성 Tra 단백질의 생성을 방지하는 스플라이싱 단백질인 M-인자에 의해 결정된다. 암컷 파리는 M-인자 유전자가 없거나 드물게 *tra* (*tra^D*)의 우성 돌연변이 대립유전자를 가지고 있다.

a. 초파리와 집파리에서 성 결정을 위한 분자 기작은 어떻게 다른가?

b. 어떻게 *tra^D* 대립유전자가 M-인자 유전자가 있는 집파리에서도 암컷을 유발한다고 생각하는가?

chapter 20

후성유전학

Courtesy Randy L. Jirtle, Ph.D. Originally published in B. Weinhold, "Color by Soy: Genistein Linked to Epigenetic Effects," Environ Health Perspect. 2006 Apr., 114(4): A240. Environews, Science Selections

동일한 *Agouti* 유전형($A^{VY}a$)를 보유하고 있을지라도, 이 두 생쥐의 털의 색깔은 다르다. 노란색 털을 가진 (돌연변이) 생쥐는 A^{VY} 후성대립인자는 메틸화되지 않았지만, 회색 생쥐(정상)는 A^{VY}가 과메틸화되어 있다.

개요

- 20.1 **유전체 각인**
- 20.2 **세포 분열동안 예정된 유전자 억제의 유전성**
- 20.3 **세대 간 후성유전학적 유전**
- 20.4 **포괄적인 예: 생쥐에서의 후성유전학적 유전**

유전자의 DNA 염기쌍 서열은 유전정보를 전달하는 것일 수도 있으나, 근본적인 단위이다. 유전학자들은 체세포나 생식세포가 세포나 유기체의–DNA의 염기쌍 서열을 포함하지 않는 정보– 세대 사이로 유전자들이 발현하는 수준에 대한 정보를 전달할 수 있다는 사실을 오래전부터 알고 있었다. 이러한 정보 전달을 **후성유전학적 현상**(epigenetic phenomena)이라고 알려져 있고, DNA 염기쌍의 서열에 돌연변이가 일어나지 않는 유전자 발현이 저절로 계속되는 유전적인 현상이다.

사진에 있는 두 마리의 생쥐는 동일한 유전형을 가진다. 여기에 영 대립인자(a)를 추가하면, 두 마리 모두 일반적으로 회색 생쥐가 비만형이 되는 노란색 털을 가진 생쥐로 되는 *agouti* 유전자(A^{VY})의 기능획득 돌연변이의 대립인자를 가지게 된다. 하지만 두 마리 생쥐는 명백히 다르게 보인다. A^{VY} 대립인자의 돌연변이는 정상 유전자 A 프로모터 근처에 레트로트랜스포존 삽입이 일어난 것이다. 레트로트랜스포존은 원래 자체의 프로모터와 전사적 조절을 하는 영역을 가지고 있다. 두 마리 생쥐의 표현형적 차이점들은 A 유전자의 전사가 정상적인 A 유전자의 프로모터에 의해 조절되거나, 더욱 강력한 레트로트랜스포존의 프로모터에 의해 조절되는지의 여부를 반영하고 있다. 사진에서 노란색 털을 가지고 비만인 생쥐(왼쪽)는 레트로트랜스포존의 프로모터가 활성화되어 생쥐의 뇌에서 색소를 만드는 세포에서 유전적 산물을 과대하게 생산하고 있고, 이것을 잘못 발현하도록 A 유전자의 전사를 책임지고 있다. 그러나 이에 반해 정상적인 회색 생쥐(오른쪽)는 레트로트랜스포존 프로모터가 **침묵**(긴시간 억제됨)하고 있다. 그래서 A 유전자의 전사는 정상적인 프로모터에서 일어나고 있다.

정보는 난자를 통해 생쥐의 모계로부터 전달되고 레트로트랜스포존 프로모터 활성화 여부가 결정된다. 다시 말해 노란색 털의 비만인 생쥐는 레트로트랜스포존 프로모터의 스위치가 켜져 있어서 활성화(노란색, 비만인 생쥐, "on")되어 있고, 정상인 회색 생쥐는 이에 대한 스위치가 꺼져 있어서 비활성화(정상 회색 생쥐, "off")된 상태를 말한다. 표현형에서 아주 두드러진 차이점은 생쥐의 모든 체세포에서 복사되어진 난자로부터 획득된 이들의 스위치의 "on"이나 "off" 유전정보의 결과인 것이다. A^{VY} 대립인자의 염기쌍 서열은 그림에 보여지는 두 마리 생쥐에서는 동일하다는 것을 기억해두자. 이러한 차이점이 돌연변이 대립인자의 레트로트랜스포존 프로모터의 활성화 여부에 따른 후성유전학 정보의 유전성이다.

이 장에서는 2가지의 주제가 나온다. 첫째는 일반적으로 3가지 인자들(DNA의 사이토신 잔기 변화, 크로마틴의 히스톤 꼬리의 아미노산 변화, small RNA 분자) 사이 공동 협력과 관련한 유전자들의 발현 단계에서 "세포기억설(cellular memory)"의 전달이다. 둘째는 **후성유전학 정보**는— 어떤 유전자의 스위치가 "on"되거나 "off"되는 것을 결정하는 분자인자들의 조합— 변할 수 있다. 후성유전학 정보의 변화는 예정되어 있다. 다시 말해, 이것은 개체 발생동안 사전에 결정된 사건이라는 것이다. A^{VY}에서 스위치의 "on"/"off"정보를 보유한 변이의 경우, 후성유전학적 변화는 우연하게 또는 환경에 의해 시작될 수도 있다. 이러한 이유로, 과학자들은 인간의 각 개인의 경험(예를 들면, 우리가 무엇을 먹는지 또는 어떻게 다루어지는지에 따른) 들이 다음 세대로 전달될 수 있는 후성유전학적 정보를 변화할지도 모른다는 가능성에 매력을 느낀다.

20.1 유전체 각인

학습 목표

1. CpG 섬(islands)에 한 유전자 조절을 설명한다.
2. DNA 메틸화와 유전체 각인의 연관성을 설명한다.
3. 후성유전학 현상으로서의 유전체 각인을 논의한다.
4. 각인된 질병 대립인자들의 유전적 패턴을 알아 본다.

멘델 유전자학의 기본원리는 대립유전자가 부와 모 어디에서 유래했느냐에 따라 F_1세대에서 대립유전자의 기능에 영향을 미치지 않는다는 것이다. 식물과 동물에서 대부분의 유전자들에 대하여 이 원리는 여전히 유효하다. 그러나 놀랍게도 포유류의 몇몇 유전자는 이 원칙을 따르지 않는다는 것이 과학자들에 의해서 밝혀졌다. 부모세대에서 전달이 가능한 현상에 의존하여 단일 대립인자의 전사에서 예정되는 후성유전학적 현상을 **유전체 각인**(genomic imprinting)이라고 한다.

유전체 각인은, 부계 혹은 모계로부터 유전된 대립유전자의 한쪽은 전사가 영구적으로 비활성화되고, 다른 부모로부터 받은 유전자는 전사가 활성화된다. **각인**(imprinting)이라는 단어의 뜻은 DNA 염기서열은 변화 없이 부계와 모계 중 한쪽에서 각인된 유전자가 침묵하는 것으로 정의한다. 대신, 특정 염기서열의 성특이적인 메틸화를 **각인 조절 영역**(imprinting control region; ICRs)이라고 한다. DNA 메틸화는 유전자 전사과정에 영향을 주고, DNA 메틸화 현상이 DNA가 복제될 때 정보가 전달되기 때문에, DNA 염기서열상의 변화가 없이 바뀐 유전자의 발현이 유전된다. 그래서 유전체 각인은 후성유전학 현상이다.

인간 유전체에 존재하는 약 28,000개 유전자 중 약 100개 만이 각인 현상을 나타낸다. 이형접합자 개체에서 한 개의 유전자에 대한 두 개의 다른 유사체를 분리할 수 있는 RNA-Seq 방법으로 각인된 유전자의 숫자가 밝혀졌다(그림 18.29와 그림 18.30 참조). 이들 100개 중 절반은 부모에서 각인된 유전자들이다. 즉, **아버지 각인된 유전자**라는 말은 부계로부터 유전된 대립유전자는 발현되지 않고, 모계로부터 유전된 대립유전자는 발현된다는 의미이다. 반대로 **어머니 각인된 유전자**는 모계로부터 유전된 대립유전자는 발현되지 않고, 부계로부터 유전된 유전자는 발현된다. **각인**과 **침묵**을 동일하게 생각한다면 이 용어에 쉽게 익숙해질 수 있을 것이다.

포유동물 DNA는 CpGs에서 메틸화 된다

다양한 인간 유전자들의 전사는 **DNA 메틸화**(methylation)에 의해 조절된다. DNA 메틸화의 생화학적 변형은, 이중 나선 중 한 가닥의 나선에 5′ CpG 3′ 서열에서 사이토신의 5번째 탄소에 메틸기가 첨가되는 것이다(**그림 20.1**). (CpG에서 *p*는 인산기를 의미한다.) **DNA 메틸기전달효소**(DNMT)라고 명명된 효소가 CpG의 사이토신에 메틸기의 첨가를 촉매한다. 인간 유전체에서 CpG 디뉴클레오타이드의 사이토신 중 약 70%는 메틸화되어 있다. 사이토신 메틸화는 식물에서는 빈번하지만, 무척추동물과 단세포 진핵생물에서는 DNA 메틸화가 발생하지 않거나 드물게 발생한다. 따라서 DNA 메틸화에 의한 유전자 조절이 모든 진핵생물에서는 중요하지 않지만, 인간과 포유동물 유전학에서는 매우 중요하다. 포유동물에서 DNA 메틸화는 성별과 관계없는 패턴으로 유전자 발현이 오랫동안 억제되는 것을 조절한다. 그러나 다음 장에서는 DNA 메틸화는 성-특이적인 각인 현상에 중요 역할을 한다는 것을 알게 될 것이다.

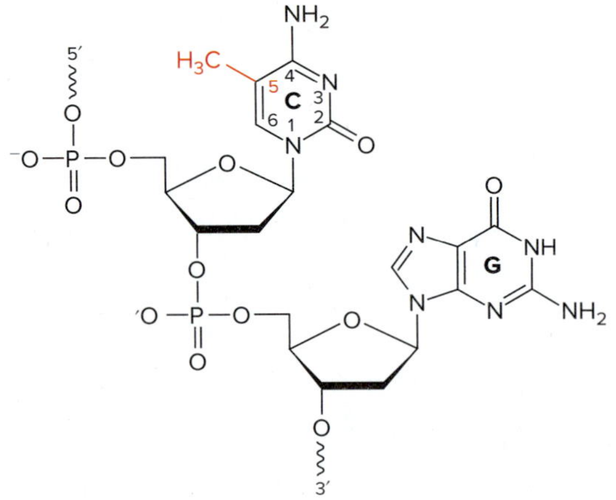

그림 20.1 DNA 메틸화. 사이토신(C)이 메틸화되는 CpG 디뉴클레오타이드의 화학구조(붉은색으로 표시).

CpG 섬에서 DNA 메틸화는 유전자 발현을 침묵하게 한다

CpG 섬(CpG islands)들은 수백 혹은 수천 염기쌍 길이의 DNA 염기서열이다. 그 안에 CpG 염기서열의 빈도는 유전체의 다른 부위에 비하여 훨씬 높다. 하지만 유전체에 전반적으로 분포된 CpG와 달리, CpG 섬에서의 사이토신은 일반적으로 메틸화되어 있지 않다. 대다수의 CpG 섬들은 프로모터 근처에 위치하고 있으며 CpG 섬들이 메틸화 되지 않으면, 염색질이 열리고 유전자의 전사가 활성화된다(**그림 20.2a**). 프로모터 가까이에 있는 CpG 섬들이 메틸화되는 경우가 있는데, **메틸-CpG-결합 단백질**(MeCPs)라고 하는 억제자가 메틸화된 CpG 섬들에 결합하여 염색질 구조를 닫아서 유전자 전사가 일어나지 않게 한다(**그림 20.2b**).

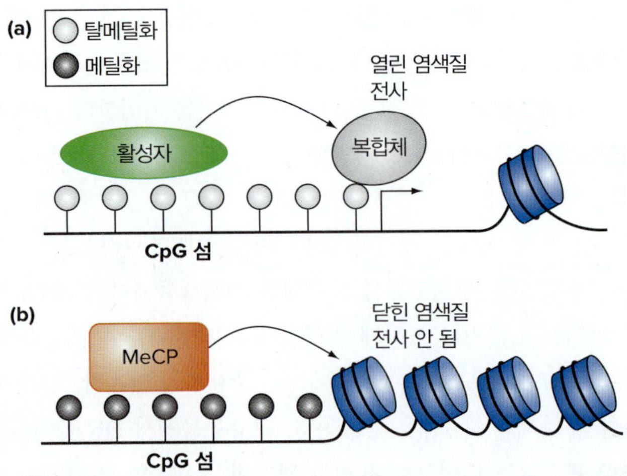

그림 20.2 CpG 섬들. **(a)** 전사 활성자는 메틸화되지 않은 CpG 섬에 결합하고 염색질이 열린다. **(b)** 메틸-CpG-결합 단백질(MeCPs)이라고 불리는 전사 억제자는 메틸화된 CpG 섬에 결합하고 염색질을 닫는다.

메틸화 패턴은 세포 분열동안 유지되기 때문에 DNA 메틸화에 의한 유전자의 억제는 종종 오랜 기간 유지된다. 이러한 DNA 메틸화에 의한 장기간의 유전자 발현 억제를 **침묵 현상**(silencing)이라고 한다. DNA 복제 분기점에 존재하여 한 가닥만 메틸화된 DNA (hemi-methylated DNA)와 새롭게 합성된 DNA를 메틸화하는 것을 인식하여 특정 DNMT에 의해서 DNA 복제기간 동안 DNA 메틸화 패턴은 복제된다(**그림 20.3**).

과학자들은 인핸서(enhancer) 이외에도, 인간 모든 유전자들의 반 이상 만큼 대다수가 CpG 섬에 의해 조절된다고 생각한다. 인간에서 DNA 메틸화를 통한 유전자 발현 조절의 중요성은 레트증후군(Rett syndrome)을 일으키는 돌연변이 유전자의 발견에 의해서 밝혀졌다. 레트증후군은 뇌의 발달에 문제를 일으켜 발작과 정신적 · 육체적인 손상을 일으킨다. 이 질병은 X-연관 우성 유전을 보이며, *MeCP2* 라는 메틸화된 CpG 섬에 결합하여 억제하는 역할을 하는 유전자의 기능상실 돌연변이에 의해서 일어난다.

성-특이적인 DNA 메틸화는 각인을 일으킨다

각인 조절 영역(ICRs)에서 DNA 메틸화는 근처에 있는 유전자의 전사를 조절한다. **각인**(imprinting)은 ICRs의 DNA 메틸화가 성-특이적인 현상으로 나타나며, 생식세포를 통해 전달되는 것이다. 조절되는 유전자나 메틸화를 일으키는 조절 인자들에 따라 ICRs 메틸화는 그림 20.2에서 보여지듯이 유전자 활성의 스위치를 *끄게*(off) 할 수 있으며, 역설적으로 아래의 두 가지 실험(**그림 20.4**)에서 보여 주고 있는 예시에 따르면, 유전자 활성의 스위치를 켤(on) 수도 있다. 첫 번째 ICR에서, 절연자(insulator) [그림 19.18에서 설명됨. 염색체 내에서 TADs라고 정의되는 염기서열] 내에서 CpG 메틸화는 각인을 일으킨다. 두 번째 ICR에서는 각인을 유발하는 CpG 섬 메틸화라고 할 수 있다.

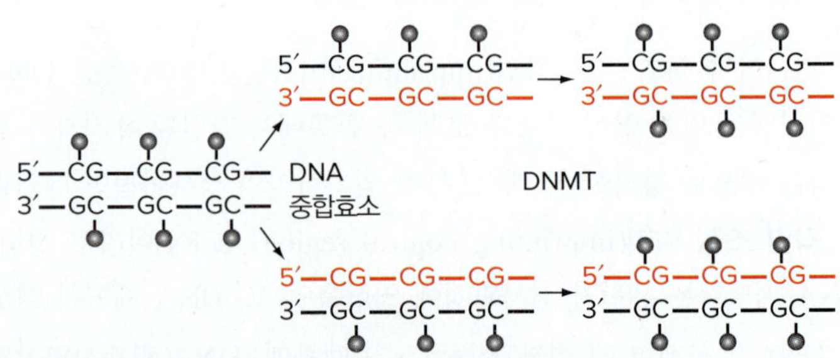

그림 20.3 CpG 메틸화의 영구 보존성. DNA 메틸기 전달효소(DNA methyltransferase, DNMT)는 DNA 복제분기점에서 작용한다. 주형 DNA 가닥에서 CpG 메틸화(검은색) 유형은 새로이 합성되는 DNA 가닥(붉은색)에 복제된다.

절연자 메틸화의 기작

몇몇 절연자들은 CpG 서열을 포함하면서, DNA 메틸화에 의해 조절되는 기능을 가지고 있는 것들도 있다. 이러한 기작의 한 가지 예는 어머니로부터 각인된 생쥐의 유전자 *Igf2* (*insulin-like growth factor 2*)에서 보인다. *Igf2* 위치에서 각인은 *Igf2* 프로모터와 인핸서 사이에 위치하는 절연자의 메틸화를 통하여 이루어진다(그림 20.4a). 어머니 염색체상의 메틸화가 되지 않은 절연자는 기능을 한다. 즉 CTCF와 결합한다. 결국 어머니 염색체상의 인핸서는 다른 TADs를 보유하게 되어 *Igf2*의 프로모터와 상호결합을 할 수가 없게 되고 어머니 *Igf2* 유전자가 침묵한다. 비교해 보면, 아버지의 염색체에서는 절연자가 메틸화되어 있고 CTCF는 결합할 수 없다. 따라서 아버지 *Igf2* 프로모터와 인핸서는 동일한 TADs를 보유하고, *Igf2* 전사를 활성화 한다.

CpG섬 메틸화와 비암호화 RNA (ncRNA) 기작

몇몇 각인된 유전자의 각인 조절 영역(ICRs)에서 CpG 섬들에 의해 전사가 조절되는 ncRNA를 포함하고 있다. 아버지로부터 각인된 *Igfr2* (*insulin growth factor receptor 2*; *Ifg2*에 대한 수용체) 유전자는 이 각인 기작의 예를 보여 준다(그림 20.4). 아버지 염색체상에 *Igfr2*의 인트론에 있는 프로모터(*Igfr2* 프로모터와 방향은 반대)를 이용하여 ncRNA인 *Air* 유전자가 전사된다. 따라서 *Air* ncRNA는 *Igfr2*의 전사를 저해하는 안티센스 RNA이다(그림 18.25 참고). 어머니 염색체에서 *Air* 전사를 조절하는 CpG 섬은 메틸화 되어 있고 따라서 *Air* 발현이 저해되어 *Igfr2*의 발현이 정상적으로 일어난다.

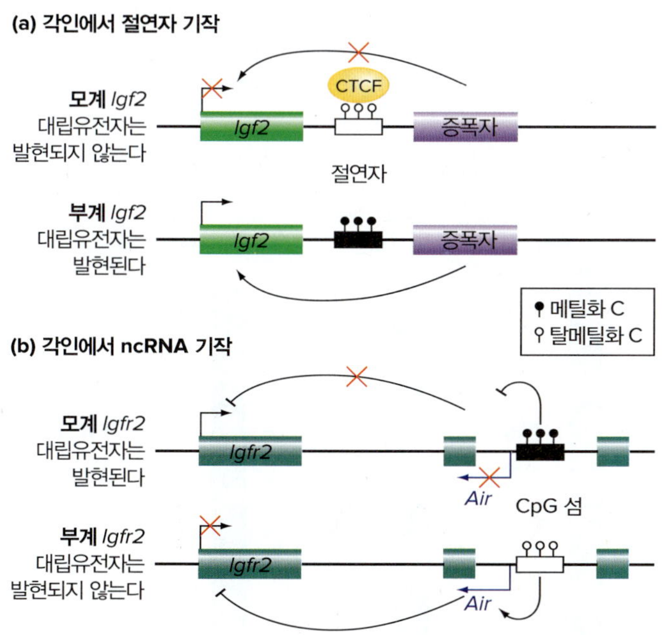

그림 20.4 유전체 각인의 기작. **(a)** *Igf2*의 모계 각인은 *Igf2* 인핸서와 프로모터 사이에 위치한 절연자의 메틸화에 의해서 조절된다. 모계의 대립인자에서 절연체는 메틸화가 되어 있지 않으므로 기능을 한다(CTCF가 결합할 수 있다). **(b)** *Igfr2*의 부계 각인은 *Air* ncRNA의 전사를 조절하는 CpG 섬들의 메틸화에 의존한다. CpG 섬이 메틸화 되지 않았기 때문에 부계 *Igfr2* 대립인자가 침묵되고, 따라서 *Air*는 전사가 활성화 되며, *Igfr2* 발현은 억제된다.

생식세포는 메틸화 마크(Marks)를 재설정한다

DNA 복제 기간 중 DNMT 메틸화 효소가 DNA 메틸화 패턴을 복제하기 때문에, 체세포분열 동안 성-특이적인 각인을 나타내는 메틸화된 마크(marks)를 유지할 수 있다(그림 20.3 참조). 이와 반대로, DNA 메틸화 패턴이 다음 세대로 넘어가는 감수분열동안 재설정(reset)되어야 한다. 이 과정이 발생하지 않으면, 각인 현상은 성-특이적일 수 없다. **그림 20.5**에서는 생식세포는 일단 부모개체(체세포

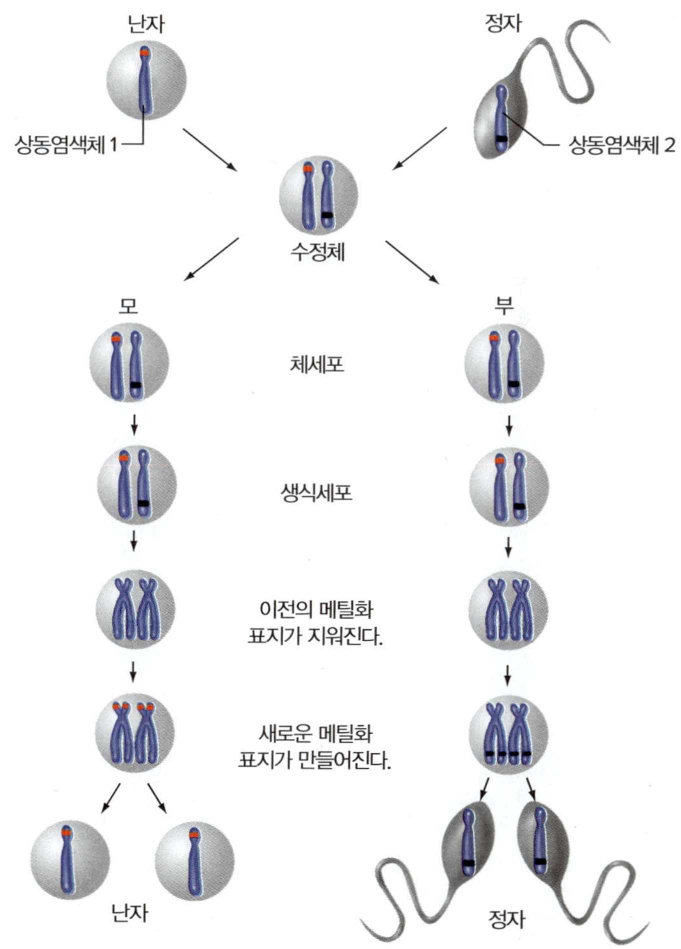

그림 20.5 유전체 메틸화 마크(marks)는 감수분열 동안 재설정된다. 모계에서 메틸화된 유전자는 빨간색으로 표시되어 있고, 부계에서 메틸화된 유전자는 검은색으로 표시되어 있다. 생식세포 안에서는 체세포에서 유래한 메틸화 마크는 지워지고 새롭게 성-특이적인 메틸화 마크가 확립된다.

개체에 존재하는)에서 받은 메틸화 마크를 제거한다. 다음으로, 성-특이적인 메틸화 마크는 다음 세대로 가는 생식세포의 발달단계에서 생성된다는 것을 나타내고 있다. 몇몇 유전자는 엄마의 생식세포에서 메틸화되고, 다른 것은 아버지의 생식세포에서 메틸화된다. 과학자들은 아직도 유전체 각인의 최초의 발생과정(nature), 즉 생식세포에서 어떠한 원리에 의해서 DNMT 효소가 어느 유전자를 성-특이적으로 메틸화시키도록 인지하는지에 대한 부분을 충분하게 이해하지 못하고 있다.

인간의 가계도는 각인 현상을 보여준다

과학자들은 어떻게 이 과정들이 분자적 수준에서 일어나는지를 이해하기 전부터 유전체 각인 현상에 대해 유추하였다. 1980년대 임상유전자학들은 질병 대립유전자가 부모 중 어느 성별에 존재하느냐에 따라서 자녀의 발병이 결정된다는 것을 관찰하였다. 이런 종류의 가계도 패턴은 각인된 유전자가 제거되어 발생하는 매우 드문 질병의 경우에서도 분명하다. 이것은 연구자들은 각각 개인의 핵형 분석에서 질병 유무 뿐만 아니라, 결실 유전도 분석이 가능하기 때문이다.

그림 20.6a에서 보는 것처럼, 아버지에 각인된 유전자의 결실은 어머니로부터의 대립인자 하나는 발현되기 때문에 자식에게 영향을 주지 않고 지나갈 수 있다. 그러나 여성이 이러한 결실에 대하여 이형접합형이라면, 그녀의 아이들 중 50%는 결실된 염색체를 받을 것이다. 이들 이형접합체의 아이들은 어머니로부터는 결실된 돌연변이를 물려받았고, 온전한 유전자는 아버지로부터 물려받았으므로 발현이 되지 않아 결국 질병에 걸릴 것이다. 다시 말해, 이 유전자는 침묵된 것이다.

반대로, 어머니의 각인된 유전자의 결실은 아버지로부터 온 유전자가 온전히 발현되기 때문에 표현형적으로 인식되지 못하고, 여러 세대 동안 어머니에서 딸에게 유전될 것이다(**그림 20.6b**). 그러나 남성에게서 자식에게 결실이 유전된다면 아들과 딸은 아버지의 결실된 각인 유전자를 갖게 될 가능성이 각각 50%이다. 어머니에게서 받은 각인된 유전자는 발현되지 않고 침묵하기 때문에 아버지로부터 결실된 유전자를 갖는 아이들은 질병이 나타나는 표현형을 갖게 된다.

인류에게 각인은 다양한 발생학적 문제를 일으킨다. 이에 대한 예는 **프레더-윌리증후군**(Prader-Willi syndrome)과 **엔젤만증후군**(Angelman syndrome)으로 알려진 서로 연관된 한 쌍의 질환이 있다. 프레더-윌리증후군을 갖는 아이들은 작은 손과 발, 불완전하게 발달한 생식기, 작은 키와 정신 지체와 비만을 나타낸다. 엔젤만증후군의 아이들은 붉은 뺨, 큰 턱, 돌출된 혀와 큰 입을 갖는다. 또한, 심각한 정신 및 행동장애도 나타난다. 두 증후군은 15번 염색체의 q11-13에 있는 작은 결실과 종종 연관되어 있다. 그 결실이 아버지로부터 유전되었을 때 아이는 프레더-윌리증후군이 되고, 어머니로부터 유전되었을 때는 엔젤만증후군이 된다(**그림 20.7**).

이 현상은 몇몇의 유전자들이 다르게 각인된 결실 부위에 있다면 설명이 가능하다(그림 20.7). 한 유전자는 어머니로부터 각인된 것이다. 한 유전자는 어머니로부터 각인된 것이다. 아버지로부터 결실된

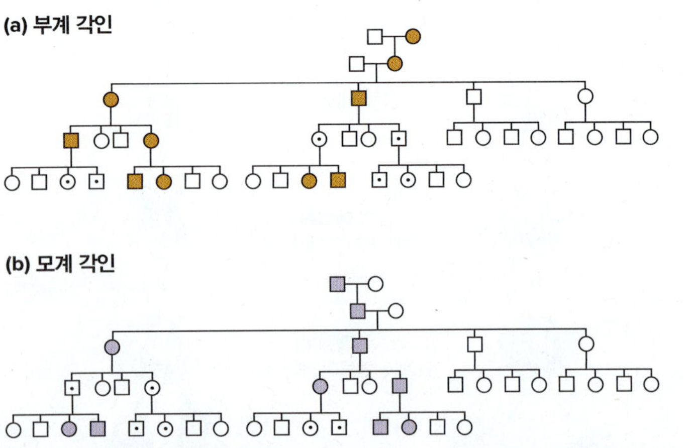

그림 20.6 유전체 각인과 인간질병. **(a)** 부계에 각인된 상염색체 유전자의 결실과 연관된 질병의 전형적인 가계도. 아버지는 아무런 영향을 주지 않으면서 결실을 딸과 아들에게 전달할 수 있다(가계도에서 점은 영향을 주지 않는 결실의 보인자이다). 어머니는 결실을 전달하여 자식들에게 병을 일으킨다(노란색). **(b)** 모계에 각인된 상염색체 유전자의 결실과 연관된 질병의 전형적인 가계도. 어머니는 아무런 영향을 주지 않고 아들과 딸에게 결실을 전달한다(점). 아버지는 결실을 전달하여 자식에게 병을 일으킨다(보라색). 두 가지 경우는 각인된 유전자들의 질병을 유발하는 대립인자의 기능상실에 대한 전형적인 가계도이다.

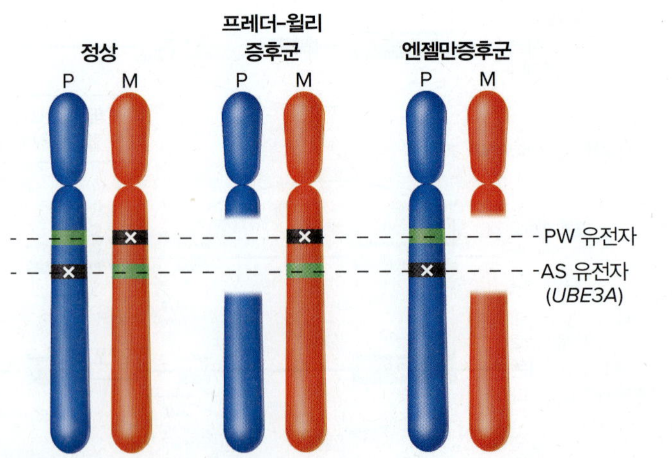

그림 20.7 프레더-윌리증후군과 엔젤만증후군은 동일한 상염색체의 결실에 의해 유발된다. 부계와 모계 양쪽 모두 각인된 유전자가 염색체 15번에 가깝게 존재한다. 다시 말해, 이들은 프레더-윌리증후군을 유발하는 결실을 가진 아버지 염색체 15 (P)와 엔젤만증후군을 유발하는 결실을 가진 어머니 염색체 15 (M)이다(초록색 막대=전사됨, 흰색 X를 가진 검은색 막대=각인됨).

염색체를 물려받고 어머니로부터 각인된 염색체를 물려받은 아이는 프레더-윌리증후군을 나타낸다. 엔젤만증후군의 경우, 아버지로부터 각인된 유전자 가까이에 있는(*UBE3A*라 불리는) 것이 문제를 일으키는 원인이다. 어머니로부터 결실된 염색체를 물려받고 정상이거나, 아버지로부터 각인된 *UBE3A* 대립인자를 물려받은 아이는 엔젤만증후군을 나타낸다.

왜 포유동물은 각인이 되도록 진화했는가?

과학자들은 각인의 존재를 설명하기 위해 몇몇 다른 가설들을 제시해왔다. 한 가지 가설은 각인은 태반을 갖고 있는 포유류에서만 발생하고 *Igf2*와 *Igfr2*와 같은 대부분의 각인 유전들은 태아성장을 조절한다는 연구결과에 근거를 두고 있다. **부모갈등가설**(parental conflict hypothesis)은 자궁에서 자라는 태아가 어머니의 자원을 광범위하게 사용하고 있으므로 어머니의 입장에서는 태아가 작아서 어머니와 조화를 이루어야 하고, 아버지의 입장에서는 태아가 커서 더 원기 왕성해야 한다는 것이다. 부모갈등가설에 따르면 각인은 자궁에서 이러한 갈등을 해결하는 자연의 섭리일 수 있다는 것이다. 예를 들면, *Igf2*는 성장을 촉진하는 리간드(ligand)를 암호화므로 엄마에게 각인된다. 반면에 *Ifgr2*는 리간드에 대한 수용체를 암호화하여 성장을 억제하므로, 이 유전자는 아버지에게 각인되어 있다. 이 이론은 표면적으로는 매우 흥미롭지만, 많은 생물학자들은 이 이론이 너무 단순화되어 있다고 생각하고 있으며, 유전체 각인의 진화를 설명하기 위한 다양한(아직까지 증명되지 않은) 다른 이론들을 갖고 있다.

핵심 개념 20.1

- 사이토신에서의 DNA 메틸화는 CpG 섬(프로모터 근처에 있는 CpG 분포가 많은 영역)와 절연자를 통해 전사에 영향을 준다. 메틸화된 CpG 섬은 전사를 억제하고, 메틸화된 절연자들은 기능을 하지 않는다.
- 인간에서 약 100개 유전자가 부모의 성별에 의존적으로 유전자의 전사 활성이 조절된다. 아버지로부터 각인된 유전자들은 아버지로부터 유전될 때 침묵하고, 어머니로부터 각인된 유전자는 어머니로부터 유전될 때 침묵한다.
- 유전체 각인은 각인 조절 영역(ICR)이라고 불리는 시스 작용 요소내에서 성-특이적인 CpG 섬의 DNA 메틸화나 절연자가 원인이 된다. 감수분열동안 유전된 메틸화 표지들이 지워지고, 새로운 성-특이적인 메틸화 패턴이 확립된다.
- 유전체 각인은 DNA 염기서열상에서 성-특이적인 변화 없이 야기되는 성-특이적인 유전자 침묵 때문에 일어나는 후성유전학적 현상이다. 하지만 생식세포를 통해 전달되는 이러한 유전자 침묵의 세포 기억은 세포분열을 따라 자동적으로 유지되는 현상이다. 세포는 DNA가 복제되는 동안 CpG 메틸화 표지를 복제하면서 유전자의 침묵을 유지한다.

20.2 세포 분열동안 예정된 유전자 억제의 유전성

학습 목표

1. 세포 분열동안 이들의 운명을 유지하도록 분화된 세포들을 도와주는 후성유전학적 현상을 설명한다
2. 세포 분열동안 전달되는 구조적 이질염색질의 기억성에 대한 기작을 토론한다.
3. 비활성화된 X 염색체의 기억성이 어떻게 포유동물의 암컷의 체세포에서 유지되는지 추측한다.

앞절에서, 유전체 각인은 부모의 생식세포에서 수정이 되기 전에 일어나는 것을 알게 되었다. 각인이 표시된 염색체는 세포의 기억성(DNA에서 메틸화된 사이토신 형태로)을 생식세포를 통해 자손으로 전달한다. 각인은 성-특이적인 각인조절 영역(ICRs)을 보유한 소수의 유전자에게만 영향을 준다는 사실은 중요하다고 할 수 있겠다. 유전자가 발현이 유리한 정보를 가진 생식세포를 통해 유전이 되는 유전자는 거의 드물다고 할 수 있겠다.

이번 절에서는 몇 가지 중요한 후성유전학 현상에 대해 논의하고자 한다. 그것은 전사적으로 침묵된 상태의 정보가 유전자들이 생식세포를 통해 개체의 다음세대로 전달되는 것이 아니라, 체세포 분열을 통해 세포의 다음 세대로 전달되는 현상인 것이다. 그러나 유전체 각인과 마찬가지로, 모든 이러한 경우의 세포의 기억성은 "예정되어 있다(programmed)". 다시 말해, 이러한 기억성의 전달은 개체 특이적으로 일어나는 것이 아니라, 종 안의 모든 개체에서 일어난다는 뜻이다.

분열하는 세포는 세포의 운명에 대한 기억을 보유한다

다세포 개체에서 모든 세포가 동일한 유전자를 가지고 있더라도, 다른 기관 안에 있는 세포들은 그들의 유전자를 다르게 사용하기 때문에 구별되는 세포 종류가 존재한다. 예를 들면, 눈 세포는 심장세포보다 다른 유전자 집합체를 발현한다. 특수한 세포 종류를 만들어내는 과정은 핵심 조절 유전자를—주로 전사인자들— 암호화 하는 유전자가 기관내의 전구세포에서 전사가 될 때 시작된다. 핵심 조절 유전자는 전구 세포의 자손들의 잠재적 운명이 기관의 기능에 참여하는 세포 유형으로 좁아지게 만드는 유전자 발현 프로그램을 시작한다(예를 들면, 4장에서 인간에서 SRY 전사인자는 수컷 발달의 핵심 조절 유전자이다). 핵심 조절 유전자가 어떤 세포에서는 활성화 되고 다른 세포에서는 그렇지 않게 되면, 어떻게 세포가 눈, 심장, 고환을

만들기 위해 일어나는 모든 세포 분열동안 그러한 패턴을 "기억"하고 있을까?

세포가 체세포 분열 후에 새롭게 만들어 질 때, 대부분의 유전자들이 세포의 이전 세대에서 이들의 유전자 발현의 상태에 대한 정보는 거의 없기 때문에 위의 질문에 대한 해답은 간단한 문제가 아니다(사소하지가 않다). 다시 말해, 대부분의 유전자들은 원래 존재하거나, 새롭게 만들어진 세포에서 만들어진 전사인자에 따라 체세포 분열이 일어난 뒤에 유전자들의 발현 여부를 "습득"(learn)하여 완성된다. 때때로, 유전자는 부모와 딸세포에서 발현 여부에 대한 동일한 결정을 할 수 있다. 이것은 딸세포 세포질에 존재하는 활성자와 억제자들이 DNA 복제 이후에 이들의 표적 유전자들의 증폭자들을 다시 결합할 수 있기 때문이다. 그러나 총괄 조절 유전자는 이들의 억제효과에 대한 강력한 세포기억설을 뒷받침하는 후성유전학적 기전을 제시한다. 이러한 기전은 복제분기점에서 복제된 전사를 억제하는 특정한 히스톤 변형이다.

초파리 *Hox* 유전자 억제의 확립

한 가지 잘 연구된 예는 초파리 *Hox*(*Drosophila homeobox*) 유전자 복합체이다. 22장에서도 언급되겠지만, *Hox* 유전자는 동물의 분절된 몸을 만들게 하는 핵심 조절 유전자(전사인자)를 암호화 한다. 초파리의 앞/뒤 축을 따라 각 분절에 있는 세포는 이들이 어느 분절에 있는지 알고 있다. 왜냐하면, 거기서 만들어지는 Hox 단백질의 양과 특별한 조합 때문이다. 분절의 전구세포의 운명을 결정짓는 이러한 방법은 특정 세포 집단에서의 *Hox* 유전자의 안정적인 억제(침묵)가 결정적으로 작용한다.

많은 *Hox* 유전자는 PRC2 (Polycomb repressive complex 2)라 불리는 억제 단백질 복합체 유전자를 구성하게 하는 억제자들과 결합하는 PRE (Polycomb response element)라 불리는 *cis*-작용 DNA 서열에 의해 억제가 시작된다(**그림 20.8a**). PRC2 단백질 소단위 중의 하나는 히스톤 단백질 H3 꼬리에서 특이적 라이신(K27)을 메틸화(me)하는 히스톤 메틸기전달효소(methyltransferase)이다. PRC2를 만들어 내는 특이적인 히스톤 변형인 **H3K27me**는 가까운 염색질에 있는 단백질의 결합 부위를 제공한다. H3K27me 마크는 PRC2에 결합하고, *Hox* 유전자가 억제되었다고 인접한 뉴클레오솜에 표시하여 전파 한다(그림 20.8a).

초파리 *Hox* 유전자 억제의 유지

Hox 유전자가 억제된 후에, H3K27me 마크(mark)와 닫힌 염색질을 모든 세포의 자손들에서 요약을 해보면 *Hox* 유전자는 침묵 상태

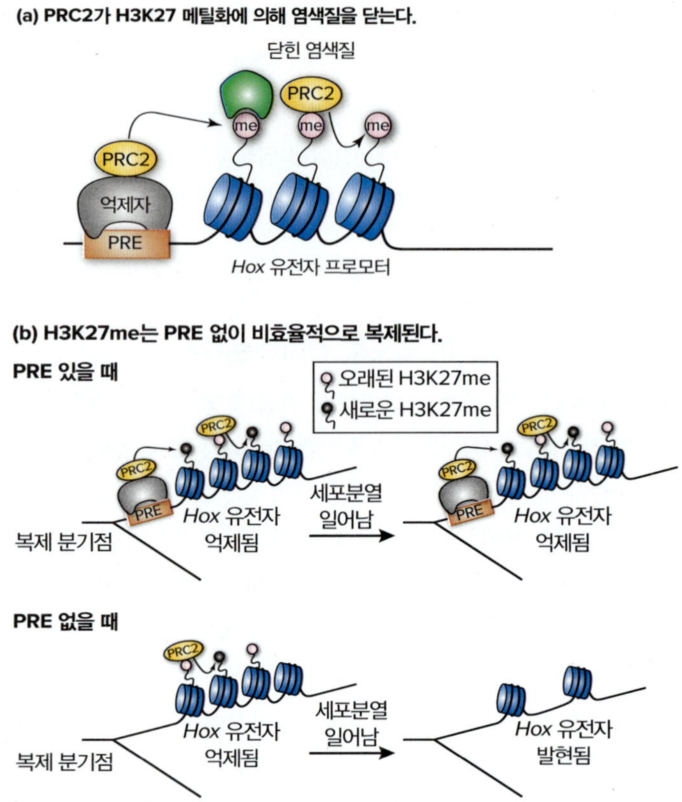

그림 20.8 *Hox* 유전자의 억제. **(a)** PRC2 단백질 복합체는 PRE에 결합하는 억제자들 중 공동억제자이다. PRC2는 H3K27을 메틸화 하고, 또 H3K27me와 결합한다(분홍색 원). 그래서 가까운 뉴클레오솜으로 이러한 표지(mark)를 퍼지게 한다. H3K27me 마크는 염색질을 닫게 하는 단백질(초록색)의 결합 부위이다. **(b)** 위쪽 그림은, H3K27me 마크가 PRC2가 PRE에 결합하고, 오래된 H3K27me 마크에 PRC2가 결합해서, DNA 복제가 일어난 후에 *Hox* 유전자에서 다시 만들어진다. 아래쪽 그림은, DNA 복제 전에 PRE가 없는 실험에서, 오래된 H3K27me 마크에 PRC2가 결합하는 것은 모든 H3K27me 마크를 다시 만들기에는 불충분하다. 따라서 여러번의 세포분열 이후에도, 마크는 없어지고, *Hox* 유전자는 더 이상 억제가 되지 않는다.

이다. PRE에 PRC2의 결합은 침묵을 시작하게 한다. 그러나 H3K27me 마크(mark) 단독으로 침묵되는 세포 기억성을 가지면서 저절로 유지된다는 것을 고려하면, 이러한 상호결합이 세포자손에 침묵이 유지되는데 필수적이라고 할 수 있겠다. 이 장의 마지막 부분에서도 볼 수 있겠지만, 이 질문에 대한 해답은 심오하게 함축적이다. 만약 새롭게 후천적 히스톤 변형이 안정적으로 저절로 유지되어진다면, 이러한 기작은 후천적으로 예정되지 않은 환경적 영향을 통한 특성이 다음 세대로 유전이 잠재적으로 가능하게 될 수 있다는 것이다.

PRE에 PRC2가 결합하는지 연구하기 위해서는 억제가 유지되는 것이 필요하다. 그래서 과학자들은 PRC2에 의해서 억제가 된 후 PRE가 결실이 된 *Hox* 유전자를 가진 초파리를 만들었다(과학자들은 다음 장에서 설명할 유전체 조작 기술을 사용하였다). 놀랍게도, 심지어 PRE가 결실이 된 이후에도, 세포는 몇 번의 세포 분열동안

Hox 유전자를 계속 억제한다. 이러한 억제는 결국 풀리게 되고, *Hox* 유전자는 전사가 된다. 연구자들은 새롭게 복제된 DNA에서 몇몇 재활용된 히스톤들이 H3K27me 마크를 가지고 있는 연구 결과에서 추론하였다. 마크(mark)된 히스톤들은 PRE가 없어도 PRC2를 뉴클레오솜으로 끌어들이고, PRC2는 마크되지 못한(unmark)한 H3 히스톤 근처를 메틸화 한다. 그래서 H3K27me 마크는 적절한 범위를 자동적으로 유지한다(**그림 20.8b**). 하지만 이 과정은 억제되는 것을 무기한으로 유지하기에는 매우 비효율적이다. 어떤 마크는 세포 분열 단계에서 사라지게 되며, 결국 그 마크는 영원히 없어진다.

요약하면, *Hox* 유전자의 장기간 침묵은 PRE와 상관없이 히스톤 마크(mark)의 비효율적인 후성유전학적 유전과 PRE에 의해 구성된 PRC2 조합이 중요하게 관련되고 있다. PRC2는 초파리에만 있는 것이 아니라, 포유동물을 포함한 많은 다른 종에서 존재한다. 이렇게 두 부분으로 나뉘는 과정은 발생과정의 선택을 좁히기 위해 다양한 개체에서 많은 세포의 형태에서 이용될 가능성이 있다. 어떤 특정한 세포에서 비활성화되어 있고, 잘 보전되어 있는 총괄 조절자가 다세포 개체의 발생과정에서 매우 중요하기 때문에 이 두 가지 기전이 진화되어 왔을 수도 있다. 하지만 히스톤 변형이 세포 운명을 영원히 지속되지 않도록 영향을 미치는 것에 대해 불합리하게 만드는 것도 중요하다고 할 수 있겠다.

분열하는 세포는 필수 구조적 이질염색질의 기억을 보유한다

13장에서 구조적 이질염색질(constitutive heterochromatin)을 만드는 많은 진핵생물에서 염색체의 중심체를 배웠다. 중심체의 DNA는 모든 세포에서 매우 단단하게 응축된 염색질이다. 이러한 이질염색질화(heterochromatinization)의 중요한 이유는 중심체가 이동성 인자(TE)로 대부분 구성되어져 있고, 이들의 활동은 유전체의 완전한 상태를 유지하기 위해 조절된다. 이질염색질 내에서 중심체 DNA 집합체는 레트로트랜스포존과 전이 효소 단백질 유전자의 전사를 방해하여, 이동성 인자(TE)의 이동성을 억제한다.

동물세포에서 이질염색질의 형성과 기억

다양한 동물들 사이에, 구조적 이질염색질의 형성을 시작할 때와 세포 분열동안 재구성될 때 다양한 기전들이 존재한다. 13장에서 이미 이러한 한 가지 기전을 설명했다. 이것은 어떻게 초파리와 포유동물에서 중심체적 이질염색질의 형성이 히스톤 H3의 메틸화된 꼬리에 K9 아미노산이 있는 히스톤 마크(mark)를 전파하는 것과 관련성 여부에 대한 것이다(H3K9me; 그림 13.15 참조). 초파리와 포유동물에서 PRE가 없을 때 H3K27me와 활성되는 것과 유사하게, H3K9me 마크는 이질염색질의 약한 세포 기억을 제공하기 위해 비효율적으로 저절로 유지되게 할지도 모른다(그림 20.8b 참조).

이질염색질 형성과 식물세포에서의 기억

식물 염색체의 중심절 반복 영역에서 전사하는 비암호화 RNA는 이질염색질 개시에 매우 중요하다. **그림 20.9a**에서 보여준 과정을 통해, 비암호화 RNA는 **Argonaute (Ago)** 단백질과 결합하는 **siRNA**로 바뀐다. Ago를 포함하는 복합체 내에서, siRNA의 기능은 상보적인 염기쌍 형성을 통해, Ago 단백질을 중심절 DNA에서 전사되는 RNA라고 알려진 ncRNA로 전달한다. Ago 단백질은 또한, H3K9을 메틸화 하는 히스톤 메틸기 전달효소(HMTs)와 DNA의 사이토신을 메틸기 전달하는 DNA 메틸기 전달효소(DNMTs) 모두 결합한다(그림 20.9a). 따라서 중심절 DNA는 히스톤과 이질염색질의

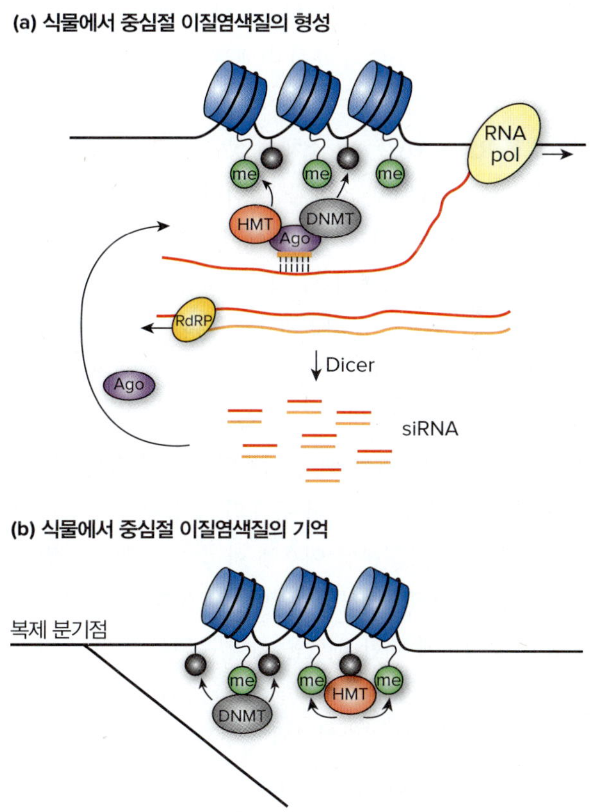

그림 20.9 식물에서 중심절 이질염색질의 형성과 기억. (a) 중심절 DNA에서 만들어진 전사체(붉은색)는 2가지의 기능이 있다. (1) RNA는 RNA에 독립적인 RNA polymerase (RdRP)가 상보적인 DNA(주황색)를 합성하려 하는 주형으로 사용된다. 두 가닥의 RNA가 Argonaute (Ago) 단백질로부터 내려오는 단일 가닥인 siRNA로 잘린다. (2) siRNA/Ago 복합체가 중심절로 가서 전사될 때 siRNA가 중심절 RNA와 염기쌍을 형성함. siRNA/Ago 복합체는 히스톤 메틸기 전달효소(HMT)와 DNA 메틸기 전달효소(DNMT) 단백질을 불러오고, DNA 서열에서 사이토신 메틸화(검은색 원형)와 H3K9 메틸화(초록색 원형)를 일으킨다. **(b)** 중심절 이질염색질은 DNMT/HMT 피드백 고리(HMT는 메틸화된 사이토신에 결합하고, DNMT는 H3K9me에 결합한다)를 통해 DNA 복제 후에 다시 만들어진다.

DNA 마크(mark) 특성 모두 필요로 한다.

식물 이질염색질은 세포기억 전달을 통해 부분적으로 세포 분열 동안 재형성된다. DNA 복제 분기점에서, 뉴클레오솜에 남아 있는 H3K9me 마크는 DNA 서열에서 가까운 사이토신을 메틸화 하는 DNMTs와 결합한다. 차례대로, 메틸화된 사이토신은 HMT를 끌어들이고, 두 가지 마크(marks)를 복제하고 억제를 유지하는 피드백 고리를 만든다(**그림 20.9b**). 식물 DNA에서는 포유동물 DNA처럼 복제 분기점에서 메틸화된 사이토신이 모두 복제 되지 않기 때문에, 이러한 피드백 고리는 식물에서 DNA 메틸화의 기억을 보유하는데 특별히 중요하다고 할 수 있겠다.

포유동물 세포는 불활성화된 X 염색체의 기억을 보유한다.

4장과 13장에서, 포유동물 암컷의 초기 배아가 대략 500~1000개의 세포를 포함하고 있으며, 두 개의 X 염색체 중에 임의로 하나가 선택적으로 각각의 세포에서 이질염색질—바 소체(Barr body)—이 된다는 것을 살펴보았다. 소수의 유전자(대부분 위상염색체 영역)를 제외하고, 모든 바 소체 염색체는 침묵한다.

긴 비암호화 RNA *Xist*는 바 소체 형성에 핵심이라는 것을 기억해야 한다. *Xist* lncRNA는 바 소체가 될 하나의 X 염색체에서 전사된다. *Xist* lncRNA는 전사된 X 염색체에서 결합하여, 그 길이를 따라 퍼지게 된다. 이후에 염색질에 히스톤을 변형하는 효소들을 끌어들이게 한다(그림 13.16 참조). 결과적으로, 불활성화된 X의 염색질은 CpG 섬을 메틸화하는 DNMTs를 불러와서, 염색질을 닫게 하는 H3K9me와 H3K9me같은 히스톤 마크로 둘러싸이게 된다.

원래 500~1000개의 암컷 배아 세포의 각각의 모든 자손들은 놀랍게도, 동일한 X 염색체(어머니 유래의 X나 아버지 유래의 X 둘 중의 하나)가 각각의 세포분열 이후에 바 소체가 된다(그림 4.13 참조). 이러한 세포 기억의 일으키는 원인은 무엇일까?

이런 중요한 질문에 대한 해답은 아직 우리는 찾지 못하고 있다. 하나의 가능성은 불활성화된 X가 염색체의 *Xist*와 지속적인 연관성을 통해 복제 분기점에서 비활성화된 정보를 전달했을 수도 있다. 하지만, 과학자들은 *Xist* lncRNA가 DNA 복제되는 동안 분리되었는지 여부는 아직 확인하지 못했다. 다른 가능성 하나는, 불활성화된 X DNA에 CpG 메틸화된 마크(marks)가 복제 분기점에서 복사되고, 그림 20.9b에서 보여지듯이 억제되는 히스톤 변형을 재구성한 피드백 고리와 유사한 경우 일 것이다. 이런 기억의 기전이 무엇이든 간에, 아마도 *Xist* 전사가 이루어져야 한다. *Xist* 전사는 DNA 복제 이후에, 바 소체 형성이 다시 개시되는 것을 도와주기 때문이다.

핵심 개념 20.2

- 유전자 발현 억제를 일으키는 히스톤 마크는 히스톤 단백질이 마크를 만드는 것과 결합하여 변형하는 효소들 때문에 복제 분기점에서 비효율적으로 복제될 수 있다. 복제 분기점에서 재활용된 히스톤에 의해 보유하고 있는 마크는 같은 변형하는 효소를 불러오고, 이후 마크되지 않은(unmark) 히스톤에 마크를 복제한다.
- DNA 메틸화와 히스톤 메틸화의 피드백 고리는 이질염색질에서 예정된 유전자 침묵의 세포 기억성을 제공하는데 도움을 준다.

20.3 세대 간 후성유전학적 유전

학습 목표

1. 세대 간 후성유전학적 유전을 정의한다.
2. 어떻게 침묵된 후성 대립유전자가 비활성화된 상태에서 세포 분열과 생식세포를 통해 유전되는지 설명한다.
3. 초파리 piRNA가 TE 이동을 어떻게 방해하고, 스스로 증폭하여 생식세포를 통해 자손에게 전달되는지 설명한다.

예정된 유전 현상과 달리 우리는 유전체 각인, 세포 운명, 중심절 이질 염색질, X 염색체 비활성화 부분을 논의했고, 후성유전학적 유전의 몇가지 예로 종의 모든 개체에서 일어나지 않는 것을 관찰하였다. 예정되지 않는 후성유전학적 현상은 우연히 일어나거나 특별한 환경 영향에 대한 반응으로 일어난다. 여기에서 우리는 두 가지의 예정되지 않은 **세대 간의 후성유전학적 유전**(transgenerational epigenetic inheritance)에 대한 예를 설명한다. 환경적으로 유도된 특징(돌연변이에 의한 것이 아니라)이 개체의 자손에 나타나고, 이들의 DNA는 환경적인 반응을 일으킨 중요한 변화에 직접적으로 노출되지 않았다. 이러한 예들은 식물과 동물에서 관찰되는 세대 간의 후성유전학적 유전의 두 가지 훌륭한 기전을 그림에서 보여주고 있다.

RNA로부터 지시받은 DNA 메틸화는 식물의 후성대립인자의 On/Off 상태에 대한 정보를 전달한다

"이명법"을 — 라틴어의 종과 속의 이름을 바탕으로 개체를 분류하는 시스템— 발명한 스웨덴의 유명한 과학자 린네(Linnaeus)는 자연적인 형태의 변이를 첫 번째 예시로 설명했다. 야생형의 좁은 잎 해란초(*Linaria vulgaris*) 꽃은 좌우대칭이지만, 이들의 변이는 펠로리아형(그리스어로 "괴물")으로 불리며 방사대칭이다(**그림 20.10**). 펠로리아형 표현형은 *Lcyc*라 불리는 유전자의 특이적인 대립인자 때문이다. 이 대립인자는 열성이라서 전사되지 않는다. 놀랍게도, 전사가 시작되는 상위 부분에 이동성인자(TE)의 삽입이 되어 확장되어도, *Lcyc*의 야생형과 펠로리아형 대립인자는 동일한 염기쌍 서열을 가진다. 연구자들은 야생형과 펠로리아형 대립인자에서 차이점은 펠로리아형 *Lcyc* 대립인자가 광범위하게 메틸화되어서 전사적으로 침묵되었다는 것을 발견하였다.

그림 20.9에서 살펴보았듯이, 식물은 종종 트랜스포존과 전이효소 단백질 유전자의 전사를 억제하기 위해 TE DNA를 메틸화 한다. 그래서 TE의 이동을 조절하고 보호한다. 때때로 이러한 TEs의 DNA 변형은 가까운 유전자에 확장될 수 있고, 이들은 침묵하게 한다. 자연스러운 DNA 메틸화에 의해 침묵될 수 있는 펠로리아 표현형처럼 만드는 대립인자들을 후성대립인자라고 부르고, 이들은 식물에서는 일반적인 현상이라고 할 수 있다. DNA 메틸화 마크는 포유동물의 생식세포에서 일어나는 방식과 같은 식물의 생식 발생동안 지워지지 않는다. 그래서 한번 확립되면, 침묵된 후성대립인자는 수백 년의 세대를 통한 자손으로 전달될 수 있다.

그림 20.10 ***Linaria vulgaris*의 2가지 형태는 후성대립인자의 다른 메틸화를 통해 일어난다.** *Linaria vulgaris* (toadflax) 식물은 상위부분에 TE 삽입이 된 *Lcyc* 후성대립인자의 동형접합성을 보여준다. 왼쪽에서 보여주는 식물은 정상적인 꽃이다. TE와 *Lcyc* 프로모터가 메틸화 되지 않았기 때문이다. 그래서 *Lcyc*가 높은 비율로 전사된다. 오른쪽에서 보여주는 펠로리아형 변이는 TE와 *Lcyc* 프로모터는 메틸화 되어서 *Lcyc* 유전자가 침묵되었다. *Source: (left): Bildagentur Zoonar GmbH/Shutterstock; (right): MMGI/Marianne Majerus*

초파리 piRNA는 TE 침입의 기억을 전달한다.

이동성인자(TE)들의 이동은 돌연변이와 염색체 재배열을 유발해서 전체 유전체에 지장을 주기 때문에(14장 참조), 개체들이 TE 이동을 제한하려고 하는 것에 유리하다. 초파리에서 TE의 이동을 억제하는 시스템은 **piRNA(Piwi와 결합하는 RNAs)**라고 불리는 짧은 비암호화 RNA의 생성에 의존된다. 이러한 piRNA는 암컷의 생식세포에서 만들어지고 난 뒤, 난모세포에서 자손에게로 전달된다(**그림 20.11**). 초파리 piRNAs의 생식 세포 계통 생성은 이전의 세대에서 TE 침입의 기억을 지키고, TE 이동은 해로운 결과로부터 다음 세대를 보호하게 도와주는 세대 간의 후성유전학적 유전으로 작용한다.

새로운 TE가 초파리 유전체에 침입할 때, piRNA의 복합체에 결국 뛰어들게 되어 있다. 이 영역은 piRNA의 전구체를 만들기 위해 전사되는 유전체 영역이다. 각각의 복합체(culster)는 다양한 다른 종류의 TEs의 불활성화 된 나머지 부분을 결국 포함하게 된다. piRNA의 전구체는 다양한 TE 서열의 자투리 부분을 포함하는 piRNA를 만들게 한다. 그림 20.11의 아래 부분은 piRNA 복합체의 바깥 유전체 부분에서 TE 복제를 전사하려고 하는 TE mRNA의 분열을 진행하는 piRNA의 기능을 보여주는 그림이다. 그 이후에 piRNA는 전이효소를 만드는 TE 유전자의 발현을 막고, TEs가 이동하지 못하게 한다.

이러한 시스템에서의 "기억성"은 piRNA가 특이한 기전을 통해 암컷의 생식근원 세포 계통에서 이들 스스로 재생할 수 있다는 사실에서 유래된다. piRNA는, 원래 전사될 때 "원시" piRNA 전사체라고 불리는 염기쌍을 통해 piRNA 복합체와 동일한, 즉 Argonaute 단백질, Piwi를 데리고 온다(그림 20.11). Piwi는 순서대로 히스톤 변형 효소들을 piRNA 복합체로 가져다준다. 변형된 히스톤의 결과는 이상한(역설적인) 형식으로 piRNA 복합체를 이질염색질화 한다. HP1은 이러한 히스톤 변형에 결합하고, 염색질을 닫는다(이질염색질에서 일어날 수 있는 효과). 그러나 이와 반대로 이질염색질의 다른 유전자들에서는 piRNA 복합체의 HP1이 복합체로 RNA 중합효소 II를 유인하는 단백질을 불러 들여서, positive 피드백 고리를 통한 전사를 이끌어낸다. 요약하면, 초파리 piRNAs의 스스로 지탱하는 생식근원 세포 계통의 생산은 TE를 인식하고 이들의 이동을 억제하는 세대 간 면역 시스템과 비슷하다고 할 수 있겠다.

14장에서(연습 문제 15번), 우리는 P 인자라고 불리는 초파리 트랜스포존이 **잡종 발생이상**(잡종 자손의 불임현상)이라 불리는 현상 때문에 발견되었고 언급했다. 1970년대 과학자들은 자연에서, 즉 실

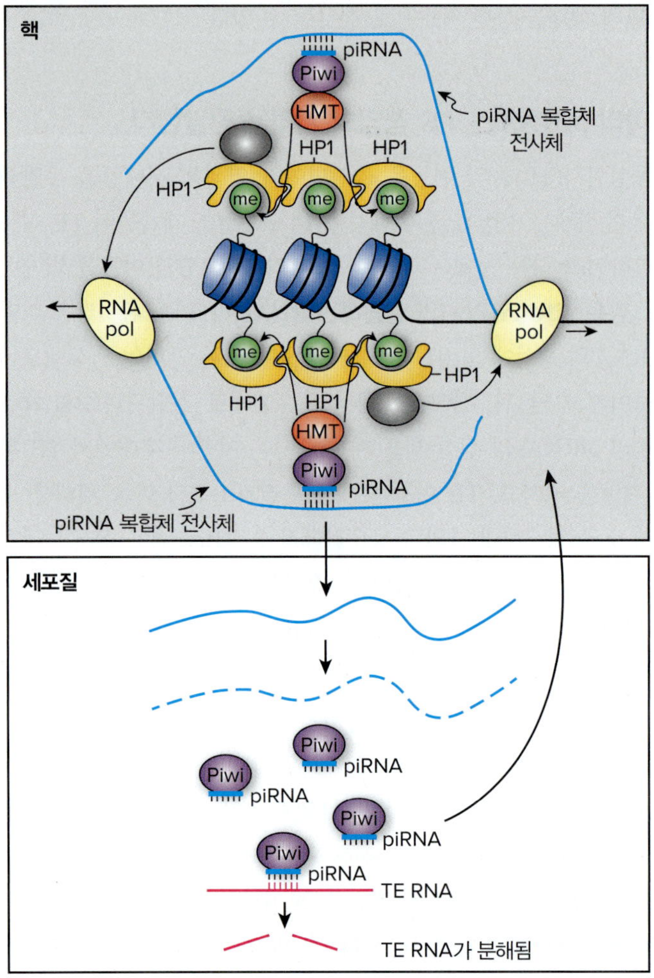

그림 20.11 초파리 piRNAs가 TE 이동을 억제하는 방법. piRNA 복합체의 두가닥의 DNA로부터 핵(위 그림)에서 만들어진 전사체가 piRNA로 되는 과정이 세포질(아래 그림)에서 일어난 뒤, Piwi 단백질에 운반한다. 핵에서 piRNA/piwi 복합체는 piRNA 복합체 전사체에 결합하고 H3K9을 메틸화 하는 히스톤 메틸기 전달 효소(HMT)를 불러온다. HP1 단백질은 H3K9me 마크와 결합하고 염색질을 닫는다. 또, HP1는 RNA 중합효소를 유인하는 단백질(회색 달걀형)들을 불러와서, 중심절 이질염색질에 있는 piRNA 복합체의 이상한 전사를 일으키게 한다.

험실 밖의 파리를 실험실에 있는 계통과 교배시켰다. 그리고 이들 교배의 자손이 불임이라는 것을 관찰했는데, 외부의 수컷이 실험실내에 암컷과 교배되었을 때만 불임이라는 것을 알아냈다. 반대의 경우는 불임이 아니었다. DNA 분석에서 외부의 파리가 *P* 인자를 가지고 있는 반면, 실험실 파리의 유전체는 이들이 존재하지 않는다는 것을 밝혀냈다. 명백하게, 처음으로 실험실 계통으로 잡혀진 이래로, *P* 인자들은 지난 100년 동안 노랑초파리(*Drosophila melanogaster*)의 자연적인 집단을 통해 퍼지고 있다.

이제 우리는 piRNA의 관점에서 잡종 발생이상에 대한 것을 이해하고 있다. *P* 인자가 없는 실험실 암컷의 난모세포는 다음 세대의 *P* 인자 이동을 억제하려고 piRNA를 포함하고 있지 않다. 그래서 이들

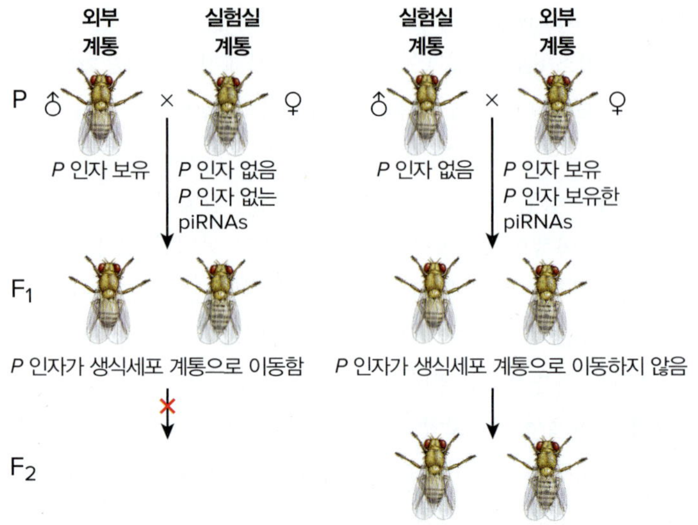

그림 20.12 piRNAs의 모계 유전성. (왼쪽) : *P* 인자를 가진 수컷과 *P* 인자가 없는 암컷의 교배는 불임의 자손을 만든다. *P* 인자가 없는 piRNA는 P 세대의 난자에 축적이 되고, *P* 인자는 F_1 생식근원 세포 계통으로 이동하게 된다. **(오른쪽)** : *P* 인자가 없는 수컷과 *P* 인자를 가진 암컷의 교배는 정상적으로 자손을 번식한다. 왜냐하면, P 세대의 난자에 축적된 piRNAs가 F_1 생식근원 세포 계통으로 이동하지 않기 때문이다.

자손의 생식근원 세포 계통의 *P* 인자는 이동할 수 있고, 번식이 가능한 자손의 생식세포에서 수많은 돌연변이를 일으킨다. 이와 반대로, *P* 인자를 가진 외부 암컷의 난모세포는 *P* 인자를 인식하는 piRNA를 포함한다. 그리고 이들의 자손의 생식 세포에서 *P* 인자들의 이동을 방해한다(**그림 20.12**).

핵심 개념 20.3

- 세대 간 후성유전학적 유전은 유전자의 전사 상태에 관한 정보가 생식세포에 의해 자손으로 전달된다. 이것은 이러한 상태를 유도하는 자극에 간접적으로 노출된다.
- 후성대립유전자는 DNA에서 사이토신의 메틸화에 의해 억제가 잘 일어난다. 한번 이러한 억제가 시작되면, 후성대립유전자는 세포 분열과 다수의 세대 동안 생식 세포를 통해 침묵된 채로 남아 있다.
- 초파리에서, piRNAs는 암컷의 생식 세포 계통에서 만들어지고, 난모세포를 통해 세대 간으로 전달된다. piRNAs는 이동성 인자들(TEs)과 상호 보완적이며, TEs들이 움직이지 못하게 만든다.

20.4 포괄적인 예: 생쥐에서의 후성유전학적 유전

학습 목표

1. 세대 내와 세대 간의 후성유전학적 유전의 차이를 구분한다.
2. 포유동물의 후성대립유전인자의 활성/비활성(on/off) 상태에 대한 정보가 정상적으로 세대 내로 전달되는지에 대한 증거를 찾아낸다.
3. 포유동물에서 환경이 후성유전학적 정보를 변화시키고 지속적으로 세대 내로 전달되도록 보여주는 실험결과를 설명한다.

이 장의 소개에서도 살펴보았듯이, 식물처럼 포유동물에서도 후성대립유전자를 가지고 있다. 과학자들은 포유동물에서 후성유전학 유전을 연구하기 위한 실험에서 생쥐 *agouti* 유전자의 A^{VY} 후성대립유전자를 이용한다. 연구자들은 유전자 발현의 활성/비활성(on/off) 정보가 환경적으로 변화되는 것이 포유동물에서 많은 세대를 통해 전달되는지 여부가 특히 궁금하고 알고 싶었다.

A^{VY} 후성대립유전자에서 활성/비활성(ON/OFF) 정보는 불안정하게 전달되고 환경에 의해 영향을 받을 수 있다

후성대립인자에 대한 연구는 연구자들에게 도전을 불러일으켰다. 왜냐하면, 활성/비활성(on/off) 정보가 종종 딸세포나 생식세포에만 부분적으로 전달되기 때문이다. 연구자들은 이러한 문제를 피하기 위해 뛰어난 실험을 창안했다. 그리고 포유동물의 후성대립인자의 후성유전학적 유전에 대한 부분을 많이 배우게 되었다.

agouti 유전자에 의한 생쥐 털 색깔 조절

agouti 유전자(*A*)의 야생형 대립유전자는 Agouti 단백질을 만들고 이것은 털에 추적되어 노란색의 색소를 만들도록 한다. 정상 생쥐(*AA*)는 회색으로 보인다. 왜냐하면 이 털의 중앙에 노란색의 띠가 있어 어둡게 보인다(**그림 20.13a**). 열성의 무기능 *agouti* 대립인자(*aa*)의 동형접합자는 검은색이다. 왜냐하면 노란색 띠가 없기 때문이다(그림 20.13a). 이형접합성의 $A^{VY}a$ 생쥐는 종종 노란색이다. 왜냐하면 A^{VY} 대립인자는 우세한 기능 획득 돌연변이인데, 이것은 노란색 색소를 과잉생산해서 완전히 노란색으로 만들게 한다(그림 20.13a). 또한 A^{VY} 대립인자를 가진 생쥐는 종종 비만이다. 왜냐하면, A^{VY}가 Agouti 단백질을 뇌에서 부적절하게 만들어서 생쥐가 항상 배가 고프게 한다.

A^{VY} 대립인자는 CpG 섬과 연관되어 있는 프로모터 영역을 동반하는 *agouti* 유전자의 상류부분에 레트로트랜스포존이 삽입될 때 발생했다. CpG 섬이 메틸화되지 않았을 때, RNA 중합효소는 레트로트랜스포존의 프로모터로부터 많은 양의 *agouti* mRNA를 전사하여 노란색 털을 만든다(**그림 20.13b**). 하지만 CpG 섬의 메틸화는 레트로트랜스포존 프로모터를 침묵하게 한다. 이런 경우에, RNA 중합효소는 소량의 A^{VY} 대립인자(힘이 약한 정상 *agouti* 유전자 프로모터)를 전사하게 하여 회색 털을 만들게 된다(그림 20.13b).

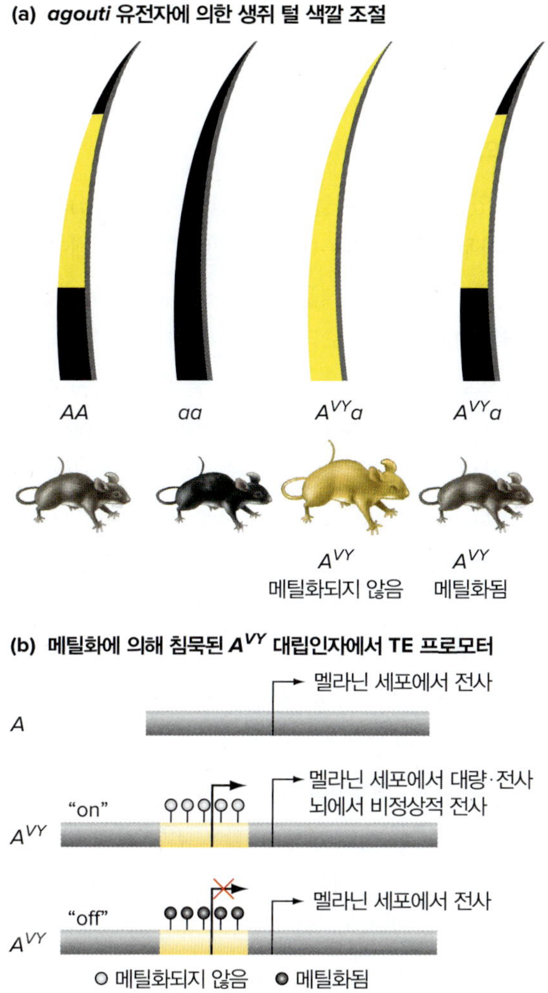

그림 20.13 *agouti* 대립인자와 메틸화에 의한 생쥐 털 색깔 조절. **(a)** 정상 생쥐(*AA*)는 회색이다. 왜냐하면 *A* 대립인자가 노란색 띠를 가진 털을 만들기 때문이다. 검은 생쥐(*aa*)는 노란색 띠가 없다. 왜냐하면 *a*는 무기능이다. $A^{VY}a$ 생쥐는 후성대립인자의 메틸화 여부에 따라 노란색이거나 회색일 수 있다. **(b)** A^{VY} 돌연변이는 TE 프로모터에서 *agouti*의 과발현을 일으키는 TE가 삽입된 것이다(노란색). 메틸화는 TE 프로모터를 침묵시키고, 정상적인 전사를 하게 한다.

아래의 논점에서, 우리는 Off와 On이라는 용어를(인용 표시 없이) 특별한 경우에 사용한다. *A* 유전자 전사의 상태를 표시하기보다는 오히려 레트로트랜스포존 프로모터의 상태를 표시하기 위한 용어에 가깝다. 그래서 A^{VY}는 레트로트랜스포존 프로모터가 비활성이고 정상 프로모터가 활성일 때 "off"이다. 반대로, 우리는 A^{VY}가 레트로트랜스포존 프로모터가 활성되어, *agouti* 전사체가 과발현되고 잘못 발현되었을 때는 "on"이라고 한다.

A^{VY} off 상태의 불안정성

그림 20.14에 있는 모든 생쥐들은 동일한 유전형($A^{VY}a$)을 갖고 있다. *a*는 열성의 아무가치가 없는 대립인자인 것을 기억해야 한다. 그래서 어떤 노란색이나 회색의 색깔은 반드시 A^{VY}에서 유래된다. 왼쪽의 노란색 생쥐는 A^{VY}가 거의 모든 세포에서(레트로트랜스포존 프로모터에서 과량으로 전사되어) on이다. 맨 끝의 생쥐는, A^{VY}가 오른쪽 회색 생쥐의 사실상 모든 세포에서(정상적인 프로모터에서 정상적인 수준으로 전사되어) off이다. 하지만 세포 분열동안 전달되는 정보는 종종 불완전하다. 그림 20.14에서 가운데의 세 마리 생쥐는 부분적으로 어둡고 반점들을 가지고 있다 왜냐하면 A^{VY} 대립인자가 어떤 세포에서는 on이고, 다른 세포에서는 off이기 때문이다.

연구자들은 A^{VY}에서 TE 삽입의 CpG 메틸화의 정도와 털 색깔의 연관성에 대해 밝혀냈다. 더 밝은 노란색의 생쥐는 평균에서 TE 삽입의 메틸화가 적고 더욱 많은 A^{VY}가 전사된다. 반면, 어두운 생쥐는 TE 삽입의 메틸화가 많이 일어난다(적은 양의 A^{VY}가 전사된다) (그림 20.14). 따라서 $A^{VY}a$ 생쥐의 털 색깔은 A^{VY}전사량과 TE 메틸화의 양을 측정하는 수단으로 이용된다. 각인된 유전자의 ICRs에서의 CpG 메틸화와 달리, 반점이 있는 털은 포유동물의 세포가 분열될 때

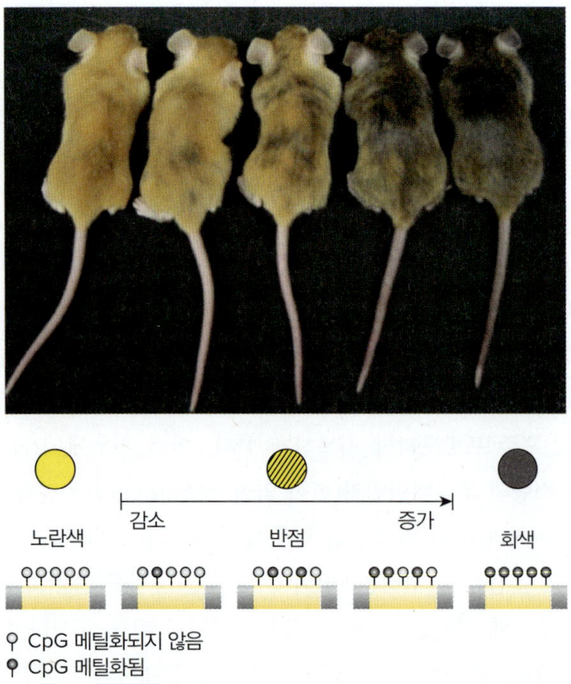

그림 20.14 A^{VY} off 상태의 불안정성. 이 사진의 모든 생쥐는 $A^{VY}a$이다. 생쥐의 털에서 회색 색깔의 정도는 체세포에서의 DNA 메틸화의 정도와 연관성이 있다.
Source: ©2007 by The National Academy of Sciences of the USA

A^{VY}에서의 메틸화 마크를 완전히 복제하지 않는다는 것을 제시한다.

모계의 생식세포에서 세대를 통해 A^{VY} On/Off 상태를 전달한다

A^{VY} 대립인자의 전사가 불안정함에도 불구하고, 과학자들은 A^{VY} 대립인자에서 on/off 정보가 생식세포, 즉 오로지 모계를 통해만 세대를 통해서 임의로 전달될 수 있다고 결정할 수 있었다. 연구자들은 노란색 털 생쥐나, 반점을 가진 털의 생쥐 $A^{VY}a$ 암컷 둘 중의 하나와 *aa* 수컷의 교배를 준비했다. 과학자들은 평균적으로 더 노란색의 어미는 더 노란색의 자손을 만들고, 반면에, 더욱 어두운 색의 어미는, 더 어두운색의 자손을 만든다는 것을 관찰했다. 이와 반대로, 수컷의 생식세포를 통한 A^{VY}의 유전은 자손의 털의 색깔에는 전혀 영향을 주지 않는다. 그래서 과학자들은 A^{VY}에서 on/off 정보가 수컷의 생식세포 계통에서 완전히 지워지고 암컷의 생식근원 세포 계통에서 불완전하게 지워질 것 이라는 가설을 설정하였다.

식이습관에 의해 유도된 유전은 A^{VY} On/Off 상태를 변화시킨다

아주 유명한 실험 중 하나에서 환경이 A^{VY} 상태의 on/off를 변화시킬 수 있다는 것을 보여 주었다(**그림 20.15**). 연구자들은 암컷 생쥐(*aa*)와 반점의 털을 가진 $A^{VY}a$ 수컷을 두 개의 그룹으로 하여 교배를 시켰다. 이후 이들이 새끼를 임신했을 동안, 실험적인 암컷은 메틸군에서 영양분이 풍부한 것들을 먹였다. 반면 대조군은 정상적인 영양분을 먹였다. 놀랍게도, 흔치 않은 영양분을 먹인 암컷의 $A^{VY}a$ F_1은 정상적인 영양분을 먹인 암컷의 F_1과 유전적으로 동일한 것보다 평균적으로 (A^{VY} 상태가 더 off됨) 더욱 어두운 털 색깔을 보였다. 이 결과는 CpG 메틸화가 유전자의 침묵과 연관되어 있기 때문에 타당하다고 할 수 있겠다.

환경적으로 촉발되는 A^{VY}의 ON/OFF 상태는 세대 간의 유전되는가 아니면 세대 내로만 유전되는가

많은 양의 메틸 그룹을 먹인 동물에서 영양분의 차이와 연관성을 연구하는 같은 실험에서, 만약 메틸 그룹이 풍부한 영양분을 먹은 암컷의 손주세대라면, 정상적인 영양분 상태를 유지한 $A^{VY}a$ F_1 암컷과 *aa* 수컷이 교배했을 때, $A^{VY}a$ F_2 세대는 평균적으로 더 어두운 털 색깔을 가지고 있다는 것을 발견했을 때 연구자들은 매우 놀랐다(그림 20.15). 이러한 발견은 처음에는 상당한 관심을 받았다. 왜냐하면, 이것은 포유동물에서 **세대 간의 후성유전학적 유전**(transgenerational epigenetic inheritance)의 첫 예시라고 알려졌기 때문이다. 개체의 자손의 생식근원 세포 계통에서 나타나며 환경적으로 유도되는 특징(염기쌍의 돌연변이에 의해 유발되는 것이 아님)은 간접적으

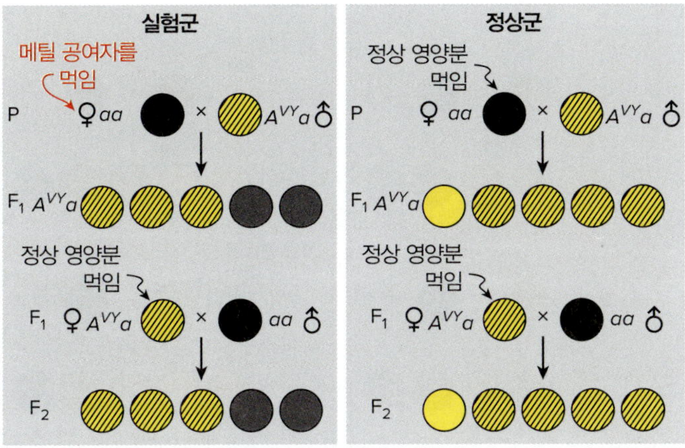

그림 20.15 후천적 특징의 세대 간의 후성유전학적 유전. 임신기간 동안 메틸 공여체군의 풍부한 영양분을 먹은 암컷 생쥐의 $A^{VY}a$ 자손과 손주세대는 정상적인 영양 섭취를 한 암컷의 자손들보다 평균적으로 어두운 색깔의 털을 가지고 있다. (기호들은 그림 20.14에 있다. 평행선으로 된 빗금친 부분은 회색/노란색 반점을 나타낸다.)

로 환경의 자극에 노출된다. 만약 이것이 확인이 된다면, 이러한 예는 엄청 중요할 것이다. 왜냐하면, 환경적인 요인이 인간의 현세대뿐만 아니라, 차세대에도 영향을 줄 수도 있기 때문이다.

세대 간의 후성유전학적 유전과 세대 내의 후성유전학적 유전의 구별

과학자들이 포유동물에서 세대를 통한 유전성을 설명하기 위한 기준이 환경적인 자극이 처음으로 암컷이나 수컷에게 적용되는 여부에 따라 다르다는 것을 알아 냈을 때, 이들 결과에 대한 처음의 흥분이 서서히 사라지게 되었다. 이유는 어머니의 자궁에서, F_1(F_2를 생기게 하는)의 생식근원 세포 계통이 직접적으로 환경적인 촉발인자에 노출되었기 때문이다(**그림 20.16**). 그래서 과학자들은 환경적으로 유도된 특징들의 유전은 암컷의 자손(F_1)과 손주(F_2) 그리고 증손주(F_3)가 자극에 노출되고 또 후천적인 특성을 보여줄 때만 세대를 통한다고 말할 수 있다. 만약 F_3이 어떤 특징을 보여준다면, DNA에 자극을 유도하는 변화가 원래의 어떤 계기가 없는 F_2의 배우자에게 복제되어, F_3으로 전달되고, F_3에서 세포분열을 통해 유지된다. 반대로 자손의 생식근원 세포 계통에서가 아니라, 원래 수컷의 생식근원 세포 계통에서만 환경적인 계기에 노출될 것이다(그림 20.16). 그래서 환경적인 자극이 수컷에서 일어난다면, 다음에 손주세대(F_2)에서 특성이 관찰되는 것이 세대를 통하는 유전의 충분한 증거이다.

세대 간의 후성유전학적 유전은 특징의 전달에 대한 정보 종류가 자극에 한번도 노출되지 않은 생식근원 세포 계통을 통해 안전하게 충분히 전달되는 되어야만 하는 것을 의미한다. 환경에 의해 유도되는 특징 등은 아마 불안정할 수 있고, 노출된 생식근원 세포 계통에 의해 만들어진 자손과 자극에 노출된 동물에서만 나타날 수도 있다.

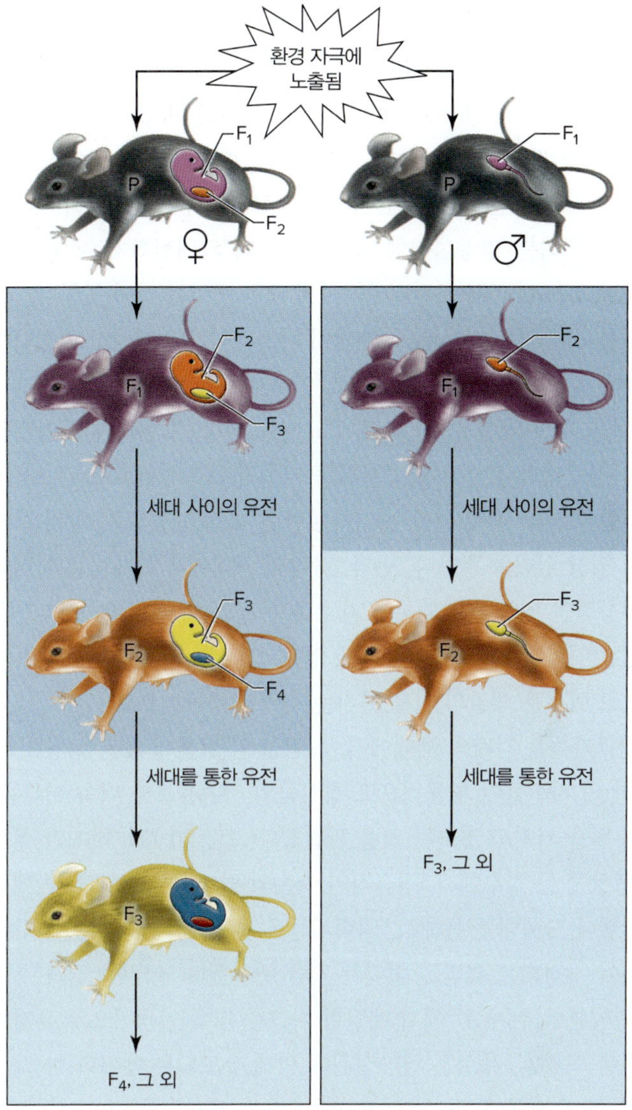

그림 20.16 세대 내와 세대 간의 후성유전학적 유전. 이 그림에서 생쥐의 털 색깔은 다른 세대를 구분하고 표현형은 표시되어 있지 않다. 만약, 암컷의 생쥐가 DNA 서열의 변화 없이 특정한 성질의 현상을 유발하는 환경적인 자극에 의해 노출 되었다면, 후성유전학적 유전은 세대 내의 유전일 것이다. 만약 후천적인 특징이 F_1 세대나 F_1과 F_2 세대에서 나타나고, 또한, F_3 세대에도 나타난다면 세대 간의 유전인 것이다. 만약 수컷 생쥐가 환경적인 촉발인자에 노출된다면, F_1과 F_2 세대 둘다에서 후천적 특성이 발견되는 것은 세대 간의 후성유전학적 유전이라고 간주하기에 충분하다.

원래 노출된 암컷의 아이들만 또는 아이들과 손주들이 특징을 보여줄 때 또는 수컷의 노출된 아이들에서만, **세대 내의 후성유전학적 유전**(intergenerational epigenetic inheritance)은 일어난다. 이러한 경우에서는 특징을 지시받은 정보는 노출되지 않은 생식근원 세포 계통을 통해 전달되는 것이 즉시 상실된다.

환경적인 요인에 의해 촉발되는 A^{VY} On/Off 상태의 세대 내의 유전

이전의 메틸 영양분 섭취에 대한 실험에서 어머니의 섭취는 두 세대를 통해 지속되는 형태로 유전자의 On/Off 상태가 변하면서 자손의 표현형에 영향을 줄 수 있다. 다시 말해, 세대 내로(intergenrationally) 전달된다는 뜻이다. 하지만 연구자들은 비정상적인 영양섭취를 한 암컷의 증손자(F_3)들이 정상군보다 평균적으로 더 어두운 색의 털을 가지고 있는지에 대한 여부는 보고하지 않았다. 따라서, 이 실험에서 우리는 영양섭취에 유도된 A^{VY}의 과메틸화가 세대 간으로(transgenerational) 유전되었는지에 대한 여부는 알지 못한다.

다른 실험의 결과들은 그 해답이 아닐것이라고 제시하고 있다(**그림 20.17**). 두 가지의 접근방법으로, 연구자들은 3세대 동안 $A^{VY}a$ 반점의 털을 가진 암컷을 aa 수컷에 교배를 했다. 실험군에서 암컷들은 메틸 공여체의 풍부한 영양섭취를 지속적으로 받았고(그림 20.15에서처럼 P 세대 암컷 뿐만 아니라), 반면 대조군(정상군) 암컷은 정상적인 영양 섭취를 받았다. 만약, 각각의 세대에서 복제되는 어머니의 비정상적인 영양섭취 때문에 새로운 메틸화 마크가 유도된다면, 기대되는 결과는 바로 다음 세대에 있다. 그것은 실험군의 생쥐가 지속적으로 어두운 색깔의 털을 가지는 것이다(평균적으로).

연구자들은 각각의 세대에서, 실험군 암컷(흔치 않은 영양분 섭취를 한)의 자손들이 평균적으로 정상군의 자손들보다 더욱 어두운 색깔의 털을 가지고 있다는 것을 관찰했다(그림 20.17). 하지만 실험군과 정상군 두 경우에서, 평균적인 자손의 털 색깔은 F_1, F_2, F_3에서는 동일했다. 3세대를 통해서, 과학자들은 흔치 않은 영양분 섭취에 노출되어 누적되는 효과는 없다는 것을 관찰했다. 이러한 결과는 암컷의 영양분 섭취가 A^{VY}에서 메틸화 마크를 더욱 안정적으로 유지하는 원인이 되지만, 새로운 영양섭취에 의해 유도되는 메틸화 마크의 세대 간의 유전성의 원인은 아니라는 것을 제시한다. 2019년까지도, 포유동물에서 환경적으로 유도되는 후천적 특징인 세대 간의 유전에 대한 상세한 예시의 기록은 없다.

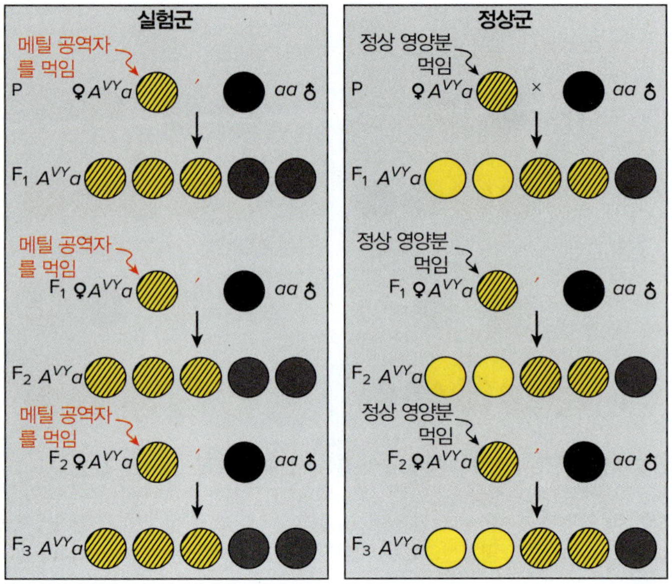

그림 20.17 세대 간의 후성유전학 유전은 A^{VY}에서는 일어나지 않는다. 3번의 지속적인 세대동안 메틸 공여자를 충분히 섭취한 암컷 생쥐의 자손은 평균적으로 어두운 색의 털이나 더 어두운 색의 털을 가지게 되지 않는다. 결론은 새로운 영양섭취에 의해 유도된 메틸화 마크는 유전되지 않는다는 것이다(기호들은 그림 20.14에 있는 것과 같다).

핵심 개념 20.4

- 후천적 특징의 세대 내의(intergenerational) 후성유전학적 유전은 생식세포가 환경적인 자극에 의해 노출되는 되는 현상이 자손에게 유전자의 새로운 on/off 정보를 전달할 때 일어난다.
- 후천적 특징의 세대 간의(transgnerational) 후성유전학적 유전은 생식세포가 원래의 유전된 on/off 정보를 보유한 환경적 자극에 간접적으로 노출되어 이것을 다음 세대로 전달할 때 일어난다.
- 연구자들은 포유동물에서 세대 내의 후성유전학적 유전의 환경적으로 촉발되는 후천적 특징은 입증했지만, 세대 간의 후성유전학적 유전은 입증하지 못했다.

풀이 문제

풀이 문제 I

다음 가계도에 그려진 병이 부계 각인된 상염색체 유전자의 희귀한 열성 대립유전자 징후 때문이라고 가정하자. (a) I-1, (b) II-1, (c) III-2에서 각 개인의 유전자형은 무엇이라고 예측하는가?

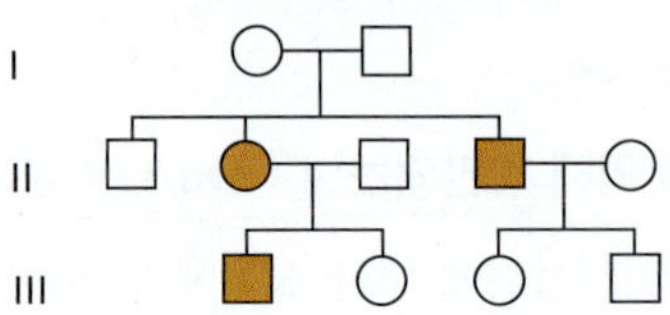

해답

이 문제를 풀기 위해서는 각인이 어떻게 표현형에 영향을 줄 수 있는지 그리고 각인은 생식세포에서 어떻게 재설정되는지를 이해해야 한다. I 세대에서 양친 중 어느 쪽도 병증을 갖고 있지 않다. 그러나 이들의 세 자녀 중 둘은 병징을 나타낸다. 얼핏보면 양친 각각은 돌연변이 대립유전자를 하나씩 가지고 있는 것 같다. 양친은 병증을 겪고 있지 않기 때문에 I 세대의 각 부모는 불활성화된 돌연변이 대립유전자를 아버지에서 물려받고, 온전히 발현되는 대립유전자를 어머니에게서 물려받은 것으로 생각할 수 있다. 그러나 조금만 더 생각해 보면 아버지가 돌연변이 대립유전자의 제공자일 수는 없다. 그는 전사가 안 되는 대립유전자만을 II 세대에 전해 준다. 병증을 나타내는 두 명의 II 세대 자녀들은 어머니로부터 돌연변이 대립유전자를 물려받았어야만 한다. 그녀의 유전자가 발현되는 유일한 대립유전자이기 때문이다. 다음 풀이에서 A^+는 정상적인 우성의 대립유전자를 나타내며, A^-는 열성의 병증을 나타내는 대립유전자이다.

a. I-1의 유전형은 A^+A^-이다. A^- 대립유전자는 불활성이고 그녀의 아버지로부터 유전되었다.

b. II-1의 유전형은 A^+A^+이다. 그는 어머니로부터 정상적인 대립유전자를 물려받았다. 이것은 그가 발현하는 유일한 대립유전자이다. 병증을 나타내는 대립유전자는 드물기 때문에 그의 아버지가 A^+A^+라고 가정한다. 가계도의 정보로는 II-1나 혹은 그의 아버지가 A^+A^+라고 가정한다. 가계도의 정보로는 II-1나 혹은 그의 아버지가 A^+A^+가 아니라는 결론을 내릴 수 없다.

c. III-2의 유전형은 A^+A^+이다. III-2가 발현하는 유일한 대립유전자이며 병증이 없으므로 그녀는 A^+를 그녀의 어머니(A^+A^-이다)로부터 물려받았다. 병증에 대한 대립유전자는 드물기 때문에 앞서 언급한 대부분의 가정과 마찬가지로 III-2의 아버지는 A^+A^+이다.

풀이 문제 II

메틸화된 CpGs를 확인하는 방법은 *bisulfite*이라고 불리는 화학물질 사용과 연관이 있는데, 이것은 사이토신이 우라실로 바뀌는데, 메틸화된 사이토신은 변하지 않고 그대로 남는다. 유전체의 어느 위치에서 특정 CpG 디뉴클레오타이드가 조직 샘플에서 한 가닥 또는 두 가닥 모두에 메틸화 여부가 되는지 알고 싶다. 이런 CpG를 포함하는 유전체 시퀀스는 5′...TCCATCGCTGCA...3′이다. 조직 샘플에서 유전체 DNA를 추출한다. bisulfite으로 철저히 처리한 뒤, CpG 디뉴클레오타이드를 포함하는 영역을 PCR로 증폭하기 위해 프라이머를 사용한다. 그리고 나서, 증폭된 PCR 산물을 생어 시퀀싱 방법(그림 10.7 참조)으로 시퀀싱 한다.

a. 유전체 DNA에 bisulfite을 처리한 후에, 두 개의 DNA 가닥이 단일가닥으로 나뉠 것이다. 왜 그럴까?

b. (a)에서의 대답은 잠재적인 복잡성을 초래한다. bisulfite 처리 결과에서 (a)와 같은 결과를 설명할 수 없다면 PCR 프라이머가 DNA를 증폭하지 않을 것이기 때문이다. 이 실험을 위해 PCR 프라이머를 디자인 할 때 특별히 어떤 주안점이 필요할 것인가? 한 쌍의 PCR 프라이머가 DNA의 두 가닥을 증폭할 수 있을까?

c. 증폭된 DNA 가닥을 봐야 하는지 CpG가 메틸화 된 것 둘 중에 어떤 시퀀스를 봐야 하는가? 만약 메틸화가 되지 않았다면?

d. bisulfite 방법을 사용하면, 조직 샘플에서 CpG 디뉴클레오타이드가 hemi-메틸화 또는 두 가닥 모두 메틸화 되었는지 설명할 수 있는가? 설명하시오.

해답

a. CpG의 맥락이 아닌 Cs(사이토신)는 메틸화 되지 않고, Us(우라실)로 바뀌는데, 이것은 다른 가닥에서 Gs(구아닌)와 염기쌍을 이루지 못한다. bisulfite은 DNA를 변하게 해서 두 가닥이 더 이상 서로 상보적이지 않게 된다.

b. 프라이머는 CpG 시퀀스가 없는 유전체의 근처에 상보적으로 되는 것이 좋다(그래서 CpG의 서열의 사이토신이 U로 바뀌었는지 여부에 대한 DNA 서열을 예측할 수 있다). 그리고 프라이머 서열은 bisulfite처리된 DNA에 상보적이어야 한다(프라이머가 As 반대로 Cs가 되는 서열을 가질 필요가 있다).

보여주는 그림에서, 프라이머는 DNA 가닥에 특이적이다. 각각의 DNA 가닥은 특이적인 프라이머 쌍에 의해서만 증폭된다. 그 이유는 busulfite 처리 후에, (a)에서 결정된 것처럼, 두 개의 가닥의 DNA는 더 이상 상보적이지 않다. 그림에서, 각각의 프라이머는 프라이머 이름 가까이에 4개의 뉴클레오타이드로 표시된다(실제로는, 프라이머는 15~20 뉴클레오타이드 길이로 되어 있다). 프라이머 쌍은 (A+A′)와 (B+B′)이다.

c. 만약 CpG가 메틸화되면, C는 U로 바뀌지 않고, 시퀀스는 5′ TTTATCGTTGTA 3′가 된다. 만약 CpG가 메틸화 되지 않으면, C는 U로 바뀌고, 시퀀스는 5′ TTTATTGTTGTA 3′이다.

d. 그렇다. DNA가 hemi-메틸화 또는 두 가닥 모두 메틸화 되었는지 설명할 수 있다. 특이적인 프라이머를 이용해서 분리된 PCR 반응에서 각각의 가닥을 증폭할 수 있고[(b)번 참조], 이후에 두 개의 증폭된 산물의 서열을 확인할 수 있다.

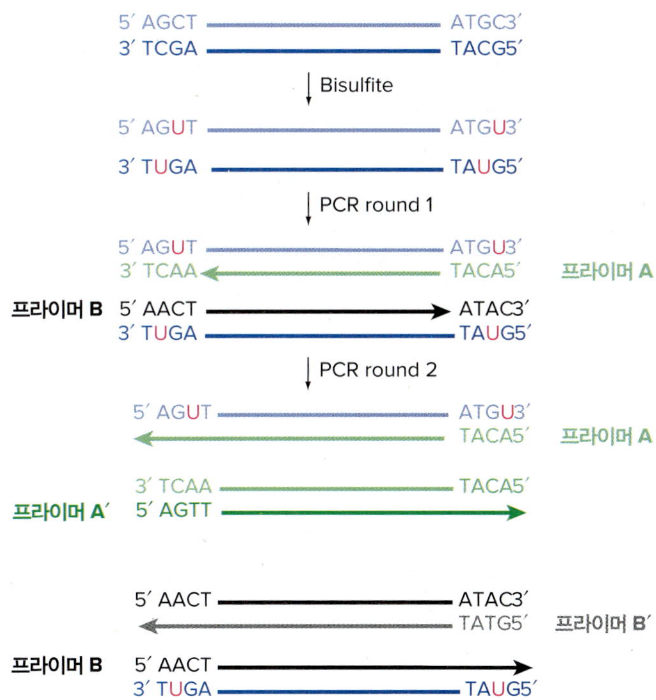

연습 문제

어휘

1. 왼쪽 용어를 가장 잘 설명한 문장을 오른쪽에서 찾아 연결하시오.

a. 후성유전학 현상	1. 억제하는 히스톤 변형
b. 후성대입인자	2. 장기간의 전사 억제
c. 부계 각인	3. 모계의 대립인자만 전사된다
d. CpG 섬	4. 돌연변이에 의한 것이 아닌 개인에 의한 후천적 특징이다. 이것은 간접적으로 환경적인 촉발인자에 노출된 DNA를 가진 자손에서 나타난다.
e. 침묵	5. 유전적이며, 돌연변이 염기쌍에 의해서 일어나지 않는 유전자 발현 변화가 저절로 유지되는 것
f. H3K27me과 H3K9me	6. DNA에서 사이토신이 메틸화됨
g. piRNA	7. 유전자를 침묵할 수 있게 하는 근처에 있는(*cis*-acting) 전사 조절인자
h. Argonaute	8. TE 이동을 억제한다
i. DNA 메틸기 전달효소	9. 돌연변이에 의해 일어나지 않고 on/off 정보를 전달한다
j. 세대 간의 후성유전학적 유전	10. 염색질을 닫는 효소들을 불러들이는 중심절로 siRNA에 의해 안내된다.
k. 세대 내의 후성유전학적 유전	11. 돌연변이에 의한 것이 아닌 개인에 의한 후천적 특징이며, 자손에 나타난다.

20.1절

2. *IGF2* 유전자는 모계 상염색체에서 각인된다. 모계로부터 받는 유전자의 복사본은 발현되지 않지만, 부계로부터 받을 경우는 발현된다. 전기영동으로 구별되는 IGF2 단백질의 두 개의 서로 다른 형태를 암호화하는 대립유전자를 찾았다. 하나의 대립유전자는 60K 혈액 단백질을 암호화하고, 다른 대립유전자는 50K 혈액 단백질을 암호화한다. Bill과 Joan이라는 한쌍으로부터의 혈액 단백질의 분석에서 Joan의 혈액에서는 60K 단백질만을 찾았고 Bill 혈액에서는 50K의 단백질만을 찾았다. 그 후 이들의 자녀 Jill과 Bill Jr.를 관찰하였을 때, Jill은 50K 단백질만을 반면 Bill Jr.는 60K 단백질만을 가지고 있는 것을 확인하였다.
   a. 이러한 결과만으로 Bill Sr.와 Joan의 *IGF2* 유전자형에 대하여 무엇이라고 말할 수 있는가?
   b. Bill Jr.와 Sara라고 하는 여성은 Pat과 Tim이라는 두 명의 아이가 있다. Pat은 60K 단백질만을 Tim은 50K 단백질만을 형성한다고 할 때, 이러한 결과를 통해 Joan과 Bill Sr.의 유전자형에 대하여 무엇을 말할 수 있는가?

3. 두 개의 다형성 위치에 서로 다른 대립유전자를 갖는 AKR과 PWD 두 개의 생쥐 계통을 사용하여 상호 교배를 수행하였다. 두 번의 교배 각각에서 태아에서 유래된 태반조직을 분리하였다(엄마로부터 온 태반조직을 제거하고 태아유래의 태반조직만 채취). 태아의 태반조직에서 RNA를 분리하여 RNA-seq을 수행하였다. 다형성 때문에 연구자들은 부모로부터 각각 유전된 특정 유전자의 mRNA 숫자를 그림과 같이 비교할 수 있다. x축은 유전자의 AKR 대립유전자에 상응하는 mRNA를 숫자를 나타낸다.

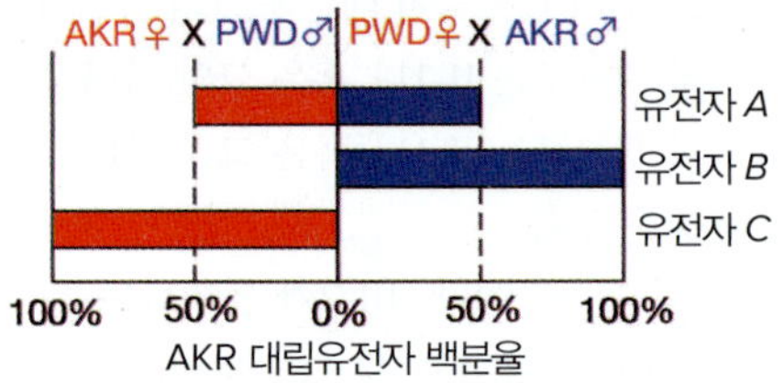

   a. 어떤 유전자(A, B, C)가 어머니에서 각인되었는가? 어떤 유전자가 아버지에서 각인되었는가? 어떤 것이 각인되지 않았는가?
   b. 어떤 유전자가 각인되었는지를 결정하는 상호교배를 수행하는 것이 왜 중요한가?
   c. 만약 왼쪽의 교배에서 암컷 F_1 생쥐가 PWD 수컷과 교배한다면, AKR 대립유전자의 백분율을 나타내는 같은 형태를 모식도를 사용하여 세 개의 같은 유전자에 대하여 기대되는 모식도를 그려보시오. 각각의 유전자에 대하여 두 가지 가능한 결과를 기술하시오.

4. 5-methylcytosine을 갖고 있는 DNA에만 특이적으로 결합하는 변형되지 않은 DNA에는 결합하지 않는 항체가 사용 가능하다. 이 항체를 사용하여 인간 유전체에 존재하는 각인된 유전자들을 어떻게 찾을 수 있겠는가? 그림 19.16에서 기술된 ChIP-seq 기술과 연관하여 서술하시오.

5. 포도송이 기태형(Hydatidiform mole)은 비정상적인 기태임신(molar pregnancy) 동안 자궁내에서 형성되는 비분화된 조직의 생장이다. 이러한 기태(mole)는 XY 이배체(diploids) 일 수도 있지만, 대개 XX 이배체(diploid) 세포에 의해서 만들어진다. 놀라운 것은, 이러한 기태의 세포에 있는 핵의 대부분의 DNA는 원래는 부계에서 유래된 것이다. 대부분의 포도송이 기태형은 양성이지만, 때때로 암(cancer)으로 발생될 수 있기 때문에, 발견이 되었을 때 수술을 통해 제거하는 것이 좋다.
   a. 어떤 사건이 포도송이 기태형의 세대를 만들어 내는가?
   b. 포도송이 기태형은 정상적인 숫자의 유전자와 염색체를 가지는 이배체 세포이다. 그런데 왜 이들은 정상적인 배아로 발달하지 않고 비분화된 조직으로 발생한다고 생각하는가?

20.2절

6. 전사 억제(translational repression)와 침묵(silencing)의 차이점을 설명하시오.

7. 과학자들은 H3K27me나 H3K9me 같은 히스톤을 변형하는 항체를 만들어냈다. 유전체 DNA 특이적인 영역에서 변형된 히스톤의 분포가 강화되었는지 여부를 결정하는 이러한 항체를 어떻게 사용하는가? (힌트: 연습 문제 4번 참고)

8. 히스톤 marks이 복제 분기점에서 직접적으로 복제되었는지 여부를 결정하기 위해, 분열 효모[fission yeast(Schizosaccharomyces pombe)]를 이용한 연구자들은 H3K9me 변형을 만드는 히스톤 메틸기 전달효소(HMT)가 만약 테트라사이클린이 가운데 추가되면 결합하지 않고, 정상적으로는 리포터 유전자 가까이에 결합하는 시스템(아래에 동반되는 그림)을 만들었다. 히스톤 메틸기 전달효소("전달유전자"로부터)는 Tetracycline repressor protein (TetR)과 더불어 융합 단백질(fusion protein)로 만들어 진다. TetR의 DNA 결합 도메인은 리포터 유전자 구조의 프로모터 가까이 위치한 특이적인 DNA 서열(그림에서 보라색)과 상호작용을 한다. 테트라사이클린은 TetR에 결합하고 DNA와 결합하면서 융합단백질을 보호한다. 리포터 유전자는 효모의 *ade6*$^+$ 유전자이다. 아데닌이 낮은 배지에, 콜로니를 살펴 보았을 때, 리포터가 꺼진(Ade6 단백질을 만들지 못함) 콜로니는 붉은색이고, 리포터가 켜진(Ade6 단백질이 만들어짐) 콜로니는 흰색이 된다.

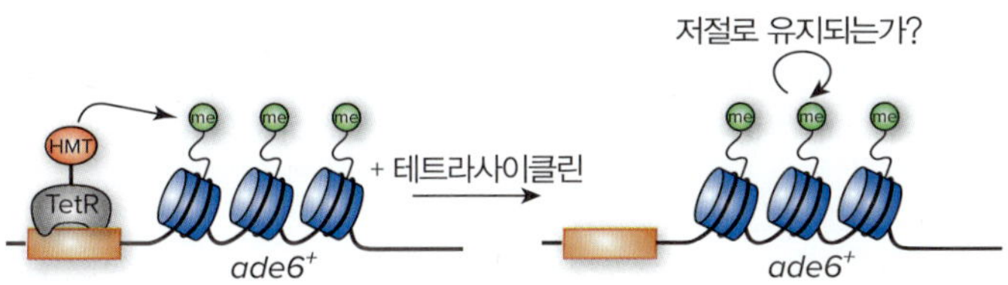

a. 연구자들은 효모를 변형하는 HMT/TetR 전달 유전자와 *ade6*$^+$ 전달 유전자 모두 아데닌이 낮은 배지에서 붉은색 콜로니를 만드는 것을 알아 냈다. 테트라사이클린을 배지에 넣고, 배지에서 10번의 세포 분열 뒤에, 콜로니는 흰색이 된다. 이 결과에서 DNA 복제 뒤에 저절로 유지하기 위한 히스톤 변형의 능력에 대해 나타내고 있는 것을 설명하시오.
b. 이 실험 결과는 그림 20.8b에서 나타낸 실험들과 비교하여 어떠한가?
c. *epe1*이라 불리는 유전자 돌연변이를 가지고 있는 효모로 (a)에서 동일한 실험을 하였을 때, 리포터 유전자가 50번 이상의 세포 분열 동안 침묵되었다. *epe1* 유전자는 히스톤 탈메틸화효소를 암호화 한다. 여기에서와 (a)부분에서의 결과 차이를 설명하시오. Epe1 단백질을 만들면 효모에 어떻게 이로울까?

9. 사이토신에서 non-CpG 메틸화의 영향에 잘 알려지지 않음에도 불구하고, 식물 DNA에 있는 사이토신은 CpGs 뿐만 아니라, 시퀀스 전체 어디에도 메틸화 될 수 있다(다시 말해, C 다음에 어떤 뉴클레오타이드가 오던 상관없이). 포유동물에서처럼, 복제 분기점에 있는 어떤 식물 DNMT 효소는 CpG 서열에서 hemi-메틸화된 DNA를 인지하고, 새롭게 합성된 가닥을 변형한다. 다른 식물 DNMT 효소는 non-CpG 서열에서 hemi-메틸화된 DNA를 직접적으로 인지하지 않는다. 그럼에도 불구하고, 이러한 다른 효소들은 복제 분기점에서 non-CpG 메틸화 마크를 복제한다. 어떻게 이러한 복제가 일어날까? (힌트: 그림 20.9b 참조)

20.3절

10. 좁은잎 해란초(*toadflax*)가 침묵하는(메틸화된) *Lcyc* 후성대립인자 때문에 동형접합이 될 때, 펠로리아 형태라고 불리는 꽃이 된다(그림 20.10). 메틸화가 (1) 생식세포로부터 자손에게 전달되는 것, (2) 생식세포에서 지워지고 나서, 때때로 수정후에 다시 형성되는 것을 결정하기 위해, 과학자들이 연속적인 교배 실험을 했다. 실험 디자인은 야생형과 펠로리아형의 3′ UTR에 있는 SNP에서 DNA 서열 차이점만을 가지고 하는 것으로 진행되었다(유전자 발현에 영향을 받지 않는다). 연구자들은 펠로리아형과 야생형을 교배한 뒤, F_1 식물을 서로 교배했다.
a. SNP 변이에 따라 F_2 사이에서 유전형 비율이 어떻게 예상되는가? (두 개의 대립인자의 명칭은 SNP^{wt}과 SNP^{pel}로 사용하시오.)
b. F_2에서, 펠로리아 대 야생형 표현형과 상관관계가 있는 SNP변이에 따른 유전형이 어떻게 예상되는가? 답은, 첫째로 가설 1이 사실이라고 가정하고, 둘째로 가설 2가 사실이라고 가정해보자.
c. 펠로리아 좁은잎 해란초 꽃을 유발하는 *Lcyc* 후성대립인자는 불안정하다. 메틸화의 정도가 체세포 분열에 따라 가끔씩 변한다. F_2 식물의 표현형 실험에서 이러한 불안정이 어떻게 분명해지는가?

20.4절

11. 식물에서 후성대립인자의 off 상태는 공통적으로 세대 간으로 유전된다. 그러나 이러한 현상은 (환경적인 계기와는 대조적으로 연속적인) 포유동물에서도 발견되지만 빈번하지 않다. 식물과 포유동물에서 생식세포의 형성에 대한 어떤 차이점이 이러한 현상을 설명할 수 있는가?

12. 본문에서도 설명하였고, 다음 그림에서도 설명하고 있듯이, A^{VY}의 on/off 상태는 부계의 생식세포가 아닌, 모계로부터 전달된다(그림에서의 기호는 그림 20.15와 20.17에 있다).

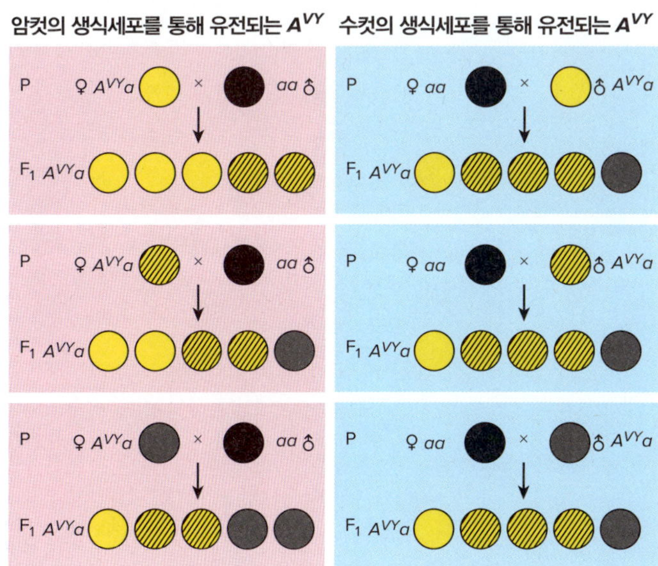

한 가지 가능성이 있는 설명은 염색질 위에 A^{VY}의 변형이 정자 발생동안 완전히 지워졌지만, 생쥐의 난자 발생동안에는 완전히 지워지지 않았던 것이다. 과학자들은 이러한 두 가지 가능성을 테스트해 보기 위해 실험을 수행했다. 아마도, 노란색의 암컷의 자궁환경은 이들의 자손을 더욱 노랗게 만들 것이다.

a. 한 가지 실험에서, 연구자들은 수정란을 노란색 $A^{VY}a$ 암컷에서 검은색 (*aa*) 암컷으로 전달했다. 이 결과는 그림의 왼쪽에 있는 첫번째 줄과 동일하다. 회색의 자손은 태어나지 않는다. 이 결과는 자궁환경 가설을 지지하는가, 반박하는가? 설명하시오.

b. 다른 실험에서, 노란색 $A^{VY}a$ 암컷과 $A^{VY}a$ 수컷이 교배를 하고, 어떤 $A^{VY}a$ 자손은 회색이다. 어느 부모가 회색의 자손에서 나타나는 A^{VY} 대립인자를 제공했는가? 자손의 표현형에서 노란색 암컷의 효과에 대해서, 이 결과에서 추가적으로 제공되어야 할 정보는 무엇인가?

13. $Axin^{Fu}$ (Fu = fused)는 A^{VY}와 같이, 포유동물의 후성대립인자로 레트로트랜스포존 삽입이 되어 있다. $Axin^{Fu}$에 TE 삽입은 인트론 내에 있다. 이것은 비정상적인 스플라이싱과 비뚤어진 꼬리를 만드는 돌연변이 mRNA를 유발한다. $Axin^{Fu}$ 대립인자를 가진 생쥐 개체 꼬리의 비뚤어진 것은 레트로트랜스포존의 메틸화 정도와 역상관관계가 있다. 다시 말해, TE가 더 많이 메틸화될수록, 꼬리의 비뚤어짐은 덜 하다는 것이다. A^{VY}의 "on/off" 상태에 관한 정보와 달리, $Axin^{Fu}$의 후성유전학 정보는 모계와 부계 모두 전달된다.

a. A^{VY}가 모계로만 전달되는 것과 대조하여, $Axin^{Fu}$에서 on/off 정보는 부모 모두 전달되는것에 대해 어떻게 생각 하는가?

b. 연습 문제 12번에서 한 실험 결론과 연관되어 $Axin^{Fu}$의 유전자 발현의 후성유전학적 유전이 양부모에게로 전달되는 것에 대한 관찰 결과는 어떠한가?

chapter **21**

진핵생물의 유전체 조작

©Michael Goldberg, Cornell University, Ithaca, NY

러시아의 Novosibirsk에 있는 Institute of Cytology and Genetics 앞에 있는 동상은 실험실 생쥐에게 경의를 표하고 있다.

개요

- 21.1 **형질전환 생물체 제작**
- 21.2 **형질전환 생물체 사용**
- 21.3 **표적 돌연변이화**
- 21.4 **인간 유전자 치료**

최근까지 레베르 선천성 흑암시(Leber congenital amaurosis; LCA)라는 유전병을 가지고 태어나 시력이 나쁜 아이들은 성인이 되면 완전히 실명될 운명을 가지고 있었다. 2017년에 미국 FDA(Food and Drug Administraion)이 이 유전병에 대한 **유전자 치료**(gene therapy)를 승인함으로써, LCA를 가진 아이들은 이제 질병에 의한 시력퇴화를 늦추고 정상 시력을 회복할 수도 있다는 희망을 가지게 되었다. FDA의 유전자 치료 승인은 LCA 병을 가진 쥐들을 이용한 실험의 성공적인 결과로 인해 가능하게 되었다. 실험실 쥐는 동물의 유전체를 조작하는 방법을 개발하는 데 있어서 매우 유용하게 사용되어 왔다(위 사진 참조).

LCA의 한 형태는 *RPE65*라는 유전자의 기능 상실로 인해 발생한다. 이 유전자는 망막색소 상피세포(망막 아래에 있는 세포층)에서 발견되는 단백질을 암호화하고 있으며, 광수용체 기능에 매우 중요하다. 이 *RPE65* 효소는 망막이 빛을 감지하는 과정인 시작주기에서 기능한다. LCA 환자들은 빛에 대한 감도를 상실하고, 결국에는 시각 처리를 담당하는 뇌피질까지 감소하게 된다.

유전자 치료(gene therapy)는 질환을 치료하기 위해 DNA를 유전체에 삽입하거나 유전자의 DNA를 조작하는 유전자의 조작 기술이다. LCA 질병을 위한 유전자 치료 전략은 간단했다. 의사들은 환자의 눈에 위치한 망막색소 상피세포에 바이러스 입자로 포장한 DNA를 주입하여 환자의 망막색소 상피세포에 *RPE65* 유전자의 정상 사본을 전달했다. 현재까지 30명 이상의 환자들이 해당시술을 받았고,

거의 대부분은 적어도 부분적으로 시력을 회복하였다. 또한 몇몇의 경우에는 더 이상 법적으로 장님이라고 간주하지 않게 되었다.

이 장에서는 유전체를 변화시키는 두 가지 일반적인 전략을 살펴볼 것이다. 첫 번째는 **형질전환 생물체**(transgenic organisms)이고, 두 번째는 **표적 돌연변이화**(targeted mutagenesis)이다. 이러한 유전체 변형 기술은 DNA가 유전체 안에서 움직일 수 있고, 개체 간 또는 종 간에 전달될 수 있으며, 변형과 소실로부터 보호될 수 있도록 하는 자연공정기술에 기초하고 있다. 무엇보다 이 장의 중요한 주제는 과학자들이 이러한 자연의 공정기술을 이용하여 유전체를 변형하기 위한 방법을 개발한다는 것이다. 이러한 유전체 변형 기술은 병을 치료할 뿐만 아니라 약과 곡물의 생산 기술을 향상시키고, 현대 생명과학 연구를 향상시킬 수 있을 것이다.

21.1 형질전환 생물체 제작

학습 목표

1. 형질전환 생쥐를 제작하기 위해 사용되는 수정란 전핵 주입방법을 알아본다.
2. 형질전환 초파리를 제작하기 위해 사용되는 *P* 인자(*P* element) 방법을 알아본다.
3. 형질전환 식물을 제작하기 위해 사용되는 *Agrobacterium*의 Ti 플라스미드를 이용한 유전자 주입 방법에 대해 알아본다.

형질전환 생물체(transgenic organisms)은 유전체에 같은 종 또는 다른 종으로부터 얻어진 다른 유전자를 포함하고 있는 생물을 말한다. 이때 도입된 유전자를 **도입 유전자**(transgene)라고 한다. 이 절에서는 연구자가 형질전환 생물을 제작하는 방법에 대해 논의할 것이다. 그리고 다음 절에서는 과학자의 상상에 의해 제한될 수는 있지만, 형질전환 기술을 적용할 수 있는 몇 가지 가능성 대해서도 알아볼 것이다.

과학자들은 형질전환 생물체를 제작하기 위해 자연적인 유전자 전달기작을 활용한다

도입 유전자는 10장에서 살펴본 재조합 유전자 기술의 한 유형을 이용해서 시험관 실험(*in vitro*)에서 만들 수 있다. 그러나 형질전환된 진핵생물을 만들기 위해서, 연구자는 도입 유전자를 하나 또는 여러 개의 세포 안으로 넣어야만 한다. 이러한 목표를 위해서는 종에 따라 다양한 방법이 사용된다. 대표적인 예로 맥주효모균(*S. cerevisiae*)과 같은 단세포 진핵생물의 경우에는 우선 세포벽을 무너뜨린 후 대장균의 형질전환 과정과 유사한 방법으로 유전자가 세포 안으로 들어간다(그림 10.5b 참조). 다른 여러 생물들에서는 가장 효율적으로 DNA를 세포로 도입하기 위해 DNA 용액을 직접 세포나 배아에 주입하는 방법을 사용하기도 한다(**그림 21.1**). 또 다른 경우로, 세포를 감염시킬 수 있는 바이러스 입자나 박테리아에 형질전환 DNA를 삽입하여 도입시킬 수 있다.

한 번 세포에 주입된 도입 유전자는 세포가 분열되는 동안 유전자가 복제되고 계속 유지되어야만 하는데, 대부분의 경우에는 도입 유전자가 숙주세포 유전체의 임의의 위치에 삽입됨으로써 가능해진다. 그러나 특정 종에서는, 도입 유전자가 숙주 염색체가 아닌 외부에 존재할 수도 있는데 예쁜꼬마선충(*C.elegans*)에서는 미니유전체

(a) 수정된 지 얼마 안 된 생쥐 난자 안으로 도입 유전자를 주입

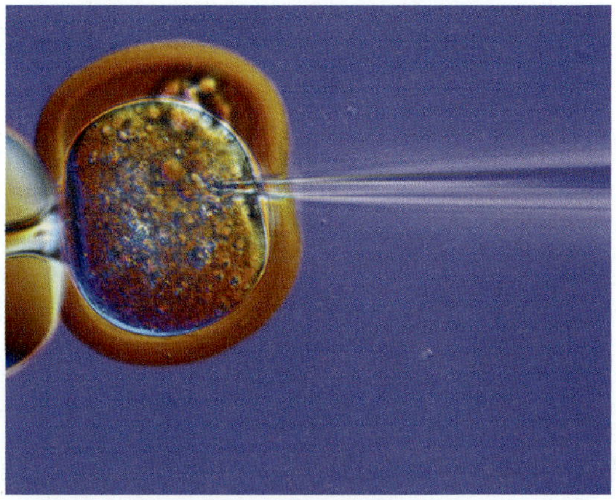

(b) 초파리 배아 안으로 도입 유전자를 주입

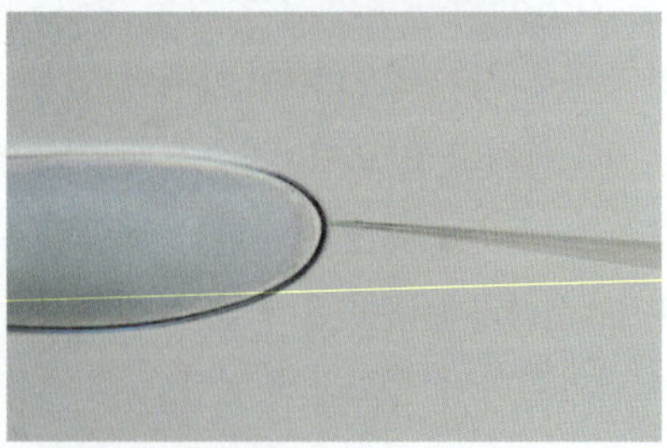

그림 21.1 도입 유전자를 세포로 주입하는 과정. **(a)** 연구자가 수정이 바로 된 후 쥐 배아에 존재하는 두 개의 전핵 중 하나에 DNA을 주입하고 있다. **(b)** DNA가 초파리 초기 배아의 뒤쪽 끝으로 삽입되고 있다. 이때의 초파리 배아는 많은 핵들을 가지는 하나의 다핵성 세포이다. *Source: (a): ©Martin Oeggerli/Science; (b): ©Solvin Zankl*

(extrachromosmal array) 그리고 효모균의 경우에는 플라스미드와 같은 형태로 유지될 수 있다. 마지막으로, 도입 유전자가 다세포 생물의 다음 세대로 전달되기 위해서는, 도입 유전자가 있는 세포가 최종적으로는 생식세포를 만들 수 있는 능력을 가지고 있어야만 한다. 즉, 동물에서는 도입 유전자가 생식세포의 유전체에 삽입되어 있어야 함을 의미한다. 반면 식물은 분리된 세포로부터 완전한 식물이 생장할 수 있기 때문에 식물의 거의 모든 세포가 도입 유전자를 다음 세대로 전달할 수 있다.

이 절에서는 형질전환 생쥐, 초파리, 식물을 제작하기 위해 사용되는 기술들에 대해 알아볼 것이다. 이러한 제작기술들은 자연에서 유전자가 이동하는 기전에 대한 지식을 바탕으로 하고 있다.

DNA를 수정란 전핵에 주입하여 형질전환 생쥐를 제작한다

수정된 생쥐의 접합자(zygote)는 두 개의 반수체 **전핵**(pronuclei)를 가지고 있다. 한쪽은 모계로부터, 또 다른 한쪽은 부계로부터 얻은 것이다. 수정 후 전핵의 핵막이 소실되고, 난자와 정자의 전핵이 합쳐진다. 모계쪽 염색체와 부계쪽 염색체가 서로 섞이고, 최초로 체세포분열을 하게 되면 그들의 자매염색분체들은 같은 방추체상에서 분리된다. 첫 번째 체세포분열이 완성되면 두 개의 세포로 된 2세포기 배아(two-cell embryo)가 만들어지고, 각각의 세포는 이배체 핵을 가지게 된다.

그림 21.2에서처럼 **전핵 주입**(pronuclear injection) 기술을 기용하여 외래 DNA가 염색체에 삽입된 형질전환 생쥐를 제작하기 위해서는, 연구자가 암컷 쥐와 수컷 쥐를 교배시킨 후 암컷의 생식관에서 수정된 난자를 채취한다. 이후 연구자는 도입 유전자가 여러 사본으로 붙어있는 DNA를 수정란의 두 개의 전핵 중 하나에 주입한다(그림 21.1a). 외래 DNA가 주입된 수정란은 가성임신 상태로 준비해 둔 대리모 쥐의 난관(oviduct)에 착상되고, 착상된 수정란은 배아로 발생을 진행한다.

수정란에 주입된 DNA는 약 25~50% 정도가 무작위로 염색체에 삽입될 것이다. 이러한 통합이 첫 번째 체세포 분열 전에 발생할 수 있다. 이 경우에 완전히 성장한 생쥐의 모든 세포에서 도입 유전자가 나타날 것이다. 또는 배아가 한두번의 세포분열을 끝내고 나서 DNA가 다소 늦게 염색체에 삽입이 되는 경우가 있을 수 있다. 이와 같은 경우에는 다 자란 생쥐의 모든 세포에서 도입 유전자가 발현되지는 않고, 일부 세포에서만 도입 유전자가 나타난다. 도입 유전자가 생식세포 계통에 존재하기만 하면, 다음 세대로 도입 유전자를 물려줄 것이다. 생식세포 안에 도입 유전자를 지니고 있는 쥐는 도입 유전자를 안정적으로 다음 세대에 물려주기 위해 다른 쥐와 교배시킬 수 있다.

도입 유전자가 무작위 위치로 삽입되는 정확한 기작은 아직 밝혀지지 않았다. 그렇지만 명확한 사실은 손상을 받은 DNA의 말단을 찾고 고쳐주는 DNA 복구효소와 관련이 있다는 것이다. 이것은 아마도 비상동성 말단연결(nonhomolohous end-joining) 기전과 비슷할 것이다(NHEJ; 그림 7.17 참조). 보통 도입 유전자의 많은 수의

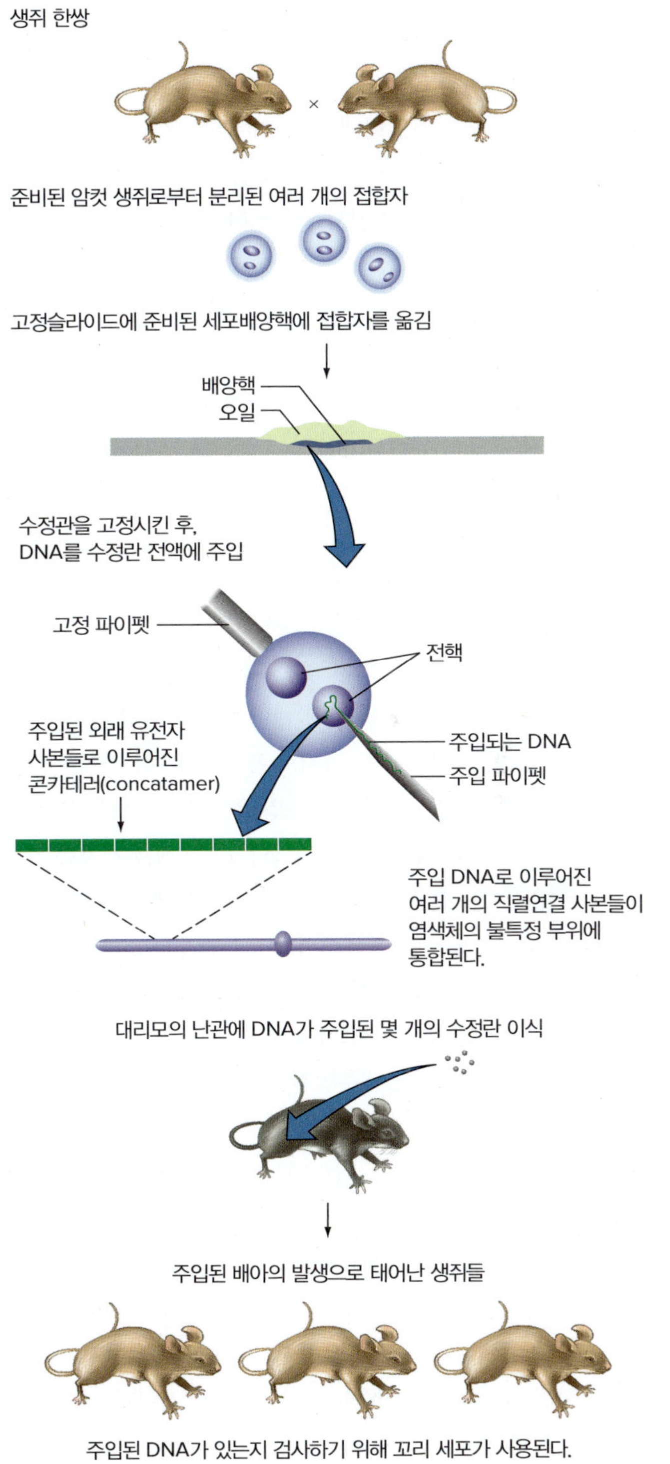

그림 21.2 수정란 전핵 주입기술을 이용한 형질전환된 생쥐 제작.

직렬연결(tandem) 사본들은 유전체의 같은 무작위 부위에 함께 끼어들어 간다(그림 21.2).

재조합된 *P* 인자는 초파리를 형질전환시킬 수 있다

P 인자(*P* element)는 초파리의 트랜스포존(전이인자, transposon)의 한 종류이다(그림 14.22 참조). 자가 *P* 인자는 전이효소를 만드는 유전자를 암호화하고 있고, 트랜스포존 말단은 역반복서열(inverted repeat)으로 구성되어 있다. 전이효소는 역반복서열에 결합하고, 유전체로부터 트랜스포존을 잘라내어 새로운 위치로 삽입한다. 초파리 유전학자는 도입 유전자를 생식세포에 도입하기 위해 *P* 인자를 벡터로 사용한다. 이런 과정을 ***P* 인자 형질전환**(*P* element transformation)이라고 한다.

P 인자 벡터는 *P* 인자 말단 서열을 가지고 있는 플라스미드이지만, 전이효소 유전자는 가지고 있지 않다(**그림 21.3**). 연구자는 재조합 DNA 기술을 이용하여, 원래 암호화되어 있는 전이효소 유전자를 도입 유전자와 **표식 유전자**(marker gene)로 대체하여 사용한다. 표식 유전자는 형질전환 초파리의 구분을 가능하게 한다. 널리 사용하는 표식 유전자는 *white* 유전자(w^+)이다. 정상적인 유전자는 초파리의 눈을 빨간색으로 만들지만, 이 유전자의 돌연변이 w^-는 초파리 눈을 흰색으로 만든다.

그림 21.3은 *P* 인자 벡터를 가진 형질전환 초파리를 제작하는 과정을 보여준다. 연구자들은 겨우 수백 개의 핵만 가지고 있는 발생 초기 단계의 w^- 초파리 배아에 두 가지의 플라스미드를 주입한다(그림 21.1b). 둘 중 하나의 플라스미드는 도입 유전자 클로닝을 통해 만들어지는데, 이 플라스미드는 도입 유전자와 w^+ 표식 유전자를 가지고 있다. 이 두 유전자는 *P* 인자 역반복서열들 내부에 위치해 있다. 또 다른 플라스미드는 **도우미 플라스미드**(helper plasmid)라고 한다. 이 플라스미드는 전이효소 유전자를 가지고 있지만, *P* 인자의 역반복서열을 가지고 있지 않다(그림 21.3).

이 두 플라스미드가 배아로 주입될 때, 도우미 플라스미드로부터 전사된 전이효소는 도입 유전자를 암호화하고 있는 플라스미드 *P* 인자의 역반복서열들을 인지하고 잘라내어, 형질전환될 초파리 염색체 상의 임의의 부위에 붙인다(그림 21.3).

만약 이렇게 재조합된 *P* 인자가 생식전구세포의 유전체에 삽입되었다면, 유전자가 삽입된 초파리에서 생산된 몇 개의 생식세포는 재조합 *P* 인자의 삽입된 염색체를 운반한다. 그 초파리의 자손들 중에서 형질전환된 초파리는 빨간색(w^+) 눈을 가지고 있기 때문에 연구자들은 형질전환 초파리를 쉽게 구분할 수 있다. 이런 빨간색 눈을 가진 초파리들은 형질전환된 초파리의 안정적인 세대 유지를 위한 계획 교배에 사용된다. 교배를 통해 사용하는 초파리의 종류는 *P* 인자 유전자가 없고, 전이효소가 존재하지 않기 때문에 도입 유전자를 지닌 재조합 *P* 인자는 확립된 형질전환 초파리의 유전체 안에서 더 이상 이동하거나 움직이지 않을 것이다.

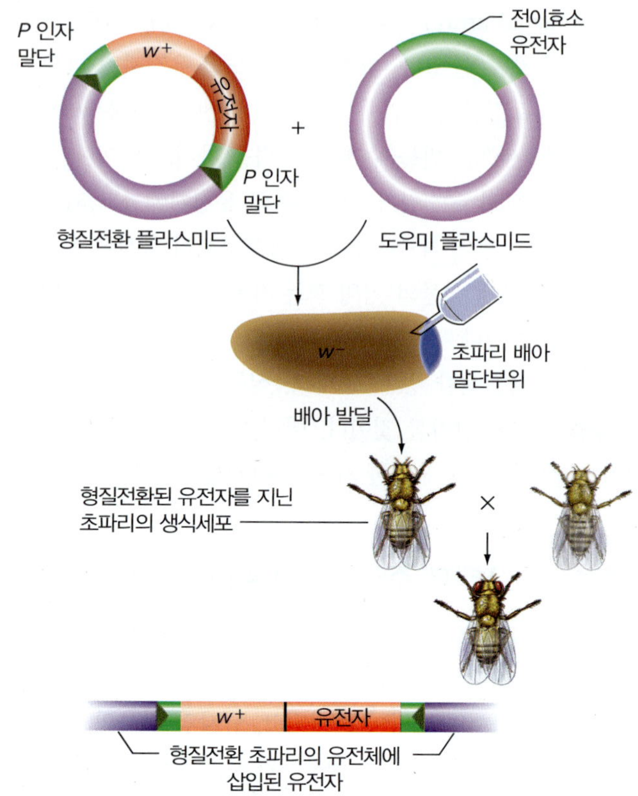

그림 21.3 *P* 인자를 이용한 형질전환 초파리 제작. 우선 도입 유전자를 *P* 인자의 역반복서열 사이에 위치해 있는 흰색 눈 유전자(w^+)에 연결한다. 연구자들은 *P* 인자 트랜스포존을 지니고 있는 보조 플라스미드와 함께 이 플라스미드 벡터를 생식세포 계통 세포에서 자리이동이 일어나는 w^- 숙주 배아로 주입한다. 이러한 생식세포를 가진 성체 파리와 w^- 파리를 교배시키면, 일부 자손은 빨간색 눈과 통합된 도입 유전자를 가진다.

Agrobacterium Ti 플라스미드 벡터는 식물의 형질전환을 수행한다

박테리아 중 하나인 아그로박테리움 투메파키엔스(*agrobacterium tumefaciens*)의 암종유발 플라스미드(tumor inducing plasmid; Ti plasmid)로부터 얻은 벡터는 식물 안으로 도입 유전자를 넣기 위한 효율적인 방법의 기반이 된다. 이를 **아그로박테리움 매개성 T-DNA 전달**(*agobacterium* mediated T-DNA trasnfer)라고 한다(**그림 21.4**). *A.tumefaciens*는 식물세포를 감염시키는데, 감염 중에 세균에서 나온 섬모가 수용체인 식물세포를 연결시키기 때문에, 세균 접합과 유사한 과정을 통해 숙주세포로 전달 DNA가 이동할 수 있다.

전달된 DNA는 **T-DNA**라고 하며, *A.tumefaciens* 세포 내에 존재하는 Ti 플라스미드의 일부분이다. 그 T-DNA는 식물세포 유전체 안으로 통합된다. T-DNA는 세포의 과성장을 유도하는 유전자를 가지고 있기 때문에, T-DNA를 가지고 있는 세포의 자손들은 **왕관혹**(crown gall)이라고 하는 종양을 형성한다. T-DNA 이동은 T-DNA 각 말단에 있는 25개의 염기쌍 서열에 따라 결정되는데, 이 양끝을 왼쪽경계(left border; LB)와 오른쪽경계(right border; RB)라고 한다. 또한 Ti 플라스미드에 일반적으로 존재하는 *vir* 유전자에 의해 만들어지는 여러 단백질에 의해 T-DNA 이동이 결정된다.

T-DNA가 숙주 염색체 안으로 삽입되는 과정은 DNA의 트랜스포존의 이동과 여러모로 유사한 방법임을 알 수 있다. *vir* 유전자의 산물인 효소 단백질들이 도입 유전자의 양쪽 가장자리인 LB와 RB에 **트랜스작용**(*trans*-acting)한다는 점에서 그러하다. 그러므로 유전자를 식물 유전체에 전달하기 위해 T-DNA를 사용하는 방법은 초파리에서 사용되는 *P* 인자의 작용 과정과 근본적인 유사점을 갖는다.

과학자들은 *A.tumefaciens* 박테리아를 두 개의 다른 플라스미드로 형질전환 시킨다(그림 21.4). 하나는 *vir* 유전자를 가지고 있는 도우미 플라스미드로서 경계서열을 가지고 있지 않다. 다른 하나는 도입 유전자와 표식 유전자를 가지고 있도록 조작된 T-DNA 벡터 플라스미드인데(종종 제초제 내성을 부여하는 유전자를 지님), 이들 유전자들은 모두 LB와 RB의 서열 사이에 위치해 있다. 이렇게 두 개의 플라스미드를 지닌 박테리아를 식물에 감염시키기 위해서, 연구자들은 형질전환된 *A.tumefaciens*를 전체 식물이나 식물세포에 뿌린다. 그 다음에 초기 식물의 배아 발생을 위하여 형질전환된 개별의 식물세포를 배양하여 기른다. 그리고 제초제를 배지에 추가하여 재조합 T-DNA로 형질전환된 배아를 선별한다(그림 21.4).

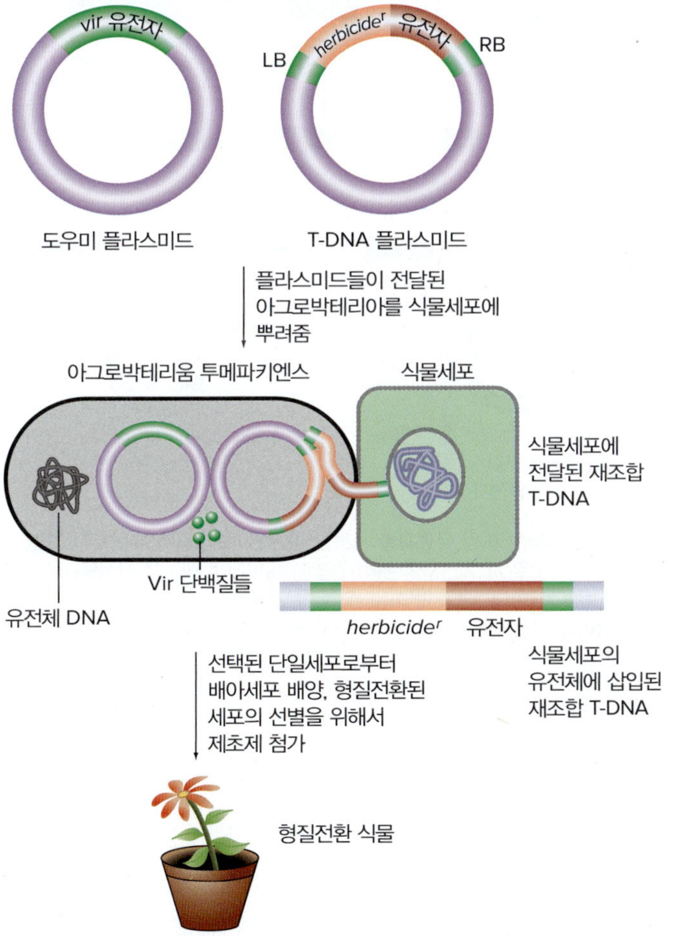

그림 21.4 T-DNA 플라스미드 벡터를 사용하여 생산된 형질전환 식물. 과학자들은 두 개의 플라스미드를 포함하고 있는 아그로박테리움 투메파키엔스(*A. tumefaciens*) 박테리아를 식물에 감염시킨다. T-DNA 플라스미드는 제초제 내성을 부여하는 표식 유전자와 도입 유전자를 T-DNA 말단인 LB와 RB 사이에 가지고 있다. 도우미 플라스미드는 T-DNA를 식물 안으로 이동시키기 위해 필요한 *vir* 유전자를 가지고 있다. 감염을 통해서 전달된 재조합 T-DNA는 숙주식물 유전체 안으로 통합된다. 연구자들은 제초제가 존재하는 환경에서 세포의 성장을 통해 제초제 내성 유전자와 도입 유전자를 지닌 하나의 세포를 선택한다. 그리고 선별된 세포를 성장시켜 형질전환 식물로 키운다.

핵심 개념 21.1

- 형질전환된 생쥐는 외래 DNA를 수정란의 전핵으로 주입함으로써 생산된다.
- 초파리의 형질전환은 *P* 인자 트랜스포존 벡터에 삽입된 도입 유전자 제작에 기초하고 있다.
- 연구자들은 도입 유전자가 포함된 재조합된 Ti 플라스미드를 가지고 있는 *Agrobacterium*을 이용하여 식물세포를 감염시킴으로써 형질전환 식물을 만든다.
- 이러한 형질전환 생물의 제작방법은 도입 유전자가 숙주 유전체의 임의의 위치에 삽입되게 한다.

21.2 형질전환 생물체 사용

학습 목표

1. 도입 유전자를 이용하여 돌연변이 표현형을 일으키는 유전자를 명확히 구분하는 방법을 알아본다.
2. 유전자 발현을 연구하기 위해 사용되는 도입 유전자 보고 구조체에 대해 알아본다.
3. 인간 건강에 유용한 단백질을 생산하는 형질전환 생물의 예를 알아본다.
4. 유전자 변형 생물체에 대한 예를 들어보고 장점과 단점을 논의한다.
5. 인간의 유전질환을 연구하기 위해 사용되는 형질전환 동물들의 사용을 설명한다.

형질전환 생물체의 구축은 생물학적 연구분야에서 중요한 영향을 주었고, 삶의 여러 가지 측면에서 점점 중요해지고 있다. 형질전환 동물모델과 관련된 연구들은 여러 연구자들이 특정 유전자의 기능과 조절기전을 더욱더 잘 이해할 수 있게 했으며, 동물을 이용한 인간의 질병 모델 확립을 가능하게 하였다. 이를 바탕으로, 과학자들은 형질전환 식물과 동물을 이용하여 약품의 생산 및 농업에서의 생산력 향상을 유도했다.

도입 유전자로 특정 표현형을 일으키는 유전자를 밝힐 수 있다

여러 유전적 분석에서 사용 가능한 정보들로는 과학자가 특정 표현형을 일으키는 유전자를 골라낼 수 없는 경우가 있다. 형질전환 생물의 구축은 이렇게 애매한 부분들을 해결할 수 있도록 도와준다.

예를 들어, 초파리의 눈이 어떻게 발달하는지에 관심을 가진 한 유전학자가 기형 눈을 만드는 열성 돌연변이(m^-)에 동형접합형인 초파리 계통을 분리했다고 생각해 보자(**그림 21.5a**). 분자적 분석을 통해 그 돌연변이는 두 유전자들의 일부분이 없어진 작은 결실임이 밝혀졌다(**그림 21.5b**). 초파리의 눈 기형을 유발한 것은 유전자 *A*의 소실 때문인가, 아니면 유전자 *B*의 소실 때문인가?

여러분들은 정상적인 유전자 *A* 또는 유전자 *B*를 포함하는 재조합 *P* 인자 벡터의 구축을 통해 질문의 답을 할 수 있다(**그림 21.5c**). 또한 정상적인 눈의 표현형으로 회복시키는 방법을 통해 각각의 형질전환 유전자의 기능을 확인해 볼 수 있다. 예를 들어, 만약 동형접합형 돌연변이(m^-/m^-) 초파리에 정상적인 유전자 *A*가 형질전환되었음에도 비정상적인 눈을 갖고, 다른 동형접합형 돌연변이(m^-/m^-) 초파리에 정상 유전자 *B*를 형질전환시켜 정상적인 눈을 갖게 된다면 유전자 *B*의 결손으로 인해 돌연변이 표현형을 갖게 된다는 결론을 얻게 된다. 다른 말로 '$m =$ 유전자 *B*'가 되는 것이다.

이와 같은 논리의 중요한 역사적인 예시를 앞서 4장에서 확인하였다. *SRY* 형질전환 유전자(Y염색체에 존재하는 웅성결정 유전자)를 갖는 암컷 생쥐(XX 염색체)가 수컷으로 발달한 사실을 기억할 것이다(4장 읽을거리 「빠르게 살펴보기」 참조). 이 실험은 형질전환 기술이 어떻게 특정 유전자의 기능을 이해하는데 사용될 수 있는지 보여주는 전형적인 예가 된다.

도입 유전자는 유전자 발현을 분석하기 위한 중요한 도구가 된다

19장에서 과학자들이 진핵생물에서 유전자 발현을 조절하는 수많은 양상을 연구하기 위해 쉽게 확인이 가능한 외부 유전자(예를 들면,

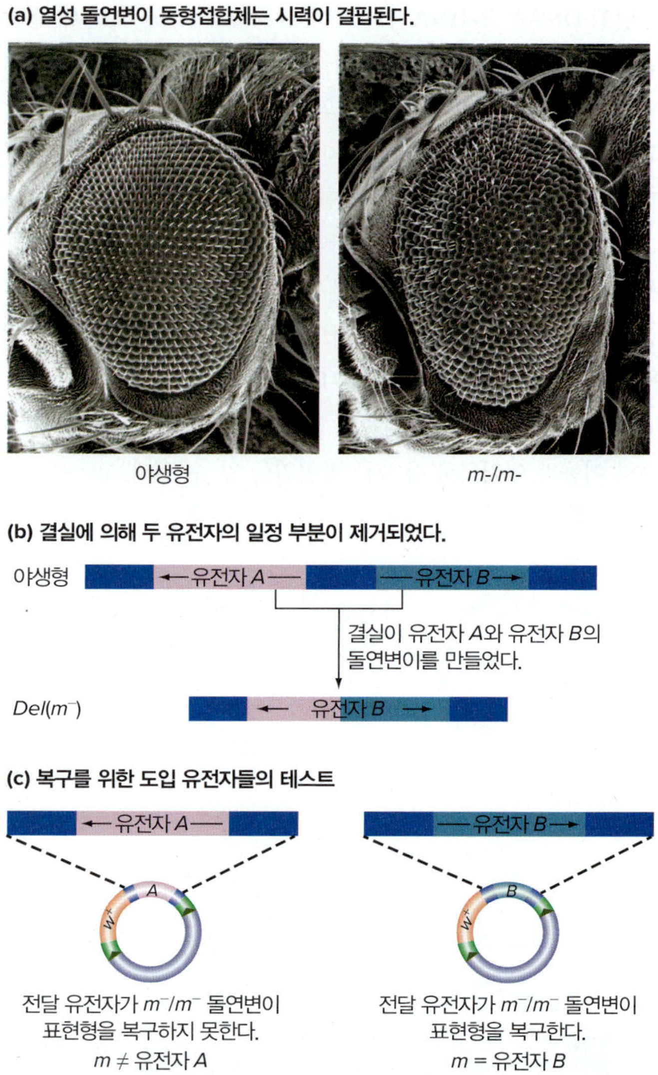

그림 21.5 초파리의 도입 유전자를 사용한 돌연변이표현형과 유전자의 연결. (a) 전자현미경 사진으로 *m* 유전자의 활성 결핍이 초파리 눈의 비정상성을 초래한다는 결과를 보여준다. **(b)** m^- 돌연변이는 두 개의 인접한 유전자 *A*와 *B*의 결손에 의해 야기된다. **(c)** 형질전환 유전자 *A*를 갖는 m^-/m^- 초파리(왼쪽)는 여전히 비정상적인 눈을 갖지 만, 형질전환 유전자 *B*를 갖는 m^-/m^- 초파리(오른쪽)는 정상적인 눈을 갖게 된다. 그렇기에 눈의 비정상성은 유전자 *A*의 결손 문제가 아니라, 유전자 *B*의 결손으로 일어난다. *Source: (a): ©Janice Fischer, The University of Texas at Austin*

해파리의 녹색 형광 단백질 유전자인 GFP나, 대장균에서 베타-갈락토오스가수분해효소를 암호화하는 *lacZ* 유전자 등)를 포함하는 리포터 구조체(reporter construct)를 어떠한 방식으로 사용하는지에 대해 알아보았다. 이러한 리포터 구조체는 연구자들이 발달의 특정한 시기에 특정 조직에서 유전자의 전사를 지시하는 증폭자(enhancer)를 확인할 수 있게 도와준다(그림 19.13 참조). 리포터 구조체는 또한 증폭자와 상호작용하는 전사인자들을 암호화하고 있는 유전자를 찾는데 있어 중요한 역할을 한다(그림 19.13 참조). 여기서, 이 리포터 구조체들의 기능은 오직 그들이 도입 유전자로 진핵세포에 도입

되었을 때에만 추적될 수 있다는 점을 강조하고자 한다.

형질전환 세포 및 생물체는 단백질 공장이 된다

18장에서 몇 가지 의약품으로 사용되는 인체단백질 유전자들이 세균의 촉진유전자(promoter)와 유전자의 발현을 증폭시키는 샤인-달가노(Shine-Dalgarno) 서열과 결합되었을 때 세균 내에서 과발현되어 단백질을 많이 생산한다는 사실을 확인했었다(그림 18.28 참조). 제약회사들은 인간의 성장호르몬과 인슐린을 이러한 방법으로 생산한다. 그렇지만 이렇게 세균으로부터 발현되어 생산된 인체 단백질이 모두 제 기능을 갖는 것은 아니다. 세균에서는 단백질의 기능을 위해 서 필수적인 적절한 접힘이나 폴리펩타이드의 절단 또는 당화, 인산화 같은 수많은 중요한 전사 후 변형 과정이 수행되지 않기 때문이다.

진핵세포에서의 약물 단백질 생산

이러한 문제점을 극복하기 위해 제약회사들은 액체부유배양되는 형질전환 포유동물 또는 식물세포를 사용한다. 몇몇 의약 단백질들은 이러한 방식을 통해 생산되는데, 혈우병환자들에서 결핍되어 있는 혈액응고인자인 Factor VIII나, 적혈구 생성을 증진시키는 적혈구생성자극 호르몬(erythropoietin; EPO) 등이 있다. 적혈구생성자극 호르몬의 경우, 몇몇 비도덕적인 운동선수들이 자신의 신체능력을 강화하기 위해 오용하기도 한다. 하지만 이러한 세포배양방법을 통한 재조합 단백질 생산은 효율이 낮으며, 비용이 비싼 단점이 있다. 어떤 인간 단백질은 식물세포를 배양하여 만들어 낼 수 있는데, 식물세포는 포유류세포에 비해 배양하는데 훨씬 적은 비용이 든다. **고셔병**(Gaucher's disease)을 가진 사람들은 글루코세레브로시데이즈(glucocerebrosidase)라는 효소가 결핍되어 있는데, 이것이 결핍되면 지방이 비장, 간 그리고 다른 장기에 축적된다. 이 효소는 당근 세포에서 만들어서 환자에게 주입할 수 있다.

의약품 생산

형질전환 가축이나 식물들은 인체 단백질을 생산하는 데 있어 비용 대비 효율이 높아 세포배양방법 대신에 사용될 수 있다. 단백질 의약품을 만들기 위해 형질전환 동/식물을 사용하는 것을 **제약영농**(pharming)이라고 하는데, 이는 **농업**(farming)과 **제약**(pharmaceutical)의 합성어이다. 제약영농 기술은 아직 초기 단계로, 2019년까지 이 방법으로 생산되어 환자에게 쓰일 수 있는 약은 세 종류뿐이지만, 수많은 약품들이 지속적으로 개발 중에 있다.

형질전환동물에서 인체 단백질 의약품을 생산하기 위해 가장 일반적으로 사용되는 방법은 포유류의 유선에서 해당 단백질을 발현시키는 것인데, 이것은 유즙으로 분비된 단백질을 높은 효율로 분리정제할 수 있기 때문이다. 전핵주입(pronuclear injection) 방법(그림 21.2 참조)을 통해 인간 단백질들을 암호화하고 있는 도입 유전자들은 염소, 돼지, 양, 토끼에 주입되어 왔다. 2009년, 미국 식품 의약품 안전청(FDA)은 최초로 형질전환 동물의 유선에서 생산한 인간 단백질(혈장의 항응고 인자인 antithrombin III)인 Atryn®의 사용을 승인하였다. 이 의약품을 생산하기 위해 유선에서만 정상적으로 유전자를 발현시키는 조절유전자 염기서열과 인간 유전자인 antithrombin III 유전자가 결합된 합성 유전자를 이용하여 형질전환 염소를 제작하였다(**그림 21.6**). Antithrombin III 유전자 한쌍 중 한 가지 유전자만 정상인 사람들 중에는 혈액응고가 쉽게 진행되는 경우가 발생하는데, 특히 수술 후 또는 분만 후에 발생한다. 이 의약품은 이런 유전적 문제가 있어 **정맥 혈정 색전증**(venous thromboembolic disease; VTE)을 앓는 환자들에게 승인되어 있다.

2014년에는 FDA에서 피부에 부종을 일으키는 면역질환인 유전성 혈관부종(hereditarty angiodema)의 치료제로 Ruconest®가 승인되었다. 이 질환을 가진 환자들은 세포 안팎의 체액 흐름을 조절하는 것을 돕는 조효소로 알려진 혈액 내 복합 단백질 C1 억제제(C1 esterase inhibitors; C1-INH)을 만드는 유전자가 결핍되어 있다. 이 단백질은 그림 21.6과 유사한 전핵주입 방법을 이용해 만들어진 형질전환 토끼의 우유에서 생산된다.

전핵 주입 방법에 의해 생산된 형질전환 동물들은 각각 다양한 수의 도입 유전자 복사체를 가질 것이고, 도입 유전자들은 전체 유전체에서 무작위적인 위치에 존재할 것이다. 각각의 형질전환 동물들에서 나타나는 유전자 발현의 다양성은 인간 단백질의 산출량을 크게 차이나게 한다. 희소가치를 향상시키는 하나의 방법은 높은 생산량을 갖는 동물을 **생식복제**(reproductive cloning)하는 것으로, 이 기술은 성체 형질전환 동물의 체세포의 핵을 이용하여 동일한 유전체를 갖는 다른 개체를 생산하는 기술이다. 당연하게도, 형질전환 동물에서 의약품을 생산하는 기술을 개발 중인 제약회사들은 동물복제기술의 개발 자금을 지원하고 있다. 읽을거리 「유전학의 기술」에서 **체세포 핵치환에 의한 동물복제** 과정이 설명되어 있다.

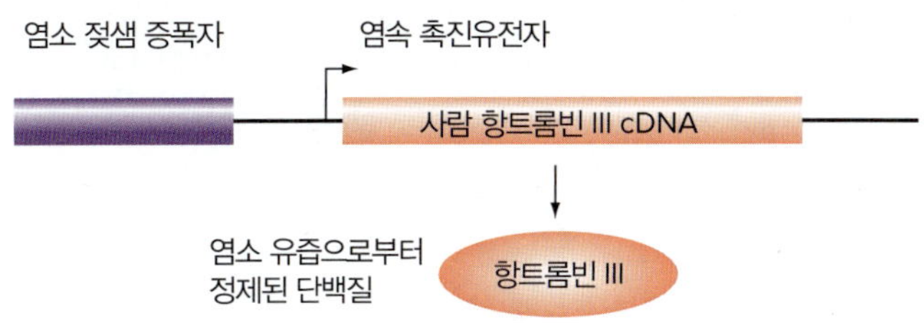

그림 21.6 형질전환 염소의 유즙에서 인간의 항응고 단백질을 생산하도록 만든 유전자 구조체.

유전학의 기술

체세포 핵치환을 이용한 동물복제

13장에서 세계최초로 복제된 고양이 CC를 소개했었다. 이런 종류의 **복제**(cloning)는 **생식 클로닝**(reproductive cloning) 로서, 한 개체의 체세포부터 유래한 유전체가 다른 개체의 모든 체세포의 유전체가 된다는 것이다.

연구자들은 **체세포 핵치환**(somatic cell nuclear transfer)이라고 알려진 방법을 통해 생식학적 복제동물을 제작하였다. 과학자들은 한 개체로부터 유래한 체세포의 이배체의 핵을 분리하고, 이것을 핵이 제거된 난자에 주입하였다(**그림 A**). 조작된 배아를 며칠 배양한 후, 대리모 자궁에 착상시켰다. 배아는 임신 말기까지 발달했으며, 한 마리의 복제된 동물이 태어났다. 그림 A의 아래쪽에 보이는 복제고양이는 3마리의 각기 다른 어미를 갖는데 체세포를 제공한 개체, 난자를 제공한 개체, 자궁을 제공한 대리모이다. 만약 체세포의 핵이 수컷으로부터 얻어졌다면 수컷이 복제될 가능성도 있다.

비록 복제동물에서 모든 세포의 핵 염색체가 체세포 핵 공여자로부터 유래되었지만, 복제된 동물이 핵 공여 동물과 모든 특징이 완벽하게 맞아떨어지지는 않는다. (1) 복제동물의 미토콘드리아 유전체는 핵 공여자가 아닌 난자 공여 개체로부터 유래한다. (2) 암컷 복제동물의 경우, X 염색체의 불활성 패턴이 다를 수 있는데, 그 이유는 동물의 발달초기에 무작위적으로 한 개의 X 염색체가 불활성화되기 때문이다. (3) 복제 과정은 유전자 각인 과정을 변경할 수 있는데, 각인된 유전자의 발현이 체세포 공여자와 복제된 개체가 같을 수 없다. (4) 대리모의 자궁 환경과 체세포 공여자의 어미의 자궁 환경이 같지 않다.

CC 고양이의 복제를 주도한 연구는 Genetic Savings & Clone 생명공학벤처로부터 지원되었는데, 이 벤처회사의 목적은 반려동물의 주인들에게 반려동물이 죽은 후에 그 반려동물을 복제시켜주는 상업적 복제 서비스를 제공하는 것이었지만 그 회사는 궁극적으로 성공하지 못했다. 소수의 사람만이 복제하는데 드는 막대한 비용을 감당할 수 있었고, 또한 그들이 건네받은 복제동물이 기존에 그들이 알던 반려동물과 다르다는 사실을 확인하고는 실망하였다.

그럼에도 불구하고 특정 복제하는 합당한 이유들이 존재한다. 제약회사는 수많은 고효율의 생산성을 갖는 형질전환 동물을 만들기 위한 방편으로 생식학적 복제기술을 연구한다. 사실 CC의 복제가 있기 전, 1996년에 성체세포로부터 복제된 돌리(Dolly)라고 하는 복제 양이 최초로 생산되었다. 돌리는 스코틀랜드 연구팀에 의해 복제되었고, 제약회사로부터 연구비의 일부를 제공받았다. 2003년 돌리가 죽기 전, 다섯 마리의 새끼를 출산했는데 2019년까지도 살아있는 것으로 보고 되었다.

복제동물에 대한 연구는 과학자들로 하여금 유전자 각인과 같은 기본 과정을 더 잘 이해할수 있게 한다. 또한 몇몇 멸종 위기에 처한 생물 종은 보전을 목적으로 복제되었다. 돌리가 복제된 이래로, 영장류를 포함하여 많은 다른 동물들이 복제되었다.

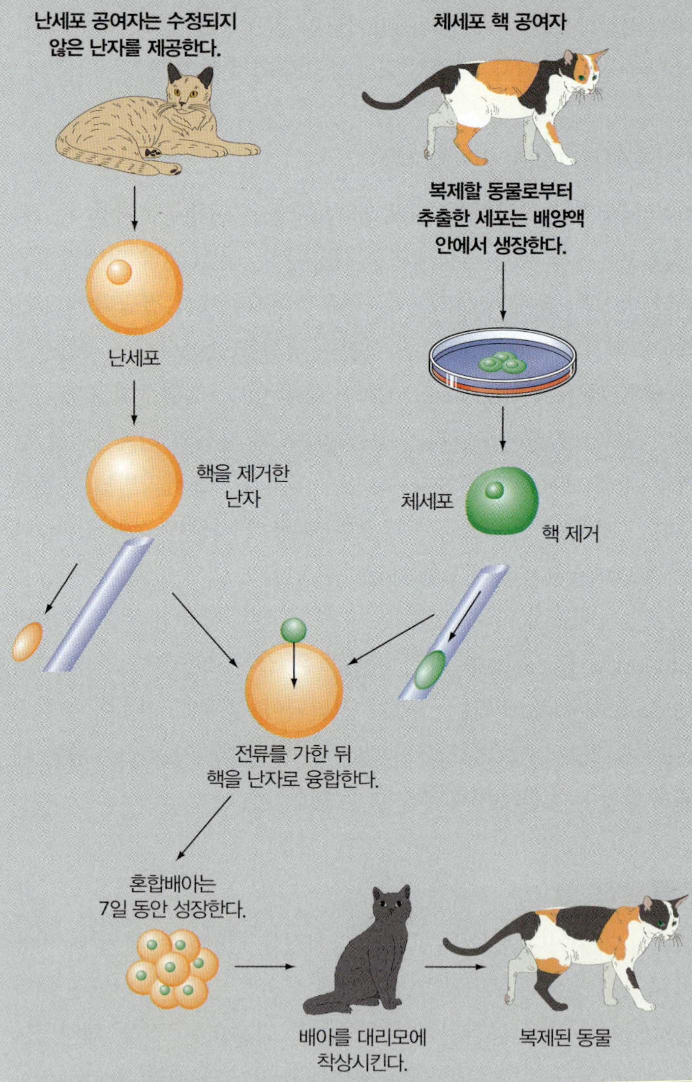

그림 A 체세포 핵치환 기술을 이용한 고양이 복제.

유전자 변형 생물체는 현대 농업에서 널리 사용되고 있다

2019년까지는 형질이 더 향상된 약 100여 개의 형질전환 식물이 개발되었으며, 이들은 보통 **유전자 변형 작물**[GM(**g**enetically **m**odified) crops]로 분류된다. 도입 유전자에 의한 형질개량에는 영양학적 가치 향상, 수명 증가, 생산량 증가, 작물의 크기 증가 등이 포함되며, 또한 제초제 내성, 식물바이러스 및 병충해 저항성 향상 등이 포함된다. 여기서 현재 널리 사용되는 두 가지 중요한 형질전환 작물에 대해 토론해 보자.

미국에서 재배되는 콩의 90% 이상이 Roundup®이라고 하는 제초제의 주요 성분인 글리포세이트(glyphosate)에 저항성을 갖는 형질전환 식물이다. 글리포세이트는 식물이 몇가지 아미노산을 합성하는 데 중요한 역할을 하는 효소인 EPSPS를 억제한다. "Roundup ready® 콩"이라고 하는 작물은 글리포세이트에 저항성이 있는 박테리아의 EPSPS 유전자를 지닌 형질전환 콩이다. 농부들은 이 형질전환 콩밭에 Roundup 제초제를 살포함으로써 콩을 제외한 잡초들을 죽일 수 있고, 따라서 많은 노동력과 시간을 줄일 수 있다. 글리포세이트 자체는 자연환경에서 빠르게 분해된다.

또 다른 굉장히 성공적인 유전자 변형 식물은 옥수수인데 **Bt 단백질**이라고 하는 유기살충제를 자연적으로 생산한다. Bt 단백질은 옥수수가 조명충나방 애벌레에 의해 갉아 먹히는 것으로부터 보호한다. 이 단백질은 *Bacillus thuringiensis*라는 박테리아가 애벌레로부터 자신을 보호하기 위해 자연적으로 만든 단백질이며, 인간을 포함한 동물에게는 해가 되지 않지만 이것을 먹는 유충에게는 치명적인 단백질이다. 유전자 조작된 옥수수는 스스로 천연살충제를 만들기 때문에 농부들과 환경에게 피해를 주는 값비싼 화학 살충제를 사용하지 않아도 된다. Bt 단백질을 발현시키는 유전자 변형 식물은 1996년에 최초로 상업적으로 시판되었고, 현재에 이르러서는 적어도 미국에서 재배되는 모든 옥수수의 1/3은 *Bt* 형질전환 유전자를 포함하고 있다고 볼 수 있다. 전 세계적으로 100억 에이커(acres) 이상에서 Bt 단백질 발현 작물이 재배되고 있으며, 여기에는 옥수수뿐만 아니라 카놀라, 목화, 파파야, 감자, 쌀, 납작콩, 사탕수수, 토마토, 밀, 가지 등도 포함된다.

FDA는 2015년에 첫 번째 유전자 변형 동물인 형질전환 대서양연어의 상업적인 판매를 승인하였다(**그림 21.7**). 대서양연어는 일반적으로 3년 동안 자라면 약 4 kg에 달하는 성체가 되는데, 먹이가 부족하고 가장 추운 시기에는 성장호르몬 유전자의 유전자 발현이 제한되어 1년 중 약 8개월 동안만 자라게 된다. 1년 내내 성장호르몬이 발현되도록 조작된 도입 유전자를 가진 유전자 변형 연어는 최대 무게가 될 때까지 소요되는 시간이 절반으로 줄게 된다.

그림 21.7 형질전환 연어. 그림에서 더 큰 연어는 성장호르몬이 발현되도록 조작된 도입 유전자를 가지고 있기 때문에 1년 중 8개월 동안만 자라는 대신(형질전환이 되지 않은 작은 연어) 일년 내내 자란다. *Source: AquaBounty Technologies www.aquabounty.com*

유전자 변형 작물은 미국 외에 25개 이상의 다른 나라에서도 재배되고 있다. 이러한 작물들은 대규모 농업에 의한 환경문제를 줄이는 데 도움을 주는 중요한 장치로 사용되며, 증가하는 세계 인구의 식량 요구량을 반영시킬 수 있다. 그렇지만 일부 국가에서는 유전자 변형 생물의 수입을 제한하거나 심지어 완전히 차단하고 있다. 몇몇 과학자들은 유전자 변형 생물을 이용해 만든 음식이 인간에게 직접적으로 위험을 초래할 수 있다고 믿고 있다. 이러한 유전자 변형 생물에 관한 일부의 반대 여론도 고려해야 한다. 유전자 변형 작물의 무분별한 사용은 농부와 농장 공동체의 삶을 파괴시킬 수 있으며, 소수의 다국적 농업기업에게 상당한 권력이 주어질 수 있다. 일부 잠재적인 환경적 영향도 있을 수 있는데, 형질전환 생물의 형질이 야생의 다른 종들에 원치 않는 전파가 될 수 있다는 것이다. 이러한 문제는 앞으로 논쟁을 야기할 가능성이 높다.

형질전환 동물은 인간의 기능획득 유전질환 연구를 위한 모델이 된다

인간유전질병 동물모델은 지난 수십 년간 과학자들이 새로운 약품 및 다른 치료방법을 개발하고 검증하는 데 필요한 질병의 생화학적 과정을 이해하는 중요한 도구가 되어 왔다. 인간의 단일인자 유전질환을 위한 동물모델은 간단한데, 해당 유전자 돌연변이 및 인간의 질병과 유사한 질환 표현형을 갖는 동물을 생산하는 것이다.

도입 유전자가 정상 유전체에 추가되는 것이기 때문에 앞에서 언급한 기술로 제작된 형질전환 동물은 단지 우성 형질과 기능획득 돌연변이에만 사용될 수 있다는 것을 명심해야 한다. 어떤 경우에는 기능상실 돌연변이 질병은 우성-음성 돌연변이(dominant negative mutant)를 갖는 동물모델을 만들거나 RNA 간섭(RNAi)을 위한 이

중 가닥 RNA를 제작하여 연구할 수 있다. 그러나 이 장의 다음 절에서 이러한 방법들은 새로운 기술을 이용하여 기능상실 대립유전자를 직접적으로 제작함으로써 보완될 수 있음을 배울 것이다.

여러 가지 이유로 인간의 유전질환 모델을 연구하는 데 생쥐를 자주 사용한다. 생쥐는 포유동물로 대다수 인간 유전자와 유사한 유전체를 갖는다. 더군다나 생쥐는 작고 상대적으로 경제적인 실험동물이다. 그러나 생쥐는 인간의 신경장애 등과 같은 연구를 위해서는 안타깝게도 뇌의 기능과 행동에서 몇가지 유전적 돌연변이의 복잡한 효과를 보여주기는 힘들다. 대신 과학자들은 최근 인간의 질병 동물 모델로 형질전환 붉은털원숭이(rhesus macaques)를 이용하기 시작했다.

인간 신경장애 연구를 위해 최초의 형질전환 영장류 모델은 헌팅턴병(Huntington disease)을 위해서였다. 헌팅턴병이 *HD* 유전자의 우성 대립형질에 CAG 세 염기의 반복이 연속 확장되어 발병된다는 사실을 이미 살펴보았다(7장 읽을거리 「빠르게 살펴보기」 참조). 돌연변이 대립형질이 암호화하고 있는 헌팅틴(huntingtin) 단백질은 폴리큐(poly Q) 부위에 글루타민 잔기가 정상적인 숫자보다 많다. 헌팅턴병 모델로 제작된 붉은털원숭이는 이렇게 CAG 서열반복이 확장된 돌연변이 유전자를 도입 유전자로 지니고 있다. 이 원숭이는 헌팅턴병에 걸린 사람과 증상이 비슷하기 때문에 과학자들이보다 효율적인 치료제를 개발하고 이 장애를 더 잘 이해할 수 있도록 도움을 준다.

영장류를 이용한 실험은 많은 사람들에게 상당한 도덕적 우려를 증가시키기 때문에 미래에 인간의 유전질환을 위해 영장류 동물모델을 사용할 수 있을지는 불명확하다. 2019년에도 미국 국립보건원(NIH)에서는 영장류를 이용한 대부분의 침습적 연구들을, 전부는 아니라도 단계적으로 그만두도록 하는 과정을 진행 중에 있다.

핵심 개념 21.2

- 정상형질 도입 유전자는 열성 돌연변이 대립유전자를 갖는 배아에 주입될 수 있다. 만일 정상표현형으로 복구된다면, 해당 유전자가 돌연변이라는 사실을 확인할 수 있다.
- 리포터 구조체의 제작은 어떤 유전자가 언제 그리고 어느 조직에서 발현이 억제되고 활성화되는지에 대한 검출이 쉽도록 해 준다.
- 형질전환 생물체는 의학적으로 중요한 인간 단백질을 생산할 수 있다.
- 유전자 변형 콩은 제초제인 글리포세이트에 저항성을 갖는다. 많은 작물들(옥수수, 콩, 카놀라, 목화)은 벌레들의 포식을 억제하는 Bt 단백질이 발현되도록 유전적으로 변형되었다.
- 질병을 유발하는 도입 유전자, 즉 기능획득 대립유전자를 동물모델에 전달하는 것을 이용하여 연구자들이 질병의 진행과정을 관찰하고 치료제를 시험해 볼 수 있다.

21.3 표적 돌연변이화

학습 목표

1. 표적 유전자가 결핍된 녹아웃(knock-out) 생쥐모델을 제작하기 위해 사용되는 배아줄기세포를 알아본다.
2. 연구자들이 조건부 녹아웃 생쥐모델을 만들기 원하는 이유를 설명한다.
3. 연구자들이 녹인(knock-in) 생쥐를 제작하기 위해 사용하는 박테리오파아지의 장소 특이적 재조합 기술을 논의한다.
4. CRISPR/Cas9에 대해 설명하고 이것이 어떻게 유전체 변형에 사용되는지 알아본다.

이전 절에서는 유전자들이 많은 동물과 식물의 유전체에서 임의의 위치에 쉽게 전달될 수 있음을 알아보았다. 이 절에서는 과학자들이 특정 유전자를 실질적으로 원하는 방법으로 변경할 수 있는 좀더 첨단 기술인, **표적 돌연변이화**(targeted mutagenesis)에 대해 알아볼 것이다. 연구자는 유전자를 변형시키기 위해 DNA 서열만 알고 있으면 된다. 현재는 일반적으로 실험실에서 사용되는 모델 생물들의 유전체 서열이 모두 결정되어 있으며, 이 생물 종들에서의 어떤 유전자라도 마음대로 돌연변이화 시키는 것이 가능하다.

인간 생물학에 관련된 많은 연구를 위해 선택된 동물은 생쥐이므로, 여기서는 생쥐의 특정 유전자를 변경하는 방법에 초점을 두었다. 다음 이 절의 말미에서는 이제 막 널리 사용되기 시작한 새롭고 흥미로운 기술에 대해 알아볼텐데, 이 기술은 여러 다른 생물 종에도 적용이 가능하다.

녹아웃 생쥐는 특정 유전자의 기능상실 돌연변이를 가진다

상동재조합(homologous recombination)은 DNA 서열을 유전체의 특정 지역에 초점을 맞출 수 있는 방법을 제공한다. 이미 16장에서 특정 박테리아의 유전자의 돌연변이를 만들 때 상동재조합 방법을 이용한 유전자 전달 방법인 **유전자 표적화**(gene targeting)라는 과정에 대해 알아보았다(그림 16.30 참조). 유전자 표적화 과정에서 과학자들은 시험관 내에서 특정 유전자를 돌연변이시키고, 그 돌연변이 DNA를 박테리아에 도입한다. 상동재조합은 박테리아 유전체에서 유전자의 정상적인 사본을 돌연변이 사본으로 대체한다. 상동재조합은 매우 드물게 일어나지만, 연구자들은 쉽게 다수의 박테리아를 키울 수 있고 전달 DNA 내에 존재하는 약물 내성인자를 이용하여 표적 돌연변이를 포함하는 희귀 세포를 쉽게 구분할 수 있다. 동일한 방법을 이용하여 효모(*S. cerevisiae*)와 같은 단세포 진핵생물에서의 유전자 표적화 또한 일상적으로 행해지고 있다.

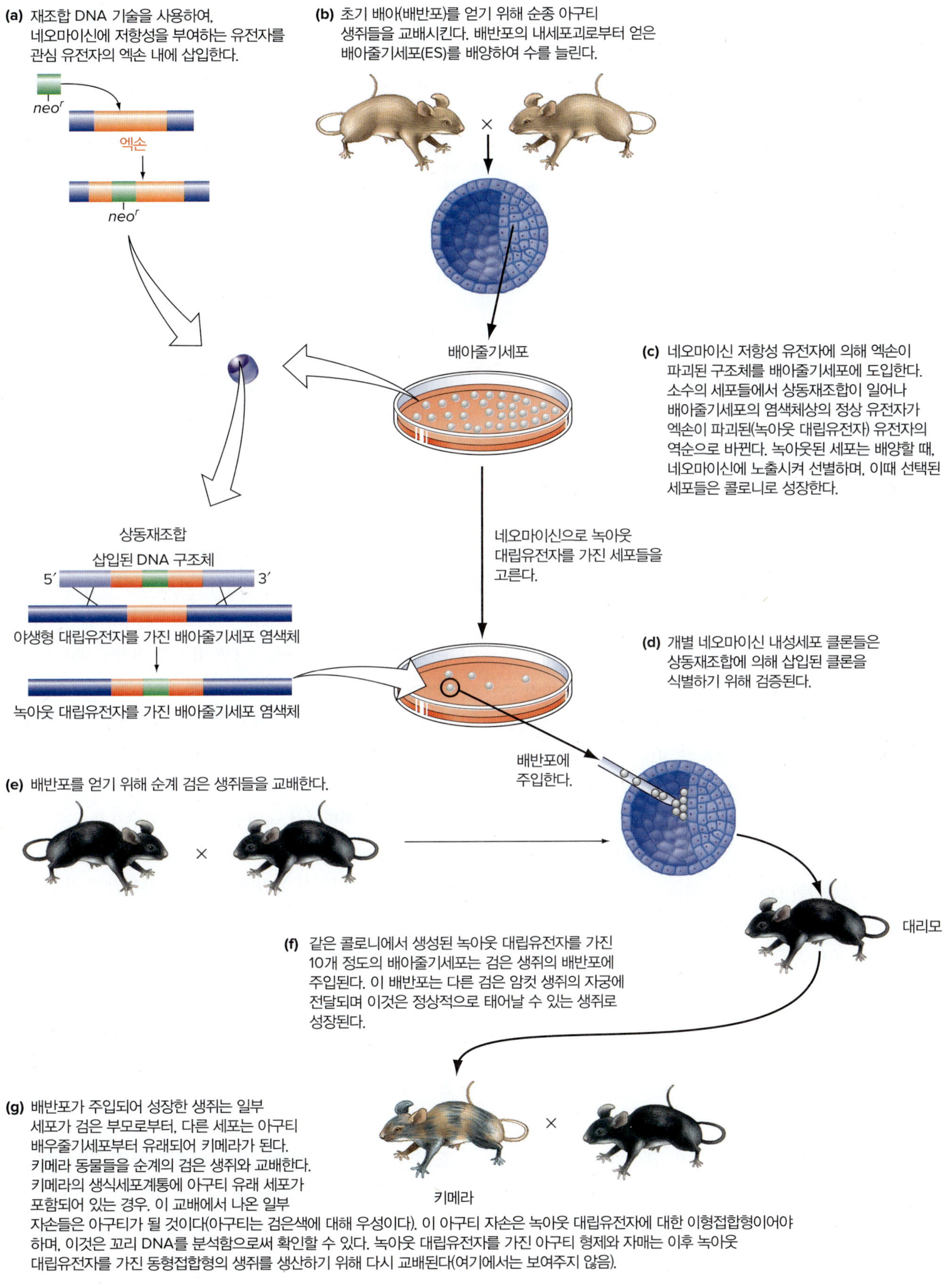

그림 21.8 녹아웃 생쥐 제작.

생쥐 유전학자들은 다세포 생물체의 유전자 표적화 과정에서 두 가지 주요 장애를 극복하기 위해 **배아줄기세포**(embryonic stem cell)를 이용한다. 첫째, 표적 유전자를 포함하는 염색체가 자손에게 전달되기 위해서는 유전자 표적화가 생식세포에서 일어나야만 한다. 둘째, 상동재조합의 낮은 효율 때문에 연구자들은 원하는 돌연변이를 얻을 수 있도록 많은 숫자의 생식세포를 선별할 필요가 있다. 생쥐의 배아 줄기세포는 박테리아나 효모처럼 배양접시에서 키우는데, 연구자가 이를 이용하여 표적 돌연변이를 포함하는 세포를 선택할 수 있다. 이 과정에서 중요한 특징은 표적 염색체가 포함된 배아줄기세포를 배양접시에서 발달하고 있는 배아로 옮길 수 있다는 사실인데, 배아로 옮겨진 배아줄기세포는 배아발달 동안 생식세포를 포함하여 여러 가지 다른 세포로 분화될 수 있다.

유전자 녹아웃 생쥐를 제작하기 위한 배아줄기세포에서의 유전자 표적화

생쥐 배아줄기세포는 **배반포**(blastocyst)라고 하는 초기 단계 배아로부터 분리된 미분화 세포이다(**그림 21.8**). 이런 배아줄기세포는 아직까지 피부, 뼈, 혈액 세포와 같은 특정 유형의 세포를 위한 유전자 발현 특성 패턴을 가지지 않는다. 생쥐 배아줄기세포는 미분화된 상태이기 때문에 특수 배양액을 포함하는 배양접시에서 여러 세대로 분열할 수 있다. 이렇게 배양액에서 성장하는 배아줄기세포의 가장 중요한 특징은 배아줄기세포가 배아 발달 동안 적당한 신호에 노출되면 생식세포와 배우자세포를 포함한 모든 유형의 세포로 분화될 수 있는 능력을 지니고 있는데, 즉 **전능성**(totipotent)을 가진다.

그림 21.8은 배양된 배아줄기세포를 이용한 유전자 표적화 과정을 자세하게 보여주고 있다. 연구자들은 특정 유전자 약물 내성 유전자의 삽입에 의해 돌연변이된 DNA 구조체를 만들고, 그런 다음 이 DNA 구조체를 배아줄기세포가 성장하는 배지에 첨가한다. 몇몇의 세포들은 배지로부터 그 DNA 구조체를 받아들일 것이다. 일정시간 동안 배양배지에 약물을 첨가하면 유전체에 외래 DNA가 삽입된 세포들만 살아남아서 분열할 것이다. 연구자들은 염색체 상동재조합을 통해 약물 내성 유전자를 획득하여 살아남은 세포를 식별하기 위해 PCR 방법을 사용하는데, 이렇게 구별된 세포들은 표적 유전자의 기능상실 돌연변이에 대해 이형접합형이다.

유전자 표적화 실험 과정의 다음 단계들은, 배양접시에서 초기발달 배아로 옮겨질 수 있고 모든 유형의 세포로 분화될 수 있는 배아줄기세포의 능력을 이용하는 것이다. 원하는 돌연변이를 가진 배아줄기세포가 숙주의 배반포에 주입이 되고 그 후 대리모에 착상된다(그림 21.8). 이렇게 태어난 생쥐를 **키메라**(chimeras)라고 하며, 두 개의 다른 생물체로부터 온 세포들로 구성되었다는 것을 의미한다. 이 동물들의 세포 중 배아줄기세포로부터 유래된 세포는 표적 유전자의 돌연변이에 있어 이형접합형이고, 반면에 숙주세포는 이 유전자 위의 정상 대립유전자에 대해 동형접합형이다. 유전학자들은 비모자이크 이형접합형 자손을 만들기 위해 키메라 생쥐와 정상 생쥐를 교배한다. 이런 자손들은 표적 유전자의 무형태성 녹아웃 대립유전자를 가진 염색체를 포함하고 있기 때문에 **녹아웃 생쥐**(knockout mice)라고 한다. 유전학자들은 동형접합형 돌연변이체 생성을 위해 서로 다른 이형접합형 녹아웃 생쥐끼리 교배한다.

녹아웃 생쥐의 이용

첫 번째 녹아웃 생쥐는 1989년에 만들어졌으며, 8년 후 이 기술을 개발한 세 명의 과학자들은 노벨상을 수상하였다. 거의 모든 인간 유전자는 생쥐와 동일 또는 유사한 기능을 갖는 짝 유전자를 가지며, 녹아웃 생쥐는 유전자 기능의 상실로 인한 인간 질환의 연구에 유용하게 사용된다.

녹아웃 생쥐를 사용한 첫 번째 단일 유전자 질환 모델 중 하나는 낭섬유증(cystic fibrosis)이었다. 폐세포에서 염화이온의 흐름을 조절하는 막 단백질인 CFTR을 암호화하는 *CF* 유전자를 기억하자(그림 1.22 참조). 연구자들은 *CF* 유전자 녹아웃 생쥐를 이용하여, 낭섬유증은 폐에 점액이 쌓이고 이로 인해 폐세포로부터 세균을 쉽게 제거하지 못하여 발병된다고 밝혔다. 과학자들은 *CF* 녹아웃 생쥐를 이용하여 낭섬유증 치료를 위한 새로운 실험적인 치료 방법을 검증하고 있다.

일반적인 의미에서 녹아웃 생쥐는 연구자가 포유류 유기체의 모든 유전자의 실제 기능에 대한 이해를 돕는다는 점에서 매우 가치가 높다. 간단히 말해서 유전학자는 특정 유전자의 기능이 완전히 상실된 동형접합형 녹아웃 생쥐를 제작하고, 생쥐의 표현형에 미치는 영향을 관찰한다. 이 접근 방식의 중요성을 인식하여, 미국국립보건원에서는 학교, 정부, 산업 연구소가 연계된 공동연구, 녹아웃 생쥐 프로젝트에 자금을 지원하고 있는데, 이 프로젝트는 생쥐 유전체에 있는 모든 유전자에 대해 각각의 녹아웃 돌연변이를 지니고 있는 배아줄기세포 주 제작을 목표로 하고 있다.

조건부 녹아웃 생쥐는 필수 유전자들의 기능을 밝힌다

어떤 유전자들은 동형접합형 녹아웃 생쥐를 만드는 것이 불가능하다. 이러한 소위 '필수 유전자들'은 동물의 발생 초기 단계나 또는 모든 세포의 생존에 중요한 과정에 필요할 수 있다. 필수적인 유전자들의 생성물들이 유기체에 어떤 기능을 하는지 조사하기 위해서, 연구

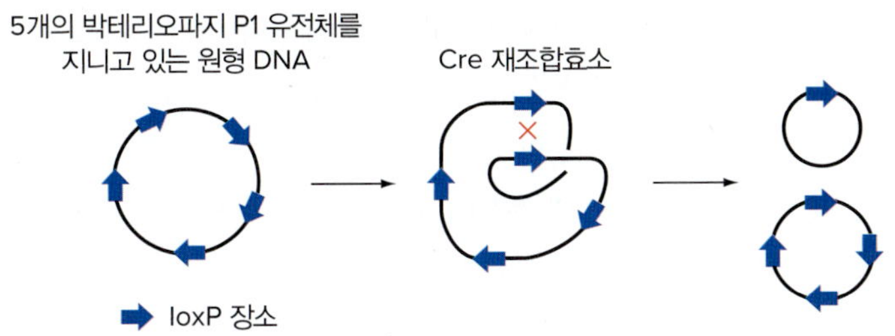

그림 21.9 Cre/loxP 재조합 시스템. 박테리오파지 P1은 Cre 재조합 단백질에 의해 매개되는 34염기쌍의 loxP 장소 간의 위치 특이적 재조합을 통해 유전체의 단일복사본을 생성한다.

자들은 유전자 표적화 기술을 이용하여 대부분의 세포들이 유전자의 정상 대립유전자 동형접합형을 지니고 단지 몇몇 세포들만 대립유전자의 돌연변이 동형접합형을 갖는 모자이크 개체를 만들 수 있다. 이와 같은 종류의 기술에서 다른 응용은 동물이 성체가 될 때까지 정상 대립유전자에 대한 동형접합형을 유지하다가, 그 이후에 세포의 일부나 전체가 돌연변이 대립유전자의 동형접합형이 되도록 조절할 수 있다.

이런 전략들의 핵심은 특정 조건에서 표적 유전자의 엑손(exon)이 유전체 DNA로부터 제거될 수 있도록 표적 유전자에 DNA 서열을 추가하는 것이다. 이렇게 연구자가 환경 조건을 변경할 때 특이적으로 비활성화시킬 수 있는 유전자를 가진 생쥐를 **조건부 녹아웃 생쥐**(conditional knockout mice)라고 한다. 유전자 엑손의 조건부 제거를 성공적으로 수행하기 위해서, 유전공학자들은 박테리오파지 P1이 대장균에 침입해서 성장할 때 중요한 장소 특이적 재조합 시스템을 이용한다.

Cre 단백질과 loxP 장소

DNA 복제의 정상적인 과정에서, 박테리오파지 P1은 P1 유전체의 많은 복사본을 포함하는 큰 원형 DNA를 생성한다. 이런 여러 개의 사본들 중 하나씩 개별 박테리오파지에 포장되도록 하기 위해, ***Cre* 재조합효소**(*Cre* recombinase)가 이 큰 원형 DNA에 존재하는 **loxP 장소**라고 하는 두 개의 특정 DNA 서열 사이에 교차를 발생시킨다(**그림 21.9**)(6.6절 참조). 과학자들은 동물의 특정 조직 또는 특정 시간에 생쥐 유전자에 유전자결실 돌연변이를 도입하기 위해 이 **Cre/loxP 재조합 시스템**(Cre/loxP recombination system)을 어떻게 활용하는가?

조건부 녹아웃 만들기

첫 번째 단계는 **그림 21.10a**에서 보여주는 것처럼 유전자 표적화 구조체를 제작하기 위하여 재조합 DNA 기술을 사용하는 것이다. 그 구조체는 조건부 녹아웃이 되도록 표적된 유전자의 두 개의 인트론과 하나의 엑손을 포함한다. 하나의 인트론은 내부에 loxP 서열을 포함하며, 다른 인트론에는 두 개의 loxP 서열과 그 사이에 약물 내성 유전자를 포함한다. 구조체에 포함된 엑손은 유전자의 기능에 필수적이며, 단백질을 코딩하는 유전자의 경우 선택된 엑손은 열린 번역틀(open reading frame; ORF)의 일부분을 포함하고 있다.

두 번째 단계에서는 그림 21.8에서 설명한 방법을 이용하여 표적화 구조체에 존재하는 유전자가 생쥐 유전체에 존재하는 내인성 정

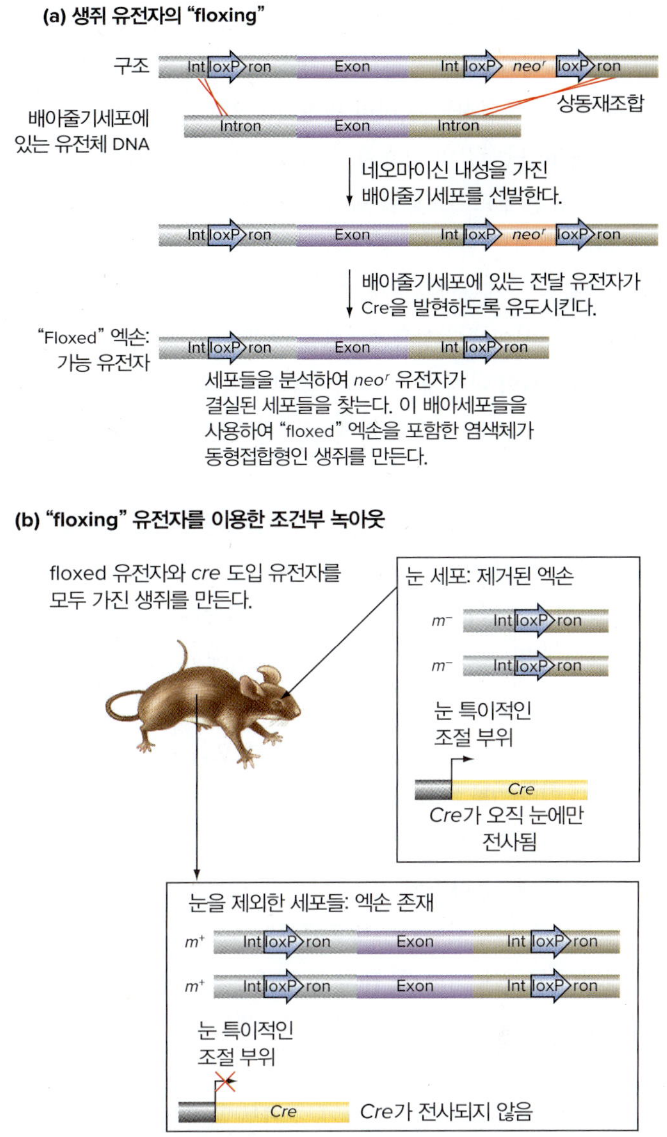

그림 21.10 조건부 녹아웃 생쥐. **(a)** ES 세포의 유전자 일부를, loxP 자리들 사이에 포함된 "floxed" 엑손으로 교체하는 다단계 과정. 이 ES 세포들은 생쥐의 생식세포 계통으로 도입된다. **(b)** 이 예에서는, 이 "floxed" 유전자에 동형접합형인 형질전환 생쥐가 눈에서만 Cre를 발현하는 도입 유전자도 가지고 있다. 신체의 다른 곳에서는 아무 일도 일어나지 않지만, 오직 눈 세포에서만 loxP 좌위들에서의 Cre-매개성 좌위 특이적 재조합이 발생하여 "floxed" 도입 유전자의 두 사본에서 엑손들을 제거하게 된다.

상 유전자 서열을 대체한 배아줄기세포를 생성한다. 이 실험에서 사용된 특별한 배아줄기세포는 유도 방식으로 Cre 단백질을 발현하는 도입 유전자를 포함하도록 미리 변형되어 있는데, 예를 들면 그 도입 유전자는 Cre 단백질의 암호화 유전자 서열에 열 충격에 의해 활성화되는 쥐 유전자 프로모터를 융합하여 만들 수 있다.

세 번째 단계는 약물 내성 유전자를 제거하는 것이다. 고온에서 배아줄기세포를 배양함으로써 Cre 유전자의 발현을 유도하여 한쌍의 loxP 서열 사이에서 상동재조합을 유발한다. 한 가지 가능한 결과는 그림 21.10a의 아래에서 보이는 염색체인데, 표적 엑손(또는 유전자)은 두 개의 loxP 서열에 의해 둘러쌓여서 **플락스되었다**(floxed; **f**lanked by **lox**P sites)고 한다.

이제 이렇게 플락스된 유전자의 이형접합형 배아줄기세포가 만들어졌으면, 그림 21.8에서 설명한 것처럼, 숙주 배반포에 이식하여 이형접합형 생쥐를 만든다. 마지막으로 연구자들은 플락스된 유전자에 동형접합형이고, 특정 시간 또는 특정 조직에서 Cre 유전자가 발현되는 도입 유전자를 지닌 생쥐를 만들기 위해 일련의 교배를 실시한다. 하나의 예를 들면, *Cre* 도입 유전자가 오직 눈에서만 전사될 수 있게 할 수 있다(**그림 21.10b**).

LoxP 부위는 RNA 이어맞추기를 방해하지 않는 인트론에 위치하고 있기 때문에, 플락스된 유전자는 정상적으로 기능한다. 그러나 Cre 유전자가 발현되는 눈 세포에서는 loxP 자리들 사이에서의 Cre-매개성 교차에 의해 두 개의 표적 유전자 사본들로부터 엑손이 제거된다(그림 21.10b). 그러므로 그 눈 세포들만 표적 유전자의 녹아웃에 동형접합형이다.

이제 왜 플락스된 대립유전자가 조건부 녹아웃이라 불리는 이유를 알 수 있을 것이다. 이 대립유전자는 Cre가 만들어져 표적 유전자 서열을 제거하는 세포를 제외한 모든 조직에서는 정상적으로 기능을 하기 때문이다.

조건부 녹아웃의 이용

조건부 녹아웃 생쥐는 과학자들에게 어떠한 종류의 정보를 제공할 수 있을까? 하나의 예로써 그림 21.10처럼 그 표적된 유전자가 모든 세포의 생존에 필요하다고 가정해 보자. 만약 이 경우가 그런 경우라면, 플락스된 대립유전자를 갖는 동물이 Cre 유전자가 발현된 후에는 눈이 없을 것으로 예상이 된다. 한편, 표적 유전자가 눈 이외의 다른 조직에서만 필수적일 수 있는데, 이 경우에 눈은(그리고 사실 동물 전체적으로) 정상일 것이다. 또 다른 가능성은 표적 유전자가 망막 형성과 같은 특정 기능을 위해 필요하다면, 이 경우 플락스된 유전자의 동형접합체에서 Cre 발현은 망막기형을 초래할 것이다.

흥미롭게도 모자이크 동물에서 녹아웃 세포와 야생형 세포를 나란히 두는 실험 역시 과학자들로 하여금 한 세포에서 발현된 유전자 산물이 이웃한 세포의 기능에 영향을 미칠 수 있는지를 판단할 수 있도록 해 주는데, **모자이크 분석**(mosaic analysis)이라고 부르는 이 기술에 대해서는 22장에서 논의할 것이다.

녹인(knock-in) 기술은 특정 유전자에 특정 돌연변이를 삽입한다

과학자들은 배아줄기세포 기술을 생쥐 유전자의 기능을 파괴하는 것뿐만 아니라, 특이적인 방법으로 유전자를 변경하기 위해 사용할 수 있다. 예를 들어, 연구자는 어떤 단백질에서 하나의 아미노산을 다른 것으로 변화시키는 특정 과오 돌연변이(missense mutation)를 가진 생쥐를 만들고 싶을 수 있다. **그림 21.11**은 연구자들이 조건적 녹아웃 생쥐를 만들었을 때 사용하는 기술을 이용하여 주어진 유전자를 원하는 대로 쉽게 변형할 수 있음을 보여준다. 새로 도입된 DNA, 이 경우에는 변화된 DNA 서열을 가지고 있는 엑손은 **녹인**(knocked-in) 되었다고 한다. 그 돌연변이 유전자에 동형접합형인 **녹인 생쥐**(knockin mice)는 그 단백질에 대해 돌연변이형만 만들 것이다. 만약 그 돌연변이가 우성 효과를 가지는 경우에는 녹인 돌연변이에 대해 이형접합형인 생쥐들도 중요한 가치를 가질 수 있다.

생쥐의 유전체에 존재하는 어느 하나의 유전자를 관심 있는 재조합 대립유전자로 대체하는 기술은 인체의 특정 유전 질환을 연구하기 위한 동물모델 제작에 매우 중요하다. 많은 유전병들은 어떤 유전

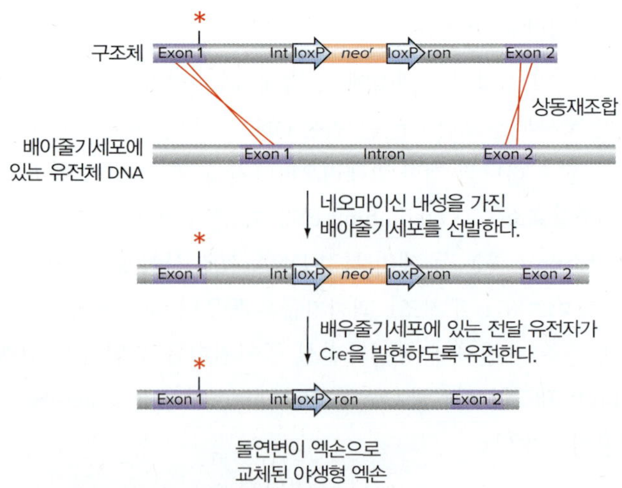

그림 21.11 유전자의 특정 돌연변이를 만들기 위한 녹인 기술. 유전공학자들은 점돌연변이(빨간색 별로 표시)를 가진 유전자 구조체를 이용하여 Cre 도입 유전자를 가진 ES 세포들에서 해당 유전자를 대체할 수 있다. Cre 발현에 의해 약물 저항성 유전자가 제거된 후, 인트론 내에 남아 있는 loxP 자리는 이어맞추기를 방해하지 않을 것이다.

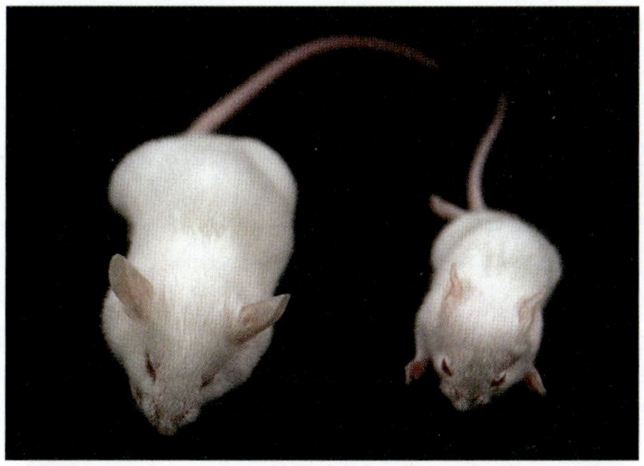

그림 21.12 연골무형성 왜소증 생쥐. 오른쪽에 왜소증 생쥐는 인간의 왜소증을 일으키는 것과 같은 서열의 FGFR3 대립유전자에 대해 이형접합형이다. 왼쪽은 한배 새끼로 정상생쥐이다. *Source: Wang et al. (1999), "A mouse model for Achondroplasia produced by targeting fibroblast growth factor receptor 3," PNAS, 96(8): 4455-4460. ©1999 National Academy of Sciences, U.S.A.*

자의 완전한 무형태성(amorphic, 발현되지 않는) 대립유전자와 관련된 것이 아니라, 저형태성(hypomorphic, 적게 발현되는), 고형태성(hypermorphic, 많이 발현되는) 혹은 신형태성(neomorphic, 새로운 표현형의) 효과를 가질 수 있게 하는 특정 아미노산의 코돈에서 생긴 돌연변이와 연계되어 있다.

그런 하나의 예로 왜소증의 하나인 연골무형성증(achondroplasia), 또는 왜소증(dwarfism) 연구를 위한 생쥐 모델을 들 수 있다. 인체의 짧은 사지왜소증은 인간의 *FGFR3* 유전자의 과오 돌연변이(missense mutation)에 의해 발생한다. 이를 살펴보았던 9장을 기억해 보자. 이런 돌연변이는 기능획득을 유발하고 결국에는 과도한 활성을 갖는 FGF 수용체가 된다(그림 9.31 참조). 연구자들은 이러한 동형접합 *FGFR3* 유전자와 같은 과오 돌연변이를 가지는 생쥐를 제작하기 위해 녹인 기술을 사용해 왔다. 놀랍게도, 이 돌연변이 유전자는 생쥐에서 발현되었고 그 생쥐는 인간의 연골무형성증에서 보였던 우성 왜소증 표현형과 같은 표현형을 보여주었다(**그림 21.12**).

CRISPR/Cas9 기술은 모든 생명체에서 특정 유전자에 특정 돌연변이를 삽입할 수 있다

배아줄기세포 기술을 이용하여, 연구자는 거의 모든 방식으로 생쥐의 유전체에 어떤 DNA 서열을 제거, 삽입, 변경 등을 할 수 있다. 최근까지, 오직 생쥐의 유전체만 이런 정밀한 변경이 가능하였다. 그 이유는 상동재조합이 비효율적이기 때문에 매우 적은 비율의 세포만이 녹아웃이나 녹인 같은 구조체가 원하는 위치에 삽입되기 때문이다. 그렇기 때문에 하나의 원하는 변형된 염색체를 얻기 위해서는 배양을 했을 때 무한정 분열이 가능한 배아줄기세포를 이용해야만 한다. 또한 연구자들은 이 변형된 염색체를 가진 세포를 충분히 증식시켜야만 키메릭(chimeric) 생쥐를 만드는데 사용할 수 있다.

최근 새롭게 개발된 **유전자 교정**(gene editing) 기술들은 연구자들이 이론적으로 모든 생물체의 모든 유전체에 녹아웃이나 녹인같은 유전자 변형을 할 수 있게 해 준다. 이 기술들은 매우 효율적이기 때문에 연구자들이 유전자 변형이 된 하나의 세포를 찾기 위해 천 개가 넘는 세포를 스크린할 필요가 없고, 그렇기 때문에 배아줄기세포를 사용하지 않아도 된다. 또한 이 기술들의 높은 효율성 덕분에 연구자들은 생쥐가 아닌 다른 동물에서 유전자 변형을 할 수 있게 되었고, 수정된 난자의 유전체부터 살아있는 동물의 체세포에서까지 유전자 교정을 할 수 있게 되었다.

이 모든 기술들에서는 단백질이나 RNA 분자가 가이드의 역할을 하여 DNA 절단 효소가 유전체의 특정 위치를 자를 수 있게 한다. DNA 절단을 수선하는 과정에서 점 돌연변이를 생성(하나의 염기서열 변화 혹은 몇 개 염기서열의 삽입이나 결실)하거나 특정 DNA 염기서열을 삽입할 수 있다.

CRISPR는 '일정한 간격을 두고 주기적으로 분포하는 짧은 회문 반복서열(**c**lustered **r**egularly **i**nterspaced **s**hort **p**alindrom **r**epeats)'의 약자이다. 많은 세균 유전체는 CRISPR 부분을 포함하고 있는데, 그 부분은 항바이러스 면역 시스템으로서 작용한다. CRISPR 면역은 세균 유전체에 의해서 인코딩되는 Cas 단백질(CRISPR-associated proteins)이라고 부르는 엔도뉴클리에이스에 의존하는데, 이 단백질은 DNA에 이중 가닥 절단을 할 수 있다. 「유전학의 기술」에서는 어떻게 박테리아가 이 메커니즘을 사용하여 바이러스의 감염으로부터 싸울 수 있는지 자세히 기술되어 있다. 과학자들 사이에서 주목받은 것은 이 CRISPR/Cas9을 어떤 생명체에서든 적용할 수 있다는 것이었다.

CRISPR/Cas9 시스템은 두 개의 요소로 이루어져 있다. 첫 번째는 연구자들이 설계하는 단일가닥 RNA인데 **sgRNA(s**ingle **g**uide **RNA)**라고 부른다. sgRNA의 5′ 말단은 20개의 염기서열로 되어 있는데, 변형하고 싶은 유전체의 타겟 위치에 상보적인 서열을 가지고 있다. sgRNA의 3′ 말단은 Cas9 단백질에 특이적으로 결합한다 sgRNA의 5′ 와 3′ 부분을 각각 crRNA와 tracrRNA라고 부른다. 두 번째 요소는 Cas9 단백질이다. 이 Cas9 단백질은 변형되어 NLS(nuclear localization signal)을 구성하는 아미노산을 포함하고 있는데, 이것은 단백질이 핵 안으로 운반되어 DNA에 작용할 수 있게 해 준다.

핵 안에서 Cas9/sgRNA 복합체는 정해진 유전체 DNA 타겟에 결합한다(**그림 21.13**). Cas9은 sgRNA과 연관된 20 bp 염기서열 뒤에 **PAM site**(**p**rotospacer **a**djacent **m**otif)라고 불리는 3개의 염기

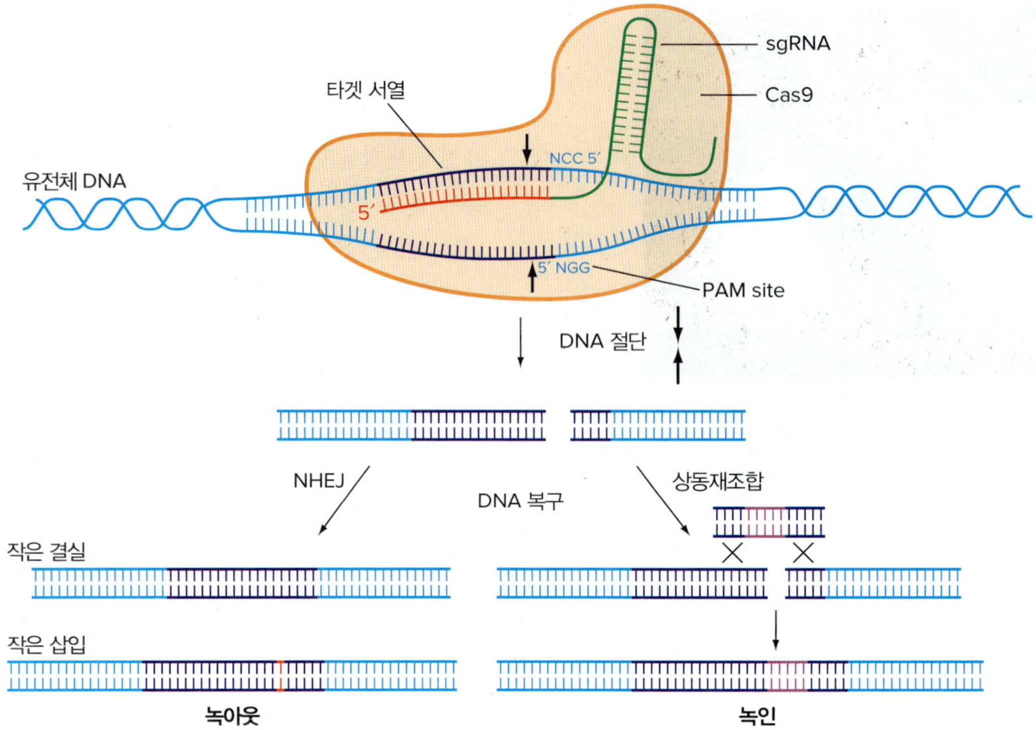

그림 21.13 CRISPR/Cas9에 의한 유전자 교정. sgRNA 서열은 유전체의 PAM site와 인접해 있고 Cas9 엔도뉴클리에이스가 유전체의 특정 타겟 위치로 가도록 한다. 화살표는 Cas9에 의해 잘리는 포스포다이에스터 결합을 표시한 것이다. Cas9에 의한 절단 이후 수선 과정에서 녹아웃이 만들어질 수 있고, 상동재조합이 가능한 DNA 조각이 이용 가능할 경우 녹인을 만들 수 있다(NHEJ: 비상동성 말단 결합).

서열이 있을 때만 DNA를 자르게 된다. Cas9이 인식하는 PAM site는 5′ NGG (N은 모든 염기서열)이다. 연구자들은 유전체의 20 bp를 타겟으로 하는 sgRNA를 설계할 때 PAM site가 정확한 방향에 위치하는지 고려해야 하며, 또한 sgRNA 자체는 PAM sit를 가지고 있으면 안 된다. CRISPR/Cas9 시스템은 박테리오파지 DNA를 자르면서 세균의 염색체를 자르지 않는 방식으로 진화했기 때문에 그렇다(「유전학의 기술」 참조).

Cas9/SgRNA 복합체 내에 있는 Cas9 효소는 타겟 DNA의 이중 가닥을 절단한다(그림 21.13). 잘린 포스포다이에스터 결합(phosphodiester bonds)은 각각의 가닥에서 PAM site 앞의 세 번째와 네 번째 사이에 위치해 있다. 비상동성 말단-연결(nonhomologous end-joining; NHEJ, 그림 7.17 참조)로 절단을 수선하는 과정에서 몇 개 염기서열의 작은 결실이나 삽입이 일어나기도 한다. 그런 돌연변이로 인해 유전자의 기능이 상실되는데(녹아웃 제작), 예를 들어 돌연변이로 인해 열린번역틀의 번역틀 이동이 일어날 수 있다.

또 다른 경우는 유전체에서 잘리는 부분의 왼쪽 오른쪽을 포함하는 DNA 분자가 Cas9/sgRNA와 동시에 주입되면, 상동재조합에 의해 잘린 DNA를 수선하는 과정에서 주입된 DNA 분자의 유전체에 삽입되며 녹인을 만들 수 있다(그림 21.13). 절단된 이중 가닥은 재**조합을 촉진**한다(recombinogenic). 6장에서 배운 것을 기억해 보면, 감수분열 과정에서 이중 가닥의 절단은 유전적 재조합을 위한 첫 번째 단계이다. 이러한 이유로 CRISPR/Cas9을 이용하여 녹인을 제작하는 것이 타겟 부위에 이중 절단이 일어나지 않은 경우에 상동재조합을 이용하여 녹인을 제작하는 것보다 훨씬 더 효율적이다(그림 21.8).

연구자들은 다양한 방법을 이용하여 세포에 sgRNA와 Cas9을 삽입한다. 예를 들어 배지에서 자라는 세포의 경우 sgRNA와 Cas9 유전자가 포함된 플라스미드를 형질전환할 수 있다. 유전체가 변형된 배양 세포의 경우 생명체를 복제하는데 사용될 수 있다(「유전학의 기술」 참조). 다른 방법으로 연구자들은 sgRNA와 Cas9 유전자 혹은 전사물을 주입할 수 있고 또는 sgRNA/Cas9 복합체를 새로 수정된 난자에 주입하여 변형된 유전체를 지닌 생명체를 만들 수 있다.

이런 기술들은 매우 효율적이기 때문에 연구자들은 이배체 유전체에 존재하는 똑같은 두 개의 유전자에 대해 동시에 돌연변이를 제작하여 동형접합 돌연변이를 제작할 수 있다. CRISPR/Cas9 시스템이 과학계에 도입된 지 몇 년이 지나지 않아, 식물과 동물을 포함한 모든 모델 생명체에 대해 유전체를 교정하는 것이 가능해졌다. CRISPR/Cas9을 적용될 수 있는 가장 기대되는 가능성은 인간의 체

유전학의 기술

어떻게 세균이 CRISPR/Cas9를 이용하여 바이러스에 대해 저항할 수 있는가

세균 유전체의 *CRISPR* 위치에는 짧은 반복서열이 특이한 간격 서열에 의해 일정한 간격으로 거리를 두고 존재한다(**그림 A**). 이 간격 서열은 숙주세포에 의해서 포획된 박테리오파지 유전체의 조각인데, 세균이 만들어내는 단백질(Cas1과 Cas2)에 의해 숙주의 유전체로 끼어 들어간다. *CRISPR* 배열 안에 있는 이 반복서열은 숙주세포의 포획과 삽입 과정에서 엔도뉴클리에이스에 의해 추가된다.

CRISPR 배열이 전사되어 pre-crRNA라고 하는 긴 RNA 분자를 만들어 내고, 이 RNA로부터 24~48 nt의 짧은 *CRISPR RNA* (crRNA)를 만들어 낼 때 바이러스에 대한 면역성이 생겨난다. 긴 RNA를 짧은 RNA로 자르기 위해서는 tracrRNA(trans-acting **CR**ISPR **RNA**)라고 부르는 작은 RNA가 필요하는데 이것 역시 숙주의 유전체로부터 전사되는 것이다. crRNA, tracrRNA는 pre-crRNA의 반복된 서열과 상보적으로 결합한다. 이중 가닥 RNA 부분은 RNAse III(검은 삼각형 모양)에 의해 잘려 짧은 crRNA를 생성한다.

만약 침입하는 바이러스가 이중 가닥 DNA 염색체를 숙주세포에 집어넣으려고 하면, 특이적 crRNA, tracrRNA 그리고 Cas9 효소가 협력하여 바이러스 유전체를 잘라낸다(그림 A). crRNA의 5′ 말단은 박테리오파지의 염색체의 타겟 DNA와 쌍을 이루게 되고, crRNA의 3′ 말단은 tracrRNA와 쌍을 이룬다. 그래서 crRNA와 tracrRNA는 함께 작용하여 Cas9 효소가 바이러스 유전체의 타겟 염기서열에 오게 한다. Cas9은 바이러스의 염색체를 잘라내고, 감염을 방지한다.

crRNA가 항상 박테리오파지 DNA의 PAM site 옆에 있다는 것을 주목하라. 그러나 Cas1과 Cas2는 바이러스 유전체 조각의 PAM 위치로부터 제외되어 *CRISPR* 배열의 간격 서열로 끼어 들어가는데 작용한다. 이러한 방식으로 Cas9은 바이러스 DNA만을 잘라내고, 세균 유전체의 *CRISPR* 서열을 자르지 않게 된다.

진핵 생물체의 염색체를 교정하기 위해서, 연구자들은 crRNA를 tracrRNA를 하나의 RNA 결합시켜서(sgRNA), Cas9이 진핵생물의 유전체의 원하는 위치에 오도록 하였다(그림 21.13)

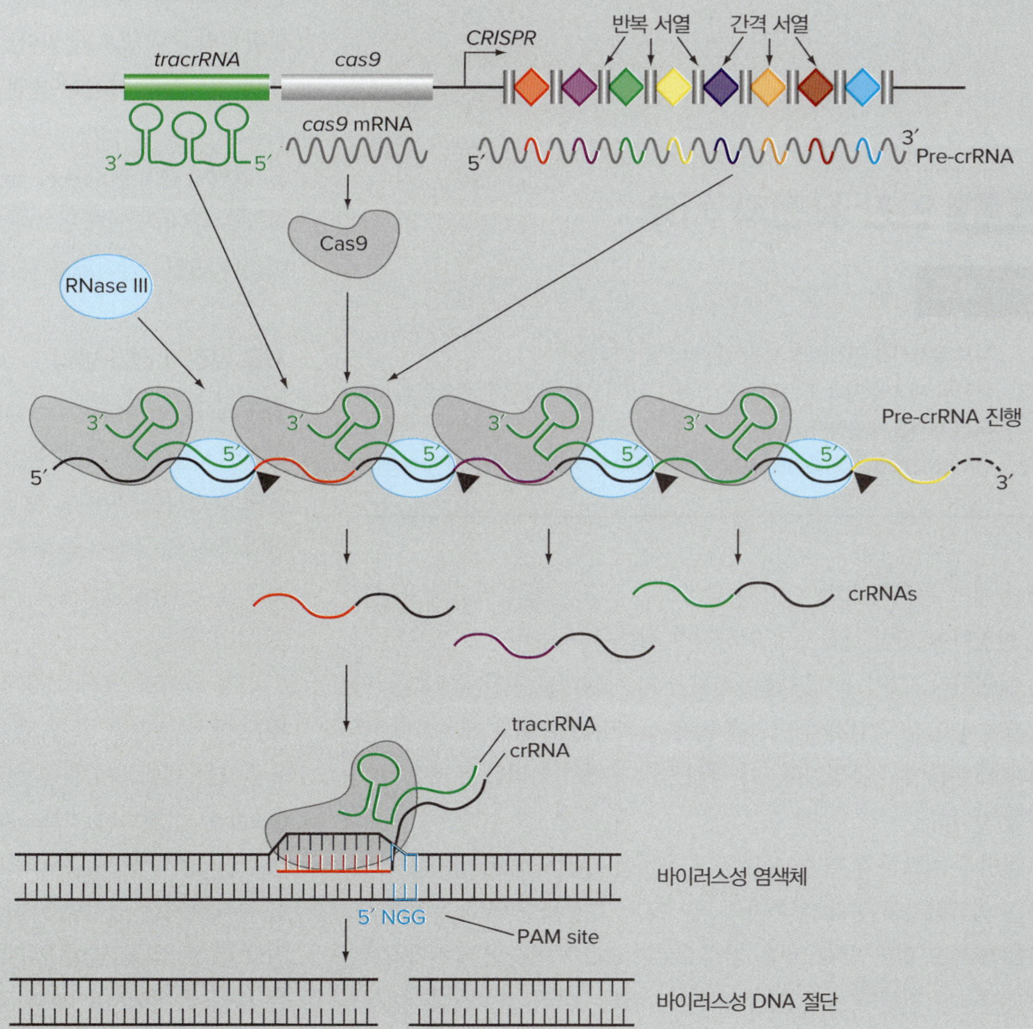

그림 A CRISPR/Cas9 Streptococcus pyogenes 세균에서 CRISPR/Cas9 위치는 바이러스의 침입에 대해 예방하는 역할을 한다.

세포에 존재하는 질병을 일으키는 돌연변이 유전자를 교정하는 것이다. 질병을 치료하기 위해 유전자를 이용하는 **유전자 치료**(gene therapy)가 다음 절에서 논의될 주제이다.

핵심 개념 21.3

- 유전자 표적화를 위해 배아 줄기세포를 사용함으로써 쥐의 생식세포에 돌연변이를 만들 수 있게 되었고, 계속 유지가 가능한 안정적인 녹아웃 돌연변이 쥐를 제작할 수 있었다.
- 조건부 녹아웃 쥐는 야생형과 돌연변이 세포가 동시에 존재하는 모자이크로 제작할 수 있기 때문에 필수적인 유전자의 기능을 분석하는데 유용하다.
- 유전자 표적화를 통해 만들어진 녹아웃 쥐는 연구자들이 원하는 방식으로 변형된 유전자를 갖고 있는데, 예를 들어 인간의 유전병을 일으키는 유전자의 점 돌연변이 등이 있다.
- CRISPR/Cas9 기술은 연구자가 원하는 모든 생명체에서 특정한 위치에 있는 유전체를 변형할 수 있다. 이 기술의 가장 핵심적인 부분은 DNA 이중사슬 손상이 상동재조합이나 비상동말단 접합에 의해 복구되는 과정이다.

21.4 인간 유전자 치료

학습 목표

1. 치료 유전자를 환자에게 적용하는 방법을 설명한다.
2. 환자의 세포에 치료 유전자를 전달하기 위해 널리 사용하는 바이러스 벡터의 문제점을 설명한다.
3. CRISPR/Cas9 기술이 어떻게 유전자 치료에 적용될 수 있는지 알아본다.

이 장에서 논의된 모든 예에서 궁극적인 목표는 생식세포의 유전체를 변경하여 실험 생물체의 안정적인 계통이 만들어질 수 있도록 하는 것이었다. 그러나 변경된 유전자가 다음 세대로 전달되게 하는 방법론에서 인간 유전자의 변경은 많은 윤리적인 문제를 제시하며, 전세계 대부분에서 불법이다. 이 장의 뒷부분에서 이러한 문제에 대해 다룰 것이다.

질병을 치료하기 위해 DNA를 사용하는 **유전자 치료** 방법을 개발하는 의과학자들은 대신 환자의 체세포의 유전체를 바꾸는 것에 초점을 맞추고 있다. 2019년을 기준으로 2,600개 이상의 유전자 치료 임상시험이 진행되었다. 인간 유전자 치료는 아직 실험적이지만 최근 성공적으로 치료한 사례들이 생기고 있다.

질환마다 다른 유전자 치료가 필요하다

유전자 치료의 개념은 간단한데, 환자의 체세포에 질병과 싸울 수 있는 인자의 발현을 유도하는 **치료 유전자**(therapeutic gene)를 도입하는 것이다. 그러나 모든 질병을 치료하기 위해 사용될 단일 유전자 치료 전략은 없으며, 질병에 따라 환자의 몸에 치료 유전자를 도입하기 위한 다양한 방법이 필요하다.

치료 유전자 선택

특정 질병의 분자적 특성은 유전자 치료를 위해 어떤 종류의 유전자가 사용될 수 있는지 알려준다. 낭섬유증과 같은 유전자 기능 손실로 인한 질환에 대해서는, 그 치료 유전자는 단순히 기능이 결여된 유전자에 대한 정상 유전자의 복사본이면 된다. 그러나 다른 전략이 요구되는 경우도 있는데, 헌팅턴병과 같은 질환에서는 돌연변이 단백질의 발현(또는 정상 단백질의 과발현)이 비정상적인 표현형을 유발하는데, 이 기능획득 조건의 억제가 요구된다. 이러한 경우에는 치료 유전자가 어떻게든 그 질병 유전자 또는 그 유전자의 단백질 산물을 불활성화시킬 필요가 있다.

마지막으로, 복잡한 유전적 요인 질병인 암과 같은 경우에는, 일반적으로 가장 유용한 전략은 더 간접적인 것일 수 있다. 23장에서 다룰 **면역항암치료**(cancer immnunotherapy)가 대표적인 예이다. 의사들은 환자의 암세포보다 면역세포(T 세포)에 유전자를 주입한다. 이러한 면역항암치료를 통해 T 세포가 암세포를 죽일 수 있게 된다.

치료 유전자 전달 방법

의과학자들이 어떤 치료 DNA를 사용할지 선택한 후, 다음 문제는 이 DNA가 가장 잘 작동할 것으로 여겨지는 체세포에 어떻게 전달할지 결정하는 것이다. 예를 들면, 선천성 실명을 치료하기 위해서는 망막세포에, 낭섬유증 환자를 치료하기 위해서는 폐 세포에, 빈혈을 치료하기 위해 혈액세포 전구체 내에 그 치료 DNA를 도입하는 것이 당연하다.

만약 의사가 쉽게 조직에 접근할 수는 있지만 그 조직세포를 환자의 몸에서 분리해 낼 수 없는 경우라면, 사용할 수 있는 기술은 치료 유전자를 체세포에 직접 전달하는 **생체 내 유전자 치료**(*in vivo* gene therapy) 방법이다. 예로 들면, 그 치료 유전자는 망막세포 내로 주사주입하거나 폐로 흡입되도록 할 수 있다. 이러한 유전자 전달 방법은 수행하기는 쉽지만 극히 일부의 질환 세포들에게만 치료 DNA를 전달할 수 있다. 영향 받은 세포들을 환자의 몸에서 분리해낼 수 있는 병들에 대해서는 보다 강력한 **생체 외 유전자 치료**(*ex vivo* gene therapy)가 사용될 수 있다. 여기에서 연구자들은 환자의 골수에서 혈액전구세포와 같은 조직세포들을 확보하고, 그 세포들을 잠시 배양하는 동안 다량의 치료 유전자에 노출시킨다. 그러고 나서 이 세포들을 환자의 체내로 돌려보낸다.

연구자들은 환자의 세포에 유전자를 효과적으로 주입하기 위해 크리스퍼 유전자 가위 기술(CRISPR-mediated knockin technology)을 시험하고 있다. 또한 생체 내 혹은 생체 외 접근방법을 이용하여 성공적인 치료를 하기 위해 치료 유전자는 벡터에 포장되어 충분히 많은 세포 안에 들어갈 수 있어야 한다. 대부분 유전자 치료 시험은 두 가지 유형의 바이러스 벡터[**레트로바이러스 벡터**(retroviral vector) 또는 **아데노 연관 바이러스 벡터**(adeno-associated vector; AAV vector)] 중 하나를 가지고 수행되고 있다. 두 가지 경우 모두 다 특화된 세포주가 바이러스 입자에 치료 DNA를 포장한다(**그림 21.14**). 이 세포주들은 **도우미 DNA**(helper DNA)를 가지고 있는데, 이 도우미 DNA는 바이러스 입자를 구성하는 모든 단백질을 발현시키지만 바이러스 입자에 포장될 바이러스 유전체가 결여되어 자체적으로 활성화된 바이러스를 만들 수가 없다. 치료 DNA가 연결되는 벡터는 변형되고 결함이 있는 바이러스 유전체로서, 바이러스 유전자들은 가지고 있지 않지만 포장 서열은 가지고 있다. 그러므로 그 세포주에 복제하여 도입하면, 이 세포주는 바이러스의 유전체 대신 도입된 치료 DNA를 바이러스 입자에 포장하게 되고, 이 입자는 바이러스 유전체가 거의 없는 상태지만 다른 세포들을 감염시킬 수 있다.

일단 만들어지면, 재조합 바이러스들은 생체 내 또는 생체 외 방법을 통해 환자의 세포들을 감염시킨다. RNA 유전체를 가지는 재조합 레트로바이러스의 경우에는, 그 치료 유전자는 환자의 유전체로 삽입되고 전사되는데, 이 mRNA가 치료 단백질을 만든다(**그림 21.15a**). 레트로바이러스 벡터와 관련된 한 가지 문제점은 그 치료 유전자의 삽입이 유전체 돌연변이를 일으켜 어떤 경우에 환자에게서 암을 유발할 수 있다는 것이다.

레트로바이러스 벡터의 이러한 부작용 때문에, 다른 유전자 치료 시험들은 AAV 벡터로 수행되어 왔다. AAV는 단일 가닥 DNA 유전체를 지니고 있으며, 숙주세포에 감염된 후 이중 가닥이 된다. 치료 유전자를 포함하고 있는 결함이 있는 이중 가닥 AAV 유전체는 지속적으로 치료 단백질을 생산할 수 있지만 보통 숙주세포 염색체로 삽입되지 않는다(**그림 21.15b**). AAV 벡터의 사용을 통해서 인간 염색체 내로의 벡터 삽입에 관한 심각한 문제들은 줄어들었지만, 염색체 외에 존재하는 AAV DNA는 결국 분해된다. 이러한 사실은

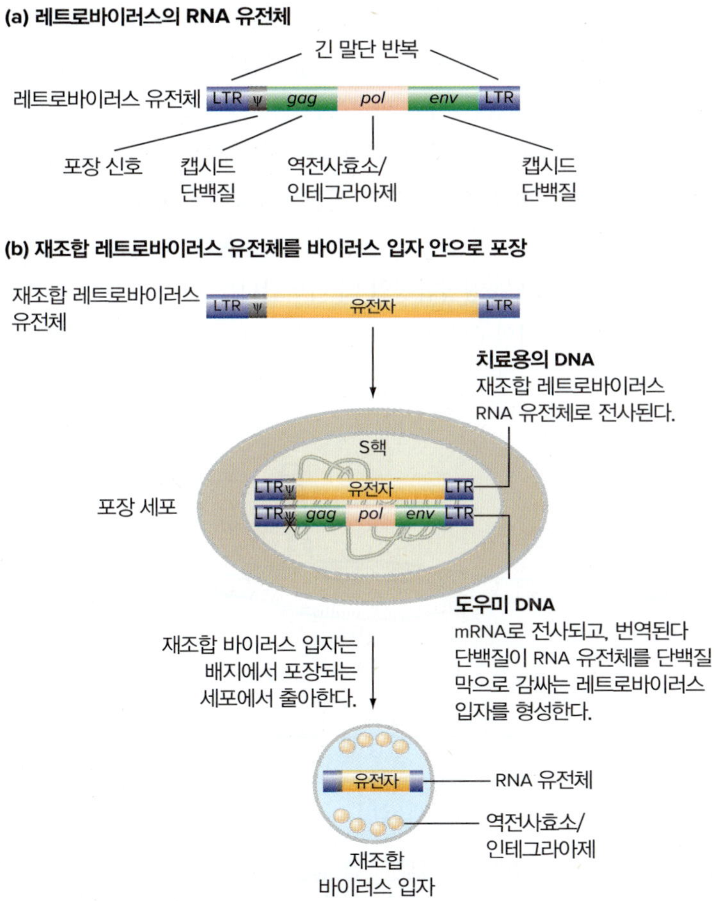

그림 21.14 레트로바이러스 입자에 재조합 DNA 포장하기. **(a)** 정상적인 레트로바이러스의 RNA 유전체이다. LTR, 숙주 염색체로 바이러스 cDNA가 통합되도록 하는 데 필요한 긴 말단 반복서열; Ψ, 레트로 바이러스캡시드에 RNA 분자를 포장하는 데 필요한 시스(*cis*) 작용 서열. **(b)** 재조합 레트로바이러스 만들기. 재조합 레트로바이러스 유전체에서 치료 유전자는 *gag*, *pol*, *env* 유전자를 대체한다. 포장 세포의 결함이 있는 "helper" 바이러스 유전체는 *gag*, *pol*, *env*의 기능을 공급하지만 도우미 RNA에게 Ψ가 없으므로 바이러스 입자로 포장될 수 없다. 이들 세포는 치료 유전자를 포함하는 바이러스 유사 입자를 생산하지만 이 입자들은 세포 내에서 스스로 복제할 수 있는 바이러스는 아니다.

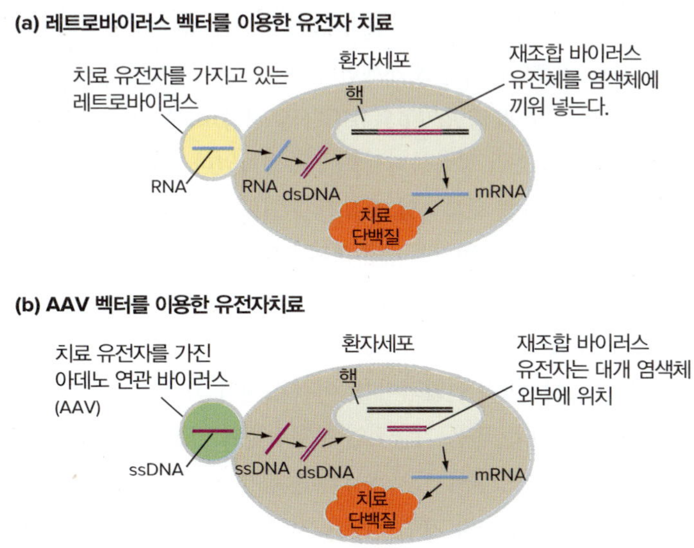

그림 21.15 바이러스 벡터를 이용한 유전자 치료. **(a)** 재조합 레트로바이러스 유전체는 환자의 유전체로 통합된다. **(b)** 재조합 AAV 유전체는 보통 염색체 외에 남아 있다.

AAV 매개성 유전자 치료를 통해 치료 단백질을 일정하게 공급하기 위해서는 이 유전자 치료가 주기적으로 반복될 필요가 있다는 것을 의미한다.

유전자 치료를 이용한 질병의 치료 진행 상황

2000년에 유전자 치료에 관한 첫 번째 고무적인 결과가 나왔다. 그때 당시 X 염색체 연관 중증 합병 면역 결핍 장애(SCID-X1)를 가진 몇몇 환자들이 실질적으로 치료되었다. 이 질환을 가진 아이들은 기능적 면역체계가 없으며, 감염을 방지하기 위해 무균 환경에서 지내야 했기 때문에 SCID-X1은 일반적으로 **풍선 소년 질환**(bubble boy disease)이라고 알려져 있다.

SCID-X1의 원인은 정상적으로 여러 가지 다른 종류의 면역체계 세포들의 성장을 촉진하는 단백질을 암호화하고 있는 *IL2-RG*라고 하는 유전자의 기능 상실 돌연변이이다. 연구자들은 생체 외 방법을 사용하였는데, 먼저 환자의 골수로부터 면역체계 전구세포들을 확보하였고, 그런 다음 *IL2-RG* 유전자의 정상 복사본을 포함하는 재조합 레트로바이러스로 이 전구세포들을 감염시켰다. 변형된 세포를 투여받은 환자들은 면역체계의 기능을 다시 획득하였고 감염에 저항할 수 있었다. 그 당시에 치료 받은 9명 중 8명은 살아남아서 성공적으로 많은 감염에 저항하였다. 그러나 그 환자들 중 네 명은 레트로바이러스 벡터가 세포증식에 관여하는 유전자의 인접한 곳에 삽입되어 결국 백혈병이 발생하였고, 이들 중 한 명은 암으로 인해 사망하였다.

이렇게 레트로바이러스 삽입에 의해 종종 발생하는 문제들 때문에, 가장 최근에 시도한 유전자 치료에는 AAV 벡터가 사용된다. 이 장의 서두에서 선천성 실명 중 한 종류가 어떻게 유전자 치료에 의해 부분적으로 치료되는지를 소개했었다. 의사들은 환자의 망막상피세포 유전체에서 결핍된 *RPE65* 유전자의 정상 사본을 가진 재조합 AAV 벡터를 환자의 망막상피세포에 주입하였다. 환자의 대다수가 적어도 일부 시력을 회복하였고 유전자 치료에 의한 어떠한 부작용도 겪지 않았다. 이런 환자들은 주입된 DNA가 염색체 외 상태로 분해되거나 손실되는 경우 미래의 어떤 시점에서는 추가적인 치료가 필요할 수도 있다.

유전자 치료는 아직 실험적이다. 이런 유전자 치료가 표준 의료 시술이 되기 위해서는 많은 기술적인 문제점들이 극복되어야 한다. 특히 유전자 치료 연구자들 사이에서 많은 흥분을 일으킨 흥미로운 가능성은 크리스퍼 유전자 가위 기술(CRISPR/Cas9 genome editing technology)을 이용하여 인간 세포에서 기능획득 혹은 기능상실 돌연변이 질병 유전자를 복구하는 것이다.

CRISPR/Cas9 기술은 돌연변이 유전자를 교정할 수 있다

체세포의 경우 줄기세포처럼 무한정으로 분열할 수 있는 것이 아니기 때문에 유전자 치료를 위해 상동재조합을 이용하여(CRISPR를 사용하지 않을 경우) 녹인이나 녹아웃같은 유전자 변형을 하기가 매우 어렵다. 만약 연구자들이 생체 내 유전자 치료를 위해 환자의 조직에 직접적으로 녹인이나 녹아웃같은 구조체를 직접적으로 주입한다면, 너무나 적은 숫자의 세포가 상동재조합에 의해 유전적으로 변형될 것이다. 또한 연구자들이 생체 외에서 체세포를 표적 돌연변이화를 이용하여 변형시킨다면 정확히 변형된 염색체를 가진 세포가 있더라도 그 세포가 충분히 분열하여 환자에게 재주입되었을 때 효과를 가지는 것이 거의 불가능할 것이다.

CRISPR/Cas9 기술은 훨씬 더 효율적이다. CRISPR/Cas9 기술은 유전병을 일으키는 유전자를 교정할 수 있기 때문에 가장 단순하고 직접적인 유전자 치료 방법이 될 수 있다. 연구자들이 제일 먼저 치료를 시도하고 있는 유전병은 낫 모양 적혈구빈혈증이다. 2장에서 낫 모양 적혈구빈혈증을 가진 환자들은 혈관을 막고 조직에 적은 양의 산소만을 전달하는 이상한 낫 모양의 적혈구를 가지고 있다는 것을 배웠다(그림 2.8 참조). 낫 모양 적혈구빈혈증은 베타 글로빈 유전자($Hb\beta^s$)의 GAG 코돈(글루탐산)이 GTG 코돈(발린)으로 돌연변이화된 대립유전자가 동형접합성일 때 나타난다(그림 12.9 참조). 연구자들은 낫 모양 적혈구빈혈증을 가진 환자의 골수에서 적혈구의 전

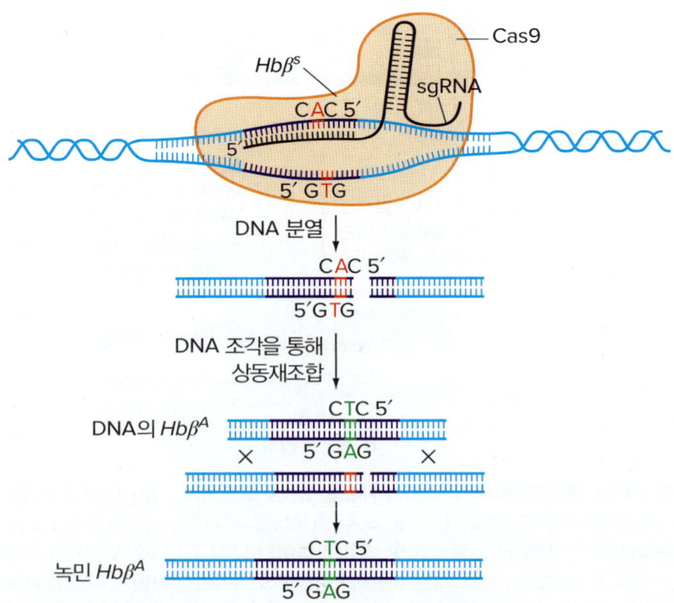

그림 21.16 CRISPR/Cas9을 이용하여 $Hb\beta^s$를 $Hb\beta^A$로 복구하기. sgRNA/Cas9이 낫 모양 적혈구빈혈증 대립유전자 점 돌연변이 $Hb\beta^s$의 근처 DNA를 자른다. 야생형 대립유전자를 포함한 DNA 조각을 통해 상동재조합을 하게 되면 $Hb\beta^s$가 $Hb\beta^A$로 대체된다.

구체를 제거하여 Cas9 단백질, sgRNA 그리고 야생형 염기서열(GAG)을 가진 DNA 분자를 주입하였다(**그림 21.16**). 약 40%의 적혈구 전구체에서 $Hb\beta^{s}$ 돌연변이 대립유전자가 야생형($Hb\beta^{A}$)으로 복구되었다.

낫 모양 적혈구빈혈증을 치료하기 위해 시도 중인 다른 크리스퍼 유전자 가위 관련 기술은 훨씬 더 실용화 될 가능성이 높다. 11장에서 다른 글로빈 유전자를 가진 유전자들이 인간 발달의 다른 단계에서 전사된다는 것을 배웠다(그림 11.20 참조). 어떤 건강한 사람들은 출생 이후에도 태아 글로빈 유전자를 발현하는데, 이 질환을 **유전성 태아 혈색소 지속 증후군**(hereditary persistence of fetal hemoglobin; HPFH)이라고 한다. 연구자들은 HPFH를 가진 사람 중 드물게 매우 약한 형태의 낫 모양 적혈구빈혈증을 가진다는 것을 발견했다. 하지만 태아 헤모글로빈이 존재하기 때문에 동형접합성인 $Hb\beta^{s}$ 돌연변이 때문에 증상이 나타나지는 않는다. 연구자들은 낫 모양 적혈구빈혈증을 가진 환자의 태아 헤모글로빈 유전자의 억제자를 생성하는 유전자에 기능상실 돌연변이를 만들기 위해 적혈구의 전구체에 CRISPR/Cas9을 이용했다. 억제자를 상실한 세포에서 태아 헤모글로빈 유전자가 전사되고, HPFH를 모방하게 되었다. 2019년을 기준으로 임상실험이 진행 중이고, 연구자들은 돌연변이 세포를 환자에 주입하여 낫 모양 적혈구빈혈증이 장기적으로 완화될 수 있는지 연구 중에 있다.

유전학과 사회

우리가 인간의 생식세포 유전체를 변형해야만 할까?

2015년 4월에, 중국의 과학자들은 지중해 빈혈의 원인이 되는 베타 글로빈 유전자 돌연변이를 교정하기 위해 인간의 배아에서 CRISPR/Cas9을 사용한 것을 보고하였다. 이 배아가 자궁에서 자란 적은 없지만, 이 배아세포의 자손이 언젠가는 난자나 정자가 될 수 있다는 점에서 이 논문은 논쟁의 서막을 열었다. 다른 말로, 이 연구는 유전자 교정 기술이 인간의 운명을 바꿀 만큼 강력하다는 것을 충분히 시사하였다.

이 연구 결과에 대한 반응으로 미국과 영국, 중국 정부는 2015년 겨울에 미국 워싱턴 PC에서 '인간 유전자 교정에 대한 국제 정상 회담(International Summit on Human Genome Editing)'를 개최하였고, 20개 이상의 나라에서 500명 이상의 과학자, 윤리학자, 법률 전문가가 참여하였다. 이 정상 회담에서 강력하게 일치한 의견은 임신을 염두에 둔 인간 배아의 유전자 교정은 안정성이 보장되지 않는다는 점에서 시기상조라는 것이었다. 하지만 인간 생식세포의 유전체를 변형하는 것의 목표가 윤리적이냐 혹은 바람직하냐에 있어서는 의견이 갈렸다.

병의 증상을 치료하기 위해 체세포에서의 유전체를 교정하는 것은 상대적으로 논쟁의 여지가 없지만, 생식세포의 유전체를 변형하는 것은 많은 문제를 일으킨다. 이 문제 중 일부는 기술적인 것이다. CRISPR/Cas9 기술은 강력하지만 유전체의 원하지 않는 부분을 변형하는 off-target 효과를 일으킬 수 있다. off-target 돌연변이가 여러 세대를 거친다면 그 결과는 예측할 수 없으며, 그렇기 때문에 국제 정상 회담에서 이 기술이 시기상조라고 결론을 내렸던 것이다.

하지만 이 기술이 완벽하더라도 우리가 인간의 난자나 정자 혹은 배아의 유전체를 변형하는데 이 기술을 적용해야 할 것인가? 몇몇 사람들은 이런 기술을 적용하는 것은 지금 우리가 내리는 결정에 동의를 하지 않은 자손들에게 영향을 미칠 수 있다는 점에서 비윤리적이라고 생각한다. 유전체를 변형하는 것은 결국에 지능 같은 형질을 향상시킬 수 있게 될 것이라고 생각할 수 있고, 몇몇 사람들은 생식세포 교정 기술이 불가피하게 사회적 계급화를 야기할 것이라고 주장할 수 있다. 비슷한 논리로 부유한 사람들만이 유전적으로 능력이 향상된 '맞춤형 아이들'을 가질 수 있을 것이다. 그러나 한편, 몇몇 과학자들은 유전자 교정이 off-target 효과가 없이 안전하다면 질병을 없애기 위해 이 기술을 사용하지 않는 것이 오히려 비윤리적이라고 주장하기도 한다.

유전자 교정 방법은 매우 빨리 발전하고 있어서 이런 문제들은 벌써 이론적인 논쟁 이상의 문제가 되고 있다. 2018년 11월에 2차 인간 유전자 교정에 대한 국제 정상 회담에서 충격적인 연구 결과가 발표되었다. He Jiankul이라고 하는 중국 과학자는 CRISPR/Cas9 기술을 이용하여 그해 11월초에 태어난 쌍둥이의 유전자 교정을 시행했다고 발표하였으며, 그는 시험관 시술(IVF) 과정에서 *CCR5*이라는 유전자를 제거했다고 주장했다. 이 쌍둥이의 아버지는 HIV 양성이었고, *CCR5*는 HIV 바이러스가 세포 안으로 들어가기 위해 필요한 수용체를 만들어낸다. 그렇기 때문에 CCR5 수용체가 없는 사람들은 HIV에 면역성을 가진다.

Dr. He는 과학계에서 철저히 버림받았다. 중국의 정부는 그의 연구를 중지시키고 3년 징역형을 선고하였다. 이런 가혹한 처사가 다른 나라의 과학자들이 인간의 운명과 진화의 역사를 바꿀 수도 있는 유전자 교정기술을 사용하는 것을 중지시킬지는 알 수 없다.

핵심 개념 21.4

- 치료 유전자는 환자 생체 내 또는 생체 외 둘 중 하나의 방법으로 체세포에 재조합 바이러스 벡터를 통해 운반될 수 있다.
- 레트로바이러스 벡터는 인간 염색체에 치료 유전자를 삽입하는 반면, 아데노바이러스 벡터에 도입된 DNA는 염색체 외에 존재한다.
- 레트로바이러스를 이용한 치료 유전자의 전달은 유전자 돌연변이와 암을 유발할 수 있다. 염색체 외에 남아있는 아데노 연관 바이러스 벡터는 이러한 문제를 피할 수 있지만, 유전자 치료가 주기적으로 반복되어야 한다.
- 연구자들은 인간 체세포에 CRISPR/Cas9과 같은 유전자 교정 방법을 이용하여 유전자 치료를 시도하고 있다.

풀이 문제

풀이 문제 I

인간의 유전질병들에 대한 생쥐 모델을 만들고 싶다면(a~d), 다음 중 어떤 형태의 생쥐(i~vi)가 여러분의 연구에 유용한지 표시하시오. 만약 하나 이상의 답이 적용된다면, 어떤 형태의 생쥐가 그 질병을 가장 성공적으로 모방할지 설명하시오. (i) 정상 생쥐 단백질을 과발현하는 형질전환 생쥐; (ii) 돌연변이 인간 단백질을 정상적인 양으로 발현하는 형질전환 생쥐; (iii) 단백질의 우성적 음성 돌연변이를 발현하는 형질전환 생쥐; (iv) 녹아웃 생쥐; (v) 조건부 녹아웃 생쥐; (vi) 정상 대립유전자가 적어도 부분적으로 작동하는 돌연변이 대립유전자로 대체된 녹인 생쥐. 모든 경우에서, 녹아웃 및 녹인된 유전자 또는 도입 유전자는 문제의 질환과 관련하여 책임이 있다.

a. 마판증후군(*FBN1* 유전자의 반수체 불충분성 때문에 발생하는 우성 유전질환)

b. *PLCG2* 유전자의 저형태성 과오 돌연변이에 의해 유발된 우성 자가 염증성 유전질환

c. *amelogenin* 유전자의 결손은 열성 X 염색체 연관 질환을 유발하며, 이런 유전질환 환자는 치아 에나멜이 감소된다.

d. *TRIOBP* 유전자의 1차 전사체가 귀 특이적인 형태의 대체 이어맞추기를 하도록 발현되는 것을 방해하는 열성 돌연변이가 발생하고, 이것이 동형접합형이 됨으로써 발생하는 유전성 청각상실. 이 유전자의 다른 이어맞추기 형태는 모든 세포에서 발현되며, 세포성장에 필요하다.

해답

a. 비록 마판증후군이 우성 유전질환이지만, 절반 기능상실 돌연변이에 기인한다. 형질전환 생쥐는 우성적 음성 돌연변이 단백질을 발현하는 경우를 제외하고는 기능상실 돌연변이 모델을 제공할 수 없다. 그러나 이런 경우는 사용하기에 매우 까다롭다. 어떻게든 문제의 단백질 기능을 정확히 절반만 가진 도입 유전자를 지닌 생쥐를 획득할 필요가 있기 때문이다. 가장 간단한 방법으로는 마판증후군 유전자를 녹아웃시킨 생쥐를 만드는 것이다(iv). 이 유전자의 이형접합 녹아웃 생쥐는 생존하면서, 인간의 마판증후군과 유사한 징후를 가지기 때문에 조건부 녹아웃은 필요가 없다.

b. 기능획득의 경우에 형질전환 생쥐 (i) 또는 (ii)가 그 유전질환에 적합한 징후를 가질 수도 있다. 그러나 인간질환에 가장 가까운 생쥐모델은 생쥐의 *PLCG2* 유전자가 돌연변이 인간유전자나 인간과 유사한 돌연변이를 가지는 생쥐의 유전자로 녹인된 대립유전자에 대해 동형접합형인 생쥐이다(vi).

c. *Amelogenesis imperfecta*로 알려진 이 유전질환은 *amelogenin* 유전자의 무기능적 대립유전자가 반접합형이거나 동형접합형일 때 유발된다. 이러한 경우는 우성적 음성 단백질을 발현하는 도입 유전자에 의해 모방될 수 있다(iii). 그러나 정상 유전체에서 발현하는 정상 단백질의 기능을 방해하기 위해서는 고효율로 만들어져야만 한다. 따라서 가장 좋은 질환 동물모델은 *amelogenin* 유전자를 동형접합형으로 녹아웃시키는 것이다(iv).

d. 이 경우는 모든 세포에서 필요한 기능을 갖는 유전자의 기능상실 돌연변이 유래 질환이지만, 그 유전자의 여러 전사체 중 특정 이어맞추기 형태에서 만들어진 단백질이 청력에 중요한 역할을 한다. 단순 녹아웃 생쥐모델은 이 유전자의 동형접합형 녹아웃 생쥐가 태어나기 전에 죽기 때문에 소용이 없다. 그리고 귀 특이적으로 유전자의 기능을 제거하는 조건부 녹아웃 생쥐모델도 완전히 적합하지 않다. 그 이유로는 그 돌연변이가 세포의 생존에 필요한 모든 정상적인 mRNA 이어맞추기 형태의 발현을 방해하기 때문이다. 가장 좋은 선택은 청각장애 환자에서 발견되는 돌연변이와 똑같은 유전자를 제작하여 동형접합형으로 녹인시킨 생쥐모델이다(vi).

풀이 문제 II

그림 21.8과 21.11에서는 각각 녹아웃 쥐와 녹인 쥐를 제작하는 방법에 대해 설명하고 있다. CRISPR/Cas9 기술을 이용하여 똑같은 녹아웃 쥐와 녹인 쥐를 제작할 수 있고, 대부분의 연구자들은 이 새로운 기술을 이용하는 것을 선호한다.

a. 왜 CRISPR/Cas9 기술이 쥐에서 표적화된 돌연변이를 제작하는 데 있어 더 쉽고 효율적인지 설명하시오.

b. CRISPR/Cas9 기술은 매우 효율적이기 때문에 연구자들은 돌연변이 쥐를 제작하는데 있어서 배아줄기세포를 이용할 필요가 없다. 연구자

들이 이 쥐들을 제작하는데 있어 대신 무엇을 해야 하는가?

c. 다세포 생물체의 특정 조직에서만 유전자를 녹아웃하는 조건부 돌연변이를 제작하는 데 있어서 CRISPR/Cas9 기술을 어떻게 이용할 수 있는가?

해답

a. 배아줄기세포에서 상동재조합을 이용하여 녹아웃과 녹인 돌연변이를 제작하는 것은 CRISPR/Cas9보다 훨씬 더 비효율적이다. 유전체의 타겟에 녹인이나 녹아웃 구조체를 삽입하기 위해 DNA를 절단하는 데 사용되는 상동재조합 단백질 기구는 본질적으로 비효율적이다. 정상 조건에서 특정 위치에 상동재조합은 매우 드물게 일어난다(처리된 세포들 중 $10^5 - 10^7$ 중의 1의 확률). 이와 반대로, CRISPR/Cas9 기술을 이용하면 처리된 세포의 80% 이상에서 유전자 교정이 일어난다(처리된 세포들 중 1.25 중 1의 확률). 이렇게 효율에서 큰 차이를 보이는 이유는 상동재조합이 일어나기 위해 항상 이중 가닥 절단이 먼저 일어나야 하기 때문이다. CRISPR/Cas9는 직접적으로 원하는 위치에 이중 가닥 절단을 유도한다. 반면에, 정상적인 조건에서 이중 가닥 절단은 유전체 전체에서 일어난다.

b. 연구자들은 수정된 난자나 초기 배아에 sgRNA와 Cas9을 삽입할 수 있고, 결과적으로 생물체의 생식세포의 유전자가 교정될 것이다. 그렇기 때문에 배아줄기세포를 이용하여 생식세포의 유전자를 교정하는 노동집약적인 과정을 피할 수 있다.

c. CRISPR/Cas9은 아래의 그림처럼 유전자를 플락스하는데 사용될 수 있다. 파란색 loxP 서열을 제외한 나머지는 조건부 녹아웃을 제작하고 싶은 유전자에서 유래된 것이다.

이 기술은 매우 효율적이기 때문에, 네오마이신 저항성에 대해 선별하는 것도 불필요하기 때문에 구조체는 그림 21.10a와 다르다. 두 개의 sgRNA(각각의 sgRNA는 Cas9이 다른 인트론을 자르도록 유도함)와 Cas9은 수정된 난자에 삽입되며, 위의 이중가닥 DNA 구조체가 함께 삽입된다. 플락스된 유전자는 하나의 단계를 거쳐 생산된다.

연습 문제

어휘

1. 왼쪽 용어를 가장 잘 설명한 문장을 오른쪽에서 찾아 연결하시오.

a. 도입 유전자	1. 치료 유전자를 전달하기 위한 유전공학적으로 조작된 바이러스 유전체
b. 전핵주입법	2. 유전자 표적을 통해 추가되거나 변형된 DNA를 포함한다.
c. floxed 유전자	3. 조건부 유전자 녹아웃 제작에 필요하다.
d. T-DNA	4. 어느 세포의 형태로 발달할 수 있다.
e. AAV벡터	5. 도입 유전자를 운반하는 식물이나 동물
f. 포장 세포	6. loxP 서열 부위에서 교차 발생 유발
g. Cas9	7. 연구자에 의해 생물체의 유전체에 전달된 유전자
h. 녹아웃 생쥐	8. 형질전환 식물을 만드는 데 사용하는 박테리아 유래 벡터
i. 녹인 생쥐	9. 수많은 척추동물에 사용되는 DNA 전달 방법
j. Cre 재조합 효소	10. 합성제한효소
k. 배아줄기세포	11. 유전자 표적화를 이용한 기능상실 돌연변이
l. GM 유기체	12. 유전자 치료용 바이러스 입자 생성

21.1절과 21.2절

2. 간혹 전핵 주입에 의해 생쥐 유전체로 삽입된 유전자는 임의로 통합된 부위에서 유전자를 파괴하여 돌연변이를 일으킨다. 한 경우에 있어, 연구자는 형질전환 생쥐에서 사지 기형을 일으키는 열성 돌연변이를 확인하였다.
   a. 돌연변이 표현형은 특정 염색체 부위에서 도입 유전자의 삽입에 의해 유발된 것일 수도 있고, 삽입과 상관없이 생쥐 유전체 어딘가에 발생한 점 돌연변이에 의해 유발된 것일 수도 있다. 어떻게 이 두 가지 가능성을 구별할 수 있는가?
   b. 이 문제의 예제에서 돌연변이는 도입 유전자 삽입에 의해 야기된 것이었다. 어떻게 도입 유전자의 삽입을 비정상적인 사지 표현형에 대해 돌연변이 유전자를 식별하기 위한 표지로 사용할 수 있는가?
   c. 삽입 돌연변이는 생쥐의 2번 염색체에 위치해 있는데, 여기에 사지 기형(*ld*)이라고 알려진 열성 유전자 돌연변이가 존재한다고 이전에 밝혀졌다. 이 돌연변이를 지니고 있는 생쥐는 주요 생쥐 연구 실험실에서 얻을 수 있다. 어떻게 *ld* 유전자 돌연변이가 도입 유전자의 삽입 돌연변이와 같은 유전자에서 일어난 것임을 확인할 수 있는가?

3. 그림 21.5의 초파리의 눈은 안구 발달에 필요한 *fat facets* 유전자의 기능적인 복사본이 부족하기 때문에 기형이다. 인간 유전체는 초파리의 fat facets (Faf) 단백질과 유사한 아미노산 서열을 갖는 Usp9이라 하는 단백질을 암호화하고 있다. 마찬가지로 생쥐 유전체는 Faf 및 Usp9과 비슷한 Fam 단백질을 암호화한다.
   a. 인간의 Usp9 단백질이 초파리의 Faf 단백질을 대체할 수 있는지 어

떻게 확인할 수 있는가?

b. 초파리의 Faf 단백질처럼, 생쥐 Fam 단백질이 생쥐 안구 발달에 필요한지 어떻게 확인할 수 있는가?

4. 과학자들이 특정 세포 유형에서 활성화되는 유전자들을 구별하기 위해 유전체에서 그 유전자의 특정 증폭자의 정보가 필요한데, 이 문제는 이런 특정 증폭자를 찾기 위해 처음으로 초파리에서 개발된 증폭자 트래핑(enhancer trapping)이라는 기술에 관한 것이다. 증폭자 트랩기술을 이용하여, 아래 그림에서 보여지는 도입 유전자의 단일 복사본이 *P* 인자 매개 유전자 전달을 통해 유전체의 임의의 위치에 삽입된 수천 개의 초파리 계통이 만들어질 수 있다. 도입 유전자는 촉진 유전자는 있지만 증폭자가 없다. (굵은 화살표는 *P* 인자 말단 역반복서열을 나타낸다.)

a. 어떻게 도입 유전자가 증폭자 바로 옆에 삽입된 초파리 계통을 식별할 수 있는가?

b. 초파리 날개에 특이적으로 발현하는 유전자를 식별하기 위해 어떻게 이 기술을 사용할 수 있는지 설명하시오.

c. 도입 유전자가 삽입된 경우들 중에서 어떤 것이 동형접합체의 돌연변이 표현형을 가질 수 있다고 생각하는가? 설명하시오.

5. 북극지방에 사는 어류와 다른 생물체들은 영하의 온도에서 자신의 세포 손상을 방지하기 위해 동결방지 단백질을 발현한다. 과학자들은 이 어류 동결방지 단백질을 발현시켜 형질전환 딸기와 토마토를 만들었다. 그러나 어떤 작물도 상용화되지 않았다.

a. 형질전환 작물을 제작하는 단계를 설명하시오. 무엇이 이 식물들에서 어류 단백질을 만들어지게 하는가?

b. 어떠한 작물도 시장에 나오지 않은 이유는 이 동결방지 단백질이 기대했던 동결손상으로부터 과일을 보호하는 효과를 나타내지 않았기 때문이다. 어류 동결 방지 단백질이 작물에서는 작용하지 않았는데, 그 이유를 설명할 만한 가설을 세워보시오.

6. 그림은 GFP를 표현하는 형질전환 제브라피시(*Danio rerio*)인 글로피시(Glofish®)의 사진을 보여준다. 글로피시는 첫 번째 GM 반려동물이었다. 유전자는 송사리(*Oryzias latipes*)에서 발견된 Tol2라고 하는 트랜스포존을 이용하여 제브라피시 유전체 내로 전달될 수 있다. 그림 21.3과 같이 Tol2 트랜스포존은 초파리의 *P* 인자와 유사한 방식으로 유전자 전달을 위한 벡터로서 기능을 한다. 여기서 연구진은 두 개의 DNA를 제브라피시의 2세포기 배아에 주입한다. 하나는 Tol2 전이효소 유전자를 발현하는 반면에, 또 다른 하나는 재조합 트랜스포존으로 도입 유전자를 포함하고 있다. 만약 트랜스포존이 배아세포의 염색체 내에 삽입될 경우, 형질전환 물고기의 안정적인 계통이 확립될 수 있다. 과학자들은 GFP 형광 단백질(또는 산호초 유래 형광단백질 인 RFP 단백질) 유도체를 암호화하는 유전자를 합성하였다. 그 유도체는 색을 변경할 수 있는 변경된 아미노산을 가지고 있고, 그래서 초록색, 빨간색, 주황색, 파란색 또는 보라색으로 빛나는 형질전환 물고기들을 반려동물 가게에서 구할 수 있다.

©CB2/ZOB/WENN/Newscom

a. 형질전환 물고기를 만드는데 필요한 두 가지 재조합 DNA 구조체의 모식도를 그려보시오.

b. 제브라피시 트랜스포존보다 송사리 유래 트랜스포존을 사용하는 이유는 무엇인가?

7. 북부 흰색 코뿔소는 멸종위기 직전이다. 케냐의 보호구역에 두 마리의 암컷(엄마와 딸)이 아직 살아있다. 안타깝게도 두 암컷은 부상을 입어서 임신을 하기 거의 불가능하다. 과학자들은 4마리의 북부 흰색 코뿔소 수컷으로부터 정자를 얼려 놓았다. 비슷한 종인 남부 흰색 코뿔소는 아직 케냐에 존재한다.

a. 전 세계의 과학자들은 협력하여 북부 흰색 코뿔소를 멸종위기에서 구하고 싶다. 그들이 어떤 시도를 하고 있을까?

b. (a)에서 서술한 내용과 생식을 위한 복제에는 무슨 차이가 있을까?

c. 만약 여러 마리의 북부 흰색 코뿔소가 생겨난다고 하더라도, 장기적으로 그들이 개체군의 숫자를 유지하기는 어려울 수도 있다. 그 이유는 무엇인가?

21.3절

8. 효모에서 유전자 표적화는 박테리아의 유전자 표적화와 같은 방법으로 수행된다(그림 16.30 참조). 효모 유전체의 서열이 이용 가능하기 때문에, 과학자들은 유전자 표적화를 이용하여 어떤 유전자의 녹아웃 돌연변이를 가진 효모 계통을 쉽게 제작할 수 있다.

a. 히스톤 구성인자 *H2A* 유전자가 녹아웃된 효모 계통을 만들기 위해 효모에 도입가능한 유전자 표적화 구조체를 그려보시오.

b. 돌연변이 효모를 만들기 위해 수행하는 단계를 나열하시오.

c. 효모가 이배체 또는 반수체로 성장할 수 있다는 것을 상기하시오.

반수체 또는 이배체 계통에서 유전자 표적화를 수행할 수 있는가? 설명하시오.

d. 이형접합자를 만들고, 이배체 포자를 형성하고, 네 개의 반수체 포자가 독자 생존 가능한 (그들은 반수체 군집을 생산한다) 이배체 계통에서 *H2A* 유전자를 녹아웃시켰다고 가정하시오. 어떻게 결론을 지을 수 있을까? 이것이 *H2A* 유전자에 대해 기대하던 결과인가? 어떻게 그 결과에 대해서 설명할 수 있는가?

9. a. 이 장의 서두에서 설명한 레버씨 선천성 흑암시(LCA) 질병을 위한 생쥐모델을 제작하기 위해 어떤 유전체 조작 기술을 사용하겠는가? 설명하라.

b. FMR-1 유전자의 돌연변이 대립형질에 의해 유발되는 삼중(3개의 염기)반복 질환인 연약 X 증후군을 위한 생쥐모델을 만들기 어떤 절차를 사용하겠는가(7장 읽을거리 「빠르게 살펴보기」 참조)? 설명하시오.

c. 헌팅턴병을 위한 생쥐모델을 제작하기 위해 어떤 절차를 사용하겠는가? 설명하시오.

10. 연습 문제 4번에서 초파리에 있어서 증폭자 트래핑이라고 하는 기술에 대해서 학습하였다. 증폭자 트래핑 기술에서 표지 도입 유전자들이 초파리 유전체에 임의의 위치에 삽입되고 그 표지 유전자 발현이 증폭자 부위를 식별하게 한다. 그것에 의해 유전자들이 특이한 패턴으로 발현한다. 생쥐에서도 유전자 식별을 위해 "유전자 트래핑"이라고 하는 비슷한 기술이 사용된다. 유전자 트래핑에서 GFP(다음 그림)와 같이 표지 단백질을 암호화하고 있는 엑손이 배아줄기세포 염색체의 임의의 위치에 삽입된다. (DNA 유전자 구조체들이 생쥐 배아줄기세포로 삽입되었을 때, 대부분의 재조합 결과는 임의의 위치에서 일어난다. 상동 재조합은 상대적으로 드물게 일어난다.) 임의적으로 삽입되는 도입 유전자를 지닌 배아줄기세포 계통은 생쥐를 제작하는 데 사용된다.

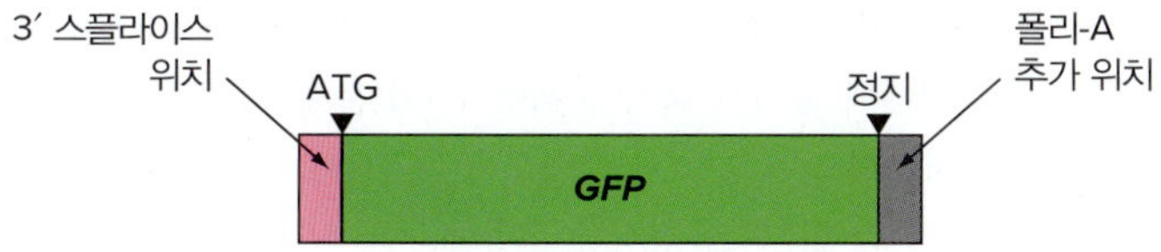

a. GFP를 발현하는 배아줄기세포를 위해서는 유전자 트래핑 구조체가 유전체에서 어디에 삽입되어야 하는가?

b. (a)에서 설명한대로 삽입된 도입 유전자를 가진 모든 생쥐들이 GFP를 발현하는가?

c. 증폭자 트래핑과 유전자 트래핑 둘다 특별한 패턴을 발현하는 유전자를 식별한다. 유전자들에 대해서 얻어진 정보가 이 두 가지 기술을 사용하는 데 있어 어떠한 차이가 있는가?

d. 두 방법 중 어느 방법이 삽입 부위 근처에 유전자의 돌연변이 대립유전자를 만들 가능성이 높은가?

11. Pax6라고 하는 전사조절인자는 망막의 발달과 유지를 위해 생쥐(또는 사람)의 일생 동안 지속적으로 요구된다. 동형접합형 *Pax6* 녹아웃 생쥐는 태어나자마자 죽는다. 그 이유는 Pax6 인자가 중요 장기들, 예를 들어 췌장에서도 필요하기 때문이다.

a. 안구 발달에서 Pax6의 역할을 연구하기 위해, 연구자는 눈을 제외한 모든 곳에서는 Pax6가 발현되는 생쥐를 만들고 싶어 한다. 어떻게 이와 같은 생쥐를 제작할 수 있는지 서술하시오(그림 21.10 참조).

b. 한 과학자가 (a)와 비슷한 생쥐를 제작하지만 이번에는 Pax6 기능이 제거된 안구 세포에서만 오직 GFP가 발현되는 생쥐를 제작하기를 원한다고 가정하자. 이 방법으로 세포를 표시하는 것은 연구자들이 GFP를 발현하지 않은 경우보다 더 쉽게 *Pax6⁻* 유전자 결손 안구 세포의 형태를 관찰하는 것을 도와준다. 과학자가 이 실험을 수행할 수 있게 하는 *Pax6* 유전자 구조체를 그려보시오.

12. 어느 한 단백질(단백질 X)이 세포 내에서 일반적으로 어디에 위치해 있는지 증명하는 방법 중 하나는 *X* 유전자의 발현 조절 서열과 암호화 서열을 포함하고, *X* 유전자의 종결 암호 전에, 즉 *X* 유전자의 3′ 말단에 GFP를 위한 암호화 서열이 틀에 맞도록 융합된 유전자를 제작하는 것이다. 그와 같은 도입 유전자를 지닌 생쥐는 오직 유전자 *X*를 정상적으로 발현되는 세포에서만 융합 단백질 X-GFP를 발현하게 된다.

a. *X::GFP* 융합 유전자는 도입 유전자의 무작위 삽입 대신에 *GFP* 암호화 서열을 녹인함으로써 만들어질 수 있다. 이러한 목적을 위해 사용할 수 있는 녹인 유전자 구조체를 그림으로 나타내시오.

b. 도입 유전자 방법에 비해 녹인 방법이 가질 수 있는 이점은 무엇인가?

13. 유전학자들은 이 장에서 서술한대로 4000년에 멸종된 울리매머드(woolly mammoth)라는 동물을 다시 살려내는 기술을 고려하고 있다.

a. 냉동된 울리매머드가 시베리아의 툰드라 지역에서 발견되었다. 만약 잘 보존되어 있어서 살아있는 세포를 이 샘플로부터 얻을 수 있다면, 이 세포와 울리매더드의 연관 종인 아시아코끼리의 난자를 이용하여 울리매머드를 어떻게 살려낼 수 있을 것인가?

b. 과학자들은 매머드의 얼린 샘플로부터 유전체 염기서열을 알아내기로 결정했다. 이 연구자들은 이 생명체가 혹독한 추위에서 어떻게 적응하여 살았는지를 연구하려고 한다. 예를 들어, 매머드는 코끼리에 비해 훨씬 두꺼운 털을 가지고 있었다. 매머드와 코끼리의 털의 두께를 비교하기 위해서 어떻게 CRISPR/Cas9을 사용할 수 있을까?

c. 이론적으로 어떻게 CRISPR/Cas9을 이용하여 멸종된 매머드를 살리는 것이 가능할까? 이 방법의 기술적 한계로는 어떤 것들이 있을까? 또한 왜 어떤 사람들은 멸종된 동물을 살리는 것이 비윤리적이라고 생각할까?

14. 샌디에고 캘리포니아 주립대학의 연구자들은 MCR(mutagenic chain reaction) 또는 유전자 드라이브(gene drive)라고 불리는 기술을 고안했는데, 이 기술은 이종교배가 가능한 개체군 전체의 거의 모든 염색체에 원하는 돌연변이를 빠르게 제작하는 기술이다. 그 아이디어는 매우 단순한데, 다음 그림과 같은 플라스미드가 중요하다. 아래 MCR

구조체에서는, 유전자가 높은 레벨로 Cas9(회색)을 발현할 수 있고, sgRNA(녹색)은 유전체의 특정 타겟에 맞게 제작되어 있다. 또한 양쪽(파란색)에는 타겟 양쪽 주변의 염기서열을 가지고 있다.

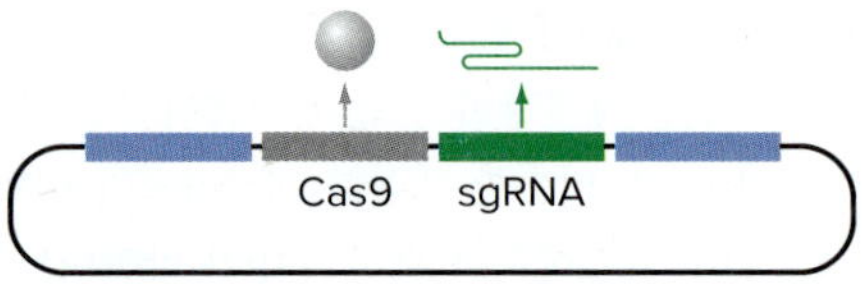

만약 당신이 초파리에서 X 염색체에 위치한 노란색 몸 색깔 유전자(*yellow*)를 가지고 있는 플라스미드를 이용해 MCR 재조합을 한다고 가정해 보자. 플라스미드 안에 있는 Cas9 유전자와 sgRNA는 *yellow* 유전자 기능에 필요한 *yellow* 유전자의 코딩 부분을 대체할 것이다. sgRNA는 야생형 *yellow* 유전자 내의 염기서열에 대해 특이성을 가진다.

a. 연구자들은 이 플라스미드를 야생형 수컷 배아에 주입하여 몇몇 생식세포에 상동재조합에 의해 삽입하였다. 이 생식세포에서 발달되어 만들어진 정자는 야생형 난자와 수정되었다. 이 수정된 난자로부터 태어난 암컷들은 노란색이었는데, *yellow* 유전자의 기능상실 돌연변이는 열성이라는 점에서 매우 놀라운 결과였다. 그림을 그려서 노란색 몸을 가진 암컷이 어떻게 생겼났는지 설명하시오. (힌트: mutagenic chain reaction 이라는 이름을 생각할 것)

b. 이렇게 노란색 몸을 가진 암컷이 100마리의 야생형 파리와 섞이게 되었을 때 몇 세대를 거치고 나면 거의 모든 초파리가 노란색이 된다. 이 결과를 설명하시오.

c. MCR 유전자가 퍼지는 것의 장애물은 저항 대립유전자의 생성이다. 타겟 유전자(이 경우에는 *yellow* 유전자)는 CRISPR에 의해 변형되었기 때문에 MCR 구조체 자체는 타겟 유전자에 의해 삽입될 수 없다. 이 저항 대립유전자의 기원에 대해 설명하시오. *yellow* 유전자의 저항 대립유전자는 노란색, 야생형 혹은 둘다의 결과를 낳을 것인가?

15. 「유전학의 기술」에서 논의했던 것처럼, CRISPR/Cas9 시스템은 박테리아가 박테리오파지로부터 대항하기 위한 면역 시스템을 제공하도록 진화되었다.

a. sgRNA의 일부는 crRNA에 해당되고, 또 다른 일부는 tracrRNA에 해당된다. 유전공학의 CRISPR/Cas9 시스템에서 sgRNA가 이렇게 구성되어 있는 이유는 crRNA와 tracrRNA가 하나의 RNA 분자로 구성되어 있기 때문이다. 그림 21.13에서 sgRNA의 어떤 부분이 crRNA와 tracrRNA에 해당하는가?

b. *Streptococcus pyogene*같은 세균 유전체의 CRISPR 부분은 PAM site를 포함하고 있지 않다. 왜 이 사실이 중대한 일인가? PAM site가 CRISPR 부분에 없다면 어떻게 PAM site가 세균의 면역성에 기능을 할 수 있을까?

21.4절

16. a. 인간세포로 치료 유전자를 전달하는 방법으로 사용되는 레트로바이러스 벡터와 AAV 벡터 방법을 비교하시오.

b. 각각 두 바이러스 벡터의 장점과 단점을 설명하시오.

17. 레베르 선천성 흑암시(LCA)라고 하는 인간의 선천성 실명의 한 형태는 *RPE65* 유전자의 열성 돌연변이에 대한 동형접합형에 의해 발생될 수 있음을 기억하시오. 최근 *RPE65*에 드문 우성 돌연변이가 망막색소변성증이라는 안과질환의 원인과 관련이 있다고 여겨지고 있는데, 이 질환은 망막변성으로 인해 서서히 실명으로 발전할 수 있는 특징을 지니고 있다. 우성 *RPE65* 돌연변이는 단백질 서열 중 아미노산 447번이 Asp에서 Glu로 변경되어 유래한 과오 돌연변이이다. 이 돌연변이 단백질의 성질에 대해서는 별로 알려진 바가 없다.

a. 이 우성 대립유전자가 기능손실 또는 기능획득 돌연변이 중 어디에 해당한다고 생각하는가? 설명하시오.

b. 이 장에서 언급한 것처럼, LCA에 대한 유전자 치료는 적어도 부분적으로 성공하였다. 같은 종류의 유전자 치료가 *RPE65*의 우성 돌연변이 대립유전자에 의해 유발된 망막색소변성증이 있는 환자에게 사용될 수 있는가? 설명하시오.

18. 우성 기능획득 돌연변이의 효과를 바로잡는 유전자 치료를 위한 하나의 잠재적인 전략은 우성 돌연변이 대립유전자에 의해 생성되는 mRNA의 분해를 유도하는 작은 간섭 RNA (siRNA)를 발현시키는 것이다. 그 siRNA는 다이서(dicer) 효소에 의해 처리되고, RISC 복합체가 돌연변이 대립유전자의 mRNA를 표적화하는 데 사용될 수 있는 머리핀 구조의 RNA를 암호화하고 있는 합성 유전자 형태로 환자의 세포에 전달될 수 있다.

a. 이러한 유전자 치료전략의 주요 문제는 일반적인 대립유전자의 발현은 방해하지 않고 돌연변이 대립유전자의 발현만 특이적으로 저해하는 siRNA를 설계하는 것이다. 이것이 왜 문제인지 이유를 설명하시오.

b. 돌연변이 대립유전자의 특이성은 헌팅턴병에 대한 siRNA 치료 유전자 설계에 있어서 특히 문제이다. 이 문제를 설명하고 해결방안을 제시하시오.

c. 헌팅턴병 돌연변이 유전자를 교정하는 또 다른 방법은 반복되는 서열의 중간의 DNA를 자르는 것이다. 핵에 존재하는 핵산 외부 가수분해 효소가 NHEJ에 의해 복구되기 전에 많은 반복서열을 분해할 것이다. 이러한 접근방법을 가지고 CRISPR/Cas9을 이용하여 헌팅턴병 돌연변이 유전자를 교정할 수 있을 것인가?

19. 최근에 과학자들은 듀시엔형 근이영양증(Duchenne muscular dystrophy)을 가진 생쥐모델(*mdx* mouse)을 가지고 병을 치료하기 위해 Cas9과 sgRNA를 테스트해보았다. 근이영양증의 원인은 X 염색체 연관 *Dmd* 유전자의 기능상실 돌연변이가 동형접합자 또는 반접합자로 존재하기 때문이다. *mdx* mouse는 *Dmd* 유전자의 23번 엑손(79개 엑손 중)에 넌센스 돌연변이가 존재한다.
연구자들은 exon skipping이라고 부르는 기술을 테스트했다. 이 기술은 CRISPR/Cas9을 이용하여 *mdx* mouse에서 엑손 23번을 없애는 것이다. Cas9과 두 개의 다른 sgRNA을 발현하는 유전자를 가진 AAV 벡터는 어른 생쥐의 근육에 주입되었다. 근육세포의 약 10%에서 엑손 23번이 결손되었고, 기능을 가진 디스트로핀(dystrophin) 단백질이 검출되었다. 적은 비율이었지만 근육의 일부 기능이 회복되었다.

a. 엑손 23번과 양옆의 인트론을 도식화하시오. 그림에서 sgRNA가 유전체의 어느 부분과 결합했는지 표시하시오. 어떻게 엑손 23번의 결손이 일어났는지 설명하시오.

b. 복제된 세포의 유전체 DNA에서 엑손 23번이 결손되었는지 찾을 수 있도록 PCR assay를 디자인하시오. 어느 부분에 PCR 프라이머가 결합해야 하고, 엑손이 결손되었는지 어떻게 구분할 수 있을까?

c. 엑손 23번이 없어진 것은 디스트로핀(dystrophin) 단백질의 기능을 일부 회복하게 하였다. 이 사실이 알려주는 엑손 23번이 코딩하는 아미노산의 기능은 무엇인가?

d. c의 답을 고려한다면, exon-skipping 전략은 근이영양증을 일으키는 모든 *Dmd* 유전자 돌연변이에 효과적일까?

e. exon-skipping 전략이 효과적이기 위해서 엑손 22, 23, 24번은 어떤 특징을 가져야 하는가?

chapter 22

발생의 유전학적 조절

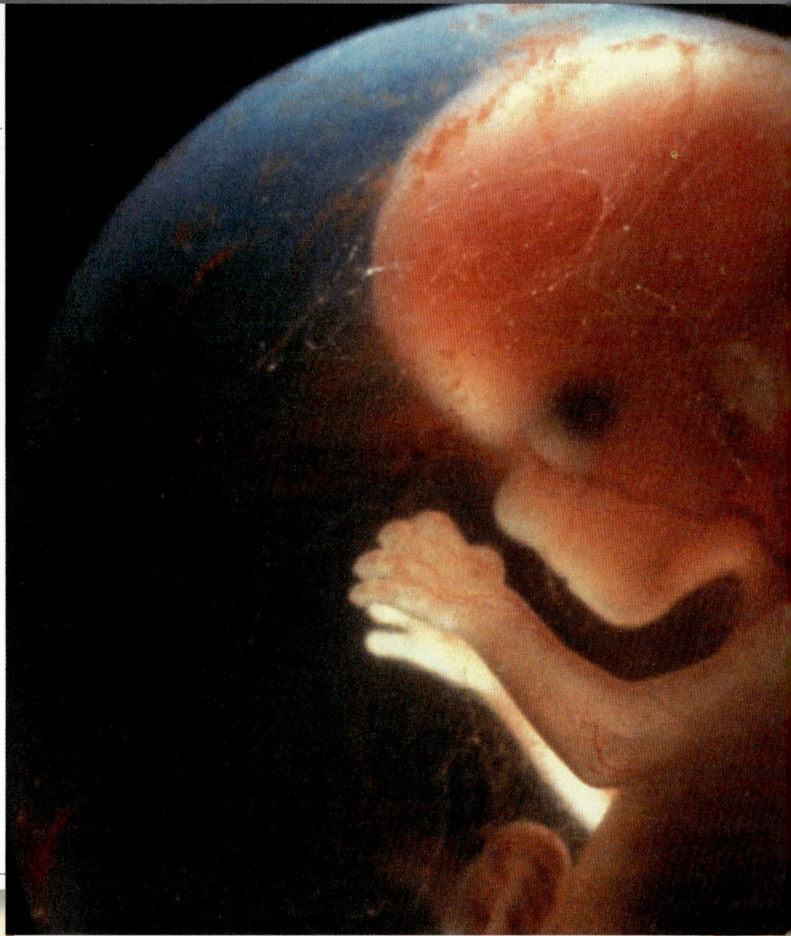

©Claude Edelmann/Science Source

수정 후 3개월된 인간 태아

개요

- 22.1 모델 개체(동물 모델): 발생유전학을 위한 프로토 타입
- 22.2 돌연변이 유발 스크린
- 22.3 유전자 작동 시간 및 위치의 확인
- 22.4 발생 과정에서 유전자 발현 순서 결정
- 22.5 포괄적인 예: 노랑초파리에서 body plan의 발달

인간의 **정자**(sperm)와 **난자**(egg, ovum)의 결합(수정)은 하나의 세포(수정란)가 체세포분열(mitosis)에 의해 유전적으로 동일한 수조 개의 세포로 분열되는 놀라운 발생 과정의 시발점이다. 이 세포들은 배아 발달(embryonic development) 과정에서 서로 분화하여 수백 가지의 다른 세포 유형을 형성하게 된다. 이 다양한 유형의 세포들은 서로 모여 두 눈, 심장, 두 개의 폐 및 복잡한 신경계 등을 포함하는, 놀랍도록 복잡하지만, 꼼꼼하게 조직된 기관 시스템을 구성하게 된다. 3개월이라는 기간 안에 인간 배아 (embryo)는, 장차 6개월 후에 태어날 아기의 형태를 예상할 수 있을 정도의 태아(fetus) (오른쪽 상단 사진 참조)로 발생하게 된다. 태아의 발달은 여기서 멈추지 않으며, 한 인간의 성장, 성숙, 심지어 노화의 과정 동안 계속 새로운 세포가 형성되고 분화하게 된다.

처음에 발생학자들은 유전자가 발생의 주요 결정인자라면 동일한 염색체 세트(chromosome set), 즉 동일한 유전자를 가진 세포들이 어떻게 그렇게 다양한 유형의 세포를 형성할 수 있는지 이해할 수 없었다. 그러나 현재 우리가 알고 있듯이, 이 수수께끼에 대한 답은 매우 간단하다. 모든 유전자들이 모든 조직에서 "켜져 있는(turned on)" 것은 아니다. 다시말해 세포들은 자신들의 유전자 발현을 조절할 수 있으며, 그 결과, 여러 유전자 산물들이 세포들 중 일부에서만 발현되도록 한다. 발생을 연구하는 과학자들에게 두 가지 핵심 과제는 첫째, 특정 세포 유형이나 기관의 발달에 중요한 유전자들을 식별하고, 둘째 이러한 유전자들이 어떻게 함께 작동하여 각 유전자가 올바른 시간과 장소, 적절한 양으로 발현되는지 알아내는 것이다.

이 장에서 우리는 발생생물학의 근본적인 질문을 연구하기 위해 과학자들이 사용하는 실험 전략의 개요를 보여주려고 한다. 수정란의 단일 세포 또는 접합체는 어떻게 수백 가지 세포 유형으로 분화하는가? 우리는 **발생유전학**(developmental genetics) 탐구를 통해 두 가지 핵심 주제(themes)를 이해하게 될 것이다. 그 중 하나는 인간의 진화과정 중에서, 발생을 조절하는 다수의 유전자들이 고도로 보존되어 왔다는 것이다. 따라서 노랑초파리(*Drosophila*)의 (발생)과정에 대한 연구는 인간을 포함한 다른 동물의 발생과정 중에 일어나는 현상을 규명하는데도 역시 도움이 될 수 있다. 두 번째 주제는 발생과정에 있어 주요 결정에 관여하는 유전자들은 종종 계층 구조에 따라 기능한다는 것이다. 즉, 한 유전자의 산물은 다음 단계의 유전자 발현을 제어하며, 그 결과 다세포 개체(multicellular organism)의 세포들은 연속적으로 더 전문화된 유형으로 발생하게 된다.

22.1 모델 개체(동물 모델): 발생유전학을 위한 프로토 타입

학습 목표

1. 유전학자들이 발생을 연구함에 있어 동물모델을 사용하는 이유를 설명한다.
2. 모든 살아있는 개체들은 서로 연관이 있지만 동시에 고유하다는 증거를 제시한다.

발생유전학자(developmental geneticists)들은 관련 연구를 위해 다음과 같은 개체(organism)들을 주로 활용하여 왔다.

- 효모(yeast) *Saccharomyces cerevisiae*
- 식물(plant) *Arabidopsis thaliana*
- 초파리(fruit fly) *Drosophila melanogaster*
- 선충류/선형동물(nematode/roundworm) *Caenorhabditis elegans*
- 제브라피쉬(zebrafish) *Danio rerio*
- 생쥐(mouse) *Mus musculus*

이 동물모델들은 배양/육성(cultivate)이 용이하고 다량의 자손을 빠르게 생산한다는 장점이 있다. 따라서 유전학자들은 희귀한 돌연변이들을 새로 발견하게 되면, 여러 세대를 걸쳐가며, 이 돌연변이들의 유전 양상을 연구할 수 있게 되었다. 즉 이 분야의 정보, 돌연변이 및 기타 재료를 공유하는 전공 연구자들에게 이러한 동물들은 매우 유용한 실험재료가 되었다. 이들 동물모델들의 유전체(게놈, genome)의 염기서열에 대한 분석은 이미 완료되어 있으며, 이점은 유전학자들로 하여금, 개체발생 중 나타나는 여러 가지 표현형(phenotype)에 영향을 미치는 돌연변이 대립인자(mutant allele)와 이들이 속한 유전자들을 훨씬 쉽게 식별할 수 있게 해주었다.

모든 생명체들은 서로 연관되어 있다

그동안의 연구과정을 통해 생물학자들은 다양한 생명체들이 여러 수준에서 서로 연관되어 있음을 깨닫게 되었다. 예를 들어, 모든 진핵생물들의 세포는 핵이나 미토콘드리아와 같은 여러 구조적 특징들을 공통적으로 가지고 있다. 세포가 유기분자를 만들거나 분해하는 대사경로들은, 모든 살아있는 유기체에서 거의 동일하며, 거의 모든 세포들이 동일한 유전코드를 사용하여 단백질을 합성한다. 여러 개체들 간의 연관성은 개별 단백질의 아미노산 서열에서도 볼 수 있다. 한 예로서, 약 20억 년 동안의 진화과정 동안에도 히스톤 단백질 H4의 서열은 그대로 보존되어 있음이 확인되었으며, 실제로 효모와 인간의 H4 단백질은 몇 개의 아미노산을 제외하고 동일하다. 그 밖의 대부분의 다른 단백질들이 H4만큼 불변한건 아니지만, 과학자들은 종종 다양한 종들에서 동족체(homolog)의 아미노산 유사성을 통해 단백질의 진화적 혈통을 추적할 수 있다.

우리는 다세포 진핵생물, 심지어 신체구조가 상당히 다른 개체에서도 발생에 관여하는 여러가지 기본 전략이 보존/유지되고 있음을 알고 있다. 한 예를 들자면, 초파리, 생쥐 및 인간에서 눈 발생에 대한 유전적 제어 연구에 관한 도표를 통해 살펴 볼 수 있다. *eyeless* (*ey*)라는 유전자의 기능상실 돌연변이에 대해 동형접합(homozygous)인 **초파리**는 눈이 전혀 없거나 기껏해야 아주 작은 눈을 갖게 된다(**그림 22.1a**). 생쥐에서 *Pax-6* 유전자의 기능상실 돌연변이도 앞에서의 경우와 비슷한 효과를 나타낸다(**그림 22.1b**). *Aniridia*(*AN*) 유전자의 기능상실 돌연변이(loss-of-function mutation)에 대해 이형접합(heterozygote)인 사람의 눈에서는 홍채(iris)의 결핍이 일어난다(**그림 22.1c**).

ey, *Pax-6* 및 *AN* 유전자들이 처음 발견되었을 때, 연구자들은 세 종류의 암호화된 단백질들이 서로 밀접하게 연관된(서로 아주 유사한) 아미노산 서열을 갖고 있음을 발견하였다. 곤충과 척추동물의 눈은 (구조가) 서로 매우 다르기 때문에, 이 발견은 매우 놀라운 것이었다. 곤충의 눈은 여러 홑눈이 모여 개안(ommatidia)이라고 복합안

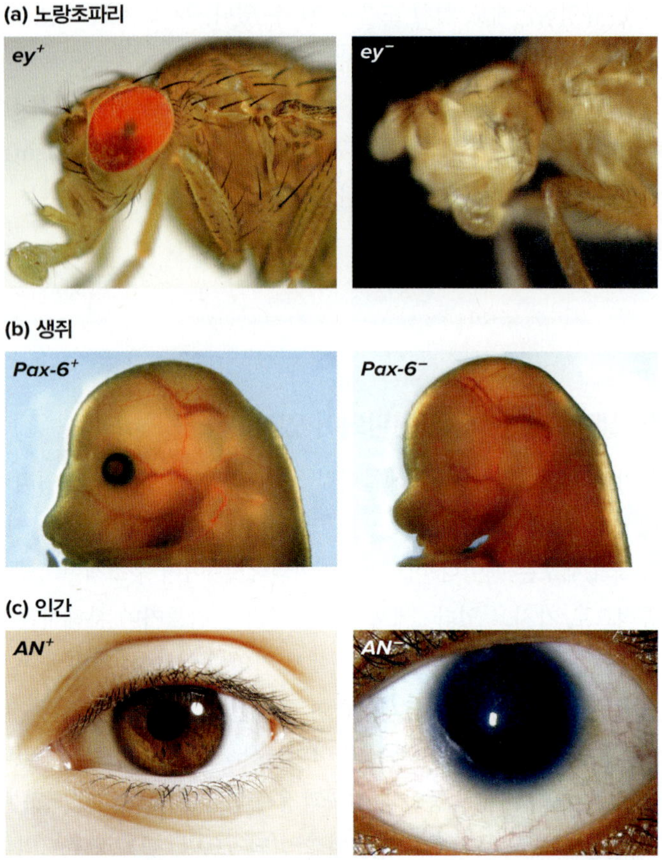

그림 22.1 ***eyeless/Pax-6/AN*** **유전자는 눈 발생에 있어 중요하다.** **(a)** *eyeless* 유전자의 기능상실 돌연변이에 대한 동형접합성은 성충의 눈의 크기를 감소시키거나 완전히 소멸시킨다. **(b)** 초파리의 것과 상동성인 *Pax-6* 유전자의 기능 상실 돌연변이에 대한 동형접합성 생쥐에서도 유사한 효과를 볼 수 있다. **(c)** 인간의 경우, *AN* 기능 상실 돌연변이에 대한 이형접합은 눈에서의 홍채 발생저해로 이어진다. *Source: (a): (left): ©Solvin Zankl; (right): Courtesy of Dr. Walter Gehring; (b): (both): ©Helen Pearson, Western General Hospital/MRC Human Genetics Unit; (c): (left): ©Anthony Lee/Getty Images; (right): Source: G. Neethirajan et al. (16 April 2004), "PAX6 gene variations associated with aniridia in south India," BMC Medical Genetics, 5:9, Fig. 1D. ©Neethirajan et al. Licensee BioMed Central Ltd. 2004*

(compound eye) 구조를 형성하는 반면, 척추동물의 눈은 하나의 카메라와 같은 기관이다. 따라서 생물학자들은 오랫동안 두 가지 유형의 눈이 독립적으로 진화했다고 생각하고 있었다. 그러나 *ey*, *Pax-6* 및 *AN* 간의 유사성에 비추어 볼 때, 곤충과 척추동물의 눈은 하나의 원형(prototypical) 광감각기관(photosensory organ)에서 진화하였으며, 이 기관 발생에는 *ey*의 선조격인 유전자 또는 생쥐와 인간에서의 경우, 이 유전자의 동족체(homolog)가 필요함을 의미하고 있었다.

...그러나 모든 종은 고유하다

발생경로(developmental pathway)가 보존되어 있다는 것은, 우리로 하여금 인간이 단순히 큰 초파리라는 결론을 내리도록 유혹하지만, 이것은 분명히 사실이 아니다. 진화라는 현상은 보수적인 면이 있기도 하지만 또한 혁신적인 면도 가지고 있다. 개체들은 때때로 동일한 발생학적 목표를 달성하기 위해 서로 다른 전략을 사용하기도 한다.

한 가지 예는 *C. elegans*와 인간에서 접합자(zygote)가 첫 번째 체세포분열이 완료되어 형성되는 두 세포 배아(two-cell embryo) 간의 차이이다. 이 단계에서 두 세포 중 하나가 제거되거나 파괴되면 *C. elegans* 배아는 완전한 선충으로 발생할 수 없다. 두 세포는 각각 발생을 안내하기 위한 서로 다른 분자적 지침을 이미 받았기 때문에 한 세포의 후손은 특정 세포 유형으로만 분화할 수 있으며, 다른 세포의 후손은 또 다른 유형으로만 분화할 수 있다. 이런 상황이 인간의 경우에는 매우 다르게 나타난다. 함께 있던 두 배아 세포가 서로 분리되면 두 개의 완전한 개체(동일한 쌍둥이)로 발생하게 된다.

따라서 선충류와 인간배아 간에는 발생하는 방식에 있어서 매우 초기 단계에서부터 내재적인 차이가 존재함을 알 수 있다. *C. elegans*의 접합자가 세포 분열을 시작한 즉시, 각 딸세포는 이미 특정 운명(specific fate)을 할당받게 된다. 발생의 이러한 패턴을 일반적으로 **모자이크적 결정**(mosaic determination)이라고 한다. 반면에 인간배아의 초기 세포는 주변 환경 상태에 따라 예를 들어, 누락된 세포를 보충하기 위해, 세포의 운명을 바꾸거나 조절할 수 있으며, 이러한 기능을 **조절적 결정**(regulative determination)이라고 한다.

모자이크 결정과 조절적 결정에 존재하는 이 차이점은 진화 과정에서 태어난 다세포 개체(multicellular organism) 발생을 위한 무수한 전략 중 하나일 뿐이다. 이 장대한 다양성을 단 하나의 장(chapter)이란 범위 안에서 설명한다는 것은 불가능에 가까운 이야기가 될 것이다. 대신, 우리는 노랑초파리(*Drosophila melanogaster*)의 발생에서 볼 수 있는 두 측면에만 집중하기로 하였다. 하나는 눈의 구조가 결정되는 방법(22.2절~22.4절)에 관한 것이고, 또 하나는 신체가 몸길이를 따라 일련의 체절(segment)들로 나뉘어지는 방법(22.5절)에 관한 것이다. 초파리에서의 이런 연구들을 여러 다른 종들에서 각기 다른 기관들의 발생과정을 조절하는, 일반적인 일부 기작들을 밝혀내는데 기여하였다. 그러나 더 중요한 것은, 다양한 종류의 유전자 분석방법들이 과학자들이 발생생물학의 특정 질문에 대한 통찰력을 얻는 데 도움을 주고 있다는 사실이며, 여러분이 이런 방법들의 진수(appreciation)를 배울 수 있게 되길 희망한다.

핵심 개념 22.1

- 과학자들은 모델 개체(동물모델)를 사용하는데, 그 이유는 사육이 용이하고, 많은 수의 자손을 생산하며, 상대적으로 세대 간 간격이 짧기 때문이다. 또한 이러한 개체들에 대한 풍부한 유전학적 도구가 존재한다.

- 다양한 서로 다른 동물 그룹에서 서로 유사한 역할을 하는, 진화적으로 보존되어 있는 유전자 서열을 발견할 수 있으며, 이는 생명체들 간의 연관성에 대한 증거로 사용된다.
- 하나의 수정란에서 복잡한 다세포 개체를 발생시키기 위해 진화과정 동안 다양한 해결책들이 만들어졌다.

22.2 돌연변이 유발 스크린

학습 목표

1. 1차 돌연변이 검사가 특정 발생 과정에 필요한 유전자를 식별할 수 있는 방법(원리)에 대해 토론한다.
2. 형태학적 표현형을 가진 돌연변이체에 대한 스크린의 한계를 설명하고, sensitized 변경자 스크린이 이러한 문제를 극복하는 데 어떻게 도움이 되는지 논의한다.
3. 특정 발생 경로에서 기능하는 다면발현성 유전자를 식별하기 위해, 연구자들이 RNA 간섭을 어떤 방식으로 사용하는지에 대해 설명한다.

발생과정의 본질을 이해하기 위한 유전학자들의 접근 방식은 간단히 다음과 같은 질문을 하는 것이다. 발생과정에서 필요한 유전자들은 과연 무엇인가? 그 질문에 답하기 위한 첫 실험 단계에는 거의 항상 **돌연변이 스크린**(mutant screen)이 포함된다. 연구자들은 수많은 돌연변이 개체들을 조사하면서 눈 발생과정에서 일어난 특이 이상과 같은 관심 표현형을 가진 희귀 개체들을 식별한다. 발생유전학자들은 모델 개체에서 수천 번의 돌연변이 스크린을 수행하였고, 그 결과 식물과 동물 발생을 조절하는 기작(mechsnism)에 대한 복잡한(그러나 여전히 불완전한) 이해를 이끌어내는데 성공했다.

유전자 스크리닝을 통해 특정 발생 과정에 필요한 유전자를 식별하다

발생유전학자들은 초파리의 복합안(compound eye) 발생을 조절하는 분자적 기작(molecular mechanism)에 관한 연구를 집중적으로 수행했다(**그림 22.2a**). 이러한 선택을 하게 된 한 가지 이유는 현미경을 통해 초파리 눈을 보는 것만으로도 돌연변이 표현형을 쉽게 분석할 수 있기 때문이다. 겹눈은 약 800개의 동일한 **개안**(ommatidia) 또는 **개안면**(facets)으로 구성되어 있으며, 각각은 모든 개안에서 정확히 동일한 순서로 단계적으로 조립되는 소수의 세포로 구성된다.

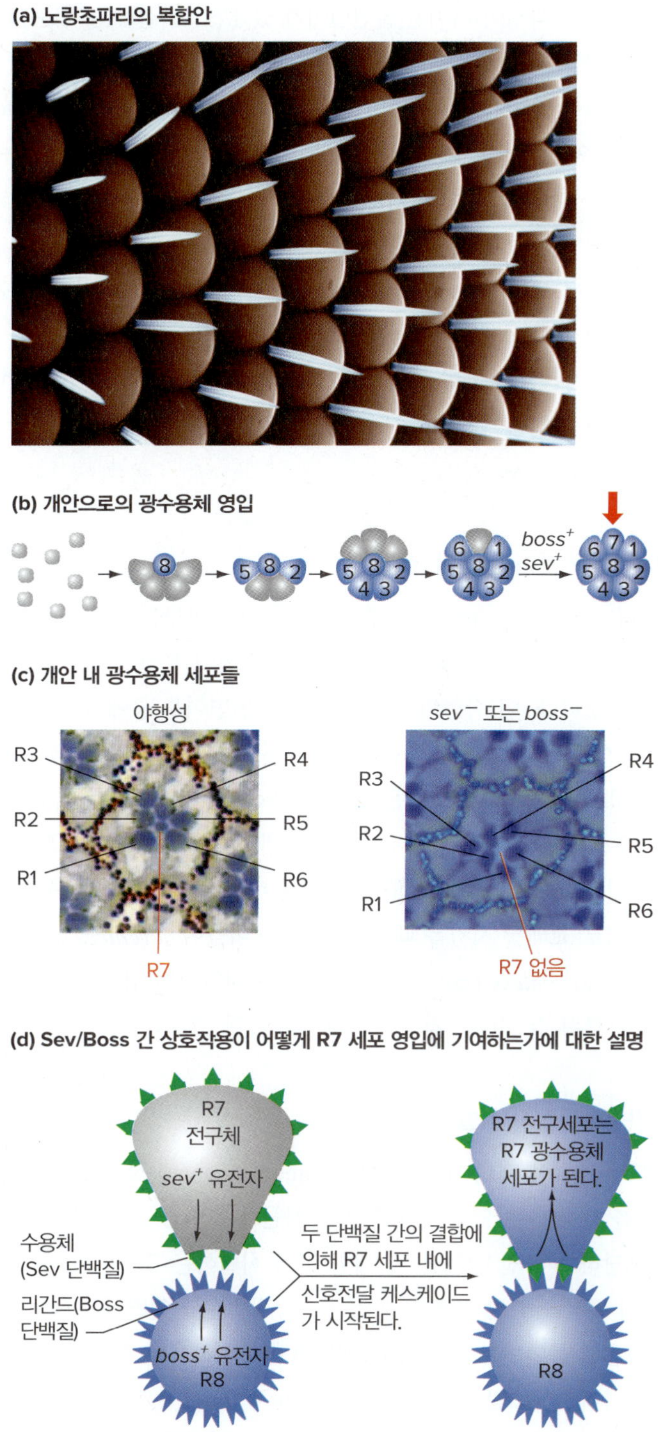

그림 22.2 초파리의 눈 발생. **(a)** 초파리 성체의 눈에 대한 주사 전자 현미경 사진으로 각각의 facet 또는 ommatidia를 보여주고 있다. **(b)** 8개의 광수용체 세포가 각 facet에 순차적으로 영입된다. 파란색은 광수용체가 될 운명의 세포들을 표시하고 있다. sev^{+} 및 $boss^{+}$ 유전자들의 산물은 R7을 지정하는 데 필요하다. **(c)** 망막 절단면의 광학현미경 사진. sev^{-} 또는 $boss^{-}$인 눈의 모든 ommatidia에서 R7이 결핍되어 있다(R8은 존재하지만 R7 아래에 있기 때문에 보이지 않는다). **(d)** *Boss* 단백질은 R8의 표면에 발현되는 리간드이다. R7 전구체 세포 표면의 Sev 수용체에 대한 Boss의 결합은 R7 운명을 유도하는 신호 전달 경로를 활성화한다. *Source: (a): ©Kage-Mikrofotografie/agefotostock; (c): (left): ©Janice Fischer (right): ©Michael Abbey/Science Source*

만약 이 조립 과정이 저해된 돌연변이가 있다면, 이 결함은 각 눈에서 800번 반복되므로 돌연변이 표현형의 특성을 쉽게 인식할 수 있다.

각 개안에서 처음으로 형성되는 세포들은 8개의 광수용기(photoreceptor)이며, 이 중 가장 마지막에 형성되는 것은 R7이라는 광수용기세포이다(**그림 22.2b**). 이 R7 수용기의 독특한 점은 초파리가 자외선을 감지할 수 있도록 해준다는 것이며 이 능력은 실험실 밖의 현실 세계에서 초파리가 생존하는 데 중요하다. 연구자들은 눈에 문제가 있는 초파리 돌연변이에 대한 선별 스크린을 수행했으며, 그 과정에서 과학자들은 초파리 눈의 모든 개안에서 R7만 결핍되어 있는 매우 특정한 결함을 나타내는 몇몇 스트레인(strain)들에 관심을 갖게 되었다(**그림 22.2c**).

상보적 돌연변이 집단의 분별

스크리닝(screening)을 통해 흥미로운 돌연변이들을 식별한 후, 다음 단계는 컬렉션에 나타난 서로 다른 돌연변이 유전자들의 수를 결정하는 것이다. 이 작업의 목표는 여러 돌연변이들 중에서 **상보적인** 돌연변이들끼리 모아 그룹을 만드는 것으로, 하나의 **상보적 그룹**(complementation group)은 동일한 유전자의 서로 다른 돌연변이 대립유전자를 포함한다. 연구자들이 초파리 개안에서 R7 세포의 특정 손실을 유발한 많은 열성(recessive) 기능상실 돌연변이들을 대상으로 서로 교배를 시켰을 때, 이들 돌연변이들이 *sevenless* (*sev*) 및 *bride-of-sevenless* (*boss*)라고 부르는 두 개의 상보성 그룹(유전자)으로 구분될 수 있다는 것을 발견하였다(그림 22.2b 및 c).

돌연변이 유전자 식별

각 모델 개체에 대한 게놈 서열(genome sequence) 정보가 존재하고 그것을 사용할 수 있다는 것은, 연구자들로 하여금 돌연변이 표현형에 해당하는 유전자를 단 몇 개월 안에 식별하는 것을 가능케 하였다. 이 목적을 위해 선택할 수 있는 연구방법은 돌연변이를 생성하는 데 사용된 돌연변이원(mutagen)과 연구자가 사용할 수 있는 자원에 따라 달라진다(**그림 22.3**). 한 예로, *sev* 및 *boss* 스트레인에는 화학적 돌연변이원(chemical mutagen)에 의해 단일 뉴클레오타이드 쌍이 변형된 점 돌연변이(point mutation)를 들 수 있다. 이러한 돌연변이들은 14장(그림 14.5)에 설명된 바와 같이 분자적으로 정의된 중단점(breakpoint)이 있는 결실(deletion)을 포함하는 염색체를 사용하여 매핑되었다. 눈 발달에 중요한 다른 유전자들은 P 전이인자 표지와 역 PCR 기법을 통해 확인되었다(그림 16.28 및 16.29 검토). 마지막으로, 전체 게놈 시퀀싱 비용의 급격한 하락은 인간의 질병 유전자를 찾으려는 연구자들로 하여금 12장에서 설명한 것과 유사한 게놈 시퀀싱 및 분석 기술들을 더 쉽게 접할 수 있게 되었으며, 그 결과 모델 개체에서 돌연변이 유전자들을 확인하는 것이 더 용이하게 되었다.

과학자들은 때때로 불완전한 정보에 의해 오도되어 돌연변이 표현형의 원인으로 엉뚱한 유전자를 선별할 수도 있을 것이며, 따라서 어느 유전자의 기능을 규정함에 있어 세심한 확인이 필요하다(그림 22.3). 이런 문제를 피하기 위한 한가지 검증 방법은 돌연변이체에 야생형 추정 유전자의 형질전환 사본을 다시 추가하여 이 돌연변이가 다시 야생형 표현형을 낼 수 있는지 보는 것이다(그림 21.5 검토). 유전자 표적화(유전자 타겟팅) 또는 CRISPR/Cas9 (그림 21.13 참조)와 같은 새로운 기술개발에 의해 가능해진 또 다른 방법은 다른 야생형 유기체에서 후보 유전자를 돌연변이시켰을 때, (앞서와 같은) 돌연변이 표현형이 나타나는지 확인하는 것이다.

암호화된 단백질의 성질에서 얻은 단서

일단 연구자들이 발생 과정에 중요한 유전자를 확인했다면, 연구자들은 종종 그 유전자에 의해 암호화된 단백질의 아미노산 서열로부터 발생 과정의 분자적 특성에 대한 핵심 정보를 얻을 수 있다. 초파리 눈의 개안에서 R7 세포 결정(R7 cell determination)의 경우, *sev* 및 *boss* 유전자에 의해 암호화된 단백질 모두 소수성(water-avoiding) 도메인을 가지고 있으며, 이는 두 단백질 모두 세포막을 관통한 상태로 존재하며, 특정 세포의 표면에서 발견될 가능성이 높음을 시사한다.

이제부터 설명할 또 하나의 방법에서 얻어진 정보와 함께, 과학자들은 이 두 단백질이 어떻게 기능하여 R7 세포를 개안으로 끌어들이는지에 대한 간단한 가설을 세울 수 있었다. Sev는 R7 전구체 세포의 표면에 존재하는 막관통 수용체(transmembrane receptor) 단백질인 반면, Boss는 R8 표면에 존재하는 막관통 리간드(transmembrane ligand)이다. R7 전구체가 R8과 접촉하면 Boss가 Sev에 붙게 된다(bind). 이 접촉은 R7 전구체 세포 내에서 **신호 전달 캐스케이드**(signal transduction cascade, 주로 상대 단백질 인산화를 포함하는 일련의 분자 이벤트)를 시작하여 R7 세포 운명을 결정하는 유전자의 발현을 초래하게 된다(**그림 22.2d**).

1차 돌연변이 스크리닝만으로는 주요 유전자들을 놓칠 수 있다

특정 형태학적 결함이 있는 기능상실 돌연변이에 대한 스크리닝은, 개안 내에서 R7 세포의 특정화와 같은, **특정 발생 경로**에 작용하는 유전자들을 식별할 수 있게 해주며, 이러한 다수의 유전자들의 산물

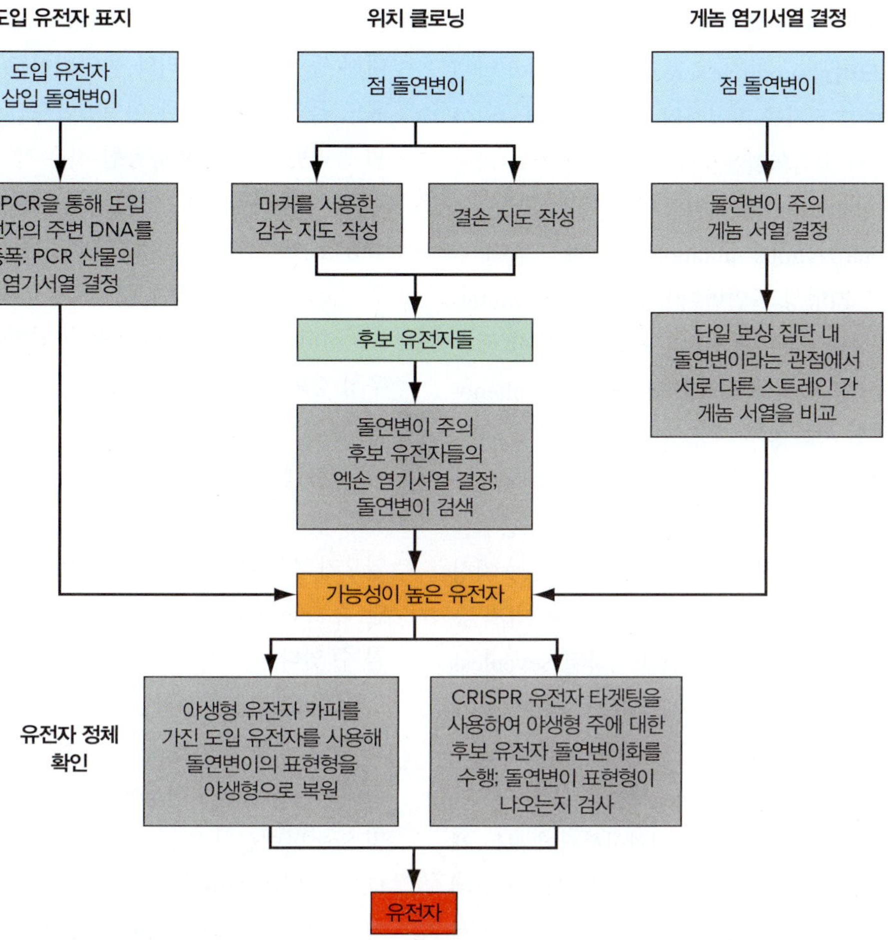

그림 22.3 모델 개체(동물 모델)에서 돌연변이 표현형을 담당하는 유전자들의 식별. 전이요소 또는 도입 유전자의 삽입에 의해 돌연변이된 유전자는 삽입된 DNA와의 가까운 정도(proximity)에 의해 확인할 수 있다. 과학자들은 유전자 매핑(gene mapping, positional cloning(위치 복제))이나 돌연변이 동물의 전체 게놈 시퀀싱을 통해, 주요 다형성(key polymorphism)을 찾음으로서, 돌연변이 표현형을 유발하는 점 돌연변이를 찾을 수 있다. 이러한 기술들에 기반한 유전자 할당(gene assignment)은 반드시 재확인 과정을 거쳐야 된다.

들은 서로 상호작용(협력)하여 고유의 결과를 생성하게 된다. 그러나 이와 같은 1차 스크린(primary screen)만으로는, 어떤 과정을 거치더라도, 몇몇 중요한 경로 구성 요소를 인코딩하는 유전자들의 돌연변이들을 찾아내는 것은 거의 불가능하다. 따라서 우리는 이러한 문제가 발생하는 이유와 유전학자들이 누락된 구성 요소를 찾기 위해 사용할 수 있는 대안적인 접근 방식에 대해 논의해 보고자 한다.

다면발현 또는 중복 유전자들에 의한 문제

그림 22.2d는 세포 표면에서 Sev와 Boss 간의 상호 작용으로부터 일련의 사건이 시작되며, 궁극적으로 R7 세포의 핵에서의 유전자 발현에 영향을 미친다는 것을 나타내고 있다. R7 결핍에 대한 스크리닝에서, 신호 전달 캐스케이드에 관련된 산물을 가진 다른 유전자들도 존재하는데 이들의 돌연변이가 드러나지 않은 이유는 무엇일까? 이에 대한 대답은 이러한 유전자들이 **다면발현성**(pleiotropic)이기 때문에 스크리닝 과정에서 누락되었다는 것이다. 즉, 이들 유전자들은 눈 발생 과정(R7 specification)뿐만 아니라 하나 이상의 다른 발생 경로에서도 이들 유전자들은 필수인자라는 것이다. 특히, 다수의 이러한 유전자들의 기능은 초파리의 생존성에 매우 중요하며, 만약 이들 유전자들의 기능이 결핍되면 개체는 눈 발생이 일어나기도 전에 배아단계에서 죽게 된다.

R7 세포 운명 결정과 같은 형태학적 표현형에 대한 스크리닝 방법은(기능적으로) **중복된 유전자들**(redundant genes)의 돌연변이들도 놓칠 가능성도 있다. 예를 들어, 두 유전자가 있어 동일한 기능을 수행하는 경우, 어느 하나가 결핍되었다고 해서 돌연변이 표현형의 발현으로까지 이어지지는 않는다. 다면발현 및 중복 유전자들의 존재는 성공적인 유전적 스크리닝을 방해하는 기본적 한계이며, 연구자들은 때때로 유전적 트릭을 통해 이러한 문제들을 극복할 수 있으며, 우리는 그러한 방법 중 일부를 다음에 설명하고자 한다.

민감성 돌연변이 표현형에 대한 우성 변경자

과학자들은 종종 **변경자 스크리닝**(modifier screen)을 수행하여 발생 경로에 관여하는 다면발현성 유전자를 확인하려 할 때가 있다. 이 아이디어는 특정 발생 경로에서 고유역할을 하는 다른 유전자의 저형성 돌연변이(hypomorphic mutation)의 표현형이, 다면발현성 유전자의 이형접합 돌연변이(heterozygous mutation)에 의해 조절될 수 있다는 것이다. 이 접근법은 저형성 돌연변이(hypomorphic mutation)가 같은 경로에서 기능하는 다른 단백질의 활동에 기인한 작은 변화에도 쉽게 영향을 받을 수 있는 **민감표현형**(sensitized phenotype)을 생성하는 경우 성공할 가능성이 가장 높다.

연구자들은 R7 세포 운명의 결정에 참여할 것이라고 추측되는 다면발현성 유전자(pleiotrophic gene)를 찾기 위해 이러한 접근법을 시도하였다. 이러한 유전자들을 확인하기 위해, 연구자들은 *sev* 저형성 돌연변이로 인해 고도로 민감해진 돌연변이 눈 표현형을 가진 유전적 배경을 고안해냈다. 이 대립유전자는 활성이 저하된 Sevenless 단백질을 암호화하고 있어서, 이 파리의 눈이 발생하는 동안 전체 개안의 약 절반만이 R7을 영입할 수 있다. 이 돌연변이체의 Sevenless 단백질은 거의 기능하지 않기 때문에 Sevenless 기능을 보조하는 단백질의 수준을 낮추면 R7 영입 경로가 완전히 비활성화되어 모든 개안에서 R7이 결핍될 수 있다(*sev* null 표현형과 유사). 반면에 Sevenless 기능을 길항하는(억제하는) 단백질의 양을 줄이면 비활성화된 신호 전달 경로가 더 강력해져서 개안 내 모든 면에서 R7이 성공적으로 영입될 수 있다(정상 표현형과 유사).

그림 22.4는 민감성 *sev* 돌연변이 표현형에 대한 변경자 스크리닝을 보여준다. 과학자들은 저형성 *sev* 돌연변이(그림에서 sev^{hypo})에 대해 동형접합인 파리와 돌연변이원(mutagen) 처리에 의한 무작위 유도 돌연변이에 대한 이형접합성인 파리를 만들었다. 이러한 무작위 돌연변이 중 가장 유용한 것은 각 유전자들에 대해 null-대립인자가 생성된 것들이며, 이러한 돌연변이에 대해 이형접합성인 동물은 상응하는 유전자 산물의 양의 절반 밖에 가지지 못한다. 그런 다음 연구자들은 동형접합체 *sev* 저형성의 눈과 다른 눈들을 찾아보았다. *sev* 저형성의 눈에서 더 많은 돌연변이처럼 보이게 하는 돌연변이를 **우성 강화인자/인핸서**(dominant enhancer; E^-)라고 하며, *sev* 저형성 눈을 야생형(정상형)처럼 보이게 하는 돌연변이는 **우성 억제인자/써프레서**(dominant suppressor; S^-)라고 한다. 하지만 야생형 배경에서는 이형 인핸서 및 억제인자 돌연변이는 돌연변이 표현형을 일으키지 못한다. 오직 민감화된 배경(sensitized background)에서만(즉 *sev* hypomorphs에서만), 돌연변이는 눈의 형태에 영향을 미칠 수 있다.

이 스크리닝에서 확인된 돌연변이 중에는 **그림 22.5**에 표시된 신호 전달 경로의 여러 구성 요소들이 포함되어 있다. Ras^- 및 Sos^- 돌연변이는 *sev* 저형성에 대해 우성 인핸서로 작용하며, 이는 Ras 및 Sos 단백질이 *Sevenless*가 R7 세포들을 개안으로 영입하는 것에 도움이 됨을 보여준다 대조적으로, *Gap*이라고 하는 다른 유전자의 기능상실 돌연변이는 sev^{hypo} 표현형의 우성 억제인자로 작용한다. 따라서 연구자들은 Gap 단백질이 R7 세포 운명을 촉진하는 과정에서 *sevenless*의 작용을 길항한다고 추론하였다.

3가지 유전자(*Ras*, *Sos* 및 *Gap*) 모두 다면발현성(pleiotropic)이

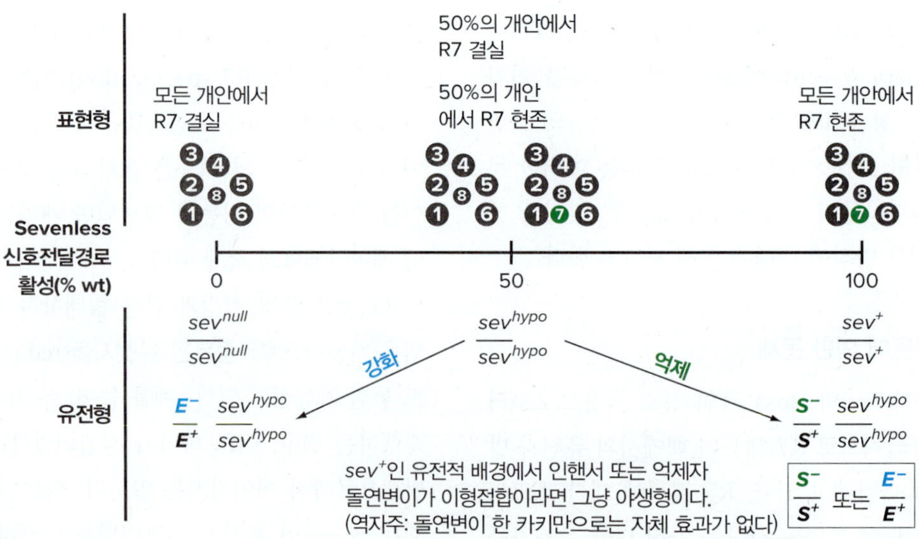

그림 22.4 ***sev***$^-$ **돌연변이 표현형에 대한 우성 변경자들.** sev^- 저형성자의 눈은 표현형을 볼 때, 야생형과 돌연변이형을 모두 가지고 있다. 우성 억제인자(길항자)는 모든 개안이 야생형(R7 존재)으로 발생하게 하는 반면, 우성 인핸서는 그들 모두를 돌연변이형으로 보이게 한다(R7 부재). 반대로 다른 야생형 세포에서 이들 억제인자 또는 인핸서 돌연변이는 눈 발생에 어떤 형태학적 영향을 미치지 않았다(오른쪽 하단에 있는 상자).

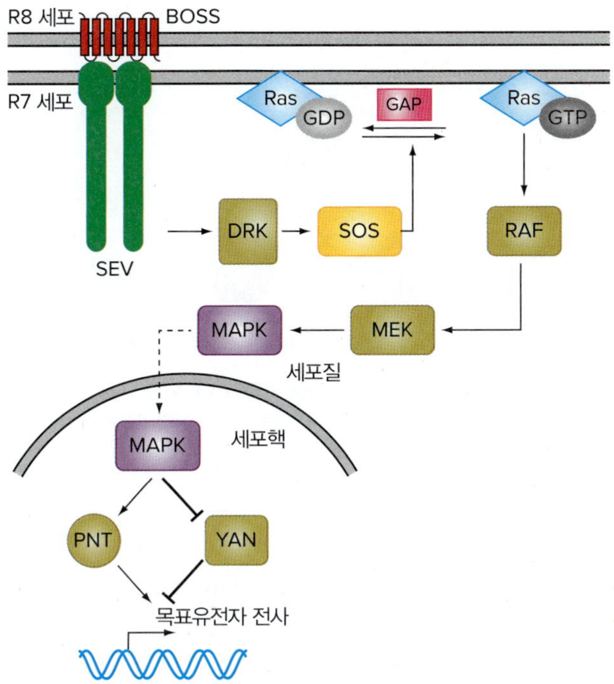

그림 22.5 ***Sevenless* 신호 경로.** 이 신호 경로는 *Boss*가 세포 표면의 *Sevenless* (*Sev*)에 결합할 때 활성화된다. 최종 결과는 MAPK 단백질이 핵으로 들어가 전사 활성자(transcription activator) Pnt를 활성화하고, 전사 억제자(transcription suppressor) Yan을 억제하는 것이다. 그 뒤로 계속 이어지는 전사 프로그램들의 결과 R7 특정화가 이루어진다.

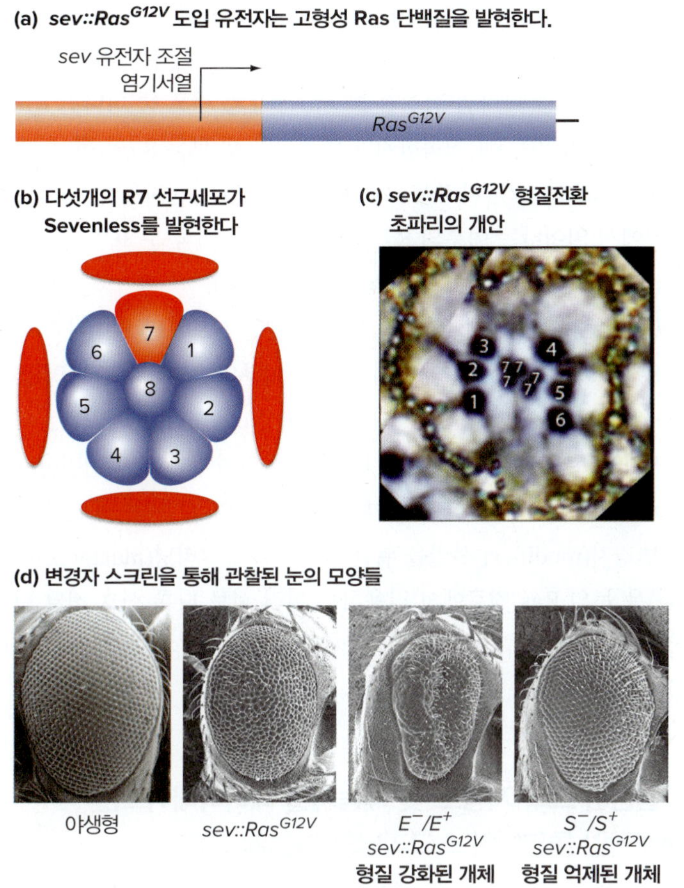

그림 22.6 변경자 스크리닝에서 고형성 Ras 발현 도입 유전자의 활용. **(a)** 도입 유전자를 가진 이 파리들은 5개의 R7 전구세포에서 Ras^{G12V}를 발현한다. **(b)** 야생동물에서는 Sev 단백질을 발현하는 R7 전구체(빨간색) 5개 중, R8과 접촉하지 않는 4개가 렌즈(lens)를 분비하는 비신경성 원추세포가 된다. **(c)** Ras^{G12V}를 발현하는 전구세포 5개는 모두 R7이 된다. **(d)** (a)에서 나왔던 도입 유전자를 가진 초파리는 비정상의 눈 형태를 갖고 있지만, 우성 인핸서 돌연변이(E^-/E^+)에 의해 그 정도가 악화되거나 우성 억제인자 돌연변이(S^-/S^+)에 의해 더 정상으로 변할 수 있다.
Source: (c, d): Andrew Tomlinson, Columbia University Medical Center

기 때문에, 눈에 R7이 없는 동형접합체를 사용한 원래 스크린에서는 이러한 돌연변이 중 어느 것도 확인되지 않았다. 이들 유전자들에 의해 암호화된 단백질들은 Sevenless 막투과수용체(transmembrane receptor)뿐만 아니라 초기 배아 발생 동안 세포 간 신호전달에 필수적인 여러 많은 막투과수용체들로부터 나오는 신호들을 전달한다. 결과적으로 Ras^-, Sos^- 또는 Gap^-에 대해 동형접합인 돌연변이체는 성체의 눈이 형성되기 훨씬 전인 초기 배아발생 중에 죽게 된다.

변경자 스크리닝에서 도입 유전자의 사용

연구자들은 *Sev*, *boss*, *Ras*, *Sos* 및 *Gap*만이 R7 세포 specification에 참여하는 고유인자들이라고는 생각하지 않았다. 위 과정에 관여될 것이라고 추정되는 또 다른 단백질들을 발굴하기 위해 연구자들은 또 다른 변경자 스크리닝을, 예를 들어 *Ras*의 돌연변이와 관련된 민감표현형을 사용하여, 수행하기를 원하게 되었다. 그러나 방금 언급한 바와 같이 *Ras* 유전자는 다면발현성이므로, 저형성 Ras^- 돌연변이에 대해 동형접합성이거나 고형성 *Ras* 대립유전자에 대해 이형접합성인 동물은 눈이 발달하기도 전에 죽게 된다. 이 문제를 우회하기 위해 연구자들은 눈 조직에서만 고형성 *Ras* 돌연변이 표현형을 생성하는 도입 유전자(transgene)를 제작했다.

이 도입 유전자는, *sev*의 전사 조절 영역(transcriptional regulatory region)이 고형성 *Ras* 대립유전자인 Ras^{G12V}의 코딩 영역에 융합된 것이다(**그림 22.6a**). 파리로 전사되면 *sev* 조절 영역은 Ras^{G12V}가 눈에서만 그것도 눈의 특정 세포에서만 발현되도록 한다. 이들은 각각의 발생 중인 개안과 연관되어 있는 5개의 전구체 세포들로서, 정상적인 상태에서는 *Sevenless*를 발현하고 있으며, 따라서 R7이 될 가능성을 갖고 있다(**그림 22.6b**). 야생형 눈에서는 이 5개의 전구 세포 중 하나만 R8(표면에 Boss가 있는)과 접촉하여 R7이 된다. 나머지 4개 세포는 광수용체가 되지 않고 대신 수정체(lens)를 분비하는 비신경 세포로 발생한다.

그러나 도입 유전자가 있는 파리에서는 Ras^{G12V}의 아미노산 변화로 인해 이 돌연변이 단백질이 항구적으로 기능하기 때문에 상황이 다르다. 이 돌연변이 Ras는 *Sevenless*가 *Boss*에 결합되지 않은 세포에서도 활성을 갖고 있다. 따라서 그림 22.5에 표시된 *sevenless* 신호 전달 경로는 도입 유전자를 발현하는 5개의 전구체 세포 모두에서 항상 활성을 나타낸다(그림 22.6b). 5개의 세포 중 하나만 R8(표면에 Boss가 있는)과 접촉하지만 이 5개의 셀 모두 R7이 될 수 있는 것이다(**그림 22.6c**). 따라서 *sev::Ras*^{G12V} 도입 유전자를 가지고 있는 파리에서 일어나는 여분의 R7 세포의 영입은 결국 눈 표면상에 가시적인 형태적 이상을 유발하게 된다(**그림 22.6d**).

도입 유전자에 의한 Ras^{G12V} 발현은 낮은 정도로만 일어나기 때문에 *sev::Ras*^{G12V} 파리의 개안에 생기는 여분의 R7의 수는 다양할 수 있으며, 따라서 형질전환 파리의 눈 이상(eye defect) 정도는 다른 유전자들로부터 온 이형접합 기능상실 돌연변이에 의한 변경(modification)에 의해 민감하게 변할 수 있다. 위와 같은 눈 표현형에 대한 변경자(modifier) 선별을 위한 돌연변이 스크리닝(mutant screening)은 눈의 Ras 경로에서 작용하는 여러 서로 다른 신호 전달 단백질들을 식별하고, 그림 22.5에 표시된 체계를 완성하는데 도움이 되었다.

돌연변이 스톡 저장소 및 게놈서열 데이타베이스는 체계적인 돌연변이 스크리닝을 가능케 한다

돌연변이원(mutagens)은 돌연변이의 발생빈도를 증가시키며 동시에 게놈을 무작위로 변경해버린다. 따라서 기존의 돌연변이 유발 스크리닝은 비효율적이고 불완전할 수 있다. 어떤 돌연변이 컬렉션에서는 일부 소수의 유전자들에 대해서는 수 많은 돌연변이들로 표시되는 반면, 같은 컬렉션에도 다른 다수의 유전자들에 대해서는 돌연변이가 적을 수 있다. 그러나 현대 유전학자들이 이용할 수 있는 자원들이 다양하게 있다는 점은 발생 과정에 관련된 유전자를 찾는 데 있어 보다 체계적인 접근을 가능케해주었다.

이 장의 시작 부분에서 언급한 동물 모델들의 경우, 중앙동물자원 스톡센터들이 각각의 특정 유전자에 하나씩의 돌연변이가 내재해 있는 수천 개의 동물 컬렉션을 유지하고 있다. 이 컬렉션은 게놈 분석으로 알려진 수많은 유전자들(일부 개체의 경우 전체 유전자들)를 대표한다. 연구원들은 이러한 돌연변이 스트레인들을 스톡 센터에서 얻을 수 있으므로 특정 표현형에 대한 효과가 있는 각 유전자를 하나씩 스크리닝할 수 있다.

초파리 또는 생쥐와 같은 일부 모델 종들(species)의 경우, 고전적인 기능상실 돌연변이들이 아직은 모든 유전자들에 대응하고 있지 못하고 있는 것이 현실이다. 특정 프로세스에서 기능하는 개별 유전자들을 스크리닝하는 또다른 방법은 **RNA 간섭**(RNA interference)을 사용하는 것이다. 여러분은 19장에서 진핵세포는 이중 가닥 RNA

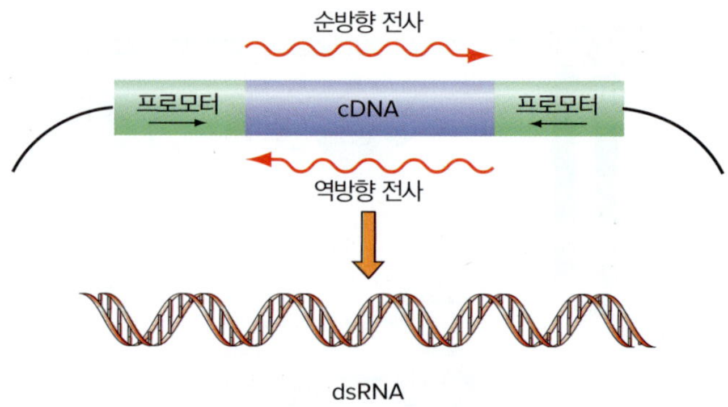

그림 22.7 RNA 간섭 스크린을 위한 이중 가닥 RNA 합성. 전사는 두 프로모터 사이에 위치한 cDNA의 양쪽 가닥에서 시작된다. 상보적인 RNA 전사체들은 서로 붙어 dsRNA를 만들게 되며, 세포 내 해당 mRNA의 분해를 유발한다.

(dsRNA)가 상보적 서열의 mRNA의 특정 분해를 유도하는 세포 기작를 가지고 있음을 기억할 것이다(그림 19.28 및 19.29 검토). 이 RNAi 전략을 사용하기 위해 연구자들은 시험관 내에서 dsRNA를 합성한 다음에 이를 발생 중인 개체의 세포에 전달할 수 있었다. *C. elegans*를 대상으로 일하는 연구자들은 간단하고 우아한 방식으로 dsRNA를 세포에 전달할 수 있다. 그들은 **그림 22.7**에 표시된 것과 같은 구조의 플라스미드를 갖고있는 *E. coli*를 유충에게 단순히 먹이로 줄 것이다. *E. coli* 세포 내에서 RNA 중합효소가 이 플라스미드로부터 원하는 dsRNA를 합성할 것이며, 박테리아가 벌레의 장(gut)에서 소화될 때 *C. elegans* 유충 세포에 의해 흡수되게 된다.

위 방법의 RNAi 유전자 스크리닝에 더해, 대안으로 사용하는 보다 일반적인 방법은 형질전환 개체(transgenic organism)가 dsRNA를 합성할 수 있도록 하는 형질전환 유전자(transgenic gene)를 만드는 것이다. 연구자들은 그림 22.7에 그려진 것과 유사하게 도입 유전자를 만들지만, 이때 형질전환 구조에 포함된 프로모터는 *E. coli* 것이 아니라 조사 중인 종의 프로모터이다. 형질전환 유전자에 포함된 전사 조절 영역(transcriptional regulatory region)에 조직 특이적 인핸서가 있는 경우, dsRNA는 인핸서가 활성화된 세포 유형에서만 발현되게 된다. RNAi 접근법은 다면발현 문제를 피할 수 있는 편리한 방법이다. 연구자들은 연구 중인 조직의 세포에만 특정 유전자의 기능이 결여되어 있고, 개체의 다른 모든 세포는 해당 유전자의 야생형 기능을 유지하는 동물을 만들 수 있게 되었다.

RNAi의 한 가지 단점은 knock down 효율이 유전자마다 다를 수 있고, 발현의 완전한 억제는 거의 불가능하다는 것이다. 그러나 CRISPR/Cas9와 같은 새로운 게놈 편집 도구는 매우 효율적이어서 가까운 장래에는 동물 모델의 게놈에 있는 모든 유전자에 대한 null 대립유전자 컬렉션이 구축되어, 포괄적인 유전자별 스크리닝이 용이해질 것이다.

핵심 개념 22.2

- 연구자들은 특정 표현형에 대해 무작위 기능상실 돌연변이가 있는 스트레인을 검사하는 돌연변이 스크리닝을 수행하여 발생 과정에 필요한 유전자들을 식별할 수 있게 되었다.
- 다면발현성 또는 중복 유전자의 돌연변이는 돌연변이 스크리닝에서 자주 포착되지 않는다. 과학자들은 때때로 감작된 돌연변이 표현형의 우성 수정자들을 찾아봄으로서 이 문제를 우회할 수 있다.
- RNA 간섭(RNAi)에서 이중 가닥 RNA 분자를 세포 내로 도입시키면 상보적 서열의 mRNA가 분해된다. 연구자는 다면발현성 유전자의 기능을 테스트하기 위해 특정 조직에서 유전자 특이적 RNAi를 유도할 수 있다.

22.3 유전자 작동 시간 및 위치의 확인

학습 목표

1. 특정 유전자의 mRNA 및 단백질 산물을 모니터링하는 방법을 요약한다.
2. 유전자 모자이크가 유전자 작용의 초점을 결정하는 데 어떻게 도움이 되는지 토론한다.
3. 연구자들이 개체발생에서 유전자가 언제 작용하는지 결정하기 위해 온도에 민감한 대립유전자를 어떻게 사용하는지 설명한다.

전체 발생 경로를 이해하기 위해 연구자는 먼저 경로를 구성하는 각 유전자에 대해 가능한 한 많이 알아야 한다. 특히, 특정 조직 또는 개별 세포 내에서 단백질 산물의 위치와 기능뿐만 아니라 유전자 발현의 위치와 시간에 대한 세부사항은 과학자들이 추가 분석을 하기 위한 이론적 틀을 확립하는 데 도움이 된다.

유전자 발현 패턴은 발생과정에서 유전자들의 기능에 대한 단서를 제공한다

과학자들은 다양한 방법을 통해 개체 또는 현미경 슬라이드의 조직 섹션에서 특정 mRNA 또는 단백질의 발현을 모니터링할 수 있다. 어떤 하나의 유전자가 발현되는 조직들을 구분할 수 있게 된다면, 이것은 연구자들이 (해당 조직) 발생과정에서 이 유전자의 역할에 대한 가설을 세우는 데 도움이 될 수 있다. 예를 들어, 한 유전자의 돌연변이가 유전자가 전사되는 조직이나 세포가 아닌 다른 조직이나 세포의 발생에 영향을 미친다면, 이 유전자는 신호 전달 분자를 암호화하고 있다고 가정할 수 있을 것이다. 그 한 예로, *boss* 유전자는 R8 세포에서 전사되지만, 그것이 코딩하는 리간드는 Sev 수용체를 갖는 인접한 R7 세포 전구체의 운명에 영향을 미친다(그림 22.2 참조)

mRNA 발현의 추적

어떤 유전자 전사체의 축적 위치와 시기를 결정하는 한 가지 방법은 **RNA 제자리 혼성화**(RNA *in situ* hybridization) 실험을 수행하는 것이다. 이 방법은 먼저 유전자의 mRNA에 해당하는 cDNA 조각에 표지(예를 들어 염료)를 붙인다. 다음으로 이 표지된 cDNA를 얇게 절단된 조직 또는 경우에 따라 전체 개체 내의 mRNA에 대한 탐침(probe)으로 사용하게 된다. 이 경우 탐침 염료가 남아있는(유지되는) 부분, 즉 신호 부분은 관심 유전자의 mRNA가 발현되는 세포를 표지하게 된다. 이 장의 뒷부분에서 이 RNA 제자리 혼성화 실험의 결과가 제시될 것이다.

어떤 세포에서 특정 mRNA가 높은 수준으로 전사되는지를 결정하기 위한 대안적인(또 하나의) 접근법은 세포에서 발견되는 모든 mRNA의 서열을 결정하는 것이다. 우리는 이전 18장에서 이러한 종류의 **심층 시퀀싱**(deep-sequencing, 또는 RNA-Seq) 전략에 대해 설명한 바 있다(그림 18.29 및 18.30 참조). 본론만 말하자면, 연구자들은 조직 샘플의 모든 mRNA에 대응되는(해당하는) cDNA를 만든 다음, 수백만 개의 cDNA에 대한 서열 데이터를 얻는다. 이 과정에서 하나의 cDNA가 나타나는 빈도는 해당 조직에서 해당 mRNA가 얼마나 많은지를 나타내게 된다. 최신의 RNA-Seq 기법들은 매우 효율적이고 민감하여, 연구자들은 이제 분리된 하나의 세포 안에 존재하는 모든 mRNA들을 특정(characterization)할 수 있게 되었다.

단백질 발현의 추적

때때로 어떤 유전자의 mRNA를 보는 것보다, 그 유전자로부터 발현되서 나오는 단백질 산물이 있는 조직을 평가하는 것이 기술적으로 더 용이할 때가 있다. 단백질 접근법은 세포가 특정 mRNA의 번역을 조절하는 조절 기능을 가지고 있는 경우, 유전자 발현정도에 대해 보다 정확한 관점을 제공할 수 있다. 예를 들어 어떤 조직은 많은 양의 특정 mRNA를 갖고 있지만 해당 단백질은 상대적으로 소량 존재하는 경우도 있을 수 있다. 마지막으로, 단백질의 세포내 국소화(intracellular localization)는 종종 그 단백질의 기능에 대한 단서를 제공하기도 한다. 예를 들어, 핵내 단백질 농도는 전사인자로서의 역할과 상관관계가 있을 수 있다.

단백질을 모니터링하는 한 가지 방법은 단백질의 일부에 매우 강하게 결합하는 항체(antibody)를 만드는 것이다. 우리는 이전에 18장에서 *E. coli* 세포를 소형공장(mini-factory)로 사용하여 주어진 폴리

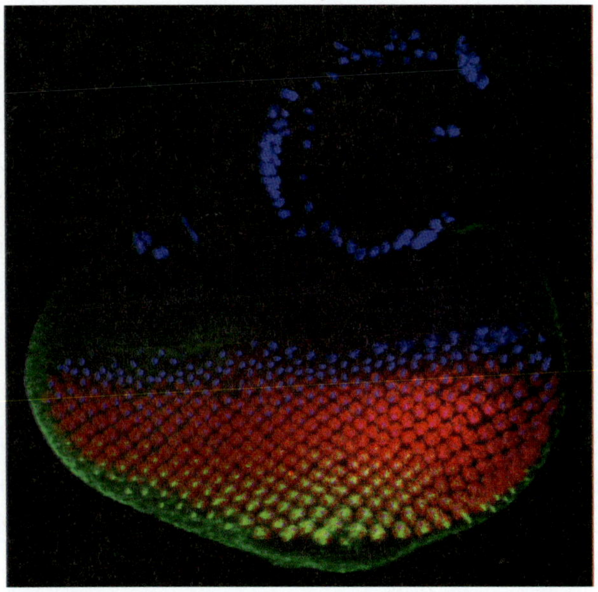

그림 22.8 항체를 사용한 단백질 위치 모니터링. 발생 중인 초파리 눈은 각각 특정 광수용기 세포에서 발현되는 여러 단백질에 대한 항체들을 사용해 표지될 수 있다. 각 항체는 고유한 색상의 형광을 내는 분자로 표지되어 있다. *Source: Courtesy Helen McNeill, Lunenfeld-Tanenbaum Research Institute Mount Sinai Hospital, Toronto*

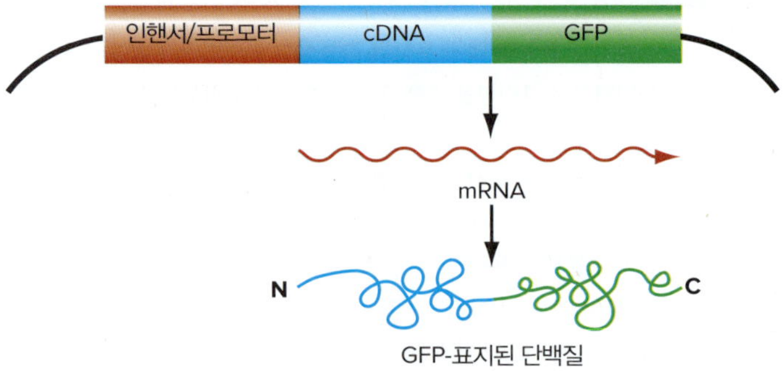

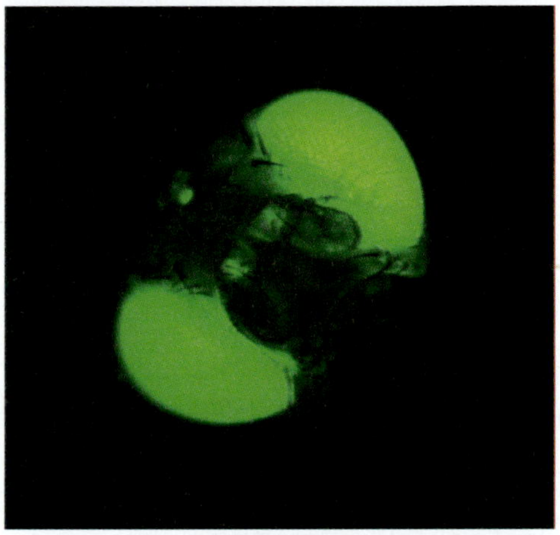

그림 22.9 GFP 표지된 단백질의 시각화. **(a)** C 말단에 GFP가 포함된 암호화 융합 단백질을 암호화하고 있는 융합 유전자. **(b)** 이 초파리는 GFP 표지된 융합 단백질을 눈에서만 발현하는 도입 유전자를 갖고 있다. *Source: (b): Courtesy of Malcolm J. Fraser, Jr., University of Notre Dame*

펩타이드를 대량으로 생산하기 위한 재조합 DNA 기술의 사용에 대해 설명했다(그림 18.28 검토). 연구자들은 이 대장균이 만든 단백질을 정제하여 토끼나 다른 동물에 주입하면, 이 단백질은 주입된 동물에서 면역원(immunogen)으로 작용하게 되고, 동물의 면역 시스템은 외래 단백질에 대한 항체를 생성하게 된다. 과학자들은 이 항체에 형광 물질로 된 태그를 붙여 표지할 수 있으며, 이를 사용하면 연구자들은 조직이나 세포 시료에서 연구하고자 하는 단백질에 붙은 항체의 표지를 보고 세포내 위치 추적이 가능하게 되었다. **그림 22.8**에서 우리는 이러한 접근 방식의 독특하면서도 다채로운 응용 예를 볼 수 있다.

단백질을 추적하는 또 한가지 방법은 해파리로부터 기원한 녹색 형광 단백질(GFP)로 표지된 단백질을 인코딩하는 **융합 유전자**(fusion gene)를 만드는 것이다. 연구원들은 관심있는 전체 단백질 코딩부분에 더해서, 단백질의 N 또는 C 말단에서 GFP를 구성하는 아미노산을 암호화하는 서열을 추가한 오픈 리딩 프레임(open reading frame)을 합성한다(**그림 22.9a**). 이 구조물은 또한 유전자의 적절한 발현에 필요한 프로모터 및 인핸서 서열을 포함한다. 이 재조합 유전자가 게놈에 도입되면(예를 들어, 파리의 *P* 인자 매개 형질전환에 의해, *P* element mediated transformation in fly), 이 개체는 표지가 없는 정상 단백질을 만드는 동일한 장소와 시간에 GFP **융합 단백질**(fusion gene)도 만들게 될 것이다. 연구자는 GFP 형광을 추적함으로서(연구하고자 하는) 융합 단백질을 (간접) 관찰할 수 있게 된다(**그림 22.9b**). 이 접근법의 주요 장점은 연구자가 살아있는 세포나 동물에서도 GFP 표지가 붙은 단백질을 추적할 수 있다는 점이다. 반면에 앞에서 기술된 표지항체 사용법은 기술적인 이유로 살아있는 시료에서는 사용이 어렵다. [역자주: 항체를 사용하기 위해서는 시료가 된 조직이나 세포의 막을 고정(fix)하고, 천공(perforation)을 해야 하며, 이 과정에서 "생체"라는 의미를 상실하게 된다.]

모자이크 분석을 통해 유전자 작용의 중심점을 찾을 수 있다

유전적 모자이크(genetic mosaic)란 하나 이상의 유전자형을 가진 세포들로 구성된 개체를 말한다. 모자이크 연구를 통해 발생유전학자들은 다음과 같은 중요한 질문을 던질 수 있게 되었다. 발생 과정이 일어나려면 한 유전자가 어떤 특정 세포들에서 발현되어야 하는가? 이러한 세포들은 우리는 유전자 작용의 **중심점**(focus of action)으로 간주한다. 21장에서 논의된 바와 같이 연구자는 종에 따라 모자이크 실험 개체를 생성하기 위해 여러 가지 다른 기술을 사용할

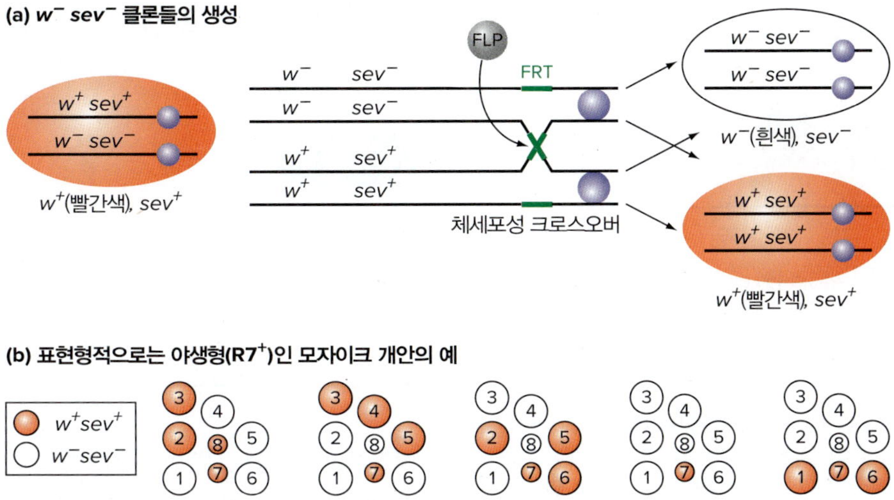

그림 22.10 모자이크 분석은 Sevenless 단백질의 작용 초점을 파악하는데 도움을 준다. **(a)** FLP에 의한 FRT 부위에서의 매개 부위 특이적 재조합은 Sevenless (w^+ sev^+)를 발현하는 대부분의 빨간색 세포들을 배경으로 Sevenless 단백질(w^- sev^-)을 발현하지 않는 하얀색 세포 클론을 생성한다. **(b)** 표현형이 야생형인 모자이크 개안(R7 포함)에서 R7 세포들을 살펴보면 이들은 항상 w^+ sev^+이다. 따라서 R7 결정을 위해서는 Sevenless 단백질이 R7에서 발현되어야 한다는 것을 알 수 있다.

수 있다.

초파리에서 모자이크는 종종 **FLP/FRT 재조합 시스템**을 사용하여 체세포 분열과정 중 비자매염색분체 사이의 부위 특이적 재조합에 의해 생성된다. 재조합은, *FLP*라고 하는 효모에서 나온 재조합효소가, FRT라고 불리는 특정 재조합 타겟에서 상호 교차를 촉매함으로서 일어나게 된다(6장의 그림 6.31 참조). 연구진은 고온에 반응하는 열 충격 프로모터 뒤에 *FLP* 유전자를 클로닝하고, 이를 *P* 인자 벡터를 이용해 초파리에 도입했다. 연구진은 또 초파리 염색체에 FRT 부위를 삽입하는 과정에서, 특정 염색체 팔(chromosome arm)의 중심체 가까이에 FRT가 삽입된 스트레인을 각각 수집했다. 모자이크 생성은 두 동족체(homologue)상의 동일한 위치에 존재하는 FRT가 존재할 때, 열 충격에 의해 합성이 유도되는 FLP 재조합효소가 재조합을 촉매함으로서 이루어진다. 돌연변이 대립인자와 야생대립인자가 공존하는 이형 세포(heterozygous cell)에서, 유사 재조합을 통해, 동형 돌연변이 딸세포가 만들어질 수 있으며, 동형 돌연변이 후손 세포의 클론들이 발생하게 된다.

과학자들은 파리의 눈에서 **모자이크 분석**(mosaic analysis)을 사용하여 다음과 같은 질문을 만들었다. R7이 개안으로 발생되기 위해서는 어느 세포에서 *sevenless* 및 *boss* 유전자가 발현되어야 하는가? *sevenless* 유전자에 대한 이 질문에 답하기 위해, 연구자들은 초파리 눈에서 *white*와 *sevenless* 둘다 돌연변이인 흰색으로 표지된 세포들과, 각 유전자에 대해 적어도 하나의 우성의 야생형 대립유전자를 갖고 있는 그 밖의 다른 세포들(빨간색)로 이루어진 모자이크를 생성했다(**그림 22.10a**). 일부 개안면에는 빨간색과 흰색 광수용기 세포가 혼재되어 있는 것이 확인되었다. 그러나 동일한 개안에 있는 다른 모든 광수용기 세포가 흰색(동형접합 w^- 및 sev^-)임에도 불구하고 R7 세포가 있는 모든 개안면에서 R7 세포는 빨간색(즉, w^+ 및 sev^+ 유전자들을 모두 가짐)이었다(**그림 22.10b**). R7 세포가 흰색인 개안은 전무했다. 이러한 결과는 sev^+ 유전자 산물이 필요한 이유가 R7 세포 자체에 있음을 보여준다. 정상적으로 발생하기 위해서는 R7 전구체 세포가 Sevenless 단백질을 만들어야 하며, 그 단백질이 같은 개안 내 다른 광수용체에서 만들어지는지 여부는 중요하지 않은 것으로 판명되었다. Sevenless 단백질은 그것이 만들어지고 있는 세포에만 영향을 미치고 있는 것이다.

온도-민감성 대립인자는 유전자들의 작동/작용 시간을 결정하는 데 도움이 된다

개체 발생에 중요한 여러 사건들은 상대적인 타이밍이 중요하며 순서대로 일어난다. 예를 들어, 특정 단백질의 작용은 아주 좁은 시간 동안에만 중요할 수 있다. 특정 단백질이 다른 분자 또는 구조들과 상호 작용하는 경우, 해당 분자 또는 구조가 나타날 때까지 이 단백질의 존재는 어디에도 영향을 미치지 못한다. 반대로, 세포가 발생 결정을 내리는 데 도움이 되는 단백질의 발현은 그 결정이 일단 내려진 후에는 역시 아무런 영향을 미치지 못한다.

연구원들은 특정 단백질의 기능이 발생 과정의 어느 시기에 중요한지 결정하기 위한 도구로 **온도 민감성 돌연변이**(temperature sensitive mutations; ts)를 사용한다. 이 대립유전자는 **허용 온도**에서 기능하지만 더 높은 **제한 온도**에서는 기능하지 않는 단백질을 생성한다. 대조적으로, 야생형 단백질은 두 온도 모두에서 기능한다. **그림**

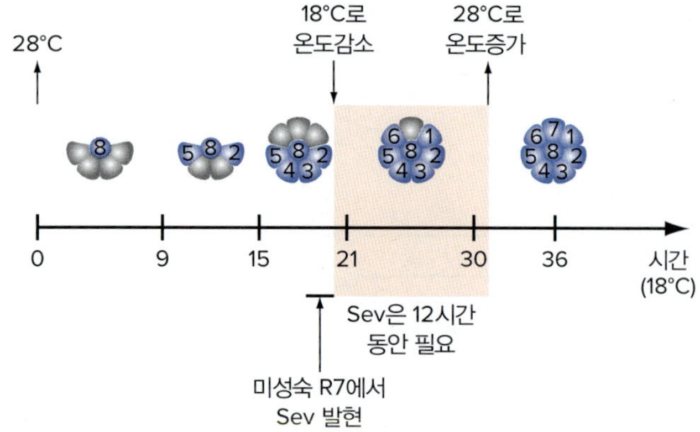

그림 22.11 가능 시간 분석을 위한 온도 민감성 대립유전자의 사용. *Sev* 단백질이 처음 나타나고 난 후, *sev*^{ts}가 정상적인 작동을 할 수 있는 18℃ 처리를 적어도 12시간 동안 받아야 성체의 눈에서 야생형 개안(R7을 갖고 있는)이 정상적으로 발생한다.

22.11에 나와 있는 접근 방식을 사용한 한 실험에서 연구자들은 *sevenless* 유전자의 ts 대립유전자를 사용하여, R7으로 될 가능성이 있는 세포가 R7 세포로 운명이 결정되기 위해서는 Sevenless 수용체 단백질이 세포 내 수 시간 동안 필요하다는 것을 확인하였다. Sev 단백질이 이 특정 시간 동안 *boss*에 의해 지속적으로 활성화되지 않으면 세포는 다른 운명을 갖게 된다[예: 그림 22.6에서 볼 수 있는 수정체 분비 원추 세포(lens-secreting cone cell)가 됨].

이제 지금까지 여러 유형의 실험 결과들을 종합한 내용들을 통해 R7 세포를 지정하는 Sevenless 수용체 단백질의 기능에 대해 확실히 이해할 수 있게 되었을 것이다. 연구자들은 Sevenless 및 Boss 단백질에 대한 항체를 사용하여 여러 세포가 Sevenless 단백질을 생산하지만 그 중 하나(잠정적으로 R7 세포로 될 가능성이 있는 한 세포)만이 R8과 접촉한다는 사실을 관찰하였다. *sev* 유전자의 작용 중심점은 잠정 R7 세포(presumptive R7 cell)이다(그림 22.10). 이 세포의 표면에서 Sevenless 수용체는 잠정 R7 세포가 실제로 R7 세포 운명을 갖도록 보장하기 위해 R8 세포의 Boss 리간드에 의해 여러 시간 동안 계속해서 활성화되어야 한다(그림 22.11).

핵심 개념 22.3

- mRNA 발현의 타이밍과 위치를 추적하는 것은 RNA 제자리 혼성화 또는 조직 특이적 RNA-Seq에 의해 달성될 수 있다. 단백질 발현은 특정 항체를 사용하거나 GFP 표지 단백질을 인코딩하는 유전자를 조작하여 모니터링할 수 있다.
- 모자이크 조직은 어떤 세포가 유전자의 작용 중심점을 구성하는지, 즉 유전자의 발현이 필요한 세포 또는 조직을 나타낼 수 있습니다.
- 온도 민감성 대립유전자의 기능을 억제하거나 허용하기 위한 온도 변화 실험을 통해 연구자는 유전자 산물이 발달 과정에 필요한 시기를 결정할 수 있다.

22.4 발생 과정에서 유전자 발현 순서 결정

학습 목표

1. 유전자 발현을 추적관찰하여 발생과정 중 유전자의 순서를 결정하는 방법을 설명한다.
2. 두 유전자의 돌연변이 대립유전자 간의 상위성 상호작용이 때때로 발생 과정에서 유전자 발현 순서를 결정하는 데 어떻게 도움이 되는지 논의한다.

지금까지 발생과정 동안 발현되는 유전자를 식별하기 위해 어떻게 유전학을 사용해야 하는지와 개별 유전자가 언제 어디서 작용하며 어떤 세포에서 발현되는지를 결정하는 방법에 살펴보았다. 때때로 어떤 돌연변이들은 분석방식에 따라서는 이러한 개체의 발생 과정동안에 발현되는 유전자들간 작용의 순서를 결정하는 데 도움이 되기도 한다. 즉, 어떤 유전자 또는 유전자 산물이 다른 유전자 또는 유전자 산물을 활성화하거나 비활성화하는지를 알 수 있게 해주기도 한다. 여기에서 우리는 유전자 기능을 (순서대로) 정렬하는 두 가지 다른 접근 방식을 제시해보고자 한다.

한 유전자가 다른 유전자 발현에 미치는 영향들을 알아봄으로서 작용 순서를 규명할 수 있다

한 유전자의 mRNA 또는 단백질의 조직 분포와 세포 내 위치를 정의하였다면, 이제 다른 유전자의 돌연변이가 해당 단백질의 이러한 분포 또는 위치에 어떻게 영향을 미치는지 질문할 차례이다. 예를 들어 Prospero라는 전사인자는 **초파리** 눈에서 R7 광수용체의 발달에 필수적이다. Prospero 발현은 Sevenless 경로의 활성화에 달려 있으며, *sev*$^-$ null 돌연변이의 경우, R7 전구체 내에는 Prospero가 결핍되어 있다(**그림 22.12**). *sev::Ras*^{G12V} 도입 유전자가 있는 파리의 R7 전구체에서 Ras가 부적절하게 활성화되면 Prospero는 5개의 R7 전구체 모두에서 검출되게 된다(그림 22.12). 반대로, *sevenless* 또는 Ras 발현은 *prospero* 유전자 내 돌연변이에 의해 영향을 받지 않는다(그림에 없음). 따라서 Sevenless 경로 활성화는 R7 세포에서 *prospero*의 상위(upstream) (여기서는 발현을 유도하는)이다.

이 예에서 입증된 일반 원칙은 유전자 *a* 기능의 손실 또는 과잉 활성이 유전자 *b*의 발현에 영향을 미치고, 그 반대가 아닌 경우, 유전자 *a*는 유전자 *b* 발현을 조절하는 경로에서 유전자 *b*의 상위에서 기능할 가능성이 있다는 것이다.

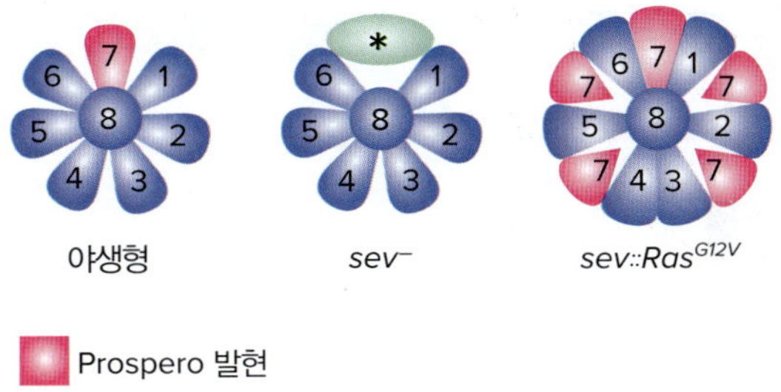

그림 22.12 한 유전자에서 생긴 돌연변이는 다른 유전자의 발현에 영향을 줄 수 있다. Prospero 단백질(분홍색)은 일반적으로 발생 중인 개안 R7에서 발현된다. *Sev*$^-$ 눈에서는 R7이 되어야 했을 세포가 렌즈(lens)를 분비하는 원추세포(*)가 되며, 이 세포 안에서는 Prospero가 감지되지 않는다. 반면에 발생 중인 눈의 각 개안 내에 존재하는 5개의 잠재적 R7 전구체에서 구성적 활성상태(constitutive active)인 Ras^{G12V}를 발현하는 경우, 이 5개의 세포들은 Prospero를 발현한다.

이중 돌연변이 표현형은 유전자 작용 순서를 결정하는데 도움이 된다

연구자들이 한 경로에서 유전자 순서를 결정할 수 있는 또 다른 방법은 **이중 돌연변이**(double mutant)를 만드는 것이다. 이 아이디어는 각각 다른 유전자(유전자 *a*와 유전자 *b*)에 있는 두 개의 돌연변이를 기반으로 시작하게 된다. 두 유전자는 각각 관련된 돌연변이 표현형이 다르지만 동일한 경로에서 작동한다. 연구자들은 두 돌연변이를 모두 갖고 있는 개체를 제작한 후, 한 돌연변이가 다른 돌연변이에 대해 **상위적**(epistatic)인지 여부를 확인하게 된다. 즉, a^- b^- 이중 돌연변이체는 a^- 표현형과 b^- 표현형 중 어느 쪽을 가지는가를 보는 것이다. 명확한 상위성 상호작용이 관찰된다면(명확한 상위관계가 보인다면), 우리는 어떤 유전자가 다른 유전자에 대해 상위(upstream)에 있는 유전자라고 말할 수 있게 된다.

상위성 분석(epistasis analysis)은 발생에서 중요한 역할을 하는 **스위치/경로 조절**(switch/regulation pathway)를 조사하는 데 특히 유용하다. 이런 경로에서 하나의 신호는 특정 세포에서 ON 또는 OFF가 될 수 있는 스위치를 제어할 수 있으며, 스위치가 켜져 있다면 선형 경로의 유전자가 차례로 조절(활성화 또는 비활성화)되는 일련의 이벤트가 시작되어 세포의 운명이 변경된다. 따라서 스위치가 켜져 있는지 꺼져 있는지에 의해, 이 경로(과정)의 끝은 두 가지 발생 상태 중 하나가 된다.

R7 세포의 운명이 스위치/조절 경로에 의해 결정된다는 것을 보여주는 **그림 22.13**의 예를 살펴보자. Boss 신호는 Sevenless를 발현하면서 동시에 R8에 접촉하는 단 하나의 세포에서 Sevenless 스위치를 ON한다. R8에 인접하지 않은 다른 4개의 Sevenless 발현 세포에서는 스위치가 꺼지게 된다. 이는 이들 세포의 Sevenless 수용체들이 Boss와 접촉하지 않기 때문이며, 따라서 경로의 결과는 R7

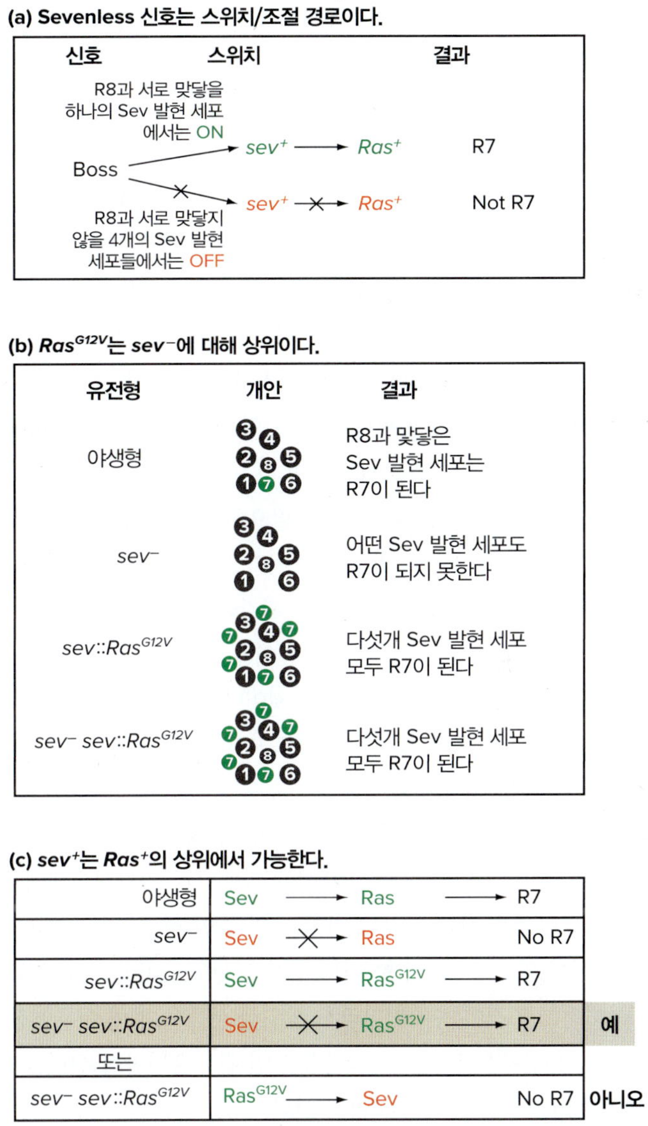

그림 22.13 상위성 분석. **(a)** R7 세포 특정화는 Sevenless가 스위치이고 boss가 신호인 스위치/조절 경로에 달려 있다. Sevenless를 발현하며, R8에 접촉하는 R7 전구체 세포의 경우, 스위치가 ON(Sevenless가 활성화됨)되어 R7 발생을 유도하는 신호 캐스케이드(signal cascade)를 시작하게 된다. **(b)** *sev*$^-$ 및 *sev::Ras*^{G12V}에 대한 이중 돌연변이(double mutation)에서는 *sev::Ras*^{G12V}의 돌연변이 표현형이 나타난다. **(c)** 이 상위적 상호작용(epistatic interaction)은 Ras 상위(음영 처리된 행)에 있는 Sevenless의 활동 상태와 일치하지만, 그 반대의 경우들(하단 행)과는 일치하지 않는다. 녹색은 단백질이 활성 상태임을 나타내며, 빨간색은 비활성 단백질을 나타낸다.

발생(스위치 ON)이거나 발생하지 않은(스위치 OFF) 두 가지로 귀결된다(그림 22.13a).

초파리 *sev*$^-$ 영 돌연변이체(null mutant)의 개안에는 R7 광수용체 세포가 없음을 상기하자. 도입 유전자(*sev::Ras*^{G12V})를 갖고 있는 파리는 Sevenless 수용체를 생산하는 5개의 R7 전구체 세포에서 항상 활성상태인(constitutive) Ras 단백질을 발현하게 된다. 그 결과 5개의 전구 세포 모두가 R7으로 되버린다(그림 22.6b 참조). 그런데

sev::Ras^{G12V}를 갖고 있으면서 동시에 *sev*$^{-}$인 이중 돌연변이체도 5개의 전구 세포가 모두 R7이 되는 눈을 갖는다(그림 22.13b). 따라서 *sev::Ras*^{G12V}는 *sev*$^{-}$에 대해 상위성(epistatic)이며, 이는 이중 돌연변이체가 *sev::Ras*^{G12V} 돌연변이만 있는 파리와 동일한 표현형을 갖는다는 것을 의미한다.

위에서 관찰된 상위성 상호작용은 Ras는 신호 전달 경로에서 Sevenless의 하위(downstream)에 있다는 생화학적 실험을 기반으로 하는 모델과 일치한다(그림 22.5 검토). 일반적으로 Sevenless 단백질은(Boss에 결합한 후) Ras를 활성화하지만, 항상 활성인(constitutive mutant) Ras 돌연변이는 *sev*$^{-}$ 영 돌연변이(null mutant)에 대해 상위적(epistatic)이다. 왜냐하면 활성화된 Ras는 R7 세포를 생성하기 위해 Sevenless 단백질이 필요하지 않기 때문이다(그림 22.13c). 활성화된 Ras가 신호를 보내기 위해 Sevenless가 여전히 필요했다면 반대의 상위 상호작용이 관찰되었을 것이다. 이 모델대로라면 *sev*$^{-}$*sev::Ras*^{G12V} 이중 돌연변이체가 *sev*$^{-}$ 표현형을 가지게 될 것이라고 잘못된 예측을 하게 될 것이다. 왜냐하면 이 경우 이중 돌연변이체에서 신호 전달이 차단되고 R7이 발생할 수 없을 것이기 때문이다(그림 22.3c, 맨 아래 행).

상위성 분석은 유용하지만 결과를 바르게 해석하려면 몇 가지 조건이 충족되어야 한다. 예를 들어, 두 개의 단일 돌연변이체에서 볼 수 있는 표현형은 서로 달라야 하며 고려 중인 돌연변이체 대립유전자는 활성이 완전무효(null)이거나 항상 활성(constitutive)이 있어야 한다. 이러한 조건이 충족되더라도 상위성 분석을 통해 이루어진 "발생과정상 유전자 작용 순서"의 결정은 언제나 생화학적 실험을 통한 검증이 필요한 가설이라고 보아야 한다.

핵심 개념 22.4

- 발생 경로에서 유전자 *a*의 발현이 유전자 *b* 돌연변이에 의해 영향받지만 유전자 *b* 발현이 유전자 *a* 돌연변이에서 영향을 받지 않는다면, 유전자 *b*는 유전자 *a*의 상위(upstream)에서 기능해야 한다.
- 스위치/조절 경로상에서 이중 돌연변이체 표현형에 상위성 상호작용이 보인다면 두 개의 유전자의 작용순서를 결정하는 데 도움이 될 수 있다.

22.5 포괄적인 예: 노랑초파리에서 body plan의 발달

학습 목표

1. 체절형성이 관찰되기 전에 발생하는 초파리 발생 초기의 주요 사건들을 설명한다.
2. 모계 효과 유전자라는 용어를 정의하고 이러한 유전자 중 일부의 단백질 산물이 형태형성자라고 불리는 이유를 설명한다.
3. 접합체에서 작용할 체절형성 유전자들의 계층 구조를 요약한다.
4. 체절이라는 정체성을 특정화하는 데 있어서 호메오 유전자의 기능에 대해 논의한다.

초파리의 body plan의 유전적 조절에 대한 연구는 발생에 관한 우리의 이해 증진에 혁명을 일으켰다. 여기서 우리는 파리의 몸이 동물의 머리에서 꼬리까지 이어지는 선인 **앞-뒤 축**(anterior-posterior axis; AP axis)을 따라 어떻게 분화되고 특화되는지에 대한 설명에 초점을 맞추도록 할 것이다.

우리가 지금부터 설명하는 연구는 하나의 수정된 초파리 알이 수개의 명확하게 정의된 부분을 가진 배아세포로 세분화되고, 각 부분은 결국 특정한 모양과 기능을 갖는다는 관찰을 기반으로 한다. 일부는 두부의 일부가 되고, 다른 일부는 흉부의 일부가 되고, 또 다른 일부는 복부의 일부가 될 것이다. 과학자들은 이러한 체절형성(segmentation)에 관한 두 가지 근본적인 질문에 답하기 위해 실험을 설계했다. 첫째, 동물에서는 어떻게 적절한 수의 신체 부분이 발생되는가? 둘째, 각 신체 체절은 어떤 구조를 형성해야 하는지를 어떻게 "알고" 있을까?

실험 결과들에 의하면, 첫째, 발생 초기(전사가 시작되기 전에) 모체에 의해 난자에 축적되는 **모계 효과 유전자**(maternal effect gene)의 산물에 의해 체절 번호(segment number)에 맞게 배아의 부위별 차이가 확립된다. 둘째, **접합체 체절형성 유전자**(zygotic segmentation genes)라고 불리는, 접합체 자체 게놈으로부터 발현되는 큰 그룹의 유전자들 작용에 의해 신체는 본질적으로 동일한 신체 체절들의 배열로 나누어지게 된다. 셋째, 발생단계 후기에는 **호메오 유전자들**(homeotic genes, 전사인자를 암호화하는 유전자들의 세트)의 발현은 각 신체 부위에 고유의 정체성을 부여하게 된다.

체절이 형성되면서 초파리 배아는 체계적인 형태를 갖게 된다

모계 효과, 체절형성 및 호메오 유전자들이 함께 어울려 기능하는 방식을 이해하려면 초파리 발생의 처음 몇 시간 동안 발생하는 주요 사건들 중 일부를 이해하는 것이 도움이 될 것이다(**그림 22.14**). 초파리 알이 수정되면, 감수분열 I(meiosis I)의 중기(metaphase)에서 정지되었던 난모세포 핵(oocyte nucleus)의 감수분열이 이 시기에 재개된다. 반수체 남성 및 여성 전핵(pronuclei)의 융합 후, 이배체(diploid) 배아의 접합 핵(수정핵, zygotic nucleus)은 13번의 급속한 핵 분열을 겪게 된다.

초기 노랑초파리 배아에서 핵분열은 세포분열을 동반하지 않기 때문에 초기 배아는 다핵의 **합포체**(syncytium)가 된다. 처음 8번째 분열 주기에는, 이 핵들은 알의 중앙에 위치한다. 9번째 분열 주기에는 대부분의 핵은 **합포성 포배**(syncytial blastoderm)을 생성하기 위해 **피질**(*cortex*), 즉 배아의 표면 바로 아래의 세포질로 이동한다. 10번째 분열 주기에는 초파리 알의 후극(posterior pole)에 있는 핵들은 알 세포막에서 함입되어 만들어진 막에 둘러싸여 최초의 배아 세포를 형성하게 된다. 이 **극세포**(pole cell)는 원시 생식 세포(primordial germ cell)가 될 것이다. 13차 분열 주기가 끝날 때 쯤에는, 약 6000개의 핵이 난자 피질(난자 코텍스, egg cortex)에 존재하게 된다.

14번째 주기의 중간 단계 동안(수정 후 약 3시간이 된 시점), 알의 피질에 있는 막들이 핵들 사이를 지나 안쪽으로 성장하며 난자 주변에 세포의 단일층(single layer)을 만든다. 이제 이 상태의 배아는 **세포성 포배**(cellular blastoderm)이라고 불린다. 이 단계에서는 알 후방 말단의 **극세포**를 제외하고 각 배아 구성 세포들 간에는 형태나 크기의 지역적 차이는 뚜렷하지 않다(**그림 22.15a**). 그럼에도 불구하고 분자적 연구를 통해 대부분의 체절 및 호메오 유전자가 세포성 포배 단계 또는 심지어 그 이전에도 기능하고 있다는 것이 밝혀졌다.

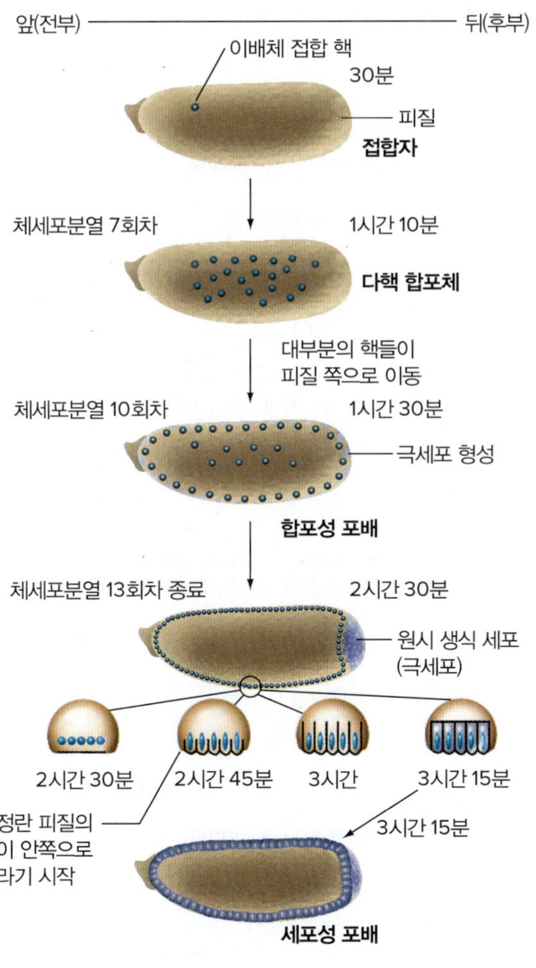

그림 22.14 초파리 초기 발생 과정: 수정(fertilization)에서 세포성 포배(cellular blastoderm)까지. 단일 합포체 안의 접합체 핵은 13번의 빠른 유사분열을 겪게 된다. 뒤쪽 끝에 자리잡고 있던 몇 개의 핵들은 생식 극세포가 된다. 합포성 포배 단계에서 알(egg)의 표면은 여러 핵들이 모여 생긴 단층(monolayer)으로 덮이게 된다. 13번째 분열 주기가 끝나면 알의 세포막이 피질의 핵 하나하나를 둘러싸면서 개개의 세포들이 생기고, 세포성 포배를 형성하게 된다.

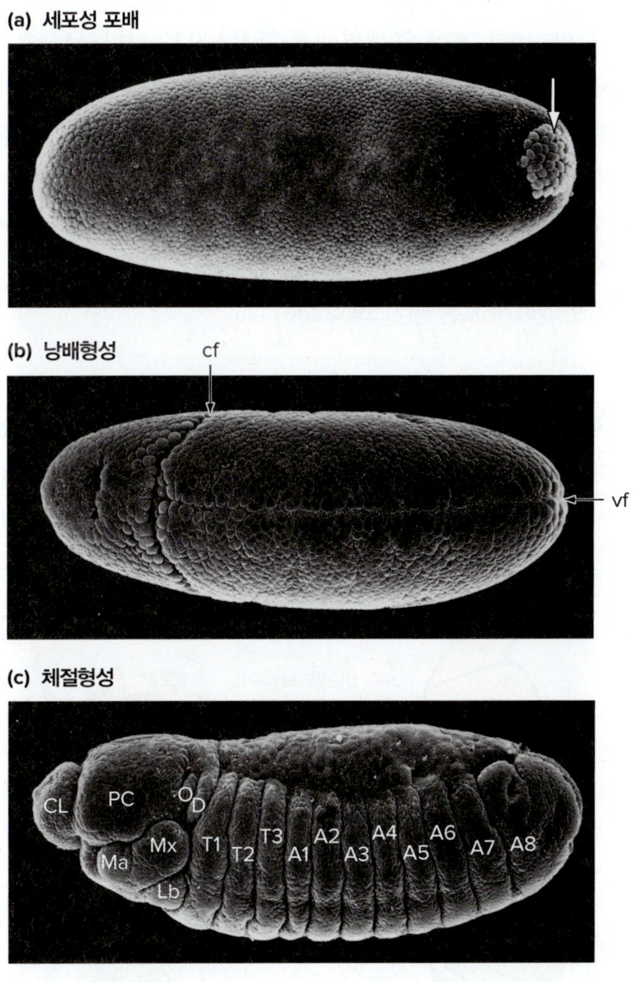

그림 22.15 세포성 포배 형성 후 초파리의 발생. **(a)** 세포성 포배의 주사 전자현미경 사진. 개별 세포들은 배아를 둘러싸고 있는 표층(embryo's periphery)에서 볼 수 있으며, 뒤쪽 끝에 있는 더 큰 극세포(pole cell)(화살표)도 볼 수 있다. **(b)** 수정 후 대략 4시간 후에 낭배형성 동안 형성되는 이랑을 복측에서 바라본 모습: vf=복부 이랑; cf = 두부 이랑. **(c)** 수정 후 10시간이 지나면 배아가 체절들로 세분화된다. Ma, Mx 및 Lb는 세 개의 머리 부분이다. CL, PC, O 및 D는 머리의 비체절 영역이다. 세 개의 흉부 체절(T1, T2 및 T3)은 각각 전흉부, 중흉부 및 후흉부이며, 복부 체절은 A1~A8로 표시되었다. *Source: ©Rudi Turner and Dr. Tom Kaufman, Indiana University*

세포화(cellularization) 직후, **낭배형성**(gastrulation)이라고 불리는 함입 과정(invagination process)을 통해, 세 개의 배아 세포층이 형성되기 시작한다. 중배엽(mesoderm)은 배아 길이의 대부분에 걸쳐 있는 중간 복부에 있는 세포들의 줄무늬가 안으로 함입되어 형성된다. 인폴딩(infolding) [**복부 이랑**(*ventral furrow*), **그림 22.15b**]은 내부 관상구조를 생성하며, 관세포들은 분열 및 이동을 통해 중배엽층을 생성한다. **내배엽**(endoderm)는 복부 이랑의 앞과 뒤에서 일어나는 확연한 함입에 의해 형성된다. 이러한 함입 중 하나는 그림 22.15b에서 볼 수 있는 **두부 이랑**(cephalic furrow)이다. 내배엽 부분에서 함입된 세포들은 내장을 만들기 위해 노른자(yolk) 위로 이동한다. 마지막으로 신경계는 복부 내배엽의 양 측면에 위치한 신경아세포(neuroblast)에서 생기게 된다.

체절형성(segmentation)의 첫 번째 가시적 징후는 낭배형성이 시작한 후 약 40분 후에 중배엽에서 주기적으로 나타나는 팽윤부(bulge)이다. 낭배형성 후 몇 시간 내에, 배아는 나중에 유충의 세 개의 머리 부분, 세 개의 흉부 부분 그리고 여덟 개의 주요 복부 부분으로 될 뚜렷한 체절들로 나뉘어지게 된다(**그림 22.15c**). 비록 이 개체는 결국 다 자란 성체 파리가 되기 위해 변태(metamorphosis)과정을 겪게 되겠지만, 성체 단계에서도 이러한 기본 신체 계획(body plan)은 동일하게 보존된다(**그림 22.16**).

모계 영향 유전자가 체절 번호 결정에 기여한다

수정 시기 및 13번의 빠른 합포성 분열 마무리되는 동안, 배아의 핵에서는 유전자의 전사가 거의 일어나지 않는다. 전사가 거의 없기 때문에(전부는 아님) 발생생물학자들은 기본적인 신체계획의 확립에 있어, 알 형성 초기 과정에서 산모로부터 난자로 전달되는 모계기원 성분이 필요하다고 추정했다. 그들은 어떻게 이 모계기원 성분을 암호화하는 유전자를 식별할 수 있었을까? 뉘슬라인폴하르트(Christiane Nüsslein-Volhard)와 위샤우스(Eric Wieschaus)는 그러한 유전자에 의해 결정되는 배아 표현형은 배아 자신의 유전자형에 의존하지 않고 오히려, 어미의 유전자형에 의해 결정된다는 것을 깨닫게 되었다. 그들은 배아 발생에 영향을 미치는 모계 유전자의 돌연변이[**모계 영향 돌연변이**(maternal effect mutation)]를 식별하기 위해 유전자 스크린을 고안했다.

이 스크리닝을 수행하기 위해 뉘슬라인폴하르트와 위샤우스는 수

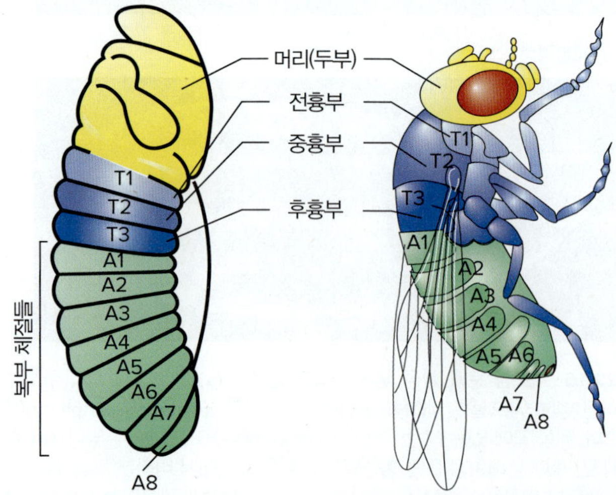

그림 22.16 체절 정체성은 발생과정 내내 유지된다. 배아 체절의 정체성(왼쪽)은 유충 단계 동안에도 계속 보존되어 있으며, 성체(오른쪽)로의 변태 과정을 거친 후에도 유지된다.

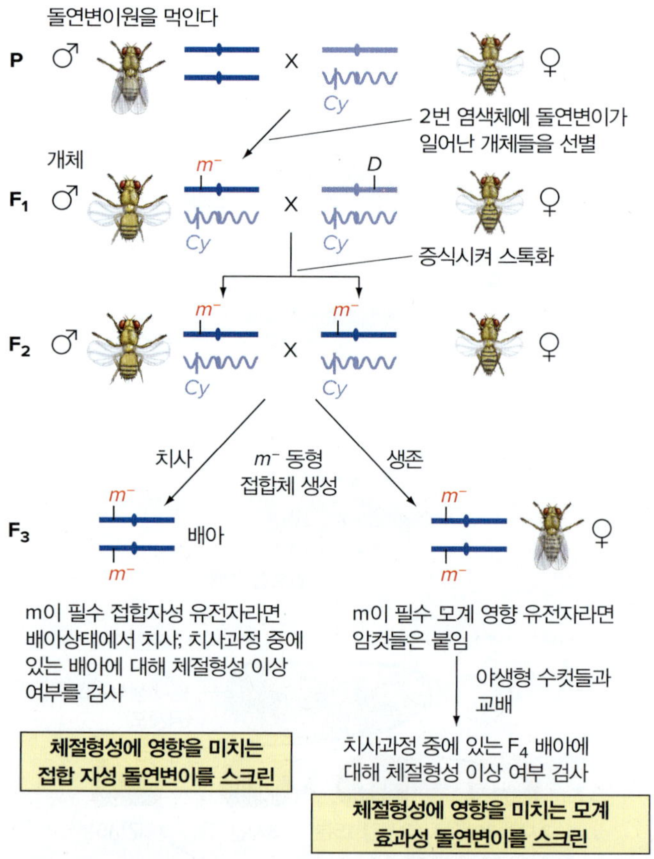

그림 22.17 모계 영향 및 접합체 치사 돌연변이에 대한 돌연변이 유발 스크리닝. 뉘슬라인폴하르트와 위샤우스는 체절형성에 영향을 미치는 초파리 2번 염색체 상의 열성 돌연변이를 어떻게 발견하였는가? 돌연변이가 일어난 2번 염색체는 반대쪽 염색체가 우성 Cy 마커가 있는 *Balancer* 염색체(구불구불한 선)인 F_1 수컷에서 회수되었다. 이 F_1 수컷은 각각 *Balancer/D* 암컷과 교배되었다(*D*는 또 다른 우성 마커이다). 휘어진 날개(Curly, Cy의 표현형)를 보이는 F_2 자손들은 다시 서로 교배되었으며 그 결과 F_3세대에서 동형접합 돌연변이체(m^-/m^-)가 생성될 수 있었다. 만약 이렇게 얻어진 개체가 체절형성 이상으로 인해 배아 시기에 사망한 경우, 2번 염색체에는 흥미로운 접합체 치사 돌연변이이 내재되어 있음을 확인할 수 있다. 생존 가능한 동형접합체 F_3 암컷을 야생형 수컷과 교배함으로서 F_4 자손의 체절형성에 영향을 미치는 암컷-불임 돌연변이를 확인할 수 있게 된다.

천 개의 돌연변이원이 처리된 염색체들에 대해 각각의 balanced stock(역주: 상동염색체 중 한쪽에 대해 유전자 재조합이 억제되도록 조작된 초파리 주, 자연적 재조합에 의해 갖고 있는 돌연변이가 상실되는 것을 방지한다)들을 확립한 후, 동형 돌연변이 어미로부터 얻은 배아들을 조사하였다. 그들은 동형 돌연변이 암컷이 불임인 stock에 관심을 집중하게 되었다. 왜냐하면 그들은 발생 초기 단계에 필요한 모계 공급 구성요소들의 결핍이 장차 이 배아가 절대 성체로 성장할 수 없을 정도로 이상 상태를 유발할 것이라고 예상했기 때문이다(**그림 22.17**). 뉘슬라인폴하르트와 위샤우스는 이러한 대규모 스크린을 통해 신체의 정상적인 패턴화에 필요한 **모계 영향 유전**자를 다수 확인하는데 성공했다. 이 공로로 1995년 그들은 루이스(Edward B. Lewis)와 함께 노벨 생리학 · 의학상을 공동으로 수상했다. 루이스의 업적에 대해서는 나중에 다시 기술하게 될 것이다.

우리는 뉘슬라인폴하르트와 위샤우스가 발견한 두 개의 모계 영향 유전자에 초점을 맞추고자 한다. 이 두 유전자는 관련된 다른 모계 영향 유전자와 함께 세그먼트 번호 결정 과정을 시작한다.

Bicoid: 앞부분 형태형성자

bicoid(*bcd*) 유전자의 영(null) 대립유전자에 대해 동형접합체인 어미로부터 나온 배아는 두부와 흉부 구조가 모두 사라져 있었다(**그림 22.18**). bcd의 단백질 생성물은 전사인자로서, 이 단백질의 mRNA는 알 내부의 세포질(egg cytoplasm) 앞 끝부분(anterior tip)에 국지적으로 분포되어 있지만(**그림 22.19a**), bcd 전사체의 번역은 수정이 일어난 이후에 이루어진다. 새로 만들어진 Bcd 단백질은 mRNA들이 몰려있던 앞쪽 끝에서부터 확산되어, 초기 배아의 3분의 2에 걸쳐 앞-뒤 농도구배를 형성하게 된다(**그림 22.19b**). 이 농도구배에 의해 두부와 흉부 발생의 대부분이 결정된다. 따라서 Bcd 단백질은 농도 의존적인 방식으로 서로 다른 세포 운명을 정의하는 물질인 **형태형성자**(morphogen)로서의 기능을 한다.

Bcd 단백질 자체는 두 가지 방식으로 작동한다. 그중 한 가지는 유전자의 전사를 조절하는데 도움을 주는 전사인자(후에 설명)로서, 또 한 가지는 번역 억제제(translational repressor)로서의 작용이다. 이중 억제활동의 대상은 *caudal*(*cad*)이라는 전사 인자를 암호화하고 있는 유전자의 전사이다. *cad* mRNA는 수정 전 난자에는 균일하게 분포되어 있지만, Bcd 단백질에 의한 번역억제(translational repression)로 인해, cad 전사체의 번역은 Bcd 구배에 대해 상보적인 Cad 단백질 농도구배로 이어진다. 즉, 배아 뒷부분에는 Cad 단백질이 고농축으로 존재하며, 전방에는 Cad 단백질이 낮은 농도로 존

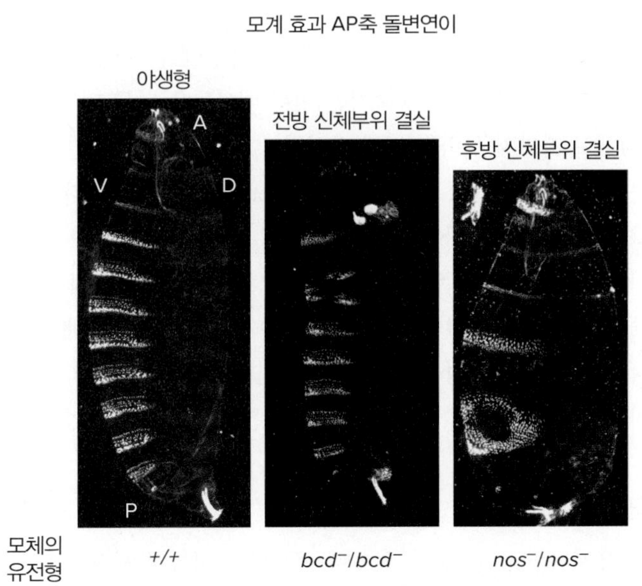

그림 22.18 AP축 패턴형성에 영향을 미치는 모계 영향 돌연변이. 야생형 어미로부터 나온 배아는(왼쪽) 머리(앞쪽)와 꼬리(뒤쪽) 사이의 신체부위가 덴티클(denticle)이라고 하는 털 같은 구조들에 의해 복부 표면상에 특정 패턴을 보이는 부분들로 나뉘어 진다. 알(egg)시기에 모계 Bcd 단백질이 축적되지 않은 배아(bcd^-; 중간)에서는 전방 체절들이 결실되고, Nos 단백질을 축적하지 못한 배아(nos^-; 오른쪽)에서는 복부 체절이 결실되어 버린다. A = 전방; P = 후방; D = 등부; V = 복부. *Source: Courtesy of Christiane Nuesslein-Volhard, Max Planck Institute for Developmental Biology*

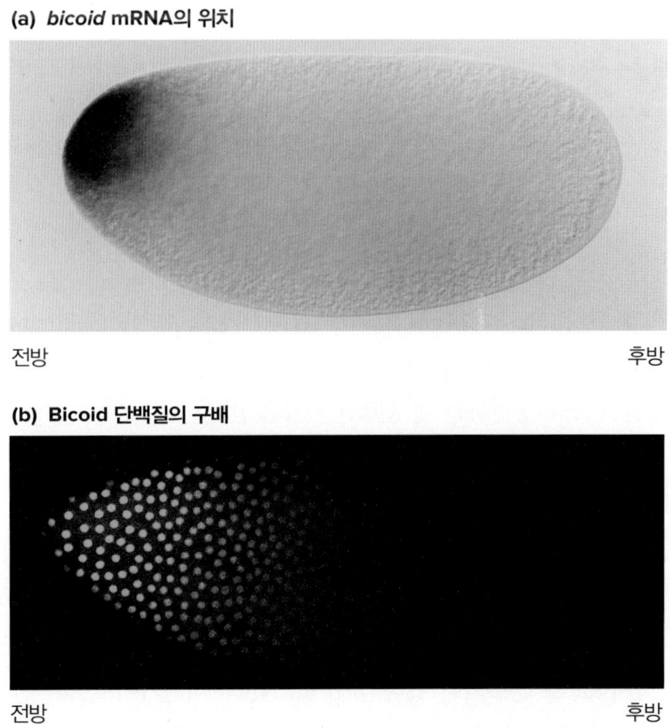

그림 22.19 Bicoid는 전방 형태형성자이다. **(a)** *bicoid* mRNA(제자리 혼성화에 의해 보라색으로 표지됨)는 배아의 앞쪽에 집중된다. **(b)** Bicoid (Bcd) 단백질(항체 염색을 통해 녹색으로 표지됨)은 앞쪽 끝에서 높고 뒤쪽으로 갈수록 줄어드는 구배 양상을 보인다. Bcd는 합포성 포배 배아의 핵에 축적된다. *Source: (a): ©Steve Small, New York University; (b): ©David Kosman and John Reinitz*

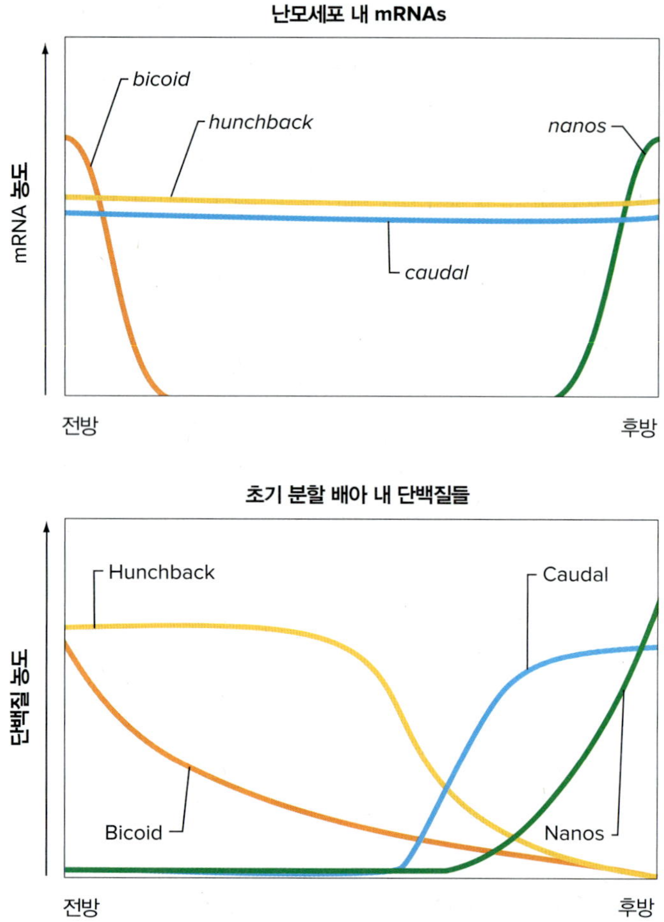

그림 22.20 초기 배아 내 모계 효과 유전자들의 mRNA와 단백질 산물들. (위): 수정 전 난모세포(oocyte)에서 *bicoid* mRNA는 앞쪽에, *nanos* mRNA는 뒤쪽에 집중되어 있는 반면 *hunchback* 및 *caudal* mRNA는 균일하게 분포되어 있다. **(아래):** 초기 분열 단계 배아에서 Bicoid 및 Hunchback 단백질은 앞쪽에서 높고 뒤쪽으로 갈수록 낮은 농도구배(A → P)가 형성되는 반면 Nanos 및 Caudal 단백질은 반대(P → A)로 농도구배가 형성됨을 알 수 있다.

재하게 된다(**그림 22.20**). Cad 단백질은 체절형성 경로(segmentation pathway)의 뒷부분에서 발현되는 유전자를 활성화시켜 배아의 뒷부분 구조를 형성하는 데 중요한 역할을 한다.

Nanos: 뒷부분 결정자

nanos 유전자에 대한 영(null) 동형접합 어미로부터 나온 배아는 복부 체절이 발생하지 않는다(그림 22.18). *nanos* (*nos*) mRNA는 다른 모계 유전자에 의해 암호화된 단백질에 의해 알의 뒷부분 세포질에 국지적으로 분포되어 있다. *bcd* mRNA와 마찬가지로 *nos* 전사체는 초기 핵 분열 단계에서 번역된다. Nos 단백질의 농도구배는 확산에 의해 후방에서 전방으로 형성되게 된다(그림 22.20).

Nos 단백질은 Bcd 단백질과 달리 전사인자가 아니며, 오히려 Nos 단백질은 번역 억제자로만 기능한다. 이 단백질의 표적은 어미(모체)로부터 공급된 *hunchback* (*hb*) 유전자의 전사체이며, 난자 발생 동안 난자에 축척되면서 수정 전까지 균일하게 분포되어 있다(그림 22.20). 그러나 Bcd 농도구배와 달리 Nos 농도구배는 Nos 기능에 중요하지 않다. 중요한 것은 고농도의 Nos가 배아의 후방에 존재한다는 사실뿐이다.

발생이 정상적으로 일어나기 위해서는 Hb 단백질(또 다른 전사인자)이 배아 뒤쪽(후방부)에 존재하지 않아야 한다. 배아 후방에 고농도로 존재하는 Nos 단백질은 *hb* 모계 mRNA의 번역을 억제함으로서, 배아의 후방 극(posterior pole) 부위에서 Hb 단백질이 결핍되는 효과를 일으킨다(그림 22.20).

접합체 유전자가 체절의 수와 극성을 결정한다

모체로부터 Bcd와 Cad 단백질의 농도구배는 접합체 유전자(zytogic genes)의 공간적 발현을 조절한다. 난자형성 과정에서 난자에 들어가는 모계 유전자의 산물과 달리, 접합체 유전자의 생성물은 원래 접합체 핵에서부터 기원한 배아세포 핵에 있는 DNA에서 전사, 번역된다. 접합체의 체절 유전자의 발현은 세포화 단계보다 몇 분열 사이클 전의 합포성 포배 단계에서부터 시작된다.

대부분의 접합체의 체절형성 유전자는 뉘슬라인폴하르트와 위샤우스에 의해 1970년대 후반에 수행된 두 번째 돌연변이 스크리닝에서 확인되었다. 이 스크리닝에서, 초파리 유전학자들은 돌연변이가 일어난 염색체들을 각각 balanced stock에 집어넣은 다음, 이 stock들의 동형접합 돌연변이 배아에서 체절 패턴에 문제가 있는지를 조사했다(그림 22.17 참조). 하지만 이런 배아들은 너무 비정상적이어서 성체로 자라지 못하는 것이 밝혀졌고, 따라서 이러한 결함을 야기하는 돌연변이는 **열성 치사**(recessive lethal)로 분류되었다.

초파리의 각 염색체에 대해 수천 개의 stock을 선별한 후 뉘슬라인폴하르트와 위샤우스는 접합체 체절형성 유전자을 다음과 같은 3가지 클래스로 분류하였다. **간극 유전자**(9개 유전자), **쌍지배 유전자**(8개 유전자), **체절 극성 유전자**(17개 유전자). 이 세 종류의 접합체 유전자들은 유전자 발현 위계에 잘 들어맞는 것으로 확인되었다.

간극 유전자

간극 유전자(gap gene)는 최초로 전사되는 접합체 체절형성 유전자이다. 간극 유전자의 돌연변이에 대해 동형접합성인 배아는 각 유전자가 발현되는 위치에 해당하는 특정 체절의 결핍으로 인해 체절형성패턴에 "틈(gap, 간격)"이 생기게 된다(**그림 22.21**).

모계 전사인자 구배가 다양한 간극 유전자들(넓은 영역에 걸쳐 발현되는)이 동시에 배아 내 적절한 위치에서 발현되도록 하는 기작은

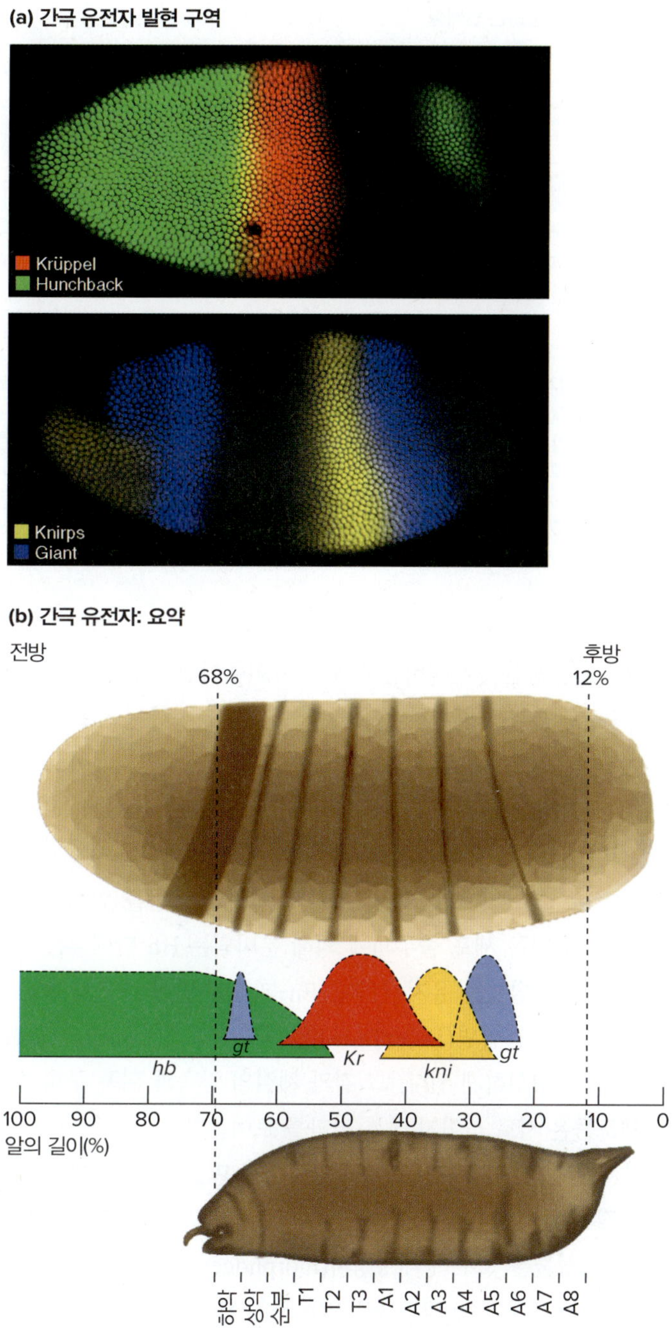

그림 22.21 간극 유전자. **(a)** 후기 합포성 포배 배아에서 4개의 간극 유전자 [*hunchback(hb), Kruppel(Kr), knirps(kni)* 및 *Giant(gt)*]에 의해 인코딩된 단백질의 발현 영역을 형광 염색된 항체로 표지하였다. **(b)** 배아의 간극 유전자 전사 영역이 표시되었다. 특정 간극 유전자의 돌연변이는 그 간극 유전자의 발현 영역에 대응되는 체절의 결실을 초래한다. *Source: ©David Kosman and John Reinitz*

무엇일까? 한 가지 해답은 간극 유전자의 프로모터내 결합 부위가 모계 전사인자들에 대해 각기 다른 친화력을 갖고 있다는 것이다. 예를 들어, 일부 간극 유전자는 Bcd 단백질(앞 형태형성자)에 의해 활성화된다. Bcd 단백질에 대해 저친화적 결합 부위(low-affinity binding site)를 갖고 있는 *hb*와 같은 간극 유전자들은 Bcd 농도가 가장 높은 최전방 영역에서만 전사가 일어날 것이며, 반대로 친화도가 높은 결합부위를 가진 유전자는 후극(posterior pole) 쪽으로 더 멀리 확장된 활성화 범위를 가질 것이다.

간극 유전자 자체가 다른 간극 유전자의 발현에 영향을 미칠 수 있는 전사인자를 암호화한다는 것도 또 한 가지 해답이 될 수 있다. 예를 들어 *Krüppel* 간극 유전자는 발현대의 앞부분에서는 다량의 Hb 단백질에 의해 비활성화되고, Bcd 단백질의 발현대와 저농도의 Hb단백질에 의해 활성화되며, 다시 발현대의 뒷 부분에서는 *knirp* 간극 유전자에 의해 비활성화된다(그림 22.21b). (주의: 모계공급된 *hb*RNA가 일부 있지만 *hb* 유전자는 주로 간극 유전자로 분류된다. 왜냐하면, 과학자들이 접합체 핵(zygotic nuclei)의 전사체로부터 번역된 단백질에서만 패턴형성 관련 역할을 감지하였기 때문이다.)

쌍지배 유전자

간극 유전자가 신체 축(body axis)을 개략적으로 일반화된 영역으로 나눈다면, 이후에는 **쌍지배 유전자**(pair-rule genes)들의 활성화에 의해 더 자세히 정의된 구획들이 생성된다. 이 유전자들은 전포배와 포배 배아에서 7개의 줄무늬 패턴으로 발현되는 전사인자들을 암호화하고 있다(**그림 22.22a**). 각각의 줄무늬는 두 개의 체절마다 나타난다. 즉, 두 개의 체절이 1개의 줄무늬를 구성하고 있는 것이다. 쌍지배 유전자의 돌연변이가 생긴다면 모든 대응되는 체절들에서 유사한 패턴 요소들이 상실되어 버린다. 예를 들어, *fushi tarazu*(일본어로 "**부족한 부분**")의 기능이 부족한 유충은 복부 부분 A1, A3, A5 및 A7이 부족하며, *even-skipped* 기능상실 돌연변이는 복부체절의 짝수 부분들이 없어진다.

쌍지배 유전자는 **1차**와 **2차** 두 클래스가 존재한다. 3종류의 1차 쌍지배 유전자들의 줄무늬 발현 패턴은 모계 기원의 유전자들과 접합체 기원의 간극 유전자들에 의해 암호화되는 전사인자들에 따라 달라진다. 각 쌍지배 유전자의 상위 조절 부분(upstream regulatory region)에 내재되어 있는 특정 요소들은 이 유전자가 고유의 줄무늬 부분에서만 발현되도록 유도한다. 예를 들어, **그림 22.22b**와 **22.22c**에서 볼 수 있듯이, 두 번째 줄무늬에서 *even-skipped* (*eve*)의 발현을 이끄는 DNA 영역에는 Bcd 단백질과 *Kr*, *giant* (*gt*), *hb*와 같은 간극 유전자들에 의해 암호화되는 단백질에 대한 여러 결합 부위가 포함되어 있다. 이 배아의 줄무늬에서 *eve*의 전사는 Bcd와 Hb에 의해 활성화되고 Gt와 Kr에 의해 억제된다. 즉 2번 줄무늬 영역(stripe 2 region)에서만 Gt와 Kr 레벨이 충분히 낮고, Bcd와 Hb 레벨은 충분히 높으므로 *eve* 발현을 유도하는 인핸서가 활성화될 수 있는 것이다.

(a) 쌍지배 유전자 산물의 분포

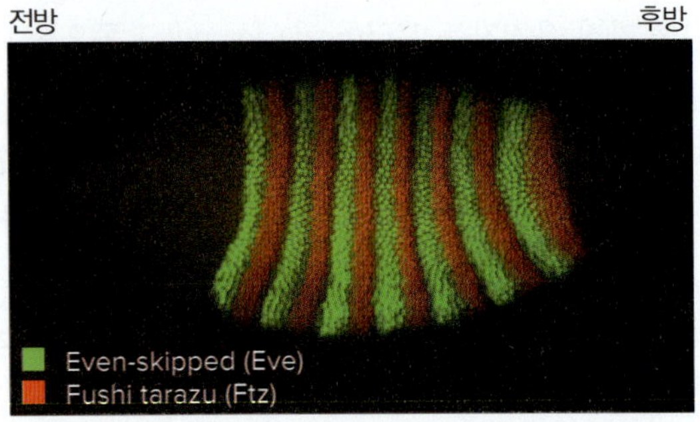

(b) *eve* 전사를 조절하는 단백질

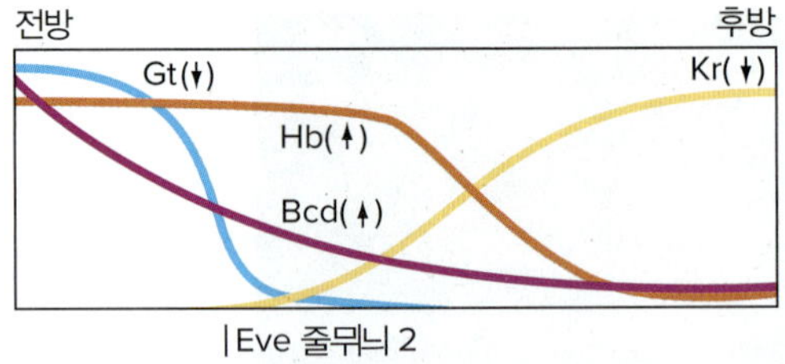

(c) *eve*의 상위 조절 부위

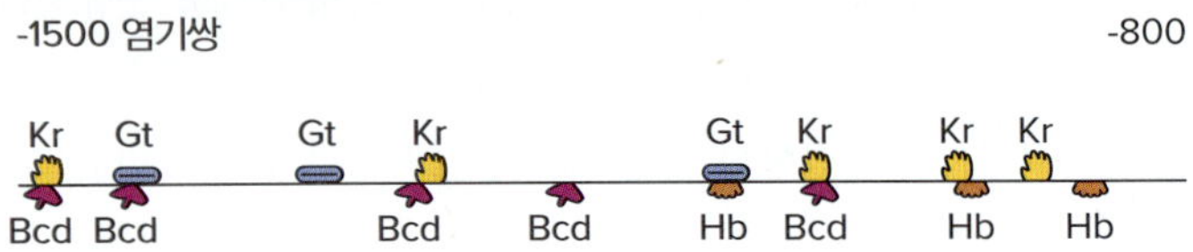

그림 22.22 쌍지배 유전자. **(a)** 세포성 포배에서 쌍지배 유전자 *fushi tarazu* (*ftz*) 및 *even-skipped* (*eve*)에 의해 암호화된 단백질의 발현. Eve 줄무늬 2는 왼쪽에서 두 번째 녹색 스트라이프이다. **(b)** Eve 줄무늬 2의 형성은 Bcd 및 Hb 단백질에 의한 *eve* 전사의 활성화와 억제 단백질인 Gt 및 Kr 단백질 부재를 조건으로 한다. **(c)** Eve 줄무늬 2를 발현하는 *eve* 유전자로부터 800∼1500 bp 상위에 존재하는 인핸서에는 (b) 부분에 표시된 4개의 단백질에 대한 다중 결합 부위가 존재한다. *Source: (a): ©David Kosman and John Reinitz*

1차 쌍지배 유전자와는 대조적으로, 2차 클래스에 속하는 5종류의 쌍지배 유전자의 전사는 또 다른 쌍지배 유전자에 의해 암호화되어 있는 전사인자들에 의해 제어된다.

체절 극성 유전자

수많은 **체절 극성 유전자**(segment polarity genes)는 한 개 체절마다 주기성으로 반복되어 나타나는 줄무늬의 형태로 발현된다. 즉, 14개 체절 각각에 하나씩의 줄무늬(stripe)가 들어 있다(**그림 22.23a**). 체절 극성 유전자의 기능상실 돌연변이는 각 체절에서 일부분의 상실을 일으키고, 그 자리에는 종종 나머지 부분의 거울상 복제가 동반된다. 따라서 체절 극성 유전자는 각 체절에서 반복되는 특정 패턴을 결정하는 기능을 갖고 있다고 할 수 있다.

체절 극성 유전자의 발현을 각 체절당 하나의 줄무늬 형태가 되도록 지시하는 규칙체계는 상당히 복잡하다. 일반적으로 쌍지배 유전자에 의해 암호화되는 전사인자들이 특정 체절 극성 유전자를 직접 조절함으로써 패턴 형성이 시작된다. 이후 발생 과정에서는 다양한 세포 극성 유전자 간의 상호작용에 의해 이 주기성이 유지되게 된다. 중요한 점은, 배아의 세포화가 완료된 후, 체절 극성 유전자의 활성화가 일어나기 때문에, 합포체 내 확산을 통한 전사인자들의 작용은 일어나지 않는다. 대신에, 체절 간 패턴화는 대부분 세포들 사이에서 분비된 단백질의 확산에 의해 결정된다.

체절 극성 유전자들 중 두 가지 *hedgehog* (*hh*)와 *wingless* (*wg*) 유전자는 분비 단백질을 암호화하고 있다. 이러한 단백질은 *engrailed* (*en*) 체절 극성 유전자에 의해 인코딩된 전사인자와 함께 체절 패턴화의 여러 측면을 담당한다(**그림 22.23b**). 이 제어의 핵심 구성요소는 Wg 단백질을 분비하는 세포들로 이루어진 단일세포 폭의 줄무늬가 En 단백질을 발현하며, Hh 단백질을 분비하는 세포층 줄무늬와 인접해 있다는 것이다. 이 두 세포 유형 간의 인터페이스는 결국 자기 강화의 상호순환구조(self-reinforcing, reciprocal loop)이다. 인접한 두 개의 세포 줄무늬 중 더 앞에서 분비되는 Wg 단백질은 인접한 뒤 줄무늬에서 *hh* 및 *en*의 지속적인 발현을 위해 필요한 인자이다. 더 뒤쪽 세포 줄무늬에 의해 분비되는 Hh 단백질은 앞쪽 줄무늬에서 *wg* 발현을 유지시킨다. En-과 Hh-발현 세포와 Wg-발현 세포 간의 인접면(interface)은 구간 경계(compartment boundary)를 형성하게 된다. 그 결과 체절의 앞쪽과 뒤쪽 구획 안에 있는 세포들은 서로 섞이지 않는 결과를 보여준다.

이러한 인접한 세포 줄무늬에서 만들어진 Wg 및 Hh 단백질의 구배는 체절의 나머지 부분에서 패턴형성의 여러 측면을 제어한다. *wg*와 *hh*의 생성물은 모두 형태형성자(morphogen)이다. 즉, Wg 또는 Hh 단백질에 반응하는 세포들은 Wg 또는 Hh 단백질의 농도에 따라 각기 다른 운명을 갖게 된다.

그밖의 다른 체절 극성 유전자들은 Wg와 Hh 단백질이 세포 표면의 수용체에 결합함으로써 시작되는 **신호 전달 경로**(signal transduction pathway)에 관여하는 단백질들을 암호화한다. 신호 전달 경로란 세포 표면에 있는 수용체로부터 수신된 신호에 의해, 최종적으로 세포 내 조절 반응(intracellular regulatory response)으로 변환시키는 과정을 말하며, 일반적으로 특정 표적 유전자들의 활성화 또는 억제가 포함된다. Wg와 Hh 단백질에 의해 개시된 신호 전달 경로는 각 체절의 특정 부분에 있는 세포들이 해당 부위에 적합한 특정한 세포 유형으로 분화하도록 하는 능력을 결정한다.

(a) Engrailed 단백질의 분포

그림 22.23 체절 극성 유전자. (a) 체절 극성 유전자인 *engrailed*는 야생형 배아에서 14개의 줄무늬 패턴으로 발현된다. (b) 체절의 전후 반부 또는 구획 사이의 경계는 *engrailed* (*en*), *wingless* (*wg*) 및 *hedgehog* (*hh*) 체절 극성 유전자에 의해 제어된다. *en*는 후방 구획의 세포들에서 발현되고 있다. En 단백질은 *hh*의 전사를 활성화하며, 이 *hh*는 세포 밖으로 분비되는 리간드를 암호화하고 있다. 인접한 전방 세포의 Patched 수용체에 대한 Hh 단백질의 결합은 신호 전달 경로(Smo 및 Ci 단백질을 통한)를 활성화하여 wg 전사를 유도한다. 분비 단백질인 Wg는 *frizzled*에 의해 암호화된 후방 구획 세포들의 수용체에 결합하게 된다. Frizzled 수용체에 대한 Wg의 결합은 *en* 및 *hh*의 전사를 유도하는 또 다른 신호 전달 경로(Dsh, Zw3 및 Arm 단백질 포함)의 활성화를 개시한다. 그 결과 경계(구획 경계)에서 인접 세포들이 서로의 운명을 안정화시키는 상호 루프가 생성된다. *Source: (a): ©Steve Small, New York University*

(b) 체절 극성 유전자들에 의해 구획 순서가 확립된다.

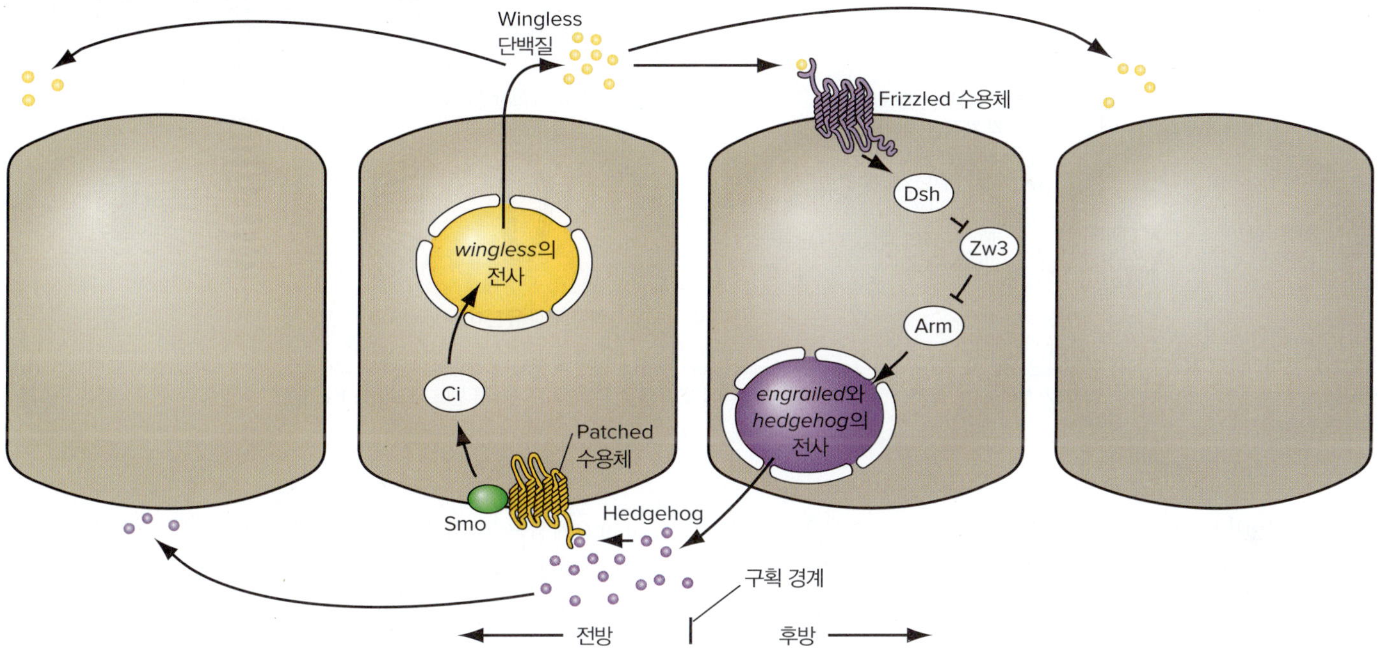

체절 번호 특정화 요약

각 체절 형성 유전자 클래스의 구성원 각각의 발현 패턴은 하위 계층의 유전자가 아닌 상위 계층 또는 동일 계층의 유전자에 의해 제어된다(**그림 22.24**). 이 조절의 연쇄과정에서 모계 유전자가 간극과 쌍지배 유전자를 조절하고, 간극 유전자가 자신과 쌍지배 유전자를 조절하며, 쌍지배 유전자는 자기자신과 체절 극성 유전자를 조절한다. 하위단계의 유전자로 갈수록 해당 유전자는 점점 더 배아 내에서 제한된 공간에서만 발현가능하게 된다.

세포성 포배는 외견상 균일한 세포층처럼 보이지만(그림 22.15a 참조), 잘 조절된 체절 형성 유전자들의 작용에 의해 이미 배아는 원시체절(segment primordia) 상태로 나뉘어져 있다. 낭배형성(gastrulation)이 끝나고 몇 시간 후면, 이러한 원시형태는 보다 뚜렷한 체절을 형성하게 된다(그림 22.15c).

호메오 유전자는 부체절 정체성을 지정한다

체절 유전자들이 신체를 정확한 수의 체절들로 세분화한 후, 호메오 유전자(homeotic gene)는 각 체절에 고유 정체성을 할당한다. 각 호메오 유전자는 **부체절**(parasegment; PS)이라고 하는 단위를 제어하며, 이 구획은 현 체절의 후방구획이자 뒤 체절의 전방구획인 부분을 말한다. 호메오 유전자가 여기서 "주 조절자"로 기능하며, 체절 특정 구조의 발생에 필요한 일련의 유전자들의 전사를 제어한다. 호메오 유전자 자체는 간극, 쌍지배 및 체절 극성 유전자에 의해 조절되어 세포성 포배 단계 또는 그 직후에 각 호메오 유전자들은 부체절의 특정 부분에서 발현된다.

대부분의 호메오 유전자는 그 후 발생기간 내내 활성 상태를 유지하면서, 체절 특성화를 올바르게 지시하기 위해 지속적으로 기능하게 된다.

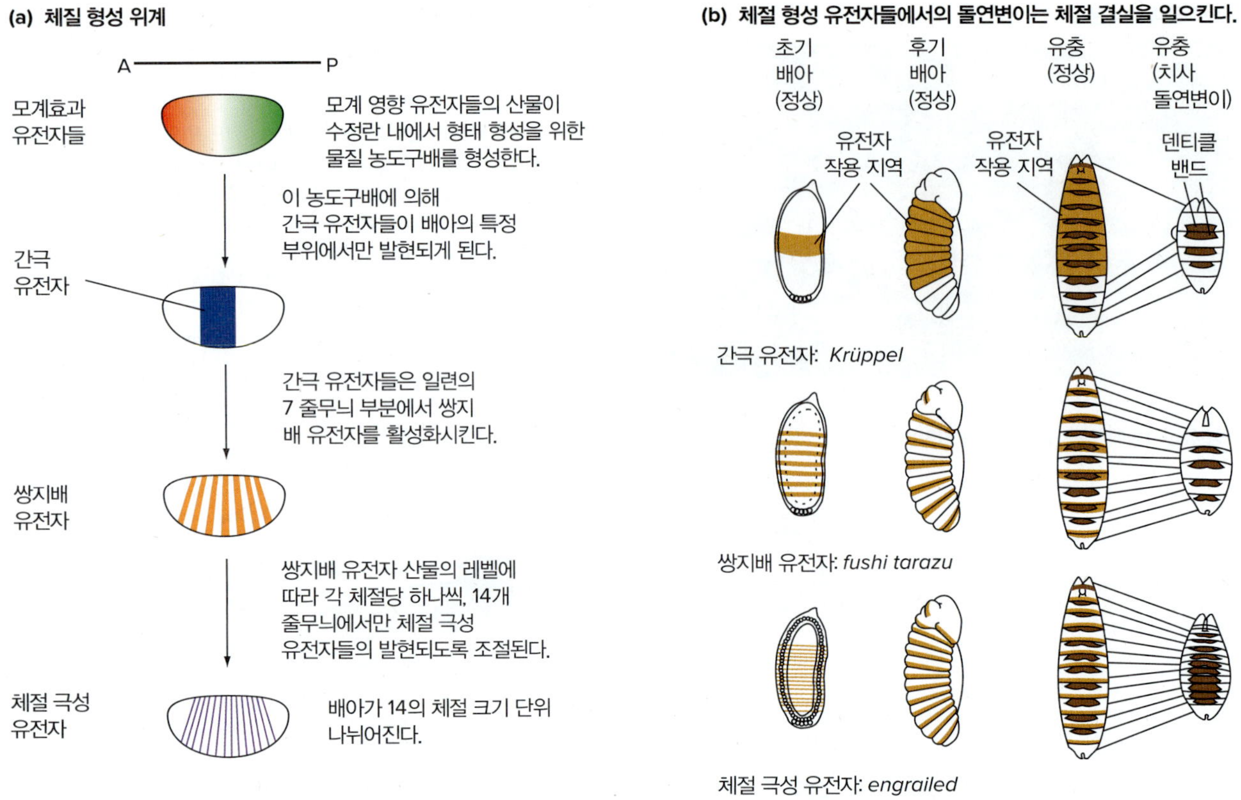

그림 22.24 초파리에서 체절형성을 유도하는 유전적 계층구조. **(a)** 계층 구조의 하위 부분에 있는 유전자는 배아 내에서 더 폭이 좁은 줄무늬(band)로 표현된다. **(b)** 체절형성 유전자에서 일어난 돌연변이는 이 유전자가 발현되는 영역(노란색)에 대응하는 체절의 결실을 유발한다. 덴티클 밴드(denticle bands)(진한 갈색)는 연구자들이 체절들을 식별하는 데 유용한 특징이다.

호메오 돌연변이(homeotic mutation)이라고 하는 호메오 유전자 상의 돌연변이로 인해 특정 부체절의 전부 또는 특정한 개별 구획이 마치 신체의 다른 곳에 위치하는 것처럼 발생하는 경우가 있다. 왜냐하면 일부 항상성 돌연변이 표현형은 매우 극적인 것이어서 연구자들은 초파리 연구 초창기에 이미 이것을 발견할 수 있었다. 예를 들어, 1915년, 브리지스(Calvin Bridges)는 *bithorax* (*bx*)라고 부르는 돌연변이를 발견하였는데, 이 돌연변이에 대한 동형접합체에서는 세 번째 흉부(T3)의 앞쪽 구획이 두 번째 흉부 세그먼트(T2)의 앞쪽 구획과 유사하게 형태로 발생하게 된다. 즉, 이 돌연변이는 T3의 일부를 T2의 해당 부분으로 바꿔버린다. *bx* 돌연변이의 표현형은 좀더 극적이다. T3 앞부분은 일반적으로 평균곤(halteres)라고 불리는, 작은 곤봉 모양의 균형 기관만 생성하지만 앞쪽 T2는 날개(wing)를 생성하기 때문이다(**그림 22.25a**).

또 다른 호메오 돌연변이는 *postbithorax* (*pbx*)이다. 이 돌연변이는 T3의 후방 구획에만 영향을 미치며, 그 결과 이 부위를 T2 후방 구획으로 바꾸어 버리게 된다(그림 22.25a). [이 맥락에서 초파리 유전학자들은 신체 형태의 변화라는 뜻에서 **형질전환**(transformation)이라는 용어를 사용한다]. 그 결과 *bx pbx* 이중 돌연변이체(double mutant)에서는 T3가 모두 T2로 발생하여 다음 그림과 같이 현재 유명한 날개 4장짜리 파리를 생성하게 된다(**그림 22.25b**).

20세기 후반에 연구자들은 두 유전자 클러스터 중 어느 하나에도 속하지 않는 수많은 다른 호메오 돌연변이들을 분리해냈다. 복부(abdomen)와 후흉부(posterior thorax)의 체절에 영향을 주는 돌연변이들은 **Bithorax 복합체**(Bithorax complex; BX-C)라고 알려진 클러스터 안에서 발견되며, 두부 일부분과 흉부 앞부분에 영향을 미치는 돌연변이로 알려진 돌연변이들은 **Antennapedia 복합체**(Antennapedia complex; ANT-C) 클러스터 내에 있음을 확인하였다(**그림 22.26**).

이중흉부 복합체

에드워드 루이스(Edward B. Lewis)는 BX-C에 대한 광범위한 유전 연구로 뉘슬라인폴하르트 및 위샤우스와 함께 1995년 노벨 생리의학상을 공동 수상했다. 루이스는 자신의 연구를 통해 *bx* 및 *pbx*와 같이 후흉부에 영향을 미치는 BX-C 돌연변이를 분리해 냈으며, 그는 또한 8개의 복부 체절(abdomen segment) 각각의 앞부분에서 변형을 유발하는 BX-C 돌연변이들을 발견했다. 루이스는 복부 분절에

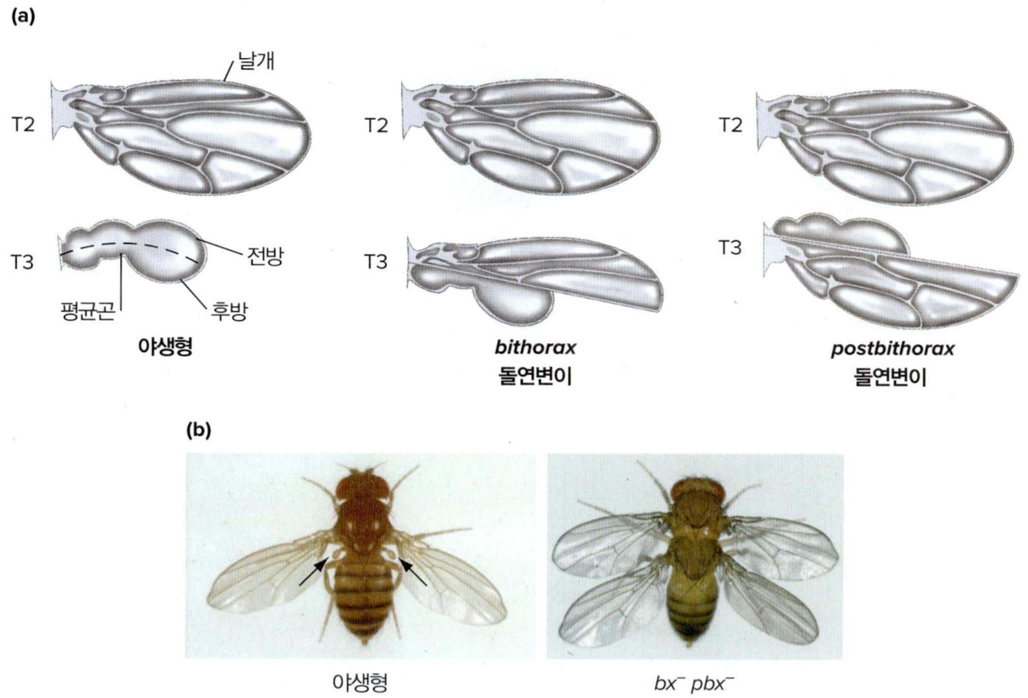

그림 22.25 호메오 형질 전환. (a) *bithorax* (*bx*) 돌연변이로 인해 T3의 전방 구획은 T2의 전방 구획으로 형질전환 된다. *pbx* (*postbithorax*) 돌연변이는 T3의 후방 구획을 T2의 후방 구획으로 형질전환시킨다. (b) 이중 돌연변이체(bx^- pbx^-)에서는 날개의 수가 4장이 된다. *Source: (b): ©Edward Lewis, California Institute of Technology*

영향을 미치는 돌연변이를 *infra-abdominal* (*iab*) 돌연변이라고 명명했으며, 영향을 받는 주요 체절에 따라 번호를 매겼다. 따라서 *iab*-2 돌연변이는 A2를 A1으로 변형시키고, *iab*-3 돌연변이는 A3

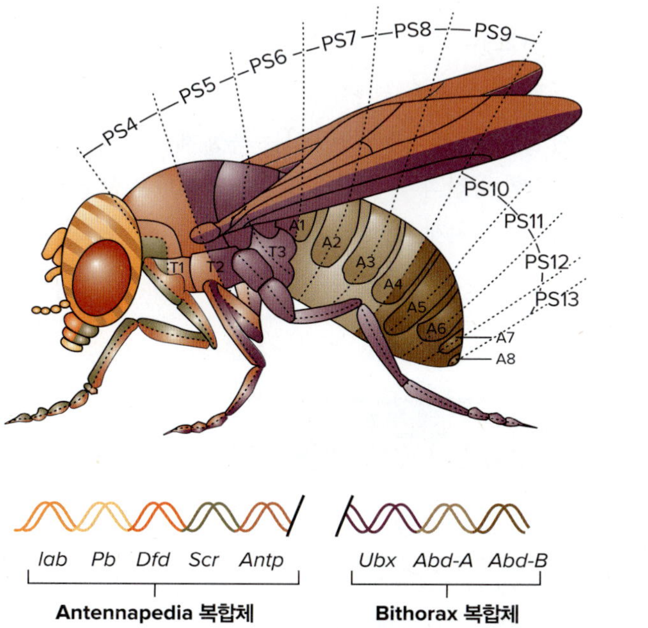

그림 22.26 호메오 선택 유전자. 초파리의 3번 염색체 상의 두 개의 클러스터에 속한 유전자들(Antennapedia 복합체와 bithorax 복합체)은 체절 정체성의 거의 모든 측면을 결정한다. 흥미롭게도 이러한 복합체속의 유전자들의 배치 순서는 각 유전자가 제어하는 부체절의 순서와 동일하다.

을 A2로 변형시키는 식이다. 나중에 연구자들은 이러한 돌연변이들이 실제로는 부체절(parasegments)를 변형시키고 있음을 알아냈다(그림 22.26). 따라서 *iab*-2는 PS7을 PS6으로 변형시키고 *iab*-3은 PS8을 PS7로 변형시킨다.

연구자들은 1980년대 초에 bithorax 콤플렉스의 분자적 연구를 시작했으며 15년 만에 BX-C의 모든 유전자와 돌연변이들을 분자 수준에서 광범위하게 특성화했을 뿐만 아니라, 전체 315 kb 부분의 염기서열 분석을 완료하였다. **그림 22.27**은 이 콤플렉스의 구조를 요약하여 보여주고 있다. BX-C의 주목할 만한 특징은 이 돌연변이들이 각각의 돌연변이가 영향을 미치는 부체절의 앞/뒤 순서와 동일한 순서로 염색체상에 배치되어 있다는 것이다. 따라서 후방 PS5에 영향을 미치는 *bx* 돌연변이는 콤플레스의 왼쪽 끝에 있는 반면, 전방 PS6에 영향을 미치는 *pbx* 돌연변이는 바로 그 오른쪽에 있다. 차례로, PS7에 영향을 미치는 *iab*-2는 *pbx*의 오른쪽에 있지만 PS8을 결정하는 *iab*-3의 왼쪽에 있게 된다.

bx, *pbx* 및 *iab* 요소는 독립적으로 돌연변이가 일어나는 것이 가능하기 때문에 루이스는 각각이 별개의 유전자라고 생각했다. 그러나 이 영역의 분자적 특성은 BX-C가 실제로는 단 3개의 단백질 코딩 유전자만을 갖고 있음이 밝혀졌다. PS7-PS9의 정체성을 제어하는 *Ultrabithorax* (*Ubx*), PS7-PS9의 정체성을 제어하는 *Abdominal-A* (*Abd-A*) 및 PS10-PS13의 정체성을 제어하는 *Abdominal-B* (*Abd-B*)

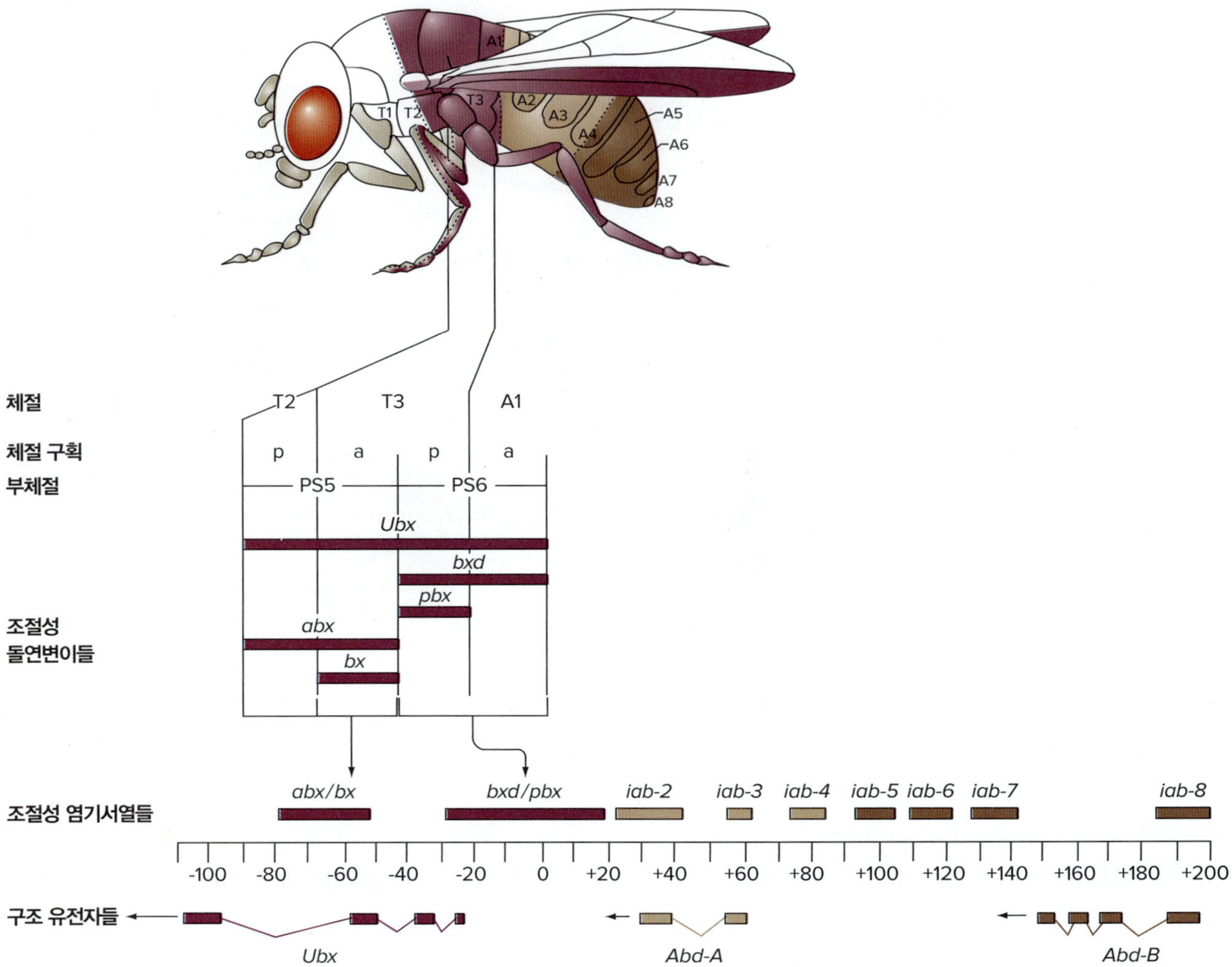

그림 22.27 bithorax 콤플렉스. 이 복합체에는 *Ubx*, *Abd-A* 및 *Abd-B*라는 세 가지 호메오 유전자들이 들어 있다. *bx* 및 *pbx*와 같은 여러 호메오 돌연변이는 특정 부체절 또는 구획에 있는 어떤 유전자의 조절 영역에 작용하여, 결과적으로 이 유전자의 발현에 영향을 미치게 된다. 유전자와 조절 영역의 순서는 동물의 체절의 앞-뒤 축 순서에 대응된다.

가 그들이다(그림 22.27).

이러한 유전자들의 발현 패턴은 각 유전자들의 역할과 일치한다(**그림 22.28**). AP축을 따라 PS5에서 *Ubx* 발현이 시작되면 PS7에서 *Abd-A* 발현이 시작되며 PS10에서 *Abd-B* 발현이 시작된다. 루이스가 연구한 *bx*, *pbx* 및 *iab* 돌연변이는 특정 체절 내에서 이러한 유전자들의 복잡한 공간적 및 시간적 발현을 제어하는 큰 *cis*-regulatory 영역에 영향을 미치게 된다.

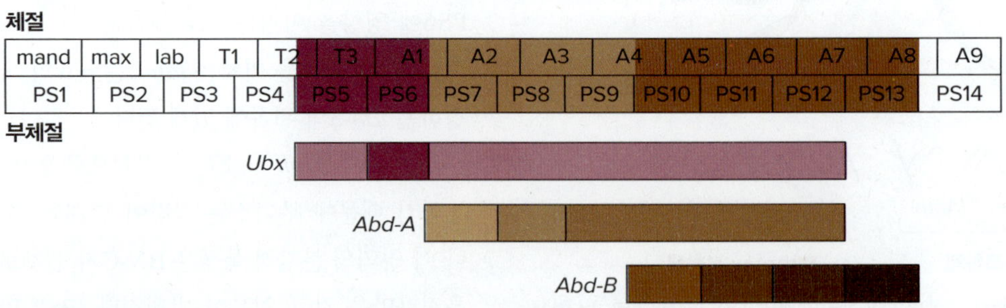

그림 22.28 bithorax 콤플렉스 유전자의 발현 양상. 각 BX-C 유전자의 발현은 AP 축을 따라 별개의 위치에서 시작된다. 각 유전자에 의해 제어되는 체절 및 부체절들은 각각 다음의 색상으로 표지되었다. Ubx(보라색); Abd-A(밝은 갈색); Abd-B(암갈색). 각 유전자에 대한 색상의 음영이 더 어두운 쪽은 단백질 양이 전반적으로 더 높음을 의미한다. BX-C 발현의 독특한 패턴은 PS5-PS13의 정체성을 결정한다.

더듬이-다리 복합체

1980년대 초의 유전학적 연구를 통해 두 번째 호메오 유전자 클러스터인 더듬이-다리 복합체(Antennapedia complex; ANT-C)가 초파리의 두부 및 흉부 체절의 정체성을 지정함이 알려지게 되었다. ANT-C의 5가지 호메오 유전자 중 3가지[*labial* (*lab*), *proboscipedia* (*pb*), *Deformed* (*Dfd*)]는 두부의 부체절인 PS1과 PS2를 제어한다. *Sex combs rduced* (*Scr*)은 두부와 흉부 부체절(PS2 및 PS3)을 제어하고, *Antennapedia* (*Antp*)는 흉부 체절 PS4를 제어한다(그림 22.15c는 이러한 두부와 흉부 체절을 보여주는 반면, 그림 22.26은 ANT-C에서 호메오 유전자의 순서를 보여주고 있다). BX-C의 경우에서와 마찬가지로, ANT-C 내 유전자들의 순서는 각기 제어하는 체절들의 순서와 일치한다(*pb*만 예외).

발생과 진화에서 호메오 도메인

연구자들에 의해 분자 수준에서 ANT-C와 BX-C의 유전자들의 성질을 이해하기 시작하면서, 이 모든 유전자들이 (완전히 동일하지는 않지만) 밀접하게 관련된 일부 DNA 서열을 포함하고 있다는 사실에 사람들은 놀라게 되었다. 이러한 유사 서열들은 발생에 중요한 다른 많은 유전자들, 예를 들어 호메오 유전자 복합체 외에 위치한 *bicoid* 및 *eyeless*에서도 발견되었다. **호메오박스**(homeobox)라고 하는 서열 유사 영역은 길이가 약 180 bp이며, 각 유전자의 단백질 코딩 부분에 위치하고 있다. 호메오박스에 의해 암호화된 60개의 아미노산은 각 단백질 내의 DNA 결합 영역인 **호메오도메인**(homeodomain)을 구성한다(**그림 22.29**). 현재 호메오도메인을 포함하는 거의 모든 단백질들은 전사인자이며, 호메오도메인은 이 단백질(전사인자)들이 앞으로 조절할 유전자의 *cis*-acting 작용 제어 부위에 대해 서열 특이적 결합을 하게 해준다고 알려져 있다.

호메오박스의 발견은 발생생물학 역사에서 가장 중요한 업적 중 하나이다. 과학자들이 초파리 및 기타 개체들에서 발생에 관여하는 다른 많은 유전자를 DNA 서열 유사성만으로 식별할 수 있게 되었기 때문이다. 1980년대 후반과 1990년대에 생물학계 사람들은 생쥐와 인간 게놈에 ***Hox* 유전자**라고 하는, 초파리의 ANT-C 및 BX-C 유전자들과 뚜렷한 상동성을 갖는 클러스터된 호메오박스 유전자들이 포함되어 있다는 사실을 알고 놀라게 되었다(**그림 22.30**). 경이롭게도, 지금까지 연구된 모든 포유류에서 이러한 클러스터 내의 유전자들의 배치를 살펴본 결과, 발생 중인 포유류 배아의 척추(spine)를 따라 특정 영역에서 발현되는 양상이 반영되듯이 유전자들은 그 순서대로 배열되어 있었다(그림 22.30). 즉, 생쥐와 인간의 이러한 유전자 클러스터는 게놈 상에 순서대로 배열되어 있으며, 초파리 ANT-C 및 BX-C 복합체에서와 거의 동일한 방식으로 앞-뒤 축을 따라 조절된다.

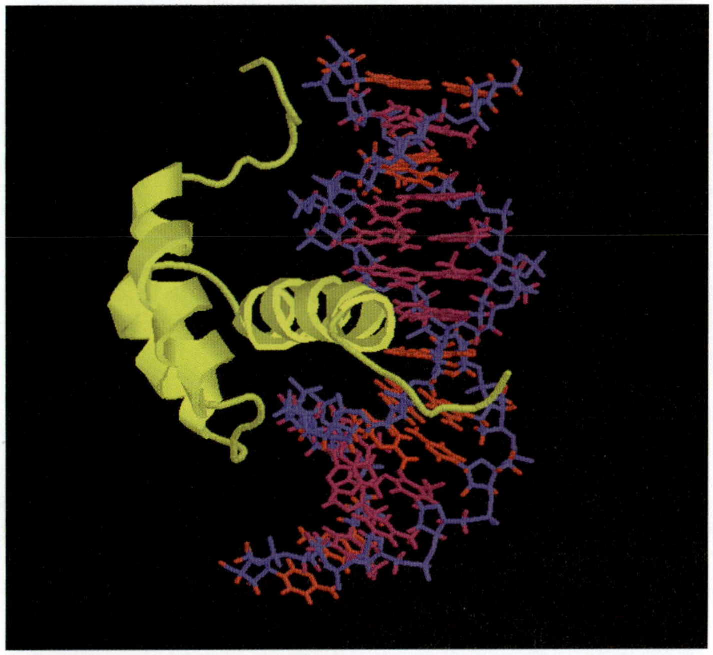

그림 22.29 호메오도메인: 발생을 조절하는 여러 전사인자들에서 공통적으로 발견되는 DNA 결합 모티프(motif). 호메오도메인(노란색) 내의 아미노산은 DNA 이중 나선(빨간색 및 파란색)의 특정 서열과 상호작용한다. *Source: Modeled by Thomas R. Bürglin, based on the data of Otting et al. (1990), "Protein—DNA contacts in the structure of a homeodomain—DNA complex determined by nuclear magnetic resonance spectroscopy in solution," EMBO J, 9(10): 3085-3092*

밝혀진 바와 같이 가장 원시적인 동물인 해면동물을 포함한 모든 동물 게놈에는 *Hox* 유전자가 포함되어 있으며, 이 유전자들은 매우 오래된 것이지만 동시에 모든 동물의 발생 패턴 결정에 중요한 역할을 담당하고 있다. 일반적으로 신체 구조가 더 복잡할수록 더 많은 *Hox* 유전자가 있다. 인간과 다른 포유류에는 4개의 *Hox* 클러스터 내 총 38개의 *Hox* 유전자가 들어 있다(그림 22.30 참조). 합다지증(*Synpolydactyly*) [역자 주: 다지증의 한 종류]는 이 38개의 *Hox* 유전자 중 하나인 *HoxD13*의 돌연변이로 인해 발생하며(**그림 22.31**), *Hox* 유전자가 초파리 이외의 동물에서도 신체의 특정 영역의 발생 운명을 중재한다는 하나의 예이다.

핵심 개념 22.5

- 돌연변이 스크린을 수행하고 돌연변이를 분석함으로써, 초파리 유전학자들은 동물의 AP축을 따라 신체 패턴화 체절형성를 결정하는 유전자 계층을 확인하였다.
- 모계 영향 유전자는 모체 게놈에서 발현되며, 그 산물은 난자에 축적된다. 이러한 유전자 산물 중 일부는 농도 의존적 방식으로 배아의 체절형성에 영향을 미치므로 형태형성자라고 한다.

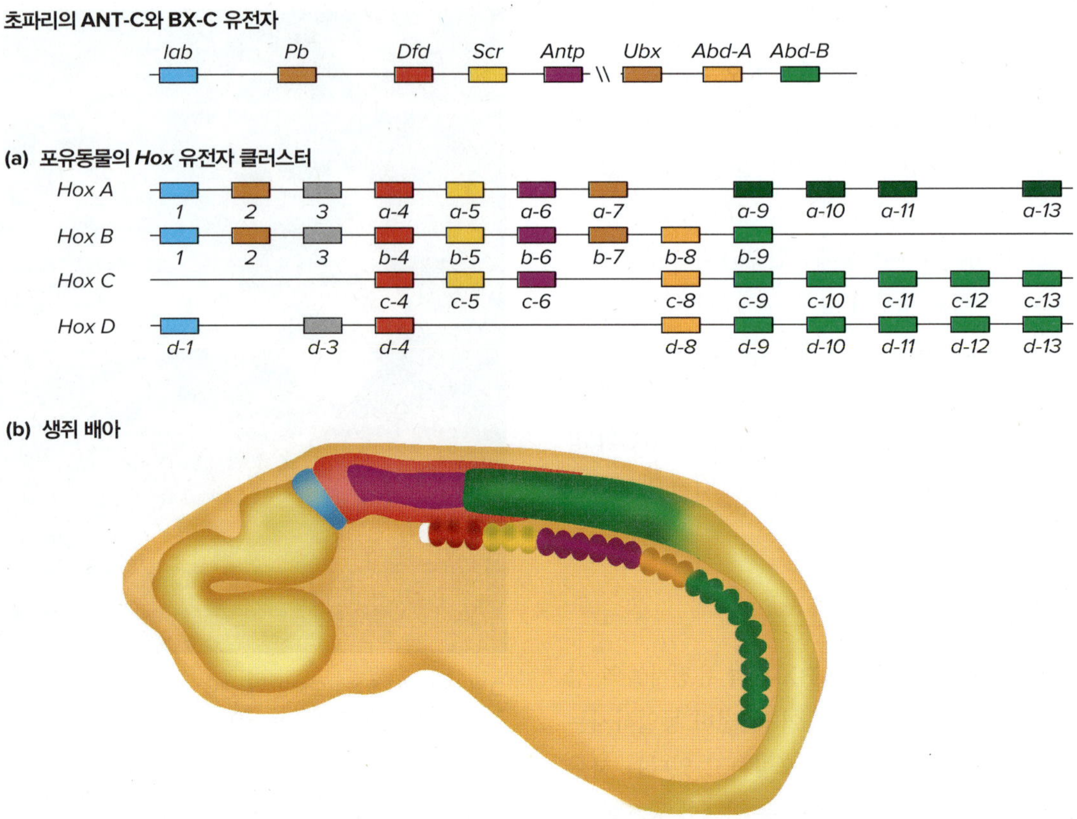

그림 22.30 포유류의 *Hox* 유전자는 4개의 클러스터로 조직되어 있다. **(a)** 포유류 게놈은 초파리에 있는 각 ANT-C 및 BX-C 호메오박스 유전자에 대한 여러 상동체들을 포함하고 있다. **(b)** 초파리에서와 마찬가지로 각 클러스터의 포유류(생쥐) ***Hox*** 유전자는 배아의 AP 축을 따라 발현되는 순서와 같은 순서로 배열된다. 색표지가 된 디스크들은 *somites*, 척추 및 기타 구조의 전구체를 나타낸다. 색상은 해당 조직에서 발현되는 *Hox* 유전자를 보여준다.

- 초파리에서 접합체 체절형성 유전자의 세 가지 클래스(간극 유전자, 쌍지배 유전자 및 체절 극성 유전자)는 결국 배아를 14개의 동일한 체절로 세분화하는 계층 구조를 조절한다. 이들 유전자 중 다수는 계층 구조에서 동일한 클래스 또는 다음 하위 클래스의 유전자 발현을 제어하는 전사인자들이다.
- 호메오 유전자는 초파리의 각 신체 부위에 개별 정체성을 지정하고 모든 동물의 신체 패턴화에 중요한 역할을 하는 "마스터 조절기"이다. 호메오 유전자는 AP축을 따라 다른 영역에서 발현되는 전사인자들을 암호화하고 있다. 호메오박스는 호메오 유전자 내에 고도로 보존되어 있는 염기쌍 서열로서 DNA 결합에 필요한 호메오도메인을 암호화하고 있다.

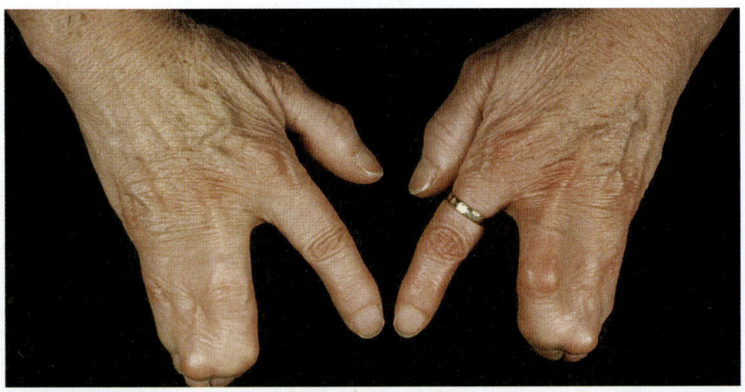

그림 22.31 인간 ***HoxD13*** 유전자의 돌연변이에 의해 발생하는 합다지증.
Source: ©St. Bartholomew Hospital/Science

풀이 문제

풀이 문제 I

과학자들은 재조합 DNA 기술을 사용하여 원래의 장소나 시간이 아닌 곳에서 유전자를 이소적으로 발현하는(ectopically expressing) 도입 유전자를 생성할 수 있다. 그림에서 보듯이 날개와 다리에서 눈 조직이 발생한 초파리는 *eyeless* 유전자의 cDNA가 열 충격 유전자(발생과정 중의 어떤 조직에서도 정상온도보다 높은 고온에서 전사가 일어나는) 조절부위(프로모터)와 융합된 도입 유전자를 갖고 있다(검토 그림 22.1a). Eyeless 단백질은 일반적으로 발생중인 눈에서만 발현되지만, 이 융합 유전자를 지닌 동물이 고온에서 자란 경우 Eyeless 단백질을 몸 전체에서 만들게 된다.

a. *eyeless* 유전자의 기능에 대해 어떤 결론을 내릴 수 있는가?
b. 이소성 눈(ectopic eye)은 한편 마우스 *Pax-6* 또는 인간 *Aniridia* 유전자를 동일한 열 충격 유전자 프로모터의 제어 하에 초파리에서 발현시켰을 때도 발생한다. 이 결과는 무엇을 의미하는가?
c. 때때로 우리는 이소적 발현(ectopic expression) 실험에서 개체 전신(whole body)이 아닌 한 특정 조직에서만 이 유전자를 발현하고자 한다. 그 이유는? 어떻게 하면 초파리의 다리에서만 *eyeless*를 발현할 수 있겠는가?

해답

a. *eyeless* 유전자는 해당 유전자를 발현하는 세포들을 눈으로 만드는 "마스터 조절기"를 암호화하고 있다.
b. 이상의 결과는 이 마스터 스위치의 아미노산 서열과 실제 기능이 동물의 진화 과정에서 보존되었음을 보여준다.
c. 전반적인 이소적 유전자 발현은 종종 개체에게 치명적일 수 있다. eyeless를 다리에서만 발현시키려면, 특히 다리에서 전사가 활성화되는 특성화된 유전자의 조절 영역에 *eyeless* cDNA를 융합하면 된다.

풀이 문제 II

Gal4/UAS 시스템을 사용하면 연구자가 선택된 유전자를 발현시켜 그 효과를 보고자 할 때, 관심 유전자의 cDNA 도입 유전자를 사용하여 수천 가지 패턴 중 하나의 패턴을 자유롭게 골라 발현시킬 수 있다. GAL4는 UAS_G라고 불리는 효모 인핸서를 가지는 유전자들의 발현을 활성화시킬 수 있는 효모의 전사인자이다(19장, Gal4/UAS_G 이진 발현 시스템 「유전학의 기술」을 검토하시오).

Eyeless 단백질을 다리에서만 특정하게 발현시키려고 하면 Gal4/UAS 시스템을 어떻게 활용해야 하는가? 풀이 문제 I에서 사용된 융합 유전자 방식에 비해 Gal4/UAS 시스템이 갖는 장점은 무엇인지 설명하시오.

해답

먼저 *eyeless* cDNA의 상류(upstream)에 UAS_G가 배치된 *P* 인자 조립체(*P* element construct)로 파리를 형질전환한다. 그런 다음 UAS_G::*eyeless* 파리를 Gal4 단백질을 발현하는 드라이버 라인(다리로 될 발생된 세포 특이적으로 발현하는)과 교배한다.

이원화 시스템(binary system)을 사용하는 이점은 하나의 UAS_G::*eyeless* DNA만 만들어진다면, 이미 만들어져 있는 수많은 Gal4 드라이버를 사용함으로써 여러 다양한 조직에서만 특이적으로 발현시키는 것이 가능해 진다. 따라서 UAS_G::*eyeless* construct를 사용하여 파리를 다른 드라이버가 있는 계통과 교배함으로써 다리나 날개 또는 심지어 내부 장기와 같은 주어진 조직에서 Eyeless 단백질을 이소적 발현(ectopic expression)하는 파리를 만들 수 있게 된다. 또한 과학자들은 조직 특이적 유전자 발현을 달성하기 위해 특정 유전자 조절 영역을 일일이 직접 해석할 필요가 없다.

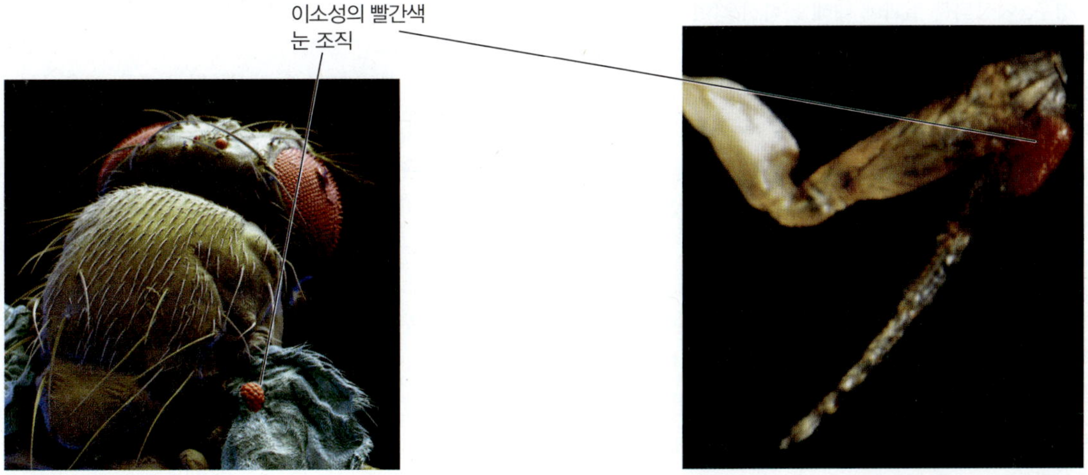

©Eye of Science/Science Source

©Elisabeth Gehring. Photo by Dr. W. Gehring, University of Basel

풀이 문제 I의 그림

연습 문제

어휘

1. 왼쪽 열의 각 용어에 대해 오른쪽 열에서 가장 일치하는 설명을 선택하시오.

a. 상위적 상호 작용	1. 신체를 동일한 단위로 구분하는 것(체절)
b. 조절성 결정	2. 리간드의 수용체 결합에 의해 시작됨
c. 변경자 스크리닝	3. 하나 이상의 유전자형 세포들을 가진 개인
d. RNAi	4. 초기 배아 세포의 운명은 환경에 의해 변경될 수 있다.
e. 이소성 발현	5. 신체 체절에 정체성 할당
f. 호메오도메인	6. 농도에 의해 세포 운명을 결정할 수 있는 물질
g. 녹색 형광 단백질	7. 이중 가닥 RNA에 의한 유전자 발현 억제
h. 유전적 모자이크	8. 다면발현 유전자를 확인하는 방법
i. 체절형성 유전자	9. 특정 전사인자에서 발견되는 DNA 결합 모티프
j. 호메오 유전자	10. 수정되지 않은 난자에 축적되고 배아 발달에 필요한 단백질을 암호화하고 있다.
k. 형태형성자	11. 이중 돌연변이는 두 돌연변이 중 하나의 표현형을 갖는다
l. 모계 영향	12. 유전자가 부적절한 조직이나 또는 잘못된 시간에 활성화됨
m. 신호 전달 경로	13. 살아있는 세포에서 단백질을 추적하는데 사용되는 태그(꼬리표)

22.1절

2. 예쁜꼬마선충(*C. elegans*)의 초기 배아는 모자이크 결정(mosaic determination)을 보이는 반면, 생쥐 초기 배아는 조절 결정(regulatory determination)을 나타낸다. 이 두 종의 4세포 배아에서 다음과 같은 처치가 이루어진 경우, 예상되는 결과에 대해 논하시오(이러한 조작이 실제로 수행될 수 있다고 가정한다).
   a. 레이저를 사용하여 4개의 세포 중 하나를 파괴한다(이 기술을 레이저 절제술이라고 함).
   b. 배아의 4개 세포를 하나씩 분리하여 각각 발생하게 한다.
   c. 서로 다른 4세포 배아 두 개를 결합하여 8세포 배아를 만든다.

22.2절

3. *sevenless* (*sev*) 또는 *Bride-of-sevenless* (*boss*) 유전자의 열성 영 돌연변이에 대해 동형접합성인 파리들은 서로 동일한 돌연변이 표현형을 갖게 된다. 즉 눈의 모든 개안 각 면에서 광수용체 세포 7 (R7)이 결실되어 있다. R7 세포는 파리가 자외선을 감지할 수 있도록 해주는 중요한 광수용체 세포이다.
   a. 파리가 일반적으로 빛을 향해 움직인다는 점[역자 주: 주광성]을 고려하여, 상기된 두 유전자 외에 R7 결정에 필요한 다른 유전자들의 돌연변이를 식별할 수 있는 스크리닝 방법을 제안하시오.
   b. 귀하의 방법으로 R7 개발에 필요한 모든 유전자들의 돌연변이를 찾아낼 수 있겠는가? 설명해보시오.
   c. 스크리닝에서 찾은 새로운 돌연변이가 *sev* 또는 *boss*의 대립유전자인지 아닌지를 어떻게 판별할 수 있겠는가?
   d. 이전에 눈 발생에 관여하는 것으로 알려지지 않은 한 유전자의 열성 돌연변이 대립유전자를 발견했다고 가정하자. 이 유전자에 대해 추가적인 대립유전자를 찾기 위해 새로운 돌연변이 생성 스크리닝을 하려 할 때, 이 대립유전자를 어떻게 활용할 수 있겠는가? 이 과정을 연구하기 위해 추가적인 돌연변이 대립유전자를 원하는 이유는 무엇인가?

문제 4와 5는 예쁜꼬마선충(*C. elegans*) 발생 유전학자들이 선충에 주입한(형질전환시킨) *myo-2::GFP*라는 재조합 DNA에 관한 논의이다. 이 DNA는 *C. elegans*가 잡아먹은 박테리아를 분쇄하는데 사용하는 입과 내장 사이의 기관인 인두(pharynx)에서 녹색 형광 단백질(GFP)을 발현한다. *myo-2::GFP* DNA는 해파리 GFP에 대한 열린 번역틀(ORFs)이 인두 근육 세포에서 특이적으로 발현되는 유전자인 *myo-2*의 프로모터 및 인핸서 뒤에 즉 뒷부분에 이어진 구조를 갖고 있다.

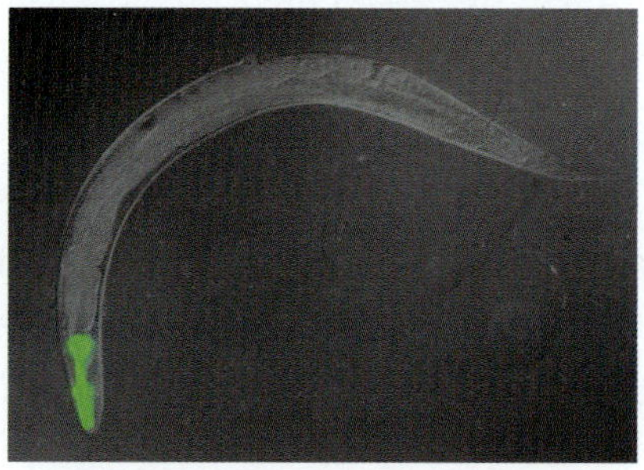

Courtesy of John M. Kemner

4. a. *myo-2::GFP*로 형질전환된 선충을 사용하여, 인두 구조 형성을 방해할 수 있는 돌연변이를 찾을 수 있는 방법을 설명하시오. 돌연변이 스크리닝을 촉진하기 위해 도입 유전자의 존재는 어떻게 기여할 수 있는가?
   b. *pha-4* 유전자의 기능상실 돌연변이에 대해 동형접합성인 선충은 인두가 없다. *Myo-2::GFP*를 사용하여, *Pax-6*/*eyeless*가 안구 발생을 제어하는 방식과 유사한 방식으로 인두 발생을 지시하는 "마스터 조절기"를 *pha-4*가 인코딩하는지 확인할 수 있는가? (힌트: 풀이 문제 I 검토)

5. 유전자 *X*가 인두의 특성화에 중요한지 여부를 확인하고 싶지만 유전자 *X*의 돌연변이는 인두 구조가 나타나기 훨씬 전부터 배아 발생(배발

생, embryo development)을 방해한다고 한다. *myo-2::GFP*, *myo-2* 프로모터, 유전자 *X*의 DNA 서열, RNA 간섭(RNAi)에 대한 지식을 사용하여 인두에서 유전자 *X* 발현이 안되지만 다른 모든 곳(야생형 *C. elegans*에서 발현되는 다른 조직)에서 유전자 *X*를 발현하는 선충을 어떻게 생성하려면 어떻게 해야 하는가?

6. *sevenless*는 개체 생명유지에 꼭 필수적이지는 않은, 단 하나의 세포 유형인 R7 전구 세포에서만 필요하다는 점에서 특이한 수용체 단백질이다. 즉, sev^- 파리(영 돌연변이체의 눈에는 R7 세포가 결핍되어 있지만, 그럼에도 불구하고 실험실 조건 하에서 이 파리는 완전히 생존 가능하고 생식력도 갖고 있다. 대조적으로, 상피세포 성장 인자 수용체(EGFR)는 발달 초기에 시작되는 다양한 세포 유형에서 꼭 필요한 필수인자이다. EGFR은 그 기능이 다면발현성이므로, 이 단백질이 없는 파리는 배아 발생 동안 죽게 된다.
   a. *sevenless* 신호를 핵으로 전달하는 Ras/MAPK 경로(그림 22.5)도 EGFR의 하위(downstream)에서 작동한다고 알려져 있다. Ras/MAPK 경로(그림 22.4)의 구성 요소를 식별하기 위해 사용되었던 *sev* 돌연변이에 대한 변경자 스크리닝이 *Egfr* 돌연변이에 대해서는 작동하지 않는 이유에 대해 설명하시오.
   b. *Egfr* 경로에 있는 유전자의 돌연변이를 식별할 수 있는 변경자 스크린을 설계해보시오. (힌트: 도입 유전자를 사용하시오.)

7. 초파리 연구자들은 게놈상에 야생형 *white* 유전자($P[w^+]$ 도입 유전자) 내재형 단일 재조합 *P* 인자를 갖고 있어, 그 삽입 위치가 확인된 다수의 스트레인들을 수집했다. 이 스트레인들은 파리 게놈에서 돌연변이 유전자의 위치를 매핑하는 데 활용할 수 있다.
   연구자들은 3번 염색체의 $P[w^+]$ element와 비교하여 거친 눈(rough eye)을 유발하는 열성 돌연변이 *rough* (*ro*)를 매핑하기 위해 검정교배를 수행하였다. $P[w^+]$를 갖고 있는 3번 염색체와, ro^- 돌연변이가 있는 상동염색체 3번에 대해 이형접합인 암컷 파리를 ro^-/ro^- 수컷과 교배하여 다음 목록의 자손을 얻었다. 부모와 자손 모두에서 내인성(endogenous) *white* 유전자는 기능하지 않았다. 파리는 $P[w^+]$ 도입 유전자를 포함하는 경우에만 적목(빨간 눈) 현상을 보인다.

145	빨간색, 매끄러운 야생형 눈
152	흰색, 거친 눈
2	흰색, 매끄러운 눈
1	빨간색, 거친 눈

   a. *ro*와 $P[w^+]$는 서로 연관(link)되어 있는가? 그렇다면 지도 단위(map unit)로 보아 그들을 서로 떨어져 있는가?
   b. (a) 부분의 데이터만으로는 *ro* 유전자가 $P[w^+]$의 어느 쪽(중심체 또는 말단소체 방향)에 있는지 알 수 없다. 그 정보를 알아내기 위해서는 어떻게 실험을 수정해야 하겠는가?
   c. 5000 bp 떨어져 있는 두 개의 서로 다른 $P[w^+]$ 인자 사이에 존재하는 *ro* 돌연변이를 게놈 영역 상에 매핑하려 한다고 가정한다. 분자 수준에서 *ro* 유전자를 식별할 수 있는 실험적 접근 방법을 설명하시오.
   d. *ro* 유전자가 암호화하고 있는 단백질의 기능을 규명하고자 할 때, *ro* 유전자의 DNA 서열을 어떻게 활용하면 좋겠는가?

8. *par-1*이라고 하는 선충류(*C. elegans*) 유전자는 발생 초기에 동물의 AP축을 결정하는 데 기여한다. 과학자들은 *par-1*이 또한 다면발현성을 갖고 있어서, 나중에 성체 동물의 외음부(vulva)를 형성하는 기능도 갖고 있다고 결론지었다. 연구자들은 *par-1* 유전자의 나중에 나타나는 기능을 관찰하기 위해 어떻게 $par\text{-}1^-$ 돌연변이의 치사율을 우회할 수 있었는가? (힌트: *C. elegans* 유충은 모든 유전자에 대응해 이중가닥 RNA를 발현하는 박테리아를 섭취할 수 있다.)

22.3절

9. $boss^+$의 작용 초점을 결정하기 위해 연구원들은 그림 22.10에서와 같이 모자이크 실험을 수행하였다. FLP/FRT를 사용한 유사분열 재조합에 의해 w^+ $boss^+$와 w^- $boss^-$ 광수용체들로 이루어진 개안 모자이크가 만들어졌다.
   a. (i) 야생형 표현형(R7 존재)을 갖는 모자이크 개체, (ii) $boss^-$ 표현형(R7 부재)을 갖는 세포들 중에서 어떤 세포가 w^+이고 어떤 세포가 w^-인지 설명하시오. $boss^+$ 유전자의 작용 초점은 무엇인가?
   b. *boss* 유전자는 3번 염색체에 위치하지만 여전히 w^+ 유전자는 $boss^+$ 세포에 대한 마커로서 사용할 수 있었다. 이 문제는 내재 X-연관(endogenous X-linked) *white* 유전자가 돌연변이 되어 있으면서, $P[w^+]$ 도입 유전자가 3번 염색체에 들어간 파리를 사용하여 해결되었다. FRT, $P[w^+]$, $boss^-$ 및 $boss^+$ 대립유전자들과 체세포 분열 교차의 위치를 포함하여 이 실험에 사용된 염색체를 그림(도표)으로 나타내시오. 또한 염색체가 어떻게 딸세포들로 분배되어 모자이크를 생성하는지 설명하시오.

10. 연구자들은 열성 치사 돌연변이(l^-)와 관련된 표현형을 연구하기 위해 *Minute* 돌연변이를 이용하였다. 이 열성 치사 돌연변이(l^-)는 세포 분열 속도를 감소시켜서, 분석하기 난해한 매우 작은 크기의 동형접합 돌연변이 클론만을 만든다. 다양한 초파리 스트레인들은 다양한 유전자에서 리보솜 단백질 소단위를 암호화하는 *Minute*(*M*)에 대한 우성 기능상실 돌연변이를 가지고 있다. *M* 유전자는 반수체 상태에서는 기능이 완전하지 못하다. 야생형 M^+ 유전자 사본이 하나만 있는 파리는 세포 분열 속도가 더 느리므로 발생이 지연되고 미묘한 형태학적 이상이 생기게 된다.
    이 유전자의 기능을 연구함에 있어 생기는 "작은 클론" 문제를 피하기 위해, 연구자들은 동형접합 l^-/l^-(GFP가 없는 것이 표지)이면서 동시에 M^+/M^+인 클론을 l^-/l^+ 및 M^-/M^+인 파리에서 만들었다. 클론 집단 안의 세포에서만 *Minute* 돌연변이가 없으므로 l^-/l^- 세포는 이웃에 비해 성장 이점을 갖게 되며, 이 돌연변이 클론이 연구하기에 충분한 정도로 크게 성장할 수 있도록 한다. 이러한 클론을 생성하는 데 사용할 수 있는 염색체를 그림으로 나타내 보시오.

11. 다음 그림은 초기 배아의 극성(polarity)을 결정하는 데 도움이 되는 *zyg-9* 유전자의 온도 민감성 대립 인자에 대해, 동형접합인 어미로부터 나온 *C. elegans* 배아의 온도-변화에 따른 결과 분석을 보여주고 있다. 각 점은 짧은(5분) 펄스의 고온처리를 받은 개별 배아를 나타낸다. 녹색 점은 배아가 궁극적으로 생존하여 정상적인 선충이 됨을 나타내는 반면, 빨간색 점은 궁극적으로 죽는 비정상적 극성을 가진 개체들을 나타내고 있다.

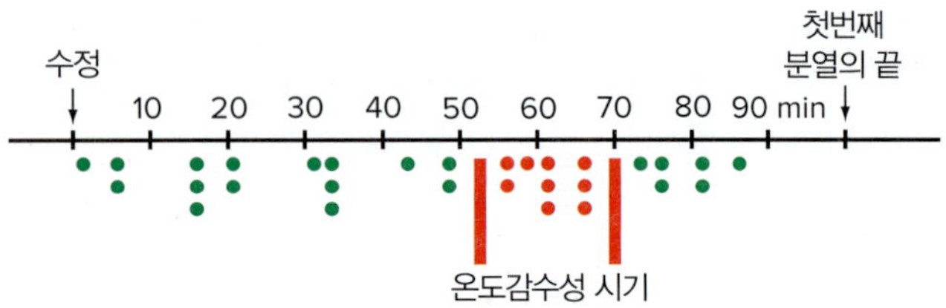

a. *C. elegans*의 정상적인 발생을 위해, *zyg-9* 유전자는 수정 후 어떤 시점에서부터 필요해지는가?
b. 위 실험에 관련하여, 수정에 사용된 정자가 *zyg-9*의 야생형 또는 돌연변이 대립유전자를 가졌는지 여부에 관계없이 동일한 결과가 얻어졌다. 이 사실은 필요시 짧은 기간 동안 나타나는 Zyg-9 단백질의 출처에 대해 무엇을 말해주는가?

12. 초기 발생에 필수적인 다면발현 유전자의 저형성 대립인자는 때때로 유기체가 초기 발생에서 생존하기에 충분한 유전자 활성을 제공할 수 있다. 이러한 경우 돌연변이 표현형은 발생 이후에 나타날 유전자의 기능을 밝힐 수 있다.
Fgf8 (*fibroblast growth factor 8*, 섬유아세포 성장인자 8)의 영 대립인자에 대해 동형접합성인 생쥐는 초기 배아 발생 동안 사망하여, 이 단계 이후, *Fgf8*의 장기의 좌우 비대칭 설정에서의 역할을 알기가 어렵다. 그러나 *Fgf8*의 저형성 대립인자에 대해 동형접합성인 생쥐는 더 많이 발생이 가능하며, *Fgf8* 단백질이 "왼쪽"(leftness)의 결정인자임을 드러낸다. *Fgf8* 돌연변이체에서는 심장과 같은 많은 장기가 다음 그림과 같이 좌/우 반전되어 있다.

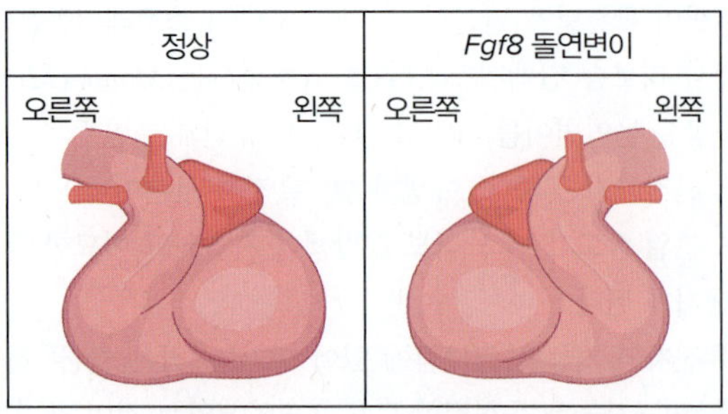

이러한 *Fgf8* 저형성 돌연변이 대립유전자는 어떻게 하면 생성될 수 있겠는가? (하나 이상의 답변이 가능하다.)

13. 연구자들은 심각한 청력 이상증에 대한 스크리닝을 통해 녹아웃(knock out) 생쥐(동형접합체) 컬렉션을 확보하였다. 종합적으로, 이 녹아웃 생쥐 그룹은 게놈에 있는 유전자의 15%에 해당하는 무표현형 대립인자(amorphic allele)를 가지고 있었다. 67개의 유전자가 스크리닝을 통해 확인되었으며, 여기에는 이전에 청각과 관련이 없다고 알려졌었던 52개의 유전자들이 포함되어 있었다.
a. 생쥐 게놈에서 몇 개의 유전자가 특히 청각에 필요한 것으로 추정되는가?
b. 연구자들은 그들이 식별한 유전자가 다면발현성이 아니라고 확신할 수 있겠는가? (즉, 67개의 유전자들이 청각에서만 기능한다고 확신할 수 있겠는가?) 답을 설명하시오.
c. 초파리는 안테나로 소리를 듣는다. 파리의 청각 유전자 스크리닝이 돌연변이 생쥐의 스크리닝보다 훨씬 용이할 것이라는 점을 감안할 때, 연구자들이 스크리닝을 위해 생쥐를 선택한 이유는 무엇이라고 생각하는가?
d. 67개의 유전자들은 어떤 유형(type)의 유전자 산물의 코딩하고 있겠는가?
e. 67개의 청각 유전자들이 모두 귀에서 발현될 것이라 기대하는가? 설명해보시오.
f. 과학자들은 67개의 유전자가 발현되는 위치를 결정하기 위해 어떤 실험을 해 볼 수 있겠는가?

22.4절

14. *yan* 유전자는 *sevenless*를 발현하여 R7이 될 수 있는 5개의 세포에서 R7 발달을 억제하는 전사인자를 암호화한다. *yan* 영 돌연변이에서 각 개안의 5개 세포 모두는 R7이 될 수 있다(*sev::Ras*^{G12V} 형질전환 파리에서와 같이; 그림 22.6b 참조). *sev*$^{-}$ *yan*$^{-}$ 이중 영 돌연변이의 눈은 *yan*$^{-}$ 돌연변이 표현형을 표시한다.
a. *sev*$^{-}$ 및 *yan*$^{-}$ 돌연변이 사이의 상위성 관계를 설명하시오.
b. 신호 경로(그림 22.5)에서 Sevenless 및 Yan 단백질의 역할에 대해 알고 있는 바에 따르면 이것이 예상했던 상위 상호작용일지 설명해 보시오.
c. 동일 경로에 있는 유전자의 두 돌연변이가 다른 돌연변이 표현형을 갖는 경우에만 상위성 분석을 수행할 수 있다. R7 신호 전달 경로에서 *sev*와 *yan*의 두 가지 다른 영 돌연변이가 어떻게 다른 돌연변이 표현형을 이끌어 낼 수 있는가?
d. 구성적으로 활성인 *Ras*^{G12V} 돌연변이는 *sev*$^{-}$ 영 돌연변이에 대해 상위성이며, *yan*$^{-}$ 영 돌연변이도 마찬가지이다. 그러나 Ras와 Yan은 신호 전달 경로에서 *sevenless*의 하위에서 작용한다. (c) 부분에 대한 답변을 고려하여 이것이 의미 있는 이유를 설명하시오.

15. 19장에서 초파리에서 성 결정은 X 염색체의 수에 달려 있음을 상기해 보자. XX 파리는 암컷이고 XY 파리는 수컷이다. 암컷 형태로의 발생은 XX 배아에서 *Sxl* 유전자의 발현에 의해 시작된 일련의 유전자 조절에 달려 있다(그림 19.32 및 19.33). Sxl은 *tra* 유전자 전사체의 스플라이싱을 유도하며, 그 결과 Tra 단백질의 번역이 가능해진다. Tra

단백질은 차례로 여성 특이적 *dsx* mRNA 스플라이싱을 유발하여 전사인자인 Dsx-F 단백질의 발현을 유도한다. Dsx-F는 암컷-형태 유전자 전사를 활성화하는 동시에 남성 형태 유전자 발현을 억제한다. *ix* 유전자 산물인 Ix 단백질은 Dsx-F가 남성 형태 유전자의 발현을 억제하는 데 필수적인 요소이다.

a. 초파리 성 결정(sex determination)은 스위치/조절 경로이다. 이 경로에서 신호와 스위치를 정의해보시오. 어떤 세포들에서 이 스위치가 켜져 있고(ON) 어떤 세포들에서는 꺼져 있겠는가(OFF)?

b. XX 파리와 XY 파리 각각에서 tra^- 및 ix^- 돌연변이 표현형을 설명하시오.

c. tra^- ix^- 영 이중 돌연변이의 돌연변이 표현형을 예측하시오. 어떤 돌연변이가 상위성(epistatic)이라고 예상되는가?

d. 눈 발생 연구에서 상위성 분석(epistasis analysis)과 관련하여 이전에 논의된 두 가지 예(텍스트에 설명된 sev^- 및 Ras^{G12V}, 연습 문제 14의 sev^- 및 yan^-)에서 경로상(또는 계층상) 상위의 돌연변이는 하위의 유전자(downstream)를 지배할 수 있었다. 성 결정 경로의 경우에서는 왜 앞에서의 경우와 같지 않은지 이유를 설명하시오.

22.5절

16. 1920년대에 Arthur Boycott은 달팽이 *Limnaea peregra*를 연구하면서 최초의 모계 영향 표현형을 발견하였다. 대부분의 복족류(gastropoda)와 마찬가지로 *Limnaea peregra*의 껍데기와 내부 장기는 일반적으로 오른쪽으로 감겨있다. Boycott은 몸이 야생형과 거울상 대칭인 돌연변이체를 발견하였다. 돌연변이체의 껍질과 내부 몸체가 왼쪽으로 감겨 있는, 즉 왼손잡이(좌선회성, sinistral)이라고 불리는 표현형이다.

좌선회성 우선회성

Courtesy of Bill Frank, www.jaxshells.org

보다 최근의 연구에 따르면 좌선회성(sinistrality)와 우선회성(dextrality)은 상염색체의 *s*라고 불리는 모계 영향 유전자에 의해 제어된다. 우성 s^+ 대립유전자는 우선회성을 유도하고 열성, 기능상실 s^- 대립유전자는 좌선회성을 유도한다.

a. *Limnaea*는 자웅동체 또는 수컷이다. 자웅동체는 난자와 정자를 모두 만들고 스스로 수정하거나 수컷과 교미할 수 있다. 좌회전성 *Limnaea* 자웅동체의 순종(pure-breeding)이 우회전성 계통의 수컷 순종과 교배되었다고 가정해보자. 자손의 표현형은 어떻게 될 것으로 보이는가?

b. 우회전성 자웅동체가 좌회전성 수컷과 교배된다면 자손의 표현형은 무엇이겠는가?

c. (a) 부분의 F_1이 자가 수정하는 경우 자손 표현형을 설명하시오. (b) 부분의 F_1에 대해서도 동일한 작업을 수행해보시오.

d. (a)와 (b)에서 나온 F_2를 각각 자가 수정시켰다고 가정해보자. 각 경우, $F3_3$에서는 어떤 결과가 기대되는가?

17. 발생에서 일부 유전자들은 접합체 기원 및 모체 기원인 것들 모두가 필요하다. 그러한 유전자를 연구하기 위한 한 가지 실험적 접근 방식은 *ovo* 유전자의 우성 여성 불임 돌연변이인 ovo^D를 활용하는 것이다. 이 유전자는 말단 동원체형의 초파리 X 염색체의 중앙 근처에 위치하고 있다. ovo^D가 있는 생식세포(germ cell)는 난자(egg)를 생산할 수 없으므로 ovo^D/ovo^+ 암컷은 불임이다.

a. X 유전자의 돌연변이는 열성 치사인자이므로 이러한 돌연변이에 대한 동형접합체는 성체로 발생하지 못한다. 연구자들이 유사분열 재조합 실험에서 ovo^D 돌연변이를 사용하여 다음에 질문들에 답할 수 있는 방법을 설명해 보시오. (i) 암컷은 난소에서 만드는 난자에 유전자 *X*의 산물 중 RNA 또는 단백질 생성물 중 어느 쪽을 공급하는지 답하시오. 그리고 (ii) 이들 중 어떤 모계 물질이 자손의 적절한 발생에 필요한지 답하시오. 이 접근 방식이 성공하려면 유전자 X는 게놈 상 어디에 위치해야 하는가?

b. ovo^D 돌연변이 유전자가 클로닝 됨에 따라 이 돌연변이 유전자에 대한 게놈 DNA를 사용할 수 있게 되었다. 어떻게 하면 이 클로닝된 DNA를 사용하여 게놈의 어느 곳에나 있을 수 있는 태아에 치명적인 돌연변이가 모계 영향 유전자의 대립인자인지 여부를 판별할 수 있겠는가?

c. 위와 같은 실험에서, 문제의 유전자가 어미의 난자형성(oogenesis)에 자기 산물을 공급하는 유전자들과는 다른 모계 영향 유전자인지 궁금할 때, 염색체 위치에 관계없이 그 여부를 어떻게 구별할 수 있겠는가?

d. 이 돌연변이를 가진 암컷이 불임인 경우 ovo^D를 포함하는 파리 스트레인(strain)을 어떻게 하면 유지시킬 수 있는가?

18. Bicoid가 전방 결정인자(anterior determinant)임을 증명하는 중요한 증거 하나는 초기 발생학자들이 수행한 것과 비슷한 주입 실험을 통해 밝혀졌다. 이 실험들 중에는 시험관 내에서 합성된 mRNA 또는 난자의 세포질과 같은 구성요소를 난자(egg)에 직접 주입하여 도입하는 것도 포함되어 있었다. Bicoid가 전방 결정 인자임을 입증할 주입 실험(injection experiment)을 설명하시오.

19. $Nanos^-$ 어미가 낳은 알에서 발생하는 파리는 복부 발생이 억제되어 있다. 모계로부터 *hunchback* mRNA를 공급받지 못한 알에서 자란 파리는 정상이다. Hunchback 단백질이 알의 뒤쪽에 너무 많이 축적

되면 복부 발생이 억제된다.

a. 이러한 발견들은 Nanos 단백질의 기능과 *hunchback* 산모가 제공한 mRNA의 기능에 대해서 어떤 사실을 말해주는가?

b. 진화라는 관점에서 이러한 발견은 생물학적 과정의 효율성에 관해 무엇을 말해주는가?

20. 초파리 *even-skipped* (*eve*) 유전자에는 7개의 줄무늬 패턴으로 전사를 제어하는 4개의 서로 다른 인핸서가 존재한다. 그 중 하나인 줄무늬 2 인핸서(stripe 2 enhancer)가 그림 22.22c에 나와 있다.

a. 줄무늬 2 인핸서가 줄무늬 2에 해당하는 세포에서만 활성화될 수 있는 이유는 무엇인가?

b. 다른 세 개의 인핸서는 각각 두 개의 서로 다른(인접하지 않은) 줄무늬에 해당하는 세포에서만 작동한다. 이것이 어떻게 가능한지 설명하시오?

c. *ftz*와 같은 이차 쌍지배 유전자는 7개의 줄무늬 모두에서 활성화되는 인핸서가 하나만 있다. 이것이 어떻게 가능한지 설명하시오. 과학자들이 이러한 결론에 다다르게 한 실험을 설명하시오.

d. 체절화 극성 유전자 *engrailed*는 인핸서 구성에 있어서, 2개의 인핸서 또는 14개의 인핸서(각 줄무늬에서 하나씩 활성화된) 중 어느 쪽일 것이라 생각되는가?

21. 초파리의 발생에 *Hox* 유전자는 발현되어야 하는 곳에서는 "on" 상태여야 할 뿐만 아니라, 발현되어서는 안 되는 곳에서는 "off" 상태여야 한다는 것이 매우 중요하다. 20장에서 우리는 *Hox* 유전자가 인핸서 외에도 전사를 침묵시키는 PRE element에 의해 제어될 수 있다는 것을 보았다(그림 20.8 검토). *Hox* 유전자 제어에서 억제의 중요성은 초기에 소위 Polycomb 그룹(*PcG*) 유전자 약 30여개의 접합 돌연변이(zygotic mutation)에 의해 밝혀졌다. 이들 *PcG* 유전자 중 어느 하나라도 동형접합 기능상실 돌연변이(homozygous loss-of-function mutation)가 나타나면 모두 유사한 돌연변이 표현형을 갖게 된다. 첨부 그림에서 볼 수 있듯이 *BX-C* 유전자에 의해 정체성이 제어되는 부체절(parasegment)들은 모두 가장 뒤쪽 복부 부체절(PS13)으로 변형되어 버린다.

a. *PcG* 유전자가 인코딩하는 단백질 유형은 무엇이라고 생각되는가?

b. *PcG* 단백질이 결핍된 배아의 돌연변이 표현형을 설명하시오.

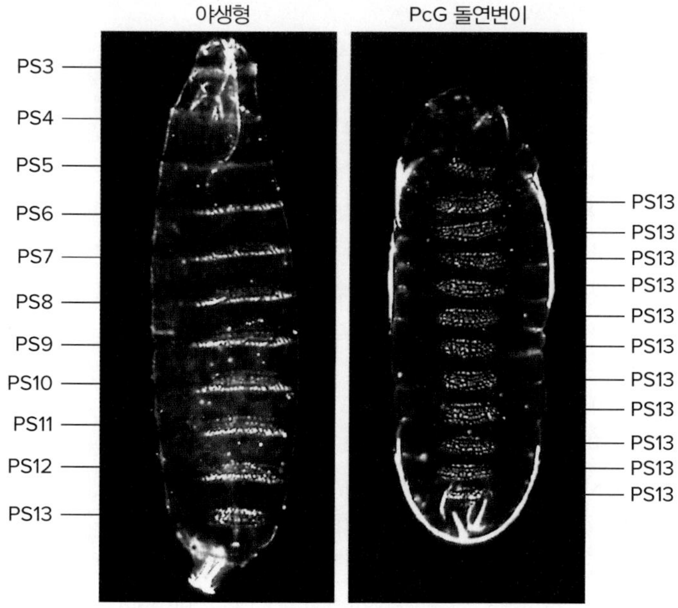

chapter **23**

암 유전학

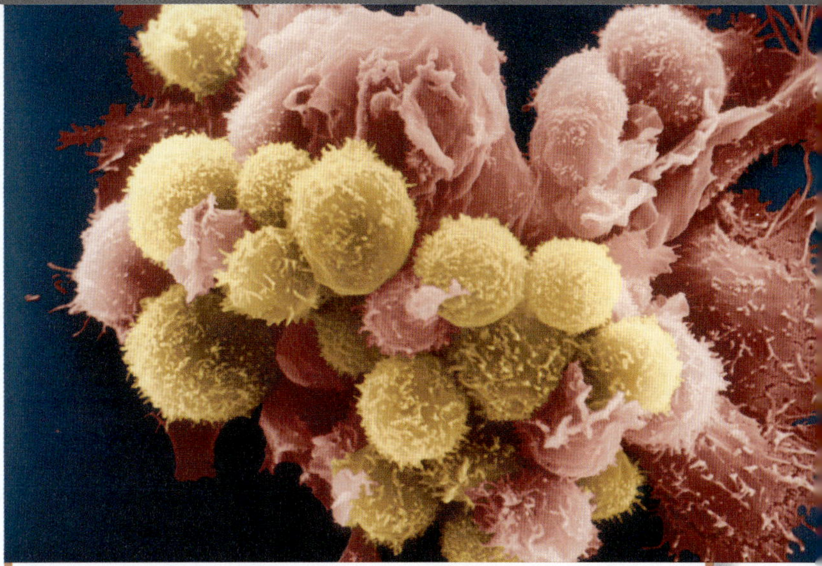

©Jean Claude Revy, ISM/Phototake.com

거대 암세포(분홍색)를 공격하는 면역 체계의 살해 세포(노란색)

개요

• 23.1 암세포의 특징
• 23.2 암의 유전적 기초
• 23.3 세포분열은 어떻게 정상적으로 조절되는가
• 23.4 돌연변이는 어떻게 암을 발생시키는가
• 23.5 맞춤 암 치료

체세포 돌연변이는 다음 세대로 전염되지 않음에도 불구하고 암의 근본적인 원인이 되기 때문에 유기체에 심대한 영향을 미칠 수 있다. 체세포 돌연변이 암은 단순히 한 종류의 질병을 일컫는 것이 아니라, 세포의 성장과 분열이 억제가 되지 않는 특징을 나타내는 다수의 서로 다른 질병을 대신하는 명칭이다. 암은 이처럼 폭넓은 다양성을 가지며, 두 가지 이유가 존재한다. 첫째, 암을 유발하는 체세포 돌연변이는 동일한 암 유발 돌연변이라 할지라도 세포에 따라 다른 반응을 나타날 수 있다. 둘째, 여러 유전자들의 돌연변이가 암을 유발하는데 도움을 줄 수 있다. 그러므로 두 개의 폐암세포는 돌연변이들의 다양성 때문에 실제로는 아주 다른 질병일 수도 있다.

이 장은 암이 실제로 몇 가지 공통된 특징을 공유하는 다양한 유전 질환 집합이라는 통합 주제를 중심으로 구성되어 있다. 모든 암에서 체세포는 다양한 유전자에 돌연변이를 축적하며, 이 중 상당수는 기존에 정상세포의 세포분열 과정에 "가속" 또는 "제동"의 기능을 하는 산물을 생성하던 유전자이다. 암 유발 돌연변이는 세포분열 과정이 가속화되는 것을 늦추거나 제동을 느슨하게 하여 암세포들을 통제불능의 상태로 분열하게 한다. 암 연관 유전자로부터 발현된 단백질은 보통 세포의 DNA를 안전하게 보호한다. 하지만 이런 유전자에 발생한 돌연변이는 세포분열 가속 혹은 제동 유전자의 돌연변이를 증가시켜 암의 발생을 유도한다. 종양세포에서 나타난 돌연변이의 특정 부분은 암세포 고유의 특징뿐만 아니라 특정 약품에 대한 민감성 또한 결정한다. 따라서 **개인맞춤 암 유전학**(personalized cancer genetics)에 대한 이해는 연구자들에게 개별 암에 맞는 치료법을 안내할 것이다.

23.1 암세포의 특징

학습 목표

1. 세포의 정상적인 성장과 암세포의 성장의 차이점을 논의한다.
2. 암세포의 특징인 "불멸"에 대하여 말단소체 복원효소(텔로머레이즈)가 어떠한 역할을 하는지 설명한다.
3. 인간 유전체에서의 암의 유발을 돕는 돌연변이 형을 나열한다.
4. 종양이 크게 성장할 수 있는 기작에 대해 설명하고 어떻게 신체 내 다른 기관에 전이될 수 있는지 자세히 설명한다.

종양세포는 정상세포와 구별되는 많은 특징을 가지고 있다. 그러나 모든 암세포들이 동일한 표현형을 보이는 것은 아니다.

암세포의 성장은 정상적인 조절을 받지 않는다

수정된 접합체인 단하나의 세포에서 인간의 신체를 형성하기 위해서는 수백만 번의 세포분열이 필요하다. 이러한 분열은 반드시 세포가 특정한 기관과 조직으로 정확하게 분배되도록 조절을 받는다. 세포분열의 다양한 조절들은 세포 간에 전달되는 신호들과 관련이 있다. 예를 들어, 대부분의 세포는 신체 어딘가에서 생성된 호르몬들과 같은 성장인자들과 접할 때만 분열이 일어날 것이다. 또 다른 예로, 대부분의 세포는 다른 세포와 물리적인 접촉이 일어날 때만 분열을 중단할 것이다. 이러한 특징을 **접촉 저해**(contact inhibition)라고 한다. 또한, 세포분열에 관여하는 조절에는 세포사멸이 실제로 포함되기도 한다. 특히, 대부분의 세포는 유전체 DNA가 너무 많이 손상되었을 때 활성화되는 **세포자살**(apoptosis) 또는 **세포예정사**(programmed cell death)라는 과정을 통해 사멸을 지시받는다.

그림 23.1은 암세포가 이러한 조절을 피할 수 있는 과정에 대해 설명한다. 암세포들은 자신들의 분열-자극 신호[**자가분비형 자극**(autocrine stimulation)]에 의해서 생성되거나 접촉 저해로 없어지기도 한다. 하지만 많은 암세포들은 DNA가 손상되더라도 정상세포에서 일어나는 세포자살 같은 방법으로 사멸하지 않는다.

암세포는 불멸에 대한 잠재력을 갖는다

몇 가지 예외(희귀 줄기세포와 같은)를 제외하고, 신체에서 얻은 정상 체세포는 배양 시 빠르게 성장하지 않으며, 분열 횟수에 한계(20~50회)가 있어 죽게 된다. 대조적으로, 종양세포는 배양이 잘 될 뿐만 아니라, 무한히 분열할 수 있다(**그림 23.2**). 이러한 특성은 연구를 위해 전세계에 분배될 수 있는 유용한 암세포주를 쉽게 개발할 수 있도록 한다.

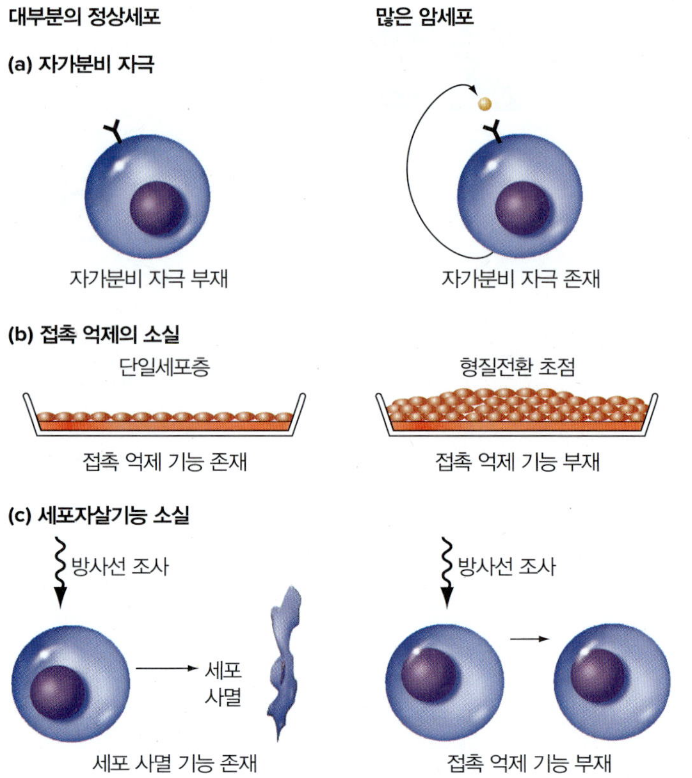

그림 23.1 암세포의 조절되지 않은 성장을 유발하는 표현형 변화. **(a)** 많은 종양세포는 외부 성장신호 없이 분열할 수 있다. **(b)** 정상세포들은 주위의 세포와 접촉 시 성장이 중단되며, 이러한 성질로 인해 세포 배양 시 단일세포층(monolayer)를 형성한다. 종양세포는 이 접촉 억제 성질을 잃고 형질전환 초점(transformed foci)이라 불리는 세포 더미를 형성한다. **(c)** 정상세포는 손상되었을 때 세포예정사 또는 세포자살로 불리는 과정에 의해 죽지만, 많은 암세포들은 손상되어도 스스로 죽지 않는다.

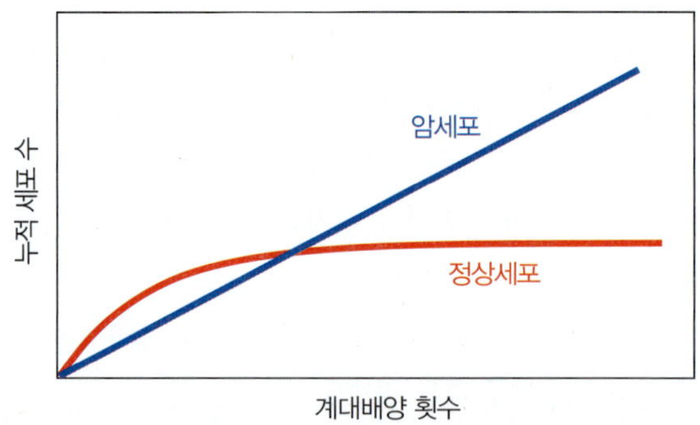

그림 23.2 많은 암세포는 불멸(immortal)이다. 많은 정상 체세포는 특정한 횟수의 세포분화 후에 자발적으로 성장을 멈춘다(빨간색 선). 대조적으로, 종양세포는 무제한으로 분열할 수 있다(파란색 선). 이러한 차이를 보이는 이유 중 하나는 정상세포와 다르게 암세포가 말단소체 복원효소를 발현하기 때문이다.

종양세포의 불멸에 대한 한 가지 이유는 **말단소체 복원효소**(telomerase)라는 효소의 발현과 관련이 있다. 13장에서 학습한 내용과 같이, 말단소체 복원효소는 염색체가 복제될 때 말단소체(텔로미어; telomere)가 짧아지는 것을 억제한다. 대부분의 정상 체세포에서는 말단소체 복원효소가 생성되지 않기 때문에 세포 주기가 진행될 때마다 염색체 말단의 DNA 염기를 잃게 된다. 분열이 진행됨에 따라 점차 필수 유전자의 서열이 손실되면서 세포는 노화되고 사멸한다. 반면, 대부분의 암세포들은 말단소체 복원효소를 발현한다(이러한 특징은 생식 세포와 일부 희귀 줄기세포에서도 나타난다). 말단소체 복원효소는 말단소체의 반복된 서열을 재생(그림 13.21 참고)하여 암세포가 여러 번의 분열을 반복하더라도 같은 길이의 말단소체를 유지하게 한다.

종양은 신체와 비정상적으로 상호작용한다

종양의 급속한 성장은 주변 조직의 기능을 억제한다. 종양은 성장하기 위해 많은 영양소가 필요하지만, 혈류량에 의해 영양 공급이 제한된다. 일부 종양은 그들 방향으로 혈관이 생성되도록 하는 물질을 분비함으로써 성장이 제한될 가능성을 방지한다. 이러한 혈관의 생성을 **혈관 신생**(angiogenesis; **그림 23.3a**)이라고 한다. 이 신생 혈관은 종양이 새로운 영양원을 이용할 수 있는 공급책으로 역할을 한다.

암의 치사율은 신체 내 다른 위치나 다른 조직으로 퍼지는 것과 관련이 있다. 정상세포는 조직이나 기관을 둘러싼 막 장벽에 의해 단일 영역으로 제한된다. 하지만 종양세포는 종종 그러한 막을 뚫는 능력을 얻게 된다(**그림 23.3b**). 막을 뚫고 나온 암세포는 혈류를 통해 **전이**(metastasis)라는 과정을 거쳐 멀리 떨어진 조직에 침투하여 증식할 수 있다. 혈관 신생에 의해 생성된 새로운 혈관은 전이된 세포를 위한 탈출 경로를 제공한다.

암세포가 신체와의 상호 작용에 영향을 미치는 다른 방식은 **면역 감시**(immune surveillance)를 피할 수 있다는 것이다. 인간의 면역체계는 암세포를 외부물질로 인식하고 공격하기 때문에, 종양이 발견될 정도로 크게 자라기 전에 제거하도록 돕는다(이 장의 시작 부분에 있는 사진 참조). 그러나 성공적인 종양세포는 어떻게든 면역체계로부터 스스로를 숨길 수 있는 능력을 개발하여 이러한 보호 기작을 피할 수 있다.

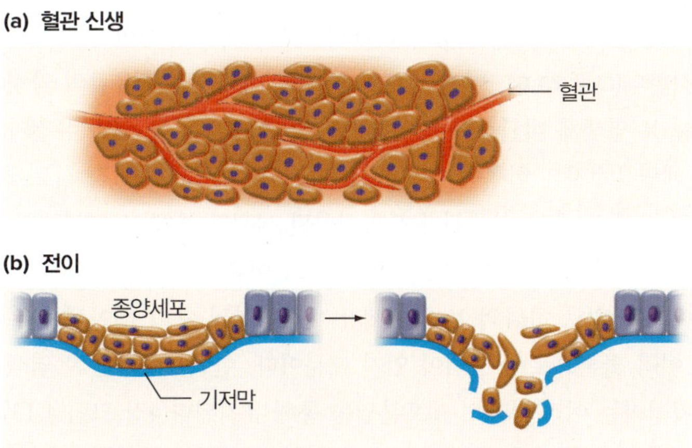

그림 23.3 종양의 성장과 전이를 위한 변화. **(a)** 종양세포는 물질을 분비하여 혈관을 자신들 방향으로 생성하게 한다. **(b)** 일부 암세포는 기저막을 파괴할 수 있으며, 혈류를 통해 거리가 먼 조직으로 이동하여 새로운 종양을 형성할 수 있다.

대부분의 암세포는 불안정한 유전체를 가지고 있다

동일한 인간에게서 암세포의 돌연변이 비율은 정상세포에 비해 훨씬 높다. 이에 대한 주요 원인은 암세포가 자외선이나 방사선과 같은 외부적인 물질로 인한 DNA 손상을 복구하는 효소 체계나 DNA 복제 시에 발생하는 잘못된 염기 결합을 바로잡아주는 교정 체계에 종종 결함이 있다는 것이다(**그림 23.4a**).

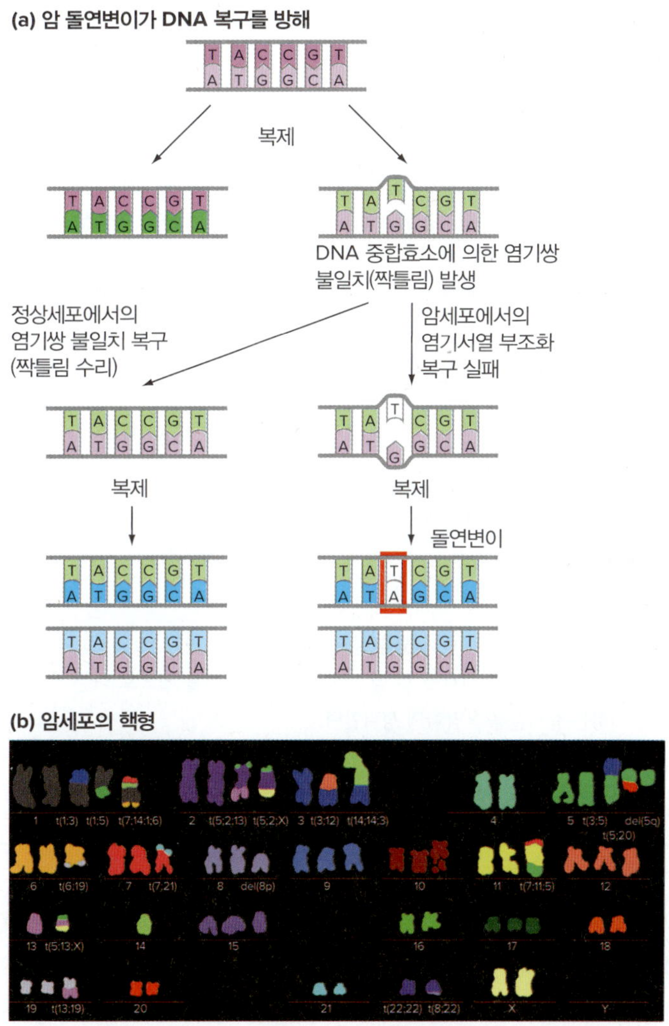

그림 23.4 암세포 유전체의 불안정성. **(a)** 암세포는 DNA 손상을 복구하는 효소 시스템이 중단되어 있기 때문에 돌연변이 비율이 매우 높다. **(b)** 암세포에서는 염색체 수 이상과 많은 염색체 재배열 현상을 관찰할 수 있다(그림 13.10b에 제시된 정상세포의 분광핵형과 비교하시오). *Source: (b): Jonathan Landry et al., "The genomic and transcriptomic landscape of a HeLa cell line," G3: Genes, Genomes, Genetics, March 11, 2013, Fig. 3A reprinted courtesy Genetics Society of America*

암세포의 또 다른 특징은 **불안정한 유전체**(genomic instability)이며, 많은 암세포가 주요 염색체 이상을 가지고 있다(**그림 23.4b**). 암세포의 핵형에는 염색체 재배열(결손, 중복, 역위, 전좌), 이수성, 배수성과 같은 중대한 이상이 자주 나타난다. 염색체 재배열은 점 돌연변이처럼 DNA 복제 및 수리 기작에서 발생하는 문제에 의한 결과이다. 이수성 및 배수성은 세포분열시 염색체의 비분리를 유발하는 유사 분열 장치[중심체, 방추사부착점(동원체) 또는 방추체를 구성하는 단백질]의 구성 요소의 결함으로 인해 발생할 수 있다.

일부 암세포의 높은 돌연변이율은 암의 결과일 뿐만 아니라 다른 암 표현형을 담당하는 유전자 돌연변이의 발생을 가속화하여 질병을 완화시키는 데 기여한다. 이 장의 뒷부분에서 암세포에서 변이되는 유전자의 종류에 대해 논의할 것이다.

핵심 개념 23.1

- 암세포는 접촉 저해, 세포자살 신호나 성장인자의 결핍과 같은 정상적인 세포분열 조절에 반응하지 않는다.
- 암세포는 말단소체 복원효소를 발현하여 무한히 분열할 수 있다.
- 진행성 종양은 혈관 신생을 자극하고 신체의 정상적인 면역 방어를 회피하며 다른 조직으로 전이할 수 있다.
- 많은 암세포는 유전체 불안정성을 보이며, 이는 새로운 돌연변이와 염색체 이상의 축적을 증가시킨다.

23.2 암의 유전적 기초

학습 목표

1. 암의 발생에 대한 최신 모델을 설명한다.
2. 암은 체세포계 유전자들 중 일부의 주요 돌연변이를 필요로 하는 유전질환이라는 증거들을 요약하여 정리한다.
3. 일부 사람들이 가지는 특정 암에 대한 유전적 성향에 대해 그 이유를 설명한다.
4. 암세포의 세포증식 및 유전체 불안정성 간의 되먹임 고리를 분석한다.

그림 23.5는 결국 악성 **종양세포**(malignant cell)가 되도록 하는 일련의 사건들에 대한 우리의 이해를 요약한 것이다. 첫 번째, 한 체세포의 유전체에서 희귀 돌연변이가 발생한다. 이 돌연변이는 정상적인 세포분열 조절을 불가능하게 하며, 세포 유전체의 돌연변이율을 증가시키기 위해 DNA 수리 기작을 방해할 수 있다. 이런 세포들의 체세포 자손들 중 하나에서 비슷한 유형의 돌연변이가 또 다시 발생한다. 추가적인 암세포의 특성을 부여하는 다른 돌연변이들이 그 다음

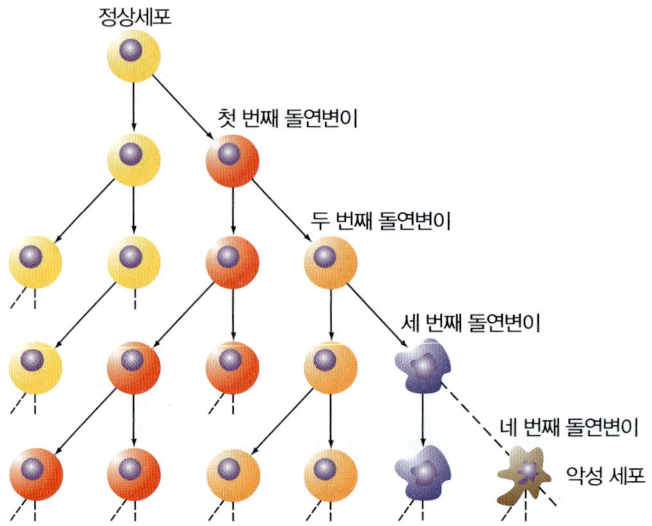

그림 23.5 암 발생의 유전적 기초. 암은 증식하는 세포 계보 내 주요 유전자의 연속적인 돌연변이에 의해 발생한다.

세대의 세포들에게 연속적으로 발생한다. 이렇게 여러 세대를 거친 세포 계보(cell lineage)에서 한 세포가 충분한 돌연변이를 갖게 되면, 주변의 정상조직들을 압도할 만큼 매우 빠르게 분열하고 성장하는 암세포로 증식이 가능한 클론(clone; 복제세포)을 발생시킨다. 암은 이런 클론의 세포들 중 일부가 시간이 지나며 종양의 악성도를 증가시키는 또 다른 돌연변이들을 얻으면서 발달할 수 있다.

이제 암세포 클론의 전구세포를 생산하기 위한 세포 계보에 돌연변이가 축적되어 암을 발생시킨다는 그림 23.5의 가설을 뒷받침하는 몇 가지 증거들에 대해 논할 것이다.

암은 클론의 증식과 관련이 있다

X-연관 대립유전자에 대해 이형접합형인 여성에서 유래한 종양세포를 이용한 연구는 암 발병이 하나의 체세포에서 시작한다는 증거를 제시한다(**그림 23.6**). 이전 장에서 다뤘던 내용처럼 포유류의 암컷에서는 X 염색체 비활성화로 인해 어느 세포에서든 X-연관 유전자의 두 대립유전자의 한쪽만 발현하게 된다. 정상 체세포 조직 시료에는 거의 항상 모계 X 염색체가 불활성화된 세포와 부계 X 염색체가 불활성화된 세포들이 섞여 있을 것이다. 그 이유는 대부분의 체세포 조직이 무작위로 하나의 X 염색체가 비활성화된 초기 배아세포 유래의 여러 클론으로 구성되어 있기 때문이다. 한 번 정해진 X 염색체 비활성화는 여러 차례의 세포분열을 통해 유지된다(4장 그림 4.13).

정상조직과 달리 여성의 암조직에서는 반드시 X-연관 유전자의 두 대립유전자 가운데 하나만 발현된다. 이러한 발견은 각 종양의 세포들이 이미 하나의 X 염색체가 비활성화된 상태에서 희귀 돌연변

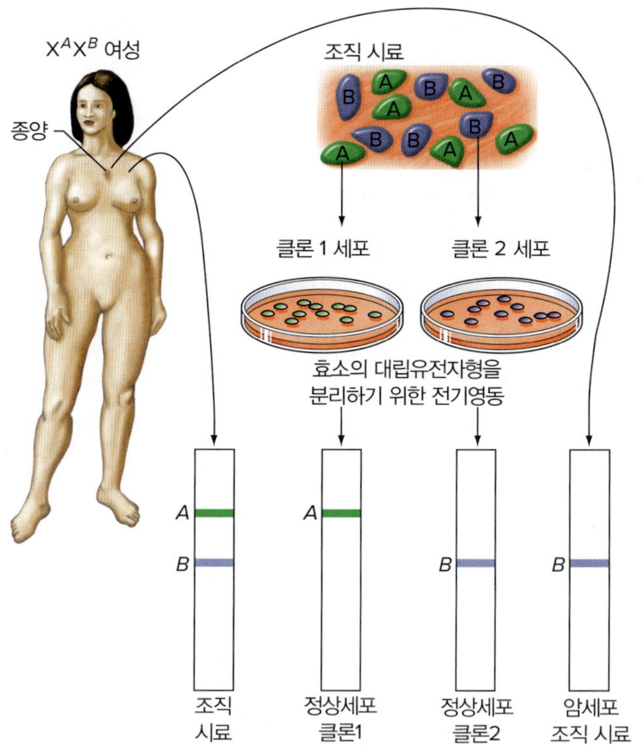

그림 23.6 종양의 클론 기원에 대한 증거. X-염색체 불활성화로 인해 X-연관 유전자 중 하나의 대립유전자만을 발현한다. 정상적인 조직은 각각의 대립유전자를 발현할 수 있는 두 가지 세포를 모두 포함한다. 종양의 모든 세포는 동일한 하나의 대립유전자만을 발현하고 이는 종양이 단일 세포로부터 발생했음을 보여준다. 대립유전자의 두 가지 형질은 단백질 산물을 이용한 전기영동을 통해 구별할 수 있다.

이를 얻어 암 유발 과정을 개시한 단일 체세포의 클론 자손임을 시사한다.

암은 일반적으로 노년층의 질병이다

암의 발생 빈도는 나이에 따라 급격히 상승한다(**그림 23.7**). 노년층의 암 유병률은 암이 시간이 지남에 따라 발생하고 하나의 체세포에서 유래된 후대의 클론 세포에 많은 돌연변이가 축적된 결과라는 견해를 지지해 준다.

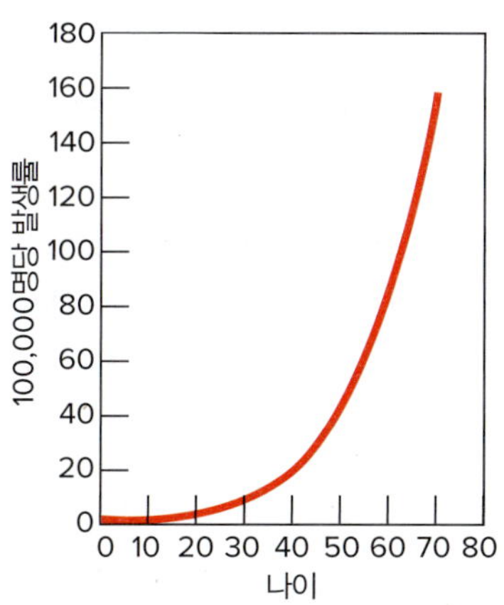

그림 23.7 나이에 따른 암 발생률. 대부분의 암 발생 빈도는 나이에 따라 급격하게 증가하는데, 이는 나이에 따라 체세포에 돌연변이가 축적되는 것과 일치한다.

환경 유래 돌연변이원은 암 유발을 증가시킨다

역학조사에서는 다양한 환경요인으로 인해 암 발병률이 증가한다는 것을 보여준다. 대부분의 환경요인은 돌연변이원으로, 7장의 그림 7.14에서 설명된 에임즈 검사법으로 밝혀졌다. 이러한 돌연변이원 중 하나는 담배 연기이다. 수년 간 흡연을 한 사람의 경우 비흡연자보다 폐암 발병 위험이 높으며, 흡연량과 흡연 기간에 따라 증가한다.

미국인들의 폐암으로 인한 사망률에 대한 시대별 그래프는 흡연의 위험을 보여준다(**그림 23.8**). 남성의 흡연이 널리 퍼지고 나서야 여성의 흡연이 보편화되었던 과거 사실을 반영하듯, 남성의 폐암 발병률은 1940년 이후로 급격하게 상승하기 시작했지만 여성의 폐암 발병률은 1960년 이후에야 급격하게 상승하기 시작했다. 1990년 이후에는 흡연에 대한 공중 보건 캠페인의 효과가 반영되어 남성의 폐암 비율이 여성과 비슷한 수준으로 떨어졌다.

그림 23.8에서의 흥미로운 점은 남성들의 잦은 흡연이 시작된

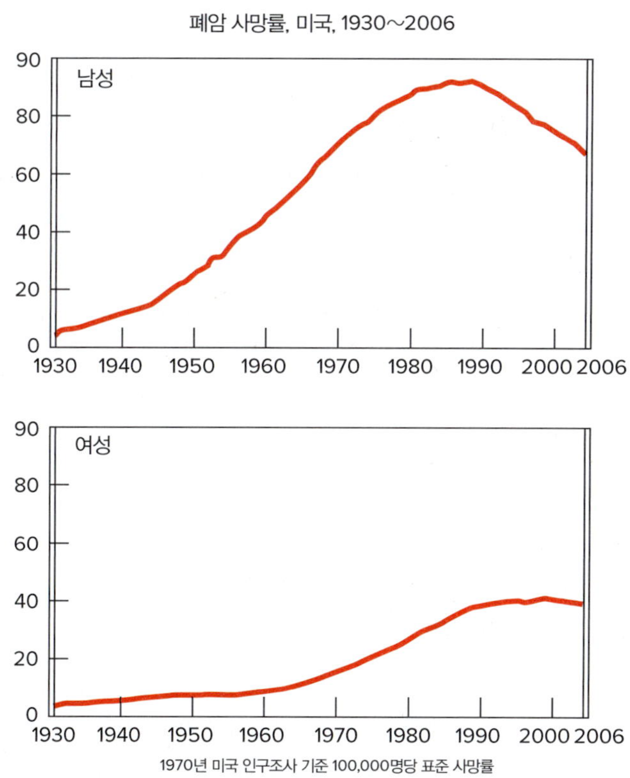

그림 23.8 흡연의 발암성. 미국에서의 폐암 사망률은 1940년대 남성과 1960년대 여성에서 급격히 증가하기 시작하였다. 이러한 차이는 흡연이 여성보다 약 20년 앞서 남성에게 널리 퍼졌다는 사실을 반영한다.

1920년대부터 폐암 발병률이 급격히 증가한 1940년대 사이의 20년간의 지연된 기간이 존재한다는 것이다. 돌연변이원에 대한 노출에서부터 암이 발생하기까지의 지연은 일반적인 현상이다. 이러한 관찰은 그림 23.5에서 제시한 모델과 일치하며 암이 생성되기 위해서는 여러 돌연변이들이 발생해야 함을 말해 준다.

알려진 유전자 돌연변이가 암의 유발을 증가시킨다

일부 가족에서는 특정 암이 많은 구성원에서 발생하는 경우가 있는데, 이는 생식세포를 통해 암 발병소인이 유전됨(transmitted)을 나타낸다. 이러한 형태의 암의 한 예로는 망막모세포종(retinoblastoma)이 있으며, (5장의 읽을거리「유전학과 사회」**유사분열 재조합과 암 형성**에서 언급하였다.) *RB* 유전자의 돌연변이 대립유전자와 연관이 있다.

흥미롭게도, 유전된 형태의 암에 관여하는 몇몇의 유전자는 DNA를 수리하는 단백질을 암호화하고 있다. 예를 들어, 정상적인 BRCA1과 BRCA2 단백질은 DNA의 이중 가닥이 망가졌을 때 수리하는 역할을 하는데, 유전된 *BRCA1*과 *BRCA2* 유전자에 돌연변이 대립유전자가 존재하는 여성의 경우에 유방암과 난소암의 발병위험이 크게 증가한다.

이 가족성 암에 대해서는 이 장의 후반부에서 자세히 살펴보겠지만, 여기서는 *BRCA1*, *BRCA2* 혹은 *RB* 같은 특정 유전자의 돌연변이 유전이 어떻게 개인이 암에 취약하게 하는지를 간단한 수준에서 이해하기 바란다. 그 이유는 이러한 사람들의 세포가 이미 암의 진행 과정에 대한 "조기 교육"을 받은 상태이기 때문이다. 이러한 사람의 세포는 이미 하나의 암 관련 유전자에 대한 돌연변이를 가지고 있기 때문에 그들의 체세포들은 암이 되기 위해 축적해야 하는 돌연변이가 더 적게 필요할 것이다.

이러한 유전적인 소인(inherited predisposition)은 암이 근본적으로 유전질환임을 명확히 보여준다. 돌연변이 대립유전자를 물려받은 사람이 일반적으로 암을 가지고 태어나지 않으며 시간이 지남에 따라 암으로 발전한다는 사실은 세포가 암 표현형을 획득하기 위해 하나 이상의 유전자의 변화가 필요하다는 것을 다시 한 번 강조해 준다.

암세포의 염기서열 분석을 통하여 확인한 암유전자의 돌연변이

최근의 발달된 유전분석기법은 환자 개개인의 암세포와 정상세포의 염기서열을 분석할 수 있도록 해준다. 유전체의 비교 분석결과 정상세포보다 암세포에서 많은 돌연변이가 관찰이 된다. 각각의 종양세포는 축적된 돌연변이의 개수가 수백에서 수십만에 이르기까지 다양하다.

암세포 유전체에 존재하는 많은 수의 돌연변이는 **탑승자 돌연변이**(passenger mutation)로서, 암세포의 돌연변이 비율의 증가에 의해 일어나지만 질병에는 영향을 미치지 않는다. 단지 소수의 돌연변이가 **운전자 돌연변이**(driver mutation)로서 암세포의 표현형을 나타나게 만든다. 예를 들어, 일반적인 대장암의 경우 동일한 환자의 정상세포에서 발견되지 않는 수천 개의 돌연변이를 가지고 있다. 60개에서 70개의 돌연변이만이 **열린 번역틀**(Open reading frames)에 위치하고 있으며, 이중 겨우 3개에서 10개 가량이 운전자 돌연변이이다.

운전자 돌연변이에 대한 두 가지 중요한 특징을 이해해야 한다. 첫째, 단 하나의 운전자 돌연변이가 혼자서 암을 발생시키기에는 충분하지 않으며, 다른 여러 유전자에 운전자 돌연변이가 축적되어야 한다. 둘째, 각 암에는 고유한 특성이 존재하여, 같은 조직의 암(대장암 같은)이라도 각각의 환자에서 다른 운전자 돌연변이가 축적되어 있다.

우리는 이 장의 후반부에서 여러가지 운전자 돌연변이의 분자-특성에 대해 설명할 것이지만, 이 단계에서 운전자 돌연변이 중 일부가 DNA 수리 단백질을 암호화하는 유전자의 기능을 방해한다고 추측할 수 있다. DNA 수리에 결함이 있는 세포들은 돌연변이와 유전적 불안정성의 비율이 증가하고 다른 유전자에 운전자 돌연변이를 축적할 수 있다.

종양 진행의 기반이 되는 유전적 불안정성과 세포 증식 사이의 피드백 루프

암세포들은 항상 변화하면서, 정상세포와는 구별되는 그들만의 특징을 점점 더 많이 가지게 된다. 따라서 시간이 지날수록 **종양 진행**(tumor progression)이라는 현상이 나타난다. 시간이 지날수록, 종양들은 더 빠르게 자라고 다른 조직을 더 침습하는 경향이 있다. 이 과정은 특정 유전자(예를 들어 DNA 복구 효소를 암호화하는 유전자)의 돌연변이에 의해 가속화되며, 이러한 돌연변이는 유전체 불안정성의 원인이 되어 다른 유전자들의 돌연변이 발생률을 증가시킨다. 종양세포에 축적된 염색체 이상과 돌연변이의 일부분은 종양세포의 증식률을 증가시키며, 증식하고 있는 세포들을 세포사멸로부터 막아준다. 다른 돌연변이들과 염색체 이상은 체내의 다른 기관으로 세포가 퍼지도록 혈관형성을 촉진하고 암세포들이 면역체계의 감시를 피할 수 있게 도와준다.

세포 증식률의 증가와 유전체 불안정성은 되먹임 고리를 통해 강하게 연결되어 있으며, 이것은 환자들에게 매우 파괴적인 영향을 미친다. 다른 변화 없이 세포의 증식만 증가하는 것은 생명을 위협하지는 않는 양성 종양을 만들며, 수술로 제거가 가능하다. 증가된 세포 증식이 위험한 진짜 이유는 그 이상의 돌연변이가 발생하여 더 빠르게 증식하고 심지어 악성으로까지 발전할 수 있는 불멸의(immortalized) 세포집단을 키운다는데 있다. 그런 세포집단의 세포가 많을수록 드문 돌연변이들이 그 집단 내에서 발생할 가능성이 커진다. 나쁜 돌연변이가 더 발생하는 그 세포는 이미 빠르게 그리고 무기한으로 증식할 수 있으므로 매우 위험하다.

핵심 개념 23.2

- 암은 체세포의 복제 과정에서 세포의 유사분열 시 특정 핵심 유전자들의 돌연변이(운전자 돌연변이)가 축적된 결과이다.
- 환자의 고령화된 나이, 돌연변이원에 대한 노출 그리고 희귀한 유전성 돌연변이에 의해 발암율이 증가한다는 관찰은 이러한 암 발생 모델을 지지한다.
- 증가된 세포 증식 및 유전체 불안정성은 추가적인 암 촉진 특성을 획득하는 피드백 루프를 형성한다.

23.3 세포분열은 어떻게 정상적으로 조절되는가

학습 목표

1. 신호전달 경로에서 다음 분자들의 역할을 설명한다: 성장인자, 성장인자 수용체, 인산화 반응 단계, 전사인자.
2. 세포주기 조절에 있어서 사이클린 의존성 인산화효소(CDK)의 역할을 설명한다.
3. 세포주기 검문점들이 어떻게 유전체 안정성을 유지시킬 수 있는지 p53 단백질을 예로 들어 설명한다.

축적된 체세포 돌연변이가 어떻게 암을 유도할 수 있는지 이해하기 위해서는, 먼저 정상세포에서 일어나는 세포주기 조절의 주요 분자들에 대한 지식이 필요하다. 그 이유는 암 진행에 연관되어 있는 돌연변이들은 보통 세포 증식 조절에 관여하는 단백질 인자를 암호화하는 유전자에서 일어나기 때문이다. 세포분열을 통제하는 분자기전들에 대한 종합적인 견해는 이 책의 범위를 넘어서지만, 여기서는 이 장의 나머지 부분과 관련된 몇 가지 주요 사항에 대해 논의할 것이다.

성장인자들은 신호전달 경로를 통해 세포분열을 개시한다

세포들은 신체가 전체적으로 조화롭게 기능하게 하기 위해 서로 신호를 주고받아야 한다. 이러한 신호들은 각 세포들에게 분열하거나 물질대사(이것은 세포들이 생성하도록 예정된 분자를 생성하게 한다)를 하거나 사멸하라고 명령한다. 세포 증식과 분열에 영향을 주는 분자 신호를 **성장인자**(growth factor)라고 한다. 이 장에서는 세포 증식을 촉진하는 성장인자인 **유사분열 촉진원**(mitogen)에 중점을 둘 것이다. 그러나 다른 성장인자들이 세포 증식을 억제할 수 있다는 것을 알 필요가 있다.

성장인자들이 세포 표면에 존재하는 **성장인자 수용체**(growth factor receptor)와 반응하면 세포 안에서 **신호전달 연쇄반응**(signal transduction cascade)이라고 하는 일련의 생화학적 반응들이 일어난다. 신호전달 연쇄반응은 결국 핵에 도달하여 **전사인자**(transcription factor)를 조절한다. 이러한 전사인자들은 세포를 분열시키거나 분열을 멈추게 하는 유전자 세트를 조절한다.

성장인자

세포분열을 시작하는 두 가지 유형의 신호는 세포 외 신호와 세포-부착형 신호이다.

세포 외 신호(extracellular signal)는 단백질이나 펩타이드, 스테로이드의 형태로 길거나 짧은 거리 내의 기관에 작용하며, 이러한 물질들을 통틀어 **호르몬**이라고 부른다(**그림 23.9a**). 예를 들어, 뇌하수체에서 생성된 갑상샘 자극 호르몬(thyroid stimulating hormone; TSH)은 혈류를 통해 갑상샘으로 이동하며, 그곳에서 세포를 자극하여 대사율에 영향을 미치는 또 다른 호르몬인 티록신(thyroxine)을 생산한다.

모든 외부 세포 및 분자로부터 개인의 세포를 구별하는 조직 적합성 단백질과 같은 **세포-부착형 신호**(cell-bound signal)는 신호전달을 위해 세포 간 직접 접촉이 필요하다(**그림 23.9b**). 면역체계의 세포들은 바이러스 입자, 박테리아, 독소의 존재에 대해서 세포-부착형 신호들을 통해 소통한다.

수용체와 성장인자의 결합

세포 외 호르몬이나 세포-부착형 신호와 같은 대부분의 성장인자는 수용세포막에 박혀 있는 특정한 수용체에 결합하고, 그들의 신호를 내부로 전달하여, 세포가 성장하거나 성장을 멈추도록 유도한다(**그림 23.10a**). 성장인자 수용체들은 세포 밖의 세포 결합 부위, 세포막을 통과하는 막 관통 부위, 세포질 내부의 다른 단백질에 신호(즉, 성장인자의 결합)를 전달하는 세포 내 영역, 세 부분으로 구성된 단백질이다.

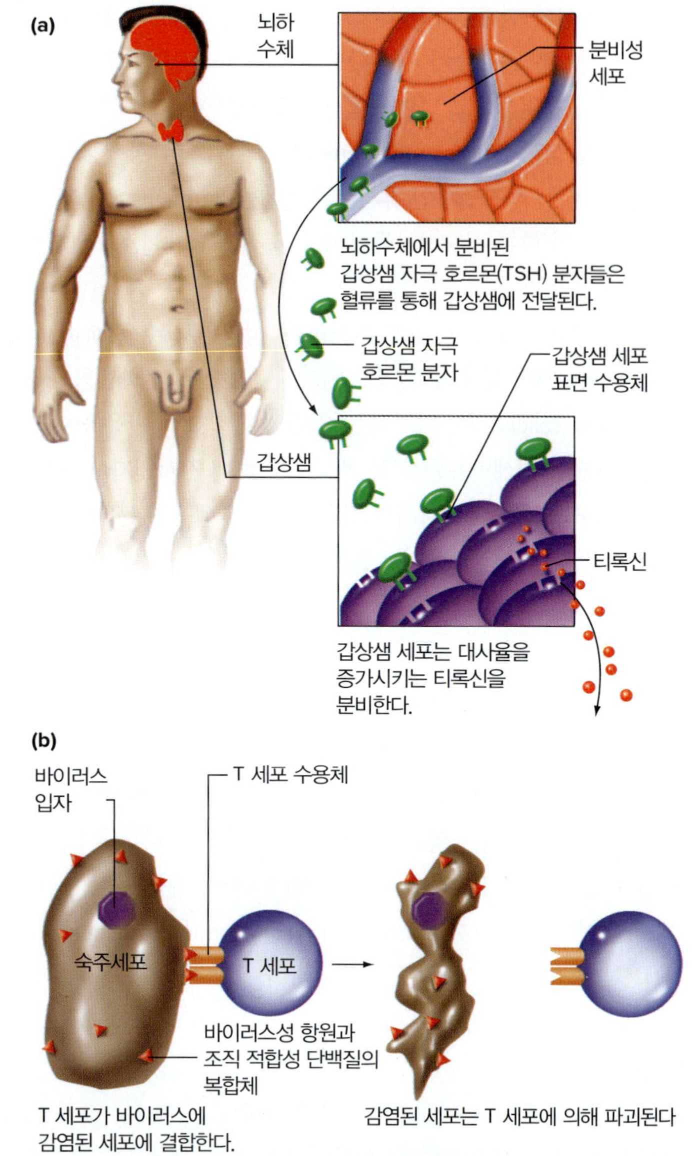

그림 23.9 세포 외 신호는 확산 또는 세포 간 접촉을 통해 전달될 수 있다. **(a)** 뇌하수체에서 혈류를 통해 갑상샘으로 이동하는 갑상샘 자극 호르몬(TSH)을 분비한다. 갑상샘 안의 세포는 티록신 호르몬을 분비한다. **(b)** 킬러 T 세포(killer T cell)의 수용체는 바이러스 항원과 바이러스에 감염된 세포 표면의 조직적합성 단백질의 복합체에 결합한다.

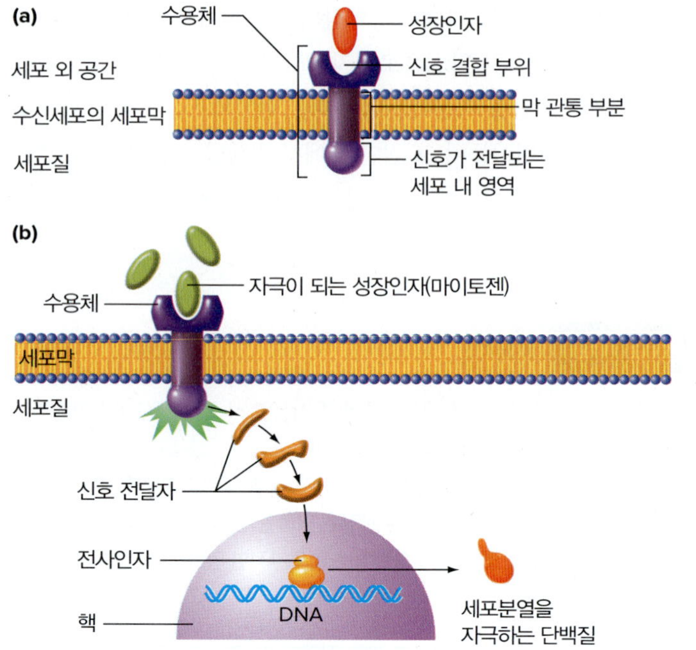

그림 23.10 성장인자와 수용체의 결합은 신호전달 경로를 개시한다. **(a)** 성장인자는 수용체의 세포 외 영역(domain)에 결합한다. **(b)** 이 결합 수용체의 세포 내 영역으로 신호를 전달하여 다른 신호 분자들과 상호작용하도록 한다. 신호전달 경로의 끝에는 세포분열을 촉진하는 유전자를 조절하는 전사인자가 있다.

신호전달 연쇄반응

세포 안에서 신호를 전달할 수 있는 세포질의 단백질들을 **신호 전달자**(signal transducer)라고 한다. 전형적으로, 여러 가지 다른 신호 전달자들은 생화학적 연쇄반응 내에서 서로 연결되어 있으며, 각 분자는 세포 내의 다른 분자를 활성화하거나 억제함으로써 수용체의 성장인자 결합 신호를 전달한다(**그림 23.10b**).

많은 종류의 신호전달 체계 중 하나가 22장에서 소개한 Ras 단백질이다. Ras는 분자 스위치로, 불활성화 형태일 때는 구아노신 이인산(Ras-GDP)이 결합되어 있고, 활성화 형태일 때는 구아노신 삼인산(Ras-GTP)이 결합되어 있는 두 가지 형태로 존재한다. 성장인자가 결합하여 수용체를 활성화시키면, 수용체의 세포 내 영역은 GDP를 GTP로 변화시킴으로써 Ras 스위치가 켜지도록 한다(**그림 23.11**). 그 다음, Ras-GTP는 다른 단백질에 인산기를 붙일 수 있는 일련의 세 가지 **단백질 인산화효소**(protein kinase)를 활성화시킨다. 첫 번째 인산화효소는 두 번째 인산화효소를 활성화시키고, 활성화된 두 번째 인산화효소는 세 번째 인산화효소를 활성화시킨다. Ras-GTP에 의해 활성화된 세 가지의 단백질 인산화효소는 **MAP** (**m**itogen-**a**ctivated **p**rotein; 유사분열물질 활성화 단백질) **인산화효소 경로**로 알려져 있다.

세포주기 유전자들의 전사 조절

대부분의 성장인자 개시 신호전달 연쇄반응에서 마지막 구성요소는 전사인자로, 핵 내에서 세포 증식을 유도하거나 억제하는 특정한 유전자의 발현을 활성화시키거나 억제한다(그림 23.10b와 23.11). Ras 매개신호에서, 전사인자들과 신호전달 연쇄반응 간의 연결은 마지막 MAP 인산화효소가 인산화 된 후 세포질에서 핵으로 이동하는 것이다. 핵에서 MAP 인산화효소는 세포주기 유전자의 발현에 영향을 주는 특정한 전사인사를 인산화시킨다. 성장인자에 반응하여 전사적으로 활성화되는 세포주기 유전자들 중 중요한 종류에는 **사이클린**

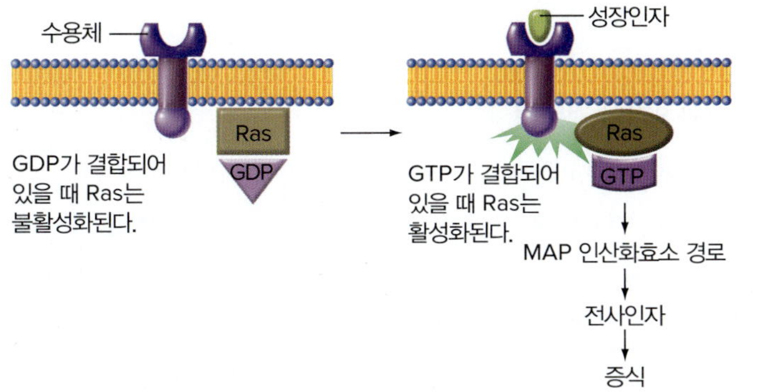

그림 23.11 RAS 매개 신호전달 경로. Ras 단백질은 성장인자가 Ras와 상호작용하는 세포 수용체에 결합했을 때 결합된 GDP(비활성)를 결합된 GTP(활성)로 교환하도록 유도하는 세포 내 신호전달 분자이다.

(cyclins)과 **사이클린-의존성 인산화효소**(cyclin-dependent kinases)가 있으며, 다음 절에서 설명할 것이다.

사이클린과 사이클린-의존성 인산화효소는 세포주기를 진행시킨다

3장에서 배웠듯이, 세포분열에서는 염색체의 복제뿐만 아니라, 복제된 염색체가 딸세포로 정확하게 분배되어야 한다. 세포분열은 연속적인 네 단계의 세포주기인 G_1, S, G_2, M기로 진행된다(그림 3.4). 간략하게 설명하면, G_1기는 유사분열의 종료와 그 다음 유사분열을 위한 DNA 합성 과정 사이에 존재하는 "공백(gap)"기이다. G_2기 동안 세포는 세포의 크기를 키우고 핵으로 복제에 필요한 물질을 보내는 등의 DNA 복제를 위한 여러 과정을 준비한다. S기에서는 DNA의 합성과 복제가 진행된다. G_2기는 DNA 합성 과정과 유사분열 과정 사이의 "공백"기이다. G_2기 동안 세포는 분열을 준비한다. 유사분열의 단계인 M기는 핵막의 붕괴, 염색체 응축, 유사분열 방추사 부착 그리고 두 극으로의 염색체 분리가 일어난다. 유사분열이 완료되면, 세포질분열에 의해 세포가 나뉜다.

단백질 인산화효소의 종류인 **사이클린-의존성 인산화효소**(cyclin-dependent kinases; CDKs)는 세포주기가 다음 단계로 전이(transition)되도록 유도한다. 명칭에서 의미하듯이, CDK는 **사이클린**(cyclin)이라고 하는 단백질과의 결합에 의해 기능한다. CDK-사이클린 복합체는 수백 개의 표적 단백질들을 인산화하여 세포주기의 특정한 시기에 특정한 역할을 수행한다. 이러한 인산화는 일부의 표적 단백질 활성이나 다른 단백질의 불활성을 유도할 수 있다(**그림 23.12a**). CDK-사이클린 복합체에서 사이클린은 특정 CDK가 인산화시킬 단백질을 지정하며, 실제 인산화는 CDK가 수행한다.

예를 들면, 핵막의 내막 표면에 존재하며, 핵을 구조적으로 지지하는 단백질인 **핵 라민**(nuclear lamin)에 작용하는 CDK-사이클린 복합체에 대해 생각해보자(**그림 23.12b**). 세포주기 동안, 라민은 불용성의 구조적 기질을 형성한다. 그러나 유사분열이 일어나는 동안 라민은 녹을 수 있게 변하여 핵막이 붕괴되게끔 한다. 라민이 용해되기 위해서는 인산화가 필요한데 돌연변이가 생긴 라민은 인산화에 저항성을 띠며, 유사분열 시기에 용해되지 않는다. 전중기(prometaphase)가 시작될 때만 활성화되는 특정 CDK-사이클린 복합체가 라민의 인산화를 촉매한다. 그러므로 유사분열의 주요 과정인 핵막의 붕괴는 CDK에 의한 핵막 라민의 인산화에 의해 유발된다고 볼 수 있다.

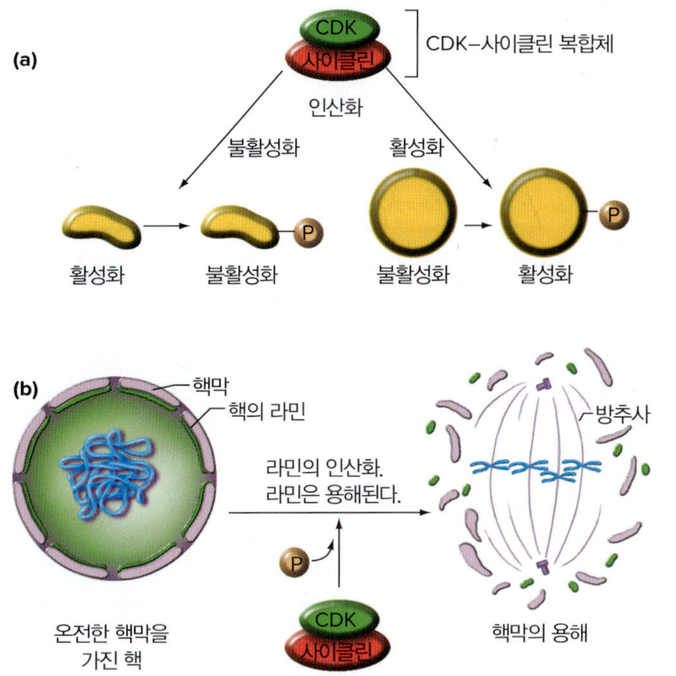

그림 23.12 사이클린-의존성 인산화효소(CDK)는 다른 단백질을 인산화시켜 세포주기를 조절한다. **(a)** CDK-사이클린 복합체는 특정 단백질을 인산화한다. 단백질의 인산화는 단백질의 불활성화 또는 활성화를 유도할 수 있다. **(b)** 라민 단백질의 CDK 인산화는 세포분열 전중기의 핵막의 용해를 돕는다.

읽을거리 「유전학의 기술」 **효모의 세포주기 돌연변이 분석**에서는 세포분열에 결함이 있는 효모 세포의 연구를 통해 다양한 진핵생물에서 잘 보존되어 있는 CDK-사이클린 복합체들이 모든 진핵생물의 세포주기 진행을 위한 핵심 조절인자라는 많은 증거를 제공한 방법에 대해 논의한다.

다른 세포주기로의 전이를 위한 다른 CDK-사이클린 복합체

서로 다른 CDK-사이클린 복합체는 세포주기의 특정한 시점에서 나타나게 된다(**그림 23.13**). 예를 들면, 한 CDK-사이클린 복합체는 S기의 시작점에서 DNA 복제에 필요한 표적 단백질들을 활성화시키는 반면에 M기가 시작되면서 다른 CDK-사이클린 복합체가 라민

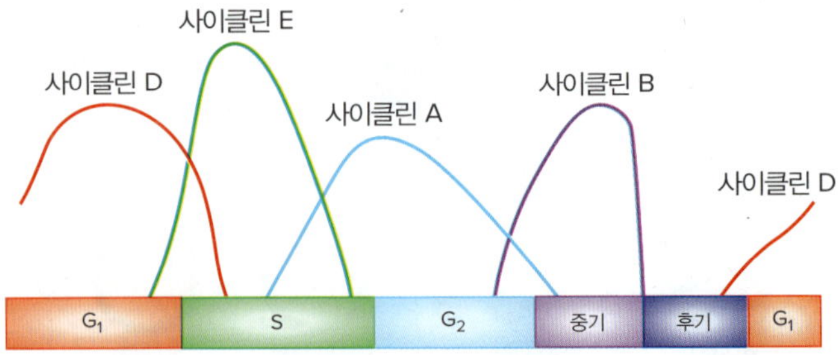

그림 23.13 다른 CDK-사이클린 복합체들이 다른 세포주기 전환을 조절한다. 다양한 CDK-사이클린 복합체들이 세포주기의 특정 시기에 나타나며 이는 세포가 다음 단계로 진행할 수 있도록 한다. 이들 복합체의 규칙적인 출현 및 소멸은 특정 사이클린의 합성 및 분해를 수반한다.

용해를 위한 단백질을 활성화시킨다.

이 복합체들에서 사이클린은 세포주기의 특정 단계에 때맞춰 나타난다. 그들은 적절한 CDK들과 결합하고 그들을 알맞은 표적 단백질로 이동시킨 후 사라져 다음 세트의 사이클린이 결합할 수 있게 된다. 정확히 예정된 사이클린의 등장과 소멸 주기는 사이클린 유전자의 전사조절과 사이클린 단백질의 조절된 분해, 두 가지 기전의 결과이다. 사이클린의 분해는 CDK-사이클린 복합체에 의해 자체적으로 분자기전이 활성화되기 때문에 세포주기 조절의 가장 흥미로운 특징 중 하나이다. 즉, 세포주기는 마치 한 방향으로만 회전할 수 있는 톱니바퀴처럼 작용하여, 한 단계의 활성이 반드시 그 단계의 비가역적인 종료로 이어지도록 한다.

세포주기 검문점은 유전체의 안정성을 보장한다

세포 유전체의 손상은 심각한 문제를 초래할 수 있다. 그러므로 세포가 DNA의 손상을 복구하거나 잠재적인 분리 오류를 수정할 수 있는 정교한 기전이 갖도록 진화하는 것은 놀라운 일이 아니다. 이 추가적인 조절은 세포가 세포 주기의 다음 단계로 넘어가기 전에 유전체의 온전함을 확인하기 때문에 **검문점**(checkpoint)이라고 불린다.

이미 3장에서 여러가지 세포주기 검문점에 대하여 논의하였다. 예를 들면, 유사분열(M기) 동안, 하나의 검문점이 유사분열 방추사가 잘 형성되고 모든 쌍의 자매염색분체와 적절하게 결합을 하는지를 확인한다. 만약 단 하나의 염색체라도 방추사 부착에 실패한 경우에는 정확한 부착이 이루어질 때까지 세포는 자매염색분체의 분리나 후기 염색체의 이동을 개시하지 않는다. 이러한 유사분열 방추사 결합 검문점은 유사분열하는 딸세포에서 이수체(aneuploidy) 형성을 방지한다.

이 장에서는 세포 내 DNA 손상이 있는 경우 염색체의 복제가 이루어지지 않도록 하는 **G_1기에서 S기로의 검문점**에 대한 분자기전에 중점을 두었다.

G_1기와 S기의 검문점

G_1기동안 방사선 혹은 화학적 돌연변이원에 의해서 DNA가 손상을 입게 되면, DNA 복제는 지연된다. 이러한 지연은 DNA 합성에 들어가기 전에 DNA가 복구될 수 있는 시간을 제공한다. 그렇지 않으면, 손상이 복구되지 않은 DNA가 복제되어 많은 위험한 결과를 초래할 수 있다. 검문점에 대해 알아보기 전에 세포들이 정상적으로 G_1기에서 S기로 넘어가는데 필요한 주요 분자적 양상에 대하여 이해해야 한다.

G_1기의 정지세포는 성장인자가 해당 수용체에 결합하는 것에 의해 S기로 넘어가도록 자극을 받는다. 이러한 세포 표면의 상호작용을 통해서 하류 유전자들의 발현을 조절하는 전사인자를 활성화시키는 신호전달 연쇄반응(signal transduction cascade)이 시작된다. 이들 하류 유전자들 중에는 사이클린 D와 사이클린 E, 두 개의 사이클린을 암호화하는 유전자가 있다. 그 결과, 인간세포의 G_1기에 처음으로 나타나는 CDK-사이클린 복합체는 CDK4-사이클린 D와 CDK2-사이클린 E이다(**그림 23.14**).

이 두 CDK-사이클린 복합체가 *RB* (retinoblastoma) 유전자의 단백질을 인산화 함으로써 G_1기에서 S기로의 전이가 개시된다. 탈인산화 되어 있던 Rb 단백질은 E2F라고 불리는 전사인자를 억제하지만, 인산화 된 Rb 단백질은 E2F를 억제할 수 없게 된다. E2F에

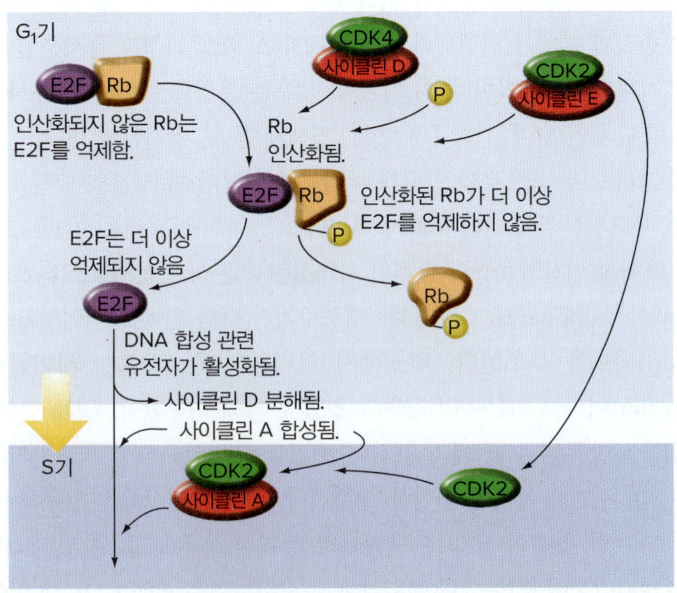

그림 23.14 CDK-사이클린 복합체가 G_1에서 S기로의 전환을 매개하는 방법. CDK4-사이클린 D 및 CDK2-사이클린 E 복합체는 Rb 단백질을 인산화하여 E2F 전사인자로부터 분리시킴으로써 E2F 전사인자를 활성화시킨다.

유전학의 기술

효모의 세포주기 돌연변이 분석법

출아효모(*Saccharomyces cerevisiae*)는 세포분열을 조절하는 유전자를 알아보기에 유용하다. 효모는 세포주기 연구에 특히 유용한 세 가지 특성을 가지고 있는데, 첫 번째는 반수체(haploid) 혹은 이배체(diploid)로 자랄 수 있는 점이다. 열성 돌연변이체는 반수체 세포에서 보이며, 과학자들은 돌연변이를 통하여 상보적 그룹을 결정하는 두 개의 돌연변이를 포함하는 이배체 세포를 구성할 수 있다.

두 번째로 효모세포의 형태로 세포주기 상태를 알 수 있다. 세포주기 초기에 G_1기가 끝나갈 무렵, 하나의 딸세포가 모세포(mother cell) 표면에 싹처럼 자라난다. 모세포가 세포분열 주기를 진행할수록 싹의 크기도 성장한다. S기에서는 싹의 크기가 작고 유사분열 시기 동안에는 크기가 커지기 때문에 싹의 크기는 세포주기의 진행 상황에 대한 표식자(marker)로 작용한다. 마지막으로 성장 중인 효모세포의 정상집단은 싹이 없는 세포뿐만 아니라 다양한 크기의 싹이 있는 세포들을 포함한다.

마침내 연구자들은 돌연변이가 치명적(lethal)이며 세포주기에 매우 중요한 유전자들에 돌연변이를 가진 효모를 찾아냈다. 그 방법 중 하나는 온도에 감수성을 가진 세포주기 결함 돌연변이체를 찾는 방법이다. 저온(허용 가능한 온도)에서는 정상적인 세포분열이 일어나도록 단백질을 조절하여 세포가 자랄 수 있게 한다. 돌연변이를 가진 온도감수성의 단백질은 고온의 환경에서 기능을 상실하게 되며, 이를 통하여 연구자들은 해당 단백질의 손실이 세포주기에 미치는 영향을 연구할 수 있다.

연구자는 허용 가능한 온도에서 싹이 없는 세포와 싹이 있는 세포가 있는 집단을 형성하지만(**그림 A**) 고온의 환경으로 옮기면 세포는 균일한 모양을 가지는것에 집중했다. 한 예로 **그림 B**에 보이는 돌연변이 세포의 집단에서 모든 세포는 커다란 싹 하나만을 보유하고 있으며, 이것은 유사분열 시기에 억제되어 있음을 뜻한다. 다른 세포주기 돌연변이체들은 다른

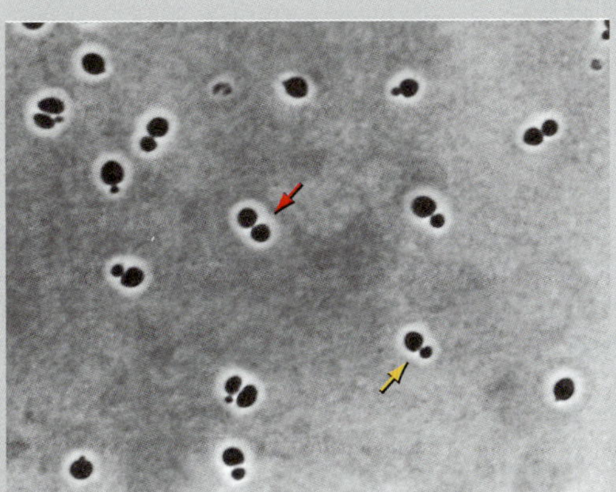

그림 A 허용온도 조건에서 자란 효모의 세포주기 돌연변이. 이들 세포들은 일부 작은 싹들(예, 노란색 화살표)과 일부 커다란 싹들(예, 빨간색 화살표)을 포함하여 다양한 크기의 싹들을 보인다. *Source: Lee Hartwell, Fred Hutchinson Cancer Research Center*

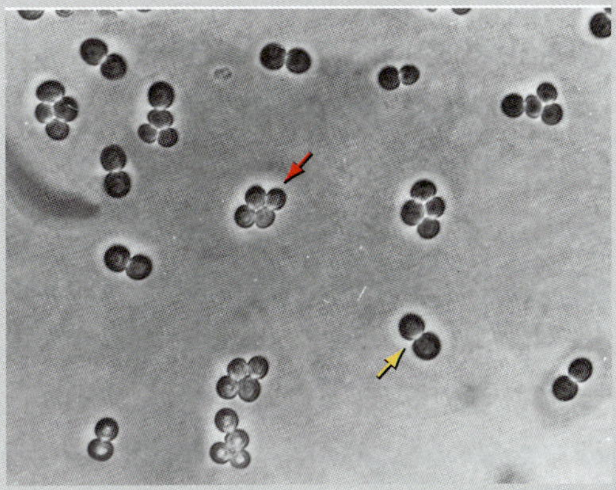

그림 B 제한온도 조건에서 자란 효모의 세포주기 돌연변이. 그림 A에서 언급한 효모를 제한 온도조건에서 키운 후의 사진. 앞에서 언급한 세포들이 모두 커다란 크기의 싹을 가진 상태로 성장을 멈추었다 온도조건 변경 시 세포주기 초기에 있던 세포들은 첫 번째 세포주기 시기에 멈추었고(노란색 화살표), 이러한 세포들은 작은 싹을 갖고 있다. 세포주기 후반에 있는 세포들은 첫 번째 세포주기를 끝내고 두 번째 세포주기 시기에 멈추는데, 이때 두 개의 큰 싹을 가진 세포들의 응집덩어리를 만든다(빨간색 화살표). *Source: Lee Hartwell, Fred Hutchinson Cancer Research Center*

방식으로 억제현상이 일어나지만 싹이 없는 세포와 같이 일정한 형태를 나타낸다. 제한된 온도 조건하에서 나타나는 돌연변이 세포집단의 이런 통일된 모습은 세포주기에서 특정 시기의 결함 돌연변이에 의한 것이다.

이런 방식으로 효모 유전학자들은 100개 이상의 세포주기 관련 유전자를 분리하였으며, 이들 유전자 중 상당수는 다른 생물체에서도 그 중요성을 확인하였다. 예를 들면, 효모의 세포주기 조절 유전자 중 하나로서 CDK1로 알려진 사이클린-의존성 인산화효소(cyclin-dependent kinase)를 만드는 유전자를 발견하였다. 분열형 효모(fission yeast)인 *Schizosaccharomyces pombe*와 아프리카 발톱개구리 *Xenopus laevis*와 사람에게서 상동 유전자(homologous genes)가 발견되었다. 두 종류의 효모(*S. cerevisiae*와 *S. pombe*)에서 CDK1은 새로운 주기의 세포분열을 개시할 수 있도록 조절한다. 개구리의 CDK1 단백질은 초기 세포분열을 조절하는 하나의 사이클린 의존성 인산화효소-사이클린 복합체(CDK-cyclin complex) 형성에 관여한다.

놀랍게도 유전자 교환 실험에서 CDK1을 만드는 출아효모, 분열효모 관련 유전자들은 서로 치환이 가능했으며, 이러한 사실은 CDK1을 만드는 단백질이 서로 같은 공통의 활성을 보인다는 것이다. 개구리와 인간의 CDK1 단백질을 만드는 유전자 역시 효모와 같은 기능을 가지고 있다. 그러므로 4개의 매우 다른 유기체들에서 세포주기를 조절하는 중심 역할을 하는 유전자들은 매우 보존적이며, 기능적으로도 상동성인 단백질 인산화 효소를 암호화 하고 있다.

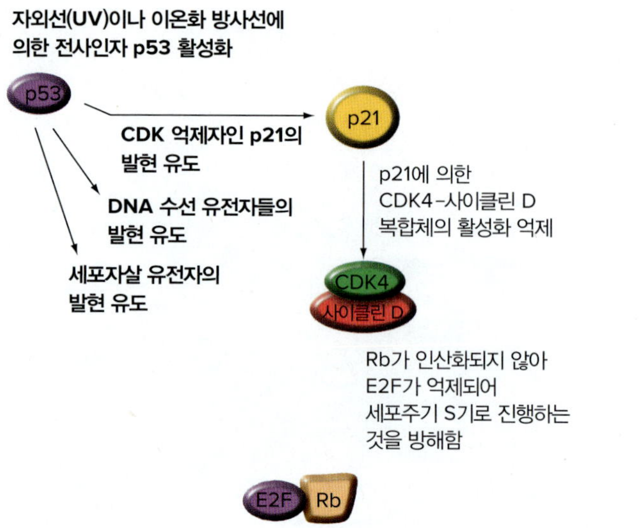

그림 23.15 p53 경로는 G_1에서 S기 사이 검문점의 한 부분이다. DNA 손상은 p53 전사인자를 활성화시키고 p21 유전자의 발현을 유도한다. p21 단백질은 CDK-사이클린 복합체를 억제하고 G_1기 정지를 초래한다. p53은 다양한 DNA 복구 및 세포사멸 관련 유전자를 발현한다.

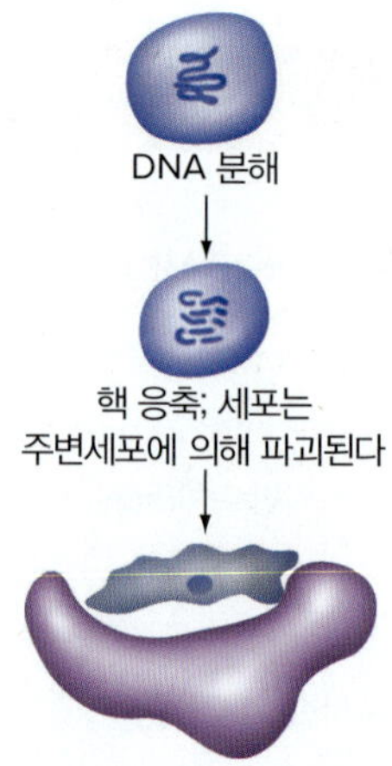

그림 23.16 세포자살. 만일 세포의 DNA가 복구되기에 너무 많은 손상을 입게 되면 세포는 세포예정사가 진행된다. DNA가 분해되고 핵이 응축되며 손상된 세포는 신호를 방출하여 식세포를 유인하고 식세포에 의해 소화된다.

대한 저해가 풀리면, DNA 합성에 필요한 다양한 유전자들의 발현을 활성화시킬 수 있다. 이에 대한 일련의 과정은 복잡하지만, 전체적으로 보면 성장인자 수용체의 유사분열 촉진원 활성화가 DNA 복제에 필요한 효소들을 생성할 수 있게 하여 G_1에서 S기로의 진행을 유발한다고 볼 수 있다.

이제 G_1기에서 S기로의 전이에 대한 이해를 바탕으로 세포 내 DNA 손상이 있을 경우 G_1기에서 S기로의 전이가 일어나지 않도록 하는 검문점에 대해 논의할 것이다. 포유동물에서는 세포가 G_1기 동안 이온화된 방사선이나 자외선에 노출되면, **p53 경로**를 활성화시켜 S로의 전이를 지연시킨다(**그림 23.15**).

p53 단백질은 전사인자로서 다양한 방식으로 G1기에서 S기 사이의 검문점에 관여한다(그림 23.15). 첫 번째, p53은 CDK의 저해제로 알려진 p21의 전사를 유도한다. p21 단백질은 CDK4-사이클린 D 복합체와 결합하고 그들의 활성을 억제하여 S기로 들어가는 것을 막는다. p53의 두 번째 기능은 DNA 복구효소를 암호화하는 여러 가지 유전자의 발현을 유도하는 것이다. 세포가 p21에 의해서 G_1기에 멈춰 있을 때 이들 DNA 복구효소들은 DNA 손상을 복구할 수 있다. 복구가 완료되면 p53 경로는 불활성화되고 세포는 S기로 진행할 수 있다.

p53 경로 및 예정된 세포자살

DNA 손상이 큰 경우, p53을 만드는 야생형 세포는 G1기에서의 세포주기 정지뿐 아니라 **예정된 세포사**(programmed cell death)나 **세포자살**(apoptosis)로 알려진 과정에 의해 세포의 "자살"을 일으킬 수 있다. 세포자살 동안, 세포의 DNA는 분해되며 핵은 응축된다. 죽은 세포는 포식세포를 자극하는 신호를 보내어 포식되거나 파괴된다(**그림 23.16**). 대규모의 DNA 손상에 의해 p53 전사인자가 충분히 활성화되면 세포자살에 관여하는 단백질을 생산하는 유전자들이 활성화된다. 이 기능은 p53이 G_1기에서 S기로 전환되는 시기에 관여하는 세 번째 경로이다(그림 23.15).

염색체 손상을 가진 세포의 생존이나 생식은 암을 유발할 수 있기 때문에 다세포 생물에 있어서 과도한 염색체 손상을 가진 세포를 제거하려는 기전이 존재하는 것은 당연한 일이다. 그러므로 세포자살에 관여하는 단백질들은 회충이나 파리 그리고 인간에 이르기까지 다세포 동물에서 매우 보존되어 있다.

검문점의 필요성

검문점이 세포분열 과정 그 자체에서 필수적인 것은 아니지만, 유기체가 건강하게 살아가기 위해 필요하다. 생쥐나 다른 동물을 이용한 실험들에서 결함이 있는 검문점을 가진 돌연변이 세포가 정상 속도로 분열하고 생존할 수 있다는 것을 보여준다. 그러나 이 돌연변이 세포들은 정상세포들보다 DNA 손상에 훨씬 더 취약하다.

검문점에 결함이 있는 세포들은 유전체가 불안정하다는 공통점을 가지고 있다. G_1기와 S기 사이의 검문점을 예로 들면, 산화적이거나 다른 유형의 DNA 손상에 의해 단일 가닥 틈(single-strand nick)이 종종 발생한다. 정상적인 세포는 S기로 넘어가기 전 G_1기 동안에 그러한 틈을 복구한다. 만일, 이 복구를 조절하는 G_1기와 S기 사이의 검문점 기능에 문제가 있으면, 단일 가닥 절단이 있는 DNA 복제가 일어나고 이중 가닥 절단이 만들어진다. 결과적으로 이중 가닥 절단

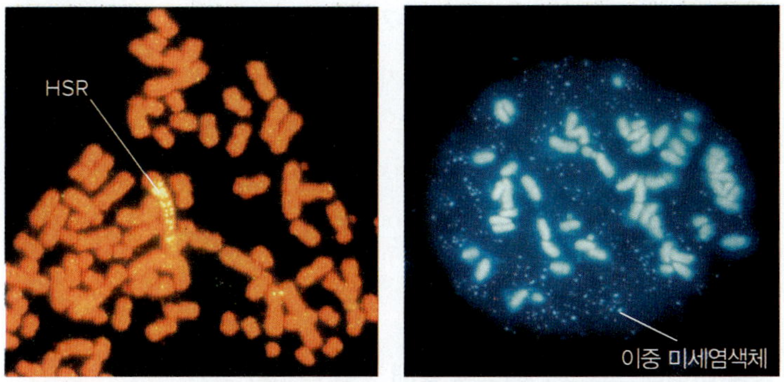

그림 23.17 G_1기와 S기 사이의 검문점에 결함이 있는 세포에서의 유전자 증폭. 증폭된 DNA 부위는 하나 이상의 유전자의 직렬반복(왼쪽)을 포함하는 균질염색부위(HSR)나 염색체 외 DNA의 작은 조각(오른쪽)인 이중 미세염색체로 나타날 수 있다. *Source: (both): ©Thea Tlsty, University of California-San Francisco Medical Center-Pathology*

은 점 돌연변이(point mutation)나 염색체 재배열(chromosomal rearrangement)을 유발하게 된다.

또한, G_1기와 S기 사이 검문점 결함이 있는 세포에서는 염색체 불안전성에 의해 **유전자 증폭**(gene amplification)이 나타날 수 있다. 유전자 증폭이란 정상적으로 두 개의 사본으로 있어야 할 유전자들이 수백 개 이상의 사본으로 증가하는 것이다. 이 증폭은 현미경으로 관찰되며, 염색체 내의 부풀어 오른 부분에서 한 유전자의 많은 직렬반복(tandem repeat)을 포함하는 **균질염색부위**(homogeneously staining region; HSR)로 나타나거나 중심소체나 말단소체가 없는 작은 염색체형 소체로 보인다. 이들은 크기가 작기 때문에 **이중 미세염색체**(double minute)라고 불린다(**그림 23.17**). 세포 배양하는 경우, 인간 정상세포는 유전자 증폭이 일어나지 않지만, *p53* 유전자 돌연변이가 일어난 세포에서는 빠른 속도로 이러한 유전자 증폭이 발생한다.

핵심 개념 23.3

- 세포분열은 성장인자가 세포 표면에 있는 수용체 단백질에 결합하면서 일어난다. 이러한 결합은 세포주기와 관련된 유전자의 발현을 조절하는 전사인자들이 활성화되는 신호전달 연쇄반응을 일으킨다.
- 각각의 CDK-사이클린 복합체의 생성 및 이어지는 분해는 세포주기 단계 간의 전이를 유발한다.
- G_1기와 S기 사이의 검문점은 유전자 손상이 있는 경우 염색체 복제를 저해하며, 이때 p53 단백질은 검문점의 핵심 요소이다.

23.4 돌연변이는 어떻게 암을 발생시키는가

학습 목표

1. 원암 유전자와 종양 억제 유전자를 구별한다.
2. 종양 억제 유전자에서 발생한 돌연변이는 세포 수준에서 열성이지만 암에서는 어떻게 우성 유전의 특성을 유발할 수 있는지 설명한다.

암을 유발하는 돌연변이 대립유전자들을 대부분 **암 유전자**(cancer genes)라고 일반적으로 언급하지만, 사실 이 용어는 부적절한 명칭이다. 모든 암 유전자들은 사실 정상적인 유전자의 돌연변이 대립유전자이기 때문이다. 이미 과학자들은 돌연변이가 발생하면 암으로의 진행과정을 가속화시킬 수 있는 유전자를 100개 이상 찾아냈다.

암 유전자는 두 종류로 세분화된다. 돌연변이 대립유전자가 우성으로 발현하여 암을 일으키는 유전자는 **원암 유전자**(proto-oncogenes)이고, 암을 유발하는 돌연변이 대립유전자는 **암 유전자**(oncogenes)이다. 이런 유전자들은 이배체 세포(diploid cell)에서 암을 유발하는 돌연변이 대립유전자가 하나만 있어도 암 관련 표현형을 야기하는 데 충분히 도움을 준다(**그림 23.18a**). 돌연변이 대립유전자가 암을 촉진하기 위해 열성 방식으로 작용하는 유전자를 **종양 억제 유전자**(tumor suppressor genes)라고 한다. 이들이 세포를 비정상적으로 만들기 위해서는 해당 유전자의 두 사본이 모두 돌연변이를 일으켜야 한다(**그림 23.18b**). 암 유전자와 종양 억제 유전자의 차이는 각각 자동차의 이동을 통제하는 가속페달과 감속페달에서 비유할 수 있을 것이다.

원암 유전자는 주로 세포주기 과정에 요구되는 단백질을 암호화하고 있다(그림 23.18a). 이렇듯, 원암 유전자는 차가 앞으로 진행할 수 있게 하는 가속페달과 같다. 암 유전자로의 돌연변이는 유전자의 발현을 증가시키거나 유전자 생산물의 효율을 높여 같은 시간에 더 많은 세포들이 유사분열 세포주기를 진행하게 한다. 따라서 암 유전자 돌연변이는 마치 가속페달을 더 세게 누르는 것으로 생각할 수 있다. 따라서 하나의 암 유전자 돌연변이는 우성이며, 기능획득의 효과로 더 빈번히 세포가 분열하게 한다(또는 다른 악성적인 특징을 획득하게 만들기도 한다).

반대로, 정상적인 종양 억제 유전자는 세포분열의 속도를 낮추거나 유전체 불안정성을 방지하는 단백질을 암호화하기 때문에 이배체의 경우 마치 불필요한 두 개의 감속페달을 장치한 자동차와 같다. 종양 억제 유전자의 돌연변이는 암에서 기능상실 돌연변이이며, 감

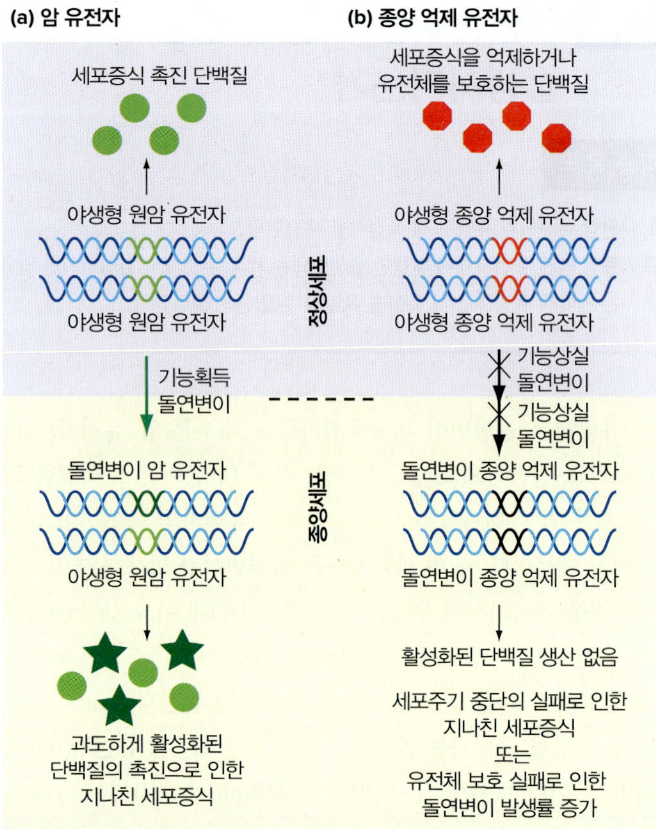

그림 23.18 발암 돌연변이의 두 가지 유형. **(a)** 원암 유전자(연두색 DNA)는 보통 세포 증식을 촉진하는 단백질(연두색 원)을 암호화한다. 야생형 원암 유전자의 우성 기능획득 돌연변이는 암을 유발하는 암 유전자(초록색 DNA)를 생성한다. 암 유전자는 비정상적인 활성의 단백질(초록색 별) 또는 정상 단백질을 과잉생성하는 고형태성(hypermorph) 또는 신형태성(neomorph) 돌연변이다. **(b)** 야생형 종양 억제 유전자(빨간색 DNA)는 보통 세포증식을 제한하거나 유전체 불안정성을 방지하는 단백질(빨간색 팔각형)을 암호화한다. 종양 억제 유전자에서 암을 유발하는 열성 돌연변이는 무기능성 또는 저형태성 돌연변이이다(검은색 DNA).

속페달에서 발을 떼는 것과 같다(그림 23.18b). 만약 한쪽 발은 감속페달에서 떼고 다른쪽 발의 감속페달은 떼지 않는다면, 차는 움직이지 않을 것이다. 감속페달에서 두 발을 모두 다 뗄 때까지 아무 일도 일어나지 않을 것이다. 종양 억제 유전자의 돌연변이는 세포 수준에서 열성인데, 종양 억제 유전자의 두 사본이 모두 불활성화되어야 그 효과가 나타날 것이기 때문이다. 두 대립유전자들이 모두 비정상적인 종양 억제 유전자가 작동할 때, 세포의 증식은 더 빨라지고 돌연변이 발생률과 축적이 더 활발해질 것이다.

대부분의 암에서는 암유전자와 종양 억제 유전자의 복합적인 돌연변이의 축적이 요구된다. 세포는 점점 더 통제가 불가능한 방향으로 세포분열이 일어날 것이며, 이것은 마치 가속페달을 더 세게 밟고 감속페달은 점점 더 밟지 않게 되는 것과 유사하다. 암유전자 및 종양 억제 유전자 돌연변이는 악성 종양으로 이어지는 증식 및 돌연변이의 악순환을 시작하기 때문에 암의 **운전자**(driver)라고 한다.

암 유전자 돌연변이는 세포주기를 가속화한다

암 유전자의 가능성이 있는 유전자를 어떻게 찾을 수 있을까? 어떤 종류의 돌연변이가 원암 유전자를 암 유전자로 전환시킬 수 있을까? 원암 유전자는 정상세포에서 무엇을 할까? 어떻게 암 유전자 돌연변이는 암 유발에 관여하는 것일까? 이러한 중요한 질문에 관련한 최근 연구결과들이 다뤄질 것이다.

종양 바이러스와의 연관성을 통해 발암 유전자 찾기

종양 바이러스는 발암 유전자를 연구하는 데 유용한 도구이다. 첫째, 바이러스는 매우 적은 양의 유전자만을 보유한다. 둘째, 이들 바이러스가 배양세포를 감염하여 종양세포로 바꾸기 때문에 종양세포에 대한 **시험관 연구**(*in vitro*)가 가능하다. 동물에서 종양을 만드는 다수의 바이러스들은 레트로바이러스들로서, 이들을 세포에 감염시켰을 때 바이러스 자체의 RNA 유전체를 cDNA로 역전사 복제하고, 복제된 cDNA를 숙주의 염색체에 삽입한다(9장 읽을거리 「유전학과 사회」 참조). 가끔은 우연하게 삽입된 바이러스 cDNA가 숙주세포

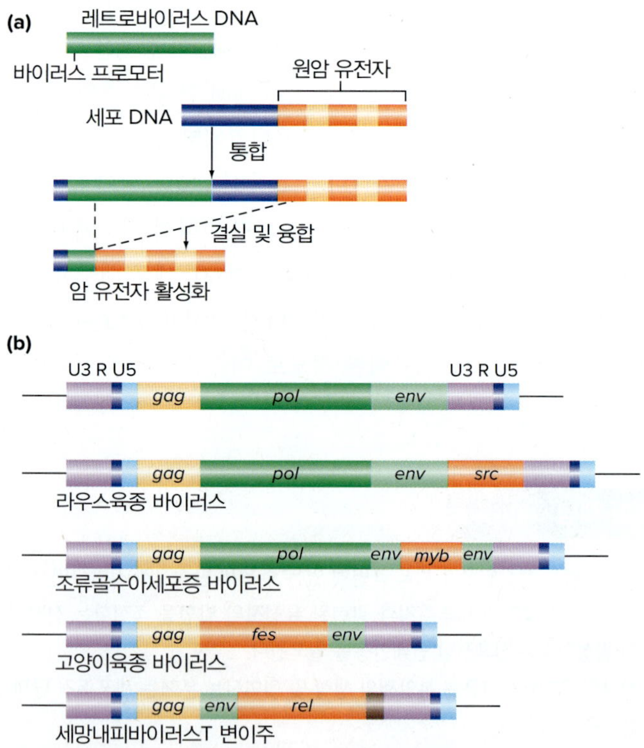

그림 23.19 암 유전자 및 레트로바이러스. **(a)** 드물게, 이중 가닥이 된 바이러스의 cDNA는 숙주 유전체의 원암 유전자 인접부위에 끼어들어간다. cDNA의 강력한 프로모터는 원암 유전자의 과발현을 유도한다. **(b)** 레트로바이러스 유전체. 첫 번째 행은 발암 유전자가 없는 약한 발암성 바이러스를 보여준다. U3, R, U5, *gag*, *pol*(역전사효소 유전자) 및 *env*는 레트로바이러스 염색체의 일반적인 특징이다. 그 다음 행들은 각각의 인접 원암 유전자(*src*, *myb*, *fes* 또는 *rel*와 같은)가 바이러스 게놈에 통합되어 종양 유전자가 될 때 형성되는 고발암성 바이러스 유전체이다.

유전체에 있는 원암 유전자 근처에 위치하게 된다. 드물게 유전자의 결실로 인해 바이러스 cDNA와 원암 유전자를 더 가깝게 만들 수 있다(**그림 23.19a**). 그 다음, 숙주 염색체로부터 cDNA가 전사될 때, 바이러스 RNA는 숙주의 원암 유전자에 대한 복제 가닥을 가져올 수 있다(**그림 23.19b**).

RNA 종양바이러스는 최소 세 가지 방법으로 암을 일으킬 수 있다. 첫 번째, 원암 유전자를 가지고 있는 바이러스들이 증식할 때, 그 원암 유전자에서 기능획득 돌연변이들이 발생하여 그것을 암 유전자로 전환시킬 수 있다. 암 유전자를 운반하는 바이러스가 새로운 숙주세포에 감염이 되면, 암 유전자가 발현되고 비정상적인 단백질 생산물들은 새로운 숙주세포의 비정상적인 증식을 유도한다. 두 번째, 바이러스의 유전체에 삽입된 원암 유전자나 암 유전자는 염색체의 강력한 촉진유전자와 증폭자에 의해 전사조절을 받게 된다. 그 결과, 원암 유전자나 암 유전자는 특히 높게 전사되며, 이로 인해 단백질이 과도하게 합성된다(그림 23.19b). 세 번째, 바이러스 cDNA가 숙주 염색체의 원암 유전자에 가깝게 삽입되면(그림 23.19a와 같이), 강력한 바이러스 촉진 유전자와 증폭자가 원암 유전자의 전사를 증가시켜, 원암 유전자가 암호화하는 단백질의 과발현을 유도할 것이다.

레트로바이러스에 대한 분석으로 다양한 동물에게서 종양을 유발하는 것으로 알려진 여러 암 유전자들을 발견하였다. 다양한 동물 종들에서 종양을 유발하는 바이러스들에 대한 분석으로 많은 암 유전자들이 발견되었다. 과학자들은 작은 바이러스 유전체 내에 실려진 암 유전자들을 찾아보거나, 혹은 레트로바이러스들에 의해 유발된 종양 세포의 유전체에서 바이러스의 cDNA 통합부위 옆에 위치한 유전자들을 탐색함으로써 여러 암 유전자들을 밝힐 수 있었다.

세포형질전환 분석을 통한 발암 유전자의 발견

과학자들은 매우 어려운 두 번째 전략을 사용하여 다른 암 유전자들을 찾아내기도 했다. 종양세포에서 DNA를 분리하고 그것을 배양 중인 비종양성 세포들에 노출시켜 보는 것이다. 만약 비종양성 세포들이 온전한 암 유전자를 포함하고 있었던 종양 유발 DNA 조각을 받아들였다면, 그것들 중 일부는 종양을 발생시킬 수 있는 세포로 형질전환될 것이다. 이런 효과는 암 유전자의 대립유전자들이 원래의 비종양세포 내 유전체에 존재하던 정상적인 원암 유전자의 대립유전자들에 대해 우성이기 때문에 발생한다.

그림 23.20은 인간의 암에서 암 유전자를 찾는 데 어떻게 이 방법이 사용되는지를 보여준다. 연구자들은 인간 종양 조직에서 유전체 DNA를 분리하고, DNA를 유전자의 크기로 조각을 단편화하고 비암성(noncancerous) 생쥐 세포에 DNA를 삽입한다. 이러한 세포의 일부는 발암 유전자를 획득하여, 접촉 저해(contact inhibition)를 잃게 되고, 배양접시에서 **형질전환 병소**(transformed foci)을 형성하게 된다. 형질전환 병소의 세포들을 쥐에게 감염시키면 종양이 발생한다. 연구자들은 형질전환된 병소에서 인간의 DNA을 찾음으로써 쥐 세포의 형질전환의 원인인 인간 암 유전자를 확인하였다. 이것은 인간 유전체에는 있지만 생쥐 유전체에는 없는 *Alu*라고 알려진 인접 전이인자를 찾음으로써 수행될 수 있었다. 이런 방법으로 규명된 암 유전자들은 종양 바이러스 연구에서 발견된 것과 마찬가지로, 원암 유전자들이 비정상적으로 활성화된 형태로 변화된 돌연변이 대립유전자들이었다.

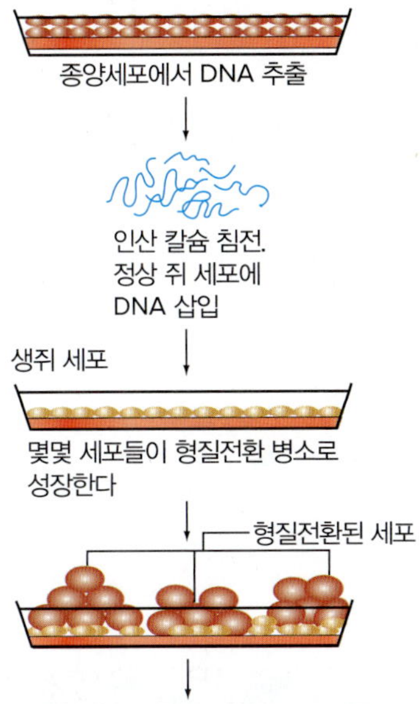

그림 23.20 종양세포 DNA에서 발암 유전자 찾기. 일부 인간의 암조직에서 분리한 DNA는 정상 생쥐 세포를 접촉 억제 성질을 잃고 형질전환 병소를 형성하는 암세포로 변환시킨다. 연구자들은 종양 유전자 근처의 인간 특이적 *Alu* 서열을 찾아 형질전환된 세포의 DNA에서 인간 암 유전자를 식별한다.

암 유전자는 어떻게 암을 유도하는가

수십 개의 암 유전자들이 방금 언급된 두 가지 실험에 의해 밝혀졌다. 대부분의 경우에서 원암 유전자에 해당되는 유전자들은 정상적인 세포 증식 신호전달 경로에서 역할을 수행한다. 여러 가지 형태의 돌연변이적 사건들이 정상 원암 유전자를 암 유전자로 전환시킬 수 있지만, 이 모든 돌연변이들은 일종의 기능획득 돌연변이들로서, 우성(고기능성이거나 신기능성) 효과를 발휘한다. 이러한 특징을 가진 대표적인 세 가지 유전자의 예를 살펴보자.

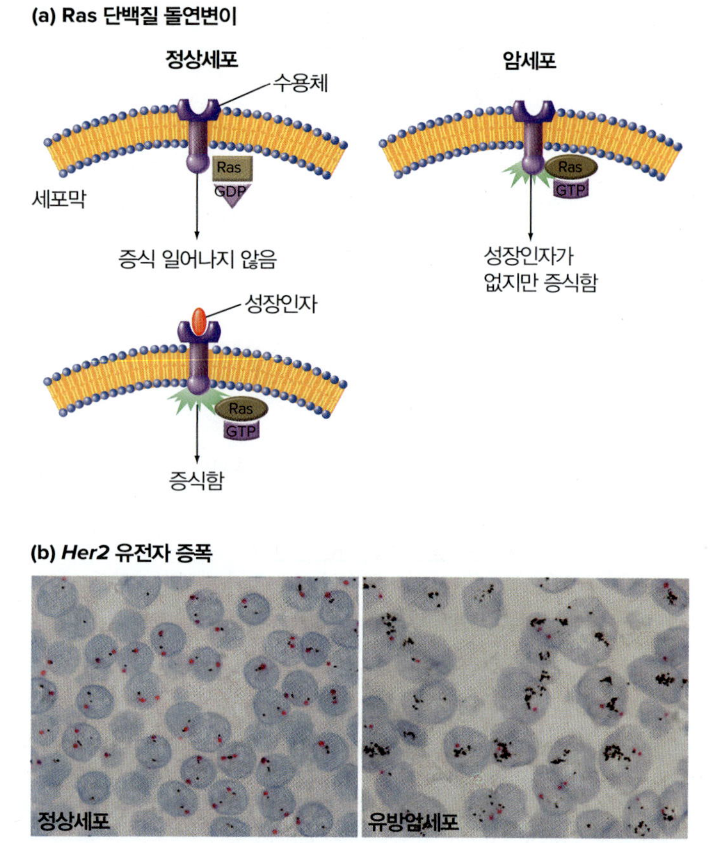

그림 23.21 암 유전자 돌연변이의 예. **(a)** *Ras* 유전자에 생긴 점 돌연변이에 의해 GTP-활성형으로 고정된 형태의 Ras 단백질이 생성된다. (b) 유방암세포(오른쪽)는 정상세포(왼쪽)와 달리 다수의 이중 미세염색체에 *Her2* 유전자가 증폭되어 있다. FISH 분석에서 붉은 점들은 17번 염색체의 중심체(정상세포와 대부분의 암세포에 2개씩 존재)를 나타내며, 검은 점들은 Her2 유전자(정상세포는 2개, 종양세포에는 다수)를 나타낸다. *Source: (b): H. Nitta et al. (2008), "Development of automated bright-field double in situ hybridization (BDISH) application for HER2 gene and chromosome 17 centromere (CEN 17) for breast carcinomas and an assay performance comparison to manual dual color HER2 fluorescence in situ hybridization (FISH)," Diagnostic Pathology, 3:41, Fig. 3A-B. ©Nitta et al. Licensee BioMed Central Ltd. 2008.*

Ras *Ras* 유전자의 다양한 암 유전자의 대립유전자들은 점 돌연변이이며, 항상 GTP가 활성화된 형태(즉, 구조적으로)의 Ras 단백질을 발현한다. 이러한 돌연변이 대립유전자 중 하나인 Ras^{G12V}는 22장에서 살펴보았다(그림 22.6 참조). 증식성 세포 신호 전달 경로는 본질적으로 활성인 *Ras* 종양 유전자를 운반하는 세포에서 항상 열려 있으므로 세포는 성장인자의 존재 여부에 관계없이 분열한다(**그림 23.21a**).

c-Abl 대다수의 만성 골수성 백혈병 환자의 암세포 유전체에서 나타나는 변이로서, 9번과 22번 염색체의 전좌로 인해 *c-abl* 유전자가 *bcr* 유전자와 융합되는 방법을 14장에서 설명하였다(그림 14.15 참조). 이 융합된 유전자는 암 유전자로서, 융합된 단백질을 발현한다. c-Abl 부분은 **단백질 타이로신 인산화효소**(protein tyrosine kinase)이며, 다른 단백질의 타이로신 아미노산에 인산기를 붙인다. 이 효소는 특정 성장인자에 의해 유도되는 신호전달 경로에 참여한다. 암 유전자인 Ras와 유사하게, Bcr/c-Abl 단백질은 성장인자가 존재하지 않아도 항상 활성화 상태이다.

Her2 유방암 환자의 약 20%는 인간 표피 성장인자 수용체 2(human epidermal growth factor receptor 2; Her2)를 과발현한다. 명칭에서 알 수 있듯이, 이 단백질은 성장인자 수용체 중 하나이지만, 현재까지 **고아 수용체**(orphan receptor)라고 불리는데, 아직 이 수용체를 활성화시키는 성장인자가 밝혀지지 않았기 때문이다. 세포가 막에 너무 많은 Her2를 가지게 되면 신호전달 경로가 활성화되어 부적절한 분열의 원인이 된다.

Her-2 단백질에 양성을 띠는 일부의 세포에서, 단백질의 과발현은 *Her2* 유전자의 복제가 엄청나게 증폭된 결과이다. **그림 23.21b**에서 보여주는 것처럼, 추가적으로 복제된 *Her2* 유전자들은 보통 이중 미세염색체(double-minute chromosome)에서 발견된다. 이런 발견은 그 암세포의 체세포 조상이 DNA 수선 효소나 p53 같은 DNA 손상 검문 요소들을 암호화하는 유전자들에서 이미 돌연변이를 축적했음을 강하게 시사한다. 그런 돌연변이들은 유전체의 특정 영역이 증폭되도록 내버려 두는데, 우연히 그런 영역 중 하나가 *Her2* 유전자를 포함하게 되었다.

Her2 양성 유방암은 공격적 특성을 보이지만 다음 절에서 다룰 Her2 단백질에 대한 맞춤 약으로 효과적인 암 치료가 가능해졌다.

종양 억제 유전자의 돌연변이는 세포주기의 제동장치를 해제하거나 유전체를 불안정하게 할 수 있다

일부 돌연변이 종양 억제 유전자는 세포주기 체크 포인트에 참여하는 등 정상 대립유전자가 세포분열을 중단시키는 데 도움이 되는 유전자의 열성 대립유전자이다. 두 야생형 복사본이 모두 손실되면 증식에 대한 제한(브레이크)이 해제된다(그림 23.18b 참조). 다른 종양 억제 유전자는 DNA 복구 단백질을 암호화한다. 두 정상 대립유전자의 손실은 돌연변이율을 증가시키고 다른 암 유전자에서 운전자 돌연변이를 만들어낼 수 있다.

유전체와 가계 분석을 통한 종양 억제 유전자 발견

연구자들은 특정한 암이 유전되는 경향을 가진 가계들의 가족력 분석과 일부 종양형태에서 지속적으로 결실이 발생하는 염색체 영역을 분석한 결과, 수십 개의 종양 억제 유전자들을 확인하였다.

다음은 망막모세포종의 확인 과정이다. 망막 내의 색깔을 인식하는 원추세포에서 발생한 암으로서, 망막모세포종의 종양은 전이되기 전이라면 진단과 제거가 매우 용이하다(**그림 23.22a**). 망막모세포종은 가계에서 우성으로 유전되는 암의 종류 중 하나이다(**그림 23.22b**). 부모가 망막모세포종이라면 자녀에게 유전되며, 대략 50%의 가능성으로 이 질환을 앓게 된다.

망막모세포종 환자에서 정상적인 핵형을 가진 비암성조직에서는 13번 염색체의 장완(13q)의 결실에 대한 이형접합성이 발견된다. 환자들은 정상적인 13q와 부분적으로 결실된 13q를 가지고 있다. 이 질병을 앓고 있는 일부 환자들의 암성의 망막세포는 13번 염색체에서 이형접합형이었던 부분이 둘다 결실된 상태의 동형접합형으로 나타난다. 결실된 크기와 위치는 환자마다 다르지만 모두 13q14 부위가 사라진다.

이 발견으로 13q14의 부위가 망막모세포종의 발달을 억제하는 유전자를 포함한다는 것을 알 수 있다. *RB*는 이 유전자의 기호이다. 환자의 정상적인 조직의 이형접합형 세포는 야생형 대립유전자를 가지며(RB^+), 세포가 암성을 띠는 것을 억제한다. 종양세포는 야생형 유전자가 결실된 동형접합형이기 때문에 RB^+을 포함하지 않아 세포의 분열을 조절할 수 없게 된다.

유전학자들은 망막모세포종의 유전에 대한 지식을 *RB* 유전자를 찾는 데 이용했다. 그들은 그 유전병에 관련된 모든 종류의 결실에서 소실되는 13q14 밴드 내의 DNA 서열을 탐색함으로써 그 유전자가 있는 큰 영역을 지정했다. 그런 후 오직 하나의 전사 단위(*RB* 유전자)에만 영향을 미치는 매우 작은 결실을 밝힘으로써 그 특정 유전자를 규명할 수 있었다. 그것은 그림 23.14에서 제시했던 것처럼, 세포주기를 조절하는 데 관여하는 많은 단백질 중 하나를 암호화한다. 따라서 *RB*는 종양 억제 유전자의 정의에 잘 맞는다. 이 유전자가 지정하는 단백질은 세포가 암으로 변하는 것을 억제한다. 암은 *RB* 결실에 이형접합형인 세포가 남은 정상 유전자 사본을 잃어버렸을 때 발생할 수 있다.

암 소인: 유기체 수준에서 우성, 세포 수준에서 열성

그림 23.22c는 망막모세포종의 유전적인 특징에 대한 예기치 못한 질문을 제시한다. 만약 *RB* 유전자의 결실이 야생형 RB^+에 열성이라면 어떻게 망막모세포종이 우성의 경향으로 유전될 수 있는 것인가? 결론은 *RB* 결실이 생물 수준에서 우성이다. 결실에 이형접합형인 수백만 개의 망막세포 중 최소한 한 개라도 남아 있는 RB^+ 대립유전자를 망가뜨릴 수 있는 높은 가능성이 있기 때문이다. 그 결과 돌연변이가 발생한 세포는 기능할 수 없는 종양 억제 유전자를 가지게 된다(그림 23.22c). 이 세포는 조절을 벗어나게 되며, 궁극적으로 암세포의 클론을 발생시킨다(5장의 읽을거리 「유전학과 사회」 참조).

여러 가지 종류의 드문 사건들이 이형접합형 세포에서 남아 있는

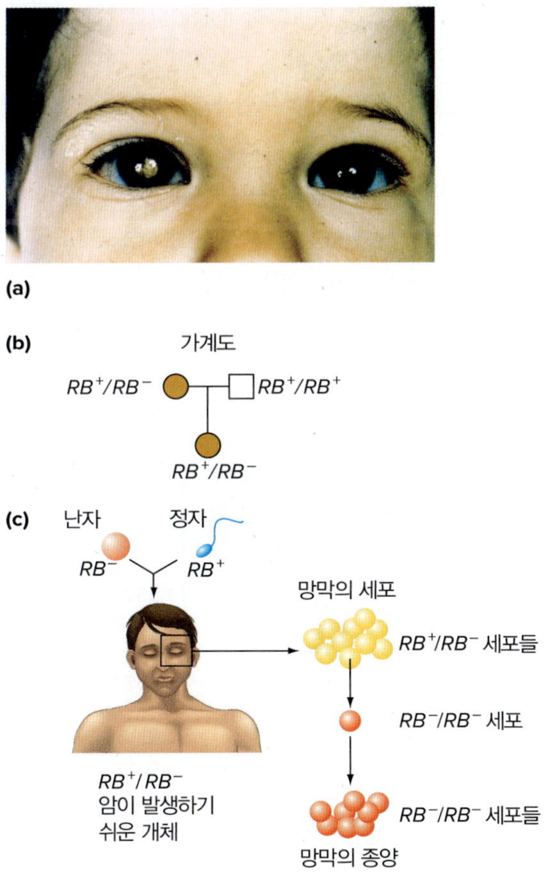

그림 23.22 종양 억제 유전자의 돌연변이는 세포 수준에서는 열성이지만 유기체 수준에서는 우성이다. **(a)** 한쪽 눈에 망막모세포종을 가진 아이. **(b)** 단일 RB^- 대립유전자의 우성 유전양식이 망막모세포종에 걸리기 쉽게 한다는 것을 나타내는 가계도. **(c)** RB^+/RB^- 유전자형을 가진 사람에서 단일 망막세포에 남아있는 RB^+ 대립유전자의 손실은 망막모세포종을 야기할 수 있다. 이러한 "두 번째 적중(second hits)"은 드물지만 망막에는 너무 많은 세포가 포함되어 있어 이러한 사건이 하나 이상의 세포에서 발생할 가능성이 높다. *Source: National Cancer Institute*

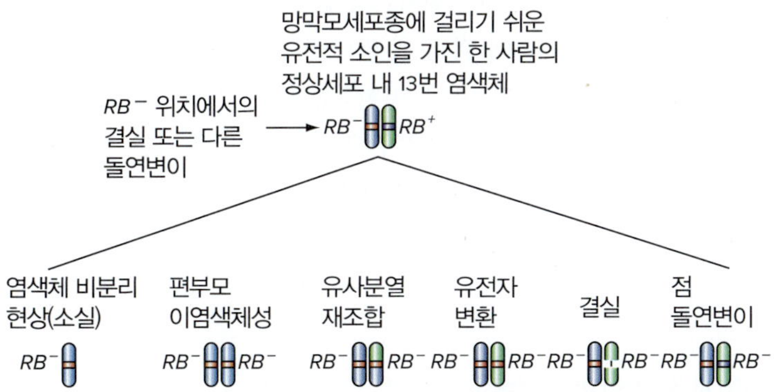

그림 23.23 RB^+/RB^- 유전자형을 가진 개인의 체세포에서 이형접합성 상실을 일으키는 사건들. RB^- 대립유전자는 상염색체 열성 돌연변이로서 생식세포 계통을 통해 유전된다. 체세포분열 중 RB^+ 대립유전자의 연속적인 변화는 비기능적 RB^- 대립유전자에 대한 동형접합성 혹은 반접합성 세포 클론을 생성한다. 편부모 이염색체성(uniparental disomy)은 한 세포의 염색체 쌍이 모두 한쪽 부모로부터 온 경우를 말한다. 이러한 편부모 이염색체성 세포는 한 세포에서 하나의 염색체가 소실되고 남은 염색체가 복제되는 사건이 모두 발생하여야 만들어질 수 있다.

RB^+ 대립유전자를 불활성화시킬 수 있다. 이 모든 사건들은 RB^-/RB^+ 세포를 RB^-/RB^- 세포로 변화시키기 때문에 **이형접합성 상실**(loss-of-heterozygosity)을 만든다고 한다(**그림 23.23**). 눈이 돌연변이 유발 UV 광선에 노출되기 때문에, RB^+ 자체가 결실되거나 비활성화 점 돌연변이가 발생할 수 있다. RB^+의 염색체를 비분리현상에 의해 잃게 될 수도 있다. 유사분열 재조합 또는 유전자 전환에 의해 유전된 상동염색체의 RB^+ 대립유전자가 RB^- 돌연변이 또는 결실로 대체될 수 있다.

암을 유발하기 위해서는 종양 억제 유전자의 두 대립유전자의 기능을 모두 제거해야 한다는 가설은 망막모세포종과 같은 산발적이고 유전되지 않은 형태의 암이 존재하고 일반적으로 유전된 망막모세포종보다 나중에 발생한다는 사실에 의해 강력하게 뒷받침된다. 게다가 유전되는 형태의 유전자를 가진 망막모세포종의 환자들은 두 눈에 영향을 미칠 수 있는 여러 종양들을 가지고 있는 반면, 산발적 망막모세포종의 환자들 대부분은 한쪽 눈에 단 하나의 종양만을 가지고 있다. 산발적 망막모세포종은 세포의 복제에 있어 두 개의 연속적이고 독립적인 충격을 필요로 하기 때문에 드물며 유전질환보다 발달하는 데 더 오래 걸린다. 반면에 유전되는 RB^- 돌연변이를 가진 사람들의 세포들은 이 종양 억제 유전자의 기능에 오직 하나의 추가적 충격만 발생해도 암이 된다.

RB^+ 유전자의 상실은 암이 야기될 수 있는 악순환의 되먹임 고리를 시작할 수 있게 하는 중요한 단계이다. 이 되먹임 고리에서는, 암유전자를 만들거나 혹은 다른 종양 억제 유전자의 기능을 방해하는 연속적인 유전적 변화가 발생하여, 그 세포 클론의 발암 잠재력을 점차 증가시키게 된다.

여기서 두 가지 측면은 혼란스럽고 해결되지 않았다. 첫째, *Rb*가 모든 곳에서 세포주기를 조절한다는 점을 고려할 때, 왜 RB^- 돌연변이는 다른 조직보다 눈에 더 많은 영향을 끼치는가? 또한 자외선에 눈을 노출하는 것이 RB^-/RB^+ 이형접합체가 망막모세포종으로 발전할 가능성이 있는 한 가지 이유가 될 수 있다면, 왜 다른 종양 억제자 돌연변이가 RB^- 돌연변이만큼 자주 망막모세포종을 야기하지 않는가? 보다시피 많은 종양 억제제와 암 유전자가 특정 세포 유형의 암과 가장 자주 연관되기 때문에 이러한 질문은 큰 의미를 가진다.

어떻게 종양 억제 돌연변이가 암을 유도하는가

종양 억제 유전자는 다음의 기능 중 하나 이상의 역할을 하는 단백질을 암호화한다.

- 기본적인 세포 증식 기작에서 한 부분을 차지하는 단백질들이다. 설령 그들이 반대로 작동할지라도 말이다(즉, 세포분열을 느리게 한다).
- 세포주기 검문점의 구성요소가 될 수 있다.
- 그들은 DNA 손상 복구에 관여할 수 있다.
- DNA 손상이 너무 크면 세포 사멸을 촉진할 수 있다.

다음 예들은 종양 억제 유전자들에서의 기능상실 돌연변이들이 어떻게 암의 유전적 소인을 증가시키는지에 대한 분자적 기작 몇 가지를 설명한 것이다.

Rb 그림 23.14는 비인산화된 야생형의 Rb 단백질을 보여 주는데, 이것은 E2F 전사인자의 억제를 통해 S기로 진행하는 세포주기를 지연시킨다. RB^-/RB^- 세포는 Rb 기능을 가지고 있지 않고, E2F를 억제할 수 없게 된다. 따라서 세포는 성장인자의 존재 유무와 상관없이 S기로 진행한다.

p53 우리는 p53 단백질이 G_1기와 S기 사이 검문점에 필수적이라는 것을 보여주었다(그림 23.15 참조). 따라서 검문점에서 p53 단백질은 정상적인 세포에서 DNA의 단일 가닥 손상(틈)의 발생과 같은 스트레스 조건에서 활성화된다. p53의 활성화는 여러 유전자 산물의 발현을 유도한다. (1) CDK-사이클린 복합체의 작용을 억제하는 유전자들, (2) DNA 손상의 수선을 도와주는 유전자들, (3) 이러한 과정들이 실패하면 세포의 사멸을 촉진하는 유전자들이다.

$p53^-/p53^-$ 세포에서는 이러한 과정들 중 어느 것도 일어나지 않는다(**그림 23.24**). DNA 손상이 있는 세포들을 계속해서 S기로 진행시키는 p53이 결핍된 세포이다. 단일 가닥 절단은 염색체가 복제될

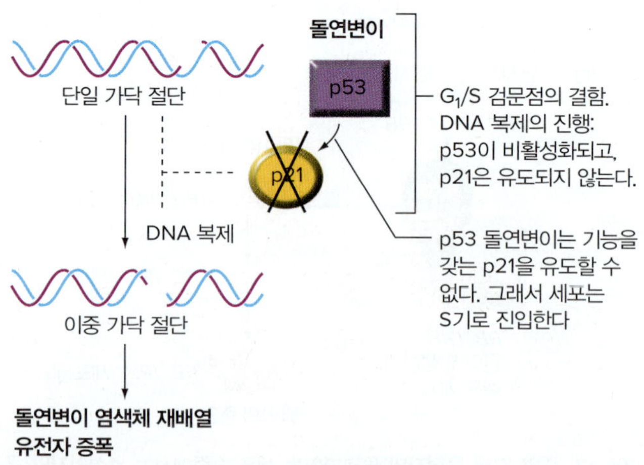

그림 23.24 p53의 상실은 유전체 불안정성을 초래한다. p53이 없는 세포에는 DNA의 단일 가닥이 그대로 남는다. (1) p21이 유도되지 않아 세포가 S기로 진행한다. (2) DNA 수리 유전자도 전사되지 않는다. 복구되지 않은 DNA가 복제되면 단일 가닥 틈은 이중 가닥 파손으로 이어져 돌연변이와 염색체 불안정성을 유발한다. (3) 세포사멸 유전자가 유도되지 않아 DNA 손상을 입은 세포들이 죽지도 않는다(그림 없음).

때 이중 가닥 절단으로 전환되고, 많은 염색체 재배열을 일으키게 된다. 유전체에 이와 같은 손상을 입은 *p53*⁻/*p53*⁻ 세포들은 세포 사멸에 의해 죽지 않는다.

BRCA1*과 *BRCA2 *BRCA1*과 *BRCA2*(**br**east **ca**ncer 1 and **br**east **ca**ncer 2) 이들 두 유전자는 DNA의 이중 가닥 파손을 복구하기 위한 기계의 단백질 구성 요소를 암호화한다. 이러한 돌연변이 중 하나에 대해 이형접합성인 여성은 평생 유방암이나 난소암에 걸릴 위험이 평균보다 훨씬 높다. 세포가 *BRCA1* 또는 *BRCA2*의 나머지 정상 사본을 잃으면 돌연변이 속도가 증가하여 결국 악성으로 이어질 수 있는 새로운 운전자 돌연변이를 생성한다.

핵심 개념 23.4

- 대부분의 원암 유전자는 성장인자 의존성 신호전달 경로에 참여하는 단백질들을 암호화한다. 암 유전자는 우성이며, 원암 유전자의 기능획득 돌연변이 대립유전자는 신호전달 경로를 활성화한다.
- 종양 억제 유전자의 정상적인 대립유전자들은 세포주기 중단을 조절하는 단백질이나 유전체 안정성을 유지시키는 단백질을 암호화한다. 종양 억제 유전자의 기능상실 돌연변이는 세포 수준에서 열성이다. 왜냐하면 양쪽 모두 결실되어야 암을 일으킬 수 있기 때문이다. 종양 억제 유전자의 하나의 돌연변이 사본을 물려받은 사람은 종양 억제 유전자의 나머지 야생형 사본이 적어도 하나의 세포에서 손실될 가능성이 높기 때문에 암에 걸리기 쉽다.

23.5 맞춤 암 치료

학습 목표

1. 글리벡®과 허셉틴®과 같은 약물들이 어떻게 암 유전자의 특정한 산물을 대상으로 하는지 설명한다.
2. 암 억제 유전자 돌연변이의 효과를 상쇄시키는 항암제에 대한 생산 방법에 대해 논의한다.
3. 암의 개인 맞춤 치료를 위한 현재의 접근방식을 요약한다.

암은 항상 인간에게 영향을 미쳤다. **그림 23.25**는 고대 이집트로부터 보존된 미라에서 전립선 암이 발견된 것을 보여준다. B.C. 1500년, 파피루스 종이를 통해 알 수 있듯이, 이집트 의사들이 암을 인식하여 수술이나 뜨거운 부지깽이를 그들의 몸 속으로 집어넣음으로써 종양을 제거하려 시도했다. 오늘날 수술에서 암을 치료하는 주요 방법으로 남아 있다. 비록 암세포를 제거하기 위한 뜨거운 부지깽이의 방법과 비슷한 건 현재의 방사선 치료이지만 말이다. 이러한 기술들은 효율적이긴 하지만 주요한 한계점을 가지고 있기도 하다. 몇몇 종양들은 인체의 일부 위험한 곳에 위치한다. 특히 종양이 또 다른 조직으로 이미 전이가 되었을 경우에는 모든 암세포들은 죽거나 제거되지 않을 수 있다.

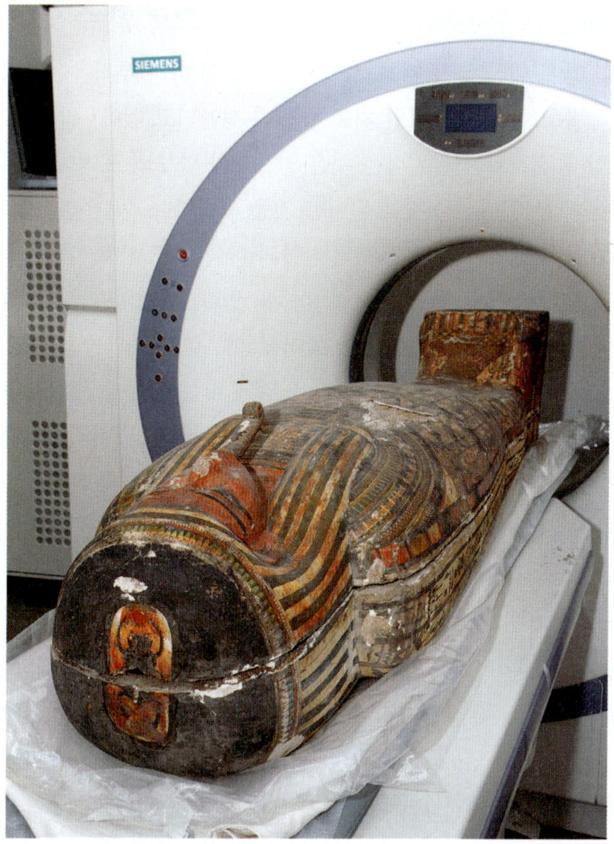

그림 23.25 2000년 된 미라에서 X-선 단층촬영으로 발견된 전립선 암.
Source: ©Siemens AG, Munich/Berlin

1940년대에 의학분야의 과학자들은 항암 **화학요법**(chemotherapy)을 찾기 시작했으며, 암세포를 죽일 수 있는 약물 치료를 병행하고자 하였다. 이들 화학물질들은 증식하는 세포들에게 필요한 생화학적 경로(pathway)를 직접적으로 방어한다. 몇몇 항암 화학요법들은 DNA의 복제가 일어나지 못하도록 하며 그 외에 다른 약물들은 분열방추(mitotic spindle) 형성을 억제한다. 이러한 접근법은 상당히 성공적이지만, 우리 신체는 계속적으로 세포의 재생(cell renewal)을 필요하기 때문에 상당한 문제를 야기한다. 정상적으로 분열하는 세포는 항암 화학요법에 의해 분열하는 암세포보다 상당히 덜 민감하다. 그래서 항암 화학요법은 환자는 살리고 암세포는 죽일 수 있는 적정 용량을 맞춰주어야 한다. 약물 치료가 성공적일지라도 환자에게서 보여지는 부작용이 심각할 수 있다.

항암제는 암 유전자의 생산물들을 표적으로 할 수 있다

우리의 암에 대한 분자 기초 지식이 늘어남에 따라 부작용을 줄일 수 있는 새롭고 좀더 특이적인 치료 방법이 제안되고 있다. 원암 유전자에서 암 유전자로 전환된다는 것은 암세포가 약물의 표적이 될 수 있는 특유의 분자 특성을 갖게 된다는 것을 의미한다. 암 유전자의 단백질 산물들은 해당 원암 유전자의 산물과 다를 수도 있고, 아니면 같은 단백질을 더 과량으로 만드는 것일 수도 있다. 생화학자들은 원암 유전자에 의해 발현되는 단백질에 특이적으로 결합해 그들을 불활성화시킴으로써 암세포의 증식 속도를 느리게 하는 약물을 고안할 수 있다. 이외의 암 억제 유전자(anti-oncogene) 약물은 발암 단백질을 과발현하는 세포를 죽여 신체의 면역세포를 방어에 동원하게 만든다. 우리는 여기서 두 가지 약물의 전략을 그림으로 설명할 것이다.

암 유전자 단백질 불활성: 글리벡®(Gleevec®)

앞서 언급했듯이, *bcr/c-abl* 융합 유전자는 성장인자가 존재하지 않는 경우에도 이 유전자가 암호화하는 비정상적인 단백질 티로신 키나아제(tyrosine kinase)가 항상 활성화되어 있도록 함으로써 몇 가지 형태의 만성 골수성 백혈병의 중요한 원인이 된다. 제약회사들은 글리벡®(Gleevec®)이라 불리는 약을 개발하였으며, 특별히 융합 단백질의 일부 단백질인 티로신 키나아제의 효소 활성을 억제한다(*c-abl*에 의해 암호화 되는 부분). 키나아제의 활성을 위해 반드시 ATP가 결합되어야 하고, 이로부터 획득한 인산 그룹이 다른 단백질로 이동한다. 글리벡®은 Bcr/c-Abl 키나아제의 ATP 결합 부위에 꼭 맞도록 설계되었으며, ATP 결합은 그로 인해 방해됨으로써 암유전자에 의한 단백질을 불활성화 시키게 된다(**그림 23.26**).

임상시험에서, 융합 유전자를 가지고 있는 환자의 98%가 백혈병 혈액 세포의 완전한 소실 및 정상적인 백혈구로의 복구를 경험했다.

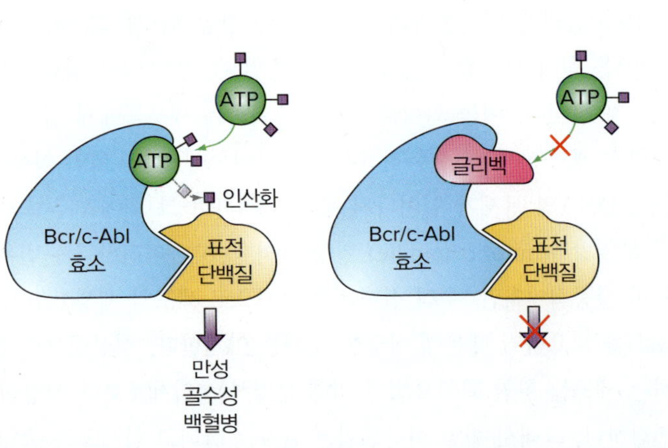

그림 23.26 글리벡®(Gleevec®): 활성 기작. *bcr/c-abl* 융합 유전자의 산물은 ATP에서 많은 기질 단백질로 인산기를 전달하는 단백질 티로신 인산화효소이다. 글리벡®은 이 효소의 ATP 결합 부위에 강력히 결합하여 인산화효소의 기능을 저해한다.

이들 환자 중 5%만이 치료 시작 후 5년 내에 백혈병으로 사망했다. 이 약은 현재 만성 골수성 백혈병에 대한 표준 치료법이며, 암세포가 위치한 신체 부위의 손상 없이 암을 치료하는 새로운 유형의 모델이다.

성장인자 수용체로의 단일클론항체: 허셉틴®(Herceptin®)

유방 종양들의 상당수는 세포 표면에 Her2 성장인자 수용체(human epidermal growth factor receptor 2)를 과발현한다. 세포 외부의 Her2 단백질의 일부가 위치하는 곳을 공격하는 방식으로 암세포를 공략하는 것은 성공적인 전략이다. 과학자들은 Her2 단백질의 세포외 부분(extracellular part)에 강력하게 결합하는 허셉틴®(Herceptin®)이라 불리는 단일클론항체를 개발하였다.

Her2에 결합하는 허셉틴®은 아마도 2가지의 효과를 가질 것이다(**그림 23.27**). 첫 번째로, Her2 수용체는 허셉틴®과 결합하여 일반적으로 Her2와 성장인자 사이의 상호작용에 의해 개시되는 신호 연쇄반응(signal cascade)이 시작될 수 없도록 한다. 그 결과, 허셉틴®을 처리한 Her2 양성세포가 충분히 증식하지 못한다. 두 번째로, Her2 수용체에 대한 허셉틴®의 결합은 결국 암세포를 표적으로 인지하여 그들을 파괴하는 특이 면역세포인 **살생 T 세포**(killer T cell)를 동원한다.

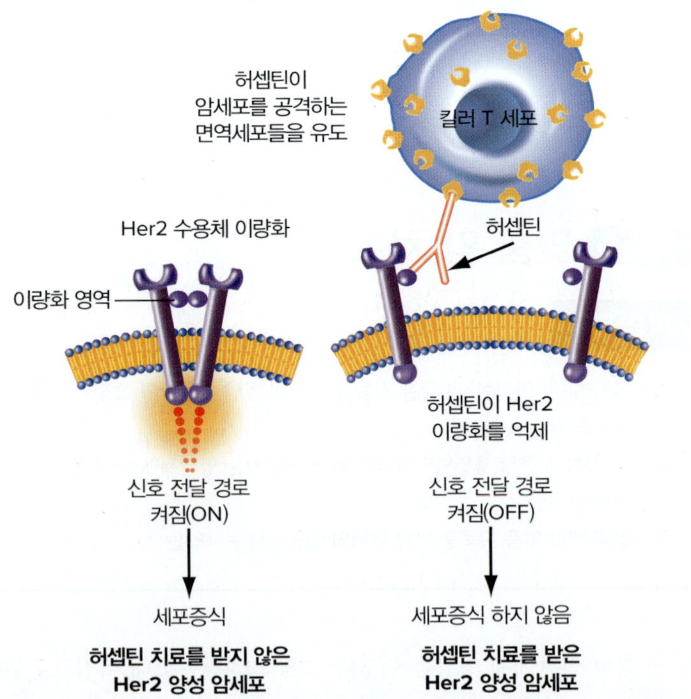

그림 23.27 허셉틴®(Herceptin®): 가능한 활성 방식. 이 약은 특정 암세포의 표면에 위치한 Her2 단백질에 결합하는 단일클론항체이다. Her2에 허셉틴®이 결합하여 수용체 소단위(subunit)의 이량화(dimerizing)를 방지하면 성장인자에 의해 개시되는 신호전달 경로를 차단할 수 있다. 또한, Her2에 허셉틴®이 결합하면 살생 T 세포의 암세포 공격을 지시한다.

허셉틴®은 또한 수술이나 표준 화학치료요법 이후 Her2 양성(positive) 유방암 환자에 대하여 암 재발 가능성을 25~50%까지 줄여주는 효과가 있음이 임상시험을 통해 입증되었다. 약이 더 효과가 없는 이유 중 하나는 암세포가 비교적 쉽게 새로운 변이를 획득하여 허셉틴®에 내성을 보이기 때문이다. 예를 들어, *Her2* 유전자 돌연변이로 인해 이후 신호전달 시스템이 부적절하게 활성화 될 수 있다.

일부 화학 요법은 기능성 종양 억제 유전자가 부족한 세포들을 대상으로 한다

약 개발은 종양 억제 유전자보다는 암 유전자에 좀더 초점을 맞추어 진행된다. 그 이유는 암세포가 기능을 갖는 하나 이상의 종양 억제 유전자들의 기능이 부족하므로, 그 단백질들 또한 누락될 것이기 때문이다. 약이 직접적으로 표적(directly target)할 수 있는 단백질이 존재하지 않는다. 게다가 과학자들은 암세포에는 없는 종양 억제 유전자의 야생형 대립유전자를 추가해 줄 수 있도록 유전자를 교체할 효과적인 방법을 아직 마련하지 못했다.

그러나 전술한 바와 같이, (1) 많은 종양 억제 유전자 산물들은 DNA 복구 메커니즘과 DNA 손상 검문점(checkpoint)에 관여한다. 그리고 (2) 많은 세포들에서 과도한 DNA 손상은 세포자살(apoptosis)을 유도한다. 이러한 사실들은 역설적인 아이디어를 제안한다. 종양세포들은 효율적으로 그 손상을 복구할 수 없으며, 따라서 세포사멸에 의해 사망할 가능성이 높기 때문에 대부분의 암세포는 DNA 손상을 증가시키는 분자들에 상당히 민감하게 반응할 것이다.

이 가설은 적어도 몇몇 특정 암에서는 사실로 나타났다. 예를 들어, **PARP 억제제**(inhibitor)는 폴리 ADP 리보오즈 중합효소(**p**oly **A**DP **r**ibose **p**olymerase; PARP)라 불리는 효소의 활성을 억제한다. 이들 억제제들은 종양 억제 유전자인 *BRCA1*과 *BRCA2*의 기능상실 돌연변이를 가진 많은 유방암 환자의 치료에 효과적이다. PARP 효소는 DNA에 닉(nick; 단일 가닥 손상)을 치료하는 것을 돕는다. 만약 닉(nick)들이 치료되지 않을 경우 DNA가 S기에서 복제될 때, 유전자는 두 가닥으로 분리된다.

BRCA1과 BRCA2는 DNA가 두 가닥으로 분리된 것을 수리하는 과정에서 특정 역할을 한다. BRCA1와 BRCA2-음성 유방암세포들은 정상적인 세포들에 비해 PARP 억제제를 처리했을 때 빨리 죽는데, 이는 분리된 두 가닥의 수가 약물에 의해 증가되었으나 BRCA1 또는 BRCA2가 없어 이들을 수리하지 못하기 때문이다. 이러한 DNA 이중 가닥 절단으로 인해 많은 DNA 재배열(rearrangement)이 축적된 세포들은 정상적으로 세포사멸에 의해 자멸(Self-destruct)하게 된다.

일부 종양 치료에서 PARP 억제제가 잘못된 치료법임에도 불구하고 사용되고 있다. 이 약은 유전적 불안정성을 증대시키며 이 불안정성이 새로운 암 관련 돌연변이들이 축적되도록 할 수 있다. 그 핵심 문제는 세포사멸을 유도하는 생화학적 경로가 종양세포에서 일어날 수 있는지 여부이다. 경로가 여전히 작동하는 경우, 과도한 DNA 손상은 암세포가 죽는 원인이 된다. 그렇지 않은 경우, 이 DNA의 손상은 유전체 불안정성을 증가시켜 임상 결과를 악화시킬 것이다. 따라서 의사들은 특정 암에서의 특정 돌연변이에 관한 이상적인 치료법을 알아야 할 필요가 있다. 우리는 다음 내용에서, 암 유전체의 염기서열 결정 과정이 이러한 중요 정보들을 정확하게 제공하는 것을 볼 것이다.

새로운 암 치료는 체내의 면역감시를 강화

T 세포는 면역체계에서 외부의 세포나 비정상적인 세포들을 인지해 이 세포들이 파괴되도록 할 수 있다. T 세포 표면에 있는 수용체 단백질들은 외부세포나 비정상적 세포의 표면에 있는 특정 항원과 결합한다. 암세포들은 종종 그들의 표면에 다양한 **종양 항원**(tumor antigens)을 나타낸다. 대부분의 종양 항원들은 보통 오직 정상세포의 표면에서만 발견되는 분자들이지만 일부는 정상세포 표면 분자의 변이 형태이다. 면역체계에 대한 타겟이 종양 항원이어야 하지만 다양한 이유로 인해 T 세포들은 종종 이러한 항원들을 인지하지 못해 암세포를 죽이는데 실패한다. 암 치료에 대한 새로운 두 가지 접근법은 T 세포의 능력을 향상시켜 암세포를 파괴할 수 있도록 한다.

T 세포 억제자 제한

일부 암세포들은 **면역 검문점**(immune checkpoints; 면역반응의 조절자)를 사용해 면역체계의 공격을 피한다. 예를 들어서, T 세포는 PD-1(programmed cell death protein 1)이라 불리는 단백질을 표면에 가지며 이것이 '스위치 *끄기*(off switch)' 역할을 해 T 세포가 체내의 정상세포를 공격하는 것을 막는다. 체내 정상세포는 세포표면 단백질인 PDL-1(programmed cell death ligand 1)을 갖고 있어 PD-1과 결합할 수 있고 그로 인해 스위치를 끌 수 있다. 또한 일부 암세포들은 표면에 PDL-1을 갖고 있어 이들이 T 세포에 의한 죽임을 피할 수 있다. PD-1이나 PDL-1에 대해 생성된 항체들은 항암제약으로 역할을 할 수 있다. T 세포에 있는 PD-1이나 암세포에 있는 PDL-1과 결합하는 것에 의해, 항체들은 PD-1/PDL-1 상호작용을 막을 수 있다. 따라서 T 세포가 암세포를 공격하도록 해준다. 이 약들이 많은 종류의 암을 치료하는 것에 있어 큰 역할을 할 것처럼 보이나, 그들은 T세포가 체내 정상세포를 공격하도록 할 수 있어 이따

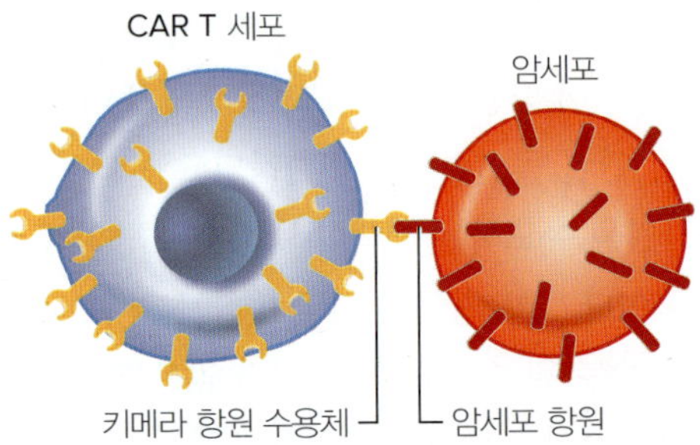

그림 23.28 CAR T 세포는 암세포를 파괴한다. CAR T 세포의 합성 수용체(노란색)는 환자의 암세포에 존재하는 항원(빨간색)에 결합하도록 설계되어 T 세포가 암세포를 죽일 수 있도록 한다.

금씩 심각한 부작용을 초래한다.

CAR T 세포 치료법

의사들은 T 세포가 종양 세포를 공격하도록 지시하는 이런 새로운 방법에, 환자의 T 세포에 대한 **합성 수용체**(a **c**himeric **a**ntigen **r**eceptor, CAR)를 유전자 부호화(gene encoding)하는 것을 추가했다. 이 합성 수용체는 CAR T 세포 표면에서 환자의 암세포 표면에 있는 종양 항원과 결합하도록 만들어 졌다. 이러한 결합이 두 타입의 세포들을 함께 데려오며 CAR T 세포가 종양세포를 파괴할 수 있도록 해준다(**그림 23.28**).

CAR T 세포 치료를 하기 위해, 연구원들은 첫 번째로 T 세포를 환자의 혈액에서 제거한다. CRISPR/Cas9 기법(21장의 그림 21.13)을 사용함으로써 환자의 종양에 적합한 CAR 유전자가 그들의 T 세포 유전체로 도입되고 이로 인해 환자의 체내에서 T 세포가 증식하게 된다. 다른 종류의 3가지 CAR T 세포 치료법들이 2019년에 사용되고 있다(급성 백혈병에 대한 치료 한 가지와 비호지킨 림프종(non-Hodgkin's lymphoma)에 대한 치료 두 가지). 비록 CAR T 세포 치료가 장기간의 치료를 제공하는지 안 하는지는 명확하지 않지만, 치료 이후에 많은 환자에게서 암세포들이 발견되지 않았다. 많은 다른 종류의 암에 대한 CAR T 세포 치료의 임상시험은 현재 진행되고 있다.

개별 암의 유전적 분석

일부 암의 경우, 불완전하긴 하지만 간단한 테스트를 통해 이용되고 있는 화학치료 약물이 종양을 치료할 수 있는지를 예측할 수 있다. 예를 들어, 만성 골수성 백혈병 환자의 암세포에 대한 세포분자유전학적 분석으로, 글리벡® 투여 시 암환자의 치료효과를 예측할 수 있는 마커인 *bcr/c-abl* 융합 유전자가 존재하는지를 알아낼 수 있다. 이와 유사하게, 만약 유방암의 분석에서 그 종양세포 표면에 Her2 단백질이 과도한 양으로 존재하는 것을 나타낼 경우 의사들은 환자에게 허셉틴®을 처방하여 치료할 수 있다.

정상세포와 종양세포들의 전장유전체 서열결정

이러한 간단한 테스트는 불행히도 종종 많은 암환자에 대해 부정적으로 나타난다. 다음에 무엇을 해야 할까? 전장유전체 서열결정(whole-genome sequencing)의 차례이다. 만약 당신이 종양 내 세포들의 유전체의 DNA 염기서열을 결정할 수 있다면 그 환자로부터 정상세포의 완전한 유전체 염기서열과 비교할 수 있다면, 암 유전자와/또는(and/or) 종양 억제 유전자의 하나 또는 그 이상의 운전자 돌연변이를 정확히 찾아낼 수 있을지도 모른다. 이 지식은 특정 암 환자를 치료할 수 있는 가능한 방법을 의사들에게 알려줄 것이다.

암 유전체 서열분석의 비용은 급속히 하락하고 있으며, 이러한 개인화 된 암 연구의 종류는 환자에게 점점 이용 가능해지고 있다. 최근 몇몇 케이스들을 통해, 암세포내의 핵심 돌연변이들을 선별함으로써 제안되는 약물 치료의 효과가 지속적이라는 것을 증명하였지만, 이러한 경우에도 암이 재발되는 심각한 위험이 남아있다.

운전자 돌연변이와 약물치료 가능한 표적 찾기

암 억제 유전자의 기능상실 돌연변이(loss-of-function mutation)를 포함하는 것을 생각하면, 동일한 사람의 정상세포의 유전체가 서로 다른 수천 또는 수만 가지의 돌연변이를 축적한다는 것은 놀랄만한 일이 아니다. 어떻게 연구자들이 암 표현형에 가장 큰 책임을 갖는 특정 "암 전이(driver)" 돌연변이를 정확히 찾아낼 수 있을까?

몇몇 핵심 돌연변이들은 암 유전체 서열분석으로부터 즉시 명백해질 수 있는 반면, 나머지 수천 수만 가지의 가능성들 가운데서 다른 중요한 돌연변이들을 발견하는 것은 여전히 어려울 수 있다. 알려진 ~50가지의 암 유전자와 ~70가지의 종양 억제 유전자의 아미노산 서열에 영향을 미치는 돌연변이들은 가장 확실한 후보들이다. 그러나 이 후보 목록이 아직 미완성이기 때문에, 임의의 유전자 코드배열을 변화시키는 돌연변이들은 그 유전자의 기능이 아직 밝혀지지 않았다 하더라도 반드시 고려되어야 한다.

암 유전자의 전사를 증가시키거나 종양 억제 유전자의 전사를 감소시키는 조절부위 돌연변이(regulatory mutation)은 중요하나, 암세포의 전장유전체 염기서열 내에서 그것들을 규명하는 것은 어렵다. 인간 유전체 내에 인핸서(enhancers)와 절연자(insulators)와 같은 조절인자들의 위치를 표시한 ENCODE 프로젝트(19장에 나옴)는 일부 경우에서 연구자들이 암 유전자의 전사를 바꾸는 조절 돌연변이들의 위치를 알아내는 것을 가능하게 했다. 현재 더 대중적으로 사용되는 cDNAs (RNA 서열; RNA-seq)의 심도 있는 서열 분석은 돌연변이 자체가 규명되지 않았더라도, 조절부위 돌연변이들에 의해 발현에 영향을 받는 암 관련 유전자들을 찾는데 도움이 될 수 있을 것이다.

전장유전체 서열결정은 모든 암에 대한 즉각적인 치료로 이어질 만병통치약은 아니다. 애플 컴퓨터의 설립자 스티브 잡스(Steve Jobs)와 유명한 작가인 크리스토퍼 히친스(Christopher Hitchens)로부터 얻은 암세포의 유전체에서는 그들을 사망에 이르게 한 질환에 대해, 효과적인 치료로 이어질 수 있는 단서를 밝혀내지 못했다. 이러한 경우는 연구자들이 그들 암의 유전체 내에서 운전자 돌연변이들을 알아내지 못한 것이다. 그러나 원하는 변이가 암의 유전체에서 발견되어도 많은 경우가 **"약을 쓸 수 있는**(druggable)" 대상이 아니며, 이는 변이의 영향에 대항하는 의약적 전략이 아직 개발되지 않았음을 의미한다.

암의 관해 및 재발

암세포는 관해(remission) 후에도 다시 나타날 수 있으며, 가끔은 매우 빠르게 나타나기도 한다. 일부 암세포들은 수술 또는 새로 개발된 표적화학 치료의 치료를 피해갈 수 있을지도 모른다. 만일 일부 암세포들이 생존하여 증식능력을 유지한다면 암이 재발(recurrence)할 수 있는 가능성은 매우 높다.

최근의 연구에서 같은 종양의 서로 다른 증식 부위에서 추출한 세포들을 전장유전체 서열결정 기법을 통해 관찰한 결과, 암 재발에 대한 중요한 원인을 확인하였다. 몇몇 종양은 이질적 유전형이었으며, 종양 안에서 다양한 세포들이 서로 다른 유전체를 가지고 있었다. 반면 그 이외의 보통의 세포들은 암 유전자나 암 억제 유전자의 돌연변이형을 가지고 있었다. 이러한 연구 결과는 세포 복제가 돌연변이 축적과 관계가 있다는 가설을 뒷받침해 줄 수 있다. 일반적인 돌연변이는 클론의 체세포분열 초기에 발생되는 반면, 특이적 돌연변이는 가장 최근에 나타난 암세포 증식부위의 세포에서 발견되었다. 분명히, 가장 효과적인 암 치료는 일반적인 돌연변이에 맞추는 것이나, 돌연변이의 일반성은 종양 속 많은 세포들의 유전체 염기서열 분석을 하지 않고는 말하기 어렵다.

암 연구 현황과 차세대 연구 범위

미국국립보건원의 암 유전체 지도 연구와 같은 몇 가지의 큰 규모의 프로젝트를 통해 현재까지 수천 종의 전장유전체와 엑솜 분석이 진행되고 있다. 이 연구들은 *RB*(망막암의 주요 암유발원인)와 *BRCA1*

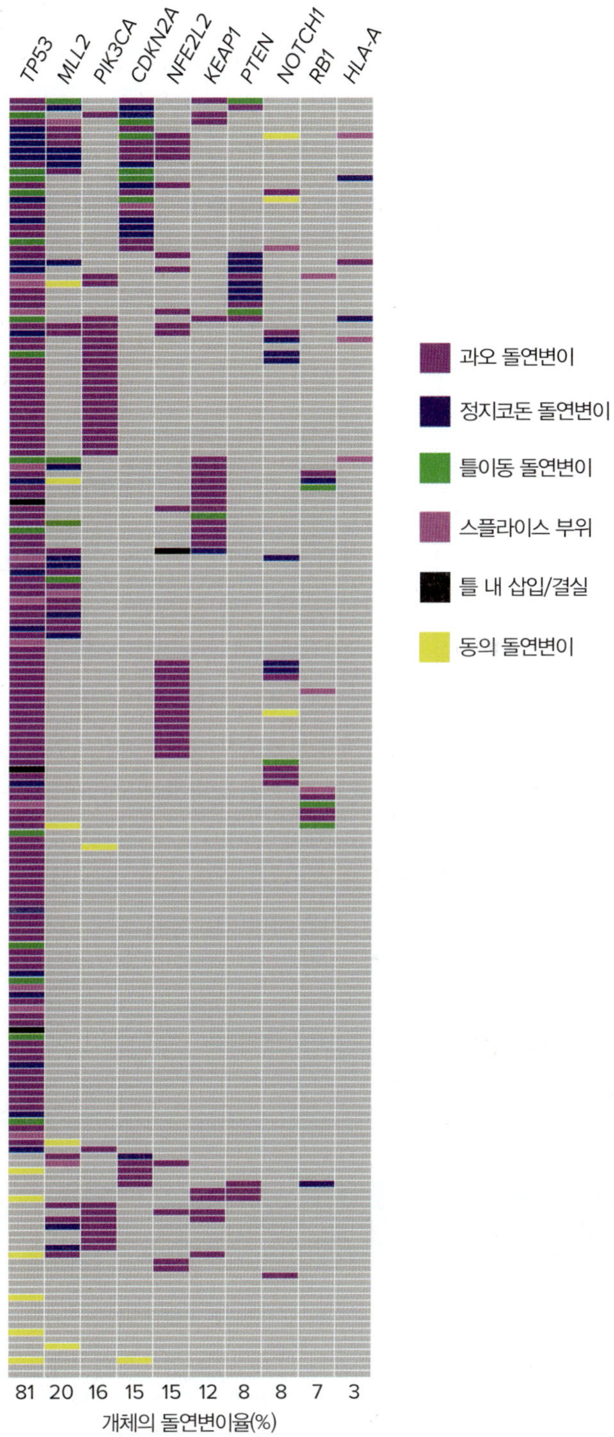

그림 23.29 178명의 폐 평편세포암종 분석. 각 행은 다른 환자의 종양을 나타낸다. 색이 칠해진 사각형은 유전자의 암호화 부위나 스플라이싱(splicing) 연관 부위에 다양한 영향(색으로 표시)을 미치는 특정 유전자(열)의 돌연변이를 나타낸다. 특정 유전자에 돌연변이를 갖는 환자의 비율은 아래 표시되어 있다(예를 들어, 환자의 81%는 p53을 암호화하는 *TP53* 유전자에 돌연변이를 갖다). 표시된 유전자 중 *PIK3CA* 및 *NFE2L2*(암 유전자), *NOTCH1*(일부 종양에서는 암 유전자이고 다른 암에서는 종양 억제 유전자), *HLA-A*(종양의 면역 감시에 대한 조절을 도움)를 제외한 모든 유전자는 종양 억제 유전자이다.

또는 *BRCA2*(유방암과 난소암의 주요 암유발원인)와 같은 유전자에서처럼 특정 암 유발 유전자 돌연변이가 특정 장기에만 일어나는 경향이 있다는 것을 밝혀냈다. 이외의 *p53* 유전자에 있는 암 유발 돌연변이들과 같은 다른 것들은 몸 전체적으로 나타나는 많은 암에서 발견된다. 이런 일반적인 패턴 이외에도 암 유전체 프로젝트의 결과가 각 종양 특이적으로 갖고 있는 독특한 유전체 변이가 존재한다는 것을 강조하고 있다.

그림 23.29는 178개의 폐 편평세포암종(lung squamous cell carcinomas)의 유전체를 같은 환자의 정상 DNA와 비교하였을 때의 관찰 결과를 요약하여 보여주고 있다. *p53* 종양 억제 유전자(*TP53*이라고도 알려진) 같은 몇몇 유전자들은 대부분의 암 조직에서 돌연변이 형태로 존재한다. 다른 종양 억제 유전자와 암 유전자 돌연변이들은 이 암세포 내에서 상대적으로 높은 빈도(high frequency)를 가지고 있었다. 그러나 그림 23.29는 오직 전체 중에 일부의 결과일 뿐이다. 다른 암과 관련된 유전자의 돌연변이는 178개 암 조직 중에서 오직 몇 가지만 나타났으며, 위의 결과와 같이 나타나지 않았다. 더욱이, 그림에서 보여주지는 않았지만, 많은 편평세포암종의 유전체은 종양 억제 유전자의 결실(deletion)과 암 유전자의 증폭 등의 염색체 재배열(rearrangement)을 포함하고 있다.

큰 규모의 염기서열 분석 프로젝트를 통한 암의 연구 현황으로부터 얻을 수 있는 중요한 교훈 중의 한가지는 특정 암에 영향을 주는 서로 다른 조직에서의 유전자 돌연변이보다 같은 종류의 조직에서 발생한 서로 다른 두 가지 암 조직에서의 돌연변이 유사성이 높다는 것이다. 예를 들어, 유방암의 돌연변이는 난소암과 많은 유사성이 있는데, 다른 유방암보다 더 많은 부분이 유사할 수도 있다. 따라서 한 유형의 암을 치료하기 위해 고안된 약물이 때때로 다른 기관에 존재하는 암의 억제에 높은 효과를 줄 수 있다.

이것은 미래에 대한 희망적인 소식이다. 암 유전자와 종양 억제 유전자의 수는 유한적이고 그 유전자들의 돌연변이는 소수이며, 이들 특정 소수의(some dozen; 수십개) 유전자들이 서로 상이한 암유발의 원인일 수 있다. 만약 종양의 돌연변이 프로파일에 의해 선택된 환자에게 적절히 사용된다면, 특정 단백질을 타겟으로 하는 암 약물(cancer drugs)이 상상했던 것 이상의 효과를 얻을 수 있을 것이다.

핵심 개념 23.5

- 몇 가지 항암제의 표적은 암 유전자 돌연변이에 의한 단백질이다.
- 다른 약물들은 암세포가 검문점이나 DNA 수리 단백질의 부재로 인해 DNA 손상에 특히 민감하다는 점을 이용한다.
- 강력한 새로운 치료법들은 면역세포들이 암세포들을 표적하고 이를 죽이는 능력을 향상시킨다.
- 암세포들에 대한 전장유전체 서열결정은 개별 종양의 특이적 돌연변이 세트에 대한 잠재적 치료법을 정확히 찾아내는데 도움이 된다.

풀이 문제

풀이 문제 I

특정 유전자들이 암 유전자인지 종양 억제 유전자인지를 확인하는 일반적인 방법은 유전공학적 방법을 이용하여 생쥐의 유전체를 변화시킨 후 조작된 생쥐가 종양을 발달시켜 암으로 죽게 되는지를 관찰하는 것이다. 두 개의 그림은 각각의 실험에 대한 결과를 보여준 것이다. 실험 1의 쥐는 유전자 *A* 또는 유전자 *B* 중 하나를 유전자 도입하거나 두 유전자 모두를 유전자 도입하여 제작한 유전자 조작 쥐이며, 실험 2의 쥐는 유전자 *C*를 녹아웃(knockout)하여 동형접합성 또는 이형접합성으로 제작한 쥐이다.

a. 유전자 *A*, *B*, *C* 중 암 유전자와 종양 억제 유전자는 무엇인가? 그 이유는 무엇인가?

b. 유전자 *A*와 *B* 유전자를 모두 도입한 유전자 조작 쥐는 종양에 특히나 민감하다. 이러한 결과는 무엇을 의미하는가?

c. 유전자 *C*의 녹아웃에 대한 이형접합성 쥐(C^-/C^+) 는 유전자 *C*의 야생형(C^+/C^+)을 가진 대조군에 비하여 생존율이 낮은데, 녹아웃에 대한 동형접합성(C^-/C^-)에 비해서는 생존율이 더 높다. 그 이유를 설명하시오.

d. 유전자 *C* 동형접합성 녹아웃(유전자 결핍) 쥐가 어떻게 출생 후에도 생존할 수 있는가?

e. 하나의 조작된 유전자 *A*를 가지고 있는 두 쥐의 자손에 대해서 예측하시오. (힌트: 암컷 쥐는 성적 성숙기간이 출생 후 6주, 수컷 쥐는 8주가 소요됨.)

f. 유전자 A의 이형접합성 녹아웃 쥐 두 마리의 자손에 대해서 무엇을 예측할 수 있는가?

해답

이 문제에 답하기 위해, 돌연변이로 인해 원암 유전자가 암 유전자로 변화되면 암 발생에 우성으로 영향을 미치는 반면, 암발생과 관련성이 있는 종양 억제 유전자의 돌연변이는 세포 수준에서는 열성이지만 생물체 수준에서는 우성으로 유전된다는 것을 알아야 한다.

a. 유전자 *A*와 *B*는 암 유전자이다. 각각의 유전자 도입은 암 성장을 촉진하며, 그 전달 유전자들은 우성 효과를 나타낸다. 유전자 *C*는 종양 억제 유전자이다. 유전자 *C*의 두 야생형 사본들이 모두 녹아웃 되었을 때 암에 대한 소인이 분명해진다.

b. 두 가지 암 유전자가 상승효과를 나타낸다는 사실은 암의 발생이 하나 이상의 돌연변이가 축적되는 것과 관련되어 있다는 생각과 일치한다.

c. 이것은 이중-히트(two-hit)라고 하며, 오직 종양 억제 유전자 둘 모두가 비활성화 될 때 암의 특성들이 나타난다. 동형접합성 녹아웃의 경우 기능을 할 수가 없고, 그래서 생애 초기에 암 발생이 나타난다. 이형접합성 녹아웃의 경우 한 개의 C^+가 존재하지만 하나나 더 많은 세포들에서 생기는 이차적인 비활성화로 인해 암으로 인한 사망이 발생하게 된다.

d. 동형접합형 녹아웃 생쥐가 출생 후까지 생존하는 이유는, 암이 발생하려면 여러 암 유전자들과 종양 억제 유전자들에서 돌연변이들이 축적되어야 하기 때문이다. 이 종양 억제 유전자는 세포의 생존에 필수적이지는 않은 것일 수 있다.

e. 임신한 자손의 1/4은 유전자를 전달받지 않을 것이다. 그래서 그들은 정상으로 수명을 보내는 동안 통해 암이 나타나지 않거나 매우 적은 암이 나타날 것이다. 자손의 반(1/2)은 유전자를 유전 받는다. 그들은 그들의 부모와 동일한 확률(실험 1에서 파란색 선)로 암 발생이 나타날 것이다. 자손의 1/4은 형질전환 유전자에 대해 동형접합성이 될 것이다. 이 쥐들은 형질전환 유전자 특성에 따라 그들의 부모와 같은 속도로 암이 나타나거나 더 빨리 나타날 수 있다.

f. 자손의 1/4은 녹아웃된 유전자가 유전되지 않을 것이므로 그 자손들은 보통 생존할 것이다. 또한, 절반은 한 개의 녹아웃 유전자가 유전된다. 그 자손들의 생존 곡선은 실험 2에서 파란색 선과 유사하다. 나머지 1/4은 유전자에 대해 동형접합성 녹아웃이 되므로 실험 2에서 초록색 선으로 나타난 것과 유사한 비율로 죽을 것이다.

실험 1

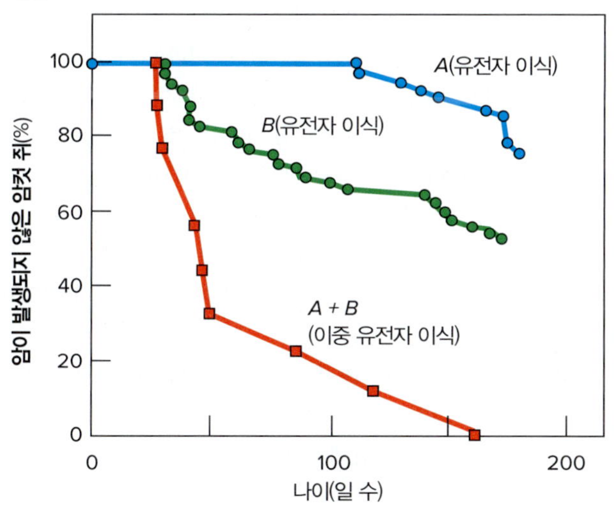

실험 2

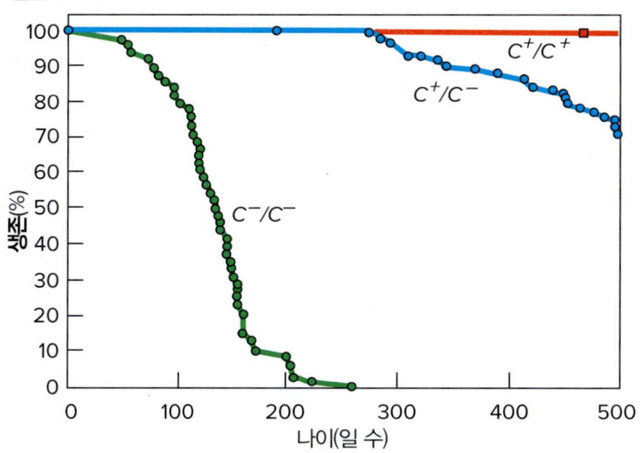

풀이 문제 II

본문에서 RNA 유전체(레트로 바이러스)와 여러 종양 바이러스를 설명하였다. 일부 암을 유발하는 DNA 유전체를 가지고 있는 바이러스 중 하나가 SV40이다. SV40 바이러스에 감염된 마우스의 조직배양 세포는 정상 성장 조절기능을 잃게 되고, 결국 형질전환된다. 이렇게 형질전환된 세포가 생쥐에 주입시킬(transferred) 경우, 이들은 종양으로 발전한다. 이 변환을 담당하는 SV40 단백질은 T 항원이라고 한다. T 항원은 세포 단백질인 p53과 연관성이 있는 것으로 확인되었다. p53이 암호화된 cDNA 서열이 과발현 촉진유전자에 융합되어 형질전환된 조직배양 세포의 경우, 세포가 더 이상 SV40 감염에 의해 변형되지 않는다.

a. p53 단백질의 과발현이 어떻게 T 항원에 의한 세포의 형질전환으로부터 세포를 구할 수 있는지 가설을 제시하시오.

b. p53 단백질의 cDNA를 돌연변이화 시키고, 그것을 과발현 촉진유전자에 융합한 후 다시 세포에 형질전환 함으로써 p53 단백질의 기능적 영역을 조사하기로 결심했다. 각 돌연변이들은 p53 단백질의 기능적 영역의 활성에 필수적인 아미노산들을 변화시킨다. 다음 표에 결과가 제시되어 있다. p53 기능에 대한 돌연변이 1과 2의 효과를 어떻게 설명하겠는가?

c. p53의 기능에 미치는 돌연변이 3의 효과는 무엇인가?

	형태	
p53 유전자 구조	**정상세포**	**SV40-감염세포**
처리 안함	정상	형질전환
야생형	정상	정상
돌연변이 1	정상	정상
돌연변이 2	정상	정상
돌연변이 3	정상	형질전환

해답

a. T 항원에 결합된 p53 단백질은 불활성화(inactivated) 된다. 과발현 촉진유전자에 의해 p53이 다량 발현되어 모든 T 항원에 결합하고 충분

한 p53이 남아 세포주기를 조절하게 된다. 따라서 T 항원의 효과는 최소화된다.

b. 돌연변이 1과 2는 변형 p53 단백질을 과량으로 발현하지만, T 항원에 더 이상 감염되지 못한다. 돌연변이 1과 2 때문에 사라진 기능은 p53이 T 항원과 결합하는 기능을 막는다. 이러한 p53 단백질 돌연변이체는 T 항원이 존재해도 여전히 세포주기를 정상적으로 조절할 수 있다. 다른 가능성으로 돌연변이체 1과 2의 단백질은 세포주기 조절기능을 할 수 없게 되지만 p53이 기능을 할 수 있도록 충분한 T 항원에 결합할 수 있다는 것이다.

c. 돌연변이 3은 T 항원의 발암 효과로부터 세포를 구할 수 없다. 때문에, 이 돌연변이는 T 항원 또는 p53이 세포주기 유전자의 전사인자로서 기능하는 것 이외의 다른 기능성 영역(functional domain)에 영향을 미친다. 몇 가지 가능성 중 하나로서 p53이 세포주기가 아니라 세포자살 관련 유전자들을 조절하는 것에 특이적인 성질(domain)을 가질 수 있다는 점이다. 이러한 성질의 변이는 세포자살이 필요하지 않은 정상적으로 자라는 세포에는 영향을 미치지 않을 수 있다.

연습 문제

어휘

1. 왼쪽 용어를 가장 잘 설명한 문장을 오른쪽에서 찾아 연결하시오.

a. 유사분열 촉진 성장인자	1. 이들 유전자의 돌연변이는 암 형성에 우성적으로 작용함
b. 종양 억제 유전자	2. 예정된 세포사
c. 사이클린 의존성 단백질 인산화효소	3. 신호가 전달되는 일련의 단계
d. 세포자살	4. 세포주기 동안 주기적으로 활성화되는 단백질
e. 암 유전자	5. DNA 손상에 반응하여 세포 주기의 진행을 조절함
f. 성장인자	6. 이 유전자에 발생한 돌연변이는 세포수준에서의 암 형성에서 열성으로 작용함
g. 신호 전달	7. 세포주기 중 G_0에서 G_1기로 가기 위한 신호
h. 검문점	8. 단백질을 인산화시키는 세포주기 효소
i. 사이클린	9. 호르몬과 결합하는 단백질

23.2절

2. 미국에서의 대장암 발병률은 인도보다 30배 더 높다. 두 집단 사이의 식습관 또는 유전적 차이는 이러한 통계에 영향을 줄 수 있다. 이 인자들이 각각 대장암 발병에 미치는 영향을 어떻게 알아낼 수 있는가?

3. 동계 교배된 실험실 생쥐의 피부에 발암성 화합물을 처리하였다. 이들 생쥐 중 다수에서 발암성 화합물에 노출된 부위에 피부 종양이 발생하였으며, 노출 부위에서 화학 물질을 더 이상 검출할 수 없게 된 시점부터 몇 개월 후에 피부 종양이 발생하였다. 모든 실험실 생쥐에서 종양이 발생하지 않은 이유와 종양이 발암성 화합물에 노출된 직후에 발생하지 않은 이유는 무엇인가?

4. B 세포는 항체를 분비하도록 특화된 혈액세포이다. 정상적인 혈액에는 수백만 가지 다른 종류의 B 세포를 가지고 있으며, 그들은 수백만 종류의 서로 다른 항체 분자를 생산한다. 이러한 다양성이 나타날 수 있는 이유를 14장의 읽을거리 「빠르게 살펴보기」 **예정된 DNA 재배열과 면역체계**에서 설명하고 있다. B 세포는 전구체 단계에서 항체 유전자의 DNA 재배열이 일어나는데, 각각의 B 세포 전구체는 서로 다른 방법으로 자신의 항체 유전자를 재배열한다.
B 세포 림프종 환자의 혈액 내에 존재하는 항체 분자는 거의 모든 항체 분자가 동일한 형태를 나타내며, 그 형태는 환자마다 다르게 나타난다.
   a. 이러한 정보를 토대로, B 세포 림프종의 발생을 세포의 과다 증식과 연관 지어 간단하게 설명하시오.
   b. 그림 23.5에서 보여준 암세포의 클론설(clonal theory)을 B 세포 림프종의 특성으로 설명할 수 있는가?

23.3절

5. 다음을 올바른 순서대로 나열하시오.
   a. 인산화효소 연쇄반응
   b. 전사인자의 활성
   c. 호르몬과 막관통수용체의 결합
   d. 핵 내의 표적 유전자 발현
   e. Ras 분자의 형태 변화

6. *SCF*와 *APC* 두 가지 단백질 복합체는 작은 펩타이드인 유비퀴틴을 사이클린 단백질에 공유 결합시킨다. 유비퀴틴이 결합된 단백질은 프로테아좀이라고 하는 또 다른 단백질에 의해 분해된다. SCF 복합체는

S기 동안 활성화되고, APC 복합체는 M기 동안 활성화된다.

a. 그림 23.13의 사이클린 A, B, D, E 중에서 SCF가 어떤 사이클린에 유비퀴틴을 붙일 것이라고 생각하는가? APC에 대해서는 어떠한가?

b. 세포는 어떻게 적절한 시기에만 SCF와 APC를 활성화시킬 수 있는가?

7. 읽을거리「유전학의 기술」에서 **효모의 세포주기 돌연변이 분석법**을 참고하시오.

a. 돌연변이체가 존재하는 복제 평판(replica plating)을 사용하여, 반수체 효모균의 생존과 성장에 요구되는 필수적인 유전자의 온도 감수성(temperature sensitive, *ts*) 돌연변이체를 구별하는 방법을 설명하시오.

b. (a)에서 찾아낸 많은 온도 감수성(*ts*) 돌연변이체 중에서, 세포주기 진행에 필요한 유전자와 다른 측면에서 효모균 생존에 요구되는 유전자를 어떻게 구별할 것인가?

c. 만약 효모균의 세포주기 돌연변이체가 다수 존재한다면, 돌연변이가 같은 유전자 내에서 일어났는지, 아니면 서로 다른 유전자에서 일어났는지를 어떻게 판단할 수 있는가?

d. 읽을거리「유전학의 기술」의 그림 A와 B에서는 하나의 온도 감수성(*ts*) 세포주기 돌연변이를 가진 효모균의 배양결과를 보여준다. 두 사진이 서로 다른 시간에 동일한 세포 배양접시를 관찰한 것이며, 그림 A는 제한 온도를 바꾸기 전이고, 그림 B는 제한 온도를 바꾼 후이다. 그림 A에서 작은 싹을 가지고 있던 효모세포는 그림 B에서 하나의 큰 싹을 가진 효모세포로 정지되어 있다(노란색 화살표로 표시됨). 반면에, 그림 A에서 큰 싹을 가지고 있던 효모세포는 큰 싹을 가진 2개의 효모세포로 정지되어 있다(빨간색 화살표로 표시됨). 다음 관찰을 통해 세포주기 동안 정상적으로 기능할 것으로 예상되는 유전자의 단백질 생산물의 역할은 무엇인가?

e. 사이클린-의존성 인산화효소 중 CDK1에 대한 인간 유전자가 효모세포에서 상동 유전자의 기능을 대체할 수 있다는 것을 보여주는 실험을 상세히 설명하시오.

23.4절

8. 다음 중 암과의 연관성이 적은 것은 무엇인가?

a. 정상적인 이배체 세포에서의 원암 유전자 돌연변이

b. 세포성 원암 유전자에 인접한 중단점에서의 염색체 전좌

c. 세포성 암 억제 유전자의 한 대립유전자 결실

d. 세포성 암 유전자의 레트로바이러스로의 삽입

9. 염색체파열(Chromothripsis)은 암세포에서 처음 발견된 드문 현상으로, 단일 염색체가 많은 단편으로 "산산조각이 나서" DNA 수선 기작에 의해 재배열된 형태로 재조립된다. (산산조각을 일으키는 원인이 되는 근본적인 기작은 아직 밝혀지지 않았다.) 암의 약 2%에는 염색체가 산산조각 난 세포를 포함한다. 염색체파열이 어떻게 암의 원인이 되었는지 설명하시오.

10. 백혈병성 백혈구세포의 대량 생성으로 인한 빈혈과 내출혈 증상이 있는 19세 여성 환자는 만성 골수성 백혈병 진단을 받았다. 핵형분석 결과 9번과 22번 염색체에 상호전좌가 있는 이형접합성을 지닌 백혈병성 세포가 나타났다. 그러나 이러한 환자의 정상세포와 비백혈병세포들은 모두 전좌(translocation)를 포함하지 않았다. 다음 설명들은 각각 사실인가 거짓인가?

a. 전좌로 종양 억제 유전자의 불활성화(기능상실)가 발생했다.

b. 전좌로 암 유전자의 불활성화(기능상실)가 발생했다.

c. 이 환자의 아이가 CML 환자가 될 확률은 50%이다.

d. 이 환자는 핵형적인 면에서는 체세포 모자이크이다.

e. 이 환자의 백혈병 세포에서 추출한 DNA를 정상적으로 배양된 쥐 세포에 주입하였다면 이로 인해 쥐 세포는 암 유발에 대한 가능성을 가진 세포로 변형될 수 있다.

f. 전좌로 인한 절단 지점에서 영향을 받은 종양 억제 유전자 혹은 원암 유전자의 기능은 세포 주기를 진행시키는 사이클린 단백질의 기능을 방해하는 것일 수 있다.

g. 백혈병 세포의 전좌 절단점에 있는 종양 억제 유전자나 원암 유전자의 두 사본을 망가뜨리는 두 번의 희귀한 사건들이 일어났을 것이다.

h. 백혈병의 가능한 치료법은 백혈병세포의 전좌 절단점에서 종양 억제 유전자나 암 유전자의 발현을 활성화할 수 있는 약물과 관련이 있다.

11. 다음의 그림은 일반적인 신호전달 단계를 보여준다. 성장인자(growth factor; GF)는 성장인자 수용체와 결합하여 성장 호르몬 수용체의 세포 내에서 인산화효소의 기능을 활성화시킨다. 성장인자 수용체 인산화효소의 기질은 또 다른 인산화효소인, 인산화효소 A이다. 이 효소는 성장인자 수용체 인산화효소에 의해 인산화되어 있을 때만 효소적인 활성을 가진다. 활성화된 인산화효소 A는 전사인자에 인산기를 더한다. 인산화효소 A가 탈인산화되면, 전사인자는 비활성화되고 세포질에 머무르게 된다. 인산화효소 A에 의해 인산화가 일어나면 전사인자는 핵 안으로 이동하여 세포분열을 자극하는 유사분열 인자(mitosis factor)에 대한 유전자 전사를 유도한다.

a. 다음의 목록은 발현되는 유전자의 목록이다. 다음 중 원암 유전자로 될 수 있는 것은 어떤 것인가? 또는 종양 억제 유전자가 될 가능성이 있는 것은 어떤 것인가?

i. 성장인자

ii. 성장인자 수용체

iii. 인산화효소 A

iv. 전사인자

v. 유사분열인자

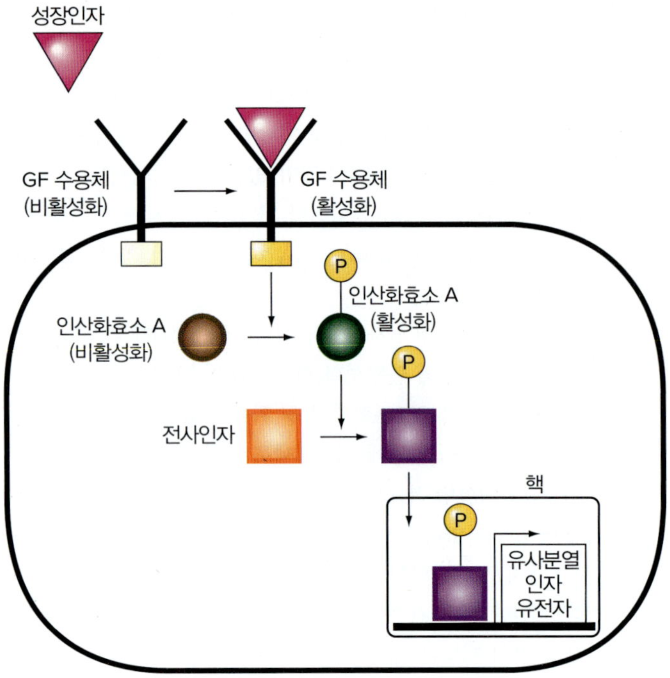

그림에서는 나타나지 않지만 세포는 인산가수분해효소(phosphatase)도 가지고 있다. 이 효소는 단백질에서 인산기를 제거하는 효소이다. 이 경우에는 전사인자로부터 인산기가 제거될 수 있다. 이 포스파타아제는 인산화효소 A에 의해 조절된다.

b. 인산화효소 A가 인산기를 포스파타아제에 붙일 때 예상되는 영향은 무엇인가? 포스파타아제 효소가 활성화되는가 아님 비활성화되는지 설명하시오.
c. 인산가수분해효소 유전자는 원암 유전자인가, 종양 억제 유전자인가? 아니면 또 다른 것인가?
d. 다양한 돌연변이가 다음에 적혀 있다. 이들은 동형접합성의 돌연변이인지 이형접합성의 돌연변이인지 아니면 야생형 대립유전자인지 설명하고 또한 각각의 돌연변이들은 과도한 세포 성장이나 감소를 유도하는지 나타내라. 모든 유전자의 활성도는 정상적인 세포 성장을 위해 50%라고 가정한다.
   i. 인산가수분해효소 유전자에서 결실 돌연변이
   ii. 전사인자 유전자에서 결실 돌연변이
   iii. 인산화효소 A 유전자에서 결실 돌연변이
   iv. 성장인자 수용체 유전자에서 결실 돌연변이
   v. 성장인자가 존재하지 않는 상태에서 인산화효소의 활성으로 인한 성장인자 수용체의 지속적인 활성의 돌연변이
   vi. 인산화효소 A의 지속적인 활성의 돌연변이
   vii. 매우 강한 증폭자의 하위로 전사인자 유전자의 위치가 바뀐 상호전좌
   viii. 인산가수분해효소의 인산화를 억제하는 돌연변이
   ix. 항상 인산화된 상태인 것처럼 작용하는 인산가수분해효소를 생성하는 돌연변이

12. 생식세포계통 BRCA1 또는 BRCA2 기능상실 돌연변이가 있는 가족은 일반적으로 유전성 유방암 및 난소암(HBOC)이 나타난다. 첨부된 다이어그램은 BRCA2 가계도를 보여준다.

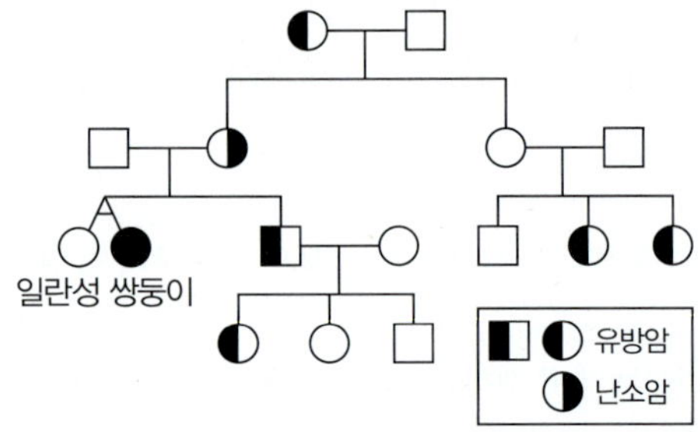

   a. *BRCA1* 및 *BRCA2*는 종양 억제 유전자이다. 두 유전자의 기능상실 돌연변이에 대해 동형접합성인 세포는 DNA 복구 기작의 상실로 인해 암이 될 수 있다. 가계도가 HBOC의 우성 유전 패턴을 나타내는 이유를 설명하시오.
   b. 가계도에서 HBOC가 완전히 침투하는지 여부를 알 수 있는가?
   c. HBOC는 다양한 발현도를 보이는가?
   d. 암의 기원에 대한 최신 모델의 관점에서 (b)와 (c)에 대해 설명하시오.

13. 코끼리는 몸집이 크고 야생에서 수명이 60~70년이라는 사실에도 불구하고 암에 거의 걸리지 않는다. 유전체 서열을 통해 과학자들은 코끼리가 p53에 대한 유전자 사본 20개를 가지고 있음을 발견했다.
   a. 코끼리의 몸집이 크고 수명이 인간과 비슷하기 때문에, 코끼리가 인간보다 작고 수명이 짧을 때보다 상대적으로 낮은 암 발병률을 훨씬 더 두드러지게 만드는가?
   b. p53 유전자의 추가 사본이 어떻게 코끼리를 암으로부터 보호할 수 있는지 설명하시오.

23.5절

14. 다형성신경교아종(Glioblastoma multiforme; GBM)은 인간에게 가장 흔하고 공격적인 뇌종양의 한 종류이다. 치료를 하지 않는다면, 평균 생존기간은 약 3개월이다. 절제 수술, 방사선 치료, 화학 치료와 같은 기본적인 치료를 한다면 평균 생존기간은 7개월에서 14개월 사이이다. 다형성신경교아종은 유전적 변화의 범위가 다양하며, 이러한 변화는 특별한 치료법들의 효과에 영향을 줄 수 있다. 특별한 치료법의 결과와 특정 돌연변이가 가지는 연관관계에 대해 답하시오.
   a. 다형성신경교아종(GBM) 환자를 대상으로 한 생체검사 결과의 약 20%는 EGFRvIII라 불리는 표피성장인자수용체(epidermal growth factor receptor) 단백질의 특정변이형의 발현이 관찰된다. 그러나 나머지 야생형의 EGFR 유전자형을 갖는 다형성신경교아종(GBM)의 암세포들은 정상 발현 양상을 보여준다. EGFR를 암호화한 유전자는 원암 유전자인가? 아니면 종양 억제 유전자인가?
   b. EGFRvIII을 발현하는 세포들은 세포사멸로 이어진다. 만약 EGFRvIII가 발현된 다형성신경교아종 환자에게 방사선 치료를 한

다면 GBM를 가진 환자와 정상 EGFR 단백질을 가진 환자 중 누구에게 더 높은 X선량을 처방할 것인가?

c. EGFR은 N-말단(아미노산 1−500)이 세포 외 부분에 존재하여 세포막을 통해 세포 내로 연장되어 있다. 표피성장인자(EGF)가 EGFR에 결합하여 세포 내 존재하는 C-말단 카이네이즈 부분(아미노산 501−1000)을 활성화 시킨다. 활성화된 카이네이즈는 다른 단백질들을 인산화(인산기를 더함)시키며, 세포의 성장과 분열(cell growth and division)을 촉진하는 신호전달 단계를 유발(setting off)한다. EGFRvIII는 EGFR 단백질의 6번에서 273번까지의 아미노산이 제거된 돌연변이다. 이 돌연변이 단백질은 어떻게 암 유발에 영향을 미치는가?

d. Iressa™는 EGFR의 카이네이즈 활성을 방해하는 약물이다. EGFRvIII를 발현하는 GBM에 Iressa™를 처방한다면 치료가 될 것이라고 생각하는가? 아님 약물이 암세포의 성장을 더 빠르게 할 것이라고 예상하는가?

e. 시스플라틴(cisplatin)은 백금 복합체로 DNA에 결합하여 손상을 입히고 궁극적으로 세포사멸을 유도한다. *ERCC1*은 DNA 수리 단백질(repair protein)을 암호화하는 유전자이다. 다형성신경교아증(GBM) 환자는 정상세포보다 높은 *ERCC1*의 전사수준을 보여준다. GBM을 가진 환자와 *ERCC1* mRNA의 정상적인 발현량을 가진 환자 중 누구에게 더 높은 시스플라틴을 처방할 것인가?

15. PD-1 또는 PDL-1 단백질에 대한 항체가 암을 치료하기 위해 쓰일 수 있다는 것을 앞서 설명했다. 같은 면역 검문점을 타겟하는 암 치료에 대한 다른 접근법으로, CRISPR를 사용해 환자의 T 세포에서 *PD-1* 유전자를 없애는 방법이 있으며 이후 유전적으로 수정된 T 세포로 교체한다.

a. 이러한 암 치료의 이유에 대해 설명하시오. 많은 환자들이 T 세포가 전혀 제거되지 않아 CRISPR의 영향을 받지 않았음에도 이러한 치료가 적용되는가?

b. *PD-1*에 대한 항체를 사용하는 것을 통해 치료법이 갖는 장점과 단점은 무엇인가?

chapter 24

집단 내 변이와 선택

©Sue Flood/Oxford Scientific/Getty Images

집단은 가족들의 무리다.

개요

• 24.1 하디-바인베르그 법칙: "이상" 집단 내 유전 변이의 예측
• 24.2 실제 집단에서 무엇이 대립유전자 빈도의 변화를 일으키는가?
• 24.3 현대 인류의 진화와 혈통

우유는 단백질과 칼슘의 우수한 공급원일 수 있다. 하지만 우유를 마신 후 일부 성인은 설사와 구토를 한다. 이런 불편한 반응은 젖당 분해효소 결핍의 징후일 때가 많다.

우리의 영장류 친족에서 젖당 분해효소(lactase)는 신생아에서만 발현되어 젖당을 분해함으로써 모유에서 영양을 얻을 수 있다. 젖당 분해효소 유전자의 전사는 젖을 뗀 후 이 효소가 더는 필요하지 않아 중단된다. 영장류 조상에게서 초기 인간은 같은 방식으로 행동하는 젖당 분해효소 유전자를 물려받았다. 남북 아메리카와 호주의 토착민 그리고 아프리카 일부와 동아시아의 현대인은 여전히 아동기에 발현이 중단되는 젖당 분해효소 유전자가 있다. 따라서 이 사람들은 성인일 때 젖당에 과민하다.

그러면 어떻게 다른 인종의 많은 사람이 성인일 때 우유를 마실 수 있을까? 그 이유는 사하라 사막 이남의 아프리카의 초원 지역과 두 유럽의 인류 집단들에서 돌연변이들이 우연히 생겨, 성인이 되어서도 여전히 발현되는 젖당 분해효소 대립유전자가 독립적으로 발생했기 때문이다. 소를 사육하는 집단들에서 성인이 우유에서 영양을 얻는 능력은 이들 돌연변이가 있는 사람들에게 생존과 번식에서 유리하게 작용했을 것이다. 이런 유리함이 성인이 되어서도 젖당 분해효소 발현이 계속되는 변이의 빈도가 빠르게 늘어나게 했다.

집단유전학은 집단 내 젖당 내성이나 과민성을 결정하는 유전변이 등의 세대 간 전달을 연구하는 분야다. 여기서 집단은 같은 시간에 한 장소에 살고 있는 한 종의 가족들의 무리를 말한다.[1)] 이 책의 앞부분에서 알아본 교배 1세대에 부모에게서 자손으로 전달되는 유전 변이체의 추적을 단순히 확장한 것이다. 집단유전학에서 새로운 것은 개체들의 집합체 내에서 시간이 지나면서 공간 내 빈도가 변하는 변이체를 추적하는 것이다.

1) 역자주: "Population"을 "개체군(個體群)"으로 번역하는 경우가 20세기 후반부터 많아졌는데, 이는 우리말도 아니고, 적절한 용어가 없어서도 아니며, 단순히 일본 생태학계의 전문사투리(jargon)를 그대로 들여다 쓰는 사람들이 늘어났고, 교육부가 그들의 용례를 표준인 것처럼 강요한 탓이다. 개체군은 개체가 단순하게 모여 있는 것을 말하는 정적 용어지만, 집단(集團)은 구성원인 개체만의 속성으로는 알 수 없는 새로운 속성이 창출되는 새로운 단위체라는 뜻이 담겨 있는 동적 용어다. 같은 민족인 남과 북의 주민들은 각각 다른 집단의 속성이 있다. 개체 속성처럼 느껴지는 수명, 신장, 몸무게 등이 집단에 따라 달라져 유전학적으로 동질성이 큰 남과 북의 주민집단은 전혀 다른 개체들의 모임인 것처럼 여겨질 정도다. 게다가 집단유전학은 개체 자체에는 큰 관심이 없으며, 집단 내 유전변이, 즉 대립유전자의 빈도 변동에 관심이 있다. 그렇다고 하여 집단을 유전자가 단순하게 모여 있는 유전자군이라고 주장하는 일은 없다.

이 장에는 두 가지 주제가 있다. 첫째, **집단유전학자**들은 집단 내 유전 변이의 변화를 예측하기 위해 가족 내 형질 전달에 대한 멘델의 기본 원리를 확장한다. 둘째, 집단유전학은 과학자들이 생물학적 기능, 진화 원리는 물론 인류 역사까지도 통찰할 수 있게 해주는 중요한 수단이다.

24.1 하디-바인베르그 법칙: "이상" 집단 내 유전 변이의 예측

학습 목표

1. 주어진 집단의 유전자형 빈도에서 대립유전자 빈도를 계산한다.
2. "이상" 집단의 특성을 나열한다.
3. 대립유전자 빈도가 주어지면, 하디-바인베르그 평형에 있는 집단의 좌위에 대해 예측되는 유전자형 비율을 결정한다.
4. 범죄 현장에서 발견된 표본이 집단 내 임의의 사람 DNA 자료와 일치할 확률을 법의학 과학자가 결정하는 방법을 설명한다.

하디(Geoffrey H. Hardy)와 바인베르그(Wilhelm Weinberg)는 자연에서 집단 내와 사이 유전 변이의 양상을 결정하는 작용력을 이해하는 가장 쉬운 방법은 몇 가지 가정을 충족하고 무작위로 교배하는 단순한 "이상" 집단에서 시작하는 것이라는 것을 1908년 일찌감치 여실히 보여주었다. 이후 유전학자들은 이 가상 집단을 시작점으로 하여 각각의 가정에서 벗어날 때 일어나는 일을 차례대로 조사할 수 있었다. 이 방식으로 과학자들은 자연 집단에서 시간과 공간 내 유전 변이가 변하는 방식에 대한 현실적인 모형을 세울 수 있다.

집단유전학자는 집단을 설명하는 빈도를 측량한다

하디와 바인베르그의 논리를 따르기 위해서, 우선 변이의 명쾌한 기준을 만들기 위해 몇 가지 용어를 정의할 필요가 있다. **집단**(population)은 같은 시간 한 장소에서 살고 있는 한 종의 개체들의 무리다. 유성생식을 하는 생물이면, 집단의 개체들은 그들 사이에서 교배를 할 수 있어야만 한다. 예로는 1990년 샌프란시스코만의 엔젤 섬에 있는 모든 흰꼬리사슴이나 만 입구에 있는 모든 볼락을 들 수 있다. 한 집단의 모든 구성원에 들어있는 대립유전자들의 총합은 그 집단의 **유전자 총원**(gene pool)[2]이다. 개체들은 각 유전자에 대해 많아야 대립유전자 복사체 2개가 있다. 따라서 N 개체가 있는 집단의 한 상염색체 유전자를 상정하면, 유전자 총원은 그 유전자의 대립유전자 복사체 $2N$개로 구성된다. 대립유전자들이 좀처럼 집단의 모든 개체에서 조사되지는 않지만, 집단 전체에 대해 추론하는 데 이용되는 한정된 수의 개체들인 **표본**(sample)이 취해진다. 일반적으로 과학자들은 유전자형이나 표현형과 무관하게 무작위로 개체들을 표본으로 추출한다.

용어 **대립유전자**(allele)는 특정 좌위, 유전자, 부위 또는 유전체의 뉴클레오타이드 위치에서 한 변이체를 말한다. 표본이 한 뉴클레오타이드 위치에서 하나의 대립유전자만 보여준다면 그 자리는 **단형성**(monomorphic)이고, 한 자리에서 둘 이상의 대립유전자 또는 변이체를 보여준다면 **다형성**(polymorphic)이다. 또한 개체들 표본에서 어느 특정 시간에 집단에 존재하는 (또는 분리하는) 다른 변이체들의 상대 빈도가 결정될 수 있다.

유전자형과 표현형 빈도

유전자형 빈도(genotype frequency)는 한 집단에서 특정 유전자형인 모든 개체의 비율이다. 유전자형 빈도를 결정하기 위해, 단순하게 각 유전자형 개체의 수를 세고 집단 내 개체의 총수로 나눈다(**그림 24.1**). 백색증과 같은 열성[3] 형질의 경우, 멜라닌 생산과 백색증 대립유전자 모두 있는 이형접합의 개체와 멜라닌 생산 대립유전자의 동형접합체를 구분할 수 없다. 두 유전자형 모두 멜라닌이 있는 개체

2) 역자주: gene pool은 왕왕 '유전자 풀'이라고 번역된다. 예전에는 다음 세대로 대립유전자를 공급하는 원천이라는 의미로 다음 세대에 기준을 두어 유전자 급원(給源)이라 번역하였었다. 하지만 gene pool은 현세대에 있는 모든 대립유전자를 의미한다. 그런 의미에서 유전자 총원이 적절한 번역이다. 영어 단어를 그대로 쓰는 일이 많아지면서 유전자 풀이라는 번역이 많아졌는데, 이 경우 명백하고 한정된 총원이라기보다는 대체로 공유할 수도 있는 막연한 전체라는 의미로 쓰인다.

3) 역자주: recessive는 열성으로 번역된다. 그런데 열성이라고 하면 일반적으로 더 열등하다거나 나쁘다거나 유해하다는 선입견이 생기기 쉽다. 하지만 recessive는 dominant와 이형접합의 상태로 존재할 때 표현형으로 나타나지 않고 숨어있는 특성일 뿐이다. 따라서 recessive는 겉으로 나타나지 않고 숨어있다는 뜻의 잠성(潛性)으로 번역하는 것이 더 적절하다. 같은 맥락에서 이형접합의 상태에서 표현형으로 나타나는 dominant는 더 우수하다거나 더 좋다고 오인되지 않도록 겉으로 나타난다는 뜻의 현성(現成)으로 번역하는 것이 더 적절하다.

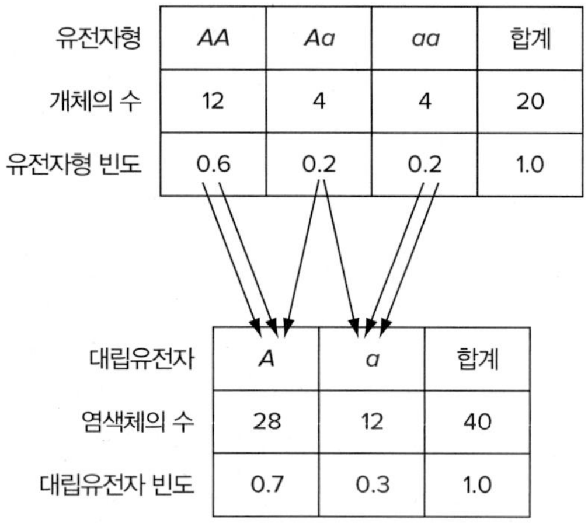

그림 24.1 한 집단의 유전자형 빈도와 대립유전자 빈도 설명하기.

들로 된다. 따라서 이런 유전자의 경우, 유전자형 빈도를 직접 결정하는 유일한 방법은 DNA 수준에서 다른 대립유전자를 구별하는 분자 분석을 이용하는 것이다.

우성 대립유전자 *A*의 동형접합체거나 *A*와 열성 백색증 대립유전자 *a*의 이형접합체인, 다시 말해서 멜라닌이 있는 16명이 포함된 사람 20명의 표본을 생각해보자. 나머지 4명은 백색증이 있고 따라서 *aa* 동형접합체다(그림 24.1). 이 표본에는 두 표현형, 멜라닌이 있는 개체와 백색증 개체가 각각 16/20 = 80%와 4/20 = 20%의 상대 비율(**표현형 빈도**, phenotype frequencies)로 있다. DNA 분석이 이들 20명 중 12명이 유전자형 *AA*고, 4명은 *Aa*며, 4명은 *aa*라는 것을 보여준다고 가정하자. 이 표본에서 *AA* 유전자형 빈도는 12/20 = 0.6, *Aa* 유전자형 빈도는 4/20 = 0.2, *aa* 유전자형 빈도도 0.2다. 이 좌위에서 이 세 가지 빈도의 합(0.6 + 0.2 + 0.2)은 표본에서, 추론적으로는 전체 집단에서, 모든 유전자형의 총합인 1이라는 것을 명심하자.

대립유전자 빈도

대립유전자 빈도(allele frequency)는 집단 내 특정 대립유전자형인 유전자 복사체의 비율이다. 집단 내 각 개체는 각 염색체의 복사체 2개가 있으므로 유전자 복사체의 총수(유전자 총원)는 개체수의 2배다. 따라서 20명의 가상 집단의 경우 상염색체 유전자의 40개 복사체가 있을 것이다. 물론, 동형접합체와 이형접합체 모두 대립유전자 빈도에 기여한다. 그런데 동형접합체는 특정 대립유전자의 빈도에 2배로 기여하지만, 이형접합체는 단 1차례만 기여한다(그림 24.1).

*A*와 *a*의 빈도를 구하기 위해, *A*와 *a* 대립유전자의 수를 계산하는데 우선 각 유전자형의 사람 수를 이용한다.

A 대립유전자에 대해,

$$12\ AA \rightarrow A \text{ 복사체 24개}$$
$$4\ Aa \rightarrow A \text{ 복사체 4개}$$
$$4\ aa \rightarrow A \text{ 복사체 0개}$$

표본에는 24 + 4 + 0 = 28개의 *A* 대립유전자 복사체가 있다. 마찬가지로, *a* 대립유전자에 대해

$$12\ AA \rightarrow a \text{ 복사체 0개}$$
$$4\ Aa \rightarrow a \text{ 복사체 4개}$$
$$4\ aa \rightarrow a \text{ 복사체 8개}$$

표본의 사람들에게는 0 + 4 + 8 = 12개의 *a* 대립유전자 복사체가 있다.

그 다음, *A* 대립유전자 28개를 *a* 대립유전자 12개에 더하여 표본 추출된 염색체 복사체의 총수(40)를 구한다. 예상대로 이는 표본의 사람 수의 2배다. 마지막으로, 각 대립유전자의 수를 유전자 복사체의 총수로 나누어 각 대립유전자에 대한 비율, 즉 빈도를 구한다.

A 대립유전자에 대해, 대립유전자 빈도는 28/40 = 0.7이다.
a 대립유전자에 대해, 대립유전자 빈도는 12/40 = 0.3이다.

여기서도 빈도의 합이 유전자 총원에 있는 대립유전자 모두를 나타내는 1이 된다는 것을 명심하자.

어떤 대립유전자 빈도든 계산하는 동등한 방법은 유전자형 빈도를 바탕으로 둔 다음 공식을 이용하는 것이다.

$$A \text{ 대립유전자 빈도} = AA \text{ 빈도} + (1/2)\ Aa \text{ 빈도} \qquad (24.1)$$
$$a \text{ 대립유전자 빈도} = aa \text{ 빈도} + (1/2)\ Aa \text{ 빈도}$$

그림 24.1 상단의 유전자형 빈도를 이 식에 대입하면 개별 유전자 복사체 수를 세서 결정된 그림 하단의 대립유전자 빈도가 나올 것이다.

하디-바인베르그 법칙은 대립유전자 빈도와 유전자형 빈도를 상관 지운다

형질의 혼합이 여전히 유전의 기초라고 여겨진 20세기 이전에는 자연 금발이나 빨간 머리와 같은 열성 형질은 시간이 지나면서 인류 집단에서 절멸될 운명이라고 많은 사람이 믿었다. 금발이나 빨간 머리에 대한 정보는 더 옅은 색 머리의 사람이 더 짙은 색 머리의 사람과 짝을 지을 때 점진적으로 사라질 것이라고 믿었다. 1908년 영국 수학자 하디(Geoffrey H. Hardy)는 새롭게 재발견된 멘델의 분리 법칙의 관점에서 이 주장을 따져 보았다. 하디는 특정한 가정에 부합되면 대립유전자 빈도, 유전자형 빈도와 표현형 빈도가 시간이 지나도 세대 사이에 일정하게 유지되는 것을 보여주었다. 독일 의사 바인베

르그(Wilhelm Weinberg)도 같은 해 같은 결론에 도달하였다.

하디-바인베르크 법칙의 가정

하디와 바인베르그가 이 원리를 공식으로 나타낼 수 있게 한 단순한 가정들은 연구 중인 유전 변이의 본질과 집단의 본질 모두 관련된다.

- 집단은 매우 많은 수의 이배체로 구성되어 있으며, 수학적 단순성 측면에서 무한하다.
- 대상 좌위에 대한 개체의 유전자형은 교배짝의 선택에 영향을 끼치지 않는다. 즉, 교배가 무작위로 일어난다.
- 유전자 총원에 새로운 돌연변이가 나타나지 않는다.
- 개체들이 집단 안팎으로 이주하지 않는다.
- 대상 좌위의 다른 유전자형들은 번식 연령까지 생존하여 유전자를 다음 세대로 전달하는 능력인 **적응도**(fitness)에 영향을 끼치지 않는다.

앞으로 알게 될 텐데, 하나의 집단이 대상 좌위에 대해 전술한 가정들에 실질적으로 부합한다면, 대립유전자 빈도는 시간이 지나도 변하지 않을 것이고, 유전자형 빈도는 각 유전자형을 구성하는 대립유전자의 빈도에 의해 예측되는 비율에 도달하기 위해 일시적으로만 변할 것이다. 이후 집단은 **하디-바인베르그 평형**(Hardy-Weinberg equilibrium; HWE)에 있게 된다. 여기서, 평형은 앞의 목록에 있는 가정 중 하나가 벗어나지 않는 한 그 좌위에 대한 대립유전자와 유전자형 빈도가 변하지 않는다는 것을 의미한다.

물론, "이상적인" 실제 집단은 없다. 모든 집단은 유한하다. 대안의 유전자형들은 교배에 차이가 있을 수 있다. 돌연변이는 끊임없이 발생한다. 집단의 안팎으로 이주하는 것이 일상적일 수 있다. 그리고 질병을 일으키는 등 많은 유전자형이 생존하거나 번식하는 능력에 영향을 끼친다. 그럼에도 불구하고, 가정의 많은 것들이 부합되지 않을 때조차 한정된 횟수의 교배 세대에 걸쳐 실제 집단의 유전자형과 표현형 빈도의 추정값을 구할 수 있게 할 정도로 하디-바인베르그 평형은 놀랍게 굳건하다. 더욱이, 때때로 하디-바인베르그 평형과 일치하지 않은 빈도를 발견하면 과학자들은 특정 유전자와 집단의 특별한 생물학적인 성질을 간파할 수 있다.

한 세대에서 다음 세대의 유전자형과 표현형 빈도 예측

이배체 유성생식 집단에서 대립유전자 빈도는 교배 체계에 의해 유전자형 빈도로 전환된다. 그런 한 집단에서 분리 법칙과 무작위 교배는 두 가지 중요한 의미가 있다.

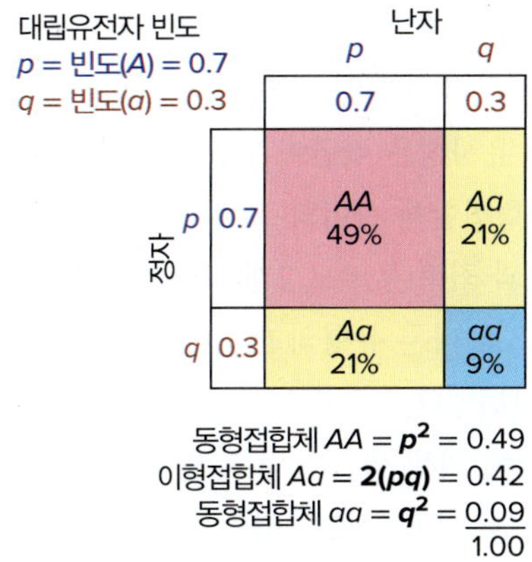

그림 24.2 집단 내 무작위 교배의 결과로 생산된 자손의 유전자형 빈도 예측하기.

첫째, 반수체 생식세포[4]는 멘델의 분리 법칙에 따라 한 세대의 이배체 성체에 의해 만들어지고, 이배체 성체의 각 대립유전자는 생식세포들의 반에 나타난다. 생식세포가 만들어질 가능성이 생식세포의 유전자형에 따라 달라지지 않는다면, 이 집단에서 성체들의 대립유전자 빈도는 이 성체들이 만드는 모든 생식세포의 대립유전자 빈도와 같아야만 한다. 예를 들면, 성체들에서 p가 대립유전자 A의 빈도이고 q가 대립유전자 a의 빈도라면, p와 q는 또한 성체들의 이 세대가 만든 모든 생식세포에서 두 대립유전자의 빈도일 것이다.

둘째, 무작위 교배가 일어나고 집단이 크다면, 생식세포들의 대립유전자 빈도는 다음 세대 접합체들의 유전자형 빈도를 예측하는 데 이용될 수 있다. 이것이 어떻게 일어나는지 생식세포 결합의 모든 가능한 조합을 생각하는 체계적인 수단인 특별한 유형의 퍼네트 사각형(Punnett square)을 이용하여 알 수 있다(**그림 24.2**).

A 정자가 A 난자와 수정하면, AA 접합체가 형성될 것이다. 정자의 유전자형이 수정하는 난자의 유전자형과는 무관하므로 AA 접합체 빈도를 구하기 위해 A 정자의 빈도(p)와 A 난자의 빈도(역시 p)를 곱하는 곱의 규칙을 적용할 수 있다($p \times p = p^2$) . 마찬가지로, 자손 중 a 난자(빈도가 q)와 a 정자(빈도가 역시 q)의 수정으로만 생기는 aa 접합체의 빈도는 $q \times q = q^2$이다. 마지막으로, Aa 접합체는 $p \times q = pq$의 빈도로 일어나는 A 난자와 a 정자의 수정이나 $q \times p = pq$의 빈도로 일어나는 a 난자와 A 정자의 수정을 통해 생긴다. 따라서 Aa 접합체의 총빈도는 $pq + pq = 2pq$다.

---

4) 역자주: 감수분열의 결과인 생식세포, gamete를 배우자(配偶子)로 표현하기도 하지만, 한글로 표기할 경우 개체인 spouse를 표현하는 배우자(配偶者)와 구별할 수 없어 생식세포로 표현함. 子는 입자, 즉 하나의 세포를 말하며, 者는 개체를 말한다.

그림 24.2의 하디-바인베르그 사각형이 1장에서 처음 만난 공식적인 유전학의 시각적 표현인 퍼넷 사각형과 닮은 것은 우연이 아니다. 이 도표들의 유사성은 집단이 단순히 가족들의 무리라는 사실로부터 나온다. 이형접합체 사이의 교배에 대한 원래 퍼넷 사각형에서(그림 1.8), 상단과 좌측은 부모 2개체에 의해 만들어진 정자나 난자의 각각 유전적으로 다른 유형의 대등한 빈도로 나타나는 대등한 두 개의 구역으로 나뉘었다.

전체로서 집단에 의해 생산된 암수 생식세포로 부모 두 개체의 생식세포를 대체하면, 그림 24.2는 좌측의 모든 번식 수컷에 의해 만들어진 정자와 상단의 번식 암컷에 의해 만들어진 난자를 나타낸다. 다시 말해서, 집단의 다른 유전자형 사이의 무작위 교배는 집단의 모든 개체에 의해 만들어진 생식세포의 무작위 조합과 동등하다. 하지만 전통적인 퍼넷 사각형과 다른 중요한 차이도 명심해야 한다. 구역의 크기가 반드시 같지는 않다. 대신에, 두 대립유전자가 있는 생식세포의 비율은 어떠하든 대상 집단의 두 대립유전자의 빈도와 일치한다.

그림 24.2에 보여준 분석의 핵심 발견은 하디-바인베르그 가정을 모두 만족하는 유성생식을 하는 이배체 생물이 무작위로 교배하는 큰 집단에 나타나는 접합체의 유전자형 빈도가 AA에 대해 p^2, Aa에 대해 $2pq$ 그리고 aa에 대해 q^2이라는 것이다. 이들 유전자형 빈도는 **하디-바인베르그 비율**(Hardy-Weinberg proportions)로 알려져 있다. 이들 유전자형 빈도가 집단 내 유전자형의 총합을 나타내므로, 이들은 합이 1이 되어야만 한다. 그래서 하디-바인베르그 비율은 다음의 이항방정식으로 표현될 수 있다.

$$p^2 + 2pq + q^2 = 1 \tag{24.2}$$

$p^2 + 2pq + q^2 = (p + q)^2$이라는 것을 명심해야 한다. 이렇게 되는 이유는 $(p + q)$가 모든 성체가 만든 정자와 난자 모두를 표시하기 때문이다. 하디-바인베르그 사각형의 설정은 이 점을 정확히 예시한다. 이런 방식으로 한 집단 내 정자와 난자의 총원에 대해 생각하면 방정식 (24.2)의 하디-바인베르그 예측을 3개 이상의 대립유전자가 있는 유전자로 확대 적용할 수 있다. ABO 혈액형이 단일 유전자의 세 대립유전자 I^A, I^B와 i에 의해 결정되는 2장의 그림 2.4를 상기해보자. 이 집단의 이들 세 대립유전자의 빈도를 각각 p, q와 r이라고 하면, 예측되는 하디-바인베르그 평형 유전자형 빈도는 유전자형 I^AI^A, I^BI^B, ii, I^AI^B, I^Ai와 I^Bi에 대해 순서대로 $(p + q + r)^2 = p^2 + q^2 + r^2 + 2pq + 2pr + 2qr = 1$이 될 것이다.

유전자형 빈도가 하디-바인베르그 비율로 있는 집단은 평형에 있으며, 이는 가정이 유효하게 유지되는 한 대립유전자와 유전자형 빈도가 세대가 지나도 변하지 않고 유지된다는 것을 뜻한다. 다음 세대의 대립유전자 빈도를 대수적으로 계산하기 위해 유전자형 빈도에서 대립유전자 빈도를 계산하는 규칙[방정식 (24.1)]을 이용할 수 있으며, 이들이 변하지 않는다는 것을 보여줄 수 있다. 두 대립유전자가 있는 한 유전자에 대한 하디-바인베르그 방정식에서, 개체들의 p^2은 대립유전자가 모두 A인 AA이고, 개체들의 $2pq$는 대립유전자의 반이 A인 Aa라는 것을 안다. 따라서 $p + q = 1$ (그러므로 $q = 1 - p$)인 것을 알면, 원래 집단의 자손에서 대립유전자 A의 빈도는 다음이 될 것이다.

$$\begin{aligned} p^2 + (1/2)[2p(1 - p)] &= p^2 + p(1 - p) \\ &= p^2 + p - p^2 = p \end{aligned}$$

마찬가지로, $p = 1 - q$고, 다음 세대에서 a 대립유전자의 빈도는 다음과 같다.

$$\begin{aligned} p^2 + (1/2)[2p(1 - q)] &= q^2 + q(1 - q) \\ &= q^2 + q - q^2 = q \end{aligned}$$

보는 바와 같이, 자손의 대립유전자 빈도들은 부모의 것과 같다. 이들은 p와 q로 유지된다.

평형의 잠재력은 금발과 빨간 머리 같은 열성 형질의 소멸에 관한 질문에 답을 준다. 하디-바인베르그 가정의 주요 일탈이나 적응도 차이가 없다면, 이들 머리카락 색은 어느 것도 이들이 열성 대립유전자에 의해 생긴다는 단순한 이유로 사라지지는 않는다. 대신에, 이런 머리카락 색을 만드는 대립유전자와 유전자형의 빈도들은 시간이 지나도 일정하게 유지될 것이다.

그림 24.3에 설명된 대로, 대립유전자 빈도 p와 q의 특정 조합 하나에 대해 단 하나의 HWE가 존재하지만, p와 q의 다른 값들은 다른

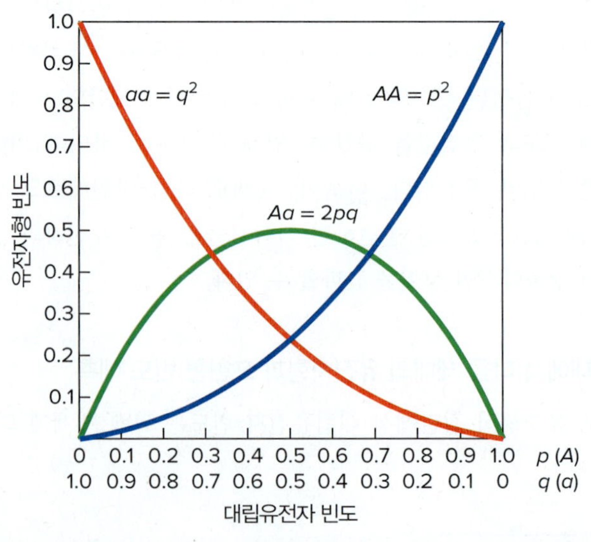

그림 24.3 대립유전자 빈도의 어느 한 조합에 대해, 하디-바인베르그 평형에서 단 한 조합의 유전자 빈도만 나온다.

HWE를 뜻한다. 그림 24.3은 p가 0에서 1.0까지(따라서 $q = 1 - p$이므로 q가 1.0에서 0까지) 대립유전자 빈도의 전체 범위에 대해 세 유전자형의 빈도를 도표로 보여준다. 예로서, $p = 0.8$과 $q = 0.2$라면 HWE에서 *AA* 유전자형이 가능한 세 유전자형 중 가장 빈도가 높다. *AA* 동형접합체의 빈도 $p^2 = 0.64$고, *Aa* 이형접합체의 빈도 $2pq = 0.32$며, *aa* 동형접합체의 빈도는 겨우 $q^2 = 0.04$다.

그림 24.3에서 q가 작을 때, *a* 대립유전자 대부분은 이형접합체에 들어 있다는 것을 명심하자. 이 장 후반에서 인간 유전질환을 일으키는 희귀한 유해 대립유전자를 다룰 때 이런 점이 중요해질 것이다. 또 중요한 것은 이형접합체의 빈도는 $p = q = 0.5$인 때가 가장 높다는 것을 명심하라.

유전자형 빈도를 결정하는 데 있어서 무작위 교배의 효력

한 집단이 현재 HWE에 있지 않다면, 무작위 교배 1세대면 평형에 도달하는 데 충분하다. 다음의 극단적인 예를 생각해보자. 본토의 각기 다른 두 지점에서 온 단일 곤충종의 1,000마리(암컷과 수컷이 동등하게 있는) 성체들이 한 섬에 정착한다고 가정하자. 한 지점에서 온 1,000마리 이주자는 모두 *AA* 동형접합이고, 다른 지점에서 온 이주자는 모두 *aa* 동형접합이다. 따라서 새로 형성된 성체 집단의 초기 유전자형 빈도는 *AA* 동형접합체 50%와 *aa* 동형접합체 50%다. 다음 세대의 유전자형 빈도를 예측하기 위해, 우선 섬의 새로운 부모 집단의 대립유전자 빈도를 계산할 필요가 있다.

1,000 *AA* 개체, 0 *Aa* 개체와 1,000 *aa* 개체
→ 2,000 *A* 대립유전자와 2,000 *a* 대립유전자

총 4,000 대립유전자 중 *A* 대립유전자 빈도는

$2,000/4,000 = 0.50$이고, 따라서 $p = 0.50$이며,

a 대립유전자 빈도는

$2,000/4,000 = 0.50$이고, 따라서, $q = 0.50$이다.

모든 성체 사이의 교배가 무작위이기 때문에, 대립유전자 빈도를 다룰 때 정자와 난자 모두의 총원을 고려할 수 있다. 그림 24.2에서 본 대로, 생식세포 총원을 보는 이런 방식으로 이 섬에서 곤충의 다음 세대가 하디-바인베르그 비율로 분포될 것을 예측한다.

$$p^2 + 2pq + q^2 = 1$$
$$(0.50)^2 + 2(0.50 \times 0.50) + (0.50)^2 = 1$$
$$0.25 + 0.50 + 0.25 = 1$$

다음 세대에서 1,000마리 자손이 생산된다고 가정하면, 다음과 같아질 것이다.

$1,000 \times 0.25 = 250$ *AA* 개체
$1,000 \times 0.50 = 500$ *Aa* 개체
$1,000 \times 0.25 = 250$ *aa* 개체

결론은 명확하다. 한 상염색체 좌위에 대해 대립유전자 빈도가 다른 둘 이상의 별개 집단들에서 온 개체들로 시작되었기 때문에 초기에 계층으로 나뉘어 있는 집단은 무작위 교배의 일 세대만에 하디-바인베르그 유전자형 비율로 재편될 것이다.

집단이 이주 첫 세대에서 두 번째 세대(이주 개체들의 자식)로 가면서 대립유전자 빈도도 변할 것인가? 답은 '그렇지 않다'다. 방정식 (24.1)을 이용하여, 살고 있는 1,000개체 중 각 유전자형의 수에서 자식 세대의 대립유전자 빈도를 계산할 수 있으며, 다음과 같다.

$$p = A \text{ 대립유전자 빈도} = \frac{2(250) + 500}{2(1,000)} = \frac{1,000}{2,000} = 0.5$$

$$q = a \text{ 대립유전자 빈도} = \frac{2(250) + 500}{2(1,000)} = \frac{1,000}{2,000} = 0.5$$

이들 빈도는 이전 세대의 것과 같다. 따라서 비록 첫 세대에서 다음 세대로 유전자형 빈도가 획기적으로 변했을지라도, 대립유전자 빈도는 변하지 않았다. 이는 우성과 열성 대립유전자 모두 마찬가지다. 집단이 충분히 크고, 무작위로 짝을 짓고, 대립유전자가 돌연변이나 선택에 의해 소실되지 않고, 대립유전자가 돌연변이나 이주에 의해 얻어지지 않으며, 유전자형이 적응도에 영향을 끼치지 않는 한 **대립유전자 비율의 보존 원리**(conservation of allele proportions principle)가 각 세대에서 다음 세대로 가면서 유지된다.

HWE에 도달하기 전에 같은 대립유전자 빈도의 집단들이 반드시 같은 유전자형이나 표현형 빈도일 필요는 없다는 것을 보았다. 이유는 한 대립유전자는 동형접합체나 이형접합체에 존재할 수 있지만 열성 형질은 동형접합체에서만 발현되기 때문이다. 다른 극단의 가상 예에서, 모든 사람이 이형접합이라면 백색증의 사람이 실제로는 없지만, 백색증 대립유전자 빈도가 0.5인 집단이 있을 수 있다. 이 두 번째 예에서조차, 하디-바인베르그 평형에 따르면 상염색체 유전자에서 무작위 교배에 의해 p^2, $2pq$와 q^2로 설명되는 하디-바인베르그 유전자형 빈도는 바로 다음 세대에 나타날 것이다.

하디-바인베르그 평형과 X-연관 유전자

사람의 X 염색체 상에 있는 유전자와 같은 성-연관 유전자들은 대립유전자 빈도가 남녀 사이에 차이가 있고 유전자형 빈도가 처음에 하디-바인베르그 비율에 있지 않다면 HWE에 도달하는 데 추가적으로 몇 세대가 더 걸린다(**그림 24.4**). 이런 추가적인 세대가 필요한 이유는 X 염색체가 여성에게는 2개가 있지만 남성에게는 1개만 있기

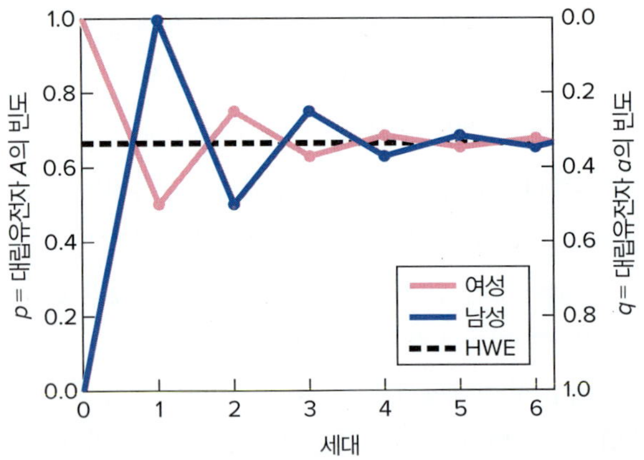

그림 24.4 평형을 이루기 위해 X-연관 유전자는 여러 세대의 무작위 교배가 필요할 것이다. 이 모형 집단은 *AA* 여성들과 *a*Y 남성들로 시작한다. 여러 세대 후 HWE가 확립될 때, 남성과 여성의 대립유전자 빈도들이 서로 같을 것이다. 이 값은 여성의 초기 대립유전자 빈도의 2/3 더하기 남성의 초기 빈도의 1/3일 것이다.

때문이다. 따라서 남성이 어머니에게서 X 염색체를 받기 때문에 각 다음 세대 남성들의 대립유전자 빈도는 이전 세대 여성들의 대립유전자 빈도와 같다. 여성이 부모 각각에게서 1개의 X 염색체를 받기 때문에 각 다음 세대 여성들의 대립유전자 빈도는 이전 세대 남성들과 여성들의 평균 빈도와 같을 것이다.

이런 결과는 100명의 *a*Y 남성과 100명의 *AA* 여성으로 구성된 불모의 섬으로 도입된 새로운 집단을 가정함으로써 이해될 수 있다. *A* 대립유전자의 빈도가 *p*면, 초기 $p_{남성} = 0$이고 $p_{여성} = 1.0$이다. 그림 24.4에 보인 대로, 다음 세대에서, 대립유전자 빈도는 $p_{남성} = 1.0$이고 $p_{여성} = (1.0 + 0)/2 = 0.5$일 것이다. 양성에서 빈도는 HWE에 도달하기 전에 몇 세대 더 계속 변할 것이다. 여성에서 세 가지 가능한 모든 유전자형이 하디-바인베르크 비율에 도달하기 위해서는 무작위 교배하는 7세대 이상이 필요할 것이다(그림 24.4). HWE에서, 여성과 남성의 대립유전자 빈도는 서로 같을 것이고, 어느 대립유전자든 여성 초기 대립유전자 빈도의 2/3에 남성 초기 빈도의 1/3을 더한 것이 될 것이다. 그래서 이 예의 경우 HWE에서, $p_{남성} = p_{여성} = 0.67$이 된다(이제 단순히 *p*라 할 수 있다).

HWE에 있는 집단의 남성과 여성 모두에서 대립유전자 *A*와 *a*의 빈도가 각각 *p*와 *q*일 때, Y 염색체에는 이 유전자의 복사체가 없으므로 *A*Y와 *a*Y 남성의 빈도는 각각 당연히 *p*와 *q*일 것이다. 그리고 HWE에서, 상염색체 좌위의 경우와 마찬가지로 p^2, $2pq$와 q^2 빈도인 세 종류(*AA*, *Aa*와 *aa*)가 여성에 있을 것으로 기대된다.

유전자형 빈도는 다르지만, X-연관 유전자의 대립유전자 빈도가 남성과 여성에서 같다는 사실이 여성보다 훨씬 더 많은 남성이 적록색맹이라는 일반적인 관찰을 뒷받침한다. 색맹 대립유전자를 *a*라고 하면, 색맹인 남성(*a*Y)의 빈도는 *q*와 같겠지만, 색맹인 여성(*aa*)의 빈도는 q^2일 것이다. *q*가 1보다 작을 때, q^2은 항상 *q*보다 더 작을 것이다. 예를 들면, 미국에서 남성 중 색맹의 빈도는 약 7%다. 따라서 *q*의 값은 0.07인 반면에, 여성에서 q^2의 값은 $(0.07)^2 = 0.0049$, 즉 0.49%다.

표 24.1은 지금까지 설명한 설정들에 대한 HWE의 유전자형 빈도를 요약 정리한다.

표 24.1 하디-바인베르크 평형의 유전자형 빈도

	여성	남성
대립유전자 2개 있는 상염색체 유전자		
AA	p^2	q^2
Aa	$2pq$	$2pq$
aa	q^2	q^2
대립유전자 2개 있는 X-연관 유전자		
AA	p^2	
Aa	$2pq$	
aa	q^2	
*A*Y		p
*a*Y		q
대립유전자 3개 있는 상염색체 유전자		
A^1A^1	p^2	p^2
A^2A^2	q^2	q^2
A^3A^3	r^2	r^2
A^1A^2	$2pq$	$2pq$
A^1A^3	$2pr$	$2pr$
A^2A^3	$2qr$	$2qr$

인류 집단들에서 많은 좌위가 하디-바인베르크 비율에 가깝다

일단 한 집단이 하디-바인베르크 평형에 있는 것이 알려지면, 연구자들은 유전자형 빈도에서 대립유전자 빈도를, 대립유전자 빈도에서 유전자형과 표현형 빈도를 쉽게 예측할 수 있다. 배우자 선택이 지리적 거리, 문화적 기준과 잠재적 배우자의 형질 등 많은 요인의 영향을 받는 인간에게는 무작위 교배가 일견 심히 비현실적인 가정이라고 생각될 수 있을 듯하다. 하지만 집단유전학의 관점에서, 중요한 것은 연구 중인 특정 유전자형에 관해서 무작위로 교배하는지다.

다음 장에서 더 살펴보는 바와 같이, 유전자형과 표현형의 관계는 아무 복합적이라서 좀처럼 조사 중인 어느 한 유전자형을 기준으로 배우자를 선택하지는 않는다. 사실, 이런 이유로 인간의 대다수 유전 좌위에 대한 연구는 하디-바인베르크 예측에 놀라울 정도로 잘 부합되는 것을 보여준다. 특히 표현형에 영향을 끼치지 않는 특징이 없는 좌위를 볼 때 그렇다. 이런 단순한 관찰을 바탕으로 범죄를 해결하고 대규모 재앙이나 비행기 추락 등 비극적인 일에서 사체의 신원을 확인하는 데 DNA 변이가 유용하게 쓰여 왔다.

DNA 결과를 분석하는 데 하디-바인베르그 이용하기

하디-바인베르그 평형은 12장에서 다룬 기술(그림 12.13)인 법의학 범죄 수사를 위한 DNA 분석 증거의 해석에 결정적인 요소다. 살인 피해자의 손톱 밑 혈액과 특정 용의자 사이에서 완벽한 일치를 얻었다고 가정하자. 집단유전학은 법의학 과학자가 '피해자에서 발견된 DNA가 다른 (무작위의) 사람의 DNA보다는 용의자의 DNA일 가능성이 얼마나 큰가?' 하는 질문에 정밀한 수치로 답을 할 수 있게 해준다.

12장에서 설명한 대로, 법의학 분석에 유용한 DNA 표지 대다수는 인류 집단에서 아주 변이가 많은 다형의 무특징 좌위들이다. DNA 표본을 비교할 수 있도록, 미국과 다른 많은 나라의 법집행기관은 인간 유전체 전역에 걸쳐 있는 13개의 연관되지 않은 단순 서열 반복 좌위(SSR)에 집중한다(**그림 24.5**). 얻어진 결과는 통합 DNA 검색 체계(Combined DNA Indexing System; CODIS)라는 자료목록에 저장된다. 실행 측면에서, 피해자 손톱 밑 표본과 용의자 사이에 13개 CODIS 좌위 모두의 완벽한 일치가 단순한 우연의 일치가 아니라는 결론을 범죄 수사자와 배심원들이 내릴 수 있어야 한다. 다시 말해서, 이 특정 13-좌위 유전자형이 잠재적 용의자가 포함된 이 집단의 모든 사람, 즉 총원 중에서 발견될 확률이 얼마인가?

CODIS에 채택된 SSR은 수천 명의 사람을 조사하여 HWE에 있고 변이가 아주 많으며 서로 연관되어 있지 않기 때문에 선택되었다.

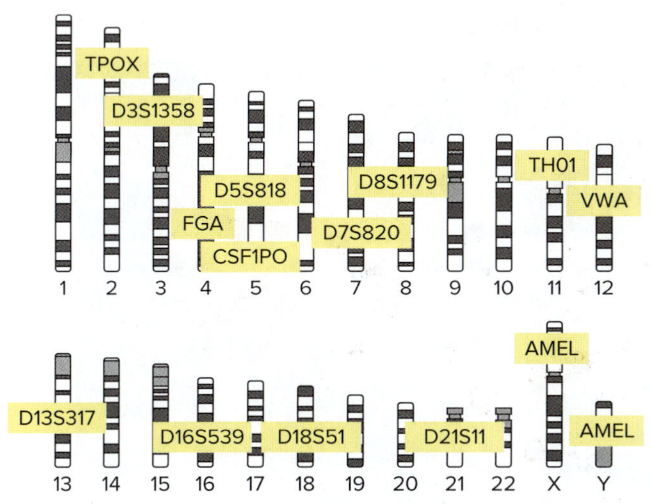

그림 24.5 13 CODIS 핵심 상염색체 SSR 좌위들의 염색체상 위치. *AMEL*(아멜로제닌; amelogenin)은 항상 X와 Y 염색체에서 온 다른 크기의 PCR 산물들을 증폭하기 때문에 표본의 성 결정을 가능하게 하는 추가적인 표지자다.

이 조사의 중요한 자료는 13개 좌위에 대한 대립유전자 빈도다. 이 대립유전자 빈도에서, 조사자는 어느 한 좌위에 대해 이배체 유전자형이 일치할 확률을 계산하기 위해 하디-바인베르그 방정식을 이용한다. CODIS 좌위들이 연관되어 있지 않고 각 좌위의 대립유전자가 다른 좌위의 대립유전자와 통계적으로 독립되어 있으므로, 법의학자는 관찰된 어느 한 13-좌위 유전자형의 기대 빈도를 구하기 위해 각 독립된 좌위에 대한 기대 유전자형 빈도를 단순히 모두 곱한다.

일치 확률 계산하기

범죄 현장 표본과 용의자 모두에 공통된 DNA 분석 결과가 한 CODIS 좌위에서 대립유전자 빈도가 각각 0.05와 0,03인 두 대립유전자의 이형접합이고, 제2의 좌위에서 빈도가 0.04인 대립유전자의 동형접합이라고 가정하자. 비록 각 CODIS SSR에 20개보다 더 많은 대립유전자가 있을지라도, 어느 한 특정 이형접합 유전자형의 빈도는 여전히 2 × 대립유전자 1의 빈도 × 대립유전자 2의 빈도며, 한 동형접합 유전자형의 빈도는 그 대립유전자 빈도의 제곱이다. 따라서 집단 내 무작위로 추출될 한 사람이 범죄 현장 표본에서 나타난 특정 2-좌위 유전자형일 **일치 확률**(match probability)은 $2(0.05)(0.03) \times (0.04)^2 = 0.0000048 = 4.8 \times 10^{-6}$일 것이다. 다시 말해서, 이 집단에서 특정 2-좌위 유전자형의 빈도는 0.0000048, 즉 208,334명 중 1명(1/208,334)이다.

이들 다형 좌위에서 각 대립유전자의 빈도가 낮으므로, 한 특정 13-좌위 CODIS 유전자형에 대한 일치 확률이 매우 작아진다. 범죄 피해자의 손톱 밑 DNA 표본에 대한 13-좌위 일치 확률이 법의학 조사에서 일반적으로 발견되는 범위 내인 7.7×10^{-15}이라고 가정하자. DNA가 용의자에서 온 DNA라는 완벽한 일치가 얻어질 확률, 100%, 즉 1을 무작위로 추출될 다른 사람에게서 온 DNA일 일치 확률, 즉 7.7×10^{-15}과 비교할 것이다. 따라서 DNA가 무작위의 다른 사람에게서 올 확률보다는 용의자에게서 올 확률이 $1/(7.7 \times 10^{-15}) = 1.3 \times 10^{14}$배 더 크다. 달리 말하면, 130조 명 중 1명만이 용의자의 이 특정 CODIS 대립유전자 조합일 것이다. 세계 총 인구가 겨우 7.7×10^9 (약 77억)명이라는 것을 고려하면, DNA 분석 결과는 용의자(혹은 일란성 쌍둥이)를 피해자의 손톱 밑 DNA와 연결하는 강력한 증거의 하나가 될 것이다.

핵심 개념 24.1

- 특정 집단의 유전자형 빈도가 주어지면, 한 대립유전자의 빈도는 그 대립유전자에 대한 동형접합체의 빈도와 그 대립유전자에 대한 이형접합체 빈도의 반을 더해서 계산할 수 있다.

- 하디-바인베르그 평형에 있는 집단에서, 대립유전자 빈도와 유전자형 빈도는 한 세대에서 다음 세대로 일정하게 유지된다. 두 대립유전자가 있는 상염색체의 경우, 평형에서 유전자형 빈도는 p와 q가 대립유전자 빈도이면 공식 $p^2 + 2pq + q^2 = 1$에 따라 분포한다.
- DNA 분석 결과의 일치 확률을 결정하기 위해, 법의학자는 하디-바인베르그 비율을 이용하여 알게 된 대립유전자 빈도에서 계산된 각각 별개의 좌위에 대한 일치 확률을 모두 곱한다.

24.2 실제 집단에서 무엇이 대립유전자 빈도의 변화를 일으키는가?

학습 목표

1. 하디-바인베르그 모형이 장기간보다는 단기간의 대립유전자와 유전자형 빈도 예측에 더 정확한 이유를 설명한다.
2. 유한 집단이 왜 새로운 돌연변이가 궁극적으로 소실되거나 고정될 것을 뜻하는지 논의한다.
3. 자연선택이 집단 내 한 대립유전자의 소실, 확산 또는 유지를 촉진할 수 있는 각본을 기술한다.
4. 살충제가 더는 살포되지 않았을 때 왜 모기 집단에서 살충제 저항의 대립유전자 빈도가 감소했는지 설명한다.

그림 24.6a가 보여주는 바와 같이, 인류 종의 다른 집단들이 파란 눈의 개체 비율이 상당히 다르다. 2장의 서론에서 인간의 눈 색이 많은 유전자가 조절하는 복합 형질이라는 것을 알았다. 하지만 *OCA2*라는 유전자 하나가 눈 색이 파란색일지 갈색일지 결정하는 데 가장 큰 영향을 끼친다. 특히 저형성 *OCA2* 돌연변이의 동형접합체는 홍체에 멜라닌이 거의 없어 눈이 파랗다. 파란색 눈 개체의 집단 사이 차이는 이 *OCA2* 유전자의 인접 상단에 있는 한 SNP 대립유전자 빈도의 변이를 반영하며, 유전자의 발현 수준을 결정하는 데 도움이 된다(**그림 24.6b**).

젖당 내성이나 과민성의 원인인 좌위와 같은 인간 유전체의 많은 다른 좌위도 또한 대립유전자 빈도의 지리적 차이를 보여준다. 집단 사이에서 관찰된 이러한 대립유전자 빈도 차이는 이상적인 하디-바인베르그 모형의 가정을 실제 집단에 적용하는 것에 대해 무엇을 말해주는가?

하디-바인베르그는 실제 집단의 모형을 만드는 시작점이 된다

자연 집단의 상황은 항상 하디-바인베르그 가정에서 최소한 약간씩은 벗어난다. 새로운 돌연변이는 모든 좌위에서 이따금 나타나고, 어느 집단도 크기가 무한하지 않고, 본 무리에서 작은 무리의 개체들이 때때로 이주해 나가 새 집단의 창시자가 되고, 분리된 집단들이 병합될 수 있고, 개체들이 항상 무작위로 교배하지 않으며, 다른 유전자형들은 생존율과 번식률에 차이가 있다. 하디-바인베르그 상황에 대한 이러한 예외들이 시간이 지나면서 집단의 유전적 구성을 바꾸고, 따라서 생물 진화에 필수 불가결하다.

비록 하디-바인베르그 가정에서 이렇게 벗어나는 일이 항상 존재하지만, 그럼에도 불구하고 하디-바인베르그 방정식은 단기간에 걸

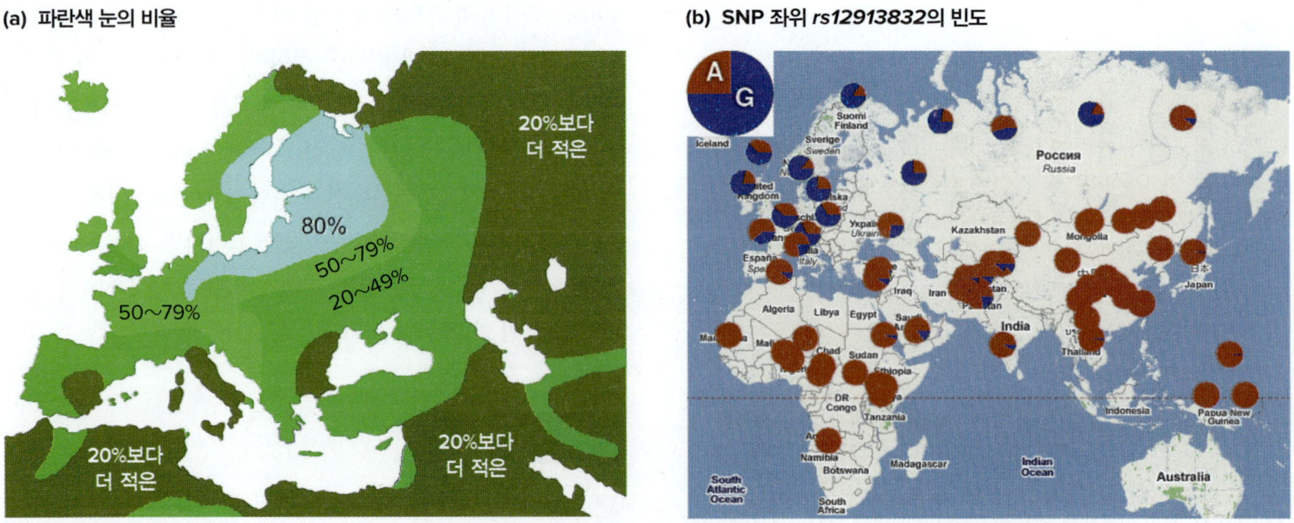

그림 24.6 인류 집단의 파란 눈 색. **(a)** 유럽 집단에서 파란 눈 비율의 지리적 차이. **(b)** 파이 도표는 SNP 좌위 *rs12913832*에서 대립유전자의 빈도 G(파란 눈)와 A(갈색 눈)를 묘사한다. 이 다형성은 *OCA2* 유전자의 촉진자에 위치한다. 이의 단백질 산물은 색소 멜라닌의 생산과 관련되어 있다.

쳐서, 즉 큰 집단의 한 세대나 몇 교배 세대에 걸쳐서 대립유전자, 유전자형과 표현형 빈도의 상당히 좋은 추정값을 산출한다. 장기간에 걸친 자연 집단의 현실은 하디-바인베르그 방정식 자체로는 많은 세대가 지나는 동안 유전적 빈도가 어떻게 변하는지를 예측할 수 없다는 것을 보여준다. 그럼에도 불구하고 하디-바인베르그 관점은 평형 상태에서 벗어나게 하는 요인들을 포함하는 수학 모형의 기본을 제공하는 유용한 일을 하며, 따라서 집단유전학자들이 역동적인 실제 집단에 대한 모형을 성공적으로 만들 수 있게 해준다.

유한 집단에서, 우연이 중요한 일을 한다

하디와 바인베르그는 멘델의 분리 법칙을 확장함으로써 그들의 유명한 방정식을 유도하였다. 이형접합인 부모의 어느 대립유전자가 특정 자녀에게 전달될지 멘델의 첫 번째 법칙이 결정하지는 않는다는 것을 명심해야 한다. 대신, 대립유전자 유전은 동전 던지기와 유사하다는 것을 이 법칙은 말해준다. 자녀는 동전의 앞이나 뒤(즉, 이형접합인 부모에게서 상염색체 유전자의 어느 한 대립유전자)와 같은 확률로 얻을 수 있다. 멘델의 법칙은 자손인 큰 동일출생군에서 특정 대립유전자를 물려받을 대략적인 비율을 예측한다. 동일출생군이 크면 클수록 예측이 더 정확해진다.

하디-바인베르그 방정식은 다음 세대로 전달되는 대립유전자의 빈도가 부모 세대의 비율과 같다는 생각에 바탕을 둔다. 다시 말해서, 대립유전자들은 그들이 부모 유전자형에 있는 것과 같은 빈도로 생식세포 총원에 기여하고 접합체에 나타난다. 하지만 이런 생각은 집단의 크기가 무한에 근접하고, 따라서 다음 세대에 기여하는 생식세포의 수가 무한에 근접할 때 실효성이 있다. (유사하게, 어느 한정된 수의 동전 던지기에서 정확히 반의 앞과 반의 뒤가 나타날 것이라고 예견할 수 없다.) 어느 집단도 무한하지 않기 때문에, 어느 집단도 평형에 대한 하디-바인베르그 조건에 실제로 부합하지는 않는다.

집단에서 우연의 컴퓨터 모의

유한 집단에서 대립유전자 빈도의 장기간 변화를 모의하기 위해, 하디-바인베르그 방정식에 대립유전자 빈도의 대입은 각 세대에서 생식세포가 선택되는 무작위 우연을 고려해야만 한다. 연구자들은 각 확률 사건의 결과를 선택하기 위해 무작위 숫자 발생기를 이용하는 컴퓨터 프로그램인 **몬테카를로 모의**(Monte Carlo simulation)를 이용하여 이러한 **표본 오차**의 효과의 모형을 만든다. 몬테카를로 프로그램은 각 동형접합과 이형접합의 한정된 개체 수가 있는 집단에서 시작한다. 간략히 살펴볼 바와 같이, 집단크기가 핵심 변인이다. 프로그램은 무작위 숫자 발생기에 의해 선택된 개체들 사이의 교배를 설정한다. 선택된 한 편친[5]이 이형접합체라면, 프로그램도 또한 어느 대립유전자가 한 자식에게 전달될지 결정하기 위해 (비유적으로 보면) 동전을 던진다.

몬테카르로 모의는 일반적으로 번식률을 조정하여 세대 간에 집단크기가 일정하게 유지되며, 다른 세대 사이의 교배를 허용하지 않는다. 따라서 일단 첫 세대 부모들이 제거되면, 그들의 자녀들이 다음 세대의 부모가 된다. 프로그램은 연구자가 요구하는 만큼의 세대 동안 이 과정을 계속한다. 자료가 기록된 후, 컴퓨터는 같은 초기 상황에서 시작하여 새로운 시행을 모의한다. 충분한 수의 독립된 몬테카를로 모의를 통해 연구자들은 어떤 확률로 어떤 결과가 가능할지 통찰할 수 있다.

유전적 부동

그림 24.7a에 나온 예에서, 컴퓨터는 모두 이형접합체로 설정된 10개체만 있는 집단으로 시작되는 6번의 몬테카를로 모의를 시행했다. 따라서 각 집단은 $2 \times 10 = 20$의 총 유전자 복사체가 있고(각 개체에 2), 각 대립유전자(A 또는 a)는 초기에 0.5의 빈도로 나타난다. 이 예가 계획된 방식 때문에, 이 첫 세대의 몬테카를로 모의는 동전을 20번 던져 얻어진 결과와 수학적으로 동등하다. 그림 24.7a에서 볼 수 있는 바와 같이, 첫 세대에 모의들은 0.25 (5개 앞과 15개 뒤)에서 0.65 (13개 앞과 7개 뒤)까지 범위로 평균 0.48의 A 대립유전자 빈도를 산출하였다.

6개 모의 집단의 A 대립유전자 평균 빈도가 하디-바인베르그 방정식에 의해 예측되는 0.5에서 너무 벗어나지는 않는다. 하지만 각각 독립된 실험에서 취해진 무작위 선택 때문에 개별 집단 각각은, 한 세대에서 다음 세대로 이어지는 표본 오차의 결과로 생기는 대립유전자 빈도의 변화, 즉 **유전적 부동**(genetic drift)[6]의 각기 다른 경로

---

5) 역자주: 최근에 아버지나 어머니 한쪽만 있는 가정을 한부모 가정이라는 정체불명의 단어를 공식적으로까지 사용하고 있다. 하지만 이는 무분별한 영어 단어 번역이다. 부모(父母)는 아버지와 어머니 모두를 포함하는 단어다. 다른 한자어로 양친(兩親)이 같은 뜻이고, 이는 영어로 복수인 parents에 대응된다. 그러면 단수인 parent는 편친(偏親)이라고 해야 한다. 굳이 영어 parent와 유사하게 쓰기 위해 도입된 어버이를 사용한다면 홀어버이라고 해야 할 것이다. '한 부모'는 원래 우리말에서는 '같은 부모'를 뜻하는 말이다. 예를 들면, 둘 이상의 아이들이 자신들이 형제자매일 경우 '우리는 한 부모 슬하에서 자랐다.'라고 말한다. 여기서 '한'은 하나를 뜻하기도 하겠지만 '같은'의 뜻이다. '한집에 사는 것'은 '같은 집'에 사는 것이며, 한 집안은 혈연관계가 있는 같은 집안을 말한다. 무분별한 영어 번역이 우리말을 혼탁하게 하지 않게 해야 할 것이다.

6) 역자주: genetic drift를 일반적으로 '유전적 부동'이라고 번역한다. 이는 부침하는 '대립유전자 빈도'를 '유전적'으로 생각하는 표현이다. 빈도가 부침하는 '대립유전자'를 강조하는 표현으로 '유전자 부동'으로 번역하기도 한다. 부동(浮動)은 '물이나 공기 중에 떠서 움직임'을 말하고, 고정되지 않고 오르내리며(부침하며) 변하는 것을 뜻한다.

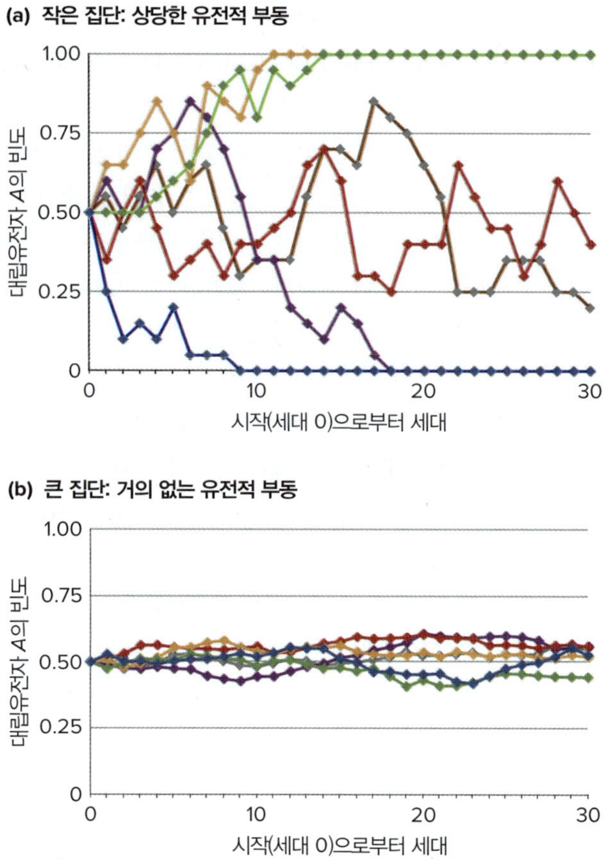

그림 24.7 다른 크기의 집단들에서 일어나는 집단 부동의 몬테카를로 모형. **(a)** 집단 크기 = 10. **(b)** 집단 크기 = 500. 두 경우 모두 초기 상황은 선택이 없고 좌위의 두 대립유전자 수가 같다. 각각의 색은 모의실험의 다른 결과다.

를 따라 변한다. 유전적 부동은 특정 세대의 대립유전자 빈도가 다음 세대에 가능한 대립유전자 빈도의 바탕이기 때문에 발생한다. 예를 들면, 한 대립유전자가 이미 높은 빈도로 흘러갔다면(부동했다면), 다음 세대에 빈도가 훨씬 더 높아질 큰 기회가 존재한다.

그림 24.7a에 나온 모의 시행 6번 중 4번에서, 유전적 부동이 18번째 세대까지 원래의 두 대립유전자 중 어느 하나가 소멸, 즉 **절멸**로 끝이 났다. 이들 예의 각각에서, 한 세대에서 다음 세대로 일어난 대립유전자 빈도 변화의 누적 효과는 한 대립유전자의 소멸과 남은 대립유전자의 **고정**(fixation)을 일으켰다. 단 하나의 대립유전자만 남아 모든 개체가 이 대립유전자에 대해 동형접합일 때 유전학자들은 집단이 한 좌위에서 고정되었다고 여긴다. 이 시점에서, (이주나 돌연변이가 없다면) 대립유전자 빈도가 더는 변할 수 없다.

10이 아닌 500의 구성원이 초기에 모두 이형접합인 집단들의 6번 모의(**그림 24.7b**)를 그림 24.7a의 실험과 비교함으로써 알 수 있는 바와 같이 집단크기가 대립유전자 빈도의 역동에 극적인 영향을 끼친다. 뒤의 집단들의 각각을 나타내는 선을 따라가면, 대립유전자 빈도의 단 한 세대 동안의 변화는 항상 비교적 작다는 것을 알 수 있다. 대립유전자 빈도의 이런 변화가 작으므로, 큰 집단에서 몇 세대 기간에 걸쳐 일어나는 대립유전자와 유전자형 빈도의 좋은 추정값을 전통적인 하디-바인베르그 방정식에서 얻는다. 하지만 일련의 작은 변화가 여전히 장기간에 걸쳐 큰 결과로 더해질 수 있으며, 그래서 이들 집단의 각각은 궁극적으로 그림 24.7b에 나온 것보다 더 많은 세대 후에 어느 한 대립유전자로 고정된다.

창시자 효과와 집단 병목

집단크기가 매우 작을 때 유전적 부동은 관련된 두 과정, **창시자 효과**(founder effect)와 **집단 병목**(population bottleneck)에 의해 촉진될 수 있다. 몇 개체들이 더 큰 집단에서 분리되어 원래 집단과 격리된 새로운 집단을 창설할 때 **창시자 효과**가 일어난다(**그림 24.8**). 작은 수의 창시자 개체들의 새로운 집단에는 원래 집단에 있는 유전자 복사체들의 극히 일부만 있다. 우연의 표본 오차에 의해, 창시자들의 대립유전자 빈도는 이들이 온 원래 집단과는 다를 수 있으며, 일부 대립유전자들은 새로운 집단으로 전달되지 못할 수도 있다. 집단이 창설된 후 일정 기간 작게 유지된다면, 추가적인 유전적 부동으로 인해 대립유전자 빈도가 빠르게 변할 것이고, 창시자 효과가 더욱 강해질 것이다.

18세기 초 독일에서 이주해 온 약 200명이 동부 펜실베이니아에 아미쉬 공동체를 형성하였다. 이 창시 집단이 유럽과 완전히 단절되었고 사람들이 집단 내에서만 결혼했기 때문에, 유전적 부동이 작동하였다. 오늘날, 미국 내 아미쉬는 총 150,000명이 넘는다. 그러나 이 집단은 독일에 남아 있는 아미쉬 집단보다 훨씬 더 높은 조울증 발병률을 보여준다. 이는 여러 창시자가 이 질환을 일으키는 대립유전자가 있었기 때문일 가능성이 가장 크다.

종종 환경 교란이나 질환의 결과로 일어나는데 큰 비율의 개체들이 사라질 때 일어나는 **집단 병목**을 동식물 집단들이 자주 겪는다. 살아남은 개체들은 본질적으로 창시자 집단과 동등하며, 집단크기가 작게 머무는 동안은 유전적 부동이 더욱 가속될 것이다. 아슈케나지 유대인(Ashkenazi Jews)에서, 난소암이나 유방암의 위험률을 높이는 특정 *BRCA1*이나 *BRCA2* 돌연변이의 높은 빈도는 600에서 800년 전에 일어난 집단 병목이나 창시자 효과의 결과로 생긴 것으로 생각된다.

돌연변이는 새로운 유전 변이를 도입한다

유전적 부동이 유한 집단에서 유전 변이가 궁극적으로 소실되게 만드는 반면에, 새로운 변이체는 새로운 돌연변이나 이웃 집단에서 도

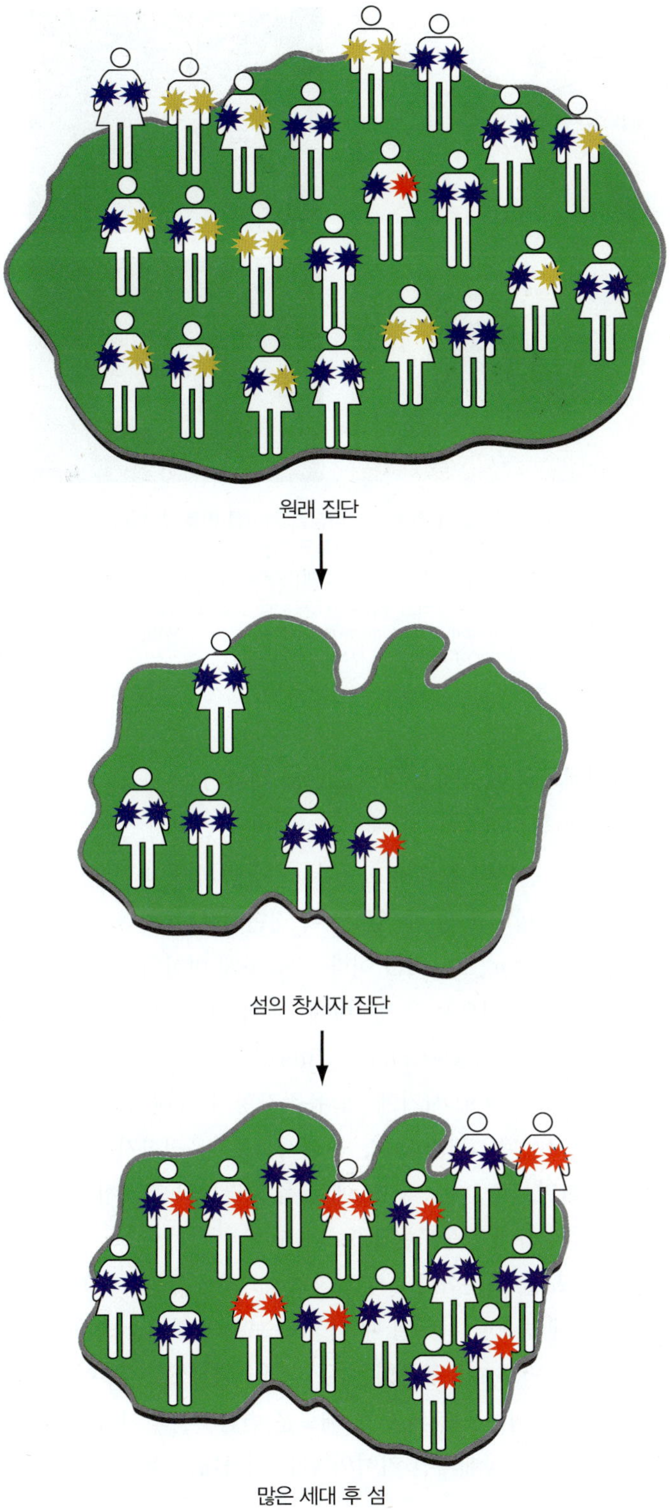

그림 24.8 창시자 효과와 병목은 대립유전자 빈도를 빠르게 바꿀 수 있다. 무작위 표본 오차 때문에, 한 섬의 한 집단에서 적은 수의 창시자 중 대립유전자 빈도는 창시자들이 온 집단의 빈도와는 매우 다를 수 있다. 한 결과는 유전 변이의 소실이다. 섬에 *yellow* 대립유전자가 더는 없다는 것에 주목하라. 게다가, 섬의 집단이 작게 유지되는 한, 유전적 부동은 가속한다.

입되는 **이주**(migration)로 인해 끊임없이 생긴다. 이 논의의 맥락에서 돌연변이는 부모 모두의 유전체에 없는, 개체 유전체 중 변이 DNA 서열이다. 자발적인 돌연변이는 일반적으로 개별 유전자에서 (각 유전자에 대해 100,000에서 100만 자손에 한 번 정도) 아주 드물어서 한 집단에서 어느 한 유전자의 대립유전자 빈도 변화에 대한 돌연변이의 영향은 단기간에는 쉽게 무시할 수 있다. 물론 돌연변이는 모든 좌위에서 모든 새로운 대립유전자의 원천이며, 이는 일부 돌연변이가 장기적인 면에서 중요해진다는 것을 의미한다.

유해 돌연변이(deleterious mutation)는 유전자에 의한 효소의 활성과 같은 중요한 기능에 지장을 준다. 개체나 집단에 선택 면에서 상대적으로 이득이 되는 **유익 돌연변이**(beneficial mutation)는 대조적으로 비교적 드물다. 하지만 많은 돌연변이는 제3의 종류에 속한다. 이들은 생물에 거의 이롭거나 해롭지 않은 다형성을 만든다. 이런 후자 종류의 돌연변이는 **중립 돌연변이**(neutral mutation)다. 다시 말해서, 원래와 돌연변이 대립유전자가 선택 면에서 동등하므로, 새로운 돌연변이나 원래 DNA 서열이 유지될지 아니면 종국적으로 집단에서 사라질지 이들의 운명은 우연의 사건에 의해서만 결정될 것이다.

선택 면에서 중립인 새로운 대립유전자가 돌연변이에 의해 생기는 유한 집단에서, 몬테카를로 모의는 대립유전자가 소실되지 않는다면 종국적으로 고정된다는 것을 보여준다. 고정에 걸리는 평균 세대 수는 대략 교배하는 개체들에 있는 유전자 복사체 총수의 두 배와 같다(4N, 여기서 N은 집단 내에서 번식하는 이배체 개체의 수다). 크기가 10인 집단의 경우, 평균 고정 시간은 40세대다. 500인 집단의 경우는 2,000세대다. 그리고 2억 명의 번식 집단은 고정 시간이 8억 세대, 즉 (출생-출생의 세대 기간을 20년이라고 가정하면) 160억 년이다.

어느 특정의 새로운 돌연변이가 고정될 기회는 집단이 커질수록 감소한다. 하지만 더 많은 돌연변이가 큰 집단에서 생긴다. 이 두 요인은 선택 면에서 중립인 돌연변이에 대해 서로 정확히 상쇄되어 시간에 따른 DNA 서열의 평균 변화율은 단순히 (세대당 좌위당 돌연변이로 측정된) 돌연변이의 도입률과 같다고 밝혀졌다. 이 속도는 집단의 크기와 무관하다.

돌연변이율은 많은 생물에서 오랜 시간에 걸쳐 비교적 일정한 것으로 나타난다. 이는 중립적인 유전적 부동만 작동할 때 유전적으로 격리된 집단 사이에서 DNA 차이의 시간-의존적 누적이 대략 일정한 속도로 일어난다는 것을 의미한다. 이러한 사실을 진화유전학자들은 **분자 시계**(molecular clock)로 이용한다. 그래서 종류가 다른 생물들이 DNA 서열이 서로 얼마나 다른지를 조사함으로써 이 생물들이 공통조상에서 과거 얼마나 오래전에 분기했는지 예측할 수 있다. 분자 시계 개념은 이 장의 후반에 더 자세히 다루어질 것이다.

자연선택은 적응도 차이에 작용하여 대립유전자 빈도를 바꾼다

유전 질환을 포함하여 많은 형질에서, 유전자형은 하디-바인베르그 가정에 벗어나서 생존과 번식 능력에 영향을 끼친다. 따라서 실제 집단에서 모든 개체가 성체까지 살아남지는 못하며, 개체가 번식할 만큼 충분히 오래 살지 못할 어느 정도의 확률이 항상 있다. 결과적으로, 실제 집단의 유전자형 빈도는 개체 구성원들이 접합자에서 성체로 성숙하면서 변한다.

적응도와 자연선택

집단유전학자는 살아남아 유전자를 다음 세대에 전달하는 개체의 상대적 능력을 그 개체의 **적응도**(fitness)라 한다. 비록 적응도가 각 유전자형과 연관된 속성이지만, 적응도는 단 하나의 개체에서 측정될 수 없다. 그 이유는 특정 유전자형의 개별 동물이 우연의 상황에 의해 크게 영향을 받는 방식으로 생존하고 번식하기 때문이다. 하지만 특정 유전자형의 모든 개체를 한 무리로 간주함으로써, 그 유전자형에 대한 상대 적응도를 측정하는 것이 가능해진다. 따라서 집단유전학자에게 적응도는 통계적 측정일 뿐이다. 그렇지만 적응도 차이가 집단 내 대립유전자 빈도에 상당한 영향을 끼칠 수 있다.

적응도는 생존율과 번식 성공이라는 두 요소가 있다. 변하는 환경에서 생존과 번식에 도움이 되는 변이가 있는 개체의 적응도는 비교적 높다. 적응에 도움이 되는 그런 변이가 없는 개체의 적응도는 비교적 낮다. 자연에서 적응도가 더 낮은 개체를 점진적으로 배제하며 적응도가 더 높은 개체를 선택하여 살아남아 다음 세대의 부모가 되도록 하는 과정이 **자연선택**(natural selection)이다.

현장 연구는 자연선택이 모든 자연집단에서 형질에 작용한다는 것을 보여준다. 단순 명료한 예는 뉴멕시코의 사막에 사는 주머니생쥐의 털 색이다. 토양과 암석의 색이 밝은 지역에서는 주머니생쥐의 털 색이 밝지만, 검정 화산암이 있는 지역에서는 색이 어두운 주머니생쥐가 발견된다(**그림 24.9**). 연구에 따르면, 살고 있는 토양과 암석의 색과 부합하지 않는 색의 주머니생쥐를 포식자들이 더 쉽게 발견하고 먹을 수 있다. 이 과정이 이들 두 토양형에 사는 집단들 사이에 털 색에 영향을 끼치는 기반의 유전 변이가 변하도록 강력히 이끈다. 다음으로 선택이 하디-바인베르그 모형에 의해 예측되는 빈도에서 대립유전자와 유전자형 빈도를 어떻게 바꾸는지 고찰한다.

그림 24.9 유전 변이는 선택 적응도에 상당한 차이를 만들 수 있다. 모래 토양이나 짙은 검정 화산암에 살고 있는 주머니쥐들은 그들이 처한 기질에 어울리도록 자연선택에 의해 분기되었다(상단 행). 주어진 털색이 어울리지 않는 기질에 있을 때, 포식자에 의해 쉽게 눈에 뜨인다(그리고 먹힌다)(하단 행). *Source: Nachman et al. (2003), "The genetic basis of adaptive melanism in pocket mice," PNAS, 100: 5268–5273. ©2003 National Academy of Sciences, U.S.A.*

하디-바인베르그 예측에 선택의 영향을 더하기

하디-바인베르그 비율로 시작한 접합체의 집단에서 특정 유전자를 분석함으로써 선택이 작용하고 있는 집단에 하디-바인베르그 방정식을 적용하는 방법을 알 수 있다. 이 집단에서, AA, Aa와 aa 유전자형 빈도는 각각 p^2, $2pq$와 q^2이다. 간단하게 번식의 성공과 생존의 두 요소가 같은 방식으로 유전자형에 의존한다고 가정하자. 세 유전자형 각각의 **상대 적응도**(relative fitness; W)를 각각 W_{AA}, W_{Aa}와 W_{aa}로 규정하면, 성체 시기에 세 유전자형의 상대 빈도는 p^2W_{AA}, $2pqW_{Aa}$와 q^2W_{aa}다(**그림 24.10**). 통례적으로, 유전학자는 최대값을 1.0이라고 하며, W_{AA}, W_{Aa}와 W_{aa}에 값을 할당하고 그래서 덜 적응적인 유전자형의 상대 적응도는 1.0보다 작다.

상대 적응도를 표준화하여 방정식의 각 항이 유전자형의 상대 빈도보다는 실제 빈도를 나타낼 때 적응도-보정의 하디-바인베르그 방정식이 가장 유용하다. 표준화는 두 단계 계산으로 이루어진다. 첫째, 보정된 방정식에서 항의 합을 새로운 변인 $\overline{W}$, 즉 다음 세대에 대한 각 유전자형의 상대적인 기여의 합을 나타내는 평균 적응도로 설정한다.

$$p^2W_{AA} + 2pqW_{Aa} + q^2W_{aa} = \overline{W} \qquad (24.3a)$$

유전자형 적응도들이 다를 때, 초기 세대의 모든 생식세포가 다음 세대에 기여하지는 못할 것이기 때문에 $\overline{W}$는 1보다 더 작다.

표준화 과정을 계속하기 위해, 그다음 $\overline{W}$로 방정식 (24.3a)의 각 변을 나눔으로써 자손 세대의 성체에 대한 새로운 방정식은 다음과

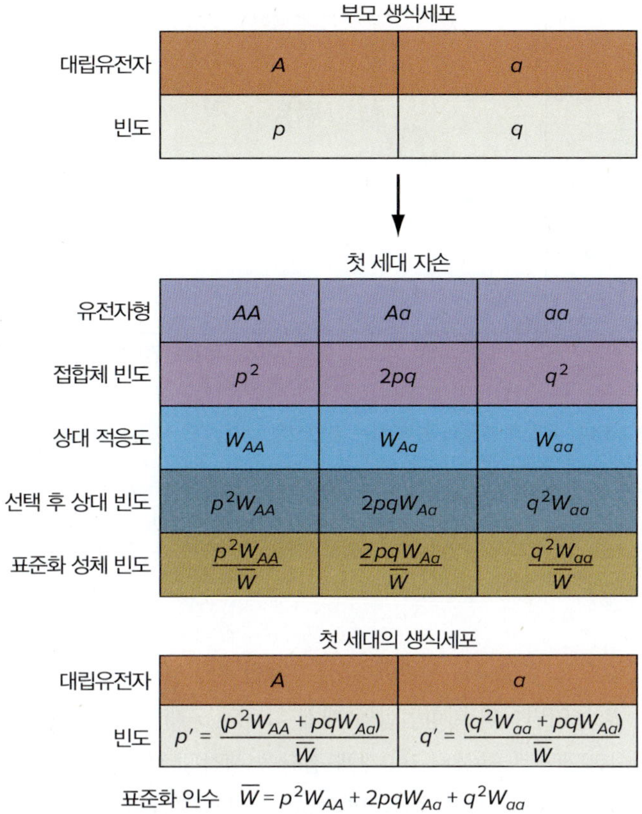

그림 24.10 자연선택에 의한 대립유전자 빈도의 변화. (성체에서) 선택 후 유전자형 빈도를 계산하기 위해, 첫째로 무작위 교배로 형성되는 접합체의 유전자형 빈도에 유전자형의 상대 적응도 값을 곱하라. 다음으로 평균 적응도 $\overline{W}$로 나누어 이들 항을 표준화하라. 마지막으로 방정식 (24.1)을 이용하여 성체 자손의 유전자형 빈도에서 자손 세대에 의해 만들어지는 생식세포의 대립유전자 빈도를 계산하라.

같아진다.

$$\frac{p^2W_{AA}}{\overline{W}} + \frac{2pq^2W_{Aa}}{\overline{W}} + \frac{q^2W_{aa}}{\overline{W}} = 1 \qquad (24.3b)$$

이 표준화 방정식에서 각 항은 각 유전자형이 원래 계산에 사용된 빈도를 뒤이어 다음 세대에 나타날 실제 빈도를 나타낸다.

방정식 (24.3a)와 (24.3b)의 중요한 결과 하나는 선택이 있을 때 집단의 평균 적응도 $\overline{W}$는 한 세대에서 다음 세대로 시간이 지나면서 값이 1로 접근하게 하는 방식으로 변할 것이라는 예측이다. 예를 들면, 1보다 작은 $\overline{W}$의 값은 초기 세대의 모든 개체가 다음 세대에 기여하지는 않는다는 것을 뜻한다. 원래 집단의 평균 적응도는 존재하는 모든 유전자형이 최적 적응도이었다면 있었을 수 있는 값보다 더 낮다. 하지만 선택은 선택에서 유리한 유전자형의 빈도가 다음 세대에 증가하게 할 것이고, 그래서 다음 세대에서 집단의 평균 적응도 ($\overline{W}$)는 이전 세대에서보다 더 높을(1에 더 가까울) 것이다.

이 방정식이 시간이 지나면서 대립유전자 빈도에 끼치는 선택의 영향을 어떻게 계산할 수 있게 하는지 알기 위해, 다음 세대에 A와 a 대립유전자의 빈도를 나타내는 변수 p'과 q'을 이용하자(즉, 그림 24.10에서 자손 세대). 원래 집단이 만든 생식세포에서, 대립유전자 a의 빈도는 전체 성체 집단의 개체 수 대비 Aa와 aa 성체 모두에서 a 대립유전자가 기여된 결과일 것이다. q'이 다음 세대 성체의 a 대립유전자 빈도를 나타낸다면,

$$q' = \frac{q^2W_{aa} + 1/2(2pqW_{Aa})}{\overline{W}} = \frac{q(qW_{aa} + pW_{Aa})}{\overline{W}} \qquad (24.4)$$

따라서 선택이 작용하는 한 세대에 a 대립유전자 빈도는 q에서 q'으로 변한다.

종종 선택이 작용하는 한 세대 동안에 일어나는 변화를 아는 것이 유용하다. 이런 변화를 $\Delta q = q' - q$로 추정할 수 있다. q'에 대한 정식 (24.4)을 대입하면 (약간의 대수 후에) 다음을 얻는다.

$$\Delta q = \frac{pq[q(W_{aa} - W_{Aa}) - p(W_{AA} - W_{Aa})]}{\overline{W}} \qquad (24.5)$$

방정식 (24.5)는 한 세대에서 다음 세대로 갈 때 선택이 대립유전자의 빈도를 변하게 할 수 있으며, 이 변화는 두 대립유전자의 빈도와 세 유전자형의 상대 적응도 모두에 따라 달라진다는 것을 보여준다. 모든 유전자형의 적응도가 같다면, 하디-바인베르그 평형에 있는 집단에서와 마찬가지로, $\Delta q = 0$이라는 것에 주목하자. 다시 말해서, 유전자형과 관련된 적응도의 차이가 없다면 선택의 가능성이 없고, 앞에서 설명한 대로 대립유전자 빈도는 유전적 부동에 의해서만 변할 것이다.

낭포성 섬유증(cystic fibrosis)과 같은 열성 유전질환의 해로운 효과가 한 집단에서 시간이 지나면서 이 돌연변이 대립유전자(d라 하자)의 빈도에 어떻게 영향을 끼칠 수 있는지 조사하기 위해 방정식 (24.5)를 이용할 수 있다. 성체 시기까지 생존할 확률을 이 질환이 떨어뜨림으로써 적응도를 낮춘다면, DD와 Dd 개체의 적응도는 같지만, dd 개체의 적응도는 낮아진다. 적응도의 상대적인 값만이 중요하기 때문에, $W_{DD} = 1$, $W_{Dd} = 1$ 그리고 $1 \geq W_{dd} \geq 0$의 값을 설정할 것이다.

해로운 효과가 있는 유전자형의 경우, 적응도 W_{dd}는 1보다 약간 더 작은 값(dd에 최소로 불리한 선택)에서 0(dd가 치명적이어서 dd 개체가 하나도 성체 시기까지 생존하지 못함)까지 다양할 수 있다. dd 동형접합체에 불리한 선택이 있다면, Δq는 항상 음수이고, d 대립유전자 빈도는 매 세대 낮아진다.

W_{dd}가 1보다 작을 때 방정식 (24.5)의 핵심 특징은 q가 작아질수록 q가 감소하는 속도가 시간이 지나면서 줄어든다는 예측이다. 이런 예측은 q가 늘 1보다 작으며, $q^2 < q$고, Δq가 q^2에 따라 변하기 때문에 나온다.

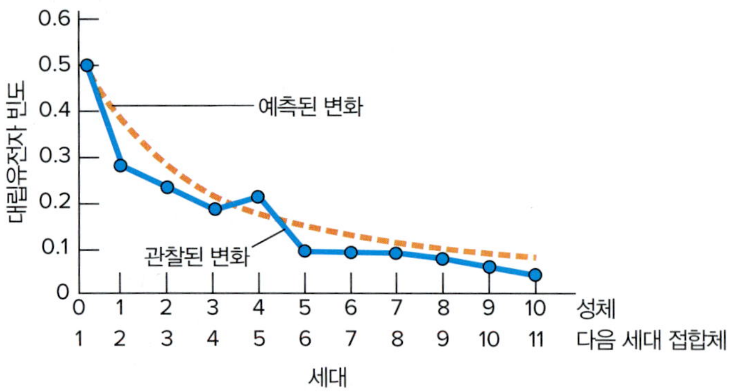

그림 24.11 시간 경과에 따른 열성 치사 대립유전자 빈도의 감소. 점선은 수학적 예측을 나타낸다. 파란색 선은 상염색체 열성 치사 대립유전자로 행한 실험에서 얻어진 실제 자료를 나타낸다.

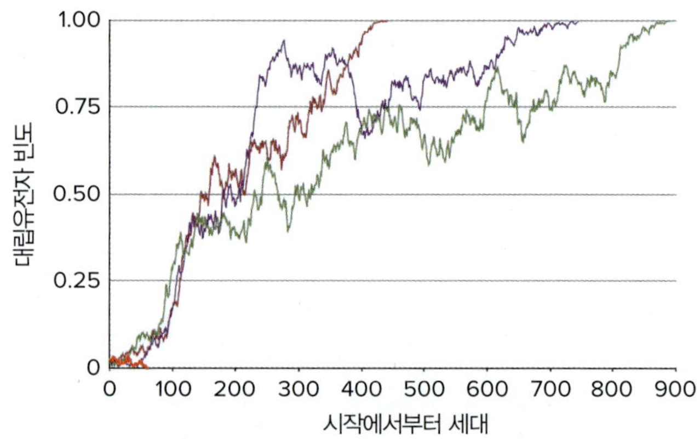

그림 24.12 유전적 부동과 함께 하는 자연선택. 각 색의 선은 시간 0에 약간 우세한 적응도 유리함이 있는 새로운 돌연변이 대립유전자 하나가 나타난 500개체 집단의 독립적인 몬테카를로 모의다. 세 모의에서(하단 좌측) 돌연변이 대립유전자가 빈도가 매우 낮을 때 유전적 부동 때문에 이 돌연변이 대립유전자는 100세대보다 더 빠르게 소멸한다. 유리한 돌연변이가 소멸하지 않게 된 세 모의는 필연적으로 이 돌연변이로 고정되게 된다.

이런 효과를 이해하기 위해, $W_{dd} = 0$인 치사 열성질환 대립유전자의 특별한 예를 생각해보자. **그림 24.11**의 점선은 0.5의 초기 대립유전자 빈도에서 시작하여 방정식 (24.5)에 의해 예측되는 대립유전자 빈도 감소를 나타낸다. 대립유전자 빈도 감소는 처음에 빠르지만, 후에는 느려진다. 비록 동형접합의 열성 유전자형이 치사일지라도, 10세대 후 열성 질환 대립유전자의 예측 빈도는 여전히 대략 10%다. 그림 24.11의 실선은 *Drosophila melanogaster*의 큰 실험 집단에서 상염색체 열성 치사 대립유전자 빈도 감소의 실제 자료를 표시한다. 대립유전자 빈도의 예측 변화와 관찰 변화가 아주 가깝게 일치한다.

열성 치사 대립유전자의 빈도가 0에 가까워질수록 왜 선택이 덜 효력이 있는가? 이유는 q가 작을 때 d 대립유전자의 복사체 대다수가 부정적인 선택을 겪지 않는 ($2pq$의 빈도의) Dd 이형접합체에 들어 있고, (q^2의 빈도의) 질환 대립유전자 동형접합 개체가 매우 드물기 때문이다. 수학적 관점에서, q에 대한 q^2의 비율은 1보다 작은 q의 모든 값에 대해 기하급수적으로 감소한다. 그래서 계속 이어지는 세대 동안, q가 0의 값에 가까워질수록 시간이 지나며 점점 더 느려지기는 하지만, 대립유전자 빈도 q의 감소는 계속되어야만 한다.

유한 집단의 자연선택

상대 적응도로 하디-바인베르그 방정식을 보정함으로써 원래 방정식의 한계인, 즉 모든 유전자형이 적응도가 동등하다는 가정을 극복한다. 그런데 Δq를 결정하기 위한 이러한 보정 방정식의 분석적 해결은 여전히 무한 집단이라는 가정에 종속되는 문제가 있다. 하지만 유한 집단에 대한 자연선택의 영향을 탐구하는 몬테카를로 모의를 개발하기 위해 이 보정 하디-바인베르그 방정식을 이용할 수 있다.

일례로, 초기에 $W_{BB} = 1.0$, $W_{Bb} = 1.0$과 $W_{bb} = 0.98$의 상대 적응도 값으로 설명되는 생존에 약간 우세한 이점이 있는, 한 염색체에 있는 B 돌연변이의 이형접합인 개체 하나와 b 대립유전자의 동형접합인 499개체로 구성된 500개체 집단을 생각해 보자. 이 상황은 각 세대에서 만들어진 bb 개체들의 2%를 무작위로 제거하고 부모 세대의 새로운 교배의 자손으로 그들을 대체하는 몬테카를로 접근법으로 모형을 만들 수 있다.

그림 24.12는 이 집단 모형의 여섯 번 모의의 결과를 보여준다. 우선 이들 중 셋에서 새로운 B 대립유전자는 결코 출발하지 못하고 65세대 내에 소멸하였다는 것에 주목하라. 그러나 B 대립유전자 빈도가 약 0.10까지 증가한 집단에서는 B 대립유전자가 확실하게 고정된다.

이 예는 작은 이점의 적응도가 있는 새로운 돌연변이 대립유전자가 집단에 끼칠 수 있는 영향에 관한 두 중요한 점을 설명해준다. 첫째, 비록 새로운 대립유전자가 선택에서 유리함이 있을지라도, 종종 초기 세대들에서 번식의 우연 사건으로 인해 절멸할 것이다. 하지만 둘째, 유리한 대립유전자가 존속을 보장하는 수준의 역치 빈도에 도달한다면, 비록 적응도의 이점이 작더라도 그 빈도는 늘 결국 고정이 될 때까지 증가할 것이다.

인류에 끼치는 자연선택의 영향

(이 장의 후반부에 논의되는 바와 같이) 대략 80,000에서 60,000년 전 시작한, *H. sapiens*가 기원한 동아프리카 지역에서 인류가 이주해 나왔을 때 창시자 집단들은 유럽과 아시아에서 아프리카와는 다른 환경 조건을 겪었다. 그 결과, 많은 유전자에서 대안의 대립유전자들의 상대 적응도가 뒤바뀌었다. 가장 뚜렷한 변화 중에는 피부 색소 형성을 결정하는 유전자의 대립유전자 빈도 차이가 있었다.

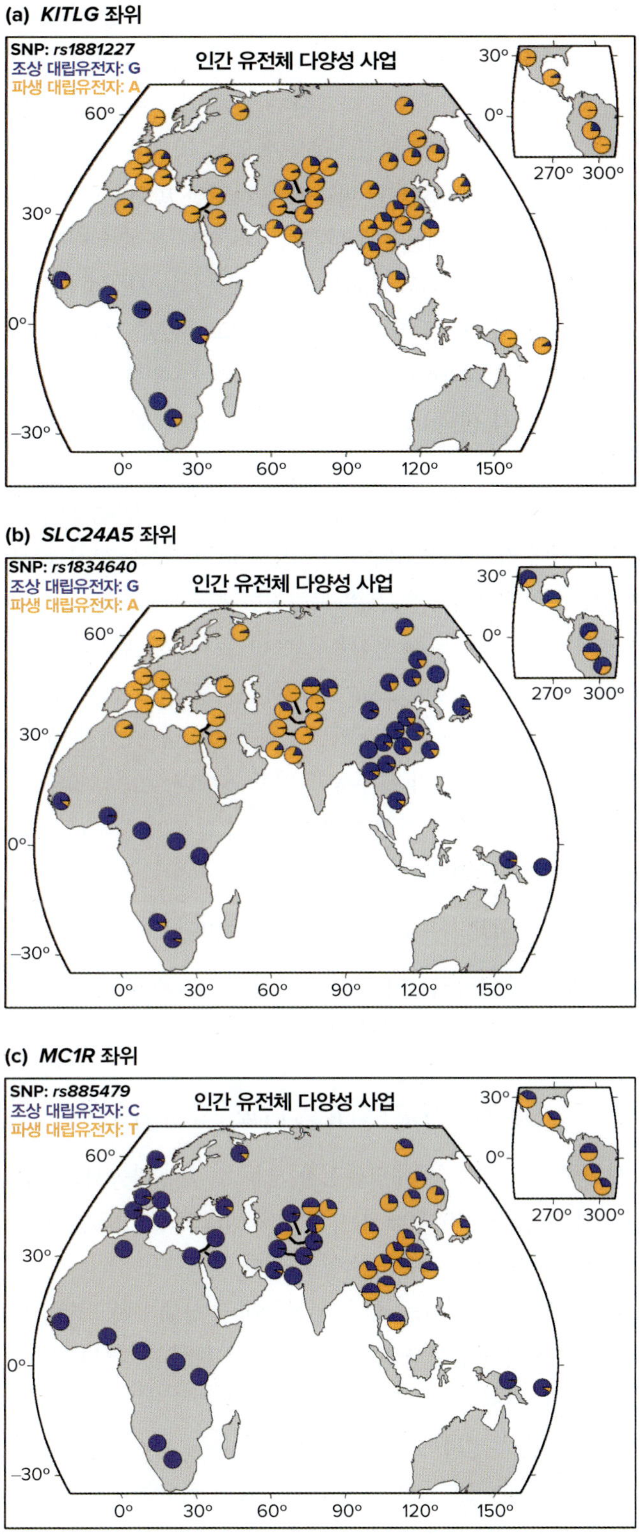

그림 24.13 피부 색소 좌위에서 대립유전자 빈도의 지리적 분포.

태양의 자외선은 해로움은 물론 이로움도 준다. 이로움의 하나는 비타민 D 생성의 촉매 반응이다. 해로움은 피부암이 될 수 있는 피부의 돌연변이를 유발하는 것이다. 적도에 더 가까울수록, 태양의 빛이 가장 강하다. 피부를 검게 만드는 대립유전자들은 비타민 D 생성에 충분한 자외선이 통과되도록 하면서도 피부암을 방지하기 때문에 열대 지역에서 유리하다. 태양의 빛이 덜 강렬한 더 높은 위도에서는, 피부암은 문제가 덜 되어, 피부를 밝게 만드는 대립유전자들이 충분한 비타민 D 생성에 필요할 만큼의 UV 투과가 일어나게 한다.

2장에서 설명한 대로, 피부 색소 형성은 많은 유전자의 대립유전자들에 의해 결정되는 복합의 양적 형질이지만, 이들 유전자 중 약 6개가 가장 영향력이 있다. 하나의 종으로서 우리 역사와 관련되어 매력적인 의문 하나는 유럽과 아시아 집단들이 한 공통조상 집단에서 더 밝은 피부 색소 형성을 물려받았는지, 아니면 두 대륙에서 개별적으로 발생했는지다. 혼합된 대답이 구세계의 다른 지리적 장소의 토착 집단들에서 다중의 색소 형성 좌위들의 대립유전자 빈도를 조사함으로써 얻어졌다.

*KITLG*는 피부 색소 형성에 뚜렷한 영향력이 있는 적은 수의 유전자 중 하나다. **그림 24.13a**에서 볼 수 있는 바와 같이, 유럽인과 아시아인은 색소 형성이 감소하게 하는 *KITLG*의 공통 SNP 변이체를 하나 공유하는데, 이는 인류가 아프리카에서 아라비안 반도로 이주한 후 북서쪽과 북동쪽으로 향하는 집단들로 갈라지기 전에 살았던 한 공통조상에서 그들이 이 변이체를 물려받았다는 것을 말해준다. 반면에, 유럽인과 아시아인은 다른 두 좌위(*SLC24A5*와 *MC1R*; **그림 24.13b**와 **c**)에서 피부 색소 형성에 영향력이 있는 변이체들이 독립적으로 축적되었다. 따라서 비록 두 집단 모두에서 줄어든 햇빛이라는 같은 선택압이 있었지만, 각 집단에서 인류 역사의 다른 시기에 일어난 각기 다른 무작위 돌연변이에 선택이 작용했다.

다른 인류 집단들에서 대립유전자 빈도를 바꾸는 최근의 강력한 자연선택의 또 다른 예는 이 장의 시작에 소개된 젖당 분해효소 지속이다. 여기서는 다른 환경에 노출되어 초래된 것이 아니고, 오히려 영양원으로 우유를 제공하는 소의 가축화와 인류에 의한 농경의 개발을 통해 선택이 초래되었다. 우유 당(젖당) 분해를 위한 효소 정보가 있는 유전자의 상류 부위에서 우연히 발생한 돌연변이가 다른 포유류 모두에서 일어나는 이유기 이후 유전자 발현 중단을 없애버렸다. 청년과 성년 때 우유를 소화할 수 있는 사람들은 음식이 부족할 때 분명히 더 잘 생존하거나 더 많은 자손이 있었을 것으로 보이며, 젖당 분해효소 지속에 대해 세계의 특정 지역에서 적응도 이점으로 이어졌을 것이다.

균형 선택 작용력이 집단 내 대립유전자들을 유지할 수 있다

심한 통증, 극심한 빈혈과 유년 사망 가능성 등의 증상 발현이 있는 겸형(낫 모양) 세포 빈혈은 β-글로빈 유전자(*Hbβ*)의 열성 겸형 세포

(a) $Hb\beta^S$의 분포

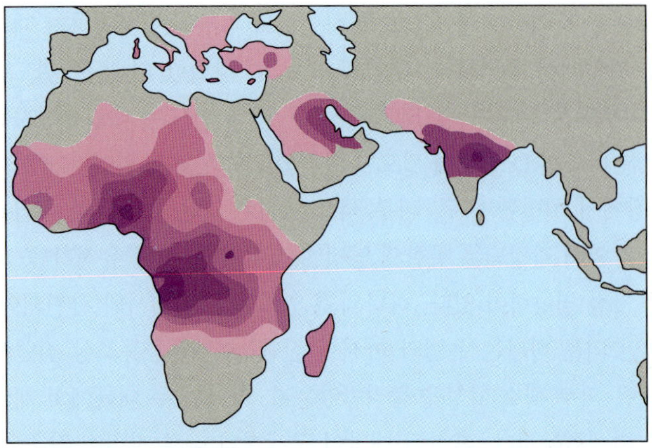

(b) 말라리아의 분포

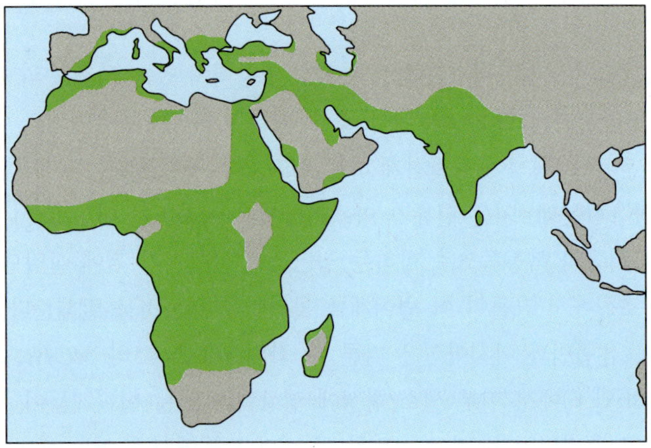

(c) $Hb\beta$ 유전자형 적응도

유전자형:	$Hb\beta^A Hb\beta^A$	$Hb\beta^A Hb\beta^S$	$Hb\beta^S Hb\beta^S$
상대 적응도:	0.8	1.0	0

$Hb\beta^S$의 평형 빈도 = 0.17
말라리아가 있는 지역에서 예측된(그리고 관찰된)

그림 24.14 말라리아가 유행하는 지역에서 겸형 세포 대립유전자 $Hb\beta^S$의 높은 빈도. **(a)** $Hb\beta^S$의 지리적 분포. **(b)** 말라리아를 일으키는 기생충 *Plasmodium falciparum*의 지리적 분포. **(c)** $Hb\beta^A Hb\beta^S$ 이형접합체는 말라리아에 대한 감수성이 줄어들었고, 따라서 말라리아에 완전하게 민감한 $Hb\beta^A Hb\beta^A$ 동형접합체와 겸형 세포 빈혈에 완전히 민감한 $Hb\beta^S Hb\beta^S$ 동형접합체 모두에 비해 말라리아가 있는 지역에서 선택적인 유리함이 있다.

대립유전자 두 개가 있어 생기는 질환이다. 따라서 이 질환 대립유전자가 매우 오랜 시간 동안 지속되어온 듯한 여러 아프리카 집단들에서 사라지지 않았다는 것은 놀라운 일이다.

인류 집단에 겸형 세포 대립유전자 $Hb\beta^S$가 유지되는 이유의 실마리 하나는 이 대립유전자 빈도가 말라리아가 풍토병인 아프리카 지역에서 가장 높다는 관찰에 있다(**그림 24.14**). 두 번째 실마리는 정상과 겸형 세포 대립유전자의 이형접합체($Hb\beta^A$ $Hb\beta^S$)가 말라리아에 저항력이 있다는 것이다. 이 저항력은 부분적으로 겸형 세포 대립유전자가 있는 적혈구는 말라리아 기생충이 감염된 후 터져버려 적혈구 자체뿐만 아니라 기생충도 파괴한다는 데 기인한다. 대조적으로, 두 개의 정상 헤모글로빈 대립유전자가 있는 적혈구 세포 속에서는 말라리아 기생충이 번성한다. 따라서 말라리아 만연 지역에서 유전자형 $Hb\beta^A$ $Hb\beta^S$인 개체들은 동형접합체의 어느 유형에 대해서도 **이형접합체 우세**(heterozygote advantage)가 있다. 보인자들은 $Hb\beta^A$ $Hb\beta^A$ 동형접합체보다 말라리아에 덜 걸리고, $Hb\beta^S$ $Hb\beta^S$ 동형접합체보다 빈혈에 덜 취약하다. 이형접합체 우세는 유전 다형성을 활발히 유지하는 **균형 선택**(balancing selection)으로 이끄는 여러 과정 중 하나다.

이형접합체 우세를 수학적으로 이해하기 위해, $Hb\beta^A$ $Hb\beta^S$ 이형접합체는 상대 적응도가 최대인 1이고, $Hb\beta^A$ $Hb\beta^A$ 동형접합체는 상대 적응도가 W_{AA}며, $Hb\beta^S$ $Hb\beta^S$ 동형접합체는 상대 적응도가 W_{aa}라고 가정하자. (이어지는 방정식을 간단히 표시하기 위해 $Hb\beta^A$ 대립유전자를 빈도가 p인 A로, $Hb\beta^S$ 대립유전자를 빈도가 q인 a로 이름을 임시로 바꾼다.) 0과 1 사이의 q 값에 대해 $\Delta q = 0$일 때만 선택이 집단 내 두 대립유전자 모두를 유지할 것이다. $\Delta q = 0$일 때의 q 값을 이 대립유전자의 평형 빈도라 한다. 이 값은 방정식 (24.5)의 큰 괄호 안에 있는 항목이 0일 때 발생한다. 즉,

$$[q(W_{aa} - W_{Aa}) - p(W_{AA} - W_{Aa})] = 0 \qquad (24.6)$$

p에 $1 - q$를 대입하고 q에 대해 방정식 (24.6)을 풀면 q_e로 표시한 $Hb\beta^S$의 평형 빈도는 다음 식과 같이 된다.

$$q_e = \frac{W_{AA} - W_{Aa}}{(W_{aa} - W_{Aa}) + (W_{AA} - W_{Aa})} \qquad (24.7)$$

따라서 평형 빈도, 즉 두 대립유전자 모두 집단에 지속되는 $\Delta q = 0$일 때 q의 값을 구하기 위해서는, W_{Aa}가 1.0으로 설정되었기 때문에 두 동형접합체의 상대 적응도만 알면 된다.

한편, 평형 빈도와 어느 한 동형접합체의 상대 적응도를 안다면, 다른 동형접합체의 상대 적응도를 추정하기 위해 방정식 (24.7)을 이용할 수 있다. 예를 들면, 겸형 세포 질환이 유행하는 아프리카 집단들은 β-글로빈 유전자에 작용하는 자연선택에 관해서 대략 평형에 있다고 가정할 수 있다. 현장 연구들은 열대 집단들에서 $Hb\beta^S$ 대립유전자의 평균 빈도가 0.17이라는 것을 보여주었으며, 그래서 이 숫자를 평형 빈도 q_e로 간주할 것이다. 이형접합체 $Hb\beta^A$ $Hb\beta^S$는 말라리아가 있는 지역에서 적응도가 가장 높으므로 $W_{Aa} = 1$로 지정할 것이다. 게다가, 의료 진보가 겸형 세포 질환의 자녀가 생존할 수 있게 하기 이전에는 본질적으로 사실이었던 대로 $Hb\beta^S$ $Hb\beta^S$ 동형접합체가 전혀 번식하지 못한다고 가정하면, $W_{aa} = 0$이다. 야생형 유전

자형의 상대 적응도 W_{AA}의 추정값인 q_e를 얻기 위해 방정식 (24.7)은 $W_{aa} = 0$과 $W_{Aa} = 1$을 대입하고 다음과 같이 재배열될 수 있다.

$$W_{AA} = \frac{1 - 2q_e}{1 - q_e} = \frac{1 - 2(0.17)}{1 - 0.17} = 0.8$$

q, q의 변화와 평형 빈도 q_e 사이의 관계를 이해하고, Δq에 대한 새로운 방정식을 만들기 위해 방정식 (24.5)와 (24.7)을 이용할 수 있다.

$$\Delta q = \frac{-pq[(1 - W_{AA}) + (1 - W_{aa})](q - q_e)}{\overline{W}} \quad (24.8)$$

방정식 (24.8)에서, q가 q_e보다 더 클 때 Δq가 음수라는 것을 알 수 있다. 이런 상황에서, q ($Hb\beta^S$ 대립유전자의 빈도)는 평형을 향해 감소할 것이다. 대조적으로, q가 q_e보다 작을 때, Δq는 양수며 $Hb\beta^S$의 빈도는 평형을 향해 증가할 것이다. 따라서 평형에서 벗어나는 변화는 항상 평형으로 되돌아가는 변화가 뒤따르기 때문에 대립유전자 빈도는 평형에서 안정된다.

종합적인 예: 인간 행동이 해충의 진화에 영향을 끼칠 수 있다

16장에서, 인간이 감염에서 보호하기 위해 개발한 약에 대한 저항성이 병원체 세균의 집단들에서 어떻게 생겼는지 논했다. 감염성 세균처럼, 인간 건강과 농경을 위협하는 많은 곤충이 짧은 세대 기간과 빠른 번식률 때문에 큰 집단들을 만든다. 저항성을 만드는 돌연변이의 선택을 통해, 빨리 번식하는 커다란 이 집단들은 그들을 통제하기 위해 사용된 화학 농약에 대한 저항성이 진화한다.

1940년대에 시작된 DDT (dichlorodiphenyltrichloroethane)와 다른 합성 유기 살충제의 상업적인 대규모 사용이 처음에는 목화다래바구미와 같은 농경 해충에 의한 작물 피해와 말라리아와 황열병을 전파하는 모기와 같은 질환의 매개 곤충을 줄이는 데 아주 성공적

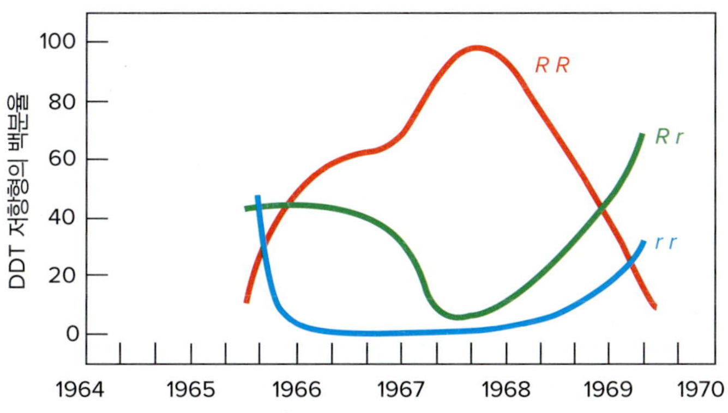

그림 24.15 ***A. aegypti*** **모기 집단들의 유전자형 빈도가 살충제 사용에 반응하여 변한 양상.** 살충제 DDT가 1964년에 시작하여 1968년까지 태국 방콕 근교에 사용된 후 관찰된 결과.

이었다. 하지만 수년 내에, 살충제에 대한 저항성이 목표 곤충 집단들에서 발견되었다. 사실, 알려진 살충제 각각에 대한 저항성이 상업적인 도입의 10년 내에 진화했다. 한 종 내 다른 집단들이 여타 집단들과 독립적으로 저항성이 생길 수 있으므로, 살충제 저항성은 살충제가 도입된 이후 많은 곤충 종에서 수차례 개별적으로 생겼을 것이다.

유전 연구는 살충제 저항성이 여러 다른 유전자들의 돌연변이들에서 생길 수 있는 것을 보여준다. 예를 들면, DDT는 소듐 통로 단백질에 결합함으로써 이 단백질의 신경 전달 기능을 방해하기 때문에 곤충의 신경 독소다. 일부 곤충들은 DDT와 잘 결합하지 못하는 통로 단백질을 만드는 통로 유전자의 열성 기능상실 돌연변이 대립유전자를 통해 DDT 저항성이 생긴다. 집파리와 특정 모기 종은 DDT를 해독하는, 즉 DDT를 곤충에 해롭지 않게 만드는 효소에 대한 유전자의 우성 기능획득 돌연변이 대립유전자를 통해 DDT 저항성이 생긴다. 일부 경우에, 이 우성 대립유전자들이 해독 효소의 과발현이 일어나게 하는 유전자 조절 부위의 돌연변이에 의해 생긴다.

DDT 저항성을 만드는 열성과 우성 돌연변이 모두 해충 통제의 관심사지만, 여기서는 집단 내 빠르게 확산하는 우성 돌연변이에 집중한다. 예를 들어, 초기에 집단 내 낮은 빈도로 발생하는 (살충제 저항성의) 우성 돌연변이 R을 생각해 보자. 이 돌연변이가 나타나자마자, 대다수 R 대립유전자는 Rr 이형접합체로 존재한다. (여기서 r은 야생형 민감성 대립유전자다.) 살충제를 사용하면, Rr 이형접합체에 유리한 강한 선택이 집단 내 저항성 대립유전자의 빈도를 빠르게 높일 것이다.

황열병 매개체인 *Aedes aegypti* 모기를 통제하기 위한 태국 방콕의 DDT 사용의 현장 연구가 저항성의 빠른 진화를 보여준다. 살충제 살포가 1964년 시작되었고, 모기 통제에 효과적이었다. 하지만 1년 내에 우성 DDT-저항성 돌연변이 대립유전자(R)가 출현했고 빈도가 빠르게 증가하였다. 1967년 중반에, 저항성 RR 동형접합체의 빈도가 거의 100%였다(**그림 24.15**).

DDT-저항성 대립유전자로 거의 고정되어 DDT가 방콕의 모기 집단을 줄이는 데 효과가 없게 되었기 때문에, 살충제 살포 프로그램이 중단되었다. 살포 중단에 대한 모기 집단의 반응은 흥미로운 일이었다. R 대립유전자의 빈도가 빠르게 줄어들었고, 1969년에는, RR 유전자형이 실질적으로 사라졌다(그림 24.15).

R 대립유전자의 급격한 감소는 DDT가 없을 때 RR 유전자형이 rr 유전자형보다 적응도가 더 낮다는 것을 말해준다. 다시 말해서, 동형접합의 저항 유전자형은 살충제가 없을 때 저항성이 집단 내 R의 빈도를 떨어뜨리는 음의 선택을 받는 것과 같은 **적응도 비용**(fitness cost)을 개체에 부담 지운다. 환경에 대한 개별 유전자형 적응도의 이런 의존성은 말라리아가 풍토병인 지역에서 겸형 세포 돌연변이가 있는 사람에서 보인 이형접합체 우세와 매우 유사하다.

핵심 개념 24.2

- 비록 하디-바인베르그 방정식이 거의 항상 몇 세대의 과정에 걸친 대립유전자와 유전자형 빈도의 정확한 추정값을 주지만, 실제 집단들이 하디-바인베르그 가정에 부합하지 않기 때문에 장기간에 대해서는 그렇지 못하다.
- 작은 집단들에서, 한정된 생식세포 총원의 무작위 표본 추출로 인한 유전적 부동이 한 대립유전자가 궁극적으로 소멸하거나 고정될 때까지 대립유전자 빈도를 빠르게 바뀌게 할 수 있다.
- 유전자형들이 동등한 적응도를 보여주지 않을 수 있으므로, 자연선택이 시간이 지나면서 집단 내 대립유전자 빈도를 높이거나 낮출 수 있다.
- 한 유전자형이 대안의 유전자형에 상대적으로 한 환경에서 더 적응적일 수 있지만, 다른 환경에서는 덜 적응적일 수 있다. 예를 들면, 겸형 세포 돌연변이의 이형접합체는 말라리아에 저항력이 있으며, 인류의 열대 집단에서 나타나는 이 대립유전자의 높은 빈도를 설명해 준다.
- 살충제 저항성이 있는 곤충의 적응도 이득은 종종 적응도 비용을 수반한다. 따라서 저항성 대립유전자 빈도는 사람이 살충제를 살포하거나 살포를 중단할 때 빠르게 변한다.

24.3 현대 인류의 진화와 혈통

학습 목표

1. 개인의 생물학적 혈통과 유전 혈통을 구분한다.
2. 현대 인류의 아프리카 기원을 지지하는 증거를 요약한다.
3. DNA 서열 분석이 고대 인류와 현대 인류의 계통 관계를 밝혀온 방법을 설명한다.

이 장의 앞부분에서, 세계의 여러 지역에 있는 인류 집단들이 젖당 내성과 과민성을 결정하는 대립유전자들의 빈도가 상당히 다르다는 것을 보았다. 대립유전자 빈도의 이러한 현대 다양성은 인류의 역사 여정 동안 일어난 많은 과정을 반영한다. 다른 영장류와 마찬가지로 최초 인류는 거의 확실하게 모두 젖당 과민이었다. 인류 역사에서 최소 두 차례 그리고 여러 지리적 장소들에서, 젖당 분해효소의 발현이 성인 시기까지 지속되게 하는 돌연변이가 일어났다. 이 돌연변이 대립유전자의 빈도는 유제품에서 자양분을 얻음으로써 생기는 선택적 유리함 때문에 낙농 동물을 사육하는 집단들에서 빠르게 증가하였다. 낙농 목양을 하는 작은 집단들의 유전적 부동도 이들 대립유전자의 확산에 기여했을 것이다. 그다음 이 돌연변이 대립유전자는 이 대립유전자가 있는 사람들의 이주로 다른 집단들에 도입되었다.

이 예는 특정 DNA 변이체들의 존재가, 여러 현대의 인류 집단들에 나타나는 이 변이체들의 빈도와 함께, 인류 역사를 만든 사건들에 대해 과학자들이 통찰할 수 있게 해 주는 분자 화석이 된다는 것을 보여준다. 이제 집단유전학이 어떻게 인류학, 인류 연구에 중요한 도구를 제공하는지 살펴보자.

공유 대립유전자가 공통 유전 혈통을 표시한다

각각의 사람들은 생물학적 조상(biological ancestor)과 유전적 조상(genetic ancestors)이라는 두 종류의 조상이 있다. 생물학적 혈통은 단순히 누가 누구를 낳았다는 서술이다. 당신은 두 명의 생물학적 부모가 있고, 4명의 조부모가 있고, 8명의 증조부모 등등이 있다(**그림 24.16a**와 **b**). 어느 한 세대의 조상들이 관계가 없다고 가정하면 오늘날 살고 있는 한 개인은 k세대 전 2^k명의 생물학적 조상이 있을 수 있다. 따라서 20세대(약 400년) 전에 당신의 생물학적 조상이 1백만 명이 넘었을 수 있으며, 30세대(약 600년) 전에는 10억 명 이상이었을 수 있다. 이 후자의 숫자는 역사의 그 시점(중세 시대 동안)에 지구상에 있었을 것으로 생각되는 인류의 숫자보다 훨씬 더 많은데, 이는 이전 세대의 일부 조상들이 틀림없이 혈연관계에 있었다는 것을 설명한다. 당신은 여전히 그다지 머지않은 과거에 매우 많은 수의 생물학적 조상이 있었다. 사실, 당신은 거의 확실하게 유명한 누군가와 관계가 있으며, 또한 불명예스러운 누군가와 관계가 있다.

가장 최근 공통조상

유전 혈통은 생물학적 조상들로부터 유전체의 단편들을 실제로 물려받는 계승을 말한다(**그림 24.16c**). 그림 24.16b와 c의 비교는 인간 유전체의 이배체 부위에 대해 생물학적 조상들이 유전적 조상들보다 더 많다는 것을 보여준다. 그 이유로 우리는 각각 두 명의 부모가 있고 부모의 각각이 이배체 상염색체 좌위에 두 대립유전자가 있지만, 부모 각각에서 대립유전자 하나만 우리가 물려받기 때문이다. 방금 본 바와 같이, 특정 개인의 생물학적 조상 수는 과거 세대마다 지수적으로 증가한다. 하지만 과거 어느 단일 세대에는 한 사람의 유전체에서 어느 특정 좌위에 대해 단 두 유전적 조상만 존재한다.

유전적 혈통을 기술하는 유용한 용어는 둘 이상의 특정 사람들이 공유하는 특정 유전체 부위에 대한 **MRCA**, 즉 **가장 최근 공통조상**

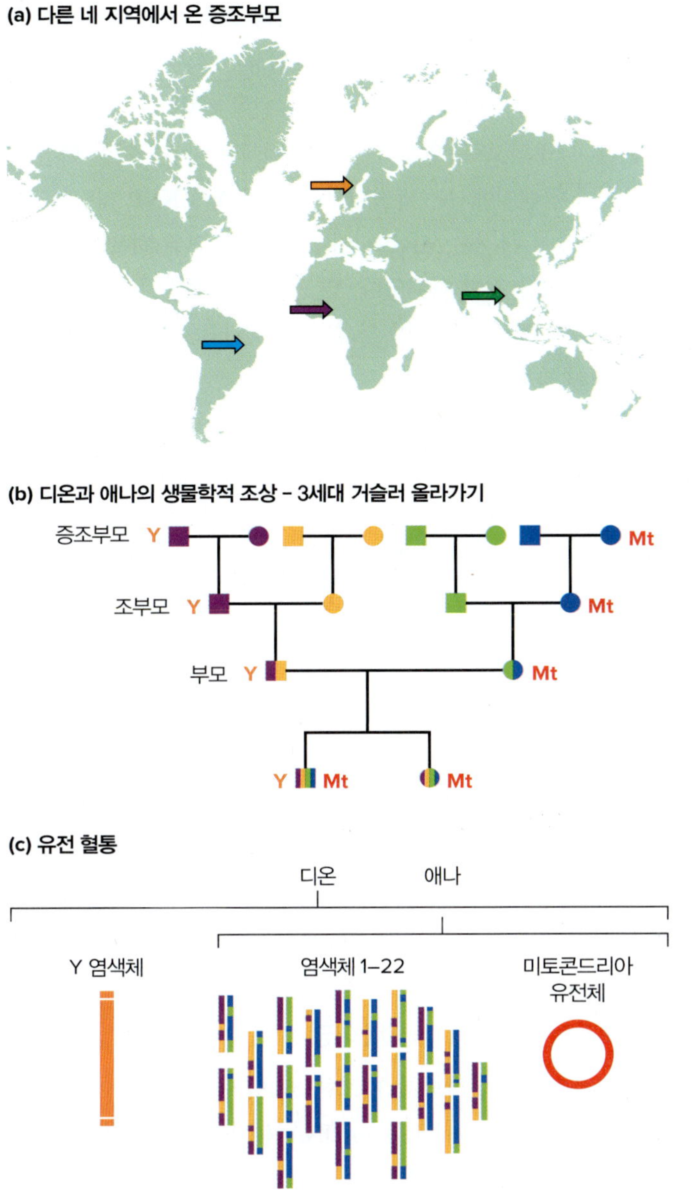

그림 24.16 생물학적 혈통과 유전 혈통. **(a)** 디온과 애나의 증조부모는 세계의 다른 네 지역에서 왔다. **(b)** 생물학적 조상으로부터 디온과 애나로 온 Y 염색체, 상염색체와 미토콘드리아(mt) 추적. **(c)** Y 염색체 DNA 변이는 부계를 따라 기록을 남기지만, mtDNA는 모계를 따라 기록을 남긴다. 상염색체는 재조합이 일어나고, 개별 분절들의 혈통은 독립적으로 추적되어야 한다.

(**m**ost **r**ecent **c**ommon **a**ncestor)이다(**그림 24.17a**). MRCA는 현재의 개인 둘 이상으로 가는 끊기지 않은 계통으로 전달된 과거 세대에 존재한 DNA 좌위의 가장 최근 서열을 말한다. 비록 현재 개인들의 공통 조상이 MRCA를 자신의 유전체에 보유하고 있었음이 틀림없지만, MRCA는 과거에 있던 특정 개인을 뜻하는 것이 아니라 DNA 한 부위의 과거 서열을 뜻한다는 것을 이해하는 것이 중요하다. 예를 들면, 그림 24.17a에서 그림 하단에 검정으로 강조된 오늘날 살고 있는 사람 5명에 들어 있는 특정 상염색체 부위의 한 대립유전자에 대한 가장 최근 공통조상이 들어 있는 개인은 7세대 전에 존재했다.

재조합으로 인해, 오늘날의 친척 둘의 유전체의 여러 부위에는 다른 공통조상들에 들어 있던 MRCA들이 있을 것이다. 사실, 이들의 유전체 전체에 걸쳐, 두 친척은 과거의 많은 여러 개인에게서 유래된 MRCA들이 있다. 이는 어느 한 사람이 (모두는 아니지만) 많은 생물학적 조상에서 유전체의 단편들을 물려받았다는 사실을 반영한다(그림 24.16c).

유전체의 어느 특정 부위에 대한 모든 인류의 MRCA는 끊기지 않은 계통에서 오늘날의 모든 사람이 DNA 서열을 얻은 가장 최근 대립유전자다. 이 특정 좌위에 대한 MRCA는 오늘날의 인류 일부에게만 자신의 유전자 일부를 기여한 (혹은 아무에게도 기여하지 않은) 다른 사람들과 공존한 한 개인에 들어 있었다.

재조합하는 우리 유전체의 이배체 부분과는 대조적으로, 미토콘드리아 DNA(mtDNA)는 아버지의 기여는 없이 엄마에게서 자손에게 직접 전달된다(그림 24.16b와 c). 마찬가지로, X와 Y 염색체가 공유하는 작은 PAR 부위를 제외하고, Y 염색체의 DNA는 아버지에게서 아들에게 직접 전달된다. 딸은 Y 염색체를 물려받지 않는다(그림 24.16b와 c). 따라서 우리 각자는 mtDNA나 Y-염색체 DNA에 대해 각 세대에 유전적 조상이 하나만 있다. mtDNA는 어머니에게서 오고 Y DNA는 아버지에게서 오기 때문에 이 서열들은 같은 사람에게서 올 수가 없다. 재조합이 없으므로, mtDNA 전체와 Y 염색체 전체 대부분 각각에 대해 모든 인류는 단일의 MRCA만 있다.

돌연변이에 의해 밝혀진 유전 혈통의 계통

유전 혈통이라는 렌즈를 통해 인류 집단들의 역사를 살펴보는 것은 오늘날 사람들의 DNA 서열 다양성을 해석하는 강력한 수단이다. 여러 대립유전자 계통들은 시간을 거슬러 올라감에 따라 MRCA로 **병합된다**(그림 24.17a). 따라서 MRCA는 오늘날 지구상의 사람들 모두에서 발견되는 후손 서열의 조상 대립유전자 형태로 분석의 시작점을 제공해 준다.

비록 끊기지 않은 계통 하나가 현대인 모두에게서 발견되는 서열들이 한 MRCA와 연결되더라도, 이 사실이 MRCA-관련 서열들 모두가 동일하다는 뜻은 아니다. 이유는 현대인 각각을 MRCA로 연결하는 계통들에서 돌연변이들이 우연히 발생할 수 있고 여러 세대들에 걸쳐있는 우리의 유전적 조상들의 우리 유전자들에 MRCA로부터 우리를 분리하는 흔적을 남기기 때문이다(**그림 24.17b**).

연구자들은 오늘날 개인들이 공유하는 돌연변이를 분석함으로써 이러한 계통들을 결정한다. 돌연변이들은 시간이 지나면서 누적되기 때문에, 현재 살고 있는 두 개인의 대립유전자들 사이의 조상 분지

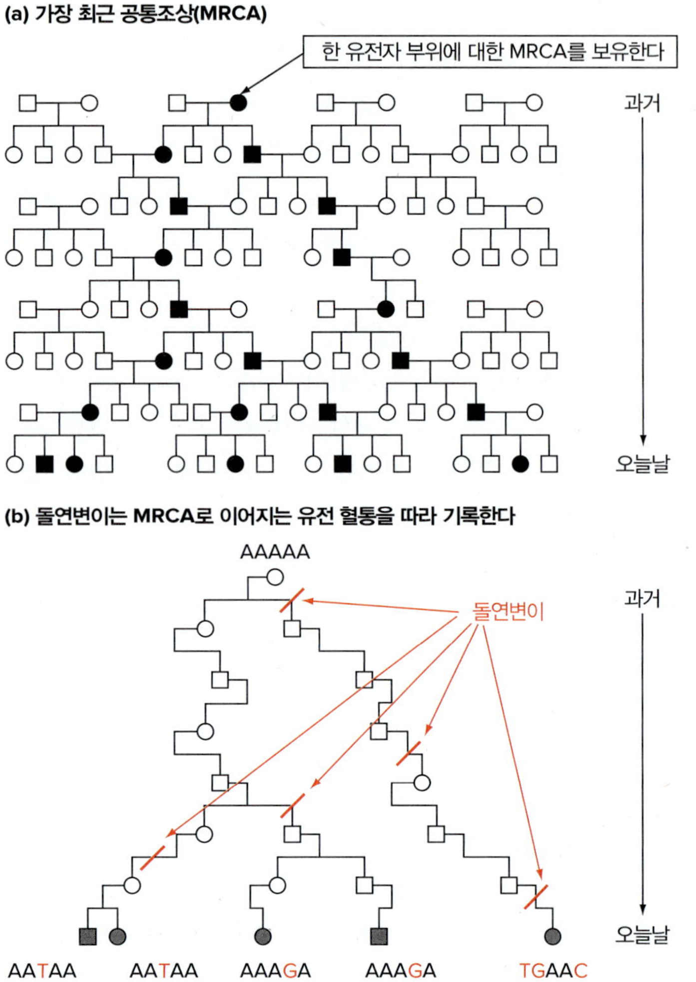

그림 24.17 유전 혈통 추적하기. **(a)** 한 단일 좌위에 대해, 오늘날 살고 있는 사람 5명의 유전 계통은 이 DNA 부위의 가장 최근 공통조상(MRCA)으로 병합된다. **(b)** 공유 돌연변이 분석은 과학자가 MRCA로 계통을 거슬러 올라갈 계통을 추적할 수 있게 한다.

길이가 길면 길수록, 이들의 DNA 서열들은 더욱더 다르다. 현재 살고 있는 5명의 대립유전자들이 단 7세대 전에 하나의 단일 MRCA로 거슬러 올라간 그림 24.17b에서 이런 사실의 함의를 볼 수 있다. 이 MRCA의 DNA 서열은 AAAAA였다. 이 서열이 세대를 거쳐 전해 내려 올 때, 생식 계열 돌연변이가 일어나서 새로운 후손 대립유전자들이 생겼을 수 있다. 그림 24.17b에서 (하단 좌측에 있는 형제자매처럼) 가족 역사에서 근연인 개인들의 대립유전자들이 서열(AATAA)은 동일하지만, 여전히 상단의 MRCA에서 대립유전자가 유래되었지만 다른 가계에서 온 하단 우측에 있는 개인(TGAAC)과 다섯 뉴클레오타이드 위치 중 네 곳이 다른 것에 주목하라.

12장에서, 변형에 의한 유래의 이러한 그림을 통해 집단유전학자들이 다른 많은 인류 집단의 많은 사람에게서 얻은 DNA 서열 자료를 어떻게 해석할 수 있는지 보았다(그림 12.4 참고). 한 SNP 대립유전자가 오늘날 일부 사람들과 침팬지와 같은 다른 영장류의 일부 구성원들 모두에서 발견된다면, 이 대립유전자는 조상의 것이고 사람과 침팬지의 공통조상에서 돌연변이 변형 없이 직접 유래된 것이 틀림없다. 대조적으로, 일부 인류 집단에서는 발견되지만 다른 인류 집단들이나 침팬지에서는 발견되지 않는 한 **파생 SNP** 대립유전자의 경우, 돌연변이 사건은 MRCA 이후 한 특정 인류 하위계통의 어느 세대에서 일어난 것이 틀림없다. 더 많은 대립유전자를 공유하는 인류 집단들은 DNA 서열들이 더 분기된 집단들보다 서로 더 최근에 분기된 것이 틀림없다.

그림 24.16에 제시된 대로, mtDNA와 Y-염색체 서열의 변이를 추적 조사하는 것은 이들 서열이 각각 모계와 부계의 유전 혈통의 명백한 추정을 제공하기 때문에 특히 가치가 있다. 상염색체에 대해 분석한 서열 변이는 각 세대에서 일어나는 재조합이 있으므로 더욱 복잡한 혈통의 그림을 제공한다. 우리의 상염색체도 혈통 정보를 제공하지만, 이 자료는 이배체 유전과 재조합 때문에 더 복잡한 분석이 필요하다.

현대인은 아프리카에서 기원했다

타액과 같이 쉽게 얻을 수 있는 표본에서 자료를 수집할 수 있는 저렴한 DNA 서열 분석 기술의 빠른 발달로 동시대 인간들의 관계와 유전 혈통을 조사할 수 있게 되었다.

미토콘드리아 이브와 Y 염색체 아담

앞서 17장 「빠르게 살펴보기」 **미토콘드리아 이브**에서 알아본 대로 첫 번째 통찰은 모계로 유전되는 mtDNA 분자의 연구에서 나왔다. 이들 조사에서 사하라 사막 이남 아프리카, 동남아시아, 유럽, 호주 원주민과 뉴기니 원주민의 집단들을 대표하는 사람들이 모두 약 20만 년 전에 살았던 한 여성, **미토콘드리아 이브**의 가장 최근 공통조상 mtDNA을 공유했다는 것이 입증되었다. 시간의 추정값은 분기 이후 독립적인 고고학 혹은 지질학적 시간의 추청값으로 표본의 mtDNA에 돌연변이가 누적되는 속도를 보정하여 얻어졌다. 이 속도는 많은 계통과 유전체에서 놀라울 정도로 일정한 것이 발견되었으며, 이것이 **분자 시계**(molecular colck)를 정당화한다.

과학자들은 더 나아가 미토콘드리아 이브가 아프리카에 살았다고 결론지었다. 이 주장의 근거는 아프리카 집단들이 세계의 다른 지역에 있는 집단들보다 훨씬 더 큰 mtDNA 서열 다양성을 보여준다는 것이다. 즉, 오늘날 대다수 다른 아프리카 계통들이 분기한 분기점이 다른 대륙들에서 발견되는 인류 집단들의 대응되는 분기점보다 역사적으로 더 오래전에 생겼다.

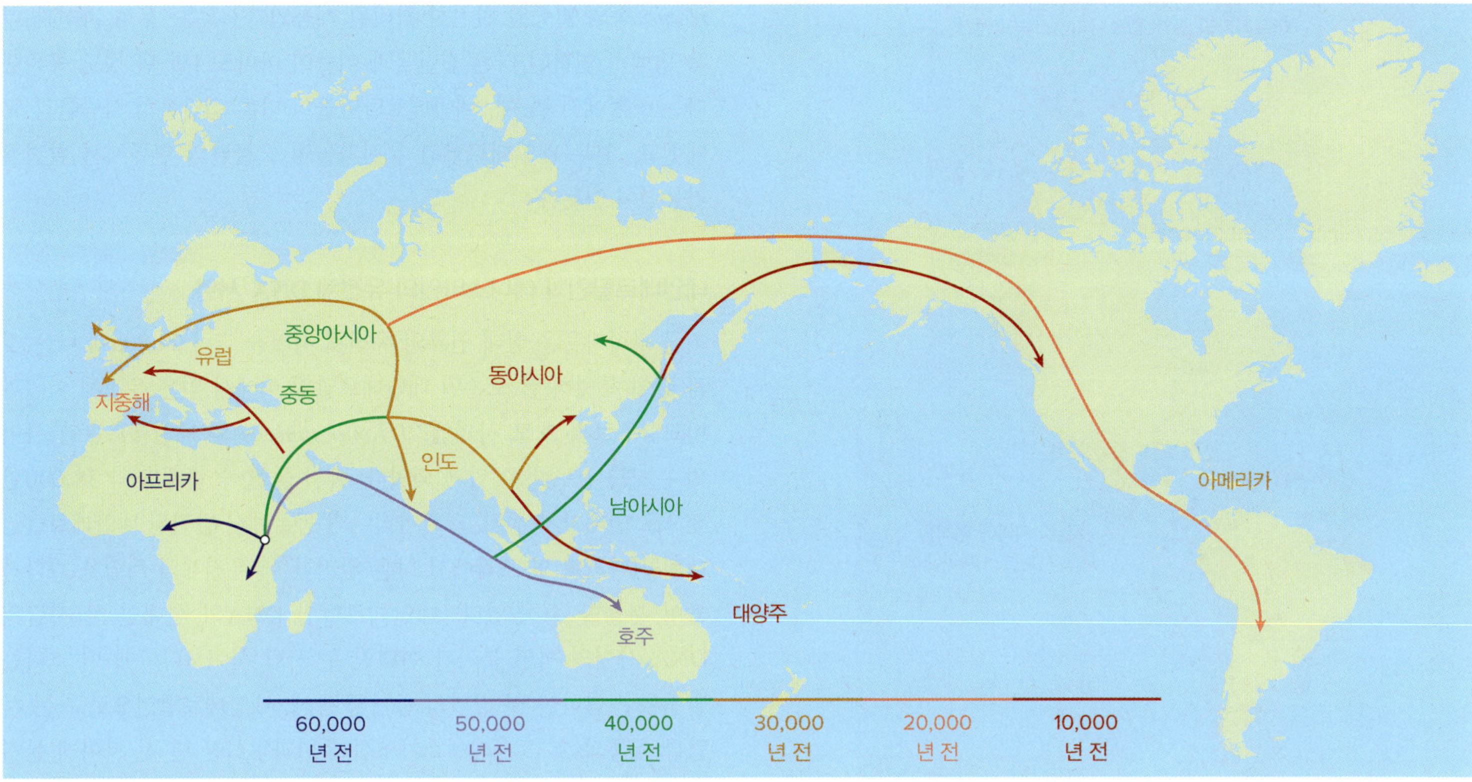

그림 24.18 현대인의 지구상 이주 양상. 인류의 한 작은 무리가 아프리카에 있는 조상의 고향을 떠나 남아시아로, 그다음 호주로 이주했다. 그 후에 이 작은 무리의 다른 구성원들은 아프리카에서 중동으로 이주했다. 그다음 사람들이 그림에 보인 주요 경로를 통해 지구의 다른 지역으로 퍼져나갔다.

부계로 유전되는 Y 염색체의 연구들이 유사한 결론에 도달했다. 오늘날의 모든 인류 Y 염색체로 이어지는 계통들이 한 남성, 20만에서 30만 년 전에 살았던 **Y 염색체 아담**에 들어 있었음이 틀림없는 MRCA 하나로 연결된다. 아프리카 집단들이 세계 다른 지역의 집단들 내는 물론 사이에서 발견되는 것보다 훨씬 더 큰 Y 염색체 서열의 다양성을 보여준다. 이들 관찰은 Y 염색체 아담도 역시 아프리카인이라고 말해 준다. 비록 미토콘드리아 이브와 Y 염색체 아담이 동시대인이었을 가능성이 있지만, 이들의 삶은 수십만 년 떨어져 있었을 개연성이 더 크다.

지구의 인류 집단 추적하기

mtDNA와 Y 염색체 DNA 변이에 대한 이러한 유전 연구들이 상염색체 부위의 이 MRCA들이 아프리카에 사는 사람들에도 역시 들어 있다는 것을 보여 주는 더 최근의 조사와 함께 인류의 기원과 인류의 지구적 확산에 대해 놀라울 정도로 일관된 그림을 밝혀주었다(**그림 24.18**). 현대인들은 대략 20만 년 전에 시작된 사하라 사막 이남의 한 아프리카 집단에서 모두 기원했다. 이 집단이 계속해서 아프리카 전역으로 분산했다. 그 후 6만 년 전보다 더 늦지 않게, 아프리카인의 한 소집단이 이 대륙을 떠나 남아시아 경로를 따라 분산했고, 아프리카에서 나와 중동에 정착하는 더 최근의 분산이 뒤따랐다. 아시아와 중동의 이 초기 무리들에서, 그다음 몇 차례의 이주 물결을 통해 더 퍼져나가 지구 전체에 정착하였다.

아프리카 밖의 집단들이 아프리카 집단들보다 유전적으로 덜 다양한 이유는 비아프리카인들 모두 아프리카인들보다 모든 유전체 부위에 대해 더 최근 공통조상을 공유하기 때문이다. 이런 현상을 생각하는 다른 방식은 일종의 창시자 효과로, 이는 아프리카를 떠난 소집단은 6만에서 8만 년 전 아프리카에서 발견된 유전 다양성의 부분 집합만 있는 것을 말한다(**그림 24.19**).

DNA 서열 분석은 인류 혈통에 대해 멋지고 흥미로운 이야기를 밝혀준다. 예를 들면, 대략 1,000년 전에 몽골에서 시작된 한 Y 염색체 계통이 카스피해에서 태평양까지 광범위한 아시아 지역 전역에 걸쳐 남성 중 8%에서 현재 발견된다. 이 계통은 오늘날 세계 전체 남성 집단의 약 0.5%를 차지한다. 이렇게 큰 지역 전역에 걸친 빠른 분산은 우연에 의해 일어났을 수 없다. 오히려, 이 계통의 전파는 징기스칸과 그의 남성 친족이 이끈 광대한 크기의 제국 건설을 따라 이루어진 것으로 보인다. 그들은 만나는 남성들을 학살했고 많은 자녀의 아버지가 되었으며, 그 후예들이 현재 남아시아 전역에 널리 퍼져 있다.

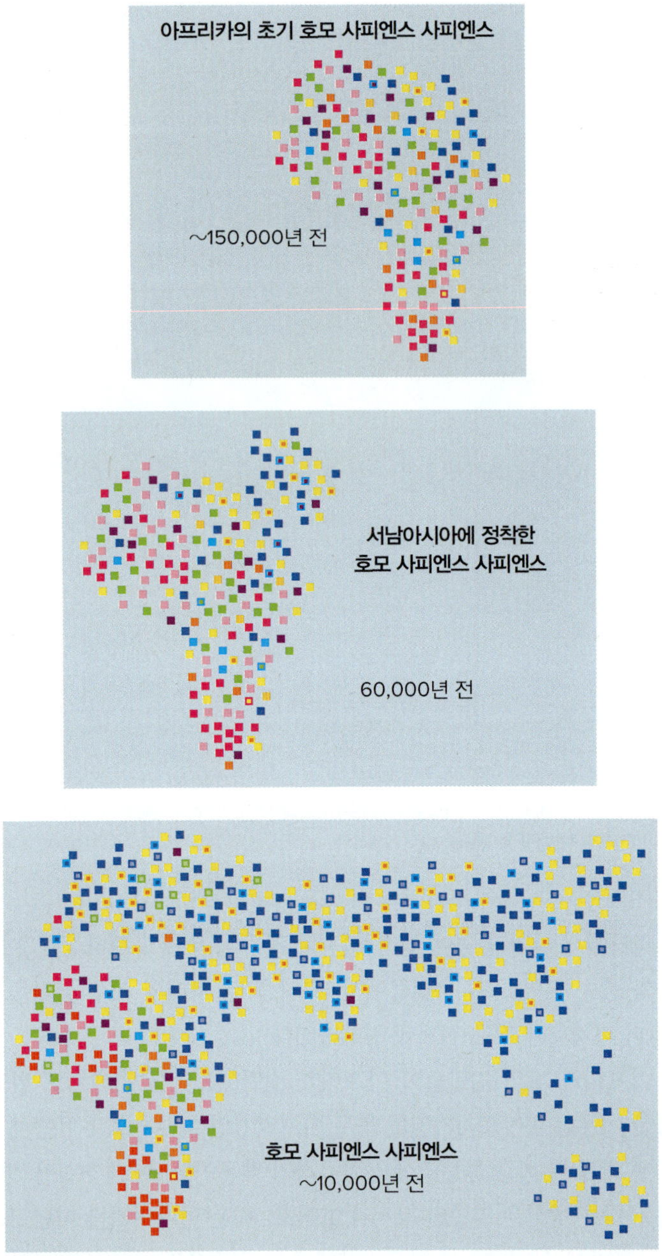

그림 24.19 아프리카에서 인간의 유전 다양성이 세계 다른 어떤 지역보다 더 큰 이유. 아프리카에서 나온 인류의 이주는 그 당시 아프리카 대륙에 있는 유전 다양성의 일부만 있는 작은 창시자 집단으로 시작되었다. 여러 색은 한 특정 유전체 부위의 다른 대립유전자들을 나타낸다. (*Homo sapiens*는 오늘날 살고 있는 인간의 아종이다.)

유럽과 아시아의 현대인은 다른 사람류와 이종 간 교배했다

인류학의 장기간 쟁점의 하나는 형태의 핵심 요소가 아주 다르지만, 명백히 인간과 유사한 화석 유골과 해부학적 현대인 사이의 관계였다. 특히 흥미로운 쟁점은 가깝게는 3만 년 전으로 연대가 측정된 화석이 남유럽 전역에서 중앙아시아까지에 있는 동굴들에서 발견된 네안데르탈인이다. 이 표본들은 육중한 뼈의 두개골과 넓은 눈썹이 있는 매우 억센 체형을 보여주었다(**그림 24.20a**). 네안데르탈인이 *Homo* 속의 멸종된 완전히 격리된 계통인가? 혹은, 우리 자신과 더욱 명백히 연관된 다른 집단들과 이들이 아마도 1만 년 정도 공존했다는 상황에서 볼 때, 네안데르탈인들이 다른 집단들의 사람들과 교배했고, 일부 네안데르탈인 유전자들이 오늘날의 인류에서 발견될 가능성이 있는가?

네안데르탈인과 데니소바인의 유전체 DNA 서열

최근 과학자들은 현대 인류의 유전체 서열을 그림 24.20a에 나온 것과 같이 특별히 잘 보존된 네안데르탈인 뼈에서 얻은 유전체 서열과 비교함으로써 **호모 사피엔스**(*Homo sapiens*)와 네안데르탈인 사이의 관계를 검토할 수 있게 되었다. 예를 들면, 놀랍게도 약 38,000년 전으로 연대가 측정된, 크로아티아의 동굴에서 발견된 네안데르탈인 대퇴골(다리뼈)의 조각에서 나온 완전한 핵 유전체의 서열을 과학자들이 분석할 수 있었다. 네안데르탈인 DNA와 현대인 한 사람의 DNA 사이의 서열 분기가 현대인 두 사람 사이보다 7배 더 크다는 발견을 포함하여 몇 방면의 증거를 통해, 네안데르탈인으로 가는 사람류 계통과 호모 사피엔스가 5십만 년과 8십만 년 전 사이에 분기했다고 추정되었다.

이 네안데르탈인 대퇴골과 몇 추가적인 네안데르탈인 개인들의 뼈에서 얻어진 DNA 서열을 이용해서 과학자들이 네안데르탈인의 특정 형태적 특성들을 설명한다. **그림 24.20b**에 나온 재현에서, 이 네안데르탈인의 머리카락은 붉은색이고 피부는 밝은색이다. 이 형질들은 화가의 상상력에 따른 허구가 아니라, 오히려 **멜라노코틴1 수용체 유전자**(*melanocortin 1 receptor* gene; *MC1R*)의 서열에 특이한 예측이다. 몇몇 네안데르탈인 표본들은 현대인에게서 발견되지 않는데, 그럼에도 일부 현대인에서 기능을 제대로 하지 못하는

(a) (b)

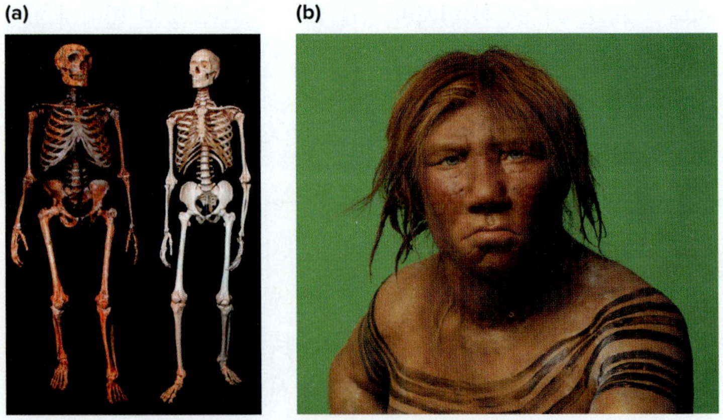

그림 24.20 네안데르탈인: 고대 인류. **(a)** 네안데르탈인(왼쪽)과 현대인(오른쪽)의 골격 전체 비교. **(b)** 화가의 네안데르탈인 얼굴 재현. *Source: (a): ©EPA/American Museum of Natural History/Newscom; (b): National Geographic Image Collection/Alamy Stock Photo*

MC1R 단백질의 대립유전자와 비슷한 이 유전자의 변이체가 있다. *MC1R* 유전자의 이런 대립유전자가 있는 사람들은 머리가 빨갛고 피부가 흴 확률이 평균보다 더 높다.

유럽의 동굴에서 얻어진 네안데르탈인 뼈조각의 고대 표본 연구의 성공을 계기로 인류학자들이 아시아에서 추가적인 골격 표본을 찾는 것이 촉진되었다. 몽골 바로 북쪽 시베리아의 동굴에서 살다 죽은 소녀의 손가락 끝에서 나온 작은 뼈조각에서 추출된 DNA의 분석은 예상외의 결과를 밝혀주었다. DNA 변이의 양상은 그녀가 네안데르탈인 계통에서 아마도 60만 년 전, 그리고 현대인 계통에서 대략 80만 년 전 갈라진 기존에 알려지지 않았던 사람류 계통의 일례라는 것을 보여준다. 이 계통의 사람들은 **데니소바인**(Denisovan)이라고 불린다. 화석 기록은 데니소바인은 현대인이 이미 아시아의 많은 지역으로 퍼져나간 시기 중 대략 3만 년 전 멸종했다는 것을 보여준다.

사람류 이종 교배와 인류 역사

현대인이 아마도 수천 년 동안 네안데르탈인이나 데니소바인과 공존하는 조건이었다면, 우리 조상이 이들 다른 사람류와 최소한 어느 정도 이종 간 교배했는가? 네안데르탈인과 데니소바인은 그들의 계통이 멸종하기 전에 서로 교배했는가? 많은 현대인, 침팬지 등 각종의 비사람류 영장류, 다수의 네안데르탈인과 몇 데니소바인에서 나온 DNA 서열을 비교함으로써 연구자들은 사실 사람류 무리 사이에서 이종 교배의 세 가지 유형 모두 일어났다고 결론짓게 되었다.

단순한 통계적 접근으로 집단유전학자들은 유전적으로 뚜렷이 다른 계통 사이에 조상들의 이종 교배를 추정할 수 있다. 예를 들면, 이들은 다른 두 사람(H_1과 H_2)의 유전체의 개별 위치에서 발견된 서열 변이체를 네안데르탈인(N)과 침팬지(C)의 것과 비교했다. 그다음 과학자들은 네안데르탈인이 침팬지와 일치하지 않는 자리[즉, 앞서 12장의 그림 12.4에서 설명된 생각으로, 세 계통(H, N과 C) 모두의 한 공통조상에서 물려받았을 수 없는 파생 변이체]에 주목했다. H_1과 H_2가 그런 위치에서 네안데르탈인 서열과 일치하는 비율이 상당히 다르다면, 일부 현대인들은 다른 사람들과는 다르게 네안데르탈인에게서 변이체를 물려받았다.

놀랍게도, 침팬지에는 없고 네안데르탈인에게서 발견되는 변이체의 약 2%가 아프리카의 밖에 사는 현대인들의 유전체에서 발견되지만, 아프리카의 토착인들은 네안데르탈인에 특이한 변이체를 거의 보여주지 않는다. 데니소바인 서열에 대한 이러한 검사는 현대 인류 집단에 있는 데니소바인 혈통이 대체로 동남아시아와 남태평양(대양주)에 국한된다는 다른 양상을 보여준다.

(그림 24.17b에 설명된 "변형에 의한 유래"의 논리를 이용함으로써 얻은) 현대와 고대 인류 계통들의 DNA 서열들의 관계에서 추론된 것뿐만 아니라 과거 이종 교배에 대한 이러한 통찰은 **그림 24.21**에 설명된 현대인의 진화에 대한 가설적인 시간표를 제시해 준다. 네안데르탈인과 현대인 계통 사이의 유전자 교환은 호모 사피엔스가 아프리카에서 나온 직후 시작하여 85,000~30,000년 전 중동과 유럽에서 여러 차례 있었다. 여기에서부터, 네안데르탈인 DNA 변이체는 인류가 아프리카 밖의 세계 나머지 지역으로 퍼져나갈 때 인간 이주자들에 수반되었다. 아시아에 이미 토착한 데니소바인과 현대인의 조상 사이의 이종 교배도 또한 아시아에서 대략 같은 시기에 일어났다. 그다음 데니소바인에게서 얻어진 DNA 변이체는 현대인의 이주 무리와 함께 동남아시아와 대양주로 퍼져나가 이들 변이체가 오늘날의 집단들에서 여전히 발견된다.

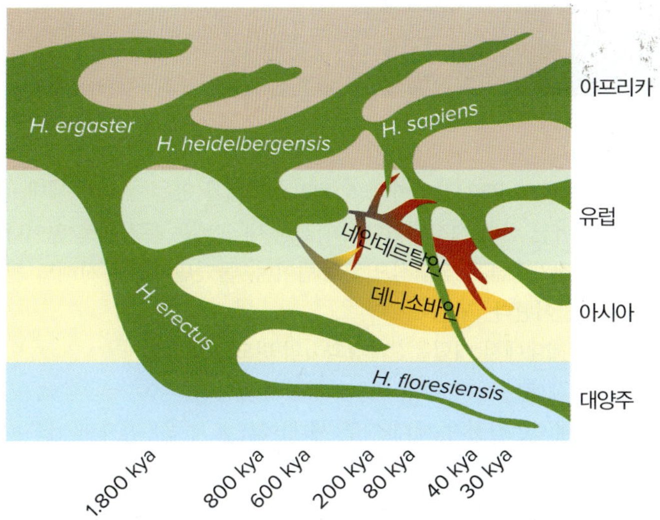

그림 24.21 유전체 DNA 서열에서 추론된 현대인, 네안데르탈인과 데니소바인의 가설적인 진화 관계. 다른 색 분지 사이의 중첩은 다른 사람류의 이종 교배를 통한 유전자 이전을 표시한다.

핵심 개념 24.3

- 돌연변이율이 시간이 지나도 일정하므로, 같은 혹은 다른 종 사이의 중립 DNA 서열 변화는 분자 시계로 기능한다.
- 시간을 거슬러 올라가면, 유전 계통들은 가장 최근 공통조상(MRCA)으로 결합된다. 변형에 의한 유래의 논리를 이용한 DNA 서열 조사는 과학자들이 계통의 역사를 추론할 수 있게 해준다.
- 아프리카인들 사이에 발견되는 DNA 서열의 다양성이 비아프리카인 사이에 발견되는 것보다 더 크다는 사실은 현대인이 아프리카에서 처음 진화하였고 아프리카인의 일부가 후에 지구의 나머지 지역으로 이주하였다는 것을 말해 준다.
- 모두는 아니지만, 현대인의 특정 집단들은 네안데르탈인 그리고 데니소바인과 대립유전자들을 공유하며, 이는 호모 사피엔스가 아프리카로부터 이주한 후 이들 계통 사이에 어느 정도의 이종 교배가 일어났다는 것을 보여 준다.

풀이 문제

풀이 문제 I

2,000 *AA*개체, 2,000 *Aa*개체와 6,000 *aa*개체가 있는 창시자 세대 집단이 멀리 떨어진 섬에 시작되었다. 이 집단 내 교배는 무작위로 일어나고, 세 가지 유전자형들은 선택적으로 중립이며, 돌연변이는 무시해도 될 만한 속도로 일어난다.

a. 창시자 세대에서 대립유전자 *A*와 *a*의 빈도는 얼마인가?
b. 창시자 세대는 하디-바인베르그 평형에 있는가?
c. 제2 세대(즉, 창시자 세대 직후 세대)에서 *A* 대립유전자의 빈도는 얼마인가?
d. 제2 세대에서 *AA*, *Aa*와 *aa* 유전자형의 빈도는 얼마인가?
e. 제2 세대는 하디-바인베르그 평형에 있는가?
f. 제3 세대에서 *AA*, *Aa*와 *aa* 유전자형의 빈도는 얼마인가?

해답

이 문제는 하디-바인베르그 평형 원리의 이해와 대립유전자와 유전자형 빈도의 계산이 필요하다.

a. 대립유전자 빈도를 계산하기 위해, 각 유전자형의 개체들에 나타난 총 대립유전자를 세고 대립유전자의 총수로 나누자.

개체의 수	*A* 대립유전자의 수	*a* 대립유전자의 수
2,000 AA	4,000	0
2,000 *Aa*	2,000	2,000
6,000 *aa*	0	12,000
합계	6,000	14,000

A 대립유전자의 빈도(p) = 6,000/20,000 = 0.3
a 대립유전자의 빈도(q) = 14,000/20,000 = 0.7

b. 집단이 하디-바인베르그 평형에 있다면, 유전자형 빈도는 p^2, $2pq$와 q^2이다. (a)에서 이 집단에 대해 $p = 0.3$과 $q = 0.7$을 계산했다. 그러므로

$$p^2 = (0.3)^2 = 0.09$$
$$2pq = 2(0.3)(0.7) = 0.42$$
$$q^2 = (0.7)^2 = 0.49$$

10,000개체의 집단에 대해, 집단이 평형에 있고 대립유전자 빈도가 $p = 0.3$와 $q = 0.7$이라면 각 유전자형 개체의 수는 *AA*, 900; *Aa*, 4,200; 그리고 *aa*, 4,900일 것이다. 그러므로 기술된 창시자 집단은 평형에 있지 않다.

c. 무작위 교배, 선택적으로 중립 대립유전자 그리고 새로운 돌연변이 부재의 상황이라면, 대립유전자 빈도는 한 세대에서 다음 세대로 가도 변하지 않는다. 즉 $f(A) = p = 0.3$ 그리고 $f(a) = q = 0.7$이다.

d. 집단이 한 세대 내에 평형에 도달할 것이므로 제2 세대의 유전자형 빈도는 (*b*)에서 계산될 것이다.
$AA = p^2 = 0.09$; $Aa = 2pq = 0.42$; $aa = q^2 = 0.49$

e. 그렇다. 교배가 무작위이고 선택이나 유의미한 돌연변이가 없다면, 평형에 있지 않은 집단은 한 세대에 평형에 도달할 것이다.

f. 유전자형 빈도는 제3 세대에서도 제2 세대에서와 같을 것이다.

풀이 문제 II

두 대립유전자가 캘리포니아에 있는 *Drosophila persimilis* 집단의 X-연관 포스포글루코뮤테이즈 유전자(*Pgm*)에서 발견되었다. Pgm^A 대립유전자의 빈도는 0.25며, Pgm^B 대립유전자의 빈도는 0.75다. 이 집단이 하디-바인베르그 평형에 있다고 가정하면, 수컷과 암컷에서 기대되는 유전자형 빈도는 얼마인가?

해답

이 문제는 대립유전자와 유전자형 빈도의 개념을 X-연관 유전자에 적용하는 것이 필요하다. X-연관 유전자의 경우, 수컷(XY)은 X 염색체의 복사체가 한 개만 있고, 그래서 유전자형 빈도가 대립유전자 빈도와 같다. 그러므로 $p = 0.25$ 그리고 $q = 0.75$다. 유전자형 $X^{PgmA}Y$인 수컷 파리의 빈도는 0.25다. 유전자형 $X^{PgmB}Y$인 수컷 파리의 빈도는 0.75다. 암컷에는 세 가지 유전자형이 존재하는데, p^2, $2pq$, 그리고 q^2에 대응하는 $X^{PgmA}X^{PgmA}$, $X^{PgmA}X^{PgmB}$ 그리고 $X^{PgmB}X^{PgmB}$가 있다. 이들 세 유전자형 암컷 파리의 빈도는 각각 $(0.25)^2$, $2(0.25)(0.75)$ 그리고 $(0.75)^2$, 즉 0.0625, 0.375 그리고 0.5625다.

풀이 문제 III

세 가지 다른 유전자(빨간색, 파란색과 초록색) 각각은 대립유전자가 두 개다. 각 유전자에서 한 열성 대립유전자는 해로운 효과가 있다. 이들 유전자 중 하나에 대해 열성 동형접합체의 상대 적응도가 0.9고, 또 다른 하나에 대해서는 0.8이고, 세 번째에 대해서는 0.7이다. 다음 도표는 시간이 지나는 동안 무한 크기의 집단들에서 일어나는 이 유해 대립유전자의 빈

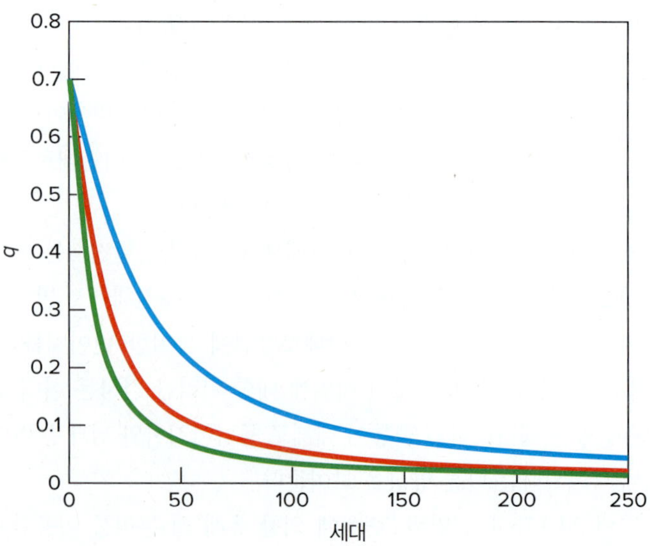

도 변화를 보여 준다. 각 경우, 문제의 대립유전자 빈도(q)는 실험 최초에 0.7이다.

a. (열성 동형접합체의 적응도에 의해 확인되는) 각 유전자에 대해, 부모 세대와 자손의 첫 번째 세대 사이의 Δq를 계산하시오(q = 열성 유해 대립유전자의 빈도). 이형접합체와 우성 대립유전자 동형접합체의 상대 적응도가 1.0이라고 가정하시오. 그다음 q'(자손의 첫 번째 세대의 열성 대립유전자 빈도)을 계산하시오. 도표에서 어느 유전자가 어느 색에 대응하는지 아직 알 필요가 없다.

b. 세 유전자(빨간색, 파란색과 초록색) 중 어느 것이 열성 동형접합체의 상대 적응도가 0.9인가? 0.8인가? 0.7인가?

c. 이들 세 유전자 모두에 대해 연이어지는 각 세대에서 왜 Δq가 더 작은 음의 수가 될 것인지 간략히 설명하시오.

d. 무한 크기의 이런 집단 어느 하나에서도 왜 q가 결코 0으로 되지 않을 것인지 간략히 설명하시오.

e. 대립유전자들이 실제 집단에서는 사라지지만 도표로 조사된 집단들에서는 사라지지 않는다. 어떻게 이럴 수 있는가?

해답

a. 유전자들 중 하나(당분간 유전자 A라고 명명)에 대해, $W_{AA} = 1.0$, $W_{Aa} = 1.0$ 그리고 $W_{aa} = 0.9$다. 유전자 B에 대해, $W_{BB} = 1.0$, $W_{Bb} = 1.0$, 그리고 $W_{bb} = 0.8$이다. 나머지 유전자 C에 대해, $W_{CC} = 1.0$, $W_{Cc} = 1.0$, 그리고 $W_{cc} = 0.7$이다. (즉, 관련된 해로운 효과는 모두 완전하게 열성이다.) 원하는 계산을 하기 위해, 이들 적응도 값을 방정식 (21.5)에 대입할 것이다.

유전자 A에 대해, $\Delta q = -0.0154$ 그리고 $q' = 0.684$

유전자 B에 대해, $\Delta q = -0.0326$ 그리고 $q' = 0.667$

유전자 C에 대해, $\Delta q = -0.0517$ 그리고 $q' = 0.648$

b. 초록색 유전자의 경우, q의 변화가 다른 유전자들보다 더 가파르며, 이는 Δq가 어느 특정 세대에서나 가장 큰 음수이어야만 한다는 것을 의미한다. 따라서 초록색 유전자의 경우 열성 동형접합체 적응도가 0.7이어야 하며(이 유전자가 유전자 C다), 빨간색 유전자(B)의 경우 0.8이고, 파란색 유전자(A)의 경우 0.9여야 한다.

c. 각 세대는 선택의 대상이 될 열성 대립유전자 동형접합체의 비율이 연속적으로 더 적어지므로 변화율은 매 후속 세대에 각 유전자에 대해 감소한다.

d. 무한 크기의 집단에는 유해 대립유전자가 있으나 선택에는 불리하지 않을 이형접합체 개체들이 항상 있을 것이다.

e. 실제 집단들은 크기가 무한하지 않다. 따라서 유전적 부동은 궁극적으로 유해 대립유전자를 집단에서 소멸하게 할 것이다.

연습 문제

어휘

1. 왼쪽 열의 용어 각각에 대해 오른쪽 열에서 가장 잘 부합하는 설명을 선택하시오.

a. 적응도	1. 가장 큰 적응도의 유전자형은 이형 접합체다
b. 유전자 총원	2. 대립유전자 빈도의 우연한 변동
c. 적응도 비용	3. 돌연변이는 비교적 일정한 속도로 누적된다.
d. 대립유전자 빈도	4. $p = 1.0$
e. 이형접합체 우세	5. 생존하고 번식하는 능력
f. 평형 빈도	6. p와 q
g. 유전적 부동	7. N을 급격히 줄이는 사건
h. 분자 시계	8. 한 상황에서 특정 유전자형의 유리함이 다른 상황에서는 불리함이다
i. 집단 병목	9. $\Delta q = 0$일 때 대립유전자의 빈도
j. 사람류	10. 한 집단의 구성원 모두에 있는 대립유전자 전체
k. 고정	11. 호모 사피엔스, 네안데르탈인과 데니소바인

24.1절

2. 한 대립유전자 빈도(p)가 0.5고, 한 유전자형 빈도(p^2)가 0.25인 집단이 평형에 있다. 한 대립유전자 빈도(p)가 0.1이고 한 유전자형 빈도(p^2)가 0.01인 집단도 또한 평형에 있다는 사실을 어떻게 설명할 수 있는가?

3. 다음 5개 집단 중 어느 것이 하디-바인베르그 평형에 있는가?

집단	*AA*	*Aa*	*aa*
I	0.25	0.50	0.25
II	0.10	0.74	0.16
III	0.64	0.27	0.09
IV	0.46	0.50	0.04
V	0.81	0.18	0.01

4. 무작위로 교배하는 큰 집단이 표시된 혈액형에 대해 다음과 같은 인원 비율로 시작한다.

0.5 M형
0.2 MN형
0.3 N형

이 혈액형은 상염색체성이고, M과 N 대립유전자는 공우성이다. (M 또는 N 혈액형의 사람은 각각 M 또는 N 대립유전자에 대해 동형접합이다.)

a. 이 집단은 하디-바인베르그 평형에 있는가?
b. 하디-바인베르그 평형을 위해 가정된 조건하에서는 한 세대 후 대립유전자와 유전자형 빈도가 얼마가 될 것인가?
c. 하디-바인베르그 평형을 위해 가정된 조건하에서는 두 세대 후 대립유전자와 유전자형 빈도가 얼마가 될 것인가?

5. 알캅톤뇨증(alkaptonuria)은 소변이 검게 되는 열성 상염색체 유전 질환이다. 미국에서, 25,000명당 약 1명이 알캅톤뇨증이 있다.
a. 하디-바인베르그 평형을 가정하고, 이 형질의 원인인 대립유전자의 빈도를 추정하시오.
b. 미국 집단에서 얼마의 비율이 이 형질에 대한 보인자인가? 이 집단에서 알캅톤뇨증 사람들에 대한 보인자의 비율은 얼마인가?
c. 알캅톤뇨증이 없는 여성이 한 남편과의 사이에 이 형질이 있는 자녀 한 명이 있고 후에 재혼했다면, 그녀가 두 번째 남편과 낳은 한 아이가 알캅톤뇨증이 있을 확률은 얼마인가?
d. 알캅톤뇨증은 비교적 가벼운 증상이고, 어느 유전자형의 사람이든 선택적으로 유불리가 거의 없다. 그러므로 (a)에서 하디-바인베르그 평형을 가정한 것은 타당하다. 낭포성 섬유증처럼 더 심각한 열성 상염색체 증상의 대립유전자 빈도와 보인자 빈도를 추정하는 데에도 또한 하디-바인베르그 평형의 가정을 이용할 수 있는가? 설명하시오.

6. 1998년, 미국 함선 메디스콜 바운티(Medischol Bounty)호의 남녀 선원들(동일한 숫자)이 남태평양에서 반란을 일으키고 발리 하이(Bali Hai) 섬에 상륙하였다. 이 섬에서 이들은 지역 폴리네시아 집단과 교류하였다. 섬에 상륙한 400명의 선원 중 324명은 M 혈액형이고, 4명은 N 혈액형이고, 72명은 MN 혈액형이다. 이미 섬에는 19세에서 23세 사이의 폴리네시아인이 600명 있다. 폴리네시아인 집단에서, *M* 대립유전자의 빈도는 0.06이고, *N* 대립유전자의 빈도는 0.94이다. 다음 10년 동안 다른 사람들이 더는 오지 않는다.
a. 반란을 일으킨 선원 집단의 *N* 대립유전자 빈도는 얼마인가?
b. 2008년까지 발리 하이 섬에 1,000명의 아이가 태어났다. 1998년에 섬의 젊은 사람들 1,000명의 혼합 집단이 무작위로 교배하였고 혈액형 표현형의 종류가 생존 능력에 어떤 영향도 끼치지 않는다면, 1,000명의 자녀 중 얼마나 많은 사람이 MN 혈액형일 것으로 예상하는가?
c. 사실 50명의 자녀가 M 혈액형이고, 850명이 MN 혈액형이고, 100명이 N 혈액형이다. 자녀 중 *N* 대립유전자의 관찰 빈도는 얼마인가?

7. 1927년, 안과의사 왈러(George Waaler)가 노르웨이 오슬로에서 적록 색맹에 대해 9,049명의 남학생을 검사하였고, 그들 중 8,324명이 정상이고 725명이 색맹이라는 것을 발견했다. 그는 또한 9,072명의 여학생도 검사했고, 9,032명이 정상이고 40명이 색맹이라는 것을 발견했다.
a. 같은 성-연관 열성 대립유전자 *c*가 모든 형태의 적록 색맹을 일으킨다고 가정하고, 남학생 자료에서 *c*와 *C*(정상 시각 대립유전자)의 대립유전자 빈도를 계산하시오.
b. 왈러의 표본이 이 유전자의 대립유전자에 대해 하디-바인베르그 평형을 보여주는가? 이 가설에 일치하거나 하지 않는 관찰을 설명하여 답을 설명하시오.

이 학생들을 더 자세히 분석함으로써, 왈러는 실제로는 그의 표본에서 하나보다 더 많은 *c* 대립유전자가 색맹을 유발하는 것을 발견했다. 하나는 “제1형”(c^p)이고, 다른 하나는 “제2형”(c^d)이다. [제1색맹(적색맹, protanopia)과 제2색맹(녹색맹, deuteranopia)은 적록 색맹의 약간 다른 유형이다.] 중요한 것은, 왈러 연구에서 겉보기 정상 여성 중 일부는 아마도 유전자형 c^pc^d이었을 것이다. 40명의 색맹 여성에 대한 심층 분석을 통해, 그는 3명은 제1형(c^pc^p)이고, 37명은 제2형(c^pc^d)이라는 것을 발견했다.
c. 이 새로운 정보를 토대로 하면, 왈러가 조사한 집단에서 c^p, c^d과 C 대립유전자의 빈도는 얼마인가? 이 빈도가 하디-바인베르그 평형를 따르는 것처럼 생각하고 이 값을 계산하시오.
d. 집단이 평형에 있다면 남성과 여성에서 예상되는 모든 유전자형의 빈도를 계산하시오.
e. 이러한 결과가 오슬로의 집단이 사실 적록 색맹에 대해 평형에 있을 개연성을 높이는가? 낮추는가? 이유를 설명하시오.

문제 8과 9에서, 하디-바인베르그 평형에 있는 집단 내 개체들 사이의 교배가 무작위이기 때문에 교배 빈도, 즉 집단 내 특정 유전자형이나 표현형 개체 사이에 일어나는 모든 교배의 비율을 예측하는 것이 가능하다는 것을 알게 될 것이다.

8. 한 유전자는 두 대립유전자 *A*(빈도$=p$)와 *a*(빈도$=q$)가 있다. 집단이 평형에 있다면, 다음의 교배 빈도를 예측하는 *p*와 *q* 항의 수학식을 만드시오.
a. 두 *AA* 동형접합체 사이
b. 두 *aa* 동형접합체 사이
c. 두 *Aa* 이형접합체 사이
d. *AA* 동형접합체와 *aa* 이형접합체 사이
e. *AA* 동형접합체와 *Aa* 이형접합체 사이
f. *aa* 동형접합체와 *Aa* 이형접합체 사이

(a)~(f)에 대한 답을 고려하여:
g. 나열된 여섯 가능성이 모든 가능한 교배를 말하는가? 이것이 수학적으로 사실인지 어떻게 알 것인가? *p*를 0.2와 같이 0과 1 사이의 임의의 수와 같다고 설정함으로써 이 후자의 논점을 증명하시오.
h. 다른 유전자형의 개체들 사이의 교배 빈도와 대비하여 같은 유전자형의 개체들 사이의 교배 빈도를 계산하기 위한 단순하고 일반적인 규칙을 만들 수 있는가?
i. 집단이 남성과 여성으로 동등하게 나뉜다면, 모든 교배 중 얼마의 비율이 *AA* 남성과 *AA* 여성 사이일까? *AA* 남성과 *Aa* 여성 사이는? *AA* 남성과 *aa* 여성 사이는?

9. 남성형 탈모는 사람에서 여러 유전자에 의해 좌우되는 복잡한 형질이다. 하지만 단 하나의 상염색체 돌연변이가 남성형 탈모를 결정하는 인류 집단이 있다고 가정하자. 이 돌연변이는 남성에서는 우성이고, 여성에서는 열성이다. 이 집단은 하디-바인베르그 평형에 있고, 남성의 51%가 대머리다.
   a. 남성 중 대머리 대립유전자의 빈도는 얼마인가?
   b. 여성 중 대머리 대립유전자의 빈도는 얼마인가?
   c. 이 집단에서 여성의 몇 %가 남성형 대머리를 보여주는가?
   d. 무작위 교배를 가정하면, 모든 교배 중 대머리 남성과 대머리 아닌 여성 사이 교배인 비율은 얼마이어야 하는가?
   e. 이 집단에서 대머리 남성 중 몇 퍼센트가 이형접합체인가?
   f. 대머리가 아닌 부부가 대머리 아들을 낳는다면, 그다음 아들이 대머리일 확률은 얼마인가?
   g. 남성형 대머리인 여성이 딸이 한 명 있지만, 아버지에 대해서 알려진 것은 없다. 딸이 대머리가 될 확률은 얼마인가?

24.2절

10. 자연선택에 의해 완벽히 열성인 유해 대립유전자를 제거하는 것이 왜 큰 집단에서는 어렵고 작은 집단에서는 덜 그러한가?

11. 작은 집단 크기는 한 세대에서 다음 세대로 전해질 때 일어나는 여러 대립유전자의 우연적인 표본 추출 때문에 유전적 부동을 일으킨다. 이항 표본 추출 통계를 이용하여 특정 집단 크기에 대해 얼마나 큰 유전적 부동이 일어날지 예측할 수 있다. 크기 N의 집단에서 다음 세대의 대립유전자 빈도(p)의 95%가 $p \pm 1.96\left(\sqrt{\dfrac{p(1-p)}{2N}}\right)$의 신뢰구간 내에 있을 것으로 추정할 수 있는데, 여기서 $\dfrac{p(1-p)}{2N}$은 각 세대에서 $2N$ 대립유전자의 무작위 표본에 의해 한 세대에서 다른 세대로 변하는 대립유전자 빈도의 통계적인 분산의 추정값이다.
   a. $N = 100{,}000$일 때 $p = 0.5$에 대한 신뢰구간은 무엇인가?
   b. $N = 10$일 때 $p = 0.5$에 대한 신뢰구간은 무엇인가?
   c. (a)와 (b)의 결과가 집단 병목의 결과와 어떻게 관련되는가?

12. 생쥐 T 유전자(T^t)의 한 돌연변이 대립유전자가 정상 대립유전자(T^+)에 대해 불완전 우성이다. T^tT^+ 이형접합체는 꼬리가 정상보다 더 짧다. 같은 돌연변이는 동형접합체(T^tT^t)가 자궁 내에서 죽게 만드는 열성 치사로 작용한다. 150마리 생쥐의 집단에서, 60마리가 T^+T^+이고 90마리가 이형접합체다.
   a. 이 집단에서 대립유전자 빈도는 얼마인가?
   b. 생쥐 사이에 무작위 교배를 하고, 이주가 없고, 돌연변이가 없고, 무작위 유전적 부동의 영향은 무시될 때, 200마리의 자손이 태어난다면 다음 세대의 여러 유전자형의 기대 숫자는 얼마인가?
   c. 생쥐의 두 집단(Pop 1과 Pop 2)이 만나서 무작위로 교배한다. 이들 집단은 초기에 야생형(T^+T^+) 동형접합체와 꼬리 없는(T^tT^+) 이형접합체가 다음의 수로 있다.

	Pop 1	Pop 2
야생형	16	48
꼬리 없음	48	36

   다음 세대에서 두 유전자형의 빈도는 얼마일 것인가?

13. 1백만 개체의 집단에서 세 좌위 A, B와 C는 각각 두 대립유전자가 있다. 대립유전자 A^1, B^1와 C^1은 특정 시점에 집단의 1%에서 발견되고, 각각은 다른 대립유전자(각각 A^2, B^2와 C^2)에 비하여 생물의 적응도에 이로운 효과가 있다. 이들 좌위 각각에서 세 가지 가능한 유전자형의 상대 적응도는 다음과 같다.

$W_{A^1A^1}$	$W_{A^1A^2}$	$W_{A^2A^2}$
1.00	0.99	0.99
$W_{B^1B^1}$	$W_{B^1B^2}$	$W_{B^2B^2}$
1.00	1.00	0.90
$W_{C^1C^1}$	$W_{C^1C^2}$	$W_{C^2C^2}$
1.00	1.00	0.99

수천 세대에 걸친 대립유전자 A^1, B^1과 C^1의 빈도는 다음 도표에 나타낸다.
   a. 어느 곡선(파란색, 빨간색이나 초록색)이 A^1에 대응되는가? B^1에 대응되는가? C^1에 대응되는가?

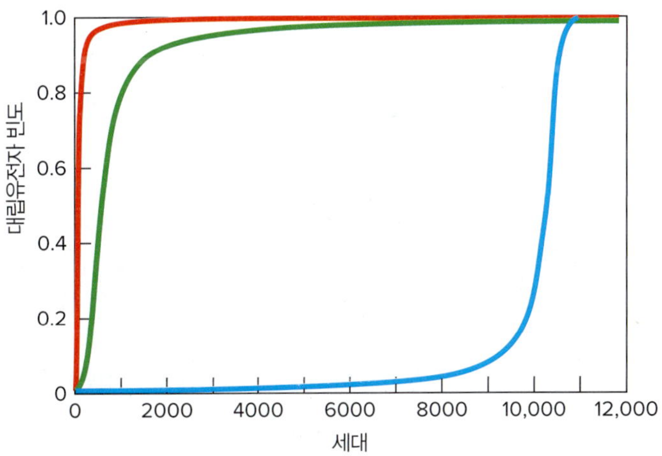

   b. 왜 빨간색 선으로 나타낸 대립유전자가 초록색 선으로 나타낸 대립유전자보다 더 빠르게 고정되는가?
   c. 왜 파란색 선으로 나타낸 대립유전자가 빨간색이나 초록색 선으로 나타낸 대립유전자보다 더 느리게 고정되는가?
   d. 집단이 단 1,000개체만 있다고 가정하자. 집단 크기의 이런 변화가 세 곡선의 형태에 어떻게 영향을 끼칠 것인지 논하시오.

14. 유럽에서, 열성 상염색체 질환 낭포성 섬유증을 일으키는 CF^- 대립유전자의 빈도는 약 0.04다. 낭포성 섬유증은 실질적으로 모든 경우에 사춘기 전 사망하게 한다.
   a. 증상이 없는 보인자 유전자형과 증상이 있는 유전자형의 상대 적응

도($\overline{W}$)를 구하시오. 이 질환 대립유전자의 이형접합체는 선택의 유불리와 연관되어 있지 않다고 가정하시오.

b. (a)에 대한 해답을 적용하여, 낭포성 섬유증에 관하여 전체로서 집단의 출생에서 평균 적응도($\overline{W}$)와 다음 세대의 출생에 측정할 때 한 세대에 걸쳐 변한 대립유전자 빈도의 기대 변화(Δq)를 구하시오.

c. 이형접합체 우세가 있기 때문에 유럽 집단이 CF^{-} 대립유전자의 빈도에 대해 평형에 있다고 가정하시오. 이러한 가정하에 세 유전자형에 대해 상대 적응도를 다시 계산하시오.

d. *CF* 유전자에 의한 CFTR 단백질은 염소 이온 통로다. 콜레라를 앓고 있는 사람은 물과 염소 이온을 작은창자 밖으로 내뿜는 설사를 한다. 이러한 사실을 이용하여 왜 사실상 이형접합체 우세가 *CF* 유전자에 대해 존재하는지 설명하시오.

15. 진화생물학자는 왜 분자 시계로 선택적으로 중립인 다형성을 조사하는지 설명하시오.

16. 살고 있는 기린의 가장 가까운 혈족은 기린보다 목이 훨씬 짧은 오카피다. 기린이 독특하게 긴 목의 진화를 일으킨 유전적 변화를 파악하기 위해 과학자들은 기린, 오카피와 다른 40종의 포유류의 유전체 서열을 비교했다. 연구자들은 (오카피를 포함하여) 다른 포유류에 있지 않은 변이 대립유전자가 있는 70개 유전자를 기린 유전체에서 발견했다.

a. 과학자들이 왜 기린 유전체를 오카피뿐만 아니라 다른 포유류들과도 비교했는가?

b. 70개 유전자 중 어느 것이 기린의 목이 길어지게 하는 원인인지 알기 위해 연구자들이 어떤 실험을 해야만 하는가? (실마리: CRISPR/Cas9 유전체 편집의 이용을 생각하시오.)

24.3절

17. 2013년 3월, *American Journal of Human Genetics*는 가계 분석을 위해 유전체를 제출한 아프리카계 미국 남성이 이미 특성이 분석된 다른 Y 염색체와는 매우 다른 서열의 Y 염색체가 있다는 보고서를 발표했다. 후에 연구자들은 음보족(Mbo, 카메룬의 한 인종 집단) 중에 어떤 남성들이 이 아프리카계 미국 남성에서 처음 발견된 다형성의 많은 것을 공유한다는 것을 발견했다. 인간 Y 염색체에 대한 MRCA가 있는 남성이 지구에 살고 있었을 때의 추정을 이러한 발견이 어떻게 바꾸었을 것이라고 생각하는가?

18. 그림 24.16에서, 디온의 미토콘드리아 DNA가 최근에 세계 어느 지역으로 연결되는가? 그의 Y 염색체와 상염색체 1~22번도 또한 최근에 세계의 같은 지역으로 연결되는가? 왜 그런지, 왜 그렇지 않은지, 이유는?

19. 분류학의 사람과(*Hominidae*)에 대한 (척도 비율에 맞게 그려지지 않은) 분기도가 오른쪽 상단에 있다. 숫자 1~10은 진화 계통이나 사건을 나타낸다. 문자 A~F는 다음 목록의 항목을 나타낸다.

Homo neanderthalensis (네안데르탈인)
Pan troglodytes (침팬지)
Homo sapiens (아프리카 반투인(Bantu))
Homo sapiens (유럽 덴마크인)
Homo sapiens (토착 아메리카 호피족(Hopi))
Homo sapiens (아시아 위구르족(Uighur))

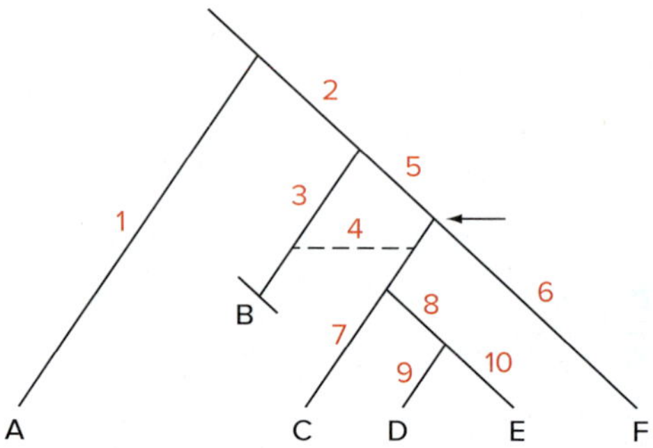

a. 앞 목록의 항목을 분기도의 적합한 문자와 짝을 지으시오. 목록의 무리 중 둘은 이 분기도에서 동등하다. 어느 것이든 옳다.

b. "4"로 표지된 수평 점선은 무엇을 나타내는가?

c. 진화의 한 분기가 작은 화살로 표시된다. 이 분기를 설명하고 그림 24.18을 바탕으로 하여 이 분기가 몇 년 전에 일어났는지 추정하시오.

d. 여섯 SNP(α, β, γ, δ, ε과 ζ)가 여섯 무리 각각의 여러 개체들에서 서열이 분석된다. 대립유전자 빈도는 뒤따르는 표에 나온다. 표 각 열의 바닥에, 모든 사람과 침팬지의 공통조상에 있는 대립유전자를 파생 대립유전자로 바꾸는 돌연변이가 분기도를 따라 어디에서 일어났는지 표시하는 1에서 10까지 중 (그림에서 빨간 숫자에 해당하는) 한 숫자를 쓰시오. 한 빈칸은 두 숫자 중 어느 것으로 채울 수 있다. 하나를 보여주기만 하면 된다. 또한 (바닥의 마지막 행에) 공통조상에서 발견된 대립유전자의 정체를 표시하거나, 할 수 없다고 쓰시오.

	SNP α	SNP β	SNP β	SNP δ	SNP ε	SNP ζ
H. neanderthalensis	A 1.0	C 0.4 A 0.6	C 1.0	T 1.0	T 1.0	T 1.0
P. troglodytes	G 1.0	A 1.0	C 1.0	T 1.0	G 1.0	T 1.0
아프리카 반투족	G 1.0	A 1.0	C 1.0	A 0.7 T 0.3	T 1.0	C 1.0
유럽 덴마크인	G 1.0	C 0.25 A 0.75	C1.0	T 1.0	T 1.0	C 1.0
토착 아메리카인 (호피족)	G 1.0	C 0.8 A 0.25	A 1.0	T 1.0	T 1.0	C 1.0
아시아 위구르족	G 1.0	C 0.5 A 0.5	A 0.6 C 0.4	T 1.0	T 1.0	C 1.0
숫자(1~0)						
조상 대립유전자						

20. 이 책을 쓴 2019년 현재, 네안데르탈인-파생 Y 염색체나 미토콘드리아 DNA 서열이 현대인에서 아직 발견되지 않았다. 두 가지 택일적 설명을 제안하시오.

chapter 25

복합 형질의 유전적 분석

©Gandee Vasan/Getty Images

개 사육사들에 의한 인위 선택은 개 품종 사이에 엄청난 체구 차이를 나타내게 하였다. 그렇지만 개 품종 간 체구의 변이 대부분은 단지 6개의 유전자에 의해 결정된다.

개요

- 25.1 **유전력: 복합 형질에 대한 유전적 영향과 환경적 영향**
- 25.2 **양적 형질 좌위(QTL)의 지도작성**

전장유전체 서열결정(whole-genome sequencing; WGS)을 오늘날(2019년) 대략 1000달러에 수행할 수 있다. WGS를 수행하면, 한 개인이 겸형적혈구 빈혈병 또는 낭포성 섬유증과 같은 단일 유전자의 대립유전자에 의해 지배되며 완전 침투성을 나타내는 많은 멘델성 질환에 대해 보인자인지 혹은 발병될지 여부를 거의 확실하게 밝힐 수 있다. 그러나 전장유전체 서열결정에 지출된 비용으로 지능이나 성격과 같은 다른 많은 형질들에 대한 단서는 아직까지 거의 제공받지 못한다. 그 이유는 이런 형질들은 많은 요인들에 의해 영향을 받는 **복합 형질**(complex trait)이기 때문인데, 다양한 요인들로는 여러 유전자들로부터 유래된 대립유전자들 간의 상호 작용, 환경의 차이, 유전자와 환경 간의 상호 작용 및 우연적 사건 등을 포함한다.

성인의 키는 복합 형질의 한 예이다. 과학자들은 수백 개의 유전자가 사람의 키에 영향을 미친다는 사실을 확립하였으나, 이들 유전자 중 상당수는 아직 동정되지 않았다. 연골발육부전증(achondroplasia; 난장이증)을 일으키는 돌연변이와 같은 특이한 예를 제외하면, 키에 대한 어느 특정 다형성 좌위의 기여도는 매우 낮아서 실질적인 예측력(predictive power)을 거의 발휘하지 못한다. 반면, 개의 유전적 역사는 인간의 유전적 역사와 매우 다른데, 소수의 유전자만이 개 품종 간의 체구 차이의 대부분을 조절한다는 것을 알 수 있을 것이다(사진 참조). 유전자형의 정보가 때때로 사람의 키를 예측할 수 없는 또 다른 이유로는 "영양"이라는 주요 환경 요인이 키 형질에 강한 영향을 미치기 때문이다.

이 장에서는, 한 형질에 대해 과학자들이 유전자의 기여도와 환경의 기여도를 어떻게 구분할 것인지에 대한 시도로부터 우리의 토의를 시작하고자 한다. 다음으로 우리는 특히 복합 형질에 기여하는 **양적 형질 좌위**(quantitative trait loci; QTL)로 흔히 불리는 특별한 유전자들을 동정하는데 사용되는 두 가지 다른 방법에 초점을 맞출 것이다. 복합 형질의 미래 연구는 관절염이나 심혈관계 질병과 같은 복잡한 퇴행성 질환들에 대한 원인을 이해하는데 도움을 줄 것이다. 농업적으로 중요란 작물이나 가축의 품종 개량을 위해서는 생산량, 가 몸이나 폭염 저항성 및 영양학적 가치를 포함하는 복합 형질을 조절하는 요인들을 밝히려는 연구가 요구된다.

이 장의 중심 주제는 복합 형질의 연구가 과학자들로 하여금 거대 집단 내에서 개체들을 서로 비교하는 일을 수행하게 한다는 것이다. 따라서 복합 형질의 분석으로부터 얻어진 결론은 조사된 특정 환경에서 서식하는 특정 집단에만 적용되기 때문에, 다른 집단이나 조건들로 일반화될 수는 없다.

25.1 유전력: 복합 형질에 대한 유전적 영향과 환경적 영향

학습 목표

1. 표현형적 분산에 대해 정의한다.
2. 표현형 분산에 대한 유전적 영향과 환경적 영향을 서로 구별할 수 있는 실험의 개요를 설명한다.
3. 유전력이라는 용어를 이해하고, 이 용어는 왜 집단에만 적용되고 개체에는 적용되지 못하는지를 설명한다.
4. 과학자들이 야생 동물 집단에서 부모와 자손을 비교하거나, 일란성 및 이란성 쌍둥이를 연구함으로서 인류 집단의 유전력을 측정하는 방법을 이해한다.
5. 작물의 생산을 향상시키기 위해 식물 육종가들이 절단 선택을 어떻게 이용하는지를 도표로 설명한다.

많은 복합 형질들은 표현형을 **표현형 값**(phenotypic value)이나 **형질 값**(trait value)으로 불리는 숫자의 범위로 측정될 수 있는 **양적 형질**(quantitative trait)이다. 이런 형질의 대부분은 집단 내에서 표현형은 종 모양(bell-shaped)의 **정규분포**(normal distribution)를 보인다. 사람의 키는 이에 대한 좋은 예시를 제공한다(**그림 25.1**). 소수의 사람들만이 매우 크거나 매우 작으며, 대부분 사람들의 키는 집단의 평균 주변으로 무리를 이룬다. 종 모양 분포에서 키의 대략적인 연속적인 분포는 유전자와 환경 모두의 영향에 기인한다(여기서 말하는 **환경**이라는 용어는 우연적 사건도 포함한다).

그림 25.1 노트르담 대학교의 유전학 수강생들을 대상으로 한 키의 분포. 대부분의 학생들이 중간인 신장을 가지며 대략 종 모양의 분포를 보임에 주목하라.
Source: David Hyde/Wayne Falda/McGraw-Hill Education

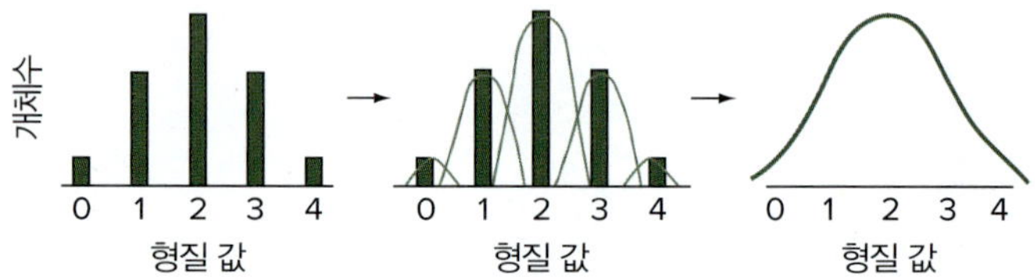

그림 25.2 양적 형질에 대한 유전적 영향과 환경적 영향은 정규 분포를 나타내는 데 어떻게 상호작용할까? 2장의 그림 2.25에서 이미 설명되었듯이, 표현형에 동일한 영향을 주는 두 개의 불완전 우성 대립유전자를 가지는 두 좌위에서의 유전적 변이는 왼쪽 그래프와 같은 형질 값을 갖는 모두 5종류의 표현형을 유도할 수 있다. 각각의 형질 값은 환경적 영향(즉, 각 표현형 그룹의 여러 개체들에 대해 약간씩 다르게 접하는 환경적 차이)에 의해 '흐릿하게' 되어(중앙), 형질 값의 연속적 종 모양 분포를 나타내게 된다(오른쪽).

2장에서 이미 살펴보았듯이, 어떤 형질의 발현에 더 많은 유전자가 관여할수록, 주어진 환경에서 더 다양한 표현형이 존재할 것이며, 표현형들은 정규분포를 보일 가능성이 높아진다(그림 2.25 참조). 즉, 어떤 한 유전자형에 대한 표현형은 동일한 것이 아니라, 각 개체들은 표현형의 평균을 중심에서 주변으로 퍼지는 좁은 종 모양의 곡선으로 분포한다. 그 이유는 동일한 유전자형을 가지는 개체들이라도 조금씩 다른 미세환경적 차이에 노출되기 때문이다(**그림 25.2**). 집단 전체적으로 볼 때, 단지 몇 개의 유전자들의 변이성에 부가되는 환경의 영향은 표현형 값의 종 모양 곡선을 어렵지 않게 나타내게 할 것이다.

과학자들은 표현형의 분포로부터 복합 형질의 **유전력**(heritability)을 어떻게 측정할 수 있을까? 즉, 한 특정 집단에서 관찰되는 표현형적 차이에 대해서, 유전자의 기여도(환경에 대한 반대 개념)를 어떻게 결정할 것인가? 앞으로 살펴보게 되겠지만, 이 질문에 대한 대답은 이론적인 관심 이상이 될 것이다.

분산은 한 집단에서 변이의 정도에 대한 통계적 측정값이다

연구 대상의 집단에서 형질 분포에 대한 유전력을 측정하기 위해서, 과학자들은 먼저 형질 분포 곡선(일반적으로 종 모양)에 대한 수치로 기술된 자료를 필요로 한다. 연구자들은 집단에서 각 개체들에 대한 표현형 값을 집단 전체의 평균 표현형 값과 비교함으로서 변이의 양을 추적한다. 통계적으로 이런 분석의 결과는 **종 표현형 분산**(total phenotype variance; V_p)이라는 용어로 표기되는데, 이것은 각 개체 값과 평균값 차이에 대한 제곱의 평균으로 계산할 수 있다.

예를 들어 미국 북부에서 흔하게 볼 수 있는 민들레 집단의 꽃자루 길이의 표현형에 대해 살펴보자(**그림 25.3a**). 집단에서 꽃자루 길이는 종 모양의 정규분포를 나타낸다. **그림 25.3b**에서 보여주듯이,

(a) 민들레

(b) 꽃자루 길이의 평균과 분산의 계산

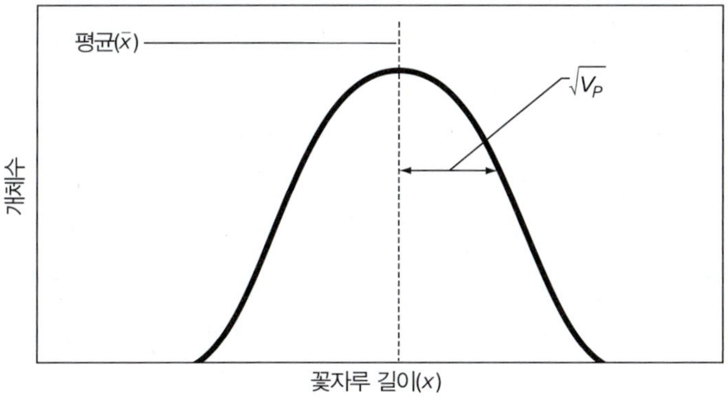

평균의 계산:

x_i = N 개체수의 식물 집단에서 i번째 식물의 꽃자루 길이라 하자. 집단에서 꽃자루 길이의 평균 $\bar{x}$는 다음과 같이 정의된다.

$$\bar{x} = \frac{\sum_{i=1}^{N} x_i}{N}$$

분산의 계산:

집단에서 꽃자루 길이에 대한 분산 V_P는 다음과 같이 정의된다.

$$V_P = \frac{\sum_{i=1}^{N} (x_i - \bar{x})^2}{N}$$

그림 25.3 표현형 분산. **(a)** 민들레(*Taraxacum* sp.). **(b)** 분산은 각 개체의 꽃자루 길이와 평균 값 사이의 차이를 제곱하여 얻은 값들의 평균으로 구해진다. 그림에서 분산의 제곱근은 꽃자루 길이와 동일한 단위로 표시된다. 통계적으로 종 모양 곡선에서 관측 값의 95%가 평균에서 분산의 제곱근의 1.96배의 범위 내에 있음을 말해 준다. *Source: (a): ©Eckart Pott/OKAPIA/Science*

전체 꽃자루 길이의 값을 합한 후 꽃자루의 수를 나누어 줌으로서, **평균 꽃자루 길이**(mean stem length)를 구할 수 있다. 다음으로 **꽃자루 길이의 분산**(variance in stem length; 형질에 대한 V_P)를 구하기 위해서는 각 개체의 꽃자루 길이를 평균에서 빼서 양수 혹은 음수의 편차를 제곱하여 얻은 값을 모두 더한 후, 개체수로 나누어 준다. 분산은 형질 분포에 대한 수학적 표현으로서, 곡선이 중심으로부터 좁게 형성될수록 분산 값은 낮아진다.

일단 형질에 대한 전체 분산이 결정되면, 과학자들은 분산의 얼마만큼이 각 개체가 보유한 유전자의 차이에 기인한 것이고, 또 얼마만큼이 각 개체들이 접하는 미세환경적 차이에 기인한 것인지에 대한 질문을 던지게 될 것이다.

유전 분산은 환경 분산으로부터 분리될 수 있다

표현형의 변이성에 대한 유전적 효과로부터 환경적 효과를 분리하기 위해서는, 둘 중 하나는 변화시키면서 다른 하나는 고정시켜야 한다. 즉, 유전적 기여도를 일정하게 유지하면서 환경이라는 변수를 정량화시킬 필요가 있다. 이런 특수한 실험은 민들레의 경우에 쉽게 수행할 수 있다. 대부분의 민들레 씨앗은 감수분열보다는 체세포분열로 생산되기 때문에 한 식물로부터 유래한 모든 씨앗은 유전적으로 동일하다. 이제 여러분은 유전적으로 동일한 씨앗을 잔디가 자라는 언덕에 심은 후, 꽃이 필 때까지 방해없이 자랄 수 있게 유지시킴으로서 실험을 시작할 수 있다. 다음에 꽃이 핀 식물의 꽃자루 길이를 측정하고, 이 민들레 집단에서 이 형질 값의 분포에 대한 평균과 분산을 구한다(**그림 25.4a**).

실험 집단에서 모든 개체들은 유전적으로 동일하기 때문에(드물게 일어나는 돌연변이는 무시한다면), 개체들 간의 꽃자루 길이에 대해 관찰된 변이성은 환경적 차이(언덕의 위치에 따른 수분과 햇빛의 차이 등)의 결과여야 한다. 평균으로부터 분산을 나타낼 때, 이와 같이 환경적 요인으로 결정된 꽃자루 길이의 차이를 **환경 분산**(environmental variance; V_E)이라 한다.

꽃자루 길이에 대한 유전적 차이의 영향력을 측정하기 위해서 여러 다른 지역에서 자란 민들레로부터 씨앗을 채취한 후, 씨앗들을 환경 조절이 되는 온실에 배양한다(**그림 25.4b**). 유전적으로 다양한 식물을 비교적 동일한 환경에서 재배했기 때문에, 꽃자루 길이에 대해 관찰된 다양성은 대체로 유전적 차이에 기인한 결과로서, **유전 분산**(genetic variance; V_G)을 나타낸다.

이제는 유전과 환경 모두가 다를 때, 표현형에 미치는 총 영향력을 해석하기 위해, 다른 여러 지역에서 자란 많은 다른 민들레(서로 다른 유전적 변이를 가지는 개체들)로부터 씨앗을 채취하여, 미세 환

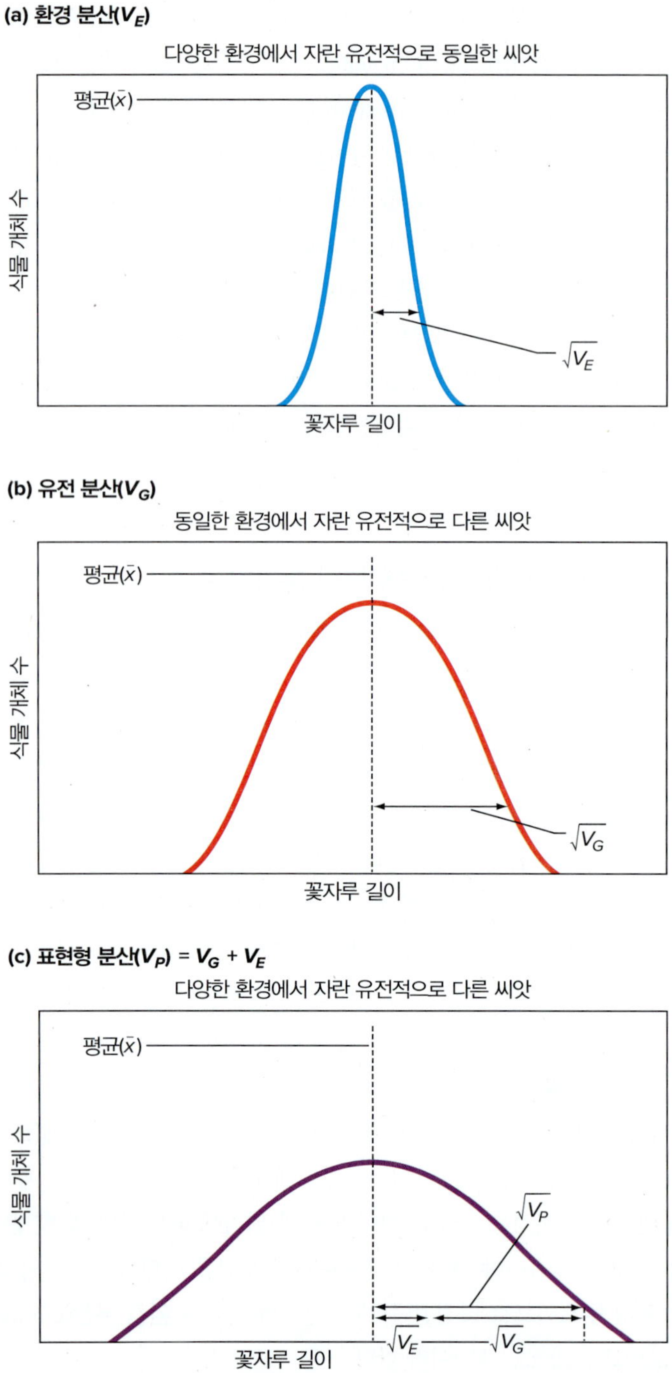

그림 25.4 표현형 분산에 대한 환경적 및 유전적 구성 요소. **(a)** 보통 야외 언덕과 같이 다양한 환경에서 자란 유전적으로 동일한 식물들의 표현형 분산은 모두 환경 분산 V_E에 기인한다. **(b)** 통제된 온실과 같이 동일한 환경에서 자란 유전적으로 다양한 식물들의 표현형 분산은 유전 분산 V_G에 기인한다. **(c)** 다양한 야외 환경에서 자라는 자연 집단에서는 총 표현형 분산 V_P는 유전 및 환경 분산 요소의 합이다($V_E + V_G$).

경의 차이를 보이는 언덕에서 자라게 한다(**그림 25.4c**). 이와 같이 유전적으로 다양한 씨앗들로부터 유래된 민들레 집단에서, 꽃자루 길이에 대한 총 표현형 분산(V_P)은 유전 분산(V_G)과 환경 분산(V_E)의 합이 될 것이다.

$$V_P = V_G + V_E \qquad (25.1)$$

한 언덕에서 서식한 유전적으로 동일한 개체들이나(그림 25.4a) 환경이 조절되는 온실에서 자란 유전적으로 다양한 개체들과 비교할 때(그림 25.4b), 그림 25.4c에서처럼 유전과 서식 환경이 모두 다른 민들레 집단의 꽃자루 길이에 대한 종 모양 곡선은 더 넓은 폭을 보임에 주목하라.

유전력은 유전 분산에 기인한 표현형 분산의 비율이다

유전학자들은 표현형적 형질의 **유전력**(heritability)을 총 표현형 분산(V_P)에서 오로지 유전적 변이성에 기인한 분산(V_G)의 비율로 정의한다. 이런 방식으로 정의한 유전력을 일반적으로 **광의의 유전력**(broad-sense heritability)이라 부르며 $\boldsymbol{H^2}$의 약어로 나타내는데, 그 이유는 분산이 어떤 형질에 대한 평균으로부터 벗어난 값에 대한 제곱의 평균이기 때문이다.

$$\text{광의의 유전력 } H^2 = \frac{V_G}{V_P} \qquad (25.2)$$

광의의 유전력을 이해하려면, 유전 분산이 세부적으로 3가지 요소로 나누어질 수 있다는 것을 파악하면 도움이 될 것이다. 첫째 요소는 상가적 유전적 효과(additive genetic effects)에 기인한 분산 V_A이다(예로서, 만약 대립유전자 a, A, b, B는 각각 어떤 형질 값에 1단위, 2단위, 3단위 및 4단위만큼 기여한다면, $Aa\ Bb$ 이형접합자는 $1 + 2 + 3 + 4 + 10$단위의 형질 값을 가질 것이다. 유전 분산에 기여하는 다른 두 요소는 우성 효과에 기인한 분산(V_D)과 유전 좌위 간의 상호작용에 기인한 분산(V_I)이다. 우성은 분산에 추가적인 요소를 더한다. 왜냐하면, 예로서 한 우성 대립유전자에 대한 이형접합자는 그 대립유전자에 대한 동형접합자와 동일한 표현형을 갖지만, 이들 개체들은 동일한 유전자형을 가지지 않기 때문이다. 비슷하게, 다른 좌위의 대립유전자 간 상호작용(예: 상위)은 한 유전자의 어떤 대립유전자가 두 번째 유전자에 존재하는 대립유전자의 상태에 따라 다른 형질 값을 가질 수 있다. 총 유전 분산은 3가지 요소의 합이다.

$$V_G = V_A + V_D + V_I \qquad (25.3)$$

$$V_P = V_A + V_D + V_I + V_E \qquad (25.4)$$

이런 수식을 이용하여, 광의의 유전력을 다음과 같이 더욱 정확하게 정의할 수 있다.

$$\text{광의의 유전력 } H^2 = \frac{V_A + V_D + V_I}{V_A + V_D + V_I + V_E} = \frac{V_G}{V_P} \qquad (25.5)$$

여러분은 다음 절에서 유전적 친척들에 대한 연구로부터 특정한 형질의 유전력을 측정할 수 있음을 알 게 될 것이다. 광의의 유전력은 일반적으로 일란성 쌍둥이를 서로 비교하는 연구에서만 계산된다. 그 이유는 일란성 쌍둥이는 모든 좌위에서 동일한 대립유전자를 공유하므로, 3가지 유전 분산의 요소는 동일하다. 이런 사실은 쌍둥이 연구에서 측정된 V_G는 V_A뿐만 아니라 V_D와 V_I도 포함한다는 것을 의미한다.

반면, 부모와 자식 사이의 표현형 값의 비교로는 광의의 유전력을 측정할 수 없는데, 이유는 각각의 좌위에서 대립유전자 중 단지 하나만 자식과 한 부모 간에 공유되고, 다른 좌위들 사이의 대립유전자의 조합도 또한 다르기 때문이다. 따라서 한 부모와 한 자식 사이에 공유되는 각 좌위의 대립유전자는 단순한 상가적 방식으로 활동하는 유전적 요인으로 고려되어야 한다. V_I와 V_D는 분석 대상 집단에서 무작위화되어 그 효과를 측정할 수 없기 때문에, 부모와 자식들의 비교는 전체 유전 분산(V_G)에서 상가적 유전 분산(V_A)만을 보여준다. 부모와 자식에 대한 연구에서 추정된 유전력 값을 **협의의 유전력**(narrow-sense heritability; $\boldsymbol{h^2}$)으로 불리는데, 이것은 특히 총 분산에서 상가적 유전적 요소로만 기인된 분산이 차지하는 비율이다.

$$\text{협의의 유전력 } h^2 = \frac{V_A}{V_A + V_D + V_I + V_E} = \frac{V_A}{V_P} \quad (25.6)$$

첫 번째 이유로 유전적 영향의 상가적 요소는 자손 사이에서 예상되는 표현형 값의 범위를 가장 정확하게 예측하기 때문에, 식물 경작자 및 동물 사육사들은 종종 관심 형질에 대한 협의의 유전력을 계산한다. 여러분들이 앞으로 보게 되겠지만, 협의의 유전력은 두 번째 이유로도 육종가들에게 중요하다. 특정 형질이 얼마나 강하게 형질 값의 선택에 반응할 것인지를 예측하게 한다. 정확도의 측면에서 우리가 H^2와 h^2를 구분을 해서 논의하고 있지만, 그 차이점은 이 장의 전체적 목적을 고려하면 상대적으로 의미가 높지는 않다.

광의든 협의든 유전력이 0인 극단의 경우는 그 집단에서 관심 형질에 영향을 주는 유전적 변이는 없으며, 관찰되는 모든 표현형적 차이는 환경적 요인에 기인함을 의미한다. 다른 극단으로, 유전력이 1인 경우는 관찰되는 모든 표현형적 다양성이 유전적 변이에 기인하고 환경적 효과는 전혀 없음을 의미한다.

명심해야 할 중요한 사실은 협의든 광의든 유전력은 어떤 개체의 특성이 아니라 특정 집단의 특성이라는 것이다. 즉, 알코올에 대한 감수성과 같은 형질의 유전력이 0.4라는 것은 특정한 한 사람에 대한 감수성의 40%가 유전자에 기인하고 60%는 환경에 기인한다는 것을 의미하는 것은 아니다. 대신에 이 값은 특정 집단 내에서 개체들 간에 관찰되는 해당 표현형적 변이의 40%는 이 집단에서 개체들 간의 유전적 차이로 발생할 수 있음을 의미한다.

유전적, 환경적 및 표현형적 변이의 양은 형질에 따라 다르고, 집단에 따라 다르고, 환경 상태에 따라 다르기 때문에, 한 형질의 유전력은 언제나 한 특정한 집단과 특정한 환경 조건으로 한정된다. 따라서 어떤 형질에 대한 유전력은 서로 다른 유전적 변이를 갖거나 다른 환경을 가지는 집단 간에 다를 수 있다.

사람의 키에 대한 분석은 되풀이되는 이야기지만 좋은 예를 제공한다. 현대화된 사회에서 표준적인 영양 섭취를 하는 양호한 조건의 사람 집단을 대상으로 측정하였을 때, 사람의 키는 0.9 이상의 매우 높은 유전력을 보인다. 즉, 이런 집단에서 키 변이의 90%는 대립유전자 차이에 기인한다. 반면에 일부 사람들이 적절한 영양분을 섭취하지 못하는 가난한 나라에서의 유전력은 훨씬 낮은 것으로 조사된다. 이런 결과로부터 각 사람의 유전체는 그들의 최대 키에 대한 잠재력을 결정하는 것으로 해석된다. 사람들이 충분한 영양을 섭취할 경우, 키는 최대 잠재력까지 도달하려 할 것이지만, 음식 섭취를 과잉으로 하더라도 키에 대한 더 이상의 변이를 발생시키지 못할 것이다. 그렇지만, 저개발 국가에서는 개인들 간에 소비할 수 있는 영양분 섭취량에 큰 차이가 존재한다. 이런 환경적 차이는 키의 분산에 대한 환경적 요소의 역할을 증가시키게 할 것이다.

유전력을 이용한 유전적 친척들의 표현형적 다양성 연구

친척들(예로서 부모와 자식들)은 유전자를 공유하므로, 우리는 대립유전자를 공유하는 정도와 해당 형질에 대한 유전력의 정도에 따라 그들은 표현형적으로 유사할 것으로 예측한다. 만약 어떤 형질에 대해 유전적 유사도가 표현형적 유사도에 기여한다면, 가까운 친척으로 짝을 구성한 쌍들은 집단에서 무작위로 선택된 두 개체들의 쌍들에 비해 표현형적으로 훨씬 더 비슷할 것으로 예상하는 것은 논리적일 것이다. 그래서 유전적 친척성이 잘 확립된 그룹에서의 표현형적 변이를 약간의 환경적 차이를 내포한 전체 집단의 표현형적 변이와 비교해 봄으로써, 어떤 형질의 유전력을 측정하는 일이 가능해진다.

우리는 먼저 두 개체 간의 **유전적 친척성**(genetic relatedness)을 정량화하는 작업이 필요한데, 유전성 친척성이란 공동 조상으로부터 유래한 개체들 사이에서 모든 좌위에 대해 공동 대립유전자를 공유하는 평균 비율을 의미한다. 상염색체 유전자에서 자식의 유전체가 가지는 어떤 유전자의 두 대립유전자 중 하나는 한쪽 부모로부터 유래했기 때문에, 부모와 자식 간의 유전적 친척성은 0.5가 된다. 즉, 한 부모와 자식은 대립유전자의 절반을 공유한다. 두 형제 간의 유전적 연관성도 역시 0.5가 되는데, 그 이유는 형제 중 한명이 A^1A^2 이형접합성의 한 부모로부터 A^1 대립유전자를 물려받았다면, 두 번째 형제가 동일한 대립유전자를 물려받았을 확률은 0.5이기 때문이다.

이와 같은 분석을 확장해 보면, 삼촌과 조카는 0.25의 유전적 친척성을 가지며, 사촌 간에는 0.125가 된다는 것을 알 수 있다(12장의 「빠르게 살펴보기」의 **유전 가계도 분석의 법의학적 적용** 참조).

이론적인 측면에서는 유전적으로 먼 친척들을 대상으로도 유전력을 측정할 수 있지만, 가능한 유전적 친척성이 0.5이거나 그 이상을 보이는 매우 가까운 친척들을 대상으로 연구하는 것이 합리적일 것이다. 그 이유는 단순히 생각해서 한 형질에 대한 유전자들의 기여도는 대부분의 대립유전자들을 서로 공유한 경우에 가장 뚜렷하기 때문이다. 본 절의 나머지 부분에서는 가까운 친척들을 대상으로 유전력을 측정하는 두 가지 접근법에 대해 논의할 것이다. 첫 번째는 부모와 자식 간의 표현형 값을 비교하는 것으로, 다윈(Darwin)에 의해서 처음 수행된 조류를 포함하는 유명한 야외 조사에 대해 초점을 맞출 것이다. 두 번째는 사람의 쌍둥이를 대상으로 하는 표현형의 비교이다.

부모와 자식의 비교를 통한 유전력의 측정

그림 25.5는 부모, 자식 및 전체 집단의 평균 표현형 값에 대한 유전력의 연계성을 보여 준다. 자손의 표현형이 부모의 표현형과 얼마나 유사한지를 정량화함으로서 협의의 유전력을 측정할 수 있다. 자식의 평균 표현형 값이 전체 집단의 평균과 비슷하다면, 부모의 특정한 표현형이나 유전자형과 상관없이 유전력은 0이 된다. 왜냐하면 표현형 분산의 어떤 것도 부모로부터 물려받은 대립유전자들의 상가적 유전적 효과에 기인하지 않았기 때문이다. 만약 자식이 집단 평균과 벗어나서 25% 만큼 부모의 표현형을 닮았다면, 협의의 유전력은 0.25가 된다. 그런데 자식의 표현형이 집단 평균과 벗어나서 그들의 부모와 거의 같다면, 유전력은 1.0이 되는데, 그 이유는 부모로부터 물려받은 대립유전자들이 자식의 표현형을 매우 비슷하게 예측하기 때문이다.

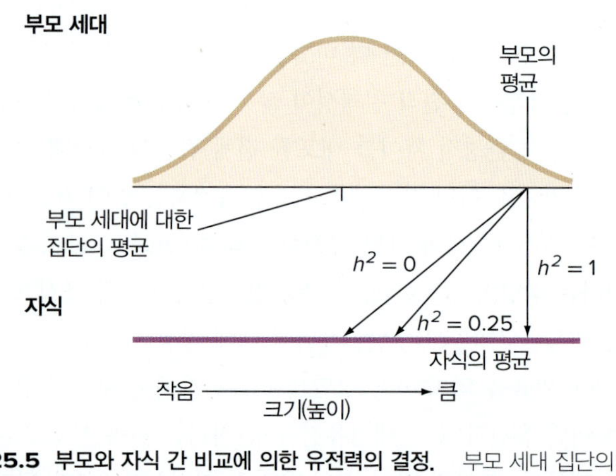

그림 25.5 부모와 자식 간 비교에 의한 유전력의 결정. 부모 세대 집단의 표현형은 전형적인 정규분포를 보이며, 분포도의 거의 오른쪽 끝에서 선택된 두 특정 부모의 평균이 표시되어 있다. 아래쪽에 나타낸 보라색 선은 자식의 표현형 범위를 나타낸다. 만약 $h^2=1$이라면, 자식의 평균은 선택된 부모의 평균과 같아질 것인데, 그 이유는 부모로부터 물려받은 대립유전자들은 부모의 표현형을 완벽히 자식에게 베끼게 할 것이기 때문이다. 만약 $h^2=0.25$라면, 자식의 평균은 선택된 부모의 평균과 전체 부모 세대 평균 간의 차이에 대한 4분의 1에 해당되는 값을 보일 것이다. 만약 $h^2=0$이라면, 자식의 평균은 전체 부모 세대 평균과 같을 것이다.

갈라파고스 군도에서 다윈이 관찰한 핀치(종종 "다윈의 핀치"로도 불림)는 과학자가 자연 조건에서 야생 집단의 한 형질에 대한 부모와 새끼 간의 표현형을 비교함으로써 유전력을 측정한 한 예를 제공한다. 과학자들은 다프네 메이저 섬에 서식하는 중간크기 핀치(*Geospiza fortis*) 집단의 많은 개체들에 대해 연구하였다(**그림 25.6a**). 연구자들은 섬에 존재하는 각 둥지들을 중심으로 어미새, 아비새 및 새끼들에 대한 부리의 길이를 측정한 후, 새끼들의 부리 길이가 부모의 평균 부리 길이(양친 평균값)와 통계적으로 연관성이 있는지를 계산하였다(**그림 25.6b**).

그림 25.6b는 서로 다른 2년 동안의 부모와 그 자손 형질 값의 **산포도**(scatter plots)를 보여준다. 빨간색 선과 파란색 선은 두 데이터 세트에 대한 **상관선**[line of correlation; **최적선**(best-fit line)이라고도 함]을 나타낸다. 부모와 자손 사이에 명확한 양성 상관관계가 두 해 모두에 존재한다(상관선의 기울기는 양수임). 따라서 더 긴 부리를 가진 부모는 더 긴 부리의 자손을 가졌고, 더 짧은 부리를 가진 부모는 더 짧은 부리를 가진 자손을 가졌다.

앞으로 그 이유를 확실히 살펴보게 되겠지만, 양성 상관관계가 존재할 때 자손과 양친 평균값과 관련된 **상관선의 기울기**[**상관계수**(correlation coefficient; r)라고도 함]는 부리 길이에 대한 협의의 유전력에 대한 측정값이 된다. 그림에서, 양친 부모 평균의 부리 길이에 대한 새끼의 부리 길이를 연관시켜 직선의 기울기로 표현된 부리 길이의 유전율은 0.82이다. 이것은 다윈의 핀치 집단에서 부리 길이에 대한 다양성의 82%는 대략 집단의 개체들 간의 상가적 유전적 변이에 기인한다는 것을 의미한다. 반면, 나머지 18%의 다양성은 환경과 비상가적 유전적 영향으로부터 초래된다.

그림 25.6c와 **25.6d**에서, 왜 상관계수(r, 상관선의 기울기)가 협의의 유전율 h^2을 추정하게 하는지를 이해하기 위해, 극단적인 경우를 조사해 보고자 한다. 먼저 환경은 해당 형질에 전혀 영향을 주지 못한다고 가정해 보자(그림 25.6c). 이런 경우, 부모와 새끼 간의 부리 길이를 연관시킨 상관성의 기울기는 1.0이 될 것이다(그림 25.6c; 왼쪽). 그림의 오른쪽에서는 4쌍에 대한 결과를 앞에서 보여준 그림 25.5와 동일한 방식으로 보여준다. 여러분들은 이런 두 가지 방식의 표현이 본질적으로 동일하다는 것을 알게 될 것이다.

이번에는 부모와 새끼 간에 비교된 부리 길이가 집단에서 임의로 선발된 두 개체 쌍들로부터 얻는 부리 길이와 평균적으로 차이가 전

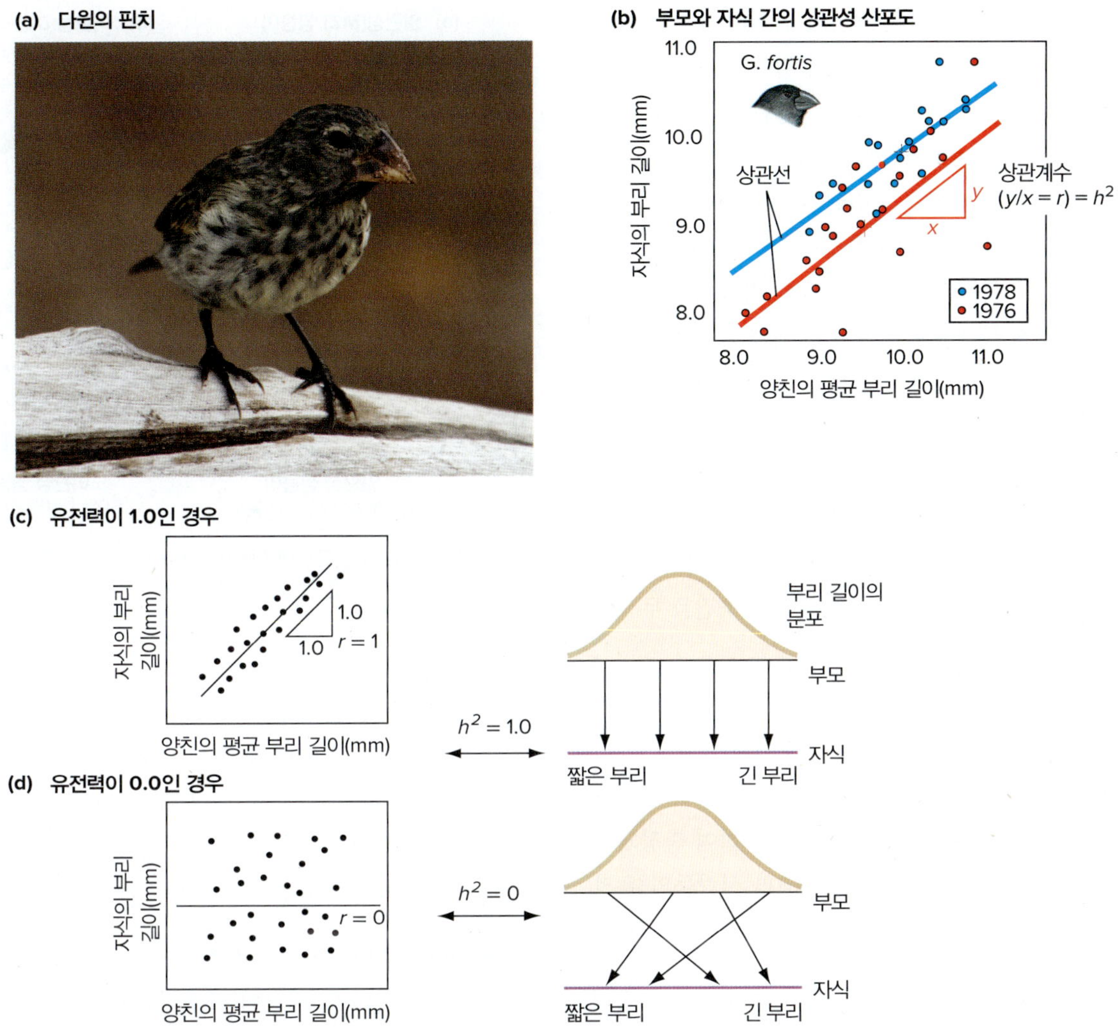

그림 25.6 다윈의 핀치 집단에서 부리 길이에 대한 유전력. **(a)** 중간크기 핀치(*Geospiza fortis*)는 씨앗을 먹고 사는 갈라파고스 군도의 토종 새이다. **(b)** 1976년과 1978년에 조사된 각 자손과 양부모 평균 값(어미새와 아비새의 부리 길이의 평균)의 부리 길이와 연관된 산포도. 유전력은 상관계수, 즉 상관선의 기울기(파란색 선 및 빨간색 선)로 측정된다. 평균 부리 길이는 1977년의 가뭄으로 인해 종자들이 더 단단해졌기 때문에 자연 선택에 의해 증가하였다. 그렇지만, 상관계수는 두 해 모두 거의 동일하여 환경 변화와 무관하게 높은 유전력을 일정하게 나타내었다. **(c)** 유전력이 1.0에 가까울 경우의 그래프. **(d)** 유전력이 0.0인 경우의 그래프. (c)와 (d)에서 오른쪽 그래프는 그림 25.5와 같은 방식으로 표현된 것으로, 4쌍의 부모와 그들의 새끼들에 대한 표현형 값 평균을 보여준다. 오른쪽 그래프의 각 화살표는 왼쪽 그래프의 어떤 한 점에 해당된다.
Source: (a): ©Ralph Lee Hopkins/Getty Images

혀 없다고 가정해 보자(그림 25.6d). 이런 집단에서는 부모와 새끼 사이의 부리 길이의 형질은 상관성이 존재하지 않으며, 양 부모 평균과 새끼에 대한 부리 길이의 그래프는 부모 평균과 새끼 간의 상관성이 없는 점들이 퍼져 "구름(cloud)" 모양으로 만들어진다(그림 25.6d, 왼쪽). 그림 25.6d의 오른쪽 그림은 이와 동일한 경우를 다른 방식으로 표현한 것으로 동일한 의미를 부여한다. 여러분들은 부모, 새끼 그리고 전체 집단의 표현형 값을 추적하는 데이터를 분석하면, 연구자들로 하여금 유전력의 측정을 가능하게 한다는 것을 알게 될 것이다.

이런 예시들로부터, 여러분들은 유전적으로 친척 관계인 개체들 사이의 표현형적 유사성은 어떤 형질의 유전력에 대한 증거를 제공한다는 결론을 얻을 것이다. 그렇지만 유전적 친척들 사이의 표현형적 유사성으로부터 유전력을 측정하는 일은 하나의 중요한 가정에 의존하는데, 그 가정은 유전적 친척들의 분포는 집단이 경험하는 여러 환경 조건에 대해 무작위적이어야 한다는 것이다. 핀치의 예에서, 우리는 부모와 그들의 새끼들이 접하는 환경은 비친척 관계의 개체들이 서로 접하는 환경에 비해 더 유사한 환경을 경험하지 않는다고 가정했다.

그렇지만 자연에서 유전적 친척들은 유사한 미세 환경에 거주함으로써 이러한 가정으로부터 벗어날 수 있다. 핀치를 예를 들어, 한 쌍의 어미새와 아비새로부터 태어난 모든 새끼들은 일반적으로 양육 기간 동안 한 둥지에서 부화하고 성장하면서 그들의 부모가 가져다주는 먹이를 먹는다. 더 긴 부리를 가진 부모는 어린 새끼들에게 더 많은 먹이를 제공할 수 있으며, 더 많은 먹이의 섭취는 새끼의 부리를 더 크게 할지도 모른다. 따라서 새끼의 부리 길이는 최소한 부분적으로 부리 길이를 직접 조절하는 유전자의 대립유전자 공유 이외의 다른 이유로 부모의 부리 길이와 연관될 수 있다.

다윈의 핀치 연구자들은 유전적 근친성과 환경이 서로 얽혀있는 문제를 쉽게 해결하지는 못한다. 그 이유는 갈라파고스 군도가 에콰도르의 국립공원으로, 연구 목적으로 식별을 위한 띠를 부착시키거나 부리 크기와 같은 신체적 특성을 측정하는 것 외에는 어떤 방식이든 새를 조사하는 것이 금지되어 있기 때문이다. 그러나 가축화된 종을 연구하는 과학자들은 한쌍의 부모로부터 유래한 알들을 둥지에서 꺼내 집단 내의 다른 부모들이 지은 둥지들로 무작위로 배치함으로써, 혼돈스런 환경 문제를 줄이기 위한 시도를 하였다. 이런 알의 무작위적 재배치를 **교차 양육**(cross-fostering)이라 한다. 부모의 보호를 받는 동물들의 유전력 연구에서, 교차 양육은 환경 조건을 무작위화하는데 도움을 준다.

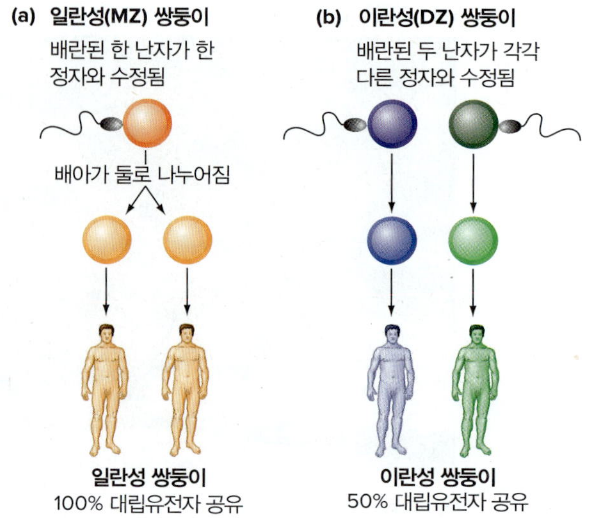

그림 25.7 서로 다른 유형의 쌍둥이. **(a)** MZ 쌍둥이들은 1.0의 유전적 친척성을 가진다. **(b)** DZ 쌍둥이들의 유전적 친척성은 0.5이다.

쌍둥이를 이용한 사람에 대한 복합 형질의 유전력 측정

사람 형질의 유전력은 유전적으로 가까운 친척들, 보통 어머니와 자식, 아버지와 자식 또는 형제자매 간의 형질 값을 비교하여 측정되어졌다. 이런 연구에서 유전력은 상관계수(r)를 비교한 사람들의 유전적 친척도로 나눈 값이 된다.

$$h^2 = r/\text{유전적 친척도}\ (V_E = 0\text{일 때}) \qquad (25.7)$$

부모와 자식 또는 형제들 간의 경우, 친척도는 0.5이므로 $h^2 = r/0.5 = 2r$이 된다. 그러나 이 방법은 형질의 차이에 대해 환경적 요인이 전혀 기여하지 않는다는 것을 전제로 한 것이기 때문에($V_E = 0$), 유전력이 과대평가될 수 있는 문제가 있다.

인류 사회에서 가족 구성원들은 유사한 유전자뿐만 아니라 유사한 물리적, 문화적 환경을 공유한다. 따라서 유전적 친척 사이의 표현형 유사성은 유전적 유사성이나 유사한 환경 중 하나에 기인하거나, 대부분은 둘다의 영향을 받을 것이다. 여러분은 유전적 유사성의 영향을 공유된 환경의 영향으로부터 어떻게 구별할 수 있겠는가?

사람과 같은 태반 포유류에서 **일란성 쌍둥이**(monozygotic twins; **MZ**)의 존재는 연구자들에게 유전력 연구를 위한 강력한 도구를 제공한다. MZ 쌍둥이는 수정 후 접합자의 분리로 인해 발생한다. 그들은 단일 정자와 단일 난자에서 유래되었기 때문에 유전적으로 동일하다. 즉, 그들은 모든 좌위에서 모든 대립유전자를 공유한다(**그림 25.7a**). 따라서 일란성 쌍둥이 사이의 표현형적 차이는 유전적 변이에 의해 초래될 수 없다.

쌍둥이는 표현형 값이 어떤 범위에 걸쳐 연속적으로 변하는 복합 형질의 유전력을 조사하는 데 사용할 수 있거나, 표현형 값이 두 개뿐인 뚜렷하게 구분되는 불연속적 복합 형질의 유전력을 조사하는 데 사용될 수 있다. 연속적이거나 불연속적인 복합 형질에 대한 연구에서 생성된 데이터의 종류는 본질적으로 서로 다르기 때문에, 이러한 방법에 대해서는 따로따로 논의될 것이다.

연속적 복합 형질에 대한 쌍둥이 연구 MZ 쌍둥이는 때때로 의도하지 않은 교차 양육 실험의 대상이 된다. 출생 직후 입양되어 서로 다른 가정에서 양육될 수 있다. 이런 경우, 일란성 쌍둥이의 표현형적 유사성은 이론상 유전적 유사성의 결과임에 틀림없다. 따라서 연구자들은 입양된 MZ 쌍둥이 쌍들에 대한 형질 값의 산포도로부터 유전자에 의해 제어되는 표현형 변이의 비율(광의의 유전율 H^2)을 측정할 수 있다(**그림 25.8a**). 상관선의 기울기(상관계수)로부터 유전력을 측정한다($H^2 = r$).

상대적으로 적은 수의 MZ 쌍들만이 서로 떨어져 양육되기 때문에 데이터 세트의 크기는 제한된다. 그러나 MZ 쌍둥이의 표현형 차이를 **이란성**(dizygotic; DZ) **쌍둥이**의 표현형 차이와 비교함으로써 유전력을 측정하는 두 번째 방법으로 사용될 수 있다. DZ 쌍둥이는 한 아버지의 다른 두 정자가 각각 다른 난자와 수정된 결과이다(**그림 25.7b**). 다른 시간에 태어난 형제자매와 마찬가지로, DZ 쌍둥이는 모든 좌위에서 평균 50%의 대립유전자를 공유한다. MZ 쌍둥이(유전적 친척도: 1.0) 짝들에 대한 형질 값을 DZ 쌍둥이(유전적 친척도: 0.5) 짝들에 대한 형질 값과 비교하면, 유전자와 환경의 상대적 기여도를 구별하는 데 도움이 될 수 있다.

그림 25.8b는 MZ와 DZ 쌍둥이를 비교하여 유전력을 측정하는 방

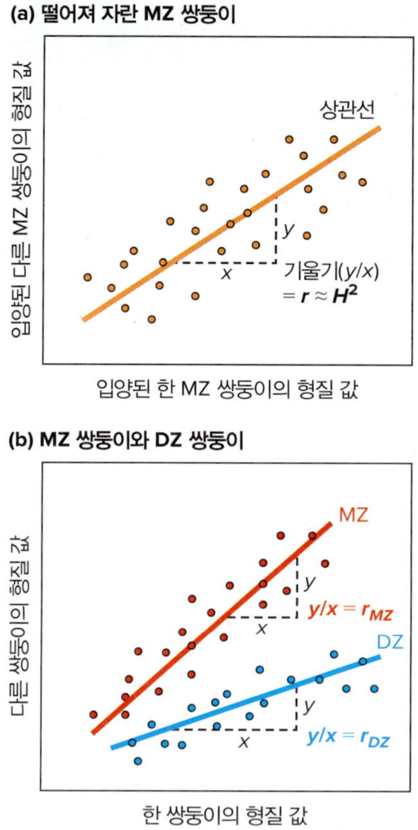

그림 25.8 MZ 쌍둥이를 이용한 유전력의 측정. **(a)** 서로 다른 가족으로 입양된 MZ 쌍둥이 짝의 형질 값을 비교하는 산포도. 상관계수(r)는 상관선(주황색)의 기울기로서, r은 유전력(H^2)의 측정값이다. **(b)** 어떤 형질에 대한 MZ 쌍둥이(빨간색) 또는 DZ 쌍둥이(파란색)의 형질 값의 산포도. 유전력은 다음과 같이 측정될 수 있다: 유전력 = $2(r_{MZ} - r_{DZ})$.

법을 보여준다. 여러분은 두 유형의 쌍둥이에 대한 상관선의 기울기(상관계수)를 비교해 볼 수 있을 것이다. MZ 쌍둥이의 상관계수(r_{MZ})는 DZ 쌍둥이(50%)보다 두 배 많은 유전자(100%)를 공유하기 때문에, 항상 DZ 쌍둥이의 상관계수(r_{DZ})보다 높아야 한다. MZ 및 DZ 쌍둥이들의 환경적 영향이 동일하다고 가정하면, 산포도의 기울기 차이가 클수록 유전력이 높다는 것을 의미한다. 수학적으로 정리하면 다음과 같다.

$$\text{유전력} = \frac{V_G}{V_P} = 2(r_{MZ} - r_{DZ}) \qquad (25.8)$$

이 수식의 원리를 이해하는 쉬운 방법은 MZ 쌍둥이가 유전적으로 동일할 뿐만 아니라 대체로 동일한 환경을 공유하기 때문에, 상관계수 r_{MZ}가 유전자의 영향(유전력)을 과대평가한다는 것을 깨닫는 것이다. 그러나 함께 양육된 DZ 쌍둥이들이 MZ 쌍둥이들과 비슷한 동일한 환경을 공유한다고 가정하면, $V_E(\text{DZ}) = V_E(\text{MZ})$가 된다. 또한 $V_G(\text{MZ}) = 0$을 기억하기 바란다. $r_{MZ} = [V_E(\text{MZ})/V_P]$로부터 $r_{DZ} = [V_E(\text{DZ})/V_P + V_G(\text{DZ})/V_P]$를 빼면, 공유 환경의 유전력에 대한 기여도가 제거된다. r의 차이는 $V_G(\text{DZ})/V_P$이다. DZ 쌍둥이는 유전자의 절반을 공유하기 때문에, 유전자로 인한 표현형 분산의 전체 비율을 추정하려면 그 차이에 2를 곱해야 한다[식 (25.7)을 상기하기 바란다].

표 25.1 양적 형질에 대한 쌍둥이 연구로부터 유전력

형질	유전력*
키	0.68~0.90
체질량 지수	0.64~0.84
출생시 체량	0.64~0.84
뇌 전두엽 부피	0.90~0.95
운동 참여 정도	0.48~0.71
식습관	0.41~0.48

* 유전력 측정값은 특정 시기의 한 집단에만 적용된다.

표 25.1은 쌍둥이 연구로부터 측정된 사람의 정량적 형질에 대한 유전력을 제시한 것이다. 이러한 형질의 상대적 유전력으로부터 약간의 아이디어를 얻는 것은 유용하지만, 이러한 값들을 해석할 때는 주의를 기울여야 한다. 앞에서도 설명한 바와 같이 유전력의 추정값은 특정한 기간에 연구되는 특정한 집단에만 적용될 수 있다. 또한, 표 25.1에 나열된 연구 결과는 종종 실제 유전력을 과대평가하게 할 수 있는 복잡성을 내포한다. 예를 들어, 다른 가족들이 MZ 쌍둥이를 각각 입양할 때, 그 가족들은 무작위로 선택된 두 가족들보다 더 비슷할 가능성이 높다. 두 가족은 서로 친척일 수도 있고, 입양 기관에서 입양아들의 재정적 안정을 보장하기 위해 높은 사회경제적 배경을 비슷하게 가진 두 가족에게 각 쌍둥이를 입양시킬 수도 있다.

불연속적 복합 형질들에 대한 쌍둥이 연구 가능한 표현형 값의 범위가 있는 연속적 형질과는 대조적으로, 사람의 일부 복합 형질들은 두 가지 가능한 표현형 상태만 있는 불연속적인 것들이 있다. 많은 불연속적 형질들은 여러 유전자와 환경의 다인자적 효인들에 의해 조절되기 때문에 복합 형질인데, 예로서 심장마비나 암의 발병 혹은 알코올 중독자 등을 들 수 있다. 쌍둥이 연구는 불연속적 형질의 유전력을 측정하는 데에도 유용하다. 얻어지는 데이터의 특성 때문에 이러한 연구는 상관계수를 측정할 수는 없지만 대신 MZ 쌍둥이와 DZ 쌍둥이 사이의 형질 **일치도**(concordance)를 비교할 수 있다. 여기서 형질 일치도는 쌍둥이의 짝에서 한 쌍둥이가 관심의 형질을 가질 때 다른 한 명이 해당 형질을 갖는 빈도이다.

집단에서 개체들 간에 관찰되는 표현형의 차이가 전적으로 각 개체들이 경험하는 환경 차이로 발생되는 한 형질, 즉, 유전력이 0.0인 형질을 가정해 보자(**그림 25.9a**). 이런 형질들에서는 MZ 쌍둥이들이

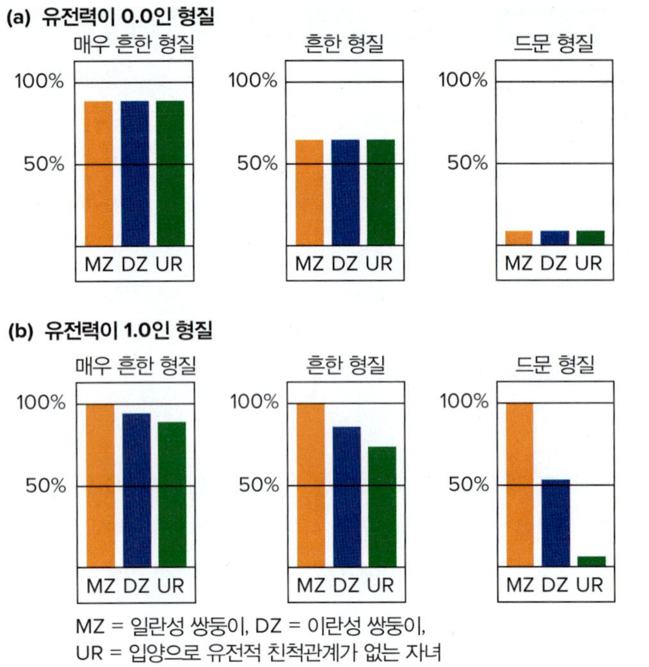

그림 25.9 첫 번째 자녀가 나타낸 한 우성 형질을 두 번째 자녀가 나타낼 확률.

동일한 표현형을 공유할 가능성, 즉 우도(likelihood)는 DZ 쌍둥이에 대한 것과 같을 것으로 기대된다. 사실, 형질 공유의 가능성은 유전적으로 혈연관계가 없는 아이들이 동일한 가족으로 입양된 경우에도 동일할 것이다. 만약 한 어린이가 유전력이 0.0인 어떤 형질을 나타낸다면, 다른 자녀가 동일한 표현형을 보일 가능성에 영향을 주는 유일한 요인은 조사된 환경의 범위가 그 표현형을 나타나게 할 확률이다. 두 자녀 간의 유전적 연관성의 정도는 영향을 미치지 못한다.

이제, 어떤 집단에서 개체들 간의 표현형 차이가 전적으로 유전적 차이에 의해서만 나타나는 한 형질을 가정해 보자. 즉, 그 형질에 대한 유전력이 1.0인 경우이다(**그림 25.9b**). MZ 쌍둥이는 유전적으로 동일하기 때문에, 그들은 표현형 발현에 있어 100% 일치도를 보일 것으로 기대된다. 한명이 어떤 형질을 나타내면, 다른 한명도 그 형질을 보일 것이다. 비친척 관계의 두 사람에 대한 형질 발현의 일치도는 그 형질이 얼마나 흔하게 존재하는지에 의존한다. 집단에서 더 흔한 형질일수록, 비친척 관계의 두 사람이 해당 형질을 공유할 확률은 높아진다(그림 25.9b). 어떤 형질의 흔한 정도와 상관없이, 대립유전자의 절반을 공유하는 DZ 쌍둥이들은 유전적으로 비친척인 사람들보다 더 높은 일치도를 나타내지만, 유전력 = 1일 때 MZ 쌍둥이가 보이는 100% 일치도보다는 낮게 나타난다.

표 25.2는 사람의 비연속적 복합 형질에 대해 쌍둥이 연구로부터 측정된 일치도를 보여준다. DZ의 일치도에 비해 MZ의 일치도의 비율이 높을수록, 해당 형질의 유전력이 높다. 표 25.2에 제시된 모든

표 25.2 복합 불연속적 형질에 대한 MZ와 DZ 쌍둥이들의 일치도

	일치도*	
형질	MZ 쌍둥이	DZ 쌍둥이
제1형 당뇨병	0.43	0.074
제2형 당뇨병	0.34	0.16
조현병(정신분열증)	0.41	0.053
자폐 스펙트럼증	0.94	0.47
알츠하이머병	0.32	0.087
파킨슨병	0.16	0.11
다발성 경화증	0.25	0.054
크론병	0.38	0.02
직장암	0.11	0.05
유방암	0.13	0.09
전립선암	0.18	0.03

* 일치도 값은 특정 기간의 한 집단에만 적용된다.

경우에 MZ 일치도는 1.0 미만이다. 이런 결과는 환경이 나열된 모든 형질에 대해 어느 정도 영향을 미친다는 것을 의미한다. MZ와 DZ의 일치도 값은 다음과 같이 유전력 측정하는 데 사용될 수 있다.

$$\text{유전력} = \frac{\text{MZ 일치도} - \text{DZ 일치도}}{1 - \text{DZ 일치도}} \quad (25.9)$$

두 가지 극단적인 경우를 가정하면, 여러분들이 수식 (25.9)를 이해하는데 도움이 될 것이다. 어떤 형질의 모든 분산이 환경에 의해 조절되고 유전자에 의해서는 전혀 조절되지 않는다면, 우리는 한 가정에서 함께 자란 아이들의 양육 환경이 동등하다고 여기기 때문에 MZ와 DZ 쌍둥이들의 일치도는 동일할 것으로 예상된다. 따라서 식 (25.9)의 분자는 0이므로 유전력 = 0이 된다.

다른 극단적인 예로, 모든 표현형의 변이성이 유전자에 기인하는 경우는 MZ의 일치도는 1이 될 것이다. DZ의 일치도는 항상 1 이하가 되지만, 그 값은 형질의 희귀 정도, 우성 혹은 열성 대립유전자에 의한 조절 여부 그리고 얼마나 많은 유전자가 그 형질의 발현에 관여하는지에 따라 달라진다. 이런 단순화시킨 경우, MZ의 일치도는 1, DZ의 일치는 0.5이며, 수식 (25.9)은 예상대로 유전력 = 1을 산출한다.

형질의 유전력은 진화의 잠재력을 결정한다

우리는 24장에서 이미 존재하던 기존 돌연변이의 선택이 어떻게 진화적 변화를 유도하는지를 알아보았다. 복합 형질의 유전력은 변이를 포함하는 유전적 요인의 측정이기 때문에, 유전력은 선택에 대한

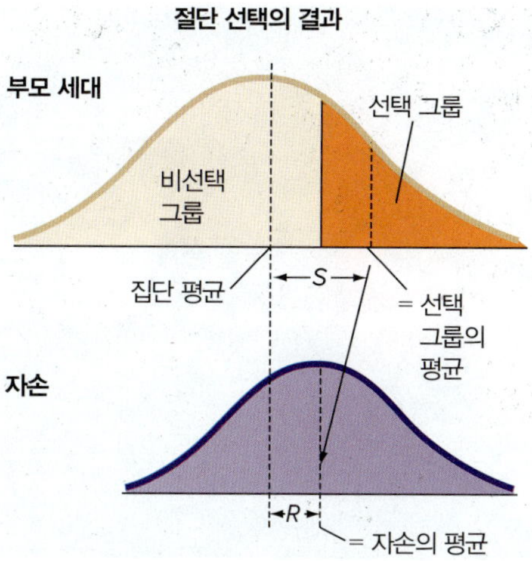

그림 25.10 절단 선택의 전략. 협의의 유전력 h^2는 한 양적 형질에 대해 선택 반응을 예측하게 한다. 전체 부모 세대는 한 표현형적 형질에 대해 종-모양 분포를 하지만, 일정 크기 이상의 개체들만 선발하여 재배한다(오렌지색으로 표시). 선택된 그룹과 전체 집단 사이에 표현형의 평균값에 대한 차이가 선택 차이 S이다. 만약 유전력 h^2가 높으면, 선택된 부모로부터 유래된 자손들은 원래 집단의 평균보다 더 큰 표현형의 평균값을 가지며, 두 평균값의 차이가 선택 반응 R이다.

잠재력, 즉 한 세대에서 다음 세대로의 진화의 잠재력을 정량화시킨다. 높은 유전력을 가진 형질은 선택을 통한 높은 진화의 잠재력을 가지는데, 그 선택이 자연 선택이든 인위 선택이든 관계없다. 이런 개념은 표현형이 시간이 흐름에 따라 어떻게 진화하는지를 이해하는 데 중요하다.

진화에서 유전력의 역할은 농업에서 중요한 농작물이나 가축을 개량하기 위한 육종 프로그램 운영에 상당한 실질적인 중요성을 가진다. 어떤 형질의 유전력이 낮다면, 이런 프로그램의 운영이 성공할 가능성은 낮다. 작물 재배나 가축 사육의 환경을 개선하거나, 다른 지역을 뒤져서 형질 변이의 유전적 요소를 증가시키는 새로운 품종을 찾아나서는 일이 더 합리적일 것이다.

그림 25.10은 식물 육종가가 인위 선택으로 농작물을 개선시키기 위해서 높은 유전력의 상태를 어떻게 활용하는지를 설명해 준다. 이번 예에서, 육종가 더 큰 식용 콩을 선발하기를 원하는데, 그는 **절단 선택**(truncation selection)으로 불리는 단순하지만 강력한 전략을 사용하였다. 이 방법의 핵심은 다음 세대를 선발하기 위해 특정 경계값(이번 경우, 최소 크기로 정해진 콩) 이상의 형질 값을 가지는 콩을 선발하여 재배하는 것이다.

그림 25.10에서, S는 **선택 차이**(selection differential)를 나타내는데, 선발된 부모들의 평균 형질 값과 전체 부모 집단(즉, 교배에 참여하거나 참여하지 않은 개체 모두)의 평균 형질 값 사이의 차이를 나타낸다. 선발된 부모의 자손들에 대한 평균 형질 값은 전체 부모 세대가 보여주는 평균값보다 더 높을 것이다($h^2 > 0$일 때). 그림에서 R은 이런 차이를 나타낸다. R은 **선택 반응**(response to selection)을 나타내는 것으로, 경작자에 의해서 적용된 선택으로부터 초래된 진화의 정도나 형질 값의 평균에 대한 변화를 의미한다.

농업에 대한 유전력의 중요성은 선택 반응(R), 즉 육종 전략의 효율성이 형질의 **실현 유전력**(realized heritability)을 통해 선택 차이(S)와 직접적으로 관련된다는 바탕으로부터 도출된다. 표현형 값의 분포가 종-모양의 정규분포를 보인다면, 실현 유전력은 협의의 유전력(h^2)과 같다. 따라서 그림 25.6b와 비슷하게, 여기서 양 부모의 형질 값과 자손의 형질 값 사이의 상관선의 기울기는 h^2로 측정된다.

$$\text{실현 } h^2 = \frac{R}{S}$$

R에 대해 재정리하면

$$R = h^2 S \qquad (25.10)$$

다시 말해, 한 형질의 선택 차이(S)와 유전력(h^2)은 각 세대에서 형질에 대한 진화의 정도 혹은 속도를 직접적으로 결정하게 해 준다(선택 차이 R에 대한 반응으로 표시됨). 유전력이 높을수록, 품종개량 프로그램이 작물을 개선시킬 가능성의 우도(likelihood)는 높아진다.

핵심 개념 25.1

- 정규분포 곡선에서 평균을 중심으로 좁게 분포할수록, 분산은 낮아진다.
- 한 집단에서 어떤 복합 형질의 총 표현형 분산은 유전적 요소 및 환경적 요소로 구성된다.
- 유전력은 주어진 환경의 특정 집단에 대한 전체 표현형 변이에서 유전적 변이에 의해 기여된 비율을 나타낸다.
- 유전력은 유전적 친척도가 먼 개체들 사이보다 가까운 친척들 사이에서 표현형이 얼마나 더 유사한지 정도를 조사하여 측정할 수 있다.
- 한 형질의 유전력은 그 형질에 대한 진화의 잠재력을 결정한다.

25.2 양적 형질 좌위(QTL)의 지도작성

학습 목표

1. 연구자들이 어떻게 역교배 계통을 확립하여 QTL을 분리하고, 유전적 침투를 이용하여 QTL의 정밀 지도작성을 수행하는지를 설명한다.
2. 사람의 연관 QTL 지도작성을 위한 연관 불평형(LD)의 중요성에 대해 학습한다.

복합 형질에 기여하는 유전자인 **양적 형질 좌위**(QTL)의 지도작성을 위해서는 두 가지 주요 접근 방법이 있다. 첫째 접근법은 **직접적 QTL 지도작성**(direct QTL mapping)으로 불리는 방법으로, 관심 형질에 대해 다른 표현형 값을 가진 개체 간의 교배를 통해 조사하는 것이다. 이 방법은 비임의로 교배를 조절하여 번식시킬 수 있는 종에만 적용될 수 있다. 둘째 접근법은 **연관 지도작성**(association mapping)으로, 어떤 집단의 이전 세대에서 일어난 과거 사건들을 활용할 수 있는 장점을 가지며, 통제된 육종 실험이 불가능한 사람과 같은 종에서도 적용될 수 있다.

앞으로 살펴보게 되겠지만, 두 방법의 기본 원리는 동일하며, 서로 다른 유전 조성의 개체들을 생식하게 하는 유전적 재조합에 의존한다. 직접적 QTL 지도작성에서 재조합은 연구자에 의해 조절되는 연속적 교배가 여러 세대 동안 일어난다. 반면, 연관 지도작성에서 재조합은 무작의적으로 교배가 일어난 한 집단의 과거 역사 동안 이미 일어난 사건이다. 두 가지 경우 모두 연구자들은 궁극적으로 유전체의 다른 지역에 있는 마커와 관심 형질에 대한 특정 표현형 값 간의 통계적 연관성에 대해 검사를 수행한다. 이러한 연관 관계는 종종 표현형의 차이를 발생시키는 돌연변이를 정확히 찾아낼 수 있게 한다.

연구자들은 육종 프로그램을 통해 얻은 재조합체의 분석으로 QTL 지도를 작성한다

실험대상의 생물에서 **직접적 QTL 지도작성**을 수행하기 위해서는 연구자들이 관심 형질에 대해 두 가지 극단적인 표현형 값(예: 크기, 매우 크거나 매우 작음)을 보여주는 개체들을 교배시킨 후, 해당 생물의 유전체 전체적으로 분포하는 유전 마커들과 표현형의 동시 분리(joint segregation)를 조사한다. 특정 마커의 존재(혹은 부재)와 형질 값(이번의 예에서는 크기) 사이에 강한 연관성을 나타내는 마커들은 해당 형질에 영향을 미치는 한 개 이상의 유전자와 연관되었을 가능성이 높다.

연구자들은 선발된 DNA 서열상의 변이들(SNPs, InDels 혹은 SSRs)을 분석함으로써 본래 두 부모에 존재했던 유전자형의 특정 지역을 추적하는데, DNA 변이들은 조사 대상 집단에서 다형성을 나타내고 전 유전체를 통해 분포하기 때문에 활용된다. 유전자 칩이나 DNA 서열 분석의 비용은 계속적으로 떨어지고 있으므로, 연구자들은 점점 더 많은 마커들을 탐색할 수 있고, 그 결과로 도출되는 QTL 지도의 해상력을 높일 수 있다.

저밀도 지도작성에 의한 QTL의 분리

직접적 QTL 지도작성이 가장 중요하게 활용되는 분야로는 농작물과 가축이 포함된다. 연구자들이 상업적 가치를 가진 형질에 대한 QTL과 연관된 마커들을 찾아낼 수 있다면, 몇 가지 QTL의 대립유전자들에 대한 특정한 조합을 가지는 재조합체를 만듦으로써, 해당 형질의 발현을 최대화시킨 유용한 품종을 개발할 수 있을 것이다. 이와 같은 적용을 위해서 형질 값에 기여하는 특정 유전자들을 반드시 동정할 필요는 없다. 대신 QTL과 충분히 가깝게 연관된 다형성 마커를 찾는 일이 필요하며, 다형 DNA 마커의 분석은 가장 원하는 표현형을 가질 것으로 예상되는 품종들을 분리하게 해 줄 것이다.

그림 25.11 오늘날 재배되는 토마토와 그들의 야생형 근친종들 간의 열매 크기 다양성. 재배 토마토인 *Solanum lycopersicum* 열매(왼쪽)와 세 가지 토마토 야생종 *S. pimpinellifolium*, *S. habrochaites* 및 *S. pennellii*의 열매. Source: Courtesy of Brad Townsley, UC Davis

QTL을 분리하는 일반적인 방법을 설명하기 위해, 1990년대 후반에 수행된 토마토 열매 크기에 대한 기념비적 연구를 살펴보고자 한다. 오늘날 조리실에서 사용되는 토마토들은 2000년 이상 동안의 재배를 통해 크기가 증가된 결과이다. 일부 재배 토마토는 멕시코로부터 기원한 그들의 야생 조상보다 수백 배 더 큰 열매를 생산한다(**그림 25.11**). 이런 재배 토마토가 보여주는 크기 증가는 선택이 이루어지는 수천 세대를 거치는 동안, 다양한 유전자들에서의 돌연변이 축적을 통해 이루어졌다.

관련 유전자를 동정하기 위해 연구자들은 이종교배(interbreeding)를 쉽게 실시할 수 있고, 열매 크기 범위에서 양 극단의 형질 값을 나타내는 가까운 두 근연종인 *Solanum lycopersicum*(큰 열매)과 *Solanum pennellii*(작은 열매)를 대상으로 연구를 시작하였다(그림 25.11). 두 개시 계통은 모두 여러 세대 동안 동계교배(inbreeding)를 시켜 거의 모든 유전자들에 대해 대립유전자들은 동형접합이 되게 하였다. 이와 같이 모든 개체들이 모든 유전자에 대해 동일한 대립유전자를 갖는 동형접합성 계통들을 **동질유전성 계통**(isogenic

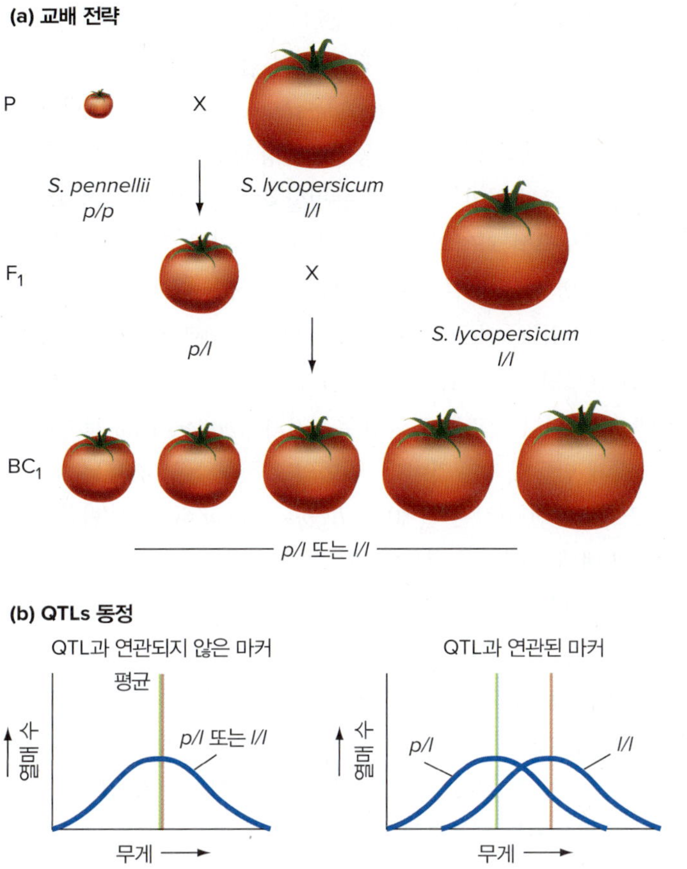

그림 25.12 토마토 크기에 영향을 주는 양적 형질 좌위(QTL)의 유전적 지도작성 전략. **(a)** 동질유전성의 *S. pennellii* (*p*/*p*)와 *S. lycopersicum* (*l*/*l*) 부모들을 서로 교배시켰다. 그 결과로 얻어진 F_1 세대를 동질유전성 *S. lycopersicum*과 역교배시켜 BC_1 세대를 만들었다. **(b)** BC_1 식물들의 열매 무게 측정과 유전자형을 결정하였다. 만약 어떤 마커에서 *p*/*p*와 *l*/*l* 개체들 간에 유의적인 열매 무게의 차이를 나타낸다면, 그 마커는 무게에 영향을 주는 어떤 QTL과 연관된 것이다.

line)이라 부른다. 관심의 형질에 영향을 미치는 대립유전자들에 대해 순계(동형접합자)였던 멘델 계통과 같이, 작은 열매나 큰 열매 계통들은 모두 열매 크기에 영향을 주는 각 QTL에 대해 동형접합이다. 앞으로 이해하게 되겠지만, 동질유전성 계통으로 연구를 시작하는 일은 실험의 성공을 위해 매우 중요한 사항으로, 이후의 분석을 단순화시켜 준다. 연구자들은 크거나 작은 동질유전성 계통들을 서로 교배시켜, 중간-크기의 토마토가 열리는 F_1을 생산하였다(**그림 25.12a**).

연구자들은 다음으로 F_1 식물을 큰 열매의 동질유전성 부모 계통(*S. lycopersicum*)과 **역교배**시켜 BC_1(역교배 1) 세대를 만들었다. 여러 다른 유전자가 토마토 크기를 조절하고 큰 열매나 작은 열매 부모는 이들 유전자의 대부분에서 다른 대립유전자를 가지기 때문에, BC_1 세대의 각 식물들은 다양한 열매 크기를 나타낸다(그림 25.12a). 그런 다음 연구자들은 다음 질문에 답하기 위해 수백 개의 개별 BC_1 토마토의 무게를 측정하고 유전자형을 분석했다. 어떤 한 마커 좌위의 *p*(*pennellii*) 혹은 *l*(*lycopersicum*) 대립유전자가 토마토 크기와 연관되는가?

*S. pennellii*와 *S. lycopersicum*의 개시 계통들은 동질유전성이기 때문에, 두 계통에서 서로 다른 모든 유전자나 마커 좌위들에 대해서는 *p*/*p* 혹은 *l*/*l*로 표시할 수 있다. 따라서 F_1은 유전적으로 동일하며, 이런 모든 좌위들에 대해 이형접합(*p*/*l*)을 보이지만, 각 BC_1 토마토는 *l*/*l*로 동형접합이거나 *p*/*l*로 이형접합이 된다. 여러분들은 이 시점에서 동질유전성 계통으로 실험을 시작한 이점을 파악하게 될 것이다. BC_1 자손들은 추적이 쉬운 *S. pennellii*와 *S. lycopersicum* 특이적 분자 마커의 다른 단일 대립유전자를 물려받는다.

연구자들은 이어서 각 마커에 대해 동형접합성 및 이형접합성 토마토들의 평균 무게를 측정하였다. 이런 마커 좌위들의 대부분은 동형접합자와 이형접합자간 평균 무게는 동일하였다. 그렇지만 크기와 관련이 있는 QTL과 연관된 마커들의 경우 평균 무게는 차이를 보였다(**그림 25.12b**). 계산된 측정값의 차이가 유의한지 확인하기 위해, 과학자들은 12장의 「유전학의 기술」의 **로드 스코어 통계**에 설명된 Lod 값 지도작성 통계(Lod score mapping statistic)의 버전을 사용하였다. 이런 방법을 사용하여 연구자들은 토마토 크기에 영향을 미치는 28개의 QTL을 분리할 수 있었다.

직접적 QTL 지도작성 방법의 예로서, *S. pennellii* 개시 계통이 한 특정 마커의 A^1 대립유전자에 대해 동형접합이고, 동질유전성인 *S. lycopersicum* 계통은 A^2 대립유전자에 대해 동형접합이며, 이형접합자성 $p/l(A^1/A^2)$의 BC_1 토마토는 l/l 동형접합자성(A^2/A^2) BC_1 토마토에 비해 유의적으로 작다고 가정해 보자. 그렇다면, 그 마커는 토마토 크기에 대한 한 QTL과 연관된 것이다. 식물 육종가는 A^2 대립유전자를 가진 토마토가 이 마커의 A^1 대립유전자를 가진 토마토보다 더 클 것이라고 예상할 수 있다. 이런 예상은 이 마커 자체가 그 형질을 나타내는 직접적인 원인의 다형성일 필요가 없으며, 단지 마커 차이가 형질에 영향을 주는 다형성과 연관되기만 하면 된다.

동질유전성 계통을 이용한 QTL 정밀 지도작성

바로 앞에서 살펴보았듯이, 저밀도 지도작성은 QTL에 대한 원인 유전자를 구체적으로 지시하지 않는 대신에, 원인 유전자가 위치하는 염색체의 영역을 설정하며, 염역의 경계는 가장 가깝게 연관된 분자 마커에 의해 결정된다. 대부분의 이런 연구에서, 해당 영역의 길이는 1에서 10 cM 사이에 있으며, 100개 이상의 유전자들을 포함할 수 있다. 성공적인 육종 프로그램은 연구자로 하여금 원인 유전자의 분리를 요구하지 않을 수도 있지만, 연구자들이 구체적인 유전자의 동정이라는 목표를 달성해야 하는 타당한 이유는 종종 존재한다.

바로 앞에서 서술한 실험에서, 열매 크기에 가장 강력한 영향력을 미친 QTL은 *fw2.2* (*fruit weight 2.2*)로 명명되었다. *S. lycopersicum*의 *fw2.2* 대립유전자는 열매의 무게를 30%까지 증가시킬 수 있다. 어떤 분자적 요인들이 토마토 크기를 조절하는지를 이해하기 위한 연구 개시로, 연구자들은 **정밀 지도작성**(fine-mapping)이라는 과정을 통해 *fw2.2*의 원인 유전자를 분리하기를 원했다.

정밀 지도작성의 첫 번째 단계는 그림 25.12에서 논의되었던 것처럼 BC_1 자손에서 출발하여 긴 일련의 역교배(자손 × *S. lycopersicum*)를 수행하는 일이다. 이어진 자가 수정은 **근접 동질유전적 계통**(**n**early **i**sogenic **l**ine; **NIL**) 혹은 **공유전적 계통**(congenic line)으로 불리는 계통들을 확립하는 일이다. **그림 25.13a**의 예에서 공유전적 계통은 본질적으로 *S. lycopersicum*이다. 단, 각 계통에는 **유전적 침투**(introgression)로 불리는 *S. pennellii* 유전체의 서로 다른 작은 부위를 가진다.

두 번째 단계는 각 NIL의 형질 값을 측정하고, 또한 각 *S. pennellii*에 대한 유전적 침투(유전체 조각)의 정확한 경계를 결정하기 위한 NIL의 유전자형을 결정하는 과정이다. 이 단계의 원리는 모든 작은 토마토(*pennellii* 표현형)의 공유전적 계통은 가지고, 모든 큰 토마토(*lycopersicum* 표현형)의 공유전적 계통은 가지지 않는 *pennellii* 유전체 부위에 *fw2.2* 원인 유전자를 포함한다는데 있다. 해당 부위가 충분히 짧다면(많은 독립적 유전적 침투 계통의 분석이 가능한 경우로서), *S. pennellii*와 *S. lycopersicum* 유전체에서 해당 부위의 염기서열을 분석하여 두 개시 동질유전성 계통에서 구별되는 다형성을 조사함으로써 원인 유전자를 동정할 수 있을 것이다(**그림 25.13b**).

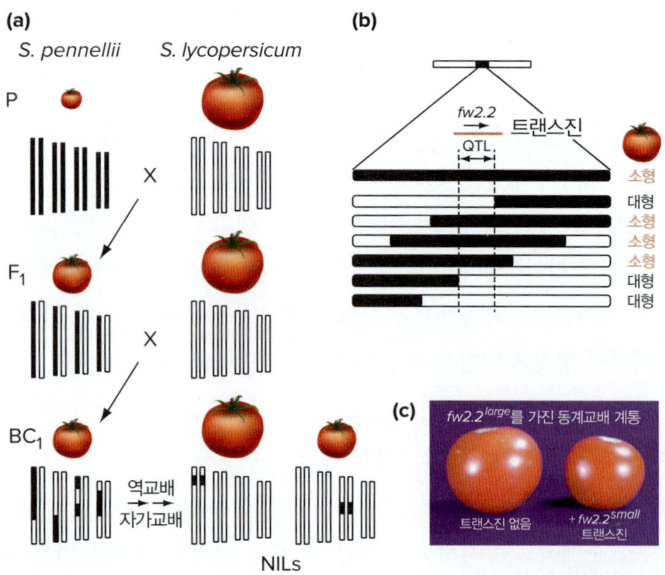

그림 25.13 근접 동질유전적(공유전적) 계통에 대한 QTL의 정밀 지도작성. (a) 근접 동질유전적 계통(NIL)의 생산을 위한 교배 전략: 거의 완전한 유전체가 *S. lycopersicum*(흰색)으로부터 유래되었지만, *S. pennellii* DNA의 작은 부위(유전적 침투; 검은색)만은 동형접합으로 존재함. **(b)** 연구자들은 유전적 침투가 겹치는 NIL의 형질 값을 비교하여 QTL을 지도작성한다. **(c)** 특정 유전자에 대한 QTL의 할당을 입증하기 위한 도입 유전자(트랜스진)의 활용. *Source: (c): Courtesy of Stephen D. Tanksley, Cornell University*

정밀 지도작성 과정의 마지막 단계는 분리된 유전자를 검정하는 일인데, 이번 경우에서는 표현형 복구(phenotypic rescue)라는 방법으로 수행되었다. 연구자들은 *pennellii* 유전체로부터 예상 *fw2.2* 유전자를 클로닝한 후, *lycopersicum* 유전체 속으로 도입시켰다. **그림 25.13c**에 나타난 결과는 도입된 유전자가 *lycopersicum* 토마토를 상당히 작게 만들었다는 것이다. 이번의 표현형 복구 검사는 *pennellii fw2.2* 대립유전자(작은 열매)가 *lycopersicum fw2.2* 대립유전자(큰 열매)에 대해 우성이기 때문에 가능했다.

최근 몇 년 동안에 개발된 새로운 기술은 예상 QTL 유전자들을 검증하기 위한 대체수단을 활용할 수 있게 했다. 예를 들어, CRISPR/Cas9 (21장의 그림 21.12 참조)과 같은 기술을 사용하면 연구자가 한 대립유전자를 다른 대립유전자로 직접 바꾼 후, 이러한 유전적 개조가 관심 형질을 변경시키는지를 확인할 수 있다.

fw2.2 유전자는 세포분열의 음성 조절자 역할을 하는 단백질을 암호화하는 것으로 밝혀졌다. 놀랍게도 이 유전자의 산물은 사람에게 돌연변이가 일어날 때 암의 통제되지 않는 세포 분열을 일으키는 종양 억제 단백질과 관련이 있다(23장 참조). 또한, *fw2.2*의 열성 *S. lycopersicum* 대립유전자는 저형성(hypomorphic)의 특성이 밝혀졌다. 즉 *S. pennellii* 대립유전자에 비해 기능이 감소했다. 이러한 결과는 *S. lycopersicum* 토마토가 *S. pennellii*의 토마토보다 작은 이유를 설명하는 데 도움이 된다. 세포 성장의 음성 조절인자의 기능 감소는 더 큰 열매를 맺게 할 것이다.

연구자들은 1990년대 내내 10년 동안 꼬박 *fw2.2* QTL의 원인 유전자를 동정하기 위해 노력해 왔었다. 이제 고밀도 마커 지도작성, 유전자형 분석을 위한 마이크로어레이 기술 및 저비용 고효율 DNA 염기서열 분석기술을 활용함으로써, 연구 기간이 현저히 단축되었다. 다양한 형질을 조절하는 수백 개의 QTL 유전자가 효모, 옥수수, 애기장대, 쌀, 초파리, 생쥐, 돼지 및 소에서 확인되었다.

연관성 지도적성은 집단으로부터 QTL을 동정하게 한다

앞에서 기술한 표준 QTL 지도작성 방법은 표현형이 다른 개체 간의 제어된 교배를 필요로 한다. 그렇지만 사람을 포함한 많은 생물들에 대해서는, 이런 실험을 실행할 수도 없을 뿐 아니라 비윤리적이다. 또한 실험 과정에서 수행되는 교배에서 일어나는 재조합 사건의 횟

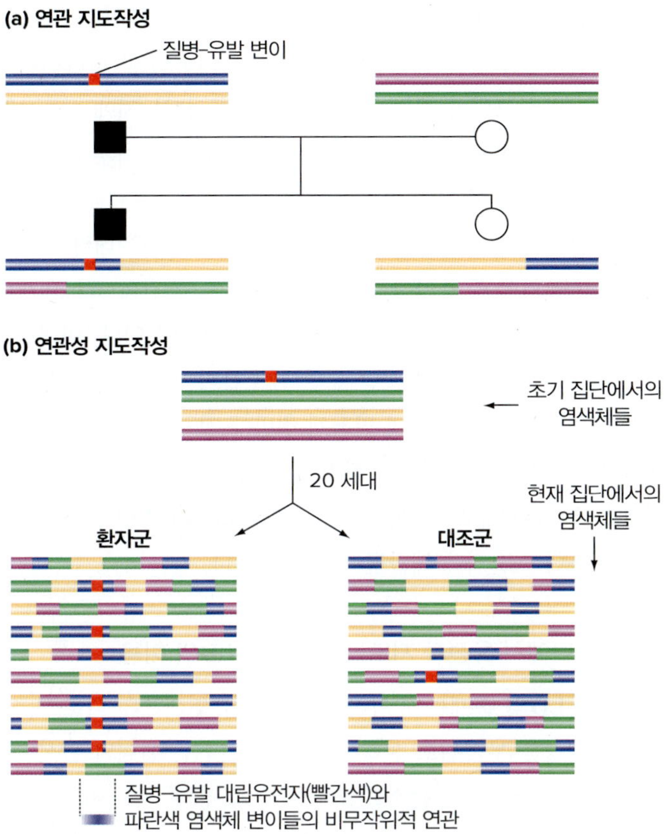

그림 25.14 연관성 지도작성은 연관 지도작성의 단순 확장이다. **(a)** 연관 분석에서 유전학자는 재조합체들을 검사하여 특정 유전체 부위와 개별 형질 간의 연관성을 찾는다. **(b)** 연관성 지도작성에서 재조합은 조상들의 여러 세대 동안 일어났기 때문에, 재조합체들은 집단에 이미 존재한다. 연구자들은 오늘날의 대조군보다 환자 그룹에서 대립유전자의 빈도가 높은 마커와의 연관 분석을 통해 QTL 좌위를 동정한다. 질병-유발 돌연변이(빨간색)가 QTL이 위치한 동일 염색체의 근처에서 일어났다면, 이런 마커의 대립유전자들은 파란색 염색체에 존재할 것이다.

수는 표준 QTL 지도작성의 해상력을 제한하게 한다.

다행히도 자연은 언제나 QTL의 지도작성을 할 수 있는 대체 방법을 제공한다. 유전학자들은 오늘날 살고 있는 개체들의 과거 조상 세대에서 일어난 재조합 사건을 유용하게 활용할 수 있는 **연관성 지도작성**(association mapping)으로 불리는 방법을 사용할 수 있다. 연관성 지도작성은 실제 단지 연관분석을 통한 지도작성(linkage mapping)의 확장으로(**그림 25.14a**) 단일 세대를 통해서 일어난 재조합이 아니라, 여러 세대를 통해 축적된 재조합 사건을 활용하는 방법이다.

그림 25.14b에서 볼 수 있듯이, 연관성 지도작성을 뒷받침하는 아이디어는 매우 단순하다. 어떤 형질에 영향을 미치는 새로운 돌연변이가 여러 세대 전에 발생했다고 가정하자. 이 돌연변이(그림 25.14에서 **빨간색**으로 표시)는 그림에 표시된 **파란색** 염색체와 같이 특정 개체의 특정 염색체에서 발생했을 것이다. 후속 세대들에서 해당 염색체는 이 염색체의 다른 복사본들(**초록색**, **노란색** 및 **보라색**)과 재조합을 일으켜 염색체의 길이를 따라 분포된 다른 다형성 마커들의 변이들을 가질 것이다. 여러 차례에 걸쳐 일어난 재조합을 통해, 현재 집단의 모든 염색체들은 집단의 조상들에게서 존재했던 염색체 유형들의 조각들을 이어 맞춘 세공품이 될 것이다.

연관 불평형: 두 좌위에서의 변이에 대한 통계적 연관성

유전학자들이 연관성 지도작성을 수행하는 방법을 이해하려면, 먼저 유전체 전체에서 서로 다른 위치에 있는 변이들이 자연 집단에서 개체들 사이에 서로 연관된 경향이 있는지 조사해야 한다. 기본적인 질문은 한 지점에서의 변이가 다른 지점의 변이에 대해 무작위적으로 분포하는가 혹은 그들이 통계적으로 연관성을 가지는가이다.

한 가상 집단에서 예를 들면, 1번 염색체의 300,500번째 염기가 동일한 빈도로 2개의 변이형(A와 T)을 가지고, 같은 염색체의 300,600번째 염기도 역시 동일한 빈도로 2개의 변이형(G와 C)을 가진다고 가정해 보자. 두 지점 사이의 자유로운 재조합을 통해 우리는 이 집단의 부모들에 의해 생성된 배우자들은 각 25% 빈도로 A−G, A−C, T−G 및 T−C의 4가지 다른 2-지점 반수체형(haploid type)의 **단상형**(haplotype)을 가질 것으로 예상된다. 이런 경우, 지점 1에 A가 있으면 지점 2의 변이에 대한 정보가 제공되지 않으며, 이는 G 또는 C일 가능성이 동일하다. 이럴 때, 두 지점에 대립유전자가 있고, 우리는 이 두 지점의 변이가 **연관 평형**(linkage equilibrium) 상태에 있다고 말할 것이다. 그렇다면 **단상형**은 단순히 가깝게 위치한 변이 좌위에 있는 대립유전자들의 특정한 모음이다.

무작위 연관에서 극단적으로 벗어난 경우, A−G 및 T−C와 같이 2개의 단상형만 각각 0.5의 빈도로 존재하게 된다. 이런 경우는, 두 지점의 변이 사이에 완전한 양의 상관관계(positive correlation)가 존재한다. 지점 1에서 A를 관찰하였다면, 우리는 두번째 지점에서 G를 만나게 될 것으로 확신을 갖고 예측할 수 있다. T와 C 변이도 역시 서로 완전한 양의 상관관계에 있다. 두 좌위의 변이가 연관되었을 때, 우리는 두 변이가 서로 **연관 불평형**(linkage disequilibrium; **LD**) 상태에 있다고 말한다.

LD의 범위는 0(연관 평형의 경우와 같이 상관성 없는 경우)에서 1(두 지점의 변이 간에 완전한 연관을 보이는 경우)까지이다. 두 좌위가 염색체상에서 점점 멀어져서 두 좌위의 유전적 지도의 거리가 매우 멀어지게 되면, LD는 점차 소멸되어 0에 접근하는데, 그 이유는 유전적 재조합의 가능성이 높아져 대립유전자 사이의 상관성을 방해하기 때문이다. 유전학자들은 종종 마름모로 이루어진 **삼각 다이어그램**(triangle diagram) 위쪽으로 나열된 SNP들로 구성된 쌍별

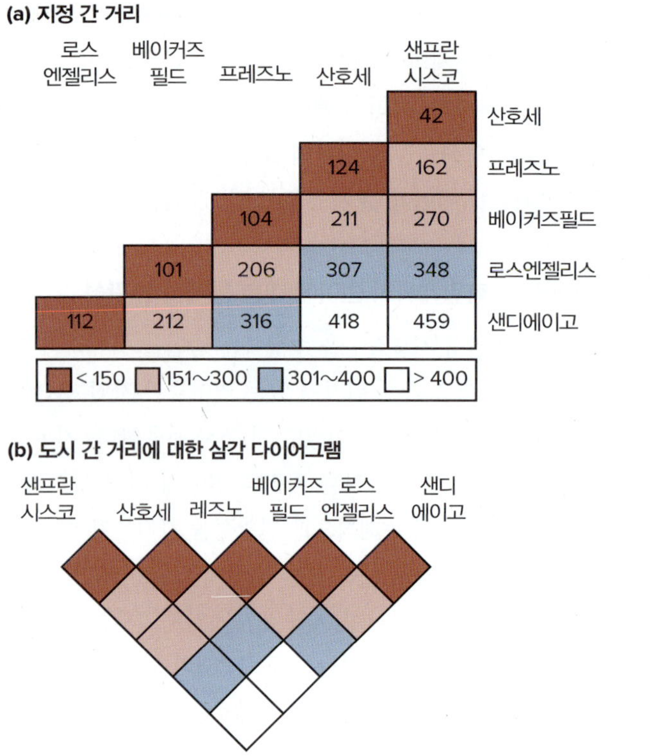

그림 25.15 캘리포니아 주 도시 간의 거리 매트릭스. 색상이 옅어짐은 거리가 멀어짐을 나타낸다. **(a)**의 매트릭스를 돌려서 **(b)**에서처럼 도시들을 도표의 위쪽에 일렬로 배열하면, 그림 25.16에 표시된 것과 유사한 SNP 간의 연관 불평형(LD)에 대한 삼각 다이어그램이 생성된다.

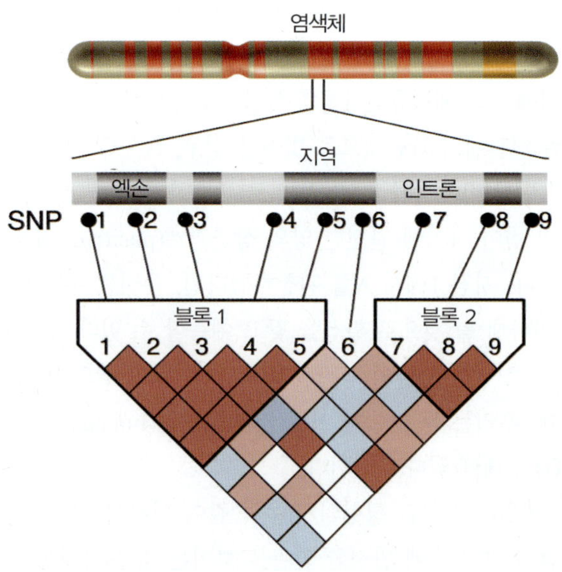

그림 25.16 사람 유전체에 분포하는 SNP들의 LD 블록. 유전체의 한 조각에 9개의 SNP의 위치가 표시되어 있다. 아래쪽은 해당 SNP들의 쌍별 비교를 위한 통계적 연관성(LD)의 강도를 색상으로 나타낸 마름모 블록으로 구성된 삼각 다이어그램이다(점차적으로 약한 연관성은 짙은 갈색, 밝은 갈색, 파란색 및 흰색으로 각각 나타냄).

LD 값(pairwise LD value)의 도표로 이 개념을 설명한다. 각 마름모 색깔의 진한 정도는 비교된 SNP 간의 LD의 강도를 나타낸다. **그림 25.15**는 이런 그림이 어떻게 만들어지고 해석되는지에 대한 예시를 보여준다. 그림에서 색상은 LD값 대신에 미국의 서부 해안을 따라 위치하는 6개 도시 간의 거리를 나타낸다.

사람의 인접한 염기쌍 사이의 재조합은 평균적으로 대략 세대 당 1×10^{-8}의 교차율을 보인다. 그러나 재조합은 유전적 교환의 **다발점**(hotspot)으로 특정 부위에 모여 일어나는 경향이 있다. 이러한 재조합의 불연속성과 진화적 시간 동안 재조합이 일어나는 시기와 장소의 무작위성은 인류 집단의 염색체 전반에 걸쳐 LD의 불연속성을 초래한다. 이러한 불연속성은 삼각 다이어그램에서 **LD 블록**(또는 **단상형 블록**)의 존재로 추적될 수 있다(**그림 25.16**). LD 블록 사이의 경계는 재조합 다발점에 해당될 가능성이 있다.

GWAS: 집단에서 유전자 지도작성을 위한 LD의 이용

유전체에서 LD의 존재는 과학자들로 하여금 염색체의 다른 지점에 위치한 다형성을 무작위로 선택하여 조사한 다음, 변이와 관심 형질 간의 통계적 상관성이 있는지를 조사할 수 있게 해준다. 이런 조사가 전체 유전체 규모로 수행되었다면, 이런 연구를 **전 유전체 연관성 연구**(genome-wide association study; **GWAS**)라 부른다. 이상적으로는 여러분들이 유전체상의 모든 DNA 변이를 분석하여 표현형의 차이에 기여하는 가장 가능성 있는 원인 변이(들)을 발견하고자 할 것이다. 그렇지만, 이런 높은 해상력의 유전자형 분석을 위해서는 전장유전체 서열결정(whole-genome sequencing)을 필요로 하는데, 최근 분석 비용이 빠른 속도로 떨어지고 있지만, 전체 유전체에 대한 고품질의 서열 분석을 수만명을 포함하는 연구 수행에 적용하기 위해서는 여전히 너무 많은 비용이 소요된다. 그래서 GWAS 연구를 수행하는 연구자들은 일반적으로 유전체에 따라 위치가 지정된 수백만 개의 공통 SNP를 분석하는 DNA 마이크로어레이(12장의 그림 12.15 참조)를 사용하기도 한다.

독립성에 대한 카이제곱 검정 GWAS 분석을 수행하기 위해 과학자들은 **증례군**(cases, 관심 형질을 가진 개체) 및 **대조군**(controls, 관심 형질이 없는 개체)의 대규모 표본에서 전 유전체에 걸쳐 분포된 변이의 빈도를 평가한다. 그런 다음, 카이제곱 검정(chi-square test)을 사용하여 빈도가 관심 형질과 양의 상관관계가 있는 변이를 찾는다(**그림 25.17**). 다시 말해서 QTL로 확인되려면, 강하게 연관된 변이에 대한 카이제곱 검정에서 환자와 대조군 집단이 변이 빈도의 유의적 차이를 보여야 한다. 귀무 가설(null hypothesis)은 두 집단 사이에 차이가 없다는 가정이다.

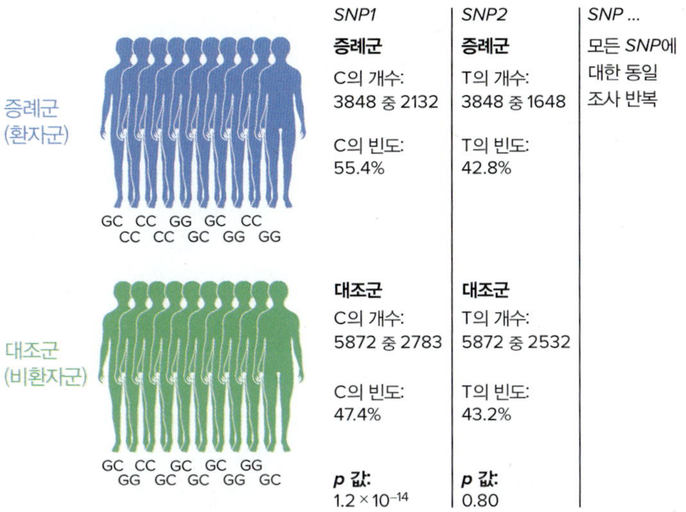

그림 25.17 사람 질병에 대한 GWAS. 특정 SNP의 대립유전자 빈도가 대조군보다 환자들 사이에서 더 높은 경우 QTL의 존재가 예상된다. 독립성의 카이제곱 검정(그림 25.18 참조)은 각 SNP에 대한 이러한 차이의 유의성을 설정한다. 그림의 예에서 *SNP1*(대립유전자 C 및 G)은 질병의 발병 위험에 기여하는 QTL과 연관된 반면 *SNP2*(대립유전자 T 및 A)는 연관되어 있지 않다. 그림은 단순화를 위해 각 SNP 좌위에서 하나의 대립유전자에 대한 계산만 보여준다.

연관되지 않았다는 귀무 가설을 기반으로는 자손 빈도를 예상할 수 없기 때문에, 5장의 「유전학의 기술」 **적합도를 알기 위한 카이제곱 검정**을 사용하여 SNP와 사람 형질 간의 연관성을 평가할 수 없다. 주된 이유는 표본 집단의 부모에서 SNP 및 질병 대립유전자의 위상을 모르기 때문에, 어떤 대립유전자 구성이 부모형이고 어느 것이 재조합형인지 알 수 없기 때문이다. 대신 대체 SNP의 대립유전자 분포가 증례군과 대조군에서 동일하다는 귀무 가설에 벗어나는지에 대해 데이터를 검정할 수 있다. 필요한 통계적 방법은 **독립성의 카이제곱 검정**이라고 한다.

그림 25.17에서 *SNP1*의 예를 사용하여, 본 검정이 어떻게 작동하는지 설명해 보고자 한다. 증례군과 대조군에서 대립유전자 C와 G의 빈도 차이가 통계적으로 유의한지 여부를 알아 볼 필요가 있다. 귀무 가설은 질병의 발생과 두 대립유전자가 **독립적**이라는 것으로, *SNP1*의 두 대립유전자(G 및 C)의 분포는 두 집단에 대해 무작위적이다.

χ^2 값을 계산하기 위해 그림 25.17의 데이터를 사용하여 **분할표**(contingency table)를 만든다(**그림 25.18**). 먼저 각 *SNP1* 대립유전자(C 또는 G)가 사례군 및 대조군에서 관찰된 횟수인 관측값(O)을 입력한다. 또한 증례군, 대조군, G 대립유전자 및 C 대립유전자의 총수를 입력한다. 다음으로 독립성의 귀무 가설로부터, 관찰된 4 클래스 각각에 대한 예상 값(E)을 계산한다. 예를 들어, *SNP1*의 C 대립유전자가 증례군 및 대조군에서 동일한 방식으로 분포되어 있는 경우, 증례군에서 대립유전자 C의 E 값은 단순히 조사된 총 유전체에서 C의 관찰 빈도(4915/9720)를 총 증례군의 수(3848)로 곱한 것이다(그림 25.18, 3행 2열 칸). 동일한 논리를 사용하여 분할표에서 다른 세 경우의 E 값을 계산할 수 있다(그림 25.18).

네 가지 클래스 각각에 대해 $\chi^2 = (O - E)^2/E$로서, 적합도 검정에서와 동일하다. 그런 다음 4개의 개별 χ^2 값을 추가하여 전체 데이터 세트에 대한 χ^2 통계를 얻는다. 분할표에는 하나의 자유도만 존재하는데(df = 1), 그 이유는 E에 대한 하나의 값이 설정되면 나머지 3개가 결정되기 때문이다.

*SNP1*의 경우 χ^2 값은 59.6이며(그림 25.18), 이것은 df = 1일 때 $p = 1.2 \times 10^{-14}$임을 의미한다(5장에서 주어진 χ^2 및 df 값에 대한 p 값은 인터넷에서 구할 수 있는 도표로부터 얻을 수 있음을 상기하라). 이 p 값은 *SNP1*이 실제로 질병과 관련이 없는 경우, 그림 25.17과 같은 실험에서 우연히 이렇게 관찰될 확률은 83조분의 1에 불과함을 의미한다[$1/(1.2 \times 10^{-14}) = 8.3 \times 10^{15}$].

「유전학의 기술」 **독립성에 대한 카이제곱 검정**은 분할표를 제작하고 χ^2 결과를 해석하는 과정을 간략하게 설명하고 있다.

SNP1	증례군	대조군	
G	**O = 1716** **E** = [(4805/9720)] × 3848 = **1902** χ^2 = [(1716 − 1902)²/1902] = **18.2**	**O = 3089** **E** = [(4805/9720)] × 5872 = **2903** χ^2 = [(3089 − 2903)²/2903] = **11.9**	**총 G = 4805**
C	**O = 2132** **E** = [(4915/9720)] × 3848 = **1946** χ^2 = [(2132 − 1946)²/1946] = **17.8**	**O = 2783** **E** = [(4915/9720)] × 5872 = **2969** χ^2 = [(2783 − 2969)²/2969] = **11.7**	**총 C = 4915**
	총 증례군 수 = 3848	**총 대조군 수 = 5872**	**총 유전체 수 = 9720**

$\chi^2 = 18.2 + 11.9 + 17.8 + 11.7 = \mathbf{59.6}$; **df = 1**; **$p$ = 1.2 × 10^{-14}**

그림 25.18 독립 분할표에 대한 카이제곱 검정. 이런 계산은 *SNP1*과 심장 질환 사이의 상관성이 통계적으로 유의한지 여부를 결정하는 데 도움이 된다(그림 25.17 참조). O = 관측값; E = 예측값; $\chi^2 = (O - E)^2/E$; df = 자유도; p = 확률.

유전학의 기술

독립성에 대한 카이제곱 검정

독립성에 대한 카이제곱 검정은 사람 유전체의 특정 SNP 좌위가 어떤 질병과 연관되었는지를 밝히는데 사용된다. 이런 카이제곱 검정은 귀무 가설에 기초하여 멘델 전달 유전학의 간단한 논리를 사용해서는 개인들의 예상 빈도를 예측할 수 없는 여러 상황의 유전 분석에 유용하다.

독립성에 대한 카이제곱 검정을 수행할 때, 첫 번째 단계는 데이터 세트에 대한 카이제곱 값을 계산할 수 있는 분할표를 만드는 것이다. 아래에서 SNP 좌위와 사람 형질의 연관성의 예를 이용하여, 분할표를 만들고 그 결과를 평가하는 방법에 대해 설명하고 있다.

다음 예에서, 특정 SNP 좌위의 두 대립유전자 G와 C가 증례군(해당 형질을 가진 사람)과 대조군(해당 형질이 없는 사람)의 유전체에 균등하게 분포되지 않았다. G는 증례군에서 더 높은 빈도로 존재하고, C는 대조군에서 더 높은 빈도로 존재한다고 가정해 보자. 우리가 묻고 싶은 질문은 다음과 같다. 해당 SNP와 형질 사이의 연관성이 통계적으로 유의한가? 다르게 표현하면, G 대립유전자를 가진 사람들이 이 형질을 가질 확률이 유의적으로 더 높을까?

이번의 예에서, 우리는 대립유전자(유전자형이 아님)를 계산하기 때문에 분할표의 각 관측 값은 사람이 아니라 유전체를 나타낸다. 따라서 증례군 또는 대조군의 수는 유전체의 수를 의미한다. 상염색체 SNP의 경우 증례군 또는 대조군의 조사된 사람 수는 유전체 수의 절반이 된다.

1. **분할표를 그린다.** 이번 표에는 4개의 열과 4개의 행이 있다(**그림 A**). 두 열은 증례군과 대조군으로 표시하고, 두 행은 각각 G와 C로 표시한다.
2. **관측 값(O)을 입력한다.** 데이터를 사용하여 4개의 중앙 칸 각각에 O에 대한 숫자 값을 입력한다.
3. **행과 열 아래에 관측 값을 추가한다.** 합계는 총 G, 총 C, 총 증례군 및 총 대조군의 숫자 값이다.
4. **총 유전체 칸에 숫자 값을 할당한다.** 이 칸에는 윗 행의 합계(총 G + 총 C)가 포함되며, 이는 가로 두 행의 합계(총 증례군 + 총 대조군)와 같다.
5. **귀무 가설을 수식화한다.** 여기서 귀무 가설은 SNP 좌위와 표현형 사이에 연관성이 존재하지 않는다는 것이다.
6. **예상 값(E)을 계산한다.** 귀무 가설이 참이라는 가정에 따라, 표 가운데 4개의 칸 각각에 그림 A와 같이 E를 계산한다.
7. **데이터 세트에 대한 χ^2 값을 계산한다.** 먼저, 그림 A와 같이 4개의 관측 각각에 대해 χ^2를 계산한다. 이 네 χ^2 값 각각의 합은 데이터 세트에 대한 총 χ^2이다.
8. **자유도(df)를 결정한다.** 그림 A의 E 값 계산을 살펴보면, 하나의 E 값이 설정되면 다른 세 값이 결정된다는 것을 알 수 있다. 따라서 df = 1이다.
9. **확률(p)을 구한다.** 인터넷의 표를 사용하여 χ^2 및 df 값에 해당하는 p 값을 구한다. p 값은 예상된 수로부터 조사를 통해 관찰된 수 사이의 편차가 우연히 발생할 확률이다.
10. **p 값의 유의성을 평가한다.** 단일 SNP를 사용한 실험의 경우, 일반적으로 p 값 컷오프는 0.05이다. 즉, 해당 SNP의 대립유전자와 질병의 발생이 독립적이라는 귀무 가설은 $p < 0.05$인 경우에만 기각될 수 있다. 그러나 많은 SNP를 사용하는 GWAS 실험에서 p 값의 컷오프는 0.05/(조사된 SNP의 수)이다. 해당 데이터에서 p 값이 이 값보다 낮을 경우만 SNP와 질병의 유의적 연관성이 있다고 판단한다.

SNP 대립유전자	증례군	대조군	
G	O_{CaG} = G를 가진 증례군 E_{CaG} = (총 G/총 유전체) × 총 증례군 $\chi^2_{CaG} = (E_{CaG} - O_{CaG})^2/E_{CaG}$	O_{CoG} = G를 가진 증례군 E_{CoG} = (총 G/총 유전체) × 총 대조군 $\chi^2_{CoG} = (E_{CoG} - O_{CoG})^2/E_{CoG}$	총 G = $O_{CaG} + O_{CoG}$
C	O_{CaC} = C를 가진 증례군 E_{CaC} = (총 C/총 유전체) × 총 증례군 $\chi^2_{CaC} = (E_{CaC} - O_{CaC})^2/E_{CaC}$	O_{CoC} = C를 가진 증례군 E_{CoC} = (총 C/총 유전체) × 총 대조군 $\chi^2_{CoC} = (E_{CoC} - O_{CoC})^2/E_{CoC}$	총 C = $O_{CaC} + O_{CoC}$
	총 증례군 = $O_{CaG} + O_{CaC}$	총 대조군 = $O_{CoG} + O_{CoC}$	총 유전체 수 = $O_{CaG} + O_{CaC} + O_{CoG} + O_{CoC}$

총 $\chi^2 = \chi^2_{CaG} + \chi^2_{CaC} + \chi^2_{CoG} + \chi^2_{CoC}$

그림 A 분할표 작성하기

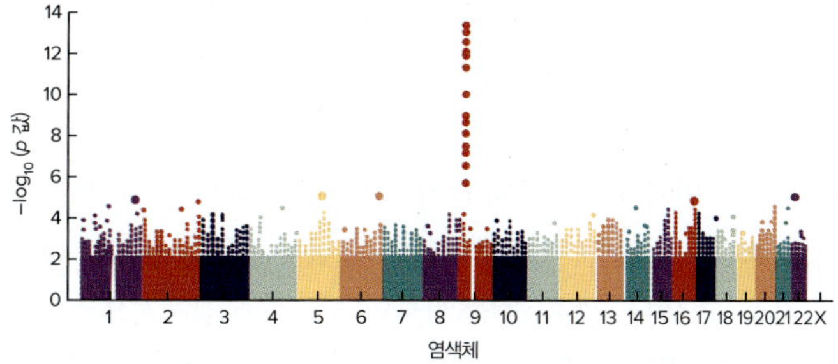

그림 25.19 사람의 관상동맥 질환의 GWAS에 대한 맨해튼 곡선. 9번 염색체 상에 빨간 점들의 피크는 높은 $-\log_{10}(p\ 값)$의 SNP 클러스터로서, 심장병과의 연관성에 대한 통계적으로 유의적인 매우 강한 증거를 의미한다.

맨해튼 곡선 GWAS의 분석에서 p 값의 해석은 수백만 개의 SNP가 검사되면서 거짓 양성의 문제가 발생하기 때문에 복잡해진다. 이런 엄청난 좌위에서 많은 수의 SNP는 우연한 표본 수집의 오류만으로 형질을 가진 증례군과 대조군 사이의 빈도가 다른 것처럼 보일 수 있다. 단일 카이제곱 검정에 대한 통계적으로 유의한 것으로 간주되는 일반적인 컷오프는 0.05보다 작은 p 값이다. 즉, 5%의 확률로 증례군과 대조군이 서로 동일한 빈도를 가질 것이라는 예상으로부터 벗어났음을 의미한다. 따라서 전 유전체 연구에서 모든 100만 개의 SNP에 대해 카이제곱 검정을 반복한다면, $1{,}000{,}000 \times 0.05 = 50{,}000$개의 SNP가 우연한 기회에 의해 해당 형질과 관련이 있는 것처럼 나타날 것으로 예상된다.

이런 거짓 양성 문제를 해결하기 위해 연구자들은 귀무 가설의 예측 값으로부터 벗어난 관측 값의 확률(즉, p 값)이 100만 개의 SNP에 대해 0.05/(분석된 SNP 수) $= 5 \times 10^{-8}$보다 낮지 않으면, 어떤 SNP의 질병 상관성을 유의적인 것으로 여기지 않는다. 이 조건은 증례군 및 대조군의 매우 큰 표본 크기를 필요로 한다. 앞의 예(그림 25.17 및 25.18)를 살펴보면, 우리는 *SNP1*과 질병의 연관성이 통계적으로 유의하다는 결론을 내릴 수 있다. 이것은 *SNP1*의 C 대립유전자를 가진 사람들이 심장 질환의 위험이 증가한다는 것을 의미한다.

2007년에 사람 질병에 대한 최초의 대규모 GWAS 연구 중 하나로, 관상동맥 질환을 포함한 7가지 복합 질병에 대해 각각 약 2000명의 환자와 3000명의 대조군에서 거의 100만 SNP를 조사했다. 대부분의 유의적인 연관성은 우연한 기회로 관찰될 확률이 매우 낮다(예: $p = 1 \times 10^{-14}$). 따라서 연구자들은 증례군(심장 질환 환자)과 대조군(심장 질환이 없는 사람) 간의 각 개별 SNP의 빈도 차이에 대한 통계적 유의성의 카이제곱 검정에 대해 $-\log_{10}(p\ 값)$[예를 들면, $-\log_{10}(1 \times 10^{-14}) = 14$]를 도식화했다(**그림 25.19**). 이러한 데이터의 표현 방식은 뉴욕 맨해튼의 스카이라인처럼 보이기 때문에 **맨해튼 곡선**(Manhattan plot)이라고 한다. $-\log_{10}(5 \times 10^{-8}) = 7.7$ 이상의 값을 보이는 드물게 나타나는 높은 피크는 100만 SNP에 대한 연구에서 이 질병에 대한 QTL의 존재를 의미한다.

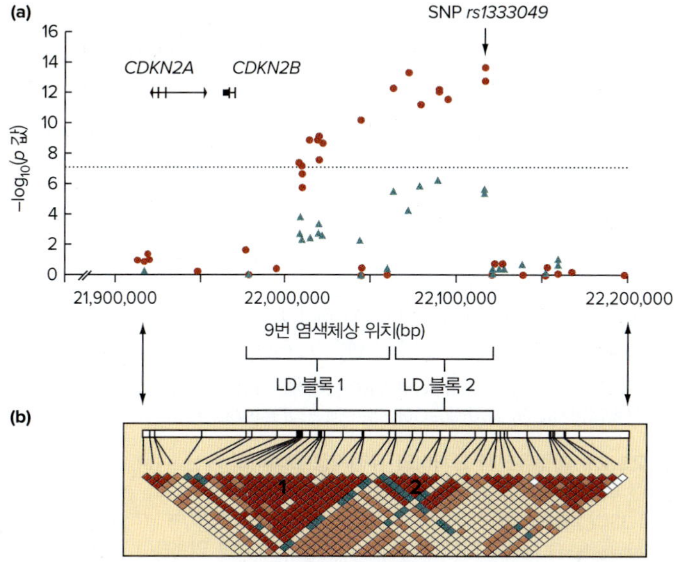

그림 25.20 관상동맥 질환과 9번 염색체의 300 kb 지역에 위치하는 SNP들의 연관성. **(a)** 그림 25.19에서 제시된 맨해튼 곡선을 확대하면, 두 다른 집단을 대상으로 수행한 GWAS 분석(빨간 점과 파란 세모로 구분)에서 염기서열 22,010,000과 22,120,000 사이에 분포하는 여러 SNP들이 질병과의 강한 통계적 연관성을 나타낸다. 500,000개의 SNP 조사에서 통계적 유의성의 컷오프는 $-\log_{10}(p\ 값) = 7$이다(점선으로 표시). 이 지역 내에 주석이 달린 두 유전자(*CDKN2A* 및 *CDKN2B*)는 질병과는 유의적 연관성을 나타내지 않는 부위에 존재하고 있다. **(b)** (a)에서 보여준 SNP 중 LD의 삼각 다이어그램. 몇 가지 블록이 표시되어 있다(진한 갈색 = 강한 LD, 옅은 갈색 = 상당한 LD, 하늘색 = 약한 LD, 흰색 = 유의성 없는 LD). LD 블록 1과 2에는 *rs1333049*를 포함하여 다수의 SNP들이 심장병과 강한 연관성을 보이고 있다.

그림 25.19에서 9번 염색체의 빨간색 점 피크가 있는 영역을 확대하면, 유의적으로 연관된 SNP 클러스터를 찾을 수 있다(**그림 25.20a**). 독일 환자에 대한 후속 연구에서도 이 부위의 SNP와 60세 이전의 심장마비 발생 사이에 강한 연관성이 있음을 보여주었다(그림 25.20a). 그림 25.17 및 그림 25.18에서 심장 질환과의 강한 연관성을 보였던 *SNP1*은 실제로 독일 연구에서 밝힌 SNP 중 하나이다(그림 25.20a에서 *rs1333049*로 명명됨).

교차비 *rs1333049*는 두 개의 인접한 LD 블록과 함께 모여 분포하면서 강력한 질병 연관성을 나타내는 여러 SNP들 중 단지 하나일 뿐이다(**그림 25.20b**). 이러한 다형성의 대립유전자 사이에는 연관불균형을 나타내기 때문에, 우리는 그 중 어느 것이 심장병의 원인 돌연변이인지 말할 수 없다. 사실, 그 지역에 하나 이상의 원인 돌연변이가 포함되었을 수도 있다. 이런 LD 블록들 내에서는 재조합이 거의 일어나지 않았을 것이므로, 발병의 위험을 증가시키는 실제 돌연변이가 이 지역의 어느 위치에 놓여있는지를 판별할 수 없다. 더욱이, 이러한 LD 블록 내에서는 유전자가 발견되지 않았기 때문에(그림

(a) 대립유전자 교차비의 계산

증례군에 대한 *C* 대립유전자의 교차확률 = 증례군의 *C* 빈도/증례군의 *G* 빈도
대조군에 대한 *C* 대립유전자의 교차확률 = 대조군의 *C* 빈도/대조군의 *G* 빈도

$$C\text{에 대한 교차비} = \frac{\text{증례군 } C/\text{증례군 } G}{\text{대조군 } C/\text{대조군 } G} = \frac{2132/1716}{2783/3089} = 1.38$$

(b) 유전자형 교차비의 계산

	CC *N* (%)	CG *N* (%)	GG *N* (%)
증례군	586 (30.5)	960 (49.9)	378 (19.6)
대조군	676 (23.0)	1431 (48.7)	829 (28.2)

동형접합자(*CC*) 교차비(*GG*에 대한 상대적) = (586/378)/(676/829) = 1.91
이형접합자(*CG*) 교차비(*GG*에 대한 상대적) = (960/378)/(1431/829) = 1.47

그림 25.21 대립유전자 교차비와 유전자형 교차비의 계산. **(a)** 대립유전자 교차비는 한 특정 SNP 대립유전자에 의해 부가된 위험율의 배수이다. 본 조사에서 보여주는 1.38의 비율은 해당 SNP(그림 25.17 및 25.18의 *SNP1*)의 C 대립유전자를 가지는 사람들은 G 대립유전자를 가지는 사람들보다 발병 위험률이 1.38배임을 의미한다. **(b)** 유전자형 교차비는 조사된 SNP에서 특정 유전자형에 의해 부가된 위험율의 배수이다.

25.20a), 해당 유전체 지역의 특징이 연구자들에게 질병을 유발하는 변이(들)의 구체적 위치에 대한 명확한 단서를 제공하지 못했다.

그러나 우리가 관련된 돌연변이를 동정할 수 없더라도, 해당 지역의 재조합 부재는 강력한 질병 연관성을 가진 SNP 대립유전자들로부터 의사들이 관상동맥 질환에 대한 발병 가능성이 높은 사람들을 식별하는데 도움을 받을 수 있다. 우리는 **대립유전자 교차비**(allelic odds ratio)를 계산하여, 특정 SNP 대립유전자와 연관된 발병 위험의 평균 증가율을 정량화할 수 있다(**그림 25.21a**). 이 지역에서 가장 강력한 질병 연관성을 나타내는 SNP 중 하나인 *rs1333049* SNP의 경우, 유전체에서 C가 있으면 G보다 관상동맥 질환에 걸릴 위험이 1.38배나 더 증가된다.

또한 우리는 증례군과 대조군 사이에서 위험을 증가시키는 대립유전자의 동형접합 또는 이형접합 유전자형 빈도를 비위험 대립유전자의 동형접합자의 빈도와 비교하여 **유전자형 교차비**(genotypic odds ratio; 특정 SNP 유전자형과 연관된 위험률의 증가)를 계산할 수 있다(**그림 25.21b**). 가장 위험한 유전자형을 가진 사람이라도 60세 이전에 심장마비를 일으킨다는 보장이 없다는 것을 인식하는 것은 중요하다. 심장병의 발병 가능성이 다른 유전자형을 가진 사람들에 비해 단지 더 높을 뿐이다.

QTL은 집단의 역사를 반영한다

QTL은 한 집단에서 측정 가능한 방식으로 특정한 복합 형질에 기여하는 유전적 변이로 정의된다. 이런 정의는 QTL 탐색에 대한 두 가지 중요한 의미를 제시한다. 첫째, QTL의 개수는 집단에서 변이성의 정도에 의존하며, 변이성의 정도는 집단의 역사를 반영한다. 예를 들어, 유전적으로 동일한 식물의 동계교배 집단을 조사하는 경우, 집단에 유전적 변이가 존재하지 않기 때문에, 여러분은 가뭄과 같은 스트레스 조건에서 생존 가능성과 같은 형질에 영향을 미치는 QTL을 절대 찾을 수 없다. 가뭄 동안 식물의 생존력에 잠재적으로 영향을 미치는 단백질을 암호화하는 많은 유전자들이 존재하겠지만, 그 유전자들 중 어느 것도 이 집단에서는 QTL이 될 수 없다. 왜냐하면 모든 식물들은 이들 유전자들에 대해 동일한 대립유전자를 가지기 때문이다. 다르게 표현하면, 실험에 의해 동정될 수 있는 QTL 세트는 이론적으로 해당 집단에서 과거에 일어났던 돌연변이의 존재에 의존한다.

QTL 탐색에 대한 둘째 의미로, 우리가 QTL을 동정할 가능성은 한 집단에서 특정 QTL 대립유전자의 빈도와 형질에 대한 기여도에 따라 좌우된다는 것이다. 만약 해당 대립유전자가 매우 드물게 존재한다면, QTL의 존재를 나타내는 통계적 유의성은 수십만 개체를 포함하는 매우 큰 규모의 조사에서만 얻을 수 있을 것이다. 그리고 한 형질에 대해 많은 다른 QTL들이 집단 내에 존재하면서 각 QTL은 형질에 약간만 기여한다면, 문제는 더욱 어려워지게 된다.

최근의 인구 폭발 영향

사람의 키는 복합 형질을 연구하는 유전학자들이 직면한 두 가지 주요 과제에 대한 유익한 예를 제공한다. 사람 키에 대한 유전력(h^2)은 대부분의 집단에서 약 80%이다. 최근의 대략 700,000명을 포함하는 사람 키에 대한 대규모 GWAS는 키에 영향을 미치는 3,290개의 QTL을 발견할 수 있게 했다. 그러나 이러한 각 QTL은 작은 형질 값만 가지고 있으며, 수학적 모델링은 이런 3,290개의 QTL의 영향력을 모두 합쳐도 키 유전력의 절반 미만을 담당하는 것으로 예상했다.

키에 대해 설명한 것과 비슷한 결과가 심혈관계 질환과 같은 의학적으로 중요한 많은 형질에 대한 GWAS 분석에서도 얻어졌다. 개별 유전자들의 작은 영향을 바탕으로 많은 유전자들이 사람의 대부분 복합 형질을 조절한다는 사실은 어떤 질병과 연관된 단일 QTL의 유전자형만으로는 한 개인에 대한 예측 가치는 매우 낮다는 것을 의미한다. 의학적으로 유용한 정보를 얻으려면, 한 개인이 수백 또는 수천 개의 서로 다른 QTL의 유전자형에 대한 교차비를 분석해야 한다. 그럼에도 불구하고, 이러한 QTL은 일반적으로 유전자가 제어하는 형질 변이의 절반 미만을 담당한다.

지구에 존재하는 사람에 대한 역사는 왜 지금까지 동정된 키에 대한 수천 개의 QTL이 유전 형질 변이성의 대부분을 설명하지 못하는

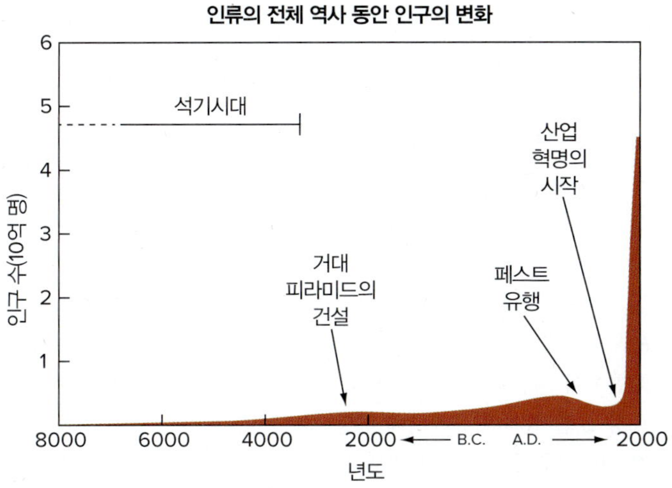

그림 25.22 지구상의 인구 변화. 산업혁명이 시작된 이후의 인구 폭발은 많은 복합 형질과 연관된 유전적 변이들을 생성시켰다.

지를 설명하게 한다. GWAS 분석은 통계적 유의성의 검정이 포함되기 때문에, 연구자들은 **공통 SNP**, 즉 많은 사람의 유전체에 분포하는 SNP 좌위에 대해 형질의 연관성을 조사했다. 이러한 공통 SNP를 형성한 돌연변이들이 인류의 200,000년 역사 동안 비교적 초기에 일어났고, 집단을 통해 많은 사람들에게 퍼질 시간이 있었다.

그러나 사람의 많은 QTL은 공통 SNP가 아닌 희귀한 SNP들이다. 그 이유는 약 1,750년 산업혁명이 시작된 이후로 인구가 폭발적으로 증가했기 때문이다(**그림 25.22**). 아시다시피 더 많은 배우자가 생성될수록, 새로운 돌연변이가 일어날 기회는 증가한다. 이러한 사실은 현대 인구의 많은 SNP가 단지 지난 수백 년 동안에 발생한 돌연변이에 기인한다는 것을 의미한다. 이런 최근에 발생된 대립유전자들은 아직 많은 사람들에게 퍼질 기회가 없었다. 따라서 유전력 연구에서 예상하는 잃어버린 QTL을 밝히기 위해 과학자들은 이제 덜 흔하게 분포하는 SNP 좌위와의 연관성을 검사하는 GWAS를 수행하고 있다. 복합 형질과 연관될 수 있는 희귀 SNP 대립유전자가 통계적 유의성에 대한 임계값을 초과하기 위해서는, 이런 GWAS는 매우 많은 사람들이 포함되어야 한다.

동물의 가축화 동안 일어난 인위 선택의 영향

가축으로 길들여진 동물들은 사람의 키와 같은 복합 형질에 지금까지 논의되었던 생물의 형질에서 볼 수 있는 것과는 현저하게 다른 유전 양상을 보여준다. 오늘날 개는 형태적으로 매우 다양한 품종이 광범위하게 존재하기 때문에 특히 흥미롭다(이 장의 시작 부분에 소개된 사진 참조). 대형견과 소형견의 전 유전체에 분포한 SNP 빈도를 비교한 연구에 따르면, **인슐린-유사 성장인자 1**(insulin-like growth factor 1; *IGF1*)의 단일 유전자의 다른 대립유전자가 개 체구 변이의 10~15%를 담당하는 것으로 조사되었다. 놀랍게도, 단지 6개의 유전자(*IGF1* 포함)가 개의 신체 크기에서 관찰된 분산의 50%를 담당하였다. 말의 대형 및 소형 품종을 조사한 비슷한 연구에서도 단 4개의 유전자가 이 가축화된 동물의 체구 변이의 83%를 조절한다고 발표되었다. 또한, 연구자들은 소수의 좌위(보통 4개 이하)가 평균 체형이나 귀의 쫑긋 세운 모습과 같은 다양한 개의 형태적 형질의 대부분을 담당한다고 밝혔다.

우리는 가축(소수의 QTL만이 관여하는 동물)과 인간(수백 또는 수천 개에 달하는 QTL이 많은 형질에 관여)에서 복합 형질에 영향을 미치는 유전자 수의 현저한 차이를 어떻게 설명할 수 있겠는가? 대답은 여전히 이들 집단의 역사를 포함한다는 것이다. 사람들은 비교적 짧은 기간 동안 개와 말을 가축화하였는데, 개는 대략 15,000년 전, 말은 6,000년 전에 시작되었다. 가축화가 진행되는 과정에서 사람들은 원하는 형질에 대해 매우 강력한 인위 선택(artificial selection)을 강요했다. 단지 소수의 개체들만이 선발되어 가축화가 진행되었고, 소수의 변이들만이 이런 인위 선택에 의해 선호되었다.

핵심 개념 25.2

- 대립유전자와 형질 값 사이의 상관성을 밝히기 위한 QTL 지도작성은 더 많은 마커의 사용과 통계적 검정을 수행함으로써, 기본적인 연관분석의 개념을 확장시켜 준다.
- 전 유전체 연관성 연구(GWAS)는 현재 집단의 조상들에서 과거에 일어난 재조합 사건을 이용한다. 연구자들은 특정 변이와 형질의 연관성을 검정하기 위해 증례군과 대조군 집단으로부터 대립유전자의 빈도를 비교한다.
- 복합 형질의 변이성은 그 집단의 과거 역사를 반영한다. 사육되는 동물에 대한 최근의 강력한 인위 선택은 단지 몇 좌위에서의 다형성이 관측되는 변이성의 상당 부분을 책임지게 하였다. 인류 집단의 경우 전 세계 인구가 많고 병목 현상을 겪지 않았으므로, 많은 좌위들이 복합 형질의 변이에 기여한다.

풀이 문제

풀이 문제 I

한 식물 육종가는 더 큰 식용 콩을 선발하는 데 관심을 가졌다. 콩 크기의 분포에서 상위에 위치한 콩들을 다음 세대를 위한 종자(부모 세대)로 선택했다(즉, 주어진 그림의 위쪽 그래프에서 분포도의 진한 오렌지색으로 표시한 부위에 해당하는 콩). 이렇게 선발된 부모로부터 생산된 자손 세대의 콩 크기의 분포는 그림 하단에 보라색으로 표시하였다. 분포 그래프 위의 숫자는 전체 부모 세대 콩(403.5), 다음 세대를 생산하기 위해 선발된 콩(691.7), 생산된 자손 세대 콩(609.1)의 평균 무게를 나타낸다.

a. 이 실험에서 선택 차이(S)는 얼마인가?

b. 이 실험에서 선택 반응(R)은 얼마인가?

c. 주어진 결과를 기반으로 하여 콩의 무게에 대한 유전력을 계산하시오.

d. 앞의 (c) 질문에서 계산된 유전력은 협의의 유전력인지 광의의 유전력인지를 밝히고, 그 이유를 설명하시오.

e. 육종가는 인위 선택을 통해 얼마나 성공하였다고 생각하는가? 육종가가 동일한 재배 기간 동안 더욱 큰 콩을 얻기 위해서는 이번 실험을 개선할 방법은 있겠는가?

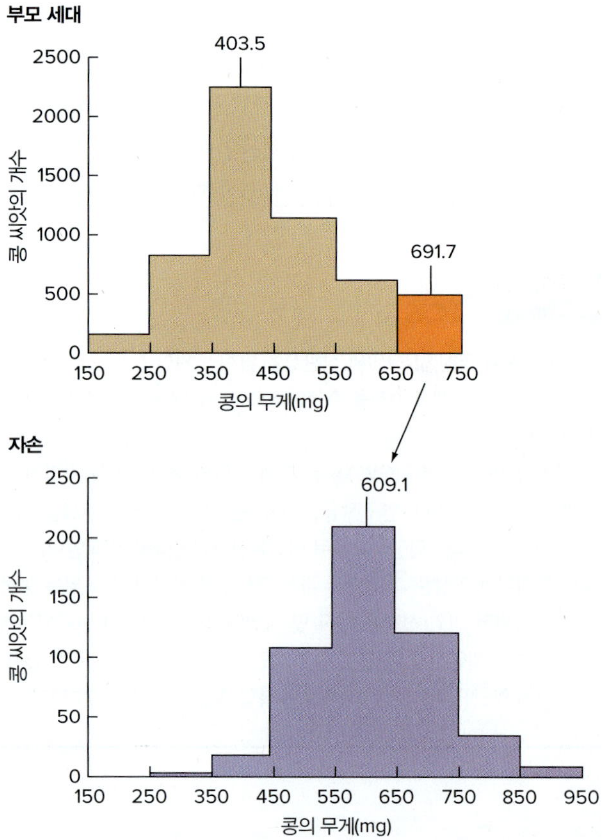

해답

a. 선택 차이 $S = 691.7$ mg $-$ 403.5 mg $=$ 288.2 mg이다. 이 값은 육종을 위해 선발된 부모 세대의 콩의 평균 무게와 전체 부모 세대(육종을 위해 선발되었던 되지 않았던 관계없이 모든 콩을 포함)의 평균 무게의 차이에 해당된다.

b. 선택 반응 $R = 609.1 - 403.5 = 205.6$ mg이다. 이 값은 자손 콩의 평균 무게와 전체 부모 세대 콩의 평균 무게의 차이에 해당된다.

c. 결과로부터 계산된 유전력 $h^2 = R/S = 205.6/288.2 = 0.713$이다.

d. R/S 공식으로 측정되는 유전력은 공식적으로 실현 유전력의 측도로, 표현형이 정규분포를 나타낼 때 이 값은 협의의 유전력과 동일하다. 측정 값은 협의의 유전력에 해당되는데, 그 이유는 단지 상가적 유전적 변이만을 측정하였기 때문이다. 자손 콩은 부모 콩이 가지는 두 대립유전자들 중 단지 하나만을 공유하며, 자손에서 공유 대립유전자는 다른쪽 부모로부터 유래한 대립유전자와 쌍을 이룬다. 따라서 표현형에 영향을 줄 수 있는 우성 효과나 유전자 상호작용의 효과는 부모와 자손 간에 서로 다르다. 광의 유전력은 상가적 효과뿐만 아니라 이런 우성 및 유전자 상호작용 효과도 포함해야 한다.

e. 이번 육종 프로그램은 효과적이었다고 볼 수 있다. 육종가는 콩의 평균 무게가 403.5 mg인 부모 집단에서 출발하여, 단지 한 세대만을 거치면서 평균 무게가 609.1 mg의 자손 콩을 얻을 수 있었다. 이번 프로그램의 성공은 높은 선택 차이와 높은 유전력이 뒷받침하였다. 육종가는 부모 세대의 분포도에서 극단의 상위에 위치하는 극소수의 부모만을 선발하는 방법을 적용한다면, 콩의 평균 무게가 더 증가한 자손 콩을 얻을 수 있을 것으로 예상되지만, 자손 콩의 수량은 줄어들 수도 있다.

풀이 문제 II

전신 홍반성 루프스(systemic lupus erythematosus; SLE)는 신체의 여러 부위에 염증과 조직 손상을 나타내며, 심지어 사망까지 초래할 수 있는 만성 자가면역 질환이다. SLE 질병에 대한 대규모 GWAS 연구가 수행되었다. 즉, 유럽계의 환자 1,000명과 대조군 3,000명 이상을 대상으로 500,000 SNP 좌위 이상의 유전자형을 분석하였다. 분석 데이터는 5개의 좌위에서 유의적인 연관성을 보여주었는데, 이들의 이름과 염색체 위치는 다음 맨해튼 곡선에 나타내었다.

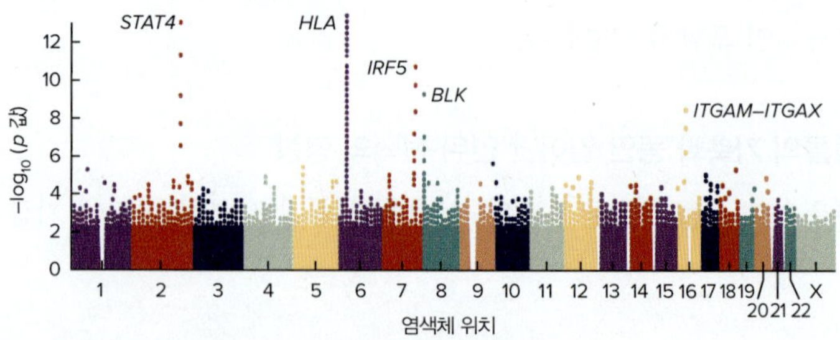

a. 이들 5개의 좌위들 중 유전적으로 서로 연관된 좌위들은 어느 것인가?

b. 이들 5개 좌위에 해당되는 피크의 높이는 해당 좌위에서의 특정한 유전자형과 질병이 발생할 상대적 위험률을 반영하는가?

c. 맨해튼 곡선에서, 유전체의 모든 염색체 위치에 존재하는 SNP들의

$-\log_{10}$(p 값)이 대략 3인 것으로 보인다. 이런 선입견이 오해의 소지가 있는 이유를 설명하시오. 또한 맨해튼 곡선으로부터 증례군과 대조군 집단에서 대립유전자의 빈도 차이를 나타내는 p 값의 임계값과 어떻게 관련되는지 설명하시오.

d. SLE와 연관된 좌위를 동정하는 이 연구의 성과를 감안할 때, 여전히 다른 집단을 대상으로 비슷한 연구를 수행할 필요가 있는 이유는 무엇인가?

해답

a. 이들 다섯 좌위들은 모두 다른 염색체에 위치하기 때문에 서로 연관되지 않는다. *STAT4*는 2번 염색체, *HLA*는 6번 염색체, *IRF5*는 7번 염색체, *BLK*는 8번 염색체 그리고 *ITGAM-ITGAX*는 16번 염색체에 각각 위치한다.

b. 아니다. 피크의 높이는 개별적 SNP들에 대한 질병 연관성의 유의성을 보여주는 것이다. 상대적 위험률은 연관성의 유의성에 대한 단지 한 요소일 뿐이다. 유의성의 다른 주요 요소는 대립유전자 빈도이다. 따라서 어떤 표현형에 매우 큰 영향을 미치는(즉, 높은 위험률의) 어떤 희귀 돌연변이와 가깝게 연관된 SNP의 대립유전자는 단지 환자군의 낮은 비율만이 해당 돌연변이를 가진다면, 유의적인 연관이 있는 것으로 등록되지 않을 지도 모른다.

c. 검사된 모든 500,000개의 SNP를 표시하기 위해 맨해튼 곡선의 X축을 확장하면, 대부분의 $-\log_{10}$(p 값)은 그림 25.20에서 볼 수 있듯이 0에 접근할 것이다. 맨해튼 곡선의 X축이 압축되어 있기 때문에, 무작위 샘플링 오류로 인해 약 0.001의 p값을 나타내는 소수의 SNP에만 집중하게 된 것이다.
맨해튼 곡선은 무작위 샘플링 오류를 보이며, 500,000 SNP 중에서 수천 개는 3보다 높은 $-\log_{10}$(p 값)을 가지며, 수백 개는 $-\log_{10}$(p 값)이 4보다 높고, 수십 개는 5보다 높은 $-\log_{10}$(p 값)을 가진다. 이런 사실은 대부분의 연구자들이 $(0.05/500{,}000) = 1 \times 10^{-7}$ 또는 $-\log_{10}$(p 값) $= 7$을 이런 분석에 대한 유의적인 p의 임계값으로 사용하는 이유를 그래픽으로 보여주고 있다.

d. 복합 형질의 변이에 기여하는 QTL들은 다른 유전적 역사를 가지는 집단들에 따라 서로 다를 수 있다. 유럽인 후손의 집단에 대한 이번 연구의 결과는 다른 그룹들에 대해서는 유용하지 않을 수도 있다. 또한, 다른 집단의 GWAS 연구는 해당 형질에 기여하는 유전자로, 네 가지 이외의 다른 유전자를 찾아낼 수 있으며, 다른 유전자들에 대한 연구는 연구자들에게 SLE 질병의 생물학적 이해력을 높이는데 도움이 될 수 있다.

연습 문제

어휘

1. 왼쪽 용어를 가장 잘 설명한 문장을 오른쪽에서 찾아 연결하시오.

a. 동질유전적 계통	1. 형제(이란성)의
b. QTL	2. 서로 다른 좌위들 간의 변이에 대한 연관 블록
c. 선택 반응	3. 전체 표현형 분산에서 유전 분산이 기여하는 비율
d. 연관성 지도작성	4. 모든 유전체 부위에 대해 동형접합을 나타냄
e. MZ 쌍둥이	5. 복합형질에 기여하는 유전자들
f. DZ 쌍둥이	6. 유전적으로 동일한
g. 공유전적 계통	7. 진화의 척도
h. 연관 불평형	8. 형자자매에 대한 0.5의 값
i. 유전력	9. 집단 역사의 과정동안 일어난 재조합의 활용
j. 유전적 친척성	10. 유전적 침투를 포함

25.1절

2. 다른 생물들의 표현형적 변이에 대해 유전적 또는 환경적 요인의 역할을 결정하는데 다음 각각을 어떻게 활용할 수 있겠는가?
   a. 유전적 클론(복제)
   b. 사람의 일란성 대 이란성 쌍둥이
   c. 교차 양육

3. 다음 설명들 중 어떤 나라의 한 집단에서 높은 유전력을 나타내는 사람의 형질에 대한 설명으로 옳은 것은?
   a. 일란성 쌍둥이 사이의 표현형적 차이는 이란성 쌍둥이 사이에서 보여주는 표현형적 차이와 거의 같다.
   b. 일란성 쌍둥이 사이에서는 표현형적 변이가 거의 없지만, 이란성 쌍둥이 사이에서는 높은 변이성이 존재한다.
   c. 한 형질은 다른 나라의 집단에서도 동일한 유전력을 가질 것이다.

4. 1937년에 출판된 한 연구에서 사람의 세 가지 형질(키, 지능 지수(IQ) 및 체중)에 대해 일란성(MZ) 및 이란성(DZ) 쌍둥이의 짝들과 형제 쌍들 사이의 평균값의 차이를 조사하였다. 지능(IQ)은 스탠포드 비네트 검사 방법(Stanford-Binet test)으로 측정하였다. IQ 검사가 타고난 지능을 얼마나 정확히 측정할 수 있는지에 대해서 확실하지 않은 것처럼 IQ의 개념은 논쟁성이 매우 강하고 그 중요성도 확실하지 않지만, 본

문제에서는 IQ를 측정 가능한 형질로 간주한다. 일부 MZ 쌍둥이들은 동일한 가정에서 함께 양육되었지만(RT), 다른 MZ 쌍둥이들은 다른 가정에서 서로 떨어져 양육되었다(RA). 평균 차이를 조사한 연구의 결과는 다음과 같다.

	MZ(RT)	MZ(RA)	DZ	형제
키	1.7 cm	1.8 cm	4.4 cm	4.5 cm
체중	1.86 kg	4.49 kg	4.54 kg	4.72 kg
IQ	5.9	8.2	9.9	9.8

a. 세 가지 형질 중 어떤 것이 가장 높은 유전력을 나타내는가? 가장 낮은 유전력을 보이는 것은 어느 것인가?
(힌트: 유전력을 계구체적인 숫자 값으로 계산할 수 있는 데이터가 충분히 주어지지 않았는데, 여러분은 이에 대해 일반적인 양적 개념으로 생각해야 한다.)

b. 최근에 미국 국립보건원의 질병통제예방센터(Centers for Disease Control and Prevention)는 1960년에서 2002년 사이에 미국 15세 소년들의 평균 체중이 61.46 kg에서 68.17 kg로 증가했다고 보고했다. 같은 기간 동안 15세 소년들의 평균 키는 171.5 cm에서 173.7 cm로 늘었다. 이 통계가 (a) 문제에서 여러분이 추정한 상대적 유전력과 얼마나 잘 일치하는가?

5. 표 25.2는 여러 불연속 복합 형질들과 관련하여 MZ 및 DZ 쌍둥이에 대한 일치도 값을 나열하고 있다.
a. 이 모든 형질들의 유전력이 1.0 미만이라는 것을 어떻게 쉽게 알 수 있는가?
b. 이러한 형질들의 유전력을 측정하려면, 식 (25.8)나 식 (25.9)를 활용해야 하는가? 그 이유를 설명하시오.
c. 표 25.2의 데이터를 사용하여 각 형질에 대한 유전력을 계산하시오. 표에 제시된 형질들 중에서 어떤 형질이 전체 표현형 분산에 대한 유전 분산의 기여도가 더 높은가?

6. 비슷한 표현형의 분산을 보이는 두 형질이 한 집단에 존재한다. 한 형질의 변이성은 형질 값이 큰 2개 좌위와 낮은 형질 값을 가지는 6개 좌위에 의해 조절된다. 두 번째 형질의 변이성은 모두 낮은 형질 값을 가지는 12개의 좌위에 의해 조절된다. 이 정보로부터, 어느 형질이 선택에 대해 더 일관되게 반응할 것으로 예상되는가? 그 이유를 설명하시오.

25.2절

7. 어떤 한 식물에서, 잎의 크기는 독립적으로 분포하는 4개의 유전자들의 상가적인 방식으로 결정된다. 즉, 대립유전자 A, B, C, D는 각각 잎 길이를 4 cm씩 길게 하며, 대립유전자 A', B', C', D'는 각각 잎의 길이를 2 cm씩 길게 한다. 따라서 AA, BB. CC, DD 식물은 32 cm 길이의 잎을 가지며, $A'A'$, $B'B'$, $C'C'$, $D'D'$ 식물은 16 cm 길이의 잎을 가진다.
a. 만약 32 cm 길이의 잎을 가지는 순계 식물을 16 cm 길이의 잎을 가지는 순계 식물과 교배시키면, F_1은 24 cm의 잎을 가지며, 유전자형은 $A'A'$, $B'B'$, $C'C'$, $D'D'$가 될 것이다. F_1 식물로부터 생산되는 F_2 세대에서 예상되는 모든 잎의 길이와 그들의 예상 빈도를 나열하시오.
b. 이번에는 무작위 교배가 일어나는 한 집단에서, 다음과 같은 대립유전자 빈도가 관찰된다고 가정해 보자.

A의 빈도 = 0.9 A'의 빈도 = 0.1
B의 빈도 = 0.9 B'의 빈도 = 0.1
C의 빈도 = 0.1 C'의 빈도 = 0.9
D의 빈도 = 0.5 D'의 빈도 = 0.5

이 집단에서 4 종류 유전자 각각에 대해 3가지 가능한 유전자형의 예상 빈도를 계산하시오.
c. 앞의 (b)의 집단에서 잎의 길이가 32 cm인 식물의 비율은 얼마이겠는가?

8. 토마토 열매 크기에 관여하는 QTL에 대해 수행되었던 실험을 상기하면서, 조절된 교배를 통해 QTL의 저밀도 지도작성과 정밀 지도작성에 사용된 절차의 유사점과 차이점을 설명하시오.

9. 인류를 괴롭히는 가장 널리 퍼진 질병 중 심장병은 삶의 질에 심각한 영향을 미칠 수 있고, 심지어 조기 사망을 초래할 수 있다. 심장병은 주로 노령층에서 발병하지만 30대(심지어 20대)의 1 또는 2%가 이 질병으로 고통을 받는다. 이 질병에는 유전 요인과 환경 요인이 작용한다. 심장병 유발 유전자의 GWAS에 참여할 가족을 선발하기 위해서는 어떤 전략을 사용할 수 있겠는가? 이유를 설명하시오.

10. 카나반병(Canavan disease)은 보통 생후 18개월 이전에 사망을 초래하는 열성 대립유전자의 동형접합으로 발병하는 중증 퇴행성신경 증후군이다. 카나반병의 출현 빈도는 유대인 집단에서 특히 높게 나타난다.
이 질병을 유발하는 유전자를 밝히기 위해 노력하고 있는 연구자들은 5명의 유태인 환자(증례군)와 4명의 정상인(대조군)에서 17번 염색체를 따라 대략 100 kb 거리에 있는 10개의 SNP (1~10)에 주목했다. 다음 표에서 각 행은 단일 단상형을 나타낸다. 모든 실험 참여자들은 이배체이므로 두 개의 단상형을 보유하지만, 표에는 하나의 상동염색체에 해당하는 단상형만 표시하였다. G, C, A, T는 각 SNP 자리에서의 실제 염기서열을 나타낸다.

	SNPs									
증례군	1	2	3	4	5	6	7	8	9	10
1	G	T	G	T	T	T	C	A	G	T
2	A	T	G	T	T	T	C	A	G	T
3	G	T	G	T	T	T	C	A	G	C
4	A	A	G	T	T	T	C	T	C	C
5	G	A	G	C	C	T	G	A	C	C

대조군

6	A	A	G	T	T	T	C	A	G	T
7	G	T	G	G	C	T	G	A	G	T
8	A	T	C	T	C	G	C	T	C	C
9	G	T	C	G	T	G	G	A	C	T

a. 질병-유발 돌연변이가 이들 SNP들의 대립유전자 중 일부와 연관 불평형 상태에 있는 것으로 여겨지는가? 존재한다면, 어떤 것들인가?

b. 카나반병 유전자가 존재할 것으로 추정되는 가장 유력한 위치는 어디인가? 해당유전자가 존재할 것으로 추정되는 영역의 길이는 대략 얼마인가?

c. 주어진 데이터로부터, 카나반병 유전자는 몇 개의 독립적인 돌연변이를 가지는지 예상하시오.

d. 실험 참여자 2~9는 아쉬케나지 유대인[A.D. 70년대에 유대(Judea) 지역에서 추방된 후, 독일과 프랑스의 라인강 유역에 살았던 조상들의 후손]이며, 실험 참여자 1은 세파르디 유대인(아쉬케나지가 아닌 유대인)이라고 가정해 보자. 이러한 사실이 카나반병 유발 돌연변이들의 역사에 대한 정보를 제공할 수 있겠는가?

e. 단상형 연관성을 이용한 지도작성에서, 특정 하위 집단에 초점을 맞추는 것이 종종 도움이 되는 이유는 무엇인가? 이런 전략은 어떤 단점을 보이겠는가?

f. 사람의 17번 염색체는 상염색체로, 각 사람들은 염색체를 따라 해당 부위에 대해 두 개의 사본을 가진다. 이런 사실을 염두에 둘 때, 단상을 결정하는 실질적인 어려움은 무엇이겠는가? (힌트: 이형접합성을 고려하라.) 이러한 어려움을 비추어 볼 때, 연구자들은 표에서 보여주는 것과 같은 각 단상형을 어떻게 결정할 수 있겠는가?

11. 그림 25.14에서

a. 왜 환자군의 일부 염색체는 빨간색으로 표시된 질병-유발 변이를 갖지 않는 것일까?

b. 왜 대조군의 일부 염색체는 빨간색으로 표시된 변이를 갖는 것일까?

c. 과학자들은 발병에 기여하는 QTL을 동정하기 위해 수행한 연관성 지도작성에서 얻은 데이터를 어떻게 평가하는지에 대해 설명하시오. 연구자들은 무엇을 기대하겠는가? 그리고 그림의 아래쪽에서, 왜 질병의 비무작위적 연관성을 파란색 대립유전자라는 이름으로 특별히 표시하는 이유는 무엇인가?

d. 연구자들이 문제에서 주어진 질병과 통계적으로 유의적인 연관성을 나타내는 SNP들을 유전체의 두 다른 지역에서 찾았다고 가정해 보자. 지역 1에서, DNA의 200 kb 길이에 분포하는 SNP들이 연관성을 보였다. 지역 2에서는 질병-연관 SNP들은 2 Mb의 길이에 분포하고 있었다. 이 두 지역 각각에는 단지 한 개의 질병-유발 변이를 가진다고 가정할 때, 두 돌연변이 중 어느 것이 인류의 역사에서 먼저 일어났을 것으로 예상되는가? 이유를 설명하시오.

e. 앞의 질문 (d)에 대해 여러분은 대답을 상기하면서, 질병-연관 SNP들을 포함하는 지역의 길이가 그럼에도 불구하고 인류 역사 동안 질병-유발 돌연변이가 발생한 시간에 대한 완전한 지표가 될 수 없는 이유를 설명하시오.

12. 그림 25.17에서

a. *SNP1*에서, 왜 환자들 중 일부는 GG 유전자형을 가지고, 일부는 GC 유전자형, 나머지는 CC 유전자형을 가지는가? 즉, 왜 모든 환자들이 동일한 유전자형을 가지지 않을까? 최소한 두 가지 이상의 이유에 대해 논의하시오.

b. 얼마나 많은 사람들이 본 연구에 참여했는가? 그 중 환자(증례군)는 몇 명이며, 대조군은 몇 명인가?

13. 사람 집단에는 공통 SNP과 희귀 SNP의 대립유전자와 공존한다.

a. 왜 사람의 어떤 SNP 대립유전자는 드물게 존재하는가?

b. 왜 사람의 어떤 SNP 대립유전자는 흔하게 존재하는가?

14. 그림 25.20에서, SNP *rs1333049*와 관상동맥 질환의 연관성은 한 GWAS에서 컷오프 값 7보다 큰 $-\log_{10}(p$ 값)을 보였지만 다른 두 번째 연구에서는 그렇지 않았다. 이 SNP가 실제로 해당 질병과 연관이 있다고 가정할 때, 두 번째 연구에서 $-\log_{10}(p$ 값)이 컷오프 미만인 것에 대해 가능한 두 가지 이유를 제시하시오.

15. GWAS 연구를 통해 과학자들은 미국에 사는 사람들의 비만과 관련된 몇몇 SNP를 분리하였다. 이러한 SNP 중 하나는 *FTO*는 유전자 내에 있었다. 흥미롭게도 *FTO*의 공통 변이는 비만과 관련이 있었지만, 1945년 이후에 태어난 사람들에게만 해당되었다. 게다가 출생 연도가 늦을수록 이 *FTO* 변이와 관련된 비만의 위험도가 높아졌다. 왜 비만의 유전적 위험 요인은 출생 연도에 따라 다른가?

16. GWAS 조사에서 초콜릿이나 바닐라 아이스크림에 대한 사람들의 선호도와 관련된 특정 LD 블록이 발견되었다고 가정하자. 해당 유전체의 이 영역 내에서 이와 같은 선호도를 결정하는 데 도움을 주는 구체적인 유전자의 대립유전자를 어떻게 분리해 낼 수 있는가?

연습 문제 해답

chapter 1장

1. a. 4; b. 3; c. 6; d. 7; e. 11; f. 13; g. 10; h. 2; i. 14; j. 9; k. 12; l. 8; m. 5; n. 1

3. 짧은 털이 긴 털에 대하여 우성이다.

4. 검정교배로 유전자형을 결정할 수 있다. 즉, 우성의 표현형을 보이는 초파리와 열성(짧은 날개)의 유전자형을 보이는 초파리를 교배하면 된다. 미지의 초파리가 동형접합성의 우성 유전자형을 가졌다면, 검정교배의 후손은 *Ww*가 되어 우성의 표현형을 보일 것이다. 미지의 초파리가 이형접합성의 유전자형을 가졌다면, 검정교배의 후손 중 1/2은 정상(*Ww*)이고 1/2은 짧은 날개(*ww*)를 가진다.

5. 우성의 형질(짧은 꼬리)을 선택교배로 더 쉽게 집단에서 제거할 수 있다. 표현형을 나타내는데 한 개의 우성 대립유전자만 필요하므로, 이 대립유전자를 가진 모든 동물을 쉽게 인식할 수 있으며, 우성 대립유전자를 물려받은 생쥐들을 번식시키지 않으면 된다.

6. a. 1×4 교배에서 3:1 비율의 자손을 얻은 것으로 보아 이 대립형질은 하나의 유전자에 의해 결정된다고 할 수 있고, 늦게 개화하는 형질이 이르게 개화하는 형질에 대하여 우성이다.
   b. 1=*Ff*; 2=*ff*; 3=*FF*; 4=*Ff*.
   c. (1) 3 늦은 꽃 : 1 이른 꽃, (2) 모두 이른 꽃,
   (3) 모두 늦은 꽃, (4) 3 늦은 꽃 : 1 이른 꽃

7. 한 번의 교배만을 가지고서는 어떻게 가죽의 색이 유전되었는지 설명할 수 없다. 이를 증명하기 위해서는 검점교배가 필요하다(이형접합성의 개체와 동형접합성의 열성의 개체간의 교배법). 두 마리의 검은색 말 또는 두 마리의 빨간색 말을 교배시켰을 때 만약 빨간색이 열성이라면 빨간색의 부모는 모두 빨간색의 자손만 낳을 것이다. 반대로 검은색이 열성이라면 검은색의 부모는 모두 검은색의 자손만 낳을 것이다.

8. a. 얼굴모양: 12/52=0.23, 빨간색: 26/52=0.5,
   빨간색의 얼굴모양: $0.23 \times 0.5 = 0.12$
   b. $(3/13)^4 \approx 0.0028$
   c. $12/52 \times 11/51 \times 10/50 \times 9/49 \approx 0.0019$

9. a. 부모와 같은 표현형의 아이가 태어날 확률은 $1/2^4 + 1/2^4 = 1/8$이다. 서로 다른 표현형은 $2^4 = 16$ 종류의 다른 표현형이 나온다.
   b. 부모와 같은 표현형의 아이가 태어날 확률은 0+1=1이다. 서로 다른 표현형은 $1^4 = 1$ 종류의 표현형이 나온다.
   c. 부모와 같은 표현형의 아이가 태어날 확률은 $(3/4)^4 = 81/256$이다. 서로 다른 표현형은 $2^4 = 16$ 종류의 다른 표현형이 나온다.
   d. 모든 자손이 부모의 표현형과 일치한다(가능성=1). 오직 한 종류의 표현형만이 나온다.

10. 친구는 틀렸다. 세 아들을 낳을 확률과 세 딸을 낳을 확률은 1/8로 같고, 두 아들과 한 명의 딸, 한 명의 아들과 두 딸을 낳을 확률은 다른 성별이 태어난 순서대로 각각 1/8의 확률을 갖기 때문에 3/8의 확률을 갖는다.

11. 부모는 둘 다 반드시 보인자(*Aa*)일 것이다. 이 부모 사이에서 다음에 태어날 아이가 백색증을 가질 확률은 1/4 (*aa*)이다.

12. a. 첫 배의 자손이 모두 거칠고 검은색 털을 가지고 있는 것으로 보아 거친 형질과 검은색 형질은 우성이다. 또한 두 번째 배의 자손이 네 형질을 모두 가진 것으로 보아 두 유전자에 의해 이 형질들이 좌우된다는 것을 알 수 있다.
    b. 1/4 거칠고 검은색 털 : 1/4 거칠고 흰색 털 : 1/4 부드럽고 검은색 털 : 1/4 부드럽고 흰색 털

13. a. 3/4 (에취증후군) × 1/4 (턱떨림 없음)=3/16
    b. $1/4 \times 1/4 = 1/16$

14. *P*=보라색, *p*=흰색, *S*=가시가 있는, *s*=부드러운
    a. *PpSs* × *PpSs*
    b. *PPSs* × *P*−*ss* 또는 *P*−*ss* × *PPss*
    c. *PpS*− × *ppSS* 또는 *PpSS* × *ppS*−
    d. *PpSs* × *ppSs*
    e. *Ppss* × *Ppss*
    f. *ppSs* × *ppSs*

15. 1: 수컷 *ttNn*, 암컷 *ttNn*

2: 수컷 $Ttnn$, 암컷 $ttNn$
3: 수컷 $Ttnn$, 암컷 $TtNn$
4: 수컷 $Ttnn$, 암컷 $TtNN$

16. a. 완두 색의 표현을 결정하는 Sgr 유전자는 녹색 색소 엽록소를 분해하는데 필요한 효소이다.
 b. Sgr 효소의 생성을 명시하지 않기 때문에 y가 영대립유전자일 가능성이 높다.
 c. Yy 이형접합자일 때 Sgr 효소가 만들어지기 때문에 Y 대립유전자가 우성이다.
 d. 녹색 엽록소가 분해되지 않는다.
 e. 정상 Sgr 효소 양의 절반도 노란색 표현형을 나타내는데 충분하다.
 f. 유전자에 변화가 생겨 영대립유전자가 되어도 정상적인 유전자가 남았기에 생존할 수 있게 된다.
 g. 가능하다. 각 완두콩은 수정과정이 별도로 진행되기 때문이다.
 h. 가능하다. 콩깍지 색과 완두콩 색은 다른 유전자로 조절되기 때문이다.

17. 긴 줄기가 우성 형질이므로, 우성 대립유전자가 G3βH를 만들고 열성 대립유전자는 효소를 전혀 만들지 못할 가능성이 높다.

18. a. 열성. 유전질환을 가지지 않은 부부 사이에서 유전질환을 가진 자녀가 태어났다. II-1과 V-2는 aa, II-2, II-4, III-4, III-5를 제외한 모든 영향을 받지 않은 사람은 Aa=보인자이다. V-1은 보인자일 가능성이 높다.
 b. 우성. 형질이 모든 세대에서 나타나며, 영향을 받은 자녀 모두 영향을 받은 부모를 가진다. 형질이 열성이었다면 부모 모두가 영향을 받았음에도 III-3가 영향을 받지 않을 가능성은 없다. 영향을 받은 모든 개인은 Aa이며, III-4, III-5와 III-6은 AA일 수 있다. 돌연변이가 우성일 때 보인자는 있을 수 없다.
 c. 열성 영향을 받지 않은 부모가 영향을 받은 아이를 낳은 경우이다. I-2와 III-4는 영향을 받았고(aa), II-4와 II-5는 보인자(Aa), 나머지는 AA 또는 Aa이나, 이 질환이 희귀하면 I-1은 거의 확실하게 AA이다.

19. a. 2/3
 b. 1/9
 c. 4/9

20. 질병 대립유전자는 열성이다. 왜냐하면 질병에 대해 영향이 없는 부부(I-1×I-2, II-3×II-4)가 그들의 아동에게 영향을 미쳤기 때문이다. 독립적인 유전자를 가진 보인자(II-4와 I-1 또는 I-2) 두 가지의 사례가 존재하기 때문에 질병 대립유전자는 인구에서 흔한 것으로 보인다.

21. a. $1/4^5 = 1/1024$
 b. $1/1000 \times 2/3 \times 1/4 = 1/6000$

22. a. 1/16=0.0625
 b. ~0.067

23. 40% 또는 840명의 아이들은 마지막 교배로부터 나왔다.

24. 낭 섬유증의 경우, 질병을 일으키는 대립유전자는 활성 단백질을 지정하지 않는다. 헌팅턴병의 경우, 질병 대립유전자에 의해 특정된 돌연변이 헌팅틴 단백질은 정상적인 단백질의 기능 외에도 정상적인 헌팅틴 단백질이 존재하더라도 신경 세포에 독성이 있는 기능을 가지고 있다.

25. a. 빨간색 머리카락 유전자(*MCIR*)는 흔하다
 b. 20%
 c. 1/6

chapter 2장

1. a. 2; b. 5; c. 10; d. 7; e. 6; f. 8;
 g. 11; h. 3; i. 4; j. 1; k. 9

2. 가장 간단한 설명은, A 효소가 수행하는 생화학적 반응이 P 효소의 반응과 다르고 A 효소와 P 효소의 특성도 다르다는 것이다. 예를 들어, 각 경우에 무색 전구체가 색소로 변환된다. P 효소는 매우 효율적이어서 Pp 이형접합자가 가지고 있는 P 효소의 양만큼만으로도 모든 무색 전구체가 소모될 수 있다. 따라서 Pp 식물과 PP 식물에서 보라색 색소의 양은 동일하다. A 효소는 상대적으로 비효율적이어서, AA 식물(2배의 A 효소)보다 Aa 이형접합체(A 효소 1배)에서 무색 전구체가 빨간색 색소로 덜 전환될 수도 있다.

3. a. 1/2
 b. 75 에보니, 150 삼지창, 75 꿀벌색

4. 1/16 빨간색 긴형:1/8 빨간색 타원형:1/16 빨간색 타원형:1/8 보라색 긴형:1/4 보라색 타원형:1/8 보라색 타원형:1/16 흰색 긴형:1/8 흰색 타원형:1/16 흰색 타원형

5. a. ii (표현형 O) 또는 I^Ai (표현형 A) 또는 I^Bi (표현형 B)
 b. I^BI^B, I^Bi 또는 I^AI^B
 c. ii (표현형 O)

6. a. 1/4 얼룩 점박이무늬:1/2 대리석무늬:1/4 점박이무늬

b. 대리석무늬 및 점박이무늬

7. a. 외피 색상은 다음과 같은 일련의 우열 서열을 가진 단일 유전자상의 세 대립유전자들에 의해 결정된다.
C(친칠라) > c^h(히말라야) > c^a(알비노)
b. 교배 1: $c^hc^a \times c^hc^a$; 교배 2: $c^hc^a \times c^ac^a$; 교배 3: $Cc^h \times C(c^h$ 또는 $c^a)$; 교배 4: $CC \times c^h(c^h$ 또는 $c^a)$; 교배 5: $Cc^a \times Cc^a$; 교배 6: $c^hc^h \times c^ac^a$; 교배 7: $Cc^a \times c^ac^a$; 교배 8: $c^ac^a \times c^ac^a$; 교배 9: $Cc^h \times c^h(c^h$ 또는 $c^a)$; 교배 10: $Cc^a \times c^hc^a$
c. 3/4 친칠라($C-$): 1/4 히말라야(c^hc^a) 또는 3/4 친칠라($C-$):1/4 알비노(c^ac^a)

8. a. 2/3 흰날개:1/3 정상
b. Cy / Cy는 치사
c. 90 흰 날개와 90 정상날개 파리

9. a. 표현형비가 2:1이라는 것은 몬테주마 부모가 이형접합자(Mm)이고, M 대립유전자에 대한 동형접합자는 치사라는 것을 보여준다.
b. 1/2 몬테주마:1/2 초록색, 정상 지느러미
c. 6/12 몬테주마 정상 지느러미:2/12 몬테주마 주름진 지느러미:3/12 초록색, 정상 지느러미:1/12 초록색 주름진 지느러미

10. a. 불완전 우성
b. 폴리 라이첼(Polly Ritchie)의 부모 중 한 명[James Ritchie(그렇다면 그의 아버지 Martin Ritchie도) 또는 Hannah Fugate], 매뉴얼 퓨게이트(Manuel Fugate)의 부모 중 한 명(Zachariah Fugate 또는 Polly Campbell), 리차드 스미스(Richard Smith)의 부모 중 한 명(William Smith 또는 Betty Ritchie), 엘리너 퓨게이트(Eleanor Fugate)의 부모 중 한 명(William Fugate 또는 Juda Campbell).
c. 메리(Mary)는 희귀 메트헤모글로빈혈증 대립유전자의 보인자이다.
d. 리차드 스미스(Richard Smith)와 마틴 퓨게이트(Martin Fugate)의 아내 (Mary?).

11. a. 자가 교배를 했을 때, 초록색 F_2는 모두 초록색 F_3의 자손을 가질 것으로 예상됨. 황갈색 F_2는 모두 황갈색 또는 황갈색과 초록색의 F_3을 둘 다 가짐. 회색 F_2는 모두 회색이거나 회색과 초록색 F_3을 둘 다 가짐. 갈색 F_2는 모두 갈색이거나 갈색과 황갈색이거나 갈색과 회색이거나 갈색, 회색 황갈색 및 초록색인 F_3을 가질 수 있음.
b. 황갈색 × 초록색 → 3 황갈색:1 초록색;
회색 × 초록색 → 3 회색:1 초록색;
갈색 × 초록색 → 3 갈색:1 회색;
갈색 × 황갈색 → 3 갈색:1 황갈색;
갈색 × 초록색 → 9 갈색:3 회색:3 황갈색:1 초록색

12. 두 개의 유전자가 관련되어 있다. 검은색 암말은 $A-\ bb$, 체스트넛 종마는 $a-\ BB$, 리버 말은 $aa\ bb$, 베이 말은 $Aa\ Bb$ 였다.

13. a. 흰색 또는 야생형; b. 흰색 또는 야생형; c. 야생형

14. a. 자녀들 중 아무도 청각장애가 없다면 상보작용이 일어난 것이다. 즉, 각 부모는 다른 유전자의 열성 돌연변이 대립유전자에 대해 동형접합자이다. 그런데 만약 모든 자녀가 청각장애인이면 상보작용이 일어나지 않았음을 의미한다. 따라서 부모는 모두 동일한 유전자의 열성 돌연변이 대립유전자에 대해 동형접합자이다. 마지막으로 일부 자녀는 청각장애인이고 다른 자녀는 청각장애인이 아니라면, 부모는 동일한 유전자의 열성 돌연변이 대립유전자에 대해 동형접합자이다. 그렇지만 동형접합 열성 유전자형은 불완전 침투도를 보인다.
b. 두 명의 청각장애인 부모의 자녀가 모두 정상적인 청력을 가지고 있다면, 이 결과는 상보작용에 의한 것이 아니라 불완전 침투일 가능성이 여전히 존재한다.

15. a. F_2에서 표현형 비는 대략 13 흰색:3 보라색이다. 이것은 두 개의 유전자가 색상을 조절하며, F_1은 양성잡종임을 암시한다. 즉 A는 B에 대해 상위성이고, 결국 $A-\ --$는 흰색, $aa\ B-$는 보라색이 된다.
b. $Aa\ BB$
c. $aa\ Bb$
d. $aa\ bb$와 $Aa\ BB$

16. 아무런 영향이 없다. 표현형비에는 변화가 없을 것이다.

17. a. 7/9 정상:2/9 무모증
b. 2/3 정상:1/3 무모증

18. 순종 식물(야생형 × 돌연변이)을 사용하여 교배를 수행한 다음, F_1 자손을 자가 교배하는 실험을 해야 한다. 여러 유전자가 관련되어 있다면 F_2는 꽃잎 색, 무늬 및 줄기 위치 형질의 여러 가지 다른 조합을 가질 것이다. 세 가지 형질이 모두 한 유전자의 대립유전자에 의해 결정된다면, 세 가지 비야생형 또는 세 가지 야생형 형질은 항상 함께 유전될 것이다.

19. a. I-1 AB; I-2 A; I-3 B; I-4 AB; II-1 O; II-2 O; II-3 AB; III-1 A; III-2 O
b. I-1 $Hh\ I^AI^B$; I-2 $Hh\ I^Ai$(또는 I^AI^A); I-3 $H-\ I^BI^B$(또는 I^Bi); I-4 $H-\ I^AI^B$; (I-3과 I-4 둘 중 하나 또는 둘 다 h 대립유전자를 보유해야 함); II-1 $H-\ ii$; II-2 $hh\ I^AI^A$(또는 I^Ai 또는 I^AI^B); II-3 $Hh\ I^AI^B$; III-1 $Hh\ I^Ai$; III-2 $hh\ I^AI^A$(또는 I^AI^B 또는 I^Ai 또는 I^Bi 또는 I^BI^B)

20. a. 세 개

b. 흰색-1은 $aa\ BB\ CC$; 흰색-2는 $AA\ bb\ CC$; 흰색-3은 $aa\ bb\ CC$

c. 흰색-1×흰색-2 → $Aa\ Bb\ CC$(빨간색) → 9/16 $A-\ B-\ CC$(빨간색):3/16 $A-\ bb\ CC$(흰색):3/16 $aa\ B-\ CC$(흰색):1/16 $aa\ bb\ CC$(흰색). 빨간색이 되기 위해서는 각 유전자상에서 적어도 한 개의 우성 대립유전자가 필요함(즉, 유전자형 $A-\ B-\ C-$).

21. 2/6 노란색:3/6 알비노:1/6 아구티

22. a. 흰색 계통은 $AA\ bb$ 및 $aa\ BB$이다. 그리고 파란색 F_1은 모두 $Aa\ Bb$이다.

b. 10 파란색 ($A-\ B-$ 또는 $aa\ bb$):6 흰색 ($aa\ B-$ 또는 $A-\ bb$).

23. a. 9/16 화합물 2 및 4의 혼합색 (유전자형 $A-\ B-$):3/16 화합물 2 및 3의 혼합색 (유전자형 $A-\ bb$):3/16 화합물 1 및 4의 혼합색 (유전자형 $aa\ B-$):1/16 화합물 1 및 3의 혼합색 (유전자형 aa bb)

b. 15/16 화합물 2 색상 (유전자형 $A-\ --$ 또는 $--\ B-$):1/16 화합물 1 색상 (유전자형 $aa\ bb$)

c. 9/16 화합물 3 색상 (유전자형 $A-\ B-$):3/16 화합물 2 색상 (유전자형 $A-\ bb$):4/16 화합물 1 색상 (유전자형 $aa\ --$)

d. 9/16 화합물 2 색상 (유전자형 $A-\ B-$):7/16 화합물 1 색상 (유전자형 $A-\ bb$ 또는 $aa\ B-$ 또는 $aa\ bb$)

e. 9/16 화합물 2 및 3의 혼합색 (유전자형 A− B−):3 화합물 1 및 2의 혼합색 (유전자형 A− bb):3/16 화합물 1 및 3의 혼합색 (유전자형 $aa\ B-$):1 화합물 1 색상 (유전자형 $aa\ bb$)

f. 12/16 화합물 2 색상 (유전자형 $A-\ --$):3/16 화합물 1 및 4의 혼합색 (유전자형 $aa\ B-$) : 1/16 화합물 1 및 3의 혼합색 (유전자형 $aa\ bb$)

g. 9/16 화합물 3 색상 (유전자형 A− B−):7/16 화합물 1 (또는 2) 색상 (유전자형 $aa\ --$ 또는 $--\ bb$)

h. 13/16 화합물 2 색상 (유전자형 $--\ B-$ 또는 $aa\ bb$):3/16 화합물 1 색상 (유전자형 $A-\ bb$)

24. 여러가지 다른 생화학적 메커니즘이 이 잡종 교배의 F_2에서 9:3:3:1 비율과 다른 비율이 나오게 하는 기초가 될 수 있다. 그러나 유전자 상호작용의 생화학적 메커니즘을 알면 F_2의 표현형비를 예측할 수 있다.

25. 그림 2.25b에서 A^l과 B^l 대립유전자는 형질(키)에 동등하게 기여한다. 그림 2.20에서 A 대립유전자는 B 대립유전자보다 형질(색깔)에 더 많이 기여한다.

26. a. 하나의 유전자를 파란색(c^b), 빨간색(C^r) 및 라벤더(C^l) 색상을 조절하는데, 이들의 우열관계는 $C^r = C^l > c^b$이다. 두 번째 유전자가 노란색(y)을 조절하며, Y 대립유전자는 색깔에 아무런 영향을 끼치지 못한다. 그리고 yy는 C 유전자상의 모든 대립유전자에 대해 상위성이다.

b. 교배 1: $C^rC^r\ YY$(빨간색)×$c^bc^b\ YY$(파란색) → $C^rc^b\ YY$(빨간색) → 3/4 $C^r-\ YY$(빨간색) : 1/4 $c^bc^b\ YY$(파란색); 교배 2: $C^lC^l\ YY$(라벤더)×$c^bc^b\ YY$(파란색) → $C^lc^b\ YY$(라벤더) → 3/4 $C^l-\ YY$(라벤더) : 1/4 $c^bc^b\ YY$(파란색); 교배 3: $C^lC^l\ YY$(라벤더)×$C^rC^r\ YY$(빨간색) → $C^lC^r\ YY$(청동색) → 1/4 $C^lC^l\ YY$(라벤더) : 1/2 $C^lC^r\ YY$(청동색) : 1/4 $C^rC^r\ YY$(빨간색); 교배 4: $C^rC^r\ YY$×$c^bc^b\ yy$(노란색) → $C^rc^b\ Yy$(빨간색) → 9/16 $C^r-\ Y-$(빨간색) : 3/16 $C^r-\ yy$(노란색) : 3/16 $c^bc^b\ Y-$(파란색): 1/16 $c^bc^b\ yy$(노란색); 교배 5: $C^lC^l\ yy$(노란색)×$c^bc^b\ YY$(파란색) → $C^lc^b\ Yy$(라벤더) → 9/16 $C^l-\ Y-$(라벤더) : 3/16 $C^l-\ yy$(노란색) : 3/16 $c^bc^b\ Y-$(파란색) : 1/16 $c^bc^b\ yy$(노란색)

c. 3/16 $C^rC^r\ Y-$(빨간색) : 3/8 $C^rC^l\ Y-$(청동색) : 3/16 $C^lC^l\ Y-$(라벤더) : 1/16 $C^rC^r\ yy$(노란색) : 1/8 $C^rC^l\ yy$(새로운 유전자형) : 1/16 $C^lC^l\ yy$(노란색)

27. 정상날개-1=hh; 정상날개-2=$hh\ SS$; 정상날개-3=$hh\ Ss$; 정상날개-4=$Hh\ Ss$

28. a. 상염색체 우성

b. 5/6≈83%

c. 5/12≈42%

d. 투과도는 83%보다 낮을 수 있다. 왜냐하면 II-5(유전자형이 Dd이어야 하지만 형질은 나타내지 않음) 외에 가계도에서 다른 4명(III-1, III-2, III-4, III-7)이 더 형질을 나타내지 않지만 Dd일 수 있다. 가장 낮은 가능성은 5/10=50%이다. 따라서 IV-1이 영향을 받을 확률의 가능한 가장 낮은 추정치는 1/2×1/2=1/4 또는 25%이다.

29. a. 구상적혈구증 표현형은 완전 침투도를 보이며, 일률적인 발현도를 보인다. 빈혈은 0.94의 침투도를 가지며 다양한 발현도를 보인다.

b. 빈혈이 없는 사람을 제외하고 비장을 제거하면 된다.

30. a. 우성이면서 불완전 침투성일 가능성이 매우 높음

b. 스미스 가계 II-3, III-6; 제퍼슨 가계 II-6

c. 열성

d. 아무도 없음

31. 발생 중 우연한 사건; 지문은 유전자에 의해 완전히 결정되지 않는다.

32. 검은색 레트리버의 유전자형은 (EE 또는 Ee) $BB\ K^bK^b$ (aa를 제외한 모든 유전자 A 대립유전자 조합) $DD\ SS\ M^2M^2$일 가능성이 높다. 초콜릿색 레트리버는 bb를 제외하고 검은색 레트리버와 유전자형이 같다. 노란색 레트리버는 ee[$B-$ 또는 bb] K^bK^b[aa를 제외한 모든 유전자 A 대립유전자 조합] $DD\ SS\ M^2M^2$이다.

chapter 3장

1. a. 12; b. 6; c. 10; d. 9; e. 11; f. 7; g. 8; h. 1; i. 5; j. 13; k. 3; l. 2; m. 14; n. 4

2. a. 8; b. 16; c. 16; d. 4
   e. 4 중부동원체형과 4 차단부동원체형

3. a. 46 염색체, 44 상염색체; b. 24종류; c. 92 염색분체
   d. 밴드는 염색체의 응축된 부위에 해당하는데 이는 10번 염색체 모두 유사하다.

4. a. 47 염색체; b. 45 상염색체; c. 2 성염색체; d. 2 사본; e. 3 사본

5. 두 딸세포 모두 14개 염색체를 가진다.

6. a. G_1, S, G_2, M; b. G_1, S, G_2
   c. G_1기는 DNA 합성과 염색체 복제되기 전 시기로 세포가 성장하는 기간이다. 염색체 복제는 S 기에 일어난다. G_2기는 염색체가 복제된 후 세포가 성장하는 기간이다. 이 기간에 세포는 유사분열기에 필요한 단백질들을 합성한다.

7. 아니오.

8. 합포체는 모계 유전자 산물을 이용할 수 있기 때문에 G_1기와 G_2기는 필요하지 않다. 염색체가 복제되는 S기는 필요하다. 자매염색분체가 분리되는 유사분열은 필요하다. 핵분열만 일어나기 때문에 세포질 분열은 필요하지 않다.

9. $n=3$; a. 감수분열 I 후기; b. 유사분열 중기; c. 감수분열 II 말기; d. 유사분열 후기; e. 감수분열 II 중기

10. a. 유사분열, 감수분열 I, II; b. 유사분열, 감수분열 I; c. 유사분열; d. 감수분열 I, 감수분열 II; e. 감수분열 I; f. 없음; g. 감수분열 I; h. 감수분열 II, 유사분열; i. 유사분열, 감수분열 I

11. a.

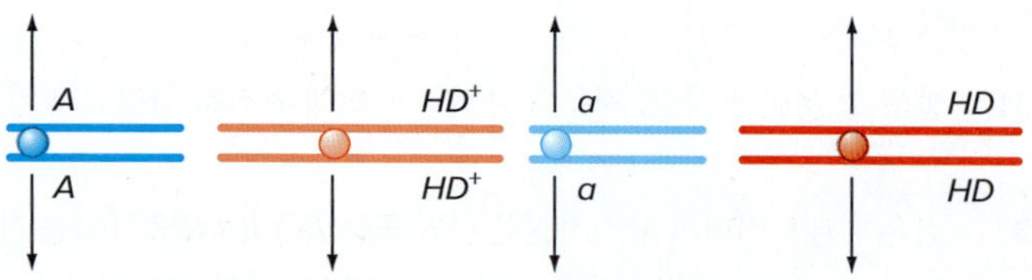

b.

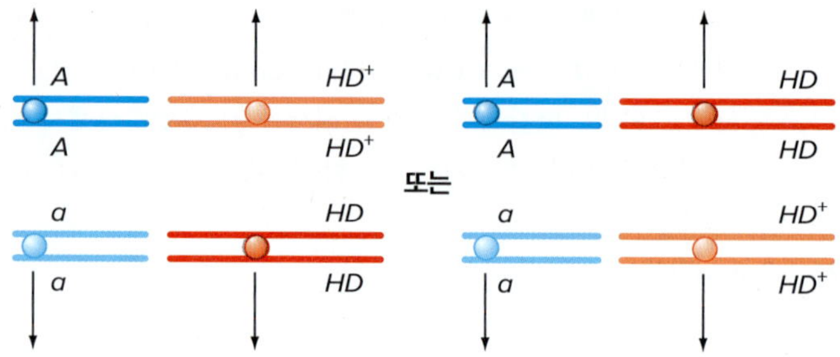

c. 감수분열 I에서 생성된 한 가지 생성물만 보여준다[(b)의 왼쪽 위쪽에 있는 것에 해당함].

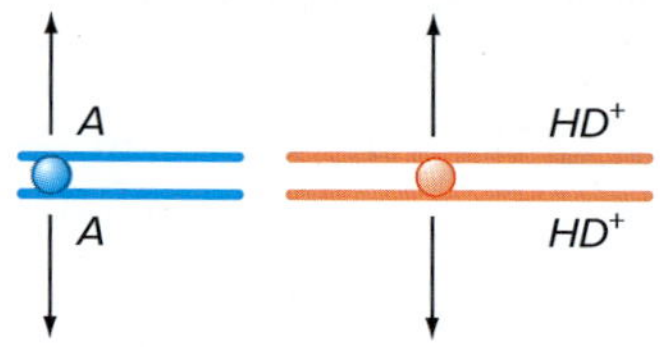

12. $(1/2)^7 = 0.78\%$

13. a.

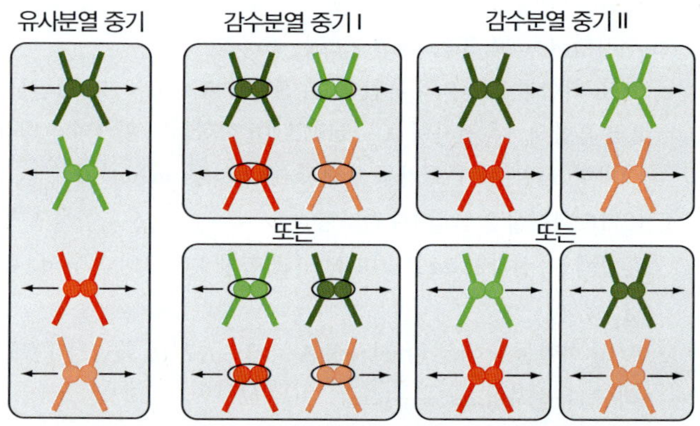

b. 중기 I에서 자매염색분체의 방추사부착점은 융합되어 있다.
c. 유사분열 중기와 중기 II에서, 반대 극으로 염색분체를 당기는 힘은 이들이 동원체로 연결되어 있어 균형을 이룬다. 중기 I에서, 반대 극에서 방추사가 당기는 힘은 교차점에서 상동염색체들이 서로 연결되어 있어 균형을 이룬다.

chapter 4장

1. a.10; b. 3; c. 16; d. 1; e. 13; f. 2; g. 15; h. 9; i. 4; j. 6; k. 12; l. 11; m. 7; n. 8; o. 14 ; p. 5

2. 성 전환된 XX 남성은 Y 염색체의 MSY 영역에서 발견되는 남성 생식 유전자가 없다.

3. X 염색체와 Y 염색체의 중심체와 PAR1 사이의 불법적인 재조합 사건이다.

4. a. Z; b. 난자; c. ii

5. a. 96개 염색체, 96개의 염색분체; b. 48개 염색체, 96개 염색분체; c. 48개 염색체, 48개의 염색분체; d. 48개의 염색체, 48개의 염색분체; e. 48개 염색체, 96개의 염색분체; f. 48개의 염색체, 48개의 염색분체; g. 48개 염색체, 96개의 염색분체; h. 48개의 염색체, 48개의 염색분체; i. 24개 염색체, 24개의 염색분체; j. 48개 염색체, 96개의 염색분체; k. 각각 2개의 염색분체가 있는 24개의 염색체 =48개의 염색분체; l. 24개의 염색체, 24개 염색분체; m. 24개 염색체, 24개의 염색체

6. 이차 난모세포에서 발생하는 유피낭종의 유전자형은 *AA* 또는 *aa*일 수 있다.

7. 형질은 성과 연관이 있다. 따라서 유전자의 대립유전자는 Z^B(Z 염색체 상의 갈색 대립유전자)와 Z^b(Z 염색체 상의 황색 대립유전자)이다. W 염색체에는 깃털 색 유전자가 없다.

8. a. F_1은 야생형 암컷과 주홍색 수컷이다. F_2(수컷 및 암컷)는 3/8 야생형 : 3/8 주홍색 : 1/8 갈색 : 1/8 흰색이다. b. F_1 수컷과 암컷은 야생형이다. F_2 암컷은 3/4 야생형 : 1/4 갈색; F_2 수컷은 3/8 야생형 : 3/8 주홍색 : 1/8 갈색 : 1/8 흰색이다. c. F_1 수컷과 암컷은 야생형이다. F_2(수컷 및 암컷)는 9/16 야생형 : 3/16 갈색 : 3/16 주홍색 : 1/16 흰색이다.

9. 자루 날개 암컷은 X 염색체 상에 날개 구조에 우성 효과를 발휘하는 돌연변이를 가지고 있고, 이 돌연변이는 동형접합자 암컷 혹은 반접합성 수컷에서 치사작용을 나타낸다.

10. 흔적(vestigial)은 상염색체 유전자의 열성 대립유전자이고 노란색은 X-연관 유전자의 열성 대립유전자이다.

11. NDJ가 수컷의 감수분열 I에서 발생한 경우, X^wO(흰색 눈, 불임 수컷) 및 $X^{w^+}X^wY$(붉은색 눈 암컷) 자손. 수컷의 감수분열 II에서 NDJ가 발생한 경우 X^wYY(가임 흰색 눈 수컷) 및 X^wO(불임 흰색 눈 수).

12. I 1. $X^{CB}X^{cb}$; 2. $X^{CB}Y$
II 1. $X^{CB}X^{CB}$ 또는 $X^{CB}X^{cb}$; 2. $X^{cb}Y$; 3. $X^{CB}X^{cb}$; 4. $X^{CB}Y$
III 1. $X^{CB}X^{cb}$; 2. $X^{CB}X^{CB}$ 또는 $X^{CB}X^{cb}$; 3. $X^{cb}Y$; 4. $X^{CB}Y$

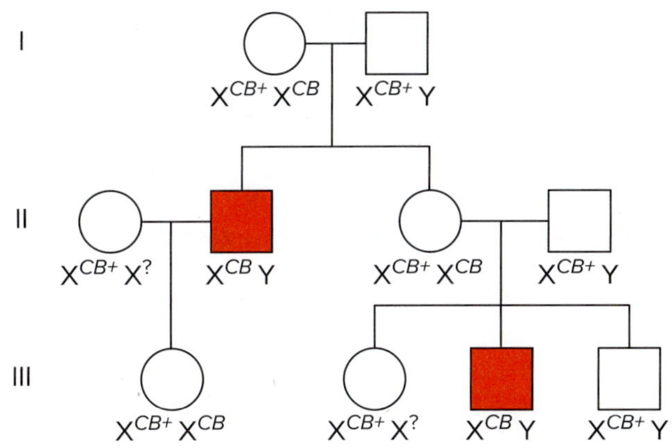

13. a. 열성; b. 상염색체; c. *aa*; d~h. A*a*

14. a. 예; b. 예, 우성

15. 모든 세포는 GFP 및 RFP 이식유전자를 포함하여 두 X 염색체 모두에서 유전자를 발현한다. GFP(녹색) 및 RFP(빨간색)를 모두 발현하는 세포는 형광 황색으로 나타난다.

16. a. 아버지의 감수분열 I
b. 아버지 또는 어머니의 감수분열 I 그러나 어느 감수분열 단계인지 결정할 수 없다.
c. 어머니이지만 감수분열 기간을 결정할 수는 없다.

17. a. 아니요; b. 아니요; c. 예; d. 예; e. 예

18. a.~1/9079; b. 돌연변이 대립유전자의 Y-연관 유전 또는 더 가능성 있는 성별 제한적 발현

19. a. 돌연변이
b. 야생형
c. 이형접합체의 표현형은 모두 어머니로부터 물려받은 대립 유전자에 의해 결정된 암컷이다.
d. 부계의 X 염색체는 모든 세포에서 항상 불활성화되어 있다.

20. a. 예; b. X-연관 유전자의 다른 대립유전자에 대해 이형접합성인 암컷; c. 장점은 많은 수의 자손이 있고 단점은 자손이 서로 다른 수정으로부터 발생한 경우보다 유전적 다양성이 적다는 것이다.

21. 아니요; 모기는 두 개의 X 염색체가 모두 과다 활성화될 것이기 때문에 X-연관 유전자 산물 과다한 양으로 죽을 것이다.

22. a. 높은 테스토스테론 수치는 5α-환원효소의 결핍을 보상할 수 있다.
b. 예, 그들은 정소가 있고 정자를 만든다.

c. 5α-환원효소의 활성을 방해한다.

23. a. XY 접합체의 일부 세포에서 Y 손실
    b. XX와 XY 접합자의 융합
    c. XXY 접합자의 일부 세포에서 Y 손실
    d. XY의 일부 세포는 *SRY*의 돌연변이나 하위단계에서 작동하는 유전자를 획득한다.

chapter 5장

1. a. 8; b. 4; c. 1; d. 11; e. 2; f. 5; g. 6; h. 3; i. 10; j. 12; k. 9; l. 7

2. a. F_1 암컷들은 다음과 같은 2가지의 양친형(P)과 2가지의 재조합형(R), 총 4 가지의 다른 배우자형을 나타낸다. 1/4 $sc^+\ j$ (P) : 1/4 $sc\ j^+$ (P) : 1/4 $sc^+\ j^+$ (R) : 1/4 $sc\ j$ (R). 두 개의 다른 재조합형은 두 개의 다른 배우자형과 마찬가지로 동일한 빈도로 존재한다. 두 유전자가 연관되어 있지 않으면 네 가지 자손의 유형은 동일한 빈도로 나타난다. 두 유전자가 연관되어 있으면 양친형 배우자가 재조합형보다 많을 것이다. 따라서 재조합체의 비율(재조합 빈도 = RF)은 50% 미만이고 정확한 수는 염색체의 유전자 사이의 물리적 거리에 따라 달라진다.
   b. 양친형과 재조합형은 동일한 빈도로 존재하므로 유전자가 연관되어 있지 않다.
   c. 모든 자손은 표현형이 야생형일 것이기 때문에 F_1 암컷의 양친형 및 재조합형 배우자의 빈도를 결정할 수 없다.
   d. 투창 강모 암컷은 양친형 및 재조합형 배우자 유형에 관계없이 $sc^+\ j$ 배우자만 만든다.

3. a. $Gs\ Bhd^+\ /\ Gs^+\ Bhd$ ♀ × $Gs^+\ Bhd^+\ /\ Y$ ♂
   → 49 $Gs\ Bhd^+$ ♂ : 48 $Gs^+\ Bhd$ ♂ : 2 $Gs\ Bhd$ ♂ : 1 $Gs^+\ Bhd^+$ ♂. RF = 3 m.u.
   b. 암컷 자손의 유전자형, 표현형 및 빈도는 그들의 형제와 동일하다.

4. 10%

5. a. *A* = 정상 색소, *a* = 알비노 형질, *HbβA* = 정상 글로빈, *HbβS* = 낫형적혈구
   형질; 49.5% $a\ Hb\beta^A$, 49.5% $A\ Hb\beta^S$, 0.5% $a\ Hb\beta^S$, 0.5% $A\ Hb\beta^A$.
   b. 49.5% $a\ Hb\beta^S$, 49.5% $A\ Hb\beta^A$, 0.5% $a\ Hb\beta^A$, 0.5% $A\ Hb\beta^S$.
   c. 0.0025

6. a. 1/4 검은색, 1/2 알비노, 1/4 갈색
   b. 34 m.u. 떨어져 있다.

7. a. 배우자: 20% *A b*, 20% *a B*, 30% *A B*, 30% *a b*
   F_2 세대: 59% *A*− *B*−, 16% *A*− *bb*, 16% *aa B*−, 9% *aa bb*
   b. 배우자: 30% *A b*, 30% *A B*, 20% *A B*, *a b*
   F_2 세대: 54% *A*− *B*−, 21% *A*− *bb*, 21% *aa B*−, 4% *aa bb*

8. a. $P = 0$; b. $P = 1\%$; c. $P = 5\%$; d. $P = 10\%$; e. $P = 50\%$

9. 중심체가 반대 방향으로 당겨지면 상단에 표시된 2가염색체가 교차점에서 원위 코헤신에 의해 함께 고정된다. 근위 코헤신은 상동체가 분리되는 것을 방해하지 않는다.

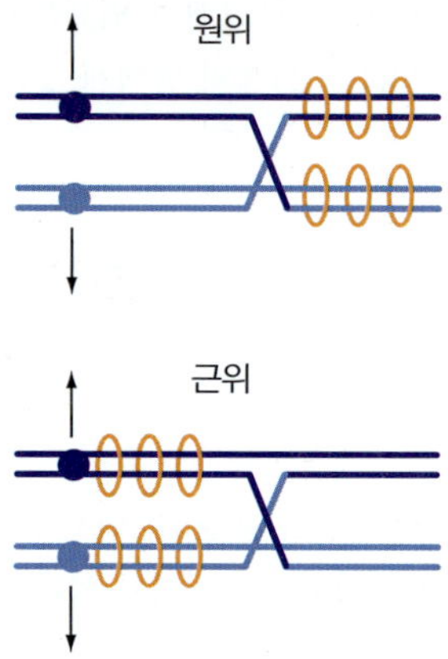

10. a. 두 유전자는 독립적으로 분류된다.
    b. 두 유전자는 같은 염색체에 있고 이형접합 수컷의 유전자형은 $dp^+\ bw^+\ /\ dp\ bw$여야 한다. (감수분열시 교차가 초파리 수컷에서 일어나지 않는다.)
    c. 두 유전자가 동일한 염색체에서 멀리 떨어져 있어 대립유전자가 독립적으로 분리될 때 많은 교차가 발생한다. 연관되어 있지 않은 상염색체 유전자가 동형접합인 경우 이중 이형접합 수컷은 두 종류의 자손(2개의 양친형 그룹)만 갖게 됩니다. 이러한 연관되지 않은 유전자가 두 개의 다른 상염색체에 있는 경우 이중 이형접합 수컷은 동일한 수의 4가지 유형의 자손(2개의 양친형 그룹 및 2개의 재조합형 그룹)을 생성한다.

11. *HIS4* − *LEU2* − *MAT* − *THR4*

12. a. 흰색 꽃, 긴 줄기, 보통 크기의 꽃
    b. *WW TT PP* (흰색)과 *ww tt pp* (난쟁이 펠로리아)
    c.

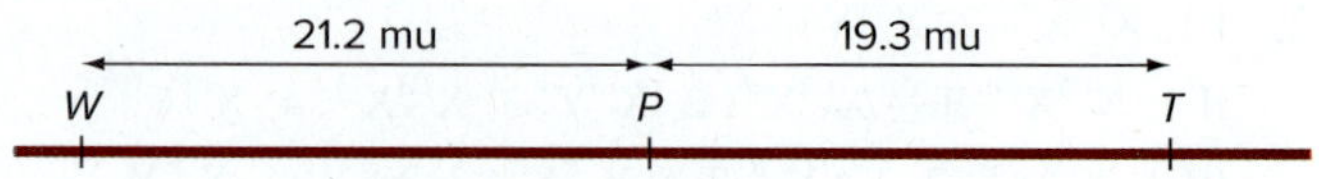

    d. coc = 0.0203 / 0.0409 = 0.496; I = 1 − 0.496 = 0.504

13. a. 분홍색 = P^1P^2, 붉은색 = P^1P^1, 흰색 = P^2P^2

b. 162.5 붉은색, 325 분홍색, 162.5 흰색

c. 검은색(B)은 황갈색(b)에 우성이다; 긴 줄기(L)은 짧은 줄기(l)에 우성이다.

d. P^1P^2 Bb Ll

e. P와 L

f. 부모의 유전자형은 P^1b / P^2B; P와 B 사이의 거리는 ~20 m.u.

14. a. $th\ h\ st$ / $th^+\ h^+\ st^+$

b.

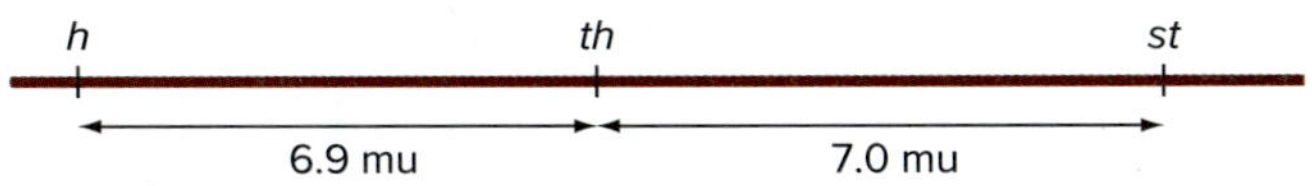

c. 완전히 간섭되었다.

15. a. 1/4 A^- bb : 1/2 A^- B^- : 1/4 aa B^-; 아니다.

b. 2($\sqrt{}$$aa$ bb의 수/모든 자손의 수)

16. HD와 $G8$ 사이의 게놈 DNA에는 재조합 핫스팟이 포함되어 있다.

17. a. 2개 이상의 재조합 마디가 나타나는 2가 염색체에서도 이 마디들은 서로 멀리 떨어져 있다.

b. 재조합 마디가 게놈의 어느 위치에서나 동일한 가능성으로 발생할 수 있다면(즉, 간섭이 존재하지 않는 경우), 두 개의 재조합 마디가 하나의 2가염색체에서 지정된 거리 내에서 발생할 가능성은 얼마나 되는가에 의문을 가질 수 있다. 많은 감수분열 그림에서 재조합 마디의 평균 수를 합하고 마디 사이의 평균 거리를 찾기 위해 모든 염색체의 총 길이로 나누어 이 확률을 계산할 수 있다. 그런 다음 마디 사이의 공간이 이 평균 주위의 정규분포(가우스)의 그래프로 표시될 수 있는지 확인할 수 있다. 데이터가 예상되는 종 모양 곡선과 유사하지 않으면 분포가 무작위적이지 않다는 것이다. 간섭이 존재하는 경우 종 모양의 곡선이 인접한 마디 사이의 평균보다 큰 거리쪽으로 데이터가 이동하는 것을 예상할 수 있다.

18. a. Oo Bb

b. 90 갈색 : 30 주황색 : 30 검은색 : 10 알비노

c. 아니오

d. 20%

19. a. 1/4

b. 1/16

c. 단일 유전자 가설이 데이터에 더 적합함.

20. a. 그룹 1 (PD)은 met^+ lys^+와 met^- lys^-. 그룹 2 (T)는 met^+ lys^+; met^+ lys^-; met^- lys^+과 met^- lys^-.

b. 연관되어 있다; 5.5 m.u.

c. 두 가지 유형의 NPD 포자: met^- lys^+ (min + met과 min + met + lys 배지에서 자랄 수 있다)와 met^+ lys^- (min + lys와 min + met + lys 배지에서 자랄 수 있다.).

25. G_1에서의 유사분열 재조합은 단일 중심체에 부착된 한 쌍의 염색분체가 동일하기 때문에 단일 반점 또는 쌍점을 생성하지 않는다.

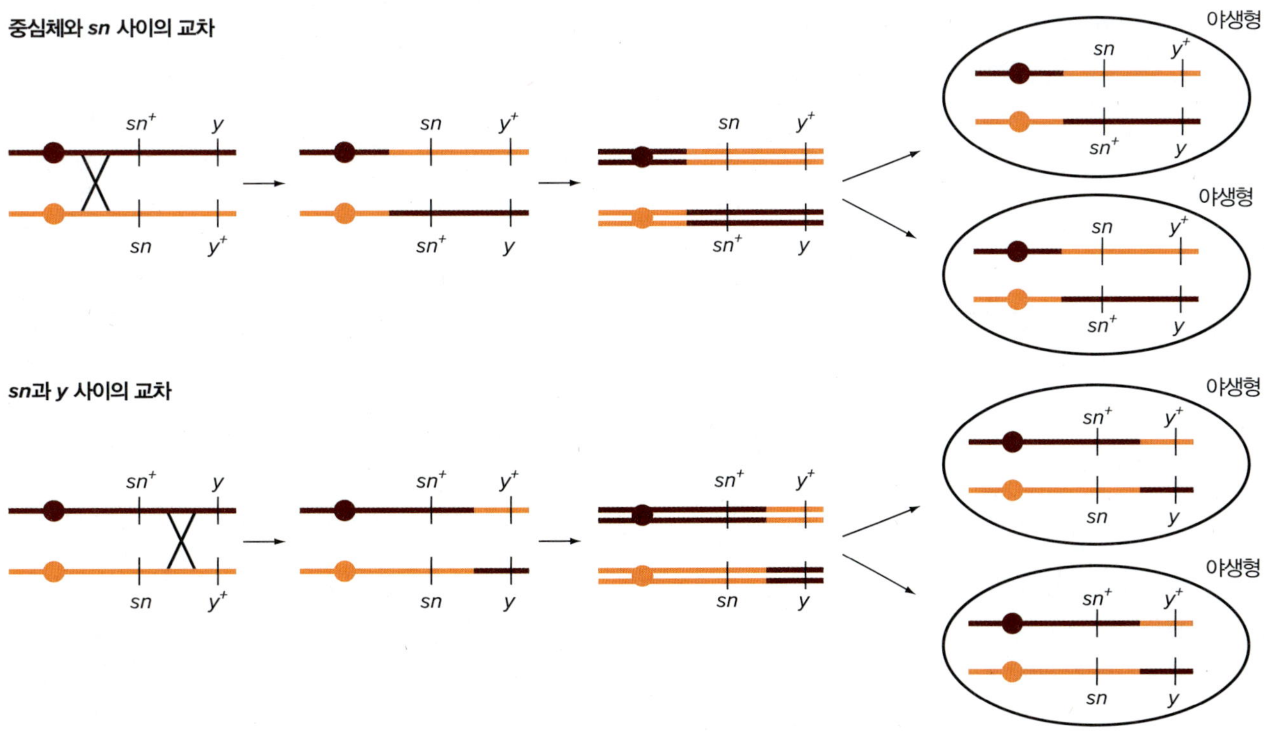

21. a. 4개가 살아있는 포자 100%
    b. 2개가 살아있는 포자 100%
    c. 0개가 살아있는 포자 50%; 2개가 살아있는 포자 50%
    d. 0개가 살아있는 포자 40%; 2개가 살아있는 포자 40%; 1개가 살아있는 포자 20%
    e. 0 개가 살아있는 포자 100%
    f. 0 개가 살아있는 포자 80%; 1개가 살아있는 포자 20%
    g. 2

22. 유전자 *a*와 *b*는 중심체와 가깝고 유전자 *c*는 중심체에서 멀리 떨어져 있다.

24. a. 각 반수체 균주에서 하나의 돌연변이 유전자가 Trp^- 표현형을 나타낸다.
    b. *trp3* 유전자는 중심체에 가깝지만 *trp1* 및 *trp2* 유전자는 중심체에서 더 멀리 떨어져 있다.
    c. 1 × 2: 78 PD, 22T; 1 × 3: 46 PD, 48 NPD, 6T; 2 × 3: 42 PD, 42 NPD, 16T
    d.

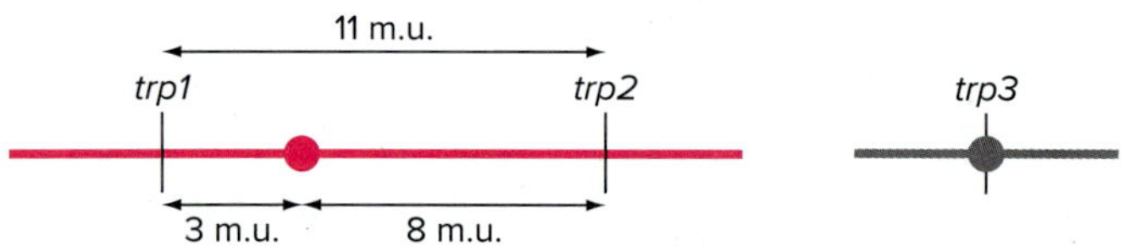

    e. 두 돌연변이 유전자는 동일한 표현형(Trp^-)을 나타내기 때문에 Trp^- 포자가 + −, − − 또는 − +인지 판단하는 것은 불가능하다.
    f. 유전자 중 하나(*trp3*)가 중심체와 밀접하게 연결되어 있다는 것을 발견했기 때문에 유전자 ↔ 중심체 거리를 계산할 수 있다.

26. 2, 5 또는 9

28. a.

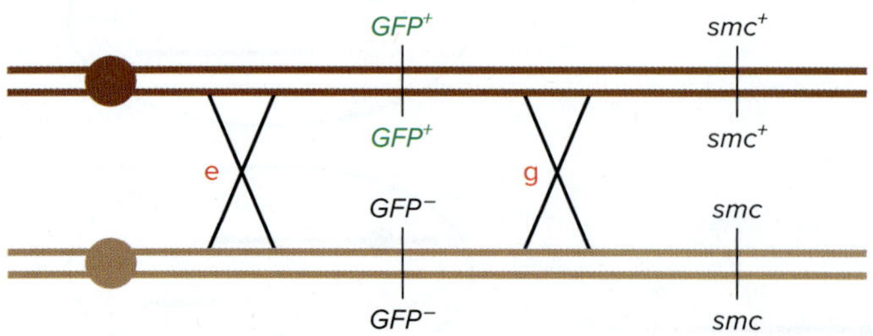

    b. 연구자들은 유사분열 재조합을 이용하여 대부분의 세포가 이형접합체(smc^+/smc)이지만 일부 세포는 *smc* 기능이 없는 *smc/smc* 동형접합체인 동물을 만들 수 있다.
    c. 연한 녹색 세포(이형접합체에 있는 대부분의 세포)는 GFP 유전자 복제수가 한 개 있는 세포이다. 짙은 녹색 세포는 2개의 GFP 복제 수가 있는 세포이다.
    d. 밝은 녹색 세포(클론 2)와 흰색 세포(클론 1)는 동일한 유사분열 재조합의 산물이기 때문에 서로 인접해 있다.
    e. (a)에 대한 해답으로 나타낸 유사분열 재조합 그림의 "e"를 참조하시오.
    f. 클론 2의 세포는 세포가 조기에 분열하도록 하는 열성 *smc* 돌연변이에 대해 동형접합이다. 따라서 주어진 기간 동안 이 세포들은 정상 크기의 세포보다 더 많은 세포 분열을 하게 된다.
    g. (a)에 대한 해답으로 나타낸 유사분열 재조합 그림에서 "g"를 참조하시오.

chapter 6장

1. a. 6; b. 12; c. 10; d. 2; e. 4; f. 8; g. 11; h. 13; i. 3; j. 14; k. 5; l. 1; m. 7; n. 9

2. 유전자 *c*가 유전자 *a*에 더 가깝다.

3. a. 20% C; b. 30% T; c. 20% G

4. 시험관 1, 뉴클레오타이드; 시험관 2, 염기쌍(당 및 인산기 없음) 및 당-인산기 사슬; 시험관 3, 단일 가닥의 DNA.

5. 5′ CAGAATGGTGCTCTGCTAT 3′

6. 단일 가닥 DNA 바이러스

7. a. 4개의 구성 요소가 다양한 방법으로 결합될 수 있기 때문이다.
   b. 구성 요소는 뉴클레오타이드다. 디옥시리보스와 염기가 합쳐서 뉴클레오시드를 형성하고 여기에 인산기가 추가되면 뉴클레오타이드가 된다. DNA 가닥에서 인접한 뉴클레오타이드는 인산디에스테르 결합으로 연결된다.
   c. DNA와 RNA 사이에는 네 가지 주요 차이점이 있다. (i) RNA에서 당은 데옥시리보오스 대신 리보오스다. (ii) RNA는 염기 T 대신 U를 포함한다. (iii) 자연에서 발견되는 대부분의 DNA 분자는 이중 가닥인 반면 대부분의 RNA 분자는 단일 가닥이다. (iv) DNA 가닥은 매우 길 수 있지만(예를 들어, 인간 염색체는 100,000,000개 이상의 뉴클레오타이드로 구성됨), 가장 긴 자연 발생 RNA 분자는 훨씬 더 짧다(최대 약 20,000개 뉴클레오타이드).

8. 유형 1 바이러스의 RNA를 유형 2 바이러스의 단백질과 혼합하여 재구성 바이러스를 제조한다. 또한 병행 실험으로 유형 2 바이러스의 RNA와 유형 1 바이러스의 단백질을 혼합한다. 이렇게 재구성한 바이러스 입자를 세포에 각각 감염시키고 감염 후 만들어진 자손 바

이러스의 단백질을 분석한다. 이 실험에서 각각의 자손 바이러스들은 재구성한 부모 바이러스의 RNA 유형에 해당하는 단백질을 가지고 있다는 것을 알게 될 것이다.

9. a. DNA의 1/4은 농도구배의 바닥 근처에 있는 H/H($^{15}N/^{15}N$) 띠에 나타나고 3/4은 상단 근처의 L/L($^{14}N/^{14}N$) 띠에 있을 것이다.
   b. DNA의 1/4은 농도구배 중간에 있는 L/H($^{14}N/^{15}N$) 띠에 있다. DNA의 3/4은 상단 근처의 L/L($^{14}N/^{14}N$) 띠에 존재한다.
   c. 개별 띠로 나타나지 않으며 대신 넓게 퍼진 형태로 보일 것이다.
   d. DNA의 1/8은 농도구배의 바닥 근처에 있는 H/H($^{15}N/^{15}N$) 밴드에 있다. DNA의 7/8은 상단 근처의 L/L($^{14}N/^{14}N$) 띠에 존재한다.

10. 두 염색체 각각에서 하나의 염색분체가 방사성 동위원소로 표지가 되기 때문에 정답은 (c)이다.

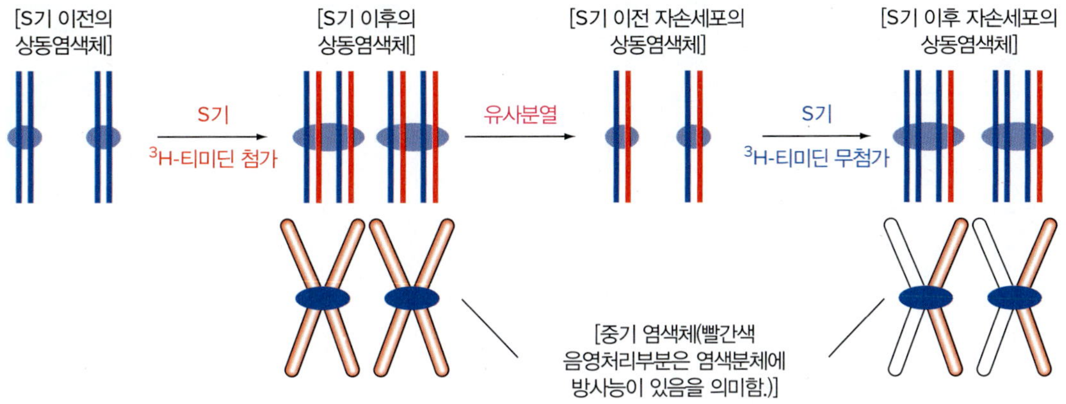

11. a. 예; 오카자키단편은 RNA와 DNA로 구성된다. 오카자키단편은 지연 가닥 DNA 복제의 산물이며 5' 말단에 짧은 RNA 프라이머가 있다.
   b. 프리마제는 효소의 진행성은 낮은 반면 DNA 중합효소 III의 진행성은 더 높기 때문이다.

12. 5′ UAUACGAAUU 3′

13. (a) 입체이성질화효소는 복제 분기 이전에 과도하게 감긴 DNA의 스트레스를 완화시킨다. (b) 헬리케이즈는 복제를 위한 단일 가닥 주형을 노출시키기 위해 염기쌍 사이의 수소 결합을 끊음으로써 DNA를 풀어준다. (c) 프리마아제는 DNA 중합효소가 주형을 복사하기 위한 프라이머로 필요한 짧은 RNA 올리고뉴클레오타이드를 합성한다. (d) DNA 연결효소는 인접한 오카자키단편의 당-인산 골격을 연결하여 새로 합성된 DNA가 연속 가닥으로 이어지도록 만든다.

14. 그림 6.18에는 복제 분기점을 기준으로 두 가닥의 DNA가 모두 동일한 방향으로 복제되는 것으로 나타나 있다.

15. a. DNA #3은 스스로 프라이머로 작용하여, 이는 더 긴 버전의 DNA #3을 합성할 수 있다[(d) 참조].
   b. a와 같이, DNA #3은 스스로 프라이머로 작용하여 더 긴 버전의 DNA #3이 만들어질 수 있다.
   c. 2개의 새로운 DNA 분자가 형성되는데, 각각의 뉴클레오타이드는 2개의 원래 DNA보다 5개가 더 긴 가닥들이 만들어진다. (5′ CTACTACGGATCGGGACTGG 3′ 및 3′GATGATGCCTAGCCCTGACC 5′)
   d. 5′ AGTAGCCAGTGGGGAAAAACCCCACTGGCTACT 3′

16. *spo11*$^{-}$ 돌연변이 효모 균주는 재조합이 일어나지 않는다.

17. 3:1 비율은 유전자 전환이 발생했음을 알려준다. *B* 유전자의 경우, 대립유전자의 비율이 3:1이므로 이 유전자는 이형이중체 영역에 있어야 한다. 주변 마커, 즉 이 경우 유전자 *A*와 *C*를 고려할 때, 재조합 현상은 두 가지 방식으로 완성될 수 있다. 첫 번째 방식(비교차 경로)의 경우, 주변 마커들에서는 재조합이 일어나지 않기 때문에, 사분체 I은 비교차 유형이다. 또 다른 재결합 완성 방식으로는 주변 마커에서 재조합이 일어나는 방식이 있다. 사분체 II의 경우에는 주변 마커 유전자들 간의 단일 교차가 일어나서 4가지 타입의 유전자형(*A C*, *A c*, *a C* 및 *a c*)이 나타난다.

18. a. *e*와 *g* 사이(*e*와 *f* 사이 또는 *f*와 *g* 사이)에서 재조합이 시작(즉, 첫 번째 이중 가닥 DNA 절단)되어야 한다.
   b. 교차가 발생하지 않았다. 유전자 *f* 옆에 있는 유전자의 대립 유전자는 포자에서 부모세대의 구성이 존재한다($e^{+} g^{+}$ 또는 $e^{-} g^{-}$).
   c. 이형이중체 영역에서 $f^{+}f^{-}$ 불일치로 끝난 염색체는 $f^{-}f^{-}$로의 불일치 수선에 의해 수정되었다. *e* 유전자도 *g* 유전자도 이형이중체 영역 내에 있지 않다. 불일치 수선은 이 두 유전자 모두에 영향을 미치지 않았으므로 e^{+} 및 e^{-} 대립유전자와 g^{+} 및 g^{-} 대립유전자는 4:4로 분리되었다.

d. 팔분체는 유전자 e 및 유전자 g에 대한 MI이다. 유전자 f의 경우, 유전자 전환으로 f^+: f^- 대립형질의 2:6 비율이 초래되었기 때문에 MI도 MII도 아니다.

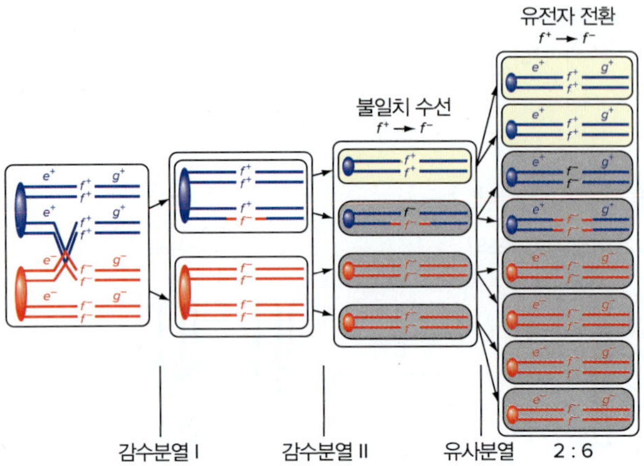

19. 양쪽 홀리데이 교차점에서 동일한 두 DNA 가닥을 절단하여 만들어지는 재조합 중간체가 분리되면 교차가 발생하지 않는다. 그러나 두 염색체 모두에 이형이중체 영역이 존재할 수 있다.

20. FRT/FLP

21. a. (a)에 대한 재조합효소의 작용으로 (e)가 만들어진다.
b. 기질이 (b)이면, 결과는 (b)가 된다.
c. (c)에 대한 재조합효소의 작용으로 (f)가 만들어진다.
d. 기질이 (d)이면, 결과는 (d)가 된다.
e. (e)의 경우 결과는 (a)가 된다.
f. 기질 (f)에 대한 재조합효소 작용으로 (c)가 만들어진다.

22.

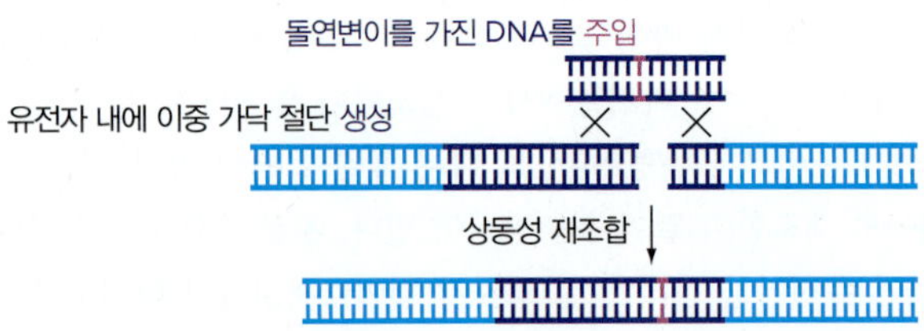

24. a.

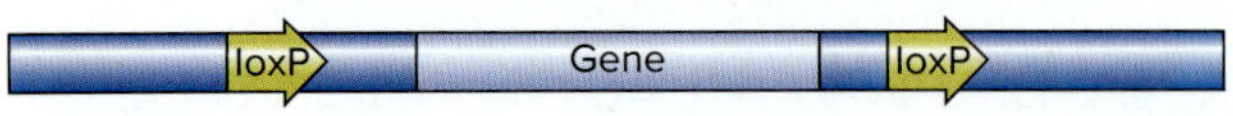

b. 조직 특이적 방식으로 Cre 단백질을 발현하는 유전자를 외부에서 도입.
c. 과학자들은 Cre/LoxP를 사용하여 원하는 유전자를 특정 조직에서만 삭제시킬 수 있다. 모든 세포에 유전자가 없는 동물들은 대부분 발달 초기에 죽을 것이기 때문에 이러한 방식으로 연구자들이 돌연변이체를 만들면 특정 조직에서 유전자 발현이 되지 않음으로서 나타나는 돌연변이 표현형을 연구할 수 있다.
d. Cre 재조합효소에 의한 DNA 재배열은 2개의 동일한 loxP 부위 사이에서 재조합이 일어나기 때문에 가역적이다. 재조합 후 두 개의 loxP 부위는 손상되지 않은 상태로 유지된다.
e. 재조합 반응이 일어난 경우 아래 그림과 같은 두 산물을 다시 만들게 된다. 그런데 이들 두 산물 중 떨어져 나온 원형의 DNA는 세포 분열동안 복제되지 않으므로 유사분열 후 둘 중 한 개의 자손세포로만 전해진다. 그러므로 이런 원형의 DNA를 가지지 않는 자손세포와 그 모든 후손은 결실을 포함하는 유전체를 영원히 안정적으로 갖게 되는 것이다.

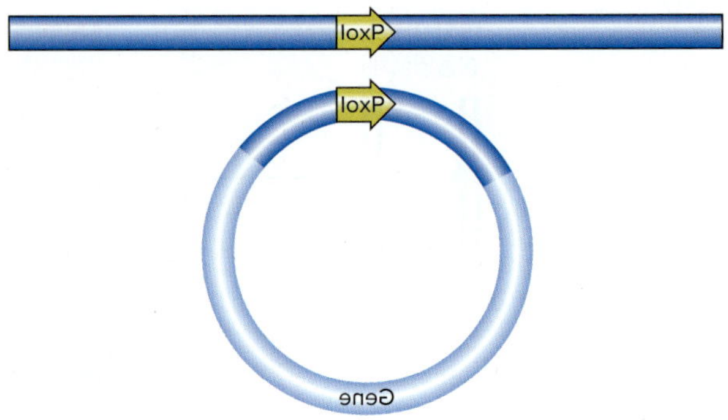

chapter 7장

1. a 1,5; b. 1,2,5; c. 2; d. 3; e. 4,7; f. 1,5; g. 3,6; h. 3,7; I. 4,6

2. 우성 돌연변이는 돌연변이 배우자를 받은 이형접합성 자손에서 바로 알 수 있다. 열성 돌연변이는 자손이 동형접합자일 때만 알 수가 있다. 새로운 열성 대립유전자의 표현형을 알려면 열성 동형접합자와 검정교배를 해야 한다. 생쥐는 교배를 계획해서 검정교배를 수행할 수 있다. 하지만 사람의 경우는 할 수가 없다.

3. 방법 #2

4. 11개 배양시험관 각각에서 몇 개 일정량의 배양액을 서로 다른 배양접시에 뿌린다. 배양접시의 차이는 없다고 가정하면 11개의 배양시험관 중 1개에 해당하는 각 배양접시는 동일한 수의 콜로니가 자라야 한다.

5. 사람의 정자를 생성하는 생식세포는 유사분열을 지속적으로 수행하기 때문에 아버지가 나이가 들면 정자가 평균적으로 더 많은 돌연변이를 지닐 것이라 예상한다.

6. a. 체세포 역 돌연변이: $e \rightarrow E$;
b. 아니오

7. 형태학적 돌연변이 표현형을 지닌 생존 가능한 돌연변이는 치사 돌연변이보다 훨씬 드물다.

8. a. 짧은 교배(초파리의 경우 3일)기간으로 난자를 수정한 모든 정자가 X-선을 조사하는 동안에 생성된 정자가 되도록 한다.
   b. 세균 배양액에서 특정 돌연변이를 지닌 한 세균에서 나온 모든 자손은 모두 동일한 돌연변이를 지닐 것이다. 이같이 돌연변이를 지닌 수컷 생식줄기세포에서 유사분열로 얻은 모든 세포는 동일한 돌연변이를 지닐 것이다. 이 생식줄기세포에서 얻은 배우자의 반도 동일한 돌연변이를 지닐 것이다.

9. C:G → T:A 치환

10. 돌연변이는 생식세포가 아니라 체세포에서 일어난 것이다.

11. a. 예, 다른 유형의 돌연변이를 지닌 다른 His^- 돌연변이를 사용하였다.
   b. 돌연변이 유발물질에 노출한 야생형 세포를 완전배지에서 배양하고 복제 평판을 히스티딘을 첨가한 최소배지에서 배양한다. 히스티딘을 첨가한 최소배지에서 자란 콜로니가 히스티딘이 없는 최소배지에서 자랄 수 없다면 이것은 His^- 영양요구주(auxotroph)이다.
   c. (b)에서 설명한 것처럼 전진 돌연변이 탐색은 선택이 아니라 선별(스크린)에 의한다. 이런 선별과정은 역 돌연변이를 검색할 때 사용하는 선택보다 훨씬 일이 많다.

12. ALS 대립유전자는 헌팅턴병 대립유전자와 유사하게 반복부위가 증가하여 독성단백질을 만들고 연약 X 증후군 돌연변이 대립유전자와 유사하게는 반복부위의 증가가 ORF내에서 일어나지 않는다.

13. 티민 글리코실화효소는 우라실 글리코실화효소보다 훨씬 비효율적인 효소이다. 따라서 5′-메틸시토신의 탈아민화에 의해 생긴 티민은 우라실보다 수선될 확률이 적어 C:G에서 T:A로 되기 쉽다.
   b. 1/16 디뉴클레오타이드
   c. 유전체에 기능적으로 중요하지 않은 CpG 디뉴클레오타이드는 시간이 지나면서 TpG로 변이가 일어났을 것이다. 또 다른 재미있는 아이디어는 메틸화로 인해 치명적인 결과를 초래하는 CpG 디뉴클레오타이드에 반하여 진화과정 중에 선택이 일어났을 것이다.

14. a. 이런 일들은 제1난모세포의 정지된 감수분열I 전기에서 일어날 것이다. 왜냐하면 세포가 수년간 정지상태로 남아 있을 수 있기 때문이다.
   b. 제1난모세포에서 DNA 수선과 정원세포에서 DNA 복제
   c. 몇 가지 DNA 수선과정은 손상되었거나 잘못 들어간 염기를 잘라내고 DNA 합성으로 이런 염기들을 채워 넣는다. 이때 미끄럼 짝짓기 오류가 일어날 수 있다.
   d. 반수체 불충분성

chapter 8장

1. a. 4; b. 7; c. 5; d. 10; e. 2; f. 14; g. 9; h. 12; i. 3; j. 11; k. 1; l. 8; m. 6; n. 15; o. 13

2. a. 흰색, 살색, 산호색, 살구색, 체리색
   b. 일부 종자에는 무정형 대립유전자(흰색 표현형)가 있고 다른 종자에는 저형성 대립유전자(흰색이 아닌 표현형)가 있음.

3. a. 상보성 검사; –는 상보성이 없는 것임; +는 2개의 돌연변이가 서로 상보적인 것을 의미한다.
   b.

	1	2	3	4	5	6
1	–	+	–	⊖	+	⊕
2		–	⊕	⊕	⊕	–
3			–	–	⊕	⊕
4				–	⊕	⊕
5					–	+
6						–

   c. 세 유전자 (1, 3, 4), (2, 6), (5)

4. a. 결실 돌연변이는 복귀되지 않는다. 또한 결실 돌연변이는 rII^+ 파아지를 생성하기 위해서 서로 재조합을 할 수 있는 2개의 rII^- 돌연변이의 어느 것과도 재조합을 할 수 없다.
   b. T4 염색체의 길이는 뉴클레오타이드쌍의 수로 예상한다. 돌연변이의 재조합 분석은 T4 유전체의 전체 지도 단위를 제시한다. 따라서 벤저는 뉴클레오타이드쌍당 지도단위의 수를 어림할 수 있었다.
   c. 동일한 뉴클레오타이드쌍에 생긴 rII^- 돌연변이는 rII^+ 파아지를 생성하기 위하여 서로 재조합을 할 수 없다.

5. a. 2개; b. (1, 4), (2, 3, 5)

6. a. 세 가지 보상 그룹: (1, 8), (2), (3, 4, 7)
   b. 동일한 염색체에 있는 서로 다른 연결된 유전자의 두 점 돌연변이는 두 유전자 간의 교차 결과로 상대적으로 드문 원영양포자를 생성한다. 이형접합 이배체의 두 돌연변이가 동일한 유전자(돌연변이 1 및 8 또는 돌연변이 4, 3 및 7)에 있는 경우, 두 돌연변이 간에 재조합이 발생하여 원영양(Lys^+) 포자를 생성할 수 있다. 두 경우 모두 포자 형성 비율은 3 Lys^- : 1 Lys^+가 된다.
   c.

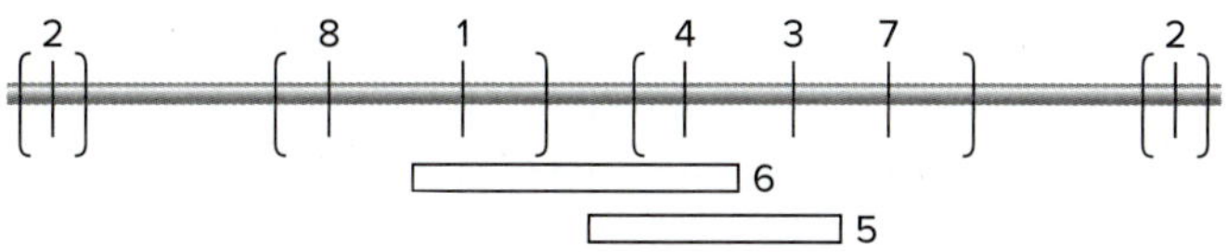

7. a. 경로가 주황색 → 검은색→ 갈색이면, F_2는 9 갈색($B-$ $O-$) : 3 검정(bb $O-$) : 4 주황색($B-$ oo 또는 bb oo)이다. 순서가 검은

색 → 주황색 → 갈색이면, F_2는 9 갈색(*B*— *O*—) : 3 주황색(*bb O*—) : 4 검은색(*B*— *oo* 또는 *bb oo*) 비율을 가짐.

b. 갈색(*B*— *O*—) : 3 검은색(*B*— *oo*) : 3 주황색(*bb O*—) : 1 무색소(*bb oo*).

8. a. 교배 1. *AA bb*(파란색) × *aa BB*(흰색) → *Aa Bb*(보라색) → 9 *A*—*B*—(보라색) : 4 *aa*—(흰색) : 3 *A*— *bb*(파란색).

교배 2. *AA bb*(흰색) × *aa BB*(흰색) → *Aa Bb*(보라색) → 9 *A*—*B*—(보라색) : 7 *aa*— + —*bb*(흰색).

교배 3. *AA bb*(빨간색) × *aa BB*(파란색) → *Aa Bb*(보라색) → 9 *A*— *B*—(보라색) : 3 *A*— *bb*(빨간색) : 3 *aa B*—(파란색) : 1 *aa bb*(흰색).

교배 4. *AA bb*(보라색) × *aa BB*(보라색) → *Aa Bb*(보라색) → 15 *A*— + —*B*—(보라색) : 1 *aa bb*(흰색).

b. 1. 무색 $\xrightarrow{A}$ 파랑색 $\xrightarrow{B}$ 보라색

2. 무색1 $\xrightarrow{A}$ 무색2 $\xrightarrow{B}$ 보라색
혹은
무색 $\xrightarrow{A, B}$ 보라색

3. 무색 $\xrightarrow{A}$ 빨간색
+
무색 $\xrightarrow{B}$ 파랑색
보라색

4. 무색 $\xrightarrow{A}$ 보라색
무색 $\xrightarrow{B}$ 보라색

c. 교배 2

d. 다음 답변은 밀접하게 연관된 것에서는 재조합이 없음을 것을 의미한다. 교배 1. 2 보라색(*A b* / *a B*) : 1 파란색(*A b* / *A b*) : 1 흰색(*a B* / *a B*). 교배 2. 2 보라색[(*A b* / *a B*)] : 2 흰색[(*A b* / *A b*) + (*a B* / *a B*)]. 교배 3. 2 보라색(*A b* / *a B*) : 1 빨간색(*A b* / *A b*) : 1 파란색(*a B* / *a B*). 교배 4. 모두 보라색[(*A b* / *a B*) + (*A b* / *A b*) + (*a B* / *a B*)].

9.

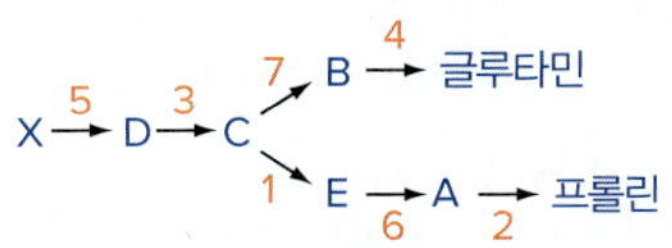

10. 결과는 두 개의 서로 다른 X-연결 유전자가 돌연변이 시 혈우병을 유발한다는 것을 시사한다. 개체 1과 2는 한 유전자에서 돌연변이이고 개체 3과 4는 다른 유전자에서의 돌연변이이다. 이러한 결과는 이러한 유전자 중 하나의 생성물이 다른 유전자에 의해 암호화된 단백질의 합성에 필요한 경우는 제외한다.

11.

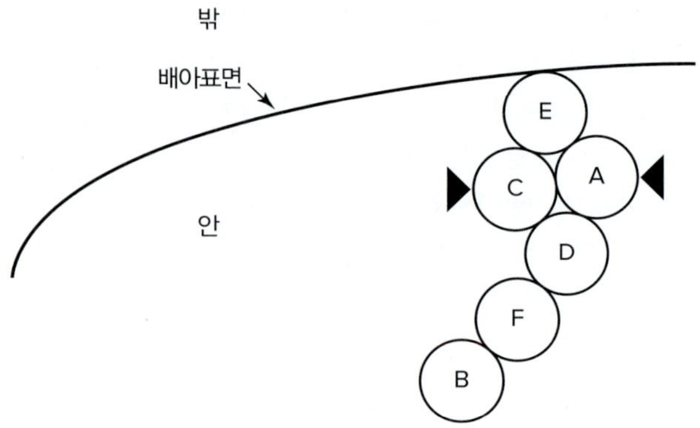

12. 제시된 이론적 Arg^- 돌연변이는 모든 경우에서 성장에 필요한 중간체들의 집합이 경로에서 연속적이지 않기 때문에 발견되지 않을 것이다.

13.

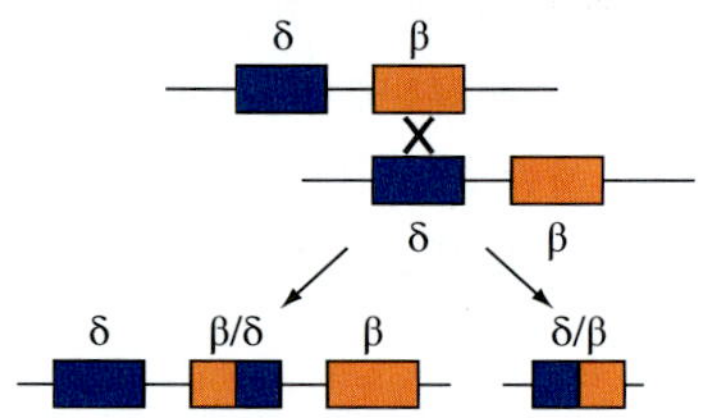

14. a. 남성은 X-연관 광수용체 유전자의 사본이 한 개인 반면에 여성은 두 개가 있다. 대개 빨간색 유전자 하나와 초록색 유전자 하나이다. 여성에서 이 중 하나의 유전자에 돌연변이가 생겨 로돕신 유사단백질의 색감지 민감성이 변형되면 사색성 색맹자가 된다.

b. 빨간색/초록색 색맹자 아들을 둔 여성은 X 염색체 하나에 색감지 민감성이 변형된 로돕신 유사유전자를 지니고, 나머지 X 염색체에 있는 빨간색/초록색 로돕신 유사유전자는 정상인 예가 많으며 상염색체에 있는(파란색) 광수용체 유전자는 정상이다. 이런 여성의 경우 네 가지 서로 다른 로돕신 유사단백질을 생성할 것이다.

c. 드물게 사색성 색맹 남성에서 빨간색과 초록색 유전자 사이에 불균형 교차가 일어나면 X 염색체 하나에 세 가지 다른 X-연관 로돕신 유사유전자를 지닐 수 있다.

chapter 9장

1. a. 5; b. 10; c. 8; d. 12; e. 6; f. 2; g. 9; h. 14; i. 3; j. 13; k. 1; l. 7;m. 15; n. 11; o. 4; p. 16

2. a. GU GU GU GU GU 또는 UG UG UG UG
b. GU UG GU UG GU UG GU UG GU
c. GUG UGU GUG UGU
d. GUG UGU GUG UGU
e. GUGU GUGU GUGU 또는 UGUG UGUG UGUG

3. a. 돌연변이가 일어난 자리에서 발생하는 역전(reversion) 돌연변이
b. 야생형 *rIIB*$^{+}$ 유전자와 재조합시키면 역전 돌연변이는 *rIIB*$^{-}$ 돌연변이체를 생성하지 못하나, 유전자 내 억제 돌연변이는 *rIIB*$^{-}$ 돌연변이체를 생성할 것이다.
c. FC7 돌연변이체를 원래의 FC0 돌연변이체와 재조합시키면 *rIIB*$^{+}$ 파아지가 생성되나, FC0 돌연변이체는 그렇지 않다.
d. FC0에 대한 비의존적 억제 돌연변이(FC7 및 다른 돌연변이)는 모두 FC0와는 반대 종류(삽입 혹은 결실)의 돌연변이를 가지며, 여러 염기쌍에 영향을 준다. 마찬가지로 FC7에 대한 비의존적 억제 돌연변이는 FC7과는 반대 종류이나, FC0와는 같은 종류의 돌연변이를 가지며, 여러 염기쌍에 영향을 준다.

4. a. A: 5′ AAC → 5′ UAC, B: Gln^3(5′ CAA) → Leu(5′ CUA)
b. A: 5′ CUA → 5′ CCA, B: Thr^5(5′ ACU) → 변화 없음(5′ ACC)
c. B: Gln^8(5′ CAA) → Leu(5′ CUA), A:Lys^{11}(5′ AAG) → 종결(5′ UAG) 단백질 A는 10개 아미노산 다음에 종결된다.
d. 무작위적 점돌연변이는 2종류의 단백질에 모두 영향을 주므로, 중복 번역틀을 피하는 방식으로 진화적 압력이 나타났을 것이다. 또한 DNA의 두 가닥에 기능적 단백질을 암호화하는 상황에서 ORF가 진화하기는 어렵다.

5. a. 높은[Mg^{2+}]: Cys와 Val으로 구성된 폴리펩타이드; 낮은 [Mg^{2+}]: 폴리펩타이드가 합성되지 않는다; b. 낮은 혹은 높은 [Mg^{2+}]: His, Ala, Cys, Met으로 구성된 폴리펩타이드; c. 낮은 혹은 높은 [Mg^{2+}]: Val, Cys, Met, Tyr으로 구성된 폴리펩타이드

6. a. 8종류: UUU, UUG, UGU, GUU, UGG, GUG GGU, GGG.
b. 6종류: Phe, Leu, Val, Cys, Trp, Gly.
c. 동일한 아미노산이 여러 개의 코돈에 의해 지정될 수 있다: GUU 혹은 GUG=Val, GGU 혹은 GGG=Gly
d. f(UUU)=27/64, f(UUG)=f(UGU)= f(GUU)=9/64, f(UGG)=f(GUG)=f(GGU)=3/64, f(GGG)= 1/64
e. Phe (UUU)=27/64, Leu (UUG)=9/64, Cys (UGU)= 9/64, Val (GUU 혹은 GUG)=12/64, Trp (UGG)=3/64, Gly (GGU 혹은 GGG)=4/64
f. Phe=UUU, Val, Leu, Cys의 코돈은 G 1개와 U 2개의 조합으로 구성된다. Trp과 Gly의 코돈은 G 2개와 U 1개의 조합으로 구성된다.

7. 3개: 상단 가닥에 2개, 하단 가닥에 1개.

8. a. 야노브스키는 Trp^- 영양요구성을 선별하기 위해 돌연변이원의 존재 하에서 야생형 박테리아를 성장시킨 다음 최소한의 트립토판을 포함하는 배지에서 단일 군집을 얻기 위해 박테리아를 성장시켰다. 플레이트의 각 콜로니는 최소 배지 플레이트에 복제 플레이팅하여 키웠을 때 복제 플레이트에서 성장하지 못하는 콜로니는 Trp^- 영양요구균이 된다.
b. *trpA*$^{-}$ 콜로니는 경로의 중간산물로 보충될 때 성장할 수 없다는 점에서 다른 모든 Trp^- 영양요구성과 구별됩니다. 그들은 성장하기 위해 트립토판이 필요하다.

9. 첫 번째 틀이동 돌연변이에 의해 생성된 번역틀 내의 종결 코돈은 돌연변이가 발생한 지점과 매우 가깝다.

10. 합성 중인 RNA 사슬에 적절한 리보뉴클레오타이드를 첨가하기 위해서 상보적 염기쌍 형성이 요구된다.

11. 유전자 F=아래 가닥; 유전자 G=위 가닥

12. 85개의 아미노산은 이어맞추기 자리의 돌연변이로 정상적인 이어맞추기가 일어나지 않아 제거되지 못한 인트론 서열로 인해 생성되었거나, DNA 서열의 삽입 돌연변이에 의한 것으로 추정된다. 인트론 서열은 정상 효소 유전자의 DNA 서열에 존재하나, 삽입 서열은 그렇지 않다.

13. mRNA의 코돈과 tRNA의 안티코돈간의 염기쌍 형성을 통해 폴리펩타이드 합성 시에 첨가될 적절한 아미노산을 운반하는 tRNA가 정확하게 정렬될 수 있다.

15. a. 번역; b. 합성 중인 폴리펩타이드의 C 말단에 다음으로 첨가될 아미노산은 티로신이며, 합성이 종결되면 9번째 아미노산으로 위치한다; c. 합성 중인 폴리펩타이드의 C 말단은 트립토판이다; d. N 말단의 첫 번째 아미노산은 원핵세포에서 fMet이며, 진핵세포에서 Met이다. 진핵세포의 mRNA는 5′ 말단에 캡 구조를 가지고 3′ 말단에 폴리-A 꼬리를 가지나, 원핵세포는 그렇지 않다. 만일 mRNA가 충분히 길면, 원핵세포에서는 여러 개의 단백질을 암호화하지만 진핵세포는 그렇지 않다.

17. a. RNA 유사 가닥=5′ AAA, 주형 가닥=5′ TTT
b. RNA 유사 가닥=5′ TAA, 주형 가닥=5′ TTA

18. a. 아니오. 500개 미만의 다른 안티코돈이 존재한다.
b. 각 tRNA 종에 대해 여러 개의 중복 유전자를 갖는 것은 많은 tRNA 분자를 생산하는 한 가지 방법이다. 또한 중복성은 tRNA 유전자 돌연변이로 인한 치사로부터 유기체를 보호한다.

19. a. 위에 있는 가닥이 주형 가닥이다. RNA 중합효소는 3′ 에서 5′으로 주형가닥을 따라 이동한다.
b. 5′ GCCAUGUACAGGGGGGCAUAGGGG 3′
c. 5′ GCCAUGUACACGUAAGUGUUUUGAUCCUCCCCCAGGGGGGCAUAGGGG 3′

21. a. (c)와 (g)를 제외한 모든 것.
    b. 첫 번째 엑손에서 부분적으로 또는 완전히=aefi; 인트론에서 부분적으로 또는 완전히=ahk; 두 번째 엑손에서 부분적으로 또는 완전히=bdgj.

22. a. 216
    b. PrK 및 pAzF를 지정하는 코돈에 해당하는 안티코돈이 있는 tRNA용 유전자, 적절한 tRNA에 PrK 또는 pAzF를 부착하는 tRNA 합성 효소용 유전자.
    c. DNA 중합효소

23. a. *E.coli*와 사람세포의 전사와 번역의 차이: 인간의 인슐린 촉진 유전자는 *E.coli*에서 역할을 수행할 수 없을 것이다. 인간의 인슐린은 인트론을 가지고 있으며, 박테리아 세포는 인트론을 제거하는 기작이 존재하지 않는다. 인간의 인슐린 mRNA는 AUG에서 효율적인 번역 개시에 필요한 샤인-달가노 서열이 존재하지 않는다. 폴리펩타이드의 올바른 접힘과 번역 후 아미노산의 변형이 일어나지 않을 수 있다.
    b. 높게 발현되는 박테리아 유전자의 단백질 코딩 부분에 인트론이 제거된 인간의 인슐린 유전자를 교체한다.

24. 진핵생물에서 리보솜은 5′ 말단에 있는 단백질 복합체를 인식하고 RNA를 5′에서 3′ 방향으로 스캔하여 첫 번째 AUG를 찾고 거기서 번역이 시작된다. 반면 원핵생물에서는 리보솜은 시작 코돈의 바로 상류에 위치한 mRNA의 특정 서열에 결합한다.

25. a. 만약 돌연변이/결실 유전자형이 돌연변이/돌연변이 유전자형과 같다면, 돌연변이 대립 유전자는 기능적 활성이 없는 결실 대립유전자와 같은 수준의 활성을 보일 것이다. 이 테스트의 한 가지 한계는 표현형이 효소 활성의 양에 비례한다고 가정한다는 것이다. 그러나 일부 표현형에는 역치 수준의 효소 활성이 관련되기 때문에 이 가정이 항상 유효한 것은 아니다.
    b. (i) 항체는 *m*/*m* 또는 *m*/결손 유기체에 존재하는 특정 단백질을 검출하는 데 사용할 수 있다; (ii) 특정 유전자에 해당하는 mRNA를 검출하기 위한 분자적 방법이 존재한다; (iii) 돌연변이 대립유전자의 DNA 서열 분석은 종종 대립유전자가 어떤 기능을 유지할 가능성이 있는지 결정하는 데 도움이 될 수 있다.

27. a. c와 l을 제외한 모두
    b. c와 l을 제외한 모두
    c. c와 l를 제외한 모두; 반수체 불충분성, 우성 음성 또는 신형태성.

28. a. 정지 코돈 돌연변이(패밀리 1 및 3) 또는 틀이동 돌연변이(패밀리 2)가 생성된다; b. 무기능성; c. 아마도 개개인의 신경이 정상적인 SCN9A 나트륨 채널 단백질의 50% 이상을 가지고 있다면 정상 표현형을 가질 것이다.

29. a. 하나 또는 다른 코돈에 특이적인 충전형 tRNA는 다른 수준으로 존재할 수 있다; b. 경미

30. 복원된 각 균집을 야생형 반수체로 교차시켜 이형접합 이배체를 생성한다. 이배체를 포자화하고 포자의 표현형을 검사한다. Met^+ 표현형이 진정한 복원으로 인한 것이라면 2 Met^+ : 2 Met^-를 얻을 수 있다. 다른 유전자에 연결되지 않은 억제 돌연변이가 있는 경우 3 Met^+ : 1 Met^-를 얻을 수 있다.

31. a. 5′ CUA 3′; b. 5′ CAG 3′; c. 야생형 *B. adonis* 세포에는 최소 2개의 $tRNA^{Gln}$ 유전자가 존재해야 한다. 하나에는 안티코돈 5′ CUG 3′이 있고 다른 하나에는 안티코돈 5′ xm^5UUG 3′ 또는 5′ xm^5s^2UUG 3′이 있다.

32. a. 과오 억제 tRNA는 많은 정상 단백질의 여러 위치에서 발견되는 특정 아미노산를 변경할 가능성이 있다. 억제 돌연변이는 모든 야생형 유전자(즉, 번역을 종료하는 정지 코돈)의 발현에서 단일 위치에만 영향을 주어 정상적인 단백질을 더 길게 만들 수 있다. 따라서 과오 억제 tRNA는 정지코돈 억제돌연변이 tRNA보다 세포에서 합성된 단백질을 변경할 가능성이 더 크다.
    b. (i) 잘못된 아미노아실-tRNA 합성효소가 tRNA를 인식하고 잘못된 아미노산으로 전하를 띠도록 안티코돈 자체를 코딩하는 영역 이외의 영역에 있는 tRNA 유전자의 돌연변이; (ii) 아미노아실-tRNA 합성효소 유전자의 돌연변이로, tRNA에 잘못된 아미노산을 넣는 효소를 만든다; (iii) 리보솜 단백질, 리보솜 RNA 또는 리보솜을 오류가 발생하기 쉽게 만드는 번역 인자를 코딩하는 유전자의 돌연변이; (iv) 때때로 효소가 서열을 잘못 전사하도록 하는 RNA 중합효소의 소단위체를 암호화하는 유전자의 돌연변이.

33. a. 5′ UAA 3′ 그리고 5′ UAG 3′; b. 5′ xm^5UUA 3′ 또는 5′ xm^5s^2UUA 3′; c. Gln, Glu, Lys, Leu, Ser 또는 Tyr; d. 아니오.

34. a. 돌연변이 유전자는 안티코돈이 정지 코돈 5′ UAG 3′을 인식할 수 있는 tRNA를 암호화한다.
    b. 각각의 변경된 M 단백질은 폴리펩타이드 서열에서 단일 아미노산 변화를 가짐. 정지 코돈 억제자 tRNA가 충전된 아미노산은 정지코돈 돌연변이에 의해 UAG로 변경된 정상 코돈에 의해 지정된 아미노산 대신에 삽입된다.

35. a. 식물은 포식자로부터 보호하기 위해 카나바닌을 만드는 능력을 진화시켰을 수 있다.
    b. 카나바닌을 만드는 식물은 $tRNA^{Arg}$를 카나바닌으로 충전할 수 없는 아르기닌 아미노아실-tRNA 합성효소를 진화시켰다.
    c. 딱정벌레는 또한 $tRNA^{Arg}$를 카나바닌으로 충전할 수 없는 아르기닌 아미노아실-tRNA 합성효소를 진화시켰다.

chapter 10장

1. a. 10; b. 12; c. 9; d.7; e. 11; f. 2; g. 8; h. 5; i. 1; j. 4; k. 6; l. 3.

3. a. ~274 bp; b. ~6590 bp; c. ~577 bp; d. ~6590 bp; e. ~13,875 bp; f. ~2310 bp; g. ~1097 bp; h. ~577 bp; i. ~158,356 bp.

5. 더 작은 DNA 조각은 이동할 수 있는 더 많은 구멍을 찾기 때문에 더 큰 DNA 조각보다 더 빠르게 이동한다.

6. A=박테리아파이지 DNA, *Eco*RI; B=인간 유전체 DNA, *Eco*RI; C=박테리아파이지 DNA, *Hpa*II; D=인간 유전체 DNA, *Hpa*II.

7. a. 더 길다.
   b. 다르다. 효소는 각 세포의 유전체를 별개의 부분집합으로 잘라낼 것이고, 때문에 중복된 단편 형태로 만들어진다.

8. a. 복잡한 게놈의 작은 영역에 해당하는 DNA를 분리하기 위해
   b. 플라스미드 벡터로 형질전환된 세포를 결정하는 수단을 제공하기 위해
   c. 재조합 벡터가 박테리아 염색체와 독립적으로 박테리아 숙주에서 복제되도록 한다.
   d. 다양한 유형의 돌출된 말단이 있는 삽입물을 연결할 수 있다.

9. 가능하다. 두 개의 서로 다른 효소(*neoschizomers*라 부른다)는 동일한 인식 서열을 갖지만 다른 위치에서 해당 서열을 절단하는 경우가 있따.

10. a. 벡터는 빨간색이고 삽입물은 파란색인 두 가지 가능한 재조합 분자를 아래와 같이 표시한다.

```
5′...CGGATCCCCTAAGATGAATTCGCTGAAGAACCAAGAATTCCGCGCGCATCGGC... 3′
3′...GCCTAGGGGATTCTACTTAAGCGACTTCTTGGTTCTTAAGGCGCGCGTAGCCG... 5′
                              또는
5′...CGGATCCCCTAAGATGAATTCTTGGTTCTTCAGCGAATTCCGCGCGCATCGGC... 3′
3′...GCCTAGGGGATTCTACTTAAGAACCAAGAAGTCGCTTAAGGCGCGCGTAGCCG... 5′
```

   b. DNA 단편은 두 방향 중 하나로 폴리링커에 삽입할 수 있다.
   c. 하나; d. 4290 bp 길이의 한 밴드; e. 둘; f. 둘(19 bp와 4171 bp)

11. a. 4~5
    b. 게놈의 염기쌍 수를 평균 삽입 크기로 나눈 다음 5를 곱한다.

12. 흰색 집락에는 재조합 플라스미드가 포함되어 있다. *Eco*RI 부위의 삽입물은 *lacZ* 유전자를 파괴한다. 파란색 집락에는 삽입물 없이 연결된 벡터가 포함되어 있기 때문에 *lacZ*가 발현된다.

13. (a)만 필요하다; DNA 중합효소는 염기서열을 분석할 DNA 분자를 주형으로 사용하여 단일 가닥의 DNA를 합성한다.

14. a. 기계적 전단은 무작위 위치에서 DNA를 조각화하여 중복이 얻어지도록 한다.
    b. 중복은 동일한 게놈의 다른 라이브러리를 만들어 얻을 수 있다. 각 라이브러리는 다른 제한 효소로 구성된다.
    c. 단일 제한 효소로 부분 절편화를 수행할 수 있다. 4염기 인식 서열을 갖는 효소가 바람직하다.

15. 서열은 인간 참조 염기서열에 맞춰볼 수 있다.

16. 단일 시퀀스 리드에는 두 게놈 중 하나의 염기쌍 서열이 포함된다. 콘티그 내의 다양한 위치에 두 개의 서로 다른 서열이 존재한다. 하나는 모계 게놈에서 얻은 것이고 다른 하나는 부계 게놈에서 얻은 것이다.

chapter 11장

1. a. 9; b. 11; c. 10; d. 2; e. 6; f. 7; g. 12; h, 4; i. 5; j. 8; k. 3; l. 1.

2. a. 인간과 침팬지는 마지막으로 공통 조상을 공유한 6~7 Mya(백만 년 전). 인간과 쥐의 마지막 공통 조상 75 Mya, 사람과 개 92 Mya, 인간과 닭 310 Mya, 인간과 개구리 360 Mya.
   b. 미스센스 변이; c. 미스센스 변이; d. 미스센스 변이

3. a. 1 = 유전체, 2 = cDNA;
   b. 5′ TAGGTGAAAGA | GTAGCCTAG | AATCAGTTA 3′
   c. 라리아트(lariat) 분기점
   d. N ··· Glu Glu Arg Asn Gln Leu ··· C

4. 진핵세포를 연구하는 유전학자들이 cDNA 라이브러리를 만드는 주된 이유는 특정 유전자의 1차 전사체가 주어진 세포 유형에서 어떻게 접합되는지를 결정하기 위해서다. 거의 모든 진핵생물 유전자는 인트론에 의해 중단된다. 사실, 대부분의 진핵생물 유전체의 적은 비율(인간의 경우 ~1%에서 2%)만이 단백질 암호화 엑손으로 만들어진다. 대조적으로, 박테리아의 유전체에는 인트론이 없으며(매우 드물게 예외가 있음) 박테리아 유전체 대부분의 염기쌍은 단백질 암호화 영역이다. cDNA 라이브러리를 구성할 때 박테리아 유전학자가 겪는 주요 어려움은 박테리아 mRNA에 폴리A 꼬리가 없다는 것이다.

5. a. 예, cDNA 라이브러리에서 많은 클론을 시퀀싱했다면 동일한 mRNA 분자의 많은 독립적인 복사본을 시퀀싱하게 된다. 예를 들어, 특정 mRNA가 조직의 모든 mRNA 중에서 매우 풍부하다면 라이브러리의 많은 클론이 실제로 이 mRNA에 해당하는 동일한 cDNA 삽입물을 갖게 된다. 그러나 이 반복적인 정보는 여전히 가치가 있다. 가장 명백하게, 라이브러리에서 특정 유형의 cDNA 클론이 발견되는 빈도는 해당 mRNA의 풍부함을 반영하

므로 라이브러리의 많은 클론을 시퀀싱하여 유전자 발현의 상대적 수준을 추정할 수 있다.

b. 절차의 각 단계에서 얻은 서열 정보를 사용하여 다음 단계에 필요한 프라이머를 설계한다. 다음 그림에서 검은색 화살표는 사용할 프라이머를 나타낸다. 녹색 점선은 각 프라이머로 얻을 수 있는 새로운 DNA 서열을 나타낸다. 벡터 끝에 있는 파란색 점은 벡터가 실제로 원임을 나타낸다.

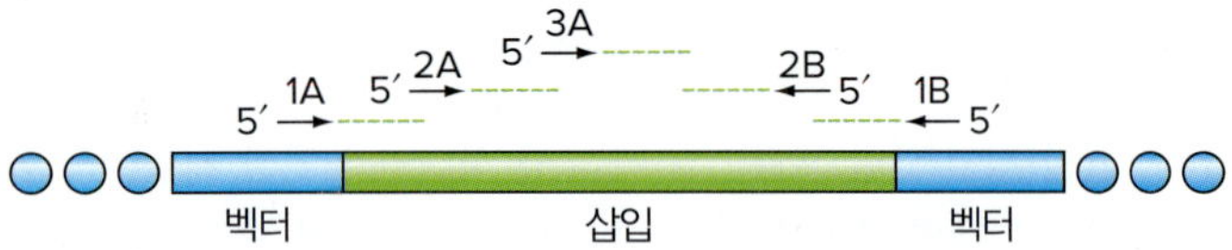

6. (1) 인간 유전체의 유전자는 인트론에 의해 자주 중단되는 반면 박테리아 유전체에는 인트론이 없다. (2) 유전자 간 영역(유전자 사이의 영역)은 인간 유전체에서 상당히 길 수 있지만 박테리아 유전체에서는 거의 모두 매우 짧다. (3) 인간 유전체에는 반복적인 DNA 서열이 길게 뻗어 있다. 예를 들어, 박테리아 유전체가 부족한 중심체와 텔로미어에서 볼 수 있다.

7. a. 2.
   b. 전사체 A-E에 해당하는 유전자는 q arm 텔로미어에서 중심체를 향하는 방향으로 전사된다(이는 유전자를 전사하는 동안 RNA 중합효소가 이동하는 방향이다). 전사체 F와 G에 해당하는 두 번째 유전자는 중심체에서 말단소체로 반대 방향으로 전사된다.
   c. 3명의 프로모터; 76,905,000, 76,695,000 및 76,770,000이다.
   d. 4가지 다른 단백질
   e. 전사체 F와 G는 번역되지 않으며, 이를 생성하는 유전자는 다른 유전자의 인트론 내에 위치한다.

8. 1/18

9. a. DNA-의존 대사
   b. 호몰로그와 패럴러그

10. 항체를 생산하는 성숙한 B 세포 자체를 포함하여 다양한 발달 단계에 있는 면역계 세포에서 비면역계 세포(조합적 사건이 발생하지 않았을 것)의 게놈 DNA 라이브러리를 만든다. 그런 다음 이러한 각 라이브러리에서 항체 인코딩 유전자의 여러 복사본을 분리하고 DNA 서열을 결정한다. 대체 스플라이싱의 가능성을 확인하려면 먼저 항체를 생성하는 B 세포에서 cDNA 라이브러리를 만든 다음 항체를 암호화하는 mRNA에 해당하는 많은 cDNA를 시퀀싱해야 한다.

11. 인간 단백질체는 선충의 그것보다 훨씬 더 복잡하다.

12. a. 27
   b. q 암
   c. 중심체로부터 멀어지는 방향
   d. *CFTR*의 왼쪽(중심체에 더 가까운)에 있는 유전자는 *ASZ1*이다. 다른 가닥에서 전사된다. *CFTR*의 오른쪽(텔로미어에 더 가까운)에 있는 유전자를 *CTTNBP2*라고 한다. 또한 다른 가닥에서 전사된다.
   e. ~160 MB
   f. p 팔의 텔로미어에서 ~6천만 개의 염기쌍
   g. 단일 창에서 전체 염색체를 볼 때 염색체의 모든 유전자를 같은 줄에 차례로 표시하기에는 너무 작은 공간이 있다.

13. *PRUNE2*와 *PCA3*

15. α1과 α2 유전자 사이의 불균형한 크로스오버

chapter 12장

1. a. 5; b. 3; c. 8; d. 6; e. 2; f. 7; g. 1; h. 4; i. 10; j. 9

2. 논코딩

3. 두 사람이 많은 SNP를 공유하는 지역은 비교적 최근, 몇 세대 전에 살았던 공통 조상으로부터 물려받았을 것이다. 즉, 왓슨과 벤터는 비교적 최근 공통 조상을 공유한다. 공유되지 않은 SNP을 포함하는 영역은 서로 공통적이지 않은 조상으로부터 물려받았을 것이다. 공유 영역과 비공유 영역이 산재되어 있는 이유는 공통 조상 이후 과거 세대에서 일어난 DNA 재조합이 공유 영역과 비공유 영역을 무작위적으로 섞었기 때문이다.

4. a. SSR은 반복 단위의 횟수가 다형성을 띤다.
   b. DNA 복제 중 잘못된 페어링 발생.
   c. 다름; CNV 사본 수는 반복 영역에서 국부적으로 잘못 정렬된 염색체 간의 교차로 인해 다양하게 존재한다.
   d. SSR 유전자좌는 유전체상에서 30,000 bp마다 발생한다. 게놈이 30억 bp이므로 SSR 유전자좌의 수는 10만 개 정도로 나타난다. SSR의 돌연변이는 반복 수를 변경하지만 해당 좌위의 수를 증가시키지는 않는다. SNP의 경우 돌연변이는 새로운 유전자좌를 생성하고 가능한 유전자좌의 수는 게놈의 염기쌍 수이다.

6. a. 동형접합 염기쌍은 모든 리드에서 동일하게 읽힌다. 이형접합 염기쌍은 서로 다른 리드에서 두 개의 서로 다르게 읽힌다.
   b. 동물의 부모는 서로 가까운 친척이었고 그들의 게놈은 매우 유사했다.
   c. 유전적 다양성의 상실.

7. B 세트

8. 망막 mRNA를 분리하고 cDNA를 만드는 데 사용한다. oligo-dT 프라이머와 첫 번째 엑손의 시작 부분에 상보적인 프라이머를 사용하여 해당 유전자에 특이적인 cDNA를 증폭한다.

9. a. 두 프라이머 모두 5′ NNNNNNGAATTC 3′ 서열이 5′ 끝에 추가되어야 한다(N = 모든 염기).
   b. 해당 게놈의 영역은 *Eco*RI 위치를 포함할 수 없다.
   c. 한 프라이머에는 a 서열을 추가하고 다른 프라이머에는 5′NNNNNNGGATCC 3′ 서열을 추가한다. 이를 통해 *Eco*RI와 *Bam*HI를 사용하여 한 방향으로 플라스미드에 DNA 조각을 붙일 수 있다.

10. a. 1/2 + 3/3, 또는 1/1 + 2/3, 또는 1/2 + 2/3
    b. 1/3

11. a. 상단 그래프: ~15번의 CAG 반복; 하단 그래프: ~20번의 CAG 반복
    b. (1) 반복 횟수는 정자마다 다르기 때문에 생식 세포에서 돌연변이가 발생한것임. (2) 반복 수가 클수록 정자의 반복 수가 변할 가능성이 변이의 정도도 커진다. (3) 반복 횟수는 감소하지 않고 증가하는 경향이 있다.
    c. 전 돌연변이 대립유전자의 확장은 질병이 없는 사람의 정자 형성 중에도 발생할 수 있다.
    d. 반복 확장이 정자 형성 동안 발생하는 경우 상단 그래프에 있는 사람의 대부분의 혈액 세포에는 15 또는 62번의 반복이 있는 대립유전자가 있어야 하고 하단 그래프에 있는 사람에 대해서는 20 또는 48번의 반복이 있어야 한다.

12. a. 각 SNP 마커에는 두 개의 대립 유전자만이 존재한다. 그에 비하여 SSR 마커는 매우 높은 다형성을 보인다. 따라서 동일한 대립 유전자를 가진 두 사람이 우연히 선택될 가능성을 낮추기 위하여 더 많은 SNP이 필요하다.
    b. 순종 개는 근친교배를 통한 교배가 많기 때문에 사용 가능한 다형성 마커들이 적다.

13. a. 정액에는 반수체 정자가 포함되어 있으며 전체적으로는 해당 개인의 유전체 정보를 포함한다.
    b. 보라색; c. 녹색
    d. 강간범의 구강 상피세포 DNA는 정액 샘플의 모든 밴드와 일치해야 한다. 개인 1－4는 그렇지 않다.
    e. 강간범은 개인 2와 친척관계일 수 있다.
    f. 45, 42

14. $Hb\beta^A$에 대한 ASO: 5′ CTGACTCCTGAGGAGAAGTCG 또는 3′GACTGAGGACTCCTCTTCAGC;
    $Hb\beta^S$에 대한 ASO: 5′ CTGACTCCTGTGGAGAAGTCG 또는 3′GACTGAGGACACCTCTTCAGC.

15. a. PCR 전에 DNA 조각의 양쪽 끝에 동일한 어댑터 시퀀스가 추가되었다.
    b. 한쪽이 튀어나온 끝; 4 bp

16. a. 4; b. 4개 모두; c. 아기 2와 아기 3; d. 아니요
    e. 어머니와 그녀의 남동생이 이란성 쌍둥이였다면, 그녀의 세포 중 일부는 그녀의 남동생에게서 나왔을 수 있고, 따라서 그녀의 난자 중 일부는 그의 게놈을 포함할 수 있다.

18. a. 1/4; b. 가능한 답안 중 한가지 예시:

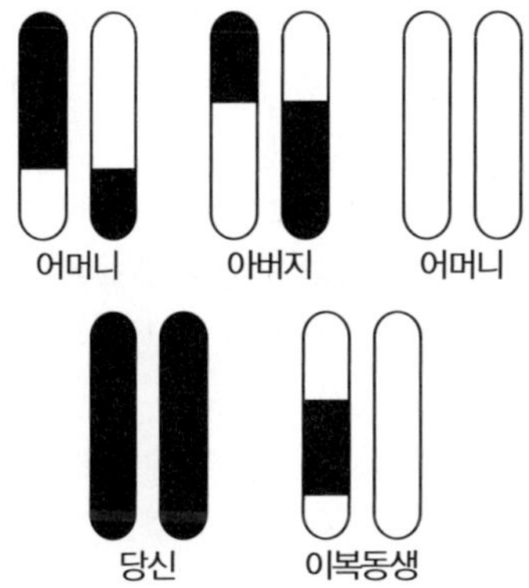

19. a. 예, 9.1 m.u; b. Lod = 1.86, 증명하기에 데이터가 부족하다.

20. a. C; b. 아무도 해당사항 없음; c. 아무도 해당사항 없음
    d. 0 또는 $<$2.1 cM
    e. Lod = 15.14, HD와 G8이 연결되어 있을 가능성이 15배 더 높다.

21. a. A = 10%, B = 90%, C = 90%, D = 18%
    b. 음성 케이스의 10%는 거짓 부정이 될 것이고, 양성의 10%는 거짓 긍정이 될 것이다.

23. a. 약물은 G551D 이형접합체에서 효과적이지만 동형접합체보다 약 반 정도로 덜 효과적일 수 있다.
    b. 젊은 환자는 나이가 많은 환자보다 폐에 점액을 덜 축적하였며 약물이 CFTR 단백질에 도달하는 것이 더 쉬울 수 있다. 그리고 고령의 환자들은 이미 돌이킬 수 없는 손상을 가지고 있을 가능성이 있다.
    c. G551D 돌연변이에 대해 동형접합성인 세포의 배지에 화합물을 넣은 다음, 세포의 섬모를 현미경으로 관찰했다.

d. 막에 삽입될 만큼 충분히 잘 접히는 ΔF508 돌연변이 단백질은 정상적인 채널 기능을 100% 유지하지 못한다. Lumacaftor만으로는 ΔF508에 효과가 없는데 그 이유는 약물이 돌연변이 CFTR 단백질이 적절히 접히는 것을 어렵게 하고, 막에 삽입될 수 있는 돌연변이 단백질은 충분한 채널 기능을 제공하지 않기 때문이다. Ivacaftor 단독으로는 ΔF508 단백질이 제대로 접힐 수 없어 제대로 작동하지 않기 때문에 효과가 없다. 막에 삽입되는 소수의 ΔF508 분자가 이바카프터(ivacaftor)로 인해 더 효율적인 채널로의 역할을 하기 때문에 두 약물을 함께 사용하는 것은 효과적이다.

24. a. 단일 유전자에서 이형접합 돌연변이를 찾는다.
b. RNA 스플라이싱을 방해하는 인트론 상의 돌연변이나 유전자 발현 조절 부위의 돌연변이는 확인하기 어렵다.

25. a. 밀러 증후군은 다음과 같은 경우 우성 돌연변이로 인한 것일 수 있다. (i) 증상이 완전하게 보이지 않아서 부모 모두 돌연변이를 가지고 있으나 증상을 발현하지 않았다. (ii) 부모 중 한 사람의 생식세포에 새로운 돌연변이가 있었다.
b. 생식세포에서 새로운 돌연변이가 실제로 발생했다. 부모에 의해 생성된 생식세포의 많은 부분이 새로운 돌연변이를 가지고 있기 위해서는 돌연변이가 난자 또는 정자의 유사분열 증식에서 비교적 이른 단계에서 일어나야 했을 것이다. 생식세포의 증식이 더 일찍 진행될수록 더 적은 수의 세포가 존재했을 것이고, 따라서 돌연변이가 발생할 기회가 더 적었을 것이다.
c. 다음 그림의 녹색 화살표는 크로스오버의 위치를 보여주며, 이것은 아버지에게서 발생했다.

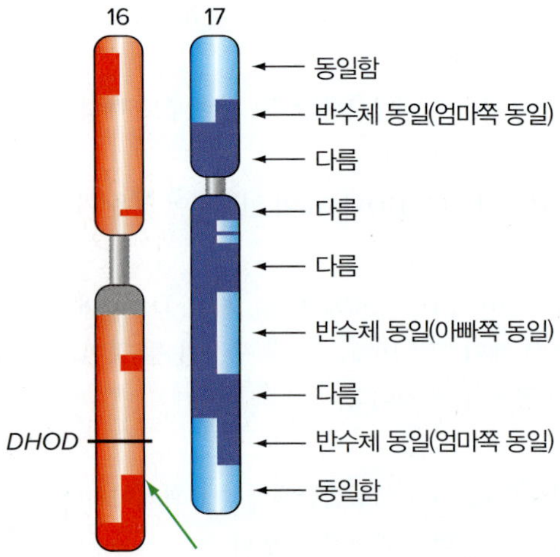

d. 예상보다 두배 많음
e. 부모의 게놈상의 뉴클레오타이드와 자녀의 게놈에 있는 뉴클레오타이드를 비교하여 새로운 변이를 찾는다. 그런 다음 두 자식에게서 발견된 신규 변이 수를 (4 × 반수체의 크기)로 나눈다.

26. a. 동형접합 변이체만을 찾지 않았을 것이다. 닉의 부모는 가까운 친척이 아니므로 닉은 복합 이형접합체일 수 있다.
b. 닉의 병을 일으키는 돌연변이는 그의 부모 중 한 사람의 생식세포에서 발생한 신규 우성 돌연변이일 수 있다. 또는 침투율이 낮은 우성 대립 유전자로 인해서도 비슷한 상황이 발생할 수 있다.
c. 닉의 부모 게놈에서 해당 영역을 PCR 증폭하고 시퀀싱한다.

27. a. 하이포잔틴 구아닌 포스포리보실트랜스퍼라제 1.
b. X
c. (I) Lesch-Nyhan 증후군: (1) 정신 장애, 뇌성 마비, 경련성 움직임, 요로 결석, 자기 파괴적 물기, (2) 열성, (3) 기능 상실, (4) 예, (5) 아니오; (II) Kelley-Seegmiller 증후군: (1) 신장 결석, 통풍, (2) 열성, (3) 기능 상실, (4) 예, (5) 아니오

28. 형광 라벨이 붙은 dNTP가 각 클러스터의 DNA 사슬에 추가되었다.

chapter 13장

1. a. 4; b. 10; c. 7; d. 8; e. 2; f. 3; g. 5; h. 1; i. 6; j. 9.

2. 간기: 40배 응축, 중기: 10,000배 응축. 중기에서 추가적인 응축이 세포 분열 시에 염색체가 다른 염색체의 유전자와 결합하는 것을 방지함으로써 독립적으로 행동하는 데 꼭 필요한 것으로 보인다.

3. a. H2A 단백질의 1.2×10^8
b. S기 동안 혹은 바로 직후에
c. 주형 유전자가 많으면 히스톤 유전자를 동시에 더 많이 전사할 수 있고, 따라서 더 빠르게 히스톤 단백질을 생성할 수 있기 때문에

4. a. p = 짧은 팔, q = 긴 팔
b. * 는 3p32에 유전자의 위치를 보여준다.

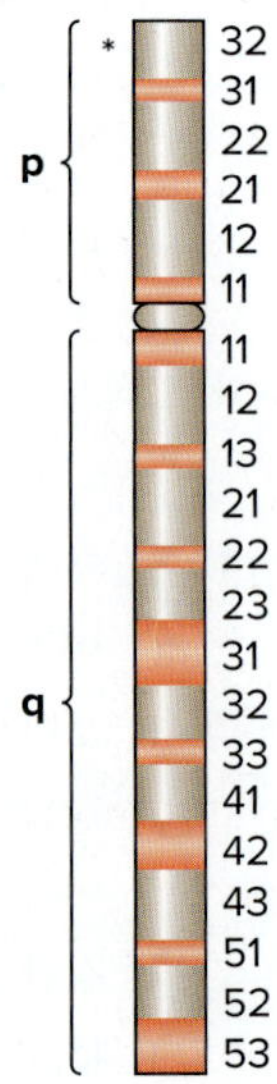

5\. a.

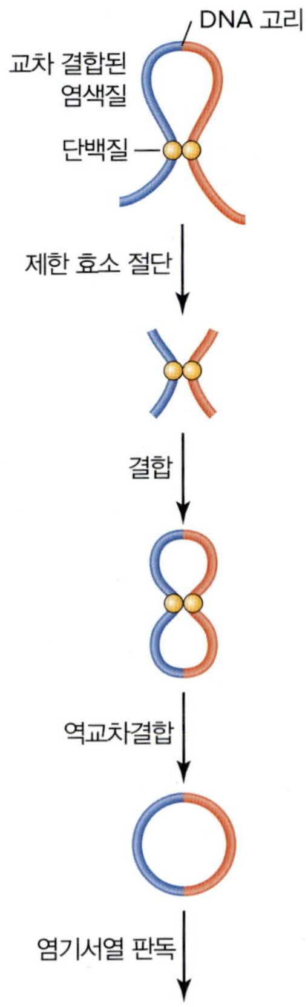

b. 인간 유전체에 존재하는, 인접하지 않은 동일한 두 영역의 DNA를 포함하는 많은 염기서열 판독.

c. 체세포의 염색질을 대상으로 염색질 정합 캡처 분석을 실시한다. 체세포 염색체 상에서 콘덴신 압출 루프의 길이가 30~400 kb인 점을 고려하면, 30~400 kb 간격으로 DNA 서열을 포함하는 판독값을 찾을 수 있다. 다만 간기의 염색질을 대상으로 동일한 분석을 수행한 경우에는 이러한 판독 결과가 나오지 않음에 유의하여야 한다(적어도 통계적으로 일관된 수준은 아님).

d. 초기 단계의 전기 세포와 전중기 세포를 대상으로 각각 염색질 정합 캡처 분석을 실시한다. 초기 단계의 전기 염색질은 두 염기서열이 서로 200~400 kb 간격으로 떨어진 판독 값에 농축되는 것을 확인할 수 있다. 한편 전중기 염색질은 30~50 kb 간격으로 떨어진 판독값에 농축된다.

6\. a. 초파리에서 염색체의 동원체 부근과 Y 염색체는 필수적 이질염색질의 예이며, 위치 효과 얼룩(PEV)의 경우 선택적 이질염색질이 나타난다.

b. 인간에서 동원체 DNA와 대부분의 Y 염색체는 필수적 이질염색질이다. 선택적 이질염색질의 예로는 바 소체의 형성을 들 수 있다.

7\. a. 유전자형이 *Su(var)*/*Su(var)*$^+$인 초파리의 경우, 유전자형이 *Su(var)*$^+$/*Su(var)*$^+$으로 동형접합인 초파리보다 눈에 흰 반점이 적고, 붉은 반점이 많은 특징을 가진다. 그러나 *E*(*var*) 돌연변이가 발생해, 이에 대해 이형접합의 유전자형을 가지게 된다면 붉은 반점(야생형)이 적고, 흰 반점이 많은 정반대의 특징을 가지게 된다.

b. *Su(var)*$^+$ 유전자는 이질염색질이 풀어질 수 있도록 도와주는 단백질을 암호화한다. 히스톤 탈아세틸화효소, 특정 히스톤의 메틸기 전이효소, 특정 히스톤 탈메틸화효소 등이 이에 포함된다. 이에 반해 *E(var)*$^+$ 유전자는 이질 염색질이 풀어지는 것을 제한하는 단백질을 암호화하는 것으로 보인다. 여기에는 히스톤 아세틸기 전이효소 및 특정 히스톤 탈메틸화효소가 포함된다.

8\. a. 만약 두 개의 19번 염색체가 존재했다면, 두 개의 X 염색체는 모두 불활성화 되었을 것이며, 따라서 태아는 배아 상태에서 죽었을 것이다.

b. 19번 염색체에서 억제 유전자를 포함하는 부분은 존재하지 않을 것이다.

c. 억제 유전자의 추가 복제본을 가지고 있는 암컷 배아는 (예를 들어, 복제 때문에) 발달하지 않을 것이다.

9\. 5500

10\. a. s기에서 좌표 33의 DNA는 좌표 35영역보다 빠르게 복제가 시작된다.

b. 이러한 그림들의 정점에 상응하는 부분을 보려고 한다. 33 Mb에 있는 것과 같은 복제의 근원이 피크 근처에 하나 이상 있어야 한다.

c. 수평선

d. 복제 근원의 발화 패턴은 인간 염색체의 일반적인 유전적인 특징이다. 즉, 만약 한 사람의 근원이 조기 발화가 발생하면, 다른 사람에게서 조기 발화가 발생할 수도 있다.

e. 분석된 세포들은 DNA가 만들어 질 때 적어도 일부가 S기에 있도록 성장하고, 순환되어야 할 것이다. 염기서열의 깊이(각 유전체 영역의 판독 수)는 이러한 접근에서는 원래의 실험보다 높을 것이다. 만약 특정 사람이대부분의 다른 사람들과는 다른 일정으로 특정 지역을 복제하였는지 확인하기 위해 많은 사람들의 이러한 종류의 데이터를 보고 싶을 것이다. 이러한 연구는 결과적으로 S기에서 언제 복제 근원이 발화 되어야 하는지 지시하는 특정 DNA 변화를 정확히 찾아내는 것을 도와줄 것이다.

11\. a. 만약 말단소체 복원효소를 이용할 수 없다면, 말단소체는 각각의 세포 분열에서 짧아지며, 결국 필수불가결한 유전자가 없어질 때 세포는 죽을 것이다.

b. 대부분의 체세포는 정해진 수명을 가진다. 체세포는 줄기세포가 아니며, 무한하게 증식하거나 말단소체 복원효소를 표현하지 않는다. 만약 체세포들이 부적절하게 말단소체 복원효소를 표현하면, 그들은 그들이 나눠지지 말아야 할 때 계속 나눠 질 것이다. 23장에서 불멸과 과잉 증식이 암세포 표현형의 두 가지 양상이라

는 것을 배우게 될 것이다. 그러므로 말단소체 복원효소를 과잉 표현하는 사람은 암을 발전시킬 수도 있다.

13. a. 부수체 DNA
    b. 코헤신(cohesin)은 세포분열 후기까지 자매 염색분체를 함께 붙잡는다; 방추사부착점은 염색체를 방추사 극에 붙이고 분리된 염색체가 극점으로 이동하도록 해주는 모터단백질을 갖는다.

14. 자매염색체들은 분리되지 않고 반대극으로 이동할 것이다. 그 효과는 이수성일 것이다.

15. a. 쉘터린(Shelterin)
    b.

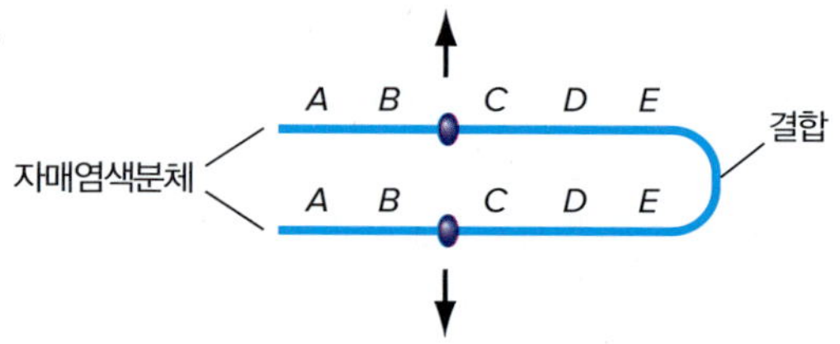

    c. 동원체가 반대 극 방향으로 잡아당겨진다.
    d. 다리(bridge)는 세포 분열 후기에서 깨지는 것으로 보이는데, 이는 각각의 딸세포가 부서진 염색체를 가질 것임을 의미한다. 이러한 분열은 두 동원체 사이의 늘어진 부분 중 어디에서나 일어날 수 있다. 뒤 이은 유사분열 동안에 부서진 염색체는 다시 결합하고 다리를 재구성할 것이다.

16. a. 유전적 이질형
    b. 반수체 기능 부전
    c. 불임으로 이어지는 유전적 돌연변이

17. a. 합해짐(안정적)
    b. 독립적(불안정적) 혹은 합해짐(안정적)
    c. 합해짐(불안정적) 혹은 독립적(안정적)
    d. 말단소체

18. 효모 세포에 Cre를 발현시키고, 생존 가능한 집단을 회복시키고, 그 집단들의 결실을 분석한다. Cre 발현으로 인해 생존 가능한 집단이 더 이상 회복되지 않을 때까지 Cre 발현 및 추가적인 유전자 삭제의 후속 회차에 이러한 집단을 사용한다.

chapter 14장

1. a. 4; b. 8; c. 6; d. 5; e. 7; f. 3; g. 2; h. 1

2. a. (i) 아니오, (ii) 아니오, (iii) 아니오, (iv) 아니오, (v) 다른 염색체
   b. (i) 예, (ii) 예, 만약에 교차가 역위 고리 내에서 일어났다면, (iii) 예, 만약에 교차가 역위 고리 내에서 일어났다면, (iv) 예, (v) 한 염색체의 동일한 팔에서 일어난 경우
   c. (i) 예, (ii) 아니오, (iii) 아니오, (iv) 아니오, (v) 동원체의 한쪽 그렇지 않다면, 염색체는 두 개의 동원체를 갖게 되며 이것은 불안정하다.
   d. (i) 아니오, (ii) 아니오, (iii) 아니오, (iv) 아니오, (v) 다른 염색체
   e. (i) 예, (ii) 아니오, (iii) 아니오, (iv) 예, (v) 단일 동원체의 양쪽
   f. (i) 예, (ii) 아니오, (iii) 아니오, (iv) 예, (v) 단일 동원체의 한쪽

3. a. 교차가 역위 고리 내의 *y*와 *v* 또는 *v*와 *f* 사이에서 일어나야 하며, 이들은 회복되지 않는다.
   b. 역위 고리 밖에서 단일 교차 19/114 5 16.7 m.u.
   c. 역위 고리 내에서 *y*와 *v* 그리고 *v*와 *f* 간의 이중 교차(두-자매염색분체 간에 또는 세-자매염색분체 간에)

4. a. 두 초파리 모두 결실을 가짐 1번 초파리 16.4/16.6 Mb; 2번 초파리 16.45/16.55 Mb; 결실 절단지점을 포함하는 1번 초파리로부터의 염기서열은 2번 초파리에는 가지고 있지 않으며, 2번 초파리의 것도 1번 초파리는 가지지 않는다.
   b. 6.45~16.55
   c. 예; 유전자의 작은 부분의 결실은 st^- 대립유전자를 초래한다.
   d. 보완성

5. a. 1과 2
   b. 5′ GGTGCCCATGGATATT 3′
   c. 1과 2
   d. 5′ TAGTTTCCCGGGACGT 3′
   e. 1과 3 또는 2와 3
   f. 5′ TTAATTGGCCTAAAAG 3′
   g. 아니오, 한 염색체의 장완과 다른 염색체의 단완 사이의 로버트슨 전좌

6. a. 양친형 $y^+ z^l w^{+R} spl^+$/Y (zeste)와 $y\ z^l w^{+R} spl$/Y (노란색, zeste);
   b. *y*와 *spl* 사이의 어느 곳이든 교차
   c. w^+ 카피 사이의 불균형 접합과 교차
   d. 5.9 m.u.

7. a. 2, 4; b. 2, 4; c. 2; d. 1, 3

8. a. 2개의 *URA3 ARG9* 포자들과 2개의 *ura3 arg9* 포자들
   b. 포자들 죽음, 1개의 *URA3 ARG9*과 1개의 *ura3 arg9*
   c. 4개의 생존 포자들, 2개의 *URA3 ARG9* 포자들과 2개의 *ura3 arg9* 포자들

10. 두 자매염색분체 이중 교차가 있으며 두 교차가 모두 역위 고리 내에

서 일어난다. 한 번의 교차는 두 유전자의 한쪽에서 일어나야 하며 교차 역위 고리 내에서 일어나야 한다.

11. a. 1, 3, 5, 6
    b. 2와 4
    c. 1과 3
    d. 5와 6

12. a. 1/4 임성 초록색, 1/4 임성 노란색-초록색, 1/4 반불임 초록색, 1/4 반불임 노란색-초록색
    b. 1/2 임성 노란색-초록색, 1/2 반불임 초록색
    c. 전좌된 염색체와 정상 염색체의 상동 부위 간의 교차

13. 1/2 *Lyra* 수컷 : 1/2 $Lyra^+$ 암컷

14. a. 정상의 온전한 X 염색체는 XIC를 가진 X-A 전좌 염색체의 상염색체 부위의 유전자들이 불활성화되므로 세포사멸한다. 그러므로 대부분의 생존 세포들은 디스트로핀을 발현하지 않는다.
    b. 예; XIC를 가진 X-A 전좌 염색체는 바 소체가 된다. 예; 정상적으로 불활성화된 X-연관된 유전들의 어떤 것들은 두 X 염색체에서 모두 발현할 수도 있다.

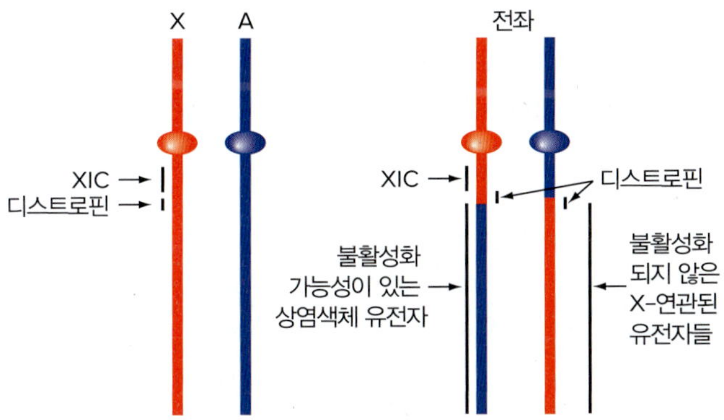

    c. 생존세포에서 온전한 X 염색체는 항상 불활성화되고, 전좌가 일어난 X 염색체에 있는 디스트로핀 유전자는 두 개로 나뉜다.
    d. 전좌된 세포에서 XIC와 연결이 되지 않은 X 염색체 유전자들은 X 불활성화가 일어나지 않는 반면, XIC에 연결된 전좌된 상염색체의 유전자들은 불활성화가 된다. 그러므로 전좌 절단지점을 안다면, 절단 지점으로부터의 유전자들의 상대적인 거리를 알 수 있다. 그러나 만약에 너무 많은 X 염색체 유전자들이 불활성화가 일어나지 않거나 너무 많은 상염색체 유전자들이 불활성화 되면 전좌를 가진 세포는 세포사멸이 일어나므로 분석이 복잡하다.

15. a. 이동성을 가진 *P* 인자가 유전자 내로 삽입하거나 정확히 이탈하지 못하여 돌연변이를 야기한다.
    b. *P* 인자를 가진 암컷의 난자 세포질에는 억제 단백질이 있으나, *P* 인자가 없는 암컷의 난자 세포질에는 억제 단백질이 없다.
    c. 실험실 암컷과 야생 수컷을 교배시키고, 생성되는 F_1 암컷을 실험실의 수컷과 교배시킨다. F_2 수컷들 중 노란색 몸통을 가진 것들을 선발한다. 이 경우 F_1은 반불임성인데 그 이유는 실험실 밖의 야생 수컷은 적은 수의 *P* 인자를 가지기 때문이다.
    d. *P* 인자의 이동성은 정세포에 국한된다.

16. 한 개의 상호전좌 이형접합형이어도 반 불임성이다.

17. 유인원의 두 개의 차단부동원체성 염색체들 간의 로버트손 전좌로 인간의 2번 염색체인 커다란 중부동원체성 염색체가 생성되었다.

18. a. 이형접합형에서는 교차가 억제되므로 돌연변이가 역위가 일어난 부위에 돌연변이가 집적된다. 이러한 돌연변이들은 형태적 변형과 행동적인 변형을 가져와서 결국 생식적 고립으로 이른다.
    b.

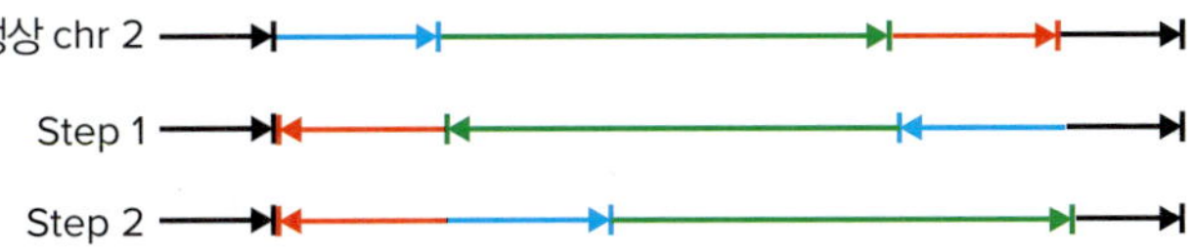

    c. 아니다. 관련있는 돌연변이 대립유전자들은 야생 대립유전자들에 대해 우성이고, 이 우성은 반수체불충분성(haploinsufficiency)이거나 기능-획득(gain-of-function) 때문이다.

chapter 15장

1. a. 4; b. 8; c. 5; d. 6; e. 7; f. 3; g. 2; h. 1

2. a. 이 문제의 핵심은 매우 일어나기 어려운 두 가지 사건으로 단친이 염색체성이 발생할 수 있다는 것을 아는 것인데, 왜 이런 현상이 그토록 일어나기 어려운지를 보여 준다. 하나의 상동염색체는 어쨌든 소실되어야 하고, 나머지 염색체는 복제되어야 한다. 다음의 모식도에 나타난 경우들을 쉽게 구별할 수 있는 방법은 없다.

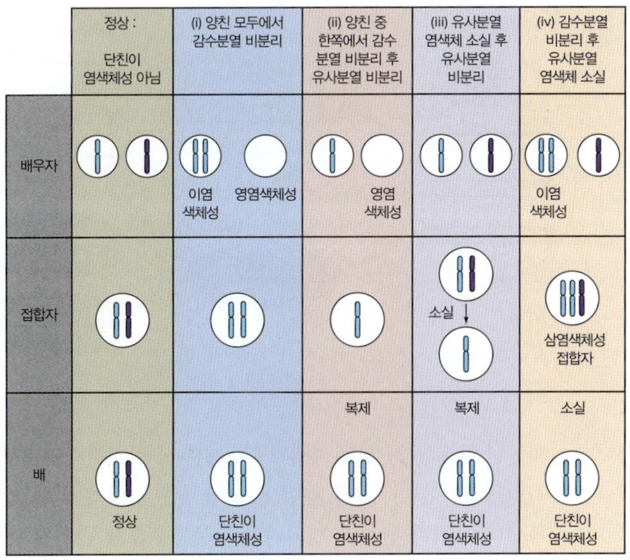

b. (a)에 나타난 기작으로 아버지가 질병을 가지고 있지 않았으나 희귀 X-연관 질환을 가진 딸들이 생길 수 있다. 아버지에게서 아들로 유전되는 희귀 열성 X-연관 질환의 전달은 (a)의 두 기작(i 과 iv)으로 설명할 수 있다.

c. 이 증후군에 관여하는 유전자를 가진 염색체의 완을 따라 여러 DNA 마커를 조사했다. 만약 이 질환이 유사분열 시의 재조합 때문이라면, 그 사람은 동원체 근처의 마커는 이형접합성이지만 염색체 말단 부근의 마커는 동형접합성일 것이다. 허나 만약 (a)에 기술된 기작에 의해 나타난 다른 단친이염색체성이라면 그 개인은 모든 DNA 표지에 대해 동형접합성일 것이다.

3. a. 1 *his2*$^+$ *lys4* : 1 *his2 lys4*$^+$: 1 *his2*$^+$ *lys4* : 1 *his2 lys4*$^+$

b. 1 *his2*$^+$ *lys4* : 1 *his2*$^+$ *lys4*$^+$: 1 *his2 lys4* : 1 *his2 lys4*$^+$

c. 2 *his2*$^+$ *lys4* / *his2 lys4*$^+$ (이염색체성, *His*$^+$ *Lys*$^+$) : 2 영염색체성 (사멸, 백색)

d. 2 *his2*$^+$ *lys4* : 1 *his2 lys4*$^+$ / *his2 lys4*$^+$ (이염색체성, His$^-$ Lys$^+$) : 1 영염색체성 (사멸) 혹은 1 *his2*$^+$ *lys4* / *his2*$^+$ *lys4* (이염색체성, *his2*$^+$ *lys4*) : 1 영염색체성 (사멸) : 2 *his2 lys4*$^+$

e. 1 *his2*$^+$ *lys4* / *his2*$^+$ *lys4* (이염색체성 His$^+$ Lys$^-$) : 1 *his2 lys4*$^+$ / *his2 lys4*$^+$ (이염색체성 His$^-$ Lys$^+$) : 2 영염색체성 (사멸) 혹은 2 *his2*$^+$ *lys4* / *his2 lys4*$^+$ (이염색체성 His$^+$ Lys$^+$) : 2 영염색체성 (사멸)

f. 1 *his2*$^+$ *lys4* / *his2 lys4* (이염색체성 His$^+$ Lys$^-$) : 1 *his2*$^+$ *lys4*$^+$ / *his2 lys4*$^+$ (이염색체성 His$^+$ Lys$^+$) : 2 영염색체성 (사멸) 혹은 1 *his2*$^+$ *lys4* / *his2 lys4*$^+$ (이염색체성 His$^+$ Lys$^+$) : 1 *his2*$^+$ *lys4*$^+$ / *his2 lys4* (이염색체성 His$^+$ Lys$^+$) : 2 영염색체성 (사멸)

4. 아래 모식도(이수체 세포는 노란색)는 다운증후군 환자의 배우자의 절반이 이수체($n+1$)임을 보여준다. 다운증후군 부모의 자손 중 다운증후군의 실제 나타날 확률은 50%보다 낮은데, 이는 21 삼염색체성은 조기 치사율이 있기 때문일 것이다.

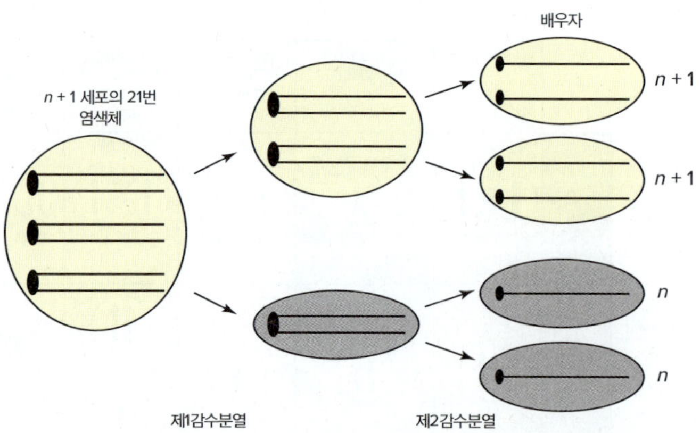

5. a. 제공된 자료는 21번 염색체의 다운증후군 임계영역이 존재한다는 가설을 반박한다. 예를 들어 1, 2, 3, 6은 각각 염색체 21번의 중복된 부분이 완전히 구별되지만 다운증후군과 관련된 이상 증세를 하나 이상 가지고 있다.

b. 이 자료는 21번 염색체의 특정 부위가 추가로 존재하여 다운증후군이 된다는 생각을 뒷받침하지 않는다.

6. a. $x = 7$.

b. 모래귀리는 이배체($2x = 14$), 가는야생귀리는 사배체($4x = 28$), 재배귀리는 육배체($6x = 42$)이다.

c. 모래귀리: 7, 가는야생귀리: 14, 재배귀리: 21

d. 각 종의 n 숫자는 (c)의 답과 동일하다.

7. a. (i) 이수체, (ii) 5번 염색체의 단수체, (iii) 배아 상태에서 치사 가능성

b. (i) 이수체, (ii) 1과 5번 염색체에 대한 삼염색체성, (iii) 배아 상태에서 치사 가능성

c. (i) 정배수체, (ii) 동질사배체, (iii) 성인은 생존 가능하지만 불임

d. (i) 정배수체, (ii) 동질사배체, (iii) 성인은 생존 가능하고 임성

8. 콜히친으로 처리하여 이배체 딸세포를 만들고 그것을 생장시켜 배상체를 만들어라. 배상체를 적절한 호르몬으로 처리하면 이배체 식물을 얻을 것이다.

9. 이질배수체에서는 한 종의 DNA 서열과 유사한 일부 DNA 서열과 다른 종의 DNA 서열에 더 가까운 일부 DNA 염기서열들을 발견할 수 있다. 이러한 양상은 동질배수체의 유전체에서는 볼 수 없을 것이다.

10. 그것은 전혀 중요하지 않았다.

11. 1/18

12. a. 난자형성과정의 제1감수분열 혹은 제2감수분열기의 생식세포에 시토칼라신 B를 처리하면 이배체 난자가 형성되고 이것이 정상적인 반수체 정자와 수정되면 삼배체를 얻을 수 있다.

b. 양식업자들은 화학 처리 없이 이배체 난자를 생산하는 사배체 굴을 사용하면 된다. 사배체는 이배체 난자와 이배체 정자가 수정함으로써 생성될 수 있다. 이들 이배체 배우자들은 이전 세대에서 정상 이배체 굴을 시토칼라신 B로 처리하여 얻을 수 있다.

13. a. 흑색 *K. waltii* 유전자들은 *S. cerevisiae*에서 중복된다.

b. 두 종이 서로 분화되어 진화하는 동안, *S. cereviceae* 유전체의 일부가 자손 *S. cereviceae*에서 중복이 된다. 시간이 지나면서 중복된 유전자들의 많은 것들이 소실된다. 간혹 중복됨 두 사본이 남아 있는 경우도 있다.

chapter 16장

1. a. 8; b. 5; c. 9; d. 7; e. 6; f. 3; g. 1; h. 4; i. 2

2. a. ~12 nt
   b. 6 아미노산
   c. 서열은 K12 균주에는 없는 *E.coli* 범유전체의 일부분이다.

3. a. 인트론, 염색질, 큰 유전자 사이 부분, 동원체 및 텔로미어, 다중 염색체, 선형 염색체
   b. 전치

4. 염농도가 높은 곳에 사는 세균에서 만들어지는 단백질은 이런 성질을 가지고 있다.

5. a. 사람피부의 마이크로바이옴은 세균이 어디에 있었는지 알려줄 수 있다.
   b. 연구실에서 배양되는 많은 세균종들을 배양하는 방법을 알지 못한다.

6. 첫 번째 접시에는 200개 군락이, 두 번째 접시에는 20개 군락이 있다.

7. a. 낮은 자연적 돌연변이 발생빈도를 바탕으로 예상한 바와 같이, 10^8개 세포에서는 A 균주나 B 균주의 역돌연변이체가 생기지 않았다. 야생형 군락은 A 균주와 B 균주를 함께 배양했을 때는 생겨나지만 따로 배양하면 생기지 않으므로, 역돌연변이 이외의 다른 기작이 작용해야만 한다. 이중, 삼중 돌연변이 변종은 단계적인 방식으로 만들어진다.
   b. A 균주와 B 균주에 항생제 민감도/내성 마커를 포함시킴으로써 어느 것이 어떤 것인지 확인할 수 있다. 그들은 다음을 포함함으로써 어느 것이 어떤 것인지 확인할 수 있었다. 항생제 내성/민감성 유전자는 Hfr 균주내의 전달 원점에서 매우 멀리 떨어져 있거나 결합 중에 F^- 균주로 전달되지 않는 플라스미드에 위치해야 한다. 이 경우, 항생제 내성/민감도의 특성에 대해, 접합자의 표현형은 수용세포의 유전자형을 반영할 것이다.

8. F가 3~4개 있는 돌연변이 세포와 야생형 수용체를 교배하라. 돌연변이가 F 플라스미드에 있는 경우에만 수용체 세균의 F 사본수가 높을 것이다. 다른 방법으로는, 돌연변이 세포에서 F 플라스미드를 추출하여 수용체 세포에 형질전환 할 수 있다. 형질전환된 세포에서 F 인자의 사본수를 조사하여 형질이 플라스미드에 의해 전달되는지를 확인할 수 있다.

9. *H. influenzae b* 병원성 균주가 공여자 균주로 사용된다면 *purE*와 *pepN* 유전자가 공동형질전환되는 빈도는 낮을 것이다.

10. a. F^- Pyr^- Met^- Xyl^- Tyr^- Arg^- Ni^- Mal^- Str^r
    b. *pyrE xyl mal arg met tyr his*

12. a. 빈도가 낮은 접합완료체는 두 번이 아니라 네 번의 교차가 필요하다.
    b. *arg* ↔ *mal* 거리와 *mal* ↔ *xyl* 거리는 비슷하고, *xyl* ↔ *pyrE* 거리는 두 배이다.
    c. *arg*와 F 인자 원점 사이의 거리. *xyl* ↔ *pyrE* 거리의 두 배이다.

14. a. 유전자 순서는 *pab ilv met arg nic(trp pyr cys) his lys*이며, 괄호 안의 유전자 순서는 모른다.
    b. 유전자 순서는 *pyr trp cys*이고, *pyr* ↔ *trp* 거리는 6.5%, *trp* ↔ *cys* 거리는 15%이다.

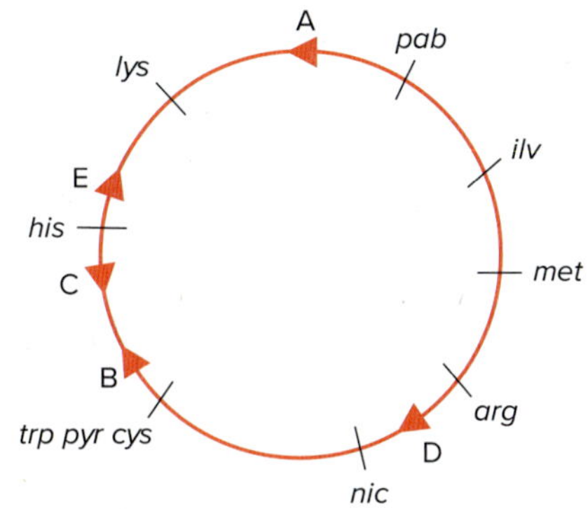

15. 독성 유전자를 가지고 있는 세균 균주에서 박테리오파아지가 부정확하게 절제되면 독성 유전자와 파아지 유전자를 모두 가지는 특수형 질도입 파아지가 만들어진다.

16. a. 정지코돈 돌연변이는 대개 유전자의 기능상실을 일으킬 것이다. 돌연변이 균주에 야생형 균주로 만든 플라스미드 도서관을 형질전환한다. 돌연변이 표현형이 야생형으로 회복되는 군락에는 야생형의 역돌연변이 유전자를 가진 플라스미드가 있다.
    b. 돌연변이 균주의 유전체 DNA로 플라스미드 도서관을 제조하고, 야생형 세균에 형질전환한다. 돌연변이 표현형을 가지는 형질전환체에는 돌연변이 유전자를 가지는 플라스미드가 있다.

17. a. *S. parasanguis*를 플라스미드로 형질전환하고, 카나마이신과 에리트로마이신을 가지는 배지에서 낮은 온도(플라스미드 복제가 가능한 온도)에서 선별한다. 형질전환체를 제한온도에서 배양하고, 에리트로마이신이 들어 있는 배지에서 트랜스포존이 삽입된 군락을 선별한다. 복제평판을 만들어 카나마이신 민감성을 검사한다. 각각의 Ery^R Kan^S 군락은 서로 다른 유전체 위치에 IS256이 삽입되어 있다.
    b. 세균 염색체에 돌연변이 유발 가능성이 있는 트랜스포존 삽입으로 군락을 선별하는 것이 쉽고, 트랜스포존 삽입에 의해 돌연변이

된 유전자를 식별할 수도 있다.

c. 역PCR과 시퀀싱

18. a. *GFP* 서열은 cDNA이다.

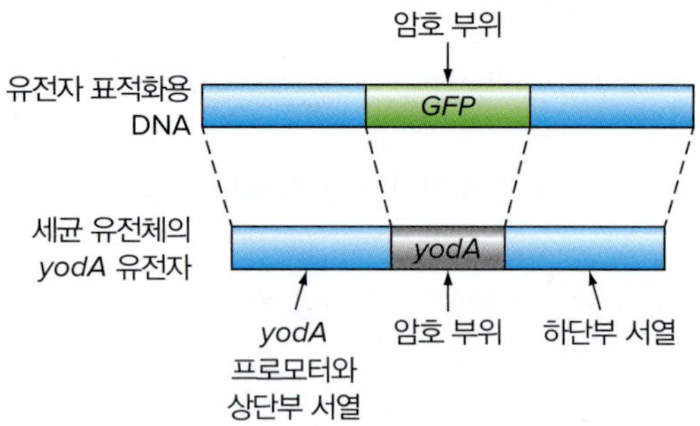

b. 초록색으로 빛나는 세균은 암호 부위가 GFP의 암호부위로 대체되었기 때문에 더 이상 *yodA*를 발현하지 않는다.

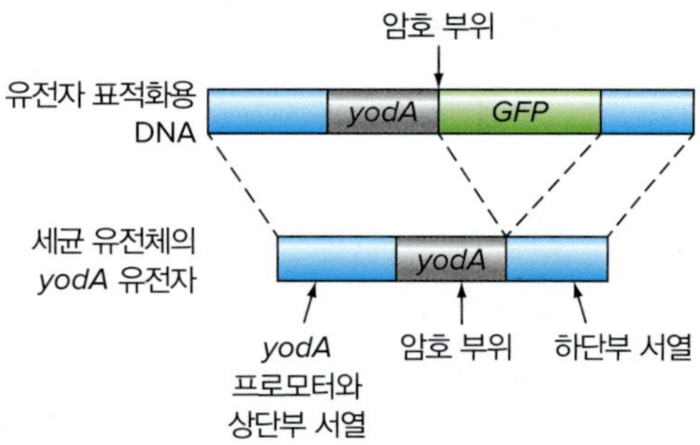

c. GFP 암호 서열을 *yodA* 암호부위와 번역틀이 같도록 연결하면 융합 단백질이 만들어진다.

19. a. 페니실린은 분열중인 세포만 죽인다.

b. 페니실린 선택에서 살아남은 세포들을 시스테인으로 보충된 최소배지로 구성된 주플레이트에 도말하고, 최소배지에 복제평판으로 도말한다. 주플레이트에서는 자라지만 최소배지에서는 자라지 않는 군락은 시스테인 보조영양체이다.

c. 모든 세포들이 시스테인 보조영양체이든 아니든 페니실린에 내성이 있기 때문에 초기균주가 pen^r 유전자를 가진 플라스미드를 포함한다면 페니실린 농축 절차는 작동하지 않는다.

20. 이러한 환경에서 추출된 DNA를 시퀀싱하여, 아미노산으로 단백질을 암호화하는 ORF나 독소를 합성하는 효소의 특징을 보이는 3차원 구조나 아미노산으로 구성된 ORF를 예측하거나 분석할 수 있다.

21. a. 세균은 다른 종의 세균을 죽이는 분자를 만듦으로서 제한된 자원을 위해 경쟁하고 선점하도록 도울 수 있다.

b. 페니실린은 인간 세포에는 없는 구조인 세균의 세포벽의 펩티도글리칸 층의 합성을 방해한다.

c. 아미노산이 충전된 tRNA와 mRNA가 결합되는 리보솜의 부위는 세균과 인간 세포에서 다소 다른 모양을 가지고 있음에 틀림없다.

d. 구멍을 만드는 유전자의 기능 상실 돌연변이, 배출 펌프를 만드는 유전자의 기능 증가 돌연변이, 테트라사이클린 또는 카나마이신의 결합을 방지하는 리보솜 소단위체의 돌연변이.

chapter 17장

1. a. 4; b. 6; c. 2; d. 1; e. 7; f. 3; g. 5.

2. a. 5′ TGG CA(T/C) AT(T/C/A) ATG 3′

b. 5′ TG(G/A) CA(T/C) AT(T/C) AT(G/A) 3′

3. a. 미토콘드리아 tRNA에 대한 tRNA 합성 효소는 인간 유전체에 암호화되어 있으며 해당 단백질은 미토콘드리아로 유입된다. 세포질 및 미토콘드리아 tRNA 합성 효소를 각각 만들어내는 고유의 유전자가 존재하지만 두 가지의 예외가 있다. 한 종류의 glycl-tRNA 합성 효소와 한 종류의 lysyl-tRNA 합성 효소는 세포질과 미토콘드리아에 있는 $tRNA^{Gly}$와 $tRNA^{Lys}$ 모두의 아미노아실화를 담당한다.

b. 미토콘드리아 메티오닐-tRNA 합성 효소는 미토콘드리아 안에서만 기능하며, 미토콘드리아 안에서 AUA에 결합할 수 있는 안티코돈을 가진 미토콘드리아 $tRNA^{Met}$를 인식한다.

4. a. 미토콘드리아 DNA 바코드가 매우 유용한 주된 이유는 핵 유전체 사본보다 더 많은 미토콘드리아 DNA 사본이 세포에 존재하기 때문이다.

b. *cytochrome oxidase I* 유전자가 바코드를 위해 선택된 이유 중 하나는 이 유전자가 다른 종의 생물에서 일반적으로 동일하거나 거의 동일한 DNA 서열 옆에 있기 때문이다.

c. 바코드 서열은 (i) 모든 동물 종에 존재해야 하고, (ii) 종간에는 다르지만 종 내에서는 거의 차이가 없어야 하며, (iii) PCR에 의해 쉽게 증폭되고 서열분석이 가능할 만큼 충분이 짧아야 할 뿐더러, (iv) 돌연변이를 축적하지 않는 염기서열의 옆에 위치해야 한다.

5. a. 미토콘드리아 DNA는 500,000회, 엽록체 DNA는 50,000회 읽힘.

b. (i) 이전에 특성화 되지 않은 식물 종의 세포 소기관 DNA는 다른 식물종의 세포 소기관 DNA와 유사성을 나타내야 한다. (ii) 세포 소기관과 핵유전자의 구성이 다르다. (iii) 엽록체 DNA의 판독 결과는 원형으로 조립되며, 일부 식물의 미토콘드리아 DNA는 원형으로 또 다른 일부 식물의 미토콘드리아는 선형으로 나타난다. 미토콘드리아 DNA가 원형으로 조립되지 않고 선형으로만 보이는 경우 핵 DNA와 구분하기 어려울 수 있다.

6. (a)와 (d)는 세균과는 비슷하지만 진핵생물과는 다른 엽록체와 미토콘드리아의 특징이다.

7. a. DNA가 분해되었거나, 이용 가능한 세포가 거의 없는 상황
   b. 동일한 모계 혈통을 가진 개체를 구별하는 것은 불가능하다.

8. (i) 대부분의 경우 정자는 작은 크기로 인해 세포 소기관을 제외한다. (ii) 세포는 부계의 세포 소기관 또는 부계 세포 소기관의 DNA를 분해할 수 있다. 일부 종에서는 접합체가 수정 후 부계의 세포 소기관을 파괴한다. (iii) 초기 접합체 세포 분열은 부계의 세포 소기관을 배아의 일부가 되지 않을 세포에 분배할 수 있다. (iv) 수정과정 자체적으로 부계 세포가 세포 소기관에 기여하는 것을 방지할 수 있다(정자의 핵만 난자에 들어갈 수 있음).

9. a. 미토콘드리아 DNA의 부계 유전은 제외된다.
   b. 식물 2의 난자와 식물 1의 꽃가루를 사용해 교배하여 자손을 얻는다.
   c. 식물 2가 실제로 동형세포질성인지 확인하기 위하여 식물 2의 모든 조직에서 미토콘드리아 DNA를 분리하고 PCR 분석을 진행하여 단일 변이체만 발견되는지 확인한다.
   d. 네 개의 묘목에서 2개의 미토콘드리아 DNA 변이체 비율이 다른 것은 식물 1의 생식세포 계통 내에서 또는 묘목의 성장 동안 일어나는 세포질 분리에 의한 것이다.

10. a. 글리세롤에서 성장하기 위해서는 미토콘드리아의 기능이 필요하다. 미토콘드리아 기능에 영향을 미치는 돌연변이는 글리세롤에서 성장할 수 없는 결과를 가져올 것이다.
    b. 미토콘드리아 DNA의 클로람페니콜 내성 돌연변이는 rRNA 유전자에 있을 수 있고, 핵 DNA에 있는 돌연변이는 미토콘드리아 내로 들어오는 리보솜 단백질 유전자일 수 있다.
    c. 예를 들어, 하나의 반수체 균주가 His^-이고 다른 하나가 Lys^-인 경우 히스티딘과 라이신이 모두 없는 배지에서는 이배체만 생존하여 이배체 세포만 선택될 수 있다. 이배체 세포는 돌연변이가 미토콘드리아 DNA에 있는 경우에만 (세포질 분리를 거쳐) 클로람페니콜에 민감해질 수 있다.

11. a. 포도당은 미토콘드리아 기능(산화적 인산화) 없이 ATP를 생성하는 데 사용될 수 있다. 즉, 포도당을 발효하여 ATP를 생성하는 것이 가능하므로 *petite*는 포도당이 있는 배지의 배양접시에서 자랄 수 있다. 그러나 글리세롤이나 에탄올을 사용하여 ATP를 생성하기 위해서는 미토콘드리아 기능이 필요하므로, 미토콘드리아가 기능하지 못하는 *petite*는 글리세롤이나 에탄올에서는 성장할 수 없다. 야생형의 *grande* 효모는 미토콘드리아가 잘 기능하기 때문에 포도당이나 글리세롤 또는 에탄올에서 성장할 수 있다.
    b. *grande*와 *petite* 교배로 *grande* 표현형이 나타나는 특이한 단친성 유전양상은 에프루시에 의해 사용된 *petite* 균주가 미토콘드리아 DNA를 전혀 가지고 있지 않았기 때문이다.

12. 모계 유전. 이는 돌연변이의 영향을 받은 여성의 자손(남녀 모두) 대부분은 영향을 받고 돌연변이의 영향을 받은 남성의 자손은 그 누구도 영향을 받지 않음을 의미한다. 각각의 다른 자손에서 돌연변이 표현형이 나타나는 정도도 다르다.

13. 이 쌍둥이를 형성한 접합자는 야생형 및 돌연변이형 미토콘드리아 유전체를 모두 가진 이형세포질성이었다. 배아 발달 초기에 세포 덩어리가 둘로 분리되어 두 명의 일란성 쌍둥이가 되었다. 두 세포 덩어리에서 야생형과 돌연변이형 미토콘드리아 DNA의 비율은 다를 수 있으며, 각각의 쌍둥이가 발달하는 동안 돌연변이형 미토콘드리아 DNA에 대한 야생형 미토콘드리아 DNA의 비율은 조직마다 달라질 수 있다.

14. a. 세 가지 질병은 미토콘드리아 기능에 다른 수준으로 영향을 미치는 서로 다른 미토콘드리아 유전자의 결실로 인해 발생할 수 있다. 동일한 유전적 원인으로 세 가지 증후군이 모두 나타날 수도 있지만 이형세포질성 및 세포질 분리로 인해 증상의 차이가 발생할 수 있다.
    b. 복제원점은 각 증후군에서 결손된 DNA의 바깥 부분에 위치하여야 한다.
    c. PEO의 모계 유전이 일어나지 않는 것을 설명할 수 있는 한 가지 가능성은 결손된 미토콘드리아 DNA를 가지고 있는 생식계 세포가 결손된 DNA가 없는 동형세포질성 분리체에 비하여 증식이나 난자 발생 과정에 있어 불리하다는 것이다. 결과적으로 생식세포 계통은 결손이 없는 세포로 대부분 채워지거나 동형세포질성 분리체만이 생존 가능한 난자를 생산할 것이다. 체세포에서 결손된 미토콘드리아 DNA를 갖는(따라서 PEO 증상이 있는) 여성이더라도 생식계 세포나 만들어 내는 난자에는 돌연변이 미토콘드리아 DNA가 없을 수 있다.

15. a. 핵 유전자 산물은 미토콘드리아 내부로 수송되어 미토콘드리아 유전자 산물과 동일한 경로로 작동한다. 예를 들어, 산화적 인산화에서 작동하는 일부 단백질 복합체는 핵 유전자에 의해 암호화되어 있는 하나의 소단위 단백질과 미토콘드리아 유전자에 의해 암호화되어 있는 또 다른 소단위 단백질을 포함한다. 이 두 개의 유전자 중 하나라도 결손되면 전자전달계의 기능이 상실되고 리 증후군 증상을 유발하게 된다.
    b. 아니오.
    c. 미토콘드리아에 기인한 질병인 경우라면, 영향을 받은 남성에게 해당 질병은 그의 아이들에게 전달될 수 없음을 알리고, 영향을 받은 여성과 이 여성의 자매이지만 영향을 받지 않은 여성 모두에게 잠재적으로 둘다 해당 질병을 자녀에게 전달할 수 있음을 알린다. 질병이 희귀 열성으로 인한 경우라면 영향을 받지 않은 자는 그의 유전체 DNA를 테스트하여 본인이 보인자인지 여부를 알 수 있다. 이 경우 세 남매는 모두 자녀를 가질지 결정하기 전에 파트너에게도 동일한 유전자에 돌연변이가 있는지를 테스트 해 볼 수 있다.

16. 핵 공여자와 세포질 공여자 난자의 미토콘드리아 DNA에 있는 SNP를 구별하는 PCR 분석 기법을 사용하여 미토와 트래커의 서로 다른 조직에서 얻은 세포를 검사할 수 있다.

chapter 18장

1. a. 10; b. 8; c. 5; d. 2; e. 7; f. 1; g. 9; h. 6; i. 3; j. 4

2. a. i, ii, iii; b. iv, v, vi

3. a. DNA의 특정 염기쌍에 대한 결합 특이성

   b.

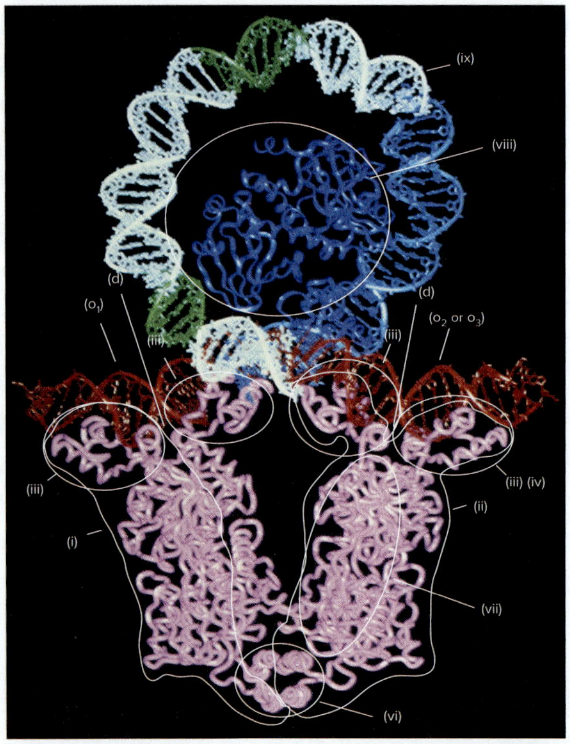

© SPL/Science Source

   c. Lac 억제자 이량체는 각각의 결합 작동자와 떨어져 있고 사량체한다.

   d. 대칭축은 그림 (b)를 참고하여라. 회전 대칭은 거울상 구성에서 동일한 DNA 결합 도메인을 사용하여 각 이량체 내의 억제자 단량체가 DNA에 결합하기 때문에 알 수 있다.

4. 다음 다이어그램에서 TT는 전사 종결 신호, RBS는 리보솜 결합 부위, SD는 샤인-달가노 서열을 나타낸다.

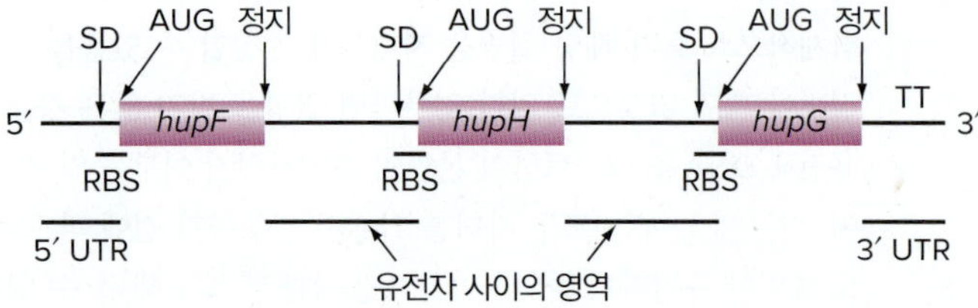

5. a. 음성조절자

   b. (i) 유도성 *emu1*과 구성성 *emu2* 발현; (ii) 유도성 *emu1*과 *emu2* 발현

   c. 유도성 *emu1*과 구성성 *emu2*

6. 작동자의 염기서열 변경의 보상

7. a. IPTG는 β-갈락토시다아제 기질이 아니므로 농도가 일정하게 유지된다.

   b. 일부 *lac* 오페론 전사는 작동자가 Lac 억제자에 의해 결합되지 않을 때마다 발생하기 때문에 일부 투과효소 분자는 항상 존재한다(모든 DNA 결합 단백질은 DNA 결합 상태와 결합되지 않은 상태 사이에서 평형을 이루고 있다).

8. a. 억제자; b. 결합 없음; c. CRP–cAMP

9. a. Mal^-(말토오스를 탄소원으로 사용할 수 없음)

   b. 아니요, MalT의 발현은 이화산물에 민감하다.

   c. 말토오스를 함유하고 포도당이 없는 배지

   d. (i) *lamB*$^-$ 점 돌연변이 또는 결실; (ii) *malK lamB* 오페론의 전사에 영향을 미치는 프로모터 돌연변이; (iii) *malT*$^-$ 기능 상실 돌연변이; (iv) MalT가 결합하는 *malK lamB* 오페론 내 DNA 부위의 돌연변이; (v) 말토오스 유입에 필요한 유전자의 기능 상실 돌연변이

10. a. Lac^+ 복귀 돌연변이체만 선별하는 경우, 발견되는 많은 돌연변이체는 *lac* 오페론의 돌연변이일 것이다. 억제 돌연변이가 Mal^+와 Lac^+ 모두라고 요구하면 모든 CRP-cAMP 결합 또는 활성에 영향을 미치는 돌연변이로 되돌아가는 것으로 제한된다.

    b. RNA 중합효소의 α 서브유닛은 CRP 단백질과 직접 상호작용한다.

11. a. o_2 또는 o_3의 단독 돌연변이 Lac 억제자 결합에 미치는 영향이 적다.

    b. 작은 삽입을 유발하는 돌연변이원은 삽입이 작동자를 방해하여 Lac 억제자가 더 이상 이에 효율적으로 결합할 수 없는 경우, o^c 돌연변이 표현형을 생성한다.

    c. DNA의 작은 삽입으로 인해 발생하는 부분 (b)에 설명된 oc 돌연변이는 초억제자나 억제자가 작동자에 결합할 수 없기 때문에 I^S 초억제자 단백질에 둔감할 가능성이 가장 높다. 그러나 이러한 돌연변이가 있는 *lac* 오페론은 억제자 및 초억제자 결합이 제한되지만 완전히 예방되지 않는 경우, I^S에 약간의 민감성을 보일 수 있으며, 이는 특정 DNA 삽입의 특성 및 위치에 따라 달라진다.

12. RNA 중합효소는 동종이량체가 아니다.

13. 진핵생물에서는 전사와 번역이 동시에 일어나지 않는다.

14. 연속 7개의 히스티딘은 다음과 같이 인코딩된다.
5′ …CACCACCAUCAUCACCAUCAU… 3′

15. 안티센스 RNA가 그것이 조절하는 유전자의 발현을 억제하기 위해 트랜스로 작용할 수 있는지 테스트한다. 트랜스에서의 작동에서 전사 간섭을 배제한다. 강력한 박테리아 프로모터가 안티센스 RNA의 전사를 유도하는 플라스미드 구조를 만든다. 해당 유전자 산물이 박테리아 염색체에서 정상적으로 발현되는 조건에서 플라스미드로 형질전환된 박테리아를 성장시킨다. 안티센스 RNA가 센스 전사(시스 단위)를 방해하여 기능하는 경우 플라스미드의 안티센스 RNA는 유전자 산물의 수준에 영향을 미치지 않아야 한다. 안티센스 RNA가 센스 RNA의 번역을 방해하여 트랜스에서 기능한다면 플라스미드를 포함하는 박테리아는 단백질 산물을 거의 또는 전혀 합성하지 않아야 한다.

16. a. 리보스위치는 높은 유리 구아닌 농도에서 구아닌(왼쪽)에 결합하고 낮은 농도에서 결합되지 않는다(오른쪽).
b. 구아닌 대사

17. 음성 조절자, LexA 기능의 상실은 많은 유전자의 새로운 발현으로 이어지기 때문이다.

18. a. 말토오스가 포함된 경우 = 푸른색, 말토오스가 포함되지 않은 경우 = 흰색
b. 돌연변이 유전자가 양성조절인자를 암호화하는 경우: (i) 암호화된 야생형 단백질은 말토오스에 의해 활성화된다. (ii) 돌연변이는 hypermorphic 또는 neomorphic 기능 획득을 나타낼 것이다. (iii) 돌연변이는 넌센스 돌연변이, 단백질 기능을 위한 주요 아미노산의 잘못된 돌연변이, ORF 시작 부분 근처의 구조이동돌연변이 또는 유전자 결실일 수 있다.
c. 돌연변이가 기능 획득인 경우, 야생형 게놈 라이브러리를 사용한 돌연변이 박테리아의 형질전환은 돌연변이 표현형(말토오스가 없는 플레이트에서 파란색 집락으로 보이는 구성적 발현)을 야생형(말토오스가 없는 플레이트에서 흰색 집락으로 보이는 유도성 발현)으로 구제하지 못할 것이다. 그러나 돌연변이 게놈 DNA로부터 만들어진 게놈 라이브러리로 야생형 균주의 형질전환은 돌연변이 표현형을 야기한다. 기능 획득 돌연변이 유전자를 포함하는 플라스미드로 형질전환된 콜로니는 말토오스가 없을 때 파란색으로 표현된다. 돌연변이가 기능 상실인 경우, 그 반대 결과가 관찰된다. 야생형 게놈 플라스미드 라이브러리를 사용한 돌연변이체 박테리아의 형질전환은 돌연변이체 표현형을 야생형으로 구제한다(돌연변이에 해당하는 유전자의 야생형 사본으로 형질전환된 콜로니에서). 돌연변이 게놈 라이브러리를 사용한 돌연변이 박테리아의 형질전환은 돌연변이 유전자의 야생형 사본을 포함하지 않을 것이다.

19. 열 충격 배양에 존재하는 RNA와 또한 높은 삼투압 조건 또는 낮은 삼투압 조건에서 존재하는 RNA는 일반 스트레스 반응 유전자가 될 가능성이 높다.

20. (i) sRNA 서열은 ORF를 포함하지 않아야 한다; (ii) 많은 경우에, 동일한 RNA-Seq 실험이 동일한 위치에서 가까운 전사체를 나타내지 않을 수 있기 때문에 sRNA는 더 큰 mRNA의 단편으로 제외될 수 있다; (iii) sRNA 서열의 reverse complement는 하나 이상의 mRNA의 센스 가닥, 특히 5' UTR에 존재해야 한다.

21. RNA-Seq를 사용하여 고밀도로 성장하고 빛을 만드는 *V. fischeri*의 전사체는 저밀도에서 성장하고 발광하지 않는 *V. fischeri*의 전사체와 비교할 수 있다. *luxICDABE* 오페론은 빛을 만들지 않는 박테리아보다 생물발광 박테리아에 훨씬 더 높은 수준으로 존재하는 전사체로 식별된다. 그러나 *luxR*은 *V. fischeri*에서 저밀도 및 고밀도 조건 모두에서 동일한 수준으로 전사되기 때문에 식별되지 않는다.

23. a. *luxR*은 낮은 수준에서 전사된다.
b. *luxICDABE* 오페론은 자가유도제 없이 낮은 수준으로 전사된다.
c. *luxR* 전사는 자가유도자의 영향을 받지 않는다.
d. 자가유도제에 결합된 LuxR은 오페론의 전사를 활성한다. LuxI 단백질은 자가유도제를 만든다. 콜로니가 파랗게 변하기 위한 충분한 *lacZ* 전사체를 생성하기에 충분한 자가유도제를 만들기 위해 오페론은 전사되고 번역되어야 한다.
e. *luxR* 전사는 구성적이다.

24. a. 작은 분자에 결합된 LuxR은 자가유도제 결합을 방지하여 LuxR이 DNA에 결합하고 생물발광 오페론을 활성화하는 것을 방지할 수 있다.
b. LuxR 유형 단백질의 소분자 억제제는 병원체가 밀도에 반응하여 독소를 발현하는 것을 방지함으로써 항생제로 작용할 수 있다.

chapter 19장

1. a. 7; b. 6; c. 1; d. 12; e. 9; f. 8; g. 2; h. 4; i. 3; j. 5; k. 10; l. 11

2. 전사체 가공(RNA의 선택적 스플라이싱 포함); 핵으로부터 mRNA의 방출; mRNA의 안정성의 변화; 번역 효율의 변화; 유전자 산물의 화학적 변형; 특정 세포소기관에 단백질의 위치

3. a. 직접적인/프로모터; b. 간접적인/프로모터; c. 간접적인/프로모터; d. 직접적인, 간접적인/ 프로모터; e. 직접적인/인핸서; f. 간접

적인/인핸서; g. 직접적인/ 인핸서; h. 직접적인 또는 간접적인/ 인핸서; i. 직접적인/ 인핸서; j. 간접적인/ 인핸서

4. 금발 대립유전자의 인핸서는 검은 머리 대립유전자의 인핸서보다 활성자에 대한 낮은 친화력을 가지고 있다.

5. a. (i) z; (ii) y 또는 z; (iii) x
   b. y; 어떤 돌연변이 표현형의 특성은 유전자의 정상적인 기능에 대한 정보를 나타낼 수 있기 때문이다.

6. 단백질을 생산하지 못하거나 합성되더라도 GAL4 단백질에 결합할 수 없는 *GAL80* 돌연변이를 만든다. GAL4 단백질이 GAL80 단백질에 결합하는 것을 막는 *GAL4*의 돌연변이를 만든다.

7. a. Id가 억제자라면, MyoD와 인핸서의 동일한 위치의 DNA에 결합할 것이다. Id는 인핸서 결합에 대하여 경쟁함으로써 간접적으로 MyoD의 기능을 억제한다. Id는 또한 보조억제자를 인핸서로 끌어들여 직접적으로 억제자로써 기능을 한다.
   b. 간접적인 억제자로써, Id는 MyoD의 활성화 도메인에 결합할 수 있거나(퀀칭), 불활성화된 Id-MyoD 이형이량체를 형성할 수 있다(적정이라고 하는 이형이량체화). 또 다른 가능성은 Id는 세포질에서 MyoD와 상호작용하여 핵으로 MyoD를 들어가는 것을 막는다(격리).
   c. (a)의 경우라면 Id는 아미노산 서열에서 인식할 수 있는 DNA-결합 단백질 도메인을 가지고 있어야 한다. (b)의 경우라면 이형이량체화/적정되어야 한다. Id는 MyoD와 같은 이량체화 도메인을 가지고 있어야한다.

8. 야생형 초파리의 유전체 DNA 절편을 인핸서가 없는 프로모터::GFP 유전자 구조를 삽입한 부위 근처에 결합시킨다. 그런 다음, 다양한 구성으로 야생형 초파리를 변형시키면, 조직-특이적인 작용하는 유전체와 같은 패턴으로 GFP를 발현하는 동물을 찾을 수 있을 것이다.

9. a. Myc-Max와 Mad-Max가 결합하는 인핸서를 가진 표적 유전자는 세포 주기를 진행시킬 것이다.
   b. **(i) 휴지기 세포**

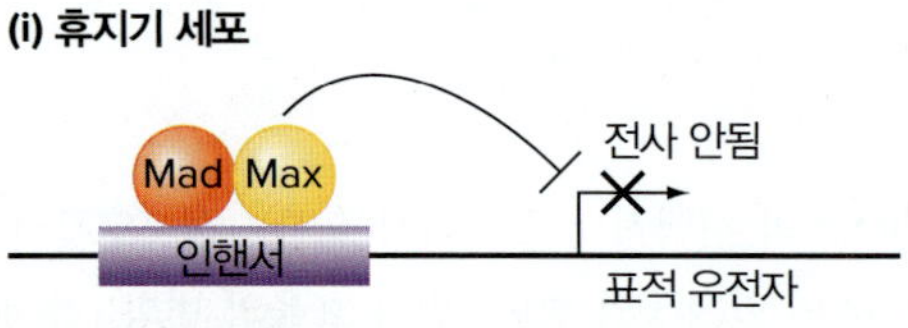

(ii) 분열하는 세포

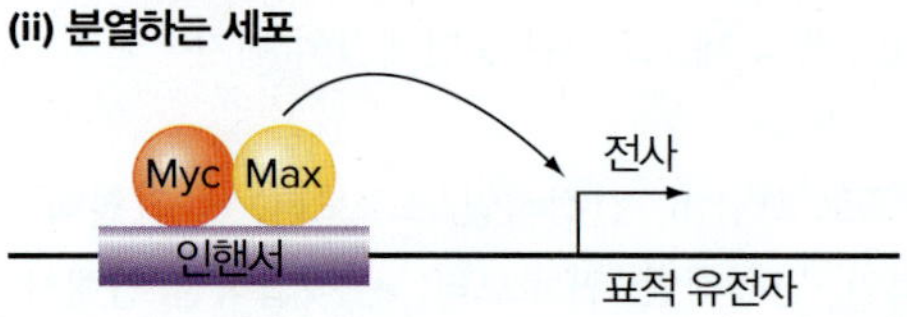

   c. G_0기 동안의 Mad 발현은 세포 주기를 앞당길 수 있는 유전자를 억제한다. Myc이 발현되면, Mad와 Max와의 결합을 두고 경쟁을 하며, 세포 주기를 S기로 진행시키는 표적 유전자가 억제되는 대신 활성화된다.
   d. 기능 획득 돌연변이다.

10. 두 가지 융합 단백질은 서로 결합하여 DNA-결합 도메인과 활성화 도메인을 가진 완전한 활성자를 형성한다. β-galactosidase의 발현은 미끼 단백질과 상호작용하는 먹이 단백질이 있다는 신호를 준다. 관심 있는 단백질(미끼)와 상호작용하는 단백질을 동정하기 위해, 리포터 플라스미드(UAS_G::*lacZ*)와 미끼 플라스미드(관심 단백질과 GAL4 DNA-결합 도메인이 융합된 유전자를 암호화함)를 먼저 형질 전환한 효모세포에 먹이 cDNA 라이브러리(각각의 클론은 cDNA가 암호화하는 단백질과 Gal4의 활성화 도메인이 합쳐진 융합 단백질을 발현할 수 있어야 함)를 형질전환해 준다. 각 효모 콜로니는 다른 먹이 플라스미드를 가지고 있어야한다. 만약 미끼와 먹이 단백질이 서로 상호 작용하면 활성화 도메인이 UAS_G로 이동하여 *lacZ*가 발현된다. β-galactosidase를 발현하는 콜로니는 X-gal에서 파란색을 띄게 된다. 먹이 플라스미드를 정제하고 cDNA를 동정하여, 관심 있는 단백질과 상호작용하는 단백질을 찾을 수 있다.

11. a. ChIP-Seq 실험을 수행할 수 있다.
    b. 아니오, 각각의 세포에서 서로 다른 유전자 세트가 전사되기 때문이다.
    c. (a)에서 확인된 유전자 서열을 RNA-Seq 실험에서 확인된 유전자와 비교하여 확인할 수 있다.

12. a. 결합된 중합효소의 최고점은 전사 시작점에 매우 가깝다. 이것은 RNA 중합효소 II가 프로모터를 인식하고 짧은 RNA를 전사하기 시작한다는 것을 의미한다(길이가 ~30 nt이다). 그런 다음 RNA 중합효소는 나머지 유전자를 계속 전사하기 전에 해당 위치에서 일시정지된다.
    b. 일시정지된 중합효소는 유전자 발현을 위해 어떻게든 일시정지를 해제해야 한다. 이 단계는 빠르게 일어나지 않으므로(또는 일시정지가 관찰되지 않음) 전사인자에 의해 조절될 수 있다. 열 충격 전과 후의 차이는 대부분 열 충격 후 프로모터의 RNA 중합효소 인식 향상(*Dnaj4* 유전자의 발현이 열 충격에 의해 약 4배 증가)에 기인한 것으로 보인다. 조절된 것이 일시정지뿐이라면 프로모터 근처의 빨간색 최고점은 열 충격 이후보다 열 충격 이전에 더 커야하지만 그렇지 않았다.
    c. 실험 결과, 열 충격 전후의 프로모터 근처의 파란색 최고점을 보면 RNA 중합효소 II가 유전자의 프로모터에 결합하면 양방향으로 전사를 시작할 수 있음을 알 수 있다. 일정한 방향으로의 전사가 선호되지만 많은 비율의 RNA 중합효소 분자가 다른 방향으로 이동하여 DNA의 다른 가닥을 전사한다. 이러한 RNA 중합효소

분지는 작은 전사체를 만든 후에도 일시정지된다.

d. 전사는 유전자의 마지막 엑손을 지나서 최소 10 kb까지 진행된다. 따라서 폴리-A 첨가 부위를 지나서 최소 10 kb의 전사가 진행된다. 일부 전사체는 마지막 엑손을 지나 약 10 kb 위치에서 끝나고 다른 전사체는 그 너머에 있는 또 다른 10 kb 위치에서 끝날 수 있지만 이 지점을 다루는 명확하지 않다.

e. PRO-Seq가 실제로 모니터링하는 것은 RNA 중합효소가 아니라 전사되는 과정에 있는 RNA 분자이다. 이 기술은 각 전사체에 단 하나의 표지가 붙은 뉴클레오타이드의 RNA 중합효소 촉매를 첨가함으로써 작동한다. 표지가 붙은 RNA 분자는 표지 덕분에 세포의 다른 모든 RNA로부터 정제될 수 있다. 그런 다음 이러한 RNA를 cDNA로 복사할 수 있으며 cDNA 분자를 고 처리량 서열결정을 하게 된다.

13. a. 1차 mRNA의 선택적 스플라이싱, 대체 프로모터로 생성할 수 있다.
b. 번역 후 단백질 처리 또는 단백질 변형을 통해 생산할 수 있다.

14. a. mRNA와 GFP 단백질 검출의 차이는 일종의 번역 조절의 결과일 수 있다. mRNA 대(versus) 단백질을 감지하는 데 있어 서로 다른 감도로 인해 지연이 발생한다. 다시 말해, 형광이 감지되기 전에 많은 GFP 단백질이 축적되어야 한다. mRNA와 GFP 단백질의 소실시간의 차이는 두 가지로 설명할 수 있다. 첫째는 GFP 단백질이 mRNA보다 더 안정적이어서 단백질이 mRNA보다 며칠 더 오래 세포에 남아있을 가능성이 있다. 둘째는 *GFP* mRNA가 실제 유전자보다 더 안정적일 가능성도 있다.
b. GFP 단백질의 발현은 유전자 활성화를 중단하는 것보다 유전자 활성화를 개시하는 것을 더 정확하게 설정해야 한다.

15. a. 유전자 구성은 유전자 *X* ORF에 해당하는 센스 및 안티센스 RNA를 모두 발현해야 한다.

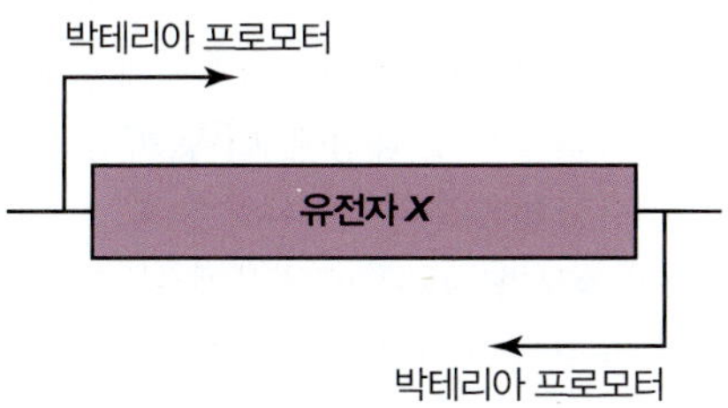

b. 유전자 *X* 구조로 형질전환된 박테리아를 처리했거나 처리하지 않은 애벌레로부터 mRNA를 정제하고 두 샘플을 사용하여 cDNA를 만든다. 유전자 *X* 내의 프라이머 쌍과 cDNA를 주형으로 사용하여 생성물을 PCR 증폭한다. 유전자 *X*의 mRNA가 siRNA에 의해 분해된 경우, 형질전환된 박테리아를 처리하지 않은 애벌레에서만 산물을 검출할 수 있다. 또는 RNA-Seq로 cDNA를 분석하고 형질전환된 박테리아를 처리한 동물에서 얻은 샘플에서 유전자 *X*의 mRNA가 누락되었는지 확인할 수 있다.

c. 때때로 siRNA는 의도한 것과 다른 유전자의 발현에 영향을 미친다. 소위 표적 외 효과(off-target effect)는 siRNA 서열 중 일부가 다른 유전자와 부분적으로 상보적일 때 발생한다.

16. a. ORF가 없음, 염기쌍(역반복서열)을 통해 헤어핀 구조를 형성하는 특징.
b. 수컷의 성 기관에서 특이적으로 발현되는 *OGI*는 *MeGI* mRNA를 분해한다.
c. 꽃은 정상적인 수컷과 암컷의 성 기관을 가질 것이다.
d. 수컷 생식선 발달의 억제.
e. *MeGI*는 모든 원시 성 기관에서 발현된다. 일부 원시세포에서 *OGI* 발현은 암컷의 발달을 완전히 차단할 만큼 충분히 높지 못했거나 이르게 발현된다.

17. 이들 기술 중 어느 것도 단백질의 안정성이 서로 다를 수 있다는 사실을 설명하지 못한다. RNA-Seq는 전사 또는 mRNA 안정성 수준에서 작동하는 조절 기작을 고려하는 기술이다. 리보솜 프로파일링은 RNA-seq이 고려하는 기작에 더해 번역 효율성에 영향을 미치는 기작도 고려한다.

18. a. *Sxl* 유전자의 영(Null) 돌연변이는 XY를 가지는 수컷에게는 중요하지 않지만 동형 접합체 XX를 가지는 암컷에게는 치명적이다. 활성인 *Sxl*은 암컷에게 아무런 영향을 미치지 않지만 수컷(XY)은 사망에 이르게 한다.
b. 활성인 *Sxl* 대립유전자를 가진 XY 초파리에서 Sxl 단백질은 X-연관 유전자 발현의 양을 정상 XY 초파리의 약 절반으로 줄인다.
c. *tra* 형질 전환 XX 초파리(암컷)의 영(null) 대립유전자는 형태학적 및 행동적으로 수컷으로 변하게 한다. 활성인 *tra* 대립유전자는 XY 초파리(수컷)를 형태학적 및 행동적으로 암컷으로 변형시킨다.
d. *Sxl*은 양적 보정을 조절하지만 *tra*는 그렇지 않다.
e. *tra-2* 기능 상실의 효과는 *tra* 기능 상실과 동일하다.
f. tra^-XX 수컷이 Fru-M을 발현하면 수컷의 성적 행동을 보이고 암컷과 짝짓기를 하려고 한다.

19. a. (i) 초파리의 경우, 수컷은 Sxl이 없는 상태가 기본이다. 집파리의 경우 암컷은 M이 없을 때가 기본 상태이다. (ii) Sxl은 기능적인 Tra의 생성을 유발하지만 M은 이를 억제한다.
b. tra^D 1차 전사체는 암컷 스플라이싱 부위의 사용을 방지하는 M에 결합할 수 없다. 대신에 tra^D 대립유전자는 기능성 Tra 단백질을 생산하기 위해 스플라이싱 되어야 하는 인트론이 부족하다.

chapter 20장

1. a. 5; b. 9; c. 3; d. 7; e. 2; f. 1; g. 8; h. 10; i. 6; j. 4; k. 11.

2. a. Bill Sr.의 유전형은 *50K/60K*; Joan의 유전형은 *60K/?*
   b. Joan의 유전형은 *60K/50K*; Sr.의 유전형은 *50K/60K*

3. a. 유전자 *A*는 각인되어 있지 않다. 유전자 *B*는 모계에서 각인되어 있다. 유전자 *C*는 부계로 각인되어 있다.
   b. 상호교배는 어떤 유전자가 어떤 부모의 대립인자 유래와 상관없이, 이들의 발현을 방해하는 돌연변이를 단순히 보유하고 있는 점과 대조적으로 각인이 되었는지 아닌지를 결정하기 위해 중요하다.
   c. 만약 생쥐의 자손이 유전자의 어떤 부분에서 이형접합성(*AKR/PWD*)이라면, 예상되는 발현 패턴은 아래의 왼쪽에 있는 그림에서 보여주고 있다. 중요한 점은 자손에서 *AKR* 대립인자는 암컷의 부모에서부터 오고, *PWD* 대립인자는 수컷의 부모에서 온다. 만약 생쥐의 자손이 유전자의 어떤 부분에서 동형접합성(*PWD/PWD*)이라면, 생쥐는 *AKR* 대립인자가 없을 것이고, *AKR*-특이적이라고 표지되는 mRNA의 퍼센트는 0 까지 가게 된다.

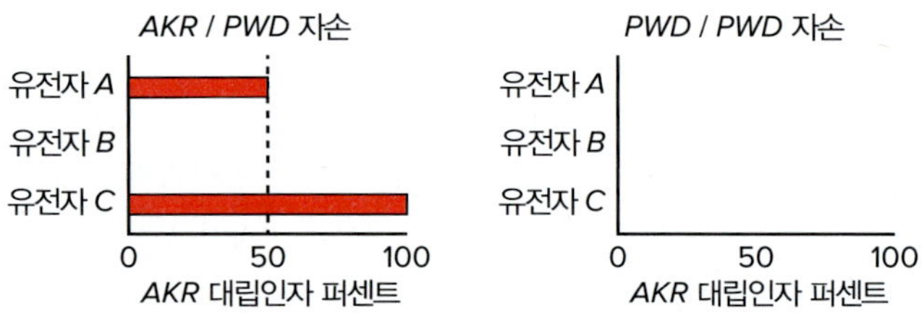

4. 암컷과 수컷의 세포에서 유전체 DNA 분리를 준비하고 난 뒤, DNA를 잘게 부수고 나서 이들과 항체를 함께 반응시킨다. 항체는 DNA 조각들이 메틸화 될 때만 면역 침강(IP)을 할 수 있다. 이후, 면역 침강된 조각들의 염기서열을 분석할 것이고, 분석된 염기서열들은 암컷 또는 수컷 세포에서부터 회복되었는지 아닌지 결정된다. 성-특이적으로 메틸화된 서열들이 유전자의 내부나 가까이에 있는지에 대한 여부를 결정하기 위해 유전체 서열을 조사한다. 마지막으로, 이러한 유전자들이 각인이 되었는지에 대한 여부를 검증하기 위해 RNA-seq을 사용한다.

5. a. 기태(moles)는 어떠한 염색체를 포함하지 않는 비어 있는 난자의 수정으로 형성될 수 있다. 대부분의 시간동안, 포도송이 기태형(Hydatidiform mole)은 하나의 정자를 가진 이러한 난자의 수정 때문에 일어난다. 이렇게 수정된 난자는 반수체로 시작된다. 이배체를 만들기 위해서는, 초기 유사분열에서 세포질 분열동안 어떤 오류가 일어나서, 모든 부계 염색체의 2개의 복제된 것들이 동일한 세포에 남아 있게 되는 것이다. 자주 일어나는 것은 아니지만(~20% 정도), 포도송이 기태형은 2개의 정자와 하나의 비어 있는 난자에서 동시 수정에 의해 일어나기도 한다.
   b. 유전적 각인

6. 억제는 세포분열을 통해 후성유전학적으로 전달되지 않는다. 이어지는 분열동안, 억제자는 인핸서를 다시 묶어야 할 필요가 있고, 전사를 다시 억제해야 한다. 침묵은 복제분기점에서 복제된 후성유전학적 마크(사이토신에 메틸기)와 관련이 있으며, 이것은 다음 세대의 세포 DNA에 전달된다. 침묵은 세포 분열을 통해 전달되는 세포 기억성을 가진 억제 현상이다.

8. a. 마크는 다수의 세대동안 저절로 유지될 수 있다, 그러고 나서 사라진다.
   b. H3K9me 마크는 그림 20.8b에서 *Hox* 유전자의 PRE의 예시에서 보여 주었듯이, 아마도 빠져나갔을 것이다.
   c. Epe1 탈메틸화 효소는 H3K9me 마크의 불안정성에 일반적으로 반드시 영향을 주고 있다. Epe1은 효모가 더 빨리 전사 할 수 있게 변하게 할 수 있다.

9. 이러한 메틸화된 사이토신들은 H3K9me 마크를 만드는 단백질을 구성한다, 그리고 H3K9me 마크는 사이토신을 메틸화 하는 DNMTs와 결합한다.

10. a. 1 SNP^{pel}/SNP^{pel} : 2 SNP^{pel}/SNP^{wt} : 1 SNP^{wt}/SNP^{wt}
    b. 만약 (1)이 사실이라면, SNP^{pel}/SNP^{pel}(1/4)는 펠로리아일 것이다. 그리고 SNP^{pel}/SNP^{wt}과 SNP^{wt}/SNP^{wt}(3/4)는 야생형일 것이다. 만약 (2)가 사실이라면, 연관성은 존재하지 않는다. 표현형은 1 : 2 : 1 유전형에 따라 임의로 분포한다.
    c. 꽃 모양이 펠로리아형(완전 메틸화된)인 부분, 야생형(메틸화 되지 않은)인 부분 그리고 꽃 모양이 이 두 개의 표현형의 중간 정도 되는 모양(부분적으로 메틸화된)인 부분을 볼 수 있다.

11. 식물들은 생식세포의 DNA에서 메틸화 마크를 지우지 않는다. 동물의 생식세포에서도 마찬가지이다.

13. a. 아마도 $Axin^{Fu}$의 메틸화 마크는 A^{VY}의 메틸화 마크보다 수컷에서 더 없애기 쉬울 것이다. 대신에, 이 두 마리의 생쥐 계통의 유전형의 차이점은 실험 관찰에 바탕이 되었다.
    b. 후성유전학 정보가 $Axin^{Fu}$에서 부계로 (또는 모계에서) 전달된다는 사실은 노란색 생쥐에서 자궁이나 난모세포질에 관련된 어떤 것을 반영하는 유전적 패턴과는 대조적으로, 후성유전학 정보가 A^{VY}에서는 모계에서 전달되고 있다는 것을 제시하고 있다.

chapter 21장

1. a. 7; b. 9; c. 3; d. 8; e. 1; f. 12; g. 10; h. 11; i. 3; j. 6; k. 4; l. 5

2. a. 형질전환 생쥐와 정상생쥐와 교배 방법 또는 도입 유전자의 삽입

이 이형접합 형태로 각각 전달된 F_1끼리 교배하는 방법. 만약 도입 유전자에 의해 사지기형이 나타나지 않는다면, 전달된 유전자에 대해 동형접합자를 가지고 있는 F_2는 돌연변이 표현형을 보여주면 안 되며, 그 반대의 경우도 마찬가지다.

b. 역 PCR 방법

c. 도입 유전자와 *ld* 유전자의 형질이형접합자가 만약 동일한 유전자들의 돌연변이라면 사지기형을 보일 것이며, 서로 다르다면 보완하여 돌연변이가 나타나지 않는다.

3. a. *faf*⁻ 유전자 결핍 초파리에 *faf* 유전자의 조절서열이 Usp9 cDNA 발현을 유도하는 구조체로 형질전환한다. 만약 거친 안구 표현형이 회복된다면, USP9 단백질이 Faf 유전자를 대체할 수 있다.

b. 만약 *Fam*⁻ 유전자 결손 돌연변이 생쥐가 돌연변이 안구를 가진다면, *Fam* 유전자는 생쥐의 안구 발달에 필요하다고 할 수 있다. 이 장의 뒷부분에서는 이러한 목적을 위해 녹아웃 또는 조건부 녹아웃을 제작하기 위해 어떻게 *Fam* DNA를 사용하는지에 대해 배운다.

5. a. 어류의 동결방지 단백질을 만드는 유전자 클로닝 동결방지 cDNA 유전자를 T-DNA 플라스미드 벡터에 삽입 유전자 재조합된 T-DNA를 지닌 *A. tumefaciens*를 식물세포에 살포하여 단일 세포들에서 식물배아를 키우고 형질전환된 식물을 선별한다.

b. 아마도 어류의 동결방지 단백질은 식물세포에서 전사 후 과정이 제대로 수행되지 않았을 것이다.

6. a. IR 5 역반복; ori 5 복제원점

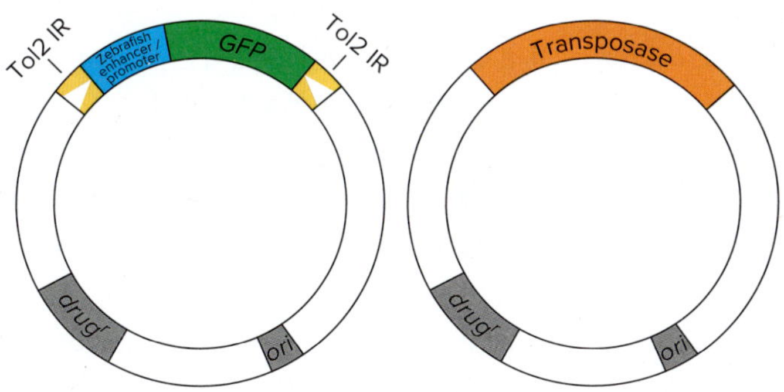

b. 제브라피시에는 다른 송사리의 Tol2 트랜스포존(효소포함)이 더 이상 존재하지 않기 때문에, 제조합 Tol2 트랜스포존이 안정화될 것이다.

7. a. 남아있는 북부 흰색 코뿔소 암컷으로부터 난자를 체취하고 얼린 정자를 녹여서 체외에서 수정한다. 배아는 남부 흰색 코뿔소 대리모에 이식한다.

b. 클론의 경우 남아있는 북부 흰색 코뿔소 암컷 중 하나와 같은 유전체를 가질 것이다. 시험관 (IVF)를 이용해 태어난 북부 흰색 코뿔소의 절반은 엄마로부터, 또 다른 절반은 아빠로부터 온 대립유전자를 가질 것이다.

c. 유전적 다양성이 낮다.

8. a. 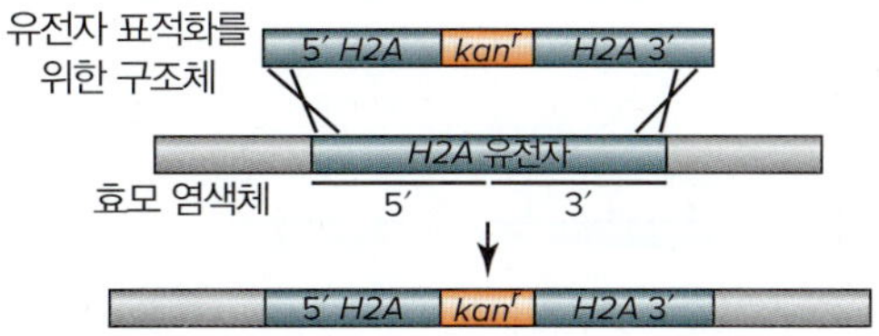

b. (i) DNA 재조합 기술을 이용하여 (a)에서처럼 kan^r 유전자를 *H2A* 유전자의 ORF에 삽입한다. (ii) 그림의 다음 순서처럼, *H2A* 유전자를 방해하는 부분을 포함하는 DNA 선형 조각을 만든다. (iii) DNA 선형 조각을 효모에 형질전환하여 카나마이신에 저항성을 가지는 콜로니를 선별한다. (iv) 콜로니의 유전체로부터 *H2A* 유전자부분을 PCR하여 시퀀싱을 하면 상동재조합에 의해 삽입된 것을 확인할 수 있다.

c. 이배체; 야생형 유전자 한 카피가 남아있어 효모가 죽지 않고 살게 해준다.

d. 예상과 달리, *H2A*는 필수적인 유전자가 아니다. 가장 그럴듯한 설명은 효모의 유전체 중 *H2A*와 비슷한 단백질을 만드는 또 다른 유전자를 포함하고 있어, 뉴클레오솜의 *H2A*를 대신할 수 있다는 것이다.

9. a. 녹아웃

b. 녹아웃 또는 추가 CGG 반복을 가진 녹인 생쥐

c. CAG 반복서열이 추가된 녹인

10. a. 인트론

b. 아니오. 만약 구조체의 삽입이 5′ UTR 안에 있는 인트론에 삽입되고, 유전자의 5′에서 3′ 방향으로 삽입된다면, GFP 유전자는 발현될 수 있다. 만약 구조체가 암호화 엑손 사이에 삽입된다면, GFP 암호화 서열이 삽입 유전자의 5′에서 3′ 방향으로 같은 방향이 되어야 하며, ORF에 맞아야 한다.

c. 증폭자 올가미 씌우기 방법은 어떤 유전자가 언제, 어디서 전사되는지 보여준다. 증폭자 올가미 씌우기 방법은 어떤 단백질이 언제, 어디서 제작되며, 가끔은 어느 세포에 존재하는지 밝힌다.

d. 증폭자 올가미 씌우기

11. a. 그림 21.10에 있는 것과 비슷하게 플락스된 *Pax6* 엑손과 쥐 눈 인핸서: *Cre* 도입 유전자를 가진 구조체를 만든다. 도입 유전자는 *pax6* 엑손에 상응하는 이중 가닥 RNA나 Pax6 단백질 우성열성 돌연변이를 발현해야 한다.

b. split GFP를 유전자를 가진 특별 조건부 녹아웃 마우스는 눈세포에서 눈유전자의 *Pax6* 단백질을 제거하는데 이용되어야 한다. 녹인 구조체는 그림의 위에서부터 과정을 따라가 그림같은 구조체를 형성해야 한다. RNAi나 우성열성 돌연변이 도입 유전자는 생

쥐 눈 인핸서:: GFP 리포터 유전자를 포함할 수 있다.

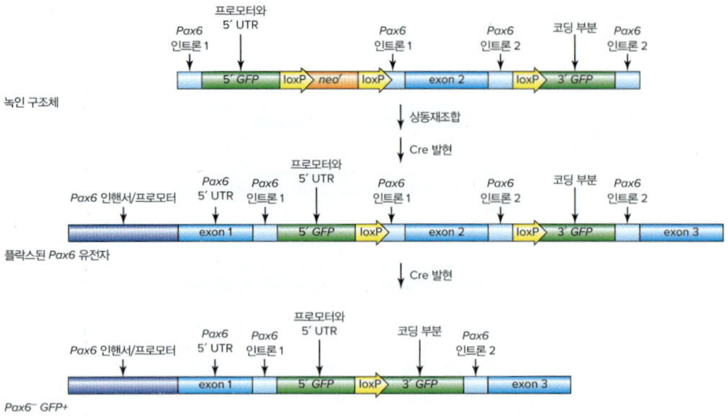

12. a.

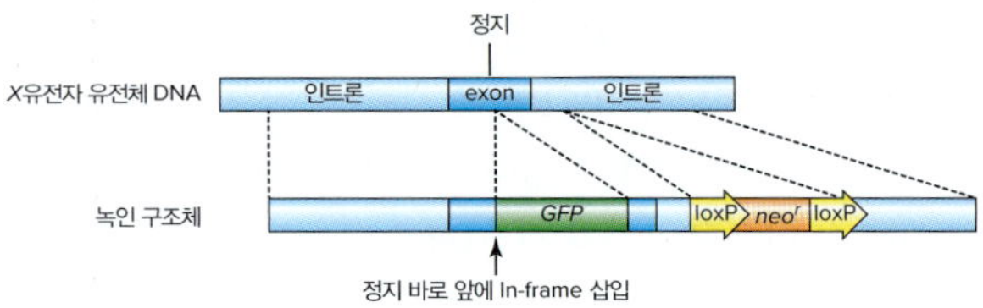

b. 이 방법은 시스 작용 전사조절지역이 분석되면 이용할 수 있다.

13. a. 울리매머드를 체세포 핵 운반 기술을 이용해 복제한다. 아시아코끼리의 난자에서 핵을 제거하고, 매머드 세포에서 떼어낸 핵을 주입한다. 또한 아시아코끼리를 대리모로 사용한다.

b. 털 두께에 관련된 유전자를 찾아낸다. 울리매머드의 유전자 서열과 유사한 아시아코끼리의 유전자의 염기서열을 바꾼다.

c. 코끼리와 매머드의 형질에 관여하는 유전자 서열 중 코끼리와 매머드에 차이가 나는 유전자 서열을 바꿀 수 있다. 코끼리의 유전체가 변형된 체세포의 핵은 체세포 핵 운반 기술에 사용될 수 있다. 그런 동물들은 멸종된 매머드와 유사할 수 있다. 하지만 너무 많은 염기서열을 변경하는 것이 기술적으로 어려울 수 있다. 또한 한 마리의 매머드를 탄생시키기 위해 많은 숫자의 대리모 코끼리를 사용해야 할 수 있다. 이렇게 탄생된 매머드는 코끼리와 울리매머드의 잡종이고, 이전에 존재한 적이 없다는 점에서 윤리적인 문제를 야기할 수 있다. 우리는 이렇게 탄생한 동물의 특성과 삶을 정확히 알 수가 없다. 그리고 멸종된 동물을 살리는 것은 우리가 예기하지 못했던 환경적인 문제를 일으킬 수도 있다.

14. a. 정자에 있는 *yellow* 돌연변이 대립유전자에는 *Cas9*과 *sgRNA* 유전자가 삽입되어 있다. 발현이 되면 자손인 F_1의 야생형 *yellow*$^+$ 유전자에 DSB이 생긴다. DSB를 복구하기 위해 상동재조합이 일어나게 되면 *Cas9*과 *sgRNA* 유전자가 삽입이 된다. 결과적으로 체세포는 기능이 있는 *yellow*$^+$ 유전자를 가지지 않게 된다.

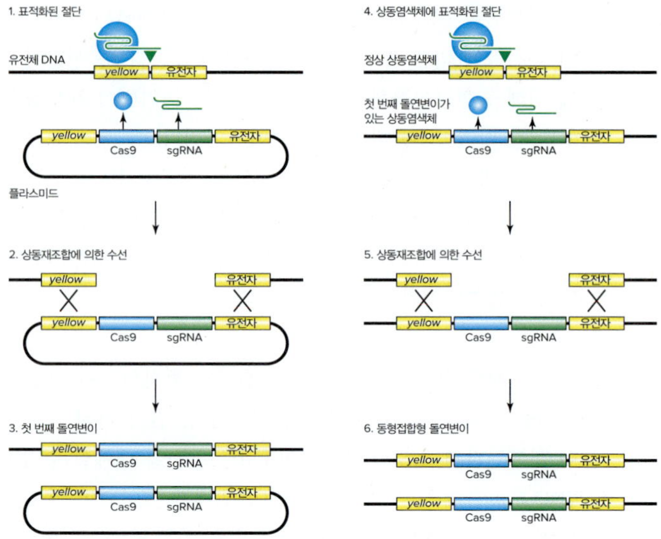

b. *Cas9*과 *sgRNA* 유전자가 삽입이 된 *yellow* 돌연변이 대립유전자가 동형접합형으로 존재할 경우 모든 자손은 *yellow* 돌연변이 대립유전자를 가지게 된다. 그러면 (a)에서 보았던 것처럼 자손들은 체세포와 생식세포에 대해 *yellow* 돌연변이 대립유전자에 대해서 동형접합형으로 가지게 된다.

c. 저항성 대립유전자는 DSB가 NHEJ에 의해 잘못 복구되어 작은 삽입이나 결실이 일어나 타겟 싸이트가 망가질 때 생성된다. 만약 돌연변이가 번역틀을 바꾸거나, *yellow* 유전자의 기능에 중요한 아미노산을 바꾸게 되면, *yellow* 돌연변이 대립유전자에 대해 저항성을 가질 수 있다. 만약 돌연변이가 *yellow* 유전자에 영향을 미치지 않으면 저항성 대립유전자는 야생형 *yellow* 대립유전자가 될 수 있다.

15. a. crRNA는 유전체 DNA 타겟에 결합하는 빨간색 부분이고, tracrRNA는 Cas9에 결합하는 초록색 부분이다.

b. CRISPR 부분은 PAM site나 Cas9을 포함할 경우 세균 염색체를 자를 것이기 때문에 포함할 수 없다. PAM site가 있는 경우 세균이 자기자신을 자르지 않고 외부 DNA만을 자르게 한다.

16. a. 레트로바이러스 벡터는 유전체에 치료 유전자를 삽입하는 반면, AAV 벡터는 치료 유전자를 핵에 전달하지만, 염색체에 삽입하지는 않는다.

b. 레트로바이러스 벡터-장점: 삽입된 유전자가 안정적이며 따라서 유전자 산물을 무한제공 가능하다. 단점: 무작위 삽입은 유전자 돌연변이를 일으킬 수 있고 암을 유발할 수 있다. AAV 벡터는 전달된 유전자를 유전체에 삽입하지 않으므로 돌연변이 발생을 방지할 수 있지만 치료목적으로 전달된 유전자의 수명이 다하면 주기적으로 주입해야 되는 단점이 있다.

17. a. 우성 RPE65 돌연변이 대립유전자는 기능획득(gain-of-function) 돌연변이어야 하는데, LCA를 일으키는 기능상실 *RPE65* 대립유

진자는 야생형에 대해 열성이기 때문이다. *RPE65*는 반수체 기능부전(haploinsufficient)이 아니다.

b. LCA에 이용되는 유전자 치료는 우성 *RPE65* 돌연변이 대립유전자에 의해 일어나는 망막색소변성증에는 효과가 없을 것이다. LCA에 이용되는 유전자 치료는 기능상실 대립유전자를 야생형 유전자로 대치하는 것이다. 망막색소변성증의 치료에 이용되는 유전자는 우성 *RPE65* 돌연변이 대립유전자의 기능이나 이 돌연변이의 산물을 억제할 수 있어야만 한다.

18. a. 우성 돌연변이 대립유전자들은 단일염기서열 대체에 의한 정상 대립유전자와 다를 수 있다. miRNA는 표적 mRNA의 전사를 방해하기 위해 상보 결합하지 않는다.

b. 헌팅턴병 대립유전자는 정상적인 대립유전자에 비교하여 CAG 반복서열 수가 다르다. 이러한 사실은 돌연변이의 원인이 되는 DNA 서열을 특이적으로 상보 결합하는 miRNA를 디자인하기 어렵게 만든다. 이러한 돌연변이 대립유전자를 표적하기 위한 한 가지 방법으로는 두 개의 대립유전자들 사이에서 다른 지역을 찾는 것이다. 이러한 지역은 돌연변이 HD 대립유전자의 유일한 miRNA 표적이 될 수 있다.

c. 헌팅턴병 돌연변이 대립유전자의 반복서열은 PAM 서열이 없기 때문에 CRISPR/Cas9을 이용하는 것은 헌팅턴병 돌연변이 대립유전자의 CAG 반복서열 수를 줄이는데 유용하지 않을 것이다.

19. 그림에서 볼 수 있듯이, sgRNA는 PAM 서열 상위에 존재해야 하고, 인트론 22번과 23번에 위치해야 한다. 또한 엑손을 자르는 데 필요한 인트론 22번의 5′ 스플라이스 싸이트(GT)와 인트론 23번의 3′ 스플라이스 싸이트 (AG)는 보존되어야 한다. 또한 lariat branch-point 서열 또한 없어지면 안 된다. 양쪽 인트론의 이중 가닥 절단이 일어나 NHEJ에 의해 복구가 일어나면 엑손 23번이 결손된다.

그림에서 오렌지 화살표로 표시된 것처럼 PCR 프라이머는 sgRNA의 양쪽에 존재해야 한다. 엑손 23번이 결손된 경우, PCR의 결과로 크기가 정상보다 작은 밴드가 나올 것이다. 만약 PCR 프라이머 사이의 크기가 너무 커서 증폭하기가 어려울 경우에는 엑손이 결실된 경우에만 PCR 산물이 나오도록 디자인할 수 있다.

c. 엑손 23번이 인코딩하는 아미노산은 Dmd 기능에 중요하다.

d. 아니오

e. 엑손 22번이 24번과 결합할 경우, 번역틀은 보존되어야 한다. 즉 엑손 22번의 3′ 끝, 엑손 23번의 5′과 3′의 끝, 엑손 24번의 5′ 끝이 항상 똑같아야 한다.

chapter 22장

1. a. 11; b. 4; c. 8; d. 7; e. 12; f. 9; g. 13; h. 3; i. 1; j. 5; k. 6; l. 10; m. 2

2. a. *C. elegans*에서, 이런 발생 초기 단계에서의 레이저 절제 처리를 받은 경우 거의 확실하게 치명적일 것이지만, 생쥐의 경우 초기 배아 세포 4개 중 1개의 손실이 효과가 없을 것이다.

b. *C. elegans*에서, 세포 분리는 치명적일 수 있지만 생쥐의 경우는 각 분리된 세포들이 발생하여 각각 생쥐로 발생할 수 있다.

c. (세포)융합은 아마도 *C. elegans*에서는 치명적이지만, 생쥐에서는 그러한 융합이 용인될 수 있으며, 그 결과 키메라 동물을 낳는다.

3. a. UV로 이동하지 못하는 동형접합 돌연변이체의 스크리닝

b. R7 발달에 필요한 유전자들에 대한 모든 돌연변이들을 찾을 수는 없을 것이다. 다면발현 또는 과잉기능을 가진 유전자들을 이 스크리닝 과정에서 놓칠 가능성이 있다.

c. 상보성 검사를 수행한다.

d. 비상보성 돌연변이를 찾기 위한 스크리닝. 비상보성 돌연변이가 하나 이상 있는 경우, 해당 유전자의 모든 비과잉 기능을 보여줄 수 있는 영 대립인자를 찾을 수도 있다. 또한 복수의 대립인자들이 존재한다면 과학자들이 유전자를 분자적으로 식별하는데 도움이 되기도 한다. 서로 다른 돌연변이를 가진 대립인자들은 유전자 산물의 구조/기능 관계를 보여주기도 한다.

4. a. *myo-2::GFP* 형질전환체의 유전적 배경을 사용하여 비정상적인 인두(pharynx)를 갖는 선충을 찾기 위한 돌연변이 생성 스크린을 수행할 수 있다. 인두에서의 GFP 발현은 살아있는 선충에서 해부학적 구조들을 보다 쉽게 관찰할 수 있게 해준다.

b. 먼저 유전자 구조체를 생성한다. 야생형 *pha4* 유전자의 코딩 서열을 인두가 아닌 부분(예를 들어 여성외부 생식기의 일부인 외음부)에서 발현되는 유전자의 발현조절 부위와 융합시킨다. *pha4*가 인두의 "마스터 조절기"인 경우, *pha4* 융합 유전자를 포함하는 선충은 외음부 세포가 인두 세포(pharyngeal cell)로 변하게 된다. 선충이 *myo-2::GFP* 도입 유전자를 갖고 있다면 살아있는 선충에서 형질전환여부가 뚜렷이 관찰될 것이다. 왜냐하면 GFP는 인두뿐만 아니라 외음부가 정상적으로 위치해야 할 곳에 있는 세포에서도 발현될 것이기 때문이다.

6. a. EGFR은 많은 조직에서 발현되기 때문에 거의 모든 저형성 *Egfr* 대립인자들은 열성 치사일 것이라고 예상할 수 있을 것이다.

b. 눈 특이적 전사 조절 서열이 고형성 수용체 단백질을 암호화하고 있는 *Egfr* cDNA의 발현을 유도하는 융합 유전자를 만든다. 반대로 눈 특이적 전사조절 서열에 의해 *Egfr* 엑손의 발현이 양방향으로 발현 유도되는 RNAi 도입 유전자를 만들 수도 있다.

7. a. *ro* 유전자와 $P[w^+]$ 삽입 간에 연관 관계가 있고, $ro \leftrightarrow P[w^+]$ 간 거리는 1 mu이다.

b. 중심체들의 상대 위치를 결정하기 위해서는, 원래 testcross 안에 *ro* 및 $P[w^+]$의 $P[w^+]$ 염색체는 채점 가능한 돌연변이 표현형을 가진 또다른 돌연변이(m^-)를 포함해야 하며 그것은 중심체에 매우 가까이 있어야 한다. (돌연변이는 우성 또는 열성일 수 있다. 다음 예에서 m^-은 야생형에 대해 열성이다.

$W\,w;\ ro^-,\ m^+/ro^+,\ m^-\ P[w^+]$ ♀ × w/w ;

$ro^-,\ m^-/ro^-,\ m^-$ ♂ → ??)

검정교배로부터 나온 거칠고 붉은 눈을 가진 자손을 주의해 봅시다. 파리들 대부분이 m^+ 표현형을 가지면 *ro*는 $P[w^+]$보다 중심체 쪽에 있는 것이고(centromeric); 대부분이 m^- 표현형을 가진다면, *ro*는 $P[w^+]$보다 말단 쪽(telomeric)에 있는 것이다.

c. 5000 bp의 영역 안에는 아마도 하나의 유전자만 존재할 가능성이 있지만, 그 영역에는 몇 개의 작은 유전자가 포함되어 있을 가능성도 배제하지는 못한다. 여러 후보 유전자들을 서로 구분하기 위해 당신은 아마도 이들 유전자들의 게놈 DNA 염기서열을 사용하여 PCR 프라이머 세트를 디자인할 수 있게 될 것이다. 이 프라이머 세트를 사용하여 몇몇 ro^- 돌연변이 스트레인으로부터 후보 유전자들의 엑손을 증폭할 수 있게 된다. 당신은 각 PCR 산물을 시퀀싱함으로서 유전자 기능을 변하게 할 가능성이 있는 돌연변이를 찾을 수 있을 것이다. 최종적으로는 의심되는 유전자의 야생형 유전체 DNA를 갖고 있는 형질전환 유전자를 ro^- 파리에 도입하여 후보 유전자와 돌연변이 표현형의 연관성을 확인할 수 있게 된다. 만약 도입 유전자가 ro^- 돌연변이 표현형을 야생형으로 복원할 수 있다면(되돌릴 수 있다면), 이 도입 유전자에는 ro^- 돌연변이에 관련된 유전자일 것이다.

d. 초파리 게놈 프로젝트 데이터베이스에는 *rough* 유전자 ORF의 가상 번역(virtual translation) 정보가 포함되어 있다. 당신은 BLAST와 같은 컴퓨터 프로그램을 사용하여 *rough* 유전자 생성물의 아미노산 서열과 다른 유기체에 있는 다른 단백질의 서열을 서로 비교할 수 있다. BLAST 프로그램으로부터의 결과 출력물은 DNA 결합(DNA binding), 세포막 삽입 부위(I insertion in the cell membrane) 등과 같은 특정 기능을 나타내는 공통 시퀀스 모티브(common sequence motif)를 보여줄 것이다.

8. 선충류 발생과정 중 par-1이 처음으로 기능을 수행할 충분히 늦은 시기에, par-1 유전자에 대한 RNAi를 발현하는 박테리아를 선충류에게 먹인다.

9. a. 야생형 표현형 (R7 존재)을 갖는 모자이크 개안은 언제나 w^+ R8이 있다. 돌연변이 표현형(R7 부재)을 가진 모자이크 개안에서, R1 – R7은 각각 w^+ 또는 w^-일 수 있다.

$boss^+$ 유전자의 작용 초점(focus of action)은 R8이다.

b.

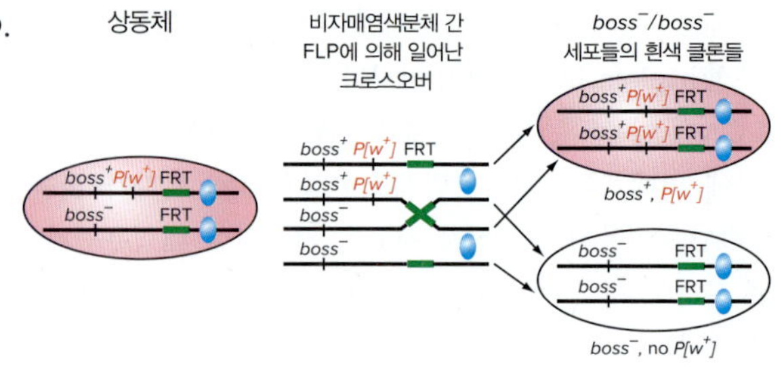

10.

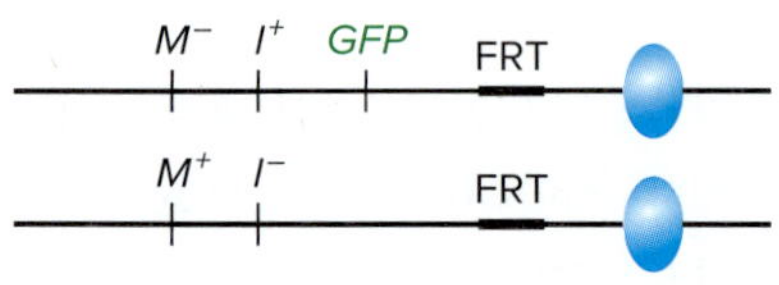

11. a. ~52시간에서 시작하여 70시간까지.

b. 단백질은 어미에 의해 공급된다.

12. 좌/우 반전 동물을 스크리닝하거나, CRISPR/Cas9와 같은 게놈 편집 기술(genome editing technology)을 사용하여 *Fgf8* 유전자 내 하나 또는 그 이상의 코돈을 바꿔버린다. 이런 방법을 통해 이 단백질이 후자에 대해 어떻게 작용하는지에 대해 알 수 있게 된다.

13. a. 447

b. 아니요; 유전자가 생존에 필수적인 것은 아니지만, 우리가 잘 모르는 방식에 의해 생쥐 자체는 비정상적일 수 있다.

c. 초파리가 듣는 방식은 사람이 소리를 듣는 방식과 매우 다르다.

d. 신경 및 뇌의 구조를 만들거나, 이들 기관의 정상작용에 관여되어 있는 단백질 및 RNA들

e. 아니요; 이들 중 일부 유전자는 신경계에서만 발현될 수 있다.

f. 마우스 조직에 대해 제자리 혼성화, 다양한 조직으로부터 만들어진 cDNA 라이브러리의 분석, RNA-Seq.

15. a. 스위치는 *Sxl*이며, 신호는 X 염색체의 수이다. 두 개의 X 염색체를 가진 세포(XX)에서는 스위치가 ON (*Sxl*이 전사됨)되고, 하나의 X 염색체를 가진 세포(XY)에서는 스위치가 OFF(*Sxl*이 전사되지 않음)된다.

b. 형태학적으로 볼 때, tra^- 나 ix^- 이 아닌 XY 동물은 정상적인 수컷이다. tra^-인 XX 동물은 형태학적 수컷이다. ix^-인 XX 동물은 형태학적으로 중성(암수 두 가지 형질이 섞여 나타나는)이다.

c. XY 동물에서 tra^- ix^- 이중 돌연변이는 정상적인 수컷이어야 한다. tra^- ix^- 이중 돌연변이 XX 동물은 형태학적 수컷으로 예상된다. tra^- 돌연변이 대립형질은 *ix*에 대해 상위(epistatic) 이다.

d. 반대신호상태인 세포에서 두 돌연변이가 하나의 돌연변이 표현형을 나타내는 이중 돌연변이체라면, 이 신호경로상 하위에 있는 유전자가 상위 유전자이다. 이중 돌연변이의 두 돌연변이가 스위치가 정상적으로 ON인 세포에서 표현형을 야기시킨다면, 상위 돌

언변이는 신호경로의 상위 단계에 영향을 미친다.

16. a. 모두 좌선회성(sinistral)
    b. 모두 우선회성(dextral)
    c. 모두 우선회성(dextral)
    d. s^+/s^+ 개체의 자가수정 및 s^+/s^- 개체의 자가 수정으로부터 나온 F_2는 모두 우선회성(dextral) 자손을 낳을 것이다. 반면에 s^-/s^- 개체의 자가 수정으로부터 나온 F_2는 모두 좌선회성(sinistral) 자손을 낳을 것이다.

17. a. 유전자 *X*가 X 염색체상에 존재하며, 유전자 X^- 돌연변이 및 ovo^D, 두 유전자 모두 FRT가 중심체 가까이 있는 염색체 상에 위치하여, 서로 트랜스-이형접합체인 암컷은 다음 그림에 나와 있는 것과 같이, 생식계열세포에서 FLP 유도 유전자 X^- 동형접합성 클론을 생성하는 데 사용할 수 있다. (파리는 또한 암컷 생식계열세포에서 FLP를 발현할 수 있는 도입 유전자를 가지고 있어야 한다.) ovo^D/ovo^+ 생식계열 세포는 난자를 만들지 않기 때문에 이 암컷이 생산하는 모든 난자는 유사분열 재조합의 결과여야 하며 따라서 모두 X^- ovo^+ / X^- ovo^+ 생식계열 세포로부터 나온 것이어야 한다.

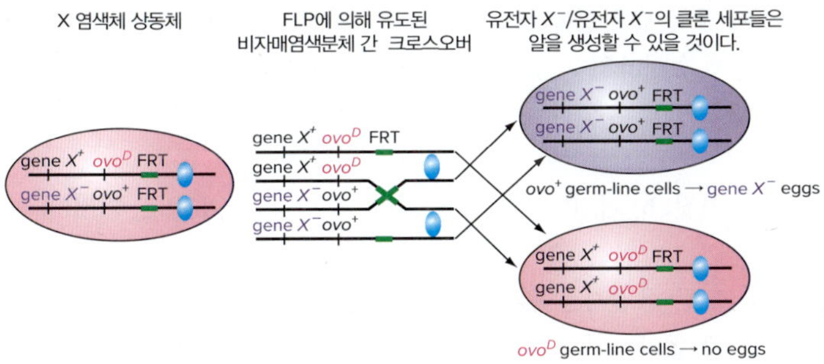

(i) ovo^D 기법을 사용하여 야생형 어미로부터 미수정 난자와 유전자 X^-의 동형접합 생식계열 세포로부터 파생된 난자를 수집한다. 그런 다음 두 개의 난자 샘플에서 RNA 제자리 혼성화 또는 RNA-Seq을 사용하여 RNA 양을 또는 항체 염색(antibody staining)을 통해 단백질 양을 모니터한다.

(ii) 만약 모체로부터의 유전자 *X*의 산물이 배아 발생에 필요하다면 (만약 유전자 *X*가 모계 영향 유전자라면), 수정되었더라도, 유전자 X^-인 생식계통 클론 기원의 난자가 유전자 X^+인 정자에 의해 수정되었더라도 정상적인 발생을 기대하기 어렵다.

b. *P* 인자 매개 형질전환(*P* element-mediated transformation)을 사용하여 ovo^D 이식 유전자가 게놈의 무작위 위치에 삽입된 파리를 만들 수 있다. 이 게놈의 상염색체에 이미 중심체로부터 매우 가까운 곳에 FRT 부위가 들어 있다면, 위의 형질전환 파리 중 일부는 FRT 부위와 동일한 염색체에 ovo^D 도입 유전자를 가질 것이다. 이 형질전환체를 모계 영향 돌연변이를 갖고 있는 것으로 추정됨과 동시에, 상동성 상염색체 상에 FRT의 또 다른 사본을 갖고 있는 파리 스톡(fly stock)과 교배한다. 이런 식으로 모든 염색체 상의 관심 유전자에 대해 (a) 부분에 대한 답과 동일한 실험을 수행할 수 있다.

c. 유전자 *X*가 모계 영향 유전자라면 X^- 유전자 난자는 동형접합 X^-/X^- 생식계열 세포에 의해 생산되지만, 유전자 X^+ 정자에 의해 수정되더라도 정상적으로 배아발생이 일어나지 않는다. 난자 생성에 유전자 *X*가 필요한 경우 ovo^D 돌연변이를 잃은 X^-/X^- 생식계열 세포 클론도 난자를 생산하지 않는다.

d. 파리 주(strain)들은 ovo^D 돌연변이가 수컷에게만 존재하도록 유지되어야 한다. 초파리 연구자들은 이 파리 주를 유지함에 있어 수컷들은 $X^{ovo^D}Y$이고, 암컷은 (X^X)Y이 되도록 유지한다. 암컷의 이 상태는 두 개의 X 염색체가 물리적으로 서로 연결되어 있는 것으로 이러한 파리 주를 "결합 X 염색체 주(attached X strain)"라고 부른다.

18. 시험관 내에서 합성된 bicoid mRNA를 정상적인 난자(normal egg)의 후방극(posterior pole)에 주입하면, 거울상(mirror image), 즉 전방극(posterior pole)이 둘인 배아가 탄생하게 된다.

19. a. Nanos의 유일한 기능은 모체로부터 공급되는 *hunchback* mRNA의 기능을 억제하는 것이다.
    b. 발생 생물학자들은 이와 같은 많은 이중 부정 메커니즘(double-negative mechanism)을 발견하였으며, 이는 진화의 과정이 엉망진창이었고 그 결과 비효율이라는 결과를 낳았기 때문이다.

20. a. 이 세포들에서 Bcd와 Hb의 수치는 높지만 반면에 Kni와 Gt의 수치는 낮다.
    b. 한 가지 가능성은 인핸서가 두 줄무늬 안에 있는 동일한 전사인자들에 반응하는 것이다. 또 하나의 가능성은 서로 다른 전사인자가 인접하지 않은 두 줄무늬에서 eve 전사를 조절하는 것이다. 두 줄무늬 각각에서 인핸서 내 다른 부분에 따라 전사를 활성화하기 위해 (각기 다른 전사인자에 의해) 점유될 수 있다.
    c. *ftz*와 같은 2차 쌍지배 유전자의 전사는 (부분적으로) 1차 쌍지배 유전자 단백질에 의해 조절된다. 1차 쌍지배 단백질은 7개의 주기적인 패턴으로 나타나기 때문에 배아의 AP 축을 따라 줄무늬가 있는 경우, 1차 쌍 규칙 단백질에 대한 결합 부위를 가진 하나의 인핸서는 7줄 형식의 패턴으로 ftz 전사를 활성화할 수 있다. *ftz* 유전자 주위의 게놈 DNA 조각들을 인핸서가 없는 GFP 리포터 유전자에 융합시켜 보자. 리포터에 들어있는 게놈 DNA 조각에 앞에서 서술한 모델과 같은 성질의 *ftz* 인핸서가 포함되어 있다면, 이 도입 유전자를 가진 배아는 *ftz* ex-pression의 패턴에 해당하는 7개의 줄무늬 패턴으로 GFP를 발현할 것이다.
    d. 체절 극성 유전자 전사는 쌍지배 유전자 단백질에 의해 조절된다. 앞서 ftz 전사 조절에 대해 설명했듯이, 쌍지배 단백질은 AP 축을 따라 줄무늬 패턴 형태로 발현되기 때문에, 여러 쌍지배 단백질들과 결합할 수 있는 하나의 인핸서는 *engrailed*의 전사를 줄무늬

패턴대로 활성화할 수 있을 것이다. 또 다른 가능성은 두 가지 다른 인핸서에 의해 *engrailed* 전사가 활성화될 수 있다는 것이다. 하나의 인핸서는 홀수 줄무늬에서 작동하고, 다른 하나는 짝수 줄무늬에서 작용할 수 있을 것이다.

21. a. 억제자(repressor) 및 공동억제자(corepressor)
    b. PCG 단백질 중 어느 하나가 결핍되면, BX-C 유전자들의 억제가 해제된다. 따라서 PcG 유전자의 기능상실 돌연변이(loss-of-function mutation)를 가진 동물에서는 PS5-12가 모두 PS13으로 변형된다.

chapter 23장

1. a. 7; b. 6; c. 8; d. 2; e. 1; f. 9; g. 3; h. 5; i. 4

2. 식습관이 암 발병에 미치는 영향을 평가하기 위해서는, 현재 미국에 살고 있는 인도 이민자들과 인도에 남아 있는 동일한 인종의 사람들 사이의 암 발병률을 비교하는 연구를 계획할 수 있다. 유전적 차이가 암 발병에 미치는 영향을 평가하기 위해서는 유사한 식습관을 가졌지만 유전적으로 다른 그룹 간의 암 발병률을 비교할 수 있다.

3. 종양 발생을 위해서는 하나의 세포에서 다양한 암 유발 돌연변이가 일어나야 한다. 발암물질은 유전체에 무작위적으로 돌연변이를 발생시키며, 하나의 세포에 암을 유발하는 돌연변이가 여러 번 발생하지 않을 수 있기 때문에 모든 생쥐에서 암이 발생하지 않을 수 있다. 한 세포에 여러 개 돌연변이가 발생하려면 시간이 걸린다.

4. a. B 세포 림프종은 항체 유전자의 재배열 후 단일 세포의 과다증식에 의해 발생한다.
   b. 림프종에 의해 한 종류의 항체만 생성되기 때문에 종양세포는 하나의 B 세포로부터 세포 분열한 것이다.

5. c, e, a, b, d.

6. a. SCF는 사이클린 E를 유비퀴틴화하고, APC는 사이클린 B를 유비퀴틴화한다.
   b. 인산화에 의해 사이클린E/CDK 복합체는 SCF를 활성화시키고, 사이클린B/CDK 복합체는 APC를 활성화시킨다. 이러한 기작을 통해 각각의 사이클린/CDK 복합체는 세포 주기 과정에서 자신들이 요구되는 짧은 시간 동안에만 활성화될 수 있다.

7. a. 콜로니를 배양접시에 도말(접종)하여 낮은(허용) 온도에서 배양한다. 복제평판(replica plate)을 만들어 복제평판은 높은(제한) 온도에서 배양한다. 필수적인 유전자의 온도 감수성(*ts*) 돌연변이체를 가진 콜로니는 제한 온도에서 성장하지 못한다.
   b. 각각의 허용 온도에서 배양한 후 제한 온도로 변경하고 일정 시간이 지난 후 현미경을 통해 관찰한다. 만약 모든 세포들이 같은 세포주기에서 멈춰있다면, 세포주기 조절자 유전자의 온도 감수성(*ts*) 돌연변이를 가진 것이다.
   c. 서로 다른 돌연변이의 반수체를 혼합하여 허용 온도에서 배양 후, 돌연변이가 표현형으로 (또는 상보적인 형질을 보이는) 나타나는 이배체를 제한온도에서 시험해본다.
   d. 세포 분열을 완료하기 위해 S기나 M기 동안 필요한 단백질이다.
   e. 효모 *cdk1* 조절 서열이 인간 *CDK1* cDNA 발현을 유도하는 융합 유전자(fusion gene)를 제작하고 이를 효모균 플라스미드에 삽입한다. 허용 온도에서 자라는 $cdk1^{ts}$ 반수체 효모균에 재조합 플라스미드를 형질전환시키고 허용온도에서 자라는 형질전환된 효모균을 골라낸다. 형질전환된 $cdk1^{ts}$ 세포가 제한온도에서 정상적으로 배양되는지 실험한다.

8. c

9. 염색체 파열로 인한 염색체 재배열은 조절 영역과 다른 유전자의 암호화 영역을 함께 가져오거나 암호화 영역 내에서 유전자를 융합하여 융합 단백질을 생성함으로써 암유전자를 생성할 수 있다. 종양 억제 유전자의 기능상실 돌연변이는 재배열 절단점에서나 결실에 의해 발생할 수 있다.

10. a. 거짓; b. 거짓; c. 거짓; d. 진실; e. 진실; f. 거짓; g. 거짓; h. 거짓

11. a. 모든 유전자는 원암 유전자일 수 있으며 전부 종양 억제제가 될 수 없다.
    b. 인산염을 첨가하는 것이 포스파타아제를 억제한다면 키나아제 A의 모든 작용은 전사인자가 활성화되도록 할 것이다.
    c. 포스파타아제 유전자는 종양 억제 유전자일 가능성이 있다.
    d. 다음 표에서 동형접합성은 특정 돌연변이에 대해 동형접합성을 의미하고, 이형접합성은 하나의 돌연변이 대립유전자와 하나의 야생형 대립유전자를 의미한다.

돌연변이	동형접합성	이형접합성
i	E	N
ii	D	N
iii	D	N
iv	D	N
v	E	E
vi	E	E
vii	E	E
viii	D	D
ix	E	N

12. a. *BRCA1* 및 *BRCA2* 기능상실 돌연변이는 세포 수준에서는 열성이지만 전체 사람 수준에서는 우성이다. 그 이유는 사람의 모든 세포가 *BRCA1* 또는 *BRCA2* 기능상실 돌연변이에 대해 이형접합체

일 때 한 세포가 동형접합체 돌연변이가 될 가능성이 높기 때문이다. 그 세포는 결함이 있는 DNA 복구 기작을 갖기 때문에, 그 세포는 결국 암을 유발하는 다른 돌연변이를 일으킬 수 있다.

b. 한쌍의 일란성 쌍둥이 중 한쌍만이 HBOC를 가지고 있기 때문에 HBOC는 불완전하게 침투하는 것으로 보인다. 한 가지 주의할 점은 다른 쌍둥이는 아직 암에 걸리지 않았지만 앞으로는 암에 걸릴 것이라는 점이다. 이 경우 쌍둥이는 발현도 차이의 문제이다.

c. 그렇다. 쌍둥이 중 한 명은 암을 모두 가지고 있고 다른 한 명은 둘 중 하나만 가지고 있다.

d. 우연은 이형접합성 세포가 동형접합성이 된 후 암이 되기에 충분한 다른 암 유발 돌연변이를 축적할지 여부와 시기를 결정한다.

13. a. 코끼리는 인간보다 더 많은 세포를 가지고 있으므로 더 많은 세포분열이 발생하여 무작위 돌연변이의 기회가 더 많다.

b. 코끼리 세포의 DNA가 하나의 기능적인 *p53* 유전자 사본이 없는 일을 겪을 가능성은 거의 없다.

14. a. 원암 유전자

b. 더 높은(higher)

c. EGFR 성장인자가 없음에도 불구하고, N-말단 부위가 제거될 경우 지속적으로 신호를 보낼 수 있는 EGFR 수용체의 형태가 만들어질 것이다.

d. 완벽한 약물후보일 수 있다.

e. 더 높은(higher)

15. a. 암세포를 공격할 수 없는, PD-1이 있는 T 세포가 있더라도 Pd-1이 없는 T 세포는 암세포를 공격할 수 있다.

b. 항체 치료를 할 때보다 더 적은 수의 T 세포들이 기능이 하지 않는 것으로 인해 정상세포 또한 덜 공격받을 것이라는 장점이 있을 수 있다. 그러나 더 적은 수의 T 세포들이 기능을 안 한다는 사실은 더 적은 수의 암세포들이 죽을 거라는 단점이기도 하다.

chapter 24장

1. a. 5; b. 10; c. 8; d. 6; e. 1; f. 9; g. 2; h. 3; i. 7; j. 11; k. 4

2. 대립유전자 빈도의 다른 p는 다른 p^2 값이 있고 평형에서 유전자형 빈도의 다른 조합이 있다.

3. I, V. 집단 I의 경우, $p=0.5$이고 $q=0.5$. 집단 V의 경우, $p=0.9$이고 $q=0.1$이다.

4. a. 초기 집단은 평형에 있지 않다.

b. F_1에서 유전자형 빈도는 0.36 *MM* + 0.48 *MN* + 0.16 *NN* = 1일 것이다. F_1 세대에서 대립유전자 빈도는 $M = 0.6$이고 $N = 0.4$일 것이다.

c. (b)와 같음

5. a. $q = \sqrt{4 \times 10^{-6}} = 0.002$

b. 보인자 빈도 $= 2(0.998)(0.002) = 0.004 = 4\times10^{-3}$, 보인자 : 환자의 비율 $= (4 \times 10^{-3})/(4 \times 10-6) = 10^3 = 1{,}000 : 1$

c. 재혼에서 환자인 자녀를 낳을 확률 $= [(0.004)(0.5)(0.5)] + [(4 \times 10^{-6})(1)(0.5)] = (0.001) + (2 \times 10^{-6}) = 0.001$

d. 아니다. 선택이 있어 대립유전자 빈도 p와 q가 매 세대 바뀔 것이고, 그래서 집단이 결코 평형에 도달하지 못할 것이다.

6. a. 선원 집단의 *N* 대립유전자 빈도 = 0.1

b. 섬에 478명의 *MN* 자녀

c. 자녀 중 *N* 대립유전자 빈도 = 0.525

7. a. C의 빈도 $= 8{,}324/9{,}049 = 0.92$, c의 빈도 $= 725/9{,}049 = 0.08$

b. 아니다. 남학생과 여학생에서 대립유전자 빈도가 다르기 때문이다.

c. c^p의 빈도 $= 0.018$, c^d의 빈도 $= 0.064$, C의 빈도 $= 0.918$

d. 남학생에서 $C = 0.918$ (정상 색각), $c^d = 0.064$ (녹색맹), $c^p = 0.018$ (적색맹). 여학생에서 유전자형 빈도: $CC = 0.843$ (정상 색각), $Cc^d = 0.118$ (정상 색각), $Cc^p = 0.033$ (정상 색각), $c^pc^p = 3.3 \times 10^{-4}$ (적색맹), $c^dc^d = 0.004$ (녹색맹), $c^dc^p = 0.002$ (정상 색각)

e. C, c^d와 c^p의 빈도가 같은 남학생과 여학생을 근거로 (c)에서 계산된 예상 유전자형 빈도와 양성에서 실제 관찰된 표현형의 빈도가 잘 부합하기 때문에 이 집단은 평형에 있을 개연성이 크다.

8. a. p^4; b. q^4; c. $4p^2q^2$; d. $2p^2q^2$; e. $4p^3q$; f. $4pq^3$

g. 그렇다. p에 대해 아무 값이나 대입하고 $q = 1 - p$로 하면, (a)에서 (f)까지 계산된 모든 수의 합 = 1이다. 이는 모든 가능성을 설명했다는 것을 뜻한다.

h. 같은 유전자형 개체들 사이의 교배 빈도는 그 유전자형 빈도의 제곱이다. 다른 유전자형 개체들 사이의 교배 빈도 = 2(한 유전자형 빈도)(다른 유전자형 빈도).

i. *AA* 남성 × *AA* 여성 $= p^4$, *AA* 남성 × *Aa* 여성 $= 2p^3q$, *AA* 남성 × *aa* 여성 $= 2p^3q$

9. a. 0.3; b. 0.3; c. 9%; d. 46.4%; e. 82.4%; f. 50%; g. 30%

10. 큰 집단에서 자연선택만으로 유해 열성 대립유전자가 결코 소멸할 수 없다. 잇따른 세대를 거치며 이 빈도가 지수적으로 감소할 것이지만, 결코 0의 값에 도달하지 못할 것이다. 작은 집단에서 유전적 부동은 궁극적으로 유해 대립유전자를 제거할 것이다.

11. a. 0.5 ± 0.0022; b. 0.5 ± 0.22
    c. (a)와 (b)의 결과는 유전적 부동에 대한 집단 병목의 효과의 수학적 근거를 보여 준다. 집단이 크다면, 다음 세대에 대립유전자 빈도가 실질적으로 변할 가능성은 매우 적다.

12. a. 대립유전자 빈도는, $T^+ = 0.4 + (1/2)(0.6) = 0.7$과 $T^l = (1/2)(0.6) = 0.3$
    b. 108 정상 생쥐와 92 꼬리 없는 생쥐
    c. 0.558 T^+T^+와 0.442 T^lT^+

13. a. A^l은 파란색, B^l은 빨간색, C^l은 초록색이다.
    b. B^l(빨간색)과 C^l 대립유전자(초록색) 둘다 우성의 이로운 효과가 있지만, 대안의 B^2 대립유전자에 상대적인 B^l 대립유전자의 적응도는 C^2 대립유전자에 상대적인 C^l 대립유전자의 적응도보다 훨씬 더 높다.
    c. 적응도에 대한 A^l 대립유전자의 이로운 효과가 열성이므로, A^1A^1 동형접합체만 선택적으로 유리할 것이다.
    d. (i) 작은 집단에서, 유전적 부동의 작동은 문제의 대립유전자가 고정되기 전에 소멸할 가능성이 있는 것을 뜻한다. (ii) 작은 집단에서 유전적 부동 때문에 곡선이 더는 매끄럽지 않으며 예측할 수 있지 않다.

14. a. $W_{CF^-CF^-} = 0$, $W_{CF^+CF^+} = 1$, $W_{CF^+CF^-} = 1$
    b. $\overline{W} = 0.9984$, $\Delta q = 0.00154$
    c. $W_{CF^-CF^-} = 0$, $W_{CF^+CF^+} = 0.958$, $W_{CF^+CF^-} = 1$
    d. CF^+CF^- 이형접합체가 콜레라의 창궐에서 더 잘 살아남을 수 있을 것이다.

15. 선택적으로 중립인 다형성이 많이 존재하기 때문에, 진화학자들은 분자 시계로 이런 다형성을 추적하며, 이들이 유전체에 누적되는 속도는 이들이 어디에 위치하든 비교적 일정하고 예측할 수 있다.

16. a. 오카피와 기린이 분기한 후에 어떤 유전체 차이가 생겼는지 결정하기 위해; b. 오카피 배양 세포나 접합자에 상응하는 변화를 무리 내에서 한 번에 하나씩 만들기 위해 CRIPSR을 이용하자. 변형된 세포는 체세포 핵 치환으로 오카피를 복제하는 데 이용될 수 있고, 접합자는 대리모에 이식될 수 있다. 기린-특이 대립유전자가 목 길이 특성에 중요하다면 만들어진 오카피는 목이 정상보다 더 길어야 한다.

17. 인간 Y 염색체에 대한 MRCA의 보인자가 예전에 추정된 때보다 더 거슬러 올라가 지구상에 살았다.

18. 디온은 그의 mtDNA를 남아메리카 브라질에서 살았던 증조모에게서 물려받았고, 그의 Y 염색체 DNA는 대략 서아프리카 나이지리아에서 살았던 증조부에게서 물려받았다. 디온의 상염색체는 지구의 다른 네 지역에 살았던 다른 여덟 증조부모에게서 유전된 부위들의 조각 깁기다.

19. a. A — *Pan troglodytes* (침팬지), B — *Homo neanderthalensis*, C — *Homo sapiens* (유럽 덴마크인), D/E — *Homo sapiens* (아시안 위구르족/아메리카 원주민 호피족, 이 두 가능성은 분기도에서 동등하다), F — *Homo sapiens* (아프리카인 반투족).
    b. 이종 교배가 유럽이나 중앙아시아에서 *Homo neanderthalensis*와 *Homo sapiens* 사이에 일어났다.
    c. 이것은 인류의 일부 무리가 60,000년에서 80,000년 전 아프리카에서 지구의 다른 지역들로 나간 이주에 부합한다.
    d.

	SNP α	SNP β	SNP γ	SNP δ	SNP ε	SNP ζ
수(1~10)	3	4	8	6	1 또는 2	5
조상 대립유전자	G	A	C	T	알 수 있음	T

20. 네안데르탈인 Y 염색체나 미토콘드리아 DNA 서열은 아마도 현대인의 생존이나 번식에 적합하지 않을 것이다. 그렇지 않다면, 현대인에게서 이들의 부재는 유전적 부동 때문일 것이다.

chapter 25장

1. a. 4; b. 5; c. 7; d. 9; e. 6; f. 1; g. 10; h. 2; i. 3; j. 8

2. a. 유전적 클론에서는, 단지지 환경적 영향만이 변이에 기여한다.
   b. 다른 집안으로 입양된 MZ 쌍둥이에서 관찰된 모든 표현형 차이는 환경적 영향 때문이다.
   c. 교차 양육은 다른 부모들의 새끼들 중에서 환경적 영향을 무작위화시킨다.

3. a. 틀림; b. 대체로 맞음; c. 틀림

4. a. 키의 유전력이 가장 높고 몸무게의 유전력이 가장 낮다.
   b. 표현형의 변화가 단지 42년 동안 발생했기 때문에, 키와 몸무게의 증가는 환경적 영향에 의한 것임에 틀림없다. 따라서 이러한 사실은 (a) 질문의 결론과 상통한다.

5. a. 유전력이 1.0이면, MZ 쌍둥이의 일치도는 1.0이 되어야 한다.
   b. 상관계수 대신 일치도가 측정되는 불연속 형질의 경우, 식 (25.8)을 사용한다.
   c. 자폐 스펙트럼증의 유전력이 가장 높다[제1형 당뇨병(.38), 제2형 당뇨병(.21), 조현병(.38), 자폐 스펙트럼증(.89), 알츠하이머병(.26), 파킨슨병(.056), 다발성 경화증(.21), 크론병(.37), 직장암(.063), 유방암(.044), 전립선암(.15)].

6. 선택에 대한 반응을 지배하는 핵심 요소는 전체 표현형 분산과 좌위의 수가 아니라 협의의의 유전력과 선택의 강도이다. 본 문제에서 제공된 정보만으로는 답을 얻는데 필요한 h^2 및 S의 핵심 변수를 결정할 수 없다. 이러한 변수를 측정할 수 있다면, 식 (25.10)으로부터 협의의 유전력이 가장 높은 형질이 다른 모든 조건이 동일할 때 가장 빠르게 진화할 것이 확실하다. 문제에서 두 형성에 대해 h^2가 동일하고 선택 강도(S)가 동일하디면, 선택 반응(R)도 동일할 것이다.

7. a. 16 cm (8 프라임 대립유전자), 1/256; 18 cm (7 프라임 대립유전자), 8/256; 20 cm (6 프라임 대립유전자), 28/256; 22 cm (5 프라임 대립유전자), 56/256; 24 cm (4 프라임 대립유전자), 70/256; 26 cm (3 프라임 대립유전자), 56/256; 28 cm (2 프라임 대립유전자), 28/256; 30 cm (1 프라임 대립유전자), 8/256; 32 cm (0 프라임 대립유전자 혹은 8 비프라임 대립유전자), 1/256
   b. A 유전자에 대해 유전자형 빈도는 $AA(p^2) = 0.81$ $AA'(2pq) = 0.18$ 그리고 $A'A'$ $(q^2) = 0.01$; B 유전자에 대해 유전자형 빈도는 $BB = 0.81$ $BB' = 0.18$ 그리고 $B'B' = 0.01$; C 유전자에 대해 유전자형 빈도는 $CC = 0.01$, $CC' = 0.18$ 그리고 $C'C' = 0.81$; D 유전자에 대해 유전자형 빈도는 $DD = 0.25$, $DD' = 0.5$ 그리고 $D'D' = 0.01$
   c. $AABBCCDD$의 확률 $= (0.81)(0.81)(0.01)(0.25) = 0.0016$

8. 저밀도 지도작성과 정밀 지도작성 모두에서 표현형 값은 다른 형질 값을 가지는 유전체의 특정 지역들을 서로 연관시키기 위해 측정된다. 차이점은 다음과 같다. (1) 저밀도 지도작성에 사용된 BC_1 식물은 부모와 역교배의 각 대립 유전자에 대해 동형접합이거나 이형접합인 반면, 정밀 지도작성에 사용된 공유전적 계통은 모든 유전자의 모든 대립유전자에 대해 동형접합이다. (2) 다른 (비-역교배) 부모로부터의 인접 서열 블록은 BC_1 식물에서보다 일반적으로 공유전적 계통(여기서는 유전적 침투 계통)보다 더 작다.

9. 심장 질환이 조기 발병한 사람들은 후기 발병한 사람들보다 더 많은 QTL의 질병 유발 대립유전자들이나 혹은 더 높은 형질 값을 가는 QTL들을 가질 가능성이 높기 때문에, 조기 발병자들을 GWAS에 참여시켜야 한다. 대조군은 심장질환이나 심장질환의 가족력이 없고 심장질환의 증례군과 비슷한 범위의 환경에 거주하는 동일 연령대의 사람들이어야 한다.

10. a. 질병을 일으키는 돌연변이는 *SNP3*, *SNP4*, *SNP5*, *SNP6* 및 *SNP7*과 강한 연관 불균형을 나타낸다.
   b. 카나반병 유전자는 *SNP3*와 *SNP7* 사이의 ~400 kb 유전체 영역 내에 있을 가능성이 가장 높다.
   c. 두 개의 독립적인 돌연변이
   d. 카나반병 유전자 돌연변이는 아쉬케나지 유대인과 세파르디 유대인으로 분리되기 이전에 한 GTTTC 염색체에서 발생했다.
   e. 장점: (1) 더 많은 환자들은 더 많은 데이터 포인트를 의미하므로 연관성이 통계적 유의성을 보일 가능성이 높아진다. (2) 환자들은 공동 조상으로부터 동일한 돌연변이를 갖고, 따라서 동일한 단상형을 가질 가능성이 있어, 연관성이 더 분명해진다.
   단점: (1) 복합 형질이면, 형질에 기여하는 일부 좌위들이 다른 집단의의 형질에는 기여하지 않을 수 있다. (2) 하위 집단(증례군)이 최근에 형성되었다면, LD의 영역이 매우 커서 형질에 기여하는 특정 유전자를 식별하기 어려울 수 있다.
   f. 단상형을 결정하기 위해서는 표에 있는 참여자들의 가까운 친척들(부모, 형제, 자녀)에 대한 유전자형을 조사해야 한다.

11. a와 b. 이것은 복잡한 형질로서 빨간색의 변이는 단지 단일 QTL일 뿐이다.
   c. 과학자들은 환자 그룹의 빈도가 대조군의 빈도보다 큰 대립유전자를 찾는다. 이번 예에서 표현형을 유발한 돌연변이는 원래 파란색 염색체에서 발생했다.
   d. 지역 1에서 질병 유발 돌연변이가 더 일찍 일어났을 가능성이 높다. 영역 1에서 LD의 더 짧은 길이는 더 많은 재조합이 일어났음을 의미한다.
   e. 재조합은 사람 유전체에서 균일하게 일어나지 않는다(재조합의 다발점이 존재함).

12. a. 해당 질병은 복합 형질로서, 두 유전자 이상의 돌연변이들이 표현형에 기여하였다. 또한 SNP의 다형성은 실제 질병을 유발하는 돌연변이가 아닐 가능성이 높다. 그들은 단지 서로 연관되어 있을 뿐이다.
   b. 4860; 1924 증례군 그리고 2936 대조군

13. a. 희귀 SNP 대립유전자는 유해하거나 최근 돌연변이일 수 있다.
   b. 흔한 SNP 대립유전자는 오래되었으며 기능적으로 중립이거나 유익할 수 있다.

14. 해당 SNP는 흔하지 않기 때문에 분석되지 않았거나 연관성이 유의적이지 않았다. *TBK1*은 낮은 형질 값을 가질 수 있으므로, GWAS의 연관성은 유의적이지 않았을 수 있다.

15. *FTO* 유전자는 환경과 상호작용할 가능성이 있다.

16. 기능적으로 선호도와 연결될 수 있을 것으로 추론되는 후보 유전자들을 LD 블록 내에서 조사할 수 있다. 그런 다음 특정 선호도를 나타내는 집단의 후보 유전자 서열을 다른 선호도를 나타내는 집단의 서열과 비교할 수 있다.

용어해설

ㄱ

가계도 pedigree 가족의 관심의 유전적 특징에 대한 질서 정연한 도표로서, 가능한 한 많은 세대에 걸쳐 확장시킨다.

가닥 침입 strand invasion 재조합을 개시하는 이중 가닥 절단 후, 절단된 말단의 단일 가닥 DNA가 비자매염색분체의 해당 가닥으로 대체하는 것.

가지 자리 branch site RNA 스플라이싱에 필요한 '올가미' 형태의 중간체가 형성되도록 하는 인트론 내부의 특이한 RNA 뉴클레오타이드 서열.

각인 조절 영역 imprinting control region; ICR 유전자의 성-특이적 전사를 조절하는 요소를 포함하는 DNA 부위.

간극 유전자 gap gene 초파리에서 처음 전사되는 접합자의 체절 유전자들로, 전사인자를 암호화한다. 간극 유전자의 동형접합성 돌연변이를 가진 배아는 해당 유전자가 정상적으로 발현되는 특정 체절들이 없어져 체절화 패턴에 간극이 생긴다.

간기 interphase 분열과 분열 사이의 세포주기 기간.

간성 intersex 남성과 여성의 기관을 모두 가짐.

간접 억제자 indirect repressor DNA에 결합하지 않고 활성자의 기능을 방해하는 단백질.

감소분열 reduction(al) division 염색체의 수가 감소하는 세포분열로, 보통 상동염색체들이 두 딸세포로 나뉜다. 제1감수분열은 감소분열이다.

감수분열 meiosis 생식 전구 세포에서 두 번의 연속적인 세포 분열 과정. 첫 번째 분열에서 상동염색체 쌍은 두 개의 다른 딸세포로 분리되고, 두 번째 분열에서 각 상동체의 염색분체는 두 개의 다른 딸세포로 분리된다. 이배체(2x) 세포는 감수분열에 의해 4개의 반수체(1x) 배우자를 생성한다.

감수분열 비분리 meiotic nondisjunction 염색분체 또는 상동염색체가 제대로 분리되지 않음으로써, 감수분열 동안 염색체 분리의 실패.

개방 염색질 open chromatin 느슨하게 농축된 뉴클레오솜이 있는 염색체 지역으로 전사가 일어날 수 있다.

개시 initiation DNA 복제, 전사, 혹은 번역의 첫 단계로써, 뉴클레오타이드나 아미노산을 부착시키는 신장 단계의 준비 과정이다.

개시 인자 initiation factor 번역의 첫 단계로서 리보솜, mRNA, 개시 tRNA의 복합체 형성을 촉진하는 단백질들.

개시 코돈 initiation codon mRNA의 뉴클레오타이드 서열에서 폴리펩타이드의 합성이 시작되도록 하는 지점을 표시하는 세 뉴클레오타이드로 구성된 암호(AUG).

검문점 checkpoint 이전 단계의 세포 주기가 성공적으로 완료될 때까지 세포 주기가 다음 단계로 진행되는 것을 방지하여 유전체의 손상을 방지하는 기작.

검정교배 testcross (1) 열성 표현형을 나타내는 개체와 교배하여 우성 표현형을 나타내는 개체의 유전자형을 결정하는 데 사용되는 교배, (2) 유전자가 연관되었는지 여부와 연관된 유전자 사이의 거리(재조합 빈도)를 결정하는 데 사용되는 교배.

겔 전기영동 gel electrophoresis DNA 단편, RNA 분자, 혹은 폴리펩타이드를 크기에 따라 분리하는 방법으로, 아가로스나 폴리아크릴아마이드 겔에 전기를 흘려보냄으로써 전기영동이 수행된다. 전기는 분자들을 크기에 따라 겔 상에서 서로 다른 속도로 이동하게 한다.

결실 deletion DNA 분자에서 한 개 혹은 그 이상의 뉴클레오타이드 쌍들의 소실.

결실 고리 deletion loop 짝을 이룬 상동염색체에서 한 염색체의 소실된 영역에 해당하는 정상 염색체의 짝을 이루지 않고 돌출된 부위.

결합 anneal 탐침자와 상보적 DNA 서열 사이에 수소 결합의 형성. 혼성화의 동의어.

고기능성 돌연변이 혹은 대립유전자 hypermorphic mutation or allele 야생형 대립유전자보다 더 많은 단백질을 생산하거나, 활성이 더 큰 단백질을 생산하는 돌연변이 대립유전자.

고정 fixation 어떤 좌위의 단일 대립유전자가 한 집단 내에서 유일한 것이 되는 과정.

곱셈 법칙 product rule 둘 이상의 독립 사건들이 동시에 발생할 확률로, 각 사건이 단독으로 발생할 확률들의 곱이 된다.

공선성 colinearity 유전자의 뉴클레오타이드 서열과 폴리펩타이드의 아미노산 서열 사이의 평행 관계.

공여자 donor 세균의 유전자 전달에서 유전 물질을 수용자에게 제공하는 세포.

공우성 codominant 한 유전자의 두 대립유전자에 대해 이형접합자가 두 동형접합자의 특성을 갖는 두 대립유전자 사이의 관계 설명.

과오 돌연변이 missense mutation 한 아미노산에 대한 코돈을 다른 아미노산을 지정하는 코돈으로 변경시키는 유전자의 돌연변이.

과잉 유전자 작용 redundant gene action 어떤 경로에서 두 유전자 중 어느 하나 만의 우성 기능적 대립유전자가 요구되는 현상.

과잉 유전자 redundant gene 산물들이 단일 경로 또는 병렬 경로에서 동일한 기능을 수행하는 유전자들로, 돌연변이 표현형은 두 유전자 산물이 모두 없는 경우에만 관찰됨.

광의의 유전력 broad-sense heritability; H^2 유전 분산(V_G)의 세 가지 구성 요소를 모두 포함한 유전력의 측정값으로, 상가적 효과(V_A), 우성 효과(V_D) 및 서로 다른 좌위에서 대립유전자들 간의 상호작용 효과(V_I)를 포함한다. 일반적으로 일란성 쌍둥이 연구를 통해 측정한다.

광합성 photosynthesis 빛 에너지를 탄수화물의 화학결합에 저장하는 엽록체에서의 대사 경로.

교차 crossing-over 감수분열 중에 한쪽의 부계 염색체와 다른 쪽 모계 염색체가 끊어져 해당 DNA 부분이 교환되어 연결되는 것. 이 과정으로 염색체들 사이의 대립유전자가 교환된다.

교차 양육 cross-fostering 자녀들을 무작위로 다른 부모로부터 양육하게 하는 것으로, 환경의 효과를 무작위화하기 위해 동물 연구에 주로 사용된다.

교차 억제자 crossover suppressor 역위성 상동염색체가 정상적인 상동염색체와 이형접합성일 때, 생존 가능한 재조합 자손이 생기지 않는 것.

교차 유전 crisscross inheritance 수컷은 모로부터 암컷은 부로부터 한 형질의 특징을 물려받는 유전 방식.

구성성 돌연변이체 constitutive mutant 환경 조건과 관계없이 어떤 유전자 산물을 항상 생산하는 돌연변이체.

구성성 이질염색질 constitutive heterochromatin 모든 세포에서 대부분의 시기 동안 응축된 이질염색질 상태로 남아 있는 염색체 영역.

귀무 가설 null hypothesis 통계에서 데이터 세트와 특정 모델 간에 차이가 없다는 가설.

균형 선택 balancing selection 집단에서 한 유전자의 여러 대립유전자들을 유지하도록 하는 선택.

균형자 염색체 Balancer chromosome 유전적 조작에 사용될 수 있도록 만들어진 특수 염색체로 교차 염색체들의 복구를 방해하는데, 다수의 돌연변이를 포함한다. 균형자 염색체는 2개 사본으로 존재할 때 치사 또는 불임을 유발할 수 있기 때문에, 치사 돌연변이를 내포한 염색체의 이형접합자 상태의 균주를 유지하는 것이 필요하다.

극성 polarity 특징적인 양 끝을 가진 속성.

근친혼/동계 교배 consanguineous mating 최근의 공통 조상을 공유하는 유전적 친척간의 교배.

기능-상실 돌연변이 혹은 대립유전자 loss-of-function mutation or allele 어떤 유전자의 활성을 감소시키거나 없애는 돌연변이.

기능 억제 돌연변이 혹은 대립유전자 antimorphic mutation or allele 동일한 유전자의 야생형 대립유전자의 활성을 차단하여, 이형접합자에서 기능 상실 초래. 우성-음성 돌연변이 참고.

기능 획득 돌연변이 혹은 대립유전자 gain-of-function mutation or allele 유전자의 기능을 없애는 것이 아니라 기능을 변형시키는 드문 돌연변이.

기본 구조 native conformation 정상적인 단백질의 3차 구조.

기본 염색체 수 basic chromosome number 한 벌의 완전한 염색체 세트를 구성하는 서로 다른 염색체 수.

기본 인자 basal factor 일종의 전사인자로서 유전체 내의 모든 프로모터와 결합하여 RNA 중합효소를 불러들이는 다른 단백질들과 상호작용한다. 기본 인자와 다른 단백질들이 프로모터에서 복합체를 형성하는 것은 RNA 중합효소에 의한 전사 개시에 필수적이다.

긴 비암호화 RNA long noncoding RNA; lncRNA 일반적으로 번역되지 않은 수천 뉴클레오타이드 길이로, lncRNA 종류에 따라 다양한 기능 수행.

긴 산재 요소 long interspersed element; LINE 포유동물에서의 두 가지 주요 레트로트랜스포존 중 하나로 LINE은 포유동물에서 mRNA를 닮았다.

ㄴ

나선-꺾임-나선 helix-turn-helix 전사인자의 DNA-결합 도메인의 한 종류로; Lac 억제자와 Hox 단백질의 호메오도메인이 나선-꺾임-나선 구조를 가진다.

난원세포 oogonia 난소에서의 이배체 생식근원 세포.

난자 ovum 반수체의 암컷 생식세포

난자형성 oogenesis 암 배우자(난자)의 형성 과정.

낭배형성 gastrulation 배아 형성기 초기에 세포층이 접히는 시기로, 보통 발생의 포배기 후에 일어난다.

넌센스 돌연변이 nonsense mutation 어떤 아미노산에 대한 코돈이 종결 코돈으로 바뀌는 돌연변이로, 잘려진 단백질이 생산하게 한다.

넌센스 억제자 tRNA nonsense suppressor tRNA 종결 코돈을 인식하는 안티코돈 부위의 돌연변이 tRNA는 종결 코돈에서 아미노산을 폴리펩타이드에 삽입시켜 넌센스 돌연변이의 효과를 억제한다.

녹아웃 생쥐 knockout mouse 표적 유전자에 도입된 돌연변이에 대해 동형접합성인 생쥐.

녹인 생쥐 knockin mouse 표적 돌연변이화에 의해 변형된 유전자를 가진 생쥐. 이런 변화는 점 돌연변이거나 DNA의 큰 삽입일 될 수 있다.

뉴클레오솜 nucleosome 염색질의 기본 단위로 히스톤 8량체를 둘러싼 ~160 염기쌍의 DNA로 구성됨.

뉴클레오타이드 nucleotide 질소 함유 염기(DNA에서는 아데닌, 구아닌, 싸이민과 사이토신, RNA에서는 아데닌, 구아닌, 우라실 및 사이토신), 인산기 및 당(DNA에서는 디옥시리보오스, RNA에서는 리보오스)으로 구성된 DNA 및 RNA의 소단위.

ㄷ

다배체 polyploid 3개 이상의 완전한 염색체 세트를 가지는 진정 배수체 생물.

다량체 multimer or polymer 2개 이상의 폴리펩타이드로 구성된 단백질 복합체; 다량체의 각 폴리펩타이드는 소단위로 불린다.

다면발현 pleiotropy 하나의 유전자가 얼핏 보기에 관련이 없어 보이는 많은 특징들을 결정하는 현상.

다유전자성 형질 polygenic trait 여러 유전자에 의해 조절되는 형질.

다이디옥시뉴클레오타이드 dideoxynucleotide 다이디옥시뉴클레오타이드 참고.

다이디옥시리보뉴클레오타이드 삼인산 dideoxyribonucleotide triphosphate; ddNTP 3 인산을 포함한 다이디옥시뉴클레오타이드: ddATP, ddGTP, ddCTP, ddTTP.

다이디옥시리보뉴클레오타이드 dideoxyribonucleotide 포스포디에스테르 결합 형성에 중요한 3′-OH기가 없는 뉴클레오타이드 유사체; 가장 일반적인 DNA 서열 결정 방법의 핵심 구성 요소.

다중 글루타민병 polyQ disease 인간의 신경병으로 생식세포에서 CAG 반복서열이 확장으로 발병한다. CAG 반복서열은 연속적으로 글루타민을 지정하는 코돈이 된다.

다중시스트론성 mRNA polycistronic mRNA 두 개 이상의 단백질 암호화 영역을 포함하는 mRNA로, 종종 세균의 오페론의 전사 산물이 해당된다.

다중잡종 교배 multihybrid cross 3개 이상의 형질들에서 이형접합성인 부모 사이의 교배.

다핵 세포(다핵체) coenocyte 하나의 세포질 속에 많은 핵이 있는 식물, 균류 혹은 조류 세포.

다핵 세포 syncytium 둘 이상의 핵을 가지는 동물세포.

다핵 포배 syncytial blastoderm 초파리 배아에서 대부분의 핵들이 배아의 피질로 이동하는 발생 단계.

다형성 polymorphism 한 집단에서 둘 이상의 대립유전자를 갖는 좌위를 일컬음.

단백질 protein 수백~수천 개의 아미노산들이 특정 순서대로 연결된 커다란 중합체로, 신체의 세포, 조직 및 기관들의 구조, 기능 및 조절을 위해 요구된다.

단백질 도메인 protein domain 단백질의 뚜렷한 기능적 단위.

단백질 인산화효소 protein kinase 단백질 기질에 인산기를 첨가하는 효소.

단백질체 proteome 한 유전체에 의해 암호화되는 단백질들의 완전한 세트.

단상형 haplotype 같은 염색체상에 존재하는 연관된 대립유전자들의 특수한 조합.

단상형 블록 haplotype block 연관 불평형을 나타내는 다른 좌위의 대립유전자들 모음의 유전체 상의 뻗은 범위로, 이러한 서열 블록은 재조합 핫스팟 사이에 위치한다. LD 블록으로도 불림.

단성잡종 monohybrid 한 형질에 대해서 두 가지 다른 대립유전자를 가진 개체.

단성잡종 교배 monohybrid cross 오직 하나의 형질에서만 다른 부모의 교배.

단순 반복 서열 simple sequence repeat; SSR 하나 혹은 몇 개의 염기들이 직렬로 100번 정도까지 반복되는 서열로 구성된 유전체 좌위. 서로 다른 대립유전자들은 다른 반복 횟수를 가진다. 인간의 유전체는 ~100,000개의

SSR 좌위를 가진다. 미세부수체라고도 불린다.

단위생식 parthenogenesis 암컷 미수정란에 의해 자손이 발생하는 생식으로, 개미, 꿀벌, 말벌 및 일부 어류와 도마뱀류에서 흔히 관찰된다.

단일 염기 다형성 single nucleotide polymorphism; SNP 두 대립유전자에서 단일염기 치환으로 인해 하나의 뉴클레오타이드가 바뀐 좌위. SNP 좌위들은 유전적 연관 분석을 위한 DNA-기반 마커로 유용하다.

단일시스트론성 mRNA monocistronic mRNA 단지 한 유전자에 대한 암호화 부위만을 가진 mRNA.

단형성 monomorphic 오직 하나의 야생형 대립유전자만을 가지는 유전자.

닫힌 염색질 closed chromatin 뉴클레오솜에 단단히 감겨 있는 염색체 부위로 전사가 일어나기 어렵다.

대립유전자 allele 한 유전자의 서로 다른 형태

대립유전자 교차비 allelic odd ratio 질병과 연관된 특정 SNP 대립유전자에 의해 발생하는 질병 위험성의 평균적 증가량.

대립유전자 빈도 allele frequency 한 집단에서 어떤 유전자에서 관찰되는 모든 대립유전자들 중 특정 대립유전자의 비율.

대립유전자 이질성 allelic heterogeneity 한 유전자의 다양한 돌연변이에 의해 유전병이 발생한 상황

대립유전자-특이적 올리고뉴클레오타이드 allele-specific oligonucleotide; ASO 짧은 올리고뉴클레오타이드로서 단일 염기 차이에 의해 한 쌍의 대립유전자 중 오직 한 개와 혼성화된다.

덧셈 법칙 sum rule 서로 배타적인 둘 이상의 사건들은 각 사건의 확률을 더한 값으로 발생한다.

도메인 구조 domain architecture 어떤 단백질에서 기능적 도메인들의 수와 배열 순서.

도입 유전자 transgene 연구자가 한 생물의 유전체에 삽입한 시험관 속의 복제된 DNA 조각.

독립 분리 independent assortment 배우자 형성과정 동안 서로 다른 유전자들에 대한 대립유전자들의 무작위적 배분.

독립의 법칙 law of independent assortment 멘델의 제2법칙으로, 다른 유전자의 대립 유전자들이 서로 독립적으로 배우자로 분리된다는 것을 나타냄.

독성 파지 virulent bacteriophage 항상 용균 회로로 들어가 빠르게 증식하여 숙주를 죽이는 박테리오파지.

돌연변이 mutation DNA 서열에 일어난 유전성의 변화.

돌연변이 대립유전자 mutant allele (1) 빈도가 집단 내에서 1% 미만인 대립유전자 또는 DNA 변이; (2) 집단 내에서 드물게 나타나는 표현형을 만드는 대립유전자.

돌연변이 핫스팟 mutation hotspot 자발적으로 또는 특정 돌연변이원 처리 후 다른 곳보다 더 자주 돌연변이가 발생하는 유전자 내의 부위.

돌연변이원 mutagen 자발적 돌연변이 빈도 이상으로 돌연변이를 일으키는 물리적 또는 화학적 작용제.

돌연변이체 검색 mutant screen 연구자들이 많은 수의 돌연변이 생물들을 검사하여 관심 표현형을 가진 개체들을 찾아내는 과정.

동계교배(자손) inbred 가까운 유전적 친척 간의 교배에 의해 생산된 개체들 또는 집단. 근친 교배는 동형접합성을 유도한다.

동반형질도입 cotransduction 다른 세균 유전자들이 하나의 파지에 의해 형질도입되어 함께 전달되는 것.

동반형질전환 cotransformation 둘 이상의 유전자들의 동시 형질전환.

동원질체 kinetoplast 미토콘드리아 내부에서 원형 DNA들이 연계된 것으로, 유전체의 사본뿐 아니라 RNA 편집을 위해 DNA-기원 안내 RNA를 포함한다.

동원체 centromere 자매염색분체가 연결되는 특별한 염색체 부위로, 세포분열 중에 방추사가 부착하는 곳.

동유전성 계통 congenic lines 준동형유전 계통 참고.

동의 DNA 다형성 anonymous DNA polymorphisms 유전체의 DNA 서열 변화가 유전자의 기능에 영향을 미치지 않는 변이.

동질 치환 conservative substitution 한 단백질에서 아미노산을 비슷한 성질의 다른 아미노산으로 치환시키는 돌연변이.

동질염색 영역 homogeneously stained region; HSR 유전자 증폭으로 인해 어떤 유전자의 많은 직렬 반복을 포함하는 염색체의 영역으로, 현미경 상에서 부푼 지역으로 보인다.

동형 배우자성 성 homogametic sex 어떤 종에서 동일한 두 개의 성 염색체를 가진 성으로, 사람의 여성은 두 X 염색체를 가지므로 동형 배우자 성이다.

동형 분열 equational division 염색체의 수가 줄어들지 않는 세포분열이지만, 자매염색분체는 두 개의 딸세포로 나뉘어 들어간다. 유사분열과 제2감수분열은 모두 동형 분열이다. 동형세포질성(homoplasmic) 한 세포에서 한 가지 형태의 소기관 DNA만 존재하는 소기관의 유전체 특성.

동형유전 계통 isogenic line 동계교배로 모든 개체들이 동일한 유전자형(genotype)을 가진 동형접합성 계통.

동형이량체 homodimer 동일한 두 개의 폴리펩타이드로 구성된 단백질 복합체.

동형접합자 homozygote 주어진 유전자나 좌위에 서로 다른 두 대립유전자를 가지는 개체.

동화 경로 anabolic pathways 단순한 분자들로부터 더 복잡한 분자를 합성하는 생화학적 경로.

디옥시뉴클레오타이드 삼인산 deoxynucleotide triphosphate 디옥시뉴클레오타이드 삼인산 참고.

디옥시리보뉴클레오타이드 삼인산 deoxyribonucleotide triphosphate; dNTP DNA의 단위체로 dATP, dGTP, dCTP, dTTP가 있으며, 1개의 디옥시리보오스, 4 종류의 질소 함유 염기 및 3개의 인산기를 포함한다.

디옥시리보오스 deoxyribose 리보오스와 유사한 분자로, 2′ 탄소에 수산기 대신 수소가 결합된 것만 다르다.

디옥시리보핵산 deoxyribonucleic acid; DNA 유전 정보를 암호화하는 유전 물질

ㄹ

레트로바이러스 retroviruse 단일 가닥 RNA에 자신의 유전정보를 가지는 바이러스로, 숙주세포 내에서 그 RNA를 DNA로 전환시키는 역전사 효소를 갖고 있다.

레트로바이러스 벡터 retroviral vector 유전자 치료용 벡터로, 치료 유전자를 포함하는 레트로바이러스 유전체 일부이다. 치료 유전자는 체세포의 유전체 속으로 안정되게 통합된다.

레트로트랜스포존 retrotransposon RNA 중간체의 역전사를 통해 이동하는 유전 요소. 전이 인자의 한 종류.

로버트손 전좌 Robertsonian translocation 두 개의 차단부동원체성 염색체들이 동원체 근처에서 절단되어 생기는 전좌. 절단된 부분의 상호 전좌로 인해 하나의 커다란 중부동원체성 염색체와 매우 작은 염색체 하나가 생기게 된다.

리모델링 복합체 remodeling complex 프로모터를 가리는 뉴클레오솜을 제거하거나 유전자와 관련된 뉴클레오솜의 위치를 바꿔주는 단백질들의 복합체로, 유전자의 전사 준비를 돕는다.

리보솜 ribosome 리보솜 RNA(rRNA)와 단백질로 구성되는 세포소기관으로 단백질 합성 장소.

리보솜 RNA ribosomal RNA; rRNA 단백질과 rRNA로 구성된 리보솜의 RNA 요소.

리보솜 결합 자리 ribosome binding site 원핵세포 mRNA 내 개시 코돈과 샤인-달가노 박스를 포함하는 부위. 리보솜은 번역을 시작하기 위해 이 부위에 결합한다.

리보솜 프로파일링 ribosome profiling mRNA에 부착된 리보솜의 족적을 추적하는 기술. 리보솜으로 보호된 mRNA 단편의 고처리 서열분석은 번역되는 다양한 mRNA의 종류와 번역 빈도를 밝혀 번역 조절에 대한 정보를 제공한다. 또한 mRNA의 리보솜 위치에 대한 스냅샷을 제공하여 번역 개시 및 종료 자리와 일시 중지 자리를 식별할 수 있다.

리보스위치 riboswitch 유전자 발현을 조절하는 작은 효과자와 결합하는 알로스테릭 RNA의 선도 서열.

리보오스 ribose RNA에서 발견되는 5탄당.

리보자임 ribozyme RNA 특수한 화학적 반응을 촉매하는 효소로 작용할 수 있는 RNA 분자.

리보핵산 ribonucleic acid; RNA 핵과 세포질에서 발견되는 리보뉴클레오타이드의 중합체로, 단백질 합성에 중요한 역할을 한다. mRNA, tRNA, rRNA, lncRNA, miRNA, piRNA, siRNA 등, 많은 종류가 있다.

리졸베이즈 resolvase 교차 동안 비자매염색분체들을 분리시키기 위해 홀리데이 교차점에서 DNA 가닥들을 절단했다가 연결시키는 효소.

리포터 유전자 reporter gene DNA 조절 인자를 가진 재조합 DNA 분자에 통합된 유전자의 단백질-암호화 부위. 세균의 형질전환 후, 혹은 한 생물의 유전체로 통합된 후에 리포터 유전자의 발현에 의해 조절 인자들의 활성을 알린다.

리플리콘 replicon 복제 단위; 한 복제원점으로부터 복제되는 DNA 단위.

ㅁ

마커(표식자) marker 염색체상의 식별 가능한 지역으로, 그 유전 양상이 모니터링될 수 있다. 마커는 유전자 또는 추적 가능한 다양한 형태의 DNA 단편일 수도 있다.

마커 유전자 marker gene 형질전환 유전자와 함께 유전체에 삽입된 유전자로, 이 유전자의 발현은 형질전환 유전자의 성공적인 통합을 나타낸다.

말기 telophase 유사분열의 마지막 단계로, 딸 염색체들이 세포의 양 극에 도달하고 핵이 새로 생긴다.

말기 I telophase I 제1감수분열에서 핵막이 양극으로 이동한 염색체 주위에 형성되는 시기로, 새로 생긴 딸핵은 원래의 부모세포핵에 존재하던 염색체 수의 절반을 가지는데, 염색체들 각각은 코헤신 단백질 복합체에 의해 서로 묶인 두 개의 자매염색분체들로 구성되어 있다.

말기 II telophase II 제2감수분열의 마지막 단계로, 네 개의 딸핵들 주위에 핵막이 형성되고 세포질 분열에 의해 각 핵들이 독립된 세포로 나뉜다.

말단소체 telomere 진핵생물 염색체의 특수한 말단 구조로, 선형 염색체의 두 말단들을 정확히 복제하고 유지할 수 있도록 한다.

말단핵산분해효소 exonuclease DNA 분자의 말단으로부터 뉴클레오타이드를 제거하는 효소.

맨해턴 곡선 Manhattan plot GWAS로부터 얻은 자료들을 표시하는 그래프로 맨해턴의 하늘 윤곽선과 닮았다. x축에 유전체의 각 SNP들을 표시하고 그 SNP와 관심 형질 사이의 연관이 관찰될 가능성을 y축에 표시한다.

메신저 RNA messenger RNA; mRNA 단백질 합성 동안 주형으로 작용하는 RNA.

메타유전체학 metagenomics 자연에서 미생물 군집들로부터 유전체 DNA를 얻어 통합적으로 분석하는 방법.

메틸-지시성 짝틀림 수리 methyl-directed mismatch repair 복제 과정 중의 실수를 교정하는 DNA 수선 기작으로, 부모 가닥에 존재하는 메틸기로 새로운 가닥과 부모가닥 DNA를 구분한다.

메틸화 모자 methylated cap 모자구조 형성 효소와 메틸기 전달효소에 의해 진핵세포 mRNA의 5′ 말단에 생기는 구조로서, mRNA가 효과적으로 단백질로 번역되기 위해 반드시 필요하다.

면역 감시 immune surveillance 인간의 면역계가 외래 물질을 인식하고 공격하는 과정.

모계 각인 유전자 maternally imprinted gene 모계를 통해 물려받은 유전자의 침묵.

모계 유전 maternal inheritance 세포소기관의 유전체를 난자의 세포질로 전달하는 것.

모계 효과 돌연변이 maternal effect mutation 모계 효과 유전자의 돌연변이. 돌연변이 모는 표현형에 영향이 없지만, 그런 돌연변이를 가진 자손은 돌연변이 표현형을 가진다.

모계 효과(영향) 유전자 maternal effect gene 자손의 발생을 가능하게 하는 모계 성분(모에 의해 난자에 저장된 RNA나 단백질)을 암호화하는 유전자.

모자이크 mosaic 서로 다른 유전자형의 조직들을 포함하는 하나의 생물.

모자이크 분석 mosaic analysis 유전자의 활동 핵심을 결정하기 위해 모자이크 조직들을 관찰하는 것.

몬테카를로 시뮬레이션 Monte Carlo simulation 미리 결정된 확률 규칙에 의해 정의된 동적 시스템에서 확률적 이벤트에 대한 결과를 선택하기 위해 무작위적 생성기를 사용하는 컴퓨터 시뮬레이션; 생성 시퀀스의 다중 실행이 가능하다.

무기능 돌연변이 혹은 대립유전자 amorphic mutation or allele 특정 유전자의 기능이 완전히 소실되는 돌연변이(혹은 대립유전자). 영 돌연변이(null mutation)와 동의어.

무동원체성 단편 acentric fragment 동원체가 없는 염색분체의 조각으로, 보통 역위 고리내의 교차로 발생.

무세포 태아 DNA 분석 cell-free fetal DNA analysis 태아의 유전자형을 결정하기 위해 부서진 태아 세포로부터 임산부의 혈액으로 방출된 DNA를 분석하는 절차.

무작위 4분체 unordered tetrad 네 개의 자낭포자들이 자낭 내에서 무작위로 배열되는 효모의 4분체.

물리적 마커 physical marker 세포학적으로 관찰 가능한 비정상적 특징으로, 세대를 거치는 동안 특정 염색체의 추적을 가능하게 한다.

미세구조 지도작성 fine structure mapping 동일한 유전자 내에서 돌연변이들의 재조합 지도 작성.

미세부수체 microsatellite SSR 좌위. 이 용어는 밀도 구배 원심분리 실험에서 SSR 좌위를 포함하는 유전체 DNA 단편이 반복 서열이 없는 단편과 분리된다는 사실에서 유래됨.

미세상동-매개 말단 연결 microhomology-mediated end-joining; MMEJ DNA 이중 가닥 절단 수선 과정으로, DNA 말단이 절제된다는 점을 빼면 NHEJ와 유사하다. 절제되는 부분 때문에 재연결된 DNA에서 작은 결실이 생긴다.

미세소관 microtubule 감수분열 동안 상동염색체나 자매 염색분체를 분리하기 위해 방추사부착점에 부착되는 튜불린 중합체.

미토콘드리아 mitochondria 영양 분자들로부터 나온 에너지를 ATP로 전환시키는 세포소기관으로, 자신의 유전체를 가진다.

미토콘드리아 유전자 치료 mitochondrial gene therapy 돌연변이 미토콘드리아를 가진 난모세포로부터 핵을 꺼내어 핵이 제거된 정상 미토콘드리아를 가진 난모세포에 이식하는 것.

미끄럼 짝짓기 오류 slipped mispairing 반복 지역의 DNA 복제 동안 한 DNA 가닥이 다른 가닥에 대해 미끄러지는 현상. "더듬거림(stuttering)"이라고도 하는 이 과정은 SSR 반복 횟수의 확장 또는 축소를 초래할 수 있다.

민감성 표현형 sensitized phenotype 유전자의 저기능성 대립유전자에 의해 종종 나타나는 특성으로, 그 유전자와 동일한 경로에서 기능하는 다른 유전자의 작은 활성 변화에 의해 영향을 받는다.

ㅂ

바 소체 Barr body 불활성화된 X 염색체가 간기에 짙게 염색된 이질염색질 형태로 보이는 것.

박테리오파지 bacteriophage 숙주가 세균 세포인 바이러스로, 뜻 그대로 박테리아 포식자이다.

반보존적 복제 semiconservative replication 이중 나선의 부모 가닥의 각 단일 가닥이 상보적 가닥의 합성을 위한 주형 역할을 한다는 DNA 복제 기작. 복제된 DNA는 기존 가닥(보존된 것)과 완전히 새로운 가닥으로 구성된다.

반불임성 semisterility 생존 가능한 자손을 생산할 수 있는 능력이 최소 절반으로 감소된 상태.

반수체 haploid 세포, 생물체 혹은 핵이 한 세트의 염색체를 가진 것으로, 일배체와 동의어.

반수체 기능부전 haploinsufficiency 야생형 대립유전자와 기능-상실 대립유전자에 대해 이형접합성인 개체가 유전자 활성이 부족하여 정상 표현형을 나타내기에는 충분치 않기 때문에 비정상적인 표현형을 보임.

반접합성 hemizygosity 수컷에서의 X-연관 유전자들처럼, 원래 이배체개체에서 어떤 유전자의 복사본이 하나밖에 없는 유전자형을 가리키는 용어.

발생유전학 developmental genetics 다세포 생물의 수정란이 어떻게 성체로 발생하는지를 연구하는 데 유전학을 이용하는 학문.

발암원 carcinogen 암을 유발하는 물질로서 돌연변이 유발원.

발현 플랫폼 expression platform 앱타머에 반응하여 유전자 발현을 일어나게 하는 리보스위치의 줄기-고리 구조의 변형된 상태.

발현도 expressivity 특정 유전자형이 표현형을 발현시키는 정도나 강도.

방추사 부착점 kinetochore DNA와 단백질로 구성되는 특수화된 염색체 영역으로, 염색체가 방추사와 부착하는 자리이다.

방추사부착점 미세소관 kinetochore microtubule 중심체와 염색분체의 방추사부착점 사이로 뻗어 있는 분열 방추사의 미세소관들. 염색체는 세포분열 중에 방추사부착점 미세소관을 따라 이동한다.

방출 인자 release factor 종결 코돈을 인식하여 번역의 종료를 돕는 단백질.

방황변이 시험 fluctuation test 세균의 저항성 기원을 밝히기 위한 Luria와 Delbrück의 실험. 서로 다른 여러 배양접시에서 자라는 저항성 세균 콜로니의 수가 불규칙하다는 것은 저항성이 세균의 항생제 노출에 의해 생기는 것은 아님을 보여준다.

배아줄기세포 embryonic stem cell; ES cell 분화되지 않아서 어느 조직으로도 발생할 수 있는 지속적으로 분열하는 배양 배아 세포들.

배우자/생식세포 gamete 세대를 통해 유전자를 전달하는 특수화된 반수체 세포들(난자와 정자).

배우자형성과정 gametogenesis 배우자(생식 세포)가 형성되는 과정.

백신 vaccine 특정 외래 물질에 대한 면역 반응을 자극하는 질병 유발 물질의 항원.

번역 translation mRNA로 전달된 코돈이 유전암호에 따라 아미노산을 사용하여 폴리펩타이드 합성을 지시하는 과정.

번역틀 reading frame 고정된 개시점에서 3개의 뉴클레오타이드 그룹으로 나누어 순차적으로 생성된 코돈. 코돈이 해석된 아미노산을 할당하여 폴리펩타이드 사슬이 생성된다.

번역틀이동 돌연변이 frameshift mutation 코돈을 이루는 뉴클레오타이드의 그룹화를 변경시키는 염기쌍의 삽입이나 결실.

번역후 공정 posttranslational modification 번역이 완료된 후에 폴리펩타이드에 일어나는 인산화 등과 같은 변화.

범유전체 pangenome 박테리아 종의 핵심 유전체와 일부 균주에서는 발견되지만 다른 균주에서는 발견되지 않는 모든 유전자.

변경 유전자 modifier gene 표현형에 미세하고 이차적인 효과를 미치는 유전자들. 주 유전자와 변경 유전자 사이에 공식적인 구별은 없으며, 오히려 영향의 정도는 연속적이다.

변경 효소 modification enzyme 특정 DNA 서열에 메틸기를 첨가하는 효소로, 그 DNA에 대한 특정 제한효소의 작용을 방해한다.

변성 denaturation 구조와 기능을 유지하고 있는 거대 분자 내에서 수소 결합이 파괴되는 것. 수소 결합은 열이나 극단적인 pH 조건 혹은 화학 물질에 노출되었을 때 파괴될 수 있다. 정상적인 수용성 단백질이 변성되면, 비극성 아미노산들이 노출되어 물에 녹지 않게 될 수도 있다. DNA가 변성되면, 이중 가닥 분자들이 두 개의 가닥으로 분리된다.

병원성 섬 pathogenicity island 질병-유발 세균에서 발병에 관여하는 여러 유전자들을 암호화하는 DNA 단편. 병원성 섬은 수평적 유전자 전달을 통해 다른 종들로부터 전달된 것으로 보인다.

병원체 pathogen 숙주에서 질병을 일으키는 작용제로, 미생물이 예가 될 수 있다.

보인자 carrier 어떤 형질에 대해 하나의 열성 대립유전자를 가지고 있으나 정상적인 표현형을 나타내는 이형접합성 개체.

보조억제자 corepressor 억제자에 결합하여 전사를 방해하는 단백질.

보조활성자 coactivator 전사 활성자에 결합하여 전사 수준을 증가시키는 단백질.

보존 서열 consensus sequence 동일한 특정 기능을 가진 단백질 도메인 또는 DNA나 RNA의 영역에서 가장 일반적으로 관찰되는 단백질의 아미노산 또는 DNA나 RNA 염기 서열.

보존된 DNA 서열 conserved DNA sequence 서로 다른 여러 생물종들이 가지는 상동성 DNA 서열

복귀 reversion 역 돌연변이 참고.

복다배체 amphidiploid 이질다배체의 한 특이한 형태로 양 부모가 서로 다른 종에서 유래한 이배체 부모의 교배로 생성.

복사기 diplotene 전기 I (prophase I)의 하위 단계로 상동염색체들이 약간 떨어져 있지만 두 상동염색체들이 키아스마타에 의해 아직 단단히 결합되어 있어 2가의 상태로 배열되어 있다.

복제 버블 replication bubble 복제 중에 원래의 DNA 이중 나선이 부분적으로 풀리는 지역.

복제 분기점 replication fork 복제 중에 풀린 두 개의 DNA 가닥들로 이루어지는 Y자 모양의 부위로, 풀린 DNA 가닥들이 짝짓지 않은 단일 가닥들로 벌어져 가지 모양이 된다.

복제 원점 origin of replication DNA 복제의 개시가 시작되는 지점의 짧은 뉴클레오타이드 서열.

복제 평판 replica plating 표현형 검사를 위해 마스터 평판의 콜로니들을 벨벳에 찍어 다른 평판 접시들의 배지로 이동시키는 것.

복합 이형접합자 compound heterozygotes; *trans*-heterozygotes 동일한 유전자에서 서로 다른 2개의 돌연변이 대립유전자를 가진 이형접합자.

복합 형질 complex trait 여러 유전자들에 의해 조절되는 형질로 종종 환경적 요인도 관여한다. 복합 형질은 단속적이거나 연속적이다.

부계 각인 유전자 paternally imprinted gene 아버지로부터 물려받은 유전자의 침묵.

부모 분리형 parental ditype; PD 4개의 양친형 반수체 세포들을 포함하는 균류의 4분체.

부모형 parental type 배우자 형성 동안 유지된 대립유전자의 부모 조합을 반영한 표현형.

부모형 계급 parental class 원 부모 세대에 존재하는 대립유전자들의 조합.

부분 2배체 merodiploid 일부 유전자들에 대해 두 개의 복사본이 존재하는 부분적 2배체.

부수체 DNA satellite DNA 일반적으로 동원체 주변의 반복적인 비암호화 서열 블록으로, 다른 염색체 영역과 다른 염색질 구조와 고도의 응축성을 보인다. 이 용어는 밀도 구배 원심분리 실험에서 반복 서열을 포함하는 유전체 DNA 단편이 반복 서열이 없는 단편과 분리된다는 사실에서 유래되었다.

부체절 parasegment 호메오 유전자에 의해 정체성이 조절되는 AP축을 따라 배열된 초파리 몸체의 단위.

부홈 minor groove DNA 이중나선의 공간충전 모형에서 두 골격 가닥의 수직배열로 인해 생기는 두 개의 홈 중 더 작은 것.

분광 핵형분석 spectral karyotyping; SKY 일종의 형광 제자리 혼성화(FISH)로, 인간 염색체를 모두 다른 색깔로 표지하는 것.

분리 segregation 배우자 형성 중에 각 유전자에 대한 대립유전자들이 각기 다른 배우자로 들어가서 분리되는 것.

분자 시계 molecular clock 생물의 계통을 결정하는 방법으로 아미노산이나 뉴클레오타이드 치환의 일정한 속도를 고려할 수 있다는 가설.

분자 클로닝 molecular cloning 복잡한 DNA 분자들의 무리로부터 단일 DNA 조각을 분리한 후 많은 수로 증폭하는 과정.

분리의 법칙 law of segregation 멘델의 제1법칙으로, 각 형질에 대한 두 대립유전자가 배우자 형성 동안 분리된 다음 수정 동안 각 부모로부터 하나씩 무작위로 결합한다는 것.

분열간기 interkinesis 제1감수분열과 제2감수분열 사이의 짧은 간기.

분지도 branched－line diagram 다중 잡종 교배의 예상 결과를 나열하는 시스템.

분지점 이동 branch migration 재조합 중에 홀리데이 교차점이 서로 멀어지면서 그들 사이의 이형이중가닥 부위가 확장되는 과정.

불균등 교차 unequal crossing-over 잘못된 재조합에 의해 하나의 상동염색체는 중복을 가지는 반면, 다른 쪽은 결실을 가지게 되는 DNA의 변화.

불안정한 3염기 반복 unstable trinucleotide repeats 3 bp 반복 단위가 있는 SSR 좌위. 이것이 유전자 내에 있는 매우 드문 경우에, DNA 복제 동안 반복 수의 확장은 질병 대립유전자를 만들 수 있다.

불연속 형질 discrete trait 어느 한쪽 상태를 나타내는 유전 형질(즉, 보라색 대 흰색 꽃).

불완전 우성 incomplete dominance 이형접합자가 두 동형접합자 사이의 중간 표현형을 갖는 어떤 유전자의 두 대립유전자 사이의 관계.

비동의 DNA 다형성 nonanonymous DNA polymorphism 유전자의 기능에 영향을 미치는 유전체 DNA 서열의 변이성.

비멘델성 유전 non-Mendelian inheritance 멘델의 법칙을 따르지 않는 유전 양식으로, 교배 결과 자손이 멘델 비율로 생산되지 않는다.

비보존성 치환 nonconservative substitution 어떤 단백질의 아미노산이 다른 화학적 성질의 것으로 치환되는 돌연변이.

비분리 nondisjunction 세포분열 중 염색분체나 상동염색체가 제대로 분리되지 않아서 염색체 분리에 실패한 것.

비상동 말단-연결 nonhomologous end-joining; NHEJ 이중 가닥 절단으로 형성된 말단들이 다시 연결되는 기작. NHEJ는 절단된 DNA 가닥 말단에 결합하여 서로 가깝게 위치시키는 단백질들에 의존적이다.

비상동염색체 nonhomologous chromosome 한 유전체 내에서 상동성이 없는 염색체들로서, 이들은 비슷한 DNA 서열을 가지지 않으며 감수분열 동안 짝을 짓지도 않는다.

비암호화 RNA noncoding RNA; ncRNA 개방 번역틀이 없는 전사체로서 RNA 상태로 기능을 가진다.

비암호화 유전자 noncoding gene 전사는 일어나지만 번역되지 않는 유전자.

비양친 분리형 nonparental ditype; NPD 네 개의 재조합 포자를 포함하는 균류의 4분체.

비자율성 인자 nonautonomous element 결함이 있는 전이인자로, 유전체가 전이효소와 같은 필수 기능을 제공할 수 있는 결함이 없는 자율성 요소를 포함하지 않는 한 이동할 수 없다.

비점착성 말단 blunt end 5′ 또는 3′에 돌출부가 없는 이중 가닥 DNA 분자의 말단.

비직렬 중복 nontandem duplication 어떤 염색체 영역의 추가 사본이 존재하지만 원 복사본과 인접되지 않은 염색체 이상; 복사된 부위는 동일한 염색체에 있거나 서로 다른 염색체에 있을 수 있다.

비폴리Q 질환 non-polyQ disease 생식세포의 3염기 반복의 확장으로 인한 사람의 단일 유전자 신경계 질병. 확장된 3염기 영역은 개방 번역틀 바깥에 있어도 유전자 발현에 영향을 미친다.

비히스톤 염색체 단백질 nonhistone chromosomal protein 다양한 기능을 가진 히스톤 이외의 염색질 구성 단백질들.

ㅅ

사본 수 변이 copy number variant 큰 부위(10 bp에서 1 Mb까지)의 중복이나 결실에 의해 생기는 유전적 변이의 한 범주.

사이클린 cyclin 사이클린-의존성 인산화효소들과 결합하는 단백질 족으로, 인산화 효소들의 기질 특이성을 결정한다. 인산화효소들이 특정 기질을 인식하게 함으로써 사이클린들은 세포주기를 조절을 돕는다. 세포 주기를 통해 다양한 사이클린들의 농도가 오르내린다.

사이클린-의존성 인산화효소 cyclin-dependent kinase; CDK 특정 기질에 대한 활성 표적화를 위해 사이클린으로 알려진 단백질에 의존하는 단백질 인산화 효소. CDK는 표적 단백질을 활성화하거나 비활성화시키는 인산화를 통해 G_1기에서 S기로, G_2기에서 M기로의 전환을 조절한다.

산전 유전자 검사 prenatal genetic diagnosis 질병 좌위들에 대한 대립유전자를 알아보기 위해 태아 세포의 유전자형을 결정하는 것.

산화적 인산화 oxidative phosphorylation 미토콘드리아에서 영양소의 산화에 의해 방출된 에너지를 이용하여 ATP를 생산하는 대사 경로.

삽입 insertion 하나 이상의 뉴클레오타이드 쌍의 DNA 분자에 추가.

삽입 물질 intercalator 납작한 판 구조의 분자로 구성된 화학적 돌연변이원으로, 연속된 염기쌍들 사이에 끼어들어가 복제를 방해하여 돌연변이를 유발한다.

삽입 서열 insertion sequence; IS 세균에서 선별 마커를 포함하지 않는 세균의 작은 트랜스포존.

상관계수 correlation coefficient; r 상관선의 기울기.

상관선 line of correlation 자손의 표현형 값을 양친의 평균값에 연결시킨 선으로, 기울기는 그 형질의 유전력을 측정하게 한다.

상대 적응도 relative fitness; W 한 세대 후에 특정 유전자형을 가진 자손이 살아남는 평균 수를 비교 유전자형을 가진 자손들의 평균 수와 비교한 것.

상동 재조합 혹은 교차 homologous recombination or crossing-over 감수분열 동안, 비자매염색분체의 분리 및 재결합. 이런 현상으로 상응하는 염색체 부분이 교환된다. 또한 부러진 염색체를 수리하는 동안 자매염색분체가 교차할 수 있다.

상동성 homology 동일한 조상으로부터 유래한 DNA 또는 아미노산 서열의 유사성.

상동염색체 homologous chromosome 동일한 순서의 유전자와 유전자간 서열을 포함하는 한 쌍의 염색체로, 각각은 한 부모로부터 유래한다.

상동체 homolog 혹은 공통 조상으로부터 유래한 다른 종에서 보이는 유사한 유전자 또는 조절 DNA 서열을 의미한다. 상동염색체의 동의어.

상보성 complementation 서로 다른 두 유전자에 대해 기능 상실 돌연변이의 열성 대립유전자를 가진 염색체들이 둘 다 이형접합성일 때 같은 대사경로에서 정상 표현형을 나타내는 현상.

상보성 그룹 complementation group 서로 상보적이지 않은 돌연변이들의 모임. 종종 유전자와 동의적으로 사용된다.

상보성 검사 complementation test 두 돌연변이가 같은 유전자에 있는 것인지 서로 다른 유전자에 존재하는지를 알아내는 방법.

상보적 염기쌍 형성 complementary base pairing DNA 복제 동안 상보적 가닥이 모 가닥의 노출된 염기 반대편에 새로운 DNA 가닥의 뉴클레오타이드 서열을 생성하는 염기쌍으로, DNA 이중 나선의 두 역평행 가닥을 유지하는 A:T와 G:C 사이의 수소 결합이 형성됨. 상보적 염기쌍은 RNA-DNA 또는 RNA-RNA 이중 가닥의 형성을 가능하게 함(A는 RNA에서 U와 쌍을 이룸).

상염색체 autosome 성 결정에 관여하지 않는 염색체로서, 이배체인 인간의 유전체는 46개의 염색체를 포함하는데, 22쌍은 상염색체이고, 한 쌍은 성염색체이다(X와 Y 염색체).

상위 epistasis 한 유전자의 대립유전자 효과가 다른 유전자의 대립유전자 효과를 가리게 되는 유전자 상호작용.

상류 upstream 유전자의 RNA—유사 가닥의 5′ 말단 쪽 방향.

상류 열린 번역틀 upstream open reading frames; uORFs 5′ UTR에 존재하는 decoy AUG가 리보솜이 유전자 ORF의 실제 개시 코돈에서의 번역 시작을 방해하는 번역 조절 기작.

상류 활성화 서열 upstream activating sequence; UAS 인핸서와 유사한 효모의 cis—조절 요소. 인핸서와 달리 UAS는 프로모터의 하류에서는 작동하지 못하며 그들의 방향도 중요하다.

상호 교배 reciprocal cross 두 방향으로 수행되는 교배들로, 암컷과 수컷에서의 형질을 바꿔 교배함. 특정 형질이 수컷의 배우자와 암컷의 배우자 중 어느 것에 의해 조절되는 것인지를 확인할 수 있다.

상호 열성 상위 reciprocal recessive epistasis 두 유전자의 동형접합성 열성 유전자형이 서로 다른 유전자의 우성 대립유전자의 표현형 발현을 억제시키는 두 다른 유전자의 대립유전자 간의 상호작용.

상호 전좌 reciprocal translocation 상동이 아닌 두 염색체 쌍에서 하나씩 두 개의 절단으로 생긴 DNA 조각들이 원래의 제 염색체들과 연결되지 않고 자리를 바꿔 다른 염색체에 연결되는 염색체 재배열.

색소성 형질전환 식물 transplastomic plant 형질전환된 엽록체를 가진 식물.

생물정보학 bioinformatics 특수화된 소프트웨어 등의 컴퓨터 기술을 이용하여 생물체에 담긴 생물학적 정보의 의미를 이해하는 과학.

생물학적 조상 biological ancestor 어떤 개인이 유전자들을 물려준 사람들로 부모, 조부모, 증조부모 등이 해당됨.

생식 클로닝 reproductive cloning 한 개체의 체세포에서 얻은 핵을, 핵을 제거한 난자 세포로 주입하여 복제 배아를 만드는 것. 잡종 난자는 배아의 세포 분열을 시작하도록 자극되고, 결과적으로 복제된 배아는 대리모의 자궁에 이식되어 발생하게 된다.

생식근원 세포 germ cell 감수 분열을 거쳐 궁극적으로 다음 세대에 유전자를 전달하는 배우자를 생산하는 특수 세포 .

생체 유전자 치료 *in vivo* gene therapy 치료 유전자 또는 유전자 변형 기구를 체세포에 직접 전달하는 것.

생체외 유전자 치료 *ex vivo* gene therapy 환자의 체세포 배양 중에 치료 유전자를 도입시킨 한 후 세포를 환자에게 재주입하는 절차.

생화학적 경로 biochemical pathway 세포 내에서 분자가 단계적으로 최종 생성물로 전환되는 질서 있는 일련의 화학 반응.

샤인-달가노 박스 Shine-Dalgarno box 리보솜 결합 자리를 구성하는 두 요소 중의 하나로, 원핵생물 mRNA 상의 6 염기 서열(다른 요소는 개시 코돈이다).

샤페론 chaperone 다른 단백질이 적합한 3차 구조로 접히는 것을 돕는 단백질.

선도 가닥 leading strand 복제 중에 DNA가 풀리는 Y자 모양의 복제 분기를 향해 5′에서 3′ 방향으로 연속적으로 합성되는 DNA 가닥.

선별 마커 selectable marker 재조합 DNA를 가지는 세포를 구분할 수 있게 해주는 벡터 내 유전자.

선택 selection 집단 유전학에서 개체에 가장 높은 적응도를 부여하는 대립유전자가 집단 내에서 가장 빈번해지는 과정. 유전적 선택 참고.

선택적 분리형 alternate segregation pattern 감수분열 I기 중에 상동염색체들의 정상적인 분리 결과 발생하는 염색체 분리 형태 중 한 가지. 두 개의 전좌 염색체들은 같은 극으로 이동하는 한편, 정상적인 염색체 두 개는 반대쪽 극으로 이동함으로써, 균형 배우자를 생성시킨다.

선택적 스플라이싱 alternative splicing 엑손들의 서로 다른 조합의 연결에 의해 1차 전사체로부터 여러 형태의 mRNA의 생성

선택적 이질염색질 facultative heterochromatin 한 생물체 내의 어떤 세포에서는 이질 염색질이고, 다른 세포에서는 진정 염색질로 존재하는 염색체 부위.

성 결정 sex determination 발생 과정에서 각 생물의 형태적 성이 결정되는 과정. 어떤 종에서는 성은 유전적으로 결정되지만 다른 종에서는 환경적 요인에 의해 결정된다.

성 연관 sex linked 포유류나 초파리 등에서 X 염색체 상의 유전자에 의해 결정되는 형질.

성 전환 sex reversal 남자가 XX, 여자가 XY로 성이 바뀌는 현상.

성상체 미세소관 astral microtubule 유사분열 방추사를 안정화시키기 위해 중심체에서 주변을 향해 뻗어 나가는 짧고 불안정한 미세소관들.

성염색체 sex chromosome 사람의 X와 Y 염색체처럼 생물의 성을 결정하는 염색체.

성장인자 growth factor 세포의 증식을 촉진하거나 억제하는 세포 외 호르몬과, 세포 결합성 리간드.

성장인자 수용체 growth factor receptor 세포 표면 단백질로서 성장 인자와 결합하여 신호전달 연쇄반응 촉발.

세균 염색체 bacterial chromosome 세균의 유전체로 보통 이중 나선 DNA로 구성된 하나의 환형 분자이다.

세균의 접합 bacterial conjugation 세균이 한 균주에서 다른 균주로 유전자를 전달하는 기작 중 하나로서, 공여자는 수용자와 접촉할 때 DNA를 직접 전달할 수 있는 특별한 유형의 플라스미드를 가진다.

세대 간 후성유전학적 유전 transgenerational (intergenerational epigenetic inheritance 유전자의 전사 상태(on 또는 off)의 정보가 생식 세포를 통해 동일 환경 자극에 직접 노출되지 않은 자손에게 전달되는 것.

세사기 leptotene 전기 I를 세분화한 첫 단계로, 이미 복제된 가늘고 긴 염색체가 두꺼워지기 시작하는 단계.

세포-부착형 신호 cell-bound signal 교신을 위해 세포 간의 직접 접촉을 필요로 하는 신호.

세포자살 apoptosis 예정 세포사: DNA가 분해되고 핵이 응축되는 과정을 거친 후, 세포들은 이웃 세포들이나 식세포들에 의해 제거됨.

세포 주기 cell cycle 세포 성장, 유전물질의 복제, 및 유사분열의 반복 유형.

세포 클론 cellular clone 하나의 조상세포에서 유래한 자손 세포들로 이루어진 세포 그룹.

세포공생설 endosymbiont theory 엽록체와 미토콘드리아는 자유 생활 세균이 원시 진핵세포 속으로 함입되어져 기원했다는 가설.

세포성 포배 cellular blastoderm 초파리의 배아에서 다핵성 포배가 세포화

의 과정으로 생기는 한 층 두께의 상피층.

세포질 분리 cytoplasmic segregation 유사분열 중에 이형세포질성 세포에서 우연히 한 형태의 세포소기관 DNA가 단일 딸세포로 들어가는 기회.

세포질 융합세포 cybrid; cytoplasmic hybrid 한 세포의 핵 DNA와 다른 세포의 미토콘드리아 DNA를 가진 세포.

세포질분열 cytokinesis 세포분열의 마지막 단계로, 후기에 시작되어 말기 이후까지 지속된다. 이 단계에서는 말기 후반에 출현한 딸 핵들이 두 개의 분리된 딸세포로 포장되어 들어간다.

세포외 신호 extracellular signal 세포로부터의 확산이나 세포-세포 접촉에 의해 다른 세포로 전달되는 신호로, 스테로이드, 펩타이드나 단백질 형태로 존재.

섹터 sector 콜로니의 나머지 부분과 유전자형이 다른 성장 중인 미생물 콜로니의 일부분.

센티모건 centimorgan; cM 지도 단위 참고.

소단위 subunit 다량체 단백질을 구성하는 하나의 폴리펩타이드.

소실 extinction 집단 내에서 대립유전자가 사라지는 것.

소화 digestion 복잡한 생물 분자(DNA, RNA, 단백질, 탄수화물)가 더 작은 물질로 분해되는 효소적 과정.

수소 결합 hydrogen bond 반응 잔기들 사이에서 수소 원자를 부분적으로 공유하는 약한 전기적 결합.

수용성 세포 competent cell 액체 배지로부터 DNA를 받아들일 수 있도록 처리된 세포.

수용체 recipient 세균에서의 유전자 전달 과정에서 유전 물질을 받는 세포.

수직적 유전자 전달 vertical gene transfer 한 세대에서 다음 세대로의 유전자 전달. 특히 유성 생식을 통해 일어난다.

수축환 contractile ring 액틴 미세소관으로 구성되는 일시적인 세포소기관으로, 분열 중인 동물 세포의 적도판 주위를 둘러싸는 방식으로 배열된다. 이 섬유의 수축으로 세포를 둘로 나뉜다.

수평적 유전자 전달 horizontal gene transfer 관련성이 없는 개체나 서로 다른 종들로부터 DNA가 도입되고 통합되는 것.

순계 pure-breeding line 세대를 통해 부모의 특정 형질이 변하지 않고 유전되는 자손만을 생산하는 생물 계통. true-breeding line과 동의어.

쉘터린 shelterin 말단소체에 결합하여 효소 활성으로부터 보호하는 단백질 복합체.

스플라이소좀 spliceosome RNA 스플라이싱을 수행하는 복잡한 핵 내 기구.

스플라이싱 공여자 splice donor 1차 전사체에서 인트론과 그 앞의 엑손 사이의 경계에 위치하는 염기 서열로 RNA 스플라이싱에 필요하다.

스플라이싱 수용자 splice acceptor 1차 전사체에서 인트론과 그 다음 엑손 사이의 경계에 위치하는 염기 서열로 RNA 스플라이싱에 필요하다.

시냅시스 synapsis 전기 I 의 접합기 동안, 상동염색체들이 서로 나란히 연결되어 배열되고 압축되는 과정.

시스트론 cistron 종종 상보성 그룹이나 유전자에 대한 동의어로 사용되는 용어로, 한 상보성 그룹으로서 유전자를 정의하기 위한 Benzer의 *cis-trans* 검사에서 유래됨.

신생 유전자 *de novo* gene 근연종을 제외하고 상동 유전자가 없는 유전자로, 유전자간 DNA 서열에서 새롭게 진화한 것으로 추정됨.

신장 elongation DNA 복제, 전사, 혹은 번역 중 뉴클레오타이드나 아미노산들이 첨가되어 거대 분자로 합성되는 단계.

신장 인자 elongation factor 번역 중 신장 과정을 돕는 단백질.

신테니 synteny 동일한 염색체에 위치한 둘 이상의 좌위들의 관련성의 설명.

신테니 단편 syntenic segment 두 유전체의 비교에서, 커다란 블록의 DNA 서열들이 그 특성, 순서 및 유전자들의 전사 방향 등이 거의 똑같은 것.

신테니 블록 syntenic block 유전체 내에서 연관된 좌위들의 블록.

신형태성 돌연변이 혹은 대립유전자 neomorphic mutation or allele 새로운 기능을 갖게 된 단백질을 생산하거나, 단백질의 이소성 발현에 의해 새로운 표현형을 나타내는 드문 돌연변이.

신호 전달자 signal transducer 세포 내로 신호를 전달하는 세포질 단백질.

신호 전달 경로 signal transduction pathway 세포 표면의 수용체에 대한 단백질의 결합이 일련의 중간 단계를 통해 최종 세포내 조절 반응으로, 일반적으로 표적 유전자의 전사 활성화 또는 억제를 조절하는 신호를 구성하는 분자 통신의 한 형태.

실현 유전력 realized heritability 선택 반응으로 측정된 유전력.

싸이민(T) 이량체 thymine dimer 돌연변이를 일으킬 수 있는 DNA의 인접한 싸이민 염기 사이의 공유 결합.

쌍지배 유전자 pair-rule gene 초파리에서 두 체절 마다 하나의 줄무늬를 나타내는 2분절 주기성의 유전자 그룹으로, 배아에서 7개의 줄무늬로 발현되는 전사 인자를 암호화한다. 쌍지배 유전자의 돌연변이는 2개의 체절 중 정상적으로 발현되던 한 체절의 결실을 초래한다.

쓰레기 DNA junk DNA 기능이 없을 수 있는 유전자 사이의 DNA 서열. 사람에서 이러한 유전자간 서열은 주로 전이 요소와 SSR로 구성되며, 유전체의 거의 절반을 차지한다.

ㅇ

아고노트 Argonaute 작은 RNA(miRNA, siRNA 또는 piRNA)에 결합하여 다양한 기작을 통해 표적 유전자의 발현을 억제하는 단백질족.

아그로박테리아-매개 T-DNA 전달 *Agrobacterium*-mediated T-DNA transfer 형질전환 식물 생산 방법의 하나로, 재조합 플라스미드를 가진 아그로박테리아는 식물을 감염시켜 재조합 플라스미드의 일부분인 도입 유전자를 식물의 유전체로 침투시킨다.

아데노-연관 바이러스 벡터 adeno-associated viral (AAV) vector 치료용 유전자를 포함하는 재조합 단일 가닥 DNA를 가지는 유전자 치료용 벡터로, 환자의 염색체 내로 통합되지는 않는다.

아미노산 amino acid 단백질을 구성하는 기본 단위.

아미노아실 자리 aminoacyl site 아미노산이 부착된 tRNA가 처음 결합하는 리보솜 내 자리.

아미노아실-tRNA 합성효소 aminoacyl-tRNA synthetase tRNA에 해당되는 아미노산을 결합시키는 효소로서 충전형 tRNA 생성.

악성 세포 malignant cell 전이성 암세포.

안티센스 RNA antisense RNA 주형 DNA에서 반대 가닥을 사용하여 전사됨으로써 자신과 상보적 서열의 mRNA를 통제하는 조절 RNA. 안티센스 RNA는 표적 mRNA의 전사나 번역을 억제할 수 있다.

안티코돈 anticodon tRNA 분자가 가지는 3 염기로서 상보적 염기쌍 형성과 워블에 의해 mRNA의 코돈 인식.

알로스테릭 단백질 allosteric protein 다른 분자(일종의 효과자)와 결합할 때 입체 구조의 가역적 변화를 나타내는 단백질.

암 cancer 원종양 유전자 또는 종양 억제 유전자의 무작위 돌연변이가 축적되어 발생하는 질병으로 통제되지 않는 세포 분열이 특징이다.

암 유전자 oncogene 암세포에서 발견되는 우성 기능-획득 돌연변이 대립유전자로, 정상적으로 세포 증식을 촉진하는 역할을 하는 원종양 유전자의 대립유전자이다.

암수 모자이크 gynandromorph 암컷의 조직과 수컷의 조직을 모두 가지는 드문 유전적 모자이크로, 보통 두 조직을 동일하게 가진다.

야생형 대립유전자 wild-type allele (1) DNA의 변이 혹은 대립유전자로 그 빈도가 집단 내에서 1% 이상인 것. (2) 한 집단 내에서 가장 빈번하게 관찰되는 표현형을 만드는 대립유전자. 야생형 대립유전자은 보통 +의 위첨자

(⁺)로 표시된다.

양성잡종 dihybrid 다른 두 유전자에 대해 이형접합성인 개체.

양수천자 amniocentesis 임산부로부터 양수를 채취하여 아직 태어나지 않은 아기의 핵형을 분석하는 의료적 과정.

양적 보상 dosage compensation X-염색체의 수와 관계없이 X-연관 유전자들의 발현 수준을 동일하게 하는 기작; 포유류에서의 X-염색체 불활성화는 양적 보상 기구이다.

양적 형질 quantitative trait 많은 다른 유전자 및 환경 요소에 의해 조절되는 유전 형질. 사람의 키와 같은 양적 형질과 관련된 특성을 측정하고 숫자 값으로 표시할 수 있다. 연속적 형질 참고.

양적 형질 좌위 quantitative trait locus; QTL 복합(양적) 형질들의 발현을 조절하는 유전자와 연관된 유전자나 마커.

양친형 유전 biparental inheritance 양친으로부터 세포소기관들을 전달 받는 방식으로, 단세포 효모나 일부 식물에서 관찰됨.

억제성 조절 repressible regulation 억제자가 없을 때만 전사가 일어나는 유전자 조절 방식.

억제자 repressor 일종의 전사인자로 특정 *cis*-작용 인자에 결합하여 전사를 방해한다. 억제자는 원핵생물에서는 작동자에, 진핵생물에서는 인핸서(혹은 CpG 섬)에 결합한다.

에임즈 검사 Ames test 세균에서 돌연변이를 유발하는 화학물질의 검사하는 방법

에피좀 episome F 플라스미드처럼 숙주 유전체 내로 통합이 가능한 플라스미드.

엑손 exon 한 유전자의 DNA와 그로부터 생성된 성숙한 mRNA에 모두 존재하는 서열.

엑솜 exome 엑손들에 해당되는 유전체 부분으로, 사람의 경우 엑솜은 전 유전체의 ~2% 정도이다.

역 돌연변이 reverse mutation 새로운 돌연변이체가 야생형으로 되돌아가도록 하는 돌연변이.

역위 inversion 염색체의 일부 조각이 염색체의 나머지 부분에 대해 180도 회전한 것.

역위 고리 inversion loop 역위 이형접합자성 세포에서 역위된 부분이 정상적인 상동염색체의 유사 부위와 결합하기 위해 회전이 발생할 때 형성됨.

역전사 reverse transcription 역전사 효소가 RNA 주형에 대한 상보적인 DNA 가닥을 합성하는 과정. 역전사의 산물이 cDNA 분자이다.

역전사효소 reverse transcriptase 레트로바이러스의 RNA-의존성 DNA 중합효소로, RNA 주형에 대한 상보적인 DNA 가닥을 합성한다.

역치 효과 threshold effect 야생형 소기관 DNA의 비율이 어느 이상이면 정상 표현형을 나타내기에 충분한 현상.

연결자 DNA linker DNA 한 뉴클레오솜에서 다음 뉴클레오솜까지 연결된 약 40 염기쌍 길이의 DNA.

연관 불평형 linkage disequilibrium; LD 독립된 좌위들의 특정 대립유전자(마커 대립유전자와 질병 대립유전자들 같은)가 우연적으로 기대되는 것보다 유의미하게 훨씬 높은 빈도로 연관되어 있는 것.

연관 평형 linkage equilibrium 같은 염색체의 독립된 좌위들에서 특정 대립유전자들이 서로 무작위로 쌍을 이루는 것.

연관군 linkage group 동일한 염색체에 존재하는 유전자들.

연속 형질 continuous trait 정량 형질 참고.

연합 지도작성 association mapping 분자 마커와 표현형 값 사이의 연관성 분석을 통한 QTL의 동정.

열린 번역틀 open reading frame; ORF 종결 코돈에 의해 끊이지 않는 동일 번역틀 내 코돈들이 길게 연결된 DNA 서열.

열성 상위 recessive epistasis 한 유전자의 열성 대립유전자의 효과가 다른 유전자에 있는 대립유전자의 효과를 숨기는 유전자 상호작용.

열성 치사 대립유전자 recessive lethal allele 한 유전자의 어떤 대립유전자의 이형접합자들은 생존하지만, 동형접합자들은 생존하지 못하게 되는 대립유전자.

열성 형질 recessive trait 서로 반대되는 표현형을 보이는 순계의 부모계통을 교배하여 얻은 F_1 잡종(이형접합자)에서 감춰진 채로 남는 형질; 열성 형질은 보통 두 번째 자손(F_2)세대에서는 나타난다.

염기 base 뉴클레오타이드의 구성 요소. DNA는 구아닌, 사이토신, 아데닌, 싸이민이 사용되며,RNA에서는 싸이민 대신 우라실이 사용된다.

염기 유사체 base analog 화학 구조가 DNA의 정상적인 염기들과 매우 유사하여 복제 기구가 정상 염기 대신 이들을 DNA 복제에 사용함으로써 돌연변이를 유발하는 물질들. 이것은 DNA 복제의 다음 단계에서 상보적 가닥에 염기 치환을 일으킬 수 있다.

엽록체 chloroplast 태양 에너지를 붙잡아 광합성을 통해 탄수화물의 화학 결합으로 에너지를 저장하는 식물의 세포소기관.

엽록체 DNA chloroplast DNA; cpDNA 엽록체 유전체.

염색분체 chromatid DNA 복제 직후에 존재하는 한 염색체의 두 사본 중 하나.

염색질 chromatin 세포의 핵에서 발견되는 염색체를 구성하는 DNA와 단백질 복합체.

염색질 입체구조 포착 chromatin conformation capture TAD 경계를 결정하는 방법. 염색질은 화학적으로 교차 결합된 후 DNA는 단편들로 잘린다. 서로 가까이 있는 DNA 단편은 함께 연결된 염기서열 분석을 통해 서로간의 근접성을 결정하는데, 이것은 동일한 TAD에 있음을 의미한다.

염색질-면역침강 서열결정 chromatin immunoprecipitation-sequencing; ChIP-Seq 특정 전사인자의 표적 유전자를 찾아내는 방법으로, DNA에 결합하는 단백질을 분리하기 위해 해당 전사인자에 대한 항체를 사용한다.

염색체 chromosome 핵 내에서 자가-복제를 하며 유전자를 포함한 DNA/단백질 복합체.

염색체 간섭 chromosomal interference 교차가 독립적으로 발생하지 않는 현상.

염색체 소실 chromosome loss 이수성을 유발시키는 기작으로, 특정 염색분체나 염색체가 세포 분열 중에 어느 한 쪽의 딸세포로 들어가지 못하는 것.

염색체 재배열 chromosomal rearrangement 하나 혹은 그 이상의 염색체상에서 DNA 서열의 순서가 바뀌는 것.

영 돌연변이 혹은 대립유전자 null mutation or allele 무기능 돌연변이 참고.

영양요구주 auxotroph 야생형은 요구하지 않는 영양분을 하나 이상 포함하고 있는 최소배지에서만 성장이 가능한 돌연변이 미생물.

예비-돌연변이 대립유전자 pre-mutation allele 불안정한 3염기 반복서열 유전자에서, 정상적으로 기능하는 대립유전자지만 반복이 더 확장되면 질병이 발생할 수 있는 수준의 반복 부위를 가진 대립유전자.

예정 세포사 programmed cell death; PCD 세포자살 참고.

오카자키 단편 Okazaki fragment DNA 복제 중에 생기는 약 1000 염기 길이의 작은 조각들로, 합성된 후에 연결되어 지연 가닥을 형성한다.

오페론 operon 단일 프로모터와 작동자의 조절로 폴리시스트론 mRNA로 전사되는 둘 이상의 유전자로 구성된 DNA 단위.

오페론설 operon theory 대장균에서 유전자의 발현 억제와 유도를 설명하는 이론.

온도 민감성 temperature sensitive 기능이 환경 온도에 따라 달라지는 대립유전자.

온도 민감성 돌연변이 temperature-sensitive (ts) mutation 일반적으로 낮은 온도보다 높은 온도에서 대립유전자가 덜 기능적으로 활동하는 돌연변이로 보통 과오 돌연변이들에서 관찰된다.

온순 파지 temperate bacteriophage 용균 회로 또는 용원성 회로로 들어갈 수 있는 파지.

올리고뉴클레오타이드 프라이머 oligonucleotide primer DNA나 RNA 주형과 결합되는 짧은 단일 가닥 DNA 분자로써, 3′ 말단이 DNA 중합효소나 역전사효소에 의해 신장된다.

용균 회로 lytic cycle 파지에 감염된 세포에서의 세균 주기로, 세포는 용균되고 자손 파지가 방출된다.

용균물 lysate 용균 회로의 마지막에 숙주 세포로부터 방출되는 파지 입자들의 집단.

용균반 plaque 세균 밭에서 살아 있는 세균 세포 없이 유전적으로 동일한 단일 박테리오파지의 자손들을 포함하는 투명한 영역.

용원성 세포 lysogen 프로파지를 가진 세균 세포.

용원성 회로 lysogenic cycle 박테리오파지를 세균의 숙주 유전체에 프로파지 형태로 통합시키는 것으로, 세포에 즉각적인 해를 끼치지 않는다.

우성 계열 dominance series 가장 우성인 형태부터 가장 열성인 것까지의 순서로, 모든 가능한 대립유전자들의 쌍들이 나타내는 우열 관계.

우성 상위 dominant epistasis 한 유전자의 우성 대립유전자의 효과가 다른 유전자의 대립유전자의 효과를 숨기는 현상.

우성-음성 돌연변이 혹은 대립유전자 dominant−negative mutation or allele 기능억제 돌연변이 참고.

우성 형질 dominant trait 서로 대립되는 표현형을 가진 순계의 부모가 교배하여, 그로부터 얻은 F_1 잡종(이형접합체)이 나타내는 형질.

운반 RNA transfer RNA; tRNA 리보솜에서 mRNA의 코돈과 상보적인 염기쌍을 통해 신장 중인 폴리펩타이드 사슬의 정확한 위치에 특정 아미노산을 위치시키는 작은 RNA 어댑터 분자.

운전자 돌연변이 driver mutation 암 표현형에 기여하는 암성 세포의 DNA 변형.

워블 wobble 안티코돈의 5′-방향의 끝 염기가 코돈의 3′ 방향의 끝 염기에 대해 두 가지 이상의 염기와 쌍을 이루는 능력.

원영양체 prototroph 최소배지에서 자랄 수 있는 미생물(보통 야생형).

원종양 유전자 proto-oncogene 세포를 암으로 만드는 대립유전자인 종양유전자로 돌연변이가 일어날 수 있는 유전자.

원핵생물 prokaryote DNA가 핵 안에 들어 있지 않은 박테리아와 같은 단세포 생물.

위상염색체 영역 pseudoautosomal region; PAR X와 Y 염색체 양 말단의 상동성 영역. 인간의 두 PAR는 합쳐서 약 30개의 유전자를 포함한다.

위상적 상호작용 도메인 topologically associating domain; TAD 절연자에 결합된 단백질 간의 상호작용을 통해 형성된 동적인 DNA 루프. 인핸서와 프로모터는 동일한 TAD 내에 있는 경우에만 상호작용할 수 있다.

위연관 pseudolinkage 상호전좌에 대한 이형접합자의 특징으로, 전좌 절단점 근처에 위치하는 유전자들은 본래 비상동염색체들에서 기원했음에도 불구하고 연관되어 있는 것처럼 행동한다.

위유전자 pseudogene 비기능성 유전자. 중복과 확산의 결과로 원래의 기능적 유전자 복사본 하나에 돌연변이가 일어나 더 이상 기능을 못하게 된 것.

위치 클로닝 positional cloning 연구자들이 어떤 유전자 클론을 얻기 위해 연관 분석을 이용하는 과정.

위치-특이적 재조합 site-specific recombination 짧은 두 특수한 DNA 서열 사이에서 일어나는 교차로서, 재조합 효소로 불리는 특이한 효소의 작용으로 일어난다.

위치-효과 얼룩 position-effect variegation 한 유전자의 다양한 발현 현상으로, 고도로 응축된 이질염색질 근처에 유전자가 위치할 때 일어난다.

유도 induction 어떤 신호에 의해 한 유전자나 한 세트의 유전자들의 발현이 유도되는 과정.

유도성 조절 inducible regulation 유도자가 존재할 때만 전사가 활성화되는 유전자 발현의 조절.

유도자 inducer 한 유전자나 일련의 유전자들의 전사를 촉진하는 작은 분자.

유사분열 mitosis 유전적으로 부모와 동일한 두 딸세포를 만드는 세포 분열 과정.

유사분열 방추사 mitotic spindle 세 가지 형태의 미세소관(방추사부착 미세소관, 방추사극 미세소관, 성상체 미세소관)으로 구성된 구조. 유사분열 방추사는 세포 분열 중에 염색체들의 이동을 위한 틀을 제공한다.

유사분열 비분리 mitotic nondisjunction 유사분열 후기 중에 두 개의 자매염색분체들이 나뉘지 못한 현상으로, 3염색체성과 1염색체성 딸세포를 생산하게 된다.

유사분열 촉진원 mitogen 세포 증식을 촉진하는 성장인자.

유익한 돌연변이 beneficial mutation 개체나 집단에 선택적 이익을 제공하는 희귀 돌연변이.

유전 분산 genetic variance; VG 한 집단에서 표현형 값의 평균으로부터 유전적 요소 때문에 생긴 값의 차이.

유전력 heritability 총 표현형 분산에 대한 유전 분산의 비율

유전암호 genetic code mRNA를 따라 연속적인 3글자로 구성된 뉴클레오타이드의 서열로, 단백질 합성에서 아미노산들의 순서를 결정한다.

유전의 염색체설 chromosome theory of inheritance 염색체에 유전자가 존재한다는 설.

유전자 gene 특정 RNA 또는 폴리펩타이드를 암호화하는 기능적 단위로 염색체 상에서 서로 떨어져 위치하는 DNA의 특정 부분.

유전자 발현 gene expression 어떤 유전자의 정보가 RNA로 바뀌었다가(단백질 암호화 유전자에서는) 폴리펩타이드로 전환되는 과정.

유전자 변환 gene conversion 어떤 이형접합자의 재조합 과정 중에 이형 이중체 형성과 미스매치 수선의 결과로 한 대립유전자의 염기 서열이 다른 대립유전자의 것으로 바뀌는 현상.

유전자 사막 gene desert 유전체에서 유전자가 드물게 존재하는 부위.

유전자 은행 GenBank 주석이 달린 DNA 서열들의 NIH 데이터베이스 (https://www.ncbi.nlm.nih.gov/genbank/).

유전자 증폭 gene amplification 정상적인 두 개의 유전자 사본이 수백 개로 증가하는 현상으로, 종종 G1−S 검문점이 손상되는 p53 돌연변이에 기인한다.

유전자 충격 형질전환 biolistic transformation 형질전환 엽록체를 제조하기 위해 유전자 총을 사용하는 것.

유전자 치료 gene therapy 질병을 치료하기 위한 유전체의 조작.

유전자 편집 gene editing ES 세포를 사용하지 않고도 녹아웃 및 녹인 동물을 생성할 수 있는 CRISPR/Cas9를 비롯한 다양한 기술

유전자 표적화 gene targeting 상동 재조합에 기초하여 유전체에 DNA를 삽입하는 방법으로, 해당 DNA는 서열의 유사성에 의해 유전체의 특정 표적 위치로 삽입된다.

유전자 풀 gene pool 한 집단의 모든 구성원이 가지는 모든 대립유전자들의 총 합.

유전자내 억제 intragenic suppression 한 돌연변이가 동일한 유전자 내의 다른 돌연변이 효과를 상쇄시킴으로써 유전자 기능이 회복되는 것.

유전자량 gene dosage 세포의 핵에 존재하는 특정 유전자의 배수.

유전자족 gene family 조금씩 다른 기능을 가지는 밀접하게 연관되어 있는 유전자들의 세트로, 연속적인 유전자 중복 사건에 의해 생겨난다.

유전자형 genotype 한 개체가 가지는 어떤 유전자의 대립유전자 조합.

유전자형 계급 genotypic class 특정 표현형과 관련된 유전자형들의 세트. 완전 우성이 관여된 양성 잡종이나 다중 잡종 교배에서 자손들을 설명할

때 유용하다. 예를 들어, Aa Bb 개체들 사이의 교배에서 $A^- B^-$, $A^- bb$, $aa B^-$, 및 aa bb 등이 유전자형 계급이다.

유전자형 교차비 genotypic odds ratio 질병과 연관된 특정 SNP 대립유전자의 이형접합성이나 동형접합성에 의해 부여되는 질병 위험성의 평균적 증가.

유전자형 빈도 genotype frequency 집단에서 특정 유전자형을 갖는 개체들의 비율.

유전적 검색 genetic screen 연구자들이 많은 수의 생물을 조사하여 관심 돌연변이 표현형을 가진 희귀 개체를 식별하는 과정.

유전적 마커 genetic marker 표현형 변이를 통해 식별 가능한 유전적 좌위들로, 특정 자손이 재조합의 결과로 얻어진 것인지를 결정하는 데 있어 기준점으로 작용할 수 있다.

유전적 모자이크 genetic mosaic 유전자형이 조직에 따라 다른 부위를 포함한 생물.

유전적 배경 genetic background 한 생물의 유전체에 존재하는 유전자들의 모든 대립유전자; 어떤 표현형의 특징을 제어하는 것으로 알려진 유전자의 작용에 영향을 주는 알려지지 않은 변경 유전자의 세트.

유전적 부동 genetic drift 자연 선택에 반하여 대립유전자의 빈도가 무작위적 선택에 의해 예측할 수 없게 변하는 파동.

유전적 선택 genetic selection 원하는 돌연변이체만 선택될 수 있는 조건을 확립하는 과정.

유전적 연관 genetic linkage 유전자의 특정 대립유전자들이 수직 또는 수평 유전자 전달 동안 함께 전달되는 경향이 있는 현상

유전적 조상 genetic ancestor 한 개체에게 유전체의 DNA 단편(혹은 대립유전자)을 물려준 생물학적 조상.

유전적 친척성 genetic relatedness 개체 간의 모든 유전자들에 대해 공통 조상으로부터 물려받아 공유된 공통 대립유전자를 서로 얼마나 갖는지에 대한 평균 분율.

유전적 침투 introgression 한 종의 작은 유전체 부분이 다른 종에 존재하는 것.

유전체 genome 특정 세포나 생물이 가지는 유전정보의 총합.

유전체 각인 genomic imprinting 어떤 유전자의 발현이 그 유전자를 전달한 부모에 따라 달라지는 현상으로, 성-특이적 DNA 메틸화에 기인한다.

유전체 당량 genomic equivalent 어떤 유전체에 있는 모든 서열의 단일 복사본을 특정 크기로 운반하는 데 필요한 DNA 클론의 수.

유전체 라이브러리 genomic library 특정 생물의 유전체에 존재하는 모든 DNA 서열의 조각을 가지는 DNA 클론들의 집합.

유전체 불안정성 genomic instability 암세포들에서 비정상적 핵형을 만드는 점 돌연변이 및 염색체 재배열의 축적.

유전체 섬 genomic island 하나의 세균 종에서 다른 종으로 전달된 큰 DNA 단편.

유전체학 genomics 전 유전체에 대한 연구.

융합 단백질 fusion protein 둘 이상의 유전자에서 유래한 열린 번역틀에 의해 암호화된 단백질.

융합 염색체 fused chromosome 다른 염색체들의 부분들로 구성된 염색체.

융합 유전자 fusion gene 둘 이상의 서로 다른 유전자들에서 기원한 부분들로 구성된 유전자.

응축 condensation 개별 염색체들의 관찰이 가능하게 하는 세포내 염색질의 응축 과정.

이동기 diakinesis 염색체들에서 각 4분체가 독립적인 염색분체들로 구성되는 지점까지 응축이 일어나는 전기 I의 하위 단계; 이 시기의 후반에는 핵막이 파괴되고, 방추사 기구의 미세소관들이 생성되기 시작한다.

이란성 쌍둥이 dizygotic (DZ) twins 하나의 자궁에서 동시에 자란 쌍둥이로서, 서로 다른 접합자에서 유래된 두 배아로부터 발생.

이배체 diploid 2개의 염색체 세트를 가지는 세포로, 2n으로 표시한다.

이소성 발현 ectopic expression 유전자가 정상적으로 발현되어야 할 세포나 조직을 벗어나 다른 장소에서 발현되는 것.

이수성 aneuploidy 세포 또는 개체가 여분의 또는 결손된 염색체를 갖고 있는 상태.

이수체 aneuploid 염색체 세트 반수체 를 구성되는 염색체 수가 완전하지 않는 세포나 생물체의 상태.

이주 migration 집단 간 개체들의 이동.

이중 돌연변이체 double mutants 유전체에 두 개의 서로 다른 유전자에서 각각 돌연변이를 가진 생물체.

이중 미세염색체 double minutes 유전자 증폭에 의해 생겨난 동원체와 말단소립이 없는 작은 염색체— 유사체.

이중가슴 복합체 bithorax complex; BX-C 초파리에서 복부와 뒤쪽 가슴 부체절의 정체성을 조절하는 호메오 유전자의 클러스터.

이중동원체성 염색분체 dicentric chromatid 두 개의 동원체를 가진 염색분체.

이질염색질 heterochromatin 고도로 응축된 염색체 부위로서, 이 부위의 유전자들은 보통 전사적으로 불활성 상태에 있다.

이질유전자성 형질 heterogeneous trait 여러 다른 유전자 중 어느 하나의 돌연변이로 인해 나타난 특징.

이형배우자 성 heterogametic sex 어떤 종에서 서로 다른 두 개의 성 염색체를 가진 성으로, 사람의 남성은 X와 Y 염색체를 가지므로 이형 배우자 성이다.

이형세포질성 heteroplasmic 다른 유전자형을 가진 세포소기관 유전체들의 혼합의 특징을 가지는 세포소기관의 유전체 구성.

이형이량체 heterodimer 다른 두 가지 폴리펩타이드로 구성된 단백질 복합체.

이형이중체 heteroduplex 비슷하지만 동일하지 않은 서열로 조합된 이중 가닥 DNA 부분으로, 이런 형태는 교차 과정의 중간 형태로 종종 나타난다.

이형접합성 상실 loss-of-heterozygosity 종양 억제 유전자 돌연변이에 대해 원래 이형접합자였던 세포를 동형접합자로 유도할 수 있는 여러 드문 사건 중 하나의 현상.

이형접합자 heterozygote 주어진 유전자나 좌위에 서로 다른 두 대립유전자를 가진 개체.

이형접합자 우세 heterozygote advantage 이형접합자가 두 동형접합자보다 더 높은 적응도를 가지는 현상.

이화 경로 catabolic pathway 복잡한 분자들이 분해되는 대사 경로.

이화물 억제 catabolite repression lac 오페론처럼 당을 대사하는 오페론들의 전사가 포도당이나 기타 선호되는 이화물질이 존재할 때 억제되는 현상.

인 nucleolus 광학현미경으로 관찰했을 때 진핵세포의 간기 핵에서 커다란 구형 소기관으로 관찰되며, 리보솜을 만드는 장소.

인간 내재 레트로바이러스 human endogenous retroviruse; HERV 인간 유전체에서 구조적으로 레트로바이러스를 닮은 내재적 레트로트랜스포존.

인간 마이크로바이옴 프로젝트 Human Microbiome Project 인간과 공생하는 모든 미생물종들을 찾아내고, 이 미생물 집단들에서의 차이와 인간의 표현형적 차이 또는 질병 상태를 연결시키려는 시도.

인간의 온라인 멘델 유전 데이터베이스 Online Mendelian Inheritance in Man; OMIM 인터넷 www.omim.org 으로 제공되는 인간 유전자와 그들이 관여하는 형질에 대한 데이터베이스로, 알려진 유전자 변이와 이러한 변이가 유발하는 질병이나 기타 형질을 포함한다.

인공 염색체 artificial chromosomes 숙주 세포에 도입되었을 때 복제 및 분리 요소와 결합하여 정상 염색체처럼 행동하는 재조합 DNA 분자.

인간 유전체 프로젝트 Human Genome Project 인간의 유전체에 대해 완전한 서열을 결정하고 그 정보를 분석하려는 시도.

인공 형질전환 artificial transformation 한 세균 균주로부터 다른 균주로 유전자들을 옮기는 방법으로 세포벽을 약하게 하여 DNA가 막을 통과할 수

있도록 하는 실험 방법 사용.

인산디에스테르 결합 phosphodiester bond DNA의 골격을 만드는 뉴클레오타이드 사이의 공유결합.

인위 선택 artificial selection 다음 세대를 위한 부모를 선택하여 교배시키는 의도적인 제어.

인접-1형 분리형 adjacent-1 segregation pattern 감수분열 I기 중 상동염색체들의 정상적으로 나뉜 결과 생기는 분리의 2가지 패턴 중 하나이다. 상동염색체들이 나뉘므로 전좌 염색체와 정상 염색체가 각기 다른 극으로 이동한다.

인접-2형 분리형 adjacent−2 segregation pattern 감수분열 I기 중에 비분리가 발생하여 상동염색체들이 같은 극으로 이동하게 되는 분리 형태.

인트론 intron 1차 전사체로부터 잘려 나가 성숙한 mRNA에서는 관찰되지 않는 유전자 내 DNA 염기 서열.

인핸서 enhancer 주변 프로모터들로부터 전사를 조절할 수 있는 cis 작용 요소들. 인핸서는 전사인자가 결합하는 자리를 제공함으로써 기능을 발휘하며, 전사의 시공간적 특이성을 갖게 한다.

일란성 쌍둥이 monozygotic (MZ) twin 단일 접합자로부터 생긴 하나의 배아가 두 개의 독립된 배아로 나뉨으로써 생기는 유전적으로 동일한 쌍둥이.

일반 형질도입 generalized transduction 박테리오파지에 의해 유전자가 전달되는 형질도입의 한 유형으로, 서로 관련된 세균 간에 유전자의 전달이 일어난다.

일배체 monoploid 반수체 참고.

일치 계수 coefficient of coincidence 실험에서 관찰된 이중 교차의 빈도와 독립적 확률에 근거하여 예상되는 이중 교차의 빈도 사이의 비율.

일치 확률 match probability STR과 같은 특정 분자 마커들의 세트에 대해, 서로 다른 두 사람이 동일한 유전자형을 가질 확률.

일치도 concordance 서로 다른 개인들 사이에서 표현형 값이 일치하는 정도를 설명하는 것.

ㅈ

자가 수정 self-fertilization, selfing 동일 식물이나 동물로부터 나온 정자와 난자의 수정

자가다배체 autopolyploid 자신의 모든 염색체 세트를 같은 종으로부터 물려받은 배수체.

자가분비형 자극 autocrine stimulation 여러 암세포들에서 분열하기 위한 신호를 생산하고 그 신호에 대해 스스로 반응하는 과정.

자낭 ascus 일부 곰팡이에서 감수분열로 얻어진 4개의 반수체를 포함하는 주머니형 구조물.

자낭포자 ascospore 일부 곰팡이에서 감수분열로 생기는 반수체 세포들. 반수체 포자로도 알려짐.

자리 이동 transposition 전이 요소가 유전체의 한 곳에서 다른 곳으로 이동하는 것.

자매염색분체 sister chromatid DNA 복제 후에 존재하는 한 염색체의 동일한 두 복사본들로 코헤신 단백질 복합체에 의해 서로 붙어 있다.

자손 1세대 first filial (F_1) generation 계획된 일련의 교배에서 부모 세대의 자손.

자손 2세대 second filial (F_2) generation 일련의 계획된 교배 실험에서 F_1 세대의 자가 수정이나 계통 간 교배에 의해 얻어진 자손.

자연선택 natural selection 자연에서 적응도가 낮은 개체들이 점진적으로 사라지고, 적응도가 높은 개체들이 선택되어 생존함으로써 다음 세대의 부모가 되는 과정.

자연 형질전환 natural transformation 소수의 세균 종에서 주변 환경의 DNA를 스스로 받아들임으로써 한 균주가 가진 유전자가 다른 균주로 전달되는 과정.

자유도 degree of freedom; df 한 데이터 세트에서 독립적으로 변하는 매개변수의 수.

자율성 인자 autonomous element 스스로 유전체의 다른 곳으로 이동이 가능한 완전한 형태의 전이 요소.

작동자 자리 operator site 억제자 단백질이 인식할 수 있는 프로모터 근처의 짧은 DNA 서열로, 억제자가 작동자에 결합하면 그 유전자의 전사가 억제된다.

작용 초점 focus of action 동물이 정상적으로 발생하고 기능하기 위해서 관심 유전자가 반드시 활성을 나타내야 하는 세포.

작은 간섭 RNA small interfering RNA; siRNA 이중 가닥 RNA의 가공으로 생성되는 21~24 bp 길이의 짧은 RNA로, 상보적 염기쌍 형성을 통해 특정 RNA 표적을 파괴한다. RNA 간섭으로 불리는 이 과정에서 siRNA는 RISC 복합체를 mRNA 표적으로 안내한다. siRNA들은 또한 특정 DNA 영역들의 이질염색질화를 일으킨다.

잡종 hybrid 유전적으로 비슷하지 않은 부모들로부터 생긴 자손; 보통 이형접합자의 동의어로 사용된다.

잡종 생식 장애 hybrid dysgenesis 유전체에 특정 전이 요소가 결핍된 암컷이 그 요소를 가진 수컷과 교배할 때 관찰되는 잡종 자손의 불임.

장벽 요소 barrier elements 이질염색질의 확장을 막는 DNA 요소.

재배열 절단점 rearrangement breakpoint 재배열에 의해 생기는 염색체 내 DNA 서열들의 비정상적 배열로, 재배열된 염색체 단편들이 시작과 끝 지점의 정확한 염기쌍을 의미한다.

재조합 recombination 부모의 어느 쪽과도 다른 대립유전자조합의 자손이 생기는 과정으로 새로운 대립유전자 조합의 생성. 고등 생물에서는 독립분리나 교차에 의해 형성된다.

재조합 DNA recombinant DNA 서로 다른 기원의 DNA들이 재조합 DNA 기술에 의해 서로 연결된 것.

재조합 마디 recombination nodule 전기 I의 태사기에 나타나는 구조로, 비자매 염색분체들 사이에서 부분적 교환은 재조합 마디에서 일어난다.

재조합 빈도 recombination frequency; RF 재조합형 자손의 비율. 한 염색체 상에 존재하는 두 유전자들의 물리적 거리를 표시하는 데 사용될 수 있다.

재조합 클래스 recombinant class 부모세대에 존재하지 않던 것으로, 대립유전자들이 서로 뒤섞여 생긴 새로운 대립유전자들의 조합.

재조합 효소 recombinase 부위-특이적 재조합을 수행하는 효소.

재조합 다발점 recombination hotspot 재조합 빈도가 평균을 훨씬 넘어서는 짧은 DNA 부위.

재조합체 recombinant (1) 서로 다른 상동염색체에서 유래된 대립유전자들이 혼합된 염색체. (2) 같은 부모로부터 유전되지 않은 대립유전자의 조합을 가진 배우자. (3) 재조합 플라스미드.

재조합형 recombinant type 배우자 형성 중에 생긴 새로운 대립유전자 조합으로 발현된 표현형.

저기능성 돌연변이 혹은 대립유전자 hypomorphic mutation or allele 야생형 대립유전자보다 더 적은 단백질을 생산하거나, 활성이 약한 단백질을 생산하는 돌연변이 대립유전자.

적응 비용 fitness cost 해로운 대립유전자의 효과로써, 선택으로부터 제외된다.

적응도 fitness 어떤 좌위의 한 유전자형이 같은 좌위의 다른 유전자형과 비교하여 집단 구성원이 생식할 때 제공되는 상대적 이익이나 불이익.

전장유전체 샷건 서열결정 whole-genome shotgun sequencing 무작위로 중첩되는 유전체 DNA 단편의 서열 결정 후 전체 유전체 서열이 완성될 때까

지 각 서열을 컴퓨터에 의해 조립하는 방법의 전체유전체 서열을 결정하는 전략.

전 유전체 연관성 연구 genome-wide association study; GWAS 특정 표현형과 연관된 SNP 대립유전자를 찾기 위해 집단의 많은 개체들로부터 전 유전체를 분석하는 일. 분리된 SNP 좌위들은 해당 형질에 대한 QTL과 연관된다.

전기 prophase 불명확한 염색질 덩어리로부터 각 염색체가 출현하는 것이 특징인 세포주기의 한 단계로, 유사분열의 시작점이 된다.

전기 I prophase I 여러 하위 단계들로 구성된 감수분열의 가장 길고 복잡한 시기.

전기 II prophase II 제 2 감수분열의 첫 단계로, 만약 염색체들이 분열간기 중에 탈응축되었다면 재응축이 발생한다. 전기 II의 후반에는 핵막이 소실되고 방추사 기구가 재형성된다.

전기영동 electrophoresis 겔 전기영동 참고.

전달 기점 origin of transfer 세균의 접합과정 중에, 공여세포에서 수용세포로 DNA의 복제성 전달이 시작되는 F 플라스미드의 지점.

전분화능 totipotent 초기 배발생 단계에서의 세포 상태를 설명하는 말로, 세포들은 아직 분화되지 않았으며, 발생중인 배아나 성체에서 발견되는 모든 형태의 세포들로 분화될 수 있는 상태로 존재한다.

전사 transcription DNA에 암호화된 정보가 RNA로 암호화된 등가성 정보로 변환되는 것.

전사 버블 transcription bubble RNA 중합효소에 의해 DNA가 풀린 영역.

전사인자 transcription factor *cis*-조절 요소에 DNA 서열-특이적으로 결합함으로써 특정 유전자의 전사 시기나 위치, 그리고 그 수준을 조절하는 단백질. 기능적 분류로 활성자와 억제자가 있다.

전사감쇄 attenuation 완전한 mRNA 전사가 이루어지기 전에 RNA 선도 서열에서 유전자의 전사가 종결되는 유전자 조절 방식: RNA 선도 서열의 줄기 고리와 번역 기구 간의 상호 작용이 포함됨.

전사감쇄자 attenuator 번역 기구와의 상호 작용에 의존하여 선택적 줄기 루프 구조를 형성하는 박테리아 유전자 RNA 선도 서열의 일부. 한 줄기 고리 구조(종결자)는 전사를 종료시키며, 다른 줄기 고리(항종결자)는 전사를 계속하게 한다.

전사체 transcript 전사의 결과로 얻어진 RNA 분자.

전사체/트랜스크립톰 transcriptome 단일 세포나 한 형태의 세포, 혹은 생물에서 발현되는 mRNA들의 집단.

전이 metastasis 혈류를 통해 암세포들이 이동하여 멀리 떨어진 조직에 자리를 잡는 것.

전이 요소 transposable element; TE 전이 기작에 관계없이 유전체에서 이동하는 모든 DNA 단편들.

전이 효소 transposase 트랜스포존에 의해 암호화되는 단백질로서, 트랜스포존의 역반복 서열에 결합하여 이동 촉매.

전장-엑솜 서열결정 whole-exome sequencing 전체 엑손에 해당하는 유전체 DNA에 대해 염기 서열의 결정.

전좌 translocation 염색체 일부가 다른 염색체로 이동할 때 생기는 재배열.

전중기 prometaphase 유사분열과 감수분열에서 핵막 소실 직후의 단계로, 염색체들이 방추사 기구에 연결되어 중기판을 향해 이동하기 시작하는 시기이다.

전핵 pronucleus 포유동물에서 수정 후에 같은 세포질 내에 존재하는 정자와 난자의 핵.

전핵 주입 pronuclear injection 수정 후에 전핵에 DNA를 주입하는 방식으로 형질전환 포유동물을 만드는 방법.

전향 유전학 forward mutation 어떤 유전자의 야생형 대립유전자를 다른 대립유전자로 바꾸는 돌연변이.

절단 선택 truncation selection 식물 육종가들이 사용하는 일종의 인위 선택으로, 특정 경계 값 이상이나 이하의 표현형 값을 갖는 개체들만을 선발하여 다음 세대를 생산하도록 한다.

절연자 insulator 진핵생물의 전사 조절 요소로, 한쪽의 인핸서와 다른 쪽의 프로모터의 상호작용을 중지시킨다. 절연자는 TAD라는 DNA 루프를 형성한다.

절제 resection 상동재조합 동안 이중 가닥 절단 부위에서 외부핵산분해효소에 의해 단일 가닥 5′ 말단이 생성되는 과정.

점 돌연변이 point mutation 단일 염기쌍 혹은 소수 염기쌍에서의 돌연변이. 혹은 작은 결실이나 삽입.

점착성 말단 sticky end 이중 나선 DNA의 두 가닥에서 약간 다른 자리의 인산디에스테르 결합을 절단하는 제한 효소의 작용 결과 생긴다. 이렇게 생긴 이중 가닥 DNA들은 보통 양 말단에 1~4 염기 길이의 튀어 나온 단일 가닥 말단을 갖는다.

접촉 저해 contact inhibition 세포 배양에서 세포의 성장이 단일 층으로만 이루어지도록 제한하는 세포와 세포 간 신호전달 기작.

접합 복합체 synaptonemal complex 제 1 감수분열 전기 중에 상동염색체의 배열을 돕는 구조.

접합 conjugation 세균이 유전자를 다른 균주로 넘겨주는 한 방법으로, 공여세포는 특수한 형태의 플라스미드를 가지고 있어서 수용자 세포와 접촉할 때 DNA를 직접 전달할 수 있다.

접합기 zygotene 전기 I 의 하위 단계로서, 상동염색체들이 서로 접합하여 나란히 묶인다.

접합성 플라스미드 conjugative plasmid 공여자가 수용자에게 유전자를 전달할 수 있도록 하는 유전자를 가지기 때문에 접합을 시작할 수 있게 하는 플라스미드.

접합수용체 exconjugant 특수한 플라스미드를 가진 공여자로부터 접합을 통해 유전자를 전달받은 수용자.

접합자 zygote 유성생식 과정 중에 반수체인 정자와 난자의 수정에 의해 생성된 이배체 세포.

접합자 체절형성 유전자 zygotic segmentation gene 초파리에서, 접합자의 유전체에서 전사되어 세포분열을 통해 일련의 동일한 체절들을 만들도록 하는 유전자 집단. 간극 유전자, 쌍지배 유전자 및 체절 극성 유전자들이 있다.

정규 분포 normal distribution 좌우 편향 없이 중앙 평균 주위로 분포하는 데이터 세트로, 종 모양 곡선 그래프를 보인다. 양적 형질의 표현형 값은 종종 정규 분포를 따르는데, x축은 형질 값이고 y축은 집단에서 해당 형질 값을 가진 개체 수이다.

정렬 4분체 ordered tetrad 붉은빵곰팡이 같은 균류에서 자낭 내의 자낭포자들의 순서가 감수분열 상황을 반영한 4분체.

정세포 spermatid 감수분열 마지막 단계에서 생산된 반수체 세포로, 성숙하여 정자가 된다.

정원세포 spermatogonia 정소의 2배체 생식 계통 세포

정자 sperm 감수분열을 통해 생산된 반수체의 수컷 배우자.

정자형성 spermatogenesis 정자의 생산 과정.

정족수 감지 quorum sensing 세균들이 그들의 집단 밀도를 감지할 수 있도록 하는 통신 체계.

제1감수분열 division II of meiosis 모세포의 핵이 두 개의 반수체 딸핵으로 나뉘는 것; 제 1감수분열 중에는 이미 복제된 상동염색체들이 서로 다른 딸세포로 나뉘어 들어간다.

제2감수분열 division II of meiosis 제1감수분열로 인한 두 개의 딸핵이 각각 분열하여 두 개의 핵을 생성할 때, 각 상동체의 염색분체는 서로 다른 딸세포로 분리된다.

제2분열 분리형 second-division segregation pattern 자낭포자들의 배열에서 한 유전자의 두 대립유전자들이 두 번째 감수분열에서 서로 분리되었음을 나타내는 방식으로 배열된 균류의 4분체.

제한 단편 restriction fragment 제한효소의 작용에 의해 생긴 DNA 조각.

제한 조건 restrictive condition 조건 치사 대립유전자를 가진 개체의 생존을 방해하는 환경조건.

제한효소 restriction enzyme 특정한 짧은 염기 서열을 인식하고 해당 부위에서 DNA를 절단하는 세균 단백질.

조건 녹아웃 생쥐 conditional knockout mice 조건적으로 발현되도록 조작된 floxed 유전자를 가진 형질전환 생쥐로, 이 유전자는 부분적 결실로 특정 조직에서만 비기능성이 될 수 있다.

조건 치사 conditional lethal 특정 조건하에서만 치사성인 대립유전자.

조상형 대립유전자 ancestral allele 두 생물 종의 마지막 공동 조상으로부터 전달된 대립유전자.

종 species 교배가 가능하고 다른 그룹과 생식적으로 격리된 동일 종의 개체 그룹으로, 별도의 유전자 풀을 구성.

종 참조 서열 species reference sequence 한 종의 유전체에 대한 하나의 완전하고 주석이 달린 버전.

종간 상동 유전자 orthologous gene 서로 다른 종에서 서열이 비슷한 유전자들로, 두 종의 공통 조상에 존재했던 동일 유전자로부터 기원한 것이다.

종결 termination 폴리펩타이드의 합성이 멈추는 번역 단계.

종결 코돈 stop codon 아미노산을 암호화하지 않는 대신 전사의 종결 신호를 나타내는 3염기 코돈: UAA, UGA, UAG.

종결자 terminator RNA 중합효소가 전사를 멈추게 하는 RNA 전사체의 서열로, 보통 RNA 선도 서열의 스템 루프 구조가 해당된다.

종내 상동 유전자 paralogous gene 한 종 내에서 중복에 의해 생긴 유전자들로, 보통 같은 염색체에 위치한다. 종내 상동 유전자들은 종종 유전자족을 구성한다.

종성 형질 sex-influenced trait 양쪽 성에서 모두 나타나지만, 호르몬 차이로 인해 각 성에서 다르게 발현되는 형질.

종양 억제 유전자 tumor suppressor gene 해당 유전자들의 기능-상실 돌연변이는 종양을 일으킨다.

종양 진행 tumor progression 시간이 지날수록 암화된 종양 세포이 빠르게 자라 침투성이 강해지는 현상.

좌위 locus 염색체상의 표시된 위치로, 때로는 유전자를 의미한다.

좌위 조절 영역 locus control region; LCR 글로빈 복합체와 같은 유전자 복합체에서 개별 유전자들의 전사를 조절하는 *cis*-작용 조절 요소(인핸서의 모음).

좌위 이질성 locus heterogeneity 둘 이상의 유전자들에서의 돌연변이가 동일한 돌연변이 표현형을 나타내는 형질의 설명.

주석달기 annotation DNA 서열 내에서 유전자의 위치와 기능을 결정하기 위한 유전체 분석.

주형 template DNA나 RNA 중합효소 및 역전사 효소가 DNA나 RNA의 새로운 상보적 가닥을 만들 때 모델로 사용하는 DNA나 RNA 가닥.

주형 가닥 template strand RNA-유사 DNA 가닥과 전사체에 대해 상보적인 DNA 가닥으로, 전사를 위한 주형으로 사용되는 DNA 가닥이다.

주홈 major groove DNA 이중 나선 모형을 공간 충전 형태로 나타낼 때, 두 골격 가닥의 수직 배치에 의해 생기는 두 홈 구조 중 더 넓은 것.

준동형유전 계통 nearly isogenic line; NIL 유전체 일부를 제외하면 유전적으로 거의 동일한 계통으로 동유전성 계통으로도 불림.

줄기 고리 stem loop 머리핀 고리 참고.

중기 metaphase 유사분열과 감수분열에서 염색체들이 세포의 적도판에 배열하는 시기.

중기 I metaphase I 제1감수분열의 한 단계로, 상동염색체들의 방추사부착점이 양쪽의 방추사 극으로부터 나온 미세소관에 붙어 2가 염색체들을 방추사 기구의 적도판에 위치시킨다.

중기 II metaphase II 2 감수분열의 두 번째 단계로, 자매 염색분체들의 방추사부착점들이 양쪽의 방추사 기구에서 뻗어 나온 미세소관들과 부착하는 시기.

중기판 metaphase plate 중기 동안 염색체들이 이동에 대해 설정한 가상의 적도면.

중립 돌연변이 혹은 대립유전자 neutral mutation or allele 원래의 대립유전자와 비교하여 선택적 이익이나 불이익을 제공하지 않는 대립유전자.

중복 duplication 특정 염색체 부위의 사본 수가 증가된 염색체 재배열.

중복과 발산 duplication and divergence 유전자 족이 만들어지는 과정. 유전자 중복이 일어난 후 두 유전자 사본 중 하나에서 돌연변이가 축적되어 새로운 기능을 획득할 수 있다.

중부동원체성 염색체 metacentric chromosome 동원체가 가운데 혹은 거의 가운데 존재하는 염색체.

중심 히스톤 core histone 뉴클레오솜의 핵심을 구성하는 단백질들: H2A, H2B, H3, H4.

중심립 centriole 미세소관들의 형성을 돕는 짧은 원통형 구조물로, 두 개의 중심립은 중심체의 중앙에 서로 직각으로 놓여 있다. 각 중심체는 유사분열 방추사의 한 극으로 작용한다.

중심체 centrosome 방추사 기구의 각 극에 있는 미세소관 형성 센터.

중합 polymerization 단위체의 연결을 통해 다중체 사슬을 만드는 과정.

중합효소 연쇄반응 polymerase chain reaction; PCR 양 말단의 짧은 서열이 알려진 경우 시험관 내에서 DNA을 빠르게 복제하는 방법으로, 이전 복제 라운드의 산물에 대한 반복적인 DNA 합성을 기반으로 한다.

증후군 syndrome 하나의 원인에 의해 함께 나타나는 여러 증상의 그룹.

지도 단위 map unit; m.u. 재조합 빈도의 측정 단위. 1 m.u.는 한 세대 동안 교차로 인해 첫 번째 좌위의 마커가 두 번째 좌위의 마커와 분리될 확률이 1%임을 나타낸다. 센티모건(cM)과 동의어.

직렬 중복 tandem duplication 동일 또는 반대 방향으로 서로 인접해 있는 어떤 염색체 영역의 반복.

지연 가닥 lagging strand 복제 과정에서 선도 가닥과 반대로 놓여 있는 DNA 가닥. 지연 가닥은 오카자키 단편으로 불리는 작은 조각들이 하나로 연결되므로 불연속적으로 합성된다.

직접 QTL 지도작성 direct QTL mapping 계획적 교배를 통해 양적 형질 좌위의 분리.

진정배수성 euploidy 완전한 세트의 염색체를 가진 세포나 개체의 상태.

진정염색질 euchromatin 느슨하게 응축된 염색체 영역으로 이 부위의 유전자들은 전사가 활발히 일어난다.

진핵생물 eukaryote DNA를 포함한 핵을 가진 단 세포 혹은 다세포 생물체.

진핵생물 유전자 조절 eukaryotic gene regulation 진핵생물 세포에서 유전자 발현이 조절되는 것.

질병 유전자 disease gene 돌연변이 대립유전자가 사람의 유전병을 일으키는 유전자.

집단 population 동일한 시간과 장소에 거주하며, 서로 교배가 일어나는 동일 종의 개체들 그룹.

집단 병목 population bottleneck 집단 내의 다수 개체들이 죽을 때 발생한다. 종종 환경적 교란 때문에 발생기며, 생존자들은 필연적으로 창시자 집단이 된다.

집단 유전학 population genetics 전체 집단에서 발생하는 유전적 사건을 연구하는 과학적 분야.

짝-말단 서열결정 paired-end sequencing 단일 BAC 클론의 양쪽 끝의

~1000 bp를 서열을 결정하여 전체 유전체 서열을 결정하기 위한 전략.

짧은 산재 서열 SINE; short interspersed element 포유류의 두 주요 레트로트랜스포존 중 하나로, 이들의 구조는 mRNA를 닮았다.

ㅊ

차단부동원체성 염색체 acrocentric chromosome 동원체가 한쪽 끝 가까이 위치하는 염색체.

착상 전 배아 진단 preimplantation embryo diagnosis 시험관 내에서 수정된 인간의 수정란이 자궁에 착상되기 전에 특정 질병 대립유전자에 대한 유전자형을 검사받는 과정.

창시자 효과 founder effect 유전적 부동의 하나로, 소수의 개체들이 큰 집단에서 분리되어 고립된 새로운 집단을 형성할 때, 새로운 집단에서는 변화된 대립유전자 빈도가 나타나는 것.

체세포 somatic cell 생물에서 생식 세포와 그 전구세포들을 제외한 나머지 모든 세포들

체세포 핵이식 somatic cell nuclear transfer 생식적 복제를 위한 방법으로, 체세포의 핵으로 치환된 난자를 시험관 내에서 수정시킨 후, 접합자를 대리모의 자궁에 착상시킴.

체절 극성 유전자 segment polarity gene 초파리에서 AP 축을 따라 각 체절에 따라 주기성으로 반복되는 14개의 줄무늬로 표현되는 접합자의 체절형성 유전자들의 한 그룹으로, 이런 유전자의 돌연변이는 유전자가 발현되는 세포에 해당하는 각 부분의 결실을 일으키고 종종 나머지 부분의 거울상 복제를 나타낸다. 체절 극성 유전자는 세포 통신 단백질을 암호화하고 각 분절에서 반복되는 특정 패턴을 결정한다.

초나선 supercoiling DNA 복제 중 이중 나선이 풀리는 동안 복제 포크의 움직임으로 인한 DNA 분자의 추가적인 꼬임.

촉수다리 복합체 Antennapedia complex; ANT-C 초파리에서 여러 호메오유전자들을 포함하는 영역으로, 머리와 전흉부의 부체절의 정체성 결정.

총 표현형적 분산 total phenotype variance; V_P 각 개인의 형질 값과 집단의 평균 형질 값 사이의 차이를 제곱하여 평균한 값으로 계산되는 집단의 변이 정도의 측정. 유전 분산(V_G)과 환경 분산(V_E)의 합이다.

최근의 공통 조상 most recent common ancestor; MRCA 돌연변이 형태일지라도 한 집단에게 유전된 유전체 DNA 특정 부분(대립유전자)의 가장 최근 발생; 유전체 DNA의 특정 부분에 대해 가장 최근에 공유된 유전적 조상

출구 자리 exit site 리보솜에서 tRNA가 붙는 세 자리 중 하나로서, 펩타이드기 전달효소의 작용에 의해 tRNA가 아미노산과 분리된 후 리보솜에서 방출되기 직전에 tRNA가 머무는 자리.

충전형 tRNA charged tRNA 아미노아실-tRNA 합성효소에 의해 해당 아미노산이 부착된 tRNA 분자.

측동원체 역위 paracentric inversion 동원체가 포함되지 않은 역위.

치료 유전자 therapeutic gene 환자의 체세포로 도입되는 클론된 유전자로서 그 산물이 질병을 치료할 것으로 기대한다.

치환 substitution DNA 분자에서 한 염기가 다른 세 염기 중 하나로 교체되었을 때 만들어지는 돌연변이.

침묵 silencing DNA 메틸화를 통해 전사의 장기간 억제.

침묵 돌연변이 silent mutation 표현형에 영향을 미치지 않는 돌연변이. 보통 한 코돈 내에서 하나의 염기가 치환되었으나 유전암호의 퇴화성 때문에 특정 아미노산이 바뀌지 않는 점 돌연변이를 지칭한다.

침투도 penetrance 집단에서 특정 유전자형에 대해 해당 표현형을 나타내는 개체의 비율.

ㅋ

카이 제곱(χ^2)검정 chi-square (χ^2) test 예측된 결과로부터 관측된 편차가 단지 우연한 기회에 기인했을 확률을 결정하는 통계적 검사.

코돈 codon 번역 과정 중에 아미노산 사슬의 신장 지점에서 삽입되어야 하는 특정 아미노산을 나타내는 뉴클레오타이드 트리플렛. 코돈은 mRNA와 RNA를 전사시킨 DNA 모두에 있다.

코헤신 cohesin 진핵세포들에서 자매염색분체와 상호작용하며 후기까지 염색분체들이 떨어지지 않도록 하는 다량체로 구성된 단백질 복합체; 동원체와 염색체 팔들을 따라 발견된다.

콘덴신 condensin 진핵세포의 유사분열 과정 중에 염색체를 응축시키는 다량체의 복합체로 구성된 단백질.

콘티그 contig 단편 서열들의 컴퓨터 정렬에 의해 얻은 중첩되는 인접 DNA 서열의 스트레치.

콜로니 colony 단일 세포로부터 기원하여 유전적으로 동일한 세포들의 무리.

클로닝 벡터 cloning vector 외래 DNA를 숙주 세포에 도입하기 위한 운반체로, 도입된 DNA는 대량으로 복제될 수 있다; 벡터는 복제 능력을 잃지 않고 적절한 크기의 다른 DNA 단편이 통합될 수 있는 DNA 분자이다.

키메라 chimera 둘 이상의 다른 생물체에서 유래한 세포들로 이루어진 생물체.

키아즈마타 chiasmata 상동염색체에서 비자매염색분체들 간의 교차가 관찰되는 부위.

ㅌ

타가 수정 cross-fertilization 서로 다른 두 생물체로부터 유래한 정자와 난자의 수정.

타가다배체 allopolyploid 서로 다른 두 종 이상의 연관종들로부터 기원한 염색체 세트를 가지는 다배체 잡종

탈아민화 deamination 정상적인 DNA로부터 아미노기가 떨어져 나감.

탈퓨린화 depurination A나 G와 같은 퓨린 염기들이 디옥시리보오스-당 골격으로부터 떨어져 나가는 DNA의 변형.

탐침자 probe 방사성 동위원소나 형광 염료로 표지된 올리고뉴클레오타이드로써, 혼성화에 의해 상보적인 서열을 찾아내는 데 사용된다.

탑승자 돌연변이 passenger mutation 암 세포의 돌연변이율 증가로 인해 발생하지만 암 표현형에는 기여하지 않는 암 세포의 돌연변이.

태사기 pachytene 전기 I의 하위 단계로 시냅시스 완료 시점에 개시되며 교차를 포함한다.

테트라형 tetratype; T 균류에서 4 종류의 포자나 반수체 세포들을 가진 자낭으로, 두 종류의 양친형과 두 종류의 재조합형을 가진다.

텔로머레이즈 telomerase 염색체 말단의 말단소체를 성공적으로 복제되도록 하는 데 필수적인 효소.

통합 integration 한 DNA 분자가 다른 분자에 삽입되는 것.

퇴화 degeneration 유전암호의 경우와 같이 구조적으로 다른 요소가 동일한 기능을 수행하는 능력; 다른 여러 코돈이 동일한 아미노산을 지정할 수 있다.

트랜스포존 transposon DNA 트랜스포존 참고

트윈 스팟 twin spot 주변 조직과 표현형적으로 구별되는 인접 조직 덩어리로, 유사 분열 재조합의 결과로 생성될 수 있다.

특수 형질도입 specialized transduction 박테리아 염색체에서 프로파지 옆에 위치한 몇몇 박테리아 유전자의 박테리오파지-매개 전달.

특수 형질도입 파지 specialized transducing phage 주로 파지 DNA를 가지고 있으나 프로파지 삽입부 근처에 있던 한두 개의 세균 유전자를 함께 가

지는 박테리오파지. 이들은 특수 형질도입이라는 과정을 통해 이 세균 유전자들을 다른 세균으로 전달시킬 수 있다.

틈 nick 한 DNA 가닥에서 인산디에스테르 결합의 절단.

ㅍ

파밍 pharming 단백질 약물을 생산하기 위해 유전자 변형 동물과 식물의 사용.

파생 대립유전자 derived allele 돌연변이를 통해 생겨난 대립유전자.

파지(파아지) phage 박테리오파지의 줄임말로, 숙주가 세균 세포인 바이러스이다; 어원이 "세균을 먹는자"이다.

파지 교배 phage cross 유전자형이 다른 두 파지가 동일 세균에 동시 감염되는 것. 용균 주기 동안, 두 파지 유전체는 재조합되어 재조합 파지가 파지 용균물로부터 발견될 수 있다.

퍼네트 사각형 Punnett square 주어진 교배에서 가능한 수정 사건들을 도식화시켜 보여주는 단순한 방법.

펩타이드 결합 peptide bond 단백질 합성에서 아미노산들을 연결시키는 공유결합.

펩타이드 자리 peptidyl site 개시 tRNA가 결합하는 리보솜 부위로, 그 부위의 tRNA는 신장 과정에서 자라는 폴리펩타이드를 가진다.

펩타이드 전달효소 eptidyl transferase 리보솜에서 연속된 아미노산 사이에 펩타이드 결합을 만드는 효소.

편부모 유전 uniparental inheritance 한쪽 부모를 통해 소기관 유전자들이 전달되는 현상. 대부분의 생물들은 모계를 통해 미토콘드리아와 엽록체의 DNA를 전달한다.

폴리-A-결합 단백질 poly-A-binding protein; PABP poly-A 꼬리에 결합하여 mRNA가 번역될 수 있도록 원형화하는 데 도움을 주는 단백질.

폴리-A 꼬리 poly-A tail 진핵세포 mRNA의 3′ 말단을 구성하는 100~200 길이의 A 잔기로, mRNA의 안정성과 번역의 개시 효율을 증가시킨다.

폴리단백질 polyprotein 번역된 후에 단백질 분해 효소에 의해 절단되어 둘 이상의 독립된 단백질들로 만들어지는 폴리펩타이드.

폴리리보솜 polyribosome 다수의 리보솜에 의해 하나의 mRNA 분자가 동시에 번역되는 구조

폴리링커 polylinker 클로닝 벡터에서 DNA 삽입에 사용될 수 있는 여러 제한 효소 인식 부위를 포함하는 합성 DNA 서열.

표적 돌연변이 생성 targeted mutagenesis 과학자들이 유전체의 특정 염기쌍을 변경할 수 있도록 하는 기술로, CRISPR/Cas9를 사용한 유전자 표적화, 녹인, 녹아웃 및 유전체 편집이 포함된다.

표현형 phenotype 어떤 개체의 관찰 가능한 특징.

표현형 값 phenotypic value 형질 값 참고.

표현형 모사 phenocopy 환경 요인에 의해 일어난 표현형의 변화가 어떤 유전자의 돌연변이 효과를 닮는 것. 표현형 모사는 유전자의 변화에 의한 것이 아니므로 유전되지 않는다.

표현형 빈도 phenotype frequency 집단 내에서 특정 표현형을 나타내는 개체들의 비율.

퓨린 purine 질소가 포함된 염기로, 아데닌과 구아닌이 속한다.

프라이머 primer 짧은 DNA 올리고뉴클레오타이드 또는 RNA 분자로서, DNA 중합효소에 의해 새로운 염기가 첨가된다.

프라이메이즈 primase DNA 복제 동안 RNA 프라이머를 합성하는 효소.

프로모터 promoter 전사 개시 자리 근처 유전자 서열로 RNA 중합효소가 부착된다.

프로파지 prophage 세균의 숙주 유전체 속으로 통합된 파지 유전체.

플라스미드 plasmid 작은 환형의 이중 가닥 DNA로, 세균 세포들 내에서 세균 염색체와는 독립적으로 복제가 가능하다. 클로닝 벡터로 흔히 사용된다.

피리미딘 pyrimidine 질소가 포함된 염기로, 사이토신, 싸이민 및 우라실이 속한다.

ㅎ

하디-바인베르그 분율 Hardy-Weinberg proportion 하디-바인베르크 평형 집단에서 특정 좌위의 유전자형 빈도.

하디-바인베르그 평형 Hardy-Weinberg equilibrium; HWE 세대를 거쳐 대립유전자와 유전자형 빈도가 변하지 않는 집단으로, 하디-바인베르크 법칙의 가정을 따르는 이상적인 집단의 상태.

하류 downstream 유전자의 RNA-유사 서열을 보이는 가닥의 3′ 말단 방향.

한성 형질 sex-limited trait 오직 한 성에서는 나타나지만 다른 성에서는 발견되지 않는 형질.

합성 염색체 synthetic chromosome 합성 기구를 사용으로 DNA 요소가 만들어진 염색체.

항교차 헬리케이즈 anticrossover helicase 비자매 염색분체들로부터 나온 침입성 가닥을 풀어주어 홀리데이 교차점 형성과 교차를 억제 하는 효소.

항종결자 antiterminator 종결자의 생성을 방해하는 RNA의 줄기-고리 구조.

해로운 돌연변이 deleterious mutation 유전자의 중요한 기능이 손상된 돌연변이.

핵막 nuclear envelope 진핵세포의 핵을 둘러싸고 있는 이중 막.

핵산 혼성화 nucleic acid hybridization 단일 가닥의 DNA나 RNA가 상보적 염기쌍을 형성함으로써 이중-가닥의 분자를 만드는 것.

핵심 유전체 core genome 어떤 세균 종의 모든 균주들에서 공유되는 유전자.

핵양체 nucleoid body 접혀 있는 세균 염색체.

핵형 karyotype 한 생물의 세포에 존재하는 완전한 세트의 염색체들을 시각적으로 나타낸 것; 보통 염색체의 수, 크기, 그리고 각 염색체 모양을 보여주는 표준화된 방식으로 염색체들이 배열된 사진으로 제시된다.

핵형도 idiogram 현미경하에서 관찰되는 밝고 어두운 띠(G 밴드)로부터 만들어진 염색체의 흑-백 모식도.

허용 조건 permissive condition 조건 치사 대립유전자를 가진 개체의 생존을 허락하는 환경조건.

헤어핀 고리 hairpin loop RNA의 단일 가닥이 동일 분자의 다른 영역 사이에 상보적인 염기쌍을 형성하여 접힐 때 형성되는 구조로 줄기 고리로도 불림.

혈관 신생 angiogenesis 세포를 향해 혈관의 생성.

협동원체성 역위 pericentric inversion 동원체를 포함하는 역위.

협의의 유전력 narrow-sense heritability; h^2 유전적 분산(V_G) 중에서 상가적 요소(V_A)만을 측정한 유전력.

형광 제자리 혼성화 FISH; fluorescence *in situ* hybridization 염색체와 혼성화된 핵산 탐침자를 추적하기 위해 형광 표지를 사용하는 물리적 지도작성 방법.

형질 값 trait value 복합(정량적)형질에 대한 특정 유전자의 기여를 설명하거나 연속적 복합 형질의 특정 표현형을 설명하는 수치; 표현형 값으로도 불림.

형질도입 transduction 세균이 유전자를 다른 균주로 이동시키는 한 방법. 공여 DNA는 박테리오파지의 단백질 외피에 포장되고 이어 그 파지가 다른 세포에 감염될 때 전달된다. 수용 세포는 형질도입체가 된다.

형질도입체 transductant 박테리오파지에 의해 매개되는 유전자 전달 결과로 얻어진 세포들.

형질전환 transformation 한 세균에서 다른 세포로 유전자를 전달하는 기작으로, 공여자로부터 유래된 DNA가 배지에 첨가된 다음 수용자가 그 DNA

를 받아들일 때 일어난다. 수용 세포는 형질전환체가 된다.

형질전환 생물 transgenic organism 도입 유전자를 가진 생물.

형질전환체 transformant 공여 DNA를 받아들인 세포.

형태형성자 morphogen 농도-의존적인 방식으로 서로 다른 세포의 운명을 결정하는 물질.

호메오 돌연변이 homeotic mutation 몸체의 형성 과정에서 어떤 기관의 위치를 잘못 해석하고 부적절한 위치에서 정상적인 기관이 발생하도록 하는 돌연변이.

호메오 유전자 homeotic gene 발생 과정에서 원래 동일한 세포 그룹에 개별 정체성을 부여하는 유전자.

호메오도메인 homeodomain 호메오 유전자의 호메오박스에 의해 암호화된 전사 인자 내 잘 보존된 DNA－결합 도메인.

호메오박스 homeobox 호메오도메인을 포함하는 전사 인자를 만드는 호메오 유전자에서, 호메오도메인(DNA 결합 부위)을 암호화하는 180 bp 길이의 DNA 상동성 영역.

호변이성질체화 tautomerization 비슷한 형태의 두 호변이성질체(tautomer) 사이의 상호 전환.

호변이성질체 tautomer DNA의 염기와 같이 상호 변환하는 유사한 화학적 형태의 분자.

혼성화 hybridization 탐침자와 그 상보적 DNA 서열 사이에서의 염기쌍 형성.

홀리데이 교차점 Holliday junction 재조합 중간체에서 두 비자매 염색분체들이 꼬인 부위.

화학치료 chemotherapy 암세포를 죽이는 약물로 환자를 치료하는 것.

환경 분산 environmental variance; V_E 한 집단에서 외부의 비유전적 요소들에 의해 유발된 표현형 값이 평균에서 벗어나는 것.

활성자 activator 일종의 전사 인자로서, 인핸서(혹은 CpG섬)내의 특정 DNA 서열과 결합하여 근처의 프로모터로부터 전사를 활성화시킨다.

효과자 effector 알로스테릭 단백질이나 RNA 분자에 결합하여 입체적 구조 변화를 일으키는 작은 분자들.

효모 인공 염색체 yeast artificial chromosome; YAC 길이 400 kb까지의 DNA 단편들을 복제하기 위해 이용되는 벡터로, YAC은 말단소체, 동원체 및 효모에서 복제에 필요한 복제 원점 서열들을 가진다.

후기 anaphase 자매염색분체들의 연결이 끊어져 염색분체들이 방추사의 양 쪽 극으로 이동시키는 유사분열의 단계.

후기 I anaphase I 상동염색체들을 연결시키는 키아즈마타가 풀려 부계와 모계 상동염색체들이 각기 반대쪽 극으로 이동하는 감수분열 I 시기. 동원체는 분리되지 않으므로 두 개의 염색분체들은 연결된 상태로 양 극으로 이동

후기 II anaphase II 코헤신 복합체가 해체되어 자매염색분체들이 방추사의 양 극으로 이동하는 감수분열 II 시기.

후기 발병 late-onset 출생 시에는 증상이 없으나 인생의 후반기에 발현되는 유전적 조건.

후성대립유전자 epiallele on/off 상태가 후성유전학적으로 조절되는 대립유전자.

후성유전학적 정보 epigenetic information 유전자의 전사 여부를 결정하는 자기－영속적인 인자.

후성유전학적 현상 epigenetic phenomenon 염기서열의 돌연변이 때문이 아닌 유전자 발현의 유전성 변화.

흔한 변이체 common variant 다형성 유전자 혹은 염색체 좌위에서 높은 빈도의 대립유전자.

히스톤 histone 염기성으로 양전하를 띠는 아미노산인 라이신과 아르기닌이 압도적으로 많은 작은 DNA 결합단백질들로, 뉴클레오솜의 기본 단백질 구성 요소이다.

히스톤 꼬리 histone tail 히스톤 단백질의 N-말단으로, 해당 아미노산들은 효소적으로 변형되어 국부적으로 염색질 구조에 영향을 미친다.

히스톤 메틸기 전달 효소 histone methyltransferase; HMT 히스톤 꼬리의 라이신과 아르기닌에 메틸기를 전달하여 염색질 구조를 변형시키는 효소.

히스톤 아세틸기 전달효소 histone acetyltransferase; HAT 히스톤 꼬리의 라이신을 아세틸화하여 개방 염색질을 유도하는 효소.

히스톤 탈메틸화 효소 histone demethylase 히스톤 꼬리의 라이신에 메틸기를 제거하여 염색질 구조를 변형시키는 효소.

히스톤 탈아세틸화 효소 histone deacetylase 히스톤 꼬리의 라이신에 아세틸기를 제거하여 닫힌 염색질을 유도하는 효소.

기타

1염색체성 monosomy 어떤 종에 대한 이배체의 염색체 개수에서 한 개가 부족한 개체.

1차 구조 primary structure 폴리펩타이드에서 아미노산들의 배열된 순서.

1차 극체 first polar body 제1 감수분열에 의해 생성된 1차 난모세포의 작은 딸세포로, 2차 난모세포로 진행되지 못한다.

1차 난모세포/정모세포 primary oocyte/spermatocyte 제 1 감수분열이 일어나는 생식 계열 세포.

1차 분열 분리형 first-division (MI) segregation pattern 한 유전자의 두 대립유전자가 첫 번째 감수분열에서 서로 분리되었음을 나타내는 자낭포자들이 배열된 4분체.

1차 전사체 primary transcript 전사로부터 얻어지는 단일 가닥의 RNA.

2n 한 정상적인 2배체 세포에서의 염색체 수.

2가 염색체 bivalent chromosome 제1감수분열 전기 때 접합한 상동염색체 쌍.

2차 구조 secondary structure 나선 또는 병풍 구조와 같은 특징적인 입체 구조를 갖는 폴리펩타이드 사슬의 국부적 영역.

2차 극체 second polar body 제2감수분열에 의해 생성된 이차 난모세포의 작은 딸세포로, 난자로 발달하지 못한다.

2차 난모세포/정모세포 secondary oocyte/spermatocyte 제2감수분열이 일어나는 생식세포계열.

3′ 말단 3′ end RNA나 DNA 분자의 마지막 뉴클레오타이드.

3염색체성 trisomy 정상적인 이배체 염색체 세트에 여분의 염색체 하나를 더 가지는 개체.

3차 구조 tertiary structure 폴리펩타이드의 3차 구조.

4배체 tetraploid 완전한 4 세트의 염색체를 갖는 세포나 생물을 칭함.

4분체 tetrad (1) 일부 균류에서, 감수분열 결과 하나의 자낭에 4개의 자낭포자가 모여 있는 구조, (2) 제1감수분열의 전기 때 접합된 상동염색체 쌍(2가 염색체로도 불림).

4차 구조 quaternary structure 다량체 단백질에서 소단위들의 3차원적 입체 구조.

5′ 말단과 3′ 말단의 비번역 부위 5′ and 3′ untranslated regions (UTRs) 이 서열들은 각각 메틸화된 G 모자 다음과 폴리-A 꼬리 구조의 바로 앞에 위치한다. 엑손에 해당되지만, 특정 아미노산을 암호화하는 코돈은 포함하지 않는다.

5′ 말단 5′ end RNA나 DNA 분자의 첫 뉴클레오타이드.

8분체 octad 감수분열 완료 후 일어난 1회의 유사분열로 인해 8개의 포자를 포함하는 Neurospora의 자낭.

B-형 DNA B-form DNA 가장 흔한 DNA의 형태로, 이중 나선이 오른쪽 방향의 나선을 형성한다.

C-터미널 C terminus 폴리펩타이드 사슬에서, 자유 카르복실 그룹을 가진 쪽의 말단.

Cas 단백질 Cas protein CRISPR 관련 단백질로서 CRISPR 면역 시스템에 필수적인 세균 내부핵산분해효소이다. Cas 단백질은 바이러스 DNA를 절단하여 분해한다.

CCCCTC-결합 요소 CTCF DNA의 절연자 서열에 결합하는 단백질로, DNA 결합 CTCF 단백질 간의 상호 작용은 TAD로 불리는 DNA 루프를 형성한다.

cis 물리적으로 연결된 DNA 또는 RNA에만 작용하는 DNA 부위 또는 RNA 분자의 작용

***cis*-배열** *cis*-configuration 동일한 DNA 분자에서의 배열

cDNA 상보성 DNA; 주형으로서 mRNA를 사용하여 합성된 이중 나선 DNA 분자로서, 인트론을 포함하지 않는다.

cDNA 딥 시컨싱 cDNA deep sequencing RNA-Seq 참고.

cDNA 라이브러리 cDNA library 특정 세포나 조직, 기관, 혹은 생물체들에 의해 발현된 mRNA들로부터 만들어진 cDNA 클론들의 모음.

complementary DNA cDNA 참고.

CpG 섬 CpG island 특이하게 5′−CpG−3′의 디뉴클레오타이드가 풍부한 일부 진핵생물 유전자에서의 조절 요소로, CpG섬에서 C 염기의 메틸화는 유전자의 전사를 침묵시킨다.

Cre/loxP 재조합 시스템 Cre/loxP recombination system 부위-특이적 재조합을 수행하기 위해 결합하는 P1 파지 및 loxP DNA 부위로부터의 Cre-재조합효소의 형질전환 생물에서 사용되는데, 일반적으로 특정 조직에서만 유전자의 일부를 삭제하기 위해 마우스에서 사용된다. FLP/FRT 재조합 시스템과 비슷하다.

CRISPR clustered regularly interspaced short palindromic-repeats 바이러스 감염에 대한 면역성을 부여하는 여러 세균 유전체의 한 부위. CRISPR 기작은 고등 생물체의 유전체 편집을 위해 생명공학자들에 의해 이용된다.

CRISPR/Cas9 시스템 유전체 편집에 사용되는 *Streptococcus pyogenes*의 면역 시스템의 유전적 조작의 한 버전. 연구자가 디자인한 sgRNA는 Cas9 내부핵산분해효소를 유전체의 표적 부위로 안내한다. Cas9는 이중 가닥 절단을 이용한 DNA 복구를 통해 녹아웃 또는 녹인 생물을 만들 수 있다.

D-루프 D-loop 이중 가닥 DNA 분자의 두 가닥이 분리된 후, 세 번째 DNA 가닥과 결합하여 다른 가닥과 떨어진 DNA 구조.

DCO 이중 교차 주어진 유전자 쌍 사이에 두 개의 교차가 일어나는 감수분열.

DNA 디옥시리보핵산 유전정보를 암호화하는 유전 물질.

DNA 다형성 DNA polymorphism 한 좌위에서 둘 혹은 그 이상의 대립유전자가 존재하는 것으로, DNA 다형성에서의 서열 변이는 염색체 상의 어느 위치에서나 생길 수 있고, 표현형에 대해서 영향을 미치거나 미치지 않을 수 있다.

DNA 마이크로어레이 DNA microarray 단단한 표면에 붙어 있는 올리고뉴클레오타이드들의 모음.

DNA 마커 DNA marker DNA 서열의 변이성을 모니터링할 수 있는 염색체 상의 식별 가능한 물리적 위치.

DNA 메틸기전달효소 DNA methyltransferase; DNMT DNA의 염기에 메틸기 첨가를 촉매하는 효소.

DNA 메틸화 DNA methylation 효소 작용으로 DNA의 염기에 메틸기가 첨가되는 반응으로, 인간의 유전체에서는 5′ CpG 3′의 디뉴클레오타이드 서열에서 C가 메틸화된다.

DNA 연결효소 DNA ligase DNA 단편들 사이에 인산디에스테르 결합을 만들어 서로 연결하는 효소.

DNA 위상이성질체화 효소 DNA topoisomerase DNA 나선의 두 가닥이나 한 가닥에 틈을 만들어 가닥들을 풀어줌으로써 초나선이 이완되도록 돕는 효소 그룹.

DNA 중합효소 DNA polymerase 복제 중 합성되는 가닥의 3' 말단에 주형에 상보적인 뉴클레오타이드를 하나씩 추가하여 새로운 DNA 가닥을 만드는 복잡한 효소.

DNA 중합효소 I DNA polymerase I DNA 복제 동안 RNA 프라이머를 DNA로 대체하는 효소로서, pol I으로도 불림.

DNA 중합효소 III DNA polymerase III 복제에서 새로운 DNA 가닥을 만드는 과정 중 중심적인 역할을 수행하는 복잡한 효소로서, pol III으로도 불림.

DNA 지문 DNA fingerprint DNA 프로파일 참고.

DNA 트랜스포존 DNA transposon 자르기 및 붙이기 기작에 의해 유전체 내에서 한 부위에서 다른 부위로 이동하는 DNA 단편.

DNA 클론 DNA clone 동일한 DNA 분자들을 다수 함유하고 있는 순수 분리된 DNA 분자의 모음.

DNA 프로파일 DNA profile SSR 좌위의 분석으로 얻어진 다중 좌위의 유전자형 패턴. DNA 지문과 동의어.

DNA 헬리케이즈 DNA helicase 이중 나선을 풀어주는 효소.

DNase 과민 부위 DNase hypersensitive site 뉴클레오솜을 낮게 포함한 DNA 부위로 DNase 효소에 의한 절단에 취약하다.

eIF4E-결합 단백질 eIF4E-binding protein; 4E-BP1 mRNA의 eIF4E 단백질에 결합하여 mRNA의 원형화 및 번역을 차단할 수 있는 단백질.

ENCODE Encyclopedia of DNA Elements DNA 요소 백과사전. 인간 유전체에서 알려진 모든 *cis* 작용 조절 요소(프로모터, 인핸서 및 절연자)의 지도를 포함하는 데이터베이스.

F 선모 F pilus F^+, Hfr, 또는 F' 세균 세포에서 돌출되어 F^- 세포의 세포벽에 결합하는 속이 빈 단백질 관. F^+ 세포로의 선모 수축은 두 세포를 서로 가깝게 끌어당겨 유전자 전달을 준비시킨다.

F 플라스미드 F plasmid DNA 전달에 필요한 여러 유전자를 가지는 접합성 플라스미드. F 플라스미드를 가진 세포는 F^+ 세포로, 플라스미드가 없는 세포는 F^- 세포로 불림.

F′ 플라스미드 F′ plasmid 대부분의 F 플라스미드 유전자와 더불어 세균의 일부 DNA를 가진 F 플라스미드의 변이체; 특히 유전적 상보성 연구에 유용하게 이용된다.

FLP/FRT 재조합 시스템 FLP/FRT recombination system 형질전환 생물을 만들 때 위치-특이적 재조합을 수행하기 위해 효모의 FLP 재조합 효소와 그것이 결합하는 FRT DNA 자리들을 이용하는 것. 초파리에서는 모자이크 분석을 위해 체세포성 재조합을 일으키는 데 이용한다. Cre/loxP 재조합 시스템과 유사하다.

G 밴드 G band 김자(Giemsa)염료로 염색했을 때, 염색체에서 1~10 Mb 크기의 밝은 부분과 어두운 부분이 교대로 나타나는 것.

G_1기 G_1 phase 세포가 만들어진 후 S기에서 염색체 복제가 시작되기 전까지의 세포주기 단계.

G_2기 G_2 phase 염색체 복제가 완료된 시점으로부터 세포 분열이 시작되기 전까지의 세포주기단계.

GM 작물 GM genetically modified crop 유전적 조작 작물로, 조작된 도입 유전자를 포함하고 있는 경작 식물들.

Hfr 세균 Hfr (high frequency of recombinant) bacteria 염색체 속으로 통합된 F 플라스미드 때문에 교배 실험에서 염색체에 대해 높은 빈도로 재조합을 일으키는 세균.

***Hox* 유전자** *Hox* gene 초파리와 인간에서 호메오박스 전사인자를 암호화하는 유전자족. *Hox* 유전자들은 발생 중에 전후 체축을 따라 파리와 인간의 패턴을 결정한다.

InDel(혹은 DIP) 삽입-결실 다형성. 삽입이나 결실에 의한 유전체 DNA 다형성

lac 오페론 lac operon 대장균에서 lacZ, lacY, lacA 유전자들이 프로모터(P)와 작동자(O)와 함께 하나의 단위로 구성된 것으로, 환경 변화에 반응하여 세 구조 유전자들이 동시에 조절될 수 있다.

LD 블록 LD block 단상형 블록 참고.

Lod 값 Lod score 확률의 로그값(log of odds): 사람의 연관성을 분석하는데 사용되는 통계로써, 특정 데이터 자료에 대해 두 좌위가 얼마나 연관되었는지를 결정하게 한다.

M기 M phase 유사분열과 세포질 분열이 일어나는 세포 주기의 단계.

miRNA microRNA 21~24 염기 길이의 RNA 분자로, 생물의 유전체에서 암호화되며, 상보적 염기쌍 형성을 통해 표적 mRNA의 분해나 번역을 억제시킨다.

n 정상 배우자의 염색체 수.

N 말단 N terminus 다른 아미노산과 연결되지 않은 자유 아미노기를 가진 폴리펩타이드 사슬의 말단.

N-포밀메싸이오닌 *N*-formylmethionine; fMet 아미노 말단이 포밀기에 의해 덮인 상태의 변형 메싸이오닌; fMet은 리보솜의 번역 개시 자리에 작동하는 특수 tRNA에 의해 운반된다.

NCO 특정 유전자 쌍 사이에 교차 없이 일어나는 감수분열.

P 인자 형질전환 P element transformation 도입 유전자와 마커 유전자를 함유한 재조합 P 인자를 배아에 주입하는 형질전환 초파리의 생성 방법으로, 재조합 트랜스포존은 생식계열 세포의 염색체 내로 통합된다.

***p* 값** *p* value 관찰된 실험 결과가 특정 전제에 의해 예측된 값과의 차이가 우연한 기회 편차에 기인했을 수치적 확률; 귀무 가설이 참일 확률.

Piwi 단백질 Piwi protein piRNA에 결합하여 전이 요소의 이동을 억제하는 아고노트 단백질.

Piwi-상호작용 RNA Piwi-interacting RNA; piRNA 긴 전사체의 공정으로 생성된 작은 RNA. piRNA는 Piwi 단백질 복합체를 유전체 DNA의 전이요소(TE) 부위로 모아 TE의 이동을 방지한다.

RNA 리보핵산 참고.

RNA-Seq 총 전사체 서열결정으로, 어떤 생물의 총 전사체로부터 변환된 수백만 개의 cDNA에 대한 서열결정방법. cDNA 딥 시퀀싱으로도 불린다.

RNA 가공 RNA processing 진핵생물에서 1차 전사체가 mRNA로 변형되는 과정. 변형에는 엑손의 스플라이싱(인트론 제거), 3′ 말단의 폴리-A 꼬리 첨가, 및 5′ 말단에 메틸화된 모자 구조를 붙이는 것이 있다.

RNA 간섭 RNA interference; RNAi 21~24 뉴클레오타이드 길이의 siRNA에 의해 서열 특이적으로 이루어지는 진핵세포 유전자 발현의 조절. siRNA는 표적 mRNA과의 상보적 염기쌍 형성을 통해 RISC 복합체를 mRNA로 안내하여 분해한다.

RNA 선도 서열 RNA leader sequence mRNA의 5′ 비번역 서열(5′ UTR).

RNA 스플라이싱 RNA splicing 인트론을 제거하고 인접한 엑손들을 서로 연결시켜 엑손만으로 구성된 성숙한 mRNA를 만드는 과정.

RNA 온도계 RNA thermometer 온도-의존적으로 안정성이 바뀌는 줄기-고리 구조를 통해 온도에 반응하여 번역을 조절하는 RNA 선도 서열.

RNA-유사 가닥 RNA-like strand 이중 나선 DNA 분자에서, mRNA와 동일한 뉴클레오타이드 서열(U 대신 T를 갖는 것은 제외)을 가지는 가닥으로, 주형 가닥과 상보적이다.

RNA-의존성 DNA 중합효소 RNA-dependent DNA polymerase 역전사 효소 참고.

RNA 편집 RNA editing 전사 완료 후 RNA 분자의 염기 서열이 특이하게 변하는 것.

RNA 중합효소 RNA polymerase DNA로부터 RNA를 전사하는 효소. 진핵생물은 pol I, pol II, pol III의 세 가지 RNA 중합효소를 가지며, 이들은 각각 다른 종류의 유전자를 전사한다.

RNA 제자리 혼성화 RNA *in situ* hybridization 생물 전체나 조직에서 특정 mRNA의 발현 양상을 밝히기 위한 실험법. 한 유전자의 mRNA에 대한 표지된 cDNA 서열은 얇게 잘린 조직(혹은 생물 전체나 조직 전체)에서 mRNA를 추적하는 탐침으로 사용한다. 혼성화를 통한 탐침의 신호는 해당 mRNA를 함유한 세포를 알려준다.

RNA 프라이머 RNA primer DNA 복제 과정에서 DNA 합성을 개시하게 하는 짧은 길이의 RNA 분자.

S 기 S phase 염색체의 복제가 일어나는 세포주기의 단계.

SCO 특정 유전자 쌍 사이의 단일 교차가 일어난 감수분열.

SOS 시스템 SOS system 실수-유발성 DNA 중합효소에 의존하는 세균 세포에서의 긴급 복구 시스템. 특수한 SOS 중합효소들은 손상된 DNA를 가진 세포들을 분열하도록 할 수 있으나, 그 딸세포들은 많은 새로운 돌연변이를 가지게 한다.

sRNA small RNA 작은 RNA 분자들로, 리보솜 결합 자리를 감추거나 노출시키는 mRNA 상의 자리들과 염기쌍을 형성함으로써 *trans* 방식으로 번역 조절.

SRY sex determining region of Y 포유류의 수컷화(정소)를 결정하는 Y-염색체 연관 유전자.

T-DNA 아그로박테리아의 Ti 플라스미드 일부로, 숙주인 식물 유전체 내로 통합된다. T-DNA는 형질전환식물을 만드는데 벡터로 이용된다.

TATA 박스 TATA box 일부 진핵세포 유전자에서 전사 개시 자리에서 ~25 nt 상류의 프로모터 서열. 기본 전사 복합체와 RNA pol II가 프로모터에 모으는 전사 인자인 TBP가 결합하는 장소이다.

Tn 인자 Tn element 세균의 트랜스포존으로서, 양 끝의 IS 사이에 전이 효소와 약물 저항성 유전자를 가짐.

trans 세포의 어떤 DNA나 RNA상의 표적 자리에 결합할 수 있는 단백질이나 RNA의 작용.

***trans* 배열** trans configuration 서로 다른 DNA 분자에 존재.

X 불활성화 센터 X inactivation center; XIC 양적 보정을 매개하는 X 염색체의 부위(~450 kb).

X-연관 X-linked X 염색체에 존재하는 좌위(유전자).

X 염색체 X chromosome 성 염색체로, 포유류와 초파리에서 암컷은 정상적으로 두 개의 X 염색체를 가진다.

X 염색체 불활성화 X-chromosome inactivation 포유류에서 하나의 X 염색체를 제외한 유전체의 모든 X 염색체가 이질염색질성의 바 소체를 형성하여 불활성되어 양적 보정을 나타내는 기작.

X 염색체 재활성화 X-chromosome reactivation 포유류에서 불활성되었던 X 염색체가 난원세포에서 다시 활성화됨으로써, 생식 계통의 반수체 세포들이 모두 하나의 활성화된 X 염색체를 가지는 기작.

Xist X inactive specific transcript X 불활성화 특이적 전사체로, 바 소체가 되는 X 염색체의 XIC로부터 전사되는 lncRNA. Xist lncRNA는 X 염색체에 결합하여 X 염색체 불활성화에 관여한다.

Y-연관 Y-linked MSY(Y 염색체의 남성-특이 영역)에 존재하는 유전자를 의미함.

Y 염색체 Y chromosome 성 염색체로, 포유류와 초파리에서 수컷은 각각 한 개의 Y 염색체와 X 염색체를 가진다.

Z형 DNA Z-form DNA 나선이 왼쪽으로 회전하기 때문에 그 형태가 지그재그 모양을 만들 것으로 생각되는 뉴클레오타이드 서열의 DNA. 이런 DNA 구조의 변이성에 중요성은 잘 알려져 있지 않다.

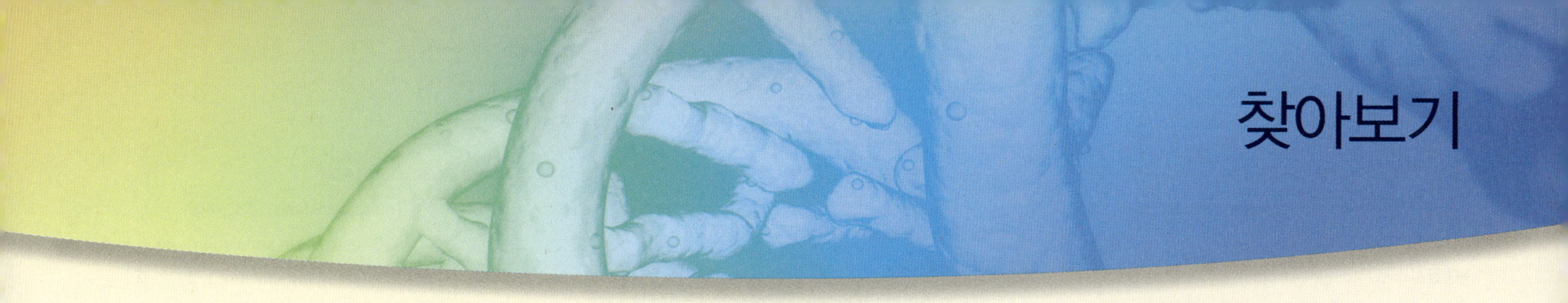

찾아보기

ㄱ

가계도(pedigree) 28
가장 최근 공통조상 676
각인 조절 영역(imprinting control region; ICR) 551
각인(imprinting) 551
간섭(interference) 126
간극(gap) 유전자 614
간성(intersex) 113
간접 억제자 529
갈림손 수지결손증(split-hand deformity) 73
감소분열(reductional division) 88
감쇠(attenuation) 510
감쇠자(attenuator) 510
감수분열 426
감수분열 I(meiosis I) 84
감수분열 II(meiosis II) 84
감수분열 비분리(meiotic nondisjunction) 429
감수분열(meiosis) 26, 75, 76
개방 번역틀(open reading frame; ORF) 478
개방 염색질 528
개시(initiation) 180, 270, 272
개시 인자(initiation factor) 270
개시 코돈(initiation codon) 255, 272
개조(modification) 292
거울상 290
검문점(checkpoint) 83, 638
검색어(query) 325
검정교배(testcross) 23
결실(deletion) 200, 397
결실 고리(deletion loop) 403
결합(anneal) 300
겸형 세포 빈혈 674
겸형(낫 모양) 세포 빈혈 673
경계 요소(barrier elements) 379
고기능성 돌연변이(hypermorphic mutation) 278
고정(fixation) 668
곱셈 법칙(product rule) 21
공동 면역침강(coimmunoprecipitation) 534
공동형질도입(cotransduction) 459
공우성(codominant) 41
공유 대립유전자 676
공유전적 계통(congenic line) 700
공통 유전 혈통 676
과민성 676
과오 돌연변이(missense mutation) 235, 249, 276
과잉 유전자 작용(redundant gene action) 56
광의의 유전력(broad-sense heritability) 690
광합성(photosynthesis) 476
교배 431
교차(crossing-over) 85, 429
교차 양육(cross-fostering) 694
교차 억제자(crossover suppressors) 407
교차비 705
교차점(chiasmata; 단수 chiasma) 85, 429
교호 분리형(alternate segregation pattern) 409
구상적혈구증(spherocytosis) 74
구성적 돌연변이(constitutive mutant) 499
구성적 이질염색질(constitutive heterochromatin) 378
군락(colony) 298
귀무 가설(null hypothesis) 702
균질염색부위(homogeneously staining region; HSR) 641
균형 선택(balancing selection) 673, 674
균형 염색체(balancer chromosome) 407
극성 미세소관(polar microtubule) 80
근접 동질유전적 계통(nearly isogenic line; NIL) 700
근친혼(consanguineous mating) 28
기계적 전단 293
기능 상실 돌연변이(loss-of-function mutation) 277
기능 획득 대립유전자(gain-of-function allele) 278
기본 염색체 수(basic chromosome number) 430
긴 비암호화 RNA(long noncoding RNA; lncRNA) 381
길항성 대립유전자(antimorphic alleles) 280

ㄴ

나선-꺾임-나선(helix-turn-helix) 528
나선-꺾임-나선 모티프[helix-turn-helix(HTH) motif] 504
난소암 668
난원세포(oogonia, 단수 oogonium) 102
난자(egg, ovum) 102, 596
난자형성(oogenesis) 102
남성형 탈모 685
낫 모양 적혈구빈혈증 588
낫형적혈구빈혈증(Sickle-cell disease) 47
낭배형성(gastrulation) 612
낭섬유증(cystic fibrosis) 580
낭포성 섬유증 685
네안데르탈인 680
녹아웃 생쥐(knockout mice) 580
녹인 생쥐(knockin mice) 582
뉴클레오솜(nucleosome) 371, 372
뉴클레오타이드 169

ㄷ

다단백질(polyprotein) 272
다량체(multimer) 237
다른 자리 입체성 단백질(allosteric protein) 499
다른 자리 입체성 상호작용 533
다면발현(pleiotropy) 45
다면발현성(pleiotropic) 601
다발점(hotspot) 229
다운증후군(Down syndrome) 427
다유전자성(polygenic) 64
다이디옥시뉴클레오타이드 구조 301
다중복제 직렬반복(multicopy tandem repeat) 317
다중시스트론(polycistronic) 275
다중잡종 교배(multihybrid cross) 25
다핵체(coenocyte) 83
다형성(polymorphic) 45, 659
단백질 도메인(protein domain) 318
단백질 인산화효소(protein kinase) 636
단상형(haplotype) 701
단상형 블록 702
단성잡종(monohybrid) 20
단성잡종 교배(monohybrid cross) 19
단수체(monoploid) 431
단순 반복 서열(simple sequence repeats; SSR) 335

단순 서열 반복 좌위(SSR) 665
단순염기반복(simple sequence repeats; SSR) 397
단위생식(parthenogenesis) 431
단일시스트론(monocistronic) 275
단친유전(uniparental inheritance) 480
단형성(monomorphic) 45, 659
닫힌 염색질 527
닫힌 염색질(closed chromatin) 380
대립쌍(antagonistic pairs) 17
대립유전자(allele) 20
대립유전자 교차비(allelic odds ratio) 706
대립유전자 비율의 보존 원리(conservation of allele proportions principle) 663
대립유전자 빈도(allele frequency) 44, 660
대립유전자 이질성(allelic heterogeneity) 354
대립유전자-특이적 올리고뉴클레오타이드(allele-specific oligonucleotides; ASO) 345
대조군(controls) 702
덧셈 법칙(sum rule) 21
데니소바인(Denisovan) 681
도우미 플라스미드(helper plasmid) 572
도입 유전자(transgene) 478, 570, 574
독립성의 카이제곱 검정 703
독립의 법칙(law of independent assortment) 24
독립적 분리(independent assortment) 24
돌연변이(mutation) 44, 199
돌연변이 대립유전자(mutant allele) 44
돌연변이 스크린(mutant screen) 599
돌연변이 유발물질(mutagen) 209
돌연변이에 의해 밝혀진 유전 혈통 677
돌연변이율 669
동계교배(inbred) 17, 698
동등분열(equational division) 89
동시 분리(joint segregation) 698
동원질체(kinetoplast) 474
동원체(centromere) 77
동질배수체(autopolyploid) 433
동질유전성 계통(isogenic line) 698
동형배우자 성(homogametic sex) 101
동형세포질성(homoplasmic) 482
동형이량체(homodimers) 529
동형접합성(homozygous) 22
동형접합자(homozygote) 22, 40
동화 경로(anabolic pathway) 496
디옥시리보뉴클레오타이드 삼인산(deoxyribonucleotide triphosphates; dATP, dCTP, dGTP, dTTP) 299
디옥시리보오스 당 169

ㄹ

라이밀(Triticale) 435
라이브러리(library) 295
레트로바이러스(retrovirus) 261
레트로바이러스 벡터(retroviral vector) 587
레트로트랜스포존(retrotransposon) 412
로드 스코어(Lod score; log of the odds) 352
로버트슨 전좌(robertsonian translocation) 410
리드(read) 303
리보솜(ribosome) 247
리보솜 RNA(ribosomal RNA; rRNA) 247
리보솜 결합 자리(ribosome binding site) 270
리보솜 프로파일링(ribosome profiling) 538
리보스위치(riboswitch) 510
리보오스(ribose) 176
리보자임(ribozyme) 264
리졸베이즈(resolvase) 186
리포터 유전자(reporter gene) 512

ㅁ

마이크로 RNA(micro-RNAs; miRNAs) 539
마이크로탈미아 연관 전사조절인자(Microthalia-associated transcription factor; MITF) 65
말기 I(telophase I) 88
말기 II(telophase II) 89
말기(telophase) 82
말단소체(telomeres) 384
말단소체 복원효소(telomerase) 385, 630
말라리아 674
망막아종(retinoblastoma) 60
매개자(mediator) 527
맨해튼 곡선(Manhattan plot) 705
메트헤모글로빈혈증(methemoglobemia) 70
메틸-CpG-결합 단백질(MeCPs) 552
메틸-지시성 짝틀림 수선(methyl-directed mismatch repair) 216
메틸화된 모자(methylated cap) 259
멘델의 분리 법칙 661
멜라노코틴 수용체(Melanocortin receptor; MC1R) 65
멜라노코틴1 수용체 유전자(melanocortin 1 receptor gene; MC1R) 680
멜라노필린(Melanophilin; MLPH) 65
면역 감시(immune surveillance) 631
면역항암치료(cancer immnunotherapy) 586
모계 영향 돌연변이(maternal effect mutation) 612
모계 유전(maternal inheritance) 472, 480
모계 효과 유전자(maternal effect gene) 610
모자이크(mosaic) 152
모자이크 분석(mosaic analysis) 582, 607
몬테카를로 모의(Monte Carlo simulation) 667
무기능성 돌연변이(amorphic mutation) 277
무동원체성 단편(acentric fragment) 406
무세포 태아 DNA 분석(cell-free fetal DNA analysis) 78
무양채(Raphanobrassica) 435
무작위 교배 663
물리적 표식자(physical marker) 125
미끄럼 짝짓기 오류(slipped mispairing) 208
미세구조 지도작성(fine structure mapping 225
미세부수체(microsatellites) 335
미세상동-매개 말단-연결(microhomology-mediated end-joining; MMEJ) 217
미세소관(microtubules) 80
미토콘드리아(mitochondria) 472
미토콘드리아 DNA(mitochondrial DNA; mtDNA) 472
미토콘드리아 유전자 치료(mitochondrial gene therapy) 489
미토콘드리아 이브 678
민감표현형(sensitized phenotype) 602

ㅂ

바 소체(Barr body) 110, 558
박테리아 인공 염색체(BAC) 297
박테리오파아지(bacteriophage) 167
반보존적 복제(semiconservative replication) 177
반복수 변이체(copy number variants; CNVs) 336
반불임성(semisterility) 410
반수체(haploid) 76
반수체 불충분성(haploinsufficiency) 278
반수체형(haploid type) 701
반전(inversions) 322
반접합성(hemizygous) 106
발생유전학(developmental genetics) 597
발현도(expressivity) 60
방추사부착점(kinetochore) 80, 387
방추사부착점 미세소관(kinetochore microtubule) 80
방출 인자(release factor) 271
방황변이 실험(fluctuation test) 203
배상체(embryoid) 431
배수체(polyploid) 426, 430
배아줄기세포(embryonic stem cell) 580
배우자(gamete) 20, 76
배우자형성(gametogenesis) 102
백변종(leucism) 71
백색증(albinism) 71

번식 성공 670
번역(translation) 247
번역 후 변형(posttranslational modification) 272
번역틀(reading frame) 251
번역틀이동 돌연변이(frameshift mutation) 251
법의학 665
베타-디펜신(Beta-defensin) 65
베타-지중해성 빈혈(β-thalassemia) 48
변경 유전자(modifier gene) 60
변경 효소(modification enzyme) 292
변경자 스크리닝(modifier screen) 602
변성(denatured) 236, 300
변형에 의한 유래 681
병발 계수(coefficient of coincidence) 135
보인자(carrier) 31
보조활성자(coactivator) 527
보존적 치환(conservative substitution) 276
보편적 공여자(universal donor) 43
보편적 수여자(universal recipient) 43
복다배체(amphidiploid) 435
복대립유전자(multiple alleles) 42
복사기(diplotene) 85
복제 단위(replication unit; replicon) 383
복제 분기(replication fork) 181
복제 원점(origin of replication) 297
복제 평판법(replica plating) 204
복제(clone) 289
복합 형질(complex trait) 60, 64, 687
봄베이(Bombay) 표현형 53
부계 유전 481
부등교차(unequal crossing-over) 336
부모(parental; P) 세대 19
부수체 DNA(satellite DNAs) 387
부체절(parasegment; PS) 617
분기선도(branched-line diagram) 25
분리의 법칙(law of segregation) 20
분쇄 실험 168
분열간기(interkinesis) 88
분자 시계(molecular clock) 669, 678
분자 클로닝(molecular cloning) 295
분지점(branch site) 263
분지점 이동(branch migration) 186
분할표(contingency table) 703
불균등 교차(unequal crossing-over) 241, 404
불균형 배우자(unbalanced gametes) 429
불안정 세 뉴클레오타이드 반복서열(unstable trinucleotide repeats) 207
불안정한 유전체(genomic instability) 632
불연속 형질(discontinuous trait 또는 discrete trait) 17, 62
불완전 우성(incomplete dominance) 40
비멘델성 유전(non-Mendelian inheritance) 472, 481
비보존적 치환(nonconservative substitution) 276
비분리(nondisjunction) 89
비상동성 말단-연결(nonhomologous end-joining; NHEJ 215, 571, 584
비상동염색체(nonhomologous chromosomes) 77
비순차 중복(nontandem duplication) 403
비암호화 유전자(noncoding gene) 281
비양친형 이분자형(nonparental ditype; NPD) 145
비자가인자(nonautonomous elements) 416
비점착성 말단(blunt end) 290
비폴리Q 질환(non-polyQ disease) 212
비히스톤 염색체 단백질(nonhistone chromosomal protein) 371
빈번한 변이(common variants) 45

ㅅ

사람과(Hominidae) 686
사람과(Hominidae)에 대한 분기도 686
사람류 이종 교배 681
사배체(tetraploid) 430
사분체(tetrad) 85, 145, 184
사이클린(cyclin) 637
사이클린-의존성 인산화효소(cyclin-dependent kinases; CDKs) 637
산전 유전 검사(prenatal genetic diagnosis) 342
산화적 인산화(oxidative phosphorylation) 473
살충제 저항성 675
삼각 다이어그램(triangle diagram) 701
삼배체(triploid) 430
삼염색체성(trisomic; $2n+1$) 427
삼점 교배 132
삽입(insertion) 200
삽입물질(intercalators) 209
상가적 유전적 효과(additive genetic effects) 690
상관계수(correlation coefficient; r) 692
상관선[line of correlation; 최적선(best-fit line)] 692
상대 적응도(relative fitness; *W*) 670
상동 재조합(homologous recombination; *HR*) 215
상동성(homology) 321
상동염색체(homologous chromosomes 또는 homologs) 77
상동체(homolog) 312
상류 활성화 서열(upstream activating sequences; UASs) 532
상보(complementation) 59, 223
상보성 검사(complementation test) 59, 223
상보성 그룹(complementation group) 223
상보적(compatible) 295
상염색체(autosome) 77, 97
상위성(epistasis) 51
상위적(epistatic) 609
상호 교배(reciprocal cross) 18
상호 열성 상위성(reciprocal recessive epistasis) 54
생거 DNA 염기서열 분석 300
생물정보학(bioinformatics) 533
생물학적 조상(biological ancestor) 676
생식 클로닝(reproductive cloning) 576
생식계통(germ line) 102
생식근원 세포(germ cells) 84
생식복제(reproductive cloning) 575
생존율 670
생화학적 경로(biochemical pathway 231
샤인-달가노 박스(Shine-Dalgarno box) 270
샤페론(chaperones) 237
선도 가닥(leading strand) 181
선별 마커(selectable marker) 297
선택(selection) 228
선택 반응(response to selection) 697
선택 차이(selection differential) 697
선택적 스플라이싱(alternative splicing) 536
선택적 이어맞추기(alternative splicing) 264
선택적 이질염색질(facultative heterochromatin) 379
성 결정(sex determination) 97
성 연관(sex-linked) 97
성 전환(sex reversal) 99
성 치사 대립유전자(recessive lethal allele) 46
성상체 미세소관(astral microtubule) 82
성염색체(sex chromosome) 77, 97, 98
성장인자(growth factor) 635
성장인자 수용체(growth factor receptor) 635
세균 발(lawn) 292
세대 간의 후성유전학적 유전(transgenerational epigenetic inheritance) 558, 563
세사기(leptotene) 85
세포 공생설(endosymbiont theory) 472, 479
세포 소기관 472
세포 외 신호(extracellular signal) 635
세포 클론(cellular clone) 298
세포 태아 DNA 분석(cell-free fetal DNA analysis) 342
세포기억설(cellular memory) 551
세포-부착형 신호(cell-bound signal) 635
세포성 포배(cellular blastoderm) 611
세포예정사(programmed cell death) 630
세포자살(apoptosis) 630
세포주기(cell cycle) 79

세포질 분배(cytoplasmic segregation) 482
세포질 분열(cytokinesis) 82
세포질 융합 세포(cytoplasmic hybrid; cybrid) 489
섹터(sector) 153
센티모건(centimorgan; cM) 127
소단위(subunits) 237
수소 결합(hydrogen bond) 171
수직적(vertical) 30
수축환(contractile ring) 82
수평적(horizontal) 31
순계(pure-breeding line 또는 true breeding line) 17
순차 중복(tandem duplication) 403
쉘터린(shelterin) 386
스펙트럼 핵형분석(spectral karyotyping; SKY) 376
스플라이싱(splicing) 524
시냅시스(synapsis) 85
시스트론(cistron) 228
신기능성 돌연변이(neomorphic mutation) 279
신생(de novo) 유전자 321
신장 인자(elongation factor) 270
신장(elongation) 180, 272
신호 전달 경로(signal transduction pathway) 616
신호 전달 캐스케이드(signal transduction cascade) 600
신호 전달자(signal transducer) 636
신호전달 연쇄반응(signal transduction cascade) 635
실현 유전력(realized heritability) 697
십자유전(crisscross inheritance) 106
쌍점(twin spots) 152
쌍지배 유전자 614

ㅇ

아가로오스(agarose) 293
아구티 신호 단백질(Agouti signaling protein; ASIP) 65
아데노 연관 바이러스 벡터(adeno-associated vector; AAV vector) 587
아멜로제닌(amelogenin) 665
아미노아실(aminoacyl; A) 자리 269
아미노아실-tRNA 합성효소(aminoacyl-tRNA synthetase) 266
아슈케나지 유대인(Ashkenazi Jews) 668
아연 집게(zinc fingers) 528
아프리카에서 인간의 유전 다양성 680
안티센스 RNA(antisense RNA) 511
안티코돈(anticodon) 266
알캅톤뇨증(alkaptonuria) 684
암 유전자(oncogenes) 641
암수 모자이크(gynandromorph) 430
야생형 대립유전자(wild-type allele) 44
양성잡종(dihybrid) 23
양수천자(amniocentesis) 342
양적 형질(quantitative trait) 62, 688
양적 형질 좌위(quantitative trait loci; QTL) 687, 698
양친유전(biparental inheritance) 480
양친형 이분자형(parental ditype; PD) 145
양친형(parental type) 23, 122
억제성 조절(repressible regulation) 496
억제자(repressor) 499, 529
억제자들(repressors) 527
에드워드증후군(Edwards syndrome) 427
에임즈 검사법(Ames test) 209
에티디움브롬(ethidium bromide; EtBr) 293
엑손 뒤섞임(exon shuffling) 319
엑손(exon; expressed regions) 262
엑솜 염기서열 분석법(whole-exome sequencing) 356
엑솜(exome) 356
엔젤만증후군(Angelman syndrome) 554
역 돌연변이(reverse mutation) 200
역위 고리(inversion loop) 405
역위(inversion) 397
역전(reversion) 200
역전사효소(reverse transcriptase) 261
역치 효과(threshold effect) 483
연결자 DNA(linker DNA) 373
연결효소(ligase) 182
연골무형성증(achondroplasia) 583
연골발육부전증(achondroplasia; 난장이증) 687
연관 122
연관 불평형(linkage disequilibrium; LD) 701
연관 지도작성(association mapping) 698
연관 평형(linkage equilibrium) 701
연관군(linkage group) 138
연관되어(linked) 123
연관성 지도작성(association mapping) 701
연속 형질(continuous trait) 17, 62
열린 번역틀(open reading frame; ORF) 311, 533, 634
열성 상위성(recessive epistasis) 51
열성 치사 대립유전자 672
열성(recessive) 19
염기 169
염기 유사체(base analogs) 209
염색분체(chromatid) 79
염색질(chromatin) 79, 371
염색질-면역침강 서열 분석(chromatin immunoprecipitation-sequencing; ChIP-Seq) 533
염색체 간섭(chromosomal interference) 134
염색체 소실(chromosome loss) 429
염색체 재배열(chromosomal rearrangement) 322
염색체(chromosome) 26, 76
염색체의 구조적 재배열(chromosomal rearrangement) 396
엽록체 DNA(chloroplast DNA; cpDNA) 472
엽록체 형질전환 식물(transplastomic plants) 478
엽록체(chloroplast) 472
영 돌연변이(null mutation) 277
영양요구주(auxotroph) 449
예비-돌연변이 대립유전자(pre-mutation alleles) 207
오솔로그 유전자(orthologous genes) 320
오카자키단편(Okazaki fragment) 181
오페론(operon) 497
오페론설(operon theory) 497
온도 민감성(temperature sensitive) 61
온도 민감성 돌연변이(temperature sensitive mutations; ts) 607
올리고뉴클레오타이드(oligonucleotide) 299
올리고뉴클레오타이드 어댑터(oligonucleotide adapter) 345
올리고뉴클레오타이드 프라이머(oligonucleotide primer 300
완두(Pisum sativum) 16
완전 우성(complete dominance) 40
완전한 유전체 라이브러리(complete genomic library) 298
왈러(George Waaler) 684
왜소증(dwarfism) 583
용균 회로(lytic cycle) 459
용균반(plaque) 225
용원성 세포(lysogen) 460
용원성 회로(lysogenic cycle) 460
용해물(lysate) 459
우도(likelihood) 696, 697
우라실 176
우성(dominant) 19
우성 계열(dominant series) 43
우성 상위성(dominant epistasis) 54
우성 음성(dominant negative) 280
우연 667
운반 RNA (transfer RNA; tRNA) 248, 265
운전자 돌연변이(driver mutation) 634
워블(wobble) 267
원암 유전자(proto-oncogenes) 641
원영양체(prototroph) 232
위상염색체 부위(pseudoautosomal region; PAR) 100, 428
위상적 상호작용 도메인(topologically associating domains; TADs) 534
위연관(pseudolinkage) 410

위치 클로닝(positional cloning) 349
위치-특이적 재조합 192
위치 효과 얼룩(position-effect variegation; PEV) 379
유도(induction) 496
유도성 조절(inducible regulation) 496
유도자(inducer) 497
유멜라닌(eumelanin) 52, 64
유사분열(mitosis) 75, 76
유사분열 방추사(mitotic spindle) 80
유사분열 비분리(mitotic nondisjunction) 429
유사분열 재조합 152
유사분열 촉진원(mitogen) 635
유사유전자(pseudogenes) 321
유익 돌연변이(beneficial mutation) 669
유전 분산(genetic variance; VG) 689
유전(heredity) 15
유전력(heritability) 688, 690
유전암호(genetic code) 247
유전의 염색체설(chromosome theory of inheritance) 76
유전자(gene) 15
유전자 교정(gene editing) 583
유전자 내 억제(intragenic suppression) 251
유전자 내(intragenic) 230
유전자 발현(gene expression) 247
유전자 변형 작물[GM(genetically modified) crops] 577
유전자 사막(gene deserts) 318
유전자 전환(gene conversion) 190
유전자 족(gene families) 319
유전자 증폭(gene amplification) 641
유전자 지도 130
유전자 총 형질전환(biolistic transformation) 478
유전자 총원(gene pool) 659
유전자 치료(gene therapy) 32, 569, 586
유전자 표적화(gene targeting) 578
유전자군(gene families) 419
유전자량 보정(dosage compensation) 109
유전자좌 제어 영역(locus control region; LCR) 327
유전자형(genotype) 22
유전자형 교차비(genotypic odds ratio) 706
유전자형 빈도(genotype frequency) 659
유전자형 유형(genotypic classes) 50
유전자형과 표현형 빈도 예측 661
유전자형비(genotypic ratio) 40
유전적 배경(genetic background) 60
유전적 부동(genetic drift) 667, 671, 672
유전적 조상(genetic ancestors) 676
유전적 친척성(genetic relatedness) 691
유전적 침투(introgression) 700
유전적 표식자(genetic marker) 125
유전체 각인(genomic imprinting) 551
유전체 당량(genomic equivalent) 299
유전체 라이브러리(genomic library) 298
유전체 섬(genomic island) 461
유전체 프로젝트(The Human Genome Project) 289
유전체(genome) 15, 289, 303
유전체학(genomics) 289
유전학(genetics) 15
유한 집단의 자연선택 672
유해 돌연변이(deleterious mutation) 669
융합 단백질(fusion gene) 606
융합 염색체(fused chromosome) 390
융합 유전자(fusion gene) 512, 606
음보족 686
이가염색체(bivalent) 85, 433
이계교배 집단(outbred population) 62
이동기(diakinesis) 85
이동성인자(TE) 559
이란성(dizygotic; DZ) 쌍둥이 694
이를 아그로박테리움 매개성 T-DNA 전달(agobacterium mediated T-DNA trasnfer) 572
이배체(diploid) 76
이소성 발현(ectopic expression) 279
이수성(aneuploidies) 89
이수체(aneuploid) 99, 426, 427
이어맞추기 공여자(splice donor) 263
이어맞추기 복합체(spliceosome) 264
이어맞추기 수용자(splice acceptor) 263
이어맞추기(RNA splicing) 263
이점 교배 131
이종교배(interbreeding) 698
이주(migration) 669
이중 가닥 절단 수선 모델 185
이중 돌연변이(double mutant) 609
이중 미세염색체(double minute) 641
이중동원체성 염색분체(dicentric chromatid) 406
이질배수체(allopolyploid) 434
이질성 형질(heterogeneous trait) 58
이질염색질(heterochromatin) 378
이형배우자 성(heterogametic sex) 101
이형세포질성(heteroplasmic) 482
이형이량체(heterodimers) 529
이형이중 가닥(heteroduplex) 186
이형접합성 상실(loss-of-heterozygosity) 646
이형접합성(heterozygous) 22
이형접합자(heterozygote) 22, 40
이형접합체 우세(heterozygote advantage) 674
이형접합체(compound heterozygotes) 354
이화 경로(catabolic pathway) 496
이화물 억제(catabolite repression) 507
익명 DNA 다형성(anonymous DNA polymorphism) 333
인(nucleoli; singular nucleolus) 79
인간 유전체 프로젝트(Human Genome Project) 310
인간의 눈 색 666
인공 염색체(artificial chromosomes) 297
인류 집단 추적하기 679
인류에 끼치는 자연선택의 영향 672
인산 169
인산디에스테르 결합(phosphodiester bond) 164
인슐린-유사 성장인자 1(insulin-like growth factor 1; IGF1) 707
인위 선택(artificial selection) 16, 707
인접-1 분리형(adjacent-1 segregation pattern) 409
인접-2 분리형(adjacent-2 segregation pattern) 409
인트론(intron; intervening regions) 262
인핸서(enhancer) 526
일란성 쌍둥이(monozygotic twins; MZ) 694
일반형질도입(generalized transduction) 459
일염색체성(monosomic; $2n$-1) 427
일치 확률(match probability) 665
일치도(concordance) 695

ㅈ

자가 수정(self-fertilization; selfing) 17
자가분비형 자극(autocrine stimulation) 630
자가인자(autonomous elements) 416
자낭(ascus; 복수 asci) 143
자낭포자(ascospore 143
자매염색분체(sister chromatid) 77
자연선택(natural selection) 418, 670, 671, 673
자웅동체(hermaphroditic) 431
자유도(degree of freedom; df) 141
작동자 위치(operator site) 500
작은 간섭 RNA(small interfering RNAs; siRNAs) 539
잠재성(temperate) 460
잡종(hybrid) 17
재구성 복합체(remodeling complex) 378
재배열 절단점(rearrangement breakpoints) 400
재조합 DNA 분자(recombinant DNA molecule) 289, 295
재조합 결절(recombination nodule) 85
재조합 다발점(재조합 빈발지점, recombination hotspot) 136, 186
재조합 빈도(recombination frequency; RF) 127
재조합 효소(recombinase) 192
재조합(recombination) 85, 184

재조합형(recombinant type) 24, 122
저기능성 돌연변이(hypomorphic mutation) 277
저밀도 지도작성 698
적응도(fitness) 418, 661, 670
적응도와 자연선택 670
전 유전체 연관성 연구(genome-wide association study; GWAS) 702
전기 II(prophase II) 89
전기(prophase) 80
전기영동(electrophoresis) 293
전기천공법(electroporation) 297, 453
전능성(totipotent) 580
전령 RNA(messenger RNA; mRNA) 247
전멜라노좀 단백질(Premelanosome protein; PMEL) 65
전사(transcription) 247
전사인자(transcription factor) 527, 635
전사체(transcript) 247
전위(translocations) 322
전이 요소(transposable elements) 305, 541
전이(metastasis) 411, 631
전이가능서열(transposable element) 317
전이인자(transposable elements; TEs) 411
전자 간(intergenic) 230
전장유전체 서열결정(whole-genome sequencing; WGS) 687, 702
전좌(translocation) 407
전중기(prometaphase 80
전진 돌연변이(forward mutation) 200
전장유전체 샷건 전략(whole-genome shotgun strategy) 304
전핵 주입(pronuclear injection) 571
절단 선택(truncation selection) 697
절단(digestion) 290, 292
절멸 668
절연자(insulator) 534
점 돌연변이(point mutations) 201
점착성 말단(sticky end) 290, 295
점착성(sticky) 290
접촉 저해(contact inhibition) 630
접합 복합체(synaptonemal complex) 85, 135
접합(conjugation) 445
접합기(zygotene) 85
접합자(zygote) 20
접합체 체절형성 유전자(zygotic segmentation genes) 610
정규분포(normal distribution) 688
정배수체(euploid) 426, 430
정상적인 유전자량(gene dosage) 402
정세포(spermatid) 103
정원세포(spermatogonia) 102
정자(sperm) 103, 596
정자형성(spermatogenesis 102
정족수 감지(quorum sensing) 466, 494, 517
정지 코돈 돌연변이(nonsense mutation) 276
정지 코돈 억제자 tRNA(nonsense suppressor tRNA) 281
정크 DNA(junk DNA) 317
젖당 676
젖당 분해효소(lactase) 658
젖당 오페론(lac operon) 497
제 1극체(first polar body) 102
제 2극체(second polar body) 102
제1자손(first filial; F_1) 세대 19
제2자손(second filial; F_2) 세대 19
제약영농(pharming) 575
제한 단편(restriction fragment) 290
제한 조건(restrictive condition) 61
제한(restriction) 292
제한-개조(restriction-modification) 292
제한효소(restriction enzyme) 290, 292
조건 치사(conditional lethal) 61
조건부 녹아웃 생쥐(conditional knockout mice) 581
조상형 대립유전자(ancestral allele) 334
조직적합성 항원(histocompatibility antigen) 43
조합 증폭(combinatorial amplification) 322
종(species) 419
종 참조 서열(species reference sequence) 324
종결(termination) 272
종결 코돈(stop codon) 254
종결자(terminator) 257, 510
종성 형질(sex-influenced traits) 112
종속영양체(auxotroph) 232
종양 억제 유전자(tumor suppressor genes) 641
종양 진행(tumor progression) 634
종양세포(malignant cell) 632
좌위 이질성(locus heterogeneity) 58, 355
좌위(loci; 단수 locus) 130
주형 가닥(template strand) 254
주형(template) 177, 299, 300
줄기-고리 509
중기(metaphase) 82
중기 I(metaphase I) 85
중기 II(metaphase II) 89
중기판(metaphase plate) 82
중립 돌연변이(neutral mutation) 669
중복(duplication) 397
중복된 유전자들(redundant genes) 601
중부동원체형(metacentric) 77
중심립(centrioles) 80
중심점(focus of action) 606
중심체(centrosome) 80
중첩배열(nested array) 302
중합효소 연쇄반응(polymerase chain reaction; PCR) 337
증례군(cases) 702
증폭 289, 295
증후군(syndrome) 46
지도 단위(map unit; m.u.) 127
지도작성(linkage mapping) 701
지연된 치사 47
지체 가닥(lagging strand) 181
직접적 QTL 지도작성(direct QTL mapping) 698
진정염색질(euchromatin) 378
진핵세포 472
질병 유전자(disease genes) 348
집단 병목 668
집단(population) 659
집단유전학(population genetics) 32, 658
집단유전학자 659
집단크기 667
짝-말단 서열결정(paired-end sequencing) 305

ㅊ

차단부동원체형(acrocentric) 77
착상 전 배아 진단(preimplantation embryo diagnosis) 342
창시자 세대 682
창시자 효과 668, 669
체세포(somatic cell) 20, 84
체세포 돌연변이 629
체세포 핵치환(somatic cell nuclear transfer) 576
체절 극성 유전자 614
초음파처리(sonication) 293
촉진유전자(promoter) 257
총 표현형 분산(total phenotype variance; Vp) 689
출구(exit; E) 자리 269
충전형 tRNA (charged tRNA) 266
침묵 돌연변이(silent mutation) 276
침묵(silencing) 552
침묵화(silenced) 378
침투도(penetrance) 60

ㅋ

카이 제곱 검정(chi-square test) 140, 702
캘빈회로(Calvin cycle) 477

컴퓨터 모의 667
코돈(codon) 249
코헤신(cohesin) 82, 126, 388
콘덴신(condensins) 372
콘티그(contigs) 304
콜로니(colony; 군락) 203
콜히친(colchicine) 431
퀀칭(quenching) 530
크렙스 회로(Krebs cycle) 473
클라인펠터증후군(Klinefelter syndrome) 428
클로닝 벡터(cloning vector) 295
키메라(chimeras) 580

ㅌ

타가 수정(cross-fertilize; cross) 17
탈리도마이드(thalidomide) 61
탈아민화(deamination) 205
탈퓨린화(depurination) 205
탐침자(probe) 345
탑승자 돌연변이(passenger mutation) 634
태사기(pachytene) 85
터너증후군(Turner syndrome) 428
테이-삭스병(Tay-Sachs disease) 47
통합 DNA 검색 체계(Combined DNA Indexing System; CODIS) 665
퇴화적(degenerate) 252
투명한 용균반(plaque, 플라크) 292
트랜스(trans) 501
트랜스포존(transposon 또는 DNA transposon) 412, 572
틀이동 돌연변이(frameshift mutation) 276
티로신 관련 단백질(Tyrosine-related protein; TYRP1) 65
티민 이량체(thymine dimers) 205

ㅍ

파생형 대립유전자(derived allele) 334
파아지(phage) 167
파아지 교차(phage crosses) 228
파타우증후군(Patau syndrome) 427
패럴로그 유전자(paralogous genes) 320
퍼네트 사각형(Punnett square) 661
페닐알라닌 수산화효소(phenylalanine hydroxylase) 62
페닐케톤뇨증(phenylketonuria; PKU) 61
페오멜라닌(pheomelanin) 52, 64
펩타이드 결합(peptide bond) 233
펩타이드(peptidyl; P) 자리 269
펩타이드기 전이효소(peptidyl transferase) 269
편동원체성 역위(paracentric inversion) 405
평형 밀도 기울기 원심분리법 178
폴리-A 결합 단백질(poly-A-binding protein; PABP) 537
폴리-A 꼬리(poly-A tail) 260
폴리Q 질환(polyQ diseases) 212
폴리리보솜(polyribosome) 271
폴리링커(polylinker) 297
폴리아크릴아마이드(polyacrylamide) 293
폴리펩타이드(polypeptide) 233, 247
표본 오차 667
표본(sample) 659
표식 유전자(marker gene) 572
표적 돌연변이화(targeted mutagenesis) 570, 578
표현형(phenotype) 22
표현형 값(phenotypic value) 688
표현형 모사(phenocopy) 61
표현형 복구(phenotypic rescue) 700
표현형 빈도(phenotype frequencies) 660
표현형비(phenotypic ratio) 40
풋프린트(footprint) 505
풍선 소년 질환(bubble boy disease) 588
퓨린(purine) 169
프라이머(primer) 180, 299
프레더-윌리증후군(Prader-Willi syndrome) 554
프레드리히 운동실조증(Friedreich ataxia) 47
프로모터(promoter) 526, 552
프로파아지(prophage) 460
프리마아제(primase) 182
플라스미드(plasmid) 297
피리미딘(pyrimidine) 169
피부 색소 형성 673

ㅎ

하디-바인베르그 법칙 659
하디-바인베르그 법칙의 가정 661
하디-바인베르그 비율(Hardy-Weinberg proportions) 662, 664
하디-바인베르그 예측 664
하디-바인베르그 예측에 선택의 영향을 더하기 670
하디-바인베르그 평형(Hardy-Weinberg equilibrium; HWE) 661, 664
하디-바인베르그 평형과 X-연관 유전자 663
하위(hypostatic) 51
한성 형질(sex-limited traits) 112
합성 블록(syntenic block) 322
합성보존(conserved synteny) 322
합포성 포배(syncytial blastoderm) 611
합포체(syncytium) 83
항교차 헬리케이즈(anticrossover helicase) 186
항종결자(antiterminator) 510
해표지증(phocomelia) 61
핵 이식 489
핵막(nuclear envelope) 79
핵산 혼성화(nucleic acid hybridization) 344
핵산내부가수분해효소(endonuclease) 292
핵산말단가수분해효소(exonuclease) 186
핵심 히스톤(core histone) 371
핵양체(nucleoid body) 443
핵형(karyotype) 77
핵형도(idiogram) 375
허용 조건(permissive condition) 61
헤모글로빈 674
헤어핀 고리 509
혈관 신생(angiogenesis) 631
협동원체성 역위(pericentric inversion) 405
협의의 유전력(narrow-sense heritability; h^2) 691
형광 제자리 혼성화(fluorescence *in situ* hybridization; FISH) 376
형질 값(trait value) 688
형질도입(transduction) 459
형질전환 생물체(transgenic organisms) 570
형질전환(transformation) 165
형태형성자(morphogen) 613
호메오 돌연변이(homeotic mutation) 618
호메오 유전자(homeotic genes) 610
호메오도메인(homeodomain) 319, 622
호메오박스(homeobox) 621
호모 사피엔스(Homo sapiens) 163, 680
호변이성질체(tautomer) 206
호변이성질체화(tautomerization) 206
호전좌(reciprocal translocation) 397
혼성화(hybridization) 302
홀리데이 교차점(Holliday junction) 186
화학치료(chemotherapy) 647
환경 분산(environmental variance; VE) 689
활성자들(activators) 527
활성화 서열(upstream activating sequences; UASs) 532
효과인자 분자 500
효모 인공 염색체(yeast artificial chromosome; YAC) 389
후기(anaphase) 82
후기 I(anaphase I) 85
후기 II(anaphase II) 89
후기 발현 유전형질(late-onset genetic trait) 29
후성유전학 550
후성유전학 정보 551
후성유전학적 유전 563

후성유전학적 현상(epigenetic phenomena) 550
희귀 대립유전자(rare allele) 44
히스톤 꼬리(histone tail) 380
히스톤 메틸화 전달효소(histone methyltransferase; HMT) 530, 557
히스톤 아세틸기 전달효소(histone acetyltransferase; HATs) 530
히스톤 탈메틸화 효소(histone demethylase) 530
히스톤 탈아세틸화 효소(histone deacetylase) 530

기타

β-글로빈 유전자 673
1배체(monoploid) 228
1분열 분리형[first-division(MI) segregation pattern] 149
1차 구조(primary structure) 236
1차 난모세포(primary oocyte) 102
1차 전사체(primary transcript) 259, 263
1차 정모세포(primary spermatocyte) 102
24시간 주기 진동(circadian oscillation) 538
2분열 분리형[second-division (MII) segregation pattern] 150
2차 구조(secondary structure) 236
2차 난모세포(secondary oocyte) 102
2차 정모세포 (secondary spermatocyte) 102
3차 구조(tertiary structure) 236
4차 구조(quaternary structure) 237
5′ 및 3′ 비번역부위(5′ and 3′untranslated regions; 5′ and 3′ UTRs) 263
A. aegypti 675
ABO 혈액형 42, 662
agouti 유전자 45, 561
Antennapedia 복합체(Antennapedia complex; ANT-C) 618
ATP 합성 효소(ATP synthase) 473
BAC 299
Bithorax 복합체(Bithorax complex; BX-C) 618
BLAST(Basic Local Alignment Search Tool) 325
BRCA1 668
BRCA2 668
Bt 단백질 577
B형 DNA(B-form DNA) 173
C 말단(C terminus) 233
cDNA 라이브러리 314
cDNA 통합 서열화(cDNA deep sequencing) 513
cis 위치(cis configuration) 228
CpG 섬(CpG islands) 552
Cre 재조합효소(Cre recombinase) 581
Cre/loxP 재조합 시스템(Cre/loxP recombination system) 581
CRISPR 583
CRISPR/Cas9 194
CRISPR/Cas9 시스템 583
DCO 감수분열 129
DDT 저항성 675
DNA 164
DNA 다형성(DNA polymorphism) 333
DNA 리모델 단백질 530
DNA 마이크로어레이(DNA microarray) 345
DNA 메틸기전달효소(DNMT) 551
DNA 메틸화(methylation) 551
DNA 위상이성질체화 효소 II(DNA topoisomerase II) 374
DNA 입체이성질화 효소(DNA topoisomerase) 182
DNA 중합효소 180
DNA 지문(DNA fingerprint) 343
DNA 클론(DNA clone) 295, 298
DNA 표식자 조각들(marker fragments) 293
DNA 표식자(DNA marker) 334
DNA 프로파일링(DNA profiling) 43
DNA 합성기계(DNA synthesizer) 302
DNA 헬리케이즈(helicase) 181
DNase 과민부위(DNase hypersensitive site) 377
F 에피좀(F episome) 445
FLP/FRT 재조합 시스템 607
G 밴드(G band) 375
GenBank 324
H_2 690
H_3K27me 556
HERVs(human endogenous retroviruses) 413
Hox 유전자 556, 622
Igf2 유전자 553
IS 인자(IS element) 455
KITLG 673
LD 블록 702
LINEs(long interspersed nuclear elements) 413
MC1R 673
miRNA 유도성 침묵화 복합체(miRNA-induced silencing complexes; miRISCs) 540
MRCA 676
N 말단(N terminus) 233
NCO 감수분열 128
NCO(no crossover) 129
N-포밀메싸이오닌(N-formylmethionine; fMet) 270
OMIM(Online Mendelian Ingeritance in Man) 361
P 인자(P element) 572
piRNA(Piwi와 결합하는 RNAs) 559
piRNAs(Piwi-interacting RNAs) 418
Piwi 상호작용 RNA(Piwi-interacting RNAs; piRNAs) 539
plating 효율(plating efficiency) 292
PRC2 (Polycomb repressive complex 2) 556
PRE (Polycomb response element) 556
RefSeq 324
RNA 176
RNA 가공(RNA processing) 259
RNA 간섭(RNA interference) 541
RNA 선도서열 509
RNA 온도계(RNA thermometer) 516
RNA 제자리 혼성화(RNA *in situ* hybridization) 605
RNA 중합효소(RNA polymerase) 257
RNA 편집(RNA editing) 474
RNA-유사 가닥(RNA-like strand) 254
RNA-seq 513
SCO 감수분열 128
SINEs(short interspersed nuclear elements) 413
SLC24A5 673
SOS 시스템(SOS system) 216
Spo11 186
TATA 상자(TATA box) 526
TATA 상자 결합단백질(TATA box-binding protein; TBP) 527
TBP-연관 인자들(TBP-associated protein; TAF) 527
T-DNA 573
Ti 플라스미드 572
trans 위치(*trans* configuration) 228
UCSC 유전체 브라우저 324
X 불활성화중심(X inactivation center; XIC) 381
X 염색체(X chromosome) 98
X 염색체 재활성화(X chromosome reactivation) 428
Xist 558
X-연관 유전자 664
X-연관(X-linked) 106
X-염색체 불활성화(X-chromosome inactivation) 110
Y 염색체(Y chromosome) 98
Y 염색체 아담 679
Z형(Z form) 173

7판

HARTWELL
유전학
유전자에서 유전체까지

7판 발행 2022년 1월 28일

지은이 Leland H. Hartwell, Michael L. Goldberg, Janice A. Fischer, Leroy Hood
옮긴이 한국유전학회
펴낸이 류원식
펴낸곳 교문사

편집팀장 김경수 | **책임진행** 심승화 | **디자인** 신나리 | **본문편집** 다함

주소 10881, 경기도 파주시 문발로 116
대표전화 031-955-6111 | **팩스** 031-955-0955
홈페이지 www.gyomoon.com | **이메일** genie@gyomoon.com
등록번호 1968.10.28. 제406-2006-000035호

ISBN 978-89-363-2305-9 (93470)
정가 45,000원